世界能源史

SHIJIE NENGYUAN SHI

上

● 龙裕伟 —— 著

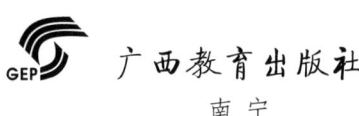

广西教育出版社

南宁

图书在版编目（ＣＩＰ）数据

世界能源史/龙裕伟著 . — 南宁：广西教育出版社,2021.6

ISBN 978-7-5435-8979-7

Ⅰ.①世… Ⅱ.①龙… Ⅲ.①能源－历史－研究－世界 Ⅳ.①TK01-091

中国版本图书馆 CIP 数据核字 (2021) 第 131786 号

总 策 划：石立民　廖民锂　潘姿汝
策划编辑：潘姿汝　陈亚菲
责任编辑：陈亚菲　潘 安　周彩珍　钟秋莲
　　　　　黄 璐　马龙珠　陶春艳
助理编辑：农 郁
装帧设计：鲍 翰　鲍卓尔　武 莉
责任校对：杨红斌　何 云　卢佳慧
责任技编：蒋 媛

世界能源史

◆国家社会科学基金西部项目（批准号：09XSS001）研究成果◆

出 版 人：石立民
出版发行：广西教育出版社
地　　址：广西南宁市鲤湾路 8 号　邮政编码：530022
电　　话：0771-5865797
本社网址：http://www.gxeph.com
电子信箱：gxeph @ vip.163.com
印　　刷：广西民族印刷包装集团有限公司
开　　本：889mm×1194mm　1/16
印　　张：107
字　　数：2680 千字
版　　次：2021 年 6 月第 1 版
印　　次：2021 年 6 月第 1 次印刷
书　　号：ISBN 978-7-5435-8979-7
定　　价：398.00 元（上中下册）

序

笔者从 2005 年开始关注世界能源史，2009 年主持国家社会科学基金项目"世界能源史研究"（批准号：09XSS001），2017 年 3 月通过评审结项。项目结项后，有幸得到了国内相关研究领域多名专家的热情指正，再经过两年多的修改、补充和完善，于 2019 年 6 月定稿。2020 年，本书入选国家出版基金资助项目。这对于非史学专业、长期从事经济研究的笔者来说，不仅仅是体力、精力、耐力的检验，更是智力、心力的考验。在研究过程中，笔者付出了许多，也收获了许多。

一

从 20 世纪 70 年代起，世界经历了数次石油危机，每次危机的爆发都对世界经济与社会发展造成重大冲击。进入 21 世纪后，国际石油价格暴涨暴跌，2008 年 7 月 11 日国际油价飙升至史无前例的 147.27 美元/桶，随后一落千丈，犹如过山车一般。这既反映了能源对人类的重大影响，又预示了"后石油时代"的开启。包括石油在内的各种能源已经成为当今人类不可或缺的一种"血液"，与每个国家、每个民族乃至每个人都息息相关。历史已经表明，世界能源的兴衰对全人类的前途与命运有着重大的影响。

如今，能源已是世界上的一种重大战略资源。它已经不仅仅关乎经济的问题，还成为国际政治的重要内容，对全球政治经济格局与走势产生了重大影响。无论是能源资源丰富的国家还是能源资源短缺的国家，无论是发达国家还是发展中国家，都不能不面对世界能源的可持续发展问题。当下，我国能源严重依赖进口，2019 年石油对外依存度高达 70.8%，天然气对外依存度也达到 43.0%。在此重大、复杂的国际、国内背景下，对世界能源从古至今的发展进行全面、系统的梳理，深入认识、了解人类能源发展的历史演变及其规律，并从中吸取历史经验教训，鉴往知来，不仅具有重大的现实指导意义，还具有深远的历史启迪意义。

二

能源问题是当今世界政治经济领域的热点问题。世界各国政府、研究机构和学者，以及相关国际组织对此高度关注，并有大量研究成果问世。诸如，黄晓勇主编的世界能源蓝皮书系列《世界能源发展报告》、崔民选主编的能源蓝皮书系列《中国能源发展报告》、许勤华主编的中国人民大学研究报告系列《中国能源国际合作报告》，以及美国迈克尔·克莱尔的《石油政治学》、美国丹尼尔·波特金等人的《大国能源的未来》、日本能源学会编写的《生物质和生物能源手册》、张永胜的《世界能源形势分析》等。但在能源史方面，相关研究成果并不多，且主要是专门史研究，世界性、综合性能源发展历史研究成果较少。据调研，专门性、国别性能源史著作主要有：王才良、周珊的《世界石油大事记》，石宝珩的《石油史研究辑录》，《中国水力发电史》编辑委员会编的《中国水力发电史》(共 4 册)，黄晞的《中国近现代电力技术发展史》，《新中国煤炭工业》编辑委员会编的《新中国煤炭工业》，美国巴巴拉·弗里兹的《煤的历史》，美国派因的《火之简史》等。美国克劳士比所著的《人类能源史——危机与希望》一书主要对欧美国家的煤炭、石油、天然气等常规能源的发展历程做了介绍。总而言之，迄今国内以"世界能源史"为主题，从世界性、通史性、全面性、系统性的视域，对世界能源发展历史进行综合性研究的学术成果尚为空白。因此，笔者于 2009 年选择了"世界能源史研究"这一项目进行探讨。

本书研究坚持以马克思列宁主义、毛泽东思想、邓小平理论、"三个代表"重要思想、科学发展观、习近平新时代中国特色社会主义思想为指导，采取"六个结合"的研究方法。一是将辩证唯物主义与历史唯物主义相结合，探析世界能源发展的规律性；二是将归纳法与综合法相结合，建构世界能源史的条理性与系统性；三是将比较法与分析法相结合，力求由表及里、去伪存真；四是将定性分析与定量分析相结合，使论点、论据、论证更有说服力；五是将历史叙事与历史解释相结合，在叙述世界能源发展重要事件中阐明世界能源发展的轨迹及真谛；六是将中国能源历史与世界能源历史相结合，探讨中国对世界能源发展的历史贡献与地位。

根据上述原则，本书从世界性、通史性、全面性、系统性的视域，按古代（远古时期至 1640 年）、近代（1640—1917 年）、现代（1917年至今）三个历史时期，分上篇、中篇、下篇三篇，共计 20 章，对世界能源发展的历史进行了全面、系统、深入的梳理与研究。

上篇：古代能源。共 5 章，分别为火，木柴，古代可再生能源，古代煤炭，古代石油和天然气。对火与能源的关系、火的神话、自然之火、人工之火、火的起源及火的利用，木柴的利用、地位及其危机，水能、太阳能、风能、地热能、海洋能等古代可再生能源的开发利用，古代各国煤炭、石油、天然气等化石能源的开发，包括中国在煤炭、油气开发方面的贡献等进行了研究。火和木柴是古代人类的主体能源（能量）形式。从人类有意识地把木柴作为燃料燃烧之时起，人类便跨入了能源发展史上的第一个时代——"木柴时代"。它是迄今人类所经历的最长的一个能源时代。

中篇：近代能源。共 7 章，分别为近代木柴，近代可再生能源，近代蒸汽能和鲸油，近代煤炭，近代石油，近代天然气，近代电力。对木柴供应由盛而衰并被煤炭替代的过程，水能、风能、太阳能、海洋能和地热能等各种可再生能源开发利用的扩大，新的能源形态——蒸汽能和鲸油——的出现，欧美国家对煤炭的大规模开发，世界石油工业的诞生与发展及其对人类的影响，天然气的发现与发展，以及"电气时代"的到来进行了全面分析。到了近代，人类先后进入"煤炭时代""石油时代""电气时代"。

下篇：现代能源。共 8 章，分别为现代石油，现代天然气，现代煤炭，现代电力，现代可再生能源，现代氢能、储能和新能源汽车，现代能源政治和能源安全，现代能源政策。对石油、天然气、煤炭三大化石能源的演变及其地位更替做了全面分析，对火力发电、水力发电、核能发电三大常规电力的发展以及核能时代进程做了系统总结，对可再生能源时代的到来以及各种可再生能源的发展做了详细研究，对氢能、储能和新能源汽车的发展做了具体分析，对当今世界能源政治和能源安全做了较深入的剖析，还对各国能源管理体制、能源所有制和对外开放政策、能源产业政策、能源生态政策做了较全面的梳理。到了现代，人类面对空前的能源危机，能源冲突与斗争、能源政治博弈不断加剧，同时能源合作也不断加强。

对上述内容进行研究可以发现，世界能源发展、演变及其对人类的影响具有下列重要特征与规律。

第一，能源对人类社会发展的影响越来越深远，成为当今人类一种不可或缺的"血液"。一旦没有足够的能源保障，人类生存便会面临威胁，发展将会受到影响。

第二，不同时期有不同的主体能源，能源类别兴衰更替是一种历史必然。人类社会先后进入"木柴时代""煤炭时代""石油时代""天然气时代""电力时代""核能时代"，如今又迎来了"可再生能源时代"。其中，古代和近代时期属于木柴主导时代；20 世纪初至 20 世纪 60 年代属于煤炭主导时代；20 世纪 60 年代至今属于石油主导时代。

第三，科学技术是推动主体能源形态更替最重要的力量，每一次主体能源形态更替都是科技进步的结果。能源科技的创新与发展决定着每一个国家、每一个民族，乃至全人类的前途与命运。

第四，人类的能源资源是有限的，不可再生的化石能源日渐枯竭，可再生能源资源开发利用的代价也越来越大，有节制地开发、可持续地利用各种能源资源是人类生生不息的唯一出路。

三

本书对世界能源史进行了全面深入的研究，发力点及成效主要体现在以下几个方面。

一是填补空白。据了解，迄今国内以"世界能源史"为主题进行综合性研究的学术成果尚为空白，本书可为能源史的深入研究提供借鉴，起到抛砖引玉的作用。在"世界能源史研究"项目结项鉴定中，有评委指出："能源是世界经济与国际政治最为敏感的问题，对国际社会、各个国家，乃至普通民众都有着重大影响……该成果能够将有关资料和已有的研究成果加以全面搜集、汇总、梳理、编辑和提炼，清晰地展现世界能源历史的发展脉络，为世界能源历史的进一步深入研究打下了坚实的基础，堪称在该学术领域做了一项很有创新意义的工作。"

二是具有通史性。本书将世界能源发展史划分为古代、近代和现代三个时期。本书对从古至今各种能源形态，包括火、木柴、煤炭、石油、天然气、电力、核能、氢能等做了探讨，可称得上是系统地研究世界各国能源发展史的通史性著作。在"世界能源史研究"项目结项鉴定中，有评委认为："本书研究的突出特色是从古代、近代和现代三个时间维度对世界能源从出现到目前的发展历程进行了全面深入的描述和总结，不仅包含木柴、石油、煤炭、天然气等传统能源，也包括可再生能源等新能源的生产及贸易，同时还涉及能源技术变迁及能源安全、能源政策的分析和讨论，涵盖了世界能源发展的方方面面，作者在资料收集和运用上下了很大功夫。"

三是具有学科体系性。本书全面研究了各种能源形态，不仅包括煤炭、石油、天然气、核能、电力等各种常规能源，还涉及火、木柴、蒸汽能、鲸油、氢能等各种能源；全面探讨了能源开发利用的各个环节，对能源产业的上游、中游、下游进行了全产业链剖析，涉及能源作物种植、能源科技研发、能源资源开发与加工、能源产品储运、能源销售与利用等诸多方面；全面分析了政治、经济、生态等各个领域中的各种能源问题以及各国的应对办法。通过上述全方位研究，初步建立起比较全面、完整的世界能源史学科体系。在"世界能源史研究"项目结项鉴定中，有评委这样评价："'世界能源史研究'以世界能源利用的整个历程为研究对象，涉及学科广，资料搜集量大，研究问题复杂，研究难度较大。该成果……对人类开发利用的宏大能源体系与世界能源发展历程进行了较为系统、全面的阐述和概括，较好地呈现了不同时期世界能源利用的成就与特点，勾勒出世界能源发展史较为完整的脉络，形成了较为合理、完整的逻辑体系和知识结构，提出了一些具有启发性的见解，是世界能源史研究方面不多见的力作。"

四是史料价值丰富。本书对不同历史时期各种能源资源的开发利用进程以表格的形式进行了梳理。全书搜集、征引、整理了1 199幅（个）图表。其中，图片有110幅，表格有1 089个。本书尽可能全面地搜罗了世界及各国各种能源发展史之最（或起源），还附录了世界能源史大事记，对人类能源发展的历史脉络做了比较系统的梳理。所有这些都具有重要史料价值和研究参考价值。在"世界能源史研究"项目结项鉴定中，有评委认为，项目全面、系统地论述了能源问题，类似的成果在国内尚不多见，项目较为完整的资料、数据为人们全面系统地了解能源的历史——它的发现、开采以及使用——提供了重要的参考资料；对于科学研究与相关教学工作者，对于政府相关部门，对于相关行业及企业的经营者、从业人员，对于关注能源问题、经济问题的一般读者而言，都具有重要价值。

五是具有现实指导性。本书用大量篇幅对现代以来世界各国的能源发展进行了梳理，对当今世界各种各样的能源政治、能源斗争与合作进行了深入分析，对世界各国能源发展中遇到的能源生产安全、能源供应安全、能源储运安全、能源生态安全以及核安全等问题进行了全面探讨，还深入研究了世界各国的各种能源政策和做法。这对于加强我国能源管理，推动"一带一路"能源开发与合作，促进世界能源可持续发展，都具有重要的现实指导意义。在"世界能源史研究"项目结项鉴定中，有评委说："本研究为世界能源及能源史的研究提供了很好的范例，是对能源研究有益的探索。其对世界能源发展的全面解读，对日后的研究具有较高的参考意义和学术价值，为未来在该领域的深入研究、理论发展和创新奠定了良好的基础。对世界能源发展历史的研究，厘清了世界能源发展的脉络，无论是从以史为鉴的角度，还是从借鉴他国能源发展的经验教训的角度看，都有利于进一步认识世界能源发展的规律，这对当前我国能源政策的制定、能源产业的发展及我国对世界能源的研究等方面都具有重大的现实意义和理论价值。"

四

出于好奇，笔者从经济研究领域进入"历史王国"。经过十几年不懈努力，写成人生中的第一部历史著作。本书的研究、出版，得到了许多支持和帮助，谨在此致以衷心的感谢。

感谢国家和自治区哲学社会科学规划办公室给予笔者学习、研究世界能源史的机会，为本书的研究撰写提供了重要支持。

感谢国家社会科学基金项目结项评委们和广西教育出版社诚邀的国内相关研究领域的各位专家的鼓励与指导。

感谢广西社会科学院各位领导和广大同人对本书研究和出版的大力支持，以及对笔者日常工作、生活的关心与帮助。

感谢广西教育出版社对本书出版给予的大力支持。

感谢本书研究、写作过程中所参考、引用的各类相关著作［共计 600 多部（卷）］的诸多作者，感谢他们为本书提供了大量丰富的史料来源，本书正是"站在巨人的肩膀上"才得以写成、面世。

最后感谢国家出版基金为本书的出版提供帮助。

书中仍有诸多不足，恳请各位专家和读者批评指正。

龙裕伟

2020 年 6 月 16 日

目 录

导　言

从开始用火算起，人类开发利用能源的历史已有 100 多万年。本书按古代（远古至 1640 年）、近代（1640—1917 年）和现代（1917 年至今）三个历史时期，分上篇、中篇、下篇三篇，共 20 章，企望梳理出一些粗浅的历史脉络。在漫长的能源发展史中，各种能源的兴衰与更替对人类社会发展产生重大影响。展望未来，能源发展潜力无穷，同时又面临巨大挑战。

一、世界能源的兴衰与更替

能源体系由火、木柴、煤炭、石油、天然气、电力、核能、可再生能源、蒸汽能、氢能等能源构成。这些能源经历了不同的历史发展阶段，在能源体系中的地位和作用不断演变，火、木柴、煤炭、蒸汽能等能源先后从兴盛走向衰退，能源类别不断更新，能源体系不断优化。

（一）火

大约 4 亿年前，地球上闪现了第一缕火光。大约距今 170 万年前，人类开始使用火。人类最早利用的是自然之火，诸如雷电之火、山林之火。之后，人类发明了人工之火，摆脱了对自然之火的依赖。起初，人类发明了燧石取火、摩擦取火、阳燧取火。到了近代后，人类发明了火柴，用火更加方便、自由了。

在原始时代，火主要用于煮饭、照明、取暖。之后，火的用途不断扩大，人类将自然之火、人工之火引入生产中，由此开启了刀耕火种的农业文明时代。

到了19世纪，当化石燃料开始登上重要历史舞台，当电力被发明出来，人类进入"电气时代"后，曾在人类漫长历史长河中充当主体能源（能量）形式的火，便不再起主导作用。

（二）木柴

古代时期，木柴在人类生活、生产中得到广泛利用。公元前10世纪中叶，亚述帝国的库尔泰普有丰富的木材燃料和铜矿，当地工匠采伐木材，烧制青铜器及各种工具，规模很大。大约公元前500—前200年，古雅典拉乌里翁银矿的冶炼工人先后砍伐附近250万英亩（1英亩约等于4 046.86平方米）的森林，烧炭炼银，生产出3 500吨银和140万吨铅。春秋战国时期，中国的冶铁业得到了很大发展。从湖北大冶铜绿山发掘的古矿遗址看，其规模已经很大，南北长约2千米，东西宽1千米，当时工匠们使用木炭烧制铜锭，遗址范围内堆积的古代矿渣大约达到40万吨。

到了近代，法国利用国内丰富的森林资源，推动冶金工业不断发展壮大。当时，法国冶铁主要是使用木炭，1830年有木炭炼铁炉379座，1839年时达到最高峰445座。法国的生铁产量由1812年的10万吨增加到1821年的22.1万吨，到1847年时达到59.1万吨。从全球来看，直到19世纪后期，木柴在世界能源体系中一直居支配地位。1860年，木柴在世界能源消费中所占的比例仍然高达73.8%。

后来，随着煤炭、石油、天然气的大规模开发利用以及"电气时代"的到来，木柴逐渐走向衰落。1900年，世界能源消费中木柴所占的比例降到40%以下。到1910年，木柴所占的比例进一步降至31.7%。从前用木柴（木炭）炼铁的时代则一去不复返。

（三）蒸汽能和鲸油

公元1世纪，古希腊科学家希罗发明出世界上第一台蒸汽动力装置。利用这种蒸汽动力装置，希罗成功地将一扇由平衡锤关门的寺庙大门打开。1615年，法国的一位花匠科斯利用蒸汽压力，建成一座观赏喷泉。在工业革命的推动下，近代欧洲国家先后发明空气泵、蒸汽高压锅、蒸汽抽水泵。1712年，英格兰科学家纽科门研发出第一台可供实用的纽科门大气式蒸汽机。在此基础上，瓦特对纽科门大气式蒸汽机进行技术改造，于1769年改进了蒸汽机。自1775年起，瓦特与英国实业家博尔顿合作，把瓦特蒸汽机推向市场。此后，瓦特蒸汽机广泛应用于煤矿、炼铁厂、纺织厂、面粉厂等领域，成为工业发展过程中的最重要的动力源。1800年，英国共有蒸汽机321台，总功率5 210马力；到1825年增至15 000台，总功率375 000马力。在此影响下，蒸汽机在欧美各个工业化国家得到推广应用，蒸汽能成为当时欧美工业革命的重要能源。大约到了19世纪中叶，蒸汽机成为一种重要的原动机，其生产出来的能源（能量）超过了水磨和水轮机生产出来的能源。之后，随着"石油时代""电气时代"的到来，蒸汽机逐渐淡出了历史舞台。

在没有煤油、电灯的年代，人类主要靠火以及用动植物油脂制成的油料和蜡烛来照明。从16世纪起，欧洲开始盛行捕鲸，从鲸鱼中提取鲸油和鲸蜡，使鲸油和鲸蜡成为当时重要的照明燃料。到19世纪，捕鲸的地域空间从北大西洋的比斯开湾拓展到太平洋地区，捕鲸业在欧美各国工业中居于支配地位。到19世纪中叶，欧美国家的鲸油、鲸蜡产业发展达到了前所未有的高峰；19世纪40年代，仅美国就有数百万个家庭使用鲸油灯。但是，因鲸鱼资源不断减少，而且鲸油和鲸油灯的替代产品煤油和煤油灯先后于1849年、1857年"登场"，使鲸油的发展受到巨大冲击。当1879年爱迪生发明了耐用的白炽灯泡后，不仅是鲸油灯，甚至连煤油灯也被替代了。从此，作为照明燃料使用的鲸油彻底衰落了。

（四）煤炭

在距今六七千年的新石器时代，中国先民便在世界上最早开始利用煤炭，把煤精制成煤雕。战国时，中国先民已将煤炭作为燃料使用。宋代时，成功地炼出焦炭，对冶铁业的发展起到了重要促进作用。在欧洲，直到12世纪晚期，英国人才发现煤炭的燃料用途。13世纪，英国许多地方都已发现煤炭并开始采煤，比利时的煤炭业得到一定的发展，德国从1298年开始开采和利用露天煤炭。此后，欧洲的煤炭业逐步发展起来。

18世纪60年代，英国工业革命开启后，煤炭在工业生产中的应用得到重大突破。1769年，瓦特改进蒸汽机，煤炭被应用到工业生产中，成为工业生产的廉价能源。1770年，用煤炭烧出的焦炭被应用到冶金工业中，冶炼出世界上第一批钢铁，从此煤炭成为冶金工业的主要燃料。19世纪以来，以蒸汽轮机为动力的发电机的出现，又使煤炭成为二次能源电能的重要原料。在此推动下，煤炭产业得到迅猛发展。1700年，英国煤炭产量达到215万吨，使煤炭成为重要的能源基础。1854年，英国煤炭产量增至6 476万吨，占能源总产量的比例超过80%。1870年，英国煤炭产量又比1850年翻了一番多（1850年英国煤炭产量为5 000万吨），达到11 200万吨，生铁的产量也从1850年230万吨增至600万吨，煤炭产量、生铁产量占世界总产量的比例分别为51.5%和50%。此时，英国无论是工厂，还是城市居民，都已广泛使用煤炭作为燃料。

随着世界各国工业革命的推进，煤炭利用的规模不断扩大，木柴利用的数量大减，煤炭在能源利用中的比例不断提高。到1900年，在世界能源消费中，煤炭所占的比例超过了50%，从而替代了木柴在世界能源体系中的主体地位，成为一种主导性能源。

进入现代后，世界煤炭生产规模继续扩大，到1949年，世界煤炭产量达到130 484万吨。与此同时，煤炭在世界能源体系中的地位也得到进一步提高。1950年，世界煤炭产量占世界能源生产总量的比例达到58.7%。

进入20世纪下半叶后，随着世界石油和天然气工业的快速发展，煤炭的地位逐渐下降。到1962年，煤炭产量占世界能源生产总量的比例降至40.9%，并首次被石油超越。1973年，世界煤炭产量所占的比例进一步降到25.7%。

（五）石油

公元前3000年，人类开始利用石油，美索不达米亚、尼罗河流域、阿普歇伦半岛的巴库、中国四川和陕北等地都是古代世界著名的石油产地。

到了近代，美国钻出世界上第一口工业油井，从此拉开世界石油工业的序幕，世界石油生产规模不断扩大。1860年，世界石油产量为7万吨，1889年为1 796万吨，1921年突破1亿吨，1949年达到约4亿吨，1959年接近10亿吨。到1965年，石油消费量占世界一次能源消费总量的比例达到39.4%，首次超过煤炭而跃居各种能源之首，成为世界上最重要的一种能源。

此后，世界石油产量继续不断增加，1969年突破20亿吨，1979年突破30亿吨，1999年达到34.62亿吨，到2008年为39.288亿吨。

同期，由于天然气工业的快速发展，石油的地位相对下降，到2012年，石油消费量占世界一次能源消费总量的比例降为 33.1%，但仍然位居各种能源之首，是当今世界最重要的能源。

（六）天然气

公元前 2000 年，伊朗发现了从地表渗出的天然气，崇拜火的波斯人有了"永不熄灭的火炬"。公元前 1 世纪至公元 1 世纪，中国陕西鸿门（今神木县）、四川临邛（今邛崃县）和法国的格勒诺布尔地区先后出现人工挖凿的天然气井。当时，中国人工钻井的深度已达 100 米以上。

进入近代后，世界天然气开发利用取得重要进展。中国钻出世界上首个深达千米的天然气井。1821 年，美国发现第一个天然气工业气田。此后，北美的加拿大、墨西哥、特立尼达和多巴哥，南美的秘鲁、阿根廷、古巴，欧洲的波兰、俄国、罗马尼亚、德国、捷克斯洛伐克，亚洲的阿塞拜疆、印度、缅甸、印度尼西亚、中国（主要是台湾地区）、日本、马来西亚、巴基斯坦，大洋洲的澳大利亚等国家和地区，先后首次发现工业气田，世界天然气开发进入规模化工业生产时代。

现代以来，尤其是 20 世纪下半叶以来，世界天然气生产规模不断扩大，在世界能源体系中的地位逐渐提高。1917 年，世界天然气产量约为 233 亿立方米，1949 年增加到 1 668.78 亿立方米，到 2010 年达到 31 933.3 亿立方米。1949 年，世界天然气产量占世界一次能源生产总量的比例为 10% 左右，到 20 世纪 80 年代时超过 20%，20 世纪 90 年代至今保持在 25% 左右，成为当今世界的一种重要能源。

（七）电力

古代，中国先民和古希腊先民对雷电现象进行了探索。公元前 600 年左右，希腊泰利斯最早进行摩擦起电的实验。1600 年，英国人吉尔伯特最早提出了"电""电力"等概念。

到了近代，德国盖利克最早发明摩擦起电机。此后，欧美国家对电能展开深入研究，1800 年，意大利人伏打发明世界上首块电池，1875 年和 1878 年先后建成世界上首座火电站和水电站，从此人类进入"电气时代"。1917 年，世界主要电力生产国家的发电量达到 701 亿千瓦时。

现代以来，世界电力得到极大的发展。1949 年，全球发电量为 8 729 亿千瓦时。到 2009 年，世界发电量超过 20 万亿千瓦时，为 200 793 亿千瓦时。

（八）核能

核能又称原子能，是指原子核蕴藏的能量。古代，中国、希腊等国的哲学家们从不同角度对原子问题做了理论探讨。近代，欧洲各国科学家对原子进行实验研究。1789 年，德国人克拉普罗特发现了世界上第一种天然放射性元素——铀。此后，各国科学家先后发现镭、钍等各种天然放射性元素。

到了现代，英国核物理学家卢瑟福于 1919 年实现人类历史上第一次人工核反应。1934 年，卢瑟福等人又实现世界上第一次人工核聚变。1942 年，美国建成世界上第一座人工核反应堆。1951 年，美国又建成世界上第一座用于发电的核反应试验堆，人类首次实现对核电的利用。1954 年，苏联建成世界上第一座试验堆核电站。此后，核能在世界各地开始得到大规模开发利用。1976 年，世界核电总装机容量超过 1 亿千瓦。2005 年，世界核能发电量占全球发电总量的 16%。2012 年，核电消费在世界一次能源消费中所占的比例为 4.5%。2014 年，全球在役核反应堆 425 个，总装机容量达到 3.75 亿千瓦。

2011 年，日本福岛第一核电站发生重大核事故后，世界核电发展受到了较大冲击，在全球 30 个核电国家中有 4 个核电国家决定放弃核电，有 2 个国家选择减小核电比例。

（九）可再生能源

古代，随着人类智力的不断发展和对自然认识的提高，人类开始有意识地开发利用太阳能、水能、风能等各种可再生能源。六七千年前，中国先民便利用水的浮力，制造独木舟航行。约公元前 2400 年，埃及人发明了利用风力航行的芦苇帆船。约公元前 2100 年，波斯出现了用来磨米（粮食）的水车。约公元前 1500 年，意大利开始开发温泉浴疗。西周时期，中国发明"阳燧取火"，成为世界上最早开发太阳能的国家。大约公元前 1 世纪，欧洲最早的水磨——希腊水磨出现。汉代时，中国利用帆船开辟了举世闻名的海上丝绸之路。9 世纪起，世界各地一些沿海地区先后开发利用海洋能。11 世纪，风车在中东地区得到广泛应用。1405—1433 年，中国郑和利用帆船开创七下西洋的壮举。1492 年，哥伦布借助风帆技术发现美洲新大陆。总而言之，古代时期，人类对各种可再生能源的开发利用进行了漫长的摸索。

到了近代，尤其是在工业革命推动下，人类可再生能源开发利用发生巨大变革。在水能方面，水轮技术创新取得重大突破，新式水轮机被研发出来，并应用到工业革命中，水力成为机械化大生产的重要动力，在一些工业化国家的能源体系中的地位提升到第二位，仅次于木柴。到 19 世纪中后期，受到蒸汽能和电力开发利用的冲击，依托水轮机的水能开发走向衰落。在风能方面，大约从 17 世纪起，欧洲各国开始普遍利用风车，18 世纪中后期风车翼板的创新以及铸铁技术的应用把风车的应用推向顶峰，一些国家对风能的利用超过了水能，但随后风车同样让位给了蒸汽机。近代，人类在太阳能、地热能和海洋能的利用方面也取得重大突破。1883 年，美国发明以硒为材料的太阳能电池；1904 年，意大利开地热发电之先河；1910 年，法国首次实现波浪能发电；1912 年，德国建成世界上最早的潮汐发电站。

进入现代后，世界可再生能源开发利用广度、深度及其规模不断扩大。世界地热发电量由 1970 年的 47 亿千瓦时增加到 2005 年的 567.86 亿千瓦时。世界可再生能源发电量占世界发电总量的比例由 1999 年的 1.6% 提高到 2009 年的 3.0%。2012 年，世界可再生能源消费占世界一次能源消费总量的 1.9%。总体上，可再生能源在现代能源体系中的地位较低。

（十）氢能

人类对氢能的认识与利用较晚。在宋代，中国先民无意识地利用氢的还原性烧制灰砖，用于建造长城。

进入近代后，欧洲各国科学家开始对氢能进行科学研究。1766 年，英国人卡文迪许发现了氢元素。随后，欧洲各国先后发明氢气球、氢气飞艇、燃料电池。1912 年，德国建成世界第一座利用氢能的合成氨工厂。

现代以来，氢能的开发利用得到广泛开展。在氢能作为动力燃料方面，人类先后发明氢气发动机、氢氧火箭、氢燃料宇宙飞船、氢燃料飞机等。在氢能电池方面，人类先后开发出碱性燃料电池、固体高分子型燃料电池、高性能燃料电池等。在氢能发电方面，世界各国先后建成氢能发电站。2010 年，全球氢能产量为 2 388 太瓦时。

氢能发展的潜力巨大，氢经济正在世界各地兴起。

二、世界能源的历史价值和影响

自从人类懂得火的功能和价值后，能源便开始渗透到人类生活和生产的各个领域。如今，石油、煤炭、电力、可再生能源等各种能源已成为人类不可或缺的"血液"，关乎各个国家、民族乃至每个人的生存与发展。在人类发展的历史长河中，各种能源的开发利用对人类社会的发展做出了巨大的历史贡献。

（一）火的开发和利用是早期人类及社会发展的革命性力量

火的用途很多，包括照明、取暖、煮饭、炼铁等，在人类社会发展史中起着重大作用。

火改变了人类的生活方式。人类最早使用火的时间为距今约170万年。在火走进人类社会之前，人类和其他动物一样，都是茹毛饮血的。正如《礼记·礼运》曰："昔者先王，未有宫室，冬则居营窟，夏则居橧巢。未有火化，食草木之实、鸟兽之肉，饮其血，茹其毛。"人类懂得使用火后，开始用火烧煮鸟兽，将它们煮熟再吃，自此，人类从茹毛饮血阶段进入用火烧煮食物的时代。

火使人类同其他动物相区分。更为重要的是，自从懂得人工取火之后，人类便不再受自然之火的束缚。对此，恩格斯对人工取火做了高度评价："就世界性的解放作用而言，摩擦生火还是超过了蒸汽机，因为摩擦生火第一次使人支配了一种自然力，从而最终把人同动物界分开。"

火促进了人类的进化。用火煮食，对人类自身发展的影响是革命性的，具有重大意义。"火帮助制备肉、谷物或可用块茎，改善了味道，过滤了毒素，灭除了细菌。火——它的热量，它的烟——帮助保存了那些日后才吃的食物。"[1]并且，熟食增强了人的体质，为脑髓的发育提供了更丰富的营养。同时熟食降低了咀嚼难度，牙逐渐变小、颌部变短，原始人的面貌逐渐变成现代人的模样。

火推动了人类社会从"靠天吃饭"的原始时代进入刀耕火种的农业文明时代。远古时代，在森林茂密的地方，人类用火来开荒，开辟出耕地，然后种植、放牧，或者通过火烧森林，捕杀猎物。刀耕火种的耕作方式提高了人类的生存能力，促进了农业的发展，对人类发展产生了深远的影响。

火推动了陶器时代、青铜时代和铁器时代的发展。中国进入新石器时代后，在距今约一万年开始用火烧制陶器。西亚各地也大约从公元前7000年开始先后进入有陶的新石器时期，土耳其曾发现距今9 000年的软陶器。此后，世界各文明古国先后独立制作陶器，陶器成为人类重要的生活用具。大约公元前4000年，人类进入青铜时代，先民用火炼出青铜，再把青铜烧制成各种青铜制品，这对推动人类社会生产力的发展具有划时代的重大意义。到了公元前13世纪前后，人类开始用火烧制铁器，由此进入铁器时代。由于铁器原料丰富、价格低廉、易于制作且质地坚硬，被广泛应用于生产、生活的各个领域，对人类社会历史的发展产生了重大的革命性作用。

（二）木柴是人类漫长历史长河中使用时间最长、最重要的能源

木柴是古代时期人类的主体燃料，也是近代时期的主体能源。自从人类懂得使用火后，木柴便成为重要燃料，成为人类最早有意识地开发利用的天然能源。人类用木柴生火煮饭、烹饪食物；用木柴生火取暖；晚上用木柴点火照明，驱赶野兽。在周口店北京人遗址，发现了被烧过的兽骨和石块。兽骨由于燃烧而呈黑色、灰色、黄色、绿色、蓝色等颜色，且有不规则的裂纹。石块有的被熏黑了，有

---

[1] 斯蒂芬·J.派因：《火之简史》，梅雪芹、牛瑞华、贾珺等译，生活·读书·新知三联书店，2006，第191页。

的被烧裂了，甚至有的石块已接近烧成石灰。在灰层中还发现有木炭。这些都是北京人用木柴生火取暖和烧食的实证。人类有意识地把木柴当作燃料燃烧时，便跨入了能源发展史上的第一个时代——"木柴时代"。

随着人类智慧的增长，古人不仅把木柴作为生活的燃料使用，还将木柴应用到工农业生产中。在距今 3 900 年，生活在苏美尔地区的亚述人利用当地丰富的木材资源和铜矿资源，烧制各种青铜器，规模甚大。在公元前 500—前 200 年，古雅典的拉乌里翁银矿也是伐木冶炼。随着世界各国冶金工业和其他手工业的发展，木柴成为当时世界各国工业发展的重要能源。1550 年，德国仅是熔炼弗里堡矿山的银矿石就要消耗 210 万立方英尺的木材作为燃料。1574 年，英国炼铁高炉发展到 51 座，所使用的能源仍然是以木材作为主要燃料。从 16 世纪初到 18 世纪初这 200 年左右的时间里，英国能源需求不断扩大，煤炭尚未成为主体能源，木柴是最主要的燃料，结果出现了木柴危机。1876 年，美国从木柴中获取的能量是从煤炭中获取能量的两倍。

从全球来看，直到 20 世纪之前，木柴一直是人类最主要的能源。1860 年，木柴在世界能源消费中所占的比例仍然高达 73.8%，为人类生产和生活的发展做出了重大贡献。

（三）水能、蒸汽能和煤炭为工业革命提供了重要的能源支撑

18 世纪 60 年代，英国发生工业革命，之后带动欧洲各国以及美国、日本等国家相继发生工业革命，到 19 世纪上半叶至 20 世纪初，欧美各国陆续完成工业革命。在此过程中，人类对水能、蒸汽能和煤炭的开发利用起到了巨大推动作用。

1769 年，英国人阿克莱特发明水力纺纱机，两年后创办世界第一家水力棉纺纱厂，由此水力成为机械化大生产的重要动力，标志着机械化大生产时代的到来。到 1800 年，英国的阿克莱特式水力纺纱厂发展到 300 家。1831 年，美国的新英格兰地区除了马萨诸塞和罗得岛的少量纺织厂使用蒸汽机，其他工厂都是利用水力驱动的。1856 年，法国 734 家棉纺厂中，有 478 家棉纺厂使用水力。

1769 年，英国人瓦特发明瓦特蒸汽机，第二年将其应用于工业生产。随后，瓦特蒸汽机在煤炭、冶金、机器制造、交通运输等各个领域得到推广应用，标志着工业时代的到来。在 1750 年之前，英国"除了水力、畜力和人力以外，几乎没有什么动力用于煤矿开采，但在 1750—1850 年的一个世纪内，手工劳动已让位给蒸汽动力，而机械化也初露端倪。浅层煤矿正变得枯竭，但可以利用的（蒸汽）动力使更大更深的煤矿得以开发，以满足随着工业革命发展而增长的对煤炭的需求"[①]。1778 年，英国的康沃尔地区共有 70 台纽科门大气式蒸汽机在运转，但到 1790 年，除了其中的一台，其余全部被更经济、效率更高的瓦特蒸汽机所取代。1800 年，英国有蒸汽机 321 台，到 1825 年增至 15 000 台。在法国，工业革命中使用蒸汽机的数量也从 1842 年的 2 000 台增加到 1850 年的 5 000 多台。

工业革命发生后，对燃料需求巨大的钢铁工业发生重大变革。1759 年，英国建成世界上第一家使用焦炭做燃料的大型综合性炼铁厂。1776 年，瓦特蒸汽机第一次被用于泵水以外，即替代水车为炼铁鼓风，使焦炭最终战胜木炭。[②]18 世纪 80 年代初，亨利·科特发明搅拌法和滚轧法，使炼铁业彻底摆

---

① 查尔斯·辛格、E. J. 霍姆亚德、A. R. 霍尔、特雷弗·I. 威廉斯：《技术史·第 4 卷》，辛元欧主译，上海科技教育出版社，2004，第 53 页。
② 同上书，第 69—70 页。

脱对木炭的依赖。此前，科特还于 1745 年制成一台类似轧辊的轧钢机。在此推动下，英国的炼焦业和钢铁工业得到迅速发展。1760 年，英国投入生产运行的炼焦炉不超过 17 座，到 1790 年英国共有鼓风炼铁炉 106 座，其中有 81 座是采用焦炭生产的。在钢铁工业等领域的拉动下，加之蒸汽机在煤炭开采中得到重要应用，英国煤炭业得到迅速发展。1790 年，英国煤炭产量为 760 万吨，到 1849 年增至5 930 万吨，从而为工业革命提供了重要的能源保障。1849 年，欧洲煤炭产量共计 7 410 万吨，其中英国占 4/5。

（四）世界石油工业时代的到来对人类社会产生广泛而深刻的影响

距今 5 000 年，石油便走进了人类的生活。但是，它对人类产生重大影响却是在一个半世纪之前。1859 年，美国人德雷克发现世界上第一口工业油井，标志着世界石油工业的诞生及"石油时代"的到来，从此，石油深刻地改变了人类的社会经济乃至政治生活。

1. 催生世界石油工业

1859 年美国钻出第一口工业油井后，作为石油资源油大国的俄国于 1872 年在阿塞拜疆的巴库地区发现第一口工业油井，被誉为"世界石油宝库"的中东地区于 1908 年在伊朗发现第一个油田，其他重要产油国包括加拿大、委内瑞拉、英国、尼日利亚、中国、印度尼西亚等国家也先后发现一批工业油田。由此，世界石油工业不断发展壮大。1860 年，世界原油产量为 7 万吨，到 1917 年为 6 782 万吨，1999 年达到 34.62 亿吨，2008 年增加到 39.29 亿吨。

2. 催生石油化学工业

石油不仅可作为燃料使用，还可用作化工原料，由此形成石油化学工业。1917 年，美国开发出世界上最早的石油化学工业产品异丙醇。此后，世界石油化学工业开始发展，到第二次世界大战结束后进入高速成长期，一举取代发端于 18 世纪中叶的煤化工，成为化学工业最主要的基干工业。[①] 从工业发达国家看，化学工业的产值一般占国民生产总值的 6% ~ 7%，而石油化工的产值占化学工业的比例一般达 45% ~ 50%，由此可见石油化工在国民经济中具有重要地位。如今世界石油化工产品多达5 000 多种，广泛应用于人类生产、生活各个领域。

3. 催生石油消费占主导的时代

1911 年，美国汽油需求量首次超过煤油，标志着"汽油时代"的到来。1951 年，在美国一次能源消费中，石油消费首次超过煤炭。到 1965 年，世界石油消费占世界一次能源消费的比例也首次超过煤炭。2012 年，世界石油消费仍然居于各种能源消费之首。

4. 引发石油危机

1973 年 10 月第四次中东战争爆发后，阿拉伯产油国减少石油日产量，对美国和支持以色列的西方国家实行石油禁运，结果引发石油价格暴涨，引发了第一次石油危机。此后，1979 年、1990 年又先后发生两次石油危机，对相关国家和世界经济产生重大影响。

（五）电力的发明使人类进入"电气时代"

1800 年，意大利人伏打发明世界上第一块电池。到 19 世纪 70 年代，法国又先后建造世界上第一

---

① 《中国大百科全书》总编委会：《中国大百科全书·第 20 卷》第 2 版，中国大百科全书出版社，2009，第 226 页。

座火电站和水电站。此后，电力工业在世界各国发展起来，电力在工农业、交通运输业以及日常生活中的各领域都得到广泛利用，极大地促进了人类社会的发展。

（六）可再生能源拓展了能源的发展领域

自远古时代起，虽然人类的主体能源主要是木柴和化石能源，但水能、太阳能、风能等各种可再生能源也得到了开发利用，成为人类能源的重要组成部分和补充。

（七）能源发展带来种种生态问题

古代和近代时期，人类以木柴为能源主体，因生产、生活需要而砍伐森林，给生态平衡造成极大破坏，一些冶炼中心还严重污染环境。亚述帝国的政治、经济中心尼尼微，青铜冶炼规模甚大，被认为是世界城镇中的第一个"大烟囱"。在古雅典的拉乌里翁银矿区，伐木冶炼导致了严重的生态危机，原来茂密的森林消失了，肥沃的土壤逐渐贫瘠。英国工业革命时，凡是冶铁业兴旺起来的地方，那里森林必定被大量采伐，树木变得越来越少，最后冶铁业也走向衰落。

进入现代后，化石能源成为人类新的主体能源，其带来的负面影响比木柴更大。1952 年 12 月 4 日，英国伦敦因燃烧煤炭而发生世界上最为严重的"烟雾"事件，致使数日内大约 4 000 人得病死去。2010 年，美国墨西哥湾漏油事件造成了史无前例的生态灾难，所造成的经济损失高达数百亿美元。2011 年，日本福岛第一核电站发生重大核事故（7 级），虽然已经过去 10 年时间，但其所产生的核废水"后遗症"至今未能得到解决。

三、未来能源的命运

在能源发展史上，人类曾经面对诸多挑战，通过不断开拓与创新闯过了一个又一个的难关。未来人类能源之路亦非坦途，唯有在创新中加强合作，在共商共建共享中构建人类能源共同体，才能促进人类永续发展。

（一）化石能源日渐枯竭

化石能源包括煤炭、石油、天然气等能源，属于不可再生能源，需经历漫长时间才能形成。据《中国大百科全书》，石油生成大约需要数百万年的时间甚至更长，地壳中最"年轻"的石油生成也需要 5 万年的时间。各种化石能源随开采的增加而不断减少。美国自 1859 年发现第一口工业油井后，石油开采量不断增加，1970 年年产量达到历史最高峰 5.3 亿吨，到 2007 年降为 2.56 亿吨。

根据英国石油公司（BP 公司）的统计数据，2013 年，全球石油探明储量为 2 382 亿吨，可开采年限还有 53.03 年；2013 年，全球天然气探明储量为 185.7 万亿立方米，可开采年限为 55.1；2012 年，全球煤炭探明储量为 8 609.38 亿吨，可开采年限超过 100 年，为 109 年。

（二）可再生能源日益重要

可再生能源是指在自然界可以循环再生，取之不尽、用之不竭的能源，包括太阳能、风能、水能、海洋能、生物质能和地热能等能源。据《中国电气工程大典》，在世界可再生能源中，太阳能资源是最重要的一种可再生能源，全球陆地可接收太阳辐射能 180 万亿吨标准煤／年，是 2012 年全球煤探明储量 8 609.38 亿吨的 209 倍；全球地热能技术可开发量为 170 亿吨标准煤／年；全球生物质能技术可开发量为 38 亿吨标准煤／年；全球水能技术可开发量（发电量）为 15 万亿千瓦时／年；全球风能技术可开发量（装机容量）为 96 亿千瓦 / 年；全球海洋能技术可开发量（装机容量）为 64 亿千瓦 / 年。[1]由此可见，全球可再生能源资源数量巨大，可开发利用潜力也是巨大的。

随着化石能源资源的不断枯竭，可再生能源的作用日渐彰显，地位将日渐提升。

（三）核能开发利用潜力巨大

核能发电的方式分为核裂变发电和核聚变发电两种，前者已成为三大常规发电方式之一，后者仍处于研发阶段。与之相对应，核燃料资源分裂变核燃料资源和聚变核燃料资源两种。据有关公开的资料，两者若是得到科学、合理、高效的开发利用，它们的发展潜力将会很大。

根据经济合作与发展组织核能署和国际原子能机构联合发布的《铀 2007：资源、生产和需求》的预测分析，世界核电装机容量会由 2007 年的 372 吉瓦增至 2030 年的 509～663 吉瓦，铀需求量相应地从 66 500 吨 / 年增至 94 000～122 000 吨 / 年；世界查明的能够以低于 130 美元 / 千克开采的常规铀资源量约为 550 万吨，尚未发现的资源量为 1 050 万吨。按 2006 年核能发电率及相应的技术水平，世界查明的铀矿资源可以使用 100 年。如果考虑到铀价格上涨会促进对铀矿的投资，预计世界查明铀资源量会进一步增加。该报告指出：当前查明的铀资源量足够满足需求；使用更先进的反应堆技术以及对铀的回收和再利用，能够使核能使用延长一百年乃至几千年。[2]

聚变核燃料包括氘（D）、氚（T）和锂-6 三种核素。其中，氘可以通过水的分解得到。地球上的水大约含有 46 万亿吨氘。氚在自然界中极为稀少，但可以通过中子与锂原子的核作用而制造出来。锂的可采储量和资源的测算数约为 1×10^7 吨，溶解在海洋中的锂约为 1.84×10^{11} 吨，假若锂全部回收，其能量大致相当于 66×10^9 艾焦耳。[3]地球上已探明的锂储量为 3.495×10^6 吨金属锂（中国占 44.71%），储量基础为 1.167×10^7 吨金属锂（中国占 29.42%）。如果全球的能源需要全部用高品位的锂通过核聚变供给，那么可以供应一个多世纪；假若将陆地上所有的低品位锂（每吨 20～50 克）全部制成氚转变成聚变能，则可供给全世界几百万年的能源消耗。[4]假若所有氘和氚资源得到利用，则其能量相当于 11×10^{12} 艾焦耳。[5]

（四）科技创新是核心

在能源发展史上，人类经历了无数的重大能源突破。无论是在能源开发领域，还是在能源利用领域，这些重大突破都是人类智慧和科技创新的结晶。每一次重大能源的科技创新与进步，都突破了能源发展的瓶颈问题，使能源发展能够更好地满足人类社会进步的需要。面对未来化石能源日趋减少而人类对能源需求日趋增多的矛盾，唯一的出路就是创新。

据《中国大百科全书》记载，到 21 世纪初，全世界尚存石油资源量 4 020 亿吨，加上已累积采出用掉的 1 300 多亿吨，全球石油资源总量大约为 5 320 亿吨。[6]据美国地质调查局 2000 年资料，全世界

---

① 中国电气工程大典编辑委员会：《中国电气工程大典·第 7 卷》，2010，第 7 页。
② 张永胜：《世界能源形势分析》，经济科学出版社，2010，第 129 页。
③ 伊斯雷尔·贝科维奇：《世界能源：展望 2020 年》，上海市政协编译工作委员会译，上海译文出版社，1983，第 138-139 页。
④ 马栩泉：《核能开发与应用》，化学工业出版社，2005，第 393 页。
⑤ 伊斯雷尔·贝科维奇：《世界能源：展望 2020 年》，上海市政协编译工作委员会译，上海译文出版社，1983，第 139 页。
⑥ 《中国大百科全书》总编委会：《中国大百科全书·第 27 卷》第 2 版，中国大百科全书出版社，2009，第 116 页。

天然气资源量总计为 520 万亿立方米，已累计采出 70 多万亿立方米，尚存的天然气资源量超过 441 万亿立方米。尚存的天然气资源量由四部分组成：一是可采储量，已探明未开采的剩余可采储量为 170 多万亿立方米；二是可增长储量，已探明但难以采出的、通过提高采收率措施后可望增加的储量为 66 万亿立方米；三是难以开采的储量，主要指地面条件差或经济性差不便开采的储量为 85 万亿立方米；四是待发现储量为 120 万亿立方米。^① 面对如此丰富的尚存天然气资源量，要勘探、开发它们，均需要科技的强有力支撑。

（五）可持续是能源发展的永恒之道

能源资源是有限的，而人类对能源的需求是无限的，要使有限的资源能够满足无限的需要，就必须科学合理地开发各种能源资源，节约使用能源。

石油、天然气、煤炭等化石能源都是经亿万年才形成的，短期内无法复生，在节约利用这些不可再生的一次能源的同时，要积极开发各种替代能源，如太阳能、水能、风能、海洋能、核能、氢能等，以满足人类日益增长的能源需求。

在能源开发利用过程中，我们要坚持贯彻执行绿色生态理念，加强生态建设和环境保护，大力发展清洁能源，促进能源可持续发展。

---

① 《中国大百科全书》总编委会：《中国大百科全书·第 27 卷》第 2 版，中国大百科全书出版社，2009，第 116 页。

上篇　古代能源

能源是指能够产生能量的物质，如木柴、原煤、原油、太阳能等。按形成成分，能源可以分为一次能源和二次能源。前者包括木柴、太阳能、水能、风能、地热能、鲸油等可再生能源，原煤、原油、天然气等化石能源，以及天然铀矿等；后者包括热能、电能、蒸汽能、煤油、汽油、柴油等。在古代，火和木柴是人类最重要的能源（能量）形式；煤炭、石油、天然气、水能、风能、地热能等得到了不同程度的开发利用。

第 1 章　火

火是热能的一种，是物体燃烧时发出的光和热，是人类最早利用的一种能源（能量）形式。大约 4 亿年前，地球上闪现了第一缕火光。距今 300 万年或 400 万年，地球上出现了最早的人类。生活在距今约 170 万年的元谋人已知道使用火；生活在距今约 70 万—20 万年的北京人已经学会使用火。也有学者根据 1988 年在南非斯瓦特克朗洞内发现的 270 块有火烧遗迹的人类化石，认为人类最早使用火的时间是距今约 140 万年。[①] 有人把人类对火的开发与利用称为人类历史上第一次技术革命。

第 1 节　火与能源的关系

能源是指"可以直接或通过转换提供人类所需的有用能的资源"[②]。它可以分为一次能源和二次能源（表 1-1）。一次能源又称"天然能源"，是自然界中天然存在的、未经加工或转换的能源，如木柴、太阳能、

---

① 徐益棠：《民族学大纲》，徐畅整理，辽宁人民出版社，2014，第 44 页。
② 本书编委员：《能源词典》第 2 版，中国石化出版社，2005，第 1 页。

风能、化石燃料等。二次能源又称"人工能源"，是由一次能源经过加工转换生成的其他形式和种类的能源，如电能、蒸汽能、氢能、煤油、汽油等。[1]

表 1-1 能源类型

分类		基本形态
一次能源	可再生能源	木柴、太阳能、水能、风能、地热能、海洋能、生物质能、鲸油、植物油等
	非可再生能源	原煤、原油、天然气、天然铀矿、油页岩、可燃冰等
二次能源	过程性能源	热能（比如火力发电）、电能、氢能、蒸汽能、余热能等
	合能体能源	焦炭、型煤、煤气、汽油、柴油、重油、液化石油气、乙醇、沼气等

资料来源：作者整理。主要参考本书编委员：《能源词典》第2版，中国石化出版社，2005。

能量是一个与能源直接相关的术语，简称"能"，表示物体做功能力大小的物理量。它包括热能、电能、化学能、机械能、核能、辐射能等。[2]其中，热能是能量的最普遍的形式，是一系统中分子热运动的动能。热能转变成机械能，是工程技术上利用最多的一种方式。电能是现代社会经济发展中最重要的能量（能源）形式。[3]不同能量之间通过物理效应或化学反应可以实现相互转化（图1-1）。所有这些能量都来源于自然界中的各种能源资源，比如木柴、石油、煤炭、风、河流、太阳等。也就是说，人类所利用的各种能源均来自自然界（人类自身体力除外）。

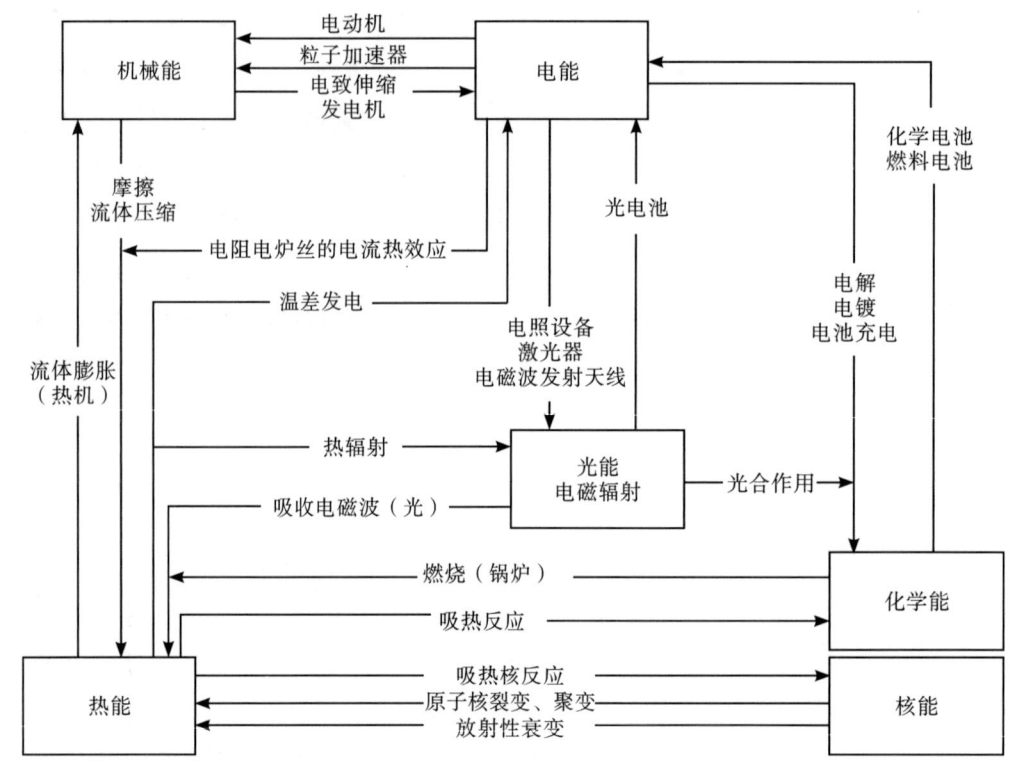

图 1-1 不同类型能量之间的相互转化方式示意图

资料来源：《中国大百科全书》总编委会：《中国大百科全书·第16卷》第2版，中国大百科全书出版社，2009，第503页。

---

[1] 夏征农、陈至立主编《大辞海·能源科学卷》，上海辞书出版社，2013，第4页。

[2]《中国大百科全书》总编委会：《中国大百科全书·第16卷》第2版，中国大百科全书出版社，2009，第503页。

[3] 本书编委员：《能源词典》第2版，中国石化出版社，2005，第1页。

火是一种能源（能量）形式，是通过燃烧木柴、煤炭、石油、天然气等燃料而产生的。火是"可燃烧物质的快速燃烧的现象"[①]，还是"物体燃烧时所发（出）的光和热"[②]。物体燃烧时所产生的火不仅发光，还产生热量。火向周边低温物体传递热量的过程，就是火做功的过程，即传递、转移火的能量的过程。火具有热量（热能），热能可以做功。因而火是热能的一种形式，与电或电能一样，也是能源（能量）的一种形式。世界上各种热力发动机，包括内燃机、汽轮机、燃气轮机等，都是通过将煤炭、天然气等燃料所产生的热能转化为机械能来获得原动力的。

人类利用自己体力以外的能源是从利用火开始的[③]，火是能源利用的最简单的方式[④]。同时，火也是人类对处于原始状态的木柴、原煤等一次能源的最早的一种利用方式。

火的利用促进了人类社会的发展进步。"人类最初用火，是为取暖照明、去寒驱兽，同时使人类扩展到比较寒冷的地区，成为唯一完全自主的动物，并逐步形成与各地区环境相适应的人种。"[⑤]

第 2 节　火的神话

火在很久以前就已经出现，但没有相关的文字记载，因而后人并不知晓它的起源。于是，不断探寻未知的人类便有了关于火的种种猜想和传说。詹姆斯·乔治·弗雷泽指出："这些故事似乎不是传说就是神话。然而，就算是神话，它们也值得研究，这是因为神话虽说并没有正确反映它们想要解释的事情，却无意间透露出那些创作神话及对其信以为真的人们有着怎样的心智境界；毕竟，对人类心智进行研究的重要性并不亚于对自然现象的研究，所以这个问题是不应该被忽视的。"[⑥]弗雷泽对世界各地关于火起源的神话进行了广泛的研究，并撰写了《火起源的神话》一书，其译本由北京大学出版社于2013 年公开出版发行。下面，从该书摘录几则关于火起源的传说。

一、大洋洲

塔斯马尼亚岛是澳大利亚最大的岛屿，那里关于火是如何传播到当地民族中来的有一个传说。有一天，他们村的一座小山脚下来了两个黑人。村民在山顶上看到他俩站在最高处，把火高高抛起，像星星一样，然后落在村民中间，村民吓坏了，全都跑了。不久之后，村民回来匆忙用木头取火，之后就一直保存了火种。那两个黑人住在云彩里，在晴朗的夜里，你可以看见他们就像星星一样在那里。

①《中国大百科全书》总编委会:《中国大百科全书·第 10 卷》第 2 版，中国大百科全书出版社，2009，第 397 页。

② 夏征农主编《辞海：1999 年版缩印本》，上海辞书出版社，2002，第 753 页。

③ 本书编委员:《能源词典》第 2 版，中国石化出版社，2005，第 1 页。

④《中国大百科全书》总编委会:《中国大百科全书·第 16 卷》第 2 版，中国大百科全书出版社，2009，第 505 页。

⑤《中国大百科全书》总编委会:《中国大百科全书·第 10 卷》第 2 版，中国大百科全书出版社，2009，第 398 页。

⑥ 弗雷泽:《火起源的神话》，夏希原译，北京大学出版社，2013，第 1 页。

就是他们把火带来的。[①]

澳大利亚的维多利亚一带有一个传说。那种可以安全使用的火，最早专属于居住在格兰屏山脉的乌鸦，它们没有把火分享给其他任何动物。有一天，一只名叫羽罗英吉尔的小鸟，即火尾鹟鹟，发现乌鸦喜欢丢火把来取乐，它就趁机叼住一根飞走了。一只名叫塔拉库克的隼从火尾鹟鹟那里夺走火把，把整个村子都点燃了。从此，人们就总能从着火的地方取得火种。[②]

卡奔塔利亚湾西南岸的马拉部落有一个传说。很久以前，天地之间耸立着一棵大松树，每天都有很多男人、女人和小孩沿着这棵大松树在天地间爬上爬下。有一天，当他们在天上时，一只叫作卡汉的老隼学会了钻木取火的方法。但是，它不慎把大松树点燃了，整棵大松树被烧掉了。结果，爬上天的人就没办法下来了，只好永远居住在天上。这些人的头发、眉毛、膝盖及其他关节上都镶嵌着水晶，到了晚上这些水晶就会闪闪发光，我们所说的星光就是这么来的。[③]

新几内亚岛是大洋洲最大的岛屿，是世界第二大岛，面积约 78.5 万平方千米。以东经 141° 为界，东半部为巴布亚新几内亚，曾为英国殖民地；西半部原为荷兰殖民地，现为印度尼西亚所辖。在巴布亚新几内亚南岸福莱河河口不远处的齐瓦岛上，传教士中的先驱者詹姆斯·查莫斯牧师说，火最早是由两个人在靠近迪比瑞岛的大陆上造出来的。所有的走兽都想偷得一点儿火，所有的飞禽也来尝试，但都没有成功。唯有一只高高飞翔的黑鹦鹉俯冲下去，叼起一根燃烧着的木棒后飞走，然后在飞越河口时让燃烧着的木棒落在途经的每一个小岛上，每次扔下去后再叼回来，最后把燃烧着的木棒丢在埃撒岛上。此后，这里的人们悉心看护，从此就有火可用了。这个故事中的黑鹦鹉可能是新几内亚大黑背鹦鹉。[④]

居住在印度尼西亚所辖的新几内亚南海岸的马英德安尼姆人认为，很久以前人们是没有火可以使用的。后来有一天，一个名叫尤巴的刚刚成年的男人紧紧地拥抱住他的妻子酉琉姆布，他抱得太紧了，以至于无论他怎么挣脱都不能和妻子分开。最后，来了一个精灵，使劲地摇晃他们，想要把他们分开。这样一来，这两个摩擦的躯体间就冒出了烟和火光，火就这样诞生了。这时，酉琉姆布就生下了一只食火鸡和一只巨鹳，巨鹳被烧伤了脚，而食火鸡则被烧到了嗉囊。村里人都不知道这是怎么回事，突然间有人喊道："火！火！"所有人都跑了过来，直到尤巴的房子都燃烧起来后，他们才意识到火是从那里来的。这时正是旱季，火蔓延得很快，所有的东西都被引燃了。这个关于火起源的神话，显然和其他很多"野蛮人"一样，把钻木取火比喻成两性的交媾。事实上，据说直到晚近，在马英德安尼姆的一个秘密会社，原则上每年都要举行仪式重现神话中火起源的故事，他们认为这种行为是保存火种的关键。[⑤]

在太平洋加罗林群岛西部的雅浦岛居住着雅浦人。以前，他们的木薯和芋头都没有火烤，只能放在沙子里让太阳烘烤。可是人们一直受到病痛的困扰，于是他们祈求天上的大神亚拉法斯施予救助。

---

① 弗雷泽：《火起源的神话》，夏希原译，北京大学出版社，2013，第 3 页。

② 同上书，第 5 页。

③ 同上书，第 9 页。

④ 同上书，第 27–28 页。

⑤ 同上书，第 43–44 页。

刹那间，一道炽热的红色闪电从天空劈下，点燃了一棵露兜树。雷神戴斯拉发现自己被紧紧地困在树干上，于是他苦苦地哀求，希望有什么人能把他弄下来。有一个叫戈瑞汀的老婆婆正在太阳下面用太阳烘烤芋头，听见了呼救就来帮助他。为了报答老婆婆，他教她生火的方法。他叫老婆婆去找一些黏土来，然后用黏土捏了一口陶锅给她。他还叫她去图普克树那里收集些树枝过来。他把树枝放在自己的腋下，把火星悄悄地灌了进去。原始的雅浦人就是这样学会摩擦取火和黏土制锅技艺的。[1]

二、亚洲

在中国，有一位行走于日月之间的圣人看见了一棵树，树上有一只鸟正在啄木头，然后就产生了火。这位圣人受到了启发，折下一根树枝，用此方法造出了火，此后，这位圣人被称为"燧人"。在现代汉语中，燧指的是一种取火工具，而木燧则是一种钻木取火的器具。第一个用木燧取得可为人类所支配的火种的那个人，被称为"燧人氏"。中国人将钻木取火方法的发现归功于这位观察到鸟啄树木时会产生火花的智者。[2]

在印度尼西亚中部的苏拉威西岛（旧称西里伯斯岛）上，居住着托拉迪亚斯人。他们说，造物神用石头刻出男人和女人的身体，向他们吹出一股风，于是他们就有了生命。造物神还给他们火，但没有教他们怎么取火。那时，人们小心地守护着火，以免它熄灭。可是有一天，火还是熄灭了，人们不能做饭。于是，人们决定派一只名叫谭泊雅的昆虫去找天神要一些火。当它到了天空向天神要火时，天神说："我们会给你火，但是你必须用手捂住眼睛，因为我们不想让你知道取火的方法。"谭泊雅照天神说的做了，但是天神并不知道在谭泊雅肩膀两侧的下面还各有一只眼睛。所以，谭泊雅看见了天神取火的方法。天神用一把砍刀击打燧石，产生了火花，点燃了干木头，然后把火拿给了谭泊雅。因此，谭泊雅就带着火和取火的方法回到了大地上。[3]

在古印度的吠陀神话中，火是被摩多利首从天上带下来的。他是第一位祭祀太阳神的使者，其取火的目的是献祭。在《梨俱吠陀》里，一首献给阿耆尼（火神）和苏摩（酒神）的赞歌唱道："阿耆尼和苏摩，齐共事哦，天上闪烁光芒。用咒语和训斥哦，阿耆尼和苏摩，将河水从镣铐中解放。你们中的那位（即阿耆尼）从天上派来摩多利首，你们中的另一位（即苏摩）从群山中遣来猎鹰。"另一首献给阿耆尼的赞歌这样写道："全能之神陷他于洪流底：人们服侍那应得赞美的王。火神的最高本尊自远方带来火神信使摩多利首。"在《梨俱吠陀》的一些段落中，摩多利首明显地被认为等同于阿耆尼，不同于其他地方将摩多利首等同于火。[4]

三、非洲

在非洲西南地区，居住着伯格达马人，或称博格达马拉人。从前，他们没有火可以使用。有一天，有一个男人对他的妻子说："今晚我打算过河去，到狮子的村子里拿一根火把来。"他的妻子劝他不要

[1] 弗雷泽：《火起源的神话》，夏希原译，北京大学出版社，2013，第 82–83 页。

[2] 同上书，第 96 页。

[3] 同上书，第 86 页。

[4] 同上书，第 182–184 页。

冒险，可他还是去了。他跨过河水，来到狮子的茅舍里。这时，狮子们正围着一堆篝火而坐。他被礼貌地带到大门的对面、火堆的后面，并坐了下来。当与狮子交谈时，他一点一点地往门那边挪，然后突然跳起来，一只手把小狮子扔进火里，另一只手抓起一根火把，冲出了茅舍。雄狮和母狮跳了起来，一边大呼捉拿强盗，一边救自己的孩子。等狮子们到达河岸时，他早已经回到了对岸。这个抢火人带着火把回到家后，找来各种木柴点燃了火堆。从此，人类便拥有了属于他们自己的火。[1]

在非洲马普托湾（旧称德拉瓜湾）一带居住着宋加人。他们说，人类的第一位男性祖先名叫里拉拉胡巴，意为"将炽灰放进贝壳里的人"。相传，荷灵威部落的第一个酋长忒绍科让索诺部落的一个酋长的女儿做自己的妻子。那时，索诺人已经掌握了做熟食的方法，而荷灵威人还不会。于是，酋长忒绍科的儿子就从索诺人那里偷了一点燃烧的炽灰，放进一个大贝壳里带回了家。忒绍科之子从此被称为"舒基沙胡巴"，即"用贝壳带来火的人"。[2]

希陆克人是生活在尼罗河中游地区的一个部族，他们说火是从伟大神灵的领地上来的。之前人们并不知道火为何物，就在太阳底下晒食物。一天，一只狗从伟大神灵的领地上偷来了一块肉给这里的人们吃。这块肉是已经用火烤熟了的。希陆克人尝过之后，发现这比生肉好吃多了。于是，人们就在狗的尾巴上系上干稻草，让它去伟大神灵的领地那里偷火。狗到达那里之后，像往常那样在炭灰上打滚，结果尾巴上的干稻草就被还未熄灭的灰烬引燃了，狗在灼痛的驱使下奔回到希陆克人的地盘并在干草上打滚，这些干草就被点燃了。于是，希陆克人就有了火种。[3]

四、美洲

在南美洲中部的格兰查科大平原地区，绰洛提人说，很久以前，一场大火把他们所知的整个世界都毁灭了，仅有一对男女躲到地下的一个洞里才幸免于难。大火熄灭之后，这对男女从洞里爬出来，发现没火了。这时，一只黑鸳带着一根火把回到巢里，结果火把点燃了鸟巢，还把大树烧了起来。这只黑鸳把一些火带给那个活下来的绰洛提男人，从此绰洛提人就有了火。这对男女是后来所有绰洛提人的祖先。[4]

格兰查科的马塔科人说，从前火掌握在美洲豹的手里，它守护着火。有一天，在马塔科人打鱼的时候，一只豚鼠来拜访美洲豹，给美洲豹带来一条鱼，当它上前想要一些火时，美洲豹却没有答应。但这只豚鼠还是成功地偷到了一些火藏在身上。豚鼠将火种带回来后，点起了一把大火来烤鱼。于是，马塔科人从烤鱼的火堆中捡了一根火把回家，然后在家里点起一堆火。此后，火就再也没有熄灭过，马塔科人就全都有了火。[5]

中美洲危地马拉的基切人说，当他们的祖先还没有火可以使用时，只能忍受严寒的折磨。神灵托希尔是火的发明者，也是火的所有者，可怜的基切人向他祈求，托希尔就爽快地给他们点起了火。可

---

[1] 弗雷泽：《火起源的神话》，夏希原译，北京大学出版社，2013，第 102 页。

[2] 同上书，第 103 页。

[3] 同上书，第 112 页。

[4] 同上书，第 114 页。

[5] 同上书，第 115 页。

是，不久之后下了一场大雨，把火浇灭了。于是，托希尔穿着他的拖鞋跺起脚，再次造出了火。后来，基切人的火又多次熄灭，但每次托希尔都给他们点起新的火。[1]

夏延人的祖先甜根是从雷神那里学会了钻木取火的方法的。雷神从公野牛那里获得了一根木条，从中能产生火。雷神叫甜根找一根木棍来，教他点火。甜根找来木棍后，雷神就对他说："顶住木棍中间那部分，双手扶好，然后迅速旋转。"甜根试了几次后，木棍就着起火来了。就这样，夏延人学会了给自己带来温暖的方法，才得以抵御霍姆哈，也就是通常所说的"冬人"或"暴风雪"（即带来寒冷与风雪的力量）。[2]

加利福尼亚的托洛瓦人流传着这样一个关于大洪水的传说。在这场大洪水中，几乎所有的托洛瓦人都被淹死了，仅有一个蜘蛛族印第安人和一个蛇族印第安人逃到最高山峰上的人逃过了一劫。当大水退去后，幸存者却发现没有火了。他们看着月亮，相信它那里有火。于是，蜘蛛族印第安人和蛇族印第安人就计划从月亮那里偷火。蜘蛛族印第安人用蛛丝缠绕出一个气球，用一根长绳子把气球拴在地上，然后乘着气球上到了月球，和月亮族印第安人玩起游戏来。当他们在火边坐下来玩游戏时，一个之前顺着绳子爬上去的蛇族印第安人突然从火中间跑了过去，在月亮族印第安人还没从兴奋中回过味来时就逃跑了。蛇族印第安人回到地面后碰过的每一根木棍、每一棵树都有了火，就这样，火被永远保存下来了，蛇族印第安人对他们自己的成就很是高兴和满意。[3]

加利福尼亚的帕姆波莫人则认为，地上的火源自闪电。他们说，来自天空的原始闪电将火花保存在了木头里，因此用两块木头相互摩擦，就会从中冒出火来。[4]

五、欧洲

很久以前，世界上还没有火，诺曼底的人们商量，必须去好神那里把火要来。可是好神住在很远的地方，大鸟们不愿意去，中型鸟们也拒绝了。当人们正在商讨的时候，被小鹪鹩听见了。"既然没有谁愿意去，那么就让我去吧。"它说。人们回答它："可是你太小了。""你的翅膀这么短小，会累死在半路上的。"小鹪鹩回答："我愿意试试，最糟不过是死在路上而已。"于是，它就飞走了，而且竟然很顺利地到达了好神那里。好神让小鹪鹩在自己的膝盖上休息，并对它说："若把火给你，在你回到大地之前，就会被火烧死的。"小鹪鹩没有畏惧，答应好神自己会加倍小心，然后就高兴地向大地飞了回去。当它离家很近时，不由自主地加速，结果它的羽毛被火点燃了。小鹪鹩把火带给了人们，可是它的羽毛却被火烧光了！其他的鸟急切地凑到它跟前，它们都从自己身上拔下一根羽毛，为它制作了一件大衣。从此之后，小鹪鹩的羽毛就变成了斑斑点点的样子。当时，只有一只邪恶的鸟——苍鹭没有贡献任何东西，于是其他的鸟都冲过去惩罚它，它只好躲起来，回到洞里。从此，这种鸟就只能在夜间活动。在诺曼底地区的神话中，鹪鹩是非常受人尊敬的，因为它从天上给人们带来了火。[5]

---

[1] 弗雷泽:《火起源的神话》，夏希原译，北京大学出版社，2013，第125页。

[2] 同上书，第138页。

[3] 同上书，第142-143页。

[4] 同上书，第143页。

[5] 同上书，第174-175页。

在古希腊神话里，天神宙斯将火藏起来，不许人类拥有。于是，机智的普罗米修斯就用一根茴香枝从宙斯那里将火偷来，带给了大地上的人类。宙斯为惩罚普罗米修斯，就把他绑在高加索山脉的一座山峰上，并派出一只鹰每天白天去啄食他的心肝，然后到夜里又让他白天被吃掉的脏器复原。普罗米修斯一直遭受这种折磨三十多年（也有人说是三万年），最后才被赫拉克勒斯解救下来。但据柏拉图说，普罗米修斯并不是从宙斯那里偷来火的，而是从火神赫菲斯托斯那里将火偷来交予人类的。[1]

第 3 节　自然之火

在自然界，火极为古老。在整个地质年代，火山喷发时，岩浆或灰烬会引发森林大火。雷电有时也会引起森林和草原大火。石油、煤炭、天然气等化石矿物露出地表，在一定条件下也会自燃。此外，岩石坠下、陨石撞击等情况也会产生火花，引起熊熊烈火。地球上第一缕火光，可能闪现于大约 4 亿年前的泥盆纪早期。[2] 也有学者指出，"火的最早来源是自然界雷电的引燃"[3]。

一、火山之火

火山是因地下岩浆及其伴生的气、水沿着地壳薄弱处喷出地表而形成的。火山喷发时，往往会伴随熊熊大火。

在中国文献中有许多关于火山（有的未必是地质意义上的火山，仅仅是冒烟、冒火的山）的记载。《山海经》中记载："南望昆仑，其光熊熊，其气魂魂。"郭璞注："今去扶南东万里有耆薄国，东复五千里许有火山国，其山虽霖雨，火常然。"这是中国古代有关火山的最早记述。[4]

《魏书·西域传》记载："悦般国，在乌孙西北……其国南界有火山，山傍石皆焦熔，流地数十里乃凝坚，人取为药，即石流黄也。"郦道元在《水经注·河水》中引《释氏西域记》云："屈茨（龟兹）北二百里有山，夜则火光，昼日但烟，人取此山石炭，冶此山铁……"

中国东北有众多火山。其中，关于长白山火山喷发活动的文献记载有 4 次。第一次喷发是在 1597 年："有放炮之声，仰见则烟气涨天，大如数抱之石，随烟拆出，飞过大山后，不知去处。"第二次喷发是在 1668 年，长白山附近下了一场"雨灰"。第三次喷发是在 1702 年："午后，天气忽然晦暝，时或黄赤，有同烟焰，腥臭满室。若在烘炉中，人不堪重热，四更后消止，而至朝视之，则遍野雨灰，

① 弗雷泽：《火起源的神话》，夏希原译，北京大学出版社，2013，第 177 页。

② 斯蒂芬·J.派因：《火之简史》，梅雪芹、牛瑞华、贾珺等译，生活·读书·新知三联书店，2006，第 2 页。

③《中国大百科全书》总编委会：《中国大百科全书·第 10 卷》第 2 版，中国大百科全书出版社，2009，第 398 页。

④ 涂光炽主编《地学思想史》，湖南教育出版社，2007，第 84 页。

恰似焚蛤壳者……"第四次喷发是在 1899 年："月色暗淡，忽有狂风从岭西陡起，山鸣谷应，松涛浪涌，势如万马奔腾。心骇惧间，霎时天红如血，见万千火球，忽上忽下，形同星动……犹见火球顺岭而去，直奔南下，呜呜然声闻百里。"[1]

二、雷电之火

雷电击中地面可燃物，常常会引起大火。

澳大利亚的东南部和西南部夏季漫长干燥，虽有丰富的可燃植被，但缺少闪电，不易着火。北部一带干湿季节分明，雨季开始之时闪电不停，地面植被被雷电击中就可能燃烧起来，人们很容易就能从自然界中获取火种。

在美国新墨西哥州的吉拉野生保护区，每年都会发生大量的闪电火。火情发生的主要原因是干湿条件的不匹配：大火发生在初春，而主要的闪电（和雨）发生在夏末；经历过一个或几个反常的多雨年份之后会出现干旱的年份，而这往往就是大火之年。[2]

在某些岛屿，如瑞典北方湖区里的岛屿，经常发生由闪电引发的火情。并且，瑞典较大的岛屿比较小的岛屿发生闪电火的次数更多。这可能是因为那里生长的是目标较大、容易被闪电击中的树木，而不是低矮的灌木丛。[3]

第 4 节　人工之火

自然火有诸多局限性。它在时间上分布不均匀，旱季时可能发生闪电火，雨季时却难以取得；在空间上分布也不均匀，有雷电的地方可能有闪电火，无雷电的地方却没有；在使用延续性上，有柴火时可持续燃烧，无柴火时则会自灭。自然火来去无常，人类无法掌控，不能随时随地利用，使得人类的生存和发展面临严重的制约和挑战。于是，随着见识的增长和智力的发展，人类便想到并发明了用人工火来替代自然火。有了人工火，人类生火用火便不再受到自然火的束缚，可以随时随地地使用火。因此，恩格斯高度评价了人类对人工火的发明："就世界性的解放作用而言，摩擦生火还是超过了蒸汽机，因为摩擦生火第一次使人支配了一种自然力，从而最终把人同动物界分开。"

一、燧石取火

燧是古代取火的一种器具。其材质可以是石头，也可以是木头等。当器具的材质是石头时，可称

① 涂光炽主编《地学思想史》，湖南教育出版社，2007，第 85 页。
② 斯蒂芬·J. 派因：《火之简史》，梅雪芹、牛瑞华、贾珺等译，生活·读书·新知三联书店，2006，第 30 页。
③ 同上书，第 27 页。

为燧石^①；当器具的材质是木头时，则称为木燧。

两块石头相互碰撞、敲打，就比较容易产生火花。古代人们无意间发现了这种现象。当附近的自然火熄灭后，想要生火取暖或煮食物时，人类就想到了从前无意间敲击矿石产生火花甚至点燃植物的现象。于是，人类便开始有意识地敲打石头来取火。这可能是人类有意识取火时的最早使用的一种方法，其起源要比钻木取火还要早。

黄铁矿石是一种常见的矿石，碰撞、敲打时较容易产生火花，操作起来也很简单，用它来取火很方便。早在新石器时代和青铜时代，人类就已经使用黄铁矿石（取火）了。有因纽特人、北美洲的印第安人、南美洲的火地岛人等使用黄铁矿石和燧石取火的记载，英格兰人直到火柴出现之前，也偶尔使用这种取火方法，甚至如今一些美洲印第安人仍在使用两块黄铁矿结核打火。^②

后来，铁矿石逐渐被燧石、石英等硅质矿物替代。之后，人们发现用火石敲击铁矿石有利于生火，铁和由铁生成的钢产生的火花比已被弃用的黄铁矿石产生的火花温度更高，于是生铁就作为一种更有用的取火材料替代了黄铁矿以及燧石、石英等其他取火材料。16 世纪的燧发枪（明火枪的前身，火绳枪的后继者），就是铁、钢与黄铁矿的组合。古罗马人可能有时就是使用钢和火石取火的，而亚洲和欧洲的个人和家庭直到火柴出现前仍然使用火石和钢取火。^③

二、摩擦取火

两块木块互相摩擦时，会产生木屑，还会产生热量，使木屑冒烟，发红发热。当发热到一定程度，还会生出火花，点燃木屑或干草。于是，人类就掌握了摩擦取火的方法。摩擦取火的方法可分为钻木取火、锯木取火、犁木取火等。

钻木取火，主要是在较松软的木块上，双手握住坚硬的木质钻头向下用力往复旋转钻入木块，产生足够的热量，使钻木时产生的木屑被点燃。在新石器时代甚至更早些时候，人类就发现了钻木取火的方法。直到现代，在亚洲、欧洲、非洲等一些地方的人们仍然使用这种方法取火。

锯木取火主要集中在盛产竹子的地方，是东南亚及其周边岛屿，以及印度、澳大利亚等地区所特有的。^④他们通常用竹条做锯，在木块上拉起锯来生火。后来，也有用藤条代替竹条的。直到现代，欧洲和西非的部分地区仍在使用锯木取火的方法。

犁木取火，就像当今的木工使用型具犁木一样，人们在较松软的木块上使用木犁去犁木，犁出凹槽，产生高温木屑，然后取火。这种取火方法可能起源于东印度群岛，在澳大利亚、马来西亚和非洲，也有使用这种方法的。^⑤

---

① 严格地说，"燧石"或"燧石岩"，是指主要由玉髓、细至微粗的石英和蛋白石组成的一种硅质沉积岩，俗称"火石"。

② 查尔斯·辛格、E. J. 霍姆亚德、A. R. 霍尔主编《技术史·第 1 卷》，王前、孙希忠主译，上海科技教育出版社，2004，第 145 页。

③ 同上。

④ 同上书，第 146 页。

⑤ 同上。

三、阳燧取火

阳燧取火是世界上最早利用太阳能取火的方式。阳燧是一种向日取火的青铜凹面镜。《考工记》记载："金锡半，谓之鉴、燧之剂。"

在周代，中国人发明了青铜凹面镜，并使用凹面镜面向太阳聚光来取火。《周礼·秋官司寇》记载："司烜氏，掌以夫遂，取明火于日。"可见，中国在两三千年前就开始利用太阳能了。

四、其他方式取火

在古代，苏美尔人、巴比伦人、埃及人、因纽特人等发明了机械取火钻，用机械钻木取火。

在亚洲，菲律宾、印度尼西亚和其他东南亚国家的居民发明了竹制取火活塞。他们用竹子制作活塞，通过小竹管压缩空气产生热量，然后取火。

第 5 节　火的利用

很早以前，甚至比旧石器时代还早的时候，人类就开始利用自然火了。在发明人工火后，人类用火的机会就更多了，也更自由、更广泛了。有意识地用火，是人类文明的重大进步，其影响要比人类打制石器所产生的影响更大，是人类智能发展史上第一次划时代的重大飞跃，也是人类发明人工火的重要前提条件。假如人类没有意识到火的重要性，就会失去发明人工火的基本动力。恩格斯在《自然辩证法》中谈到火的使用和动物的驯养时指出："这两种进步就直接成为人的新的解放手段。"

一、用火证据

在旧石器时代以前，即人类在开始懂得用打制石器来采集、狩猎之前，看到自然火会出于好奇将其无意识地拿起来玩耍。如在熊熊大火附近点燃另一堆大火；或在寒夜路过自然火旁边时感受到它的温暖，坐在一旁烤火取暖；又或者，因从前无意中吃过自然火燃烧过后残留在地上的被烧死的动物的肉，觉得动物的肉烧过之后更香、更可口，于是便将捕获的动物放到自然火生成的火堆中有意地烧烤，然后吃上一顿美味的烤肉。这些无意之举，要比有意地打制石器工具容易得多。可以推测，人类在懂得制造石器工具，具备制造石器技能之前，可能已经开始无意识甚至有意识地利用自然火了。在考古学上，有证据表明人类最早用人工火开始于旧石器时代。

据《中国大百科全书》记载，在南非的斯瓦特克朗洞穴和肯尼亚的切苏旺加遗址（距今 150 万—100 万年），曾发现人类用火遗迹；在法国的埃斯卡尔洞穴遗址（距今约 70 万年），发现了人类的用火遗迹；在中国北京周口店的龙骨山上，曾发现有灰烬、烧石和烧骨等。[①]

英国查尔斯·辛格等人主编的《技术史》一书认为："人类使用火的最早证据，出自北京人所住的洞穴。"[②]

根据考古发掘的研究报告，中国人用火的历史至少已有一百万年了。在距今约170万年的云南元谋人遗址中发现有炭屑，它可能就与元谋人用火有关。在距今约60万年或更早的陕西蓝田人遗址中也发现了炭屑。在距今约70万—20万年的北京人居住的山洞里，发现了大量的灰烬和火烧过的石块、兽骨。山西匼河附近的旧石器时代早期人类遗址中亦发现有用火的遗迹。[③]

在周口店北京人遗址中，考古发现厚达4～6米的灰烬层，灰烬里有一些烧裂的石块和烧焦的兽骨，还有烧过的朴树籽和紫荆树木炭块。这些都是庖厨垃圾，是古人用火最有说服力的证明。在周口店北京人遗址中，灰烬不是散布于整个地层的，而是一堆堆地合理分布着，这进一步表明它不是野火的留迹，而是北京人为了保存火种而有意识用火的结果。[④]

目前在世界各地的露天遗址中，还没有发现50万年前用火的痕迹。"这种情况可以部分地被解释为，干燥、露天和沉积性堆积层不是木炭能够良好保存的地方。同时，还有一点可以论证，露天遗址不是保持火种持续燃烧的理想地点，易于受恶劣气候的毁坏，这与现在是一样的，因此，那些本来可以长久留存的木炭和灰烬，不大可能在这里有量上的积累。"[⑤]但也有人认为，最古老（和更有争议）的人类用火证据来自露天遗址，如150万年前的东部非洲的 Chesowanja。[⑥]

2005年，考古专家对广西百色盆地的大梅遗址、坡洪遗址等遗址进行发掘，在这些遗址中发现多处旧石器时代晚期的用火遗迹。在大梅遗址大型石器加工场，发现两处用火烧过的土面，直径均约为30厘米。在坡洪遗址第二层底或第三层表发现三处含有大量炭粒、红烧土等用火遗迹，直径为30～50厘米。在六怀山遗址，也发现类似的旧石器时代晚期的用火遗迹。这些用火遗迹的年代可能晚于80万年前。考古专家初步推断，在旧石器时代晚期的石器加工场发现人类用火遗迹，说明制作石器的古人休息时曾在这里烧烤食物，因为周围没有发现陶器之类的碎片。

差不多与亚洲远古人同时，距今约60万年，欧洲的原始人开始用火。其中，匈牙利的韦尔特斯泽勒斯的灰烬是迄今所知最古老的。[⑦]

二、生活用火

在古代，人类首先将火用于煮食物、取暖、照明等日常活动。

（一）煮食物

远古时代，在人类尚未懂得用火之前，与其他动物一样，吃食物总是生吞活剥，茹毛饮血。《礼

①《中国大百科全书》总编委会：《中国大百科全书·第12卷》第2版，中国大百科全书出版社，2009，第209页。
②查尔斯·辛格、E.J.霍姆亚德、A.R.霍尔主编《技术史·第1卷》，王前、孙希忠主译，上海科技教育出版社，2004，第144页。
③李进尧、吴晓煜、卢本珊：《中国古代金属矿和煤矿开采工程技术史》，山西教育出版社，2007，第233页。
④黄慰文、贾兰坡、安志敏等：《中国历史的童年》，中华书局，1982，第62-65页。
⑤哈伊姆·奥菲克：《第二天性：人类进化的经济起源》，张敦敏译，中国社会科学出版社，2004，第181页。
⑥同上书，第187页。
⑦让·沙林：《从猿到人：人的进化史》，管震湖译，商务印书馆，1996，第95页。

记·礼运》曰:"昔者先王,未有宫室,冬则居营窟,夏则居橧巢。未有火化,食草木之实、鸟兽之肉,饮其血,茹其毛。"《白虎通义》也记载:"古之时未有三纲、六纪,民人但知其母,不知其父,能覆前而不能覆后,卧之詓詓,起之吁吁,饥即求食,饱即弃余。茹毛饮血而衣皮苇。"

人类懂得用火后,尤其是发明了人工火后,开始用火烧煮食物,将食物煮熟后再吃。自此,人类便从茹毛饮血阶段进入用火烹煮食物阶段。

以色列的考古学家在一次考古发掘中证实,在距今 79 万年,生活在如今以色列境内的一群早期人类,就已经懂得用火制造工具和加工食物。[①]美国和南非的科学家用电子自旋共振技术对南非斯瓦特克朗岩洞中出土的骨头化石进行分析,结果发现这些骨头曾被加热到只有炉火才能达到的温度。科学家们推测,人类早在 150 万年以前就知道用火烤肉了。但也有科学家对这种推测表示怀疑。[②]

在周口店北京人遗址中,发现有被烧过的兽骨和石块。兽骨由于燃烧而呈现出黑色、灰色、黄色、绿色、蓝色等颜色,且有不规则的裂纹。石块有的被熏黑了,有的被烧裂了,甚至有的石灰石已被烧得接近石灰。在灰烬层中还发现了木炭。这些发现是北京人用火取暖和烧食的实证。[③]

托马斯·哈洛特在《关于弗吉尼亚新发现土地的实况简报》中记述了 16 世纪火技对美洲印第安人食物体系的塑造:村庄的中心有一堆大火,人们围绕着大火举行"隆重的盛宴"。人们定期焚烧,使猎鹿场地保持空旷。在秋季猎捕中,鹿可能被火赶进溪流或海边的潮水中。他们用刀耕火种的方式种植玉米,在房屋里生着炉火。这一过程甚至延伸到了捕鱼业。印第安人用火伐倒树木,把它们掏空做成独木船。入夜,他们将火带到船上,火光将鱼吸引到他们周围,他们再用鱼叉来叉鱼。他们用火烤鱼,或在一个陶罐中将鱼、玉米和其他食物放在一起煮。对于剩下的鱼,则利用火或火产生的烟来烘干、保存。饭后,他们围着火欢庆祈祷。因而,像他们的村庄一样,他们的生活和经济都以火焰为中心。[④]

中国古人不仅懂得用火煮食,还发明了陶甑,用陶甑作为器具烧水,产生蒸汽来烹饪食物。在约距今 1 万年的新石器时代,居住在中国南方和北方的人已经使用当地的红土、沉积土等土壤烧制砂陶器等陶器。早期的夹砂陶器多为敞口圆底的样式,称为釜,中国古人使用陶釜煮食。在此之后,中国人发明了陶甑,用陶甑煮水,产生蒸汽,然后再用蒸汽来蒸食。公元前 3800 年左右,中国长江中游的大溪人已经开始使用陶甑蒸食,至屈家岭文化时使用更加普遍。长江下游的马家浜人和崧泽人也用甑蒸食,在著名的河姆渡文化遗址中发现了公元前 4000 年左右的年代最早的陶甑。[⑤]中国成为世界上最早利用蒸汽能的国家。

火有许多重要作用。"火帮助制备肉、谷物或可用块茎,改善了味道,过滤了毒素,灭除了细菌。火——它的热量,它的烟——帮助保存了那些日后才吃的食物。"[⑥]

---

① 董崇山:《困局与突破:人类能源总危机及其出路》,人民出版社,2006,第 19 页。

② 同上书,第 20 页。

③ 黄慰文、贾兰坡、安志敏等:《中国历史的童年》,中华书局,1982,第 62-65 页。

④ 斯蒂芬·J. 派因:《火之简史》,梅雪芹、牛瑞华、贾珺等译,生活·读书·新知三联书店,2006,第 191 页。

⑤ 王仁湘:《往古的滋味:中国饮食的历史与文化》,山东画报出版社,2006,第 279 页。

⑥ 斯蒂芬·J. 派因:《火之简史》,梅雪芹、牛瑞华、贾珺等译,生活·读书·新知三联书店,2006,第 191 页。

用火烧食促进了人类的进化。熟食能够增强人的体质，为脑髓的发育提供更丰富的营养。同时，熟食降低了咀嚼难度，人类的牙齿逐渐变小、颌部变短，使原始人的面貌逐渐变成现代人的模样。

（二）取暖

火有热能，在寒冷的夜晚，可用火来防寒取暖。人类早期，"在火的多种用途中，取暖、在黑暗中照明是最为突出的"[1]。

随着人类文明的进化，古人不仅在野外营火，还发明了陶土盘、石盆等器具盛装木柴来生火取暖。

古人在帐篷或草屋内生火时常常将木炭放在陶土盘或石盆中燃烧。在美索不达米亚的人类早期居住地，发现了铜制火盆。其侧面是穿孔的，支腿将盆体支离地面几英寸（1英寸约等于2.54厘米）。用来加热大房间的火盆体形巨大，如在古罗马庞培古城遗址发现的火盆长7英尺（1英尺约等于30.48厘米）8英寸，宽2英尺8英寸。火炉由便携式发展到封闭式。最早发现的用来装木炭和热水的小型可携带金属容器主要是用来暖身和温床的。在古罗马城堡的大厅中，甚至是12世纪以后的其他西式建筑中，依然设有火炉。但是，自从房屋改用石块和砖块砌筑后，布置在房屋中的火炉就不再是必不可少的了。[2]

（三）照明

在古代，晚上的营火具有照明防御的功能。营火发出的光亮照亮四周，可以驱赶野兽，避免野兽侵袭人类。晚上，早期人类是不干活的。但当人们想到森林中狩猎时，则会从火堆中抽出一根燃烧的木棒，或者点上一支火把，用来照明。

古代，人们常常选择富含树脂的木材，或者将藤条绑扎在一起，制成火把。在马来西亚等地区，人们至今仍使用以棕榈叶将各种树脂块缠系在一起制成的"灯"。从古埃及、古希腊、古罗马一直到中世纪的欧洲各地，火把都得到普遍使用，它们有时被置于插座上、安置在柱子上或是放在墙上的托架里，逐渐成为列队行进的附属品。[3]

三、农业用火

古人将自然火、人工火引向农业后，人类社会便从靠天吃饭的原始时代，进入刀耕火种的农业文明时代。

原始时代，在森林茂密的地方，人们要用火来开荒，才能开垦出大片耕地，然后耕种植物。在森林地带，人们还会用火来烧兽、捕杀猎物。

在马达加斯加岛，马尔加什人（或称奥斯特罗尼西亚人）最早在500年左右登陆，此后又在1000年左右大量上岸。马尔加什人到来后，便开始在岛上刀耕火种，马达加斯加岛的大型动物在火把和长矛面前逐渐消失，取而代之的是人类和家畜。山林因种植芋头而遭毁。热带稀树草原在中部高原上伸

---

① 查尔斯·辛格、E. J. 霍姆亚德、A. R. 霍尔主编《技术史·第1卷》，王前、孙希忠主译，上海科技教育出版社，2004，第152页。
② 同上。
③ 同上书，第153页。

展，充斥在上面的是大群瘤牛以及几乎一年一度的火海。①

　　在新西兰岛北岛，毛利人的祖先是从 10 世纪开始从波利尼西亚中部的社会群岛迁来的。当时，北岛是个典型的太平洋岛屿，有火山，有茂密的亚热带森林。毛利人的祖先到来后，北岛发生了波利尼西亚式的转变：以刀耕火种的方式栽培芋头；消灭与之竞争的动物群，大范围地燃烧既有草地或刚刚休耕的田地。从 950—1250 年的三个世纪里，毛利人通过狩猎和焚烧，将东部大片雨影地带（指山脉等背风坡上雨量比迎风坡要小的区域）变成了蕨类丛生地区，特别是草类丛生地区。森林慢慢稀疏，变成了蕨丛，或者成为灌木丛生的休耕地。②

　　自从人类开始刀耕火种后，农业拓荒中火的发展先后经历了三个阶段，对人类发展产生了深远的影响。

　　第一阶段，航海时代之前的所有农业拓荒活动。在这一千多年间，动植物驯化中心相继出现，植物和动物以不同的结合方式涌现出来。到 15 世纪，欧洲人到达了如今所有有人居住的大陆（澳大利亚除外）。农业拓荒大多采用燃烧—休耕制农业和燃烧—草料制畜牧业两种不同形式。

　　第二阶段，欧洲人在海外惊人的扩张。欧洲的殖民扩张，最初商业因素多于农业因素，但很快就演变成一项农业行动。其原因是贸易和大企业的参与重新调整了当地的农业和畜牧业，并且欧洲人逐渐开拓这片广袤无垠的土地。这一过程影响了所有覆盖着植被的大陆以及所有的前农业地貌。与先前的农业拓荒不同的是，它使曾经相对隔绝的世界各地联系起来，并促成了在自然条件下不可能发生的动植物群的交流，火的生态学开始跨越地球上的各个生物区系，使食物和物种流动起来。

　　第三阶段，农业与工业的融合，即工业燃烧与化石燃料开始相互补充，并最终取代了传统的燃烧—休耕制农业模式。它闯入了像亚马孙河流域和婆罗洲（今东南亚的加里曼丹岛）这样的特殊地带，使之崛起，成为燃烧新秀。它还促进了欧洲、北美洲和澳大利亚这些地区农业的非拓荒化进程，这一进程对火的发展产生了深远的影响。地球上火的生态学正在为得到贮存的化石燃料而向地质深处拓展。③

四、工业用火

　　自古以来，火就是工业生产的重要工具。早在 1 世纪，古罗马作家老普林尼就曾对火做出了这样的评论："在总结人类通过智力在仿造自然的过程中所用的种种方法时，我们不能不对这样一个事实感到惊讶，即火几乎对每一步运作来说都是必不可少的。它从泥土中取出沙子并将它们熔化，时而制成玻璃，时而造出白银、铅丹或这种那种铅，或对画家或物理学家有用的一些物质。通过火，矿物被提炼，并产出了铜；在火中，铁诞生了，并且又为火所征服；通过火，黄金被提纯了；通过火，石头被燃烧，以便将房屋的墙壁连接在一起……"④

① 斯蒂芬·J. 派因：《火之简史》，梅雪芹、牛瑞华、贾珺等译，生活·读书·新知三联书店，2006，第 137 页。
② 同上书，第 135–136 页。
③ 同上书，第 130–131 页。
④ 同上书，第 179 页。

早在1万多年前，中国古人便开始用火烧制陶器。后来，中国人开始用火炼铁，制造兵器、农具等工具。考古中先后发掘了一批分布在春秋战国时期的楚国、吴国、周、韩国用火烧制的铁器（表1-2）。

表1-2　中国出土的春秋晚期和战国早期铁器

出土地区		出土铁器	时代	资料来源
楚国	长沙杨家山65号墓	钢剑1件，铁鼎形器1件，铁削1件	春秋晚期	《长沙新发现春秋晚期的钢剑和铁器》（《文物》1978年第10期）
	长沙窑岭15号墓	铁鼎1件	春秋战国之际	同上
	常德德山楚墓	铁镢1件	春秋晚期	《湖南常德德山楚墓发掘报告》（《考古》1963年第9期）
	长沙楚墓	铁臿、铁削3～5件	春秋晚期	《长沙楚墓》（《考古学报》1959年第1期）
	长沙识字岭314号墓	铁臿1件（原报告作凹字式铁锛），铁环1件	春秋晚期（原报告定在战国，根据同出土物改定）	《长沙发掘报告》（科学出版社，1957年，第66页）
	信阳长台关1号楚墓	错金铁带钩5件	春秋晚期或春秋战国之际	《我国考古史上的空前发现——信阳长台关发掘一座战国大墓》（《文物参考资料》1957年第9期）
	长沙龙洞坡52·826号墓	铁削1件（原作匕首）	春秋晚期	《长沙52·826号墓在考古学上诸问题——全国基本建设中出土文物展览内容介绍之一》（《文物参考资料》1954年第10期）
吴国	江苏六合程桥1号墓	铁丸1件	春秋晚期	《江苏六合程桥东周墓》（《考古》1965年第3期）
	江苏六合程桥2号墓	弯曲铁条1件（两端残缺）	春秋晚期	《江苏六合程桥2号东周墓》（《考古》1974年第2期）
周	洛阳中州路西工段2717号墓	铜环首铁削1件（已残缺，原报告作铁刀），铁片1件	战国早期	《中国田野考古报告集：洛阳中州路（西工段）》（科学出版社，1959年，第111页）
	洛阳市水泥制品厂战国灰坑	铁铲1件，铁锛2件	春秋战国之际	《中国封建社会前期钢铁冶炼技术发展的探讨》（《考古学报》1975年第2期）；《中国冶金简史》（科学出版社，1978年，第45页）
韩国	山西长治分水岭14号墓	铁铲3件，铁凿1件，镢斧等5件	战国早期	《山西长治市分水岭古墓的清理》（《考古学报》1957年第1期）
	山西长治分水岭12号墓	铁凿1件，铁锤1件，铁镢4件，铁斧5件	战国早期	同上
	三门峡后川2040号墓	金质腊首铁短剑1件	战国早期	《1957年河南陕县发掘简报》（《考古通讯》1958年第11期）；《新中国的考古收获》（文物出版社，1961年，第61页）

资料来源：杨宽：《中国古代冶铁技术发展史》，上海人民出版社，2004，第34-35页。

铜是世界上最早被开发利用的金属。大约在公元前 5000 年，人们首次发现天然铜，利用天然铜退火则约在公元前 4200 年。古人发现要从铜的硫化物矿中完全提炼出铜，必须完成烘烤、加入木炭、鼓风吹炼等工序。当矿石和燃料堆成堆后，人们对矿石进行上述三步冶炼，就可生产出纯度为 95% 的铜。在东阿尔卑斯山脉发现的青铜器时代的铜冶炼遗址一带，可能早在公元前 1700 年（埃及的喜克索斯王朝时期）就开始冶炼铜了，在公元前 1300—前 800 年大约生产出 20 000 吨铜。[1]

除了用于生活、农业，火还可以用来防卫。古人在晚上通常会点燃一堆篝火来防御野兽的侵犯。同时，火还是战争中用来进攻的重要武器。

五、宗教用火

在古代，火被许多宗教奉为圣火。亚里士多德将火连同空气、水、土一起归为四个基本元素。柏拉图认为，就是这四个元素创造了世界。赫拉克利特则认为火是创造世界的根本力量。[2]

中国云南、贵州、四川等地的少数民族流行火把节，白族、彝族、纳西族、拉祜族等民族围绕燃烧着的火把，举行隆重的传统节日活动。这些活动起源于远古先民用火占卜的祈求巫术，在当今云南和四川的彝族地区，就有"燃火把是为了将地下的火引出"和"除去邪祟，保护庄稼生长"等传说。[3]

---

[1] 查尔斯·辛格、E.J.霍姆亚德、A.R.霍尔主编《技术史·第 1 卷》，王前、孙希忠主译，上海科技教育出版社，2004，第 394 页。
[2] 美国不列颠百科全书公司：《不列颠百科全书·第 6 卷》国际中文版（修订版），中国大百科全书出版社《不列颠百科全书》国际中文版编辑部编译，中国大百科全书出版社，2007，第 324 页。
[3]《中国大百科全书》总编委会：《中国大百科全书·第 10 卷》第 2 版，中国大百科全书出版社，2009，第 398 页。

第 2 章　　木柴

木柴，泛指作为燃料使用的各种木材和柴草，具体包括木材（主要是树干）、木料、树枝、稻秆、杂草等。木柴是点火燃烧的重要原料，是人类最早开发利用的一种天然能源，也是在煤炭登上历史舞台之前人类最重要的能源。从人类有意识地把木柴作为燃料使用之时起，人类便跨入了能源发展史上的第一个时代——木柴时代。它是迄今为止人类所经历的最长的一个能源时代。

第 1 节　木柴利用

自从人类开始有意识地用火之后，木柴与火就形影不离，成为人类生产、生活必不可少的原材料和工具，并得到了广泛应用。

一、中世纪 [①] 之前

公元前 10 世纪末期，亚述人在西亚建立了强大的亚述帝国，政治

---

① 中世纪指的是欧洲封建社会时期，一般是指 476 年西罗马帝国灭亡至 1640 年英国资产阶级革命。

和经济中心在尼尼微。他们用船把锡运到库尔泰普冶炼。那里有许多技艺娴熟的熔铸工匠，附近还有丰富的木材和铜矿。在那里，他们采伐木材，烧制青铜武器、工具和雕像等，规模很大。库尔泰普可能算得上是世界城镇中的第一个"大烟囱"。[①]这些活动不仅污染了整个城市，还使附近的乡村也受到了影响。

在地中海地区，武器和商船是权力的象征。在距今 3 000 多年，迈锡尼人和腓尼基人的商船把青铜武器带到非洲西北部的迦太基。后来，迦太基强大起来，拥有了庞大的船队，手工业也很发达，成为地中海西部最强大的国家。从公元前 6 世纪起，迦太基便与地中海西部的希腊人发生冲突。公元前 264—前 146 年，迦太基与罗马发生了三次战争。由于战争不断，他们使用大量木柴冶炼青铜武器，制造辅助装备。铜和后来的青铜（铜和锡的合金）的生产消耗了数目庞大的木材，导致了毁林活动的泛滥。到公元前 1 世纪左右，由于林地面积逐渐减少，罗马人停止了在"烟雾之岛"意萨利岛的冶炼活动。[②]

大约在公元前 500—前 200 年的 300 年时间里，雅典的拉乌里翁银矿开发蓬勃发展，该银矿为雅典生产了 3 500 吨银和 140 万吨铅。冶炼工人先后砍伐了附近 250 万英亩（1 英亩约等于 4 046.7 平方米）的森林，烧掉了 100 万吨木炭。[③]当当地的可用木材消耗殆尽，雅典人和斯巴达人便砍伐马其顿王国北部的森林，还从意大利、小亚细亚等地进口木材。后来，为节约运输成本，他们把熔炉从拉乌里翁矿井迁到了沿海地区，一艘艘驳船满载木炭，努力满足熔炉的需要。拉乌里翁银矿伐木冶炼，导致了严重的生态危机。柏拉图在著作中记述：原来那片土地简直一片狼藉……所留下的就像因病而憔悴的身体，瘦得只剩下骨架。所有肥沃的土壤都逐渐消失，只剩下一片贫瘠的土地。而原来阿提卡山地是被密林覆盖的，用粗大的树木生产的木材可以给最大的建筑物做屋顶——现在仍旧可以看到用这种木材建成的屋顶。[④]

中国商周时期的青铜冶炼水平已经很发达。据考古发掘，湖北大冶铜绿山古矿遗址南北长约 2 千米，东西宽 1 千米。其中，在柯锡太村，保存有大小不同的数座炼炉，在螺蛳塘旁出土了十余个饼状铜锭，并有古井支架，出土木料上千方。上述范围内堆积有大量古代矿渣，大约 40 万吨，有的地方厚达数米。[⑤]在古矿井附近还发现了春秋时期的炼铜竖炉，经实验证明这种竖炉可以使用木炭还原法进行熔炼，还能连续加料、连续排渣、连续出铜。在战国冶铁遗址，出土了鼓风管，其燃料为木炭。1960 年，在河南新郑县仓城村发现郑韩冶铁遗址，面积约为 2 330 平方米，出土了大批铸造铁器的陶范、残鼓风管、炼渣和木炭屑。1964—1975 年，又在河南新郑故城发现战国铸铁作坊，面积为 40 000 平方米，掘出残铸铁器炉 1 座、烘范窑 1 座，还有一批陶范和铁器。1977 年，在河南西平县发现战国冶铁遗址，出土的器物有熔铁炉残块、陶鼓风管残片、泥制鼓风管、木炭屑以及大量陶范。此外，1953 年，在河北兴隆寿王坟战国冶铸遗址出土铁质铸范 87 件，还有大量木炭屑、红

① 安东尼·N. 彭纳:《人类的足迹：一部地球环境的历史》，张新、王兆润译，电子工业出版社，2013，第 141 页。

② 同上书，第 141–143 页。

③ 同上书，第 143 页。

④ 同上。

⑤ 史仲文、胡晓林主编《中国全史：经济卷》，中国书籍出版社，2011，第 198 页。

烧土。[①]随着冶金工业和其他手工业的发展，木柴得到了较大限度的开发利用，成为当时工业发展的重要能源。

二、进入中世纪后

唐代，中国熔炼黄金也使用木炭。此时，除木柴外，还出现了新的燃料——炼炭，它是焦炭的雏形。到宋代，形成了成熟的烧焦技术，焦炭开始大量用于冶金生产，木炭逐渐被替代。明末赵士桢于1598年写成的《神器谱》记述，炼铁的燃料，上等的是木炭，但北方木炭贵，于是改用煤火。明代李诩撰写的《戒庵老人漫笔》（初刻于1597年）也记载了用煤炼焦、用焦冶炼的方法。

在欧洲，煤炭作为燃料使用是在12世纪后。"12世纪最后的几十年没发现欧洲有用煤的真正记录……12世纪后很多材料证明，煤在当时被用作燃料，在很大程度上来讲这是由于建筑业和铸铁业的大发展。"[②]在整个中世纪，甚至到18世纪，欧洲都是以木柴作为生产、生活的主要能源。

13世纪，英国许多地方发现了煤矿，于是开始了对其的开发利用。随后利比亚、德国等国家也开始开采、利用煤炭。14世纪前后，英国伦敦开始尝试使用煤炭代替木炭作为炼铁的燃料。但是，由于直接烧煤产生的烟雾多、污染大，因而煤未得到推广使用，木炭仍为主要燃料。14世纪，欧洲开始使用水力鼓风炉炼铁，大大提高了炼铁加热温度。随后，鼓风炉的高度不断增加，炼铁炉的温度也不断升高，由此欧洲开始进入高炉炼铁时代。1444年，苏格兰地区出现了高炉炼铁。[③]1500年，高炉炼铁法从尼德兰传到英格兰，在伦敦建成两座炼铁高炉，使由陶窑发展而成的旧式圆形炼铁炉被替代，生产出来的生铁数量和质量不断提高。到1550年，英国炼铁高炉发展到21座，1574年增至51座。此时，高炉炼铁仍然是以木炭作为主要燃料。不同的是，使用高高的水力鼓风炉后，木炭燃烧的效能大大增加，炉内温度大大升高，可达1000 ℃以上。

16世纪初，欧洲有的炼铁高炉在使用木炭作为主要燃料的同时也开始加入煤炭。但欧洲地区使用焦炭炼铁却是在18世纪初。1713年，一位叫阿布拉罕·达尔俾的欧洲人在炭窑里炼成焦炭。20多年后，到1735年，其后代小阿布拉罕·达尔俾开始使用炼焦炉来炼铁。[④]从此，木柴在冶金中的主要地位逐渐丧失。

---

① 史仲文、胡晓林主编《中国全史：经济卷》，中国书籍出版社，2011，第200页。

② M. M. 波斯坦、爱德华·米勒主编《剑桥欧洲经济史·第2卷》，钟和、张四齐、晏波、张金秀译，经济科学出版社，2003，第588页。

③ 马平：《能源纵横》，化学工业出版社，2009，第17页。

④ 同上书，第18页。

第 2 节　木柴危机和生态问题

随着社会需求的增加，木柴供不应求，其开发利用导致了严重的环境问题。

一、木柴危机

随着炼铁业的不断发展，其消耗的木材也不断增多。以 1547—1549 年英国设菲尔德和沃思的两家萨塞克斯铁厂为例，在设菲尔德，6 300 cords[①] 的木材被"加煤"给了熔炉，6 750 cords 的木材给了锻铁炉；在沃思，木材数量分别为近 5 900 cords 和 2 750 cords。每 cords 等于 128 立方英尺（1 立方英尺约等于 0.028 立方米），这意味着这两家工厂在这段时间里消耗了大约 277.76 万立方英尺的木材。[②]

除炼铁业外，当时英国的砖瓦、石灰、玻璃制造等建材工业，食品酿造业，以及城市居民生活等领域也需要消耗大量的木材、木炭。在伊丽莎白一世（1558—1603 年在位）统治中期，每年酿造业大约消耗木材 2 万车；烧制 2 000 块砖需要 1 车木材，生产 1 吨盐需要消耗 4 车木材，生产 1 吨石灰需要消耗 4 车木材。[③] 与此同时，城市人口急剧膨胀，伦敦、英格兰的城市人口在 1520—1750 年间均增长了 10 倍左右（表 2-1），也导致了对木材需求的极大增加，木材价格不断上涨，并直接导致了木柴危机。

表 2-1　16—18 世纪英国代表性城市（地区）人口情况

城市 / 地区	1520 年人口数 / 万人	1600 年人口数 / 万人	1670 年人口数 / 万人	1700 年人口数 / 万人	1750 年人口数 / 万人	1750 年比 1520 年增长情况 / 倍
伦敦	5.5	20.0	47.5	57.5	67.5	11.3
英格兰	12.5	33.5	68.0	85.0	121.5	8.7

资料来源：作者整理。主要参考默顿：《十七世纪英格兰的科学、技术与社会》，范岱年、吴忠、蒋效东译，商务印书馆，2000。

以 1451—1500 年的木柴年均价格指数为 100 计算，到 1583—1592 年上升至 277，到 1633—1642 年则飙升至 780，而同期燃料总价格指数仅分别上升到 198、291（表 2-2）。

表 2-2　15—17 世纪英国燃料价格指数情况

时间 / 年	总价格指数	木柴年均价格指数
1451—1500	100	100

---

① cords 是木柴堆的体积单位。《新英汉词典》解释里说是 4 英尺 ×4 英尺 ×8 英尺 =128 立方英尺。详见《新英汉词典》编写组：《新英汉词典》，上海译文出版社，1985，第 256 页。

② 张卫良：《现代工业的起源：英国原工业与工业化》，光明日报出版社，2009，第 148 页。

③ 同上书，第 119 页。

续表

时间 / 年	总价格指数	木柴年均价格指数
1534—1540	105	94
1551—1560	132	163
1583—1592	198	277
1603—1612	251	366
1613—1622	257	457
1623—1632	288	677
1633—1642	291	780

资料来源：默顿：《十七世纪英格兰的科学、技术与社会》，范岱年、吴忠、蒋效东译，商务印书馆，2000，第187-188页。

二、生态问题

由于木材消耗巨大，导致木材价格飞涨，森林毁坏严重，英国政府不断加大对森林的保护力度。1548—1549 年，英国政府命令调查萨塞克斯铁铸造厂的木材消耗问题。[1]1543 年，英国议会通过了《林木保护法》。[2]伊丽莎白一世上台后，于 1559 年禁止使用生长在沿海或沿河 14 英里（1 英里约等于 1.6 千米）以内的橡树、山毛榉或岑树作为制铁的燃料，只有萨塞克斯郡、威尔德地区等地方为这个法案所豁免。1581 年，英国政府又通过一项法案，禁止炼铁厂使用生长在伦敦 20 英里内和其他特别地区的木材，并禁止在禁用木材的区域内设立新的铁厂。1585 年，禁止新的铁厂延伸到萨塞克斯郡、萨里郡和肯特郡。[3]

即使如此，在 16 世纪初到 18 世纪初这 200 年左右的时间里，由于英国的能源需求不断增加，其危机在煤炭成为主要能源之前始终得不到有效解决。因而，英国毁坏森林的情况一直持续到 18 世纪。[4]

除了英国，德国等欧洲国家也相继出现能源危机。从 1500 年起，横渡大西洋的探险以造船业、武器制造业和冶金业的繁荣为条件，人们对中欧残存的森林需求量不断增加。到 1550 年，每年熔炼德国弗里堡矿山的银矿石要消耗 210 万立方英尺的木材作为燃料。位于欧洲中北部的许滕贝格和西北欧的约阿希姆斯塔尔矿山也消耗同等数量的木材。在同一地区的斯克兰根沃和舍恩菲尔德，每年需要消耗 260 万立方英尺的木材。1573 年，法国国王发布敕令，制定森林保护法规。但由于林地急速耗尽，燃料成本陡升，一些地区的燃料费用甚至占铁器生产成本的 70%。意大利热那亚在 120 年的时间里，用于造船的橡木的基本价从 100 里拉（意大利、梵蒂冈等国家的货币单位，现已被欧元取代）上涨到 1 200 里拉。因木材成本猛涨，导致有的铸造厂关闭了，有的生产规模缩减了，从而导致总体经济衰退。到 1600 年，意大利经济进入一段漫长的衰退期。[5]

---

[1] 张卫良：《现代工业的起源：英国原工业与工业化》，光明日报出版社，2009，第 120 页。

[2] 斯科特·L. 蒙哥马利：《全球能源大趋势》，宋阳、姜文波译，机械工业出版社，2012，第 15 页。

[3] 张卫良：《现代工业的起源：英国原工业与工业化》，光明日报出版社，2009，第 149 页。

[4] 同上。

[5] 安东尼·N. 彭纳：《人类的足迹：一部地球环境的历史》，张新、王兆润译，电子工业出版社，2013，第 160 页。

第 3 章　　古代可再生能源

古代，随着人类智力的发展和对自然认识的提高，人类开始有意识地开发利用自然，包括大自然恩赐的太阳能、风能、水能和地热能等。水车、风车、帆船、潮汐磨坊、利用温泉治病等方式都是古代先民开发利用自然能源的重要方式。利用水轮（俗称水车）和风车，将水力和风力转化为机械能，是人类历史上最早利用机械能的重要途径，在人类历史发展中具有重要地位。

第 1 节　水能

　　水能是一种自然能源，同时也是一种可再生能源，可循环利用。公元前 5000—前 3300 年，中国河姆渡时期已有"舟楫之便"。距今 4 100 年前，波斯出现了第一台用来磨米的水车[①]。在远古时代，人类可以利用的动力除了自身的体力、牲畜提供的畜力等，还有水能，人力继而得到进一步的解放与发展。古人通过水碓、水磨、水排、水车、

[①] 安东尼·N. 彭纳:《人类的足迹：一部地球环境的历史》，张新、王兆润译，电子工业出版社，2013，第 230 页。

筒车等工具发挥了水力的作用。

一、中国

早在几千年前，中国人就已经开始利用水能。在浙江余姚河姆渡遗址，出土了木桨、舟型陶器，表明公元前 5000—前 3300 年，中国已经开始制造独木舟，利用水的浮力航行。[①]

中国利用机械将水能转化为机械能加以利用大约是在 2 000 年前，这与古希腊出现水磨的时间大致相同，或者略晚一些。桓谭（约公元前 20—公元 56 年）于东汉初被光武帝征为待诏，著有《新论》二十九篇。此书中记载："宓牺之制杵臼，万民以济。及后人加巧，因延力借身重以践碓，而利十倍杵臼。又复设机关，用驴、赢（骡）、牛、马及役水而舂，其利乃且百倍。"[②] 文中的"杵舂"，又称"杵臼"，由杵和臼两种器具组成，是一种谷物加工工具。杵是一种一头粗一头细的圆木棒，臼是舂米时使用的一种器具（中部凹下）。使用杵臼时，将谷物放入臼，然后用杵去捣或舂，就可脱去谷皮，加工出大米。杵舂可使用人力、畜力、水力等自然力作为动力，当使用水力时又称为水碓。根据上述《新论》的记载，中国在公元元年前后就出现"役水之舂"（水碓）了。到 3 世纪，水碓得到了广泛应用，西晋权贵王戎有水碓 40 处，石崇有水碓 30 处。[③] 宋代，中国出现了水力纺车，比英国 1769 年出现的水力纺纱机早了几个世纪。

《技术史》认为，希腊水磨（通常又被称为"挪威水磨"）被发明出来后，"逐渐流传开来，3—4世纪时传到爱尔兰和中国"[④]。至于中国何时出现水磨，又是如何发明的，目前并无确切证据。《中国水利百科全书》记述：水磨是用水力驱动的磨，古代北方又称水砣，在魏晋南北朝时已有记载。[⑤] 据此，中国水磨最早出现应是 3—6 世纪，这与《技术史》中所说的希腊水磨传入中国的时间 3—4 世纪是有重合之处的。但是，水磨究竟是从国外传入的，还是中国人自己独立发明的，却不得而知。有学者认为，中国人既然发明了水碓以及水碓所用的水轮，那么，对于以水轮为技术支持的水磨，中国人也可以独立发明。[⑥]

5 世纪末，祖冲之除了研究历法和数学等，还设计制造出各种机械，包括水碓磨、指南车、千里船等。

中国的水车主要用于提水、灌溉农田。宋应星在《天工开物》中记载："凡稻防旱借水，独甚五谷。厥土沙泥、硗腻，随方不一。有三日即干者，有半月后干者。天泽不降，则人力挽水以济。凡河滨有制筒车者，堰陂障流，绕于车下，激轮使转，挽水入筒，一一倾于枧内，流入亩中。昼夜不息，百亩无忧。"[⑦]

① 陆敬严、华觉明主编《中国科学技术史：机械卷》，科学出版社，2000，第 241 页。

② 李昉：《太平御览》八百二十九卷《舂》，孙雍长、熊毓兰校点，河北教育出版社，1994，第 719 页。

③《中国水利百科全书》编辑委员会、中国水利水电出版社：《中国水利百科全书》第 2 版，中国水利水电出版社，2006，第 1685 页。

④ 查尔斯·辛格、E.J. 霍姆亚德、A.R. 霍尔、特雷弗·I. 威廉斯主编《技术史·第 2 卷》，潜伟主译，上海科技教育出版社，2004，第 424 页。

⑤《中国水利百科全书》编辑委员会、中国水利水电出版社：《中国水利百科全书》第 2 版，中国水利水电出版社，2006，第 1686 页。

⑥ 陆敬严、华觉明主编《中国科学技术史：机械卷》，科学出版社，2000，第 241 页。

⑦ 宋应星：《天工开物译注》，潘吉星译注，上海古籍出版社，2013，第 13 页。

二、欧洲

水磨是欧洲早期水能利用的重要方式。最原始的水磨是希腊水磨,出现于约公元前 1 世纪。[1] 这种水磨是一种水平式水磨,首先在塞萨洛尼基[2] 的安提帕特的诗中被提道:"停止碾磨吧,在磨房辛苦工作的女人;多睡一会儿吧,即使公鸡宣告黎明来临。得墨忒耳命令仙女开始做你手头的工作,她轻轻落在车轮的顶上,转动车轴和轮辐,从而转动沉重的凹形尼西里安(Nisyrian)磨石。"[3] 公元前 65 年,米特拉达悌在本都王国坎贝雷他的新宫殿附近建造了一座希腊水磨,主要用来碾磨玉米。后来,希腊水磨成为水轮机的先驱。

根据《技术史》介绍,希腊水磨是一种最原始的水磨。它有一根垂直轴,末端连接一个水平的、由许多铲子组成的勺斗,轴向上穿过较低的磨石,通过十字棒固定在上面的石头的孔隙或石"眼"上。所以这种装置又被称为水平水磨。目前尚不知道这种简单水磨的起源,但它是农业文明的一种特征,可能起源于希腊近东的多山地区,然后向西、向东流传。但是,可能是因为大河水位变化太大,在埃及和美索不达米亚地区从来没有发现过水磨。只有在水少流急的多山地区,或水大流缓的河谷,这种水磨才能被人们利用。[4]

在希腊水磨出现后,罗马人大约在公元前 1 世纪将水平式的希腊水磨改造为效率更高的垂直式水磨,又称维特鲁威[5] 式水磨。与希腊水磨相比,它能获得的能量更大。《技术史》指出:希腊水磨是水磨的最初形式,它仅意味着人类利用动力的转变,即从动物的肌肉转变为由流水带动的机器,还不是一种新的能源生产技术。假若以前两个奴隶拉动的手推磨或 0.4 ～ 0.5 马力(1 马力约等于 735.5 瓦)的驴磨,现在用原始的水磨来代替,它们输出的能量几乎是等量的。这种水磨增加了人类可获得的总能量,但不能提供更大的单机能量。然而,当罗马人把原始的水磨转变成维特鲁威式水磨时,他们创造了一种原动机,甚至在原始的形式下,它也可产生差不多 3 马力的动力。西欧在中世纪早期意识到它的重要性后,很快便对其进行技术发展和普及,使人类得到了可产生 40 ～ 60 马力动力的原动机。[6]

3 世纪前后,罗马的面粉厂开始把水能作为动力利用。在距阿尔勒大约 6 英里的巴尔贝格尔,建有收集圣雷米河河水、莱博山谷水源以及井水等各种水源的引水渠,将水引入阿尔勒。通往巴尔贝格尔的引水渠是双层的,有 30° 倾角、18.6 米的落差。在倾斜的引水渠上装有两套装置,每套各有 8 个上射式水轮,每一个轮子直径为 220 厘米、厚 70 厘米。每一个轮子有一副磨石,下面的磨石直径为 90 厘米、厚 45 厘米,上面的磨石有一个漏斗,以便使玉米流入下磨石的表面。[7]216 年,在卡拉卡拉

---

[1] 查尔斯·辛格、E. J. 霍姆亚德、A. R. 霍尔、特雷弗·I. 威廉斯主编《技术史·第 2 卷》,潜伟主译,上海科技教育出版社,2004,第 423 页。

[2] 希腊北部的一个城市,建于公元前 315 年,亦称萨洛尼卡(Salonika)。

[3] 查尔斯·辛格、E. J. 霍姆亚德、A. R. 霍尔、特雷弗·I. 威廉斯主编《技术史·第 2 卷》,潜伟主译,上海科技教育出版社,2004,第 423 页。

[4] 同上书,第 423–424 页。

[5] 维特鲁威生于公元前 1 世纪,为罗马帝国第一个皇帝奥古斯都监造过军械,约公元前 27 年完成《建筑十书》,此为欧洲现存最早的建筑理论文献。

[6] 查尔斯·辛格、E. J. 霍姆亚德、A. R. 霍尔、特雷弗·I. 威廉斯主编《技术史·第 2 卷》,潜伟主译,上海科技教育出版社,2004,第 421 页。

[7] 同上书,第 427 页。

浴池旁也有水磨。

4 世纪，由于劳动力短缺严重，人们发现了水磨的重要性，水磨的应用增多。帕拉狄乌斯建议用公共浴室和引水渠的水带动制粉机，以减轻人类和动物的负担。水磨的使用范围还超出了罗马帝国，379 年，在莫色耳河的支流鲁沃河流域，人们用水磨来切割、磨光大理石。[1]6 世纪下半叶，西欧图尔的第戎附近和安德尔河上都建有水磨。查理大帝（742—814 年）把水磨作为国家税收的一种来源。[2]

10 世纪后，西欧的水磨利用得到了较快的发展。如在鲁昂的塞纳河支流的两岸，10 世纪时有 2 个磨坊，12 世纪时有 5 个，13 世纪时有 10 个，14 世纪初有 12 个；在奥布，11 世纪时有 14 个磨坊，12 世纪发展到 60 个，至 13 世纪早期接近 200 个。特鲁瓦的市民于 12 世纪下半叶在塞纳河和梅尔登森河上建造第二代水磨，到 1493 年使用水磨的谷物磨坊、造纸作坊、制革作坊、织布作坊等发展到 41 个（表 3-1）。[3]

表 3-1　10—15 世纪西欧水磨数量情况

单位：个

地区	10 世纪	11 世纪	12 世纪	13 世纪	14 世纪	1493 年
鲁昂	2	—	5	10	12	—
福雷	—[1]	—	1	80	—	—
奥布	—	14	60	200	—	—
特鲁瓦	—	—	—	—	—	41

资料来源：作者整理。参考查尔斯·辛格、E. J. 霍姆亚德、A. R. 霍尔、特雷弗·I. 威廉斯主编《技术史·第 2 卷》，潜伟主译，上海科技教育出版社，2004。

注：[1]"—"表示数据不详或数据为零。后面所有表格同。

与此同时，水车的应用领域也在不断扩大，被先后应用于提水、灌溉、油坊、浆洗、制麻、制革、锯木、剪磨削、造纸、冶铁等领域（表 3-2）。11 世纪中期，威尼斯人开始利用潮水的涨退来驱动水车。[4]法国南部在 1101 年建成的沃克吕兹运河，为建造水磨、风车、制粉机、织布机等创造了条件。在 30 多条 12 世纪有关水磨在冶铁方面应用的法文文献中，有 25 条记载了西多会的修道士利用水磨来冶铁的情况，甚至一些修道院拥有水力驱动的工场，修道士们在同一工场中从事不同的手工艺生产。[5]此后的几个世纪里，更多的水车屹立在欧洲的海岸线上。

由于水车要求复杂的齿轮装置，磨坊主、水车设计者以及制造、运转、维护和修理它们的各种工匠，最终都成了应用机械的专家。他们的经验知识后来应用于另一个相关的领域——钟的生产，于是出现了水力钟。到 12 世纪时，水力钟的市场需求非常旺盛，以至在德国科隆形成了一个钟匠协会。

[1] 查尔斯·辛格、E. J. 霍姆亚德、A. R. 霍尔、特雷弗·I. 威廉斯主编《技术史·第 2 卷》，潜伟主译，上海科技教育出版社，2004，第 428 页。
[2] 同上书，第 433 页。
[3] 同上。
[4] 龙多·卡梅伦、拉里·尼尔：《世界经济简史：从旧石器时代到 20 世纪末》第 4 版，潘宁等译，上海译文出版社，2009，第 70 页。
[5] 查尔斯·辛格、E. J. 霍姆亚德、A. R. 霍尔、特雷弗·I. 威廉斯主编《技术史·第 2 卷》，潜伟主译，上海科技教育出版社，2004，第 433-434 页。

表 3-2　11—14 世纪西欧水车的应用领域情况

时间	地区 / 部门	应用领域
1095—1123 年	圣劳伦斯修道院	用于水力提升和灌溉水车
11 世纪	Graisivaudan	油坊
11—12 世纪	多菲内省、福雷平原、香槟地区	浆洗作坊
1040 年	Graisivaudan	制麻作坊
11—12 世纪	Graisivaudan、伊苏丹	制革作坊
1138 年	贝蒂讷河	麦芽作坊
1116 年	西多会修道院	制铁作坊
约 1250 年	维拉德	锯木作坊
1257 年	福雷平原地区	刀剪磨削作坊
13 世纪	香槟南部的修道院	造纸作坊
1376 年	佩罗讷	染料碾磨作坊

资料来源：作者整理。参考查尔斯·辛格、E. J. 霍姆亚德、A. R. 霍尔、特雷弗·I. 威廉斯主编《技术史·第 2 卷》，潜伟主译，上海科技教育出版社，2004，第 433 页。

英格兰国王威廉一世在位时（1066—1087 年）下令对英格兰的经济和土地所有状况进行调查，从 1086 年开始，其结果被编入两卷《末日审判书》。其中，第 1 卷为《大末日审判书》，是除埃塞克斯郡、诺福克郡和萨福克郡 3 郡以外所有各郡调查材料的摘要；第 2 卷为《小末日审判书》，是主管人员呈送到温切斯特的关于埃塞克斯郡等 3 郡的详细报告全文。第 1 卷在每郡的条目下开列土地所有者（从国王到普通佃户）的名单，详细注明封地、庄园、土地面积、农耕人数、磨坊、鱼塘以及其他情况，最后以英镑计算价值。[1]据《末日审判书》记载，特伦特河和塞文河南部 3 000 个村庄共有水磨不下 5 624 台，其中立式或维特鲁威式水磨在那里很流行，也有一些水磨是横式或挪威式的。《末日审判书》所记录的村庄中有 1/3 的村庄建有水磨。在英格兰，磨坊成群分布，中心高地周围和面对欧洲大陆的东部密度最大，平均每 50 户家庭就有一座磨坊。《末日审判书》中还提到了几家碾碎矿石的捣矿作坊和锤磨作坊。此后，英格兰先后出现了浆洗作坊（1168 年）、制革作坊（1217 年）、涂料作坊（1361 年）和锯木作坊（1376 年）。[2]

中欧和北欧也先后建立一批水磨（表 3-3）。据哈耶克撰写的《波希米亚编年史》记载，波希米亚第一台水磨建于 718 年——有人认为这是值得怀疑的。[3]除了用于提水、磨谷，水磨从 12 世纪开始还被应用于冶金工业。13 世纪，水磨被用于采矿起重和碾碎石头，水力锻锤已经普遍使用水磨。从 14 世纪早期开始，水磨被用来生产冷拉钢丝。到 15 世纪，出现了配有水力驱动的钻炮孔的机械。由于水磨的应用，中欧、北欧开始第一次批量生产铸铁产品。

大概在罗马统治时期，水磨从欧洲传到了巴勒斯坦地区。大约 790 年，希腊使者在巴格达建造了一座大型水磨。大约在 9 世纪，用于灌溉的水磨传到了日本。1300 年前后，叙利亚已有不少于 32 台大水车。[4]

---

[1] 美国不列颠百科全书公司:《不列颠百科全书·第 5 卷》国际中文版（修订版），中国大百科全书出版社《不列颠百科全书》国际中文版编辑部编译，中国大百科全书出版社，2007，第 369 页。

[2] 查尔斯·辛格、E. J. 霍姆亚德、A. R. 霍尔、特雷弗·I. 威廉斯主编《技术史·第 2 卷》，潜伟主译，上海科技教育出版社，2004，第 434–435 页。

[3] 同上书，第 435 页。

[4] 同上书，第 436–437 页。

表 3-3　中世纪的中北欧水磨发展情况

时间	国家 / 地区	水磨发展情况
718 年	波希米亚	建成本国第一台水磨
922 年	德意志王国	据说亨利一世（Heinrich I，876—936 年）在从前建造水磨的地方建造了戈斯拉尔城堡
约 1000 年	奥格斯堡城	建起一种为磨坊提供水的堰——Lechwehr
1097 年	因河山谷的维希修道院附近	建造一台带有贮水池、导入槽和在岩石上开凿人工引水渠的水磨
12 世纪	斯堪的纳维亚半岛地区	传入水磨
12 世纪	哈尔茨	将水磨应用于铜矿开采
12 世纪	特兰托	将水磨应用于银矿开采
约 1200 年	冰岛、波兰	传入水磨
1242 年	布雷斯劳	在奥得河建成一座磨坊
1389 年	德国	意大利人在纽伦堡附近建成德国第一座造纸作坊
16 世纪	阿尔卑斯山脉地区和斯堪的纳维亚	将水磨应用于矿山开采

资料来源：作者整理。参考查尔斯·辛格、E. J. 霍姆亚德、A. R. 霍尔、特雷弗·I. 威廉斯主编《技术史·第 2 卷》，潜伟主译，上海科技教育出版社，2004，第 435-436 页。

第 2 节　太阳能和风能

太阳能资源丰富，取之不尽，用之不竭。早在原始时代，人类便利用太阳能晒鱼、晒谷物、晾衣物等。后来，人类发明了凹面镜用于取火，还将太阳能作为动力使用。人类在利用太阳能的同时，还把由太阳能转化而来的风能作为重要动力，用于提水、磨米、锯木、航行等。

一、太阳能

中国是最早开发利用太阳能的国家。早在西周时期（公元前 1046—前 771 年）就有"阳燧取火"。人们用铜制成向日取火的阳燧——凹面镜，然后用铜制凹面镜汇聚太阳的光和热，把艾绒点燃，就可以取得火种了。

《周礼》一书中记载："掌以夫遂取明火于日，以鉴取明水于月，以供祭祀之……"成书于战国末期的《墨经》进一步记述了铜制凹面镜的光学成像原理。

西汉时期，淮南王刘安（公元前 179—前 122 年）在《淮南子·天文训》中曰："故阳燧见日，则燃而为火……"考古发掘出的汉代阳燧（藏于天津艺术博物馆），上面镌有清晰的铭文，背面外圈铭文为"五月五，丙午，火遂可取天火，除不祥兮"[1]，"宜子先，君子宜之，长乐未央"[2]。

---

[1] 李东琬：《阳燧小考》，《自然科学史研究》1996 年第 4 期。

[2] 陈邦怀：《一得集》，齐鲁书社，1989，第 229 页。

北宋时，沈括（1031—1095 年）在《梦溪笔谈》中详细叙述了用阳燧取火的情况："阳燧面洼，向日照之，光皆聚向内，离镜一二寸，光聚为一点，大如麻菽，着物则火发，此则'腰鼓'最细处也。"[①]

阳燧是世界上最早的太阳能聚光器，它的原理与当今的旋转抛物面太阳能聚光器是一样的。

在欧洲，古希腊早期著名的喜剧作家阿里斯托芬在其著作《云》中描述了透镜能够汇聚太阳光的现象。[②]

在此前后，斯瑞西阿德就如何使用水晶透镜把太阳光聚焦起来将蜡烛熔化的问题，与苏格拉底（约公元前 469—前 399 年）进行了对话。

斯瑞西阿德：你在药剂师那里有没有见过一种可以用来点火的漂亮透明石头？

苏格拉底：你是指水晶透镜吧。

斯瑞西阿德：是呀。当远处的教士写判决书的时候，我可以在阳光下用这种石头熔化他用来照明的所有蜡烛。[③]

古希腊数学家狄奥克勒斯（约公元前 240—前 180 年）的著作《取火镜》中描述了镜子的光学性质，还特别介绍了用抛物面镜聚光来产生热量的方法。这部著作还描写了希腊城邦叙拉古的士兵在阿基米德的指导下，把阳光汇聚到逼近城市海堤的罗马军舰上，火烧罗马军舰的故事。它为后来的学者开展光学研究奠定了基础。例如，阿拉伯数学家、物理学家阿布·阿里拉－海萨姆（约 965—1039 年）和德裔教士、学者亚塔那修·基歇尔（1601—1680 年）都在利用取火镜和光学研究上取得了重要发现。[④]

除了用太阳能取火，到 17 世纪初，法国人开始以太阳能为动力来抽水。1615 年，法国工程师所罗门·德·考克斯发明了世界上第一台太阳能抽水泵，将太阳能作为一种动力源加以利用。

二、风能

风能是由空气流动而产生的动能。地球上约有 2% 的太阳能可以转化为风能，全球的风能约有 2.74 亿兆瓦，其中可利用的风能约为 2 000 万兆瓦，比地球上可开发利用的水能多 10 倍左右。5 000 多年前，人类就开始开发利用风能了。

（一）风帆

很早以前，人类就学会了利用自然风力。人类制作最简单的风力机械——风帆，然后将它装在木船上，驱动船只航行。

埃及人很早就使用了借助风力的帆船。早期埃及绘画描绘了装有方形帆的船，帆在单根圆木做的桁上展开，帆桁从两脚桅杆上升起。埃及 Deir el-Gebrawi 的墓穴出土了一种有两脚桅杆叉状桅脚的芦苇帆船，约于公元前 2400 年制造。[⑤]埃及有考证的木船是在第四王朝（约公元前 2613—前 2494 年）出现的，它们继承了芦苇帆船的外形。

① 《梦溪笔谈选注》注释组：《梦溪笔谈选注》，上海古籍出版社，1978，第 4 页。

② 约翰·塔巴克：《太阳能和地热能——昂贵资金和技术的挑战》，张丽娇译，商务印书馆，2011，第 6 页。

③ 同上。

④ 同上书，第 7 页。

⑤ 查尔斯·辛格、E. J. 霍姆亚德、A. R. 霍尔主编《技术史·第 1 卷》，王前、孙希忠主译，上海科技教育出版社，2004，第 500–501 页。

中国很早就有了船和帆，也是最早利用风能的国家之一。3 000多年前商代的甲骨文中就出现了像帆的卜辞。《物原》一书记载："燧人以匏济水，伏羲始乘桴，轩辕作舟楫……夏禹作舵，加以蓬（篷）碇帆樯。"意思是，燧人氏用匏瓜过河，伏羲乘竹木制成的小筏子过河，轩辕发明舟船，夏禹则发明船舵、船篷、系船的石墩和船帆。[①] 依此来看，中国船帆已有3 000多年的历史。珠海的岩画和湖南出土的文物上有桅形和帆影，这是一种原始的利用风力的帆船，大约出现在公元前700年的春秋时期。

公元前500年左右，波斯人也在船上使用了风帆。这为后来制造风车提供了借鉴。

到了汉代，帆船的使用已经较为普遍，涪江上"布帆来往不停舟"。借助风帆，汉代开辟了闻名世界的海上丝绸之路。三国时期，出现了4～7帆的多桅大帆船。西晋周处撰写的《风土记》曰："帆从风之幔也，施于船前……大者用布120幅，高9丈。"[②] 明初，郑和率船队于永乐三年（1405年）开始大规模远洋航行的壮举，前后共七次，历时28年（1405—1433年）。郑和船队，先后到达占城（今越南中南部）、真腊（今柬埔寨）、暹罗（今泰国）、榜葛剌（今孟加拉国与印度孟加拉邦一带）、阿丹（今亚丁湾北岸一带）等30多个国家和地区，出航士兵、水手多达2万余人，船舶60多艘，大者长44丈（1丈约等于3.33米）、宽18丈、9桅12帆，可容千余人。[③]

此后，在北半球的西边，欧洲的造船技术有了很大的发展。《技术史》记载：15世纪的伟大成就是全帆装船的飞速进步——实际上，它几乎是突然出现的。1400年，大西洋上的帆船是带有一面横帆的单桅柯格船。1450年左右，三桅帆船兴起；至1500年，很多帆船都装了4根桅和1根艏斜杠。一艘三桅帆船上至少有5面受风帆：艏斜杠下的斜杠帆、艏帆、主帆及主帆上的顶帆，还有尾帆。在这类帆船中，后桅或者四桅船中的两根尾桅都挂有大三角帆，这是典型的南欧纵帆。在北欧，主桅、艏桅以及艏斜杠上都挂横帆，形成一个混合帆系，有时主桅和其他桅分成两部分，在顶部独立装有它自身的桅和帆。[④]

在风帆技术的推动下，欧洲人开始了远航。1492年8月3日，出生于意大利热那亚的哥伦布在西班牙王朝的支持下，率"圣玛丽亚号"等3艘船和水手约百人，从巴罗斯港出发，于10月12日到达美洲，发现了美洲新大陆。

1519年，葡萄牙航海家麦哲伦率领船队在西班牙国王的支持下，开启了著名的环球航行，1521年4月在菲律宾一座岛上因干涉岛民内部争斗被当地居民所杀，剩下的船员继续西行，于1522年9月回到了西班牙，成功地完成了人类首次环球航行。这次航行出航时有5艘船和265名船员，而最后只剩下1艘船和18名船员。

（二）风车

风车是利用风产生动力的一种机械设备，主要用于提水灌溉，或者碾磨谷物。它是一种早期的风

---

① 李代广：《风与风能》，化学工业出版社，2009，第3页。

② 洪亮吉：《洪北江全集卷施阁文甲集1》卷三，光绪三年刊本，第20页。

③ 郑天挺、吴泽、杨志玖主编《中国历史大辞典（音序本）》，上海辞书出版社，2007，第3598页。

④ 查尔斯·辛格、E.J.霍姆亚德、A.R.霍尔、特雷弗·I.威廉斯主编《技术史·第3卷》，高亮华、戴吾三主译，上海科技教育出版社，2004，第325页。

力机。现代风力机一般是指用于发电的风力发电机。

关于作为原动机风车的起源，世人并没有统一的认识。

一曰：第一辆吸取地下水用以浇灌沙漠菜园的风车出现在距今 4 100 年的波斯。[①]

二曰：大约公元前 2000 年，古巴比伦出现了最早的风车，用于碾磨谷物。[②]

三曰：最早的风车是由一位名叫阿布·罗拉的古波斯奴隶发明的。[③] 罗拉聪明，爱搞发明创造，他曾对人发誓："我要找到一种以风作为动力来代替畜力的方法。"罗拉的话很快传到了奴隶主那里，激发了奴隶主的极大兴趣，于是他让罗拉放下手中的活，专门搞这项发明。不久，罗拉就发明了世界上第一台风车。这台风车很简单，是一个用砖砌成的高塔般的建筑物，壁上有两个大通风口，里面装有一根大转轴，轴上装着用芦苇编织的风叶。风从一个通风口进来，吹动风叶旋转。这种风车适合安装在那些常年风向比较固定的地区。按此说，波斯风车出现的时间要比古巴比伦风车晚 1 500 年左右。

四曰：最早的真正意义上的风车据说源于伊斯兰教。在哈里发奥马尔一世统治时期（634—644 年），有一个波斯人称他能"建造由风力驱动旋转的装置"，当他在人们的怀疑下坚信自己能做到时，哈里发就命令他建造了一台这样的装置。[④] 这个故事与罗拉发明风车的版本是基本一致的，但发明的时间比罗拉发明的时间晚了 1 000 年左右。

五曰：公认的历史上第一个确证的风车建造于 664 年的阿富汗，采用直立轴，用于谷物磨坊。

六曰：早在 6—7 世纪，聪明的波斯人已经巧妙地用上了由风力驱动的风磨。这是人类历史上第一批用风力驱动的风磨，巨大的风磨布满了伊朗平原。当时风车的形式大体上是在一些方形、矮胖的土墩顶部装置水平圆轮，轮上装有扇叶，在风力吹动下，圆轮就会像旋转木马或者钟鸣器一样转个不停。

七曰：7 世纪在西亚——大概在叙利亚，建造了第一批风车。[⑤] 这个地区有强风，且风几乎总是朝着相同的方向吹，于是人们就利用这种强风建造风车。它们不像如今的风车，而是有竖式轴的，轴顶上垂直排列翼板，与旋转木马装置上排列着的木马很相似。

上述种种说法中，发明风车的国家或地区不一致，风车发明的时间也不一致。但有一点却是一致的，即西亚或中东地区是最早的风车发源地。

到 10—11 世纪，风车已经在中东地区得到广泛应用。阿拉伯地理学家麦斯欧迪在 947 年首次提到波斯锡斯坦地区的风车发展情况："锡斯坦是一个很有特点的由风和沙组成的地带；风驱动风车从井里抽取水来灌溉菜园。地球上没有其他地方能比这儿更好地利用风了。"[⑥] 一位波斯地理学家在 950 年左

① 安东尼·N. 彭纳：《人类的足迹：一部地球环境的历史》，张新、王兆润译，电子工业出版社，2013，第 230 页。

② 李代广：《风与风能》，化学工业出版社，2009，第 2 页。

③《青少年科普图书馆文库》编委会：《世界之最纪录》，上海科学普及出版社，2011，第 108 页。

④ 查尔斯·辛格、E. J. 霍姆亚德、A. R. 霍尔、特雷弗·I. 威廉斯主编《技术史·第 2 卷》，潜伟主译，上海科技教育出版社，2004，第 437 页。

⑤《地球之最》编委会：《地球之最》，吉林出版集团有限责任公司，2007，第 173 页。

⑥ 查尔斯·辛格、E. J. 霍姆亚德、A. R. 霍尔、特雷弗·I. 威廉斯主编《技术史·第 2 卷》，潜伟主译，上海科技教育出版社，2004，第 438 页。

右写成一部著作，书中也记载，在波斯的锡斯坦地区，"这儿由蒸发的盐湖和陆地组成，很热。这儿有成丛的棕榈树，不下雪。陆地平坦，没有高山。风很强劲，因此适于建造由风力驱动的碾磨"[1]。大约3个世纪后，波斯学者阿尔皮尼这样描述锡斯坦地区利用风车的情况："风从来不停，人们建造风车来利用风。他们只用这种风车来碾磨谷物。这是一个炎热的国家，她靠风车来利用风。"[2]

欧洲的风车出现于11—12世纪。《技术史》记述："公认的看法是，希腊人和罗马人并不知道风车。"[3]《技术史》指出："在西欧所发现的有关风车最早的可靠时间应追溯到约1180年，它记录了在诺曼底圣萨德里维科特修道院一块赠地附近的风车。"[4]此时，即1180年左右，诺曼底属英国诺曼底王朝的领土。也就是说，西欧最早的风车是1180年前后在英国出现的。但据日本学者的研究显示，早在1105年，法国便有关于许可制造风力机的文件，证明风力机在欧洲第一次被使用。[5]也有学者认为，欧洲的风车是从11世纪开始传入的。"从11世纪开始，风车传入欧洲；不是由十字军东征之后带回来的，便是由欧洲人自己独立发明的。有一种说法认为，这要归功于东英格兰的一个聪明人。欧洲版的风车是在波斯版本基础上的改进形式。水平风扇叶改成了竖直式，因而出现了柱式风车，就是顶部装有四片垂直的风扇片，如今的荷兰式风车就是这个样子。"[6]

大约在一个世纪之内，风车成为从英格兰东部到低地国家、德国北部平原，再到拉脱维亚和俄国的低海拔平原地区的具有代表性的原动机。[7]1222年，科隆在城墙上建造了一台风车。1237年，锡耶纳出现了风车。1337年，威尼斯附近也出现了一台风车。1392年，荷兰人在科隆建造了一台风车。1400年左右，风车从中欧和斯堪的纳维亚半岛的南部传到芬兰。[8]当时，低地国家的第一台风车是用来碾磨谷物的，但在欧洲中部，风车则主要用来提水。

荷兰被称为"风车王国"，荷兰人于1229年发明了风车。[9]1274年，荷兰出台了对风车征税的法令，费洛里斯五世伯爵承认哈勒姆的市民享有为风车付税6先令、为马拉的磨付税3先令的特权，而不是该市市民的则要付税20先令。这是荷兰最古老的关于风车的规定。1294年，盖勒伯爵提到在洛格齐姆的谷物磨。1430年，荷兰建成第一台用风带动的湿地磨，但直到1600年，它才在荷兰排水系统中被普遍使用。[10]1592年，科内利斯·柯恩利在厄伊特海斯特建造了第一座风车锯木厂，专门为造船厂锯木提供动力。除立方体风车外，荷兰人还在1600年创造了圆柱体风车。1600年后，在扎恩达姆城

① 查尔斯·辛格、E. J. 霍姆亚德、A. R. 霍尔、特雷弗·I. 威廉斯主编《技术史·第2卷》，潜伟主译，上海科技教育出版社，2004，第437页。

② 同上书，第438页。

③ 同上书，第437页。

④ 同上书，第444页。

⑤ 牛山泉：《风能技术》，刘薇、李岩译，科学出版社，2009，第1页。

⑥ 丽贝卡·鲁普：《水气火土：元素发现史话》，宋俊岭译，商务印书馆，2008，第248页。

⑦ 查尔斯·辛格、E. J. 霍姆亚德、A. R. 霍尔、特雷弗·I. 威廉斯主编《技术史·第2卷》，潜伟主译，上海科技教育出版社，2004，第440页。

⑧ 同上书，第441页。

⑨ 辜月明：《外面的世界：一个中国人的异国见闻》，天地出版社，2008，第39页。

⑩ 查尔斯·辛格、E. J. 霍姆亚德、A. R. 霍尔、特雷弗·I. 威廉斯主编《技术史·第2卷》，潜伟主译，上海科技教育出版社，2004，第440-441页。

市周围，风车逐渐多了起来，1700 年发展到 600 台风车，使扎恩达姆成为荷兰联合企业中心。[①]

到 16 世纪末，欧洲的风车得到创新与发展。维拉齐奥在 1595 年描述了五种不同种类的水平风车：第一种类似于贝松的风车，但它采用直的木制帆，周围有固定的曲线形的导流叶片；第二种带有固定的直的风板，风板间有间隙，带有可拆卸的门以便根据风向来关闭风板之间的间隙；第三种像一个带有圆锥形顶的巨大烟囱帽，由木料组成；第四种有 4 个水平安置的 V 字形木制长帆；第五种用铰链将帆布固定在一起，帆上装着安有羽毛的活动遮板。[②]

在中国，早在汉代（公元前 206—220 年），人们就利用风力磨谷、提水、灌溉、磨面。利用风能进行谷物清选加工，先后经历了扬法—簸法—门式大风扇法—风扇车法的演化过程。扬法借助枚杈和飏篮对自然风进行直接利用；簸法利用簸箕产生间断人造风；门式大风扇法通过门式大风扇的半圆周转动产生风力做功；风扇车法则是利用风扇车的圆周转动产生连续的人造风，这是人类利用风技术的一项重大发明。[③]

在风扇车法中，人们在风扇车（又称"风谷机"）内装上类似风扇叶的叶片，并将它与通到外面的手柄轴固定在一起（图 3-1），当人们用手去转动手柄轴时，风扇车内的扇叶就会转动起来，进而产生人造风。在此过程中，当谷物从上部漏斗落下，遇到人造风时，较轻的谷壳、米糠等杂物就会被风吹走，而较重的谷子就会落到承接的容器中，从而实现谷物的清选加工。

图 3-1　清选谷物用的风扇车

资料来源：翁史烈主编《话说风能》，广西教育出版社，2013，第 74 页。

到宋代（960—1279 年），中国的风车应用进入全盛时期。当时流行垂直轴风车，有 6～8 个像帆一样的布篷，分布于一根垂直轴的四周，风吹动后，风车就会像走马灯一样转动。后来，这种垂直轴风车逐步为水平轴风车所取代。刘一止在《苕溪集》中记载："老龙下饮骨节瘦，引水上泥声呼呀。初疑蠻踏动地轴，风轮共转相钩加。……残年我亦冀一饱，谓此鼓吹胜闻蛙。"这里的"风轮"当指风车的风轮，"钩加"应指风车与翻车之间的传动，从"残年"二字推断，当是 1140—1150 年的事。[④]

明代宋应星在《天工开物》中记述："扬郡以风帆数扇，俟风转车，风息则止。此车为救潦，欲去

① 保罗·祖姆托：《伦勃朗时代的荷兰》，张今生译，山东画报出版社，2005，第 259 页。

② 查尔斯·辛格、E. J. 霍姆亚德、A. R. 霍尔、特雷弗·I. 威廉斯主编《技术史·第 2 卷》，潜伟主译，上海科技教育出版社，2004，第 446 页。

③ 原鲲、王希麟：《风能概论》，化学工业出版社，2010，第 6-7 页。

④ 陆敬严、华觉明主编《中国科学技术史：机械卷》，科学技术出版社，2000，第 258 页。

泽水以便栽种。"①明朝末期的方以智也在《物理小识》中记载了沿海地区用风车提水灌田的情况:"用风帆六幅,车水灌田者淮扬海堧皆为之。"②

第 3 节　地热能和海洋能

早在两三千年前,中国人便开始利用温泉治病。从 9 世纪起,世界各地一些沿海地区的居民开始利用潮汐能建造潮汐磨,进行小作坊生产。

一、地热能

地热能是指存在于地球内部的天然热量。温泉、间歇泉、喷口(火山气体和热地下水的出口)、沸泥浆池的热量就主要来源于地热。人们利用地热获得的能量称为地热能。在实际开发利用中,根据热储温度的差异,可将地热资源的温度划分为高温、中温和低温三级。在古代,人类主要是利用低温地热资源,将其用于医疗、洗浴等领域。

新石器时代,人类早已对火山喷发现象做了敏锐的观察与简单的记录。在土耳其安纳托利亚高原东南部一个叫作 Catal Huyuk 的地方,考古发现一个被称为 Level vii 的房子内有一幅与地热有关的岩画,它展示的是一个新石器时代的居民点及其附近一座火山的喷发情况。③出于对火山、地震等自然现象的恐惧与崇拜,约公元前 3000 年,人类在意大利南部 Pantelleria 火山岛以及其他一些热泉附近矗立起巨石、"神石"。

进入青铜器时代后,意大利各地的地热资源得到了广泛利用,出现了对地热产品的以货易货的贸易,并形成了市场。但这些市场只局限在少数地区,主要是在西安纳托利亚。④公元前 1500 年,意大利的一些热泉地区开始缓慢发展温泉医疗。伊特鲁里亚人和腓尼基人到来后,地热区的产品贸易扩展到地中海沿岸地区。公元前 7 世纪,意大利人在地热产品的提取、加工以及贸易方面形成了一种集约活动,产生了真正的"地热工业"。到公元前 3 世纪,形成了具有国际规模的"地热市场"。⑤

在希腊城邦发展晚期,希腊历史学家希罗多德(约公元前 484—约前 425 年)在《历史》一书中记述了许多地热现象,并认为它们中的一些现象可能是在火山喷发之后伴随着巨大的发光云而形成的。

意大利中部托斯卡纳地区的地热资源十分丰富。公元前 3 世纪,Lycophron 专门研究了那里地热水的

---

① 宋应星:《天工开物译注》,潘吉星译注,上海古籍出版社,2013,第 15 页。

② 方以智:《物理小识》,福州文明书局,1936,第 106 页。

③ 涂光炽主编《地学思想史》,湖南教育出版社,2007,第 87 页。

④ 同上书,第 88 页。

⑤ 同上书,第 88-89 页。

物理化学性质，指出托斯卡纳地区的地热水富含硼，可做医疗之用。此后，罗马诗人 Ovid（公元前 43—公元 17 年）描述了地震、火山爆发和热泉之间的关系。《自然史》的作者老普林尼（23—79 年）记录了南欧和地中海地区所有的地热现象。希腊地理学家和历史学家 Pausanias 编制了希腊和意大利的全部温泉的目录。[1]

到 3 世纪，罗马帝国形成了繁荣的地热市场。地热能的产品和副产品，如膨润土、珍珠岩、熔岩和各种凝灰岩，被广泛地用于建筑业。地热洗浴医疗也蓬勃发展。罗马首都的大部分浴室都有 3 种不同类型的房间：供发汗用的"Laconicun"、在热水中洗浴的"Calidarium"和在温水中洗浴的"Tepidorium"，有的浴室还配备了利用热空气循环的人工加热系统。这些浴室常常成为聚会、读书、谈生意等活动的场所。[2]

中国是世界上最早利用地热资源的国家之一。早期人们利用当地的温泉沐浴、除秽、保健、治病，或者将其开发为旅游胜地。西周时，已经开发利用陕西西安华清池的温泉。《论语·先进篇》中对温泉的利用进行了记载："暮春者，春服既成，冠者五六人，童子六七人，浴乎沂，风乎舞雩，咏而归。"汉代天文学家张衡专门作了一首《温泉赋》，记载温泉的治病、除秽、保健之功能。《温泉赋》曰："遂适骊山，观温泉，浴神井……美洪泽之普施，乃为赋云：览中域之珍怪兮，无斯水之神灵；控汤谷于瀛洲兮，濯日月乎中营。荫高山之北延，处幽屏以闲清。于是殊方跋涉，骏奔来臻，士女晔其鳞萃兮，纷杂遝其如烟。乱曰：天地之德，莫若生兮。帝育蒸人，懿厥成兮。六气淫错，有疾疠兮。温泉汨焉，以流秽兮。蠲除苛慝，服中正兮。熙哉帝载，保性命兮。"此后，各地诸多开发利用温泉的情况不断出现在各种史料记载中（表 3-4）。

表 3-4　中国西周至清代温泉的开发利用情况

时间	温泉	开发利用情况
西周	陕西西安华清池	西周时期已开始利用
东周	—	《论语·先进篇》记载：暮春者，春服既成，冠者五六人，童子六七人，浴乎沂，风乎舞雩，咏而归
西汉	河北平山温塘矿泉	汉武帝刘彻在此沐浴、治疾
西汉	—	天文学家张衡在《温泉赋》中记载温泉有治病、除秽、保健之功能
东汉	云南安宁温泉	东汉时已经发现。明代学者杨慎为温泉题名"天下第一汤"
东汉	河北赤城温泉	汉代寻钦建此泉
三国	湖南灰汤	始用于 2 000 多年前。蜀宰相蒋琬到此观泉、饮马
西晋	江乘汤山	晋武帝时的张勃在《吴录》中记载：丹阳江乘县有汤山，出温泉三所
东晋	银山温泉	袁山松的《宜都山川记》：银山县有温泉，注大溪，夏才暖，冬则大热，上常有雾气。百病久疾，入此水多愈

---

[1] 涂光炽主编《地学思想史》，湖南教育出版社，2007，第 89–90 页。

[2] 同上书，第 89 页。

续表

时间	温泉	开发利用情况
北魏	鲁山皇女汤	郦道元的《水经注》: 鲁山皇女汤, 可以熟米, 饮之愈百病, 道士清身沐浴, 一日三次, 多么自在, 四十日后, 身中百病愈
北魏	山东临沂温泉	郦道元所著的《水经注》记述: 汤泉入沂
南朝宋	重庆北温泉	423 年, 于泉源处建温泉寺
南朝宋	—	南朝宋武帝第五子刘义恭在《温泉》中曰: 秦都壮温谷, 汉京丽汤泉; 炎德潜远液, 暄波起兹源
南朝宋	艾县温泉	刘义庆的《幽明录》曰: 艾县辅山有温冷二泉, 发源相去数尺, 热泉可煮鸡豚, 冷泉常若冰, 双流数丈而合, 俱会于一溪
南北朝	江苏汤山温泉	用温泉沐浴
北周	—	庚信所著的《温汤碑序》记载: 诜胃涮肠, 兴赢起瘠
隋代	安徽半汤温泉	隋代开始利用。县志记载: 半汤温泉在汤山之南麓, 昔人以石池可浴
隋代	辽宁鞍山汤岗子	隋代时发现
唐代	温泉县温泉	唐武德二年 (619 年) 分新城县置温泉县。因南有温泉, 故名
唐代	陕西蓝田汤泉	于唐初发现, 并开始利用
唐代	河北遵化汤泉	于 628 年建福泉寺, 设福泉公馆
唐代	湖北应城汤池	李白写下诗句: 神农殁幽境, 汤池流大川
唐代	安徽黄山温泉	唐大历年间, 刺史薛邕设庐舍、盆杆, 治愈时疫
唐代	辽宁兴城温泉	唐代时被发现。1635 年建有汤泉寺
北宋	炎州温泉	唐庚在《汤泉记》中写道: ……或说炎州地性酷热, 故山谷多汤泉, 或说水中出硫黄 (磺), 地中即温……吾意汤泉在天地间, 自为一类, 受性本然, 不必有待, 然后温也……
宋代	—	胡仔在《苕溪渔隐丛话》中最早从化学组分上对温泉进行分类: 硫黄 (磺) 泉、朱砂泉、矾石泉、雄黄泉和砒石泉
明代	青海贵德矿泉	于明洪武十三年 (1380 年) 开发利用。清末以"沸泉冬温"载入地方府志
明代	湖北咸宁温泉	于明天顺五年 (1461 年) 开发利用
明代	北京小汤山温泉	《大元一统志》记载: 明代在主泉口周围修建汉白玉围栏。《燕都名山游记》载道: 乾隆皇帝修建行宫时, 修浴室, 皇后常来此沐浴
清代	内蒙古昭乌达克旗温泉	在泉旁建荟禅寺, 泉源处设浴池
清代	新疆乌鲁木齐水磨沟温泉	于乾隆三十三年 (1768 年) 开始利用

资料来源: 作者整理。主要参考杨广军、吴玉红主编《前行的动力来自于哪里: 能源的开发与利用》, 光明日报出版社, 2007; 涂光炽主编《地学思想史》, 湖南教育出版社, 2007。

二、海洋能

海洋能包括潮汐能、波浪能、温差能、盐差能、化学能、海流能等。古代人们主要开发利用潮汐能。

潮汐是海水在其他天体引潮力作用下产生形变或长周期波动的一种现象。在海水周期性涨落过程中蕴藏着巨大的能量。人类利用这种能量采水制盐，发展水磨，进行水力发电等。

在遥远的古代，中国沿海地区的居民开始利用海水的涨落来制作食盐。他们在海涂建盐田，在涨潮时将海水引入盐田，然后利用太阳来晒盐，从海水中析出粗盐。

自 9 世纪起，世界各地一些沿海地区先后以潮汐为动力发展潮汐磨。

9 世纪，山东蓬莱出现了以潮汐为动力的潮汐磨。[1]

10 世纪，在波斯湾巴士拉沿岸，人们利用潮汐能驱动水车进行面粉加工。

11 世纪，高尔、安达卢西亚沿岸有原始的潮汐水车在运转。

11—12 世纪，法国、苏格兰沿海地区出现了潮汐磨坊。

16 世纪，俄国沿海居民已使用潮汐磨。

1600 年，法国人在加拿大东海岸建成美洲第一个潮汐磨。[2]

中国宋代时，曾利用潮汐能对桥梁进行施工。当时，福建泉州修建洛阳桥，桥长 365.7 丈（1 丈约等于 3.33 米），宽 1.5 丈。修建此桥时便是利用了潮汐能搬运石料。[3] 石料从沿岸山头开采，用木筏装运。涨潮时，将巨石装上木筏运至施工地点；潮水落到适当位置时，则将巨石落到造桥的预定位置。这样，就大大减少了人力搬运的工作量。

---

[1] 中国电气工程大典编辑委员会：《中国电气工程大典·第 7 卷》，中国电力出版社，2010，第 493 页。

[2] 尹忠东、朱永强主编《可再生能源发电技术》，中国水利水电出版社，2010，第 150 页。

[3] 褚同金：《海洋能资源开发利用》，化学工业出版社，2005，第 136 页。

第 4 章　　古代煤炭

大约 20 亿年前，地球上开始形成最早的煤炭，最晚形成的煤炭——泥煤，距今也有 160 万年的历史。在六七千年前的新石器时代，中国先民就已开始利用煤炭。由此可知，中国是世界上最早开发利用煤炭的国家。2 000 多年前，古希腊和古罗马开始利用煤炭。12 世纪晚期，英国人发现煤炭能够作为燃料使用后，欧洲各国的煤炭资源开始得到开发利用，煤炭贸易随之发展起来。宋代时，人们发明了焦炭，煤炭利用的方式和范围日渐扩大。

第 1 节　煤炭的形成

煤炭是一种含炭丰富的固体燃料，存在于层状沉积矿床中，由远古时代植物遗体及少量浮游生物遗体经过漫长的地质演变和煤化作用而形成。它是最重要的化石燃料之一，也是重要的化工原料。

一、煤炭种类

根据成煤植物种类的差异，可将煤炭分为腐殖煤和腐泥煤两大类。

腐殖煤是由苔藓植物、蕨类植物、裸子植物和被子植物等高等植物转化而成的。根据煤的化学成熟程度的不同，腐殖煤又可分为泥炭、褐煤、烟煤和无烟煤四大类，它们具有不同的特性与标志（表4-1）。

表 4-1　四类腐殖煤的主要特征

主要特征	泥炭	褐煤	烟煤	无烟煤
颜色	棕褐色	褐色、黑褐色	黑色	灰黑色
光泽	无	大多数无光泽	有一定光泽	金属光泽
外观	有原始植物残体，土状	无原始植物残体，无明显条带	呈条带状	无明显条带
在沸腾的 KOH 中	棕红—棕黑	褐色	无色	无色
在稀 HNO_3 中	棕红	红色	无色	无色
自然水分	多	较多	较少	少
密度 /（$g \cdot cm^{-3}$）	—	1.10～1.40	1.20～1.45	1.35～1.90
硬度	很低	低	较高	高
燃烧现象	有烟	有烟	多烟	无烟

资料来源：何选明主编《煤化学》第 2 版，冶金工业出版社，2010，第 15 页。

腐泥煤是由藻类等低等植物以及少量浮游生物形成的，可分为石煤、藻煤、胶泥煤等。腐泥煤与腐殖煤相比，除了成煤植物不同，颜色、光泽、燃烧特性、氢含量、低温干馏焦油产率等方面也有明显的差异（表4-2）。在自然界中，储量最大、分布最广的是腐殖煤，其开发利用数量也最多。腐泥煤的储量则相对较少。

表 4-2　腐泥煤与腐殖煤的主要特征

主要特征	腐泥煤	腐殖煤
颜色	多数为褐色	褐色和黑色，多数为黑色
光泽	暗	光亮者居多
用火柴点燃情况	能燃烧，有沥青气味	不燃烧
氢含量	一般大于 6%	一般小于 6%
低温干馏焦油产率	一般大于 25%	一般小于 20%

资料来源：陈鹏《中国煤炭性质、分类和利用》，化学工业出版社，2001，第 19 页。

二、煤炭的形成过程

煤炭是由远古时代植物遗体及少量浮游生物遗体经过漫长的地质演变和煤化作用而形成的，大致经过由植物转化为泥炭，由泥炭转化为褐煤，由褐煤转化为烟煤，再由烟煤转化为无烟煤等四个基本环节。这一转化过程可分为三个阶段：泥炭化阶段、成岩阶段和变质阶段（表4-3）。

表 4-3　煤炭的形成过程

成煤序列	植物→泥炭→褐煤→烟煤→无烟煤		
转变条件	水中，细菌，数千年到数万年	地下（不太深），数百万年	地下（深处），数千万年以上
主要影响因素	生化作用，氧供应状况	压力（加压失水），物化作用为主	温度、压力、时间，化学作用为主
转变阶段	泥炭化阶段	成岩阶段	变质阶段

资料来源：陈鹏《中国煤炭性质、分类和利用》，化学工业出版社，2001，第 18 页。

泥炭化阶段，植物遗体在沼泽中堆积后，在外力作用下不断分解、聚合，最终形成腐泥或泥炭。

成岩阶段，即在泥炭化的基础上，腐泥和泥炭由于地壳下沉等原因，被上覆沉积物覆盖、掩埋在地壳中，并在地壳内部温度、压力等因素的作用下，开始脱水、压缩而胶结，碳含量增加，进而转化为有机生物岩的初期产物——褐煤。这一过程称为成岩作用，其所生成的褐煤是煤化程度最低的一类煤。

变质阶段，即由褐煤转变为烟煤到无烟煤的阶段，是指褐煤形成后，在地壳内部温度、压力等因素的持续影响下，褐煤发生各种变质作用，诸如深成变质作用、热液变质作用、燃烧变质作用等，使其煤化程度不断提高，硬度增加，逐渐形成次烟煤、烟煤甚至无烟煤。

三、煤炭地质年代

在自然界中，煤炭最早形成于元古代，距今 20 多亿年；最晚形成的煤种——泥炭，形成于第四纪，距今也有 160 万年（表 4-4）。

表 4-4　地层系统、地质年代、成煤植物与主要煤种

代（界）		纪（系）	距今时间/百万年	中国主要成煤期▲	生物演化		煤种
					植物	动物	
新生代（界）		第四纪（系）	1.6	—	被子植物	出现古人类	泥炭
		晚第三纪（系）	23	▲		哺乳动物	褐煤为主，少量烟煤
		早第三纪（系）	65				
中生代（界）		白垩纪（系）	135	—	裸子植物	爬行动物	褐煤、烟煤，少量无烟煤
		侏罗纪（系）	205	▲			
		三叠纪（系）	250	—			
古生代（界）	晚古生代	二叠纪（系）	290	▲	蕨类植物	两栖动物	烟煤 无烟煤
		石炭纪（系）	355	▲			
		泥盆纪（系）	410	—	裸蕨植物		
	早古生代	志留纪（系）	438	—	菌藻植物	鱼类	石煤
		奥陶纪（系）	510	—		无脊椎动物	
		寒武纪（系）	570	—			
元古代（界）	新元古代	震旦（系）	1 000	—	—	—	
	中元古代		1 600				
	古元古代		2 500				
太古代（界）			4 000				

资料来源：何选明主编《煤化学》第 2 版，冶金工业出版社，2010，第 16 页。

在世界地质史上，有五个世界性的成煤期：中、晚石炭世，早二叠世，早、中侏罗世，晚侏罗世-早白垩世和晚白垩世-早第三纪。[1]

---

[1] 何选明主编《煤化学》第 2 版，冶金工业出版社，2010，第 33 页。

据不完全统计，我国自元古代至第四纪，至少有 33 个世和世以上的地质时代有煤层沉积。[1] 重要成煤期有 14 个，按地质时代由老到新主要为：早古生代的早寒武世；晚古生代的早石炭世，晚石炭世 - 早二叠世，晚二叠世；中生代的晚三叠世，早、中侏罗世；晚侏罗世 - 早白垩世和新生代的第三纪等。[2] 其中，中国最主要的成煤期有五个：早、中侏罗世，其所赋存的煤炭资源量占中国煤炭资源总量的比例为 35%；晚石炭世太原期，占 26%；二叠纪，占 11%；石炭纪 - 二叠纪，占 10%；晚侏罗世 - 早白垩世，占 10%，共计 92%（表 4-5）。中国在重要成煤期形成了一批重要煤田（表 4-6）。

表 4-5　中国煤炭资源在不同成煤年代中所占的比例情况

成煤年代	早石炭世煤层	晚石炭世太原期	二叠纪	石炭纪 - 二叠纪	早、中侏罗世	晚侏罗世 - 早白垩世	其他
比例 /%	0.2	26	11	10	35	10	7.8

资料来源：雷仲敏、杜铭华等：《中国煤炭期货品种开发研究》，中国金融出版社，2007，第 79 页。

表 4-6　中国重要成煤期形成的重要煤田

成煤期	重要煤田
石炭纪 - 二叠纪	开滦、本溪、宁武、沁水、淮北、豫西、大同、水城等
晚三叠世	广元、攀枝花、萍乡、一平浪、资兴等
侏罗纪	神府 - 东胜等
晚侏罗世 - 早白垩世	鸡西、阜新、双鸭山、铁法和元宝山等
第三纪	抚顺、沈北、昭通、梅河、黄县、小龙潭和台湾等
跨多个地质年代	鄂尔多斯、大同等

资料来源：作者整理。参考何选明主编《煤化学》第 2 版，冶金工业出版社，2010。

第 2 节　中国煤炭

中国开发利用煤炭的历史十分悠久，早在六七千年前，就开始利用煤精刻制装饰品。到了 2 000 多年前的汉代，中国已将煤炭应用于日常生活和手工业生产。中国是世界上最早开发利用煤炭资源的国家。

---

[1] 雷仲敏、杜铭华等：《中国煤炭期货品种开发研究》，中国金融出版社，2007，第 77 页。
[2] 何选明主编《煤化学》第 2 版，冶金工业出版社，2010，第 33 页。

一、历史的源头：煤雕

煤雕是利用煤精制作出来的工艺品。煤精，又称炭精、煤玉，是一种特殊的煤，与一般煤炭相比，质地更加细密坚硬，韧性更大，光泽更好，可以作为雕刻工艺品的原料使用。

1951—1955 年，在陕西省铜川县王家河、柳沟、李家沟、雷平沟 4 处考古发掘中，出土煤玉环 5 只、煤玉铲 1 件、煤玉笄 3 枚，经专家鉴定，为新石器时代制品。1973 年，考古工作者在沈阳市北陵附近的新乐遗址下层，发现原始人的房址一处。在房址内和房址附近的探沟中，出土了大量细石器、打制石器、陶器，以及不少的煤精制品。在煤精制品中，有大小规格不一的圆泡形饰物 25 件、耳珰形饰物 6 件、圆珠形饰物 15 件。1977 年，中国社会科学院考古研究所对沈阳新乐遗址下层火膛出土的木炭做了碳 –14 测定，确定其绝对年龄为 6 145 ± 120 年（相当于公元前 4195 ± 120 年），树轮校正年龄为公元前 5048—前 4770 年。[1] 由此可见，早在六七千年前的新石器时代，中国古人就已经发现和利用煤炭，开始制作煤精制品了。

在陕西省，先后出土了一批距今 3 000 多年的西周煤雕。1956—1957 年，从沣西张家坡 471 号西周墓中挖掘出用炭精雕刻的圆环 6 件。1975 年，在宝鸡市茹家庄的两座西周墓中发掘出大批用煤玉雕成的珙，数量多达 200 余件。1976 年，在宝鸡市竹园沟西周墓中又出土了多件用煤玉雕刻成的珙。[2]

战国时期，煤雕制品有所发展，人们开始用煤制作妇女的头饰。据《四川荥经古城坪秦汉墓葬》的发掘报告记载，在四川省荥经县战国时期的古墓中发现两件炭精发簪。发簪呈八棱柱形，两端粗，中部细，长 7.8 厘米，端径 1.1 厘米。[3]

此外，中国还先后出土一批汉代、魏晋、南北朝等各个朝代的煤雕（表 4-7）。

表 4-7 中国出土煤雕概况

出土 / 报道时间	出土地址	煤雕名称	件数 / 件	质料	制品时间
1973 年出土	辽宁沈阳新乐遗址	圆泡	25	炭精	公元前 5048—前 4770 年
1973 年出土	辽宁沈阳新乐遗址	耳珰	6	炭精	公元前 5048—前 4770 年
1973 年出土	辽宁沈阳新乐遗址	圆珠	15	炭精	公元前 5048—前 4770 年
1951—1955 年出土	陕西铜川	玉环	5	炭精	新石器时代
1951—1955 年出土	陕西铜川	玉铲	1	炭精	新石器时代
1951—1955 年出土	陕西铜川	玉笄	3	炭精	新石器时代
1956—1957 年出土	陕西沣西张家坡西周墓	圆环	6	炭精	西周
1975 年出土	陕西宝鸡茹家庄西周墓	珙	200 以上	煤玉	西周
1976 年出土	陕西宝鸡竹园沟西周墓	珙	多件	炭精	西周
1981 年报道	四川荥经战国墓	发簪	2	炭精	战国
1978 年报道	四川奉节县风箱峡	发饰	1	炭精	西汉前期或更早
1965 年报道	河南陕县刘家渠	小羊	1	炭精	东汉前期

---

① 李进尧、吴晓煜、卢本珊：《中国古代金属矿和煤矿开采工程技术史》，山西教育出版社，2007，第 235–238 页。

② 同上书，第 238 页。

③ 文物编辑委员会：《文物资料丛刊 4》，文物出版社，1981，第 72 页。

续表

出土 / 报道时间	出土地址	煤雕名称	件数 / 件	质料	制品时间
1965 年报道	河南陕县刘家渠	簪	1	炭精	东汉前期
1984 年报道	新疆民丰县	印章	1	炭精	汉代
1960 年报道	甘肃酒泉县下河清	耳珰	1	炭根	汉代
—	辽宁辽阳汉墓	平玉（薄壁）	—	石炭	汉代
—	辽宁盖县汉砖墓	动物	—	石炭	汉代
—	古乐浪郡汉墓	平玉与羊形玉	—	石炭	汉代
1982 年报道	甘肃嘉峪关新城	猪	1	炭精	魏晋
1982 年报道	甘肃嘉峪关新城	羊	1	炭精	魏晋
1979 年报道	甘肃嘉峪关新城	猪	1	石炭	晋初
1972 年报道	甘肃嘉峪关市	猪	2	炭精	—
—	甘肃嘉峪关市	印章	1	炭精	魏晋
1959 年报道	四川昭化宝轮院	饰件	1	炭精	南北朝
1959 年报道	四川昭化宝轮院	狮子	2	炭精	南北朝
1957 年报道	新疆吐鲁番高昌故城	方盒	1	炭精	—

资料来源：作者整理。参考李进尧、吴晓煜、卢本珊：《中国古代金属矿和煤矿开采工程技术史》，山西教育出版社，2007。

二、煤炭的开采

五六千年前，中国先民在用煤精制作煤雕的同时，已经开始开采煤炭资源。

（一）汉代之前

在 1973 年辽宁沈阳新乐遗址出土的文物中，与煤雕同时出土的还有碎煤精、煤精半成品和煤块 97 块，有的可以看到明显的切割加工痕迹。[1]这些经过切割加工的煤精和煤块，采自辽宁抚顺煤田。根据辽宁省煤田地质勘探公司考证，新乐遗址出土的煤精制品的原料是烛煤，与抚顺煤田西部的"本层煤"的成因类型、化学成分相似，煤炭特征和变质程度相同，加上抚顺煤田西部的"本层煤"在地表有露头，由此可见新乐遗址出土的煤精制品原料取自抚顺煤田西部的"本层煤"。[2]根据碳 -14 测定，新乐遗址出土的木炭的树轮校正年龄为公元前 5048—前 4770 年。这表明早在新石器时代，中国先民就已经对抚顺煤田进行开发利用。

西周时期，煤雕生产已具有较大规模，仅陕西一个西周古墓出土的煤雕就有 200 件以上，生产这些煤雕的原料煤取自陕西当地。陕西煤炭资源丰富，据《陕西通志》载："煤根石……色黑，或云煤之根，或云煤之苗，细润光滑，琢为素珠及器玩等物，颇佳。"西周时期煤雕生产规模的扩大，促进了煤炭资源的开发与利用。

到了战国时期，四川开始用煤精来制作炭精发簪，说明当时四川地区的煤炭资源已经得到开发和

[1] 李进尧、吴晓煜、卢本珊：《中国古代金属矿和煤矿开采工程技术史》，山西教育出版社，2007，第 236 页。
[2] 同上书，第 236–237 页。

利用。

中国著名地理著作《山海经》，第一次记载了中国煤炭资源的地理分布。书中记录的中国煤炭产地有 6 处。

"西南三百里，曰女床之山，其阳多赤铜，其阴多石涅。"①（《西次二经》）

"又东三百十五里，曰贲闻之山，其上多苍玉，其下多黄垩，多涅石。"②（《北次三经》）

"又东南三百二十里，曰孟门之山，其上多苍玉，多金，其下多黄垩，多涅石。"③（《北次三经》）

"又西四十里，曰白石之山。惠水出于其阳，而南流注于洛，其中多水玉，涧水出于其阴，西北流注于谷水，其中多糜石、栌丹。"④（《中次六经》）

"中次九山岷山之首，曰女几之山，其上多石涅，其木多杻、橿，其草多菊荬。"⑤（《中次九经》）

"又东一百五十里，曰风雨之山，其上多白金，其下多石涅。"⑥（《中次九经》）

上述文中出现的"石涅""涅石""糜石""栌丹"等都是指煤炭。文中提到的 6 处煤产地与当今中国有关的煤产地相对应，其中，"女床之山"位于今陕西省凤岐山县，"贲闻之山"位于今河南省焦作修武、博爱、沁阳一带，"孟门之山"在今山西省吉县，"白石之山"在今河南省渑池县，"女几之山"位于今四川省双流和什邡一带，"风雨之山"位于今四川省通江、南江、巴中一带。⑦这些地方都是当今中国的产煤地区。

（二）汉代至南北朝

汉代时，经济社会得到迅速发展，煤炭对经济社会发展的影响及其地位日渐突显。中国历史上第一部纪传体通史《史记》第一次比较具体地记述了中国煤炭的开采情况。

《史记·外戚世家》记载："窦皇后兄窦长君，弟曰窦广国，字少君。少君年四五岁时，家贫，为人所略卖，其家不知其处。传十余家，至宜阳，为其主入山作炭，（寒）［暮］卧岸下百余人，岸崩，尽压杀卧者，少君独得脱，不死。自卜数日当为侯，从其家之长安。"⑧到东汉时，王充所著的《论衡·吉验篇》记载："窦太后弟名曰广国，年四五岁，家贫，为人所掠卖……至宜阳，为其主人入山作炭，暮寒卧炭下。百余人炭崩尽压死，广国独得脱。"《论衡·刺孟篇》中又写道："窦广国与百人俱卧积炭之下，炭崩，百人皆死，广国独济……"

有学者指出，上述文中"入山作炭"的"炭"绝非木炭，而是石炭——煤炭，"入山作炭"即上山采煤。因为"木炭很轻，炭崩压人也不至于置人于死地，何况百余人被压死，该堆放多少木炭？就当时的生产水平来看，烧木炭也不会有那么大的规模。如果是采煤炭，出现百余人被压死的事故，是有可能的。所以'卧炭下'，即采煤工夜晚为避寒卧于依山开挖的煤洞（窑洞）休息。而'炭崩'，是指发生窑洞

---

① 王斐:《山海经译注》，上海三联书店，2014，第 50 页。

② 同上书，第 120 页。

③ 同上书，第 123 页。

④ 同上书，第 203 页。

⑤ 同上书，第 232 页。

⑥ 同上书，第 235 页。

⑦ 李进尧、吴晓煜、卢本珊:《中国古代金属矿和煤矿开采工程技术史》，山西教育出版社，2007，第 246-247 页。

⑧ 司马迁:《史记》卷四十九《外戚世家》，中华书局，2013，第 1973 页。

坍塌事故（今人称为'冒顶事故'），致使一百多人被压死"。[1]

由此可见，中国汉代煤炭开采已有较大规模，至少已有 100 多人（仅一次被压死的矿工就有 100 多人）在同一个煤田进行煤炭开采了。

汉代之所以大规模开采煤炭，主要是因为冶金需要大量的燃料。考古发现在河南巩县铁生沟和郑州古荥镇等汉代冶铁遗址中，有用于冶炼的煤块以及用煤末掺黏土、石英制成的煤饼。[2] 这表明汉代已经使用煤炭进行冶铁。煤炭的大量消耗推动了汉代采煤业的空前发展。

到了西晋，中国已开凿较深的煤井。文学家左思在《魏都赋》中提到一种"墨井"，即煤井。张载注称：墨井深八丈。唐代李周翰加注："墨井，井中有石如墨。"[3] 当时，煤井已使用木材做支撑，建有坑道排水。

北魏时，中国采煤规模进一步扩大，仅用西域龟兹（今新疆库车县一带）煤矿的煤来炼铁，就可供"三十六国用"。郦道元的《水经注》引释氏《西域记》中所描述的龟兹以北 200 里的山上采煤炼铁的情景："屈茨（龟兹）北二百里有山，夜则火光，昼日但烟，人取此山石炭，冶此山铁，恒充三十六国用。故郭义恭《广志》云：龟兹能铸冶。"[4] 这表明当时西域已经开采山上的煤炭进行冶铁，并且采煤和冶铁的规模都相当大。

（三）隋唐

隋代时，煤炭成为宫廷使用的重要燃料，煤炭资源得到进一步开发利用。

唐代，开采煤炭的地区日渐增多，包括陕西的韩城煤田、渭北煤田，山西的太原煤田、长治煤田，山东的淄博煤田、枣庄煤田，江苏的扬州煤田等。据《坚瓠集》记载："李嗣昭守上党（今山西长治地区），为汴人所围，城中盐炭俱尽……掘得石炭，晋王自将解围，躬奠其地，立二庙曰盐神炭神，世崇奉之。"《鲁大公司二十年史》提到淄博煤田在唐代末期就已被开采。吴承洛编著的《今世中国实业通志》记载：枣庄矿区内有唐宋时期的旧煤炭矿井。1975 年，考古工作者在江苏省扬州市唐城遗址中的一个炉灶膛内，发现一些煤渣和开元通宝钱。[5]

日本僧人释圆仁在唐代来华学习佛法数十年，游历中国各地，后写成《入唐求法巡礼行记》。其对山西太原煤炭的生产和使用做了如下记述："太原府……出城西门，向西行三四里，到石山，名为晋山。遍山有石炭。近远诸州人尽来取烧，修理饭食，极有火势。见乃岩石焦化为炭。人云：'天火所烧也。'窃惟未必然矣。此乃众生果报所感矣。"[6] 此书后来在日本传播，对日本的经济文化都有影响，日语至今仍称煤为石炭。释圆仁是最早了解并传播中国煤炭开发利用情况的外国人。

（四）宋元

宋代煤炭产业兴旺，开采地域很广，山西、山东、河南、河北、陕西、新疆、辽宁、江苏、安徽、

---

① 李进尧、吴晓煜、卢本珊：《中国古代金属矿和煤矿开采工程技术史》，山西教育出版社，2007，第 251–252 页。

② 刘振宇主编《中国之最：军事科技·体育艺术》，京华出版社，2007，第 201 页。

③ 白寿彝总主编《中国通史·第 5 卷》修订本，上海人民出版社，2004，第 541 页。

④ 郦道元：《水经注校证》，陈桥驿校证，中华书局，2013，第 37 页。

⑤ 李进尧、吴晓煜、卢本珊：《中国古代金属矿和煤矿开采工程技术史》，山西教育出版社，2007，第 263–264 页。

⑥ 释圆仁：《入唐求法巡礼行记校注》，小野胜年校注，白化文、李鼎霞、许德楠修订校注，花山文艺出版社，1992，第 322–323 页。

江西、云南等地均开发利用煤炭资源。①

在山西，宋仁宗庆历年间，泽州知州李昭遘上言："河东民烧石炭，家有囊冶之具。"《宋史·陈尧佐传》记载：陈尧佐"徙（山西）河东路，以地寒民贫，仰石炭以生，奏除其税"。

在河南，道光年间的《汝州全志》卷四载："宋时宝丰青岭镇产煤，故改名兴宝。"元好问在《续夷坚志》中记载："皋州人贾令春，前郿時丞。兴定二年丁丑十月，以戍役在渑池。此地出炭，炭穴显露，随取而足用者。积累成堆，下以薪蒸之，烈焰炽燃。"

在河北，曲阳县修德寺宋代寺院厨房遗址中有不少煤渣、煤灰，有的地点煤灰残渣厚达80厘米，足见当时用煤量之大。

在陕西，宋代文人朱翌曰：石炭自本朝河北、山东、陕西方出，遂及京师。

在中国西北地区，朱弁的《曲洧旧闻》记载："石炭用于世久矣，然今西北处处有之，其为利甚博……"

在安徽，《异闻总录》记载："宋宝裕年间，高邮军阮子博夜行安庆府九曲岭，迷不知径。望火光之茅屋一间，二士烧石炭，对坐观书。令坐附火，言笑自如。"

在江西，宋人谢维新记述："丰城、平（萍）乡二县皆产石炭……掘土黑色可燃，有火而无焰，作硫磺气，既销则成白灰。"庄季裕在《鸡肋编》中记载："今驻跸吴越……思石炭之利而不可得……或云信州玉山亦有之……"

从考古发掘看，宋代采煤技术已相当发达。1959年，河南省文化局文物工作队对河南鹤壁市的一座宋代煤矿遗址进行发掘，发现古煤矿规模大，布局井然，达到了较高的开采水平。该煤矿的开拓方式为圆形竖井，井筒深46米左右，直径约2.5米。井筒位置选择合理、准确，说明当时的煤田地层知识比较丰富，手工凿井技术也比较成熟。②

由于煤炭业空前发展，为加强管理，北宋专门设官吏管理煤炭生产，并实行专卖。

迟至辽代，北京地区的煤炭已经开始开采利用。1975年，北京市文物管理处在门头沟龙泉务的辽代瓷窑遗址中发现了不少煤渣，表明当时已用煤烧制瓷器。

到了元代，政府采取了一些措施发展煤矿生产。忽必烈于至元四年（1267年）设置诸路洞冶总管府，还规定："诸处系官并自备诸色洞冶，采打矿炭，大石砸工，照旧依例施行。其经行地面，所在官司及各处军民诸色人等，并不得遮当，如违，申复制国用使司究问施行。"③

元代建都于大都（今北京）后，大都西山地区的煤炭业得到迅速发展。《元一统志》记载："石炭煤，出宛平县西四十五里大谷山，有黑煤三十余洞。又西南五十里桃花沟，有白煤十余洞。""水火炭，出宛平县西北二百里斋堂村，有炭窑一所。"④ 由于西山煤矿大量开发，出现了西山煤炭运输车水马龙的现象。元代熊梦祥在《析津志》中记述："城中内外经纪之人，每至九月间买牛装车，往西山窑头载取煤炭，往来于此。新安及城下货卖，咸以驴马负荆筐入市，盖趋其时。冬月，则冰坚水涸，

① 李进尧、吴晓煜、卢本珊：《中国古代金属矿和煤矿开采工程技术史》，山西教育出版社，2007，第265页。
② 河南省文化局文物工作队：《河南鹤壁市古煤矿遗址调查简报》，《考古》1960年第3期。
③ 李进尧、吴晓煜、卢本珊：《中国古代金属矿和煤矿开采工程技术史》，山西教育出版社，2007，第273页。
④ 孛兰肹等：《元一统志》，赵万里校辑，中华书局，1966，第18页。

车牛直抵窑前，及春则冰解，浑河水泛则难行矣。往年官设抽税，日发煤数百，往来如织。……北山又有煤，不佳，都中人不取，故价廉。"[1]元代在大都内专设煤市和煤场，西山是当时中国最大的煤炭生产基地。

除大都西山，山东、山西、陕西、河北、内蒙古等地区也有不少煤田被开采。据《元一统志》载："石炭窑，四座，二在石州离石县上官村，二在宁乡县南五里。"又，"煤炭出管州，出楼烦城北一十里石炭井村。又城南五十里顺道村"。又载：孟州有"炭窑一十三处"。据《内蒙古包头市郊麻池出土铜范》记载，在内蒙古包头市郊麻池元代遗址中，发掘出犁镜铜范一合，在铜范周围发现有煤渣、炭灰、灰陶片等残留物。在遗址东部，还有窑址，其附近随处可见窑壁渣、煤渣、坩埚碎片等残留物。

意大利旅行家马可·波罗（Marco Polo，约 1254—1324 年）于 1275 年来到中国，第一次见到煤炭，称之为"黑色石块"。他从中国回去后，在狱中口述了一部游记——《马可·波罗游记》，是第一部向西方系统介绍中国的书。他在书中描述了像木炭一样燃烧的中国"黑色石块"："整个契丹省到处都有一种黑色石块，它挖自矿山，在地下呈脉状延伸。一经点燃，效力和木炭一样，而它的火焰却比木炭更大更旺。甚至，可以从夜晚燃烧到天明仍不会熄灭。这种石块，除非先将小块点燃，否则平时并不着火。若一旦着火，就会发出巨大的热量。"马可·波罗还指出："诚然，这个国家并不缺少木材，但是如此众多的人口，炉灶也多，而且燃烧不止，加上人们又勤于沐浴，这样必然造成木材数量供不应求。每个人一星期至少洗三次热水澡。每逢冬季，只要是力所能及，甚至一日一浴。凡身有职位或家庭富裕的人，家中都备有一个火炉，以供自己取暖之用。象（像）这样大量的燃料消耗，木材资源势难满足供应；然而这些黑色石块，却取之不尽，并且价格十分低廉。"[2]

从马可·波罗对中国"黑色石块"的描述可知，当时中国到处开采煤炭，"凡身有职位或家庭富裕的人"都用煤炭作为燃料，煤炭使用已经较为普遍。

（五）明代至清初（至 1640 年）

明初，政府不鼓励煤矿生产，禁矿之事多有发生。仅在北京西山地区，就先后于正统十二年（1447 年）、成化元年（1465 年）、成化十五年（1479 年）、成化二十年（1484 年）、正德元年（1506 年）发布采煤禁令，甚至派都察院、锦衣卫前去巡察稽守。同时，征收高额煤税。如洪武二十六年（1393 年）规定：煤炸十二分取二，煤炭抽分比例高达 16%。[3]因此，明初采煤业发展缓慢。

嘉靖至万历年间（1522—1620 年），明朝放宽管制，减轻税负，鼓励民间发展煤炭生产，促进了全国各地采煤业的快速发展。嘉靖九年（1530 年），明朝下令：凡山泽之利，除禁例并民业外，其空闲处，听民采取，及入官备振。嘉靖二十四年（1545 年），批准煤炸"免抽分"。万历二十五年（1597 年），大臣梁桂"奏采煤利助工"，而神宗对此进行驳斥，认为"煤乃民间日用之需，若官督开取，必致价值倍增，京城家家户户何以安生？梁桂托言济工，计图占夺，姑不究"。万历三十二年（1604 年），北京西山"煤户窑口尽为水渰，无力掏挖"，神宗批准大学士沈一贯等人抚恤受灾煤窑的奏请，"谕户部，朕悯西山被灾窑户，令比京城下户一体给赏，即于见发大仆寺银十万两内，通融分与。还着该部科及

---

[1] 熊梦祥：《析津志辑佚》，北京古籍出版社，1983，第 209 页。

[2] 马可·波罗：《马可·波罗游记》，陈开俊、戴树英、刘贞琼、林键译，福建科学技术出版社，1981，第 124–125 页。

[3] 李进尧、吴晓煜、卢本珊：《中国古代金属矿和煤矿开采工程技术史》，山西教育出版社，2007，第 306–307 页。

顺天府官会同给散，务令人沾实惠。水占窑口免征课银三月"。万历三十三年（1605 年），北京西山地区采煤内监"陈永寿进秋冬二季煤课银两"时，神宗决定：念畿辅煤窑系小民日用营生，除官窑煤炸照旧内监开取供用，其余民窑税课，尽行停免……[①]

在此推动下，全国各地大规模开发煤矿。《明一统志》记载：山西、太原、榆次、临汾、洪洞、浮山等地都出产煤炭；河南洛阳、偃师、巩县、孟津、登封等各州县俱出石炭。明代宋应星在《天工开物》中记载："凡煤炭普天皆生，以供煅炼金、石之用。南方秃山无草木者，下即有煤，北方勿论。煤有三种，有明煤、碎煤、末煤。明煤块大如斗许，燕、齐、秦、晋生之。不用风箱鼓扇，以木炭少许引燃，煿炽达昼夜。其旁夹带碎屑，则用洁净黄土调水作饼而烧之。碎煤有两种，多生吴、楚。炎高者曰饭炭，用以炊烹。炎平者曰铁炭，用以冶煅。""燕京房山、固安，湖广荆州等处间亦有之。"[②]

明代后期，社会动荡不安，采煤业的发展受到冲击，一度衰落。

到清代前期，据粗略统计，全国除内蒙古、西藏、新疆外，约有州县厅 1 600 余个，其中有开采煤矿记载的州县厅 800 余个，约占 50%，主要产煤省份有直隶、山西、陕西、山东、四川、湖南以及东北几省。[③]

三、煤炭的加工与利用

中国古人除了用煤炭制作煤雕，还将煤作为燃料应用到生产、生活的各个领域。

（一）汉代以前

公元前 1000 年，产自中国东北一个煤矿的煤炭已被用于炼铜和铸造钱币。[④]

战国时期，人们已将煤炭作为燃料使用。根据《中国煤炭志·陕西卷》中的"大事记"记载，1988 年在对战国时期修筑的长城的考古发掘中发现，"战国时期秦昭襄王（公元前 295—前 251 年）修筑的长城傲包梁段（陕北神木县窟野河上游），'城垣的夯层中夹有煤炭灰和未烧完的煤渣'，是迄今在中国境内考古发现用煤做燃料最早的遗址（1988 年发掘）"[⑤]。这是中国古人燃烧、使用煤炭最早的直接证据。

（二）汉代至唐代

汉代，人们用煤炭制作煤饼、型煤，作为生产、生活燃料使用。1975 年，在河南荥阳出土的汉代炼铁遗址中，发现直径约 16 厘米、高 8 厘米的圆柱形型煤。[⑥]河南省文化局文物工作队于 1958 年在巩县铁生沟汉代冶铁遗址发现了大量的煤饼、煤渣和原煤块，煤饼和原煤块在各个炼炉附近都有发现，煤饼的出土地点以探方 11、探方 12 为最多，炉 16 周围堆积有大量的煤饼，原煤块在探方 3、探方 5和探方 8 中出土较多（表 4-8）。

---

① 李进尧、吴晓煜、卢本珊：《中国古代金属矿和煤矿开采工程技术史》，山西教育出版社，2007，第 304-305 页。

② 宋应星：《天工开物译注》，潘吉星译注，上海古籍出版社，2013，第 158-159 页。

③ 方行、经君健、魏金玉主编《中国经济通史·清》第 2 版，经济日报出版社，2007，第 538 页。

④ 肖钢、马丽：《黑色的金子——煤炭开发、利用与前景》，化学工业出版社，2009，第 32 页。

⑤ 李进尧、吴晓煜、卢本珊：《中国古代金属矿和煤矿开采工程技术史》，山西教育出版社，2007，第 234 页。

⑥ 张鸣林主编《中国煤的洁净利用——兼论兖矿煤化工产业发展》，化学工业出版社，2007，第 96 页。

表 4-8　河南巩县铁生沟汉代冶铁遗址用煤情况（1958 年）

探方号	炉号	煤的位置	具体情况
探方 8	—	—	原煤块出土较多，多经火烧，一般长度为 6～13 厘米，东部堆放着掺有石子的碎煤
	炉 14	火门处	有原煤块和海绵铁块，遗留有原煤和海绵铁块烧结在一起的遗物
		炉膛中	有原煤块
	炉 13	炉膛中	有原煤块
探方 2	炉 1 炉 3	炉的西北角	堆积有一堆黑色灰末，其中有两三块白煤
探方 12 南部	炉 16	炉内	堆有海绵铁块，在海绵铁块中伴有煤块以及半熔解的矿石。炉内还有大铁块，高 1.5 米，直径 1.9 米。铁、矿石、炼渣、煤等物品都烧结在一起
		炉膛内	堆积大量的炼渣、铁块、耐火砖、煤块、青石块等物品
		炉底	有掺小石子的煤块，煤块的下边被火烧成红色
		炉周围	堆积有大量的煤饼
探方 2 东 28 米	炉 18	炉膛内	堆积大量的炼渣、铁块、耐火砖、煤块和青石块等物品
探方 3	炉 5	炉附近	有原煤块
探方 5	炉 7	炉附近	有原煤块
		炉南边	有烧过的煤渣一堆
探方 12	炉 15	火门处	有原煤块和结铁块
坑 8 探方 3、探方 5	—	—	原煤块较多
探方 11	—	堆积层	在堆积层中，还出土有曾经熔化过的铁块和煤烧结在一起的遗物

资料来源：李进尧、吴晓煜、卢本珊：《中国古代金属矿和煤矿开采工程技术史》，山西教育出版社，2007，第 255 页。略做整理。

　　南北朝时，史料记载煤炭被作为柴火使用。南朝宋范晔撰、唐代李贤等人注的《后汉书·郡国志》中记载，《豫章记》曰："（建城）县有葛乡，有石炭二顷，可燃以爨。"[1] 北魏郦道元的《水经注·漯水》中指出："一水⋯⋯东北流出山，山有石炭，火之热，同樵炭也。"[2]

　　隋代时，煤炭成为宫廷的重要燃料。隋文帝统治初期，宫廷用石炭火温酒、炙肉。当时在朝廷任著作郎的王劭上奏："在晋时，有人以洛阳火度江者，世世事之，相续不灭，火色变青⋯⋯今温酒及炙肉，用石炭、木炭火、竹火、草火、麻荄火，气味各不同。"[3]

　　唐代，人们对煤炭的认识逐渐加深，煤炭的用途也逐渐扩大，先后用来炼丹、烧石灰、炼炭、治病、贮藏物品等。唐代炼丹术专著《黄帝九鼎神丹经诀》载：熔炼黄金时，燃料用"柽柳木炭、松柏石炭、土壇（疆）木炭、干牛粪等，逐坚濡性以火出之"。唐代文学家柳宗元《答崔黯书》云："吾见病腹人有啖土炭（煤炭）者⋯⋯不得则大戚。"此"啖土炭"是将煤炭做药服用。这是中国历史上把煤当药用的最早记录。山西长治市于 1958 年在城内一座残塔下发现一唐代舍利棺及一填满煤炭的土坑，在煤的中间有一方形石函，其高 55 厘米、长 66 厘米、宽 55 厘米，内有一金属盒，舍利子就收藏在此金属盒

① 范晔：《后汉书》志卷二十二《郡国四》，李贤等注，中华书局，2012，第 3491 页。
② 郦道元：《水经注校证》，陈桥驿校证，中华书局，2013，第 303 页。
③ 李延寿：《北史》卷三十五《王慧能传》，中华书局，1974，第 1293 页。

中。唐代炼焦技术已经萌芽，出现了焦炭的雏形——炼炭。唐代康骈的《剧谈录》记载："乾符中，洛中豪贵子弟……凡以炭炊馔，先烧令熟，谓之炼炭，方可入爨，不然犹有烟气。"至今，有些产煤地区仍把焦炭称为炼炭，而个别地区又称焦炭为岚炭。如四川《崇庆县志》说："岚炭，即古之炼炭也。"[①]

（三）宋代

到宋代，煤炭逐渐代替木炭，成为一种重要的能源。在北宋都城开封，许多家庭都用石炭作为燃料。庄季裕在《鸡肋编》中记载："昔汴都数百万家尽仰石炭，无一家然（燃）薪者。"宋朝在开封存了不少煤炭，宋哲宗年间京师大寒，便以 60 文一秤（15 斤）的价钱卖给居民。[②]

宋代时，用煤烧窑已经很普遍。《宋会要辑稿·食货·窑务》记载：神宗熙宁七年（1074 年）五月，陈康民上言，"勘会在京窑务，所有柴数……仍与石炭兼用"。考古工作者在河南省汤阴县鹤壁集、临汝镇蜈蚣山和禹县神垕镇等地发现多座宋元时期用煤作为燃料的圆形瓷窑。经考古发掘，在河北、河南、陕西、山东、北京、重庆、四川等地发现一批用煤作为燃料的宋元瓷窑遗址（表 4-9）。

表 4-9　宋元烧煤瓷窑统计用煤情况

序号	瓷窑名称	出土地点	时代	发掘或调查时间	用煤情况
1	定窑	河北省曲阳县涧磁村	五代至元	1960 年底至 1961 年底，1962 年 2 月底到 5 月底	窑址"有若干处破碎窑具、瓷片和炉渣的高大堆积以及个别煤灰堆积"，"第一层为北宋层……主要为松散的炉渣土"
2	观台窑	河北省邯郸市观台镇	宋、元	1957 年底至 1958 年 4 月	遗址堆集"第二层是煤渣土"，"一、二层两层相当于元代"
3	鹤壁集窑	河南省汤阴县鹤壁集	宋、元	1963 年	"在作坊的东南边和西边尚堆存着煤炭和瓷土……"，"在清理窑址和作坊过程中……发现有成堆的烧窑燃料——煤块"
4	云梦山窑等	河南省新安县北冶、石寺	宋、元	1973 年	"有的窑膛或残窑附近仍可看到有碎木炭和煤渣"
5	钧窑	河南省禹县神垕镇	宋、元	1964 年 3 月	"宋代钧窑……使用燃料除煤外，有的窑还发现了用木柴的迹象"
6	耀州窑	陕西省铜川市黄堡镇	宋	1959 年 3—6 月	窑室"火堂（膛）下设有漏煤渣的炉坑"，"火堂（膛）内堆积有煤渣和未烧过的煤块"
7	玉华窑	陕西省铜川市金锁公社玉华村	宋、元	1975 年	窑址周围"已经暴露出残破的窑基，以及炉灰煤磘（渣）、匣钵、垫饼、瓷片等遗物的堆积层"
8	安仁窑	陕西省旬邑县安仁村	宋、元	1977—1978 年	窑址"遗存原煤厚 0.53 米"，"留存于炉齿上面的煤渣厚 23 厘米"，"尚存少量未燃煤块"
9	磁村窑	山东省淄博市淄川区磁村	宋、元	1956 年 10—12 月	"灰坑内遗留炉灰、炉渣和未经燃烧的煤块"，"烘烤炉膛内遗有炉灰和原煤块"

[①] 李进尧、吴晓煜、卢本珊：《中国古代金属矿和煤矿开采工程技术史》，山西教育出版社，2007，第 264-265 页。
[②] 漆侠：《中国经济通史·宋》第 2 版，经济日报出版社，2007，第 477 页。

续表

序号	瓷窑名称	出土地点	时代	发掘或调查时间	用煤情况
10	龙泉务窑	北京市门头沟区军庄公社龙泉务村	辽	1975 年	"遗址堆积厚 0.8～1.7 米，内部遗存大量残碎片、窑具和烧土、煤渣"
11	涂山窑	重庆南岸文峰公社涂山湖	宋	1982 年	"（火）膛内填满了煤灰渣"，"窑炉地表面，被煤渣、匣钵、瓷片所覆盖"，窑门"道外有黑煤渣层厚约 10 厘米"
12	磁峰窑	四川省彭县（现彭州市）磁峰镇	宋	1978 年 12 月	"在一个断面上清楚地看到当时烧制瓷器的堆积层，即煤渣和瓷片及匣钵残片依次相叠"
13	鸡窝窑	四川省巴县姜家公社	宋	1976 年	"窑室前还有未烧过的煤炭"
14	瓷铺窑	四川省广元县	五代晚期至元初	1976 年、1978 年	窑址断层堆积系一层煤渣、一层匣钵及碎瓷片依次叠堆

资料来源：李进尧、吴晓煜、卢本珊：《中国古代金属矿和煤矿开采工程技术史》，山西教育出版社，2007，第 277-279 页。

宋代，煤炭在制药、制作型煤、殉葬等方面也得到开发利用。宋代张锐在《鸡峰普济方》中记载用于治疗血脏虚冷、崩中漏下等疾患的"补真丹"药方："禹余粮、乌金石各肆两。"文中的"乌金石"即煤炭。金代名医张子和的《儒门事亲》一书曾谈到"乌金散"的配制，其主要药物是"乌金石"，书中特别注明："乌金石，铁炭是也，三两。""铁炭"是宋代对煤炭的另一称呼。[1]北宋文学家欧阳修曾写到用煤制作香煤饼的故事，他在《归田录》卷二中载："有人遗余以清泉香饼一篋者，君谟闻之叹曰：'香饼来迟，使我润笔独无此一种佳物。'兹又可笑也。清泉，地名；香饼，石炭也，用以焚香，一饼之火，可终日不灭。"[2]山西一些地区曾用煤随葬，如山西稷山县的南宋末期"五女坟"遗址中，各墓中都有小陶罐四五个，"可内装黍子、板豆、谷子等粮食，各墓还有一块'石炭'，（有烟煤），置于小罐中间（五座墓共有小陶罐 22 个，石炭四块）"。

宋代煤炭业取得的重大成就是炼焦技术的发明。在唐代煤焦萌芽的基础上，宋代形成了成熟的炼焦技术，使人类历史上煤炭的加工利用实现了重大突破。1957—1958 年，河北省文物工作者在河北观台镇发现 1 座石灰窑遗址、2 座瓷窑遗址和 3 座炼焦炉遗址。遗址中有很多煤渣土，厚 15～95 厘米。经鉴定，这批遗址属宋元时期。至今，观台镇公路两旁仍可见到土法炼焦池。[3]1961 年，在广东新会发掘的南宋咸淳末年（1270 年左右）的炼铁遗址中，除发现炉渣、石灰石、矿石外，还有焦炭出土。[4]这是中国炼焦和用焦炭冶金的重要物证。此外，在与南宋（1127—1279 年）大致同一时期的金代（1115—1234 年），也已经使用焦炭。1978—1979 年，山西省考古研究所在稷山县马村清理发掘出一批金代砖

① 白寿彝总主编《中国通史·第 7 卷》修订本，上海人民出版社，2004，第 633-634 页。
② 欧阳修、王辟之：《归田录·渑水燕谈录》，浙江古籍出版社，1999，第 77 页。
③ 李进尧、吴晓煜、卢本珊：《中国古代金属矿和煤矿开采工程技术史》，山西教育出版社，2007，第 270 页。
④ 刘振宇主编《世界之最：军事航天·科学技术》，京华出版社，2007，第 198 页。

雕墓，发现一些墓中放置着煤炭。其中，5 号墓和 8 号墓的床四周有栏杆，两床下堆满了煤炭和焦炭，各约 250 千克。这批砖墓属段氏墓群，其"下限不超过金大定二十一年（1181 年）"，属金代前期。发掘报告认为：这些焦炭与今之炼焦产品无异，似当为人工所炼。[1]

宋代炼制焦炭的成功，为冶铁提供了上等的燃料，对冶铁业的发展起到了极大的促进作用。它标志着中国古代煤炭加工利用进入了一个新阶段。[2]

（四）元代之后

元代，宫廷和大都居民已烧型煤，且已使用专门烧煤的煤炉。《朴通事》记载："把那煤炉来，掠饬的好看。干的煤简儿有么？没了，只有些和的湿煤。黄土少些个。拣着那乏煤，一打里和着干不的，着上些煤块子。"[3]考古工作者在后英房元代居住遗址中发现一件铁炉子，炉高 56 厘米，炉口直径 24 厘米，炉膛深 5 厘米，内搪泥，下有五根炉条。[4]这种炉子适于烧煤球，与近代煤球炉相似。

阿拉伯旅行家伊本·拔图塔（Ibn Battūtah，1304—1377 年）曾经游历中国，在其游记中对元代煤炭的加工与利用做了诸多描述："中国及契丹之居民，不用木炭，而用一种异土，以作燃料。此种之土，乃天然之产。在地下时，其形如块，其色如吾国之土，用象转运远方。土人将土切成块形，与吾国切炭之法同，燃时亦与炭同，火力比炭尤烈。成灰后，以水和之，曝干，复可以再燃一次。至全变为灰烬而后已。从此土中，亦可以制磁器，唯须另加矿物也。"[5]在这短短一段文字中，有多处提到元代煤炭的利用情况。

到了明代，煤炭已成为老百姓日常生活的重要燃料。明代李时珍在《本草纲目》中记载："石炭南北诸山产处亦多，昔人不用，故识之者少。今则人以代薪炊爨，煅炼铁石，大为民利。"[6]顾炎武在《天下郡国利病书》曾引《大学衍义补》语："今京城百万之家，皆以石煤代薪。"明代学者吕坤对京师用煤表示忧虑："今京师贫民不减百万，九门一闭，则煤米不通。一日无煤米，则烟火即绝。"[7]由此可见，当时煤炭在京城和其他各地居民生活中已占据重要地位。同时，煤炭也被广泛用于冶铁、炼铜、烧窑、煎盐等手工业生产。

明代，煤炭在生产、生活中的广泛利用，使煤炭需求大增。有资料记载，弘治十七年（1504 年），顺天府岁办浣衣局柴炭煤炸十万斤。嘉靖八年（1529 年），"工部尚书刘麟等言：兵仗局军器合用水和炭、石灰共一百（零）四万斤，取之刑部囚输赎，已自足用……"嘉靖三十二年（1553 年），内府铸钱用煤炸块 72 500 千克。[8]此外，在京城之外的其他地区，煤炭消费更是不计其数。

①李进尧、吴晓煜、卢本珊：《中国古代金属矿和煤矿开采工程技术史》，山西教育出版社，2007，第 270 页。

②同上。

③同上书，第 275 页。

④同上。

⑤张星烺：《中西交通史料汇编·第 2 册》，华文出版社，2018，第 486 页。

⑥李时珍：《新校注本〈本草纲目〉》，刘衡如、刘山永校注，华夏出版社，2011，第 403 页。

⑦李进尧、吴晓煜、卢本珊：《中国古代金属矿和煤矿开采工程技术史》，山西教育出版社，2007，第 303-304 页。

⑧同上书，第 304 页。

第 3 节　其他国家的煤炭

除了中国，古希腊和古罗马在 2 000 多年前也已经开始利用煤炭。英国在 12 世纪晚期发现了煤炭的重要用途，即可以作为燃料，从而带动了英国煤炭业，甚至是欧洲煤炭业的发展。

一、历史渊源

希腊学者泰奥弗拉斯托斯在大约公元前 300 年著有《石史》，书中记载了煤的性质和产地。大约 2 000 年前，古罗马开始用煤取暖。[①]

美国学者巴巴拉·弗里兹认为，英国人早在青铜时代就已开始利用煤炭。在青铜时代，威尔士南部的早期居民们用煤来火化死者。也许在他们眼中，煤只不过是一种焚烧遗体的便利工具，但更有可能的是，他们把煤当作一种神秘的媒介，用来护送死去的亲人到达另一个世界。[②]

公元前 55 年和前 54 年恺撒大帝入侵不列颠后，罗马人发现不列颠"有一种露出地面的岩层在原野中尤其引人注目，那是一种深黑色的矿石（'煤精'），泛着柔和的光芒"[③]。由于这种深黑色的矿石很容易被雕琢和打磨成华丽的首饰，一位罗马作家便称之为"英国宝石"。于是，这种深黑色的矿石被作为珍贵的物资出口到罗马，并在一时间内名声大噪。[④]

罗马人占领英国后，"不仅用煤制作首饰，而且也开始烧煤。从士兵们的堡垒升起煤烟，从铁匠们的熔炉冒出煤烟，牧师们也在巴斯的米纳瓦神殿的永恒圣火中投入煤块，以缅怀这位智慧女神"。"罗马作家们没有留下这方面的专门介绍，但在英国已经发现了一些罗马人使用煤的遗迹。"[⑤]

英国学者 Robert 于 1993 年编著的《古代采矿》一书中记载，在西欧、中东、西南亚和北非地区，古罗马时代（这里主要指公元前 2 世纪中期至公元 5 世纪），煤作为燃料在一些国家得以应用；伊朗地区在公元前 648 年亚述人统治时开始利用煤炭；英国是在古罗马人入侵中后期（公元 1 世纪左右）开始开发利用煤炭的。[⑥]

《剑桥欧洲经济史》一书认为："在基督教时代的前 3 个世纪期间，对地中海周围的人来说，煤的使用几乎是新鲜事儿。虽然古典时期人们知道煤可以燃烧，但似乎除了罗马时期的不列颠外，这段时期没有任何进行挖煤的系统性的尝试。自此之后，直到 12 世纪最后的几十年没发现欧洲有用煤的真正

① 《中国大百科全书》总编委会：《中国大百科全书·第 15 卷》第 2 版，中国大百科全书出版社，2009，第 428 页。
② 巴巴拉·弗里兹：《煤的历史》，时娜译，中信出版社，2005，第 17 页。
③ 同上。
④ 同上。
⑤ 同上。
⑥ 李进尧、吴晓煜、卢本珊：《中国古代金属矿和煤矿开采工程技术史》，山西教育出版社，2007，第 235 页。

记录。"①12 世纪后，煤被用作燃料，在很大程度上是建筑业和铸铁业的迅速发展所致的。

二、英国煤炭

8 世纪，英国人用煤炭作为防御工具。巴巴拉·弗里兹指出："罗马天主教的神学家圣徒比德，曾在 731 年写了一部罗马统治结束之后的英国历史。""从圣徒比德的书中我们可以看出，罗马人烧煤的习惯仿佛随着罗马军队一同撤离了，此后英国再也没有人烧煤。"圣徒比德提到泰恩河下游具有极其丰富的煤玉资源。这位时代的记录者丝毫没有提及有人把这种矿石当作燃料，但我们可以看到这样的记录：有人点燃这种黑色的石头，用它的烟吓跑大毒蛇。所以在 8 世纪，如果说英国人使用了煤，那么显然他们利用的不是煤的热能，而是煤具有防御性的烟幕。②

麦尔·格里夫斯认为："也许是不列颠的罗马殖民者第一个认识到矿物有机煤燃料的价值，于是他们开始采矿以获取此物。832 年在不列颠出现了第一个获得商业执照的煤矿开采，但是直到 14 世纪煤才被普遍使用。"③

到 12 世纪晚期，英国人发现了煤炭的燃料用途。"到了 12 世纪晚期，历史学家们才从一些文献资料中得知，煤可以作为一种燃料使用。"④但是，英国人不把煤称为"煤"，因为"煤"是他们对木炭的称呼，英国人给这种深埋于地下的资源起了一个奇怪的名字——海煤，并一直沿用到 17 世纪。⑤

13 世纪，英国许多地方都发现了煤炭，于是开始开采、利用煤炭。其中，最重要的煤田位于纽卡斯尔周围。当时泰恩河畔的煤藏大部分属于罗马天主教，罗马天主教控制着英国的许多财富和英国煤产区的多数份额，控制着纽卡斯尔周围的大部分煤层。正因为如此，"最早的英国采煤者实际上是那些农奴，他们利用耕作土地的间隙采煤；而这世界上最大的煤矿的经营者，却是泰恩（原文译为'泰纳'）河畔的那些主教、修道院院长、僧侣和修女们"。⑥

13 世纪，英国首先在纽卡斯尔开始进行煤炭交易。当地人将泰恩河畔的煤炭开采出来后，可以很容易地把沉重的煤运到山下的河里，货船只需沿泰恩河顺流而下，就可以把这些煤运往英国东部的市场，特别是伦敦。纽卡斯尔港口的关税记录显示，在 1377 年米迦勒节和 1378 年米迦勒节之间，共有 7 338 chalder（煤的计量单位）煤出口到外国，1 chalder 煤的价值为 2 先令。⑦

13 世纪，英国人很少烧煤，原因是他们发现煤烟的气味令人作呕，而且煤烟有害健康。埃莉诺王后于 1257 年访问诺丁汉时，没待多久就匆忙逃离了，原因就在于她无法忍受煤烟的气味，担心煤烟会危害她的健康。

14 世纪前后，英国伦敦的铁匠及其他工匠开始用那些黑乎乎、乌溜溜的"石块"（煤块）代替原来的木头做燃料，致使伦敦的大街小巷到处充斥着呛人的烟雾。正因为如此，1306 年，英国各

---

① M. M. 波斯坦、爱德华·米勒主编《剑桥欧洲经济史·第 2 卷》，钟和、张四齐、晏波、张金秀译，经济科学出版社，2003，第 588 页。
② 巴巴拉·弗里兹：《煤的历史》，时娜译，中信出版社，2005，第 17–18 页。
③ 麦尔·格里夫斯：《癌症：进化的遗产》，闻朝君译，上海科学技术出版社，2010，第 237 页。
④ 巴巴拉·弗里兹：《煤的历史》，时娜译，中信出版社，2005，第 21 页。
⑤ 同上。
⑥ 同上书，第 22 页。
⑦ 张卫良：《现代工业的起源：英国原工业与工业化》，光明日报出版社，2009，第 121–122 页。

地的主教和爵士离开自己的庄园和领地前往伦敦参加国会时，一到伦敦，就被那里烧的煤释放出来的陌生、刺鼻的气味熏得心烦意乱。于是，贵族们发起了一场示威运动，反对使用这种新燃料。随即，国王爱德华一世明令禁止使用煤作为燃料：初次用煤的人将被施以"重金罚款"；如若再犯，就毁掉他们的熔炉，以示惩罚。[①]1578 年，一位酿造者和染匠由于在威斯敏斯特烧煤，被判处监禁。直到 1641 年，酿造者如果在宫廷附近过分使用煤炭，仍可以被判罪。[②]美国学者默顿认为，直到 16 世纪后半叶，煤炭在英国才得到广泛的应用，在此之前英格兰的煤炭利用几乎都称不上一项重要的产业。[③]

16 世纪，英国从黑死病的重创中恢复过来，人口和经济都从瘟疫过后的低谷中回升。当时，英国仍以木柴为主要燃料，在经济增长中，冶铁等部门消耗了大量的木材，导致英国的森林资源锐减。伊丽莎白一世在位期间（1558—1603 年），议会派出许多委员调查英国全国木材短缺的状况，结论是全国的森林正面临着严重的危机。许多学者也认为，大片的森林已经"严重地衰减和损坏"了。[④]这种对森林的破坏不仅意味着燃料的短缺，还威胁着每个人的家庭生活和几乎每个工业的运转，预示着许多重要的建筑材料即将匮乏。正因为如此，纵使爱德华一世发布了禁止烧煤的法令，也无法阻挡煤炭替代木柴的脚步。到 16 世纪后期，英国的威克姆、盖茨黑德、温拉顿、斯特拉、赖顿等地的煤矿得到大规模开发。1581—1582 年，仅温拉顿的煤矿就生产了 2 万吨船运的煤炭。17 世纪初，什罗普郡的一些商人开始投资经营煤矿。例如，约翰·韦尔德于 1618 年购买威利庄园，1619 年购买毗邻的马什庄园，1620 年又买下布鲁塞利庄园的 1/3，并对此进行煤矿开采。17 世纪，什罗普郡的产煤区在重要性上仅次于诺森伯兰郡和达勒姆郡。此后，什罗普郡成为英国工业革命的摇篮。泰恩河北岸在 17 世纪初也有一些重要的煤矿发展起来，至 17 世纪末有大量煤矿分布在泰恩河流域，每年生产煤炭大约 80 万吨。[⑤]从此，英国成为欧洲第一个大规模开采和使用煤炭的国家。

随着煤炭开采规模的不断扩大，英国的水上煤炭运输日益发展起来。1541—1550 年，水运煤炭年贸易量约为 5 万吨。16 世纪 90 年代，纽卡斯尔的海运煤炭年均为 11.1 万吨，17 世纪 20 年代早期上升到 29.8 万吨，17 世纪 50 年代晚期增至 41.2 万吨。到 1681—1690 年，英国水运煤年贸易估计量达到 128 万吨（表 4-10），与 1541—1550 年相比，增长了 24 倍。

---

① 巴巴拉·弗里兹：《煤的历史》，时娜译，中信出版社，2005，第 3 页。
② 张卫良：《现代工业的起源：英国原工业与工业化》，光明日报出版社，2009，第 122 页。
③ 默顿：《十七世纪英格兰的科学、技术与社会》，范岱年、吴忠、蒋效东译，商务印书馆，2000，第 186 页。
④ 巴巴拉·弗里兹：《煤的历史》，时娜译，中信出版社，2005，第 28 页。
⑤ 张卫良：《现代工业的起源：英国原工业与工业化》，光明日报出版社，2009，第 129–131 页。

表 4-10　16—17 世纪英国水运煤炭年贸易量（估计）

单位：吨/年

运输方式	目的地	1541—1550 年	1681—1690 年
海运	英格兰东及东南沿海	22 000	690 000
	外国及殖民地	12 000	150 000
	英格兰西及西南沿海（含威尔士）	4 000	80 000
	爱尔兰	—	60 000
	苏格兰	3 000	50 000
河运	河谷区	10 000	250 000
总计		51 000	1 280 000

资料来源：默顿：《十七世纪英格兰的科学、技术与社会》，范岱年、吴忠、蒋效东译，商务印书馆，2000，第 188 页。

　　16 世纪晚期，英国煤炭经营权发生重大转变。当时英国正进行宗教改革，英国国王没收了教会大量的土地和财产，主教和女王在达勒姆郡和诺森伯兰拥有了泰恩河盆地几乎所有重要的采矿地，使纽卡斯尔商人获得了对泰恩河流域的煤矿以及煤炭贸易的垄断权。1550 年，达勒姆主教滕斯托尔授权把在威克姆的所有煤矿租给七位来自威克姆和盖茨黑德的绅士的合伙企业，租期为 21 年，租金为每年每个矿井 20 英镑。1570 年，皮尔金顿主教出租了一个煤矿，租期为 21 年，每年租金为 30 英镑。1578 年，伊丽莎白一世从新提拔的主教托马斯·巴恩斯手里获得一份在威克姆和盖茨黑德庄园上"所有已开发和未开发的煤矿"的租约，租期长达 79 年，年租金仅为 117 英镑 15 先令 8 便士，女王把她的权利委托给北方军火总管托马斯·萨顿。[1] 这些矿权的重大变化以及租赁制度的推行，促进了英国煤炭产业的解放与发展。

　　到 17 世纪初，即伊丽莎白一世统治末期，尽管人们对煤的抱怨声仍不绝于耳，但煤已经成为英国重要的燃料来源。纵使传言"伦敦体面的女士们从来不进入烧海煤的人家或房间，也不愿吃任何用海煤烘制或烧烤的肉"，但在 17 世纪 20 年代，煤炭还是昂首走进了富人家体面的住宅，就像进入贫民家一样。[2] 煤炭已成为英国人日常生活的必需品。

　　由于煤炭需求剧增，供不应求，以致英国对煤炭实行特许制度。1618 年，詹姆士一世出台政策规定：只有从政府获得特许权的公司才能贩卖某些商品，其中包括肥皂、植物油、煤、盐等居民生活的必需品。[3]1625 年，詹姆士一世去世，查理一世继位，继续推行工商业特许制度。1629—1640 年，英国许多消费品的生产及出卖的特许权都被交给一些大商人、大公司，种类极为广泛，其中包括肥皂、盐、铁、煤、砖、玻璃、皮革、淀粉、火药、麻布、染料、啤酒、油脂、针等差不多所有的日常用品。[4] 拥有特许权的专卖商可以以原价的三倍出售这些商品。据估计，当时国王通过出卖特许权，每年可获得七八万英镑的收入。但是，特许制度不仅直接影响煤的生产，还间接地影响以煤为燃料的其他生产部门，如冶金工业的发展便因煤价高涨而衰退。

―――――――――――

[1] 张卫良：《现代工业的起源：英国原工业与工业化》，光明日报出版社，2009，第 133-134 页。

[2] 巴巴拉·弗里兹：《煤的历史》，时娜译，中信出版社，2005，第 31-32 页。

[3] 刘祚昌、光仁洪、韩承文主编《世界通史·近代卷》，人民出版社，2004，第 19 页。

[4] 同上书，第 21 页。

随着煤矿开采规模的不断扩大，英国采煤业遇到了前所未有的问题，即如何有效开采深部矿床。主要困难有三个：一是矿井出水，二是新鲜空气供给的限制，三是将矿石从井下提升到井面。这些问题到 16 世纪末 17 世纪初时第一次显得紧迫起来。[①]正如路易斯所指出的，直到这时，人们才发现，"有准确无误的迹象表明，追求矿井的深度使当时那种原始的排水设备的负荷达到了极限"。并且，锡矿的通风可能直到 16—17 世纪才成为一个紧迫的问题，坑道加长了，竖井也增加了深度。老矿井工人被污浊的空气弄得苦不堪言，而且只能远远离开竖井，到有空气可供呼吸的地方。[②]

这些问题使煤矿主们大伤脑筋，迫使他们进行技术创新。因此，在 1561—1688 年的 127 年间，英格兰共计发明 235 个与煤矿相关的专利（表 4-11），约占同期英格兰公布的专利总数 317 个的 74.1%。其中，与煤炭工业直接相关的有 136 个，约占同时期英格兰专利总数的 42.9%；与煤炭工业间接相关的有 99 个，约占 31.2%。在 317 个专利中，有 43 个，即约 13.6% 的专利是解决矿井排水问题。煤炭技术的发展与突破，为英国采煤业乃至整个煤炭业的发展壮大提供了重要的技术支撑。

表 4-11　1561—1688 年英格兰发明与煤矿相关的专利的情况

单位：个

专利类型	1561—1570 年	1571—1590 年	1611—1640 年	1660—1688 年	合计
1. 与煤炭工业的联系是肯定的：					
煤矿排水……	3	3	14	23	
煤矿测深……	—	—	1	—	
煤矿照明……	—	—	—	1	136
改良炉子等……	2	3	21	29	
煤炭特殊处理……	—	1	7	3	
冶炼……	—	1	16	8	
2. 有极有力的理由猜测至少是与煤炭工业有间接关系的：					
改善交通手段（如疏浚运河港口等）	1	3	15	16	99
制造工艺过程……	8	13	14	29	
3. 看似与煤矿无关的：					
制造工艺过程……	3	6	39	28	82
农业……	—	—	—	6	

资料来源：默顿：《十七世纪英格兰的科学、技术与社会》，范岱年、吴忠、蒋效东译，商务印书馆，2000，第 192 页。

三、欧美其他国家的煤炭

根据巴巴拉·弗里兹的研究，大约 11 世纪，美国西南部的霍皮人（Hopis）已经开始利用煤炭。巴巴拉·弗里兹指出，在 18 世纪中叶以前，虽然美国西南部的霍皮人 700 年来都用煤烧制黏土罐，但这并不能说明生活在东部浓密森林中的人们已经把煤当作燃料来使用了。

13 世纪，在英格兰、苏格兰、低地国家、亚琛周边地区以及弗朗什孔泰大区、里昂山、福雷山、

[①] 默顿：《十七世纪英格兰的科学、技术与社会》，范岱年、吴忠、蒋效东译，商务印书馆，2000，第 190-191 页。

[②] 同上书，第 191 页。

阿莱斯和安茹的几乎所有煤田，当地居民都开始挖井采煤。[①]当时，采煤的主要中心在低地国家中的列日、莫斯和英格兰北部。

比利时的煤炭业在 13 世纪得到一定发展。当时比利时东部的列日有丰富的煤炭资源，那里的煤炭工人组成了极其重要的都市行会，煤矿实际上成了都市工业。[②]14—15 世纪，列日的煤炭业发展进入非常时期。当时凶残的勃艮第公爵大胆命令他的士兵占领这个城市，甚至连它的名字都不让恢复。但在 1477 年，对他之后的欧洲王公来说，列日却成了大军火库之一，煤产量增长了 3～4 倍，以满足这个城市和上下游许多地方的金属和武器工业对燃料的需求，以致列日的煤甚至连供应纽卡斯尔的富余都没有。列日设有很长的排水沟以排除煤矿中的水，矿井两边堆起的黑土不亚于螺旋式的教堂尖塔，它们比许多欧洲城市大量兴起的城市大厅、审判法庭和商业区更为壮观。[③]采煤业已成为列日重要的工业。

德国从 1298 年开始开采和利用露天的煤矿，15 世纪开始从地面挖几米深的平硐或斜井开采煤炭。到 17 世纪末，最长的平硐已达 400 米。[④]德国的威斯特伐利亚、萨克森、西里西亚从 16 世纪初开始雇用比以前更多的本地农民开采煤矿。"有些人把黑炭与碎石装到麻袋里，用马驮到附近的城镇，如有水路可行就用平板船。这种很肮脏的燃料在离矿井较远的地方开始涨价，那里的石灰工和擅长生铁加工的铁匠对煤炭需求量日增。但大多数挖煤与运煤的农民还有其他工作，通常是耕地，采煤只是副业。"[⑤]

16 世纪前后，欧洲许多地方的煤矿规模较小。在欧洲的许多地方甚至到宗教改革前夕，在采矿和冶金方面，雇用不到 12 个村民的小采邑作坊仍然是最普遍的形式。挖煤与此类似，如杜拉谟和诺丁汉郡南部就是这样，但低地诸国除外。到 1520 年左右，列日煤矿工人的独立合伙制企业几乎完全被城市商人合伙拥有和管理的小资本企业代替了。更往西与蒙斯邻近的地方，开采煤矿与卖煤已经延续了几个世纪，但工人合伙制企业也已开始解体。[⑥]16 世纪末期以前，欧洲大陆煤矿业的快速发展期结束了。[⑦]

德国社会学家、历史学家马克斯·韦伯（1864—1920 年）认为，煤炭对中世纪的欧洲具有重大意义，它是中世纪西方世界最有价值、最具有关键性的产品。他在《经济通史》中指出："在一切产品之中对西方世界最有价值、最具有关键性的煤炭，须予以相当注意。甚至在中世纪，它就慢慢地愈来愈具有深远意义了。我们发现第一批煤矿是寺院创办的；在 12 世纪就提到了林堡的煤矿，纽卡斯尔的煤矿早在 14 世纪就开始为市场生产，而在 15 世纪，煤的生产已开始于萨尔区。但所有这些企业都是为消费者的需要而不是为生产者的需要而进行的。在 14 世纪，烧煤在伦敦是禁止的，因为它会污染空气，但禁令只是具文；英国煤炭出口竟增加得如此之速，以致为测量船舶而不得不设立专门机构。"[⑧]

① M. M. 波斯坦、爱德华·米勒主编《剑桥欧洲经济史·第 2 卷》，钟和、张四齐、晏波、张金秀译，经济科学出版社，2003，第 588 页。
② 同上书，第 595 页。
③ 同上书，第 612-613 页。
④ 国家自然科学基金委员会工程与材料科学部：《矿产资源科学与工程》，科学出版社，2006，第 19 页。
⑤ M. M. 波斯坦、爱德华·米勒主编《剑桥欧洲经济史·第 2 卷》，钟和、张四齐、晏波、张金秀译，经济科学出版社，2003 年，第 612 页。
⑥ 同上书，第 614 页。
⑦ 同上书，第 626 页。
⑧ 马克斯·韦伯：《经济通史》，姚曾廙译，韦森校订，上海三联书店，2006，第 119 页。

第 5 章　　古代石油和天然气

石油有广义和狭义之分。广义上，石油包括存在于地下的液态烃类混合物、气态烃类混合物（如天然气等）和固态烃类混合物（如沥青、地蜡等）。狭义上，石油仅指液态烃类混合物，它在未加工之前被称为原油。人类在远古时代就已经开始开采利用石油和天然气资源。波斯人于公元前 6 世纪人工挖凿世界上最早的油井。中国人于公元前 1 世纪凿出世界上最早的天然气井，先后开发出人工顿钻凿井工艺、卓筒井技术。中国北宋发明世界上最早的炼油技术——"猛火油作"。意大利人于 15 世纪设计了用于开采石油的钻机、钻具和井架。俄国人于 16 世纪与日耳曼人开始进行石油贸易。但是，古代对石油和天然气进行开发利用的国家和地区、数量和规模、品种和用途都有限，石油和天然气在人类能源体系中的地位和作用也有限。人类对石油和天然气的开发利用经历了漫长的认识与摸索（表 5–1）。

表 5–1　古代世界石油开发利用进程

时间	事件
古生代（约 6 亿年前至 2.25 亿年前）	古生代以来地球中的石油开始慢慢形成
5 万年前	石油开始形成
约公元前 3000 年	苏美尔人开始采集、利用幼发拉底河流域地表的油苗
公元前 1046—前 771 年	《周易》记载中国最早发现的石油
约公元前 1000 年	约旦河流域上游的先民开采沥青矿

续表

时间	事件
约公元前 10 世纪	朝圣者朝拜阿普歇伦半岛（阿塞拜疆的一个半岛，位于里海西侧，为大高加索山脉向东延伸部分）寺庙中发现由石油生成的"长明火"
约公元前 9—前 8 世纪	古希腊诗人荷马在《伊利亚特》史诗中记载特洛伊人用石油制成火球当作武器使用
公元前 7—前 6 世纪	新巴比伦王国把柏油（沥青）熔化后用来建造空中花园
公元前 6 世纪	波斯人人工挖凿世界上最早的油井
公元前 5 世纪	古希腊的希罗多德在《历史》中记载赞特岛上有石油源
公元前 4—前 3 世纪	印度《利论》记载了"燃烧着的油"
公元前 1 世纪	中国陕北延长县发现油苗
1 世纪	中国形成一套人工顿钻凿井工艺技术
3 世纪	中国先民把石油作为润滑油使用
7 世纪	日本人工开凿出深 600～900 英尺的油井；在基齐库斯战役中，拜占庭帝国用石油制成"希腊火"攻打阿拉伯舰船；中国唐初将石油作为药物使用
8 世纪	苏门答腊岛的当地居民用石油火攻敌人
10 世纪	阿拉伯人将"火油"传入中国
11 世纪初	中国发明卓筒井技术和井下套管隔水法
11 世纪	开罗战役中，大约使用了 32 万瓶天然沥青进行火攻；中国北宋发明世界上最早的炼油技术——"猛火油作"；中国沈括的《梦溪笔谈》在世界上最早使用"石油"一词，开石油地质学之先河；缅甸仁安羌地区人工挖采石油
12 世纪	中国北宋的《本草衍义》中最早记录石油加工后可入药
15 世纪	意大利摩德纳人用油苗制成"圣凯瑟琳油"，法国阿尔萨斯开采石油，居住在美国北部的塞尼卡人采集油苗治病，莫斯科大公国（即后来的俄国）开始采集油苗，意大利发明家达·芬奇设计了用于开采石油的钻机、钻具、井架
16 世纪	中国明代正德末年在四川人工开凿一口油井，古巴的普林西比港居民采集油苗堵住木船的缝隙，俄国与日耳曼人开始进行石油贸易
1556 年	德国科学家阿格里科拉在《论冶金》中记述石油炼制、加工过程
1636 年	德国文学作品《奥列阿里亚》记述巴库石油开采情景

资料来源：作者整理。

第 1 节 石油

约公元前 3000 年，人类开始采集、利用石油。美索不达米亚地区、死海、尼罗河流域、阿普歇伦半岛的巴库、中国四川和陕北等地是古代世界著名的石油产地。中国北宋的科学家沈括在《梦溪笔谈》一书中最早提出使用"石油"这一名词。英文"petroleum"（石油）一词最早出现在英国国王爱德华三世（1312—1377 年）的宫廷记录中。

一、石油的形成

石油赋存于地球内部，演源于数亿年前的水生动植物。[1]这些水生动植物的遗体、粪便等有机物质在地质作用下与泥沙混合，形成沉积岩。自古生代（约 6 亿年前至 2.25 亿年前）以来[2]，埋藏在沉积岩中的各种有机物质开始向干酪根［主要含碳、氢等复杂混合物，是油页岩的有机组成部分（表 5-2）］演化，缓慢地从沉积岩的压实黏土中移动到有孔、可渗透的泥砂岩等岩石中，并被截留下来，最后形成油藏（图 5-1）。中国油页岩矿床的地质时代从碳纪（约 3.54 亿年至 2.95 亿年）到新近纪（约 2 330 万年至 180 万年）都有[3]，资源量约为 4 300 亿吨，储量约为 100 亿吨。世界上石油的生成、运移与集聚是一个漫长的过程，整个过程大约需要数百万年的时间甚至更长，最 "年轻" 的也要 5 万年的时间。[4]

对于石油的生成，也有学者提出 "无机成因说"。

表 5-2　干酪根类型及其特征

干酪根类型			Ⅰ 型腐泥型	Ⅱ 型腐泥 – 腐殖型（混合型）	Ⅲ 型腐殖型
有机岩石学显微镜组分特征及相对含量	腐泥型	无定形体藻质体	主要	次要	极少
	壳质组	孢子体、角质体、树脂体	次要	主要	少量
	镜质组	结构镜质体、均质镜质体	少量	次要	主要
	惰质组	丝质体、菌类体	极少	少量	主要
元素组成特征		碳元素组成 1%	83	82	83～89
		氢元素组成 1%	11	8	5～3.5
		氧元素组成 1%	6	10	12～7.5
		氢 / 碳原子比 1%	1.7～0.3	1.4～0.3	1.0～0.3
		氢 / 碳原子比 1%	0.1～0.02	0.2～0.02	0.4～0.02
生油潜力			好	中等	差

资料来源：《中国大百科全书》总编委会：《中国大百科全书·第 7 卷》第 2 版，中国大百科全书出版社，2009，第 193 页。

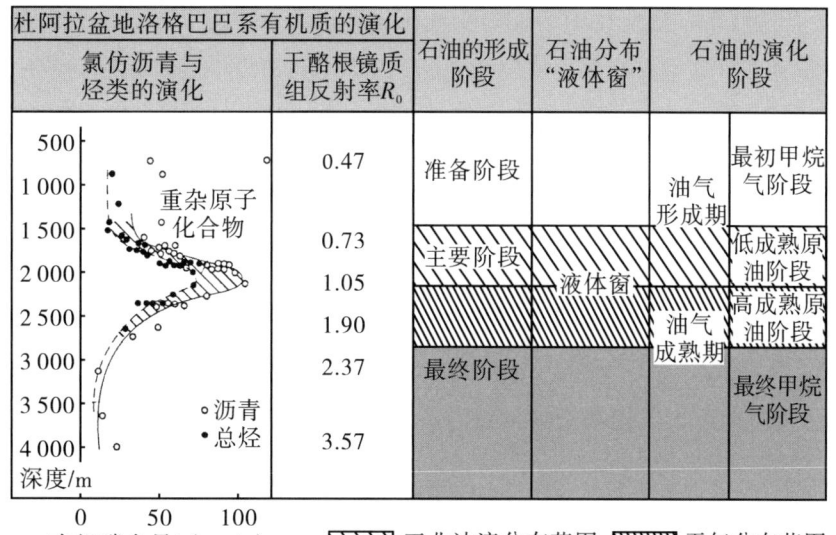

图 5-1　石油演化阶段划分对比示意图

资料来源：《中国大百科全书》总编委会：《中国大百科全书·第 27 卷》第 2 版，中国大百科全书出版社，2009，第 112 页。

---

[1] 美国不列颠百科全书公司：《不列颠百科全书·第 13 卷》国际中文版（修订版），中国大百科全书出版社《不列颠百科全书》国际中文版编辑部编译，中国大百科全书出版社，2007，第 210 页。

[2]《中国大百科全书》总编委会：《中国大百科全书·第 27 卷》第 2 版，中国大百科全书出版社，2009，第 118 页。

[3] 同上。

[4] 同上书，第 115 页。

二、亚非石油

美索不达米亚地区①是人类文明起源地之一，也是世界上最早发现石油的地区。大约公元前3000年，这里的苏美尔人开始在幼发拉底河流域采集天然流出地表的油苗，然后加工成沥青使用。同一时期，尼罗河流域的埃及人已经能够在坚硬的岩石上钻出约6米深的井眼。②成书于周初（约3000年前）的《周易》中记载了中国最早发现的石油。

公元前10世纪以前，苏美尔人创造的楔形文字记载了从死海沿岸采集石油的情况。当时，美索不达米亚地区的巴比伦王国以及周边地区的埃及、印度等古国已经把石油沥青应用于建筑、装饰、照明、黏合、防腐、制药等领域。公元前1000年左右，有人在约旦河流域的上游开采沥青矿并延续至今。③古希腊诗人荷马在其英雄史诗《伊利亚特》中说，当时特洛伊城（今土耳其的希沙立克）里的人们用石油制成火球当作武器，"特洛伊人向快速行动的船不停地投掷火球，在船的上空形成一连串的难以扑灭的火焰"④。

公元前6世纪，美索不达米亚地区新崛起的波斯帝国开始在其首都苏撒城附近人工挖凿油井。这是人类最早用人工挖井采油的记录。希罗多德在其著作《历史》中记载了人工掘井采油的过程：油井位于古波斯帝国首都苏撒城附近地区，井口上有一个绞盘，系着半个皮囊。将皮囊放入井内，把汲取的液体倒进一个池子里。过了一段时间，该液体分为固体的沥青和盐，以及含有刺鼻气味的黑色液体，这种液体被当地人称为拉迪那凯。⑤

据古希腊历史学家色诺芬（约公元前430—前355年或前354年）记述，新巴比伦王国在建造空中花园时曾将柏油（沥青）熔化后使用，新巴比伦王国宫殿许多宏伟的马赛克桥梁所用嵌字的砖石都是用柏油浇注固定在一起的，巴比伦的居民用柏油泥涂抹门窗。考古学家在今天巴格达附近的卡桑遗址发现了柏油地面。据说，这些石油都是从位于距巴比伦120英里处的幼发拉底河的一条支流开采的。⑥公元前1世纪，希腊历史学家迪奥多尔记述了巴比伦的沥青工业："巴比伦国有许多不可思议的奇迹，但再没有比大量的沥青更令人感到神奇的了。"⑦

在古印度的摩亨佐·达罗遗址，人们发现一个底部和池壁全部用柏油泥物质涂抹覆盖的大游泳池。公元前4—前3世纪，印度思想家考底利耶在《利论》一书中记载了利用"燃烧着的油"的经验。

6世纪后，亚洲、非洲地区开发利用石油的国家增多。600年，日本人工开凿出深达600～900英尺的油井。8世纪，苏门答腊岛的当地居民用石油火攻敌人。10世纪，阿拉伯人将"火油"传入中国。11世纪初，缅甸仁安羌地区人工挖采石油。1077年，在开罗战役中，大约有32万瓶天然沥青被用于

① 美索不达米亚地区指西亚地区幼发拉底河和底格里斯河之间的地区。狭义上是指今天伊拉克首都巴格达至土耳其境内的托罗斯山脉区域。广义上是指东邻伊朗境内的扎格罗斯山脉，西抵沙特阿拉伯境内的阿拉伯高原，南止波斯湾，北达土耳其境内的托罗斯山脉的广大地区。它主要分布在今天的伊拉克和叙利亚境内，还包括伊朗、土耳其、沙特阿拉伯、科威特、约旦等周边国家的部分区域。
② 王才良、周珊：《世界石油大事记》，石油工业出版社，2008，第1页。
③ 李德生、罗群：《石油——人类文明社会的血液》，清华大学出版社、暨南大学出版社，2002，第12页。
④ 陆刚主编《在科学的入口处：30位能源科学家的贡献》，湖北少年儿童出版社，2008，第42页。
⑤ 徐建山等：《石油的轨迹：几个重要石油问题的探索》，石油工业出版社，2012，第4-5页。
⑥ 阿列克佩罗夫：《俄罗斯石油：过去、现在与未来》，石泽译审，何小平副译审，人民出版社，2012，第3页。
⑦ 袁新华：《俄罗斯的能源战略与外交》，上海人民出版社，2007，第14页。

火攻。

在位于亚洲中西部的阿普歇伦半岛，古代时就有石油从地下流出，浮于地面，产生"长明火"。公元前 10 世纪左右，成千上万的朝圣者开始涌向阿普歇伦半岛的寺庙，朝拜"长明火"。许多阿拉伯和波斯的历史学家以及欧洲的传教士和旅行家都对阿普歇伦半岛的石油开采和使用情况做了记载（表 5-3）。阿拉伯地理学家阿布·侯赛因·马苏德在《金的淘洗和宝石矿场》一书中写道："轮船……游弋于巴库沿岸，这是个白色石油和其他颜色石油的工场。……在这个含有石油的地方有火的来源之一——火山。火山从来都不熄灭，而且高高喷洒火焰。"[1]13 世纪末，意大利旅行家马可·波罗奉命护送中国元室新妃到波斯伊儿汗国，途经巴库返回威尼斯，记述了巴库人把石油用于医疗和宗教仪式的情况。1636 年，亚当姆·奥雷什列格尔随德国使团访问巴库，后写成文学作品《奥列阿里亚》。该作品记述了巴库石油开采的情景："石油是一种特殊的油。它产自巴库附近的巴尔马赫山，从固定的井中大量汲取。我们亲眼看到他们用器械将大量的石油分包以便销售……穿越了高高的巴尔马赫山，在离海不远的地方看到了油井。这是些形状各异的土坑，有三十几个，几乎全部相距一个射程的距离，井中石油翻滚喷出。其中有三口大井，采油时要将两条绳索放到井的深处。……井口可听到石油翻滚轰鸣，就像开锅一样。油浆的味道很冲，但白石油相对黑色油浆而言有一股好闻的香气。"[2]

表 5-3　古代阿普歇伦半岛的石油开采利用情况

时间	记载者	记录内容
7 世纪	（历史学家，人名不详）	拜占庭帝国皇帝克拉克利（575—640 年）在离巴库 18 英里的库拉河口过冬后毁掉了祭祀圣坛及"长明火"
10 世纪	伊本·米斯卡维哈，阿布·杜拉法（中东历史学家）	开采石油
10 世纪	阿布·侯赛因·马苏德（阿拉伯地理学家）	巴库石油开采及使用轮船运输情况
13 世纪	雅库塔·阿尔哈马维(中东历史学家)	开采石油
13 世纪末期	马可·波罗（意大利旅行家）	巴库人将石油用于医疗和宗教仪式
14 世纪（约 1320 年）	茹尔登·卡塔林·德·谢维拉克（法国传教士）	巴库挖有许多油井，从中采出纳法塔（石油），其为液态油，能治病并且易燃烧
14 世纪	哈姆杜拉哈·加兹维尼（中东历史学家）	开采石油
15 世纪	阿卜杜拉·希德·伊本·卡列克巴库文（阿拉伯地质学家）	估算阿普歇伦半岛石油月产量达到 200 哈瓦尔（约 9 吨），其中大部分用帆船运往波斯
1474—1479 年	约瑟法特·巴尔巴罗(意大利旅行家)	巴卡海附近有一座流淌出黑油的山，黑油气味难闻，作为照明灯油使用，也可清洗骆驼
16 世纪下半叶	卡季普·切列比（土耳其学者）	巴库古堡周围约有 500 口井开采白石油和黑石油

---

[1] 阿列克佩罗夫：《俄罗斯石油：过去、现在与未来》，石泽译审，何小平副译审，人民出版社，2012，第 7 页。
[2] 同上书，第 8 页。

续表

时间	记载者	记录内容
1568—1574 年	久克特（法兰西旅行家）	从巴库城市周围土地冒出数量惊人的石油。波斯人来此买油，由 400 ~ 500 匹骡子和驴组成马帮运回波斯
1636 年	亚当姆·奥雷什列格尔（德国人）	从巴库附近的巴尔赫山的固定油井中大量汲取石油。他们用器械将大量的石油分包以便销售
1683 年	恩格尔拜尔德·肯普费尔（瑞典驻伊朗使馆秘书）	路过阿普歇伦半岛时发现巴库油田被烧得通红，苏拉哈内拜火寺庙有"长明火"

资料来源：作者整理。参考阿列克佩罗夫：《俄罗斯石油：过去、现在与未来》，石泽译审，何小平副译审，人民出版社，2012。

三、欧美石油

希罗多德在他的著作《历史》中提到希腊的赞特岛上有石油源。这是关于欧洲石油的最早历史文献记载。哥伦布发现美洲新大陆后，前往美洲的欧洲人发现当地人也开采利用石油。

（一）古希腊、古罗马（至 476 年）

古希腊、古罗马的学者有许多关于发现、利用石油的记载。古希腊学者吉波拉特指出，不少用来治疗皮肤病的药方中都含有石油中的某种成分。老普林尼指出，石油与硫黄的特质相似，如果美狄亚神用石油涂抹自己对手的冠冕，祭祀时冠冕起火就会活活烧死对手。被认为是尤利亚·阿夫里坎斯基主教编撰的古百科全书记载了自然火制法和液态天然柏油的情况。[①]

（二）中世纪欧洲

阿拉伯帝国从 7 世纪下半叶开始征伐拜占庭帝国。680 年，在基齐库斯战役中，康斯坦丁四世波加纳特采纳了卡琳尼克斯的建议，用石油制成"希腊火"，然后用这种新奇武器向停靠在海上的阿拉伯舰船突然发起猛攻。顿时，猛烈的大火吞噬了阿拉伯舰船，持续烧了一个昼夜，几乎将所有的阿拉伯舰船都烧毁，仅当天就烧死官兵 3 万人，拜占庭帝国取得了胜利，"希腊火"挽救了拜占庭帝国。[②]1139年，罗马教皇宣布禁止使用杀伤力很强的石油武器——"希腊火"。

到了 15 世纪，欧洲人开始在当地开采石油。意大利发明家达·芬奇设计了用于开采石油的钻机、钻具和井架。1400 年，人们开始从意大利摩德纳附近的油苗中提取"来自石头的油"（又称"圣凯瑟琳油"），并与德国巴伐利亚泰根塞地区的"圣奎里纳斯油"展开竞争。几年后，"圣奎里纳斯油"的日产量约为 42 升，是从涌出的油水混合物中撇取的。1498 年，法国阿尔萨斯地区的兰佩茨洛赫也开采石油。1576 年，施尼策尔获政府当局许可，在奥地利赛费尔德开采页岩。16 世纪，欧洲市场上开始出售各种用途的、少量的石油产品。[③]

被称为"矿物学之父"的德国科学家阿格里科拉（1494—1555 年）撰写的《论冶金》（1556 年出版）

[①] 阿列克佩罗夫：《俄罗斯石油：过去、现在与未来》，石泽译审，何小平副译审，人民出版社，2012，第 3 页。

[②] 同上书，第 5 页。

[③] 查尔斯·辛格、E.J. 霍姆亚德、A.R. 霍尔、特雷弗·I. 威廉斯主编《技术史·第 5 卷》，远德玉、丁云龙主译，上海科技教育出版社，2004，第 67 页。

一书是欧洲最早全面论述矿冶技术的经典著作。该书记载了石油炼制技术及其过程。诸如，怎样从油苗中小心地提取原油，怎样在大罐中加热浓缩原油，怎样熔化从沥青岩中分离出的沥青。

（三）俄国

862 年左右，留里克建立罗斯人政权，创立留里克王朝（862—1598 年）[1]，从而开启了沙皇俄国时代。到 12 世纪末，有了沙皇俄国关于石油的记载。据伊帕基耶夫斯基的编年史记载，1184 年，俄国公爵们联合军团与金帐汗统率的军团战斗，金帐汗找了一位会发射"活火"的异教徒，用"活火"射击和点燃俄罗斯城堡，但金帐汗的"活火"和无数的士兵不敌俄国联合部队，金帐汗望风而逃，其妻妾和那个会用"活火"的异教徒被活捉。此后，"活火"的秘密为俄国军队所掌握。1219 年，俄国士兵手持火器和斧头，从城池的四面八方点燃布尔加尔人（现在的楚瓦什人）的城市奥舍里，使之成为一片火海，从而攻克了奥舍里。[2]

15 世纪，俄国北方乌赫塔河沿岸的楚德人部落从河面收集石油，用于日常生活。这是俄国中世纪史料关于莫斯科大公国最早开始采用石油的记录。[3] 从 16 世纪起，俄国与日耳曼人开始石油贸易。来自各地的商人将阿普歇伦半岛的石油贩运到莫斯科。《贸易籍》一书记载了俄罗斯商人向日耳曼人卖石油的情况：在安全的情况下，通往舍马哈之路可以完成向外国人供应 480 多普特（沙皇时期俄国的主要计量单位之一，1 普特约等于 16.38 千克）黑石油的交易。

16—17 世纪的手稿文献《治疗》《石头药和草药论》等记载了俄国医生用石油作为药物治疗皮肤病、关节炎和风湿病。《治疗》中写道："用石油涂抹病人可除疾病。白色石油可以消除疼痛、退寒和治疗冻伤，而黑色石油看来效果更好，可消除咳嗽和腹部刺痛。"书中还建议"那些白内障和眼睛流泪患者"将石油滴入眼内。[4] 俄国还用掺杂了石油的特殊染料做成俄国圣物和圣像独一无二的色调。圣像画师的训导指出："任何色彩都要有蜂蜡，加入干性油和石油，目的是染料干得快……当干性油用于圣像时就会僵硬，而笔墨中加上少许石油或松节油，圣像就会舒展垂直，光芒四射，栩栩如生。"[5]

（四）美洲

在美洲新大陆被发现之前，当地印第安人就发现了石油。他们把石油用于照明和医疗，还用沥青来堵住船缝。15 世纪，居住在美国北部的塞尼卡人用毛毡收集水面的油苗，用来治疗皮肤病和便秘。[6]

哥伦布发现美洲新大陆后，前往美洲的欧洲人在 16—18 世纪带回了一些关于当地开发、利用石油的信息。古巴哈瓦那的普林西比港居民从油苗中得到"卡林"这种东西，用于维修，堵住船的缝隙。在墨西哥坦皮科附近，人们用油苗制作沥青，阿兹特克人用油苗来制作茨克特利胶姆糖。在秘鲁，靠近现在洛维托斯油田的海岸上，漂浮着油苗。特立尼亚的铁拉德布雷亚有一个沥青湖。位于加勒比地

---

[1] 有的学者认为留里克王朝创立的时间为奥列格占领基辅的 882 年。
[2] 阿列克佩罗夫：《俄罗斯石油：过去、现在与未来》，石泽译审，何小平副译审，人民出版社，2012，第 10–11 页。
[3] 同上书，第 11 页。
[4] 同上书，第 13 页。
[5] 同上书，第 12 页。
[6] 王才良、周珊：《世界石油大事记》，石油工业出版社，2008，第 4 页。

区西印度群岛的巴巴多斯生产焦油。[1]

四、中国石油

中国开发、利用石油资源有着悠久的历史，全国各地不断发现、开采利用石油。中国是世界上最早发现石油的国家之一，也是世界上最早使用"石油"一词的国家。

（一）"石油"一词的由来与演化

"石油"一词，最早出现在中国宋代。北宋科学家沈括在《梦溪笔谈》一书中第一次使用"石油"一词。他在《梦溪笔谈》中写道："鄜延境内有石油，旧说高奴县出脂水，即此也。生于水际，沙石与泉水相杂，惘惘而出。土人以雉尾裹之，乃采入缶中，颇似淳漆。燃之如麻，但烟甚浓，所沾幄幕皆黑。予疑其烟可用，试扫其煤以为墨，黑光如漆，松墨不及也，遂大为之。其识文为'延川石液'者是也。此物后必大行于世，自予始为之。"[2]

在这之前和之后，"石油"一词在中国有许多异名。如西晋称其为"石漆""水肥"，北朝称其为"石流黄"，唐代称其为"黑香油""石脂水"，五代称其为"火油"，北宋称其为"石脑油""石液""脂水"，南宋称其为"石烛"，明朝称其为"泥油""火井油""石脂""雄黄油""硫黄油"，清朝则称其为"地脂"、"洋油"（指煤油）等（表5-4）。

表5-4 中国古籍关于石油名称的记载

名称	作者及古籍等情况	名称出现的朝代
石漆、水肥	张华:《博物志》	西晋
石流黄	李延寿:《北史》	北朝
黑香油	玄奘（602或600—664年）:《大唐西域记》	唐代
石脂水	李吉甫:《元和郡县图志》	唐代
火油	欧阳修:《新五代史》	五代
石脑油	掌禹锡等:《嘉祐补注本草》	北宋
石油、石液、脂水	沈括:《梦溪笔谈》	北宋
石烛	陆游:《老学庵笔记》	南宋
泥油	黄衷:《海语》	明代
火井油、石脂	杨慎:《丹铅总录》《丹铅续录》	明代
雄黄油、硫黄油	李时珍:《本草纲目》	明代
地脂	方以智:《物理小识》	清代
洋油	第二次鸦片战争之后，英、美、德等国的煤油进入中国市场，当时国人称之为"洋油"	清代

资料来源：作者整理。参考石宝珩:《石油史研究辑录》，地质出版社，2003。

[1] 查尔斯·辛格、E. J.霍姆亚德、A. R.霍尔、特雷弗·I.威廉斯主编《技术史·第5卷》，远德玉、丁云龙主译，上海科技教育出版社，2004，第67页。

[2]《梦溪笔谈选注》注释组:《梦溪笔谈选注》，上海古籍出版社，1978，第199页。

（二）石油的广泛发现与利用

中国周代的《周易·革》记载："《象》曰：泽中有火，革。"①这是中国关于石油的最早记载。

公元前 1 世纪，中国陕北延长县发现油苗。1 世纪，先人发现漂浮在河面上的石油可以燃烧。东汉史学家班固在其所著《汉书·地理志》中记载："上郡，秦置，……高奴，有洧水，可㸐。"唐代颜师古对此文的"㸐"字加注，师古曰："㸐，古然火字。"②文中"高奴"的治所在今陕西省延安市东北延河北岸，"洧水"即今延安市延河。③

3 世纪，人们对石油进行简单加工，并将其作为润滑油使用。西晋张华所撰的《博物志》（约成书于 267 年）对酒泉郡延寿县（今甘肃省玉门市）的石油，从形态、性质、加工、用途等方面做了详细的记载。郦道元在《水经注》中详细地引述《博物志》的记载："酒泉延寿县南山出泉水，大如筥，注地为沟，水有肥如肉汁，取著器中，始黄后黑，如凝膏，然（按：即燃，古时然、燃通用）极明，与膏无异，膏车及水碓缸甚佳，彼方人谓之石漆。"④人们将山旁自然喷出的石油拿回家中用"著器"进行加工，然后当作润滑剂，用于"膏车及水碓缸"。

4—6 世纪，河北涿州和涞水、甘肃武威、新疆库车等地先后发现石油。南朝梁沈约在《宋书·五行志》中记载："晋惠帝光熙元年（306 年）五月，范阳地然（燃），可以爨。"文中"范阳"为西晋范阳国，治所在涿县，即今河北省涿州市。唐代房玄龄（579—648 年）等人所撰的《晋书·五行志》云："穆帝升平三年（359 年）二月，凉州（治姑臧）城东池中有火。四年（360 年）四月，姑臧泽水中又有火。"后魏崔鸿所著的《十六国春秋·前凉录》记载："三年（365 年）……晋遣使拜右关中诸军大将军凉州牧西公。八年（370 年），郡国火燃于泥中三十所。"⑤文中的"凉州"为西汉武帝置，建安十八年（213 年）并入雍州，三国魏文帝复置，移治姑臧县（今甘肃武威市），十六国时前凉、后凉、北凉皆曾在此定都。北齐魏收（506—572 年）在《魏书·灵征志》中记载："孝昌二年（526 年）夏，幽州遒县地燃。""幽州遒县"治所在今河北涞水县北。

这一时期，人们开始利用石油治病。唐初御史台主簿兼直国史李延寿所撰的《北史·西域传》记载："龟兹国，在尉犁西北，白山之南一百七十里，都延城，汉时旧国也。……其国西北大山中有如膏者，流出成川，行数里入地，状如饧锡，甚臭。服之，发齿已落者，能令更生，疠人服之，皆愈。自后每使朝贡。"⑥文中的"龟兹国"为西域三十六国之一，属西域都护管辖，都城在延城，即今新疆库车县东郊皮郎旧城。⑦当时人们以为石油可以治病，还被作为朝贡品朝贡。当时作为西域国的悦般国（西域国名，在今哈萨克斯坦巴尔喀什湖以东伊犁河下游一带），也以石油（石流黄）为药。《北史·西域传》中记载："悦般国，在乌孙西北，去代一万九百三十里。……其国南界有火山，山傍石皆燋镕，流地数

①《十三经注疏》整理委员会：《十三经注疏·周易正义》，北京大学出版社，1999，第 202 页。

② 班固：《汉书》卷二十八《地理志》，中华书局，1962，第 1617-1618 页。

③ 郑天挺、吴泽、杨志玖主编《中国历史大辞典：音序本》，上海辞书出版社，2007，第 736 页。该书的词条"洧水"的释义中，"洧水"指"今河南双洎河"（第 2781 页）。

④ 郦道元：《水经注校证》，陈桥驿校证，中华书局，2007，第 99-100 页。

⑤ 石宝珩：《石油史研究辑录》，地质出版社，2003，第 347 页。

⑥ 李延寿：《北史》卷九十七《西域传》，中华书局，1974，第 3217-3218 页。

⑦ 史为乐主编《中国历史地名大辞典》上，中国社会科学出版社，2005，第 1298 页。

十里乃凝坚，人取以为药，即石流黄也。"①

北周（557—581年）时，人们将石油运用到战争中。《元和郡县图志》道：酒泉"石脂水在县东南一百八十里，泉有苔如肥肉，燃之极明。水上有黑脂，人以草盏取，用塗鸱夷、酒囊及膏车。周武帝宣政中，突厥围酒泉，取此脂，燃火焚其攻具，得水愈明，酒泉赖以获济"。②

盛唐时期，社会经济得到极大发展，石油的开发、利用规模得到扩大，当时主要石油产地之一的甘肃开始储备石油，甚至将其作为战备物资。甘肃敦煌藏经洞的社会经济文书记载了唐代敦煌储备和使用石油的情况。《敦煌宝藏》第122卷P.2862号文书背面（与P.2626号为同卷）《天宝年代敦煌郡会计历》第31行载："合同前月日见在，石脂，总壹拾肆硕。"《敦煌宝藏》第131卷P.3841号文书背面《唐开元廿二年（公元七四三年）沙州会计历》第44行记为"贰硕玖斗贰胜（升）石脂"，第115行又载"贰硕玖斗贰胜（升）石脂"。P.3841号文书背面还记载了官府车坊修造车辆及其车部件数目、各种兵器及其制造，石脂的储量较大，主要用于润车，也不排除是为了保护敦煌城池而做的战斗物资储备。此外，《敦煌宝藏》第123卷P.2641号文书《丁未年宴设司使宋国忠牒油胡饼等支出账》记载了石油被用作照明燃料，其第8行记有"断煤油壹口"，讲到点灯等各种用油事项。③

宋朝以后，今北京，陕西延长、延川和富县，广东南雄等地相继发现石油。元代御史大夫脱脱（1314—1356年）等人撰《金史》，指出金代京师（中都，今北京市）发现石油燃烧的过程：卫绍王大安二年（1210年）十一月，"京师民周修武宅前渠内火出，高二尺，焚其板桥。又旬日，大悲阁幡竿下石隙中火出，高二三尺，人近之即灭，凡十余日。自是都城连夜燔爇二三十处"。元代孛兰肹等人撰写的《元一统志》（又名《大元大一统志》）记载，"鄜州东十五里采铜川，有一石窟，其中出此，就窟可灌成烛，一枝敌蜡烛之三。至元七年（1270年）上司移文封局，至今不采"。"在延长县南迎河有凿开石油一井，其油可燃，兼治六畜疥癣，岁纳百一十斤，又延川县西北八十里永平村有一井，岁办四百斤入路之延丰库。"④文中的"鄜州""延长县""延川县"，分别为今陕西省富县、延长县和延川县。明代李时珍在《本草纲目》"石脑油"条载："石脂所出不一，出陕之肃州（今甘肃高台县）、鄜州、延州延长，及云南之缅甸、广之南雄者，自石岩流出，与泉水相杂，汪汪而出，肥如肉汁，土人以草挹入缶中，黑色类似淳漆……"此文不仅指出上文所提到的今陕西、甘肃等地有石油，还指出缅甸、中国广东南雄市（"广之南雄"）等地也有"石脑油"。清代张延玉在《明史·五行志》中记载："万历十四年，保定府民间墙壁内出火，三日夜乃熄。"

至此，中国先后在今陕西省的延安市、延长县、延川县、富县，甘肃省的玉门市、武威市、敦煌市、高台县，新疆维吾尔自治区的库车县，河北省的涿州市、保定市，北京市，以及广东省的南雄市等地（表5-5）发现了石油。

① 李延寿：《北史》卷九十七《西域传》，中华书局，1974，第3219–3220页。

② 王进玉主编《中国少数民族科学技术史丛书·化学与化工卷》，广西科学技术出版社，2003，第309页。

③ 同上书，第310页。

④ 孛兰肹等：《元一统志》，赵万里校辑，中华书局，1966，第383页。

表 5-5　中国古代石油产地分布、年代与用途

产地（今地名）	时间	用途	文献出处
中国	周初	燃料	《周易》
陕西延长	公元前 1 世纪	—	—
陕西延安	1 世纪	燃料	《汉书》
甘肃玉门	3 世纪	燃料、润滑剂	《博物志》
河北涿州	4 世纪	燃料	《宋书》
甘肃武威	4 世纪	燃料	《晋书》
河北涞水	6 世纪	燃料	《魏书》
新疆库车	北朝	药用等	《北史》
甘肃酒泉	6 世纪	战斗燃料	《元和郡县图志》
甘肃敦煌	8 世纪	战备物资	《敦煌宝藏》
北京	13 世纪	燃料	《金史》
陕西延长、延川、富县	13 世纪	燃料、兽药	《元一统志》
甘肃高台、广东南雄	16 世纪	药用等	《本草纲目》
四川乐山	1521 年	—	—
河北保定	1586 年	燃料	《明史》
山东曹县	1653 年	燃料	《清史稿·灾异志》
河北抚宁	1811 年	燃料	《清史稿·灾异志》

资料来源：作者整理。主要参考石宝珩：《石油史研究辑录》，地质出版社，2003。

（三）中国古代石油科技的突破

钻井是石油开发的重要环节之一。早在约七千年前的浙江余姚河姆渡遗址中，发现了年代最早的木结构水井。由此可知，中国是世界上最早掌握凿井技术的国家。

春秋时期，中国开凿的井，有的深度已超过 800 英尺。[1]

1 世纪，中国已经形成一套人工顿钻凿井工艺技术。[2] 当时主要是用人力和畜力开采石油，钻井用的材料主要是竹木。

2 世纪，中国的钻井工匠到安息（西亚古国，位于伊朗高原东北部）以及费尔加纳（今乌兹别克

---

[1] 白寿彝总主编《中国通史·第 4 卷》修订本，上海人民出版社，2004，第 617 页。
[2] 吴熙敬主编《中国近现代技术史》，科学出版社，2000，第 42 页。

斯坦东部）等地传授打井工艺。①

到了 11 世纪初，钻井技术有了新的突破，出现了新式的凿井方法——卓筒井技术。它是一种冲击式顿钻凿井工艺技术，始于庆历年间（1041—1048 年）。②为了进一步完善这种技术，人们还发明了井下套管隔水法，为世界首创。

北宋时期，人们开始对石油进行炼制，发明了"猛火油作"工艺，这是世界上最早的炼油技术。③当时，宋朝军队采用"猛火油作"对石油进行粗加工，生产"猛火油"，作为战争中火攻的原料。据北宋康定年间编纂的《武经总要》记载，人们研制的使用石油的武器有"猛火油柜""筒柜"等。当时，人们还将石油加工后入药，制取砒霜伏。北宋寇宗奭将此配方载入其所撰《本草衍义》（成书于 1116 年）中，这是世界上石油加工后可入药的最早记录。④

在这一时期，石油地质学开始初现，沈括在世界上首开石油地质学的先河。沈括为北宋嘉祐进士，入编校照文馆书籍，任翰林学士，著有《梦溪笔谈》一书，在书中最早提出"石油"这一名词，还大胆地论断地下石油的蕴藏量非常丰富，认为"石油至多，生于地中无穷，不若松木有时而竭"，并预言石油"后必大行于世"。⑤

此后，随着钻井技术的不断突破，中国先后在陕西延长、延川，四川嘉州、眉州、青州、洪雅、井研等地钻成了油井。1521 年，四川乐山也钻成了油井。

第 2 节　天然气

一、世界天然气的发现和利用

据美国《康普顿百科全书·技术与经济卷》记载，公元前 6000—前 2000 年，伊朗发生过天然气泄漏的现象。⑥公元前 2000 年，伊朗发现了从地表渗出的天然气，崇拜火的波斯人从此有了"永不熄灭的火炬"⑦。

公元前 1000 年左右，古希腊帕尔纳索斯山的牧民发现岩缝中冒出火焰，将该火焰敬奉为神灵，在火焰燃烧处修建寺庙，该寺庙成为卜卦问神的圣殿，德尔斐神龛（Oraele of Delphi）任女祭司。这是人

① 王才良、周珊：《世界石油大事记》，石油工业出版社，2008，第 2 页。
② 白寿彝总主编《中国通史·第 7 卷》修订本，上海人民出版社，2004，第 634 页。
③ 同上书，第 635 页。
④ 同上书，第 636 页。
⑤ 《梦溪笔谈选注》注释组：《梦溪笔谈选注》，上海古籍出版社，1978，第 199 页。
⑥ 戴尔·古德主编《康普顿百科全书·技术与经济卷》，吴衡康等编译，商务印书馆，2001，第 687 页。
⑦ 冯孝庭：《天然气——宝贵的财富》，化学工业出版社，2004，第 31 页。

类现有最早记载的发现天然气的地方。[1]

公元前 1 世纪—公元 1 世纪，中国陕西鸿门[2]（今神木市）、四川临邛（今邛崃市）和法国格勒诺布尔地区出现天然气井。当时中国手工钻井的深度已超过百米，建有双层方形井架。[3]

公元前 50 年，意大利罗马的维斯塔教堂用地层渗漏的天然气做燃料，点燃长明火焰，照亮狩猎女神像。

615 年，日本也许已有天然气井在使用。[4] 同时，印度、波斯和巴库附近的一座庙宇，也使用了天然气。

13 世纪，马可·波罗路过巴库，他在游记中写到，天然气在巴库拜火教教堂已经燃烧了几百年。

17 世纪中期，英国人托马斯·雪莉在一座煤矿附近发现一个可以用一支蜡烛点燃的、翻滚的气泉。

二、中国天然气的发现和利用

古代，中国先人将天然气井的自燃现象形象地称为"火井"。在中国史书记载中，最早发现天然气的地区是陕西，最早人工开采天然气的地区是四川，其他地区也先后发现天然气。

（一）陕西鸿门"火井"

《汉书·郊祀志》记载：西汉宣帝神爵元年（公元前 61 年），"祠天封苑火井于鸿门"。在《汉书》补注中，魏陈郡丞如淳曰："地理志西河鸿门县有天封苑火井祠，火从地中出。"[5]

（二）四川临邛"火井"

四川地区早在战国时期便开始凿井采盐。当时秦昭襄王任命李冰为蜀郡郡守（任期的时间约为公元前 256—前 251 年），李冰"穿广都（位于今四川成都市双流区）盐井、诸陂池"。秦汉时期，四川临邛（今四川省邛崃市）钻井采盐。《华阳国志·蜀志》记载："孝宣帝地节三年（公元前 67 年）……时又穿临邛、蒲江盐井二十所……"[6] 这说明西汉宣帝时临邛已广开盐井。在钻凿盐井过程中，临邛发现了天然气。在四川成都和邛崃等地出土的东汉画像砖上，刻有利用天然气煮井盐的图案。西晋张华在《博物志》中记载："临邛火井一所，从广五尺，深二三丈。井在县南百里。昔时人以竹木投以取火，诸葛丞相往视之，后火转盛热，盆盖井上，煮盐得盐。入以家火即灭，迄今不复燃也。"[7]《华阳国志·蜀志》载："临邛县……有火井，夜时光映上昭（照）。民欲其火，先以家火投之。顷许，如雷声，火焰出，通耀数十里。以竹筒盛其光藏之，可拽行终日不灭也。井有二水，取井火煮之，一斛水得五斗盐；家火煮之，得无几也。"[8]

对于"火井"的奇观，文人墨客盛赞："饴戎见轸于西邻，火井擅奇乎巴濮"，"火井沉荧于幽泉，

---

[1] 庞名立：《天然气百科辞典》，中国石化出版社，2007，第 26 页。

[2] 鸿门县，为西汉置，属上郡，治所在今陕西榆林市东北，东汉废。它位于中国天然气资源储量丰富的鄂尔多斯盆地的东北边缘一带。

[3] 王才良、周珊：《世界石油大事记》，石油工业出版社，2008，第 1 页。

[4] 伊斯雷尔·贝科维奇：《世界能源——展望 2020 年》，上海市政协编译工作委员会译，上海译文出版社，1983，第 51 页。

[5] 班固：《汉书》卷二十五《郊祀志》，中华书局，1962，第 1250 页。

[6] 常璩：《华阳国志校补图注》，任乃强校注，上海古籍出版社，1987，第 142 页。

[7] 张华：《博物志校证》，范宁校证，中华书局，1980，第 26 页。

[8] 常璩：《华阳国志校补图注》，任乃强校注，上海古籍出版社，1987，第 157 页。

高焰飞煽于天垂"。唐朝著名诗人杜甫因闻四川松州（今松潘县）战火烽烟，写下"烟尘侵火井，雨雪闭松州"的诗句。

从上述诸多史料可见：西汉时临邛已有"火井"，有的井宽 5 尺，深 2～3 丈；人们利用天然气来煮盐，"一斛水得五斗盐"。

由于临邛天然气被广泛开发利用，当时政府加强了对临邛的管理，先后设置"火井镇""火井县"，任命"火井令"等。《旧唐书》记载：火井，"汉临邛县地。周置火井镇，隋改镇为县也"。[1] 成都人袁天纲在唐武德年中为临邛"火井令"，贞观六年（632 年）秩满进京后受到唐太宗的召见。[2]

（三）四川自流"火井"

四川自流井气田位于今四川省自贡市自流井区。它最初是盐井，用人工凿井求盐。当地彝族人梅泽在晋朝太康元年（280 年）凿盐井自喷卤水，不需要用捞筒汲取，故称"自流井"。它是世界上最早的人工开凿的自流井。[3]

随着井采技术的发展和自流井的深采，到唐高宗显庆元年（656 年），在自流井侏罗系发现了浅层天然气[4]。宋朝时，人们用"草皮火"（古代称浅层气为"草皮火"）煮盐日甚。清朝康熙年间，当地知县金肖孙对"火井"兴叹曰："九渊一炬起，高岭列灶烘，能省樵夫力，兼成煮海功。"[5]

（四）其他"火井"

近代，四川成都、蓬县、泸州、长江县以及云南等地，也发现过天然气。后蜀（934—965 年）李昊记载，成都有"宵瞻火井之光"[6]。清朝徐松重辑《宋会要辑稿·食货》中记载：端拱元年（988 年）"十二月三日，泸州言：泸州县盐井水竭，令人入井视之，下有吼声如雷，火焰突出（指天然气外喷），被焚死者八人"。北宋乐史所撰的《太平寰宇记》记载：蓬池县（今四川仪陇县）"火井，在县西南三十里。水涸之时，以火投其中，焰从地中出，可以御寒，移时方灭。若掘深一二丈，颇有水出"。南宋王象之的《舆地记胜》曰："火井在长江县客馆镇（今四川遂宁县西北）之北二里伏龙山下，地洼若池，以火引之，则有声隐隐然，发于池中，少顷炽炎。"明代朱国桢所著的《涌幢小品》记载：阿迷州（今云南省蒙自市）"有火井，烟来水出，投以竹木则焚"。

---

① 刘昫等：《旧唐书》卷四十一《地理志》，中华书局，1975，第 1682 页。

② 李昉等：《太平广记》卷二二一《相一·袁天纲》，中华书局，1961，第 1694 页。

③《中国大百科全书》总编委会：《中国大百科全书·第 30 卷》第 2 版，中国大百科全书出版社，2009，第 99 页。

④ 杜尚明、胡光灿、李景明等：《天然气资源勘探》，石油工业出版社，2004，第 2 页。

⑤ 同上。

⑥ 丁宝桢：《四川盐法志》卷四《蜀》，清光绪刻本，第 228 页。

中篇 近代能源

木柴是近代的主要能源之一。英国工业革命前后，蒸汽能和鲸油成为欧美国家的重要能源。此后，煤炭、石油、电力开始登上欧美国家工业化的重要历史舞台。这一时期，煤炭替代木柴，成为近代欧美国家最重要的能源。

第 6 章　　近代木柴

十世纪以前，木柴一直是人类最重要的能源。1860 年，木柴在世界能源消费中所占的比例高达 73.8%。[①] 此后，随着新的竞争者煤和石油的"进场"，其重要地位日渐被替代。到 1900 年，煤炭在世界能源消费中所占的比例超过了 50%，木柴在世界能源消费中所占的比例降到 40% 以下。1910 年，在世界能源消费构成中，煤炭、石油等能源的使用比例增长到 63.5%，而木柴的使用比例进一步降至 31.7%。[②] 由于木材生长周期较长，不能满足各国对能源快速增长的需要，欧美国家、中国等国家先后出现木柴危机。

第 1 节　木柴供应由盛而衰

进入近代后，随着手工业的发展和工业革命的爆发，欧洲国家对木柴的需求不断增加。与此同时，随着森林被大量砍伐，木柴供应越来越短缺，木柴行业日渐衰落。

[①] 李方正:《能源世界》，吉林出版集团有限责任公司，2009，第 107 页。
[②] 同上。

一、欧洲

近代,欧洲的钢铁工业加速发展,钢铁产业规模不断扩大,对燃料的需求大增,木材消耗不断增长。

16—17世纪,英国苏塞克斯郡铁矿石非常丰富,也易于开采;同时,森林资源也十分丰富,燃料充足。当地居民伐木冶铁,冶铁业很快发展起来,闻名英国。伴随着冶铁业的发展,大量的森林被砍伐,木材越来越少。保尔·芒图在《十八世纪产业革命》中指出:"以前看到过苏塞克斯郡、萨里郡和肯特郡的森林,即看到这样大的橡树和山毛榉苗圃的人,不到三十年就发现那里出现了奇异的变化,再过几个和以前一样不幸的年头,这些好看的树木就剩下很少很少了。"[1]用作燃料的木材少了,导致苏塞克斯郡的冶铁业不断萎缩,到18世纪初时,冶铁高炉只剩下10座,年产量已不足2 000吨。[2]

苏塞克斯郡木柴缺乏后,冶铁业又转移到木材资源丰富的地区,包括英国的西部地区、中部地区以及爱尔兰等。不可避免的是,只要哪里的冶铁业兴旺起来,哪里的森林就面临着像苏塞克斯郡一样的悲剧。17世纪晚期,爱尔兰人开设炼铁厂,森林在很短的时间内就稀疏了,以致爱尔兰人再也没有足够的树木来提供制革厂所需要的树皮,他们不得不从英格兰运来树皮,从挪威运进木材,并且因燃料不足无法加工而不得不把生皮输出。[3]到18世纪,英国的冶铁中心又从威尔德地区向西密德兰地区和威尔士南部转移。

由于冶铁业的发展对木材燃料的需求巨大,英国国内的木材供应已无法满足需要,从17世纪80年代开始,英国不得不从瑞典等木材资源丰富的国家进口木材,并且进口数量达到英国冶铁所需木材燃料总量的1/2以上。[4]直到18世纪,英国仍然大量进口木材作为燃料使用。

18世纪,1吨精炼的铁需要10吨(木炭)燃料,1吨精炼的铜需要20吨的(木炭)燃料来加工。[5]由于英国森林覆盖面积有限、森林资源有限,冶铁业的发展导致木柴、木炭价格不断上涨(图6-1)。在英格兰,1650年木炭和煤炭的价格大致是相当的,但此后的100多年间,木炭的价格开始一路走高,远远高于煤炭的价格(图6-2)。一艘爱尔兰的小船所装运的木炭,当地售价仅为10英镑,但到伦敦一转手就可卖到17英镑。[6]

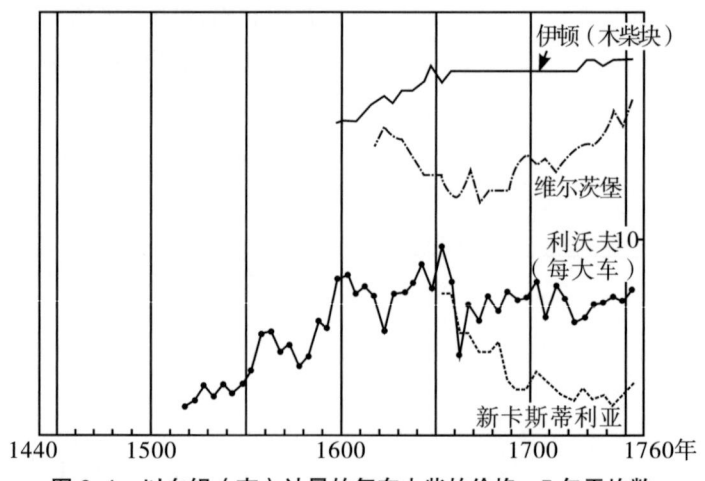

图6-1　以白银(克)计量的每车木柴的价格:5年平均数

资料来源:E. E. 里奇、C. H. 威尔逊主编《剑桥欧洲经济史·第4卷》,张锦冬、钟和、晏波译,经济科学出版社,2003,第438页。

[1] 张美、鞠长猛:《现代世界的引擎:工业革命》,长春出版社,2010,第130–131页。

[2] 同上书,第131页。

[3] 保尔·芒图:《十八世纪产业革命:英国近代大工业初期的概况》,杨人楩、陈希秦、吴绪译,商务印书馆,1983,第225页。

[4] 巴巴拉·弗里兹:《煤的历史》,时娜译,中信出版社,2005,第57–58页。

[5] 张卫良:《现代工业的起源:英国原工业与工业化》,光明日报出版社,2009,第149页。

[6] 张美、鞠长猛:《现代世界的引擎:工业革命》,长春出版社,2010,第132页。

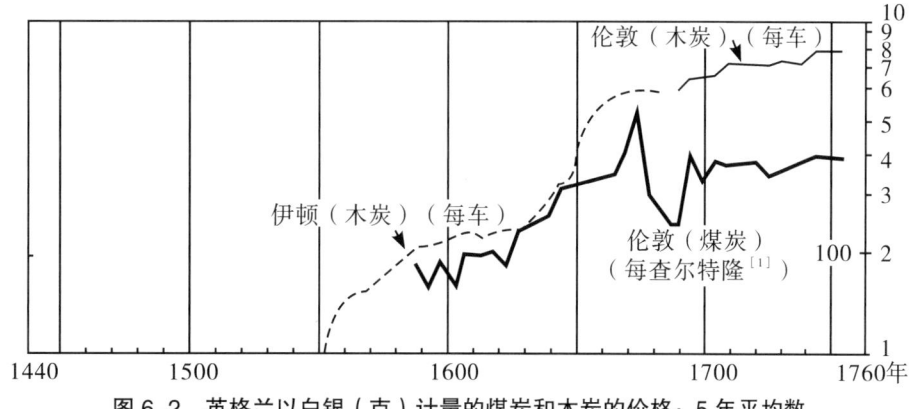

图6-2　英格兰以白银（克）计量的煤炭和木炭的价格：5 年平均数

资料来源：E. E. 里奇、C. H. 威尔逊主编《剑桥欧洲经济史·第 4 卷》，张锦冬、钟和、晏波译，经济科学出版社，2003，第 438 页。

注：[1] 查尔特隆（chaldron），英国的常用容量单位。

　　由于木炭供应紧张，许多冶铁厂往往停工数月才能筹集到足够的燃料，然后重新开工。到 18 世纪上半叶，岛上的木炭燃料匮乏，纵使规模相对较小，但英国的冶铁业也已濒临死亡。[1] 因而，即便英国中部和北部地区蕴藏着丰富的铁矿石，但冶铁业仍无法发展，到 1720 年冶铁高炉大约为 60 座，每年只能生产 1.7 万吨的生铁。[2]18 世纪 80 年代开始普及瓦特蒸汽机后，英国每年消费生铁大约 8.4 万吨，是 18 世纪 60 年代之前的 2 倍。之后，英国开始闹"铁荒"，不得不从森林资源丰富的瑞典和俄罗斯进口熟铁[3]，以满足纺织工业机械化的需要。

　　直到 18 世纪，木柴一直是英国冶铁、家庭取暖和烹饪的最主要的燃料。[4] 但是，自从工业革命后，木柴便很快被煤炭替代了。

　　19 世纪中叶以前，在法国、俄国等欧洲大陆国家，最重要的能源也是木柴。1789 年，法国的木炭和薪柴消费量约为 2 000 万吨，其中巴黎高达 200 多万吨，平均每个居民消费 2 吨多。当时运往巴黎的煤炭量仅为木炭和薪柴总量的 1/140。[5]法国的冶金业从 19 世纪初逐步发展起来，1812 年生铁产量为 10 万吨，1821 年增至 22.1 万吨，1847 年又比 1821 年翻了一番多，达到 59.1 万吨。[6]同一时期，法国冶铁主要是使用木炭，有数百个木炭炉，分布在全国森林资源丰富的地区。其中，1830 年有木炭炼铁炉 379 座，1839 年达到最高峰 445 座。此后，焦炭炼铁炉日益增多，木炭炼铁炉的数量逐渐减少，1846 年下降至 364 座，而焦炭炼铁炉的数量则从 1830 年的 29 座增至 1846 年的 106 座，但 1846 年木炭炉炼出的生铁产量所占的比例仍达 3/5。[7]随着煤炭消费量的增多，木炭和薪柴的消费量逐年下降，1840 年法国降至约 1 000 万吨，整个欧洲的总消费量则由 1789 年的 2 亿吨减少到 1 亿吨左右。[8]

① M. 里德利：《理性乐观派：一部人类经济进步史》，闾佳译，机械工业出版社，2011，第 172 页。

② 张美、鞠长猛：《现代世界的引擎：工业革命》，长春出版社，2010，第 130 页。

③ M. 里德利：《理性乐观派：一部人类经济进步史》，闾佳译，机械工业出版社，2011，第 172 页。

④ 杰里·本特利、赫伯特·齐格勒：《新全球史：文明的传承与交流（第三版）》，魏凤莲、张颖、白玉广译，北京大学出版社，2007，第 867 页。

⑤ 张建新：《能源与当代国际关系》，上海人民出版社，2014，第 73 页。

⑥ 马克垚主编《世界文明史》，北京大学出版社，2004，第 636 页。

⑦ 同上。

⑧ 张建新：《能源与当代国际关系》，上海人民出版社，2014，第 73 页。

俄国于 1837 年将英国的搅拌炼铁技术引入乌拉尔地区，到 1861 年，采用这种技术生产的金属占乌拉尔地区生铁总产量的 1/2，但木炭几乎仍然是熔炼铁矿石的唯一能源。1860 年，蒸汽机和涡轮机仅提供了 12% 的动力，其余的动力来自传统的水车。[①]

乌拉尔冶金业与当时其他国家和地区的冶铁业一样，也是在森林资源丰富的地区发展起来的乌拉尔地区拥有大量的森林资源储备，森林面积将近 200 万俄亩（1 俄亩约等于 10 900 平方米）。其中，尼什尼–塔吉尔斯克区的一家炼铁集团雇用了 4 200 名工人和 8 800 名临时帮手（用来运输矿石、木材，以及使木材炭化），占用森林面积 51.4 万俄亩，1898 年共有 11 座顶吹高炉，生产出 412.3 万普特生铁（占乌拉尔地区生铁总产量的 10%）、273.6 万普特熟铁和钢（占乌拉尔地区钢铁产量的 12%）。[②]

由于大量木材被砍伐用作燃料，英国在 1650 年以前便已经出现严重的木材短缺现象，意大利北部也一样。到 1800 年，英国大约只有 5% 的林地，欧洲其他的岛屿及半岛地区则只有 10% ～ 15% 的林地。以西欧的标准来看法国造林情况已堪称良好了，它在 1789 年约有 16% 的林地，而在此之前的 1550 年，这一比例曾达到 33%。[③]

二、美国

北美洲原是印第安人的居住地。1492 年，哥伦布发现了这块新大陆，西班牙人、荷兰人和法国人先后成为这块土地的早期殖民者。1620 年，载有 102 名清教徒的"五月花号"船从英国到达北美洲，从此大批英国人纷至沓来。

北美洲的森林繁茂，无论是沿海地区还是内陆地区，到处都是原始森林。第一批来到北美洲的英国殖民者原本是来寻找金矿、银矿的，但他们看到的却是在他们家乡早已消失的茂密森林。到达詹姆斯敦和弗吉尼亚的殖民者不能将金矿带回去，就在船上装满了木材。第二批殖民者沿大西洋海岸线上溯几百千米后登陆，看到的也是无边的森林。美洲的第一位清教牧师弗朗西斯·希金森来到北美洲时写道："这里一个贫穷的下人……都拥有丰裕的木头做木材和点火用，比英国许多先生们能买的还多。如果热爱熊熊的火焰，就来这里过好日子吧。"[④]

由于当时英国本土的森林资源已枯竭，而冶金、造船、日常生活等领域对木材的需求巨大，北美洲廉价丰富的木材资源就成为英国殖民者开发、贸易的对象。殖民者在森林地区修建小木屋、长栅栏，置办木家具和工具，还把一些木材运回了英格兰。[⑤]17 世纪，殖民者主要是在新英格兰地区砍伐木材，1675 年，在波士顿以北的地区至少有 50 家锯木厂，每年可以加工 450 万～ 900 万立方英尺的木材，总价值达到 6 750 ～ 13 500 英镑。[⑥]18 世纪后，卡罗来纳地区和佐治亚州也成为木材的重要产地。1723 年，仅在新罕布什尔州的匹斯卡奎河上就有 70 家由水力驱动的锯木厂，每年加

---

① H. J. 哈巴库克、M. M. 波斯坦主编《剑桥欧洲经济史·第 6 卷》，王春法、张伟、赵海波译，经济科学出版社，2002，第 739 页。

② 同上书，第 758 页。

③ 张国刚主编《中国社会历史评论·第 4 卷》，商务印书馆，2002，第 21 页。

④ 巴巴拉·弗里兹:《煤的历史》，时娜译，中信出版社，2005，第 89 页。

⑤ 同上书，第 90 页。

⑥ 韩毅等:《美国经济史：17 ～ 19 世纪》，社会科学文献出版社，2011，第 60 页。

工的木材达 600 万立方英尺。[1]18 世纪 60 年代前后，查尔斯顿出口的木材最多时达到 101.8 万立方英尺（1759 年，不包括盖板、桶板，见表 6-1）。同一年代，北美殖民地林木产品的出口总值已占到北美殖民地出口总值的 7% 左右，几乎同鱼类产品的出口总值持平。[2]到 18 世纪，北美殖民地的森林资源迅速消耗，大西洋沿岸许多地区，包括波士顿、纽约、费城甚至一些小城镇，开始逐渐出现木材燃料供给满足不了需求的问题。

表 6-1　1754—1774 年查尔斯顿出口的木材及木制品发展情况

时间 / 年	木材 / 英尺^3	盖板 / 英尺^3	桶板 / 英尺^3
1754	764 607	822 120	102 290
1759	1 018 490	1 204 890	146 172
1764	948 121	1 553 365	228 015
1769	592 026	2 072 947	282 180
1774	119 923	858 100	27 400

资料来源：韩毅等：《美国经济史：17～19 世纪》，社会科学文献出版社，2011，第 60 页。

直到 19 世纪中叶，木柴仍是美国主要的能源。1860 年，美国人均木材消耗量是英格兰和威尔士的 5 倍。[3]1876 年，美国从木头中获取的能量是从煤炭中获取的 2 倍。[4]到 1910 年，美国仍通过燃烧木材产生蒸气，这部分能源产量仍占当时所有非动物能源总量的 11%。[5]同年，木材业所创造的增加值仅次于机械制造业，仍然高居美国工业行业的第二位（表 6-2）。

但是，由于木材价格上涨，以及煤炭价格便宜且广泛应用，从 19 世纪 70 年代起，美国木柴燃料的用量急剧减少。

表 6-2　1860 年和 1910 年美国工业增加值最大的十个行业发展情况

1860 年		1910 年	
行业	增加值 / 百万美元	行业	增加值 / 百万美元
棉织品	55	机械制造	690
木材	54	木材	650
制靴和制鞋	49	印刷出版	540
面粉和玉米粉	40	钢铁制造	330
男士服装	37	麦芽酒	280

[1] 韩毅等：《美国经济史：17～19 世纪》，社会科学文献出版社，2011，第 60 页。
[2] 同上书，第 59 页。
[3] 乔纳森·休斯、路易斯·凯恩：《美国经济史（第八版）》，杨宇光、吴元中、杨炯、童新耕译，格致出版社，2013，第 234 页。
[4] 巴巴拉·弗里兹：《煤的历史》，时娜译，中信出版社，2005，第 117 页。
[5] 乔纳森·休斯、路易斯·凯恩：《美国经济史（第八版）》，杨宇光、吴元中、杨炯、童新耕译，格致出版社，2013，第 370 页。

续表

1860 年		1910 年	
行业	增加值 / 百万美元	行业	增加值 / 百万美元
制铁	36	男士服装	270
机械制造	33	棉织品	260
羊毛制品	25	烟草制品	240
客货车	24	火车车厢	210
皮革制造	23	制靴和制鞋	180
制造业总计	815	制造业总计	8 529

资料来源：乔纳森·休斯、路易斯·凯恩：《美国经济史（第八版）》，杨宇光、吴元中、杨炯、童新耕译，格致出版社，2013，第 370 页。

三、南非

南非是近代非洲最发达的国家之一，是世界上著名的"钻石之国"。早期钻石和黄金的开采，带动了南非城市人口的增长，扩大了对能源的需求。1870 年，南非北部的金伯利发现金刚石矿，之后金伯利成为世界"钻石之都"。此后，金伯利对能源需求快速增长，木材交易发达，每个白人家庭几乎每月都要消费一牛车的木柴。木柴价格不断上涨，1872 年 2 月木柴的最高售价为每牛车 2 英镑，1873 年上涨到 7 英镑，1876 年更是高达 10 ～ 11 英镑。[①]

起初，金伯利的木柴取自附近的森林。但是，由于当时城市居民的日常生活乃至采矿业的主要能源为木柴、木炭，没过多久，附近的木材便被砍伐殆尽了。于是，只能通过瓦尔河从远方运来，但这导致了木柴价格不断攀升。

面对能源的短缺，南非从 1889 年起在德兰士瓦和纳塔尔大规模开采煤炭，当年年产量为 1 300 吨，10 年之后增至 233.5 万吨，煤炭从此替代了木柴，解决了能源不足的问题。

四、中国

中国很早便开始开发利用煤炭。但是，由于煤田在偏远地区，加上开采规模较小，钢铁业主要依赖木炭。随着森林日渐稀少，18 世纪，中国的木炭价格持续上涨。[②]

根据国外作者的统计分析，在 1820 年以前，即使在人口稠密的华北地区，生态问题也尚不严重。虽然华北地区的木材供应并不充裕，但当时很少发生燃料短缺的问题。鲁西南地区在 1800 年左右人口相当密集，没有木材输入，它的情况与法国差不多：法国 1789 年的林地比例为 16%，每人木材燃

---

① 艾周昌：《南非现代化研究》，华东师范大学出版社，2000，第 70 页。

② M. 里德利：《理性乐观派：一部人类经济进步史》，闾佳译，机械工业出版社，2011，第 172 页。

料供应量为 0.64 吨；鲁西南地区 1800 年至少有 13% 的林地，每人木材燃料供应量为 0.62 吨，每年的燃料供应比基本所需的燃料高出约 20%。但是，到 20 世纪 30 年代，鲁西南地区砍伐森林的情况就变得十分严重了。[①]

以广州为核心的岭南地区，其面积约相当于法国领土面积的 70%。1753 年，岭南地区的人口为 1 700 万人，1853 年人口达到 3 000 万人。1853 年，岭南地区的林地比例为 24%（表 6–3），高于 1789 年法国 16% 的水平。1793 年岭南地区的人均非燃料用木材是法国 1789 年水平的 6 倍，此后岭南地区非燃料用林地面积日益减少，人均非燃料用木材数量也不断减少，由 1793 年的 1.73 吨 / 人降至 1853 年的 0.74 吨 / 人（表 6–4），相应地，人均非燃料用木材水平也降至法国 1789 年的 2.6 倍。

表 6–3 18—19 世纪中国岭南地区林地情况[1]

时间 / 年	林地面积 / 公顷			林地比例 /%		
	广东	广西	岭南地区	广东	广西	岭南地区
1753	9 000 000	6 500 000	15 500 000	45	35	40
1773	8 200 000	6 020 000	14 220 000	41	32	37
1793	7 440 000	5 660 000	13 100 000	37	30	34
1813	6 560 000	5 240 000	11 800 000	33	28	30
1833	5 760 000	4 940 000	10 700 000	29	26	28
1853	4 880 000	4 700 000	9 580 000	24	25	24

资料来源：张国刚主编《中国社会历史评论·第 4 卷》，商务印书馆，2002，第 22 页。

注：[1] 法国 1550 年有 33% 的林地，1789 年有 16% 的林地，此后林地比例又略降低；1800 年的西南地区至少有 13% 的林地。

表 6–4 18—19 世纪中国岭南地区木材 / 燃料供应情况[1]

时间 / 年	林地面积 / 公顷	用于燃料的林地面积 / 公顷	非燃料林地面积 / 公顷	人均非燃料用木材 / 吨[2]	人均非燃料用燃料供应量 / 吨（假设木材无其他用途）
1753	15 500 000	1 650 000	13 850 000	2.85	1.75
1773	14 220 000	1 675 000	12 545 000	2.25	1.45
1793	13 100 000	2 260 000	10 840 000	1.73	1.19
1813	11 800 000	2 469 000	9 331 000	1.32	0.99
1833	10 700 000	2 956 000	7 744 000	1.00	0.83
1853	9 580 000	3 339 000	6 241 000	0.74	0.70

资料来源：张国刚主编《中国社会历史评论·第 4 卷》，商务印书馆，2002，第 23 页。

注：[1] 法国 1550 年每人非燃料用木材为 3.6 吨，1789 年为 0.29 吨。1879 年的法国每人燃料供应量为 0.64 吨；1800 年的鲁西南地区每人燃料供应量为 0.62 吨。[2] 这里的"吨"是能源单位，指的是相当于煤的重量。

① 张国刚主编《中国社会历史评论·第 4 卷》，商务印书馆，2002，第 21 页。

第 2 节　木柴被煤炭替代

18 世纪中叶以前，木柴一直是欧美国家的主要燃料。然而，木材不仅可以作为能源使用，还是建筑、造船、家具等行业的重要原料，以致木材供不应求，出现木材危机。

一、木材危机

16 世纪和 17 世纪初叶，英国的木材危机已经十分严重，以致专门成立了皇家委员会来管理木材的供应，但木材的价格仍然大幅度飙升，上涨至 15 世纪末的 2.5 倍。[1]

17—18 世纪，西欧木材紧缺的问题波及波罗的海地区，挪威和瑞典被纳入西欧经济的范畴，西欧有些国家甚至从北美殖民地进口木材。但是，依然无法满足西欧日渐激增的燃料需求，从而促使人们对替代燃料和材料进行研究。例如，把砖块和石头作为建筑的替代材料，把泥炭和煤炭作为木柴的替代燃料。[2]16 世纪初，西欧国家曾经把煤炭作为冶铁的燃料，从鼓风炉的顶部不断加入煤、铁矿石，并在消除杂质的底部设置开关，然后将熔化的铁水注入模具，直接铸成罐、支架等铁制产品。但是，由于煤炭中所含的杂质（主要是硫）降低了铁的纯度，因而无法替代木炭来冶铁。

二、木柴被替代过程

18 世纪 60 年代，英国拉开了工业革命的序幕。随后，大量的新技术如雨后春笋般涌现，促使煤炭开采技术与应用得到重大突破。蒸汽机被瓦特改进后，煤炭被大规模开发出来，开始广泛应用到工业生产中，成为工业生产的廉价能源。1770 年，用煤烧出的焦炭被应用到冶金中，用焦炭炼出世界上第一批有价值的钢铁，从此煤成为冶金工业的主要燃料。19 世纪，汽轮发电机的出现，又使煤炭成为二次能源——电能的重要原料。19 世纪中叶之后，石油工业时代的到来，以及德国人戴姆勒研制的第一台使用液体石油的内燃机的发明，使石油日渐成为一种重要燃料。随着世界各国工业革命的推进，煤炭利用的规模不断扩大，对石油的开发利用也不断增多。因此，木柴利用的数量大减，而煤炭在能源利用中的比例则不断提高。随之，木柴的主体地位就自然而然地被煤炭替代了。

1700 年，英国煤炭产量达到 215 万吨，成为重要的能源基础。1854 年，英国煤炭产量增至 6 476 万吨，占能源总产量的比例超过 80%。[3]1870 年，英国煤炭产量又比 1850 年（5 000 万吨）翻了一番多，达到 11 200 万吨，生铁的产量也从 1850 年的 230 万吨增至 600 万吨，煤炭、生铁占

① 刘平养：《经济增长的自然资本约束与解约束》，复旦大学出版社，2011，第 28 页。

② 龙多·卡梅伦、拉里·尼尔：《世界经济简史：从旧石器时代到 20 世纪末》第 4 版，潘宁等译，上海译文出版社，2009，第 119 页。

③ 刘平养：《经济增长的自然资本约束与解约束》，复旦大学出版社，2011，第 29 页。

世界总产量的比例分别为 51.5% 和 50%。① 无论是工厂还是城市居民，都已经广泛地使用煤炭作为燃料。

19 世纪中后期，德国、法国、南非等国家也开始用煤炭替代木柴。1850—1869 年，德国的煤炭产量由 420 万吨增至 2 370 万吨，法国的煤炭产量由 440 万吨上升至 1 330 万吨。随着煤矿的大规模开发，南非煤炭产量也由 1889 年的 1 300 吨上升到 1894 年的 93.9 万吨，1898 年又发展到 233.5 万吨。储量约 200 亿吨的维特班克煤田的开发，满足了兰德金矿对能源的需求。

在美国，19 世纪中叶以前，木柴、人力和畜力是最主要的能源，1850 年，木柴占能源消耗总量的比例还高达 90%。随着弗雷德里克·W. 盖森海纳采用无烟煤炼铁取得成功，到 1855 年，使用此种方法生产的生铁产量超过了木炭铁。② 在 1850—1890 年，每过 10 年，煤炭的消耗量就翻一番，到 19 世纪 90 年代晚期，美国的煤炭产量超过了英国，位居世界第一。到 19 世纪 80 年代，美国的煤炭消费超过了木柴，标志着美国进入了煤炭能源时代。到 1900 年，在美国消耗的所有能量中，煤占 71%，石油、天然气和水电各占 3%，而来自木柴的能量则降至 21%。③

---

① 王革华等：《能源与可持续发展》，化学工业出版社，2005，第 22 页。

② 马克垚主编《世界文明史》，北京大学出版社，2004，第 660 页。

③ 巴巴拉·弗里兹：《煤的历史》，时娜译，中信出版社，2005，第 117 页。

第 7 章　　近代可再生能源

近代是人类开发、利用各种可再生能源的重要开创性时代，水能、风能、太阳能、地热能和海洋能的开发和利用均取得重大突破。人们先后发明各种新式水轮机，1771 年世界上首家水力纺纱厂诞生。水能在世界能源中的地位得到极大提高。风车在农业发展中得到广泛应用，1887 年世界上首台风力发电机组诞生。太阳能蒸汽机、太阳能摩托车、太阳能印刷机、太阳能热水器等各种利用太阳能的新产品被研制出来，1883 年世界上首个太阳能电池的原型诞生。1904 年，意大利开创世界地热发电的先河。1912 年，德国建成世界上第一个潮汐发电站。在这一时期，水能、风能和太阳能的开发和利用水平都得到了较大的提高。

第 1 节　水能

进入近代，尤其是工业革命后，水轮技术取得重大突破，近代机械化大生产时代也随之到来，甚至还出现了电力革命。这一切，都对水能的开发利用产生了巨大的影响。甚至，在一些工业化国家，水力曾一度成为工业发展的主要动力。以水轮技术为核心的水能开发利用为近代欧美工业革命提供了重要的原动力。

一、传统水轮机的发展

水轮是指利用在轮周装设的一圈叶片以开发水能的机械装置和传动装置一起所构成的装置。从中世纪起，其就常被称为水轮机。[①]《技术史》将水力发动机（用水驱动的原动机）分为三类：一是水压机，配备一个活塞和一个装有进水阀与排水阀的水缸，用水驱动，工作流程与蒸汽机或燃气发动机相似；二是水车，相当于古代水磨类仅靠重力做功的水力机具；三是水轮机，从高速喷射的水流中获得能量（冲击式水轮机）或者从具有压力的水中得到能量，或者使具有压力的水通过水轮机转轮的叶片，使转轮转动（如反击式水轮机）。在活塞式水压机中，水靠它的压力做功；在水车中，水主要靠其重量做功；在冲击式水轮机中，水靠喷射流的动能做功；而在反击式水轮机中，水的压能部分地转变为转轮的动能。[②]由于水车和水轮机均使用水轮类的机械装置，它们也常常被称为水轮机，但两者做功的效率却存在巨大的差异。为避免混淆，笔者将上述三类水轮机中的第二种，即水车称为传统水轮机，而将并非仅靠重力做功的第三种水轮机，即冲击式水轮机和反击式水轮机称为新式水轮机。正如《技术史》所指出的："最初在法国，水轮机被称为透平，系指在水平面上转动、轴线竖直的任何水力发动机。玻尔达的水车、巴克的水磨、塞格纳的水轮机或者古老的苏格兰水轮机都符合这个定义，但是人们普遍认为富尔内隆的水轮机开辟了实用水轮机的现代化时代。"

到了近代，传统水轮机在古代水车的基础上，发展出下射式、中射式和上射式三种类型，欧洲科学家对它们做了一些实验与应用。

（一）下射水轮机

伦尼（1761—1821 年）、布律内尔爵士（1769—1849 年）等工程师在达特福德和查塔姆船舶修造厂设计并建造了由大型下射水轮机和铁轴组成的锯木机。达特福德的水轮直径为 16 英尺、宽 4.25 英尺，可以带动 16 台各种类型的锯床。由蓬斯莱（1788—1867 年）设计的水轮是一种水涡轮的下射水轮机，被用在落差达 6 英尺的场合，效率接近 65%。[③]

斯米顿工程师设计的许多水轮机是没有侧板的平翼板式低中射水轮机。他唯一真正的下射水轮机的实例是一个非常巨大的水轮，直径为 32 英尺、宽 15 英尺，专为泰晤士河上的伦敦桥水厂修建。水轮机安装在桥拱里，由通过桥拱的水流推动。水轮有 24 个翼板，4.5 英尺深，通过木齿轮驱动压力水泵。这个水轮从 1768 年工作到 1817 年，后被铁轮替代。[④]

① 美国不列颠百科全书公司：《不列颠百科全书·第 18 卷》国际中文版（修订版），中国大百科全书出版社《不列颠百科全书》国际中文版编辑部编译，中国大百科全书出版社，2007，第 144 页。

② 查尔斯·辛格、E. J. 霍姆亚德、A. R. 霍尔、特雷弗·I. 威廉斯主编《技术史·第 5 卷》，远德玉、丁云龙主译，上海科技教育出版社，2004，第 366 页。

③ 查尔斯·辛格、E. J. 霍姆亚德、A. R. 霍尔、特雷弗·I. 威廉斯主编《技术史·第 4 卷》，辛元欧主译，上海科技教育出版社，2004，第 139 页。

④ 同上书，第 141-142 页。

（二）中射水轮机

在 1759 年以前，中射水轮机很少为人所知。1759 年 5 月，斯米顿向英国皇家学会提交了题为《关于风和水推动碾磨机的自然力的实验研究》的论文，详细介绍了他的实验结果，为此他获得了英国皇家学会颁发的科普莱奖章。斯米顿并没有用模型对这种类型的水车进行试验，但他认为，同样的原理也适用于这种混合型的水车。他还指出，中射水轮机的总的效果或动力将是下列两种情况的总和：其一，水头为蓄水池水面高度和水流冲击水轮时的水平高度之差所产生的下射效果；其二，水头为冲击高度和尾水水面之差的上射效果。然而，在实际应用中，中射水轮机总的效果或动力要低于上述效果。[①]

此后，为验证中射水轮机的理论效果，斯米顿在埃塞克斯郡伍德福德桥人工石板厂建造了一个典型的木制中射水轮机。它的工作水头是 6 英尺，水轮直径为 16 英尺、宽 5 英尺，轮周有 6 个木质扇形轮缘，12 根轮辐榫接在直径为 2 英尺的木制轮轴上。轮轴由 2 个轴承支撑旋转，两端各有 1 个直径 8 英寸、长 8 英寸的铁质轴颈。一个铁环紧密地固定在轮轴周围，4 根被称为十字梁的铁轮辐嵌入轮轴，轴颈被固定在十字梁上。1800 年以后，这种形式非常流行。[②]

（三）上射水轮机

如果从高处流下的水被引入早期灌溉水轮轮缘上的陶罐中，这些陶罐就会接连被灌满，具有附加重量的轮子的一侧就会下倾，转到底部的陶罐里的水会自动倒空。这样，就可以得到轮子的旋转运动和机械动力。此即上射水轮机。它的转动方向与下射水轮机的方向刚好相反。

格林工程师在 19 世纪建造了许多大型水轮机，并对斯米顿的实验进行总结：斯米顿的实验证明，当水轮机外围的速度稍大于 3 英尺 / 秒时能获得最佳的效果，因而，使上射水轮机外周速度保持 3.5 英尺 / 秒或 210 英尺 / 分，就成为一个通用的规则。经验表明，这种速度既适用于最低的水轮机，也适用于最高的水轮机，如果水轮机的其他工作部分也合适，就会产生几乎接近最大可能的效果。但是，也有实践表明，当落差高度和水轮机直径增加时，高水轮机的速度可以提高到上述速度以上而没有明显的动力损失。比如一座 24 英尺高的水轮以 6 英尺 / 秒的速度转动，其动力就没有任何重大的损失。因此，格林在建造几座直径为 30 英尺以上的铁制上射水轮机时，均采用 6 英尺 / 秒的速度。通过这种提高速度的办法，30 英尺水轮机的转速就从每分钟 2.25 转提升到差不多每分钟 4 转。由于建造一座非常大的上射水轮机成本很高，水轮机本身也笨重又缓慢，因而水轮机直径的大小是有极限的。[③]

斯米顿在实践中发现，他从下射水轮机所能获得的最大总效率约为 22%，而从上射水轮机可以获得约 63% 的最大总效率。他指出："水轮占总落差的比例越高，其效率就越高；因为它与水头的冲击关系较小，而较多地依赖于铲斗中水的重力。……比较理想的是水流速度比水轮外缘当时的速度更高；否则，

---

① 查尔斯·辛格、E.J.霍姆亚德、A.R.霍尔、特雷弗·I.威廉斯主编《技术史·第 4 卷》，辛元欧主译，上海科技教育出版社，2004，第 140 页。

② 同上书，第 142 页。

③ 同上书，第 140—141 页。

由于铲斗冲撞水流不仅会使水轮减速，而且由此使水轮的一部分被淹没，造成的动力损失很大。"[1]

　　为了使可以利用的水资源能够发挥最大的价值，在多数情况下，中射水轮机被用来代替下射水轮机。即使如此，到了 19 世纪，在一些边远的地方下射水轮机仍然有用，因为那里的水力资源和木材十分充裕，但缺乏机械方面的技术和劳动力。

　　18 世纪下半叶，欧洲开始采用金属结构的水轮机代替木质结构。1769 年，斯米顿制成了他的第一个铸铁水轮轮轴，并将其安装在福尔柯克的卡伦铁厂一号高炉的鼓风机上使用，以代替一根已经断裂的木质轮轴。经过不断改进，到 1778 年，德特福德的布鲁克磨坊也使用了铸铁的齿轮装置。此后，这种铸铁齿轮就经常被使用。斯米顿的这个铸铁水轮轮轴的设计，标志着持续使用了 18 个世纪的木制水轮机时代的结束。[2]到 20 世纪初，水轮机大多使用金属制造，发生了革命性的变革。全金属结构的水轮时代到来。

二、新式水轮机时代

　　按照工作原理来划分，新式水轮机可分为冲击式水轮机和反击式水轮机两大类（表 7-1）。它的效率比传统水轮机要高出许多。从 19 世纪开始，欧美国家对新式水轮机进行研究和开发。

表 7-1　新式水轮机的类型

类型	分类
冲击式水轮机	水斗式水轮机
	斜击式水轮机
	双击式水轮机
反击式水轮机	外流式水轮机
	内流式水轮机
	轴流式水轮机
	混流式水轮机

　　资料来源：作者整理。主要参考查尔斯·辛格、E. J. 霍姆亚德、A. R. 霍尔、特雷弗·I. 威廉斯主编《技术史·第 5 卷》，远德玉、丁云龙主译，上海科技教育出版社，2004。

（一）冲击式水轮机

　　大约在 1856 年，法国工程师卡隆和吉拉尔开始设计冲击式水轮机。到 19 世纪末，投入使用的吉拉尔水轮机有多种类型，包括轴流式水轮机、内流式水轮机、外流式水轮机、立式水轮机、卧式水轮机和斜式水轮机等，所利用水流的流速最高约每秒钟 150 立方英尺，落差从几英尺到 1 800 英尺不等。1881 年，吉拉尔水轮机的输出功率达到 82～400 马力，效率为 59%～79%。其中，有一台输出功率达 400 马力，其可用水头 594 英尺、转速 210 转/分，是一种外流式水轮机。但是，由于机械复杂和费用高昂，使得吉拉尔所谓的"水气两用系统"的巧妙设想没有得到普遍采用。[3]

① 查尔斯·辛格、E. J. 霍姆亚德、A. R. 霍尔、特雷弗·I. 威廉斯主编《技术史·第 4 卷》，辛元欧主译，上海科技教育出版社，2004，第 140 页。
② 同上书，第 142 页。
③ 查尔斯·辛格、E. J. 霍姆亚德、A. R. 霍尔、特雷弗·I. 威廉斯主编《技术史·第 5 卷》，远德玉、丁云龙主译，上海科技教育出版社，2004，第 369 页。

1898 年，美国佩尔顿发明水斗式水轮机，又称佩尔顿水轮机。[1]它的机械性能比吉拉尔水轮机更优，结构也更简单，因而得到了普遍应用。美国在阿拉斯加的一座矿山上安装了一台 7 英尺的佩尔顿水轮机，水头为 400 英尺，功率为 500 马力，能驱动 240 台捣矿锤、96 台矿石碾磨机和 13 台矿石破碎机。另一台水轮机在约 2 100 英尺的水头下运转。[2]

（二）反击式水轮机

富尔内隆水轮机在本质上是一种外流式水轮机。在富尔内隆制造的第一批水轮机中，有一台在落差约 350 英尺的水流下的工作转速为 2 300 转 / 分。当安装上一个扩散器之后，其效率还可进一步提高。但是，它的水流是扩散的，运动不稳定，能量损耗较多。1843 年，容瓦尔发明了轴流式水轮机，其性能优于富尔内隆水轮机，效率可达到 73% ～ 83%。于是，富尔内隆水轮机被取代。

1826 年，彭赛列提出了内流式水轮机的概念。1838 年，美国人霍德制造出一台内流式水轮机，据说还在新英格兰安装了几台"制作粗糙"的内流式水轮机。

后来，美国人弗朗西斯在霍德内流式水轮机的专利的基础上，对水轮机进行技术创新，于 1849 年成功地开发出混流式水轮机（又称弗朗西斯水轮机）。它后来成为当今使用最广泛的一种水轮机。

三、水泵和水压机的发展

17 世纪晚期，英国人乔丹发明了离心泵。但到 1851 年，离心泵才在第一届世界博览会上公开展示。19 世纪中期，约翰·格温取得多级泵的专利。

相比之下，往复泵的发展更快。在 19 世纪初，蒸汽驱动的往复泵得到了普遍应用。其中，有许多是瓦特设计的。他于 1855 年为东伦敦自来水公司制造了一台高压冷凝式蒸汽泵，汽缸直径为 100 英寸，冲程为 11 英尺，功率为 380 马力。此后不久，一家自来水公司安装了一台功率约为 880 马力的蒸汽泵，水头为 170 英尺的情况下每天能提水 1 200 万加仑。[3]

19 世纪，活塞式水压机得到了广泛的应用。它适用于驱动起重机、绞盘、卷扬机以及小型机械。同期，根据布拉泽胡德蒸汽机的设计，一种三缸径向水压机被开发出来。

四、各国的水能利用

18 世纪 60 年代起，英国工业革命不仅对英国，还对欧洲、美国乃至日本等国家和地区的工业发展产生了重大影响。其中，阿克莱特于 1769 年发明的水力纺纱机使水能得到了充分利用。由于水力成为机械化大生产的重要动力，水能利用规模空前扩大，在能源中的地位也得到极大提高。

（一）英国

1765 年，英国人哈格里夫斯发明珍妮纺纱机。1769 年，阿克莱特发明水力纺纱机。1771 年，阿克莱特在克隆福德创办世界上第一家棉纺厂——水力棉纺纱厂，短期内就雇用了 600 多名工人，其中

---

[1]《中国大百科全书》总编委会：《中国大百科全书·第 20 卷》第 2 版，中国大百科全书出版社，2009，第 570 页。
[2] 查尔斯·辛格、E. J. 霍姆亚德、A. R. 霍尔、特雷弗·I. 威廉斯主编《技术史·第 5 卷》，远德玉、丁云龙主译，上海科技教育出版社，2004，第 369 页。
[3] 同上书，第 364 页。

大部分是儿童。[1] 阿克莱特水力棉纺纱厂的建立，标志着近代机械化大生产时代的到来。

阿克莱特建立第一家水力棉纺纱厂后，又先后建立多家水力纺纱厂。到1782年，他的工厂雇用的工人达到5 000多人，投入资金达20多万英镑。在他的影响下，到1790年，英国以水力为动力的工厂达到150家。1800年，英国阿克莱特式的水力纺纱厂发展到300家。[2]

1785年，瓦特改进的蒸汽机投入使用。19世纪30年代，蒸汽机成为主要的动力来源，英国出现将工厂集中在城镇而不是分设在乡村的趋势，但还是有不少水力驱动的工厂留在了乡村，水力在乡村工厂中仍然得到利用。

（二）美国

美国水资源丰富，共有河流295条，可航水道长度为2.64万英里（表7-2）。在1776年美国宣布独立时，水能的开发利用很少。当时，几乎所有能源都来自肌肉能力和木材燃料，磨坊使用水力，帆船使用风力，煤炭使用只是一小部分。[3]

表 7-2　美国的河流情况

河流流向	河流数量 / 条	可航长度 / 英里
流入大西洋	148	5 365
流入墨西哥湾（不含密西西比河）	53	5 212
密西西比河及其支流	54	13 912
流入加拿大	2	315
流入太平洋	38	1 606
总计	295	26 410

资料来源：韩毅等：《美国经济史：17～19世纪》，社会科学文献出版社，2011，第12页。

随着工业化的推进，美国对能源动力的需求不断增加。1791年，新泽西州出现了第一家开发水力资源的公司。1807年，在这个公司的基础上建立了13家棉纺织厂、3家毛纺织厂、3家机器制造车间和几家翻砂厂。1844年，赖亚·博伊登设计出75马力的大功率水轮机，取代木制水轮机。两年后，他又制造出190马力的水轮机，并得到迅速推广。[4]

直到19世纪上半叶，美国工业还是以水力为主要动力。1831年，新英格兰地区除马萨诸塞和罗得岛以外的工厂都是利用水力驱动的，马萨诸塞的169家工厂中只有39家使用蒸汽机，而罗得岛的132家纺织厂中，用水力作为动力的有128家。[5]

（三）其他国家

法国的水力能源在近代较长的一个时期里一直处于重要地位，水力是工业化的主要动力来源。[6] 到19世纪中叶，水力仍是法国的重要能源。1847年，诺曼底工业所需的动力有58%来自水力。1856年，

[1] 张启安、李秀珍主编《西方文明史》第2版，西安交通大学出版社，2014，第169页。
[2] 张美、鞠长猛：《现代世界的引擎：工业革命》，长春出版社，2010，第82页。
[3] 陈宝森、王荣军、罗振兴主编《当代美国经济》，社会科学文献出版社，2011，第184页。
[4] 韩毅等：《美国经济史：17～19世纪》，社会科学文献出版社，2011，第203页。
[5] 同上书，第205页。
[6] 龙多·卡梅伦、拉里·尼尔：《世界经济简史：从旧石器时代到20世纪末》第4版，潘宁等译，上海译文出版社，2009，第245页。

在734家棉纺厂中，有478家使用水力。[1]19世纪90年代水力用于发电后，这一格局才被打破。由于工业化的主要动力来自水力，法国形成了自己独特的工业化模式：企业规模小，地理位置分散，城镇化程度较低。[2]

1807年，比利时韦尔维埃的一家工厂配备了柯克里尔厂制造的水力纺织机，雇用工人1 400人。

据估计，1860年，俄国全部工业用的蒸汽机为2 200马力，1871年达到15 000～16 000马力，而水力和畜力能源则从1831年的30 000马力提高到1860年的38 000～39 000马力。[3]1860年，俄国的乌拉尔地区蒸汽机和涡轮机提供12%的动力，其余均来自传统的水车。

1870年统一前夕，意大利皮埃蒙特和伦巴第两大区共有700多家缫丝厂和拈丝厂，大都以水力为动力，每年有15万人在那里工作6个月。[4]

第2节　太阳能和风能

在近代，随着科技的发展，太阳能和风能的开发利用取得了重大突破，人类开始对太阳能发电和风力发电进行早期探索。

一、太阳能

太阳内部高温核聚变反应能释放出巨大的辐射能——太阳能。通过一定的技术手段，可以将太阳能转换为热能、电能、化学能、机械能等。人类对太阳能的开发利用自中国的"阳燧取火"起已有两三千年的历史，而真正取得重要技术突破和应用则是在工业革命之后。随着工业革命所推动的第一次科技革命的发生和发展，各国先后开发出太阳灶、太阳能蒸汽泵、太阳能印刷机、太阳能摩托车、太阳能热水器、太阳能电池等一系列太阳能产品（表7-3）。

表7-3　近代太阳能开发进程

时间/年	事件
1767	瑞士科学家贺瑞斯·德·绍旭尔发明太阳能集热箱（原型）
1775	法国人拉瓦锡制成太阳能熔炉
1839	法国人贝克勒尔发现光伏效应
1860	法国人穆肖制成世界上第一台抛物镜太阳灶
1866	法国人奥古斯丁·摩夏建造了第一台由太阳能驱动的蒸汽机

[1] 马克垚主编《世界文明史》，北京大学出版社，2004，第637页。
[2] 龙多·卡梅伦、拉里·尼尔：《世界经济简史：从旧石器时代到20世纪末》第4版，潘宁等译，上海译文出版社，2009，第245页。
[3] H. J. 哈巴库克、M. M. 波斯坦主编《剑桥欧洲经济史·第6卷》，王春法、张伟、赵海波译，经济科学出版社，2002，第739页。
[4] 瓦莱里奥·卡斯特罗诺沃：《意大利经济史：从统一到今天》，沈珩译，商务印书馆，2000，第80页。

续表

时间 / 年	事件
1878	法国巴黎世界博览会展出反射镜式太阳灶
1878	英国人威廉·亚当斯在印度孟买建造了一座太阳能动力塔
1880	法国人皮福森研制出抛物面反射聚光器
1883	美籍瑞典人约翰·埃里克森研制出太阳能摩托车
1883	美国人查尔斯·弗里茨制成第一块太阳能电池
1891	美国人克莱伦斯·坎普发明太阳能热水器
1901	20 世纪首台具有代表性的太阳能热动力机在美国加利福尼亚州建成
1904	Hallwachs 首先研究全固态表面势垒光电池
1905	爱因斯坦发现光电效应
1913	美国人舒曼等人在埃及开罗建造大型太阳能抽水站
1917	美国人舒曼发明往复式太阳能蒸汽机

资料来源：作者整理。主要参考约翰·塔巴克：《太阳能和地热能——昂贵资金和技术的挑战》，张丽娇译，商务印书馆，2011。

（一）太阳热能的利用

对于太阳释放出来的巨大能量，人们可以利用各种集热器将之收集起来，然后加以利用。

法国人在 1615 年发明了第一台太阳能热空气泵。之后 200 年左右，又在巴黎建成一个小型的太阳能动力站。在此之前，法国化学家拉瓦锡于 1775 年制造了一座太阳能熔炉，温度可达 1 780 ℃，能使铂金熔化。

1860 年，法国人穆肖奉法国皇帝之命，制成世界上第一台抛物镜太阳灶，供在非洲的法军使用。[1]1878 年的巴黎世界博览会，展出了反射镜式太阳灶。

1866 年，法国数学家奥古斯丁·摩夏设计建造了第一台由太阳能驱动的蒸汽机。当时，摩夏认为，普遍采用的唯一一种矿物燃料——煤炭不久将消耗殆尽，他相信太阳能是一种可行的替代能源，便开展太阳能热机的研制。他首先研制出收集太阳能的装置，用来组装太阳能烘箱和酒精蒸馏器。[2]1866 年，摩夏制成一个面积为 4 平方米的圆锥反射集热器，将可容 49 升水的铜制钟形容器内的水加热至产生蒸汽，成功地驱动了转速为 80 转 / 分的蒸汽机，带动了水泵抽水。1878 年，他又成功地用太阳能驱动制冰机。

在印度孟买工作的英国人威廉·亚当斯于 1878 年在当地建造了一座太阳能动力塔，用来取代碟形反光镜。亚当斯把小的平面镜排列在卷曲成半圆形的架子上，利用架子将阳光反射到锅炉上。这种动力塔可以驱动 2.5 马力的蒸汽机。这种动力装置的费用较高，因而敌不过煤炭或木柴。但是，它却为在美国加利福尼亚建立的太阳能发电厂奠定了基础，后者是世界上第一个大规模的太阳能发电厂。[3]

1880 年，法国人皮福森研制成了开口 3.5 米的抛物面反射聚光器，将太阳光聚焦到蒸汽锅炉，把 50 升水加热成蒸汽，产生 48 瓦的功率以带动印刷机印刷。

---

[1] 罗运俊、何梓年、王长贵：《太阳能利用技术》，化学工业出版社，2005，第 9 页。

[2] 约翰·塔巴克：《太阳能和地热能——昂贵资金和技术的挑战》，张丽娇译，商务印书馆，2011，第 7-8 页。

[3] 萨莉·摩根：《从风车到氢燃料电池：发现替代能源》，周雪译，上海科学技术文献出版社，2010，第 18 页。

美籍瑞典人约翰·埃里克森于1870年制造出他的第一台太阳能蒸汽机，19世纪80年代设计出抛物线槽形集光器。1883年，他研制出太阳能摩托车，夏季试验时可以驱动一台1.6马力的往复式发动机。[1]

美国发明家克莱伦斯·坎普受到集热箱的启发，于1891年发明了太阳能热水器，并申请了专利，将它命名为"克莱梅克斯太阳能热水器"。它由4个圆柱形水箱和1个木箱构成，放在屋顶的阳面。冷水进入第一个水箱，在循环的过程中被加热，然后从最后一个水箱中流出。到1900年，美国已售出1 600多台克莱梅克斯太阳能热水器。[2]

1901年，美国工程师伊尼斯在加利福尼亚州巴萨迪那太阳能动力厂制成一台太阳能水泵。它采用带跟踪装置的开口直径为10米的碟式反射聚光器，可将455升水加热产生10个大气压的蒸汽，设计功率为7.36千瓦，实际功率为3.1千瓦，每分钟泵水604立方米。这是20世纪首台具有代表性的太阳能热动力机。[3]此后，维尔斯在1902—1908年采用氨、乙醚等低沸点工质和平板式集热器，先后在美国建造了5套双循环太阳能发动机。这与19世纪采用聚光方式采集阳光，以水蒸气做工质的太阳能动力装置相比，除了使用技术不同，规模更大了，实用性也增强了。

1913年，美国人舒曼与博伊斯合作，在埃及开罗以南地区建造一台由5个长62.5米、宽4米的抛物槽镜组成的太阳能抽水站，总采光面积达1 250平方米，功率为5.4×10^4瓦。[4]建成投入使用不到两年，这座太阳能抽水站就在第一次世界大战中被毁掉了。舒曼还研制了一种"新型的低压、多产的往复式太阳能蒸汽机"。他于1917年获得这项设计发明的专利权。通过在蒸汽机中设计部分真空系统，可以把太阳能加热的水中所储存的更多热量转化为机械能。在宾夕法尼亚州的一次试验中，由聚热箱提供能量的往复式蒸汽机每分钟可以把13 650升的水抽到10米的高度。在这种条件下，机器连续运作8个小时，可以产生2 000千克的蒸汽，可与当时传统的锅炉和蒸汽机相媲美。[5]

（二）太阳能与电能的转换

利用太阳能来发电，是太阳能大规模开发利用的主体方向。其主要方式有光–电转换和光–热–电转换两种。其中，光–电转换即太阳能光伏发电，其最核心的器件就是太阳能电池，又称光伏电池、太阳电池。虽说近代并没有实现利用太阳能来大规模发电，但在太阳集热器研制以及太阳能电池开发方面却取得了开创性成果。

1767年，瑞士科学家贺瑞斯·德·绍旭尔制作了一些小木盒子，作为小型温室。他把这些小型温室一个套着一个地放在黑色的木桌上面接受日光照射。过了几个小时，经过测量，里面的温度达到了87.5 ℃。他还做了一个小木盒子，把它涂黑，然后用三层玻璃做盖子，盖在上面，结果盒子经日光照射，里面的温度骤然上升到109 ℃。贺瑞斯称这些集聚了如此多热量的小型温室为集热箱。这一实验引发了一系列对太阳能的研究，并在接下来的一系列实验中最终促成了现代太阳能电池板的发明。[6]

---

[1] 罗运俊、何梓年、王长贵：《太阳能利用技术》，化学工业出版社，2005，第9页。

[2] 萨莉·摩根：《从风车到氢燃料电池：发现替代能源》，周雪译，上海科学技术文献出版社，2010，第17页。

[3] 中国电气工程大典编辑委员会：《中国电气工程大典·第7卷》，中国电力出版社，2009年，第180页。

[4] 罗运俊、何梓年、王长贵：《太阳能利用技术》，化学工业出版社，2005，第9页。

[5] 克里扎：《光之力量：人类寻求驾驭太阳的历程》，游长松、强小旎、周玲译，中国青年出版社，2007，第20页。

[6] 萨莉·摩根：《从风车到氢燃料电池：发现替代能源》，周雪译，上海科学技术文献出版社，2010，第16页。

1839 年，法国物理学家亚历山大 – 埃德蒙·贝克勒尔在他父亲的实验室工作时发现，他利用光线照射某些金属可以产生电流，这就是所谓的"光伏效应"（有人说是他父亲首先发现这个效应的）。由此，拉开了研究光伏技术的序幕。但是，当时贝克勒尔父子发现的光伏电流很微弱，他们无法解释这个现象。[1] 即便如此，光伏效应的发现也通常归功于贝克勒尔，因为他（或他们）发现了当覆盖有溴化银或氯化银的铂电极在水溶液中受到光照时能够产生光电流（严格地说是一种光电化学效应）。[2]

1876 年（有人认为分别是在 1873 年和 1876 年），英国的 Smith 和 Adams 通过对硒进行研究，在硒的全固态系统中也发现了光伏效应，他们分别报道了光电导性。他们在研究硒半导体材料时偶然发现，硒经太阳光的照射，尽管它的光电转换效率只有 1% 左右，但也能产生电流。这被认为是最早的太阳能电池的"胚胎"，是一项具有划时代意义的发现。[3] 但是，由于硒的光电转换效率太低，这一重大发现一直被人们冷落。

1883 年，美国发明家查尔斯·弗里茨发明并制成第一块太阳能电池，用作传感器件。他使用的材料为硒，与贝尔设计光电话时使用的材料相同。他的成果发布在 1883 年美国《科学》杂志的《一种新型的硒电池》中。由于他的电池只能把不到百分之一的入射光转变为电能，因而没有实用价值。[4]

Hallwachs 将铜与氧化亚铜（Cu–Cu$_2$O）结合在一起进行研究，发现这种结构具有光敏特性，并于 1904 年做了报道。这是全固态表面势垒光电池研究的开端。并在此基础上，他于 1927 年研制出光伏器件。[5]

进入 20 世纪，人类发现了光电效应定律。1905 年，爱因斯坦在德国《物理学年报》发表题为《关于光的产生和转化的一个试探性观点》的论文。他假设光由是一个个量子组成（这些量子后来被称为"光子"），光除了有波的形态，还具有粒子的特性。这篇论文对光的理论进行了革命，还对光照射某些固体时所产生的电子发射现象（称为"光电效应"）提供了解释。[6] 爱因斯坦认为：对于时间平均值，光表现为波动；而对于瞬时值，光则表现为粒子。这在历史上第一次揭示了微观客体的波动性和粒子性的统一，即波粒二象性。爱因斯坦用光量子概念轻而易举地解释了光电现象，推导出光电子的最大能量同入射光的频率之间的关系，并由此发现了光电效应定律。[7] 爱因斯坦由此获得 1921 年诺贝尔物理学奖。

1906 年，Pochettino 第一次研究了制作塑料太阳能电池的有机化合物蒽的光电导性。他发现，当光子入射到光敏材料时，就会在材料内部产生新的电子和空穴对，从而改变材料的导电性质。在外电场作用下，电子移向正极，空穴移向负极，从而外电路中就会有电流流过。[8]

---

① 约翰·塔巴克：《太阳能和地热能——昂贵资金和技术的挑战》，张丽娇译，商务印书馆，2011，第 13 页。
② 张正华、李陵岚、叶楚平、杨平华：《有机太阳电池与塑料太阳电池》，化学工业出版社，2006，第 219 页。
③ 孙晓光、王新北、左艳飞：《太阳能在建设领域推广与应用》，中国建筑工业出版社，2009，第 23 页。
④ 约翰·塔巴克：《太阳能和地热能——昂贵资金和技术的挑战》，张丽娇译，商务印书馆，2011，第 13 页。
⑤ 张正华、李陵岚、叶楚平、杨平华：《有机太阳电池与塑料太阳电池》，化学工业出版社，2006，第 99 页。
⑥ 美国不列颠百科全书公司：《不列颠百科全书·第 1 卷》国际中文版（修订版），中国大百科全书出版社《不列颠百科全书》国际中文版编辑部编译，中国大百科全书出版社，2007，第 2 页。
⑦《中国大百科全书》总编委会：《中国大百科全书·第 1 卷》第 2 版，中国大百科全书出版社，2009，第 240 页。
⑧ 张正华、李陵岚、叶楚平、杨平华：《有机太阳电池与塑料太阳电池》，化学工业出版社，2006，第 219-220 页。

1918 年，首次从熔体中炼制出单晶体。

此后，科学家们又经过 30 多年的努力，到 20 世纪 50 年代，才研制出实用的太阳能电池——硅光伏太阳能电池，并将其投入应用。

二、风能

风是由大气运动而形成的。在大气运动过程中，大气吸收从太阳辐射到地球的能量，然后通过运动形成了风。

与古代的风车相比，近代的风车更大了。除了木制风车，还出现了铁制风车；除了用风车抽水、磨谷，还尝试用风车发电。近代风车得到了全面发展，并达到了风车发展最鼎盛的时期。

（一）风车：由盛而衰

中世纪后期，风车在欧洲已普遍利用，成为一道亮丽的风景。于是，风车也出现在文人笔下。大约 1500 年，达·芬奇对风力机做了绘画。[1] 拉梅利于 1588 年的图画作品描述了风车的构造，这是最早出现的描述风车机械构造细节的图画。[2] 它们展示了用于碾磨谷物的单柱式风车和塔式风车。

1656 年，来华的荷兰使节绘制了一幅关于中国风车的画，描绘了江苏使用立轴式风车的场面。[3]

1665 年，英国的萨里制造了风力碾磨机。

1718 年，荷兰制造了世界上最大的风车——"戴克低地"。它建在马斯兰德，风车的翼板对径达 29.18 米。

18 世纪初，一场狂风暴雨横扫英国，结果，仅风力磨坊就被毁掉了 400 座。[4]

18 世纪中后期，伴随着冶金技术的发展，西欧有的国家开始铸造铁制的风车齿轮以代替木制风车齿轮，从而促进了风车运转装置的改良。1745 年，Edmund Lee 给手摇绞车上装了铁齿轮，取得了自动扇形尾舵的专利权。这种装置使用的原理是在尾杆的末端安装一个最初使用在车架上的千斤顶或飞轮，通过铁齿轮和轴使速度极大地减慢，驱动两个负重轮绕着风车在轨道上运动。只要风车垂直地迎着风向，扇形尾舵的叶片就会将其边缘朝向风；当风改变了方向时，风就会以一个角度吹击叶片而使它们转动起来，从而转动风车，直到它再次垂直地对着风。[5] 当时，荷兰风车使用的是相当大的木制滚轴（直径大约 7 英寸），而在英格兰正常使用的则是只有一半尺寸的铸铁滚轴。

18 世纪中叶，除了利用铸铁技术，科学家们还开始对风车翼板进行研究。斯米顿最先科学地研究风车翼板的设计，用旋转的台板进行试验，于 1759 年向英国皇家学会展示了他的研究结果。他关于风向角度的推荐在一定程度上被风车制造师们所采用。此后，风车翼板技术不断取得突破，科学家们先后发明了弹簧翼板、卷帘式翼板、真正自动的"专利"翼板、伯顿翼板、环形翼板等（表 7-4）。

① 牛山泉：《风能技术》，刘薇、李岩译，科学出版社，2009，第 2 页。
② 查尔斯·辛格、E. J. 霍姆亚德、A. R. 霍尔、特雷弗·I. 威廉斯主编《技术史·第 3 卷》，高亮华、戴吾三主译，上海科技教育出版社，2004，第 63 页。
③ 陆敬严、华觉明主编《中国科学技术史：机械卷》，科学出版社，2000，第 259 页。
④ 李方正：《能源世界》，吉林出版集团有限责任公司，2009，第 67 页。
⑤ 查尔斯·辛格、E. J. 霍姆亚德、A. R. 霍尔、特雷弗·I. 威廉斯主编《技术史·第 3 卷》，高亮华、戴吾三主译，上海科技教育出版社，2004，第 69 页。

表 7-4　近代风车翼板的发明情况

时间 / 年	发明人	翼板名称	简介
1759	斯米顿	斯米顿翼板	对风向角度与翼板的关系进行科学研究
1772	米克尔	弹簧翼板	在翼板框架上安装带弹簧的百叶，以弹翼控制扣栓的运动
1789	胡珀	卷帘式翼板	在翼板上安装小的卷帘
1807	丘比特	"专利"翼板	对弹簧翼板的百叶和卷帘式翼板的远程控制加以整合，使翼板运转时百叶能自动打开
1840	—	伯顿翼板	在风车内部安装翼板及遥控操作装置。造价低，使用方便，应用广泛
1860（约）	—	环形翼板	直径为 50 英尺，百叶操作与"专利"翼板相似

资料来源：作者整理。参考查尔斯·辛格、E.J.霍姆亚德、A.R.霍尔、特雷弗·I.威廉斯主编《技术史·第 3 卷》，高亮华、戴吾三主译，上海科技教育出版社，2004。

到了 19 世纪，风车的使用达到了高峰。仅在欧洲就有十万台风车，其中德国号称有 18 000 台，荷兰和英国各有一万台。[1] 荷兰由于有风车抽水，在中世纪时可耕土地面积扩大到 40%；18 世纪，风车利用达到鼎盛时期，全国曾有风车多达 18 000 台。[2] 英国诺福克郡建造了一台有 9 层楼高的萨顿风车，翼板对径为 22.25 米，有 216 块风叶。它建于 1853 年，现在仍然耸立着，是世界上现存风车中最高的。[3]1941 年，这台风车遭到雷击，其现在的样子要比以前小一些。

欧洲风车发展起来后，欧洲大量移民涌入北美洲干旱少雨地区，建造了数以千计的风力泵用来抽水，从而带动了北美洲风车的发展。其中，最受欢迎的是 1854 年设计的"哈勒戴"风车，它有 4 块木制桨状翼板与木塔连接。1870 年，北美洲出现了钢制叶片，它更轻，可以被切割成更多符合空气动力学的形状，从而更有效地捕获风能。[4] 到 19 世纪下半叶，在美国中西部大平原上总共有超过六百万台风车分散在农庄里和大牧场上，用来抽水或者磨谷物。伊利诺伊州的诗人桑德堡在 1918 年写道："风车长臂懒洋洋地转动，向东向西，扭捏着向妄自尊大的风儿倾诉……"[5]

在埃及，穆罕默德·阿里于 1805 年成为总督后，采纳法国专家提出的多项农业建议，先后主持修建 20 多条输水运河、水渠和 30 多座水坝，同时大力推广拿破仑时期留下的畜力和风力水车，代替使用了几千年的桔槔。由于法军 1801 年撤退时在埃及留下了大批法国的风磨，使得风车带动风磨和其他动力装置所产生的效率在能源利用中排在第二位，仅次于蒸汽机。[6] 拿破仑风磨至今仍在埃及一些村庄使用。

在"蒸汽时代"到来之前，尤其是在风车发展的巅峰，风能在欧美等国家能源体系中的地位甚至超过了水能，仅次于木柴，排在第二位。但是，随着瓦特改进的蒸汽机的普及，风能逐渐被替代了。

[1] 丽贝卡·鲁普：《水气火土：元素发现史话》，宋俊岭译，商务印书馆，2008，第 248 页。
[2] 顾为东：《中国风电产业发展新战略与风电非并网理论》，化学工业出版社，2006，第 11 页。
[3] 姚晓华主编《世界之最》，光明日报出版社，2004，第 94 页。
[4] 萨莉·摩根：《从风车到氢燃料电池：发现替代能源》，周雪译，上海科学技术文献出版社，2010，第 9 页。
[5] 丽贝卡·鲁普：《水气火土：元素发现史话》，宋俊岭译，商务印书馆，2008，第 249 页。
[6] 马克垚主编《世界文明史》，北京大学出版社，2004，第 808-809 页。

英格兰使用排水风车驱动扬水轮，其数量自 1588 年起一直在增加，但在出现蒸汽泵（1820 年）以后的 130 年里，它们渐渐消亡了。荷兰既使用排水风车驱动扬水轮，又使用木制阿基米德螺杆，它们在荷兰的衰落虽然要比在英格兰慢一些，但一种采用微缩骨架"tjasker"的排水风车也像英格兰和新英格兰的盐水泵风车一样消失了。[1]

但是，即便如此，到了 20 世纪乃至今天，在一些国家和地区，古老的风车仍在使用。在江苏省沿海地区，1959 年仍有木风车 20 多万台，用来提水制盐。[2] 在"风车之国"荷兰，虽然大部分风车已被电力代替，但全国还存有 970 台风车，其中有 210 台还在继续使用，余下的风车则被作为历史古迹保留下来供人参观。[3] 荷兰还将每年 5 月的第二个星期六定为"风车日"，在这一天全国所有风车都会转动起来，吸引无数游人前来观赏。

纵然风车大势已去，但人类对风能的利用并没有停止，风能以另一种全新的方式在延续——清洁环保的风力发电。

（二）风力发电：早期的探索

19 世纪中期，发电机、电动机、电力输送设备相继发明，出现了人类历史上的第二次工业革命——电力革命。在此带动下，作为电气工程学最新成果的发电机、电动机等技术也日渐被应用到风能的开发利用中。

在市场需求和技术创新的推动下，作为工业革命发源地的英国发明了世界上首台风力发电机组。1887 年，格拉斯哥大学（前身为斯特拉斯克莱德大学）安德森学院的教授布莱斯在苏格兰建造了世界上第一台风电机组。[4] 这台风电机组高 10 米，用帆布制作，安装在布莱斯位于苏格兰玛丽柯克的度假庄园，并配有一套蓄电池组。就这样，世界上第一台风力发电机组诞生了。

1887 年，法国的沙勒·顿·格瓦依尤公爵在 Le Havre 近郊也做了一个风力发电机组试验。他使用直径 12 米的多叶片风力机来驱动两个发电机系统，但以失败告终。

1888 年，在大西洋对岸的美国，建成了世界上第一台大型风力发电机。它由美国电力工业奠基人之一的查尔斯·布拉什在俄亥俄州的克利夫兰市设计、安装和建造，取名"布拉什电机"。它的风轮直径为 17 米，由许多张木质叶片组成，能产生 12 千瓦电力，发电量在当时首屈一指。同时，它还首次使用变速箱控制叶片旋转的速度，开创了风力发电机设计的先河。[5] 这台风电机组一直工作到 1900 年，于 1908 年被废弃。

在此之后，丹麦在风电的开发利用方面走在了世界前列。当时，上文提到的三位发明家新发明的风力发电机，都是从古典风车向风力发电机组的过渡，都是依赖利用阻力的低速风力机来驱动发电机的。针对这些局限性，丹麦风力发电的创始人 Poul La Cour 开发了高速风力发电机组。

---

① 查尔斯·辛格、E. J. 霍姆亚德、A. R. 霍尔、特雷弗·I. 威廉斯主编《技术史·第 3 卷》，高亮华、戴吾三主译，上海科技教育出版社，2004，第 74 页。

② 顾为东：《中国风电产业发展新战略与风电非并网理论》，化学工业出版社，2006，第 8 页。

③ 李代广：《风与风能》，化学工业出版社，2009，第 51 页。

④ 肖创英主编《欧美风电发展的经验与启示》，中国电力出版社，2010，第 7 页。

⑤ 萨莉·摩根：《从风车到氢燃料电池：发现替代能源》，周雪译，上海科学技术文献出版社，2010，第 9 页。

1891 年，Poul La Cour 获得丹麦的国家补助金，在 Askov 国民高中学校安装了试验用的风力发电机，有 4 张叶片，半径为 5.8 米。1897 年，又安装了直径为 22.8 米的大型风力发电机组。他还利用齿轮箱来驱动两台 9 千瓦的直流发电机，一台使用 150 V × 50 A 的蓄电池充电，另一台使用 30 V × 250 A 电解水来制氢。[1]1896 年，Poul La Cour 进行空气动力学实验，研究出叶片数和风能利用效率之间的关系，这是空气动力学第一次被应用于风力发电。[2]Poul La Cour 还创建了第一本关于风电的期刊——《风电》。在 Poul La Cour 的大力推动下，丹麦成立了丹麦风力发电协会。同时，丹麦建立了许多与柴油发电并用的小规模（20 ～ 35 千瓦）风力发电企业。到 1908 年，丹麦拥有 10 ～ 20 千瓦级的风力发电机组 72 台，1918 年达到 120 台[3]，发电量大约占当年丹麦总发电量的 3%。[4] 这为丹麦成为"风电王国"奠定了基础。

到 19 世纪末，风力发电取得了两项重大成果：一是作为空气动力学的成果，即以传统的荷兰风力机为代表，利用升力的高速风力机代替了利用阻力的低速高力矩风力机；二是作为电力工程学的成果，即利用风能的发电机得到了实际应用。[5]

第 3 节　地热能和海洋能

进入近代，人类开始利用地热能发电，建设地热能供热系统，还开始利用波浪能、潮汐能发电。

一、地热能

在地热能的开发利用上，意大利人做出了开创性的贡献。

（一）地热的利用

在意大利罗马西北部，大约距罗马 180 千米，有一个世界闻名的拉德瑞罗（Larderello）地热田，分为 8 个地热区。其中，拉德瑞罗地热区规模最大，也最负盛名。

早在 1812 年，一位名叫法朗西斯科·拉德瑞罗的意大利人就将热泉水引到大锅中，然后用木柴烧火蒸干，从残渣中提取硼酸，用于玻璃、冶金等工业生产。后来这项产业一直持续到 1969 年才停止。

1827 年，拉德瑞罗人开始利用地热田中的天然喷汽孔喷出的热蒸汽代替木柴，作为一种能源，用来蒸干含硼的热泉水。[6] 此后，他们在拉德瑞罗用人工打出第一批蒸汽井，从人工井中获得高温蒸汽使

---

① 牛山泉：《风能技术》，刘薇、李岩译，科学出版社，2009，第 3 页。

② 肖创英主编《欧美风电发展的经验与启示》，中国电力出版社，2010，第 8 页。

③ 牛山泉：《风能技术》，刘薇、李岩译，科学出版社，2009，第 4 页。

④ 肖创英主编《欧美风电发展的经验与启示》，中国电力出版社，2010，第 8 页。

⑤ 牛山泉：《风能技术》，刘薇、李岩译，科学出版社，2009，第 2 页。

⑥ 刘时彬：《地热资源及其开发利用和保护》，化学工业出版社，2005，第 185 页。

用。同时，利用从井中喷出的热矿水生产硼砂。

1904 年，P. G. 科恩迪在拉德瑞罗第一次将地下喷出的蒸汽作为动力，引入一个只有 3/4 马力的汽轮发电机，点亮了 5 盏小电灯泡，从而开了地热发电的先河。1905 年，拉德瑞罗的地热发电量为 20 千瓦。意大利成为世界上第一个利用地热发电的国家。[①]

1913 年，拉德瑞罗建成一座 250 千瓦的地热电站并投入运行。这标志着商业性地热发电的开端。此后，意大利的地热发电规模不断扩大。

在同一时期，美国、冰岛等国家也在开发、利用地热能。1892 年，美国爱达荷州博伊西安装了世界上第一套地热能集中供热系统。他们将地热泉中的热水泵到管道，然后输送到博伊西市中心的建筑物供暖。短短几年间，这套系统发展到为大约 200 户居民和 40 家公司供暖。迄今，这套系统仍在使用。[②]

（二）热泵技术的研究

热泵因借鉴水泵而得名。《新国际制冷词典》对热泵的解释是："以冷凝器放出的热量来供热的制冷系统。"中国的《采暖通风与空气调节术语标准》（GB 50155–92）指出热泵是"能实现蒸发器和冷凝器功能转换的制冷机。地源热泵系统是指以浅层地热能资源为低温热源，以水或添加防冻剂的水溶液为传热介质，由热泵机组、地热能交换系统、建筑物内系统组成的供热空调系统。它可分为地埋管地源热泵系统、地下水地源热泵系统和地表水地源热泵系统。[③]热泵的开发可为地热资源的开发、利用提供技术支撑。

"热泵"一词最早是在 20 世纪初由欧洲人提出的。热泵的基础理论——蒸汽压缩动力循环原理，则可追溯到 19 世纪早期法国物理学家卡诺在 1824 年发表的关于卡诺循环的论文。1845 年，英国物理学家焦耳完成气体内能的焦耳气体自由膨胀的实验，论证了改变气体压力能引起温度变化的原理。1852 年，英国物理学家开尔文勋爵（威廉·汤姆孙）首先提出关于热泵的设想，他当时称之为"热量放大器"。[④]而地源热泵的概念则最早出现在 1912 年瑞士的一份专利文献中。这一年，瑞士苏黎世成功安装了第一套以河水作为低温热源的热泵设备，用于供暖，并获得了专利。这是一套早期的地源热泵系统，也是世界上第一套地源热泵系统。[⑤]

后来，作为大容量热泵的最早应用，则是到 20 世纪 30 年代初才在美国洛杉矶出现。

二、海洋能

近代，海洋的巨大能量为人类进一步所认识，人类开始探索用海洋能来发电。

（一）波浪发电

浩瀚的海洋每时每刻都在翻腾，产生巨大的波浪。据研究，每米海岸线所蕴藏的波浪能大约等于波浪高度的平方与波浪周期的乘积的二分之一。例如，某海岸线的波浪高度为 6 米，波浪周期为 5 秒，

[①] 刘时彬：《地热资源及其开发利用和保护》，化学工业出版社，2005，第 186 页。

[②] 约翰·塔巴克：《太阳能和地热能——昂贵资金和技术的挑战》，张丽娇译，商务印书馆，2011，第 108 页。

[③] 孙晓光、林豹、王新北主编《地源热泵工程技术与管理》，中国建筑工业出版社，2009，第 1 页。

[④] 张旭等：《热泵技术》，化学工业出版社，2007，第 2 页。

[⑤] 孙晓光、林豹、王新北主编《地源热泵工程技术与管理》，中国建筑工业出版社，2009，第 2 页。

则每米海岸线的波浪能为 90 千瓦。

早在 18 世纪，人类就开始了对波浪能利用的研究。1799 年，法国吉拉德父子发明了一种波浪能装置。[1] 它是最早见于文字的波浪能装置专利。

约一百年后，根据用气筒给自行车打气的原理，法国人于 1898 年设计了一种带圆柱筒的浮体，将其放到海面上，浮体在海洋波浪上下运动的作用下，对浮体上方的圆柱筒内的空气产生像气筒打气那样的压缩作用，进而吹响安装在圆柱筒上的哨笛。当时，人们将其作为雾号（海上警示浮标）使用。这是人类利用波浪能的一种早期方式。

1910 年，法国人在海岸悬崖处设置了一套固定垂直管道式的海浪发电装置，获得 1 千瓦的电力。这是人类用波浪能发电的最早尝试。此后，世界各地先后出现了许多不同结构、不同形式的波浪能发电装置。[2]

（二）潮汐发电

早在 100 多年前，欧洲人便开始对潮汐发电进行研究。当时，走在前列的是法国和德国。

19 世纪末，法国工程师布洛克最先提出在易北河下游兴建潮汐发电站的设计构想。

1912 年，德国在石勒苏益格－荷尔斯泰因州建成布苏姆潮汐发电站。这是一座世界上最早利用潮汐发电的电站。[3]

1913 年，法国在诺德斯特兰岛附近建成一座潮汐发电站，并获得潮汐发电试验的成功。之后，又在布列塔尼半岛兴建了一座 1 865 千瓦的小型潮汐发电站。

到了 20 世纪二三十年代，法国、美国建造了较大规模的潮汐发电站，但是没有成功。

[1] 褚同金：《海洋能资源开发利用》，化学工业出版社，2005，第 96 页。
[2] 翁史烈主编《话说新能源》，广西教育出版社，2013，第 11 页。
[3] 尹忠东、朱永强主编《可再生能源发电技术》，中国水利水电出版社，2010，第 150 页。

第8章　　近代蒸汽能和鲸油

早在公元前 4000 年左右，中国河姆渡人已使用陶甑蒸食。中国是世界上最早开始利用蒸汽能的国家。到了近代，英国的瓦特改进了蒸汽机，由此蒸汽能在欧美工业革命中得到了广泛应用，开创了"蒸汽时代"。18 世纪中，欧美国家出于照明需要，大规模捕杀抹香鲸，制作鲸油、鲸蜡，由此鲸油成为欧美国家的重要照明燃料，但转瞬即逝。

第1节　蒸汽能

蒸汽即水蒸气，它蕴藏着可以做功的能量——热能。将蒸汽所蕴藏的热量（热能）转换为机械能，就能产生动力。蒸汽所蕴藏的可转化为机械能的热能就是蒸汽能，利用蒸汽的热能做机械功的机器即为蒸汽机。蒸汽能一般是通过燃烧锅炉产生热能，然后再将热能转化为机械能来做功的，故蒸汽能是一种二次能源。大约在 19 世纪中叶，蒸汽机成为一种重要的原动机，其产生的能源超过了水磨和水轮机。蒸汽能成为工业革命重要的动力来源。直到 20 世纪初，蒸汽机仍然是世界上最重要的原动机。

一、蒸汽机的发明

蒸汽机又称蒸汽发动机。古代已发明了蒸汽动力装置。但是，它的重要改进与重要作用的发挥则是在 18 世纪工业革命发生后（表 8-1）。

1785 年，英国人瓦特改进的蒸汽机被应用到工业生产中，开启了以机器动力替代人力和自然力的时代，对人类社会发展和变革产生了划时代的重大影响，直接推动了工业革命。

表 8-1　蒸汽机的开发利用进程

时间	主要事件
1 世纪	希罗发明第一台蒸汽动力装置
1602 年	波尔塔介绍一种蒸汽压力的功能
1615 年	科斯设计并建成一个利用蒸汽压力的观赏喷泉
1629 年	布兰卡描述一种冲击式汽轮机模型
1643 年	托里拆利进行托里拆利实验
1650 年	盖利克发明空气泵
1679 年	帕潘发明蒸汽高压锅
1690 年	帕潘首次提出由汽缸和活塞组成蒸汽机的设想
1698 年	萨弗里发明第一台经济实用的蒸汽驱动装置——蒸汽泵
1712 年	纽科门制出第一台可供实用的纽科门大气式蒸汽机
1769 年	居纽制成第一辆以蒸汽机为动力的汽车火炮牵引车
1769 年	瓦特改进蒸汽机
1775 年	佩里耶建造了船用蒸汽机
1776 年	制成单向作用蒸汽机
1782 年	瓦特发明往复式蒸汽机
1800 年	特里维西克发明高压往复式蒸汽机
1803 年	伍尔夫发明复合式杠杆蒸汽机
1803 年	特里维西克制造第一台铁路机车用蒸汽机
1825 年	斯蒂芬森制成第一台商业机车用蒸汽机
1826 年	泰勒 - 马蒂诺公司开发固定卧式蒸汽机
1850 年	内史密斯发明立式高压蒸汽机
1885 年	托德制造出单向流动式蒸汽机

资料来源: 作者整理。主要参考查尔斯 E. J. 霍姆亚德、A. R. 霍尔、特雷弗·I. 威廉斯主编《技术史·第 3 卷》，高亮华、戴吾三主译，上海科技教育出版社，2004。

（一）近代前

蒸汽机作为一种蒸汽动力装置，早在 1 世纪就已经被发明出来了。希腊几何学家希罗不仅提出了求证三角形面积的希罗公式，还发明了第一台蒸汽动力装置。[①] 他是设计喷气发动机的先驱。在他的机

① 美国不列颠百科全书公司：《不列颠百科全书·第 8 卷》国际中文版（修订版），中国大百科全书出版社《不列颠百科全书》国际中文版编辑部编译，中国大百科全书出版社，2007，第 44-45 页。

械学著作《压缩空气的理论和应用》中，描述了蒸汽动力装置。其实验是：把圆球用轴装杆装在锅炉上，锅炉有两个斜的喷嘴，当锅炉被加热产生蒸汽时，从喷嘴喷出的蒸汽就会使圆球旋转起来。希罗还发明了一种虹吸热机，通过加热产生膨胀力，将水槽中的水通过虹吸管压到一个更高的容器上，悬挂在上面的容器就会因水的增加而下坠。这是热能的一种利用。希罗利用这种虹吸热机，成功地将一扇由平衡锤关门的寺庙大门打开。[1]

到了 17 世纪，科学家又对使用热能做功的装置进行探索。意大利自然哲学家波尔塔（约 1535—1615 年）是第一个认识到光线热效应的科学家，主要著作有《自然魔法》。他在《静力学与流体学》中介绍了蒸汽压力使容器中水位上升的功能。1615 年，法国工程师科斯利用蒸汽压力，设计、建成一个观赏喷泉。大约 16 世纪 20 年代，意大利建筑师布兰卡首次发现了作用在轮子四周的喷射蒸汽流可以使轮子转动。据此，他于 1629 年描述了一种冲击式汽轮机的模型。[2]

（二）近代早期

17 世纪中后期，人类发现了大气压力，使蒸汽能做机械功成为一种可能。这是发明蒸汽机极为关键的一步。在此过程中，科学家们做了一系列接力式的研究。

意大利科学家伽利略对力学进行研究，于 1612 年发表《论浮体》一文，采用虚速度原理来表述流体静力学基本的定理，推导出虹吸管内液体的平衡以及固体在液体中能浮起来的条件。他于 1607 年设计出空气温度计的雏形。[3]

1641 年，意大利物理学家托里拆利成为伽利略的秘书和助手。两年后，托里拆利遵照伽利略生前的建议进行真空实验。他把一根长 1.2 米的玻璃管装满水银倒置在碟子里，发现有些水银并未流出来，并且管子里水银上面的空间为真空。[4]1643 年，他把两根等长但形状不同的玻璃管装满水银并倒置，发现倒立后两根玻璃管里的水银柱是等高的，由此证明了大气压（又称"标准大气压"）的存在。这个实验被称为"托里拆利实验"，水银柱上端的真空被称为"托里拆利真空"，实验用的玻璃管被称为"托里拆利真空管"。[5]通过大量的实验观察，托里拆利断定，水银高度的逐日变化是由大气压强（又称"气压"）的改变而引起的。同年，他宣称，大气施加的压力等于约 30 英寸长的垂直水银柱的压力。正是这一压力决定了通过抽吸使液体可以被提升的高度，此压力还会随海拔的升高而降低。后来，帕斯卡在 1647 年将一只气压表带到奥弗涅的一座高 4 800 英尺的山峰上时发现，在登高过程中，水银柱下降了约 3 英寸，从而验证了托里拆利关于气压随海拔的增高而降低的观点。这一发现促使许多国家开始进行蒸汽机的开发。[6]

在托里拆利实验的基础上，德国科学家盖利克利用机械方式进行真空实验。1650 年，他利用大气压力原理发明了空气泵，用来产生局部真空。1654 年，他为国王斐迪南三世进行了著名的实验：将两

[1]查尔斯·辛格、E.J.霍姆亚德、A.R.霍尔、特雷弗·I.威廉斯主编《技术史·第2卷》，潜伟主译，上海科技教育出版社，2004，第453页。
[2]特雷弗·I.威廉斯主编《技术史》第6卷，姜振寰、赵毓琴主译，上海科技教育出版社，2004，第115页。
[3]美国不列颠百科全书公司：《不列颠百科全书·第6卷》国际中文版（修订版），中国大百科全书出版社《不列颠百科全书》国际中文版编辑部编译，中国大百科全书出版社，2007，第555页。
[4]同上书，第166页。
[5]《中国大百科全书》总编委会：《中国大百科全书·第22卷》第2版，中国百科全书出版社，2009，第463页。
[6]查尔斯·辛格、E.J.霍姆亚德、A.R.霍尔、特雷弗·I.威廉斯主编《技术史·第4卷》，辛元欧主译，上海科技教育出版社，2004，第115页。

只铜碗扣合，形成一个直径约 35.5 厘米的空心球体，当球体内的空气被抽出后，两只碗靠周围空气的压力紧密压在一起，用几匹马也无法把它们分开。这个实验第一次演示了大气压力的巨大力量。[①]

1662 年，英裔爱尔兰化学家玻意耳在英国皇家学会发现了著名的玻意耳定律，即在恒温条件下，气体的压力（p，即气压）与其体积（V）成反比，公式为 $pV=k$（k 为常数）。

1679 年，法国出生的英国物理学家帕潘在伦敦同玻意耳工作时，发明了蒸汽高压锅，锅上装有他发明的防爆安全阀。在进一步研究中，他发现高压锅内密闭的蒸汽能顶起锅盖，进而设想利用蒸汽来推动汽缸里的活塞。1690 年，帕潘首次提出由汽缸和活塞组成蒸汽机的设想。[②]这是早期蒸汽机的基本设计原理。1690 年左右，帕潘制作了一台带有活塞的立式汽缸蒸汽机模型，但他未能将蒸汽机成功地制造出来。

（三）蒸汽机时代的到来

从 17 世纪开始，煤炭在英国得到广泛应用，英国对煤炭的需求不断增加。1563—1564 年，从泰恩河畔纽卡斯尔船运的煤，总量为 32 951 吨，而 1658—1659 年增长到 529 032 吨。大约在 1580—1660 年王政复辟期间，伦敦进口的煤炭增加了 20～25 倍。[③]由于煤炭需求不断增加，煤炭供应面临巨大压力，尤为突出的问题就是如何从煤炭矿井深处中排出积水，以提高煤炭开采的效率。直到 16 世纪末，英格兰煤矿仍然以风力、水力、畜力作为矿井排水的驱动力，排水成本很高，并且生产效率低，无法满足日益增长的煤炭生产需求。因而，"在煤经济中对发明一种能够降低机械成本的新动力源的压力是前所未有的"。[④]对此，人们开始求助于早已出现的蒸汽喷射可能产生动力的知识，探索用蒸汽的力量来解决煤矿排水的新问题，进而促进利用蒸汽机给煤矿排水的研究与开发。《技术史》指出："17世纪早期的蒸汽机试验，是由不列颠煤炭工业的初期扩张而引发的。"[⑤]

17 世纪 90 年代，为了解决煤矿排水的难题，英格兰工程师萨弗里利用帕潘等人所提出的蒸汽机设计原理，于 1698 年发明了世界上第一台经济实用的蒸汽泵，用来抽出康瓦耳地区遭遇水灾的矿坑中的水。[⑥]英格兰科学家纽科门鉴于科尼什锡矿用畜力排水代价太高，同助手 J. 卡利一起用了 10 多年的时间试制出一台蒸汽泵，比萨弗里简陋的蒸汽泵要优越得多。但由于萨弗里已在 1698 年取得蒸汽泵发明的主要专利，纽科门无法为自己的蒸汽泵申请专利，于是又和萨弗里合作。[⑦]1705 年，纽科门制成有活塞的蒸汽机，取得"冷凝进入活塞下部的蒸汽和把活塞与连杆连接以产生可变运动"的专利权。后经改进，于 1712 年首次制成可供实用的横梁蒸汽机，又称"纽科门大气式蒸汽机"。同年，有记载的第一台

[①] 美国不列颠百科全书公司：《不列颠百科全书·第 7 卷》国际中文版（修订版），中国大百科全书出版社《不列颠百科全书》国际中文版编辑部编译，中国大百科全书出版社，2007，第 349 页。

[②] 美国不列颠百科全书公司：《不列颠百科全书·第 13 卷》国际中文版（修订版），中国大百科全书出版社《不列颠百科全书》国际中文版编辑部编译，中国大百科全书出版社，2007，第 25 页。

[③] 查尔斯·辛格、E. J. 霍姆亚德、A. R. 霍尔、特雷弗·I. 威廉斯主编《技术史·第 3 卷》，高亮华、戴吾三主译，上海科技教育出版社，2004，第 54 页。

[④] 同上书，第 58 页。

[⑤] 同上。

[⑥] 《中国大百科全书》总编委会：《中国大百科全书·第 28 卷》第 2 版，中国大百科全书出版社，2009，第 233 页。

[⑦] 美国不列颠百科全书公司：《不列颠百科全书·第 12 卷》国际中文版（修订版），中国大百科全书出版社《不列颠百科全书》国际中文版编辑部编译，中国大百科全书出版社，2007 年，第 148 页。

纽科门大气式蒸汽机在斯塔福德郡的达德利堡附近安装完成。[①]《技术史》指出，大约在 1712 年，位于斯塔福德郡的煤矿首次安装原始的蒸汽机。[②] 可见，无论是蒸汽泵还是蒸汽机，它们最初都是为煤矿抽水而产生的。

在此后的 60 多年甚至更长的时间里，纽科门大气式蒸汽机被不断改进，被欧洲一些国家广泛应用于矿井排水，或者用于提水以推动水车。纽科门发明的常压蒸汽机后来成为瓦特改进的蒸汽机的前身，他是当之无愧的蒸汽机发明人之一。

几十年之后，苏格兰另一位发明家瓦特于 1763 年为格拉斯哥大学修理纽科门大气式蒸汽机时，发现纽科门大气式蒸汽机存在热效率低、能耗高、蒸汽被浪费等突出问题。于是，他开始着手对纽科门大气式蒸汽机进行研究与改进，并于 1765 年找到了解决的办法——加装一个冷凝器。这是他的第一项发明，也是最重要的一项发明。[③] 三年之后，由布莱克提供贷款，瓦特与 J. 罗巴克合作，研制出一台小型试验性蒸汽机，并于 1769 年 1 月获得"降低火力发动机的蒸汽和燃料消耗的新方法"的专利，从而改进了蒸汽机。从 1775 年开始，瓦特与 M. 博尔顿（主要是资金投入）实行分享专利权长达 25 年的合作，先后取得一系列蒸汽机发明专利（表 8-2）。到 1787 年，双向作用的往复式蒸汽机在一定程度上已经变得标准化了，成为当时工业上最重要、最可靠也是最有效的动力源。[④] 1785 年，不仅是瓦特，博尔顿也被选为英国皇家学会会员。到 1790 年，瓦特改进的蒸汽机取得成功。从此，瓦特改进的蒸汽机被普遍应用于煤矿厂、炼铁厂、造纸厂、纺织厂、面粉厂、酒厂、自来水厂等。

表 8-2　瓦特改进蒸汽机的发明过程

时间 / 年	发明过程
1765	加装冷凝器
1769	发明降低火力发动机的蒸汽和燃料消耗的新方法（获蒸汽机发明专利）
1781	发明行星式齿轮
1782	发明往复式蒸汽机（又称"双向作用蒸汽机"）
1784	发明平行运动连杆机构
1788	发明自动控制离心调速器
1790	加装压力表（标志着瓦特完成蒸汽机的改进）
不详	加装节流阀、计数器、示功器、曲柄

资料来源：作者整理。主要参考美国不列颠百科全书公司：《不列颠百科全书·第 18 卷》国际中文版（修订版），中国大百科全书出版社《不列颠百科全书》国际中文版编辑部编译，中国大百科全书出版社，2007。

---

① 美国不列颠百科全书公司：《不列颠百科全书·第 12 卷》国际中文版（修订版），中国大百科全书出版社《不列颠百科全书》国际中文版编辑部编译，中国大百科全书出版社，2007 年，第 148 页。

② 查尔斯·辛格、E. J. 霍姆亚德、A. R. 霍尔、特雷弗·I. 威廉斯主编《技术史·第 3 卷》，高亮华、戴吾三主译，上海科技教育出版社，2004，第 58 页。

③ 美国不列颠百科全书公司：《不列颠百科全书·第 18 卷》国际中文版（修订版），中国大百科全书出版社《不列颠百科全书》国际中文版编辑部编译，中国大百科全书出版社，2007，第 146 页。

④ 查尔斯·辛格、E. J. 霍姆亚德、A. R. 霍尔、特雷弗·I. 威廉斯主编《技术史·第 5 卷》，远德玉、丁云龙主译，上海科技教育出版社，2004，第 83 页。

（四）后瓦特时代

　　尽管瓦特改进的蒸汽机取得了重大突破与成就，但它实际上仍是一种真空蒸汽机，在提高气压和效率等方面，仍有较大的空间。于是，后来一些工程师和发明家对瓦特改进的蒸汽机再进行改进，先后研制出一批新型的蒸汽机（表 8-3）。1800 年，英格兰的特里维西克在康沃尔的一座矿山建造了他的第一台高压往复式蒸汽机。1850 年，内史密斯发明了一台立式高压蒸汽机。1885 年，托德制造出单向流动式蒸汽机。到 19 世纪中后期，蒸汽机已经发展成为更高效率的原动机（表 8-4）。

表 8-3　后瓦特时代的新型蒸汽机

时间 / 年	蒸汽机名称	发明者
1800	高压往复式蒸汽机	特里维西克
1803	直接作用垂直固定式蒸汽机	弗里曼特尔
1803	复合式杠杆蒸汽机	伍尔夫
1804	多胀式蒸汽机	伍尔夫
1826	固定卧式蒸汽机	泰勒 – 马蒂诺公司
1845	复胀式蒸汽机	麦克诺特
1850	立式高压蒸汽机	内史密斯
1885	单向流动式蒸汽机	托德

资料来源：作者整理。参考查尔斯·辛格、E. J. 霍姆亚德、A. R. 霍尔、特雷弗·I. 威廉斯主编《技术史·第 4 卷》，辛元欧主译，上海科技教育出版社，2004。

表 8-4　蒸汽机效率的改进

时间 / 年	蒸汽机	功率 / 马力
1702	萨弗里的矿工之友的蒸汽机	1
1717	为圣彼得堡制造的萨弗里蒸汽机	5.5
1732	为法国制造的纽科门大气式蒸汽机	12
1772	斯米顿的长本顿蒸汽机	40.5
1793	汤普孙的往复式大气蒸汽机	48
1812	伊文思和特里维西克的高压往复式蒸汽机	1～100
1837	伦敦给水用的康沃尔蒸汽机	135
1846	科利斯蒸汽机	260
1870	祖尔策蒸汽机	400
1876	在费城展览的科利斯蒸汽机	2 500
1890—1900	电站蒸汽机	1 000 以上

资料来源：查尔斯·辛格、E. J. 霍姆亚德、A. R. 霍尔、特雷弗·I. 威廉斯主编《技术史·第 4 卷》，辛元欧主译，上海科技教育出版社，2004，第 113 页。略做删减。

二、蒸汽机和蒸汽能的利用

随着蒸汽机性能和效率的不断提升，除了用于煤矿抽水，蒸汽机还被广泛运用于冶金、食品、运输、造纸等各个领域，蒸汽能在近代能源体系中的地位得以确立。

（一）蒸汽机的应用

早在 1769 年，法国军事工程师居纽就制造了世界上第一辆以蒸汽为动力的三轮机动车——火炮牵引车。1770 年又制造了第二辆，它现仍保存在巴黎的国立工艺美术学院。居纽蒸汽机动车的使用证明了机动车以蒸汽为动力来牵引是可行的。

特里维西克早年担任几家矿场的工程师，在矿场所用的蒸汽机是瓦特发明的低压蒸汽机。当时，瓦特认为，使用高压蒸汽过于危险，坚决反对蒸汽压力在高于大气压力几磅（1 磅约等于 0.45 千克）的基础上再升高。但是，特里维西克不以为然，不久发现让高压蒸汽在汽缸内膨胀就能制造出较小较轻的蒸汽机，而功率却并不比低压的小。他与表兄弟维维安一起发明了固定式高压蒸汽机和移动式高压蒸汽机。1800 年，特里维西克的第一台高压往复式蒸汽机在康沃尔的一座矿山上建成，供卷扬之用。1803 年，他又建造了世界上第一辆铁路蒸汽机动车，于 1804 年 2 月 21 日在 16 千米长的轨道上成功地完成了 10 吨铁和 70 名乘客的牵引试验。[1]

斯蒂芬森是英国工程师、铁路机车的主要发明家。他 19 岁时操作纽科门大气式蒸汽机，后来研制出布卢彻机车，能以 6 千米／时的速度牵引 8 节装有 30 吨煤的货车。在此基础上，他制造了一台性能更好的"火箭号"蒸汽机车。1825 年 9 月 27 日，由斯蒂芬森设计并制造的世界上第一台商用蒸汽机车牵引 30 余节车厢，运载 450 名旅客，以 24 千米／时的速度从达灵顿驶到斯托克顿。就这样，铁路运输事业诞生了。[2]

第一艘以蒸汽为动力的船是佩里耶于 1775 年在巴黎附近的塞纳河上用来进行试验的那艘船。[3] 其蒸汽机汽缸的直径只有 8 英寸，功率也不足，试验没有取得成功。1783 年，茹弗鲁瓦侯爵建造了一艘排水量为 182 吨的"火舟号"桨轮蒸汽船，它在索恩河上进行了逆流航行。

（二）蒸汽能的利用

蒸汽机发明出来后，煤矿用它来排水，铁厂用它来鼓风，纺织业也用它做动力。英国于 1785 年将蒸汽机用于棉纺厂，1789 年用于织布厂，1793 年用于毛纺厂。1800 年，英国全国（纺织行业）共有蒸汽机 321 台，总功率 5 210 马力；1825 年增至 15 000 台，总功率达 375 000 马力。[4]

瓦特改进的蒸汽机的专利 1800 年到期时，有 496 台蒸汽机在英国的矿山、纺织厂、啤酒厂、金属加工场里工作着。其中，308 台是旋转式蒸汽机，164 台是蒸汽泵，24 台是蒸汽鼓风机。同年，由于蒸汽机的引入，英国煤炭的总产量比 1700 年（约 300 万吨）翻了一番。到 1850 年，煤炭总产量则是

---

[1] 美国不列颠百科全书公司：《不列颠百科全书·第 17 卷》国际中文版（修订版），中国大百科全书出版社《不列颠百科全书》国际中文版编辑部编译，中国大百科全书出版社，2007，第 212 页。

[2] 美国不列颠百科全书公司：《不列颠百科全书·第 16 卷》国际中文版（修订版），中国大百科全书出版社《不列颠百科全书》国际中文版编辑部编译，中国大百科全书出版社，2007，第 224 页。

[3] 查尔斯·辛格、E.J.霍姆亚德、A.R.霍尔、特雷弗·I.威廉斯主编《技术史·第 5 卷》，远德玉、丁云龙主译，上海科技教育出版社，2004，第 96 页。

[4] 赵志远、刘国庆主编《世界小通史（近代史）》，长城出版社，2000，第 83 页。

1700 年的 20 倍，达到 6 000 万吨。这时，蒸汽机成为英国最主要的工业动力源。[1] 早在 1824 年卡诺就一语中的地说道："掠夺英国的蒸汽机便是掠夺英国的煤和铁，便是夺去英国的财富之源，破坏英国的繁荣，摧毁那个庞大的帝国。"[2]

美国从 1803 年开始利用蒸汽能。这一年，纽约的一个锯木厂使用蒸汽机，这是美国工厂使用蒸汽机的开始。[3]1804 年，美国北部的费城也出现了用蒸汽机作为工业动力。奥利费·伊文思研制出高压蒸汽机，结构比瓦特的简单，容易操作，成本低，转动速度是低压蒸汽机的 3～4 倍，但是燃料消耗量大。由于美国的燃料价格便宜，这种资本和劳动力节约型的高压蒸汽机在美国很快就发展起来。1838 年，美国有 1 200 台固定蒸汽机，其中 95% 是这种高压型的。伊文思研制的蒸汽机促进了美国动力系统技术的革命，路易斯维尔、匹兹堡等城市很快开始生产、利用蒸汽机。到 1850 年前，匹兹堡和圣路易斯之间的区域有 1 万～2 万个纱锭生产企业以蒸汽能为动力，亚拉巴北卡罗来纳的纺织厂也使用蒸汽机。南北战争前，宾夕法尼亚 161 家制造业企业中有 57 家用蒸汽能作为动力。[4]1860 年后，随着蒸汽能使用成本的降低，美国蒸汽机开始快速取代水车。

随着工业化的发展，法国蒸汽机数量从 1842 年的 2 000 台迅速增加到 1850 年的 5 000 多台。在比利时，爱尔兰人欧·凯利于 1720 年为列日省的一个煤矿制造了第一台纽科门大气式蒸汽机。十年后，英国人乔治·桑德斯为韦德林的一个铅矿制造了另一台蒸汽机。在旧政体时期结束之前，比利时地区约有 60 台纽科门大气式蒸汽机。1791 年，法国的皮埃尔兄弟在比利时安装了第一台瓦特蒸汽机。到 1814 年，比利时共有 24 台瓦特蒸汽机。[5]

第 2 节　鲸油

在人类漫长的岁月里，用动植物油脂制成的油料、蜡烛以及矿物燃料曾是人类重要的照明能源。在没有煤油、电灯的年代，每当太阳下山后，人们往往靠点亮油灯和蜡烛来照明。到了 16 世纪后，欧洲开始盛行捕鲸，当地居民从鲸鱼（主要是鲸的脂肪）中提取鲸油和鲸蜡，制成化工原料，做灯油、灯蜡使用，鲸油和鲸蜡成为当时重要的照明燃料。

[1] 查尔斯·辛格、E. J. 霍姆亚德、A. R. 霍尔、特雷弗·I. 威廉斯主编《技术史·第 4 卷》，辛元欧主译，上海科技教育出版社，2004，第 113 页。
[2] 同上。
[3] 马克垚主编《世界文明史》，北京大学出版社，2004，第 658 页。
[4] 韩毅等：《美国经济史：17～19 世纪》，社会科学文献出版社，2011，第 204 页。
[5] 龙多·卡梅伦、拉里·尼尔：《世界经济简史：从旧石器时代到 20 世纪末》第 4 版，潘宁等译，上海译文出版社，2009，第 235 页。

一、人类早期照明及其燃料

远古时代，火堆、火把是人类最主要的照明工具。

到了大约公元前 7 万年或更早一些时候，人类发明了使用燃料的灯，其燃料有松脂、动植物油等。在欧洲还处于寒冷气候时，人类就已经开始使用油类燃料来取暖和照明，包括鲸脂和海豹、海象或某些鸟类的脂肪。

从公元前 3000 年起，人类学会了用动物油或蜡制作蜡烛，蜡烛成为人类一种新的照明物。

公元前 3000 年，巴比伦人开始采集天然油苗——沥青。据信，巴比伦人一直用矿物油——石油来做灯油。

17 世纪末，英国伦敦街道出现用蜡烛点亮的路灯。

1751 年，里维拉用抹香鲸制作鲸蜡，鲸油开始成为一种重要照明燃料。

1812 年，英国伦敦街道使用煤气照明。随后天然气也成为照明燃料。

1857 年，煤油灯被发明，煤油成为新的照明燃料。

1879 年，托马斯·爱迪生发明了电灯，从此电能成为人类最重要的照明能源，作为照明燃料的鲸油从此退出历史舞台。

二、捕鲸业的兴起和衰落

早在 100 年，因纽特人和北美洲的印第安人便经常捕鲸，以获取肉食、燃料，或制作工具。[1] 到了中世纪，法国和西班牙的巴斯克人在比斯开湾捕捞鲸鱼。[2]16 世纪初，当比斯开湾的鲸鱼被捕捞得几近灭绝后，巴斯克人将捕鲸的范围扩大到纽芬兰海域和北极圈内。

17 世纪，英国人和荷兰人在开辟斯堪的纳维亚半岛的北方航线时，经常在海面上与鲸群相遇。1611 年，英国人建造了两艘捕鲸船。随后，荷兰人也建造了一艘捕鲸船，还于 1614 年组成了一家"北方公司"。[3] 此后，英国和荷兰的捕鲸业超过了法国和西班牙。

起初，英国的捕鲸业得到较快发展，其渔船的数量多于荷兰。但是，由于受到内战以及资本等因素的影响，捕鲸业下滑，在内战结束之际，捕鲸船只有 12 艘，而同一年荷兰却发展到 70 艘，并配备了 3 艘军舰护航。[4]

17 世纪中叶，阿姆斯特丹成为捕鲸贸易中心。到 1670 年，荷兰前往格陵兰岛（包括斯瓦尔巴群岛）的捕鲸船发展到 148 艘，鲸鱼捕捞量为 792 吨（表 8-5）。而英国的捕鲸业却几乎全部崩溃。17 世纪 80 年代，荷兰平均每年出海次数达 197 次。1701 年，荷兰的鲸鱼捕捞量高达 2 072 吨。18 世纪 20 年代，戴维斯海峡成为荷兰人另一个重要的捕鲸地。

---

[1] 美国不列颠百科全书公司:《不列颠百科全书·第 16 卷》国际中文版（修订版），中国大百科全书出版社《不列颠百科全书》国际中文版编辑部编译，中国大百科全书出版社，2007，第 218 页。

[2] E. E. 里奇、C. H. 威尔逊主编《剑桥欧洲经济史·第 5 卷》，高德步、蔡挺、张林等译，经济科学出版社，2002，第 165 页。

[3] 保罗·祖姆托:《伦勃朗时代的荷兰》，张今生译，山东画报出版社，2005，第 262 页。

[4] E. E. 里奇、C. H. 威尔逊主编《剑桥欧洲经济史·第 5 卷》，高德步、蔡挺、张林等译，经济科学出版社，2002，第 166 页。

表 8-5　1670—1760 年荷兰捕鲸业统计情况

时间 / 年	前往格陵兰岛（包括斯瓦尔巴群岛）的渔船数量 / 艘	格陵兰岛的鲸鱼捕捞量 / 吨	前往戴维斯海峡的渔船数量 / 艘	戴维斯海峡的鲸鱼捕捞量 / 吨
1670	148	792	—	—
1671	155	630.5	—	—
1672[1]	—	—	—	—
1673	—	—	—	—
1674	—	—	—	—
1675	148	881.5	—	—
1676	145	808.67	—	—
1677	149	686	—	—
1678	110	1 118.75	—	—
1679	126	831	—	—
1680	148	1 373	—	—
1681	172	889	—	—
1682	186	1 470	—	—
1683	242	1 343	—	—
1684	246	1 185	—	—
1685	212	1 383.25	—	—
1686	189	639	—	—
1687	194	617	—	—
1688	214	345	—	—
1689	163	243	—	—
1690	117	818.5	—	—
1691[2]	—	—	—	—
1692	32	62	—	—
1693	89	175	—	—
1694	62	156.25	—	—
1695	96	201	—	—
1696	100	380	—	—
1697	111	1 274.5	—	—
1698	140	1 488.5	—	—
1699	151	775.5	—	—
1700	173	907	—	—

续表

时间 / 年	前往格陵兰岛（包括斯瓦尔巴群岛）的渔船数量 / 艘	格陵兰岛的鲸鱼捕捞量 / 吨	前往戴维斯海峡的渔船数量 / 艘	戴维斯海峡的鲸鱼捕捞量 / 吨
1701	207	2 071.75	—	—
1702	225	697.75	—	—
1703	208	646.5	—	—
1704	130	651.5	—	—
1705	157	1 664.5	—	—
1706	149	452.5	—	—
1707	131	128	—	—
1708	121	525.33	—	—
1709	127	190.5	—	—
1710	137	62	—	—
1711	117	630.5	—	—
1712	108	370.5	—	—
1713	94	256	—	—
1714	108	1 234	—	—
1715	134	696.5	—	—
1716	153	519	—	—
1717	180	391	—	—
1718	194	281.75	—	—
1719	182	308	—	—
1719—1728	1 504	3 439	748	1 251
1729—1738	858	2 198	975	1 929
1737	88	149	106	355
1738	74	113	112	360
1739	58	51.75	133	676.5
1740	—	—	—	—
1741	—	—	—	—
1742	48	50	125	508.5
1743	49	74.5	137	850.5
1744	39	182.5	148	1 311
1745	31	206.5	153	362.5
1746	40	341	130	820

续表

时间 / 年	前往格陵兰岛（包括斯瓦尔巴群岛）的渔船数量 / 艘	格陵兰岛的鲸鱼捕捞量 / 吨	前往戴维斯海峡的渔船数量 / 艘	戴维斯海峡的鲸鱼捕捞量 / 吨
1747	37	135.25	128	820
1748	—	—	93	217
1749	116	470.64	41	206
1750	112	533.5	46	62.5
1751	117	264.95	45	65.5
1752	117	438.75	42	107.5
1753	118	539.5	48	100
1754	135	654.95	36	18
1755	152	685.5	29	31
1756	160	529.5	26	39
1757	159	413.5	20	10
1758	151	—	7	—
1759	133	425	22	39
1760	139	376.5	15	78

资料来源：E. E. 里奇、C. H. 威尔逊主编《剑桥欧洲经济史·第 5 卷》，高德步、蔡挺、张林等译，经济科学出版社，2002，第 166-168 页。

注：[1] 1672—1674 年，格陵兰岛贸易处于禁止状态。[2] 1691 年，荷兰禁止在国内捕鲸。

面对捕鲸业的衰落，英国于 1672 年废除对捕鲸业的限制，还取消了消费税；1707 年，又对鲸鱼实行自由贸易；1720 年，组建了一家名为"振兴格陵兰捕鲸业"的公司。但是，收效甚微。对此，英国于 1733 年出台了第一个奖励法案，给予捕鲸船每吨 20 先令的补贴，到 1749 年又将补贴标准提高一倍。此后，英国捕鲸者的数量才翻了一番。[1]

几百年来，美洲地区的原住民一直在长岛和科得角的外海捕鲸，用来提炼鲸脂，作为皮革的保护剂和玉米、豆类的防腐剂。欧洲人在 17 世纪中期来到美洲后，也加入了美洲原住民的捕鲸队伍。刚开始的时候，美洲人在近海岸捕捉黑鲸和座头鲸，但用它们炼制出来的鲸油质量比不上抹香鲸鲸油。抹香鲸十分珍贵，它们的油脂燃烧能够发出柔和明亮的光，并散发出一种独特的香气，但它们很少靠近海岸，很难捕到。[2]

1751 年，一位名叫雅各布·罗德里格兹·里维拉的商人来到美洲罗得岛新港码头，购买用抹香鲸

---

[1] E. E. 里奇、C. H. 威尔逊主编《剑桥欧洲经济史·第 5 卷》，高德步、蔡挺、张林等译，经济科学出版社，2002，第 168-169 页。
[2] 彼得·特扎基安：《每秒千桶——即将到来的能源转折点：挑战与对策》，李芳龄译，中国财政经济出版社，2009，第 10 页。

提炼得到的鲸蜡，作为制造蜡烛的原料。从此，拉开了捕杀抹香鲸的序幕。[1] 由于制造工艺的创新，鲸蜡蜡烛生产成为一个新产业。同时，抹香鲸鲸油产量也因原来安装在海滩或码头附近的大型鲸油提炼炉被安装到捕鲸船上而大量增加。这样，当靠近海岸的鲸鱼被捕杀殆尽时，远离海岸的抹香鲸就成为捕杀的对象。到 19 世纪，捕鲸的范围扩大到太平洋和北极地区。

19 世纪，美国的捕鲸业居世界支配地位，美国船队在 19 世纪中叶拥有的捕鲸船达到 700 多艘，大部分从新英格兰启航。[2]1835—1845 年，美国捕鲸业进入全盛时期，使用洁净、温暖、明亮的抹香鲸鲸油灯和鲸蜡蜡烛的家庭达到数百万家。但当抹香鲸的数量日益稀少时，船队只好捕捉一些含油量较少但数量较多的其他鲸鱼来代替，用它们生产出来的劣质鲸油的价格只有抹香鲸鲸油价格的一半。[3]

19 世纪下半叶以后，随着石油工业的兴起，石油（煤油）日渐取代鲸油，捕鲸业走向衰落。

三、鲸油的生产和利用

鲸鱼可以用来制作鲸油、鲸蜡等产品。对于地球上现存最大的哺乳动物——蓝鲸，大约只需 45 分钟，屠杀者便可以剥取它的油脂，然后加压蒸煮，制成鲸油和鲸肉产品。[4]鲸油主要是将切碎的鲸油脂和鲸骨放到高压中蒸煮而制成的。鲸脂产油率为 50% ～ 80%（质量），鲸骨为 10% ～ 70%，而鲸肉只有 2% ～ 8%。鲸蜡主要是用抹香鲸头部的鲸蜡器官（其体积约为 1 900 升）和油脂蒸煮，得到粗制鲸蜡油，然后再用冷冻法分离粗制鲸蜡油，即可制得鲸蜡以及精制鲸蜡油。鲸油经硫处理后，可制成润滑油，而硬化鲸油则可作为纺织浆纱剂和蜡的组成成分。

16—19 世纪，鲸油既作为制造肥皂的重要原料，又作为油灯的重要燃料。17 世纪末，作为大城市的伦敦除了家庭使用油灯照明，城区还开始出现了路灯。伦敦城区在傍晚六点钟后，就会用蜡烛点亮路灯，直到午夜才熄灭。到 1700 年，伦敦城区一年中有 117 个夜晚使用路灯照明。[5]这是人类能源史上的一个重要进程。

18 世纪，蜡烛生产有了很大的进步，既有使用猪的脂肪制成的蜡烛，也有使用牛的脂肪制造的蜡烛，还有使用蜂蜡制成的蜡烛等。同时，有的厂家通过发明"沾浸架"可一次生产许多蜡烛，还有的厂家使用模具来制造质量较高的蜡烛，生产规模不断扩大。1709 年，英国政府针对蜡烛这种重要商品通过了一项议会法案，对其进行征税，并实行许可生产，禁止未获授权的人私制蜡烛，以控制蜡烛的生产。[6] 当时，虽然蜡烛的制造技术越来越先进，外观也更加精美，但使用猪、牛、羊等动物的脂肪制成的蜡烛燃烧时会产生大量黑烟和恶臭，照明效果也欠佳。当里维拉使用鲸蜡来制造蜡烛后，人们发

① 彼得·特扎基安：《每秒千桶——即将到来的能源转折点：挑战与对策》，李芳龄译，中国财政经济出版社，2009，第 11 页。
② 美国不列颠百科全书公司：《不列颠百科全书·第 18 卷》国际中文版（修订版），中国大百科全书出版社《不列颠百科全书》国际中文版编辑部编译，中国大百科全书出版社，2007，第 218 页。
③ 卢安武等：《石油博弈 解困之道：通向利润、就业和国家安全》，李政、江宁译，清华大学出版社，2009，第 4 页。
④ 美国不列颠百科全书公司：《不列颠百科全书·第 18 卷》国际中文版（修订版），中国大百科全书出版社《不列颠百科全书》国际中文版编辑部编译，中国大百科全书出版社，2007，第 218 页。
⑤ 克劳士比：《人类能源史——危机与希望》，王正林、王权译，中国青年出版社，2009，第 111-112 页。
⑥ 彼得·特扎基安：《每秒千桶——即将到来的能源转折点：挑战与对策》，李芳龄译，中国财政经济出版社，2009，第 11 页。

现鲸蜡蜡烛燃烧时能发出明亮的白色火焰，采用抹香鲸鲸油制造的蜡烛燃烧时不仅无恶臭，还能散发出一种独特的香气。于是，鲸蜡蜡烛就成为市场上紧俏的照明燃料。

随着鲸蜡蜡烛需求量的快速增长，作为鲸蜡重要产地的新英格兰地区迅速成为鲸蜡蜡烛生产的集中区，许多商人纷纷在新英格兰设立鲸蜡蜡烛加工厂。除了在罗得岛新港由里维拉等人设立的蜡烛制造厂，还有在普罗维登斯由本杰明·克拉博开办的蜡烛加工厂，在马萨诸塞由约西亚·昆西创办的蜡烛厂等。随后，蜡烛生产竞争日渐激烈，作为上游产业的抹香鲸捕捞业的竞争也不断加剧。于是，新英格兰地区包括里维拉的工厂在内的八大蜡烛制造商联合起来，共同成立了世界上第一个能源"卡特尔"——鲸蜡蜡烛商联合公司，达成共同制定鲸蜡蜡烛价格上限和售价下限等协议，阻止新的鲸蜡蜡烛制造商进入这一行业。[1] 但是，由于鲸油和鲸蜡市场波动性太大，有实力的市场竞争者太多，使得这个联合公司没能获得成功。

在美国对蜡烛生产原料进行改进的同时，英国也对油灯工艺进行了创新。针对使用灯芯草或芦苇做成的油灯不易燃烧植物油或动物脂肪，有时植物油或动物脂肪无法顺着灯芯向上渗透，以及容易熄灭等问题，瑞士的阿尔甘于 1784 年在英国发明了阿尔甘灯，并获得了英国专利。[2] 他使用两个套在一起的金属管线来固定灯芯，外层支撑灯芯，内层挖空以流通空气便于燃烧，同时还装上玻璃烟囱罩子保护火焰。这样，经过改造后的阿尔甘灯点起来格外明亮，烟雾也更少了，亮度远胜于以前的油灯。随后，从前那些落后的油灯便日渐被这种质量更好的油灯所替代。到 1803 年阿尔甘去世时，仅 20 年左右时间，欧美国家使用的阿尔甘灯就有数万盏。[3]

随着油灯在家庭、商店、街道的普及，英国、法国等欧洲国家对灯油、蜡烛的需求大增，带动了大量鲸油、鲸蜡的进口。美国独立战争之前的几年，伦敦每年都要花上 30 万英镑购买鲸脂来点亮路灯，其中大部分是从北美殖民地购买的。[4] 同时，随着美国工业革命的发展，当地照明对鲸油或者鲸蜡蜡烛的需求也不断增加。19 世纪 40 年代，美国有数百万个家庭使用鲸油灯。在此推动下，到 19 世纪中叶，鲸油、鲸蜡蜡烛消费达到了一个前所未有的高峰。

但是，鲸油业的好景不长。一方面，鲸油需求急剧扩张导致抹香鲸资源不断稀少，致使鲸油和鲸蜡蜡烛价格一日三涨。1820 年，抹香鲸鲸油价格为 30 多美分 / 加仑，到 1866 年涨至 2.5 ~ 3 美元 / 加仑，价格涨了将近 10 倍。[5] 点灯竟成了一种奢侈的生活，普通人家难以承担。另一方面，在鲸油业发展到高峰之际，出现了强有力的竞争者。加拿大地质学家亚伯拉罕·格斯纳于 1849 年从沥青焦油中提炼出煤油，其燃烧效果与鲸油差不多，但价格却比鲸油便宜很多。1857 年，迈克尔·迪亚茨发明了煤油灯。于是，煤油就成了市场上最畅销的照明燃料。19 世纪 50 年代，在美国市场，鲸油失去了原先 2/3 的市场份额（按价值计算），到 19 世纪 50 年代末用作照明的鲸油销售额降至不足 300 万美元；而煤油销售

---

① 彼得·特扎基安：《每秒千桶——即将到来的能源转折点：挑战与对策》，李芳龄译，中国财政经济出版社，2009，第 13 页。

② 美国不列颠百科全书公司：《不列颠百科全书·第 1 卷》国际中文版（修订版），中国大百科全书出版社《不列颠百科全书》国际中文版编辑部编译，中国大百科全书出版社，2007，第 462 页。

③ 克劳士比：《人类能源史——危机与希望》，王正林、王权译，中国青年出版社，2009，第 112–113 页。

④ 同上书，第 114 页。

⑤ 刘锋：《石油枯竭的后天》，东方出版社，2009，第 3 页。

从 1850—1858 年的 31 个城市增至 1859 年的 221 个城市，销售额达 500 万美元，次年则翻一番以上，达到 1 200 万美元。[①]1859 年，美国打出第一口商业油井。此后，石油成为生产煤油的首要原料，煤油生产成本更低，价格更便宜了。于是，煤油迅速占领了美国市场。

1879 年，托马斯·爱迪生发明了耐用的白炽灯泡。于是，不仅是鲸油灯，甚至连煤油灯都被电灯替代了。从此，作为照明燃料的鲸油彻底退出了市场。

① 卢安武等：《石油博弈　解困之道：通向利润、就业和国家安全》，李政、江宁译，清华大学出版社，2009，第 5 页。

第 9 章　　近代煤炭

18 世纪 60 年代，英国工业革命开始后，瓦特改进的蒸汽机在煤炭开采中得到广泛应用，使许多更深更大的煤矿得到了开发。18 世纪 70 年代起，用煤炭制成的焦炭在欧美国家的冶金工业中得到了重要应用。19 世纪 70 年代火电厂出现后，煤炭又成为火力发电的重要燃料。在种种技术创新和社会变革的推动下，煤炭开发利用的规模不断发展壮大，世界煤炭业得到空前的发展。煤炭不仅成为人类日常生活中的重要燃料，还为大工业发展提供了强大的动力。煤炭日渐替代木柴，在能源体系中占据主导地位，人类社会从此进入化石能源的新时代。1900 年，煤炭在世界能源消费中所占的比例超过了 50%。

第 1 节　煤炭开发

20 世纪以前，世界上生产煤炭的国家不多，主要集中在欧洲和北美洲，这些国家因工业革命而带动了煤炭的大规模开发利用，欧洲成为当时的世界煤炭中心。到 20 世纪初，亚非拉地区以及大洋洲一些国家的煤炭生产规模日渐扩大，世界煤炭生产中心从欧洲转移到北美洲。

一、20世纪以前

在工业革命和煤炭技术创新的推动下，世界煤炭生产规模不断扩大，到1829年世界煤炭产量达到3 478.6万吨。至19世纪末，每个年代的增长率都在40%及以上（表9-1）[①]。到1899年世界煤炭产量增至66 766.8万吨，与1829年相比，70年间增长了约18倍。1899年，亚洲煤炭产量为1 238.9万吨，约占世界总量的1.9%；欧洲的煤炭产量为41 130万吨，约占61.6%；美洲的煤炭产量为23 531.9万吨，约占35.2%；非洲的煤炭产量为213.1万吨，约占0.3%；大洋洲的煤炭产量为652.9万吨，约占1.0%（表9-2）。欧洲成为世界煤炭生产中心。

表9-1　19世纪各大洲煤炭产量增长情况

时间/年	亚洲产量/万吨	欧洲产量/万吨	美洲产量/万吨	非洲产量/万吨	大洋洲产量/万吨	全球合计产量/万吨	与上一个十年相比的增长率/%
1829	—	3 410.0[1]	68.6	—	—	3 478.6	—
1839	—	5 072.0	215.9	—	—	5 287.9	52.0
1849	—	7 410.0	697.6	—	—	8 107.6	53.3
1859	—	11 170.0	1 770.1	—	—	12 940.1	59.6
1869	—	16 940.0	3 531.9	—	—	20 471.9	58.2
1879	85.8	22 040.0	6 509.8	—	23.5	28 659.1	40.0
1889	238.9	30 900.0	13 053.5	1.3	463.3	44 657.0	55.8
1899	1 238.9	41 130.0	23 531.9	213.1	652.9	66 766.8	49.5

资料来源：作者整理。参考B. R. 米切尔：《帕尔格雷夫世界历史统计·亚洲、非洲和大洋洲卷：1750—1993年》第3版，贺力平译，经济科学出版社，2002。

注：[1] 英国产量采用的是1830年的数据（缺1829年的数据）。

表9-2　1899年各大洲煤炭产量及占比情况

地区	产量/万吨	占世界煤炭产量的比例/%
亚洲	1 238.9	1.9
欧洲	41 130.0	61.6
美洲	23 531.9	35.2
非洲	213.1	0.3
大洋洲	652.9	1.0
全球合计	66 766.8	100.0

资料来源：作者整理。参考B. R. 米切尔：《帕尔格雷夫世界历史统计·亚洲、非洲和大洋洲卷：1750—1993年》第3版，贺力平译，经济科学出版社，2002。

1899年，世界煤炭产量前十位的国家依次为：美国23 019万吨，英国22 400万吨，德国10 200万吨，法国3 290万吨，比利时2 210万吨，俄国1 400万吨，奥地利1 150万吨，日本672.2万吨，

[①] 本章各表中世界各国（地区）煤炭产量绝对值的原始数据，除非另有标注，均参见B. R. 米切尔：《帕尔格雷夫世界历史统计·亚洲、非洲和大洋洲卷：1750—1993年》第3版，贺力平译，经济科学出版社，2002。

澳大利亚553.8万吨，印度517.5万吨（表9-3）。其中，美国、英国占世界煤炭总量的比例均超过30%，分别为34.5%、33.5%。这十个国家煤炭产量占全球煤炭总量的比例高达98%。

表9-3　1899年世界煤炭产量前十位国家的情况

排名	国家	产量/万吨	占世界煤炭总量的比例/%
1	美国	23 019.0	34.5
2	英国	22 400.0	33.5
3	德国	10 200.0	15.3
4	法国	3 290.0	4.9
5	比利时	2 210.0	3.3
6	俄国	1 400.0	2.1
7	奥地利	1 150.0	1.7
8	日本	672.2	1.0
9	澳大利亚	553.8	0.8
10	印度	517.5	0.8
合计		65 412.5	98.0

资料来源：作者整理。参考 B. R. 米切尔：《帕尔格雷夫世界历史统计·亚洲、非洲和大洋洲卷：1750—1993年》第3版，贺力平译，经济科学出版社，2002。

（一）亚洲煤炭生产

亚洲生产煤炭的国家和地区不多，主要有日本、印度、印度尼西亚、土耳其、中国台湾、越南等（表9-4）。

亚洲各个产煤国和地区的煤炭生产规模不大。1874年，日本产煤20.8万吨[1]，1883年超过100万吨，到1899年，产量达到672.2万吨。印度1890年的煤炭产量为220.3万吨，到1899年增加到517.5万吨，约增长1.3倍。其他国家和地区的煤炭产量均在30万吨以下。1898年，土耳其煤炭产量为17.6万吨。1899年，印度尼西亚的煤炭产量为18.6万吨，中国台湾地区的煤炭产量为3万吨，越南的煤炭产量为27.6万吨。

表9-4　19世纪亚洲部分国家和地区煤炭产量情况

时间/年	日本/万吨	印度/万吨	土耳其/万吨	印度尼西亚/万吨	中国台湾/万吨	越南/万吨
1874	20.8	—	—	—	—	—
1875	56.7	—	—	—	—	—
1876	54.5	—	—	—	—	—
1877	49.9	—	—	—	—	—
1878	68.0	—	—	—	—	—
1879	85.8	—	—	—	—	—
1880	88.2	—	—	—	—	—

[1] B. R. 米切尔：《帕尔格雷夫世界历史统计·亚洲、非洲和大洋洲卷：1750—1993年》第3版，贺力平译，经济科学出版社，2002，第366页。

续表

时间/年	日本/万吨	印度/万吨	土耳其/万吨	印度尼西亚/万吨	中国台湾/万吨	越南/万吨
1881	92.6	—	—	—	—	—
1882	92.9	—	—	—	—	—
1883	100.3	—	—	—	—	—
1884	114.0	—	—	—	—	—
1885	129.4	—	—	—	—	—
1886	137.4	—	—	—	—	—
1887	174.6	—	—	—	—	—
1888	202.3	—	—	—	—	—
1889	238.9	—	—	—	—	—
1890	260.8	220.3	—	0.6	—	—
1891	317.6	236.6	—	0.8	—	—
1892	317.6	257.8	—	7.1	—	—
1893	331.7	260.3	—	6.7	—	—
1894	426.8	286.9	—	9.7	—	—
1895	477.3	359.7	—	12.9	—	—
1896	502.0	392.6	—	14.2	0.2	—
1897	518.8	413.2	—	16.3	1.9	—
1898	669.6	468.2	17.6	16.5	4.3	20.4
1899	672.2	517.5	—	18.6	3.0	27.6

资料来源：作者整理。参考 B. R. 米切尔：《帕尔格雷夫世界历史统计·亚洲、非洲和大洋洲卷：1750—1993 年》第 3 版，贺力平译，经济科学出版社，2002。

（二）欧洲煤炭生产

近代中后期，欧洲各国采煤业迅速崛起，煤炭产业规模不断扩大。到 19 世纪末，英国煤炭产量超过 2 亿吨，德国超过 1 亿吨，俄国、法国、比利时、奥地利均超过 1 000 万吨（表 9-5），成为世界重要的煤炭生产大国。

表 9-5　19 世纪部分欧洲国家煤炭产量情况[1]

时间/年	英国/万吨	德国/万吨	俄国/万吨	法国/万吨	比利时/万吨	奥地利/万吨	西班牙/万吨	匈牙利/万吨	意大利/万吨	瑞典/万吨	荷兰[3]/万吨	罗马尼亚/万吨
1815	2 230	—	—	90	—	—	—	—	—	—	—	—
1819	—	120	—		—	10	—	—	—	—	—	—
1829	—	170	—	170	—	20	—	—	—	—	—	—
1839	4 080	300	—	300	350	40	2	—	—	—	—	—
1849	5 930	460	—	400	530	90	—	—	—	—	—	—
1859	8 280	1 060[2]	—	750	920	160	—	—	—	—	—	—
1869	11 100	2 680	60	1 350	1 290	350	50	50	10	—	—	—
1879	13 600	4 200	290	1 710	1 540	540	70	70	10	10	—	—
1889	18 000	6 730	620	2 430	1 990	860	110	90	40	20	10	—

续表

时间 / 年	英国 / 万吨	德国 / 万吨	俄国 / 万吨	法国 / 万吨	比利时 / 万吨	奥地利 / 万吨	西班牙 / 万吨	匈牙利 / 万吨	意大利 / 万吨	瑞典 / 万吨	荷兰[3] / 万吨	罗马尼亚 / 万吨
1899	22 400	10 200	1 400	3 290	2 210	1 150	260	120	40	20	20	10

资料来源：作者整理。参考 B. R. 米切尔：《帕尔格雷夫世界历史统计·欧洲卷：1750—1993 年》第 4 版，贺力平译，经济科学出版社，2002。

注：[1] 本表中的欧洲各国煤炭产量均指硬煤产量，亦即烟煤和无烟煤产量，不包括褐煤产量。[2] 1859 年的德国数据不包括萨克森地区。[3] 荷兰数据仅指林堡省。

1. 英国

英国资产阶级革命后，资本主义工场手工业蓬勃发展起来。到 18 世纪 60 年代，英国发生了一场深刻的技术革命——工业革命。在此进程中，煤炭逐渐替代木柴成为重要燃料，且开发利用规模不断扩大，煤炭业成为英国近代工业的重要支柱。

1551—1560 年，英国主要产煤区的煤炭年产量为 21 万吨（表 9-6），1681—1690 年增至 298.2 万吨，100 多年间约增长了 14 倍。从 17 世纪中叶起，英国煤炭除了作为生活燃料，也开始在制盐、煮糖、酿造、肥皂、玻璃等行业大规模使用。根据约翰·内夫估算，到 17 世纪末，英国煤炭产量多达三分之一使用在一类或另一类的工业加工之中。[①] 随之，英国采煤规模不断扩大。到 1700 年，无论从劳动力规模看，还是从投资数额看，煤矿都已成为英国最大的工业部门之一，1700 年的煤产量大约是 1550 年产量的 10 倍。[②] 18 世纪 20 年代，英国硬煤产量约占世界煤炭总量的 87%。[③] 工业革命前，1750 年英国煤产量为 531.4 万吨，与 1700 年的 303.3 万吨相比，约增长 75.2%。

表 9-6　英国主要煤矿的估计年产量情况

单位：万吨

煤矿产地	1551—1560 年	1681—1690 年	1781—1790 年	1901—1910 年
达勒姆与诺森伯兰	6.5	122.5	300	5 000
苏格兰	4	47.5	16	3 700
威尔士	2	20	80	5 000
米德兰	6.5	85	400	10 018
坎伯兰	0.6	10	50	212
金斯伍德·切斯	0.6	—	14	—
萨默塞特	0.4	10	14	110
长者森林	0.3	2.5	9	131
德文和爱尔兰	0.1	0.7	2.5	20
总计（大约增长倍数）	21（—）	298.2（14 倍）	885.5（2 倍）	24 191（26 倍）

资料来源：默顿：《十七世纪英格兰的科学、技术与社会》，范岱年、吴忠、蒋效东译，商务印书馆，2000，第 187 页。

[①] 张卫良：《现代工业的起源：英国原工业与工业化》，光明日报出版社，2009，第 124 页。
[②] 巴巴拉·弗里兹：《煤的历史》，时娜译，中信出版社，2005，第 50 页。
[③] 王珏：《世界经济通史·中卷：经济现代化进程》，高等教育出版社，2005，第 106 页。

　　工业革命开始后，英国煤炭生产发生巨大技术变革，先后开发、应用一批先进技术。1761 年建成运河运煤，1767 年用铁轨代替木材进行井上运输，1769 年使用蒸汽机，1813 年采用蒸汽凿井机，1815 年采用矿井安全灯，1820 年用曳运机代替人工背运，1844 年使用钻探机等。在产业技术革命的推动下，英国煤炭产量大幅度增长。据 M. W. Flimm 估算，1800 年，英国煤炭产量达到 1 528.6 万吨（表 9–7），与 1750 年相比，50 年间约增长 187.7%。而 1700—1750 年，这 50 年间仅增长 75.2%。1865 年，英国煤炭产量突破 1 亿吨，达到 10 200 万吨[1]，约是 1750 年煤炭产量的 19.2 倍，比当年世界其他主要产煤国家产煤总量（7 194.4 万吨）还要多。1897 年，英国煤炭产量突破 2 亿吨，达到 20 500 万吨（表 9–8），继续保持世界首位，1899 年被美国超越，居世界第二位。

表 9–7　1700—1830 年英国煤炭产量的估算情况

单位：万英吨[1]

采煤地区	1700 年	1750 年	1775 年	1800 年	1815 年	1830 年
苏格兰	45.0	71.5	100.0	200.0	250.0	300.0
坎伯兰	2.5	35.0	45.0	50.0	52.0	56.0
兰开夏郡	8.0	35.0	90.0	140.0	280.0	400.0
北威尔士	2.5	8.0	11.0	15.0	35.0	60.0
南威尔士	8.0	14.0	65.0	170.0	275.0	440.0
西南地区	15.0	18.0	25.0	44.5	61.0	80.0
东密德兰地区	7.5	14.0	25.0	75.0	140.0	170.0
西密德兰地区	51.0	82.0	140.0	255.0	399.0	560.0
约克郡	30.0	50.0	85.0	110.0	195.0	280.0
东北地区	129.0	195.5	299.0	445.0	539.5	691.5
合计	298.5	523.0	885.0	1 504.5	2 226.5	3 037.5

资料来源：张卫良：《现代工业的起源：英国原工业与工业化》，光明日报出版社，2009，第 126 页。

注：[1] 1 英吨约等于 1.016 吨。

表 9–8　1815—1899 年英国煤炭产量情况

时间 / 年	产量 / 万吨	时间 / 年	产量 / 万吨
1815	2 230	1837	3 780
1830	3 050	1838	3 930
1831	3 150	1839	4 080
1832	3 210	1840	4 260
1833	3 290	1841	4 380
1834	3 380	1842	4 420
1835	3 520	1843	4 600
1836	3 640	1844	4 760

① B. R. 米切尔：《帕尔格雷夫世界历史统计·欧洲卷：1750—1993 年》第 4 版，贺力平译，经济科学出版社，2002 年，第 447 页。

续表

时间 / 年	产量 / 万吨	时间 / 年	产量 / 万吨
1845	5 110	1873	13 000
1846	5 310	1874	12 900
1847	5 400	1875	13 500
1848	5 660	1876	13 600
1849	5 930	1877	13 600
1850	6 250	1878	13 500
1851	6 520	1879	13 600
1852	6 830	1880	14 900
1853	7 120	1881	15 700
1854	7 510	1882	15 900
1855	7 640	1883	16 600
1856	7 900	1884	16 300
1857	8 190	1885	16 200
1858	8 030	1886	16 000
1859	8 280	1887	16 500
1860	8 790	1888	17 300
1861	8 920	1889	18 000
1862	9 110	1890	18 500
1863	9 570	1891	18 800
1864	9 910	1892	18 500
1865	10 200	1893	16 700
1866	10 500	1894	19 100
1867	10 600	1895	19 300
1868	10 800	1896	19 800
1869	11 100	1897	20 500
1870	11 500	1898	20 500
1871	12 100	1899	22 400
1872	12 500	—	—

资料来源：作者整理。参考 B. R. 米切尔：《帕尔格雷夫历史统计·欧洲卷：1750—1993 年》第 4 版，贺力平译，经济科学出版社，2002。

2. 德国

18 世纪后期，德国逐渐走上工业化之路。18 世纪 70 年代，普鲁士官员格海姆拉特·甘绍格尔在马格德堡附近煤矿引进英国气压机。1781 年，在拉廷根安装德国第一台纺纱机。1783 年，生产出德国第一台气压机。1791 年，巴伐利亚从英国订购第一台瓦特蒸汽机。1795 年，萨克森建立德国第一座搅炼炉。1796 年，在上西里西亚的格莱维茨（现波兰境内）建立德国第一座炼焦炉。[1]

在 1830 年以前，德国煤炭产地主要是西里西亚、萨尔、萨克森州、亚琛等。当时，鲁尔区煤矿开

---

[1] 马克垚主编《世界文明史》，北京大学出版社，2004，第 643 页。

采技术简陋，新开发矿藏太浅，产量很少。19 世纪 30 年代后期，德国通过勘探，发现了深藏在鲁尔河谷北边的煤矿。[①] 此后，德国通过引进法国、比利时、英国的资金以及蒸汽泵等尖端技术，大规模开发鲁尔煤矿。1847 年，鲁尔 1 号煤井投产，一度成为欧洲最大的煤井。1848—1917 年，鲁尔采煤的竖井从 2 个发展到 40 个。[②] 到"一战"前夕，鲁尔煤矿的产量占德国煤炭总产量的 2/3。[③]

在鲁尔煤矿大规模开发的推动下，德国采煤业快速发展，煤炭产量大幅度增长。德国在 1830 年的煤炭产量（仅指硬煤产量，下同）为 180 万吨，到 1855 年突破 1 000 万吨，达到 1 020 万吨。到 1899 年，德国煤炭产量突破 1 亿吨，达到 10 200 万吨，居世界第三位。

3. 法国

1756 年，法国开发昂赞煤矿，其规模大、技术先进，在法国大革命爆发前夕有 3 000 名工人，采用蒸汽机抽矿井水、提运煤炭，矿井深度达 300 多米。但是，就全国而言，当时法国采煤业规模不大，1789 年全国煤炭产量只有 75 万吨，仅相当于英国煤炭产量的 1/10。[④]

法国大革命后，随着工业化的逐渐推进，采煤业逐步发展起来。1815 年，法国煤炭产量为 90 万吨，到 1847 年增加到 520 万吨。19 世纪 50 年代，法国冶铁业采用搅拌炉炼铁法，完成了向焦炭冶炼的转型。19 世纪中期，法国拥有焦炭炼铁炉 100 多座，其生铁产量比 350 座木炭炉的产量还要多。[⑤] 冶铁业及其他部门的发展加速了采煤业的扩张。1862 年法国煤炭产量超过 1 000 万吨，1882 年突破 2 000 万吨。

到 1899 年，法国煤炭产量达到 3 290 万吨，居欧洲第三位。

4. 比利时

比利时是欧洲大陆最先进行工业革命的国家，拥有比较丰富的煤炭资源，储量约 37 亿吨[⑥]，主要分布在桑布尔－默兹河谷地。

1720 年，爱尔兰人欧·凯利为比利时列日省一个煤矿制造了世界上第一台纽科门大气式蒸汽泵。1823 年，在列日矿区建成第一座高炉，使用焦炭及当地的铁矿石进行冶炼[⑦]，极大地带动了桑布尔－默兹河地区煤炭、钢铁和化学工业的发展。

1830 年，比利时独立后，工业革命加快，工业中使用的蒸汽机从 1830 年的 354 台增至 1850 年的 2 300 台。[⑧] 在此推动下，比时利的煤炭业加快发展，煤炭产量由 1831 年的 230 万吨增至 1899 年的 2 210 万吨，排在欧洲第四位。

5. 俄国

19 世纪 60 年代，俄国开始工业革命。此时，俄国煤炭业处于起步发展阶段，1860 年煤炭产量为

① 龙多·卡梅伦、拉里·尼尔：《世界经济简史：从旧石器时代到 20 世纪末》第 4 版，潘宁等译，上海译文出版社，2009，第 247 页。
② 刘会远、李蕾蕾：《德国工业旅游与工业遗产保护》，商务印书馆，2007，第 45-46 页。
③ 龙多·卡梅伦、拉里·尼尔：《世界经济简史：从旧石器时代到 20 世纪末》第 4 版，潘宁等译，上海译文出版社，2009，第 247 页。
④ 马克垚主编《世界文明史》，北京大学出版社，2004，第 630 页。
⑤ 龙多·卡梅伦、拉里·尼尔：《世界经济简史：从旧石器时代到 20 世纪末》第 4 版，潘宁等译，上海译文出版社，2009，第 241 页。
⑥ 马胜利：《比利时》，社会科学文献出版社，2004，第 5 页。
⑦ 德尼兹·加亚尔、贝尔纳代特·德尚、J. 阿尔德伯特等：《欧洲史》，蔡鸿滨、桂裕芳译，海南出版社，2000，第 438 页。
⑧ 同上。

30 万吨。

工业革命后，随着工业发展对煤炭需求的增加，俄国煤炭产量日渐提高。1872 年，俄国煤炭产量超过 100 万吨，1880 年达到 330 万吨。1887 年，俄国煤炭产量为 442.8 万吨，其中波兰的多姆布罗瓦盆地的煤炭产量近 200 万吨，莫斯科地区的产量少于 30 万吨，乌拉尔地区的产量大约为 16 万吨。[①] 1886—1890 年，俄国有 25% 的煤炭需要依靠进口来解决。

顿河产煤区在 1860 年以前几乎还是一片荒野，到 1870 年产煤 15.6 百万普特（1 普特约等于 16.38 千克），占俄国煤炭总产量的 36.8%。1900 年，顿河产煤区煤炭产量增至 691.5 百万普特，占俄国煤炭总产量的 69.5%，成为俄国主要的产煤区。这个地区煤炭开采得到迅速发展的重要原因是外国资本的输入和新技术的采用。[②]

到 1897 年，俄国煤炭产量超过 1 000 万吨。1899 年达到 1 400 万吨，排在欧洲第五位。

（三）美洲煤炭生产

美洲生产煤炭的国家主要是美国和加拿大，还有墨西哥、智利和秘鲁等国家（表 9-9）。美洲丰富的煤炭资源在英国殖民者来到美洲之前，被长久地埋藏在地下。18 世纪中叶，英国人发现了美国丰富的煤炭资源，将其开发出来，作为燃料使用。从此，美洲煤炭日渐被大规模开发利用。

表 9-9　19 世纪美洲国家煤炭产量情况

时间 / 年	美国 / 万吨	加拿大 / 万吨	墨西哥 / 万吨	智利 / 万吨	秘鲁 / 万吨
1800	9.8	—	—	—	—
1809	15.5	—	—	—	—
1819	29.3	—	—	—	—
1829	68.6	—	—	—	—
1839	215.9	—	—	—	—
1849	697.6	—	—	—	—
1859	1 743.5	26.6	—	—	—
1869	3 469.5	62.4	—	—	—
1879	6 407.7	102.1	—	—	—
1889	12 812.4	241.1	—	—	—
1899	23 019.0	446.8	40.9	24.2	1.0[1]

资料来源：作者整理。参考 B. R. 米切尔：《帕尔格雷夫世界历史统计·美洲卷：1750—1993 年》第 4 版，贺力平译，经济科学出版社，2002。

注：[1] 为 1898 年的数据。

1. 美国

18 世纪上半叶，美国已经开始小规模开采煤矿。1740 年，在马里兰州和弗吉尼亚州交界处，沿波

① H. J. 哈巴库克、M. M. 波斯坦主编《剑桥欧洲经济史·第 6 卷》，王春法、张伟、赵海波译，经济科学出版社，2002，第 746 页。
② 陶惠芬：《俄国近代改革史》，中国社会科学出版社，2007，第 313 页。

托马可河上游，已经有些人在开采煤矿，当时都是利用奴隶劳动开采的。[①]1749 年，宾夕法尼亚州政府用 500 块银币，从易洛魁部落联盟手中购买阿巴拉契亚山脉以东的大片无烟煤田。在此之前若干年，人们已对该煤田进行开采，但只用来制作黑漆或者烟斗。[②]1750 年，英国人在弗吉尼亚州开办了一个煤矿，供美国东部城市使用。但这个煤矿产量有限，煤炭价格还相对较高，美国东部城市还要从加拿大新斯科舍，甚至英国进口煤炭。[③]

18 世纪中叶，美国丰富的煤炭资源被发现。18 世纪 50 年代，一位费城地图绘制者勘测俄亥俄河流域，发现那里蕴藏着许多财富，其中"煤也是非常丰富的，在河床上或者两岩裸露的山上俯拾皆是"。英国地质学者查尔斯·莱尔爵士于 19 世纪考察俄亥俄河流域时也大为惊叹："我完全震惊了……煤层非常丰富，山脊上和山谷里到处都是，我在别处还从未见过如此易于开采的煤藏。"[④]

1758 年，英国人与法国人以及当地印第安人争夺位于俄亥俄河分岔口的宾夕法尼亚州西部地区，英国在战争中取胜。为确保对俄亥俄河发源地的控制，英国人于 1761 年修建了一座堡垒——皮特堡。1764 年又在城堡周围地区建立匹兹堡。英国人开始在河两边的山上挖煤。从此，分岔口丰富的煤炭资源被大量开发出来。正如一位游客在 1790 年时所说，匹兹堡是他见过的最泥泞的地方，"因为那里已经成为一个制造业基地，燃烧着太多的煤，藏匿着太多烟尘，侵蚀着人们的皮肤"。[⑤]由此引起了美国第一宗有记载的污染指控。匹兹堡当时有 376 名居民，到 1817 年时，达到 6 000 人，工厂发展到 250 多个，成为阿巴拉契亚山脉以西最大的一块殖民地。[⑥]19 世纪 30 年代，由于拥有廉价的煤炭，匹兹堡用煤炭驱动蒸汽机，成为"一个孤独地冒着煤烟的前哨"。[⑦]在当时，美洲大陆其他地方大多数还用木柴供热，靠水力提供运转机械所需的动力，美国除匹兹堡之外的 249 家工厂（1832 年）中，只有 4 家使用蒸汽动力。[⑧]

18 世纪 90 年代，位于宾夕法尼亚州东部的无烟煤地带也被发现。据传，一个名叫尼可·艾伦的猎人 1790 年在该地带狩猎露宿时燃起一堆篝火，结果将露出地面的无烟煤层点燃了，从而导致"大山着火"。第二年，一位技工在利哈伊河附近的萨米特山发现了异常丰富的煤藏。它包括一片露出地面的无烟煤层，深度超过 11 米，当地的农民像采石一样用锄头和铲子把煤从地下挖出来，只收取很少的报酬。[⑨]从此，宾夕法尼亚州东部的无烟煤被源源不断地开发出来，并销往当时美国最大、最富有的城市——费城。到 1849 年，宾夕法尼亚州东部共有 60 座使用无烟煤的炼铁炉，5 年后这个数字增加了一倍。[⑩]

① 约翰·塔巴克：《煤炭和石油——廉价能源与环境的博弈》，张军、侯俊琳、张凡译，商务印书馆，2011，第 10 页。
② 巴巴拉·弗里兹：《煤的历史》，时娜译，中信出版社，2005，第 95–96 页。
③ 同上书，第 94 页。
④ 同上书，第 91 页。
⑤ 同上书，第 92 页。
⑥ 同上书，第 92–93 页。
⑦ 同上书，第 92 页。
⑧ 同上书，第 94 页。
⑨ 同上书，第 96 页。
⑩ 同上书，第 105 页。

在宾夕法尼亚州西部煤矿和东部煤矿两股开发力量的强势驱动下，美国煤炭产量以惊人的速度持续增长。1800 年，美国煤炭产量仅为 9.8 万吨；到 1838 年超过 100 万吨，为 103.5 万吨；1852 年超过 1 000 万吨，为 1 027 万吨；1886 年突破 1 亿吨，达到 10 312.9 万吨；到 1899 年，美国煤炭产量首次突破 2 亿吨，达到 23 019 万吨[①]（表 9-10），并首次超过英国，居世界第一位。

表 9-10　1800—1899 年美国煤炭产量情况

时间/年	烟煤产量/万吨	无烟煤产量/万吨	时间/年	烟煤产量/万吨	无烟煤产量/万吨
1800	9.8	—	1832	69.9	45.5
1801	10.3	—	1833	74.7	60.1
1802	1.1	—	1834	82.7	46.4
1803	11.5	—	1835	96.1	68.9
1804	12.8	—	1836	96.8	83.9
1805	13.2	—	1837	97.1	105.6
1806	13.8	—	1838	103.5	88.7
1807	14.4	—	1839	113.5	102.4
1808	15.0	0.1	1840	122.0	102.4
1809	15.4	0.1	1841	122.9	114.5
1810	16.0	0.2	1842	133.6	130.7
1811	17.1	0.2	1843	146.5	150.2
1812	18.4	0.2	1844	162.7	193.0
1813	19.8	0.2	1845	190.2	238.2
1814	21.3	0.2	1846	211.2	275.1
1815	23.0	0.2	1847	238.7	338.0
1816	25.2	0.2	1848	279.4	363.0
1817	27.5	0.2	1849	319.1	378.5
1818	29.9	0.3	1850	365.5	392.5
1819	29.0	0.3	1851	416.4	527.4
1820	29.9	0.4	1852	445.3	581.7
1821	31.7	0.4	1853	553.4	603.6
1822	32.7	0.5	1854	667.6	695.6
1823	33.6	0.9	1855	684.3	780.8
1824	37.6	1.4	1856	725.0	812.8
1825	39.6	—	1857	796.1	781.8
1826	44.7	5.5	1858	802.5	799.0
1827	48.3	7.3	1859	828.0	915.5
1828	51.6	9.3	1860	821.6	996.5
1829	55.1	13.5	1861	794.3	929.4
1830	58.6	21.3	1862	851.3	924.1
1831	63.0	23.4	1863	950.7	1 112.8

① B. R. 米切尔：《帕尔格雷夫世界历史统计·美洲卷：1750—1993 年》第 4 版，贺力平译，经济科学出版社，2002，第 317 页。

续表

时间 / 年	烟煤产量 / 万吨	无烟煤产量 / 万吨	时间 / 年	烟煤产量 / 万吨	无烟煤产量 / 万吨
1864	1 035.6	1 181.8	1882	5 344.9	3 186.1
1865	1 120.3	1 095.6	1883	5 884.0	3 488.8
1866	1 180.7	1 431.9	1884	6 507.9	3 370.8
1867	1 255.3	1 457.6	1885	6 511.1	3 477.8
1868	1 473.6	1 606.4	1886	6 771.7	3 541.2
1869	1 805.6	1 663.9	1887	8 034.2	3 818.2
1870	1 857.1	1 810.6	1888	9 256.9	4 229.3
1871	2 073.6	1 765.8	1889	8 680.4	4 132.0
1872	2 477.6	2 243.8	1890	10 097.2	4 215.6
1873	2 866.8	2 324.8	1891	10 695.8	4 596.3
1874	2 788.1	2 201.5	1892	11 508.3	4 760.3
1875	2 962.6	2 097.5	1893	11 646.9	4 895.9
1876	2 886.8	2 067.7	1894	10 779.2	4 710.2
1877	3 119.4	2 327.8	1895	12 257.7	5 261.6
1878	3 303.8	1 967.7	1896	12 486.5	4 930.2
1879	3 667.3	2 740.4	1897	13 391.7	4 772.9
1880	4 604.6	2 599.1	1898	15 113.2	4 842.8
1881	4 712.4	2 895.7	1899	17 538.0	5 481.0

资料来源：作者整理。参考 B. R. 米切尔：《帕尔格雷夫世界历史统计·美洲卷：1750—1993 年》第 4 版，贺力平译，经济科学出版社，2002。

2. 加拿大、秘鲁等国

19 世纪 50 年代末，加拿大煤炭产量为 26.6 万吨，19 世纪 70 年代末则超过 100 万吨。19 世纪末，加拿大煤炭产量达到 446.8 万吨，是美洲第二大煤炭生产国。

1898 年，秘鲁的煤炭产量为 1 万吨。1899 年，墨西哥、智利的煤炭产量分别为 40.9 万吨、24.2 万吨。

（四）非洲煤炭生产

20 世纪之前，非洲煤炭资源得到较大规模开发的国家只有南非，其他国家产煤不多，数据不详。

南非采煤业是在 19 世纪 60 年代钻石矿业迅速兴起之后逐渐发展起来的。1889 年，南非煤炭产量只有 1.3 万吨。同年，在博克斯堡和维特班克发现煤矿，这两地的煤矿被迅速开采，煤炭年产量不断上升，到 1895 年，煤炭产量已超过 100 万吨，达到 128.8 万吨。1899 年，南非煤炭产量为 213.1 万吨（表 9-11）。

表 9-11 19 世纪南非煤炭产量情况 [1]

时间 / 年	产量 / 万吨
1889	1.3
1890	4.1
1891	4.5
1892	7.2
1893	69.5

续表

时间 / 年	产量 / 万吨
1894	93.9
1895	128.8
1896	164.6
1897	184.5
1898	233.5
1899	213.1

资料来源：作者整理。参考 B. R. 米切尔：《帕尔格雷夫世界历史统计·亚洲、非洲和大洋洲卷：1750—1993 年》第 3 版，贺力平译，经济科学出版社，2002。

注：[1] 该数据仅为纳塔尔的数据。

（五）大洋洲煤炭生产

大洋洲主要产煤国有澳大利亚和新西兰（表 9–12）。

澳大利亚煤矿开采及大规模开发是在 19 世纪 50 年代第一次淘金热推动下开展的。第一次淘金热开展之初，澳大利亚的人口为 43.8 万人（1851 年），十年后增加到 116 万人，1900 年底又增加到 376 万人，50 年中人口增长了近 9 倍。[1] 随着金矿的不断开发，人口的不断增加，以及对燃料需求的不断增加，澳大利亚的煤矿也不断被开发出来。1881 年，澳大利亚煤炭产量为 187.6 万吨，十年之后煤炭产量增至 445.2 万吨，1899 年煤炭产量为 553.8 万吨。

新西兰煤炭生产发展较慢，产量较少。1879 年，新西兰的煤炭产量为 23.5 万吨，到 1899 年增至 99.1 万吨。

表 9–12　19 世纪澳大利亚和新西兰煤炭产量情况

时间 / 年	澳大利亚[1] / 万吨	新西兰 / 万吨
1878	—	16.5
1879	—	23.5
1880	—	30.5
1881	187.6	34.3
1882	222.8	38.4
1883	267.8	42.9
1884	292.6	48.9
1885	314.6	51.9
1886	311.9	54.3
1887	324.3	56.8
1888	362.2	62.4
1889	403.7	59.6
1890	353.0	64.8

① 沈永兴、张秋生、高国荣：《澳大利亚》，社会科学文献出版社，2003，第 85 页。

续表

时间 / 年	澳大利亚[1] / 万吨	新西兰 / 万吨
1891	445.2	68.0
1892	417.8	68.4
1893	372.8	70.3
1894	421.5	73.1
1895	435.9	73.8
1896	462.8	80.6
1897	510.6	85.4
1898	549.8	92.2
1899	553.8	99.1

资料来源: 作者整理。参考 B. R. 米切尔:《帕尔格雷夫世界历史统计·亚洲、非洲和大洋洲卷: 1750—1993 年》第 3 版,贺力平译,经济科学出版社,2002。

注:[1] 1881—1899 年,澳大利亚的数据中包括少量褐煤产量。

二、20 世纪初

进入 20 世纪后,世界上生产煤炭的国家增多。欧洲、美国、日本等工业化国家和地区及早期煤炭生产大国的煤炭产业规模进一步扩大,世界上其他一些国家和地区的煤炭产业也在崛起。到 20 世纪初,以美国为主的美洲(主要是北美洲)成为新的世界煤炭生产中心。1917 年,世界煤炭总产量为 120 733.7 万吨,与 19 世纪末相比,在不到 20 年的时间里,约增长了 80.8%。其中,亚洲的煤炭产量为 6 450.6 万吨,约占世界煤炭总产量的 5.3%;欧洲的煤炭产量为 51 430 万吨,约占 42.6%;美洲的煤炭产量为 60 603.1 万吨,约占 50.2%;非洲的煤炭产量为 999.8 万吨,约占 0.8%;大洋洲的煤炭产量为 1 250.2 万吨,约占 1.0%(表 9–13)。

表 9–13　1917 年各大洲煤炭产量及占世界煤炭总产量的比例情况

地区	产量 / 万吨	占世界煤炭总产量的比例 /%
亚洲	6 450.6	5.3
欧洲	51 430.0	42.6
美洲	60 603.1	50.2
非洲	999.8	0.8
大洋洲	1 250.2	1.0
全球合计	120 733.7	100.0[1]

资料来源: 作者整理。参考 B. R. 米切尔:《帕尔格雷夫世界历史统计·亚洲、非洲和大洋洲卷: 1750—1993 年》第 3 版,贺力平译,经济科学出版社,2002。

注:[1] 由于百分比按照四舍五入原则保留一位小数,可能导致各百分比相加不等于 100%。下同。

1917 年,世界十大煤炭生产大国的煤炭产量分别为:美国 59 094.4 万吨,英国 25 200 万吨,德国 16 800 万吨,俄国 2 900 万吨,法国 2 890 万吨,日本 2 636.1 万吨,印度 1 850.5 万吨,中国 1 765.8 万吨,比利时 1 490 万吨，加拿大 1 274.3 万吨（表 9–14）。同 19 世纪末相比，世界煤炭生产大国的格局发生了一些变化：在这十大煤炭生产国中，新增中国和加拿大；美国占世界煤炭总量的比重由 19 世纪末的 34.5% 上升到 48.9%，而英国则由 33.5% 降至 20.9%，这从侧面反映出当时世界煤炭生产中心的转移。

表 9–14　1917 年世界前十位煤炭生产国的煤炭产量及占世界煤炭总产量的比例情况

排名	国家	产量 / 万吨	占世界煤炭总产量的比例 /%
1	美国	59 094.4	48.9
2	英国	25 200.0	20.9
3	德国	16 800.0	13.9
4	俄国	2 900.0	2.4
5	法国	2 890.0	2.4
6	日本	2 636.1	2.2
7	印度	1 850.5	1.5
8	中国	1 765.8	1.5
9	比利时	1 490.0	1.2
10	加拿大	1 274.3	1.1

资料来源：作者整理。参考 B. R. 米切尔：《帕尔格雷夫世界历史统计·亚洲、非洲和大洋洲卷：1750—1993 年》第 3 版，贺力平译，经济科学出版社，2002。

（一）亚洲煤炭生产

20 世纪初，亚洲生产煤炭的国家包括中国、印度、印度尼西亚、日本、朝鲜、马来西亚、菲律宾、土耳其、越南等（表 9–15）。1917 年，煤炭产量超过 1 000 万吨的国家有 3 个，分别为日本（2 636.1 万吨）、印度（1 850.5 万吨）、中国（1 765.8 万吨），其他国家和地区的产量均在 80 万吨以下。20 世纪初，日本的采煤业主要集中在九州地区，一半的产量由三井公司控制。[1]

表 9–15　20 世纪初亚洲部分国家和地区煤炭产量情况

时间 /年	中国[1] / 万吨		印度 / 万吨	印度尼西亚 / 万吨	日本 / 万吨	朝鲜 / 万吨	马来西亚[2] / 万吨	菲律宾 / 万吨	土耳其 / 万吨	越南 / 万吨
	大陆	台湾								
1900	—	4.2	621.7	20.3	742.9	—	—	—	27.0	20.1
1901	—	6.6	674.2	20.5	894.6	—	—	—		26.3
1902	—	9.7	754.3	19.2	970.2	—	—	—	38.8	33.2
1903	103.6	8.1	755.7	21.1	1 008.8	—	—	—	45.4	30.3
1904	110.3	8.3	834.8	23.1	1 072.4	—	—	—	51.9	26.7
1905	121.3	9.5	855.3	30.5	1 154.2	0.6	—	—	59.3	29.9
1906	903.3	10.3	994.0	37.2	1 298.0	—	—	—	61.0	31.6
1907		13.5	1 132.6	40.2	1 380.4	—	—	0.4	74.4	32.0
1908	—	15.4	1 297.5	42.8	1 482.5	—	—	1.0	77.1	34.7
1909	18.4		1 206.1	49.4	1 504.6	6.0	—	3.0	67.6	38.4
1910	—	23.2	1 224.1	54.3	1 568.1	7.4	—	2.9	70.3	49.9

[1] 刘祚昌、光仁洪、韩承文主编《世界通史·近代卷》，人民出版社，2004，第 819 页。

续表

时间/年	中国[1]/万吨		印度/万吨	印度尼西亚/万吨	日本/万吨	朝鲜/万吨	马来西亚[2]/万吨	菲律宾/万吨	土耳其/万吨	越南/万吨
	大陆	台湾								
1911	—	25.5	1 292.4	60.3	1 763.3	8.8	—	2.0	72.2	43.5
1912	907.0	27.9	1 494.7	60.9	1 964.0	11.0	—	0.3	74.6	43.1
1913	1 288.0	32.2	1 646.8	56.8	2 131.6	12.8	—	—	84.1	50.3
1914	1 418.0	34.6	1 672.8	61.9	2 229.3	18.3	—	—	66.0	62.0
1915	1 350.0	38.2	1 737.9	62.8	2 049.1	22.9	1.2	—	49.6	64.4
1916	1 598.0	52.2	1 753.1	75.1	2 290.2	19.1	10.3	—	24.3	68.5
1917	1 698.0	67.8	1 850.5	79.6	2 636.1	—	15.8	0.6	36.8	65.4

资料来源：作者整理。参考 B. R. 米切尔：《帕尔格雷夫世界历史统计·亚洲、非洲和大洋洲卷：1750—1993 年》第 3 版，贺力平译，经济科学出版社，2002。

注：[1] 包括棕煤。[2] 为棕煤产量。

（二）欧洲煤炭生产

20 世纪初，欧洲生产煤炭的国家有英国、德国、俄国、法国、比利时等（表 9-16）。1917 年，煤炭产量超过 1 亿吨的国家仍为英国和德国两个国家。英国在 1913 年时煤炭产量曾达到历史上的最高点——29 200 万吨，此后开始逐年下降，到 1917 年降为 25 200 万吨。德国 1917 年的煤炭产量为 16 800 万吨，比 1899 年增长 64.7%。俄国、法国、比利时的煤炭产量超过 1 000 万吨，1917 年分别为 2 900 万吨、2 890 万吨、1 490 万吨。其他国家的煤炭产量较少，其中保加利亚、瑞典、罗马尼亚、希腊、葡萄牙等国家的煤炭年产量只有几十万吨。

20 世纪初，俄国煤炭生产主要集中在顿涅茨，顿涅茨的煤炭产量约占俄国煤炭总产量的 70%；其次是东布罗瓦，占 20%～25%（表 9-17）。

表 9-16　20 世纪初欧洲部分国家煤炭产量情况

时间/年	英国/万吨	德国/万吨	俄国[1]/万吨	法国/万吨	比利时/万吨	奥地利/万吨	西班牙/万吨	匈牙利/万吨	意大利[2]/万吨	保加利亚[3]/万吨	瑞典/万吨	荷兰/万吨	罗马尼亚[4]/万吨	捷克斯洛伐克/万吨	希腊[5]/万吨	葡萄牙/万吨	塞尔维亚/万吨
1900	22 900	10 900	1 620	3 340	2 350	1 100	260	140	—	10	30	30	10	—	—	—	10
1901	22 300	10 900	1 650	3 230	2 220	1 170	270	140	—	10	30	30	10	—	—	—	10
1902	23 100	10 700	1 650	3 000	2 290	1 100	270	120	40	10	30	40	10	—	—	—	10
1903	23 400	11 700	1 790	3 490	2 380	1 150	270	120	30	10	30	50	10	—	—	—	10
1904	23 600	12 100	1 960	3 420	2 420	1 190	300	120	10	10	30	40	10	—	—	—	10
1905	24 000	12 100	1 870	3 590	2 330	1 260	320	110	40	20	30	50	10	—	—	—	10
1906	25 500	13 700	2 170	3 420	2 510	1 350	320	120	50	10	30	50	10	—	—	—	10
1907	27 200	14 300	2 600	3 680	2 530	1 380	370	130	40	20	30	70	10	—	—	—	10
1908	26 600	14 800	2 590	3 740	2 310	1 390	390	120	50	20	30	90	10	—	—	—	10
1909	26 800	14 900	2 680	3 780	2 510	1 370	390	140	60	20	30	110	20	—	—	—	10
1910	26 900	15 300	2 540	3 840	2 550	1 380	380	130	60	20	30	130	10	—	—	—	—

续表

时间/年	英国/万吨	德国/万吨	俄国[1]/万吨	法国/万吨	比利时/万吨	奥地利/万吨	西班牙/万吨	匈牙利/万吨	意大利[2]/万吨	保加利亚[3]/万吨	瑞典/万吨	荷兰/万吨	罗马尼亚[4]/万吨	捷克斯洛伐克/万吨	希腊[5]/万吨	葡萄牙/万吨	塞尔维亚/万吨
1911	27 600	16 100	2 840	3 920	2 460	1 440	370	130	60	20	30	150	20	—	—	—	—
1912	26 500	17 500	3 110	4 110	2 450	1 580	390	130	70	20	40	170	20	—	—	—	—
1913	29 200	19 000	3 600	4 080	2 440	1 650	400	130	70	40	40	190	20	—	—	—	—
1914	27 000	16 100	3 080	2 750	1 670	1 550	410	110	80	40	40	200	20	—	—	—	—
1915	25 700	14 700	3 000	1 950	1 420	1 630	440	—	90	50	40	230	30	—	—	—	10
1916	26 000	15 900	3 250	2 130	1 690	—	510	120	130	60	40	270	30	1 550	10	10	—
1917	25 200	16 800	2 900	2 890	1 490	—	540	120	170	80	40	310	—	1 450	20	20	—

资料来源：作者整理。参考 B. R. 米切尔：《帕尔格雷夫世界历史统计·欧洲卷1750—1993年》第4版，贺力平译，经济科学出版社，2002。

注：[1] 1910—1913年包括褐煤。[2][3][4][5]为褐煤产量。

表 9-17　1900—1913 年俄国各地煤炭产量情况

时间/年	顿涅茨/万普特	东布罗瓦/万普特	乌拉尔/万普特	莫斯科/万普特	高加索/万普特	土耳其斯坦/万普特	西西伯利亚/万普特	东西伯利亚/万普特
1900	67 165.2	25 182.5	2 269.2	1 761.2	392.6	60.7	938.9	859.0
1908	111 488.0	34 433.0	4 573.8	2 004.7	317.2	209.3	3 642.3	4 187.6
1913	156 095.0	42 631.0	7 346.0	1 834.0	427.0	841.0	5 360.0	6 972.0

资料来源：H. J. 哈巴库克、M. M. 波斯坦主编《剑桥欧洲经济史·第6卷》，王春法、张伟、赵海波译，经济科学出版社，2002，第780页。

（三）美洲煤炭生产

20世纪初，美洲煤炭生产国家有美国、加拿大、墨西哥、智利、秘鲁、委内瑞拉、巴西等（表9-18）。1917年，美国煤炭产量为59 094.4万吨，居美洲首位，也居世界首位，与1899年相比，约增长了1.6倍；加拿大煤炭产量为1 274.3万吨，排在美洲第二位。智利、墨西哥、秘鲁、委内瑞拉、巴西的煤炭产量较少。

表 9-18　20 世纪初美洲部分国家煤炭产量情况

时间/年	美国/万吨	加拿大[1]/万吨	墨西哥/万吨	智利/万吨	秘鲁/万吨	委内瑞拉/万吨	巴西/万吨
1900	24 465.3	524.1	38.8	32.5	4.8	—	—
1901	26 607.8	588.4	67.0	60.0	4.5	—	—
1902	27 359.9	677.4	71.0	75.0	—	—	—
1903	32 418.8	722.1	78.0	82.7	—	—	—
1904	31 916.3	748.9	83.2	75.2	6.0	—	—
1905	35 627.2	786.3	92.0	79.4	7.5	—	—
1906	37 571.7	885.7	76.8	93.2	7.7	—	—
1907	43 577.8	953.5	102.5	83.3	18.6	—	—

续表

时间/年	美国/万吨	加拿大[1]/万吨	墨西哥/万吨	智利/万吨	秘鲁/万吨	委内瑞拉/万吨	巴西/万吨
1908	37 724.6	987.6	86.6	94.0	31.1	—	—
1909	41 804.3	952.6	130.0	89.9	31.1	—	—
1910	45 504.1	1 171.1	130.4	107.4	30.7	—	—
1911	45 030.1	1 027.2	140.0	118.8	32.4	—	—
1912	48 486.1	1 316.6	98.2	133.4	26.8	—	—
1913	51 705.9	1 361.9	60.0	128.3	27.4	0.7	2.6
1914	46 586.3	1 237.2	78.0	180.7	28.4	0.9	—
1915	48 227.7	1 203.6	45.0	117.2	29.1	1.3	—
1916	53 532.8	1 313.9	30.0	141.8	31.9	1.8	—
1917	59 094.4	1 274.3	43.1	153.9	35.4	2.0	—

资料来源：作者整理。参考 B. R. 米切尔：《帕尔格雷夫世界历史统计·美洲卷：1750—1993 年》第 4 版，贺力平译，经济科学出版社，2002。

注：[1] 包括褐煤。

（四）非洲煤炭生产

20 世纪初，非洲生产煤炭的国家有三个，即南非、津巴布韦和尼日利亚（表 9-19）。1917 年，南非的煤炭产量为 941.9 万吨，与 1899 年（213.1 万吨）相比，有了大幅度增长，增长了 3.42 倍。1917 年，津巴布韦的煤炭产量为 49.8 万吨，尼日利亚的煤炭产量为 8.1 万吨。

表 9-19　20 世纪初非洲部分国家煤炭产量情况

时间/年	南非/万吨	津巴布韦/万吨	尼日利亚/万吨
1900	89.8	—	—
1901	151.2	—	—
1902	224.9	—	—
1903	300.4	4.3	—
1904	336.6	5.4	—
1905	383.0	8.8	—
1906	432.0	9.4	—
1907	480.7	10.4	—
1908	494.3	14.9	—
1909	569.0	15.5	—
1910	645.2	16.3	—
1911	689.0	19.2	—
1912	736.4	19.6	—
1913	798.4	22.0	—
1914	769.1	31.8	—
1915	751.3	37.2	0.7
1916	907.9	44.6	2.5
1917	941.9	49.8	8.1

资料来源：作者整理。参考 B. R. 米切尔：《帕尔格雷夫世界历史统计·亚洲、非洲和大洋洲卷：1750—1993 年》第 3 版，贺力平译，经济科学出版社，2002。

（五）大洋洲煤炭生产

1917 年，澳大利亚煤炭产量为 1 040.1 万吨（表 9-20），比 1899 年（553.8 万吨）约增长 87.8%。新西兰煤炭产量为 210.1 万吨，比 1899 年（99.1 万吨）约增长 112.0%。

表 9-20　20 世纪初澳大利亚和新西兰煤炭产量情况

时间 / 年	澳大利亚 / 万吨	新西兰 / 万吨
1900	648.7	111.2
1901	694.8	124.7
1902	696.8	138.5
1903	722.9	144.3
1904	696.3	156.2
1905	761.6	161.6
1906	873.4	175.7
1907	984.9	186.0
1908	1 035.7	189.1
1909	831.7	194.2
1910	991.5	223.3
1911	1 071.9	210.0
1912	1 191.7	221.3
1913	1 261.7	191.8
1914	1 264.3	231.2
1915	1 159.8	224.4
1916	996.9	229.3
1917	1 040.1	210.1

资料来源：作者整理。参考 B. R. 米切尔：《帕尔格雷夫世界历史统计·亚洲、非洲和大洋洲卷：1750—1993 年》第 3 版，贺力平译，经济科学出版社，2002。

第 2 节　煤炭利用

近代在制作焦炭、煤气、型煤等方面取得重大突破，对推动工业革命和人类社会进步产生了深远的影响。

一、煤炼焦炭

焦炭是冶炼钢铁的重要燃料。煤炭炼焦，主要通过对煤炭进行高温干馏，即焦化，除去煤中的挥发物，把煤炼成焦炭。炼焦技术最早萌芽于中国唐代，西方国家于 1709 年开始能够生产出用于炼铁的焦炭。但是，能够将焦炭使用在铸铁的各个流程却发生在 18 世纪 80 年代。此后，英国、德国、法国等国家的冶铁业逐步摆脱对木材的依赖，促进了冶铁业的发展。

（一）世界炼焦技术的发展情况

早在中国唐代，用煤炼制焦炭已萌芽。到宋代，形成了成熟的炼焦技术，用焦炭冶铁，说明中国古代煤炭加工利用达到了较高的水平。

数百年后，欧洲国家煤炭业得到了较快发展。迫于木材燃料需求的压力，人们开始尝试用煤代替木炭作为炼铁的燃料，但均因原煤中杂质含量过高而以失败告终。

1709 年，英国希罗普郡的一个炼铁厂厂主、贵格会教徒亚伯拉罕·达比采用类似于烧制木炭的方法，生产出含碳量极高的焦炭，用作高炉炼铁的燃料。[1]

1735 年，英国第一次使用焦炭成功地还原了铁矿石。[2]此后，炼焦技术经历了不断发展完善的过程（表 9-21）。

表 9-21　世界炼焦技术的发展情况

时间	炼焦技术的发展情况
618—907 年（唐代）	中国出现焦炭的雏形——炼炭
960—1279 年（宋代）	中国已经形成成熟的炼焦技术，用于冶铁
1709 年	英国获取煤制焦炭工艺
1735 年	英国第一次使用焦炭还原铁矿石
1820 年	比利时人发明使用焦炭的鼓风炉
19 世纪中叶	比利时建成倒焰炼焦炉
1881 年	德国建成第一座可回收化学产品的副产焦炉
1884 年	德国建成第一座蓄热式焦炉
1917 年	瑞士设计出第一套干熄焦装置

资料来源：作者整理。主要参考龙多·卡梅伦、拉里·尼尔：《世界经济简史：从旧石器时代到 20 世纪末》第 4 版，潘宁等译，上海译文出版社，2009。

（二）英国炼焦技术的发展情况

虽然 18 世纪初英国突破了炼焦技术的难题，但炼铁技术却比较滞后，使得迟至 1750 年，英国所生产的铁中以焦炭为燃料的仅占 5% 左右。18 世纪 60 年代左右，卡伦公司建立了世界上第一家使用焦炭作为燃料的大型炼铁厂。[3]18 世纪 80 年代初，亨利·科特发明搅拌法和滚轧法，使炼铁业彻底摆脱对木炭的依赖。到 18 世纪末，英国铁产量超过 20 万吨，几乎全部是采用焦炭炼制的。此时，英国成为金属铁与铁制品的净出口国。

（三）法国炼焦技术的发展情况

法国从 18 世纪末开始采用焦炭炼铁。最早使用焦炭的是勒克勒佐工厂，始于 1785 年，比英国晚

---

[1] 龙多·卡梅伦、拉里·尼尔：《世界经济简史：从旧石器时代到 20 世纪末》第 4 版，潘宁等译，上海译文出版社，2009，第 175 页。

[2] 贺永德主编《现代煤化工技术手册》，化学工业出版社，2004，第 696 页。

[3] 龙多·卡梅伦、拉里·尼尔：《世界经济简史：从旧石器时代到 20 世纪末》第 4 版，潘宁等译，上海译文出版社，2009，第 186 页。

了半个多个世纪，并且直到 1815 年仍然没有什么改进。[①] 为何会如此？或许是法国木材燃料丰富，用来炼铁的成本较低的缘故。伊曼纽尔·沃勒斯坦在《现代世界体系》一书中记述："兰德斯十分正确地说，'使用（煤和蒸汽）还是一种可替代的能源，是一种成本和便利上的考虑'。在寻找尽管达比（Darby）在 1709 年就发明了焦炭熔炼的方法，却为什么在英格兰有半个世纪没有被其他人采用的解释时，海德所提出的解释是纯粹和简单地由于'成本'。这对于为什么煤业技术于 18 世纪没有在法国得到类似的发展这个问题提供了某些线索。兰德斯似乎认为不列颠的选择是'一种较深刻的理性的表征'，而法国'执迷不悟地排斥煤——甚至当有力的金钱刺激去转用较便宜的燃料时也是如此'。米尔沃德和索尔却认为这是一个对'较昂贵的加工方式生产较差的铁'的'适当反应'，只要法国人没有遭遇到不列颠面临的严重树木短缺，这种转用就没有什么合理性。"[②]

19 世纪 20 年代后期，欧洲大陆上第一座成功使用焦炭的鼓风炉在比利时诞生。之后法国一些炼铁工厂在 19 世纪三四十年代开始采用焦炭，但直到 19 世纪 50 年代此工艺才开始普遍使用。[③]

（四）德国炼焦技术的发展情况

19 世纪，德国经济仍然落后。直到 1784 年，才在杜塞尔多夫出现一家使用蒸汽机的棉纺织厂。1792 年，西里西亚建成一家炼焦厂。卡罗·M.齐波拉认为，从根本上讲，所有这些不过是德国农业环境中的一种斑晶而已[④]，并不足以引起一场技术革命，充其量不过是一场原始工业化的开端。

1824 年，德国出现第一座搅拌炼铁炉，它是由外商投资建设的。1850—1855 年，鲁尔区大约有 25 座焦炭炼铁炉，与西里西亚的数目相近。当时，德国木炭炉数量仍然多于焦炭炉，两者比例为 5∶1。但木炭炉数量不多，但正是这数量不多的木炭炉，生产了德国将近 50% 的生铁。[⑤]19 世纪 50 年代后，德国冶铁业开始广泛利用焦炭做燃料。

（五）煤焦油的利用情况

煤焦油是炼焦工艺的副产品，其产量占装炉煤炭产量的 3%～4%，可从中制取几十种化合物，具有重要的经济价值。在拿破仑战争期间，来自波罗的海的天然焦油和沥青供给被切断，煤焦油遂将其取代，成为英国海军的重要补给物资。[⑥]

二、煤制煤气

煤气是指以煤为原料加工制成的可燃气体，包括焦炉煤气、高炉煤气、水煤气、油煤气等。煤气可做燃料使用，也可做化工原料。煤炭或焦炭等固体燃料通过煤气化工艺可以制成水煤气、合成气等各种煤气产品，然后应用到生产、生活的各个领域。

18 世纪下半叶，英国的威廉·默多克最早开始了有关煤气的使用。[⑦]

---

① 马克垚主编《世界文明史》，北京大学出版社，2004，第 630 页。

② 伊曼纽尔·沃勒斯坦：《现代世界体系·第 3 卷》，郭方、夏继果、顾宁译，社会科学文献出版社，2013，第 17 页。

③ 龙多·卡梅伦、拉里·尼尔：《世界经济简史：从旧石器时代到 20 世纪末》第 4 版，潘宁等译，上海译文出版社，2009，第 202-203 页。

④ 吴友法、黄正柏主编《德国资本主义发展史》，武汉大学出版社，2000，第 80 页。

⑤ 龙多·卡梅伦、拉里·尼尔：《世界经济简史：从旧石器时代到 20 世纪末》第 4 版，潘宁等译，上海译文出版社，2009，第 248 页。

⑥ 同上书，第 183 页。

⑦ 约翰·塔巴克：《煤炭和石油——廉价能源与环境的博弈》，张军、侯俊琳、张凡译，商务印书馆，2011，第 78 页。

1812 年，英国成立第一家煤气供应企业——伦敦和威斯敏斯特煤气灯与焦炭公司 [1]，在伦敦街道上铺设煤气管道，供街道照明使用。

此后不久，美国、法国、比利时等国家用煤炭生产煤气用于城市照明及居民生活等（表 9-22）。1840 年，法国用焦炭制取发生炉煤气，用来炼铁。1875 年，美国生产增热水煤气，作为城市煤气使用。[2]

1882 年，德国建成世界上第一座常压移动床煤气发生炉并开始投产 [3]，利用移动床气化工艺，将煤炭转化为煤气。

表 9-22　近代世界各国或地区的城市开始使用煤气的时间

国家 / 地区	城市煤气使用时间 / 年	国家 / 地区	城市煤气使用时间 / 年	国家 / 地区	城市煤气使用时间 / 年
英国	1812[1]	西班牙	1845	新加坡	1862
美国	1817	捷克斯洛伐克	1847	中国香港	1862
法国	1819	加拿大	1847	埃及	1864
比利时	1819	挪威	1848	中国内地	1865
爱尔兰	1822	阿根廷	1852	新西兰	1865
荷兰	1825	印度	1853	巴西	1865
德国	1825	墨西哥	1855	秘鲁	1867
奥地利	1833	智利	1856	斯里兰卡	1868
意大利	1835	波兰	1856	厄瓜多尔	1870
俄罗斯	1835	丹麦	1857	南非	1872
匈牙利	1838	日本	1857	乌拉圭	1872
澳大利亚	1841	罗马尼亚	1860	玻利维亚	1877
古巴	1844	马耳他	1861		

资料来源：作者整理。参见庞名立：《天然气百科辞典》，中国石化出版社，2007。

注：[1] 有学者认为应用时间为 1813 年。

1913 年，德国 OPPAU 建设第一座用煤制半水煤气的常压移动床气化炉 [4]，生产能力为 300 吨 / 天。这种气化炉后来演变为曾被广泛应用的常压移动床间歇式气化炉。

随着煤气管道从街道延伸到室内，煤气逐渐替代鲸油和塔劳烛 [5]，成为首选的室内照明燃料。到 1859 年，美国共有 297 家煤气公司为 486 万用户供应煤气以照明。[6] 1869 年，德国煤气生产企业发展到 340 家。[7]

---

[1] 约翰·塔巴克：《天然气和氢气——未来不总是光明的》，付艳、牛玲、张军译，商务印书馆，2011，第 5-6 页。

[2] 陈歆文：《中国近代化学工业史：1860—1949 年》，化学工业出版社，2006，第 237 页。

[3] 贺永德主编《现代煤化工技术手册》，化学工业出版社，2004，第 354 页。

[4] 许世森、张东亮、任永强：《大规模煤气化技术》，化学工业出版社，2006，第 111 页。

[5] 塔劳烛（Tallow candle），一种用动物脂肪制成的蜡烛。

[6] 约翰·塔巴克：《天然气和氢气——未来不总是光明的》，付艳、牛玲、张军译，商务印书馆，2011，第 6 页。

[7] 吴友法、黄正柏主编《德国资本主义发展史》，武汉大学出版社，2000，第 88 页。

到 19 世纪末，美国几乎所有大城市和绝大部分小城市都建造了煤气厂，开展城市煤气供应，使煤气得到广泛应用。煤气也因此成为美国第一个与石油（主要是煤油）直接争夺国内能源市场的煤产品。[1]

托马斯·爱迪生发明耐用的白炽灯泡后，煤气照明很快开始向白炽灯照明转换。同时，"天然气时代"到来后，煤气又遭遇了同天然气的竞争。最终，在 20 世纪 60 年代，美国最后一家煤气公司退出了历史舞台。[2]

三、煤制型煤

型煤是以粉煤为原料制成的形状各异的块状燃料，如煤球、蜂窝煤等。

中国早在 2 000 多年前的汉代，便开始生产使用型煤。在欧洲，型煤制作始于 19 世纪下半叶。

1858 年，德国最早的型煤厂建成并开始投产。它采用活塞式冲压机生产煤砖。

1861 年，法国建成煤砖生产厂。

1877 年，德国莱茵矿区建成第一个褐煤砖厂。1890 年，莱茵矿区的褐煤砖产量为 12.3 万吨，1900 年增至 127.5 万吨。[3]

19 世纪 70 年代，比利时的 Loiseau 制出第一台能够成功运转的对辊成型机，并被安装在美国里奇蒙德港的一家型煤厂内。到 19 世纪末，比利时、法国和德国的煤粉成型技术已达到非常高的应用水平。1910 年，世界各地（不包括中国）有成型机 243 台，年产型煤约 400 万吨。[4]

日本于 1908 年发明带孔、能够单个燃烧的蜂窝煤，1912 年开始手工生产并大量销售蜂窝煤。1926 年，世界上第一台蜂窝煤机在日本诞生。

四、其他

从伊丽莎白一世起，英国工业用煤开始变得普遍，家庭用煤则更早。考特指出，1770 年以前，铜、铝冶炼，肥皂、淀粉制造，制糖、酿酒，染料制造，砖窑、玻璃窑等已经广泛使用煤炭。在家庭和工业用煤量方面，英国居欧洲各国首位。[5]到 19 世纪中叶，煤炭对英国经济社会发展产生了深刻的影响。"煤已经完全渗入了社会的每个角落。它不仅直接出现在蒸汽机的燃料舱里，而且间接地存在于蒸汽机的铁制汽缸和活塞中、织布机的铁制框架中、工厂的铁槽中，以及后来工业时代特有的铁轨、桥梁和蒸汽船中。"[6]为此，英国不得不开发新的煤矿。

在 19 世纪的美国，煤炭成为轮船和火车的重要燃料。美国东部地区由于木炭不再丰富，低压汽船在 19 世纪 40 年代彻底转而使用无烟煤。19 世纪 50 年代，美国西部地区将发现于俄亥俄河畔的低

---

① 巴巴拉·弗里兹：《煤的历史》，时娜译，中信出版社，2005，第 125 页。

② 约翰·塔巴克：《天然气和氢气——未来不总是光明的》，付艳、牛玲、张军译，商务印书馆，2011，第 79 页。

③ 贺永德主编《现代煤化工技术手册》，化学工业出版社，2004，第 170 页。

④ 张鸣林主编《中国煤的洁净利用——兼论兖矿煤化工产业发展》，化学工业出版社，2007，第 96 页。

⑤ 高德步：《英国的工业革命与工业化——制度变迁与劳动力转移》，中国人民大学出版社，2006，第 110 页。

⑥ 巴巴拉·弗里兹：《煤的历史》，时娜译，中信出版社，2005，第 59 页。

廉沥青混入汽船燃料，沥青成为一种常规燃料。1880年，由于汽船衰落等因素，美国西部汽船的煤炭消耗量不足100万吨，甚至不及沥青消耗量的2%，美国所有汽船消耗的煤炭份额也只是略多一些。19世纪末，美国铁路机车煤炭消耗量大增，自1880年起，机车消耗的煤炭占全国煤炭产量的比例将近20%。这一比例维持到1910年。[①]

19世纪，煤炭是美国的重要供热燃料。19世纪30年代，完全用铸铁箍起来的烧煤用炉子在美国迅速普及。南北战争后，这种煤炉成了美国家庭普遍的用具，从而带动了煤炭消费。

此外，托马斯·爱迪生首创的燃煤发电厂于1882年建成并投入使用，使煤炭又成为重要工业燃料。

到20世纪初，煤炭已成为社会的重要工业燃料。1903年，英国消耗煤炭1.67亿吨，其中各种工业用煤消耗1.35亿吨。[②]

第3节　煤炭贸易

近代，世界上一些国家开展了煤炭贸易，但贸易规模较小，参与贸易的国家不多，主要在欧洲国家之间开展。

一、煤炭出口

19世纪50年代以前，世界煤炭出口国主要是英国。1819年，英国出口煤炭24.2万吨，到1849年增至277.5万吨，30年间约增长10.5倍。

进入19世纪下半叶，煤炭出口国家增多，出口规模不断扩大。到1899年，煤炭出口国家增至7个，出口总量为7 915.4万吨。其中，1899年出口量达1 000万吨以上的国家有两个，分别为英国（4 184.1万吨）、德国（1 394.3万吨）。其他国家的煤炭出口量分别为奥地利979.5万吨，比利时610.4万吨，美国527.2万吨，加拿大117.3万吨，法国102.6万吨（表9–23）。[③]

近代末期，受"一战"的影响，世界煤炭出口萎缩，出口国家减少。1917年，出口煤炭的国家只有英国、美国、加拿大和法国，煤炭出口总量降至6 433.3万吨。与1899年相比，英国煤炭出口降至3 555.8万吨，约下降15.0%；而美国则增至2 707.7万吨，约增长4.1倍，成为仅次于英国的世界煤炭出口大国。

①斯坦利·L.恩格尔曼、罗伯特·E.高尔曼主编《剑桥美国经济史·第2卷》，王珏、李淑清主译，中国人民大学出版社，2008，第431页。

②特雷弗·I.威廉斯主编《技术史·第6卷》，姜振寰、赵敏琴主译，上海科技教育出版社，2004，第100页。

③书中各表近代世界各国煤炭进出口贸易量的原始数据参见B.R.米切尔：《帕尔格雷夫世界历史统计·亚洲、非洲和大洋洲卷：1750—1993年》第3版，贺力平译，经济科学出版社，2002。

表 9-23　1819—1917 年世界各国煤炭出口量情况

单位：万吨

1819 年		1849 年		1899 年		1917 年	
国家	出口量	国家	出口量	国家	出口量	国家	出口量
英国	24.2	英国	277.5	英国	4 184.1	英国	3 555.8
—	—	—	—	德国	1 394.3	美国	2 707.7
—	—	—	—	奥地利	979.5	加拿大	157.2
—	—	—	—	比利时	610.4	法国	12.6
—	—	—	—	美国	527.2	—	—
—	—	—	—	加拿大	117.3	—	—
—	—	—	—	法国	102.6	—	—
合计	24.2	合计	277.5	合计	7 915.4	合计	6 433.3

资料来源：作者整理。参考 B. R. 米切尔：《帕尔格雷夫世界历史统计·亚洲、非洲和大洋洲卷：1750—1993 年》第 3 版，贺力平译，经济科学出版社，2002。

二、煤炭进口

从 19 世纪下半叶开始，随着欧美国家工业革命的推进，各国对煤炭的需求不断增加，促进了世界煤炭进出口贸易的发展。到 1899 年，世界煤炭进口国由 1849 年的 4 个增至 20 个。其中，德国和法国的煤炭进口规模超过 1 000 万吨，分别为 1 483.7 万吨、1 337.0 万吨；排在第三至第六位的国家依次为奥地利 588.1 万吨，意大利 486.0 万吨，荷兰 460.5 万吨，俄国 448.1 万吨；其他国家的进口规模在 400 万吨以下（表 9-24）。在这些国家中，除了 3 个美洲国家（美国、加拿大和阿根廷）和 1 个亚洲国家（日本），其余均为欧洲国家，煤炭贸易在空间分布上高度集中，欧洲国家煤炭进口量占世界总进口量的 91.0%，这与当时欧洲处于世界经济中心的地位是一致的。

到近代末期，世界煤炭进出口贸易仍主要在欧洲国家及北美洲国家之间开展。其中，1917 年，加拿大煤炭进口量为 1 892.1 万吨，跃居世界首位；其次为法国，煤炭进口量为 1 745.3 万吨；意大利煤炭进口为 503.8 万吨，排在世界第三位。受"一战"影响，1917 年世界煤炭进口总量为 5 490.7 万吨，比 1899 年下降 20.5%，其中德国基本终止了煤炭进出口贸易。

表 9-24　1849—1917 年世界各国煤炭进口量情况

单位：万吨

1849 年		1899 年		1917 年	
国家	进口量	国家	进口量	国家	进口量
荷兰[1]	125.6	德国	1 483.7	加拿大	1 892.1
西班牙	12.3	法国	1 337.0	法国	1 745.3
瑞典	5.8	奥地利	588.1	意大利	503.8

续表

1849 年		1899 年		1917 年	
国家	进口量	国家	进口量	国家	进口量
挪威	4.0	意大利	486.0	瑞士	227.0
—	—	荷兰[1]	460.5	丹麦	212.5
—	—	俄国	448.1	瑞典	202.4
—	—	加拿大	380.4	美国	132.5
—	—	比利时	315.2	挪威	122.6
—	—	瑞典	313.5	西班牙	116.7
—	—	丹麦	197.9	巴西	81.8
—	—	瑞士	185.1	苏联	75.3
—	—	西班牙	178.3	日本	71.9
—	—	挪威	147.8	阿根廷	62.7
—	—	美国	127.9	葡萄牙	40.2
—	—	阿根廷	110.1	保加利亚	2.3
—	—	葡萄牙	76.4	芬兰	1.6
—	—	罗马尼亚	31.9	—	—
—	—	芬兰	25.5	—	—
—	—	希腊	8.9	—	—
—	—	日本	5.2	—	—
合计	147.7	合计	6 907.5	合计	5 490.7

资料来源: 作者整理。参考 B. R. 米切尔:《帕尔格雷夫世界历史统计·亚洲、非洲和大洋洲卷: 1750—1993 年》第 3 版,贺力平译,经济科学出版社,2002。

注:[1] 包括焦炭和褐煤。

第 4 节　中国煤炭

1640 年,英国资产阶级革命爆发。随后,欧美国家相继进入自由资本主义时代、垄断资本主义时代。但在中国,1640—1840 年这 200 年间,仍一直处于封建社会时期。1640—1917 年,中国煤炭生产绝大多数停留在手工业生产阶段,到 19 世纪后期才进入半机械化的近代煤矿起步阶段。此时,中国煤炭业已远远落后于欧美国家。

一、近代早中期中国煤矿开发

1644—1875 年，中国煤炭生产仍处在手工业生产阶段。这一时期社会稳定，经济得到发展，人口迅速增长，煤炭的使用日益增多，清代煤炭得到更广泛的开发利用。

这一时期，煤炭在社会经济中的地位占据重要地位，朝廷更为重视煤炭生产。如 1644 年，御史曹溶向顺治皇帝提出六件应办的大事，其中之一便是通煤运，即"一定官制，一议国用，一戢官兵，一散土寇，一广收籴，一通煤运"。1693 年，康熙皇帝指出："京城炊爨，均赖西山之煤。"1732 年，雍正皇帝下令解决"煤价渐至昂贵"的问题。乾隆四年（1739 年）奉天府尹吴应枚奏曰："查奉属生煤价廉用省，尤为兵民所利赖。"[1] 乾隆五年（1740 年），大学士兼礼部尚书赵国麟上奏朝廷，建议"广开煤炭"。该奏折在中国煤炭开发史上具有重要影响，全文如下：

"为请广天地自然之利以利民用事。窃照民生衣食之源，无事不上廑宸衷，凡可以遂民之生，利民之用者，多方筹画（划），逐一举行。而臣下一得之愚苟有裨益于民者亦悉蒙采纳。臣以为，民非水火不生活，百钱之米即需数十钱之薪，是薪米两者相表里而为养命之源者也。东南多山林材木之区，柴薪尚属易得，北方旱田，全借菽粟之秸为炊，苟或旱潦不齐，秋秸少收，其价即与五谷而并贵，是民间既艰于食，又艰于爨也。若煤固天地自然之利，有不尽之藏，资生民无穷之用。大江以北，所在多有，即臣籍泰安、莱芜、宁阳诸郡县悉皆产煤，此臣所素知者。特以上无明示，地方有司恐聚众滋扰，相沿禁采，遂使万民坐失其利。臣窃见京师百万户皆仰给于西山之煤，数百年于兹，未尝有匮乏之虞、聚众生事之处，何独不可行于各省乎？臣请敕下直省督抚，行令各地方官察勘，凡产煤之处，无关城池龙脉及古昔帝王圣贤陵墓，并无碍堤岸通衢处所，悉听民间自行开采，以供炊爨，照例完税。地方官严加稽查，如有豪强霸占，地棍阻挠，悉置于法，将见煤禁一弛，费值少而取用宏，民之获受利益永永无穷矣。为此具折奏请，伏乞皇上睿鉴施行。谨奏。"[2]

对此，乾隆皇帝明确批示："大学士赵国麟此奏，著各省督抚酌量情形详议具奏。"他还要求"各省产煤之处，无关城池龙脉、古昔陵墓、堤岸通衢者，悉弛其禁，该督抚酌量情形开采"。由此，推动了全国性的煤炭普查及开发。这是中国历史上第一次由皇帝下令要求全国各省勘察产煤之处。[3]

据不完全统计，乾隆年间，全国煤窑数量激增，仅北京西山地区就有 1 000 多个（表 9-25），广东、广西、湖南、奉天、吉林等几个非主要产煤区煤窑数量达 1 315 个（表 9-26）。若把主要产煤区（北京、河北、河南、陕西、山东）的煤窑数量计算在内，全国煤窑数量可能数以万计。由于全国上下都开采煤炭，使得"现今各主要煤田在清代几乎都进行了开采，只有少数隐伏煤田是近现代地质工作者新发现的"。[4]

① 李进尧、吴晓煜、卢本珊：《中国古代金属矿和煤矿开采工程技术史》，山西教育出版社，2007，第 307-308 页。
② 同上书，第 311 页。
③ 同上书，第 312 页。
④ 同上书，第 307 页。

表 9-25　1762 年北京西山地区煤窑数量情况

单位：个

地区	旧有煤窑数量	废闭煤窑数量	停止未开煤窑数量	在采煤窑数量
近京西山	80	70	30	16
宛平县	450	—	330	117
房山县	220	50	80	140
合计	750	120	440	273

资料来源：李进尧、吴晓煜、卢本珊：《中国古代金属矿和煤矿开采工程技术史》，山西教育出版社，2007，第312页。

表 9-26　1739—1793 年中国部分省份煤窑数量情况

时间/年	广东/个	广西/个	湖南/个	奉天/个	其他/个	合计/个	时间/年	广东/个	广西/个	湖南/个	奉天/个	其他/个	合计/个	时间/年	广东/个	广西/个	湖南/个	奉天/个	其他/个	合计/个
1739	—	—	2	—	—	2	1762	11	—	2	—	—	13	1779	11	1	1	11		24
1740	—	—	2	—	2	4	1763	11	—	2	—	2	15	1781	11	1	1	9	1	23
1741	—	—	2	—	1	3	1764	11	1	2	—	2	16	1782	11	1	1	9	2	24
1742	—	—	2	—	1	3	1765	12	—	2	—	—	15	1783	11	1	1	11	2	26
1743	1	—	2	—	—	3	1766	13	1	2	—	—	16	1784	11	1	1	9	2	24
1744	3	—	2	—	—	5	1768	13	2	2	—	—	17	1785	11	1	1	8	1	22
1745	4	—	2	—	—	6	1769	13	2	2	—	1	18	1786	11	1	1	8	3	24
1747	5	—	2	—	—	7	1770	14	2	2	—	—	18	1787	11	1	1	7	3	23
1750	9	—	2	—	—	11	1772	13	2	2	2	—	19	1788	11	1	1	7	4	24
1751	10	—	2	—	—	12	1773	12	1	2	2	—	17	1789	11	1	1	7	2	22
1752	11	—	2	—	—	13	1774	12	1	2	3	—	18	1790	11	1	1	6	2	21
1757	12	—	2	—	—	14	1775	11	1	1	15	1	29	1791	11	1	1	5	2	20
1759	13	—	2	—	—	15	1776	11	1	1	15	—	28	1793	11	1	1	5	1	19
1760	12	—	2	—	—	14	1777	11	1	1	16	—	29							
1761	11	—	2	—	1	14	1778	11	1	1	11	3	27							

资料来源：李进尧、吴晓煜、卢本珊：《中国古代金属矿和煤矿开采工程技术史》，山西教育出版社，2007，第313页。

　　乾隆之后，清代煤炭业仍得到一定发展。到光绪年间（1875—1908 年），中国各地开发了一批具有一定规模的煤矿，包括直隶之开平、唐山、内丘、临城、宣化、曲阳、张家口、宛平县，热河之承德，奉天之海龙、锦州、本溪、辽阳，江西之萍乡、永新，山东之峄县，安徽之贵池、广德、繁昌、东流、泾县，湖北之荆门，河南之禹州，山西之平定、凤台，浙江之桐庐、余杭，江苏之上元、句容，湖南之湘乡、祁阳，广西之富川、贺县、奉议、恩阳、南宁，陕西之白水、澄城、同官、宜君、邠州、陇州、淳化[①]，等等。

[①] 萧一山：《清代通史·第4卷》，华东师范大学出版社，2006，第177-178页。

二、中国近代煤矿的发展

清代末期，光绪元年（1875 年）前后，中国开始利用西方技术创办新式煤矿。

（一）近代煤矿的出现

相对于古代手工煤窑而言，近代煤矿是一种使用蒸汽动力和电钻、风钻等一些机械设备进行煤矿生产的新式煤矿，显著特征是煤矿生产由手工生产向半机械化生产过渡。

中国最早尝试创办近代煤矿始于 1874 年。这一年，英商海德逊（James Henderson）前往直隶（今河北）磁州探寻煤山，见该地出铁甚富，且与煤窑相近，又有水路通往天津，便建议直隶总督李鸿章在磁州开采煤铁，以煤化铁。李鸿章为"铸造军需要器"，当即札委江南制造局的冯骏光和天津机器局的吴毓兰筹建。但此矿并未办成。[①]

1875 年，两江总督沈葆桢奏请开办台湾基隆煤矿，它是中国最早投入生产的近代煤矿。1878 年，基隆煤矿正式建成并开始投产，日产约 300 吨，比一般手工煤窑产量高出几十倍。[②]同年，基隆煤炭产量为 16 017 吨，1881 年达到 54 000 吨。1884 年，法国军队进犯台湾，政府拆毁煤矿，以免资敌，煤矿遭到彻底破坏。[③]后虽经恢复，但已无法正常生产，产量逐年下降，1892 年的产量只有 5 000 吨（表 9-27）。

表 9-27　1878—1892 年基隆煤矿煤炭产量情况

时间 / 年	产量 / 吨
1878	16 017
1879	30 046
1880	41 236
1881	54 000
1883	31 818
1887	17 000
1891	7 000
1892	5 000

资料来源：严中平主编《中国近代经济史·下册：1840—1894》，经济管理出版社，2007，第 1069 页。

1876 年，直隶总督李鸿章命唐廷枢等人到河北唐山筹建开平煤矿，于 1881 年正式建成并投产使用。它是中国近代规模最大的煤矿。1882 年，开平煤炭产量为 38 383 吨，1884 年增至 126 471 吨，1887 年超过 20 万吨，到 1896 年将近 50 万吨（表 9-28）。19 世纪末，开平煤矿煤炭年产量已达近 80 万吨。[④]

[①] 纪辛：《中国史话·近代经济生活系列》，科学文献出版社，2011，第 7 页。

[②] 同上书，第 10 页。

[③] 同上。

[④] 同上书，第 17 页。

表 9-28　1882—1896 年开平煤矿煤炭产量情况

时间 / 年	产量 / 吨
1882	38 383
1883	75 317
1884	126 471
1885	187 039
1886	187 314
1887	224 705
1888	241 136
1889	247 867
1896	488 540

资料来源：严中平主编《中国近代经济史·下册：1840—1894》，经济管理出版社，2007，第 1073-1074 页。

（二）官僚资本煤矿的扩大

清代末期，清政府在创办基隆煤矿、开平煤矿基础上，先后支持和创办一批官办、官督商办的煤矿企业。

1873—1884 年，洋务派创办的民用企业共计 21 家，其中，煤矿占多数，共 12 家（表 9-29）。甲午中日战争之前，官僚资本控制中国煤矿的开发。1875—1894 年，中国先后开发大小煤矿 16 座，其中官办煤矿 6 座，官督商办煤矿 9 座，商办的仅 1 座。[①] 1896—1913 年，全国规模较大的新式煤矿有 42 家，其中属于官办、官商合办、官督商办的有 17 家，资本额约占资本总额的一半。

表 9-29　1873—1884 年洋务派创办民用企业状况

企业名称	开办时间 / 年	停办年份及原因	创办人	经营方式	创办资本 / 两
轮船招商局	1873	—	李鸿章	官督商办	47.6 万
直隶磁州煤矿	1875	1883 年；退股	李鸿章	官办	不及 20 万
湖北兴国煤矿	1875	1879 年；经费无着	盛宣怀	官办	—
台湾基隆煤矿	1876	1892 年；亏损	沈葆桢	官办	14 万
安徽池州煤矿	1877	1891 年；亏损	杨德	官督商办	10 万
直隶开平煤矿	1878	—	李鸿章	官督商办	20 万
兰州织呢局	1879	1882 年；经营不善	左宗棠	官办	20 万
山东峄县煤矿	1880	—	戴华藻	官督商办	5 万
广西富川县贺县煤矿	1880	1886 年；质劣	叶正邦	官督商办	—
中国电报总局	1880	—	李鸿章	官办	17.9 万
	1882			官督商办	50 万
热河平泉铜矿	1881	1886 年；亏损	朱其诏	官督商办	10 余万
直隶临城煤矿	1882	—	纽秉臣	官督商办	—
徐州利国驿煤铁矿	1882	1886 年；亏损	胡恩燮	官督商办	—
金州骆马山煤矿	1882	1884 年	盛宣怀	官督商办	20 万

[①] 严中平主编《中国近代经济史·下册：1840—1894》，经济管理出版社，2007，第 1067 页。

续表

企业名称	开办时间 / 年	停办年份及原因	创办人	经营方式	创办资本 / 两
湖北鹤峰铜矿	1882	1883 年；股本无着	朱季云	官督商办	—
湖北施宜铜矿	1882	1884 年；亏损	王辉远	官督商办	—
承德三山银矿	1882	1885 年；亏损	李文耀	官督商办	—
直隶顺德铜矿	1882	1884 年；退股	宋宝华	官督商办	—
安徽贵池煤矿	1883	—	徐润	官督商办	—
安徽池州铜矿	1883	1891 年；亏损	杨德	官督商办	—
北京西山煤矿	1884	—	吴炽昌	官督商办	—

资料来源：虞和平、谢放：《中国近代通史·第三卷：早期现代化的尝试（1865—1895）》，江苏人民出版社，2009，第107-108 页。

20 世纪 10 年代，在中国煤矿生产中，除了外资，官僚资本在投资中也占有重要的地位。1912 年，全国机械开采煤矿产量为 41.65 万吨（不包括外资控制开采煤矿产量），其中官僚资本通过官办、官商合办等手段控制机械开采煤矿产量的比例为 82.2%。1916 年，官僚资本控制机械开采煤矿产量的比例为 79.3%。1919 年以前，官僚资本控制开采煤矿产量的比例都在 70% 以上。[1]

（三）外国资本煤矿的创办

甲午中日战争后，掀起了列强瓜分中国的狂潮，列强大肆掠夺中国矿权，侵占中国煤、铁等矿产资源。到清政府倒台时，英国攫取了山西、四川、西藏、云南、安徽以及北京—牛庄铁路沿线地区、热河南票煤矿、开平煤矿、安徽铜陵煤矿等煤矿的采矿权；法国攫取了广东、广西、云南、贵州、四川、福建等地区的采矿权；德国攫取了山东及直隶井陉煤矿的采矿权；俄国攫取了中东铁路及支线沿线地区的采矿权；日本攫取了抚顺、烟台及南满沿线地区、安徽宣城、本溪湖煤矿等地区 / 煤矿的采矿权；美国攫取了吉林天宝山的采矿权。[2]英国、日本、德国、法国、俄国等列强先后在辽宁、吉林、黑龙江、山东、河北、河南、浙江、四川、山西、云南、广西等地投资、合资、入股开办煤矿。其中，规模较大的煤矿有开滦煤矿、临城煤矿、井陉煤矿、抚顺煤矿、烟台煤矿、本溪湖煤矿、六河沟煤矿等。

开滦煤矿前身为 1876 年李鸿章以官督商办形式创办的开平煤矿。1900 年时，该矿督办与英商勾结，将该矿改为中外合办的开平矿务有限公司，受英商控制。1907 年，袁世凯创办滦州煤矿公司，亦系官督商办。辛亥革命时，滦州煤矿公司向开平英商要求"联合"。1912 年，两矿组成开滦矿务总局，从此为英商所控制。[3]

井陉煤矿最初于 1898 年由清政府与德国人汉纳根合办，为新式煤矿，后被北洋政府收为官有。1908 年又改为中德合办。其最高日产量达 2 644 吨，最高年产量达 882 236 吨（1936 年）。[4]

抚顺煤矿由清政府在 1901 年与俄籍华商翁寿合办，后与俄国退伍军人卢皮诺干合办。1904 年，日俄两国在抚顺交战，日本强行占领抚顺煤矿，设立抚顺采炭所，开了日本占领中国煤矿的先河。

---

[1] 李新、李宗一主编《中华民国史·第二卷：1912—1916（上册）》，中华书局，2011，第 356–357 页。

[2] 朱汉国、杨群主编《中华民国史·第 3 册》，四川人民出版社，2006，第 54 页。

[3] 夏征农主编《辞海：1999 年版编印本》，上海辞书出版社，2002，第 903 页。

[4] 纪辛：《中国史话·近代经济生活系列》，科学文献出版社，2011，第 58 页。

1926 年，抚顺煤矿年产量达到 600 多万吨，矿工发展到 52 345 人，其中中国矿工 49 520 人，是当时中国第一大煤矿。[1]

六河沟煤矿创办于 1903 年，1905 年将土法开采改为新式煤矿。因借有德款，1911 年六河沟煤矿管理权落入德国人汉纳根手中。1914 年，因借比款还德款，该煤矿的管理权又落入比利时人手中。1931 年，该煤矿的产量为 505 355 吨。[2]

（四）民族资本煤矿的发展

近代，中国以民间商人为主体的民族工商业尤其是煤矿业，是在官僚资本和外国资本的夹缝中缓慢发展起来的。

1880 年前后，中国民族资本家先后创办直隶临城煤矿、徐州国驿煤铁矿、贵州煤矿、广西富川县贺县煤矿、山东枣庄煤矿、湖北荆门煤矿等。

自从 20 世纪初中国人民开展收回矿权运动后，民族资本家在与列强掠夺中国矿权的斗争中，通过赎回、自办煤矿等方式，使民族煤矿业得到一定发展。据专家统计，全国新设采煤企业数量，1896—1898 年有 15 家，1905—1907 年有 19 家。1906—1911 年，新设民族资本矿场约 40 家，投资约 1 400 万元，形成一个办矿高潮。[3]

1911 年辛亥革命爆发后，特别是 1914 年北洋政府颁布《中华民国矿业条例》后，包括采煤业在内的中国矿业发展又形成一个新高潮。1912 年，全国向农商部领取的矿照为 21 件，1913 年为 32 件，1914 年为 58 件，1915 年达到 153 件。其中，1912 年领取采煤的矿照为 14 件，矿区面积为 5 145 亩（一亩约等于 666.7 平方米）；1913 年为 19 件，矿区面积为 8 397 亩；1914 年《中华民国矿业条例》公布当年增加到 27 件，矿区面积为 253 542 亩；1915 年增至 56 件，矿区面积为 241 814 亩。四年之间领取的采煤矿照增加 3 倍，矿区面积增加近 46 倍。[4]

在河南，1914—1920 年开办的各种煤矿有 30 多家，其中包括马吉梅煤矿、方坤彦煤矿、张庆彬煤矿、叶润含煤矿、武伦杰煤矿、宋重三煤矿等，矿名标注为煤矿的有 17 家之多（表 9-30）。

表 9-30　1914—1920 年中国河南煤矿一览表

矿名及矿主	矿址	注册时间 / 年
宝善（郭鸿诒）	汤阴崔村沟	1914
兴业（渠荣）	武安上泉村	1914
时利和（马吉樟）	汤阴小寺湾	1915
中原（胡汝麟、王敬芳）	修武寺河、沁阳老君庙	1914
利华（吴树藩）	武安暴家庄	1915
豫利（于鸿绪）	荥阳崔庙陈河	1916
宏豫（杜严、孙甲荣）	修武凤凰岭	1918

---

[1] 纪辛：《中国史话·近代经济生活系列》，科学文献出版社，2011，第 58—59 页。

[2] 熊亚平：《铁路与华北乡村社会变迁：1880—1937》，人民出版社，2011，第 105 页。

[3] 许涤新、吴承明主编《中国资本主义发展史·第二卷：旧民主主义革命时期的中国资本主义（上）》，人民出版社，2003，第 641 页。

[4] 李新、李宗一主编《中华民国史·第二卷：1912—1916（上册）》，中华书局，2011，第 349 页。

续表

矿名及矿主	矿址	注册时间 / 年
大生（马吉梅）	安阳三家村	1918
马吉梅煤矿（马吉梅）	安阳河西村	1920
马吉梅煤矿（马吉梅）	安阳倪村	1920
袁家骐铁矿（袁家骐）	桐柏铁山庙	1918
袁家骐铜矿（袁家骐）	桐柏大河镇	1918
袁家骐铜矿（袁家骐）	桐柏黄錬沟	1918
方坤彦煤矿（方坤彦）	禹县凤翅山	1918
徐绪直铁矿（徐绪直）	武安红山	1919
张庆彬煤矿（张庆彬）	密县碾沟	1919
叶润含煤矿（叶润含）	安阳李村	1919
武伦杰煤矿（武伦杰）	武安云驾岭	1919
宋重三煤矿（宋重三）	安阳谢庄中村	1919
靳鸣皋煤矿（靳鸣皋）	安阳西龙山	1920
六河沟煤矿（李晋）	安阳西龙山	1920
杨维栋煤矿（杨维栋）	南召杨树沟	1920
徐卓增煤矿（徐卓增）	陕县骆驼山	1920
蒋廷梓煤矿（蒋廷梓）	渑池孟村	1920
马恒干煤矿（马恒干）	安阳岗窑村	1920
靳鸣皋煤矿（靳鸣皋）	安阳天禧镇	1920
王度钵煤矿（王度钵）	巩县访（？）村	1920
王贵然煤矿（王贵然）	武安召贤村	1920
王受福煤矿（王受福）	密县枣村沟	1920
刘炳章煤矿（刘炳章）	禹县杏山	1920

资料来源：王守谦：《煤炭与政治——晚清民国福公司矿案研究》，社会科学文献出版社，2009，第 425-427 页。

19 世纪末至 20 世纪初，河北、辽宁、山东、山西、安徽、江苏、浙江、河南等地先后创办一批民族资本煤矿（表 9-31），民族资本煤矿产量及其占全国煤炭产量的比例逐年提高。1912 年，机械开采煤矿产量为 41.7 万吨，占民族资本煤矿产量的比例为 8.1%；1917 年，机械开采煤矿产量增加到 215.6 万吨，占比提高到 20.6%；到 1927 年，机械开采煤矿产量又增至 418.4 万吨，占比为 23.6%（表 9-32）。

表 9-31　1895—1927 年民族资本煤矿简况

矿名	所在地	投产时间及简略沿革	资本	产量	销售地区
临城煤矿	河北临城	1882 年开办，1905 年有比利时资本参加，1920 年收回，官商合办	—	年产 20 万吨左右	销平汉铁路沿线

续表

矿名	所在地	投产时间及简略沿革	资本	产量	销售地区
萍乡煤矿	江西萍乡安源及柴家冲等地	1897 年开办	—	—	—
中兴煤矿	山东峄县	1899 年商办，1902 年有德国投资，1908 年招华股退还德国股本。1926 年受军阀内战影响，1928 年 8 月停工，1929 年 1 月复工后营业渐次恢复，年有盈余	1909 年招足资本 300 万元，1922 年改定资本 1 000 万元，先招足 750 万元	年产 80 万 ～ 100 万吨	除供津浦铁路用外，还销往浦口、台庄、徐州、蚌埠、济南、上海等处及运河沿岸
滦州煤矿	河北滦县	1907 年开办	200 万元	日产 400 吨	—
六河沟煤矿	河南安阳县	1907 年开采，先后借德国、比利时的资本，1919 年由华商收回	600 万元	年产 70 余万吨	除供平议、陇海两铁路销用外，还销往平汉路南段各地
锦西大窑沟煤矿	辽宁锦西县	1907 年开采	初创时资本 28 万元，1914 年增资达 100 万元	年产 2 万吨（1920 年）	销往北宁铁路锦州段一带
烈山煤矿	安徽宿县	1904 年开采，1917 年后营业发达	1914 年增资到 100 万元	年产 6 万～ 7 万吨	销往矿厂附近为主，年约 4 万吨，次为浦口、蚌埠，余销至津浦路沿线
大通煤矿	安徽怀远县淮河南岸	1911 年开办，1922 年改组为大通保记公司	初办时历年亏累，1922 年改组资本 50 万元	日产 540 吨，改组后年产曾达 10 万吨	主要销往蚌埠、浦口、上海等地
华丰煤矿	山东宁阳县	1909 年开办，1920—1930 年营业渐佳	初创时资本 4 万元，1924 年增至 25 万元	年产 18 万余吨	销往济南、德州、泰安、济宁、徐州等地
正丰煤矿	河北井陉县	1912 年用土法开采，1918 年改用新法开采	660 万元	年产 30 余万吨	销往石家庄、天津及平汉路沿线
怡立煤矿	河北磁县	1908 年土法开采，1919 年改用新法开采	100 万元（1918 年）	年产约 30 万吨	销往平汉路沿线及滏阳河沿线各地
柳江煤矿	河北临榆县	1913 年开办，总公司设在上海	140 万元	初期日产量 500 ～ 600 吨，1931 年年产 25 万吨	由秦皇岛运出，销往长江流域各埠
鄱乐煤矿	江西乐平县	1916 年开办	前后投资约 60 万元	年产约 2 万吨	销往南昌、九江等地
华东煤矿公司	江苏铜山县	1912 年使用机器开采；该矿前身是 1898 年开办的贾汪煤矿。1927 年停工，1930 年刘鸿生投资 80 万元，原有资产作股 80 万元，改为华东煤矿公司	额定资本 200 万元，招足 80 万元，1927 年因战争停工	1917—1921 年，日产 500 ～ 600 吨；1922 年后年产约 10 万吨	销往徐州、浦口、上海等地

续表

矿名	所在地	投产时间及简略沿革	资本	产量	销售地区
长兴煤矿	浙江长兴县	1913 年商人刘长荫独资开办，1918 年改为股份公司	股额 200 万元	年产约 20 万吨	销往无锡、苏州、常州、上海、杭州沿太湖各埠
悦升煤矿	山东博山县	1918 年开办	初集资 20 万元，继增到 50 万元	年产 40 万吨左右	销往胶济铁路沿线
保晋分公司	山西大同阳泉等地	1918 年开办	—	年产 2 万～7 万吨	销往大同本地天镇、阳高到张家口等地
斋堂煤矿	河北宛平县	1918 年开办	100 万元	年产烟煤 8 500 吨，无烟煤 38 000 吨	运销至北平
同宝煤矿	山西大同	1920 年开办	150 万元	年产约 8 万吨	销往大同本地及平绥路沿线
宣城水东煤矿	安徽宣城	1923 年开办	80 余万元	日产 100 余吨	销往宣城、芜湖等地
贵池协记煤矿	安徽贵池	1923 年开办	—	日产 70 余吨	销往本地及南京、镇江、芜湖、安庆等地
晋北煤矿	山西大同	1924 年开办	初创时资本 30 万元，1932 年增至 150 万元	年产约 10 万吨	销往平绥路各地
民生煤矿	河南陕县	—	确定资本 100 万元，先收 50 万元	年产 6 万～7 万吨	销往陇海铁路沿线自郑州至西安间

资料来源：汪敬虞主编《中国近代经济史·上册：1895—1927》，经济管理出版社，2007，第 1259-1261 页。

注：表格中的"元"指的是银圆。

表 9-32　1912—1927 年机械开采煤矿产量及民族资本煤矿产量

时间 /年	机械开采煤矿产量 / 万吨	民族资本煤矿产量 / 万吨	机械开采煤矿产量占民族资本煤矿产量的比例 /%
1912	41.7	516.6	8.1
1913	54.1	767.8	7.0
1914	82.6	797.4	10.4
1915	87.6	849.3	10.3
1916	187.6	948.3	19.8
1917	215.6	1 047.9	20.6
1918	252.2	1 110.9	22.7
1919	312.2	1 280.4	24.4
1920	328.0	1 413.1	23.2
1921	322.0	1 335.0	24.1
1922	306.1	1 406.0	21.7
1923	358.4	1 697.3	21.1

续表

时间/年	机械开采煤矿产量/万吨	民族资本煤矿产量/万吨	机械开采煤矿产量占民族资本煤矿产量的比例/%
1924	445.1	1 852.5	24.0
1925	445.8	1 753.8	25.4
1926	338.3	1 561.8	21.7
1927	418.4	1 769.4	23.6

资料来源：汪敬虞主编《中国近代经济史·上册：1895—1927》，经济管理出版社，2007，第1263页。

三、中国近代煤炭产量

关于中国近代煤炭产量，缺乏官方全面的统计数据。官方记载的只是皇室用煤数量，国内学者统计的是估算数据，国外学者统计的是一些零星数据。

《明世宗实录》记载：嘉靖元年（1522年），皇宫御用监每年向顺天府征收水和炭30万斤；兵仗局用于铸造兵器的水和炭达100万斤。《大明会典》也记载：内官监每年要消耗水和炭15万斤。[①]

国内学者张仲礼估计，19世纪80年代中国煤炭产量约为650万吨，价值1 300万两白银，约占矿业总产值的27%（盐产值的比例为42%）。袁良义曾估计，1800年左右中国煤产量超过200亿斤，产值约5 000万两白银。[②]

英国学者B.R.米切尔所著的《帕尔格雷夫世界历史统计·亚洲、非洲和大洋洲卷：1750—1993年》（经济科学出版社，2002年版）对中国大陆1903—1917年的煤炭产量和中国台湾1896—1917年的煤炭产量进行了统计（表9-33）。根据B.R.米切尔的统计，1903年，中国煤炭产量为111.7万吨；1913年超过1 000万吨，达到1 320.2万吨；1917年为1 765.8万吨。同期，美国、英国煤炭产量分别居世界第一、第二位，1917年产量分别为59 094.4万吨、25 200万吨，中国与美国、英国之间的差距很大。

表9-33 1896—1917年中国煤炭产量情况

时间/年	大陆/万吨	台湾/万吨
1896	—	0.2
1897	—	1.9
1898	—	4.3
1899	—	3.0
1900	—	4.2
1901	—	6.6
1902	—	9.7
1903	103.6	8.1
1904	110.3	8.3
1905	121.3	9.5

[①] 刘逖：《前近代中国总量经济研究：1600—1840——兼论安格斯·麦迪森对明清GDP的估算》，上海人民出版社，2010，第75页。
[②] 同上。

续表

时间 / 年	大陆 / 万吨	台湾 / 万吨
1906	903.3	10.3
1907	—	13.5
1908	—	15.4
1909	—	18.4
1910	—	23.2
1911	—	25.5
1912	907.0	27.9
1913	1 288.0	32.2
1914	1 418.0	34.6
1915	1 350.0	38.2
1916	1 598.0	52.2
1917	1 698.0	67.8

资料来源：作者整理。参考 B. R. 米切尔：《帕尔格雷夫世界历史统计·亚洲、非洲和大洋洲卷：1750—1993 年》第 3 版，贺力平译，经济科学出版社，2002。

四、中国近代煤炭加工与利用

近代，煤炭主要用于炼焦、制型煤，作为生产、生活的燃料。同时，人们也用煤来制药，制作墨水，作为制作硫黄、皂矾、煤焦油的原料。

（一）日常生活的重要燃料

到了清代，宫廷和普通百姓在生活中使用煤炭越来越多，煤炭使用越来越普遍。

据乾隆年间《宫内用过红箩炭、黑炭、煤总册》载：乾隆五十年（1785 年）十二月初一日起至三十日，宫中共用"煤二万八千四百二十斤"；乾隆五十年十二月初一日起至五十一年（1786 年）十一月二十九日，宫内通共用过"煤二十七万九千七百二十一斤"；"乾隆五十一年正月初一日起至二十九日，宫内共用过煤二万零六百五十三斤"。又据史料记载，仅房山县县官邱锦在乾隆十八年（1753 年）至二十年（1755 年），就向各窑户取用"煤一百二十五万五千九百斤"。[①]

百姓生活也离不开煤炭。乾隆五年（1740 年），甘肃巡抚元展成上奏朝廷："臣查甘肃地处极边，大半童山荒碛，林木稀少，民间炊爨向多用煤，利益诚非浅鲜。"[②]乾隆七年（1742 年），两江总督德沛也上奏朝廷，力主采煤："臣细加考察，煤利实广，亟宜开采，则无业之民，有糊口之资，居常之户无薪桂之苦矣。"[③]

（二）手工业生产用煤

除了作为生活燃料，煤炭还成为清代手工业生产的重要原料和燃料，用来煮盐、冶铁。

[①] 李进尧、吴晓煜、卢本珊：《中国古代金属矿和煤矿开采工程技术史》，山西教育出版社，2007，第 314 页。

[②] 同上书，第 308 页。

[③] 同上。

四川首先用煤煮盐。据有关资料，中国用煤煮盐始于明代，四川首先使用煤来煮井盐。《四川总志》（嘉靖年间）记载，明代嘉靖年间（1522—1566年），钦差巡抚都御史潘鉴在请求朝廷减免四川盐保的奏疏中提道："昔年，近（盐）井皆柴木与石炭也，今皆突山赤土。所谓柴木与石炭者，不但在五六十里之外，且在深崖大菁之中。"到清代嘉庆至道光年间，煤炭成为煮盐的主要燃料。《四川盐法志》又载："今产盐州县，大约煤煮者居多……"

广西多用煤炭冶炼铅矿。吴其濬在《滇南矿厂图略》中记载，广西的铅矿砂大多运到产煤地区进行冶炼。如乾隆三十一年（1766年），今广西融安县泗顶山的白铅矿砂被运往罗城县冷峒山冶炼，"冷峒厂陆续起四十四座（炼炉），煤垄三十二处"。[①]

（三）炼焦、制型煤

《彭县志》（乾隆年间）记述炼焦方法："火煅三四昼夜，以烟尽为度，遂结成块，性最坚，火最烈。"到光绪年间，土法炼焦非常普遍，本溪、井陉、唐山、六河沟、萍乡等矿区都盛产焦炭，其中萍乡出产的焦炭闻名于世。江西萍乡炼焦法对古代圆形炉炼焦技术加以改进，不仅可以缩短炼焦时间，提高出焦率，还可以降低焦炭灰分，炼出的焦炭送到英国去化验，质量与英国现代方法炼出的焦炭一样，可谓名扬中外。[②]

到1914年，中国开始建造第一座焦化厂——石家庄焦化厂。

清代已经较为普遍地将煤炭加工成煤球、煤砖、煤饼等各种型煤。当时京城居民多烧煤球。清代李光庭在《乡言解颐》中记载："京师城内人家，多和黄土煤末中，为丸为墼烧之。"[③]

（四）生产煤气

同治元年（1862年），英商在上海英租界泥城桥开始筹建中国第一个煤气厂——大英自来火房，资本10万两白银，于1865年建成投产。煤气主要供路灯、少数商店、公事房照明及少数工厂使用。那时上海还没有电灯，因此煤气生产旺盛。1866年生产煤气531.8万立方米，1896年突破1亿立方米，1900年达到1.4亿立方米。[④]1901年，大英自来火房改组为上海煤气股份有限公司，增资至100万两，有外籍员工32人，中国工人600人。增资后的第四年，售出煤气2.8亿立方米（表9-34），比1900年翻了一番。

表9-34　1900—1913年大英自来火房/上海煤气股份有限公司发展情况

时间/年	运用资本/两（白银）	售出煤气/百万 $m^{3[1]}$	净利/两（白银）
1900	652 433	140	74 882
1901	691 779	162	82 716
1902	808 253	194	114 442
1903	1 308 615	238	147 615
1904	1 430 000	280	165 000
1912	—	—	273 215

① 李进尧、吴晓煜、卢本珊：《中国古代金属矿和煤矿开采工程技术史》，山西教育出版社，2007，第308页。

② 同上书，第327页。

③ 陈歆文：《中国近代化学工业史：1860—1949》，化学工业出版社，2006，第237页。

④ 同上。

续表

时间 / 年	运用资本 / 两（白银）	售出煤气 / 百万 m³[1]	净利 / 两（白银）
1913	—	—	254 755

资料来源：陈歆文：《中国近代化学工业史：1860—1949》，化学工业出版社，2006，第 237 页。

注：[1] 表中原文的计量单位为"万 m³"，而非"百万 m³"。若以"万 m³"计算，表中 1900 年的煤气数量为 140 万 m³，与原文的"140 000 000 m³"不吻合，拟是表中计量单位有误，故此处采用"百万 m³"。

五、中国近代煤炭贸易

鸦片战争后，中国沿海水上运输工具开始从帆船向轮船过渡，使用煤炭作为动力燃料。此时，来华的外国轮船遇到了燃料问题，列强采取掠夺的手段开发中国煤炭资源，从而间接推动了中国煤炭国际贸易的发展。

1847 年，大英轮船公司和中国台湾的一个商人订立购煤 700 吨的合同。1848 年，美国开辟横渡太平洋的轮运航线，把利用中国台湾基隆的煤炭视为轮运成功的关键。1849 年，美国驻华公使德威仕亲自到台湾去鉴定煤的质量。1850 年，英国驻华公使文翰和驻福州领事金执尔一再提出购运基隆煤炭的要求，但未能得逞。1854 年，厦门领事巴夏礼又为英国轮船提出购煤申请，同样遭到拒绝。但事实上，早在 1853 年，大英轮船公司便已经开始擅自采购煤炭。[1]

当时，行驶在中国沿海航线的外国轮船对煤炭需求量增加，每年消耗煤炭 40 万吨，使得其迫切需要在中国就近取得煤炭，以降低运输成本，提高航运效率。据旗昌轮船公司留存的资料记载，1870 年上半年，这家公司由于改进了用煤技术，采用湖北和江西的土产煤炭，大大降低了航运成本，于是以 112 500 两白银作为红利分给股东。[2] 由此可见，西方侵略者掠夺中国煤炭资源能够获得巨大利益。据有关资料记载，成立于 1876 年的开平煤矿，1882 年从天津出口煤炭 8 185 吨，占该煤矿产量的 21.3%（表 9-35）。到 1896 年，开平煤矿煤炭出口量达 128 098 吨，与 1882 年相比增长约 14.7 倍。

表 9-35　1882—1896 年开平煤矿出口量情况

时间 / 年	出口量 / 吨	出口量占产量的比例 /%
1882	8 185	21.3
1883	8 503	11.3
1884	13 731	10.9
1885	17 485	9.3
1886	34 100	18.2
1887	46 492	20.7
1888	38 042	15.8
1889	51 959	21.0

[1] 严中平主编《中国近代经济史·下册：1840—1894》，经济管理出版社，2007，第 962-963 页。
[2] 同上书，第 961-962 页。

续表

时间 / 年	出口量 / 吨	出口量占产量的比例 /%
1890	56 855	—
1891	95 552	—
1892	85 589	—
1893	81 840	—
1894	140 796	—
1895	96 775	—
1896	128 098	26.2

资料来源：严中平主编《中国近代经济史·下册：1840—1894》，经济管理出版社，2007，第1073-1074页。

当时，为满足外国轮船用煤的需要，中国除了开采本地煤矿，还需要进口煤炭。从19世纪50年代中叶到70年代初，输入上海的煤炭从每年3万吨增加到16万吨。[①] 这些煤炭绝大部分是从英国、澳大利亚和日本进口，只有少量（仅占5%～10%）来自中国台湾的手工煤窑。

20世纪初，随着中国近代煤矿的发展，中国煤炭产量日渐增大。1912年，全国机械开采煤矿产量为516万吨，1920年增加到1 413万吨。随之，中国进口煤炭逐渐减少，而出口煤炭则不断增加。据统计，1914年中国进口煤炭价值为870万海关两[②]，出口煤炭价值为926万海关两，煤炭出口额已经超过了进口额。[③]

[①] 严中平主编《中国近代经济史·下册：1840—1894》，经济管理出版社，2007，第962页。

[②] "海关两"为清朝中后期海关所使用的一种记账货币单位。

[③] 李新、李宗一主编《中华民国史·第二卷：1912—1916（上册）》，中华书局，2011，第349页。

第 10 章　　近代石油

1859 年，美国人德雷克使用机械顿钻钻出世界上第一口工业油井，从此拉开了世界石油工业的序幕，标志着世界石油工业的诞生，人类开始进入"石油时代"。此后，石油钻探从手工挖井转向机械钻井；石油生产中心从欧亚的里海和黑海转移到北美洲的墨西哥湾；石油产品生产、消费先后进入"煤油时代""汽油时代"。1910 年，美国石油和天然气提供的能源占能源需求的比例为 20%。[①]1913 年，世界原油产量为 3.85 亿桶（约 5 236 万吨），相当于煤炭一年提供能量的 5.6%。[②]1917 年，世界原油产量由 1860 年的 7 万吨猛增到 6 782 万吨（表 10-1）。继煤炭之后，石油日渐成为人类重要的一次能源。

表 10-1　近代世界石油开发利用进程

时间 / 年	主要事件
1646	罗马尼亚的普洛耶什蒂地区人工挖坑采油
1668	英国人工挖出第一口油井
1684	俄国在伊尔库茨克城堡附近发现石油
1694	英国在什罗普郡建成一座采用煮沸法的沥青蒸馏炼油厂
1716	巴库地区石油专卖收入 5 万卢布

---

① 张建新：《能源与当代国际关系》，上海人民出版社，2014，第 84 页。
② 特雷弗·I. 威廉斯主编《技术史·第 6 卷》，姜振寰、赵毓琴主译，上海科技教育出版社，2004，第 105 页。

续表

时间 / 年	主要事件
1716	摩尔多瓦在莫伊内什蒂附近的塔斯劳河岸发现油苗
1736	法国人工开发佩谢尔布龙油田
1741	俄国人约翰·阿曼对石油样品进行分析
1757	俄国人罗蒙诺索夫认为琥珀、石炭、泥炭、沥青和石油等"地下的材料应该被认为是植物演化而来的"
1761	英国人通过蒸馏从沥青中提取出轻质石油
1763	俄国人罗蒙诺索夫认为石油生成后会移动到岩石的裂缝和孔隙中
1778	加拿大艾伯塔省发现沥青砂
1819	法国发明从石油中获取润滑油的工艺
1820	英国人泰勒等人发明石油裂解气工艺
1831	美国人"比利大叔"威廉·毛里斯发明用于绳式顿钻的钻井震击器
1834	威尔利特·道斯特等人用无机物合成碳氢化合物
1835	中国钻出世界上第一口超过 1 000 米深的天然气井——燊海井
1837	盖斯通过实验证明煤可以转化为石油
1838	法国建成世界第一座页岩油提炼厂
1841	法国人用旋转钻机钻出一口深 585 米的井
1842	顿钻开始用蒸汽机驱动
1844	英国人毕尔特获得用于旋转钻机的钻具、空心钻杆和流体的英国专利
1846	美国人洛根首次提出背斜或构造储油的观点
1850	英国人 J. 扬用煤炭干馏和精炼方法制成煤油
1853	英国人格斯纳用石油制备出煤油
1854	美国人乔治·比塞尔等人成立世界上第一家石油公司——宾夕法尼亚洛克石油公司
1855	英国建造世界上第一艘油轮——"幸运号"油轮
1858	世界原油年产量不到 1 万吨
1858	加拿大恩尼斯基林发现国内第一个油田
1859	美国人德雷克使用机械顿钻钻出世界上第一口工业油井——德雷克井
1859	世界石油出口量达 600 吨
1860	世界原油产量达 7 万吨
1862	美国泰特斯维尔油田建成世界上第一条使用铸铁管的原油输送管道
1863	C. A. 孚兹合成聚乙二醇（合成润滑油的一种）
1864	古宁发明气举采油技术
1864	古巴发现 Bacuranao 油田
1865	美国应用铜质深井泵抽油
1866	容克发明石油裂化工艺
1870	标准石油公司成立
1870	特立尼达和多巴哥开采世界上最大的沥青湖

续表

时间 / 年	主要事件
1874	日本发现 Higashiyama 油田
1878	中国台湾苗栗油矿钻出中国第一口机械化的油井
1880	诺贝尔在俄国成立世界上最早的石油研究机构——圣彼得堡实验室
1880	美国皮特霍油田首次注水采油
1882	中国清代的丁宝桢撰写的《四川盐法志》第一次系统地叙述了顿钻钻井的工艺和工具
1883	德国人戴姆勒发明汽油内燃机
1886	美国人本顿获得世界上第一个石油裂化工艺生产汽油的专利
1888	俄国圣彼得堡举办世界上首个国际石油专业展
1889	印度发现 Digboi 油田
1891	委内瑞拉开采瓜诺科沥青湖
1893	美国 Warren 炼油厂建成世界上第一条成品油输送管道
1894	美国在圣巴巴拉海峡钻出世界上第一口海上油井
1897	德国人狄塞尔发明柴油机
1899	世界原油年产量达 1 796 万吨
1899	世界石油出口量达 190 万吨
1900	赫克勒绘制出世界上第一条现代地震剖面
1900	彼得森获得世界上第一个电法勘探专利权
1903	美国莱特兄弟用汽油做飞机燃料，实现人类历史上第一次飞行
1903	美国琅玻克油田首次采用注水泥的方法来固井
1904	德国人威彻特发明地震仪
1904	加拿大人发明放射性勘探法
1907	美国开设第一家汽车加油站
1907	英荷壳牌石油公司成立
1908	伊朗发现中东地区第一个油田 Masjid-e-Sulaiman 油田
1909	意大利发现瓦莱扎油田
1909	英国石油公司（原名英波石油公司）成立
1911	美国汽油需求量首次超过煤油，标志着"汽油时代"的到来
1913	美国人伯顿获得石油热裂化技术专利权
1913	美国俄克拉何马州一口油井首次使用双层完井技术
1913	柏吉乌斯通过煤直接加氢液化得到类似石油的油品
1914	法国人斯伦贝谢进行第一次人工电场测量
1916	美国人哈格所著的《实用石油地质学》出版，标志着石油地质学的诞生
1917	美国矿务局提出二次采油的构想
1917	美国人埃力斯开发出世界上最早的石油化工产品——异丙醇
1917	世界原油年产量达 6 782 万吨
1917	世界石油出口量达 344.1 万吨

资料来源：作者整理。

第 1 节 石油勘探与发现

近代早期，石油勘探是靠油苗调查和手工打井完成的。19 世纪中后期建立的背斜理论，以及发明的地震勘探、电法勘探、机械顿钻和旋转钻井技术，是人类石油发展史上的重大突破。它们先后应用于石油勘探，一批大型油田继而被发现，世界石油工业和石油地质学应运而生。

一、石油勘探理论和技术

近代，世界石油地质勘探技术和理论取得重大突破，科学地质学和石油地质学先后诞生，寻找石油从油苗识别的经验阶段进入背斜理论指导的科学阶段，石油钻探从人工挖掘的手工生产时期进入机械钻井的工业生产时期，世界石油工业史从此发端（表 10-2）。

表 10-2   近代世界石油地质勘探理论和技术的发展概况

时间 / 年	主要事件
1690	俄国人 H. 列缅利指出，石油是沥青在"地下之火"作用下经蒸馏而生成的
1755	美国人安图因·巴木发明原油相对密度测定表
1757	俄国人罗蒙诺索夫认为琥珀、石炭、泥炭、沥青和石油等"地下的材料应该被认为是植物演化而来的"
1763	俄国人罗蒙诺索夫认为石油生成后会移动到岩石的裂缝和孔隙中
1791	俄国人加克特论述的石油生成理论认为石油的生成是海水中植物和动物的残余有机质在盐层沉积和海水干涸过程中积聚起来后腐烂，然后转化为石油的
1815	威廉·史密斯完成第一份地层学地质图——《英国地质图》
1825	美国人 L. 狄斯特茄获四脚钻机井架专利
1831	美国人"比利大叔"威廉·毛里斯发明用于绳式顿钻的钻井震击器
1833	英国人莱伊尔所著的《地质学原理》出版，标志着科学地质学的诞生
1834	美国建立第一座铸铁管厂
1834	威尔利特·道斯特和罗载特提出石油天然气无机生成说
1835	英国人 R.W. 福克斯用自然电场法找到第一个硫化矿床
1841	法国人用旋转钻机钻出一口深 585 米的井
1842	开始用蒸汽机驱动顿钻
1844	英国人毕尔特获得用于旋转钻机的钻具、空心钻杆和流体的英国专利
1844	Н.И. 沃斯克鲍依尼克提倡采用挖竖井方法替代挖大坑方法
1845	R. 马利特用人工激发的地震波来测量弹性波在地壳中的传播速度
1846	美国人洛根首次提出背斜或构造储油的观点
1852	美国人福西特提出水力活塞泵的结构原理

续表

时间 / 年	主要事件
1859	美国人德雷克使用机械顿钻钻出世界上第一口工业油井——德雷克井
1864	美国人 B. S. 莱曼首次用等高线圈出地下构造
1865	I. Y. Smith 获得旋转钻井的美国专利
1865	中国人李榕所著的《自流井记》系统地记述了自流井气田开采的各种技术
1869	T. F. Rowland 获得一种海外钻井装置的美国专利
1874	美国人 J. F. 卡尔绘制出第一张石油地质图
1876	俄国人门捷列夫指出石油是地壳内部生成的一种碳氢化合物的混合物
1882	中国清代的丁宝桢撰写的《四川盐法志》第一次系统地叙述了顿钻钻井的工艺和工具
1885	诺贝尔兄弟石油公司在世界上首次聘用地质专家萧格林
1886	罗马尼亚、阿塞拜疆使用井下扩眼器（钻头）
1893	S. 麦凯克伦获得轮式旋转钻机的专利
1895	美国 Corsicana 油田首先使用旋转钻机
1900	赫克勒绘制出世界上第一条现代地震剖面
1900	彼得森获得世界上第一个电法勘探技术专利
1900	美国加利福尼亚联合石油公司组建第一个地质研究部
1903	R. C. 贝克发明偏心顿钻钻头
1904	德国人威彻特发明地震仪
1904	美国人 G. 拉姆提出地震弹性波的发生和传播理论
1907	德国人威彻特和 Zoepritz 提出地震学的理论计算方法
1908	美国石油地质勘探局成立
1912	美国密苏里大学开办第一个石油地质课程
1913	美国石油工程师学会成立
1913	英国石油学会成立
1914	德国人明特洛普、加里桢、威里普开始把人工地震技术实用化
1914	法国人康拉德·斯伦贝谢在诺曼底进行第一次人工电场测量，绘制出第一张地面等电位图
1915	法国人康拉德·斯伦贝谢、美国人 Wenner 分别独立提出视电阻率的概念
1915	美国人 D. 怀特提出定碳比理论
1915	德国人 H. V. 伯克首次把重力勘探方法应用于石油工业
1916	美国人哈格所著的《实用石油地质学》出版，标志着石油地质学的诞生
1917	美国人 H. W. Conklin 获得第一个电磁感应法专利
1917	出现内加厚低碳无缝钢管钻杆
1917	美国西南石油地质学家协会成立

资料来源：作者整理。

（一）从油苗找油到背斜指导

人类认识、查找石油是从发现地表上漂浮、沉积、集聚的各种油气苗现象开始的。常见的油气苗

（以下简称"油苗"）有地蜡、地沥青、油泉、油砂、泥火山等，它们是曾经发生过油气生成和集聚的重要标志。[1]

俄国从18世纪初开始，便成立了矿产事务行政管理部门，于1718年组建了石油考察队，对全国各地的石油资源进行考察。俄国是最早由政府组织开展油苗调查和石油地质资源考察的国家。1718年，在捷列克河等地发现了从山上流淌出来但没人取用的石油。1768年，在伏尔加河流域发现索克河、长梅什雷河等地有许多石油溢出点。19世纪30年代初，对塔曼半岛进行首次地质调查，然后于19世纪30年代中期对所发现的储油地点进行手工钻井勘探。1869年在石油考察的基础上，在伏尔加河巴特拉卡村附近使用蒸汽机钻井，打出了石油。

美国也是最早根据油苗找油的国家之一。在德雷克使用机械顿钻钻出世界上第一口工业油井之前，该井所在的土地上早已有石油渗出，并且在刚开始之时，德雷克就曾经"浪费了自己大量的时间去调查布鲁尔和沃森锯木厂租给著名的宾夕法尼亚洛克石油公司的土地上渗出的一点点石油"[2]。此后，美国根据油苗钻井，先后在阿巴拉契亚山脉、落基山、辛辛那提、加利福尼亚等地发现了油田。[3]

在根据油苗找油的同时，石油地质学也逐渐形成和发展起来。早在17世纪，石油地质思想就在俄国的教科书中出现了，H. 列缅利于1690年在《化学教科书》中指出，石油是沥青在"地下之火"作用下经蒸馏而生成的，并且聚集在岩石的缝隙里。[4]此后，俄国人罗蒙诺索夫于1757年提出了石油有机生成说，认为琥珀、石炭、泥炭、沥青和石油等"地下的材料应该被认为是植物演化而来的"。1833年，英国人莱伊尔所著的《地质学原理》出版，标志着科学地质学的诞生。

19世纪中叶后，石油地质工作者通过长期对油苗现象的探索和总结，开始形成背斜[5]聚油或油气成藏的认识。

在英国出生的加拿大著名地质学家 W. E. 洛根[6]于1831—1838年在英国南威尔士煤矿工作时，曾提出煤层就地形成理论。1842—1869年，他在加拿大地质调查局担任局长时，又提出"洛根线"，即北美东北部的古生代地层被一条明显的冲断层带分开，此冲断层带沿圣劳伦斯河谷延伸，而后向南沿得孙河谷延伸，再向西南穿过宾夕法尼亚州。[7]1842年，洛根对加拿大东部圣劳伦斯河河口盖斯比附近的油苗群进行考察，两年后著文描述背斜上的油苗现象，并指出油苗群的背斜特征。1846年，洛根

---

[1] 中国科学院油气资源领域战略研究组：《中国至2050年油气资源科技发展路线图》，科学出版社，2010，第26页。

[2] 哈罗德·埃文斯、盖尔·巴克兰、戴维·列菲：《美国创新史：从蒸汽机到搜索引擎》，倪波、蒲定东、高华斌、玉书译，中信出版社，2011，第90页。

[3] 中国科学院油气资源领域战略研究组：《中国至2050年油气资源科技发展路线图》，科学出版社，2010，第26页。

[4] 王才良、周珊：《世界石油大事记》，石油工业出版社，2008，第5页。

[5] 在地质学上，背斜属于褶皱构造的一种基本形式，其弯曲的岩层向上突起，从中间向两侧相背而斜，核部由老地层组成，从核部向两翼地层的地质时代逐渐变新。参见《中国大百科全书》总编委会：《中国大百科全书·第2卷》第2版，中国大百科全书出版社，2009，第253页。

[6] 在王才良、周珊所编的《世界石油大事记》一书的第14-15页中，有三处似为同一人，但表述有差异，即"美国的威廉·劳根"、"威廉·洛根（William Logan）"以及"加拿大地质调查局局长威廉·洛根（William Logen）"。据《不列颠百科全书·第10卷》国际中文版（修订版）记载，洛根为在英国出生的加拿大地质学家。

[7] 美国不列颠百科全书公司：《不列颠百科全书·第10卷》国际中文版（修订版），中国大百科全书出版社《不列颠百科全书》国际中文版编辑部编译，中国大百科全书出版社，2007，第188页。

在美国加斯普地区勘察煤矿时在圣劳伦斯河河口发现两处油苗，于同年首次提出背斜或构造储油的观点。[1]1848 年，洛根又考察嘎斯普半岛油田群，发现它们都处在背斜之上。此后，许多地质工作者对背斜理论进行不断丰富和发展。

1860 年，曾经担任美国宾夕法尼亚州地质调查局局长的 H. D. 罗杰斯[2]提出背斜学说的基本观点，认为油、气、水在地下储层中的分布受到重力分异作用的控制。

加拿大地质调查局的 T. S. 亨特在 1861 年初步提出背斜理论的基础上，于 1865 年又指出背斜是石油聚集的四个必需条件（有生油层、有背斜、有适当的裂缝形成油藏、上下有不渗透地层）之一。[3]

此后，随着机械顿钻的应用，先后发现一批背斜类油田。阿普歇伦半岛上的大部分石油产自呈背斜状分布的矿岩地层中。1872 年，在巴库的比比艾特使用机械顿钻钻出的大油田为平缓背斜圈闭，产层为上新统砂岩，石油可采储量达 3.2 亿立方米。1883 年，加拿大人 I. C. 怀特以背斜理论为指导，在美国的西弗吉尼亚州找到一些气藏，后来还在西弗吉尼亚州的 Mannington 成功地钻出一口油井。1896 年，阿塞拜疆又在巴库发现背斜圈闭的 Balahano-Sabunchino 大油田，石油可采储量达 3.8 亿立方米。1899 年，美国根据背斜理论，在加利福尼亚州的圣华金盆地油气勘探中发现了克恩河油田。[4]

到 20 世纪初，又有一批背斜圈闭的油田被发现。1905 年，美国在中陆地区发现第一个地层圈闭油田——Glenn Pool 油田。1908 年，中东地区发现的第一个油田——伊朗 Masjid-e-Sulaiman 油田，也是背斜圈闭大油田。1912 年，美国中陆地区俄克拉何马州发现 Cushing 油田，再次证明了背斜理论的正确性，乃至俄克拉何马州地质调查局的创始人 C. 古尔德认为该州的油田都处在背斜上。[5]甚至 1916 年美国路易斯安那州发现的世界上第一个大型气田——Monroe 气田都是岩性圈闭气藏。

至此，背斜理论日渐为各国所接受，许多石油公司纷纷聘请地质学家运用背斜理论去寻找油田。最终形成了人类历史上第一个对石油开采有重大贡献的地质学理论——背斜理论。[6]该理论揭示了因为各自重力不同，天然气、石油和水是怎样被困在地下多孔岩石内的现象。困住它们的陷阱会形成背斜，会使岩石的组织层凸起，有些像地下的小山，山峰会把地壳顶出其特有的结构层，使其在地面也可以被看见。[7]并且，它不只是介绍了一种重要的油气圈闭类型，更为重要的是提出了一种油气成藏的构想，促进了石油地质学的诞生。[8]

背斜理论的产生和发展，不仅成功地指导了石油地质资源的勘察和钻探，还促进了石油地质学的产生和发展，是人类石油发展史上首次重大理论突破，对世界石油工业发展起到了重要推动作用。

到 1916 年，世界首部石油地质学著作——哈格所著的《实用石油地质学》出版。第二年，世界第

---

[1] 王才良、周珊:《世界石油大事记》，石油工业出版社，2008，第 14 页。

[2] 1836 年任美国宾夕法尼亚州地质调查局局长，1857 年被任命为苏格兰格拉斯哥大学博物所钦定讲座的第一个美国教授，曾撰写地质方面的书籍《关于宾夕法尼亚州的报告》和《关于阿巴拉契亚山脉的自然构造》(合著)。

[3] 王才良、周珊:《世界石油大事记》，石油工业出版社，2008，第 18 页。

[4] 同上书，第 19-34 页。

[5] 同上书，第 46 页。

[6] 莱昂纳尔多·毛杰里:《石油! 石油! 》，夏俊、徐文琴译，格致出版社，2007，第 42 页。

[7] 同上。

[8] 中国科学院油气资源领域战略研究组:《中国至 2050 年油气资源科技发展路线图》，科学出版社，2010，第 28 页。

一个石油地质学家协会——美国石油地质学家协会在"油田都在背斜上"的美国中陆地区俄克拉何马州塔尔萨成立，1918年改名为美国石油地质家协会。

（二）机械顿钻的出现和应用

顿钻可分为手工顿钻和机械顿钻两种。前者的动力来自人力或畜力，由人工操作完成挖井或钻井过程；而后者的动力来自蒸汽能、电能等，主要是通过机械化大生产来完成钻井过程。

手工顿钻是中国古人发明的，最初用于盐井，后来在挖盐井的过程中发现了天然气，便将顿钻技术应用到天然气的钻探生产中，之后还应用到石油钻探开采中。1835年，中国四川省自贡市用手工顿钻钻出了一口超过1000米的天然气井——燊海井，井深1001.42米，居世界各类井之首。

中国的手工顿钻技术在2世纪或之前便流传到西亚、西南亚国家。2世纪，中国钻井工匠已经在安息（今伊朗高原东北部）和费尔加纳（今乌兹别克斯坦东部）传授打井工艺和方法。[①] 后来，法国传教士从中国带回几个世纪以来中国人所使用的古老钻井法[②]，引起了轰动。随后，法国又将钻井技术传到了美国，"法国对美国钻井技术和工艺的巨大影响，这一点明显地表现在美国人列维·迪斯布罗从法国获得的手工旋转钻井装置专利和整套钻井工具上"[③]。

18世纪中期，瓦特改进了蒸汽机，使蒸汽机成为工业生产的重要原动力，广泛应用于纺织和矿山开采等领域。到19世纪中叶，蒸汽机成为顿钻的一种新的驱动力。1842年，欧洲国家开始把蒸汽机应用到顿钻领域，进而创造出以蒸汽机为动力的机械顿钻新方法，从而为石油钻探和开采的机械化，乃至为手工开采石油向机械开采石油的转变以及石油工业的出现奠定了技术基础。当时，蒸汽机顿钻首先在欧美国家的盐井开采中得到应用。

1859年，在美国宾夕法尼亚州泰特斯维尔的一个小山村，德雷克使用钻盐井用的顿钻和6马力的蒸汽机[④]，钻出了美国第一口并且也是全球第一口使用机器钻探的油井，标志着世界石油工业时代的到来。

此后，世界各国利用机械顿钻，钻出了一批机械化油井。俄国于1866年首次使用机械顿钻钻井技术在库达科河流域钻出俄国第一口石油自喷井。1872年在巴库的比比艾特油田钻出第一口机械化油井。中国于1878年在台湾苗栗钻出第一口机械化油井。乌兹别克斯坦费尔干盆地于1880年开始机械钻井采油。缅甸于1887年在仁安羌油田上采用蒸汽机驱动的顿钻钻井。日本石油公司于1891年用机械开采尼濑油田。

到了19世纪90年代中期，随着第四代石油钻井技术——旋转钻井[⑤]的出现和发展，机械顿钻的发展受到了挑战。当时，旋转钻井在软岩层或易坍岩层以及含气区中应用，很快就显示出其优越性；并且，随着它的不断改进，旋转钻井技术也开始应用于机械顿钻所适用的含少量小砂层的坚硬岩石层，从而

---

① 王才良、周珊：《世界石油大事记》，石油工业出版社，2008，第2页。

② 查尔斯·辛格、E.J.霍姆亚德、A.R.霍尔、特雷弗·I.威廉斯主编《技术史·第5卷》，远德玉、丁云龙主译，上海科技教育出版社，2004，第70页。

③ 阿列克佩罗夫：《俄罗斯石油：过去、现在与未来》，石泽译审，何小平副译审，人民出版社，2012，第58页。

④ 王才良、周珊：《世界石油大事记》，石油工业出版社，2008，第17页。

⑤ 在人类钻井方式上，迄今依次经历了手工挖井→手工冲击钻井→机械顿钻→旋转钻井四个阶段。

逐渐取代了顿钻这种古老的方法。到 1920 年，顿钻的使用差不多达到了巅峰。[①]

（三）旋转钻井的探索

旋转钻井是在一根空心钻杆上装上钻头，然后通过力的作用将装有钻头的空心钻杆旋转起来，使之往地层钻探，钻出井眼。

19 世纪初，法国已经使用旋转钻机。当时，法国钻机使用带钻头的熟铁钻杆，主要用于干旋转钻。[②]后于 1841 年使用旋转钻机，钻出一口深 585 米的井。

此后，旋转钻机技术日渐改进。1844 年，英国人毕尔特获得用于旋转钻机的钻具、空心钻杆和流体的英国专利。19 世纪 60 年代初，法国人 R. 莱肖开发出金刚石钻芯旋转钻机，该钻机后来成为现代采矿和石油勘探钻机的原型[③]。1865 年，I. Y. Smith 开发出将顿钻技术和旋转钻机技术结合起来的复合装置，获得旋转钻井的美国专利。1893 年，S. 麦凯克伦开发出轮式旋转钻机并获得专利，该钻机主要部件包括锅炉、引擎、绞车、桅杆式井架、方钻杆、转盘、滑轮等。

20 世纪初，旋转钻机向牙轮钻头发展。1908 年，H. 休斯发明用于旋转钻井的双牙轮钻头，第二年与沃特·夏普在休斯敦创办夏普 – 休斯工具公司，将双牙轮钻头商品化。[④]1913 年，美国路易斯安那州的 G. A. 赫马森首次设计出十字形四牙轮岩石钻头，该钻头后来成为里德十字钻头的前身。[⑤]

19 世纪末，在旋转钻井技术不断发展的同时，旋转钻机开始应用于石油勘探实践，取得了重大发现。1895 年，美国得克萨斯州的 Corsicana 油田首先应用旋转钻机[⑥]，用毛驴作为动力拖动转盘，打出了石油。1901 年，在得克萨斯州博蒙特的"大山"上，美国采用一台旋转钻机钻到约 1 100 英尺深时，打出了斯平德利托普自喷油井（"纺锤顶"油田）。它是美国第一口"万吨井"，也是那个时代世界上流量最大的自喷油井之一，"从而证明地质年代较晚的地层中蕴藏着丰富的油田，也证明了旋转钻在未固结岩层中使用的重大价值"。[⑦]

1908 年，旋转钻机传到加利福尼亚州。为了更有效地应对当地的实际问题，如岩层太过坚硬的问题，人们对这种钻机做了许多改进，包括安装牙轮钻、套管注水泥、套管的长管接头、钻杆的接头等。1910 年，许多公司开始生产旋转钻机的相关设备，并且有了成套的钻机。这种新的旋转钻机设备在得克萨斯州和路易斯安那州得到迅速发展，钻出成千上万口油井，后来还传到阿根廷、秘鲁、委内瑞拉、墨西哥、罗马尼亚、俄国、苏门答腊岛等国家和地区。[⑧]

到 20 世纪 20 年代，旋转钻机在数量上迅速增加，牙轮钻头发展起来，并且采用硬质合金，从而使在硬岩层使用旋转钻成为可能（以前在硬岩层钻井纯属顿钻的领地）。但是，在旋转钻完全得到认可

① 特雷弗·I. 威廉斯主编《技术史·第 6 卷》，姜振寰、赵毓琴主译，上海科技教育出版社，2004，第 235 页。

② 同上书，第 236 页。

③ 同上。

④ 王才良、周珊:《世界石油大事记》，石油工业出版社，2008，第 40-42 页。

⑤ 同上书，第 46 页。

⑥ 同上书，第 32 页。

⑦ 特雷弗·I. 威廉斯主编《技术史·第 6 卷》，姜振寰、赵敏琴主译，上海科技教育出版社，2004，第 236 页。

⑧ 同上。

之前，许多石油工作者依然怀疑用旋转钻穿过油砂层钻一口充满泥浆的井是否合理。[1]旋转钻井技术的推广应用由此受到了影响。

（四）地震勘探和电法勘探

地震勘探也是石油勘探和开采的一次变革，后来成为石油开发中最基本的组成部分。[2]电法勘探则是探查地质构造、寻找油气等矿产资源的一种基本方法。

1. 地震勘探

地震勘探主要是通过在地面引爆少量的炸药制造出地震弹性波，然后借助地震弹性波对地下岩石层面的反射、折射作用，利用震源、地震检波器和记录仪等工具，对地震数据进行采集并加以处理，推断出地下岩层的形状、性质以及矿藏等情况。

早在19世纪中叶，科学家便开始对地震勘探进行研究。1845年，R.马利特用人工激发的地震波来测量弹性波在地壳中的传播速度。[3]

进入20世纪，地震勘探在理论上和实践中取得突破。赫克勒于1900年将9台机械式检波器排成一排，记录了纵向和横向的小束地震波，绘制出世界上第一条现代地震剖面。[4]美国人G.拉姆于1904年提出了地震弹性波的发生和传播理论。德国人威彻特也在同一年发明了地震仪。1907年，德国人威彻特和Zoepritz提出了地震学的理论计算方法。1914年，德国科学家明特洛普、加里桢和威里普开始把人工地震技术实用化。

到了20世纪20年代，美国将地震勘探技术投入实际应用中，E.迪瓜里尔利用地震勘探技术在美国俄克拉何马州发现了塞米诺尔大油田。[5]到了20世纪70年代后，还发展出三维地震勘探，乃至当今的四维地震勘探。

2. 电法勘探

电法勘探始于19世纪上半叶。英国人R.W.福克斯于1835年用自然电场法找到了第一个硫化矿床。[6]

20世纪初，人们开始应用大地电磁法勘探有用矿床，并拉开了人工电场法研究的序幕。

1900年，彼得森获得世界上第一个电法勘探技术专利。

1914年，法国人康拉德·斯伦贝谢在诺曼底的瓦尔里切庄园进行第一次人工电场测量，绘制出第一张地面等电位图[7]，成为人工电法勘探的开端。次年，斯伦贝谢提出视电阻率的概念，创立人工场源地面测量电阻率的方法。美国标准局（即今天的美国国际标准管理局）的Wenner也提出视电阻率概念，并创立Wenner排列法。

1917年，美国人H.W.Conklin获得第一个电磁感应法专利。后于1925年首次探到有用矿床。

[1] 特雷弗·I.威廉斯主编《技术史·第6卷》，姜振寰、赵敏琴主译，上海科技教育出版社，2004，第237页。
[2] 莱昂纳尔多·毛杰里：《石油！石油！》，夏俊、徐文琴译，格致出版社，2007，第43页。
[3] 《中国大百科全书》总编委会：《中国大百科全书·第5卷》第2版，中国大百科全书出版社，2009，第132页。
[4] 王才良、周珊：《世界石油大事记》，石油工业出版社，2008，第34页。
[5] 莱昂纳尔多·毛杰里：《石油！石油！》，夏俊、徐文琴译，格致出版社，2007，第43页。
[6] 《中国大百科全书》总编委会：《中国大百科全书·第5卷》第2版，中国大百科全书出版社，2009，第220页。
[7] 王才良、周珊：《世界石油大事记》，石油工业出版社，2008，第48页。

二、各国油田 / 油井的发现

（一）全球概况

17 世纪，世界各国发现的油田数量都较少。1646 年，罗马尼亚的普洛耶什蒂地区人工挖坑采油。1668 年，英国人工挖出第一口油井，俄国在乌赫特河和索克河上发现了漂浮的石油。

到了 18 世纪，俄国成立石油地质勘探机构，先后发现一批油井、油苗，是发现石油矿藏最多的国家。俄国于 1702—1703 年在索克河找到大量石油，1721 年在阿尔汉格尔斯克省发现"石油井"，1723 年在北部车林巴格夫地区发现石油，1738 年在伏尔加找到石油，1754 年和 1768 年在北高加索地区分别发现布拉贡油井和切尔夫列诺油井，1769 年在塔贝斯找到沥青，1772 年在巴卡尔湖岸发现沥青矿床。其他国家和地区也先后发现了一些油井、油苗（表 10-3）。1717 年捷列克河岸发现油泉，1760 年在英吉利附近的地下岩石中发现有石油流出来，1778 年在加拿大艾伯塔省萨巴斯卡河和清水河交汇处发现沥青砂。

表 10-3　近代部分国家发现的第一个油田 / 油井情况

时间 / 年	国家 / 地区	事件
1646	罗马尼亚	当地人在普洛耶什蒂地区人工挖坑采油
1668	英国	英国人工挖出第一口油井
1684	俄国	在伊尔库茨克城堡附近发现石油
1716	摩尔多瓦	在莫伊内什蒂附近的塔斯劳河岸发现油苗
1735	法国	在阿尔萨斯省手工开采 Pechelbroon 油田
1778	加拿大	在艾伯塔省发现沥青砂
1781	土库曼斯坦	开采切列青湖沥青
1808	美国	在西弗吉尼亚州的查尔斯顿人工挖出美国第一口油井
1858	波兰	发现 Kleczany 油田
1859	美国	用机械钻钻出世界上第一口工业油井——德雷克井
1864	古巴	发现 Bacuranao 油田
1868	秘鲁	发现 La Brea 油田
1874	日本	发现 Higashiyama 油田
1878	中国	台湾苗栗油矿钻出中国第一口机械化油井
1880	乌兹别克斯坦	在费尔干盆地用机械钻井采油
1880	埃及	发现 Germsa 油田
1885	印度尼西亚	在北苏门答腊特拉赛德加钻出石油
1889	印度	发现 Digboi 油田
1900	委内瑞拉	开采一些沥青湖区
1901	墨西哥	发现 Panuco 油田
1907	阿根廷	在科诺拉多·里瓦达维亚地区钻出石油
1908	伊朗	发现 Masjid-e-Sulaiman 油田
1909	意大利	发现瓦莱扎油田
1911	哈萨克斯坦	在阿迪劳州卡拉吉尔打出第一口自喷井
1915	巴基斯坦	发现第一个油田
1917	厄瓜多尔	开始生产石油

资料来源：作者整理。主要参考王才良、周珊：《世界石油大事记》，石油工业出版社，2008。

19 世纪到 20 世纪初，随着机械钻井技术的出现和推广，发现石油的国家增多，新发现的油田 /
油井的数量增加，还发现了一批大油田。美国于 1808 年在西弗吉尼亚州的查尔斯顿人工挖出美国第
一口油井[1]，1859 年在宾夕法尼亚州钻出世界上第一口工业油井，1894 年在加利福尼亚州圣巴巴拉钻
出世界上第一口海上油井，1899 年发现的 Kern River 油田可采储量达 1.5 亿立方米，1909 年在辛辛
那提隆起东翼发现世界上首个古潜山(S.鲍尔斯于1917年提出"古潜山"的概念，1922年首先使用"潜
山"一词)油藏。俄国工程师 F. N. 谢苗诺夫于 1848 年在巴库的比比艾特油田钻出第一口机械化油井，
于 1866 年首次使用机械顿钻钻井技术在库达科河流域钻出俄国第一口石油自喷井。加拿大于 1858
年发现国内第一个油田；1909 年在加拿大东部发现石溪油田，产层是下石炭系淡水沥青页岩和砂岩，
为世界上第一个发现的陆相沉积油田[2]；1916 年又在艾伯塔省的特纳河谷首次钻井发现轻质原油。日
本于 1874 年发现 Higashiyama 油田。中国于 1878 年在台湾苗栗油矿首次使用顿钻技术钻出中国第一
口机械化油井。墨西哥于 1901 年在坦皮科地区发现石油可采储量达 1.5 亿立方米的帕努科油田。伊
朗于 1908 年发现国内第一个油田——Masjid-e-Sulaiman 油田，它同时也是中东第一个油田。同年，
委内瑞拉在马拉开波盆地发现梅尼格兰德油田。

自 19 世纪 60 年代发现第一个大油田到 1919 年，全球共发现了 30 个大型油田（表 10-4）。这是
科技进步的表现。

表 10-4　近代全球发现的大型油田数据

时间 / 年	数量 / 个	发现储量 /10 亿桶	储量平均值 /10 亿桶
1860—1869	1	1.00	1.00
1870—1879	4	4.00	1.02
1880—1889	2	1.00	0.67
1890—1899	4	7.00	1.85
1900—1909	7	9.00	1.25
1910—1919	12	10.00	0.80

资料来源：洪定一主编《炼油与石化工业技术进展》，中国石化出版社，2009，第 8 页。

（二）美国

美国油气资源丰富，主要分布在六个地区：一是阿巴拉契亚山脉地区，从纽约一直延伸到田纳西；
二是俄亥俄州西部、印第安纳州中部和伊利诺伊州南部；三是中部大陆地区，也是最重要的地区，位
于堪萨斯州、俄克拉何马州以及得克萨斯州北部和中部；四是路易斯安那州和得克萨斯州的东部沿海
岸地区；五是落基山地区，尤其是蒙大拿地区；六是加利福尼亚的北部。[3]近代，美国境内发现了一批
油气田（表 10-5），包括 Spindle-top、Glenn Pool、Pine Island 等大油田。

[1] 王才良、周珊：《世界石油大事记》，石油工业出版社，2008，第 11 页。
[2] 同上书，第 41 页。
[3] 韩毅等：《美国经济史：17 ~ 19 世纪》，社会科学文献出版社，2011，第 9 页。

表 10-5　美国近代发现的油气田

时间 / 年	发现情况
1808	鲁夫纳兄弟在西弗吉尼亚州的查尔斯顿人工挖成美国第一口油井
1814	在肯塔基州 Cumberland 县钻出亚美利加井
1821	在纽约州弗雷多尼亚钻成一口商业性开采的天然气井
1846	W. E. 洛根在加斯普地区的圣劳伦斯河河口发现两处油苗
1859	在宾夕法尼亚州发现德雷克井
1861	在宾夕法尼亚州泰特斯维尔石油溪附近钻出美国第一口使用机器钻探的石油自喷井
1861	在泰特斯维尔钻出菲利浦油井
1862	在落基山地区 Florence-Canon City 发现第一个油田
1882	堪萨斯石油天然气采矿公司在迈阿密 Someset 发现天然气
1885	在俄亥俄州发现利马油田
1894	在加利福尼亚州圣巴巴拉的浅海钻出世界上第一口海上油井
1894	在得克萨斯州发现 Corsicana 油田
1896	在加利福尼亚州发现第一个油田——Colinga 油田
1899	在加利福尼亚州圣华金盆地发现 Kern River 油田
1901	在得克萨斯州发现 Spindle-top 油田
1903	在得克萨斯州发现 Sour Lake 油田
1903	在加利福尼亚州钻探琅玻克油田
1905	在中陆地区俄克拉何马州发现世界上第一个地层圈闭油田——Glenn Pool 油田
1906	在路易斯安那州发现当时美国最大的油田——Pine Island 油田
1909	在辛辛那提隆起东翼发现世界上首个古潜山油藏
1909	在怀俄明州发现第一个油田——盐湖油田
1910	在加利福尼亚州钻出湖观 1 号井
1912	在俄克拉何马州发现 Cushing 油田
1916	在路易斯安那州发现世界上第一个大型天然气田——门罗气田
1917	在得克萨斯州发现 Ranger 油田

资料来源：作者整理。主要参考王才良、周珊：《世界石油大事记》，石油工业出版社，2008。

1. 发现德雷克井之前

在发现德雷克井之前，美国的石油勘探经历了漫长的过程。早在 16 世纪，欧洲人大批进入美洲后，便在美国发现了油气苗。到了 18 世纪，美国的油气勘探又有新的进展。1748 年，瑞典的博物学家彼得卡莫到北美洲考察，在一张地图中标出了宾夕法尼亚州由许多油气苗连接起来的石油河。1755 年，伦敦出版美国宾夕法尼亚州石油泉分布地图。[①]同年，美国人安图因·巴木发明原油相对密度测定表，美国宾夕法尼亚州的印第安人还用石油制成治头痛、牙痛的药。

到了 19 世纪，美国的石油勘探取得重大进展。1808 年，在西弗吉尼亚州的查尔斯顿，鲁夫纳兄弟人工挖出了美国第一口油井。[②]1812 年，在肯塔基州的 Lewis、Perry、Cumberland 等地，人们挖掘的深度达到 122 米。1814 年，在肯塔基州 Cumberland 县的 Burkeville 附近，当 Rennix Springs 油井挖到约 145 米时，发现了商业数量的石油，井中石油流到 Cumberland 河上还引起了大火。后来人们将此井称为"亚美利加井"。第二年，在宾夕法尼亚州的盐井开采中也发现了石油，但当地人把它当作"不受欢迎"的副产品来处理。[③]

1841 年，在俄亥俄州达克里克附近钻探到 475 英尺深处时钻到了石油；1840—1860 年，美国至少有 15 口盐井在钻探时钻到了石油。这种盐与石油一起频繁出现的情况，最终促使人们专为勘探石油而钻井。[④]

在发现油气苗乃至原油的同时，美国的钻井技术（包括关联技术）也取得了长足的进步。1825 年，美国人 L. 狄斯特茹获得四脚钻机井架专利，1830 年又获得一种钻机专利。1831 年，美国的"比利大叔"威廉·毛里斯发明用于绳式顿钻的钻井震击器。[⑤]1834 年，美国米尔维尔建立第一座铸铁管厂，生产出来的铸铁管可用于矿井生产。1842 年，蒸汽机成功应用于顿钻的钻井作业[⑥]，成为顿钻作业中替代人工的一种新的重要驱动力。蒸汽机成为人类石油开采从手工业向工业转型的一个重要转折点。这一切均为德雷克井的到来做了充分的技术准备。

2. 德雷克井的发现

1859 年 8 月 28 日，德雷克发现了美国的第一口工业油井——德雷克井。但这一发现并非一帆风顺。在他之前，"他的支持者抽出了废渣"[⑦]。

德雷克出生在美国纽约的格林维尔，他到宾夕法尼亚州的泰特斯维尔的一个小山村钻探油井之前，是康涅狄格州纽黑文的一位铁路列车员，因患脊椎神经痛而被迫提前退休。1857 年 12 月，他刚到泰特斯维尔时，那里只有 125 名居民，那里也只有唯一一家石油公司——宾夕法尼亚洛克石油公司。但洛克石油公司并没有采出石油，只是该公司所租用的土地上渗出一点点石油。当时，整个宾夕法尼亚州内唯一一个好像已经发现了少量石油的地方是塔伦特姆[⑧]。有一位名叫塞缪尔·基尔的人收集从该地盐井里冒出的石油，将其进行初步提炼制成药物——基尔天然药物，在全美国出售。由于当时没有人相信泰特斯维尔这个地方会有石油被大量地开采出来，且足以让开采费用合算，因而洛克石油公司成立时很

---

① 王才良、周珊：《世界石油大事记》，石油工业出版社，2008，第 7 页。

② 同上书，第 10 页。

③ 同上书，第 11 页。

④ 查尔斯·辛格、E. J. 霍姆亚德、A. R. 霍尔、特雷弗·I. 威廉斯主编《技术史·第 5 卷》，远德玉、丁云龙主译，上海科技教育出版社，2004，第 71 页。

⑤ 王才良、周珊：《世界石油大事记》，石油工业出版社，2008，第 12 页。

⑥ 同上书，第 14 页。

⑦ 哈罗德·埃文斯、盖尔·巴克兰、戴维·列菲：《美国创新史：从蒸汽机到搜索引擎》，倪波、蒲定东、高华斌、玉书译，中信出版社，2011，第 90 页。

⑧ 同上。

难找到合作股东。几经周折，最后找到纽黑文市城市储蓄银行的总裁詹姆斯·汤森作为公司的投资者。此后，汤森在公司运作中遇到了德雷克，并出于自身利益的需要，说服德雷克将其平生积攒的 200 美元投资入股[①]，成为洛克石油公司的一个股东。同时，另一家石油公司塞内卡也投资入股，汤森取得洛克石油公司的控制权，德雷克被任命为公司的总经理。[②] 作为一个银行家，即便到了此时，汤森对石油的开采也并不看好，"认为对开采石油这样冒险的事要慎重，最好不要与之有太显眼的联系"[③]。后来他对德雷克在石油钻探中的投入非常有限，致使钻探遭遇经费困难。

1858 年 4 月，德雷克带上自己的女儿和妻子在泰特斯维尔驻扎下来，正式开始了德雷克井的钻探工作。他一直在寻找钻探能手，在 1859 年 4 月 1 日德雷克的合同就要到期之前，先后找了 3 个人，但这 3 个人都因钻井的艰难与无望而退场了，甚至他家里也到了无米下锅的境地，以致"在整个宾夕法尼亚地区，人们都知道昔日的'上校'如今成了疯狂的德雷克"。[④]

就在德雷克走投无路的时候，德雷克井迎来了重大转机——第 4 位钻探工出现了，他就是当时美国最有名的钻井技术发明者"比利大叔"威廉·毛里斯。他在此前（1831 年）发明了用于绳式顿钻的钻井震击器，可以使冲击钻井的井深达到约 610 米。[⑤]"比利大叔"在 1859 年 5 月中旬带着自己锻造的 100 磅重的钻探工具及儿子塞缪尔和女儿玛格丽特一起来了。[⑥]

德雷克除了得到"比利大叔"的鼎力支持，他在 1 年多的钻井过程中还摸索出一套当时最先进的钻井技术。

他最先在石油开采中采用当时最先进的钻井技术——机械顿钻（绳索冲击钻），从而使人工开采石油走向机械化大生产。此前，世界各地石油钻探都是采用人工冲击钻井方式。德雷克承担起德雷克井的钻井任务后，他考察了锡拉丘兹的盐井，然后决定采用盐井钻井取卤水的方法来找石油[⑦]，使用钻盐井的顿钻设备[⑧]。

他配置了当时最先进的钻井动力——一台 6 马力的蒸汽机。[⑨] 蒸汽机发明于 1769 年，而世界上顿钻开始使用蒸汽机驱动则只有 10 多年的时间，始于 1842 年。

他使用了当时最先进的钻井配件技术——铸铁管。[⑩] 美国第一座铸铁管厂是在 1834 年建立的。

他利用了当时最先进的钻井工具——"比利大叔"威廉·毛里斯于 1831 年发明的用于绳式顿钻的

① 哈罗德·埃文斯、盖尔·巴克兰、戴维·列菲：《美国创新史：从蒸汽机到搜索引擎》，倪波、蒲定东、高华斌、玉书译，中信出版社，2011，第 92 页。

② 同上。

③ 同上。

④ 同上。

⑤ 王才良、周珊：《世界石油大事记》，石油工业出版社，2008，第 12 页。

⑥ 哈罗德·埃文斯、盖尔·巴克兰、戴维·列菲：《美国创新史：从蒸汽机到搜索引擎》，倪波、蒲定东、高华斌、玉书译，中信出版社，2011，第 93 页。

⑦ 同上书，第 92 页。

⑧ 王才良、周珊：《世界石油大事记》，石油工业出版社，2008，第 17 页。

⑨ 哈罗德·埃文斯、盖尔·巴克兰、戴维·列菲：《美国创新史：从蒸汽机到搜索引擎》，倪波、蒲定东、高华斌、玉书译，中信出版社，2011，第 92 页。

⑩ 同上书，第 93 页。

钻井震击器。当时，美国的钻井技术是从法国引进的，而法国的钻井技术又是从中国引入的。

德雷克创新了钻井方式——移植卤水钻井。过去，一般人认为石油是从邻近山上的煤矿上滴下来的，挖沟渠可以把它引流到大桶里，而德雷克却认为这样做是错误的。他认为石油储藏在地下岩石层的储存带里，得到石油的唯一办法就是开钻油井，就像人们采盐用的方法那样。[①] 于是，他摒弃撇取石油的方法，而是采取向地下的岩石层（垂直）钻井的方法。[②] 在欧美国家，垂直钻探油井的思想出现于德雷克井发现之前的 10 多年：沃斯克鲍依尼克于 1844 年倡议用在地面上挖竖井的方法，替代以往的挖大坑。[③]

德雷克还发明了新颖实用的钻井导管技术：在挖到 16 英尺深的地方将一根软铁导管插入，然后用白橡树制成的大木槌捶击，将之穿过流沙和黏土层，深入地下 32 英尺时触到了岩石层，然后才将钻头放入导管内开钻（岩石层）。[④] 这种方法不仅提高了钻井速度，还解决了钻井时遇到大量地下水涌出以及排水的问题，使钻井得以一直钻下去。但是，后来德雷克没能申请到石油钻探发明的专利权。

他还借鉴了当时出现的钻塔技术。钻塔作为一个把所有机械都集中在钻孔口的中心装置，可以追溯到 1830 年。在这种钻塔中，滑轮置于高处，钻管则可以提升到脱离钻孔，钻井器具和钻管可以竖着存放在钻塔中。开始时，所需动力是人和马提供的，大约到 1850 年开始采用蒸汽动力。[⑤] 德雷克为钻探石油，专门设计并修建了高达 30 英尺的井架，其底部面积为 12 平方英尺，顶部面积为 3 平方英尺，由本地失业伐木工人和另外 24 位工人用松木搭建起来。还专门为 6 马力的蒸汽机修建了发动机房。[⑥]

在诸多努力下，历经种种挫折与失败之后，终于在 1859 年 8 月 28 日那天，钻到 69 英尺（约 21 米）深时，德雷克惊喜地发现了从井下采上来的石油！

几天之后，泰特斯维尔这个小山村沸腾了，一股找油风潮遍及整个村庄，到处都是钻井人的身影，乃至"商人放弃了他们手中经营的商店，农民放下了他们手中耕作的犁头，律师离开了他们的办公室，而牧师抛弃了他们的讲坛"[⑦]。

对于"美国第一口油井的钻工"[⑧] 德雷克的开创性贡献，也有人提出过质疑："如果没有德雷克，石油会被发现吗？"有些人认为这仅仅是时间的问题，因为其他人也在考虑同样的方法。[⑨] 但《美国创新

① 哈罗德·埃文斯、盖尔·巴克兰、戴维·列菲：《美国创新史：从蒸汽机到搜索引擎》，倪波、蒲定东、高华斌、玉书译，中信出版社，2011，第 92 页。

② 同上。

③ 王才良、周珊：《世界石油大事记》，石油工业出版社，2008，第 14 页。

④ 哈罗德·埃文斯、盖尔·巴克兰、戴维·列菲：《美国创新史：从蒸汽机到搜索引擎》，倪波、蒲定东、高华斌、玉书译，中信出版社，2011，第 93 页。

⑤ 查尔斯·辛格、E.J. 霍姆亚德、A.R. 霍尔、特雷弗·I. 威廉斯主编《技术史·第 5 卷》，远德玉、丁云龙主译，上海科技教育出版社，2004 年，第 71 页。

⑥ 哈罗德·埃文斯、盖尔·巴克兰、戴维·列菲：《美国创新史：从蒸汽机到搜索引擎》，倪波、蒲定东、高华斌、玉书译，中信出版社，2011，第 93 页。

⑦ 同上书，第 95 页。

⑧ 美国不列颠百科全书公司：《不列颠百科全书·第 5 卷》国际中文版（修订版），中国大百科全书出版社《不列颠百科全书》国际中文版编辑部编译，中国大百科全书出版社，2007，第 412 页。

⑨ 哈罗德·埃文斯、盖尔·巴克兰、戴维·列菲：《美国创新史：从蒸汽机到搜索引擎》，倪波、蒲定东、高华斌、玉书译，中信出版社，2011，第 95 页。

史》一书的作者并不这么认为，他们指出：这种简单的假设忽略了德雷克对地下石油储存带的直觉所产生的创见，忽略了他坚定的意志，忽略了他所面对的强烈讥讽，忽略了这世上每一个投资者的妥协，忽略了他发明的简单的钻井导管的杰出性，也忽略了他能在如此浅的地方钻探到石油的幸运。"比利大叔"许多年来坚持认为，如果德雷克经过这么多努力后还是失败了，那就没有人会像他那样再进行钻探了。[①] 在晚年时期，德雷克写道："我说这件事情不是自高自大，但客观地说，如果没有我对石油发展所做出的努力，在那个时代，石油是不会被开采出来的。"[②]

德雷克是幸运的，他发现了德雷克井，开创了世界石油工业史。

3. 发现德雷克井之后

德雷克井被发现之后，其技术和经验得到迅速推广，当地油井犹如雨后春笋般地大量"冒"出来。不到一年时间，数百口井打出了石油[③]，被从当地的管道输入地下油箱和大油槽里，然后再装桶运到炼油厂。

1861 年 4 月，H. 鲁斯在宾夕法尼亚州的泰特斯维尔石油溪附近钻出美国第一口使用机器钻探的石油自喷井，日喷原油达 411 吨。此后，美国先后发现落基山地区 Florence-Canon City 的第一个油田（1862 年）、俄亥俄州的利马油田（1885 年）、西弗吉尼亚州的 Mannington 油井、加利福尼亚州圣巴巴拉的第一口海上油井（1894 年）、得克萨斯州的 Corsicana 油田（1894 年）、加利福尼亚州的 Colinga 油田（1896 年）和 Kern River 油田（1899 年）等。到 1900 年，美国在 14 个州发现了油田。[④]

1901 年，美国发现 Spindle-top 油田，打出美国第一口"万吨井"。此后，还发现了得克萨斯州的 Sour Lake 油田（1903 年），世界上第一个地层圈闭油田——俄克拉何马州的 Glenn Pool 油田（1905 年），当时美国最大的油田——路易斯安那州的 Pine Island 油田（1906 年），俄克拉何马州 Cushing 油田（1912 年），得克萨斯州 Ranger 油田（1917 年）等。

美国的石油地质勘探技术和理论也得到不断丰富和发展。如 1860 年，H. D. 罗杰斯提出背斜学说的基本观点；1874 年，J. F. 卡尔制成世界上第一张石油地质图；1885 年，《科学》杂志第 5 卷发表 I. C. 怀特的论文《天然气地质》，肯定了背斜理论；1895 年，得克萨斯州的 Corsicana 油田首先开始使用旋转钻机，同年，F. 贝斯康在普茨茅斯大学成立地质系；1912 年，美国密苏里大学开办第一个石油地质课程；1915 年，美国地质调查局总地质师 D. 怀特提出定碳比理论。

（三）俄国

俄国是世界上最早开展矿产事务行政管理的国家，也是最早成立了石油地质调查队伍的国家。俄国先后进行一系列石油勘探活动，自 17 世纪起发现了一批石油资源。

1. 西伯利亚石油的发现

1637 年，俄国设立西伯利亚衙门。1648 年，衙门命令伊尔库茨克文书官列昂季·基斯良斯基负责

① 哈罗德·埃文斯、盖尔·巴克兰、戴维·列菲：《美国创新史：从蒸汽机到搜索引擎》，倪波、蒲定东、高华斌、玉书译，中信出版社，2011，第 95 页。

② 同上。

③ 博言：《发明简史》，中央编译出版社，2006，第 145 页。

④ 美国国家工程院：《20 世纪最伟大的工程技术成就》，常平、白玉良译，暨南大学出版社，2002，第 241 页。

对金、银、锡、云母等矿产资源开发征收实物税。他对伊尔库茨克进行考察时，发现西伯利亚有石油。

1684 年，他在给衙门的呈文中写道："我从伊尔库茨克城堡出来，刚走出不远，也就是 1 俄里（1 俄里约等于 1.07 千米）或不到 1 俄里，就看见从山上流出的滚滚热浪，手刚伸向热浪就得缩回来。一股熏鼻的气浪随着石油气流袭来。靠近气浪和裂缝的井坑，真正的石油味就在眼前。如果继续挖掘，该裂缝井坑的热浪就越发咆哮。马上就可以知道，这就是真正的石油。""这里的石油没能马上开采，原因是始终没有找到能够胜任大规模开采的人。"①

西伯利亚衙门的有关文件对当地石油的开发利用也做了记载：叶尼塞河和贝加尔湖沿岸的居民都在采集"西伯利亚石头油"，他们将石头油涂抹在患处治疗疼痛和伤口。1650 年的一本关于海关的著作还记载："河口人罗曼·叶夫杰耶夫乘坐别人的船从西伯利亚来到莫斯科……除了一些家什还带来了半普特石头油。"② 当时在叶尼塞斯克，1 普特石头油价值 10 戈比。

2. 彼得一世时期的石油勘察

1700 年 8 月 24 日，彼得一世颁布一道圣旨，成立国家矿产事务衙门，统管全国各种矿藏的开发与加工利用，开始在全俄范围内寻找矿藏、石油。1702 年底到 1703 年初，在索克河找到了大量石油。

1718 年，为了在国内找到更多的石油，彼得一世组建了石油考察队，派往捷列克河和孙扎河地区考察。考察队在那里发现：在离滚烫的矿泉水发源地不远之处，石油或石岩油从山上流淌出来，但没有人采集、使用。1721 年，在阿尔汉格尔斯克省普斯托泽尔斯克县发现"石油井"。1724 年，把在乌赫塔河油源调查过程中发现的石油，运送了 8 瓶到首都圣彼得堡。③

3. 北高加索地区的石油调查

早在 18 世纪初，俄国地理学家伊万·基里洛夫就首先宣布北高加索地区存在石油源。1727 年，《全俄国家繁荣状态》一书中说，在捷列克河畔有油井。基兹利亚尔档案管理处有一个 1743 年的卷宗记载了"关于用哥萨克木船运送石油"，还有一个 1756 年的卷宗记载了"关于运送哥萨克到切尔夫列诺油井采集石油"。研究人员斯捷潘·沃涅文在 1768 年的工作报告中对布拉贡燃烧的油井和切尔夫列诺的油井做了记载。1770 年，圣彼得堡科学院委托约安·基尤利坚什捷特对北高加索地区进行调查，他在《俄国游记》中记载：当地"石油是黑色、黏稠的野生矿物油或地沥青"。④

4. 伏尔加河流域的石油勘察与发现

1735 年，根据矿务总局的命令，"探矿者"雅科夫·沙哈宁被授权在全国勘探矿藏。1738 年 2 月，他在给安娜·伊凡诺芙娜女皇的呈文中告知在伏尔加河右岸找到了石油的储藏地。1741 年，伏尔加河右岸的石油样品被送到莫斯科和圣彼得堡，并被送到圣彼得堡科学院进行研究。

圣彼得堡科学院于 1760—1770 年首次对伏尔加河流域的石油资源进行勘察。该院通讯院士彼得·雷奇科夫在 1762 年所著的《奥伦堡地形测量学》一书中对伏尔加河流域的阿依里亚基河地区的表层含油标志进行描述："……各种颜色特征可见，有蓝色、黄色、白色、黑色和绿色，而在水面漂浮着类似干

---

① 阿列克佩罗夫：《俄罗斯石油：过去、现在与未来》，石泽译审，何小平副译审，人民出版社，2012，第 15 页。
② 同上书，第 13–14 页。
③ 同上书，第 17 页。
④ 同上书，第 40–41 页。

馏焦油的物质而且味道十分刺鼻。"① 自然科学家斯捷潘·沃涅文于 1768 年对高加索地区进行考察后，绘制了该地区的矿藏分布图并在图上标出捷列克河地区石油溢出点的位置。自然科学家伊万·列皮奥欣在其所著的《博士和科学院副职在俄罗斯各省旅行札记》中对 1768—1769 年圣彼得堡科学院对伏尔加河流域一系列石油蕴藏地的考察做了详尽描述。彼得·帕拉斯院士在 1768 年勘察了伏尔加河流域后，在其著述中详细地描写了塞兹兰城地区、索克河、卡梅什雷河、顺古特河的许多石油溢出点。约安·法尔科领导的勘察队于 1768—1774 年对捷秋希居民的聚居地进行考察，并在报告中对油井进行了描绘。

从 19 世纪 30 年代开始，俄国政府对伏尔加河流域的石油矿藏开展了持续数十年的勘探活动。1830 年，矿业司派遣第一支考察队到伏尔加河流域进行勘探，这是俄国历史上第一次专业地质考察。② 几年后，矿业司又派遣另一支考察队对伏尔加河流域的沥青矿藏进行勘察。在此次勘察中，矿业工程师亚历山大·格伦格罗斯上尉根据其亲眼观察得出了重要的科学结论："在白色石灰岩裂缝中发现的大多是裂缝底层沥青沉淀物。由此可以推断，它们是由脂微粒的某种化学过程合力而成，隐藏在地壳中。"格伦格罗斯据此还同时做出了两个重要论断：第一，伏尔加流域的沥青蕴藏地是由于油脂较多的矿物从地壳深处向岩层表面溢出而形成的二次沥青；第二，沥青是油脂较多的微粒发生化学作用的结果，即由石油氧化而形成的。③

18 年后，俄国政府再次组织考察队对伏尔加河流域的石油进行勘探。罗曼诺夫斯基根据勘探、研究，得出了石油蕴藏地生成的结论："毫无疑问，水下的石油和天然气是沿岩石的裂缝流出的。""萨马拉省的矿油来自泥盆系或下层的石煤底板块。""萨马拉省在彼尔姆纪砂岩下一定存在液态石油盆……石油的生成应始于泥盆系沉积。因此，应在不浅于 100 俄丈的深处。"④

1866 年，矿业学院教授巴维尔·叶列梅耶夫参加研究伏尔加河流域石油含量的考察队。他在伏尔加河巴特拉卡村附近，使用蒸汽发动机钻出了一口深井，1869 年钻到 5 米左右时发生严重事故，从而中止了钻探。最终，俄国在伏尔加河流域进行了大规模的勘探，虽然打出了石油，但没能找到工业储量。

5. 克里米亚半岛和塔曼半岛的石油调查

1783 年，俄国将土耳其的属地克里米亚并入版图后，俄国矿山测量专家科津于 1823 年对克里米亚半岛进行了首批地理考察⑤。他命名和标注了克里米亚半岛石油的主要溢出点。

19 世纪 30 年代初，格鲁吉亚矿业勘探队对黑海塔曼半岛库班地区进行了首次地质调查，并首次确定了塔曼半岛属于第三系岩层的年龄，记录了半岛上所有的储油地点。1835 年，格鲁吉亚矿业勘察队又派出总管弗列多夫到塔曼半岛进行石油考察。他在考察报告中记述：20 世纪 30 年代中期，库班石油工人在石油生产中曾使用手工钻打井，"每当要在新的地方打井，人们就先用螺旋钻（他们称之为探钻）在地上打孔"⑥。

① 阿列克佩罗夫：《俄罗斯石油：过去、现在与未来》，石泽译审，何小平副译审，人民出版社，2012，第 28 页。
② 同上书，第 53 页。
③ 同上书，第 54 页。
④ 同上书，第 55 页。
⑤ 同上书，第 44 页。
⑥ 同上书，第 59–61 页。

6. 发现俄国北方第一口油井

1859 年，俄国北方的探索者米哈伊尔·西多罗夫组织一支探险队，前往乌赫塔河地区进行勘察。1864 年，西多罗夫在乌赫塔河地区发现了具有石油前景的地段。1868 年，西多罗夫在乌赫塔河地区注入涅夫捷—约里河交汇处进行钻井，钻到 12.2 米深时，有较少的油流冒出，但这是俄国北方的第一口油井。后来因故停顿了很长一段时间。1872 年，该钻井打到 52.9 米深时，冒出了一股孱弱的油流。西多罗夫从该油井中共打出约 2 000 普特的石油。

7. 打出俄国第一个石油"喷泉"

1863 年，近卫军上校阿尔达利昂·诺沃西里采夫承包黑海哥萨克军管辖的油田，使用被称为锅驼机的 7.4 马力的移动蒸汽机进行钻探，这是俄国石油勘探史上首次使用机械冲击钻和金属套管固井方法进行钻孔打井。1866 年，诺沃西里采夫在库达科河左岸 1 号井于 37.6 米深处打出了俄国第一个石油"喷泉"。

8. 伏尔加河 – 乌拉尔河地区第一次大范围勘探

从 1870 年开始，匈牙利裔美国公民拉斯洛·山道尔大张旗鼓地在伏尔加 – 乌拉尔地区钻探石油。他向当地居民租用了约 14.2 万公顷的土地，先后钻井 5 口以上。其中，舒古尔 1 号井于 1877 年 4 月从 243 米深处开始渗出较少的气流，井孔里冒出掺着石油的泥浆。当打到 253 米时，气流增强了，并伴有强烈的呼啸声。后来，由于资金不足，他停止了钻探，在当地建立了沥青工厂。

9. 库页岛（俄称萨哈林岛）石油的勘探

萨哈林岛位于俄国东部鄂霍次克海的南部。早在 1880 年，商人伊万诺夫便提出申请，要开发萨哈林岛北部的油泉。1886 年，萨哈林岛的一位长官把几十千克的萨哈林石油寄往圣彼得堡皇家技术学会的实验室。1889 年，矿业工程师列奥波利特·巴采维奇对萨哈林石油矿床进行勘察钻探，在奥哈油田发现了油苗。同年，退伍海军中尉格雷戈里·佐托夫成立了萨哈林岛历史上第一个公司——佐托夫萨哈林石油工业公司，租赁了约 1 090 公顷的土地开展勘探工作。此后，俄国、德国、英国等国家的一批地质学家、工程师以及俄国地质委员会率领的勘察队先后来到萨哈林岛进行石油勘探，并发现了一批油矿。1911 年 4 月，萨哈林岛和阿穆尔石油采矿辛迪加区块钻出一口直径为 0.3 米的油井，钻到 20 米深度时每昼夜开采量为 5 普特，而到 30 米深度时每昼夜开采量达 50 普特。[①] 此后，第一次世界大战的爆发中断了对萨哈林岛石油的勘探与开发。

（四）中国

17 世纪后，中国先后在山东曹县、肥城，河北抚宁、平乡、滦县、保定，台湾台北、嘉义、高雄，西藏那曲、芒康等地发现了石油。

《清史稿·灾异志》记载："顺治十年二月，曹县夜间火光遍野。""嘉庆……十六年夏，抚宁夜遍地起火。""道光……二十六年正月，平乡火光遍野。""咸丰……十年冬，肥城既昏，有火从地中出，如磷而火，色赤而青，作二流光，遍地皆燃。""光绪元年正月十四日，滦州五圣祠突有火光，俄而火起，高矗云霄，祠竟无恙。"清代的施鸿保在《闽杂记》卷二中记载："台湾诸罗县火山石隙，泉涌则火随泉出，

---

① 阿列克佩罗夫：《俄罗斯石油：过去、现在与未来》，石泽译审，何小平副译审，人民出版社，2012，第 121–124 页。

可以燃物，此自然之火，且由水中出，异矣。……凤山县赤山接淡水溪处，陂陀平衍十余里，土中时有火出，其色俱赤，故又名赤泥湾港。"[1] 光绪三年（1877 年），福建巡抚丁日昌曰："据查淡水属牛琢山地方有一区，磺油与泉水并从石罅流出，土人盛以木桶，另由桶底开窍放水，水尽则全为油，其色黄绿，与洋油相埒。"[2] 上述文中，曹县为今山东曹县，肥城为今山东肥城市，平乡为今河北平乡县，抚宁为今河北秦皇岛市抚宁区，滦州为今河北滦州市，诸罗县为今台湾嘉义市，凤山县为今台湾高雄市，淡水为今台湾新北市淡水区。

光绪三十一年（1905 年）九月初，有泰日记九条言："喀拉乌苏往北走七八站后则水草皆无，路上如烧茶，即挖土烧之，火焰甚旺，亦一奇也。"刘赞廷在《西藏林矿药石异产记略》中记载：宣统二年（1910 年），美国矿务专家贝克在宁静县治西北约 130 里的纳绒沿拉耳小河发现石油，认为此处矿源甚丰，与高加索油矿系同一脉系，开采后之油量可供西南数省之用，遂将地层之深浅及道路之远近绘为一图，附以图说，意欲集股投资，与中国合办，但此事未遂。[3] 上述宁静县为今西藏自治区的芒康县。

到了 19 世纪末期，引进了国外先进技术，中国石油勘探开始进入机械化钻井时代。1877 年，清政府将由私人人工开采的台湾苗栗油矿收归官办。1878 年，清政府在台湾设立中国第一个石油行政管理机构——矿油局。同年，从美国购进一套石油钻机设备，聘请两名美国钻井技师，使用机械钻探设备（顿钻）和技术，在台湾苗栗油矿钻出中国第一口机械化的油井，井深 120.17 米，日产油 1.5 吨。[4]

1905 年，清政府在陕西延长设立石油官厂。1907 年，从日本聘请技师、技工共 7 人，购进顿钻钻机一台，于 5 月 6 日开凿，9 月 6 日钻成延长 1 号井，井深 80 多米，日产原油 1～1.5 吨。[5] 这是在中国大陆上钻出的第一口机械化的油井。随后，在延长建设炼油房，当月有 14 箱灯油运往陕西省城，中国大陆第一次炼出"洋油"。[6] 到 1911 年，延长石油官厂的工人已经能够独立操作机器钻井。

1909 年，新疆地方政府筹集 30 万两纹银，从俄国购进钻机、制烛机、蒸馏釜等石油工艺设备，安装在乌鲁木齐工艺厂，聘请俄国工匠在独山子开凿油田，打出新疆第一口用机器开采的油井，井深约 25 米。

1913 年，美国美孚石油公司先后到山东、河南、河北、东北、陕西、甘肃、内蒙古等地进行石油调查与勘探。[7] 第二年 2 月，北洋政府与美孚石油公司签订开发陕西延长等地石油的合同，在陕西延长成立中美油矿事务所，由美孚石油公司出资购置 4 台汽动顿钻，从美国派出地质师、测量技师，先后在延长、肤施（今延安）、安塞、中闻（今黄陵）、甘泉、宣君等地钻出 7 口井，最深的井有 1 076 米，

① 周亮工、施鸿保：《闽小红·闽杂红》，来新夏校点，福建人民出版社，1985，第 24 页。

② 石宝珩：《石油史研究辑录》，地质出版社，2003，第 356-358 页。

③ 王进玉主编《化学与化工卷》，广西科学技术出版社，2003，第 313-314 页。

④ 白寿彝总主编《中国通史·第 11 卷》修订本，上海人民出版社，2004，第 489 页。关于苗栗油田的开采规模，中国工程院编的《20 世纪我国重大工程技术成就》（暨南大学出版社，2002，第 43 页）一书中认为，"苗栗点钻成深度为 133.8 米的油井，每天采油 750 千克"。

⑤ 吴熙敬主编《中国近现代技术史》，科学出版社，2000，第 43 页。

⑥ 白寿彝总主编《中国通史·第 11 卷》修订本，上海人民出版社，2004，第 490 页。

⑦ 吴熙敬主编《中国近现代技术史》，科学出版社，2000，第 45 页。

耗资 250 万美元[①]，但没有获得有开采价值的石油，遂于 1916 年停止钻探。

从 1878 年采用机械钻打出第一口油井，到 1917 年，中国仅开发了 3 个油矿，即台湾苗栗油矿、陕西延长油矿、新疆独山子油矿。到 1917 年仍在生产的仅有陕西延长这一口井，年产原油达 96 吨（1919 年）。[②]

1917 年，中国生产原油 2 000 桶[③]，约为 273 吨。中国石油工业举步维艰。

三、关于世界石油工业的发端

对于世界石油工业的发端，学术界存在不同的认识。其中代表性的观点有以下几种。

一是"工业油井"说或"现代化油井"说。有学者认为："从 1859 年美国钻成世界上第一口工业油井以来，美国石油工业发展迅速，石油产量不断增加。"[④]闫林指出："世界上第一口现代化油井（Drake well）是 1859 年在美国东部宾夕法尼亚州钻成的，也有人说 1897 年是全世界石油时代的开端，因为那一年俄国高加索石油开发成功，同一时期在俄国巴库、高加索、德国、罗马尼亚、墨西哥、中国和印度尼西亚都获得了工业性油流。"[⑤]

二是"商业油井"说。美国的约翰·塔巴克说，1859 年，"宾夕法尼亚州泰特斯维尔打下了第一口商业性油井"[⑥]。美国的托马斯·里贝指出："在 19 世纪中期，当第一口现代商业油井在宾夕法尼亚打成以后，油井开始向其他州输油，主要是沿着墨西哥湾输出，并且进入了加利福尼亚。"[⑦]冯向法认为："1859 年，埃德温·德雷克在美国宾夕法尼亚州的泰特斯维尔挖掘了第一口商业油井，日产石油 10 桶左右。随即，它的产量很快超过了整个罗马尼亚的石油产量，而那时罗马尼亚石油是欧洲石油产品的主要来源。"[⑧]

三是"机械钻井"说。徐淑玲、尹芳华主编的《走进石化》一书指出："近代石油工业的历史，是从 19 世纪中叶各国采用机械钻井开始算起的。1859 年，美国在宾夕法尼亚州打出了第一口油井，井深为 21 米，日产原油约 2 吨。"[⑨]

四是"石油炼制"说。这一说法不是从石油开采的工业规模、商业规模或开采技术的视角切入，而是以石油生产中的加工环节来衡量的。张志前、涂俊认为："现代石油历史始于 1846 年，当时生活在加拿大大西洋省区的亚伯拉罕·季斯纳发明了从煤中提取煤油的方法。1852 年波兰人依格纳茨·武卡谢维奇发明了使用更易获得的石油提取煤油的方法。1853 年波兰南部克洛斯诺附近开辟了

①吴熙敬主编《中国近现代技术史》，科学出版社，2000，第 45 页。有的专家认为美国美孚石油公司"共耗资 250 万美元"，见石宝珩：《石油史研究辑录》，地质出版社，2003，第 28 页。还有的学者认为美孚石油公司"耗资 270 余万元"，见白寿彝总主编《中国通史·第 11 卷》修订本，上海人民出版社，2004，第 491 页。
②白寿彝总主编《中国通史·第 11 卷》修订版，上海人民出版社，2004，第 491 页。
③朱汉国、杨群主编《中华民国史·第十册》，四川人民出版社，2006，第 139 页。
④闫笑非：《世界石油化工市场行情》，中国石化出版社，2007，第 173 页。
⑤闫林：《后半桶石油：全球经济战略重组》，化学工业出版社，2007，第 215 页。
⑥约翰·塔巴克：《煤炭和石油——廉价能源与环境的博弈》，张军、侯俊琳、张凡译，商务印书馆，2011，第 196 页。
⑦托马斯·贝里：《伟大的事业：人类未来之路》，曹静译，生活·读书·新知三联书店，2005，第 179-180 页。
⑧冯向法：《甲醇·氢和新能源经济》，化学工业出版社，2010，第 15 页。
⑨徐淑玲、尹芳华主编《走进石化》，化学工业出版社，2008，第 39 页。

第一座现代的油矿。这些发明很快就在全世界普及开来了。1859 年，埃德温·德雷克在宾夕法尼亚钻出了世界上第一口用机器抽油的现代油井，标志着现代石油工业的诞生。"[1]谢石敏则认为："现代石油开采历史要从 1852 年波兰药剂师依格纳茨·卢卡西维茨（Jan Józef Ignacy Lukasiewicz，1822—1882 年）发明使用石油提取煤油的方法开始。1853 年，波兰南部克洛斯诺附近开辟了第一座现代油矿。从此，油矿在全世界不断被发现。1861 年在南高加索地区，当时还属于沙俄帝国管辖的巴库（现阿塞拜疆首都）建立了世界上第一座炼油厂，这是当时全球最大的生产厂，约占全球成品油产量的90%。"[2]

五是"现代工业意义"说。中国科学院油气资源领域战略研究组在其研究成果中转引的一个观点则认为，1859 年美国人德雷克在宾夕法尼亚州钻出的是"第一口具有现代工业意义的油井"[3]。

归纳起来，上述多种说法中，世界石油工业发端的时间是不一的，最早为 1846 年，其后依次为1848 年、1852 年、1859 年、1897 年；依据是多样的，包括"工业油井""商业油井""机械钻井""石油炼制""现代工业意义"等；标志性事件也是不一样的。

笔者认为，上面各种说法都有其合理的地方，也有不够准确的一面，有的还不够科学严谨。就世界石油工业的内涵而言，衡量某一历史或某一历史事件是不是世界石油工业的起点或发端，它应当具备两个基本条件：一是应当是一种工业（而非手工业），二是应当具有世界性（而非地域性）。与这两者伴生的，是两个衍生特性，即工业化和规模化。

所谓的工业是相对于工业革命出现之前的手工业而言的。两者的显著区别在于，手工业或工场手工业是以手工劳动为基础的，而工业则是一种机械化大生产。因此，当油井开采是采用人工而非机械挖掘时，它仍为一种手工业，还不是近代意义上的工业。就这点而言，1859 年美国的德雷克油井具备了机械化大生产的条件，是石油工业与手工开采石油的一个分水岭。同时，某一历史事件要成为世界石油工业历史发端的标志性事件，它所产生的影响和作用应当具有世界性，即对世界石油工业的发展起到重要的推动、促进作用。1859 年美国的德雷克油井符合此条件。意大利学者莱昂纳尔多·毛杰里认为：亚伯拉罕·盖斯勒（Abraham Gesner）于 1854 年获得煤油发明专利时，"石油抢占市场的最大障碍是产量不够。所有的提取技术都还停留在远古的水平，人们仍在用原始的工具和外行人使用的设备收集渗出地表的石油；大多数都还是手工收集。当时世界上也散布着一些在地表下钻井的例子，如法国、日本和其他一些亚洲国家［特别是阿塞拜疆（Azerbaijan）］，但是这些活动都没有在全世界得到推广。在 1859 年，宾夕法尼亚州出现一场大革命，当时埃德温·德雷克（Edwin Drake）用钻井机器从坚如磐石的地下成功钻出石油"[4]。由此可见，德雷克井之前的各种石油生产活动并不具有世界性。

毛杰里指出，德雷克经过多次钻井失败后，他在接受毕赛尔建议的基础上发明了一套新的钻井方法。他与当地工人建起一座木制塔楼，并安装一个巨大的蒸汽驱动的轮盘，轮盘上绕着一根缆绳，缆

[1] 张志前、涂俊：《国际油价谁主沉浮》，中国经济出版社，2009，第 13 页。
[2] 谢石敏：《世界经济大战：列强称霸之路对中国经济的启示》，中国发展出版社，2013，第 36 页。
[3] 中国科学院油气资源领域战略研究组：《中国至 2050 年油气资源科技发展路线图》，科学出版社，2010，第 25-26 页。
[4] 莱昂纳尔多·毛杰里：《石油！石油！》，夏俊、徐文琴译，格致出版社，2007，第 4 页。

绳的一端连接着一个铁制钻头。轮盘转动，缆绳及其滑轮装置上升，之后让其自由落下冲击地层，如此反复就可以钻出一个洞。这一用于挖盐丘的技术在 1847 年阿塞拜疆的石油开采中就已经被使用过，但是德雷克在这种技术中加了一些自己的技术，而这点被加进去的技术被证明是很重要的。他向洞里插入一根管子，再在这根管子里挖掘，这样洞边的水和散落物就不会阻碍钻头前行。就这样，他采用这种方法在 1859 年成功地钻出了石油，为现代石油工业奠定了钻井原型。1901 年的得克萨斯州采用了旋转钻探，对这一技术做了改进。[①]

因此，"德雷克上校那具有划时代意义的试验被看作石油工业的起源。那些关于这次试验成功的报道的传言编织着这样一个美梦……一时之间，不计其数的没有经过专门训练的石油勘探人员涌入宾夕法尼亚西部。他们有个绰号——野猫钻井者……1861 年，第一家炼油厂投产，美国出口的第一批石油用木桶装运经费城（Philadelphia）运往伦敦。1865 年，第一根石油管道铺设成功，它有 5 英里长，每天能运送 800 桶石油。这样，所谓的'黑金热'开始了。随着煤油进入美国市场，紧接着闯入欧洲市场，石油生产飞速发展"[②]。由此可见，德雷克井不仅具有工业性，还具有规模性和世界性特征。

正因如此，德雷克不仅钻出了美国第一口工业油井，也钻出了现代石油工业的钻井原型；不仅使德雷克井成为美国石油工业的发端，还使大规模的美国石油及其产品走向世界。从而，石油的开采和生产既超越了国家也超越了地区，具有世界性特征。

此外，若从规模上看，当时美国的石油开采规模不仅远远大于巴库、罗马尼亚，也远远大于当时排在世界第二位的俄国。美国的原油产量，1860 年为 6.7 万吨，1861 年猛增到 28.2 万吨，1870 年、1880 年分别达到 70.1 万吨、350.5 万吨；而俄国 1860 年、1870 年、1880 年的原油产量仅分别为 0.4 万吨、3.3 万吨、38.2 万吨。到 1883 年，俄国原油产量才超过 100 万吨，为 103.9 万吨；而美国同年已达到 312.7 万吨。德雷克井的诞生，奠定了美国在世界石油工业中的绝对优势地位，这也是其对世界石油工业发展所产生的巨大的世界性影响的一种重要体现。

基于上述几点，德雷克井应当是世界石油工业的发端。或许，正是在德雷克井的推动下，宾夕法尼亚州在德雷克井钻出的第二年（1860 年）便成立了世界上第一个石油工作者协会；又或许，正是基于德雷克井的重要影响，当年为油井钻工的德雷克被推选为世界上第一个石油工作者协会的首任主席。

---

① 莱昂纳尔多·毛杰里：《石油！石油！》，夏俊、徐文琴译，格致出版社，2007，第 4-5 页。
② 同上书，第 4 页。

第 2 节　石油开采和炼制

近代，世界石油从手工开采转向机械开采，开采规模从钻出世界上第一口机械钻井德雷克井前（1858 年）的不足 1 万吨猛增至 1917 年的 6 781.5 万吨。18 世纪中叶，石油炼制出现蒸馏技术和专业化炼油厂，19 世纪中后期开发出重要的石油产品——煤油和汽油，并且汽油生产从蒸馏工艺转向热裂化工艺，炼油技术取得重大突破和飞速发展。

一、石油开采

进入近代后，随着机械钻井技术的出现与推广，美国、俄国、墨西哥等国家先后发现一批大油田，原油生产规模不断扩大，世界石油生产中心从欧亚的里海、黑海转移到北美洲的墨西哥湾。

（一）发展历程

近代世界石油开采可分为手工开采和机械开采两个时期。手工开采时期，全球石油开采规模小，年产量到 19 世纪中叶仍不足 1 万吨；机械开采时期，石油开采规模不断扩大，世界各国原油总产量（列入统计范围的数据，下同）由 1860 年的 7.1 万吨猛增至 1899 年的 1 796 万吨，近 40 年间增长了 252 倍。

1. 手工开采时期（1640—1859 年）

进入近代，里海、黑海（以下简称"两海"地区）相连的区域成为世界石油的生产中心。在"两海"区域范围，阿普歇伦半岛、塔曼半岛、高加索地区、伏尔加河流域以及俄国、波斯、罗马尼亚、巴库[①]等地是石油生产的重要国家和地区。

1646 年，在"两海"地区（今罗马尼亚的普洛耶什蒂地区）已经开始人工挖坑采油。1658 年，巴库地区已有一批人工石油井，当地苏丹阿拉·格列尔基实行专卖，1716 年石油商人的年收入达到 5 万卢布。[②]1723 年，巴库城外 10.5 千米处共有生产黑色石油的井坑 66 个，不产油的有 15 个；距城 21 千米处有生产白色石油的井坑 4 个，不产油的有 3 个；每个井坑之间相隔 20 ～ 200 米，最远间隔 2 000 米。[③]1752 年，俄国在伏尔加河流域的乌发县建设石油工厂。1825 年，巴库有 120 口井产油，共开采石油 4 126 吨。1838 年，在塔曼阿卓夫海滨，人们从油砂中生产出原油 24 吨。1857 年，罗马尼亚产

[①] 巴库位于阿普歇伦半岛南部，今为阿塞拜疆共和国的首都。16—18 世纪并入波斯，其中 1723 年波斯将巴库割让给俄国，到 1732—1735 年又归属波斯。1813 年俄国与波斯战争结束后，巴库并入俄国。1917 年，成立巴库苏维埃政权。1920 年，成立阿塞拜疆苏维埃社会主义共和国。1991 年，阿塞拜疆宣布独立。

[②] 王才良、周珊:《世界石油大事记》，石油工业出版社，2008 年，第 5 页。

[③] 同上书，第 6 页。

油 257 吨，是全球第一个有正规产油统计资料的国家。

在机械钻井出现之前，俄国是世界上产油最多的国家。除了巴库，俄国还先后在全国各地开采石油。1745 年，Φ.C. 普良杜诺夫在阿尔汉尔斯克省开采乌赫特河上的石油，供给莫斯科的药店。1754 年，鞑靼人首领纳得尔和 Y. 乌拉兹缅托夫兄弟开始开采索克河上的石油。1760 年，Y. Y. 谢涅也夫兄弟申请开采奥伦堡州的一处石油。1766 年，索波列夫和拉托夫在阿尔汉格尔斯克省开采皮尔沙河上的石油，坑深 2.8 米。1777 年，B. 莫尔古诺夫开始采集奥伦堡州白河附近的石油。1858 年，在切列津岛上开采出 818 吨粗沥青，运到斯瓦托伊岛上提炼石蜡，同时开始采集切列津岛湖面上的石油。到 19 世纪中叶，俄国仅在阿普歇伦半岛开采的石油，1835 年就达到 35.27 万普特[①]，1849 年减为 25.63 万普特[②]。

手工开采时期，世界上还有其他一些国家和地区开采石油。摩尔多瓦于 1716 年在莫伊内什蒂附近的塔斯劳河采集溢出地表的石油来润滑马车轴。法国于 1735 年在阿尔萨斯省手工开采 Pechelbroon 油田，1819 年开采沥青 80 吨。到 1850 年，美国原油开采总量约为 318 吨。缅甸到 1797 年已在仁安羌油田上手工挖出 520 个油井（坑），日产原油 27 ～ 55 吨。[③]波兰于 1858 年开采 Kleczany 油田。

到 1858 年，全球原油年产量不到 1 万吨。[④]

2. 机械开采时期（1859—1917 年）

1859 年后，即石油生产应用机械顿钻技术后，世界石油产量剧增，美国一度成为世界上最大的原油生产国。之后，世界各地生产原油的国家日渐增多，石油开采技术逐渐得到发展，世界原油生产中心从欧亚的"两海"地区向北美洲的墨西哥湾转移。到 1917 年，地处墨西哥湾的美国和墨西哥的石油产量共计 5 300 万吨，占世界石油总产量的比例达 78.2%。

（二）石油生产格局

19 世纪末，全球列入统计范围的产油国只有 8 个（表 10-6）[⑤]，1899 年的原油产量分别为：俄国 930.0 万吨，美国 760.9 万吨，奥地利 30.0 万吨，印度尼西亚 24.8 万吨，罗马尼亚 20.0 万吨，印度 12.5 万吨，加拿大 10.6 万吨，日本 7.2 万吨。

进入 20 世纪，世界石油工业加速发展，生产国日渐增多，生产规模空前扩大，世界石油生产中心也由"两海"地区向墨西哥湾转移。到 1917 年，世界原油生产国家（年产量达到 1 万吨及以上的国家）由 1899 年的 8 个增至 16 个，增加了 1 倍；原油开采总量达到 6 781.5 万吨，增长了约 2.8 倍；地处墨西哥湾的美国和墨西哥两国原油产量共计 5 299.9 万吨，约占世界原油总产量的 78.2%；美国是世界原油第一生产大国，达到 4 470.9 万吨，约占世界原油总产量的 2/3。

---

① 阿列克佩罗夫：《俄罗斯石油：过去、现在与未来》，石泽译审，何小平副译审，人民出版社，2012，第 37 页。

② 同上书，第 46 页。

③ 王才良、周册：《世界石油大事记》，石油工业出版社，2008，第 10 页。

④ 阿列克佩罗夫：《俄罗斯石油：过去、现在与未来》，石泽译审，何小平副译审，人民出版社，2012，第 57 页。

⑤ 除非另有标注，书中各表近代世界各国（地区）原油产量的原始数据参见 B. R. 米切尔：《帕尔格雷夫世界历史统计·亚洲、非洲和大洋洲卷：1750—1993 年》第 3 版，贺力平译，经济科学出版社，2002。

表 10-6　1860—1917 年世界各国原油产量情况

单位：万吨

国家 / 地区	1860 年	1869 年	1879 年	1889 年	1899 年	1909 年	1917 年
中国[1]	—	—	—	—	—	—	0.03
印度[2]	—	—	—	1.3	12.5	89.0	107.7
印度尼西亚	—	—	—	—	24.8	152.4	179.3
伊朗	—	—	—	—	—	—	95.2
日本[3]	—	—	0.06	0.7	7.2	25.2	38.6
沙捞越[4]	—	—	—	—	—	—	7.5
奥地利[5]	—	—	—	—	30.0	210.0	—
德国[6]	—	—	—	—	—	10.0	10.0
罗马尼亚	—	—	—	—	20.0	140.0	70.0
俄国	0.4	4.2	43.1	334.9	930.0	1 120.0	880.0
加拿大	—	2.9	7.5	9.2	10.6	5.5	2.8
墨西哥	—	—	—	—	—	40.7	829.0
特立尼达和多巴哥	—	—	—	—	—	—	22.3
美国	6.7	56.2	265.5	468.9	760.9	2 442.3	4 470.9
阿根廷	—	—	—	—	—	—	18.0
秘鲁	—	—	—	—	—	—	34.7
委内瑞拉	—	—	—	—	—	—	1.8
埃及	—	—	—	—	—	—	13.7
合计	7.1	63.3	316.2	815.0	1 796.0	4 235.1	6 781.5

资料来源：作者整理。主要参考 B. R. 米切尔：《帕尔格雷夫世界历史统计·亚洲、非洲和大洋洲卷：1750—1993 年》第 3 版，贺力平译，经济科学出版社，2002。

注：[1] 中国数据采自朱汉国、杨群主编《中华民国史·第十册》，四川人民出版社，2006，第 139 页。该书中的数据为 "2 000 桶"，以 7.33 桶 / 吨换算则为 273 吨。[2] 包括缅甸产量。[3] 包括日本占领的中国台湾地区的产量。[4] 今为马来西亚最大的州，位于婆罗洲西北部。曾为英国保护国。[5] 指西斯勒萨尼亚。[6] 包括阿尔萨斯－洛林。

（三）美国石油大国的崛起

1859 年，德雷克使用机械顿钻在宾夕法尼亚州的泰特斯维尔钻出德雷克井，不仅标志着世界石油工业的开启，也标志着美国石油时代的到来。从此，成千上万口井在美国各地涌现。到 1860 年，仅短短一年多的时间，美国原油的年产量便达到 6.7 万吨，居世界首位，是同年排在世界第二位的、原油年产量为 0.4 万吨的俄国的 16.75 倍。此后，美国石油产量呈井喷式增长，到 19 世纪 60 年代末达到 56.2 万吨，1873 年突破 100 万吨（达到 131.9 万吨），1878 年突破 200 万吨（达到 205.3 万吨），两年后突破 300 万吨（达到 350.5 万吨），1889 年突破 400 万吨（达到 468.9 万吨），仅一年之后又突破 600 万吨（达到 611.0 万吨）。

在此井喷式发展过程中，美国石油产业经历了过山车般的大动荡的冲击。1859 年，全美国的原油产量不足 2 000 桶。[①] 1861 年，宾夕法尼亚州著名的德雷克井开始产油，一开始每天产出 3 000 桶石油，

———————————
① 博泰·查尔斯·福布斯：《缔造帝国经济的 50 位巨人》，边晓华、胡或译，上海科学技术文献出版社，2010，第 422 页。

这是让人始料未及的，油井的管理人员根本无法控制石油的流量，当地的油桶很快就供不应求，以至于不得不临时筑起土制堤坝来储油。但这仅仅是问题的开始。在同一年，产量更大的另一处油井——菲利浦油井（the Phillips well）也投产了，每天出油达 4 000 桶。[1]在这期间里，石油供应远远大于需求。结果导致石油价格大跌。1860 年 1 月，美国每桶石油价格为 19.25 美元。到 1861 年 1 月，每桶石油价格跌至 1 美元。1862 年 1 月，每桶石油价格继续跌到 10 美分。直到 1865 年 1 月，每桶石油的价格才回升至 8.25 美元。[2]但是，好景不长，新一轮剧烈震荡又接踵而至。1864 年，月平均油价从每桶 4 美元升至 12 美元以上；1868 年，从 1.95 美元升至 5 美元；1870 年，从 3 美元升至 4.5 美元；而到 1872 年，由于原油供给严重过剩，结果油价一度跌到每桶 20 美分。[3]1879—1893 年的 10 多年时间里，世界原油价格除 1883 年为每桶 1 美元之外，其他所有年份均跌至每桶 1 美元以下。原油市场价格的大起大落对于炼油者来说也是灾难性的。1869 年，炼油能力是原油生产能力的 3 倍，90% 的炼油厂商处于结构性亏损状况。对此，洛克菲勒指出："通常，大多数的竞争不是来自那些强大、明智、保守的竞争者，而是来自那些鼠目寸光、忽略成本的人，无论如何他们只能艰苦经营或者破产。"[4]

19 世纪 90 年代，美国被俄国赶超，到 1898 年俄国原油产量首次超过美国。1899 年，美国原油产量为 760.9 万吨，约占世界原油总量的 42.4%，排在俄国之后，居世界第二位。俄、美两国原油生产占全球原油生产总量的比例高达 94.1%。

19 世纪末至 20 世纪初，美国石油工业出现重大转折，不仅石油生产从美国东部地区向西南地区转移，而且还相继发现一批大油田，使得美国原油产量又出现跳跃式增长，在短短四五年时间内超过了俄国。1890 年，加利福尼亚州成立加利福尼亚联合石油公司，1896 年发现该州第一个油田 Colinga 油田，1903 年该州原油产量达到 329 万吨，成为美国第一大产油州。[5]与此同时，得克萨斯州于 1901 年 1 月打出美国第一口"万吨井"，发现了当时美国境内最大的油田——Spindle-top 油田，每天产油达 75 000 桶[6]，约占当时世界原油总产量的 20%。随后，在这里诞生了后来的石油"七姐妹"之一的海湾石油公司（1907 年成立）。同为石油"七姐妹"之一的德士古公司（1901 年成立）也位于得克萨斯州。几年之后，美国"油田之最"又相继被打破，1905 年在俄克拉何马州发现了一个比 Spindle-top 油田更大的油田——Glenn Pool 大油田，它还是美国在中陆地区发现的世界上第一个地层圈闭油田。到 1915 年，俄克拉何马州取代加利福尼亚州成为美国产油最多的州。[7]但仅过了一年，美国又在路易斯安那州北部发现了当时美国最大的油田——Pine Island 油田，投入开发后原油年产量达到 500 万吨。[8]从此，美国西南地区成为美国最重要的石油生产中心，并使美国长期保持世界最大原油生产国的地位。美国在"万吨井"Spindle-top 大油田发现后的第二年（即 1902 年），原油产量首次超过 1 000 万吨（俄国在 1900 年

[1] 约翰·塔巴克：《煤炭和石油——廉价能源与环境的博弈》，张军、侯俊琳、张凡译，商务印书馆，2011，第 105-106 页。
[2] 同上书，第 106 页。由于历史资料来源不一致，不同作者提供的数据存在一些差异，但总体上原油价格的走势是一致的。
[3] 博泰·查尔斯·福布斯：《缔造帝国经济的 50 位巨人》，边晓华、胡枫译，上海科学技术文献出版社，2010，第 422 页。
[4] 莱昂纳尔多·毛杰里：《石油！石油！》，夏俊、徐文琴译，格致出版社，2007，第 7 页。
[5] 王才良、周珊：《世界石油大事记》，石油工业出版社，2008，第 37 页。
[6] 莱昂纳尔多·毛杰里：《石油！石油！》，夏俊、徐文琴译，格致出版社，2007，第 15 页。
[7] 王才良、周珊：《世界石油大事记》，石油工业出版社，2008，第 49 页。
[8] 同上书，第 39 页。

首超 1 000 万吨），达到 1 183.6 万吨，并且原油产量超过俄国，再次成为全球最大的石油生产国。

此后，美国原油产量不断刷新，5 年后突破 2 000 万吨（1907 年达到 2 214.6 万吨），过了 6 年又突破 3 000 万吨（1913 年达到 3 312.6 万吨），仅隔了 3 年时间突破 4 000 万吨，到 1917 年达到 4 470.9 万吨，占全球原油总产量的比例由 19 世纪末的 42.4% 上升到 65.9%，居世界首位。

第一次世界大战使得美国扩大了对石油的需求，刺激了美国原油的生产。1913 年美国原油产量为 3 312.6 万吨，而 1918 年达到 4 745.7 万吨，比 1913 年增长约 43.3%。1919 年，美国原油产量继 1916 年首破 4 000 万吨之后，仅短短 3 年时间，已突破 5 000 万吨，达到 5 209.9 万吨。

（四）俄国石油生产的起落

德雷克井发现之前，俄国原油产量居世界首位。德雷克井被发现后，美国石油工业出现井喷式增长，在第二年原油产量便超过了俄国，成为当时世界上最大的原油生产国。俄国在 1863 年首次使用机械钻井技术后，原油年产量逐步增长，20 年后（1883 年）首次超过 100 万吨，此后进入高速发展时期，与美国的差距不断缩小，到 1898 年达到 860 万吨，首次超过美国（同年美国为 738.2 万吨）。这一年，俄国原油产量占世界原油总产量的比例超过一半，达到 51.6%[①]，居世界第一位。但是，俄国的优势仅保持了 4 年时间，到 1902 年美国又超过了俄国。此后，俄国石油工业受到多重因素的影响，出现萎缩，与美国同期原油开采井喷式增长形成强烈反差（表 10-7）。到 1917 年，俄国原油产量占世界原油总产量的比例从 1898 年的 51.6% 降至 13%。俄国近代石油工业经历了缓慢发展、高速发展、危机频发三个时期。

表 10-7　1860—1917 年俄国和美国的原油产量情况

时间 / 年	俄国 / 万吨	美国 / 万吨	时间 / 年	俄国 / 万吨	美国 / 万吨
1860	0.4	6.7	1874	10.6	145.7
1861	0.4	28.2	1875	15.3	117.2
1862	0.4	40.8	1876	21.3	121.8
1863	0.6	34.8	1877	27.6	178.0
1864	0.9	28.2	1878	35.8	205.3
1865	0.9	33.3	1879	43.1	265.5
1866	1.3	48.0	1880	38.2	350.5
1867	1.7	44.6	1881	70.1	368.8
1868	2.9	48.6	1882	87.0	404.7
1869	4.2	56.2	1883	103.9	312.7
1870	3.3	70.1	1884	153.3	322.9
1871	2.6	69.4	1885	196.6	291.5
1872	2.7	83.9	1886	193.6	374.2
1873	6.8	131.9	1887	240.5	377.1

---

① 阿列克佩罗夫：《俄罗斯石油：过去、现在与未来》，石泽译审，何小平副译审，人民出版社，2012，第 135 页。

续表

时间 / 年	俄国 / 万吨	美国 / 万吨	时间 / 年	俄国 / 万吨	美国 / 万吨
1888	307.4	368.2	1903	1 110.0	1 339.5
1889	334.9	468.9	1904	1 170.0	1 561.1
1890	386.4	611.0	1905	830.0	1 796.2
1891	461.0	723.9	1906	890.0	1 686.6
1892	477.5	673.5	1907	980.0	2 214.6
1893	562.0	645.7	1908	1 040.0	2 380.4
1894	504.0	657.9	1909	1 120.0	2 442.3
1895	690.0	705.2	1910	1 130.0	2 794.1
1896	710.0	812.8	1911	1 050.0	2 939.3
1897	760.0	806.3	1912	1 040.0	2 972.5
1898	860.0	738.2	1913	1 030.0	3 312.6
1899	930.0	760.9	1914	920.0	3 543.5
1900	1 070.0	848.3	1915	940.0	3 748.1
1901	1 200.0	925.2	1916	1 000.0	4 010.2
1902	1 160.0	1 183.6	1917	880.0	4 470.9

资料来源：作者整理。参考 B. R. 米切尔：《帕尔格雷夫世界历史统计·欧洲卷：1750—1993 年》第 4 版，贺力平译，经济科学出版社，2002。

缓慢发展时期（1640—1872 年）。俄国在 1637 年发现了西伯利亚石油，并于 100 多年后建立石油工厂。1746 年，经俄国矿务总局批准，费奥多尔·普里亚杜诺夫在普斯托杰尔斯科县乌赫塔河支流上建立俄国第一个石油工厂，当年 8 月开始开采石油。19 世纪初，俄国开始对油田开发实行包税制经营。1825 年，阿普歇伦半岛共有 125 口石油井，巴库采油超过 24 万普特。1834 年，俄国矿业工程师军团直接经营巴库石油和希尔万石油，他们对石油开采和储运技术进行了改造，提高了石油开采量，由 1833 年的 34.61 万普特增加到 1835 年的 35.27 万普特。1863 年，俄国开始使用机械钻井技术，同年石油开采量为 6 000 吨。此后，俄国石油开采量不断增加，到 1871 年达到 26 000 吨。但是，同美国相比，俄国石油工业规模小，1871 年美国石油产量达到 69.4 万吨，俄国的石油产量仅为美国的 3.7%，其重要原因之一是石油包税制的限制。俄国专家认为，"包税制对俄罗斯石油事业的影响是窒息性的，1871 年，美国石油开采量占世界的 81%，而俄罗斯只有美国的 1/36"[1]。

高速发展时期（1872—1901 年）。1872 年，俄国取消石油包税制，实行油田开发私人经营制。1877 年，俄国又取消向页岩煤油生产征收的消费税。在此激励下，大量私人资本涌入石油产业，俄国石油工业出现前所未有的加速发展趋势。在阿普歇伦半岛，1872 年出现第一口机械钻井，1873 年增加到 17 口，1874 年又增至 50 口。大批石油生产贸易企业在阿普歇伦半岛拔地而起，1880 年石油

---

[1] 阿列克佩罗夫：《俄罗斯石油：过去、现在与未来》，石泽译审，何小平副译审，人民出版社，2012，第 80 页。

工业和贸易合伙公司 C. 扎可利和 N. 扎可利股份公司成立，1883 年巴统石油工业和贸易公司以及"涅夫特"公司成立，1886 年里海合伙公司成立，等等。1874 年，在巴库，俄国石油工业第一个股份制公司——巴库石油公司正式成立，其业务迅猛壮大，成为俄国石油工业的"领头羊"。巴库石油公司 1874—1875 年开采石油 96.6 万普特，到 1888 年开采石油超过 1 000 万普特，达到 1 100 万普特。1879 年，瑞典工程师、化学家诺贝尔成立股份制合资企业——诺贝尔兄弟石油公司，同年在巴库打出了公司的第一口石油自喷井。1899 年，该公司石油产量达到高峰，超过 9 320 万普特，居俄国首位，占俄国石油生产总量的 18% 左右和世界石油生产总值的 8.6%。[1]1893 年，在格罗兹尼，伊万·阿赫韦尔多夫钻出格罗兹尼油田第一口自喷井，1895 年又钻出 7 号自喷井，从此开启了格罗兹尼油田纪元。7 号油井一直喷到 1898 年底，3 年间出产石油 98.3 万吨。[2]此外，格罗兹尼地区还有多家石油工业企业成立，包括格罗兹尼石油工业公司、格罗兹尼 - 第聂伯石油工业公司等。1871 年，俄国原油产量为 2.6 万吨，1874 年超过 10 万吨，1883 年突破 100 万吨，1900 年突破 1 000 万吨，达到 1 070 万吨[3]，成为世界上首个原油年产量达千万吨的国家。

危机频发时期（20 世纪初）。进入 20 世纪后，俄国石油工业发展受到多重因素的影响，包括国内市场中罗斯柴尔德财团与英荷壳牌集团之间的激烈竞争，俄美两国石油工业的激烈竞争，1905 年巴库石油工人罢工事件，1912 年罗斯柴尔德巴黎银行退出俄国市场，1914 年巴库三万石油工人罢工，以及第一次世界大战等。1905 年 8 月，巴库石油工人罢工，造成俄国石油产量大幅下滑，这一年，俄国石油产量由上年的 1 170 万吨降到 830 万吨。此后，俄国与美国的差距越来越大。1917 年，俄国石油开采量为 880 万吨，而同年美国的石油开采量为 4 670.9 万吨，俄国的石油开采量仅为美国的 18.8%。之后，苏俄石油工业进一步萎缩。

（五）其他国家石油生产

从 19 世纪下半叶到 20 世纪初，墨西哥湾成为世界石油生产中心，除了美国石油生产的推动，墨西哥的石油被发现也是重要原因。1901 年，墨西哥 Panuco 大油田被发现。1910 年 12 月，墨西哥在坦皮科地区打出神奇的波特罗拉诺 4 号井，该井第 21 天的日产量高达 11 万桶（约 1.5 万吨），被认为是当时世界上产量最高的油井。1916 年，墨西哥 Cerro Azul 4 号井发生特大井喷，日喷原油最高达 37 140 吨，创世界最高纪录。[4]随着一批大油田被开发，墨西哥石油工业迅速崛起壮大，原油产量由 1901 年的 0.1 万吨发展到 1911 年的 188.1 万吨。到 1917 年，墨西哥石油产量增至 829 万吨，占世界石油总产量的 12.2%，是当时世界第三大石油生产国。

除了美国、俄国和墨西哥，亚洲的中国、印度、印度尼西亚、伊朗、日本，欧洲的奥地利、德国、罗马尼亚，美洲的加拿大、阿根廷、秘鲁、委内瑞拉，以及非洲的埃及等国家也开采石油。其中，1917 年年产量超过 50 万吨的国家有印度尼西亚（179.3 万吨）、印度（107.7 万吨）、伊朗（95.2 万吨）、罗马尼亚（70 万吨）。1917 年，这些国家的石油产量共计 601.6 万吨，占世界石油总产量的 8.9%。

---

① 阿列克佩罗夫：《俄罗斯石油：过去、现在与未来》，石泽译审，何小平副译审，人民出版社，2012，第 113 页。

② 同上书，第 119 页。

③ B. R. 米切尔：《帕尔格雷夫世界历史统计·欧洲卷：1750—1993 年》第 4 版，贺力平译，经济科学出版社，2002，第 456 页。

④ 王才良、周珊：《世界石油大事记》，石油工业出版社，2008，第 51 页。

17 世纪初，荷兰入侵印度尼西亚，1602 年成立了荷兰东印度公司，兼行政职权。[①]1890 年，荷兰成立皇家荷兰石油公司，在荷属东印度群岛的苏门答腊岛东部发现了油田。[②]随后，皇家荷兰石油公司在苏门答腊岛建造炼油厂，于 1892 年建成并开始投产，同年 4 月，"皇冠"（"僧帽"）牌煤油开始投放远东市场。1897 年，英国的壳牌运输贸易公司在印度尼西亚的婆罗洲（又称加里曼丹）发现巴厘巴板油田。第二年，打出第一口自喷井，随后建成炼油厂和输油管道。[③]1899 年，印度尼西亚原油产量为 24.8 万吨，居世界第四位。到 1917 年，原油产量增至 179.3 万吨，是当时世界第四大石油生产国。

印度在 1889 年发现第一个油田——Digboi 油田，这一年，石油产量为 1.3 万吨。第二年，Digboi 油田开始投产，到 1899 年石油产量为 12.5 万吨。到了 20 世纪初，原油生产规模不断扩大，1909 年增至 89 万吨，到 1917 年超过 100 万吨，达到 107.7 万吨，是当时世界第五大石油生产国。

在 18 世纪 30 年代，伊朗（当时称波斯）曾从俄国夺回阿普歇伦半岛的领土，拥有 52 口油井。1733 年，俄国驻波斯使馆医生约翰·列尔赫造访了阿普歇伦半岛，他写道："1733 年 7 月 30 日，我来到离不熄之火 5 俄里的巴拉哈内，到一些黑石油井旁……这里的石油井在波斯国王时期有 52 口，彼得大帝正是通过波斯国王派遣了商人。现在未损坏的只剩 26 口石油井……井深达到 20 俄丈。有口井油浪猛烈翻滚，每天产 500 巴特曼（1 巴特曼等于俄国的 15 俄磅）石油。井内传出清晰的咆哮声。"[④]1872 年，英国人巴仑·路透取得了开发伊朗石油资源的第一个租让权。1901 年，英国人威廉·达西取得石油开采权。1908 年，伊朗在马德·苏来曼地区发现了第一个油田并打出第一口油井。此后经过多次勘探，发现伊朗是"浮在油海上的国家"。[⑤]1917 年，伊朗原油产量为 95.2 万吨，排在世界第六位。

（六）海上石油的早期开发

1869 年，T. F. Rowland 研制出一种海外钻井装置，并获得美国专利。

1894 年，美国在加利福尼亚圣巴巴拉海峡浅海上钻出世界上第一口海上油井[⑥]，标志着世界海洋石油工业的诞生。两年后，美国在圣巴巴拉海峡附近的 Summerland 油田建成一批钻井采油用的木栈桥，开始开发 Summerland 油田伸向浅海部分的石油。

巴库于 1900 年在其浅海区域用栈桥钻出一批浅海油井。1909 年，巴库开始建造堆积式人工岛，开发浅海油田。直到 1947 年，巴库才在墨西哥湾钻出世界上第一口商业性海上油井。

（七）石油开采技术

近代石油开采中，除了成功应用机械顿钻、旋转钻井等新技术，人们还发明了其他一些实用新工艺、新技术，尤其是提出了二次采油方法。

在井泵方面。1852 年，美国人福西特提出水力活塞泵的结构原理。1865 年，美国采用铜质缸体和两只阀门，制成深井泵，开始应用这种深井泵来抽油。1900 年，开采石油开始应用插入泵。1917 年，A. 阿

① 李树藩、王德林主编《最新各国概况》第 5 版，长春出版社，2005，第 88 页。

② 莱昂纳尔多·毛杰里：《石油！石油！》，夏俊、侯俊琳、张凡译，格致出版社，2007，第 13 页。

③ 王才良、周珊：《世界石油大事记》，石油工业出版社，2008，第 33 页。

④ 阿列克佩罗夫：《俄罗斯石油：过去、现在与未来》，石泽译审，何小平副译审，人民出版社，2012，第 20 页。

⑤ 张铁伟：《伊朗》，社会科学文献出版社，2005，第 8 页。

⑥ 王才良、周珊：《世界石油大事记》，石油工业出版社，2008，第 31 页。

鲁特诺夫制成潜油电泵。

在封隔、套管方面。1880 年，S. 德莱赛发明出用橡胶制作的油井封隔器，尔后又发明管道连接器，并创办德莱赛工业公司，于 1883 年将油井封隔器投放市场。1907 年，R. C. 贝克发明套管鞋，并获得专利，使下套管技术发生重大变化。[①]1910 年，美国人 J. C. Swan 发明井下套管射孔器。

在固井方面。1887 年，M. T. 查普曼发明用于钻井井眼和井壁的各种材料，包括在钻井液中添加黏土、糖、谷物、水泥及其他材料，获得实用专利。1903 年，美国加利福尼亚州的琅玻克油田首次采用油井套管注水泥的方法来固井，以隔绝水层。两年后，第一家油井套管注水泥固井专业化公司 Perkins 公司成立，油井注水泥固井技术开始应用于商业。1911 年，加利福尼亚州塔夫特附近油田首次采用双水泥塞固井。第二年，珀金斯和道布尔获双塞注水泥专利权。1912 年，R. C. 贝克发明用于油井注水泥的水泥承转器。

在产油方面。1864 年，T. B. 古宁发明气举技术，利用空气压缩机将生产出来的压缩空气通过油管压送到油井底部，然后把油驱采上来，获得美国专利。1880 年，宾夕法尼亚州的皮特霍油田偶然将水灌入油井，出现产油增加的现象，从而开了注水提高采油量的先河。30 多年后，F. D. Dorn 父子于 1915 年有意识地向浅层注水，创造了线型注水法。[②]1882 年，B. Framklin 发明了一种试井装置，用来调节、控制油井的产量。1894 年，印第安纳标准石油公司的 H. Frasch 获得油井酸化技术专利。两年后，S. V. Dyke 获得用硫酸作酸化液的专利。1917 年，俄克拉何马州的诺瓦塔城油井开始注气。同年，美国矿务局发表的一篇文章提到，在一次开采之后（只是简单利用了油田内的天然气和水形成的内压），将天然气注入积蓄池可以获得更多的石油，第一次提出了所谓二次采油的想法。当时存在很多争议，直到 10 年后才被人们接受和使用。[③]

在其他方面。1896 年，第一家制造打捞工具的艾克朱打捞工具公司在美国西弗吉尼亚州成立 Smithfield 子公司。H. R. 德克尔于 1903 年发明第一个闸板式防喷器，次年首次在得克萨斯州的油田上应用。1913 年，加利福尼亚州的 Coalinga 油田使用 Clothespin 打捞器，第一次进行打捞作业，成功地捞起了钻头。同年，俄克拉何马州 Wicey Prol 的一口油井开双层完井之先河。M. M. Kinley 在美国中陆地区一口失火油井首创在井口用炸药爆炸并成功灭火。[④]

二、石油炼制

石油炼制是石油产品生产的重要环节。通过石油炼制，可以得到沥青、煤油、汽油、润滑油、燃油等一系列石油产品。欧洲"矿物学之父"G. 阿格里科拉的著作《论冶金》（1556 年）是欧洲最早全面论述冶金技术的重要著作。他在书中记述了当时石油炼制、加工的过程，包括如何从采集到的油苗中提取原油，如何利用大罐对原油进行加热和浓缩，以及如何通过熔化（下行蒸馏法）从沥青岩中分离出沥青。此后，福尔克在 1625 年写的一本小册子中也对产自皮切布朗的原油的加工进行了更为详细

---

① 王才良、周珊：《世界石油大事记》，石油工业出版社，2008，第 40 页。

② 同上书，第 50 页。

③ 莱昂纳尔多·毛杰里：《石油！石油！》，夏俊、侯俊琳、张凡译，格致出版社，2007，第 42 页。

④ 王才良、周珊：《世界石油大事记》，石油工业出版社，2008，第 46 页。

的描述，并且分析研究了石油分馏物的性质，特别是其药用性质，指出这种油是适宜作为制造车轴润滑脂、木材和船体用的涂料和漆、皮革加工用品、软膏、膏药以及灯油的一种基本材料。[①]进入近代后，石油炼制加工得到了深入开发，其产品也得到更为重要的利用。

（一）17—18世纪石油产品研究与生产

17世纪，人们对采集的油苗或开采出来的原油大多只是进行简单的加工，作为制作润滑油、沥青、药物的原料，或作为"火器"燃料。

蒸馏是石油加工的一个重要环节。俄国驻波斯使馆医生约翰·列尔赫在1733年造访了阿普歇伦半岛的油田。他谈到了石油蒸馏的现象："石油并非马上开始燃烧，石油是暗褐色的，当对其进行蒸馏时就变成明亮的黄色。白色石油有点浑浊，而对其进行蒸馏时，就会如酒一样清亮而且十分易燃。"[②]1748年10月10日，总实验师赫里斯季安·莱曼在俄国矿务局莫斯科的实验室里完成了对由费奥多尔·普里亚杜诺夫的石油工厂运来的石油的首次蒸馏，用3俄磅（1俄磅≈409.5克）石油进行蒸馏，从中获得2俄磅的纯净石油。同时，普里亚杜诺夫在这个实验室也独立地进行实验。19日，普里亚杜诺夫拿出了他于1746年和1747年5月初在乌赫塔河采集并运到莫斯科矿务总局实验室的40普特石油，将它们全部进行蒸馏，共获得26普特26.5俄磅的纯净石油。[③]

18世纪，人们对石油进行了一些研究。1741年，俄国约翰·阿曼对"萨马拉硫厂石油样品"进行分析。他指出："送来的石油样品散发着十分难闻的味道，而且油浓稠、色黑和不干净。它无法点燃，哪怕用划着了的火柴棍放在油上或者将火柴棍放到石油表面也难以起火。而当将燃烧的棉花纸做的灯捻放到石油上，石油则慢慢燃烧起来，火焰不是很高……我认为，（它）只有下列用处：用它做车轮用油、油脂绳、火把，还可以做火光不太亮和不太大的灯捻。此外，还可以代替灯的灯捻使用。如果石油的最精细和轻的部分通过蒸馏器分离，就几乎与普通的波斯石油相同。"[④]1787年，俄国物理学教授马金诺维奇研究卡路斯附近的格里津原油的性质，发现原油的相对密度是0.943，在曲颈瓶里蒸馏获得相对密度为0.811和0.867的两种产品，残余物的相对密度为0.961。[⑤]

1754年，俄国批准纳德尔·乌拉兹梅多夫等人在乌发县建造石油工厂。次年，制造出用于石油蒸馏的机器。

1761年，英国人通过蒸馏从沥青中提取出轻质石油，这种轻质石油可以代替松节油用来制造麻醉剂。1781年，土库曼人开始开采切列青湖的沥青，放入大锅里熬炼后制成块，运到希腊，和蜡混合，用于照明。

（二）19世纪石油炼制及产品创新

19世纪，石油加工取得重大突破，人们开发出专供照明使用的石油新产品——煤油。煤油又称煤

[①] 查尔斯·辛格、E.J.霍姆亚德、A.R.霍尔、特雷弗·I.威廉斯主编《技术史·第5卷》，远德玉、丁云龙主译，上海科技教育出版社，2004，第68页。

[②] 阿列克佩罗夫：《俄罗斯石油：过去、现在与未来》，石泽译审，何小平副译审，人民出版社，2012，第20页。

[③] 同上书，第23页。

[④] 同上书，第21-22页。

[⑤] 王才良、周珊：《世界石油大事记》，石油工业出版社，2008，第10页。

馏油或石蜡油，最初是以煤焦油和页岩油为原料制造的，后来改为以原油为主要原料。在汽油成为汽车消耗的重要产品之前，炼油厂生产的最主要产品就是煤油。此外，润滑油也成为 19 世纪重要的石油产品之一。

1. "白色石油"

18 世纪 20 年代初，瓦西里·杜比宁兄弟在北高加索地区以代役租的方式，建立石油加工厂，进行石油初加工。1823 年，他们利用自己提炼焦油和生产松节油的经验，在莫兹多克城附近建设一套单蒸馏器石油蒸馏装置，从天然黑色石油中获取"白色石油"（没有精炼的灯用蒸馏油）。这种初加工蒸馏出的石油一般可做治疗药物以及供当地街道照明使用。杜比宁兄弟创立了从石油中提炼煤油的流程，他们"通过自己努力发明了从天然黑色石油提炼白色石油的方法，这是此前从来没有的"[①]。他们把这一方法毫无保留地向当地所有居民公开，并在北高加索地区推广。18 世纪 30 年代，B. 什维佐夫承包的石油蒸馏企业采用杜比宁兄弟的方法，生产了约 1 000 普特的"白色石油"，并于 1837 年将这批石油产品全部发往莫斯科。

2. "石油之光"

1859 年，企业家瓦西里·科科列夫等人在阿普歇伦半岛创办苏拉哈内石油蒸馏厂，对仅含 20% 照明油的油砂进行蒸馏。瓦西里·科科列夫邀请在莫斯科大学任教的瓦西里·埃依赫列尔对工艺流程和设备进行改造，放弃蒸馏油砂，直接转向加工原油。在改造中，首次采用碱溶液提纯获取照明物质的工艺。经过改造，苏拉哈内油井的石油蒸馏率由原来的 15% 提高到 25% ~ 30%，即 3 普特原油可以提炼出 1 普特的照明物质——发光萘（意为"石油之光"）。[②]

即便如此，工厂也未能达到盈利状态。于是，瓦西里·科科列夫又邀请当时圣彼得堡大学副教授德米特里·门捷列夫于 1863 年到苏拉哈内工厂研究改进石油蒸馏的技术流程。"在 3 个星期内，门捷列夫和埃依赫列尔进行了一系列蒸馏实验，包括对获得的蒸馏油用 50 度分馏提纯法二次蒸馏。这些实验成果实质性改变了蒸馏器的设计，并在生产中使用了循环水冷机。后来正是在此基础上门捷列夫提出了可将石油深加工成'各种产品'的著名科学预见。"[③]

门捷列夫的到来，使苏拉哈内工厂的生产有了很大起色，并开始盈利。1862 年，环里海贸易公司首次参加在伦敦举办的世界博览会，其苏拉哈内工厂生产的发光萘产品荣获银奖。

3. 煤油

煤油最早是用煤炭为原料生产出来的。J. 扬于 1850 年用煤炭干馏和精炼方法制成煤油，获得英国专利，然后在西洛锡安区使用藻烛煤来生产煤油。1852 年，加拿大的 A. 盖斯勒从煤炭中提炼煤油成功，以希腊文取名"煤油"，于 1854 年获得美国专利。1854 年，北美煤油煤气灯具公司在牛顿湾建立煤油加工厂，到 1859 年，美国用煤炭生产煤油的工厂达到 50 多家。[④]

在以煤炭为原料制造煤油的同时，人们也开始研究以石油为原料炼制煤油的工艺技术。1853 年，

① 阿列克佩罗夫：《俄罗斯石油：过去、现在与未来》，石泽译审，何小平副译审，人民出版社，2012，第 11 页。

② 同上书，第 50 页。

③ 同上书，第 51 页。

④ 王才良、周珊：《世界石油大事记》，石油工业出版社，2008，第 15 页。

英国医生 A. 格斯纳建立沥青矿业和煤油煤气公司，从石油中制备出第一批煤油。[1]1854 年，塞缪尔·基尔送油样到美国费城进行化验，证实原油通过蒸馏可以获得煤油。1855 年，宾夕法尼亚州的洛克石油公司将泰特斯维土地上渗出的石油样品送给耶鲁大学教授本杰明·西利曼进行化学分析。西利曼通过化验指出：用石油可以生产出一种与世人已知的任何一种照明材料一样好的照明剂，也可以生产出汽油、煤油和润滑油。"总之，你们的公司有了这种原料，通过简单而便宜的工序，就可以从中生产出贵重的产品来。"[2]西利曼再次证明了 100 多年前俄国科学家阿曼院士得出的结论：通过蒸馏可以从石油中获得质量上乘的照明燃料。这对煤油的发展具有重要指导意义，甚至对生产煤油的原料——石油的开发也具有重要促进作用。对此，俄国石油专家认为：本杰明·西利曼的报告"在加速 19 世纪下半叶美国石油工业发展方面起到了决定性作用。但是阿曼院士 1741 年得出的可靠结论在俄国却没有得到应有的重视"[3]。

此后，石油开始成为煤油生产的主要原料。1857 年，美国波士顿的 S. 唐纳的公司开始出售用黑沥青制造的煤油，到 1859 年，他获得了高额利润。[4]1858 年，俄国的瓦西里·科科列夫等人成立里海商社，用巴库地区的粗沥青生产灯用煤油。1861 年，美国宾夕法尼亚州建成一座仅生产煤油产品的炼油厂。

19 世纪 60 年代，煤油生产技术取得重大突破。1866 年，纽约的木匠马休·尤因发明利用真空蒸馏原油来生产煤油的方法。他注册成立的真空石油公司，后来成为美孚石油公司的前身之一。同年，容克采用在压力下蒸馏、从重质原油中提炼出照明用石油产品的方法获得专利。这种高温下的蒸馏方法被称为"裂化"。他进行的首批实验压力为 1.05 千克／厘米^2，1869 年实验压力达到 2.1～2.8 千克／厘米^2。采用一般蒸馏方法获取相对密度为 0.893～0.978 的油的收率仅为 2.5%～20%，而采用裂化方法则可以炼出 28%～60% 的照明油。[5]

到 1872 年，美国的煤油产量达到 179.3 万普特，同年俄国煤油产量约为 40 万普特。[6]1877 年，标准石油公司控制了美国 90% 的灯用煤油生产。1883—1885 年，美国生产的煤油有 69% 用于出口，其中 70% 出口到欧洲，21.6% 出口到亚洲。[7]1891 年，英国人 M. 塞缪尔同罗斯柴尔德集团签订为期 8 年的包销合同，在苏伊士运河以东地区全权经销罗斯柴尔德集团在俄国的布尼托公司生产的灯用煤油。

直到 1900 年，煤油仍是石油工业的主要产品，而润滑油、石脑油和药性油则为副产品。

4. 润滑油

在煤油开发取得重大突破的同时，19 世纪润滑油的开发也取得重大进展。

18 世纪中后期，英国工业革命给润滑油的发展带来了重要机遇。工业革命导致人们对高速和优

[1] 查尔斯·辛格、E. J. 霍姆亚德、A. R. 霍尔、特雷弗·I. 威廉斯主编《技术史·第 5 卷》，远德玉、丁云龙主译，上海科技教育出版社，2004，第 68-69 页。

[2] 哈罗德·埃文斯、盖尔·巴克兰、戴维·列菲：《美国创新史：从蒸汽机到搜索引擎》，倪波、蒲定东、高华斌、玉书译，中信出版社，2011，第 90-91 页。

[3] 阿列克佩罗夫：《俄罗斯石油：过去、现在与未来》，石泽译审，何小平副译审，人民出版社，2012，第 22 页。

[4] 查尔斯·辛格、E. J. 霍姆亚德、A. R. 霍尔、特雷弗·I. 威廉斯主编《技术史·第 5 卷》，远德玉、丁云龙主译，上海科技教育出版社，2004，第 69 页。

[5] 王才良、周珊：《世界石油大事记》，石油工业出版社，2008，第 20 页。

[6] 阿列克佩罗夫：《俄罗斯石油：过去、现在与未来》，石泽译审，何小平副译审，人民出版社，2012，第 88 页。

[7] 张隆高、张晖、张农：《美国企业史》，东北财经大学出版社，2005，第 180 页。

质交通工具的需求提高，促使人们把更多的注意力放到对交通工具的结构合理性及摩擦力等问题的研究上[1]，从而促进了近代润滑剂的试验与研究开发。18 世纪末，库伦对交通工具摩擦力进行最初的系统实验。

为满足国内经济发展对润滑油的巨大需求，俄国工程师和企业家们从生产工艺上寻求突破，维克多·拉戈津在下新城家中进行石油残渣的分解实验，1875 年建造实验工厂，1878 年在苏拉哈内建成新的现代化工厂。1878 年，俄国出口到法国的润滑油的价值超过 70 万法郎，市场前景广阔。1879 年，拉戈津果断地建成新的大型炼油厂——康斯坦丁诺沃石油加工厂，当年生产轴承油、机器油、车厢油等产品 57 万普特。同年，俄国生产润滑油的专业化工厂发展到 19 家。1884 年，俄国用石油残渣生产润滑油 339 万普特。到 1897 年，俄国出口润滑油的价值达 4 600 万卢布。[2]

进入 19 世纪，从矿物油中制取润滑剂取得一系列重大突破。1819 年，法国采用蒸馏方法从石油中获取润滑材料。夏天时，用 9 份石油（用热水熔化的沥青）、3 份石油馏出物做原料，制取润滑产品；冬天则用 12 份石油和 6 份石油馏出物做原料。1831 年，多尔弗斯在米尔豪森工业学会展示一台试验滑润剂的仪器。1835 年，塞利格和海耶开始从油母页岩中通过蒸馏制取矿物润滑剂。1845 年，勒·贝尔通过在水中煮沸油砂获得一种优质的润滑剂。1853 年，伊恩在他的洛根巴克精炼厂用蒸馏矿物油的方法制成润滑油。[3]1857 年，亚伊特在法国杂志上发表文章和草图，介绍了以缅甸原油为原料，采用"不间断蒸馏"的方法，生产石蜡和轻质馏出物。

19 世纪下半叶，各种工业逐渐采用润滑油。1869 年，真空石油公司的埃佛雷斯特发明第一种工业机器用润滑油，获得 Gargoyle 600-W 蒸汽机汽缸油的专利。1870 年，俄国人 H. A. 索汉斯基的炼油厂开始生产适用于各种机器的润滑油，顿河的汽船、亚索夫和沃罗涅日的铁路车辆以及罗斯托夫的工厂都采用这种润滑油。1893 年，埃佛雷斯特制成变压器用润滑油。1894 年，格雷首创用轻石脑油切割润滑油组分的方法，使石蜡在冷冻之前析出。

此后，润滑油的品种越来越丰富，在工业革命中得到了广泛应用。到 19 世纪末，在美国主要炼油产品中，润滑油占 1/10。

5. 燃料油

燃料油又称燃油、炉油、残渣燃料油等，可用石油的分馏物石蜡烃、粗柴油、渣油等制备。在石油炼制早期，炼油厂大都是只提炼煤油，而将剩下的残渣通通倒掉。随后，人们发现，将这些石油蒸馏渣油倒在一个盘子里或倒在一块金属板上，也可以点燃，做取暖用。于是，人们开始考虑对粗柴油、渣油等进行开发利用，由此开发出一种适合于各种燃烧使用的石油新产品——燃料油。

在燃料油发展的早期，它被作为煤气发动机的燃料——煤气的替代燃料予以优先考虑。当 1860 年第一台实用煤气发动机被研发出来后，煤气发动机曾被考虑作为运输动力来使用。它与蒸汽机相比具

---

① 查尔斯·辛格、E. J. 霍姆亚德、A. R. 霍尔、特雷弗·I. 威廉斯主编《技术史·第 5 卷》，远德玉、丁云龙主译，上海科技教育出版社，2004，第 77 页。

② 阿列克佩罗夫：《俄罗斯石油：过去、现在与未来》，石泽译审，何小平副译审，人民出版社，2012，第 105-107 页。

③ 查尔斯·辛格、E. J. 霍姆亚德、A. R. 霍尔、特雷弗·I. 威廉斯主编《技术史·第 5 卷》，远德玉、丁云龙主译，上海科技教育出版社，2004，第 77-78 页。

有更高的工作效率、更清洁、劳动力成本更低等优点。并且，"煤气往往可以作为其他工业生产——比如说炼焦和冶炼的副产品而生产出来，而且其生产成本远比有意识地从煤炭中蒸馏出来便宜，或者比煤炭本身还要便宜"[①]。但是，煤气发动机的主要缺点是不可移动的，被束缚在煤气的供应来源地，致使煤气不适合用作运输动力来源。于是，人们开始寻找新的动力能源——液体燃料（主要是石油及其精炼制品）。这些制品的燃烧效率像煤气一样高，所能做的功大致相当于煤炭的两倍，还可以像煤气一样通过自动控制装置自发输入发动机内。这对于海洋运输来说，相当于可以节省一半的成本，货运和客运可以因此获得更多的利润。于是，人们开始对船舶锅炉进行改造。

1860 年，美国海军蒸汽工程局局长伊舍伍德首先采用"雾化"这一术语。1862 年，比德尔申请了一个燃料燃烧器的美国专利。1865 年，俄国人施帕科夫斯基建议用压缩空气来喷射热油。同年，《泰晤士报》载文强调燃料油作为船舶锅炉燃料的适用性。1868 年，库克申请了有助于燃料油燃烧的机械化雾化的美国专利。在此期间，人们将原来叫作"残渣"的剩余物重新命名为"燃料油"，伦兹还在巴库制成了蒸汽机车的锅炉和蒸馏釜。[②]19 世纪 70 年代，燃料油开始在海上轮船上使用。随后，燃料油日渐为炼油厂和市场所关注，并在近代末期成为最大宗的炼油产品。到 20 世纪初，燃料油的需求不断增长，促使燃料油生产规模不断扩大。1914 年，在美国主要炼油产品中，燃料油是最大宗的炼油产品，所占比例达 48.7%，与 1899 年的 15.0% 相比高出了两倍多。

6. 汽油

汽油最初是炼油厂的一种副产品，后来在汽车中得到重要应用，成为炼油厂的主打产品。

但是，汽油的发展并非一帆风顺的，它受到汽车普及和汽油价格的影响。1900 年前后，德国、法国、英国、意大利和美国的汽车生产公司多是作坊式的，生产出来的汽车装饰豪华、成本高、售价昂贵，汽车社会需求量小，1900 年欧美共生产汽车 9 504 辆。[③]同年，美国拥有汽车 8 000 辆，其中多数是蒸汽动力汽车，内燃机汽车只是一小部分。也是在这一年，美国平均每辆汽车的价格是 1 000 美元，相当于普通工人两年的工资，费用高昂，以至于汽车仅仅是有钱人的一种奢侈品。[④]欧洲的境况也大致一样，"汽车在第一次世界大战以前的欧洲仍然是一种奢侈品，道路状况极端糟糕，经常被毁掉，而且没有人能够预测到公路车辆对于液体燃料的需求在那以后会出现如此巨大的膨胀。石油公司本身也使用马车来运输其产品"[⑤]。因此，汽油的利用规模有限。

20 世纪初，汽油的生产和应用均取得重大突破。汽油最初是通过简单的蒸馏从原油中分离出来的。人们从 19 世纪 80 年代起开始采用裂化技术生产汽油，泰特斯维尔的本顿于 1886 年获得第一项关于石

---

① H. J. 哈巴库克、M. M. 波斯坦主编《剑桥欧洲经济史·第 6 卷》，王春法、张伟、赵海波译，经济科学出版社，2002，第 482-483 页。

② 查尔斯·辛格、E. J. 霍姆亚德、A. R. 霍尔、特雷弗·I. 威廉斯主编《技术史·第 5 卷》，远德玉、丁云龙主译，上海科技教育出版社，2004，第 77 页。

③《中国大百科全书》总编委会:《中国大百科全书·第 17 卷》第 2 版，中国大百科全书出版社，2009，第 538 页。

④ 安东尼·N. 彭纳:《人类的足迹:一部地球环境的历史》，张新、王兆润译，电子工业出版社，2013，第 244 页。

⑤ H. J. 哈巴库克、M. M. 波斯坦主编《剑桥欧洲经济史·第 6 卷》，王春法、张伟、赵海波译，经济科学出版社，2002，第 484 页。

油裂化的专利[①]，但其在 1890—1892 年遇到了裂化汽油没有市场的麻烦[②]。1913 年，有人发明基于加热和高压的热裂化技术，使汽油生产出现重大转机。它提高了汽油的生产效率，降低了单位汽油的生产成本，使汽油价格得以降低，从而大大增强了汽油的市场竞争力。如在英国，1900 年前后，"石油价格一般达到煤炭价格的 4～12 倍。但是，随着新的供应来源的开辟以及工业界进一步完善了精炼方法和技术，石油产品的价格迅速下降"[③]，由此促进了汽油的开发利用。

在汽油消费不断增长的推动下，汽油在石油工业中的地位不断提升。到 1914 年，在美国主要炼油产品中，汽油所占的比例从 1899 年的 13.8% 增至 19%。

7. 其他炼油科技的进步

19 世纪，世界石油炼制还取得其他一些重大的科技进步。

在沥青加工方面，1838 年，有着法兰西血统的上校工程师卡尔·比尔诺到法国巴黎考察用沥青铺路的做法。回国后投资 1.2 万卢布，在克里米亚的石油泉附近建立了俄国第一家沥青工厂。厂里安装一个容量为 50 桶的蒸馏锅，生产煤油提取物和黏稠的剩余"软沥青"。然后，用"软沥青"制作沥青混凝土和沥青混凝土砖。1839 年，比尔诺用沥青混凝土（砖）在敖德萨和刻赤市铺设了多条柏油马路和人行道。1854 年，这家沥青工厂生产沥青混凝土约 33 吨。

在实验室建设方面，1880 年，诺贝尔兄弟石油公司在俄国圣彼得堡成立实验室开展炼制研发，成为世界石油工业研究最早的机构。[④]1885 年，在俄亥俄州发现利马油田后，为解决利马原油含硫问题，标准石油公司聘请在德国出生的化学家赫尔曼·弗拉希，建立美国石油工业第一所实验室，开发出用氧化铜作催化剂脱除硫化氢的工艺。次年，建立采用此工艺的"阳光"炼油公司怀丁炼油厂。1895 年，皇家荷兰石油公司在荷兰代尔夫特建立第一个研究实验室，进行石油炼制的研发。

在学会建设方面，1880 年美国成立机械工程师学会，该学会后来成为制定与石油工业相关特别是与结构物和压力容器制造标准相关的权威机构。1898 年，又成立美国试验与材料学会，旨在促进工程材料方面测试的规范化和方法的标准化。

此外，英国人泰勒和马蒂诺于 1820 年获得石油裂解气制造方法的专利。次年，英国议会委托他们在英国建立石油裂解气工厂。美国于 1864 年制成容积达 100 桶（约 15.9 立方米）的大蒸馏釜，炼油能力达到 6 000 桶 / 日。

19 世纪末，美国石油产品中份额最大的是煤油（照明用油），其后依次是燃油、汽油和润滑油，1899 年它们所占的比例分别为 61.2%、15.0%、13.8% 和 9.9%。[⑤]

（三）20 世纪初的煤油业

进入 20 世纪，石油蒸馏、热裂化技术取得重大突破。1901 年，凯洛格公司成立，研究、制造壳

① 查尔斯·辛格、E. J. 霍姆亚德、A. R. 霍尔、特雷弗·I. 威廉斯主编《技术史·第 5 卷》，远德玉、丁云龙主译，上海科技教育出版社，2004 年，第 78 页。

② 同上书，第 79 页。

③ H. J. 哈巴库克、M. M. 波斯坦主编《剑桥欧洲经济史·第 6 卷》，王春法、张伟、赵海波译，经济科学出版社，2002 年，第 483 页。

④ 王才良、周珊：《世界石油大事记》，石油工业出版社，2008，第 25 页。

⑤ 特雷弗·I. 威廉斯主编《技术史·第 6 卷》，姜振寰、赵毓琴主译，上海科技教育出版社，2004，第 106 页。

式蒸馏釜。1902 年 11 月，英国《哲学与科学》杂志发表洛德·瑞利（Lord Rayleigh）的论文《两种混合液体的蒸馏》，创立蒸馏分离理论。[1]1911 年，印第安纳标准石油公司利用伯顿开发的热裂化技术，建成半工业化的伯顿热裂化炉。1912 年，美国人特伦布尔首次应用管式加热炉和蒸馏塔加工原油，形成近代原油蒸馏装置的雏形。1913 年，伯顿获热裂化技术的专利。[2]1914 年，埃德加·克拉克（Edgar M. Clark）的管式热裂化炉获得美国专利，在印第安纳标准石油公司建成第一座管式热裂化炉。同年，还出现了第一座炼油用填料蒸馏塔。

热裂化技术的发明是炼油技术的一次重大变革。它使重油分裂成轻油成为可能，使人们可以生产出更多的汽油和其他轻油产品，使石油行业在加工原油时有了更强的灵活性，而不只是用简单蒸馏法将其分成几种成分。[3]热裂化技术使美国每桶石油的汽油产出率有了惊人的提高，从 1900 年的 15% 增至 1929 年的 39%。根据估计，"在 1913 年到 1919 年，伯顿方法生产出来的汽油总量大概是 5 200 万桶，而如果用直接蒸馏法来生产相同量的汽油，还要多耗费 26 800 万桶的原油"[4]。

与此同时，汽油生产取得重大突破。1908 年，雷诺石油公司在美国西弗吉尼亚州建成世界上第一座从天然气中回收天然汽油的工厂。[5]1911 年，塞博特获得天然汽油提取工艺的专利。1913 年，希望天然气公司在美国建立一座天然汽油提取工厂。同年，印第安纳标准石油公司在怀丁炼油厂利用伯顿热裂化技术，建成第一批 60 座热裂化炉，汽油收率提高到 45%，所产汽油还具有较好的抗爆性。1915 年，该公司将这一技术转让给新泽西标准石油公司。从此，汽油生产由早期的蒸馏生产转为热裂化生产。后来，到 1937 年，热裂化又被催化裂化所取代。

到 20 世纪 10 年代，美国的石油产品结构发生重大变化。1911 年，美国汽油需求量首次超过煤油，标志着石油工业从"煤油时代"进入"汽油时代"。[6]1914 年，美国炼油产品中，排在第一位的是燃油，占 48.7%；煤油退居第二位，占 25.4%；汽油占 19.0%，润滑油占 6.8%（表 10–8）。同年，煤油仍为美国石油产品出口的"大头"，占 3/5。[7]但仅过一年，美国的汽油产量就首次超过了煤油。[8]从此，汽油在石油产品中的地位随着汽车行业的迅速发展而不断提高。美国汽油的生产规模由 1901 年的 5 430 万加仑达到 1919 年的 29 亿加仑以上。[9]到 1939 年，汽油产量占美国主要炼油产品总产量的比例由 1914 年的 19.0% 猛增至 49.5%，居各种主要炼油产品之首。

① 王才良、周珊：《世界石油大事记》，石油工业出版社，2008，第 36 页。

② 美国不列颠百科全书公司：《不列颠百科全书·第 3 卷）国际中文版（修订版），中国大百科全书出版社《不列颠百科全书》国际中文版编辑部编译，中国大百科全书出版社，2007，第 278 页。

③ 莱昂纳尔多·毛杰里：《石油！石油！》，夏俊、徐文琴译，格致出版社，2007，第 43 页。

④ 同上。

⑤ 王才良、周珊：《世界石油大事记》，石油工业出版社，2008，第 41 页。

⑥ 同上书，第 43 页。

⑦ 特雷弗·I. 威廉斯主编《技术史》第 6 卷，姜振寰、赵毓琴主译，上海科技教育出版社，2004，第 106 页。

⑧ 约翰·塔巴克：《煤炭和石油——廉价能源与环境的博弈》，张军、侯俊琳、张凡译，商务印书馆，2011，第 110 页。

⑨ 张隆高、张晖、张农：《美国企业史》，东北财经大学出版社，2005，第 181 页。

表 10-8　1899—1946 年美国石油产品结构情况

项目	1899 年	1914 年	1939 年	1946 年
照明用油（煤油）	61.2%	25.4%	5.7%	5.7%
润滑油	9.9%	6.8%	2.9%	2.7%
汽油	13.8%	19.0%	49.5%	46.3%
燃油	15.0%	48.7%	41.9%	45.2%

资料来源：特雷弗·I.威廉斯主编《技术史·第 6 卷》，姜振寰、赵毓琴主译，上海科技教育出版社，2004，第 106 页。

（四）炼油厂的产生和发展

在石油产品研究与开发过程中，世界各国先后诞生一批炼油厂。

在英国，1694 年，伊尔、波特洛克和汉考克取得一项关于"从一种矿石中大量抽取和制造沥青、焦油和油类的方法"的专利，然后在什罗普郡建造了一座工厂，用煮沸法从沥青质砂岩中提取沥青，再对沥青进行蒸馏，轻馏分作为药用"贝顿的英国油"在市场上出售，而残渣则作为焦油的替代物用作船的填缝材料出售。[①]

俄国人费奥多尔·普里亚杜诺夫建立俄国第一个石油工厂后，将石油送到莫斯科进行蒸馏实验。1748 年 10 月 10 日，在俄国矿务总局莫斯科的实验室里，总实验师赫里斯季安·莱曼对普里亚杜诺夫送来的石油进行首次蒸馏。19 日，普里亚杜诺夫也在莫斯科实验室进行 40 普特石油蒸馏，获得 26 普特 26.5 俄磅的纯净石油。[②]

1823 年，瓦西里·杜比宁兄弟在北高加索地区建成一套炼油装置，建立石油加工厂。它只有一个蒸馏釜，可注入约 5.48 吨原油，炼出约 1.37 吨"白油"。1825 年，当地 4 家炼油厂炼制"白油"约 106.5 吨。此后，美国、罗马尼亚、波兰、法国、加拿大、缅甸、印度尼西亚、伊朗、委内瑞拉等国先后建立炼油厂（表 10-9）。

除了北高加索地区的炼油厂，巴库地区的炼油厂也得到了快速发展。1838 年，巴库石油管理局局长沃斯克鲍依尼克在巴库建立第一座炼油厂，加工巴拉汉尼油田的原油。炼制该油田的轻质原油时，馏出物达 83.9%，残余物 12.59%，损耗 3.66%；炼制重质原油时，馏出物仅 10%。第一批 4 个蒸馏釜每个仅能加工 25 ～ 33 千克原油，后来每个可以加工原油 79 千克。[③]1866 年，巴库地区各炼油厂炼制出来的煤油为 1 600 吨；1873 年，巴库的炼油厂共有 80 座，年产煤油达 16 350 吨。到 1883 年，属于巴库地区的黑镇石油产地的炼油厂发展到近 200 座，诺贝尔兄弟石油公司的炼油产量约占巴库的一半。此外，A.H.诺伏西里卓夫于 1868 年在科尔钦海峡附近建造俄国第一家大型炼油厂，每个蒸馏釜容量达 16.38 吨。[④]

① 查尔斯·辛格、E.J.霍姆亚德、A.R.霍尔、特雷弗·I.威廉斯主编《技术史·第 5 卷》，远德玉、丁云龙主译，上海科技教育出版社，2004，第 68 页。
② 阿列克佩罗夫：《俄罗斯石油：过去、现在与未来》，石泽译审，何小平副译审，人民出版社，2012，第 23 页。
③ 王才良、周珊：《世界石油大事记》，石油工业出版社，2008，第 13 页。
④ 同上书，第 21-26 页。

表 10-9　近代各国建立第一家炼油厂的简况

时间 / 年	国家	主要事件
1694	英国	伊尔等人在什罗普郡建成一座采用煮沸法的沥青蒸馏炼油厂
1823	俄国	在北高加索地区建立第一家炼油厂
1849	美国	C. M. 米尔在宾夕法尼亚州建立美国第一家炼油厂
1849	罗马尼亚	在洛卡西梯斯建立欧洲大陆第一家炼油厂
1853	波兰	在利冯建立第一家炼油厂
1854	法国	在科尔马尔建立第一家炼油厂
1859	加拿大	在恩尼斯基林建立第一家炼油厂
1871	缅甸	英国人在仰光都尼道建立缅甸第一家炼油厂
1892	印度尼西亚	皇家荷兰石油公司在苏门答腊岛建立印度尼西亚第一家炼油厂
1912	伊朗	在阿巴丹建立中东第一家炼油厂
1917	委内瑞拉	英荷壳牌石油公司在圣洛伦萨建立委内瑞拉第一家炼油厂

资料来源：作者整理。参考王才良、周珊：《世界石油大事记》，石油工业出版社，2008。

美国各地先后出现一批炼油企业。1856 年，费里斯和凯尔建成一座原油蒸馏装置，把宾夕法尼亚州原油加工为煤油在纽约市场销售。1861 年，在泰特斯维尔建立一家炼油厂。1863 年，洛克菲勒与克拉克等人合资建立一家艾克塞尔西亚炼油厂。两年后，艾克塞尔西亚炼油厂成为克利夫兰最大的炼油企业，26 岁的洛克菲勒在 1865 年内部拍卖中成为该厂的主人。1870 年，洛克菲勒成立标准石油公司，到 1879 年控制了美国 90% 的炼油能力和石油运输能力。[1]1901 年，得克萨斯州发现 Spindle-top 油田时，建造了阿瑟港炼油厂。1903 年发现 Sour Lake 油田后，也在阿瑟港建造炼油厂。此外，美国还分别于 1909 年在加利福尼亚州 Colinga 油田、1915 年在 Martinez 等地建造炼油厂。

三、石油公司

1854 年 12 月 31 日，美国纽约的律师乔治·比塞尔和 J. G. 埃弗利思投资 500 美元，在宾夕法尼亚州的 Venengo 县租下布鲁尔农场的 100 英亩土地，并获得另外 12 000 英亩土地的石油开采权[2]，创办世界上首家石油公司——宾夕法尼亚洛克石油公司。

此后，欧美一些国家在石油工业崛起的过程中，先后成立了一批石油公司（表 10-10）。它们当中有的不断发展壮大，也有的后来破产了，还有的被并购重组了。它们对近代世界石油工业的发展起到了重要推动作用。

---

[1] 王才良、周珊：《世界石油大事记》，石油工业出版社，2008，第 24 页。

[2] 哈罗德·埃文斯、盖尔·巴克兰、戴维·列菲：《美国创新史——从蒸汽机到搜索引擎》，倪波、蒲定东、高华斌、玉书译，中信出版社，2011，第 90 页。

表 10-10　近代各国境内首家（或首批之一）石油公司情况

成立时间/年	国家	公司名称	备注
1854	美国	宾夕法尼亚洛克石油公司	世界上第一家石油公司
1860	加拿大	加拿大石油公司（Canadian Oil Co.）	世界上首家商业化生产和炼制石油公司
1862	罗马尼亚	瓦拉千石油公司（Wallachian Petroleum Co.）	属于英国土耳其公司
1871	缅甸	仰光石油公司	英国人开办
1874	俄国	巴库石油公司	俄国石油工业第一家股份制公司
1888	日本	日本石油公司（Nippon Oil Co.）	位于新潟
1890	荷兰	皇家荷兰石油公司	英荷壳牌石油公司的前身之一
1897	英国	英国壳牌运输贸易公司（Shell Transport and Trading Co.）	英荷壳牌石油公司的前身之一
1900	委内瑞拉	加勒比石油公司	在 Guanoco 成立
1900	秘鲁	蒂蒂卡卡（Titicaca）石油公司	C. 布朗（Chester Brown）创办
1905	挪威	挪威水力公司（Norsk Hydro A.S.）	开始时从事水力发电，后来成为挪威第二大石油公司
1912	土耳其	土耳其石油公司	亚美尼亚商人 C. 古尔本基安（Calouste Gulbenkian）发起成立
1917	特立尼达和多巴哥	特里森特罗尔石油公司（Tricentro Oil Corp. Ltd.）	原名特立尼达中央油田有限公司

资料来源：作者整理。参考王才良、周珊：《世界石油大事记》，石油工业出版社，2008。

（一）美国

自 1854 年成立世界上第一家石油公司——宾夕法尼亚洛克石油公司后，美国先后成立标准石油公司、Byron. Jackson Co.、大陆石油与运输公司、太平洋海岸石油公司、太阳石油公司、俄亥俄石油公司、加利福尼亚联合石油公司、卡特石油公司、海湾石油公司等一批石油公司（表 10-11）。美国是近代成立石油公司最多的国家。其中，有的石油公司后来发展成为世界石油工业的巨头，标准石油公司就是其中之一，它在近代成为美国石油工业的代名词。

表 10-11　近代美国（境内）石油公司的情况

公司名称	成立时间/年	成立及发展情况
宾夕法尼亚洛克石油公司	1854	世界上首家石油公司
标准石油公司	1870	在俄亥俄州成立
Byron Jackson Co.	1872	BJ 服务公司的前身
大陆石油与运输公司	1875	大陆石油公司的前身
太平洋海岸石油公司	1879	雪佛龙公司的前身，1889 年被标准石油公司收购
新泽西标准石油公司	1882	标准石油托拉斯公司的子公司
莫比尔公司（Mobil Co.）	1882	取名为纽约标准石油公司，又译为美孚石油公司

续表

公司名称	成立时间 / 年	成立及发展情况
太阳石油公司	1886	E. 皮尤在利马油田创立，1890 年改名为太阳石油公司
俄亥俄石油公司	1887	由利马油田的 14 家石油生产商联合组建，是马拉松石油公司的前身
印第安纳标准石油公司	1889	标准石油公司的一员
加利福尼亚联合石油公司	1890	总部在洛杉矶，由 Sespe、Torrey Canyon、Hardiso Stewart 三家石油公司组成，后来更名为美国加州联合石油公司
卡特石油公司	1893	约翰·卡特创立
普尔石油公司	1895	由宾夕法尼亚州石油生产商创建，属于信托性质
德士古公司（又译为得克萨斯石油公司）	1901	取名得克萨斯燃料公司
洛杉矶钻井公司	1901	加拿大人 J. 林汉创办
葛菲石油公司	1901	葛菲和加利出资组建
汉伯尔石油公司	1902	创办于博蒙特地区油田出油高峰时
里奇菲尔德石油公司	1905	在加利福尼亚州成立
海湾石油公司	1907	由 1901 年梅隆家族出资成立的葛菲石油公司和海湾炼油公司（阿瑟港炼油厂）改组、合并而成
美国石油公司	1910	—
塔尔萨市城市服务公司	1910	后来发展成为石油公司
壳牌美国汽油公司	1912	为英荷壳牌石油公司进入美国后创办。1915 年改名为加利福尼亚壳牌公司
菲利普斯石油公司	1917	创始人菲利普斯兄弟于 1905 年在俄克拉何马州钻井采油
得克萨斯管道公司	1917	得克萨斯石油公司成立的子公司

资料来源：作者整理。参考王才良、周珊：《世界石油大事记》，石油工业出版社，2008。

标准石油公司创办于 1870 年（表 10-12），当时名叫俄亥俄美孚石油公司，是洛克菲勒和他的合伙人共同创办的。其前身是 1863 年洛克菲勒和他人在俄亥俄州的克利夫兰合资建立的第一个炼油厂——安德鲁斯 - 克拉克炼油厂，又称艾克塞尔西亚炼油厂。1865 年，安德鲁斯 - 克拉克炼油厂成为克利夫兰最大的炼油厂。同年，因合伙人意见产生分歧，炼油厂拆伙拍卖，洛克菲勒以 7.25 万美元的内部报价竞拍成功[1]，作为合伙人之一的克拉克退出，年仅 26 岁的洛克菲勒成为该厂的新主人，炼油厂随之更名为洛克菲勒 - 安德鲁斯炼油厂。一年后，克利夫兰的炼油业出现井喷式发展，炼油厂数量由 1865 年的 35 家猛增到 50 家，日产量达到 6 000 桶。[2]

---

[1] 张志前、涂俊：《国际油价谁主沉浮》，中国经济出版社，2009，第 57 页。
[2] 孙健、王宇宙：《每天读点金融史 II：影响世界的金融巨头》，新世界出版社，2008，第 13 页。

表 10-12　标准石油（托拉斯）公司发展历程

时间 / 年	主要事件
1839	标准石油公司创始人之一洛克菲勒出生
1863	洛克菲勒与他人合办艾克塞尔西亚炼油厂
1865	洛克菲勒成为艾克塞尔西亚炼油厂的新主人
1870	标准石油公司在俄亥俄州成立（原名为俄亥俄美孚石油公司）
1872	洛克菲勒发起成立南方开发公司
1872	洛克菲勒发起成立石油炼制者协会
1874	标准石油公司收购大西洋石油仓储公司
1879	标准石油公司收购真空石油公司
1879	标准石油公司控制美国 90% 的炼油能力和石油运输能力
1882	标准石油托拉斯成立（1 月）
1882	新泽西标准石油公司（埃克森公司前身）成立（5 月）
1882	纽约标准石油公司（又称莫比尔公司）成立（8 月）
1885	标准石油托拉斯公司总部迁到纽约百老汇大街
1888	新泽西标准石油公司创立英美石油公司（埃索石油公司的前身）
1888	标准石油托拉斯收购阿帕拉契亚盆地大量油田资产
1889	标准石油托拉斯并购俄亥俄石油公司
1889	标准石油托拉斯收购太平洋海岸石油公司
1889	标准石油托拉斯成立印第安纳标准石油公司（阿莫科国际石油公司的前身）
1889	标准石油托拉斯在宾夕法尼亚州成立南宾州公司，购进大量油田和土地
1891	洛克菲勒因病退居二线
1892	标准石油托拉斯收购纽约煤油公司
1892	美国最高法院下令解散标准石油托拉斯（名义上解散），而后改组成立"标准石油股权公司"
1898	新泽西标准石油公司取得加拿大最大石油公司——帝国石油有限公司的控制权
1899	标准石油公司被迫解散，新泽西州标准石油公司改组为控股公司
1900	标准石油公司成立加利福尼亚标准石油公司（以并入的太平洋海岸石油公司为基础）
1903	标准石油公司在罗马尼亚创办第一家海外合资企业——罗美标准石油公司
1906	加利福尼亚标准石油公司与艾奥瓦（又译为衣阿华）标准石油公司合并成立雪佛龙公司
1911	标准石油公司解体前（7 月份）控制美国 3/4 的炼油，拥有美国 1/2 的油罐车，运输美国东部 4/5 的原油，经销美国 4/5 以上的煤油，出口美国 4/5 以上的煤油，供应美国 9/10 以上的铁路用润滑油
1911	美国联邦最高法院勒令标准石油公司于 12 月 1 日前解体为 33 家（有的说是 34 家）独立的公司，其中仍有 8 家公司保留"标准石油"商号
1912	新泽西标准石油公司在荷兰注册成立荷兰殖民地石油公司（在苏门答腊岛等地取得石油租借地）
1914	新泽西标准石油公司收购秘鲁的石油资产
1931	纽约标准石油公司和真空控股公司（另一家托拉斯）合并成立索科尼－真空公司
1939	印第安纳标准石油公司吞并内布拉斯加标准石油公司
1961	加利福尼亚标准石油公司收购肯塔基标准石油公司

续表

时间 / 年	主要事件
1962	印第安纳标准石油公司创建阿莫科国际石油公司（原称美国国际石油公司）
1966	索科尼－真空公司更名为美孚石油公司
1972	新泽西标准石油公司改名为埃克森公司
1984	加利福尼亚标准石油公司并购海湾石油公司
1987	英国石油公司 PLC 收购俄亥俄标准石油公司
1999	埃克森公司与美孚公司合并成立埃克森－美孚公司
2001	雪佛龙公司与德士古公司合并成立雪佛龙－德士古公司

资料来源：作者整理。主要参考张隆高、张晖、张农：《美国企业史》，东北财经大学出版社，2005；兰德斯：《世界上最伟大的家族企业》，黄佳、李华晶译，机械工业出版社，2008。

1870 年 1 月 10 日，洛克菲勒兄弟、S. 安德鲁斯、H. M. 弗拉格勒、S. V. 哈克尼斯 5 人[1]共同出资 100 万美元[2]将洛克菲勒－安德鲁斯炼油厂扩建为俄亥俄标准石油公司。1872 年 1 月 1 日，公司董事会决定进一步扩大公司资本规模，将资本增至 250 万美元，一天之后再次将资本规模扩大到 350 万美元[3]，而原股权比例仍保持不变。随之，俄亥俄标准石油公司开始大规模并购在克利夫兰设立的诸多大大小小的炼油厂。仅在 1872 年的 2—3 月，该公司就收购了当时 26 家炼油厂中的 22 家，以致后来人们称之为"克利夫兰大屠杀"。[4]到 1872 年，该公司几乎控制了克利夫兰的所有炼油厂。[5]标准石油公司还走出了克利夫兰，到美国全国各地进行更大范围、更大规模的石油资产大并购。1872 年，兼并了纽约的大型炼油厂、仓库和船运设施，还与铁路部门一起成立了南方开发公司。[6]

1881 年，洛克菲勒又对公司进行改组，改为由 9 人董事会控制公司全部股份和分支机构[7]，并于 1882 年 1 月 2 日成立了世界上第一个托拉斯——标准石油托拉斯。它共有 40 家炼油、运输和销售企业，总股份 70 万股，股东 41 人，其中 14 家企业为洛克菲勒个人完全所有，洛克菲勒本人持股 19.17 万股，约占总股份的 27.4%。[8]同年，标准石油公司几乎垄断了美国整个石油业。[9]洛克菲勒成了名副其实的"石油大王"。标准石油托拉斯也因此成为其他垄断企业的典范。

此后，标准石油公司进一步扩张，在国内外并购了一批企业，成立了一批新企业。19 世纪末，标

[1] 张隆高、张晖、张农：《美国企业史》，东北财经大学出版社，2005，第 124 页。

[2] 张志前、涂俊：《国际油价谁主沉浮》，中国经济出版社，2009，第 57 页。

[3] 兰德斯：《世界上最伟大的家族企业》，黄佳、李华晶译，机械工业出版社，2008，第 184 页。

[4] 莱昂纳尔多·毛杰里：《石油！石油！》，夏俊、徐文琴译，格致出版社，2007，第 8 页。

[5] 美国不列颠百科全书公司：《不列颠百科全书·第 14 卷》国际中文版（修订版），中国大百科全书出版社《不列颠百科全书》国际中文版编辑部编译，中国大百科全书出版社，2007，第 341 页。

[6] 兰德斯：《世界上最伟大的家族企业》，黄佳、李华晶译，机械工业出版社，2008，第 184 页。

[7] 美国不列颠百科全书公司：《不列颠百科全书·第 14 卷》国际中文版（修订版），中国大百科全书出版社《不列颠百科全书》国际中文版编辑部编译，中国大百科全书出版社，2007，第 341 页。

[8] 王才良、周珊：《世界石油大事记》，石油工业出版社，2008，第 25-26 页。

[9] 美国不列颠百科全书公司：《不列颠百科全书·第 14 卷》国际中文版（修订版），中国大百科全书出版社《不列颠百科全书》国际中文版编辑部编译，中国大百科全书出版社，2007，第 341 页。

准石油公司改组后的控股公司——新泽西标准石油公司的资本由 1 000 万美元增至 1.1 亿美元（1899年）。到 1911 年 7 月，标准石油公司在美国石油工业中，控制了 3/4 的炼油，拥有 1/2 的油罐车，经销4/5 以上的煤油，出口 4/5 以上的煤油。[①]

标准石油托拉斯公司的高度垄断及其不正当竞争行为，引起了美国各州和群众的极度不满。美国国会于 1890 年通过第一部反不正当竞争法——《谢尔曼反托拉斯法》。1892 年，俄亥俄州最高法院裁定标准石油托拉斯公司为非法垄断企业。艾达·塔贝尔从 1902 年 11 月起在美国《麦克卢尔》杂志上发表揭发标准石油公司黑暗面的连载文章，把洛克菲勒描绘成不道德的掠夺者，揭露标准石油公司诸多不正当竞争行为，一共连载整整两年，并于 1904 年 11 月集结成《标准公司的历史》一书，引起极大反响。[②]1911 年 5 月，美国联邦最高法院做出最终判决，勒令标准石油托拉斯在 12 月 1 日前解散，分成 33 家独立公司。

标准石油托拉斯公司解体后，衍生出后来左右世界石油工业格局的石油"七姐妹"当中的 3 家企业：

莫比尔公司——前身为纽约标准石油公司；

埃克森公司——前身为新泽西标准石油公司；

加利福尼亚标准石油公司，又称索加尔公司，成立于 1900 年。

（二）英国和荷兰

英国和荷兰并不是近代的石油生产国，工业革命的兴起使它们成为经济强国。它们利用经济强国、海洋大国和世界贸易大国的有利条件，积极参与国际石油工业，先后成立多家石油公司。

1890 年，荷兰人琼·凯斯勒得到荷兰国王威廉三世的同意，创立皇家荷兰石油公司。[③]

1897 年，英国商人马库斯·塞缪尔把他在世界各地的油轮运输、石油储存、石油炼制、商业买卖等业务进行整合，成立英国壳牌运输贸易公司。

1902 年，英国壳牌运输贸易公司、皇家荷兰石油公司和罗斯柴尔德财团在英国伦敦共同组建亚细亚石油公司。

在此合作基础上，皇家荷兰石油公司和英国壳牌运输贸易公司于 1907 年共同出资组建成立皇家荷兰壳牌集团（通常称为"英荷壳牌石油公司"）。其中，皇家荷兰石油公司持股 60%，英国壳牌运输贸易公司持股 40%。

此后，从 1910 年起，英荷壳牌石油公司进入全面扩张时期，在世界各地不断延伸石油上游、中游、下游产业。1910 年，进入罗马尼亚市场，成立阿斯特拉石油公司。第二年，并购罗斯柴尔德在巴库地区的里海 - 黑海石油公司，后来成为巴库地区第二大石油公司。1911—1912 年，又先后并购东爪哇的托尔切石油公司，中国的上海兰卡德公司，俄国的马吉、布尼德两家石油生产企业，罗马尼亚的斯塔公司。1912 年，英荷壳牌石油公司进入美国市场，在加利福尼亚州成立了下游石油企业——壳牌美国汽油公司（1915 年改名为加利福尼亚壳牌公司），在中陆地区俄克拉何马州成立上游石油公司——罗

① 王才良、周珊：《世界石油大事记》，石油工业出版社，2008，第 43 页。

② 同上书，第 36–37 页。

③ 褚葆一主编《经济大辞典·世界经济卷》，上海辞书出版社，1985，第 339 页。

克萨纳石油公司。三年后，罗克萨纳公司又收购美国的 Healton 油田和 Cushing 油田的部分资产。[1]1922年，在美国成立重要的子公司——壳牌石油公司。

在此前后，英荷壳牌石油公司还先后进入伊拉克、埃及、墨西哥、委内瑞拉等国家的市场，并购当地的产油公司。同时，还在欧洲、美洲、亚洲、非洲和澳大利亚成立了一批石油分销机构，基本完成了全球市场的布局，成为世界上知名的石油企业。

英国人威廉·诺克斯·达西于 1909 年在伦敦成立英波石油公司，后于 1945 年改名为英国石油公司。此前，波斯政府于 1901 年租让一处油田给达西。[2]达西于 1903 年在波斯成立第一石油开采公司。1904 年，伯马石油公司（1886 年成立）注资第一石油开采公司，改组为石油租借地辛迪加。1909 年，为推进波斯租让给英国的油田的开发，石油租借地辛迪加又进行新一轮融资，改组成立英波石油公司。此后不久，公司在马斯杰德苏莱曼成功地打出第一批油井，建成中东第一条输油管道，将从油井开采出来的原油输送到阿巴丹的炼油厂，于 1912 年从阿巴丹出口了第一批石油。1917 年，英波石油公司在英国泰晤士河畔成立石油科学与工业研究部，开展石油科技研究。之后，于 1935 年改称英伊石油公司，1945 年改名英国石油公司。到 20 世纪末，英国石油公司与美国阿莫科国际石油公司合并，成为世界上最大的石油公司。

（三）其他国家

加拿大人 J. M. 威廉斯于 1858 年在萨尼亚建造炼油釜，次年建成加拿大第一座炼油厂，1860 年更名为加拿大石油公司。1862 年，该公司在伦敦国际博览会上荣获两枚金质奖章，是第一家获此殊荣的商业化石油公司。[3]

罗马尼亚在 1862 年成立瓦拉千石油公司，它是罗马尼亚第一家石油公司，由英属土耳其公司投资，资本达 700 万列伊。

德国西门子兄弟早在 19 世纪初便在俄国开发石油，1869 年在格鲁吉亚钻出油井并建成一座炼油厂，然后成立西门子石油公司。1874 年，俄国人瓦西里·科科列夫和彼得·古博宁在巴库成立巴库石油公司，该公司成为俄国第一家垂直一体化石油公司。1875 年，瑞典的诺贝尔三兄弟创办巴库炼油厂，1879 年，改组成立诺贝尔兄弟石油公司。1912 年，35 家俄国本国的独立石油商联合组成俄罗斯通用石油公司。1914 年，诺贝尔兄弟石油公司买下俄国通用石油公司的大部分股权。[4]

日本在 1888 年成立日本石油公司，注册资本为 15 万日元。1901 年，日本成立日本帝国石油株式会社。

1885 年，英国在缅甸设立了多家石油公司。1871 年，英国在仰光开办缅甸第一家炼油厂，设立仰光石油公司。1886 年，英国为开发缅甸石油，在苏格兰成立伯马石油公司，在仰光建立炼油厂，收购

---

[1] 王才良、周珊:《世界石油大事记》，石油工业出版社，2008，第 43~44 页。

[2] 美国不列颠百科全书公司:《不列颠百科全书·第 3 卷）国际中文版（修订版），中国大百科全书出版社《不列颠百科全书》国际中文版编辑部编译，中国大百科全书出版社，2007，第 167 页。

[3] 王才良、周珊:《世界石油大事记》，石油工业出版社，2008，第 17 页。

[4] 同上书，第 48 页。

缅甸农民手工开采的原油进行炼制，然后将油品销往印度。[①]1899 年，英国人投资成立阿萨姆石油公司。1910 年，英国人在缅甸成立英缅石油公司[②]，引进欧洲先进技术从事石油开采、加工等业务。缅甸因而成为东南亚最早开发石油的国家之一。

第 3 节　石油储存和运输

近代石油储存和运输主要集中在美国和俄国这两个石油生产大国。石油储存向铁质、钢质储罐发展。美国、俄国的石油管道运输走在世界前列。

一、石油储存

自 19 世纪 30 年代起，随着石油开采规模的扩大和冶金技术的进步，石油储存开始使用铁质和钢质容器，储存规模日渐扩大，出现了专业石油仓储机构。

1836—1837 年，尼古拉·沃斯科博伊尼科夫全面改建巴库和巴拉哈内的石油储存和装运设施体系。在巴拉哈内，建设有 5 个总储量超过 12.2 万普特的储油地窖，由石砌的斜面渠道相连。在巴库，用石砌斜面渠道连接的 9 个储油地窖总容量超过 5.1 万普特。各个储油地窖侧旁建有石油接收设施，包括容量为 28 普特的铜质储油装置和沉淀装置。[③]

1838 年，按照沃斯科博伊尼科夫的设计，钳工 T. 舒瓦洛夫和他的徒弟制造出俄国第一批盛油用的铁桶，共 241 个，军舰"恩巴号"用 216 个桶总共装载 14.78 吨蒸馏的油品，并将其从巴库运到阿斯特拉罕。

1861 年，阿金在泰特斯维尔以南的金斯兰德低地上建造了第一座带箍的圆筒形木质油罐，直径为 8 英尺，弧形壁高 8 英尺。[④]

1864 年，加夫·哈森公司建成了一座容积为 8 000 桶的铁质储罐，用来存放原油。

1866 年 7 月，查尔斯·洛克哈特在宾夕法尼亚州成立大西洋石油仓储公司，该公司是后来的 Arco（美国大西洋里奇菲尔德公司）的前身之一。

1902 年，英国在爱丁堡成立伯马石油公司，开始从事缅甸石油储运业务。1911 年，美国出现第一座螺栓连接的储罐。

1917 年，甘茨储罐公司建成第一座螺栓连接的钢质储罐。

---

① 王才良、周珊：《世界石油大事记》，石油工业出版社，2008，第 27–28 页。
② 同上书，第 42 页。
③ 阿列克佩罗夫：《俄罗斯石油：过去、现在与未来》，石泽译审，何小平副译审，人民出版社，2012，第 37 页。
④ 王才良、周珊：《世界石油大事记》，石油工业出版社，2008，第 18 页。

二、石油运输

19 世纪中叶以前，世界各国石油生产规模很小，石油远距离运输业务也很少。俄国彼得大帝征服原属波斯的巴库地区后，于 1723 年宣布允许私人开采巴库石油，派官员掌管石油供应，通过伏尔加河将石油运到莫斯科等地。1839 年，装载一批炼制油品的驳船从阿斯特拉罕沿伏尔加河逆流而上，运达莫斯科和圣彼得堡。19 世纪中叶后，随着世界石油工业的崛起，石油运输规模空前扩大，跨洋运输日渐发展起来，运输方式多样化、管道化。1862 年，宾夕法尼亚州的泰特斯维尔油田建成世界上第一条使用 2 英寸铸铁管的原油输送管道，全长约 6.4 千米。

（一）船舶运油

使用船舶运输石油，是近代出现的新事物，促进了石油运输业的发展。1855 年，英国泰恩河畔的阿姆斯特朗·惠特沃思公司造了世界上第一艘油轮——"幸运号"油轮。1872 年，比利时建成第一艘以蒸汽机为动力的铁壳运油船——"瓦特兰号"，用它装运桶装石油，可载重 2 743 吨。[1]1878 年，瑞典莫塔拉造船厂为诺贝尔兄弟石油公司建造世界上第一艘石油罐装轮船"佐罗阿斯特尔号"，该船可装载 3.4 万普特的煤油，在里海首航。1892 年，英国的壳牌运输贸易公司第一艘散装油轮——"骨螺号"通过苏伊士运河将石油运往远东。1912 年，Sultan Van Koetei 号油轮从阿巴丹港运出伊朗第一船成品油。

（二）管道输油

在近代石油管道运输中，美国起步最早，技术也最发达。1861 年，"伊丽莎白·瓦特号"帆船把 5 桶原油从美国费城跨过大西洋运到英国伦敦，开创世界上跨洋运输石油的先河。1871 年，美国宾夕法尼亚州成立恩特普莱斯公司，建设、营运一条管径 2 英寸、长约 49.6 千米的原油输送管道，输送泰特斯维尔的原油。1874 年，美国建成从宾夕法尼亚州油区到匹兹堡的石油管道，管径 4 英寸，全长 96.56 千米，日输石油 1 192.4 立方米。1893 年，美国宾夕法尼亚州 Warren 炼油厂建成一条长约 4.8 千米的成品油输送管道，将中间馏分油输送到阿勒格尼河边。

在美国石油管道运输发展过程中，出现了高度竞争与垄断的现象。1879 年，标准石油公司的竞争对手泰德沃特公司建成从科利维尔到宾夕法尼亚州的威廉斯波特（后来延伸至新泽西州的贝永）的第一条州际输油管道，全长约 174 千米，将油田原油输送到炼油中心。[2]就在泰德沃特公司还在为自己的成功高兴之际，洛克菲勒采取了一系列的强硬措施，抢先收购了几家炼油厂，大幅度地调低标准石油公司的管道运费，并与铁路公司联手把石油铁路运输费用降到令人捧腹的程度，乃至"当时的运费连用来买车轮润滑油都不够"[3]。结果，泰德沃特公司的石油运输设备被迫大量闲置，根本发挥不出原先所设想的效果。这条输油管线本来是想把独立产油商们从标准石油公司的束缚中解放出来，然而完工不到一年，泰德沃特公司便妥协了，成为洛克菲勒的同盟，与洛克菲勒达成一项协定：标准石油公司把在宾夕法尼亚州的管道运输业务分成两部分，其中 88.5% 归标准石油公司，另外的 11.5% 给泰德沃特

① 王才良、周珊：《世界石油大事记》，石油工业出版社，2008，第 22–23 页。

② 同上书，第 24–25 页。

③ 孙健、王宇宙：《每天读点金融史 Ⅱ：影响世界的金融巨头》，新世界出版社，2008，第 32 页。

公司。① 由此，独立产油商们绝望了，不得不与洛克菲勒的标准石油公司合作。到 1904 年，标准石油公司拥有的输油管道约 14.2 万千米，90% 的老油田原油都通过它的管道输送。②

俄国先后建成 3 条输油管道。1878 年秋，诺贝尔兄弟石油公司在阿普歇伦半岛建造俄国第一条输油管道，长约 9.1 千米，管径 3 英寸，每昼夜可输油 1 310.4 吨，1879 年输送原油 91 449.5 吨。1879 年，巴库石油公司建成从苏拉哈内产油区到吉赫码头的煤油输送管道并投产。③1896 年 9 月至 1907 年 6 月，历时 11 年，俄国花费 2 100 万卢布，建成总长度为 882.5 千米，设有 16 个输送站的巴库—巴统煤油运油管道。到 1907 年底，这条管道线路运送煤油 100 多万吨。到 1912 年初，全部收回巴库—巴统运输管道的投资，还创造了 650 万卢布的纯利润。④

除了美国和俄国，皇家荷兰石油公司也于 1892 年建成第一条输油管道。伊朗于 1912 年建成从马斯杰德苏莱曼油田到阿巴丹炼油厂的中东地区第一条输油管道。

（三）铁路运油

1865 年，铁路线铺设到德雷克井。该井最初用一个容积约为 8 个啤酒桶的鲸鱼油桶当作储油罐，后来在井场挖坑当作储油池，然后装上油桶，用平底驳船沿河运到炼油厂，铁路线铺好后改为火车运输。1878 年，世界上最早的一批铁路油罐车开始在里海地区投用，它们从巴库进入连接俄国和欧洲的铁路网。⑤

第 4 节　石油贸易和利用

近代，世界石油贸易兴起，规模不断扩大。石油产品不断创新，应用领域越来越广，对经济社会发展的作用也越来越大。1859 年世界第一口工业油井钻出来后，石油产量呈井喷式增长趋势，因而直到 1917 年，在这将近 80 年的时间里，世界原油价格按当时的美元价值计算，大多数年份保持在 2 美元 / 桶以下（表 10–13）。这为当时的美国、俄国等石油生产大国以及英国、德国等石油进口大国经济保持快速发展提供了重要条件。低廉的石油价格还为英国、美国、德国、俄国等经济大国的崛起以及各国工业化的发展提供了重要的能源保障。19 世纪中叶，人类开始进入"煤油时代"；20 世纪初，人类迈进"汽油时代"。

① 孙健、王宇宙：《每天读点金融史Ⅱ：影响世界的金融巨头》，新世界出版社，2008，第 32 页。
② 王才良、周珊：《世界石油大事记》，石油工业出版社，2008，第 38 页。
③ 阿列克佩罗夫：《俄罗斯石油：过去、现在与未来》，石泽译审，何小平副译审，人民出版社，2012 年，第 87 页。
④ 同上书，第 129 页。
⑤ 钱学文等：《中东、里海油气与中国能源安全战略》，时事出版社，2007，第 41 页。

表 10-13 1862—1917 年世界原油价格

时间 / 年	当时价格 / （美元 / 桶）	以 2008 年计算 / （美元 / 桶）	时间 / 年	当时价格 / （美元 / 桶）	以 2008 年计算 / （美元 / 桶）
1862	1.05	22.74	1884	0.84	20.20
1863	3.15	55.32	1885	0.88	21.15
1864	8.06	111.46	1886	0.71	17.07
1865	6.59	93.09	1887	0.67	16.11
1866	3.74	55.20	1888	0.88	21.15
1867	2.41	37.25	1889	0.94	22.60
1868	3.63	58.93	1890	0.87	20.91
1869	3.64	59.09	1891	0.67	16.11
1870	3.86	65.96	1892	0.56	13.46
1871	4.34	78.32	1893	0.64	15.38
1872	3.64	65.69	1894	0.84	20.97
1873	1.83	33.02	1895	1.36	35.29
1874	1.17	22.36	1896	1.18	30.62
1875	1.35	26.58	1897	0.79	20.50
1876	2.56	51.95	1898	0.91	23.61
1877	2.52	49.11	1911	0.61	14.15
1878	1.19	26.66	1912	0.74	16.56
1879	0.86	19.95	1913	0.95	20.76
1880	0.95	21.26	1914	0.81	17.47
1881	0.86	19.25	1915	0.64	13.67
1882	0.78	17.46	1916	1.10	21.84
1883	1.00	23.18	1917	1.56	26.38

资料来源：钱伯章：《石油和天然气技术与应用》，科学出版社，2010，第 177 页。

一、石油贸易

世界石油工业出现之前，石油生产规模小，国际贸易规模也小。1859 年，世界主要贸易国的石油进口量仅为 600 吨。此后，世界石油生产规模不断扩大，进出口贸易也不断增长，但贸易规模仍较小。

（一）世界石油工业出现前

世界石油工业出现之前，国际石油贸易仅局限在欧洲、里海周边等少数地区开展。19 世纪 50 年代，加利西亚和罗马尼亚形成了小规模的手工挖坑、采油、炼制蜡油的石油业。1854 年，蜡油成为维也纳最主要的商品。到 1859 年，蜡油业在加利西亚已经相当兴旺，打井采油的村庄已达 150 多个，这一年，欧洲原油总产量达到约 4 900 吨。[①] 1856 年，英国进口石油 300 吨，1857 年、1858 年分别增至 2 900 吨、

---

① 袁新华：《俄罗斯的能源战略与外交》，上海人民出版社，2007，第 16 页。

3 300 吨，1859 年降为 600 吨。[1]

18 世纪 10 年代，俄国从巴库购买 2.18 吨石油，开启了国际石油贸易往来。1726 年，俄国贸易总局首次出口石油，向荷兰商人发运 0.41 吨石油。18 世纪 30 年代，俄国将占领的巴库归还波斯后，石油出现短缺，不得不从国外进口石油。1797—1799 年，俄国每年进口石油 0.74 吨，花费 110 卢布 46 戈比。[2]1851 年，俄国参加在英国伦敦举办的第一届世界博览会，展出了阿普歇伦半岛生产的"白色石油"和"黑色石油"样品。

缅甸手工开采的仁安羌油田从 1759 年开始出口原油到别的国家。

（二）世界石油工业诞生后

美国人德雷克钻出世界上第一口工业油井后，有时会使用过去主要用于威士忌交易、容量为 42 加仑的木桶来装罐和运输石油。1860 年，美国宾夕法尼亚州的 20 多名石油生产商提出用桶作为售油的基本单位，按 40 加仑计，另外让利给客户 2 加仑，42 加仑为 1 桶。[3]此后，经过 1872 年石油生产商协会和 1916 年美国国会批准，"桶"成为石油贸易的基本计量单位。

随着美国泰特斯维尔石油溪的形成和其他大量油井的开发，石油供求失衡现象反复出现，石油价格大起大落，不少人一夜暴富，也有许多举债投资人破产。据说，德雷克钻出油井时，原油最初以每桶 40 美元的天价出售，但到 1862 年 1 月，油价狂跌到 10 美分。此后几年，每桶原油出井的平均价格分别为：1863 年的平均价格为 3.5 美元，1864 年的平均价格为 8 美元，1866 年的平均价格为 4 美元，1867 年的平均价格为 2.8 美元，1869 年的平均价格为 5.8 美元，1871 年的平均价格为 4.2 美元，1873 年的平均价格跌至 2 美元以下。[4]当时，欧洲战火从 1872 年开始蔓延，大西洋海上石油运输中断，美国石油出口锐减，导致石油价格大幅度下降。对此，石油生产商共同成立了石油生产商协会，并决定停产 3 个月。

美国、俄国等国家的石油生产规模不断扩大后，它们开始积极开辟欧洲、远东等地区的市场，世界石油贸易活跃起来，出现了跨洲石油贸易，贸易规模不断扩大。1861 年，美国通过海运，首次把石油出口到欧洲，共出口石油 2.7 万桶，价值约 100 万美元。[5]1863 年，美国开始向中国出口煤油，共计 50 桶。1866 年，洛克菲勒在纽约组建一家国际石油贸易公司。1876 年，诺贝尔兄弟石油公司把巴库生产的第一船灯油运达圣彼得堡市场。1880 年，罗斯柴尔德公司把巴库煤油销往欧洲和远东，率先在英国建立石油销售公司。随后，标准石油公司也在英国成立英美石油公司。1888 年 1—4 月，圣彼得堡举办俄国第一届照明用品及石油产品国际展览会，共有 40 个国家的 50 个厂商参展，是世界上首个国际石油专业展。

进入 19 世纪 90 年代，亚洲石油市场进一步被开拓。1892 年，第一船俄国石油通过苏伊士运河运

[1] B. R. 米切尔：《帕尔格雷夫世界历史统计·欧洲卷：1750—1993 年》第 4 版，贺力平译，经济科学出版社，2002，第 512 页。
[2] 阿列克佩罗夫：《俄罗斯石油：过去、现在与未来》，石泽译审，何小平副译审，人民出版社，2012，第 31 页。
[3] 王才良、周珊：《世界石油大事记》，石油工业出版社，2008，第 17—18 页。
[4] 莱昂纳尔多·毛杰里：《石油！石油！》，夏俊、徐文琴译，格致出版社，2007，第 5—6 页。
[5] 上海社会科学院世界经济与政治研究院：《能源问题与国际安全》，时事出版社，2009，第 5 页。

达亚洲[1]，俄国石油从此源源不断地进入亚洲市场，打破美国对亚洲石油市场的垄断。1894 年，纽约标准石油公司在中国上海设立第一家石油贸易分支机构。第二年，英国壳牌运输贸易公司又把巴库石油远销到远东地区。1907 年，亚细亚公司在上海设立第一个销售机构。

石油贸易的发展，促进了石油期货的诞生。1871 年，世界上第一家石油期货贸易所在美国泰特斯维尔开业，石油被按现货交易、期货交易和"正规交易"（10 天内交割）3 种方式交易。通过期货交易，到 1895 年，标准石油公司的原油收购机构约瑟夫·西普公司收购了利马和宾夕法尼亚州 85% ～ 90% 的原油。于是，1895 年 1 月，约瑟夫·西普公司宣布，由于石油交易所的"交易已经不再可靠地反映产品的价值"，因而石油交易所时代结束了。[2] 从此，美国市场的原油价格由约瑟夫·西普公司掌控。

到 20 世纪初，石油贸易规模逐渐扩大，参与贸易的国家日渐增多，主要集中在欧美国家。1917 年，世界石油出口规模达到 344.1 万吨，比 19 世纪末增长 81.6%。由于受到第一次世界大战对石油需求的影响，1917 年世界石油进口总量达到 982.1 万吨，比 19 世纪末增长约 2.3 倍，增幅远远高于出口总量。

（三）世界石油贸易格局

在石油出口方面，1869 年世界主要石油贸易国的石油出口规模为 700 吨，1879 年达到 9.3 万吨，1889 年突破 100 万吨（103.2 万吨），19 世纪末达到 189.5 万吨。到了 20 世纪初，石油出口规模进一步扩大，到 1917 年达到 344.1 万吨（表 10-14）。[3] 其中，20 世纪前石油年出口规模最大的国家为俄国和美国，俄国 1889 年出口石油 73.4 万吨，到 1899 年增至 139.2 万吨，美国则从 1889 年的 27.6 万吨增至 1899 年的 38.1 万吨。1917 年，印度尼西亚、墨西哥和伊朗成为石油出口大国，出口石油总量分别为 96.0 万吨、95.2 万吨和 59.2 万吨，依次居世界前三位。同年，美国出口石油 55.7 万吨，排在世界第四位。

表 10-14　1870—1917 年主要贸易国的石油出口量情况[1]

单位：万吨

项目	国家	1870 年	1879 年	1889 年	1899 年	1909 年	1917 年
亚洲	印度尼西亚[2]	—	—	—	4.2	59.7	96.0
	伊朗	—	—	—	—	—	59.2
欧洲	奥地利[3]	0.1	0.03	0.3	3.2	50.5	—
	罗马尼亚	—	—	1.9	4.8	42.4	—
	俄国	—	—	73.4	139.2	79.6	3.4
美洲	墨西哥	—	—	—	—	—	95.2
	特立尼达和多巴哥	—	—	—	—	—	9.0
	美国[4]	3.4	9.3	27.6	38.1	55.2	55.7
	秘鲁	—	—	—	—	10.0	21.7
	委内瑞拉	—	—	—	—	—	0.9

---

[1] 任皓：《看不见的战线：能源争夺背后的信息博弈》，工业出版社，2011，第 152 页。

[2] 王才良、周珊：《世界石油大事记》，石油工业出版社，2008，第 32 页。

[3] 除非另有标注，书中各表近代世界各国（地区）石油进出口贸易量的原始数据参见 B. R. 米切尔：《帕尔格雷夫世界历史统计·亚洲、非洲和大洋洲卷：1750—1993 年》第 3 版，贺力平译，经济科学出版社，2002。

续表　　单位：万吨

项目	国家	1870 年	1879 年	1889 年	1899 年	1909 年	1917 年
非洲	阿尔及利亚	—	—	—	—	—	2.6
	埃及[5]	—	—	—	—	—	0.4
全球总计	—	—	3.5	9.33	103.2	189.5	297.4	344.1

资料来源：作者整理。参考 B. R. 米切尔：《帕尔格雷夫世界历史统计·亚洲、非洲和大洋洲卷：1750—1993 年》第 3 版，贺力平译，经济科学出版社，2002。

注：[1]除另有说明者外，石油出口量为原油和精炼油出口量之和。[2]仅指煤油。[3]1917 年的数据对应奥地利共和国的数据。此前数据对应奥匈帝国海关的数据。[4]仅指原油。[5]仅指精炼油。

在石油进口方面，近代主要石油贸易国石油进口的规模和增幅大大超过出口，1869 年世界各国石油进口总量为 18.8 万吨，19 世纪末达到 296.1 万吨，到 1917 年猛增至 982.1 万吨（表 10-15）。其中，20 世纪 10 年代前石油进口大国主要是英国、德国、印度、日本和荷兰，1909 年，5 国石油进口量均超过（或接近）20 万吨，分别为 139.9 万吨、98.3 万吨、30.0 万吨、28.3 万吨和 19.7 万吨，均排在世界前 5 位。到 1917 年，美国进口石油 409.7 万吨，成为最大的石油进口国；英国进口 323.0 万吨，居世界第二位；加拿大进口 126.9 万吨，排在世界第三位。

表 10-15　1859—1917 年主要贸易国的石油进口量情况[1]

单位：万吨

项目	国家	1859 年	1869 年	1879 年	1889 年	1899 年	1909 年	1917 年
亚洲	印度[2]	—	—	2.5	20.3	25.4	30.0	24.8
	日本[3]	—	—	5.5	12.0	16.9	28.3	8.1
欧洲	奥匈帝国/奥地利[4]	—	2.0	9.3	14.0	9.8	2.3	—
	保加利亚	—	—	—	0.9	1.2	2.1	
	丹麦	—	0.5	1.9	2.9	4.4	7.4	
	芬兰	—	—	0.2	0.9	2.0	3.2	
	德国	—	9.1	25.2	62.6	91.1	98.3	—
	意大利	—	3.0	5.9	7.1	8.5	10.1	23.2
	荷兰	—	1.5	4.4	9.9	16.2	19.7	10.4
	挪威	—	0.2	0.7	1.5	4.2	6.3	5.9
	葡萄牙	—	—	—	1.1	1.5	2.2	2.9
	西班牙	—	0.1	1.1	3.3	2.4	3.8	7.2
	瑞典	—	0.3	1.4	4.5	7.4	14.1	5.1
	瑞士	—	—	2.1	3.9	6.9	8.1	2.8
	英国	0.06	2.1	16.9	40.2	93.8	139.9	323.0
美洲	加拿大	—	—	—	1.8	0.1	—	126.9[6]
	美国							409.7
	巴西	—	—	—	—	—	9.2	17.2

续表 单位：万吨

项目	国家	1859 年	1869 年	1879 年	1889 年	1899 年	1909 年	1917 年
非洲	南非	—	—	—	—	—	—	10.0
大洋洲	澳大利亚	—	—	—	—	4.3[5]	2.5	4.9
全球总计		0.06	18.8	77.1	186.9	296.1	387.5	982.1

资料来源：作者整理。参考 B. R. 米切尔：《帕尔格雷夫世界历史统计·亚洲、非洲和大洋洲卷：1750—1993 年》第 3 版，贺力平译，经济科学出版社，2002。

注：[1] 除另有说明外，石油进口量为原油和精炼油进口量之和。[2] 仅指精炼油。[3] 1879 年、1889 年、但到 1899 年仅指煤油。[4] 1917 年的数据为奥地利共和国的数据，1917 年之前的数据为奥匈帝国的数据。[5] 仅指煤油。[6] 仅指原油。

（四）俄美石油贸易大战

在 19 世纪 80 年代以前，世界石油市场为美国所垄断。但从 19 世纪 80 年代开始，俄国成为世界石油市场的有力竞争者。19 世纪 70 年代末，俄国还是石油净进口国，但到 1887 年出口石油 31.1 万吨，首次超过美国（26.1 万吨），此后一直保持领先地位。1899 年，俄国出口石油（包括原油和精炼油）139.2 万吨，美国仅为 38.2 万吨。

1. 俄国的挑战

1882 年，俄国炼油产品开始大规模出现在欧洲市场。这一年里，俄国出口 11.2 万普特原油、2.8 万普特矿物油和凡士林、22.7 万普特照明油、70.3 万普特润滑油、10 万普特石油余渣。同一年，美国出口 5.6 亿加仑各种石油产品。按照 1 桶等于 42 加仑等于 8 普特的比值计算，俄国出口量仅为美国出口总量的 1%。[1]1884 年，俄国石油出口规模进一步扩大。从巴统港出口原油和石油产品 374.6 万普特，从巴库出口到波斯 18.01 万普特，共计 392.61 万普特。1890 年，俄国出口煤油 4 100 万普特，其中出口到欧洲市场的总量为 2 870 万普特。同年，美国出口煤油 5.2 亿加仑，其中出口到欧洲市场的总量为 3.4 亿加仑。俄国煤油出口量已经是美国的 41.1%，其中出口到欧洲市场的比例则达到 43.9%。[2]美国的煤油市场份额受到俄国极大的挤压。

2. 美国的反击

当时，美国的石油贸易为洛克菲勒所掌管的标准石油公司所垄断。面对俄国石油公司对欧洲石油市场的抢占，美国标准石油公司在 1888—1891 年先后成立多家子公司，包括英美石油公司、德国美国石油公司、荷兰美国石油公司、意大利美国石油公司等，与之开展激烈竞争、对抗。结果，俄国在欧洲的市场受到了排挤。到 1893 年，美国对欧洲的煤油出口量达到 221 万桶；而俄国则相反，缩减到 74.3 万桶。

3. 俄国转向远东市场

面对欧洲市场销售量的下滑，俄国把目光转向地域上毗邻的中国、日本等远东市场。在此时，美国已经开辟远东市场。1887 年，美国向远东供应煤油 978.2 万箱，而俄国只有 90 万箱[3]，不到美国销售

---

① 阿列克佩罗夫：《俄罗斯石油：过去、现在与未来》，石泽译审，何小平副译审，人民出版社，2012，第 136 页。

② 同上书，第 137 页。

③ 同上书，第 138-140 页。

量的 1/10。从 1888 年开始，俄国加大力度开拓远东市场，当年向这一地区出口煤油 880 万普特，1892
年增至 1960 万普特。同年，美国向远东地区出口煤油约 7.3 亿磅，俄国约出口煤油 6.4 亿磅，俄国成
为美国在远东市场的强劲竞争对手。到 1897 年，俄国向远东市场出口煤油达到 3 400 万普特，而同年
出口到欧洲市场仅有 1 800 万普特。1904 年，俄国出口到远东地区的煤油增至 6 040 万普特，是 1888
年的 6.9 倍。[①]

4. 煤油市场格局

到 20 世纪初，世界煤油市场主要为美国、俄国所瓜分。1904 年，在世界煤油出口总量中，美国
占 55.9%，俄国占 30.7%，荷兰占 8.4%，罗马尼亚占 2.7%，加利西亚占 2.3%。[②]

（五）中国"洋油"市场与格局

1840 年爆发的鸦片战争打开了中国的大门。第二次鸦片战争后，中国通商口岸由 5 个增加到 16 个，
石油成为侵略者对中国输出的商品之一。同治二年（1863 年），中国有了"洋油"（当时中国人把从国
外进口的煤油称为"洋油"）进口的记录，总量为 2 100 加仑（约 6.8 吨）[③]。随后，"洋油"如洪水般侵
占中国市场。

首先进入中国市场的是美国。在 19 世纪 90 年代之前，美国几乎垄断中国整个"洋油"市场。美
国石油巨头美孚石油公司于 1894 年在中国设立办事处，1903 年在上海建立油栈，1904 年正式营业，
销售网络遍布中国各大中小城市和乡村。在大城市设立了 5 个分公司，在中等城市设立了 20 个支公司，
在县城设立了 500 个经销店，在乡村遍布代销点。[④]起初，每年输入中国的"洋油"约 3 万加仑（约 98 吨），
1870 年为 28 万加仑（910 吨），到 1875 年猛增至 500 万加仑（约 1.6 万吨），1886—1889 年每年均达
到 1 800 万加仑（约 5.9 万吨）。[⑤]

1890 年，俄国煤油开始大量输入。同年，由俄国输入的煤油占中国煤油进口额的 24.5%，1891 年
达到 39%。1898 年，中国进口煤油 9 900 万加仑（约 31.2 万吨），其中美国占 50%，俄国占 37.4%，苏
门答腊岛占 12.6%。[⑥]1900 年，又有波罗岛的煤油输入中国。

1908 年，英国开始向中国输入煤油，市场竞争趋于激烈，美国的美孚石油公司和英国的亚细亚石
油公司互相杀价，到 1910 年已有两败俱伤之势。1917 年，中国进口煤油 3 335.5 万关两，其中美国占
68.0%（表 10-16）。

表 10-16　1911—1917 年中国油类进口情况

时间 / 年	煤油 / 万关两	汽油 / 万关两	机器油 / 万关两	燃料油 / 万关两	总计 / 万关两	煤油所占 比例 /%	美国输入煤油所占 比例 /%
1911	3 481.2	7.3	—	6.1	3 494.6	99.6	66.8

---

① 阿列克佩罗夫：《俄罗斯石油：过去、现在与未来》，石泽译审，何小平副译审，人民出版社，2012，第 140 页。

② 同上。

③ 石宝珩：《石油史研究辑录》，地质出版社，2003，第 154 页。

④ 汪朝光：《中华民国史·第 4 卷：1920—1924》，中华书局，2011，第 493 页。

⑤ 赵匡华主编《中国化学史·近现代卷》，广西教育出版社，2003，第 670—671 页。

⑥ 同上书，第 672 页。

续表

时间 / 年	煤油 / 万关两	汽油 / 万关两	机器油 / 万关两	燃料油 / 万关两	总计 / 万关两	煤油所占 比例 /%	美国输入煤油所占 比例 /%
1912	2 484.6	8.9	—	4.5	2 498.0	99.5	62.4
1913	2 540.3	10.8	—	12.5	2 563.6	99.1	61.1
1914	3 443.2	21.3	—	14.6	3 479.1	99.0	71.2
1915	2 802.0	25.2	141.7	15.7	2 984.6	93.9	69.7
1916	3 181.6	33.6	183.3	10.9	3 409.4	93.3	73.8
1917	3 335.5	55.1	114.0	30.3	3 534.9	94.4	68.0

资料来源：赵匡华主编《中国化学史：近现代卷》，广西教育出版社，2003，第671页。

二、石油利用

19 世纪中叶以前，石油主要用在火器、交通工具、照明、医药等领域。但现代石油工业诞生后，随着石油产品结构的巨变，石油的利用也发生重大变化。

（一）现代石油工业出现前

据记载，1691 年克里米亚远征军返回后剩有各种"石油"武器弹药。其中，新博戈罗茨克存有480 条"火枪"、2 400 个带加速的火器射枪和100 枚火雷。[1]1716 年，在摩尔多瓦的莫伊内什蒂附近，当地人采集油苗来润滑马车轴。1745 年，法国佩谢尔布龙油田生产的石油作为灯油、药品等物品使用或用于铺路。1755 年，美国宾夕法尼亚州的印第安人用石油制成医治头痛、牙痛的药物。1761 年，英国人从沥青中提取轻质油用于制作麻醉剂。1781 年，土库曼人将沥青制成照明燃料。

17 世纪末，俄国为庆祝各种世俗节日，用石油制造花炮和焰火的混合物。18 世纪初，捷列克河和孙扎河地区的居民开始用"含硫脂油"代替松焦油涂抹车轴。

19 世纪中叶，煤油和煤油灯的发明，使人类对石油的利用首次取得重大突破，它伴随着世界石油工业的诞生而使人类迈进"煤油时代"。

（二）现代石油工业出现后

原油经过炼制，可得到液化石油气、轻质油、重油馏分、煤油、粗柴油、残油等产品或副产品（表10-17）。石油炼制工艺技术水平决定石油产品的开发水平，进而也决定石油的利用水平。现代石油工业出现后，石油科技发生了诸多革命性变革，不仅能够使石油开采能力得到极大提高，还使石油炼制实现质的飞跃。人们成功开发出煤油以及供给汽车使用的汽油等新产品，从而使石油的消费结构也发生巨大变革。到1900 年，石油除了作为照明的主要原料，还有超过200 种的原油副产品进入了人们的日常生活，诸如工业设备中要用到的润滑油，药物和蜡烛制作中要用到的石油蜡，药品，溶煤，以及锅炉和内燃机要用到的燃料。[2]

---

[1] 阿列克佩罗夫：《俄罗斯石油：过去、现在与未来》，石泽译审，何小平副译审，人民出版社，2012，第12页。

[2] 莱昂纳尔多·毛杰里：《石油！石油！》，夏俊、徐文琴译，格致出版社，2007，第19页。

表 10-17　原油蒸馏的分馏物及其用途

原油沸点（近似值）	分馏物	用途
40 ℃以下	液化石油气（C1 ～ C5 石蜡烃）	燃料
		化工原料
40 ～ 180 ℃	轻质油（直馏汽油）	汽油
		化工原料
130 ～ 220 ℃	重油馏分	溶剂
160 ～ 250 ℃	石蜡烃（煤油）	民用燃油
220 ～ 350 ℃	粗柴油	柴油
		工业燃料油
—	残油	润滑油
		石蜡
		沥青

资料来源：特雷弗·I.威廉斯主编《技术史·第6卷》，姜振寰、赵毓琴主译，上海科技教育出版社，2004，第341页。

1. 润滑油的利用

石油作为润滑油在古代便得到了重要应用。在此基础上，近代润滑油的应用有了新的发展。19 世纪上半叶，科学家们从矿物油中蒸馏出润滑油，从而润滑油应用于各种工业中，矿物润滑油开始替代当时普遍使用的植物油和动物脂肪油。1855 年，耶鲁大学教授西里曼发表文章，倡仪"润滑革命"，用矿物油替代动物油或植物油做润滑油。润滑油不仅被应用于车轮，更重要的是被广泛应用于机械化大生产中各式各样的机器，从而对工业革命的开展也起到了"润滑"作用。

2. 煤油的利用

在煤油制取出来之前，人们使用的油灯大多是以植物油、动物油、鲸油、松香油等作为燃油。1850 年，煤油被发明出来后，在市场上逐步得到推广应用，日渐成为一种重要的照明燃料。19 世纪60 年代初，圣彼得堡、莫斯科等城市的街道照明使用酒精和焦油，因它们"对城市是不利的"，便从美国进口煤油，进行城市照明改造。1863 年 8 月 1 日，圣彼得堡安装煤油灯 6 000 盏，后来增加到7 000 盏。1865 年 5 月，莫斯科全部改用煤油照明，煤油灯数量达到 9 310 盏。[1]作为边远省份的彼得罗查沃茨克各城市也改为煤油照明。同时，煤油照明还普及铁路运输、水上运输、教育、医疗等领域。

除了照明使用，煤油自 19 世纪 70 年代末起还被作为日常生活中的餐厨燃料加以利用。在 1878 年巴黎世界博览会上，贝斯纳德（Besnard）和马里斯（Maris）展出了煤油炉样机，在展出后的 10 年内，这样的煤油炉一共售出了 50 万台以上，以致当时有些国家采取限制措施。[2]但因煤油是一种极好的税源，最终还是得到了广泛应用。

19 世纪六七十年代，美国市场上煤油基本取代了内战前使用的煤和动物油。到 19 世纪末，全世

---

[1] 阿列克佩罗夫：《俄罗斯石油：过去、现在与未来》，石泽译审，何小平副译审，人民出版社，2012，第 48 页。

[2] 查尔斯·辛格、E.J.霍姆亚德、A.R.霍尔、特雷弗·I.威廉斯主编《技术史·第 5 卷》，远德玉、丁云龙主译，上海科技教育出版社，2004，第 76 页。

界几乎都使用煤油灯了。

后来,随着燃油的发展、电灯的发明和汽车的普及,煤油走向衰落,在石油工业中的地位日渐被汽油所替代。

3. 燃料油的利用

19 世纪 70 年代,燃料油首次在海域轮船上作为燃料使用。19 世纪 70 年代后,俄国开始使用商业性实用石油发动机,它们燃烧巴库在制造煤油和灯油时所产生的奥斯塔基废气。1890 年,意大利在其军舰上安装了石油炉。1902 年,汉堡—美洲班船公司在其新班轮上采用石油代替煤炭,在大西洋海域上航行。随后,其他大轮船公司相继效仿。1903 年,英国开始派遣军舰到靠近石油资源的水域(特别是远东地区)作业,在 10 年之内建立了一个世界范围的石油储备供应网络,从而允许整个舰队普遍使用液体燃料。[①]1920 年以前,美国 75% 的货物运输都是以石油为燃料的。[②]

除了用于船舶运输,1880 年以后,随着人们对煤油的需求开始减少,炼油者开始把各种等级的轻质石油当作燃料供应市场。炼油者还发现,较重的馏出物可以用来取暖或作为燃烧用油。到 1900 年,在美国西南部和加利福尼亚州,大多数家庭都已改用石油作为燃料取暖。

4. 汽油的利用

汽油最初称为石油精,通过石油蒸馏生产出来,是炼制煤油的副产品。它是一种轻质石油产品,可做内燃机的燃料,可做油料,还可做脂肪的溶剂。用作发动机燃料的汽油可分为车用汽油和航空汽油两大类。

在汽车没有出现之前,汽油就已经出现了。当时,汽油作为生产灯用煤油的副产物而存在,不是被废弃,就是被烧掉。随着 19 世纪中后期各式煤气内燃机(1860 年制成第一台实用煤气机,1876 年制成第一台四冲程煤气机,1881 年制成第一台二冲程煤气机)的问世与发展,燃烧热能高,在汽化器中容易与空气混合,比煤气更便于运输的汽油引起了研发内燃机的工程师们的注意,他们将研究重心转移到使用汽油替代煤气燃料的汽油内燃机开发上。1883 年,德国人 G. 戴姆勒成功地研制出第一台汽油内燃机,它的转速比其他内燃机高出 3 倍以上,达到每分钟 800 ~ 1 000 转。此后,他将汽油机应用于各种交通工具,先后制成世界上第一辆摩托车(1885 年)、第一辆四轮汽车(1886 年)、第一艘摩托船,还于 1890 年成立了戴姆勒汽车公司。这不仅极大地促进了汽车的发展,还使曾被当作煤油副产物而被白白废弃掉的汽油逐渐得到人们的重视,人们开始对其进行回收,开发出各种汽油产品,供汽车使用。

1908 年,亨利·福特发明了大规模生产汽车的方式,使汽车得以大批量生产和推广普及,从而改变了人类的生产、生活方式。1910 年,全球汽车产量达到 25 万辆以上,是 1900 年汽车产量的 25 倍以上。1914 年,仅美国的汽车产量就增至 57.3 万辆,而 3 年之后(1917 年)更是达到了惊人的 187 万辆。[③]与此同时,福特 T 型车的价格在不断狂降,从 1908 年的 890 美元(那时美国工人的年均工资是 500 ~ 700 美元),降到了 1914 年的 550 美元,再到 1924 年的 290 美元——相当于一个工人 1/4 的

① H. J. 哈巴库克、M. M. 波斯坦主编《剑桥欧洲经济史·第 6 卷》,王春法、张伟、赵海波译,经济科学出版社,2002,第 484 页。
② 韩毅等:《美国经济史:17 ~ 19 世纪》,社会科学文献出版社,2011,第 467 页。
③《中国大百科全书》总编委会:《中国大百科全书·第 17 卷》第 2 版,中国大百科全书出版社,2009,第 538 页。

年工资[1]，从而使汽车进入了寻常百姓家。汽车工业的突飞猛进，带动汽油的发展，极大地刺激了对石油的消费，不仅使汽油产量猛增，还使美国在 1911 年就出现了汽油需求量首次超过煤油的局面，从此石油工业从"煤油时代"迈进"汽油时代"。

随着汽油消费的剧增，专门为汽车加油服务的加油站也应运而生。1907 年，美国在圣路易开设第一家汽车可以驶入的加油站。[2]1911 年，得克萨斯公司在纽约布鲁克林开办第一家加油站。1913 年，美国海湾石油公司在匹兹堡建造第一家设在公路旁的加油站。[3]

除了汽车消耗汽油，飞机、舰船、火车等也使用汽油。1903 年，莱特兄弟实现人类历史上第一次飞行，标志着飞机工业的诞生。从此，航空也成为石油应用的一个重要新领域，人们相应开发出航空汽油这种新品种。在"一战"期间，协约国和同盟国之间不仅动用了大量军队，还使用了摩托车、吉普车和卡车等，在海洋和空中出动了水面舰只、潜水艇和飞机，大量消耗汽油等石油产品。战后，战胜国举行第一次石油会议时，大会主席柯曾勋爵不无得意地夸道："协约国是乘着石油的波涛驶向了胜利。"[4]20世纪初，美国通用电气公司还制成了以 40 马力的汽油机为动力的世界上第一辆铁路内燃机车。[5]

5. 化工原料的利用

近代末期，石油第一次被人类作为化工原料加以开发利用。美国人 C. 埃力斯于 1908 年创建世界上第一个石油化学工业实验室，后于 1917 年用炼油厂气体中的丙烯制成世界上最早的石油化学工业产品——异丙醇。[6]1920 年，新泽西标准石油公司将埃力斯的成果进行工业化生产，由此诞生了石油化学工业。

6. 其他利用

德国人狄塞尔于 1892 年制造出原始的柴油机，1897 年发明狄塞尔内燃机（柴油机），1898 年该内燃机成功应用于固定式发电机组。此后，柴油机先后应用于商船（1903 年）、舰艇（1904 年）、内燃机车（1913 年）、轮船（1914 年）、汽车（约 1920 年）、农业机械（约 1920 年），从而使柴油成为石油炼制的一种重要新产品，并得到广泛的应用。到 1904 年，共有近千台 50 ～ 100 马力的柴油机投入使用；到 1914 年，有 6 个国家采用柴油机作为潜艇的动力。"二战"期间，狄塞尔内燃机成为各国潜艇的主要动力机械。

"一战"爆发后，石油还成为生产炸药的重要原料。1915 年 1 月，壳牌石油公司的塞缪尔向英国政府建议用石油提炼甲苯以生产炸药，获得了批准。于是，壳牌石油公司将鹿特丹的甲苯工厂搬迁到英国，还新建另一座甲苯厂，为英国提供了 80% 的炸药原料。[7]

此外，20 世纪初期，人们还用沥青来铺设公路。1915 年，加拿大把几吨油砂运到埃德蒙顿，作为铺路材料。

① 莱昂纳尔多·毛杰里:《石油！石油！》，夏俊、徐文琴译，格致出版社，2007，第 21 页。
② 王才良、周珊:《世界石油大事记》，石油工业出版社，2008，第 40 页。
③ 同上书，第 46 页。
④ 马平:《能源纵横》，化学工业出版社，2009，第 77 页。
⑤ 王滨:《大众技术史》，上海科学普及出版社，2008，第 80 页。
⑥ 徐淑玲、君芳华主编《走进石化》，化学工业出版社，2008，第 40 页。
⑦ 王才良、周珊:《世界石油大事记》，石油工业出版社，2008，第 49 页。

第 5 节 石油政治和管理

俄国作为近代世界石油生产大国，其石油工业的发展主要是靠掠夺来实现的。在石油工业发展过程中，出现了工人阶级与资产阶级之间的矛盾，产生了俄国石油工业第一份集体合同，还爆发了多次石油大罢工。

一、石油政治

石油政治，又称能源政治，是指各种政治工具、政治关系在石油或能源领域的反映，如石油战争、石油工人大罢工。

（一）石油与战争

为了石油资源，俄国与波斯、土耳其发生了多场战争。"一战"又使俄国石油工业遭到重创。18世纪初，俄国彼得一世开始关注里海地区。他在 1713 年写信给俄国驻波斯外交官帕维尔·亚古任斯基时要求他在巴库购买 10 桶（约 101 千克）石油，运往首都圣彼得堡。后来亚古任斯基实际购买了 16 桶。1718 年，彼得一世与波斯国王签署相互贸易条约，同时准备派出军队远征里海地区。1719 年，彼得一世派出两名军官，对阿普歇伦半岛的石油作坊生产情况进行考察。之后，他们向彼得一世呈报了巴库油井及其实行包收捐税收入的情况，彼得一世被巴库的石油极大地吸引着。1722 年，彼得一世亲自率领 5 000 名士兵入侵波斯领土。[①]

在 1722—1723 年的俄国与波斯的战争中，彼得一世看到了途中塔尔基市附近的石油井，下达"当上帝赋予时，就攻克巴库使其隶属于我"的指令。对此，俄国将领编制了关于巴库周围石油井和石油窖的造册表：位于离巴库 10 ～ 20 俄里距离内有 66 口石油井和 16 座储库，在离城 20 俄里的第二个作坊有 4 口"白色石油"油井，城门后有 14 个石油储库和 4 个空储库。1724 年初，俄军将 8 桶巴库石油运到圣彼得堡。[②]

1723 年 9 月 12 日，波斯与俄国签署《圣彼得堡条约》，将里海沿岸西部和南部地区，包括巴库城、杰尔宾特城等地割让给俄国。9 月末，彼得一世向在阿斯特拉罕的俄国将领下达"进攻并永久占领杰尔宾特城、巴库和其他省"的命令。次年夏天，俄军把巴库 149 普特的"白色石油"运往莫斯科。[③]

1725 年 2 月，彼得一世死后，"宫廷政变"不断，俄国被迫先后签署《拉什特条约》（1732 年）和《吉扬任斯克协议》（1735 年），致使原来从波斯夺取的沿里海地区又被归还波斯。这样，俄国又成了"无油"

---

① 阿列克佩罗夫：《俄罗斯石油：过去、现在与未来》，石泽译审，何小平副译审，人民出版社，2012，第 16—18 页。

② 同上书，第 19 页。

③ 同上。

之国，石油又成了"海外"之货。1801 年亚历山大一世成为沙皇之后，于 1803 年展开了持续 10 年的俄国与波斯的战争，直到 1813 年签署《久利斯坦和约》才结束。通过战争，巴库又重新成为俄国版图的一部分，俄国派出军队驻防巴库。那时，阿普歇伦半岛上有 116 口"黑色石油"井和一口"白色石油"井，当地居民通过挖坑和较浅的油井直接采油，年采石油约 15 万普特。[1]

位于俄国西南方向的奥斯曼帝国曾是俄国的宿敌。为保障俄国南部各州的安全和取得黑海出海口的权利，叶卡捷琳娜二世于 1768 年发动了对奥斯曼帝国的战争，并于 1774 年击败奥斯曼帝国，夺取克里米亚地区。1783 年，俄国吞并奥斯曼帝国的属地克里米亚地区，并在这里建立了俄国第一家沥青工厂。

20 世纪初，"一战"爆发，它使本来就遭受严重危机的俄国石油工业雪上加霜。俄国参战后，俄国经巴库—巴统输油管道出口的石油被完全封锁，俄国失去了石油产品在西欧和远东这两个重要的传统市场，导致俄国国内出现石油危机，造成国内炼油厂"重油"比例大幅增长。俄罗斯石油产品总量中，重油 1913 年占 61.8%，1915 年上升到 77.0%。

战争使俄国石油工业的原材料供给受到影响，从而极大地冲击了石油生产。战争导致钢铁生产大幅缩减，轧材销售辛迪加"几乎 50% 的高炉停产，那些能运行的则产能减半，大多数轧钢机停用。生铁产量锐减，从 1916 年 10 月的 1 650 万普特降低到 1917 年 2 月的 950 万普特。灾难的主要原因是运输困难和缺乏燃料"[2]。由此导致石油管材严重短缺，到 1917 年初石油工业的金属材料短缺达到 40%～50%。1917 年，巴库新钻井数量由 1913 年的 319 口减到 77 口。

1917 年，阿普歇伦半岛的石油开采总量从 1916 年的 4.8 亿普特缩减到 4.0 亿普特。[3]1917 年，俄国石油开采量为 880 万吨，与"一战"爆发前的 1913 年 1 030 万吨相比，下降了约 14.6%。

（二）俄国石油政治

1904 年 12 月，俄国签订了石油工业第一份集体合同。当时，萨本奇阿普歇伦半岛电力股份公司的工人集体代表经过与石油资本家们的艰难谈判，最后签署了俄国石油工业史上的第一份集体合同，业内称之为"重油宪法"。合同规定：取消加班和"突击"作业；取消长期的夜班；油田上的工作时间缩减为 9 小时；对于钻探工、采油工、司炉以及润滑工，实行 8 小时制的三班轮岗；每个劳动者每个工作周有一个休息日；工人在生病的情况下，3 个月内可以得到一半的工资，治疗费用由企业主承担。集体合同还规定：管理人员应尊重工人，不得擅自进行搜查；保障饮用水质量；平等使用浴室等。1904 年的集体合同是俄罗斯石油工人为争取改善劳动和生活条件而赢得的巨大胜利，为活跃他们今后的社会活动奠定了基础。[4]然而，这份集体合同却导致了石油工人的大罢工，有 4 万多名各个工种的工人参加，持续了两周多时间。

次年 8 月，阿普歇伦半岛又骤然出现暴乱，发生了一场针对工人的屠杀悲剧。1905 年第 20～21 期的《石油业》记载："这场针对工人的屠杀完全出人意料。刚开始的时候是那么野蛮，简直让人无法

---

[1] 阿列克佩罗夫：《俄罗斯石油：过去、现在与未来》，石泽译审，何小平副译审，人民出版社，2012，第 32 页。

[2] 同上书，第 159 页。

[3] 同上书，第 162 页。

[4] 同上书，第 142 页。

相信，这一切都不是梦，而是真的。"① 在这场暴乱中，阿普歇伦半岛上很多油田被破坏，导致俄国石油工业严重倒退，并陷入长年的深重危机之中。1905 年的石油开采量约为 4.1 亿普特，比 1904 年减少 2.2 亿普特。俄国石油出口大幅缩减，由 1904 年的 1.19 亿普特减少到 1905 年的 5 140 万普特，减少了 56.8%。《石油业》指出："后果还不仅如此，石油工业的毁灭导致俄罗斯工业的所有领域都遭受到了难以估计的致命震荡……"②《俄罗斯石油：过去、现在与未来》一书的作者阿列克佩罗夫认为："整体上看，由于 1905 年 8 月惨剧，俄罗斯的开采水平倒退了将近 10 年。"③

1906 年，俄国成立第一个石油工会。同年 3 月，俄国政府颁布《职业协会暂行条例》，赋予工人工会法律上的合法权利。9 月，在巴拉哈内召开第一次工人大会，会议制定了成立工会组织的具体措施。11 月，政府批准石油工会章程。当月底，召开工会成员全体大会，选举出由 12 人组成的理事会。④

石油工会成立后，开展了许多维护工人权益的活动：推动建立了油田图书阅览室和鉴定工人伤残等级的医疗局；制定应对流行病的具体措施；创办工人自己的刊物——《汽笛》和《巴库工人》等。在石油工会的推动下，工会队伍不断壮大。到 1907 年底至 1908 年初，石油工会共有 9 000 多名会员。

二、俄国石油管理与政策

俄国从 18 世纪起加强对石油生产建立完善的管理制度，推进体制机制创新，促进了石油产业的发展。

（一）石油管理体制的建立与演变

1700 年，彼得一世成立国家矿产事务衙门，统一管辖俄国各类矿藏的开发和生产。为满足矿山企业数量急剧增加的需要，彼得一世颁布了《关于设立矿务总局专门掌管矿山和矿藏》的命令，于 1719 年 12 月建立地方分支机构的矿务总局和特殊事务总局，宣布矿藏无论属于谁的地块，都为沙皇所有，但给予土地所有人优先加工矿藏和建立工厂的权利。这样，就将矿业从公民事务长官的管辖中分离出来，避免受制于地方行政。特殊事务总局还制定了发现矿藏的奖励标准。1739 年，在特殊事务总局之外又补充设立条法特殊总局。⑤

18 世纪下半叶，俄国石油管理体制发生重大变化。叶卡捷琳娜二世于 1775 年下达《建立俄国各省管理局》的命令，于 1781 年将矿务总局的领导权移交到国税局，1783 年还撤销了矿务总局。这种格局一直持续了 16 年，最终导致了石油工业的衰落。⑥1796 年 11 月，保罗一世继位，次月颁令恢复矿务总局。

1801 年，亚历山大一世继位，颁布《关于建立格鲁吉亚矿业生产建设勘察总局》的命令。第二年，

---

① 阿列克佩罗夫：《俄罗斯石油：过去、现在与未来》，石泽译审，何小平副译审，人民出版社，2012，第 143 页。

② 同上书，第 144–145 页。

③ 同上书，第 145 页。

④ 同上。

⑤ 同上书，第 17 页。

⑥ 同上书，第 30 页。

又颁布命令，撤销彼得一世时期的各总局。1807 年，成立矿业局，替代矿务总局。与此同时，开展了矿业立法，矿业条例是 1806 年批准的规范性文件之一。1810 年，矿业局被纳入财政部（原为商贸部的分支机构），并命名为"矿业和制盐事务局"。[①]

1825 年尼古拉一世上台后，对矿业实行军事化管理。从 1834 年 1 月 1 日起，将矿业主管部门改为军事化组织——矿业工程师军团，由财政部管辖。

20 世纪初，俄国建立国家杜马制度，第一届国家杜马于 1906 年 4—7 月开始运行。国家杜马的建立，极大地影响了俄国的政治经济生活，其中包括石油工业领域。国家杜马将民法原则适用于自然资源的开发利用，并努力消除油田运营的僵硬行政制度与私人企业自由之间的矛盾。1913 年，针对俄国石油产品价格出现实质性增长，煤油、润滑油和重油发生短缺的问题，国家杜马向政府质询"石油工业辛迪加式联合公司的工作"，促使政府研究议会这一质询，并制定和实行一系列具体措施发展民族石油工业，整顿国内石油市场，从而在某种程度上减缓了石油燃料的匮乏。[②]

"一战"爆发后，俄国参战，对俄国石油生产、供求和贸易产生了重大影响。石油产品出口被中止，供应和运输问题尖锐，燃料匮乏、价格昂贵，石油工业格局发生重大改变，迫使俄国政府加强对石油生产和供应的监管。1914 年底，俄国成立第一个国家燃料机构——贸易工业部下属负责供应矿物燃料的中央特别委员会。1915 年 3 月，又成立交通道路部下属的负责燃料分配的跨部门委员会。同年，进行国家调控石油产品市场的新尝试——举行贸易工业部下属的燃料特别会议。1916 年，规定向所有消费者供应石油燃料的价格上限，出台了《向消费者分配石油及石油余渣的条例》以及石油运输许可证制度，成立了管理铁路的中央机关——中央石油委员会。[③]

1917 年 3 月 2 日，俄国沙皇尼古拉二世签署退位诏书，结束了罗曼诺夫王朝在俄国 300 多年的统治。3 月 10 日，以亚历山大·克伦斯基为首的临时政府取消了沙俄帝国对油田业务实行的一切限制，但临时政府却没有能力提供切合实际的行动计划。

（二）石油包税制的反复与废除

波斯曾对巴库油田实行包税制。1813 年，俄国与波斯战争结束，巴库重新回到俄国版图后，在巴库的油田由俄国政府交给省里的秘书马尔科·塔鲁莫夫实行包税制经营。但是，经营期满后，由于没有找到承包人，这些油田又归国家经营。[④]

1849 年，针对阿普歇伦半岛石油开采量下降问题，俄国又重新实行包税制，出台关于石油矿场重新实行包税制经营的"最高命令"。通过实行包税制，在此后的 10 年间，阿普歇伦半岛的油井数量由 1842 年的 136 口增加到 218 口。[⑤] 到 1871 年，油井增加到 239 口。

但是，到了 18 世纪 60 年代，包税制的缺陷已逐渐暴露出来。俄国学者德米特里·门捷列夫在谈到尽快取代包税制的必要性时写道："石油业的实质性障碍在石油产地的开发经营上。高加索石油产地

① 阿列克佩罗夫：《俄罗斯石油：过去、现在与未来》，石泽译审，何小平副译审，人民出版社，2012，第 31–32 页。
② 同上书，第 147–151 页。
③ 同上书，第 159–160 页。
④ 同上书，第 33–35 页。
⑤ 同上书，第 46–47 页。

在交给石油包税商后，因包税期短，他们没有任何长远打算，忙于将资金投入勘探和试验钻井，挖9眼井不出油即指望第10眼井能赚回全部投资。也许包税期结束时才能打出这赚钱的第10眼井，或在石油行业不可避免的某种程度的风险下，包税人已无力长期利用其千辛万苦取得的成果时才会有这样的机会。包税制不仅使石油开采加工业，而且使整个石油业陷于停滞状态。"[1]俄国石油工业研究人员佩尔什克兄弟也指出："包税者，同样的还有政府机关，在其有限的管理期限内关注眼前的暂时的最大利润，根本不考虑任何战略性的设想，不关心采油方法的改进而保留老油井和陈旧的工艺技术水平。"[2]

并且，当包税人处于垄断地位时，他就有可能把自己的价格条件强加给生产者。在这种情况下，承包人面对石油开采中的还贷压力和其他经济压力，往往被迫按包税人强加的价格出售石油。这就必然会阻碍石油业的进一步发展。包税制这一封建经济制度的残余，"对俄罗斯石油事业的影响是窒息性的"[3]。

针对上述问题，高加索总督于1867年成立专门委员会，对石油包税制问题进行调查，形成一份调查文件。该文件指出："包税制使石油工业走进了死胡同，由于包税制拥有保障其收入的特权而不可能有任何进取精神，不可能有任何贸易中的自由竞争，甚至不可能有发现新油源的有利条件。"[4]此文件后来成为取消石油包税制的立法基础。

几年之后，俄国"圣谕"批准了两份取消阿普歇伦半岛包税制的政府文件，即1872年颁布的《关于油田和煤油生产消费税之规定》和《关于把实行包税制的高加索和外高加索边疆区之国有石油产地转给私人经营之规定》。

（三）实行油田私人经营

根据1872年颁布的《关于把实行包税制的高加索和外高加索边疆区之国有石油产地转给私人经营之规定》，从1873年1月1日起取消油田包税制，采取公开拍卖方式将油田交给私人经营。该规定写明："在全帝国范围内，对私人油田的总监督属于财政部的职责，由矿业局集中管理"；允许"各种国籍的人，既包括俄罗斯人，也包括外国人"在高加索地区闲置的国有土地上不受限制地寻找石油；申请人应为使用所划拨的土地缴付每俄亩10卢布的租金，土地租期最长为24年。[5]

由此，俄国拉开了石油业私人经营的序幕，开始步入资本主义的发展轨道。

（四）取消煤油消费税

1872年，俄国政府在取消包税制的同时，实行了照明材料消费税，即对大众消费品——煤油征收的间接税。它烦琐复杂、有漏洞、不完善，严重影响俄国石油工业的持续发展。在借鉴美国经验的基础上，沙皇亚历山大二世批准自1877年9月1日起，在俄国全境内免除针对煤油生产征收的消费税和其他税收。[6]

---

[1] 阿列克佩罗夫：《俄罗斯石油：过去、现在与未来》，石泽译审，何小平副译审，人民出版社，2012，第47页。

[2] 同上书，第77页。

[3] 同上书，第80页。

[4] 同上。

[5] 同上书，第81页。

[6] 同上书，第97页。

免除石油工业的所有税负，极大降低了俄国石油工业的生产成本，提高了俄国石油工业的竞争力，使其得以巩固和壮大。在 1877—1886 年免除消费税的 10 年里，俄国生产的煤油价格降到原来的 2/7，使得最贫穷的居民也能用得起，从而能够普及俄国全境。同时，由于生产成本低，俄国煤油在同美国的竞争中逐年占据越来越多的国内外市场。1877 年的俄国煤油出口量为 460 万普特，在随后的短短 10 年间增长到 2 500 万普特。[①] 到 1883 年，俄国煤油把美国煤油从俄国市场上挤了出去。

① 阿列克佩罗夫：《俄罗斯石油：过去、现在与未来》，石泽译审，何小平副译审，人民出版社，2012，第 98 页。

第 11 章　　近代天然气

进入近代后，世界天然气工业取得重大进展。1821 年，美国发现世界上首个工业气田，开始进行商业性的天然气开采。1835 年，中国钻出世界上首个深达千米深的天然气井——燊海井。1916 年，美国发现原始可采储量达 2 660 亿立方米的世界上的第一个大型天然气田——门罗气田。美国、波兰、俄国、加拿大、印度、缅甸、澳大利亚等国家和地区先后发现工业气田。到 1917 年，世界天然气年产量达到 230 亿立方米以上。

第 1 节　世界天然气

近代，美国、波兰、俄国、加拿大等国家和地区先后发现国内（地区内）首个工业气田，世界天然气生产规模逐渐扩大，逐渐形成天然气工业部门。

一、世界工业气田的发现

1821 年，美国发现第一个工业气田。此后，北美洲的加拿大、墨西哥、特立尼达和多巴哥，南美洲的秘鲁、阿根廷、古巴，欧洲的波兰、俄国、罗马尼亚、德国、捷克斯洛伐克，亚洲的阿塞拜疆、印度、缅甸、印度尼西亚、中国（主要是台湾地区）、日本、马来西亚、巴基斯坦，大洋洲的澳大利亚等国家和地区，先后首次发现工业气田（表 11-1），世界天然气开发进入规模化工业生产时代。

表 11-1　近代世界各国（或地区）首次发现工业气田的时间

国家 / 地区	工业气田发现的时间 / 年
美国	1821
波兰	1848
俄国	1858
加拿大	1858
罗马尼亚	1860
秘鲁	1863
阿塞拜疆	1873
印度	1889
缅甸	1889
印度尼西亚	1893
澳大利亚	1900
墨西哥	1901
特立尼达和多巴哥	1902
中国（主要是台湾地区）	1904
阿根廷	1907
日本	1907
德国	1911
马来西亚	1911
捷克斯洛伐克	1914
巴基斯坦	1915
古巴	1916

资料来源：作者整理。参考庞名立：《天然气百科辞典》，中国石化出版社，2007。

二、美国天然气的开发

在近代，美国是世界上天然气工业发展最快的国家，也是天然气开发最主要的国家。

1821 年，美国在纽约州的弗里多尼亚发现本国第一口工业气田[1]。当地居民威廉·哈特（William Hart）在小溪沟发现天然气苗，于是在附近钻了一口 9 米的深井，挖出较大气流的天然气。后来，他用木管将天然气输送到附近的家庭和商店使用，于 1825 年将输气管道改为铅管，并成立弗里多尼亚天

---

[1] 伊斯雷尔·贝科维奇：《世界能源——展望 2020 年》，上海市政协编译工作委员会译，上海译文出版社，1983，第 51 页。

然气照明公司。因此，威廉·哈特被称为美国的"天然气之父"。

此后，美国天然气工业逐步发展起来。

1852年，亚拉巴马州天然气公司成立。

1865年，弗里多尼亚瓦斯及自来水公司成立。

1872年，建成第一条铸铁管天然气管道（长8千米）。

1883年，天然气首次派上重要用场。当时，用管道把天然气从宾夕法尼亚州的气田输送到匹兹堡，实现长距离输气。到1890年，匹兹堡输气干线长达500英里，全美国共有27 000英里以上的输气管线。[①]

1885年，哥伦比亚天然气公司成立。它由宾夕法尼亚州哥伦比亚天然气公司和马里兰州哥伦比亚天然气公司组成。

1885年，卡伯特石油天然气公司成立。它是美国一家大型石油天然气生产销售企业。

1895年，Key Span能源公司成立，业务包括为美国东北部地区配气等。

1899年，杜克能源公司成立，主要从事天然气、电力生产等业务。

1905年，太平洋天然气和电力公司成立。

1906年，ONEOK公司成立。它是美国一家生产和销售石油天然气的公司。

1908年，威廉斯两兄弟创建从事天然气生产、加工和集运的威廉公司。

1909年，巴查拉希公司创立。该公司主要研究并生产气体和液体测量、检测设备及仪器等产品。

1910年，美国开始研究和开发工业规模的液化天然气，并于1917年获得第一个天然气液化、储存和运输专利，建成世界上第一家液化甲烷工厂。[②]

1916年，美国在路易斯安那州发现世界上第一个大型天然气田——门罗气田。其原始可采储量为2 660亿立方米，由Progressive公司发现。

1900年，美国天然气产量为36.25亿立方米；1906年超过100亿立方米，达到110.15亿立方米；1916年突破200亿立方米，达到213.23亿立方米。

三、主要国家天然气产量

根据《帕尔格雷夫世界历史统计》记载，1910年以前，世界上生产天然气的主要国家是美国。其产量从1900年的36.25亿立方米增加到1910年的144.13亿立方米[③]，10年间增长297.6%。

进入20世纪10年代，世界上生产天然气并具有一定规模的国家增多，包括美国、加拿大、意大利、罗马尼亚、俄国、日本等（表11-2）。[④]其中，美国仍然居世界第一位，1917年美国的天然气产量为225.12亿立方米，约占世界天然气总量的96.6%。排在世界第二位的是加拿大，1917年的天然气产量为7.76亿立方米，约占世界的3.33%。1917年，世界天然气产量约为233亿立方米。

① 特雷弗·I.威廉斯主编《技术史·第6卷》，姜振寰、赵敏琴主译，上海科技教育出版社，2004，第253页。

② 敬加强、梁光川、蒋宏业：《液化天然气技术问答》，化学工业出版社，2006，第12页。

③ B.R.米切尔：《帕尔格雷夫世界历史统计·美洲卷：1750—1993年》第4版，贺力平译，经济科学出版社，2002，第328页。

④ 表中近代各国天然气产量的原始数据参见B.R.米切尔：《帕尔格雷夫世界历史统计·亚洲、非洲和大洋洲卷：1750—1993年》第3版，贺力平译，经济科学出版社，2002。

表 11-2　1900—1917 年主要天然气生产国的天然气产量

时间 / 年	美国 / 百万 m³	加拿大 / 百万 m³	意大利 / 百万 m³	罗马尼亚 / 百万 m³	俄国 / 百万 m³	日本 / 百万 m³
1900	3 625	—	—	—	—	—
1901	5 097	—	—	—	—	—
1902	5 833	—	—	—	—	—
1903	6 768	—	—	—	—	—
1904	7 277	—	—	—	—	—
1905	9 061	—	—	—	—	—
1906	11 015	—	—	—	—	—
1907	11 525	—	—	—	—	—
1908	11 383	—	—	—	—	—
1909	13 620	—	—	—	—	—
1910	14 413	—	—	—	—	—
1911	14 527	330	—	—	—	—
1912	15 914	433	—	—	—	—
1913	16 480	580	6	104	29	—
1914	16 764	614	6	115	—	—
1915	17 811	570	6	106	—	—
1916	21 323	721	6	9	—	14
1917	22 512	776	7	—	—	25

资料来源：作者整理。参考 B. R. 米切尔：《帕尔格雷夫世界历史统计·亚洲、非洲和大洋洲卷：1750—1993 年》第 3 版，贺力平译，经济科学出版社，2002。

第 2 节　中国天然气

中国近代天然气的发展与古代一样，仍然主要集中在四川地区，天然气开采取得重大技术突破。1835 年，中国钻出世界上第一口深达 1 000 米以上的天然气井——燊海井。1850 年，发现自流井气田嘉陵江组气藏。中国卓筒井技术对世界现代天然气工业的发展产生了重大而深刻的影响。

一、中国近代天然气田的发端

中国四川早在战国时期，便在临邛（今邛崃）打出了世界上第一口"火井"，即天然气井。在开发"火井"中，人们采用"逐层打开、逐层开采"的井采技术。每当凿井"见功"（水、火、油得其一者，谓之"见功"），便随即进行开采，直到枯竭，然后再"锉下脉"（加深凿井）。如此，从四川"火井"中发现了众多小而分散的侏罗系浅层气。从 13 世纪起，经过近 600 年的开发后，到 19 世纪中叶才进入"加深添火"开采时期。到 1815 年，在自流井气田上，当桂咸井钻到 797.8 米，才钻穿侏罗纪地层。1835 年，燊海井（位于今自贡市大安区长堰塘）钻井深度达 1 001.42 米，首次揭开下三叠纪嘉陵江组，发现嘉五段气层。[①] 燊海井成为世界上第一口深达 1 000 米以上的天然气井。

此后不久，在自流井气田上，构造开凿出一口深达 1 200 米的磨子井。当磨子井于 1850 年钻到嘉三高压主力气藏 945～980 米时，发生强烈井喷，井口烧出的火舌达几十米，15 千米外都能看到。磨子井当时日产天然气估计在 40 万立方米以上，被誉为"火井王"。当时自流井气田中日产 1 万立方米天然气的气井约有 10 口之多。[②] 深达 1 200 米的磨子井的开发在中国近代天然气开发史上具有里程碑意义。"最具划时代意义的为 1850 年自流井（气田）发现嘉陵江组气藏，它标志着从小而分散的浅层低压气利用，到规模的层状构造高压气藏的开采集输。因此，自流井气田既是中国古代天然气勘探开采的集中体现，又是近代天然气勘探的开端。"[③]

1860 年，李榕在《自流井记》中，对自流井气田的天然气开发和利用做了以下详细的描述。[④]

"凡凿井须审地中之岩，井锉初下为红岩，次为瓦灰岩，次黄礓岩，见油。次草白岩，次黄砂岩，见草皮火。次青砂岩，次白砂岩，见黄水。次煤炭岩，次麻籔岩，次黑烟岩，次绿豆岩，见黑水。……凡井，诸岩不备见，唯黄礓、绿豆岩必有之……"这段文字道出当时人们认识了"诸岩不备见"的陆相地层特征，还指出了当时人们已把"唯黄礓、绿豆（岩）"作为区域标准层，这些分法一直被沿用至今。

"水、火之笕皆以竹，火笕有用木者，笕外缠竹篾……油灰渗之，外不浸雨水，内不遗涓滴。高者登山，低者入地……虽长虹之饮涧，秋蛇之赴壑不能状也。小溪之井无火，置笕通咸水，覆以石槽，伏引溪水中，达东岸，两岸各高二十余丈，绵亘冲射，是为奇观。"文中的"笕"，又称"枧"，是中国古代人们用竹子或木料制作而成的管线，作为输送水、卤水或天然气之用。文中指出了当时自流井气田工人采用竹木管道（枧／笕）输送天然气。早在西汉时期，中国还是世界上最早采用竹木管道输送天然气的国家。另据《川盐纪要》记载，自流井"水、火笕有十二条，总长达二三百里"。

"盐厂之管事有四：规画形势，督工匠以凿井者，为井之管事；综核水、火，计成数以烧盐者，为灶之管事；管置竹笕，由近及远以达咸水者，为笕之管事；储盐运盐，行水陆以权交易者，为号之管事。井、灶、笕、号四管事，盐之重任也。"从中可知，当时自流井气田的开发，涉及规划、钻采、运送卤水、烧盐、储盐、运盐、销盐等环节，已形成上、中、下游一体化的产业链。

---

① 杜尚明、胡光灿、李景明等：《天然气资源勘探》，石油工业出版社，2004，第 2 页。

② 白寿彝总主编《中国通史·第 10 卷》修订本，上海人民出版社，2004，第 575 页。

③ 自流井气田由多个天然气井构成，自流井气井、桂咸井气井、燊海井气井、磨子井气井等都是自流井气田的组成部分。

④ 这里有关李榕的《自流井记》一书的内容均参见杜尚明、胡光灿、李景明等：《天然气资源勘探》，石油工业出版社，2004，第 3-4 页。

"火之极旺者，曰海顺井，可烧锅七百余口；水、火、油三者并出，曰磨子井，水、油二种经二三年而涸，火可烧锅四百余口，经二十余年犹旺也。"当时，"火以锅口计"，"视所煮盐之多寡以为兴衰"。由此可以管窥自流井气田兴旺时其气源之丰富、开发规模之宏大、开发时间之长久。

到 20 世纪初，自流井气田在采井共有 900 口，废井达 11 800 多口。《四川盐政史》记载："民国三年（自流井东场、西场）两场分家，调查水、火两井共 900 眼，火灶 4 584 口……而废井则有 11 800 余眼"；"1929 年，东场火井 470 眼，火灶 4 645 口……西场火井 163 眼，火灶 3 134 口"。1960 年 4 月 18 日，在自流井气田上，又在自 2 井发现阳新统大型裂缝——溶洞型气藏，1990 年被中国石油天然气总公司命名为"功勋气井"。

后来，人们对自流井气田的历年天然气产量进行估算。1953—1956 年，自流井专题调查队队员胡励善等人根据当时的 179 口气井以及历史上的火井、火灶、产盐量变化情况计算，测算出自流井气田的年采出气量达 305.9 亿立方米（1986 年达 336.8 亿立方米）。

二、中国井采技术及其影响

中国是世界上最早制井盐的国家。早在 2 000 多年前的战国时期，人们就开始人工凿井，开采食盐。东晋常璩在《华阳国志·蜀志》中记载："蜀以成都、广都、新都为三都，号名城。"[1] 指出蜀国中的广都（位于今四川省成都市双流区）有盐井，李冰为蜀守时"穿广都盐井"。《华阳国志·蜀志》曰："周灭后，秦孝文王以李冰为蜀守（公元前 250 年左右），冰能知天文、地理……又识齐。水脉，穿广都盐井诸陂池。蜀于是盛有养生之饶焉。"[2] 蜀守李冰治水，对广都盐井进行勘察、开发，因而使蜀国富饶起来。从秦代起，四川凿井盐空间不断扩大。据《四川盐法志》记载，秦代蜀有 3 个县开凿大口盐井，汉代扩大到 18 个县，隋唐时猛增到 68 个州县。[3]

随着开凿盐井的不断发展，凿井技术日益进步，开凿的盐井越来越深。中国先民在开凿盐井过程中还凿穿了天然气藏，凿出了天然气。公元前 61 年，在临邛 30 千米处的火井乡凿出了天然气井，这是中国最早，也是世界上最早钻凿出来的天然气井。[4] 之后，当地人们用气井中的天然气来煮盐。《后汉书·蜀郡》在对临邛天然气井（"火井"）的注释中，引用西晋左思《蜀都赋》注曰："火井欲出其火，先以家火投之，须臾许隆隆如雷声，烂然通天，光耀十里，以竹筒盛之，接其光而无炭也。取井火还，煮井水，一斛水得四五斗盐，家火煮之，不过二三斗盐耳。"[5] 英国人李约瑟撰写的《中国科学技术史》指出，四川成都西门外出土的汉代画像砖反映了当时人们利用天然气煮盐的情景：五口大锅，并排置于灶上，在灶门处排列着三四根管线，直通锅底，这些并排的管子输送天然气，在盐锅下燃烧用以煮盐。[6] 这表明西汉时期，中国已经使用并排的管子输送"火井"的天然气来煮盐。中国不仅是世界上最

---

① 常璩：《华阳国志校补图注》，任乃强校注，上海古籍出版社，1987，第 125 页。

② 同上书，第 132–134 页。

③ 白寿彝总主编《中国通史·第 6 卷》修订本，上海人民出版社，2004，第 663 页。

④ 刘振宇：《中国之最：军事科技、体育艺术》，京华出版社，2007，第 273 页。

⑤ 范晔：《后汉书》志二十三《郡国五·蜀郡》，中华书局，2012，第 3509 页。

⑥ 白寿彝总主编《中国通史·第 4 卷》修订本，上海人民出版社，2004，第 618 页。

早利用天然气燃料进行盐业生产的国家，还是世界上最早铺设了天然气输送管道的国家，在人类油气开发史上具有里程碑意义。

到了北宋初期，随着圜刃锉的发明以及冲击式顿钻技术的发展，中国采矿业在11世纪中叶出现了卓筒井技术，推动了"大口井"向"小口井"的发展。北宋苏轼的《东坡志林》卷4记载："蜀去海远，取盐于井……自庆历、皇祐以来，蜀始创筒井，用圆刃凿山如碗大，深者至数十丈。以巨竹去节，牝牡相衔为井，以隔横入淡水，则咸泉自上。又以竹之差小者，出入井中为桶，无底而窍。其上悬熟皮数寸，出入水中，气自呼吸而启闭之，一桶致水数斗。凡筒井皆用机械，利之所在，人无不知。"到1129年前后，四川地区30个凿井的州县中，有17个州县推广了卓筒井技术。①

在卓筒井技术发明之前，一般"大口井"的深度为数十丈。据《元和郡县图志》记载，唐代陵州（今四川仁寿县境内）的陵井开凿时"透两重大石"，深达八十丈，约合248.8米，富世所开的盐井，也深达250尺，约合78米，这些凿井的深度纪录在前代是没有的。②而卓筒井技术的出现，使矿井深度有了新的突破，开创了"小口井"深井掘进的新纪元。到明代，卓筒井"浅者五六十丈，深者百丈"③。清乾隆、嘉庆时期，四川犍为地区永通厂"岁增新凿，深至百数十丈"④，井深已近高产卤气的三叠纪嘉陵江组地层。1835年，中国工匠凿出了一口深达1 000多米的深井——燊海井，创造了世界凿井最深的纪录。由此，卓筒井技术成为人类钻井工艺发展史上的一项划时代的创造发明。

中国钻井技术的发展，对世界石油天然气勘探与开发技术的发展产生了巨大的影响。英国科学家李约瑟在《中国科学技术史》中指出，中国古代钻井技术对世界石油天然气勘探与开发技术产生了巨大的启蒙、奠基与推动作用，在国际上领先数百年甚至上千年。他说："今天在勘探油田时所使用的这种钻深井或凿洞的技术，肯定是中国人的发明，比西方要早1 100年。""中国的凿井工艺革新，在11世纪就传入西方，直到公元1900年以前，世界上所有的深井，基本上都是采用中国人创造的方法打成的。"⑤中国的卓筒井技术——冲击式顿钻凿井法发明后，先后传到欧美等地，成为这些地区早期石油开发的重要钻井方法。1841年，欧洲人开始将中国钻井技术用于钻油井；1859年，美国人德雷克使用中国的绳索钻井法（冲击钻）在宾夕法尼亚州钻出了美国第一口工业油井。⑥在此基础上，经过一系列实验、创新，欧美国家创造了以蒸汽机为动力的绳索冲击钻井法，乃至旋转钻井法。

① 杜尚明、胡光灿、李景明等：《天然气资源勘探》，石油工业出版社，2004，第4页。
② 白寿彝总主编《中国通史·第6卷》修订本，上海人民出版社，2004，第663页。
③ 白寿彝总主编《中国通史·第9卷》修订本，上海人民出版社，2004，第893页。
④ 白寿彝总主编《中国通史·第10卷》修订本，上海人民出版社，2004，第574页。
⑤ 国家自然科学基金委员会工程与材料科学部：《矿产资源科学与工程》，科学出版社，2006，第144-145页。
⑥ 同上书，第144页。

第 12 章　　近代电力

电力是人类社会进入近代才出现的一种能源。1800 年，意大利人伏打发明世界上第一块电池。1875 年和 1878 年，法国先后建成世界上第一座火电站和水电站。随后，电力全面渗透到人类生产、生活的各个领域，对人类社会发展产生了重大而深远的影响。电力的发明与应用引发了电力革命，催生了第二次工业革命，使人类社会发生了翻天覆地的变化。人类从此进入"电气时代"，"蒸汽时代"随之淡出；从此进入电气照明的时代，煤气照明的时代随之淡出；从此进入以电力做功为主导的时代，以人力、畜力做功为主导的时代随之淡出。人类还进入了前所未有的"电气工业时代""电气交通时代""电器生活时代""电子信息时代"。虽然 1883 年恩格斯并未看到电力革命最后所带来的巨大变化，但他高瞻远瞩，敏锐地预见到电力革命将带来具有划时代的重大意义："菲勒克就电工技术革命掀起了一阵喧嚷，却丝毫不理解这件事的意义……但是这实际上是一次巨大的革命。蒸汽机教我们把热变成机械运动，而电的利用将为我们开辟一条道路，使一切形式的能——热、机械运动、电、磁、光互相转化，并在工业中加以利用。"[1] 总之，近代电力对人类社会发展的影响是巨大深远的。但是，也应当看到，当时电力在各国之间以及城乡之间的发展是极不平衡的。

---

[1] 中共中央马克思恩格斯列宁斯大林著作编译局：《马克思恩格斯全集·第 35 卷》，人民出版社，1965，第 445–446 页。

电力革命主要是在当时的欧洲、北美洲和日本等少数国家和地区深入开展，而在其他众多国家和地区的发展还很缓慢；电力革命主要是在工业化国家的大中城市开展，而广大农村的电气化水平则仍然极其落后。

第1节　电力的发明

人类对电力的探索源自远古时代对来自遥远天空中出现的雷电现象的好奇。人类从最初对天上雷电的蒙昧认识到使地上的电力为自己所大规模利用，经过了漫长的过程。这一过程从技术层面上可分为四个基本阶段：早期对电的初步认识；对人类最先接触到的电——静电的现象及其本质的探索；对电力所赖以生成的基本载体——电流的深入研究；发电机的进化与实用化。在此基础上，人类开始建造水电站、火电站以及输配电系统，从而使电进入人类生产、生活的各个领域（表12-1）。

表 12-1　世界电力开发利用进程（至近代）

时间	主要事件
公元前 1000 年以前	中国商代甲骨文出现"雷"字
约公元前 1046—前 771 年	中国西周金文出现"电"字
约公元前 1046—前 771 年	中国西周《周易》对雷电形成的原因进行了解释
公元前 600 年左右	古希腊的泰利斯最早进行摩擦起电的实验
公元前 3 世纪	中国的《吕氏春秋》记载了磁现象
公元前 2 世纪左右	中国的《春秋考异邮》记载了静电现象
公元前 1 世纪	中国西汉时期的刘向最早猜测到雷和电是统一的
公元 1 世纪	中国东汉时期的王充认为雷电与火的性质是相同的
1600 年	英国人吉尔伯特最早提出"电""电力""电吸引""磁极"等概念，发明第一个静电验电器，使磁学研究从经验研究走向科学研究
1629 年	卡贝乌斯最早发现电的排斥现象
1663 年	德国人奥托·冯·盖利克发明摩擦起电机
1733 年	法国人夏尔·迪费发现静电有两种不同的电荷存在的现象
1745 年或 1746 年	德国人克莱斯特（1745 年）和荷兰人彼得·范·穆申布鲁克（1746 年）先后独立发明储存静电的莱顿瓶
1752 年	美国人富兰克林进行放飞风筝的雷电实验，首次命名"正电""负电""充电""放电"等专有名词

续表

时间	主要事件
18 世纪中叶	发现绝缘体
18 世纪下半叶	英国人卡文迪许最早建立电势的概念，电学研究从经验研究阶段走向科学实验研究阶段
18 世纪 60 年代	英国人普里斯特利发现碳为导电体，证实电荷间的吸力与距离的平方成反比
1785 年	法国人库仑总结形成库仑定律
1786 年	意大利人伽伐尼发现伽伐尼电流（即"动电"或"流电"）
1800 年	意大利人伏打发明伏打电池
1803 年	德国人里特制成世界上第一块蓄电池
1820 年	丹麦人 H. C. 奥斯特发现电流的磁场效应，电与磁走向统一
1820 年	法国人安培提出安培定则，后来建立起电动力学，第一个研制测电技术（仪表）
1820 年	法国人毕奥和萨伐尔发现有关电流磁场效应的毕奥－萨伐尔定律
1821 年	德国人塞贝克制成世界上第一块温差电池
1822 年	法国人 D. F. J. 阿拉戈发明电磁铁
1826 年	德国人欧姆发现欧姆定律
1831 年	英国人法拉第发现电磁感应现象，发明世界上第一台磁感应发电机
1831 年	法拉第发明世界上第一台直流发电机
1832 年	法国的皮克西兄弟制成世界上第一台交流发电机，人类第一次实现把机械能转化为电能
1834 年	英国人克拉克发明第一台实用的直流发电机
1834 年	俄国人 H. F. E. 楞次发现楞次定律
1835 年	德国人高斯发现高斯定理
1836 年	英国人丹尼尔制成世界上第一块锌铜电池
1839 年	法国人安托万·贝克勒尔发明世界上第一块太阳能电池
1845 年	德国人基尔霍夫发现基尔霍夫定律
1857 年	英国人惠斯通发明电磁式发电机
1859 年	法国人普朗特制成世界上第一块实用的铅酸蓄电池
1864 年	英国人麦克斯韦建立麦克斯韦方程组
1865 年	法国人勒克兰谢发明世界上第一块现代干电池原型（锌－二氧化锰湿电池）
1866 年	德国人西门子制成实用的自励式直流发电机
1869 年	法国人格拉姆制成格拉姆空心环状型直流发电机
1874 年	法国人格拉姆发明旋转式变压器
1875 年	法国建成世界上首座火电站
1875 年	德国人阿尔特内克制成鼓形电枢自励式直流发电机
1878 年	法国建成世界上首座水电站
1878 年	俄国人亚布洛契诃夫发明多相交流发电机
1879 年	美国人托马斯·爱迪生首次公开演示电灯（耐用的白炽灯泡），电力开始得到人类社会的重大应用
约 1880 年	法国人 L. 戈拉尔和英国人 J. 吉布斯共同制成第一台实用的变压器
1881 年	英国建成欧洲第一座公共发电站

续表

时间	主要事件
1882 年	托马斯·爱迪生在纽约建成世界上第一个永久性商用中心电力系统
1882 年	英国人高登制成大型二相交流发电机
1882 年	瑞典人拉瓦尔发明世界上第一台冲击式汽轮发电机
1882 年	德国建成世界上第一条远距离直流输电线路
1883 年	美国人查尔斯·弗里茨发明第一块用硒做材料的太阳能电池
1884 年	英国人帕森斯制成蒸汽涡轮发电机
1888 年	英国建成世界上第一座蒸汽涡轮发电站
1889 年	俄国人多里沃 – 多勃罗沃尔斯基制成世界上首个三相交流输电系统
1891 年	俄国人多里沃 – 多勃罗沃尔斯基在德国和奥地利之间建成世界上首个三相交流输电系统
1891 年	美国人 N. 特斯拉发明特斯拉变压器
1891 年	美国建成世界上第一条高压输电线路
1892 年	美国人施泰因梅茨发现关于电机磁材料功率损耗的磁滞定律
1895 年	法国人富尔内隆发明的水轮发电机在美国投入使用
1895 年	德国在世界上建成第一座固体废弃物焚烧发电厂
1895 年	美国人威斯汀豪斯建成世界上第一座大型水电站——尼亚加拉水电站
1898 年	德国人狄塞尔发明的内燃机首次用于固定式发电机组
1899 年	瑞典人荣格发明镉镍碱性蓄电池
1901 年	英国人帕森斯制成世界上首台 1 MW 以上（实际为 1.5 MW）的三相交流发电机
1904 年	意大利在世界上首次实现地热发电

资料来源：作者整理。

一、早期对电的认识

人类对电的认识是从大自然中经常发生雷电这一自然现象开始发现的。早在两三千年前，中国的文字中就出现了单独的"雷"字和"电"字。2 000 多年前，古希腊的泰利斯发明了人工造电的方法——摩擦起电。到 18 世纪下半叶，英国人把人类对电和磁的探索从经验上升到科学。从此，人类对电以及电力开始进行系统科学的理论研究和实践探索。

（一）闪电

闪电是大气中的强放电现象。它往往伴随着雷声和大雨，故人们又将雷声和闪电统称为"雷电"。闪电是因大气中的电位差[①]增大到一定程度而导致的。人类最早认识的有关电的现象是闪电，但最初并不知道它与电有何关系。

在中国，公元前 1 000 多年的商代甲骨文中便已有"雷"字。到了西周，金文中出现了"电"字。相传为西周时期著成的《周易》等史籍记载了人们对雷电成因的认识，以阴阳二气之摩擦来解释雷电

---

① 电位差，又称"电势差"，在直流电路中还称为"电压"，是指静电场或直流电路中两点之间电位的差额。

形成的原因。^① 西汉刘向是当时著名的经学家，著有《五经通义》等，以天人感应、阴阳灾异推论时政。对于雷电现象，他认为"电谓之雷光"，即电就是雷光。他是最早猜测到雷与电是统一的自然现象的人。^②东汉王充所著的《论衡》中称"元气"为天地万物之物质基础，认为雷电的本质是火，并从雷电烧屋宇、草木，其毙杀人时人身上有"火气"，闪光与火耀相似等方面，查验、分析了雷电与火的性质是相同的。这种思维方式和结论与 1752 年富兰克林论证雷电是火的观点几近相同。^③ 到了 11 世纪，曾任北宋吏部尚书的陆佃在《埤雅·释天》中指出：阴阳二气暴格成火，其光为电，声为雷。从此，雷声、电光二者归于统一。^④

在此前后，中国还有不少学者对雷电现象进行探讨，但始终没有将其上升到科学的高度乃至科学实验的高度进行更深入的研究，因而也就无法从自然领域转到人工领域将电制造出来。

（二）静电

静电是一种处于静止状态的电荷，是人类最早进行电学研究的重要对象之一。

在历史记载中，希腊人最早进行了静电研究。当时，古希腊哲学家泰利斯（约公元前 624—约前 547 年）用毛皮（或者布料）去摩擦琥珀（松柏科等植物树脂形成的一种化石），结果发现琥珀在被摩擦时会起电，能将毛绒、灰尘之类的轻小物品吸附在其上面。这是人类最早的关于摩擦起电的实验。它是一种静电现象。

在中国，《吕氏春秋》记载："慈石（隃磁石）召铁或引之也。"成书于西汉的《春秋考异邮》最早记载了静电现象："玳瑁吸褉。"东汉王充在《论衡·乱龙篇》中说："顿牟掇芥，磁石引针，皆以其真是，不假他类。"^⑤中国发明的指南针是世界上最早用磁制作的仪器。此后，还有许多学者对磁和静电现象进行探讨。但直到 17 世纪初，人类对静电的理论研究才取得重大突破。

1600 年，英国物理学家、医生吉尔伯特在多年进行磁和电研究的基础上，著成了《论磁石、磁体和地球大磁石》一书，论述了磁体和电的吸引问题。他最先提出"电""电力""电吸引""磁极"等概念，发明了第一个静电验电器，发现了多种摩擦生电的材料，认识到电和磁的不同，故有人称他为电学研究之父。在这本书中，吉尔伯特分别研究了摩擦起电现象和磁石吸物现象，认为这是两种完全不同的现象，并将物体经摩擦产生对其他物体的吸力称为电力，而将磁石对铁屑的吸力称为磁力。^⑥同时，他还借用希腊文"琥珀"一词，将摩擦所产生的电力命名为"电"。这本书首次对基本的磁现象进行经验性处理，而吉尔伯特本人则首次把磁学研究从经验研究转变为科学研究。^⑦

自吉尔伯特之后，17 世纪电学的另一重大发现是电的排斥现象。最早发现电的排斥现象的是卡贝乌斯，他在 1629 年的《磁学哲学》中描述了被摩擦起电的琥珀所吸引的铁屑有时也会在接触到琥珀之

---

① 戴念祖：《电和磁的历史》，湖南教育出版社，2002，第 7 页。

② 同上书，第 5 页。

③ 同上。

④ 戴念祖：《电和磁的历史》，湖南教育出版社，2002，第 9 页。

⑤ 王充：《论衡》卷十六《乱龙篇》，人民出版社，1974，第 245 页。

⑥ 杨苹：《无垠的电世界》，机械工业出版社，2008，第 6 页。

⑦ 卢晓江主编《自然科学史十二讲》，中国轻工业出版社，2007，第 115 页。

后被弹出几英寸之外。而最早清楚地认识到并说明电的排斥现象的人则是奥托·冯·盖利克。[1]

二、静电及电荷的深入研究

电荷是构成原子核的质子、中子和核外电子的一种属性。电荷有正电荷和负电荷之分。电荷的大小用电量表示。电荷的定向流动叫电流。电荷不能创造，也不能消灭，以离散的固有单位存在，此即电荷守恒定律。同性电荷相斥，异性电荷相吸。两个电荷之间的吸力或斥力与两个电荷的电量的乘积成正比，与两个电荷之间的距离的平方成反比。上述这些电荷现象及其本质都是电力发展史中必须研究和探讨的基本问题。进入近代后，尤其是工业革命后，欧美国家对电的研究日趋活跃，相继在静电及电荷研究方面取得一系列重大突破与进展，为电力的发展奠定了重要的理论基础。

奥托·冯·盖利克是德国的工程师、物理学家和自然哲学家，1646—1681 年担任马德堡市长和勃兰登堡行政长官。他于 1650 年发明第一台空气泵，1663 年发明最早产生电荷的机械装置——摩擦起电机，通过对旋转的硫黄球施加摩擦而产生静电[2]，1672 年成为第一位观察到电致发光的科学家。他在 1672 年的《关于空虚空间的新的马德堡实验》一书中介绍了他的起电机和其他实验。他发明的摩擦起电机可以通过对旋转的硫黄球施加摩擦力而产生静电。当起电机工作时，盖利克发现带同样电荷的物体是互相排斥的。他还发现电荷能够行进到一根亚麻线的末端，甚至物体只要靠近经过摩擦的硫黄球，也会带电。因此，盖利克是发现电传导和电感应现象的先驱。[3]他发明的可以产生大量电荷的起电机，为当时乃至后来一段时间静电学的研究提供了最重要的实验工具。

到了 18 世纪，科学家们发现静电中存在正、负两种电荷。法国科学家夏尔·迪费在 1733 年发现用皮毛与蜡摩擦会产生一种电荷，而用玻璃和丝绸摩擦产生的却是另一种不同的电荷，从而证实静电中有两种不同的电荷存在。[4]

在 17 世纪中叶发明出可以产生大量静电电荷的起电机之后，人类又于 18 世纪中叶发明出一种可以储存电（静电）的器具——莱顿瓶。最初，普鲁士（欧洲历史地名，德意志帝国的邦国之一）的行政官员、牧师克莱斯特在 1745 年就首先独立发明了莱顿瓶（用来储存静电的器具）。[5]第二年，荷兰莱顿大学的物理学家彼得·范·穆申布鲁克在一次实验中也偶然发现了莱顿瓶现象，并对其进行实验研究。穆申布鲁克用玻璃瓶进行储电实验的消息很快就从莱顿大学传开了，故人们把这种储电玻璃瓶称为莱顿瓶。这种莱顿瓶成为当时电学研究的一项重要实验技术，人们用它来示范、表演、做实验，甚至还用电来杀老鼠。后来，莱顿瓶成为当今的电容器的原型，是世界上最早的电容器。

在莱顿瓶发明之际，远在美国费城工作，担任宾夕法尼亚邮政局局长的富兰克林也在 1746—1747

---

[1] 亚·沃尔夫：《十六、十七世纪科学、技术和哲学史·下册》，周昌忠等译，商务印书馆，1997，第 349-350 页。

[2] 美国不列颠百科全书公司：《不列颠百科全书·第 7 卷》国际中文版（修订版），中国大百科全书出版社《不列颠百科全书》国际中文版编辑部编译，中国大百科全书出版社，2007，第 349 页。

[3] 亚·沃尔夫：《十六、十七世纪科学、技术和哲学史·下册》，周昌忠等译，商务印书馆，1997，第 350 页。

[4] 卡罗尔·巴拉德：《从蒸汽机到核聚变·发现能量》，李婧译，上海科学技术文献出版社，2010，第 14 页。

[5] 美国不列颠百科全书公司：《不列颠百科全书·第 10 卷》国际中文版（修订版），中国大百科全书出版社《不列颠百科全书》国际中文版编辑部编译，中国大百科全书出版社，2007，第 54 页。

年冬，与三个朋友开始研究电的现象。[①]虽然他只受过两年的正式教育，并且 40 岁才开始研究电学，但这并不影响他对电学的诸多开创性贡献。富兰克林和他的三个朋友一起设计了不少精巧的仪器和实验，费城的气候适合电学研究，费城仪器制造商对他们的研究也给予了很大的帮助。[②]他们基于实验所写的文章在 1751 年被编入论文集《对电的实验和观察》中。1752 年，富兰克林在一次雷电交加的暴风雨中进行了一个大胆而又危险的震惊世界的雷电实验。他在雷雨中将风筝放飞上天，在风筝上绑上一条金属丝，又在风筝下端系上一把金属钥匙，将雷电通过风筝线引下来，当他用手去触摸金属钥匙时发出了火花，他用自己的身体验证了闪电也是电的一种存在形式。[③]在研究电的过程中，富兰克林创造了关于电荷的多个专有名词，如"正电""负电""充电""放电"等。他用"正电""负电"命名法国人先前发现的两种电荷，是第一个科学地用"正电荷""负电荷"概念表示电荷性质的科学家。[④]他提出了电荷既不能创造，也不能消灭的思想，后人在此基础上形成了电荷守恒定律。他证明了天上的雷电和地上的摩擦起电性质相同，还对电火进行了研究。他还发明了避雷针（在富兰克林之前，中国建筑在 1668 年已开始使用金属条作为避雷针）。富兰克林是电学研究的先驱者之一。

继富兰克林之后，英国物理学家和化学家卡文迪许对电的研究又做出了许多开创性的贡献。卡文迪许通过电学实验，独自发现一对电荷之间的作用力与它们之间距离的平方成反比，这就是后来法国物理学家库仑建立并以他的名字命名的静电学基本定律。通过实验，卡文迪许证明了电容器的电容量与两块极板之间的物质有关，先于法拉第对这一现象的发现。他还最早建立电势（即电位）的概念，并且发现跨导体的电势与流过导体的电流成正比，先于德国物理学家欧姆于 1827 年所发表的相应定律。[⑤]他在没有电表仪器工具的情况下，用双手抓住电极两端，通过电流是能达到手指还是腕部乃至肘部来估计电流强度。卡文迪许的实验研究，使电学研究从经验研究阶段走向科学实验研究阶段。

以发现氧元素而闻名于世的英国科学家普里斯特利在从事化学研究之前，从 1758 年开始对科学产生兴趣，在他新创办的学校中购有供电学实验用的静电发电机等仪器，后来还结识了同期研究电的富兰克林，在电学实验方面取得重要成就。1767 年，普里斯特利证实电荷间的吸力与距离的平方成反比。[⑥]他还发现了碳为导电体，观察到电与化学变化之间的关系。[⑦]他于 1766 年当选为英国皇家学会会员，第二年写成《电的历史和现状》一书。

法国物理学家库仑在 1773 年法国科学院悬奖征求改进船用指南针的方案时，开始研究静电和静磁问题。在研究过程中，他企图探索英国的普里斯特利所述的电的排斥现象，结果发现了库仑定律。为

① 美国不列颠百科全书公司：《不列颠百科全书·第 6 卷》国际中文版（修订版），中国大百科全书出版社《不列颠百科全书》国际中文版编辑部编译，中国大百科全书出版社，2007，第 452 页。

② 同上。

③ 卡罗尔·巴拉德：《从蒸汽机到核聚变·发现能量》，李婧译，上海科学技术文献出版社，2010，第 15 页。

④ 杜宝贵、张淑岭：《从静电学研究到高压输电：科学发明发现的由来》，北京出版社，2016，第 17 页。

⑤ 美国不列颠百科全书公司：《不列颠百科全书·第 3 卷》国际中文版（修订版），中国大百科全书出版社《不列颠百科全书》国际中文版编辑部编译，中国大百科全书出版社，2007，第 542 页。

⑥ 美国不列颠百科全书公司：《不列颠百科全书·第 6 卷》国际中文版（修订版），中国大百科全书出版社《不列颠百科全书》国际中文版编辑部编译，中国大百科全书出版社，2007，第 23 页。

⑦ 美国不列颠百科全书公司：《不列颠百科全书·第 13 卷》国际中文版（修订版），中国大百科全书出版社《不列颠百科全书》国际中文版编辑部编译，中国大百科全书出版社，2007，第 508 页。

了便于科学研究，他发明了灵敏的科学仪器，用来测量普里斯特利定律所涉及的电力。库仑用一种可以精准测量微小力的扭秤对静电力和静磁力做了非常精准的测量。在此基础上，他总结形成了库仑定律，于 1785 年发表实验结果。他还确定了磁体同极相斥、异极相吸，两个静止点电荷的相互作用力同它们之间的距离的平方成反比，这些研究成果构成了泊松磁力数学理论的基础。[1]

泊松是法国数学家，他最重要的成就是关于数学在电学、磁学、力学和物理学其他部分的应用。[2]他在 1812 年出版的一部著作中，指出了许多静电学中最有用的定律，并提出了电流形成的理论，提出电流是由两种流质形成的，其中同种相斥、异种相吸。泊松所建立的电力、磁力数学模型还为定量研究分析电力、磁力提供了科学工具。

18 世纪中叶，人们还发现了两种与电荷有关的物质——导体和绝缘体，以及它们之间的区别。导体是用来传导电流的物质，电阻率很小。最主要的导体是金属，摩擦它不能得到电荷，但是它能从绝缘体上把电荷引走。同时，人们还发现一个同周围绝缘的导体能贮存电荷。[3]而绝缘体则是能阻止或延缓电流流动的物质，可以用来使导体的位置固定，把导体彼此隔开。当时，科学家们通过研究发现，绝缘体被摩擦后，它的表面能得到和保持正的或负的静电荷。人们对导体和绝缘体及其属性的发现，为后来电的储存和传输提供了重要支撑。

在诸多科学家长达数百年乃至数千年的前赴后继的共同努力下，到 18 世纪末至 19 世纪初，最终形成了比较完善的静电学学科体系，为"动电"或电能的开发利用奠定了坚实基础。

三、有关电流、电池和电磁感应的重大发现与发明

处于静电形态的电，其电荷是静止的，不为人类所大规模开发利用的。只有当电荷流动起来，形成电流，通过电路——传送电流的通路，由点到线再到面，从产生电流的地方将之传送到周边乃至更广范围的千家万户，电才被人类大规模开发利用，人类才开始迈入"电气时代"。电流和电磁感应的发现就成为电力发展进程中极为关键的突破。以此为基础，电池的发明、电机的制造和电力的大规模应用也就水到渠成了。

人们对静电理论的深入研究及其重要发明、发现，促进了 18 世纪末"动电"——电流的发现，并促使人类对电的研究从侧重理论性的静电特性研究转到电流特性研究上来，并取得了一系列重大发现和发明。

（一）电流的发现和伏打电池的发明

早在 1752 年，意大利学者祖尔策就已经接触到了电流。当时，他无意识地把铅片和银片放在舌尖上，当露在嘴外的这两种金属片连起来时，舌尖产生出一种奇怪的感觉，既不是来自铅的味道，也不

---

① 美国不列颠百科全书公司：《不列颠百科全书·第 4 卷》国际中文版（修订版），中国大百科全书出版社《不列颠百科全书》国际中文版编辑部编译，中国大百科全书出版社，2007，第 541 页。

② 美国不列颠百科全书公司：《不列颠百科全书·第 13 卷》国际中文版（修订版），中国大百科全书出版社《不列颠百科全书》国际中文版编辑部编译，中国大百科全书出版社，2007，第 391 页。

③ 美国不列颠百科全书公司：《不列颠百科全书·第 6 卷》国际中文版（修订版），中国大百科全书出版社《不列颠百科全书》国际中文版编辑部编译，中国大百科全书出版社，2007，第 23 页。

是来自银的味道。他反复试验，但不得其解，于是放弃了探究。其实，他舌尖上出现的新感觉，是舌尖接触两块相连的金属片后产生了电流所致的。①但是，当时祖尔策并不知道这是一种新物质——电流。就这样，发现电流的机会从他身边溜走了。

30 多年后，意大利医生和物理学家伽伐尼对电流的发现做出了开创性的贡献。伽伐尼早期为解剖学讲师，后任产科学教授，开展生理学研究。18 世纪 80 年代早期，他才涉足电学。作为医学专家，从无电学专业背景和研究经历的伽伐尼，竟然在短短几年时间里便成为世界上第一个发现电流的人。

1786 年，伽伐尼用在电冲击下的刀尖去接触青蛙的神经，结果发现青蛙的肌肉出现抽动的现象。他不使用静电发电机发出的电，只是把一个小铜钩压入青蛙脊髓里，再将铜钩挂到铁杆上，仍发现青蛙的肌肉也同样出现抽动的现象。经过反复的实验，伽伐尼确信，青蛙这种肌肉抽动是因为电的刺激作用所致的。②1791 年，伽伐尼发表《评述电对肌肉运动的影响》一文，提出了动物组织内存在"动物电"的观点。1794 年，他又发表匿名著作《肌肉收缩实验中有关导电桥的使用及其作用》，首次提出了在活组织中存在生物电的概念。③后来，这一发现促进了心电图、脑电图乃至脑电波控制机器人等现代医学的发展。

此外，伽伐尼在上述提到的实验中，还首次正式使用两种金属媒介做实验，产生电流。人们将伽伐尼所发现的由两种金属产生的稳定电流称为伽伐尼电流。这种电是一种"动电"（相对于"静电"而言，又称"流电"），有别于由橡胶或玻璃摩擦所产生的静电。同时，把人受到电流刺激引起的突然动作叫作"伽伐尼化"，把铁镀上一层锌叫作伽伐尼化铁。④

伽伐尼电流引起了科学家们的极大兴趣，甚至一些国家成立伽伐尼协会，掀起伽伐尼电流研究的热潮。同为意大利人的伏打在发明起电盘以及从事静电实验研究 20 多年（从 1765 年开始）的基础上，于 1792 年着手研究伽伐尼"动物电"，第二年全然否定"动物电"的存在，提出有名的电的接触学说，断言伽伐尼电流产生于两种不同性质金属的接触⑤，是一种"金属电"⑥。于是，引起了人们对动物生电和金属生电的许多争论，并促进了人们对伽伐尼电流的进一步研究。

1799 年，伏打用金属导体（银片和锌片）和潮湿导体组成回路，发明出一种直接倍增伽伐尼电流的两类导体的组合接触法，制成"伏打电堆"。⑦第二年，伏打把成果发表在英国《哲学会报》上。伏打还发明了由许多单个伏打电堆组成的伏打电池组，设计了能检验物质是否带电的验电器。伏打开了可以连续不断供电的稳定电流的先河。

---

① 吴国盛：《科学的历程》第 2 版，北京大学出版社，2002，第 283 页。

② 美国不列颠百科全书公司：《不列颠百科全书·第 6 卷》国际中文版（修订版），中国大百科全书出版社《不列颠百科全书》国际中文版编辑部编译，中国大百科全书出版社，2007，第 564 页。

③ 同上。

④ 杜宝贵、张淑岭：《从静电学研究到高压输电：科学发明发现的由来》，北京出版社，2016，第 33 页。

⑤《中国大百科全书》总编委会：《中国大百科全书·第 7 卷》第 2 版，中国大百科全书出版社，2009，第 34 页。

⑥ 事实上，伽伐尼将肌肉的抽动归因于电的刺激作用是正确的，但认为这是一种"动物电"则是不正确的；而伏打否定"动物电"的概念也是正确的，但强调必须用两种不同性质的金属才能形成电生理效果的电流源是错误的，因为伽伐尼使用两种相同性质的金属同样能引起青蛙肌肉的抽动现象。参见美国不列颠百科全书公司：《不列颠百科全书·第 6 卷》国际中文版（修订版），中国大百科全书出版社《不列颠百科全书》国际中文版编辑部编译，中国大百科全书出版社，2007，第 564 页。

⑦《中国大百科全书》总编委会：《中国大百科全书·第 7 卷》第 2 版，中国大百科全书出版社，2009，第 34 页。

由于伏打电堆和伏打电池组的发明是建立在伽伐尼电流的基础之上的，因而，《不列颠百科全书》（国际中文版）对伽伐尼给予了很高的评价："伽伐尼为伏打提供了发现恒流电源（即伏打电堆或伏打电池组）的促进因素，其工作原理结合化学和物理学两方面的知识。这一发现导致后来的'电气时代'。"[①]伏打也真诚地赞扬说，伽伐尼的工作"在物理学和化学史上，足以称得上划时代的伟大发现之一"[②]。并且，为纪念伽伐尼，伏打还把伏打电池叫作伽伐尼电池，将引出的电流称为伽伐尼电流。而安培则提议将检验电流的仪器（电流计）命名为伽伐尼计。

至于伏打的贡献，同样具有里程碑意义。伏打电堆和伏打电池组直接打开了"电气时代"的大门。它们不仅是此后一段时期产生持续电流的唯一手段，而且还是研究电流、电学、电力的新起点，甚至许多重大发明、发现，诸如电解、蓄电池、电和磁的统一、欧姆定律（欧姆使用伏打电堆做实验而发现），乃至电动机和发电机等，都是伏打电池催生的。伏打电池的发明为电的实用性开发铺设了一条广阔的道路。因此，拿破仑看了伏打电池的表演后，不仅封伏打为伯爵和伦巴第王国参议员，还预言伏打电池的出现，预示着一个科学新时代的到来。[③]

伏打电池的出现，宣告没有持续电荷流动的摩擦起电和静电发电退出历史舞台，而具有稳定电流的伏打电池则开始登上电学舞台。同时，伏打电池能够生成稳定电流，使人类看到了开发利用稳定电力的曙光。

（二）电磁效应和发电机的出现

电磁效应包含电流的磁效应，磁产生感应电流，以及电和磁的相互作用等。假若没有电生磁的发现，也就没有磁生电的发现；假若没有磁生电的发现，也就没有"电气时代"的到来。电生磁和磁生电是发现电力的两个关键环节。

1. 电生磁

伏打电池发明后，丹麦哥本哈根大学教授 H. C. 奥斯特用伏打电池进行电学实验。1820 年 4 月，当他给一根导线通电时，发现与导线平行放置的磁针发生了偏转，磁针与通电导线相互垂直。通过多次反复实验，奥斯特证实，电流会产生磁力，会在它的周围形成一种磁场效应。这就是电流的磁场效应。同年 7 月，奥斯特发表《关于磁针上电流碰撞的实验》一文，正式对外公布了这一重大发现。虽然文章只有短短 4 页，却立即轰动了欧洲物理学界。据说，在奥斯特发现电产生磁现象之前，意大利法学家 G. D. 罗马尼奥西于 1802 年已经发现这种现象，但他的宣告却被人忽视了。[④]

奥斯特的这一发现给数千年来关于电与磁的争论画上了一个休止符。在 2 000 多年前，泰利斯以为电和磁是同一事物[⑤]；到了 1600 年，吉尔伯特认为电和磁是两种截然不同的现象，甚至在奥斯特发现这一现象的三四十年前，以库仑定律而闻名的库仑也认为电和磁是两种完全不同的东西，不可能相互

① 美国不列颠百科全书公司：《不列颠百科全书·第 6 卷》国际中文版（修订版），中国大百科全书出版社《不列颠百科全书》国际中文版编辑部编译，中国大百科全书出版社，2007，第 564 页。

② 杜宝贵、张淑岭：《从静电学研究到高压输电：科学发明发现的由来》，北京出版社，2016，第 33 页。

③ 同上书，第 37 页。

④ 美国不列颠百科全书公司：《不列颠百科全书·第 12 卷》国际中文版（修订版），中国大百科全书出版社《不列颠百科全书》国际中文版编辑部编译，中国大百科全书出版社，2007，第 472 页。

⑤ 杨苹：《无垠的电世界》，机械工业出版社，2008，第 31 页。

作用或者相互转化①。借助新的实验工具——具有持续稳定电流的伏打电池组，奥斯特以科学实验挑战了权威，向世人表明电和磁之间存在着客观的内在紧密联系，从而为电和磁两种事物之间架起了一座桥梁。这一空前的发现结束了相互割裂地研究电和磁的历史，促使电和磁这两种现象走向统一，并为电流的可测量创造了条件。电流磁场效应的发现还使人们开始对电学进行系统化的动态研究，并真正走上定量实验的发展道路。②因此可以说，奥斯特开创了电磁学研究的新纪元。

基于奥斯特对电流的磁场效应的重大发现，1934 年，人们以他的姓氏来命名磁场强度的物理学单位。

2. 磁场和电流／电场的关系

丹麦科学家奥斯特的发现很快传到了法国，并在法国的科学界引起巨大的反响。在此过程中，捷足先登的并不是正在搞电学研究的物理学家，而是 1809 年任巴黎综合工科学校数学教授、1814 年被选为帝国学院数学部成员的安培。此前在 1802 年，他曾在布尔让－布雷斯中央学校任物理学和化学教授。

1820 年 9 月 11 日，法国物理学家 D. F. J. 阿拉戈（又译为"阿拉果"）在法国科学院做了奥斯特实验的报告之后，安培在第二天便马上重复了奥斯特的实验，并且在一周内就写出全面阐述电磁关系新现象的理论的第一篇论文。③通过一系列实验，安培发现电流流动会产生磁场，得出右手螺旋定则（即安培定则），认为电流的磁场效应是由分子电流产生的，并在挚友光学家菲涅耳（又译"菲涅尔"）的帮助下提出了分子电流假说，第一个把研究动电的理论称为"电动力学"，建立起电动力学。

在上述基础上，安培提出了电磁学定律，通常称为"安培定律"。他在 1821—1825 年对两个电流元之间的相互作用进行了 4 个精巧的实验，并且运用数学方法，导出两个电流元之间相互作用力的公式④，从而从数学上描述了两个电流元之间的磁力。安培还制造测量电流的仪器，后经改进成为电流表（最早叫安培计），第一个研制出测电技术。

总而言之，安培定律反映了磁的本源是电流，定量地描述了磁场与电流或与产生电流的变化电场的关系，在微积分上表现为这样一种关系：围绕任一路径的磁场的线积分与该路径所围住的净电流成正比。⑤安培定律是发动机和电动机的两大工作原理之一（另一原理为法拉第电磁感应定律）。

安培的发现进一步深化了电流的磁场效应研究，并且创立了电动力学学科，为经典电动力学（涉及麦克斯韦方程组、电荷守恒定律、洛伦兹力公式等）的形成和发展奠定了基础。因此，电流单位安培（A）以安培的姓氏来命名，以表彰他对电磁学的贡献。

在安培进行电流的磁效应研究之时，法国另外两位物理学家毕奥和萨伐尔也合作开展电磁现象研究。他们在 1820 年通过实验研究发现了有关电流磁场效应的毕奥－萨伐尔定律，即流经导线的电流所

---

① 杜宝贵、张淑岭：《从静电学研究到高压输电：科学发明发现的由来》，北京出版社，2016，第 54 页。

② 杨苹：《无垠的电世界》，机械工业出版社，2008，第 31 页。

③ 美国不列颠百科全书公司：《不列颠百科全书·第 1 卷》国际中文版（修订版），中国大百科全书出版社《不列颠百科全书》国际中文版编辑部编译，中国大百科全书出版社，2007，第 296 页。

④《中国大百科全书》总编委会：《中国大百科全书·第 1 卷》第 2 版，中国大百科全书出版社，2009，第 277 页。

⑤ 美国不列颠百科全书公司：《不列颠百科全书·第 1 卷》国际中文版（修订版），中国大百科全书出版社《不列颠百科全书》国际中文版编辑部编译，中国大百科全书出版社，2007，第 296 页。

产生的磁场强度与其离导线距离的平方成反比。它是现代电磁学理论的基石之一。[1]

3. 电磁铁的发明

电磁铁是指用磁性材料做芯子，外围用线圈缠绕，能将电能转换为机械能来做机械功的器件。法拉第发明的第一台发电机是人类历史上第一台电磁感应发电机，它就利用了电磁铁。

法国科学院院士 D. F. J. 阿拉戈在研究电流的磁场效应时，发现了非磁性导体旋转产生磁性的原理[2]，于 1822 年用导线绕在铁块上制成非天然磁铁的电磁铁[3]。这是人类人工制造电磁铁的开端。1824 年，他还证实一个旋转的铜盘能使悬挂在其上的磁针转动。这一发现后由法拉第证明是一种电磁感应现象，做实验用的这种铜盘被称为"阿拉戈盘"。[4]

1825 年，英国皇家军事学院的科学讲师斯特金展出他研制的第一个由单个电池供电的电磁铁，其自重 200 克，能吸持 4 000 克重的铁块。这是世界上第一个吸力超过自重的电磁铁。[5]

1829 年，美国物理学家 J. 亨利进行电磁铁研究，用绝缘导线替代绝缘铁芯，使裸铁芯可以绕上更多的导线，从而极大地增加电磁铁的磁力。他制造了一块能吸住 947 千克铁块的磁铁，创造了当时的世界纪录。[6] J. 亨利对电磁铁进行改进与创新，为发电机获得更大的功率奠定了基础。

电磁铁这种装置促成了此后发电机、电报机之类新事物的出现。因此，电磁铁的发明在人类电力发展的过程中起着不可忽略的重要促进作用。

4. 磁生电和第一台发电机

以上科学家围绕电生磁展开研究，他们都无法直接促成电流或电力的生成。英国科学家法拉第在前人研究的基础上，另辟蹊径，进行磁生电问题的研究，首次生成了电力。

1820 年，法拉第还是戴维的一名助手，直到当年年底才结束在戴维那里的助手生涯。也是从那年起，他的包括化学、电学等领域在内的一系列发明、发现震惊了整个科学界。[7]

1820 年之前，法拉第作为戴维的助手，研究的是化学。他从 1818 年起与 J. 斯托达特合作，首创金相分析法，1820 年还发现了碳和氯的化合物 C_2Cl_6 和 C_2Cl_4。1820 年受到奥斯特发现的影响，他开始研究电和磁的关系。当时，奥斯特宣称，他发现电线通电时，其周围产生一个磁场；安培则证实这些磁力是圆形的，并且在电线周围形成了一个磁筒。[8] 但是，当时人们从来没有见过这种圆形的力场，认为这是不可思议的。而这对于科学天才法拉第来说，却是十年后重大发明的一个绝好契机。法拉第想，

---

① 《中国大百科全书》总编委会：《中国大百科全书·第 2 卷》第 2 版，中国大百科全书出版社，2009，第 321 页。

② 美国不列颠百科全书公司：《不列颠百科全书·第 1 卷》国际中文版（修订版），中国大百科全书出版社《不列颠百科全书》国际中文版编辑部编译，中国大百科全书出版社，2007，第 435 页。

③ 马平：《能源纵横》，化学工业出版社，2009，第 28 页。

④ 《中国大百科全书》总编委会：《中国大百科全书·第 1 卷》第 2 版，中国大百科全书出版社，2009，第 96 页。

⑤ 美国不列颠百科全书公司：《不列颠百科全书·第 16 卷》国际中文版（修订版），中国大百科全书出版社《不列颠百科全书》国际中文版编辑部编译，中国大百科全书出版社，2007，第 290 页。

⑥ 美国不列颠百科全书公司：《不列颠百科全书·第 8 卷》国际中文版（修订版），中国大百科全书出版社《不列颠百科全书》国际中文版编辑部编译，中国大百科全书出版社，2007，第 26 页。

⑦ 美国不列颠百科全书公司：《不列颠百科全书·第 6 卷》国际中文版（修订版），中国大百科全书出版社《不列颠百科全书》国际中文版编辑部编译，中国大百科全书出版社，2007，第 235 页。

⑧ 同上书，第 236 页。

如果能将那磁筒孤立为一个磁极，那么，它就能在通着电流的电线的周围，做不断的绕圈运动。于是，法拉第开始制造一种仪器来验证上述想法，并由此于 1821 年制成了能把电能转化为机械能的装置。[1]

1831 年 8 月，法拉第在一个圆形磁铁上分别绕上 A、B 两组没有连接在一起的绝缘导线，其中 A 组接上伏打电池，B 组接上电流表，当电路接通或断开时，电流表的指针都会晃动一下。这说明即便没有接到伏打电池，在磁铁的作用下，原来没有电的 B 组导线也产生了电流，这是一种伏打电感应。10 月，法拉第又用一个永磁铁来做实验，用初级线圈制成一个空心圆筒形的强电磁体，当永磁铁插入或抽出强电磁体圆筒时，圆筒外部的初级线圈的导线都会产生电流，与导线连接的电流表都会出现晃动。这说明即使不使用伏打电池，在永磁铁的作用下，磁也会转化为电，一样能产生电流。这是一种磁感应电流。法拉第成功地实现了磁生电。这台用永磁铁产生电流的装置就成了世界上首台发电机——磁感应发电机。

随后不久，法拉第发现了磁铁产生电流的规律：电流的大小与导体每单位时间切割的磁力线数量有关。并且，他立刻认识到，当把"阿拉戈盘"夹在强磁铁的两极之间旋转时，铜盘的外侧部分会比内侧区域在单位时间内切割更多的磁力线，把中心和边缘连接起来的导线就会产生连续不断的电流。[2]根据这一重大发现，法拉第于 1831 年发明世界上第一台可以连续发电的直流发电机。

在研究电磁感应过程中，法拉第发现了电磁感应定律。[3]他还在其他领域发现了法拉第电解定律、法拉第效应等。法拉第成为 19 世纪伟大的科学家[4]，也是 19 世纪伟大的实验物理学家[5]。

法拉第成功研发出人类第一台磁感应发电机，使人类大规模开发利用电力成为现实。从此，人类开始进入一个崭新的时代——"电力时代"。

四、发电机的进化和实用化

法拉第发明第一台磁感应发电机之后，其他科学家和工程师相继研制出各式各样的发电机（表12-2）。1832 年，法国的皮克西兄弟制成手摇式发电机，它是世界上第一台交流发电机[6]，人类第一次实现了把机械能转化为电能。第二年，他们发明了最早的整流器，制成加装整流器的发电机。同年，美国的萨克斯顿对皮克西兄弟的发电机进行改进，制造出能转动线圈的发电机。1834 年，英国工程师克拉克发明第一台实用的直流发电机。

---

[1] 美国不列颠百科全书公司：《不列颠百科全书·第 6 卷》国际中文版（修订版），中国大百科全书出版社《不列颠百科全书》国际中文版编辑部编译，中国大百科全书出版社，2007，第 296 页。

[2] 同上书，第 236 页。

[3] 法拉第在 1831 年发表电磁感应研究成果。在此前一年，即 1830 年，美国的 J. 亨利就观察到了这种现象［美国不列颠百科全书公司：《不列颠百科全书·第 8 卷》国际中文版（修订版），中国大百科全书出版社《不列颠百科全书》国际中文版编辑部编译，中国大百科全书出版社，2007，第 26 页］。1893 年用 J. 亨利的姓氏作为电感的标准单位——亨利。

[4] 美国不列颠百科全书公司：《不列颠百科全书·第 6 卷》国际中文版（修订版），中国大百科全书出版社《不列颠百科全书》国际中文版编辑部编译，中国大百科全书出版社，2007，第 235 页。

[5] 《中国大百科全书》总编委会：《中国大百科全书·第 6 卷》第 2 版，中国大百科全书出版社，2009，第 182 页。

[6] 杜宝贵、张淑岭：《从静电学研究到高压输电：科学发明发现的由来》，北京出版社，2016，第 111 页。

表 12-2　近代各式发电机的发明情况

时间 / 年	发明者和国别	发电机
1831	法拉第；英国	世界上首台磁感应发电机
1831	法拉第；英国	世界上首台直流发电机
1832	皮克西兄弟；法国	世界上首台交流发电机
1833	皮克西兄弟；法国	加装整流器的发电机
1833	萨克斯顿；美国	能转动线圈的发电机
1834	克拉克；英国	第一台实用的直流发电机
1857	惠斯通；英国	电磁式发电机
1866	西门子；德国	自励式直流发电机
1869	格拉姆；法国	格拉姆空心环状型直流发电机
1875	阿尔特内克；德国	鼓形电枢自励式直流发电机
1878	亚布洛契诃夫；俄国	多相交流发电机
1882	费兰梯；英国	改进型交流发电机
1882	高登；英国	大型二相交流发电机
1882	拉瓦尔；瑞典	世界上第一台冲击式汽轮发电机
1883	拉瓦尔；瑞典	反力式涡轮发电机
1884	帕森斯；英国	蒸汽涡轮发电机
1889	多里沃 - 多勃罗沃尔斯基；俄国	世界上首个三相交流输电系统
1895	富尔内隆；法国	水轮发电机（在美国投入使用）
1897	狄塞尔；德国	首创压缩点火式柴油（发电）机
1901	帕森斯；英国	世界上首台 1 MW 以上（实际为 1.5 MW）的三相交流发电机

资料来源：作者整理。主要参考杜宝贵、张淑岭：《从静电学研究到高压输电：科学发明发现的由来》，北京出版社，2016。

1857 年，英国物理学家惠斯通在成功发明精确测量电阻的惠斯通电桥之后，最先在发电机中采用电磁铁[1]，替代过去天然的永磁铁，制造出电磁式发电机。但电磁铁靠伏打电池励磁，发电机笨重且不经济。

1866 年，德国电气工程师西门子发明自励式直流发电机（又称西门子发电机）。[2] 它也采用电磁铁，但它的励磁电源并非来自伏打电池，而是来自发电机本身。西门子发电机与之前其他人发明的发电机相比，具有重量轻、功率大、成本低等优点。在此之前（1850 年），电能价格比蒸汽能贵 25 倍，电能无法与蒸汽能竞争，难以推广普及。西门子发电机由于不需要像其他发电机那样安装伏打电池部件，重量变得更轻了，也节省了安装伏打电池的费用。同时，西门子发电机的发电能力比其他发电机或伏

---

[1] 美国不列颠百科全书公司：《不列颠百科全书·第 18 卷》国际中文版（修订版），中国大百科全书出版社《不列颠百科全书》国际中文版编辑部编译，中国大百科全书出版社，2007，第 221 页。

[2] 美国不列颠百科全书公司：《不列颠百科全书·第 15 卷》国际中文版（修订版），中国大百科全书出版社《不列颠百科全书》国际中文版编辑部编译，中国大百科全书出版社，2007，第 356 页。

打电池强，也比使用一堆电池更方便，可以代替电池或其他发电机，为当时使用的弧光灯或其他的用电需要提供电能。因此，西门子对发电机发展的重要贡献就在于他的发明为电动机实用化奠定了重要基础。有的学者认为，西门子所发明的西门子发电机在发电机发展史中的地位与当年瓦特改进的蒸汽机在蒸汽机中的地位是相同的。[①]

后来法国的电学家格拉姆和西门子公司研制电动机的电气工程师阿尔特内克先后对西门子发电机进行改进与创新。格拉姆于 1869 年将西门子发电机中的实心铁芯改造为空心环状型铁芯[②]，发明出格拉姆空心环状型直流发电机。阿尔特内克发明出一种鼓形转子——筒状铁芯[③]，于 1875 年发明出更先进的鼓形电枢自励式直流发电机[④]，使西门子发电机达到了更高的效率，降低了生产成本，也具备了现代发电机的形式，逐渐得到推广应用。1847 年，西门子和 J. G. 哈尔斯克共同创立西门子 - 哈尔斯克公司，大量生产西门子发电机，用于发电站建设，这对促进"电气时代"的到来具有划时代的重要意义。

到了 19 世纪 70 年代，随着工业革命对电力需求的不断增长，以往投入使用的全为直流电的发电机（此前所发明的发电机仅 1832 年皮克西手摇式发电机为交流发电机）已经无法满足时代发展的需求。于是，从 19 世纪 70 年代初起，人们开始重视开发交流发电机。1878 年，俄国的亚布洛契诃夫发明一台多相交流发电机，它具有现代的同步发电机的结构，当时是为弧光灯供电。[⑤]1881 年，巴黎博览会展出了交流发电机。[⑥]1882 年，英国电机工程师费兰梯获得一种改进型交流发电机的专利，以装置紧凑而闻名，功率是同样大小的其他发电机的 5 倍多。[⑦]此后，随着交流电网的发展，到 19 世纪末交流发电机得到广泛使用，日渐成为主导。

五、其他重要电力研究及成就

动电的研究开发，除了直接推动电力的生产、应用，还促成了电池、电磁理论、电路研究等方面的许多重要成就，对电力的科学开发利用起到了重要的理论指导和促进作用。

（一）电池改进方面

伏打电池发明后，许多人对其进行了改进和创新，制成各式各样的电池，包括蓄电池、太阳能电池、温差电池、丹尼尔电池等（表 12-3）。

[①] 杜宝贵、张淑岭：《从静电学研究到高压输电：科学发明发现的由来》，北京出版社，2016，第 118 页。也有人认为格拉姆发明了第一台实用的直流发电机，它对于普遍用电作能源有重大贡献［参见美国不列颠百科全书公司：《不列颠百科全书·第 6 卷》国际中文版（修订版），中国大百科全书出版社《不列颠百科全书》国际中文版编辑部编译，中国大百科全书出版社，2007，第 21 页］。格拉姆在 19 世纪 70 年代初开始与 H. 方丹合作生产格拉姆空心环状型直流发电机。

[②] 杜宝贵、张淑岭：《从静电学研究到高压输电：科学发明发现的由来》，北京出版社，2016，第 119-120 页。

[③] 同上书，第 121 页。

[④] 卢晓江主编《自然科学史十二讲》，中国轻工业出版社，2007，第 137 页。

[⑤] 同上。

[⑥] F. H. 欣斯利：《新编剑桥世界近代史·第 11 卷》，中国社会科学院世界历史研究所组译，中国社会科学出版社，2004，第 112 页。

[⑦] 美国不列颠百科全书公司：《不列颠百科全书·第 6 卷》国际中文版（修订版），中国大百科全书出版社《不列颠百科全书》国际中文版编辑部编译，中国大百科全书出版社，2007，第 290 页。

表 12-3　近代电池的演化

时间/年	电池名称	发明人及电池特征
1800	伏打电池	意大利人伏打发明。世界上第一块电池
1803	里特蓄电池	德国人里特制造。世界上第一块蓄电池
1821	塞贝克温差电池	德国人塞贝克制造。世界上第一块温差电池
1836	丹尼尔电池	英国人丹尼尔制造。世界上第一块不极化、保持电流平衡的锌铜电池
1839	贝克勒尔太阳能电池	法国人安托万·贝克勒尔发明。世界上第一块太阳能电池
1859	普朗特铅酸蓄电池	法国人普朗特制造。世界上第一块实用的铅酸蓄电池
1865	勒克兰谢电池	法国人勒克兰谢发明。世界上第一块现代干电池原型（锌-二氧化锰湿电池）
1878	锌-空气电池	世界上第一块微酸性的锌-空气电池
1883	弗里茨太阳能电池	美国人查尔斯·弗里茨发明第一块用硒做材料的太阳能电池
1888	"干"电池	Carl Gassner 发明。第一块"干"电池（不会破裂、不漏液）
1899	镉镍碱性蓄电池	瑞典人荣格发明

资料来源：作者整理。参考杜宝贵、张淑岭：《从静电学研究到高压输电：科学发明发现的由来》，北京出版社，2016。

（二）电磁理论方面

法拉第在电学实验的基础上，于1833年首先提出了关于电解效应的定量法则——法拉第电解定律。它不仅适用于电解过程，也适用于电池放电过程，根据其制成的电量计可以精确地计算出通过电路的电量。有的物理学家还基于法拉第电解定律，形成了电荷具有原子性的概念，这对于促进基本电荷的发现以及建立物质的电结构理论都具有重大意义。[1]

此后，法拉第在电磁效应研究中还提出了电磁"力线"设想，于1845年使用"磁场"一词。同年，发现磁致旋光效应，即法拉第效应，人类第一次认识到电磁现象与光现象之间的关系。1850年，法拉第形成了关于空间和力的全新观点，进而产生了场论，这是继牛顿后19世纪最独特、最具革命性，震动整个科学界的重大科学思想。

俄国物理学家 H. F. E. 楞次在法拉第发现电磁感应现象之后，使用欧姆定律对通电螺旋导线的作用进行分析[2]，深入研究电磁感应中感应电流流动的方向，于1834年推导出楞次定律，确定了磁场、导线的运动方向和电流的方向之间的关系。

德国数学家高斯从1830年起与物理学家 W. 韦伯密切合作[3]，开展磁学研究，于1839—1840年发表《地磁概论》和《关于与距离平方成反比的引力和斥力的普遍定理》，提出静电场的基本定理之一——高斯定律。它后来成为麦克斯韦方程组的组成部分。

英国科学家麦克斯韦利用他的数学工具，对法拉第等人提出的电磁理论和场论加以发展，探析电生磁和磁生电的原因，于1864年建立起由4个方程共同组成的著名的麦克斯韦方程组，从而对电场与磁场的产生及其相互作用进行了完整描述，成为物理学史上的一个重要里程碑。麦克斯韦也因此成为

---

[1]《中国大百科全书》总编委会：《中国大百科全书·第6卷》第2版，中国大百科全书出版社，2009，第183页。

[2] 杜宝贵、张淑岭：《从静电学研究到高压输电：科学发明发现的由来》，北京出版社，2016，第65页。

[3] 美国不列颠百科全书公司：《不列颠百科全书·第7卷》国际中文版（修订版），中国大百科全书出版社《不列颠百科全书》国际中文版编辑部编译，中国大百科全书出版社，2007，第35页。

经典电磁理论的奠基人。

麦克斯韦生前并没有得到太多的荣誉，但《不列颠百科全书》（国际中文版）给予了其高度的评价：他对 20 世纪的物理学影响很大；他的贡献带有基本的性质，他与牛顿和爱因斯坦齐名。麦克斯韦根据法拉第的电力线和磁力线的实验观察提出的电磁辐射的概念和场方程组，"引出了爱因斯坦的狭义相对论，并建立了质量和能量的等效性原理"。爱因斯坦称麦克斯韦的工作"是牛顿以来，物理学最深刻和最富有成果的工作"。[1] 总之，麦克斯韦是一位集大成者，他将电、磁、光这三种不同的自然现象在前人研究的基础上实现了有机统一，还把电磁学和光学融合为一体。

在麦克斯韦理论基础上，德国物理学家赫兹于 1888 年证实了电磁波的存在，从而开辟了一个全新的电磁波研究领域。

荷兰物理学家洛伦兹根据麦克斯韦理论，于 1892 年提出"电子论"——原子内带电粒子的振荡是光的来源，1904 年得出洛伦兹变换方程，促进了爱因斯坦的狭义相对论的产生。

（三）电路研究方面

德国物理学家欧姆在伏打电池发明 20 多年后，开始对还没有人研究过的电路基本问题——电阻进行研究。他使用伏打电堆做实验工具，引入 1822 年法国数学家傅立叶发表的热传导理论中的热流、热阻、热导率等基本概念，并根据傅立叶所发现的热传导中导热杆两点间的热流量和两点间的温度差成正比的规律[2]，于 1826 年发现（1827 年发表）了一种最基本的电路定律——流过电路导体的电流与电势差（电压）成正比，与电阻成反比。这就是著名的欧姆定律。虽说欧姆定律是电学最基本的定律，也是应用最广的定律，但当时却遭受了冷遇，甚至一位叫波尔的教授认为欧姆定律纯粹就是一种欺骗，它唯一的目的就是要亵渎自然的尊严[3]，迫使欧姆不得不辞去从 1817 年就开始担任的科隆耶稣会学院数学教授的职务。直到十多年后，欧姆定律才为人们所认可，英国皇家学会于 1841 年授予欧姆自然科学领域的最高荣誉——科普利奖。1881 年，人们用他的名字作为电阻的单位——欧姆（Ω）。

欧姆定律为人们所接受后，物理学家们开始研究串联和并联电路中的电流、电压、电阻等问题。1845 年，德国物理学家基尔霍夫发现了基尔霍夫定律[4]，用以计算电网络（复杂电路）的电流、电压和电阻。关于多环电路的基尔霍夫定律则概括了电荷守恒定律和能量守恒定律，并用来确定电路的每一支路中的电流值。基尔霍夫澄清了电势差、电动势和电场强度等概念，使欧姆理论与静电概念协调起来。[5]

① 美国不列颠百科全书公司：《不列颠百科全书·第 11 卷》国际中文版（修订版），中国大百科全书出版社《不列颠百科全书》国际中文版编辑部编译，中国大百科全书出版社，2007，第 47 页。
② 杜宝贵、张淑岭：《从静电学研究到高压输电：科学发明发现的由来》，北京出版社，2016，第 60 页。
③ 同上书，第 64 页。
④ 美国不列颠百科全书公司：《不列颠百科全书·第 9 卷》国际中文版（修订版），中国大百科全书出版社《不列颠百科全书》国际中文版编辑部编译，中国大百科全书出版社，2007，第 299 页。
⑤《中国大百科全书》总编委会：《中国大百科全书·第 5 卷》第 2 版，中国大百科全书出版社，2009，第 215 页。

第 2 节　电力生产和传输

19世纪70年代，世界上首座火电站和水电站相继在法国诞生。此后，电力工业随着欧美国家工业革命的推进，在欧美工业化国家中迅速发展起来。到1917年，全球主要电力生产国家发电总量达到701亿千瓦时，比1902年的88亿千瓦时约增长了7倍。1919年，美国电力容量占全国动力总容量（2 940马力）的比例达到1/3。[①] 日本在1917年电动机的马力数也超过了蒸汽机的马力数。从世界范围看，到1930年左右，各种发电厂的发电能力占主要工业化国家原动力能力的比例达到2/3左右。同时，世界电力传输从直流输电向交流输电发展。

一、电站建设

电站可分为火电站（厂）、水电站、核电站等。世界上最早出现的电站是火电站，于1875年在法国巴黎北火车站建成并投入使用。三年之后，即1878年，人们又在巴黎市郊建成世界上第一座水电站。此后，作为电力革命的"引擎"，电站建设相继在各国兴起，有力地促进了人类电气化的发展。

（一）火电站（厂）

1875年，法国在巴黎北火车站建成世界上首座火电厂[②]，采用直流发电机发电，供附近照明使用。从此，人类利用同一时代发明出来的发电机技术，将化石能、水能等转化为电能，大规模开发利用电力。这之后，各国相继发展一批火电厂。

1880年，英国在伦敦建成国内第一个发电厂[③]，为城市照明提供电力。

1882年，托马斯·爱迪生在纽约珍珠大街创办世界上第二个公用火电厂。[④] 它是世界上首个商业发电厂和热电联产发电厂，发出来的电用于白炽灯照明或者用作动力。当时采用的是直流电，生产出来的电力只是供应周边地区使用。

1883年，美籍克罗地亚人 N.特斯拉制成第一台感应电动机。[⑤] 1885年，美国匹兹堡的威斯汀豪斯电气公司购买了 N.特斯拉的多相交流发电机、变压器和电动机的专利，开始建设交流电体系，建成世界上最早的交流发电站。[⑥]

---

① 余志森主编《美国通史》第4卷，人民出版社，2005，第10页。
② 安娜主编《走向未来的现代工业》，北京工业大学出版社，2012，第26页。
③ 托马斯·贝里：《伟大的事业：人类未来之路》，曹静译，生活·读书·新知三联书店，2005，第165页。
④ 《中国大百科全书》总编委会：《中国大百科全书·第1卷》第2版，中国大百科全书出版社，2009，第222页。
⑤ 美国不列颠百科全书公司：《不列颠百科全书·第16卷》国际中文版（修订版），中国大百科全书出版社《不列颠百科全书》国际中文版编辑部编译，中国大百科全书出版社，2007，第559页。
⑥ 安娜主编《走向未来的现代工业》，北京工业大学出版社，2012，第27页。

19 世纪 80 年代初，英国工程师帕森斯提出提高蒸汽发电机效率的设想，于 1884 年发明第一台蒸汽涡轮发电机。1888 年，英国纽卡斯尔的佛斯班克斯发电站安装了帕森斯发明的 4 台蒸汽涡轮发电机，建成一座用涡轮驱动取代活塞驱动发电的电站。[①]

受淘金业的刺激，南非在 1897 年建成兰德火电厂[②]，主要是为约翰内斯堡的黄金开采与冶炼提供电力。

德国热机工程师狄塞尔 1892 年制成原始的柴油机。后经改进，首次成功研制出压缩点火式内燃机（柴油机）——狄塞尔内燃机。1898 年，狄塞尔内燃机首先用于固定式发电机组。[③]之后，作为商船、车辆动力使用。

19 世纪末，在西班牙统治时期，马尼拉电力公司在菲律宾的马尼拉建成第一个中央发电站，由 10 台 60 千瓦的蒸汽发电机组成。[④]此后，其他一些私人公司也相继在菲律宾经济较发达的地区兴建发电厂。

英国于 1901 年 6 月在泰恩河畔纽卡斯尔由开尔文勋爵建成海王滩大型三相交流电站，装机容量为 2 100 千瓦。同年年底，海王滩电站进行扩建，采用帕森斯发明的一台 1 500 千瓦的三相交流发电机，是第一套大型旋转电枢式三相汽轮发电机。[⑤]1904 年，纽卡斯尔的卡维尔电站投入运行，有两台各 3 500 千瓦的汽轮机组，实际功率可达 6 000 千瓦。[⑥]"一战"期间在米德尔斯勒规划建设北蒂斯发电站，战后不久该电站投入使用，总装机容量为 20 000 千瓦，每度电耗煤量不到 1 千克，比卡维尔电站少一半以上（后者为 2 千克）。[⑦]

阿根廷是拉丁美洲较早建立电力工业的国家，1895 年在布宜诺斯艾利斯建成首座持续供电的火电厂。

1879 年 4 月，中国上海虹口一家英商公司安装一台 7.46 千瓦的柴油发电机组发电成功。1882 年，中国首个商用火电厂——上海乍浦路火电厂正式发电。1890 年，中国建成第一家民族资本发电厂——广州电厂。[⑧]

（二）水电站

地球表面有许多水，在一定条件下，这些水可释放出巨大能量转化为机械能，然后又由机械能转化为电能。将水能转化为电能，即为水力发电。水力发电是在 19 世纪 70 年代末电动机发明将近半个世纪后才出现的。

水力发电通过建设水电站来实现。1878 年，法国建成世界上最早的水力发电站，其装机容量为 25 千瓦。当时，法国在巴黎近郊的一个制糖工厂里开始了水力发电。[⑨]此后，世界各地先后兴建一批水

① 卡罗尔·巴拉德：《从蒸汽机到核聚变·发现能量》，李婧译，上海科学技术文献出版社，2010，第 37 页。
② 国家电力监管委员会：《南美洲、亚洲、非洲各国电力市场化改革》，中国水利水电出版社，2006，第 379 页。
③ 吕宁：《工业革命的科技奇迹》，北京工业大学出版社，2014，第 114 页。
④ 陈明华：《当代菲律宾经济》，云南大学出版社，1999，第 221 页。
⑤ 特雷弗·I. 威廉斯主编《技术史·第 7 卷》，刘则渊、孙希忠主译，上海科技教育出版社，2004，第 264 页。
⑥ 同上书，第 265 页。
⑦ 同上。
⑧ 朱汉国、杨群主编《中华民国史·第三册》，四川人民出版社，2006，第 67 页。
⑨ 小水力利用推进协议会：《小水力发电技术》，宋永臣、宁亚东、刘瑜译，科学出版社，2008，第 32 页。

电站。

1882 年 9 月 30 日，美国发明家托马斯·爱迪生在威斯康星州建成亚伯尔水电站，并成功发电。该水电站由一台水车带动两台直流发电机组成，装机容量为 25 千瓦[①]（有的说只有 10.5 千瓦），也被视为水电站的鼻祖。同年，瑞士建成国内第一座小型水电站。德国也建成一座 1.5 千瓦的水电站。[②]

1885 年，意大利建成沃特利水电站，装机容量为 65 千瓦，是欧洲第一座商业性水电站。同年，挪威建成国内第一座小水电站。

1889 年，日本建成一座 48 千瓦的水电站。[③]1891 年，又在京都利用琵琶湖的排水渠建成蹴上水电站，从此开启了日本最早的市营电气事业。[④]该水电站用两台 120 马力的水轮机带动两台 80 千瓦的发电机发电，总装机容量为 160 千瓦。电力供给京都电灯公司，用作批发业及工厂的动力。

1890 年，英国在伦敦德特福德安装了两台由弗朗西斯水轮机驱动的 110 千瓦的交流发电机[⑤]，建立英国第一座交流发电站[⑥]。

进入 19 世纪 90 年代后，水电站建设往大型化发展。美国于 1890 年前后在纽约州布法罗市附近的尼亚加拉大瀑布开始建造第一座大型水力发电站。[⑦]美国于 1892 年建成装机容量为 4.4 万千瓦的奈亚格拉水电站。1895 年，美国尼亚加拉水电站建成并开始发电，总装机容量达 14.7 万千瓦。1896 年，该电站通过交流输电技术，将电传输到 20 英里外的布法罗市使用。法国也于 1895 年建成圣克来水电站，装机容量达 10.7 万千瓦。[⑧]

到了 20 世纪初，开发利用水电的国家增多。并且，随着远距离输电技术的发展，欧美国家边远地区的水电开发得到加强，世界水电开发进程逐渐加快。

1904 年，中国台湾地区修建了龟山水电站。[⑨]1910 年 8 月，云南昆明市郊动工兴建第一座水电站——石龙坝水电站，由两台水轮发电机组成，总装机容量为 480 千瓦，于 1912 年 5 月建成并开始发电。

瑞典首开地下水电站之先河。一家私人公司于 1910 年在瑞典北部莫克菲耶德建成一座 1.2 万千瓦的地下水电站。紧接着，瑞典人于同年又在北极圈北部开工建设波尔尤斯水电站。该水电站也建在地下，规划建设 5 台单机容量为 1 万千瓦的水轮发电机组，水头为 58 米，主机室长 90 米，宽 12 米，高 20 米，建有一条长 1 150 米的尾水渠隧洞。第一台发电机于 1914 年开始运行。该电站具备了现代化大型地下水电站的所有特点。[⑩]

印度的塔塔家族利用印度丰富的水力资源发展电力工业，于 1910 年建立印度第一家电力公司。[⑪]

---

① 《中国大百科全书》总编委会：《中国大百科全书·第 20 卷》第 2 版，中国大百科全书出版社，2009，第 558 页。

② 卢晓江主编《自然科学史十二讲》，中国轻工业出版社，2007，第 137 页。

③ 中国电气工程大典编辑委员会：《中国电气工程大典·第 5 卷》，中国电力出版社，2009，第 4 页。

④ 小水力利用推进协议会：《小水力发电技术》，宋永臣、宁亚东、刘瑜译，科学出版社，2008，第 9 页。

⑤ 特雷弗·I. 威廉斯主编《技术史·第 6 卷》，姜振寰、赵毓琴主译，上海科技教育出版社，2004，第 122 页。

⑥ 卡罗尔·巴拉德：《从蒸汽机到核聚变·发现能量》，李婧译，上海科学技术文献出版社，2010，第 35 页。

⑦ J. R. 凡奇：《能源：21 世纪的展望》，王乃粒译，上海交通大学出版社，2008，第 94 页。

⑧ 中国电气工程大典编辑委员会：《中国电气工程大典·第 5 卷》，中国电力出版社，2009，第 4 页。

⑨ 同上书，第 5 页。

⑩ 特雷弗·I. 威廉斯主编《技术史·第 6 卷》，姜振寰、赵毓琴主译，上海科技教育出版社，2004，第 114 页。

⑪ 林太：《印度通史》，上海社会科学院出版社，2012，第 248 页。

到 1925 年，全球已安装的水力发电机的发电量约为 2.64×10^7 千瓦，年发电量约为 2.9×10^7 焦耳，相当于同年能源消耗总量的 0.6% 左右。水力发电量占世界发电总量的 40% 左右。[①]

（三）其他类型电站

除了火力发电、水力发电，近代还出现了抽水蓄能发电、垃圾焚烧发电、地热发电等发电形式。

1895 年，德国在汉堡建成世界上第一个固体废弃物焚烧发电厂。1905 年，美国纽约建成城市垃圾焚烧发电厂。[②]

意大利地热资源丰富，很早就开始开发利用地热。1904 年，P. G. 科恩迪首次成功将地热能转化为电能。1905 年，意大利安装了一台 25 千瓦的地热蒸汽发电机。1913 年，安装一台由汽轮机驱动的 250 千瓦的发电机。1914 年，又安装了 3 台 1 250 千瓦的发电机。到 1939 年"二战"爆发时，共有 16 台发电机组在运行，地热发电总功率为 13.5 万千瓦。[③]

二、各国电力生产

近代电力生产集中在欧洲地区以及美国、日本等少数工业化国家。到 1917 年，全球主要电力生产国家的年发电量达到 701 亿千瓦时。其中，美国、德国的年发电量超过 100 亿千瓦时，分别达到 434.29 亿、120 亿千瓦时，居世界第一、第二位。英国、意大利、日本、法国、俄国（1916 年）等国家的年发电量均超过 10 亿千瓦时（表 12-4、表 12-5）。[④]

表 12-4　近代欧洲部分国家发电量情况[1]

时间/年	意大利/×10 亿千瓦时[2]	法国/×10 亿千瓦时[2]	德国/×10 亿千瓦时[2]	英国/×10 亿千瓦时[2]	俄国/×10 亿千瓦时[2]	西班牙/×10 亿千瓦时[2]	瑞典/×10 亿千瓦时[2]
1895	0.03	—	—	—	—	—	—
1896	0.05	—	—	0.10	—	—	—
1897	0.05	—	—	0.10	—	—	—
1898	0.08	—	—	0.10	—	—	—
1899	0.10	—	—	0.20	—	—	—
1900	0.14	—	1.00	0.20	—	—	—
1901	0.16	0.34	1.30	0.40	—	0.19	0.10
1902	0.22	0.37	1.40	0.50	—	0.20	0.10
1903	0.30	0.43	1.60	0.60	—	0.21	0.10
1904	0.40	0.48	2.20	0.80	—	0.22	0.20
1905	0.45	0.53	2.60	1.00	—	0.23	0.20

[①] 伊斯雷尔·贝科维奇：《世界能源：展望 2020 年》，上海市政协编译工作委员会译，上海译文出版社，1983，第 107 页。

[②] 汪玉林主编《垃圾发电技术及工程实例》，化学工业出版社，2003，第 12 页。

[③] 特雷弗·I. 威廉斯主编《技术史·第 6 卷》，姜振寰、赵毓琴译，上海科技教育出版社，2004，第 127 页。

[④] 书中各表近代世界各国发电量的原始数据参见 B. R. 米切尔：《帕尔格雷夫世界历史统计·亚洲、非洲和大洋洲卷：1750—1993 年》第 3 版，贺力平译，经济科学出版社，2002。

续表

时间 / 年	意大利 / ×10亿千瓦时[2]	法国 / ×10亿千瓦时[2]	德国 / ×10亿千瓦时[2]	英国 / ×10亿千瓦时[2]	俄国 / ×10亿千瓦时[2]	西班牙 / ×10亿千瓦时[2]	瑞典 / ×10亿千瓦时[2]
1906	0.55	0.60	2.70	1.20	—	0.24	0.20
1907	0.70	0.67	3.20	1.40	—	0.25	0.30
1908	0.95	0.75	3.90	1.60	—	0.29	0.40
1909	1.15	0.85	4.80	1.70	—	0.33	0.60
1910	1.30	1.02	5.40	1.90	—	0.36	0.80
1911	1.50	1.23	6.00	2.10	—	0.42	0.80
1912	1.80	1.48	7.40	2.40	—	0.46	1.20
1913	2.00	1.80	8.00	2.50	2.04	0.50	1.50
1914	2.20	2.15	8.80	3.00	—	0.53	—
1915	2.58	1.90	9.80	3.50	—	0.57	—
1916	2.93	2.18	11.00	4.10	2.58	0.71	—
1917	3.43	2.40	12.00	4.70	—	0.85	—

资料来源: 作者整理。参考 B. R. 米切尔:《帕尔格雷夫世界历史统计·欧洲卷: 1750—1993 年》第 4 版, 贺力平译, 经济科学出版社, 2002。

注:[1] 本表数据主要是指净发电量 (不包括发电站的电力消费)。[2] 原译著中的计量单位为 "百万千瓦时", 似有误, 应为 "×10 亿千瓦时"。

表 12-5　近代美国、中国、日本、乌拉圭发电量情况

时间 / 年	美国[1] / 百万千瓦时	中国[2] / 百万千瓦时	日本[3] / 百万千瓦时	乌拉圭[4] / 百万千瓦时
1902	5 969	—	—	—
1907	14 121	—	277	—
1908	—	—	376	—
1909	—	—	440	7
1910	—	—	621	10
1911	—	—	786	14
1912	24 752	46	1 144	20
1913	—	66	1 489	23
1914	—	92	1 791	23
1915	—	130	2 217	24
1916	—	167	2 575	30
1917	43 429	204	3 084	34

资料来源: 作者整理。参考 B. R. 米切尔:《帕尔格雷夫世界历史统计·亚洲、非洲和大洋洲卷: 1750—1993 年》第 3 版, 贺力平译, 经济科学出版社, 2002。

注:[1] 指净产量。[2][3] 指总产量 (包括发电站自用的发电量)。[4] 仅指蒙得维的亚每年始于 7 月 1 日的毛发电量 (包括发电站自身消耗及输电过程消耗的电量)。

（一）美国

近代美国电力基础研究落后于欧洲，但后来居上，成为近代世界电力革命最大的赢家。其成功的原因在于不断开拓创新，这与三位关键人才密不可分。

1879 年，托马斯·爱迪生发明了耐用的白炽灯泡。虽说他不是第一个发明电灯的人，但人们仍认为这是他对人类社会最重要的贡献。笔者以为，这主要在于他成功地开发出构成电灯核心部件的碳灯丝，以及应用真空技术，创造了当时电灯持续发光 45 个小时的世界纪录，还在于他首创平民化的电力系统。他把发电厂、输电线与家用电衔接起来，全部纳入同一系统，使电流送入千家万户成为可能。[①]托马斯·爱迪生在纽约市珍珠大街建成第一座发电站后，就铺设了长达 22.5 千米的电缆，不到两年，发电站安装的发电机就增加到 6 台，用户发展到 508 家，使用的灯泡数量达到 1 万只。[②]

当时，托马斯·爱迪生建造的发电站发出的是直流电，其缺陷是无法远距离输电。但托马斯·爱迪生坚持使用直流电，认为这比使用交流电更好、更安全。后来的事实证明，这种观点是不正确的。假若不是当初另一位对美国交流电发展做出重大贡献的发明家兼实业家——威斯汀豪斯的出现，或许，托马斯·爱迪生的直流电就成了主导，又或许，当时美国的电气事业就没有如此辉煌。作为美国交流电传输的主要倡导者，威斯汀豪斯把来自直流电拥护者的死亡威胁置之度外，执着地发展远程交流输电，使边远山区的水电得以大规模地被开发出来，并输送到电力使用最集中的地方——城市，从而推动了美国电力的大规模开发利用。在交流电与直流电的博弈中，威斯汀豪斯不仅建成了世界上最早的交流发电站，还赢得了以交流发电机开发第一座大型水力发电站——尼亚加拉大瀑布水电站的合同，最后使得交流电在全美国占据主导地位。到 1892 年，美国交流发电站发展到 500 座以上。1898 年，美国共有各种发电站大约 3 000 座。1902 年，美国使用的白炽灯泡达到 1 800 万只。[③]

在威斯汀豪斯倡导的交流电发展壮大的过程中，N.特斯拉为其提供了最关键、最重要的技术支撑。特斯拉于 1888 年设计出三相交流电动机和多相交流电力传输系统，后来又发明特斯拉变压器，从而使远距离高压交流输电成为可能。[④]1891 年，利用特斯拉发明的变压器，美国建成世界上第一条高压输电线路，电压为 12.5 千伏。1899 年，又利用特斯拉的技术，美国建成 200 千伏、架空 57.6 米的高压输电试验线路。[⑤]到 1908 年，美国输电线路的电压达到 110 千伏。[⑥]

对于美国电力生产、传输中从直流电到交流电的转变，历史学家 Jill Jones 给予了高度的评价，将其视为美国电力工业的三个发展阶段中最为重要的第二阶段——标准化阶段。Jill Jones 于 1993 年发表著作《光明帝国》，把美国电力工业的发展划分为起步阶段、标准化阶段、普遍化阶段三个阶段。他指出："多亏当时的 George Westinghouse（威斯汀豪斯）采用交流电（AC）与远距离传输，为今天使用的电流定下标准。当时的标准（电压、频率）使电力可以大批量销售，不过用电客户还是比较少见。""我

---

① 马平：《能源纵横》，化学工业出版社，2009，第 30 页。

② 同上。

③ 吕宁：《工业革命的科技奇迹》，北京工业大学出版社，2014，第 178 页。

④ 马平：《能源纵横》，化学工业出版社，2009，第 31 页。

⑤ 杜宝贵、张淑岭：《从静电学研究到高压输电：科学发明发现的由来》，北京出版社，2016，第 128 页。

⑥ 马平：《能源纵横》，化学工业出版社，2009，第 31 页。

们创造了电力系统的标准化组件：变压器、电缆、变电站及其控制系统、并网传输协议等，让电能可以被大量销售。"[1] 到了第三阶段——普遍化阶段之后，"1910 年至 1940 年之间（电力）这一种商品可以随处用钱买到，它让全美国的生产能力增加了三倍。由此带来的社会和个人财富的增长也因电的普及及其价格的合理性得以实现"[2]。

随着美国对电力的需求不断增加，美国电力生产规模猛增。1902 年，美国年发电量为 59.69 亿千瓦时，到 1912 年达到 247.52 亿千瓦时，10 年间增长 3.1 倍，年均增长 15.3%。1917 年，美国年发电量为 434.29 亿千瓦时，占同年全球主要发电国家发电总量 701 亿千瓦时的 62%。

（二）德国

德国在普法战争后于 1871 年建立起统一的德意志帝国。之后，德国资本主义迅速发展。到 19 世纪 80 年代初，德国完成了工业革命，工业规模超过英国，跃居世界首位。快速扩张的工业革命导致对能源的需求超过了供给，促进了大型发电厂的建立，以满足工业需求和家庭消费。

1900 年，德国成立最大的电力生产商——莱茵－威斯特伐里亚电气公司，其供电网在莱茵河谷地纵横交错，从科布伦茨一直延伸到荷兰边界。此外，德国其他电力公司也只是在规模上较莱茵－威斯特伐里亚电气公司小一些，并且还有许多煤铁企业的发电规模也达到了独立电力供应的两倍左右。在欧洲一些地区，10 年或者更长的时间以后才实现了电力应用的这种可能性。[3]

在此发展过程中，德国的电气工业迅速发展，以制造电机设备为主业的西门子公司和爱迪生公司成为当时世界电气工业的巨头。1882 年，德国工业调查中尚未设立"电气"一栏，数千名电业工人都被列入其他项目之下；而到 1895 年，"电气工业"一栏中已有 2.6 万名工人，1906 年增至 10.7 万人。到 1910 年，德国有电气公司 195 家，资本总额达 12 亿马克。德国电气工业总产值在 1891—1913 年间增长了 28 倍。[4]

与此同时，德国的电力生产规模也猛增。1900 年，德国发电量达到 10 亿千瓦时，居欧洲之首。1916 年发电量突破 100 亿千瓦时，1917 年为 120 亿千瓦时。

（三）英国

英国的电力生产排在欧洲第二位。1900 年的发电量为 2 亿千瓦时，到 1917 年增至 47 亿千瓦时。

1881 年，英国在英格兰的戈代尔明建造欧洲第一座公共发电站，由托马斯·爱迪生设计，西门子公司建设。[5]

1887 年，英国开始设计建造最大的位于伦敦郊外的德特福德发电厂，输出电压 1 万伏，为以前实用电压的 4 倍。[6] 它是英国第一座交流发电站，于 1890 年建成并投入使用，带动和促进了交流电的发展。

1890 年左右，汽轮发电机的发明者帕森斯开发出径流式汽轮发电机后不久，有三座电站采用这种

---

[1] 周渝慧主编《智能电网：21 世纪国际能源新战略》，清华大学出版社，2009，第 17 页。

[2] 同上书，第 18 页。

[3] H. J. 哈巴库克、M. M. 波斯坦主编《剑桥欧洲经济史·第 6 卷》，王春法、张伟、赵海波译，经济科学出版社，2002，第 489 页。

[4] 吴友法、黄正柏主编《德国资本主义发展史》，武汉大学出版社，2000，第 149 页。

[5] H. J. 哈巴库克、M. M. 波斯坦主编《剑桥欧洲经济史·第 6 卷》，王春法、张伟、赵海波译，经济科学出版社，2002，第 488 页。

[6] 美国不列颠百科全书公司：《不列颠百科全书·第 6 卷》国际中文版（修订版），中国大百科全书出版社《不列颠百科全书》国际中文版编辑部编译，中国大百科全书出版社，2007 年，第 290 页。

发电机。第一座电站在剑桥，安装三套单相交流发电机组，每套机组的功率为 100 千瓦，发出 2 000 伏电压。第二座电站在斯卡伯勒，也为单相交流发电机组，但功率大些，额定功率为 120 千瓦。第三座电站在朴次茅斯，1894 年安装数套 150 千瓦的发电机组。[①]

1901 年，英国在泰恩河畔纽卡斯尔建成装机容量为 2 100 千瓦的大型三相交流发电站——海王滩大型三相交流电站。

（四）意大利

作为欧洲最早商业化开发水电的国家，意大利的水力资源在 19 世纪末便得到大规模开发，先后成立意大利北方电力公司、爱迪生电力公司、亚得里电力公司、内格里电力公司、孔蒂电力公司、南方电力公司等。金融业看到电力的商机，不断加大对电力的投资。1895—1914 年，意大利全国投入商业性电力企业和电力建设公司的资金达 10 亿～ 12 亿里拉，电力股份有限公司的资本从 1897 年的 0.37 亿里拉猛增到 1914 年的 5.59 亿里拉，并且还为此发行债券 1.6 亿里拉左右。[②]

"一战"前夕，意大利全国总装机功率达到 115 万千瓦，其中水力为 85 万千瓦[③]，约占 73.9%。1917 年，意大利发电量为 34.3 亿千瓦时，排在欧洲第三位。

（五）巴西

巴西拥有世界上最大的水网，内河水网面积达 5.55 万平方千米，亚马孙河水系是世界上流域面积最大的水系，也是流量最大的水系。亚马孙河水系和巴拉那河水系的水能资源总量约达 2.1 亿千瓦。但巴西的电力开发首先是在 19 世纪 80 年代初从火电开始的。

1883 年，巴西开始利用水能资源，在米纳斯吉拉斯州建造利贝朗 - 杜因菲尔诺水电站。此后又在该州修建利贝朗 - 杜斯马卡戈斯水电站。1889 年，在离米纳斯吉拉斯州的儒伊斯 - 德弗拉市 7 千米的帕拉伊布纳河上修建第一座专门用于照明的水电站——马尔梅洛斯 - 塞罗水电站。[④]到 1900 年，水力发电超过了火力发电。

1900 年，巴西发电能力为 1 万千瓦。到 1908 年，全国发电能力发展到 10 万千瓦。[⑤]

（六）中国

中国在 1882 年建立第一座发电站后，外商先后在北京、大连、青岛、汉口、广州、哈尔滨等通商口岸或重要城市创办发电厂，民族资本也先后在广州、宁波、重庆、上海、成都、苏州、福州等地建成 40 多家发电厂。

但是，由于当时中国经济落后，人才缺乏，电厂资金不足，许多电厂经营亏损，开工不足或停业，到 1911 年仍在开工的只有 18 家，全国电厂发电总容量仅为 2.7 万千瓦，其中民族资本电厂占 45.5%，外资电厂占 54.5%。[⑥]

---

① 特雷弗·I. 威廉斯主编《技术史·第 7 卷》，刘则渊、孙希忠主译，上海科技教育出版社，2004，第 263-264 页。
② 瓦莱里奥·卡斯特罗诺沃：《意大利经济史：从统一到今天》，沈珩译，商务印书馆，2000，第 162 页。
③ 同上书，第 163 页。
④ 吕银春、周俊南：《巴西》，社会科学文献出版社，2004，第 38 页。
⑤ 王珏：《世界经济通史·中卷：经济现代化进程》，高等教育出版社，2005，第 388 页。
⑥ 朱汉国、杨群主编《中华民国史·第三册》，四川人民出版社，2006，第 67-68 页。

1917 年，中国发电量为 2.04 亿千瓦时。

（七）其他国家

挪威山高峡深，河流湍急，是欧洲首屈一指的水力资源大国。早在 20 世纪初工业化进程中，挪威便开始利用丰富的水力资源发电。1905 年，挪威水电公司成立。从此，逐渐形成一个新的行业——水电工业。但是，由于缺乏经验，且受到战争的影响，挪威早期水电工业发展缓慢。

墨西哥的电力工业在 19 世纪末兴起，到 1900 年有蒸汽发电厂 4 家，水力发电厂 14 家，电力生产能力 2.2 万千瓦，随后十年又增加 5 倍。

三、电力的传输

电力传输分直流电传输、交流电传输两种基本方式。早期为直流电传输，后来逐渐演变为以交流电传输方式为主体。在电力传输发展过程中，随着电力用户的增多，流经主干线的电流也增大了，主干线本身也变得更长，因而由电压降低引起的电力损失问题就变得更加严重。于是，有的欧洲国家采取下列措施进行补救：一是变直流电为交流电，并以高压进行配电，这样就可以减少损耗；二是在一个供电系统内增加直流发电站的数目，但这是一种很不经济的做法；三是给主干线提供高压交流电，用旋转式变流器将高压交流电转换为低压直流电以供使用，但这种旋转式变流器的转换效率远低于 100%；四是所发出的高压直流电在变电站里借助一种旋转式变压器降为低压直流电。[1]

（一）直流电传输

电力工业是从生产直流电开始的，当时发电、输电、用电均为直流电。1879 年托马斯·爱迪生发明电灯之后，美国于第二年 4 月在"哥伦布号"轮船上安装了世界上第一个电灯运行系统，1881 年 1 月又在纽约兴兹和克差姆印刷企业中装上了第一套陆上单座建筑使用的商用白炽灯系统，同年秋季还在 H. 维亚达克特为伦敦水晶宫展览会安装了一个临时演示使用的中心电力系统。[2]1882 年，托马斯·爱迪生在纽约市建成火力发电厂后，于同年 9 月在曼哈顿市区建成并投入使用世界上第一个永久性商用中心电力系统[3]，成为现代电力系统的雏形。

法国物理学家德波里（又译为德普勒）于 1882 年在德国设计、建造世界上第一条远距离直流输电线路（电压为 2 千伏，容量为 1.5 千瓦，长 57 千米）。[4]该线路把 57 千米外的米斯尼赫水电站的直流发电机与曾在慕尼黑博览会上展出的一台电动水泵相连，使用时始端电压为 1 343 伏，末端电压为 850 伏，输送功率不到 200 瓦，输电效率为 20% 左右。1883 年，他又在法国南部建成一条长 14 千米的直流输电实验线路，两年后把输电电压升高到 6 000 伏，输电线路延长到 56 千米，结果线损下降到 55%。[5] 这既证明了远距离输电的可行性，同时又显示了直流电的局限性。

---

[1] 查尔斯·辛格、E. J. 霍姆亚德、A. R. 霍尔、特雷弗·I. 威廉斯主编《技术史·第 5 卷》，远德玉、丁云龙主译，上海科技教育出版社，2004，第 148 页。

[2] 美国不列颠百科全书公司：《不列颠百科全书·第 5 卷》国际中文版（修订版），中国大百科全书出版社《不列颠百科全书》国际中文版编辑部编译，中国大百科全书出版社，2007，第 545 页。

[3] 同上。

[4] 杨苹：《无垠的电世界》，机械工业出版社，2008，第 67 页。

[5] 卢晓江主编《自然科学史十二讲》，中国轻工业出版社，2007，第 138 页。

英国早期建立的也是中心电力系统，最初的配电方式采用直流两线制，电压最高为 110 伏。1882 年，英国的 J. 霍普金森教授发明直流三线制配电系统并获得专利。后来，英国的配电系统还发展到三线制的一种扩展——五线制。大约在 1889 年，法国巴黎采用了这种五线制，英国曼彻斯特在 1893 年也采用了这种线制。[①]

从 1889 年开始，直流输电通过串联直流发电机而获得高电压，欧洲先后建成 15 条直流输电线路。其中，于 1927 年改建的德国慕吉水电站到里昂的直流输电线路得到了极大的发展，长度达到 260 千米，容量为 20 兆瓦，电压为 125 千伏。[②]

随着三相交流发电机、感应电动机和变压器的迅速发展，发电、用电领域很快被交流电所替代；变压器可以方便地改变交流电压，促使交流输电和交流电网迅速地发展起来。从而交流电很快占据了统治地位。[③]

（二）交流电传输

直流电的电荷运动方向是始终保持不变的；而交流电则是周期性地倒转电荷运动方向，电流总是处在零→最大值→零→最大值的反复循环之中。交流输电是以交流电流传输电能的一种方式，关键技术装备包括交流发电机、变压器、异步电动机等。

早在法拉第发现电磁感应现象的第二年，皮克西兄弟就在 1832 年发明出世界上最早的交流发电机。但是，当时交流电还无法应用，因而交流发电机未能发展起来。

到了 19 世纪 70 年代中期，俄国的亚布洛契诃夫对交流发电机技术进行研发，于 1878 年成功开发出多相交流发电机，并将输出来的电输送给灯泡使用，从而成为第一个成功开发交流输电技术的人。

大约 1880 年，法国人 L. 戈拉尔和英国人 J. 吉布斯制成第一台实用的变压器[④]，为改变交流电的电压、频率及配电等奠定了基础。1881 年，在伦敦建成一个交流电网，该电网由 L. 戈拉尔和 J. 吉布斯共同设计，是当时欧洲已经发展的几个交流电网中最成功的一个。[⑤]

1886 年，美国建成国内第一座交流发电厂，输出功率仅有 6 千瓦。第二年，英国工程师费兰梯倡议使用大型发电厂和交流电，设计当时英国最大的远离伦敦市中心的德特福德发电厂，在英国创立了大型配发电厂和交流配电网。费兰梯使用交流电的主张被普遍采用，从而替代了 R. E. B. 克伦普顿提出的用直流电供电的主张。

19 世纪 80 年代末，俄国工程师多里沃 - 多勃罗沃尔斯基在德国一家电机制造公司开发出三相交流输电系统。尔后，在 1891 年德国法兰克福国际工业展览会上成功地进行远距离三相交流输电试验，将远在 170 千米外的奥地利劳芬水电站发出的三相交流电经升压输送给博览会做照明使用，输电效率

① 查尔斯·辛格、E. J. 霍姆亚德、A. R. 霍尔、特雷弗·I. 威廉斯主编《技术史·第 5 卷》，远德玉、丁云龙主译，上海科技教育出版社，2004，第 157-158 页。

② 中国电气工程大典编辑委员会：《中国电气工程大典·第 8 卷》，中国电力出版社，2010，第 109 页。

③ 同上。

④ 1874 年，法国人格拉姆发明旋转式变压器。

⑤ 美国不列颠百科全书公司：《不列颠百科全书·第 18 卷》国际中文版（修订版），中国大百科全书出版社《不列颠百科全书》国际中文版编辑部编译，中国大百科全书出版社，2007，第 211 页。

达到 80%。[1] 该三相交流输电系统是世界上首个三相交流输电系统，用的是当今普遍采用的三相制交流输电方式。

在此前后，意大利物理学家费拉里斯、克罗地亚裔美国发明家 N. 特斯拉、德国裔美国电气工程师施泰因梅茨、美国实业家威斯汀豪斯等人对推动交流输配电的发展做出了重要贡献。

费拉里斯发现了感应电动机原理[2]，1885 年制成两相感应交流电动机的实验模型（时称费拉里斯电动机）[3]，为后来异步电动机、自起动电动机的开发奠定了基础。费拉里斯所发明的感应交流电动机后经改进，成为当今将电能转换为机械能的主要设备。费拉里斯还积极倡导推动早期交流配电系统的发展。

施泰因梅茨对交流电系统的发展做出了巨大的贡献，甚至促进了美国电气纪元的开创。[4] 他发现了关于电机磁材料功率损耗的磁滞定律，提出了计算交流电机的磁滞损耗公式，发明了计算交流电路的实用方法——相量法，总结出有关电瞬变现象（闪电）的行波理论，开辟了研制用于保护大功率输电线免遭雷电袭击的避雷器、高压电容器等器件的新途径，还设计了能够产生 1 万安电流、超过 10 万伏电压的高压发电机，研究领域涉及发电、输电、配电、电机等方面，发明的专利将近 200 项。

威斯汀豪斯是美国的发明家、实业家，是美国交流电传输、应用的主要倡导者和推动者。在美国使用交流电之前的 19 世纪 80 年代初期，爱迪生电气公司的直流电网主导了美国的电力系统，而当时的欧洲却在积极发展交流电网。威斯汀豪斯看到了交流电的发展前景，于 1885 年从欧洲进口了一套戈拉尔 - 吉布斯变压器和西门子交流发电机，在匹兹堡建设交流电网。第二年，为制造和销售交流电设备而创建了威斯汀豪斯电气公司。[5] 他还购买曾受雇于托马斯·爱迪生的 N. 特斯拉所发明的多相交流发电机、电动机和变压器的专利权，推进特斯拉 - 威斯汀豪斯交流电体系的建设，结果导致与托马斯·爱迪生的激烈竞争，甚至直流电支持者还制造出一台标准威斯汀豪斯交流发电机作为执行死刑的工具来扼杀交流电。[6] 在这两种体系的竞争中，威斯汀豪斯不但成功地为 1893 年在芝加哥举办的哥伦比亚世界博览会提供了照明电力，而且获得了以交流发电机开发尼亚加拉大瀑布水电站的权利。最终，交流电体系战胜了直流电体系，彻底改变了美国乃至全人类的电力开发、传输、利用方式，成为当今世界电力开发、传输的主导方式。

经过长期不懈的努力，交流输电已从 19 世纪 90 年代的 10 千伏左右高压输电，输送几十千米距离、几千千瓦功率，发展到当今的 765 千伏超高压输电，输送距离达到了 1 000 千米以上，功率则达到了 2 000 兆瓦以上，人们甚至还建成了 1 150 千伏高压输电的试验线路。[7]

① 杨苹：《无垠的电世界》，机械工业出版社，2008，第 68 页。

② 美国不列颠百科全书公司：《不列颠百科全书·第 6 卷》国际中文版（修订版），中国大百科全书出版社《不列颠百科全书》国际中文版编辑部编译，中国大百科全书出版社，2007，第 290 页。

③《中国大百科全书》总编委会：《中国大百科全书·第 6 卷》第 2 版，中国大百科全书出版社，2009，第 456 页。

④ 美国不列颠百科全书公司：《不列颠百科全书·第 16 卷》国际中文版（修订版），中国大百科全书出版社《不列颠百科全书》国际中文版编辑部编译，中国大百科全书出版社，2007，第 215 页。

⑤ 美国不列颠百科全书公司：《不列颠百科全书·第 18 卷》国际中文版（修订版），中国大百科全书出版社《不列颠百科全书》国际中文版编辑部编译，中国大百科全书出版社，2007，第 211 页。

⑥ 同上。

⑦《中国大百科全书》总编委会：《中国大百科全书·第 11 卷》第 2 版，中国大百科全书出版社，2009，第 384 页。

（三）电网互联

在电力工业发展初期，各电力公司在自己管辖范围内建设了独立经营的电力系统。然后，根据电网扩展的需要，各电力公司也开始尝试进行电网互联合作，通过输电线路之间的联络线进行连接，将各自独立经营的电力系统联系在一起，形成既独立经营又并列运行的联合电力系统。1882 年，美国纽约出现第一个公共电力系统。1916 年，美国电力公司（AEP）与 West Penn 电力公司合作开发温德森坑口电厂，架设美国第一条 138 千伏输电线路，开创了美国邻近系统之间联网和交换电量的历史。[①]

（四）英萨尔的"电网帝国"与电力平民化

托马斯·爱迪生发明耐用的白炽灯泡后，需要发达的电力网络来支撑，才能使白炽灯、电力等得到广泛的推广应用。这时，一位天才应运而生，他就是出生于英国，后来成为美国公用事业巨头的塞缪尔·英萨尔。

英萨尔最初是托马斯·爱迪生在英国建立的第一座电话交换站的第一位接线员，1881 年到美国任托马斯·爱迪生的私人秘书，1886 年托马斯·爱迪生授权他在纽约州的斯克内克塔迪创办爱迪生机器厂，1889 年任爱迪生通用电气公司副总经理，3 年后成为爱迪生芝加哥公司的总经理。当时，爱迪生芝加哥公司还是一家小型发电厂，注册资本仅有 88.5 万美元，用户仅有 5 000 个。芝加哥当时人口约 100 万人，还有其他 24 家小型电气公司。托马斯·爱迪生原来的设想是在各地建立发电站，由此形成网络，将电力输送到城市中心，而英萨尔却渴望让所有人都能用上电——不仅包括大都市地区和郊区，甚至还有乡村各地。但是，电能在那时过于昂贵，它的用户仅限于城市的商业区、时髦的大饭店、百货商场和富人家庭。[②]

1893 年，哥伦比亚世界博览会在芝加哥密歇根湖畔举行，盛会安装了 93 000 只白炽灯，夜晚变得灯火通明，吸引了 2 200 万名美国参观者，约占当时美国总人口的 20%。博览会让世人目睹了将来电力普及的壮观景象。于是，英萨尔开始大力推动区域中心发电站和区域电力网络的建设，致力于降低电费价格，使电力平民化。1911 年，英萨尔通过兼并 39 家煤气和电力公司，组建了覆盖 6 000 平方英里（1 平方英里约等于 2.59 平方千米）范围的北伊利诺伊州公共服务公司（PSCN）。他架起高压电线，北至密尔沃基，西至密西西比河，东至密歇根州，东南至印第安纳州的南本德，南至伊利诺伊州南部，形成了当时世界上最大的电力网络之一。1912 年，英萨尔通过向公众低价销售债券，筹资建立中西部公用事业公司，并把公司交给自己的兄弟马丁管理。这家公司 1912 年控制了总值为 9 000 万美元的多家公司，1917 年增值为 4 亿美元。[③]

到 1917 年，英萨尔的公司（起初称为爱迪生芝加哥公司，后来改名为联邦爱迪生公司）开始使用中心发电站，供电延伸到伊利诺伊州的大部分地区和邻近各州的部分地区。

此后，在经济迅速发展的 20 世纪 20 年代，英萨尔利用控股公司的股票，控制了东部 14 个州的公用事业。到 1929 年，他已负责提供全美 1/8 的电力和煤气能源，覆盖 32 个州，供应总量不亚于任何

①中国电气工程大典编辑委员会：《中国电气工程大典·第 8 卷》，中国电力出版社，2010，第 259 页。

②哈罗德·埃文斯、盖尔·巴克兰、戴维·列菲：《美国创新史：从蒸汽机到搜索引擎》，倪波、蒲定东、高华斌、玉书译，中信出版社，2011，第 310 页。

③同上书，第 317 页。

一个欧洲国家的能源总和。[1]

20世纪30年代，随着美国有史以来最大的经济大萧条的到来，英萨尔创造的庞大的中西部公用事业公司于1932年崩溃了。

第3节 电力利用

电力被发明后，逐渐在人类生产、生活的各个领域得到广泛应用，电力的重要应用领域包括电气装备（电动机）、电气照明、电气交通、电气工业、电子信息及日常生活等。电力的利用使人类先后进入"电气动力时代""电气照明时代""电子信息时代""电影时代"等，导致蒸汽动力时代、煤气照明时代的终结，人类的生活变得多姿多彩，变得更加美好。

一、电动机

电动机是将电能转化为机械能的一种装备，俗称"马达"，与发电机将机械能转化为电能恰好相反。在1873年维也纳举办的一次展览会上，工作人员误将一台发电机发出的电接到格拉姆空心环状型直流发电机上，结果格拉姆的发电机居然变成了电动机，正常地转动起来。于是，人们惊奇地发现，发电机和电动机是可以互换的。但是，两者的功能和作用恰恰相反：发电机是用来发电的，可以产生电力；而电动机则是利用电力来正常运转和工作的，专门为其服务对象提供动力。并且，发电机发出的电能不像蒸汽机产生的蒸汽能那样可以直接推动机械装备运转或工作，它必须通过电动机将电能转换为机械能才能带动机械装备运转。因此，电动机既是电力应用的一个重要方面，也是促进电力应用的一种重要工具。就电动机对人类经济社会发展影响的广度、深度而言，它是电力应用最重要的一个领域。

世界上最早的电动机出现在1821年，比发电机的出现早了整整10年。1821年，法拉第开始进入电学和磁学研究领域，制作出一种仪器来检测电和磁的关系。同年9月，他发现接通电流的导线能绕着磁铁旋转运动，表明电可以转化为动力。这是电动机的基本原理。此发现是法拉第在电磁研究中的第一个重要发现。法拉第用来检测上述电动机原理的实验装置成为世界上第一台电动机，或称最早的电动机原型。

美国物理学家J.亨利用绝缘导线替代裸铜线，制成磁力更大的电磁铁，于1829年发明出用绝缘导线制作电磁铁的电动机。

1834年，作为俄国科学院院士的德国人雅科比采用电磁铁制成世界上第一台实用的直流电动机。[2]

---

[1] 哈罗德·埃文斯、盖尔·巴克兰、戴维·列菲：《美国创新史：从蒸汽机到搜索引擎》，倪波、蒲定东、高华斌、玉书译，中信出版社，2011，第318页。
[2] 卢晓江主编《自然科学史十二讲》，中国轻工业出版社，2007，第138页。

几年后，雅科比把电动机装在一条船上作为动力，用数百个大电池供电，在涅瓦河上试航成功，制成世界上第一艘电动船。当时，航速仅每小时 2.2 千米。

1850 年，美国人佩奇制造出一台 10 马力的电动机。

比萨大学教授巴奇诺基利用环形电枢、整流子等技术，于 1860 年制造出新型电动机。它基本上具备了现代电动机的形式。

到 19 世纪 70 年代，经过半个世纪的努力，1873 年市场上出现了第一台有实用价值的电动机[①]，比利时出生的法国电气工程师格拉姆制成第一个有商品价值的电动机[②]。

19 世纪 80 年代初，美国的 N. 特斯拉发现了作为大多数交流电动机基础的旋转磁场[③]，意大利的费拉里斯创立了感应电动机原理。从此，电动机的研发进入交流电动机发展的新时期，相继取得一系列突破。1883 年，N. 特斯拉制成第一台交流感应电动机。[④]1885 年，N. 特斯拉为威斯汀豪斯电气公司提供多相交流电动机。同年，费拉里斯也独立发明出二相异步交流感应电动机。1889 年，俄国工程师多里沃－多勃罗沃尔斯基制成第一台实用的三相交流单鼠笼异步电动机，并发明了第一台三相交流双鼠笼异步电动机。[⑤]

此后，直流电动机和交流电动机随着经济社会的发展，逐渐得到推广应用。并且，到了 20 世纪初，随着廉价石油的出现以及电力成本的下降，电动机成为蒸汽机强有力的竞争者，并最终取代了蒸汽机，成为人类社会动力装备的主体。

美国 1776 年宣布独立时，能源主要来自肌肉能力和木材燃料，只有一小部分来自煤炭。1850 年，在总动力中，超过 3/4 是由动物贡献的。[⑥]1880 年，美国工业还依靠蒸汽机，1890 年蒸汽动力占全国总动力的比例为 60%。[⑦]但是，随着电力的崛起，到 20 世纪初，这一切都变了。1900 年，电力已成为美国工业不可或缺的动力。[⑧]"一战"爆发时，美国工业动力的 1/3 由电力提供[⑨]，1914 年美国基本实现工业电气化[⑩]。

二、电气照明

伏打电池发明后，人们先是发现了电弧光现象，后是发明了弧光灯，再后来发明了电灯。从此，人类进入"电气时代"。

[①] F. H. 欣斯利：《新编剑桥世界近代史·第 11 卷》，中国社会科学院世界历史研究所组译，中国社会科学出版社，2004，第 113 页。

[②] 美国不列颠百科全书公司：《不列颠百科全书·第 6 卷》国际中文版（修订版），中国大百科全书出版社《不列颠百科全书》国际中文版编辑部编译，中国大百科全书出版社，2007，第 21 页。

[③] 美国不列颠百科全书公司：《不列颠百科全书·第 16 卷》国际中文版（修订版），中国大百科全书出版社《不列颠百科全书》国际中文版编辑部编译，中国大百科全书出版社，2007，第 559 页。

[④] 同上。

[⑤] 卢晓江主编《自然科学史十二讲》，中国轻工业出版社，2007，第 136 页。

[⑥] 加里·M. 沃尔顿、休·罗考夫：《美国经济史》，王珏、钟红英、何富彩、李昊、周嘉舟译，中国人民大学出版社，2011，第 380 页。

[⑦] 余志森主编《美国通史·第 4 卷》，人民出版社，2005，第 10 页。

[⑧] 斯坦利·L. 恩格尔曼、罗伯特·E. 高尔曼主编《剑桥美国经济史·第 3 卷》，高德步、王珏总译校，中国人民大学出版社，2008，第 622 页。

[⑨] 加里·M. 沃尔顿、休·罗考夫：《美国经济史》，王珏、钟红英、何富彩、李昊、周嘉舟译，中国人民大学出版社，2011，第 380 页。

[⑩] 吕宁：《工业革命的科技奇迹》，北京工业大学出版社，2014，第 197 页。

在伏打电池发明后不久，英国皇家科学院就用 400 个盛水的瓷杯和 4 000 片面积各为 100 平方厘米的铜片与锌片，建成一座巨大的电池，电池在通电的瞬间产生了蓝紫色的强烈的电弧光。

1807 年，英国化学家戴维用 2 000 个伏打电池串联起来组成电池组，然后接上两个碳棒电极，两个碳极之间产生 100 毫米长的电弧，制成第一盏弧光灯。[①] 这是人类最早利用电力进行照明的成功尝试。但当时戴维发明出来的弧光灯并不具备实用性。

此后，许多工程师、发明家、科学家在弧光灯的稳定光照开发、灯丝发明、寿命等方面经历了长达数年的实验，最后才开发出能够实际应用的弧光灯乃至电灯（白炽灯）。

1848 年，皮特里和斯泰特发明的改进型弧光灯首次在伦敦展出，引起了许多工程师、科学家、企业家乃至艺术家的强烈兴趣。

1873 年，塞林发明的使用格拉姆空心环状型直流发电机电源的弧光灯成功安装在格拉姆的巴黎工厂里。并且，从 1875 年起，许多地方政府和私人都开始将其作为照明设施使用。法国米卢兹的一家面粉厂在 1875 年采用了电力照明，第二年夏佩勒车站也开始利用电力照明。英国曼彻斯特的娱乐剧院在 1878 年首先采用电力照明。

1876 年，俄国的电气工程师亚布洛契诃夫成功发明出第一种广泛实用的弧光灯——亚布洛契诃夫灯。这种弧光灯几年内被广泛地应用于欧洲城市的街道照明，从而大大加速了电气照明的发展。[②]

两年后，弧光灯又取得重大突破。英国的物理学家斯旺于 1878 年 12 月在泰恩河畔纽卡斯尔召开的英国皇家化学学会会议上，成功展示了他发明的碳精灯丝电灯[③]，即白炽灯。

1879 年 12 月 3 日，托马斯·爱迪生在美国首次公开演示用碳精灯丝制成的白炽灯，并及时申请了专利，而斯旺却没有申请专利。致使当爱迪生发明的耐用的白炽灯开拓英国市场后，爱迪生发现斯旺的公司也在市场上出售同类的产品，于是在 1882 年便与斯旺打起官司来，后来通过合作成立爱迪生－斯旺联合电灯有限公司（1883 年注册）来解决这一纠纷。[④] 但是，通常地，我们都说爱迪生发明了白炽灯。

从 1880 年底开始，爱迪生发明的白炽灯开始大量生产，在最初的一年多时间（15 个月）里就售出了大约 8 万盏。[⑤]

此后，人们相继发明出锇丝电灯、钽丝电灯、钨丝电灯（1904 年），乃至高压汞灯、高压钠灯、金属卤化物灯，以及当今使用的 LED 节能灯。

电气照明时代的到来，致使曾是时代标志的煤气日渐退出历史舞台。20 世纪 10—30 年代，美国许多大城市家庭都用上了电。至 1930 年前后，就连美国的中型城市，也几乎家家户户都用上了电。

---

① 美国不列颠百科全书公司：《不列颠百科全书·第 1 卷》国际中文版（修订版），中国大百科全书出版社《不列颠百科全书》国际中文版编辑部编译，中国大百科全书出版社，2007，第 445 页。

② 美国不列颠百科全书公司：《不列颠百科全书·第 18 卷》国际中文版（修订版），中国大百科全书出版社《不列颠百科全书》国际中文版编辑部编译，中国大百科全书出版社，2007，第 401 页。

③ 查尔斯·辛格、E. J. 霍姆亚德、A. R. 霍尔、特雷弗·I. 威廉斯主编《技术史·第 5 卷》，远德玉、丁云龙主译，上海科技教育出版社，2004，第 148 页。

④ 同上书，第 148–153 页。

⑤ 同上书，第 149 页。

三、电气交通

电力出现后，人类交通发生了重大革命，先后发明了电气铁路和电动汽车。其中，电气铁路是当时电力利用的重要领域，促进了城市公共交通的重大变革。

（一）电气铁路

电气铁路是以电力作为列车牵引力的铁路。电车是由架空接触网供电、牵引电动机驱动的一种城市公共交通车辆，分有轨电车和无轨电车两种。

1835 年，美国发明家用电动机带动一辆小车在圆轨道上运行，这是电气铁路的第一个有记载的实例。[1]

1879 年，德国西门子公司在柏林工业博览会上展出第一条简单的电气铁路，展出第一辆电气铁路机车。之后，西门子公司于 1881 年在柏林近郊建成世界上第一个电力公共交通系统，实现了有轨电车在城市交通中行驶。西门子公司还在德国其他地方和北爱尔兰建成一些短线电气铁路。

1882 年，西门子发明无轨电车，1901 年在伦敦投入运营。[2]

1884 年，美国人范德波尔在加拿大多伦多农业展览会上展示用电力机车运载乘客。1887 年，匈牙利第一个电车系统在布达佩斯创立。[3]

1890 年，英国伦敦建成世界上第一条电气化地下铁路。[4]

19 世纪 80 年代，美国掀起建设电气铁路的热潮。爱德华·本特利和沃尔特·奈特于 1884 年在街道下面的导管里安装第三轨线路，把东克里夫兰的部分铁路电气化。雷欧·达夫特在 19 世纪 80 年代中期建成巴尔的摩和新泽西东奥兰治市第三轨线路的基础上，进行空中悬挂电线试验。亚拉巴马州的蒙哥马利市于 1886 年把将首府街道铁路改造为电气铁路的任务授权给查尔斯·凡·迪波里，成为美国首个创建全电气铁路系统的城市。1888 年春天，弗兰克·斯普拉格设计的弗吉尼亚州的里奇蒙电气铁路建成并投入运营，成为电气铁路的样板。此后不久，斯普拉格发明出一种廉价、易推广的电力供应系统和一种更实用的电车电机，美国的波士顿第一个采用了斯普拉格新发明的这种电车系统，成为后来被称为"电车"的大都市。[5]

19 世纪 90 年代，美国的电气铁路得到进一步发展。1892 年，建成一条长约 2 英里的安德森—北安德森城际电气铁路。第二年，又建成一条长 15 英里的波特兰—俄勒冈城际电气铁路。1895 年，原来采用蒸汽机车的巴尔的摩—俄亥俄铁路被改造为世界上第一条采用电气机车的电气干线铁路。[6]1898 年，波士顿建成美国第一条地铁。到"一战"之前，美国城际铁路长度达到 20 万英里，在上面行驶的电气火车大约有 1 万辆。[7]

---

① 美国不列颠百科全书公司：《不列颠百科全书·第 5 卷》国际中文版（修订版），中国大百科全书出版社《不列颠百科全书》国际中文版编辑部编译，中国大百科全书出版社，2007 年，第 167 页。

②《中国大百科全书》总编委会：《中国大百科全书·第 5 卷》第 2 版，中国大百科全书出版社，2009，第 203 页。

③ 吕宁：《工业革命的科技奇迹》，北京工业大学出版社，2014，第 137 页。

④ F. H. 欣斯利：《新编剑桥世界近代史·第 11 卷》，中国社会科学院世界历史研究所组译，中国社会科学出版社，2004，第 113 页。

⑤ 詹姆斯·E. 万斯：《延伸的城市——西方文明中的城市形态学》，凌霓、潘荣译，中国建筑工业出版社，2007，第 360 页。

⑥ F. H. 欣斯利：《新编剑桥世界近代史·第 11 卷》，中国社会科学院世界历史研究所组译，中国社会科学出版社，2004，第 113 页。

⑦ 韩毅等：《美国经济史：17 ～ 19 世纪》，社会科学文献出版社，2011，第 470 页。

随着交流电动机和三相交流电动机日趋成熟，瑞士一位发明家于 1899 年成功地铺设一条三相交流电压为 700 伏的电气铁路，德国的三相交流电力机车在 1903 年创造了每小时 210 千米的高速纪录。[①]

中国最早于 1899 年建设电气铁路。同一年，德国西门子公司在北京市马家堡火车站至永定门之间修建了一条有轨电车线路。[②]此后，香港、天津、上海、大连等地相继建成城市电气铁路。

到 20 世纪初期，在城市电气铁路快速发展的同时，世界各国一些干线铁路也开始采用电力牵引，兴建电气干线铁路。

（二）电动汽车

在电动汽车方面，利用车载蓄电池作为动力的新型汽车，随着 19 世纪 50 年代末实用蓄电池的发展而兴起。1859 年，法国物理学家普朗特在伏打电池发明的 59 年后，研制出世界上首块实用的铅蓄电池，后经改进在汽车上得到广泛应用[③]，从而推动了电动汽车的产生与发展。

1873 年，英国 R. 戴维森制成第一辆有实用价值的电动汽车。[④]1882 年，欧洲出现电动三轮车。1897—1899 年，伦敦街头短暂地出现过一队电动出租汽车。19 世纪 90 年代，欧洲出现了各式各样的电动汽车。[⑤]

1893 年，美国芝加哥举办的哥伦比亚世界博览会展出美国第一辆电动汽车。到 1900 年，美国拥有电动汽车大约 3 000 辆，占当年全国汽车总量 8 000 辆的 37.5%。1915 年，美国电动汽车产量达到 5 000 多辆，超过内燃机汽车的产量。[⑥]

但是，电动汽车发展的好景不长。进入 20 世纪后，随着以石油为动力的内燃机汽车的兴起，到 20 世纪 10 年代中后期，电动汽车面临与内燃机汽车的激烈竞争，其中福特 T 型车的大批量生产和销售是电动汽车走向衰落的标志性事件，它使内燃机汽车进入千家万户，而电动轿车则由于蓄电池的电力有限、行驶里程较短、价格较高等原因而丧失了市场。电动载重车和公共电动汽车存在的时间比电动轿车要长一些，一直用到 20 世纪 20 年代，尤其是在欧洲。[⑦]

四、电气工业

近代，大规模使用电力的工业部门主要是化学工业和冶金工业。它们的重要共同特征是，将伏打电池发明后才出现的电解技术成功地应用到工业生产中，并使生产效率得到大幅度提高。

1800 年，英国科学家尼科尔森和卡莱尔利用伏打电池成功地实现了水的电解，开创了电化学。1807 年，戴维使用伏打电堆，对碳酸盐的水溶液进行电解，从中离析出两种新的金属——钠和钾。19

---

① 王滨：《大众技术史》，上海科学普及出版社，2008，第 79 页。

② 吕宁：《工业革命的科技奇迹》，北京工业大学出版社，2014，第 137–138 页。

③ 美国不列颠百科全书公司：《不列颠百科全书·第 13 卷》国际中文版（修订版），中国大百科全书出版社《不列颠百科全书》国际中文版编辑部编译，中国大百科全书出版社，2007，第 348 页。

④ 《中国大百科全书》总编委会：《中国大百科全书·第 5 卷》第 2 版，中国大百科全书出版社，2009，第 219 页。

⑤ F. H. 欣斯利：《新编剑桥世界近代史·第 11 卷》，中国社会科学院世界历史研究所组译，中国社会科学出版社，2004，第 114 页。

⑥ 《中国大百科全书》总编委会：《中国大百科全书·第 5 卷》第 2 版，中国大百科全书出版社，2009，第 219 页。

⑦ 美国不列颠百科全书公司：《不列颠百科全书·第 6 卷》国际中文版（修订版），中国大百科全书出版社《不列颠百科全书》国际中文版编辑部编译，中国大百科全书出版社，2007，第 19 页。

世纪 30 年代，法拉第发现了电解定律。此后，人们逐渐利用电化学原理，将电能转化为化学能，应用到化学工业、冶金工业、机械工业（如电镀、电化学加工、电铸）等诸多工业领域及其他领域（如环境保护、生命科学）。

1866 年西门子发电机发明出来后，人们用其发出的电力进行铜冶炼，采用电解技术于 1869 年成功地实现了提取纯铜的工业化生产，满足了电气工业对高纯铜的需要，从而开创了电冶金方法。[①]

德国出生的英国工程师西门子于 1878 年发明电力高炉[②]，即电弧炉炼钢法，用单相电弧直接加热熔化铁料。第二年，西门子在巴黎博览会中展出在坩埚中熔化生铁的电弧炉。此后，法国化学家埃鲁发明出广泛用于炼钢的三相电弧炉，使电力在钢铁工业中得到重要应用。

法国的埃鲁和美国的化学家霍尔于 1886 年均发明电解制铝法，两人为此进行长期的专利权诉讼后达成和解协议。[③]电解制铝法的发明，使铝的生产成本大幅降低（1914 年霍尔的电解制铝法使铝的成本降到每磅 18 美分），并廉价出售，从而促进了铝及其合金的广泛应用。后来，埃鲁的电解制铝法被广泛用于炼制铝和铁合金，流传于欧洲乃至世界。

到了 19 世纪 90 年代，电解法开始应用到氯碱工业。1890 年，世界上第一个电解氯化钾制取氯气的工厂建成。1893 年，人们开始使用隔膜电解法从食盐水中制取烧碱。1897 年，水银电解法制取烧碱实现工业化生产。[④]

从此，电力化工和电冶金成为大规模电力应用的重要领域。

五、电子信息领域和日常生活中的应用

在电子信息领域和日常生活中，电力的应用也取得了重大成就（表 12-6、表 12-7）。

在电子信息领域，人们将电作为传送信息的一种媒介加以利用，最早的是电报。大约 1830 年，俄国外交官希林发明世界上第一台电磁式单针电报机。1837 年，S. F. B. 莫尔斯制成第一台实用电报机。1876 年，A. G. 贝尔发明第一台实用电话机。1896 年，G. 马可尼发明无线电通信。1906 年，L. 德福雷斯特发明真空三极管。同年，R. A. 费森登发明无线电广播。1910 年，邓伍迪和皮卡德制成世界上第一台收音机（矿石收音机）。[⑤]1912 年，E. H. 阿姆斯特朗发明无线电波发生器线路。到 20 世纪 20 年代，美国建成世界上第一家广播电台，电视也随后问世。从此，人类迈进"电子信息时代"。

在日常生活中，除了用于照明、电话机、收音机等，电力还得到了其他诸多重要应用。1826 年，人类使用相机制成第一幅永久保存的照片。1882 年发明电熨斗。1889 年发明电风扇和电炉。1890 年发明电动小风扇玩具。1891 年在伦敦水晶宫博览会上展出电炊具和电热器。1895 年，法国巴黎上演第一部电影《工厂大门》，标志着"电影时代"的到来。到了 20 世纪初，又先后发明真空吸尘器、电动

① 《中国大百科全书》总编委会：《中国大百科全书·第 26 卷》第 2 版，中国大百科全书出版社，2009，第 167 页。

② H. J. 哈巴库克、M. M 波斯坦主编《剑桥欧洲经济史·第 6 卷》，王春法、张伟、赵海波译，经济科学出版社，2005，第 490 页。

③ 美国不列颠百科全书公司：《不列颠百科全书·第 8 卷》国际中文版（修订版），中国大百科全书出版社《不列颠百科全书》国际中文版编辑部编译，中国大百科全书出版社，2007，第 48 页。

④ 《中国大百科全书》总编委会：《中国大百科全书·第 5 卷》第 2 版，中国大百科全书出版社，2009，第 241 页。

⑤ 杜宝贵、张淑岭：《从无线电通讯到电器应用》，北京出版社，2016，第 39 页。

剃刀、电动洗衣机。从此，电力作为人类社会文明进步的重大标志，逐步走进广大平民百姓家。

表 12-6 近代电力在电子信息领域的应用历程

时间	事件
约 1830 年	俄国外交官希林发明世界上第一台电磁式单针电报机
1831 年	美国物理学家 J. 亨利发明模型电报机
1837 年	美国画家 S. F. B. 莫尔斯制成世界上第一台实用电报机，次年制定后来世界通行的莫尔斯电码
1837 年	英国人库克和惠斯通发明五针式电磁电报机，获得世界上第一个电报专利权
1839 年	英国建成世界上最早投入使用的帕丁顿—西德雷顿电报线路
1844 年	美国建成第一条华盛顿—巴尔的摩电报线路
1846 年	库克和惠斯通成立电报公司
1850 年	西门子－哈尔斯克公司铺设自多佛至加来的第一条海底电报电缆
1858 年	西门子－哈尔斯克公司建成第一条连通美洲与欧、亚、非三洲的海底电缆
1861 年	德国物理学家 J. P. 赖斯发明世界上第一台电话机
1875 年	西门子－哈尔斯克公司铺设从英国到美国的第一条直达通信线路
1876 年	苏格兰出生的美国人 A. G. 贝尔发明世界上第一台实用电话机（获得第一个电话专利权），并成立贝尔电话公司
1877 年	A. G. 贝尔在波士顿和纽约之间建成并开通世界上第一条电话线路
1878 年	英国建立商用电话
1879 年	伦敦成立第一个电话局
1888 年	德国物理学家赫兹第一次证实电磁波（即无线电波）的存在，第一个播出并接收了无线电波
1891 年	英国物理学家斯托尼把基本电荷单位命名为电子，首次提出"电子"的概念
1892 年	荷兰物理学家洛伦兹发表关于电子论的文章
1894 年	英国物理学家 O. J. 洛奇在法国人 E. 布朗发明的金属屑检波器（1890 年）基础上制成检测电磁波的粉末检波器，该检波器成为早期无线电报接收机中必不可少的部件
1896 年	俄国科学家 A. S. 波波夫发明世界上第一台原始型无线电报接收机（但国际上通常承认意大利人 G. 马可尼的无线电发明优先权），成为无线电通信的创始人之一
1896 年	意大利物理学家 G. 马可尼申请世界上第一个无线电报专利，发明无线电通信
1897 年	G. 马可尼在斯佩齐亚建立无线电地面接收站
1897 年	英国物理学家 J. J. 汤姆孙在实验中首次发现电子
1901 年	G. 马可尼使无线电波第一次穿越大西洋（从英国康沃尔的波特休到加拿大纽芬兰的圣约翰斯）
1902 年	加拿大出生的美国无线电专家 R. A. 费森登发现外差式电波原理
1904 年	英国工程师 J. A. 弗莱明制成世界上最早的真空电子管——检波二极管
1906 年	美国物理学家 L. 德福雷斯特发明真空三极管（1907 年获得专利），被誉为"无线电之父"

续表

时间	事件
1906 年	R. A. 费森登发明无线电广播
1910 年	美国的邓伍迪和皮卡德制成世界上第一台收音机——矿石收音机
1912 年	美国无线电专家 E. H. 阿姆斯特朗发明无线电波发生器线路 [广播电视设备的"心脏"——再生（反馈）电路]，开启了电子学的新时代
1914—1917 年	E. H. 阿姆斯特朗发明超外差接收电路，1918 年制成超外差式收音机
1916 年	被称为"美国无线电广播之父"的 D. 萨尔诺夫首先提出发展普及无线电收音机的建议。后于 1921 年任美国无线电公司总经理，对无线电收音机进行市场推广
1917 年	法国吕西安·列维获超外差式收音机的专利权
20 世纪 20 年代	世界上第一家（无线电）广播电台——KDKA 在美国匹兹堡成立
1926 年	英国科学家"电视之父"J. L. 贝尔德首次做电视公开表演。英国广播公司（BBC）进行世界上首次电视无线传播

资料来源：作者整理。主要参考杜宝贵、张淑岭：《科学发明发现的由来：从无线电通讯到电器应用》，北京出版社，2016。

表 12-7　近代电力在日常生活中的应用历程

时间 / 年	事件
1826	法国发明家 N. 涅普斯使用 C. 舍利瓦利耶相机获得世界上第一幅可永久保存的照片
1882	发明电熨斗
1889	美国的威斯汀豪斯公司制成电风扇
1889	发明电炉
1890	美国制成直径 4 厘米的电动小风扇玩具
1891	R. E. B. 克朗普顿在伦敦水晶宫展览会上展出电炊具和电热器
1894	托马斯·爱迪生制成世界上第一台电影放映机，他的公司拍摄世界上第一部电影——《列车抢劫》
1895	法国的吕米埃兄弟获得电影放映机的专利。法国巴黎上演第一部电影《工厂大门》，开创了电影时代
1895	德国制造出世界上第一台手提式电钻
1896	发明电动小火车玩具
1901	H. C. 布思发明真空吸尘器
1904	发明电动剃刀
1910	美国人 A. J. 费希尔发明世界上首台电动洗衣机

资料来源：作者整理。主要参考杜宝贵、张淑岭：《科学发明发现的由来：从无线电通讯到电器应用》，北京出版社，2016。

下篇　现代能源 —

进入现代，石油、天然气得到快速开发，电力工业得到空前发展。到 20 世纪 60 年代中后期，石油替代煤炭，成为人类最重要的能源。但随着化石能源危机的加剧，曾是人类最早应用、最重要的可再生能源又日渐回到人们的视野。

第 13 章　　现代石油

进入现代后，世界石油勘探、开采、加工和利用取得重大突破（表13-1）。先后出现圈闭说、陆相生油说、板块构造说、干酪根成油说等学说，先后发明催化裂化工艺、反射地震勘探法、费托合成工艺、烷基化技术，先后发现世界上第一个外海油田、第一个海上商业性油田、世界探明储量最大油田盖瓦尔油田，建成世界第一套以炼厂气为原料的乙烯生产装置。石油开采从陆地走向深海，原油产量不断扩大，炼油能力不断提高，迎来以乙烯为中心的石油化工时代，石油在生产、生活中得到广泛利用。1951 年，在美国一次能源消费中，石油首次超过煤炭。[1] 到 1965 年，石油在世界能源消费中所占的比例也首次超过煤炭而跃居各种能源之首 [2]，达到 39.4%，而煤炭所占比例下降为 39.0%。从此，石油替代煤炭成为世界上最重要的能源，人类进入了石油主导时代。根据 BP 公司（英国石油公司）统计，2012 年世界一次能源消费构成：石油占 33.1%，煤炭占 29.9%，天然气占 23.9%，水电占 6.7%，核电占 4.5%，可再生能源占 1.9%。石油仍然是当今世界最重要的能源。

---

[1] 王才良、周珊：《世界石油大事记》，石油工业出版社，2008，第 123 页。
[2]《第三世界石油斗争》编写组：《第三世界石油斗争》，生活·读书·新知三联书店，1981，第 33 页。

表 13-1　现代世界石油开发利用进程

时间 / 年	事件
1917	世界石油产量达 6 781.5 万吨
1917	发现委内瑞拉玻利瓦尔湖岸大油田
1918	美国希望天然气公司创造钻井最深纪录——7 386 英尺（约 2 251 米）
1920	催化裂化工艺诞生
1920	签订《圣雷莫协定》，催生世界石油产地瓜分制度
1921	布达斯发明连续热裂化炼油工艺
1921	卡切尔进行首次反射地震勘探法试验
1922	埃利奥特制成世界第一台水力活塞式抽油泵
1922	阿根廷成立世界第一家国家石油公司（YPE）
1922	美国 E. 布莱克韦尔德在美国矿冶工程师学会会议上提出"中国贫油论"
1923	费歇尔等开发出费托合成（F-T 合成）工艺
1925	加拿大克拉克发明沥青砂加工方法
1925	法国议会通过世界上最早的石油储备法案
1926	美国人贝克曼（Beckman）最早提出微生物驱油的设想
1927	加拿大艾伯塔省建成第一个油砂处理厂
1927	发现伊拉克基尔库克大油田
1927	德国法本化学工业公司建成第一套煤直接液化制油（IG）装置
1930	出现催化重整技术
1930	H. Pinez 等发明烷基化技术
1930	美国 Whiting 炼油厂建成第一套延迟焦化装置
1933	第一届世界石油大会在英国伦敦举行
1934	麦克科等首次提出构造学说
1934	美国的麦克考洛首次提出圈闭概念
1934	德国特雷布斯发现卟啉，证实植物生油论
1936	美国索科尼 - 真空石油公司建成第一套固定床催化裂化装置
1936	德国鲁尔化学公司建成第一个 F-T 合成油厂
1938	美国发现世界第一个外海油田——克里奥尔油田
1938	发现科威特布尔甘大油田
1940	美国印第安纳标准石油公司建成第一套商业化临氢重整装置
1940	美国建成世界上第一套以炼厂气为原料的乙烯生产装置
1941	新泽西标准石油公司等联合开发出流动床催化裂化工艺
1941	中国的潘钟祥首次提出陆相生油说
1943	委内瑞拉政府对外国石油公司实行石油利润对半分成制度
1943	加拿大实施世界首次水下油井完井
1947	美国马格诺利亚在墨西哥湾钻出世界上第一口海上商业性油田
1947	美国印第安纳标准石油公司在胡果顿气田首次进行水力压裂采油试验

续表

时间 / 年	事件
1948	发现苏联罗马什金大油田
1948	沙特阿拉伯发现世界探明储量最大的盖瓦尔大油田
1949	美国苏必利尔公司钻井深度达到 20 521 英尺（约 6 255 米）
1949	环球油品公司建成第一套工业化铂重整装置
1949	世界原油产量 3.95 亿吨
1949	世界石油出口 1.66 亿吨（包括原油和炼油产品）
1950	世界原油一次加工能力达 5.64 亿吨
1950	世界石油剩余探明储量 130 亿吨
1950	沙特阿拉伯创立原油标价制度
1951	发现沙特阿拉伯塞法尼耶大油田
1952	美国 Delaware-Childer 油田首次进行火烧油层法开采现场试验
1952	美国约巴林达油田首次进行注蒸汽开采重质原油现场试验
1954	通过海洋环境保护的第一个国际公约——《国际防止海上油污公约》
1955	意大利埃尼集团总裁马太创立石油投资开发参股制度（又称合营制）
1955	中国发现第一个陆相大油田克拉玛依油田
1956	美国哈伯特提出石油峰值理论
1957	发现沙特阿拉伯迈尼费大油田
1959	美国里奇蒙德炼油厂建成第一套加氢裂化装置
1959	中国发现国内最大的油田——大庆油田
1960	石油输出国组织（OPEC）成立
1960	美国 Gebo 油田建成世界首个自动采油油田
1962	世界石油产量占世界能源生产总量的比例（41.3%）首次超过煤炭
1963	中国基本实现石油自给
1964	美国布朗石油工具公司生产第一代连续油管系统
1964	发现阿联酋扎库姆大油田
1965	发现苏联萨莫特洛尔大油田
1965	苏联在油田上进行核爆炸增产试验
1966	美国 Magnet Withers 油田首次进行八层完井
1966	印度尼西亚创立石油产量分成制度
1967	印度尼西亚米纳斯油田实施地震采油
1971	美国海湾石油公司投产第一套提升管式反应器催化裂化装置
1971	发现苏联 Fyodorovsko 大油田
1973	爆发第一次石油危机
1974	国际能源署（IEA）成立
1976	发现墨西哥坎塔雷尔大油田
1977	载重 33 万吨以上的两艘姐妹油轮"文渚号"和"文伯号"在非洲南部相撞

续表

时间 / 年	事件
1978	加拿大在冷湖油田钻成第一口重油热采井
1979	英国首先推行油气工业私有化
1979	发生第二次石油危机
1980	世界最深采油井（生产井）超过 20 000 英尺（6 096 米以上）
1988	苏联科拉半岛的地质探井井深突破 40 000 英尺（约 12 192 米）
1989	埃克森公司"瓦尔迪兹号"油轮在阿拉斯加南部海域触礁，造成严重污染
1989	"世界能源大会"改称"世界能源理事会"（WEC）
1990	挪威北海 Hod 油田建成第一座无人操作生产平台
1990	奥地利实现生物柴油工业化生产
1990	发生第三次石油危机
1997	中国在南海西江 24-3 号平台上创造水平位移 8 063 米的世界纪录
1997	挪威北海 Saga 公司首次进行智能完井试验
1997	巴西创造在 1 709 米水深开采石油的世界纪录
1999	世界海上石油产量 14.5 亿吨，占世界石油总产量的 41.88%
1999	世界原油产量 34.62 亿吨
1999	世界石油出口 25.75 亿吨
1999	世界石油剩余探明储量 1 476 亿吨
2000	世界原油一次加工能力达 40.77 亿吨
2001	美国贝克石油工具公司开发出智能井系统
2001	荷兰壳牌公司在墨西哥湾建成井深超过 7 000 米的采油井
2003	伊朗发现 Ferdows/Mound/Zagheh 大油田
2004	全球有 812 个海上油气田投产
2004	全球 124 个地点发现天然气水合物，其中有 84 处在海洋
2004	发现伊朗 Azadegan 大油田
2005	巴西坎波斯马利姆—苏尔油田安装世界第一套自动智能完井系统
2005	世界油页岩资源储量 4 876 亿桶
2007	发现巴西 Sugar Loaf 大油田
2008	国际油价最高达 147 美元 / 桶
2008	世界原油产量 39.29 亿吨
2008	世界原油一次加工能力达 42.80 亿吨
2009	巴西建成世界首个平均水深达 6 000 米的超深水海上油田
2009	国际可再生能源机构（IRENA）成立
2009	世界石油剩余探明储量 1 812 亿吨
2012	世界石油出口 27.29 亿吨
2013	世界石油剩余探明储量 2 382 亿吨，储采比（又称储产比，即资源储量与年产量的比值）为 53 年

资料来源：作者整理。

第 1 节　石油勘探和储量

进入现代后，石油地质学不断发展，勘探技术不断进步（表 13-2），世界石油勘探取得重大发现，全球十大油田（表 13-3）都是进入现代后发现的，为石油工业持续发展壮大奠定了基础。截至 2007 年，世界石油资源储量为 4 093 亿吨（表 13-4），主要分布在中东、北美洲、独联体和中南美洲，其中中东地区占全球石油资源储量的 42% 以上。迄今，全球共发现 41 000 多个油田。

表 13-2　现代世界石油地质勘探技术与理论的演变

时间 / 年	事件
1918	Rio Bravo 石油公司建立世界上第一个古生物研究室
1918	美国希望天然气公司创造顿钻钻井的最深纪录达 7 386 英尺（约 2 251 米）
1919	德国的 Ludger Mintrop 申报折射地震勘探法专利
1921	卡切尔进行首次反射地震勘探法试验
1922	美国的 E. 布莱克韦尔德在美国矿冶工程师学会会议上提出"中国贫油论"
1927	法国斯伦贝谢公司首次进行电阻率测井现场试验
1928	法国开发出测井用电缆
1929	德国的 G. 劳伯梅耶和苏联的 B.A. 索柯洛夫首次进行地球化学勘查
1929	Eastman Oilwell 公司制成多点磁力测斜仪
1930	约翰斯顿测试器公司发明地层测试器
1933	休斯公司制成三牙轮钻头
1934	麦克科等首次提出构造学说
1934	美国麦克考洛首次提出圈闭概念
1934	德国特雷布斯发现卟啉，证实植物生油论
1934	法国斯伦贝谢公司发明声波测井技术
1936	苏联洛加乔夫制成感应式航空磁力勘探仪
1937	美国豪厄尔等开发出伽马射线测井法
1937	苏联莫奇列夫斯基首先应用微生物技术进行天然气勘探
1938	出现便携式地震仪
1941	中国的潘钟祥首次提出陆相生油说
1944	美国克里斯坦森公司推出金刚石钻头
1949	苏联库德良采夫等提出石油起源岩浆学说
1949	美国苏必利尔公司钻井深度达到 20 521 英尺（约 6 255 米）

续表

时间 / 年	事件
1950	史密斯公司首创锻钢钻头
1951	制成磁带地震仪
1952	麻省理工学院用计算机开发出世界上第一批地震勘探资料处理程序
1959	苏联首创垂直地震剖面勘探法
1961	德国开发出井下电视测井仪
1963	美国的艾贝尔森提出干酪根成油说
1963	美国埃索公司提出三维地震勘探法的概念
1968	美国应用卫星导航技术进行地震勘探
1972	首次应用井间地震勘探法
1976	美国克里斯坦森公司推出聚晶金刚石复合片（PDC）钻头
1976	美国特立科公司发明随钻测量（MWD）技术
1976	美国出版《地层地质学》，地层地质学诞生
1980	世界上首个地震勘探资料解释工作站（人机联作系统）问世
1983	美国斯佩里森公司开发出第一台随钻测井（LWD）技术
1988	出现随钻地震测量法
1988	苏联科拉半岛的地质探井井深突破 40 000 英尺（约 12 192 米）
1990	Numar 公司开发出核磁共振测井技术
1995	史密斯公司开发出预测走向型 PDC 钻头
2006	中国建成世界上最先进的三维地震数据采集装备——"先锋号"地震勘探船

资料来源：作者整理。

表 13-3 世界十大油田（至 2007 年）

油田名称	国家	盆地	发现时间 / 年	产层时代	产层岩性	可采储量 / （×10^8 吨）
盖瓦尔（Ghawar）	沙特阿拉伯	波斯湾	1948	侏罗纪	碳酸盐岩	114.8
布尔甘（Burgan）	科威特	波斯湾	1938	白垩纪	砂岩	105.0
塞法尼耶（Saffaniyah）	沙特阿拉伯	波斯湾	1951	白垩纪	砂岩	50.5
玻利瓦尔湖岸（Bolivar coastal）	委内瑞拉	马拉开波	1917	第三纪 白垩纪	砂岩 石灰岩	41.2
坎塔雷尔（Cantarell）	墨西哥	坎佩切	1976	白垩纪	碳酸盐岩	28.0
扎库姆（Zakum）	阿联酋	波斯湾	1964	白垩纪	碳酸盐岩	25.8
迈尼费（Manifa）	沙特阿拉伯	波斯湾	1957	白垩纪	砂岩	23.8
基尔库克（Kirkuk）	伊拉克	波斯湾	1927	第三纪	碳酸盐岩	23.8
萨莫特洛尔（Samotlor）	苏联	西西伯利亚	1965	白垩纪	砂岩	21.2
罗马什金（Romashkin）	苏联	伏尔加－乌拉尔	1948	泥盆纪	砂岩	20.3

资料来源：《中国大百科全书》总编委会：《中国大百科全书·第 27 卷》第 2 版，中国大百科全书出版社，2009，第 113 页。

表 13-4　世界石油资源概况（至 2007 年年末）

国家 / 地区	剩余探明储量 / 亿吨	可增长储量 / 亿吨	待发现储量 / 亿吨	合计 / 亿吨	比例 /%
全球合计	1 823	1 000	1 270	4 093	100.00[1]
北美洲[2]	289	156	224	669	16.34
中南美洲	150	124	170	444	10.85
西欧	18	26	50	94	2.30
独联体[3]	137	190	236	563	13.76
亚太	47	57	72	176	4.30
中东	1 025	346	366	1 737	42.44
非洲	157	101	152	410	10.02

资料来源：《中国大百科全书》总编委会：《中国大百科全书·第 27 卷》第 2 版，中国大百科全书出版社，2009，第 115 页。

注：[1] 因为百分比按照四舍五入原则保留两位小数，可能导致各百分比相加不等于 100%。后同。[2] 北美洲包括美国、加拿大、墨西哥 3 国。[3] 独联体包括俄罗斯、东欧和中亚国家。

一、石油地质理论

石油地质理论包括圈闭说、板块构造说、地层学、沉积体系、海相生油说、陆相生油说、干酪根成油说等，它们随着现代石油工业的不断发展而日渐丰富起来。中国从本国的实际出发，提出了陆相生油理论，这对世界石油工业的发展具有重大指导意义。

（一）各种石油地质理论的兴起

石油是沉积岩中有机物经过漫长的演化而形成的。进入现代，一系列石油地质理论兴起（表 13-5）。其中，影响最大的有圈闭说、板块构造说、陆相生油说、干酪根成油说、地层学、含油气系统说等。在世界石油地质勘探早期，大多数石油都是在海相地层发现的，由此形成海相生油说。随着石油地质勘探技术的发展，世界石油工业逐渐形成以盆地分析为基础、以含油气系统为思路和方法、以目标评价系统为手段的一整套石油地质综合评价方法和技术。[①]

表 13-5　现代石油地质理论

出现 / 形成时间	学说名称
1918 年	古生物学
1923 年	显微岩相学
1925 年	水压系统
20 世纪 30 年代初	地层学
1934 年	圈闭说
1934 年	构造学说
1936 年	油藏物质平衡方程式
1937 年	渗流力学 / 流度比

[①] 方朝亮、刘克雨主编《世界石油工业关键技术现状与发展趋势》，石油工业出版社，2006，第 21 页。

续表

出现 / 形成时间	学说名称
1941 年	陆相生油说
1949 年	石油起源岩浆说
20 世纪 50 年代初	石油起源年轻沉积物有机质假说
20 世纪 50 年代	生物地层学
1952 年	海相生油说（进一步完善）
20 世纪 60 年代	数学地质学
1963 年	干酪根成油说
1969 年	板块构造说
1969 年	沉积体系
1972 年	石油勘探决策系统（KOX 系统）
1974 年	石油系统
1976 年	地层地质学
1977 年	地震地层学
20 世纪 80 年代	成藏地球化学
1983 年	断层转褶皱几何学运动学
1984 年	含油气系统
1992 年	层序地层学
1994 年	高分辨率层序地层学
1998 年	石油起源生化反应说
21 世纪初	油气成藏动力学
2004 年	分子有机地球化学

资料来源：作者整理。

1. 古生物学

20 世纪 10 年代，人们开始利用显微技术进行石油地质研究，对介形虫进行观察分析，从而开创了显微岩相学和古生物学。1918 年，Rio Bravo 石油公司在美国得克萨斯州建立世界上第一个古生物研究室。[1]1923 年，美国加利福尼亚联合石油公司应用古生物技术对石油地质进行研究，用显微镜观察岩心中的有孔虫化石，对地层进行对比分析。1924 年，马尔兰石油公司的亚历山大·多森也创办了一个古生物研究室。

2. 圈闭说

圈闭（trap）是阻止油气继续运行，使油气得以聚集的场所，由储存油气的储集层、储集层上部阻止油气向上散失的盖层以及阻止油气侧向运移的遮挡面三部分组成。它是储藏油气的重要前提条件，但并非所有圈闭都有油气。根据圈闭成因，可分为构造圈闭、地层圈闭、岩性圈闭、水动力圈闭、复

---

① 王才良、周珊：《世界石油大事记》，石油工业出版社，2008，第 55 页。

合圈闭等类型。①

1929 年，《美国的典型构造油田》一书出版，该书分析了完全由沉积或地层条件所形成的一种圈闭——地层圈闭。1932 年，美国地质学家莱复生提出，圈闭是油气聚集的条件。1934 年，麦克考洛首次提出圈闭概念。② 在此之前，人们已经发现，1922 年在美国阿纳达科盆地发现的潘汉德－胡果顿大气田和 1930 年在墨西哥湾盆地发现的东得克萨斯大油田都受地层圈闭控制，而非背斜油气田，因而地层圈闭日渐引起了人们的重视。

基于对背斜说的质疑和新的勘探开发经验，莱复生于 1936 年提出"地层圈闭"概念。1954 年，莱复生的《石油地质学》出版，书中明确指出："对于任何一个能够储存石油的岩体，不管其形状和成因如何，都可称为圈闭，其基本特点就是能够聚集和储存石油和天然气。"③ 这一著作出版后，立即获得多数石油地质人员的支持，这一著作的出版成为圈闭说取代背斜说的标志，是世界石油工业（勘探）史上的第二次跨越（第一次跨越为背斜说的创立）。④

3. 板块构造说

关于大陆漂移的思想早在 20 世纪初便已产生。1912 年，德国气象学家、地球物理学家魏格纳系统地提出了大陆漂移说。1915 年，魏格纳的《海陆起源》一书出版，对大陆漂移说进行了系统的阐述。

进入现代，大陆漂移说不断得到丰富和发展。1926 年，古登堡提出地球软流圈说。1928 年，A. 霍姆斯提出地幔热对流说。1934 年，麦克科和洛斯凯特首次提出构造学说。⑤1960—1962 年，美国的 H. 赫斯和 R. S. 迪茨创立海底扩张说。1963 年，瓦因和马休斯提出洋壳地磁带状异常与地磁场反转说。1965 年，加拿大的 J. T. 威尔逊提出转换断层说，并首先将地球表层划分为若干刚性板块。1967—1968 年，美国摩根、麦肯齐、帕克和法国的 X. 勒皮雄对板块运动进行定量分析，确立了板块构造说的基本原理。1968 年，美国艾萨克斯等将这一新兴理论称为"新全球构造"。1969 年，美国麦肯齐和摩根提出"板块构造"这一常用术语。⑥

此后，板块构造说日渐成为指导石油勘探的重要理论，并成为当今地球科学中最有影响力的全球构造学说。

4. 地层学说

地层学主要是通过地球物理勘探，对地壳表层成层岩石进行分析研究。早在 17 世纪便形成了一些关于地层的概念。19 世纪，产生年代地层学，出现相变概念。1900 年，彼得森获得世界上第一个电法勘探专利权。1914 年，C. 斯伦贝谢进行第一次人工电场测量。当时的电法勘测是在地面进行的。1927 年，斯伦贝谢在法国阿尔萨斯首次进行钻孔电测⑦，对钻井内岩层的物理性质进行观测，以此确定岩层类型。1933 年，最早问世的应用于旋转钻井的地层测试设备取得专利。次年，地层测试设备装上压力记录仪

① 《中国大百科全书》总编委会：《中国大百科全书·第 18 卷》第 2 版，中国大百科全书出版社，2009，第 256–257 页。
② 王才良、周珊：《世界石油大事记》，石油工业出版社，2008，第 84 页。
③ 中国科学院油气资源领域战略研究组：《中国至 2050 年油气资源科技发展路线图》，科学出版社，2010，第 29 页。
④ 同上。
⑤ 王才良、周珊：《世界石油大事记》，石油工业出版社，2008，第 84 页。
⑥ 《中国大百科全书》总编委会：《中国大百科全书·第 2 卷》第 2 版，中国大百科全书出版社，2009，第 30 页。
⑦ 特雷弗·I. 威廉斯主编《技术史·第 6 卷》，姜振寰、赵毓琴主译，上海科技教育出版社，2004，第 245 页。

并应用于石油业。但是，早期的地层测试设备存在许多问题，直到 20 世纪 50 年代才成为可靠的工具。

20 世纪 50 年代，出现生物地层学。1976 年，美国石油地质学家协会推出《地层地质学》，标志着地层地质学的诞生。[①] 第二年，美国石油地质学家协会出版《地震地层学在油气勘探中的应用》论文集，又诞生了地层学的一个分支学科——地震地层学。20 世纪 90 年代，又先后形成了层序地层学（1992 年）、高分辨率层序地层学（1994 年）。

5. 海相生油说

在世界油气勘探早期，石油大多数是在海相地层中发现的，比如加拿大艾伯塔盆地白垩系和美国文图拉盆地古近系。由此，西方有的学者便提出了关于油气是在海洋沉积环境中大量生成的海相生油理论。1943 年，美国的怀特英尔等认为，海洋有机体一年可以提供约 6 000 万桶油当量的烃类，它足够形成在沉积岩中发现的石油的总烃量。1952 年，美国的史密斯通过对近代海洋沉积物中大量存在游离烃类的研究，进一步完善了海相生油理论。[②]

6. 陆相生油说

1941 年，中国石油地质学家潘钟祥在美国《石油地质学家协会志》（AAPG）上发表《中国陕北和四川的白垩系石油的非海相成因问题》一文，认为中国这些地区的石油来自淡水沉积物，由此提出了关于陆相沉积环境可以生成大量石油、天然气的陆相生油理论。这是油气成因理论的重大发展。[③]1964 年，黄第藩等通过对中国青海湖第四纪有机物质的分析，进一步证实了陆相生油的观点。世界各地相继发现一批陆相大油田，"唯海相才能生油，陆相沉积难以形成大油田"的观点不攻自破。

7. 干酪根成油说

1962 年，亨特首先在隔氧条件下加热干酪根而获得烃类化合物。第二年，美国的艾贝尔森提出干酪根成油说，认为石油是沉积物中的干酪根在成岩过程晚期经过热解而生成的。[④]20 世纪 70 年代，法国的蒂索等通过对巴黎盆地的下托尔页岩进行研究，揭示了干酪根转化成油的机理。此后，干酪根成油说成为石油生成的最重要理论。[⑤]

8. 含油气系统

1972 年，W. D. Dow 在美国丹佛举行的美国石油地质学家协会年会上首先提出"石油系统"的概念。之后，有学者提出"含油气系统"的概念。[⑥]

美国地质局的 Magoon 对含油气系统做了进一步探讨。他认为，"一个油气系统包括自然界油气聚集存在所必需的所有地质要素和作用"，"基本要素包括一套烃源岩、运移途径、储集岩和圈闭"，"地质作用为形成所有这些基本要素的作用"，含油气系统为"油气生成和聚集的物理－化学动态系统，它在地质空间和时间范围内起作用，包括形成油气藏所必需的一切地质要素（烃源岩成熟、排烃、二

---

① 王才良、周珊:《世界石油大事记》，石油工业出版社，2008，第 227 页。
② 《中国大百科全书》总编委会:《中国大百科全书·第 20 卷》第 2 版，中国大百科全书出版社，2009，第 225 页。
③ 《中国大百科全书》总编委会:《中国大百科全书·第 14 卷》第 2 版，中国大百科全书出版社，2009，第 521 页。
④ 《中国大百科全书》总编委会:《中国大百科全书·第 20 卷》第 2 版，中国大百科全书出版社，2009，第 225 页。
⑤ 同上。
⑥ 说法不一。有的资料指出，1980 年 Perrodon 首先使用"含油气系统"的概念，同年 Perrodon 和 Masse 进一步明确了"含油气系统"的含义。也有资料显示，1984 年 Perrodon 和 Masse 首先提出"含油气系统"的概念。

次运移、聚集、保存）及形成这些地质要素的地质事件，并要求这些要素在时间上匹配"。[1]1994 年，Magoon 和 Dow 发表《含油气系统——从（烃）源岩到圈闭》[2]，系统地总结了含油气系统的概念、鉴定特征、研究方法及其应用，标志着含油气系统从探索走向成熟。

同一时期，一些学者还提出了与含油气系统相近的概念。Demaison 首先提出"产油盆地"的概念。Meissner 提出"石油生成器"的概念。Ulmishek 提出了"独立含油系统"的概念。中国学者提出的与含油气系统相对应的概念是"成油系统"。

9. 其他理论

1918 年，苏俄的古勃金提出，在油田开发中，地质学家应该成为领导者。

1925 年，苏联的林德特罗普把含油储层视为一个水压系统。

1932 年，威尔逊提出"油藏分类意见"。

1934 年，德国化学家特雷布斯在石油、煤、页岩中发现卟啉，证实了植物生油论。[3]这一发现孕育了有机地球化学。

1936 年，美国的薛尔绍斯推导出油藏的物质平衡方程式。

1937 年，美国的马斯盖特等人写出世界上第一部系统的石油渗流力学著作——《流体在均质多孔介质中的流动》，提出"流度比"的概念。

1949 年，苏联的库德良采夫等提出了石油起源岩浆说。

1969 年，费希尔和麦高恩首先提出"沉积体系"的概念。

20 世纪 60 年代末，以数学为方法，以计算机为工具，对地质条件、地质现象、油气资源进行定量评价研究，形成数学地质学。

1972 年，在哈博的主持下开发出世界上第一个石油勘探决策系统——堪萨斯州石油勘探决策系统。[4]

1975 年，法国的蒂索等首次提出石油生成与地层深度和地质时间呈函数关系的模型。

1983 年，法国的迪朗基于达西定律和相对渗透率概念，描述了二维二相单元数学运移模型。

1983 年，美国的萨波创立"断层转褶皱几何学运动学"理论。

1996 年，中国北京举办第 30 届国际地质大会，会议研讨了大陆地质及其与人类生存和可持续发展的关系。

1998 年，美国的托马斯·戈德尔博士认为，石油并非远古时代森林和恐龙演变而成的化石燃料，而是地球深处连续不断的生化反应的产物。

2004 年，在亚非石油地球化学与勘探国际会议上，美国的迈克尔·摩尔多万教授评述分子有机地球化学的最新进展，包括断代生物标志化合物的界定与应用、原油裂解程度的定量评价、单体烃同位素地球化学油气源对比方法等。

[1] 倪小明、苏现波、张小东：《煤层气开发地质学》，化学工业出版社，2010，第 2 页。

[2] 方朝亮、刘克雨主编《世界石油工业关键技术现状与发展趋势》，石油工业出版社，2006，第 23 页。

[3] 王才良、周珊：《世界石油大事记》，石油工业出版社，2008，第 84 页。

[4] 同上书，第 205 页。

（二）中国石油地质学的建立

中国曾被断言是一个"贫油"的国家。中国石油地质学在挑战"中国贫油论"中诞生、崛起。

1. "中国贫油论"

20世纪上半叶，中国石油工业落后，勘探技术也落后，国内外专家学者对中国石油地质进行调查与勘探，没有发现大储量的油田，于是断言中国"贫油"。

1903年，美国地质学家B.威利斯和他的助手E.布莱克韦尔德率卡内基远征队来到中国，先后到山西、山东、上海等地进行广泛的地质调查。回去后，布莱克韦尔德撰写了《中国和西伯利亚的石油资源》一文，于1922年在纽约举行的美国矿冶工程师学会会议上发表，全面否定中国的含油远景。布莱克韦尔德认为：中国山东半岛及远东地区，大部分为古生界和更老的地层，构造复杂，是否有石油，是非常值得怀疑的；中国东部大平原是一个近期沉积区，上有厚层的黄河及长江三角洲沉积覆盖，要在这里找到石油，那是偶然的；中国东南部全为晚白垩纪地层，褶皱断裂强烈，找到石油的可能性不会比含油不利的阿巴拉契山更好些；中国西南部虽有厚层石炭纪、二叠纪、三叠纪沉积覆盖，但褶皱强烈，找到石油的可能性更为渺小；中国西北部虽然在生产极少量的石油，但看来不会找到一个更为主要的油田；中国西藏西南部构造情况与阿尔卑斯山类似，油气聚集的可能性是很小的。[1]布莱克韦尔德把中国缺乏石油的原因归结为以下三点：一是中国没有中生代或新生代的海相沉积；二是古生代沉积大部分也是不生油的；三是除了中国西部及西北部某些地区，各个年代的岩石都已严重褶皱、断裂，并且多少被火成岩侵入。[2]因此，布莱克韦尔德认为中国"贫油"。

1913—1916年，美国美孚石油公司在我国陕西延长地区先后打了7口油井，但均未见到可供开采的油层。美国美孚石油公司在陕西、山西、四川等地调查后得出的结论是："除陕西一省有少量（石油）外，余则很少而已。""陕西有少量的火油，已有充分的证明。至于是否有中量，尚难确定，至于大量火油，恐未必有。"[3]参加调查的美国地质学家富勒和克拉普指出："我们发现了63个油苗……没有一口井的产量可认为有工业价值，勘探中没有获得成功的原因是砂层巨厚造成石油的散失，而不能聚集成油藏。"[4]并由此认为中国"贫油"。

1927年，美国辛莱尔联合石油公司的地质师希洛埃在《远东矿业与工业》上发表《远东石油》一文，认为中国大部分古生代早期地层为厚度很大的块状石炭岩，缺乏含沥青的页岩夹层，中国的地质条件不利于储藏丰富的石油资源；中国只有陕西和四川两个地区可能有值得开采的但也不是很大的油田；中国的石油储量，充其量也不过是美国的百分之一（当时美国的石油可采储量为14.3亿吨）。[5]

1930年，曾任苏联驻华使馆商务参赞的B.P.托加雪夫著有《远东矿业》一书。他在书中认为："除新疆及东北而外，中国其他部分地质构造很少有找到石油的希望。华北广泛分布着结晶岩和变质岩，

---

[1] 吴熙敬主编《中国近现代技术史》，科学出版社，2000，第45页。

[2] 石宝珩：《石油史研究辑录》，地质出版社，2003，第155–156页。

[3] 陈歆文：《中国近代化学工业史（1860—1949）》，化学工业出版社，2006，第242页。

[4] 吴熙敬主编《中国近现代技术史》，科学出版社，2000，第45页

[5] 石宝珩：《石油史研究辑录》，地质出版社，2003，第156、361页。

华南的石炭纪地层又多褶皱和断裂，而且有火成岩侵入。"[1]

1932 年，美国德士古石油公司经理罗杰斯的《美国实业发展史》一书出版。他在该书中写道："亚洲腹地，包括蒙古高原、中国大部，及西藏大山脉，几毫无石油蕴藏之可能。"[2]

日本侵占中国东北期间，日本地质工作者桐谷文雄等人在辽宁省阜新地区和内蒙古呼伦湖畔的扎赉诺尔地区进行石油地质调查和钻孔，但未获得较好成果，因而普遍认为在中国东北地区找油的希望不大。[3]

除了外国人，国人也未发现境内有多少石油。我国于 1924—1933 年在陕西延长地区打了 8 口井，出油的只有 1 口。1933—1934 年，民国地质调查所对陕西延长、延川等地进行勘探，虽发现延长、永平及肤施 3 县有含油地层，但未发现有大量蕴藏。在四川蓬溪、荣昌、富顺、乐山、永川，新疆塔里木河、乌鲁木齐，甘肃玉门，贵州龙里等地也有石油发现，但没有发现大量石油储藏。从 1907 年到 1935 年的 28 年间，我国在陕北共打了 26 口井，其中只有 4 口井产出少量的油，年产量从 1916 年的 317.5 吨减少到 20 世纪 30 年代的 125 吨。[4]1926 年中国燃料油产量为 13 401 桶（约为 1 822.5 吨），到 1931 年增加到 45.85 万桶（约为 6.24 万吨）。其中，不计炼焦和页岩油，从石油中提炼的燃料油产量，1926 年仅为 1 201 桶，1931 年减少为 1 096 桶（表 13-6）。

表 13-6　1926—1931 年中国燃料油产量

单位：桶

产区	1926 年	1927 年	1928 年	1929 年	1930 年	1931 年
陕西延长	651	450	385	1 172	1 094	552
甘肃[1]	100	100	100	140	140	100
四川[2]	150	150	150	155	177	144
新疆[3]	300	300	300	300	300	300
鞍山[4]	11 400	13 800	16 320	18 984	22 034	25 000
抚顺[5]	—	—	—	—	334 702	427 567
本溪湖[6]	—	5 062	5 758	7 275	2 876	3 200
井陉[7]	800	—	620	1 068	2 814	1 592
合计	13 401	19 862	23 633	29 094	364 137	458 455

资料来源：赵匡华主编《中国化学史·近现代卷》，广西教育出版社，2003，第 674 页。

注：[1][2][3] 约计。[4][6][7] 炼焦。[5] 页岩油。

面对当时实际，国人也哀叹：中国"石油储量之微，概可知矣"！"吾国号称地大物博，而石油一矿，实甚贫乏，无可讳言"。[5]甚至 1934 年出版的《中国经济年鉴》中也写道："中国石油，据美国

---

[1] 石宝珩：《石油史研究辑录》，地质出版社，2003，第 157 页。

[2] 同上。

[3] 吴熙敬主编《中国近现代技术史》，科学出版社，2000，第 45 页。

[4] 陈歆文：《中国近代化学工业史：1860—1949》，化学工业出版社，2006，第 242 页。

[5] 石宝珩：《石油史研究辑录》，地质出版社，2003，第 361-362 页。

美孚石油公司于民国三年至民国五年在陕西、河北、热河、山西、甘肃、河南、四川等地调查之结果，除陕西一省有少量外，余则很少而已。"该刊引用美国地质调查所的估计数字，认为中国石油储量"总共也只有 19 100 万吨，仅为美国储量的 2%"。[1] 美国 1950 年出版的《石油事实与数据》，把中国同日本、澳大利亚、土耳其等国一起，列入石油远景最小的国家行列。

由于当时世界上大量油田都是在海相地层发现的，于是许多人都认为，"唯海相才能生油，陆相沉积难以形成大油田"。

2. 对"中国贫油论"的质疑与挑战

面对"贫油论"，中国地质人并不屈从。在质疑、探索与挑战中，中国石油地质学逐步发展起来。

（1）质疑

1910 年，《地学》杂志刊文道："西人谓其（延长油矿）面积之广，约当北美油田十分之四，当不诬也。"1918 年，张丙昌指出，"我国石油矿区之广，不亚欧美"。[2] 此后，翁文灏、谢家荣、李四光、谭锡畴、李春昱、潘钟祥、黄汲清、翁文波、尹赞勋等先后对"中国贫油论"提出了质疑与不同的观点（表 13-7）。1941 年，潘钟祥在美国《石油地质学家协会志》上发表《中国陕北和四川的白垩系石油的非海相成因问题》一文，第一次明确提出："石油不仅来自海相地层，也能够来自淡水沉积物。"这可作为中国陆相生油理论之始。

表 13-7　中国人对"贫油论"的质疑

时间 / 年	人物	主要观点
1918—1919	张丙昌	中国石油矿区之广，不亚欧美
1921	翁文灏、谢家荣	玉门石油有开采价值
1928	李四光	美孚的失败，并不能证明中国没有油田可开
1930	谢家荣	（延长官井）一隅之失败，殊不能定全局之命运耳
1933	谭锡畴、李春昱	四川油田颇有发展之希望
1934	翁文灏	陕西三叠纪迄今未有海成证明，大致似为陆相
1941	潘钟祥	中国陕北和四川白垩系非海相生油
1947	黄汲清、翁文波等	新疆一部分原油系完全从纯粹陆相侏罗纪地层中产出
1948	尹赞勋	生物之大量暴亡为玉门石油之源

资料来源：作者整理。参考石宝珩：《石油史研究辑录》，地质出版社，2003。

（2）调查

中国的石油地质调查早在 19 世纪末便已经开始。1892—1894 年，俄国地质学家奥勃鲁契夫从恰克图出发，横越蒙古，经过华北，到酒泉、玉门进行地质调查。[3] 1905 年、1906 年、1909 年，奥勃鲁契

---

[1] 石宝珩：《石油史研究辑录》，地质出版社，2003，第 157 页。

[2] 同上书，第 45 页。

[3] 陈歆文：《中国近代化学工业史：1860—1949》，化学工业出版社，2006，第 243 页。

夫 3 次来华，到准噶尔盆地调查，发现并记载了乌尔禾的沥青脉和黑油山的沥青丘。[①] 此后，美国、德国、比利时、日本等国家的专家学者先后到中国进行石油调查和钻探。他们得出的结论是中国"贫油"。

中国的地质学家对中国石油地质的调查是从 20 世纪 20 年代初开始的。1921 年，地质学家翁文灏和谢家荣对玉门进行石油地质调查。次年，他们首次提出玉门石油具有开采价值，主要依据是：玉门石油泉附近地质构造为一背斜层；其地层属于疏松砂岩，厚者达数米，足能蕴蓄油量；松质砂岩之上下，分布有致密质红色页岩，足以阻止油液之渗透。[②]

此后，王竹泉、潘钟祥、张人鉴、乐森璕、赵亚曾、谭锡畴、黄汲清、孙健初、蒋静一、司徒愈旺、黄劭显、王慕陆、严爽、陈秉范、王椒、侯德封等，在 20 世纪 50 年代之前，先后对四川、甘肃、陕西、新疆、贵州、浙江等地进行广泛深入的调查（表 13-8），取得了一系列重要成果。王竹泉和潘钟祥在 1923—1933 年的 10 年间，4 次深入陕北详勘油苗及地质，不仅初步查清了肤施县和延长县的地下油层情况，修正了美孚石油公司地质技师马栋臣以及王国栋划分地层中的错误，而且还发现了永坪油田和蕴藏丰富的油页岩矿。1939 年，孙健初等人在甘肃发现玉门油矿，之后建成中国第一个石油工业基地。

表 13-8　1921—1948 年中国地质学家开展中国石油地质调查情况

姓名	时间	调查地点
翁文灏、谢家荣	1921 年	玉门
王竹泉	1923 年	陕北
张人鉴	1928 年	甘肃
乐森璕	1928 年	贵阳
赵亚曾等	20 世纪 20 年代末	四川
王竹泉、潘钟祥	1932 年	陕北
陈秉范	1941 年	四川
孙健初	1941—1942 年	陕西、甘肃
黄汲清、翁文波	1943 年	新疆
蒋静一	1945 年	陕西、甘肃
王椒	1945 年	四川
谢家荣	1945—1946 年	四川
司徒愈旺、黄劭显	1946 年	陕西和（或）甘肃
谢家荣	1946 年	台湾地区
侯德封	1947 年	四川
王慕陆	1947 年	陕西、甘肃
严爽	1948 年	陕西、甘肃
陈秉范	1948 年	台湾地区

资料来源：作者整理。参考石宝珩：《石油史研究辑录》，地质出版社，2003。

通过深入调查，中国地质学家对中国石油储量进行了估计，最高估计储量为 5.21 亿吨（表 13-9）。

[①] 石宝珩：《石油史研究辑录》，地质出版社，2003，第 154 页。
[②] 同上书，第 29 页。

表 13-9　1935—1945 年中国地质学家对中国石油储量的估计

时间 / 年	储量估计
1935	石油 137 500 万桶[1]，页岩油 296 100 万桶，合计为 433 600 万桶[2]
1937	石油储量 181 853 490 吨，为美国、苏联的五分之一[3]
1944	石油储量 52 100 万吨（包括页岩油），占当时世界总储量的 7.92%[4]
1945	20 600 万吨[5]

资料来源：作者整理。参考石宝珩：《石油史研究辑录》，地质出版社，2003。

注：[1] 1920 年，美国地质调查所根据美孚石油公司在中国钻探调查结果，推测中国石油储量为 137 500 万桶。[2] 数据出自《第五次矿业会谈纪要》，1935 年。[3] 数据出自谢家荣：《中国之石油储量》，载《地质汇报》，1937 年。[4] 数据出自李春昱：《国防与矿产》，1944 年。[5] 数据出自《第七次中国矿业纪要》，1945 年。参见石宝珩《石油史研究辑录》第 31 页。

（3）研究

在对质"中国贫油论"和调查研究中国石油过程中，中国学者先后形成、发表了一批重要学术成果，包括 1918 年张丙昌的《延长油矿沿革史》，1928 年李四光的《燃料的问题》，1930 年谢家荣的《石油》，1933 年王竹泉和潘钟祥的《陕北油田地质》以及谭锡畴、李春昱的《四川石油概论》，1936 年中国工程师学会的《四川考察团报告》，1941 年潘钟祥的《中国陕北和四川的白垩系石油的非海相成因问题》，1947 年黄汲清、翁文波等的《新疆油田地质调查报告》，1948 年尹赞勋的《火山喷发，白垩纪鱼及昆虫之大量死亡与玉门石油之生成》等（表 13-10）。

表 13-10　中国学者石油地质研究成果（1917—1949 年）

作者	成果名称	出处
（不详）	"西人谓其（延长油矿）面积之广，约当北美油田十分之四，当不诬也"（观点）	《地学杂志》，1910 年
张丙昌	《延长油矿沿革史》	陕西教育图书社，1918 年
张丙昌	《石油概论》	财政部印刷局，1919 年
谢家荣	《甘肃玉门石油报告》	《湖南实业杂志》，1922 年第 54 号
李四光	《燃料的问题》	《现代评论》，1928 年第 7 卷，第 173 期
张人鉴	《甘肃玉门酒泉临泽张掖四县之矿产》	《开发西北》，1929 年第 1 卷，第 5 期
谢家荣	《石油》	商务印书馆，1930 年
王竹泉、潘钟祥	《陕北油田地质》	《地质汇报》，1933 年第 20 号
谭锡畴、李春昱	《四川石油概论》	《地质汇报》，1933 年第 22 号
翁文灏	《中国石油地质问题》	世界日报《自然》周刊，1934 年第 60 期
谢家荣	《中国之石油》	《地理学报》，1935 年第 2 卷，第 1 期
陆贯一	《论中国石油之希望》	《中国实业杂志》，1935 年第 1 卷，第 11 期
中国工程师学会	《四川考察团报告》	1936 年
谢家荣	《中国之石油储量》	《地质汇报》，1937 年第 30 号
翁文波	《中国石油资源》	20 世纪 40 年代末
俞宁颐	《世界石油之供求现状与我国油矿之蕴藏》	《东方杂志》，1940 年第 28 卷，第 21 号
潘钟祥	《中国陕北和四川的白垩系石油的非海相成因问题》	美国《石油地质学家协会志》，1941 年

续表

作者	成果名称	出处
陈秉范	《四川石油之新展望》	《地质论评》，1941 年第 6 卷，第 3—4 期
李春昱	《国防与矿产》	商务印书馆，1944 年
董蔚翘	《美国石油事业与中国战后石油事业之展望》	《资源委员会季刊》，1945 年第 5 卷，第 3 期
谢家荣	《四川赤盆地及其所含之油气盐卤矿床》	《地质论评》，1945 年第 10 卷，第 5—6 期
黄劭显	《甘青二省油页岩概论及新油田之推测》	《地质论评》，1946 年第 11 卷，第 3—4 期
谢家荣	《再论四川赤盆地中之油气矿床》	《矿测近讯》，1946 年第 67 期
黄汲清、翁文波等	《新疆油田地质调查报告》	《中央地质调查所地质专报》，甲种，1947 年第 21 号
孙健初	《发展中国油矿计划纲要》	《地质杂讯》，1947 年第 1 期
尹赞勋	《火山喷发，白垩纪鱼及昆虫之大量死亡与玉门石油之生成》	《地质论评》，1948 年第 13 卷，第 1—2 期
王尚文	《甘肃酒泉玉门间祁连山北麓石油生存之检讨》	《地质论评》，1949 年第 14 卷，第 4—6 期

资料来源：作者整理。参考石宝珩：《石油史研究辑录》，地质出版社，2003。

（4）建制

为加强对中国石油地质的调查研究，中华民国时期，当局成立了相关的组织机构。中华民国临时政府 1912 年在南京成立后，临时政府实业部下设矿政局，矿政局下设地质科，这是中国第一个地质行政部门。北洋政府成立后，地质科属工商部。1913 年 1 月，地质科改为地质调查所，主要从事地质科研和地质调查。10 月，工商部成立地质研究所，它是中国第一个地质教育部门，培养了数十位著名的地质人才，包括翁文灏、谢家荣等，他们对中国的石油地质研究和开发起到了重要推动作用。[1]

1914 年，北洋政府成立第一个全国性的石油勘探开发机构——筹办全国煤油矿事宜处。该处督办熊希龄组织人员翻译日本学者近藤会次郎的《石油论》一书，第一次将国外石油地质学著作译成中文。[2]

1922 年，章鸿钊、翁文灏、王烈、丁文江、李四光、葛利普（A. W. Grabau，美国人）、王竹泉等 26 位中国著名地质学家及在华工作的外籍知名工作者，发起成立中国地质学会，章鸿钊任会长，谢家荣任秘书长，到 1949 年有会员 559 人。

1934 年，中华民国国民政府军事委员会参谋本部所属的国防设计委员会成立陕北油矿探勘处，从美国、德国购进勘探设备，对永坪、延长油田进行勘探。在延长钻了 4 口井，其中 101 井在井深 100 多米处钻遇旺油，初期日产 1.5 吨，后减为 150 千克；在永坪钻了 3 口井，其中 203 井日产油 50 余千克。这是有史以来中国人用机械钻第一次自己打出了石油。同时，也成立了中国第一支钻井队，人数为 100 人。[3]

1945 年，中国组建第一个地球物理勘探队——野外重力磁力测量队，在甘肃河西走廊等地开展石油地质勘探。

[1] 白寿彝总主编《中国通史·第 12 卷》修订本，上海人民出版社，2004，第 414 页。
[2] 石宝珩：《石油史研究辑录》，地质出版社，2003，第 379 页。
[3] 白寿彝总主编《中国通史·第 12 卷》修订本，上海人民出版社，2004，第 414 页。

到 1949 年，中国有石油职工 1.1 万人，3 个钻井队，但没有固定的石油地质和石油地球物理勘探队伍。石油地质及工程技术人员总共不到 40 人，其中地质技术干部 24 人，钻井技术干部十余人。[①]

（5）建树

从沈括在 11 世纪提出"石油"这个名词，到清代刘岳云在《格物中法》中对数千年来石油应用的详尽介绍[②]，19 世纪中叶李榕所著《自流井记》标志"中国石油地质的萌芽"[③]，再到 20 世纪中叶，中国石油地质学经过了近千年的漫长历程，终于有了重大突破性成就——创立了陆相生油理论。

3. 中国陆相生油说的形成和发展

20 世纪 50 年代之前的近百年时间里，人们先后找到 20 000 多个油气田，它们绝大多数位于海相地层，因而不少外国学者都认为石油只有在海相沉积中才能形成。虽然有的外国学者基于在某些陆相沉积中曾经发现油气的事实，也提出过陆相生油的可能性（如 White 认为形成生油层的有机软泥既能在盐水中沉积，也能在淡水中沉积），但最终未形成一种指导实践的理论。[④]在这种背景下，又基于对中国石油勘探的失败，海相生油论占了绝对上风，并成为中国"贫油"的理论依据。

中国地质学家们经过长期不懈的努力，逐步了解、掌握中国石油形成、分布、储量等规律，并在 20 世纪 40 年代取得重大理论突破。潘钟祥、黄汲清、翁文波等学者相继提出陆相生油的观点，从而冲破海相生油论的束缚。

中华人民共和国成立后，中国的石油工业和地质勘探环境发生了巨大变化，陆相生油理论从初创时期进入建树时期，然后不断发展成熟，一系列陆相生油的重要思想相继被提出（表 13-11）。中国著名地质学家李四光指出，石油的形成，问题不在于是"海相"还是"陆相"，关键在于生油和储油的条件。有利于生油的条件：其一，有比较广阔的低洼地区，曾长期为浅海或面积较大的湖水所淹没；其二，这些低洼地区的水中和周围要有大量的微体生物和其他生物繁殖；其三，有适当的气候为生物滋生创造条件；其四，从陆上经常输入大量泥沙把生物遗体迅速掩埋起来，使之不因腐烂而形成气体扩散消失。这样生成的石油可以分散地存在于泥沙之中，当含油地层发生褶皱和断裂等构造运动，经过动力（地应力）和静力（重力）等的驱动，分散的石油就能集中进入适宜石油、天然气和水聚集的处所——储油构造，进而形成油气藏。[⑤]陆相生油理论是油气成田理论的重大发展，最终成为中国石油地质学的核心支柱，成为中国石油勘探乃至世界陆相石油开采的重大理论支撑。

① 吴熙敬主编《中国近现代技术史》，科学出版社，2000，第 47 页。

② 刘岳云在《格物中法》中对石油的含碳性、可燃性、润滑性、黏度、用途等做了总结。他在《格物中法》中指出："石油自汉时已著于书，其原地志所载，益知产处甚多，由是以烟制墨，以油焚营，清者燃灯，浓者膏物，久澄坚结，则为土沥青。"参见白寿彝总主编《中国通史·第 10 卷》修订本，上海人民出版社，2004，第 575 页。

③ 石宝珩、刘炳义在《中国石油地质学之崛起》（原文发表在《石油科技论坛》1991 年第 4 期）一文中指出："中国关于石油地质的萌芽，约孕育于十九世纪中叶。李榕所著《自流井记》最先提出，'凡凿井须审地中之岩'。书中详细记录了凿井过程中所见到的各类岩石，指出，'凡井，诸岩不备见，唯黄姜、绿豆必有之'。其中黄姜岩即现四川侏罗系东岳庙组石灰岩，绿豆岩即三叠系雷口坡组绿豆岩。"参见石宝珩：《石油史研究辑录》，地质出版社，2003，第 91 页。

④ 石宝珩：《石油史研究辑录》，地质出版社，2003，第 94 页。

⑤ 本书编委员：《能源词典》第 2 版，中国石化出版社，2005，第 236 页。

表 13-11　中国陆相生油理论的重要思想（20 世纪 10—80 年代）

时期	作者	主要观点或成果	时间 / 年
初创期（20 世纪 10—40 年代）	（不详）	西人谓其（延长油矿）面积之广，约当北美油田十分之四，当不诬也	1910
	张丙昌	中国石油矿区之广，不亚欧美	1918
	翁文灏、谢家荣	第一次提出玉门油田具有开采价值	1922
	李四光	美孚的失败，并不能证明中国没有油田可开	1928
	谢家荣	陕北陆相地层中煤与石油"异物同源"；（三角洲）近陆之者……亦能造成石油	1930
	王竹泉、潘钟祥	《陕北油田地质》（论著）	1933
	翁文灏	质疑：陆成地层果绝对无储油之望耶	1934
	潘钟祥	首次提出"陆相生油"，即"石油不仅来自海相地层，也能够来自淡水沉积物"	1941
	黄汲清、翁文波等	陆相地层可以形成具有经济价值的油田；至少新疆一部分原油完全由纯粹陆相侏罗纪地层中产出	1943
	李春昱	论述石油同陆相沉积的关系	1944
	陈贲	论述石油同陆相沉积的关系	1945
	谢家荣	提出四川盆地"行列背斜"说	1945、1946
	阮维周	论述石油同陆相沉积的关系	1948
	尹赞勋	生物之大量暴亡为玉门石油之源	1948
建树期（20 世纪 50—70 年代中期）[1]	王尚文	玉门老君庙油田生油岩系是白垩系陆相沉积	1950
	高振西	凡湖相白垩纪地层分布之区，均应为探寻石油之对象	1950
	潘钟祥	提出中国石油大多数生于沉积盆地之中的"盆地说"	1951
	李四光	从沉积条件来讲，要"找大地槽的边缘地带和比较深的大陆盆地"	1954
	潘钟祥	陆相不仅能生油，而且是大量的	1957
	谢家荣	（中国）陆相地层才是最可能的生油层	1957
	梁布兴等	研究华北盆地陆地生油层	1958
	黄汝昌	研究柴达木盆地陆地生油层	1959
	杨少华	研究柴达木盆地陆地生油层	1959
	侯德封	研究西北地区油田形成的地质条件	1959
	李德生	研究甘肃陆地生油层	1960
	中国科学院兰州地质研究所	提出"内陆潮湿坳陷"说（1981 年改称为"陆地潮湿坳陷"说）	1960
	朱夏	陆相沉积生油是中国石油地质的最大特征之一	1960
	田在艺等	强调盆地的长期坳陷	1960
	石油工业部	全国油气田分布规律研究成果汇报会提出陆相生油的地质和地球化学标志	1961
	石油工业部、石油科学研究院、翁文波	长期的深坳有利于生油层的形成	1961—1964

续表

时期	作者	主要观点或成果	时间/年
建树期 （20世纪50—70 年代中期）[1]	胡见义、胡朝元等	总结陆相生油的条件	1962
	松辽石油勘探局勘探 指挥部	深坳陷及其两侧含油最丰富	1963
	朱夏	探讨地质构造与陆相沉积生油的关系	1965
	地质部、关士聪、袁 捷等	编制《全国石油地质图集》，总结中国陆相沉积盆地成油理论	1965
	第二石油普查勘探队	总结地质构造与陆相沉积生油的关系	1965
	傅家谟等	将油气演化过程分为两期四个阶段：油气形成期（最初甲烷气阶 段、低成熟原油阶段），油气成熟期（高成熟原油阶段、最终甲 烷气阶段）	1975
	钟其权等	总结地质构造与陆相沉积生油的关系	1977
	许杏娟等	将生油层划分为最有利生油层、有利生油层和不利生油层	1977
	石油系统	在《石油地质研究报告集》中总结了中国陆相盆地油气田形成的 基本地质条件	1977
	国家地质总局	总结了中国中、新生代陆相沉积盆地中油气形成富集的基本规律	1977
发展期 （1978—1989年）	李永康	松辽盆地白垩系的两种有机质类型开始向烃类大量转化的条件不 同	1978
	姜善春等	首次报道在沙河街组油页岩中鉴定出8种甾烷和藿烷	1979
	张曼秋	对济阳坳陷下第三系陆相沉积石油生成进行研究	1979
	梅博文等	将陆相湖盆原油划分为植烷优势型、姥植均势型和姥鲛烷优势型 三种类型	1980
	汪燮卿等	对中国4个主要盆地的生油岩和原油中生物标志化合物进行研究	1980
	杨万里	将松辽盆地烃类演化划分为未成熟、低成熟、高成熟、过成熟4 个阶段	1980
	汪本善等	进行石油演化过程的人工模拟	1980
	史继扬等	提出对低成熟石油的认识	1980
	江继纲	在江汉盆地发现未成熟原油	1980
	中国科学院兰州地质 研究所	出版《中国陆相油气的形成演化和运移》	1980、1981
	杨万里、李永康等	对松辽盆地生油特征进行研究	1980、1981、 1982
	华北油田	较早报道京津地区和冀中坳陷的甾烷和萜烷	1980、1981、 1983
	黄第藩等	将干酪根划分为三类五种：标准腐泥型（Ⅰ）、含腐殖的腐泥型（Ⅱ₁）、 中间型或混合型（Ⅱ）、含腐泥的腐殖型（Ⅲ₁）、标准腐殖型（Ⅲ）	1980、1982、 1984
	徐振泰	对松辽盆地嫩一段未成熟生油岩腐泥型干酪根热解进行模拟试验	1981

续表

时期	作者	主要观点或成果	时间 / 年
发展期（1978—1989 年）	范善发等	鉴定胜利油田、华北油田等地原油的演化阶段	1981
	王有考等	讨论原油遭微生物降解的变化	1981
	李汶国	提出不同类型干酪根不同演化阶段的累积生油气量	1981
	黄第藩等	对生物标志化合物进行研究	1981、1982
	江继纲	对江汉盆地盐湖沉积石油形成进行研究	1981、1982
	杨文宽	对油气定量预测进行研究	1981、1982、1984
	地质部石油普查勘探局	汇编出版《石油地质文集》（1981—1984）	1981—1984
	中国矿物岩石地球化学学会	召开第一届全国有机地球化学学术会议，总结交流陆相生油理论	1982
	郭庆福等	研究松辽盆地生物标志化合物	1982
	黄第藩	研究 I 型干酪根的累积产烃率	1982
	史继扬	研究胜利油田生物标志化合物	1982
	张万选、李晋超等	研究生油量的具体计算方法	1982
	黄第藩等	编著《中国陆相油气生成》	1982
	尚慧芸、姜乃煌等	研究鄂尔多斯等盆地生物标志化合物	1982、1984、1986
	华北油田	研究生物标志化合物	1982、1986
	张大江等	提出干酪根热解生油的简单模式及动力学方程	1983
	周光甲等	探讨低成熟原油的成熟度可能小于生油岩的门限	1983
	傅家谟等	探讨有机质演化与沉积矿床成因	1983
	王尚文	主编《中国石油地质学》	1983
	朱夏	主编《中国中新生代盆地构造和演化》	1983
	蒋助生	对克拉玛依油田进行生物标志化合物研究	1983
	黄第藩等	建立了未成熟、成熟和过成熟的成烃演化模式	1983、1985
	相关部门	召开全国第二届有机地球化学和陆相生油会议，明确了现代陆相生油理论的主要内容	1984
	范璞等	研究标志化合物与沉积环境	1984
	黄第藩等	提出生油量与排出量的计算公式，以及累积生油量的定量计算	1984
	关士聪	主持完成《中国海陆变迁、海域沉积相与油气》	1984
	傅家谟等	研究生物标志化合物，建立生物标志物与有机物输入模式	1984、1985、1986
	中国石油学会等	出版《中国隐蔽油气藏勘探论文集》《基岩油气藏》等	1984、1986、1987
	曹庆英	研究干酪根的显微细分	1985
	童育英	研究不同类型干酪根的热裂解产物特点	1985

续表

时期	作者	主要观点或成果	时间/年
发展期 （1978—1989 年）	秦匡宗	依碳原子结构将干酪根分为芳族结构、脂族结构与杂原子非烃结构三类	1985
	洪志华	对临邑盆地的甾烷、萜烷进行研究	1985
	傅家谟	指出未成熟油的成因可能是膏盐沉积环境	1985
	汪本善、范善发等	对苏北坳陷第三系进行研究	1985
	杨万里等	出版《松辽盆地陆相油气生成、运移和聚集》	1985
	傅家谟等	发现江汉盆地广华寺油田广 33 井就地生成的原油	1985、1987
	相关部门	召开第三届全国有机地球化学学术会议，对未成熟油成因、油气运移、生成量等进行探讨	1986
	相关部门	召开生物标志物和干酪根进展学术会议	1986
	周中毅等	指出评价生油岩要注意原始母质质量的优劣	1986
	李术元、钱家麟等	探讨蒂索平行反应模型中表观活化能与视频率因子的关系	1986
	张振才等	依据华北油田实际建立一组干酪根热降解全过程的动力学方程式	1986
	卢松年等	对辽河盆地生物标志化合物进行研究	1986
	王铁冠	探讨生物标志化合物的沉积环境意义	1986
	周光甲	对未成熟油成因进行研究	1986
	盛国英等	认为含有维生素 E 的原油是未成熟的原油	1986
	曾宪章等	认为未成熟生油中单芳甾烷相对丰度较高，三芳甾烷相对丰度很低	1986
	程克明、邹立言等	提出用有机碳恢复系数图版来计算总生油量	1986
	金强等	提出以动力学为基础的生油气量计算方法	1986
	潘原敦	提出用干酪根热解产物表示生油量，用氯仿沥青"A"以及生烃量表示原油生成量	1986
	盛志伟等	研究 I 类干酪根的补偿系数	1986
	关士聪	主持完成《中国中新生代陆相沉积盆地与油气》	1987
	韩景行等	提出陆相生油的基本特征	1988
	石宝珩	将 20 世纪 70 年代中期以来中外陆相生油理论的新进展概括为 6 个方面：把干酪根热解成油理论运用于解释陆相生油机理；陆相生油门限的确定及其油气演化研究；生物标志化合物的研究与应用；未成熟石油的研究；关于生油量的定量评价；区域地球化学条件的综合研究与评价	1989

资料来源：作者整理。参考石宝珩：《石油史研究辑录》，地质出版社，2003。

注：[1] 建树期的划分依据是从 20 世纪 50 年代到 70 年代中期，中国油气勘探取得四个重大发现：1955 年发现克拉玛依油田；1959 年发现大庆油田；20 世纪 60 年代在渤海湾发现胜利、大港、辽河三大油田；1975 年发现任丘古潜山油田。

以陆相生油理论为指导，从 20 世纪 50 年代到 70 年代中期，在 20 多年的时间里，中国在油气勘探上取得了四个重大发现：一是 1955 年在准噶尔盆地西北缘发现克拉玛依油田，展示了在陆相地层找油的光明前景；二是 1959 年发现大庆油田，证实了陆相地层同样可以形成特大油田；三是 20 世纪 60 年代在渤海湾地区找到胜利、大港、辽河三大油田，证实了在构造复杂的地质条件下，同样可以有陆相大油田存在；四是 1975 年发现任丘古潜山油田，这是陆相油源运移到古老地层之中形成的高产油田。[1] 到 1975 年，中国产原油 7 654.4 万吨。这一年的产量约为 1949 年产量 12 万吨的 638 倍，约为整个中华民国时期（1912—1949 年）全部原油产量 461 万吨的 16.6 倍。

1978 年，联邦德国地球化学家 D. H. 威尔特在了解中国石油概况之后说："'陆相生油'只能由中国人来讲了！"[2] 两年后，在 1980 年北京石油地质国际学术会议上，美国的 M. T. 哈尔布蒂又对中国的陆相生油理论做了高度评价："陆相生油"理论的发展，对于世界各地上百个陆相沉积盆地的石油勘探是有指导意义的。[3]

二、石油勘探方法

石油勘探方法多种多样，包括地震勘探、电法勘探、重力勘探、地球化学勘查等（表 13–12）。随着石油科技的进步，石油勘探方法不断丰富。在石油勘探中，最重要、使用最多的是地球物理勘探。

表 13–12　石油勘探方法

类型	基本方法
地球物理勘探	地震勘探
	电法勘探
	重力勘探
	磁力勘探
	放射性勘探
地球化学勘查	岩石地球化学测量
	生物地球化学勘查
	海洋地球化学勘查
	航空地球化学勘查

资料来源：作者整理。参考《中国大百科全书》总编委会：《中国大百科全书·第 5 卷》第 2 版，中国大百科全书出版社，2009。

（一）地震勘探

地震勘探从 20 世纪 20 年代起在石油工业得到重要应用，先后开发出折射地震勘探法、反射地震勘探法、垂直地震剖面法、三维地震勘探法、四维地震勘探法等多种先进技术（表 13–13）。随着现代科技的发展，地震勘探走向数字化、可视化、虚拟化、集成化，在石油勘探中发挥重要作用。新中国地震勘探始于 20 世纪 50 年代初，第一支地震队于 1951 年到陕西延长油矿外围进行地震勘探。

---

[1] 石宝珩：《石油史研究辑录》，地质出版社，2003，第 97 页。

[2] 同上书，第 3 页。

[3] 同上。

表 13-13　现代地震勘探方法的演进

出现时间	类型
1919 年	折射地震勘探法
1921 年	反射地震勘探法
1959 年	垂直地震剖面法
1963 年	三维地震勘探法
1968 年	卫星导航地震勘探法
1972 年	井间地震勘探法
20 世纪 80 年代	四维地震勘探法
1988 年	随钻地震测量法
1988 年	"超级二维"地震勘探法
1994 年	海陆同步地震勘探法

资料来源：作者整理。参考王才良、周珊：《世界石油大事记》，石油工业出版社，2008。

1. 折射地震勘探法

折射地震勘探法又称地震折射波法，诞生于 20 世纪 10 年代末。德国的 Ludger Mintrop 于 1919 年 12 月申报折射地震勘探法专利，两年后（1921 年）创办了世界上第一家地震勘探服务公司——Seismos 公司。[1]

美国于 1923 年引进折射地震勘探法，阿梅拉达石油公司总裁德高里尔创办地球物理研究公司，在石油勘探中用无线电信号测量方法取代声波法，极大地提高了折射地震勘探的效果，使其很快在得克萨斯州和路易斯安那州得到推广应用，4 年时间发现了 40 个盐丘（油田）。

2. 反射地震勘探法

反射地震勘探法诞生于 20 世纪 20 年代。卡切尔博士于 1921 年进行首次反射地震勘探法试验，获得第一张反射地震记录。1928 年，卡切尔成立世界上第一个反射地震队。[2] 同年，首次用反射地震勘探法在美国俄克拉何马州 Semino 盆地找到 Maud 背斜油田，这一成功勘探被誉为地震勘探技术的第一次革命。[3] 1930 年后，反射地震勘探法曾成为应用最广泛的方法，无论是在陆地还是海底，人们都用这种方法发现了许多油田。[4]

3. 垂直地震剖面法

垂直地震剖面法（VSP）是苏联于 1959 年首创的，用它获得的信息能够帮助识别各类地震波场。1971 年，苏联开发出垂直地震剖面观测使用的专门仪器和成套野外工作方法，并且试验成功。这标志着垂直地震剖面法成为完整独立的观测方法。

4. 三维地震勘探法

三维地震勘探法最早出现在 20 世纪 60 年代初期。新泽西标准石油公司的子公司——埃索研究公

[1] 王才良、周珊：《世界石油大事记》，石油工业出版社，2008，第 56 页。

[2] 同上书，第 71 页。

[3] 中国科学院油气资源领域战略研究组：《中国至 2050 年油气资源科技发展路线图》，科学出版社，2010，第 28 页。

[4] 特雷弗·I. 威廉斯主编《技术史·第 6 卷》，姜振寰、赵毓琴主译，上海科技教育出版社，2004，第 233 页。

司于 1963 年提出三维地震勘探的概念，并首次进行三维地震现场试验。[1]

20 世纪 70 年代，计算机技术和地震偏移理论的发展促使三维地震勘探技术从试验走向应用。1971 年，在 6 家石油公司的资助下，地球物理研究公司在美国新墨西哥州进行首次大规模的陆上三维地震试验。1984 年，美国 GSI 公司在加拿大东部进行简易三维地震试验，其费用与二维地震试验相当。1989 年，GECO 公司使用 2 条地震勘探船连续 3 天 5 次创造地震采集纪录，一天可采集二维地震测线 2 058 千米，70 天采集三维地震数据超过 1 400 平方千米。[2]

20 世纪 90 年代，三维地震勘探法在海上勘探中取得重要突破。1990 年，Halliburton 地球物理服务公司的 Polar Princess 号三维地震船利用 3 条 3 000 米拖缆和双震源组合，在北海首次进行 6 条剖面测量，与常规剖面测量作业一次航行采集的高质量三维数据相比增加了 50%。1991 年，美国 HGS 公司推出一种新的海上三维地震勘探技术——海底电缆勘探技术。从 1990 年到 1998 年，世界四大物探公司开展海洋地震勘探的三维面积从 500 平方千米扩大到 3 000 平方千米；数据采集效率由每日 3 平方千米提高到每日 25 平方千米；成本从每平方千米 15 000 美元降低到每平方千米 5 000 美元；海上地震船拖缆从 2 根增至 6～8 根，向 12 根发展，排列宽度由 100 米增至 700 米，向 1 200 米发展，其中最先进的地震船有 16 根拖缆，排列宽度达 1 500 米，拖缆长达 12 千米。[3] 三维地震勘探技术成为海洋石油勘探的重要工具。

21 世纪初，三维地震勘探走向可视化与虚拟现实（VR）一体化。2004 年，Silicon 图像公司、Landmark 公司把虚拟现实与三维地震勘探可视化结合起来，开发出来的三维地震数据可视化规模达到 400 GB。

2006 年，中国建成世界上最先进的三维地震数据采集装备——"先锋号"地震勘探船。[4] 同年，中国与沙特阿美公司开展三维地震勘探合作，签订了有史以来世界上最大的单个地震勘探采集项目。

5. 四维地震勘探法

四维地震勘探法是在三维地震（即数据采集维、处理维、解释维）的基础上加上"时间维"而发展起来的，自 20 世纪 80 年代末开始成为追踪油藏开发的先进技术。

斯伦贝谢公司经过 10 年的努力，在 20 世纪末开发出一套四维地震勘探技术——Q 技术，包括 Q-Land、Q-Marine、Q-Reservior 和 Q-Seabed。其中，Q-Land 是地震成像技术在数量和质量上的一种飞跃，可提供实时 30 000 道的采集能力。

2003 年，BP 公司在 EAGE Stavanger 启用世界上第一个永久性四维地震勘探项目，用来监测 Valhall 油田的油层动态。[5]

6. 卫星导航地震勘探等方法

1968 年，美国 Bendix United Geophsical Corp. 应用卫星导航技术进行地震勘探。

[1] 王才良、周珊:《世界石油大事记》，石油工业出版社，2008，第 164 页。
[2] 同上书，第 294 页。
[3] 同上书，第 331 页。
[4] 同上书，第 445 页。
[5] 同上书，第 359 页。

1972 年，井间地震勘探法在油田上得到首次应用。

1988 年，出现随钻地震测量法，即钻头震源 VSP。

美国阿莫科（Amoco）公司于 1994 年开展 ARIES 项目研究，利用卫星通信和地面 ATM 网络，进行海上地震勘探与陆上数据处理实时连接试验，实现海陆同步地震勘探数据处理。

7. 震源和地震仪

震源和地震仪是地震勘探的重要工具，在地震勘探中，各国先后推出便携式地震仪、磁带式地震仪、数字化地震仪（二进制野外数据采集系统）以及落锤法震源、可控震源、气枪震源、脉冲震源、井中震源（DSS）等先进技术（表 13-14）。

表 13-14　现代地震勘探的震源和地震仪

出现时间 / 年	震源 / 地震仪名称
1938	便携式地震仪
1951	磁带式地震仪
1955[1]	落锤法震源（代替炸药震源）
1960	数字化地震仪
1960	可控震源
1964	气枪震源
1980	脉冲震源
1987	井中震源

资料来源：作者整理。参考王才良、周珊：《世界石油大事记》，石油工业出版社，2008。

注：[1] 商业化时间。

8. 地震勘探数据

对地震数据进行采集、处理、解释是地震勘探的重要环节，其技术手段不断推陈出新（表 13-15）。通过应用计算机技术、互联网技术、虚拟技术等各种高科技手段，地震勘探数据采集、开发、利用水平得以不断提高（表 13-16）。1978 年，日本三菱重工为美国建造了一艘当时最大的物探船，不仅配置了先进的地震采集系统，还装备有卫星导航系统，总吨位达 2 573 吨，最高航速达 28.3 千米 / 时。[①] 1983 年，世界上最先进、最大的地震勘探船 M. V. Mobil Search 号开始全套作业，船上数据处理设备可处理 480 道地震资料以及重力、磁力、折射和导航资料。[②]2000 年，壳牌石油公司从 IBM 购买 Beowulf 集群计算机系统，其浮点运算峰值速度高达 2×10^{12} 次 / 秒。

表 13-15　地震勘探数据采集、处理、解释技术的演化

时间 / 年	事件
1938	用弦线电流计记录地震信息
1947	Atlantic Refining 公司首创放炮和地震记录同时进行的外海地震系统

① 王才良、周珊：《世界石油大事记》，石油工业出版社，2008，第 236 页。

② 同上书，第 265 页。

续表

时间 / 年	事件
1952	麻省理工学院用计算机开发出世界上第一批地震勘探资料处理程序
1956	用共反射点技术处理地震资料
1958	罗宾逊首次用计算机在实际地震道中提取地震子波
1958	出现合成地震记录
1960	地震数据解释环节发现水平叠加共深点
1962	地震数据处理诞生"饼分法"
1963	出现应用于地震数据处理的"跳跃式混波技术""消除虚反射技术"
1964	美国西方地球物理公司把 IBM 7040 计算机系统应用于地震数据处理
1964	出现第一代商用地震数据记录仪——陆上地震数据记录系统 DFS-10000
1964	用气枪震源采集地震数据
1965	美国 GSI 公司推出海上地震数据记录系统
1980	地震资料解释工作站（人机联作系统）问世
1994	地震数据 ATM 网络连接
1998	出现应用于地震资料解释的侵入式显形环境（IVE）技术
2000	应用集群计算机系统处理地震数据，开发出更先进的地震成像技术
2004	出现地震随钻测量（MWD）技术——Vision 系统
2004	三维地震虚拟可视化

资料来源：作者整理。参考王才良、周珊：《世界石油大事记》，石油工业出版社，2008。

表 13-16　地震数据处理中心技术及装备发展历程

主要参数	1982 年	1987 年	1992 年	1997 年	2002 年
采集道数（/km²）	24 000	32 000	48 000	72 000	120 000
G 字节 / 计算中心	1	10	100	1 000	35 000
G Flops/ 计算中心	0.01	0.1	1	100	2 000
标准技术	FK 滤波 NMO	FK 多路解编 DMO	FK 多路解编 3D DMO	Radon PSTM	SRME KPSTM KPSDM 各向异性
计算机技术	Phoenix VAX	VAX Convex IBM MF IBM RS	IBM Fijitsu Cray Intel	IBM SP SGI	IBM SP PC 机群 可视化系统

资料来源：方朝亮、刘克雨主编《世界石油工业关键技术现状与发展趋势》，石油工业出版社，2006，第 66 页。

（二）电法勘探

电法勘探是地球物理勘探中的重要方法，包括自然电场法、大地电流法、大地电磁法、电阻率法等（表 13-17）。

表 13-17　电法勘探方法

出现时间	类型
1835 年	自然电场法
19 世纪末	电阻率法
20 世纪初	大地电流法
1917 年	电磁感应法
1920 年	激发极化法 / 激电效应法
20 世纪 50 年代	大地电磁法
20 世纪 80 年代	探地雷达法
1990 年	随钻地质导向勘探法

资料来源: 作者整理。主要参考王才良、周珊:《世界石油大事记》, 石油工业出版社, 2008。

1926 年, 法国的斯伦贝谢兄弟创办公司, 开展地面电法勘探。1927 年, 斯伦贝谢公司在法国佩谢尔布龙油田进行世界上第一次电阻率测井现场试验, 取得世界上第一张测井曲线, 开创了测井的先河。[1] 此后, 斯伦贝谢公司先后到苏联格罗兹尼、委内瑞拉、荷属东印度等地开展电法勘探业务。1931 年, 斯伦贝谢公司把地面电法勘探业务转让给法国当年成立的通用地球物理公司。

1986 年, 美国国际地球物理公司开发出一种应用大地电磁原理探测地下油气资源的新方法。在未钻井之前, 用轻便仪器可以在地面测得类似钻井后的电测资料, 每天可做 6 ~ 12 条类似钻井曲线的资料, 并可现场解释。

1990 年, Teleco 公司在墨西哥湾用随钻电阻率测量仪加上 Christensen 公司的可转向井下马达完成世界上第一次地质导向作业。

（三）重力勘探

早在 17 世纪, 意大利物理学家伽利略就利用自由落体运动测定重力加速度。19 世纪末, 匈牙利物理学家厄缶发明可用于地质勘探的重力探测仪器——扭秤。[2]1901 年匈牙利把德国人欧特沃斯发明的扭秤应用到石油勘探中, 在巴拉顿湖地区用扭秤勘探石油。1915 年, 重力勘探在石油工业领域首次实现商业化应用。

进入现代, 重力勘探的运用日渐增多。1922 年, 美国阿梅拉达石油公司引进德国冯·罗兰·欧特沃斯发明的扭秤, 在 Spindle-top 油田进行现场试验, 证实有用。[3]

1933 年, 地球物理研究公司在美国得克萨斯州进行第一次船载的海上地球物理勘探, 先用扭秤探测, 后做地震勘探。

1939 年, 中国翁文波博士在玉门油田试用他在伦敦留学时组装的重力仪和磁力仪。两年后, 中国成立了第一支重力勘探队。

1948 年, 应用于海洋勘探的水下重力仪诞生。美国世纪地球物理公司则于 1966 年推出井下重力

---

[1] 王才良、周珊:《世界石油大事记》, 石油工业出版社, 2008, 第 68 页。

[2]《中国大百科全书》总编委会:《中国大百科全书·第 29 卷》第 2 版, 中国大百科全书出版社, 2009, 第 462 页。

[3] 王才良、周珊:《世界石油大事记》, 石油工业出版社, 2008, 第 61 页。

测量仪。

1968 年，出现了对重力变化分辨率甚高的超导重力仪。

（四）磁力勘探

磁力勘探又称磁法勘探，是最古老的一种找矿方法。瑞典人在 17 世纪中叶利用罗盘寻找磁铁矿，后于 19 世纪 70 年代发明简单的磁力仪。[1]1915 年，德国 A.施密特发明刃口式磁秤，开始大规模用于找矿。

1936 年，苏联 A. A.洛加乔夫制成感应式航空磁力勘探仪。20 世纪 40 年代初，海湾研究与开发公司推出航空磁力探测装置（MAD），1944 年首次进行高灵敏度航空磁力勘探。[2]1945 年，美国海军研究实验室和贝尔电话实验室合作，使用 AN/ASQ-3 磁力仪，在美国进行航空磁力普查。[3] "二战"期间，还发明了一种海湾饱和式磁力仪。

中国于 1936 年从德国购入首台磁秤，开展磁力勘探。

（五）放射性勘探

放射性勘探又称核法勘探，最早于 1904 年在加拿大出现。1922 年苏联 A. P. 基里夫通过测量土壤中的氡来寻找第四系覆盖下的铀矿体。

20 世纪 30 年代，放射性勘探在石油勘探中取得重大突破。1937 年，汉伯尔石油和炼制公司的豪厄尔和弗罗施研究出伽马射线测井方法。[4]第二年，世界上第一台放射性测井仪器——伽马射线测井仪（由 Wells Servey 公司研制）投入使用，在美国俄克拉何马州油田上现场测试成功。后来，该仪器由 Lane Wells 公司加以商业化推广，Lane Wells 公司于 1939 年首家推出商业性的伽马射线井服务。

1981 年，斯伦贝谢公司推出新型的次生伽马能谱测井仪（GST），用于在老井内测量油气层孔隙度、含水饱和度和流体类型。

（六）地球化学勘查

地球化学勘查在石油工业的应用始于 20 世纪 20 年代。德国 G. 劳伯梅耶和苏联 B. A. 索柯洛夫于 1929 年尝试通过调查地表土壤中的烃类气体来寻找油气田，由此开启了地球化学勘查。[5]1935 年，Rosaire、Horvits 在得克萨斯州黑斯廷油田进行土壤分析实验。

1989 年，斯伦贝谢公司在地球化学测井上实现重大突破，开发出由已有的次生伽马能谱测井仪同自然伽马能谱测井仪（NGS），加上新研制的铝活化黏土测井仪（AACT）组成的地球化学测井仪，这台仪器可以测量地层中 10 种化学元素。利用其开发的地球化学测井元素分析程序（ELAN），可把测井元素信息转换为重量或体积百分比的浓度，从而确定黏土含量、孔隙度、阳离子交换能力、岩石颗粒度和渗透率，还可以解释地层的沉积环境。[6]

[1]《中国大百科全书》总编委会：《中国大百科全书·第 4 卷》第 2 版，中国大百科全书出版社，2009，第 83 页。
[2] 王才良、周珊：《世界石油大事记》，石油工业出版社，2008，第 107 页。
[3] 同上书，第 110 页。
[4] 同上书，第 91 页。
[5] 同上书，第 73 页。
[6] 同上书，第 295 页。

三、测井和测斜

测井，主要是利用各种探测仪器设备，沿钻井剖面对岩层的物理性质进行探测。测斜，全称为钻孔弯曲测量，主要是利用专用的测斜工具，对钻孔或钻井的倾斜、弯曲程度进行测量，以防止钻井或钻孔倾斜，或予以纠斜。测井和测斜都是石油钻探过程中的重要环节。

（一）测井

测井，包括地球物理测井和地球化学测井，既是勘探的一种重要方法与技术，也是通过钻井开展石油勘探的一个重要环节。在石油勘探、钻井过程中，大多要借助测井技术进行数据采集与处理，以便了解井中的岩性、物性、含油气性等地质情况。

自从 1927 年测井技术诞生后，世界各国先后研制出各种测井技术，石油工业领域出现了电法测井、地层测试、伽马射线测井、感应测井、井下电视测井、数字化测井、数控测井、随钻测井、地球化学测井、核磁共振测井、地层成像测井、实时随钻测井等诸多测井技术和方法（表 13-18），促进了测井事业的极大发展，为石油勘探与开发提供了重要的技术支持。

表 13-18　石油测井技术和方法的演化

出现时间 / 年	类型
1927	电阻率测井
1927	中途测试
1930	地层测试
1934	声波测井
1935	倾角测井
1937	伽马射线测井（核测井）
1939	气测井
1941	中子测井（核测井）
1946	感应测井
1948	声阻抗测井
1948	微测井
1949	侧向测井
1954	密度测井（核测井）
1961	水泥胶结测井
1961	井下电视测井
1962	数字化测井
1968	能谱测井（核测井）
1976	数控测井
1976	碳氢比测井
1983	随钻测井
1983	光纤测井
1987	随钻孔隙度测井（核测井）

续表

出现时间 / 年	类型
1989	地球化学测井
1990	核磁共振测井（核测井）
1990	地层成像测井
1993	超声波随钻测井
1996	随钻测压
2005	实时随钻测井（新型声波随钻测井）

资料来源：作者整理。参考王才良、周珊：《世界石油大事记》，石油工业出版社，2008。

1. 起步和全面发展时期（1927—1959 年）

就技术路径而言，测井可分为电法测井、声波测井、放射性测井、气测井等。根据测井空间区位的差异，又可分为中途测试、倾角测井、射孔测试、随钻测井、井壁取心等。在 20 世纪 20—50 年代，测井技术处于全面发展时期，无论是技术路径，还是测井空间区位，都得到了全方位的发展。

1927 年，斯伦贝谢公司在法国进行世界上第一次电阻率测井现场试验，从而诞生了测井技术。第二年，第一条测井用电缆也在法国诞生。

在美国，约翰斯顿测试器公司于 1927 年在阿肯色州的 East 油田上进行了第一次中途测试。[①]

20 世纪 30 年代，先后出现地层测试、声波测井、倾角测井、核测井、气测井等技术。约翰斯顿测试器公司于 1930 年发明地层测试器。斯伦贝谢公司于 1934 年获得声波测井的技术专利。第二年，斯佩里森公司开发的倾角测量仪投入市场。1937 年，豪厄尔和弗罗施研究出伽马射线测井方法，标志着核测井的诞生。1939 年，斯佩里森公司开发出气测录井仪。斯伦贝谢在实践基础上，于 1938 年发表论文，从理论上探讨石油储量与电阻率的关系，标志着测井从经验解释走向科学研究。[②]

20 世纪 40 年代，测井又取得较大的发展。1941 年出现中子测井（核测井的一种）。1946 年，斯伦贝谢公司在美国得克萨斯州霍金斯油田进行首次感应测井试验。[③]1948 年，汉伯尔公司开发出声阻抗测井技术。[④]同年，斯伦贝谢公司也成功地进行了微测井现场试验。1949 年 4 月，斯伦贝谢公司在休斯敦测得第一条七侧向测井曲线。

20 世纪 50 年代，测井发展缓慢，新开发出来的测井技术少。兰威尔斯公司于 1954 年推出密度测井（核测井的一种）。1956 年，斯伦贝谢公司发明的感应测井仪实现商业化应用。

2. 高技术化、信息化发展时期（20 世纪 60 年代—21 世纪初）

20 世纪下半叶以来，以现代信息技术为代表的现代科学技术取得重大突破。20 世纪 50 年代，电视进入普及阶段。1962 年，美国发射了全球首颗传播电视节目的通信卫星。从 20 世纪 50 年代末期起，计算机发展先后进入第二代晶体管计算机、第三代半导体集成电路计算机、第四代大规模和超大规模

---

① 王才良、周珊：《世界石油大事记》，石油工业出版社，2008，第 68 页。

② 同上书，第 94 页。

③ 同上书，第 112 页。

④ 同上书，第 117 页。

集成电路计算机的新时期。20 世纪 70 年代，核磁共振成像技术和光纤通信技术取得发展。20 世纪 90 年代，人类进入了万维网时代。

在以上重大科技进步的推动下，测井向高技术化、信息化方向不断转型升级，技术水平得到极大提高。1961 年，德国开发出 FB-400 型井下电视测井仪。[①]1962 年，斯伦贝谢公司首次应用计算机处理地层倾角测井资料，开发出数字测井仪。[②]1970 年，新泽西标准石油公司首先在野外使用计算机系统。1976 年，斯伦贝谢公司开发出井下仪器的测量，信号传输、处理等全由计算机控制的数控测井仪。1983 年，美国 Optelecom 公司制成第一根测井用的光纤电缆。1990 年，Numar 公司开发出核磁共振测井技术，创造了测井发展史上的一个里程碑。[③]同年，斯伦贝谢公司研制成 MAX-500 地层成像测井系统，开发出测井解释工作站。

与此同时，其他测井新技术也不断涌现。1983 年，斯佩里森公司开发出第一代随钻测井。1989 年，斯伦贝谢公司制成地球化学测井仪，1993 年又推出第一代超声波随钻测井仪。1996 年出现随钻测压。2005 年，斯伦贝谢公司开发出一种新型声波随钻测井工具，可快速实时传播时间数据，高可信度地获得测试值，进而实现实时钻井决策。

（二）测斜

现代以来，一些物探公司先后推出一批测斜技术，测斜技术取得重大发展。

1929 年，Eastman Oilwell 公司推出多点磁力测斜仪。

1930 年，斯佩里森公司开发出第一只陀螺测量仪——SURWER。此后，斯佩里森公司于 1940 年开发出单点测斜仪和多点测斜仪。

斯伦贝谢公司于 1932 年开发出测斜仪（遥测井斜仪），1952 年又开发出连续测斜微测井技术（称为"德尚布里倾斜仪"）。通过多年对遥测井斜仪技术的改进，1957 年，遥测井斜仪投入商业化应用，取代"德尚布里倾斜仪"。该公司还于 1988 年制成补偿双电阻率 - 补偿密度随钻测量工具。

美国特立科公司于 1976 年开发出随钻测量技术，现场试验成功。这是测斜技术的重大突破，是钻井技术的一个重要里程碑。[④]斯伦贝谢公司与雪佛龙德士古公司合作，于 2003 年 12 月在墨西哥湾格林峡谷 727 区块汤加深水探井创造了 MWD 和 LWD 垂直测深 9 700 米的新纪录，最大井下压力达 180 兆帕。由于是连续实时测量，因此确保了井眼轨迹不偏离目标。[⑤]

四、油田的发现

油田是指在一定地质构造下石油集聚的空间区域。它可以由一个或多个油藏构成，可分为构造型油田、地层型油田、岩性型油田、水动力油田、复合型油田等。国际上通常将地质储量大于 1 亿小于等于 5 亿桶的油田称为巨型油田，将大于 5 亿桶小于等于 50 亿桶的油田称为世界级大油田，将超过

① 王才良、周珊：《世界石油大事记》，石油工业出版社，2008，第 157 页。
② 同上书，第 160 页。
③ 同上书，第 300 页。
④ 同上书，第 236 页。
⑤ 同上书，第 360 页。

50 亿桶（约 6.8 亿吨）的油田称为超级大油田。中国将地质储量大于 1 亿吨小于等于 10 亿吨的油田称为大油田，将超过 10 亿吨的油田称为特大油田。

（一）全球概况

从 1920 年到 2006 年，全球共发现大油田 525 个，发现石油储量 11 780 亿桶（表 13-19）。其中，20 世纪 60 年代和 70 年代发现大油田数量最多，分别为 128 个和 115 个，共 243 个，占 1920—2006 年发现大油田总数的 46.3%，是世界石油发现史上的高峰期。

表 13-19　1920—2006 年全球发现的大油田数据

时间 / 年	数量 / 个	发现储量 / (×10 亿桶)	储量平均值 / (×10 亿桶)
1920—1929	19	72.0	3.79
1930—1939	40	101.0	2.53
1940—1949	30	140.0	4.67
1950—1959	64	199.0	3.11
1960—1969	128	298.0	2.33
1970—1979	115	195.0	1.70
1980—1989	51	68.0	1.33
1990—1999	45	67.0	1.49
2000—2006	33	38.0	1.15
合计	525	1 178	—

资料来源：洪定一主编《炼油与石化工业技术进展》，中国石化出版社，2009，第 8 页。

据美国《油气》杂志的统计，1977 年估计剩余可采储量达 1 亿吨以上的大油田有 68 个（表 13-20）。其中，估计剩余可采储量达 10 亿吨以上的有 11 个，依次为布尔甘、盖瓦尔、塞法尼耶、萨莫特洛尔、鲁迈拉、普鲁德霍湾、萨伊姆、基尔库克、迈尼费、马仑、萨里尔。布尔甘、盖瓦尔 1977 年估计剩余可采储量分别达 76.71 亿吨、62.36 亿吨。

表 13-20　全球大油田（至 1977 年）

序号	油田名称	所属国家 / 地区	发现时间 / 年	1976 年产量 / 万吨	1976 年年底累计产量 / 百万吨	1977 年估计剩余可采储量 / 亿吨
1	布尔甘（Burgan）	科威特	1938	4 932	1 778	76.71
2	盖瓦尔（Ghawar）	沙特阿拉伯	1948	25 945	2 021	62.36
3	塞法尼耶（Saffaniyah）	沙特阿拉伯	1951	3 110	478	19.69
4	萨莫特洛尔（Samotlor）	苏联	1965	11 096	344	16.56
5	鲁迈拉（Rumaila）	伊拉克	1953	4 110	374	15.21
6	普鲁德霍湾（Prudhoe Bay）	美国	1968	68	2	13.70
7	萨伊姆（Salym）	苏联	1963	137	1.5	13.68
8	基尔库克（Kirkuk）	伊拉克	1927	4 795	1 050	11.86

续表

序号	油田名称	所属国家 / 地区	发现时间 / 年	1976 年产量 / 万吨	1976 年年底累计产量 / 百万吨	1977 年估计剩余可采储量 / 亿吨
9	迈尼费（Manifa）	沙特阿拉伯	1957	0.3	18	11.63
10	马仑（Marun）	伊朗	1963	6 740	451	10.40
11	萨里尔（Sarir）	利比亚	1961	1 356	132	10.06
12	加奇萨兰（Gachsaran）	伊朗	1928	3 096	568	9.98
13	阿赫瓦兹－阿斯马里（Ahwaz Asmari）	伊朗	1958	4 685	285	9.66
14	比比－哈基梅（Bibi Hakimeh）	伊朗	1961	1 164	289	9.37
15	贝利（Berri）	沙特阿拉伯	1964	4 041	212	8.75
16	劳扎塔因（Raudhatain）	科威特	1955	1 000	227	8.28
17	恰帕斯（Chiapas）	墨西哥	1974	2 767	139	7.53
18	祖卢夫（Zuluf）	沙特阿拉伯	1965	14	21	7.16
19	米纳斯（Minas）	印度尼西亚	1944	1 781	284	7.04
20	哈夫吉（Khafji）	中立区	1961	1 000	190	6.97
21	哈西·迈萨乌德（Hassi Messaoud N.）	阿尔及利亚	1956	1 123	136	6.31
22	乌津（Uzen）	苏联	1961	1 575	116	6.04
23	胡赖斯（Khurais）	沙特阿拉伯	1957	151	10	5.86
24	斯塔特福约德（Statfjord）	挪威	1974			5.34
25	罗马什金（Romashkin）	苏联	1948	7 808	1 393	5.30
26	阿布凯克（Abqaiq）	沙特阿拉伯	1940	4 123	714	5.29
27	萨布里亚（Sabriya）	科威特	1956	27	29	5.19
28	阿布－萨法（Abu-Safah）	沙特阿拉伯	1963	507	41	5.12
29	阿马勒（Amal）	利比亚	1959	329	73	5.07
30	阿加贾里（Agha Jari）	伊朗	1938	4 260	892	4.89
31	祖拜尔（Zubair）	伊拉克	1949	959	116	4.79
32	帕扎南（Pazanan）	伊朗	1961	178	22	4.59
33	谢巴（Shaybah）	沙特阿拉伯	1968			3.91
34	贾洛（Gialo）	利比亚	1961	1 329	175	3.90
35	卡提夫（Qatif）	沙特阿拉伯	1945	411	69	3.64
36	瓦夫腊（Wafra）	中立区	1953	534	129	3.64
37	帕里斯（Paris）	伊朗	1964	1 781	111	3.08
38	拉马（Lama）	委内瑞拉	1957	740	272	3.00
39	拉格伊萨菲德（Rag-e-Safid）	伊朗	1964	1 000	55	2.90
40	布伦特（Brent）	英国	1971			2.86
41	阿尔兰（Arlan）	苏联	1955	2 055	242	2.85

续表

序号	油田名称	所属国家 / 地区	发现时间 / 年	1976 年产量 / 万吨	1976 年年底累计产量 / 百万吨	1977 年估计剩余可采储量 / 亿吨
42	乌斯特巴利克（Ust-Balyk）	苏联	1961	1 507	109	2.80
43	福蒂斯（Forties）	英国	1970	548	6	2.69
44	埃德 – 莎吉（Idd El Shargi）	卡塔尔	1960	55	21	2.68
45	拉古尼拉斯（Lagunillas）	委内瑞拉	1926	2 685	1 229	2.48
46	米纳吉什（Minagish）	科威特	1959	288	31	2.43
47	胡尔塞尼耶（Khursaniyah）	沙特阿拉伯	1956	233	69	2.42
48	杜里（Duri）	印度尼西亚	1941	164	37	2.39
49	乌姆萨夫（Umm Shaif）	阿布扎比	1958	849	83	2.25
50	东得克萨斯（East Texas）	美国	1930	918	599	2.22
51	巴查克罗（Bachaquero）	委内瑞拉	1930	1 849	699	2.12
52	马斯杰德苏莱曼（Masjid-e-Suleiman）	伊朗	1908	55	187	2.06
53	蒂亚胡阿那（Tia Juana）	委内瑞拉	1928	1 151	420	1.94
54	马蒙托夫（Mamontovo）	苏联	1965	959	55	1.85
55	埃科菲斯克（Ekofisk）	挪威	1969	1 205	27	1.82
56	索维茨科耶（Sovetskoye）	苏联	1962	685	51	1.78
57	马尔疆（Marjan）	沙特阿拉伯	1967	41	1.5	1.75
58	扎库姆（Zakum）	阿布扎比	1964	1 205	102	1.61
59	尼尼安（Ninian）	英国	1974			1.64
60	杜汉（Dukhan）	卡塔尔	1938	1 205	226	1.62
61	穆尔甘（El Morgan）	埃及	1965	452	69	1.54
62	布哈萨（Bu Hasa）	阿布扎比	1962	2 507	193	1.51
63	因蒂萨尔 "A"（Intisar "A"）	利比亚	1967	301	75	1.48
64	萨桑（Sassan）	伊朗	1966	767	64	1.42
65	马隆戈（Malongo）	卡奔达	1966	164	41	1.37
66	雷马丹（Ramadan）	埃及	1974	178	3	1.37
67	埃尔克山（Elk Hills）	美国	1919	151	41	1.37
68	圣伊内兹（Santa Ynez）	美国	1934			1.37

资料来源：《第三世界石油斗争》编写组：《第三世界石油斗争》，生活・读书・新知三联书店，1981，第 550–552 页。

进入 20 世纪 80 年代后，发现大油田的数量锐减，20 世纪 80 年代、90 年代分别减至 51 个、45 个，2000—2006 年为 33 个。究其原因，有一种说法是：1986 年之后，世界石油价格曾一度从每桶 30 美元跌至 10 美元，绝大多数产油国害怕造成新的过剩产能，力图通过降低产量达到提高油气价格的目的，从而限制了全球的油气资源的勘探开发；另外，世界上很多国家逐步意识到为子孙后代留下石油资源的重要性，因此，20 世纪 80 年代后，世界上发现大油田的数量明显下降。[①] 然而，无法回避的一个现实是，石油作为不可再生的化石能源是有限的。

20 世纪 90 年代，全球发现巨型油田 37 个（表 13-21），储量为 368 亿桶（油当量）。其中，发现巨型油田数量排名第一、第二的国家是安哥拉、尼日利亚，分别为 7 个、5 个，其他国家 1 个至 3 个不等。发现巨型油田数量最多的地区是非洲，共 16 个，储量为 122.57 亿桶（油当量），非洲成为当今世界石油勘探发现的重要地区。

表 13-21　1990—1999 年世界上发现的巨型油田

国家	油田名称	沉积区（St.John）	发现时间 / 年	油当量 / 百万桶	国家储量 / 百万桶	十年间发现的巨型油田数 / 个
阿尔及利亚	El Biar（HBN）	古达米斯（312）	1994	567	—	—
	Orhoud	古达米斯（312）	1994	1 213	2 688	3
	Hassi Berkine Sud	古达米斯（312）	1995	908	—	—
安哥拉	Girassol	刚果扇体（301）	1996	742	—	—
	Dalia	刚果扇体（301）	1997	894	—	—
	Kuito	刚果扇体（301）	1997	808	—	—
	Landana	刚果扇体（301）	1997	500	4 790	7
	Benguela	刚果扇体（301）	1998	750	—	—
	Hungo	刚果扇体（301）	1998	575	—	—
	Rosa	刚果扇体（301）	1998	521	—	—
巴西	Albacora East	坎普斯（200）	1993	818	—	—
	Roncador	坎普斯（200）	1996	3 050	4 518	3
	1-RJS-539	桑托斯（273）	1999	650	—	—
中国	Peng Lai 19-3	渤海湾（495）	1999	517	517	1
哥伦比亚	Cusiana	亚诺斯（233）	1992	2 258	3 008	2
	Cupiagua	亚诺斯（233）	1993	750	—	—
赤道几内亚	Ceiba	木尼河（298）	1999	500	500	1
印度尼西亚	West Seno Complex	马哈坎（590）	1996	553	553	1
伊朗	Khesht	扎格罗斯（464）	1994	780	6 780	2
	Azadegan	阿拉伯中部（450）	1999	6 000	—	—
科威特	Abdalli	阿拉伯中部（450）	1990	525	525	1
利比亚	Elephant	米尔祖克（339）	1997	758	758	1
墨西哥	Zaap	萨利纳斯（墨西哥）（136）	1990	638	1 802	2
	Sihil	萨利纳斯（墨西哥）（136）	1999	1 164	—	—

[①] 中国 21 世纪议程管理中心、北京师范大学：《全球格局下的中国油气资源安全》，社会科学文献出版社，2012，第 62 页。

续表

国家	油田名称	沉积区（St.John）	发现时间/年	油当量/百万桶	国家储量/百万桶	十年间发现的巨型油田数/个
尼日利亚	Amenam-Kpono	尼日尔三角洲（340）	1990	667	—	—
	Bonga	尼日尔三角洲（340）	1995	904	—	—
	Agbami	尼日尔三角洲（340）	1998	1 000	4 021	5
	Ukot	尼日尔三角洲（340）	1998	600	—	—
	Erha	尼日尔三角洲（340）	1999	850	—	—
挪威	Crane	维金地堑（420）	1991	700	—	—
	Norne	沃林（447）	1991	553	1 770	3
	Skarv-Idu	沃林（447）	1998	517	—	—
沙特阿拉伯	Hazmiyan	阿拉伯中部（450）	1990	750	—	—
	Rabgib	阿拉伯中部（450）	1990	603	1 970	3
	Abu Shaddad（Abu Shidad）	阿拉伯中部（450）	1996	617	—	—
美国	Crazy Horse	墨西哥湾深海区（66）	1999	2 000	2 600	2
	Mad Dog	墨西哥湾深海区（66）	1999	600	—	—
总计				36 800	36 800	37

资料来源：Michel T. Halbouty 主编《世界巨型油气田（1990—1999）》，夏义平等译，石油工业出版社，2007，第 2-3 页。

到 21 世纪 10 年代初，世界上发现并开发的油田约 41 000 个，气田约 26 000 个，94% 的石油探明储量赋存在 1 500 个大的油田中。其中，全球石油储量超过 100 亿桶的特大型油田有 34 个，储量位居世界前十位的油田分别是：沙特阿拉伯 Ghawar 油田、科威特 Burgan 油田、巴西 Sugar Loaf 油田、伊朗 Ferdows/Mound/Zagheh 油田、墨西哥 Cantarell 油田、委内瑞拉 Bolivar Coastal 油田、沙特阿拉伯与伊拉克中立区 Saffaniya-Khafji 油田、伊朗 Esfandiar 油田、伊朗 Azadegan 油田、伊拉克 West Qurna 油田（表 13-22）。

迄今，世界上已有 90 多个国家和地区发现石油，其中有许多国家或地区是在进入现代后发现其第一个油田的（表 13-23）。

表 13-22　全球石油储量超过 100 亿桶的大油田（至 2011 年）

油田名称	所在国家	发现时间/年	投产时间/年	石油储量/亿桶
Ghawar	沙特阿拉伯	1948	1951	750～830
Burgan	科威特	1938	1948	660～720
Sugar Loaf	巴西	2007	—	250～400
Ferdows/Mound/Zgaheh	伊朗	2003	—	380
Cantarell	墨西哥	1976	1981	350
Bolivar Coastal	委内瑞拉	1917	—	300～320

续表

油田名称	所在国家	发现时间 / 年	投产时间 / 年	石油储量 / 亿桶
Saffaniya-Khafji	沙特阿拉伯与伊拉克中立区	1951	—	300
Esfandiar	伊朗	—	—	300
Azadegan	伊朗	2004	—	260
West Qurna	伊拉克	—	—	150～200
Buqaig	沙特阿拉伯	—	—	120
Berri	沙特阿拉伯	1964	1967	120
Zakum	阿布扎比	1964	1967	120
Manifa	沙特阿拉伯	1957	—	110
Fyodorovsko	苏联	1971	1974	110
Marlim	巴西	—	—	100～140
Faroozan-Marjan	沙特阿拉伯	—	—	100

资料来源：中国21世纪议程管理中心、北京师范大学：《全球格局下的中国油气资源安全》，社会科学文献出版社，2012，第62-63页。略做调整。

表 13-23　世界部分国家发现的第一个油田（现代发现部分）

发现时间 / 年	国家	油田名称
1917	厄瓜多尔	（不详）
1920	巴林	（不详）
1927	伊拉克	基尔库克
1929	文莱	诗里亚
1934	奥地利	泽斯特道夫
1937	巴基斯坦	杜里安
1937	匈牙利	（不详）
1937	利比亚	（不详）
1938	沙特阿拉伯	达曼（第一个商业油田）
1938	科威特	布尔甘
1938	卡塔尔	杜汉
1945	智利	马南蒂亚莱斯
1950	泰国	（不详）
1952	保加利亚	（不详）
1953	阿布扎比	Murban
1953	尼日利亚	（不详）
1955	叙利亚	（不详）
1955	安哥拉	本菲卡
1955	喀麦隆	（不详）

续表

发现时间 / 年	国家	油田名称
1956	加蓬	（第一个油田投产，名称不详）
1961	澳大利亚	木尼（Moonie，第一个商业油田）
1962	阿曼	耶巴尔
1975	越南	白虎
1979	苏丹	阿布加比拉赫
1984	也门	埃利夫
1984	赤道几内亚	阿尔巴

资料来源：作者整理。参考王才良、周珊：《世界石油大事记》，石油工业出版社，2008。

（二）亚洲

亚洲是世界上石油资源最丰富的地区，世界上仅有的 2 个可采储量超百亿吨的 5A 级大油田（储量达 70 亿吨以上）是在亚洲海湾地区发现的。

1. 中国

中国是世界上最早发现石油的国家之一。早在明代，中国就人工开凿了世界上第一口油井。明代学者曹学佺在《蜀中广记》里写道："国朝正德末年，嘉州开盐井，偶得油水，可以照夜。其光加倍，沃之以水则焰弥甚，扑之以灰则灭。作雄硫气，土人呼为雄黄油，亦曰硫黄油。近复开出数井，官司主之，此是石油，但出于井尔。"文中，"正德"为明武宗年号，明武宗 1506—1521 年在位。"嘉州"，为今四川乐山一带。

自 1917 年以来，中国开展了大量的石油地质调查和勘探，然而效果并不理想。到 1949 年，全国只有玉门老君庙、延长、独山子 3 个小油田和四川圣灯山、石油沟 2 个小气田；有 3 个勘探处，8 个地质调查队，大小钻机只有 7 台；油田生产单位只有玉门、延长两个，实际采油井加起来也只有 33 口。[1]

延长油矿早在 1907 年便成为中国大陆第一口油井。到 1934 年，延长共生产石油 2 550 吨。[2]1935年 4 月，中国红军解放了延长油矿。经过中国共产党领导的陕甘宁边区政府的努力，延长油矿的勘探和开发取得新的进展。1940—1941 年，发现了七里村油田，先后钻井 20 口，其中 15 口见油，有旺油井 6 口。七里村七 1 井钻至井深 79.4 米出油，共产油 274 吨，后又于 1943 年 7 月钻至井深 86.55 米，日产油 96.3 吨，成为该盆地第一口高产自喷油井。[3]1943 年，延长油矿创造了年产原油 1 200 多吨的新纪录，相当于 1935 年前延长油矿 14 年原油产量的总和。延长油矿产量的提高，解决了陕甘宁边区各机关、团体的照明用油和八路军后方运输用油问题，为抗日战争做出了重要贡献。[4]

独山子油矿位于新疆克拉玛依，早在 19 世纪末 20 世纪初就发现了大量的油气苗。1907 年新疆地方官吏开始用土法挖采石油资源。1909 年，新疆商务总局从俄国购买一台挖油机，用机器钻凿出新

[1] 石宝珩：《石油史研究辑录》，地质出版社，2003，第 125 页。
[2] 同上书，第 285 页。
[3] 同上书，第 286 页。
[4] 白寿彝总主编《中国通史·第 12 卷》修订本，上海人民出版社，2004，第 414 页。

疆第一口 20 多米深的油井。1935 年新疆地方政府与苏联合作，组成独山子石油考察队，开展地质调查和钻探。1941—1942 年，在独山子背斜南翼钻出深井，井深 730 米，初期日产原油 40 多吨。1945 年，新疆三区革命军接管独山子油田，成立独山子石油公司。1936—1949 年，独山子共钻油井 33 口。1942—1950 年，独山子油矿累计采出原油 1 497 吨。[①]

玉门油矿（即老君庙油矿）于 1938 年开始勘探。孙健初等详查老君庙构造，确定第一口钻井（1 号浅井）井位。1939 年，玉门油矿开钻。3 月钻至 23 米处遇到油层，日出油 1 吨。8 月钻到 115 米处，发现了新油层（即 K 油层），从此发现了玉门油矿。[②]1940 年，玉门油矿开钻 4 号浅井，于次年 4 月在井深 439 米处发生强烈井喷，发现了玉门油田第三系白杨河组新含油层（L 油层）。

新中国成立后，石油勘探取得重大进展，先后发现克拉玛依、大庆等一批油田（表 13-24）。中国十大油田都是新中国成立后发现的（表 13-25）。1955 年，在新疆克拉玛依盆地发现中国第一个陆相大油田——克拉玛依油田，探明储量 9.37 亿吨。1959 年，又发现迄今（至 2007 年）中国最大的油田——大庆油田，探明储量 45.6 亿吨。[③]1999 年，我国与美国菲利普斯石油公司合作，发现蓬莱 19-3 油田，可采储量约 7 031 万吨（5.17 亿桶油当量）。[④]

表 13-24　中国油田（部分）发现情况（1937—1999 年）

油田名称或地点	发现时间 / 年	可采储量	其他
独山子	1937	（不详）	1936 年 9 月开始与苏联联合勘探
巴县石油沟	1939	（不详）	1937 年 11 月开钻。中国第一口用旋转钻机钻成的井
老君庙	1939	（不详）	1942 年采油 4.63 万吨
延长七里村	1940	（不详）	
克拉玛依	1955	9.37 亿吨（探明储量）	中国第一个陆相大油田
冷湖	1958	（不详）	柴达木盆地第一个油田
大庆	1959	45.6 亿吨（探明储量）	位于东北松辽盆地
扶余	1959	（不详）	位于吉林省
胜利	1962	（不详）	位于山东东营
胜坨	1964	4.89 亿吨（探明储量）	古近系砂岩
天津港 5 号井	1964	（不详）	日产 20 吨
渤海湾海 1 号井	1967	（不详）	中国第一个海上油田
孤岛	1968	4.09 亿吨（探明储量）	新近系砂岩
兴隆台兴 1 号	1969	（不详）	位于辽河盆地
甘肃马岭	1971	（不详）	位于甘肃东部
曙光 - 欢喜岭	1975	9.62 亿吨（探明储量）	位于辽河盆地
任丘	1975	4.11 亿吨（探明储量）	位于河北。古潜山油藏

---

① 石宝珩：《石油史研究辑录》，地质出版社，2003，第 296 页。

② 同上书，第 376 页。

③《中国大百科全书》总编委会：《中国大百科全书·第 27 卷》第 2 版，中国大百科全书出版社，2009，第 114 页。

④ 1 桶 ≈ 0.136 吨，1 立方米 ≈ 0.868 吨。书中参考的原始数据换算也一样。

续表

油田名称或地点	发现时间 / 年	可采储量	其他
中原	1975	（不详）	位于河南
南堡	1979	4.45 亿吨（探明储量）	新近系、古近系砂岩
凹陷胜 3#	1983	（不详）	位于辽河盆地
安塞	1983	3.51 亿吨（探明储量）	位于鄂尔多斯盆地
桩古 10#	1984	（不详）	位于黄河入海口
雅克拉	1984	（不详）	位于塔克拉玛干大沙漠
埕岛	1988	4.10 亿吨（探明储量）	古近系、中生界砂岩
惠州 26-1	1988	（不详）	试油日产 4 200 立方米
鄯善	1989	（不详）	位于吐哈盆地
塔中 1 井	1989	（不详）	位于塔里木盆地
东河塘 1 井	1992	（不详）	位于塔里木盆地
靖边陕 5 井	1992	（不详）	陕甘宁盆地第一口日产 100 万立方米以上的高产井
塔河	1997	7.45 亿吨（探明储量）	位于塔里木盆地
蓬莱 19-3	1999	7 031 万吨（探明储量）	位于渤海。与美国菲利普斯石油公司合作

资料来源：作者整理。参考《中国大百科全书》总编委会：《中国大百科全书·第 27 卷》第 2 版，中国大百科全书出版社，2009；王才良、周珊：《世界石油大事记》，石油工业出版社，2008。

表 13-25　中国十大油田（至 2007 年）

油田名称	区域构造位置	发现时间 / 年	油层层位	储层岩性	探明储量 /（× 10⁴ 吨）	累计产量 /（× 10⁴ 吨）
大庆[1]（中石油大庆）	松辽盆地	1959	白垩系	砂岩	456 018	188 304
曙光 – 欢喜岭（中石油辽河）	辽河坳陷	1975	古近系	砂岩	96 208	18 972
克拉玛依（中石油新疆）	准噶尔盆地	1955	三叠系、侏罗系	砂岩、砂砾岩	93 689	15 291
塔河（中石化西北）	塔里木盆地	1997	奥陶系	碳酸盐岩	74 536	2 846
胜坨（中石化胜利）	济阳坳陷	1964	古近系	砂岩	48 895	16 886
南堡（中石油冀东）	南堡坳陷	1979	新近系、古近系	砂岩	44 510	59
任丘（中石油华北）	冀中坳陷	1975	元古宇蓟县系	白云岩石灰岩	41 113	12 849
埕岛（中石化胜利）	济阳坳陷	1988	古近系、中生界	砂岩	40 979	2 575
弧岛（中石化胜利）	济阳坳陷	1968	新近系	砂岩	40 857	13 492
安塞（中石油长庆）	鄂尔多斯盆地	1983	上二叠统	砂岩	35 147	2 500

资料来源：《中国大百科全书》总编委会：《中国大百科全书·第 27 卷》第 2 版，中国大百科全书出版社，2009，第 114 页。
注：[1] 大庆油田是指由萨尔图、喇嘛甸、杏树岗等七个局部构造所圈定的油田。

2. 海湾地区

海湾指波斯湾，沿岸国家包括伊朗、伊拉克、沙特阿拉伯、科威特、巴林、卡塔尔、阿联酋和阿曼 8 个国家。其中，沙特阿拉伯、伊朗、伊拉克、科威特、卡塔尔（已于 2019 年退出）、阿联酋（阿布扎比）6 个国家都是 OPEC 成员国。20 世纪 40 年代中后期起，海湾地区先后发现一批超级大油田，成为世界上发现超级大油田最密集、最多的地区。

沙特阿拉伯（以下简称沙特）是世界上石油资源最丰富的国家，2007 年探明剩余储量达 361.98 亿吨，占全球的 19.86%。1936 年，沙特首次发现石油，并开始少量生产。1938 年发现第一个商业油田——达曼（表 13-26）。[①] 两年后，沙特发现了可采储量达 23.29 亿吨的超级大油田——阿布凯克。1948 年，沙特发现迄今世界上探明储量最大的油田——盖瓦尔（又译作加瓦尔）油田，可采储量达 114.8 亿吨。此后，沙特还分别于 1951 年、1957 年发现名列世界十大油田的塞法尼耶油田（50.5 亿吨）和迈尼费油田（23.8 亿吨）。[②]

表 13-26　沙特阿拉伯油田发现情况（1938—2005 年）

油田名称或地点	发现时间 / 年	可采储量	其他
达曼	1938	2.07 亿吨	背斜圈闭。侏罗系碳酸盐岩。沙特第一个商业油田
阿布凯克	1940	23.29 亿吨	天然气储量 560 亿立方米
阿布哈德里亚	1940	2.52 亿吨	背斜圈闭。侏罗系碳酸盐岩
卡提夫	1945	8.4 亿吨	位于东海岸。侏罗系碳酸盐岩
盖瓦尔	1948	114.8 亿吨	世界探明储量最大油田。侏罗系碳酸盐岩。1981 年产量 2.8 亿吨
费德希利	1949	1.38 亿吨	背斜圈闭。侏罗系碳酸盐岩
塞法尼耶	1951	50.5 亿吨	海上油田。背斜构造
胡尔塞尼耶	1956	5.64 亿吨	背斜圈闭。侏罗系碳酸盐岩
胡赖斯	1957	11.9 亿吨	背斜圈闭。侏罗系碳酸盐岩
迈尼费	1957	23.8 亿吨	背斜圈闭。天然气储量 1 340 亿立方米
阿布 - 萨法	1963	10.5 亿吨	与巴林共有。天然气储量 590 亿立方米
贝利	1964	16.8 亿吨	海上油田。天然气储量 1 030 亿立方米
祖卢夫	1965	14.8 亿吨	位于波斯湾水域。白垩系砂岩
马尔疆	1967	6.34 亿吨	背斜圈闭。白垩系砂岩
谢巴	1968	11.1 亿吨	白垩系碳酸盐岩
哈尔迈利耶赫	1972	2.78 亿吨	背斜圈闭。侏罗系碳酸盐岩
杰拉地	1978	4.17 亿吨	侏罗系碳酸盐岩
沙巴赫	1989	9.59 亿吨（估计）	—
哈兹米耶	1990	1.02 亿吨	位于阿拉伯中部
Rahgib	1990	8 201 万吨	位于阿拉伯中部
Abu Shaddad	1996	8 391 万吨	位于阿拉伯中部
哈拉法 1 号井	2005	（不详）	位于东北省

资料来源：作者整理。参考王才良、周珊：《世界石油大事记》，石油工业出版社，2008。

① 詹姆斯·温布兰特：《沙特阿拉伯史》，韩志斌、王泽壮、尹斌译，东方出版中心，2009，第 216 页。
② 《中国大百科全书》总编委会：《中国大百科全书·第 27 卷》第 2 版，中国大百科全书出版社，2009，第 113 页。

伊朗是海湾地区，也是中东地区最早（1908 年）发现石油的国家，石油资源非常丰富，至 2007 年石油剩余探明储量仅次于沙特阿拉伯和加拿大，排世界第三位。1928 年，伊朗发现了第一个大油田——加奇萨兰，可采储量达 11.6 亿吨。此后还发现了多个可采储量超 10 亿吨的超级大油田（表 13-27），如 1938 年发现的阿加贾里油田（13.8 亿吨）、1958 年发现的阿瓦兹油田（14 亿吨）、1963 年发现的马仑油田（14.9 亿吨）、1988 年在布什尔港发现的油田（13.7 亿吨）、1999 年发现的阿扎德甘油田（35.6 亿吨，估计）。

表 13-27　伊朗油田发现情况（1928—2005 年）

油田名称或地点	发现时间 / 年	可采储量	其他
加奇萨兰	1928	11.6 亿吨	背斜圈闭。气顶气储量 1 620 亿立方米
哈夫特克尔	1928	2.78 亿吨	背斜圈闭。渐新统碳酸盐岩
帕扎农	1936	1.5 亿吨	渐新统碳酸盐岩。天然气储量 1.42 亿立方米
阿加贾里	1938	13.8 亿吨	天然气储量 5 097 亿立方米
库姆	1956	（不详）	位于伊朗中北部
阿瓦兹	1958	14 亿吨	气顶气储量 1 890 亿立方米。1974 年最高产量 4 500 万吨
巴尔甘沙尔	1960	（不详）	伊朗第一个海上油田
比比－哈基梅	1961	3.4 亿吨	背斜圈闭。天然气储量 2 340 亿立方米
帕扎南	1961	1.5 亿吨	气顶气储量 1.42 万亿立方米
哈尔克	1961	（不详）	
大流士	1961	（不详）	
居鲁士	1962	（不详）	近海油田
拉姆希尔	1962	（不详）	近海油田
索罗希	1962	（不详）	近海油田
马仑	1963	14.9 亿吨	背斜圈闭。天然气储量 1.14 亿立方米
卡兰基	1963	2.26 亿吨	背斜圈闭。天然气储量 818 亿立方米
曼苏里	1963	（不详）	
帕里斯	1964	4.3 亿吨	气顶油田。天然气储量 2 786 亿立方米
拉格伊萨菲德	1964	3.3 亿吨	气顶油田。天然气储量 2 760 亿立方米
帕尔	1965	1.65 亿吨	背斜圈闭。天然气储量 591 亿立方米
萨桑	1966	2.60 亿吨	背斜圈闭。白垩系碳酸盐岩
福罗赞	1966	3.34 亿吨	位于阿拉伯中部盆地
阿尔德西尔	1967	2.17 亿吨	中新统碳酸盐岩
萨尔坎	1969	1.13 亿吨	背斜圈闭。天然气储量 708 亿立方米
布什尔港	1988	13.7 亿吨	原油为 14°～ 16° API
Khesht	1994	1.06 亿吨	位于扎格罗斯地区
达尔霍文	1995	4.1 亿吨	位于阿巴丹市。海上油田
阿扎德甘	1999	35.6 亿吨（估计）	位于阿赫瓦兹市附近
弗多斯	2003	4 192 万吨（地质储量）	

续表

油田名称或地点	发现时间 / 年	可采储量	其他
蒙德	2003	9 082 万吨（地质储量）	
扎格哈	2003	1.78 亿吨（地质储量）	
Salman	2003	5.5 亿吨	与阿联酋共有。伊朗占 75%。天然气储量 1 850 亿立方米
Ramni	2005	1.17 亿吨	位于胡齐斯坦省

资料来源：作者整理。参考王才良、周珊：《世界石油大事记》，石油工业出版社，2008。

伊拉克石油剩余探明储量排世界第四位（2007 年）。1927 年发现中东地区第一个大型油田——基尔库克（表 13-28），可采储量达 23.8 亿吨。[1] 它同时也是世界上第七大油田（2007 年）。由此，拉开了中东地区大规模勘探石油的序幕。20 世纪 50 年代，又发现可采储量分别达 19 亿吨、11.2 亿吨的两个超级大油田鲁迈拉油田（1953 年）和北鲁迈拉油田（1958 年）。在美国入侵伊拉克之前，伊拉克发现了 98 个油田，但投入生产的只有 21 个，其中基尔库克和鲁迈拉两个油田占伊拉克石油总产量的 90%。[2]

表 13-28 伊拉克油田发现情况（1927—1978 年）

油田名称或地点	发现时间 / 年	可采储量	其他
基尔库克	1927	23.8 亿吨	背斜圈闭。1977 年产油 4 790 万吨
艾因扎拉	1937	（不详）	
纳赫尔·乌姆尔	1948	1.39 亿吨	背斜圈闭。白垩系砂岩
祖拜尔	1949	6.3 亿吨	1951 年投产
鲁迈拉	1953	19 亿吨	背斜圈闭。白垩系砂岩
贝哈森	1953	2.08 亿吨	白垩系
布特迈	1953	（不详）	白垩系
江布尔	1954	1.39 亿吨	背斜圈闭。中新统碳酸盐岩
北鲁迈拉	1958	11.2 亿吨	背斜圈闭。白垩系砂岩
塔巴	1960	（不详）	
路海斯	1961	（不详）	
布祖甘	1970	2.08 亿吨	背斜圈闭。白垩系砂岩
阿布吉拉卜	1971	2.60 亿吨	背斜圈闭。天然气储量 382 亿立方米
哈姆林	1973	1.39 亿吨	背斜圈闭。中新统碳酸盐岩
杰巴尔福奇	1974	1.39 亿吨	中新统碳酸盐岩
东巴格达	1975	2.78 亿吨	背斜圈闭。白垩系砂岩
马兹农	1976	9.8 亿吨	白垩系碳酸盐岩
哈法亚	1977	（不详）	
苏费亚	1978	（不详）	

资料来源：作者整理。参考王才良、周珊：《世界石油大事记》，石油工业出版社，2008。

---

[1]《中国大百科全书》总编委会：《中国大百科全书·第 27 卷》第 2 版，中国大百科全书出版社，2009，第 113 页。

[2] Robin M. Mills：《石油危机大揭秘》，初英译，石油工业出版社，2009，第 148 页。

科威特于 1938 年发现第一个油田——布尔甘油田。它是世界第二大油田（2007 年），可采储量达
105.0 亿吨（表 13-29）。1955 年，又发现可采储量达 10.5 亿吨的劳扎塔因大油田。

表 13-29　科威特油田发现情况（1938—1990 年）

油田名称或地点	发现时间 / 年	可采储量	其他
布尔甘	1938	105.0 亿吨	科威特第一个油田。白垩系砂岩。1972 年产量 1.44 亿吨
瓦夫腊	1953	2.38 亿吨	位于科威特—沙特阿拉伯中立区
劳扎塔因	1955	10.5 亿吨	白垩系砂岩
拜赫拉赫	1956	1.91 亿吨	背斜圈闭。白垩系砂岩
萨布里亚	1956	5.56 亿吨	白垩系砂岩。天然气储量 1 515 亿立方米
米纳吉什	1959	3.30 亿吨	背斜圈闭。天然气储量 1 486 亿立方米
卡夫奇	1960	8.9 亿吨	位于科威特—沙特阿拉伯中立区
乌姆古代尔	1962	2.17 亿吨	背斜圈闭。白垩系碳酸盐岩
Abdalli	1990	7 140 万吨	位于阿拉伯中部深积区

资料来源：作者整理。参考王才良、周珊：《世界石油大事记》，石油工业出版社，2008。

阿拉伯联合酋长国由阿布扎比、迪拜、沙迦、阿治曼、哈伊马角、富查伊拉、乌姆盖万 7 个酋
长国组成。1953 年，阿布扎比 Murban 1 号井井喷。1964 年，发现可采储量达 25.8 亿吨的扎库姆大
油田[1]，它是世界第六大油田（2007 年）。迪拜于 1966 年发现可采储量为 1.46 亿吨的法塔赫油田（表
13-30）。

表 13-30　阿拉伯联合酋长国油田发现情况（1953—1980 年）

油田名称或地点	发现时间 / 年	可采储量	其他
阿布扎比 Murban 1 号	1953	（不详）	阿联酋第一个油田
阿布扎比巴布	1954	4.86 亿吨	背斜圈闭。天然气储量 1 286 亿立方米
阿布扎比乌姆萨夫	1958	7.29 亿吨	背斜圈闭。侏罗系碳酸盐岩
阿布扎比穆尔班	1962	11.0 亿吨	白垩系碳酸盐岩。天然气储量 1 900 亿立方米
阿布扎比扎库姆	1964	25.8 亿吨	侏罗系碳酸盐岩。1955 年产量 3 200 万吨
阿布扎比阿萨布	1966	6 亿吨	背斜圈闭。天然气储量 566 亿立方米
迪拜法塔赫	1966	1.46 亿吨	背斜圈闭。白垩系碳酸盐岩
阿布扎比穆巴拉斯	1969	2.78 亿吨	白垩系碳酸盐岩
阿布扎比乌姆达赫	1973	21.7 亿吨	其中天然气储量 1 783 亿立方米
阿布扎比布蒂尼	1980	1.39 亿吨	背斜圈闭。白垩系碳酸盐岩

资料来源：作者整理。参考王才良、周珊：《世界石油大事记》，石油工业出版社，2008。

此外，海湾地区的巴林、卡塔尔、阿曼先后于 1920 年、1938 年、1962 年发现第一个油田（表
13-31）。1920 年，一支来自美国加利福尼亚标准石油公司的勘探队在巴林进行勘探，首次发现商业性

油田。[①]

表 13-31 巴林、卡塔尔、阿曼油田发现情况（1920—1982 年）

油田名称或地点	发现时间	可采储量	其他
巴林（第一个商业油田，名称不详）	1920 年	（不详）	
巴林阿瓦里	1931 年	1.44 亿吨	天然气储量 3 468 亿立方米
卡塔尔杜汉	1938 年	4.43 亿吨	卡塔尔第一个油田。侏罗系碳酸盐岩。天然气储量 991 亿立方米
卡塔尔埃德－莎吉	1960 年	1.39 亿吨	海上油田
卡塔尔迈丹迈赫赞	1963 年	1.48 亿吨	背斜圈闭。侏罗系碳酸盐岩
卡塔尔布尔哈宇	1970 年	1.74 亿吨	背斜圈闭。侏罗系石灰岩
阿曼耶巴尔	1962 年	3.81 亿吨（原始储量）	阿曼第一个油田
阿曼伊拜勒	20 世纪 60 年代末	5.17 亿吨	
阿曼伊拜勒－舒艾巴	1982 年	3.81 亿吨	白垩系砂岩

资料来源：作者整理。参考王才良、周珊：《世界石油大事记》，石油工业出版社，2008。

3. 东南亚地区

印度尼西亚是东南亚国家中唯一的 OPEC 成员国（已于 2016 年底冻结成员国身份）。1941 年发现可采储量 4.17 亿吨的杜里油田。1944 年又发现储量更大的米纳斯油田（5.4 亿吨）。2002 年在东加里曼丹海域发现估计可采储量为 3 021 万～1.03 亿立方米的海上油田。

文莱于 1929 年发现第一个油田——诗里亚油田[②]，可采储量达 2.34 亿吨。

越南于 1974 年打出海上第一口探井，获油气显示。第二年，在湄公盆地发现越南第一个油田——白虎油田。[③]

菲律宾在 1896 年就开始开采石油，大规模开采则是在 20 世纪 50—70 年代。20 世纪 90 年代，先后发现西利纳帕坎油田、圣安东尼奥油田、马拉帕亚油气田，其中马拉帕亚油气田是菲律宾最大的油气田（2012 年）。[④]

进入 21 世纪，马来西亚先后发现 Topaz、Kikeh、Kapap 等油田。

泰国 1950 年在北部首次开采石油，但年产不足 2 万吨。[⑤]

1941—2000 年东南亚国家油田发现情况见表 13-32。

表 13-32 东南亚部分国家油田发现情况（1941—2000 年）

油田名称或地点	发现时间	可采储量	其他
印度尼西亚杜里	1941 年	4.17 亿吨	位于苏门答腊。背斜圈闭

[①] 马平：《能源纵横》，化学工业出版社，2009，第 82 页。
[②] 邵建平、杨祥章：《文莱概论》，世界图书出版广东有限公司，2012，第 148 页。
[③] 王才良、周珊：《世界石油大事记》，石油工业出版社，2008，第 221 页。
[④] 李涛、陈丙先：《菲律宾概论》，世界图书出版广东有限公司，2012，第 207 页。
[⑤] 陈晖、熊韬：《泰国概论》，世界图书出版广东有限公司，2012，第 271 页。

续表

油田名称或地点	发现时间	可采储量	其他
印度尼西亚米纳斯	1944 年	5.4 亿吨	位于苏门答腊。中新统砂岩
印度尼西亚汉德尔	（不详）	（不详）	1974 年投产
印度尼西亚巴卡帕	（不详）	（不详）	1974 年投产
印度尼西亚东加里曼丹海域	2002 年	2 622 万～8 854 亿吨（估计）	
文莱诗里亚	1929 年	2.34 亿吨	文莱第一个油田。天然气储量 566 亿立方米
文莱西南安帕	1963 年	3.6 亿吨	中新统砂岩
马来西亚塔皮斯	1975 年	（不详）	
马来西亚贡通	1978 年	（不详）	
马来西亚 Topaz	2001 年	（不详）	
马来西亚 Kikeh	2002 年	4 080 万～9 520 万桶	位于沙巴海上
马来西亚 Gumusut	2003 年	（不详）	海上油田
马来西亚 Kapap	2003 年	6 800 万桶（与 Gumusut 合计）	位于与文莱交界处
越南海上第一口探井	1974 年	（不详）	位于越南大陆架 12 号区块。获油气显示
越南白虎	1975 年	（不详）	位于湄公盆地。越南第一个油田
越南大熊	1975 年	（不详）	位于湄公盆地 5 号区块
越南昆山岛以北	1989 年	（不详）	海上油田。储量超过白虎油田
越南黑狮	2001 年	5733 万吨	位于头顿海域
泰国第一个油田	1950 年	（不详）	位于泰国北部
菲律宾西利纳帕坎	1994 年	（不详）	1996 年投产
菲律宾圣安东尼奥	1994 年	（不详）	位于吕宋岛北部
菲律宾马拉帕亚	20 世纪 90 年代	（不详）	菲律宾最大油气田。2002 年投入商业化生产

资料来源：作者整理。参考王才良、周珊：《世界石油大事记》，石油工业出版社，2008。

4. 中亚地区

20 世纪 90 年代初，中亚各国从苏联独立出来后，先后发现多个油田（表 13-33）。1992 年，乌兹别克斯坦发现明布克拉斯基油田。2000 年，哈萨克斯坦发现一个估计可采储量高达 13.89 亿～34.72 亿吨的超级大油田——卡萨岗油田。

表 13-33　中亚国家油田发现情况（1992—2000 年）

油田名称	发现时间 / 年	可采储量	其他
乌兹别克斯坦明布克拉斯基	1992	（不详）	位于费尔干纳盆地
哈萨克斯坦卡萨岗	2000	13.89 亿～34.72 亿吨（估计）	位于里海大陆架

资料来源：作者整理。参考王才良、周珊：《世界石油大事记》，石油工业出版社，2008。

5. 叙利亚等亚洲国家

亚洲其他一些国家还先后发现一批油田（表 13-34）。

1937 年，巴基斯坦发现第一个商业性油田——杜里安油田。

1955 年，叙利亚在卡拉乔克钻出第一口油井。

1955 年，以色列发现海勒茨普油田。

1972 年，日本在其大陆架发现商业性海上油田——Aga-Oki 油田。

1974 年，印度在西部阿拉伯海大陆架发现孟买高地油田。

1984 年，也门发现其第一个海上油田——埃利夫油田。

表 13-34　叙利亚等国家油田发现情况（1955—1972 年）

油田名称或地点	发现时间 / 年	可采储量	其他
叙利亚卡拉乔克	1955	（不详）	叙利亚第一口油井
叙利亚苏韦迪亚赫	1959	2.08 亿吨	背斜圈闭。白垩系石灰岩
以色列海勒茨普	1955	（不详）	位于特拉维夫以南
也门埃利夫	1984	6 850 万吨	也门第一个海上油田
印度孟买高地	1974	1.82 亿吨	位于西部阿拉伯海大陆架。天然气储量 224 亿立方米
巴基斯坦杜里安	1937	（不详）	巴基斯坦第一个商业性油田
日本 Aga-Oki	1972	（不详）	商业性海上油田

资料来源：作者整理。参考王才良、周珊：《世界石油大事记》，石油工业出版社，2008。

（三）欧洲

俄罗斯是欧洲发现油田最多的国家。北海地区的英国、挪威等国家 20 世纪 60 年代后先后发现一批海上油田，北海成为世界上重要的产油区。

1. 俄罗斯

俄罗斯石油主要分布在西西伯利亚和伏尔加－乌拉尔地区，石油的勘探和发现与其国内外政治经济形势紧密联系。1927 年 12 月，苏联[①]开始实施第一个国家经济发展五年计划，石油工业得到重视和加强。苏联"一五"计划提出，五年间工业产品产量增加 180%，生产资料生产增加 230%，农产品增加 55%，国民产值增加 103%，对电力、钢铁、煤炭、石油等部门产量也提出了具体指标。[②]根据快速转向工业化的布局，苏联加大了石油勘探与开发的力度，先后发现一批重要油田（表 13-35）。

表 13-35　苏联／俄罗斯油田发现情况（1925—2005 年）

油田名称或地点	发现时间 / 年	可采储量	其他
巴库比比艾巴特	1923	（不详）	布西安人开发
巴库卡拉楚克－祖赫	1928	8 219 万吨	

---

① 苏联，全称苏维埃社会主义共和国联盟，成立于 1922 年，共由 15 个加盟共和国组成，包括俄罗斯等。1991 年 12 月苏联解体，俄罗斯成为独立国家。

② 徐天新：《斯大林模式的形成》，人民出版社，2013，第 107-108 页。

续表

油田名称或地点	发现时间 / 年	可采储量	其他
聂夫特查拉	1931	（不详）	
克尔盖斯	1932	（不详）	
洛克巴坦	1932	（不详）	
伊申巴伊	1932	（不详）	位于伏尔加－乌拉尔地区
克拉斯诺卡姆斯克	1935	（不详）	位于乌拉尔地区
杜依玛兹	1937	2.85 亿吨	苏联第一个陆台油田。1966 年最高产量 1 387 万吨
苏兹兰	1937	（不详）	伏尔加－乌拉尔新油区的重大突破
雅布洛诺维奥夫雷	1938	（不详）	位于古比雪夫州
布拉钦斯克	1939	（不详）	位于巴什基尔
库兹米诺夫	1939	（不详）	位于巴什基尔
台尔曼－叶尔加	1939	（不详）	位于巴什基尔
卡里诺夫	1940	（不详）	位于伏尔加－乌拉尔地区
斯特潘诺夫	1940	（不详）	位于伏尔加－乌拉尔地区
马尔高别克－沃兹涅辛	1945	4.3 亿吨	位于北高加索地区。白垩系砂岩和第三系碳酸盐岩
穆哈诺夫	1945	2.08 亿吨	位于伏尔加－高加索地区。石炭系砂岩
罗马什金	1948	24 亿吨	位于乌拉尔以西。1970 年最高产量 8 150 万吨
油石头	1949	1.65 亿吨	位于巴库外海。苏联第一个大型海上油田。阿塞拜疆最大油田
新叶尔霍夫	1954	4.4 亿吨	位于伏尔加－乌拉尔地区。石炭系砂岩和碳酸盐岩
阿尔兰	1955	5.6 亿吨	位于伏尔加－乌拉尔地区。石炭系碎屑岩及石灰岩
科图泰坡	1956	2.17 亿吨	位于土库曼斯坦。天然气储量 425 亿立方米
库列绍夫	1958	2.2 亿吨	位于伏尔加－乌拉尔地区。泥盆－石炭系砂岩
沙伊姆斯克	1960	（不详）	位于西西伯利亚
乌斯季巴雷克斯克	1961	3.21 亿吨	位于西西伯利亚。背斜圈闭
梅吉奥斯克	1961	1.2 亿吨	位于西西伯利亚
乌津	1961	2.60 亿吨	位于哈萨克斯坦。苏联唯一层内析腊温度接近油层温度的油田
西苏尔古特	1962	2.76 亿吨	位于秋明州。白垩系砂岩
苏维埃	1962	5.82 亿吨	位于托木斯克州。白垩系砂岩
丘梯尔－基恩高普	1962	（不详）	位于伏尔加－乌拉尔地区
桑加恰雷杜万尼	1963	1.22 亿吨	位于阿塞拜疆。背斜圈闭。天然气储量 195 亿立方米

续表

油田名称或地点	发现时间 / 年	可采储量	其他
萨伊姆	1963	13.69 亿吨	位于西西伯利亚。白垩系砂岩
乌辛	1963	（不详）	位于伏尔加 - 乌拉尔地区
乌桑诺夫	1963	（不详）	位于伯朝拉盆地。背斜圈闭
普拉夫丁斯克	1964	2.08 亿吨	位于秋明州。白垩系砂石岩
瓦金	1964	（不详）	位于秋明州
贝斯特林	1964	（不详）	位于秋明州
良托尔	1964	（不详）	位于秋明州
塔依拉科夫	1964	（不详）	位于秋明州
新波尔托夫	1964	（不详）	位于秋明州
古古尔特列	1965	945 亿吨 （原始储量）	位于土库曼斯坦
萨莫特洛尔	1965	20.6 亿吨	位于西西伯利亚鄂毕河流域。背斜构造。1980年产量 1.52 亿吨
马蒙托夫	1965	2.4 亿吨	位于西西伯利亚
索尔金	1965	（不详）	位于秋明州
阿甘	1965	（不详）	位于秋明州
瓦赫	1965	（不详）	位于托木斯克州
小巴克雷	1966	（不详）	位于秋明州
塔拉索夫	1967	（不详）	位于秋明州
瓦利也甘	1968	（不详）	位于秋明州
上陲乔	1968	（不详）	位于伊尔库茨克
南切列姆尚	1969	2.0 亿吨	白垩系砂岩
北共青团城	1969	（不详）	位于秋明州
瓦季姆	1969	（不详）	位于秋明州
哈里亚京	1970	（不详）	位于北高加索地区
费多罗夫	1971	3.47 亿吨	位于秋明州。背斜圈闭。天然气储量 5 318 亿立方米
瓦奇 - 叶甘	1971	（不详）	位于秋明州
杰夫林·鲁斯全	1971	（不详）	位于秋明州
北瓦利也甘	1971	（不详）	位于秋明州
波夫霍夫	1972	（不详）	位于秋明州。白垩 - 侏罗系砂岩
乌里也夫	1972	（不详）	白垩 - 侏罗系砂岩
沃兹捷亚	1973	（不详）	位于北高加索地区。泥盆系碳酸盐岩位
南苏尔古特	1973	（不详）	位于秋明州
霍尔莫戈尔	1973	（不详）	位于秋明州
奥列赫 - 叶尔马科夫	1974	（不详）	位于秋明州

续表

油田名称或地点	发现时间 / 年	可采储量	其他
瓦恩－也甘	1974	（不详）	位于秋明州
克拉斯诺－列宁	1976	（不详）	位于秋明州
Klamkas	1976	1.82 亿吨	位于哈萨克斯坦
上乔	1977	2 亿～3 亿吨	位于东西伯利亚
穆拉夫休科夫	1978	（不详）	位于秋明州
田吉兹	1978	34 亿吨（探明地质储量）	位于哈萨克斯坦。背斜褶皱
扎那若尔	1978	2.56 亿吨	位于哈萨克斯坦
卡拉哈干纳克	1979	2.1 亿吨	位于哈萨克斯坦。天然气储量 1.6 万亿立方米
南亚贡	1979	（不详）	位于秋明州
哈坦姆普尔	1979	（不详）	位于秋明州
尤罗勃钦	1980	4 亿吨	位于东西伯利亚。天然气储量 3 500 亿立方米
里海"北方"	2001	3 亿吨	还有大量天然气和凝析油
弗拉基米尔－菲拉诺夫斯基	2005	8 220 万吨（估计可采储量）	位于北里海。天然气储量 340 亿立方米

资料来源：作者整理。参考王才良、周珊：《世界石油大事记》，石油工业出版社，2008。

（1）组建乌赫塔勘察团

1929 年，苏联打算成立利用因犯劳动的专门机构——劳改营，开发位于俄罗斯欧洲北部无人区的自然资源。同年 6 月 27 日，联共（布）中央政治局通过《关于使用刑事犯劳动》的秘密决议。次日，专门成立政治保卫总局北方特别强制营，任务是开发乌赫塔和伯朝拉地区的自然资源，在乌赫塔、伊日马地区寻找石油，建造乌斯季—瑟索利斯克—乌赫塔铁路线（330 千米）等。[①] 在此基础上，组建成立了政治保卫总局乌赫塔勘察团，开始对乌赫塔地区的石油进行勘探与开发。截至 1930 年 12 月 31 日，勘察团共有 824 名因犯，其中在奇比尤基地外工作的有 445 人。

1931 年，苏联劳动和国防委员会成立特别委员会，该委员会做出《关于乌赫塔石油》的决议。该决议决定："拨给 5 套冲击钻机；批准 1931—1932 年在乌赫塔、上伊日马和伯朝拉地区钻探 17 185 米油井的规划；1931 年夏天派地质勘探管理总局重力测量组去乌赫塔—伯朝拉地区工作；除了此前下拨的 120 万卢布，1931 年再从苏联人民委员会储备补充拨款 256 万卢布。"[②] 同年 4 月，苏联最高经济委员会通过《关于发展北部边疆区燃料基地》的决议，建议政治保卫总局大规模扩大石油勘探规划；决定在沃尔库塔和阿兹瓦地区钻探 3 ～ 4 口矿井，开采超过 7 000 吨的煤等。

1932 年 11 月，苏联劳动和国防委员会通过《关于成立乌赫塔－伯朝拉托拉斯》的决议，委托乌赫塔－伯朝拉托拉斯"勘探和开采具有工业意义的伯朝拉矿床并且完成所有与之相关的辅助工作；建造铁路和土路；建造住宅－文化日常生活机构；为已勘探的和正在勘探的矿井、油田和河船建造修理

---

① 阿列克佩罗夫：《俄罗斯石油：过去、现在与未来》，石泽译审、何小平副译审，人民出版社，2012，第 248 页。

② 同上书，第 252 页。

厂"。[1]

乌赫塔勘察团成立后，于1930年在奇比尤发现了工业油田，储油层为泥盆系地层。同年，在开采和加工泥盆纪石油方面取得重大进展，开采石油88吨，通过炼油装置加工石油44吨，生产出煤油11吨。勘察团还发现了储藏丰富的煤田，探索出从乌赫塔油田地层水中获取镭的方法。

（2）大力推进乌拉尔石油开发

1929年5月，苏联最高苏维埃主席团提出："必须广泛寻找新的油田……制定在乌拉尔普查、寻找油气田的计划。"此前一个月，乌拉尔发现了第一个油田，在365～371米的地下找到了有大量浸染石油的岩层。当时人们非常乐观地以为，很快会出现"第二个巴库"。随后，苏联最高国民经济委员会采取了一系列措施，推进乌拉尔石油开发。[2]

1929年5月，苏联最高国民经济委员会签署第731号命令，组建市燃料总局下署的特别局——乌拉尔石油公司，全权负责乌拉尔油气田的勘探工作。9月，苏联劳动和国防委员会通过决议：责成苏联最高国民经济委员会和苏联国家计划委员会保障1929—1930年乌拉尔石油公司的发展达到一定的速度，从而可能用最完善的、适合于当地土壤结构的钻探方法钻探不少于50口油井。10月，苏联最高国民经济委员会决定成立乌拉尔石油公司托拉斯。到12月，该公司有员工650人。

1930年1月，全苏石油和天然气工业联合企业发布第18号命令："建议托拉斯'石油建设公司'尽快在彼尔姆成立独立的建设办事机构——乌拉尔石油天然气建设公司。"1930年2月，苏联最高国民经济委员会颁布第868号令《关于上丘索夫城油田"乌拉尔石油公司"改名为"斯大林同志油田"》，足以说明乌拉尔石油公司的重要地位。1930年5月，为巩固乌拉尔地质勘探队的物质技术基础，专门从阿塞拜疆调运来104个车皮的技术设备和工具，包括17台钻床等。1930年7月，联共（布）第十六次代表大会的决议提出："国家的工业化将来不能只依靠一个南方的冶金基地。利用乌拉尔和西伯利亚的煤和金属矿在东部建立第二个主要的苏联煤炭冶炼中心是国家快速工业化非常必需的条件。"1930年10月，"阿塞拜疆石油公司"和"格罗兹尼石油公司"的725名有经验的专家集聚乌拉尔地区，共同研究探讨乌拉尔石油的开采问题。1930年12月，在乌拉尔石油公司托拉斯的基础上成立新的更大的托拉斯——东方石油公司。

1931年10月，苏联最高国民经济委员会燃料管理总局召开石油部门会议，听取了东方石油公司1932年的规划，计划完成在乌拉尔山脉西麓地区——上丘索夫城、克拉斯诺乌索利耶和尤列赞地区的石油勘探。

1935年，乌拉尔又发现一座油田——克拉斯诺卡姆斯克。其石油覆盖层的面积是22平方千米，石油总储备量为6 000万～8 000万吨。

经过努力，从钻出第一口油井到1940年10月的11年里，乌拉尔共计开采石油约8 000吨。

（3）重点开发"第二巴库"

"第二巴库"，即苏联伏尔加－乌拉尔石油天然气储集区，是苏联第二大油气区。它地处莫斯科东

---

[1] 阿列克佩罗夫：《俄罗斯石油：过去、现在与未来》，石泽译审、何小平副译审，人民出版社，2012，第253页。

[2] 同上书，第257-261页。

南部，南部濒临里海，再往南即为巴库石油产区。"第二巴库"在地理上涵盖由基洛夫市、莫洛托夫（彼尔姆）市、契卡洛夫（奥伦堡）市、萨拉托夫市组成的一大片三角区域，面积约 70 万平方千米，比法国或德国等欧洲国家的面积大得多。[1]

1933 年，苏联开始实施第二个五年计划，苏联石油工业面临新的发展环境。国内外市场对石油的需求快速增长。苏联汽车工业、交通运输业乃至军事加快发展，汽车产量从 1927—1928 年的 671 辆增加到 1932 年的 2 000 多辆[2]，与 1926—1927 年相比，拖拉机所需燃料在第二个五年计划期间增长了 17.7 倍，海军、陆军、空军对石油产品的需求也越来越多。此时，苏联对基本建设的投资实行严格限额，石油工业物资和设备供应严重不足，尤其是石油调查及勘探工作严重滞后，无法满足快速增长的石油开采的需要，并且石油加工领域存在严重的技术工艺问题。在此背景下，第二个五年计划期间，苏联石油工业部门把工作重点放在加速新油田的开发上，主要布局在苏联南部地区以及伏尔加－乌拉尔地区。

20 世纪 30 年代初，苏联在伏尔加南部格罗兹尼进行了多个苏联乃至世界钻井史上开创性的勘探活动。1932 年开始使用金属井架。1934 年进行首批定向井的钻探试验，并开始使用套管旋转钻井设备。1935 年实行"钻斜度井"作业法，同时，开始使用钢索将涡轮钻具置于井下进行钻井尝试。巴什基尔自治共和国于 1932 年发现新的油田，1935 年在下二迭系地层发现大量的油气显示。在伏尔加地区开展石油勘探工作的同时，苏联还将目光投向尚未开展过地质研究的国内其他地区，1934 年 12 月在莫斯科举行的第一次地质大会上，对西西伯利亚地区的储油前景问题进行了讨论。

为加速开发"第二巴库"，1950 年 4 月苏联部长会议通过《关于加快鞑靼自治共和国石油开发的措施》的决议，成立了"鞑靼石油联合体"，其主要组成单位有：巴弗雷石油公司和布古里马石油公司 2 个石油开采托拉斯，以及钻井托拉斯鞑靼石油钻井公司、建设安装托拉斯鞑靼石油工业建设公司和设计部门鞑靼石油设计院。1951 年 3 月，苏联部长会议又通过决议，提出了加快建设鞑靼石油联合体的住房、贮油场、涡轮钻井基地和其他设施的任务。同时，派出 400 名高水平技术专家和 1 000 名技术工人到鞑靼自治共和国的石油部门工作。[3]

1952 年 7 月，苏联部长会议做出《关于加快发展鞑靼自治共和国和巴什基尔自治共和国石油工业的决议》，提出到 1955 年将石油年产量提高到 1 500 万吨，取代原来制订的 700 万吨的生产计划指标。为落实这个任务，苏联在鞑靼石油联合体框架内，与阿里梅契耶夫石油公司、鞑靼石油技术供应公司、鞑靼石油管道建设公司等分支企业平行成立了钻井托拉斯阿里梅契耶夫石油钻井公司，并把大量的地球物理工作交给同年成立的鞑靼石油地球物理托拉斯来完成。

1953 年，约瑟夫·斯大林去世，由尼基塔·赫鲁晓夫担任苏联党和国家最高领导人。随之，严格的行政命令管理体系和一切服从于中央的管理方法逐步被取代，部分权力被转交地方政府和组织，出现全新的油田开发和经营管理方法，从而加快了石油工业的发展。

十分有利的地理条件、独一无二的储量丰富的石油资源优势、开采成本比其他地区低得多的经济优势，加上先进的开发技术和经营管理，使"第二巴库"在经过 20 多年的开发准备阶段后，终于迎来

[1] 阿列克佩罗夫：《俄罗斯石油：过去、现在与未来》，石泽译审、何小平副译审，人民出版社，2012，第 298 页。
[2] 同上书，第 266 页。
[3] 同上书，第 299 页。

了大发展的全新阶段。"第二巴库"先后发现一批大型油田，包括阿尔梅季耶夫斯克油田、克列诺夫斯克油田，以及科罗勃科夫油气田（它是伏尔加格勒州石油天然气工业史上发现的最大的油气田），等等。

（4）开启西西伯利亚石油时代

西西伯利亚油田又称秋明油田，位于鄂毕河中下游的西西伯利亚平原中部和北部，包括秋明州中部、北部，托木斯克州西北部和新西伯利亚州北部，大油田主要集中在秋明州北部北纬 60°～62° 之间的鄂毕河中游两岸[①]，面积达 200 多万平方千米。[②]

早在 1959 年 9 月，西西伯利亚地区就出现了第一口油井。当时在 1 405 米深处发现了储油层，日产 1 吨以上轻质原油。次年 3 月，苏联部长会议通过《关于立即采取措施加强西西伯利亚地区石油天然气联合体建设》的决议，提出大规模开发西西伯利亚地区石油的基本方向。1962 年 5 月，苏联部长会议又通过《关于加强西西伯利亚地区石油天然气地质勘探工作的措施》的决议，提出准备开发乌斯季巴雷克斯克油田、梅吉奥斯克油田和沙伊姆斯克油田主要油层的任务。

1962 年，秋明石油天然气区投入开发，在秋明州发现 4 个油田和 13 个天然气田，其储量超过当时苏联国内所有已发现的石油天然气产区的储量。[③]

（5）21 世纪的新发现与新布局

进入 21 世纪，针对石油危机、俄罗斯进入"石油黄昏时代"的种种论调，以及碳氢化合物在各种资源中趋于占主导地位等因素，俄罗斯加大对新的大型油气区的地质研究和开发力度，把石油勘探工作列为重中之重。俄罗斯十分重视下列工作：一是完善开发矿产资源的投资机制；二是促进资源节约技术的使用和矿产原料的综合利用；三是保证矿产地质研究和矿产原料基地再生产联邦预算资金的有效利用，其中包括对相关工作实行国家采购；四是将矿产资源储备再生产措施与地区和经济部门的发展前景结合起来；五是为地质勘探工作提供干部保证；六是完善地质环境状况的监测，做好对地震等危险的地质现象进行预测的准备；七是为拟订的措施提供财政经济保障。[④]

在研究俄罗斯矿产资源以及矿产资源基地再生产的国家长期规划的基础上，俄罗斯开展了各种地质勘探工作。对 1∶250 万比例尺的俄罗斯联邦国家地质图以及水利地质和工程地质图进行全面更新，以便对俄罗斯境内的矿产原料资源进行新的评价。俄罗斯自然资源部在全国 600 万平方千米的地区开展地质、地球物理和地质化学信息采集工作，并在近 100 万平方千米的地区开展水利地质和工程地质方面的研究。

俄罗斯国家财政为油气勘探提供财力支持。2011 年，俄罗斯的大部分预算拨款投向石油天然气勘探领域，总投资额 87 亿卢布，占整个投资预算的 43%。绝大部分地质勘探区块位于西伯利亚联邦区（27个）、远东联邦区（13 个）和大陆架（13 个）。2012 年，联邦财政共拨款 125 亿卢布用于石油和天然气的地质勘探工作，比上年增长 43.7%，计划用于 156 个区块，其中 80 个为新区块。

通过加大对油气的勘探力度，俄罗斯在全国各地发现了一批油气田。从 2005 年到 2011 年，在俄

---

① 褚葆一主编《经济大辞典·世界经济卷》，上海辞书出版社，1985，第 335 页。

② 阿列克佩罗夫：《俄罗斯石油：过去、现在与未来》，石泽译审、何小平副译审，人民出版社，2012，第 306 页。

③ 同上书，第 309 页。

④ 同上书，第 350 页。

罗斯境内共发现 421 个油气田，其中油田 353 个，天然气田 68 个。2011 年，俄罗斯新发现 53 个油气田，其中伏尔加河沿岸联邦区 24 个，西伯利亚联邦区 13 个，乌拉尔联邦区 9 个，西北联邦区 3 个，南部联邦区 3 个，鄂霍次克海 1 个。

在东西伯利亚，俄罗斯发现了几个大型油气田。其中，万科尔斯克油气田位于图鲁汗斯克区，距伊加尔卡市 142 千米，面积 447 平方千米，截至 2012 年 1 月 1 日，石油可采储量达 4.6 亿吨，天然气可采储量达 1 656.6 亿立方米。尤鲁勃切诺—托霍姆斯克凝析油气田位于埃文基自治区拜基特镇东南 150 千米处，截至 2010 年 1 月 1 日，石油储量 5.0 亿吨。其附近的库尤姆宾斯克凝析油气田的石油储量为 2.8 亿吨。恰扬金斯克天然气田位于萨哈（雅库特）共和国境内，天然气储量为 1.26 万亿立方米。2012 年 4 月，俄罗斯政府批准联结东西伯利亚地区尤鲁勃切诺—托霍姆斯克凝析油气田的"东西伯利亚—太平洋石油管道"建设方案，管道长 703 千米，输油能力为 1 500 万吨 / 年，计划到 2016 年前建设 12 万平方米的贮油库和 4 个输油站。[1]

俄罗斯在秋明州的汉特—曼西自治区 2 000 多米深处发现了"巴热诺夫层系"，其分布在 100 多万平方千米的广阔地域上，油层厚度较小，一般为 20～30 米，主要位于由克拉斯诺谢利斯克区、萨雷姆斯克区、苏尔古特区及其相邻地区构成的曼西伊斯克台地。根据专家的评价，"巴热诺夫层系"石油的可采储量为 30 多亿吨，地质储量达 110 亿吨。在 21 世纪前 25 年，开发"巴热诺夫层系"的石油是俄罗斯石油天然气综合体最重要和最具发展前景的任务。[2]

季马诺—伯朝拉油气区发现了 200 多个油气田，石油探明储量超过 16 亿吨，游离气（包括气顶气）探明储量为 6 435 亿立方米。该油气区位于科米共和国、涅涅茨自治区、彼尔姆边疆区的部分地区以及伯朝拉海域，面积共 44.6 万平方千米，包括霍列伊韦尔—莫列尤斯克、伊日马—伯朝拉、伯朝拉—科尔文斯克、北普列杜拉尔斯克以及乌赫塔—伊日姆斯克油气区。最主要的油气田有：亚列格斯克油气田、巴什宁斯克油气田、拉亚沃日斯克油气田、上奥姆林斯克油气田、武克特尔斯克油气田、因金斯克油气田、乌辛斯克油气田、南沙普金斯克油气田等。这一油气区邻近俄罗斯国内能源消费市场及现有的和正在设计的油气出口管道系统，将成为 21 世纪上半叶对俄罗斯能源长远发展最为有利的地区。[3]

对于 21 世纪的能源发展，俄罗斯制定了《2030 年前俄罗斯能源战略》。该战略对俄罗斯石油勘探与开发做出了规划。《2030 年前俄罗斯能源战略》指出，俄罗斯联邦的大陆架面积为 620 万平方千米，其中约 400 万平方千米拥有油气开发的良好前景，俄罗斯石油生产的未来在很大程度上取决于俄罗斯大陆架石油生产的效能和产量。俄罗斯大陆架碳氢化合物资源的可采储量约为 1 000 亿吨，其中包括超过 135 亿吨石油和约 73 万亿立方米天然气，大部分油气资源（约 66.5%）位于北部海域的巴伦支海和喀拉海大陆架上。俄罗斯共发现了 20 多个富有开发前景的大型油气区、36 个油气田，其中包括北极西部一些罕见的大型天然气田（什托克曼天然气田、鲁萨诺夫斯克天然气田、列宁格勒天然气田）以及在萨哈林岛东北大陆架上的几个大型油田，但在大陆架上已探明的碳氢化合物资源储量还不是很

① 阿列克佩罗夫：《俄罗斯石油：过去、现在与未来》，石泽译审、何小平副译审，人民出版社，2012，第 351–352 页。
② 同上书，第 353–354 页。
③ 同上书，第 354 页。

大。[①] 2020 年前，俄罗斯大陆架石油产量可增至 2 660 万吨，在俄罗斯联邦开采的碳氢化合物原料平衡表中达到 20%。[②]

2. 北海沿岸国家

北海油田是世界上著名的海底油田，20 世纪 60 年代起发现有丰富的石油和天然气资源。1964 年，北海沿岸的英国、挪威、丹麦、荷兰、联邦德国、比利时、法国七国缔结条约，按等分线原则划分北海大陆架，对北海石油进行勘探和开发，先后发现一批重要油田。

在开发北海油田之前，英国于 1939 年在兰克郡陆上发现福姆比小油田。同年，又在诺丁汉东北地区发现公爵树油田。20 世纪 60 年代中期，英国开始对北海油气进行勘探，于 1966 年发现第一个有经济价值的天然气田。[③]1970 年，在阿伯丁北面第 40 号海域，发现了英国北海海域第一个油田——福蒂斯油田。[④] 第二年，英荷壳牌石油公司和新泽西标准石油公司合作，又在北海发现了布伦特油田。1990 年，英国北海大陆架又证实 57 个构造，石油可采储量达 5.2 亿吨，天然气储量达 3 960 亿立方米（表 13–36）。

表 13-36　英国油田发现情况（1939—2004 年）

油田名称或地点	发现时间 / 年	可采储量	其他
福姆比	1939	（不详）	位于兰克郡陆上。小油田
公爵树	1939	（不详）	位于诺丁汉东北地区
福蒂斯	1970	2.4 亿吨	英国北海海域发现的第一个油田
布伦特	1971	2.95 亿吨	位于北海。断块圈闭
贝里尔	1972	1.21 亿吨	位于北海。分 A、B 两个构造
尼尼安	1974	1.5 亿吨	位于北海
法尔玛	1975	7 000 万吨	位于北海。天然气储量 56 亿立方米
英国北海大陆架	1990	5.2 亿吨	共 57 个构造。天然气储量 3 960 亿立方米
布扎德	2002	1.37 亿吨	位于北海阿伯丁以北
洛克那加－罗斯班克	2004	3 400 万～7 208 万吨	位于西设得兰

资料来源：作者整理。主要参考王才良、周珊：《世界石油大事记》，石油工业出版社，2008。

挪威从 1965 年开始对近海石油进行勘探，1968 年发现科德油田，1969 年发现北海地区第一个油田——埃科菲斯克油田。1974 年发现斯塔特福约德油田，石油可采储量达 4.9 亿。20 世纪 90 年代，又先后发现 Crane、Norne、Skarv-Idun3 个巨型油田，储量分别为 9 520 万吨、7 521 万吨、7 031 万吨（表 13–37）。

---

① 阿列克佩罗夫：《俄罗斯石油：过去、现在与未来》，石泽译审、何小平副译审，人民出版社，2012，第 357–358 页。

② 同上书，第 369 页。

③ 余开祥主编《西欧各国经济》，复旦大学出版社，1987，第 209 页。

④ 安东尼·桑普森：《石油大鳄》，林青译述，石油化学工业出版社，1977，第 131 页。

表 13-37　挪威油田发现情况（1968—1998 年）

油田名称或地点	发现时间/年	可采储量	其他
科德	1968	（不详）	
埃科菲斯克	1969	1.4 亿吨	北海地区发现的第一个油田。气顶气储量 1 870 亿立方米
斯塔特福约德	1974	4.9 亿吨	位于北海。天然气储量 1 450 亿立方米
居尔法克斯	1978	1.09 亿吨	位于北海。断层圈闭
特洛尔	1979	1.91 亿吨	位于北海。天然气储量 1.29 亿立方米
Crane	1991	9 520 万吨	
Norne	1991	7 521 万吨	位于沃林
Skarv-Idun	1998	7 031 万吨	位于沃林

资料来源：作者整理。主要参考王才良、周珊：《世界石油大事记》，石油工业出版社，2008。

丹麦于 1972 年首次在北海海域打出石油[①]，1984 年又开采天然气，后来成为位居俄罗斯、挪威、英国之后的欧洲第四大石油输出国。

法国于 2004 年在阿基坦盆地发现一个大型油气田，Les Mimosa IGD 井日产原油 1 600 桶。

3. 奥地利等欧洲国家

1934 年，奥地利发现第一个油田——泽斯特道夫油田。

1937 年，匈牙利发现第一个油田。

1940 年，南斯拉夫在塞尔尼卡发现石油。

1952 年，保加利亚发现第一个油田。

1959 年，意大利国营碳化氢公司埃尼公司打成欧洲第一口海上探井——益拉梅尔 21 号井。（表 13-38）

表 13-38　奥地利等国家油田发现情况（1934—1959 年）

油田名称或地点	发现时间/年	可采储量	其他
奥地利泽斯特道夫	1934	（不详）	奥地利第一个油田
匈牙利的油田	1937	（不详）	匈牙利第一个油田
南斯拉夫的油田	1940	（不详）	位于塞尔尼卡
保加利亚的油田	1952	（不详）	保加利亚第一个油田
意大利益拉梅尔 21 号井	1959	（不详）	欧洲第一口海上探井

资料来源：作者整理。主要参考王才良、周珊：《世界石油大事记》，石油工业出版社，2008。

[①] 王鹤：《丹麦》，社会科学文献出版社，2006，第 161 页。

（四）美洲

美洲发现油田最多的国家是美国，墨西哥、委内瑞拉、加拿大、哥伦比亚、巴西、秘鲁等国家也发现一批油田。

1. 美国

美国石油和天然气资源丰富，进入现代，先后发现一批油田。20 世纪 20—30 年代是美国油田发现的高峰期，此后各个年代发现油田的数量逐渐减少（表 13-39）。

1930 年，美国发现超级大油田——东得克萨斯油田，可采储量达 8.2 亿吨，1969 年后增至 9.3 亿吨。

1938 年，美国在墨西哥湾开放水域发现第一个海上油田——克里奥尔，它同时也是世界上第一个外海油田，从此揭开了墨西哥湾油气勘探、开发的序幕。

1957 年，美国发现阿拉斯加州基奈半岛的第一个油田，此后该州的油气资源陆续被勘探出来。

20 世纪 90 年代，美国在墨西哥湾的勘探又取得重大进展，先后发现 Ewing Bank 873、乌尔莎、奥吉尔、"狂犬"、"疯马"等油田，其中"疯马"储量达 2.72 亿吨。[①]

2006 年，美国在墨西哥湾发现了一个更大的油田，其油气储量高达 150 亿桶（约 20.55 亿吨），可使美国原油储量至少增加 50%，可能是美国约 40 年前发现普鲁德霍湾油田以来取得的最大的发现。[②]

表 13-39　美国油田发现情况（1920—2006 年）

油田名称或地点	发现时间 / 年	可采储量	其他
加州（即加利福尼亚州，下同）亨廷顿滩	1920	1.65 亿吨	位于洛杉矶盆地。平缓背斜圈闭
加州信号山	1921	（不详）	位于洛杉矶盆地
加州圣菲泉	1921	（不详）	位于洛杉矶盆地
阿肯色州斯玛科沃	1922	（不详）	第二年产油 340 万吨
俄克拉何马州塞米诺尔	1923	（不详）	
得州（即得克萨斯州，下同）纳西盐丘	1924	（不详）	重力勘探（扭秤）
得州奥查德穹隆	1924	（不详）	折射地震勘探
得州耶茨	1926	2.82 亿吨	二叠系碳酸盐岩（指产层，下同）
俄克拉何马城	1928	（不详）	当时美国最大油田
路易斯安那州凯卢岛	1930	9114 万吨	盐丘。天然气储量 566 亿立方米
得州东得克萨斯	1930	8.2 亿吨	白垩纪砂岩。1969 年后增加到 9.3 亿吨
加州西威明顿	1932	3.54 亿吨	断层背斜圈闭。地质储量 7.4 亿吨
旧欧申	1934	（不详）	盐丘。天然气储量 1 252 亿立方米
得州格里塔	1934	1.30 亿吨	滚动背斜圈闭。渐新统砂岩
得州瓦松	1936	2.2 亿吨	二叠系白云岩
得州斯劳特	1936	2.1 亿吨	二叠系白云岩
克里奥尔	1938	（不详）	墨西哥湾第一个海上油田，也是世界上第一个外海油田。日产 41.67 吨

[①] Michel T. Halbouty 主编《世界巨型油气田（1990～1999）》，夏义平等译，石油工业出版社，2007，第 3 页。
[②] 王才良、周珊：《世界石油大事记》，石油工业出版社，2008，第 441 页。

续表

油田名称或地点	发现时间 / 年	可采储量	其他
霍金斯	1940	1.19 亿吨	位于墨西哥湾沿岸
赛尔牛轭湖	1940	（不详）	盐丘构造。天然气储量 1 020 亿立方米
俄克拉何马州西埃德蒙德	1945	（不详）	地层圈闭
得州斯库里	1948	2.34 亿吨	石炭纪石灰岩。天然气储量 379 亿立方米
东威明顿（长滩）	1954	3.29 亿吨	最高峰年产 760 万吨
阿拉斯加州基奈半岛	1957	（不详）	美国阿拉斯加州发现的第一个油田。规模不大
阿拉斯加州普鲁德霍湾	1968	13.2 亿吨	构造圈闭。气顶气储量 7 280 亿立方米
阿拉斯加州库帕鲁克	1969	1.74 亿吨	侏罗系砂岩
犹他州派恩维尤	1975	（不详）	开创逆掩断裂带找油的先河
玛尔斯	1989	（不详）	墨西哥湾最大的油气田之一
Ewing Bank 873	1991	（不详）	位于墨西哥湾
乌尔莎	1991	（不详）	
奥吉尔	1996	（不详）	
"狂犬"	1999	8 160 万吨	位于墨西哥湾深水区
"疯马"	1999	2.72 亿吨	位于墨西哥湾深水区
墨西哥湾深水区	2006	20.4 亿吨	该油田的探井杰克 2 号钻深达 8 452 米，试油日产 822 吨

资料来源：作者整理。主要参考王才良、周珊：《世界石油大事记》，石油工业出版社，2008。

2. 墨西哥

墨西哥于 1869 年打出第一口油井[①]，1910 年发现了大油田。

进入现代后，墨西哥先后发现一批巨型油田（表 13-40）。1930 年发现波扎里卡油田，可采储量 2.78 亿吨。1956 年发现圣安德列斯油田，地质储量 1.17 亿吨。1972 年发现储量达 15.2 亿吨的超级大油田——雷福尔马大油区，使墨西哥石油实现了自给。1976 年，又发现坎塔雷尔油田，可采储量达 28 亿吨，为迄今世界第五大油田（2007 年）。[②]2004 年，在墨西哥湾发现一个有更大油藏的海底油田，保守估计石油储量约为 73.44 亿吨。[③]

表 13-40　墨西哥油田发现情况（现代以来）

油田名称或地点	发现时间 / 年	可采储量	其他
波扎里卡	1930	2.78 亿吨	位于坦皮科盆地。背斜圈闭
埃塞盖尔	1952	（不详）	原"黄金带"向南延伸，"新黄金带"上
圣安德列斯	1956	1.17 亿吨（地质储量）	位于坦皮科盆地。第三系砂岩
圣安娜	1959	（不详）	位于墨西哥湾。墨西哥第一个海上油田

① 王能全：《石油与当代国际经济政治》，时事出版社，1993，第 43 页。
② 《中国大百科全书》总编委会：《中国大百科全书·第 27 卷》第 2 版，中国大百科全书出版社，2009，第 113 页。
③ 王才良、周珊：《世界石油大事记》，石油工业出版社，2008，第 379 页。

续表

油田名称或地点	发现时间/年	可采储量	其他
罗博斯岛礁	1963	（不详）	位于东海岸浅水区。"海上黄金带"油气聚集带第一个油田
坎佩切湾卡克图斯（又译作仙人掌）	1972	2.7 亿立方米	平缓背斜圈闭。天然气储量 790 亿立方米
雷福尔马大油区	1972	15.2 亿吨（1980 年稳定可采储量）	位于 Tabasco 和 Chiapas 两省交界。其发现使墨西哥从 1974 年起实现石油自给
坎佩切湾油区	1975	（不详）	东部海上查克 1 号井发生井喷
坎塔雷尔	1976	28 亿吨	位于坎佩切湾。断层背斜圈闭。复合型油田
阿卜卡通	1978	（不详）	
鲁纳	1985	27.2 亿吨	凝析油及天然气。中生界碳酸盐岩
Zaap	1990	8677 万吨	位于萨利纳斯
西希尔	1999	1.9 亿吨	位于坎佩切湾 3 600 米水深处
墨西哥湾海底	2004	约 73.44 亿吨	位于墨西哥湾
维拉克鲁斯南部海域	2005	5.44 亿吨（初步探明储量）	水深约 1 000 米

资料来源：作者整理。主要参考王才良、周珊：《世界石油大事记》，石油工业出版社，2008。

3. 加拿大

加拿大位于北美地区，与美国、墨西哥相比，常规石油资源较少。在美国发现德雷克井的前一年，加拿大就发现并开发了第一个油田——恩尼斯基林油田（1858 年）。1920 年，加拿大发现世界上最北部的油田——Norman Walls 油田。1937 年发现第一个大型油田——特纳河谷油田。1945 年在爱德华太子岛打出第一口近海油井。加拿大有许多陆地油田，同时，还有海洋/深水区块（表 13-41）。[1] 除了常规石油，加拿大还有居世界首位的油页岩资源。

表 13-41　加拿大油田发现情况（现代以来）

油田名称或地点	发现时间/年	可采储量	其他
艾伯塔省 Norman Walls	1920	（不详）	世界上最北部的钻井
艾伯塔省特纳河谷	1937	（不详）	加拿大第一个大型油田
爱德华太子岛	1945	（不详）	加拿大第一口近海油井
雷德克	1947	5 000 万吨	天然气储量 140 亿立方米。该油气田的发现使加拿大石油工业发生转折性增长
艾伯塔省潘宾那	1953	2.16 亿吨	天然气储量 1 360 亿立方米。1971 年最高产量达 670.3 万吨
西彭宾纳	1977	（不详）	位于艾伯塔省
纽芬兰省希伯尼亚	1979	2.52 亿吨	海上油田。滚动背斜圈闭。天然气储量 5 663 亿立方米

资料来源：作者整理。主要参考王才良、周珊：《世界石油大事记》，石油工业出版社，2008。

---

[1] Robin M. Mills：《石油危机大揭秘》，初英译，石油工业出版社，2009，第 175 页。

4. 委内瑞拉

委内瑞拉是南美地区中石油资源最丰富的国家,早在西班牙人到来之前,当地印第安人就发现了石油。1878 年,委内瑞拉人又在塔奇拉州边境地带钻出第一口油井。[1]1917 年,委内瑞拉在马拉开波盆地发现玻利瓦尔湖岸超级大油田,可采储量达 41.2 亿吨,为世界第四大油田(2007 年)。[2]1926 年,又在同一盆地发现可采储量达 17.28 亿吨(另一说法为 14.8 亿吨)的陆上 – 海上特大油田——拉古尼亚斯油田,还先后发现巴却开罗、马拉、E1 Furrial、E1 Carrito、Tropical 等一批巨型油田。(表 13-42)

表 13-42　委内瑞拉油田发现情况(1917—2002 年)

油田名称或地点	发现时间 / 年	可采储量	其他
玻利瓦尔湖岸	1917	41.2 亿吨	位于马拉开波盆地
拉罗萨	1922	(不详)	井喷时日喷原油 10 万桶
拉帕斯	1925	1.23 亿吨	位于马拉开波盆地。白垩系碳酸盐岩
拉古尼亚斯	1926	17.28 亿吨	位于马拉开波盆地。陆上 – 海上特大油田
基里基尔	1928	1.37 亿吨	位于马图林盆地。地层圈闭
巴却开罗	1930	9.1 亿吨	1981 年产油 1 840 万吨
奥费希纳	1937	1.30 亿吨	断块圈闭
拉巴斯	1944	(不详)	白垩纪
马拉	1945	2.05 亿吨	位于马拉开波盆地。中新统砂岩
波斯坎	1946	1.37 亿吨	位于马拉开波盆地。始新统砂岩
乌尔达尼塔	1955	1.37 亿吨	位于马拉开波盆地。中新统砂岩
休达	1956	(不详)	位于马拉开波盆地
拉马尔	1957	2.08 亿吨	平缓背斜圈闭。古新统砂岩
森特罗	1957	1.39 亿吨	平缓背斜圈闭。始新统砂岩
马拉开波盆地跨海陆油田	1985	1.1 亿吨	在该盆地深部 5 000 米以下
E1 Furrial 和 E1 Carrito	1985	6.3 亿吨	位于东委内瑞拉盆地
福里阿尔	1985	1.9 亿吨	位于奥里诺科盆地北部
Tropical	1999	2 000 万吨	位于基里基雷
修达托莫波罗地区	2002	6 849 万吨	位于马拉开波湖南部。在原先产油层下发现另外约 5 亿桶的储量

资料来源:作者整理。主要参考王才良、周珊:《世界石油大事记》,石油工业出版社,2008。

5. 巴西

巴西从 1919 年开始勘探石油,1939 年 1 月在萨尔瓦多城附近发现第一个商业油田——洛巴托油田。[3]1974 年,发现巴西第一个海上油田——加鲁巴。1985 年发现的马利姆海上油田的可采储量达 7.64

---

[1] 张小冲、张学军主编《走进拉丁美洲》,人民出版社,2005,第 184 页。

[2]《中国大百科全书》总编委会:《中国大百科全书·第 27 卷》第 2 版,中国大百科全书出版社,2009,第 113 页。

[3] 王才良、周珊:《世界石油大事记》,石油工业出版社,2008,第 96 页。

亿吨。20世纪90年代后发现马林、朱巴特等一批深海巨型油田（表13-43）。2005年，巴西发现深海盐下油气资源，估计储量巨大，并于2008年正式开采。[①]

表 13-43　巴西油田发现情况（1939—2007 年）

油田名称或地点	发现时间 / 年	可采储量	其他
洛巴托	1939	（不详）	巴西第一个商业油田
加鲁巴	1974	（不详）	巴西第一个海上油田
阿尔巴科拉	1984	（不详）	海上油田
马利姆	1985	7.64 亿吨	海上油田
马林	1990	3.4 亿吨	位于坎波斯湾深水区
朱巴特	2002	8 220 万吨	位于坎波斯湾深水区。重油油田
东南海域 A 油田	2003	8 160 万吨	
东南海域 B 油田	2003	6 800 万吨	巴西石油公司至 2003 年在该水域发现石油总储量达 2.86 亿吨
（油田名称不详）	2005	（不详）	发现深海盐下油气资源
桑托斯流域	2006	（不详）	发现井日产石油 666.4 吨，天然气储量 15 万立方米
圣埃斯皮里托州海域	2007	（不详）	发现轻质石油矿脉

资料来源：作者整理。主要参考王才良、周珊：《世界石油大事记》，石油工业出版社，2008。

6. 厄瓜多尔等美洲国家

厄瓜多尔于1917年开采石油[②]，油田位于瓜亚基尔西南部圣埃莱娜半岛，生产规模小，日产2 000桶。1967年，厄瓜多尔在东北部的森林地区发现了大片油田。[③]此后，厄瓜多尔开始大量开发石油，于1973年成为 OPEC 成员国（后于2020年退出）。

哥伦比亚在20世纪80—90年代发现卡诺利蒙、库西亚纳、库庇亚瓜等多个可采储量上亿吨的巨型油田。

智利于1945年在麦哲伦海峡地区发现第一个油田——马南蒂亚莱斯油田。[④]（表13-44）

表 13-44　厄瓜多尔等国家油田发现情况（1917—2002 年）

油田名称或地点	发现时间 / 年	可采储量	其他
厄瓜多尔圣埃莱娜半岛	1917	（不详）	位于瓜亚基尔西南部
厄瓜多尔敬奉 1 号	1989	（不详）	试油日产 312.8 吨
哥伦比亚英番塔斯	1918	（不详）	
哥伦比亚维拉斯克斯	1946	（不详）	

① 吴晓明主编《通向大国之路的中国能源发展战略》，人民日报出版社，2009，第189-190页。
② 李春辉、苏振兴、徐世澄主编《拉丁美洲史稿·下卷》，商务印书馆，1993年，第459页。
③ 张颖、宋晓平：《厄瓜多尔》，社会科学文献出版社，2007，第153页。
④ 王晓燕：《智利》，社会科学文献出版社，2004，第164页。

续表

油田名称或地点	发现时间/年	可采储量	其他
哥伦比亚卡诺利蒙	1983	1.36 亿吨	位于亚诺斯盆地。断层背斜。1986 年产油 614 万吨
哥伦比亚库西亚纳	1988	3.42 亿吨（原油和凝析油）	位于亚诺斯盆地。天然气储量 1 132 亿立方米
哥伦比亚库庇亚瓜	1993	1 亿吨	位于亚诺斯盆地
智利马南蒂亚莱斯	1945	（不详）	智利第一个油田
秘鲁乌卡亚利河盆地	1989	6 亿桶	位于秘鲁中部
秘鲁洛雷托省 67 号油田	2006	3 452 万吨	位于马拉尼翁河流域
特立尼达和多巴哥"铁马"	2002	（不详）	位于该国东海岸

资料来源：作者整理。主要参考王才良、周珊：《世界石油大事记》，石油工业出版社，2008。

（五）非洲

早在 1880 年，埃及就发现了非洲的第一个油田——杰姆塞油田。[1]而非洲许多大油田的发现，则是在 20 世纪 50 年代之后。利比亚、阿尔及利亚、尼日利亚、安哥拉、苏丹、加蓬等国家先后发现一批巨型油田。其中，利比亚（1962 年）、阿尔及利亚（1969 年）、尼日利亚（1971 年）、加蓬（1975 年）、安哥拉（2007 年）先后加入 OPEC。

1. 利比亚等 OPEC 成员国

利比亚于 1937 年首次发现石油。[2]1955 年颁布石油法。1959 年在泽勒坦打出第一口日产达 17 500 桶的高产油井。同年，还在苏尔特湾发现了 6 个大油田。1961 年成为石油输出国。1976 年发现储量约 20 亿桶的布里油田，它是整个地中海地区最大的近海油田之一。1989 年，利比亚与突尼斯进行联合勘探，在布里油田和突尼斯的阿希增特油田之间发现了储量达 37 亿桶的大油田。利比亚石油发现情况见表 13-45。

表 13-45　利比亚油田发现情况（1937—1997 年）

油田名称或地点	发现时间/年	可采储量	其他
（油田名称不详）	1937	（不详）	首次发现石油
阿特尚	1958	（不详）	位于加达姆斯盆地
巴希	1958	（不详）	位于锡尔特盆地
Hofra 标区（油田名称不详）	1958	（不详）	位于 Dahla 附近
纳赛尔	1959	3.03 亿吨	旧名为泽勒坦油田。天然气储量 379 亿立方米
阿马勒	1959	5.82 亿吨	位于锡尔特盆地。背斜圈闭
瓦哈	1960	1.91 亿吨	位于锡尔特盆地。背斜圈闭

---

[1] 王才良、周珊：《世界石油大事记》，石油工业出版社，2008，第 25 页。
[2] 潘蓓英：《利比亚》，社会科学文献出版社，2007，第 127 页。

续表

油田名称或地点	发现时间 / 年	可采储量	其他
德发	1960	2.52 亿吨	位于锡尔特盆地。古新系碳酸盐岩
萨里尔 C 油田	1961	8.94 亿吨	位于锡尔特盆地。白垩系砂岩
贾洛	1961	4.86 亿吨	始新系碳酸盐岩
拉古拜	1961	1.39 亿吨	白垩系碳酸盐岩
奥吉拉—纳福拉	1965	2.47 亿吨	花岗岩基岩潜山
奥吉拉	1966	2.48 亿吨	位于锡尔特盆地。复合圈闭
因蒂萨尔	1967	（不详）	探井日喷原油 5 890 吨
阿蒂费尔	1968	（不详）	位于锡尔特盆地。天然气储量 1.9 亿立方米
梅斯拉	1971	2.08 亿吨	位于锡尔特盆地。地层圈闭
布里	1976	2.72 亿吨	地中海最大的近海油田之一
布里油田附近	1989	5.03 亿吨	位于利比亚布里油田和突尼斯阿希增特油田之间
木尔左克	1989	2.74 亿吨	
Elephant	1997	1.03 亿吨	位于米尔祖克盆地

资料来源：作者整理。主要参考王才良、周珊：《世界石油大事记》，石油工业出版社，2008。

阿尔及利亚于 1913 年开始开采石油。[1]1956 年在撒哈拉沙漠东北部发现哈西·迈萨乌德油田，原始可采储量达 15.06 亿吨，是阿尔及利亚第一个商业油田，也是最大的油田，还是世界上最古老的寒武系砂岩大油藏，于 1958 年投入生产。20 世纪 90 年代，阿尔及利亚在古达米斯盆地发现 E1 Biar、Orhoud、Hassi Berkine Sud 3 个巨型油田，储量分别为 7 711 万吨、1.65 亿吨、1.23 亿吨。2004 年，Berkine 盆地沙漠区 405 b 区块 Ledjinet South 1 号井试油日产轻质油 1 840 吨、天然气 87.50 万立方米、凝析油 330 吨，是世界上最重要的发现之一。[2]阿尔及利亚油田发现情况见表 13-46。

表 13-46　阿尔及利亚油田发现情况（1913—2004 年）

油田名称或地点	发现时间 / 年	可采储量	其他
（油田名称不详）	1913	（不详）	开始开采石油
哈西·迈萨乌德	1956	15.06 亿吨	世界上最古老的寒武系砂岩大油藏
扎尔扎丁	1958	1.24 亿吨	天然气储量 790 亿立方米
加西—图伊尔	1961	6 800 万吨	天然气储量 2 500 亿立方米
E1 Biar	1994	7 711 万吨	位于古达米斯
Orhoud	1994	1.65 亿吨	位于古达米斯

---

①《第三世界石油斗争》编写组：《第三世界石油斗争》，生活·读书·新知三联书店，1981，第 26 页。
②王才良、周珊：《世界石油大事记》，石油工业出版社，2008，第 379 页。

续表

油田名称或地点	发现时间 / 年	可采储量	其他
Hassi Berkine Sud	1995	1.23 亿吨	位于古达米斯
Bekine 盆地沙漠区 405 b 区块	2004	（不详）	Ledjinet South 1 号井测试日产轻质油 1 840 吨，天然气 3 090 万立方英尺（87.50 万立方米）
Hassi Messaond 盆地	2004	（不详）	测试日产原油 609 吨，天然气 12.16 万立方米
Oued Mya 盆地	2004	（不详）	测试日产原油 421 吨，天然气 59.43 万立方米
乌尔乌德	（不详）	1.5 亿吨	2002 年投产

资料来源：作者整理。主要参考王才良、周珊：《世界石油大事记》，石油工业出版社，2008。

尼日利亚于 1953 年在卡拉巴地区首次发现石油 [1]（表 13-47），1956 年在河流州发现第一个商业油田——奥洛伊比里油田。20 世纪 90 年代，在尼日尔三角洲先后发现 Amenam-Kpono、Bonga、Agbami、Ukot、Erha 5 个巨型油田，储量分别为 9 071 万吨、1.23 亿吨、1.36 亿吨、8 160 万吨、1.16 亿吨。2005 年，壳牌石油公司还在尼日利亚发现了 2 个大型深海油田。

表 13-47　尼日利亚油田发现情况（1953—2005 年）

油田名称或地点	发现时间 / 年	可采储量	其他
卡拉巴地区	1953	（不详）	尼日利亚首次发现石油
奥洛伊比里	1956	（不详）	尼日利亚第一个商业油田
梅伦	1956	1.19 亿吨	上第三系五组砂岩
琼斯溪	1967	1.12 亿吨	位于尼日尔三角洲
Amenam-Kpono	1990	9 071 万吨	位于尼日尔三角洲
Bonga	1995	1.23 亿吨	位于尼日尔三角洲
Agbami	1998	1.36 亿吨	位于尼日尔三角洲
Ukot	1998	8 160 万吨	位于尼日尔三角洲
Erha	1999	1.16 亿吨	位于尼日尔三角洲
乌桑	2004	6 850 万吨以上	位于外海
阿克波	2004	6 850 万吨以上	位于外海
大型深海油田（2 个）	2005	（不详）	壳牌石油公司发现

资料来源：作者整理。主要参考王才良、周珊：《世界石油大事记》，石油工业出版社，2008。

安哥拉于 2007 年成为 OPEC 成员国，它的第一个油田——本菲卡油田发现于 1955 年。[2]1966—1969 年发现马隆戈油田群，可采储量 2 亿～ 2.5 亿吨。20 世纪 90 年代，安哥拉在西海岸中部先后发

[1] 王才良、周珊：《世界石油大事记》，石油工业出版社，2008，第 129 页。
[2] 刘海方：《安哥拉》，社会科学文献出版社，2006，第 227 页。

现 7 个巨型油田，储量共计 6.51 亿吨。2001 年，在安哥拉外海又发现 10 个油田。安哥拉油田发现情况见表 13-48。

表 13-48　安哥拉油田发现情况（1955—2005 年）

油田名称或地点	发现时间 / 年	可采储量	其他
本菲卡	1955	（不详）	安哥拉第一个油田。1956 年投产
马隆戈北油田	1966	（不详）	海上油田。位于卡宾达地区
马隆戈南油田	1966	（不详）	1968 年投产
马隆戈西油田	1969	（不详）	马隆戈油田群可采储量达 2 亿～2.5 亿吨
塔库拉	1971	（不详）	海上油田。1987 年产量 610 万吨
Girassol	1996	1.00 亿吨	位于西海岸中部
Dalia	1997	1.22 亿吨	位于西海岸中部
Kuito	1997	1.10 亿吨	位于西海岸中部
Landana	1997	6 800 万吨	位于西海岸中部
Benguela	1998	1.02 亿吨	位于西海岸中部
Hungo	1998	1 820 万吨	位于西海岸中部
Rosa	1998	7 086 万吨	位于西海岸中部
安哥拉外海 15 区块	2001	4.79 亿吨（估计）	该区块吉宗巴 1 号油田于 2004 年投产
吉秋巴 B 油田	2003	1.36 亿吨	
安哥拉 31 区块	2005	（不详）	BP 公司发现 5 个油田，合计可采储量达 8 900 万吨

资料来源：作者整理。主要参考王才良、周珊：《世界石油大事记》，石油工业出版社，2008。

加蓬在 1975 年加入 OPEC，1995 年退出，2016 年再次加入。加蓬于 1926 年首次进行石油勘探，1956 年第一个油田投入生产。[1] 到 2002 年，加蓬发现油田近 50 个，有 1/3 为陆上油田，2/3 为海上油田。其中，陆上较大的油田有拉比—昆加、埃希拉、甘巴—伊温加、库卡尔和阿沃切特；海上油田有布德罗伊—马林、阿布勒特、麦鲁、卢奇纳、鲁塞特、平古因、梅鲁和布莱梅。[2] 2002 年在让蒂尔港附近海域发现翁宝伊油田，估计储量 1 563 万吨。

2. 埃及等非 OPEC 国家

埃及发现石油已有 100 多年历史，20 世纪 50—60 年代，埃及先后发现贝拉伊姆、摩根、阿布盖拉迪等油田（表 13-49）。20 世纪 90 年代后加大石油勘探力度，2003 年在苏伊士湾发现储量为 1 088 万吨的萨卡拉油田。[3]

① 安春英：《加蓬》，社会科学文献出版社，2005，第 11 页。

② 同上书，第 10 页。

③ 杨灏城、许林根：《埃及》，社会科学文献出版社，2006，第 15 页。

表 13-49　埃及油田发现情况（1954—2005 年）

油田名称或地点	发现时间 / 年	可采储量	其他
贝拉伊姆	1954	（不详）	位于苏伊士湾
贝拉伊姆海上油田	1961	（不详）	位于苏伊士湾
摩根	1965	2.4 亿立方米	位于苏伊士湾
阿布盖拉迪	1968	（不详）	
十月油田	1978	（不详）	
埃及地中海深水区	2000	（不详）	大型油气田
萨卡拉	2003	1 088 万吨	位于苏伊士湾
埃及北部地中海沿岸	2005	（不详）	天然气 5 万亿立方米
埃及南部曼苏拉地区	2005	（不详）	

资料来源：作者整理。主要参考王才良、周珊：《世界石油大事记》，石油工业出版社，2008。

苏丹从 1959 年开始在红海沿岸进行石油勘探，1979 年 7 月在南科尔多凡省阿布加比拉赫首次喷出石油。[①]1996 年中国石油天然气集团公司（以下简称"中石油"）在苏丹穆格莱特 6 区块打出一口油井，2003 年又在麦参特盆地 3/7 区块发现一个储量为 8 219 万吨的大油田（表 13-50）。

表 13-50　苏丹油田发现情况（1979—2005 年）

油田名称或地点	发现时间 / 年	可采储量	其他
阿布加比拉赫	1979	（不详）	苏丹第一个油田
本提乌	1980	1 360 万～3 400 万吨	位于上尼罗省
穆格莱特 6 区块	1996	（不详）	中石油在该区块打出第一口油井
苏丹麦参特盆地 3/7 区块	2003	8 219 万吨	位于麦参特盆地。中石油在该区块发现含油构造
达尔福尔南部地区	2005	（不详）	年产可达 2 500 万吨

资料来源：作者整理。主要参考王才良、周珊：《世界石油大事记》，石油工业出版社，2008。

喀麦隆于 1955 年发现第一个油田，到 1977 年共发现 5 个油田和 2 个气田。赤道几内亚于 1984 年发现第一个油田。刚果于 2005 年在深海发现一个估计可采储量为 1 367 万吨以上的大油田。（表 13-51）

表 13-51　喀麦隆等国家油田发现情况（1955—2005 年）

油田名称或地点	发现时间 / 年	可采储量	其他
喀麦隆第一个油田	1955	（不详）	位于杜阿拉城以东
赤道几内亚阿尔巴	1984	932 万吨（凝析油）	海上凝析气田。赤道几内亚第一个油田
赤道几内亚扎菲罗	1995	（不详）	海上油田
刚果深水油田	2005	1 367 万吨以上（估计）	

资料来源：作者整理。主要参考王才良、周珊：《世界石油大事记》，石油工业出版社，2008。

[①] 刘鸿武、姜恒昆：《苏丹》，社会科学文献出版社，2008，第 23 页。

（六）大洋洲

大洋洲是世界上最迟发现商业油田的洲，比其他洲晚半个世纪以上。大洋洲油田主要集聚在澳大利亚。1893 年，澳大利亚开始进行石油勘探，1900 年在昆士兰州发现第一个气田。1924 年，为找水，澳大利亚在吉普斯兰盆地的 Lakes Entrance 镇钻井时遇 13 米的油层，到 1941 年在该盆地共生产出约 1 088 吨重油。[1]1953 年，在西澳大利亚打出一口试验性喷油油井。

澳大利亚石油的商业开发始于 1961 年。是年，在澳大利亚东部苏拉特盆地发现第一个商业油田——木尼油田。1964 年，在北卡那封盆地发现澳大利亚西北大陆架第一个油田——巴罗油田。[2]1967 年在吉普斯兰盆地发现王鱼油田。1971 年，又在维多利亚州东部沿海地区发现特大油田——巴斯海峡大油田，其原油产量占全国的 80% 以上。[3]1978 年，发现巨型油田 Fortescue。

1997 年，新西兰发现其第二大油气田——Maharaja Lela 油气田，可采储量达 3 425 万吨。（表 13-52）

表 13-52　澳大利亚、新西兰油田发现情况（1953—1997 年）

油田名称或地点	发现时间 / 年	可采储量	其他
澳大利亚拉夫兰吉	1953	（不详）	试验性油井
澳大利亚木尼	1961	286 万吨	澳大利亚第一个商业油田
澳大利亚巴罗	1964	（不详）	位于西北大陆架
澳大利亚王鱼	1967	1.38 亿吨	位于吉普斯兰盆地
澳大利亚巴斯海峡	1971	（不详）	其产量占全国的 80% 以上
澳大利亚 Fortescue	1978	（不详）	巨型油田
新西兰 Maharaja Lela	1997	3 425 万吨	新西兰第二大油气田

资料来源：作者整理。主要参考王才良、周珊：《世界石油大事记》，石油工业出版社，2008。

五、石油储量

在世界石油工业诞生至今的 150 多年时间里，世界石油剩余探明储量不断增长，2009 年达到 1 812 亿吨。世界石油资源分布极其不均衡，剩余探明储量中心由墨西哥湾向海湾（即波斯湾）转移，后者占全球的份额高达 50% 以上（2009 年约占 56%）。各国的石油剩余探明储量相差悬殊，沙特阿拉伯 2009 年的石油剩余探明储量高达 360 亿吨，占全球的 1/5。进入 20 世纪下半叶后，美国石油剩余探明储量在世界上的排名不断下降，占世界总量的比例由 1950 年的 27.2% 锐减到 2009 年的 2.1%。

（一）全球石油剩余探明储量 [4]

世界石油工业于 1859 年诞生，经过近百年的勘探，到 1948 年，世界石油剩余探明储量超过 100

[1] 张建球、钱桂华、郭念发：《澳大利亚大型沉积盆地与油气成藏》，石油工业出版社，2008，第 36 页。
[2] 同上书，第 90 页。
[3] 张天：《澳洲史》，社会科学文献出版社，1996，第 356 页。
[4] 在中国，根据 1988 年中国国家标准《石油储量规范》的规定，石油储量分为三级：探明储量、控制储量和预测储量。并且，在中国，探明储量指在现代技术和经济条件下可供开采，并能获得经济社会效益的可靠储量。故本书在剩余储量的表述上统一使用"剩余探明储量"术语，而非"剩余可采储量"。

亿吨，达到 102.2 亿吨（表 13-53）。[①]

1950 年，世界石油剩余探明储量达到 130.0 亿吨（不包括中国）。[②] 此后 20 年，世界石油剩余探明储量进入快速增长期，1960 年达 415.3 亿吨，比 1950 年增长 2 倍以上；1970 年又比 1960 年翻了约一番，达到 817.5 亿吨。[③]

20 世纪 70 年代，先后发生两次石油危机，世界石油剩余探明储量增长较慢，到 1980 年为 888.4 亿吨，比 1970 年增长 8.7%。

表 13-53　1948—2009 年世界石油剩余探明储量

时间 / 年	储量 / 亿吨
1948	102.2
1950	130.0
1960	415.3
1970	817.5
1973	825.8
1980	888.4
1989	1 368.7
1999	1 476.4
2009	1 812.1

资料来源：作者整理。

20 世纪 80 年代后期，OPEC 等石油勘探成果显著，新发现储量达同期采出量的 4.1 倍，世界石油剩余探明储量猛增，1989 年达到 10 064 亿桶（约 1 368.7 亿吨），比 1980 年增长 54.1%。到 20 世纪末，世界石油剩余探明储量进一步增加，达到 10 856 亿桶[④]（约 1 476.4 亿吨，1999 年），比 1989 年增长 7.9%。

21 世纪初，在油价暴涨、"石油峰值"论影响等各种因素的推动下，石油勘探又引起了人们的重视，世界石油剩余探明储量与 20 世纪 90 年代相比得到较快增长，2009 年剩余探明储量达到 13 324 亿桶[⑤]（约 1 812.1 亿吨），比 1999 年增加 335.7 亿吨，增幅达 22.7%。

总之，自从世界石油工业诞生以来，在这 160 多年的石油工业发展史上，世界石油剩余探明储量是在持续增长的，在剩余探明储量上尚未出现"石油峰值"现象。

（二）石油储量地区分布

20 世纪 40 年代以前，墨西哥湾是世界石油剩余探明储量的中心，但随着海湾地区大量巨型油田被发现，海湾地区成为世界石油剩余探明储量新的中心。1960 年 OPEC 成立后，OPEC 占世界石油剩

[①] 王才良、周珊：《世界石油大事记》，石油工业出版社，2008，第 117 页。
[②] 云南省东南亚研究所：《两次石油危机对世界经济的影响》（论文集），云南大学东南亚研究所，1983，第 36 页。
[③]《第三世界石油斗争》编写组：《第三世界石油斗争》，生活·读书·新知三联书店，1981，第 528 页。
[④] 张伟：《全球资源分布与配置》，人民出版社，2011，第 10 页。
[⑤] 同上。

余探明储量的份额长时期高达 60% 以上。

1950 年，世界石油剩余探明储量为 130.0 亿吨，其中墨西哥湾地区 37.2 亿吨，海湾地区 63.8 亿吨，其他地区 29.0 亿吨，分别占世界总量的 28.6%、49.1%、22.3%（表 13-54）。同年，美国石油剩余探明储量为 35.4 亿吨、苏联为 3.4 亿吨，分别占世界总量的 27.2%、2.6%。

表 13-54　1950 年世界石油剩余探明储量[1]的地区分布

地区	储量 / 亿吨	比例 /%
墨西哥湾地区[2]	37.2	28.6
海湾地区[3]	63.8	49.1
其他地区	29.0	22.3

资料来源: 作者整理。参考《第三世界石油斗争》编写组:《第三世界石油斗争》, 生活·读书·新知三联书店, 1981。

注: [1] 不包括中国的储量。[2] 墨西哥湾地区的储量包括美国和墨西哥两个国家的储量。[3] 海湾地区的储量包括沙特阿拉伯、科威特、伊朗、伊拉克 4 个国家的储量。

20 世纪 60—70 年代，第一次石油危机爆发，同时，第一世界、第二世界、第三世界的划分成为世界政治生活中的一个重大政治现象。基于这种背景，笔者选择 1960 年、1973 年这两年为时间节点，并采用历史上"三个世界"的概念，分析当时世界石油储量的重要地缘政治特性及其对世界经济社会发展的重要影响。

1960 年，世界石油剩余探明储量为 415.3 亿吨。其中，第一世界（包括美国和苏联）88.6 亿吨，第二世界 16.1 亿吨，第三世界 310.6 亿吨，分别占世界石油剩余探明储量总量的 21.3%、3.9%、74.8%（表 13-55），第三世界所占比例最大。1973 年，即第一次石油危机爆发的那一年，第三世界石油剩余探明储量的比例进一步提高到 75.1%，而第一世界所占的比例则下降了 2.5 个百分点，降至 18.8%。同期，OPEC 石油剩余探明储量的比例由 1960 年的 63.1% 增至 65.5%。包括 OPEC 在内的第三世界在这一时期的能源地位与 1960 年相比得到了极大的巩固与提升，海湾地区发展成为世界上最重要的石油中心，极大地增强了其在国际事务中的地位。正因如此，在 1973 年 10 月阿拉伯国家和以色列之间爆发第四次中东战争后，OPEC 首次挑战美国，首先对美国实行石油禁运，并且第一次摆脱欧美发达国家政府和石油公司的支配，单方面就石油价格做出决定，从而引发了第一次石油危机。美国石油剩余探明储量占世界总量的比例，由 1950 年的 27.2%（排世界各国第一位）降至 1960 年的 10.9%，到 1973 年时进一步降低到 5.7%，早已失去昔日"石油霸主"的地位。由此，当时的第三世界的石油斗争取得了重要胜利。

表 13-55　1960 年、1973 年世界石油剩余探明储量的地区分布

地区 / 国家	1960 年		1973 年	
	储量 / 亿吨	比例 /%	储量 / 亿吨	比例 /%
第一世界[1]	88.6	21.3	155.6	18.8
第二世界[2]	16.1	3.9	50.4	6.1

续表

地区 / 国家	1960 年		1973 年	
	储量 / 亿吨	比例 /%	储量 / 亿吨	比例 /%
第三世界[3]	310.6	74.8	619.8	75.1
OPEC[4]	262.1	63.1	541.3	65.5
全球	415.3	100.0	825.8	100.0

资料来源：作者整理。参考《第三世界石油斗争》编写组：《第三世界石油斗争》，生活·读书·新知三联书店，1981。

注：[1]第一世界包括美国和苏联。[2]第二世界包括西欧的奥地利、西德、丹麦、法国、英国、意大利、荷兰、挪威、西班牙、希腊，东欧的保加利亚、捷克斯洛伐克、匈牙利、波兰，以及日本、加拿大、澳大利亚和新西兰。[3]第三世界即除上述第一世界、第二世界各国之外的亚洲、非洲、拉丁美洲的广大发展中国家和地区。[4]OPEC 在 1960 年成立时包括沙特阿拉伯、委内瑞拉、伊朗、伊拉克、科威特 5 个国家。到 1973 年时 OPEC 增加了卡塔尔、印度尼西亚、利比亚、阿布扎比、阿尔及利亚、尼日利亚和厄瓜多尔 7 个国家，共 12 个成员国。

20 世纪 80 年代至今，世界石油剩余探明储量仍主要集中在海湾地区周围，中东地区石油剩余探明储量占世界的比重始终高达 50% 以上（有时甚至达 66.7%），石油资源的全球分布极不均衡。中东地区 1989 年、1999 年、2009 年的石油剩余探明储量分别高达 899.0 亿吨、932.7 亿吨、1 025.0 亿吨，占全球的比例分别为 65.7%、63.2%、56.6%（表 13-56）。而其他地区所占的份额较低，尤其是国家众多的亚太地区最低，1989 年、1999 年、2009 年这三个年份所占份额均不到 4 个百分点，仅分别为 3.4%、3.7%、3.1%。

表 13-56　1989—2009 年世界石油剩余探明储量的地区分布

地区	1989 年		1999 年		2009 年	
	储量 / 亿吨	比例 /%	储量 / 亿吨	比例 /%	储量 / 亿吨	比例 /%
中东地区	899.0	65.7	932.7	63.2	1 025.0	56.6
亚太地区	47.2	3.4	54.3	3.7	56.7	3.1
欧洲和欧亚大陆	114.5	8.4	146.6	9.9	186.6	10.3
北美洲	133.1	9.7	94.5	6.4	99.8	5.5
拉丁美洲	94.5	6.9	133.0	9.0	270.5	14.9
非洲	80.4	5.9	115.2	7.8	173.4	9.6
全球	1 368.7	100.0	1 476.4	100.0	1 812.1	100.0

资料来源：作者整理。

1989—2009 年，欧洲和欧亚大陆的石油剩余探明储量较为平衡，1989 年、1999 年、2009 年所占比例分别为 8.4%、9.9%、10.3%，呈稳定上升趋势。但在世界上最早大规模开发石油的地区——北美洲，则出现了石油剩余探明储量衰减的态势，不仅石油剩余探明储量的绝对量在递减，其在全球的份额也在逐年下降，1989 年、1999 年、2009 年北美洲的石油剩余探明储量分别为 133.1 亿吨、94.5 亿吨、99.8 亿吨，所占比重分别为 9.7%、6.4%、5.5%。

拉丁美洲和非洲是发现石油的新兴地区，它们的石油剩余探明储量从 1989 年至 2009 年有较大幅度的增加，在全球中的地位也不断上升。拉丁美洲 1989 年、1999 年、2009 年的石油剩余探明储量分别为 94.5 亿吨、133.0 亿吨、270.5 亿吨，所占比例分别为 6.9%、9.0%、14.9%。非洲在这三个年份的储量分别为 80.4 亿吨、115.2 亿吨、173.4 亿吨，所占比例分别为 5.9%、7.8%、9.6%。

（三）石油储量大国

20 世纪上半叶，美国是世界上石油剩余探明储量最多的国家，1950 年储量为 35.4 亿吨，占世界总量的 27.2%（表 13-57）。但随着海湾地区大量巨型油田的发现，加上美国自 19 世纪中叶以来大规模过度开采石油，美国的石油资源日渐减少，在世界上的地位不断下降。美国石油剩余探明储量占世界的比例，1960 年降为 10.9%，排名第四（表 13-58）；1973 年为 5.7%，排名第五（表 13-59）；1989 年为 4.2%，排名第七（表 13-60）；1999 年为 2.7%，排名第八（表 13-61）。到 21 世纪（2009 年），美国石油剩余探明储量占世界的比例为 2.1%，排名退出世界前十位，排第十二位（表 13-62）。

20 世纪下半叶后，海湾地区的科威特、伊朗、沙特阿拉伯、伊拉克、阿联酋等国家成为世界上石油剩余探明储量位居前列的国家。科威特石油剩余探明储量在 1960 年居世界首位。1973 年沙特阿拉伯跃居世界首位，到 21 世纪 10 年代一直保持世界第一。

表 13-57　1950 年世界石油剩余探明储量大国（1 亿吨以上）

排名	国家	储量 / 亿吨	比例 /%
1	美国	35.4	27.2
2	科威特	20.7	15.9
3	伊朗	17.8	13.7
4	沙特阿拉伯	13.6	10.5
5	委内瑞拉	13.6	10.5
6	伊拉克	11.7	9.0
7	苏联	7.4	5.7
8	墨西哥	1.8	1.4
9	印度尼西亚	1.4	1.1
—	全球	130.0	100.0

资料来源：作者整理。参考云南省东南亚研究所：《两次石油危机对世界经济的影响》（论文集），云南大学东南亚研究所，1983。

表 13-58　1960 年世界石油剩余探明储量大国（10 亿吨以上）

排名	国家	储量 / 亿吨	比例 /%
1	科威特	85.2	20.5
2	沙特阿拉伯	67.3	16.2
3	伊朗	47.1	11.3
4	美国	45.3	10.9
5	苏联	43.4	10.5
6	伊拉克	36.3	8.7

续表

排名	国家	储量 / 亿吨	比例 /%
7	委内瑞拉	26.3	6.3
8	印度尼西亚	12.9	3.1
—	全球	415.3	100.0

资料来源：作者整理。参考《第三世界石油斗争》编写组：《第三世界石油斗争》，生活·读书·新知三联书店，1981。

表 13-59　1973 年世界石油剩余探明储量大国（10 亿吨以上）

排名	国家	储量 / 亿吨	比例 /%
1	沙特阿拉伯	179.9	21.8
2	苏联	108.8	13.2
3	科威特	88.1	10.7
4	伊朗	81.4	9.9
5	美国	46.8	5.7
6	伊拉克	42.3	5.1
7	利比亚	33.5	4.1
8	阿布扎比	28.3	3.4
9	尼日利亚	27.0	3.3
10	中立区	25.6	3.1
11	委内瑞拉	20.0	2.4
12	印度尼西亚	14.9	1.8
13	英国	13.3	1.6
14	西班牙	12.7	1.5
15	加拿大	12.7	1.5
—	全球	825.8	100.0

资料来源：作者整理。参考《第三世界石油斗争》编写组：《第三世界石油斗争》，生活·读书·新知三联书店，1981。

表 13-60　1989 年世界石油剩余探明储量大国[1]（10 亿吨以上）

排名	国家	储量 / 亿吨	比例 /%
1	沙特阿拉伯	353.7	25.8
2	伊拉克	136.0	9.9
3	阿联酋	133.4	9.7
4	科威特	132.1	9.7
5	伊朗	126.3	9.2
6	委内瑞拉	80.2	5.9

续表

排名	国家	储量 / 亿吨	比例 /%
7	美国	57.6	4.2
8	利比亚	31.0	2.3
9	中国	21.8	1.6
10	尼日利亚	21.8	1.6
11	加拿大	15.8	1.2
—	全球	1 368.7	100.0

资料来源：作者整理。参考张伟：《全球资源分布与配置》，人民出版社，2011。

注：[1] 缺苏联的数据。

表 13-61　1999 年世界石油剩余探明储量大国（10 亿吨以上）

排名	国家	储量 / 亿吨	比例 /%
1	沙特阿拉伯	357.4	24.2
2	伊拉克	153.0	10.4
3	阿联酋	133.0	9.0
4	科威特	131.2	8.9
5	伊朗	126.6	8.6
6	委内瑞拉	104.4	7.1
7	俄罗斯	80.5	5.5
8	美国	40.4	2.7
9	利比亚	40.1	2.7
10	尼日利亚	39.4	2.7
11	哈萨克斯坦	34.0	2.3
12	加拿大	24.9	1.7
13	中国	20.5	1.4
14	卡塔尔	17.8	1.2
15	巴西	11.2	0.8
—	全球	1 476.4	100.0

资料来源：作者整理。参考张伟：《全球资源分布与配置》，人民出版社，2011。

表 13-62　2009 年世界石油剩余探明储量大国（10 亿吨以上）

排名	国家	储量 / 亿吨	比例 /%
1	沙特阿拉伯	359.9	19.9
2	委内瑞拉	234.3	12.9
3	伊朗	187.1	10.3
4	伊拉克	156.4	8.6

续表

排名	国家	储量 / 亿吨	比例 /%
5	科威特	138.0	7.6
6	阿联酋	133.0	7.3
7	俄罗斯	100.9	5.6
8	利比亚	60.2	3.3
9	哈萨克斯坦	54.1	3.0
10	尼日利亚	50.6	2.8
11	加拿大	45.2	2.5
12	美国	38.6	2.1
13	卡塔尔	36.4	2.0
14	中国	20.1	1.1
15	安哥拉	18.4	1.0
16	巴西	17.5	1.0
17	阿尔及利亚	16.6	0.9
18	墨西哥	15.9	0.9
—	全球	1 812.1	100.0

资料来源：作者整理。参考张伟：《全球资源分布与配置》，人民出版社，2011。

南美洲的委内瑞拉是 OPEC 的发起国之一，半个多世纪以来石油剩余探明储量一直保持增长势头，由 1950 年的 13.6 亿吨增至 20 世纪末（1999 年）的 104.4 亿吨，2009 年再增加到 234.3 亿吨，排世界第二位。俄罗斯、尼日利亚、利比亚、加拿大等传统石油资源大国也继续保持较多的石油剩余探明储量的优势。2009 年，俄罗斯石油剩余探明储量为 100.9 亿吨，排世界第七位；利比亚 60.2 亿吨，排名第八；尼日利亚 50.6 亿吨，排名第十；加拿大 45.2 亿吨，排名第十一；墨西哥 15.9 亿吨，排名第十八。

南美洲的巴西、非洲的安哥拉、亚洲的哈萨克斯坦等国家日渐成为新兴石油大国。2009 年，哈萨克斯坦石油剩余探明储量为 54.1 亿吨，排世界第九位；安哥拉为 18.4 亿吨，排第十五位；巴西为 17.5 亿吨，排第十六位。

2009 年，中国石油剩余探明储量为 20.1 亿吨，占世界总量的 1.1%，排世界第十四位。

（四）全球油田储量

随着石油勘探、钻井技术的进步和勘探工作的不断加强，世界上已发现的巨型油田的可采储量呈增长趋势。从石油咨询机构对 1981—1996 年全球 186 个已知巨型油田 [①] 的估计可采储量分析来看，历年发现的油田储量总体呈上升趋势（表 13-63）。1981—1996 年，全球 186 个巨型油田的估计可采储量从 6 170 亿桶增加到 7 770 亿桶，增长 26%。除新发现的油田外，已知的 186 个油田增加储量 1 600 亿桶，

---

① 在 1981—1996 年的石油顾问数据库中，苏联和中国的油田大小数据相当有限，因而这里没有完整表达这两个国家巨型油田的状况。由于美国和加拿大油田剩余储量只包括探明储量的估计数（相对于探明加可能储量），因此这两个国家的许多巨型油田也已被漏掉，这里 186 个巨型油田不包括美国和加拿大的巨型油田。这里所用的数值是基于油田总可采储量的估计值，是估计的剩余可采储量与累计产量之和。所称巨型油田指总可采储量达 5 亿桶的油田，所用数据是 1996 年油气田的储量数据。

其中有 142 个油田（占总油田数的 76%）的总可采储量是增加的。[1]

在 1981—1996 年中的三个五年阶段中，每五年的总可采储量都是增加的，OPEC 成员和非 OPEC 成员的可采储量都表现为快速增长的趋势。但是，每个五年阶段的增幅是不一致的。1981—1986 年，186 个巨型油田的总可采储量增加 109.44 亿桶，增长约 2%，其中 61 个巨型油田（占总数的 33%）的总可采储量是增加的；1986—1991 年，总可采储量增加约 1 203.04 亿桶，增长 19%，其中 128 个巨型油田的总可采储量是增加的；1991—1996 年，总可采储量增加 290 亿桶，增长约 4%，其中 91 个巨型油田的总可采储量是增加的。[2]

在 186 个巨型油田中，属于 OPEC[3]的油田有 133 个，占总数的 72%。1981—1996 年，这些油田估计总可采储量从 5 500 亿桶增加到 6 680 亿桶，增加量为 1 180 亿桶，增长约 21%。[4]这一时期，OPEC 的油田储量变化与非 OPEC 国家是不同的，非 OPEC 国家油田的估计总可采储量自 1981 年的 670 亿桶增加到 1996 年的 1 090 亿桶，增加 420 亿桶，增长约 63%[5]，增幅远高于 OPEC。

表 13-63　全球巨型油田总可采储量变化表[1]（按油田大小排序）

序号	国家/地区	油田名称（发现年度/年）	1981—1986 年/百万桶	1986—1991 年/百万桶	1991—1996 年/百万桶	1981—1996 年/百万桶
1	沙特	Ghawar（total）（1948）	−2 094	2 970	32 000	32 876
2	科威特	Greater Burgan（1938）	−300	11 400	−29 500	−18 400
3	沙特	Safaniya（1951）	−1 366	0	2 870	1 504
4	苏联/俄罗斯	Samotlor（1961）	100	5 900	6 370	12 370
5	伊拉克	Rumaila North and South（1953）	0	8 000	−7 800	200
6	阿布扎比	Zakum（1964）	18 186	−15 586	225	2 825
7	沙特	Manifa（1957）	−1 627	1 603	0	−24
8	伊拉克	Kirkuk（1927）	0	8 000	−8 900	−900
9	伊朗	Gachsaran（Gach Qaraghuli）（1928）	0	6 500	0	6 500
10	伊朗	Ahwaz（1958）	0	4 840	0	4 840
11	沙特	Abqaiq（1940）	720	0	1 480	2 200
12	伊朗	Marun（1963）	0	4 900	0	4 900
13	伊朗	Agha Jari（1938）	0	5 300	0	5 300
14	沙特	Zuluf（1965）	−523	527	3 360	3 364
15	委内瑞拉	Tia Juana（Bolivar coastal）（1928）	1 530	7 000	462	8 992
16	沙特	Berri（1964）	−756	670	200	114
17	阿布扎比	Bu Hasa（1962）	−2 000	5 000	500	3 500
18	墨西哥	Akal-Nohoch（Cantarell）（1977）	2 200	7 000	−4 000	5 200
19	阿尔及利亚	Hassi Messaoud（1956）	0	1 000	−900	100

---

[1] Michel T.Halbouty 主编《世界巨型油气田（1990～1999）》，夏义平等译，石油工业出版社，2007，第 121-122 页。

[2] 同上书，第 124 页。

[3] 这里的 OPEC 成员只包括印度尼西亚、伊朗、伊拉克、科威特、利比亚、尼日利亚、卡塔尔、沙特阿拉伯、阿联酋以及委内瑞拉。

[4] Michel T.Halbouty 主编《世界巨型油气田（1990～1999）》，夏义平等译，石油工业出版社，2007，第 123 页。

[5] 同上书，第 126 页。

续表

序号	国家 / 地区	油田名称（发现年度 / 年）	1981—1986年 / 百万桶	1986—1991年 / 百万桶	1991—1996年 / 百万桶	1981—1996年 / 百万桶
20	科威特－沙特中立区	Khafji（1959）	−363	1 733	0	1 370
21	科威特	Raudhatain（1955）	0	0	0	0
22	沙特	Khurais（1957）	−915	940	0	25
23	沙特	Qatif（1945）	−766	849	2 450	2 533
24	沙特	Abu Sa'fah（1963）	−1 032	989	300	257
25	阿布扎比	Bab（1954）	−1 500	6 000	0	4 500
26	委内瑞拉	Bachaquero（Bolivar coastal）（1930）	−2 650	0	3 800	1 150
27	苏联 / 俄罗斯	Ust-Balyk-Mamontovo（1961）	−2 100	5 600	1 110	4 610
28	沙特	Shayabh（1968）	−523	−3 187	5 000	1 290
29	阿布扎比	Asab（1965）	−500	3 000	0	2 500
30	阿布扎比	Umm Shaif（1958）	0	200	620	820
31	伊拉克	West Qurna（1973）	1 000	4 700	0	5 700
32	伊拉克	Majnoon（1977）	0	0	−1 000	−1 000
33	中国	Karamay Comblex（1955）	−930	1 530	2 739	3 339
34	科威特	Sabriya（1957）	0	0	0	0
35	伊拉克	Zubair（1949）	0	3 200	−2 600	600
36	印度尼西亚	Minas（1944）	0	300	400	700
37	卡塔尔	Dukhan（1940）	1 300	−400	500	1 400
38	利比亚	Sarir（065−C）（1961）	0	−2 018	0	−2 018
39	利比亚	Amal（012−B/E/N/R）（1959）	−150	−2 100	2 250	0
40	沙特	Khursaniyah（1956）	−717	676	0	−41
41	印度	Bombay High（1974）	470	600	1 600	2 670
42	沙特	Marjan（1967）	−349	0	1 774	1 425
43	印度尼西亚	Duri（1941）	1 500	1 900	0	3 400
44	挪威 / 英国	Statfjord（1974）	−1 050	794	556	300
45	伊朗	Rag-e-Safid（1963）	0	1 400	0	1 400
46	伊朗	Bibi Hakimeh（1961）	300	1 290	0	1 590
47	科威特	Minagish（1959）	0	1 100	0	1 100
48	利比亚	Gialo（059−E）（1961）	0	0	0	0
49	委内瑞拉	Lama（1957）	−400	100	764	464
50	伊拉克	Nahr Umr（1949）	0	130	2 240	2 370
51	科威特	Umm Gudair（1962）	−13	2 113	0	2 100
52	科威特－沙特中立区	Wafra（1953）	425	847	0	1 272

续表

序号	国家 / 地区	油田名称（发现年度 / 年）	1981—1986年 / 百万桶	1986—1991年 / 百万桶	1991—1996年 / 百万桶	1981—1996年 / 百万桶
53	伊拉克	Jambur（1954）	−110	1 010	1 600	2 500
54	英国	Forties（1970）	72	398	130	600
55	伊朗	Dorood（Darius）（1961）	0	250	1 685	1 935
56	伊朗	Foroozan（Fereidoon）（1966）	0	500	0	500
57	利比亚	Nasser（006−C/41/4K）（1959）	0	−100	400	300
58	挪威	Ekofisk（1969）	135	767	283	1 185
59	迪拜	Fateh（1966）	400	250	460	1 110
60	伊拉克	Bai Hassan（1953）	500	3 200	−3 000	700
61	阿曼	Yibal（1962）	130	700	700	1 530
62	墨西哥	Poza Rica（1930）	−1 800	600	500	−700
63	伊朗	Karanj（1963）	0	375	0	375
64	埃及	Belayim Marine（1961）	50	700	800	1 550
65	伊朗	Parsi（1964）	0	−600	−400	−1 000
66	沙特	Harmaliyah（1971）	−313	280	0	−33
67	伊拉克	Buzurgan（1969）	500	500	−520	480
68	利比亚	Augila-Nafoora（102−D/051−A/G）（1965）	0	180	0	180
69	英国	Brent（1971）	−264	79	161	−24
70	利比亚	Waha South（059−A and N）（1959）	−400	100	860	560
71	挪威	Gullfaks（1978）	80	120	492	692
72	委内瑞拉	Centro（1957）	480	100	550	1 130
73	伊朗	Salman（Sassan）（1965）	0	300	0	300
74	利比亚	Defa（059−B/071−Q）（1960）	0	0	0	0
75	沙特	Abu Hadriya（1940）	−387	347	0	−40
76	伊朗	Haft Kel（1927）	0	0	0	0
77	迪拜	Fateh Southwest（1970）	−100	250	450	600
78	委内瑞拉	Urdaneta Oeste（1955）	650	−200	900	1 350
79	叙利亚	Suwaidiyah（Souedie）（1959）	519	81	81	681
80	委内瑞拉	Lamar（1958）	170	−470	657	357
81	伊朗	Aboozar（Ardeshir）（1961）	0	0	0	0
82	利比亚	Bu Attifel（100−A）（1968）	0	200	200	400
83	英国	Beryl（1972）	0	0	715	715
84	厄瓜多尔	Shushufindi-Aguarico（1969）	763	1	287	1 051
85	埃及	Morgan（1965）	0	−30	230	200
86	伊朗	Mansuri（1963）	0	845	0	845

续表

序号	国家 / 地区	油田名称（发现年度 / 年）	1981—1986年 / 百万桶	1986—1991年 / 百万桶	1991—1996年 / 百万桶	1981—1996年 / 百万桶
87	沙特	Dammam（1938）	−141	83	0	−58
88	卡塔尔	Bul Hanine（1970）	0	50	120	170
89	文莱	Seria（1928）	50	170	0	220
90	俄罗斯	Vozey（1971）	0	800	317	1 117
91	利比亚	Messla（065−HH/080−DD）（1971）	500	−255	0	245
92	尼日利亚	Foreados Yokri（1968）	200	−80	415	535
93	阿布扎比	Sahil（1967）	0	700	0	700
94	澳大利亚	Kingfish（1967）	106	64	−100	70
95	阿曼	Fahud（1964）	200	200	50	450
96	沙特	Lawhah（1975）	−51	699	0	648
97	英国	Ninian（1974）	−50	50	50	50
98	委内瑞拉	Lago（1958）	690	350	−150	890
99	利比亚	Intisar（103−D）（1967）	−380	75	0	−305
100	伊朗	Masjid-e-Sulaiman（1908）	0	0	0	0
101	埃及	October（1977）	280	300	400	980
102	卡塔尔	Maydan Mahzam（1963）	0	0	0	0
103	沙特	Maharah（1973）	−13	0	969	956
104	委内瑞拉	Quiriquir（1928）	−35	95	230	290
105	伊拉克	Luhais（1961）	0	500	60	560
106	巴林	Awali（1932）	50	−130	130	50
107	利比亚	Intisar（1030−A）（1967）	−20	320	0	300
108	伊拉克	Abu Ghirab（1971）	500	−500	40	40
109	澳大利亚	Halibut-Cobia（1967）	−3	146	0	143
110	伊朗	Kupal（1965）	0	−200	0	−200
111	墨西哥	Agave（1976）	0	300	0	300
112	卡塔尔	Idd El Shargi North Dome（1960）	0	500	0	500
113	阿尔及利亚	Zarzaitine（1957）	0	−125	175	50
114	文莱	Champion（1970）	0	450	0	450
115	尼日利亚	Nembe Creek（1973）	50	0	250	300
116	沙特	Fadhili（1949）	−190	154	0	−36
117	阿布扎比	Saath AI Raaz Boot（1969）	0	800	0	800
118	文莱	Ampa Southwest（1963）	0	0	0	0
119	利比亚	Beda（047 B）（1959）	710	100	0	810
120	尼日利亚	Jones Creek（1967）	650	−400	300	550
121	委内瑞拉	La Paz（1924）	−55	15	−10	−50

续表

序号	国家/地区	油田名称（发现年度/年）	1981—1986年/百万桶	1986—1991年/百万桶	1991—1996年/百万桶	1981—1996年/百万桶
122	英国	Maguns（1974）	85	100	220	405
123	尼日利亚	Imo River（1959）	200	−75	200	325
124	印度尼西亚	Handil（1974）	0	100	−30	70
125	阿塞拜疆	Surakhany（1904）	0	0	−35	−35
126	阿布扎比	Umm Al-Dalkh（1969）	−100	778	0	678
127	厄瓜多尔	Sacha（1969）	238	50	70	358
128	伊朗	Ab-E-Teimur（1968）	0	300	0	300
129	伊朗	Sarkhan（1969）	0	0	0	0
130	尼日利亚	Oka（1964）	−130	100	250	220
131	苏联/俄罗斯	Yarega（Yaregskoye）（1932）	60	30	679	769
132	安哥拉	Takula（1971）	250	290	160	700
133	利比亚	Raguba（020−E）（1961）	−180	15	165	0
134	利比亚	Bouri（NC041−B）（1977）	−200	250	0	50
135	尼日利亚	Cawthorne Channel（1963）	50	200	200	450
136	沙特	Karan（1967）	−2	0	732	730
137	突尼斯	El Borma（1964）	300	50	−50	300
138	埃及	July（1967）	0	−30	10	−20
139	伊拉克	Jabal Fauqi（1974）	0	500	−770	−270
140	埃及	Belayim Land（1955）	650	−600	220	270
141	印度尼西亚	Attaka（1970）	−70	120	100	150
142	利比亚	Dahra ast-Hofra（032−F/Y011−A/40）（1958）	−600	600	0	0
143	尼日利亚	Meren（1965）	−30	80	0	50
144	沙特	Rimthan（1974）	−53	73	100	120
145	沙特	Dimthan（1975）	−1	0	687	686
146	委内瑞拉	Mene Grande（1914）	60	40	−30	70
147	委内瑞拉	Jobo（1953）	419	325	−150	594
148	阿塞拜疆	Sangachaly Deniz-Ostrov Duvanyy-Adasy Bulla（1963）	0	0	−190	−190
149	尼日利亚	Obagi（1964）	50	100	70	220
150	尼日利亚	Bomu（1958）	100	118	0	218
151	埃及	Ramadan（1974）	−350	150	160	−40
152	阿布扎比	Abu Al Bukhoosh（1969）	100	128	22	250
153	科威特－沙特中立区	Umm Gudair South（1966）	150	0	0	150
154	委内瑞拉	Ceuta（1957）	200	200	−150	250
155	苏联/俄罗斯	Malgobek-Voznesenskaya（1915）	0	0	−2 357	−2 357

续表

序号	国家 / 地区	油田名称（发现年度 / 年）	1981—1986年 / 百万桶	1986—1991年 / 百万桶	1991—1996年 / 百万桶	1981—1996年 / 百万桶
156	挪威	Valhall（1975）	−175	175	244	244
157	英国	Cormorant（1972）	19	51	−7	63
158	印度尼西亚	Arjuma B（1969）	100	−100	0	0
159	伊朗	Dehluran（1973）	0	220	0	220
160	阿曼	Natih（1963）	70	50	120	240
161	阿曼	Marmul（1957）	500	0	0	500
162	乌克兰	Prilukskoye（Dnepr）（1960）	0	0	0	0
163	伊朗	Sirri D（1972）	0	45	216	261
164	伊朗	Lab-E-Safid（1969）	0	0	40	40
165	特立尼达和多巴哥	Soldado Main（1954）	−400	240	0	−160
166	阿尔及利亚	Rhourde El Baguel（1962）	0	−10	135	125
167	伊朗	Naft Safid（1938）	0	−30	200	170
168	沙特	Mazalij（1971）	−61	35	−80	−106
169	沙特	Abu Jifan（1973）	−53	53	0	0
170	委内瑞拉	Mata（1951）	−560	−55	55	−560
171	英国	Fulmar（1975）	−110	63	54	7
172	伊朗	Binak（1959）	0	90	0	90
173	印度	Ankleshwar（1960）	80	−150	89	19
174	阿曼	Saih Rawl（1973）	−30	20	415	405
175	哥伦比亚	La Cira（1926）	20	30	0	50
176	奥地利	Matzen（1949）	−5	30	25	50
177	印度	Lakwa（1964）	27	0	465	492
178	委内瑞拉	Cabimas（Bolivar coastal）（1917）	195	1 200	−2 486	−1 091
179	澳大利亚	Mackerel（1969）	−28	0	109	81
180	印度尼西亚	Bangko（1970）	−20	160	0	140
181	伊拉克	Tuba（1959）	0	300	−300	0
182	科威特–沙特中立区	Hout（1963）	−120	420	0	300
183	利比亚	Bahi（032−A）（1958）	0	−100	0	−100
184	尼日利亚	Kokori（1961）	100	−50	100	150
185	秘鲁	La Brea（1868）	989	361	−966	384
186	委内瑞拉	Mara（1945）	−20	−10	90	60
总变化情况		OPEC 油田	9 746	92 204	16 102	118 052
		非 OPEC 油田	1 198	28 100	13 035	42 333
		油田总计	10 944	120 304	29 137	160 385

资料来源: Michel T. Halbouty 主编《世界巨型油气田（1990～1999）》，夏义平等译，石油工业出版社，2007，第 153-155 页。

注:[1] 本表不包括美国和加拿大的油田，仅列出苏联/俄罗斯和中国的部分巨型油田。

第 2 节　石油生产

石油生产通常是指原油生产，而原油则是指从地下开采出来，没有经过炼制、加工的石油。原油含有大量的碳原子和氢原子，其中碳占原油重量的 82% ～ 87%，氢占 12% ～ 15%。[①]同时，原油还含有硫等元素。随着科学技术的发展，石油生产技术不断发展创新（表 13-64），石油产量不断增长，进入新的产油高峰期，后石油时代即将来临。

表 13-64　世界石油生产（开采）技术开发利用进程

时间	事件
公元前 3000 年	美索不达米亚地区开始采集天然油苗中的沥青
公元前 6 世纪	古波斯帝国首都苏撒出现世界上最早的人工挖井采油
977 年	中国陕北延长出现人工钻井采油
1859 年	美国德雷克使用机械顿钻钻井采油
1864 年	美国古宁发明气举采油技术
1865 年	美国制成深井泵抽油
1880 年	德莱塞发明油井封隔器
1880 年	美国皮特霍油田首次注水采油
1887 年	查普曼发明用于钻井井眼和井壁的各种材料
1894 年	美国莱希获油井酸化技术专利
1895 年	美国 Corsicana 油田用旋转钻机钻井采油
1896 年	美国凡戴克用硫酸作油井酸化液技术获专利
1900 年	插入泵开始应用于石油开采
1903 年	美国琅玻克油田首次采用油井套管注水泥的办法来固井
1907 年	贝克发明油井套管鞋
1911 年	美国首次采用双水泥塞固井
1913 年	美国俄克拉何马州一口油井首次进行双层完井
1915 年	多恩父子创造线型注水采油法
1917 年	美国诺瓦塔城油井注气开采
1917 年	俄国人阿鲁特诺夫开发出潜油电泵
1917 年	美国 J. C. Swan 发明井下套管射孔器
1917 年	美国矿务局第一次提出"二次采油"的想法
1922 年	美国国民储罐公司开发出油气分离器

[①] 约翰·塔巴克：《煤炭和石油——廉价能源与环境的博弈》，张军、侯俊琳、张凡译，商务印书馆，2011，第 125 页。

续表

时间	事件
1922 年	埃利奥特制成世界第一台水力活塞抽油泵
1924 年	美国布雷德福油田进行五点法注水驱油试验
1925 年	阿鲁特诺夫的电动潜油泵获美国专利
1926 年	美国贝克曼最早提出微生物驱油的设想
1927 年	H. Atkinson 用肥皂水溶剂做驱油剂获专利
1929 年	De Groot 用石油中芳烃磺化物做驱油剂获专利
1931 年	美国格里布发明用于原油酸化开采的缓蚀剂
1932 年	法国勒内·穆伊诺发明用于重质油开采的螺杆泵
1936 年	美国得克萨斯州凯育加油田建成第一座天然气回注站
1939 年	苏联克留切夫提出扩大井距注水采油的方法
1942 年	美国东得克萨斯油田开始边外注水采油
1943 年	美国中途岛油田首次采用高压注水开发
1943 年	美国 Lake Creek 油田首次实施三层完井
1945 年	苏联勃里 – 苏油田开展油层注空气开采工业试验
1947 年	印第安纳标准石油公司在胡果顿气田首次进行水力压裂采油试验
1948 年	美国沃逊尔油田首次实施边内注水开发
1952 年	美国 Delaware-Childer 油田首次进行火烧油层法开采现场试验
1952 年	美国约巴林达油田首次进行注蒸汽开采重质原油现场试验
1954 年	苏联 Lisbon 油田、美孚石油公司首次进行微生物驱油现场试验
1956 年	J. Reisberg 等进行非离子表面活性剂 Triton X–100 和 NaOH 复合驱油室内模拟试验
1957 年	世界上第一套油田水处理系统投入使用
1957 年	苏联列尼特油田首次采用点状注水开采
1957 年	加拿大帕宾那油田实施注液化石油气开采试验
1958 年	美国 San Carlos 油田首次进行四层完井
1958 年	美国杜威 – 巴托列斯维尔油田开展大规模注 CO_2 开采试验
1960 年	美国 Gebo 油田建成世界首个自动采油油田
1961 年	海湾石油公司建成第一套油田自动化系统
1961 年	美国 King ranch 油田实现六层完井
1961 年	A. K. Csazer 发明油溶性驱油剂
1962 年	W. B. Gogarty 创造"马拉驱油法"
1963 年	中国大庆油田将计算机应用于油气勘探和开发
1963 年	委内瑞拉克里奥尔石油公司开发出大型压裂采油技术
1963 年	美国 Bay Marchand 油田首次进行注海水采油
1965 年	苏联巴夫雷油田首次采用选择性注水开采
1965 年	苏联在油田上进行核爆炸增产试验
1966 年	美国 Magnet Withers 油田首次进行八层完井

续表

时间	事件
1967 年	印度尼西亚米纳斯油田实施地震采油
1968 年	澳大利亚巴罗岛油田采用面积法注水开采
1968 年	美国首次进行泡沫液压裂采油试验
1976 年	壳牌石油公司开发出复式生产 – 储油 – 卸油系统
1978 年	沙特阿拉伯建成世界最大的油田注海水开发系统
1980 年	世界最深采油井（生产井）超过 20 000 英尺（6 096 米以上）
1981 年	加拿大推广应用 100% CO_2 加石英砂的干法压裂采油技术
1982 年	美国 Reno 油田建成泵柱长度达 4 420 米的世界最深有杆抽油井
1983 年	美国开发的电磁波加热驱油法实现商业化
1990 年	挪威北海 Hod 油田建成第一座无人操作生产平台
1993 年	雪佛龙等公司共同推出第一套石油软件集成平台系列标准
2001 年	壳牌石油公司在墨西哥湾建成井深超过 7 000 米的采油井
2005 年	俄罗斯开发出超声波驱油技术

资料来源：作者整理。

一、钻井工程

开采地下石油，需要钻打各种开发井，诸如生产井、注入井、调整井、观测井等。钻井是石油生产的重要环节。世界各地石油钻井机械设备不断创新，先后涌现出涡轮钻井、动力钻井、欠平衡钻井、连续油管钻井、套管钻井、快速钻井、智能完井、PDC（Polycrystalline Diamond Compact，聚晶金刚石复合片）钻头等先进技术（表 13-65），开发出水平井、定向井、分支井、丛式井、横向井等各种不同用途的特殊类型的井，钻井井深纪录不断刷新（表 13-66）。加拿大 1973 年在马更些河三角洲首次从人工岛上钻井。中国第一口超深井于 1978 年完钻，井深 7 185 米。[1]1997—2000 年，美国采用一只 6¾英寸的 Hughes Christenson STR 554 PDC 钻头，对阿拉斯加北坡油气田做了 16 次起下钻，累计进尺 70 180 英尺（约 21 391 米）。2000 年，全球钻井数量 7.2 万口，其中美国 2.9 万口、加拿大 1.85 万口、中国 1.0 万口[2]，分别居世界前三位。到 20 世纪末，全球在产油井 91.41 万口（表 13-67），其中西半球产油量最多，达 66.25 万吨，占全球的 72.5%；世界各国中产油量最多的是美国，达 55.76 万吨，占全球的 61.0%。

表 13-65　世界石油钻井技术开发利用进程

时间	事件
公元前 5000 年—公元前 3300 年	中国河姆氏族时期开始人工凿井，是世界上最早开始人工凿井的时期
公元前 3 世纪	中国李冰穿（钻）广都盐井

---

[1] 王才良、周珊：《世界石油大事记》，石油工业出版社，2008，第 235 页。

[2] 魏一鸣等：《中国石油天然气工业上游技术政策研究报告》，科学出版社，2006，第 52 页。

续表

时间	事件
公元 2 世纪	中国钻井技术传到安息（今伊朗高原东北部）等地
1835 年	中国钻出世界上第一口超过 1 000 米的深井——燊海井
1841 年	法国用旋转钻机钻出一口深 585 米的井
1842 年	欧洲将蒸汽机应用到顿钻领域
1859 年	美国使用机械顿钻钻出世界上第一口工业油井——德雷克井
1860 年	法国莱肖发明金刚石钻芯旋转钻机
1893 年	麦凯克伦发明轮式旋转钻机
1895 年	出现斜向钻井方法（定向井技术）
1895 年	美国 Corsicana 油田首先应用旋转钻机钻井采油
1908 年	霍华德·休斯发明双牙轮钻头
1913 年	赫马森发明十字形四牙轮岩石钻头
1917 年	出现内加厚低碳无缝钢管钻杆
1918 年	内燃机开始作为钻机的动力
1921 年	美国斯特鲁德把氧化铁粉作为钻井液加重剂使用
1922 年	美国地质师埃利奥特研制出钻井取心筒
1923 年	苏联发明涡轮钻井技术
1929 年	美国科尔曼公司钻成第一口水平井
1931 年	钻井深度达 3 000 米
1932 年	威尔逊公司制成柴油机驱动型钻机
1933 年	美国休斯公司制成三牙轮钻头
1934 年	威尔逊公司推出内燃机驱动自行式钻机
1934 年	Martin-Decker 公司推出第一套钻井控制仪表
1934 年	苏联首次试验性应用钻井悬浮液
1938 年	旋转空气钻机问世
1939 年	美国钻出分支井
1944 年	克里斯坦森公司推出金刚石钻头
1945 年	钻井深度超过 5 000 米
1949 年	苏联开发出螺旋前进式钻井技术（即三维定向钻井技术）
1951 年	美国休斯公司开发碳化钨镶齿钻头
1960 年	开始应用铝合金钻杆
1964 年	美国制成总重 1 800 吨、可钻 3 000 米的大型钻机
1965 年	第一台燃气轮机电动钻机出现
1965 年	美国开发出液压钻机
1966 年	美国制成螺杆钻具
1969 年	史密斯公司开发出戴纳钻具
1970 年	美国制成钻深 3 050 米的柔性杆钻机

续表

时间	事件
1970 年	美国制成可钻 15 000 米以上深井的钻机
1972 年	美国发明电动水龙头钻机
1973 年	加拿大第一次从人工岛上钻井
1976 年	克里斯坦森公司推出 PDC 钻头
1978 年	中国钻成井深 7 000 米以上的国内第一口超深油井
1979 年	Arco 公司钻成横向井
1983 年	苏联钻出万米超深地质探井（12 006 米）
1990 年	克里斯坦森公司发明连续油管钻井技术
1995 年	巴西出现欠平衡钻井技术
1995 年	美国开始研发智能钻井系统
1997 年	美国研究激光钻井技术
1998 年	加拿大开展套管钻井技术试验
1999 年	美国出现微钻井技术
2001 年	贝克石油工具公司开发出智能井系统
2003 年	美国开始进行碳纤维钻杆现场工业实验
2006 年	埃克森美孚公司实施快速钻井方法
2006 年	中国开发出 CDBS-1 近钻头地质导向钻井系统

资料来源：作者整理。

表 13-66　世界石油钻井井深纪录（20 世纪）

时间 / 年	事件
1918	美国希望天然气公司使用顿钻钻井 7 386 英尺（约 2 251 米）
1931	钻井深度达 3 000 米
1938	美国大陆石油公司在加利福尼亚州钻井深度达 15 000 英尺（约 4 572 米）
1945	钻井深度超过 5 000 米
1949	美国苏必尔公司钻井深度突破 20 000 英尺（约 6 096 米），达到 20 521 英尺（约 6 255 米）
1972	美国用电动水龙头钻机钻出 9 159 米超深井
1983	苏联在科拉半岛的超深地质探井井深突破 12 000 米，达 12 006 米
1988	苏联科拉半岛的地质探井井深突破 40 000 英尺（约 12 192 米）
1991	苏联在科拉半岛地质探井 SG-3 深度达 12 641 米

资料来源：作者整理。参考王才良、周珊：《世界石油大事记》，石油工业出版社，2008。

表 13-67　1999 年世界在产油井数 [1]

国家 / 地区	在产油井数 / 口	国家 / 地区	在产油井数 / 口
世界总计	914 127	澳大利亚	1 384
亚太总计	88 832	孟加拉国	37

续表

国家 / 地区	在产油井数 / 口	国家 / 地区	在产油井数 / 口
文莱	779	塞尔维亚	646
中国	72 255	斯洛伐克	200
印度	3 497	土库曼斯坦	2 460
印度尼西亚	8 457	乌克兰	1 353
日本	189	乌兹别克斯坦	2 190
马来西亚	788	西半球总计	662 457
缅甸	450	阿根廷	14 461
新西兰	70	巴巴多斯	117
巴基斯坦	231	玻利维亚	328
巴布亚新几内亚	43	巴西	6 888
菲律宾	8	加拿大	50 919
泰国	543	智利	315
越南	28	哥伦比亚	3 072
西欧总计	6 105	古巴	245
奥地利	1 048	厄瓜多尔	1 041
丹麦	178	危地马拉	20
法国	407	墨西哥	2 991
德国	1 141	秘鲁	4 704
希腊	7	苏里南	317
意大利	213	特立尼达和多巴哥	3 867
荷兰	195	美国	557 592
挪威	606	委内瑞拉	15 580
西班牙	24	中东总计	11 484
土耳其	833	阿布扎比	1 200
英国	1 453	巴林	392
东欧和独联体总计	136 820	迪拜	200
阿尔巴尼亚	2 275	伊朗	1 120
阿塞拜疆	2 102	伊拉克	1 685
保加利亚	100	以色列	7
克罗地亚	723	约旦	4
捷克	200	科威特	790
匈牙利	934	中立区	530
哈萨克斯坦	11 715	阿曼	2 298
波兰	1 772	卡塔尔	379
罗马尼亚	6 000	哈伊马角	7
俄罗斯	104 150	沙特阿拉伯	1 560

续表

国家 / 地区	在产油井数 / 口	国家 / 地区	在产油井数 / 口
沙迦	49	赤道几内亚	15
叙利亚	964	加蓬	375
也门	299	加纳	3
非洲总计	8 429	科特迪瓦	7
阿尔及利亚	1 281	利比亚	1 470
安哥拉	521	摩洛哥	8
贝宁	8	尼日利亚	2 374
喀麦隆	255	南非	11
刚果（前扎伊尔）	151	苏丹	9
刚果共和国	400	突尼斯	210
埃及	1 331	OPEC 总计	36 682

资料来源：许明月、叶梅：《国际陆空货物运输》，对外经济贸易大学出版社，2003，第 144-148 页。

注：[1] 油井数统计截至 1999 年 12 月 31 日，其中不包括关闭井、注入井（或称服务井）数。

（一）钻井装备

钻机是带动钻具进行钻井的主要专用机械设备。钻具包括主动钻杆、钻杆、岩心管、钻头等，是钻探岩层的主要钻井工具。除此，钻井还使用套管、射孔枪、井架、动力机、泥浆泵、绞车、钻井控制仪表、打捞器、防喷器、钻井液等辅助设备和器材。

1. 钻机

现代技术先后将内燃机、柴油机、燃气轮机等各种动力机应用到钻机设备中。1918 年，内燃机开始用作钻机的动力驱动。1932 年，威尔逊公司制造出柴油机驱动的钻机。1934 年，威尔逊公司又推出内燃机驱动的自行式钻机。1937 年，威尔逊公司开发出链传动、多引擎驱动的钻机。1965 年，第一台燃气轮机电动钻机研制成功，能钻深度大于 7 600 米的深井。[1] 在此期间，威尔逊公司制造出带变矩器的钻机（1949 年），美国出现四种型号的两人操作的液压钻机（1965 年）。

20 世纪 60 年代起，钻机向深钻、大型化发展。1964 年，美国研制出一台可钻 3 000 米的轻金属钻机，总重 180 吨。1970 年，美国开发出一台能钻 3 050 米的柔性杆钻机，在洛杉矶市内一块 482 平方米井场上钻成 64 口定向井。同年，美国研制成功一台可钻 15 240 米深井的钻机。1972 年，美国发明第一台电动水龙头钻机，并钻成井深 9 159 米的世界最深的超深井。1981 年，美国德利尔科能源公司与莫尔科钻井公司签订合同，建造世界最大钻机。它高 152 英尺（约 46.3 米），起吊能力 31.25 万磅（约 142 吨），绞车功率 4 000 马力，钻深能力超过 35 000 英尺（约 10 668 米）。[2]

2001 年，Grey Wolf Drilling 公司新建造的世界最大钻机 558 号钻机在怀俄明州投入使用。它可以钻深 40 000 英尺（约 12 192 米），装备 4 000 马力绞车和 5 100 马力泥浆泵。2006 年，中国首台 9 000

---

[1] 王才良、周珊：《世界石油大事记》，石油工业出版社，2008，第 172 页。
[2] 同上书，第 254 页。

米交流变频超深井钻机通过鉴定。

2. 钻头

用于石油钻探的钻头技术不断创新，开发出三牙轮钻头、长齿钻头、扩眼型钻头、金刚石钻头、喷射式钻头、锻钢钻头、碳化钨镶齿钻头、陶瓷喷嘴钻头、轴承密封式钻头、PDC 钻头、可预测走向的 PDC 钻头等各式各样的钻头（表 13-68），极大地促进了石油钻探的发展。

表 13-68　油田钻头的演化（至 2001 年）

时间 / 年	钻头类型	说明
1933	三牙轮钻头	由休斯公司开发，并投放市场
1939	长齿钻头	史密斯石油工具公司推出
1940	六点扩眼型钻头	史密斯石油工具公司推出
1944	金刚石钻头	克里斯坦森公司推出
1946	金刚石取心钻头	克里斯坦森公司推出
1948	喷射式钻头	在美国问世
1950	锻钢钻头	史密斯公司首创，以前为铸钢的
1951	碳化钨镶齿钻头	休斯公司开发
1957	陶瓷喷嘴钻头	史密斯公司开发
1959	轴承密封式钻头	在美国问世
1960	镶碳化钨硬质合金片金刚石钻头	克里斯坦森公司开发
1968	加长齿镶齿钻头	Security 公司供应上市
1969	钢齿牙轮钻头	休斯公司推出
1970	碳化钨齿钻头	休斯公司推出
1976	PDC 钻头	克里斯坦森公司推出，1986 年实现商业化
1995	可预测走向型 PDC 钻头	史密斯公司开发
2001	BD 63 PDC 钻头	克里斯坦森公司推出，在委内瑞拉 Zuata 油田上创最长单钻头行程 6 994 米的纪录

资料来源: 作者整理。参考王才良、周珊:《世界石油大事记》，石油工业出版社，2008。

3. 取心器、钻杆

1922 年，美国加利福尼亚州地质师埃利奥特研制出第一只钻井取心筒，之后又发明双筒取心筒，同时成立取心筒生产、服务公司。[1]1967 年，美国出现一种连续切割式井壁取心器，能纵向沿井壁连续切割出长条的三角形柱状岩心。

1960 年，首次应用铝合金钻杆。2003 年，美国国家实验室主持开展为期 5 年的碳纤维钻杆现场工业试验。

---

[1] 王才良、周珊:《世界石油大事记》，石油工业出版社，2008，第 61 页。

4. 套管和射孔枪

卡尔·贝克于 1923 年发明带回压阀的套管鞋——贝克浮鞋。次年，美国石油学会（API）第一次制定关于套管的设计、丝扣和试压的标准。1999 年，Owen 公司研发出一种新型套管和油管补贴术，用于堵水和层位封隔。

贝克石油工具公司 1932 年开始生产射孔枪。同年，比尔·莱恩和瓦尔特·威尔斯在洛杉矶创办莱恩-威尔斯公司，开发出用子弹射穿套管的射孔技术，并在蒙特贝罗公司的 La Merced 17 号井上进行第一次电缆枪射孔。1934 年，麦克科洛工具公司开发出多孔射孔枪，还制成机械式点火系统。

5. 钻井液和其他钻井设施

美国斯特鲁德 1921 年在路易斯安那州的一口井钻井过程中，往泥浆中掺入氧化铁粉作为加重剂，取得成功。次年，白劳德钻井液公司首次将重晶石粉作为钻井液加重剂[①]，1928 年又首次采用怀俄明州的膨润土做钻井液稠化剂。1934 年，苏联巴尔马佐夫在达吉斯坦首次试验性应用钻井液悬浮液。1938 年，美国米勒用吹气沥青和油烟配制出油基钻井液，1942 年创办第一家油基钻井液公司。1966 年，泛美石油公司首次使用接近于无分散体的聚合物钻井液钻井。

1928 年，Shaffer 开发出闸板式防喷器。Martin-Decker 公司于 1934 年推出第一套钻井控制仪表。艾伯纳西于 1948 年在美国设计、应用第一套满眼钻具。波文公司 1950 年首次应用水力打捞震击器。史密斯公司 1969 年制成戴纳钻具。2001 年，贝克石油工具公司为巴西国家石油公司安装第一套全电子、多层的智能井系统[②]，该系统安装在一口陆上油井中，井场温度、压力、流量等的监控是在 200 英里（约 322 千米）以外通过卫星连接来完成的。

2006 年，中国研发出国内第一套具有自主知识产权的 CGDS-1 近钻头地质导向钻井系统，并在四川石油管理局交付使用。[③]

（二）钻井方式

进入现代后，世界石油开采先后出现涡轮、喷射、平衡、最优化、螺旋、连续油管、欠平衡、智能、激光、套管、微孔等一系列钻井技术，从机械化、非机械化（如等离子切割、高压水力冲蚀）向科学化、自动化、信息化、智能化方向发展，技术水平不断提高。

1. 旋转钻井

早在 19 世纪 90 年代就出现了旋转钻井方法，并且日渐替代顿钻技术。到 1920 年，顿钻的使用差不多到了顶峰。[④] 大约在 1920 年，首次使用了可移动的旋转钻机来研究地下的地质情况。[⑤] 后来，一些型号的旋转钻机被广泛使用于地震爆破井钻探，还有更大型的钻机被固定在卡车或拖车上，用于 5 000 英尺（约 1 524 米）深的钻井生产中。1934 年，美国开始用旋转钻机钻定向井。1938 年，旋转空气钻机问世。

---

① 王才良、周珊：《世界石油大事记》，石油工业出版社，2008，第 61 页。

② 同上书，第 348 页。

③ 同上书，第 445 页。

④ 特雷弗·I. 威廉斯主编《技术史·第 6 卷》，姜振寰、赵毓琴主译，上海科技教育出版社，2004，第 235 页。

⑤ 同上书，第 238 页。

旋转钻机取代顿式钻机后，钻井深度不断突破。1931年钻井深度可达3 000米，1945年已钻穿超过5 000米的深层，1949年在美国怀俄明州钻成世界上第一口深达6 000米以上的探井。[1]

旋转钻井又分为转盘旋转钻井、井下动力钻井及二者兼备的复合旋转钻井等不同的旋转钻井方式。进入21世纪后，旋转钻井仍是石油、天然气、地热等地下资源勘探开发过程中最主要的钻井方式。[2]

2. 涡轮钻井

涡轮钻井是苏联发明的。苏联的M. A.卡佩留什尼科夫等人发明涡轮钻井技术，第一只单级涡轮钻具于1923年下井应用。但是，其叶轮部分钻井液流速太高，磨损过快。

1934年，苏联工程师P. P.舒米洛夫发明多级涡轮钻具，钻速大为下降，钻具功率大为提高，使涡轮钻具更实用。1940年，苏联对涡轮钻具完成工业定型，开始推广应用。[3]

1941年，苏联亚历山大·格里戈连在巴库油田用涡轮钻具钻成第一口定向井。1943年，又使用涡轮钻具钻丛式井。

3. 螺旋（动力）钻井

1949年，苏联开发出螺旋前进式钻井技术，即三维定向钻井技术。

1961年，圣菲国际公司在特立尼达钻定向井时，用莫伊诺单螺旋泵驱动的井底动力钻具来钻井。这是钻井技术发展史中一个重要的里程碑。

1966年，美国首次研制成功容积式马达，即螺杆钻具。

到20世纪80年代，发展出导向螺杆钻具（弯外壳泥浆马达），替代直螺杆钻具和弯接头。[4]随后，导向螺杆钻具与无线随钻测斜技术相结合，加上井眼轨道控制理论和井下摩阻计算技术，成功地实现了水平井钻井的几何导向。

4. 连续油管钻井

1990年，克里斯坦森公司开发出连续油管钻井技术。斯伦贝谢公司1993年在委内瑞拉的马拉开波湖上用连续油管钻成第一口海上油井。埃尔夫石油公司1994年在法国巴黎盆地Saint Firmin 13号井首次用连续油管取心成功。1996年10月，贝克休斯公司的Iteq公司首次在美国墨西哥湾海上运用连续油管钻井技术，作业地点为Main Pass区块280A平台A–12井，采用2⅞英寸连续油管，作业水深100.6米。[5]

5. 欠平衡钻井

巴西帕拉纳盆地采用常规钻井会严重污染地层，中途测试常常失败。1995—1996年，改用泡沫钻井液和充氮钻井液，在150～3 794米井段实行欠平衡钻井，完成钻井3口。1998年，Harken公司采用欠平衡钻井（UBD）技术，在哥伦比亚Magdalena河谷完成2口水平井钻井。

6. 套管钻井

1998年，加拿大卡尔加里的Tesco公司开展套管钻井技术试验。第二年，墨西哥北部一家大石油

① 中国科学院油气资源领域战略研究组：《中国至2050年油气资源科技发展路线图》，科学出版社，2010，第28页。
② 国家自然科学基金委员会工程与材料科学部：《矿产资源科学与工程》，科学出版社，2006，第146页。
③ 王才良、周珊：《世界石油大事记》，石油工业出版社，2008，第84页。
④ 方朝亮、刘克雨主编《世界石油工业关键技术现状与发展趋势》，石油工业出版社，2006，第77页。
⑤ 王才良、周珊：《世界石油大事记》，石油工业出版社，2008，第321页。

公司用5½英寸 Hydtil 系列 M-80 套管成功地钻井 1 633 米，首次套管钻井成功。

7. 微孔钻井

1999 年，美国国家实验室用微钻井技术钻探 4 口井，钻深 300 ～ 500 英尺（约 91.4 ～ 152.4 米）。

8. 快速钻井

2006 年，埃克森美孚实施 FDD（Faster Drill Process）快速钻井方法，把最新力学研究成果综合应用于钻井，使钻井速度提高 50% ～ 100%，钻井时间减少 35%。

9. 激光钻井

20 世纪 60 年代末，美国国家科学基金会实施庞大的高效破岩技术研究计划，涉及电子束、激光、水射流等 25 种破岩新方法。1997 年，美国国会重新关注激光钻井技术，委托美国天然气工业协会，联合美国空军、陆军和科罗拉多矿业大学，一起探索如何把美国在 20 世纪 80—90 年代用于"星球大战"的激光技术应用到石油工业钻井、完井中。在这项研究中，使用的是美军白沙导弹实验场的中红外高级化学激光器，试验结果表明激光钻井的理论速度可达 137.2 米 / 时，是当时旋转钻井钻速的 100 倍以上。[1]

1998 年美国天然气研究院（GRI）投资 60 万美元与美国空军、陆军合作研究，把激光技术应用于钻机。[2] 它可以提高机械钻速，改善井控，还可以减少钻机工作天数、套管需求量及起下钻时间。

10. 智能钻井

1995 年，美国启动"国家先进的钻井与掘进技术"（NADET）计划。该项计划预期在岩石破碎（高效破岩）、井眼净化（洗井）及井眼稳定等方面有所革新，在钻头、岩石和井眼测量、定向控制等方面有所革新，核心任务是开发出一种智能钻井系统。[3] 它包括地面和井下两个组成部分。井下智能钻井系统一般由井下执行机构、测量系统及控制系统组成，其最终发展目标是开发出"地下钻掘机器人"。

（三）特殊井

一般地，钻井都是钻垂直井的，但因环境及采油需要，也有钻水平井、定向井、分支井、丛式井或者横向井的。

1. 定向井（斜向井）

早在 1895 年，人们就使用专用工具，采取斜向钻井的办法，避免堵塞井眼。第一台测量井眼与竖直方向之间偏斜度的仪器是装有氢氟酸的瓶子，其他专用工具还包括斜向器（楔形）、钻杆万向节、钻头万向节等。但是，直到 1930 年，才有少数专用工具得到推广。[4]

美国于 1932 年用槽式斜向器造斜，钻成一口定向斜井。第二年，首批有控制定向井在加利福尼亚州的亨廷顿比奇油田钻成。

1965 年，中国在苏联钻井队的协助和指导下，使用涡轮钻具和弯接头，在玉门油田钻成第一口定

---

① 国家自然科学基金委员会工程与材料科学部：《矿产资源科学与工程》，科学出版社，2006，第 146-147 页。

② 王才良、周珊：《世界石油大事记》，石油工业出版社，2008，第 331 页。

③ 国家自然科学基金委员会工程与材料科学部：《矿产资源科学与工程》，科学出版社，2006，第 147 页。

④ 特雷弗·I.威廉斯主编《技术史·第 6 卷》，姜振寰、赵毓琴主译，上海科技教育出版社，2004，第 244 页。

向井，井深 2 104 米，井底位移 489 米，最大井斜 29.27°。[①]

21 世纪初，Petrozuata 公司在 Zuata 油田上，用 Precision Drillinggs 装备，于 2001 年创井斜最大纪录，倾角为 153.18°，方位角为 269.11°。

2. 水平井

1929 年，美国科尔曼公司为大湖公司钻成第一口水平井——由直井钻的"排泄井"，获得技术专利。这口井仅仅是在 1 000 米深处从直井井眼侧向延伸了 8 米。[②]

后来，苏联于 1938 年在 Yarga 钻成第一口水平井，法国于 1980 年在拉克气田钻成第一口水平井，意大利于 1982 年在亚得里亚海上的罗斯坡马雷油田钻成第一口水平井，美国普鲁德霍湾大油田第一口水平井 JX-2 井于 1985 年建成投产，中国于 1991 年第一口水平井——胜利油区埕科 1 井产油。

1989 年出现一系列水平井钻井新纪录：Unocal 在美国加利福尼亚州近海的 Point Pedernal A2-16 井，最大斜度 87.5°，油藏中的水平段长 1 751 米，水平位移 3 883 米；Oryx 能源公司在 Pearsall 油田的 Stroman Harris-2 井水平位移 1 269 米，油藏中水平段 1 253 米；SECM 公司在 Offshore Sicily 油田的 Vega 5 号井创短半径水平井纪录，水平段长 372 米；Norsk Hydro 公司在挪威近海的 31-2-16t 井日产油 3 万桶（约 4 110 吨），大约是直井产量的 10 倍。[③]

在石油开采中，L 形水平井是一项重大发展。"这种构造可生产的原油量，远超过从石油工业起步时期沿用至今的传统式垂直钻挖。L 形结构中的水平井可改变方向，穿入以往无法到达的油层。"[④] 这种技术从 20 世纪 80 年代开始商业应用，特别适用于石油与天然气呈现水平薄层状分布的油层。

3. 分支井

1939 年，美国宾夕法尼亚州的 Venango、Leo Ranney 成功地在井底钻出分支井。John Zublin 于 1945 年在美国加利福尼亚州的 Midway-Sunset 油田首次进行侧钻分支井。

1953 年，亚历山大·格里哥里安在苏联卡尔诺舍夫油田上用涡轮钻具钻成第一口分支井，共有 3 个分支井眼，其中一个为 90° 分支水平井，水平段长 170 米。[⑤]

中国于 1960 年在玉门油田老君庙地区钻成一口四分支井。

压力控制工程公司于 1996 年首次开窗侧钻钻成分支多底井，其过油管系统保证了连续油管下到分支井眼。

4. 横向井

从 1979 年 7 月到 1981 年，Arco 公司采用柔性钻具钻水平横向井技术，先后在美国新墨西哥州 Empire Abo 老油田上钻成 4 口长 30～60 米的横向井，既提高了油田产量，又减少了气锥。[⑥]

---

① 王才良、周珊：《世界石油大事记》，石油工业出版社，2008，第 136 页。

② 同上书，第 73-74 页。

③ 同上书，第 294-295 页。

④ 崔守军：《能源大冲突：能源失序下的大国权力变迁》，石油工业出版社，2013，第 73 页。

⑤ 王才良、周珊：《世界石油大事记》，石油工业出版社，2008，第 130 页。

⑥ 同上书，第 254 页。

（四）固井和完井

到了现代，固井技术进一步完善，完井技术取得重大突破。

1. 固井

钻井过程中，需要用水泥、聚合物等来稳固井壁、井孔，以防崩塌。1919 年，厄尔·哈里伯顿把双塞注水泥法应用于现场固井，第二年在美国俄克拉何马州创办哈里伯顿油井注水泥公司。1922 年，哈里伯顿获得喷射式水泥搅拌器专利权。1930 年，哈里伯顿油井注水公司成立研究实验室。

1946 年，海湾石油公司在位于得克萨斯州的 Pierce Junction 油田第一次采用聚合物来固砂。

1947 年，美国石油学会批准了有关测试井用水泥的规定。

2. 完井

钻井结束之后，要采取射孔、裸眼、砾石充填、割缝衬管等方式进行完井，以提高油气产量。这是采油之前的重要环节。

贝克套管鞋公司 1927 年推出一整套完井用的工具，包括水泥浮鞋、接箍、水泥引鞋等，并形成行业标准。Layne-Atlantic 公司 1932 年开发砾石充填防砂完井技术。加拿大 1943 年在伊利湖进行世界上首次水下完井。[①] 美国于 1951 年发明双封隔器多管柱完井方法。1988 年，贝克休斯公司首次完成水平井砾石充填完井。2000 年，Halliburton 用声波遥测技术进行首次砾石充填封隔器的无干预遥控成功（即声封隔的激活）。

20 世纪末至 21 世纪初，出现了智能完井技术。北海 Saga 公司的 Snorre 油田于 1997 年进行首次智能完井试验。Agip 公司 1998 年在亚得里亚海 Aquila 油田成功进行智能完井。斯伦贝谢公司与中国海洋石油总公司合作，2002 年在印度尼西亚南爪哇海设计、施工了世界第一口 TAML6 级分支井的智能完井。

2005 年 8 月，世界上第一套自动智能完井系统 Procap 3000 在巴西坎波斯马利姆—苏尔油田的一口单套管、双层分注的井中安装成功。该井为 8-MLS-67HA-RJS，位于水下 1 079 米深处。[②]

在完井实践中，美国先后实施 2 ～ 8 层完井。1935 年在得克萨斯州 Montgomery 县 Conroe 油田上成功实施双层完井，可以同时开采 2 个油层。1943 年苏必利尔石油公司在得克萨斯州 Lake Creek 油田上首次完成三层完井，通过油管和套管环形空间，从三个产层生产天然气。1958 年美国马格诺利亚石油公司在得克萨斯州 San Carlos 油田上首次完成 4 层完井，3 个气层用并行的 3 根油管采气，顶部气层用环形空间产气。1961 年汉伯尔公司在得克萨斯州 King ranch 油田上，在 5 162 英尺（约 1 573 米）和 6 419 英尺（约 1 957 米）井段间实现六层完井。1966 年德士古公司在得克萨斯州 Magnet Withers 油田首次进行八层采油井的完井施工。Baker 公司于 1942 年推出用于多层完井的 D 型永久性封隔器。

二、石油开采

现代以来，采油技术得到全面发展，原油采收水平不断提高。1960 年，美国怀俄明州 Gebo 油田

① 王才良、周珊：《世界石油大事记》，石油工业出版社，2008，第 105 页。

② 同上书，第 411 页。

成为世界上第一个具有自动采油功能的油田。[1]1961 年海湾石油公司建成第一套无人操纵的油田自动化系统，可以从得克萨斯州克尔米特的控制中心遥控 Keystone 油田 148 口生产井。同年，德士古公司在休斯敦的办公大楼安装一台 IBM7090 计算机，价值 400 万美元。1980 年，已完井的世界最深生产井超过 20 000 英尺，达到 20 500 英尺（约 6 248 米）。两年后，美国怀俄明州雷诺油田 41 × 24D 井建成世界最深的有杆抽油井，泵柱长度 4 420 米。1990 年，挪威北海第一座无人操作生产平台在阿莫科公司的 Hod 油田投产。1993 年，由雪佛龙等五大石油公司发起成立的石油开发软件协会推出第一套石油软件集成平台系列标准。到 21 世纪初，生产井深度超过了 7 000 米，壳牌外海公司在墨西哥湾井深 23 257 英尺（约 7 089 米）处进行采油作业。[2]

根据石油开采技术的差异，石油开采可分为一次采油、二次采油、三次采油（表 13-69）。它们除了开采技术不同，油藏中的原油采收结果也大不一样。

表 13-69　石油开采的三个阶段[1]

阶段	开采方式	采收率[2]
一次采油	油藏驱动	5% ～ 20%
	自喷采油	
	人工举升	
二次采油	注水采油	20% ～ 40%
	注气采油	
三次采油	热力采油	60% 左右
	化学驱油	
	生物驱油	
	其他方法	

资料来源：作者整理。主要参考夏征农、陈至立主编《大辞海·能源科学卷》，上海辞书出版社，2013。

注：[1] 一次采油阶段，主要是指依靠油藏天然能量开采油田石油的阶段；二次采油阶段是指经过一次采油后，依靠人工注水或注气的方法补充能量开采石油的阶段；三次采油阶段是指二次采油之后采用其他方式借助人工开采石油的阶段。[2] 采收率是指采出的原油占地下原始储量的比例。

（一）一次采油

所谓一次采油，是指 "利用油层中的自然能量，如油层水的压力，（油藏中）天然气的膨胀力，使石油从油层中经井筒自喷或用机械方法使之举升至地面的方法"。[3]在新油藏投入开发时，往往利用其蕴藏的岩石弹性能、液体弹性能、含水区弹性能、原油本位能等天然能量将原油从地下压到地上，同时，还往往通过安装抽油泵把地下原油人工举升到地面。进入现代之前，世界石油开采绝大多数都是一次采油。

1. 油藏驱动[4]

所谓油藏驱动，是指："开采石油时促使石油从油层流到井眼的主要动力。驱动分成水压驱动、气

---

[1] 王才良、周珊：《世界石油大事记》，石油工业出版社，2008，第 154 页。

[2] 同上书，第 347 页。

[3] 本书编委会：《能源词典》第 2 版，中国石化出版社，2005，第 251 页。

[4] 同上书，第 250-251 页。

顶驱动、溶解气驱动、弹性驱动和重力驱动五种"。[①]除水压驱动并非全为一次采油方法外，其他四种均为一次采油的驱动力。

水压驱动是指靠邻近油压外缘含水层的压力或通过注水井靠人工注水把石油推到井眼的驱动方法。其中，靠邻近油压外缘含水层的压力或油层水的压力驱油属于天然水驱动，是一次采油的一种方法。而人工注水则属于二次采油方法。

气顶驱动是指依靠存在于含油层之上的气顶压力，把原油排到井眼的驱动方法。通常来说，含油层之上存在石油伴生气——气顶气。同时，油藏原油中也会存在另一种石油伴生气——溶解气。这两者均可以形成气顶。当油层打开后，由于压力降低，气顶会发生膨胀，使油藏中的原油受到挤压，从而流向井底。

溶解气是一种溶解在原油中的天然气。它具有弹性能量，能把原油驱到井眼，从而形成溶解气驱动。

弹性驱动是指油层打开后，地层压力下降，引起储油岩石、油层边水以及油藏原油的弹性膨胀，驱使原油流入井底。

重力驱动则是指原油和原油层本身具有重力，促使原油自动从油层流到地处低处的井眼。在油藏开采末期，重力驱动的作用明显。

2. 自喷采油

自喷采油，是指依靠油层自身的能量，把原油排到井底，然后经井筒、油管或采油树自喷到地面的采油方法。它是油田开采的主要方法之一。通过注气、注水保持油层压力，可以延长自喷期。

3. 人工举升

人工举升，又称机械采油，或人工举升采油。它通过人为地向油井井下补充能量，把井底的石油举升到地面，也是油田开采的主要方法之一。无论是一次采油、二次采油还是三次采油，大多数都要采用到人工举升技术。人工举升方法包括气举采油、有杆泵采油、电动潜油泵采油、螺杆泵采油、射流泵采油、水力活塞泵采油等。

1918 年，在美国蒙特贝罗油田上，A. R. Scgelhorst 设计并运转一台长冲程水力活塞泵。1922 年，埃利奥特制造出世界第一台水力活塞抽油泵。1935 年，第一台水力活塞泵在美国洛杉矶附近的巴德文山油田上使用。[②]到 1945 年，水力活塞泵实现了工业化应用。

电动潜油泵也是泵油的重要设备，它是苏联发明的。1923 年，一位侨居美国的苏联工程师将他发明的电动潜油泵介绍到美国。[③]两年后，商业化的电动潜油泵美国专利授予阿鲁特诺夫。1926 年，美国在堪萨斯州 Rosell 油田上首次应用潜油电泵。堪萨斯州拉塞尔油田也于 1929 年安装第一台电潜泵。

法国人勒内·穆伊诺在 1932 年还发明了螺杆泵。螺杆泵应用于重质油开采是在 20 世纪 70 年代后期。

苏联罗马什金油田从 1963 年开始由自喷转为机械抽油，井底压力降到饱和压力（90 个大气压），

---

① 本书编委员：《能源词典》第 2 版，中国石化出版社，2005，第 251 页。
② 王才良、周珊：《世界石油大事记》，石油工业出版社，2008，第 86 页。
③ 同上书，第 62 页。

共增产原油 2 000 多万吨，平均每年 330 万吨。

（二）二次采油

二次采油包括注水采油、注气采油等。近代时人们便进行了注气开采石油，但提出二次采油的理念则是在 1917 年，并且 20 世纪 20 年代在美国进行了广泛的讨论，促成了二次采油的发展。

1. 注水开采

20 世纪 20—30 年代，美国、苏联进行早期注水试验和理论研究。美国布雷德福油田 1924 年试行五点法注水驱油，取得成功。得克萨斯州休格兰油田 1930 年开始注水，保持地层压力。苏联科学院副院长古勃金（Gubkin）的《石油论》（1932 年出版），主张把油田作为一个整体来对待，不能独立地开采油井。以他为首的一个委员会分析了老格罗兹尼油区的开发情况，证实可以利用地层边水把油层里的石油驱压出来，认为利用天然水压驱动开发油藏最为有效。[1]美国的马斯盖特等人 1933 年利用电模型模拟研究不同注水井网的面积扫及效率。得克萨斯公司于 1935 年首先在得克萨斯州布朗县实行注水。麦克肯蒂（McCanty）石油公司于 1936 年首次注水成功。通过各种实践和研究，1941 年，美国的莱佛里特和巴利提出了水驱油的前缘驱动方程式，建立了基本的油田注水开发理论。此后，世界各国注水试验深入开展，方式、方法不断创新。

（1）边外注水。1942 年，美国在东得克萨斯油田钻 58 口边外注水井，开始全面注水，进行二次采油。1946 年，苏联在杜依玛兹油田首次采用早期边外注水开发。两年后，苏联的杜依玛兹油田开始工业性边外注水保持油层压力。1954 年，在苏联专家指导下，中国玉门油田做出了老君庙油田顶部注气边外注水的注水开发方案，这是中国石油工业第一个注水方案。是年 12 月，老君庙 L 层 M–27 号井采用苏制 Y8–3 泵，日注水量 40 立方米。[2]

（2）边内注水。1948 年，美国在阿肯色州沃逊尔油田首次采用边内注水开发。

（3）高压注水。1943 年，美国 Barnsdall 石油公司在中途岛油田首次采用高压注水开发。1954 年，美国得克萨斯州斯库里县 Kolley Snyder 油田实行大规模高压注水开发，共开发 1 240 口井。

（4）扩大井距注水。苏联的克留切夫 1939 年提出：对巨厚油层组要划分成几个单独开采的对象；要扩大井距。据此，苏联对杜依玛兹油田实行注水开发时，生产井距为 400 米，而注水井距达 1 500～2 000 米，预计采收率 59%。[3]1955 年苏联石油科学研究院编制完成罗马什金油田总体开发方案，整个油田用注水井切割成 23 个区独立开发，切割距为 6 000～7 000 米，生产井排距 1 000 米，井距 600 米，注水井距 1 000 米，设计采收率 60%。该油田投入注水以后，1979 年产量达 6 840 万吨。[4]

（5）注入海水。美国墨西哥湾的 Bay Marchand 油田于 1963 年进行首次注海水保持油层压力。1978 年，世界最大油田注海水系统在沙特阿拉伯投入生产，每天注水量 420 万桶（约 57.5 万吨）。

（6）面积法注水。1968 年，澳大利亚的巴罗岛油田（低渗透率砂岩油田，1966 年投入开发）开始实施面积法注水开发，采用五点和反九点井网。

---

[1] 王才良、周珊：《世界石油大事记》，石油工业出版社，2008，第 79–80 页。

[2] 同上书，第 133 页。

[3] 同上书，第 115 页。

[4] 同上书，第 135 页。

此外，苏联 1957 年在列尼特油田上首次使用点状注水，这是行列注水的一种辅助方式，也是为了强化开采。1965 年，苏联还在巴夫雷油田的鲍勃利科夫油层首次进行选择性注水。

2. 注气开采

在二次采油中，注入油藏的气体通常是指天然气。当注入的气体为 CO_2、氮气、液化气时，学术上往往将之归类到三次采油的范畴，称之为"气驱"或者"气体混相驱／非混相驱"。在此，把注入各种气体（包括天然气、CO_2、氮气、空气）进行石油开采的，统一纳入注气开采的范畴，加以系统性的历史总结。

1936 年潮水（Tide Water）公司和海滨（Seaboard）石油公司合作，在美国得克萨斯州凯育加（Cayuga）油田建成第一座天然气回注站。

1945 年，苏联格罗兹尼石油局马尔戈别克油矿勃里 - 苏油田开始油层注空气（后来改为注天然气）的工业试验，共 30 口生产井，6 口注入井，日注空气 100 万立方米，9 个多月采原油 8 440 吨。[1]

1957 年，加拿大帕宾那油田进行注液化石油气试验，采收率高达 70%，证明混相驱提高了微观波及系数。

1958 年，美国在杜威 - 巴托列斯维尔油田进行大规模注 CO_2 试验，采收率比水驱提高 37%。

1965 年，中国在大庆油田进行注 CO_2 现场试验。

20 世纪 70 年代后，受到石油危机的巨大影响，美国把提高采收率作为国家能源政策的一部分，对提高采收率项目给予特殊的优惠政策。1976 年，美国政府组织实施提高采收率总体计划，对一批现场试验给予资助（凡此类研究一经批准，政府就负担投资的 1/3，另 2/3 由承包公司负担），共投资 25 亿美元。[2] 同年，正在进行的项目有 159 个，在刺激方案下提出申请的项目竟达 423 个；1986 年达到高峰，共有 512 个项目。1986 年后，随着油价急剧下跌，提高采收率的项目急剧减少（表 13-70）。

在注气开采中，1980 年美国实施的注气项目仅为 34 个，占美国提高采收率项目总数的 15%。1986 年增至 104 个，占全国总量的比例提高到 20.3%。此后，直至 21 世纪初，每年注气项目均保持在 80 项左右，2004 年为 83 项，占全国提高采收率项目总数的比例进一步提高到 58.0%。美国还在得克萨斯州建成了 3 条专门输送 CO_2 的管道。可见，美国对注气开采技术相当重视。

表 13-70　1980—2004 年美国提高采收率项目数变化情况

单位：个

项目		1980年	1982年	1984年	1986年	1988年	1990年	1992年	1994年	1996年	1998年	2000年	2002年	2004年
热采	蒸汽	133	118	133	181	133	137	119	109	105	92	80	55	46
	火烧	17	21	18	17	9	8	8	5	8	7	5	6	7
	热水	—	—	—	3	10	9	6	2	2	1	1	4	3
	热采总计	150	139	151	201	152	154	133	116	115	100	86	65	56

---

[1] 王才良、周珊：《世界石油大事记》，石油工业出版社，2008，第 109 页。

[2] 同上书，第 227 页。

续表　　　　　　　　　　　　　　　　　　　　　　　　　　　　　　　　　　　　　单位：个

	项目	1980年	1982年	1984年	1986年	1988年	1990年	1992年	1994年	1996年	1998年	2000年	2002年	2004年
化学驱	胶束 - 聚合物	14	20	21	20	9	5	3	2	0	0	0	0	
	聚合物	22	55	106	178	111	42	44	27	11	10	10	4	4
	碱水	6	10	11	8	4	2	2	1	1	1	0	0	
	表面活性剂	—	—	—	—	—	1	—	—	—	—	—	—	
	化学驱总计	42	85	138	206	124	50	49	30	12	11	10	4	4
气驱	烃混相 / 非混相	9	12	16	26	22	23	25	15	14	11	6	7	8
	CO_2 混相	17	28	40	38	49	52	52	54	60	66	63	66	70
	CO_2 非混相	—	1	18	28	8	4	2	1	1	0	1	1	1
	氮气	1	4	7	9	9	9	7	8	9	10	4	4	4
	烟道气	3	3	3	3	2	3	2	0	0	0	0	0	—
	其他	—	4	—	—	—	—	1	1	0	0	0	0	
	气驱总计	30	52	84	104	90	91	89	79	84	87	74	78	83
其他总计		0	0	—	1	0	0	2	1	1	1	1	0	0
总计		222	276	373	512	366	295	273	226	212	199	171	147	143

资料来源：沈平平主编《提高采收率技术进展》，石油工业出版社，2006，第 12 页。

与此同时，美国注气开采的石油产量及其比例也不断提高（表 13-71）。1984 年美国注气产油量为 83 011 桶 / 日，占同年全国提高采收率产量的 18%；1992 年增至 298 020 桶 / 日，比例提高到 39.2%；2004 年注气产油量达到 317 877 桶 / 日，所占比例进一步提高到 48.3%。由此可知，注气开采对提高采收率的贡献很大。

表 13-71　1982—2004 年美国提高采收率产量变化情况

单位：桶 / 日

	项目	1982年	1984年	1986年	1988年	1990年	1992年	1994年	1996年	1998年	2000年	2002年	2004年
热采	蒸汽	288 396	358 115	468 692	455 484	444 137	454 009	415 801	419 349	439 010	417 675	365 717	340 253
	火烧	10 228	6 445	10 272	6 525	6 090	4 702	2 520	4 485	4 780	2 781	2 384	
	热水	—	—	705	2 896	3 985	1 980	250	250	2 200	306	3 360	
	热采总计	298 624	364 560	479 669	464 905	454 212	460 691	418 571	424 084	445 990	420 762	371 461	340 253
化学驱	胶束 - 聚合物	902	2 832	1 403	1 509	617	254	64	0	0	0	0	0
	聚合物	2 927	10 332	15 313	20 992	11 219	1 940	1 828	139	139	1 598	0	0
	碱水	580	334	185	—	—	—	—	—	—	—	—	

续表 单位：桶/日

项目		1982年	1984年	1986年	1988年	1990年	1992年	1994年	1996年	1998年	2000年	2002年	2004年
化学驱	表面活性剂	—	—	—	—	20	—	—	—	—	60	60	60
	化学驱总计	4 409	13 498	16 901	22 501	11 856	2 194	1 892	139	139	1 658	60	60
气驱	烃混相/非混相	—	14 439	33 767	25 935	55 386	113 072	99 693	96 263	102 053	124 500	95 300	97 300
	CO_2混相	—	31 300	28 440	64 192	95 591	144 973	161 486	170 715	179 024	189 493	187 410	205 775
	CO_2非混相	—	702	1 349	420	95	95	—	—	—	66	66	102
	氮气	—	7 170	18 510	19 050	22 260	22 580	23 050	28 017	28 117	14 700	14 700	14 700
	烟道气	—	29 400	26 150	21 400	17 300	11 000	—	—	—	—	—	—
	其他	—	—	—	—	—	6 300	4 400	4 350	4 350	0	0	0
	气驱总计	—	83 011	108 216	130 997	190 632	298 020	288 629	299 345	313 544	328 759	297 476	317 877
其他总计		0	0	0	0	0	2	2	0	0	0	0	0
总计		303 033	461 069	604 786	618 403	656 700	760 907	709 094	723 568	759 673	751 179	668 997	658 190

资料来源：沈平平主编《提高采收率技术进展》，石油工业出版社，2006，第11页。

（三）三次采油

三次采油是在油田注水、注气二次开采后所采取的提高原油采收率的各种活动，包括热力采油、化学驱油、微生物驱油等。

1. 热力采油

热力采油包括蒸汽驱油、火烧驱油、热水驱油等，起源于20世纪50年代初。

1952年，美国壳牌公司在加利福尼亚州约巴林达油田首次开始注蒸汽开采重质原油的现场试验。1955年，委内瑞拉玻利瓦尔油田应用蒸汽吞吐热力采重油获得好效果，采收率从10%提高到30%以上，是年原油产量1.1亿吨。1968年，加利福尼亚标准石油公司在克恩河油田开始大面积多套井网的蒸汽驱油现场应用。1988年，委内瑞拉Maraven公司在Boscan油田两口2 500米井通过蒸汽吞吐增产38%。该油田产层厚30～75米，原油相对密度0.996 5，地层温度82℃，地下黏度220毫帕·秒，井口压力105个大气压，324℃，蒸汽干度80%，井底压力126个大气压，温度327℃，干度可保持70%。[①]1990年1月，印度尼西亚第二大油田杜里油田实施蒸汽驱油工程，平均日产油20 685吨，超过美国克恩河蒸汽驱油工程17 123吨的日产水平，是世界上最大蒸汽驱采油工程。杜里油田1956年投入开发，原油黏度很高，用常规方法只能采出7%。1960年采用水驱，1967年开始周期注汽（蒸汽

---

① 王才良、周珊：《世界石油大事记》，石油工业出版社，2008，第288页。

吞吐），1975 年开始蒸汽驱油中间试验，采收率提高到 55%，产量增至 200 万吨。[1]

火烧驱油也是在 1952 年出现的。是年，辛克莱石油天然气公司在美国俄克拉何马州 Delaware-Childer 油田上开展首次火烧油层法采油的现场试验。1964 年，罗马尼亚在苏普拉库油田进行火烧油层提高采收率试验，面积 5 000 平方米。1970 年又在该油田上将火烧油层法扩大到 84 口受效井，平均日产 340 立方米。1988 年注入井达 100 口，日注气 336 万立方米，受效井近 600 口，原油日产量提高到 1 650 立方米，是世界上规模最大的火烧油层开采的油田。[2]

电磁波加热驱油出现在 20 世纪 80 年代初。美国伊利诺伊州的一家研究所在美国能源部资助下开发出电磁波加热法（即无线电频率加热法），用于开采稠油。该成果于 1983 年获肯定，由 ORS 公司对其商业化。

20 世纪末至 21 世纪初，蒸汽驱油在加拿大提高采收率实践中占重要地位。虽然实施蒸汽驱油的项目不算多，但其原油产量高，所占比例大。1994 年，加拿大实施蒸汽驱油项目 8 项，原油产量 119 900 桶 / 日（表 13-72），占全国提高采收率项目总产量的 37.4%。到 2004 年，实施蒸汽驱油项目 12 项，原油产量 147 300 桶 / 日，占全国提高采收率项目总产量的比例提高到 75.2%。

表 13-72　1994—2004 年加拿大实施的提高采收率项目

提高采收率方法		1994 年		2004 年	
		项目总数 / 个	原油产量 /（桶 / 日）	项目总数 / 个	原油产量 /（桶 / 日）
热力采油	蒸汽	8	119 900	12	147 300
	火烧	3	6 250	3	6 250
	热水	1	95		
	合计	12	126 245	15	153 550
化学驱油	聚合物	2	18 480	0	
	合计	2	18 480	0	
气驱驱油	烃混相	46	171 868	29	35 030
	烃非混相	1	2 800		
	CO_2	6	1 200	2	7 200
	氮气	0	0	1	
	合计	53	175 868	32	42 230
总计		67	320 593	47	195 780

资料来源：沈平平主编《提高采收率技术进展》，石油工业出版社，2006，第16-17页。

总体上，在热力采油实践中，蒸汽驱油居主体地位。在美国实施的提高采收率项目中，20 世纪 80 年代以来，蒸汽驱油一直是热力采油最主要的方式，1980 年蒸汽驱油项目 133 个，1986 年达到高峰

[1] 王才良、周珊：《世界石油大事记》，石油工业出版社，2008，第 168-169 页。
[2] 同上书，第 300 页。

181 个，占同年热力采油项目总数 201 个的 90.0%。1986 年，美国热力采油 479 669 桶 / 日，其中，蒸汽驱油达到 468 692 桶 / 日，而火烧为 10 272 桶 / 日，热水为 705 桶 / 日。到 2002 年，美国蒸汽驱油原油产量仍达 365 717 桶 / 日。

2. 化学驱油

化学驱油技术出现在 20 世纪 20 年代。1927 年，L. C. Uren 和 E. H. Fahmy 研究原油采收率时指出："油与注入介质的界面张力和该方法所获得的采收率，它们之间存在着明显的依赖性。即界面张力越低，驱替效率越高。"同年，H. Atkinson 提出，用肥皂水溶液做驱油剂，能降低泵油与注入介质之间的界面张力，进而提高石油的采收率，并申请了专利。1929 年和 1930 年，De Groot 连续获得两项专利，分别是使用浓度为 25 ～ 100 毫克 / 升的多环磺化物和木质素亚硫酸盐造纸废液来提高石油采收率。[1]Groot 在 1929 年的专利中提出使用石油中芳烃磺化物有助于提高石油的采收率，从而开辟把表面活性剂用于石油工业的先河。[2]

20 世纪 50—60 年代，美国对表面活性剂驱油进行了现场试验和深入研究。1951 年在波拉晓斯君油田开展注表面活性剂提高采收率的现场试验，驱油效率提高 7%。1954 年，E. Ojede 提出决定表面活性剂驱油效率的主要参数。1958 年，J. Reisberg 进行原油 - 水的界面张力小于 0.01 毫牛 / 米的试验。1959 年 L. W. Holm 获得加入 0.1% ～ 3.0% 表面活性剂的低黏度烃类溶液驱油剂的专利。1961 年，A. K. Csazer 开发出 12% 表面活性剂的非水溶液驱油剂，由此，发明出油溶性驱油剂。1962 年，W. B. Gogarty 和 R. W. Olson 获得用表面活性剂浓度大于 5% 的微乳液做驱油剂的专利，从而创造了"马拉驱油法"，即胶束 - 聚合物驱油法。[3]次年在鲁宾逊油田进行现场试验，与水驱相比采收率提高 10%。

1965 年，苏联在奥尔良油田进行注聚合物现场试验，结果证明可把采收率提高到 54% ～ 67.4%。[4]

20 世纪 70 年代，美国能源部资助 7 个矿场进行表面活性剂 - 聚合物驱油试验（表 13-73），结果表明高浓度体系的采收率高于低浓度体系。

表 13-73　美国能源部资助表面活性剂 - 聚合物驱油试验项目情况（20 世纪 70 年代）

项目名称	作业公司	开始时间	项目面积 / hm²[1]	井网密度 / (hm²·井⁻¹)	技术内容	评价
El Dorade (KS)	城市服务公司	1976 年 11 月	10.36	2.59	低浓度（c=0.026%）	η=10% S_{or}[2]
		1976 年 6 月	10.36	2.59	高浓度（c=0.12%）	η=24% S_{or}
Lawry (PA)	宾夕法尼亚州格等德石油公司	1975 年	5.46	0.61	低渗透油田（K=7.9×10^{-3} μm²，高浓度体系）	失败
North Burbank	菲利普斯石油公司	1975 年	36.42	4.05	油润湿油藏	η=50% S_{or}

[1] 李干佐、郑利强、徐桂英：《石油开采中的胶体化学》，化学工业出版社，2008，第 138-139 页。
[2] 同上书，第 203 页。
[3] 同上书，第 139 页。
[4] 王才良、周珊：《世界石油大事记》，石油工业出版社，2008，第 172 页。

续表

项目名称	作业公司	开始时间	项目面积 / hm²[1]	井网密度 / (hm²·井⁻¹)	技术内容	评价
Bell Creek (MT)	格瑞能源公司	1976 年	64.75	16.19	非均质地层	η=40% S_{or} 设计者认为成功，作业者认为不成功
Wilmington (CA)	长滩市石油公司	1976 年	4.05	1.01	评价高浓度体系在非胶结油层的稠油驱替效果	η=43% S_{or}
M–1（IL）	马拉松石油公司	1977 年	100.37	1.01	井网密度对驱替效果影响	大井网好于小井网
			64.35	2.02		
Big Muddy (WY)	康诺克	1973 年	36.42	4.05	低浓度在低渗透油层（K=39.48×10⁻³ μm²）	η=36% S_{or}

资料来源：李干佐、郑利强、徐桂英:《石油开采中的胶体化学》，化学工业出版社，2008，第 143 页。

注：[1] 1 hm²=1 0000 ㎡。[2] η 为采收率，用 S_{or}（残余油饱和度）减少比例（%）表示。

1970—1985 年，美国进行聚合物驱矿场试验共计 183 次。其中，Texaco 公司在 Cogdall 油田上进行的试验面积最大，达 2 518.6 公顷，其原油黏度为 0.3 ~ 160 mPa·s，残余油饱和度由试验前的 28% 降到 23%，聚合物驱注入压力比水驱高 2 ~ 3 兆帕，吸水指数下降 30%，采收率比水驱高 5%。[①]

除了表面活性剂 - 聚合物驱，人们还进行了碱 - 表面活性剂 - 聚合物三元复合驱的研究与试验。1956 年，J. Reisberg 等把非离子表面活性剂 Triton X-100 和 NaOH 复配，进行室内模拟驱油试验，得出提高原油采收率的结论。1977 年，在 R. F. Burdyn 的专利中，把合成烷烃芳基磺酸盐和碱复配，发现获得超低界面张力，比单独用碱好许多。1984 年 R. C. Nelson、1987 年 J. Lin 开展各种合成表面活性剂与碱复配试验，均使原油获得超低界面张力。与此同时，Dome 公司于 1986 年开展三元复合驱的室内试验，也得出表面活性剂用量大幅度下降、采收率与微乳液相当的结论。Terra 能源公司 1989 年在怀俄明州 Kiehl 油田开展三元复合驱的现场试验，采收率提高 23%，增产 1 吨原油成本为 19.1 美元，而常规开采 1 吨原油成本为 35.4 美元。[②]

中国于 1979 年着手开展三次采油技术研究。1984 年与日本、美国、英国、法国等国在大港、大庆、玉门等油田开展聚合物驱、表面活性剂驱技术研究合作；1990 年开始在老君庙油田 F-184 井进行微乳液单井吞吐试验，1993 年又在胜利油田孤东油矿小井距试验区开展复合驱先导性试验，均获成功。[③]

苏联时期，提高采收率以化学驱油为主。截至 1992 年 1 月，按提高石油采收率的累积产油量计算，原苏联地区在热采、气驱和化学驱油三大提高采收率方法中，热采驱油 4 083.1 万吨、气驱驱油 694.7 万吨、化学驱油 3 923.5 万吨，分别占 46.9%、8.0%、45.1%（表 13-74）。

① 李干佐、郑利强、徐桂英:《石油开采中的胶体化学》，化学工业出版社，2008，第 143 页。

② 同上书，第 144-145 页。

③ 同上书，第 145-147 页。

表 13-74　原苏联地区提高石油采收率（EOR）[1] 情况（至 1992 年 1 月）

提高采收率方法	区块数	使用 EOR 的地质储量 / ($\times 10^9$ t)	运用 EOR 的产油量 / ($\times 10^6$ t)	
			累积	1991 年
（一）热采（合计）	55	1.498	40.831	3.778
注蒸汽	24	0.213	20.258	2.250
地下燃烧	22	0.063	3.609	0.328
注热水	9	1.222	16.964	1.200
（二）气驱（合计）	16	0.234	6.947	0.760
烃类气体	11	0.173	6.695	0.701
CO_2	5	0.061	0.252	0.059
（三）化学驱[2]（合计）	318	4.843	39.235	5.749
聚合物驱	65	0.491	9.557	1.254
注碱水	42	0.193	2.598	0.324
稀活性剂溶液	50	0.859	7.478	0.700
浓活性剂溶液	81	2.655	7.992	2.712
胶束	6	0.020	0.235	0.051
微乳液	9	0.003	0.133	0.056
其他	65	0.622	11.242	0.652
总计	389	6.575	87.013	10.287

资料来源：沈平平主编《提高采收率技术进展》，石油工业出版社，2006，第 17-18 页。本书作者做了适当调整。

注：[1] EOR 为 enhanced oil recovery 的缩写，译为提高石油采收率。[2] 苏联化学驱的概念与中国和西方不完全一样，用活性剂增产、增注都属于化学驱提高采收率的范围。在中国所称的化学驱中，是以聚合物驱和注碱水为主，另外注稀表面活性剂体系、注硫酸等也有很多项目。

3. 微生物驱油

微生物驱油是指向油藏注入微生物菌种，使菌株在油藏中繁殖，产生气体和活性物质，增大油层的压力，并对原油尤其是重油进行降解、"稀析"，降低原油的黏度，促进油藏中的石油流向油井，将其开采出来。

早在 1926 年，美国的贝克曼就提出了通过微生物作用提高原油采收率的设想。[1] 此后，许多科学家先后开展微生物采油的研究和试验。1937 年，苏联的 Mogilevsky 首先应用微生物技术进行天然气勘探。[2] 20 世纪 40 年代，美国的佐贝尔参加美国石油学会组织开展的"计划 43A"项目，对厌氧硫酸盐还原菌从砂体中释放原油的机理进行了研究，证实硫酸盐还原菌可以提高实验室模型系统的原油采收

---

① 高培基、许平主编《资源环境微生物技术》，化学工业出版社，2004，第 234 页。

② 刘振武、方朝亮、王同良主编《高新技术在石油工业中的应用展望》，石油工业出版社，2003，第 59 页。

率。[1]1946 年 12 月，佐贝尔与美国石油学会一起获得关于厌氧细菌注入油层的专利。[2]1947 年，首篇微生物采油论文——佐贝尔主持撰写的《细菌法自储油岩中泄油》在 *World Oil* 上发表。[3]1954 年，苏联在 Lisbon 油田进行了第一次微生物采油的现场试验。[4]同年，美孚石油公司在阿肯色州龙尼恩郡的上白垩统 Nacotoch 地层也进行首次注微生物驱油现场试验。[5]此后，捷克斯洛伐克、波兰、匈牙利、罗马尼亚、加拿大、澳大利亚、德国等国家在 20 世纪 50 年代至 20 世纪 70 年代先后开展微生物采油研究。

20 世纪 80 年代，微生物采油技术应用取得重要突破。美国于 1982 年在俄克拉何马州召开有 34 个国家参加的"世界微生物采油会议"，系统地交流了多年来的研究成果。美国 Micro-BAC 公司、National Parakleen Company（NPC 公司）1986 年共同开发出油田专用系列微生物产品。1987 年，NPC 公司在美国 Altamont/Bluebell 油田推广微生物采油技术，成功率达 75% 以上，原油增产幅度为 10% ～ 300%。[6]

中国科学院从 20 世纪 80 年代末开始与吉林油田合作开展微生物驱单井吞吐研究。到 1997 年吉林油田共有 197 口井进行试验，平均单井增油 65.9 吨，平均每吨油成本 415 元。[7]

总体上，迄今为止，世界微生物采油仍处于研究、试验和局部推广应用阶段。

4. 酸化开采

1931 年，美国陶氏化学公司的格里布发明缓蚀剂，将 500 加仑盐酸虹吸入 Pure 石油公司废弃的 Fo-6 号井碳酸盐岩地层，产油量达到 1 613 桶 / 日。随后成立道威尔公司，推广应用酸化技术。[8]

1932 年，印第安纳标准石油公司的子公司 Stanolind 油气公司开发出酸化技术，在密歇根州布拉肯里奇油田上进行首次现场试验。1933 年，印第安纳标准石油公司把它 1896 年获得专利的石灰岩地层酸化技术应用于砂岩地层，使用氢氟酸加盐酸做酸化液，在墨西哥湾油田上获得成功。

20 世纪 80 年代末，苏联乌德穆尔特石油公司在 9 口井上进行水击酸化作业，增产效果明显。

5. 压裂开采

油层改造的水力压裂技术是由 Critendon 发明的。1947 年，印第安纳标准石油公司在堪萨斯州胡果顿气田使用氢氟酸对砂岩油层进行首次水力压裂试验。1963 年，委内瑞拉克里奥尔石油公司开发出大型压裂采油技术。1968 年，克里奥尔公司在马拉开波湖区用堵球分层压裂成功，平均 13 级，最多一次 52 级，共施工 60 次，压裂前平均产量 165 米³/ 日，压裂后达到 815 米³/ 日，至年底保持 530 米³/ 日。[9]

1968 年，在美国西弗吉尼亚州林肯县的褐色页岩地层首次用 80% ～ 85% 干度泡沫液进行压裂。

[1] 高培基、许平主编《资源环境微生物技术》，化学工业出版社，2004，第 234 页。
[2] 张廷山、徐山等：《石油微生物采油技术》，化学工业出版社，2009，第 3 页。
[3] 王才良、周珊：《世界石油大事记》，石油工业出版社，2008，第 114 页。
[4] 张廷山、徐山等：《石油微生物采油技术》，化学工业出版社，2009，第 3 页。
[5] 王才良、周珊：《世界石油大事记》，石油工业出版社，2008，第 133 页。
[6] 张廷山、徐山等：《石油微生物采油技术》，化学工业出版社，2009，第 3-4 页。
[7] 同上书，第 4 页。
[8] 王才良、周珊：《世界石油大事记》，石油工业出版社，2008，第 74 页。
[9] 同上书，第 185 页。

1973 年后，泡沫液压裂进入应用阶段。1981 年，干法压裂开始在加拿大推广应用。这种无水、用 100% CO_2 加石英砂的压裂技术是由世界油田服务公司开发的。

6. 地震驱油

印度尼西亚米纳斯油田依靠天然能量开采，年产达到 1 237 万吨，按可采储量计算，已采出 21%。1967 年该油田实行地震驱油，扩大含油面积和储量，到 1969 年产量达到 1 580 万吨，年采油速度为 2.9%[1]，采出程度达 26.8%。

7. 核爆炸驱油

1965 年，苏联采用 2 个 2.3 千吨级和 1 个 8 千吨级的核装置，在油田上进行核爆炸增产试验。爆炸后几年生产实践证明，产量可增加 27% ~ 60%；在能量未耗尽的储油构造中，核爆炸可以大幅提高产量。1967 年，美国在新墨西哥州进行核爆炸改造致密的含气砂岩层试验。1987 年 4 月，苏联又在彼尔姆省北部一个油田上进行核爆炸增产试验，7 月在东西伯利亚油田进行试验，针对的是碳酸盐岩地层。

8. 超声波驱油

2005 年，俄罗斯成功开发一种油井声波增产处理新工艺，利用地面的可控硅变频器和下放到油层射孔的井下超声波发射器，对油井进行增产处理。

三、原油集输

原油从油井中采出后，要在油田上进行油气收集、分离、储存、输送等各种处理，以便获得更多的油气产品。

（一）油气分离

在石油工业早期，油气分离技术简单，随意性大。

20 世纪 20—30 年代，油气分离技术不断发展。美国国民储罐公司先后开发出有离算挡板的油气分离器（1922 年），含气原油单级乳状液处理系统（1928 年），用于油气分离过程的双相控制技术（1929 年），内加热式乳状液处理沉降罐（1931 年），以及高压组合式油、水、气分离器（1934 年）。[2] 分离器也由立式发展到卧式。

1980 年，澳大利亚巴斯海峡油田首次采用旋流分离器进行油水分离。同年，英国流体力学研究会水力旋流器会议上首次提出旋流分离技术。1985 年第一套 Vortoil 水力旋流器安装在英国北海作业区，这是油气分离技术的革命，它借助两种流体的密度差和离心力，将油滴从水中分离出去。

（二）原油输送

中国在古代使用竹木制成输送油气的管道。19 世纪 60 年代，美国开始使用铸铁管道，后来又改用钢材制作输油管道。

20 世纪下半叶以来，输油技术不断创新。1964 年，美国布朗石油工具公司生产出第一代连续油

---

[1] 采油速度是指油田年采油量与油藏可采储量之比，用百分数表示。

[2] 王才良、周珊：《世界石油大事记》，石油工业出版社，2008，第 74 页。

管系统——外径为 19.1 毫米的油管。同年还制成第二代连续油管系统。1976 年，壳牌集团在西班牙的 Castellen 项目上首次采用复式生产 - 储油 - 卸油系统（FPSO）。1989 年，采用一种专利技术制造的第一条不用管与管焊接的连续油管——Quality Tubing（优质油管）诞生。同年，马来西亚沙老越州鲁东近海 Boker B 平台上安装、运行英国布里斯托尔的多相系统公司开发的 MP 混输泵，此泵日抽吸量为 15 000 立方米，压差可达 26.52 千克 / 毫米^2，输送流体含气量可达流体总量的 97%，即使进口压力低达 1.79 千克 / 毫米^{2}也不会回流。[①]

1999 年，Coflexip Stena Offshore 与突尼斯石油公司的联合体在英国石油公司的 Machar 油田上投入使用世界上第一个多相清管器系统。

四、石油生产格局

现代以来，世界石油生产规模越来越大，2008 年世界原油产量达到 39.29 亿吨，比 1917 年增长 57 倍。20 世纪上半叶，世界石油生产主要集中在欧洲、北美地区。此后，亚洲、非洲、拉丁美洲地区石油生产发展起来，世界石油生产中心随之从墨西哥湾向海湾（即波斯湾）转移，非洲成为当今世界石油开发最活跃的地区。

（一）全球概况

进入现代后，随着世界各地新油田的不断发现，世界石油生产规模不断扩大。1917 年世界石油产量为 6 781.5 万吨，1921 年突破 1 亿吨，1929 年超过 2 亿吨，1949 年达到约 4 亿吨。20 世纪 50 年代至 70 年代，世界石油生产加速发展，石油产量猛增，1959 年达到近 10 亿吨，1969 年突破 20 亿吨，1979 年又突破 30 亿吨（表 13–75）。[②]

表 13–75　1919—2008 年全球五大洲原油产量

单位：万吨

地区	1919 年	1929 年	1939 年	1949 年	1959 年	1969 年	1979 年	1989 年	1999 年	2008 年
全球	7 615.5	20 499.5	28 335.1	39 466.1	97 730.8	207 433.4	313 715.6	292 316.2	346 170.0	392 880.0
亚洲	460.7	1 341.4	2 625.7	7 850.1	25 755.2	69 378.5	131 377.0	104 774.2	—	—
欧洲	530.0	1 930.0	3 740.0	4 130.0	15 600.0	36 290.0	71 280.0	78 170.0	—	—
美洲	6 602.4	17 200.6	21 902.3	27 233.0	55 792.6	77 145.0	76 656.6	79 567.3	—	—
非洲	22.4	27.5	67.1	253.0	582.8	24 430.5	32 386.6	27 381.0	—	—
大洋洲	—	—	—	—	—	189.4	2 015.4	2 423.7	—	—

资料来源：作者整理。参考 B. R. 米切尔：《帕尔格雷夫世界历史统计·亚洲、非洲和大洋洲卷：1750—1993 年》第 3 版，贺力平译，经济科学出版社，2002。

20 世纪 50 年代以前，世界石油生产主要集中在美洲地区，美国是世界石油的生产中心。1919 年，

① 王才良、周珊：《世界石油大事记》，石油工业出版社，2008，第 294 页。
② 除另有标注之外，书中各表 1917—1993 年世界各国（地区）原油产量的原始数据参见米切尔编、贺力平译的《帕尔格雷夫世界历史统计亚洲、非洲和大洋洲卷：1750—1993 年》第 3 版，经济科学出版社 2002 年出版。

美洲石油产量为 6 602.4 万吨，占世界总量的比例达 86.7%；其中，美国石油产量 5 209.9 万吨，占全球的 68.4%。1949 年美洲石油产量增至 27 233.0 万吨，占世界总量的 69.0%，其中美国石油产量为 24 891.9 万吨，占全球的 63.1%。

20 世纪 50 年代以后，随着海湾地区石油生产规模不断扩大，世界石油生产中心日渐从美国向海湾地区转移。1959 年，美国石油产量为 34 792.9 万吨，占世界石油总量的比例降为 35.6%；同年海湾地区八国[①]石油产量为 22 078.8 万吨，占世界总量的 22.6%。1969 年，美国石油产量为 45 560.2 万吨，占世界总量的比例下降至 22.0%；海湾地区八国石油产量增至 58 889.6 万吨，超过美国 13 329.4 万吨，占世界总量的比例上升到 28.4%。1979 年，亚洲石油产量达 131 377.0 万吨，占世界总量的 41.9%，居五大洲之首；同年海湾地区八国石油产量 107 528.8 万吨，占亚洲总量的 81.8%，占世界总量的 1/3 以上（具体为 34.3%），牢牢地奠定其世界石油生产中心的地位；而同年美国石油产量减为 42 081.8 万吨，占世界的比例随之降为 13.4%，美国在世界原油生产中的地位不断下降。

20 世纪 60—70 年代，亚洲、非洲、拉丁美洲的原油生产不断扩大，第三世界在世界石油生产中的地位不断提高，国际影响力不断增强（"三个世界"原油产量见表 13-76）。1959 年，亚洲、非洲、拉丁美洲的石油产量分别为 25 755.2 万吨、582.8 万吨、17 119.8 万吨，到 1969 年分别达到 69 378.5 万吨、24 430.5 万吨、24 102.3 万吨，分别增长 169.4%、4 091.9%、40.8%，1979 年亚洲、非洲又分别增至 131 377.0 万吨、32 386.6 万吨。在此推动下，当时世界政治格局中的第三世界的原油产量也由 1960 年的 49 880 万吨增至 1970 年的 127 700 万吨，1977 年达到 177 610 万吨，占世界原油产量的比例由 1960 年的 46.9% 提高到 1970 年的 58.1%，1977 年达到 61.4%。随着第三世界石油生产规模的扩大及其国际地位的提升，第三世界中的伊朗、伊拉克、沙特阿拉伯等亚洲国家，阿尔及利亚、尼日利亚等非洲国家，以及委内瑞拉等拉丁美洲国家先后联合起来成立了国际性能源组织——石油输出国组织（OPEC），并于 1973 年动用"石油武器"，引发了第一次世界石油危机。

表 13-76　1960—1977 年"三个世界"原油产量

单位：百万吨

国家 / 地区	1960 年	1965 年	1970 年	1973 年	1974 年	1975 年	1976 年	1977 年
（一）第三世界	498.8	795.4	1 275	1 716.2	1 698.3	1 538.41	1 717.22	1 776.07
1. 中东	261.8	412.2	655.8	1 064.3	1 088.1	966.95	1 094.0	1 101.17
巴林	2.2	2.8	3.8	3.4	3.3	3.1	2.9	2.80
伊朗	52.7	93.0	164.2	289.1	297.1	268.7	293.75	283.15
伊拉克	49.5	64.9	77.3	96.9	91.2	111.3	103.50	110.75
科威特	80.3	107.0	134.9	149.1	125.5	106.0	102.25	89.15
中立区	6.7	17.8	24.7	25.0	22.0	—	—	18.25
阿曼	—	—	16.3	14.5	14.3	16.5	18.25	17.05
卡塔尔	8.6	11.4	17.9	28.1	25.5	20.0	24.25	22.00

---

① 海湾地区八国指伊朗、伊拉克、科威特、沙特阿拉伯、巴林、卡塔尔、阿联酋、阿曼八个国家，下同。

续表

单位：百万吨

国家 / 地区	1960 年	1965 年	1970 年	1973 年	1974 年	1975 年	1976 年	1977 年
叙利亚	—	—	4.1	4.9	6.5	9.0	8.75	10.15
土耳其	0.3	1.5	3.4	3.3	3.2	3.15	3.35	2.50
阿联酋	—	13.9	34.2	74.9	81.4	79.2	97.25	94.22
沙特阿拉伯	61.5	99.9	175.0	375.1	418.1	350.0	439.75	451.15
2. 非洲	14.2	109.1	293.4	291.3	263.4	241.96	279.88	312.25
阿尔及利亚	9.0	27.2	49.7	52.8	48.6	42.6	47.50	54.55
安哥拉	0.1	0.6	0.7	7.6	8.3	7.0	2.38	9.70
刚果	—	—	—	2.1	1.6	1.8	1.90	1.65
埃及	3.0	6.1	16.1	8.1	7.1	15.75	16.25	20.90
加蓬	0.8	1.2	5.3	7.3	8.7	11.5	11.0	11.25
利比亚		60.2	163.8	107.9	73.5	71.0	95.0	103.25
尼日利亚	0.9	13.4	53.4	101.3	111.2	87.8	101.0	105.00
突尼斯	0.2	0.2	4.3	4.1	4.3	4.5	3.85	4.75
扎伊尔	—	—	—	—	—	0.01	1.00	1.20
其他	0.2	0.2	0.1	0.1	0.1	—	—	—
3. 拉丁美洲	183.9	227.3	252.1	253.0	235.5	222.15	219.77	225.20
阿根廷	8.5	13.3	19.4	20.6	20.4	19.5	19.50	21.50
玻利维亚	0.5	0.5	0.8	2.3	2.4	2.0	2.05	1.75
巴西	4.0	4.6	4.9	8.3	8.8	8.4	8.55	8.35
智利	1.0	1.7	1.7	1.6	1.4	1.2	1.20	1.15
哥伦比亚	7.5	9.9	10.5	9.8	8.5	8.0	7.30	6.90
厄瓜多尔	0.4	0.4	0.2	10.1	7.5	8.05	9.25	9.00
墨西哥	13.3	15.9	21.2	22.9	27.2	37.5	42.50	49.05
秘鲁	2.6	3.1	3.6	3.4	3.8	3.5	3.72	4.30
特立尼达和多巴哥	5.7	6.6	6.9	8.1	8.8	10.0	11.20	11.50
委内瑞拉	140.4	171.3	182.9	165.9	146.7	124.0	114.50	111.70
4. 东南亚	25.7	28.5	50.2	82.1	86.0	78.05	93.75	105.55
文莱—马来西亚	4.6	4.0	7.3	15.8	16.2	14.15	17.75	20.05
缅甸	0.6	0.6	0.8	1.0	1.0	0.9	1.00	1.20
印度尼西亚	20.3	23.9	42.1	65.3	68.8	63.0	75.00	84.30
新几内亚	0.2	—	—	—	—	—	—	—
5. 其他国家	13.2	18.3	23.5	25.5	25.3	29.3	29.82	31.90
印度	0.4	3.1	6.8	7.3	7.3	8.3	9.00	9.95
巴基斯坦	0.4	0.6	0.5	0.4	0.4	0.4	0.60	0.50

续表   单位：百万吨

国家 / 地区	1960 年	1965 年	1970 年	1973 年	1974 年	1975 年	1976 年	1977 年
南斯拉夫	0.9	2.0	2.9	3.4	3.3	3.7	3.50	4.00
罗马尼亚	11.5	12.6	13.3	14.4	14.3	14.6	14.85	14.75
阿尔巴尼亚	—	—	—	—	—	2.3	1.87	2.70
（二）第二世界	41.4	60.7	93.92	131.95	129.32	131.74	142.14	160.62
1. 西欧	13.2	17.3	15.6	14.8	15.6	23.81	41.50	65.00
奥地利	2.2	2.6	2.6	2.4	2.3	2.0	1.85	1.80
丹麦	—	—	—	0.2	0.2	0.16	0.15	0.45
法国	1.9	2.9	2.3	1.3	1.1	1.05	1.00	1.00
意大利	1.9	2.3	1.3	0.7	0.9	1.03	1.00	0.90
荷兰	1.8	1.8	1.8	1.4	1.5	1.46	1.40	1.50
挪威	—	—	—	1.6	1.7	9.35	15.00	14.00
西班牙	—	—	0.2	0.7	1.8	1.88	1.70	1.60
英国	0.1	0.1	0.1	0.1	0.1	1.13	11.50	38.40
西德	5.3	7.6	7.3	6.4	6.0	5.75	7.90	5.35
2. 东欧	1.7	2.7	3.02	2.75	5.62	3.02	3.1	2.97
捷克	0.1	0.2	0.2	0.2	1.0	0.15	0.13	0.12
匈牙利	1.2	1.9	2.0	2.0	3.4	2.0	2.10	2.19
波兰	0.2	0.3	0.4	0.3	1.0	0.55	0.55	0.45
保加利亚	0.2	0.22	0.33	0.19	0.14	0.12	0.12	0.13
东德	—	0.08	0.09	0.06	0.08	0.20	0.20	0.08
3. 其他国家	26.5	40.7	75.3	114.4	108.1	104.91	97.54	92.65
日本	0.5	0.6	0.8	0.7	0.7	0.60	0.50	0.50
澳大利亚	—	0.4	8.7	20.7	19.2	19.25	21.5	21.55
以色列	0.1	0.2	3.5	4.3	4.9	5.06	0.04	0.05
加拿大	25.9	39.5	62.3	88.7	83.3	80.0	75.0	69.85
新西兰	—	—	—	—	—	—	0.50	0.7
（三）第一世界	522.8	627.8	827.8	880.5	893.4	958.5	982.28	957.25
1. 苏联	147.9	242.9	353.0	427.3	459.0	490.0	519.70	546.00
2. 美国	374.9	384.9	474.8	453.2	434.4	468.5	462.58	411.25
全球合计	1 063.0	1 483.9	2 196.72	2 728.65	2721.02	2 628.65	2 841.64	2 893.94

资料来源：《第三世界石油斗争》编写组：《第三世界石油斗争》，生活·读书·新知三联书店，1981，第 528—531 页。

20 世纪 80 年代后，受到石油危机等因素影响，世界石油生产放慢速度，1989 年产量为 29.23 亿吨，比 1979 年减少 2.14 亿吨，1999 年回升到 34.62 亿吨。进入 21 世纪，世界石油生产规模进一步扩大，到 2008 年达到 39.29 亿吨，与 1917 年相比，90 多年间增长了 57 倍。

2008 年世界原油产量 39.288 亿吨。其中，北美洲 6.208 亿吨，占 15.8%；中南美 3.339 亿吨，占 8.5%；欧洲和原苏联地区 8.525 亿吨，占 21.7%；中东 12.533 亿吨，占 31.9%；非洲 4.872 亿吨，占 12.4%；亚太地区 3.811 亿吨，占 9.7%。OPEC 生产原油 17.583 亿吨，占世界总量的 44.8%（表 13–77）。

表 13–77　2008 年世界原油产量分布

地区	生产量 / 亿吨	占世界总量的比例 /%
北美洲	6.208	15.8
中南美	3.339	8.5
欧洲和原苏联地区	8.525	21.7
中东	12.533	31.9
非洲	4.872	12.4
亚太地区	3.811	9.7
全世界	39.288	100.0
其中：欧盟	1.061	2.7
经济合作与发展组织（OECD）	8.641	22.0
OPEC	17.583	44.8
非 OPEC（不包括原苏联地区）	15.436	39.3
原苏联地区	6.270	16.0

资料来源：BP 世界能源统计 2009。钱伯章：《石油和天然气技术与应用》，科学出版社，2010，第 58 页。作者对表中数据略做调整。

2008 年，世界石油产量超亿吨的国家有 13 个（表 13–78），排在前五位的依次为：沙特阿拉伯 5.15 亿吨，俄罗斯 4.89 亿吨，美国 3.05 亿吨，伊朗 2.10 亿吨，中国 1.90 亿吨。

表 13–78　2008 年原油产量超亿吨国家的产量及比例

国家	生产量 / 亿吨	占世界总量的比例 /%
沙特阿拉伯	5.15	13.1
俄罗斯	4.89	12.4
美国	3.05	7.8
伊朗	2.10	5.3
中国	1.90	4.8
墨西哥	1.57	4.0
加拿大	1.57	4.0
阿联酋	1.40	3.6
科威特	1.37	3.5
委内瑞拉	1.32	3.4
伊拉克	1.19	3.0
挪威	1.14	2.9
尼日利亚	1.05	2.7

资料来源：BP 世界能源统计 2009。钱伯章：《石油和天然气技术与应用》，科学出版社，2010，第 62 页。

（二）亚洲

亚洲石油生产主要集中在海湾地区，该地区的原油产量占世界总量的比例曾达到 1/3 以上，迄今所占比例仍占 30% 左右。沙特阿拉伯、伊朗、中国、阿联酋、科威特、伊拉克、印度尼西亚等亚洲国家都是世界上重要的石油生产国（表 13-79）。

表 13-79　1919—2008 年亚洲国家/地区原油产量

单位：万吨

国家/地区	1919 年	1929 年	1939 年	1949 年	1959 年	1969 年	1979 年	1989 年	1999 年	2008 年
中国[1]	—	0.4	38.4	11.8	370.0	2 174.0	10 615.2	13 864.1	16 020.0	18 970.0
印度[2]	116.4	20.7	31.1	25.3	45.0	672.3	1 283.9	3 368.5	—	—
日本	32.6	27.8	33.4	19.4	40.6	74.9	48.2	66.7	—	—
伊朗	87.5	581.1	973.7	2 723.7	4 619.4	16 848.8	17 134.1	14 042.6	17 620.0	20 980.0
伊拉克	—	12.1	396.3	408.6	4 194.0	7 448.5	17 049.3	13 660.3	12 490.0	11 930.0
科威特	—	—	—	1 237.8	6 953.6	12 954.7	12 562.9	7 405.7	9 830.0	13 730.0
沙特阿拉伯	—	—	53.9	2 323.9	5 416.3	14 884.6	47 628.6	25 243.3	41 910.0	51 530.0
巴林	—	—	103.8	150.2	225.2	382.0	255.6	194.7	—	—
卡塔尔	—	—	—	10.0	799.3	1 718.3	2 450.0	1 906.4	—	—
阿联酋	—	—	—	—	—	3 034.7	8 984.6	8 926.5	10 760.0	13 950.0
阿曼	—	—	—	—	—	1 618.0	1 463.7	3 180.3	—	—
中立区	—	—	—	—	620.7	2 246.3	—	—	—	—
叙利亚	—	—	—	—	—	262.0	870.1	1 832.9	—	—
土耳其	—	—	—	1.1	39.0	362.3	283.1	287.6	—	—
以色列[3]	—	—	—	—	12.8	260.1	2.1	1.6	—	—
印度尼西亚	216.0	523.9	794.9	593.0	1 821.8	3 662.0	7 807.2	6 932.3	6 860.0	—
沙捞越/马来西亚	8.2	76.0	16.8	5.8	5.6	84.7	1 383.8	2 839.9	—	—
缅甸	—	99.4	105.3	3.9	52.9	79.4	141.5	88.9	—	—
文莱	—	—	78.1	335.6	539.0	610.7	1 253.1	662.1	—	—
泰国	—	—	—	—	—	0.2	0.9	114.1	—	—
菲律宾	—	—	—	—	—	—	109.6	26.7	—	—
巴基斯坦	—	—	—	—	—	—	49.5	229.0	—	—
合计	460.7	1 341.4	2 625.7	7 850.1	25 755.2	69 378.5	131 377.0	104 874.2	115 490	131 090

资料来源：作者整理。主要参考 B. R. 米切尔：《帕尔格雷夫世界历史统计·亚洲、非洲和大洋洲卷：1750—1993 年》第 3 版，贺力平译，经济科学出版社，2002。

注：[1] 不包括中国台湾地区的数据。[2] 1919 年数据包括缅甸的。[3] 1969 年数据包括西奈半岛的。

1. 中国

1949年之前，中国石油生产规模很小，1926年原油产量只有2 000吨（表13-80），1939年38.4万吨。1939年，发现甘肃玉门油矿，它是中国最早的大型石油工业基地。

表 13-80　1926—2008 年中国原油产量

时间 / 年	产量 / 万吨	时间 / 年	产量 / 万吨	时间 / 年	产量 / 万吨
1926	0.2	1948	7.3	1970	3 065.0
1927	0.3	1949	11.8	1971	3 941.0
1928	0.3	1950	—	1972	4 567.0
1929	0.4	1951	—	1973	5 361.0
1930	5.0	1952	43.6	1974	6 485.0
1931	6.1	1953	62.2	1975	7 706.0
1932	7.0	1954	78.9	1976	8 716.0
1933	8.7	1955	96.6	1977	9 364.0
1934	9.2	1956	116.3	1978	10 405.2
1935	14.1	1957	146.0	1979	10 615.2
1936	16.6	1958	226.4	1980	10 594.6
1937	19.4	1959	370.0	1981	10 122.1
1938	27.2	1960	520.0	1982	10 212.3
1939	38.4	1961	531.0	1983	10 606.8
1940	58.5	1962	575.0	1984	11 461.3
1941	66.3	1963	648.0	1985	12 489.5
1942	81.7	1964	848.0	1986	13 068.8
1943	31.1	1965	1 131.0	1987	13 414.0
1944	20.1	1966	1 455.0	1988	13 704.6
1945	17.5	1967	1 388.0	1989	13 764.1
1946	7.0	1968	1 599.0	1999	16 020.0
1947	5.2	1969	2 174.0	2008	18 970.0

资料来源：作者整理。数据采自公开资料。主要参考 B. R. 米切尔：《帕尔格雷夫世界历史统计·亚洲、非洲和大洋洲卷：1750—1993 年》第 3 版，贺力平译，经济科学出版社，2002。

玉门油矿投产后，逐步发展成为一个集地质勘探、钻井、采油、炼油等功能于一体的综合性石油企业，年原油生产能力 8 万吨，炼油能力 10 万吨，生产 12 种石油产品。1945 年，玉门油矿生产原油约 2 025.4 万加仑，汽油约 376.6 万加仑，煤油约 165.4 万加仑，柴油约 27.0 万加仑，石蜡约 1.4 万千克（表13-81）。1949 年，玉门油矿天然原油产量 69 159 吨，占同年全国总产量的 95% 以上。[①] 在抗日战争时

①白寿彝总主编《中国通史·第 12 卷》修订本，上海人民出版社，2004，第 415 页。

期"洋油"来源断绝的情况下,玉门油矿对支援抗日战争起到了重要作用。受到解放战争等因素的影响,20 世纪 40 年代后期中国石油产量下滑,1949 年原油产量仅为 11.8 万吨。

表 13-81　1939—1945 年玉门油田生产情况

时间 / 年	原油 / 加仑	汽油 / 加仑	煤油 / 加仑	柴油 / 加仑	石蜡 / 千克
1939	128 784	4 160	4 101	7 393	505
1940	414 702	73 463	32 335	61 535	5 044
1941	3 635 109	209 321	112 590	141 125	5 180
1942	14 262 330	1 895 724	596 935	53 090	5 440
1943	18 769 785	3 036 594	558 458	28 468	3 627
1944	21 202 450	4 047 940	2 157 657	155 374	13 395
1945	20 253 960	3 766 347	1 654 197	270 292	13 540
合计	78 667 120	13 033 549	5 116 273	717 277	46 731

资料来源:陈歆文:《中国近代化学工业史:1860—1949》,化学工业出版社,2006,第 244 页。

新中国成立后,先后发现一批油田并投入开发,中国石油生产规模迅速扩大。1952 年,中国石油一厂恢复生产。1960 年 6 月 1 日,大庆油田运出第一列车原油。[1]1963 年,中国实现了石油自给。1965 年 1 月,中国开发出第一口日产油千吨井,山东坨 11 井试油日产 1 134 吨。1968 年,胜利油区东辛油田投入生产。1974 年,大庆油区喇嘛甸油田投入生产。到 1976 年,大庆油田年产量突破 5 000万吨。1978 年,中国原油总产量突破 1 亿吨,达到 10 405.2 万吨,排世界第八位。

1978 年改革开放后,中国石油生产加快发展,又有一批油田先后投入生产。1985 年,辽河油田高升 3-5-06 井第一口蒸汽吞吐井产出稠油。1987 年,辽河大民顿油田、渤海埕北油田投产。1993 年,塔里木盆地塔中 4 油田投入开发。1996 年,中国海洋石油产量突破 1 000 万吨。到 20 世纪末,中国原油产量达到 16 020 万吨,排世界第七位。

2002 年 12 月 31 日,中国最大的海上油田蓬莱 19-1 油田投入生产,其储量约 3.56 亿吨。

2008 年,中国原油产量达 18 970.0 万吨,占世界总量的 4.8%,成为世界第五大原油生产国。

2. 海湾地区

海湾地区 8 国中,伊朗、伊拉克、科威特、沙特阿拉伯、阿联酋和卡塔尔(已于 2019 年退出)6国均为 OPEC 成员国。伊朗是中东地区最早发现石油的国家,沙特阿拉伯是迄今(2008 年)世界上最大的石油生产国。

1959 年,即 OPEC 成立的前一年,海湾地区原油产量 2.22 亿吨(表 13-82),占世界总量的比例为 22.7%;1969 年增至约 5.89 亿吨,占世界总量的比例提高到 28.4%;1979 年超过 10 亿吨,达到10.75 亿吨,占世界总量的比例超过 1/3,达到 34.3%。到 1989 年,海湾地区原油产量降为约 7.46 亿吨,占世界总量的比例也降到 25.5%。2008 年,伊朗、伊拉克、科威特、沙特阿拉伯、阿联酋 5 国的原油

---

[1] 王才良、周珊:《世界石油大事记》,石油工业出版社,2008,第 153 页。

产量共计 11.21 亿吨，占世界总量的 28.5%。

表 13-82　1917—2008 年海湾八国原油产量

时间 / 年	伊朗 / 万吨	伊拉克 / 万吨	科威特 / 万吨	沙特阿拉伯 / 万吨	阿联酋 / 万吨	卡塔尔 / 万吨	巴林 / 万吨	阿曼 / 万吨
1917	95.2	—	—	—	—	—	—	—
1918	100.0	—	—	—	—	—	—	—
1919	87.5	—	—	—	—	—	—	—
1920	68.5	—	—	—	—	—	—	—
1921	222.3	—	—	—	—	—	—	—
1922	296.6	—	—	—	—	—	—	—
1923	377.4	—	—	—	—	—	—	—
1924	431.3	—	—	—	—	—	—	—
1925	465.2	—	—	—	—	—	—	—
1926	475.9	—	—	—	—	—	—	—
1927	532.6	4.5	—	—	—	—	—	—
1928	579.1	9.4	—	—	—	—	—	—
1929	581.1	12.1	—	—	—	—	—	—
1930	603.6	12.1	—	—	—	—	—	—
1931	644.0	12.0	—	—	—	—	—	—
1932	654.9	12.2	—	—	—	—	—	—
1933	720.0	11.5	—	—	—	—	0.4	—
1934	765.8	103.0	—	—	—	—	3.9	—
1935	760.8	366.4	—	—	—	—	17.3	—
1936	833.0	401.1	—	—	—	—	63.5	—
1937	1 033.1	425.5	—	0.8	—	—	106.1	—
1938	1 035.9	429.8	—	6.7	—	—	113.3	—
1939	973.7	396.3	—	53.9	—	—	103.8	—
1940	876.5	251.4	—	70.0	—	—	96.7	—
1941	671.1	156.6	—	59.0	—	—	92.9	—
1942	955.0	259.5	—	62.0	—	—	85.3	—
1942	986.2	357.2	—	65.0	—	—	89.9	—
1944	1 348.7	414.6	—	106.3	—	—	91.8	—
1945	1 711.0	460.7	—	287.2	—	—	99.9	—
1946	1 949.7	468.0	80.0	820.0	—	—	109.5	—

续表

时间 / 年	伊朗 / 万吨	伊拉克 / 万吨	科威特 / 万吨	沙特阿拉伯 / 万吨	阿联酋 / 万吨	卡塔尔 / 万吨	巴林 / 万吨	阿曼 / 万吨
1947	2 051.9	470.2	220.0	1 230.0	—	—	128.7	—
1948	2 527.0	342.7	639.3	1 905.2	—	—	149.2	—
1949	2 723.7	408.6	1 237.8	2 323.9	—	10.0	150.2	—
1950	3 225.9	658.4	1 729.1	2 664.9	—	163.6	150.6	—
1951	1 684.4	859.2	2 822.6	3 719.6	—	237.0	150.3	—
1952	136.0	1 852.1	3 763.7	4 051.1	—	329.7	150.5	—
1953	148.9	2 818.5	4 328.6	4 154.4	—	406.2	150.1	—
1954	300.0	3 062.5	4 772.3	4 687.7	—	477.8	150.3	—
1955	1 635.6	3 324.1	5 475.9	4 753.5	—	543.8	150.2	—
1956	2 659.8	3 147.5	5 498.6	4 870.4	—	587.6	150.6	—
1957	3 602.0	2 199.8	5 728.4	4 900.4	—	664.8	159.9	—
1958	4 090.3	3 581.7	7 022.6	5 013.1	—	822.2	203.4	—
1959	4 619.4	4 194.0	6 953.6	5 416.3	—	799.3	225.2	—
1960	5 239.2	4 746.7	8 186.7	6 206.8	—	821.2	225.6	—
1961	5 930.5	4 897.9	8 271.5	6 923.2	—	838.2	224.8	—
1962	6 580.9	4 916.8	9 217.7	7 575.0	79.7	880.8	224.9	—
1963	7 355.7	5 666.9	9 720.2	8 104.9	242.9	909.5	225.6	—
1964	8 461.2	6 162.7	10 671.9	8 579.8	911.5	1 012.5	246.1	—
1965	9 412.6	6 447.4	10 904.5	10 103.3	1 370.1	1 096.1	284.2	—
1966	10 544.5	6 795.9	11 435.4	11 945.5	1 748.0	1 384.5	307.9	—
1967	13 057.8	5 988.4	11 517.5	12 930.4	1 853.1	1 548.3	348.9	314.9
1968	14 163.7	7 377.5	12 209.1	14 100.3	2 400.6	1 628.5	379.5	1 201.2
1969	16 848.8	7 448.5	12 954.8	14 884.6	3 034.7	1 718.3	382.0	1 618.0
1970	19 129.6	7 645.7	15 063.6	18 804.8	3 769.9	1 737.3	382.5	1 658.3
1971	22 681.9	8 377.3	16 143.6	23 867.8	5 104.4	2 045.3	373.9	1 453.4
1972	25 193.0	7 112.5	16 544.3	29 986.7	5 812.9	2 348.6	348.8	1 405.6
1973	29 283.4	9 954.2	15 241.8	37 778.8	7 419.4	2 750.2	341.1	1 463.0
1974	30 121.5	9 685.9	12 860.9	42 270.5	8 144.1	2 469.8	336.3	1 446.6
1975	26 762.3	11 116.8	10 523.2	35 239.4	8 205.8	2 110.2	305.0	1 701.6
1976	29 508.4	11 890.5	11 371.0	42 580.4	9 526.5	2 401.8	290.2	1 829.0

续表

时间 / 年	伊朗 / 万吨	伊拉克 / 万吨	科威特 / 万吨	沙特阿拉 伯 / 万吨	阿联酋 / 万吨	卡塔尔 / 万吨	巴林 / 万吨	阿曼 / 万吨
1977	27 879.7	11 514.5	9 932.5	45 859.6	9 755.5	2 141.4	289.5	1 696.8
1978	21 221.7	12 562.9	11 332.1	41 475.7	8 960.5	2 355.5	275.4	1 569.6
1979	17 134.1	17 049.3	12 562.9	47 628.6	8 984.6	2 450.0	255.6	1 463.7
1980	7 266.7	13 012.3	8 411.6	49 589.8	8 279.1	2 276.8	241.4	1 403.0
1981	7 202.0	4 394.9	5 693.1	48 943.9	7 287.2	2 007.0	233.5	1 627.4
1982	12 045.0	4 962.9	4 162.6	32 334.5	6 097.4	1 603.8	222.5	1 667.9
1983	12 298.9	5 381.2	5 329.1	24 865.6	5 614.6	1 298.3	211.3	1 930.1
1984	10 918.6	5 874.1	5 894.7	20 418.0	5 551.7	1 945.5	202.2	2 074.6
1985	10 894.8	6 877.8	5 377.1	15 849.1	5 819.4	1 477.9	202.4	2 470.9
1986	9 337.0	8 266.7	7 151.6	23 846.0	6 582.4	1 513.6	214.5	2 777.1
1987	11 337.1	10 181.6	6 143.9	20 555.9	7 210.8	1 406.4	212.9	2 888.5
1988	11 504.2	13 014.0	7 062.6	25 352.0	7 253.0	1 633.7	214.3	3 080.3
1989	14 042.6	13 660.3	7 405.7	25 243.3	8 926.5	1 906.4	194.7	3 180.3
1999	17 620.0	12 490.0	9 830.0	41 910.0	10 760.0	—	—	—
2008	20 980.0	11 930.0	13 730.0	51 530.0	13 950.0	—	—	—

资料来源：作者整理。主要参考 B. R. 米切尔：《帕尔格雷夫世界历史统计·亚洲、非洲和大洋洲卷：1750—1993 年》第 3 版，贺力平译，经济科学出版社，2002。

伊朗原油生产在 1974 年达到高峰 30 121.5 万吨，在海湾地区排名第二。伊拉克在 1979 年原油生产达到高峰 17 049.3 万吨，在海湾地区排名第三。科威特 1972 年产油达到高峰 16 544.3 万吨，在海湾地区排名第三。阿联酋 1999 年原油产量突破 1 亿吨，达到约 1.08 亿吨。沙特阿拉伯自 1971 年起原油产量一直排在海湾八国中的第一位，1980 年原油产量达到第一个高峰 49 589.8 万吨，2008 年产量超过 5 亿吨，达到 51 530 万吨，占全球原油产量的 13.1%，居世界首位。

3. 东南亚

印度尼西亚是东南亚最早生产石油的国家之一，也是东南亚原油产量最大的国家，还是东南亚唯一的 OPEC 成员国。1917 年原油产量 179.3 万吨。1953 年超过 1 000 万吨，达到 1 022.5 万吨。1977 年达到产油高峰 8 293.1 万吨。2003 年印度尼西亚原油产量为 6 000 万吨。

马来西亚是东南亚第二大石油生产国。1979 年原油产量 1 383.8 万吨，1989 年增至 2 839.9 万吨，2000 年达到 3 350 万吨。

泰国、越南、文莱等其他东南亚国家的石油生产规模较小。越南在 1986 年投产第一个油田——白虎油田，年产约 250 万吨，2000 年原油产量 1 518 万吨。2000 年，泰国原油产量 550 万吨，文莱为 840 万吨。

4. 印度

印度在 19 世纪 80 年代开始生产石油，1913 年原油产量便达到 100 万吨以上，但直到 1963 年仍未超过 200 万吨。20 世纪 60 年代中后期开始，印度原油产量不断增长，到 1977 年超过 1 000 万吨，1989 年达到 3 368.5 万吨。2000 年印度原油产量约为 3 200 万吨。

（三）欧洲

苏联 / 俄罗斯石油生产规模历来居欧洲之首，在世界上占据重要地位。除此之外，欧洲大陆石油资源短缺，石油生产主要集中在北海油田。20 世纪 70 年代以来，英国、挪威成为重要的石油生产国。1999 年，俄罗斯、英国、挪威 3 国原油产量为 5.91 亿吨，占欧洲及欧亚原油总产量的比例达 84.6%。2008 年，欧洲及欧亚原油产量 85 100 万吨（表 13-83），占世界总量的 21.7%，在五大洲中排第三位。

表 13-83　1919—2008 年部分欧洲国家原油产量

单位：万吨

国家 / 地区	1919 年	1929 年	1939 年	1949 年	1959 年	1969 年	1979 年	1989 年	1999 年	2008 年
苏联 / 俄罗斯	440.0	1 370.0	3 030.0	3 340.0	13 000.0	32 800.0	58 800.0	58 900.0	30 480.0	48 850.0
英国	—	—	—	—	10.0	10.0	7 660.0	8 700.0	13 680.0	—
法国	—	—	—	—	160.0	250.0	120.0	320.0	—	—
德国	—	10.0	70.0	80.0	510.0	790.0	480.0	540.0	—	—
挪威	—	—	—	—	—	—	1 880.0	7 260.0	14 970.0	—
奥地利	—	—	10.0	110.0	250.0	280.0	170.0	120.0	—	—
匈牙利	—	—	10.0	50.0	100.0	180.0	200.0	200.0	—	—
意大利	—	—	—	—	170.0	150.0	170.0	470.0	—	—
荷兰	—	—	—	60.0	180.0	200.0	130.0	340.0	—	—
波兰	—	70.0	—	20.0	20.0	40.0	30.0	20.0	—	—
罗马尼亚	90.0	480.0	620.0	470.0	1 140.0	1 320.0	1 230.0	920.0	—	—
南斯拉夫	—	—	—	—	60.0	270.0	410.0	380.0	—	—
合计	530.0	1 930.0	3 740.0	4 130.0	15 600.0	36 290.0	71 280.0	78 170.0	69 920.0[1]	85 100.0[1]

资料来源：作者整理。主要参考 B. R. 米切尔：《帕尔格雷夫世界历史统计·欧洲卷：1750—1993 年》第 4 版，贺力平译，经济科学出版社，2002。

注：[1] 为欧洲及欧亚的合计数。

1. 苏联 / 俄罗斯

1917 年俄国十月革命后，出现了严重的"燃料饥荒"和"石油围困"问题。

1921 年春，苏联开始积极实施新经济政策，石油生产形势逐渐好转，走出了危机四伏的年代。从 1922 年起，苏联石油产量逐步增长，1921 年为 380 万吨，到 1927 年石油产量达到 1 030 万吨（表 13-84），超过了"一战"前 1913 年的水平。

表 13-84　1918—1927 年苏联原油产量

时间 / 年	产量 / 万吨	时间 / 年	产量 / 万吨
1918	410	1923	530
1919	440	1924	610
1920	390	1925	710
1921	380	1926	830
1922	470	1927	1 030

数据来源：作者整理。参考 B. R. 米切尔：《帕尔格雷夫世界历史统计·欧洲卷：1750—1993 年》第 4 版，贺力平译，经济科学出版社，2002。

　　1928—1932 年为苏联第一个五年计划时期。斯大林在 1930 年 6 月联共（布）第十六次代表大会上对石油工业提出了的新要求："根据五年计划，石油工业在 1932—1933 财年的产值应当是 9.77 亿卢布。事实上 1929—1930 财年它的产值已经是 8.09 亿卢布，也就是它达到了五年计划里所预计 1932—1933 财年产量的 83%。我们差不多两年半就可以完成五年计划关于石油工业的那部分任务。"[1] 同年 11 月，联共（布）中央委员会的决议提出了石油工业发展的下一步方针："……苏联最高国民经济委员会将 1933 年的石油产量提升至 4 500 万～ 4 600 万吨，其中外高加索和北高加索地区的新老油田的产量应不少于 4 000 万～ 4 100 万吨。"[2] 对此，苏联加大了对石油工业的投入，"一五"期间对石油工业的投资达到 15 多亿卢布，从而促进了苏联石油生产的高速发展。1931 年苏联石油产量超过 2 000 万吨，达到 2 239 万吨（表 13-85），在世界上的排名跃居第三位，仅次于美国和委内瑞拉。但是，与"一五"计划指标相比，苏联石油、电力、煤炭等能源工业均没有完成计划与目标任务，甚至实际产量与计划产量相距甚大。1932 年，苏联五年计划提出的产量为 2 170 万吨，斯大林于 1930 年提出的目标为 5 500 万吨，但石油实际产量只有 2 141 万吨（表 13-86）。

表 13-85　1928—1932 年苏联原油产量

时间 / 年	产量 / 万吨	时间 / 年	产量 / 万吨
1928	1 163	1931	2 239
1929	1 368	1932	2 141
1930	1 845		

资料来源：阿列克佩罗夫：《俄罗斯石油：过去、现在与未来》，石泽译审，何小平副译审，人民出版社，2012，第 266 页。

表 13-86　"一五"期间苏联能源计划产量和实际产量

项目	1928 年的产量	五年计划规定的产量	斯大林 1930 年提出的目标	1932 年的实际产量
石油 / 万吨	1 160	2 170	5 500	2 141
电力 / 亿度	50	220	—	135
煤炭 / 万吨	3 550	7 500	10 500	6 436

资料来源：徐天新：《斯大林模式的形成》，人民出版社，2013，第 121 页。

---

[1] 阿列克佩罗夫：《俄罗斯石油：过去、现在与未来》，石泽译审，何小平副译审，人民出版社，2012，第 259 页。
[2] 同上书，第 262 页。

从 1933 年起到第二次世界大战结束，受多种因素的影响，苏联石油工业发展并不理想，1941 年的石油产量为 3 300 万吨（表 13-87），与美国 18 950 万吨相比差距较大。

表 13-87　1933—1945 年苏联原油产量

时间 / 年	产量 / 万吨	时间 / 年	产量 / 万吨
1933	2 130	1940	3 110
1934	2 430	1941	3 300
1935	2 620	1942	—
1936	2 740	1943	—
1937	2 850	1944	—
1938	2 840	1945	1 940
1939	3 030		

资料来源：作者整理。参考 B. R. 米切尔：《帕尔格雷夫世界历史统计·欧洲卷：1750—1993 年》第 4 版，贺力平译，经济科学出版社，2002。

第二次世界大战后，苏联大力开发"第二巴库"——伏尔加 - 乌拉尔地区，"第二巴库"的原油产量及其占苏联原油产量的比例不断高速攀升。1945 年，伏尔加 - 乌拉尔地区的原油产量为 281 万吨，占全苏联的比例为 14.48%；1960 年产量突破 1 亿吨，达到 10 429 万吨，占全苏的比例上升到 70.85%；1965 年，又攀升到 17 355 万吨，占比 71.80%（表 13-88）。俄罗斯石油专家指出："正因为有了伏尔加 - 乌拉尔石油天然气产区，曾被一些学者认为过高和不现实的'黑金'生产计划不仅得以完成，而且还能超额完成。苏联政府领导人约瑟夫·斯大林于 1946 年提出的战后 3 个五年计划石油生产目标，即 6 000 万吨的生产任务，经过 10 年的努力得以完成和超额完成。而 1960 年当人们谈及这个问题时，石油产量已经超过了'斯大林当年确定的最高指标'的约 1.5 倍，即 1.5 亿吨。"[①] 到 1965 年，苏联的石油产量仅次于美国，在世界石油格局中的地位上升到第二位。

表 13-88　1945—1965 年伏尔加 - 乌拉尔地区原油产量占全苏联原油产量的比例

时间 / 年	苏联原油总产量 / 万吨	伏尔加 - 乌拉尔地区原油产量 / 万吨	伏尔加 - 乌拉尔地区石油产量占全苏原油产量比例 /%
1945	1 940	281	14.48
1950	3 790	1 098	28.97
1955	7 080	4 120	58.19
1960	14 720	10 429	70.85
1965	24 170	17 355	71.80

资料来源：阿列克佩罗夫：《俄罗斯石油：过去、现在与未来》，石泽译审，何小平副译审，人民出版社，2012，第 302 页。

20 世纪 60 年代，苏联重点开发西西伯利亚油田（又称秋明油田）。1964 年 1 月，西西伯利亚油田成立秋明石油天然气生产联合体。是年秋，苏联党和政府领导层发生重大变化，尼基塔·赫鲁晓夫下

---

① 阿列克佩罗夫：《俄罗斯石油：过去、现在与未来》，石泽译审、何小平副译审，人民出版社，2012，第 304-305 页。

台，列昂尼德·勃列日涅夫任苏共中央总书记，阿列克谢·柯西金任苏联部长会议主席。第二年，苏联新一届领导班子进行经济改革，苏联石油工业管理体制发生根本变化，当年 10 月成立石油加工工业部和天然气工业部。1965 年，西西伯利亚开采出第一个百万吨石油，作为标志性事件载入苏联石油工业发展史册。10 年后，即 1975 年，西西伯利亚原油产量达到 1.48 亿吨，占全苏联总量的 30.1%。同年，苏联原油产量达到 4.91 亿吨，超过了竞争对手美国，高出 4.5%。[①]1980 年西西伯利亚原油产量猛增到 3.126 亿吨，占全苏联总量的比重超过 50%，达 51.8%（表 13-89），进而取代伏尔加 - 乌拉尔地区，成为苏联新的石油开发中心。

表 13-89　1965—1980 年西西伯利亚原油产量在全苏联原油产量中的比例

时间 / 年	苏联原油总产量 / 万吨	西西伯利亚原油产量 / 万吨	西西伯利亚原油产量在全苏联原油产量中的比例 /%
1965	24 170	90	0.4
1970	35 300	3 140	8.9
1975	49 100	14 800	30.1
1980	60 300	31 260	51.8

资料来源：阿列克佩罗夫：《俄罗斯石油：过去、现在与未来》，石泽译审，何小平副译审，人民出版社，2012，第 316 页。

进入 20 世纪 80 年代，苏联面对严峻的国内外形势，石油生产出现了较严重的危机与倒退现象。1988 年 7 月，苏联石油工业进入新一轮危机。"危机的深度在很大程度上表现为石油产量显著下降，原因是高产油田的所有产品中含水量高达 80% 以上。此外，还有普遍实行的油井注水法。这一切都致使广泛采用的注水技术的效率不断下降……也没有及时掌握被广泛应用于国外的工业规模化油田提高原油采收率的新技术。"[②]苏联石油产量由 1980 年的 6.03 亿吨减至 1990 年的 5.53 亿吨（表 13-90）。

表 13-90　1980—1990 年苏联原油产量

时间 / 年	产量 / 亿吨	时间 / 年	产量 / 亿吨
1980	6.03	1986	5.99
1981	6.09	1987	6.07
1982	6.13	1988	6.06
1983	6.16	1989	5.89
1984	6.13	1990	5.53
1985	5.83		

资料来源：作者整理。

1991 年，苏联解体。此后，俄罗斯开始向市场经济过渡。从 20 世纪 90 年代中后期到 21 世纪初，俄罗斯石油工业逐渐恢复，1999 年石油产量达到 30 480 万吨，2008 年增至 48 850 万吨，超过美国，

[①] 阿列克佩罗夫：《俄罗斯石油：过去、现在与未来》，石泽译审、何小平副译审，人民出版社，2012，第 316 页。
[②] 同上书，第 333 页。

成为世界第二大石油生产国。

2.北海地区

在北海油田开发之前，除了苏联，欧洲各国原油生产规模普遍较小。当时，罗马尼亚的石油产量位居欧洲第二位，1949 年原油产量仅为 470 万吨，1959 年达到 1 140 万吨，1969 年增至 1 320 万吨，1969 年原油产量占世界总量的比例为 0.6%。此后，罗马尼亚的原油产量逐渐减少。1969 年，北海沿岸七国中，原油产量最大的是德国，为 790 万吨，其后为法国（250 万吨）、荷兰（200 万吨）。

20 世纪 70 年代北海油田开发后，英国、挪威迅速发展成为世界重要产油国。英国先后在北海开发福蒂斯（1975 年）、布伦特（1976 年）、派帕（1976 年）、克莱莫尔（1977 年）、威特奇法姆（1989 年）等油田，到 1979 年石油产量达到 7 660 万吨，比 10 年前 10 万吨（1969 年）增长 765 倍。1982 年英国石油产量达到 1.0 亿吨。1985 年英国石油产量达到第一个高峰，年产石油 1.22 亿吨。此后，英国石油产量开始回落，1989 年石油产量降至 8 700 万吨。1999 年，英国石油产量又回升到第二个高峰，达到 13 680 万吨。21 世纪初，英国在北海地区又先后发现布扎德油田（2001 年）、洛克那加 – 罗斯班克油田（2004 年）、秀爱气田（2006 年）。

挪威于 1971 年投产北海埃科菲斯克油田，1978 年投产斯塔特福约德油田，1988 年投产奥斯伯格油田，石油产量不断增大。1971 年为 30 万吨，1976 年突破 1 000 万吨（具体为 1 380 万吨），1992 年突破 1 亿吨（具体为 10 440 万吨），1997 年达到 15 247 万吨的高峰。2008 年，挪威石油产量为 11 420 万吨。

（四）美洲

美国、加拿大、墨西哥、委内瑞拉和巴西既是当今美洲地区的石油生产大国，也是世界石油生产大国。1999 年，这 5 国原油产量达 86 210 万吨，占美洲地区原油总量的比例达 87.7%。2008 年，美洲原油产量为 95 480 万吨（表 13-91），占世界总量的 24.3%，在五大洲中排第二位。

表 13-91　1919—2008 年美洲国家原油产量

单位：万吨

国家 / 地区	1919 年	1929 年	1939 年	1949 年	1959 年	1969 年	1979 年	1989 年	1999 年	2008 年
美国	5 209.9	13 810.4	17 094.6	24 891.9	34 792.9	45 560.2	42 081.8	38 267.7	35 260.0	30 510.0
墨西哥	1 305.4	640.1	613.8	781.8	1 396.9	2 105.8	7 546.1	13 066.5	16 520.0	15 740.0
加拿大	3.1	14.4	101.7	281.5	2 483.2	5 376.7	7 327.9	7 653.9	12 100.0	15 670.0
特立尼达和多巴哥	25.6	121.7	286.5	301.1	579.0	812.6	1 107.2	771.4	—	—
古巴	—	—	—	0.9	2.5	20.6	28.8	71.8	—	—
委内瑞拉	6.3	1 989.1	2 996.7		14 485.0	18 791.6	12 410.6	10 009.0	16 700.0	13 160.0
阿根廷	17.2	136.2	266.3	323.2	620.6	1 816.6	2 427.9	2 364.1	—	—
玻利维亚	—	0.3	2.8	8.8	41.3	187.6	129.4	92.5	—	—
巴西	—	—	—	1.4	308.3	836.0	826.2	2 984.5	5 630.0	—
智利	—	—	—	0.7	83.8	171.1	101.0	94.6	—	—

续表　　　　　　　　　　　　　　　　　　　　　　　　　　　　　　　　　　　　　　单位：万吨

国家 / 地区	1919 年	1929 年	1939 年	1949 年	1959 年	1969 年	1979 年	1989 年	1999 年	2008 年
哥伦比亚	—	291.1	330.0	411.1	726.1	1 093.4	641.0	2 038.2	—	—
厄瓜多尔	—	19.6	30.5	33.8	36.4	20.9	1 087.4	1 455.6	—	—
秘鲁	34.9	177.7	179.4	196.8	236.8	351.9	941.3	697.5	—	—
合计	6 602.4	17 200.6	21 902.3	27 233.0	55 792.8	77 145.0	76 656.6	79 567.3	—	—

资料来源：作者整理。主要参考 B. R. 米切尔：《帕尔格雷夫世界历史统计·美洲卷：1750—1933 年》第 4 版，贺力平译，经济科学出版社，2002。

1. 美国

20 世纪早期，美国石油产区主要有三个：一是北阿巴拉契安山的老油区，在宾夕法尼亚州；二是中南区，在墨西哥湾以北密西西比河以西，即得克萨斯州和俄克拉何马州；三是西部边境的加利福尼亚州，在洛杉矶附近。[①]

1923 年，美国在俄克拉何马州塞米诺尔发现大油田，投产后不久日产量便达到 52.7 万桶。同年，美国已发现的可采储量大于 1 亿吨的大油田达到 18 个，全国原油剩余探明储量达到 10.4 亿吨。一批大油田的发现使美国石油产量猛增，1923 年突破 1 亿吨（表 13-92），与 1917 年的 4 470.9 万吨相比翻了一番多。同年，美国原油产量占世界总量的 72%。

表 13-92　1917—2007 年美国原油产量

时间 / 年	产量 / 万吨	时间 / 年	产量 / 万吨	时间 / 年	产量 / 万吨
1917	4 470.9	1933	12 253.6	1949	24 891.9
1918	4 745.7	1934	12 271.5	1950	26 670.8
1919	5 209.9	1935	13 467.9	1951	30 375.4
1920	6 212.2	1936	14 861.1	1952	30 944.7
1921	6 471.8	1937	17 286.5	1953	31 853.5
1922	7 641.5	1938	16 410.7	1954	31 284.6
1923	10 037.1	1939	17 094.6	1955	33 574.4
1924	9 802.4	1940	18 287.3	1956	35 369.8
1925	10 462.2	1941	18 949.6	1957	35 364.6
1926	10 647.4	1942	18 739.0	1958	33 095.5
1927	12 348.6	1943	20 346.8	1959	34 792.9
1928	12 359.2	1944	22 675.1	1960	34 797.5
1929	13 810.4	1945	23 158.2	1961	35 430.3
1930	12 311.7	1946	23 432.3	1962	36 165.8
1931	11 668.3	1947	25 095.2	1963	37 200.1
1932	10 764.5	1948	27 300.7	1964	37 660.9

[①] 维特威尔：《世界经济地理》，生活·读书·新知三联书店，1954，第 303 页。

续表

时间 / 年	产量 / 万吨	时间 / 年	产量 / 万吨	时间 / 年	产量 / 万吨
1965	38 494.6	1974	43 279.4	1983	42 751.5
1966	40 917.0	1975	41 309.0	1984	43 812.7
1967	43 457.3	1976	40 125.2	1985	44 147.9
1968	44 988.5	1977	40 571.2	1986	42 815.4
1969	45 560.2	1978	42 849.0	1987	41 944.2
1970	47 528.9	1979	42 081.8	1988	41 063.7
1971	46 670.4	1980	42 419.6	1989	38 267.7
1972	46 695.6	1981	42 180.4	1999	35 260.0
1973	45 419.0	1982	42 559.1	2008	30 510.0

资料来源：作者整理。主要参考 B. R. 米切尔：《帕尔格雷夫世界历史统计·美洲卷：1750—1993 年》第 4 版，贺力平译，经济科学出版社，2002。

1928 年，得克萨斯公司在得克萨斯州克兰县的 State Cowden-Anderson 11 号井投产。此后几年里，此井单井年产量超过 100 万桶，成为美国单井产量最高的井。[1] 两年后，又在得克萨斯州东部发现东得克萨斯大油田，长达 72 千米，宽 8 ～ 16 千米，总面积 14 万英亩，探明原油可采储量达 8.2 亿吨。到 1931 年 8 月，该油田日产量达到 100 万桶。[2] 到 1933 年，作为美国第一大油田的东得克萨斯油田共有 1 715 个经营者，生产井达 11 875 口，年产原油 2 740 万吨。由于美国国内石油生产过多，油价大跌，俄克拉何马州政府于 1928 年 9 月率先实行石油生产配额制。但是，石油价格下跌仍然失控，1931 年 5 月曾跌至 0.15 美元 / 桶，甚至达到每桶 2 美分。1943 年，美国原油产量突破 2 亿吨，达到 20 346.8 万吨。

此后，美国石油生产进入加速发展阶段，仅用 8 年时间就突破 3 亿吨，1951 年达到 30 375.4 万吨。1966 年，美国原油产量突破 4 亿吨，达到 40 917.0 万吨。

到 1970 年，美国石油生产达到了顶峰，是年共开采原油 47 528.9 万吨。此后，石油产量逐年下降，到 1989 年降到 4 亿吨以下，即 38 267.7 万吨，与 1970 年相比减少近亿吨，降幅将近 1/5。

2000 年，美国阿拉斯加州阿平油田投入生产，它是近 10 年北美地区发现的最大油田，可采储量为 5 890 万吨。2006 年，美国在墨西哥湾发现一个巨型油田，储量为 30 亿～ 150 亿桶。[3]

21 世纪初的头几年，美国原油年产量为 3 亿吨左右。2008 年约为 3.05 亿吨，排世界第三位。

2. 加拿大

20 世纪 50 年代以前，加拿大的石油生产规模小，1949 年原油产量仅为 281.5 万吨。

1954 年，加拿大最大的油田帕宾那油田投入开发。它的含油面积为 1 910 平方千米，地质储量为 11 亿吨，估计可采储量为 3 亿。此后，加拿大石油生产规模日渐扩大，到 1968 年超过 5 000 万吨，1973 年达到第一个高峰，年产量达 8 802.8 万吨。1977 年，又在艾伯塔省发现西彭宾纳油田。但是，

[1] 王才良、周珊：《世界石油大事记》，石油工业出版社，2008，第 70-71 页。

[2] 王能全：《石油与当代国际经济政治》，时事出版社，1993，第 36 页。

[3] Robin M. Mills：《石油危机大揭秘》，初英译，石油工业出版社，2009，第 173 页。

加拿大国内石油生产长期无法满足石油消费的需要，到 20 世纪 90 年代初原油产量仍停留在 8 000 万吨左右，1993 年为 8 218.5 万吨。

20 世纪末至 21 世纪初，加拿大石油生产出现增长态势，年产量达 1 亿吨以上。1999 年原油产量为 1.21 亿吨，2008 年增至 1.57 亿吨，排世界第七位。

3. 墨西哥

20 世纪初，墨西哥石油生产逐渐发展起来，到 1919 年原油产量首次超过 1 000 万吨，达到 1 305.4 万吨，排世界第二位。

自 1927 年起，墨西哥石油生产出现下滑，是年原油产量降为 918.6 万吨，直到 1950 年才回升到 1 000 万吨以上。

此后，墨西哥石油生产稳步增长，到 1981 年突破 1 亿吨，达到 12 020.3 万吨，排在苏联、沙特阿拉伯、美国之后，居世界第四位。

1999 年墨西哥原油产量增至 16 520 万吨。2008 年为 15 740 万吨，是世界上第六大石油生产国。

墨西哥最大的油田坎塔雷尔油田已进入快速减产期，这导致墨西哥石油产量下降，至少是临时下降。对此，墨西哥实施了全球最大的注氮项目，估计采收率可以提高到 50%，甚至 55% ～ 60%。[1]

4. 委内瑞拉

自 20 世纪 20 年代起，委内瑞拉的石油生产规模不断扩大，到 1928 年原油产量由 1917 年的 1.8 万吨猛增至 1 000 万吨以上，达到 1 534.9 万吨，排世界第二位。

1955 年，委内瑞拉原油产量超过 1 亿吨，达到 11 304.1 万吨。此后，1959 年拉古尼亚斯油田产量达到高峰，当年产量 8 653 万吨[2]；1971 年玻利瓦尔大油田产量达到 14 925 万吨的高峰；1973 年马拉开波湖海上石油产量达到顶峰，当年产油 1.35 亿吨。委内瑞拉全国原油产量高峰则在 1970 年就出现了，达到 19 430.6 万吨。

此后，委内瑞拉原油产量逐年减少，1983 年降到 1 亿吨以下，具体为 9 447.0 万吨。2008 年，委内瑞拉原油产量 13 160 万吨，排世界第十位。

5. 巴西

巴西是美洲地区的新兴石油生产大国，1938 年位于拉巴特乔纳斯的第一口商业油井投产。20 世纪下半叶，巴西石油生产逐渐发展起来，1959 年原油产量为 308.3 万吨，1981 年达到 1 067.5 万吨，到 20 世纪末增至 5 630.0 万吨，排美洲地区第五位。

2006 年，巴西原油产量达 6.28 亿桶（约为 8 541 万吨）。其中，里约州原油产量为 5.29 亿桶（全部为海上石油），占全国总量的 84.2%。[3]

（五）非洲

20 世纪上半叶，非洲生产石油的国家主要是埃及和摩洛哥，原油生产规模小，1949 年原油产量只有 253.0 万吨。20 世纪 50 年代后，生产石油的国家增多，原油产量也不断提高，1979 年达到 3.24 亿吨。

① Robin M. Mills：《石油危机大揭秘》，初英译，石油工业出版社，2009，第 171 页。

② 王才良、周珊：《世界石油大事记》，石油工业出版社，2008，第 150 页。

③ 吴晓明主编《通向大国之路的中国能源发展战略》，人民日报出版社，2009，第 186 页。

此后，受到石油危机等因素的影响，产量逐渐下降。进入 21 世纪，非洲石油生产规模不断扩大，原油产量突破 4 亿吨，2008 年达到 44 810.0 万吨（表 13-93），占世界总量的 12.4%，在五大洲中排第四位。尼日利亚、阿尔及利亚、利比亚、安哥拉、加蓬都是 OPEC 成员国。

表 13-93　1919—2008 年非洲国家原油产量

单位：万吨

国家/地区	1919 年	1929 年	1939 年	1949 年	1959 年	1969 年	1979 年	1989 年	1999 年	2008 年
阿尔及利亚	—	0.3	—	—	123.2	4 385.4	5 369.8	3 406.4	6 390.0	6 500.0[1]
埃及	22.4	27.2	66.6	251.3	315.5	1 229.5	2 507.8	4 296.0	—	—
摩洛哥	—	—	0.5	1.7	9.5	5.8	1.9	1.3	—	—
安哥拉	—	—	—	—	5.1	245.8	720.2	2 264.2	—	9 000.0[2]
刚果	—	—	—	—	—	2.4	278.4	796.9	—	—
加蓬	—	—	—	—	75.3	502.7	1 031.6	1 092.8	—	—
利比亚	—	—	—	—	—	14 988.1	10 087.9	5 432.0	—	8 500.0[3]
尼日利亚	—	—	—	—	54.2	2 700.1	11 450.0	8 581.5	9 920.0	10 530.0
突尼斯	—	—	—	—	—	370.7	553.6	491.6	—	—
喀麦隆	—	—	—	—	—	—	200.4	863.5	—	—
科特迪瓦	—	—	—	—	—	—	35.0	19.0	—	—
扎伊尔	—	—	—	—	—	—	150.0	135.8	—	—
合计	22.4	27.5	67.1	253.0	582.8	24 430.5	32 386.6	27 381.0	—	—

资料来源：作者整理。主要参考 B. R. 米切尔：《帕尔格雷夫世界历史统计·亚洲、非洲和大洋洲卷：1750—1993 年》第 3 版，贺力平译，经济科学出版社，2002。

注：[1][2][3] 2009 年数据。

1. 尼日利亚

尼日利亚商业性石油开采始于 20 世纪 50 年代末，1957 年原油产量为 1 000 吨，1959 年为 54.2 万吨。

自 20 世纪 60 年代起，尼日利亚石油生产高速增长，1965 年原油产量超过 1 000 万吨（具体为 1 353.8 万吨）。1973 年突破 1 亿吨，达到 10 176.5 万吨。1979 年，尼日利亚石油生产达到高峰，原油产量为 11 450.0 万吨。

2005 年 11 月，壳牌公司投资开发的尼日利亚邦加油田投入生产，日产原油达 20 万吨，其投资到投产时已高达 35 亿美元。

2008 年，尼日利亚原油产量达 10 530.0 万吨，占非洲原油产量的 23.5%，排第一位。

2. 阿尔及利亚

阿尔及利亚从 1922 年开始商业性石油开采，当年原油产量 1 000 吨。但直到 1959 年原油产量才达到 100 万吨以上，具体为 123.2 万吨。

1958 年 6 月，世界上最古老的寒武系砂岩大油藏、非洲撒哈拉沙漠第一个大油田——哈西·迈萨乌德油田正式投产，4 年内年产达到 800 万吨。① 从此，阿尔及利亚的原油产量猛增，1961 年突破

① 王才良、周珊：《世界石油大事记》，石油工业出版社，2008，第 145 页。

1 000 万吨，1969 年增至 4 385.4 万吨，1978 年达到第一个产油高峰 5 404.3 万吨。

1998 年，阿尔及利亚 Al-Qoubba（原名 Berkine East）油田投产。2002 年，南 Hassi Berkine 油田和位于拜尔肯盆地的 Ourhoud 油田又先后投产。Ourhoud 油田是阿尔及利亚仅次于哈西·迈萨乌德油田的第二大油田，估计储量 2.7 亿吨。这使得阿尔及利亚的原油产量又逐步提高，1999 年增至 6 390 万吨，占非洲原油总产量的 17.8%。

3. 利比亚

利比亚商业性石油开发始于 1959 年，1961 年原油产量 87.6 万吨，1968 年突破 1 亿吨，达到 12 553.9 万吨，成为世界石油生产大国。1970 年，利比亚达到产油高峰 15 970.9 万吨。

2003 年，利比亚日产原油 148.9 万桶（约 7 445 万吨 / 年）。

4. 安哥拉

安哥拉 1969 年原油产量为 245.8 万吨，1984 年超过 1 000 万吨，1993 年为 2 520 万吨。

进入 21 世纪，安哥拉先后有多个油田投入生产。2001 年，世界最大深水油田——吉拉索尔油田投入生产。2004 年，安哥拉深水 15 区块基松巴 A 项目投产。2006 年，又投产 Lobito、Dalia、Benguela Belize-Lobito Tomboco 等油田。这使得安哥拉的原油生产规模日益扩大，2009 年日产达到 180 万桶（约 9 000 万吨 / 年），在 OPEC 中排名第七位，超过尼日利亚（180 万桶 / 日，排名第八）、利比亚（170 万桶 / 日，排名第九）和阿尔及利亚（130 万桶 / 日，排名第十）[1]，成为非洲第一大石油生产国和世界上重要的新兴石油生产大国。

（六）大洋洲

大洋洲石油资源少，商业性石油开发晚，原油产量小。

1969 年，澳大利亚原油产量 189.4 万吨。1970 年，澳大利亚海上鱼王油田投入生产，到 1978 年产量达到 1 249 万吨。1990 年澳大利亚产油 2 546.5 万吨，2000 年达到 3 600 万吨。

新西兰石油生产规模小。1970 年原油产量 5.8 万吨，1986 年超过 100 万吨，2000 年为 200 万吨。

第 3 节　石油炼制

石油炼制是石油工业的重要环节。现代以来，世界炼油业取得重大突破与发展，先后开发出热裂化、催化裂化、催化重整、加氢裂化、异构化等一批重大炼油技术（表 13-94），炼油水平和能力不断提高。到 2008 年，全球共有炼油厂 655 座，原油一次加工总能力达到 42.8 亿吨 / 年，与 1950 年相比增长 6.6 倍。

---

① 钱伯章：《石油和天然气技术与应用》，科学出版社，2010，第 62 页。

表 13-94　现代以来世界石油炼制的演化（至 2008 年）

时间	事件
1918 年	壳牌石油公司在荷属西印度群岛建成一座大型炼油厂
20 世纪 20 年代	出现第一代阴离子型原油破乳剂
1920 年	催化裂化工艺诞生
1920 年	马克斯·米勒等发明润滑油离心脱蜡技术
1921 年	达布斯发明连续热裂化炼油工艺
1922 年	新泽西标准石油公司兴建哥伦比亚第一座炼油厂
1927 年	印第安纳标准石油公司建成第一套润滑油溶剂脱蜡装置
1928 年	美国菲利普斯石油公司第一座炼油厂建成
1929 年	西班牙炼油厂在巴塞罗那投产
1930 年	出现催化重整技术
1930 年	H. Pinez 等发明烷基化技术
1930 年	美国 Whiting 炼油厂建成第一套延迟焦化装置
1934 年	法国炼油公司第一座炼油厂建成
1936 年	索科尼－真空石油公司建成第一套固定床催化裂化装置
1936 年	Kellogg 公司开发出第一套润滑油溶剂脱沥青装置
1938 年	亨伯石油炼制公司建成第一套以浓硫酸为催化剂的烷基化反应装置
20 世纪 40 年代	出现第二代非离子型原油破乳剂
1940 年	印第安纳标准石油公司建成第一套商业化临氢重整装置
1940 年	沙特阿拉伯第一座炼油厂在塔努拉角建成
1941 年	新泽西标准石油公司等联合开发出流化床催化裂化技术
1942 年	博格炼油厂建成第一套以氢氟酸为催化剂的烷基化反应装置
1948 年	德国巴斯夫（BASF）公司开发出鲍尔环填料塔
1949 年	环球油品公司建成第一套工业化铂重整装置
1950 年	世界原油一次加工能力为 5.636 亿吨 / 年
1950 年	美国索利尼炼油公司开发出 S 型蒸馏塔
1951 年	美国格里奇公司建成浮阀蒸馏塔
1954 年	加拿大建成第一套润滑油加氢补充精制装置
1956 年	苏联出台柴油加氢装置设计标准
1956 年	中国在兰州兴建国内第一座大型现代化炼油厂
1957 年	芬兰在南塔里兴建国内第一座炼油厂
1959 年	里奇蒙德炼油厂建成第一套加氢裂化装置
1959 年	里奇蒙德炼油厂建成加氢异构化工业试验装置

续表

时间	事件
1960 年	世界原油一次加工能力为 12.04 亿吨／年
1961 年	埃索吸附法分子筛脱蜡技术实现工业化
1962 年	纽约美孚石油公司开始出售分子筛催化剂
1965 年	中国第一套流化床催化裂化装置投产
1967 年	雪佛龙公司实现双金属催化剂铂铼重整
1967 年	日本千叶炼油厂首次实现渣油固定床加氢处理工业化
1970 年	世界原油一次加工能力为 23.88 亿吨／年
1971 年	海湾石油公司建成、投产第一套提升管式反应器催化裂化装置
1971 年	环球油品公司建成第一套连续再生的铂重整工业装置
1973 年	阿科公司费城炼油厂建成第一套加氢脱硫装置
1973 年	意大利建成第一套 MTBE 工业生产装置
1976 年	日本川崎炼油厂建成第一套灵活焦化装置
1976 年	阿联酋第一座炼油厂在乌姆纳尔建成
1976 年	伊朗兴建产能为 1 000 万吨／年的伊斯法罕炼油厂
1980 年	世界原油一次加工能力为 40.67 亿吨／年
1986 年	第一套催化裂化轻汽油醚化装置投产
20 世纪 90 年代	Petrolite 公司开发出高速电脱盐技术
1993 年	BP 的 Espana 炼油厂建成第一套灵活裂化装置
1996 年	吉尔吉斯斯坦建成国内第一座炼油厂
2000 年	世界原油一次加工能力为 40.77 亿吨／年
2002 年	上海高桥石化建成中国最大的延迟焦化装置，加工能力为 140 万吨／年
2008 年	世界原油一次加工能力为 42.80 亿吨／年

资料来源：作者整理。

一、炼油厂和炼油能力

石油炼制涉及原油蒸馏、减压、溶剂脱沥青、热加工、延迟焦化、流化焦化、减黏、催化裂化、加氢处理、加氢裂化、催化重整、异构化等环节（图 13-1），可生产出汽油、煤油、柴油、渣油、润滑油、液化石油气、石油焦等产品（表 13-95）。20 世纪上半叶世界各地炼油厂建设增多，20 世纪 50 年代至 70 年代得到高速发展，20 世纪 80 年代后停滞不前，21 世纪初又日渐恢复。全球炼油厂规模不断扩大，企业集中度、产业集中度不断提高，炼油能力不断增强。

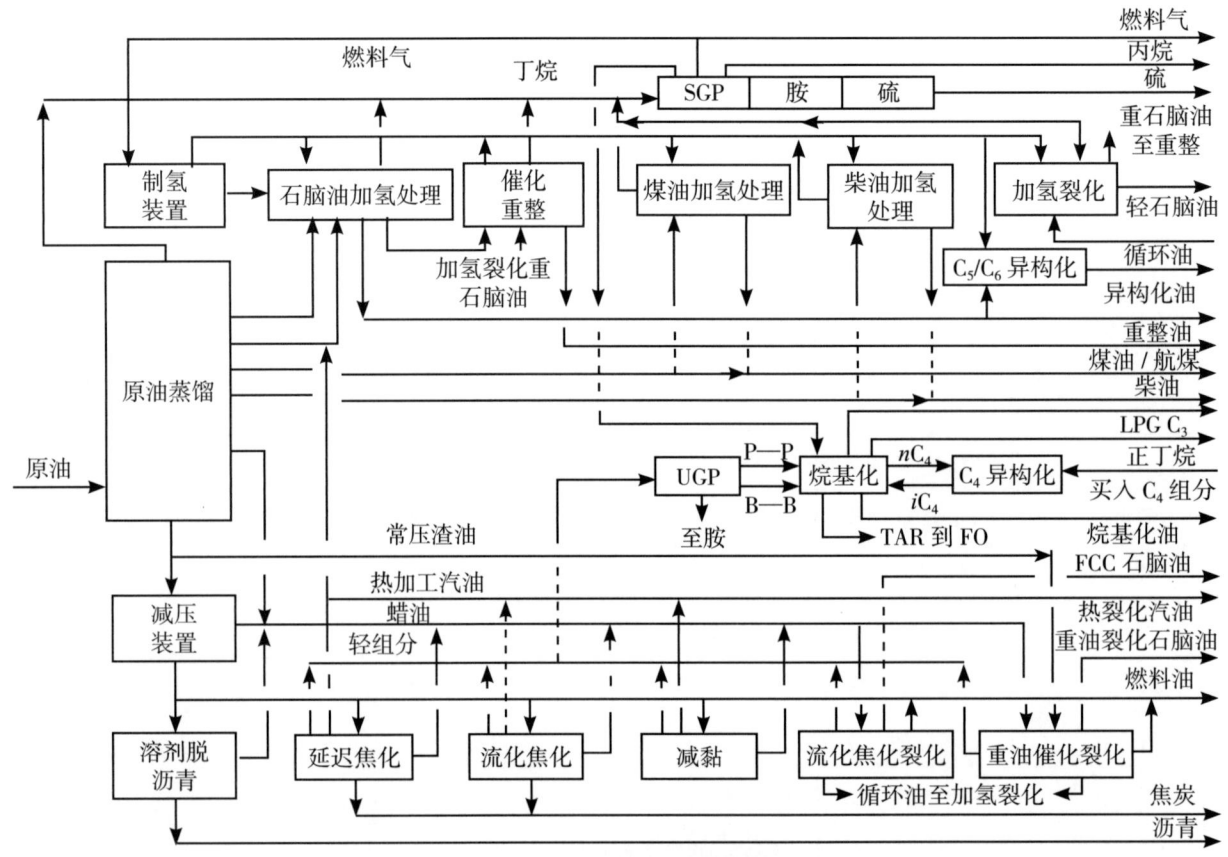

图 13-1　炼油厂加工流程框图

资料来源：Robert E. Maples：《石油炼制工艺与经济（第二版）》，吴辉译，中国石化出版社，2002，第 379 页。

表 13-95　石油炼制的主要产品

产品	沸程 /°F	平均分子量	碳原子数
液化石油气	−44 ～ 31	44 ～ 58	3 ～ 4
汽油	31 ～ 400	100 ～ 110	4 ～ 11
煤油 / 航空煤油	380 ～ 520	160 ～ 190	10 ～ 15
柴油	520 ～ 650	245	15 ～ 20
常压蜡油	650 ～ 800	320	20 ～ 25
常压渣油	800+	—	25+
减压蜡油	800 ～ 1 000	430	25 ～ 50
减压渣油	1 000+	800+	50+
石油焦	2 000	2 500+	200+

资料来源：Robert E. Maples：《石油炼制工艺与经济（第二版）》，吴辉译，中国石化出版社，2002，第 23 页。

（一）20 世纪上半叶

进入现代，随着欧美国家和海湾地区石油开采的发展，各地兴建了一批炼油厂。

1918 年，壳牌石油公司为加工委内瑞拉原油，在荷属西印度群岛建成一座大型炼油厂和油码头。

20 世纪 20 年代，新泽西标准石油公司于 1922 年兴建哥伦比亚第一座炼油厂。菲利普斯石油公司于 1928 年建成公司第一座炼油厂。委内瑞拉 Lago 石油公司于 1929 年在荷属安的列斯群岛建立当时世界上最大的炼油厂。[①] 西班牙炼油厂也于 1929 年在巴塞罗那投产。

1930 年日本三菱石油公司成立，并于同年建成川崎炼油厂。法国炼油公司（法国石油公司的子公司）于 1933—1934 年先后建成诺曼底炼油厂和普罗旺斯炼油厂，炼油能力共计 200 万吨 / 年。秘鲁国有石油生产与炼制公司（EPF）于 1939 年建成一座年产 6.5 万吨的小炼油厂。

20 世纪 40 年代，美国的阿美石油公司在沙特阿拉伯先后建成年产约 15 万吨的塔努拉角炼油厂（1940 年）和第二座炼油厂（1945 年）。新泽西标准石油公司于 1948 年在英国 Fewley 建成大型炼油厂。

1950 年，世界原油一次加工能力达到 5.636 亿吨 / 年（表 13-96）。其中，美国 3.439 亿吨 / 年，占世界总量的 61.0%；排在第二至第六位的依次为伊朗、加拿大、法国、委内瑞拉、印度尼西亚。1950 年，美国炼油厂数量为 320 座，实际加工量为 29 902 万吨，设备利用率为 86.9%。

表 13-96　1950 年世界部分国家原油一次加工能力

单位：百万吨

国家	原油一次加工能力	国家	原油一次加工能力
世界总计	563.6	印度	0.5
美国	343.9	澳大利亚	0.8
日本	2.0	比利时	1.0
联邦德国	5.2	巴西	0.5
法国	16.5	印度尼西亚	10.0
英国	9.9	伊朗	24.8
意大利	6.5	科威特	3.0
加拿大	17.6	墨西哥	9.6
荷兰	6.0	西班牙	2.0
沙特阿拉伯	8.7	委内瑞拉	13.5

资料来源：中国社会科学院世界经济与政治研究所综合统计研究室：《世界经济统计简编（1982）》，生活·读书·新知三联书店，1983，第 108 页。

（二）20 世纪下半叶

20 世纪下半叶，英国、澳大利亚、中国、荷兰、阿联酋、吉尔吉斯斯坦等国家先后建成一批炼油厂。

1953 年，真空石油公司投资 3 000 万美元在英格兰 Coryton 兴建炼油厂。1955 年，英国石油公司在澳大利亚西部建成克维纳纳炼油厂。1956 年，中国兴建第一座大型现代化炼油厂——兰州炼油厂。1957 年，芬兰在南塔里兴建第一座炼油厂。1973 年，美孚公司在伊利诺伊州兴建一座年产 800 万吨的炼油厂。1976 年，阿布扎比国家石油公司建立阿联酋第一座炼油厂。同年，伊朗兴建年产 1 000 万吨的伊斯法罕炼油厂。1996 年，吉尔吉斯斯坦建成第一座炼油厂。

随着世界各国炼油厂的增加及其规模的不断扩大，世界炼油能力不断提高（表 13-97）。1960 年，

[①] 王才良、周珊：《世界石油大事记》，石油工业出版社，2008，第 74 页。

世界原油一次加工能力为12.042亿吨/年，1977年达到37.2645亿吨/年，比1960年约增长2.1倍。按当时对世界的划分，第一世界、第二世界、第三世界原油加工能力占世界总量的比例分别是：第一世界1960年超过1/2，达54.2%，到1977年降为35.9%；第二世界1960年为25.2%，到1977年增至41.2%，排第一位；第三世界1960年为20.6%，到1977年虽比1960年约增长2.5倍，但占世界的比例仅为23.0%（表13-98）。

1975年，世界三大炼油中心为美国休斯敦、荷兰鹿特丹和新加坡。其中，美国休斯敦年加工能力为6500万吨，荷兰鹿特丹年加工能力为6000万吨，新加坡年加工能力为5000万吨。新加坡的壳牌炼油厂是亚洲最大的炼油厂，年加工能力为2650万吨。

表 13-97　1960—1977 年世界部分国家（地区）原油加工能力[1]

单位：百万吨/年

国家/地区	1960 年	1965 年	1970 年	1975 年	1977 年
（一）第三世界	247.6	355.3	518.3	709.9	856.01
1. 中东	66.6	84.1	126.4	150.6	171.99
巴林	9.2	10.1	13.1	12.3	12.50
伊朗	24.4	25.0	34.6	38.9	45.53
伊拉克	2.8	3.8	4.1	8.3	8.43
科威特	10.9	17.8	24.1	31.9	35.60
黎巴嫩	1.2	1.2	1.8	2.7	2.65
中立区	2.5	2.5	4.0	—	—
沙特阿拉伯	9.3	10.4	22.9	30.1	29.31
叙利亚	—	1.0	2.7	2.5	5.12
土耳其	0.4	4.9	10.3	15.6	16.29
南也门	5.9	7.4	8.8	8.3	7.14
其他国家/地区	—	—	—	—	9.42
2. 非洲	5.7	24.7	35.7	56.3	74.33
阿尔及利亚	—	2.3	2.3	5.7	6.12
安哥拉	0.1	0.6	1.0	1.8	1.57
埃及	4.3	6.7	9.5	8.9	11.70
加纳	—	1.3	1.4	1.4	1.33
科特迪瓦	—	—	0.9	2.2	1.90
肯尼亚	—	1.9	2.2	2.4	4.75
利比亚	—	0.5	0.5	3.8	6.73
摩洛哥	0.1	1.6	1.7	2.9	3.60
莫桑比克	—	0.6	1.0	0.8	0.55
尼日利亚	—	—	2.0	3.0	3.00
津巴布韦	—	1.0	1.0	—	1.00

续表

单位：百万吨 / 年

国家 / 地区	1960 年	1965 年	1970 年	1975 年	1977 年
塞内加尔	—	1.1	0.6	0.7	1.01
苏丹	—	1.0	1.0	1.1	1.20
坦桑尼亚	—	—	0.7	0.8	0.61
突尼斯	—	1.0	1.1	1.2	1.10
南非	1.2	5.1	8.8	19.6	22.29
其他国家 / 地区	—	—	—	—	5.87
3. 拉丁美洲	140.1	193.6	261.8	349.6	401.29
阿根廷	11.7	19.4	24.8	35.5	32.76
巴巴多斯	—	0.2	0.2	0.2	0.15
玻利维亚	0.6	0.6	1.0	1.3	2.02
巴西	7.7	16.5	28.4	47.4	58.05
智利	1.2	2.7	5.7	6.1	6.33
哥伦比亚	2.5	4.6	6.9	8.5	8.25
哥斯达黎加	—	—	0.4	0.5	0.50
古巴	4.3	4.3	4.6	6.0	7.60
厄瓜多尔	0.4	0.9	1.8	2.2	4.82
萨尔瓦多	—	0.6	0.7	0.7	0.83
危地马拉	—	0.2	1.0	1.3	0.70
洪都拉斯	—	—	0.5	0.7	0.70
牙买加		1.3	1.4	1.6	1.63
墨西哥	17.6	22.7	25.4	37.5	69.18
荷属安的列斯群岛	33.5	33.0	39.2	44.4	42.10
尼加拉瓜	—	0.3	1.0	0.6	0.74
巴拿马	—	2.7	6.9	4.9	5.00
巴拉圭	—	—	0.3	0.3	0.25
秘鲁	2.4	2.8	5.1	6.4	8.54
波多黎各	4.1	7.7	7.7	14.0	14.20
特立尼达和多巴哥	9.0	17.0	20.6	22.7	23.05
乌拉圭	1.4	2.5	2.0	2.1	2.15
委内瑞拉	43.7	53.6	65.3	75.6	72.28
维尔京群岛	—	—	10.9	29.1	36.40
其他国家 / 地区	—	—	—	—	3.06
4. 东南亚	16.9	27.0	40.1	90.6	102.78
文莱、马来西亚、新加坡	2.3	6.7	14.9	47.8	54.29
印度尼西亚	13.5	13.3	13.2	21.1	26.39

续表   单位：百万吨/年

国家/地区	1960 年	1965 年	1970 年	1975 年	1977 年
菲律宾	1.1	4.9	8.9	13.5	12.65
泰国	—	2.1	3.1	8.2	8.03
缅甸	—	—	—	—	1.42
5. 其他国家	18.3	25.9	54.3	62.8	105.62
印度	5.5	9.7	21.5	27.4	28.18
巴基斯坦	0.3	2.6	5.7	3.9	5.29
孟加拉国	—	—	—	1.5	1.56
南斯拉夫	0.5	1.6	11.3	14.2	14.16
罗马尼亚	12.0	12.0	15.8	15.8	25.40
其他国家/地区	—	—	—	—	31.03
（二）第二世界	303.7	561.9	991.8	1 382.5	1 533.49
1. 西欧	195.7	368.5	711.5	922.4	1 022.98
奥地利	2.3	4.5	4.8	10.9	14.00
比利时	8.4	15.1	34.5	42.7	53.35
丹麦	—	2.7	8.5	10.9	11.00
芬兰	1.2	3.0	8.7	9.7	16.80
法国	37.9	64.5	118.6	164.8	172.77
希腊	1.5	1.5	4.7	20.3	20.35
爱尔兰	2.0	2.2	2.7	2.8	2.80
意大利	38.1	82.3	158.6	194.9	213.31
荷兰	17.7	26.9	71.8	90.8	93.44
挪威	0.1	2.9	5.6	8.3	13.20
葡萄牙	1.1	1.7	4.0	5.4	20.75
西班牙	7.2	13.7	35.9	57.4	63.53
瑞典	2.4	4.0	12.5	12.2	21.19
瑞士	—	2.2	5.2	6.8	6.87
英国	47.5	68.0	119.4	137.2	145.55
联邦德国	28.3	73.3	116.0	147.3	154.07
2. 东欧	11.0	22.4	41.2	61.7	83.70
捷克	3.0	6.0	10.9	15.3	20.65
匈牙利	3.0	4.5	6.4	13.6	11.30
民主德国	2.5	5.5	10.6	11.2	20.00
波兰	1.0	3.7	7.4	10.1	18.10
保加利亚	1.5	2.7	5.9	11.5	13.65
3. 其他国家	97.0	171.0	239.1	398.4	426.81
日本	31.6	91.5	137.9	253.1	273.08

续表

单位：百万吨 / 年

国家 / 地区	1960 年	1965 年	1970 年	1975 年	1977 年
加拿大	49.4	56.7	66.8	99.8	108.25
澳大利亚	11.7	18.3	28.7	35.6	35.43
以色列	4.3	4.5	5.7	9.9	10.05
（三）第一世界	652.9	757.7	877.7	1 148.9	1 336.95
苏联	140.0	225.0	282.0	417.0	498.95
美国	512.9	532.7	595.7	731.9	838.00
全球合计	1 204.2	1 674.9	2 387.8	3 241.3	3 726.45

资料来源：《第三世界石油斗争》编写组：《第三世界石油斗争》，生活·读书·新知三联书店，1981，第 531-535 页。作者对表中数据做了适当调整。

注：[1] 表中的地区分类按当时的国际政治格局划分。本表中各年统计数据除 1977 年为当年年底数据外，其余各年均为当年 1 月 1 日数据。

表 13-98　　1960—1977 年世界原油加工能力的地区结构[1]

地区	1960 年		1965 年		1970 年		1975 年		1977 年	
	加工能力 /（百万吨 / 年）	比例 /%	加工能力 /（百万吨 / 年）	比例 /%	加工能力 /（百万吨 / 年）	比例 /%	加工能力 /（百万吨 / 年）	比例 /%	加工能力 /（百万吨 / 年）	比例 /%
全球合计	1 204.2	100.0	1 674.9	100.0	2 387.8	100.0	3 241.3	100.0	3 726.45	100.0
第三世界	247.6	20.6	355.3	21.2	518.3	21.7	709.9	21.9	856.01	23.0
第二世界	303.7	25.2	561.9	33.5	991.8	41.5	1 382.5	42.7	1 533.49	41.2
第一世界	652.9	54.2	757.7	45.2	877.7	36.8	1 148.9	35.4	1 336.95	35.9

资料来源：《第三世界石油斗争》编写组：《第三世界石油斗争》，生活·读书·新知三联书店，1981，第 19 页。作者对表中数据做了适当调整。

注：[1] 表中的地区分类按当时国际政治格局划分。本表中加工能力除 1977 年为当年年底数据外，其余各年均为当年 1 月 1 日数据。

1980 年，世界原油一次加工能力达到了一个高峰，高达 40.67 亿吨 / 年。与 1950 年 5.636 亿吨 / 年相比，30 年间约增长了 6 倍。同年，全球共有 852 座炼油厂，其中最大炼油厂年加工能力为 3 640 万吨，位于维尔京群岛。

此后，受世界石油危机和 20 世纪 90 年代世界经济发展放缓等因素的影响，世界原油加工能力长期处于停滞不前的状态，美国等发达国家关闭了许多炼油厂。1985 年世界原油加工能力降为 37.704 亿吨 / 年；1990 年为 38.090 亿吨 / 年，全球炼油厂设备利用能力为 81.6%（表 13-99）。直到 20 世纪末，世界原油加工能力才恢复到 1980 年的水平，1999 年升到 40.942 亿吨 / 年（表 13-100）。在此期间，原油加工能力居世界首位的美国，但从 1983 年到 1995 年先后关闭了 51 座炼油厂，1995—2000 年又关闭了 17 座炼油厂[①]，原油加工能力从 1980 年的 9.23 亿吨 / 年减少到 1998 年的 7.95 亿吨 / 年。

---

① 邢颖春主编《国内外炼油装置技术现状与进展》，石油工业出版社，2006，第 40 页。

表 13-99　1985—1990 年部分国家（地区）原油加工能力

国家 / 地区	原油加工能力 /（百万吨 / 年）		设备利用率 /%	
	1985 年	1990 年	1985 年	1990 年
世界总计	3 770.4	3 809.0	—	81.6
中国	107.0	112.0	69.5	81.8
苏联	612.0	613.0	73.2	74.0
美国	760.7	287.9	85.2	91.4
日本	245.3	225.0	66.2	76.6
联邦德国	87.3	87.3	100.6	100.6
法国	108.8	96.1	73.0	82.8
英国	92.8	90.5	63.4	97.3
意大利	123.4	139.8	63.4	65.1
加拿大	99.0	92.5	69.9	84.8
印度	45.6	51.9	84.8	95.0
阿根廷	34.6	32.4	64.6	69.0
澳大利亚	36.1	36.1	78.3	84.9
比利时	35.8	30.6	56.9	96.0
巴西	75.0	70.8	56.7	83.7
印度尼西亚	45.0	46.0	68.9	76.4
伊朗	59.9	35.9	94.9	97.9
韩国	39.5	42.0	81.7	99.8
科威特	30.7	41.3	73.1	67.4
墨西哥	72.5	84.0	79.7	73.1
荷兰	76.2	69.1	68.3	98.3
罗马尼亚	30.9	34.2	63.7	66.5
沙特阿拉伯	71.9	87.6	68.3	83.8
新加坡	50.9	43.8	63.7	89.9
西班牙	64.0	62.0	70.9	85.3
委内瑞拉	64.5	61.2	72.0	77.9

资料来源：陈秀英主编《世界经济信息统计汇编》，中国物价出版社，1993，第 102 页。

表 13-100　1994—1999 年世界各地区原油加工能力

单位：百万吨 / 年

地区	1994 年	1995 年	1996 年	1997 年	1998 年	1999 年
北美	935.5	928.5	935.2	948.6	977.7	991.1
中南美	300.4	302.4	303.5	318.2	314.2	321.6
欧洲和欧亚大陆	1 326.2	1 293.2	1 287.9	1 283.1	1 262.8	1 242.2
中东	284.5	291.3	295.6	303.4	309.4	320.3

续表　　　　　　　　　　　　　　　　　　　　　　　　　　　　　　　　　　　　　单位：百万吨／年

地区	1994 年	1995 年	1996 年	1997 年	1998 年	1999 年
非洲	141.5	145.5	149.4	146.4	144.1	149.2
亚太	797.2	864.6	902.0	962.3	984.8	1 069.8
全球合计	3 785.3	3 825.5	3 873.6	3 962.0	3 993.0	4 094.2

资料来源：邢颖春主编《国内外炼油装置技术现状与进展》，石油工业出版社，2006，第 7 页。作者对表中数据做了适当调整。

（三）21 世纪后

进入 21 世纪，日渐旺盛的市场需求促使原油加工能力得到缓慢发展。2008 年全球原油加工能力达到 42.80 亿吨／年（表 13-101），而炼油厂的数量则由 2000 年的 755 座减至 2008 年的 655 座，减少了 100 座，这是市场竞争加剧与产业集中的结果。

表 13-101　2000—2008 年世界原油加工能力

时间／年	炼油厂数／座	原油加工能力／（亿吨／年）	原油加工能力增速／%	炼油厂平均规模／（万吨／年）
2000	755	40.77	—	539
2001	742	40.62	−0.37	548
2002	732	40.58	−0.10	554
2003	722	40.94	0.89	567
2004	717	41.03	0.22	572
2005	662	42.55	3.70	643
2006	658	42.60	0.12	647
2007	657	42.65	0.12	649
2008	655	42.80	0.35	653

资料来源：郝鸿毅主编《"后危机时代"石油战略》，中国时代经济出版社，2009，第 217 页。

21 世纪初世界原油加工的地区分布与 20 世纪 90 年代初相比，发生了一些明显的变化（表 13-102）。与 1992 年相比，2005 年，亚太地区炼油能力由 18.3% 提高到 26.1%，北美则由 25.4% 降到 24.5%，西欧由 19.7% 降到 17.6%，东欧由 17.6% 降到 12.0%，中东由 6.8% 升至 8.3%。2004 年亚太地区的炼油能力首次超过北美地区，世界炼油中心日渐东移。2007 年，世界原油一次加工能力为 42.65 亿吨。2008 年十大炼油国中有一半是亚洲国家，中国大陆、日本、印度、韩国、沙特阿拉伯的炼油能力分别排世界第二位、第四位、第五位、第六位、第九位（表 13-103）。美国的炼油能力仍然居世界首位，2008 年为 17 621 × 10³ 桶／日，约占世界总量的 1/5。

表 13-102　1992—2005 年世界炼油能力的地区构成

地区	1992 年	1999 年	2000 年	2001 年	2002 年	2003 年	2004 年	2005 年
亚太	18.3%	24.1%	24.8%	24.9%	24.7%	24.4%	25.1%	26.1%
北美	25.4%	24.5%	24.6%	24.7%	24.8%	24.8%	24.8%	24.5%

续表

地区	1992 年	1999 年	2000 年	2001 年	2002 年	2003 年	2004 年	2005 年
西欧	19.7%	17.7%	17.8%	17.9%	17.8%	17.9%	17.9%	17.6%
东欧	17.6%	14.8%	13.2%	13.2%	13.0%	12.9%	12.4%	12.0%
中东	6.8%	7.3%	7.4%	7.5%	7.7%	7.9%	7.9%	8.3%
非洲	4.0%	3.7%	4.0%	3.8%	3.9%	3.9%	4.0%	3.8%
南美	8.2%	7.9%	8.2%	8.0%	8.1%	8.2%	7.9%	7.7%
全球合计（万吨 / 年）	363 229	407 750	406 258	405 832	409 388	410 272	412 045	425 217

资料来源：傅琦：《中国石油加工业竞争力评价和分析》，中国标准出版社，2006，第 25 页。

表 13-103　2008 年世界主要国家和地区炼油能力

排名	国家 / 地区	炼油能力 /（10^3 桶 / 日）	所占比例 /%
1	美国	17 621	19.9
2	中国大陆	7 732	8.7
3	俄罗斯	5 547	6.3
4	日本	4 650	5.2
5	印度	2 992	3.4
6	韩国	2 712	3.1
7	德国	2 366	2.7
8	意大利	2 486	2.8
9	沙特阿拉伯	2 100	2.4
10	法国	1 962	2.2
11	巴西	1 942	2.2
12	加拿大	1 951	2.2
13	伊朗	1 832	2.1
14	英国	1 821	2.1
15	墨西哥	1 463	1.7
16	西班牙	1 377	1.6
17	委内瑞拉	1 311	1.5
18	荷兰	1 261	1.4
19	新加坡	1 255	1.4
20	中国台湾	1 197	1.4

资料来源：钱伯章：《石油和天然气技术与应用》，科学出版社，2010，第 78 页。

世界炼油厂规模不断扩大，产业集中度不断提高，炼油化工一体化、基地化不断增强。就炼油厂规模而言，全球炼油厂平均规模由 2000 年的 539 万吨 / 年增至 2008 年的 653 万吨 / 年，增加了 100 多万吨 / 年，约增长 21.2%。2008 年世界原油加工能力达到 2 000 万吨 / 年及以上的炼油厂有 19 个，其中委内瑞拉的帕拉瓜纳炼油中心、韩国 SK 公司位于蔚山的炼油厂的加工能力均达到 4 000 万吨 / 年以上，分别为 4 700 万吨 / 年、4 085 万吨 / 年，排世界第一、第二位（表 13–104）。就石油企业的炼油能力而言，2008 年炼油能力超过 1 亿吨 / 年的企业有 10 家，其中埃克森美孚石油公司、壳牌石油公司的炼油能力均超过 2 亿吨 / 年，分别为 28 160 万吨 / 年、22 995 万吨 / 年，排世界第一、第二位；第三至第五位分别是中国石油化工集团公司 19 055 万吨 / 年、英国石油公司 16 640 万吨 / 年、康菲石油公司 13 480 万吨 / 年（表 13–105）。2008 年全球炼油能力居前 25 位的企业占全球总炼油能力的比重达到 60.09%，比 1997 年的 49.3% 提高了约 10.8 个百分点。全球先后形成一批世界级炼油化工一体化基地，如美国墨西哥湾地区、韩国蔚山、日本东京湾地区、新加坡裕廊岛、比利时安特卫普等，中国的杭州湾、印度的贾姆讷格尔、沙特阿拉伯的朱拜勒等地区逐渐成为世界级炼油化工基地。

表 13–104　2008 年世界原油加工能力 2 000 万吨 / 年及以上的炼油厂

排名	所属石油公司名称	炼油厂所在地	原油加工能力 /（万吨 / 年）
1	帕拉瓜纳炼油中心	委内瑞拉胡迪瓦纳	4 700
2	SK 公司	韩国蔚山	4 085
3	LG– 加德士公司	韩国丽水	3 400
4	信诚石油公司	印度贾姆讷格尔	3 300
5	埃克森美孚炼制与供应公司	新加坡亚逸查湾裕廊岛	3 025
6	埃克森美孚炼制与供应公司	美国得克萨斯州贝敦	2 863
7	沙特阿美石油公司	沙特阿拉伯塔努拉角	2 750
8	台塑石化股份有限公司	中国台湾麦寮	2 600
9	韩国双龙精油株式会社	韩国汶山	2 600
10	埃克森美孚炼制与供应公司	美国路易斯安那州巴吞鲁日	2 515
11	Hovensa 股份公司	维尔京群岛圣克鲁瓦	2 500
12	英国石油公司	美国得克萨斯州得克萨斯城	2 356
13	壳牌东方石油有限公司	新加坡布库姆岛	2 245
14	科威特国家石油公司	科威特艾哈迈迪港	2 214
15	Citgo 石油公司	美国路易斯安那州莱克查尔斯湖	2 200
16	壳牌荷兰炼制公司	荷兰佩尔尼斯	2 030
17	中国石油化工集团公司	中国浙江镇海	2 015
18	沙特阿美石油公司	沙特拉比格	2 000
19	沙特阿美 – 美孚石油公司	沙特延布	2 000

资料来源：郝鸿毅主编《"后危机时代"石油战略》，中国时代经济出版社，2009，第 219–220 页。

表 13-105　2008 年世界炼油能力前 25 位的炼油企业

排名	公司名称	炼油能力 /（万吨 / 年）	占全球的比例 /%
1	埃克森美孚石油公司	28 160	6.58
2	壳牌石油公司	22 995	5.37
3	中国石油化工集团公司	19 055	4.45
4	英国石油公司	16 640	3.89
5	康菲石油公司	13 480	3.15
6	委内瑞拉国家石油公司	13 390	3.13
7	道达尔公司	13 275	3.10
8	美国瓦莱罗能源公司	12 980	3.03
9	中国石油天然气集团公司	12 200	2.85
10	沙特阿美石油公司	12 165	2.84
11	巴西石油公司	9 985	2.33
12	雪佛龙公司	9 905	2.31
13	墨西哥国家石油公司	8 515	1.99
14	伊朗国家石油公司	7 255	1.70
15	新日本石油公司	6 585	1.54
16	俄罗斯石油公司	6 465	1.51
17	鲁克石油公司	6 085	1.42
18	雷普索尔 –YPF 公司	5 525	1.29
19	科威特国家石油公司	5 425	1.27
20	马拉松石油公司	5 080	1.19
21	印度尼西亚国家石油公司	4 965	1.16
22	阿及普石油公司	4 520	1.06
23	太阳石油公司	4 400	1.03
24	韩国 SK 公司	4 085	0.95
25	Flint Hills 资源公司	4 085	0.95
合计		257 220	60.09

资料来源：郝鸿毅主编《"后危机时代"石油战略》，中国时代经济出版社，2009，第 218-219 页。

2009 年，进入世界 500 强的炼油（石油）类企业达 49 家（表 13-106），约占世界 500 强企业的 1/10，可见炼油（石油）业在世界经济中具有举足轻重的地位。其中，有 7 家炼油（石油）类企业进入 500 强中的前十名，壳牌石油公司、埃克森美孚石油公司分别居第一、第二位，中国石油化工集团公司、中国石油天然气集团公司分别排第九、第十三位。

表 13-106　2009 年世界 500 强中的炼油（石油）类企业

行业排名	企业	国家	500 强排名 2009 年	500 强排名 2008 年	营业收入/亿美元	利润/亿美元	总资产/亿美元
1	壳牌石油公司	英国/荷兰	1	3	4 583.6	262.8	2 824.0
2	埃克森美孚石油公司	美国	2	2	4 428.5	452.2	2 280.5
3	英国石油公司	英国	4	4	3 670.5	211.6	2 282.4
4	雪佛龙公司	美国	5	6	2 631.6	239.3	1 611.7
5	道达尔公司	法国	6	8	2 346.7	155.0	1 644.5
6	康菲石油公司	美国	7	10	2 307.6	−170.0	1 428.7
7	中国石油化工集团公司	中国	9	16	2 078.1	19.6	1 531.4
8	中国石油天然气集团公司	中国	13	25	1 811.2	102.7	2 644.6
9	埃尼集团	意大利	17	27	1 593.5	129.2	1 620.6
10	委内瑞拉国家石油公司	委内瑞拉	27	—	1 263.6	74.5	1 318.6
11	美国瓦莱罗能源公司	美国	33	49	1 183.0	−11.3	344.2
12	巴西石油公司	巴西	34	63	1 182.6	188.8	1 257.0
13	挪威国家石油公司	挪威	36	59	1 162.1	76.6	826.1
14	鲁克石油公司	俄罗斯	65	95	863.4	91.4	714.6
15	韩国 SK 石油公司	韩国	72	86	808.1	2.6	555.0
16	雷普索尔 –YPF 公司	西班牙	76	92	791.8	39.7	687.1
17	马来西亚国家石油公司	马来西亚	80	95	769.7	153.1	1 064.7
18	马拉松石油公司	美国	86	108	735.0	35.3	426.9
19	新日本石油公司	日本	101	117	642.0	−25.1	401.9
20	印度石油公司	印度	105	116	629.9	5.7	206.6
21	泰国石油公司	泰国	118	135	599.9	15.5	254.5
22	太阳石油公司	美国	141	168	516.5	7.8	111.5
23	俄罗斯石油公司	俄罗斯	158	203	469.9	111.2	775.1
24	阿美拉达赫斯公司	美国	184	240	410.9	23.6	285.9
25	新日矿集团	日本	203	215	375.3	−4.1	191.0
26	奥地利石油天然气集团	奥地利	206	295	373.9	20.1	297.1
27	GS 控股集团	韩国	213	267	365.0	1.0	183.5
28	秋明英国石油公司	俄罗斯	234	—	346.7	63.8	311.8
29	出光兴产株式会社	日本	244	262	335.2	0.3	231.8

续表

行业排名	企业	国家	500 强排名		营业收入/亿美元	利润/亿美元	总资产/亿美元
			2009 年	2008 年			
30	西班牙石油公司	西班牙	246	313	334.2	4.0	134.2
31	波兰国营石油公司	波兰	249	477	330.4	−10.4	158.5
32	信诚石油公司	印度	264	206	317.9	33.2	413.1
33	昭和壳牌石油公司	日本	266	—	316.6	−1.6	133.5
34	巴拉特石油公司	印度	289	287	299.9	1.4	106.6
35	科斯莫石油公司	日本	293	302	297.1	−9.2	145.8
36	台湾中油股份有限公司	中国	306	324	284.5	−38.2	179.8
37	印度斯坦石油公司	印度	311	290	282.5	1.7	97.3
38	Petropus 控股公司	瑞士	316	—	280.5	−5.0	69.2
39	特索罗石油公司	美国	317	388	280.3	2.8	74.3
40	台塑石化股份有限公司	中国	323	395	277.7	4.8	131.3
41	森科尔能源公司	加拿大	325	456	276.8	20.0	263.5
42	墨菲石油公司	美国	326	—	275.1	17.4	111.5
43	加拿大石油公司	加拿大	340	430	260.5	29.4	246.1
44	葡萄牙石油和天然气公司	葡萄牙	414	484	222.3	1.7	92.1
45	双龙炼油公司	韩国	441	—	210.2	4.1	61.2
46	匈牙利油气工业股份公司（MOL 集团）	匈牙利	449	—	206.4	8.2	152.5
47	以色列集团	以色列	466	—	198.0	3.2	147.1
48	加德士澳大利亚公司	澳大利亚	467	—	197.7	0.3	34.3
49	耐斯特石油公司	芬兰	481	—	193.0	1.4	65.6
	合计	—	—	—	44 617.4	2 342.1	31 130.8

资料来源：钱伯章：《石油和天然气技术与应用》，科学出版社，2010，第 82−83 页。

二、炼油工艺

炼油，又称石油炼制，即对原油进行加工，可以分为原油预处理、原油蒸馏分离（原油一次加工）、原油二次加工和石油产品精制 4 个层次或环节（表 13-107）。它们采用不同的工艺技术与流程，包括原油蒸馏前的预处理、原油蒸馏（常减压）、热裂化、催化裂化、催化重整、加氢处理、加氢精制、加氢裂化、延迟焦化、减黏裂化、烷基化、异构化、溶剂脱蜡、溶剂脱沥青等。它们在原油加工中的作用不同，不同国家、不同时期的发展情况也存在差异。

表 13-107　石油炼制环节与工艺技术[1]

炼油环节	基本工艺技术	炼油环节	基本工艺技术
（一）原油预处理	1. 乳化原油破乳剂 2. 低速电脱盐技术 3. 调整电脱盐技术	（三）原油二次加工	1. 热裂化 2. 催化裂化 3. 加氢裂化 4. 减黏裂化 5. 蒸汽裂解 6. 催化裂解 7. 催化重整 8. 焦化
（二）原油一次加工	1. 原油常压蒸馏 2. 原油减压蒸馏	（四）石油产品精制	1. 脱蜡 2. 脱沥青 3. 轻质油品脱臭 4. 异构化 5. 烷基化 6. 加氢精制（加氢处理） 7. 酸碱精制（酸碱洗涤） 8. 溶剂精制（溶剂抽提） 9. 白土精制

资料来源：作者整理。参考本书编委员：《能源词典》第 2 版，中国石化出版社，2005。

注：[1] 原油预处理主要指原油脱水和脱盐；原油一次加工指将原油进行精馏分离得到各种石油馏分的过程，如原油常压蒸馏和减压蒸馏；原油二次加工指对石油馏分进行加工转化，以提高轻质油品等目的产物的产出率的过程，包括轻馏分油的催化重整，重馏分油的催化裂化、加氢裂化、热裂化，以及渣油的焦化等；石油产品精制指对原油一次加工和二次加工得到的产物做进一步的加氢精制、酸碱精制、溶剂抽提等物理或化学过程。

（一）基本概况

从 2000 年到 2005 年，世界原油一次加工能力常减压装置仅增长 1.05%，但主要的原油二次加工能力均有明显增长（表 13-108）。由于重质燃料油市场逐步萎缩，重油加工装置能力增长最为明显，焦化装置加工能力增长 18.56%。在蜡油转化装置中，加氢裂化加工能力增长 17.20%。加氢处理装置加工能力增长 12.44%，这种变化是为了满足含硫原油开展清洁生产以及生产清洁燃料的需要。在高辛烷值汽油组分生产方面，异构化装置加工能力增长 18.70%，这是为了适应越来越严格的汽油标准的要求。[①]

表 13-108　2000—2005 年世界炼油企业主要工艺装置加工能力变化情况

名称	2000 年 / 万吨	2005 年 / 万吨	增长率 /%
常减压	407 749	412 045	1.05
催化裂化	68 797	72 548	5.45
催化重整	47 529	48 793	2.66

① 方朝亮、刘克雨主编《世界石油工业关键技术现状与发展趋势》，石油工业出版社，2006，第 111 页。

续表

名称	2000 年 / 万吨	2005 年 / 万吨	增长率 /%
加氢裂化	201 023	235 590	17.20
加氢处理	172 455	193 901	12.44
焦化	20 598	24 421	18.56
其他热加工	20 012	20 107	0.47
烷基化	7 856	8 512	8.35
异构化	6 097	7 238	18.70
含氧化合物	1 066	1 039	−2.53
润滑油	4 361	4 231	−2.98
沥青	10 332	10 080	−2.44

资料来源：方朝亮、刘克雨主编《世界石油工业关键技术现状与发展趋势》，石油工业出版社，2006，第 111 页。

　　从世界主要炼油国家来看，各国的炼油工艺装置构成存在差异。在提高轻质油品回收率方面，美国、加拿大、英国和墨西哥的催化裂化装置所占比例均达 20% 以上，其中美国高达 33.31%（表 13-109），而俄罗斯、韩国、沙特阿拉伯、伊朗等国在 10% 以下。在生产高质量油品方面，世界加氢工艺（包括加氢裂化和加氢处理）平均水平为 52.72%，德国、日本和美国分别高达 92.34%、91.86% 和 80.87%。在生产高辛烷值汽油组分方面，美国、墨西哥、英国的烷基化比例分别达到 5.75%、4.86% 和 4.26%；英国、法国、意大利和美国的异构化比例分别达到 5.48%、4.34%、4.15% 和 3.51%。美国是世界上烷基化油、异构化油和含氧化合物的主要生产国，3 种优质高辛烷值汽油组分生产能力分别约占世界总产能的 59.93%、40.20% 和 35.91%。[1]

---

[1] 邢颖春主编《国内外炼油装置技术现状与进展》，石油工业出版社，2006，第 15 页。

表 13–109　2005 年世界上主要国家炼油装置构成[1]

| 国家 | 原油加工能力 | 催化裂化 | | 催化重整 | | 加氢工艺 | | | | | | 焦化 | | 烷基化 | | 异构化 | | 含氧化合物 | |
| | | | | | | 加氢裂化 | | 加氢处理 | | 合计 | | | | | | | | | |
	万吨/年	万吨/年	比例/%	万吨/年	比例/%	万吨/年	比例/%	万吨/年	比例/%	万吨/年	比例/%	万吨/年	比例/%	万吨/年	比例/%	万吨/年	比例/%	万吨/年	比例/%
美国	85 613	28 519	33.31	15 084	17.62	7 279	8.50	61 954	72.37	69 233	80.87	12 942	15.12	4 922	5.75	3 001	3.51	386	0.451
俄罗斯	26 705	1 654	6.19	3 207	12.01	285	1.07	10 204	38.21	10 489	39.28	467	1.75	43	0.16	94	0.35	31	0.116
日本	23 360	4 400	18.84	2 890	12.37	866	3.71	20 592	88.15	21 458	91.86	514	2.20	210	0.90	90	0.39	13	0.056
韩国	12 883	935	7.26	1 014	7.87	600	4.66	5 020	38.97	5 620	43.62	105	0.82	23	0.18	—	0.00	38	0.295
意大利	11 622	1 548	13.32	1 216	10.46	1 649	14.19	5 611	48.28	7 260	62.47	248	2.13	164	1.41	482	4.15	50	0.430
德国	11 721	1 799	15.35	1 670	14.25	892	7.61	9 931	84.73	10 823	92.34	532	4.54	125	1.07	376	3.21	39	0.333
加拿大	10 085	2 477	24.56	1 638	16.24	1 307	12.96	4 605	45.66	5 912	58.62	260	2.58	314	3.11	330	3.27	—	0.000
法国	9 897	1 956	19.76	1 189	12.01	81	0.82	6 165	62.29	6 246	63.11	0	0.00	107	1.08	430	4.34	23	0.232
英国	9 385	2 180	23.23	1 353	14.42	180	1.92	6 238	66.47	6 418	68.39	355	3.78	400	4.26	514	5.48	17	0.181
沙特阿拉伯	10 457	518	4.95	831	7.95	659	6.30	2 599	24.85	3 258	31.16	0	0.00	101	1.08	142	1.51	9	0.086
墨西哥	8 420	1 875	22.27	1 222	14.51	90	1.07	4 625	54.93	4 715	56.00	853	8.16	508	4.86	—	0.00	45	0.534
伊朗	7 255	175	2.41	708	9.76	683	9.41	861	11.87	1 544	21.28	0	0.00	—	0.00	—	0.00	—	0.000
全球合计	425 217	71 360	16.78	48 467	11.40	23 134	5.44	201 039	47.28	224 173	52.72	24 020	5.65	8 213	1.93	7 465	1.76	1 075	0.253

资料来源：邢颖春主编《国内外炼油装置技术现状与进展》，石油工业出版社，2006，第 14～15 页。作者引用时，对焦化、烷基化、加氢精制、加氢重整：1 桶/日 =47 吨/年；催化裂化、催化重整、加氢裂化 3 栏中 "全球合计" 中的百分数做了适当调整。

注：[1] 缺中国数据。换算系数：蒸馏能力、催化裂化、加氢裂化：1 桶/日 =50 吨/年；焦化、热加工：1 桶/日 =55 吨/年；催化重整：1 桶/日 =43 吨/年。

为了以较低成本生产合格的清洁燃料，各大石油公司和有关机构均将清洁燃料生产技术作为重点进行攻关，着力开发各种清洁燃料生产技术（表 13-110），由此推动了世界清洁燃料的发展。

表 13-110　未来清洁油品生产主要关键技术

技术选择	解决问题			
	汽油降烯烃	汽油降硫	柴油降硫	提高辛烷值
PCC 原料预处理		△		
FCC 汽油降硫工艺		△		
吸附脱硫		△	△	
膜分离脱硫		△		
PCC 降硫催化剂和助剂		△		
FCC 降烯烃工艺	△			
FCC 降烯烃催化剂和助剂	△			
FCC 汽油选择性加氢／异构	△	△		
催化重整技术				△
烷基化技术	△	△		△
轻 FCC 汽油硫醇抽提		△		
中馏分 FCC 汽油常规加氢处理	△	△	△	
重馏分 FCC 汽油和直馏汽油或焦化石脑油加氢处理	△	△		
单段或两段高苛刻度加氢处理			△	

资料来源：方朝亮、刘克雨主编《世界石油工业关键技术现状与发展趋势》，石油工业出版社，2006，第 115 页。

（二）原油预处理

原油是一种极其复杂的混合物，在蒸馏之前需要进行预处理，包括原油脱水、脱盐等，以降低原油中水分、盐分和其他杂质的含量，进而提高原油加工质量。

一次采油、二次采油采出的乳化原油属油包水型，可采用阴离子型、阳离子型、非离子型、两性离子型破乳剂等进行预处理。20 世纪二三十年代开发出第一代阴离子型破乳剂，如脂肪酸盐、烷基磺酸盐；20 世纪四五十年代开发出第二代低相对分子质量的非离子型破乳剂，如 Peregal 型、OP 型、Tween 型；20 世纪 60 年代后又开发出高相对分子质量的非离子型破乳剂，如 AE 型、SP 型、AP 型。[1]

20 世纪 90 年代，美国 Petrolite 公司开发出高速电脱盐先进技术，应用于常减压蒸馏装置。它与低速电脱盐技术相比，具有技术先进，脱水、脱盐效率高，单罐处理能力大等优点。全球已有 100 多套

---

[1] 王海彦、陈文艺主编《石油加工工艺学》，中国石化出版社，2009，第 120 页。

装置采用 Petrolite 公司的高速电脱盐技术。[1]中国的镇海炼化、上海石化等先后引进了该技术（表 13-111）。

表 13-111　中国炼油厂引进高速电脱盐技术情况

项目	镇海炼化	上海石化	齐鲁石化	大连西太平洋石油化工有限公司
装置处理能力 /（Mt/a）	8.0	3.5	4.0	10.0
罐体尺寸 /m	$\Phi 3.6 \times 17.7$	$\Phi 3.6 \times 6.0$	$\Phi 3.2 \times 14.0$	$\Phi 4.3 \times 29.5$
罐体	新	新	旧	新
投产时间 / 年	1998	1999	1999	2003

资料来源：王海彦、陈文艺主编《石油加工工艺学》，中国石化出版社，2009，第 122 页。

（三）原油蒸馏

蒸馏是石油炼制的第一道工序（表 13-112），其技术水平对后续石油炼制产生了重要影响。1746 年，第一个从炼焦油中提取油品的蒸馏过程取得英国专利。[2]此后，英国、法国、加拿大、美国等国家先后建成原油炼油厂。

表 13-112　原油蒸馏环节

蒸馏温度 / ℉	回收产物	用途
小于 90	丁烷与轻质燃料	气体处理
90 ~ 200	直馏轻质油	汽油混合
200 ~ 360	石脑油	催化重整
350 ~ 450	煤油	氢化处理
460 ~ 650	蒸馏油	蒸馏油混合
650 ~ 1 000	重气体油	流体催化裂化
大于 1 000	残渣	炼焦

资料来源：约翰·塔巴克：《煤炭和石油——廉价能源与环境的博弈》，张军、侯俊琳、张凡译，商务印书馆，2011，第 145 页。作者对表格略做了调整。

石油蒸馏最初是使用蒸馏釜，后来演化为蒸馏塔。1813 年，泡帽塔板被应用于化学工业。19 世纪中叶逐渐形成工业规模的填料塔，并于 1881 年开始用于蒸馏操作，1904 年美国采用填料塔建成第一座大型多级连续炼油装置。[3]1921 年，新泽西标准石油公司的路易斯首先建成泡帽蒸馏塔，后在汉伯尔公司形成规模。[4]此后，随着石油分离规模越来越大，分离精度、难度越来越高，对蒸馏工艺技术也

[1] 王海彦、陈文艺主编《石油加工工艺学》，中国石化出版社，2009，第 121-122 页。
[2]《中国大百科全书》总编委会：《中国大百科全书·第 28 卷》第 2 版，中国大百科全书出版社，2009，第 232 页。
[3] 中国石油和石化工程研究会：《炼油设备工程师手册》第 2 版，中国石化出版社，2010，第 75 页。
[4] 王才良、周珊：《世界石油大事记》，石油工业出版社，2008，第 59 页。

提出了越来越高的要求。随着石油、化学、食品、医药等工业的发展，各种板式蒸馏塔（表 13-113）和各种填料式蒸馏塔（表 13-114）相继问世，极大地推动了石油蒸馏的发展。

表 13-113　常用板式蒸馏塔（塔板）的发展与技术特点

塔板名称	开发者 国内研究者	开发时间 / 年	主要技术特点
泡帽塔板	Cellier	1813	塔板效率高，并能在较宽的负荷范围内保持高效率；生产能力较大；液气比范围大；操作弹性较大
筛板塔板	（不详）	1832	与泡帽塔板相比：结构简单，制造费仅为 20% ～ 50%；塔板效率高 15%；处理能力提高 12%；塔板压降低 30%
	原化工部第六设计院等	（不详）	
S 形塔板	美国索利尼煤油公司	1950	与泡帽塔板相比：塔板效率高 10%；生产能力达 10% ～ 20%；操作弹性也大，为 6 ～ 8
浮阀塔板	美国格里奇公司	1951	操作弹性大，为 4 ～ 5；塔板效率比泡帽塔板高约 10%；处理能力强，比泡帽塔板高 20% ～ 40%；压降较小，每层塔板约（3 ～ 5）×136 Pa；结构简单，造价低，约为泡帽塔板的 60% ～ 80%
	原北京石油学院	1965	
舌形塔板	美国埃索公司	1957	与泡帽塔板相比：处理能力提高 20% ～ 35%；塔板压降减小 13% ～ 50%；金属耗量减少 50%，可节省投资 12% ～ 45%；操作弹性不大，约为 2 ～ 4
	原北京石油学院	（不详）	
导向筛板[1]	美国联合碳化物公司林德公司	1963	与普通筛板相比做了两点改进：在液体入口处加装鼓泡促进器，促进气液充分接触，并减少泄漏；增设导向孔，起推液作用，可均布液体。故比普通筛板效率高，操作弹性增大，压降降低
	原北京化工学院等	（不详）	
MD 筛板	美国联合碳化物公司	1964	采用多根矩形降液管，使溢流堰总长大大增加；没有受液盘，使塔截面有效利用面积扩大到 85% ～ 90%；气液分布得以改善，塔板压降较低；塔板间距小，可降至 200 ～ 300 mm；单板效率较低，一般为 60% ～ 75%；结构复杂，安装检修不便
	原浙江工学院	1974	
新型垂直筛板	日本三井造船株式会社	1963	负荷大，气速为一般塔板的 1.5 ～ 2 倍；塔板效率比筛板和浮阀塔板高 10% ～ 20%，适应性强；塔板上不存在鼓泡层，塔板间距可较小
	原大连工学院、原河北工学院等	（不详）	
浮动舌形塔板[2]	兰州石油机械研究所、洛阳石油化工工程公司设备研究所	1966	塔板压降低，特别适合于减压蒸馏塔；生产处理能力比浮阀塔板高，与舌形塔板相当；操作弹性较大；塔板效率高
斜孔塔板[3]	清华大学	1973	斜孔开口方向与液流方向垂直，相邻两排斜孔方向相反；可采用单溢流，也可采用多降液管；生产能力比浮阀塔板高 30%；塔板压降比浮阀塔板低；操作弹性较小；塔板效率相对较低

续表

塔板名称	开发者 国内研究者	开发时间 / 年	主要技术特点
网状斜孔塔板	（德）马克德堡高等工业学校	1969	网状斜孔使气体动能得到合理利用，与浮阀塔板相比，气体负荷能力提高 35%，液体负荷能力提高 40%，压降减小 30%～40%；气体通过斜孔的速度可达 10～20 m/s，不易结焦和堵塞；碎流板起到捕雾及传质的双重作用；制造成本低，仅为泡帽塔板的 50%；操作弹性为 2～4
	原上海化工学院、 原抚顺石油二厂	1978	
T 形排列条形浮阀塔板	Julius Montz 公司	1970	处理能力比 F1 型浮阀塔板高 20% 以上；塔板的泄漏、压降、效率与 F1 型浮阀塔板相当；空塔动能因子可在 0.4～3.0 范围内操作，分离效果良好
	兰州石油机械研究所	1979	
HTV 船形浮阀塔板[4]	中国石油大学	1982	处理能力比 F1 型浮阀塔板高 20% 以上；塔板效率比 F1 型浮阀塔板高 5% 左右；塔板压降与 F1 型浮阀塔板相当
顺排条形浮阀塔板	洛阳石油化工工程公司设备研究所	1984	与 F1 型浮阀塔板相比：塔板压降低 200 Pa；雾沫夹带低，处理能力提高 20%；塔板效率高 5%；操作范围大，弹性高 10%；阀体可靠性好，适合长周期安全运转
导向浮阀塔板	原华东化工学院	1988	与 F1 型浮阀塔板相比：塔板压降低约 200 Pa；雾沫夹带稍高；泄漏小；塔板效率较高
梯形浮阀塔板	洛阳石油化工工程公司设备研究所	1992	与 F1 型浮阀塔板相比：塔板压降低 300 Pa；雾沫夹带低，处理能力高 25%；塔板效率高 5%；适宜操作区宽，弹性增大 15%；梯形阀孔及阀片可使气流产生对液流的导流力，更适合高液体负荷及大直径塔器
BJ 浮阀塔板	中国石油化工工程建设公司	1996	与 F1 型浮阀塔板相比：在条形浮阀的前腿上开矩形舌孔导向孔；塔板压降低 15%～35%；相同开孔率时能力可提高 20%；相同孔动能因子时泄漏量低 30%～60%；塔板效率高 5%；操作弹性大

资料来源：中国石油和石化工程研究会：《炼油设备工程师手册》第 2 版，中国石化出版社，2010，第 73-75 页。

注：[1] 1978 年获全国科学大会相关奖项。[2] 1985 年获国家技术发明三等奖。[3] 曾获国家技术发明四等奖。[4] 1990 年获国家技术发明三等奖。

表 13-114　常用填料塔的发展及技术特点

填料塔名称	开发者 国内研究者	开发时间	主要技术特点
拉西环	F. Raschig	1914 年	结构简单；产能低；塔板压降大。它是最早的填料
鲍尔环	德国 BASF 公司	1948 年	与拉西环相比：能力提高 50% 以上；塔板压降低 1/2；相对效率高出 30% 左右

续表

填料塔名称	开发者	开发时间	主要技术特点
	国内研究者		
阶梯环 （CMR）	英国传质公司	1969—1972年	与鲍尔环相比：泛点气速提高10%～20%；相同气速下塔板压降低30%～40%；传质系数高5%～10%；操作弹性大
	天津大学等	（不详）	
金属英特洛克斯（IMTP）	美国诺顿公司	1978年	处理能力比塔板高30%，通量高于阶梯环；效率高，可代替塔板对塔器进行改造；塔板压降较阶梯环小
	兰州石油机械研究所等	（不详）	
格栅填料塔	美国格里奇公司	20世纪60年代	处理能力比50#IMTP高30%；塔板压降低，是50#IMTP的1/2；传质单元高度范围1 200～1 700 mm；抗堵塞，特别适宜减压塔
	洛阳石油化工工程公司设备研究所	1982年	
孔板波纹填料	瑞士苏尔寿公司	20世纪70年代	负荷能力大；传质效率高；压降小
	天津大学、上海化工研究院等	（不详）	

资料来源：中国石油和石化工程研究会：《炼油设备工程师手册》第2版，中国石化出版社，2010，第75—76页。

　　20世纪末21世纪初，原油蒸馏还取得了一系列重要突破。加剂强化原油常压蒸馏和减压蒸馏过程实现了工业化。ELF公司和Technip共同开发出渐次蒸馏技术，1997年应用到德国东部Leuna的炼油厂。美孚公司开发出深度切割减压蒸馏（DCVD）技术，1998年有4座润滑油厂用来提高润滑油馏分产率和质量，有9座炼油厂用来生产更清洁的裂化油料。俄罗斯里纳斯公司开发出新薄膜蒸馏技术——里纳斯蒸馏技术，在俄罗斯安加尔斯克化工厂首次应用于工业。Koch-Glitsch工程公司、环球油品公司（UOP）等还开发出一批高能塔板（表13-115），但因许多用户不愿冒险使用，故应用高能塔板的处理能力不到全球蒸馏能力的10%。[①]

表13-115　主要高能塔板产品及其特性

产品	供应商	特性
Max-Frac	Koch-Glitsch	改善降液管设计，增加有效面积
Superfrac	Koch-Glitsch	改善降液管以达到更好的分布，高能鼓泡设备
BiFrac	Koch-Glitsch	改善鼓泡设备
Nye	Koch-Glitsch	改善降液管设计以增加有效面积
ECMD	UOP	改善降液管设计，缩小塔板间距
EEMD	UOP	在前MD塔板的基础上改善鼓泡设备
Triton	Norton	改善降液管和鼓泡器
MVG	Nutter	改善鼓泡器，可以提高处理能力和抗结垢性能
ECMD-MVG	UOP-Nutter	结合Nutter公司的MVG鼓泡器和UOP的降液管
Vortex	Sulzer-Metawa	强化降液管，改善气液分离

资料来源：邢颖春主编《国内外炼油装置技术现状与进展》，石油工业出版社，2006，第46页。

[①] 邢颖春主编《国内外炼油装置技术现状与进展》，石油工业出版社，2006，第43—46页。

（四）热裂化

热裂化是一个取决于时间和温度，只靠加热就能把大分子分解成小分子的加工过程。[1] 它使得炼油商对质量（高辛烷值方面）较高的汽油的需要成为可能。

1909 年，印第安纳标准石油公司的威廉·伯顿发明了热裂化技术——热压分馏法[2]，在 1913 年获得美国专利，并实现工业化。此法将重分子裂解为轻分子，可以生产汽油、煤油和轻质燃料油，能够显著地提高汽油的出油率，是炼油技术的第一次重大飞跃。[3] 该技术在 1920—1940 年取得很大的发展，是这一时期生产汽油和柴油的主要工艺。

1921 年，达布斯发明连续热裂化炼油工艺，在美国壳牌石油公司罗克萨纳炼油厂建成第一座商业性达布斯热裂化装置，日处理量 250 桶。

1928 年，凯洛格公司将拨头、降黏、热裂化等装置进行组合，在印第安纳标准石油公司阿鲁巴炼油厂建成第一套组合型热裂化装置。

1936 年，美国壳牌石油公司把热裂化工艺改造为双炉选择性热裂化、低压小循环比焦化和气体回收 3 个部分，将热裂化产生的渣油直接加工成焦炭，不仅发展了热裂化工艺，还创立了石油焦化（又称延迟焦化）技术。

（五）催化裂化（FCC）

1920 年，催化裂化工艺诞生。[4] 十几年后，建成第一套半商业化固定床催化裂化装置——胡得利法装置。它由尤金·胡得利发明，于 1936 年在索科尼－真空石油公司帕尔斯伯罗炼油厂建成并投产。第二年，太阳石油公司采用胡得利法，在马尔库斯霍克炼油厂建成第一套完全商业化的固定床催化裂化装置，日处理量 12 000 桶。[5]

几年之后，为满足第二次世界大战对石油产品的巨大需求，以新泽西标准石油公司为首，印第安纳标准石油公司、英伊石油公司、凯洛格公司、I.G. 公司、壳牌集团、得克萨斯公司及环球油品公司等诸多机构的 1 000 名工程技术人员联合攻关，于 1941 年开发出流化床催化裂化技术。[6] 同年，还建成投产第一套半商业化移动床催化裂化装置。到 1943 年 10 月，美国建成 2 套日加工 10 000 桶的移动床催化裂化装置。流化床催化裂化在炼油工业中具有举足轻重的作用。[7] 催化裂化出现后，热裂化日渐被替代。

此后，出现了一批采用不同设备、催化剂或操作模式的各种催化裂化工艺，包括 I 型催化裂化、A 型正流式催化裂化等（表 13-116）。20 世纪 60 年代开发出提升管式反应器[8]，并于 1971 年建成、投产第一套提升管式反应器催化裂化装置。

[1] Robert E. Maples：《石油炼制工艺与经济（第二版）》，吴辉译，中国石化出版社，2002，第 23 页。
[2] 王才良、周珊：《世界石油大事记》，石油工业出版社，2008，第 42 页。
[3] 美国国家工程院：《20 世纪最伟大的工程技术成就》，常平、白玉良译，暨南大学出版社，2002，第 241 页。
[4] 方朝亮、刘克雨主编《世界石油工业关键技术现状与发展趋势》，石油工业出版社，2006，第 108 页。
[5] 王才良、周珊：《世界石油大事记》，石油工业出版社，2008，第 91 页。
[6] 同上书，第 102 页。
[7] 方朝亮、刘克雨主编《世界石油工业关键技术现状与发展趋势》，石油工业出版社，2006，第 109 页。
[8]《中国大百科全书》总编委会：《中国大百科全书·第 14 卷》第 2 版，中国大百科全书出版社，2009，第 224 页。

表 13-116　催化裂化工艺的演化（至 1993 年）

时间 / 年	工艺名称 / 说明
1920	催化裂化工艺诞生
1936	第一套半商业化固定床催化裂化装置投产
1937	第一套完全商业化固定床催化裂化装置投产
1941	第一套半商业化移动床催化裂化装置投产
1942	第一套 Ⅰ 型催化裂化装置在美国巴吞鲁日炼油厂建成
1944	第一套 Ⅱ 型催化裂化装置投产
1947	第一套 Ⅲ 型催化裂化装置投产
1951	第一套 Ⅳ 型催化裂化装置投产
1951	第一套 A 型正流式催化裂化装置在加拿大埃德蒙顿建成
1953	第一套 B 型正流式催化裂化装置投产
1963	第一套 C 型正流式催化裂化装置在美国得克萨斯炼油厂建成
1971	第一套提升管式反应器催化裂化装置（海湾石油公司开发）投入生产
1984	采用分子筛催化剂的新型提升管反应器催化裂化装置建成 7 套，由凯洛格公司开发
1993	第一套灵活裂化（Flexicracking Ⅲ R）装置在 BP 的 Espana 炼油厂投产

资料来源：作者整理。主要参考王才良、周珊：《世界石油大事记》，石油工业出版社，2008。

催化裂化是在石油加热过程中同时有催化剂作用的过程，其中催化剂起着十分重要的作用。在催化裂化发展初期，主要利用天然的活性白土做催化剂。20 世纪 40 年代起广泛采用人工合成的硅酸铝催化剂。1962 年 3 月，美孚石油公司在移动床催化裂化装置上使用"小球 5 号"分子筛催化剂，并开始出售"小球 5 号"分子筛催化剂。由于分子筛催化剂具有活性高、选择性和稳定性好等特点，很快得到推广、采用。分子筛催化剂不仅促进了提升管式反应技术的开发，还促进了再生裂化技术的迅速发展，使催化裂化技术出现跨越式发展。[①] 到 20 世纪 60 年代后期，美国 90% 以上的催化裂化装置都采用分子筛催化剂。

据美国《油气杂志》统计，截至 2006 年 1 月 1 日，世界上共有 661 座炼油厂，原油总加工能力约为 42.52 亿吨 / 年，其中催化裂化总加工能力约为 7.14 亿吨 / 年，约占原油总加工能力的 16.78%（表 13-117），居原油二次加工能力的首位。世界上超过 150 套装置采用 UOP 的 FCC/RFCC 技术，超过 150 套装置采用 Kellogg 公司的多效灵活正流式催化裂化工艺，超过 70 套装置采用埃克森美孚公司的灵活裂化（Flexicracking Ⅲ R）工艺，有 60 套装置应用壳牌公司的 RFCC 工艺。[②]

---

① 沈本贤主编《石油炼制工艺学》，中国石化出版社，2009，第 197 页。
② 邢颖春主编《国内外炼油装置技术现状与进展》，石油工业出版社，2006，第 74 页。

表 13-117　截至 2006 年 1 月 1 日世界主要国家催化裂化（FCC）加工能力情况[1]

国家	炼油厂 / 座	原油总加工能力 /（万吨 / 年）	FCC 加工能力 /（万吨 / 年）	FCC 占原油总加工能力比例 /%
美国	131	85 631	28 519	33.30
日本	31	23 360	4 400	18.84
巴西	13	9 541	2 526	26.48
加拿大	21	10 085	2 477	24.56
英国	11	9 385	2 180	23.23
法国	13	9 897	1 956	19.76
墨西哥	6	8 420	1 875	22.27
德国	14	11 721	1 799	15.35
俄罗斯	41	26 705	1 654	6.19
全球合计	661	425 217	71 360	16.78

资料来源：邢颖春主编《国内外炼油装置技术现状与进展》，石油工业出版社，2006，第 72-73 页。
注：[1] 缺中国数据。

中国于 1958 年建成第一套移动床催化裂化装置。1965 年，又在抚顺石油二厂建成第一套流化床催化裂化装置，这标志着中国炼油工业进入一个新阶段。[①] 到 2001 年，中国催化裂化总加工能力超过 1 亿吨，达到 10 096 万吨 / 年（表 13-118），比 1991 年约增长 137.2%；催化裂化能力占原油加工能力的比例由 1991 年的 27.60% 提高到 35.93%。

表 13-118　1991—2001 年中国催化裂化加工能力

时间 / 年	原油加工能力 /（万吨 / 年）	催化裂化	
		加工能力 /（万吨 / 年）	占原油加工能力比例 /%
1991	15 426	4 257	27.60
1992	16 026	4 621	28.83
1993	16 969	4 953	29.19
1994	17 763	5 222	29.40
1995	19 987	5 595	27.99
1996	21 253	6 666	31.36
1997	22 888	7 452	32.56
1998	24 455	8 262	33.78
1999	26 923	8 810	32.72
2000	27 713	9 900	35.72
2001	28 099	10 096	35.93

资料来源：邢颖春主编《国内外炼油装置技术现状与进展》，石油工业出版社，2006，第 73 页。

① 王海彦、陈文艺主编《石油加工工艺学》，中国石化出版社，2009，第 192 页。

（六）催化重整

1930 年出现催化重整技术。[1]1940 年，印第安纳标准石油公司在其得克萨斯炼油厂建成世界第一套商业化的临氢重整装置，可将低辛烷值直馏汽油转化为高辛烷值汽油，或者从石脑油制取芳烃。[2]1949 年，环球油品公司建成第一套工业化铂重整装置，它使用单金属催化剂。

此后，先后出现胡得利配套催化重整工艺、雷克斯催化重整工艺等。到 1958 年 1 月，美国催化重整能力达到 153.31 桶 / 日。主要工艺有铂重整、超重整、胡得利催化重整、配套重整、固定床催化重整、流化床催化重整、强化重整、巡回重整、移动床催化重整等。

20 世纪 60 年代中后期，催化重整又有重大突破。1967 年，雪佛龙公司首创铂铼双金属重整催化剂，实现双金属催化剂铂铼重整。同年，恩格哈特矿物和化学品公司与大西洋里奇菲尔德石油公司共同开发出铂铼催化剂的麦格纳重整工艺，在美国费城炼油厂首次实现工业化。[3]1971 年，环球油品公司建成世界上第一套连续再生的铂重整（CCR）工业装置。此外，环球油品公司、法国石油研究院、埃克森公司等还先后开发出半再生重整技术。2011 年，采用环球油品公司开发的 R-86 催化剂的半再生重整工业装置建成投产。[4]

截至 2000 年 1 月 1 日，全球催化重整加工能力达到 47 529 万吨 / 年，其中半再生重整为 26 748 万吨 / 年，占总能力的比例达到 56.3%，连续重整占 28.0%，循环再生重整及其他方式占 15.7%（表 13-119）。

表 13-119　1995 年、2000 年主要国家和地区催化重整装置概况（按催化剂再生方式划分）

国家 / 地区	时间 / 年	总能力 / （百万吨 / 年）	半再生重整		连续重整		循环再生及其他	
			能力 / （百万吨 / 年）	占总能力比例 /%	能力 / （百万吨 / 年）	占总能力比例 /%	能力 / （百万吨 / 年）	占总能力比例 /%
世界	1995	450.89	282.34	62.6	89.74	19.9	78.81	17.5
	2000	475.29	267.48	56.3	132.93	28.0	74.88	15.7
美国	1995	155.80	71.84	46.1	42.25	27.1	41.71	26.8
	2000	151.65	67.70	44.6	44.73	29.5	39.22	25.9
日本	1995	29.56	19.72	66.7	7.73	26.2	2.11	7.1
	2000	30.64	17.66	57.6	12.07	39.4	0.91	3.0
英国	1995	17.20	9.92	57.7	4.56	26.5	2.72	15.8
	2000	14.18	8.73	61.6	4.44	31.3	1.01	7.1
德国	1995	17.12	9.23	53.9	6.13	35.8	1.76	10.3
	2000	19.11	9.38	49.1	7.27	38.0	2.46	12.9

[1] 方朝亮、刘克雨主编《世界石油工业关键技术现代与发展趋势》，石油工业出版社，2006，第 108 页。

[2] 王才良、周珊：《世界石油大事记》，石油工业出版社，2008，第 100 页。

[3] 同上书，第 181 页。

[4] 邢颖春主编《国内外炼油装置技术现状与进展》，石油工业出版社，2006，第 147 页。

续表

国家 / 地区	时间 / 年	总能力 / （百万吨 / 年）	半再生重整		连续重整		循环再生及其他	
			能力 / （百万吨 / 年）	占总能力 比例 /%	能力 / （百万吨 / 年）	占总能力 比例 /%	能力 / （百万吨 / 年）	占总能力 比例 /%
加拿大	1995	15.03	—	—	—	—	—	—
	2000	14.62	11.42	78.1	2.49	17.0	0.71	4.9
法国	1995	11.47	—	—	—	—	—	—
	2000	11.41	11.41	100.0	—	—	—	—
独联体	1995	53.64	50.07	93.3	3.03	5.6	0.54	1.1
	2000	51.54	44.44	86.2	5.18	10.0	1.92	3.7
中国[1]	1995	8.42	5.03	59.7	3.39	40.3	—	—
	2000	16.42	7.43	45.2	8.99	54.8	—	—

资料来源：邢颖春主编《国内外炼油装置技术现状与进展》，石油工业出版社，2006，第 118 页。

注：[1] 中国 1995 年数据为年底数据，2000 年数据包括在建装置。

截至 2006 年 1 月 1 日，世界主要国家和地区催化重整处理能力达 48 467 万吨 / 年，占原油总加工能力的 11.4%。其中，美国催化重整处理能力为 15 008 万吨 / 年，占世界总加工能力的 30.97%，排第 1 位，其次为俄罗斯、日本、德国等国家（表 13-120）。2005 年，中国催化重整能力为 671 万吨 / 年，排世界第 15 位。

表 13-120　截至 2006 年 1 月 1 日世界催化重整处理能力排前十位的国家

排名	国家	加工能力 /（百万吨 / 年）	占世界总加工能力比例 /%
1	美国	150.08	30.97
2	俄罗斯	32.07	6.62
3	日本	28.90	5.96
4	德国	16.70	3.45
5	加拿大	16.38	3.38
6	英国	13.53	2.79
7	法国	11.89	2.45
8	墨西哥	12.22	2.52
9	意大利	12.16	2.51
10	韩国	10.14	2.02

资料来源：邢颖春主编《国内外炼油装置技术现状与进展》，石油工业出版社，2006，第 117 页。

（七）加氢裂化

1959 年，美国加利福尼亚州里奇蒙德炼油厂建成、投产世界上第一套加氢裂化装置。[1] 此后，H-G 加氢裂化、氢 – 油法加氢裂化、联合加氢裂化等工艺先后被开发、投产（表 13-121）。

---

[1] 方朝亮、刘克雨主编《世界石油工业关键技术现状与发展趋势》，石油工业出版社，2006，第 110 页。

表 13-121 世界加氢裂化工艺的演变（至 2005 年）

时间 / 年	工艺名称 / 说明
1959	世界上第一套加氢裂化装置在里奇蒙德炼油厂建成
1962	第一套 H-G 加氢裂化装置由海湾石油公司等共同开发出来
1963	第一套氢 – 油法加氢裂化装置在美国路易斯安那州建成
1964	第一套联合加氢裂化装置在 Unocal 公司洛杉矶炼油厂投入生产
1973	第一套 BP 法加氢裂化装置在法国拉维腊炼油厂投产
2005	第一套缓和加氢裂化装置在西班牙第一座炼油厂投产

资料来源：作者整理。主要参考王才良、周珊：《世界石油大事记》，石油工业出版社，2008。

到 20 世纪末，世界上各种加氢裂化装置发展到 151 套。其中，馏分油高压加氢裂化装置 110 套，约占总数的 72.8%，中压加氢裂化装置 18 套，渣油加氢裂化装置 13 套，润滑油加氢裂化装置 10 套。

2005 年，全球加氢裂化装置加工能力为 23 134 万吨 / 年（表 13-122），比 1991 年约增长 53.21%。世界加氢裂化装置加工能力占世界原油加工能力的比例由 1991 年的 4.03% 提高到 5.44%。2005 年，美国加氢裂化装置加工能力为 7 292 万吨 / 年，约占世界加氢裂化能力的 31.52%，居第一位；中国加氢裂化装置加工能力为 260 万吨 / 年，约占世界加氢裂化能力的 1.12%。

表 13-122 1991 年、2005 年世界主要国家加氢裂化能力

国家	原油加工能力 /（万吨 / 年）		加氢裂化装置加工能力 /（万吨 / 年）		占世界加氢裂化能力的比例 /%	
	1991 年	2005 年	1991 年	2005 年	1991 年	2005 年
世界	374 900	425 217	15 100	23 134	100	100
美国	76 633	85 631	6 182	7 292	40.94	31.52
意大利	11 932	11 622	325	1 649	2.15	7.13
加拿大	9 525	10 085	1 043	1 308	6.91	5.65
荷兰	6 093	6 109	265	916	1.75	3.96
德国	10 309	11 721	851	892	5.64	3.86
日本	23 062	23 360	823	866	5.45	3.74
伊朗	3 600	7 255	466	683	3.09	2.95
沙特阿拉伯	—	10 475	—	659	—	2.85
西班牙	—	6 358	—	639	—	2.76
韩国	—	12 883	—	600	—	2.59
科威特	4 095	4 446	850	578	5.63	2.50
中国	—	21 230	—	260	—	1.12

资料来源：邢颖春主编《国内外炼油装置技术现状与进展》，石油工业出版社，2006，第 168 页。

（八）加氢处理 / 加氢精制

加氢工艺技术是石油炼制的一项重要技术。1995 年，美国石油学会（API）将加氢过程划分为加

氢处理、加氢精制和加氢裂化三大类。[①]它们采用的关键设备是加氢反应器，可分为固定床加氢反应器、移动床加氢反应器和流化床加氢反应器三种类型（表 13-123），其中固定床加氢反应器使用得最多。

表 13-123　加氢反应器类型

类型	特点	适用场合
固定床加氢反应器	此类反应器床层内的固体催化剂是处于静止状态的。最大的优点是催化剂不易磨损，而且在催化剂不失去活性的情况下，可以长期使用	主要用于加工固体杂质、油溶性金属有机化合物含量较少的馏分油
移动床加氢反应器	在生产过程中，催化剂可以连续或间断地移动加入或卸出	主要适用于加工含有较高金属有机化合物和沥青质渣油原料的场合，以避免在催化加工中迅速引起床层堵塞和（或）催化剂失活的问题
流化床加氢反应器	一定流速的流体（原料油和氢气）从反应器下部进入，通过装填微粒（或细粉）催化剂的床层时催化剂粒间空隙率随流速渐增而逐渐拉开，使催化剂床层膨胀起来，直至被流体托起	主要用于加工处理含有较多金属有机化合物、沥青质及固体渣质的渣油场合

资料来源：中国石油和石化工程研究会：《炼油设备工程师手册》第 2 版，中国石化出版社，2010，第 4 页。

1956 年，苏联出台了 Л-24-6 型柴油加氢装置设计标准，柴油加氢装置加工能力为 90 万吨 / 年，汽油加氢装置加工能力为 30 万吨 / 年。[②]1965 年，苏联提出 Л-24-7 型柴油加氢精制装置设计标准，装置加工能力为 120 万吨 / 年。1970 年，苏联又推出 Л-24-9 型柴油加氢精制装置设计新标准，装置加工能力发展到 100 万～ 200 万吨 / 年。

美国、法国、委内瑞拉等国家也先后开发出汽油、柴油加氢工艺（表 13-124）。在汽油加氢工艺方面，美国埃克森美孚石油公司开发出 SCANfining 工艺，法国 Axens 公司开发出 Prime-G⁺ 工艺，委内瑞拉国家石油公司和美国环球油品公司联合开发出 ISAL 工艺等。在柴油加氢技术方面，美国 Akzo Nobel 公司开发出一段和两段工艺，美国埃克森公司开发出 DODD 工艺等。

表 13-124　2002 年世界汽（柴）油加氢精制装置工艺过程

工艺过程名称	开发商	装置现状	过程特点
中间馏分油脱芳烃	Engelhard 公司与华盛顿 Badger 技术中心联合开发	—	采用 Engelhard 公司开发的 Redar 催化剂，对中间馏分油进行深度脱芳烃并改质轻循环油。通常硫含量可降至 250 µg/g，氮含量达 100 µg/g
柴油加氢处理	Axens 公司	共有 100 多套中间馏分油加氢处理装置被许可或改造，包括 23 套低硫柴油生产装置	采用 Prime-D 工艺，选择 HR400 系列催化剂、EquiFlow 反应器内构件等技术，生产超低硫柴油和低芳烃、高十六烷值的优质柴油

[①] 中国石油和石化工程研究会：《炼油设备工程师手册》第 2 版，中国石化出版社，2010，第 4 页。也有的学者将加氢处理和加氢精制视为同一种加氢过程，因此文中并用"加氢处理"和"加氢精制"术语。
[②] 王才良、周珊：《世界石油大事记》，石油工业出版社，2008，第 140 页。

续表

工艺过程名称	开发商	装置现状	过程特点
汽油超深度脱硫	Axens 公司	有 53 套被许可，其中 8 套已经运转	采用 Prime-G⁺ 工艺，使 FCC 重馏分 HCN 进入双金属催化剂系统，实现 FCC 汽油超深度脱硫，工艺辛烷值损失小
加氢脱芳烃	Topsøe 公司	共有 5 套装置建成，其中 2 套在欧洲，2 套在北美	采用 Topsøe 公司的两段加氢脱硫 / 脱芳烃工艺，生产低芳烃产物
加氢脱硫	埃克森美孚研究与工程公司	有 2 套工业装置运行	采用 OCTGAIN 工艺，使汽油在加氢脱硫的同时，通过裂化和异构化恢复汽油的辛烷值，得到汽油硫含量 < 10 μg/g 的产物
加氢脱硫	埃克森美孚研究与工程公司	有 24 套装置在建设、设计和操作之中	采用 SCANfining 工艺，选用 RT-225 催化剂，通过选择性加氢技术把 FCC 汽油中的硫含量降低至 10 μg/g 以下，同时最大限度地保留辛烷值
加氢脱硫	UOP	有 2 套建成，2 套在工程设计之中	采用 ISAL 中压、固定床加氢处理技术，降低汽油硫含量的同时，控制辛烷值
超低硫柴油加氢脱硫	Topsøe 公司	有 21 套被许可	设计处理裂化或直馏馏分油，通过选择适宜的催化剂和操作条件，在低压（< 3.45 MPa）下生产馏含量为 5 μg/g 的超低硫柴油
UDHDS 加氢脱硫	Akzo Nobel 催化剂公司	有 60 多套馏分油改质装置被采用	采用超深度脱硫工艺把馏分油的硫含量降至 10 μg/g 以下，为优质柴油技术
加氢处理	CDTECH 公司	有 5 套 CD hydro 装置用于处理 FCC 汽油，17 套装置在工程设计和建设之中；有 3 套 CDHDS 装置在运转中，17 套在工程设计和建设之中	选用 CD hydro 和 CDHDS 技术，有选择性地降低 FCC 汽油中的硫含量，同时使辛烷值损失最小
加氢处理	Topsøe 公司	有 35 套以上的装置在运转或设计阶段	该技术应用广泛，包括应用于石脑油、馏分油、渣油等处理，以及柴油燃料的深度脱硫等
加氢处理	Howe-Baker 公司	—	用来降低石脑油、煤油、柴油或瓦斯油的硫含量、氮含量及金属含量
加氢处理	UOP	有数百套装置采用此技术	用于生产超低硫柴油、催化重整进料、FCC 预处理、馏分油改质等
加氢处理 - 芳烃饱和	ABB Lummus	有 11 套在运转之中，另有 7 套在设计和建设之中	采用 Syn Technology 技术加氢处理中间馏分油，使其回收率最大化。同时，生产超低硫柴油，提高辛烷值，降低芳烃和冷流点

资料来源：邢颖春主编《国内外炼油装置技术现状与进展》，石油工业出版社，2006，第 284-286 页。

2006 年，除中国外的其他国家加氢精制能力为 229 408 万吨 / 年，占原油加工能力的 53.86%，居各类炼油装置之首；中国加氢精制能力占原油加工能力的比例为 28.42%（表 13-125），居各类炼油工艺能力第二位。可见，加氢精制工艺在石油炼制中处于重要地位。

表 13-125　2006 年其他国家和中国主要炼油装置构成

装置类型	其他国家		中国[1]	
	炼油能力 /（百万吨 / 年）	占原油加工能力比例 /%	炼油能力 /（百万吨 / 年）	占原油加工能力比例 /%
蒸馏	4 258.96		324.85	
催化裂化	747.15	17.54	105.70	32.54
延迟焦化	241.40	5.66	45.10	13.88
加氢裂化	248.42	5.83	25.96	7.99
催化重整	488.85	11.48	22.13	6.81
热加工	196.57	4.62	4.97	1.52
加氢精制	2 294.08	53.86	92.33	28.42

资料来源：沈本贤主编《石油炼制工艺学》，中国石化出版社，2009，第 194 页。

注：[1] 不含地方小规模炼油的能力。

（九）脱蜡技术

在生产汽油、柴油中，还采用分子筛脱蜡技术等对原油进行处理，以提高汽油、柴油等产品的辛烷值。

1920 年，马克斯·米勒和夏普斯发明润滑油离心脱蜡技术。

1961 年，美国联合碳化物公司开发的埃索吸附法分子筛脱蜡技术实现工业化。该技术可以分离汽油、煤油和柴油中的正构烷烃。[①]

1964 年，英国石油公司开发出变压法分子筛脱蜡工艺，在普尔炼油厂建成第一套工业化装置。

1978 年，苏联格罗兹尼石油研究所开发出沸腾床水蒸气脱附分子筛脱蜡工艺，在格罗兹尼的列宁炼油厂建成第一套工业化试验装置，处理能力为 5 万～ 7 万吨 / 日。

1981 年，法国埃尔夫公司开发出 N-Iselt 分子筛脱蜡技术，在东日炼油厂建成第一套 N-Iselt 装置。

三、高辛烷值汽油生产

通常，采用催化裂化、催化重整等工艺生产车用汽油。随着人类节能环保意识的提高，对车用汽油的清洁性和抗爆性提出了更高的要求，采用烷基化、异构化等技术生产高辛烷值汽油组分成为一种重要态势。烷基化在辛烷值、芳烃含量等方面优于催化裂化和催化重整（表 13-126）。

---

① 王才良、周珊：《世界石油大事记》，石油工业出版社，2008，第 158 页。

表 13-126　主要汽油调合组分的性质对比

项目		烷基化油	催化裂化汽油	催化重整汽油
研究法辛烷值（RON）		93.2	92.1	97.7
马达法辛烷值（MON）		91.1	80.7	87.4
馏程 /℃	50%	102	104	124
	90%	143	186	168
芳烃体积含量 /%		0	29	63
烯烃体积含量 /%		0	29	1
硫含量 /%		16	756	2

资料来源：沈本贤主编《石油炼制工艺学》，中国石化出版社，2009，第 397-398 页。

（一）烷基化

烷基化技术主要有硫酸（SA）烷基化技术和氢氟酸（HF）烷基化技术两种。最早的烷基化技术是在 1930 年开发的。是年，美国环球油品公司的 H. Pinez 和 V. N. Ipatieff 发现，在浓硫酸、氢氟酸等存在的条件下，异构烷烃与烯烃可以发生烷基化反应。这一发现改变了传统上认为烷烃为非活性物的看法，引发人们对烷基化反应的广泛研究。1935 年，英伊石油公司、印第安纳标准石油公司等分别开发出烷基化工艺，用以生产高辛烷值汽油。1938 年，亨伯石油炼制公司的贝敦炼油厂建成、投产世界上第一套以浓硫酸为催化剂的烷基化反应装置。到 1939 年 11 月，美国建成 6 座商业化硫酸法烷基化装置，每天生产烷基化油 3 525 桶。1940 年，菲利普斯公司发明氢氟酸烷基化工艺。1942 年，菲利普斯公司博格炼油厂建成、投产世界上第一套以氢氟酸为催化剂的烷基化反应装置。[1]1950 年，美国斯特拉科公司研发出利用反应产物作冷冻剂的卧式管壳型硫酸法烷基化新工艺，随后得到广泛应用。

从 20 世纪 60 年代中期到 70 年代初期，中国先后在兰州炼油厂、抚顺石油二厂、胜利炼油厂等建成多套硫酸法烷基化工业装置。20 世纪 80 年代又引进技术，建成 10 余套氢氟酸法烷基化工业装置。到 21 世纪初，中国共有烷基化工业装置 20 套，其中硫酸法烷基化工业装置 8 套，氢氟酸法烷基化工业装置 12 套，实际加工能力为 130 万吨 / 年。[2]

硫酸法烷基化工艺的酸渣排放量大，对环境污染严重。氢氟酸法烷基化工艺的催化剂氢氟酸是易挥发的有毒化学品，对环境危害也大。对此，许多国家致力于开发新一代烷基化催化剂及工艺，主要方向是降低硫酸法烷基化的酸耗及其排放，提高氢氟酸法烷基化的安全性。迄今，已取得一些重要进展。在硫酸法法烷基化方面，一是研制出丙烯、丁烯、戊烯烷基化新工艺，优点是可以利用85%～87%（常规烷基化用90%）的低浓度硫酸，在不增加酸用量的情况下多产出 25% 的烷基化油；二是开发出一种能除去硫酸法烷基化产物中酸和酶的纤维膜接触器（称为 Esterex 系统），它与常规混合阀相比，不仅能延长接触时间，还能提高传质效率和分离效果。[3]在氢氟酸法烷基化方面，一是取消反应器中的搅拌器和反应回路中的循环泵、轴封和法兰、衬垫密封连接，可减少装置中 HF 泄漏的

---

[1] 沈本贤主编《石油炼制工艺学》，中国石化出版社，2009，第 398 页。

[2] 同上。

[3] 邢颖春主编《国内外炼油装置技术现状与进展》，石油工业出版社，2006，第 21 页。

潜在点；在反应器和安全储罐间安装远程控制的快卸阀，可在 90 秒内依靠重力快速卸空有关设备中的 HF，减少 HF 的扩散。二是开发出一种专用添加剂以及与 HF 合用的注入系统，可大大减少 HF 的挥发性，并且可使烷基化油的 RON 提高 0.8 个单位。美国加利福尼亚州有 2 座炼油厂采用这些技术，用于生产新配方汽油的调合组分。[①] 此外，针对烷基化装置进料组成对烷基化油的辛烷值的影响，开发了选择性加氢和临氢异构化、吸附等烷基化原料预处理工艺。

2008 年，美国禁用甲基叔丁基醚（MTBE）的法规获得通过。这不仅对美国本土 46 套 MTBE 装置的生产产生直接影响，还给为其提供大量 MTBE 产品的欧洲乃至全世界的 MTBE 生产带来冲击。对 MTBE 装置进行改造，生产符合新配方汽油标准的烷基化油调合组分，是 MTBE 装置的一种出路。环球油品公司的 InAIK 烷基化技术可用来改造 MTBE 装置，生产烷基化油。2001 年，有 3 套 InAIK 工艺投入生产，其中有一套装置建在阿曼的索哈尔炼油厂，还有一套新建在阿瑟港。新装置的原料来自裂解装置和催化裂化装置的 C4 馏分，用以生产高辛烷值的烷基化油。[②]

（二）异构化

1959 年，加州里奇蒙德炼油厂建成由雪佛龙公司设计的 5 万吨 / 年加氢异构化工业试验装置，可将低价值的重质油转化为高价值的轻质油品。1962 年，第一套 37.5 万吨 / 年的大规模异构化工业装置在托利多炼油厂建成并投入使用。[③]2002 年，中国石化金陵分公司建成加工能力为 10 万吨 / 年的国内第一套异构化工业装置，它采用一次通过流程，异构化油的 RON 提高 6 ～ 10 个单位，达到世界同类装置的先进水平。[④]

石油炼制中使用的异构化催化剂主要有两类：一是无定形催化剂。使用此类催化剂时，反应温度较低（120 ～ 150 ℃），氢烃比小于 0.1，不需要氢气循环，但需要对原料进行严格的预处理和干燥。二是沸石类催化剂。使用此类催化剂时，反应温度较高（230 ～ 270 ℃），氢烃比大于 1.0，需要氢气循环。[⑤]

到 2002 年，全球异构化加工能力达 6 497 万吨 / 年。其中，美国为 2 770 万吨 / 年，占世界总量的 42.64%（表 13-127）。

表 13-127　2002 年世界异构化加工能力

国家	加工能力 /（万吨 / 年）	比例 /%
美国	2 770	42.64
日本	90	1.39
德国	353	5.43
中国	15	0.23
全球合计	6 497	100

资料来源：沈本贤主编《石油炼制工艺学》，中国石化出版社，2009，第 412 页。

[①] 邢颖春主编《国内外炼油装置技术现状与进展》，石油工业出版社，2006，第 21-22 页。
[②] 同上书，第 271 页。
[③] 王才良、周珊：《世界石油大事记》，石油工业出版社，2008，第 151 页。也有的资料介绍 C5/C6 异构化技术首次工业化的时间为 1958 年。
[④] 王海彦、陈文艺主编《石油加工工艺学》，中国石化出版社，2009，第 381 页。
[⑤] 沈本贤主编《石油炼制工艺学》，中国石化出版社，2009，第 412 页。

（三）高辛烷值醚类合成

高辛烷值醚类含氧化物是广泛应用的高辛烷值汽油调合组分，其工业应用主要包括由 $C_4 \sim C_6$ 叔碳烯烃与甲醇反应得到的甲基叔丁基醚、甲基叔戊基醚（TAME）、甲基叔己基醚，以及由异丁烯与乙醇反应得到的乙基叔丁基醚（ETBE）。[1]

1907 年，比利时化学家 A. Reycher 首先发现叔碳烯烃与醇合成醚的反应。1973 年，意大利建成世界上第一套 MTBE 工业生产装置。20 世纪 70 年代起，MTBE 主要作为汽油替代燃料使用。2001 年，全球共有 170 多套 MTBE 生产装置，生产能力达 2 697 万吨 / 年，总产量 2 252 万吨 / 年。[2]2008 年后，美国禁止使用 MTBE。

1986 年，世界上第一套采用 BP 技术的催化裂化轻汽油醚化装置建成、投产。1994 年，中国在抚顺石油一厂建成国内第一套汽油处理量为 50 万吨 / 年的催化裂化轻汽油醚化装置，到 21 世纪头几年共有 9 套轻汽油醚化装置在运转，总加工能力为 115 万吨 / 年。世界上第一套 TAME 工业生产装置建于 1988 年，到 21 世纪头几年共有 30 余套 TAME 生产装置，TAME 生产能力约为 300 万吨 / 年。[3]

四、润滑油生产

润滑油可分为动物油、植物油、石油润滑油、合成润滑油等。其中，从石油炼制中得到的石油润滑油占润滑油总量的 97% 以上。[4]具体包括车用机油、航空润滑油、汽缸油、机械油等。通过石油炼制生产润滑油，必须对原油蒸馏得到的润滑油基础组分进行溶剂脱蜡、溶剂脱沥青、溶剂精制、加氢精制等工艺的加工处理，才能生产出符合各种需要的润滑油。2003 年，全球共有 162 个润滑油基础油生产厂，生产能力为 4 582 万吨 / 年，产量为 3 585 万吨。其中，亚太地区有 52 个基础油厂，生产能力为 1 310 万吨 / 年；北美地区有 23 个基础油厂，生产能力为 1 096 万吨 / 年（表 13-128）。

表 13-128 2003 年世界润滑油基础油生产厂的生产能力和产量

地区	基础油厂数量 / 个	生产能力 /（万吨 / 年）	产量 / 万吨
北美	23	1 096	930
拉丁美洲	13	319	232
西欧	24	771	654.5
中欧 / 东欧	33	790	477
近东 / 中东	8	194	127
非洲	9	102	80.5
亚太	52	1 310	1 084
合计	162	4 582	3 585

资料来源：邢颖春主编《国内外炼油装置技术现状与进展》，石油工业出版社，2006，第 328 页。

---

[1] 沈本贤主编《石油炼制工艺学》，中国石化出版社，2009，第 419 页。

[2] 同上书，第 420 页。

[3] 同上。

[4]《中国大百科全书》总编委会:《中国大百科全书·第 18 卷》第 2 版，中国大百科全书出版社，2009，第 577 页。

（一）溶剂脱蜡

1905 年，美国出现了润滑油脱蜡用的"发汗"器[1]，至今润滑油脱蜡已有 110 多年的历史。

溶剂脱蜡始于 20 世纪 20 年代。1927 年，印第安纳标准石油公司建成世界上第一套用于润滑油生产的溶剂脱蜡装置——酮苯脱蜡装置，采用丙酮与苯的混合物作为溶剂。在此基础上，德士古公司用甲乙酮（也称丁酮，英文缩写为 MEK）和甲苯代替丙酮和苯，开发出甲乙酮－甲苯脱蜡新工艺（获专利），成为现代使用最广泛的溶剂脱蜡工艺。

20 世纪 30 年代后，各国先后开发出丙烷脱蜡、高级酮脱蜡、尿素脱蜡、分子筛脱蜡等工艺（表13-129）。

表 13-129　世界润滑油脱蜡工艺的演化

时间 / 年	工艺名称 / 说明
1905	脱蜡"发汗"器
1920	润滑油离心脱蜡技术。由马克斯·米勒等发明
1927	酮苯脱蜡工艺。世界上第一套润滑油脱蜡装置由印第安纳标准石油公司开发
1932	丙烷脱蜡工艺。由印第安纳标准石油公司开发
1940	高级酮脱蜡工艺。加拿大帝国石油公司在萨尼亚炼油厂建成第一套
1955	润滑油尿素脱蜡工艺。联邦德国埃德里亚务公司开发出第一套
1962	莫莱克斯法（润滑油）分子筛脱蜡工艺。由美国环球油品公司开发，是年实现工业化
1972	稀冷脱蜡工艺。由埃克森美孚研究与工程公司发明
（不详）	甲乙酮（丁酮）－甲苯脱蜡工艺。由德士古公司开发

资料来源：作者整理。主要参考王才良、周珊：《世界石油大事记》，石油工业出版社，2008。

当今，溶剂脱蜡在润滑油脱蜡中占据主导地位。据 1998 年美国石油炼制者协会（NPRA）年会披露，截至 1998 年 1 月 1 日，美国溶剂脱蜡能力占润滑油脱蜡能力的 70.21%。中国大部分脱蜡装置也是溶剂脱蜡，溶剂脱蜡加工占润滑油加工成本的 66%。在溶剂脱蜡中，以德士古公司的溶剂脱蜡技术为主，所用溶剂以甲乙酮－甲苯混合溶剂为主。其他常用溶剂有甲乙酮、混合溶剂、甲基异丁基酮等。1984 年，全世界甲乙酮－甲苯脱蜡装置约有 120 套，占溶剂脱蜡装置的 80% 以上。2001 年，北美共有 22 套脱蜡装置，总加工能力为 1 111.94 万吨 / 年，其中甲乙酮－甲苯脱蜡装置 16 套，甲乙酮－甲基异丁基酮（MIBK）脱蜡装置 3 套，丙烷脱蜡装置 1 套，MIBK 或丙烷脱蜡装置 1 套，催化脱蜡装置 1 套。2002 年，中国共有溶剂脱蜡装置 34 套，总加工能力为 823.8 万吨 / 年。[2]

（二）溶剂脱沥青

1936 年，Kellogg 公司开发出世界上第一套用于润滑油生产的溶剂脱沥青工艺——丙烷脱沥青装置。此后，溶剂脱沥青工艺在石油炼制中得到广泛应用。20 世纪 40 年代起，溶剂脱沥青工艺成为重油加

[1] 王才良、周珊：《世界石油大事记》，石油工业出版社，2008，第 39 页。
[2] 邢颖春主编《国内外炼油装置技术现状与进展》，石油工业出版社，2006，第 352 页。

工技术的一个组成部分。[1]

最早的连续式丙烷脱沥青装置采用混合 – 沉降模式。后来，随着塔器技术的开发，逐渐将混合 – 沉降模式改为挡板或筛板塔。20 世纪 50 年代，壳牌公司开发出用转盘塔进行萃取的 RDC 技术，Foster-Wheeler（FW）公司引入转盘塔技术，设计了 30 多套丙烷脱沥青转盘萃取塔。[2]

20 世纪 50 年代，美国科尔 – 麦吉（Kerr-McGee）公司开始研究利用超临界技术提高溶剂脱沥青过程能量效率的方法，开发出基于溶剂超临界回收的 ROSE 工艺。1955 年，KBR 公司从 Kerr-McGee 公司获得该技术的专利权许可，但直到 1979 年才建成第一套采用 ROSE 技术的工业装置。1966 年，中国成功开发出丙烷脱沥青的临界回收技术，并在兰州炼油厂建成丙烷脱沥青工业装置，使丙烷脱沥青装置的能耗降低了 40% 以上，成为世界上最早实现溶剂脱沥青装置溶剂临界回收技术工业化的国家。临界 / 超临界溶剂回收技术的应用在溶剂脱沥青发展史上具有里程碑式的重要意义。[3]

20 世纪 70 年代，石油危机引发了重油加工技术开发的热潮，各国石油公司随之开发出各种溶剂脱沥青工艺（表 13–130），以满足重油深度加工的要求。诸如，环球油品公司（UOP）的溶剂脱沥青技术、法国石油研究院（IFP）提出的 Solvahl 脱沥青工艺、壳牌公司开发的水力旋分法等。20 世纪 90 年代中期，Kellogg 公司和环球油品公司相继将高效规整填料技术应用于溶剂脱沥青过程，使溶剂脱沥青的效率得到较大幅度提高，并使溶剂脱沥青装置大型化。[4]到 20 世纪末，全球具有加工渣油能力的装置近 600 套，加工能力为 8.1 亿吨 / 年，其中溶剂脱沥青能力占 3.1%，为 2 524.5 万吨 / 年（1999 年）。[5]

表 13–130　各国公司提出的溶剂脱沥青工艺

工艺名称	Kellogg SDC	Foster-Wheeler LEDA	UOP Demex	Kerr-McGee ROSE	IFP Solvahl	苏联 Doben	日本 丸善 MDS	壳牌公司 Hydro-Cyclone
溶剂	C_4	C_5	C_5	C_5	C_5	汽油	$C_3 \sim C_4$	C_5
原料	减压渣油	减压渣油	减压渣油	减压渣油	减压渣油	减压渣油	常压渣油	常压渣油
密度 /（g/cm³）	1.032	1.032	1.030	1.022	1.003	1.003	0.957	—
黏度（100 ℃）/（mm²/s）	3 050	2 190	7 100（82 ℃）	—	345	—	224（50 ℃）	51
S/%	—	5.0	5.2	4.0	4.1	4.6	3.7	
残炭 /%	24.0	21.3	18.5	20.8	16.4	16.76	9.4	—
Ni+V/（μg/g）	139.9	138.0	131.0	98.0	80.0	140.0	62.0	81.0
C_7 不溶物 /%	—	8.0	9.0	—	4.2	7.7	—	2.4

---

[1] 洪定一主编《炼油与石化工业技术进展》，中国石化出版社，2009，第 175 页。

[2] 同上。

[3] 同上。

[4] 同上。

[5] 邢颖春主编《国内外炼油装置技术现状与进展》，石油工业出版社，2006，第 375 页。

续表

工艺名称	Kellogg SDC	Foster-Wheeler LEDA	UOP Demex	Kerr-McGee ROSE	IFP Solvahl	苏联 Doben	日本丸善 MDS	壳牌公司 Hydro-Cyclone
脱沥青油								
收率 /%	—	77.3	80.0	80.0	85.5	86.0	—	—
密度 /（g/cm³）	0.959 7	0.999	0.999	0.995 1	0.974	0.983 2	0.945	—
黏度（100 ℃）/（mm²/s）	105	361	240	—	105	—	139（50 ℃）	—
残炭 /%	4.5	12.5	12.7	13.0	7.9	11.5	6.9	
Ni+V/（μg/g）	1.6	31.0	29.0	29.0	22.5	64.0	20.0	22.4
脱油沥青								
密度 /（g/cm³）	—	1.165（15.6 ℃）	1.210	—	1.140（25 ℃）	1.125	1.135	—
软化点 /℃	94	193	—	177	—	—	137	—

资料来源：洪定一主编《炼油与石化工业技术进展》，中国石化出版社，2009，第 176 页。

当今，世界上投入生产的溶剂脱沥青装置有 100 多套。世界各国采用的溶剂脱沥青方法主要有美国 Kerr-McGee 公司的超临界抽提 ROSE 工艺、埃索公司的溶剂脱沥青 FWC 工艺、UOP 的抽提脱金属 Demex 工艺、FW 公司的低能耗脱沥青 LEDA 工艺、Kellogg 公司的溶剂脱碳 SDC 工艺、法国 IFP 的多段沉降戊烷脱沥青 Solvahl 工艺、俄罗斯以轻汽油为溶剂的 Doben 工艺、日本丸善的多降液管式筛板抽提 MDS 工艺，以及中国普遍使用的壳牌公司的水力驱动转盘的抽提 Hydro-Cyclone 工艺等。其中，使用最广泛的工艺主要是 ROSE 工艺、Demex 工艺、LEDA 工艺和 Solvahl 工艺，它们代表当今世界溶剂脱沥青的技术水平。[①]

（三）溶剂精制

溶剂精制是润滑油生产的重要环节。1909 年，出现世界上第一套溶剂精制装置。1926 年，美国埃德利努发明二氧化硫溶剂法精制煤油技术，被用来精制变压器油。1928 年，加拿大帝国石油公司萨尼亚炼油厂建成该公司第一套润滑油精制装置。1933 年，德士古公司在印第安纳炼油厂建成一套润滑油糠醛精制装置。1955 年，中国建成国内第一套糠醛精制装置。

20 世纪 80 年代中期以来，溶剂精制技术未能取得重大突破，但对其工艺和设备进行了不断改进。较常用的溶剂主要是糠醛、酚和 N- 甲基吡咯烷酮（NMP），其中 NMP 优于其他两种。[②]

根据美国和加拿大的统计，在各种溶剂精制装置构成中，糠醛精制所占的比例在 1937 年为 28%，1977 年提高到 40%，均居首位，但到 1990 年降为 30%，退居第二位；酚精制所占的比例，1937 年、

① 邢颖春主编《国内外炼油装置技术现状与进展》，石油工业出版社，2006，第 375 页。
② 同上书，第 391 页。

1977 年分别为 25%、28%，到 1990 年降为 1%；而 NMP 精制在 1977 年为 11%，到 1990 年时猛增至 56%，居第一位（表 13-131）。迄今，NMP 精制已成为世界上溶剂精制的主流，而酚精制则趋于淘汰。

表 13-131　1937—1990 年美国及加拿大溶剂精制装置构成

类型	1937 年	1977 年	1990 年
糠醛精制	28%	40%	30%
酚精制	25%	28%	1%
NMP 精制	0%	11%	56%
其他	47%	21%	13%

资料来源：邢颖春主编《国内外炼油装置技术现状与进展》，石油工业出版社，2006，第 139 页。

1998 年，中国共有 25 套糠醛精制装置，总加工能力为 670 万吨 / 年；6 套酚精制装置，总加工能力为 110 万吨 / 年；1 套 NMP 精制装置，加工能力为 23 万吨 / 年。[①]

（四）加氢脱蜡

早期润滑油加氢脱蜡以加氢处理、加氢后精制、催化加氢等工艺为主。加拿大于 1954 年建成第一套润滑油加氢补充精制装置，逐渐取代白土精制工艺。1973 年，法国石油研究院与一家西班牙公司合作，在法国热尔港炼油厂建成世界上第一套用来生产白色润滑油的催化加氢装置，年加工能力为 27 500 吨。[②]1984 年，Chevron-Gulf 公司在里奇蒙德炼油厂建成一套加氢处理—催化脱蜡—加氢后精制润滑油生产装置，以较低成本生产高质量润滑油。第二年，日本千叶炼油厂采用当时最新的催化脱蜡工艺，建成临氢脱蜡装置，与原有加氢精制装置联用，在世界上首次用石蜡基础油生产出低凝固点（-45 ℃）润滑油基础油。[③]

自 20 世纪 90 年代起，加氢裂化、异构脱蜡等工艺成为润滑油生产的重要技术。雪佛龙公司的里奇蒙德润滑油厂采用该公司研发的选择性蜡异构化催化工艺，于 1993 年建成世界上第一套包括加氢裂化、异构脱蜡和加氢后处理在内的全加氢型润滑油生产装置，其异构脱蜡（IDW）技术也实现工业化。[④]美国、加拿大、韩国、印度、中国、芬兰等国家先后采用这种技术（表 13-132）。

世界各国Ⅱ、Ⅲ类润滑油基础油加氢生产工艺组合主要有：润滑油加氢裂化—溶剂脱蜡；润滑油加氢裂化—异构脱蜡；润滑油加氢裂化—溶剂脱蜡—芳烃饱和；溶剂抽提—加氢处理—溶剂脱蜡；溶剂抽提—加氢处理—异构脱蜡；燃料加氢裂化—异构脱蜡；燃料加氢裂化—溶剂抽提—溶剂脱蜡；蜡膏异构化—溶剂脱蜡。[⑤]

---

① 邢颖春主编《国内外炼油装置技术现状与进展》，石油工业出版社，2006，第 139 页。

② 王才良、周珊：《世界石油大事记》，石油工业出版社，2008，第 212 页。

③ 同上书，第 274 页。

④ 同上书，第 311 页。

⑤ 邢颖春主编《国内外炼油装置技术现状与进展》，石油工业出版社，2006，第 330 页。

表 13-132　世界上生产 Ⅱ、Ⅲ 类润滑油基础油的工业装置

炼油厂地址	装置能力 /（万吨/年）	技术来源	原料	生产工艺	目的产品	投产时间
法国小库隆炼油厂	—	壳牌	软蜡	加氢裂化—加氢异构化 / 加氢后精制—溶剂脱蜡	Ⅲ	20 世纪 70 年代末
澳大利亚杰隆炼油厂	—	壳牌	软蜡	加氢裂化—加氢异构化 / 加氢后精制—溶剂脱蜡	Ⅲ	20 世纪 80 年代
马来西亚合成油厂[1]	58.7	壳牌	费托合成蜡	加氢裂化—加氢异构化—溶剂脱蜡	Ⅲ	1993 年
法国拉维拉炼油厂	—	BP	减压瓦斯油	加氢裂化—加氢异构化 / 加氢后精制—溶剂精制	Ⅲ	20 世纪 80 年代
英国伏利炼油厂	44.0	Esso	软蜡	加氢处理—加氢异构化 / 加氢后精制—溶剂精制	Ⅲ	1993 年
美国贝汤炼油厂	106.0	埃克森	溶剂精制油	加氢转化 / 加氢后精制—溶剂脱蜡	Ⅱ	1999 年
新加坡裕廊炼油厂	80.0	美孚	减压馏分油脱沥青油	加氢裂化—异构脱蜡 / 加氢后精制	Ⅱ / Ⅲ	1997 年
美国里奇蒙德炼油厂	80.0	雪佛龙	减压馏分油脱沥青油	加氢裂化—异构脱蜡 / 加氢后精制	Ⅱ / Ⅲ	1993 年
加拿大米西索加炼油厂	40.0	雪佛龙	减压瓦斯油	加氢裂化—异构脱蜡 / 加氢后精制	Ⅱ / Ⅲ	1996 年
美国查里湖润滑油厂	117.5	雪佛龙	减压瓦斯油	加氢裂化—异构脱蜡 / 加氢后精制	Ⅱ / Ⅲ	1996 年
芬兰波尔沃炼油厂	25.0	雪佛龙	减压瓦斯油	加氢裂化—异构脱蜡 / 加氢后精制	Ⅲ	1997 年
韩国蔚山炼油厂	25.0	雪佛龙	减压瓦斯油	加氢裂化—异构脱蜡 / 加氢后精制	Ⅲ	1997 年
中国大庆炼化公司	20.0	雪佛龙	溶剂精制油	加氢处理—异构脱蜡 / 加氢后精制	Ⅱ	1999 年
中国兰州石化公司	40.0	IFP	减压馏分油脱沥青油	加氢处理—常减压蒸馏—加氢后精制—溶剂脱蜡	Ⅱ	1997 年
美国约瑟港炼油厂	80.0	雪佛龙	溶剂精制油	加氢处理—异构脱蜡 / 加氢后精制	Ⅱ	1998 年
印度比那炼油厂	39.0	雪佛龙	减压瓦斯油	加氢裂化—异构脱蜡 / 加氢后精制	Ⅱ / Ⅲ	2000 年
亚洲某炼油厂	65.0	雪佛龙	减压瓦斯油	加氢裂化—异构脱蜡 / 加氢后精制	Ⅱ / Ⅲ	2001 年
马来西亚马六甲炼油厂	42.0	雪佛龙	减压瓦斯油	加氢裂化—异构脱蜡 / 加氢后精制	Ⅱ / Ⅲ	2001 年

资料来源：邢颖春主编《国内外炼油装置技术现状与进展》，石油工业出版社，2006，第 330-331 页。

注：[1] 天然气合成油厂。

五、渣油加工和脱硫回收

近代末期，炼油厂开始将渣油加工作为燃料油使用。随着常规石油日益减少，原油中的减压渣油或重油的转化利用成为炼油工业面临的重大课题。原油中硫的回收利用也为世界各国所重视。

（一）渣油加工

渣油是石油炼制中产生出来的一种副产品，包括减压渣油和常压渣油两种。渣油深加工技术可分为脱炭、加氢、汽化三类。脱炭工艺主要有焦化、减黏裂化、溶剂脱沥青、FCC 和渣油催化裂化（RFCC）等；加氢工艺包括加氢裂化和加氢处理；汽化工艺指直接将渣油氧化燃烧，用于发电、制氢等。[①] 其中，焦化工艺是渣油加工的一种重要技术（表 13–133）。

表 13–133　各种渣油加工工艺对比

工艺类型	对原油质量的适应性灵活性	主要产品率 /%	成本 /（美元 / 桶）	炼化结合的潜力
延迟焦化	宽 残炭 > 3.8% ~ 45%	馏分油 30 ~ 65 焦炭 30	2 000 ~ 4 500	石脑油：产率 13% ~ 18%，加氢精制后可用于生产乙烯（BMCI=10）
重油催化裂化	窄 低硫石蜡基油	轻油 82	3 000 ~ 4 000	乙烯和丙烯：乙烯产率约 1%，丙烯产率约 5%
加氢裂化	宽 高硫原油	轻油 96	3 000 ~ 7 000	馏分油：产率 30%，BMCI=10，可用于生产乙烯 石脑油：可用于生产芳烃

资料来源：王海彦、陈文艺主编《石油加工工艺学》，中国石化出版社，2009，第 6–7 页。

延迟焦化工艺是美国标准石油公司发明的。1930 年，在美国 Whiting 炼油厂建成、投产世界上第一套延迟焦化装置。[②]1976 年，日本东亚石油公司川崎炼油厂建成由埃克森公司开发的第一套灵活焦化装置。20 世纪末，美国雪佛龙公司 Pascagoula 炼油厂建成世界上最大的延迟焦化装置，加工能力达 301 万吨 / 年。[③]2002 年，上海高桥石化建成中国最大的延迟焦化装置，加工能力为 140 万吨 / 年。

渣油加氢工艺最先由日本千叶炼油厂开发出，该厂于 1967 年首次实现渣油固定床加氢处理工业化。1975 年，美国城市服务公司等开发出渣油加氢裂化工艺——LC-Fining 工艺。[④]1977 年，埃克森公司在美国贝汤炼油厂建成第一套渣油加氢精制工艺装置，处理能力为 375 万吨 / 年。[⑤]1992 年，日本 IKC 公司 Aichi 炼油厂采用雪佛龙鲁姆斯（CLG）的在线催化剂置换技术，首次进行 CLG 渣油加氢装置工业化示范，生产能力为 250 万吨 / 年。

渣油流化催化裂化工艺——常压渣油转化法由美国阿希兰石油公司开发，于 1978 年在卡特利茨堡炼油厂建成第一个示范厂，年处理量 1 万吨。

渣油减黏裂化工艺在 20 世纪 90 年代出现，UOP 等于 1993 年联合开发出渣油减黏裂化技术。[⑥]

20 世纪末至 21 世纪初，焦化在渣油加工中所占的比例最大，达到 30% 左右（表 13–134）；其次为减黏裂化和催化裂化。

① 王海彦、陈文艺主编《石油加工工艺学》，中国石化出版社，2009，第 6 页。
② 邢颖春主编《国内外炼油装置技术现状与进展》，石油工业出版社，2006，第 216 页。
③ 同上书，第 224 页。
④ 同上书，第 181 页。
⑤ 王才良、周珊：《世界石油大事记》，石油工业出版社，2008，第 232 页。
⑥ 邢颖春主编《国内外炼油装置技术现状与进展》，石油工业出版社，2006，第 243 页。

表 13-134　1999—2003 年世界渣油加工能力和比例

工艺类型	1999 年		2003 年	
	加工能力 /（百万吨 / 年）	占渣油加工比例 /%	加工能力 /（百万吨 / 年）	占渣油加工比例 /%
重油催化裂化	160.66	20.35	204.98	23.74
焦化	232.01	29.40	265.42	30.74
热裂化 / 减黏裂化	226.81	28.73	223.23	25.85
渣油加氢	144.52	18.32	146.06	16.91
溶剂脱沥青	25.25	3.20	23.82	2.76

资料来源：沈本贤主编《石油炼制工艺学》，中国石化出版社，2009，第 195 页。

2001 年，中国催化裂化在重油转化工艺中排第一位，实际加工量占总加工量的比例达 46.84%，延迟焦化在重油转化工艺中排第二位（表 13-135）。

表 13-135　2001 年中国重油转化工艺情况

工艺类型	加工能力 /（万吨 / 年）	实际加工量 /（万吨）	加工重油（折 100% 减压渣油）/（万吨 / 年）	占重油总加工量比例 /%
催化裂化	10 096	8 076.80	2 970.18	46.84
延迟焦化	2 164	1 976.63	1 976.63	31.17
减黏裂化	772	441.96	441.96	6.97
重油加氢	520	514.14	325.86	5.14
溶剂脱沥青	10 198	561.71	561.71	8.86

资料来源：邢颖春主编《国内外炼油装置技术现状与进展》，石油工业出版社，2006，第 74 页。

据美国《油气杂志》统计，截至 2008 年 1 月 1 日全球 657 个炼油厂的焦化总加工能力为 24 600 万吨 / 吨，占世界原油一次加工能力的 5.78%。其中，美国拥有焦化装置最多，焦化装置加工能力也最强，2007 年达到 13 356 万吨 / 年，占世界焦化总能力的 54.3%；中国是焦化能力发展较快的国家之一，2005 年达到 4 060 万吨 / 年，排世界第二位（表 13-136）。

表 13-136　截至 2008 年 1 月 1 日世界重油焦化能力排名前十的国家

排名 [1]	国家	原油加工能力 /（百万吨 / 年）	焦化加工能力 /（百万吨 / 年）	焦化占原油加工能力比例 /%
1	美国	872.36	133.56	15.31
2	中国 [2]	312.30	40.60	13.00
3	印度	112.78	9.33	8.27
4	委内瑞拉	64.11	7.97	12.43
5	巴西	95.41	6.34	6.65
6	德国	120.85	6.00	4.96

续表

排名[1]	国家	原油加工能力 /（百万吨 / 年）	焦化加工能力 /（百万吨 / 年）	焦化占原油加工能力比例 /%
7	阿根廷	31.30	5.54	17.70
8	荷兰	61.34	5.49	8.95
9	日本	232.54	5.14	2.21
10	墨西哥	77.00	5.01	6.50

资料来源：洪定一主编《炼油与石化工业技术进展》，中国石化出版社，2009，第 162 页。

注：[1] 按焦化加工能力排名。[2] 中国为 2005 年年底的数据。

（二）脱硫回收

原油脱硫回收是清洁燃料生产的重要环节。早在 1973 年，阿科公司的费城炼油厂就建成第一套加氢脱硫工艺装置，处理能力为 100 万吨 / 年。此后，加拿大、法国等国扩大从天然气、石油中回收硫的规模。1977 年，世界各国共回收硫 1 546 万吨，比 1973 年的 1 373.5 万吨增加 172.5 万吨；从油气中回收硫的数量占世界硫产量的比例达 64.5%。[1]

从 1992 年 10 月 1 日起，日本的柴油含硫量指标由 0.5% 降至 0.2%。次年 10 月，美国开始生产和使用超低硫柴油。

第 4 节　石油储运、贸易和应用

现代石油储存和运输无论是技术上还是规模上都取得极大的发展、进步，其中遍布世界各地的输油管道网已成为极其重要的石油运输方式。国际石油贸易因石油生产规模的扩大以及需求的不断增多而得到空前发展，并成为现代世界经济的重要组成部分。石油化学工业的产生与发展对人类社会生活产生了广泛、深刻的影响。

一、石油储运

油田开采出来的石油，可采用油罐、地下储油库等储油设施储存起来，然后通过铁路、水路、管道等方式运往各地消费、使用。

（一）石油储存

进入现代，储油罐技术得到不断创新与发展（表 13–137）。美国矿务局的惠金斯于 1921 年提出建

---

① 王才良、周珊：《世界石油大事记》，石油工业出版社，2008，第 237 页。

造浮顶油罐的设想。1923 年，美国芝加哥桥梁与钢铁公司设计并建造了浮顶储油罐。[1] 同年，美国得克萨斯州阿瑟港建成一座哈通球型储油罐。1929 年，美国建成首座哈通扁型储油罐。1946 年，开发出首座哈通双盘浮顶储油罐。1958 年，美国路易斯安那州建成第一座双壁平底储油罐，容量达 35 000 桶。1960 年，墨西哥湾建成首座容积为 3 180 立方米的海底储油罐。1980 年，日本九州喜入港建成世界上最大的中转油库，储油设施包括北面 30 座 10 万立方米的油罐和南面总容量为 397 万立方米的油罐群，地上储油容量为 659 万立方米，卸油能力为 30 000 米³/时。[2]2006 年，新加坡投资 7.5 亿新加坡元（约 4.5 亿美元），在裕廊岛兴建东南亚地区最大的石油储库，它由 73 座储油罐组成，总容量为 230 万立方米。

表 13-137　世界储油罐技术的发展

时间 / 年	类型	制造商 / 其他
1918	钢质储油罐	美国国民储罐公司开发
1923	浮顶储油罐	美国芝加哥桥梁与钢铁公司建造
1923	哈通球型储油罐	在美国得克萨斯州阿瑟港建成
1927	可变气体空间储油罐	美国芝加哥桥梁与钢铁公司建造
1927	锥形底储油罐	国民储罐公司制成多级分离器、油田用锥形底焊接储油罐
1929	哈通扁型储油罐	第一座在美国建成
1946	哈通双盘浮顶储油罐	第一座在美国建成
1958	双壁平底储油罐	在美国路易斯安那州建成
1960	水下储油罐	在墨西哥湾建成世界第一座海底储油罐

资料来源：作者整理。参考王才良、周珊：《世界石油大事记》，石油工业出版社，2008。

在地下油库建设方面，20 世纪 50 年代中期以前，兴建地下储油库的国家很少，只有瑞典和美国等。"二战"期间，瑞典等北欧国家为了躲避飞机、大炮轰炸储油设施，建造了一批地下洞室油库。"二战"结束后的几年里，瑞典国家电力局埃德霍姆发明并建造了第一批地下水封岩洞油库。为了方便石油储备，法国、联邦德国等国家也先后建造一批地下油库。到 1981 年，世界各地有地下储油库 700 座。其中，最大的原油、成品油和液化气地下储库在法国、联邦德国和芬兰。[3]

（二）石油运输

石油运输可采取铁路、水运和管道运输等方式。早期以铁路运输和水路油轮运输为主。20 世纪下半叶尤其是中后期，随着输油管道的发展，管道运输成为石油运输的重要方式。1913 年，俄国各种石油运输方式中，水运占 63.1%，其次是铁路运输，占 34.5%，管道运输仅为 2.4%（表 13-138）。而到 1971 年，苏联各种石油运输方式中，管道运输成为最重要的方式，所占比例增至 44.6%，水运则降为 14.6%，铁路运输为 40.8%。

---

[1] 王才良、周珊：《世界石油大事记》，石油工业出版社，2008，第 62 页。

[2] 同上书，第 249 页。

[3] 同上。

表 13-138　1913—1971 年俄国 / 苏联各种运输方式中石油运量的比例

运输方式	1913 年	1940 年	1945 年	1965 年	1971 年
铁路	34.5%	44.5%	48.4%	42.2%	40.8%
水运	63.1%	43.7%	38.7%	14.9%	14.6%
管道	2.4%	11.8%	12.9%	42.9%	44.6%

资料来源：勃·弗·拉奇科夫：《石油与世界政治》，上海师范大学外语系俄语组、上海《国际问题资料》编辑组译，上海人民出版社，1977，第288页。

1. 管道运输

20 世纪上半叶，输油管道建设主要集中在美国等少数石油生产大国。20 世纪 50 年代后，其他国家和地区也先后发展输油管道，管道运输技术得到不断突破与发展。

（1）20 世纪上半叶

1917 年，美国输油管道长度约 3.2 万千米。此后 10 年得到大发展，1927 年达到 8.4 万千米，约增长 1.6 倍。到 1949 年，美国输油管道长度达 12.51 万千米，居世界首位。

除了美国，哥伦比亚、委内瑞拉、伊拉克、沙特阿拉伯、中国、英国等国家也先后建设了一批输油管道（表 13-139）。

表 13-139　20 世纪上半叶部分国家输油管道的建设

时间 / 年	事件
1926	哥伦比亚建成从安地安到卡塔赫纳的输油管道
1929	美国建成世界上第一条长距离成品油输送管道——塔斯卡罗拉管道
1932	苏联建成国内第一条成品油长距离输送管道——阿尔马维尔—特鲁多瓦亚管道，全长 486 千米，管径 305 毫米
1933	伊拉克建成从基尔库克油田至地中海滨海法港的输油管道，全长 1 931 千米，开始从地中海输出原油
1939	沙特阿拉伯建成从达曼油田到塔努拉角的输油管道，出口第一船原油
1941	中国建成从玉门老君庙 8 号井到河西炼油厂的第一条输油管道，长约 500 米
1946	英国建成穿越英吉利海峡的海底成品油运输管道
1949	加拿大建成省际输油管道（IPL），全长 10 560 千米

资料来源：作者整理。参考王才良、周珊：《世界石油大事记》，石油工业出版社，2008。

在输油管道建设过程中，一批新技术被先后开发并得到应用（表 13-140）。1920 年，开始采用氧炔焊代替管道的螺栓连接。1928 年，苏联建成世界上第一条用电焊焊接的原油运输管道，全长 618 千米。1943 年，美国建成从得克萨斯州到宾夕法尼亚州，直径达 24 英寸的大口径原油管道，全长 2 016 千米，年输油能力达 1 500 万吨。[1]

---

[1] 王才良、周珊：《世界石油大事记》，石油工业出版社，2008，第105-106页。

表 13-140　20 世纪上半叶世界输油管道技术的开发与应用

时间 / 年	新技术（要点）	开发、应用情况
1920	氧炔焊	用氧炔焊代替管道螺栓连接
1922	气焊法	普莱利管道公司用气焊法建成一条原油管道
1928	电焊法	苏联建成世界上第一条电焊焊接的原油管道
1928	无缝钢管	美国生产出用于输送石油的 40 英尺长的无缝钢管
1930	阴极保护	美国新奥尔良采用整流器首次实行输油管道的阴极保护
1941	压力焊接	El Paso 公司开始运用压力焊接建造输油管道
1943	大口径管道	美国建造直径 24 英寸的大口径原油输送管道
（不详）	电弧焊	美国建造 Texas Empire Pipeline Co. 的管道系统时首次大规模应用该技术

资料来源：作者整理。参考王才良、周珊：《世界石油大事记》，石油工业出版社，2008。

（2）20 世纪下半叶

20 世纪 50 年代以后，欧美国家进一步加大输油管道的建设力度，输油管道向大口径、长距离发展。1973 年，最大管道直径达 1 420 毫米。[1] 到 1975 年，美国输油管道长度达 208 579 千米，比 1950 年增加 78 279 千米；苏联为 56 600 万千米，与 1950 年 5 400 千米相比大幅增长；法国、英国、联邦德国的输油管道长度分别达到 5 222 千米、2 658 千米、2 086 千米（表 13-141）。美国于 1954 年在墨西哥湾建成国内第一条海底输油管道。

表 13-141　1950—1975 年部分国家输油管道长度

时间 / 年	美国 / 千米	苏联 / 千米	联邦德国 / 千米	英国 / 千米	法国 / 千米
1950	130 300	5 400	—	—	—
1951	134 900	—	—	—	—
1952	135 500	6 200	—	—	—
1953	134 900	7 100	—	—	—
1954	142 000	—	—	—	—
1955	144 300	10 400	—	—	—
1956	147 000	11 600	—	—	—
1957	149 900	13 200	—	—	—
1958	152 200	14 400	—	—	—
1959	160 200	16 700	398	—	—
1960	165 000	17 300	455	150	500
1961	179 600	19 600	—	—	—
1962	172 100	21 700	479	—	—
1963	174 960	23 900	989	703	1 382
1964	176 570	26 900	1 070	819	1 397
1965	184 700	28 200	1 070	830	1 646

---

[1] 中国银行总管理处、北京经济学院《六国经济统计》编写小组：《六国经济统计（1950—1973）》，中国财政经济出版社，1975，第 65 页。

续表

时间/年	美国/千米	苏联/千米	联邦德国/千米	英国/千米	法国/千米
1966	186 300	29 500	1 341	898	2 242
1967	180 800	32 400	1 571	1 272	2 341
1968	190 000	34 100	1 571	1 513	2 918
1969	200 100	36 900	1 579	1 577	3 407
1970	203 200	37 400	2 058	1 634	3 533
1971	206 100	41 000	2 086	1 898	4 129
1972	209 000	42 900	2 086	1 898	4 743
1973	203 476	47 200	2 086	2 592	5 943
1974	205 425	53 000	2 086	2 613	5 231
1975	208 579	56 600	2 086	2 658	5 222

资料来源:《国外经济统计资料》编辑小组:《国外经济统计资料（1949—1976）》,中国财政经济出版社,1979,第339页。

亚洲、非洲、拉丁美洲地区的新兴石油生产国先后兴建了一批石油输送管道。巴基斯坦于1955年建成从西部杜利安到拉瓦尔品第的输油管道。阿尔及利亚于1959年建成第一条穿越大沙漠的输油管道。利比亚于1961年建成从泽勒坦油田到地中海卜雷加港的输油管道。印度于1962年建成原油热处理输油管道。厄瓜多尔于1972年建成越过安第斯山脉的输油管道。1994年2月,阿根廷和智利两国总统为横跨两国的石油出口管道举行落成仪式,该管道日输油能力为14 570吨。[①]

自1684年起到1994年的300多年间,全球（不包括中国、苏联和东欧）共建成各种油气管道150.17万千米,其中美国77.65万千米,约占世界油气管道长度的51.7%。世界输油管道技术水平不断提高。

在铺管装备方面。1958年,世界上第一艘海上专用铺管船投入使用。1962年,第一艘滚筒式铺管船投入使用。1979年,美国圣菲公司设计、建成排水量1.5万吨的卷筒式铺管船。1993年,美国在墨西哥湾Auger项目首次使用J型铺管设备。

在管径技术和管道制造方面。20世纪60年代,输油管道的管径尺寸突破1 000毫米。1964年,苏联建成向东欧输送原油的"友谊"管道,其管径最大达1 020毫米,最小为426毫米,全长5 500千米,是当时世界上最长的输油管道。1981年,沙特阿拉伯建成管径为1 219毫米的东西输油管道,年输油能力10 500万～11 500万吨,居世界之最。1993年,德国建成世界上第一条高强度薄壁钢X-80管道,管径1 219.2毫米,长194.88千米。1994年,新加坡为Allseas公司建成世界上最大的铺管船,最大铺管直径达1 524毫米。

在输油技术和管道制造方面。美国于1977年建成阿拉斯加输油管道,两年后Conoco-Arco公司在阿拉斯加输油管道上首创使用减阻剂,使其每天全线流量从16.8万吨增至17.5万吨。[②]1987年,加拿大英国石油公司等用水代替凝析油,成功进行稠油状液管道输送试验。

---

① 王才良、周珊:《世界石油大事记》,石油工业出版社,2008,第313页。

② 同上书,第242页。

（3）21 世纪初

在俄罗斯、里海、非洲等一些当今石油开发热点地区，输油管道的建设仍在继续发展。

2002 年，俄罗斯、乌克兰等六国签订亚得里亚友谊输油管道协议。

同年，阿塞拜疆、格鲁吉亚、土耳其三国开工建设巴库—第比利斯—杰伊汉输油管道，全长 1 760 千米，年输油能力 5 000 万吨。

2003 年，乍得多巴油田至喀麦隆克里比港的输油管道投入使用。多巴油田第一批原油经由 1 062 千米长的管线被输送到克里比港装船出口。

21 世纪初，中国先后与周边国家建设中哈原油管道等一批跨境油气输送管道（表 13-142）。

表 13-142　21 世纪初中国与周边国家跨境油气输送管道规划建设情况

管道名称	起运地	目的地	长度	运输能力	造价	进展
中哈原油管道（一期工程）	阿塔苏（哈萨克斯坦）	新疆阿拉山口（中国）	962 km	2 000 万 t/a	7 亿美元	2005 年投产
俄罗斯远东石油天然气管道（泰纳线，东西伯利亚—太平洋石油管道）	泰舍特（俄罗斯）	纳霍德卡（俄罗斯），再经海运到中国	4 770 km	8 000 万 t/a	115 亿美元	已建
中俄原油管道（俄远东石油管道中国支线）	斯科沃罗吉诺（俄罗斯）	大庆（中国）	1 030 km	1 500 万 t/a	4.36 亿美元	2009 年开工
中哈原油管道（二期工程）	阿特劳（哈萨克斯坦）	阿拉山口（中国）	2 798 km	2 000 万 t/a	—	2007 年开工
中缅石油管道	实兑港（缅甸）	昆明（中国）	1 100 km	2 000 万 t/a	22.5 亿美元	2009 年开工
中缅输气管线	孟加拉湾（缅甸）	云南（中国）	870 km	120 m³/a	在原油管线基础上增加投资	2009 年筹建
中亚天然气管道（土—乌—哈—中输气管道）	格达伊姆（乌兹别克斯坦和土库曼斯坦的边境）	新疆霍尔果斯（中国）	1 800 km（单线），3 600 km（双线）	150 m³/a（单线），300 m³/a（双线）	73.1 亿美元	2007 年签署协议

资料来源：上海社会科学院世界经济与政治研究院：《能源问题与国际安全》，时事出版社，2009，第 82 页。

2. 油轮运输

现代以来，油轮作为石油水路运输的重要工具，其载重量不断增加。

1937 年，法国石油公司购置了一艘当时最大的油轮，载重为 2.15 万吨。20 年之后，"世界领袖号"油轮成为世界上最大的油轮，其载重量增至 8.55 万吨（1958 年）。仅过一年，日本便制造出载重超过 10 万吨的超级油轮——"尤尼威阿波罗号"油轮，于 1959 年 1 月在日本下水，载重达到 104 520 吨。[1]

---

[1] 王才良、周珊：《世界石油大事记》，石油工业出版社，2008，第 150 页。

此后，20 世纪六七十年代，日本先后制造出载重 20 万吨级、30 万吨级、40 万吨级的巨型油轮。1970 年，世界上最大油轮吨位为 37 万吨，1973 年达到 48 万吨。[①]1980 年，日本将一艘载重 42 万吨的"海上巨人号"油轮改建为世界上最大的原油散装油轮，载重量高达 56.3 万吨，它还是当时世界上最大的船舶。2017 年 2 月 16 日，比利时"泰欧号"停泊中国宁波港，该船长 380 米，宽 68 米，航速 16 节，载重量 44 万吨。

希腊海事咨询公司 N.Cotzias 报告显示，21 世纪第一个十年末，希腊拥有全球最大的油轮运输能力。希腊在航油轮运力占全球的比例为 18.9%，其次为日本，占 11.4%，中国排第三位，占 4.7%（表 13-143）。

表 13-143　2009 年世界油轮运输能力前十位的国家（地区）

排名	国家 / 地区	占世界总运力比例 /%
1	希腊	18.9
2	日本	11.4
3	中国	4.7
4	德国	4.3
5	新加坡	4.2
6	美国	4.2
7	挪威	4.2
8	百慕大	3.8
9	沙特阿拉伯	3.0
10	俄罗斯	2.8

资料来源：张伟：《全球资源分布与配置》，人民出版社，2011，第 20-21 页。

二、石油贸易

进入现代，随着石油开发越来越多，需求越来越大，石油贸易也越来越活跃，规模越来越大，参与的国家也越来越多。

（一）总体格局

20 世纪上半叶，世界石油进出口规模较小。到 1949 年，全球出口石油 1.66 亿吨，进口石油 1.07 亿吨。[②]世界石油出口以美洲、亚洲为主，1949 年，美洲、亚洲出口石油分别为 9 000.2 万吨、6 016.8 万吨，约占世界出口总量的比例分别为 54.3%、36.3%。20 世纪 20 年代至 50 年代，石油进口贸易主要集中在欧洲、美洲地区，1959 年欧洲、美洲的石油进口分别为 21 461.1 万吨、11 846.4 万吨，分别约占世界进口总量的 57.0%、31.5%，两者共计达 88.5%。

20 世纪下半叶，世界石油进出口规模不断扩大。在出口方面，20 世纪 50 年代至 70 年代世界石油

---

① 中国银行总管理处、北京经济学院《六国经济统计》编写小组：《六国经济统计（1950—1973）》，中国财政经济出版社，1975，第 65 页。
② 由于受到年度石油进出口统计起点的影响，出口量与进口量两者并不一致。

出口发展迅猛，1979 年世界主要石油出口国出口总量达到 192 004.8 万吨（表 13-144）[①]，与 1949 年相比约增长了 10 倍。20 世纪八九十年代，受到石油危机、伊拉克战争等因素的影响，世界石油出口增速放缓，1993 年出口 155 457.9 万吨，到 20 世纪末（1999 年）回升到 257 530.0 万吨。石油出口主要集中在亚洲和欧洲，1993 年亚洲、欧洲出口石油分别为 86 030.6 万吨、48 090.0 万吨，分别约占世界出口总量的 55.3%、30.9%。在进口方面，20 世纪 50 年代至 70 年代世界石油进口规模迅速扩大，1979 年达到 174 456.3 万吨，与 1949 年相比约增长 15 倍，增速高于出口。1993 年，欧洲、美洲、亚洲、非洲、大洋洲进口石油分别为 73 750.0 万吨、48 933.6 万吨、38 174.6 万吨、1 700.0 万吨、1 866.7 万吨，分别约占世界进口总量的 44.9%、29.8%、23.2%、1.0%、1.1%。到 20 世纪末（1999 年），世界石油进口量为 260 300.0 万吨，出口量为 257 530.0 万吨。

表 13-144　1919—1993 年世界石油[1]进出口地区分布

单位：万吨

地区	类型	1919 年	1929 年	1939 年	1949 年	1959 年	1969 年	1979 年	1989 年	1993 年	1999 年
全球	出口	1 525.8	6 826.4	7 847.7	16 575.4	48 039.3	128 624.8	192 044.8	155 447.6	155 457.9	257 530.0
	进口	1 403.6	4 643.3	4 305.2	10 692.9	37 630.6	111 826.6	174 456.3	148 872.1	164 424.9	260 300.0
亚洲	出口	260.8	989.8	1 469.1	6 016.8	24 728.5	63 362.2	110 912.2	73 785.4	86 030.6	—
	进口	70.5	270.0	179.8	261.8	3 056.2	18 966.6	31 871.9	30 360.6	38 174.6	
欧洲	出口	—	797.8	156.3	1 558.4	7 133.1	18 430.0	35 360.0	42 800.0	48 090.0	—
	进口	406.8	2 258.4	2 452.3	5 283.8	21 461.1	68 650.0	89 710.0	72 190.0	73 750.0	
美洲	出口	1 265.0	5 038.8	6 222.3	9 000.2	15 841.4	23 479.5	17 598.3	17 522.2	18 892.1	—
	进口	908.7	1 973.7	1 439.1	4 721.0	11 846.4	21 227.9	50 245.4	43 249.6	48 933.6	
非洲	出口	—	—	—	—	336.3	23 353.1	28 174.3	21 340.0	2 445.2	
	进口	—	—	—	—	128.9	769.3	1 300.0	1 760.0	1 700.0	
大洋洲	出口										
	进口	17.6	141.2	234.0	426.3	1 138.0	2 212.8	1 329.0	1 311.9	1 866.7	—

资料来源：作者整理。参见 B. R. 米切尔：《帕尔格雷夫世界历史统计・亚洲、非洲和大洋洲卷：1750—1993 年》第 3 版，贺力平译，经济科学出版社，2002。

注：[1] 包括原油和炼油产品。对于没有达到统计起点的国家的石油贸易量没有予以统计，因而年度全球石油出口量与进口量两者并不一致。

进入 21 世纪，世界石油进出口贸易规模进一步扩大，2011 年世界石油出口（或进口）贸易量达到 5 458 万桶 / 日（约 27.29 亿吨）[②]，比 20 世纪末增加 1 亿吨以上。2011 年，全球 81% 的原油出口增量来自中东国家，其原油出口达 17 660 千桶 / 日；其次是原苏联地区，原油出口为 6 413 千桶 / 日；非洲地区原油出口为 6 286 千桶 / 日（表 13-145）。[③]2012 年，美国是世界上最大的石油进口国，进口石

[①] 除另有标注之外，书中各表 1917—1993 年世界各国（地区）石油进出口贸易量的原始数据参见 B. R. 米切尔编、贺力平译《帕尔格雷夫世界历史统计・亚洲、非洲和大洋洲卷：1750—1993 年》第 3 版，经济科学出版社 2002 年出版。

[②] 黄晓勇主编《世界能源发展报告（2013）》，社会科学文献出版社，2013，第 23 页。全球所有国家的石油出口总量与进口总量相同，均为 27.29 亿吨，进出口总量包括原油和炼油产品。

[③] 同上书，第 24 页。

油 5.25 亿吨，占世界石油进口总量的 19.2%；排第二、第三位的是中国、日本，分别为 3.54 亿吨、2.35 亿吨；欧洲主要的石油进口国为德国、法国、意大利和西班牙，进口石油共计 6.18 亿吨，占世界石油进口总量的 22.6%。[①]2013 年，中国石油进口规模首次超过美国，成为世界上最大的石油进口国。[②]同时，据国际能源署《2013 年世界能源展望》，全球能源需求的重心正在向新兴经济体转移，尤其是中国、印度和中东地区，这是近百年来世界石油贸易格局的重大变化。

表 13-145　2011 年世界主要国家（地区）原油进出口量

单位：千桶/日

国家/地区	原油进口量	原油出口量	国家/地区	原油进口量	原油出口量
美国	8 937	21	西非	0	4 501
加拿大	533	2 243	中南非	48	334
墨西哥	0	1 356	澳大利亚	538	285
中南美洲	375	2 791	中国	5 080	30
欧洲	9 322	259	印度	3 407	1
原苏联地区	0	6 413	日本	3 560	1
中东	214	17 660	新加坡	1 107	14
北非	423	1 451	其他亚洲地区	4 505	690

资料来源：黄晓勇主编《世界能源发展报告（2013）》，社会科学文献出版社，2013，第 23-25 页。

（二）石油出口

20 世纪上半叶，世界石油出口以美洲为主；20 世纪下半叶，亚洲的海湾地区成为世界石油出口贸易的中心。

1. 亚洲

海湾地区石油大规模开发之前，亚洲出口石油的国家较少，主要是伊朗和印度尼西亚。进入 20 世纪 40 年代后，亚洲出口石油的国家增多，规模不断扩大，成为世界上最重要的石油出口地区（表 13-146）。1979 年，沙特阿拉伯出口石油高达 45 317.7 万吨，占世界石油出口总量的 23.4%，占亚洲的 40.9%。此后，受石油危机等因素影响，石油出口减少，1993 年沙特阿拉伯石油出口为 35 816.6 万吨。同年，亚洲石油出口超亿吨的国家还有伊朗和科威特。2012 年，中东是世界上最大的石油出口地，出口石油（包括炼油产品）9.80 亿吨。

表 13-146　1919—1993 年亚洲部分国家石油出口情况[1]

单位：万吨

国家	1919 年	1929 年	1939 年	1949 年	1959 年	1969 年	1979 年	1989 年	1993 年
中国	—	—	—	—	—	—	1 343.0	2 438.8	1 943.0
沙特阿拉伯	—	—	—	1 724.6	5 349.2	15 381.7	45 317.7	20 590.1	35 816.6
伊朗	103.7	532.1	826.6	2 150.7	4 264.9	15 779.2	13 258.1	10 732.0	13 313.8

① 黄晓勇主编《世界能源发展报告（2014）》，社会科学文献出版社，2014，第 10 页。
② 同上书，第 17 页。

续表

单位：万吨

国家	1919 年	1929 年	1939 年	1949 年	1959 年	1969 年	1979 年	1989 年	1993 年
伊拉克	—	—	—	370.0	3 979.9	7 095.6	16 245.4	11 849.7	384.2
科威特	—	—	—	1 203.2	6 821.8	13 564.0	12 060.1	6 681.0	10 574.9
卡塔尔	—	—	—	1.5	798.4	1 691.5	2 388.4	1 540.3	1 641.3
阿联酋	—	—	—	—	—	3 019.6	8 701.5	8 145.5	9 037.4
阿曼	—	—	—	—	—	1 631.2	1 461.3	2 934.8	3 634.3
巴林	—	—	—	—	802.7	957.2	997.4	899.6	989.9
文莱	—	—	—	—	539.9	606.1	1 290.8	657.9	848.9
印度尼西亚	151.2	383.1	642.5	568.3	1 463.2	3 037.9	6 598.2	4 909.6	5 369.1
马来西亚[2]	5.9	74.6	—	—	528.5	598.2	1 250.3	2 406.1	2 477.2
合计	260.8	989.8	1 469.1	6 018.3	24 548.5	63 362.2	110 912.2	73 785.4	86 030.6

资料来源：作者整理。参见 B. R. 米切尔：《帕尔格雷夫世界历史统计·亚洲、非洲和大洋洲卷：1750—1993 年》第 3 版，贺力平译，经济科学出版社，2002。

注：[1] 本表石油包括原油和炼油产品。表中数据是根据 B. R. 米切尔编、贺力平译《帕尔格雷夫世界历史统计·亚洲、非洲和大洋洲卷：1750—1993 年》第 3 版相关数据进行整理与换算而得到的。换算中，1 英加仑 =0.003 9 吨，1 美加仑 =0.003 25 吨。[2] 1919—1969 年为沙捞越（沙捞越为马来西亚最大的州）的数据，1979 年至 1993 年为马来西亚的数据。

2. 欧洲

20 世纪 60 年代以前，欧洲石油出口规模很小。随着北海油田和苏联秋明油田的开发，出口规模不断扩大（表 13-147），1979 年达 35 360 万吨，1993 年进一步增到 48 090 万吨，苏联 / 俄罗斯、英国、挪威等成为欧洲重要的石油出口国。1993 年，俄罗斯、挪威、英国石油出口居欧洲前三位，分别为 17 060 万吨、9 860 万吨、8 310 万吨。

表 13-147　1919—1993 年欧洲部分国家石油出口情况[1]

单位：万吨

国家	1919 年	1929 年	1939 年	1949 年	1959 年	1969 年	1979 年	1989 年	1993 年
苏联 / 俄罗斯	—	385.9	52.6	90.0	2 494.7	6 400.0	16 480.0	18 210.0	17 060.0
英国	—	80.5	54.1	50.8	835.3	1 480.0	5 320.0	6 490.0	8 310.0
奥地利	—	—	—	3.8	18.2	20.0	10.0	40.0	70.0
比利时	—	—	—	48.8	328.9	1 160.0	1 420.0	2 040.0	2 390.0
法国	—	11.3	49.6	233.2	651.2	1 180.0	1 760.0	980.0	1 400.0
德国 / 联邦德国	—	19.9	—	—	285.6	970.0	740.0	560.0	1 260.0
匈牙利	—	—	—	2.9	35.7	100.0	40.0	—	—
意大利	—	—	—	—	830.4	3 080.0	2 430.0	1 270.0	2 120.0
荷兰	—	—	—	1 128.9	1 017.2	2 760.0	4 310.0	4 530.0	4 310.0
波兰	—	18.5	—	—	17.8	170.0	150.0	70.0	110.0
罗马尼亚	—	281.7	—	—	564.2	460.0	700.0	1 330.0	260.0

续表   单位：万吨

国家	1919 年	1929 年	1939 年	1949 年	1959 年	1969 年	1979 年	1989 年	1993 年
西班牙	—	—	—	—	53.9	480.0	130.0	920.0	940.0
挪威	—	—	—	—	—	170.0	1 870.0	6 360.0	9 860.0
合计	—	797.8	156.3	1 558.4	7 133.1	18 430.0	35 360.0	42 800.0	48 090.0

资料来源：作者整理。参见 B. R. 米切尔：《帕尔格雷夫世界历史统计·欧洲卷：1750—1993 年》第 4 版，贺力平译，经济科学出版社，2002。

注：[1] 本表石油包括原油和炼油产品。表中数据是根据 B. R. 米切尔编、贺力平译《帕尔格雷夫世界历史统计·欧洲卷：1750—1993 年》第 4 版相关数据进行整理与换算而得到的。该书第 511 ~ 520 页中石油进出口的计量单位均为"千吨"，但通过对比 1965 年前后的进出口贸易数据，发现有误，第 511 ~ 516 页 1858—1964 年的计量单位为"千吨"，但从第 517 页起至第 520 页 1965—1993 年的计量单位应为"百万吨"，本表中 1969—1993 年的数据是以"百万吨"为单位进行相应调整后得到的数据。

3. 美洲

美洲主要石油出口国不多，规模不大。1993 年，出口规模最大的是墨西哥，出口量为 6 185.0 万吨，约占美洲石油出口总量的 32.7%，加拿大 4 502.2 万吨，美国 3 441.8 万吨，委内瑞拉 3 040.7 万吨（表 13-148）。

表 13-148　1919—1993 年美洲部分国家石油出口情况[1]

单位：万吨

国家	1919 年	1929 年	1939 年	1949 年	1959 年	1969 年	1979 年	1989 年	1993 年
美国	81.9	2 216.8	2 570.4	1 618.4	755.2	453.0	1 270.7	2 927.4	3 441.8
墨西哥	1 138.0	390.9	197.7	192.1	191.3	260.0	2 701.2	7 012.6	6 185.0
加拿大	0.2	10.9	—	—	448.7	2 654.2	1 351.7	3 180.3	4 502.2
特立尼达和多巴哥	19.1	82.3	140.0	320.2	752.2	2 079.1	1 436.4	676.7	753.2
哥伦比亚	—	257.7	244.1	328.7	398.1	400.2	—	817.6	969.2
秘鲁	25.6	154.2	144.7	6 002.0	10 320.0	12 945.1	7 445.5	—	—
委内瑞拉	0.2	1 926.0	2 925.4	538.8	2 975.9	4 687.9	3 392.8	2 907.6	3 040.7
合计	1 265.0	5 038.8	6 222.3	9 000.2	15 841.4	23 479.5	17 598.3	17 522.2	18 892.1

资料来源：作者整理。参考 B. R. 米切尔：《帕尔格雷夫世界历史统计·美洲卷：1750—1993 年》第 4 版，贺力平译，经济科学出版社，2002。

注：[1] 本表石油包括原油和炼油产品。表中数据是根据 B. R. 米切尔编、贺力平译《帕尔格雷夫世界历史统计·美洲卷：1750—1993 年》第 4 版相关数据进行整理与换算而得到的。换算中，1 英加仑 =0.003 9 吨，1 美加仑 =0.003 25 吨。

4. 非洲、大洋洲

非洲地区的石油出口较晚，主要从 20 世纪 50 年代开始。20 世纪，非洲出口石油的国家少，出口规模也较小。1950 年，非洲两个主要石油出口国阿尔及利亚和埃及的石油出口量仅分别为 0.2 万吨和 0.1 万吨（表 13-149）。从 20 世纪 60 年代起，非洲石油出口规模迅速扩大，1969 年利比亚的出口量超过了 1 亿吨，达到 14 805.5 万吨。1993 年，非洲出口石油最多的国家是尼日利亚，出口量为 7 785.0 万吨，其次为利比亚和阿尔及利亚。

表 13-149　1950—1993 年非洲部分国家石油出口情况[1]

单位：万吨

国家	1950 年	1959 年	1969 年	1979 年	1989 年	1993 年
阿尔及利亚	0.2	83.5	4 284.9	5 743.3	4 337.4	5 269.6
安哥拉	—	—	150.2	620.4	2 110.0	2 370.0
埃及	0.1	120.0	975.7	579.6	2 208.9	2 268.3
加蓬		78.1	439.2	835.8	859.5	1 412.0
利比亚	—	—	14 805.5	9 480.9	4 194.7	5 340.3
尼日利亚	—	54.7	2 697.6	10 914.3	7 629.5	7 785.0
合计	0.3	336.3	23 353.1	28 174.3	21 340.0	24 445.2

　　资料来源：作者整理。参考 B. R. 米切尔：《帕尔格雷夫世界历史统计·亚洲、非洲和大洋洲卷：1750—1993 年》第 3 版，贺力平译，经济科学出版社，2002。

　　注：[1] 本表石油包括原油和炼油产品。表中数据是根据 B. R. 米切尔编、贺力平译《帕尔格雷夫世界历史统计·亚洲、非洲和大洋洲卷：1750—1993 年》第 3 版相关数据进行整理与换算而得到的。换算中，1 英加仑 =0.003 9 吨，1 美加仑 =0.003 25 吨。

（三）石油进口

　　现代以来，全球石油进口主要国家以欧美地区发达国家居多。但是，进入 21 世纪后，亚洲日渐成为世界石油进口的重要地区，2011 年原油进口 88 295 万吨，占世界石油进口总量的近 1/3（具体为 32.4%）。

1. 亚洲

　　20 世纪，亚洲作为世界主要石油进口国的国家较少，主要是日本、印度、韩国和菲律宾。自 20 世纪 50 年代起，这些国家的石油进口规模不断扩大，1969 年日本石油进口超过 1 亿吨。1993 年，日本进口石油最多，达到 23 875.4 万吨，韩国、印度、菲律宾分别为 8 904.9 万吨、4 205.9 万吨、1 188.4 万吨（表 13-150）。

表 13-150　1919—1993 年亚洲部分国家石油进口情况[1]

单位：万吨

国家	1919 年	1929 年	1939 年	1949 年	1959 年	1969 年	1979 年	1989 年	1993 年
印度[2]	56.2	98.7	179.8	259.5	648.1	1 136.9	1 925.2	2 506.0	4 205.9
日本	14.3	171.3	—	2.3	2 220.3	16 249.3	26 378.1	22 341.0	23 875.4
韩国	—	—	—	—	70.8	772.3	2 656.4	4 507.2	8 904.9
菲律宾	—	—	—	—	117.0	808.1	912.2	1 006.4	1 188.4
合计	70.5	270.0	179.8	261.8	3 056.2	18 966.6	31 871.9	30 360.6	38 174.6

　　资料来源：作者整理。参考 B. R. 米切尔：《帕尔格雷夫世界历史统计·亚洲、非洲和大洋洲卷：1750—1993 年》第 3 版，贺力平译，经济科学出版社，2002。

　　注：[1] 本表石油包括原油和炼油产品。表中数据是根据 B. R. 米切尔编、贺力平译《帕尔格雷夫世界历史统计·亚洲、非洲和大洋洲卷：1750—1993 年》第 3 版相关数据进行整理与换算而得到的。换算中，1 英加仑 =0.003 9 吨，1 美加仑 =0.003 25 吨。
[2] 1919 年、1929 年包括缅甸数据。

2. 欧洲

欧洲是五大洲（亚洲、欧洲、非洲、美洲、大洋洲）中进口石油国家数量最多的地区，进口石油数量也是最多的。其中，英国、法国进口规模最大，英国在开发北海油田之前常居世界第二位甚至首位，法国在 20 世纪 90 年代大多数时候都是排世界第三至第五位（表 13-151）。1993 年，世界十大石油进口国中有 7 个为欧洲国家。其中，德国进口最多，达 13 740 万吨，排世界第三位，意大利、法国、荷兰分别进口 9 790 万吨、9 670 万吨、7 760 万吨，在世界分别排第四位、第五位、第七位。欧洲大量进口石油，主要是因为本地区石油资源短缺，而经济社会发展对石油的需求巨大。

表 13-151　1919—1993 年欧洲部分国家石油进口情况[1]

单位：万吨

国家	1919 年	1929 年	1939 年	1949 年	1959 年	1969 年	1979 年	1989 年	1993 年
苏联 / 俄罗斯	—[2]	—	7.6	170.0	300.0	240.0	720.0	1 330.0	1 030.0
英国	278.8	832.1	1 107.4	1 778.2	5 282.5	11 510.0	7 390.0	5 690.0	6 800.0
法国	—	326.7	732.6	1 247.7	3 129.6	9 160.0	13 810.0	9 060.0	9 670.0
德国 / 联邦德国	—	253.1	—	108.7	2 242.6	11 470.0	14 350.0	10 230.0	13 740.0
民主德国	—	—	—	—	202.5	1 030.0	2 070.0	2 110.0	
意大利	24.1	69.9	203.1	318.8	2 556.0	10 500.0	12 000.0	10 000.0	9 790.0
比利时	—	70.6	—	204.8	957.6	3 430.0	4 240.0	4 050.0	4 520.0
葡萄牙	3.1	11.1	20.9	52.7	182.9	340.0	820.0	970.0	1 090.0
西班牙	10.9	46.1	—	221.4	904.8	3 080.0	5 150.0	4 940.0	5 140.0
匈牙利	0.5	20.8	—	1.1	132.4	440.0	1 160.0	780.0	760.0
奥地利	—	26.0	—	9.3	94.5	540.0	1 120.0	950.0	1 040.0
挪威	12.0	27.0	67.9	130.6	318.0	880.0	1 080.0	90.0	130.0
保加利亚	2.0	7.7	10.0	—	69.8	740.0	1 490.0	—	—
捷克斯洛伐克 / 捷克	—	19.4	—	57.4	207.6	940.0	1 880.0	1 660.0	610.0
丹麦	13.2	43.8	85.2	132.5	453.7	1 780.0	1 760.0	870.0	1 670.0
芬兰	4.1	3.6	26.0	40.8	186.1	1 020.0	1 580.0	1 150.0	1 090.0
希腊	—	14.8	—	19.7	204.6	620.0	2 120.0	1 940.0	1 970.0
荷兰	41.8	89.7	—	364.1	1 787.4	5 430.0	7 660.0	7 880.0	7 760.0
波兰	—	27.0	—	33.7	220.4	890.0	2 050.0	1 750.0	2 590.0
罗马尼亚	—	281.7	—	—	564.2	140.0	1 430.0	2 180.0	760.0
瑞典	16.3	47.9	148.8	304.8	1 086.2	2 920.0	3 230.0	2 220.0	2 340.0

续表
单位：万吨

国家	1919 年	1929 年	1939 年	1949 年	1959 年	1969 年	1979 年	1989 年	1993 年
瑞士	—	24.0	42.8	87.5	306.3	1 160.0	1 290.0	1 170.0	1 200.0
南斯拉夫	—	15.4	—	—	71.1	390.0	1 310.0	1 170.0	50.0
合计	406.8	2 258.4	2 452.3	5 283.8	21 460.8	68 650.8	89 710.0	72 190.0	73 750.0

资料来源：作者整理。参考 B. R. 米切尔：《帕尔格雷夫世界历史统计·欧洲卷：1750—1993 年》第 4 版，贺力平译，经济科学出版社，2002。

注：[1] 本表石油包括原油和炼油产品。表中数据是根据 B. R. 米切尔编、贺力平译《帕尔格雷夫世界历史统计·欧洲卷：1750—1993 年》第 4 版相关数据进行整理与换算而得到的。该书第 511 ～ 520 页中石油进出口的计量单位均为"千吨"，但通过对比 1965 年前后进出口贸易数量，发现有误，第 511 ～ 516 页 1856—1964 年的计量单位为"千吨"，但从 1965 年起至 1993 年（即第 517 ～ 520 页）的计量单位应为"百万吨"，本表中 1969—1993 年的数据是以"百万吨"为单位进行相应调整后得到的数据。[2] 表示数据不详或数量很小。

3. 美洲

美洲的石油进口国少，主要是美国、加拿大和巴西。1948 年是美国石油贸易的分水岭，由从前的石油出口大国变为石油净进口国。是年，美国包括炼油产品在内的石油出口量为 13 500 万桶，而进口量为 18 800 万桶，净进口量 5 300 万桶。此后，美国石油进口量不断攀升，长期居于世界首位。1969 年美国石油进口量超过 1 亿吨，1979 年增至 41 359.1 万吨，10 年间增长了 1.6 倍。1993 年，美国进口石油 42 540.8 万吨，相比之下，加拿大、巴西的石油进口规模较小，分别为 2 834.3 万吨、3 324.0 万吨（表 13–152）。

表 13–152　1919—1993 年美洲部分国家石油进口情况 [1]
单位：万吨

国家	1919 年	1929 年	1939 年	1949 年	1959 年	1969 年	1979 年	1989 年	1993 年
美国	718.4	1 482.4	802.4	3 209.6	8 869.9	15 698.5	41 359.1	37 516.0	42 540.8
加拿大	157.6	412.0	504.5	1 005.7	1 621.0	2 510.7	3 092.8	2 394.3	2 834.3
特立尼达和多巴哥	—	—	4.7	154.1	446.5	1 456.1	722.5	60.0	234.5
巴西	32.7	79.3	127.5	351.6	927.0	1 562.6	5 071.0	3 279.3	3 324.0
合计	908.7	1 973.7	1 439.1	4 721.0	11 864.4	21 227.9	50 245.4	43 249.6	48 933.6

资料来源：作者整理。参考 B. R. 米切尔：《帕尔格雷夫世界历史统计·美洲卷：1750—1993 年》第 4 版，贺力平译，经济科学出版社，2002。

注：[1] 本表石油包括原油和炼油产品。表中数据是根据 B. R. 米切尔编、贺力平译《帕尔格雷夫世界历史统计·美洲卷：1750—1993 年》第 4 版相关数据进行整理与换算而得到的。换算中，1 英加仑 =0.003 9 吨，1 美加仑 =0.003 25 吨，1 桶折算为 0.136 吨。

4. 非洲、大洋洲

非洲、大洋洲的石油进口国少，主要是南非和澳大利亚，且进口规模较小。1993 年，南非进口石油 1 700.0 万吨，澳大利亚进口石油 1 866.7 万吨（表 13–153）。

表 13-153　1919—1993 年南非、澳大利亚石油进口情况[1]

单位：万吨

国家	1919 年	1929 年	1939 年	1949 年	1959 年	1969 年	1979 年	1989 年	1993 年
南非	—	—	—	—	128.9	769.3	1 300.0	1 760.0	1 700.0
澳大利亚	17.6	141.2	234.0	426.3	1 138.0	2 212.8	1 329.0	1 311.9	1 866.7
合计	17.6	141.2	234.0	426.3	1 266.9	2 982.1	2 629.0	3 071.9	3 566.7

资料来源：作者整理。参考 B. R. 米切尔：《帕尔格雷夫世界历史统计・亚洲、非洲和大洋洲卷：1750—1993 年》第 3 版，贺力平译，经济科学出版社，2002。

注：[1] 本表石油包括原油和炼油产品。表中数据是根据 B. R. 米切尔编、贺力平译《帕尔格雷夫世界历史统计・亚洲、非洲和大洋洲卷：1750—1993 年》第 3 版相关数据进行整理与换算而得到的。换算中，1 英加仑 =0.003 9 吨，1 美加仑 =0.003 25 吨。

（四）石油贸易大国

20 世纪上半叶，世界石油出口大国以美洲国家居多（表 13-154）。1919—1949 年石油出口量居世界第一位的国家均为美洲国家，分别是墨西哥（1919 年）、美国（1929 年）、委内瑞拉（1939 年）和秘鲁（1949 年）。20 世纪下半叶，伊朗、沙特阿拉伯、科威特、伊拉克、阿联酋等海湾地区国家成为重要的新兴石油出口大国，其中沙特阿拉伯从 20 世纪 70 年代起石油出口量长期居于世界首位。苏联 / 俄罗斯从 20 世纪 70 年代起石油出口量也跃居世界第二位。1999 年，沙特阿拉伯、俄罗斯、挪威、委内瑞拉、伊朗等十大出口国石油出口量共计 143 665 万吨，约占世界石油出口总量的 55.8%，世界石油出口趋于分散化。

表 13-154　1919—1999 年部分年份世界十大石油出口国石油出口情况

单位：万吨

排名	1919 年	1929 年	1939 年	1949 年	1959 年	1969 年	1979 年	1989 年	1999 年
1	墨西哥	美国	委内瑞拉	秘鲁	秘鲁	伊朗	沙特阿拉伯	沙特阿拉伯	沙特阿拉伯
	1 138.0	2 216.8	2 925.4	6 002.0	10 320.0	15 779.2	45 317.7	20 590.1	35 675.0
2	印度尼西亚	委内瑞拉	美国	伊朗	科威特	沙特阿拉伯	苏联	苏联	俄罗斯
	151.2	1 926.0	2 570.4	2 150.7	6 821.8	15 381.7	16 480.0	18 210.0	18 295.0
3	伊朗	伊朗	伊朗	沙特阿拉伯	沙特阿拉伯	利比亚	伊拉克	伊拉克	挪威
	103.7	532.1	826.6	1 724.6	5 349.2	14 805.5	16 245.4	11 849.7	14 475.0
4	美国	墨西哥	印度尼西亚	美国	伊朗	科威特	伊朗	伊朗	委内瑞拉
	81.9	390.9	642.5	1 618.4	4 264.9	13 564.0	13 258.1	10 732.0	13 810.0
5	秘鲁	苏联	哥伦比亚	科威特	伊拉克	秘鲁	科威特	阿联酋	伊朗
	25.6	385.9	244.1	1 203.2	3 979.9	12 945.1	12 060.1	8 145.5	11 850.0
6	特立[1]	印度尼西亚	墨西哥	荷兰	委内瑞拉	伊拉克	尼日利亚	尼日利亚	英国
	19.1	383.1	197.6	1 128.9	2 975.9	7 095.6	10 914.3	7 629.5	11 345.0

续表

单位：万吨

排名	1919 年	1929 年	1939 年	1949 年	1959 年	1969 年	1979 年	1989 年	1999 年
7	沙捞越	罗马尼亚	秘鲁	印度尼西亚	苏联	苏联	利比亚	科威特	伊拉克
	5.9	281.7	144.7	568.3	2 494.7	6 400.0	9 480.9	6 681.0	10 375.0
8	加拿大	哥伦比亚	特立	委内瑞拉	印度尼西亚	委内瑞拉	阿联酋	英国	尼日利亚
	0.2	257.7	140.0	538.8	1 463.2	4 687.9	8 701.5	6 490.0	9 605.0
9	委内瑞拉	秘鲁	英国	伊拉克	荷兰	阿尔及利亚	秘鲁	挪威	阿联酋
	0.2	154.2	54.1	370.0	1 017.2	4 284.9	7 445.5	6 360.0	9 260.0
10	（无）	特立	苏联	哥伦比亚	英国	意大利	印度尼西亚	印度尼西亚	墨西哥
		82.3	52.6	328.7	835.3	3 080.0	6 598.2	4 909.6	8 975.0

资料来源：作者整理。参考 B. R. 米切尔：《帕尔格雷夫世界历史统计·亚洲、非洲和大洋洲卷：1750—1993 年》第 3 版，贺力平译，经济科学出版社，2002。

注：[1] 全称为特立尼达和多巴哥，下同。

石油进口国家历来以欧洲、美洲地区的国家居多，石油进口大国以欧美国家为主，包括美国、英国、加拿大、法国、意大利、荷兰、德国、瑞典、罗马尼亚、比利时、西班牙、丹麦、巴西等（表 13-155），非欧美国家只有亚洲的日本、印度、韩国以及大洋洲的澳大利亚等少数几个国家。这些大国的石油进口规模不断扩大，它们大多数都是同期的经济发达国家。进入现代，美国石油进口量长期居于世界首位，1919 年为 718.4 万吨，1979 年超过 4 亿吨，达到 41 359.1 万吨，相比 1919 年增长约 56.6 倍。1993 年，美国、日本、德国、意大利、法国等十大石油进口国共计进口石油 132 741.1 万吨，占世界石油进口总量 164 424.9 万吨的 80.7%。到 20 世纪末（1999 年），美国、日本、德国等十大石油进口国共计进口石油 165 525.0 万吨，占世界石油进口总量的 63.6%，与 1993 年相比所占比重趋于下降。

表 13-155　1919—1999 年部分年份世界十大石油进口国石油进口情况

单位：万吨

排名	1919 年	1929 年	1939 年	1949 年	1959 年	1969 年	1979 年	1989 年	1999 年
1	美国	美国	英国	美国	美国	日本	美国	美国	美国
	718.4	1 482.4	1 107.4	3 209.6	8 869.9	16 249.3	41 359.1	37 516.0	55 420.0
2	英国	英国	美国	英国	英国	美国	日本	日本	日本
	278.8	832.1	802.4	1 778.2	5 282.5	15 698.5	26 378.1	22 341.0	26 445.0
3	加拿大	加拿大	法国	法国	法国	英国	联邦德国	联邦德国	德国
	157.6	412.0	732.6	1 247.7	3 129.6	11 510.0	14 350.0	10 230.0	14 445.0
4	印度	法国	加拿大	加拿大	意大利	联邦德国	法国	意大利	韩国
	56.2	326.7	504.5	1 005.7	2 556.0	11 470.0	13 810.0	10 000.0	14 135.0
5	荷兰	罗马尼亚	澳大利亚	澳大利亚	联邦德国	意大利	意大利	法国	法国
	41.8	281.7	234.0	426.3	2 242.6	10 500.0	12 000.0	9 060.0	11 130.0

续表   单位：万吨

排名	1919 年	1929 年	1939 年	1949 年	1959 年	1969 年	1979 年	1989 年	1999 年
6	巴西	联邦德国	意大利	荷兰	日本	法国	荷兰	荷兰	意大利
	32.7	253.1	203.1	364.1	2 220.3	9 160.0	7 660.0	7 880.0	10 810.0
7	意大利	日本	印度	巴西	荷兰	荷兰	英国	英国	荷兰
	24.1	171.3	179.8	351.6	1 787.4	5 430.0	7 390.0	5 690.0	9 660.0
8	澳大利亚	澳大利亚	瑞典	意大利	加拿大	比利时	西班牙	西班牙	新加坡
	17.6	141.2	148.8	318.8	1 621.0	3 430.0	5 150.0	4 940.0	8 450.0
9	瑞典	印度	巴西	瑞典	澳大利亚	西班牙	巴西	韩国	西班牙
	16.3	98.7	127.5	304.8	1 138.0	3 080.0	5 071.0	4 501.2	7 590.0
10	日本	荷兰	丹麦	印度	瑞典	瑞典	比利时	比利时	印度
	14.3	89.7	85.2	259.5	1 086.2	2 920.0	4 240.0	4 050.0	7 440.0

资料来源：作者整理。参考 B. R. 米切尔：《帕尔格雷夫世界历史统计·亚洲、非洲和大洋洲卷：1750—1993 年》第 3 版，贺力平译，经济科学出版社，2002。

（五）石油期货

石油期货是现代石油贸易的一种重要方式。

早在 1871 年美国就创办了世界上第一个石油贸易所——宾夕法尼亚州泰特斯维尔石油贸易所，按现货交易、期货交易、正规交易（10 天内交割）三种方式开展石油贸易。但这个交易所在 1895 年就关闭了。

美国纽约商品交易所于 1978 年推出世界上第一个石油期货——取暖油期货。1981 年，英国伦敦成立专门的石油交易所——国际石油交易所。这两个交易所都是以美元为结算货币，从而确立"石油美元"的国际地位。

2006 年，伊朗、俄罗斯、中国先后成立石油交易所，或开展石油期货交易。2006 年 5 月 5 日，伊朗成立以欧元计价的石油交易所；6 月 8 日，俄罗斯证券交易机构开始对俄罗斯石油天然气及其衍生物实行期货交易，用欧元结算；8 月 18 日，中国以人民币计价的上海石油交易所开业。这些石油期货交易所以欧元或人民币作为结算货币进行期货交易，对"石油美元"的地位产生了影响。

三、石油利用

原油经过蒸馏（常压和减压）、气体回收、制氢、脱硫等过程（图 13-2），可生产出轻烃、乙烯、芳烃、燃料油、石脑油等石油和石油化工产品；如果再进一步加工，可得到乙烯、丙烯、丁二烯、苯、甲苯、二甲苯、塑料、合成橡胶、合成纤维、溶剂等石油化工产品（图 13-3）。1917 年，利用炼油厂的丙烯制出最早的石油化工产品——异丙醇，由此催生出石油化学工业。此后，先后开发出各种各样的石油化工产品，为石油化学工业的形成和发展奠定了重要基础。从 20 世纪中叶起，世界石油化学工业取得一系列重大技术进步，先后经历四个发展阶段（图 13-4）。至今，用石油作为原料开发出来的产品已达 5 000 多种，包括乙烯、合成纤维、合成塑料、合成橡胶等。石油化学工业已成为现代石油应用最重要的领域之一。

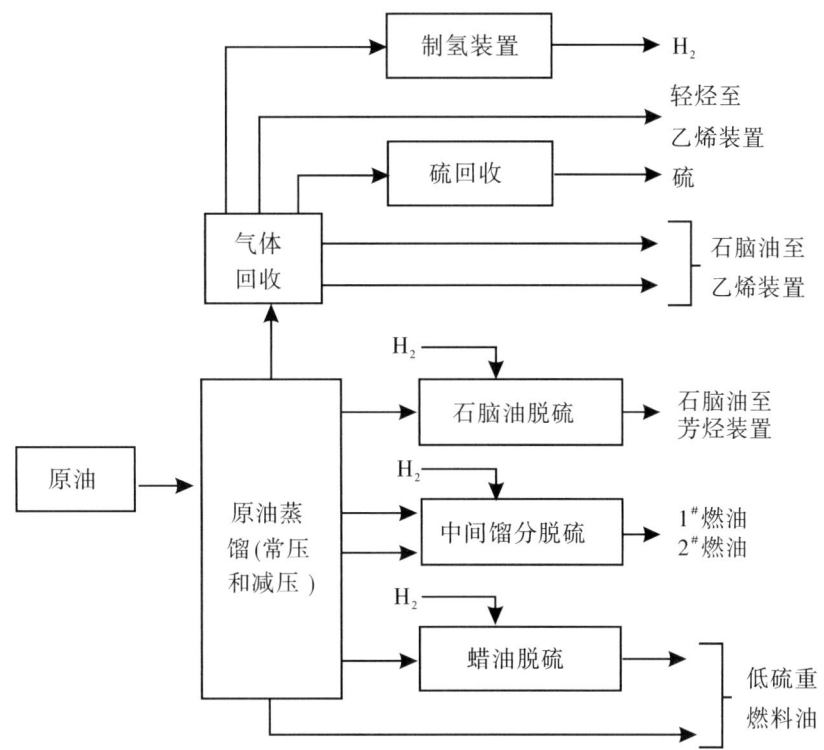

图 13-2　石油炼油厂石油化工原料加工流程

资料来源：Robert E. Maples：《石油炼制工艺与经济（第二版）》，吴辉译，中国石化出版社，2002，第 31 页。

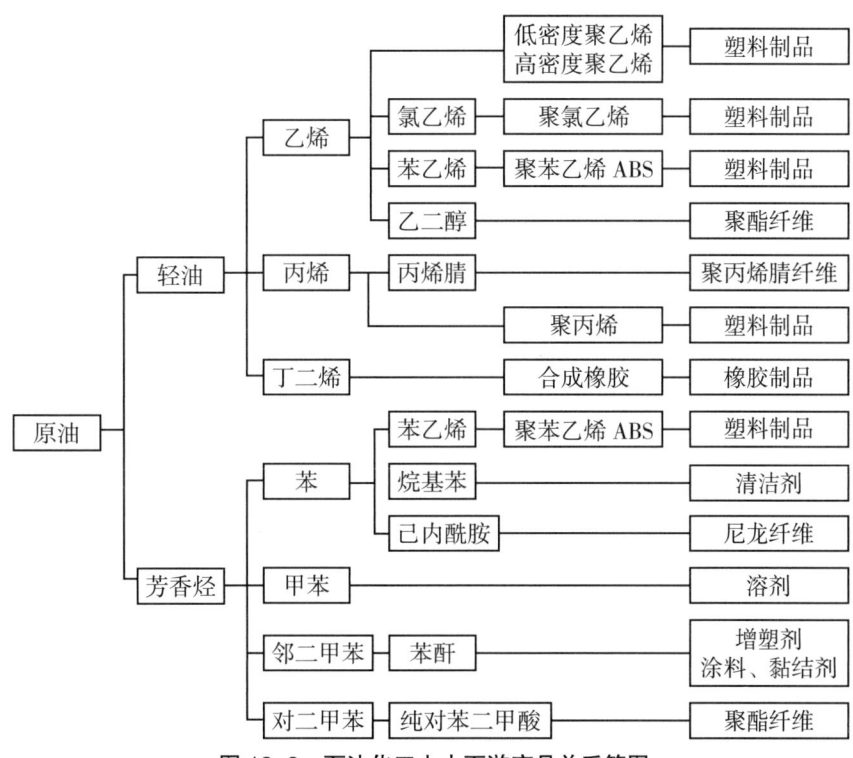

图 13-3　石油化工上中下游产品关系简图

资料来源：邹国英、李为民、单玉华主编《石油化工概论》第 2 版，中国石化出版社，2006，第 2 页。

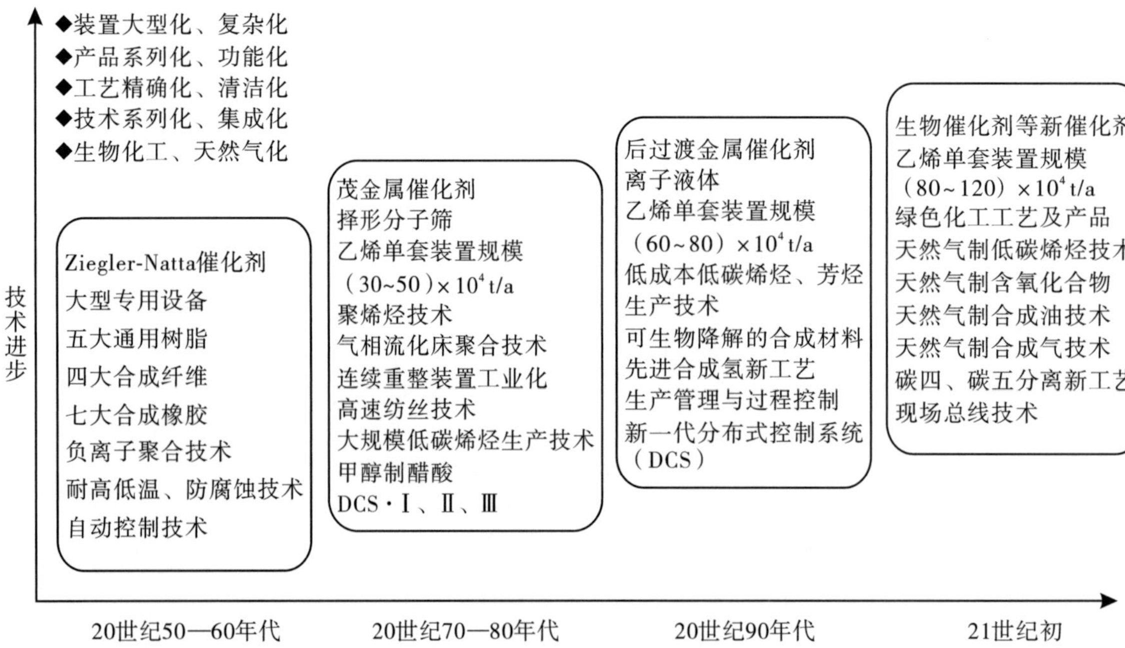

技术进步 ↑

◆装置大型化、复杂化
◆产品系列化、功能化
◆工艺精确化、清洁化
◆技术系列化、集成化
◆生物化工、天然气化

20世纪50—60年代

Ziegler-Natta催化剂
大型专用设备
五大通用树脂
四大合成纤维
七大合成橡胶
负离子聚合技术
耐高低温、防腐蚀技术
自动控制技术

20世纪70—80年代

茂金属催化剂
择形分子筛
乙烯单套装置规模
（30~50）×10⁴ t/a
聚烯烃技术
气相流化床聚合技术
连续重整装置工业化
高速纺丝技术
大规模低碳烯烃生产技术
甲醇制醋酸
DCS·Ⅰ、Ⅱ、Ⅲ

20世纪90年代

后过渡金属催化剂
离子液体
乙烯单套装置规模
（60~80）×10⁴ t/a
低成本低碳烯烃、芳烃
生产技术
可生物降解的合成材料
先进合成氢新工艺
生产管理与过程控制
新一代分布式控制系统
（DCS）

21世纪初

生物催化剂等新催化剂
乙烯单套装置规模
（80~120）×10⁴ t/a
绿色化工工艺及产品
天然气制低碳烯烃技术
天然气制含氧化合物
天然气制合成油技术
天然气制合成气技术
碳四、碳五分离新工艺
现场总线技术

图 13-4　世界石油化工技术发展历程

资料来源：方朝亮、刘克雨主编《世界石油工业关键技术现状与发展趋势》，石油工业出版社，2006，第 127 页。

（一）乙烯

乙烯是石油化学工业生产出来的最重要的基础原料，也是衡量石油化学工业发展水平最重要的指标，在石油化学工业发展中具有十分重要的地位。

1919 年，美国联合碳化物公司发明乙烯制取技术，林德公司成功地从石油裂解气中制取乙烯。[1] 第二年，世界上第一个裂解乙烯生产企业建成、投产。1923 年，美国联合碳化物公司采用库尔姆工艺，将乙烷、丙烷进行裂解，制造出乙烯，建成世界上第一座石油化工厂。[2] 1929 年，壳牌集团成立壳牌化学公司，在石油公司系统中首次把业务向化工延伸。20 世纪 30 年代相继开发出多种乙烯深加工新产品，如 1931 年出现聚氯乙烯，1933 年出现高压法聚乙烯，1935 年出现聚苯乙烯。[3] 1940 年，新泽西标准石油公司建成世界上第一套以炼厂气为原料的乙烯生产装置，从而开创了以乙烯为中心的石油化工时代。[4] 1951 年，菲利普斯石油公司发明聚乙烯塑料。[5] 1961 年，中国在兰州合成橡胶厂建成、投产 5 000 吨／年的乙烯生产装置，从此开启了中国的石油化学工业。[6] 1974 年，卡塔尔成立卡塔尔石化公司，在海湾地区各产油国中第一个创立石油化学工业，生产乙烯、低密度聚乙烯等产品。[7] 1978 年，挪威国家石油公司与本国另一家企业合营，在挪威东部建成第一座乙烯厂。

---

[1] 徐淑玲、尹芳华主编《走进石化》，化学工业出版社，2008，第 40 页。

[2] 王才良、周珊：《世界石油大事记》，石油工业出版社，2008，第 62 页。

[3] 徐淑玲、尹芳华主编《走进石化》，化学工业出版社，2008，第 40 页。

[4] 安钢主编《乙烯及其部分衍生物工业基础》，化学工业出版社，2008，第 2 页。

[5] 王才良、周珊：《世界石油大事记》，石油工业出版社，2008，第 124 页。

[6] 徐淑玲、尹芳华主编《走进石化》，化学工业出版社，2008，第 43 页。

[7] 王才良、周珊：《世界石油大事记》，石油工业出版社，2008，第 215 页。

从 20 世纪 60 年代起，世界石油化学工业进入加快发展时期，作为占据石油化学工业主导地位的乙烯产量持续不断攀升。1960 年世界乙烯总产量超过 343 万吨，1970 年增至 1 976.2 万吨，1980 年达到 3 000 万吨，1990 年为 5 497.6 万吨。美国的乙烯产量从 1960 年的 247.2 万吨增至 1970 年的 820.4 万吨，其中由乙烷制造的占 51%，由丙烷制造的占 34%，由丁烷制造的占 3%（乙烷、丙烷和丁烷均来自天然气与炼厂气），由石脑油及粗柴油制造的仅占 12%。而同期，日本生产乙烯所用原料绝大部分是石脑油；苏联石油化学工业是以炼厂气为原料的，乙烯装置全部采用炼厂气为原料；西欧石油化学工业主要是采用石脑油作为原料。[①] 到 1990 年，美国的乙烯产量达到 1 701.3 万吨，日本、联邦德国、法国、英国分别为 581.0 万吨、299.8 万吨、224.6 万吨、149.2 万吨（表 13-156）。

表 13-156　1960—1990 年全球主要工业国的乙烯产量

时间 / 年	全球 / 万吨	美国 / 万吨	苏联 / 万吨	日本 / 万吨	联邦德国 / 万吨	英国 / 万吨	法国 / 万吨	意大利 / 万吨
1960	> 343	247.2	18.1	7.8	22.8	30.0	8.2	8.9
1965	866.1	434.2	75.0	77.7	69.4	53.8	22.0	35.2
1970	1 976.2	820.4	98.3	309.7	202.0	99.8	99.3	90.9
1975	2 174.4	897.1	136.6	340.4	214.0	95.9	123.5	112.8
1980	3 000	1 286.4	178.2	417.5	309.1	110.5	207.3	109.0
1985	4 316	1 355.0	266.7	442.4	302.1	144.3	215.4	—
1989	—	1 586.7	313.7	560.3	299.1	197.3	252.5	—
1990	5 497.6	1 701.3	—	581.0	299.8	149.2	224.6	—

资料来源：安钢主编《乙烯及其部分衍生物工业基础》，化学工业出版社，2008，第 4 页。

2004 年，世界乙烯生产能力达到 112.91 百万吨 / 年（表 13-157），比 1991 年增长约 63.6%。乙烯生产主要分布在北美、西欧和亚洲，2004 年北美、西欧的乙烯生产能力分别为 3 511 万吨 / 年、2 396 万吨 / 年，分别占世界乙烯生产总量的 31.1%、21.2%。其中，美国 2004 年乙烯生产能力为 2 832 万吨 / 年，居世界首位。[②]

表 13-157　1991—2004 年全球乙烯生产能力

单位：百万吨 / 年

国家 / 地区	1991 年	1996 年	2000 年	2004 年
美国	—	23.57	27.18	28.32
北美	23.93	28.25	32.35	35.11
西欧	17.93	19.64	20.75	23.96
日本	—	7.37	6.99	7.51

① 中国银行总管理处、北京经济学院《六国经济统计》编写小组：《六国经济统计（1950—1973）》，中国财政经济出版社，1975，第 77 页。
② 王天普主编《石油化工清洁生产与环境保护技术进展》，中国石化出版社，2006，第 204 页。

续表 单位：百万吨／年

国家／地区	1991 年	1996 年	2000 年	2004 年
中国[1]	2.06	3.82	4.46	5.34
世界总计	69.03	84.98	100.78	112.91

资料来源：王天普主编《石油化工清洁生产与环境保护技术进展》，中国石化出版社，2006，第203页。

注：[1] 不包括台湾地区的数据。

2006 年，世界乙烯总生产能力为 1.2 亿吨／年，十大乙烯产能国依次是：美国 2 877.3 万吨／年；中国 984.0 万吨／年；日本 726.5 万吨／年；沙特阿拉伯 685.5 万吨／年；德国 555.7 万吨／年；韩国 554 万吨／年；加拿大 553.1 万吨／年；荷兰 395 万吨／年；法国 367 万吨／年；俄罗斯 343.5 万吨／年。这十个国家的乙烯产量约占世界乙烯总产量的 67%。[1] 全球形成了陶氏化学公司、埃克森美孚化学公司、中国石油化工集团公司等一批大型乙烯生产企业（表 13-158）。2006 年全球十大乙烯生产公司生产能力共计 7 390.0 万吨／年，约占世界乙烯总生产能力的 61.58%。

表 13-158　2006 年全球十大乙烯生产商

乙烯生产商	生产厂家数目／个	生产能力／（万吨／年）
陶氏化学公司	14	1 315.5
埃克森美孚化学公司	15	1 146.0
萨比克工业公司	7	898.5
壳牌化学公司	10	894.5
英力士化学公司	8	654.6
中国石油化工集团公司	11	549.5
莱昂德尔化学公司	6	488.0
雪佛龙菲利普斯化学公司	4	395.6
道达尔石化公司	9	552.3
巴斯夫公司	7	495.5
合计	91	7 390.0

资料来源：徐淑玲、尹芳华主编《走进石化》，化学工业出版社，2008，第41页。

（二）丙烯系列

1917 年，人们用炼油厂裂解气中的丙烯制成异丙醇。1920 年，新泽西标准石油公司采用埃利斯法建成工业装置，从炼油气中分离出丙烯，合成异丙醇。1935 年，开发出丁腈橡胶（由丁二烯与丙烯腈共聚合制得）。20 世纪 40 年代开发出腈纶（即聚丙烯腈纤维），于 20 世纪 50 年代实现工业化生产。1957 年，开发出聚丙烯。[2]

以丙烯酸酯为主要单体，经共聚合，先后开发出一系列丙烯酸酯橡胶。1944 年开发出丙烯酸酯同

[1] 徐淑玲、尹芳华主编《走进石化》，化学工业出版社，2008，第41页。

[2] 同上书，第40页。

2- 氯乙基乙烯的共聚橡胶；1952 年开始生产丙烯酸丁酯与丙烯腈共聚的橡胶；1975 年杜邦公司开发出丙烯酸酯 –α– 烯烃共聚橡胶，其典型代表是丙烯酸乙酯无规共聚物和其后的丙烯酸乙酯 – 乙烯交替共聚橡胶，可以在 –40 ～ 175 ℃的燃料油环境中长期使用。[①]

（三）丁烯系列

1931 年发明氯丁橡胶。1937 年发明丁苯橡胶。[②] 同年，新泽西标准石油公司与德国法本化学公司合作开发出比丁苯橡胶性能更好的丁基橡胶。1944 年，德士古等石油公司联合创办的生产丁二烯的石油化工企业——内切斯丁烷产品公司建成、投产。1955 年，德士古公司买下内切斯丁烷产品公司 25%的股权，后于 1980 年完全拥有这家世界上最大的化工厂。1960 年，在改良丁基橡胶的基础上发明出卤化丁基橡胶。1984 年，道达尔公司买下法国哈金森公司 81% 的股权，成为欧洲乃至世界上最大的合成橡胶生产商。2005 年，世界甲基叔丁基醚生产能力为 56.9 万桶 / 日，其中美国占 37.7%，非洲 / 中东占 20.2%。[③] 此后，美国开始禁止使用 MTBE。

（四）"三苯"（苯、甲苯、二甲苯）系列

在"三苯"领域，1938 年新泽西标准石油公司用临氢重整技术制成甲苯。[④]1941 年，德士古公司在洛克堡炼油厂建成一座甲苯厂。1961 年，在阿瑟港建成世界上最大的苯工厂。1963—1965 年，特立尼达和多巴哥皮埃尔角炼油厂建成甲苯装置。

在以石油加工成品二甲苯和乙烯为原料制造涤纶（即聚酯纤维）方面，1941 年，英国在实验室用对苯二甲酸和乙二醇为单体研制聚酯纤维获得成功。1953 年，美国首先进行工业化生产。1960 年，涤纶产量超过腈纶，1972 年超过锦纶，成为合成纤维的第一大品种。2000 年，世界涤纶产量达 189 亿千克，占合成纤维总产量的 60%。[⑤]

第 5 节　海上石油和非常规石油

海上石油可采储量大约有 1 350 亿吨，占全球可采石油储量的 2/5 以上。估计 2030 年以内全球油砂、油页岩和重油 3 种非常规石油的地质储量共计 7.5 万亿桶，占全球石油地质总储量的 1/3 以上。海上石油尤其是深海石油和非常规石油的开发潜力巨大。世界各国先后发现了一批海上油气田（表 13–159）。同时，非常规石油开发也取得了重要突破与发展。

①《中国大百科全书》总编委会：《中国大百科全书·第 2 卷》第 2 版，中国大百科全书出版社，2008，第 442 页。
② 徐淑玲、尹芳华主编《走进石化》，化学工业出版社，2008，第 40 页。
③ 王才良、周珊：《世界石油大事记》，石油工业出版社，2008，第 418 页。
④ 同上。
⑤《中国大百科全书》总编委会：《中国大百科全书·第 12 卷》第 2 版，中国大百科全书出版社，2009，第 259 页。

表 13-159 各国首个（首批）海上油气田

时间 / 年	国家	简况
1894	美国	在加利福尼亚州圣巴巴拉浅海钻出世界上第一口海上油井
1900	俄国	在巴库浅海区钻出一批浅海油井
1923	苏联	巴库比比艾特油田向海延伸部分打出石油，是世界首个海底油田
1926	委内瑞拉	在马拉开波湖发现陆上 - 海上特大油田——拉古尼亚斯油田
1938	美国	发现墨西哥湾第一个海上油田——克里奥尔油田，它还是世界上第一个外海油田
1947	美国	马格诺利亚石油公司在墨西哥湾钻出世界上第一口海上商业性油井
1949	苏联	在巴库外海发现国内第一个海上大油田——油石头油田
1951	沙特阿拉伯	发现可采储量达 50.5 亿吨的塞法尼耶油田
1959	墨西哥	发现圣安娜油田
1959	荷兰	发现北海首个油气田——格罗宁根天然气田
1960	伊朗	发现巴尔甘沙尔油田
1960	卡塔尔	发现埃德 - 莎吉油田
1967	中国	发现渤海湾 1 号油井
1969	挪威	发现北海首个油田——埃科菲斯克油田
1970	澳大利亚	海上鱼王油田投产
1970	英国	发现福蒂斯油田
1972	日本	发现商业性海上油田——Aga-Oki 油田
1974	巴西	发现加鲁巴油田
1974	印度	发现孟买高地油田
1977	埃及	十月油田投产

资料来源：作者整理。主要参考王才良、周珊：《世界石油大事记》，石油工业出版社，2008。

一、海上石油

海洋是个聚宝盆，世界上 2/5 以上的石油储藏在海底。1894 年，美国钻出世界上第一口海上油井（表 13-160）。1947 年，世界上第一口海上商业性油井在美国墨西哥湾投入生产。1972 年，Coflexip 公司首次把法国研究院从 1958 年开始研制的挠性管应用于海底管道的施工。1982 年，美孚公司购置了一艘当时最先进的"纳尔逊号"海上地震作业船，开展海上石油勘探，同时成立地震资料中心。1997 年，AGIP 公司在泰国海上 350 平方千米三维地震勘探中，采用网络化协作组方式，通过卫星与陆上处理中心和客户建立连接，在最后一炮地震采集后五天内就能拿出最终叠加速度体。[1] 进入 21 世纪，深海石油开发成为海上石油乃至全球石油开发的重要方向。世界石油开发已从陆上到海洋、沙漠，从浅海到

---

[1] 王才良、周珊：《世界石油大事记》，石油工业出版社，2008，第 325 页。

中深水域（100～500米）到深海（500～1 500米）乃至超深水（1 500米以上），深海成为世界石油开发的重要增长点。

表 13-160　海上石油开发利用进程

时间 / 年	事件
1894	美国在加利福尼亚州圣巴巴拉浅海钻出世界上第一口海上油井
1923	苏联在巴库比比艾特油田向海延伸部分发现世界首个海底油田
1926	委内瑞拉在马拉开波湖发现陆上 – 海上特大油田——拉古尼亚斯油田
1937	出现世界上最早的海上移动式钻井平台（首个坐底式钻井平台）
1938	美国在墨西哥湾发现世界上第一个外海油田——克里奥尔油田
1947	美国马格诺利亚石油公司在墨西哥湾钻出世界上第一口海上商业性油井
1948	苏必利公司在墨西哥湾建成世界上第一座自升式钻井平台
1949	苏联在巴库外海发现国内第一个大型海上油田——油石头油田
1951	沙特阿拉伯发现可采储量达 50.5 亿吨的塞法尼耶油田
1956	建成世界上第一艘实际应用的浮式钻井船 "CUSS-1 号"
1959	出现世界上第一座自动采油平台
1959	荷兰发现北海首个油气田——格罗宁根天然气田
1961	壳牌公司设计的世界上第一艘自航钻井船在墨西哥湾投入使用
1962	壳牌公司设计、建成世界上第一座半潜式钻井平台
1962	美国开发出水下机器人进行深水钻井、采油作业
1967	中国发现国内首个海上油田渤海湾 1 号油井
1969	挪威发现北海首个油田——埃科菲斯克油田
1970	澳大利亚海上鱼王油田投产
1970	英国发现福蒂斯油田
1974	巴西发现加鲁巴油田
1974	印度发现孟买高地油田
1984	大陆石油公司在北海建成世界上第一座张力腿式平台
1997	中国在南海西江 24-3 号平台上创造水平位移 8 063 米的世界纪录
1997	巴西创造在 1 709 米水深开采石油的世界纪录
1999	世界海上石油产量 14.5 亿吨，占世界石油总产量的 41.88%
2000	建成钻深达万米以上（钻深 11 278 米、工作水深 3 048 米）的 "Belford Dolphin 号" 浮式钻井船
2001	世界上最大深水项目安哥拉吉拉索尔油田投产
2003	美国泛洋公司在墨西哥湾创造钻井水深 3 051 米的世界纪录
2004	全球 124 个地点发现天然气水合物，其中有 84 处在海洋
2004	全球有 812 个海上油气田投产
2005	Transocean Sedco Forex 公司在墨西哥湾创造海上钻井井深 10 421 米的世界纪录

续表

时间 / 年	事件
2006	中国建成世界上第一艘采用钻机全变频驱动技术的自升悬臂式钻井船
2009	巴西投产世界首个平均水深达 6 000 米的超深水海上油田

资料来源: 作者整理。主要参考王才良、周珊:《世界石油大事记》, 石油工业出版社, 2008。

（一）海上石油资源

海上油气资源非常丰富。据估计, 全球可供开采的石油储量为 3 000 亿吨, 其中海洋 1350 亿吨, 占全球石油储量的 45%。海洋天然气储量达 140 亿立方米, 约占全球天然气储量的 50%。[①]21 世纪初, 有 100 多个国家和地区进行了海洋石油勘探与开发, 但已经开发的海洋石油只是很小的一部分, 海洋石油潜在量仍然很大, 许多专家学者认为在全球未发现的油气储量中有 2/3 在海洋。[②]

根据海水的深浅, 海洋可分为大陆架/近海区（水深 200 米以内）、大陆斜坡（水深为 200～2 000 米）和大洋区（水深 2 000 米以上）三部分。世界大陆架面积约 2 800 万平方千米, 近海含油气盆地约 1 600 万平方千米, 其中有开发远景的面积达 500 多万平方千米。大陆架石油蕴藏量估计达 1 300 亿～1 500 亿吨, 约占世界石油地质总储量的 2/5, 已探明储量仅为 270 多亿吨; 天然气蕴藏量为 140 万亿立方米, 已探明储量约为 96 万亿立方米。全球已发现 820 多个海洋油气盆地, 共 1 600 多个油气田。20 世纪 80 年代以来, 全球新发现的海洋油气田有 60%～70% 位于近海, 其中大部分在大陆架。[③]

深水海域蕴藏着丰富的油气资源, 全球 44% 的海上油气资源储存在水深 300 米以上的水域, 已发现 33 个储量超过 5 亿桶的大型油气田。深水海域还有丰富的天然气水合物资源。据有关研究, 全球天然气水合物的资源总量是全球已知煤炭、石油和天然气等总含碳量的 2 倍, 其中海洋天然气水合物的资源量是陆地冻土带的 100 倍以上, 到 2004 年全球已有 124 个地区发现了天然气水合物, 其中位于海洋的有 84 处, 通过海底钻探成功取得水合物岩芯的 20 多处。[④]

按油气田位置划分, 全球海上油气可分为墨西哥湾、波斯湾、鄂霍次克海、北海、东南亚近海、中国近海、马拉开波湖等油气区。中东波斯湾石油储量 120 亿吨, 全球 30%～40% 的海洋石油都产自这里。北美墨西哥湾探明石油储量为 55 亿吨, 日产原油 14.6 万吨、天然气 3.7 亿立方米。委内瑞拉马拉开波湖石油储量 50 亿吨以上, 有世界著名油田玻利瓦尔湖岸油田。中国近海石油储量达 50 亿～150 亿吨。[⑤]

根据 Offshore 的统计数据, 全球大陆架沉积盆地石油储量估计为 2 500 亿吨, 1988 年世界海上石油可采储量 346.06 亿吨（表 13-161）, 约占估计储量的 1/7。在各大洲和地区海上油气可采储量分布中, 石油主要集中在中东、拉丁美洲和西欧, 而天然气则较集中在中东、远东和西欧, 其中中东石油可采储量占全球的 50.0%, 天然气占全球的 47.0%（表 13-162）。

---

① 沈顺根:《资源海洋》第 2 版, 海潮出版社, 2012, 第 123 页。

② 李德生、罗群:《石油——人类文明社会的血液》, 清华大学出版社, 2002, 第 135 页。

③ 李方正:《能源世界》, 吉林出版集团有限责任公司, 2009, 第 31 页。

④ 田松柏:《原油及加工科技进展》, 中国石化出版社, 2006, 第 27 页。

⑤ 李方正主编《自然资源》, 吉林出版集团有限责任公司, 2007, 第 105 页。

表 13-161　1988 年全球海上油气可采储量分布

国家 / 地区		原油 / 亿吨	天然气 / 亿 m³	国家 / 地区		原油 / 亿吨	天然气 / 亿 m³
（一）北美	加拿大	2.81	3 001.92	（五）中东	沙特阿拉伯	94.26	14 160.00
	美国	11.07	18 507.12		阿联酋	8.08	4 984.32
（二）拉丁美洲	阿根廷	0.34	50.98	（六）非洲	安哥拉－卡宾达	3.29	444.62
	巴西	6.44	1 161.12		贝宁	1.01	—
	智利	0.71	651.36		喀麦隆	5.55	351.17
	哥伦比亚	0.10	402.14		刚果（布）	5.52	623.04
	厄瓜多尔	0.10	297.36		加蓬	4.11	—
	墨西哥	52.06	13 027.20		加纳	0.04	—
	秘鲁	0.30	28.32		科特迪瓦	0.36	96.29
	特立尼达和多巴哥	0.79	2 562.96		尼日利亚	20.14	34 125.60
	委内瑞拉	16.11	8 544.14		塞内加尔	0.41	—
（三）欧洲	丹麦	0.47	962.88		南非	—	300.19
	爱尔兰	—	396.48		坦桑尼亚	—	566.40
	荷兰	2.26	3 001.92		扎伊尔	1.10	—
	挪威	14.80	28 707.98	（七）亚澳地区	澳大利亚	1.73	10 478.40
	联邦德国	0.01	50.98		文莱	1.78	2 180.64
	英国	16.63	11 497.92		缅甸	—	1 104.48
（四）地中海	希腊	1.00	—		印度	3.84	4 106.40
	意大利	0.69	962.88		印度尼西亚	5.48	7 929.60
	利比亚	1.10	424.80		日本	0.01	50.98
	西班牙	0.40	226.56		马来西亚	3.15	13 990.08
	突尼斯	0.38	—		新几内亚	0.41	3 500.35
	南斯拉夫	0.50	147.26		新西兰	0.07	1 416.00
（五）中东	巴林	1.78	—		菲律宾	0.03	—
	埃及	3.84	1 246.08		中国台湾	—	283.20
	伊朗	39.36	7 929.60		泰国	0.55	2 265.60
	阿曼	—	453.12		越南	2.33	—
	卡塔尔	3.01	43 986.62	（八）欧亚地区	苏联	5.75	45 312.00
				总计		346.06	296 499.06

资料来源：薛鸿超：《海岸及近海工程》，中国环境科学出版社，2005，第 327 页。

表 13-162　1988 年各大洲海上油气可采储量比例分布

地区	原油 /%	天然气 /%
中东	50.0	47.0
拉丁美洲	20.5	9.5
西欧	12.5	13.0
非洲	6.0	4.0
远东	6.0	14.5
北美	4.0	8.5
中央计划国家	1.0	3.5

资料来源: 薛鸿超:《海岸及近海工程》, 中国环境科学出版社, 2005, 第 328 页。

2004 年, 全世界有 812 个海上油气田投产, 估算储量为 515 亿桶油当量。其中, 欧洲占最大份额, 主要是挪威特罗尔巨型气田投产, 其可采储量达 1.3 万亿立方米, 排世界第 11 位。伊朗的南帕斯气田可采储量为 12.34 万亿立方米, 排世界第 2 位。2002—2004 年开工的全球海上油气田储量为 1 320.55 亿桶油当量 (表 13-163), 其中深水油气田所占比例为 12%。

表 13-163　2000—2004 年开工的海上油气田储量

地区 / 国家	储量（百万桶油当量）			深水油气田所占比例 /%
	浅水	深水	总计	
亚太地区	15 838	1 382	17 220	8
巴西	552	4 181	4 733	88
欧洲	19 418	235	19 653	1
墨西哥湾	1 059	4 716	5 775	82
非洲西部	5 753	4 978	10 731	46
其他	73 194	749	73 943	1
世界总计	115 814	16 241	132 055	12

资料来源: 庞名立:《天然气百科辞典》, 中国石化出版社, 2007, 第 249 页。

（二）海上石油开发历程

早在 100 多年前人类就已经开始开采海上石油, 商业性开发则直到 1947 年才出现。1997 年, 巴西创造了在 1 709 米水深开采石油的世界纪录。从此, 人类对海上石油的开发从早期探索阶段进入商业开采阶段, 并迈向深水时代。

1. 早期探索阶段

1894 年, 在美国加利福尼亚州圣巴巴拉浅海钻出世界上第一口海上油井。

1900 年, 在俄国巴库浅海区用栈桥钻出一批浅海油井。

1911 年, 在美国路易斯安那州卡多湖钻成第一口油田, 产油 450 桶 / 日。到 1915 年, 这里共有油井 300 口，年产石油 1 350 万桶。①

20 世纪 20 年代，人们开始到离岸浅海区勘探、开发海上石油。1923 年，巴库开发比比艾特油田向海延伸部分，在填海筑起的人工小半岛上钻井，当钻到 2 160 米深时喷出了石油，成为世界海底石油开发的开端。②

1923 年，在委内瑞拉马拉开波湖，人们也用木桩平台进行滩海水上作业。1926 年，海湾石油公司在马拉开波湖发现陆上－海上特大油田——拉古尼亚斯油田，原始可采储量 14.8 亿吨。1928—1930 年，委内瑞拉又发现蒂·胡安纳和巴恰奎罗 2 个海上大油田。

1938 年，普尔石油公司和苏必利尔石油公司共同勘探墨西哥湾克里奥尔构造海上油田，钻至 561 英尺处打出油流，发现墨西哥湾第一个海上油田，从而揭开墨西哥湾海上石油开发的序幕。克里奥尔油田还是世界上第一个外海油田。

第二次世界大战结束后，因战争停滞、中断的海上石油开发再次受到重视，墨西哥湾掀起了石油勘探的热潮。1945 年，马格诺利亚石油公司租借路易斯安那州一部分近海区域，在离岸 6 英里处用 338 根木桩和 52 根工字钢建成一座固定式钻井平台，从此钢材成为建造钻井平台的主要材料。③第二年，科麦吉石油工业公司花 3 万美元获得墨西哥湾 2 个区块，它把大部分股权转让给菲利普斯公司和斯塔诺林德石油天然气公司，并与布朗路特公司进行合作勘探、开发，于 1947 年 9 月 9 日开钻第一口井，到第 87 天时在海底 2 563 英尺（约 781 米）处钻出石油，日产量 960 桶④，成为世界上第一口海上商业性油井，由此揭开了海底石油勘探与开发的新纪元。⑤从此，墨西哥湾吸引了更多公司前来钻探。

1949 年，苏联在巴库外海发现国内第一个大型海上油田——油石头油田，它也是阿塞拜疆最大的油田。

到 20 世纪 50 年代初，世界海上石油开发规模还较小，开发出海上石油的主要有美国、苏联、委内瑞拉、沙特阿拉伯等少数国家，海上石油年产量共计 4 000 万吨左右，不到世界石油总产量的 1/10。

2. 商业化大规模开发时代

进入 20 世纪 50 年代后，海上石油钻探、开采技术不断创新，参与海上石油开发的国家越来越多，北海首先成为海上石油开发的新热点，世界海上石油开发日渐进入大规模商业开发的新时代。

荷兰是最早开展北海油气资源勘探的国家。早在 1933 年，英荷壳牌石油公司就与新泽西标准石油公司达成协议，在欧洲西北部联合进行油气勘探，并于 20 世纪 50 年代合资组成 NAM 公司，开展海上油气钻探工作。1959 年，壳牌·艾索公司和荷兰天然气公司在荷兰东北部格罗宁根发现一个特大型天然气田——格罗宁根气田（陆上气田），原始可采储量达 1 650 立方千米，为当时世界第二大气田。⑥这一重要发现，将人们的目光引向了北海，掀起了北海油气勘探的热潮。但荷兰并不是第一个采收北

① 马延德主编《海洋工程装备》，清华大学出版社，2013，第 127 页。
② 同上。
③ 同上书，第 128 页。
④ 同上书，第 128–129 页。
⑤ 黄宇、王元媛：《能源和能源问题》，化学工业出版社，2014，第 13 页。
⑥ 马延德主编《海洋工程装备》，清华大学出版社，2013，第 132 页。

海油气的国家，荷兰北海海域首批商业油田——赫尔姆油田和赫尔德油田直到 1982 年才投入生产。[1]

英国是第一个发现北海气田的国家。1965 年，英国石油公司在英格兰对面海域发现西索尔天然气田，标志着北海天然气工业的诞生。1970 年 11 月，英国石油公司在苏格兰东海岸外发现了英国北海第一个油田——福蒂斯油田。次年 9 月，英国北海生产的第一船石油被运往英国东北部的伊明厄姆港。此后几年，英国又发现了著名的布伦特油田、尼尼安油田。从此，英国进入北海石油大开发时代，估计到 1977 年已探明石油储量会达到 13 亿吨。[2]1975—1978 年，英国北海福蒂斯、布伦特、派帕、克莱莫尔、西斯尔等油田先后投入生产，估计福蒂斯、布伦特油田的高峰产量分别达到 2 400 万吨 / 年、2 300 万吨 / 年（表 13-164）。到 1983 年，英国海上石油产量突破 1 亿吨，达到 1.095 亿吨[3]，是当年世界上仅有的 2 个超亿吨的产油国之一，排在沙特阿拉伯（1.05 亿吨）之前，居世界首位。同年，英国海上石油产量占世界总量（7.09 亿吨）的 15.4%。

表 13-164　1975—1978 年英国北海近海油田高峰产量

单位：百万吨 / 年

油田名称	高峰产量[1]
福蒂斯	24.0
奥克	2.5
阿尔及尔	1.1
伯里尔	4.0
布伦特	23.0
派帕	12.0
蒙特罗斯	2.4
尼尼安	16.5
西斯尔	10.1
克莱莫尔	8.5
都灵	7.5
斯塔特福乔希德（英国）	4.2
柯莫兰	3.0
黑塞尔	2.5

资料来源：韦布、里基茨：《能源经济学》，罗根基译，西南财经大学出版社，1987，第 199 页。

注：[1] 经营者估计的数字。

挪威是第一个发现北海油田的国家。1969 年 12 月发现北海第一个油田——埃科菲斯克油田，1971 年埃科菲斯克油田投入生产，1975 年挪威成为石油、天然气净出口国，进入世界石油生产大国行列。此后，挪威先后投产斯塔特福约德（1978 年）、古费克斯（1986 年）、奥斯伯格（1988 年）、斯诺尔（1992 年）、德劳根（1994 年）等高产油田，石油、天然气产量不断攀升。1971 年挪威原油产量为

[1] 王才良、周珊：《世界石油大事记》，石油工业出版社，2008，第 259 页。
[2] 韦布、里基茨：《能源经济学》，罗根基译，西南财经大学出版社，1987，第 198 页。
[3] 王才良、周珊：《世界石油大事记》，石油工业出版社，2008，第 264 页。

28.3 万吨，1975 年为 870.0 万吨，1985 年为 2 833.4 万吨，2004 年为 14 107.1 万吨（表 13–165）。截至 2003 年 12 月，挪威大陆架上共有 48 个油田在进行生产，其中 42 个位于北海，6 个位于挪威海。[①]

表 13–165　1971—2004 年挪威原油和天然气产量

时间 / 年	1971	1975	1980	1985	1990	1995	2000	2003	2004
原油 / 万 t	28.3	870.0	2 433.4	2 833.4	8 111.1	13 683.8	15 680.5	14 538.3	14 107.1
天然气 / 亿 m³	1.03	29.78	281.68	341.95	371.89	471.90	903.75	1 177.30	1 274.84

资料来源：田德文：《挪威》，社会科学文献出版社，2007，第 142 页。

在开发北海油田的同时，世界上其他海洋国家也先后开发了一批新的海上油田。中国于 1967 年发现国内第一个海上油田——渤海湾 1 号油井。沙特阿拉伯先后发现可采储量达 50.5 亿吨的塞法尼耶油田（1951 年），可采储量 16.8 亿吨的贝利油田（1964 年），可采储量 14.8 亿吨的祖卢夫油田（1965年）。伊朗于 1960 年发现国内第一个海上油田——巴尔甘沙尔油田，两年后又发现居鲁士、拉姆希尔、索罗希 3 个近海油田。卡塔尔于 1960 年发现可采储量 1.39 亿吨的海上油田——埃德 - 莎吉油田。日本 1972 年在其大陆架发现商业性海上油田——Aga-Oki 油田。越南 1974 年发现海上第一口探井。印度 1974 年在西部阿拉伯海大陆架发现孟买高地油田。墨西哥于 1959 年发现国内第一个海上油田——圣安娜油田。委内瑞拉 1957 年在马拉开波湖发现乌尔达尼塔油田。巴西于 1974 年发现国内第一个海上油田——加鲁巴油田，1979 年建成、投产萨累、阿古哈、乌巴拉娜 3 个海上油田。埃及海上的十月油田于 1977 年投产。澳大利亚海上鱼王油田于 1970 年投入生产。到 20 世纪 80 年代初，开展海上石油勘探的国家发展到 100 多个，其中进行海上石油开采的国家有 36 个，可在离岸 300 千米以外作业，海底累计采油量约 100 亿吨。

大批海上油田的发现及开发，使海上石油产量猛增。1970 年，世界海上石油产量达到 4.18 亿吨，为 20 世纪 50 年代初的 10 倍左右，占世界石油产量的比例上升到 18%。[②]1980 年，世界海上石油产量增至 6.84 亿吨，其中沙特阿拉伯 1.47 亿吨，占 1/5 以上。1990 年，世界海上石油产量达到将近 10 亿吨（具体为 9.8 亿吨），占世界石油产量的 1/3。1992 年，世界海上石油产量 9.39 亿吨，其中，中东 2.07 亿吨，西欧 1.81 亿吨，亚太 1.73 亿吨，拉美 1.67 亿吨，非洲 1.1 亿吨，美国 0.61 亿吨。[③]

到 20 世纪末（1999 年），世界海上石油日产量达到 2 900 万桶，占世界石油总产量的比例上升到 36% 以上。[④]海上深水油气钻探的成功率从 1985 年的平均 10% 左右提高到 20 世纪 90 年代的 30% 以上，其中巴西深水钻探成功率在 50% 以上，墨西哥湾为 33%。海洋石油工业已从最初的探索开发发展成一个成熟的产业。

3. 迈向深海时代

过去 100 多年的海上石油开发，大部分是在近海浅水区进行的。2005 年，世界近海石油产量达到

① 田德文：《挪威》，社会科学文献出版社，2007，第 142 页。

② 王才良、周珊：《世界石油大事记》，石油工业出版社，2008，第 194 页。

③ 同上书，第 307 页。

④ 赖向军、戴林：《石油与天然气——机遇与挑战》，化学工业出版社，2005，第 91 页。

2 500 万桶 / 日，占世界原油总产量近 1/3。其中，浅水区（小于 1 500 英尺，约 457.2 米）生产 2 030 万桶 / 日，深水区 350 万桶 / 日。近海发现的总储量达 5 030 亿桶，其中，原油 4 550 亿桶，天然气凝析液 480 亿桶（约 76.32 亿立方米）。[①]

从人类开发海上石油的整个历程来看，海上石油开发从海岸走向离岸，从近海走向远海，从浅水走向深水。在当今近海石油已被大量开发后，尚未得到开发的深海石油便日渐成为"后石油时代"的一个主战场。1997 年，巴西创造了在 1 709 米水深作业的世界纪录。[②] 第二年，巴西国家石油公司在波斯湾 Saillean 油田水深 1 853 米处成功安装浮式生产装载装置。[③] 2003 年，巴西的探井和开发井都达到了 3 000 米水深以上。[④] 同年，美国泛洋公司租用深水 "发现号" 钻井船在墨西哥湾创造了钻井水深 3 051 米的世界纪录。

21 世纪初，深海石油开发取得重要进展。2001 年，Total Fina Elf 公司投资 27 亿美元的世界最大深水项目——安哥拉吉拉索尔油田投产。[⑤] 2004 年，安哥拉深水 15 区块基松巴 A 项目建成、投产。2006 年，安哥拉又有 3 个深水项目相继投产，分别为雪佛龙公司在深水 14 区块的 Benguela Belize-Lobito Tomboco 油田和 Lobito 油田，以及道达尔公司在深水 17 区块的 Dalia 油田。[⑥] 2007 年，道达尔公司与安哥拉国有 Sonangol 公司合作，在安哥拉深水 32 区块的 Salsa-1 井又有一石油新发现，从 Miocene 储藏试采 3 686 桶 / 日石油。[⑦] 2009 年，BP 在安哥拉深水 31 区块获第 17 次油气发现。

美国在墨西哥湾也有一批深水项目，包括 Mars、Ursa、Petronius 等（表 13-166），它们都已经投入开发。2000—2006 年，墨西哥湾深水石油生产量占其总生产量的 70%，天然气生产量占其总生产量的 40%。2006 年，又发现 Gotcha、Mission Deep、Kaskida 等 10 多个深水前景油田（表 13-167），其中最深处达到 7 600 英尺。2007 年，阿纳达科石油公司在墨西哥湾 Green Canyon 726 区块海底的三个高质量 Miocene 盐砂层发现厚度达 350 多英尺的石油。[⑧]

表 13-166　2002—2004 年美国墨西哥湾深水油田的开发

项目名称	主要权益者	推进深度 / 英尺	原油换算产量 / 万桶[1]	项目名称	主要权益者	推进深度 / 英尺	原油换算产量 / 万桶[1]
Mars	壳牌	2 933	999	Boomvang	卡曼奇	3 650	2 237
Ursa	壳牌	3 800	5 377	Diana	埃克森美孚	4 500	2 216
Mars	壳牌	2 933	3 486	Mensa	壳牌	5 280	2 150
Petronius	雪佛龙	1 753	3 473	Troika	BP	2 679	2 018
Brutus	壳牌	3 300	3 418	Aconcagua	道达尔	7 100	1 951

① 王才良、周珊:《世界石油大事记》，石油工业出版社，2008，第 410 页。

② 雷宗友:《探秘海洋》，湖北科学技术出版社，2013，第 126 页。

③ 王才良、周珊:《世界石油大事记》，石油工业出版社，2008，第 332 页。

④ 雷宗友:《探秘海洋》，湖北科学技术出版社，2013，第 126 页。

⑤ 王才良、周珊:《世界石油大事记》，石油工业出版社，2008，第 347 页。

⑥ 同上书，第 442-444 页。

⑦ 钱伯章:《石油和天然气技术与应用》，科学出版社，2010，第 217 页。

⑧ 同上书，第 216 页。

续表

项目名称	主要权益者	推进深度 / 英尺	原油换算产量 / 万桶[1]	项目名称	主要权益者	推进深度 / 英尺	原油换算产量 / 万桶[1]
Conger	赫斯	1 500	3 219	King	BP	5 000	1 948
Hon Mountain	BP	5 400	3 216	Ram-Powell	壳牌	3 216	1 942
Marin	BP	3 236	2 623	Princess	壳牌	3 600	1 893
Nansen	卡曼奇	3 675	2 392	Auger	壳牌	2 860	1 740
Crosby	壳牌	4 259	2 348	Unnamed	埃尔帕索	157	1 712

资料来源：钱伯章：《石油和天然气技术与应用》，科学出版社，2010，第 215 页。

注：[1] 2002 年 7 月至 2004 年 6 月的累计产量。

表 13-167　2006 年美国墨西哥湾深水油田的发现

前景油田	作业公司	区块	水深 / 英尺
Gotcha	道达尔	Alaminos Canyon	7 600
Mission Deep	阿纳达科	Creen Canyon	7 300
Kaskida	BP	Keathley Canyon	5 860
Thunder Bird	墨菲	Mississippi Canyon	5 673
Caesar	阿纳达科	Green Canyon	4 457
Friesian	壳牌	Green Canyon	3 800
Claymore	阿纳达科	Atwater Valley	3 700
Pony	赫斯	Green Canyon	3 440
Raton	Noble	Mississippi Canyon	3 400
Redrock	Noble	Mississippi Canyon	3 334
Ringo	Nexen	Mississippi Canyon	2 500
Longhom North	埃尼	Mississippi Canyon	2 330

资料来源：钱伯章：《石油和天然气技术与应用》，科学出版社，2010，第 215-216 页。

巴西是南美洲第二大油气资源大国，也是海上石油开发的重要国家。截至 2006 年年底，巴西石油总储量为 181.74 亿桶，已探明并得到巴西国家石油管理局正式确认的石油探明储量 121.81 亿桶，其中，海洋石油探明储量 112.76 亿桶，陆地石油探明储量 9.05 亿桶。已探明的海洋石油储量主要集中在里约热内卢州，共 97.62 亿桶，占全国海洋石油储量的 86.57%。2006 年，巴西原油产量 6.28 亿桶，其中里约热内卢州 5.29 亿桶（全部为海上石油），占全国原油总产量的 84.24%。[1]2007 年年底，巴西由石油净进口国成为石油净出口国。巴西于 2005 年发现深海盐下油气资源，预估储量巨大。次年，巴西国家石油公司投资 6.34 亿美元建设深水石油平台，随后在所谓的"盐上层"地区（延伸数百千米，是世界

① 吴晓明主编《通向大国之路的中国能源发展战略》，人民日报出版社，2009，第 186 页。

迄今为止发现的最大的深海石油储备区域）发现一系列大油田。2008 年，巴西国家石油公司正式开采位于海底盐层以下的超深石油。同年，巴西在大西洋巴西海域发现一个巨大油田，国际地质学家预计该油田的最大埋藏量为 330 亿桶。[①]2009 年，巴西国家石油公司等联合宣布，巴西沿岸桑托斯盆地的深海 Guara 油田可采储量为 11 亿～ 20 亿桶。

尼日利亚是非洲主要的石油生产国之一。2000 年发现的 Akpo 深水油田，位于尼日利亚 Harcourt 港石油中心海外 200 千米处，水深 1 100 ～ 1 700 米，于 2009 年 4 月投产。Akpo 深水油田由道达尔公司为主开发，中国海洋石油总公司在 Akpo 深水油田中也有持股。这是中国海洋石油总公司在国内外（参与）开发的第一个投产的超深水油田。[②]

此外，印度信诚工业公司于 2009 年开始从印度东部沿海深水 Krishna Godavari 盆地 KG-D6 区块开采天然气。加州联合石油公司已开发印度尼西亚东加里曼丹 West Seno 油田，它是印度尼西亚第一个深水开发项目，可采储量 2.1 亿～ 3.2 亿桶。

21 世纪初，全球共有 100 多个国家进行海上油气勘探，其中进行深海勘探的有 50 多个国家，多家大型跨国石油公司已成为深水勘探开发的主力军（表 13-168）。深水油气储量居世界前十的公司分别是 BP、埃克森美孚、壳牌、巴西国家石油、道达尔、埃尼、雪佛龙、挪威国家石油、加州联合石油和英国天然气公司。2003—2007 年，这 10 家公司的深水原油产量占世界总量的 73%。[③]

表 13-168　部分跨国石油公司深海石油开发地区分布

公司名称	地区 / 国家分布
埃克森美孚公司	墨西哥湾、尼日利亚、安哥拉、赤道几内亚
壳牌公司	墨西哥湾、巴西、尼日利亚、埃及、马来西亚、文莱
BP	墨西哥湾、安哥拉、埃及
雪佛龙公司	墨西哥湾、巴西、安哥拉、尼日利亚、印度尼西亚、澳大利亚
道达尔公司	墨西哥湾、尼日利亚、安哥拉、赤道几内亚、刚果（布）

资料来源：钱伯章：《石油和天然气技术与应用》，科学出版社，2010，第 219 页。

在技术进步、市场需要等多种因素的推动下，世界深海石油开发规模不断扩大，深海石油产量持续增长。1995 年，世界深海石油产量为 1 590 万吨，2005 年增长到约 1.5 亿吨。世界深海天然气产量也从 1995 年的 450 万吨增长到 2005 年的约 5 000 万吨。2005 年，世界深海石油产量约占全球石油产量的 4%，2008 年提高到 8%。[④]

（三）海上石油钻井

世界海上钻井技术不断创新，先后开发出一批先进的海上钻井船，建造了一批各式海上钻井平台，海上钻井水深、钻深纪录不断被刷新。21 世纪初，海上钻井水深达 3 000 米以上，井深达 10 000 米以上。

① 钱伯章：《石油和天然气技术与应用》，科学出版社，2010，第 222 页。
② 同上书，第 219-220 页。
③ 同上书，第 219 页。
④ 同上书，第 218 页。

　　1. 海上石油钻井船

　　在海上石油钻井中，先后开发、采用了坐底式钻井驳船、浮式钻井驳船、蒸汽钻井船、动力定位钻井船、防冰钻井船等（表 13-169）。1999 年，Transocean Sedco Forex 公司投入使用一艘可以在10 000 英尺（约 3 048 米）以内水深钻井的深水浮式钻井船；2000 年，建成一艘钻深可达 11 278 米的"Belford Dolphin 号"浮式钻井船。2006 年，中国建成、投入使用世界上第一艘采用钻机全变频驱动技术的自升悬臂式钻井船，它还是世界上第一艘具备高温、高压钻井能力的钻井船。

表 13-169　海上石油钻井船的演化（至 2006 年）

时间 / 年	钻井船类型	事件
1928	钻井驳船	路易斯·吉列索获带压水舱的钻井驳船专利
1930	坐底式钻井驳船	委内瑞拉马拉开波湖等地开始采用坐底式驳船进行水上钻井
1932	浮式钻井驳船	得克萨斯公司建造的浮式钻井驳船在花园岛海域投入使用
1934	蒸汽钻井船	委内瑞拉开始在马拉开波湖上用蒸汽钻井船钻井
1949	可移动外海坐底式钻井驳船	第一个可移动的外海钻井装置——"Breton Rig 20 号"坐底式钻井驳船在墨西哥湾浅水区投入使用
1956	新型浮式钻井船	Conoco 等 4 家公司合作改装完成世界上第一艘实际应用的浮式钻井船"CUSS-1号"钻井船，后成为浮式钻井船的样板
1961	动力定位钻井船	世界上第一条自行定位的"Eureka 号"钻井船在墨西哥湾投入使用，它采用 Howard L. Shatto Jr. 设计的动力定位自动装置
1968	动力定位浮式钻井船	世界上第一艘动力定位浮式钻井船"全球海洋挑战者号"在海上投入作业
1969	自动推进和升举钻井船	美国制成第一艘自动推进和升举的"海上水银号"钻井船
1982	防冰钻井船	芬兰为苏联建造的世界上第一艘防冰钻井船下水
1999	最大水深（1 万英尺）浮式钻井船	可以在 10 000 英尺以内水深钻井的"Discover Enterprise 号"浮式钻井船交付使用，它具有双钻井功能（同时钻两口井）
2000	最大钻深（万米）钻井船	"Belford Dolphin 号"浮式钻井船建成，工作水深 3 048 米，钻深 11 278 米，可变载荷 25 000 吨
2006	全变频钻井船	中国第一艘作业水深 122 米、钻井深度可达 9 144 米的自升悬臂式钻井船"海洋石油 941 号"交付使用。它由美国 FGL 公司设计，中国大连重工集团建造，是世界上第一艘采用钻机全变频驱动技术的自升悬臂式钻井船，第一艘具备高温、高压钻井能力的钻井船

资料来源：作者整理。主要参考王才良、周珊：《世界石油大事记》，石油工业出版社，2008。

　　2. 海上钻井平台

　　世界上最早的海上钻井平台为木桩码头。1925 年，出现钢桩钻井平台。1937 年，建成世界首个坐底式钻井平台，它也是世界上最早出现的海上移动式平台。1948 年，苏必利尔公司在墨西哥湾建成第一座自升式钻井平台。1962 年，壳牌石油公司建成第一座半潜式钻井平台，这对开发深海石油具有划时代意义。进入 21 世纪，出现可变载荷达万吨的钻井平台，工作水深达 3 000 米以上的钻井平台，钻深达万米以上的钻井平台（表 13-170）。

表 13-170　海上石油钻井平台的演化（至 2003 年）

时间	平台类型	事件
1894 年	木桩码头	在加利福尼亚州圣巴巴拉浅海区，威廉姆斯往海里打木桩建造码头，把钻机安在码头上打井，由此诞生世界上第一口海上油井
1896 年	木栈桥平台	美国斯特文斯和克拉克在海上修建木头栈桥，在栈桥上钻井，栈桥长 250 英尺
1920 年	木制平台	委内瑞拉搭建木制平台进行钻井
1923 年	人工小半岛平台	为开发巴库比比艾特油田向海延伸的部分，人们向海里填土，在人工小半岛上钻了一口井，并在井深 2 160 米处喷出了石油，成为世界上开发海底石油的开端
1925 年	钢桩钻井平台	在巴库比比艾特油田向海延伸的部分，在用钢桩和木板搭成的坡道上钻成里海第一口海上油井
20 世纪 30 年代	钢质栈桥平台	美国加利福尼亚州第二个海滩油田——艾尔伍德油田的开发主要采用钢质栈桥
1937 年	坐底式钻井平台	建成世界首个坐底式钻井平台，也是世界上出现最早的移动式平台
1945 年	钢结构固定式钻井平台	马格诺利亚石油公司在路易斯安那州离岸 6 英里处建成一座钢结构固定式钻井平台
1948 年	自升式钻井平台	苏必利尔石油公司在墨西哥湾建成第一座自升式钻井平台
1953 年	可移动气压顶升钻井平台	德龙 – 麦克德莫公司按法国人德龙的专利建造第一座可移动的气压顶升的钻井装置——"查理号"，1954 年在美国墨西哥湾投入使用
1953 年	船式钻井平台	在特制海上钻井船上安装专门的钻井作业平台
1953 年	浮式动力定位钻井平台	美国壳牌石油公司首次开发浮式动力定位系统钻井装置，1961 年在加州海上水深 1 100 米处首次用动力定位系统取芯钻井
1962 年	半潜式钻井平台	壳牌石油公司第一个设计、建造半潜式海上钻井装置"蓝水 1 号"，在墨西哥湾 90 米水深处钻成一口井
1964 年	海上抗冰平台	壳牌石油公司在阿拉斯加建成第一座海上抗冰平台，可耐 1.1 米厚冰层 3 000 多吨冲击力
1971 年	自航半潜式钻井平台	Ocean Drilling & Exploration 公司建成第一座自航半潜式平台"Ocean Prospector 号"
1984 年	最大半潜式钻井平台	日本石川岛播磨公司为挪威阿克公司建成世界上最大的半潜式钻井平台"Zane Barnes 号"，排水量 32 904 吨，负载能力 5 000 吨
1991 年	最大自升式钻井平台	圣菲钻井公司所有、哥德曼公司设计、新加坡莱文斯公司建造的"加莱克斯 1 号"是世界上最大的自升式钻井平台，长 250 英尺，宽 237 英尺，支腿高 560 英尺，最大工作水深 400 英尺
2002 年	最大（万吨级）可变载荷钻井平台	"玛斯基创新者号"自升式钻井平台建成，工作水深 150 米，钻深能力 30 000 英尺，可变载荷 10 000 吨
2003 年	最大（万米）钻深平台	"波勃·帕尔麦号"自升式钻井平台工作水深 167.6 米，钻深能力 10 668 米，可变载荷 3 676 吨
		俄罗斯 Vyborg 船厂制成"Noble Clyde Boudreaux 号"半潜式钻井平台，可变载荷 6 400 吨，工作水深 3 048 米，钻深 10 680 米
		圣菲公司建成"全球圣菲开发钻井者号"半潜式钻井平台 1 号和 2 号两座，可变载荷 7 000 吨，工作水深 2 286 米，可加深至 3 048 米，钻深 11 430 米

资料来源: 作者整理。主要参考王才良、周珊:《世界石油大事记》，石油工业出版社，2008。

3. 海上钻井进展

1933 年，得克萨斯公司采用路·吉利亚索的专利技术，建成一艘名为"吉利亚索号"的坐底式钻井驳船，工作水深 4.6 米，可钻深度 1 829 米。1958 年，世界上第一艘浮式钻井船 "CUSS-1 号"在加利福尼亚州水深 13.7 ～ 107 米的海域钻了多口井。1962 年，美国开发出水下机器人，可在水深 400 米海域代替潜水员进行深水钻井、采油作业。1982 年，世界上第一个顶部驱动系统被安装在 Sedco 公司的钻井船上，开始在阿布扎比大陆架上钻第一口井。1984 年，世界上共有各种海上移动式钻井装置 803 座，其中半潜式 164 座、自升式 451 座、驳式 35 座、船式 57 座、坐底式 29 座、冰海用 4 座、辅助用 63 座。[①]1986 年，布朗路特公司因给大陆石油英国公司设计、建造了世界上第一座张力腿式平台而荣获英国女王技术成就奖。1992 年，北海建成第一口多侧钻水平井。1997 年，中国在南海西江 24-3 平台上钻成西江 24-3-A14 井，创造了当时水平位移 8 063 米的世界纪录。[②]同年，法国埃尔夫公司等联合开发出名为"细洞"的钻探技术，可以在 45 天内在 2 000 米水深的海底钻出 3 000 米的井，钻井成本比传统方法大约低 46%。2001 年，Baker 公司在北海 Captain 油田完成最长水平井段砾石充填，长达 2 234 米。2005 年，美国 Expro 公司建成海上修井系统。同年，诞生井深达万米以上的世界最大海上钻井纪录。2009 年，又诞生工作水深超过 6 000 米的海上采油纪录（表 13-171）。

表 13-171　海上石油钻井水深（井深）纪录（至 2009 年）

时间 / 年	工作水深	事件
1933	15 英尺（约 4.6 米）	得克萨斯公司使用坐底式钻井驳船，在佩尔托湖工作水深 4.6 米处钻井成功
1956	175 英尺（约 53 米）	由 J. T. Hayward 设计建造的科麦吉公司"环球 54 号"钻井船是世界最大的坐底式钻井装置，工作水深 175 英尺
1958	350 英尺（约 107 米）	"CUSS-1 号"浮式钻井船在加利福尼亚州水深 13.7 ～ 107 米的海域钻了多口井
1961	11 700 英尺（约 3 566 米）	多国合作的莫霍面（海洋）钻探项目对"Cuss-1 号"钻井船进行改装，在墨西哥湾 11 700 英尺深水下作业，但未能钻达莫霍面
1978	4 246 英尺（约 1 294 米）	"D-7 七海发现者号"钻井平台在刚果（布）海域创造水深 4 246 英尺钻井纪录
1983	6 448 英尺（约 1 965 米）	壳牌公司的"D- 七海钻井者号"钻井平台在美国创造水深 6 448 英尺钻井纪录
1988	7 172 英尺（约 2 186 米）	壳牌公司在墨西哥湾创造水深 7 172 英尺钻井纪录
1998	7 718 英尺（约 2 352 米）	"Glomar Explorer 号"浮式钻井船在墨西哥湾创造钻井水深 7 718 英尺纪录
1999	8 544 英尺（约 2 604 米）	Petrobras 等公司在巴西外海坎波斯盆地创造钻井水深 8 544 英尺纪录
2003	10 009 英尺（约 3 051 米）	Transocean Sedco Forex 公司的"深海发现者号"钻井船在墨西哥湾创钻井水深 3 051 米的纪录
2005	10 421 米（井深）	Transocean Sedco Forex 公司在美国墨西哥湾深水区用钻井船钻成井深 10 421 米的探井，创海上钻井深度新纪录
2009	19 685 英尺（约 6 000 米）	巴西首个平均水深达 6 000 米的超深水油田投产，日产油量约 1.5 万桶

资料来源：作者整理。主要参考王才良、周珊：《世界石油大事记》，石油工业出版社，2008。

[①] 王才良、周珊：《世界石油大事记》，石油工业出版社，2008，第 268 页。

[②] 同上书，第 332 页。

到 2006 年 7 月，全球共有 165 座半潜式钻井平台，其中作业水深超过 500 米的有 103 座，在建深水平台 24 座；有钻井船 38 艘，其中作业水深超过 500 米的有 33 艘；深水作业承包商共 26 家，其中最大的公司为 Transocean Sedco Forex 公司，有深水钻井装置 41 座（台），其次是 Diamond 公司，有 21 座（台）。[①]

（四）海上石油生产（开采）

世界上最早的海上采油平台是 19 世纪末在美国加利福尼亚州圣巴巴拉浅海建造的木桩码头、木栈桥平台。到了现代，海上采油工艺和技术不断发展。1923 年，巴库比比艾特油田建造人工小半岛开采海上石油。1947 年，出现了世界上第一座深水采油平台。进入 20 世纪 50 年代，先后开发出自动采油平台、浮式采油平台、绷绳塔式采油平台、张力腿式采油平台、半潜式采油平台、桅杆式采油平台、人工海床浮筒采油平台等（表 13-172）。

表 13-172　海上采油平台的演化（至 2009 年）

时间	平台类型	事件
1894 年	木桩码头平台	世界上第一口海上油井采用木桩码头钻井采油
1896 年	木栈桥平台	美国在加利福尼亚州圣巴巴拉海峡边的发萨莫兰德油田伸向浅海的部分建造了一批钻井采油用的木栈桥
1923 年	人工小半岛平台	巴库比比艾特油田向海延伸部分通过填海建成人工小半岛来钻井采油
20 世纪 30 年代	钢质栈桥平台	美国加利福尼亚州海边艾尔伍德油田采用钢质栈桥开采
1947 年	深水采油平台	Kerr-McGeed 公司建成第一座深水采油平台
1959 年	自动采油平台	J. Ray McDermott 为委内瑞拉太阳石油公司建成世界上第一座自动采油平台和最大的集油站——"Flow Station 1 号"，日产油 10 万桶
1960 年	海底钻采两用平台	小霍华德·夏托使用一艘名为 Mobot 的遥控船（ROV），设计出世界第一个海底钻井、采油两用井口。它是第一个不用潜水员的水下完井系统，安装在墨西哥湾，不需要建采油平台，井的生产通过液压设备进行遥控
1975 年	浮式采油平台	哈密尔顿公司在英国北海阿盖尔油田，将一艘半潜式钻井平台改装为采油平台，建成世界上第一套浮式采油平台
1976 年	海底水下采油平台（系统）	美国壳牌石油公司等在墨西哥湾 Lena 油田安装了第一套海底水下采油系统
1977 年	绷绳塔式采油平台	埃克森生产研究公司等在墨西哥湾 Lena 油田安装第一座绷绳塔式生产平台
1978 年	1 千英尺深水采油平台	麦克德莫特公司制造、安装了第一座工作水深超过 1 000 英尺（具体为 1 040 英尺）的钢结构生产平台——"Shell Cognac 号"平台
1978 年	钢筋混凝土采油平台	雪佛龙公司在其北海尼尼安油田建成世界上最大的生产平台，其中心平台重 60 万吨，是世界上最重的钢筋混凝土采油平台，1981 年高峰日产油 32.5 万桶
1984 年	张力腿式采油平台	大陆石油公司在英国北海海域 Hutton 油田安装了世界上第一座张力腿式采油平台（TLP），日产油 12 万桶（1986 年），作业水深 148 米
1986 年	半潜式采油平台	Sun 石油公司在 Balmoral 油田建成世界上第一座半潜式采油平台

[①] 王才良、周珊:《世界石油大事记》, 石油工业出版社, 2008, 第 445 页。

续表

时间	平台类型	事件
1986 年	矿场转塔系泊采油平台	Petrojarl 公司定做世界上第一座矿场转塔系泊采油平台
1988 年	百万吨级采油平台	挪威北海 Gulfaks 油田建成总重量达 150 万吨的 C 平台，由 24 个混凝土分隔仓和 4 根桩柱组成，海区水深 217 米，平台总高度 380 米
1996 年	桅杆式采油平台	首座桅杆式（又称圆柱塔型）采油平台 "Oryx Nepture 号" 建成
1998 年	最大深水采油平台	巴西国家石油公司在坎波斯湾 Saillean 油田水深 6 080 英尺（约 1 853 米）处安装了浮式生产装载装置（EPSU）
2001 年	浮式采油平台	韩国现代集团建成世界上最大的海上浮式采油装置（BFPSO），载重 34.3 万吨，工作水深 1 350 米
2001 年	随动塔式采油平台	美国新奥尔良州的海上 Petronius 油气田安装了世界上最大的随动塔式采油平台
2003 年	WHP-A 采油平台	越南南部海上墨狮油区建成世界上最大的 WHP-A 石油开采平台，包括 3 座技术平台和 1 个全自动喷油塔，采送 17 口井的原油并加以处理
2003 年	人工海床浮筒采油平台	英国石油公司与壳牌公司合作，开发出一个在水中离水面 200～300 米的钻采工作平台——人工海床浮筒采油平台
2009 年	深水浮式采油平台	巴西建成投入使用 6 000 米深水浮式采油平台

资料来源：作者整理。主要参考王才良、周珊：《世界石油大事记》，石油工业出版社，2008。

中国于 1975 年在 "渤 4" 油田建成国内第一座综合采油平台。1981 年，美国加利福尼亚亨廷顿滩油田安装第一套海上蒸汽发生器，用于热采。挪威斯塔特福约德油田 1981 年建成世界上最大的海上混凝土生产平台，其 A 平台重达 65 万吨，B 平台重 55 万吨，有 24 个水下舱，可储油 190 万桶。[①]Halliburton Services 公司 1992 年在荷兰外海 AME204 号井下 Rotliegendes 地层砂岩油藏中进行第一次水平井压裂，造出 2 条水平裂缝。壳牌公司 2000 年把第一套复合裸眼的刚性膨胀管系统下入墨西哥湾超深水 Alaminos Canyon 557 区块的一口油井。2001 年，美国墨西哥湾 Petronius 油气田安装世界上最大的随动塔式采油平台并投入生产。2009 年，巴西首个平均水深达 6 000 米的超深水油田开始产油，日产原油 1.5 万桶，世界深水采油再次创造惊人超深水纪录[②]，巴西国家石油公司掌握了深水石油生产的浮式采油、储油和卸油等超深水采油技术。

到 21 世纪初，世界海上石油开发形成了较大的规模。根据杂志 Oil & Gas Journal 2002 年公布的世界油气工业调查结果，过去五年全球有 812 个海上油气田投产，估计总储量 515 亿桶，平均产能 6 000 万桶；待开发的油气田有 1 180 个，平均规模为 1.15 亿桶；海上固定平台中，欧洲占 30%，其他地区占 70%；海上石油生产转向浮式生产系统和水下生产系统，北海是世界水下生产系统最大的市场。[③]2003 年，世界海上石油产量 12.57 亿吨，占世界石油总量的 34.1%；海上天然气产量 6 856 亿立方米，占世界天然气总量的 25.8%。其中，海上石油产量超过 1 亿吨的国家有：墨西哥约 1.549 亿吨，挪威约 1.519

---

① 王才良、周珊：《世界石油大事记》，石油工业出版社，2008，第 254 页。

② 王震等：《中国与全球油气资源重点区域合作研究》，经济科学出版社，2014，第 21 页。

③ 王才良、周珊：《世界石油大事记》，石油工业出版社，2008，第 354 页。

亿吨，英国约 1.014 亿吨。[①] 在世界海上大油田生产区中，波斯湾自投产起至 2005 年累计产油超过 510 亿桶（表 13-173），占全球的 1/4，居首位；其次是北海，达 450 亿桶，占全球的 22.1%；排在第三位的是墨西哥湾，美国、墨西哥两国共计 440 亿桶，占全球的 21.6%；中国累计生产海上石油 20 亿桶。在北海，英国和挪威仍是最主要的石油生产国，2007 年石油产量分别为 157.8 万桶 / 日、255.7 万桶 / 日（表 13-174）。2007 年，英国、挪威、荷兰、丹麦天然气产量分别为 724 亿立方米、897 亿立方米、683 亿立方米、80 亿立方米。北海石油剩余可采储量共计 143.32 亿桶，天然气为 45 450 亿立方米（表 13-175）。

表 13-173　2005 年海上大油田数据

地理位置	投产时间 / 年	海上大油田数 / 个	大油田最终可采储量 / 亿桶	原油产量 / （百万桶 / 日）	累计产量 / 亿桶
波斯湾（中东地区）[1]	1957	14	1 000	5.3	510
北海[2]	1975	12	260	4.7	450
西非[3]	1969	15	110	3.5	250
墨西哥湾（墨西哥）	1960	2	240	2.6	200
墨西哥湾（美国）	1947	5	30	1.6	240
亚洲、大洋洲部分国家[4]	1960	3	30	2.1	210
巴西	1973	7	60	1.5	60
中国	1980	2	30	0.6	20
里海地区[5]	1950	2	170	0.4	10
俄罗斯（北极）	1999	1	10	0.05	0
阿根廷等[6]	—	—	—	0.8	20
萨哈林	—	2	30		
澳大利亚等国天然气凝析液产量[7]	—	—	—	1.6	70

资料来源：钱伯章：《石油和天然气技术与应用》，科学出版社，2010，第 218 页。

注：[1] 指伊朗、伊拉克、中立区、科威特、沙特阿拉伯、阿联酋。[2] 指丹麦、挪威、英国。[3] 指安哥拉、喀麦隆、刚果（布）、赤道几内亚、加蓬、科特迪瓦、尼日利亚。[4] 指澳大利亚、文莱、印度尼西亚、马来西亚、缅甸、新西兰、泰国、越南。[5] 指阿塞拜疆、哈萨克斯坦及周边国家。[6] 指阿根廷、加拿大、德国、印度、荷兰、突尼斯、利比亚、特立尼达和多巴哥。[7] 指澳大利亚、埃及、伊朗、尼日利亚、挪威、阿联酋、美国、英国、赤道几内亚、特立尼达和多巴哥。

表 13-174　2007 年北海沿岸主要国家石油产量

国家	石油 / （万桶 / 日）	天然气 / 亿米^3
英国	157.8	724
挪威	255.7	897
丹麦	31.2	80

[①] 王才良、周珊：《世界石油大事记》，石油工业出版社，2008，第 359 页。

续表

国家	石油 /（万桶 / 日）	天然气 / 亿米 ^{3}
荷兰	5.5	683
合计	450.2	2 384

资料来源：钱伯章：《石油和天然气技术与应用》，科学出版社，2010，第 217 页。

表 13-175　北海沿岸主要国家石油和天然气剩余可采储量

国家	石油 / 百万桶	天然气 / 亿米 ^{3}
英国	5 820	6 840
挪威	6 762	23 020
丹麦	1 510	1 200
荷兰	240	14 390
合计	14 332	45 450

资料来源：钱伯章：《石油和天然气技术与应用》，科学出版社，2010，第 217 页。

二、非常规石油

非常规石油包括油砂（又称沥青砂）、油页岩、重油、合成石油、深海石油、极地石油等（表 13-176）。根据美国能源情报局的估计，2030 年全球非常规石油总储量 11.8 万亿桶，占全球石油总储量的 56.7%。其中，油页岩地质储量为 2.8 万亿桶（表 13-177），占世界石油地质总储量的 13.5%；油砂为 2.4 万亿桶，占 11.5%；重油为 2.3 万亿桶，占 11.1%；石油源岩为 3.1 万亿桶，占 14.9%。这 4 者共占全球石油地质总储量的比例为 51.0%。在常规石油资源日渐短缺后，非常规石油开发将成为 21 世纪世界能源发展的重要方向。

表 13-176　非常规石油的类型和特性

类型	一般特性
油砂	油砂，又称沥青砂或焦油砂，是指饱含高度黏性沥青的松散砂子或部分黏结成砂岩的矿床。可生产合成原油、石脑油、煤油和瓦斯油
油页岩	油页岩是一种含有大量石油的致密薄层状可燃有机岩，又称油母页岩，经干馏可生产页岩油。页岩油进一步蒸馏还可以生产汽油、柴油、煤油等石油产品
重油 / 超重油	重油又称稠油，是指相对密度为 0.934 ～ 1.0 的原油。超重油又称超稠油，是指相对密度大于 1.0 的原油
人造石油	人造石油是指用煤、天然气、生物质、油砂、油页岩等经过加工而得到的合成液体燃料，又称合成石油
深海石油 / 极地石油	深海石油一般是指蕴藏在 500 米以上水深的海底石油。极地石油是指蕴藏在南、北两极的石油。两者的共同特点是开采条件差，开发难度大

资料来源：作者整理。主要参考本书编委员：《能源词典》第 2 版，中国石化出版社，2005。

表 13-177　2030 年以前全球石油地质储量估计值

单位：万亿桶

类型	中东 OPEC 国家	其他 OPEC 国家	美国	其他非 OPEC 国家	全球总储量
常规石油	2.6	2.6	0.9	2.9	9.0
凝析天然气	0.3	0.3	0.2	0.4	1.2
重油	0	2.3	0	0	2.3
油砂	0	0	0	2.4	2.4
油页岩	0	0	2.1	0.7	2.8
石油源岩	0.9	0.9	0.3	1.0	3.1
总计	3.8	6.1	3.5	7.4	20.8

资料来源：史蒂文·M. 戈雷利克：《富油？贫油？：揭秘油价背后的真相》，兰晓荣、刘毅、吴文洁译，石油工业出版社，2010，第 180 页。

　　非常规石油尤其是油砂、油页岩等的开发，受到技术、经济、市场、政策、环境等多重因素的影响。有学者指出："即使在今天的高油价下，大量开采油页岩仍然不太划算，因此这一矿藏仅仅为人所知而几乎无人涉足。开不开采完全由经济、技术进步和政治障碍来决定。"[1] "从地质的角度看，总是可以通过使用成本越来越高昂或对环境有害的新供应来源来提高产量。加拿大的沥青砂就是一个例证，石油业代价高昂地涉足墨西哥湾的深水、西非近海以及北极高纬度地区也是如此。原油价格升得越高，石油业将从地球内部抽提的石油就越多。"[2] "石油是一个大的金钱游戏。只要有利可图，能源行业将不断想出办法从地下抽出更多的石油。但是，别搞错——你可能已经知道的技术上的突破，诸如水力压裂等，正在帮助这个行业提高产量，但它们并不是解决全球能源需求的灵丹妙药。"[3] "当前，来自阿萨巴斯卡油砂地的石油产出的成本为每桶 15 美元至 26 美元，相比之下来自沙特油井的石油的采油成本约为每桶 1 美元。但是当 2008 年油价超过每桶 130 美元时，开采这些沥青砂的主意听起来似乎开始有了经济意义——如果把污染考虑在外的话。"[4]

　　（一）油砂／沥青砂

　　1. 沥青的类型

　　油砂，又称沥青砂，是沥青的一种类型。沥青（bitumen 或 asphalts）是除煤和气态烃以外的一切天然烃类（碳和氢的化合物）的总称[5]，包括液体石油、天然矿物蜡、天然沥青和沥青岩（表 13-178）。按现代学术定义，沥青也可以包括人工合成的碳氢化合物[6]，即人工沥青。

---

[1] 海泽顿、托伊费尔：《能源投资》，朱晓婷译，中信出版社，2010，第 102-103 页。

[2] 杰夫·鲁宾：《低油价时代的终结》，草沐译，电子工业出版社，2013，第 84 页。

[3] 同上。

[4] 波特金、佩雷茨：《大国能源的未来》，草沐译，电子工业出版社，2012，第 25 页。

[5] 美国不列颠百科全书公司：《不列颠百科全书·第 2 卷》国际中文版（修订版），中国大百科全书出版社《不列颠百科全书》国际中文版编辑部编译，中国大百科全书出版社，2007，第 505 页。

[6] 同上。

　　天然沥青，又称沥青砂，被认为是海底有机沉积物在分解为石油的过程中初期形成的。[①]沥青砂（bituminous sand，又作 tar sand）是一种含有松散砂子或者部分黏结成砂岩的天然沥青或沥青岩。油砂中含有 11% ~ 12% 的沥青、80% ~ 85% 的矿物质（包括砂石、含大量矿物质的黏土）及 4% ~ 6% 的水。

表 13-178　沥青的分类

大类	基本类型	细分 / 说明
天然的沥青（bitumen，又作 asphalts）	液体石油	1. 石蜡基 2. 混合基 3. 沥青基
	天然矿物蜡	1. 地蜡 2. 褐煤蜡
	天然沥青（即沥青砂）	1. 纯固体沥青 / 石油沥青 2. 含砂、黏土等不纯沥青
	沥青岩	1. 硬沥青 2. 辉沥青 3. 脆沥青
人工合成的沥青（pitch）	煤焦油沥青	在化学加工工业中由蒸馏煤焦油而得到
	木焦油沥青	在化学加工工业中由蒸馏木焦油而得到
	其他沥青	在化学加工工业中由蒸馏脂肪、脂肪酸或脂油等而得到

　　资料来源：作者整理。主要参考美国不列颠百科全书公司：《不列颠百科全书·第 2 卷》国际中文版（修订版），中国大百科全书出版社《不列颠百科全书》国际中文版编辑部编译，中国大百科全书出版社，2007。

　　沥青岩（asphaltite）是天然存在的几种硬质固体沥青的统称，主要成分是各种沥青烯。沥青岩不溶解于石脑油，需要加热才释放出所含石油。沥青岩是从腐殖泥质的煤中产生的，而沥青则来源于挥发物已经蒸发掉的原油。沥青岩可分为硬沥青、辉沥青、脆沥青 3 种。其中，硬沥青主要产于美国科罗拉多州和犹他州的边界线上。辉沥青（又称纯沥青）产于西印度群岛的独立岛国巴巴多斯和哥伦比亚境内。脆沥青产于古巴、墨西哥以及美国的西弗吉尼亚州和俄克拉何马州。[②]

　　和沥青相似的有焦沥青（pyrobitumen）。它是一种天然的固体烃类物质，是存在于油页岩、泥炭和包括烟煤、褐煤在内的各种煤中不熔化和不溶的烃类，也来自可能由腐殖泥煤形成的沥青岩。它与沥青的区别是不易熔化和不能溶解，但它受热时产生或转化成沥青状液体或气态石油化合物。[③]焦沥青最主要的来源是油页岩。除此以外，沥青还包括弹性沥青（因为有弹性，也称矿物胶），产于英国德比郡的铅矿中；韧沥青，也有弹性，产于美国犹他州东北部；黑沥青，产于加拿大新不伦瑞克的阿尔贝矿；

① 美国不列颠百科全书公司：《不列颠百科全书·第 1 卷》国际中文版（修订版），中国大百科全书出版社《不列颠百科全书》国际中文版编辑部编译，中国大百科全书出版社，2007，第 557 页。

② 同上。

③ 美国不列颠百科全书公司：《不列颠百科全书·第 2 卷》国际中文版（修订版），中国大百科全书出版社《不列颠百科全书》国际中文版编辑部编译，中国大百科全书出版社，2007，第 505 页。

等等。[①]

人工合成的沥青是指在化学加工工业中由蒸馏煤焦油、木焦油、脂肪、脂肪酸或脂油而得到的黑色或暗棕色残余物，包括煤焦油沥青和木焦油沥青等。

沥青以及与沥青相似的化合物都可做燃料、铺路材料、隔音防火材料等，还能制成其他产品。

2. 沥青、油砂资源

世界上天然沥青资源丰富，已经发现油藏的天然沥青资源量达 55 050 亿桶（表 13-179），主要分布在美洲、欧洲两大洲的北美、南美、高加索、俄罗斯等几个少数地区，空间分布不均衡。其中，北美原始地质资源量 23 910 亿桶，占总资源量的 43.4%；南美 22 600 亿桶，占 41.1%；高加索 4 300 亿桶，占 7.8%；俄罗斯 3 470 亿桶，占 6.3%。4 者共计所占比例高达 98.6%。欧洲为 7 940 亿桶（包括高加索、俄罗斯和欧洲其他国家的数量），占 14.4%；非洲为 460 亿桶，占 0.8%；东亚、东南亚洲和大洋洲共计140 亿桶，占 0.3%。美洲的特立尼达和多巴哥有世界上最大的沥青湖，湖面面积约 47 公顷，湖心深达90 米，估计储量 1 200 万吨，1870 年便已开采，目前年产量大约 13 万吨，已开采了一百多年，但湖面并未下降，新的沥青源源不断地从湖底涌出、补充。委内瑞拉也有个沥青湖——瓜诺科湖，面积超过 445 公顷，估计沥青储量 600 万吨，1891 年开始开发，到 1935 年仍是重要的沥青工业资源。

表 13-179 全球天然沥青[1]资源分布

单位：亿桶

国家 / 地区		已发现地质储量	远景资源量	总资源量
北美		16 710	7 200	23 910
南美		20 700	1 900	22 600
非洲		130	330	460
欧洲	高加索[2]	4 300	0	4 300
	俄罗斯	2 960	510	3 470
	欧洲其他国家	170	0	170
东亚		100	0	100
东南亚和大洋洲		40	0	40
中东		0	0	0
南亚		0	0	0
总计		45 110	9 940	55 050

资料来源：王震等：《中国与全球油气资源重点区域合作研究》，经济科学出版社，2014，第 106 页。

注：[1] 这里所说的天然沥青是指 API 重度小于 10°、黏度通常大于 10 000 cP 的石油。[2] 表中高加索地区，俄罗斯、欧洲其他国家三者的沥青资源量不存在包含关系。

世界上的沥青砂资源丰富，但没有统一的数据。一说世界上已探明的油砂资源约为 3.7 万亿桶（1桶 =158.987 dm³），主要分布在加拿大、委内瑞拉、美国等；二说迄今已知世界油砂可采资源量约为

---

① 美国不列颠百科全书公司：《不列颠百科全书·第 14 卷》国际中文版（修订版），中国大百科全书出版社《不列颠百科全书》国际中文版编辑部编译，中国大百科全书出版社，2007，第 47 页。

6 510 亿桶，占世界石油可采总量的 32%[1]；三说全球有 2 200 亿桶油砂资源[2]，其中加拿大中西部艾伯塔省的油砂资源改变了全球石油储量的版图。

　　加拿大是世界上油砂资源最多的国家。据说，美国能源部已经确认，加拿大油砂沉积是世界上仅次于沙特阿拉伯的第二大石油储藏。[3]但关于加拿大的油砂数量及其占全球比例的说法不一。美国地质调查所估计加拿大全部的油砂资源达 2.7 万亿桶，美国能源情报局则估计 2.37 万亿桶，有的估计 1.7 万亿桶。[4]以开采率为 12% ~ 18% 计，技术上可采石油最佳估计值为 3 080 亿桶。[5]加拿大已宣布的可采油砂探明储量为 1 740 亿桶[6]，露天开采成本为 20 ~ 130 美元 / 桶，地下开采成本为 20 ~ 100 美元 / 桶。加拿大拥有全球 81% 的技术上可开采的油砂资源[7]，并为开发这些资源在 2005 年投资 82.5 亿美元，年产量达到 3.61 亿桶。当今世界油砂总产油量为 160 万桶 / 日，其中 110 万桶来自加拿大，其年产量约为 4 亿桶。[8]也有的认为，加拿大油砂约占世界石油储量的 14%[9]，占世界油砂总量的 42%（俄罗斯东西伯利亚盆地的油砂占世界油砂总量的 40%），占该国石油资源总量的 95%[10]，油砂会逐渐取代常规油成为加拿大主要石油生产来源，并成为世界石油供应市场一个越来越重要的组成部分。

　　加拿大的油砂资源集中在艾伯塔省，油藏面积达 14.1 万平方千米，主要分布在阿萨巴斯卡、冷湖以及和平河 3 个地区，最大的储藏是阿萨巴斯卡油砂。艾伯塔省东部邻近的萨斯喀彻温省自 20 世纪 70 年代起也开采油砂，当今正在加快油砂开发，已出让 6 个油砂开发合同，Petroland 服务公司承揽了 Clearwater River 北部的油砂开发。[11]2007 年加拿大 Oilsands Quest 公司宣布，在萨斯喀彻温省西北发现的 Axe Lake 油砂的原始沥青储量为 13.44 亿桶，估算 Axe Lake 地区总的沥青资源潜力为 20 亿 ~ 28 亿桶。[12]加拿大帝国石油公司表示，由于发现新的油砂项目，截至 2008 年该公司探明储量超过 23 亿桶，比上年增长近 50%。[13]

　　在美国，油砂估计蕴藏量为 600 亿 ~ 800 亿桶，大部分位于犹他州（190 亿 ~ 320 亿桶）和阿拉斯加州（190 亿桶）。美国用于能源目的的油砂生产非常少，集中在加利福尼亚州，累计产量不超过 5 亿桶，开采出来的油砂主要作为铺路沥青。[14]

　　中国油砂资源较为丰富，其分布几乎遍及各大含油盆地，但尚未系统地开展资源评价。有专家估

[1] 钱伯章：《石油和天然气技术与应用》，科学出版社，2010，第 248 页。

[2] 史蒂文·M. 戈雷利克：《富油？贫油？：揭秘油价背后的真相》，兰晓荣、刘毅、吴文洁译，石油工业出版社，2010，第 184 页。

[3] 钱伯章：《石油和天然气技术与应用》，科学出版社，2010，第 248 页。

[4] 史蒂文·M. 戈雷利克：《富油？贫油？：揭秘油价背后的真相》，兰晓荣、刘毅、吴文洁译，石油工业出版社，2010，第 184 页。

[5] 同上。

[6] 王震等：《中国与全球油气资源重点区域合作研究》，经济科学出版社，2014，第 19 页。

[7] 史蒂文·M. 戈雷利克：《富油？贫油？：揭秘油价背后的真相》，兰晓荣、刘毅、吴文洁译，石油工业出版社，2010，第 184 页。

[8] 钱伯章：《石油和天然气技术与应用》，科学出版社，2010，第 249 页。

[9] 同上。

[10] 王震等：《中国与全球油气资源重点区域合作研究》，经济科学出版社，2014，第 19 页。

[11] 海泽顿、托伊费尔：《能源投资》，朱晓婷译，中信出版社，2010，第 102 页。

[12] 钱伯章：《石油和天然气技术与应用》，科学出版社，2010，第 251 页。

[13] 同上。

[14] 史蒂文·M. 戈雷利克：《富油？贫油？：揭秘油价背后的真相》，兰晓荣、刘毅、吴文洁译，石油工业出版社，2010，第 183 页。

计，中国油砂资源量约 1 000 亿吨，可采资源量达 100 亿吨，有望成为石油的重要替代资源。[①]

3. 油砂开发

早在公元前 3000 年以前，苏美尔人就在幼发拉底河旁采集天然油苗的沥青来使用。公元前 3 世纪，巴基斯坦人将沥青砌在摩亨约 - 达罗贮水池的砖墙上。世界上最大的沥青湖——特立尼达沥青湖首次开采是在 1870 年。20 世纪的头 10 年，加拿大艾伯塔省开始开采沥青。[②]1915 年，加拿大将艾伯塔省的数吨油砂运到埃德蒙顿，以供铺路使用。

进入现代，发明了油砂开发新技术，建立了油砂加工厂。1925 年，加拿大艾伯塔研究所的卡尔·克拉克发明了用苛性钠和热水把砂子从油砂中分离出来的方法，这是油砂开发的一种基本方法。1927 年，菲茨西蒙斯在麦克默里堡以北 80 千米处建立第一个油砂处理厂，着手开发艾伯塔油砂。到 1930 年，艾伯塔省的石油产量为 139.32 万桶 / 年，占加拿大总量的 92%。[③]

20 世纪 60 年代后期，油砂开发开始走向工业规模开采和商业化运作。加拿大森科尔公司于 1967 年在阿萨巴斯卡建立油砂工厂，开始工业规模开采油砂，并将之加工为合成原油。此后，中国、阿尔巴尼亚、俄罗斯、罗马尼亚等国家也开始进行油砂加工。

从 20 世纪 70 年代末开始，加拿大油砂炼制规模日渐扩大。辛克鲁德加拿大公司于 1978 年在艾伯塔省建成一个合成石油提炼厂，加工油砂 25 万吨 / 日，生产合成原油 12.9 万桶 / 日。此后，艾伯塔省的合成原油产量显著增加。1979 年 6 月，联合国训练研究所（UNITAR）、加拿大艾伯塔省油砂技术管理局（AOSTRA）和美国能源部（DOE）在加拿大埃德蒙顿，联合主办第一届重油及沥青砂国际会议，主要探讨重油和沥青砂的生产、开采、加工、运输、环境影响和方法。[④]1981 年，UNITAR 在纽约成立重油及沥青砂中心。到 1992 年，加拿大两大油砂开发公司辛克鲁德和森科尔累计生产合成原油 10 亿桶，平均日产合成原油 24 万桶（约 1 200 万吨 / 年）。[⑤]1997 年，全球最大的油砂合成原油生产商辛克鲁德公司宣布投资 60 亿加元，扩大在艾伯塔省的油砂加工规模。

到了 21 世纪，油砂开发又取得重要进步。2002 年，加拿大油砂开发正式应用蒸汽辅助重力驱油（SAGD）技术，使加拿大油砂合成原油产量从 60 万桶 / 日增加到 100 万桶 / 日。根据加拿大石油生产协会提供的数据，到 2005 年，现场生产法（指现场钻井注入蒸汽进行开采、提取油砂）[⑥]产量达 16 000 万桶 / 年（表 13–180），比 1990 年增长 2.3 倍。同年，另一种油砂开采方法——地面挖掘法（又称露天开采法）的产量为 20 100 万桶 / 年，比 1990 年增长 1.9 倍。现场注入蒸汽开采油砂成为油砂开采的一种重要方法。到 2010 年，加拿大采用蒸汽辅助重力驱油方式的商业开发项目共有 12 个，日产油 4.2 万吨；正建设、已批准、正申报和规划中的蒸汽辅助重力驱油项目 89 个，预计生产规模约为 41.4 万吨 / 日。其中，在

[①] 钱伯章：《石油和天然气技术与应用》，科学出版社，2010，第 248 页。

[②] 特扎基安：《每秒千桶——即将到来的能源转折点：挑战与对策》，李芳龄译，中国财政经济出版社，2009，第 195 页。

[③] 王才良、周珊：《世界石油大事记》，石油工业出版社，2008，第 76 页。

[④] 同上书，第 242–243 页。

[⑤] 同上书，第 307 页。

[⑥] 在油砂开发中，除了埋深小于 75 米的油砂可以采用露天开采外，其余均需进行钻井开采。加拿大油砂沥青具有高密度、高黏度、高碳氢比、高金属含量的"四高"特性，采用热采技术能够实现有效开发，其中蒸汽辅助重力驱油（SAGD）与蒸汽吞吐（CSS）等热采技术已经实现工业化应用，溶剂萃取（VAPEX）与垂向火烧（THAI）等热采技术处于试验阶段。

阿萨巴斯卡和冷湖地区已建的油砂蒸汽辅助重力驱油开采项目 9 个，在建项目 6 个，生产井总数（井对）超过 100 个，2010 年原油产量达到 10 万吨 / 日以上，预计采收率超过 50%。2010 年，加拿大蒸汽吞吐开采技术得到工业化应用的项目有 3 个，其中 2 个在冷湖油田，1 个在和平河油田；蒸汽吞吐产油量 12 万桶 / 日，原油采收率为 25%。[①]

表 13-180　1990—2005 年加拿大油砂开采方法及产量

单位：百万桶 / 年

开采方法	1990 年	1995 年	2000 年	2005 年
现场生产法	49	54	105	160
地面挖掘法	70	102	117	201
合计	119	156	222	361

资料来源：作者整理。参考史蒂文·M. 戈雷利克：《富油？贫油？：揭秘油价背后的真相》，兰晓荣、刘毅、吴文洁译，石油工业出版社，2010。

2005 年，加拿大石油产量中有 3.61 亿桶来自油砂。21 世纪初，油砂产量占加拿大石油总产量的比例达到 45%。[②] 但是，加拿大已经被开发出来的油砂仍然只是很少的一部分，从 1967 年至今，已经被开采出来的油砂仅为 3% 左右。[③] 2008 年《时代》杂志描述，油砂矿沉积物是加拿大埋藏地下的最大宝藏，可望满足全球今后一百年的石油需求。

然而，加拿大的油砂开发面临严峻的环境问题。人们对开发加拿大的油砂"存在着争议，因为油砂与常规的轻质石油不同，常规轻质石油是从油井中钻取出来的，而油砂则必须使用昂贵、耗费能量的方法把油从油砂中分离出来。无论如何，约翰·卡德曼的预言——我们终将转向使用成本更高的次级原油——已经应验，人类正在积极开发这种资源"[④]。还有学者指出：开发加拿大油砂的三大公司——Suncor（1967 年开业）、Syncrude（1978 年开业）以及加拿大壳牌石油公司旗下的马斯克格河（2003 年开业），它们日产量为 100 万桶，影响面积达 120 平方英里。开采阿萨巴斯卡油砂，从中获得 1 桶油需要耗费 2.5 ~ 5 桶来自阿萨巴斯卡河冰川流出的水。艾伯塔省政府宣称，要处理那些沥青砂，仅需该冰川的平均年流出量的 3% 的水即可，但环保组织估计这将需要艾伯塔省 1/4 的淡水。并且，受到来自采矿以及加工处理过程中的有毒化学物——汞、砷及多种能致癌的有机化合物污染的水最终会流到存贮池中。从沥青砂作业中流出的废水被认为造成了人和野生动物的疾病。而存贮池甚至会带来更大的危险，水生态学家、艾伯塔大学教授大卫·辛德勒称，"如果这些残渣池中的任何一个一旦破裂并且其中的物质流入到河流中，世界就会永远忘记'埃克森·瓦尔迪兹'号油轮漏油事件"[⑤]。

（二）油页岩

油页岩又称油母页岩，经干馏可得类似天然石油（原油）的页岩油。

---

① 王震等：《中国与全球油气资源重点区域合作研究》，经济科学出版社，2014，第 19-20 页。

② 同上书，第 19 页。

③ 史蒂文·M. 戈雷利克：《富油？贫油？：揭秘油价背后的真相》，兰晓荣、刘毅、吴文洁译，石油工业出版社，2010，第 184 页。

④ 特扎基安：《每秒千桶——即将到来的能源转折点：挑战与对策》，李芳龄译，中国财政经济出版社，2009，第 194-195 页。

⑤ 波特金、佩雷茨：《大国能源的未来》，草沐译，电子工业出版社，2012，第 24-25 页。

1. 油页岩资源

世界油页岩资源十分丰富，遍布全球五大洲。[①]根据1970年美国矿务局公布的数据，世界页岩油资源储量为33 400亿桶（约4 542亿吨）（表13-181）。其中，美国22 000亿桶，占全球的65.9%，中国为280亿桶。

表 13-181　全球页岩油资源[1]

单位：亿桶

国家 / 地区	石油储量
美国	22 000
巴西	8 000
苏联	1 150
非洲 [刚果（布）]	1 000
加拿大	500
意大利（西西里）	350
中国	280
其他国家	120
合计	33 400

资料来源：伊斯雷尔·贝科维奇：《世界能源——展望2020年》，上海市政协编译工作委员会译，上海译文出版社，1983，第40页。
注：[1] 按每吨油页岩矿藏产油10加仑及以上测算。10亿吨油页岩约合70亿桶石油。

全球有43个国家报道有油页岩矿藏，其中折合成页岩油有10亿吨以上的国家有美国、中国、俄罗斯等10多个（表13-182）。专家估计全球油页岩资源储量折算成页岩油在4 500亿吨以上。[②]美国是世界上油页岩资源最多的国家，主要集中在怀俄明州、犹他州、科罗拉多州的接壤处，北有绿河盆地、瓦沙基盆地，南有尤英塔盆地和皮申斯盆地，平均含油率约11%。美国页岩油资源储量3 035.6亿吨。假如加上页岩油储量，美国是世界上石油资源最多的国家。中国页岩油资源储量476.0亿吨，排世界第二位。

表 13-182　全球页岩油储量10亿吨以上的国家

国家	资源储量（折合成页岩油 / 亿吨）	公布时间 / 年	国家	资源储量（折合成页岩油 / 亿吨）	公布时间 / 年
美国	3 035.6	2003	加拿大	63.0	1997
中国	476.0	2006	约旦	52.4	1999
俄罗斯	387.7	2002	澳大利亚	45.3	1999

[①] 钱伯章：《石油和天然气技术与应用》，科学出版社，2010，第262页。
[②] 中国石油和石化工程研究会：《油页岩和页岩油》，中国石化出版社，2009，第16页。

续表

国家	资源储量（折合成页岩油/亿吨）	公布时间/年	国家	资源储量（折合成页岩油/亿吨）	公布时间/年
扎伊尔［刚果（金）］	143.1	1958	爱沙尼亚	24.9	2000
巴西	117.3	1994	意大利	14.3	2000
摩洛哥	81.7	1984	法国	10.0	1978

资料来源：中国石油和石化工程研究会：《油页岩和页岩油》，中国石化出版社，2009，第16页。

在各大洲中，亚洲有油页岩资源的国家主要是中国、约旦、泰国、以色列、哈萨克斯坦和土耳其，印度、巴基斯坦、土库曼斯坦、亚美尼亚和蒙古等也发现一些较小的油页岩储藏。欧洲有油页岩资源的国家主要有俄罗斯、意大利、爱沙尼亚、法国、白俄罗斯、瑞典、乌克兰和英国，德国、保加利亚、西班牙、卢森堡、波兰、奥地利和罗马尼亚等也发现油页岩储藏。美洲有油页岩资源的国家主要是美国、巴西和加拿大，阿根廷、巴拉圭、乌拉圭、委内瑞拉、智利、秘鲁也发现少量油页岩资源。非洲有油页岩资源的国家主要是刚果（布）、摩洛哥，埃及、南非、尼日利亚、马达加斯加也有油页岩储藏。大洋洲有油页岩资源的国家主要是澳大利亚，新西兰也发现油页岩沉积地。

全球共有600处已知的油页岩沉积地，经济可采储量估计为2.8万亿～3.3万亿桶页岩油。储量超过10亿吨的油页岩沉积地有：美国的绿河盆地西部沉积地，俄罗斯的Olenyok盆地沉积地，刚果（布）的刚果沉积地，巴西的Irati沉积地，意大利的Sicily沉积地，摩洛哥的Tarfaya沉积地等（表13-183）。

表13-183　全球主要的油页岩沉积地[1]

沉积地	国家	页岩油资源/百万桶	油页岩资源/百万吨
绿河盆地	美国	1 466 000	213 000
Phosphoria	美国	250 000	35 775
东Devonian	美国	189 000	27 000
Heath	美国	180 000	25 578
Olenyok盆地	俄罗斯	167 715	24 000
刚果	刚果（布）	100 000	14 310
Irati	巴西	80 000	11 448
Sicily	意大利	63 000	9 015
Tarfaya	摩洛哥	42 145	6 448
Volga盆地	俄罗斯	31 447	4 500
St.Petersburg，波罗的海油页岩盆地	俄罗斯	25 157	3 600
Vychegodsk盆地	俄罗斯	19 580	2 800
Wadi Maghar	约旦	14 009	2 149
Dictyonema	爱沙尼亚	12 386	1 900

续表

沉积地	国家	页岩油资源 / 百万桶	油页岩资源 / 百万吨
Timahdit	摩洛哥	11 236	1 719
Collingwood	加拿大	12 300	1 717
意大利	意大利	10 000	1 431

资料来源：钱伯章：《石油和天然气技术与应用》，科学出版社，2010，第 262-263 页。

注：[1] 油页岩资源储量 10 亿吨以上的沉积地。

2. 油页岩加工

早在 17 世纪人们就开始开发利用油页岩。1838 年，法国建成世界上第一个页岩油提炼厂，到 1850 年该厂加工量达 840 吨 / 日。19 世纪后期，世界页岩油的年产规模达到百万吨。苏俄 / 苏联从 1919 年开始提炼页岩油，到 1937 年页岩油产量达 11 万吨 / 年。中国页岩油工业始于 1928 年，1959 年加工能力达到 2 000 万吨 / 年，年产油 79 万吨，占当年全国石油产量的 21%。[1]20 世纪 60 年代，由于石油的大量开发、利用，世界油页岩退出了主要矿物能源的行列。

从 20 世纪末到 21 世纪初，爱沙尼亚、俄罗斯、中国、巴西、德国、澳大利亚、美国等国家又先后进行页岩油生产或试验。[2]

爱沙尼亚从 20 世纪 90 年代起大规模开发、利用页岩油，1995 年页岩油产量达到 40 万吨。爱沙尼亚电厂建有嘎洛特炉 YTT-3000 固体热载体干馏炉 2 台，油页岩化学集团 VKG 有 1 000 吨 / 日 GGS-6 基维特炉 2 台及 GGS-5 干馏炉 12 台，其产品主要用于制作燃料油。爱沙尼亚建有页岩电站 2 座，即爱沙尼亚电站和波罗的海电站，装机容量分别为 1 610 兆瓦和 1 624 兆瓦。由芬兰 Outotec Oy 公司 100% 控股的德国 Outotec 公司于 2009 年承揽了 1.09 亿欧元的合同，在爱沙尼亚 Narva 设计、建设和运营一个油页岩加工厂，油页岩加工能力超过 220 万吨 / 年，生产原油约 29 万吨 / 年，这是 Enefit-280 工艺的第一次商业化应用。

苏联将列宁格勒地区页岩城 1952 年建成的 36 台处理量 100 吨 / 日的发生式干馏炉改为薄层干馏炉，单炉油页岩处理量提到 200 吨 / 日。俄罗斯别斯兰曾有年产 5 000 吨的页岩油厂，后来停产了。

巴西国家石油公司开发出佩特罗瑟克斯干馏炉 2 台，2004 年产页岩油 18 万吨、液化气 1.42 万吨、硫黄 2.4 万吨。

澳大利亚南太平洋石油公司选用 ATP 固体热载体干馏工艺，在格拉斯顿的斯图阿特矿区建成单炉日处理油页岩 6 000 吨的试验厂，2004 年因资金问题产权易主后停运。

德国奥伯豪森市鲁尔巴赫水泥厂建有 3 台油页岩沸腾锅炉，发电供水泥厂使用。

以色列 1990 年引进芬兰技术，在巴马建成 40 兆瓦油页岩循环流化床锅炉。

中国抚顺矿业集团将 100 吨 / 日干馏炉发展到 220 台，可年产页岩油 40 万吨。

美国先后开发多种干馏工艺，如西方石油公司的地下干馏，帕拉厚发展公司的帕拉厚气燃式炉，

---

① 周载主编《传输力量的能源》，上海科学技术文献出版社，2005，第 39-40 页。

② 下列有关国家数据主要参见中国石油和石化工程研究会：《油页岩和页岩油》，中国石化出版社，2009，第 18-21 页。

加利福尼亚州联合石油公司的万吨上流式干馏炉。2009 年，通用合成燃料国际公司（GSI）与怀俄明州、科罗拉多州签约，开发现场过热空气气化工艺技术，以便从油页岩、油砂和重油中回收烃类化合物。

21 世纪初，生产页岩油的国家主要是爱沙尼亚、中国和巴西，2002 年三国页岩油产量分别为 34.5 万吨、18.0 万吨、5.9 万吨（表 13-184）。2000 年，全球开采的油页岩中有 69% 用于发电和供暖，25% 用于提炼高收益的页岩油及相关产品，6% 用于生产水泥和其他用途。[①]

表 13-184　世界各地页岩油资源量和生产量[1]

地区 / 国家	2005 年页岩油资源量 / 百万桶	2005 年油页岩资源量 / 百万吨	2002 年页岩油生产量 / 万吨
（一）非洲	159 243	23 317	—
刚果（布）	100 000	14 310	—
摩洛哥	53 381	8 187	—
（二）亚洲	45 894	6 562	18.0
中国	16 000	2 290	18.0
（三）欧洲	368 156	52 845	34.5
俄罗斯	247 883	35 470	—
意大利	73 000	10 446	—
爱沙尼亚	16 286	2 494	34.5
（四）中东	28 172	5 792	—
约旦	24 172	5 242	—
（五）北美洲	2 602 469	382 758	—
美国	2 587 228	380 566	—
加拿大	15 241	2 192	—
（六）大洋洲	31 748	4 534	—
澳大利亚	31 729	4 531	—
（七）南美洲	82 421	11 794	5.9
巴西	82 000	11 734	5.9
全球合计	3 318 103	487 602	58.4

资料来源：钱伯章：《石油和天然气技术与应用》，科学出版社，2010，第 263 页。

注：[1] 国家按页岩油资源量超过 100 亿桶统计。

2009 年，美国能源研究院指出，美国油页岩要实现商业化应用至少还需 10 年时间，需取得技术上的更大进步。同时，油页岩抽提需要使用大量的水，并有 CO_2 排放。据介绍，在美国，油页岩和沥青砂的开发已经引发重大的环境争议。如果把美国的油页岩和沥青砂中蕴藏的 2 万亿桶石油开发出来，

① 钱伯章：《石油和天然气技术与应用》，科学出版社，2010，第 269 页。

将会留下9万亿吨岩石废料——这相当于2 400万座帝国大厦的重量。若要把9万亿吨的矿石废料运走，即使把美国现在全部可用的货运运力用上，也大约要424年。[1]

（三）重油

1. 重油资源

全球重油总资源量为33 960亿桶，其中已发现油藏的地质储量为33 660亿桶，有192个盆地富含重油，主要分布在南美、中东、北美，分布很不均匀。南美总资源量为11 270亿桶，中东为9 710亿桶，北美为6 520亿桶（表13-185），分别占世界总量的33.2%、28.6%、19.2%，三者共计达81%。俄罗斯、东亚重油总资源量分别为1 820亿桶、1 680亿桶，分别占世界总量的5.4%、4.9%。其他地区重油资源较少。

表13-185　全球重油资源分布

单位：亿桶

地区/国家	已发现地质储量	远景资源量	总资源量
南美	10 990	280	11 270
中东	9 710	0	9 710
北美	6 500	20	6 520
俄罗斯	1 820	0	1 820
东亚	1 680	0	1 680
非洲	830	0	830
欧洲	750	0	750
东南亚和大洋洲	680	0	680
高加索	520	0	520
南亚	180	0	180
总计	33 660	300	33 960

资料来源：王震等：《中国与全球油气资源重点区域合作研究》，经济科学出版社，2014，第104-105页。

根据美国地质调查所预计，全球技术上可开采的重油资源为4 340亿桶（未包括原苏联地区）。原苏联地区报告重油储量为7 820亿~7 920亿桶，大约有19%的重油可供开采，约1 500亿桶。全球重油（包括原苏联地区）可采储量为5 840亿桶。按照当今全球石油产量开采速度计算，可供开采时间超过20年。[2] 全球重油可采储量主要集中在南美、原苏联地区、中东（表13-186）。南美重油可采储量为2 660亿桶，占全球总量的45.5%，排第一位；原苏联地区为1 500亿桶，占25.7%，排第二位；中东为780亿桶，占13.4%，排第三位。3者共计所占比例达84.6%。北美、亚洲、非洲、欧洲及其他地区合计900亿桶，占15.4%。

---

[1] 波特金、佩雷茨：《大国能源的未来》，草沐译，电子工业出版社，2012，第24页。
[2] 史蒂文·M.戈雷利克：《富油？贫油？：揭秘油价背后的真相》，兰晓荣、刘毅、吴文洁译，石油工业出版社，2010，第182页。

表 13-186　全球重油可采储量的地区分布

地区	可采储量 / 亿桶	比例 /%
全球	5 840	100.0
南美	2 660	45.5
原苏联地区	1 500	25.7
中东	780	13.4
北美	350	6.0
亚洲	290	5.0
非洲	70	1.2
欧洲	50	0.9
其他	140	2.4

资料来源：作者整理。参考史蒂文·M. 戈雷利克：《富油？贫油？：揭秘油价背后的真相》，兰晓荣、刘毅、吴文洁译，石油工业出版社，2010。

全球有 30 个以上的国家发现了可供开采的重油资源。其中，委内瑞拉是世界上重油资源最多的国家，主要集中在奥里诺科河流域的奥里诺科重油蕴藏带，主要由卡拉沃沃、博亚卡、阿亚库乔、朱宁 4 个油区组成。据美国能源情报局报告，奥里诺科重油带可用现有技术开采的重油储量为 2 660 亿～ 5 840 亿桶，埋藏在 600 ～ 3 600 英尺的地下。[①] 根据委内瑞拉公布的数据，奥里诺科重油带的可采重油、超重油和天然沥青的储量为 2 350 亿桶。委内瑞拉石油公司在奥里诺科重油带已发现超重质油 350 亿桶，相当于总资源量的 3%；现生产量约为 60 万桶 / 日，占委内瑞拉石油生产量的 1/5。重油、超重油储量加上已被证实的轻质油和中质油储量，委内瑞拉石油储量共计 3 128 亿桶，其中重质和超重质原油占 80%，其余 20% 是轻质和中质原油。[②]

美国重油资源储量约 1 000 亿桶，主要集中在加利福尼亚州和阿拉斯加州，分别为 420 亿桶和 250 亿桶。加利福尼亚州科恩河油田是重油开采中最成功的案例。1942 年，该油田按当时预计经过初级手段开采后剩余的 5 400 万桶重油储量已经被消耗殆尽。之后，新的开采工艺被发明出来，到 1986 年，超过上述储量的大约 13 倍、共计 7.36 亿桶的重油被生产出来。美国能源部预计，通过采用蒸汽技术，科恩河油田大约还有 25 亿桶的重油，约为该地区预期剩余的 39 亿桶石油储量的 2/3。[③] 美国半数以上的重油油藏位于 3 000 ～ 5 000 英尺的地下，采用目前技术开采的重油主要位于 3 000 英尺深度。

2. 重油生产

20 世纪 80 年代以前，美国、委内瑞拉、加拿大等国家开始对重油进行开采、炼制。1978 年，加拿大 Esso Resources 公司在冷湖油田钻成第一口重油热采的水平井。[④]

从 20 世纪 80 年代起，重油开发进入商业化发展时期。委内瑞拉通过钻井抽取的方式，开始对奥

① 史蒂文·M. 戈雷利克：《富油？贫油？：揭秘油价背后的真相》，兰晓荣、刘毅、吴文洁译，石油工业出版社，2010，第 182 页。
② 钱伯章：《石油和天然气技术与应用》，科学出版社，2010，第 258 页。
③ 史蒂文·M. 戈雷利克：《富油？贫油？：揭秘油价背后的真相》，兰晓荣、刘毅、吴文洁译，石油工业出版社，2010，第 181-182 页。
④ 王才良、周珊：《世界石油大事记》，石油工业出版社，2008，第 236 页。

里诺科重油带进行商业化开发。[①]1982 年，美国斯威尼炼油厂建成一座重油裂化装置，以常压重油为原料生产汽油，年处理量 250 万吨。加拿大海湾石油公司开发出一种重油非催化加工新工艺——授氢体精制沥青装置。同年，委内瑞拉举行有 61 个国家 600 多名专家参加的国际重质油和沥青砂学术会议，讨论重质原油分类方法，并确定将 15.6 ℃和常压下每立方米重量超过 1 000 千克的定为超重质油（10° API 以下），934～1 000 千克的定为重质油（10°～20° API），低于 934 千克的定为中、轻质油。[②]1983 年，委内瑞拉国家石油公司等联合开发出一种重油输送新工艺——稠油乳化技术。由雪佛龙公司设计的世界上第一套加工 100% 阿拉伯重油减压渣油的加氢装置建成、投产。1986 年，美国大陆石油公司在加州一个海上油田，采用一种特制的表面活性剂，将海上重油乳化开采出来。

20 世纪 90 年代，委内瑞拉开展多个重油项目的国际合作。1993 年，委内瑞拉批准 2 个奥里诺科重油资源开发合作项目：一是与法国道达尔公司合作，处理 9° API、含硫 3.7% 的重质原油 11.4 万桶 / 日，生产 31° API、含硫 0.06% 的原油 10 万桶 / 日；二是与美国大陆石油公司合作，处理重油 12 万桶 / 日，生产 20° API 原油 10.2 万桶 / 日。1997 年，委内瑞拉国家石油公司与埃克森、道达尔、美孚等外国公司达成 6 项合作开发奥里诺科重油的协议，这些项目日产原油可达 620 万桶。

20 世纪末，圣菲公司、大陆石油公司开发出用于奥里诺科超重油藏的丛式井钻井设备。全球来自提高采收率（EOR）和重油项目的石油产量约为 11 150 万吨 / 年（1998 年），相当于世界石油总产量的 3.5%。其中，美国约为 3 740 万吨 / 年，占美国石油产量的 12%。[③]

进入 21 世纪，世界重油开发继续推进。2000 年，Sinco 重油项目投产。德士古公司与委内瑞拉国家石油公司等决定投资 10 亿美元，开发奥里诺科 Hamaca 油田。2001 年，Hamaca 油田投产，其储量超过 300 亿桶；委内瑞拉国家石油公司与康菲公司合资的 Petrozuata 重油改质厂投产，日产 22° API 合成油 10.3 万吨；Pdvsa 与埃克森等合营的哥斯达黎加塞罗内梅罗超重油改质厂投产，日产合成油 18 万桶；委内瑞拉国家石油公司与美国公司合营的哈马卡重油项目投产，日产合成油 18 万桶；奥里诺科 Cerro Negro 项目第一船改质原油被运往美国炼制。[④]2002 年，巴西重质原油储量达 6 亿桶的朱巴特油田开始投产。2003 年，奥里诺科重油带生产出 1.56 亿桶重油。[⑤]2004 年，Chevron Texaco 建成、投产委内瑞拉西北海岸阿马卡重油改质项目，日产合成油 18 万桶。2005 年，美籍德裔鲁道夫·W. 贡纳发明用超声波把重油变为轻油的技术，通过超声波产生的每秒 900 万～1 200 万赫兹冲击波可将长分子击碎为短分子，可使重油炼制所得轻质油油量提高 35%。[⑥]

迄今，中国、日本、俄罗斯、印度、古巴等诸多国家参与委内瑞拉奥里诺科重油带的开发。如美国有康菲、Arco、埃克森，法国有道达尔，中国有中国石油天然气集团（CNPC）等。委内瑞拉重油开发规模日渐扩大，超重质原油产量从 1980 年的 100～200 桶 / 日提高到 1990 年的 2 万桶 / 日，2005

① 史蒂文·M. 戈雷利克：《富油？贫油？：揭秘油价背后的真相》，兰晓荣、刘毅、吴文洁译，石油工业出版社，2010，第 182 页。
② 王才良、周珊：《世界石油大事记》，石油工业出版社，2008，第 262 页。
③ 同上书，第 33 页。
④ 同上书，第 346-347 页。
⑤ 史蒂文·M. 戈雷利克：《富油？贫油？：揭秘油价背后的真相》，兰晓荣、刘毅、吴文洁译，石油工业出版社，2010，第 183 页。
⑥ 王才良、周珊：《世界石油大事记》，石油工业出版社，2008，第 412 页。

年达到 47 万桶 / 日。2009 年，委内瑞拉合资企业的产量达到 60 万桶 / 日。[1]2011 年，委内瑞拉重油、超重油产量为 3 600 万吨[2]，居世界首位。

第 6 节　人造石油

人造石油又称合成石油，是相对于化石石油（原油）而言的。它是指由煤、天然气、油砂、油页岩等矿物燃料以及动、植物油脂等经过化学加工而得到的液体燃料。例如，把油页岩、油砂等矿物燃料进行干馏，使其中的有机质热裂解而生成轻质的燃料油，如页岩油的生产。[3]人造石油包括煤制油、天然气制油、油砂制油、油页岩制油、甲醇制油、生物柴油（见本书第 17 章）、合成润滑油等。早在19 世纪，人们便开展了对人造石油的探索。1834 年，威尔利特·道斯特和罗载特发展了石油天然气无机生成说，在实验室里用无机物合成甲烷、乙炔及苯等碳氢化合物。[4]1837 年，俄罗斯的盖斯用实验证明了煤炭可以转化为石油。[5]此后，人造石油开发取得一系列重大突破（表 13-187），人造石油日渐成为一种重要的替代能源。

表 13-187　世界人造石油开发利用进程

时间 / 年	事件
1834	威尔利特·道斯特等用无机物合成碳氢化合物
1837	俄国人盖斯通过实验证明了煤可以转化为石油
1838	法国建成世界上第一座页岩油提炼厂
1863	孚兹合成聚乙二醇（合成润滑油的一种）
1869	M. Berthelot 首先开展煤的加氢研究
1913	德国人柏吉乌斯通过煤直接加氢液化得到类似石油的油品
1913	美国希望天然气公司建成第一座天然汽油提取工厂
1923	德国费歇尔等开发出煤间接液化技术费托（F-T）合成工艺
1923	菲利普斯石油公司获得第一个从天然气中提取天然汽油的发明专利
1927	加拿大艾伯塔省建成第一座油砂处理厂

[1] 钱伯章:《石油和天然气技术与应用》，科学出版社，2010，第 259 页。

[2] 王震等:《中国与全球油气资源重点区域合作研究》，经济科学出版社，2014，第 20 页。

[3]《中国大百科全书》总编委会:《中国大百科全书·第 18 卷》第 2 版，中国大百科全书出版社，2009，第 423 页。

[4] 王才良、周珊:《世界石油大事记》，石油工业出版社，2008，第 13 页。

[5] 同上。

续表

时间 / 年	事件
1927	德国法本化学工业公司建成第一套煤直接液化制油装置
1935	德国法本化学工业公司实现煤直接液化制油工业化
1936	德国鲁尔化学公司建成第一座 F-T 合成油厂
1937	比利时沙瓦纳被授予一项名为"植物油转化为燃料的过程"的专利
1955	南非建成 Sasol-I 合成油厂
1962	美国开发出溶剂精制煤工艺（SRC）
1966	埃克森公司开始研究供氢溶剂煤直接液化技术（EDS）
1970	埃克森公司开发出甲醇制汽油（MTG）工艺
1980	美国在肯塔基州建成煤加氢液化制油（HTI）中试厂
1981	德国建成 200 吨 / 日煤液化精制联合工艺（IGOR）工业试验装置
1982	中国提出将 F-T 合成与沸石分子筛结合的固定床两段合成（MFT）工艺
1982	新西兰兴建以天然气为原料转化为合成油的天然气制油（GTL）工厂
1985	奥地利建成用菜籽油生产生物柴油（甲酯）的中试装置
1986	新西兰建成天然气基甲醇制汽油（MTG）工厂
1990	奥地利实现生物柴油工业化生产
1993	马来西亚建成天然气制合成油（SMDS）工厂
2001	中国第一个煤直接液化示范项目——神华煤直接液化项目获国务院批准
2006	卡塔尔采用 Sasol 开发的稀浆相蒸馏工艺建成世界上最大天然气合成油厂
2009	中国首个具有自主知识产权的煤间接液化示范项目——山西潞安 21 万吨煤基合成油项目建成、投产
2009	中国在山西省建成以煤为原料、年产 10 万吨的甲醇制汽油（MTG）工厂

资料来源：作者整理。

一、煤制合成油

煤制合成油主要通过煤炭液化来完成。煤炭液化是经过一系列化学加工，将固体煤炭转化为液体燃料及其他化学品，俗称"煤制油"。煤炭液化的主要产品包括汽油、柴油、航空煤油、石脑油以及液化石油气（LPG）、乙烯等重要化工原料，副产品有硬蜡、氨、醇、酮、焦油、硫黄、煤气等。[1] 煤制油分煤直接液化制油和煤间接液化制油两种基本工艺。

德国最早建成煤制油的工业装置。1935 年的费舍尔判别分析法促进了合成油生产的发展。第二年，希特勒开始在德国推行合成燃料计划。[2] 第二次世界大战时，德国和日本石油资源贫乏，但战争对石

---

① 李赞忠、乌云主编《煤液化生产技术》，化学工业出版社，2009，第 48 页。

② 王才良、周珊：《世界石油大事记》，石油工业出版社，2008，第 87 页。

油的需求巨大，使合成石油的发展达到了顶峰。1940 年，德国共有 20 座以煤炭为原料的合成油工厂，日产油 7.2 万桶，占德国石油供应总量的 46%，占航空汽油来源的 95%。[①]1945 年，德国合成燃料产量达到 12.4 万桶 / 日。日本于 1940 年由三井化学株式会社开发出合成油，到 1943 年日本人造石油产量达到峰值 27.4 万升，但只及战时需要的 13%。[②]20 世纪 70 年代，受到石油危机的冲击，美国、日本、德国、英国、中国等国家加强了对煤制油的研究和开发。

（一）煤直接液化制油

煤直接液化是指在高温高压等条件下，通过直接加氢，将煤进行液化制取液化燃料和各种化学产品。早在 1869 年，M. Berthelot 便进行了煤的加氢研究。[③]进入 20 世纪，煤加氢直接液化技术实现了工业化生产，先后开发出多种煤直接液化工艺。

1913 年，德国年仅 27 岁的柏吉乌斯将煤在高温高压下直接加氢液化，得到了类似石油的油品。由于这一发现，柏吉乌斯于 1931 年获得煤化学科技史上唯一的一个诺贝尔奖。[④]第二年，德国建成煤处理能力 1 吨 / 日的中试厂。

1927 年，德国法本化学工业公司（IGFarbe）利用柏吉乌斯煤加氢液化法，建成世界上第一套煤直接液化生产装置[⑤]，年产规模 10 万吨[⑥]。因此，柏吉乌斯煤加氢液化法，又称 IG 法。同年，新泽西标准石油公司与法本化学工业公司签订为期 25 年的合作协定，从德国引进加氢技术来改造炼油工艺，并研究煤的液化。1935 年，法本化学工业公司实现了煤制油的工业化生产。

20 世纪 30 年代，为满足战争对燃料油的需要，德国建设了一批煤直接液化厂，到 1943 年共建成 12 个液化厂，发动机燃料油的生产能力达到 42 万吨 / 年[⑦]，为德国"二战"期间提供了 2/3 的航空燃料以及 50% 的汽车和装甲车用油[⑧]。战后这些液化厂全部停产或转产。民主德国在苏联控制区内建造的 Leuna 液化厂运转到 1959 年也关停了。[⑨]

在此背景下，加上 20 世纪 50 年代后世界石油、天然气工业的崛起，德国以及世界上煤直接液化制油的开发跌入谷底，在 20 世纪 50 年代至 70 年代几乎成了被遗忘的角落，唯独将能源列为战略资源的美国不仅没有放弃，还将其列入政府发展计划，给予长期支持与扶植。

美国在掌握德国技术资料的基础上，将煤直接液化技术开发列入政府的工业发展计划，于 1949 年建成煤处理能力为 50 ～ 60 吨 / 日的中试装置。20 世纪 50 年代初，美国矿业局制定煤液化工业发展计划，但因受到以美国国家石油委员会为代表的石油工业界的强烈反对被迫中止。到了 1960 年，美国又成立

① 王才良、周珊：《世界石油大事记》，石油工业出版社，2008，第 100 页。
② 同上书，第 106 页。
③ 付长亮、张爱民主编《现代煤化工生产技术》，化学工业出版社，2009，第 249 页。
④ 何选明主编《煤化学》第 2 版，冶金工业出版社，2010，第 3 页。
⑤ 李赞忠、乌云主编《煤液化生产技术》，化学工业出版社，2009，第 67 页。
⑥ 唐宏青：《现代煤化工新技术》，化学工业出版社，2009，第 269 页。
⑦ 姚强等：《洁净煤技术》，化学工业出版社，2005，第 225 页。
⑧ 付长亮、张爱民主编《现代煤炭化工生产技术》，化学工业出版社，2009，第 249 页。
⑨ 李赞忠、乌云主编《煤液化生产技术》，化学工业出版社，2009，第 32 页。

煤炭研究办公室，支持国内公司和研究机构开展以煤炭气化、液化为重点的煤炭加工利用的研究。[①]

有了政府的大力支持，20 世纪 60 年代，美国 Spencev、埃克森等公司相继开发出 SRC、H-Coal、EDS 等煤直接液化工艺。1962 年，美国煤炭研究局（OCR）与 Spencev 化学公司联合开发溶剂精制煤工艺（SRC），最初形成利用煤生产清洁固体燃料的 SRC-Ⅰ工艺，后经改进形成生产全馏分低硫燃料油的 SRC-Ⅱ工艺，主要生产重质燃料油。[②]1963 年，美国 Hydrocarbon Research 公司开发出 H-Coal 煤直接液化技术，完成 200 吨 / 日和 600 吨 / 日的中试研究。[③]同年，美国 Consolidation Coal Company 开始系统研究熔融氯化锌催化液化技术，建成 0.9 千克 / 时煤的实验室装置和 2.27 千克 / 时煤的连续装置，完成了 1 吨 / 日煤的试验。[④]1966 年，美国埃克森公司开始研究供氢溶剂煤直接液化技术（EDS），通过对循环溶剂的加氢提高溶剂的供氢能力，主要用于生产轻质油和中质油。[⑤]

20 世纪 70 年代第一次石油危机后，美国更加重视煤液化开发，德国、日本、苏联等国也开始重视开发煤直接液化技术，并先后开展一系列研究、试验（表 13-188）。美国、日本等国家把"煤制油"列入国家计划。美国在 1973 年制订的能源发展计划中，把煤液化制油列为新能源之一，由现在的美国能源部负责其技术开发。日本在 1974 年推出的"阳光计划"中，致力于研究、开发煤的液化、气化技术。[⑥]

表 13-188　部分国家煤炭直接液化制油技术的开发

国家	装置名称	处理能力 /（吨 / 日）	试验时间 / 年	地点	开发机构	试验煤种
美国	SRC-Ⅰ/Ⅱ	50	1974—1981	Fort Lewis	Gulf	Illinois 烟煤 Wyoming 次烟煤
	SRC	6	1974—1992	Wilsonville	EPRI Catalytic Inc	高硫烟煤 次烟煤
	EDS	250	1979—1983	Bayton	Exxon	Illinois 烟煤 Wyoming 次烟煤 Texas 褐煤
	H-Coal	600	1979—1982	Catlettsburg	HRI	Illinois 烟煤 Wyoming 次烟煤
德国	IGOR	200	1981—1987	Bottrop	RAG/VEBA	鲁尔烟煤
	PYROSOL	6	1977—1988	Saar	SAAR Coal	烟煤
日本	NEDOL	150	1992—1999	日本鹿岛	NEDO	烟煤
	BCL	50	1986—1990	澳大利亚	NEDO	褐煤
英国	LSE	2.5	1988—1992	Point of Ayr	British Coal	次烟煤
苏联	ST-5	5	1986—1990	图拉布	ИГИ	褐煤

资料来源：李赞忠、乌云主编《煤液化生产技术》，化学工业出版社，2009，第 33 页。

[①] 李赞忠、乌云主编《煤液化生产技术》，化学工业出版社，2009，第 32 页。

[②] 同上书，第 66 页。

[③] 徐耀武、徐振刚主编《煤化工手册——中煤煤化工技术与工程》，化学工业出版社，2013，第 234 页。

[④] 同上书，第 238 页。

[⑤] 同上书，第 235 页。

[⑥] 付长亮、张爱民主编《现代煤炭化工生产技术》，化学工业出版社，2009，第 250 页。

20 世纪 80 年代，针对不同的原料煤性质、催化剂类型和产品构成，逐渐形成三种典型的煤液化工艺：一是在德国 IG 工艺基础上开发出来的 IGOR 工艺；二是在美国 H-Coal 和 CTSL 工艺基础上开发出来的 HTI 工艺；三是日本对美国 EDS 工艺加以创新开发出来的 NEDOL 工艺。[①]

IGOR 工艺是德国鲁尔煤矿公司和威巴石油公司在 IG 工艺基础上联合开发出来的一种新技术，称为"煤液化粗油精制联合工艺"，于 1981 年在德国 Bottrop 建成 200 吨 / 日煤工业试验装置，1987 年结束试验，其间共用煤 16 万吨。[②]

HTI 工艺是在 H-Coal 工艺和 CTSL 工艺基础上，由 Hydrocarbon 技术公司基于悬浮床反应器和胶体铁基催化剂开发的一种煤加氢液化工艺，于 20 世纪 80 年代在美国肯塔基州建成一座 200 吨 / 日的中试厂和一座可进行商业化生产的液化厂。

NEDOL 工艺是日本为落实"阳光计划"，于 1980 年专门成立的新能源产业技术综合开发机构（NEDO）负责开发的一种煤直接液化新技术。[③] 它对美国 EDS 工艺进行创新，生产出来的液化油的质量高于 EDS 工艺。

此外，苏联也开发出低压（6 ～ 10 MPa）煤直接液化技术——CT 工艺，于 1983 年在图拉州建成日处理煤炭 5 ～ 10 吨的"CT-5"中试装置，还完成了日处理煤炭 75 吨"CT-75"和 500 吨"CT-500"的大型中试厂的详细工程设计，后因苏联解体而未能落实。[④]

20 世纪 90 年代后，美、日、英等国家继续对煤直接液化技术进行研究开发，煤直接液化技术得到进一步发展。与德国最初开发的 IG 工艺相比，新工艺反应条件大大缓和，液化油产率有了大幅度提高，煤液化的经济性也得到大幅度改善。[⑤]

（二）煤间接液化制油

煤的间接液化，首先是将煤气化生成合成气，然后再以合成气为原料制取合成油或其他化学品。迄今已实现工业化生产的以煤为原料的煤间接液化制造合成石油技术为德国的费托（F-T）合成（表 13-189）。

表 13-189　F-T 合成研究与开发进程

时间 / 年	研究与开发进程	主要研究者
1923	发现 CO 和 H_2 在铁类催化剂上发生非均相催化反应，可合成直链烷烃和烯烃为主的化合物，其后将其命名为 F-T 合成	F. Fischer 和 H.Tropsch
1936	常压多级过程开发成功，建成第一座以煤为原料的 F-T 合成油厂（产量 4 000 万升 / 年）	德国鲁尔化学公司
1937	中压法 F-T 合成开发成功	不详
1937	引进德国技术，以钴催化剂为核心，建成、投产 F-T 合成厂	日本和中国锦州石油六厂

① 陈鹏：《中国煤炭性质、分类和利用》，化学工业出版社，2001，第 343 页。

② 李赞忠、乌云主编《煤液化生产技术》，化学工业出版社，2009，第 69 页。

③ 贺永德主编《现代煤化工技术手册》，化学工业出版社，2004，第 952 页。

④ 同上书，第 956 页。

⑤ 付长亮、张爱民主编《现代煤炭化工生产技术》，化学工业出版社，2009，第 250 页。

续表

时间 / 年	研究与开发进程	主要研究者
1944	中压法过程中采用合成气循环工艺技术，F-T 合成油厂进一步发展	德国
1952	5 万吨 / 年煤基 F-T 合成油和化学品工厂建成	苏联
1953	4 500 吨 / 年铁催化剂流化床合成油中试装置建成	中国科学院大连石油研究所
1955	建立以煤为原料的大型 F-T 合成厂（Sasol- I 厂），采用 Arge 固定床反应器、中压法、沉淀铁催化剂	南非 Sasol 公司
1970	提出 F-T 合成在钴催化剂下最大限度制备重质烃，再在加氢裂解与异构化催化剂下转化为油品的概念	荷兰壳牌公司
1976	浆态床反应器技术、MTG 工艺和 ZSM-5 催化剂开发成功	美国美孚公司
1980	Sasol- II 厂建成、投产，采用中压法、循环流化床反应器、熔融铁催化剂	循环流化床反应器由美国 M.W. 凯洛格开发，Sasol 公司改进
1982	Sasol- III 厂建成、投产，采用中压法、循环流化床反应器、熔融铁催化剂	Sasol 公司
1982	提出将传统的 F-T 合成与沸石分子筛相结合的固定床两段合成工艺（MFT 工艺）	中国科学院山西煤炭化学研究所
1985	新型钴基催化剂和重质烃转化催化剂开发成功	荷兰壳牌公司
1993	马来西亚 Bintulu 建成以天然气为原料的 SMDS（中间馏分油合成）工艺装置，年产液体燃料 50 万吨，包括中间馏分油和石蜡	荷兰壳牌公司
1994	采用 MFT 工艺及 Fe/Mn 超细催化剂进行 2 000 吨 / 年工业试验	中国科学院山西煤炭化学研究所

资料来源：贺永德主编《现代煤化工技术手册》，化学工业出版社，2004，第 998 页。

1923 年，德国化学家 F. Fischer 和 H. Tropsch 在研究中发现，CO 和 H_2 在铁类催化剂上发生非均相催化反应，可制取液态烃燃料。根据这一发现，1925 年在常温下成功合成烃。后来，这一工艺被称为费托（F-T）合成。

1934 年，德国鲁尔化学公司开始建设以煤为原料的 F-T 合成油厂，于 1936 年建成世界上第一座 F-T 合成油厂，年产量 4 000 万升。[1]

1935—1945 年，德国为满足"二战"期间的燃料需求，共建成 9 座 F-T 合成油厂，总产量达 57 万吨，其中，汽油占 23%。同期，法国、日本和中国共建成 6 座 F-T 合成油厂，总生产能力为 34 万吨。[2] "二战"后，因受到廉价石油和天然气的冲击，上述 F-T 合成油厂纷纷停产关闭。虽然 F-T 合成油厂停产了，研究开发工作仍有所发展，Kolbel 等人开发出浆态床 F-T 合成，美国 HRI 公司研究出流化床反应器。[3]

---

[1] 贺永德主编《现代煤化工技术手册》，化学工业出版社，2004，第 997 页。

[2] 同上。

[3] 陈雪枫：《中国无烟煤利用技术》，化学工业出版社，2005，第 145 页。

到 20 世纪 50 年代中期，由于世界合成油市场全面萎缩，F-T 合成的研究热情减弱了。

但是在南非，由于煤富油缺，应用 F-T 技术制油的热情不减。早在 1939 年，南非便购买了 F-T 合成技术在南非的使用权。[①]1950 年，成立南非煤炭、石油与天然气公司（Sasol 公司），建设 F-T 合成油工厂，重点发展煤制油。[②]1955 年，南非第一座 F-T 合成油厂——Sasol-Ⅰ 厂建成、投产。20 世纪 70 年代，受到 1973 年世界石油危机的影响，南非在 1974 年又决定新建 1 座煤间接液化厂——Sasol-Ⅱ 厂，于 1980 年建成；1979 年年初，南非还决定建设 Sasol-Ⅲ 厂，于 1982 年建成。[③]Sasol 公司先后多次对煤间接液化技术进行创新（表 13-190），并于 1997 年开发出大型流化 Synthol（意为"合成燃料"反应器），共有 97 台 F-T 鲁奇气化炉。Sasol 公司成为 20 世纪后半叶世界唯一一家煤间接液化制油生产企业。2003 年，Sasol 公司用煤间接液化技术生产成品油 460 万吨，生产化学品 300 万吨。[④]

表 13-190　南非 Sasol 液化厂的发展历史

时间 / 年	技术拥有者	工艺技术	规模	实施地	备注
1935—1939	—	煤基 F-T	60×10^4 吨 / 年	德国	
1955—	Sasol	Arge	397.5 米^3/ 日	南非	
1955	Sasol	Synthol	954 米^3/ 日	南非	
1980—1999	Sasol	Synthol	8 268 米^3/ 日	南非	1999 年改造为改进 Synthol 装置
1982—1999	Sasol	Synthol	8 268 米^3/ 日	南非	1999 年改造为改进 Synthol 装置
1983—	Sasol	改进 Synthol	15.9 米^3/ 日	南非	试验装置
1989	Sasol	改进 Synthol	556.5 米^3/ 日	南非	
1990—	Sasol	浆态床反应器	11.925 米^3/ 日	南非	试验装置
1993—	Sasol	浆态床反应器	397.5 米^3/ 日	南非	产品为蜡

资料来源：姚强等：《洁净煤技术》，化学工业出版社，2005，第 247 页。

20 世纪 80 年代以来，美国、荷兰、中国等国家加强对 F-T 技术的研发并取得重大进展。其中，荷兰壳牌公司于 1985 年成功开发出新型钴基催化剂和重质烃转化催化剂，并于 1993 年在马来西亚建成以天然气为原料的 50 万吨 / 年合成中间馏分油厂，生产高品质柴油。

（三）中国煤制油

中国合成油发展始于 20 世纪 30 年代。1937 年，中国在东北锦州石油六厂引进德国以钴催化剂为核心的 F-T 合成技术，1943 年建成生产能力为 100 万吨 / 年的煤间接液化厂。中国于 1959 年自行设计、建设年产千吨的费托合成工业试验装置，1961 年建成、投产。发现大庆油田后，此厂改为生产其他产

① 陈雪枫：《中国无烟煤利用技术》，化学工业出版社，2005，第 145 页。

② 王才良、周珊：《世界石油大事记》，石油工业出版社，2008，第 121 页。

③ 郭树才主编《煤化工工艺学》第 2 版，化学工业出版社，2006，第 241 页。

④ 本书编委员：《能源词典》第 2 版，中国石化出版社，2005，第 157 页。

品。1982 年，中国科学院山西煤炭化学研究所提出将传统的 F–T 合成与沸石分子筛相结合的固定床两段合成工艺（MFT 工艺）。1994 年，中国科学院山西煤炭化学研究所采用 MFT 工艺及 Fe/Mn 超细催化剂进行 2 000 吨 / 年工业试验。2009 年，中国首个煤间接液化示范工程、首个具有自主知识产权的煤基合成油示范项目——山西潞安 21 万吨煤基合成油项目建成、投产。

二、天然气制油

以天然气为原料转化为合成油（简称"气制油"，GTL），是在 F–T 合成技术的基础上发展起来的，主要的生产国有美国、新西兰、南非、卡塔尔等。

（一）美国

1913 年，美国希望（Hope）天然气公司在弗吉尼亚州建成第一座天然汽油提取工厂。

1923 年，菲利普斯石油公司获得第一个从天然气中提取天然汽油的发明专利。

1977 年，美国 GTL 公司开始从事天然气制合成油的业务，发展小型的天然气制合成油装置，特别是撬装式小型装置。[1]

1981 年，美国热恩技术公司成立。它采用 F–T 合成技术，把天然气、工业废气等转化成石脑油和超低硫、超低芳烃燃料等。[2]

1984 年，Syntroleum 公司在俄克拉何马州成立，建成 2 桶 / 日的天然气制取合成油示范装置，利用偏远或闲置的天然气生产具有商业价值的合成油。

1985 年，美孚公司以天然气制甲醇，然后利用 MTG 工艺生产汽油，在新西兰建成 60 万吨 / 年的装置。[3]

1990 年，埃克森公司在 Baton Rouge LA 炼油厂建成产量 200 桶 / 日的 AGC–21 中试装置，进行 3 年实验后形成设计能力为 5 万桶 / 日以上的天然气制合成油装置。

1992 年，Rentech 公司采用悬浮态反应器和铁催化剂将天然气转化为液化烃，建成一套 250 桶 / 日的示范装置。

（二）其他国家

新西兰与美孚公司合作，1982 年兴建将天然气转化为汽油的 GTL 厂，日产汽油 4 000 桶、液化气 1 300 桶，汽油生产量相当于新西兰汽油消耗量的 1/3。

在荷兰阿姆斯特丹，壳牌公司 1988 年用催化剂直接从天然气中制出柴油和煤油。

南非 Mossgas 公司 1992 年建成第一座天然气合成油的装置，生产能力 30 000 桶 / 日。

在马来西亚，壳牌公司使用 SMDS 工艺，投资 8.5 亿美元，于 1993 年建成天然气制合成油工厂，生产能力为 12 500 桶 / 日。

2005 年，日本燃料公司经 17 年的研发，投资数亿日元，开发出直接法 GTL 工艺，即直接把天然气、焦炉气、瓦斯气转化为柴油的工艺技术。

[1] 庞名立：《天然气百科辞典》，中国石化出版社，2007，第 395 页。
[2] 同上书，第 394 页。
[3] 陈赓良、王开岳等：《天然气综合利用》，石油工业出版社，2004，第 161 页。

2006 年，利用 Sasol 首创的稀浆相蒸馏工艺，卡塔尔建成世界上最大的天然气合成油厂。卡塔尔石油公司持股 51%，南非 Sasol 公司持股 49%。该厂日产合成油 3.4 万桶，同时可日产柴油 2.4 万桶、石脑油 0.9 万桶、液化石油气 0.1 万桶。

三、甲醇制油

以天然气、煤炭为原料，生产出甲醇，然后采用甲醇制汽油（MTG）工艺，也可以制成合成油。

1970 年，埃克森公司开发出 MTG 工艺，采用 ZSM-5 沸石催化剂，将甲醇转化为 92# 汽油。之后，由德国伍德公司等在德国建成第一套 100 桶 / 日的实验装置。[1]1986 年，MTG 工艺实现工业化生产，在新西兰建成以天然气为原料生产甲醇，生产能力为 57 万吨 / 年的 MTG 合成汽油厂，后因经济原因改为只生产甲醇而不再生产合成汽油。[2]

2009 年，中国在山西建成、投产以煤为原料，年产 10 万吨的甲醇制汽油（MTG）工厂。

四、合成润滑油

合成润滑油是通过化学合成而制成的一种石油产品。它是相对于矿物油型的润滑油而言的，被广泛用于汽车、工业、航空等领域（表 13-191）。根据合成润滑油基础油的化学结构，美国材料试验学会特设委员会制定了一个合成润滑油基础油的试行分类法，将合成润滑油基础油分为三大类：第一类为合成烃润滑油，包括聚 α- 烯烃、烷基苯、聚丁烯和合成环烷烃；第二类为有机酯，包括双酯、多元醇酯和聚酯；第三类为其他合成油，包括聚醚、磷酸酯、硅油、硅酸酯、卤代烃和聚苯醚。[3]在西欧，1992 年合成油在润滑油总量中所占的比例为 3.8%。在东南亚，2001 年合成润滑油价值为 8.19 亿美元。世界合成润滑油的市场规模在不断增长。1996—2001 年，美国合成润滑油有发动机油、液压油、传动液、金属加工液和绝缘液，年增长率为 7.2%，市场规模由 8.29 亿美元扩大至 12 亿美元。2001 年，热传导液占美国合成润滑油市场的 46%。美国市场超过 90% 的高温和低温热传导液是合成润滑油，其被广泛应用于汽车工业、加工工业、发电行业。[4]

表 13-191　合成润滑油的应用领域

领域	用途	合成润滑剂类型
汽车	曲轴箱油	聚烯烃、酯类油
	二冲程油	聚丁烯
	传动液	聚醚、聚烯烃
	制动液	聚醚

[1] 徐耀武、徐振刚主编《煤化工手册——中煤煤化工技术与工程》，化学工业出版社，2013，第 412 页。
[2] 陈雪枫：《中国无烟煤利用技术》，化学工业出版社，2005，第 160 页。
[3] 邢颖春主编《国内外炼油装置技术现状与进展》，石油工业出版社，2006，第 413 页。
[4] 同上书，第 432 页。

续表

领域	用途	合成润滑剂类型
工业	燃气轮机润滑剂	酯类油
	齿轮和轴承润滑油	聚醚、聚烯烃
	冷冻机油、空气和气体压缩机用油	聚醚、双酯、聚烯烃
	液压和抗燃液体	聚醚、磷酸酯
	导热油和电气用油	烷基苯、聚烯烃、硅油
	金属加工液	聚醚、酯类油
	润滑脂	酯类油、聚烯烃、硅油
航空	喷气发动机用油	酯类油、聚烯烃
	活塞式发动机用油	酯类油、聚烯烃
	液压油	磷酸酯、聚烯烃
	润滑脂	酯类油、聚烯烃、硅油、氟油

资料来源：邢颖春主编《国内外炼油装置技术现状与进展》，石油工业出版社，2006，第465页。

（一）聚 α- 烯烃合成润滑油（PAO）

聚 α- 烯烃合成润滑油是当今世界上消耗量较大的合成润滑油，发展潜力大。从 20 世纪 90 年代起，PAO 得到了较快发展。20 世纪 90 年代中期，美国生产 PAO 产品的企业主要有 Ethyl、美孚、雪佛龙、埃克森、Neste 等（表 13-192），聚 α- 烯烃合成油总生产能力由 1990 年的 14 万多吨 / 年上升到 1995 年的 23 万多吨 / 年。1997—2000 年，全球对 PAO 产品需求的年均增长率达到 10%（表 13-193）。

表 13-192　1995 年美国各公司生产聚 α- 烯烃合成润滑油产量

公司名称	产量 / 万吨
Ethyl	11.34
美孚	4.99
雪佛龙	2.49
埃克森	0.91
Neste	2.49
其他	1.13
合计	23.35

资料来源：邢颖春主编《国内外炼油装置技术现状与进展》，石油工业出版社，2006，第432页。

表 13-193 1997—2000 年世界聚 α - 烯烃合成润滑油的需求增长情况

类别	1997 年 / 万吨	1998 年 / 万吨	1999 年 / 万吨	2000 年 / 万吨	年均增长率 /%
汽车用	13.4	14.4	15.6	16.6	7
工业用	7.2	7.8	8.7	9.7	10
非润滑剂用	3.8	4.3	5.1	5.9	16
世界总需求量	24.4	26.5	29.4	32.2	10

资料来源：邢颖春主编《国内外炼油装置技术现状与进展》，石油工业出版社，2006，第 431 页。

（二）酯类合成润滑油

酯类油是开发应用最早的一类合成润滑油，当今世界上的航空燃气涡轮发动机几乎全部使用酯类油。酯类油在作为民用燃气涡轮发动机油、高速齿轮油、压缩机油等方面与矿物油相比，能为用户带来更大的经济效益。

1987 年，美国消耗双酯合成润滑油约为 1.1 万吨，新戊基多元醇酯合成润滑油为 1.64 万吨。到 1996 年，美国双酯、多元醇酯的需求量分别达到 20.0 万吨、64.5 万吨（表 13-194）。1995 年，全球多元醇酯和聚酯的产量为 9.7 万吨，占合成润滑油市场份额的 15%，其他酯类油产量为 7 万吨。21 世纪初，西欧润滑油消耗量停滞不前，但合成润滑油的年均增幅达 11%，其中酯类油的年均增幅为 8%。

表 13-194 1996 年美国合成酯类油的需求量

单位：万吨

用途	双酯	多元醇酯	合计
汽车用	5.9	10.0	15.9
工业用	12.3	31.8	44.1
航空用	1.8	22.7	24.5
合计	20.0	64.5	84.5

资料来源：邢颖春主编《国内外炼油装置技术现状与进展》，石油工业出版社，2006，第 454 页。

（三）聚醚

聚乙二醇是线型聚醚的一种，1863 年孚兹合成出分子量不高的聚乙二醇，1933 年施陶丁格和洛曼合出成高分子量的聚乙二醇。[1]20 世纪 40 年代，聚乙二醇被用作润滑材料。1943 年，美国联合碳化物公司首先实现聚乙二醇工业化生产。1945 年，以 UCON 为商标，把聚乙二醇推广到工业界，代替蓖麻油和甘油，当作汽车制动液使用。第二次世界大战后，美国开始出各种聚醚产品。从 20 世纪 60 年代起，主要工业国开始大规模工业化生产各种类型的聚醚产品。

聚醚具有许多优良性能（表 13-195），用途广泛，已被用作高温润滑油、齿轮油、压缩机油、特种润滑脂基础油等，是合成润滑油家族中应用最广、产量较大的一类合成润滑油。[2]1980 年，西欧销售的

---

[1]《中国大百科全书》总编委会：《中国大百科全书·第 12 卷》第 2 版，中国大百科全书出版社，2009，第 251 页。
[2] 邢颖春主编《国内外炼油装置技术现状与进展》，石油工业出版社，2006，第 432 页。

合成润滑剂中，约有42%是聚醚产品。1990年，全球聚醚生产能力为293万吨/年，消耗量为221万吨/年，其中用作润滑材料的约占8%，大约为16万吨/年。[①]1999年，美国的聚醚合成润滑油消耗量约占全球总量的50%。

表 13-195　Glygole 30 聚醚油的使用效果

使用企业	使用范围	使用结果
Euro-Tungstene，Grenoble	螺旋齿轮装置	节能8%，工作温度下降20℃
Roussel Uclaf，Romainville	螺旋齿轮装置	磨损评定下降50%
Bergvik&Ala，Sandrne	造纸厂原料处理机	5年未换油
Schoeller&Hoesch，Gernsbach	造纸机	寿命从6周提高到12个月
Papeterie de Pont Audemer	造纸机	寿命从3个月提高到4年
Storey Bros&CO.Ltd，Marming tree	塑料碾光机	节能10%，工作时间减少

数据来源：邢颖春主编《国内外炼油装置技术现状与进展》，石油工业出版社，2006，第446页。

中国合成润滑油工业起步于20世纪50年代，现已能生产各种类型的润滑油产品，基本上能满足国内航空航天、国防、军工和民用工业的发展需要。中国生产PAO产品的厂家主要是兰州石化公司、抚顺石化公司和燕山石化公司。

[①] 邢颖春主编《国内外炼油装置技术现状与进展》，石油工业出版社，2006，第446页。

世界能源史

SHIJIE NENGYUAN SHI

下

● 龙裕伟 —— 著

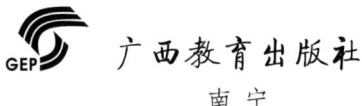

广西教育出版社

南宁

图书在版编目（ＣＩＰ）数据

世界能源史 / 龙裕伟著 . — 南宁 : 广西教育出版
社 , 2021.6
　　ISBN 978-7-5435-8979-7

　　Ⅰ . ①世… Ⅱ . ①龙… Ⅲ . ①能源 – 历史 – 研究 – 世
界 Ⅳ . ① TK01-091

　　中国版本图书馆 CIP 数据核字 (2021) 第 131786 号

总 策 划：石立民　廖民锂　潘姿汝
策划编辑：潘姿汝　陈亚菲
责任编辑：陈亚菲　潘　安　周彩珍　钟秋莲
　　　　　黄　璐　马龙珠　陶春艳
助理编辑：农　郁
装帧设计：鲍　翰　鲍卓尔　武　莉
责任校对：杨红斌　何　云　卢佳慧
责任技编：蒋　媛

世界能源史
◆国家社会科学基金西部项目（批准号：09XSS001）研究成果◆

出 版 人：石立民
出版发行：广西教育出版社
地　址：广西南宁市鲤湾路 8 号　邮政编码：530022
电　话：0771-5865797
本社网址：http://www.gxeph.com
电子信箱：gxeph @ vip.163.com
印　刷：广西民族印刷包装集团有限公司
开　本：889mm×1194mm　1/16
印　张：107
字　数：2680 千字
版　次：2021 年 6 月第 1 版
印　次：2021 年 6 月第 1 次印刷
书　号：ISBN 978-7-5435-8979-7
定　价：398.00 元（上中下册）

目　录

第 18 章　现代氢能、储能和新能源汽车

氢能是重要的二次能源，被视为 21 世纪最具发展潜力的清洁能源。氢能的发展能够革命性地解决化石能源危机及其带来的各种环境问题，受到各国的高度重视。现代以来先后研发出氢气发动机、氢氧火箭、高性能燃料电池动力巴士，建成燃料电池发电厂、氢能发电站，成功实现大型商业氢气飞艇载人环球飞行，以氢氧燃料为动力通过"阿波罗"号飞船将人类首次送上月球。人类储能始自 1800 年世界上第一只电池发明出来，此后各种电池成为人类储能的重要形式。现代以来先后开发出碱性锌-空气电池、碱性燃料电池、单晶硅太阳能电池、磷酸燃料电池、镍氢电池、锂离子电池、核电池，超导储能得到重要发展，人类储能能力得到增强。在积极发展储能技术的基础上，以各种蓄电池、燃料电池为动力以及以醇燃料、氢气、天然气为燃料的新能源汽车得到空前发展，到 2012 年全球混合动力电池汽车年销量达到 150 万辆以上，2014 年全球纯电动汽车年销量 16 万辆。以车载电池为动力，电动汽车为代表的新能源车开发成为时代发展的一种新态势，并成为世界各国应对气候变化的重要工具。

第 1 节　氢能

氢是宇宙中最丰富的元素，据估计，它占宇宙质量的 75%，主要以化合物形态存在于水中。氢气是一种无色无味的可燃性气体物质，也是一种高热值的燃料，在氧气中燃烧可达到 2 500 ℃的高温。燃烧 1 kg 氢气可以产生 14.2 万 kJ 的热量。与其他一些能源形式相比，氢气燃烧性能好，主要产物为水，具有无废弃物排放、无碳排放等优点（表 18-1）。自从近代发现氢气后，人类对氢能的研究、开发与利用取得了重要进展（表 18-2）。当今，氢能受到各国的普遍重视。21 世纪初，氢能源消费占世界能源消费总量的比重约为 1.5%。

表 18-1　氢能源和木材、煤炭、石油等能源的比较

项目	木材	煤炭	石油	天然气	原子能	可再生能源	电能	氢能
能量密度	能量密度小	能量密度大	能量密度大	能量密度小	能量密度大	—	能量密度小（电池存储）	气态能量密度小，液态和固态密度大
用途	热源	发电、热源	发电、热源	发电、热源	发电	主要为发电	—	发电、热源等
输运和操作	可以流动，但运输效率低	容易输送，但没有流动性	可流动，能量输运效率高	可流动，可液化，能量运输效率高	电力输送	—	便于传输，使用方便	—
废弃物排放	灰，CO_2	灰，CO_2 排放最多	无灰，CO_2 大量排放	无灰，CO_2 排放相对比较少	—	无	无	无
碳排放系数（t-C/TJ）[1]	—	24.71	18.66	13.47	0	0		0
资源分布	均匀	与石油、天然气相比，地区分布偏差较小	OPEC 中的 6 个国约占总量的 2/3	独联体国家、中东、其他国家各约占 1/3	很不均匀，全世界范围分布	极易受环境条件影响	—	全球范围
存储	难[2]	容易	容易	容易	难	难	难	容易[3]
可使用年数	—	164 年	41 年	67 年	82 年	—	—	

续表

项目	木材	煤炭	石油	天然气	原子能	可再生能源	电能	氢能
经济性（发电成本）/（元/kWh）	木质生物：0.48～15.12	0.40～0.42	0.80～1.15	0.46～0.50	0.38～0.43	水电：0.66；光伏：3.44；风力：0.80～1.92	—	1.04～1.50
主要问题	资源有限，能源效率低	破坏环境，资源有限	资源枯竭	资源枯竭	安全性差，选址难	成本高，技术要求高	—	成本高、爆炸性、对大气的影响未知

资料来源：李星国等：《氢与氢能》，机械工业出版社，2012，第 23 页。

注：[1] t-C/TJ 是该能源中单位热值所含有的碳量，反映该能源物全部燃烧利用所排出的碳的数量。[2] 该表的作者认为木材的存储是难的。其实这是相对的，在实际中它应当比氢气更容易储存。[3] 该表的作者认为氢气的存储是容易的，这是值得商榷的，其实大规模储存氢并不容易。

表 18-2　世界氢能开发利用进程

时间/年	事件
约 1000	中国利用高温碳和水反应生成的氢的还原性烧制建造万里长城的灰砖
约 1659	英国科学家玻意耳证实当年被称为氢气的气体可以燃烧
1766	英国人卡文迪许发现氢元素
1780	法国化学家布拉克制成世界上第一个原始氢气球
1783	法国人夏尔发明氢气球
1783	法国化学家拉瓦锡命名氢元素
1800	尼科尔森等提出燃料电池的设计理念
1807	瑞典化学家贝采利乌斯开始研究与氢有关的化合物
1818	贝采利乌斯用符号 H 来表示氢
1818	英国首先用电分解水产生氢气
1820	剑桥大学的威廉·塞西尔首先提出将氢气作为动力燃料使用
1839	英国科学家格罗夫发明燃料电池
1852	法国工程师吉法尔利用氢气制成世界上第一艘飞艇
1857	法国化学家贝特洛以氢为原料，用一氯甲烷水解制得甲醇
1869	俄国科学家门捷列夫将氢元素排在元素周期表的第一位
1870	法国作家凡尔纳的《海底两万里》预言构成水的氢和氧会成为燃料
1902	林德发明低温冷凝氢气纯化技术
1902	萨巴蒂埃等通过一氧化碳或二氧化碳与氢反应合成甲烷

续表

时间 / 年	事件
1909	德国物理化学家哈伯开发出以氢和氮为原料的合成氨工艺
1912	德国建成世界上第一座合成氨工厂
1923	英国科学家霍尔丹提出一个综合性氢能利用计划
1928	德国杰仁发明氢气发动机
1929	德国制造的"齐伯林伯爵号"大型商业氢气飞艇完成首次载人环球飞行
1931	斯蒂芬森等人首先发现细菌中含有氢化酶
1932	美国化学家尤里发现氢的同位素氘
1932	英国工程师培根发明碱性燃料电池
1934	英国物理学家卢瑟福首次实现核聚变反应
1937	Nakamura 首先观察到光合细菌（PSB）产氢现象
1938	德国赫尔化工厂建成世界上第一条输送氢气管道
1942	加夫罗等人发现栅藻在光合作用下能产生氢气
1956	Pratt 和 Whitney 制成氢动力的涡轮喷气发动机
1957	苏联使用氢氧火箭将世界首颗人造卫星送入太空
1959	通用电气公司将一个 15 kW 燃料电池装到一台农用拖拉机上使用
1959	荷兰 Zijlstra 发明稀土储氢合金
1963	美国宇宙飞船使用氢燃料遨游太空
1964	苏联首先制成镍氢电池
1966	芬克首先提出热化学制氢的概念
1967	美国实施 TARGET 计划
1969	以氢、氧燃料为动力的"阿波罗号"飞船将人类首次送上月球
1970	通用汽车公司提出"氢经济"的概念
1974	首届世界氢能大会召开
1974	美国 Dowdy 等人在一辆汽车上对富含氢气的汽油燃料进行测试
1976	中国孙国超等分离出 40 多株产氢菌
1979	美国开发出电化学气化制氢技术
1983	美国发现稀有的氢–氮气田
1987	加拿大地球物理学家巴拉德发明固体高分子型燃料电池
1988	世界上首架以液氢为燃料的载人喷气式客机在莫斯科试飞
1989	巴拉德动力系统公司制成世界上第一辆高性能燃料电池动力巴士
1989	日本理工化学研究所首次实现太阳能光解水制氢
1990	中国哈尔滨工业大学开展生物发酵制氢研究
1993	日本启动利用氢能的环球线源网络项目
1996	美国通过未来氢能法规
1997	日本建成 4 500 kW 燃料电池发电厂

续表

时间 / 年	事件
2000	首届国际氢能论坛在德国召开
2002	美国能源部发布《向氢经济过渡的 2030 年远景展望报告》
2003	矿山地下隧道用燃料电池机车在美国试验成功
2003	"国际氢能经济合作伙伴"会议在美国华盛顿召开
2006	英国、美国各建成一座氢能发电站
2006	日本在大阪进行燃料电池轮椅试验
2008	美国爱达荷州国家实验室实现太阳能高温电解水制氢
2008	全球氢产量 3 288 TWh

资料来源: 作者整理。

一、现代以前

氢气是在近代发现的。当时，氢气主要作为填充物充入氢气球中，还成功地被应用到合成氨的工业生产中。同时，以氢气为原料的燃料电池被开发出来。

有人指出，约在 1 000 年前，中国便在物质与材料生产工艺中开始使用氢，它比氢的发现早 8 个世纪。[①] 日本的氢能协会所编的《氢能技术》一书中记述:"2000 年 6 月，在北京召开的第 13 届世界氢能大会上，时任中国氢能协会会长的毛教授在主题报告中介绍说，约 1 000 年前，中国虽然还没有'氢'这个词，但从那时候起已经掌握了利用氢的还原性的生产工艺。这让参会人员吃惊不小。""据毛教授讲，1637 年出版的《天工开物》一书中提到用于建造万里长城的灰砖生产技术，即在烧砖的最后工序中，向砖窑内喷洒大量的水，使砖的颜色从红色变为灰色。毛教授解释说，这是因为在窑内发生了由一氧化碳与水进行反应生成氢气与二氧化碳的水煤气变换反应，由于所生成的氢气把三氧化铁还原成了二氧化铁，导致颜色的变化。……尽管古代工匠对科学的本质毫无知晓，但是通过经验知道了如果向高温的砖窑洒水，会从水中生成能提升砖质量的物质。"[②]

上海古籍出版社 2013 年出版的《天工开物译注》，书中的确记述了柴窑烧砖时所采用的"浇水转釉之法":"凡烧砖有柴薪窑，有煤炭窑。用薪者出火成青黑色，用煤者出火成白色。凡柴薪窑巅上偏侧凿三孔以出烟。火足止薪之候，泥固塞其孔，然后使水转釉。……凡转釉之法，窑巅作一平田样，四围稍弦起，灌水其上。砖瓦百钧用水四十石。水神透入土膜之下，与火意相感而成。水火既济，其质千秋矣。"[③]

（一）氢能的发现

氢能是氢气与氧气发生化学反应所释放出来的能量。据记载，16 世纪，瑞士科学家巴拉赛尔苏斯

① 氢能协会:《氢能技术》，宋永臣、宁亚东、金东旭译，科学出版社，2009，第 190 页。
② 同上。
③ 宋应星:《天工开物译注》，潘吉星译注，上海古籍出版社，2013，第 144–145 页。

把铁片放到硫酸中，发现冒出许多气泡，但当时并不认识这种气泡是氢气。[1]

到了 17 世纪，英国科学家玻意耳和瑞士的迈厄尼证实了这种气体是可以燃烧的。玻意耳是近代化学的奠基人之一，他用实验证明了空气的物理特性以及空气对于燃烧的必要性。玻意耳还将磷与强碱溶液放在一起，产生一种气体，它和空气接触后，生成缕缕白烟，即磷化氢的氧化反应。[2]

18 世纪，对氢的研究和认识取得重大突破。法国出生的英国化学家、物理学家卡文迪许在 1766 年的实验中发现：铁、锌、锡等金属和稀盐酸或稀硫酸作用会产生气体。这种气体和空气混合在一起会燃烧或爆炸。他测出这种气体的比重，证实它是有质量的，但比空气轻很多，仅为空气的 9%。这种气体燃烧后的产物全是水。在此基础上，卡文迪许向英国皇家学会提交了一篇研究报告——《人造空气实验》，描述了这种"人造空气"——氢气的特性。[3]卡文迪许并没有给这种"人造空气"进行命名，也没有对外宣布他所发现的这种"人造空气"是一种新元素。原因在于：他坚信"燃素说"，认为水是一种元素，氧是失去燃素的水，而氢只是含有过多燃素的水。[4]因而，卡文迪许失去了给氢这一新元素命名的机会。但是，即使卡文迪许没有公开声明他发现了氢元素，可他仍然被公认为是氢元素的正式发现者。

氢是构成水（H_2O）的元素之一。但是，在 18 世纪以前氢并未为人们所认识。当时，人们一直认为水是一种不可再分离的元素[5]。法国化学家、"现代化学之父"（或称近代化学奠基人之一）拉瓦锡在 1774 年重复普里斯特利通过加热"汞的红色沉淀"而制备出"非燃素空气"（氧）实验，证实了普里斯特利所提出的"非燃素空气"（氧）的存在，并发现有"无活力空气"（氮）剩下。1777 年，拉瓦锡在金属煅烧实验的基础上，向法国科学院提交了一篇报告——《燃烧概论》，提出了基于燃烧作用的氧化学说，将"非燃素空气"命名为氧或"成酸者"，从而彻底推翻了燃素说。1783 年，拉瓦锡将水滴在加热的炮筒上，产生了"可燃空气"，即卡文迪许所说的"人造空气"（氢），进一步验证了水不是一种元素，而是氢和氧的化合物。[6]同年 6 月 25 日，他向法国科学院报告"水是氢和氧化合的产物"[7]，并正式将"人造空气"这种物质命名为氢（Hydrogen）。但他关于"水是氢与氧化合的产物"这一结论，在此之前卡文迪许已发表。

之后，瑞典化学家贝采利乌斯大约从 1807 年开始，用了 10 多年时间，进行了 2 000 多种化合物研究，于 1818 年发表化合比及相对原子质量表，使用符号 H 来表示氢元素。

1800 年伏打制成第一个电池之后，英国便于 1818 年利用电流分解水产生氢气。1820 年，剑桥大学的威廉·塞西尔在一篇论文中首先提出将氢气作为动力机器的燃料使用。英国的格罗夫于 1839 年发明了第一个燃料电池，并作照明使用。

---

① 周载主编《传输力量的能源》，上海科学技术文献出版社，2005，第 167 页。

② 《中国大百科全书》总编委会：《中国大百科全书·第 2 卷》第 2 版，中国大百科全书出版社，2009，第 511 页。

③ 翁史烈主编《话说氢能》，广西教育出版社，2013，第 8-9 页。

④ 同上书，第 9 页。

⑤ 元素一般指化学元素。它是具有相同的核电荷数即质子数的同一类原子的总称。18 世纪，人们认为元素是指不能再分离的物质。

⑥ 《中国大百科全书》总编委会：《中国大百科全书·第 13 卷》第 2 版，中国大百科全书出版社，2009，第 289 页。

⑦ 美国不列颠百科全书公司：《不列颠百科全书·第 9 卷》国际中文版（修订版），中国大百科全书出版社《不列颠百科全书》国际中文版编辑部编译，中国大百科全书出版社，2007，第 527 页。

又过了几十年，俄国化学家门捷列夫于 1869 年发现元素周期律，将氢元素排在元素周期表的第一位。从此，拉开了人们对氢与其他元素关系深入研究的序幕，促进了人类对氢的进一步了解。

1870 年，法国著名作家、现代科幻小说的重要奠基人凡尔纳的《海底两万里》出版，1874 年《神秘岛》问世。这两部科幻小说除了对未来科技和生活的发展，包括潜艇、电视、太空旅行等做了出色的预见，还对氢燃料的应用做了大胆的猜想。在《神秘岛》中，有一个人物说："我相信有一天水会成为我们的燃料，构成水的氢和氧被单独或一起使用，给我供应源源不断的光和热，燃烧强度是煤炭所不能匹敌的。有那么一天，在蒸汽机的煤仓和火车头的煤水车里，会装满这两种压缩气体，这些气体在锅炉中燃烧，产生极大的热量。"[①] 而在《海底两万里》中，氢气则成了"鹦鹉螺号"潜艇"用之不竭的燃料"。小说中对这种能源的普遍存在并且"用之不竭"的幻想，进一步激发了人们对氢能的好奇与探索。凡尔纳的预言被印在当今国际氢能学会宣传材料的头版头条。

（二）氢能利用

氢被发现后，人类或利用氢气的物理特性，或将其作工业原材料利用，或将其作燃料使用。

1. 氢的气体应用

氢元素在所有化学元素中相对原子质量最小，标准状态下氢气密度为 0.089 9 g/L。人们利用氢气密度比空气小的特点，将氢气作为填充的气体加以利用。

1780 年，法国化学家布拉克把氢气灌入猪的膀胱中，制造了世界上第一个最原始的氢气球。这是氢气最初的用途。[②]

1783 年，法国的夏尔发明了氢气球，成功地实现在巴黎上空飞行。随后，意大利的保罗·安德烈亚尼（1784 年）、德国的利特吉恩道夫（1786 年）也陆续取得了成功。[③] 他们制作各种氢气球，将人类带上了蓝天。

1852 年，法国的吉法尔利用氢气制成世界上第一艘飞艇。飞艇中装有一台重 160 kg 的 3 马力蒸汽机，可使大型螺旋桨每分钟旋转 110 转。飞艇的气囊长达 44 m，里面充满氢气。他亲自驾驶飞艇，从巴黎的赛马场升空，以 10 km/h 的速度飞行，成功地飞到特拉普斯，航程达 28 km。

此后，各国科学家先后制造出各种填充氢气的飞艇用于各种飞行。1872 年，德国工程师 P. 亨莱因首先使用内燃机，并用气囊中产生浮力的气体作为发动机的燃料使飞艇飞行。1883 年，法国的蒂桑迪埃兄弟用电动机驱动飞艇。1897 年德国制成第一艘硬式飞艇，艇身用铝薄板制成。巴西的 A. 桑托斯-杜蒙特对飞艇进行改进，在 1895—1905 年制成 14 艘飞艇，创造了许多飞行纪录。德国的 G. 齐柏林从 1900 年开始制造大型硬式飞艇 LZ-1，速度可达 32 km/h。1919 年，英国制造的一艘 R-34 飞艇完成了横越大西洋的往返飞行。[④]

第一次世界大战中，英国、法国建立了小型软式飞艇队，执行反潜侦察巡逻任务。德国建立了齐

---

① 戴维·桑德罗：《打破石油魔咒》，传神翻译公司译，中信出版社，2010，第 140 页。

② 李方正：《能源世界》，吉林出版集团有限责任公司，2009，第 158 页。

③ 氢能协会：《氢能技术》，宋永臣、宁亚东、金东旭译，科学出版社，2009，第 20 页。

④ 美国不列颠百科全书公司：《不列颠百科全书·第 1 卷》国际中文版（修订版），中国大百科全书出版社《不列颠百科全书》国际中文版编辑部编译，中国大百科全书出版社，2007，第 148 页。

柏林飞艇队，用于海上巡逻、远程轰炸等，多次对伦敦进行轰炸。

2. 氢的工业应用

近代，氢在工业领域最成功的应用是合成氨的生产。

德国物理化学家哈伯曾对工业气体做过深入研究，所著《工业气体反应中的热力学》于 1905 年出版。当时，由于工业领域对氮肥的需求急剧增长，哈伯开始研究利用空气中的氮生产氮肥的技术问题。1909 年，他成功开发出用氮气和氢气合成氨的方法，即在 17.5 ～ 20 MPa 气压、500 ～ 600 ℃下用锇催化剂使氢气、氮气混合物反应，得到氨，并建成一个每小时合成 80 g 氨的试验装置。随后，这一技术为德国巴斯夫公司采用，于 1912 年建成第一座日产 30 t 的合成氨装置。[1] 从此，氢气正式成为一种重要的工业原料。哈伯因发明了用氢气和氮气直接合成氨的方法而获得 1918 年诺贝尔化学奖。

3. 氢的燃料利用

近代，科学家们对氢气作为燃料电池的重要原料加以利用进行了积极探索。

英国化学家戴维在 1800 年进行了燃料电池的电解研究，从理论上解释了电解过程。第二年，他发现了使用固体碳素的燃料电池的原理。[2]

几十年后，英国物理学家格罗夫通过实验，指出蒸汽和炽热的铂丝接触时可分解成氢气和氧气，首次提出分子热分解的证据。在此基础上，他于 1839 年发明了世界上第一块燃料电池（又称双液电池）。1840—1847 年，格罗夫在伦敦学院任物理学教授期间，曾用他制作的燃料电池为他的一次讲学供电照明。[3] 格罗夫研制的这种铂锌电池是利用了氢气的还原性。

1889 年，Mond 和 Langer 两位化学家创造了"燃料电池"一词。[4] 当时，他们试图用空气和工业煤气制造第一个实用的装置。

此后相当长的一段时间里，人们继续开展燃料电池的研制，但都未能取得技术上和经济上的突破性进展。燃料电池因其性能低下、寿命短、反应效率低，无法与同期兴起的发电机和内燃机竞争，因而得不到应有的重视，发展不起来。

二、现代氢能发展历程

进入现代后，在技术进步的推动下，氢能的开发和利用得到不断加强。

1922—1932 年，英国生物化学家霍尔丹在剑桥大学任教。他于 1923 年在英国科学促进协会发表演说，提出了一个综合性的氢能利用计划，预测未来有一天氢会成为人类的首要能源。他说，氢的制取将通过电解的方法，而所需的电力来自风车发电；氢气和氧气将在液化后装入地下储罐中，并在发电机中重新化合或者是在燃料电池中单独使用氢气来产生电力；这"将让风能得以储存，从而能够随

---

[1]《中国大百科全书》总编委会：《中国大百科全书·第 8 卷》第 2 版，中国大百科全书出版社，2009，第 511 页。也有的学者认为是在 1913 年建成日产 10 t 规模的合成氨装置，见氢能协会：《氢能技术》，宋永臣、宁亚东、金东旭译，科学出版社，2009，第 21 页。

[2] 氢能协会：《氢能技术》，宋永臣、宁亚东、金东旭译，科学出版社，2009，第 21 页。

[3] 美国不列颠百科全书公司：《不列颠百科全书·第 7 卷》国际中文版（修订版），中国大百科全书出版社《不列颠百科全书》国际中文版编辑部编译，中国大百科全书出版社，2007，第 327 页。

[4] 李代广：《氢能与氢能汽车》，化学工业出版社，2009，第 64 页。

心所欲地用于工业、交通运输、供暖和照明等领域……这种能源利用方式有一个非常明显的优势，那就是国内不同地区的能源价格将保持一致，因而工业将非常分散，而且不会产生烟雾灰尘"[1]。

1928 年，德国工程师杰仁发明了一种氢气内燃机的原型机，获得了他的第一个氢气发动机专利。后来，他的专利被应用到轿车、公共汽车和卡车上。20 世纪 30 年代末，德国设计了以氢气为动力的火车。第二次世界大战期间，德国用液氢作为 V-2 火箭发动机的液体推进剂，突袭了伦敦；还试图制造以氢气为燃料的航空发动机，其目的是用从煤中获得的燃料替代紧缺的石油。[2]

在自然界，氢有 3 种同位素同时存在：^1H，即氕，占 99.985%；^2H，即氘，占 0.015%；^3H，即氚，其量极微。[3]20 世纪 30 年代，科学家们先后发现氘和氚。美国化学家尤里在 1932 年发现氢的一种同位素，并将它命名为"氘"。出生于新西兰的英国物理学家卢瑟福预言氢存在另一种同位素"三重氢"，并于 1934 年与他的合作者在静电加速器上用氘核轰击固态氘靶，产生了氚，首次实现了核聚变反应。

同一时期，日本开展了氢燃料电池的研究，田丸等于 1935 年发表有关研究报告。其后，英国的培根在 1952 年制成 5 kW 碱性燃料电池发电实验装置，并获专利。[4]

20 世纪 50—60 年代，氢能在航天航空和军事领域的应用取得重大突破。美国利用液态氢作超音速和亚音速飞机燃料，将 B-52 双引擎轰炸机改装为氢发动机，实现了氢能飞机上天。1957 年，苏联使用氢氧火箭成功地将世界上第一颗人造地球卫星送入太空。1963 年，美国使用氢燃料的宇宙飞船遨游太空。1965 年，美国国家航空航天局（NASA）开发出用于载人宇宙飞行计划"双子星座"5 号上的碳氢系膜固体聚合物电解质燃料电池。1969 年，以氢、氧燃料电池为动力的"阿波罗号"飞船成功实现了人类的首次登月。美国空军还在高空远程侦察机（B-57 轰炸机的改装版）上试验氢气燃料。他们使用了液态氢，以期用更轻的燃料重量来换取燃料的高效率和飞程的倍增。实验表明，以氢气为燃料的飞行器还可以做得更小、更轻，起飞时也更安静，引擎的磨损也比使用碳基燃料小得多。[5]与此同时，美国从 1967 年起实施 TARGET 计划，推进面向一般应用的磷酸燃料电池的开发。[6]

20 世纪 70 年代，在石油危机的冲击下，氢能被作为一种替代能源得到更多的重视。1970 年，通用汽车公司技术中心提出"氢经济"的概念，认为未来主要的能源将由大型的核电站提供；将利用核电生产的电力来电解水制氢。1974 年，一些学者成立国际氢能学会，随后创办了《国际氢能》学术期刊，举办两年一次的学术会议——世界氢能大会。1976 年，斯坦福研究院开展氢经济的可行性研究。1979 年，美国成功开发出电化学气化制氢技术。

20 世纪 80 年代，德国提出 HYSOLAR 计划。它是德国／沙特阿拉伯在阿拉伯半岛的项目，计划用沙漠地带的太阳能制氢。该项目经过实验，示范了太阳能发电和电解的直接结合，示范功率达

① S.L. 蒙哥马利：《全球能源大趋势》，宋阳、姜文波译，机械工业出版社，2012，第 195 页。
② 毛宗强：《氢能：21 世纪的绿色能源》，化学工业出版社，2005，第 11 页。
③ 美国不列颠百科全书公司：《不列颠百科全书·第 8 卷》国际中文版（修订版），中国大百科全书出版社《不列颠百科全书》国际中文版编辑部编译，中国大百科全书出版社，2007，第 283 页。
④ 氢能协会：《氢能技术》，宋永臣、宁亚东、金东旭译，科学出版社，2009，第 21 页。
⑤ S.L. 蒙哥马利：《全球能源大趋势》，宋阳、姜文波译，机械工业出版社，2012，第 195 页。
⑥ 氢能协会：《氢能技术》，宋永臣、宁亚东、金东旭译，科学出版社，2009，第 21 页。

350 kW。德国还考虑用加拿大廉价的水电就地电解水制氢，将氢液化后用船运输液氢到欧洲。[1]

1983年，美国《油气杂志》报道：美国堪萨斯州东北部福雷斯特盆地金德胡克气田发现了稀有的天然形成的氢气和氮气。据估计，该气田拥有的氢气地质储量为1.36万亿立方英尺，并且含有大量的氮气。该处共钻井5口，有2口井相距20英里。经过对2口相距6英里井中的气样分析，发现内含40%的氢、60%的氮，仅含少量的二氧化碳、氩和甲烷，不含氦气。据报道，这种天然气的氢气藏田，除了在日本海岸外的太平洋海域发现，其余地方未曾发现，因而美国的这一气田被视为稀有的氢-氮气田。[2]

1987年，加拿大地球物理学家杰弗里·巴拉德采用含氟电解质膜开发出一种输出电压达0.6 V、电流密度4 A/cm² 的固体高分子型燃料电池。[3]1989年，他创立的巴拉德动力系统公司（BPS）制造出第一辆采用这种高性能燃料电池的电动巴士。这是交通运输领域中新型燃料电池时代的一个起点。到20世纪90年代后期，巴拉德累计获得来自汽车公司的10多亿美元投资。巴拉德高调地预言，当燃料电池汽车在2010年商业化之后，"内燃机将像马匹一样，变成让我们的子孙后代感到好奇的老古董"，并预言，一次"交通运输革命"即将到来。巴拉德动力系统公司所取得的进步以及媒体的报道共同制造了热捧"氢气未来"的现象。[4]

美国作为氢能经济的倡导者和推动氢能发展的主要国家之一，于1996年通过未来氢能法规。2002年，美国能源部发布《向氢经济过渡的2030年远景展望报告》，制定了国家实现向氢能经济过渡的路线图，规划到2040年全面完成向氢能社会的过渡。[5]

2001年，欧盟启动欧洲清洁市内交通项目，计划投入30辆燃料电池公共汽车，在9个不同条件的城市进行为期两年的示范。同时，欧盟制定氢能发展路线图，计划到2050年实现向氢能经济过渡。

2003年11月，澳大利亚、巴西、中国、法国、德国、冰岛、印度、日本、俄罗斯、英国、美国以及其他15个欧盟国家和地区在华盛顿召开"国际氢能经济合作伙伴"会议。美国宣布投资17亿美元启动自由燃料和自由汽车计划。冰岛计划用40年时间将冰岛建成"氢社会"。

2004年，第二届国际氢能论坛在北京举行，商讨如何为人类社会提供赖以生存的、可持续发展的清洁能源——氢。此前，第一届国际氢能论坛于2000年在德国慕尼黑举行。

到2008年，全球氢产量已达3 288 TWh[6]，氢产业初具规模。

三、氢能的生产

氢能生产包括氢气的制取和纯化两大环节，其技术不断取得新进展。

（一）氢气的制取

根据制氢原料的差异，氢气的制取可分为化石能源制氢、水制氢、生物质制氢和其他原料制氢4种（表18-3）。

---

[1] 毛宗强：《氢能：21世纪的绿色能源》，化学工业出版社，2005，第11页。

[2] 李方正：《能源世界》，吉林出版集团有限责任公司，2009，第161页。

[3] 氢能协会：《氢能技术》，宋永臣、宁亚东、金东旭译，科学出版社，2009，第21页。

[4] S.L.蒙哥马利：《全球能源大趋势》，宋阳、姜文波译，机械工业出版社，2012，第195-196页。

[5] 同上书，第255页。

[6] 李星国等：《氢与氢能》，机械工业出版社，2012，第26页。

表 18-3　氢气制取方法

类型	主要方式
化石能源制氢	石油制氢
	煤炭制氢
	天然气制氢
水制氢	电解水制氢
	光解水制氢
	热解水制氢
	热化学制氢
生物质制氢	直接燃烧
	生物转化
	热化工转化
其他原料制氢	硫化氢制氢
	烟气中氧化硫制氢
	面粉制氢
	甲醇制氢
	乙醇制氢

资料来源：作者整理。

1. 化石能源制氢

化石能源制氢主要是以石油、天然气、煤等为原料，在高温下使之与水蒸气反应，进而生产出氢气。

化石能源制氢的方法已经成熟，早已实现工业化生产，是当今最主要的制氢方法。至今，氢气主要是通过石油、石化、氨合成、烧碱以及钢铁行业的副产品回收而获得的。其中，石油和石化中以原油和天然气为原料制氢；合成氨中的原料氢气主要来自煤炭和水气化反应；钢铁行业是煤焦炭提炼时制氢，焦炉煤气含氢约 55%，可进行有效的氢分离与回收。在各种制氢领域中，重整制氢是最大氢源，占原油总量的 0.5%。石油领域尤其是炼油厂，既是最大的产氢行业，也是最大的氢用户。独立的制氢装置生产的氢气仅占很少一部分，90% 的氢气是通过烃类水蒸气重整法制备的。在全球氢气总产量中，77% 是从石油和天然气中制取，18% 来自煤，仅有 4% 来自电解水，1% 来自其他原料。[1]

在大型氢能生产中，化石能源制氢的成本比电解水制氢低很多。但是，需要消耗大量的能源，还会产生大量的二氧化碳。据测算，在氢的生产过程中，生产 5 000 万 t 的氢大约会释放出 3.2 亿 t 的二氧化碳。[2] 这会导致突出的环境问题。

2. 水制氢

水是由氢元素和氧元素构成的，当水直接加热到很高的温度（一般在 3 000 ℃以上）时，部分水或水蒸气就会分解为氢和氧。与水直接热解制氢相比，热化学循环催化制氢需要的温度较低（一般为

① 李星国等：《氢与氢能》，机械工业出版社，2012，第 26 页。
② 约翰·塔巴克：《天然气和氢气——未来不总是光明的》，付艳、牛玲、张军译，商务印书馆，2011，第 161 页。

1 073～1 273 ℃），技术、投资等问题相对较容易解决。电解水制氢是一种成熟的制氢方法，但其耗电高、成本高，应用的关键在于低成本的电力资源。

1966 年，芬克最早提出热化学制氢的概念。[①]20 世纪 70 年代初，麦凯蒂和倍尼提出 MarK I 型热化学制氢方案，估计其制氢效率可以达到 55% 左右。此后，设在意大利 Ispra 的欧洲共同体联合研究中心、美国的洛斯阿拉莫斯国家实验室、日本的东京大学等先后开展热化学制氢的研究。20 世纪 90 年代，中国吉林工学院（现为吉林工业大学）张龙等人探索了 S–I–Ni 开路循环水分解制氢的反应条件及动力学。2001 年，日本原子能研究所开发出用热化学法 IS 工艺连续制氢装置，每小时可制氢 50 L，这是当时热化学制氢的最高水平，但该系统存在很多技术问题，没能长时间运行，离实用化相当遥远。[②]

1979 年，美国研究成功电化学气化制氢技术，制氢耗电与其他的电解水制氢方法相比节省一半，使得一次能源转换为氢的总转换率提高到 60%。2001 年，日本通过改进电极，大幅降低电阻，开发出高效电解水制氢装置，使制取 1 m^3 氢气的耗电量降低到 41 kW，比过去降低 40%。但是，即使电解效率达到 75%，若考虑发电成本，从化石燃料转化为氢的效率也往往只有 30% 左右。[③]

20 世纪 80 年代末，国际上出现光解海水制氢的方法。利用激光诱导制膜技术，制成新型的金属/半导体/金属氧化物光电化学膜，作为海水电解的隔膜，使海水分离制得氢和氧。此方法的电耗低，转换率达到 10% 左右，引起各国科学家的关注。[④]

与此同时，日本理工化学研究所于 1989 年首次实现利用太阳能光解水制氢。其方法是，在硝酸钾（电解质）水溶液中浸入一根 n 型硫化镉半导体电极和一根纯铂电极，把它们连接起来，然后把阳光收集器聚集的阳光照射到硫化镉半导体电极上。这种半导体与阳光中的可见光接触便会产生电流，使硝酸钾水溶液发生化学反应，氧气就会从半导体电极上产生，氢气则从铂电极上产生。[⑤]在这种方法中，硫化镉半导体是使光能转变成电能的关键。

2008 年 9 月，美国能源部下属的爱达荷州国家实验室利用太阳能电解水制氢方法，成功实现高温电解水制氢。当这个实验室开始以 5.6 m^3/h 的速度制氢时，标志着制氢技术取得了新的进展。海水及淡水资源极为丰富，利用太阳能电解水制氢，是水制氢的一种重要出路。

有学者指出，水是当今唯一可以代替煤炭来制氢的原料。大规模的水制氢方式有两种：一种是电解水制氢，另一种是热化学制氢。由于电解水制氢需要大量电力，其成本非常高，因而不是有效的制氢方法。热化学制氢是通过高温化学反应将水分子分解为氢和氧，利用经过特殊设计的核反应堆是目前唯一能够在工业上将大量水加热到这项工艺所需高温的能量来源，但它距离商业化应用还需要很长时间。[⑥]

3. 生物质制氢

早在人类出现之前，因雷电、火山喷发引起森林大火，在燃烧过程中产生了氢气。这是生物质热

① 毛宗强：《氢能：21 世纪的绿色能源》，化学工业出版社，2005，第 61 页。

② 同上书，第 65 页。

③ 同上书，第 257–258 页。

④ 周戟主编《传输力量的能源》，上海科学技术文献出版社，2005，第 169 页。

⑤ 同上书，第 172 页。

⑥ 约翰·塔巴克：《天然气和氢气——未来不总是光明的》，付艳、牛玲、张军译，商务印书馆，2011，第 151 页。

化学转化生成氢气的一种最原始的方法。

自 19 世纪起，人们开始研究生物质转化制氢。通过研究，科学家们发现细菌和藻类具有产生氢分子的特性，在微生物作用下通过甲酸钙的发酵，可以从水中制取氢气。

1931 年，斯蒂芬森等人首次发现了在细菌中含有氢化酶（hydrogenase），它可以催化氢的氧化或者质子的还原这一可逆反应。1937 年，Nakamura 观察到光合细菌（PSB）在黑暗中放氢的现象，这是关于 PSB 产氢最早的报道。[1]

1942 年，加夫罗和鲁宾发现，一种已在地球上存在 30 亿年之久的蓝绿色海藻——栅藻，能在一定的条件下通过光合作用产生氢气。他们最早提出以光解产氢生物为基础的生物制氢技术，并首先开展相关研究。从各国多年的研究结果来看，部分专家预测，蓝细菌和光合细菌的产氢能力是绿藻的 1/1 000。因此，从商业化角度考虑，蓝细菌和光合细菌制氢没有研究与开发的价值。[2]

1949 年，盖斯特首次证明光合细菌可以利用有机物光合放氢。[3]此后，美国、欧洲、日本、中国等国家和地区对此进行了大量研究。经过多年的研究证明，紫色光合细菌在有机碳源存在下生长会放出氢气，产氢作为一种生理性状广泛地存在光合营养生物中。已发现的能产氢的生物有几百种，遍布于从原核生物到真核生物的不同属之中（表 18-4）。

表 18-4　细菌产氢效率一览表

生物类群	产氢效率 /（mol H_2/mol 底物）	生物类群	产氢效率 /（mol H_2/mol 底物）
严格厌氧细菌	2/ 葡萄糖	嗜热古细菌	4/ 乙酸
兼性厌氧细菌	0.35/ 葡萄糖	光合细菌	7/ 琥珀酸
固氮菌	1.05 ～ 2.2/ 葡萄糖	光合细菌	6/ 苹果酸
瘤胃细菌	2.37/ 葡萄糖	纤维素分解菌	6.2/ 纤维素
好氧菌	0.7/ 葡萄糖	蓝细菌	20 mL/gh

资料来源：毛宗强：《氢能：21 世纪的绿色能源》，化学工业出版社，2005，第 93 页。

20 世纪 70 年代石油危机的爆发，使人们更加重视生物制氢的实用性和可行性。当时的研究工作主要集中在以下两个方面：一是致力于产氢工艺的研究，使生物制氢技术向实用化发展；二是寻找产氢量高的光合细菌。1976 年，中国科学院成都分院生物所孙国超等人分离出 40 多株产氢菌，最长产氢时间为 30 ～ 50 天，产氢量为发酵体积的 2 ～ 6 倍。1984 年，日本的 Miyake 等人筛选出产氢紫色非硫光合细菌，其平均产氢速率为 18.4 μL/（h·mg 细胞干重）。[4]

1974 年，贝内曼观察到柱孢鱼腥藻可光解水产生 H_2 和 O_2。虽然光合裂解水产氢是理想制氢途径，但蓝细菌和绿藻作为产氢来源似乎并不合适，其产氢效率较低，并且放氢化酶遇氧会失活。日本 Miyamoto 利用氮饥饿细胞在不断提供氧气的条件下进行户外产氢研究，但平均转化效率仅为 0.2%。美

---

[1] 毛宗强：《氢能：21 世纪的绿色能源》，化学工业出版社，2005，第 92 页。

[2] 同上。

[3] 同上书，第 94 页。

[4] 同上书，第 92 页。

国梅利斯等通过去除莱茵绿藻培养物中的硫，把这种藻类的 CO_2 固定和放氧过程与碳消耗和产氢过程分离开来，使氢化酶产氢顺利进行，但改造后的这种绿藻产氢量只达到理论值的 15%。[①]

从 20 世纪 90 年代开始，德国、日本、美国等发达国家成立专门机构，制定生物质制氢的发展规划。美国等国家用氧化还原技术、压力旋转吸附技术和低温分离技术等从木材中制取氢，转化效率比较高，可达 50%～60%，但设备投资和运行成本昂贵。英国研究人员研制出一种方法——利用葵花籽油生产氢，这种方法能减少污染，节省成本，不需要燃烧任何化石燃料。[②]

中国从 1990 年开始在哈尔滨工业大学正式开展生物发酵制氢的研究。该技术以有机废水为原料，利用驯化厌氧微生物菌群的产酸发酵作用生产氢气，是一项集生物制氢和高浓度有机废水处理为一体的综合工艺技术。该项目于 1994 年完成连续流小试研究，1999 年成功地完成世界上首例中试研究。2003 年，黑龙江省首项生物制氢示范工程项目"有机废水发酵法生物制氢技术"落户哈尔滨工业大学科技园产业化基地。这是生物制氢技术进入产业化阶段的开始，开创了利用非固定菌种生产氢气的新途径。[③]

总的来说，生物质制氢技术仍然处于从研发向商业化的过渡阶段。目前生物质并不适合作为氢经济的原料，主要原因是没有足够的土地可用于种植所需数量的生物质，需要留出足够的土地生产价廉物美的食品，以满足大部分发达国家和发展中国家的粮食需要。因而，这会妨碍在可预见的未来拥有充足的生物质用于大规模制氢。[④] 从长远、战略的角度来看，以水为原料，利用光能，通过生物质制取氢气是最有前途的方法，许多国家正投入大量人力、财力对这项技术进行研究，以期早日实现生物质制氢向商业化生产的转变。[⑤]

4. 其他原料制氢

有的国家已经成功地开发出硫化氢制氢的方法。利用石油炼制、煤和天然气脱硫过程中产出的硫化氢或者自然界中的硫化氢矿藏，采用气相分解法（干法）或溶液分解法（湿法），可以同时获得硫黄和氢气。这种工艺需要一定的高温（600℃）和适当的催化剂，或采用光照等措施。用这种方法制氢，能化害为利，既制得氢气，又消除污染。

中国成功地开发出"烟气中氧化硫制氢技术"。它利用烟气脱硫产物——稀硫酸，与废金属经液相氧化反应，令稀硫酸与废铁屑作用生成氢气和硫酸亚铁。这是污染源（烟气）资源化的一种新途径。[⑥]

美国弗吉尼亚理工大学、橡树岭国家实验室和佐治亚大学的科学家共同研制出一款氢动力汽车，其使用的氢气来自发动机中的面粉。[⑦] 利用这项新技术，在汽车行驶时，面粉等碳水化合物能不断制得氢气，源源不断地为汽车提供前进的动力。

此外，还可以利用甲醇、乙醇制氢。

---

① 毛宗强：《氢能：21 世纪的绿色能源》，化学工业出版社，2005，第 93 页。

② 董崇山：《困局与突破：人类能源总危机及其出路》，人民出版社，2006，第 262–263 页。

③ 周载主编《传输力量的能源》，上海科学技术文献出版社，2005，第 174–175 页。

④ 约翰·塔巴克：《天然气和氢气——未来不总是光明的》，付艳、牛玲、张军译，商务印书馆，2011，第 151 页。

⑤ 毛宗强：《氢能：21 世纪的绿色能源》，化学工业出版社，2005，第 91 页。

⑥ 周载主编《传输力量的能源》，上海科学技术文献出版社，2005，第 170 页。

⑦ 李代广：《氢能与氢能汽车》，化学工业出版社，2009，第 56 页。

（二）氢气的纯化

当今以石油、煤、天然气等化石燃料为原料，采用工业制氢方法（即化石能源制氢）生产出来的氢气，主要用作化工原料，其用户主要是石化企业，氢气还未能以燃料应用为主体的形式出现。石油和化工行业生产出来的氢气的纯度一般为 70%～98%，有的低至 20%～50%，还有许多杂质（表 18-5），不能直接作为燃料使用。如果要将这些氢气供给燃料电池汽车使用，还需要将其纯度提高到 99.99%，而半导体生产工艺所使用的氢气的纯度更是要求达到 99.999%。因此，为满足工业上对高纯度氢的要求，在制取、生产出氢气之后，还要对氢气进行纯化加工与处理（表 18-6）。

表 18-5　石油炼制和化工过程中含氢气体体积组成及气体压力

组分	合成氨弛放气	甲醇弛放气	催化重整尾气	加氢精制尾气	加氢裂化尾气	催化裂化干气
H_2/%	50～60	50～60	80～85	70～80	60～70	20～50
N_2/%	15～20	—	—	—	—	20～25
CH_4/%	15～20	20～25	5～10	15～20	20～25	10～15
C_2H_6/%	—	—	5～10	3～5	2～3	3～5
C_3H_8/%	—	—	2～5	2～3	3～4	1～2
C_4^+/%	—	—	2～5	—	5～6	—
CO/%	—	5～10	—	—	—	1～2
CO_2/%	—	10～15	—	—	—	2～3
H_2O/%	—	—	—	—	—	0.5～1
气体压力/%MPa	10～30	5～7	1～3	1.3～5.5	13～20	0.8～1.3

资料来源：李星国等：《氢与氢能》，机械工业出版社，2012，第 125 页。

表 18-6　氢气纯化技术

类型	方法
膜分离技术	钯膜扩散法
	有机中空纤维膜扩散法
变压吸附技术	物理吸附法
	化学吸附法
	活性吸附法
	毛细管凝缩法
低温分离技术	低温冷凝法
	低温吸附法
金属氢化物技术	低温高压吸氢法
	高温低压放氢法
催化脱氧技术	钯催化脱氧法
	铂催化脱氧法

资料来源：作者整理。主要参考李代广：《氢能与氢能汽车》，化学工业出版社，2009。

低温冷凝法是林德教授于 1902 年发明的，实质上就是气体液化技术。它通常采用机械方法，如用节流膨胀或绝热膨胀等方法，把氢气压缩、冷却后，利用不同气体沸点上的差异进行蒸馏，将不同气体进行分离。这种方法可使氢气纯度提高，但压缩、冷却气体的能耗很高。[1]

变压吸附技术是 Skarstrome 等人于 1960 年发明的，最初在工业上主要用于空气干燥和氢气纯化。自 20 世纪 60 年代美国联合碳化物公司第一套变压吸附装置问世后，这种技术得到了快速发展。它有许多优点：原料范围广；能一次性除去氢气中多种杂质成分；能耗小，操作费用低，能在 0.8 ～ 3 MPa 下操作运行；吸附剂寿命长，对环境无污染等。[2] 采用变压吸附技术分离高纯氢，其生产过程会损耗 25% ～ 30% 的氢气。

氢气提纯的成本与原料气体的氢气浓度和压力有关，原料气体氢气的浓度和压力越大，成本越低。石油加工以及氨合成领域中产生的氢气纯度高、浓度大，并且有现成的制氢装置，因而其氢气的提纯成本低；而钢铁产业中的副产品焦炉煤气（COG），氢气浓度低，压力也低，其氢气回收和提纯的成本高。[3]

四、氢能的储运

氢气密度小且易燃，不便携带，安全性低。氢气生产出来后，在到达用户过程中以及用户使用过程中，涉及储存和运输的问题，这是一大难题。各国开展了一系列氢气储存方法（表 18-7）的研究。发展氢经济，必须对氢气生产到终端用户的全过程建立起便利、安全的储运及加注网络。

表 18-7 储氢方式

类型	主要方法
化学储存	有机化合物储氢
	无机物储氢
	金属氢化物储氢
	液氨储氢
物理储存	液化储氢
	高压储氢
	低温、超低温压缩储氢
	活性炭吸附储氢
	纳米碳管储氢
	玻璃微球储氢
大规模储存	地下储氢
	冷藏储氢

资料来源：作者整理。主要参考严陆光、陈俊武主编《中国能源可持续发展若干重大问题研究》，科学出版社，2007。

---

[1] 李星国等：《氢与氢能》，机械工业出版社，2012，第 125 页。

[2] 同上书，第 126 页。

[3] 同上书，第 27 页。

（一）氢气的储存

早在 19 世纪，英国的格拉汉姆就报告了钯能大量地吸储氢气的现象。20 世纪 60 年代，美国的莱利等人开始把这种现象用于氢的储藏的研究。[1] 他们通过实验证明，镁系合金和钯系合金能吸储和释放氢气，这种特性还随合金组成的不同而改变。

1. 化学储氢

1958 年，美国 Reilly 发现储氢合金。第二年，荷兰的 Zijlstra 等偶然发现稀土储氢合金。这个发现带来其后一系列的稀土系储氢合金的开发。1964 年，苏联发明镍／氢电池。1990 年镍／氢电池实现实用化，电容量是当时主流的小型二次电池镍／镉电池的 1.5 ～ 3.5 倍。镍／氢电池不采用含镉的材料，对环境影响小，电压与镍／镉电池相同，都为 1.2 V，具有兼容性好等优点，对镍／镉电池的替代进展顺利。[2]

金属氢化物作为一种安全、灵活和有效的氢能储运工具受到各国重视。日本的"日光－月光计划"、美国的"先进技术发展计划"、欧洲的"创新计划"等都包括合金储氢研究；德国和俄罗斯等国家研制的燃料电池动力潜艇也采用合金储氢系统；日本丰田公司将合金储氢系统应用于新型质子交换膜燃料电池电动车。[3]

有机化合物储氢是利用烃和芳香烃等不饱和烃和氢气的可逆反应来实现储氢与脱氢，优点是储氢量大，储氢效率高，氢载体的储存和运输安全方便，储氢化合物可循环使用，缺点是不能在温和条件下放氢。2002 年，韩国科学家发现聚苯胺和聚吡咯薄膜在室温下能够保存相当于自身质量 6% 的氢气；用盐酸对这些薄膜进行处理后，其存储容量可增至自身质量的 8%。

对于氢的储存，美国能源部制定了指标：氢在储氢材料中的质量含量不低于 6.5%，体积密度不低于 62 kg/m³。

2. 物理储氢

氢的储存可采用压力容器，储氢压力一般为 100 个大气压左右。这种方法的优点是压力容器容易制造，制备压缩氢的技术简单，成本较低；缺点是储氢密度很低，不到 1%。随后，压力储氢向 500 ～ 700 个大气压的高压储气方向发展。[4] 国际上 350 巴（1 巴等于 1 个标准大气压）的轻质高压储氢罐实现了商业化，700 巴的轻质高压储氢罐也已成功开发出来。

在美国小规模储存氢气中，将氢气压缩储存到特制容器中，其压力范围可以为 17 ～ 70 MPa。压缩时，氢气在 35 MPa 时的密度约为 23 kg/m³，70 MPa 时的密度约为 38 kg/m³，能量密度可达 767 kg/m³（27 ℃，35 MPa）。美国大约有 600 个小规模的压缩储氢点，储存容量范围为 100 ～ 1 300 kg，储存的压力范围为 1 ～ 30 MPa；氢燃料站通常的储存容量范围为 10 ～ 150 kg，储存压力为 1 ～ 45 MPa。为满足氢气压力为 70 MPa 的汽车需求，储存压力需要提升至 100 MPa。[5]

[1] 氢能协会：《氢能技术》，宋永臣、宁亚东、金东旭译，科学出版社，2009，第 21 页。
[2] 同上书，第 21-22 页。
[3] 严陆光、陈俊武主编《中国能源可持续发展若干重大问题研究》，科学出版社，2007，第 390-391 页。
[4] 同上书，第 390 页。
[5] S.E. 格拉斯曼主编《氢能源和车辆系统》，王青春等译，机械工业出版社，2014，第 27 页。

冷冻压缩罐是在低温下结合高压使用的备用储存设备，是一种低温、超低温压缩储氢技术。据 2010 年 Aceves 等人的研究，该方法对于燃料源使用的灵活性较高，燃料源可以为液体、气体或冷却的气体。氢气作为超临界流体储存时，可超过液态氢的密度，从而使容器比传统的氢气压缩容器多容纳 2 ～ 3 倍的燃料。

氢气的压缩是一个耗能的过程，增加了整体的成本。据估计，压缩至 70 MPa 所耗费的能量大约为 6.0 kWh/kg，从而导致氢的储存成本较高。但是压缩储氢与液化储氢相比，它只消耗了相当于液化储氢三分之一的能量。除了压缩氢气的成本，还要考虑储存罐的费用，当储存罐充满压缩氢时，循环载荷会导致其升温，进而会减少它的使用寿命。[①]

氢气在 −253 ℃ 的低温下可以变成液态氢。液化储氢的储氢量较大，因为液态氢的密度为气态氢的 845 倍。但液化储氢面临两大技术难关：一是氢在液化时能耗大；二是液态氢低温储存时容器的绝热问题，当绝热不理想时，液态氢的蒸发损失会很大。[②] 液化氢气需要消耗 30% 的以低热值为基础的能量，每千克氢需要 120 MJ。[③] 由于这个原因及其他因素，包括传输和将这些液态氢装入车辆过程中的损失，许多汽车制造商选择把重点放在其他的储氢方式上。当今液化储氢应用广泛的是航天工业，因为液态氢最适合作为短时间释放大量能量的一种燃料。

纳米碳管是一种很有发展前途的储氢材料。美国波士顿东北大学的一个科研小组在 1997 年年初宣布，他们用超细石墨纤维在室温下可储存 3 倍于其自身重量的氢，比其他储氢材料的储氢量大 10 倍以上。该科研小组的负责人罗德里格兹说，每克单晶石墨可吸收 6.2 L 氢，其上限甚至可达 30 L 氢。他认为，超细石墨纤维之所以有如此高的吸氢能力，是因为缝隙的距离有 0.34 nm，而氢分子的平均直径一般只有 0.26 nm，通过毛细管作用可以使几层氢分子凝聚在堆积的石墨薄层之间的缝隙内。当氢分子和石墨中的电子强烈相互作用时，就可能在薄层之间的缝隙内挤进去好几层氢分子。[④] 关于纳米碳管储氢，早期有人报道纳米碳管储氢量可高达 10%，用电化学方法可使纳米碳管的储氢量高达 14%，石墨纳米纤维的储氢量甚至可高达 67%。但后来的研究表明上述结果有问题，比较公认的结果是纳米碳管储氢量只有 1%。[⑤]

3. 大规模储氢

美国已开发出大规模冷藏储存氢气技术。当冷藏的氢气密度接近 70 MPa 时，其储存氢气量是压缩储存的 2 倍。20 世纪末，一般的冷藏储氢站的液化能力可以在 100 ～ 10 000 kg/h 之间变动，而且典型的站内储存容量在 115 000 ～ 900 000 kg 之间变动。据 2011 年 EIA 介绍，在美国 41 个州中大约有 450 个大规模的液态氢储存站。其中，用于存放液态氢的最大的储罐之一在佛罗里达州的卡纳维拉尔角，它的容量为 3 800 m³。21 世纪初，美国氢气的总液化能力约为 69 000 t/d。[⑥]

① S.E. 格拉斯曼主编《氢能源和车辆系统》，王青春等译，机械工业出版社，2014，第 27 页。
② 周载主编《传输力量的能源》，上海科学技术文献出版社，2005，第 176 页。
③ S.E. 格拉斯曼主编《氢能源和车辆系统》，王青春等译，机械工业出版社，2014，第 27 页。
④ 周载主编《传输力量的能源》，上海科学技术文献出版社，2005，第 177 页。
⑤ 严陆光、陈俊武主编《中国能源可持续发展若干重大问题研究》，科学出版社，2007，第 391 页。
⑥ S.E. 格拉斯曼主编《氢能源和车辆系统》，王青春等译，机械工业出版社，2014，第 25 页。

在冷藏储存中，将氢气液化是一个能量耗散的过程，估计有 12.5 ～ 15.0 kWh/kg 的能量用于液化，而将氢气压缩至 70 MPa 只要 6.0 kWh/kg 的能量。对于大量生产和长期储氢来说，低温储藏氢是一种比较经济的方式。

在大规模储氢方面，美国建有 2 个地下氢气储存场所。其中一个是建在得克萨斯州的 Clemens Terminal，容量大约为 3 000 万 m³。2011 年美国用来储存天然气的地下储存场所大约有 400 个，容量大约为 1 020 亿 m³，利用这些已有的天然气储存库来进行大规模储氢将是一种潜在趋势。2010 年的研究表明，地下储氢的费用约为 1.2 美元 /kg，这使得地下储藏氢气成为最经济的选择。[①]

美国能源部 2002 年制订的 DOE 氢能开发计划对储氢技术做出规划，对合金系、化学系、碳素系的各种材料所面临的重大挑战提出了相应的研究计划（图 18-1）。

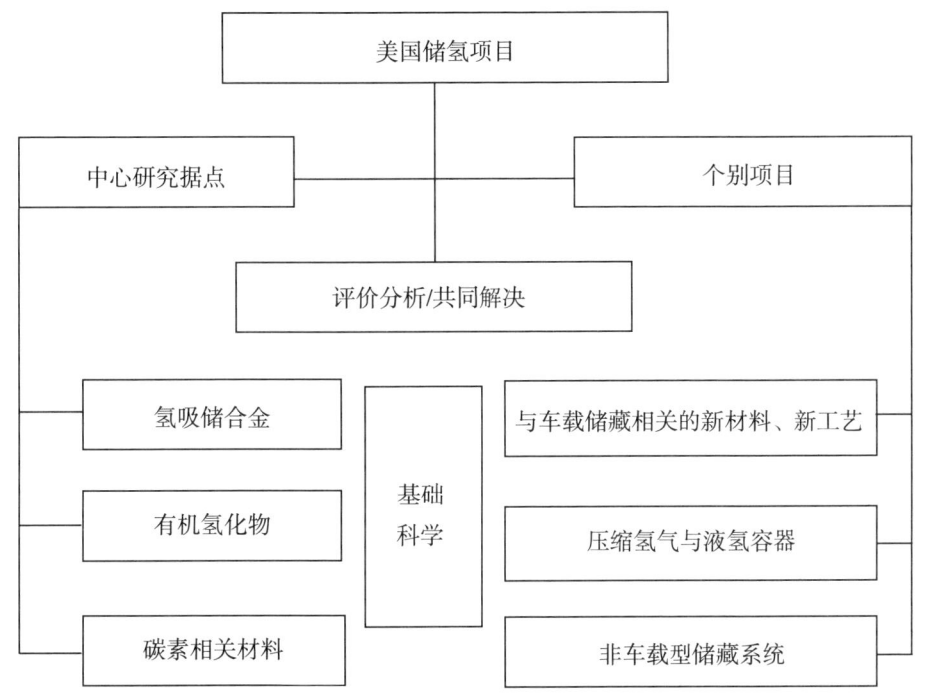

图 18-1 美国 DOE 储氢技术的重大挑战框架

资料来源：氢能协会：《氢能技术》，宋永臣、宁亚东、金东旭译，科学出版社，2009，第 194 页。

（二）氢气的运输

氢气输送主要有 3 种方式：一是用卡车、火车或驳船运送压缩或液态氢；二是管道运输压缩氢；三是利用化学载体，像烃类和那些在关键时候使用的氢化物。[②]据研究，气体管道拖车能够在 18 MPa 下运送 300 kg 氢，低温储罐能在 1.1 MPa 下依靠卡车运送 3 200 ～ 4 500 kg 的氢。输送高压氢气和液态氢气在能耗、投资等方面有所不同（表 18-8）。长距离输送大批量的氢时，管道运输是最符合成本效益和能源效率的方式。

① S.E. 格拉斯曼主编《氢能源和车辆系统》，王青春等译，机械工业出版社，2014，第 26 页。

② 同上书，第 28 页。

表 18-8 高压氢气与液态氢运输的比较

项目	高压氢气输送	液氢输送
高压储氢过程耗能	15% ～ 30%	40% ～ 50%
高压储罐投资	1 000 ～ 2 000 美元 /kW	1 500 ～ 2 500 美元 /kW
其他	压力为 20 ～ 35 MPa	损失 0.1% ～ 0.3%（每天）

资料来源：毛宗强：《氢能：21 世纪的绿色能源》，化学工业出版社，2005，第 187 页。

早在 1800 年左右，人类就已经利用管道将城市煤气输送到各家各户。当时的城市煤气大约含有 50% 的氢和 5% 的一氧化碳，氢被"夹"在城市煤气中通过管道输送和利用。

最早的长距离氢气输送管道是德国于 1938 年在鲁尔建成的。当时在德国莱茵–鲁尔工业地区，赫尔化学工厂建成总长达 208 km[①] 的氢气输送管道，它是世界上第一条输氢管道，其输氢管直径为 15 ～ 30 cm，额定的输氢压力约为 2.5 MPa，输氢管材采用普通的钢管。[②]

液态氢的管道输送主要是在火箭发射场应用。在空间飞行器发射场内，常需从液氢生产场所或大型储氢容器罐输液氢给火箭发动机，此时就需要借助液氢管道进行输配。在美国肯尼迪航天中心，建有用于输送液氢的真空多层绝热管路。美国航天飞机液氢加注量为 1 432 m^3，液氢由液氢库输送到 400 m 外的发射点。在 39 A 发射场，建有 254 mm 真空多层绝热管路，其技术特性为：反射屏铝箔厚度 0.000 01 mm，共 20 层，隔热材料为玻璃纤维纸，其厚度是 0.000 16 mm。管路分段制造，每节管段长 13.7 m，以现场焊接连接。每节管段夹层中装有 5 A 分子筛吸附剂和氧化钯吸氢剂，单位真空夹层容积的 5 A 分子筛量为 4.33 g/L。管路设计使用寿命为 5 年，在此期间输送液氢时的夹层真空度优于 133 × 10^{-4} Pa。[③]

五、氢能的应用

氢能是一种能源载体，可将其他形态的能源转化为氢能，例如将电能转化为氢燃料电池。氢能具有能量高、能源效率高、环保特性好等诸多优点（表 18-9），在石油、化工、冶金、交通、电力、电子、航空航天、家庭生活等领域得到广泛应用（表 18-10）。

表 18-9 氢气作为能源资源的特性

特性类别	主要特点
含能特性	能量高，能量密度可调范围大
环保特性	环保特性好，不产生 CO_2，可以实现氢气—能源—水的循环
输送特性	可以通过容器或管道输送
存储特性	可以以气态、液态和固态形式存储，形态多样

[①] 原引文中的计量单位为"nm"，疑有误，作者将之改为"km"。

[②] 毛宗强：《氢能：21 世纪的绿色能源》，化学工业出版社，2005，第 187 页。

[③] 同上书，第 186 页。

续表

特性类别	主要特点
能源利用效率	能源利用效率高
与其他能源的互换性	可以利用各种一次能源获取氢气
应用方式	可以将氢气转换成光能、电能、热能、动能
应用领域	石油、化工、冶金、电力、电子、航空航天等
成本	从石化原料中获取成本低，通过可再生能源制备成本高
安全性	无毒，易爆炸

资料来源：李星国等：《氢与氢能》，机械工业出版社，2012，第 30 页。

表 18-10　氢能的应用

应用类型	应用方式	应用转化技术	应用领域／设施
燃料	燃烧	发动机	车辆 分布式电站 组合式电力和取暖 便携式电源 航空航天发动机
		汽轮机	中央电站 分布式电站 组合式电力和取暖
		燃烧器	航空航天
		热装置	烹饪 取暖 焊接 飞行器
	燃料电池	碱性电解质	分布式电站 车辆
		磷酸	分布式电站 组合式电力和取暖
		质子交换膜	便携式电源 车辆
	混氢燃料	固体氧化物	分布式电站 组合式电力和取暖 卡车、压缩空气动力汽车
		汽油／柴油混氢	车辆
		天然气混氢	车辆 锅炉
		氢氧气混合	锅炉
		煤混氢氧气	燃煤锅炉

续表

应用类型	应用方式	应用转化技术	应用领域 / 设施
原料	主体原料	氨 / 甲醇的合成	合成氨，甲醇生产
		化学反应	氢与氯或溴反应生成氯化氢或溴化氢
	辅助原料	石油燃料的脱硫	石油生产
		有机化合物的氢化	制备溶剂和化学试剂
		工业助剂	食品工业
		还原剂	制备钨、钼 化工还原 铁合金 电子工业
其他	气体	充填氢气	氢气球 飞艇
	能源载体	储存能源	以氢燃料的形式传递核反应堆的能量

资料来源：作者整理。

（一）燃料利用

氢作为燃料，其应用方式主要有燃烧利用、燃料电池利用和作为混氢燃料利用。关于燃料电池的应用将在第 18 章第 2 节 "储能" 和第 3 节 "新能源汽车" 中详述。

1. 氢燃料火箭

在第二次世界大战期间，氢用作 A-2 火箭发动机的液体推进剂。1960 年，液氢首次用作航天动力燃料。"阿波罗号" 登月飞船也是用液氢做运载箭燃料的。现在，氢已是航天领域的常用燃料。航天飞机使用氢做燃料与使用汽油做燃料相比，燃料的自重可减轻 2/3，这对航天飞机无疑是极为有利的。航天飞机以氢作为发动机的推进剂，以纯氧作为氧化剂，液氢装在外部推进剂桶内，每次发射需用液氢 1 450 m³，重约 100 t。[1]

中国自行研发的 "长征三号" 系列运载火箭也使用液态氢作为推进剂。

2. 氢内燃机飞机

氢是飞机的理想燃料，1956 年 Pratt 和 Whitney 研发出氢动力的涡轮喷气发动机，将其装载在一架 B-57 轰炸机的一侧机翼上，取得了一些飞行数据。

1988 年 4 月 15 日，世界上第一架采用一个氢燃料引擎的载人飞机在莫斯科附近试飞。[2] 这架 Tupolev 155 装备了两个引擎，一个是喷气燃料引擎，另一个是氢燃料引擎。飞机起飞和降落采用的是喷气燃料引擎，但在飞行过程中采用的是氢燃料引擎。同年 6 月 17 日，美国的 Bill Conrad 在 Fort Lauderdale 进行了一次单氢燃料引擎的飞机试飞。虽然此次飞行仅仅持续了 36 s，但是起飞、飞行以及降落全部采用氢燃料，创下新纪录。

---

① 毛宗强：《氢能：21 世纪的绿色能源》，化学工业出版社，2005，第 277 页。
② 同上书，第 275 页。

在 1991 年巴黎航空展上，俄罗斯展出的 Tu–155 飞机从莫斯科飞抵巴黎，引起轰动。这是人类历史上首次使用液氢作为航空发动机的燃料。[①]

2003 年，美国国防部高级研究计划署开发出微型飞行器"大黄蜂"。该飞行器在加利福尼亚州西米谷成功进行首次飞行，成为首架完全由氢燃料电池驱动的飞行器。[②]

3. 燃料电池车辆

美国开发出用于矿山地下隧道的氢燃料电池机车，并于 2003 年在金矿的矿山上实证试验成功。该机车依靠 17 kW 的燃料电池驱动，氢能由储氢量为 3 kg 的氢吸储合金罐供给，牵引力可达到 20 t。

东日本旅客铁道株式会社推进氢燃料电池和蓄电池混合车辆（NE 列车）的开发，于 2006 年进行车辆运行试验。测试车辆搭载 2 组 65 kW 氢燃料电池，氢由车体下面安装的 35 MPa、275L 的复合材料容器供给。车内有 2 台 95 kW 的感应电动机，最高运行速度达 100 km/h。[③]

日本栗本铁工所株式会社开发出氢燃料电池轮椅，2006 年开始在大阪福利设施中心进行实证试验，其氢由氢吸储合金容器供给。

4. 氢能发电

氢能发电可以通过利用氢氧发电机组，将氢气和氧气燃烧，产生蒸汽来发电（又称传统的氢能发电方式），也可以利用氢燃料电池来发电。

日本约在 1997 年建成 4 500 kW 的燃料电池发电站，2000 年建成 250 万 kW 燃料电池发电站。[④] 美国在 21 世纪的头几年有近 30 万台燃料电池电站在居民小区、超市、医院、校园和娱乐中心运行，氢燃料电池电站有 1.75 亿 kW 的市场潜力。[⑤]

2006 年，英国的 BP 公司与美国的 GE 公司合作，分别在苏格兰和南加州各建一座氢能发电站。其中一座以天然气为燃料，装机容量为 47.5 万 kW；另一座以人造石油焦来产生氢，装机容量为 50 万 kW。

2010 年 7 月 12 日，世界首座利用传统发电方式的氢能发电站在意大利威尼斯建成投产。该电站发电功率为 16 MW，年发电量可达 6 000 万 kWh，可满足 2 万户家庭的用电需要，一年可以减少相当于 6 万 t 的二氧化碳排放量。[⑥]

2011 年，韩国在釜山地区建成第一座大型氢燃料电池发电站，可满足 7 500 个家庭的用电需求，每年可减少二氧化碳排放量约 6 000 t，相当于 1 250 辆汽车或 5 000 个家庭的二氧化碳排放量。[⑦]

5. 混氢燃料

1974 年，Anon 发表文章，描述一种在汽油中加入少量氢气的方法。同年，加利福尼亚州理工学院的 F.W. Hoehn 和 Dowdy 等改造了一个传统内燃机，使用富含氢气的汽油作为燃料，在一辆车上进行测

① 孙艳、苏伟、周理：《氢燃料》，化学工业出版社，2005，第 7 页。
② 毛宗强：《氢能：21 世纪的绿色能源》，化学工业出版社，2005，第 276 页。
③ 氢能协会：《氢能技术》，宋永臣、宁亚东、金东旭译，科学出版社，2009，第 110 页。
④ 董崇山：《困局与突破：人类能源总危机及其出路》，人民出版社，2006，第 282–283 页。
⑤ 同上书，第 272 页。
⑥ 翁史烈主编《话说氢能》，广西教育出版社，2013，第 121–122 页。
⑦ 同上书，第 122 页。

试，证明了含氢燃料的高效率和低排放。1984年，中国的李径定等做了汽油-氢混合燃料燃烧的试验研究，表明在单缸试验机和车用四缸发动机中使用混氢燃料，可以提高热效率和经济性，并降低碳排放。[①]

2009年，浙江大学和杭州公共交通集团有限公司开展柴油-氢气混合燃料城市公交车的示范测评。

在天然气混氢方面，美国爱达荷州国家实验室于2006年进行试验。[②]他们用12辆车，采用15%氢气+85%天然气的混合燃料，加注1 600余次，行驶约30万km。通过对天然气发动机改装与否进行比对，发现没调整发动机时NO_x排放量较多，而调整后则减少。

6. 氢氧切割机

氢氧切割机利用水电解产生的氢氧混合气做燃料，替代传统的乙炔、液化气等切割气体。这种机器已在炼钢厂连铸坯火焰切割以及修造船、车辆报废拆分等场合应用。

（二）原料利用

氢可作为合成甲醇、甲烷、氨的原料。

甲醇的结构简式为CH_3OH。甲醇绝大多数是以酯或醚的形式存在于自然界中，只有某些树叶或果实内含有少量的游离甲醇。甲醇最早从干馏木材的蒸出液中分离得到，因而又称木醇或木精。工业上，甲醇由合成气（一氧化碳和氢）制得。1661年，英国的玻意耳首先发现甲醇。1857年，法国的贝特洛用一氯甲烷水解制得甲醇。

甲烷是最简单的有机化合物，是烷烃中结构最简单的成员，分子式为CH_4，广泛存在于自然界。天然气含甲烷60%～98%（体积，后同）。与石油伴生的油田气含甲烷31%～90%。池沼中植物遗体在水下被厌氧细菌分解而产生含甲烷的气体。1902年，P.萨巴蒂埃和J.B.桑代朗用铁、镍、钴等金属催化剂使一氧化碳或二氧化碳和氢反应合成甲烷，从而开创了碳的氧化物和氢合成一系列烃的先河。[③]

合成氨是由氮和氢在高温、高压和催化剂存在下直接合成的。由德国化学家哈伯于1909年发明，后由博施改进，巴斯夫公司于1912年建成世界上第一座日产30 t合成氨装置。典型的大型合成氨厂以煤为原料，采用加压连续气化的方法制合成气，总能耗为47.73 GJ/t液氨。而以天然气为原料，采用蒸汽转化法制合成气，总能耗仅为31.38 GJ/t液氨。20世纪50年代以前，最大的氨合成塔日产氨不超过200 t，20世纪60年代初，日产氨不超过400 t。后来，通过对合成塔进行技术改造，合成氨装置年产达到45万～60万t。20世纪70—80年代，中国建造了十几套年产30万t氨的大型氨厂，分布在四川、浙江、山西等地。[④]

迄今，氢在石油、化工、冶金、电子、食品、制药等行业广泛应用，成为工业生产的一种重要原料。2003年，美国共消耗氢710万t。其中，最大的用户是炼油厂，消耗408万t，约占57%；第二大用户是合成氨生产企业，消耗262万t，约占37%；第三大用户是甲醇生产厂，消耗39万t，约占5%。[⑤]在西欧，合成氨使用氢气的比例最大，达42%；其次是炼油厂，占36%；化工，占9%；甲醇，占8%。

① 毛宗强：《无碳能源：太阳氢》，化学工业出版社，2009，第120页。

② 同上书，第125页。

③《中国大百科全书》总编委会：《中国大百科全书·第11卷》第2版，中国大百科全书出版社，2009，第511页。

④《中国大百科全书》总编委会：《中国大百科全书·第9卷》第2版，中国大百科全书出版社，2009，第301页。

⑤ S.E.格拉斯曼主编《氢能源和车辆系统》，王青春等译，机械工业出版社，2014，第24页。

（三）能源载体

氢气和电力、蒸汽一样，都是能源载体。相比之下，氢气可以大规模储存，储存方式也多种多样，具有电力、蒸汽不具备的优点（表 18-11）。

表 18-11　几种能源载体的比较

项目	电	蒸汽	氢气
来源	一次能源 + 发电机	一次能源 + 锅炉	一次能源 + 反应器
载带的能源形式	电能	热能	化学能
输出的能源形式	电能	热能	电能和热能
输送方式	电线	保温管道	管道，容器（气态、液态、固态）
输送距离	不限	短距离	不限
输送能耗	大	大	小
储存	小量储存 电容器	很难储存 蓄热器	大规模储存 储存方式多样
能量密度	取决于电压	取决于蒸汽温度	取决于气压
使用终端	电动机（电能） 电阻器（热能）	热机（机械能） 发电机（电能）	热机（机械能） 燃料电池（电能、热能） 锅炉（热能） 聚变装置（电能）
再生性	可再生	可再生	可再生
最终生成物	—	水	水
工业应用年代	19 世纪	18 世纪	19 世纪

资料来源：毛宗强：《氢能：21 世纪的绿色能源》，化学工业出版社，2005，第 13 页。

20 世纪 50 年代，人们提出了将氢作为"能量载体"或"能量媒介"的想法。意大利 EURATOM 研究中心的西塞·马凯蒂是著名的氢能量载体的提倡者，他认为原子核反应器的能量既可以以电能的形式传递，也可以以氢燃料的形式传递，氢气形式的能量比电能更稳定，输送成本也比电力更低。[1] 其预言随后被工程数据所证实。

（四）气体填充

1929 年，德国制造了大型商业氢气飞艇"齐柏林伯爵号"，载客 16 人，首次完成环球飞行。1936 年，又制成客运飞艇"兴登堡号"，长 245 m，最大直径约 40 m，总重 206 t，曾 10 次往返飞行于美国和德国之间，总共运送旅客 1 000 多人次。[2]

---

[1] 毛宗强：《氢能：21 世纪的绿色能源》，化学工业出版社，2005，第 11 页。
[2]《中国大百科全书》总编委会：《中国大百科全书·第 6 卷》第 2 版，中国大百科全书出版社，2009，第 362 页。

但是，氢气飞艇爆炸事故频发，尤其是 1937 年填充氢气的 "兴登堡号" 发生大爆炸，致使氢气飞艇最终退出了历史舞台，取而代之的是用氦气填充的新式飞艇。

六、氢经济的发展

1973 年，世界各国的氢能产量为 1 295 TWh，到 2008 年增至 3 288 TWh（图 18-2），比 1973 年增长 1.5 倍。其中，2008 年 OECD 所占的比例达 47.9%，拉丁美洲占 20.5%，中国占 17.8%。中国 1973 年的氢产量约为 37.6 TWh，2008 年约达到 585.3 TWh，与 1973 年相比约增长 14.6 倍。自 21 世纪以来，美国、日本、欧盟、冰岛、中国等国家和地区采取了一系列措施着力发展氢能经济。

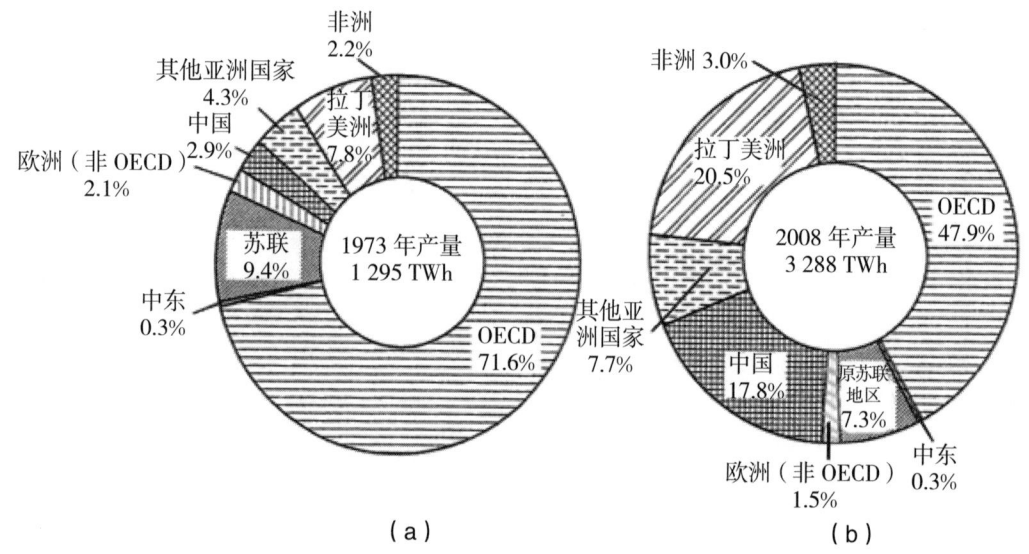

图 18-2 1973 年、2008 年世界各国家和地区的氢气产量

资料来源：李星国等：《氢与氢能》，机械工业出版社，2012，第 27 页。

（一）美国

美国是氢能经济的倡导者，对发展氢能经济采取了一系列重要措施。

20 世纪 90 年代，克林顿政府开始实施一项交通运输燃料电池计划，数家主要汽车制造商宣布在这项技术上大量投资。1997 年，戴姆勒-奔驰公司和巴拉德动力系统公司宣布一项总额为 3.5 亿美元的投资计划。之后，戴姆勒-奔驰公司与克莱斯勒公司合作，福特公司也加入，投资总额超过 10 亿美元。[1]

2001 年 11 月，美国召开国家氢能发展展望研讨会，勾画了氢经济蓝图："在未来的氢经济中，美国将拥有安全、清洁以及繁荣的氢能产业；美国消费者将像现在获取汽油、天然气或电力那样方便地获取氢能；氢能的制备将是洁净的，没有温室气体排放；氢能将以安全的方式输送；美国的商业和消费者将氢作为能源的选择之一；美国的氢能产业将提供全球领先的设备、产品和服务。"[2]

---

[1] 戴维·桑德罗：《打破石油魔咒》，传神翻译公司译，中信出版社，2010，第 140 页。

[2] 李星国等：《氢与氢能》，机械工业出版社，2012，第 42 页。

2002 年，美国能源部成立氢、燃料电池和基础设施技术规划办公室，提出《向氢经济过渡的 2030 年远景展望报告》。美国总统布什计划在 2002—2007 年投资 1.7 亿美元进行氢气交通燃料研发，该计划被称为"自由汽车计划"，参与者有雪佛兰、福特、通用汽车及其他一些企业。

2003 年 1 月，美国总统布什宣布启动总额超过 12 亿美元的 DOE 氢能计划（表 18-12），目的是降低美国对国外石油的依赖程度，降低能源生产和使用中 CO_2 的排放，增加发电的可靠性与效率。所涉及的研究领域包括氢气的制造、存储、运输、技术认证、标准法规、安全及氢燃料电池等。

表 18-12　美国 DOE 氢能计划

阶段 Ⅰ（至 2010 年）	· 有益于产业界早期商用化的关键技术开发 · 各种氢燃料汽车的实证试验 · 以降低燃料电池成本为目标的技术开发
阶段 Ⅱ（2010—2015 年）	· 固体储氢装置的开发 · 氢能来源为天然气及电力 · 在降低燃料电池成本方面实现突破 · 氢气输送的初期 · 氢能来源的主流依然是天然气 · 煤的气化（二氧化碳的回收与处理），可再生能源制氢 · 轻型、低成本的储藏装置的商用化 · 广泛利用氢混合燃料内燃机
阶段 Ⅲ（2015—2025 年）	· 扩大氢的市场份额 · 广泛普及燃料电池客车与公共 FCV · 私家车开始导入 FCV · 市场从地区市场向全国市场扩大 · 原子能制氢 · 建设使用生物质和煤的大规模制氢中心及在站制氢设施 · 大规模与小规模混合的储藏装置 · 碳系原料等先进储藏材料临近商用化
阶段 Ⅳ（2025 年以后）	· 在许多终端利用市场中氢能已超过化石能源 · 利用化石资源、生物质及水实现经济、环境友好制氢 · "氢气农场"生物学制氢 · 普及二氧化碳的回收与处理 · 从全国的基础设施向全球的基础设施扩展 · 集中型 / 分散型联合氢能网络 · 实现氢能经济

资料来源：氢能协会：《氢能技术》，宋永臣、宁亚东、金东旭译，科学出版社，2009，第 185 页。

2004 年，加利福尼亚州州长阿诺德·施瓦辛格宣布建设加利福尼亚"氢高速公路"计划，目标是到 2010 年加利福尼亚州的所有高速公路沿线都能供应氢燃料。[①]

① 戴维·桑德罗：《打破石油魔咒》，传神翻译公司译，中信出版社，2010，第 140-141 页。

2005 年 8 月，美国国会通过新的能源法案，计划到 2020 年投资 37 亿美元用于氢能的开发。

2009 年 1 月，奥巴马就任总统，把氢能源在内的可再生能源作为恢复和提升美国制造业活力的支柱，提出了 10 年内投资 1 500 亿美元的计划。[1] 同年，加利福尼亚州燃料电池联盟发布一个计划项目，内容是如何将加利福尼亚州变成"氢社区"，目的是将氢技术应用到现实中，加快其商业化进程。

美国能源部在化石能源局下设有煤制氢计划。这个计划资助或开展了多个较小的项目，包括储氢、氢能发电等。

根据 EIA 的统计，2006 年，美国石油化工等工业生产过程中作为副产物生产出来的氢的产量为 340 万 t。[2]

（二）日本

日本是一个能源资源短缺的国家，早在 20 世纪 70 年代，日本政府便开始实施"阳光计划（1974—1992 年）"，对作为新能源技术之一的氢能技术进行开发。

1993 年，日本开始实施 WE-NET（Word Energy Network）项目。WE-NET 项目以解决全球能源与环境问题为最终目标，计划把一些国家丰富的水能、太阳能、风能等清洁的可再生能源转换为氢气后输送到日本，作为日本的发电、运输、生活用燃料，形成全球能源体系。[3]

WE-NET 项目第 I 期和第 II 期的开发内容为关于诸多可再生能源的世界性发展网络开发、传输和利用。其主要任务是关于氢能源研究方面的计划与实施。WE-NET 项目第 I 期是从 1993 年到 1998 年，主要集中研究不同氢技术的可行性，以及适用于日本的氢能源作业计划。WE-NET 项目第 II 期是从 1999 年到 2002 年，主要是对选定方案的实施、验证及测试，同时进行更进一步的研究和计划，尤其是以发展氢燃料电池汽车为目标，加强氢气供应系统、氢气车载系统的开发。以上两个阶段的研发预算为 200 亿日元，约合 2 亿美元。[4]

进入 21 世纪，日本提出了到 2030 年的氢能开发计划（草案）。日本经济产业省资源能源厅于 1999 年成立日本燃料电池实用化战略研究会，研究会在 2001 年 1 月提出了到 2020 年燃料电池开发的目标，其后又在 2004 年的燃料电池与氢能开发计划版本中增加了到 2030 年的新目标。

根据测算，日本对氢能源的需求量，2010 年为 60×10^8 Nm³，占全国最终能源需求量的 0.5%；2020 年增至 283×10^8 Nm³，占全国最终能源需求量的 2.2%；2030 年达到 456×10^8 Nm³，占全国最终能源需求量的 3.6%。为实现氢能开发计划的目标，满足对氢的需求，日本燃料电池实用化战略研究会提出短期、中期、长期三个阶段氢能开发的主要任务（表 18–13），并且将它们落实到氢能的制造、供给、输送、储存等各个环节。

[1] 李星国等：《氢与氢能》，机械工业出版社，2012，第 43 页。

[2] S.E. 格拉斯曼主编《氢能源和车辆系统》，王青春等译，机械工业出版社，2014，第 24 页。

[3] 氢能协会：《氢能技术》，宋永臣、宁亚东、金东旭译，科学出版社，2009，第 191 页。

[4] 李星国等：《氢与氢能》，机械工业出版社，2012，第 45 页。

表 18-13　日本氢能开发计划（草案）

短期 （至 2010 年）	·氢的导入量：占最终能源需求量的 1% 左右 ·2010 年 FCV 的导入量：5 万台，以公共汽车等在既定路线上行驶的汽车为主 ·2010 年加氢站的数量：约 500 座 ·氢源主要是天然气、副产氢气 ·改善局部的大气环境 ·开发关键技术 ·实证 FCV 等氢能利用技术的有效性，促进其实用化 ·尽早导入市场 ·用天然气等化石燃料高效制氢 ·生物质的气化 ·氢的供应价格：70 ～ 100 日元 /Nm³
中期（2010—2020 年）	·氢的导入量：占最终能源需求量的 3% ·2020 年 FCV 的导入量：500 万台，以既定路线上行驶的车辆和业务用车辆为主 ·2020 年加氢站的数量：约 3 500 座（占既有加油站的 7%） ·氢主要从天然气、石油系化石燃料中提取 ·临近副产氢气供给源通过管道向大规模加氢站供给氢气 ·对解决地球环境问题做贡献 ·对确保能源安全做贡献 ·扩大区域氢气基础设施建设 ·普及 FCV 与固定式 PEFC ·开发氢燃料热力机械技术，达到实用化的初期 ·太阳能直接转换氢能的"黎明期" ·氢的供应价格：50 ～ 60 日元 /Nm³
长期（2020—2030 年）	·氢能的导入量：占最终能源需求量的 5% ·2030 年 FCV 的导入量：1 500 万台，以私家车为主 ·2030 年加氢站的数量：约 8 500 座（占既有加油站的 17%） ·主要氢能来源依然是化石燃料（部分采用可再生能源） ·扩大对解决地球环境问题所做的贡献 ·扩大对确保能源安全所做的贡献 ·扩大氢能的市场与氢能的基础设施建设 ·开展氢能的多方面利用，并普及扩大 ·太阳能与氢能的高效转换 ·生物学制氢 ·氢的供应价格：50 日元 /Nm³ 以下

资料来源：氢能协会：《氢能技术》，宋永臣、宁亚东、金东旭译，科学出版社，2009，第 180 页。

2004 年，日本在"新产业创新战略"中将燃料电池列为国家重点推进的七大新兴战略产业之首，日本产业经济省每年大约投入 2.7 亿美元用于氢能及燃料电池的相关项目研究。日本政府把氢能源作为长期性和战略性产业进行开发，计划通过政府、科研机构、公司的结合，大力开发氢气制造、储备、供给和利用中的核心技术，同时完善相关服务业。[①]

---

① 李星国等：《氢与氢能》，机械工业出版社，2012，第 45 页。

日本在实施固体高分子型燃料电池氢能利用计划的基础上，组织实施 2 个氢能技术开发与实证项目，重点是进行验证试验、法规重审、技术开发。一个是氢燃料电池实证项目（JHFC），开展 FCV 及加氢站的验证试验；另一个是由新能源财团（NEF）与新能源产业技术开发机构（NEDO）主管的固定式燃料电池验证项目。[①]JHFC 实证试验始于 2002 年，约有 50 台的 FCV 在东京、神奈川、千叶的加氢站接受燃料供给进行公路行驶试验。2005 年，在世博会期间，进行了连接濑户会场与长久手会场的 8 台 FC 公共汽车试验，由设置在会场内的 2 座加氢站供应氢燃料。从 2006 年开始，JHFC Ⅱ 把实证场所从首都圈（10 座加氢站）向中部地区与近畿地区扩展，同时向燃料电池驱动的小轮摩托、老年人用车等所谓小型 FCV 及 FC 驱动轮椅车供应氢气，进行实证试验。

2002—2004 年，日本新能源财团开始实施固定式燃料电池验证项目，在全国 32 处普通住宅设置燃料电池并进行导入前的运行试验。作为后续工程，从 2005 年起开展固定式燃料电池大规模实证试验，2005—2007 年共向 2 000 户左右的普通家庭导入固定式燃料电池，进行长期的运行数据积累，同时兼有促进固定式燃料电池制造商"提高制造能力"与"降低成本"的目的。

（三）冰岛

1990 年，冰岛 Ballard Power Systems 实现氢燃料电池实用化。1999 年，由政府、大学、企业代表共同组建的冰岛新能源公司成立。此后，冰岛开始组织实施氢经济实验计划。

冰岛氢经济实验计划分 4 个阶段进行。第一阶段投入 800 万美元，在雷克雅未克对 3 辆石油燃料电池巴士进行测试。第二阶段计划投入 5 000 万美元，在首都或者其他地方完成对 80 辆巴士的测试。第三阶段导入甲醇燃料电池汽车，作为过渡阶段向氢能源转换，这一计划起始于将冰岛的捕鱼舰队使用甲醇燃料电池。第四阶段在 2030 年将所有的动力运输工具（包括捕鱼船）全部转换为氢燃料电池，并计划向国外出口氢气能源。[②]

到 2008 年，冰岛的"氢能源革命"取得初步成功。冰岛完成了实验计划第一阶段的任务。2003 年建成一座加氢站。2007 年首批装配燃料电池的丰田普锐斯（Prius）氢燃料小汽车（共 10 辆）运抵雷克雅未克，其中 3 辆交给赫兹汽车租赁公司作为旅游观光车投入运营。同时，第一辆由常规电池和燃料电池共同组成电力系统的福特探索者也交付使用。[③]

（四）欧盟/欧洲

20 世纪 90 年代，欧洲制定了一个 10 年研发战略——至 2005 年欧洲的研发与示范战略，其中明确地提出了 2005 年欧盟燃料电池研发所要达到的目标。同时，提出 2010 年前的阶段目标：研制以天然气为原料的用于发电的初级燃料电池产品。欧盟"第 6 框架计划"（简称 FP6）制定了一批氢能和燃料电池技术开发利用项目（表 18-14、表 18-15），以促进欧盟氢能的开发和利用。

---

① 氢能协会:《氢能技术》，宋永臣、宁亚东、金东旭译，科学出版社，2009，第 191 页。

② 李星国等:《氢与氢能》，机械工业出版社，2012，第 44 页。

③ S.L. 蒙哥马利:《全球能源大趋势》，宋阳、姜文波译，机械工业出版社，2012，第 201 页。

表 18-14　欧盟"第 6 框架计划"中有关氢能技术的开发项目

技术区分	项目名称 简称（正式名称）	参加国	预算/百万欧元	内容
制造	CHRISGAS （Clean hydrogen-rich synthesis gas）	SE，DE，DK，ES，NL，FI，IT，EL	15.6 9.5	利用生物质制造富氢合成气体
	SOLAR-H （Linking molecular genetics and biomimetic chemistry to achieve renewable hydrogen production）	—	—	生物技术制氢工艺
	SOLREF （Solar steam reforming of methane rich gas for synthesis gas production）	DE，EL，IL，CH，UK，NL，IT	3.45 2.1	利用太阳能的碳氢燃料改质工艺
	HYTHECH （Hydrogen thermochemical cycles）	FR，UK，IT，DE，ES	2.9 1.9	开发利用太阳能的 IS 工艺
	Hi$_2$H$_2$ （Highly efficient, high temperature, hydrogen production by water electrolysis）	DE，DK，CH	1.77 1.1	高温水蒸气电解
储藏	StorHy （Hydrogen storage systems for automotive application）	AT，DE，NO，FR，CH，IT，PL，SE，UK，NL，EL，ES，BE	18.7 10.7	压缩、液化、固体材料储氢
	HySafe （Safety of hydrogen as an energy carrier）	DE，FR，UK，NO，ES，PT，NL，EL，DK，CA，IT，SE，PL	13 7	氢利用技术的安全导入
	HarmonHy （Harmonisation of standards and regulations for a sustainable hydrogen and fuel cell）	BE，DE，IT，NL，NO，SE	0.52 0.5	国际范围内调整有关氢与燃料电池的标准规格
方案	HyWays （European hydrogen energy roadmap）	DE，FR，UK，NO，ES，IT，NL，EL，EB，PT	7.9 4	氢能计划
	HyCell-TPS （Development and implementation of the European hydrogen and fuel cell technology platform secretariat）	BE，NL，DE	1.86 1.8	为开发氢与燃料电池技术的欧盟内协调框架
	NATURALHY （Preparimg for the hydrogen economy by using the existing natural gas system as a catalyst）	NL，SE，UK，FR，BE，IT，DE，EL，DK，TR，PT，NO	17.2 11	天然气改质制氢与管网输送
	INNOHYP CA （Innovative high temperature routes for hydrogen production-coordinated action）	FR，DE，IT，UK，ES，AU，NL	0.6 0.5	高温制氢技术协调框架

续表

技术区分	项目名称 简称（正式名称）	参加国	预算/百万欧元	内容
方案	Hy-CO （Co-ordination action to establish a hydrogen and fuel cell ERA-Net，hydrogen co-ordination）	<u>DE</u>, NL, FR, PT, NO, CZ, DK, EL, SI, SE, AT, BE, IT, ES, IS	2.7 2.7	欧盟内协调氢与燃料电池的开发与导入的框架
	WETO-H₂ （World energy technology outlook-2050）	<u>FR</u>, BE, UK, PO, NE	0.46 0.39	制定至2050年的全世界的能源技术展望
	CASCADE MINTS （Case study comparisons and development of energy models for integrated technology systems）	<u>EL</u>, FR, AU, IS, CH, DE	1.73 0.95	以技术进展程度为参数的能源模型解析

资料来源：氢能协会：《氢能技术》，宋永臣、宁亚东、金东旭译，科学出版社，2009，第196~197页。

说明：表18-14与表18-15中的参加国为：AT-奥地利；AU-澳大利亚；BE-比利时；CA-加拿大；CH-瑞士；CZ-捷克；DE-德国；DK-丹麦；EL-希腊；ES-西班牙；FI-芬兰；FR-法国；IL-以色列；IS-爱尔兰；IT-意大利；NO-挪威；NL-荷兰；PL-波兰；PT-葡萄牙；SE-瑞典；SK-斯洛伐克；SI-斯洛文尼亚；TR-土耳其；UK-英国；USA-美国。带下画线"＿"的国家是召集国。

表18-15　欧盟"第6框架计划"中有关氢能利用技术和燃料电池的开发项目

技术区分	项目名称 简称（正式名称）	参加国	预算/百万欧元	内容
利用	ZERO REGIO （Lombardia and rhein-main towards zero emission：development and demonstration of infrastructure systems for hydrogen as an alternative motor fuel）	<u>DE</u>, SE, DK, IT	21.4 7.5	意大利（伦巴第），德国（莱茵美因）加氢站——FCV的实证试验
	HyICE （Optimisation of the hydrogen internal combustion engine）	<u>DE</u>, SE, FR, AT	7.71 5	氢发动机汽车的开发
	PREMIA （R&D，demonstration and incentive programmes' effectiveness to facilitate and secure market introduction of alternative motor fuels）	<u>BE</u>, ES, EL, FI	1.2 1	替代输送燃料的经济效果评价
高温燃料电池	Real-SOFC （Realizing reliable, durable, energy-efficient and cost-effective SOFC systems）	DE, UK, FR, NL, CH, BE, DK, EL, AT, NO, FI, IT	18.3 9	SOFC实用化技术的开发
	Biocellus （Biomass fuel cell utility system）	<u>DE</u>, EL, AT, NL, NO, SI.DK	3.4 2.5	确立生物质燃料纯化技术及提高效率

续表

技术区分	项目名称 简称（正式名称）	参加国	预算 / 百万欧元	内容
高温燃料电池	SOFCSPRAY（Development of low temperature and cost effective solid oxide fuel cells）	<u>ES</u>, UK, FR, BE, DE	1.19 0.6	开发降低 SOFC 的工作温度与抑制制造成本的技术
	GREEN-FUEL-CELL（SOFC fuel cell fuelled by biomass gasification gas）	<u>FR</u>, NL, DK, CZ	5.17 3	确立 SOFC 用生物质燃料纯化技术
固体高分子型燃料电池	HyTRAN（Hydrogen and Fuel Cell Technologies for Road Transport）	<u>SE</u>, IT, FR, DE, NL, UK, CH	16.8 8.8	车载 PEFC 的实用化开发
	FURIM（Further improvement and system integration of high temperature polymer electrolyte membrane fuel cells）	<u>DK</u>, SE, NO, UK, USA, DE, NL, EL	6.1 4	开发在 120～220℃范围内工作的 PEFC
	PEMTOOL（Development of novel, efficient and validated software-based tools for PEM fuel cell component and stack designers）	<u>FR</u>, SE, ES, NL, IT	1.6 1	开发以降低 PEM 的成本、提高效率、超寿命化为目的的技术
	INTELLICON（Intelligent DC/DC converter for fuel cell road vehicles）	<u>UK</u>, DK, NL, CH, BE	0.96 0.5	FCV 用高效 DC/DC 转换器的开发
	DEMAG（Domestic emergency advanced generator）	<u>IT</u>, DE, UK, PL, ES, AT	6.99 0.65	10 kW 规模应急电源 PEFC 的开发
形态	ENFUGEN（Enlarging fuel cells and hydrogen research co-operation）	<u>IT</u>, PL, CZ, SK, BE	0.21 0.21	支援波兰、捷克、斯洛伐克等 FC 及氢能技术
	MOREPOWER（Compact Direct methanol fuel cell for portable application）	<u>IT</u>, BE, UK, DE, NL	3.9 2.1	携带用 DMFC 的开发
总体	FEMAG（Flexible environmental multipurpose advanced generator）	<u>IT</u>, PL, DE, ES, AT	1.17 0.65	0.125～1 kW 规模的 FC 的开发

资料来源：氢能协会：《氢能技术》，宋永臣、宁亚东、金东旭译，科学出版社，2009，第 197-198 页。

1 世纪初，为适应氢能的发展，欧盟在科学研究开发局下成立"氢能和燃料电池高教组织"（HLG），形成以欧洲委员会研究总局下属科学研究开发局为中心的氢能开发体制。同时，建立研究氢能与燃料电池的技术开发战略和导入计划的基本框架（图 18-3）。

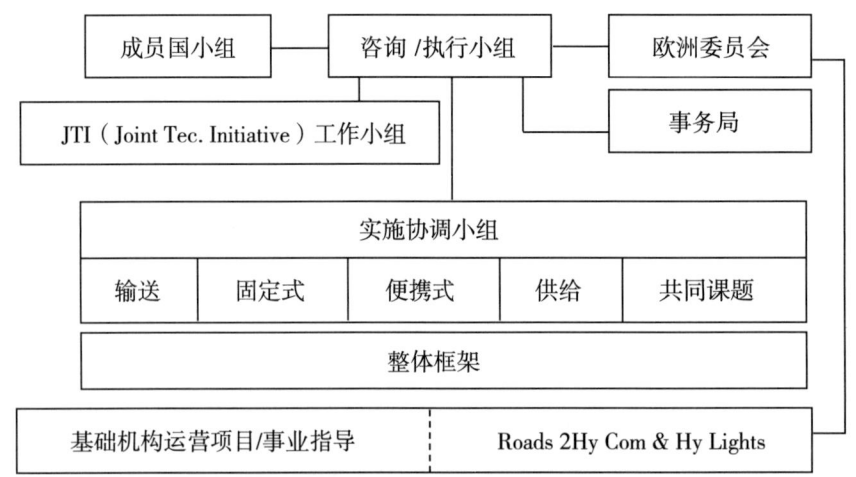

图 18-3 欧洲氢能与燃料电池技术开发战略架构

资料来源：氢能协会：《氢能技术》，宋永臣、宁亚东、金东旭译，科学出版社，2009，第 187 页。

（五）中国

中国将氢能技术开发列入《科技发展"十五"计划和 2015 年远景规划（能源领域）》。

七、氢能的未来

氢能发展的蓝图是宏伟的，但面临的挑战也是前所未有的。对于氢能的发展前景，各国发出了不同的声音。

1976 年，美国一些研究人员在国家科学基金会的资助下，撰写了题为《氢经济：前景与影响的真实预见》的长篇著作，指出实现氢经济需要克服的一系列问题，其中关于储存、运输、应用的三大问题迄今尚未解决。[1]

一是储氢问题。该书作者指出，由于压力、重量和尺寸方面的限制，在槽罐中储氢是不实际的。他们考虑冷冻储存，但认为降低氢的温度的成本很高，加热时有液体沸腾的问题。他们讨论了金属氢化物储氢，其原理与海绵吸收和释放水分类似。他们还提出利用富氢材料甲醛和氨为化合物储氢的想法。迄今为止，储氢仍面临挑战，仍无法在汽车上储存足够数量的氢，使其行驶里程与汽油或柴油发动机车辆相当。

二是撰写该书时，作者讨论了氢的输送除了采用冷冻槽罐车和有轨车辆，也讨论了建设输氢管网的可能性。迄今，大部分氢仍采用冷冻槽罐车和有轨车辆输送，输氢管网仍没有大的发展。40 多年来，美国仅仅铺设了数百英里长的输氢管道，比欧洲略多一点。

三是该书作者指出，缺乏低成本、高效率的催化剂是燃料电池广泛运用的障碍。迄今，这一问题仍未解决。

该书作者还预测，到 2000 年，氢不会对美国经济产生多大的贡献，"到那时仅有寥寥几个领域会受到影响"。这个谨慎的预测现在看来仍然是过于乐观。[2]

---

[1] 约翰·塔巴克：《天然气和氢气——未来不总是光明的》，付艳、牛玲、张军译，商务印书馆，2011，第 157–159 页。
[2] 同上书，第 159 页。

尽管当今人们对氢经济抱有极大热情，但国际能源署估计，氢燃料要想在交通运输系统发挥重要作用，那么氢的生产成本要"降低 75%～90%"，燃料电池的生产成本则要"降低 90% 以上"，"转变为使用氢燃料所需要的对基础设施的投资在数千亿美元到数万亿美元之间，并需要数十年时间"。①

美国国家研究理事会 2004 年完成的一项研究，从科学和工程的角度对氢能的现实潜力进行评估时指出，在氢气的大规模利用能够取得真正的进展之前，很多领域都还需要"重大的科学突破"，具体到交通运输领域，燃料电池、储存装置以及供应系统等方面的显著进展尤其关键。能否取得普遍的成功尚不确定。并且，上面提出的突破不仅仅是技术层面上的，还包括基础研究层面上的。这显然需要时间，更不用说资金了。②

2004 年，美国科学院在一项研究中给出了更绝对的结论："虽然从长远来看，转变为使用氢燃料会极大地改变美国能源系统，但在未来 25 年内对石油进口和二氧化碳排放的影响可能会非常小。"③ 还有的人认为，未来几十年氢对美国石油依赖的影响将非常有限。④

中国学者也认为，氢能的大规模利用还存在一些问题，主要是制氢技术和储氢技术还没有完善。作为氢能利用的主要技术，燃料电池还没有商品化；氢气的价格还比较高，制氢、储运氢和供氢的网络还没形成；氢的制备、储存和运输中的价格问题是影响走进氢能时代很关键的问题；要降低氢气价格，必须形成氢的制备、储存和运输的网络。⑤ 学者们还指出，关于氢能的发展与应用，科技界还存在一些不同意见。⑥

一是制氢要消耗能源。它不是一种能源，而是能源的流通手段或二次能源。

二是氢的泄漏会改变气候。氢气不可避免地会泄漏，泄漏的氢气会在大气中形成水雾，会像二氧化碳一样使气候变暖。氢气的泄漏还会产生很大的不安全性。氢气在大气外层可能参与光化学反应，是否会影响臭氧层还不清楚。

三是氢的清洁和可持续生产要借助风能、太阳能和核能等，需要长期的研究发展。

中国学者指出："人们往往过于看重氢能的优点，往往主要从这里出发而提出氢经济。但是，这样分析问题和提出问题是不正确的。因为氢能本身的优点只能决定氢能是最理想的燃能，而不能决定是否有条件实行氢经济，或进入氢能时代。人类能否进入氢经济时代和氢能时代，根本性的因素、决定性的因素，是氢能的来源问题，即有没有某种理想的原能，能够以比较合理的成本，持久地、大规模地、不断地转换为氢能。如果有，人类就可以进入氢经济时代和氢能时代；如果没有，人类就不可能进入氢经济时代和氢能时代。"⑦

同时，学者进一步指出："据专家估算，氢能的消耗每年增加 4%～10%。如果今后按 10% 的速度增加，那么，20 年以后也不过是 33 600 亿 m³，只不过占当时世界能源消耗的 2% 左右。即使在这

---

① 戴维·桑德罗:《打破石油魔咒》，传神翻译公司译，中信出版社，2010，第 141 页。

② S.L. 蒙哥马利:《全球能源大趋势》，宋阳、姜文波译，机械工业出版社，2012，第 194 页。

③ 戴维·桑德罗:《打破石油魔咒》，传神翻译公司译，中信出版社，2010，第 141 页。

④ 同上书，第 139–140 页。

⑤ 严陆光、陈俊武主编《中国能源可持续发展若干重大问题研究》，科学出版社，2007，第 387 页。

⑥ 同上。

⑦ 董崇山:《困局与突破：人类能源总危机及其出路》，人民出版社，2006，第 252 页。

个基础上再增加几倍，仍然离氢经济时代和氢能时代远着呢！人类社会在 50 年之内根本没有氢能时代。""任何国家都不应当把'天然气制氢'过程扩大为持久的大规模的制氢行动，以去支撑'氢经济时代'和'氢能时代'，因为那将是'愚蠢的举动'。"[1]

当然，也有乐观派认为："目前，世界各国研究氢能的机构正致力于研究廉价制取和储存氢气的技术，以期在 2020 年普及用氢发电的技术。专家们预测，到 2025 年，用氢发电的能力将达到世界总电力的 20%。"[2] 还有的研究者说："今后全世界氢的需求量预计会大幅增加。原子能具有持续产氢的可能性，而 21 世纪中叶，利用核能产氢将与发电的比例相当。目前约 30% 的一次能源利用于发电，预计将来会占 50% 左右。其他为非电力用途，而非电力能源最理想的载体是氢气。""核能生产氢气，这一技术正在日本、美国和欧洲国家和地区进行研究。"[3]

第 2 节　储能

1800 年，伏打发明世界上第一只电池，从此拉开了人类储能的序幕。此后，人类发明了各种各样的储能方式，储能技术与时俱进，应用日渐增多，在人类社会中的地位日益重要（表 18-16）。

表 18-16　世界储能开发利用进程

时间/年	事件
1800	意大利物理学家伏打发明世界上第一块电池——伏打电池
1800	尼科尔森等提出燃料电池的设计理念
1834	英国的戴文波特发明世界上第一辆蓄电池电动车
1838	Schönbein 发现燃料电池的电化学效应
1839	格罗夫发明世界上首块燃料电池
1859	法国普朗特制成第一块实用的铅酸蓄电池
1865（1866）	Leclanche 制成世界上第一块实用型电池——锌-二氧化锰湿电池
1878	第一块微酸性的锌-空气电池诞生
1881	法国的特鲁夫发明世界上第一辆可充电的铅酸蓄电池电动车
1882	铅酸蓄电池商业化
1887	德国的 Dun 等人发明最早的碱性蓄电池——锌镍电池
1888	Carl Gassner 设计出世界上第一块干电池

---

[1] 董崇山：《困局与突破：人类能源总危机及其出路》，人民出版社，2006，第 256 页。

[2] 李方正：《能源世界》，吉林出版集团有限责任公司，2009，第 163 页。

[3] 董崇山：《困局与突破：人类能源总危机及其出路》，人民出版社，2006，第 256 页。

续表

时间 / 年	事件
1889	Mond 和 Langer 提出"燃料电池"这一名称
1896	William W. Jacques 发明第一块实用的燃料电池——碳电池
1899	荣格发明镉镍电池
1901	爱迪生发明铁镍电池
1910	Taitelbaum 制成熔融碳酸盐燃料电池的原型
1910	马克·皮特发明生物燃料电池
1932	海斯等发明碱性锌-空气电池
1932	英国的培根制成第一块碱性燃料电池
1937	美国制成首块固体氧化物燃料电池
1949	镁-氯化亚铜电池开始商业化
1951	Kordesch 等研究直接甲醇燃料电池
1954	美国发明单晶硅太阳能电池
1957	Becker 发明电容器
1958	Thomas Grubb 等人开发出质子交换膜燃料电池
1959	培根制成一台装有 5 kW 燃料电池的焊接机
1959	Harry Karl Ihrig 展示世界上第一辆燃料电池汽车（牵引车）
1960	Broers 等人制成熔融碳酸盐燃料电池
1961	一块核电池（放射性同位素电池）被装到美国第一颗人造卫星上进入太空
1961	Elmore 等人发明磷酸燃料电池
1962	美国"水星号"飞船使用质子交换膜燃料电池
1964	苏联首先制成镍氢电池
1967	美国开始实施民用领域燃料电池应用计划——Target 计划
1968	美国阿贡国家实验室开发出锂硫电池
1969	装备碱性燃料电池的"阿波罗号"飞船完成人类首次载人登月的壮举
1977	美国建成 1 MW 磷酸燃料电池试验电站
1977	镍氢电池首次应用于美国海军 2 号导航卫星上
1980	首个实现工业化的锂蓄电池——锂-硫化钼电池在美国投产
1981	日本把燃料电池开发列入"月光计划"
1982	美国建成 30 MJ/10 MW 超导储能装置
1986	发明锂离子电池
1988	美国在奇诺市用铅酸蓄电池建成世界上最大的储能电池系统（40 MWh）
1990	日本建成世界上最大的锌溴电池组
1990	镍氢电池在日本实现产业化
1991	世界首个商业化 200 kW-PC25 磷酸燃料电池装置建成发电

续表

时间 / 年	事件
1993	加拿大巴拉德动力系统公司推出全球首辆质子交换膜燃料电池公共汽车
1995	以色列 Electric Fuel 公司首次将锌–空气电池用于电动车上
1998	"加州燃料电池合作伙伴联盟"成立
1999	全球生产商生产蓄电池产值约 189 亿美元
2002	全球原电池市场销售额估计 210 亿美元
2002	美国推出"自由车"燃料电池电动车发展计划
2003	德国制成首艘燃料电池潜艇
2003	日本东芝公司开发出应用于手机等的燃料电池移动电源
2003	欧盟禁止将镉镍电池用作动力电池
2008	中国自主研发的燃料电池汽车在北京奥运会中投入使用
2011	中国建成世界上第一套并网运行的高温超导储能系统

资料来源：作者整理。

一、概述

储能是将机械能、化学能、热能、电能、辐射能、核能等各种能量储存起来，以备各种应用场景（图 18-4）。按不同标准，我们可以对储能方式加以分类（表 18-17）。不同的储能材料或储能器件的能量密度有很大的差异（图 18-5）。各种储能技术在特性、应用等方面也有诸多不同（表 18-18）。电能是能量的一种储存形态，也是当今能量储存最灵活和便捷的应用形式。能量储存将对两个领域有巨大贡献：一是智能电网，如提高电网的使用效率，并最终达到降低能源消耗的目的和可再生能源的高效利用；二是交通运输领域，如有效促进新能源汽车的发展。[1]

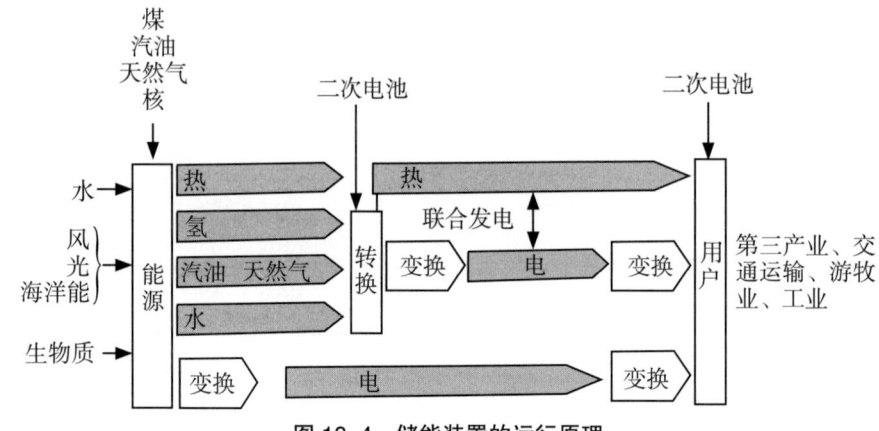

图 18-4 储能装置的运行原理

资料来源：布鲁奈特等：《储能技术》，唐西胜等译，机械工业出版社，2013，第 3 页。

---

[1] 周冯琦主编《上海新能源产业生存环境 2011》，学林出版社，2011，第 224 页。

表 18-17　储能类型

划分标准	类型	基本方式列举／说明
按是否人为划分	自然储能	植物通过光合作用将太阳辐射能转化为化学能
	人工储能	人类技术转化和储存能源
按储能技术差异划分	物理储能	抽水蓄能
		飞轮蓄能
		压缩空气蓄能
		物理电池（如太阳能电池、温差电池、核电池）
	化学储能	原电池（如锌锰电池、锌银电池、碱性锌锰电池、锂电池）
		蓄电池（如铅酸电池、镉镍电池、锂离子电池、金属氢化物镍电池）
		燃料电池（如碱性燃料电池、磷酸燃料电池、固体氧化物燃料电池）
		储备电池
		电容器
	超导储能	利用超导体电阻为零的特性将电能储存起来
按储能材料划分	储氢合金材料储能	镍-金属氧化物电池材料 氢燃料储存器材料
	锂电池和锂离子电池材料储能	锂电池 锂离子电池
	钠硫电池材料储能	钠硫电池
按储存的能量类型划分	太阳能储存	太阳能电池
	水能储存	抽水储能
	电能储存	电容器
	核能储存	核电池
按可否多次储能划分	原电池 （一次电池）	放电后不能再充电使用，如锌-二氧化锰干电池、燃料电池
	蓄电池 （二次电池）	放电后可再充电重复使用，如铅酸蓄电池、锂离子电池

资料来源：作者整理。

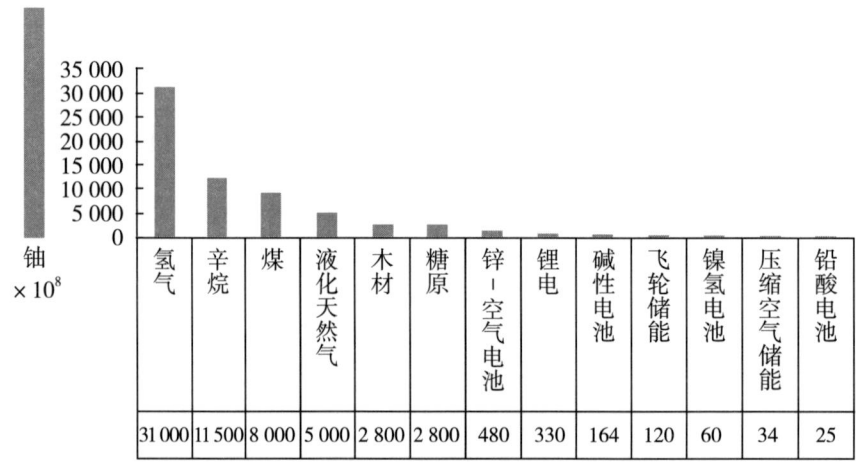

图 18-5   不同的储能材料或储能器件的能量密度

资料来源：布鲁奈特等：《储能技术》，唐西胜等译，机械工业出版社，2013，第 2 页。

说明：图中展示了矿物能源相对于二次能源在能量密度上的巨大优势。核能的能量密度尤其高，每千克铀裂变可以产生 10^8 Wh 的能量。

表 18-18   各种储能技术的优缺点及应用

储能技术	优点	缺点	电力应用	能源利用
抽水蓄能	大容量，低成本	特殊位置要求	4	1
压缩空气蓄能	大容量，低成本	特殊位置要求，需要气体燃料	4	1
流动电池 PSB、VRB、ZnBr	大容量，独立的额定功率	低能源密度	2	1
金属空气电池	非常高的能源密度	充电困难	4	1
钠硫电池	高能源密度，高效率	生产成本高，安全性低	1	1
锂离子电池	高能源密度，高效率	高生产成本，需要特定的充电线路	1	3
镍镉电池	高能源密度，高效率	—	1	2
其他先进电池技术	高能源密度，高效率	生产成本高	1	3
铅酸电池	低成本	当深度放电时，电池循环寿命有限	1	3
飞轮蓄能	大功率	低能源密度	1	3
超导储能	大功率	低能源密度，高生产成本	1	4
电容器储能	生命周期长，高效率	低能源密度	1	2

资料来源：周冯琦主编《上海新能源产业生存环境 2011》，学林出版社，2011，第 225 页。

说明：表中 "1" 代表完全可行；"2" 代表在该方面应用是可行的；"3" 代表可行但不实用或缺乏经济性；"4" 代表不可行或缺乏经济性。

二、原电池

原电池是指放电后不能再充电使用的化学电池，又称一次电池，如锌-二氧化锰干电池、锂原电池、水银电池（表 18-19）。原电池使用简易方便，贮存寿命长，被广泛作为便携式电源。电子装置、手表、玩具、照明、照相器具、通信器具、助听器、存储器备用电源以及其他独立电源，是最常见的民用原电池应用领域。

世界上最早的原电池是 1800 年意大利物理学家伏打发明的伏打电池，这也是世界上第一只电池。1800 年伏打展示的第一只电池是锌–氧化银电池，这是一种不可充电的原电池。有学者指出："这种电池在 19 世纪早期处于统治地位。在随后的 100 年间，许多实验围绕具有银电极和锌电极的电池展开。但这些电池都是原电池（不可充电）。"[①]

表 18-19　原电池体系的主要特性和应用

类型	特性	应用
锌–二氧化锰（氯化铵型和氯化锌型）电池	普通，低成本原电池；可以选择各种尺寸	手电筒；便携式收音机；玩具；仪器
镁–二氧化锰电池	高容量原电池；贮存寿命长	军用收发报机；飞行器应急发报机
锌–氧化汞电池	按体积计为最高容量的传统电池；放电电压平稳；贮存寿命良好	助听器；医疗仪器（起搏器）
镉–氧化汞电池	贮存寿命长；高低温性能好；体积比能量低	要求极端温度条件和长寿命的特殊应用；有限使用
碱性锌–二氧化锰电池	最流行的通用型高级电池；低温性能和高放电率性能优良；成本中等	最常用的一次电池；适用于各种便携式电池驱动设备
锌–氧化银电池	按质量计为最高容量的传统电池；放电电压平稳；贮存寿命良好；价格昂贵	助听器；照相机；电子表；导弹；水下和空间应用（大型）
锌–空气电池	最高的比能量；成本低；受环境条件限制大	特殊应用；助听器；传呼机；医疗仪器；便携式电子产品
固态正极锂电池	比能量高；放电率高；低温性能好；贮存寿命长；价格有竞争力	代替传统的扣式电池和圆柱形电池
固态电解质锂电池	贮存寿命极长的低功率电池	医疗电子器具；记忆电路；点火器

资料来源：林登、雷迪：《电池手册》第 3 版，汪继强等译，化学工业出版社，2007，第 108 页。

（一）1940 年以前

原电池早在 200 多年前就出现了。但是，直到 1940 年，得到广泛应用的只有锌–二氧化锰电池。[②]

1865 年（一说 1866 年），电报工程师 Leclanche 制成现代干电池的原型——锌–二氧化锰湿电池。[③]后来，Leclanche 在这个原型的基础上，于 1876 年去掉电池中所必需的多孔罐，而将树脂（树胶）黏合剂添加到一氧化锰混合物中，然后在 100 ℃温度下采用液压方法将其压成块状物，制成当今锌–二氧化锰电池的主要组成部件，促进了从"湿式"电池到"干式"电池的转换。

1888 年，Carl Gassner 博士设计出第一只干电池。他的理念来自使电池不会破裂和漏液的愿望。除

---

① 林登、雷迪：《电池手册》第 3 版，汪继强等译，化学工业出版社，2007，第 661 页。

② 同上书，第 106 页。

③ 同上书，第 120 页。

用作正极的氢氧化铁和二氧化锰，其余组成部件均与锌–二氧化锰电池相似。1900 年，在巴黎世界博览会上，Gassner 采用他发明的干电池作为小型手电筒电源进行了演示。他对干电池的技术创新促进了锌–二氧化锰干电池的商品化和工业化生产，并促使干电池小型电源形成。[1]20 世纪上半叶，以电池作为电源的电话、玩具、照明器具等的大量生产增加了人们对干电池的需求，促进了干电池生产规模的扩大。

除了锌–二氧化锰电池，第一只微酸性的锌–空气电池也早在 1878 年就开发出来了。当时，它以氯化铵作为电解质，锌作为负极，含有少量铂的活性炭作为正极载体，其结构和外形与锌锰干电池相似，但电容量比锌锰干电池高出 1 倍以上。由于炭电极负载只有 0.3 mA/cm^2，其发展受到限制。20 世纪 20 年代，人们对锌–空气电池进行大幅度的改进。1932 年，海斯等人发明碱性锌–空气电池。[2]但由于当时使用碱性电解质溶液的锌–空气电池的体积大，并且电流输出小，阻碍了其进一步的发展。

（二）20 世纪 40—60 年代

20 世纪 40—60 年代，原电池技术开发取得重大突破，人们先后发明热电池（20 世纪 40 年代）、水激活电池（20 世纪 40 年代）、锌–氧化汞电池（20 世纪 40 年代）、锌–氧化银电池（20 世纪 40 年代）、碱性锌–二氧化锰电池（20 世纪 60 年代），高比能量（每千克电池所释放的电能）的锂原电池体系开发始于 20 世纪 60 年代。

20 世纪 40 年代，德国发明热电池，主要用在武器系统中。1947 年，含有多个单体电池，并与电池电堆形成整体带有焰火加热材料的热电池开始生产。热电池具有高可靠性以及较长的贮存寿命，因此特别适用于军火系统，当今被广泛应用于导弹、炸弹、地雷、干扰机、鱼雷、诱饵弹、空间探测系统、紧急逃生装置等，同时其在民用领域的应用范围也得到拓展。[3]

水激活电池最初开发于 20 世纪 40 年代，是为满足人们对高体积比能量、长贮存寿命电池的需要而开发的，它具有良好的低温性能，多用于军事。其中，镁–氯化银海水激活电池是由贝尔电话实验室研制的，用作电动鱼雷的电源。从 1949 年开始，镁–氯化亚铜体系逐渐实现商业化。迄今，那些已经研制并成功应用的体系是镁–氯化铅、镁/碘化亚铜–含硫添加物、镁/硫氰酸亚铜–含硫添加物和利用一种含水的高氯酸镁电解质的镁–二氧化锰体系。它们除成本较低之外，所有性能几乎无法与镁–氯化银体系相比。[4]

人们对碱性锌–氧化汞电池体系的了解已有一个多世纪，但直到第二次世界大战期间，Samuel Ruben 才针对热带气候条件下能够贮存并且有高的体积比容量的要求，发展出实用的锌–氧化汞电池。从那时起，锌–氧化汞电池在助听器、照相机、手表、某些早期的心脏起搏器和小型电子器具中得到广泛应用，同时也被用作电压参考源等，如声呐、救援收发报机、应急标志灯、收音机和救生装置。由于锌–氧化汞电池存在汞和镉带来的环境问题，现在几乎没有生产了，取而代之的是碱性锌–二氧化锰

---

[1] 林登、雷迪:《电池手册》第 3 版，汪继强等译，化学工业出版社，2007，第 121 页。

[2] 吴宇平等:《绿色电源材料》，化学工业出版社，2008，第 3 页。

[3] 林登、雷迪:《电池手册》第 3 版，汪继强等译，化学工业出版社，2007，第 362 页。

[4] 同上书，第 311 页。

电池、锌-空气电池和锂电池。[1]

碱性锌-二氧化锰电池于 20 世纪 60 年代问世。它与原先主导市场的酸性电解质体系、普通锌-二氧化锰电池相比，具有较高的体积比能量、更好的性能、低内阻、长贮存寿命等优势（表 18-20），因而日渐成为袖珍电池市场的主导电池。

表 18-20　圆柱形碱性锌-二氧化锰电池的主要优点和缺点（与锌-二氧化锰电池比较）

优点	缺点
较高的体积比能量；连续或间歇放电；低放电率和高放电率；室温和低温下使用；低内阻；长贮存寿命；抗泄漏；形状稳定	较高的初始成本

资料来源：林登、雷迪：《电池手册》第 3 版，汪继强等译，化学工业出版社，2007，第 158 页。

在一批性能更优的新型电池被开发出来的同时，锌-二氧化锰干电池、锌-空气电池等原电池的技术水平得到进一步提高，生产规模逐渐扩大。20 世纪 40 年代，在锌-氧化银电池的成功研制中，人们发现碱性溶液中粉状锌电极能在大电流下放电，这为锌-空气电池的进一步发展提供了基础。20 世纪 60 年代，高性能气体电极的获得，又为高性能锌-空气电池的发展创造了有利条件。1965 年，美国开发出用聚四氟乙烯（PTFE）作为黏合剂的薄型气体扩散电极，其厚度为 0.12～0.5 mm，最高的放电电流密度在氧气中可达到 1 000 mA/cm^2。1967 年，人们将上述新电极进行改进，加上一层聚四氟乙烯制成的防水透气膜，构成固定反应层的气体扩散空气电极，使电极能在正常电压下工作，并且能在空气中以 50 mA/cm^2 放电，工作寿命近 5 000 h。到 20 世纪 60 年代末，高效率的锌-空气电池进入工业生产阶段。[2]

第二次世界大战对原电池的需求以及无线电广播的发展等因素促使锌-二氧化锰干电池生产规模不断扩大。1945—1965 年，锌-二氧化锰电池体系采用新材料（如精选的二氧化锰和氯化锌电解质）和新的电池设计方案（如纸板电池），使锌-二氧化锰电池容量和贮存寿命得到较大的提高。

（三）20 世纪 70—90 年代

进入 20 世纪 70 年代后，世界经济发展加快，科技不断进步，经济、科技、军事乃至石油危机等各种因素极大地推动了原电池产业的快速发展。从电池质量比能量看，20 世纪 70—90 年代与以前相比，锌-二氧化锰干电池、镁-二氧化锰干电池、锂-二氧化锰干电池等，都得到了显著的提高（图 18-6）。早期锌-二氧化锰电池质量比能量低于 50 Wh/kg，到 20 世纪末，锂电池提高到 400 Wh/kg 以上，而锂-亚硫酰氯的质量比能量和体积比能量分别达到 590 Wh/kg 和 1 100 Wh/L。电池的贮存寿命由"二战"时期的 1 年提高到传统电池的 2～5 年，新型电池可达 10 年，而采用固体电解质的特殊低放电电池则超过 20 年。电池贮存的温度要求由过去的适当温度条件发展到可在 70 ℃高温下贮存，电池低温工作从 0 ℃延伸到−40 ℃，质量比功率成倍增大。[3]

---

[1] 林登、雷迪：《电池手册》第 3 版，汪继强等译，化学工业出版社，2007，第 179 页。

[2] 吴宇平等：《绿色电源材料》，化学工业出版社，2008，第 3 页。

[3] 林登、雷迪：《电池手册》第 3 版，汪继强等译，化学工业出版社，2007，第 106 页。

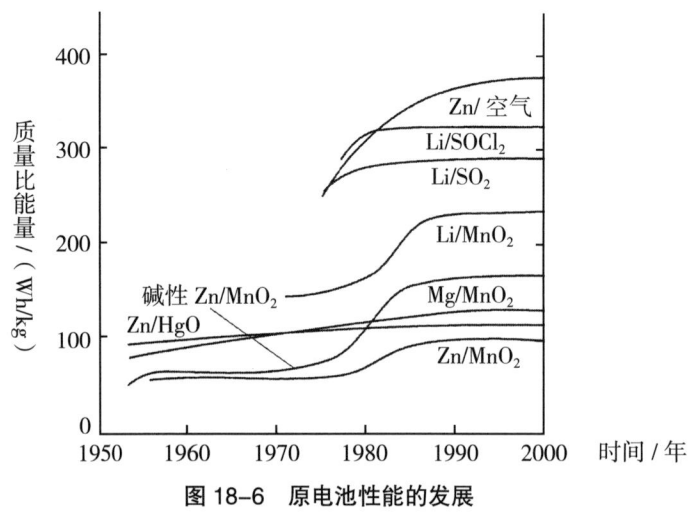

图 18-6 原电池性能的发展

资料来源：林登、雷迪：《电池手册》第 3 版，汪继强等译，化学工业出版社，2007，第 106 页。

说明：图中电池在 20 ℃下连续放电，40～60 h，AA 型或类似的电池型号。

20 世纪 60 年代人们开始研制高比能量的锂原电池，20 世纪 70 年代初首先有针对性地开发出作为军事用途的锂原电池。锂原电池和电池组的品种不断增多（表 18-21），容量从过去的 3 mAh 扩大到 10 000 Ah，外形尺寸从用作存储器和便携式设备电源的小型扣式和圆柱形电池发展到用作导弹发射井备用和应急电源的大型方形电池（表 18-22，此表列出的是美国普遍型军用 Li/SO₂ 电池的各种型号特性）。同时，锂原电池的应用也从最初仅局限于具有适当结构设计和配方的器物，发展到应用范围越来越广，包括应用于照相机、存储器备用电源、计算器、手表等。但由于其初始成本较高，人们对安全的担忧，以及原电池竞争体系中碱性锌－二氧化锰电池的价格趋于合理，致使锂电池并没有达到预期的市场占有率，1999 年世界范围内锂电池的销售额估算为 11 亿美元。[1]锂－氧化银钒体系已经成功应用于生物医学，如心脏起搏器、神经刺激器、药物输送装置。作为第一只商品化的锂－固体正极体系电池的锂－二氧化锰电池已发展成为应用最广泛的锂电池，可广泛应用于存储器备用电源、安全与防护装置、照相机、军事电子等。[2]

表 18-21　锂原电池的分类

电池类别	典型电解质	功率能力	容量 /Ah	工作温度范围 / ℃	贮存时间 / 年	典型正极	标称电压 / V	关键特征
可溶性正极（液体或气体）	有机或无机（含溶质）	中等至高功率（W）	0.5～10 000	−80～70	5～20	SO_2 $SOCl_2$ SO_2Cl_2 V_2O_5 $AgV_2O_{5.5}$ Ag_2CrO_4 MnO_2	3.0 3.6 3.9 3.3 3.2 3.1 3.0	高能量、高功率输出，可用于低温环境，长贮存寿命

① 林登、雷迪：《电池手册》第 3 版，汪继强等译，化学工业出版社，2007，第 215 页。

② 同上书，第 251 页。

续表

电池类别	典型电解质	功率能力	容量 /Ah	工作温度范围 / ℃	贮存时间 / 年	典型正极	标称电压 / V	关键特征
固体正极	有机（含溶质）	小功率至中等功率（mW ~ W）	0.03 ~ 33	−40 ~ 50	5 ~ 8	$Cu_4O(PO_4)_2$ $(CF)_n$ CuS FeS_2 FeS CuO	3.0 2.6 1.7 1.5 1.5 1.5	功率适中时可高能量输出
固体电解质	固体	低功率（μW）	0.003 ~ 0.5	0 ~ 100	10 ~ 25	$PbI_2/PbS/PbI_2/$ (P_2VP)	1.9 2.8	优良的贮存性能，固体体系无泄漏，长时间微安级放电

资料来源：林登、雷迪：《电池手册》第 3 版，汪继强等译，化学工业出版社，2007，第 216 页。

表 18-22　美国军用 Li/SO_2 电池（Per MIL-B-49 430）

电池型号	开路电压（V，串联 / 并联）	标称电压（V，串联 / 并联）	标称容量（Ah，串联 / 并联）	质量 /g	典型应用
BA-5112/U	12.0	11.2	1.8	180	救援雷达 / 焰火
BA-5567/U	3.0	2.6	0.8	20	夜视装备
BA-5599/U	9.0	7.2	7.2	454	测试设备； 夜视装备
BA-5600/U	9.0	8.4	7.2	363	数据终端
BA-5800/U	6.0	5.6	7.2	220	化学试剂监视器； 全球定位装置
BA-5847/U	6.0	5.6	7.2	240	测试设备； 天线
BA-5598	15.0	14.0	8.0	631	雷达； 扰频器
BA-5588	15.0	14.0	3.9	295	手持电台； 防毒面具
BA-5557	30.0/15.0	26.0/13.0	2.25/4.5	500	数字信息装置
BA-5590	31.0/15.0	24.0/12.0	7.2/14.4	1 021	电台； 测距仪等

资料来源：林登、雷迪：《电池手册》第 3 版，汪继强等译，化学工业出版社，2007。

过去，电池的电解质大多数都是液体的。后来，人们发现了具有总离子电阻很低的电子绝缘固体，从而促进了固体电解质电池的发展。其中，有几种电池实现了商品化生产，成为常温下（约 25 ℃）用于心脏起搏器的重要电源，并且还是用于保持计算机易丢失存储信息和其他需求低功率、长贮存寿命和长使用寿命的电源。20 世纪 50—60 年代开发出 Ag/V_2O_5、Ag/I_2 等固体电解质电池之后，20 世纪 70—90 年代，人们先后开发出 Ag/Me_4NI_5、Li/PbI_2 等一批常温固体电解质电池（表 18-23）。固体电解质电池的发展还出现两种趋势：一种是低能银基体系已经大部分被高能锂负极电池取代；另一种是已经从采用相当厚度电解质层的片状电池（毫米量级）向采用微米量级厚度电解质的薄膜电池发展。[1]

表 18-23　固体电解质电池的特性

开发时间 / 年	电解质	电导率 log 值	典型电池体系
1950—1960	AgI	-5	Ag/V_2O_5
1960—1965	Ag_3SI	-2	Ag/I_2
1965—1972	$RbAg_4I_5$	-0.5	Ag/Me_4NI_5
1965—1975	$\beta-Al_2O_3$	-1.5	$Na-Hg/I_2$，PC
1970—1975	LiI（Al_2O_3）	-5	Li/PbI_2
1970—1980	LiI	-7	Li/I（P_2VP）
1978—1985	LiX-PEO	-7	Li/V_2O_5
1980—1986	$Li_{0.36}I_{0.14}O_{0.007}P_{0.11}S_{0.38}$	-3.3	Li/TiS_2
1983—1987	MEEP	-4	Li/TiS_2
1985—1992	塑性 SPE	-3	Li/V_6O_{13}
1985—1992	$Li_{0.35}I_{0.12}O_{0.31}P_{0.1}S_{0.098}$	-4.7	Li/TiS_2
1990—2000	LiPON	-5.6	$Li/a-V_2O_5$
1992—2000	LiPON	-5.6	$LiC_6/LixCoO_2$；$LiC_6/LiNiO_2$

说明：PEO 为聚氧化乙烯，MEEP 为聚双元甲氧基乙氧基乙醇盐，SPE 为固体聚合物电解质，LiPON 为 $Li_{0.39}N_{0.02}O_{0.47}P_{0.12}$。
资料来源：林登、雷迪：《电池手册》第 3 版，汪继强等译，化学工业出版社，2007，第 285 页。

20 世纪 60 年代起，锌-二氧化锰干电池技术研究的一个主攻方向是氯化锌体系电池，其设计显著提高了作为重负载应用时的性能，并且大大超过了氯化铵型锌-二氧化锰电池的相关性能。[2]20 世纪 70 年代起，碱性锌-二氧化锰电池开始逐渐替代普通锌-二氧化锰电池（或勒克兰谢电池），在原电池中处于领导地位，在美国市场占据极大比例。[3]20 世纪 80 年代起，锌-二氧化锰干电池研发主要集中在解决环境污染问题方面，包括消除电池内的汞、镉和其他重金属，促使锌-氧化汞电池和镉-氧化汞电池退出市场。同时，锌-空气电池和锂电池适时地得到了发展，在许多应用中替代了原先采用的含汞电池。在 20 世纪的一段时间里，由于手电筒照明、袖珍晶体管收音机、照相机、电子玩具和其他领域等依然要求使用便宜的电池，因而锌-二氧化锰干电池的发展得到维持。与 1910 年的电池相比，经过近

---

[1] 林登、雷迪：《电池手册》第 3 版，汪继强等译，化学工业出版社，2007，第 285 页。

[2] 同上书，第 121 页。

[3] 同上书，第 106 页。

一个世纪的改进与提高后，锌–二氧化锰干电池的放电时间和贮存寿命延长了 400%。[①]

1977 年，小型高性能的扣式锌–空气电池进入市场。20 世纪 80 年代后，大型锌–空气电池成为发展主流。[②]

（四）21 世纪初

经过 100 多年的发展，氯化铵电池和氯化锌电池成为现在锌–二氧化锰干电池普及的两种体系。虽然锌–二氧化锰干电池在美国和欧洲的使用量逐渐下降，但在世界范围内仍然是所有一次电池中应用最为广泛的体系。发展中国家对手电筒、袖珍收音机、其他中低电流领域等的需要，极大地促进了锌–二氧化锰干电池的采用。[③]

在世界范围内，锌–二氧化锰干电池工业继续增长。2002 年，全球一次电池市场估计达到 211 亿美元，其中锌–二氧化锰干电池为 72 亿美元，约占一次电池总市场销售额的 34.1%（表 18-24）。

表 18-24　2002 年全球原电池和锌–二氧化锰干电池市场状况

区域市场	一次电池 / 亿美元	锌–二氧化锰干电池 / 亿美元	锌–二氧化锰干电池占一次电池市场比例 /%
美国和加拿大	44	3	6.8
拉丁美洲	14	10	71.4
西欧	39	9	23.1
东欧	28	10	35.7
亚太地区	86	40	46.5
全球	211	72	34.1

资料来源：林登、雷迪：《电池手册》第 3 版，汪继强等译，化学工业出版社，2007，第 120 页。

说明：原文表中的计量单位和比例数据疑有误，此表做了适当调整。

三、蓄电池

蓄电池是指放电后可以再充电，以重复利用的电池，又称二次电池，分为铅酸蓄电池和碱性蓄电池两大类，主要包括铅酸蓄电池、镉镍蓄电池、氢镍蓄电池、锌银蓄电池、锂蓄电池等（表 18-25）。蓄电池广泛应用于点火、照明、车辆（运输）、电力、电子、五金等领域（表 18-26）。铅酸蓄电池既是世界上最古老的蓄电池，也是迄今应用最广泛的蓄电池，还是产业规模（销售额）最大的蓄电池。

① 林登、雷迪：《电池手册》第 3 版，汪继强等译，化学工业出版社，2007，第 121 页。

② 吴宇平等：《绿色电源材料》，化学工业出版社，2008，第 3 页。

③ 林登、雷迪：《电池手册》第 3 版，汪继强等译，化学工业出版社，2007，第 120 页。

表 18-25　各种蓄电池体系的性能等级分类比较

类型		体积比能量	比功率	放电曲线平坦性	低温性能	荷电保持	充电接受能力	效率	寿命	力学性质	成本
铅酸电池	涂膏式	4	4	3	3	4	3	2	2	5	1
	管式	4	5	4	3	3	3	2	2	3	2
	普朗特式	5	5	4	3	3	3	2	2	4	2
	密封式	4	3	3	3	3	3	2	3	5	2
锂/金属电池		1	3	3	2	1	3	3	4	3	4
锂离子电池		1	2	3	2	2	1	1	1	3	2
镉镍电池	袋式	5	3	2	1	2	1	4	2	1	3
	烧结式	4	1	1	1	4	1	3	2	1	3
	密封式	4	1	2	1	4	2	3	3	2	2
铁镍电池		5	5	4	5	5	2	5	1	1	3
金属氢化物-镍电池		3	2	2	2	4	2	3	3	2	3
锌镍电池		2	3	2	3	4	3	3	4	3	3
锌银电池		1	1	4	3	1	3	2	5	2	4
镉银电池		2	3	5	4	1	5	1	4	3	4
氢镍电池		2	3	3	4	5	3	5	2	3	5
氢银电池		2	3	4	4	5	3	5	2	3	5
锌-二氧化锰电池		2	4	5	3	1	4	4	5	4	2

资料来源：林登、雷迪：《电池手册》第3版，汪继强等译，化学工业出版社，2007，第389页。

说明：等级分为1～5级，1对应最好，5对应最差。

表 18-26　蓄电池的主要特点和应用

类型		特点	应用
铅酸电池	汽车用	广泛应用的低成本蓄电池，中等比能量，高倍率性能和低温性能好；免维护设计	汽车SLI（启动、点火、照明）、高尔夫车、割草机、拖拉机、飞机、船只
	牵引（动力用）	6～9h深放电，周期性运行	工业卡车、运输机械、电动车和混合动力电动车，经特殊设计后可作为潜艇动力
	备用	可浮充电，寿命长，阀控密封设计	应急电源、公用设施、电信、UPS（不间断供电系统）、负载调整、储能、紧急照明
	便携式	密封，免维护，成本低，浮充电性能好，循环寿命中等	便携式工具、小型设备和装置、电视和便携式电子设备

续表

类型		特点	应用
镉镍电池	工业和FNC用	高倍率性能、低温性能和浮充电性能好，循环寿命长	航空电池、工业和应急电源、通信设备
	便携式	密封，免维护，高倍率性能和低温性能好，循环寿命长	铁路设施、消费类电子产品、便携式工具、传呼机、摄影器材、备用电源
金属氢化物-镍电池		密封，免维护，比能量高于镉镍电池	消费类电子产品和其他便携式设备，电动车和混合动力电动车
铁镍电池		耐用，结构坚固，长寿命，比能量低	运输机械、固定设施、机车
锌镍电池		比能量高，循环寿命长，倍率特性好	电动自行车、电动摩托车
锌银电池		比能量最高，高倍率性能出色，循环寿命短，成本高	轻型便携式电子产品和设备；靶标、无人驾驶飞机、潜艇等武器装备；着陆器和空间探测器
镉银电池		比能量高，荷电保持能力好，循环寿命中等，成本高	轻型、高能便携式设备；卫星
氢镍电池		浅放电下循环寿命长，使用寿命长	主要用于空间应用
环境温度可充电"原"电池（锌-二氧化锰）		成本低，荷电保持能力强，密封且免维护，循环寿命和倍率特性有限	圆柱形电池，可作为替代锌-二氧化锰电池和碱性原电池的蓄电池，用于消费类电子产品（常温使用）
锂离子电池		质量比能量和体积比能量高，循环寿命长	便携式和消费类电子产品、电动车、空间应用

资料来源：林登、雷迪：《电池手册》第 3 版，汪继强等译，化学工业出版社，2007，第 382 页。

（一）历史格局

早在 19 世纪 50 年代末便出现了蓄电池，但直到 20 世纪 80 年代末，占据储能市场的蓄电池只有两种：铅酸蓄电池（主要用于汽车启动、通信网络等）和镉镍电池（主要用于移动工具、玩具、应急照明等）。[①]20 世纪 90 年代初，锂离子电池进入市场，并凭借其很高的比能量迅速成为重要的储能方式。

20 世纪末，全球蓄电池生产商出厂价值 191 亿美元，其中铅酸电池 129.4 亿美元、碱性蓄电池 36.6 亿美元、锂蓄电池 25 亿美元（表 18-27），分别约占 67.7%、19.2%、13.1%。

表 18-27　1999 年全球蓄电池生产商价值汇总

单位：亿美元

市场分类		铅酸电池	碱性电池	锂蓄电池
车用 SLI		96	—	—
工业	固定式和不间断供电系统	15	4	—
	拖拉机（包括铲车）	12	2	—
民用和工具，小型密封电池		2	24.3	25
能量贮存：太阳能和负载调整		1.3	0.3	—
军事、航空和航天（包括船只）		0.7	4	—

① 布鲁奈特等：《储能技术》，唐西胜等译，机械工业出版社，2013，第 140 页。

续表 单位：亿美元

市场分类		铅酸电池	碱性电池	锂蓄电池
车用动力	高尔夫车	2	—	—
	电动车和混合动力电动车	0.4	2	—
合计		129.4	36.6	25

资料来源：林登、雷迪：《电池手册》第3版，汪继强等译，化学工业出版社，2007，第382页。

说明：本表不包括苏联地区和中国；零售额可以为生产商汇总价值的3倍。

（二）铅酸蓄电池

铅酸蓄电池是以不同价态的铅作为电化学活性物质，以硫酸水溶液作为电解质的蓄电池。它是第一种商业化应用的蓄电池，也是历史最悠久的蓄电池。

在发明铅酸蓄电池之前，有研究人员探索过含有硫酸或者铅零件的电池。例如，Daniell 和 Grove 分别于1836年、1840年研发双液体电池，Sindsten 于1854年研发用外电源进行极化的铅电极。[1]1859年，法国物理学家普朗特首先使用铅箔生成活性物质，研发出第一只实用的铅酸蓄电池。此后，Faure、Sellon、Volckmar、Phillipart、Woodward 等许多科学家先后对铅酸蓄电池进行技术改进与创新（表18-28），开发出用于照明、启动、牵引、潜艇等方面的各种铅酸蓄电池（表18-29），使铅酸蓄电池不断得到发展和完善。

表 18-28 铅酸蓄电池技术发展的关键事件

时间	研发者	事件
1836 年	Daniell	双液体电池：$Cu/CuSO_4/H_2SO_4/Zn$（先驱系统）
1840 年	Grove	双液体电池：$C/$ 发烟 $HNO_3/H_2SO_4/Zn$（先驱系统）
1854 年	Sindsten	用外电源进行极化的铅电极（先驱系统）
1859 年	Planté（普朗特）	第一只实用的铅酸电池，使用铅箔生成活性物质
1881 年	Faure	用氧化铅–硫酸铅混合而成的铅膏涂在铅箔上制作正极板，以便增加容量
1881 年	Sellon	铅锑合金板栅
1881 年	Volckmar	冲孔铅板对氧化铅提供支持
1882 年	Brush	利用机械法将铅氧化物固定在铅板上
1882 年	Gladstone 和 Tribs	提出铅酸电池中的双硫酸盐化理论，铅酸蓄电池充放电反应：$PbO_2+Pb+2H_2SO_4 \rightleftharpoons 2PbSO_4+2H_2O$
1883 年	Tudor	在用普朗特的方法处理过的板栅上涂制铅膏
1886 年	Lucas	在氯酸盐和高氯酸盐溶液中制造形成式极板
1890 年	Phillipart	发明早期管式电池——单圈状

[1] 林登、雷迪：《电池手册》第3版，汪继强等译，化学工业出版社，2007，第396-397页。也有学者认为普朗特制成第一只实用铅酸蓄电池的时间为1859年。

续表

时间	研发者	事件
1890 年	Woodward	发明早期管式电池
1910 年	Smith	发明狭缝橡胶管，EXIDE 管状电池
1920 年至今	—	研究材料和设备，特别是膨胀剂、铅粉的发明和生产技术
1935 年	Haring 和 Thomas	制成铅钙合金板栅
1935 年	Hamer 和 Harned	提出双硫酸盐化理论的实验证据
1956—1960 年	Bode 和 Vose Ruetschi 和 Cahan Burbank Feitknecht	两种二氧化铅晶体（α 和 β）性质的阐明
20 世纪 70 年代	McClellan 和 Davit	实现卷绕密封铅酸电池商业化。切拉板栅技术；塑料 / 金属复合材料板栅；密封免维护铅酸电池；玻璃纤维和改良型隔板；注液电池穿壁连接；塑料壳与盖热封组件；高质量比能量电池组（40 Wh/kg 以上）；锥状板栅（圆形）电池用于电话交换设备的长寿浮充电电池
20 世纪 80 年代	—	密封阀控电池；双极性引擎启动电池；低温性能改善；世界上最大的电池（加利福尼亚州的奇诺市）铅酸负载平衡系统安装（40 MWh）
20 世纪 90 年代	—	对电动车辆的兴趣再次出现；高功率应用的双极性电池应用于不间断电源、电动工具和备用电源。出现薄箔电池，消费用小型电池和供道路车辆用的电池
2000 年后	—	计划引入 36 V 汽车 SLI 电池

资料来源：林登、雷迪：《电池手册》第 3 版，汪继强等译，化学工业出版社，2007，第 397 页。

表 18-29　铅酸蓄电池的类型和特征

类型	结构	一般用途
启动、点火、照明（SLI）	涂膏式平板极板（可选；免维护结构）	汽车、轮船、飞机、车辆和静止电源
工业牵引类电池	涂膏式平板极板；管式和排管极板	工业卡车（材料搬运）
车辆牵引类电池	涂膏式平板极板；管式和排管极板；混合结构	电动车、高尔夫车、混合动力电动车、矿车、载人车等
潜艇类电池	管式极板；平板状涂膏极板	潜艇
固定式电池	普朗特式极板[1]；曼彻斯特式极板[2]；管状和排管极板；圆形锥体极板	备用紧急供电系统，电话交换机，不间断供电系统，负荷平衡，信号系统
便携式电池	平板状涂膏极板（胶体电解质，电解质吸收在隔板中）；卷绕电极；管状极板	便携式工具，电器，照明，紧急照明，广播、电视，警报系统

资料来源：林登、雷迪：《电池手册》第 3 版，汪继强等译，化学工业出版社，2007，第 396 页。

注：[1][2] 现在很少使用。

普朗特最初通过实验制造出来的第一只蓄电池包含两块卷成螺旋形的铅片，中间用橡皮隔开，浸没在浓度 10% 的硫酸溶液中。一年后，普朗特用 9 个上述电池并联组成一个装在防护盒内的电池组，电池组能提供很强的电流，普朗特将其赠予法国科学院。[①] 但是，这种蓄电池存在电池容量低、化成时间相当长、电极活性物质利用率低等问题。

在蓄电池发明出来不久，19 世纪 70 年代出现电磁发电机，西门子发电机也开始装备到中央电厂，这使得铅酸蓄电池很快就充当应急和备用电源的角色，通过为电力市场提供负载平衡和电力高峰平衡而找到早期市场。[②]1882 年，Tudor 在卢森堡建立第一个铅酸蓄电池厂。[③]

为适应市场发展的需要，科学家和工程师们对铅酸蓄电池进行了一系列深入研究。他们发现，铅的氧化物和硫酸混合可制成膏剂——铅膏，把它涂在铅片上可大大缩短化成时间，同时还可以大大提高电极利用率和电池放电容量。[④]1881 年，Faure 利用铅膏技术，发明涂膏式极板。同年，针对铅膏容易从铅板上脱落的严重缺陷，Sellon 进行改进，采用铅锑合金取代纯铅制成铅锑合金板栅，使电池极板的机械强度显著增加，极大地改善了铅酸蓄电池的制造工艺，成为铅酸蓄电池发展过程中的一项重要创新。[⑤]1886 年，Lucas 开发出在氯酸盐和高氯酸盐溶液中制造形成式极板的技术。[⑥]1889 年，人们又将板栅的外形改为三角断面条形，增加铅膏与板栅的接触面积，使铅膏紧密结合在板栅上，从而大大提高铅酸蓄电池的性能和使用寿命。经过上述一系列改进后，铅粉、铅膏、合金板栅构成现代铅酸蓄电池极板结构就此确定下来。[⑦]

20 世纪下半叶，铅酸蓄电池取得两项重大技术突破，一是 1957 年德国阳光公司发明出胶体电解质技术，二是 1971 年美国 Gates 公司发明出吸液式超细玻璃棉隔板（AGM）技术。这两项技术解决了电池内部氧气的复合循环问题，实现了 100 多年来人们要使铅酸蓄电池密封、不漏液的梦想，开创了铅酸蓄电池发展史上一个新的里程碑。[⑧]迄今，作为车载动力的铅酸蓄电池大多数都是阀控式密封铅酸蓄电池。

在铅酸蓄电池技术创新不断涌现的推动下，1988 年在美国加利福尼亚州的奇诺市，建成世界上最大的储能电池系统（40 MWh）。它使用单体工业级的铅酸蓄电池，使其通过串并联成为一个 10 MW 系统，可以在 2 000 V、8 000 A 的条件下向电网送电 4 h，演示运行了十多年。

随着电池结构、部件、材料的不断改进和完善，铅酸蓄电池的性能不断提高，经济实用性不断增强，铅酸蓄电池工业得到快速发展。进入 20 世纪，随着电信、汽车、铁路、采矿等产业的快速发展，人们对蓄电池的需求量大大增长，从而促使铅酸蓄电池工业持续快速发展。从美国市场看，1969 年铅酸蓄电池市场销售额约为 6.2 亿美元，到 1980 年增至 21.1 亿美元，11 年内约增长 2.4 倍；1999 年达到

① 美国不列颠百科全书公司：《不列颠百科全书·第 13 卷》国际中文版（修订版），中国大百科全书出版社《不列颠百科全书》国际中文版编辑部编译，中国大百科全书出版社，2007，第 348 页。
② 林登、雷迪：《电池手册》第 3 版，汪继强等译，化学工业出版社，2007，第 396–397 页。
③ 胡信国等：《动力电池技术与应用》，化学工业出版社，2009，第 8 页。
④ 王长贵、王斯成主编《太阳能光伏发电实用技术》第 2 版，化学工业出版社，2009，第 81 页。
⑤ 胡信国等：《动力电池技术与应用》，化学工业出版社，2009，第 14 页。
⑥ 林登、雷迪：《电池手册》第 3 版，汪继强等译，化学工业出版社，2007，第 397 页。
⑦ 王长贵、王斯成主编《太阳能光伏发电实用技术》第 2 版，化学工业出版社，2009，第 82 页。
⑧ 胡信国等：《动力电池技术与应用》，化学工业出版社，2009，第 7 页。

38.65 亿美元，又比 1980 年增长约 83.2%（表 18-30）。从全球看，1990 年全世界用于汽车启动的 SLI 电池数量为 23 380 万只，到 1999 年增至 32 000 万只（表 18-31）。1999 年全球铅酸蓄电池的销售额占各类电池销售总额的比例达 40% ～ 50%。[①]

表 18-30　美国铅酸蓄电池市场的发展

项目	1960 年	1969 年	1980 年	1991 年	1999 年
注册的机动车辆 / 万辆	7 400	10 500	15 800	19 000	25 000
SLI 电池[1]（配套和替换市场）/ 万只	3 400	4 700	6 200	7 600	10 000
车辆寿命与蓄电池寿命之比[2]	2.2	2.2	2.2	2.5	2.5
SLI 电池销售额 / 万美元[3]	33 000	51 000	167 500	210 000	270 000
工业电池 / 万美元	7 000	10 500	38 000	55 000	101 500
消费用电池 / 万美元	100	300	5 500	10 000	15 000

资料来源：林登、雷迪：《电池手册》第 3 版，汪继强等译，化学工业出版社，2007，第 398 页。

注：[1] SLI 电池指用于点火、发动的电池。[2] 因为相当多数量的 SLI 电池应用于船艇和其他车辆上，所以这个比例不代表汽车电池的使用寿命。[3] 以生产商给出的价格为准。

表 18-31　20 世纪 90 年代全球用于汽车的 SLI 电池数量

单位：万只

地区	1990 年	1991 年	1999 年
北美	8 490	8 140	12 000
欧洲	6 730	6 960	7 900
亚洲 / 太平洋	5 370	5 880	—
拉丁美洲	1 790	1 890	—
非洲 / 中东	1 000	960	—
总计	23 380	23 830	32 000

资料来源：林登、雷迪：《电池手册》第 3 版，汪继强等译，化学工业出版社，2007，第 398 页。

与其他电池系统相比，铅酸蓄电池具有成本低、单体电压高、高倍率性能良好、可大批量生产等优点，同时也存在质量重、质量比能量低（约为 35 Wh/kg）、自放电大、循环寿命较低等缺点（表 18-32）。因此，其技术发展方向主要是提高电池比能量和循环寿命。

---

① 林登、雷迪：《电池手册》第 3 版，汪继强等译，化学工业出版社，2007，第 395 页。

表 18-32　铅酸蓄电池整体上的主要优点和缺点

优点	缺点
1. 大众化的低成本二次电池，既可以本地生产，也可以全球化生产，生产量可多可少	1. 相对较低的循环寿命（50～500 次）[2]
2. 可大量提供，具有多种尺寸和设计——从 1 Ah 到几千 Ah	2. 有限的质量比能量——通常为 30～40 Wh/kg
3. 良好的高倍率性能——适合于引擎启动[1]	3. 长时间的放电状态贮存可能导致不可逆的电极极化（硫酸盐化）
4. 适中的高低温性能	4. 难以制成尺寸很小的电池
5. 用电效率——放出的能量与充入的能量相比，电池的转换效率超过 70%	5. 在某些设计下氢气的析出存在爆炸的危险（可以使用防爆装置来消除这种危险）
6. 单体电压高——开路电压＞ 2.0 V，是水溶液电解质电池体系中最高的	6. 因板栅合金组分而析出的锑化氢和砷化氢，有害健康
7. 良好的浮充电性能	7. 由于电池或充电设备设计不良，易导致热失控的发生
8. 荷电状态容易指示	8. 有些设计使正极柱发生泡状腐蚀
9. 对间断充电使用方式有良好的荷电保持能力	
10. 可以设计成免维护型	
11. 与其他二次电池相比成本低	
12. 电池易于回收利用	

资料来源：林登、雷迪：《电池手册》第 3 版，汪继强等译，化学工业出版社，2007，第 396 页。

注：[1] 有些镉镍电池和金属氢化物-镍电池的性能要优于铅酸电池。[2] 经特殊设计后可使电池寿命超过 2 000 次。

（三）碱性蓄电池

碱性蓄电池是以碱性溶液作为电解质的蓄电池，包括镉镍蓄电池、铁镍蓄电池、锌银（氧化银）蓄电池、镉银（氧化银）蓄电池、锌镍（氧化镍）蓄电池、锌锰（二氧化锰）蓄电池、镍氢（氧化镍）蓄电池、锂离子蓄电池等。最早发明的碱性蓄电池是 1887 年 Dun 和 Haslacher 在德国申请过专利的锌镍电池。[①] 此后，Jungner 和爱迪生分别于 1899 年、1901 年发明镉镍电池、铁镍电池。相对铅酸蓄电池而言，碱性蓄电池具有比能量高、耐过充电性好和密封性好等优点，缺点则是价格较高。[②]

1. 锌镍蓄电池

1887 年，德国专家获得锌镍电池的发明专利。由于锌镍电池的体积比能量较低、成本高于铅酸蓄电池、循环寿命有限等原因，此后很长一段时间里锌镍电池始终未能取得大的突破。

20 世纪 20—40 年代，爱尔兰的 Drumm 研究锌镍电池，试图将其用于列车的照明和驱动，但因充放电寿命短而未能得到推广应用。20 世纪 50 年代，苏联科学家通过研究发现，烧结式镍电极受锌酸盐毒化的影响比有极板盒式镍电极受锌酸盐毒化的影响要小。[③]20 世纪 60 年代，人们重点开发长寿命的锌镍电池，以替代锌银电池在军事中的应用。20 世纪 70 年代，电动车的发展使锌镍电池再次受到关注，但由于锌电极的循环寿命有限，影响了锌镍电池体系的发展。[④]

---

① 胡信国等：《动力电池技术与应用》，化学工业出版社，2009，第 113 页。

② 同上书，第 87 页。

③ 同上书，第 113 页。

④ 林登、雷迪：《电池手册》第 3 版，汪继强等译，化学工业出版社，2007，第 395 页。

进入 20 世纪 90 年代后，锌镍电池的开发得到进一步加强，人们先后开发出可广泛应用的涂膏式镍电极和塑料黏结式电极。前者成本较低，适用于大规模生产；后者具有质量轻、成本低的优势，适合锌镍电池开发的商业应用。人们还开发出低溶解度锌电极，破解了造成锌电极循环寿命短的主要原因——锌在碱性电解质中溶解的问题，从而使锌镍电池的循环寿命得到提高，实用性得到相应增强。[①] 据测试，在 100% 放电深度（DOD）下，锌镍电池的循环寿命可达 500 次以上。[②]

这一时期，美国 Energy 公司制成第一个密封式 Zn/NiOOH 电池。[③] 韩国三星高等理工研究院、美国通用汽车公司、日本松下公司、日本蓄电池公司等也对密封式锌镍电池进行研究，并进行小批量生产。[④] Eagle-Picher Technologise 公司制造出一种 18 kWh、200 Ah 的电动车用锌镍整体电池；开发一种遥控飞行器（RPV）用锌镍电池，得到美国空军 Wright 航空实验室的资助。

人们曾分别以锌镍电池和铅酸电池驱动 Trapos 制造的电动车，在 40 km/h 的速度下进行测试比对。当采用 205 kg（12 kWh）的锌镍电池时，车辆的行驶里程达到 172 km，而当采用 280 kg（7.0 kWh）的铅酸电池时，车辆的行驶里程仅为 69 km；锌镍电池的质量比能量达到 58 Wh/kg，而铅酸电池仅为 25 Wh/kg；锌镍电池的质量比铅酸电池轻 25%，能量却比铅酸电池高出 70%，行程是其两倍以上。[⑤]

锌镍电池具有质量轻、功率高、深度循环寿命较高（表 18-33）、在长循环寿命碱性蓄电池体系中成本最低等优势，使得当今许多电动车辆的样车都采用锌镍电池为动力。

表 18-33　锌镍电池体系的特性

项目	参数	项目	参数
正极	Ni（OH）$_2$/NiOOH	质量比能量 /（Wh/kg）	50 ~ 60
负极	ZnO/Zn	体积比能量 /（Wh/L）	80 ~ 120
理论质量比能量 /（Wh/kg）	334	质量比功率 /（W/kg）	280
电解质（KOH）/%	20 ~ 25	体积比功率 /（W/L）	420
电池标称电压 /V	1.65	荷电保持（25 ℃下每月损失百分率）/%	< 20
工作温度范围 / ℃	-20 ~ 50	循环寿命（100%DOD 时的循环次数）/ 次	约 500

资料来源：林登、雷迪：《电池手册》第 3 版，汪继强等译，化学工业出版社，2007，第 626 页。

2. 铁电极蓄电池

铁电极蓄电池体系包括铁-氧化镍电池、铁-空气电池、铁-氧化银电池等（表 18-34）。

---

① 林登、雷迪：《电池手册》第 3 版，汪继强等译，化学工业出版社，2007，第 617-620 页。
② 同上书，第 629 页。
③ 胡信国等：《动力电池技术与应用》，化学工业出版社，2009，第 116 页。
④ 同上书，第 113 页。
⑤ 林登、雷迪：《电池手册》第 3 版，汪继强等译，化学工业出版社，2007，第 636 页。

表 18-34 铁电极蓄电池体系

类型	用途	优点	缺点
铁-氧化镍电池（管式）	材料搬运车、地下采矿车、矿灯、铁路车辆和信号系统、应急照明	结构强度极好；放电状态下搁置无损害；循环寿命和工作寿命长；能承受过充、过放、短路等电性能滥用	自放电率大；充放电时析氢；比功率低；体积比能量低于其他竞争体系；低温性能差；高温会造成损害；成本高于铅酸电池；单体电池电压低
铁-空气电池	动力电源	体积比能量高；原材料易得；自放电率小	效率低；充电时析氢；低温性能差；单体电池电压低
铁-氧化银电池	电子设备	体积比能量高；循环寿命长	成本高；充电时析氢

资料来源：林登、雷迪：《电池手册》第 3 版，汪继强等译，化学工业出版社，2007，第 486 页。

铁-氧化镍电池是一种以铁电极作为负极的蓄电池，由美国科学家爱迪生于 1901 年发明。管式铁-氧化镍电池的机械强度非常高，坚固耐用，寿命极长。其循环寿命达 4 000 次（表 18-35），一般利用寿命为 8 年，若作为备用电源或浮充电使用则长达 25 年甚至更久。铁镍电池最适合做要求长循环寿命的牵引电池使用，以及要求使用寿命达 10 年以上的备用电源使用。

表 18-35 铁电极电池特性

类型	标称电压 /V		质量比能量 /（Wh/kg）	体积比能量 /（Wh/L）	质量比功率 /（W/kg）	循环寿命（100%DOD）/ 次
	开路	放电				
管式铁-氧化镍电池	1.4	1.2	30	60	25	4 000
改进式铁-氧化镍电池	1.4	1.2	55	110	110	> 1 200
铁-空气电池	1.2	0.75	80	—	—	1 000
铁-氧化银电池	1.48	1.1	105	160	160	> 300

资料来源：林登、雷迪：《电池手册》第 3 版，汪继强等译，化学工业出版社，2007，第 486 页。

为提高铁镍电池的倍率性能，降低生产成本，从 20 世纪 60 年代开始，人们致力于开发先进铁镍电池（表 18-36）。20 世纪 60 年代中期，Westinghouse 公司采用金属纤维作正、负极基板，开发出电沉积（EPP）工艺，用来生产耐用和长循环寿命的极板。该公司还采用涂膏法制造镍极板，以降低生产成本。

表 18-36 先进铁镍电池的特性[1]

项目	参数
容量[2] /Ah	210
质量比能量[3] /（Wh/kg）	55
体积比能量[4] /（Wh/L）	110
质量比功率[5] /（W/kg）	100

续表

项目	参数
循环寿命[6]/ 次	> 900
可再生制动能	154
没有可再生制动能	125
产品期望成本（1 900 美元）/（美元 /kWh）	200 ～ 250

资料来源：林登、雷迪：《电池手册》第 3 版，汪继强等译，化学工业出版社，2007，第 496 页。

注：[1]以 Westinghouse 公司产品为代表，1991 年 12 月测试。[2][3][4]在 C/3 率下。[5]50% 荷电状态下，工作 30 s 的平均值。[6]100%DOD 循环至额定容量的 75%。

　　铁镍电池问世后，作为碱性蓄电池的代表产品占领了市场较长时期。但是，由于在大多数应用中，铁镍电池的成本高于铅酸蓄电池，铁镍电池逐渐被铅酸蓄电池所替代。同时，虽然在大多数应用中，铁镍电池的成本低于镉镍电池，但随着具有低温特性、循环寿命较长、倍率性能高的密封镉镍电池的开发与应用，铁镍电池也逐渐被镉镍电池所取代。因此，曾经生产铁镍电池的厂商都纷纷停产或转产。

　　在铁电极电池体系中，铁-空气蓄电池与传统的电池体系相比，具有明显的优势：它只含一种反应物质，即正极物质；虽然化学再充式的铁-空气电池的比能量低于机械再充式电池，但它的循环寿命成本更低。铁-空气电池常常被作为动力电源尤其是电动车用动力电源的一个候选电源。铁 - 空气电池存在稳定性较差等问题，致使当同类的铁-空气电池出现后，其绝大部分的研发工作随之中断。[①]

　　铁银蓄电池是一种二次银电池，早在 19 世纪 80 年代后期，Jungner 就第一次报道了二次银电池。Jungner 开展铁-氧化银和铜-氧化银电池的研究，质量比能量为 42 Wh/kg。Jungner 在他的电车推进实验中安装了镉-氧化银电池。这些电池的寿命短、成本高，难以得到商业化应用。直到 20 世纪 50 年代，Yardney International 公司才最早将镉银电池商业化。其后，Westinghouse 公司实现了铁银电池的商业应用。该公司在电池中使用"不带来麻烦"的铁电极来消除锌电极带来的问题，解决了隔膜材料和电池的寿命问题，并使其深放电容量稳定性仅受银极板的限制。[②] 由于银电极的成本高，铁银电池的应用范围受到限制，主要应用于电子、潜艇等一些对比能量和比功率要求甚高的领域。

　　3. 镉镍蓄电池

　　1899 年，Jungner 发明镉镍蓄电池。1909 年，袋式镉镍蓄电池开始生产，主要应用于重工业领域。[③]1917 年，镉镍电池首次被大规模使用，用于巴黎地铁照明。20 世纪 50 年代，具有高比功率和高体积比能量的烧结式极板出现，镉镍电池自此进入航空领域和通信领域。此后，密封镉镍电池被开发出来（表 18-37、表 18-38），在便携式电源领域占据主导地位。

①林登、雷迪：《电池手册》第 3 版，汪继强等译，化学工业出版社，2007，第 496 页。

②同上书，第 622 页。

③同上书，第 380 页。

表 18-37　典型密封圆柱形镉镍电池[1]指标

电池类型	电池型号	容量（0.2 C）/mAh	最大尺寸		
			直径 /mm	高 /mm	质量 /g
1. 标准电池。充电：标准，0.1 C，14～16 h；快充，0.3 C，4～5 h	N	170	12.0	29.3	9
	AAAA	120	8.0	42.5	6
	1/3 AAA	55	10.5	15.8	4
	AAA	270	10.5	44.4	11
	1/2 AA	300	14.5	30.3	14
	AA	650	14.3	50.2	23
	A	550	17.0	28.5	19
	SC	1 450	22.9	43.0	45
	SC	1 550	22.9	43.0	47
	D	4 400	33.0	59.5	160
	D	4 800	33.0	61.1	145
	F	7 700	33.2	91.0	230
	M	12 000	43.1	91.0	400
2. 大容量电池。充电：标准，0.1 C，14～16 h；快充，0.3 C，4～5 h	AA	880	14.3	50.3	23
	AA	1 150	14.3	50.3	24
	A	650	17.0	28.5	18
	A	1 200	17.0	43.0	28
	A	1 550	17.0	43.0	31
	SC	1 900	22.9	43.0	47
	SC	2 400	22.9	50.0	58
	D	5 400	33.2	59.5	150
	M	25 500	43.1	146.1	700
3. 急充电池。充电：标准，0.1 C，14～16 h；快充，0.3 C，4～5 h；急充，1.5 C，1 h	A	550	17.0	28.5	19
	4/5 SC	1 250	22.9	34.0	43
	SC	1 400	22.9	43.0	52
	SC	1 850	22.9	43.0	54
	SC	2 000	22.9	42.9	56
	C	3 200	26.0	50.0	84
	D	4 300	33.0	59.5	160
4. 高温电池。充电：标准，0.1 C	AA	650	14.3	48.9	23
	SC	1 650	22.9	43.0	49
	C	3 100	26.0	50.5	78
	D	4 500	33.2	59.5	145
	F	7 700	33.2	91.0	230
	M	12 000	43.1	91.0	400

续表

电池类型	电池型号	容量（0.2 C）/mAh	最大尺寸		
			直径 /mm	高 /mm	质量 /g
5. 耐热电池。充电：标准，0.1 C，14～16 h；快充，0.3 C，4～5 h	2/3 AA	300	14.5	30.3	14
	AA	650	14.3	50.2	23
	4/5 SC	1 350	22.9	43.0	52
	SC	1 800	22.9	42.9	56
	C	2 200	26.0	50.0	80

资料来源：林登、雷迪：《电池手册》第 3 版，汪继强等译，化学工业出版社，2007，第 561 页。

注：[1] 只由一只单体电池构成。

表 18-38　典型密封小矩形电池[1]指标

电池类型	容量（0.2C）/mAh	高 /mm	宽 /mm	厚 /mm	质量 /g
小矩形电池。充电：标准，0.1C，14～16 h；快充，0.3C，4～5 h；急充，1.5C，1 h	450	48.0	17.2	6.3	17
	650	48.0	17.2	8.5	22
	650	67.0	17.2	6.3	24
	900	67.0	17.2	8.5	30
	1 200	67.0	17.2	10.7	38

资料来源：林登、雷迪：《电池手册》第 3 版，汪继强等译，化学工业出版社，2007，第 561 页。

注：[1] 只由一只单体电池构成。

镉镍电池具有比功率高、密封性能佳、大电流充放电性能好、循环寿命长、性价比高等优点，广泛应用于铁路、电力、电动工具等领域。20 世纪 90 年代初，日本出售的电动工具就使用了镉镍电池，其中一种电池组的电压为 9.6 V，容量为 1.2 Ah，充电时间为 0.25～1 h。中国生产的电动工具也广泛使用 SC 型镉镍电池。镉镍电池占据电动工具电池市场的主导地位。[1]

但是，自 20 世纪 80 年代中期以来，镉镍电池的质量比能量和体积比能量均没有得到多大程度的提高（仅分别为 35 Wh/kg 和 100 Wh/L），而 20 世纪 90 年代发展起来的镍氢电池和锂离子电池的性能却得到了很大的提高（图 18-7），使镉镍电池在一些领域和地区的便携式电源市场中的地位受到了挑战。

由于镉镍电池中的镉污染性大，自 2003 年起，欧盟实行《欧洲会议和欧盟理事会关于电气设备废弃物的指令案》（RoHS 指令），禁止将镉镍电池用作动力电池。镉镍电池还面临镍氢电池的竞争，价格也明显高于铅酸蓄电池。但镉镍电池仍然有一定的市场，原因是镉镍电池具有其他电池无法比拟的优越性：充电时间短，常温（25 ℃）下可以在 15 min 之内把电池充满；可以超高倍率（15～20 C）连续放电，具有很好的放电电压平台；温度特性优良，在大电流放电时有较低的温升；在较低温度（−10 ℃）下具有良好的大电流放电性能。[2]

---

① 胡信国等：《动力电池技术与应用》，化学工业出版社，2009，第 117 页。

② 同上。

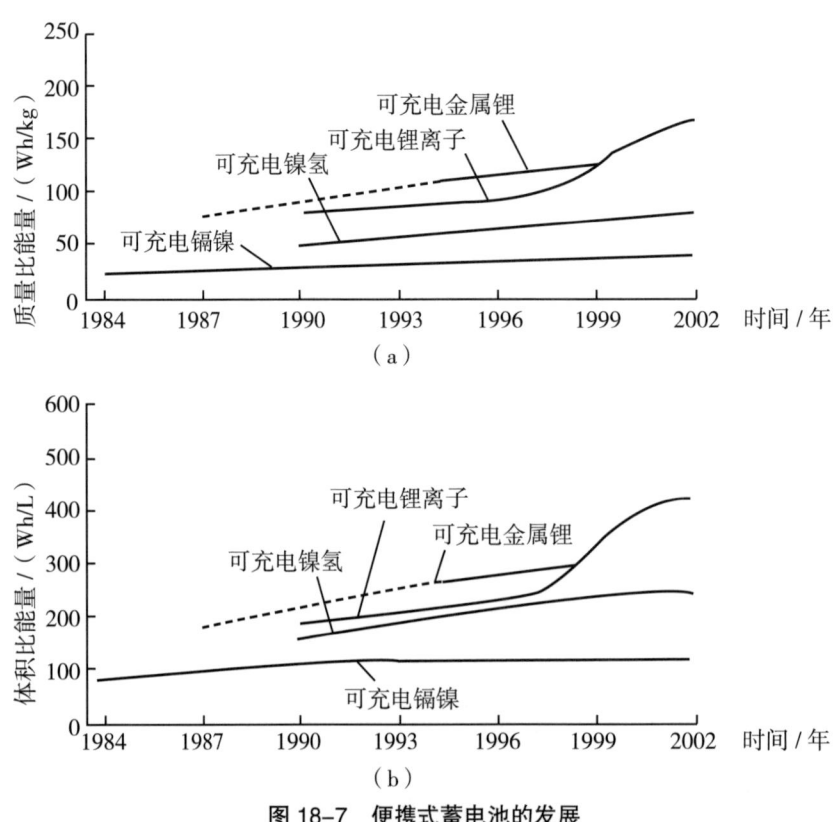

图 18-7 便携式蓄电池的发展

资料来源：林登、雷迪：《电池手册》第 3 版，汪继强等译，化学工业出版社，2007，第 381 页。

4. 镍氢蓄电池

镍氢蓄电池（又称氢镍电池）融合了蓄电池和燃料电池两种技术，在各种免维护蓄电池体系中寿命最长，质量比能量高于其他水溶液电池，还具有质量比能量高、耐过充放电等特点（表 18-39），是继镉镍电池之后的新一代高性能蓄电池，并逐渐取代镉镍蓄电池，在航空航天、汽车、电动工具、计算机等领域得到重要应用。

表 18-39 镍氢电池体系的主要优点和缺点

优点	缺点
质量比能量高（60 Wh/kg）	初始成本高
循环寿命长（40 000 次，40%DOD，LEO 卫星）	自放电与氢气压力成比例
在轨寿长（15 年，GEO 卫星）	体积比能量低
耐过充放电	50～90 Wh/L（IPV 单体电池）
氢气压力指示荷电状态	20～40 Wh/L（电池组）

资料来源：林登、雷迪：《电池手册》第 3 版，汪继强等译，化学工业出版社，2007，第 640 页。

镍氢电池是在 20 世纪 50 年代发现储氢合金的基础上开发出来的。1958 年，美国国立研究所

Reilly 在研究氢脆时发现，有一些金属具有吸氢和放氢的性能，从而发现储氢合金。[①] 次年，荷兰飞利浦公司的 Zijlstra 发现 $SmCo_5$ 稀土合金具有与储氢合金完全相同的性质。1964 年，苏联科学家首先制成镍氢电池。

此后，美国开始研发镍氢电池。镍氢电池含有一定压力的氢气，这些氢气贮存在独立的压力容器中，因而这种结构的镍氢电池又称独立压力容器（IPV）电池。20 世纪 70 年代，美国开发出 IPV 电池。根据 Intelsat/COMSAT 授权协议，Eagle-Picher Technologise 公司研制出 COMSAT 镍氢电池，并将镍氢电池首次应用在美国 1977 年 6 月发射的海军 2 号导航技术卫星上。[②]

在此基础上，美国继续推进镍氢电池在地球同步轨道（GEO）商业通信卫星、低地球轨道（LEO）卫星等空间领域的应用，着力开发共压力容器（CPV）镍氢电池和双极性镍氢电池等先进电池，旨在提高 IPV 镍氢电池和电池组的质量比能量与体积比能量，先后开发出多种型号的双单位 CPV 电池。NASA 的 Lewis 研究中心先后开发多种型号的双极性镍氢电池，1983 年完成的第二只电池是一只由 10 个单体组成的 6.5 Ah 双极性镍氢电池。Eagle-Picher Technologise 公司为 Iridium 项目提供直径为 25.4 cm、电压为 28 V、容量为 50 Ah 和 60 Ah 的 CPV 电池。采用这些 CPV 电池的卫星已有 80 多颗发射升空。Johnson Controls 公司研制出 Clementine 卫星项目采用的直径 12.7 cm、电压 28 V、容量 15 Ah、分散式散热片设计的 CPV 电池，该卫星于 1994 年成功发射。[③] 此外，"火星环球观测者号"探测器和"火星极地登陆者号"探测器项目采用的两种电池也均为 CPV 电池组，其电压为 28 V，容量分别为 23 Ah 和 16 Ah。美国还采用 88 Ah 镍氢电池组替换了哈勃空间望远镜卫星上的镉镍电池。

从 1983 年开始，美国 Sandia 国家实验室、COMSAT 实验室以及 Johnson Controls 公司共同资助一个项目，为需要深放电的地面应用开发一种密封镍氢电池，要求电池的设计寿命为 20 年，并且成本与铅酸电池相比要具有竞争力，旨在保持镍氢电池优势的同时降低空间技术的成本。Eagler-Picher Technologies 公司设计出另一种结构的镍氢电池，用作地面应用中的远程备用电源，设计的主要目的也是要为地面应用提供一种成本更低、可靠性更高的电池。[④]

20 世纪 80—90 年代，镍氢电池的研发进入实用化、产业化阶段。荷兰飞利浦公司于 1984 年成功研制出 $LaNi_5$ 储氢合金，它采用电化学方法可逆地吸放氢。美国 Ovonic 公司 1988 年率先开发出圆柱形和方形镍氢电池。次年，日本松下、三洋、东芝等公司也开发出镍氢电池。1990 年，日本开始规模化生产镍氢电池。[⑤]1991 年，美国能源部、电源研究所、通用汽车公司、克莱斯勒汽车公司、福特汽车公司共同组成美国先进电池联合会（USABC），议定在 4 年内投资 2.62 亿美元研究与开发电动汽车用镍氢电池。[⑥]1994 年，中国北京有色金属研究总院在电动交通工具用镍氢电池方面开发出 0.84 kW（35 Ah，24 V）的镍氢电池堆，用于电动三轮车，速度可达 18 km/h，一次续驶里程 60 km。1996 年，

---

① 胡信国等：《动力电池技术与应用》，化学工业出版社，2009，第 100 页。

② 林登、雷迪：《电池手册》第 3 版，汪继强等译，化学工业出版社，2007，第 643 页。

③ 同上书，第 656–658 页。

④ 同上书，第 651 页。

⑤ 胡信国等：《动力电池技术与应用》，化学工业出版社，2009，第 118 页。

⑥ 唐有根主编《镍氢电池》，化学工业出版社，2007，第 13 页。

在北京国际汽车展览会上，丰田公司展出镍氢电池电动汽车 RAV4 EV，电池比能量为 64 Wh/kg，输出电压 288 V（12 V × 24），容量为 100 Ah，质量达 450 kg，可乘坐 4 人，一次续驶里程 215 km，最高时速 125 km。1997 年，通用公司与 Ovonic 公司开始批量生产镍氢电池，装备 30 辆 Chevy S-10 电动汽车，进行试车运行。1998 年之后，又扩大镍氢电池的产量。镍氢电池为方形结构，采用 AB_5 储氢合金，容量为 20～150 Ah，质量比能量为 70～90 Wh/kg，可用于电动助力车、摩托车、工具车和 4 座轿车。[1]2000年，日本镍氢电池产量达到 10 亿只，第二年增至 14.8 亿只，但 2002—2003 年产量大幅下降（表 18-40）。

表 18-40　1999—2003 年日本镍氢电池产量和产值

时间 / 年	产量 / 百万只	产值 / 亿日元
1999	868.06	1 071.04
2000	1 026.00	1 171.04
2001	1 480.00	1 689.22
2002	540.00	638.00
2003	380.00	511.00

资料来源：唐有根主编《镍氢电池》，化学工业出版社，2007，第 347 页。

镍氢电池产业化发展后，其性能得到大幅提高。某种小型镍氢电池的体积比能量由 1990 年的 180 Wh/L 提高到 1997 年的 360 Wh/L，质量比能量则由 55 Wh/kg 提高到 70 Wh/kg。日本三洋公司 4/3 A 型 4 700 mAh 电池产品的体积比能量达 370 Wh/L。此后，小型镍氢电池的体积比能量及质量比能量均比较稳定，分别在 370 Wh/L 和 75 Wh/kg 左右。[2]与此同时，镍氢电池成本大幅下降，容量大幅增加，促使镍氢电池迅速占领世界高能电池市场。2000 年，在移动电话市场中，镍氢电池所占的比例高达 78%（表 18-41）。

表 18-41　2000 年世界高能电池的应用比例

单位：%

电池类型	移动电话	便携计算机	其他
镍氢电池	78	4	18
锂离子电池	67	24	9
镍镉电池	11	12（摄像机）	77

资料来源：唐有根主编《镍氢电池》，化学工业出版社，2007，第 349 页。

2000 年，全球镍氢电池产量达到 13 亿只[3]，2001 年约为 15 亿只[4]。随后，由于锂离子电池技术的突

---

[1] 唐有根主编《镍氢电池》，化学工业出版社，2007，第 13 页。
[2] 同上书，第 348 页。
[3] 胡信国等：《动力电池技术与应用》，化学工业出版社，2009，第 118 页。
[4] 唐有根主编《镍氢电池》，化学工业出版社，2007，第 347 页。

飞猛进并实现规模化生产，部分镍氢电池的市场份额受到锂离子电池的挤压。全球镍氢电池的产量逐年下降，直到 2004 年才止跌并呈现上升趋势，至 2007 年产量回升到 11 亿只，主要原因是镍氢电池在混合电动车工业领域得到成功应用。[①]

中国作为稀土大国，发展镍氢电池具有资源优势，在 21 世纪头几年已成为镍氢电池生产和销售第一大国。

5. 其他碱性蓄电池

锌-空气电池是金属-空气电池的一种，既可以做成一次电池，也可以做成二次电池。早在 19 世纪初，就有关于空气电极的报道，但直到 1878 年镀铂碳电极开始使用，才真正制成第一个空气电极。1932 年，海斯和舒梅歇尔成功研制出碱性锌-空气电池。它具有较高能量密度，但输出功率较低，主要用作铁路信号灯和航标灯的电源。随着气体扩散电极理论的完善和催化剂制备及气体电极制造工艺的发展，气体电极的性能得到进一步提高，电流密度达到 $200 \sim 300 \, mA/cm^2$，促使碱性锌-空气电池逐渐走向商品化。1995 年，以色列 Electric Fuel 公司首次将锌-空气电池用于电动车上。[②]

20 世纪 40 年代，可充电锌-氧化银电池的实用关键技术被开发出来。1941 年，法国教授 Henri-André 发现实际应用可充电锌-氧化银电池的关键方法。他使用一种半透膜玻璃纸作为隔膜，可以延迟可溶性的氧化银向负极板迁移，并阻碍锌枝晶从负极向正极生长，从而解决了导致可充电锌-氧化银电池短路的主要原因——银迁移和锌枝晶问题。但可充电锌-氧化银电池的开发应用仍遇到诸多问题，主要是循环寿命短（依据设计和使用，寿命为 10 ～ 250 次深度循环）、低温下性能降低、对过充电敏感、高放电持续时间受到限制、成本高。[③]到 21 世纪初，巨大的市场需求促进可充电锌-氧化银电池的进一步研究，锌电极和隔膜材料开发取得重要进展和成效（表 18-42）。例如，用氧化铋作为廉价的锌电极添加剂，可以提高电池容量保持能力和循环寿命；已经开发出一种取得了专利、带有涂覆层、非常薄的微孔聚丙烯隔膜，具有很强的抗电解质腐蚀能力。

表 18-42　可充电锌银电池主要组分研发情况

项目		优点	缺点
（一）锌电极	增加锌银质量比	延迟容量开始衰减的时间	产出与额外投入的材料不成比例；体积比能量降低
	增大负极尺寸	降低易于变形的极板边缘的电流密度	体积比能量降低
	波状外形的负极	强化腐蚀最严重区域的抗腐蚀性	体积比能量降低；成本高
	PTFE 黏结剂	减小形变和枝晶生长；提高低温性能	成本高；难以分散均匀；有可能干扰正常的电极反应
	钛酸钾纤维	减小形变和枝晶生长；减少直接短路的可能性	成本较高；制造过程有毒；不易获得
	铅、铅镉、铋替代汞作为添加剂	减小直接短路时对人身健康和设备的危害；提高容量保持能力	性能数据不足

① 胡信国等：《动力电池技术与应用》，化学工业出版社，2009，第 118-119 页。

② 同上。

③ 林登、雷迪：《电池手册》第 3 版，汪继强等译，化学工业出版社，2007，第 622 页。

续表

项目		优点	缺点
（二）隔膜	无机隔膜	抗 150 ℃高温，抗氧化银和电解质的侵蚀	电解质阻力大；笨重，难以操作；成本高
	纤维素膜在分子中含金属基团	提高抗氧化银和电解质侵蚀的能力；延长循环寿命	成本较高
	微孔聚丙烯膜	能抗电解质的腐蚀	成本高
	聚烯烃隔膜/无机填充物	循环寿命显著提高	成本高；需要进一步研发
	内隔膜	—	—
	正极：石棉	能阻止或减少大量的短路（阻银剂）	笨重；和氧化银反应；含铁可能会污染电池；制造过程有毒
	氧化锆	降低电池制造过程对人身健康的危害	成本高
	负极：钛酸钾衬里	降低新电极的变形；减少事故和大量短路的发生	笨重；体积比能量降低；成本较高；制造过程有毒
（三）氧化银电极	粒径分布精确控制	提高对电池电压和容量的控制	—
（四）电池壳体及其他重要材料	新型塑料壳体和盖（如改性聚苯醚、聚砜）	适合高温使用；更好的力学性能	成本高
	新型黏结剂	高温下更有效；符合 EPA 的要求	—

资料来源：林登、雷迪：《电池手册》第 3 版，汪继强等译，化学工业出版社，2007，第 679-680 页。

可充电碱性锌-二氧化锰电池是在一次性锌锰电池的基础上发展起来的，于 20 世纪 70 年代中期就已投放市场，主要用于 6 V 照明灯以及便携式电视机，但投放市场的时间很短。当时，这种电池商业化发展遇到的主要问题是锌电极容量没有严格的限制，当在低于二氧化锰单电子放电所对应的电压下连续放电时，负极的膨胀会导致电池再充电能力降低（表 18-43），同时，它也不对氢气的复合进行催化。[1] 经过进一步研究，人们已经开发出值得信赖的限制锌电极容量的技术，电池可以放电到更低的电压（表 18-44）。

表 18-43　可充电碱性锌-二氧化锰电池的优缺点

优点	缺点
初始成本低（使用成本有可能比其他可充电电池低）	可用容量是一次电池的 2/3，但高于大多数可充电电池
以完全充电状态制造	循环寿命低
容量保持能力好（和其他可充电电池相比）	可用能量随循环次数和放电深度增加而迅速降低
全密封，免维护	内阻比镉镍电池、镍氢电池大
无记忆效应	—

资料来源：林登、雷迪：《电池手册》第 3 版，汪继强等译，化学工业出版社，2007，第 790 页。

[1] 林登、雷迪：《电池手册》第 3 版，汪继强等译，化学工业出版社，2007，第 790 页。

表 18-44　典型可充电碱性锌-二氧化锰电池的性能

电池型号	高度 /mm	直径 /mm	质量 /g	额定容量（初期放电）[1]/Ah
AAA	44	10	11	0.9，以 75 Ω 放电
AA	50	14	22	1.8，以 10 Ω 放电
C	50	26	63	5.0，以 10 Ω 放电
D	60	34	128	10.0，以 10 Ω 放电
并联 C	50	26	50	3.0，以 2.2 Ω 放电
并联 D	60	34	100	6.0，以 1.0 Ω 放电

资料来源：林登、雷迪：《电池手册》第 3 版，汪继强等译，化学工业出版社，2007，第 799 页。

注：[1] 性能参数由放电得到，放电时在指定的电阻下放至每单体 0.8 V。

（四）锂蓄电池

锂电池可分为锂原电池和锂蓄电池两种。锂蓄电池是一种碱性蓄电池。依据电池中是否有金属锂，锂蓄电池又可分为金属锂蓄电池和锂离子电池。根据电池温度的高低，锂蓄电池还可分为室温型和高温型两种。在锂蓄电池中，金属锂蓄电池最先得到开发利用。

1. 金属锂蓄电池

根据负极材料的不同（表 18-45），金属锂蓄电池可分为金属锂负极锂蓄电池和锂合金-碳化锂负极锂蓄电池两大类（图 18-8）。根据电解质的差异，还可分为有机液体电解质型、聚合物电解质型、固体电解质型、无机液体电解质型、锂合金型等。在温室工作条件下，各种金属锂蓄电池的基本性能存在较大差异（表 18-46）。

表 18-45　锂蓄电池负极材料

材料	对锂电压范围 /V	理论质量比容量 /（mAh/g）	特性 / 用途
Li	0	3.860	可直接采用锂箔
LiAl	0.3	0.800	一般很脆，难以操作
$Li_{0.5}C_6$（硬质炭黑）	0 ～ 0.3	0.185	用于锂离子电池
LiC_6（MCMB[1] 或石墨）	0 ～ 0.1	0.372[2]	用于锂离子电池
$LiWO_2$	0.3 ～ 1.4	0.12	可能用于锂离子电池
$LiMoO_2$	0.8 ～ 1.4	0.199	可能用于锂离子电池
$LiTiS_2$	1.5 ～ 2.7	0.266	可能用于锂离子电池

资料来源：林登、雷迪：《电池手册》第 3 版，汪继强等译，化学工业出版社，2007，第 684 页。

注：[1] 中间相碳微球。[2] 仅以碳质量计。

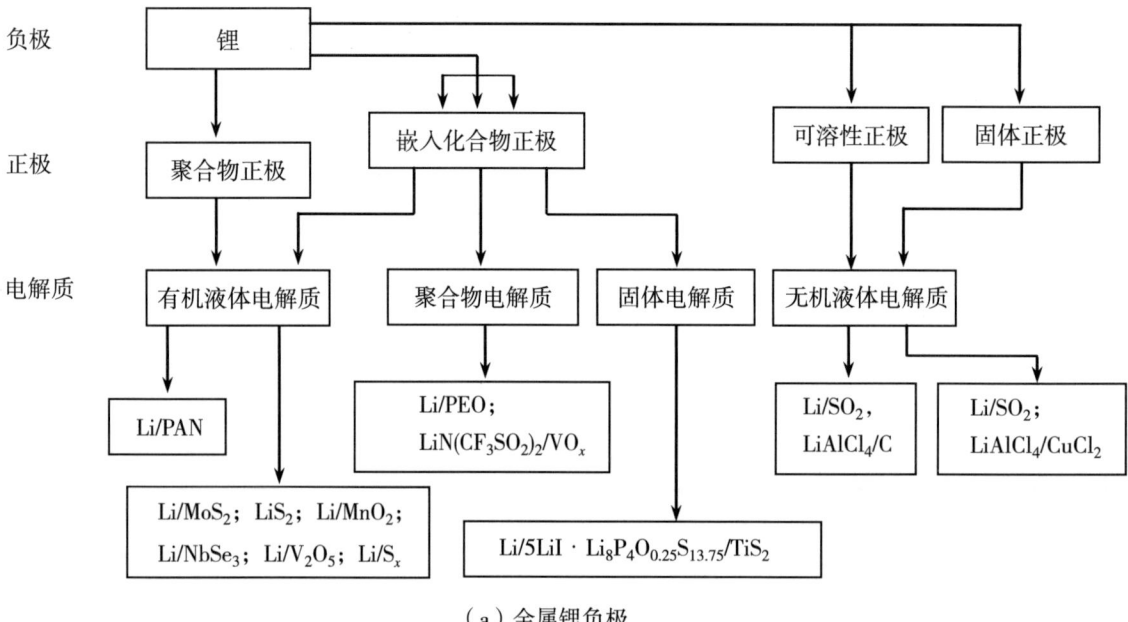

（a）金属锂负极

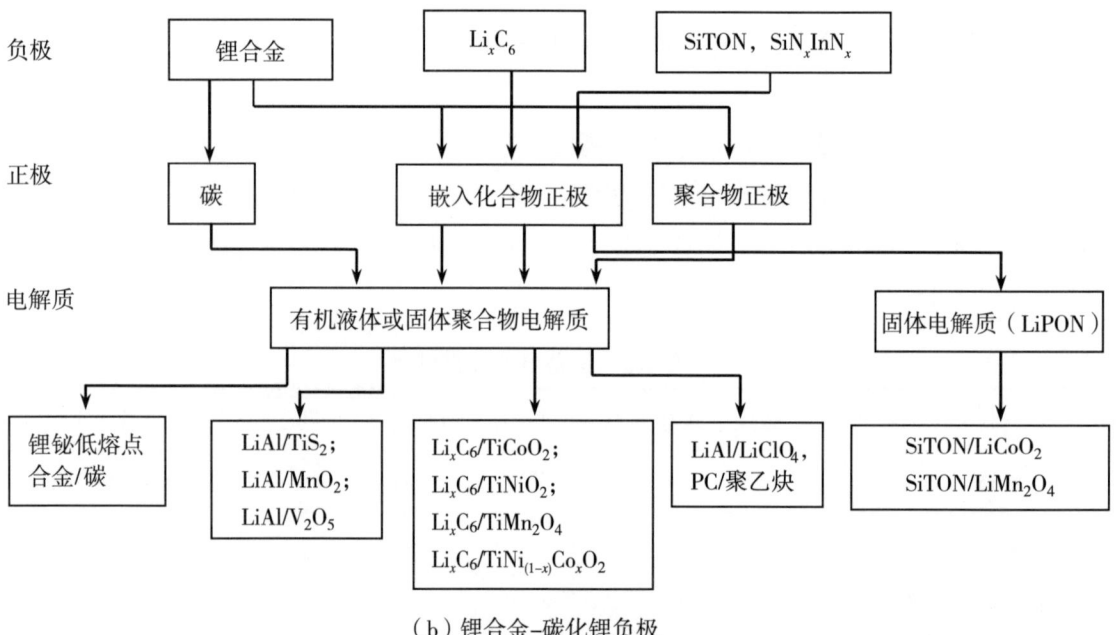

（b）锂合金–碳化锂负极

图 18-8　金属锂蓄电池体系

资料来源：林登、雷迪：《电池手册》第 3 版，汪继强等译，化学工业出版社，2007，第 683 页。

表 18-46　金属锂蓄电池体系的性能

电池类型		中点电压/V	型号	质量/g	容量/mAh	质量比能量/(Wh/kg)	体积比能量/(Wh/L)	自放电[1]/%	循环寿命[2]/次
有机液体电解质型电池	Li/MoS$_2$	1.75	AA	21	600	50	135	1～2	200
	Li/Li$_{0.3}$MnO$_2$	3.00	AA	17	800	140	270	1.25	200
	Li/TiS$_2$	2.10	AA	20	900	95	235	1～2	250
	Li/NbSe$_3$	1.95	AA	21	1 100	100	270	1	250
	Li/LiCoO$_2$	3.80	AA	21	500	95	235	—	50
	Li/LiNiO$_2$	3.60	D	105	4 500	155	325	—	—
聚合物电解质型电池	Li/SPE/VO$_x$	—	—	—	—	97	110		200
	Li/SPE/S 基聚合物	—	—	950	310	310	350	10～15	—
无机液体电解质型电池	Li/SO$_2$	3.00	AA	500	500	75	200	0.1	>50
	Li/CuCl$_2$	3.20	AA	500	500	75	220	0.1	>100
锂合金型电池	LiAl/MnO$_2$	2.50	2430	4.0	70	45	120	0.4	—
	LiAl/V$_2$O$_5$	1.80	2320	2.8	30	30	100	0.2	—
	LiAl/C	2.40	2320	2.8	1.5	1.6	5.4	—	—
	LiTiO$_2$/LiMn$_2$O$_4$	1.50	1620	1.3	14	16	52	—	—

资料来源：林登、雷迪：《电池手册》第 3 版，汪继强等译，化学工业出版社，2007，第 698 页。

注：[1] 自放电：20 ℃下每月容量损失的百分数。[2] 循环寿命：100% 放电深度到终止容量保持原容量的 80%。

　　早在 19 世纪 80 年代，金属锂蓄电池就已开发、应用。当时，小型圆柱形锂电池已经面市，在消费电子产品中使用[1]，后因发生安全问题退市。但人们并没有放弃对金属锂蓄电池的研究。金属锂蓄电池与传统水溶液蓄电池相比，具有电压高、荷电保持良好、质量比能量较高等优点，被广泛应用。但是，金属锂蓄电池的高倍率性能和循环寿命较差。因此，人们对许多不同电池体系进行了研究，主要目标是使金属锂蓄电池能提供高质量比能量和具备良好的荷电能力。例如，在保持安全和可靠的操作前提下，提高电池输出质量比功率和循环寿命。[2]

　　在有机液体电解质金属锂负极电池体系中，1958 年，美国加利福尼亚州大学的一位研究生最早提出以锂、钠等活性金属作为负极的设想。[3]20 世纪 80 年代，美国引进锂－硫化钼（Li/MoS$_2$）电池项目。锂－硫化钼电池是第一个进行工业生产的锂蓄电池，产品为 AA 型圆柱形电池，高容量型和标准型是它曾经的两种产品类型（表 18-47）。此后，在液体电解质、固体正极金属锂蓄电池体系开发中，曾经采用

[1] 林登、雷迪：《电池手册》第 3 版，汪继强等译，化学工业出版社，2007，第 683 页。
[2] 同上书，第 693 页。
[3] 王恒国等：《锂离子电池与无机纳米电极材料》，化学工业出版社，2016，第 3 页。

Li/MnO$_2$ 化学体系，研制成功圆柱形卷绕式 AA 型锂-二氧化锰（Li/Li$_{0.3}$MnO$_2$）电池，该电池成功进入消费市场，但于 20 世纪 90 年代末期从市场上退出，没有实现商品化[1]；曾经首先采用锂合金负极制成扣式 Li/TiS$_2$ 电池体系，但从未实现商业化[2]；曾经对锂-硒化铌（Li/NbSe$_3$）电池体系进行研制，但已经终止[3]；还曾经对锂-氧化钴锂（Li/Li$_x$CoO$_2$）和锂-氧化镍锂（Li/Li$_x$NiO$_2$）电池进行研发，但未投入商业化生产，而是作为军事用途，受到了持续关注[4]。小型圆柱形液体电解质锂电池曾经在 20 世纪 80 年代得到应用，但使用量十分有限，并因安全问题的增多而撤出了市场。20 世纪 90 年代，AA 型电池重新进入市场，但后来又退出了市场。在没有突破技术之前，液体电解质锂电池的应用可能仅限于钱币型电池和其他小尺寸电池。总的来说，在液体电解质、固体正极金属锂电池体系中，虽然有几种产品曾被引入商品市场，但迄今基本上已退出市场。[5]

表 18-47　AA 型 Li/MoS$_2$ 电池的性能

电池型号	电压限制范围 /V	循环 10 次后的容量 /(Ah)	循环 10 次后的平均能量 /(Wh)	循环寿命（至第 10 次循环后容量的 80%）/次	循环寿命（至第 10 次循环后容量的 50%）/次
高容量型	2.6 ～ 1.1	0.82	1.52	100	110
	2.4 ～ 1.1	0.70	1.23	180	200
标准型	2.4 ～ 1.3	0.60	1.10	400	500
长循环寿命型	2.1 ～ 1.6	0.40	0.74	800	1 000
	1.95 ～ 1.75	0.15	0.27	1 800	3 000

资料来源：林登、雷迪：《电池手册》第 3 版，汪继强等译，化学工业出版社，2007，第 699 页。

对聚合物电解质金属锂负极电池体系的研究，最早始于 20 世纪 70 年代末。当时，聚合物电解质被提出应用于固体电池设计中，为此人们倾注了极大的努力。早先的电池采用含有锂盐的 PEO 类型电解质，在约 100 ℃下有较高的电导率，但在室温下电导率很低。后来，人们研发出一系列具有较高电导率的新型聚合物电解质材料，如 PEO 共聚物、PEO 混合物、塑化 PEO 电解质和胶体电解质。在这些体系中，被研究过的正极材料有 TiS$_2$、VO$_x$、V$_2$O$_5$、LiCoO$_2$ 和硫基聚合物。固体聚合物电解质电池已被考虑应用于较宽领域，包括从小型电子产品到电动车等大型用电装置。[6] 人们对高体积比能量电池，特别是应用于电动车的高体积比能量电池体系的探索，促进了对金属锂负极电池的研究。美国、法国和意大利等国家先后制订以发展电动车用锂负极、干式聚合物电解质电池为目标的重大发展计划（表18-48）。这些计划已经取得部分研究成果，包括锂-聚合物电解质交界面和整个电池体系的可循环性。

---

[1] 林登、雷迪：《电池手册》第 3 版，汪继强等译，化学工业出版社，2007，第 381 页。

[2] 同上书，第 701 页。

[3] 同上书，第 702 页。

[4] 同上书，第 702-705 页。

[5] 同上书，第 699 页。

[6] 同上书，第 705 页。

表 18-48　金属锂负极、干式聚合物电解质（PEO 类）电池重大技术发展项目

支持单位	项目承担单位	正极	应用	现状
美国先进电池联合会	IREQ-3 M-ANL	VO_x	电动车（EV）	2.4 kWh 原型
法国电力集团（EDF）	CEREM	VO_x、$Li_yMn_2O_x$	电动车（EV）	原型
意大利 MICA-MURST	CNEA	VO_x、$Li_yMn_2O_x$	电动车（EV）	放大至 1 kWh 原型

资料来源：林登、雷迪：《电池手册》第 3 版，汪继强等译，化学工业出版社，2007，第 706 页。

在无机液体电解质金属锂负极电池体系中，美国阿贡国家实验室从 1961 年开始使用碱金属负极和熔融盐电解质，进行电化学体系单体电池研究，于 1968 年制成锂硫电池。该电池用元素锂和元素硫作电极活性物质，用熔融盐 LiCl-KCl 作电解质。由于正极和负极活性物质的形态保持困难，1973 年，人们放弃发展锂硫电池。[①] 自从引进 Li/SO_2 原电池后，人们有大量研究工作致力于发展可充电 Li/SO_2 电池，$LiAlCl_4$、$LiGaCl_4$ 和 $Li_2B_{10}C_{10}$ 材料因具有良好的离子导电性和锂的循环效率而受到特别注意。高比表面积的碳，如 Ketjen 炭黑、$CuCl_2$ 曾用于正极材料。人们发现微孔 Tefzel 隔膜适合于这种电解质，但这种材料在市场上已经不存在。

在锂合金负极电池体系中，美国针对锂硫电池中存在的问题，使用锂合金代替元素锂，解决了负极锂的形态保持问题；使用金属硫化物代替元素硫，解决了正极硫的形态保持问题。20 世纪 80 年代，双电极 $Li-Al/FeS_x$ 电池技术研发取得重要进展（表 18-49）。1991 年，美国先进电池联合会选择双电极熔融盐 $Li-Al/FeS_2$ 电池作为发展电动车电池技术的一个长期项目。到 1995 年，该项目研究取得明显进展，但因同期锂离子电池和锂聚合物电池技术的迅猛发展而取消了对其的继续研发。[②]

表 18-49　双电极 $Li-Al/FeS_x$ 电池主要技术进展

时间 / 年	主要技术进展	实用意义
1986	低熔点电解质和高电压平台的致密 FeS_2 正极	获得 1 000 次以上的循环寿命
1988	容许过充电的电化学体系	使双电极结构的设计多样化
1989	在欠量电解质电池中使用富锂的电解质	提高了电池的性能
1990	硫族元素化合物的密封材料	使双电极结构设计实用化

资料来源：林登、雷迪：《电池手册》第 3 版，汪继强等译，化学工业出版社，2007，第 897 页。

在开发金属锂负极电池中，人们曾研究聚合物硫基材料。它是一种用于可充电金属锂负极电池的正极材料，既可以在环氧基液体电解质中使用，也可以在适当的聚合物电解质中使用。用于这一体系的正极聚合物材料，其质量比容量可达 700 ~ 1 200 mAh/g。初始时，人们采用 AA 型尺寸电池和液体电解质开展研究，其工作电压为 2.1 V，输出 1 Ah 容量，质量比能量和体积比能量可分别达到 215 Wh/kg 和 260 Wh/L，具有驱动 GSM 手机的能力。后来设计圆柱形电池时采用薄膜叠层结构，开发出高功率放电能力电池体系，能以 8 C 率进行放电，在 100 Wh/kg 下可以实现 800 W/kg 质量比功率，在混合动力电

---

① 林登、雷迪：《电池手册》第 3 版，汪继强等译，化学工业出版社，2007，第 894 页。
② 同上书，第 895 页。

动车中具有潜在应用性,有多个国家发展这种技术。[1]

锂的高倍率性能和循环寿命都较差,加之其反应性差与可能存在的安全问题,金属锂蓄电池商品化受到限制,在市场上仅引入有限规模,而且是小型电池尺寸。迄今,在所有金属锂蓄电池体系中,已经得到商业化发展的只有锂铝-二氧化锰电池、锂铝-钒氧化物电池、碳-锂可充电电池等。诸多钱币型可充电电池用于小型用电装置,如用作小型电子装置的电源、存储器备用电源。这些电池通常具有约 3 V 的较高电压和显著的高体积比能量,与镉镍电池和其他传统充电电池相比,质量更轻、体积更小、自放电率低,但深放电下循环寿命差。

2. 锂离子电池

锂离子电池是一种以锂化金属氧化物为正极材料、锂化碳等为负极材料的蓄电池。锂离子电池是一种不含金属锂的锂电池,是一种新型二次电池。正极材料包括 $LiCoO_2$、$LiNiO_2$、$LiMn_2O_4$、$LiNi_{1-x}Co_xO_2$ 等(表 18-50)。负极材料为碳材料,如人造石墨、乙炔黑、石油焦炭(图 18-9),以及纳米级的 Sn、SnSb 等合金。电解质有 4 类,即液体电解质、胶体电解质、聚合物电解质和陶瓷电解质。[2]根据锂离子电池所采用电解质的不同,可将锂离子电池分为液体电解质锂离子电池、胶体电解质锂离子电池、聚合物电解质锂离子电池和陶瓷电解质锂离子电池 4 种。

表 18-50　锂离子电池正极材料的性能[1]

材料	质量比容量 /(mAh/g)	中点电压(相对锂,0.05 C)/V	优点或缺点
$LiCoO_2$	155	3.88	获得大多数商业应用,Co 很贵
$LiNi_{0.7}Co_{0.3}O_2$	190	3.70	中等价格
$LiNi_{0.8}Co_{0.2}O_2$	205	3.73	中等价格
$LiNi_{0.9}Co_{0.1}O_2$	220	3.76	最高质量比容量
$LiNiO_2$	200	3.55	极易放热分解
$LiMn_2O_4$	120	4.00	Mn 不太贵,低毒害,较低热分解

资料来源:林登、雷迪:《电池手册》第 3 版,汪继强等译,化学工业出版社,2007,第 728 页。

注:[1]试验值。

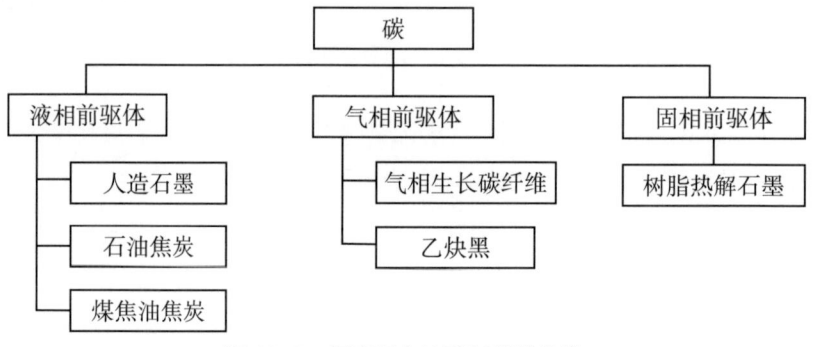

图 18-9　锂离子电池碳材料的分类

资料来源:林登、雷迪:《电池手册》第 3 版,汪继强等译,化学工业出版社,2007,第 724 页。

[1]林登、雷迪:《电池手册》第 3 版,汪继强等译,化学工业出版社,2007,第 709-710 页。

[2]同上书,第 736-737 页。

锂离子电池的正极电化学活性物质是一种含锂的金属氧化物，负极是碳化锂，其活性物质基于嵌入反应过程可逆结合锂进行工作，金属氧化物、石墨和其他材料是作为与宿主结合之客体的一种锂离子，并可逆地形成如三明治一样的结构。[①]普遍应用的嵌入材料包括石墨、层状硅酸盐（如滑石）、黏土和层状过渡金属卤化物（如 TiS_2）。石墨材料最早是中国在 2 700 年前发现的[②]，但自 20 世纪后半叶以来才成为重要的化学研究对象。石墨嵌入化合物的范畴宽广，人们先后开展各种电子给予体（包括锂）和电子接收体（如卤族化合物）对石墨嵌入的研究。在锂离子电池领域，人们特别感兴趣的是对碱金属向石墨和相关碳材料嵌入的研究，尤其是对 Li_xC_6（$0 < x < 1$）的研究。在锂离子电池的电化学过程中，锂离子从正极材料中脱嵌出来，然后嵌入负极材料中。由于锂离子电池不存在金属锂，与采用金属锂负极的锂蓄电池相比，其化学反应性更低，更安全，具有更长的循环寿命。[③]正因如此，锂离子技术一经出现，便在锂电池体系中占据主导地位。

人们从 20 世纪 70 年代初开始考虑把嵌入化合物作为二次锂电池的正极材料。[④]1980 年，Goodenough 提出把氧化钴锂（$LiCoO_2$）作为锂离子电池正极材料，首先揭开锂离子电池的雏形。[⑤]Goodenough 和 Mizushima 最早研究供锂离子电池使用的 $LiCoO_2$ 正极材料，并申请系列专利。1981 年，Goodenough 和 Mizushima 将其原始专利授权给英国原子能管理局（AEA）时，将氧化钴锂定义为"具有 $NaCrO_2$ 层状结构的混合氧化物"。1990 年，索尼公司推出的第一个锂离子电池就用 $LiCoO_2$ 作正极。锂离子电池还使用过 $LiNiO_2$ 材料。之后，采用更便宜的材料，如尖晶石结构（$LiMn_2O_4$）；或者，采用更高质量比容量的材料，如 $LiNi_{1-x}Co_xO_2$。人们对 $LiNiO_2$ 材料失去兴趣的主要原因是它的不稳定性，这种不稳定性是由活性 NiO 和氧的生成引起的。人们推测这是造成安全问题的原因。[⑥]尖晶石锂化合物显示出重要的实用意义。

在负极材料研发方面，20 世纪 70—80 年代初，由于金属锂质量比容量高，人们主要集中于锂用作负极的二次锂电池的研制，曾经成功研制出具有优异性能的金属锂蓄电池。1985 年，人们发现碳材料也可以作为二次锂电池的负极材料。之后，于 1986 年完成锂离子电池的原始设计，发明锂离子电池。1990 年，索尼公司采用石油焦炭作为负极，向市场推出第一个锂离子电池。这种焦炭材料具有较高的质量比容量，达 180 mAh/g；并且与石墨不同，它存在于碳酸丙烯酯（PC）的电解质中，是稳定的。20 世纪 90 年代中期，大多数锂离子电池都采用球形石墨电极，特别是中间相碳微球（MCMB）碳。这种 MCMB 碳具有更高的质量比容量，达 300 mAh/g，而且它的比表面积低，还能够提供低的不可逆容量和好的安全性能。

进入 21 世纪，用作锂离子电池负极的材料又有重大技术突破。2004 年，英国曼彻斯特大学物理学家海姆和诺沃肖洛夫采用特殊的胶带重复剥离高定向热解石墨的方法，成功地从石墨中剥离出石墨

---

① 林登、雷迪:《电池手册》第 3 版，汪继强等译，化学工业出版社，2007，第 725 页。

② 同上。

③ 同上书，第 726 页。

④ 同上书，第 733 页。

⑤ 王恒国等:《锂离子电池与无机纳米电极材料》，化学工业出版社，2016，第 4 页。

⑥ 林登、雷迪:《电池手册》第 3 版，汪继强等译，化学工业出版社，2007，第 726 页。

烯，从而证实石墨烯可以单独稳定存在，两人也因"有关二维石墨烯材料的开创性实验"，共同获得
2010年诺贝尔物理学奖。[1]2008年，Yoo等最早对石墨烯的储锂性能进行研究，首先证实石墨烯与碳
纳米管或富勒烯复合后，其可逆比容量显著增加，石墨烯的层间距直接影响石墨烯的储锂性能。随后，
Wang等研究采用化学还原和热处理联用方法合成石墨烯纳米片的储锂机制；Guo等研究氧化石墨经
过热处理后再用超声处理得到20～30层石墨烯的储锂机制；Lian等研究在氮气条件下高温快速热剥
落得到的石墨烯片，发现其首次可逆容量可高达1 264 mAh/g。[2]2012年，Wang等利用有机物四氰二
甲基苯醌作为氮源和金属的络合剂，制成"三明治"结构的氮掺杂石墨烯和SnO_2复合材料。第二年，
Wang等又以磺化的聚苯乙烯、聚乙烯吡咯烷酮和氧化石墨为前驱体，在泡沫镍上原位合成具有次级
多孔、高导电性网络和杂原子掺杂的多孔石墨烯。这种多孔石墨烯具有功率密度高（116 kW/kg）、能
量密度高（322 Wh/kg）和超过3 000圈没有容量损失的超长循环寿命等优点，对提高石墨烯的储锂性
能具有极其重要的意义。[3]

从整个行业看，自从1990年索尼公司成功开发出首款商用锂离子电池后，日本、美国、加拿大、
马来西亚等国家的诸多厂商先后研制出各种不同性能的锂离子电池（表18-51）。锂离子电池性能得
到不断提高。到20世纪90年代末，用于消费类电子产品的小型圆柱形锂离子电池的质量比能量达到
150 Wh/kg，体积比能量达到400 Wh/L，锂离子电池以其优越的性能（表18-52）和性价比（图18-10）
赢得了市场。1999年，锂离子电池的销售量达到4亿只[4]，在锂蓄电池体系中居主导地位。它们大多是
小型圆柱形电池和方形电池，主要用于手机、计算机和其他小型电子装置。

表 18-51　各国锂和锂离子聚合物电池发展情况

制造商	正极	负极	电解质	电压 /V	体积比能量 /（Wh/L）	质量比能量 /（Wh/kg）	应用
索尼（日本）	LiCoO$_2$	石墨	PVDF[1]凝胶	3.7	250	125	手机、计算机
日本电池（日本）	LiCoO$_2$	石墨	PVDF 凝胶	3.6	210	125	手机、微型激光光盘
日立（日本）	LiCoO$_2$	石墨	PEO 凝胶	3.6	130	90	手机、计算机
三洋（日本）	LiCoO$_2$	石墨	PEO 凝胶	3.6	200	120	手机
东芝（日本）	LiCoO$_2$	石墨	PVDF 凝胶	3.6	245	115	手机、计算机
汤浅（日本）	LiCoO$_2$	石墨	PEO 凝胶	3.7	250	95	手机、微型激光光盘
三菱化学（日本）	LiCoO$_2$	石墨	PEO 凝胶	3.7	165	125	手机、计算机
Ultralife（美国）	LiCoO$_2$	石墨	PVDF 凝胶	3.7	300	125	手机、计算机
Valence（美国）	LiMn$_2$O$_4$	石墨	PVDF 凝胶	3.7	185	105	计算机

[1] 王恒国等：《锂离子电池与无机纳米电极材料》，化学工业出版社，2016，第147页。

[2] 同上书，第165页。

[3] 同上书，第169页。

[4] 林登、雷迪：《电池手册》第3版，汪继强等译，化学工业出版社，2007，第723页。

续表

制造商	正极	负极	电解质	电压 / V	体积比能量 / （Wh/L）	质量比能量 / （Wh/kg）	应用
Thomas Betts（HET）（美国）	LiMn$_2$O$_4$	石墨	PVDF 凝胶	3.7	220	110	手机
Lithium Technology（美国）	LiCoO$_2$	石墨	PVDF 凝胶	3.6	220	120	手机
Electro Fuel（加拿大）	LiCoO$_2$	石墨	PVDF 凝胶	3.6	240	125	计算机
Argotech（加拿大）	VO$_x$	锂	干式 PEO	24	435	175	通信系统装置
Shubila（马来西亚）	LiCoO$_2$	石墨	PVDF 凝胶	3.6 3.6	110 215	97 120	手机

资料来源：林登、雷迪：《电池手册》第 3 版，汪继强等译，化学工业出版社，2007，第 706 页。

注：[1] PVDF 为聚偏氟乙烯。

表 18-52　锂离子电池的一般性能

项目	参数	项目	参数
工作电压范围 /V	4.2 ～ 2.5	使用寿命 / 年	＞ 5
质量比能量 /（Wh/kg）	100 ～ 158	自放电率 /（百分比 / 月）	2 ～ 10
体积比能量 /（Wh/L）	245 ～ 430	工作温度范围 / ℃	−40 ～ 65
连续倍率能力	典型值：1C；高倍率：5C	记忆效应	无
脉冲倍率能力	高达 25C	体积比功率 /（W/L）	2 000 ～ 3 000
循环寿命（100%DOD 下） / 次	3 000（典型值）	质量比功率 /（W/kg）	700 ～ 1 300
循环寿命（20% ～ 40%DOD 下）/ 次	＞ 20 000	—	—

资料来源：林登、雷迪：《电池手册》第 3 版，汪继强等译，化学工业出版社，2007，第 747 页。

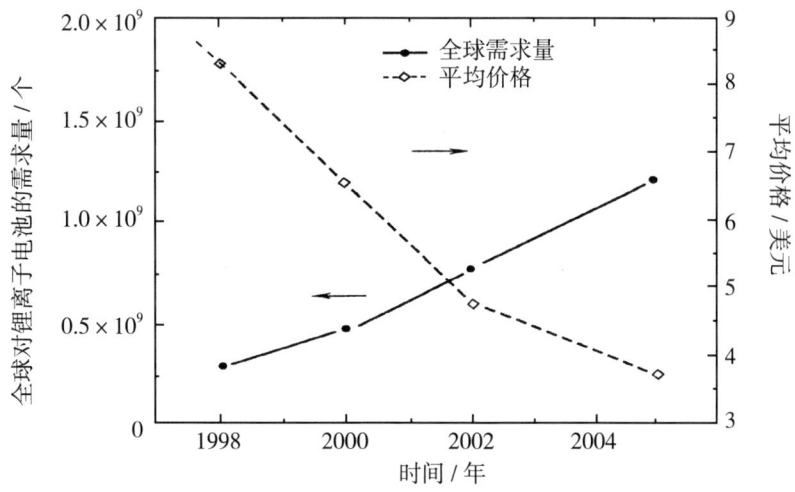

图 18-10　全球对锂离子电池的需求与平均价格

资料来源：林登、雷迪：《电池手册》第 3 版，汪继强等译，化学工业出版社，2007，第 723 页。

进入 21 世纪后，大型电动车用锂离子电池得到迅猛发展。美国通用、日本丰田等汽车公司纷纷开发车辆用锂离子电池。德国大众从 2009 年开始大规模生产汽车用锂离子电池。日本三菱等汽车公司先后研发 EV、HEV 等以锂离子电池为动力的节能环保汽车。锂离子电池日渐成为电动车的重要动力电池。

（五）蓄电池在电力设施领域的应用

在蓄电池发展过程中，美国、日本等国家将其应用到电力设施储能领域（表 18-53），通过削峰及其他应用，使便宜的基础负载能量得到有效使用，不仅降低电力设施成本，还使发电、传送、配电及各个行业都能从中受益。[1]

表 18-53　蓄电池在电力设施储能中的应用

项目	能量 /（MWh）	平均放电时间 /h	最大放电率 /MW
负载均衡	> 40	6 ~ 8	> 10
运转备用	< 30	0.5 ~ 1	< 60
频率调整	< 5	0.25 ~ 0.75	< 20
功率特性	< 1	0.05 ~ 0.25	< 20
变电站应用、变压器延迟、电力馈线或用户削峰	< 10	1 ~ 3	< 10
可再生性	< 1	4 ~ 6	< 0.25

资料来源：林登、雷迪：《电池手册》第 3 版，汪继强等译，化学工业出版社，2007，第 805 页。

从 20 世纪 80 年代开始，美国能源部通过圣地亚哥国家实验室对电力设施储能电池的开发提供重要支持。20 世纪 80—90 年代早期，通过电力研究协会（EPRI）大力支持电力设施储能电池开发。1991 年，美国能源部和圣地亚哥国家实验室、EPRI、电力设施工业联合成立电力设施电池团体。之后，成立电力储能协会。

20 世纪 90 年代中期，美国能源部扩大计划范围，将原计划更名为储能系统计划。该计划通过圣地亚哥国家实验室与行业合作，对铅酸电池、锌溴电池及钠硫电池技术等进行深入研究，把它们应用到电力系统和高压输电脱网系统，具体包括电力特性、削峰处理、备用电源及其他相关电力设施的应用。通过与行业建立伙伴关系，建成容量范围从几百 kW/kWh 到几十 MW/MWh 的储能系统，一些系统还通过与行业合作实现商业化发展。[2]

日本从 1981 年开始进行电力设施领域先进二次电池系统的研发，于 20 世纪 80 年代开发出首个 1 kW 电池组。随后又先后制成 10 kW 电池组、60 kW 电池组。1990 年，由新能量和工业技术发展组织、Kyushu 电力公司等把 1 MWh、4 MWh 电池组安装到福冈市 Kyushu 电力公司的 Imajuku 变电站（蓄能试验厂）（表 18-54），由此形成全球最大的锌溴电池组。

从 20 世纪 70 年代发明钠氯化镍电池和钠硫电池起，到 20 世纪 90 年代中期，这两种电池都被认为是最佳的应急系统储备能源（表 18-55）。一些公司进行了深入研究（表 18-56）。其中，钠硫电池技术主要是由日本东京电力公司及日本特殊陶业株式会社（NGK）进行研发与商业化发展，目标是发

① 林登、雷迪：《电池手册》第 3 版，汪继强等译，化学工业出版社，2007，第 804 页。
② 同上书，第 808 页。

展出容量足够大的负荷调整和调峰电池，放电时间要求超过 8 h。满足这种电池性能的关键是大直径 β-Al_2O_3 管。NGK 具备了制造 160 Ah 单体电池（被称为"T4.1"）和 248 Ah 单体电池（被称为"T4.2"）的 β-Al_2O_3 管的能力。这项技术的顶峰是为 632 Ah 单体电池（被称为"T5"）制造直径 58 mm 的 β-Al_2O_3 管（表 18-57）。NGK 建成一条高度自动化的示范生产线，生产和测试 18 种全尺寸的组合储能电池系统（表 18-58）。

表 18-54　Imajuku 变电站的设计指标

项目	参数
功率	1 MW 交流
能量	4 MWh 交流（1 000 V 交流，4 h）
单体电池电极面积 /cm^2	1 600
电流密度 /（mA/cm^2）	13（标称）
电堆	30 个双极性的单体电池
分组件	25 kW（30 个单体电池串联，24 个电堆并联）
尺寸（高 × 宽 × 长）/m	3.1 × 1.67 × 1.6
质量 /kg	6 380
组件	50 kW（2 个 25 kW 分组件串联）
小规模试验工厂系统	50 kW
总质量 /t	153

资料来源：林登、雷迪：《电池手册》第 3 版，汪继强等译，化学工业出版社，2007，第 865 页。

表 18-55　钠硫电池技术的先进性和局限性

特征		说明
先进性	与其他先进电池相比潜在成本较低	原材料便宜，结构密封，免维护
	长的循环寿命	使用液态电极
	高的能量比和体积比功率	活性物质的密度小，单体电池电压高
	工作范围弹性大	单体电池可在各种条件下工作（如不同充放电率、放电深度和放电温度）
	高的能量效率	由于 100% 的库仑效率和适中的内阻，能量效率超过 80%
	对环境温度不敏感	密封的高温系统
	充电状态可以鉴别	充满电后内阻较高，由于库仑效率为 100%，可由电流直接计算
局限性	热的维持管理	维持能量效率并提供足够长的待命时间必须有高效的外部保温
	安全性	熔融状态活性物质的电化学反应必须可控
	持久密封	在腐蚀环境下电池需密封
	耐凝固-熔化性	陶瓷电解质要经受大的热应力，而它的断裂韧度有限

资料来源：林登、雷迪：《电池手册》第 3 版，汪继强等译，化学工业出版社，2007，第 868 页。

表 18-56 β-Al$_2$O$_3$ 钠电池研发情况

电池技术	研究公司	基本应用
钠硫电池	NGK	固定用
	日本汤浅公司	固定用
	日本日立公司	固定用
	英国 Silent 电力公司	便携式
钠-氯化镍电池	德国 Asea Brown Boveri	便携式
	美国福特宇航公司	移动和固定用
	美国 Eagle-Picher Technologise 公司	空间用电系统
	瑞士 MES-DEA SA	便携式

资料来源:林登、雷迪:《电池手册》第3版,汪继强等译,化学工业出版社,2007,第869页。

表 18-57 备用储能装置用钠硫单体电池主要指标

公司	NGK	NGK	NGK	YU[1]	HIT[2]	SPL[3]
电池名称	T4.1	T4.2	T5	—	—	XPB
容量 /Ah	160	248	632	176	280	30
直径 /mm	62	68	91	64	75	44
高度 /mm	375	390	515	430	400	114
质量 /g	2 000	2 400	5 400	2 700	4 000	345
体积比能量 /(Wh/L)	285	340	370	240	300	345
质量比能量 /(Wh/kg)	160	202	226	120	133	170
体积比功率 /(W/L)	36	43	46	60	—	360

资料来源:林登、雷迪:《电池手册》第3版,汪继强等译,化学工业出版社,2007,第879页。

说明:[1]日本汤浅公司。[2]日本日立公司。[3]英国 Silent 电力公司。

表 18-58 NGK 公司开发的组合储能电源装置[1]

用户	测试地点	功率 /kW	开始测试时间	单体电池名称
东京电力公司(TEPCO)	Kawasaki 电力储能测试系统	500	1995 年 8 月	T4.1(160 Ah)
	Kawasaki 电力储能测试系统	250	1995 年 12 月	T4.1(160 Ah)
	TEPCO 新能源园区	50	1995 年 12 月	T4.2(248 Ah)
	Kawasaki 电力储能测试系统	200	1996 年 6 月	T4.2(248 Ah)
	Tsunashima 变电站	6 000	1997 年 3 月	T4.2(248 Ah)
	Kinugawa 电站	200	1998 年 1 月	T4.2(248 Ah)
	Ohito 变电站	6 000	1998 年 3 月	T5(632 Ah)
	TEPCO 研发中心	200	1999 年 9 月	T5(632 Ah)
Chubu 电力公司	电力研发中心	100	1995 年 10 月	T4.1(160 Ah)
	Odaka 变电站	1 000	2000 年 2 月	T5(632 Ah)
Touhoku 电力公司	研发中心	100	1996 年 6 月	T4.1(160 Ah)

续表

用户	测试地点	功率 /kW	开始测试时间	单体电池名称
Hokuriku 电力公司	工程研发中心	100	1998 年 2 月	T4.2（248 Ah）
Kandenko 公司	Tsukuba 技术与研发研究所	50	1998 年 5 月	T4.2（248 Ah）
Chugoku 电力公司	技术研究中心	50	1998 年 7 月	T4.2（248 Ah）
Okinawa 电力公司	Miyako 光电发电系统	200	1998 年 9 月	T4.2（248 Ah）
Kansai 电力公司	Tatsumi 变电站	200	1998 年 11 月	T4.2（248 Ah）
Kyushu 公司	Imajuku 变电站	100	2000 年 3 月	T4.2（248 Ah）
NGK	总部	500	1998 年 6 月	T5（632 Ah）

资料来源：林登、雷迪：《电池手册》第 3 版，汪继强等译，化学工业出版社，2007，第 886 页。

注：[1] 在给定的功率效率下，所有的电池都具备 8 h 的放电能力。

四、燃料电池

　　燃料电池属于原电池（一次电池），是一种以氢、甲醇、天然气、肼或者某些较简单的烃为燃料，以氧、空气作氧化剂，通过电化学反应，将燃料的化学能直接转换为电能的装置（图 18-11）。我们可从不同角度对其进行分类（表 18-59）。从技术的角度看，燃料电池先后经历第一代碱性燃料电池（AFC）、第二代磷酸燃料电池（PAFC）、第三代熔融碳酸盐燃料电池（MCFC）、第四代固体氧化物燃料电池（SOFC）和第五代质子交换膜燃料电池（PEMFC），它们是国际公认的主要燃料电池种类。[1] 它们所用的电解质不同，材料、结构、发电性能、商业应用、存在问题等也有较大的差异（表 18-60）。

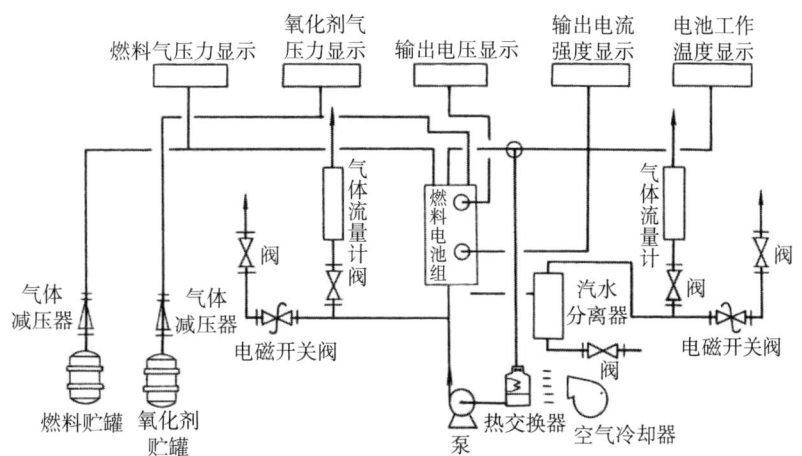

图 18-11　燃料电池发电系统

资料来源：衣宝廉：《燃料电池——高效、环境友好的发电方式》，化学工业出版社，2000，第 18 页。

① 贺永德主编《现代煤化工技术手册》，化学工业出版社，2004，第 1291 页。

表 18-59　燃料电池的分类

划分标准	基本类型
按电解质的不同划分	酸性电解质型（如磷酸燃料电池）
	碱性电解质型（如碱性燃料电池）
	熔盐电解质型（如熔融磷酸盐燃料电池）
	固体电解质型（如固体氧化物燃料电池）
按燃料、氧化剂的不同划分	氢氧燃料电池
	甲醇燃料电池
	金属氢化物空气燃料电池
	生物燃料电池
按运行温度的不同划分	低温燃料电池（一般低于 100 ℃）
	中温燃料电池（一般为 150～300 ℃）
	高温燃料电池（一般在 500 ℃以上）
按燃料是否经过重整划分	直接燃料电池（如直接甲醇燃料电池）
	间接燃料电池（如磷酸燃料电池）
按是否有氢燃料划分	氢燃料电池
	非氢燃料电池

资料来源：作者整理。

表 18-60　各种燃料电池的基本特性

燃料电池系统	质子交换膜燃料电池（PEMFC）	直接甲醇燃料电池（DMFC）	固体氧化物燃料电池（SOFC）	碱性燃料电池（AFC）	磷酸燃料电池（PAFC）	熔融碳酸盐燃料电池（MCFC）	锌-空气燃料电池（ZAFC）	质子陶瓷燃料电池（PCFC）	生物燃料电池（BFC）
燃料	H_2	CH_3OH+ H_2O	CO，H_2	H_2	H_2	$H_2/CO/$ 重整油	氧化锌	CO，H_2	碳水化合物和碳氢化合物
氧化剂	O_2，空气	O_2，空气	O_2，空气	O_2，空气	O_2，空气	CO_2，O_2，空气	O_2，空气	O_2，空气	O_2，空气
最常用电解质	全氟磺酸树脂（杜邦公司的 Nafion）	全氟磺酸树脂（杜邦公司的 Nafion）	氧化钇稳定二氧化锆（YSZ）	氢氧化钾	液体磷酸	沉浸于膜片中的碳酸锂、碳酸钠与（或）碳酸钾	氢氧化钾	10% 钇钡柿酸盐（BCY10）质子陶瓷	磷酸盐溶液
电解质厚度	50～175 μm	50～175 μm	25～250 μm	N/A	N/A	0.5～1 mm	N/A	约 460 μm	多样

续表

燃料电池系统	质子交换膜燃料电池（PEMFC）	直接甲醇燃料电池（DMFC）	固体氧化物燃料电池（SOFC）	碱性燃料电池（AFC）	磷酸燃料电池（PAFC）	熔融碳酸盐燃料电池（MCFC）	锌-空气燃料电池（ZAFC）	质子陶瓷燃料电池（PCFC）	生物燃料电池（BFC）
迁移的离子	H^+	H^+	O^{2-}	OH^-	H^+	CO_3^{2-}	OH^-	O^{2-}	H^+
最常用的阳极催化剂	铂	铂/钌	镍/YSZ	铂或镍	铂	镍	锌	铂、镍涂层	微生物/生化酶
阳极催化剂层厚度	$10 \sim 30$ μm	$10 \sim 30$ μm	$25 \sim 150$ μm	N/A	$10 \sim 30$ μm	$0.20 \sim 1.5$ mm	N/A	多样	多样
双极板/互连材料	石墨、钛、不锈钢和掺了杂质的聚合物	石墨、钛、不锈钢和掺了杂质的聚合物	掺了杂质的 $LaCrO_3$、$YCrO_3$、Iconel 合金	N/A	石墨、钛、不锈钢和掺了杂质的聚合物	不锈钢	N/A	不锈钢	石墨、导电的聚合物、不锈钢
工作温度	室温～100℃	室温～100℃	$600 \sim 1\,000$℃	室温～250℃	$150 \sim 220$℃	$620 \sim 660$℃	700℃	$500 \sim 700$℃	室温
工作压力/atm	$1 \sim 3$	1（阳极），$1 \sim 3$（阴极）	1	$1 \sim 4$	$3 \sim 10$	$1 \sim 10$	1	1	1
主要污染物	$CO < 100 \times 10^{-6}$、硫黄、灰尘	$CO < 100 \times 10^{-6}$、硫黄、灰尘	$CO < 100 \times 10^{-6}$、硫黄	CO_2	$CO < 100 \times 10^{-6}$、硫黄、灰尘、NH_3	H_2S、HCl、As、H_2Se、NH_3、AsH_3、灰尘	N/A	$CO < 100 \times 10^{-6}$、硫黄、灰尘	N/A
最大燃料电池效率（电流）	约58%	约40%	约65%	约64%	约42%	约50%	N/A	55%～65%	约40%
主要应用	固定式、便携式和车载式电源	便携式电子设备或作为辅助动力装置（APU）	固定式和分布式电源或作为辅助动力装置	航天项目、便携式电源	固定式电源	固定式电源	便携式和车载式电源	固定式和分布式电源或作为辅助动力装置	多种用途

资料来源：施皮格尔：《燃料电池设计与制造》，马欣等译，电子工业出版社，2008，第29页。

（一）历史演进

燃料电池最初的设计概念始于 1800 年。尼科尔森和卡莱尔描述了利用电将水分解成氢气和氧气的逆过程。[①] 此后 200 多年来，尤其是 20 世纪 60 年代以来，燃料电池取得一系列重大突破与进展（表 18-61）。

表 18-61 燃料电池的开发利用进程

时间 / 年	事件
1800	尼科尔森等提出燃料电池的设计理念
1838	Schönbein 发现燃料电池的电化学效应
1839	格罗夫发明世界上首只燃料电池——Grove 电池
1889	Mond 和 Langer 提出"燃料电池"这一名称
1893	Friedrich Wilhelm Ostwald 确定燃料电池各组成部件的作用
1896	William W. Jacques 发明第一只实用的燃料电池——碳电池
1902	Reid 首先研究碱性燃料电池
1910	Taitelbaum 制成熔融碳酸盐燃料电池的原型
1910	马克·皮特发明生物燃料电池
1923	Schmid 提出多孔气体扩散电极的概念
1932	英国的培根制成第一只碱性燃料电池
1937	美国 Baur 等人制成首只固体氧化物燃料电池
1951	Kordesch 等人首先研究直接甲醇燃料电池
1958	Thomas Grubb 等人开发出质子交换膜燃料电池
1959	培根制成一台装有 5 kW 燃料电池的焊接机
1959	Harry Karl Ihrig 展示世界上第一辆燃料电池汽车（牵引车）
1960	Broers 等人制成熔融碳酸盐燃料电池
1961	Elmore 等人发明磷酸燃料电池
1962	美国"水星号"飞船使用质子交换膜燃料电池
1964	苏联首先制成镍氢电池
1969	装备碱性燃料电池的"阿波罗号"飞船完成人类首次载人登月的壮举
1977	美国建成 1 MW 磷酸燃料电池试验电站
1981	日本把燃料电池开发列入"月光计划"
1991	世界首个商业化 200 kW-PC25 磷酸燃料电池装置建成发电
1993	加拿大巴拉德动力系统公司推出全球首辆质子交换膜燃料电池公共汽车
1998	"加州燃料电池合作伙伴联盟"成立
2002	美国推出"自由车"燃料电池电动车发展计划
2003	德国制成首艘燃料电池潜艇
2003	日本东芝公司开发出应用于手机等的燃料电池移动电源
2008	中国自主研发的燃料电池汽车在北京奥运会中投入使用

资料来源：作者整理。

---

① 施皮格尔：《燃料电池设计与制造》，马欣等译，电子工业出版社，2008，第 7 页。

1838 年，瑞士籍科学家 Schönbein（德国出生）首次发现燃料电池的电化学效应。Schönbein 在写给英国学者 M.Faraday 的信中提到，他在家中所建立的实验装置可以不需要电池进行化学充电而直接产生电流。1839 年，*Philosophical Magazine* 上的几篇报道中提到上述实验结果，指出氢气与铂电极上的氯气或氧气进行化学反应能够产生电流。Schönbein 将这种现象解释为极化效应。此即燃料电池的起源。[①]

世界上公认的燃料电池发明者是英国法官兼科学家格罗夫。据说，格罗夫看到了尼科尔森和卡莱尔的笔记，认为将电极放入串联电路中可以"重新合成水"，于是格罗夫在 1839 年设计了一种"气体电池"的装置进行实验。他将两条铂分别放入两个密封的瓶中，其中的一个瓶充满氢气，另一个瓶充满氧气。当把这两个密封的瓶浸入稀硫酸溶液时，电流便开始在两个电极之间流动，同时装有氧气的瓶子会产生水。为提高整个装置所产生的电压，格罗夫将 4 组这种装置串联起来，制成世界上第一只燃料电池——Grove 电池。当时，Grove 电池使用一个浸泡在硝酸中的铂电极和一个浸泡在硫酸锌中的锌电极，在约 1.8 V 时能够产生约 12 A 的电流。[②]

半个世纪过去后，英国的化学家 Mond 及其助手 Langer 于 1889 年重复 Grove 电池实验。他们采用浸有电解质的多孔非传导材料为电池隔膜，以铂黑（Pt black）为电催化剂，以钻孔的铂或金片为电流收集器，制成"气体电池"。[③] 他们尝试利用空气和工业煤气分别取代氧气、氢气，进行多次"气体电池"试验，制造出第一个实用的燃料电池装置。在使用由薄的多孔的铂作为电极、工作电压为 0.73 V 时，可获得每平方英尺（电极的面积）6 A 的电流。[④]1889 年，Mond 和 Langer 把"气体电池"称为具有一般意义的"燃料电池"（fuel cell）。1893 年，物理化学奠基人之一的 Friedrich W.Ostwald 通过实验方法，确定了燃料电池各组成部件的作用。1896 年，电工程师和化学家 William W.Jacques 发明第一只实用的燃料电池。[⑤] 他在空气中注入碱性电解质，与碳电极发生反应，制造出一个"碳电池"，令科学界震惊。[⑥]当时，他认为获得了 82% 的效率，但实际只有 8% 的效率。

此后，由于化石燃料得到大规模的开发利用，内燃机技术快速崛起，电力广泛应用，再加上当时要将燃料电池商业化还有许多技术障碍无法克服，如铂的来源、氢气的生产等，致使人们对燃料电池的开发逐渐淡漠，甚至认为它只不过是科学史上的一个奇特事件。[⑦]

20 世纪上半叶，许多科学家继续对燃料电池进行开发，致力于推动燃料电池向实用化方向发展。Reid 于 1902 年首次发表用 KOH 作为电解质的燃料电池，从而开创碱性燃料电池研究的先河。Taitelbaum 于 1910 年使用多孔 MgO 隔膜，制成熔融碳酸盐燃料电池的原型。植物学家马克·皮特也于同年用酵母和大肠杆菌进行试验，发现微生物也可以产生电流，从而开创生物燃料电池研究的先

---

① 黄镇江：《燃料电池及其应用》，刘凤君改编，电子工业出版社，2005，第 2 页。
② 施皮格尔：《燃料电池设计与制造》，马欣等译，电子工业出版社，2008，第 7 页。
③ 黄镇江：《燃料电池及其应用》，刘凤君改编，电子工业出版社，2005，第 3-4 页。
④ 施皮格尔：《燃料电池设计与制造》，马欣等译，电子工业出版社，2008，第 7 页。
⑤ 李星国等：《氢与氢能》，机械工业出版社，2012，第 398 页。
⑥ 施皮格尔：《燃料电池设计与制造》，马欣等译，电子工业出版社，2008，第 7 页。
⑦ 黄镇江：《燃料电池及其应用》，刘凤君改编，电子工业出版社，2005，第 4 页。

河。[①]瑞士科学家 Emil Baur 和他的几个学生对不同类型的燃料电池进行多次实验，实验设备包括高温设备以及一个使用陶瓷和金属氧化物固体电解质的单元。[②]Jacques 通过集成 100 多个基本燃料电池单元，首次实现 1.5 W 的高功率输出。[③]Mond 和 Langer 首先对燃料电池的电极结构进行了改良。1923 年，Schmid 提出多孔气体扩散电极的概念。1932 年，英国剑桥大学的培根博士制成第一只碱性燃料电池。1937 年，美国 Baur 等人制成第一只固体氧化物燃料电池。

进入 20 世纪 50 年代后，燃料电池的开发利用取得了一系列重大突破与进展。1951 年，Kordesch 和 Marko 研究了直接甲醇燃料电池。1955 年，Thomas Grubb 利用聚苯乙烯磺酸盐离子交换膜作电解质，使燃料电池结构发生革命性的变化。[④]1958 年，Thomas Grubb 和 Leonard Niedrach 制成质子交换膜燃料电池。1959 年，培根研制出第一只可用于工作的实用型燃料电池，将一只 5 kW 燃料电池装到 1 台焊接机上使用。1959 年，通用电气公司也把一只 15 kW 的燃料电池装到 1 辆农用拖拉机上。1960 年，Broers 和 Ketelaar 开发出熔融碳酸盐燃料电池。1961 年，Elmore 和 Tanner 发明磷酸燃料电池。1962 年，质子交换膜燃料电池被应用于美国"水星号"飞船。同年，J.Weissbart 和 R.Ruka 成功研制出工作温度超过 1 000 ℃的固体氧化物燃料电池。1964 年，苏联科学家首次研制成功镍氢电池。1966 年，美国宇航局把采用培根的电池技术制成的碱性燃料电池应用于"阿波罗号"飞船，于 1969 年完成人类第一次载人登月的壮举，使燃料电池由试验走向实用又迈出重要一步。

1973 年石油危机发生后，燃料电池的开发应用得到进一步加强。1977 年，美国首先建成民用兆瓦级磷酸燃料电池试验电站。[⑤]1981 年日本将燃料电池开发列入"月光计划"。1991 年，世界上第一个商业化 200 kW–PC25 磷酸燃料电池装置建成发电。1993 年，加拿大巴拉德动力系统公司推出全球第一辆质子交换膜燃料电池公共汽车，成为燃料电池在民用领域应用的重要里程碑。[⑥]

21 世纪以来，开发燃料电池又有新的突破。2000 年，美国通用电气公司向悉尼奥运会提供一批液氢燃料电池，被誉为"千年奥运绿色使者"。2003 年，德国成功研制出世界上第一艘燃料电池潜艇。同年，日本东芝公司开发出用于手机、笔记本电脑、掌上电脑的燃料电池移动电源。2006 年，美国科学家建成纳米级燃料电池模型。2008 年，中国自主研发的燃料电池汽车投入北京奥运会使用。[⑦]

燃料电池的重要应用之一就是发电。根据发电规模，燃料电池电站可分为大型燃料电池电站和中小型家庭、社区燃料电池电站（发电系统）；根据燃料电池的不同，可分为 AFC 电站、PAFC 电站、PEMFC 电站等。2000 年，日本通产省的统计显示，日本国内燃料电池装机容量达到 220 MW，其中分布式电源 112 MW，工业用热电联产型为 88 MW。[⑧]从 2005 年 2 月起，东京天然气等多家公司以租赁方式向数百个家庭提供燃料电池发电系统服务，这是燃料电池第一次进入日本家庭。

---

① 吴宇平等：《绿色电源材料》，化学工业出版社，2008，第 2 页。

② 施皮格尔：《燃料电池设计与制造》，马欣等译，电子工业出版社，2008，第 7 页。

③ 李星国等：《氢与氢能》，机械工业出版社，2012，第 398 页。

④ 同上书，第 399 页。

⑤ 隋智通等：《燃料电池及其应用》，冶金工业出版社，2004，第 4 页。

⑥ 黄镇江：《燃料电池及其应用》，刘凤君改编，电子工业出版社，2005，第 6 页。

⑦ 胡信国等：《动力电池技术与应用》，化学工业出版社，2009，第 253 页。

⑧ 贺永德主编《现代煤化工技术手册》，化学工业出版社，2004，第 1293 页。

（二）碱性燃料电池

碱性燃料电池（Alkaline Fuel Cell，AFC）是最早研究成功并获得应用的燃料电池。它在 1902 年已被 Reid 提出。此后，在英国培根博士的推动下，到 1960 年左右得到了实际应用。

1932 年，培根依据 Schmid 提出的多孔结构的气体扩散电极概念开发出双孔电极，将 Mond 和 Langer 发明的电池装置加以改良，采用比较廉价的镍网取代铂电极，用不易腐蚀电极的碱性电解质——氢氧化钾替代硫酸电解质，成功开发出第一只碱性燃料电池（又称培根电池）。[①]1959 年，培根成功地开发出第一只实用型燃料电池——采用多孔镍电极、功率为 5 kW 的碱性燃料电池。[②] 他将这只电池安装到一台焊接机上使用，运行寿命达到 1 000 h。同年，他又建造了一个 6 kW 的高压氢氧碱性燃料电池的发电装置[③]，电极直径约为 15.24 cm，由 40 节单电池组成[④]。培根还演示了用碱性燃料电池作为动力的高尔夫球车、潜艇和铲车。培根对燃料电池的实用化、商业化发展做出了重要贡献，主要体现在：首先，他提出新型镍电极，采用双孔结构，改善了气体输运特性；其次，他提出制备电极的新工艺，用锂离子嵌入镍板进行预氧化焙烧，解决了电极氧化腐蚀问题；最后，他提出电池系统排水新方案，保证了电解液工作质量。[⑤]

1959 年，Allis-Chalmers 公司的农业机械生产商 Harry Karl Ihrig 将 1 008 块培根电池连在一起，制造出第一辆以燃料电池为动力的拖拉机。该燃料电池的功率达到 15 kW，能为一台 20 马力的拖拉机供电。[⑥]

20 世纪 50 年代末和 60 年代，欧美国家加强对碱性燃料电池的开发及应用。美国联合碳化物公司对碱性燃料电池进行试验。Karl Kordesch 和同事利用碳气体扩散电极，设计出碱性燃料电池。他们在海斯等人的基础上，向美国陆军展示一台利用燃料电池供电的移动雷达，以及一辆利用燃料电池供电的摩托车。德国科学家 Eduard Justi 设计出气体扩散电极。[⑦]里索那和普拉特-惠特尼等公司以薄钯-银膜为氢电极，在电极气室置入镍催化剂，让醇类在镍催化剂作用下进行重整反应，产生出氢气作为燃料电池的燃料。研发被称为内重整的千瓦级碱性燃料电池。美国通用汽车公司利用 32 kW 的碱性电池，以液氢、液氧为燃料，设计、制造出 AFC 面包车，整车重约 3 200 kg，质量比内燃机车增加近 1 倍。英国电力贮存公司用 4 kW 碱性电池，以气瓶装高压氢、氧为气源，设计、组装并试验了电拖车。普拉特-惠特尼公司研制出以天然气或汽油为燃料的 500 W 和 4 kW 碱性燃料电池系统。它包括两个装置，一个是天然气或汽油重整制氢，产生的粗氢气经钯-银管分离出纯氢气作为燃料电池的燃料；另一个是碱性燃料电池组，以重整得到的粗氢气为燃料，以净化空气为氧化剂，严格控制空气流量。[⑧]但是，由于 AFC 在常规环境下存在电池性能不稳定等问题，无法在民用领域推广应用。

[①] 黄镇江：《燃料电池及其应用》，刘凤君改编，电子工业出版社，2005，第 4 页。

[②] 隋智通等：《燃料电池及其应用》，冶金工业出版社，2004，第 3 页。

[③] 毛宗强：《氢能：21 世纪的绿色能源》，化学工业出版社，2005，第 225 页。

[④] 衣宝廉：《燃料电池——高效、环境友好的发电方式》，化学工业出版社，2000，第 27 页。

[⑤] 隋智通等：《燃料电池及其应用》，冶金工业出版社，2004，第 3 页。

[⑥] 毛宗强：《氢能：21 世纪的绿色能源》，化学工业出版社，2005，第 224 页。

[⑦] 施皮格尔：《燃料电池设计与制造》，马欣等译，电子工业出版社，2008，第 9 页。

[⑧] 衣宝廉：《燃料电池——高效、环境友好的发电方式》，化学工业出版社，2000，第 25-26 页。

在同一时期，AFC 在航空航天领域应用的研发取得重大突破。载人航天飞行需要采用高比功率、高比能量的电池作为飞船上的主电源，科学家们对各种化学电池、燃料电池、太阳能电池及核电等进行了比对（图 18-12），结果发现氢氧燃料电池特别适宜作为功率要求在 1 ～ 10 kW、飞行时间在 1 ～ 30 天的载人飞机上的主电源。[1] 同时，燃料电池反应所生成的水还可供宇航员饮用，液氧系统可与生命保障系统互为备份。20 世纪 60 年代初，美国引进培根电池技术，并由普拉特–惠特尼公司对培根电池加以发展，开发出 PC3 A 电池作为"阿波罗号"登月飞船的动力源（表 18-62）。[2] 普拉特–惠特尼公司对电池的改进主要是采用 85% 的氢氧化钾作电解质，它在室温下是固体，封存在电池内，不循环。这种电池的双极板为镍板，带有气体分布的流道。电池组由 31 节单电池构成，按压滤机方式组装，采用聚四氟乙烯垫片密封。它以液氢为燃料，液氧为氧化剂，由液氢罐蒸发出来的氢气经热交换器进入电池组。每个电池系统正常输出功率为 1.5 kW，最大输出功率为 2.2 kW，加上燃料与氧化剂，总质量约 112 kg。3 个电池系统并联可保障整个"阿波罗号"飞船 14 天飞行的电力供给，1 个电池系统可保证飞船的安全返回。这种燃料电池动力源为"阿波罗号"飞船 18 次飞行提供了船上电力保障，累计运行超过 1 000 h，从而证明燃料电池作为飞船动力的安全性与可靠性。[3]

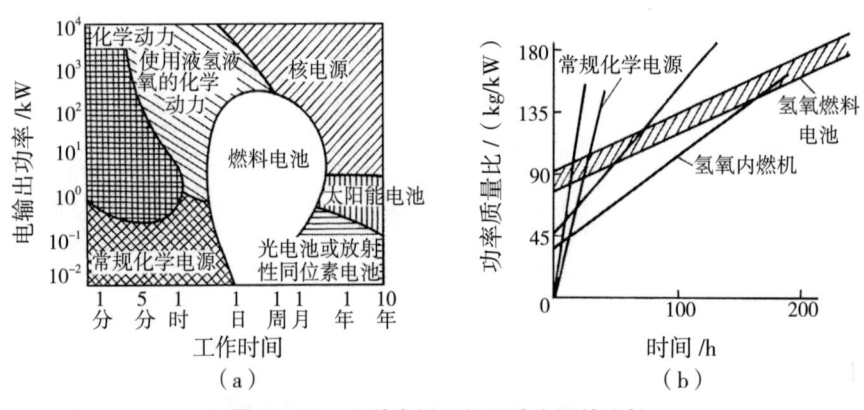

图 18-12 几种空间飞行用动力源的比较

资料来源：衣宝廉：《燃料电池——高效、环境友好的发电方式》，化学工业出版社，2000，第 26 页。

表 18-62 "阿波罗号"飞船 PC3 A 燃料电池主要技术指标

项目	参数	项目	参数
电池组中单电池数	31 个	船上工作时间	400 h
电池压力	3.5 kg/cm²	功率	563 ～ 1 420 W
工作温度	204 ℃	最大功率	2 295 W/20.5 V
反应气压力	4.2 kg/cm²	氢氧化钾含量	80%

[1] 衣宝廉：《燃料电池——高效、环境友好的发电方式》，化学工业出版社，2000，第 26 页。

[2] 施皮格尔：《燃料电池设计与制造》，马欣等译，电子工业出版社，2008，第 10 页。

[3] 衣宝廉：《燃料电池——高效、环境友好的发电方式》，化学工业出版社，2000，第 27-29 页。

续表

项目	参数	项目	参数
排水与排热方式	借助氢气循环	体积	直径：57 cm；高：112 cm
电压	27 ～ 31 V	质量	约 100 kg

资料来源：衣宝廉：《燃料电池——高效、环境友好的发电方式》，化学工业出版社，2000，第 30 页。

此后，美国、苏联、中国等国家加强对航空航天领域碱性燃料电池的开发。美国航空航天局把燃料电池列入宇宙飞船、太空实验室、航天飞机等空间开发计划。美国艾丽斯–查尔默斯公司在其碱性石棉膜型氢氧燃料电池通过在喷气式飞机上的失重试验后，试制出 45 W、6.5 kg 静态排水的电池系统，用于航天搭载试验。这个电池系统在美国航天飞机的主电源投标中，因碱性石棉膜型氢氧燃料电池性能优于"阿波罗"培根型燃料电池以及"双子座号"飞船所用的酸性离子膜型燃料电池（表 18-63）而一举中标。苏联的"礼炮 6 号"轨道站采用燃料电池作为主电源。中国科学院从 1969 年开始进行石棉膜型氢氧燃料电池的研制，至 1978 年完成 A 型和 B 型航天用石棉膜型氢氧燃料电池系统的研究与试制，通过例行的地面航天环境模拟试验。[1]

表 18-63　几种航天燃料电池的主要技术性能对比

项目	酸性离子膜型 （"双子座号"飞船）	碱性培根型 （"阿波罗号"飞船）	碱性石棉膜型 （Shuttle 航天飞机）
正常输出功率 /（kW/ 个）	0.25	0.60	7.0
峰值输出功率 /（kW/ 个）	1.05	1.42	12.0
工作电压 /V	23.3 ～ 26.5	27 ～ 31	27.5 ～ 32.5
整机质量 /kg	30	110	91
整机体积 /m³	$D30.48/L60.96$	$D57/L112$	$101 \times 35 \times 38$
寿命 /h	400	1 000	2 000
工作温度 /℃	38 ～ 82	200	85 ～ 105
氢氧工作压力 /MPa	—	0.35	0.418
电流密度[1] /（mA/cm²）	50 ～ 100	—	66.7 ～ 450
KOH 含量 /%	—	80 ～ 85	30 ～ 50
排水方式	—	动态	

资料来源：衣宝廉：《燃料电池——高效、环境友好的发电方式》，化学工业出版社，2000，第 33-34 页。

注：[1] 正常输出功率时的电流密度。

---

[1] 衣宝廉：《燃料电池——高效、环境友好的发电方式》，化学工业出版社，2000，第 32-35 页。

　　AFC 在航空航天领域应用的巨大成功, 掀起了当时世界各国研发燃料电池的新一轮热潮。20 世纪 70 年代, 奥地利著名燃料电池专家 Karl Kordesch 教授为自己的 Austin A40 汽车安装 AFC 系统, 使该汽车行驶了 3 年。他的研究工作推动了 ZEVCO 和 Electric Auto 公司 AFC 商业化的进程。[1]1976 年, 比利时与荷兰联合组成 Elenco 公司研制 AFC。该公司的基本电堆为 0.45 kW, 1987—1988 年制成 1～1.5 kW 便携式 AFC, 1993 年制成 40 kW 及 70 kWAFC 电堆[2], 15 kW 系统曾作为电动货车的驱动电源, 10 kW 系统用于尤里卡计划的城市巴士[3]。德国西门子公司在 20 世纪 70 年代制成 6 kW 级氢 - 氧 AFC 电堆 (图 18-13), 输出电压 48 V, 电流密度 400 mA/cm², 单电池电压 0.78 V。20 世纪 70 年代末, 西门子公司将 3 个 6 kW 氢 - 氧 AFC 电堆组成 20 kWAFC 电堆。20 世纪 90 年代, 西门子公司将 8 个 6 kW 氢 - 氧 AFC 电堆组装成 48 kW 级 AFC 电堆, 输出电压 192 V, 输出电流 250 A。该公司还用 AFC 电堆装备一艘德国潜艇 (表 18-64)。德国卡尔斯鲁厄研究中心以 AFC 作为动力, 研制出德国第一辆以燃料电池为动力的汽车。[4]日本富士电机公司于 20 世纪 70 年代先后制成 1 kWAFC、10 kW 氢 - 氧 AFC、2 kW 氢 - 空气 AFC, 1985 年又开发出 7.5 kW 应急 AFC 电源、可移动 3.6 kWAFC。1987 年, 欧洲空间局和法国宇航中心宣布开发新一代用于可复用的 Hermes 航天飞机的 AFC, 由 Elenco 公司等承担。美国 UTC (联合技术公司) 曾将 30 kW 氢 - 氧 AFC 用于美国海军潜水艇, 进行数十次试验。[5]

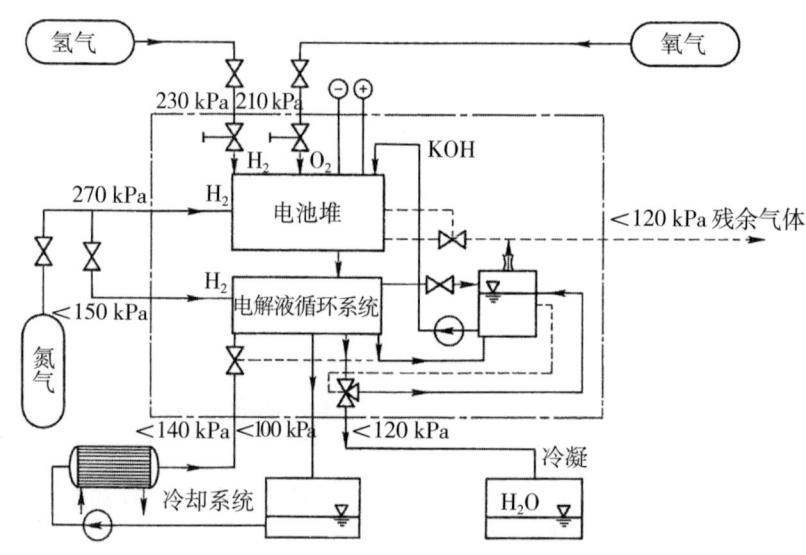

图 18-13　西门子公司的 AFC 系统

资料来源: 隋智通等:《燃料电池及其应用》, 冶金工业出版社, 2004, 第 206 页。

[1] 李星国等:《氢与氢能》, 机械工业出版社, 2012, 第 408 页。

[2] 毛宗强:《氢能: 21 世纪的绿色能源》, 化学工业出版社, 2005, 第 226 页。

[3] 隋智通等:《燃料电池及其应用》, 冶金工业出版社, 2004, 第 212 页。

[4] 毛宗强:《氢能: 21 世纪的绿色能源》, 化学工业出版社, 2005, 第 226 页。

[5] 同上书, 第 225-226 页。

表 18-64　西门子公司潜艇用 AFC 系统参数

项目	参数
功率 /kW	6
电堆电压 /V	46 ～ 48
效率 /%	61 ～ 63
20% 负载时的效率 /%	71 ～ 72
工作温度 /℃	80
氢气压力 /MPa	0.23
氧气压力 /MPa	0.21
尺寸 /m	$0.328 \times 0.328 \times 1.62$
总质量 /kg	215

资料来源：隋智通等：《燃料电池及其应用》，冶金工业出版社，2004，第 209 页。

然而，到 20 世纪 80—90 年代，磷酸燃料电池、熔融碳酸盐燃料电池、质子交换膜燃料电池等新型燃料电池相继登场，对碱性燃料电池尤其是民用领域燃料电池的发展造成极大的冲击。20 世纪 80 年代后，大多数燃料电池研发公司都将低温燃料电池的重点放在质子交换膜燃料电池上，欧洲各大公司针对 AFC 的开发项目在 1996 年前陆续终止（表 18-65）。

表 18-65　20 世纪 90 年代 AFC 研究团队或公司研发状况

公司或单位 / 地点	研发状况	说明
Siemens/Erlangen	停止开发	AFC 的研发工作终止后，开发 PEMFC
Varta AG/Kelkheim	1993 年停止研发	终止 AFC 电极与电池堆的研发
GH/Kassel	1994 年停止研发	终止 AFC 电极与电池堆的研发计划，进行 PEMFC 的研发
ISET/Kassel	1994 年停止研发	结束 AFC 系统研发
DLR−ITT/Stuttgart	1994 年停止研发	终止 AFC 电极与电池堆的研发，进行 PEMFC 的研发
Elenco/Antwerpen	1995 年停止研发	结束 AFC 电极、电池堆与系统的研发
Royal Institute of Technology/Stockholm	常态性研究计划	进行以生物燃料的静置型 AFC 系统研究
Hoechest AG/Frankfurt，France	停止开发	终止 AFC 电极的研发
Technical University/Graz	新研究计划	研究 AFC 的降解效应
Fuel Cell Control/England	产品开发	2.5 kW/28 V、0.5 kW/13.6 V、5 kW/28 V、10 kW/48 VAFC 系统开发
Astris Energi/Mississauga，Canada	产品开发	1 ～ 10 kWAFC 系统开发
Elenco/West Sussex，England	产品开发	1 ～ 50 kWAFC 系统开发

资料来源：黄镇江：《燃料电池及其应用》，刘凤君改编，电子工业出版社，2005，第 212-213 页。

即使如此，AFC 也仍在实践中得到进一步探索。苏联海军于 1988 年在"卡特兰号"潜艇装载燃料电池进行试验。1991 年，俄罗斯海军又在"比拉鱼"型潜艇上成功试验装载低温氢氧燃料电池。接着，推出一种采用碱性燃料电池的新型 AIP 潜艇——"阿穆尔"级潜艇，其电池系统功率为 300 kW，能保证潜艇在水下以 3.5 节的速度持续航行 20 天。[1]

原美国国际燃料电池公司（IFC），即现在的联合技术公司，继续为美国国家航空航天局提供航天飞船用碱性燃料电池。飞船上所有的电力需求由 3 个 12 kW 的电堆提供，最大输出功率 16 kW，电池效率约 70%，能提供比"阿波罗号"飞船上同体积燃料电池高 10 倍的电力。[2] 加拿大的阿斯垂斯（Astris）公司从 1983 年开始研发 AFC，于 2001 年最先推出结构紧凑、尺寸为 0.53 m × 0.58 m × 0.43 m、功率为 1.8 kW 的 AFC 高尔夫车动力装置。

20 世纪 90 年代后期，英国/比利时零污染汽车公司（ZEVCO）兼并 Elenco 公司，用它的技术和工厂开发 5 kW AFC 系统。该电堆使用半微孔多层气体扩散电极，Pt 载量 0.3 mg/cm^2，KOH 电解质循环，工作温度 70 ℃，常压，反应气体为氢气和空气，在额定功率下效率为 47%。新的 AFC 系统使用 Co 催化剂代替 Pt，以降低成本。1998 年，ZEVCO 公司装配一辆 5 kW AFC 出租车，在英国伦敦进行综合性能试验（表 18-66）。该公司还开发城市交通车、机场拖车等商用电动车、电动船。ZEVCO 公司与美国 EVX 公司联合，在纽约建厂，致力于开发城市用 AFC 电动车。[3]

表 18-66　ZEVCO 公司 5 kW AFC 出租车性能参数

项目		参数
汽车类型		伦敦出租车
质量 /kg		2 000
有效负载 /kg		350
电池系统	类型	AFC
	燃料	压缩氢气
	输出功率 /kW	5
	电池容量 /Ah	220
电动车性能	最大速度 /（km/h）	100
	加速性能	经 11 s，速度由 0 加速到 50 km/h
驱动系统	马达	直流无刷电机
	最大功率 /kW	45
	电压 /V	300
	控制器	3 相 IGBT

资料来源：隋智通等：《燃料电池及其应用》，冶金工业出版社，2004，第 212 页。

（三）磷酸燃料电池

磷酸燃料电池（Phosphoric Acid Fuel Cell，PAFC）是以磷酸为电解质，以空气为氧化剂，以 Pt/c 为催化剂，以重整气为燃料的一种燃料电池（表 18-67）。它是到 21 世纪头几年技术最成熟、唯一被

[1] 隋智通等：《燃料电池及其应用》，冶金工业出版社，2004，第 209 页。

[2] 同上书，第 217 页。

[3] 同上书，第 212 页。

大规模商业化应用的燃料电池。PAFC 研发的起点在美国，但大量应用则在日本。

表 18-67　磷酸燃料电池材料与进展

组件		20 世纪 60 年代	20 世纪 70 年代	20 世纪 80 年代
阳极	催化层	聚四氟乙烯黏合铂黑，9 mg/cm²	聚四氟乙烯黏合铂 / 碳，0.25 mg/cm²	聚四氟乙烯黏合铂 / 碳，0.25 mg/cm²
	支撑层	钽网	聚四氟乙烯处理的碳纸	聚四氟乙烯处理的碳纸
阴极	催化层	聚四氟乙烯黏合铂黑，9 mg/cm²	聚四氟乙烯黏合铂 / 碳，0.50 mg/cm²	聚四氟乙烯黏合铂 / 碳，0.50 mg/cm²
	支撑层	钽网	聚四氟乙烯处理的碳纸	聚四氟乙烯处理的碳纸
电解质隔膜		玻璃纤维纸	聚四氟乙烯黏合的碳化硅	聚四氟乙烯黏合的碳化硅
电解质浓度		85% 磷酸	95% 磷酸	100% 磷酸
双极板		石墨 + 树脂 900 ℃炭化	石墨 + 树脂 2 700 ℃炭化	复合碳板

资料来源: 衣宝廉:《燃料电池——高效、环境友好的发电方式》, 化学工业出版社, 2000, 第 43 页。

PAFC 由 G.V.Elmore 和 H.A.Tanner 于 1961 年发明出来。[1] 他们对由 35% 磷酸和 65% 硅石粉末组成的电解质进行试验，制造出首个磷酸燃料电池，其电流密度为 90 mA/cm²，电压为 0.25 V。[2]

20 世纪 60 年代，美国陆军开发出使用普通燃料的磷酸燃料电池。为了将军事领域用的燃料电池技术转为民用，美国实施了 Target 计划（1967—1976 年）。该计划以当时的普拉特–惠特尼公司为首，由 28 家与天然气和电力相关的公司组成 Target 财团，共同研发磷酸燃料电池，成功开发出 12.5 kW 磷酸燃料电池系统，将其命名为 PC11A（图 18-14）。Target 按计划共生产出 64 台 PC11A 型磷酸燃料电池电站，1973—1975 年分别在美国、加拿大、日本的工厂、公寓和宾馆进行现场试验，证明了磷酸燃料电池电站是一种高效可行、环境友好的分散式电站。[3]

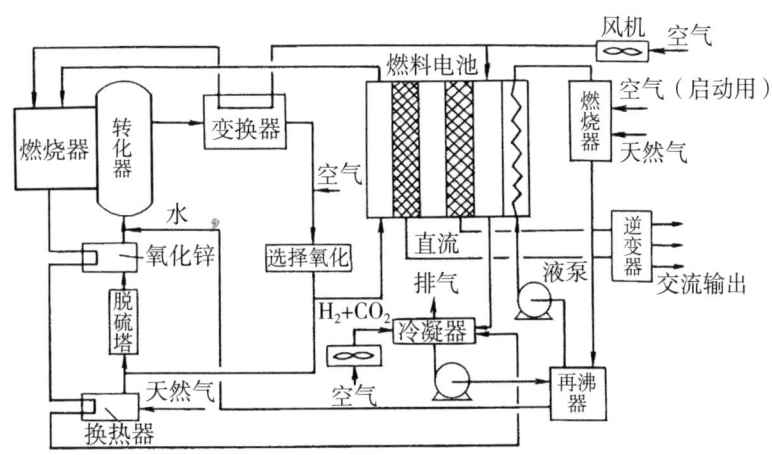

图 18-14　PC11A 12.5 kW 磷酸燃料电池电站流程

资料来源: 衣宝廉:《燃料电池——高效、环境友好的发电方式》, 化学工业出版社, 2000, 第 49 页。

---

[1] 吴宇平等:《绿色电源材料》, 化学工业出版社, 2008, 第 2 页。

[2] 施皮格尔:《燃料电池设计与制造》, 马欣等译, 电子工业出版社, 2008, 第 9 页。

[3] 衣宝廉:《燃料电池——高效、环境友好的发电方式》, 化学工业出版社, 2000, 第 48-49 页。

1971 年，美国能源部实施 FCG-1 计划，委托国际燃料电池公司、联合技术公司等单位，组织 9 个电力公司研究磷酸燃料电池在电力工业中的应用，目的是建立大型的燃料电池发电站。1977 年建成 1 MW 电站，1980 年在纽约建成 4.5 MW 试验电站。[1]1983 年在日本千叶县火力发电厂建成第二个 4.5 MW 的 PAFC 发电站，1991 年又在该火力发电厂建成 11 MW 的 PAFC 发电站（表 18-68）。

表 18-68 美国开发的 4.5 MW、11 MW 磷酸燃料电池发电站的性能比较

项目	4.5 MW 电站	11 MW 电站
额定功率 /MW	4.5	11
送电端发电效率（HHV）/%	36.7	41.1
输出功率范围 /%	25 ～ 100	30 ～ 100
电站运行压力 /MPa	0.25	0.74
电池工作面积 /cm^2	3 440	9 300
电站占地面积 /m^2	3 240	3 300
启动时间 /h	4	6
氮的氧化物排量 /（mg/m^3）	< 10×10^{-6}	≤ 10×10^{-6}
噪声 /dB	≤ 55	≤ 55

资料来源：衣宝廉：《燃料电池——高效、环境友好的发电方式》，化学工业出版社，2000，第 52 页。

20 世纪 70 年代，美国在实施 Target 计划的基础上，由美国能源部、天然气研究院（有的称"燃气协会"）和电力研究协会倡议，实施 GRI-DOE 计划（1976—1986 年），开发出 50 套 40 kW PAFC 电站装置（代号为 PC18），分别在日本、美国进行现场试验。在 PC18 的基础上，1990 年美国能源部和燃气研究所资助国际燃料电池公司的子公司 ONSI 公司（与日本东芝公司合资成立）开发出 PC25A 200 kW PAFC 电站（表 18-69）。1992—1994 年，200 kW 的磷酸燃料电池电站进入商业化前期的试验阶段，ONSI 公司共生产 56 套 PC25APAFC 电站系统，在世界各地进行试验。[2]到 2002 年共计售出 246 套 200 kW-PC25 系列系统，其中最长运转时间为 57 738 h，连续运转时间为 9 506 h。

表 18-69 PC25A 200 kW 磷酸燃料电池电站的特征

项目	空冷 N200	水冷 PCX
额定功率（交流，总）/kW	220	200
输出电压（交流）/V	210	210
最小功率（交流，总）/kW	50	50
控制功率范围 /%	22.7 ～ 100	25 ～ 100
电效率（HHV，总）/%	35	35 ～ 38
废热回收率 /%	40	45
总热效率 /%	75	80 ～ 83
燃料	城市煤气	城市煤气

[1] 毛宗强：《无碳能源：太阳氢》，化学工业出版社，2009，第 98 页。

[2] 衣宝廉：《燃料电池——高效、环境友好的发电方式》，化学工业出版社，2000，第 49-50 页。

续表

项目	空冷 N200	水冷 PCX
额定功率时燃料消耗 /（m³/h）	60	45 ～ 48
冷启动时间 /h	4	5
电站区域噪声水平 /dB	≤ 50	≤ 50

资料来源：衣宝廉：《燃料电池——高效、环境友好的发电方式》，化学工业出版社，2000，第 50-51 页。

美国联合技术公司（UTC）1992 年在加利福尼亚州太阳谷安装世界第一座以垃圾填埋场沼气为燃料的 PAFC 电站，成功地进行示范运转，证明了以沼气中的甲烷作为燃料的燃料电池发电技术的可行性。此后，同款燃料电池电站陆续在美国康涅狄格州、纽约以及日本等地的垃圾填埋场或污水处理场进行示范运转。1997 年，UTC 在 Yonkers 污水处理场安装一套 PAFC 系统，每年可提供超过 1 600 MWh 的电力，而每年排放到环境的污染物仅为 721 b（非法定计量单位，11 b=0.453 592 kg）。[1]

日本从 20 世纪 70 年代开始开发 PAFC，走的是"引进合作，消化吸收，再提高"的路线。[2] 1972 年，东京煤气公司从美国引进 2 台 PAFC 发电机组。1 年后，大阪煤气公司也引进 2 台 PAFC 机组。日本在与美国开展燃料电池合作开发的基础上，从 1981 年开始实行"月光计划"（即国家燃料电池计划），1981—1986 年预算拨款 4 400 万美元，其中 3 000 万美元用来开发 PAFC 装置，主要用于发展小型分散供电电站和大型集中供电电站。在电力公司、煤气公司等的通力合作下，日本富士、东芝、日立、三菱等公司能够生产 50 kW、100 kW、200 kW、1 000 kW、5 000 kW、11 MW 等各种规模的 PAFC 发电系统，有的还实现了小批量生产。[3] 日本政府在 1981—1990 年用于 PAFC 的费用达到 1.15 亿美元。进入 20 世纪 90 年代，日本于 1990 年开发 2 套非加压 PAFC 系统用于产业界和孤立岛屿供电，1991 年建造 1 座 5 MW 加压电站和 1 座 1 MW 非加压电站做验证试验，1993 年大阪煤气公司在大阪建造 1 栋 100 kW PAFC 系统的未来型试验住宅 NEX21。到 1999 年，日本 PAFC 总装机容量达 48 MW。日本建成世界上最多的 PAFC 装置。在世界各地早期安装的 150 多套 PAFC 装置中，日本占 75%，北美占 15%，欧洲占 9%。[4]

20 世纪 80 年代末，欧洲开始积极发展 PAFC。英国、德国、意大利等 8 个欧洲国家的 22 家公司于 1989 年共同成立欧洲燃料电池集团（EFCG，总部设在伦敦），计划引进美国、日本的 PAFC 技术，建立 PAFC 示范电站。在此推动下，瑞典、德国、丹麦、意大利等国家先后建成 4 个 FP50 电站，10 个 CP25 电站（200 kW，ONSI），1 个 80 kW 电站（IFC）（表 18-70）。1995 年，意大利米兰市能源公司等在米兰市合作建成以甲烷为燃料的 1.3 MW 热电厂，它是欧洲第一座兆瓦级 PAFC 电站。[5] 意大利的安萨多公司与 ONSI 合作成立 CLC 公司，设计和建造世界上第一个以氢为燃料的磷酸型燃料电池发电站。意大利还在博洛尼亚市建立一套 1 200 kW 的 PAFC 发电系统，用以检测小容量现场发电系统的

---

[1] 黄镇江：《燃料电池及其应用》，刘凤君改编，电子工业出版社，2005，第 44 页。
[2] 隋智通等：《燃料电池及其应用》，冶金工业出版社，2004，第 183 页。
[3] 毛宗强：《氢能：21 世纪的绿色能源》，化学工业出版社，2005，第 328 页。
[4] 隋智通等：《燃料电池及其应用》，冶金工业出版社，2004，第 183-185 页。
[5] 同上书，第 188 页。

技术性能和寿命。[1] 德国在 1997 年前安装和运行 10 余套 PC25 型 PAFC 发电装置。到 21 世纪的前几年，欧洲共建成 21 座 PC25 型 PAFC 热电站，累计运行时间 34.9 万 h，发电 5.4 万 MWh。从已经商业化的 PC25 热电站看，建设成本还比较高。根据 CLC 公司的专家评估，建设一座 200 kW-PC25 型热电站，燃料电池成本约 30 万美元，其他设备和系统约 70 万美元。[2]

表 18-70 欧洲的 PAFC 示范工厂

公司	国家	生产厂家	功率 /kW	合作伙伴
Sydkraft	瑞典	FUJl	50	
Sydkraft	瑞典	ONSl	200	荷兰：NUTEK
Vattenfall	瑞典	FUJl	50	荷兰：Gasunie
Ruhrgas	德国	ONSl	200	德国：黑森州
HEAG	德国	ONSl	200	荷兰：Gasunie
Thyssengas	德国	ONSl	200	英国：原子能技术
Naturgas Syd/SH	丹麦	ONSl	200	—
Imatra Voima OY	芬兰	ONSl	200	—
Austrla Ferngas	奥地利	ONSl	200	—
Enagas	西班牙	FUJl	50	—
SNAM/Eniricerche	意大利	FUJl	50	—
Servlces Industriels de Geneve（SIG）	瑞士	ONSl	200	—
Acoser/Bologna	意大利	ONSl	200	—
Sola-Wasserstoff-Bayern	德国	FUJI/KTI/LINDE	80	德国：Bayernwerk，宝马，西门子，Linde。法国：DASA
Aem/Milan	意大利	IFC/ANSALDO/HALDOR TOPSOE	200	—

资料来源：毛宗强：《氢能：21 世纪的绿色能源》，化学工业出版社，2005，第 331 页。

到 2000 年，PAFC 发展经历了 3 个阶段（表 18-71），其功率从 12.5 kW（PC11）、40 kW（PC18）提高到 200 kW（PC25）。PAFC 是应用最多的分布式燃料电池电站，到 21 世纪初全球仍在运行的 PAFC 电站共有 200 多座，中国广东番禺也有一套日本制造的 200 kW PAFC 系统在运行。[3] 从已经商业化的 PAFC 电站看（表 18-72），总体而言，PAFC 的优点并不突出。由于 PAFC 的启动时间很长，需要几个小时，作为备用电源、交通工具使用都不及 PEMFC 方便，因此，PAFC 的应用领域只限于固定电站。PAFC 的工作温度在 200 ℃左右，作为热电联供时余热利用价值较低，所以 PAFC 有被其他燃料电池取代的趋势。[4]

---

[1] 隋智通等：《燃料电池及其应用》，冶金工业出版社，2004，第 184 页。

[2] 同上。

[3] 毛宗强：《无碳能源：太阳氢》，化学工业出版社，2009，第 33 页。

[4] 毛宗强：《氢能：21 世纪的绿色能源》，化学工业出版社，2005，第 238 页。

表 18-71　PAFC 发展阶段

项目	1965—1975 年	1976—1985 年	1986—2000 年
催化剂用量/(kg/cm²)	6	0.75	0.25
催化剂	Pt–Rh–Ni–WO₃	Pt/C	Pt/C
双极板材料	石墨–PBD 聚合物	碳板	碳纤维，石墨粉混合特制板，纤维素树脂酚醛
工作温度/℃	135	150	160～180
功率/kW	12.5（PC11）	40（PC18）	200（PC25）
运行时间/h	5 000	13 000	40 000

资料来源：毛宗强：《氢能：21 世纪的绿色能源》，化学工业出版社，2005，第 237 页。

表 18-72　部分 PAFC 商业化电站的技术指标

项目											
单机容量/kW	50	100	200	200	200	200	500	1 000	1 000	5 000	11 000
电站名称	FP–50	FP–100	PC–25	TFC–200（ST）	NEDO/PLAZA	NEDO/OKINAWA	OSAKAGAS	NEDO/ONSITE	ENEA/PRODE（IFC）	NEDO/CENTER	TEPCO/GOI
制造商	富士	富士	ONSI	东芝	三菱	富士	富士	东芝	ANSALDO（IFC）	富士	东芝（IFC）
类型	大气压	大气压	大气压	大气压	大气压	大气压	大气压	大气压	加压	加压	加压
电效率/%	35(HHV)[1]	38（LHV）[2]	40（LHV）	40（LHV）	36（HHV）	39.7（HHV）	40（LHV）	36（HHV）	40（LHV）	41.2（HHV）	41.1（HHV）
总效率/%	72（HHV）	85（LHV）	84（LHV）	84（LHV）	80（HHV）	—	85（LHV）	71（LHV）	80（LHV）	71.4（HHV）	72.7（HHV）
热的利用	热水 65 ℃，45 Mcal/h[3]	热水 50 ℃，58 Mcal/h；蒸汽 165 ℃，49 Mcal/L	热水 90 ℃，50 Mcal/h，热水 74 ℃，191 Mcal/h	热水 191 Mcal/h，供给 74 ℃，回水 27 ℃，80～90 Mcal/h（计划值）	热水 70 ℃，蒸汽 170 ℃，26.1%；蒸汽 170 ℃，18.1%	无计划	热水 70 ℃，22%；蒸汽＞160 ℃，23%	热水 15%～10%，供水 65 ℃，回水 50 ℃，蒸汽 170 ℃ 20%～25%	1 000 Mcal/h	热水 92 ℃，357 Mcal/h；热水 48 ℃，1 429 Mcal/h；蒸汽 324 ℃，780 Mcal/h	—

续表

项目	参数										
燃料	天然气	城市煤气	天然气	城市煤气	城市煤气	甲醇	城市煤气	城市煤气	城市煤气	城市煤气	城市煤气
NO$_x$排放	$<3\times10^{-6}$	$<10\times10^{-6}$	—	$<10\times10^{-6}$	$<10\times10^{-6}$	2×10^{-6}	4×10^{-6}	$<2\times10^{-6}$	$<2\times10^{-6}$	2×10^{-6}	—
SO$_x$排放	0	$<0.1\times10^{-6}$	—	$<0.1\times10^{-6}$	—	—	—	$<0.01\times10^{-6}$	$<0.01\times10^{-6}$	—	—
噪声/dB	<55	<55	—	<60	—	—	—	<60	<60	—	—
尺寸（长×宽×高）/m	—	$45\times20\times20$	—	—	$5.3\times3.2\times3.2$ $5.0\times3.2\times3.2$	$11\times3\times3.9$	$10\times3.1\times3.2$	$7.3\times3.0\times3.5$ $6.9\times2.8\times3.5$	$7.3\times3.0\times3.5$	$3.6\times2.39\times3.18$	$3.1\times1.75\times2.3$
质量/t	—	—	—	—	约50	—	—	27.3	27.3	—	6.5

资料来源：毛宗强：《氢能：21世纪的绿色能源》，化学工业出版社，2005，第239页。

注：[1] HHV指高热值；[2] LHV指低热值；[3] 1cal=4.19 J。

（四）熔融碳酸盐燃料电池

熔融碳酸盐燃料电池（Molten Carbonate Fuel Cells，MCFC）是以碳酸锂、碳酸钾、碳酸钠等熔融碳酸盐为电解质，以镍为催化剂，工作温度为 600～700 ℃的一种高温燃料电池。它具有电池构造材料廉价、发电效率高、综合利用效率高、燃料多元化、无污染等优点。

MCFC 的历史从 1910 年开始。1910 年，泰特鲍姆（Taitel baum）用纯熔融 NaOH（380 ℃）作为电解质，用锰酸盐或钒酸盐作为催化剂，第一次使用多孔 MgO 隔膜进行 MCFC 的原型研究。[1] 他指出了它与雅克（Jacques）电池的不同特点。

20 世纪 30—50 年代，MCFC 研究未能取得突破。20 世纪 40 年代，O.K.Davtyan 对这些问题进行深入研究，但收效甚微。20 世纪 50 年代末，荷兰科学家 G.H.J.Broers 和 J.A.A.Ketelaar 继续研究，也未能获得成功。[2]

在研究中，Broers 和 Ketelaar 发现了高温固体电解质的局限性。于是，他们将 MCFC 研发的重点放在高温液体电解质的开发上。1960 年，他们成功开发出以含有熔融的锂、钠或钾的碳酸盐为电解质、工作时间达 6 000 h 的燃料电池。[3] 在此研发过程中，他们发现，因电解质与垫片材料之间发生反应，会造成部分熔融电解质的损失。此后，美国得克萨斯州仪器公司制造出多款熔融碳酸盐燃料电池，功率为 100～1 000 W，工作气体为来自汽油重整器的氢气。[4]

20 世纪 70 年代，研究 MCFC 的仍然主要是美国。此时，IFC 加入 MCFC 开发当中，成功研制出 20 kW 级 MCFC（有效面积为 0.37 m²），并设计出 2 MW MCFC，成为研发 MCFC 的主力。[5] 与此同时，荷兰等国家也开展对 MCFC 的研究。

自 20 世纪 80 年代起，美国、日本、欧洲共同体等加大对 MCFC 的开发力度。日本在"月光计划"的支持下于 1981 年开展熔融碳酸盐燃料电池开发，于 1984 年制成 1 000 W MCFC 电堆，1986 年为 10 kW，1991 年开发出 30 kW，1997 年达 1 MW[6]，1999 年 200 kW 内部重整型 MCFC 电堆试验获得成功[7]。荷兰于 1986 年重新启动曾中断长达 15 年的 MCFC 研究，荷兰能源组织（NDNEM）与美国燃气技术研究院（CTI）开展 MCFC 合作，分别在 1989 年开发出 1 kW 和 10 kW MCFC，1995 年建成 2 个 250 kW MCFC 试验电站[8]，随后荷兰能源研究中心逐渐发展成为欧洲 MCFC、SOFC、PEMFC 的测试中心。IGT 于 1987 年成立 M-C 动力公司（MCP）和能量研究所（ERC，后来改为 Fuel Cell Energy 公司）。M-C 动力公司于 20 世纪 90 年代在加利福尼亚州建成 250 kW MCFC 发电站，ERC 自 1990 年起建成多座 MCFC 电站（表 18-73）。1996 年，ERC 在加利福尼亚州圣克拉拉建成 2 MW MCFC 电站，该电站是当时全世界功率最大的内重整 MCFC 发电站（图 18-15），于 1997 年完成试验计划，达到了预期设计

---

[1] 毛宗强：《氢能：21 世纪的绿色能源》，化学工业出版社，2005，第 43 页。

[2] 施皮格尔：《燃料电池设计与制造》，马欣等译，电子工业出版社，2008，第 8 页。

[3] 李星国等：《氢与氢能》，机械工业出版社，2012，第 432 页。

[4] 施皮格尔：《燃料电池设计与制造》，马欣等译，电子工业出版社，2008，第 9 页。

[5] 毛宗强：《氢能：21 世纪的绿色能源》，化学工业出版社，2005，第 241 页。

[6] 毛宗强：《无碳能源：太阳氢》，化学工业出版社，2009，第 43 页。

[7] 隋智通等：《燃料电池及其应用》，冶金工业出版社，2004，第 157 页。

[8] 同上书，第 163 页。

的功率（1.8 MW）。Fuel Cell Energy（FCE）公司成立后，开展常压内部重整式 MCFC 燃料电池的开发，其 250 kW 电堆由 340 片电极面积为 0.84 m² 的单电池组成，运转时间长达 1 180 h，于 2000 年 6 月停止运行。这期间最大输出功率为 263 kW，发电总量为 1 905 MWh，综合效率达 75%（LHV）以上。

表 18-73　美国 ERC 试验的部分 MCFC 电站

时间 / 年	单电池数	电池堆功率 /kW	燃料	试验地点	试验持续时间 /h
1990	54	20	天然气	PG & E, CA	300
1990	18	7	天然气	E1 kraft, Denmark	3 600
1992	234	70	天然气	PG & E, CA	1 400
1993	246	120	天然气	ERC Danbury	250
1993	246	120	天然气	ERC Danbury	1 800
1993—1994	54	20	天然气 / 煤气	Destec, LA	3 900
1994	258	130	天然气	ERC Danbury	2 000
1994	18	8	天然气	Elkraft, Denmark	6 500 19 750

资料来源：衣宝廉：《燃料电池——高效、环境友好的发电方式》，化学工业出版社，2000，第115页。

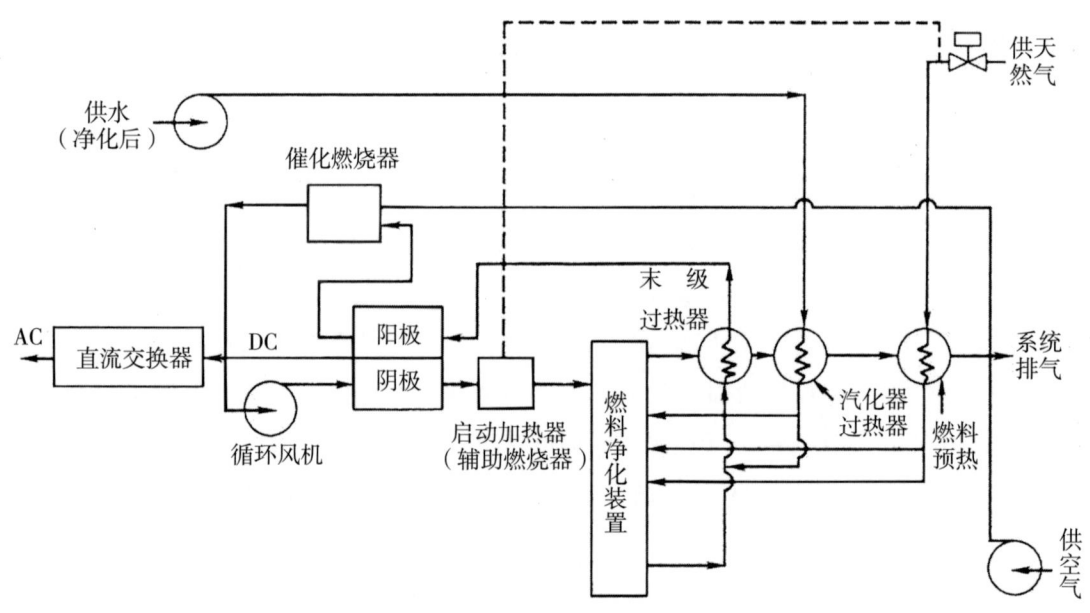

图 18-15　圣克拉拉 2 MW MCFC 示范项目系统流程

资料来源：贺永德主编《现代煤化工技术手册》，化学工业出版社，2004，第1297页。

20 世纪 80 年代后期，欧洲共同体制订了 1989—1992 年 Joule 计划，规划建设 200 MW MCFC 电站。在此推动下，丹麦 1991 年从美国 ERC 购入 7 kW MCFC 进行研究。德国 MBB 公司 1992 年制成 10 kW MCFC，1992—1994 年建成 100 kW、250 kW MCFC 电站。意大利于 1992—1994 年研制 50 ～ 100 kW

MCFC 电堆，ANSODO 公司与其他合作建造 MCFC 生产线，年生产能力为 2 ～ 3 MW。[1]

除了欧洲共同体实施 Joule 计划，德国 MTU Friedrichshafen 也发起成立"欧洲 MCFC 发展联盟"，实施欧洲最大的 MCFC 技术商业化计划，德国 MTU 为负责单位。其联盟成员除 MTU 外，还包括丹麦的 Energi E2 S/A、德国的 Ruhrga（气体公司）及 RWE Energie（电气设备公司）。[2]该计划分三个阶段进行。第一阶段（1990—1992 年），引进 FCE 技术；第二阶段（1992—1997 年），开发基本技术与系统，解决 MCFC 材料、腐蚀及寿命问题；第三阶段（1997—2001 年），试验论证阶段。1990—2000 年 10 年间投入约 10 亿美元。[3]该联盟所取得的最大突破是研制了耐腐蚀、长寿命的电池部件，并开发出专有的系统方案。

在 MCFC 技术商业化发展过程中，MTU 发现传统 MCFC 系统无法与现有发电站竞争，主要原因是 MCFC 系统外围组件成本过高。即使燃料电池堆成本仅占整个 MCFC 系统总成本的 1/3，甚至将燃料电池堆的成本降至 0，MCFC 仍然不具有竞争力。因此，在系统外围组件没有技术上的突破及大量生产的情况下，MTU 把开发出所谓"热模组"（Hot Module）的 MCFC 系统作为主攻方向（表 18-74）。1999 年 11 月，MTU 在比勒费尔德大学校园内建成一座采用 250 kW Hot Module 的 MCFC 电站，至 2000 年 8 月共计运转超过 4 200 h，低热值发电效率为 45%。[4]从 2001 年 4 月开始，又在德国一家医院内安装一套功率为 220 kW、效率为 48% ～ 49%（LHV）的 Hot Module 型 MCFC 系统。

表 18-74　Hot Module 型 MCFC 系统的技术参数

项目	参数
运行温度 /℃	600
燃料	天然气，生物质气，沼气，煤气，工业废气，甲醇
电力输出 /kW	250
热量输出 /kW	170
电极面积 /m²	0.6×1.2
电池数目 / 个	300（左右）
电效率 /%	50
热量利用	工艺蒸汽，热水
质量 /t	15

资料来源：隋智通等：《燃料电池及其应用》，冶金工业出版社，2004，第 163 页。

在中国，哈尔滨电站设备成套设计研究所于 20 世纪 80 年代后期开始研究 MCFC。20 世纪 90 年代，中国科学院长春应用化学研究所、中国科学院大连化学物理研究所以及北京科技大学等先后开展 MCFC 的研发工作，上海交通大学和中国科学院大连化学物理研究所于 2001 年分别成功地进行 1 kW

[1] 毛宗强：《氢能：21 世纪的绿色能源》，化学工业出版社，2005，第 241 页。

[2] 黄镇江：《燃料电池及其应用》，刘凤君改编，电子工业出版社，2005，第 170 页。

[3] 隋智通等：《燃料电池及其应用》，冶金工业出版社，2004，第 162 页。

[4] 黄镇江：《燃料电池及其应用》，刘凤君改编，电子工业出版社，2005，第 171 页。

熔融碳酸盐燃料电池组的发电试验。[1]

进入 21 世纪，MCFC 技术日趋成熟，材料研发基本结束（表 18-75），大规模应用研究得到加强，商业化进程加快。从 2006 年起，美国 MCFC 开始取代 PAFC，成为新建分散式电站的主要燃料电池类型。[2] 韩国于 2002 年进行 25 kW MCFC 高性能、长寿命验证实验[3]，随后建成由 8 套 300 kW 集成、总功率达 2.4 MW 的 MCFC 示范电站[4]。

表 18-75　MCFC 主要组件沿革

组件	20 世纪 60 年代中期	20 世纪 70 年代中期	21 世纪初
阳极	Pt，Pd 或 Ni	Ni-10 Cr	Ni-Cr/Ni-Al/Ni-Al-Cr 孔径 3～6 μm 初始孔隙率 45%～70% 比表面积 0.1～1 m²/g 厚度 0.2～0.5 μm
阴极	Ag₂O 或锂化 NiO	锂化 NiO	锂化 NiO-MgO 孔径 7～15 mm 孔隙率 60%～65% 比表面积 0.5 m²/g 厚度 0.5～1 μm
电解质 （重量百分数）	52Li-48 Na 43.5Li-31.5 Na-25 K	62Li-38 K	62Li-38 K 60Li-40 Na 51Li-48 Na
电解质支撑体	MgO	LiAlO₂（α、β、γ 混相） 10～20 m²/g 1.8 mm	LiAlO₂（α 或 γ 相） 0.1～12 m²/g 0.5～1 mm
电解质成型方法	粘贴	热压，厚度 1.8 mm	带铸，厚度 0.5～1 mm

资料来源：李星国等：《氢与氢能》，机械工业出版社，2012，第 434 页。

在上述研究推动下，各国 MCFC 技术水平不断提高，多厂商产品的衰减率为 0.25%/1 000 h，但它们之间的技术水平存在较大差距（表 18-76）。限制 MCFC 发展的主要问题是产品价格昂贵，如 FCE 公司制造的 250 kW MCFC 售价高达 125 万美元，其中电堆占 20%。对此，美国 Vision 21 把降低造价作为主攻目标之一。同时，鼓励燃料电池实用化，政府对售出的燃料电池给予每千瓦 1 000 美元的补贴。[5]

---

[1] 毛宗强：《无碳能源：太阳氢》，化学工业出版社，2009，第 44 页。

[2] 李星国等：《氢与氢能》，机械工业出版社，2012，第 435 页。

[3] 隋智通等：《燃料电池及其应用》，冶金工业出版社，2004，第 163 页。

[4] 毛宗强：《无碳能源：太阳氢》，化学工业出版社，2009，第 44 页。

[5] 隋智通等：《燃料电池及其应用》，冶金工业出版社，2004，第 166 页。

表 18-76　各厂商典型的 MCFC 性能一览表

公司	输出功率 /kW	电池面积 /m²	电池数 / 只	电流密度 / （mA/cm²）	输出电压 /mV	功率密度 / （kW/ m²）	操作压力 /MPa	寿命 /h
FCE[1]	263.0	0.78	340	124	800	0.99	0.1	11 800
MC Power Hitachi	206.0	1.06	250	108	723	0.78	0.1	2 800
IHI	272.0	1.20	300	95	794	0.75	0.5	4 900
IHI	136.0	1.00	140	120	808	0.97	0.5	4 900
ECN	12.4	0.30	33	150	833	1.25	0.4	2 100
Amsaldo	4.0	0.07	50	158	740	1.17	0.1	750

资料来源：毛宗强：《氢能：21 世纪的绿色能源》，化学工业出版社，2005，第 242 页。

注：[1] 原文为 "PCF"。应为 "FCE"。

（五）固体氧化物燃料电池

固体氧化物燃料电池（Solid Oxide Fuel Cell，SOFC）是以固体氧化物为电解质，在中高温作用下直接将储存在燃料和氧化剂中的化学能转化为电能的一种燃料电池。它可直接利用煤气、天然气、生物质气、氢气等作为燃料。SOFC 的开发尚处在研发、示范阶段，以美国、日本、欧洲为主（表 18-77）。

表 18-77　国际上重要的 SOFC 制造商及产品技术指标

制造商	技术	产品发电容量	市场
Siemens Westinghouse	管形（1 000 ℃）	250 kW ~ 5 MW	共生发电机组、分散型发电厂
SOFCo（McDermott International+ Ceramatec+Advanced Refractory Technologies）	平板式（700 ~ 800 ℃，1 000 ℃）	10 ~ 50 kW	商业用 HVAC
Sulzer Hexis	圆盘形	1 kW	偏远、住宅
Ztek	圆盘形（1 000 ℃）	25 ~ 50 kW	偏远、住宅用电源
Honeywell/Allied Signal	平板式与圆盘形（600 ~ 800 ℃）	500 W	便携式电源
Ceramic Fuel Cells（CFCL）	平板式	50 ~ 300 kW	偏远、住宅、商用电源
Mitsubishi Heavy Industry	管形、波浪板形		便携式电源
Global Thermoelectric	平板式（600 ~ 750 ℃）	2 ~ 10 kW	偏远、住宅、商用电源
Technology Management（TMI）	圆盘形（700 ~ 800 ℃，1 000 ℃）	20 ~ 100 kW	商业用 HVAC

资料来源：黄镇江：《燃料电池及其应用》，刘凤君改编，电子工业出版社，2005，第 196-197 页。

1897 年，物理学家能斯特用一个掺有 15% 氧化钇的氧化锆高温离子导体固体细棒或薄管，发明能斯特灯。[①]这一组分是当今 SOFC 的基础材料（现在称 YSZ），SOFC 由此萌芽。后来，能斯特的学生肖特凯发表关于用能斯特固体电解质制成 SOFC 的理论的文章。

1937 年，美国的 Emil Baur 和 H.Preis 对固体氧化物电解质进行试验，首次将 ZrO_2 陶瓷用于燃料电池，研制出世界上第一只 SOFC 电池。[②]此后，以氧离子（O^{2-}）导体为固体电解质的 SOFC 得到广泛开发应用。

20 世纪 40 年代，苏联科学家 O.K.Davtyan 对固体电解质进行试验，当固体电解质遇到了有害的化学反应，额定功率持续时间很短。之后，设在荷兰海牙的中央技术研究院、美国通用电气公司等对固体氧化物进行研究时，也遇到因半导性而引起的高内阻、融化和短路等问题。[③]美国西屋电气公司在 1962 年对 SOFC 进行研究。同年，J.Weissbart 和 R.Ruka 成功研制出工作温度超过 1 000 ℃的固体氧化物燃料电池。[④]20 世纪 70 年代，德国海德堡中央研究院成功开发出管式 SOFC，连续运行 3 400 h。但是，总的来看，直到 20 世纪 70 年代末，SOFC 的研发应用都未能取得大的进展。

20 世纪 80 年代，SOFC 的开发相继取得一系列突破。美国西屋电气公司于 1986 年制成 400 W 管式 SOFC，1987 年又开发出 3 000 W SOFC，后者成功运行 5 000 多个小时。日本电子技术综合研究所于 1986 年制成 500 W 管式 SOFC。东京电力公司于 1987 年制成 1 000 W 管式 SOFC，连续运行 1 000 h，最大输出功率 1.3 kW。[⑤]

20 世纪 90 年代，SOFC 由管式向平板式发展，额定输出功率得到提高。作为 SOFC 技术商业化实验基地的美国 PPMF 于 1990 年为美国能源部建成以煤气为燃料的 20 kW SOFC，连续运行 1 700 多个小时，PPMF 还为日本提供 2 套 SOFC。德国西门子公司从 1990 年开始开发平板式 SOFC，1994 年组装 1 kW 电池组，1995 年组装 10 kW 电池组，1996 年组装试验由 2 台 10 kW 平板式固体氧化物燃料电池组构成的 20 kW 电池系统。澳大利亚 Ceramic Fuel Cells 公司从 1992 年开始开发平板式 SOFC，最大特色是采用带铸与网印工艺技术以及先进的密封技术降低成本、延长寿命，2000 年建成 25 kW 矩阵结构的陶瓷平板式 SOFC 实验平台。McDermott International 公司和 Ceramatec 公司于 1994 年共同组成 SOFCo 联盟。1999 年，Advanced Refractory Technologies 公司加入，SOFCo 联盟开发的平板式 SOFC 多电池堆 CPn 模组专利设计在当时交流排列设计中拥有最大反应面积（20 cm × 20 cm）。[⑥]

Sluzer 公司于 1998 年设立 Sluzer Hexis 子公司，专攻常压小型 SOFC 的开发，到 2001 年建成 6 个平板式 1 kW 级 SOFC 试验系统，累计发电 90 000 h，单个电堆最长运行时间 8 000 h，发电效率 35%，首次证实 1 kW 级 SOFC 的热量可独立使用。[⑦]

中国科学院上海硅酸盐研究所于 1971 年开始研究 SOFC，1998 年制成 2 个单电池串联的平板式

① 毛宗强：《无碳能源：太阳氢》，化学工业出版社，2009，第 44 页。

② 毛宗强：《氢能：21 世纪的绿色能源》，化学工业出版社，2005，第 242 页。

③ 施皮格尔：《燃料电池设计与制造》，马欣等译，电子工业出版社，2008，第 8 页。

④ 李星国等：《氢与氢能》，机械工业出版社，2012，第 399 页。

⑤ 毛宗强：《氢能：21 世纪的绿色能源》，化学工业出版社，2005，第 245 页。

⑥ 黄镇江：《燃料电池及其应用》，刘凤君改编，电子工业出版社，2005，第 202 页。

⑦ 隋智通等：《燃料电池及其应用》，冶金工业出版社，2004，第 123 页。

SOFC 电堆，开路电压 0.25 V、功率密度 0.1 W/cm^2，电池系统工作数十小时后性能稳定。[1]

20 世纪末，SOFC 领域发生了一个重大事件，德国西门子公司于 1998 年并购当时掌握最好的管式 SOFC 技术的美国西屋电气公司火力发电部，在美国共同组建成立 SWP 公司。西门子公司曾于 1996 年建成 20 kW 平板式 SOFC 试验系统。西屋电气公司曾于 1997 年与日本东京瓦斯株式会社及大阪瓦斯株式会社共同研制出 25 kW 级常压管式 SOFC 装置，连续运转 13 000 h；在加利福尼亚大学的美国国家燃料电池研究中心建成 25 kW 试验系统。1998 年，SWP 公司在荷兰建成 100 kW 级常压管式 SOFC 电热联供系统（图 18-16），这是世界上第一次在完整的 SOFC 模块中试验商用电池。[2]2000 年，SWP 公司在美国加利福尼亚州开发出世界第一套功率为 220 kW 的加压型管式 SOFC 与微型汽轮机联合发电系统。它由 200 kW 加压 SOFC 模块与 20 kW 微型透平发电机集成，设计发电效率 53%（表 18-78）。SWP 公司还首次用天然气作燃料，在兆瓦级加压型 SOFC/小型汽轮机系统进行试运行，展示了 SOFC 实用化的市场前景。[3]此后，另一家公司 Bloom Energy Server 在美国加州硅谷建造多个 250 kW 以上的 SOFC 电站。

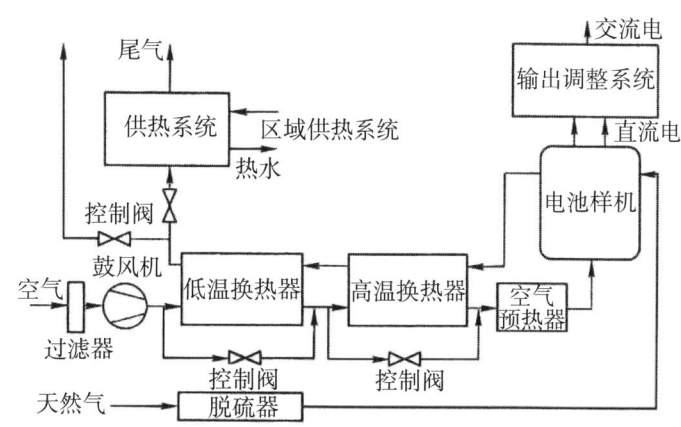

图 18-16　SWP 公司 100 kW 级常压型 SOFC 电热联供系统

资料来源：隋智通等：《燃料电池及其应用》，冶金工业出版社，2004，第 111 页。

表 18-78　SWP 公司 SOFC 发展状况

项目	发电容量		
	25 kW	100 kW	220 kW
系统形态	常压型 热电联合系统	常压型 热电联合系统	高压型 SOFC/GT 复合系统
进行日期	1997 年	1998 年	2000 年
发电效率	—	46%	53%
电池额定输出功率	25 kW	109 kW	200 kW
共生系统输出功率	—	64 kW	20 kW（汽轮机）

[1] 隋智通等：《燃料电池及其应用》，冶金工业出版社，2004，第 125 页。

[2] 同上书，第 121–122 页。

[3] 同上书，第 129 页。

续表

项目		发电容量		
		25 kW	100 kW	220 kW
电池直径		16 mm	22 mm	22 mm
电池管长		500 mm	1 500 mm	1 500 mm
工艺	阴极	挤压成形 + 烧结	挤压成形 + 烧结	挤压成形 + 烧结
	双极连接体	电浆喷涂	电浆喷涂	电浆喷涂
	电解质	电化学蒸气沉积	电化学蒸气沉积	电化学蒸气沉积
	阳极	电化学蒸气沉积	电化学蒸气沉积	电化学蒸气沉积

资料来源: 黄镇江:《燃料电池及其应用》, 刘凤君改编, 电子工业出版社, 2005, 第197-198页。

以上开发的SOFC都是高温的固体氧化物燃料电池。这类电池具有工作温度高（1 000 ℃左右）, 发电效率较高, 可与煤气化、燃气轮机组成联合循环发电系统等优点。但是, 由于其工作温度太高, 也给制造燃料电池带来诸多困难。于是, 人们尝试开发中温（400～800 ℃）固体氧化物燃料电池, 使中温固体氧化物燃料电池日渐成为SOFC发展的新趋势。2000年, 美国能源部牵头成立了固态能量转换联盟, 旨在开发具有广阔应用前景的高能量密度的固态燃料电池（主要是中温SOFC）, 使之满足多元市场的需要, 并可利用资源充足的化石气体。美国国家资源委员会提出至2010年SOFC实现在400～500 ℃下低温操作的目标。国际氢能在经济合作伙伴会议提出中低温SOFC两步走计划: 至2006年, 使用现有电池材料, 建立在650 ℃下运行的SOFC系统; 至2008年, 利用发展的新型材料, 制备可在500～650 ℃下运行、具有更好的热循环性能及电极性能的SOFC体系。[1]日本于2005年启动"先进陶瓷反应器"项目, 主要目标之一就是开发在650 ℃或更低温度下功率密度超过2 W/cm² 的陶瓷反应器系统, 用作辅助电源。

在此推动下, 英国Ceres Power公司率先开发出能在500～600 ℃工作的由多孔金属支撑的SOFC。日本国家先进工业科学技术研究院和精细陶瓷研究中心联合开发出两种不同管径（1.6 mm和0.8 mm）阳极支撑的微管式低温SOFC。美国Nano Dynamics公司也成功开发出微管式低温SOFC系统, 它在550 ℃下产生的功率与传统SOFC在800～1 000 ℃下的输出功率相当, 并且大大缩短了启动时间。[2]

（六）质子交换膜燃料电池

质子交换膜燃料电池（Proton Exchange Membrane Fuel Cell, PEMFC）是一种以质子交换膜为质子的迁移和输送提供通道、构成回路的燃料电池, 又称高分子电解质燃料电池（Polymer Electrolyte Fuel Cell, PEFC）, 或固体高分子燃料电池（Solid Polymer Fuel Cell, SPFC）。美国通用电气公司早期开发质子交换膜燃料电池时, 曾获得专用商标名SPE, 故质子交换膜燃料电池也称SPE。[3]与其他几种燃料电池相比, 它具有工作温度低、启动速度快、模块式安装和操作方便等特点, 被认为是各种可移动电源、

---

[1] 毛宗强:《无碳能源: 太阳氢》, 化学工业出版社, 2009, 第47页。

[2] 同上书, 第48页。

[3] 黄倬等:《质子交换膜燃料电池的研究开发与应用》, 冶金工业出版社, 2000, 第20页。

供电电网和固定电源等的最佳替代动力电源。[①]

PEMFC 的开发是出于美国国家航空航天局（NASA）发展载人宇宙飞船的需要。当时，NASA 为寻找适合作为载人宇宙飞船的动力源，专门对化学电池、燃料电池、太阳能电池及核能等各种动力源的发电特性进行了分析，最后选择资助开发燃料电池，其第一项成果是高分子电解质（Polymer Electrolyte）的成功开发。1955 年，GE 公司工程师 W.T.Grubb 对以前的燃料电池设计进行改进，首先采用磺化的聚苯乙烯离子交换膜作为电解质；三年后 GE 公司的另一位工程师 L.Niedrach 发明一种将铂分布在这种膜表面的方法，进而制造出所谓的 Grubb-Niedrach 燃料电池，此即当今 PEMFC 的原型。[②]

随后，GE 公司继续与 NASA 合作，于 1962 年开发出一个 PEMFC，并将其应用到美国第一个载人航天器系列——"水星号"飞船上。1962 年 2 月 20 日，美国发射由 J.H. 格伦乘坐的"水星号"飞船系列"友谊 7 号"，实现美国第一次载人轨道飞行。[③] 在此之前，"水星"计划任务中用的是普通电池，GE 公司对最先开发的质子交换膜进行了重新设计，新的模型在之后的"水星"飞行任务中工作状况良好。[④] 此后，美国于 1964—1967 年共发射 12 艘装备 PEMFC 的"双子座号"飞船围绕地球轨道飞行。[⑤]

此后，由于"阿波罗"计划（"阿波罗号"飞船登月飞行计划于 1966 年启动）要求电源能够持续更长的时间，因而即使 GE 公司针对最先开发的质子交换膜燃料电池所存在的电池内部污染和氧穿过膜的泄漏问题进行了重新设计，甚至新的模型在之后的"水星"飞行任务中表现良好，但"阿波罗"计划和航天飞机的设计者最终还是没有选择 PEMFC，而是采用了碱性燃料电池。[⑥]

20 世纪 60—70 年代，PEMFC 技术取得重要突破。美国杜邦公司于 1962 年研制成功全氟磺酸型质子交换膜（Nafion）。1964 年该质子交换膜开始用于氯碱工业，1966 年首次用于氢氧燃料电池，为研制长寿命、高比功率的质子交换膜燃料电池提供了最关键的组件。[⑦] 杜邦公司开发的全氟磺酸膜相对于聚苯乙炔磺酸膜来说，具有以下优点：一是氟碳化合物的存在，使膜具有更高的酸性；二是相对 C-H 键来说，C-F 键在电化学环境中具有更高的稳定性。但是，由于燃料电池系统工作过程中膜的干涸问题没有得到很好的解决，PEMFC 技术的发展仍然十分缓慢。[⑧]20 世纪 70 年代，GE 公司采用杜邦公司全氟磺酸膜开发出来的 PEMFC 的使用寿命超过 57 000 h，还使电池性能得到明显改善：它减少了磺酸根阴离子在铂电极上的吸附，氧化还原动力学速度提高；用高电负性的氟（吸电子能力强）代替氢，显著地增加膜的质子电导率；用氟代替氢，提高了膜在酸性介质中的耐电化学氧化性。[⑨]

此后几十年，由于 PEMFC 所用的铂催化剂太过昂贵等问题，其开发应用仍然缓慢。但在军事需

① 胡信国等：《动力电池技术与应用》，化学工业出版社，2009，第 253 页。

② 黄镇江：《燃料电池及其应用》，刘凤君改编，电子工业出版社，2005，第 5 页。

③ 美国不列颠百科全书公司：《不列颠百科全书·第 11 卷》国际中文版（修订版），中国大百科全书出版社《不列颠百科全书》国际中文版编辑部编译，中国大百科全书出版社，2007，第 127 页。

④ 施皮格尔：《燃料电池设计与制造》，马欣等译，电子工业出版社，2008，第 8 页。

⑤ 美国不列颠百科全书公司：《不列颠百科全书·第 11 卷》国际中文版（修订版），中国大百科全书出版社《不列颠百科全书》国际中文版编辑部编译，中国大百科全书出版社，2007，第 50 页。

⑥ 施皮格尔：《燃料电池设计与制造》，马欣等译，电子工业出版社，2008，第 8 页。

⑦ 衣宝廉：《燃料电池——高效、环境友好的发电方式》，化学工业出版社，2000，第 61 页。

⑧ 黄倬等：《质子交换膜燃料电池的研究开发与应用》，冶金工业出版社，2000，第 21 页。

⑨ 吴宇平等：《绿色电源材料》，化学工业出版社，2008，第 190 页。

要的强力推动下，PEMFC 开发逐渐取得新突破（表 18-79）。20 世纪 70 年代，GE 公司继续对质子交换膜燃料电池进行研究，开发出质子交换膜水电解技术，为美国海军制造制氧设备。20 世纪 80 年代初，西门子公司从 GE 公司引进 PEMFC 技术，制成适用于潜艇的 PEMFC。[①] 英国皇家海军也在其潜艇编队中使用质子交换膜燃料电池。[②] 出于军事应用的目的，加拿大国防部也对 PEMFC 产生极大兴趣，于 1984 年资助加拿大巴拉德动力系统公司研究 PEMFC，首要任务是解决氧化剂的问题，即用空气代替纯氧。1987 年，巴拉德动力系统公司采用一种由 Dow 化学公司研制的新型聚合物膜，开发出性能更好的 PEMFC 系统，其电流密度可达 4.3 A/cm²。[③]20 世纪 80 年代末，美国电力研究协会为美国军队制成 2 台手提氢氧 PEMFC 发电机，一台电压为 12 V、功率为 500 W，另一台电压为 24 V、功率为 1 000 W。1994 年，加拿大国防部拨款 370 万加元给巴拉德动力系统公司建造一套 40 kW 的 PEMFC 用于潜艇。1996 年，德国西门子公司为德国海军制造以 PEMFC 为动力的潜艇。1997 年，巴拉德动力系统公司等为美国国防部研制出 100 W 的 PEMFC 系统，可分别提供 13 kWh、5 kWh 和 1.5 kWh 的能量。

表 18-79　PEMFC 的军事应用历程

时间	事件
20 世纪 50 年代	美国国家航空航天局决定把燃料电池作为载人宇宙飞船的动力源
1958 年	GE 公司制成 Grubb-Niedrach 燃料电池
20 世纪 60 年代初	GE 公司为美国海军舰船局和美国陆军信号团开发出一款以混合水和氢化锂生成的以氢为燃料的小型燃料电池
1962 年	将 PEMFC 应用于"水星号"飞船
1964 年	美国"双子座号"飞船应用 PEMFC
20 世纪 70 年代	美国海军使用利用质子交换膜水电解技术制成的制氧设备
20 世纪 80 年代初	西门子公司研发出用于潜艇的 PEMFC
20 世纪 80 年代初	英国皇家海军在潜艇中使用 PEMFC
1984 年	加拿大国防部资助巴拉德动力系统公司开发 PEMFC
20 世纪 80 年代末	美国电力研究协会为美国军队制成 2 台手提氢氧 PEMFC 发电机
1994 年	加拿大国防部拨款 370 万加元给巴拉德动力系统公司开发一套 40 kW 的 PEMFC 用于潜艇
1996 年	西门子公司为德国海军潜艇制成 PEMFC 系统
1997 年	巴拉德动力系统公司等为美国国防部开发出 100 W 的 PEMFC 系统

资料来源：作者整理。主要参考施皮格尔：《燃料电池设计与制造》，马欣等译，电子工业出版社，2008。

　　除此之外，PEMFC 在军事领域还取得以下一系列成果。Treadwell 公司为美国海军设计并制造用

① 黄倬等：《质子交换膜燃料电池的研究开发与应用》，冶金工业出版社，2000，第 154 页。

② 施皮格尔：《燃料电池设计与制造》，马欣等译，电子工业出版社，2008，第 8 页。

③ 黄倬等：《质子交换膜燃料电池的研究开发与应用》，冶金工业出版社，2000，第 21 页。

于水下无人探测器的 1 kW PEMFC 系统。该系统由 34 个电池单体组成，工作电压为 28 ± 4 V（直流），正常工作电流为 40 A，最大可达 60 A。在美国海军研究办公室的支持下，Analytic Power（AP）公司研制以柴油为燃料的 10 kW PEMFC 系统。在航空航天领域，PEMFC 包括再生式燃料电池（Regenerative Fuel Cells，RFC）和超级移动装备（Extramobility Unit，EMU）电源装置。Hamilton 标准公司为 NASA 研制 RFC 系统，作为火星探测飞行器或月球基地的动力电源；开发出用于 150 V 直流电压驱动的电动汽车的 RFC 装置。Treadwell 公司为美国空军设计、制造用于卫星上的 RFC 系统，功率为 12 kW，工作电压为 28 V。美国 Ergenics Power System（EPS）公司与 NASA 共同开发采用金属氢化物储氢提供氢源的 200 Wh、1 500 Wh 的 PEMFC 储能子系统，以替代用于 EMU 中寿命较短的锌银氧化物电池。中国北京富源公司也开发了一系列用于便携式军事装备的 PEMFC 野外移动电源，功率范围为 500 ～ 1 000 W。[①]

与此同时，一些从事军事领域 PEMFC 开发的大公司将 PEMFC 技术转到民用领域应用，进而带动了民用领域 PEMFC 的发展。1990 年，巴拉德动力系统公司和 Dow 公司合作开发一套 10 kW PEMFC 发电系统。1993 年，巴拉德动力系统公司又推出世界上第一辆以 PEMFC 为动力的公共汽车，从而引发全球各大汽车公司纷纷开发电动车辆乃至其他领域的 PEMFC 热潮。这在燃料电池开发史上具有里程碑式的意义。正如有的学者指出，"近来，PEMFC 技术之所以能引起人们极大的关注，并不是由于它在固定式电站（源）或航空航天与军事等领域的应用，而应该归结于它作为车辆的动力电源在交通运输领域中的重要作用。PEMFC 的两个最大优点，即高效率和低污染，在车辆的应用上得到了最完美的体现。因此，目前世界各国政府以及各大汽车公司，纷纷投入巨资进行 PEMFC 电动车的研究与开发，其中影响最大的开发项目有两个：一个是由美国能源部组织的国家 PEMFC 研究计划；另一个是以巴拉德动力系统公司的技术为基础，由奔驰、福特等公司支持的 PEMFC 电动车项目"[②]。

巴拉德动力系统公司在分散式配置 PEMFC 电站方面取得重要进展。1994 年，巴拉德动力系统公司推出以工厂副产品氢为燃料的 30 kW PEMFC 发电装置。1995 年，巴拉德动力系统公司建成以天然气为燃料的 10 kW PEMFC 固定式示范电站。巴拉德动力系统公司还先后在加拿大、德国、瑞士及日本等国家建成数座 250 kW 级 PEMFC 电站。其中，第一台 250 kW PEMFC 发电机组于 1997 年开始示范运转，发电效率达 40%；第二台 250 kW PEMFC 发电机组安装在柏林，并在欧洲第一次进行 PEMFC 发电机组测试；第三台 250 kW 发电机组于 2000 年安装，在瑞士进行测试；第四台 250 kW PEMFC 发电机组于 2000 年安装在日本电报电话（NTT）公司。[③]巴拉德动力系统公司筹资 3.2 亿美元，于 2001 年建成、投产世界上第一个燃料电池厂。2002 年，巴拉德与日本 Ebara 合资成立的伊巴雷（Ebara Ballard）公司推出面向日本家用市场的第二代 1 kW 固定式 PEMFC 热电联供系统，直流发电效率（LHV）34%，装置体积比第一代减小 40%，热回收效率从 43% 提高到 47%，总的能效达到 81%。[④]

基于巴拉德动力系统公司 PEMFC 技术的领先地位，美国能源部制订 PEMFC 计划时，采用了巴

① 黄倬等：《质子交换膜燃料电池的研究开发与应用》，冶金工业出版社，2000，第 153-156 页。
② 同上书，第 156 页。
③ 黄镇江：《燃料电池及其应用》，刘凤君改编，电子工业出版社，2005，第 23 页。
④ 隋智通等：《燃料电池及其应用》，冶金工业出版社，2004，第 86 页。

拉德动力系统公司提供的 PEMFC 电池系统。该计划从 1991 年开始实施，分为 4 个阶段：第一阶段主要是对 PEMFC 技术进行测试，所用电池系统由巴拉德动力系统公司提供，功率为 5 kW；第二阶段于 1993 年启动，主要工作是检验 25 kW PEMFC 系统用于电动车的可行性；第三阶段从 1995 年开始，尝试把 PEMFC 系统的功率提高到 50 kW；第四阶段从 1996 年开始，进行电动车辆运行试验。[1]1997 年，美国最大的 PEMFC 公司——Plug Power 公司开发出世界上第一台以汽油为燃料的 PEMFC 发电机组。此后，Plug Power 公司又开发出 Plug Power 7 000 住宅用电力系统，售价为 1 500 美元 /kW，装机容量为 7 kW，可以满足一个家庭的用电需求。

进入 21 世纪后，PEMFC 的工作温度从通常的 80 ℃低温向 180 ℃高温发展。在 2006 年美国燃料电池会议上，PEMEAS 公司带来他们的高温 PEMFC 方案，对包括新产品 Celtec-P2000 MEA 在内的碳氢化合物膜电极（MEA）的性能和寿命进行了测试和分析。同年，Plug Power 公司在汉诺威博览会上展出住宅用 Celtec-P 的 HT-PEM 5 kW 燃料电池系统，它以天然气为燃料，亦可使用氢气。Clear Edge 一座使用 Celtec-P 的高度集成的 6 kW 后备电源系统投入运行。使用与 MEA 同类膜产品，以甲醇为燃料的便携式电源已接受美国军方的测试。[2]

总的来说，PEMFC 的发展前景广阔，但由于面临燃料选择、成本、价格等问题，其商业化发展仍处于不断探索的过程中。

（七）直接甲醇燃料电池

直接甲醇燃料电池（Direct Methanol Fuel Cell，DMFC）是直接将甲醇作为燃料的燃料电池。这种电池直接使用甲醇，无须预先重整，但使用的电解质仍是聚合物，它是质子交换膜燃料电池的一种类型。与 PEMFC 不同的是，DMFC 以甲醇为燃料，而 PEMFC 则以氢气为燃料。由于 DMFC 的燃料来源丰富、价格便宜，易于储存，应用广泛，被认为是一种理想的燃料电池，DMFC 成为世界各国研发的热点，美国、日本、意大利、英国、中国等国家纷纷开展 DMFC 的研究和开发。

1922 年，E.Muelier 开展甲醇电氧化实验的首次研究。此后，Kordesch 和 Marko 于 1951 年进行最早的 DMFC 研究。[3]

20 世纪 60—80 年代，DMFC 研究处于探索初期。1961 年，美国一家公司以 H_2O_2 作为氧化剂，使用碱性电解质，开发出输出功率为 600 W 的 DMFC 电堆。1965 年，荷兰 ESSO 公司以空气为氧化剂，硫酸溶液为电解质，制成 132 W 的 DMFC。[4]20 世纪 70 年代初，英国 Shell Research 用硫酸作电解质，Pt-Ru 作阳极催化剂，Pt 作阴极催化剂，制成 DMFC 样机，但成本很高。[5]20 世纪 80 年代初，Giner 公司在美国能源部的支持下，开发出以水溶性碳酸盐为电解质的 DMFC，当工作压力为 826 kPa，工作温度为 165 ℃，输出电流密度为 150 mA/cm^2 时，最高输出电压达 0.55 ～ 0.60 V。

20 世纪 90 年代后，DMFC 开始采用高分子膜作为电解质，工作温度从 60 ℃提高到 90 ℃左右，新

① 黄伟等：《质子交换膜燃料电池的研究开发与应用》，冶金工业出版社，2000，第 156 页。

② 毛宗强：《无碳能源：太阳氢》，化学工业出版社，2009，第 39 页。

③ 毛宗强：《氢能：21 世纪的绿色能源》，化学工业出版社，2005，第 231 页。

④ 吴宇平等：《绿色电源材料》，化学工业出版社，2008，第 216 页。

⑤ 胡信国等：《动力电池技术与应用》，化学工业出版社，2009，第 268 页。

型触媒被不断开发出来，DMFC 性能大幅提高（图 18-17）[1]，其应用也有了较大进步。1993 年，美国 Giner 公司研制出 DMFC 单电池，在 60 ℃下用纯氧作氧化剂，当工作电压为 0.535 V 时，输出电流密度可达 100 mA/cm²。1994 年，美国南加利福尼亚大学等院校的科研人员设计出一种循环式的 DMFC 系统，申请了 DMFC 专利。1996 年，美国洛斯阿拉莫斯国家实验室采用液态甲醇进料方式，以纯氧作为氧化剂，Nafion 112 膜为电解质，当工作温度为 130 ℃，输出电流密度为 400 mA/cm² 时，单电池的电压可达 0.57 V。1997 年，法国、意大利、比利时等国家科研机构和公司开始实施 New Low-cost Direct Methanol Fuel Cell 计划，主要从事探索新的电解质、电极催化剂，优化电极结构及电池系统方面的工作，目的是开发千瓦级 DMFC 供电系统。1998 年，Manhattan Scientifics 公司开发出名为 Micro-Fuel Cell™ 的微型 DMFC，用作手机电源，待机时间长达 6 个月，连续通话时间达一个星期。1999 年，中国科学院大连化学物理研究所首次开展国内 DMFC 研究。[2]

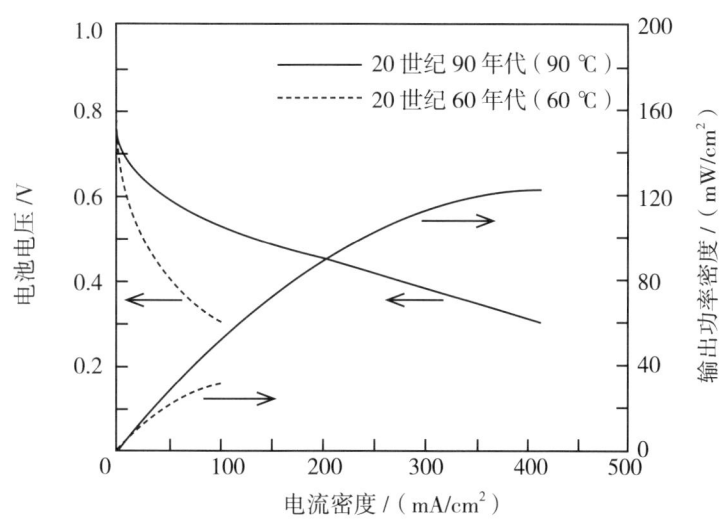

图 18-17　20 世纪 60 年代与 90 年代的 DMFC 性能比较

资料来源：黄镇江：《燃料电池及其应用》，刘凤君改编，电子工业出版社，2005，第 220 页。

21 世纪以来，DMFC 开发厂商不断增多（表 18-80），产品应用范围不断扩大。日本东芝公司于 2001 年展示用于 PDA 的 DMFC 原型制品。该公司还在 2003 年的德国汉诺威电子展上展出世界上第一台以 DMFC 为电源的笔记本电脑，所用 DMFC 的尺寸为 275 mm×75 mm×40 mm，质量为 900 g，最大输出功率为 20 W，连续输出功率为 12 W，输出电压为 11 V，甲醇燃料匣有 50 mL 和 100 mL 两种容量，其中 50 mL 的甲醇溶液约可以提供 5 h 的电力。[3]

[1] 黄镇江：《燃料电池及其应用》，刘凤君改编，电子工业出版社，2005，第 220 页。

[2] 吴宇平等：《绿色电源材料》，化学工业出版社，2008，第 216-217 页。

[3] 黄镇江：《燃料电池及其应用》，刘凤君改编，电子工业出版社，2005，第 232 页。

表 18-80　DMFC 的开发与制造厂商

厂商	技术特色
DTI Energy，Inc.	由 JPL/USC 开发的 DMFC 技术支持所成立的公司
Energy Visions，Inc.	循环式液态电解质
Manhattan Scientifics	个人电子产品电源的"微燃料电池"
Energy Related Devices，Inc.	MHTX 合作研发伙伴
MTI Micro	手机、笔记本计算机用及多用途 DMFC
Medis Technologies，Inc.	手机、笔记本计算机用 DMFC，采用液态电解质
摩托罗拉	手机用 DMFC
Neah Power Systems，Inc.	硅基电极、液态电解质、全密封系统
Poly Fuel	世界上第一部手机用原型 DMFC 电池
Smart Fuel Cell	多功能携带式 DMFC
东芝	PDA、笔记本计算机用 DMFC

资料来源：黄镇江《燃料电池及其应用》，刘凤君改编，电子工业出版社，2005，第 231 页。

以色列特拉维夫大学 2002 年开发出手机用 DMFC，使用 10 mL 的甲醇可通话 13.5 h、待机 642 h。美国的 MTI Micro 公司和日本的东芝公司于 2004 年公布应用于手持式电子产品的微型化设计 DMFC。戴姆勒 – 克莱斯勒公司与巴拉德动力系统公司合作，制造出世界上第一辆装备 DMFC 的汽车"戈卡特"，电池输出功率为 6 kW，发电效率高达 40%，工作温度达 110 ℃。[1] 美国洛斯阿拉莫斯国家实验室制成 DMFC 的蜂窝电话，其能量密度是传统可充电电池的 10 倍。

在技术创新和产品性能方面，美国 Energy Ventures 公司宣布解决了 DMFC 甲醇渗透问题，电池输出功率可增加 30% ～ 40%。摩托罗拉实验室展示用于微型 DMFC 的陶瓷燃料传输系统原型。日本 NEC 公司和日本学术振兴事业会用碳纳米管制成小型 DMFC。西门子公司联合丹麦 IRFA/S 和庄臣 – 万丰制成 850 W DMFC 电堆。美国洛斯阿拉莫斯国家实验室开发出 47 W DMFC 电堆。德国 Smart Fuel Cell 公司在世界上首先推出 DMFC 商品，它所推出的 25 W 级 SFC A25DMFC（表 18-81）获得欧盟的 CE 认证标志。

表 18-81　SFC A25 DMFC 的规格

制造厂商		Smart Fuel Cell（SFC）
用途		多功能电源
输出功率	连续	25 W
	最大	80 W（含串联 4 Ah 电池）
输出电压		11 ～ 14.4 V
尺寸（长 × 宽 × 高）		465 mm × 290 mm × 162 mm
质量		9 700 g（含 2 200 g 燃料匣）
充电		自动对一组 12 V 电池充电
燃料消耗率		1 500 mL 甲醇 /kWh
燃料匣容量		2 500 mL

---

[1] 毛宗强：《氢能：21 世纪的绿色能源》，化学工业出版社，2005，第 235 页。

续表

制造厂商	Smart Fuel Cell（SFC）
噪声（1 m 外）	＜ 40 dB
工作温度	−20 ～ 40 ℃
贮存温度	1 ～ 45 ℃
相对湿度	0 ～ 100%

资料来源：黄镇江：《燃料电池及其应用》，刘凤君改编，电子工业出版社，2005，第 233-234 页。

（八）生物燃料电池

生物燃料电池（Biofuel Cell，BFC）是以酶或微生物组织为催化剂，将燃料的化学能转化为电能的燃料电池。按工作方式不同划分，可分为酶生物燃料电池和微生物燃料电池；按电子转移方式划分，可分为直接生物燃料电池和间接生物燃料电池。

1910 年，英国植物学家马克·皮特发现有几种细菌的培养液能产生电流，于是他将铂作为电极，将其放入大肠埃希菌的培养液里，成功地制成世界上第一个 BFC。

此后，人们对 BFC 展开各种研究。1931 年，Conen 制成系列单元组成的微生物燃料电池。该电池能产生大于 35 V 的电压。20 世纪 60 年代初，美国太空计划促进了人们对开发燃料电池的兴趣，推动了微生物燃料电池的发展，建成了一个能够为太空飞行提供电能的垃圾处理系统。20 世纪 60 年代末，由于活细胞的效率和使用等方面的限制，人们开始研究生物燃料电池的无细胞酶系统，初期目标是为植入式人工心脏提供永久能源。[1]

20 世纪 80—90 年代，各国科学家继续对 BFC 进行理论探索和实践研究。1982 年，Wingard 等对生物燃料电池的操作条件提出了改进建议。1984 年，Aston 等从对电源的研究转向对传感器的电极与酶之间的电路连接方面的研究。1985 年，Van Dick 对酶催化生物燃料电池在合成过程中产生电流的情况和生物传感器的特性问题进行了研究。1997 年，Willner 等研究生物传感器电极连接酶的方法，探讨了用单层酶、多层酶、重构酶和辅酶等构建电极的情况。1999 年，Cosnier 探讨了通过诱捕和吸附的方式将生物分子固定于生物传感器电极表面的方法。[2]

21 世纪初，BFC 理论和技术研究取得了一些突破。Kano 和 Ikeda 在 2000—2001 年研究生物电化学反应方法，探讨生物传感器、过程生物反应和生物燃料电池及其应用。2001 年，人们利用蛋白酶固定电极，研究常温条件下的中性生物燃料电池相关问题。2003 年，有的研究者将生物燃料电池分为微生物燃料电池和酶燃料电池系统，有人应用蛋白质工程的方法研究生物燃料电池。2004 年，酶基微型植入式生物燃料电池问世，它用双碳纤维作为阴阳极，利用葡萄糖 / 氧气的反应产生电能，是一种体内植入装置以提供电能的微系统。同年，美国宾夕法尼亚州立大学的 Bruce 教授在污水生物燃料电池发电方面取得了突破。2006 年，荷兰的瑞内和美国的 Bruce 在中国哈尔滨介绍各自在生物燃料电池方面的研究情况，王黎等介绍了耦合式生物燃料电池的研究进展。

---

[1] 王黎、姜彬慧：《环境生物燃料电池理论技术与应用》，科学出版社，2010，第 5 页。
[2] 同上书，第 5-6 页。

五、其他储能方式

除了原电池、蓄电池，其他的储能方式还有超导储能（SMES）、飞轮储能、超级电容器、压缩空气储能（CAES）、核电池等。美国圣地亚哥国家实验室的研究数据表明，飞轮储能、超级电容器及SMES更适合极短期、短期应用，而压缩空气储能及抽水储能则更适用于极长期的应用，或者是在某些情况下的短期高能应用（表18-82）。它们的主要应用涉及负载管理和紧急储存设备。由于它们的能量和功率能力不同，能源储存系统的特征也不同（图18-18）。

表18-82　各种储能系统的应用和技术

	应用领域	功率	储存时间	能量/kWh	响应时间	储能技术
较短时间	最终使用的不脱网运行，电能质量，电动机启动	< 1 MW	几秒	约0.2	< 1/4 周期	飞轮储能、超级电容器、微SMES、铅酸电池、液流电池、氢燃料电池
	传输	< 1 MW	几秒	约0.2	< 1 周期	飞轮储能、超级电容器、微SMES、铅酸电池、液流电池、氢燃料电池
	输配电（T&D）稳定	< 100 MW	几秒	约20～50	< 1/4 周期	SMES、铅酸电池、液流电池、氢燃料电池
短时间	分布式发电（峰值）	0.5～5 MW	约1 h	5 000～50 000	< 1 min	飞轮储能、先进电池、SMES、铅酸电池、液流电池、氢燃料电池或发动机
	最终使用的峰值调节（防止需求充电）	< 1 MW	约1 h	1 000	< 1 min	飞轮储能、先进电池、SMES、铅酸电池、液流电池、氢燃料电池或发动机
	反向旋转3 s之内快速响应，避免自动转换	1～100 MW	< 30 min	5 000～500 000	< 3 s	飞轮储能、先进电池、SMES、铅酸电池、液流电池、氢燃料电池或发动机
	10 min内的一般响应	1～100 MW	< 30 min	5 000～500 000	< 10 min	飞轮储能、先进电池、SMES、铅酸电池、液流电池、燃料电池或发动机、CAES
	远距离通信备份	1～2 kW	约2 h	2～4	< 1 周期	飞轮储能、超级电容器、铅酸电池、先进电池、液流电池、氢燃料电池
	可再生能源匹配（间歇）	< 10 MW	> 1 h	10～10 000	< 1 周期	飞轮储能、铅酸电池、先进电池、液流电池、氢燃料电池、SMES
	UPS	< 2 MW	约2 h	100～4 000	几秒	飞轮、铅酸电池、先进电池、液流电池、氢燃料电池、SMES、氢气发动机

续表

应用领域		功率	储存时间	能量 /kWh	响应时间	储能技术
长时间	发电、负载均衡	100 MW	6～10 h	100～1 000	几分或几秒	SMES、铅酸电池、先进电池、液流电池、抽水蓄能、CAES、氢燃料电池、氢气发动机
	线性负载跟随	100 MW	几小时	100～1 000	<1 周期	SMES、铅酸电池、先进电池、液流电池、氢燃料电池、氢气发动机
特长时间	紧急备份	1 MW	24 h	24	几秒至几分钟	铅酸电池、先进电池、液流电池、氢燃料电池、氢气发动机
	季节性储存	50～300 MW	几周	10 000～100 000	几分钟	CAES
	可再生能源备份	100 kW～1 MW	7 天	20～200	几秒至几分钟	CAES、先进电池、液流电池、抽水蓄能、具备地下储存能力的氢燃料电池

资料来源：S.E. 格拉斯曼主编《氢能源和车辆系统》，王青春等译，机械工业出版社，2014，第 195-196 页。

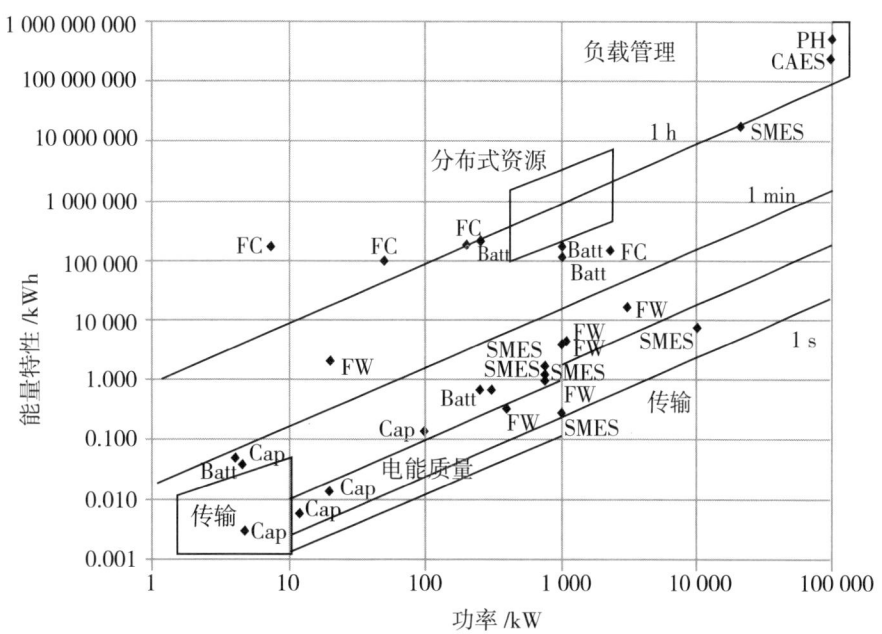

图 18-18　各种能量储存系统[1]的功率和能量特性

资料来源：S.E. 格拉斯曼主编《氢能源和车辆系统》，王青春等译，机械工业出版社，2014，第 195 页。

注：[1] 图中 FW 为飞轮储能，SMES 为超导储能，Batt 为铅酸蓄电池，Cap 为超级电容器，CAES 为压缩空气储能，PH 为抽水储能，FC 为燃料电池。

（一）超导储能

超导储能是利用超导体电阻为零的特性，以磁场能形式将电能储存于超导线圈中，需要时再通过

AC/DC 逆变换将线圈中的能量释放出来使用。超导储能系统包括超导线圈、功率调节系统、冷却系统、控制和保护系统等（图 18-19）。

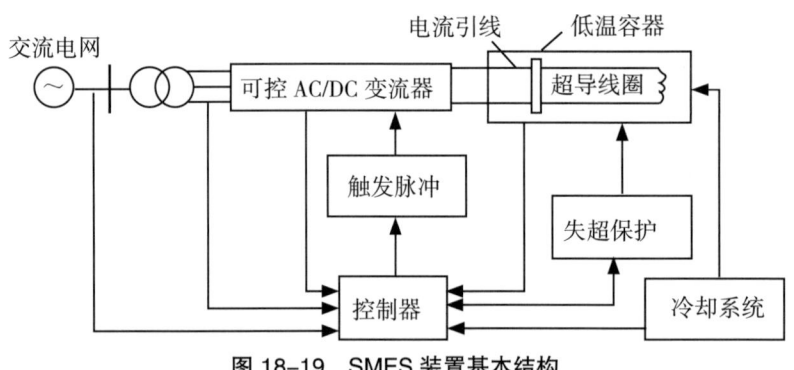

图 18-19　SMES 装置基本结构

资料来源：中国电气工程大典编辑委员会：《中国电气工程大典·第 8 卷》，中国电力出版社，2010，第 1154 页。

1911 年，荷兰物理学家 H.K. 昂尼斯首先发现了金属的超导电性。他在低温下测量金属的电导率时发现，当温度下降到 4.2 K 时水银的电阻为零，他把物体的这种现象称为超导电性。[1] 到 20 世纪 60 年代，人们制备出实用化的 NbTi 和 Nb₃Sn 超导线，使超导磁体技术在实验室得到了实际应用。20 世纪 70 年代初，面对石油危机的冲击，人们提出了超导储能的概念，目的是利用 SMES 装置储存和释放能量，调节电力日负荷曲线，节约能源。

同属美国西部电网的太平洋西北部和南加利福尼亚州之间由两条 500 kV 交流传输线和一条 ±400 kV 直流传输线连接，长距离输电会产生低频振荡不稳定现象。为抑制互联电网间的功率振荡，美国于 1976 年提出通过安装小型 SMES 来抑制系统振荡的方案，1982 年建成 30 MJ/10 MW SMES 装置。其超导磁体由 20 个双饼线圈组成单螺管结构，磁体绕组的尺寸为内径 2.73 m、外径 3.38 m、高度 1.21 m，磁体设计储能 30 MJ，额定工作电流 5 kA，中心最大磁场 3.92 T，自感 2.4 H。1983 年 2 月，30 MJ/10 MW SMES 系统被安装于美国塔科马电站，通过变压器与 13.8 kV 的 BPA 母线相连，进行抑制太平洋交流互联电网低频振荡的实验。实验结果分析显示，SMES 系统的响应特性很好，抑制交流系统功率振荡时与系统进行功率交换达到 ±4 MW，只有设计值的 1/2。[2]

20 世纪 90 年代初，美国国家强磁场实验室与电力部门联合，研制储能调峰的 3 600 MJ/100 MW SMES。1998 年，有 6 台容量为 3 MJ（8 MVA）的基于低温超导材料的小型超导储能系统被成功地安装在美国威斯康星州公用电力的北方环形输电网上，实现了电网电能质量的实时快速调节，大大改善了该地区的供电可靠性和电能质量，还将输电能力提高了 15%。[3]

从 2003 年起，中国科学院电工研究所开展基于 Bi-系高温超导带材的 1 MJ、10.5 kV/500 kW 超导储能系统研制和并网试验工作。该系统的储能磁体采用串联、并联混合多饼线圈结构，储能磁体的电感为 6.28 H，工作电流 564 A。2007 年，研制成功的磁体及电力电子部分，在北京市门头沟石

① 中国电气工程大典编辑委员会：《中国电气工程大典·第 8 卷》，中国电力出版社，2010，第 1123 页。

② 同上书，第 1158-1159 页。

③ 肖立业主编《中国战略性新兴产业研究与发展·智能电网》，机械工业出版社，2013，第 517 页。

龙 11 kV 开闭站安装，于同年 6 月开始试运行。[1]2011 年年初，中国科学院电工研究所完成的容量为 1 MJ/0.5 MVA 的高温超导储能系统投入实际配电网进行试验运行，该系统是世界上第一套并网运行的高温超导储能系统。[2]

21 世纪初，微 SMES 实现了商品化，市场上推出了用于配电网的 D-SMES 产品。美国建造 118 GJ 的 SMES 用来调峰及解决阿拉斯加电网电压波动问题，提高供电可靠性。中规模、大规模 SMES 装置的研究处于起步阶段。

（二）飞轮储能

飞轮储能是指利用电动机带动飞轮高速旋转，将电能转化为动能储存起来。飞轮储能技术主要有两类：一类是以接触式机械轴承为代表的大容量飞轮储能技术，主要特点是储存动能、解放功率大，一般用于短时大功率放电和电力调峰场合；另一类是以磁悬浮轴承为代表的中小容量飞轮储能技术，主要特点是结构紧凑、效率更高，一般用作飞轮电池、不间断电源。[3]飞轮储能可以作为紧急备用能源，也可以在电网断电时向负载提供"过渡支撑"，目前较多地应用于 UPS，在电力调频、航天、军事等领域也得到广泛应用。

迄今，日本拥有世界上最大的飞轮储能系统。该系统能够以超过 300 MW 的功率输出 30 s，用于核电站的配套支撑研究。

（三）超级电容器

超级电容器可以被认为是电化学电容器的一种，是将电容器和电池相结合的一种储能装置。它的起源、发展与电和电化学接口的认识密切相关（表 18-83）。

表 18-83　与超级电容器有关的技术发展

时间 / 年	技术的发展
1745	电能贮存在充电电容器原理：$F = \frac{1}{2}CV^2$
1750（左右）	荷兰 Leyden 地区的 Dean Kleist 和 Kamin 以及波罗的海沿岸 Pomerania 地区 Musschenbroek 等在同一时期发明电容器，出现莱顿瓶（Leyden jar）
1800	意大利物理学家伏打发明伏打电池
1833	法拉第发现法拉第电解定律
1891	英国 Johnstone Stoney 第一次使用"electron"（希腊语"琥珀"的意思）一词表示原子的第一个电荷
1957	H.E.Becker 申请第一个有关电容器的专利
1975—1981	B.E.Conway 等开发出"赝电容"体系

资料来源：吴宇平等：《绿色电源材料》，化学工业出版社，2008，第 5 页。

---

[1] 中国电气工程大典编辑委员会：《中国电气工程大典·第 8 卷》，中国电力出版社，2010，第 1158 页。

[2] 肖立业主编《中国战略性新兴产业研究与发展·智能电网》，机械工业出版社，2013，第 518 页。

[3] 同上书，第 426 页。

早在 1745 年，科学家就发现了电能贮存在充电电容器中的原理。1750 年左右，欧洲出现了莱顿瓶。1957 年，H.E.Becker 申请第一个有关电容器的专利。2004 年，石墨烯技术发明后不久，便被成功应用于超级电容器的开发。

2012 年，El-Kady 等利用一台普通的家用 DVD 记录机，在不到 30 min 的时间里，在一个单一的光盘上生产超过 100 个微型超级电容器。他们精心制作了两张氧化石墨薄膜，然后将其放入普通 DVD 驱动器中，经驱动器激光照射后，氧化石墨薄膜被还原为石墨烯薄膜。该石墨烯薄膜的导电性能很强（1 738 s/m），单位质量表面积很大（1 520 m²/g），将它们放入电解液中，本身即成为电容器的两极而被充电，在几秒钟的时间里能存储超过普通手电筒电池的能量，性能远远超过当时任何电化学电容器。2014 年，Wu 等利用静电诱导生长的方法制备出 $Ni(OH)_2$/ 石墨烯复合材料。该方法抑制 $Ni(OH)_2$ 纳米材料的自由生长，实现 $Ni(OH)_2$ 纳米片在石墨烯表面的均匀、有序堆积。这种复合材料用于超级电容器能展现出优异的性能。[1]

（四）核电池

核电池包括放射性同位素电池和核反应堆电池。

放射性同位素电池又称原子电池，是一种利用放射性同位素放出射线过程发出的热量（衰变热），通过热电转换系统，使热能转变成电能的装置，具有体积小、质量轻、功率大、无污染、寿命长、不受环境影响等优点，已广泛应用于通信卫星、气象卫星、宇宙飞船、海洋灯塔等领域。[2]

美国从 1956 年开始研究卫星和航天器用放射性同位素电池。1961 年，美国发射的第一颗人造卫星就携带了一个放射性同位素电池，这是原子动力第一次在空间应用。同年，美国和加拿大合作，在靠近北极的荒岛上建成世界上第一座核动力气象站，应用放射性同位素电池供电。从 1961 年起，美国在 22 个军用和民用航天器上共装有 39 个核电源，其中 38 个为放射性同位素电池，其余一个为核反应堆电池。1972—1973 年，美国在先后发射的木星探测器上各装有 4 个放射性同位素电池，在 2 个火星探测器上装有 2 个放射性同位素电池。美国的"阿波罗"11 号、12 号、17 号飞船还先后将 5 个原子电池安放在月球上，为月面科学试验站供电。[3]

法国曾于 1970 年用原子电池设计功率为 30 W 的人造心脏，但后来认为用钚-238 作为能源并不能可靠地完全消除穿透性辐射，这方面的研究便告中断。

空间反应堆电源的核反应堆电池采用浓缩度 90% 以上的铀-235 作核燃料，有热中子堆，也有快中子堆，电功率大，从几千瓦到几十千瓦，使用寿命可达 3 ～ 5 年。苏联主要选择空间反应堆电源，在向太空发射的许多军事卫星中使用了 35 个核反应堆电池，放射性同位素电池只是少量。

① 王恒国等：《锂离子电池与无机纳米电极材料》，化学工业出版社，2016，第 163 页。
② 马栩泉：《核能开发与应用》，化学工业出版社，2005，第 299 页。
③ 同上书，第 300 页。

第 3 节　新能源汽车

新能源汽车是指以蓄电池、燃料电池、醇燃料、氢气、天然气等为动力，有别于使用汽油、柴油等传统能源的新型汽车。新能源汽车包括电动汽车、醇燃料汽车、燃气汽车等（表 18-84）。在中国，国家政策鼓励发展的新能源汽车主要是电动汽车，包括纯电动汽车、插电式混合动力电动汽车和燃料电池汽车。国际上，新能源汽车除了电动汽车，还包括甲醇汽车、乙醇汽车、天然气汽车、液化石油气汽车、生物柴油汽车、太阳能汽车等。新能源汽车是氢能应用的重要领域，燃料电池汽车所使用的能源主要就是氢能。同时，新能源汽车也是储能应用的重要方向，纯电动汽车所使用的就是蓄电池。

表 18-84　新能源汽车的分类

大类	具体类型（列举）
电动汽车	纯电动汽车（EV 或 BEV） 燃料电池汽车（FCV） 插电式混合动力电动汽车（HEV）
醇燃料汽车	甲醇汽车 乙醇汽车 丙醇汽车 二甲醚汽车
燃气汽车	氢气汽车 天然气汽车 液化石油气汽车
其他新能源汽车	太阳能汽车 生物柴油汽车 压缩空气汽车

资料来源：作者整理。

一、发展历程

早在现代之前，新能源汽车便已兴起。但进入现代之后，新能源汽车却走向衰落。直到 20 世纪 70 年代，新能源汽车才日渐复苏，又逐步发展起来（表 18-85）。

表 18-85　世界新能源汽车开发利用进程

时间 / 年	事件
1769	法国人居纽发明世界上第一辆以蒸汽机为动力的汽车火炮牵引车
1807	瑞士发明家艾萨克制造第一辆氢内燃机汽车
1834	英国人戴文波特制成世界上第一辆不可充电的蓄电池汽车
1873	英国人戴维森制成第一辆有实用价值的电动汽车
1881	法国工程师特鲁夫制成世界上第一辆可充电的电动汽车
1882	欧洲出现电动三轮车
1886	德国工程师本茨获世界上第一辆汽油机汽车的专利
1886	德国工程师戴姆勒制成第一辆汽油机驱动的四轮汽车
1890	美国生产出国内第一辆蓄电池汽车
1894	法国举办电动汽车赛车运动
1897	英国伦敦出现电动出租汽车
1899	法国巴黎展出世界上最早的两辆混合动力电动汽车
1909	美国人福特制成世界上第一辆乙醇汽车
1931	巴西颁布世界上第一部推广乙醇燃料的国家法规
1950	荷兰首先研发灵活燃料汽车（FFC 或 MFV）
1959	Harry Karl Ihrig 展示世界上第一辆燃料电池汽车（牵引车）
1968	苏联氢气汽车试验成功
1969	美国"阿波罗"11 号飞船的宇航员在月球上用的月球巡回车为电动车
1969	美国通用汽车公司开发出插电式电动汽车
1970	美国开发出世界上第一辆专用甲醇作燃料的汽车
1971	日本三菱公司推出纯电动汽车 Minicab EV
1977	美国举办第一届国际电动汽车会议
1979	德国开始进行大规模灵活燃料汽车（FFV）试验
1982	出现世界上第一辆太阳能电动汽车
1984	中国制成国内第一辆太阳能汽车
1984	日本制造的液氢汽车试车成功
1987	澳大利亚举办世界太阳能汽车拉力赛
1987	美国加利福尼亚州推广 M85 甲醇汽车
1990	美国加利福尼亚州发布《ZEV 法案》
1991	日本东京电力公司开发出采用 Cd-Ni 电池组的电动汽车
1993	加拿大巴拉德动力系统公司开发出世界上第一辆质子交换膜燃料电池大客车
1993	美国提出"新一代汽车合作计划"
1994	戴姆勒-克莱斯勒公司开发出第一代氢燃料电池汽车
1994	美国制成世界上第一辆使用甲醇燃料的 PAFC 动力公交车
1994	比利时制成强碱型燃料电池和蓄电池混合动力公共汽车
1995	以色列制成锌-空气电池汽车
1996	日本丰田公司开发出质子交换膜燃料电池汽车

续表

时间 / 年	事件
1996	德国奔驰公司开发的第一批燃氢公共汽车投入使用
1996	美国通用汽车公司开发出纯电动轿车 EV1
1996	中国制成国内第一辆镍氢电池汽车
1997	日本丰田普锐斯混合动力电动轿车在世界上首次实现电动汽车批量生产
1999	中国实施"空气净化工程——清洁汽车行动"
1999	中国第一辆燃料电池汽车在清华大学试验成功
2000	法国 MDI 公司推出压缩空气动力汽车（APV）
2001	日本制订《低公害汽车开发普及行动计划》
2002	日本推出世界上最早的商品化燃料电池汽车
2002	美国实施"自由车"燃料电池电动车发展计划
2003	法国制订"清洁能源汽车发展"计划
2003	全球天然气汽车拥有量达 330 万辆
2004	韩国通过《亲环境汽车开发与普及促进法》
2006	中国第一次提出节能与新能源汽车的概念
2008	德国发布纯电动汽车和插电式混合动力汽车发展计划
2010	欧盟发布《清洁能源和节能汽车欧洲战略》
2012	特斯拉公司出售第一辆电动汽车 Model S
2012	全球混合动力电动汽车销量达到 150 万辆以上
2013	韩国率先小规模生产（千辆级别）燃料电池汽车
2014	英国宣布投资 5 亿英镑推动超低排放汽车行业的发展
2014	全球纯电动汽车销量达 16 万辆
2014	全球插电式混合动力汽车销量达 10.5 万辆

资料来源：作者整理。

（一）早期新能源汽车的兴起

最早的电动汽车出现在 1834 年。这一年，英国的布兰顿演示了由戴文波特发明的世界上第一辆蓄电池车。该车采用玻璃封装的不可充电蓄电池，比世界上第一部内燃机汽车早了半个世纪。[1]

1881 年，法国工程师特鲁夫制成世界上第一辆可充电的电动汽车。它是一辆以铅酸蓄电池为动力、由 0.1 hp（1 hp=745.7 W）的直流电动机驱动的三轮电动汽车。两年后，英国的两位教授也制成了相似的电动汽车。但由于当时电动汽车的技术还未成熟，电动汽车的行驶速度仅为 15 km/h，续驶里程仅为 16 km，无法与马车竞争，因此未能引起公众的关注。[2]

19 世纪末 20 世纪初，早期电动汽车发展迎来黄金时代。1894 年，法国举办了一场从巴黎到鲁昂

---

[1] 王震坡、贾永轩：《电动汽车蓝图》，机械工业出版社，2010，第 13 页。

[2] 爱赛尼等：《现代电动汽车、混合动力电动汽车和燃料电池汽车——基本原理、理论和设计（第二版）》，倪光正、倪培宏、熊素铭译，机械工业出版社，2010，第 11 页。

的赛车运动，电动汽车的平均速度为 23.3 km/h，在 48.53 h 内行驶了 1 135 km，远胜于马车所具有的速度[①]，从而改变了人们对汽车的看法。此时，英国伦敦出现了电动出租汽车公司，该公司在 1897 年生产了 15 辆电动出租汽车。1899 年，法国制造出子弹头形电动汽车，其续驶里程约达 290 km，创下速度为 98 km/h 的纪录。[②]

1899 年，巴黎美术展览馆展出了世界上最早的两辆混合动力电动汽车。它们分别由比利时 Liège 的 Pieper 研究院和法国的 Vendovelli 与 Priestly 电动车公司制造而成。比利时的电动汽车 Pieper 是一辆并联式的混合动力电动汽车。该汽车装有一台由电动机和铅酸蓄电池组辅助的小型空冷汽油发动机，当该混合动力电动汽车滑行或停车时，蓄电池组即由发动机予以充电，而当所需驱动功率大于发动机额定值时，电动机即时提供辅助的功率。Pieper 电动汽车是第一辆并联式混合动力电动汽车，也是混合动力电动汽车的开端。由法国 Vendovelli 与 Priestly 电动车公司制造展出的是世界上第一辆串联式混合动力电动汽车，其由纯商品化的电动汽车衍生而来。该车是一辆三轮车，在其两个后轮上分别装有独立的电动机，与 1.2 kW 发电机组合的一台 0.75 hp 的汽油发动机安装在拖车上，通过对蓄电池组的再充电扩展其续驶里程。[③]

1899 年，曾制造出世界上第一辆前轮驱动汽车——洛纳-保时捷 1 号的费迪南德·保时捷，制造了他的第二辆汽车。该汽车是一辆混合动力车，它通过内燃机来带动发电机发电，使安装在轮毂中的电动机旋转，凭电池行驶可以接近 40 mi（约 64.4 km）。[④]

此后，法国人 H.Krieger 于 1902 年制造了一辆串联式混合动力电动汽车，其设计采用两个独立的直流电动机驱动前轮，电动机由 44 个铅酸蓄电池供给能量。1903 年，法国人 Camille Jenatzy 在巴黎美术展览馆展示了并联式混合动力电动汽车。该车将 6 hp 的汽油发动机和 14 hp 的电动机组合，使之或由汽油发动机给蓄电池组充电，或由蓄电池组辅助驱动。[⑤]

在美国，Morris 和 Salom 制造的"电动舟"（Electroboat）是第一辆商品化的电动汽车，这两人创建的公司以出租车方式在纽约运营。该车装有 2 台 1.5 hp 的电动机，最高车速可达 32 km/h，续驶里程为 40 km，被证明是比出租马车更有应用价值的运载工具，90 min 的充电间隔，可用于 4 h 制的三班交接的运营。[⑥] 到 1912 年，美国注册的电动汽车发展到 34 000 辆。底特律电气公司生产的电动汽车最高速度可达 40 km/h，续驶里程可达 129 km。[⑦]

法国人 M.A.Darracq 发明了那个时代最有影响力的电动汽车技术之一——再生制动技术，并于 1897 年将这一发明用于他的小轿车上。该技术使得电动汽车制动时车辆的动能得以回收并向蓄电池

① 爱赛尼等：《现代电动汽车、混合动力电动汽车和燃料电池汽车——基本原理、理论和设计（第二版）》，倪光正、倪培宏、熊素铭译，机械工业出版社，2010，第 11 页。该书中，比赛的时间不是 1894 年，而是 1864 年，应为有误。
② 王震坡、贾永轩：《电动汽车蓝图》，机械工业出版社，2010，第 13 页。
③ 爱赛尼等：《现代电动汽车、混合动力电动汽车和燃料电池汽车——基本原理、理论和设计（第二版）》，倪光正、倪培宏、熊素铭译，机械工业出版社，2010，第 13 页。
④ 雷特曼：《插电式混合动力电动汽车开发基础》，王震坡、孟祥峰译，机械工业出版社，2011，第 23 页。
⑤ 同上。
⑥ 爱赛尼等：《现代电动汽车、混合动力电动汽车和燃料电池汽车——基本原理、理论和设计（第二版）》，倪光正、倪培宏、熊素铭译，机械工业出版社，2010，第 11 页。
⑦ 王震坡、贾永轩：《电动汽车蓝图》，机械工业出版社，2010，第 14 页。

组再充电，从而大大增加行驶里程。法国 Camille Jenatzy 制造的 La Jamais Contente 电动汽车创造了 100 km/h 的车速。英国伦敦电动汽车公司生产出后轮轮毂电动机式、后轮驱动、斜轮转向和使用充气轮胎的电动汽车。贝克电气公司成为美国最重要的电动汽车制造商。而首先在商业上开始制造电动汽车的则是 Studebaker 和 Oldsmobile。[1]

（二）新能源汽车的衰落与复苏

电动汽车快速发展的好景不长，它在超越马车后不久，就被同时代出现的内燃机汽车迅速赶上并取代。

同一时期，内燃机汽车的发展相继实现一系列重大突破。1838 年，英国亨纳特发明出世界上第一台内燃机点火装置。1864 年，德国马尔库斯制造并试验汽油发动机汽车。1885 年，德国的卡尔·本茨制造出第一辆以汽油机为动力的三轮汽车，次年申请了专利，标志着汽车的诞生。1887 年，本茨还成立了世界上第一家汽车制造公司——奔驰汽车公司。1886 年，德国工程师戴姆勒制造出世界上第一辆汽油机驱动的四轮汽车。

进入 20 世纪，内燃机汽车制造技术出现革命性变革。1903 年，H. 福特创办福特汽车公司，10 年后建成世界上第一条汽车流水装配线。从此，内燃机汽车便迅速成为汽车时代的新"宠儿"。到 1914 年，全球各地行驶的 T 型福特汽车多达 50 万辆。[2]而 1912 年时，美国注册的电动汽车仅有 3.4 万辆，20 世纪成了内燃机汽车的时代。T 型福特汽车在世界汽车发展史上首次实现标准化大批量生产，使汽车生产成本大幅下降，并使其价格从 1909 年的 850 美元降至 1925 年的 260 美元。[3]同时，又由于廉价汽油的出现，内燃机汽车很自然地成了大众首选的汽车。因而，电动汽车的发展受到了极大的冲击，很快退出了市场。据有关研究，"最后交付使用的、商业上有影响力的电动汽车约出现在 1905 年"，而"在近 60 年期间，所销售的电动汽车仅是一般的高尔夫球车和运送货车"。[4]当然，在 20 世纪初就已经出现、应用在有限里程的纯电动铲车，至今也仍在使用。[5]

在电动汽车走向衰落时，其他形态的新能源汽车相继出现，并投入使用。1923—1925 年，巴西在汽油机上用过 E100（100% 乙醇）。20 世纪 30 年代，意大利推出天然气汽车。[6]20 世纪 30—40 年代，中国芳林酒厂生产的酒精作为汽车燃料支援抗日战争及解放战争。[7]

20 世纪 40 年代，科技的创新曾给电动汽车的发展带来新希望。1947 年，人们发明了点接触型晶体管，标志着纯电动汽车科技新时代的到来。不到 10 年，Henney Coachworks 联合美国国家电气公司

[1] 爱赛尼等：《现代电动汽车、混合动力电动汽车和燃料电池汽车——基本原理、理论和设计（第二版）》，倪光正、倪培宏、熊素铭译，机械工业出版社，2010，第 12 页。
[2] 美国不列颠百科全书公司：《不列颠百科全书·第 6 卷》国际中文版（修订版），中国大百科全书出版社《不列颠百科全书》国际中文版编辑部编译，中国大百科全书出版社，2007，第 403 页。
[3] 王震坡、贾永轩：《电动汽车蓝图》，机械工业出版社，2010，第 14 页。
[4] 爱赛尼等：《现代电动汽车、混合动力电动汽车和燃料电池汽车——基本原理、理论和设计（第二版）》，倪光正、倪培宏、熊素铭译，机械工业出版社，2010，第 12 页。
[5] 莱特曼、布兰特：《电动汽车设计与制造基础：原书第 3 版：如何打造你自己的电动汽车》，王文伟、周小琳译，机械工业出版社，2016，第 48 页。
[6] 吴基安、吴洋：《新能源汽车知识读本》，人民邮电出版社，2009，第 65 页。
[7] 崔心存：《醇燃料与灵活燃料汽车》，化学工业出版社，2010，第 8 页。

联盟和 Exide 电池生产商，制造出第一辆基于晶体管科技的现代电动轿车——Henney Kilowatt。[①] 该车有 36-V 和 72-V 两款车型，其中 72-V 型的最高时速可达 60 mi/h（约 96 km/h），充一次电后可持续行驶将近 1 h，但因它的价格太高，在 1961 年就停产了。

20 世纪 50 年代，另一种新能源汽车——燃料电池汽车产生。1959 年，Bacon 和其公司首次展示实用性的 5 kW 燃料电池系统。同年，Harry Karl Ihrig 展示了当时令人满意的装备有 20 hp 燃料电池的牵引车。[②]

20 世纪 60 年代，出现了当时最有影响力的电动汽车——"阿波罗" 11 号飞船的宇航员在月球上用的月球巡回车。该车自重 209 kg，能运输 490 kg 的有效负载，续驶里程约 65 km。但是，这一地球外空间的车辆设计落实到地球上几乎没有什么意义。[③] 因为，月球上没有空气，为低重力状态，月球巡回车的速度小，工程师们很容易以有限的生产技术实现扩展的行程。

直到 20 世纪 70 年代，石油危机的爆发才给新能源汽车带来新的重大发展机遇。石油危机的冲击促进各国相继加大对替代能源汽车的研发力度。与此同时，燃料电池和蓄电池技术的突破和环境危机的加剧，又使电动汽车重新为世人所关注。于是，新能源汽车得以复苏，并日渐成长。

1982 年，世界上出现第一辆直接利用太阳能作为动力源的太阳能电动汽车。[④]1984 年，武汉工学院（现武汉理工大学）制成中国第一辆 "太阳号" 太阳能汽车。美国通用汽车公司制造出 "圣莱桑号" 太阳能汽车。日本本田公司制成 "梦想号" 太阳能汽车。1987 年，澳大利亚举办了一次有 7 个国家 25 辆太阳能汽车参加的世界太阳能汽车拉力赛。[⑤] 但是，因生产成本较高，并受太阳能间歇性等因素制约，太阳能汽车始终无法实现商业化发展。

20 世纪 80—90 年代，随着燃料电池技术和蓄电池技术的发展，电动汽车研发取得重大突破。1984 年，日本制出的氢能汽车在富士高速公路上试车成功。1988 年，美国通用汽车公司使用燃料电池开发的 "氢能概念车"，最高车速可达 190 km/h。1993 年，加拿大巴拉德动力系统公司开发出世界上第一辆质子交换膜燃料电池公共汽车。1994 年，美国制造出世界上第一辆使用甲醇燃料的 PAFC 动力公交车。1995 年，以色列首次将锌-空气电池应用在电动汽车上。1996 年，美国通用汽车公司制成纯电动轿车 EV1。同年，北京有色金属研究总院制成中国第一辆镍氢电动汽车。1997 年，日本丰田公司开发了普锐斯混合动力电动轿车，在世界上首次实现了电动汽车的批量生产，这标志着现代电动汽车时代的到来。

与此同时，醇燃料汽车、氢内燃机汽车的开发利用也取得重要进展。自 20 世纪 70 年代起，欧美等国家先后开发灵活燃料汽车，德国在 1979—1983 年进行了将近 1 200 辆车参加的大规模 FFV 试验。1987 年，美国加利福尼亚州推广使用 M85 甲醇汽车。同年，巴西的乙醇汽车达 1 200 多万辆。20 世纪 90 年代中期，全球天然气汽车数量达到 100 万辆以上。20 世纪 90 年代，宝马公司开发出计算机控制的液氢汽车，奔驰公司开发的第一批燃氢公共汽车在德国埃尔朗根市投入使用。

① 莱特曼、布兰特：《电动汽车设计与制造基础：原书第 3 版：如何打造你自己的电动汽车》，王文伟、周小琳译，机械工业出版社，2016，第 48-49 页。
② 爱赛尼等：《现代电动汽车、混合动力电动汽车和燃料电池汽车——基本原理、理论和设计（第二版）》，倪光正、倪培宏、熊素铭译，机械工业出版社，2010，第 16 页。
③ 同上。
④ 董崇山：《困局与突破——人类能源总危机及其出路》，人民出版社，2006，第 340 页。
⑤ 吴基安、吴洋：《新能源汽车知识读本》，人民邮电出版社，2009，第 191 页。

　　早在 1991 年，法国工程师 Gury Negre 就获得了压缩空气动力发动机的专利；2000 年，MDI 公司在此基础上推出了一款名为"进化"的压缩空气动力汽车。[①]

　　（三）全面振兴初期

　　进入 21 世纪后，发展电动汽车的国家越来越多。纯电动汽车、插电式混合动力电动汽车走向实用化、商业化，两者在 2014 年的全球销售量达到 26.5 万辆，比四年前（2010 年）的 3 601 辆增长约 72.6 倍。非插电式混合动力电动汽车生产规模不断扩大，当时全球最大的混合动力电动汽车制造商丰田公司 2012 年销售的非插电式混合动力电动汽车的数量超过 100 万辆，达到 108.2 万辆，是同年全球纯电动汽车和插电式混合动力汽车销售总量（11.6 万辆）的 9.3 倍。作为电动汽车之一的燃料电池汽车，到 21 世纪初还处在试验示范阶段，只有韩国现代公司实现小批量（1 000 辆）生产。

　　许多国家开展乙醇燃料汽车试点示范，美国、巴西、中国等国家已进入推广应用阶段。巴西 2004 年的乙醇加油站已达 2.6 万个。美国 2005 年乙醇汽车拥有量达到 280 多万辆。中国于 2005 年在全国 9 个省推广使用乙醇汽油 E10。2011 年，全球燃料乙醇产量发展到 6 794 万吨。

　　在燃气汽车领域，天然气汽车和液化石油气汽车发展较快。21 世纪初，全球天然气汽车拥有量达到 330 万辆（2003 年），液化石油气汽车则达 520 多万辆。21 世纪以来，先后有多个国家投入氢气汽车试验，宝马公司开发的 Hydrogen 7 系于 2006 年开始小批量（几百辆）生产。马自达公司研制的 Premacy 氢内燃机混合动力汽车自 2009 年起加入长期租赁业务。美国等少数国家开始逐步推广应用氢气汽车。

二、电动汽车

　　根据动力源不同，电动汽车可分为纯电动汽车、燃料电池汽车（又称燃料电池电动汽车，FCEV）、混合动力电动汽车和低速电动车（LEV）4 种。根据车型和用途不同，电动汽车又可分为电动轿车、电动客车、电动货车、电动牵引汽车、电动赛车、电动旅游汽车、电动高尔夫球汽车、电动铲车、电动特种作业汽车等。表 18-86 列出了三种电动汽车的基本信息。

表 18-86　三种电动汽车的基本信息

类型	混合动力电动汽车	纯电动汽车	燃料电池汽车
驱动方式	内燃机 + 电机驱动	电机驱动	电机驱动
能量系统	内燃机 + 蓄电池	蓄电池	燃料电池
能源 / 基础设施	加油站 / 电网充电设备	电网充电设备	氢气
排放量	低排量	零排量	超低排量或零排量
主要特点	续驶里程长，仍部分依赖汽油、柴油	续驶里程短，初始成本高	能源效率高，续驶里程长，成本高
商业化进程	已规模化量产	有销售量，但未规模化	仍处于研发阶段
主要问题	蓄电池效率，电池管理系统	电池安全性及效率，充电网点	成本高，制氢技术有待突破

　　资料来源：北京洲通投资技术研究所：《中国新能源战略研究》，上海远东出版社，2012，第 149 页。

[①] 刘光富、胡冬雪：《绿色技术预见理论与方法——以新能源汽车为对象》，化学工业出版社，2009，第 70 页。

（一）20 世纪 60—80 年代

如前所述，电动汽车早在 19 世纪已出现，并在 19 世纪末到 20 世纪初得到迅速发展，但随即受到内燃机汽车的冲击，迅速走向衰落。到 20 世纪 60—70 年代，在石油危机和环境问题的影响下，电动汽车又重新回到人们的视野，日渐发展起来。

20 世纪 60—70 年代，为推动电动汽车的发展，日本设立了电动汽车研发国家项目，出台了电动汽车发展计划。1965 年，日本通产省把电动汽车列入国家项目，开始进行电动汽车的研究与开发。1967 年，日本汽车协会成立。1970 年，日本举办大阪世博会，组织电动汽车企业参展，展出了关西电力和大发公司联合研制的电动汽车 Hi Jet。1971 年，日本通产省又制订《电动汽车的开发计划》，组织实施第一代零排放电动汽车的研究项目。[1] 在此推动下，日本三菱公司于 1971 年推出了纯电动汽车 Minicab EV。[2] 不少日本汽车公司也在 20 世纪 70 年代陆续发布和上市了一些电动汽车产品。

同一时期，在燃料电池和蓄电池发展的推动下，美国一些公司也开始研发燃料电池汽车和混合动力电动汽车。美国通用汽车公司于 1966 年组建由 Craig Marks 博士牵头、大约 250 人的研究团队，经过两年时间的攻关，研制出通用燃料电池汽车 Electrovan，该汽车被认为是第一辆燃料电池汽车。[3]Electrovan 为两座汽车，燃料电池系统采用液态氢和液态氧为燃料，拥有一个储氢罐和一个储氧罐，燃料电池功率为 5 kW，可以使用 1 000 h。该车最高时速 63 ～ 70 mi/h，续驶里程 120 mi。考虑到其安全性，该款车仅在公司内部使用，因发生了几次事故，所以这款车并不算成功。

1967 年，美国 Linear Alpha 公司的 Ernest H.Wakefield 博士开发串联式混合动力电动汽车，将输出功率为 3 kW 的一个小型发动机-交流发电机组用于保持蓄电池组的充电状态，但由于技术上的原因，这一实验很快被终止。[4]

1969 年，美国通用汽车公司应用混合动力技术，制造出通用 XP-833 插电式混合动力电动汽车。[5]该车的电池箱中装有 6 块 12 V 的铅酸电池以及一个前置前驱的横置发动机，内燃机通过一个蜗杆连接到驱动轴上，可以通过插入一个标准的 110 V 交流电源插座进行充电。

1975 年，Victor Wouk 博士和同事们一起制造了一辆 Buick Skylark 型并联式混合动力电动汽车。[6]该车发动机是马自达旋转式发动机，与手动变速箱配合，有 8 个 12 V 的汽车蓄电池组，最高速度可达 80 mi/h。

1975 年 9 月，美国《大众科学》杂志在封面上刊登了一辆节能的涡轮电力混合动力试验车的照片。[7]这辆车的设计者是电气工程师 Harry Grepke，车上安装有 8 块 12 V 的动力电池及一个涡轮发电机组。

---

[1] 王震坡、贾永轩：《电动汽车蓝图》，机械工业出版社，2010，第 59 页。
[2] 李红辉主编《新能源汽车及锂离子动力电池产业研究》，中国经济出版社，2013，第 32 页。
[3] 李星国等：《氢与氢能》，机械工业出版社，2012，第 494 页。
[4] 爱赛尼等：《现代电动汽车、混合动力电动汽车和燃料电池汽车——基本原理、理论和设计（第二版）》，倪光正、倪培宏、熊素铭译，机械工业出版社，2010，第 14 页。
[5] 雷特曼：《插电式混合动力电动汽车开发基础》，王震坡、孟祥峰译，机械工业出版社，2011，第 23 页。
[6] 爱赛尼等：《现代电动汽车、混合动力电动汽车和燃料电池汽车——基本原理、理论和设计（第二版）》，倪光正、倪培宏、熊素铭译，机械工业出版社，2010，第 14 页。
[7] 雷特曼：《插电式混合动力电动汽车开发基础》，王震坡、孟祥峰译，机械工业出版社，2011，第 23 页。

车辆在夜间充电，平时在城镇中行驶，在纯电动模式下续驶里程可达到 50 mi。

到 20 世纪 70 年代中后期，为适应电动汽车研究与开发的需要，美国国会加强了立法工作，从法律层面保障电动汽车的健康发展。1976 年，美国国会通过《纯电动汽车和混合动力电动汽车的研究开发和样车试用法令》，拨款 1.6 亿美元资助电动汽车的开发。1978 年，美国又通过《第 95-238 公法》，增加对电动汽车研发的拨款，责成能源部和电力公司加快研发电动汽车技术，责成阿贡国家实验室与电池公司合作研制电动汽车用高性能蓄电池。至此，历经几十年的低落之后，电动汽车又重获新生。美国于 1977 年举办第一届国际电动汽车会议，会上展出 100 多辆各国的电动汽车。[1]

除了日本、美国，德国也于 1971 年成立城市电动车交通公司（GES），积极组织电动车的研究与开发。到 20 世纪 70 年代末期，德国戴姆勒-奔驰汽车公司生产出一批采用铅酸电池的 LE306 电动汽车，20 世纪 80 年代初又生产出电动大客车和商用电动汽车。1981 年，欧宝公司研制出电动轿车。[2]

20 世纪 80 年代，氢燃料电池和氢汽车研发取得重要突破。日本、美国、荷兰等国家从 1984 年开始大力研发储氢合金材料，使镍氢电池的研究进入实用性研究阶段。日本川崎重工业公司于 1984 年用金属氢化物制成世界上最大的储氢容器。[3] 同年 5 月，日本研制出来的液氢汽车在富士高速公路上以 100 km/h 的速度试车成功。次年，日本工业研究所利用日本川崎重工业公司用金属氢化物制成的储氢容器作为汽车上的氢燃料储存器，制成氢气汽车，在公路上成功地行驶了 200 km。1988 年，美国通用汽车公司使用燃料电池研制的"氢能概念车"可持续行驶 800 km，最高时速可达 190 km。[4]1990 年，日本武藏工业大学制成一辆以液氢作为燃料的汽车，速度可达 150 km/h，灌注一次液氢燃料可连续行驶 300 km。德国、英国和日本的汽车公司在 20 世纪 80 年代末对氢能汽车使用氢燃料做了试验，并进行评估，一致认为氢能燃料和汽油一样安全，即使撞车引起燃烧，至多发出一阵冲天大火，但很快就烧完火灭，在失火的情况下也便于逃生。

在这一时期，人们对纯电动汽车和混合动力电动汽车的研究也从未间断，相继开发出一批原型车。Briggs & Stratton 和 Electric Auto 两家公司分别在 1980 年和 1982 年制出并联式混合动力电动汽车原型。欧宝公司推出 1 US gal[5] 汽油可行驶 75 mi 的欧宝 GT 混合动力电动汽车。奥迪汽车公司也于 1989 年推出奥迪 2.3 L 混合动力汽车 Audi Duo。[6]20 世纪 80 年代末，意大利建立了电动汽车车队，共投入 52 辆用铅酸电池的电动汽车进行试验。到 1990 年，日本使用的电动汽车从 1989 年的 1 046 辆增至 1 271 辆。[7]

（二）20 世纪 90 年代

到了 20 世纪 90 年代，参与新能源汽车开发的国家增多。对新能源汽车开发，政策引导扶持力度加大，电动汽车开发取得一系列重要进展（表 18-87），非插电式混合动力电动汽车出现实用化、商业化发展趋势。

[1] 王震坡、贾永轩：《电动汽车蓝图》，机械工业出版社，2010，第 15 页。
[2] 同上书，第 56 页。
[3] 李代广：《氢能与氢能汽车》，化学工业出版社，2009，第 95 页。
[4] 同上书，第 41 页。
[5] 1 US gal=3.785 41 dm³。
[6] 胡信国等：《动力电池技术与应用》，化学工业出版社，2009，第 5 页。
[7] 王震坡、贾永轩：《电动汽车蓝图》，机械工业出版社，2010，第 59 页。

表 18-87　20 世纪 90 年代世界电动汽车的发展

时间 / 年	事件
1990	美国加利福尼亚州发布《ZEV 法案》
1990	美国总统签署《空气清洁法修正案》
1991	美国先进电池联合会成立
1991	美国罗杰·比林斯博士制成一辆燃料电池汽车
1991	日本东京电力公司制成采用 Cd-Ni 电池组的电动车
1992	美国《1992 年国家能源政策法案》允许用 10% 的联邦税收对购买电动汽车的消费者进行补贴
1993	美国总统克林顿提出"新一代汽车合作计划"（PNGV）
1993	日本实施"新阳光计划"
1993	加拿大巴拉德动力系统公司制成世界上第一辆质子交换膜燃料电池公共汽车
1993	戴姆勒-克莱斯勒公司和巴拉德动力系统公司共同成立 XCELSIS GmbH 和巴拉德电动车两家企业
1994	戴姆勒-克莱斯勒公司开发出第一代氢燃料电池汽车 Necar 1
1994	美国氢能源公司在圣地亚哥举办第 14 届燃料电池会议期间展示了世界第一辆使用甲醇燃料的 PAFC 动力公交车
1994	日本大发汽车公司研制出电动微型面包车 Hi-Jet EV
1994	比利时 ERENKO 公司开发出 78 kW 强碱型燃料电池和蓄电池混合动力公共汽车
1995	以色列 Electric Fuel 公司在世界上首次将锌-空气电池应用于电动车
1995	法国标致雪铁龙汽车公司开发出 4 座小型电动客货车标致 106.SAXO
1995	法国政府开始制定有关优惠政策，对购买电动汽车的消费者提供最高 1.5 万法郎 / 辆的补贴
1996	美国通用汽车公司开发出纯电动轿车 EV1
1996	日本丰田公司研制出世界上首次使用金属氢化物提供氢源的 PEMFC 电动车
1996	法国雷诺汽车公司制成 4 座小型电动轿车 Clio（镍铬电池）
1996	中国北京有色金属研究总院开发出中国第一辆镍氢电动汽车
1997	日本丰田公司研发的汽油机 / 电动机混合动力轿车普锐斯在世界上首次实现批量生产、销售
1997	美国电动赛车协会成立
1997	美国福特公司制成 2 座轻型电动皮卡客货车 Ranger
1997	加拿大巴拉德动力系统公司共 16 辆燃料电池公共汽车分别在加拿大温哥华和美国芝加哥试运行
1998	通用-欧宝公司开发出直接使用液氢的 PEMFC 电动客车
1999	日本本田 Insight 混合动力电动汽车上市
1999	中国第一辆燃料电池汽车在清华大学试验成功
1999	日本日产公司研制出重整甲醇 PEMFC 电动客车
1999	美国通用汽车公司推出第二代 EV1
1999	德国尼奥普兰汽车公司开发出车长 8 米的燃料电池公共汽车

资料来源：作者整理。

1. 政策引导

20 世纪 90 年代，美国、日本、德国、法国、中国等国家根据环境保护和新能源汽车发展需要，出台了一系列相关政策，积极发展电动汽车。

1990 年，美国加利福尼亚州空气资源委员会基于环境污染日趋严重的严峻形势，专门针对汽车制造商发布了《ZEV法案》，规定到 1998 年，加利福尼亚州出售的旅行车和轻型卡车中的 2% 必须是"零排放车"（ZEV）[1]；到 2000 年，"零污染"汽车的销售额要占新车销售额的 5%；到 2003 年，"零污染"汽车的销售额要占新车销售额的 10%[2]。这一法规的出台引起了汽车工业界的震动，随后美国东部的 10 个州也通过了相应的法规。汽车制造商要达到"零排放"的唯一途径就是开发出采用电池驱动的纯电动汽车。

随后，美国出台扶持政策，鼓励发展电动汽车。1990 年 10 月，美国总统签署《空气清洁法修正案》。美国环保署随即将其编入联邦法规中，建立 30 个主要法规，明确提出在《空气清洁法修正案》颁布之后 42 个月内，每个州的州政府必须在其管辖范围内的臭氧非达标地区和一氧化碳非达标地区建立清洁汽车（含电动汽车）的运营车队，并规定了清洁汽车占车队购买汽车数的比例，对超前达到法律要求的清洁车队运营者给予适当的税收优惠。[3] 美国《1992 年国家能源政策法案》允许 10% 的联邦税收用于对购买电动汽车的消费者进行补贴，每辆车最多可以补贴 4 000 美元。加利福尼亚州提供各种政府激励措施，以 9 000 美元的高价采购电动汽车，还允许当只有一个人在车上时可以驶入高承载专用车道。[4] 1993 年，克林顿总统提出"新一代汽车合作计划"，参与单位达 453 个，其中包括美国能源部、商务部、运输部等政府机构，军事航天等国家实验单位，以及通用、福特和克莱斯勒三大汽车公司。[5]

德国政府于 1991 年在拜尔州投入 300 辆电动汽车运行，拜尔州拨出 400 万马克对消费者给予车价 30% 的资助，汉堡市也采取资助购买者车价 25% 的方式来鼓励用户购买电动汽车。第二年，德国政府拨款 2 200 万马克，在吕根岛建立欧洲电动汽车基地。[6]

日本于 1991 年制订"第三届电动汽车普及计划"，提出到 2000 年，电动汽车年产量达到 10 万辆，保有量达到 20 万辆的目标。[7] 1993 年又实施"新阳光计划"，提出 1993—2020 年每年政府投入 550 亿日元，最大限度地挖掘技术潜力，到 2030 年实现日本能源消费下降 1/3、二氧化碳排放量减少 1/2 的目标。[8] 该计划包括汽车用蓄电池、燃料电池、太阳能电池等项目。1997—2003 年，日本实施"高效率清洁能源汽车研究开发项目"（ACE），涉及混合动力汽车和高效率燃料电池的开发，有 7 家汽车公司参加该项目。

法国政府于 1995 年开始制定有利于电动汽车产业发展的优惠政策，对电动汽车消费者提供购买补

[1] 林登、雷迪：《电池手册》第 3 版，汪继强等译，化学工业出版社，2007，第 802 页。
[2] 王震坡、贾永轩：《电动汽车蓝图》，机械工业出版社，2010，第 50 页。
[3] 同上。
[4] 雷特曼：《插电式混合动力电动汽车开发基础》，王震坡、孟祥峰译，机械工业出版社，2011，第 24 页。
[5] 中国汽车技术研究中心、日产（中国）投资公司、东风汽车有限公司：《中国新能源汽车产业发展报告（2013）》，社会科学文献出版社，2013，第 349 页。
[6] 王震坡、贾永轩：《电动汽车蓝图》，机械工业出版社，2010，第 56 页。
[7] 同上书，第 59 页。
[8] 中国汽车技术研究中心、日产（中国）投资公司、东风汽车有限公司：《中国新能源汽车产业发展报告（2013）》，社会科学文献出版社，2013，第 305 页。

贴，最高额度达 1.5 万法郎。①

1998 年，中国在广东省汕头市南澳建立"国家电动汽车运行试验示范区"。区内运行示范的电动汽车有中国自己研制的电动汽车（包括广东益威厂的轿车、华南理工大学的中巴车、广东长润集团的轿车等），也有美国通用 EV1 轿车、S10 农夫车，日本丰田 RAV4 轿车，法国标致雪铁龙 SAXO 轿车，以及德国大众等汽车公司开发的电动汽车。②

1999 年，美国以加利福尼亚州空气资源委员会为中心，召集各大汽车制造商、石油公司、燃料电池厂商开始实施加州燃料电池合作伙伴联盟（CaFCP）计划，主要内容是从 2000 年 11 月开始，在加利福尼亚州州政府所在地萨克拉门托开展燃料电池电动车实地行驶试验，目的是收集各家燃料电池电动车的实际路测数据，借以探讨燃料电池电动车的可行性、燃料补给等基础设施的建设及大量生产的可能性。③

2. 车用动力电池先行

"零排放"汽车的核心关键技术在于驱动纯电动汽车的车用电池。针对《ZEV 法案》，通用、福特、克莱斯勒等美国汽车巨头在《ZEV 法案》出台的第二年便专门成立了美国先进电池联合会④，还专门制定了适用于电动汽车的电池技术标准（表 18-88、表 18-89、表 18-90），以促进 EV 电池的开发。与此同时，1991 年 10 月，美国先进电池联合会与美国能源部签订协议，在 1991—1995 年投资 2.26 亿美元，资助电动汽车用高性能电池的研究；美国电力研究院也加入美国先进电池联合会，参与高性能电池与电动汽车的开发。⑤

表 18-88　美国先进电池联合会为中长期电动车电池技术制定的主要技术标准

主要技术标准	中期	长期
体积比功率 /（W/L）	250	600
质量比功率（30 s 80% 放电深度）/（W/kg）	150（期望 200）	400
体积比能量（C/3 率放电）/（Wh/L）	135	300
质量比能量（C/3 率放电）/（Wh/kg）	80（期望 100）	200
寿命 / 年	5	10
循环寿命（80% 放电深度）/ 次	600	1 000
功率和容量衰减率（额定量）/%	20	20
基本价格（40 kWh 时有 10 000 个单元部件）/（美元 /kWh）	< 150	< 100
工作环境温度 /℃	−30 ～ 65	−40 ～ 85
再充电时间 /h	< 6	3 ～ 6
电池额定容量（连续放电 1 h，不失效）/%	75	75

资料来源：林登、雷迪：《电池手册》第 3 版，汪继强等译，化学工业出版社，2007，第 906 页。

① 中国汽车技术研究中心、日产（中国）投资公司、东风汽车有限公司：《中国新能源汽车产业发展报告（2013）》，社会科学文献出版社，2013，第 322 页。
② 吴基安、吴洋：《新能源汽车知识读本》，人民邮电出版社，2009，第 122 页。
③ 黄镇江：《燃料电池及其应用》，刘凤君改编，电子工业出版社，2005，第 121 页。
④ 林登、雷迪：《电池手册》第 3 版，汪继强等译，化学工业出版社，2007，第 802 页。
⑤ 王震坡、贾永轩：《电动汽车蓝图》，机械工业出版社，2010，第 50 页。

表 18-89　美国先进电池联合会为中长期电动车电池技术制定的次要技术标准

次要技术标准	中期	长期
效率（C/3 率放电，充电 6 h）/%	75	80
自放电 /%	＜15（在 48 h 以内）	＜15（每月）
维护	用户免维护，仅需专业人员来维护	用户免维护，仅需专业人员来维护
热损失（对高温电池而言）	3.2 W/（kWh）（在 48 h 以内，容量的 15%）	3.2 W/（kWh）（在 48 h 以内，容量的 15%）
容许误操作性	容许，面板控制降低到最小限度	容许，面板控制降低到最小限度

资料来源：林登、雷迪：《电池手册》第 3 版，汪继强等译，化学工业出版社，2007，第 906 页。

表 18-90　美国电动车和混合动力电动车对电池的总的性能要求

对电池的性能要求	货车	客运车辆	
	160 km 运输车[1]	290 km 通勤车	混合动力电动汽车[3]
最大质量 /kg	440	395	200
最大体积 /L	402	165	90
最小功率 /kW	47	90	90
最小能量 /kWh	44	20[2]	15

资料来源：林登、雷迪：《电池手册》第 3 版，汪继强等译，化学工业出版社，2007，第 906 页。

注：[1] 轻型电动货车用电池性能的要求是由美国能源部为 IDSEP 货车用高性能先进电池制定的。[2] 在通用汽车公司的 Impact 高性能铅酸电池的基础上再增加 50%。[3] 具有 190 km 零排放行程的两种型号混合动力电动汽车。

此后，国际铅锌研究组和铅酸电池工业界在美国又共同组建先进铅酸电池联合会，着力推动先进铅酸电池在 EV、HEV 上的应用。1999 年，美国"新一代汽车合作计划"还发布了适用于混合动力汽车的 HEV 电池技术目标（表 18-91）。

表 18-91　美国 PNGV 提出的 EV、HEV 电池技术目标[1]

电池特性	2000 年	2004 年	2006 年
18 s 功率能量比 /（W/Wh）	（83）27	（83）27	（8）27
质量比能量 /（Wh/kg）	（8）23	（8）23	（10）24
体积比能量 /（Wh/L）	（9）38	（9）38	（12）42
循环寿命 /次[2]	（200）120	（200）120	（200）120
使用年限 /年	（5）5	（10）10	（10）10
成本 /（美元 /kWh）[3]	（1 670）555	（1 000）333	（800）265

资料来源：林登、雷迪：《电池手册》第 3 版，汪继强等译，化学工业出版社，2007，第 804 页。

注：[1] 表中括号内为 EV 电池的辅助功率目标；表中所列（括号外）为 400 V 混合动力电动汽车电池系统的目标。[2] 城市驾驶循环中，对应最小的荷电状态行驶路程的循环次数。[3] 依据可获得能量的单位成本。

基于最新的第四代车用电池——氢燃料电池，汽车行业的原始设备制造商在 20 世纪 90 年代后期推动了美国能源部对氢燃料电池汽车发展的相关部署，其中包括对氢燃料电池汽车有关的规定、规范和标准的进一步完善。[①] 美国汽车工程师学会（SAE）、CSA、国际标准化组织（ISO）等机构先后拟定一些关于氢燃料电池汽车的规定、规范和标准（表18-92）。表中没有列出全部的名单，也不包括支持这些车辆行驶所需要的基础设施标准等内容。

表 18-92　美国氢燃料电池汽车的规定、法规和标准

规定、规范和标准	主题	生效
1.CSA 陆地行驶车辆车载部件标准	CSA 美国 HGV 2（草稿） CSA 美国 HGV 3.1（草稿）：氢气驱动车辆的燃料系统部件 CSA 美国 HGV 4.1（TIR）：氢气气体分配系统 CSA 美国 HGV 4.2（TIR）：氢气驱动车辆和分配系统的软管 CSA 美国 HGV 4.3（草稿）：氢气气体分配系统的温度补偿装置 CSA 美国 HGV 4.4（TIR）：氢气分配软管和系统的安全分离装置 CSA 美国 HGV 4.5（TIR）：氢气分配系统设备的优先级和顺序 CSA 美国 HGV 4.6（TIR）：氢气分配系统的手动操作阀门 CSA 美国 HGV 4.7（TIR）：用于氢气驱动车辆加气站的自动阀门 CSA 美国 HGV 4.8（TIR）：氢气加气站往复压缩机指南 CSA 美国 HPRD 1（草稿）：氢气驱动车辆容器的泄压装置	OEM 的基本义务
2.CSA 陆地行驶工业卡车车载部件标准	CSA HPIT1：压缩氢气驱动的工业卡车车载燃料储存和处理部件（开发中） CSA HPIT2：工业卡车压缩氢气站和部件（开发中）	美国职业安全和健康署
3.SAE 陆地行驶车辆车载部件标准	SAE J2579，SAE J2600 J1766 电子和混合电力车辆电池系统碰撞试验的推荐规程 J2572 测量燃料电池以及由压缩气态氢气作为燃料的混合燃料电池车辆燃料消耗和里程的推荐规程 J2574 燃料电池车辆技术 J2578 一般燃料电池车辆安全性的推荐规程 J2579 燃料电池和其他氢气技术的燃料电池系统 J2594 可加收质子交换膜燃料电池系统设计的推荐规程 J2600 压缩氢气地面车辆充气连接装置 J2615 用于汽车的燃料电池系统性能测试 J2616 汽车燃料电池系统气体处理子系统的性能测试 J2719 燃料电池汽车氢气质量指导开发的信息报告 J2760 用于燃料电池和其他氢汽车的压力术语	OEM 的基本义务
4.SAE 陆地车辆燃料添加标准	SAE J2601 轻型汽车氢气地面车辆燃料添加协议	OEM 的基本义务，建筑和防火相关部门
5.SAE 工业车辆燃料添加标准	SAE J2919 开发中	OEM 的基本义务，建筑和防火相关部门
6. 工程车辆性能标准	UL2267 工业用电动卡车上燃料电池电源系统的安装 NFPA 505 工业用机动车辆防火安全标准，包括型式认定、使用区域、转换、维护和运行	OSHA，建筑和防火相关部门

① S. E. 格拉斯曼主编《氢能源和车辆系统》，王青春等译，机械工业出版社，2014，第 232 页。

续表

规定、规范和标准	主题	生效
7. 联邦机动车辆安全标准（对燃料电池车辆）	未公布	美国运输部（DOT）
8. 通用技术规则（GTR）	未公布	DOT
9.ISO 标准	ISO 13984：1999　液态氢-陆地车辆燃料添加系统接口 ISO 13985：2006　液态氢-陆地车辆燃油箱 ISO/DIS 14687-2　氢气燃料—产品性能—第二部分：陆地车辆所用的 PEMFC ISO 16111：2008　可运输的气体存储装置-可逆金属氢化物所吸收的氢气 ISO17268：2006　压缩氢气陆地车辆燃料添加连接装置 ISO15869　气态氢气和氢气混合-陆地车辆燃油箱	不同国家的标准各不相同

资料来源：S.E. 格拉斯曼主编《氢能源和车辆系统》，王青春等译，机械工业出版社，2014，第 233-235 页。

在此推动下，美国、日本、英国、加拿大等国家政府和民间加大对车用电池开发的投入与资助，一些知名公司、大学和科研机构对应用于 EV、HEV 的先进电池以及电力设施储能技术的研究非常活跃（表 18-93 和表 18-94）。燃料电池开发商巴拉德动力系统公司、国际燃料电池公司，汽车生产商戴姆勒-克莱斯勒公司、福特汽车公司、大众汽车公司，以及化学品生产商塞拉尼斯公司、杜邦公司、Methanex 公司等都纷纷联手开发燃料电池和燃料电池汽车（表 18-95），从而有力地促进了车用先进电池的开发。

表 18-93　从事 EV/HEV 和（或）电力设施储能用先进可充电电池的主要开发计划的组织

组织 / 国家	工作的主要资助者	先进电池	应用
Avestor/ 加拿大	Avestor，能源部	锂聚合物	EV，HEV，电力设施储能
Innogy/ 英国	Innogy	能量再生系统：聚硫 / 溴氧化还原（流体）	电力设施储能
NGK/ 日本	东京电力公司，NGK	钠硫	电力设施储能
Ovonics	USABC，DOE	金属氢化物-镍	EV，HEV
Powercell/ 美国、奥地利	Powercell，DOE	锌溴	电力设施储能
SAFT/ 法国、美国	SAFT，DOE	金属氢化物-镍 锂离子	EV，HEV EV，HEV，电力设施储能
Sony Energetic/ 日本	Sony	锂离子	EV
Sumitomo Electric/ 日本	Sumitomo 电力，Kansai 电力公司	钒氧化还原（流体）	电力设施储能
ZBB/ 美国、澳大利亚	DOE，ZBB	锌溴	电力设施储能

资料来源：林登、雷迪：《电池手册》第 3 版，汪继强等译，化学工业出版社，2007，第 809 页。

表 18-94　从事 EV/HEV 和（或）电力设施储能用先进可充电电池的
主要开发计划的美国大学和美国能源部国家实验室

组织	关注的主要项目
美国阿贡国家实验室	EV、HEV 用电池和锂-硫化铁电池研发
Case Western Reserve University	EV、HEV 用基础电池和燃料电池研究
Lawrence Berkeley 国家实验室	各种用途的基础电池研究
Lawrence Livermore 国家实验室	先进用途的基础电池研究
Sandia 国家实验室	电力储能系统、HEV 用电池和其他先进技术
Texas A&M University	EV、HEV 用基础电池和燃料电池研究

资料来源：林登、雷迪：《电池手册》第 3 版，汪继强等译，化学工业出版社，2007，第 809 页。

表 18-95　部分国家电动汽车用燃料电池的研究、开发情况

国家	研究机构	电池类型	燃料种类	电池容量	应用情况
美国	GM Allisson gas engine Corp.	PEMFC	H_2	25 kW	电动汽车动力电源
	Booz，Allen and Hamilton Inc.	PAFC	甲醇、天然气	50～100 kW	公共汽车辅助动力电源
	Los Alamos and United technology Corp.	PEMFC	甲醇	25～100 kW	电动汽车动力电源
加拿大	巴拉德动力系统公司（BPS）	PEMFC	H_2、甲醇	60～100 kW	公共汽车动力电源
德国	西门子	AFC	H_2、乙二醇	17.5～100 kW	电动轿车动力电源
	戴姆勒-奔驰	PEMFC	H_2、甲醇		潜艇动力电源
	Telefunken AEC	PAFC	煤气		
英国	Johnson Matthey	PAFC	煤气	6 kW	电动轿车
	Loughborough University of Technology	PEMFC	H_2		叉车辅助电源
	Cambridge University	AFC	H_2、甲醇		
意大利	Volat Project	PEMFC	H_2、甲醇	10 kW	电动汽车动力电源
日本	丰田汽车公司	PEMFC	H_2	10～20 kW	电动轿车动力电源
	富士电机公司	PAFC	H_2、甲醇		电动轿车动力电源
	三洋电气公司	PAFC	H_2、甲醇	50～100 kW	电动轿车样车动力电源
中国	中科院大连化学物理研究所燃料电池工程中心	PEMFC	H_2	0.1～5 kW	新型电源
		AFC	H_2		新型电源
		MCFC	H_2		新型电源

资料来源：胡信国等：《动力电池技术与应用》，化学工业出版社，2009，第 279 页。

　　根据美国能源部和美国先进电池联合会于 1991 年签订的电动汽车电池开发计划，电动汽车电池发展的中期目标是开发镍氢（Ni/MH）动力电池。[①] 经过多年的努力，镍氢电池在纯电动汽车和混合动力电动汽车领域的应用已进入产业化阶段，以镍氢动力电池为中期发展目标的电动汽车电池开发计划指标已基本达到。在 USABC 的 EV 电池中期目标要求中，已开发出来的镍氢商品电池的实际性能与目标要求相比，除质量比能量和最终成本这两项未达到要求，其他各项均已达标（表 18-96）。1997 年，

――――――――――
[①] 唐有根主编《镍氢电池》，化学工业出版社，2007，第 354 页。

GM-Ovonic 公司开始批量生产镍氢动力电池，装备 30 辆 Chevy S-10 电动汽车进行试车运行，次年又进一步扩大镍氢动力电池的产量。

表 18-96　美国先进电池联合会的 EV 电池中期目标及镍氢电池的实际性能

性质	USABC 的 EV 电池中期目标	镍氢电池	
		商品电池	样品电池
质量比能量 /（Wh/kg）	80（期望值 100）	63 ～ 75	85 ～ 90
体积比能量 /（Wh/L）	135	220	250
体积比功率 /（W/L）	250	850	1 000
质量比功率（3 s, 80%DOD）/（W/kg）	150（期望值＞ 200）	220	240
循环寿命（80%DOD）/ 次	600	600 ～ 1 200	600 ～ 1 200
寿命 / 年	5	10	10
环境温度 /℃	−30 ～ 65	−30 ～ 65	−30 ～ 65
充电时间	＜ 6 h	15 min（60%） ＜ 1 h（100%）	15 min（60%） ＜ 1 h（100%）
自放电 /%	＜ 15（48 h）	＜ 10（48 h）	＜ 10（48 h）
最终成本（以 10 000 只共计 40 kWh 的电池计）（美元 /kWh）	＜ 150	220 ～ 400	150

资料来源: 林登、雷迪:《电池手册》第 3 版，汪继强等译，化学工业出版社，2007，第 587 页。

日本丰田公司于 1996 年合作推出 EV-95（容量 100 Ah）电池用于 EV，一次充电可行驶 215 km，最高时速 125 km，能量密度 65 Wh/kg，输出功率密度 200 W/kg，循环寿命 1 000 次以上。1999 年，日本研制的高能量型镍氢动力电池驱动一辆 4 轮 8 座的电动轿车，一次充电行驶里程达 500 km。丰田汽车公司采用松下 PEVE 公司生产的 6.5 Ah HEV 镍氢电池生产混合动力汽车，月产量达到 3 000 辆。[1]

美国学者指出，加利福尼亚州的法令促成了美国先进电池联合会的成立，这是美国的主要汽车制造商、美国能源部及电力公司之间史无前例的合作。除此之外，《ZEV 法案》的实施对于发展车用动力电池和电动汽车的促进作用也是空前的。因为，国际上制造 HEV 的几大汽车集团，即日本丰田、日产、本田，美国通用、福特，德国大众，其中有五家公司选用镍氢动力电池系统，特别是已经上市的 HEV 轿车，大多数使用镍氢电池。[2]

除了镍氢电池开发取得的重大成功，燃料电池在电动汽车中的开发应用也取得了重大成就。丰田自 1992 年开始投入燃料电池技术的开发，到 2000 年推出了第五代 FCHV-5 原型车，其第四代 FCHV-4 的燃料来自 25 MPa 的高压氢气瓶中的压缩氢气，而 FCHV-5 则使用洁净碳氢化合物燃料（CHF）。FCHV-4 通过最高功率输出达到 90 kW 的 Toyota FC Stack 燃料电池堆来驱动电动机，最大输出功率与最大扭矩分别为 108 hp 与 26.5 kgf·m（1 kgf·m=9.806 65 Nm）。每个高压贮氢瓶所贮存的压缩氢气可供汽车行驶 250 km。[3]

---

[1] 唐有根主编《镍氢电池》，化学工业出版社，2007，第 354 页。
[2] 胡信国等:《动力电池技术与应用》，化学工业出版社，2009，第 119 页。
[3] 黄镇江:《燃料电池及其应用》，刘凤君改编，电子工业出版社，2005，第 127 页。

加拿大巴拉德动力系统公司于1993年和戴姆勒-奔驰（DB）公司合作开发PEMFC在交通运输领域的应用。1997年，福特（Ford）公司加入了上述两者的合作，形成新的燃料电池合作关系（图18-20），目的是将PEMFC在交通运输领域的应用推向商业化。它们在合作中涉及的资金投入超过10亿加元。

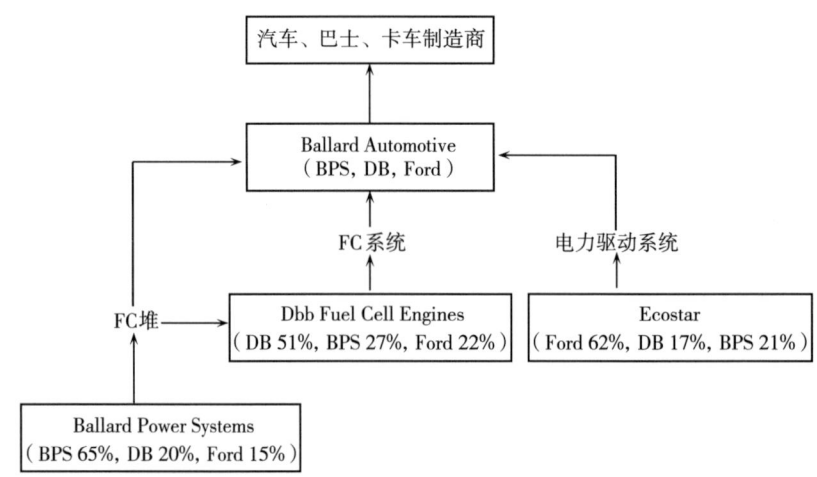

图18-20　DB、Ford和BPS公司开发PEMFC合作框架

资料来源：黄倬等：《质子交换膜燃料电池的研究开发与应用》，冶金工业出版社，2000，第158页。

20世纪90年代，通用汽车公司和丰田公司致力于开发汽油燃料电池。该电池的优点是采用含硫少的清洁燃料，可延长燃料电池自身寿命，并且电池容易维修。通用汽车公司制成世界上第一种利用汽油的燃料电池。[1]日本东芝公司也于2000年宣布研制成功以汽油为燃料的电池，并向本国和欧美汽车厂家供货。

3. 一批电动汽车相继推出

1990年，宝马公司推出纯电动汽车E1。法国标致雪铁龙汽车公司所开发的J-5和C-25电动载货汽车投入生产。菲亚特汽车公司生产"熊猫一览lef/ra"，载重量1 330 kg，汽车速度70 km/h，续驶里程100 km。[2]

1991年，美国堪萨斯州科学院的罗杰·比林斯博士花费5年时间研制成功一辆燃料电池汽车，其呈圆柱形的电池重量45 kg，使用寿命25万km。[3]日本东京电力公司开发出使用Cd-Ni电池组的电动车，将24个电池组串联，每个电压12 V，总电压288 V，总容量100 Ah，电池组的质量比能量为54 Wh/kg，最高车速176 km/h。[4]

德国从1992年开始在吕根岛组织各种类型电动汽车进行为期4年的运行试验，大众、戴姆勒、宝马等公司开发的纯电动汽车纷纷上市，1995年达到4 700辆。之后由于使用经济性问题，产量有所减少。[5]

---

[1] 胡信国等：《动力电池技术与应用》，化学工业出版社，2009，第283页。

[2] 王震坡、贾永轩：《电动汽车蓝图》，机械工业出版社，2010，第35-37页。

[3] 李代广：《氢能和氢能汽车》，化学工业出版社，2009，第85页。

[4] 胡信国等：《动力电池技术与应用》，化学工业出版社，2009，第118页。

[5] 王震坡、贾永轩：《电动汽车蓝图》，机械工业出版社，2010，第34页。

1993 年，美国的能源伙伴（Energy Partners）公司开发出世界上第一辆 PEMFC 驱动的"绿色汽车"（Green Car）。[1] 同年，加拿大巴拉德动力系统公司研制出世界上第一辆 PEMFC 公共汽车。此后，美国、德国、日本等国家纷纷加大对燃料电池汽车研发的投入，相继开发出一批燃料电池汽车（表 18-97）。燃料电池汽车成为 20 世纪 90 年代电动汽车开发的重要领域。

表 18-97　1994—2001 年世界质子交换膜燃料电池原型乘客车发展状况

汽车企业	时间 / 年	名称 / 车型	使用燃料	燃料供应	电池功率 /kW
戴姆勒-克莱斯勒	1994	NECAR 1/Van	压缩氢气	直接	50
	1996	NECAR 2/Minivan	压缩氢气	直接	50
	1997	NeBus/Bus	氢气	直接	250
	1997	NECAR 3/Car	甲醇	重整	50
	1999	NECAR 4/Car	液氢	直接	55
	2000	NECAR 5/Car	甲醇	重整	75
	2001	Natrium/Minivan	硼氢化钠	化学反应	75
福特	1999	P2000/Sedan	压缩氢气	直接	70
	2000	Focus/Sedan	压缩氢气	直接	75
能源伙伴	1994	Green Car/Car	压缩氢气	直接	15
丰田	1997	RAV-4/SUV	金属贮氢	直接	20
	1999	FCHV-4/Car	压缩氢气	直接	90
	2000	FCHV-5/Car	CHF	重整	90
马自达	1997	Demio/Car	金属贮氢	直接	20
	2001	Premacy FC-EV/Car	甲醇	重整	75
本田	1999	FCX-V1/Car	压缩氢气	直接	60
	1999	FCX-V2/Car	甲醇	直接	60
	2000	FCX-V3/Car	压缩氢气	直接	62
	2001	FCX-V4/Car	压缩氢气	直接	78
日产	1999	R'nessa/SUV	甲醇	重整	60
	2000	Xterra/SUV	甲醇	重整	60
现代	2000	Santa Fe/SUV	压缩氢气	直接	—
通用-欧宝	1998	Zafira/Car	甲醇	重整	50
雷诺	1997	Fever/Wagon	液氢	直接	30
	1998	Laguna Estate/Car	液氢	直接	—
大众富豪	1999	Bara Hymotion/Car	压缩氢气	直接	—

资料来源：黄镇江：《燃料电池及其应用》，刘凤君改编，电子工业出版社，2005，第 124 页。

---

[1] 黄倬等：《质子交换膜燃料电池的研究开发与应用》，冶金工业出版社，2000，第 156 页。

1993 年，法国开始在拉罗谢尔市组织由标致 106 和雪铁龙 Ax 改装的纯电动轿车各 25 辆进行运行试验，并组建纯电动汽车自助出租车队。[①] 同年，美国的能源伙伴公司制造出依靠 20 kW 固体高分子型燃料电池驱动的小型运动车。

1994 年，美国在华盛顿成功试运行世界上首辆以 PAFC 系统为动力的巴士。该车电池系统包括一个甲醇蒸气重整器、一组 Fuji 50 kW 的 PAFC 和一组镍镉电池辅助电源，工作时所释放的有毒物质低于美国 1988 年联邦标准的要求。同年，比利时 ERENKO 公司制成 78 kW 强碱型燃料电池和蓄电池混合动力公共汽车。德国以 PEMFC 为动力，制成 Necarl 汽车，动力功率为 50 kW。

1995 年，法国标致雪铁龙汽车公司开发出标致 106.SAXO 型 4 座电动轿车，建成世界第一条电动轿车专用生产线。[②] 1996 年，雷诺汽车公司制成 Clio 型 4 座电动轿车及其变型车。福特公司用"护卫者"轿车改装的电动汽车"经济之星"在英国白金汉郡警察局开始试用。该车使用钠硫电池，电动机功率为 56 kW，每次充电需 6 h，可行驶 250 km，最高速度 102 km/h。

1996 年，通用汽车公司推出全新的 EV1 电动轿车，功率为 102 kW，最高速度 129 km/h，可行驶 145 km，充电时间仅 3 h。[③] 丰田公司推出其首辆电动车，它是世界上首次使用金属氢化物提供氢源的 PEMFC 电动车，PEMFC 功率为 20 kW，储氢系统可提供 2 kg 氢，行驶距离可达 250 km。美国 H-Power 公司开发出世界上第一辆以液氢为燃料的 PEMFC 巴士。

1997 年，日本举办第 32 届东京车展，丰田、日产、马自达等公司推出各自的燃料电池原型车。[④] 雷诺汽车公司推出其首款 PEMFC 电动车。

1998 年，美国乔治城大学、NovaBUS、ONSI 和美国运输部联合开发出 100 kW PAFC 公交汽车。日本本田公司推出首辆以压缩氢气为燃料的第一代 FCX-V1 燃料电池原型车。

1998 年，巴拉德动力系统公司制造的 PEMFC 电动巴士在芝加哥首次实现载客运行，参加示范运行的 3 辆巴士 PEMFC 系统功率为 202.26 kW，在 650 V 和 400 A 下工作，发动机在低功率运行时效率可达 60%，在满负载条件下为 40%。在温哥华试运行的 3 辆巴士载客量都为 60 人，一次充氢行驶距离可达 400 km。

1999 年，巴拉德动力系统公司推出可以行驶 450 km 的搭载液体氢的 5 座轿车 NECAR。同年，挪威 Think Global 公司于 1991 年开发的第一代纯电动汽车 Think city 在福特汽车公司的支持下实现组装生产。[⑤] 50 辆 e-com EV 在丰田公司内部开展运行试验。30 辆铃木 Alto EV 和 Every EV 在横滨市进行"城市租车系统"试验。清华大学试验成功中国第一辆燃料电池汽车[⑥]，该车的燃料电池由氢气和氧气驱动，一次加氢的续驶里程为 80 km，最高时速 20 km。

到 20 世纪 90 年代末，全球燃料电池公共汽车由 1993 年的 1 辆发展到 1999 年的 16 辆。2002 年

① 王震坡、贾永轩:《电动汽车蓝图》，机械工业出版社，2010，第 33 页。

② 同上书，第 34 页。

③ 吴基安、吴洋:《新能源汽车知识读本》，人民邮电出版社，2009，第 122 页。

④ 黄镇江:《燃料电池及其应用》，刘凤君改编，电子工业出版社，2005，第 126 页。

⑤ 王震坡、贾永轩:《电动汽车蓝图》，机械工业出版社，2010，第 36 页。

⑥ 毛宗强:《氢能——21 世纪的绿色能源》，化学工业出版社，2005，第 322 页。

为 31 辆，其中北美 17 辆，欧洲 12 辆，日本和另一个国家各 1 辆。由于技术、经济等原因，燃料电池汽车在 20 世纪末未能实现商业化、实用化。

4. 混合动力电动汽车实现商业化发展

日本丰田公司开发的普锐斯（Prius）于 1997 年在日本市场成功上市，当年售出 18 000 辆[①]，成为世界上首款批量生产、销售的混合动力电动汽车（表 18-98）。该车配备丰田新型混合动力系统 THS，城市工况油耗比传统同排量轿车减少 50%，CO_2 排放量降低一半，CO、碳氢化合物、NO_x 排放量也被控制在规定值的 1/10 以内，市场售价在 2 万美元左右。[②] 普锐斯的成功上市标志着混合动力电动汽车向实用化和经济适用性的提升迈出了重要的第一步。

表 18-98　丰田公司普锐斯轿车规格

项目	参数
长 × 宽 × 高 /（mm×mm×mm）	4 275×1 695×1 490
轴距 /mm	2 550
前 / 后轮距 /（mm/mm）	1 475/1 480
整备质量 /kg	1 240
满载质量 /kg	1 515
油耗 /（L/100 km）	3.57
排放	满足 SLEV 美国超低排放标准
发动机形式	直列 4 缸，双顶置凸轮轴，16 气门，最高转速 4 000 r/min
排量 /L	1.496
最大功率 /［kW/（r/min）］	43/4 000
最大转矩 / 转速 /［Nm/（r/min）］	101.9/4 000
电动机	永磁电动机
电动机最大输出功率 / 转速 /［kW/（r/min）］	30/（940 ~ 2 000）
电动机最大输出扭矩转速［Nm/（r/min）］	305/（0 ~ 940）
电池	镍氢，40 组 288 V、30 kW、44 kg
电池容量	6.5 Ah

资料来源：吴基安、吴洋：《新能源汽车知识读本》，人民邮电出版社，2009，第 171 页。

1999 年，本田公司在 1997 年开发的第一代混合动力系统 1 MA 的基础上，推出首款混合动力电动汽车 Insight，并在日本、美国上市。这标志着日本电动汽车市场化发展走在了世界各国的前列。

日本丰田 Prius 和本田 Insight 混合动力电动汽车的批量生产和上市销售，标志着非插电式混合动力电动汽车在现代电动汽车发展中首先实现了实用化、商业化发展的重大突破，世界电动汽车产业化在历经将近一个世纪的低落后，迈出了极为重要的一步，这在现代电动汽车发展史上具有里程碑意义。

---

① 钱伯章：《新能源汽车与新型蓄能电池及热电转换技术》，科学出版社，2010，第 14 页。
② 吴基安、吴洋：《新能源汽车知识读本》，人民邮电出版社，2009，第 171 页。

5. 遇到的问题

到 20 世纪末，世界各国先后开发出的电动汽车有数十种。除日本丰田公司研发的 Prius 和本田公司研制的 Insight 两款外，其他国家的各种纯电动汽车、燃料电池汽车车型都没有达到量产规模。

美国加利福尼亚州于 1990 年出台《ZEV 法案》，但在实施过程中一再被延误。在《ZEV 法案》实施过程中，加州空气资源委员会（CARB）最先在 1996 年，而后又在 2000 年，两次将提供 EV 的数量达到第一个水平（2%）和满足 EV 命令其他条款的时间推后了 3 ～ 4 年（部分原因是开发出满足 USABC 定义特性的 EV 电池时间比预料的要长）。这造成在美国市场的汽车厂家生产的 EV 销售不佳，甚至到 2000 年还有几家汽车生产商开始转向全国性的 HEV 研发工作。[①]

后来，虽然通用、福特、戴姆勒-克莱斯勒、丰田等几家大汽车公司与加利福尼亚州签订了销售一定数量"零排放"电动汽车的协议，但其销售数量很有限。1997—2000 年，销售量排在第一位、第二位的通用 EV1 和福特 Ranger EV 仅分别为 1 353 辆和 1 259 辆，排在第三位、第四位的丰田 RAV-4 和本田 EV Plus 分别为 789 辆和 300 辆，包括戴姆勒-克莱斯勒和日产公司在内，六大汽车厂商到 2000 年在加利福尼亚州销售的"零排放"电动汽车的总量也只有 4 017 辆（表 18-99），而丰田公司的 Prius 上市当年的销量便达 18 000 辆，可见纯电动汽车的销售规模太小了。与此同时，燃料电池汽车没有实现实用化。

表 18-99　1997—2000 年美国加利福尼亚州销售的纯电动汽车的基本参数和数量

厂商		通用[1]	福特	戴姆勒-克莱斯勒	丰田	本田	日产
车型		EV1	Ranger EV	EPIC	RAV-4	EV Plus	Altra EV
电池类型		Ni/MH	Ni/MH	Ni/MH	Ni/MH	Ni/MH	Li-ion
电动机类型		感应电动机	感应电动机	感应电动机	同步电动机	同步电动机	同步电动机
最大功率 /kW		102	66	74	50	49	62
充电方式		感应式	接触式（球棒）	接触式（球棒）	接触式（螺钉）	接触式（螺钉）	感应式
续驶里程 /km		225 ～ 257	225 ～ 257	161	215（10-15 工况）	220（10-15 工况）	230（10-15 工况）
最高车速 /（km/h）		129	120	129	125	130	120
销售业绩 / 辆	1997 年	264+278	27	17	69	105	0
	1998 年	258+99	310	0	359	133	30
	1999 年	138+123	533	129	255	62	30
	2000 年	154+0	389	60	106	0	50
	累计	853+500	1 259	206	789	300	110

资料来源：王震坡、贾永轩：《电动汽车蓝图》，机械工业出版社，2010，第 38 页。

注：[1] 在计算通用的销售业绩时，将 1996 年销售的 39 辆 EV1 也考虑在内，另外，"+"号后的数据为 S10 Electric 的销售量。

① 林登、雷迪：《电池手册》第 3 版，汪继强等译，化学工业出版社，2007，第 802-803 页。

当时，电动汽车发展遇到的制约因素主要有以下几个：一是当时电动汽车的电池以铅酸电池和镍氢电池为主，电池的能量密度、使用寿命等性能存在缺陷，导致电动汽车在续驶里程、动力性和经济性等各个方面无法与内燃机汽车相匹敌。二是当时电动汽车的设计理念、公众认识及接受理念存在局限性，人们对其在空间尺寸、最高车速等方面提出了与传统汽车一样的"苛刻"要求。三是当时内燃机汽车产业的惯性阻碍了电动汽车的发展，传统汽车企业从既得利益出发，不愿看到电动汽车大行其道。[1]

美国学者指出：加利福尼亚州的计划最初是由加州空气资源委员会制订的，且最初的目标是减少空气污染，根本就不存在发展电动汽车的意图。该计划只是着眼于零排放的汽车，并不关心采用何种技术来达到这个目的。电动汽车以及氢燃料电池车辆是当时已知的可以达到这个要求的两种车型，但是燃料电池存在着技术以及成本上的诸多难题，因此最终选择了电动汽车来满足法律的要求。甚至，这一"零排放"制度在加利福尼亚州也引起了一些汽车制造商对电动汽车的抵制，因为他们不希望把自己核心的内燃机技术扔在一边去制造其他发动机。这些制造商与联邦政府联合，采取一些立法措施来反对加利福尼亚州政府，致使加州空气资源委员会最终取消了"零排放"汽车计划。取而代之的是另一个计划：生产少量的零排放车辆用于促进研发，同时生产大量的部分零排放车辆。排放量为现有普通汽车 1/10 的汽车也认证为零排放车辆。虽然这是在努力满足空气污染零排放的要求，但是市场的作用却允许大型汽车制造商停止执行他们的公共电动汽车计划。[2]

正因如此，美国在 1993 年提出"新一代汽车合作计划"，并且投入了大约 10 亿美元。虽然研发了 3 辆达标的混合动力汽车，实现了每加仑燃油行驶 80 mi 的目标，但是底特律却没有制订任何计划来发展混合动力汽车。然而，充满竞争意识的日本企业却抓住了这一机会，生产了丰田普锐斯等车型。几乎日本每一家大型的汽车制造商都推出了自己的混合动力汽车。[3]

因为这个缘故，即使是进入 21 世纪后，"在美国的汽车制造行业中，氢能已经成为概念车的备选燃料，并且汽车制造商承诺在 2010 年将会在国内大规模推出氢燃料汽车。然而差不多 10 年过去了，只有大约 175 辆氢能车辆加入测试车队中，而我们在车展上根本就没有见过它们的身影"[4]。

（三）21 世纪以来

进入 21 世纪后，新能源汽车的发展受到了世界各国的高度重视。世界各国先后密集地出台了一系列重大扶持促进政策，美国首次从立法上鼓励发展插电式混合动力电动汽车，中国首次提出节能与新能源汽车的概念，日本推出《低公害车开发普及行动计划》，欧盟制定《欧盟氢能发展路线图》。纯电动汽车研发取得重大突破，混合动力电动汽车得到空前的发展，燃料电池汽车的研发力度进一步加大，电动汽车实用化、商业化水平不断提高。

1. 基本情况

各大汽车公司先后研发出一批新能源汽车车型（表 18-100）。2006 年，全球以非插电式混合动力

[1] 王震坡、贾永轩：《电动汽车蓝图》，机械工业出版社，2010，第 16-17 页。
[2] 雷特曼：《插电式混合动力电动汽车开发基础》，王震坡、孟祥峰译，机械工业出版社，2011，第 24-25 页。
[3] 同上书，第 24 页。
[4] 同上。

汽车为主体的混合动力电动汽车年销售量由 2000 年不足 3 万辆增至将近 40 万辆。2010 年，全球纯电动汽车、插电式混合动力电动汽车年销售量分别为 2 858 辆、743 辆，到 2014 年两者分别增至 16 万辆和 10.5 万辆，共 26.5 万辆（表 18-101）。其中，2014 年美国销售纯电动汽车和插电式混合动力电动汽车 118 684 辆，约占全球销售量的 45%；排在第二位的是中国，销售 42 448 辆，约占 16%；日本为 31 609 辆，排第三位；荷兰、挪威、法国的销售量也过万，分别为 14 922 辆、12 428 辆、11 249 辆。同年，生产纯电动汽车和插电式混合动力电动汽车最多的企业是日产汽车公司，超过了 6 万辆，达到 60 878 辆（表 18-102）；特斯拉、通用、三菱、福特汽车公司的年产量均超过 2 万辆，分别为 26 094 辆、23 999 辆、23 042 辆、21 960 辆；中国比亚迪公司的年产量为 18 322 辆。非插电式混合动力电动汽车生产主要集中在日本，2014 年日本丰田、本田、日产三家汽车企业占全球的市场份额将近 90%。

表 18-100 2014 年部分汽车企业纯电动车、插电式混合动力电动汽车车型

企业	车型
比亚迪	唐、秦、e6
江淮	iEV4、iEV5
北汽	ES210、EV200、EV160、E150EV
通用	Volt、Spark EV、Ampera、Sail Springo EV、CadillacELR
奔驰	A 级 E-CELL、B 级 F-CELL、smart fortwo electric drive、S500PLUG-INHYBRID、C350e、SIS AMG Coupe Electric Drive、Denza
日产	聆风（Leaf）、e-NV200、晨风（e30）、帅客（Succe）A03EV
现代起亚	i10Blue On、ix35 Fuel Cell、Ray EV、Soul EV
特斯拉	Model S
三菱	Outlander PHEV、i-MiEV
福特	C-Max Energi、Fusion Energi、Focus Electric

资料来源：中国汽车技术研究中心、日产（中国）投资有限公司、东风汽车有限公司：《中国新能源汽车产业发展报告（2015）》，社会科学文献出版社，2015，第 159 页。

表 18-101 2010—2014 年主要国家新能源汽车销售量[1]

单位：辆

国家	2014 年	2013 年	2012 年	2011 年[2]	2010 年[3]
美国	118 684	96 602	53 172	17 815	363
中国	42 448	12 321	9 934	6 189	480
日本	31 609	30 779	23 183	13 449	2 361
荷兰	14 922	23 058	3 753	491	8
挪威	12 428	7 296	4 110	—	—
法国	11 249	8 909	9 440	4 048	57
英国	7 690	3 283	1 689	930	32
德国	6 064	5 682	3 839	2 041	—
瑞典	4 671	1 547	945	—	—

续表

国家	2014 年	2013 年	2012 年	2011 年[2]	2010 年[3]
加拿大	3 872	1 781	1 724	468	—
瑞士	1 697	1 154	737	436	137
丹麦	1 632	496	310	366	29
西班牙	1 367	955	663	434	—
比利时	1 239	447	565	186	—
意大利	1 186	852	617	296	—
韩国	1 181	715	548	—	—
奥地利	1 100	53	20	—	—
其他	1 845	810	1 065	302	134
合计	264 884	196 740	116 314	47 451	3 601

资料来源：作者整理。

注:[1]新能源汽车销售量仅包括纯电动汽车和插电式混合动力电动汽车销售量。[2][3]2010 年、2011 年无挪威、奥地利的数据；"其他"栏仅为澳大利亚、墨西哥、爱尔兰、葡萄牙、波兰 5 国的合计数；"合计"栏指本表 2010 年、2011 年所统计的这些国家的合计总数。

表 18-102　2014 年各企业纯电动汽车和插电式混合动力电动汽车合计产量

企业名称	产量 / 辆
日产	60 878
特斯拉	26 094
通用	23 999
三菱	23 042
福特	21 960
比亚迪	18 322
北汽	5 345
奔驰	4 411
江淮	2 475
现代起亚	1 066

资料来源：作者整理。参考中国汽车技术研究中心、日产（中国）投资有限公司、东风汽车有限公司:《中国新能源汽车产业发展报告（2015）》，社会科学文献出版社，2015。

2. 政策激励

中国、美国、日本、德国、法国、英国、荷兰、韩国等国家和地区以及国际标准化组织先后制定、实施了一系列政策（表 18-103），鼓励和促进电动汽车的发展。

表 18-103 21 世纪初世界新能源汽车扶持政策

时间 / 年	国家或组织	政策要点
2001	中国	正式启动国家高技术研究发展（简称 863 计划）中的"十五"电动汽车重大科技专项研究
2001	日本	制定《低公害车开发普及行动计划》
2002	美国	实施"自由汽车"（Freedom CAR）计划；实施《2002 年能源政策法案》
2003	美国	布什总统宣布投资 12 亿美元启动"自由燃料"计划
2003	欧盟	发布《欧洲未来氢能图景》；制定《欧盟氢能发展路线图》
2003	法国	制订清洁能源汽车发展计划
2004	法国	政府投资 3 100 万欧元进行新能源汽车技术研究
2004	韩国	通过《亲环境汽车开发与普及促进法》
2005	美国	颁布《2005 年能源政策法案》，第一次以法律形式批准研发插电式混合动力电动汽车
2006	中国	开始实施 863 计划中的"十一五"节能与新能源汽车重大项目，第一次提出节能与新能源汽车的概念
2006	日本	制定"新国家能源战略"，提出开发普及电动汽车
2007	美国	通过《2007 年能源独立与安全法案》；布什总统签署《先进技术车辆制造计划》
2007	欧盟	欧盟委员会通过有关发展氢燃料汽车的立法建议
2008	美国	颁布《2008 年紧急经济稳定法案》，为插电式混合动力电动汽车等提供税收减免
2008	欧盟	制订 2020 年氢能与燃料电池发展计划，总投资近 10 亿欧元
2008	德国	发布今后 10 年纯电动汽车和插电式混合动力电动汽车发展计划
2008	法国	萨科齐总统宣布政府投入 4 亿欧元研发清洁能源汽车
2008	韩国	发布《低碳绿色增长计划方案》，提出到 2020 年力争成为全球四大电动汽车强国之一
2009	美国	奥巴马政府公布《美国复苏与再投资法案》，提出对先进汽车产业发展提供财政支持
2009	美国	实施《2009 年帮助消费者回收利用法案》，联邦政府拨款 30 亿美元，鼓励消费者把大排量的旧车置换为节能环保的新型车辆
2009	日本	开始实施"绿色税制"和"环保车辆减税"制度，适用对象包括各类新能源汽车
2009	法国	公布名为"电动汽车战役"的电动汽车发展规划；巴黎实施电动汽车租赁服务"Autolib"计划
2009	英国	布朗首相宣布实施批量生产电动车、混合燃料车以实施应对经济衰退的"绿色振兴计划"
2009	中国	国务院发布《汽车产业调整和振兴规划》，首次提出实施新能源汽车发展战略；发布《关于开展节能与新能源汽车示范推广试点工作的通知》《节能与新能源汽车示范推广财政补助资金暂行管理办法》
2010	日本	发布《下一代汽车战略 2010》，提出要成为全球下一代汽车研发生产中心
2010	欧盟	欧盟委员会发布《清洁能源和节能汽车欧洲战略》
2010	英国	交通部发布私人购买纯电动汽车、插电式混合动力电动汽车和燃料电池汽车的补贴细则
2010	韩国	出台《绿色汽车产业发展战略及任务》和《电动汽车发展计划》

续表

时间 / 年	国家或组织	政策要点
2010	中国	发布《国务院关于加快培育和发展战略性新兴产业的决定》，把新能源汽车列为七大战略性新兴产业之一；发布《关于开展私人购买新能源汽车补贴试点的通知》《私人购买新能源汽车试点财政补助资金管理暂行办法》
2011	美国	奥巴马政府提出，到 2015 年，美国电动汽车保有量达到 100 万辆
2011	中国	通过《中华人民共和国车船税法》，对节约能源和使用新能源的车船减免征车船税
2011	英国	政府计划投资 2 400 万英镑，支持发展低碳汽车
2011	韩国	发布最新税收优惠政策，减免购买新电动车的消费税
2012	中国	国务院发布《节能与新能源汽车产业发展规划（2012—2020 年）》
2013	欧盟	欧盟委员会宣布实施清洁燃料战略
2013	日本	实施"氢燃料设备补贴"政策
2013	美国	美国能源部发布"电动汽车普及计划蓝图"；加利福尼亚州出台 SB359 法案，提供 3 000 万美元支持《混合动力和零排放货车、客车激励项目》和《清洁汽车退税项目》
2014	欧盟	宣布联合 ABB 等公司共同投资 840 万欧元，实施"跨欧交通网络 ELECTRIC 计划"
2014	英国	宣布投资 5 亿英镑推动超低排放汽车行业的发展
2014	美国	加利福尼亚州出台《允许零排放车辆免费使用高载客率车道》《要求商用或住宅所有人允许出租人建设充电桩》等法令
2014	日本	公布《氢燃料电池战略规划》
2014	国际标准化组织	首次发布《电动汽车锂离子电池饱和系统测试规范第 3 部分：安全性要求》（ISO 12405-3：2014）以及《电动汽车-电网通信界面第 2 部分：网络层和应用层协议要求》（ISO 15118-2：2014）
2014	中国	发布《关于加快新能源汽车推广应用的指导意见》《关于电动汽车用电价格政策有关问题的通知》《关于新能源汽车充电设施建设奖励的通知》
2015	日本	实行"先报名先得"的奖励办法，为 4 万辆纯电动汽车和插电式混合动力电动汽车提供高速公路通行费补贴

资料来源：作者整理。主要参考中国汽车技术研究中心、日产（中国）投资有限公司、东风汽车有限公司：《中国新能源汽车产业发展报告（2013）》，社会科学文献出版社，2013；桑德罗：《插电式汽车的未来》，李乔杨译，中信出版社，2011。

（1）美国

2002 年，美国通过《2002 年能源政策法案》，实施"自由汽车"计划，能源部批准将 1 500 万美元政府经费投入工业研究、开发和演示使用电池的电动汽车项目。"自由汽车"计划的主要目标是：不受燃油的限制，没有排放污染，选购你喜欢的汽车，不受限制随时随地驾驶，燃料便宜，添加方便。[1]《2002 年能源政策法案》对各种非插电式混合动力电动汽车提出具体减免税政策（表 18-104、表 18-105、表 18-106），以刺激混合动力电动汽车的消费。

---

[1] 王震坡、贾永轩：《电动汽车蓝图》，机械工业出版社，2010，第 51 页。

表 18-104 美国混合动力乘用车及轻型货车的基本优惠方案

最大可用功率的百分比（PMAP）	减税额 / 美元
5% ≤ PMAP < 10%	250
10% ≤ PMAP < 20%	500
20% ≤ PMAP < 30%	750
PMAP ≥ 30%	1 000

资料来源：王震坡、贾永轩：《电动汽车蓝图》，机械工业出版社，2010，第 51 页。

表 18-105 美国混合动力重型汽车基本优惠方案

车总重（GVW）/lb	最大可用功率的百分比（PMAP）	减税额 / 美元
GVW ≤ 14 000	20% ≤ PMAP < 30%	1 000
	30% ≤ PMAP < 40%	1 750
	40% ≤ PMAP < 50%	2 000
	50% ≤ PMAP < 60%	2 250
	PMAP ≥ 60%	2 500
14 000 < GVW ≤ 26 000	20% ≤ PMAP < 30%	4 000
	30% ≤ PMAP < 40%	4 500
	40% ≤ PMAP < 50%	5 000
	50% ≤ PMAP < 60%	5 500
	PMAP ≥ 60%	6 000
GVW > 26 000	20% ≤ PMAP < 30%	6 000
	30% ≤ PMAP < 40%	7 000
	40% ≤ PMAP < 50%	8 000
	50% ≤ PMAP < 60%	9 000
	PMAP ≥ 60%	10 000

资料来源：王震坡、贾永轩：《电动汽车蓝图》，机械工业出版社，2010，第 52 页。

表 18-106 美国混合动力重型汽车按车型年份减税方案

单位：美元

车总重（GVW）/lb	2002 年	2003 年	2004 年	2005 年	2006 年
GVW ≤ 14 000	35 000	3 000	2 500	2 000	1 500
14 000 < GVW ≤ 26 000	9 000	7 750	6 500	5 250	4 000
GVW > 26 000	14 000	12 000	10 000	8 000	6 000

资料来源：王震坡、贾永轩：《电动汽车蓝图》，机械工业出版社，2010，第 53 页。

说明：美国为提高混合动力重型汽车的排放性，除按最大可用功率百分比确定减税额，还根据其车型年份按上表增加相应的减税额。

2005 年，布什总统签署《2005 年能源政策法案》，第一次以法律形式批准插电式混合动力电动汽车项目。插电式混合动力电动汽车第一次在《2005 年能源政策法案》的三项条款中被提及：第一次特别提到批准插电式混合动力电动汽车的研发（第 911 条），批准灵活燃料插电式混合动力电动汽车的试验项目（第 706 条），批准电动车和插电式混合动力电动汽车电池的二次利用计划（第 915 条）。[①] 在这之前，1992 年插电式混合动力电动汽车首次适用针对纯电动车的税收优惠政策，并且作为替代性燃料汽车基础设施的一部分，可以享受税收抵免，有效期到 2006 年。

2007 年 12 月，美国参议院通过《2007 年能源独立与安全法案》，提出《先进技术车辆制造计划》。《2007 年能源独立与安全法案》提出，投入 5 亿美元以上资金，用于支持插电式混合动力电动汽车、纯电动汽车和相关交通电动化计划，主要条款涉及第 109 条、第 131（b）条、第 132 条、第 134 条、第 135 条、第 136 条、第 641 条（表 18-107）。[②]《先进技术车辆制造计划》设立总额 250 亿美元的低息贷款资金，政府出资 75 亿美元作为利息补助，但由于贷款申请条件苛刻，仅有少数企业获批，该政策已于 2013 年宣布终止。[③]

表 18-107   美国《2007 年能源独立与安全法案》支持新能源汽车发展的主要内容

条款	主要内容
第 109 条	将联邦燃料经济法（即 CAFE 法）中针对诸如插电式混合动力车之类的双燃料车的特殊奖励延长至 2019 年
第 131（b）条	批准每年投入 9 000 万美元（共 5 年）的插电式汽车试验计划，其中包括对轻型、中型和重型插电式混合动力电动汽车及纯电动汽车的试验
第 132 条	设立一项给混合动力车制造商、零件供应商和生产商提供补贴的国内生产转换计划，鼓励生产纯电动汽车、插电式混合动力电动汽车、混合电动车和高级内燃机汽车
第 134 条	批准对高燃料效能汽车或零件制造商提供信贷担保，其中包括纯电动汽车和插电式混合动力车制造商
第 135 条	批准对生产先进汽车电池和在美国研发及生产的电池系统设施的建设提供贷款担保，其中包括锂离子电池、混合动力系统、零部件生产和软件设计
第 136 条	设立一项先进技术车辆生产刺激计划，批准高达 250 亿美元的贷款和相应补贴计划，纯电动汽车和插电式混合动力电动汽车符合这一条款
第 641 条	批准六项为期 10 年（2009—2018 年）的储能竞争力研发计划，涉及电动车储能的研发、固定设施应用及电力的输配。其中，基础研究每年 5 000 万美元，应用研究每年 8 000 万美元，储能中心建设每年 1 亿美元，固定式储能系统试验每年 3 000 万美元，汽车储能系统试验每年 3 000 万美元，电池的二次利用与处置每年 5 000 万美元

资料来源：作者整理。参考桑德罗：《插电式汽车的未来》，李乔杨译，中信出版社，2011。

美国针对插电式混合动力电动汽车和纯电动汽车的新税收优惠政策是在《2008 年紧急经济稳定法案》中设立的。[④] 2008 年，为应对金融危机，布什政府出台《2008 年紧急经济稳定法案》，用 7 000 亿美元救市，其中提出为插电式混合动力电动汽车等提供税收优惠（表 18-108）。

---

① 桑德罗：《插电式汽车的未来》，李乔杨译，中信出版社，2011，第 128-129 页。

② 同上书，第 131 页。

③ 中国汽车技术研究中心、日产（中国）投资有限公司、东风汽车有限公司：《中国新能源汽车产业发展报告（2015）》，社会科学文献出版社，2015，第 297-298 页。

④ 桑德罗：《插电式汽车的未来》，李乔杨译，中信出版社，2011，第 129 页。

表 18-108　美国《2008 年紧急经济稳定法案》设立的新能源汽车税收优惠政策

条款	主要内容
第 205 条	为电池储量 4 kWh 及以上的各种电动汽车（包括插电式混合动力电动汽车、插电式混合燃料电池车、纯电动汽车、广义的电动车）提供税收优惠。电池储量为 4 kWh 的汽车可获得 2 500 美元的税收抵免，电池储量每增加 1 kWh 还将额外获得 417 美元的税收抵免，其中重量低于 10 000 磅的车辆，最高可获得 7 500 美元的税收抵免；10 001 ~ 14 000 磅，最高抵免额为 10 000 美元；14 001 ~ 26 000 磅，最高抵免额为 12 500 美元；超过 26 001 磅，最高抵免额为 15 000 美元
第 206 条	设立重型车空转减少装置消费税豁免规定，如柴油机辅助动力装置或卡车制动电动化系统
第 207 条	将《2005 年能源政策法案》中已有的税收优惠措施扩展到电动汽车基础设施，特别是在 2010 年前给予替代性燃料（如天然气或纤维素乙醇）30% 的税收优惠
第 306 条	为智能电表和智能电网设备提供加速折旧政策

资料来源：作者整理。参考中国汽车技术研究中心、日产（中国）投资有限公司、东风汽车有限公司：《中国新能源汽车产业发展报告（2013）》，社会科学文献出版社，2013。

2009 年奥巴马上台后，奥巴马政府采取一系列措施，促进新能源汽车的加快发展。2009 年 2 月，出台《美国复苏与再投资法案》。3 月，美国能源部宣布拨款 24 亿美元，设立交通电气化项目和电动汽车电池及其零部件制造项目。其中，交通电气化项目为电驱动汽车和相关基础设施示范运行提供 4 亿美元资助；电动汽车电池及其零部件制造项目为美国的制造商生产先进电池及其零部件提供 15 亿美元资助，为电动汽车其他零部件如电机的生产提供 5 亿美元资助。[①] 同年，还实施了《2009 年帮助消费者回收利用法案》，决定自 2009 年 7 月 1 日起，联邦政府拨款 30 亿美元用来提供汽车消费者补贴，鼓励美国人把大排量的旧车置换为省油环保的新车。[②] 2011 年，奥巴马政府提出到 2015 年美国电动汽车保有量达到 100 万辆的目标。2012 年，美国能源部宣布成立以阿贡国家实验室为主导的能量储存联合研究中心，计划 5 年内提供 1.2 亿美元的研究经费。[③] 2013 年，美国发布"电动汽车普及计划蓝图"，计划用 10 年时间提高电动汽车的性价比和市场竞争力。

（2）日本

2001 年，日本政府制定《低公害车开发普及行动计划》，提出低公害车普及目标：处于实用阶段的低公害车（包括天然气汽车、纯电动汽车、混合动力汽车、甲醇汽车、低油耗低排放认定车等）在 2010 年前尽早实现 1 000 万辆以上的普及目标（该目标在 2004 年已实现）；下一代低公害车（指燃料电池汽车，通过技术突破采用新燃料或新技术降低环境负荷的汽车）到 2010 年实现 5 万辆的普及目标（该目标未能实现）。[④] 先后实行低公害车 2002—2004 年度三年计划、2005—2007 年度三年计划等。2004 年启动氢能与燃料电池示范项目，并对低公害车实行税收优惠（表 18-109）和财政补贴制度（表 18-110）。2006 年，日本出台"新国家能源战略"，主要目标之一是降低汽车对石油依存度，到 2030

① 国务院发展研究中心产业经济研究部、中国汽车工程学会、大众汽车集团（中国）：《中国汽车产业发展报告（2009）》，社会科学文献出版社，2009，第 154 页。

② 中国汽车技术研究中心、日产（中国）投资有限公司、东风汽车有限公司：《中国新能源汽车产业发展报告（2013）》，社会科学文献出版社，2013，第 350 页。

③ 同上书，第 298 页。

④ 同上书，第 307 页。

年降至 40% 以下。2010 年，日本政府发布《下一代汽车战略 2010》，提出了下一代汽车（乘用车）到 2020 年、2030 年分别达到 20%～50%、50%～70% 的发展目标。到 2010 年，日本低公害汽车当年销售量为 357.4 万辆（表 18-111），与 2001 年相比约增长 49.7%。2010 年日本低公害汽车销售量最多的是低油耗、低排放认定车，为 311.9 万辆，约占 87.3%；其次为混合动力车 44.6 万辆，约占 12.5%；纯电动汽车、天然气汽车、燃料电池汽车分别为 7 503 辆、1 000 辆、1 辆。

表 18-109　2008 年日本汽车绿色税制针对低公害车的税收优惠

税种	满足条件	税收优惠
汽车税（汽车保有阶段）	满足☆☆☆☆排放水平且油耗基准值 +25%	减 50%
	满足☆☆☆☆排放且油耗基准值 +15%	减 25%；2006 年和 2007 年登录新车时，可以减免本年度和第二年的汽车税
汽车购置税（汽车购置阶段）	—	减征 7 500～15 000 日元

资料来源：中国汽车技术研究中心、日产（中国）投资有限公司、东风汽车有限公司：《中国新能源汽车产业发展报告（2013）》，社会科学文献出版社，2013，第 280 页。

说明：1. ☆☆☆☆表示有害物质降低量超过 2005 年基准值 75% 以上的低排放汽车。2. 油耗基准值 +15% 表示燃料经济性提高量超过 2010 年油耗基准值 15% 以上的汽车。3. 油耗基准值 +25% 表示燃料经济性提高量超过 2010 年油耗基准值 25% 以上的汽车。

表 18-110　2009 年日本低公害车财政补贴制度

项目	经济产业省	国土交通省	环境省
事业名称	清洁能源车的引进及推广事业	低公害车的普及与促进策略	低公害车普及事业
补贴对象	个人/民间经营者/地方公共团体等（只限于白号车）	货车/公共汽车/出租车行业等（只限于绿号车）	地方公共团体/第三产业（出资比例 50% 以上）
补贴车型/设备	［汽车］电动车；插电式混合动力汽车；混合动力汽车（除轿车外）；双燃料汽车（除轿车外）；液化石油气汽车；清洁柴油车。［燃料供给设备］快速充电器；天然气站	［新车］天然气货车、公共汽车等；混合动力货车、公共汽车等；电动车；柴油低油耗货车、公共汽车等；液化石油气低油耗出租车。［改造］在用车的天然气改造	［购买或租赁］超出总重量 3.5 t 的低公害车。［只限于租赁］下一代低公害车；总重量 3.5 t 以下的电动车
补贴率	［汽车］与普通车辆差额的 1/2［燃料供给设备］设备价格的 1/2	［新车］与普通车辆差额的 1/2［改造］改造费的 1/3	与普通车辆差额的 1/2；租赁费用的 1/2；租赁费用（只限于首年度）的 1/2
预算	总额：43 亿日元（能源特别会计）电动车相关：26 亿日元	总额：12.2 亿日元（一般会计）电动车相关：未定	总额：1.47 亿日元（能源特别会计）电动车相关：未定

资料来源：中国汽车技术研究中心、日产（中国）投资有限公司、东风汽车有限公司：《中国新能源汽车产业发展报告（2013）》，社会科学文献出版社，2013，第 281-282 页。

表 18-111　2001—2010 年日本低公害汽车销售情况

时间 / 年	2001	2002	2003	2004	2005	2006	2007	2008	2009	2010
燃料电池汽车 / 辆	—	—	14	4	16	1	0	15	3	1
纯电动汽车 / 辆	183	83	49	17	0	0	0	0	1 706	7 503
混合动力汽车 / 万辆	2.5	1.5	4.2	6.7	6.1	9.0	9.1	12.1	46.7	44.6
天然气汽车 / 辆	4 028	3 972	3 852	3 265	3 066	3 091	2 175	2 379	1 197	1 000
低油耗、低排放认定车 / 万辆	235.8	362.5	396.8	413.4	414.4	399.4	383.5	347.3	355.8	311.9
合计 / 万辆	238.7	364.4	401.4	420.4	420.8	408.7	392.8	359.6	402.8	357.4

资料来源：中国汽车技术研究中心、日产（中国）投资有限公司、东风汽车有限公司：《中国新能源汽车产业发展报告（2013）》，社会科学文献出版社，2013，第 309 页。对合计数做了适当调整。

　　2014 年，日本公布《氢燃料电池战略规划》，提出全力打造"氢社会"，未来的政策支持重点从纯电动汽车和插电式混合动力电动汽车向燃料电池汽车转移。[①] 在此之前，日本经济产业省在 2013 年推出了"氢燃料设备补贴"政策（表 18-112），目的在于通过完善氢燃料相关基础设施促进 FCV 汽车的普及。日本还对各种新能源汽车的税收优惠标准做了适当调整（表 18-113）。

表 18-112　日本氢燃料设备补贴对象及标准（2014 年）

氢燃料设备规模	氢燃料供给能力	氢燃料供给方式	补贴率	补贴上限额 / 亿日元
中等规模	300 Nm³/h	现场式（包括购买加氢罐）	定额	2.8
		现场式（不包括购买加氢罐）	1/2	2.8
		非现场式（包括购买加氢罐）	定额	2.2
		非现场式（不包括购买加氢罐）	1/2	2.2
		移动式	定额	2.5
小规模	100～300 Nm³/h	现场式（包括购买加氢罐）	定额	1.8
		现场式（不包括购买加氢罐）	1/2	1.8
		非现场式（包括购买加氢罐）	定额	1.5
		非现场式（不包括购买加氢罐）	1/2	1.5
		移动式	定额	1.8
氢能源集中制造设备（10 套设备为上限）			1/2	0.6
液化氢相关设备			1/2	0.4

资料来源：中国汽车技术研究中心、日产（中国）投资有限公司、东风汽车有限公司：《中国新能源汽车产业发展报告（2015）》，社会科学文献出版社，2015，第 301 页。

① 中国汽车技术研究中心、日产（中国）投资有限公司、东风汽车有限公司：《中国新能源汽车产业发展报告（2015）》，社会科学文献出版社，2015，第 299-300 页。

表 18-113　日本环保车辆税收优惠标准（2015 年）

税种	BEV FCV PHEV CDV CNGV	HEV、汽油车 （比 2005 年排放限值低 75%）					
		2015 年油耗标准超额达标 20%		2015 年油耗标准超额达标 10%		达到 2015 年油耗标准	
		乘用车	轻自动车	乘用车	轻自动车	乘用车	轻自动车
购置税	全免	全免		减免 80%		减免 60%	
重量税	全免	全免		减免 75%		减免 50%	
汽车税	减免 75%	减免 75%	不减免	减免 50%	不减免	不减免	

资料来源：中国汽车技术研究中心、日产（中国）投资有限公司、东风汽车有限公司：《中国新能源汽车产业发展报告（2015）》，社会科学文献出版社，2015，第 302 页。

（3）欧盟及其多国

欧盟先后出台多项促进新能源汽车发展的政策。2003 年制定《欧盟氢能发展路线图》，2007 年通过关于发展氢燃料汽车的立法建议，2008 年制订 2020 年氢能与燃料电池发展计划，2010 年发布《清洁能源和节能汽车欧洲战略》，2013 年又宣布实施清洁燃料战略。可见，欧盟对发展以使用清洁燃料能源为重点的新能源汽车非常重视。

在欧盟国家中，荷兰、挪威、法国、英国、德国是发展新能源汽车的重要国家，2014 年纯电动汽车和插电式混合动力电动汽车两者合计的销售量分别为 14 922 辆、12 428 辆、11 249 辆、7 690 辆、6 064 辆，2014 年以上五个欧盟国家纯电动汽车销量和插电式混合动力电动汽车销量分别排世界第四至第八位。

荷兰政府提出，到 2025 年荷兰有 100 万辆电动汽车上路，到 2040 年全部汽车均替换为可持续能源汽车并从税收减免和补贴、发展战略与投资等方面给予扶持。根据电动汽车普及加速趋势，荷兰政府设计了"退坡"机制，规定 2013 年购买的电动汽车，5 年内的流通税率为 0；2014 年 1 月 1 日后购买的纯电动汽车则按 4% 的税率征收流通税，插电式混合动力电动汽车按 7% 的税率征收。[①]

挪威政府为电动汽车的购买和使用提供了非常有力的政策支持。例如，购买电动汽车可以免征销售税和增值税；进口电动汽车免征关税；使用电动汽车可以免费充电和使用公共停车场，可以使用公交专用道，无须缴纳城市通行费。购置和使用电动汽车与传统汽车相比可节省的税费超过 3 万欧元，从而促进了电动汽车市场的快速成长。但是，由于事先预计不足，挪威电动汽车市场规模增长超出预期，结果产生了政府财政吃紧、公交车道拥堵等一系列问题。[②]

法国早在 1995 年就实行了最高补贴达 1.5 万法郎 / 辆的电动汽车消费政策。2003 年，法国出台清洁能源汽车发展计划。2004 年，法国政府投资 3 100 万欧元进行新能源汽车技术研发。2008 年，萨

[①] 中国汽车技术研究中心、日产（中国）投资有限公司、东风汽车有限公司：《中国新能源汽车产业发展报告（2015）》，社会科学文献出版社，2015，第 306 页。

[②] 同上书，第 306-307 页。

科齐总统宣布政府投资 4 亿欧元开发清洁能源汽车。[1]同年，法国开始实施以 CO_2 排放量为基准的财税奖惩政策（表 18-114），鼓励购买碳排放量较低的绿色汽车。2009 年，法国政府公布一项名为"电动汽车战役"的电动汽车发展规划，计划投资 15 亿欧元，到 2015 年建成 100 万个充电站，2020 年增至 400 万个，2020 年之前电动汽车保有量达到 200 万辆，目标是让法国成为电动汽车的"世界领导者"。[2]2009 年，巴黎市开始实施电动汽车租赁服务"Autolib"计划（图 18-21），获得法国政府补贴 400 万欧元，到 2013 年 6 月形成了 2 250 辆电动汽车、1 000 个租赁站点、6 000 个充电桩的租赁系统，注册用户达到 7.5 万个，租赁次数突破 100 万次。[3]2013 年，法国公布"未来十年投资计划"（PIA），其中有 13 亿欧元用于新能源发展，包括交通电动化项目。

表 18-114 法国电动汽车绿色奖励标准

CO_2 排放量 / (g/km)	奖金支付金额 / 欧元				
	2008 年	2009 年	2010 年	2011 年	2012 年
50 以下	5 000	5 000	5 000	5 000	5 000
50 ~ 60					
61 ~ 85	1 000	1 000	1 000	800	600
86 ~ 90					
91 ~ 95					300
96 ~ 100				400	
101 ~ 105	700	700	500		
106 ~ 110					
111 ~ 115					
116 ~ 120			100	0	0
121 ~ 125	200	200			
126 ~ 130			0		

资料来源：中国汽车技术研究中心、日产（中国）投资有限公司、东风汽车有限公司：《中国新能源汽车产业发展报告（2013）》，社会科学文献出版社，2013，第 276 页。

注：2008 年政策实施后进行了修改，此表为 2011—2012 年的奖励标准。

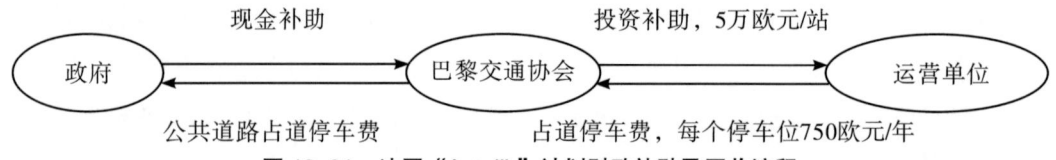

图 18-21 法国"Autolib"计划财政补贴及回收流程

资料来源：中国汽车技术研究中心、日产（中国）投资有限公司、东风汽车有限公司：《中国新能源汽车产业发展报告（2013）》，社会科学文献出版社，2013，第 337 页。

---

[1] 中国汽车技术研究中心、日产（中国）投资有限公司、东风汽车有限公司：《中国新能源汽车产业发展报告（2013）》，社会科学文献出版社，2013，第 352 页。

[2] 王震坡、贾永轩：《电动汽车蓝图》，机械工业出版社，2010，第 58 页。

[3] 中国汽车技术研究中心、日产（中国）投资有限公司、东风汽车有限公司：《中国新能源汽车产业发展报告（2013）》，社会科学文献出版社，2013，第 341 页。

2009 年，英国首相布朗宣布启动一项批量生产电动车、混合燃料车的计划，以实施应对经济衰退的"绿色振兴计划"，并先在英国的两三个城市试行。同年，英国能源技术研究所（ETI）启动"联合城市"计划，投资 1 100 万英镑，协助各大城市建设充电站网络。第二年，英国交通部发布私人购买纯电动汽车、插电式混合动力电动汽车和燃料电池汽车补贴细则，为购买符合特定标准的新能源汽车（新车）的消费者提供金额为新车价格 25% 的补贴，最高补贴 5 000 英镑。[1]2011 年，英国政府计划投资 2 400 万英镑，用于低碳汽车技术创新项目的研发。2014 年，英国政府宣布在 2015—2020 年投资 5 亿英镑发展超低排放汽车产业。[2]

德国政府于 2008 年 11 月发布今后 10 年发展纯电动汽车和插电式混合动力电动汽车计划，目标是到 2020 年有 100 万辆纯电动汽车和插电式混合动力电动汽车上路。2009 年 8 月，德国经济部、环保部、交通部等就"电动汽车国家发展计划"达成一致，目标是至 2020 年使电动汽车保有量至少达到 100 万辆，德国政府计划投入约 5 亿欧元的促进资金，为前 10 万名购车者提供 5 000 欧元 / 辆的补贴。[3]根据"电动汽车国家发展计划"，德国于 2009 年设立电动交通信息和通信技术系统，重点支持国际领先的电动汽车产品及技术解决方案、电动汽车技术、电动汽车资源战略、电池回收技术等研究。同年，德国政府实施环保车购买补贴政策，对淘汰使用 9 年以上的旧车再购买新车的车主给予 2 500 欧元补贴。到 2010 年 4 月，补贴总额达 50 亿欧元，远超原计划的 15 亿欧元预算。[4] 于是，2010 年 5 月上旬，德国政府决定先将预算投入研究开发，暂停电动汽车购买补贴政策。政策停止实施后，汽车销售量剧减，产业发展陷入危机。对此，政府及产业界认为，单纯的购买补贴政策不利于产业健康发展。

（4）韩国

2004 年 10 月，为应对气候变化，缓解国内能源紧缺问题，韩国国会审议通过《亲环境汽车开发与普及促进法》。2008 年 8 月，韩国发布《低碳绿色增长计划方案》，提出到 2013 年前建立电动汽车量产体制并实现电动汽车批量生产，2020 年纯电动汽车占韩国小型汽车总量的 10% 以上，力争成为全球四大电动汽车强国之一。2010 年，韩国推出《绿色汽车产业发展战略及任务》，出台《电动汽车发展计划》。为推动新能源汽车的发展，韩国知识经济部自 2009 年 7 月起至 2012 年年底对达到能效标准（表 18–115）的混合动力电动汽车实行减税优惠，一辆车税收优惠最多可达到 330 万韩元（约合 1.9 万元人民币）。同年 11 月，韩国政府计划对示范生产电动汽车的企业提供金额为开发费 50% 的财政补助。为推动本土电动汽车市场的发展，韩国对公共事业机构推广电动车给予补助，中央政府和地方政府的补助最高达 2 000 万韩元。[5]

① 中国汽车技术研究中心、日产（中国）投资有限公司、东风汽车有限公司：《中国新能源汽车产业发展报告（2013）》，社会科学文献出版社，2013，第 352 页。
② 中国汽车技术研究中心、日产（中国）投资有限公司、东风汽车有限公司：《中国新能源汽车产业发展报告（2015）》，社会科学文献出版社，2015，第 375 页。
③ 钱伯章：《新能源汽车与新型蓄能电池及热电转换技术》，科学出版社，2010，第 18 页。
④ 中国汽车技术研究中心、日产（中国）投资有限公司、东风汽车有限公司：《中国新能源汽车产业发展报告（2013）》，社会科学文献出版社，2013，第 273 页。
⑤ 同上书，第 282–283 页。

表 18-115　韩国知识经济部确定的混合动力电动汽车能效标准[1]

单位：km

排气量	每升燃料最低行驶里程	
	1 L 汽油行驶里程	1 L 液化气行驶里程
1.0 L 以下	25.5	20.6
1.0 ~ 1.6 L	20.6	16.5
1.6 ~ 2.0 L	16.8	13.5
2.0 L 以上	14	11.1

资料来源：中国汽车技术研究中心、日产（中国）投资有限公司、东风汽车有限公司：《中国新能源汽车产业发展报告（2013）》，社会科学文献出版社，2013，第283页。

注：[1] 以上能效标准比 2008 年韩国普通汽车的平均能效标准提高 50%。

（5）中国

中国在 1999 年出台《关于实施"空气净化工程——清洁汽车行动"的若干意见》，并开始在全国各地开展替代燃料汽车的示范推广。2001 年，组织实施国家 863 计划中的"十五"电动汽车重大科技专项研究，这标志着中国正式开展对纯电动汽车、燃料电池汽车、混合动力汽车等电动汽车的研究与开发。此后，中国又相继出台了一系列鼓励支持新能源汽车发展的政策，有力地促进了新能源汽车的发展。

2007 年，发布《新能源汽车生产准入管理规则》。

2009 年，国务院发布《汽车产业调整和振兴规划》，首次提出新能源汽车发展战略。

2010 年，出台《私人购买新能源汽车试点财政补助资金管理暂行办法》。

2011 年，通过《中华人民共和国车船税法》，对节能、使用新能源的车船实行减免税。

2012 年，国务院发布《节能与新能源汽车产业发展规划（2012—2020 年）》。

2014 年，出台关于新能源汽车充电设施建设奖励的通知。

3. 纯电动汽车

纯电动汽车，又称电池电动汽车，是指以蓄电池为动力源的一种电动汽车。

在进入 21 世纪的头几年，纯电动汽车的发展仍如 20 世纪末一样不尽如人意。纯电动汽车价格昂贵，充电时间长，续驶里程短，商业化发展缓慢，不仅受到内燃机汽车的挑战，还受到电动汽车行业中同类型的混合动力电动汽车和燃料电池汽车的挤压。美国加利福尼亚州在环保车辆探索走过 13 个年头后表示，不再积极鼓励发展纯电动汽车，一些公司也转向燃料电池电动汽车的研发。EV1、EPIC 等相继停产，通用汽车公司宣布不再继续加大对纯电动汽车开发的投入。①

在日本，纯电动汽车的发展也面临同样的困境。2000 年前后，丰田、铃木、日产等公司先后开展上百辆纯电动车实用化试验。1999 年 7 月，丰田公司在内部开展 50 辆 e-com 运行试验，这些车辆供 600 名公司职员使用。1999 年 10 月，30 辆铃木 Alto EV 和 Every EV 在横滨市进行"城市租车系统"试验。2000 年 1 月，日产增加 20 辆纯电动汽车 Hyper Mini 进行适合商务应用的租赁系统实用化试验。2002 年

---

① 王震坡、贾永轩：《电动汽车蓝图》，机械工业出版社，2010，第 50 页。

又有新的公司接替这项租车试验。然而，由于技术与价格等方面的原因，更多日本汽车企业选择了混合动力汽车作为重点发展方向，坚持纯电动汽车技术研发的只有日产、三菱重工、富士重工等企业。[①]

从投入和产出看，纯电动汽车是一架"烧钱的机器"，早期只有投入，少有产出。这是纯电动汽车发展中最棘手的问题。纯电动汽车发展的关键技术与环节是蓄电池的开发。虽然电池开发已有 100 多年的历史，但适应纯电动汽车行驶要求的蓄电池技术始终未能获得关键性突破。自然地，依托蓄电池的纯电动汽车也就难以获得市场的认可，其发展就面临巨大的市场风险。

典型例子之一是成立于 20 世纪 90 年代初（1991 年）的挪威 Think Global 公司[②]。它是一家小型电动汽车企业，先后经过镍镉电池的开发、镍氢电池的开发和锂离子电池的开发 3 个时代，曾卖出将近 3 000 辆电动汽车（1991—2011 年），却多次遭遇破产危机。由于 Think Global 公司资金紧张，福特公司于 1999 年以 2 300 万美元购买了 Think Global 公司 51% 的股权，并投入 1 亿美元的研究经费，希望到 2002 年能实现 5 000 辆电动汽车的年产能，结果总销量只有 1 050 辆。于是，福特公司又将股权全部转卖给私人投资集团。到 2007 年，美国次贷危机爆发，私人投资集团无力支撑 Think Global 公司，Think Global 公司被迫于 2008 年 12 月向挪威政府申请破产保护。之后，美国的知名锂离子电池企业 Ener 1 以及芬兰的 Valmet 等公司接手 Think Global 公司，但同样避免不了"厄运"，Think Global 公司在 2011 年 6 月又一次申请破产保护。而且，Ener 1 公司因对 Think Global 公司注资 4 700 万美元而受到严重拖累，在 2011 年 11 月被纳斯达克除牌，也陷入破产危机之中。

无独有偶，美国 A123 系统公司曾是一个年产数百万套锂离子动力电池组的大公司，在全球各地有员工 1 700 多人，2009—2012 年在产能设施等方面的投资超过 10 亿美元，但到 2012 年因严重亏损、资不抵债，股票单股价格跌至 1 美元以下，2012 年 8 月收到纳斯达克的摘牌警告，A123 系统公司不得不在同年 10 月提出破产保护申请。[③] 当时，公司资产 4.60 亿美元，债务高达 3.76 亿美元。A123 系统公司在 2006 年的营业收入为 3 435 万美元，到 2011 年增至 15 915 万美元，而同期的净亏损却由 1 580 万美元增至 25 776 万美元（表 18-116）。到 2012 年 12 月，A123 系统公司被中国万向集团收购，万向集团最初提出的收购金额为 4.65 亿美元，占 A123 系统公司对外发行普通股 80% 的股权。

表 18-116　2006—2011 年 A123 系统公司经营情况

单位：万美元

指标	2006 年	2007 年	2008 年	2009 年	2010 年	2011 年
营业收入	3 435	4 135	6 853	9 105	9 731	15 915
净亏损	1 580	3 099	8 043	8 659	15 294	25 776

资料来源：作者整理。参考李红辉主编《新能源汽车及锂离子动力电池产业研究》，中国经济出版社，2013。

21 世纪前 10 年后期，石油危机爆发，在全球石油价格持续多年不断攀升的影响下，纯电动汽车的发展再次受到各国政府、大汽车公司和电力部门的重视，一批公司和研发机构纷纷加入纯电动汽车

[①] 王震坡、贾永轩：《电动汽车蓝图》，机械工业出版社，2010，第 31 页。

[②] 李红辉主编《新能源汽车及锂离子动力电池产业研究》，中国经济出版社，2013，第 56-57 页。

[③] 同上书，第 184-185 页。

开发的行列，先后推出一批首款或新款纯电动汽车（表18-117），普及纯电动汽车相关的基础设施建设力度也日渐加大。在此过程中，特斯拉书写了世界电动汽车发展史上的一段传奇（表18-118）。

表 18-117 21 世纪初主要厂商纯电动汽车推出概况

时间 / 年	车型	厂商	电池	性能
2005	Pivo	日产	—	—
2007	Pivo 2	日产	锂离子动力电池	最大功率 60 kW 最高车速 120 km/h 续驶里程 125 km
2007	第 5 代 Think City	Think Global	锂离子电池	—
2007	Newton 卡车	Smith	钠镍电池	最高车速 50 km/h 续驶里程 70 ～ 100 mi
2008	MINI E	宝马	锂离子动力电池	最大输出功率 150 kW 最高车速 152 km/h 续驶里程 200 km
2008	i-MiEV	三菱	锂离子电池	最大功率 47 kW 最高车速 130 km/h 续驶里程 160 km
2008	REVAi	Reva	—	—
2008	Solo	Optare	锂离子电池	—
2009	Leaf	日产	锂离子动力电池	电池容量 24 kWh 最高车速 140 km/h 续驶里程 160 km 以上
2009	FT-EV II	丰田	锂离子电池	最高车速 100 km/h 续驶里程 90 km
2009	C30 BEV	Volvo	—	—
2009	E-Up	大众	锂离子电池	最高车速 135 km/h 续驶里程 130 km
2009	Smart ED	奔驰	—	最大功率 30 kW 最高车速 112 km/h 续驶里程 115 km
2009	Subaru Rle	富士重工	锂离子电池	最高车速 100 km/h 续驶里程 100 km
2009	Solo EV	Optare	锂离子电池	公共汽车 总能力 80 kWh 最高车速 90 km/h（限定）
2010	B-zero	Bolloré	—	续驶里程 250 km
2010	500 BEV	菲亚特	锂离子电池	最大功率 22 kW 最高车速 96 km/h
2012	Model S	特斯拉	—	续驶里程 334 km（2014 年）

资料来源：作者整理。

表 18-118　特斯拉电动汽车的发展

时间 / 年	事件
1960	"特斯拉之父"马丁·艾伯哈德在美国伯克利出生
1971	特斯拉 CEO 埃隆·马斯克在南非出生
2003	马丁·艾伯哈德在美国特拉华州注册成立 Tesla Motors 公司
2004	埃隆·马斯克向特斯拉注资 635 万美元
2006	向私募基金 Valor Equity Partners 融资 1 292 万美元
2006	私募基金 Compass Technology Partners 牵头为特斯拉融资 4 000 万美元
2006	推出 Roadster 跑车
2007	特斯拉第四轮融资 4 500 万美元
2008	特斯拉第五轮融资 4 000 万美元
2008	Roadster 跑车正式投产
2009	展示一款四门 Coupe 轿跑车 Model S
2009	戴姆勒-奔驰公司出资 5 000 万美元购买特斯拉 10% 的股份
2009	美国能源部同意为特斯拉提供 4.65 亿美元的低息贷款
2009	特斯拉第六轮融资 8 250 万美元
2010	特斯拉与丰田建立战略伙伴关系
2010	在纳斯达克上市（在美国上市的首家纯电动汽车独立制造商）
2011	首次在欧洲启动 Roadster 跑车租赁项目
2012	在美国出售第一辆 Model S
2013	特斯拉 10 年来首次实现盈利
2014	向中国用户交付第一辆 Model S
2014	市值达到 356 亿美元
2014	特斯拉 Model S 续驶里程达 334 km
2015	特斯拉汽车第一季度出货量首次突破 1 万辆

资料来源：作者整理。主要参考郎为民：《特斯拉：改变世界的汽车》，人民邮电出版社，2015。

特斯拉汽车公司在 2003 年由马丁·艾伯哈德创立。2004 年出现资金短缺，向埃隆·马斯克融资。2009 年，戴姆勒-奔驰公司出资 5 000 万美元购买特斯拉 10% 的股份，救了特斯拉一把。2009 年获得 4.65 亿美元的美国政府长期贷款，2010 年在纳斯达克上市募资 2.13 亿美元。[1] 此外，特斯拉还得到丰田、松下等著名大公司的出手相助，不仅渡过了难关，还名声大噪。在此过程中，特斯拉于 2006 年 7 月推出 248 马力的 Roadster 跑车，2008 年 3 月正式投产 Roadster，2011 年 7 月首次在欧洲启动 Roadster 跑车租赁项目，2012 年 6 月在美国出售第一辆电动轿车 Model S（最低售价为 5.74 万美元），2013 年第一季度实现 10 年来的首次盈利（营业收入 5.26 亿美元，净利润 1 120 万美元）。2014 年 4

---

[1] 李红辉主编《新能源汽车及锂离子动力电池产业研究》，中国经济出版社，2013，第 55-56 页。

月向中国用户交付第一辆 Model S，2014 年 9 月市值达到 356 亿美元。2014 年，特斯拉 Model S 的长续驶里程达 334 km。同年，特斯拉公司售出纯电动汽车 26 094 辆，仅次于日产公司，居世界第二位。2015 年第一季度创下特斯拉汽车出货量突破 1 万辆（达到 10 030 辆）[①]的历史新高（比上年同期增长 55%）。

除了特斯拉公司，日产、三菱、丰田、宝马、美国 ZAP（Zero Air Pollution）、大众、菲亚特等公司也先后在 2008 年前后推出多款纯电动汽车。日产是发展纯电动汽车的领军企业，早在 20 世纪 90 年代就推出了 Prairie EV，2005 年在东京车展上又展出纯电动汽车 Pivo。[②] 它从 2006 年开始谋划进入纯电动汽车最核心的技术领域——蓄电池领域，2007 年 4 月与日本电子巨头 NEC 成立专门生产车用锂离子动力电池的合资公司 AESC[③]，2007 年 10 月在东京车展上发布纯电动概念车 Pivo 2，2008 年 7 月在横滨召开的"AT International 2008"汽车电子专业展上展示 AESC 研发的锂离子动力电池单元"L3-10"，2009 年 3 月在日本"2009 神奈川电动汽车节"上展示一款纯电动汽车的测试车型，并于同年 8 月将该款车型命名为"Leaf"，向市场推出。日产公布了 Leaf 发展计划：2010 年在日本神奈川县横须贺市追浜工厂建立年产 5 万辆 Leaf 的量产体制，2012 年在美国田纳西州的 Smyrna 工厂投产，将 Leaf 的全球年产能扩充至 20 万辆。[④] 在 2011 年纽约国际车展上，零排放纯电动汽车 Leaf 挤掉热门的宝马 5 系和奥迪 A8，荣获"2011 年世界年度车型"称号。[⑤] 日产 Leaf 是全球第一款经济型零排放纯电动汽车，2014 年包括 Leaf、启辰晨风 e30 等车型在内的日产公司销售的纯电动汽车数量达 60 878 辆，居全球各大公司纯电动汽车销售量的首位（表 18-119）。截至 2014 年 1 月，Leaf 全球累计销量突破 10 万辆[⑥]。

表 18-119　2014 年世界主要企业新能源汽车销售量

单位：辆

企业	纯电动	插电式	合计	主要新能源车型
日产	60 878	—	60 878	Leaf、启辰晨风 e30、eNV200
特斯拉	26 094	—	26 094	Model S、Roadster
通用汽车	1 252	22 747	23 999	Volt、Ampera、Spark EV、Eadillac ELR
三菱	3 015	20 027	23 042	i-MiEV、Outlander PHEV
福特	1 977	19 983	21 960	Focus Electric、Fusion Energi、C-MAX Energi
丰田	1 184	19 218	20 402	Prius PHEV、RAV4 EV
比亚迪	3 577	14 747	18 324	e6、秦

---

① 郎为民：《特斯拉：改变世界的汽车》，人民邮电出版社，2015，第 26 页。

② 李红辉主编《新能源汽车及锂离子动力电池产业研究》，中国经济出版社，2013，第 24 页。

③ 王震坡、贾永轩：《电动汽车蓝图》，机械工业出版社，2010，第 74-75 页。

④ 李红辉主编《新能源汽车及锂离子动力电池产业研究》，中国经济出版社，2013，第 25 页。

⑤ 莱特曼、布兰特：《电动汽车设计与制造基础：原书第 3 版：如何打造你自己的电动汽车》，王文伟、周小琳译，机械工业出版社，2016，第 87 页。

⑥ 中国汽车技术研究中心、日产（中国）投资有限公司、东风汽车有限公司：《中国新能源汽车产业发展报告（2015）》，社会科学文献出版社，2015，第 375 页。

续表

单位：辆

企业	纯电动	插电式	合计	主要新能源车型
宝马	15 655	1 961	17 616	i3、i8
众泰	9 666	—	9 666	E20，云 100
北汽	5 233	—	5 233	E150 EV
戴姆勒	4 411	—	4 411	Smart fortwo EV
沃尔沃	16	4 003	4 019	V60 PHEV、C30 EV
大众	1 341	1 745	3 086	Golf EV、E-Up

资料来源：中国汽车技术研究中心、日产（中国）投资有限公司、东风汽车有限公司：《中国新能源汽车产业发展报告（2015）》，社会科学文献出版社，2015，第 378 页。

宝马集团是全球首家一次推出 500 辆纯电动汽车供日常使用的高档汽车制造商。[1]其于 2009 年推出的 500 辆 MINI E 是为获得电动汽车日常运行经验而开发的一款示范运营车辆。车上装备一台输出功率高达 150 kW 的电动机，可在 8.5 s 内从 0 加速到 100 km/h，最高车速 152 km/h（电子限速），续驶里程达 200 km。MINI E 为在美国加利福尼亚州、纽约和新泽西州的消费者提供日常使用体验，在德国的柏林和慕尼黑进行小规模的示范应用。

美国 ZAP 公司于 2007 年开发出一款名为 ZAP-X 的新概念纯电动 5 座紧凑型 SUV，全铝车架，全轮驱动，最高车速 150 mi/h，0～60 mi/h 加速时间为 4.8 s，续驶里程达 350 mi，快速充电时间仅为 10 分钟。该公司累计生产和销售各种纯电动车辆（包括三轮电动摩托车、微型轿车、小货车、轿车等）10 万辆。[2]

德国第三大电力企业 EWE 推出的纯电动汽车 EWE E3 是世界上第一款由电力企业主导开发的电动汽车。EWE E3 使用家庭用电（220 V，10 A），一次完全充电需要 8 h，使用加强型电源（4 100 V，16 A），一次完全充电不到 3 h。在 EWE 的电动汽车整体方案中，电动汽车同时是一种新型的可移动电力存储工具，当电网电力过剩时，电动汽车的动力电池可以作为能量存储工具吸收过剩能量，而当电网电力短缺时，车用电池又可以将电力回输电网。[3]

此外，三菱公司于 2008 年成功开发出纯电动汽车 i-MiEV。丰田公司于 2009 年推出 FT-EV Ⅱ 纯电动概念车。法国电池生产厂商 Bolloré 和意大利 Pininfarina 汽车设计公司合资生产的纯电动汽车 B-zero 于 2010 年开始在欧洲、美国、日本销售。挪威 Think Global 公司生产的第五代 Think City EV 在 2007 年实现量产。瑞典沃尔沃汽车公司研制的 C30 BEV 在 2009 年接近量产状态。意大利菲亚特汽车公司生产的 500 BEV 在 2010 年底特律车展上亮相。大众汽车公司 2009 年在法兰克福国际汽车展上展出全球首发的 E-Up 电动汽车。奔驰 Smart Ed 纯电动汽车在 2009 年接近量产。富士重工业公司研制的 Subaru Rle 于 2009 年进行大规模道路测试。道奇公司推出纯电动概念车 ZEO。印度 Reva 电动汽车

[1] 王震坡、贾永轩：《电动汽车蓝图》，机械工业出版社，2010，第 77 页。

[2] 同上书，第 39 页。

[3] 同上书，第 78 页。

公司 2008 年推出最新款纯电动乘用车 REVAi，在 10 个国家上市。中国首辆纯电动大客车 YW6120DD 和首辆完全自主知识产权的纯电动公交车 BJD6100EV 完成了为期 3 年的载客示范试验。①世界最大的电动货车和长车生产商英国 Smith 电动汽车公司 2007 年宣布在美国推出 Newton 纯电动卡车，第一批零排放商业化纯电动卡车在 2009 年开始生产。②英国于 2007 年在伦敦组成 100 辆纯电动汽车 Smart ED 车队，并投入运营。2009 年，英国政府宣布投入 3 000 万英镑兴建充电站。日本最大的电力公司东京电力公司宣布成功开发出大型快速充电器，并带头参与普及纯电动汽车的基础设施建设，计划 2009—2012 年在东京地区建设 1 000 个充电站，购买 3 000 辆纯电动汽车作为公务用车，从而使日本电动汽车的推广使用进入实质性阶段。③

2010 年后，纯电动汽车进入快速发展时期。特斯拉的 Model S 于 2012 年在美国上市。丰田公司生产的 RAV-4 和 Scioni Q 于 2012 年推出，前者是大众型，后者则面向车队和汽车共享项目。福特公司采用 Azure Dynamics 公司的 Forec Drive 电驱动系统生产 Transit 纯电动商用货车，在 2010 年向首批 7 家客户交付第一批车辆④，还于 2012 年面向美国市场推出福克斯 EV。大众汽车公司于 2013 年推出 Golf EV。菲亚特制造的 500 BEV 在 2012 年年底实现量产。此外，各公司发布、推出的纯电动汽车还有宝马 i3EV（2011 年）、铃木 Swift EV（2012 年）、本田 Fit EV（2012 年）、现代 Ray EV 和福瑞迪 EV、一汽开利 EV、东风 i-Car EV 和天翼纯电动客车、北汽 Q60FE EV 和福田的迷迪 EV、吉利 EK-2EV、东南 V3 菱悦（2011 年）等。2014 年 2 月，特斯拉汽车公司宣布联合日本松下公司，投资 50 亿美元，在美国内华达州建设全球最大的汽车锂电池厂，2020 年建成电池组年产能 50 GWh。⑤

2010 年，全球主要国家销售纯电动汽车 2 858 辆（表 18-120）。其中，超过 1 000 辆的国家仅有日本 1 个。2011 年，全球纯电动汽车销售量首次突破万辆，达到 38 539 辆，比上年约增长 12.5 倍。其中，日本、美国的销售量均超过 1 万辆，分别为 13 449 辆和 10 144 辆。2013 年，全球纯电动汽车销量突破 10 万辆，为 108 625 辆，比上年约增长 76.9%。到 2014 年，全球纯电动汽车销量达到 159 871 辆，与 2 010 年相比，4 年间约增长了 54.9 倍。其中，2014 年销售纯电动汽车超过万辆的国家增加到 5 个，分别为美国（63 327 辆）、中国（27 701 辆）、日本（16 257 辆）、挪威（12 391 辆）、法国（11 232 辆）。同年，纯电动汽车销售超过 1 万辆的汽车企业有 3 家：日产（60 878 辆）、特斯拉（26 094 辆）、宝马（15 655 辆）。

① 王震坡、贾永轩:《电动汽车蓝图》，机械工业出版社，2010，第 40 页。
② 钱伯章:《新能源汽车与新型蓄能电池及热电转换技术》，科学出版社，2010，第 37-38 页。
③ 王震坡、贾永轩:《电动汽车蓝图》，机械工业出版社，2010，第 31 页。
④ 莱特曼、布兰特:《电动汽车设计与制造基础：原书第 3 版：如何打造你自己的电动汽车》，王文伟、周小琳译，机械工业出版社，2016，第 69 页。
⑤ 中国汽车技术研究中心、日产（中国）投资有限公司、东风汽车有限公司:《中国新能源汽车产业发展报告（2015）》，社会科学文献出版社，2015，第 375 页。

表 18-120　2010—2014 年主要国家纯电动汽车销售量

单位：辆

国家	2014 年	2013 年	2012 年	2011 年[1]	2010 年[2]
美国	63 327	47 559	14 587	10 144	37
中国	27 701	11 174	8 733	5 576	63
日本	16 257	16 657	15 942	13 449	2 361
挪威	12 391	7 207	3 945	—	—
法国	11 232	8 824	9 215	4 012	57
英国	6 485	2 464	1 167	930	32
德国	5 547	5 237	2 971	1 800	—
荷兰	3 335	3 388	611	477	8
加拿大	2 224	638	436	193	—
丹麦	1 621	489	289	364	29
瑞士	1 493	987	342	395	137
瑞典	1 371	442	264	—	—
韩国	1 181	715	548	—	—
比利时	1 170	413	355	175	—
意大利	1 121	826	517	296	—
西班牙	1 076	882	614	426	—
奥地利	1 035	52	8	—	—
其他	1 304	671	875	302	134
合计	159 871	108 625	61 419	38 539	2 858

资料来源：作者整理。参考中国汽车技术研究中心、日产（中国）投资有限公司、东风汽车有限公司：《中国新能源汽车产业发展报告（2013）》，社会科学文献出版社，2013；中国汽车技术研究中心、日产（中国）投资有限公司、东风汽车有限公司：《中国新能源汽车产业发展报告（2015）》，社会科学文献出版社，2015。

注：[1][2] 2010 年、2011 年无挪威、奥地利的数据；"其他"栏仅为澳大利亚、墨西哥、爱尔兰、葡萄牙、波兰 5 国的合计数；"合计"栏指本表 2010 年、2011 年所统计的这些国家的合计数。

4. 燃料电池电动汽车

燃料电池电动汽车是以燃料电池系统为动力源 / 主动力源的一种电动汽车，可进一步分为由纯燃料电池驱动的燃料电池汽车和由燃料电池加蓄电池共同驱动的电-电混合燃料电池汽车两种。进入 21 世纪，全球燃料电池汽车开发取得了长足的进步（表 18-121）。

表 18-121　21 世纪初燃料电池汽车的开发情况

时间 / 年	事件
2000	加州燃料电池合作伙伴联盟计划开始实施
2000	戴姆勒-克莱斯勒公司第五代燃料电池汽车 Necar 5 问世
2001	通用汽车公司推出世界上首辆配置汽油转化器的 FCEV
2001	加州燃料电池合作伙伴联盟展示世界上第一辆 PEM 燃料电池公共汽车

续表

时间 / 年	事件
2002	通用汽车公司制成世界首辆燃料电池与"线传"技术结合的 FCEV
2002	美国启动"自由汽车"计划
2002	本田公司在美国市场推出世界上最早商品化的 FCEV
2003	美国实施"自由燃料"计划
2004	中国自主开发燃料电池公共汽车
2006	世界上第一辆豪华高性能 FCEV 轿车宝马氢能 7 系问世
2006	美国启动国家燃料电池公共汽车计划
2007	福特公司推出一种插电式燃料电池混合动力电动汽车 Edge
2011	美国燃料电池公共汽车实际道路示范运行单车寿命最长超过 11 000 小时
2013	韩国在全球率先进入千辆级别的 FCEV 小规模生产阶段
2014	丰田 Mirai FCEV 在日本上市
2015	韩国开发的第三代燃料电池（SUV）发动机成为全球燃料电池发动机中首个入选北美年度十佳量产的发动机

资料来源：作者整理。

　　早在 1999 年，美国加州空气资源委员会就召集各大汽车厂商、燃料电池厂商、石油公司和政府机构等，共同制订加州燃料电池合作伙伴联盟（CaFCP）计划（表 18-122），决定从 2000 年 11 月开始，在加利福尼亚州首府萨克拉门托进行燃料电池电动汽车实地行驶试验。参加测试的共有 55 辆燃料电池汽车，其中 30 辆为乘客车，25 辆为公共汽车。CaFCP 的主要任务有：在加利福尼亚州实际状况下进行燃料电池汽车的示范运行；验证包括氢气、甲醇加注站等替代燃料的外围设施技术的可行性；从发现问题、寻求解答中探索燃料电池汽车商业化的道路；提高大众对燃料电池汽车的关心程度，为燃料电池汽车进入商业化市场做准备。[1]

表 18-122　CaFCP 的主要成员

汽车厂	戴姆勒-克莱斯勒、福特、通用汽车（欧宝）、本田、现代、日产、丰田、大众
能源公司	BP 石油、埃克森石油、雪佛龙-德士古石油、壳牌氢能
燃料电池公司	巴拉德动力系统、联合技术电池
政府机构	加州空气资源委员会、加州能源委员会、加州南海岸空气品质管理区、美国能源部、美国运输部、美国环保署

资料来源：黄镇江：《燃料电池及其应用》，刘凤君改编，电子工业出版社，2005，第 121 页。

　　2000 年，戴姆勒-克莱斯勒汽车公司开发的第五代燃料电池汽车 Necar 5 问世（五代燃料电池汽车的性能比较见表 18-123）。它与 Necar 4 相比，燃料电池动力系统的外形尺寸大为缩小，燃料电池组的体积缩小 1/2，质量减少 1/3，输出功率提高至 75 kW，最高时速为 150 km，加注一次燃料可连续行驶

---

① 黄镇江：《燃料电池及其应用》，刘凤君改编，电子工业出版社，2005，第 121 页。

的路程比 Necar 3 多 200 km。[①] 美国通用汽车公司基于欧宝赛飞利多功能旅行车开发出"氢动 1 号"燃料电池概念车，该车作为 2000 年悉尼奥运会的"绿色使者"引导了马拉松的全程比赛，还在美国酷热的沙漠试车场进行耐久性试验，表现出优良的可操控性和稳定性。[②]

表 18-123　戴姆勒-克莱斯勒五代燃料电池汽车的性能比较

时间 / 年	车型	燃料	输出功率 /kW	座位 / 个	最高速度 /（km/h ）	备注
1994	Necar 1	氢气	50	2	—	世界上第一辆 PEMFC 电动汽车
1995	Necar 2	氢气	50	6	110	
1997	Necar 3	甲醇重整制氢	50	2		世界上第一辆现场型甲醇重整制氢燃料电池车
1999	Necar 4	液氢	70	5	145	—
2000	Necar 5	甲醇重整制氢	75	—	150	Necar 3 的修正版

资料来源：作者整理。主要参考毛宗强：《无碳能源：太阳氢》，化学工业出版社，2009。

2001 年 8 月，通用汽车公司推出世界上首辆配置汽油转化器的燃料电池原型车，它可从汽油中提取氢气供给燃料电池装置。次年，通用汽车公司又开发出世界首款燃料电池与"线传"（X-by-Wire）技术结合的新型燃料电池电动车 Hy-Wire。[③]

2001 年 12 月，美国加州燃料电池合作伙伴联盟展示第二代燃料电池公共汽车。它采用质子交换膜燃料电池，由 Xcellsis 公司提供 100 kW 的 PEM 燃料电池发动机，采用甲醇做燃料，是世界上第一辆质子交换膜燃料电池公共汽车，车长约 12 m，有 40 个座位，续驶里程超过 560 km。[④] 福特公司也在同年发布它的首款氢燃料电池汽车。

2001 年，法国液化空气集团（负责项目协调）、瑞典卡车公司 Scania、迪诺拉公司、意大利热那亚大学共同研制出 MIDI 城市公交车。该车长、宽、高分别为 9.2 m、2.5 m、3.2 m，质量 13 000 kg，设有 15 个座位、37 个站位，用纯氢做燃料，装有 2 个 30 kW 质子交换膜燃料电池和 44 VRLA（密封式阀控铅酸蓄电池）电池组，2 个轮毂发动机（峰值功率 2×50 kW），最高车速达 80 km/h，2002 年在西班牙 Idiada 车道完成测试。[⑤]

中国北京飞驰绿能公司在 2001 年举办的北京国际高新技术展览会上展出了 2 辆燃料电池汽车，一辆为中巴车，另一辆为出租车，后者最高速度 60 km/h，续驶里程 165 km。

2002 年，美国能源部宣布实施一项名为"自由汽车"的燃料电池电动车发展计划，主要由能源部与福特、通用汽车、戴姆勒-克莱斯勒三大汽车制造商合作发展汽车与卡车用的燃料电池，替代内燃机，以减少对进口原油的依赖。第二年，美国总统布什进一步宣布投资 12 亿美元，启动一项名为"自由燃料"的氢能推动计划，以缓解石油供应短缺给民生与工业发展所带来的压力，达到能源供应自给自足

① 毛宗强：《无碳能源：太阳氢》，化学工业出版社，2009，第 55 页。
② 隋智通等：《燃料电池及其应用》，冶金工业出版社，2004，第 81 页。
③ 同上书，第 82 页。
④ 毛宗强：《氢能——21 世纪的绿色能源》，化学工业出版社，2005，第 314 页。
⑤ 同上书，第 300 页。

的目标。[1]

日本本田汽车公司推出的燃料电池电动车 FCX 可乘坐 4 人，最高时速 150 km，一次填充高压氢气后的行驶里程为 355 km，2002 年 7 月获准在美国市场销售。[2]该车装有 86 kW 的质子交换膜燃料电池，是唯一一辆通过美国环境保护局和加州空气资源委员会鉴定的零排放燃料电池汽车，也是世界上最早商品化的燃料电池汽车。[3]同年 11 月，丰田公司的 4 辆燃料电池汽车分别由日本内阁办公室、经济产业省、环境省和国土交通省租用。首相小泉纯一郎亲自试乘丰田公司开发的燃料电池电动汽车，以表示政府对燃料电池汽车的极大关注。[4]日本政府还联合几大汽车制造商于 2002 年启动 JHFC 示范工程，计划用 3 年时间对氢能基础设施和氢燃料电池车等进行全面测试和评估。

在 2003 年东京汽车车展上，本田汽车公司展示了 FCX 燃料电池轿车，可乘 5 人。它装有质子交换膜燃料电池（2 套）、超级电容器、80 kW 永磁交流同步电机，最高速度可达 150 km/h，采用压缩氢气（35 MPa，157 L），一次加氢可行驶 395 km。丰田公司也展出质子交换膜燃料电池模型车，燃料为压缩氢气（70 MPa）。同年，为推广燃料电池汽车，日本国土交通省决定从 2003 年 4 月开始实施为期两年的免税政策，将混合动力电动汽车等其他环保型车辆的减税期延长两年。[5]

欧洲组织实施了燃料电池客车示范计划（HYFLEET-CUTE），从 2003 年到 2010 年在 10 个城市共示范运行 30 辆第一代戴姆勒－奔驰燃料电池客车（表 18-124），累计运行 130 万英里。在此基础上，欧洲燃料电池客车示范项目（CHIC）又在 5 个城市开展 26 辆第二代燃料电池公共汽车示范运行（期限从 2011 年到 2017 年），目标是实现燃料电池电动汽车性能达到目标燃油汽车的标准。[6]

表 18-124 戴姆勒-奔驰两代燃料电池客车的性能

指标	第一代	第二代
空载 / 满载质量	14 200 kg/18 000 kg	13 200 kg/18 000 kg
乘员数 / 人	23+49=72	26+50=76
燃料电池效率	48%～38%	58%～51%
电池参数	—	26.1 kWh，250 kW
耗氢量	20～24 kg/100 km	10～14 kg/100 km
寿命	2 年，2 000 h	6 年，12 000 h

资料来源：中国汽车技术研究中心、日产（中国）投资有限公司、东风汽车有限公司:《中国新能源汽车产业发展报告（2015）》，社会科学文献出版社，2015，第 75 页。

2004 年 5 月 25 日，中国自主开发的燃料电池公共汽车和世界上最先进的戴姆勒-克莱斯勒汽车公

[1] 黄镇江:《燃料电池及其应用》，刘凤君改编，电子工业出版社，2005，第 123 页。
[2] 隋智通等:《燃料电池及其应用》，冶金工业出版社，2004，第 83 页。
[3] 李代广:《氢能和氢能汽车》，化学工业出版社，2009，第 102 页。
[4] 严陆光、陈俊武主编《中国能源可持续发展若干重大问题研究》，科学出版社，2007，第 205 页。
[5] 隋智通等:《燃料电池及其应用》，冶金工业出版社，2004，第 86 页。
[6] 中国汽车技术研究中心、日产（中国）投资有限公司、东风汽车有限公司:《中国新能源汽车产业发展报告（2015）》，社会科学文献出版社，2015，第 73-74 页。

司的燃料电池公共汽车一起列队驶过天安门，开到人民大会堂前，为第二届国际氢能论坛的成功召开增添了光彩[1]，这标志着中国燃料电池汽车开发取得重大突破。

2006 年 11 月，宝马公司开发的宝马氢能 7 系亮相柏林，这是世界上第一款供日常使用、几近零排放的氢动力驱动豪华高性能轿车。它完美地结合了氢技术及典型的宝马轿车的动态性能与驾驶表现，展示了氢能驱动技术的巨大潜力。[2]

2006 年，世界上实证测试用和被销售的燃料电池汽车约 180 台、燃料电池公共汽车约 40 台[3]，它们在美国的萨克拉门托、德国的柏林、日本的关东地区以及加拿大的温哥华等地行驶或测试。

美国从 2006 年开始启动国家燃料电池公共汽车计划，进行广泛的车辆研发和示范工作。但在燃料电池汽车迅速发展之际，美国总统奥巴马在 2009 年 5 月宣布削减美国氢能汽车的研发经费，砍掉 2/3 的氢燃料电池研究经费，理由是燃料电池汽车还要 10 年才能市场化。[4] 即便如此，也挡不住人们研发燃料电池汽车的步伐。通用汽车公司于 2007 年投放给消费者使用的 100 辆雪佛兰 Equinox 燃料电池电动汽车到 2009 年达到 100 多万英里的行驶里程。同时，在降低成本和提升燃料电池的性能上，通用新一代燃料电池体积比雪佛兰 Equinox 上装配的燃料电池缩小了一半，重量减轻 220 磅，使用的铂金质量也仅约为原来的 1/3（表 18-125）。

表 18-125　美国通用汽车公司两代燃料电池发动机系统的性能对比

发动机	Hydro Gen 4	新一代发动机
净功率	93 kW	85～92 kW
最高工作温度	86 ℃	95 ℃
耐久性	1 500 h	5 500 h
冷启动性能	−25 ℃	−40 ℃
重量	240 kg	130 kg
传感器和执行器数量	30 个	≤ 15 个
电堆双极板类型	复合板	冲压金属板
铂用量	每个电堆 80 g 铂	每个电堆 < 30 g 铂

资料来源：中国汽车技术研究中心、日产（中国）投资有限公司、东风汽车有限公司：《中国新能源汽车产业发展报告（2015）》，社会科学文献出版社，2015，第 73 页。

2008 年 11 月，日本铃木公司开发出以小型车 SX4 为原型的燃料电池汽车 SX4-FCV。该车配备 70 MPa 高压氢燃料罐、小型轻量电容器以及美国通用公司制造的燃料电池，输出功率为 80 kW。[5]

2008 年北京奥运会期间，我国共投入使用 595 辆各种新能源电动汽车，累计行驶 371.4 万 km，载

[1] 毛宗强：《无碳能源：太阳氢》，化学工业出版社，2009，第 61 页。
[2] 李代广：《氢能和氢能汽车》，化学工业出版社，2009，第 98 页。
[3] 氢能协会：《氢能技术》，宋永臣、宁亚东、金东旭译，社会科学文献出版社，2009，第 99 页。
[4] 毛宗强：《无碳能源：太阳氢》，化学工业出版社，2009，第 55-56 页。
[5] 李代广：《氢能和氢能汽车》，化学工业出版社，2009，第 103 页。

客441.7万人次，其中有3辆燃料电池大巴和20辆燃料电池轿车参与奥运会全程服务。[1]

韩国从2002年开始研发燃料电池电动汽车，2005年采用巴拉德动力系统公司的电堆组装32辆SUV。2006年推出自主研发的第一代电堆，组装30辆SUV和4辆大客车进行示范运行。2009—2012年开发出第二代电堆，装配100辆SUV在国内进行示范和测试。[2]

2010年后，燃料电池汽车的开发取得新的进展。2011年，美国燃料电池公共汽车实际道路示范运行单车寿命最长超过11 000 h，到2015年仍然在运行的燃料电池公交车平均累计运行时间达到9 000 h，寿命最长的车辆是美国的Van Hool，其寿命超过18 000 h（表18-126）。2012—2015年，韩国推出第三代燃料电池SUV和客车，开始全球示范；2013年宣布提前两年开展千辆级别的燃料电池SUV（现代ix35）生产，在全球率先进入燃料电池电动汽车千辆级别的小规模生产阶段。2014年12月，丰田在日本市场推出具成本优势、性能好的燃料电池轿车Mirai，最高车速175 km/h，FCE功率为114 kW，续驶里程650 km（表18-127），新车售价723.6万日元（约37.8万元人民币），日本政府补贴后实际价格为520万日元（约27.1万元人民币）。[3]2015年，美国华德公司将韩国开发的第三代燃料电池发动机[4]评为北美年度十佳量产发动机之一，这是全球燃料电池发动机的首次入选。

表18-126　典型燃料电池公交车性能比对

指标	美国 Van Hool	美国 New Flyer	德国戴姆勒-奔驰
FCE 功率	120 kW	150 kW	2×60 kW
FCE 厂家	US Fuel Cell（US Hybrid）	Ballard HD 6	AFCC
动力电池的容量或功率	17.4 kWh，锂离子（EnerDel）	47 kWh，锂离子（Valence）	26 kWh，锂离子（A123）
电机功率或转矩	2×85 kW Siemens ELFA	2×85 kW Siemens ELFA	2×80 kW 轮毂电机
氢气气瓶	350 bar，8个	350 bar，8个	350 bar，7个
氢气量	40 kg	56 kg	35 kg
耐久性	18 000 h	8 000 h	12 000 h
续驶里程	483 km	483 km	250 km
整车成本	200 万美元	200 万美元	未公开

资料来源：中国汽车技术研究中心、日产（中国）投资有限公司、东风汽车有限公司：《中国新能源汽车产业发展报告（2015）》，社会科学文献出版社，2015，第78—79页。

---

[1] 毛宗强：《无碳能源：太阳氢》，化学工业出版社，2009，第61页。

[2] 中国汽车技术研究中心、日产（中国）投资有限公司、东风汽车有限公司：《中国新能源汽车产业发展报告（2015）》，社会科学文献出版社，2015，第76页。

[3] 同上书，第75页。

[4] 该发动机采用100 kW燃料电池、24 kW锂离子电池和100 kW电机，70 MPa的氢瓶可以储存5.6 kg氢气，NEDC循环工况续驶里程588 km，最高车速160 km/h。

表 18-127　世界主流燃料电池轿车性能比对

指标	丰田 Mirai	现代 ix35	通用 Equinox	日产 X-trial	奔驰 E-Cell
车重	1 850 kg	2 290 kg	1 800 kg	1 860 kg	1 718 kg
最高车速	175 km/ h	160 km/h	160 km/h	150 km/h	170 km/h
0～100 km/h 加速时间	9.6 s	12.5 s	12 s	14 s	11.3 s
FCE 功率	114 kW	100 kW	92 kW	90 kW	100 kW
FCE 体积/质量	37 L/56 kg	60 L	130 kg	34 L/43 kg	—
FCE 功率密度	3.1 kW/L 2.0 kW/kg	1.65 kW/L	0.7 kW/kg	2.5 kW/L	—
FCE 低温性能	−30 ℃	−30 ℃	−30 ℃	−30 ℃	−25 ℃
FCE 铂用量	20 g	40 g	30 g	40 g	—
FCE 耐久性	＞5 000 h	5 000 h	5 500 h	—	＞2 000 h
氢系统参数	122.4 L，5 kg	144 L，5.6 kg	4.2 kg	—	—
电机参数	113 kW，335 Nm	100 kW，300 Nm	94 kW，320 Nm	90 kW，280 Nm	100 kW，290 Nm
电池参数	1.6 kWh 镍氢电池	24 kW 锂离子电池	1.8 kWh，351 W 镍氢电池	—	—
续驶里程	650 km	594 km	320 km	500 km	616 km

资料来源：中国汽车技术研究中心、日产（中国）投资有限公司、东风汽车有限公司：《中国新能源汽车产业发展报告（2015）》，社会科学文献出版社，2015，第 78 页。

5. 混合动力电动汽车

混合动力电动汽车（HEV）是最早实现商业化的电动汽车。它有插电式混合动力电动汽车和非插电式混合动力汽车之分；也有并联式混合动力电动汽车、串联式混合动力电动汽车以及混联式（串联/并联式）混合动力电动汽车之分；还有柴油/电混合电动车、汽油/电混合电动车之分等。纯电动汽车因其使用的电池储能效率低、价格高而在绝大多数场合无法和内燃机汽车进行竞争。混合动力电动汽车将电气传动和其他能源形式（如内燃发动机）相结合，克服了纯电动汽车在运行范围和性能等方面的限制，成为在与内燃机汽车的竞争中得到广泛关注的一种替代方案。[1] 这是混合动力电动汽车之所以最早实现商业化的重要原因。

（1）美国政府对 HEV 发展的支持

进入 21 世纪，美国政府及企业界开始重视发展混合动力电动汽车。2001 年，美国在加利福尼亚大学戴维斯分校设立国家混合动力研究中心。Frank 教授是主要负责人，他同时获得通用汽车公司提供的大量资金支持，对将通用 EV1 改为插电式混合动力电动汽车进行研发。[2] 戴姆勒公司与美国电力研究院以及其他机构合作生产出少量的 15 座插电式混合动力汽车道奇 Sprinter，供研究使用。后来又将戴姆勒-克莱斯勒公司 15 座的奔驰 Sprinter 改装为插电式。2001 年 8 月，Raser Technologies、Maxwell

---

[1] 拉希德主编《电力电子技术手册》，陈建业等译，机械工业出版社，2004，第 682 页。

[2] 雷特曼：《插电式混合动力电动汽车开发基础》，王震坡、孟祥峰译，机械工业出版社，2011，第 31 页。

Technologies、Electrovaya 和 Pacific Gas and Electric 四家公司成立插电式电动汽车联盟，尔后又有 9 家零部件制造商和 3 家公共组织加入该联盟。2002 年，企业家、环保主义者和工程师共同发起加州汽车倡议，成立一个非营利性的插电式电动汽车宣传和技术开发组织。[1]2004 年，CalCars 对丰田普锐斯进行改装，在车上加装 130 kg 铅酸电池。改装后的普锐斯燃油消耗量只是标准普锐斯的一半，纯电动续驶里程达到 15 km。2007 年 3 月，福特汽车公司展示世界上第一辆可以驾驶的插电式燃料电池混合动力汽车，它结合车载氢燃料电池发电机和锂离子蓄电池，以一种灵活的动力系统结构为基础，最高车速可达 136.85 km/h。[2]同年，通用汽车公司宣布扩大纯电池电动车 Chevy Volt 和插电式混合动力车 Saturn Vue 的生产规模，成为汽车制造商公开承诺大力发展插电式汽车的里程碑。[3]此外，2006—2008 年美国公布的许多法案都鼓励使用电动车，许多利益集团也支持这些法案。

在美国政府的支持下，美国混合动力汽车从 2004 年开始得到高速发展（图 18-22），非插电式混合动力汽车实现了大规模商业化。2007 年，全球销售混合动力汽车超过 50 万辆，其中一半以上在美国市场出售，同年美国累计拥有混合动力汽车超过 60 万辆。[4]

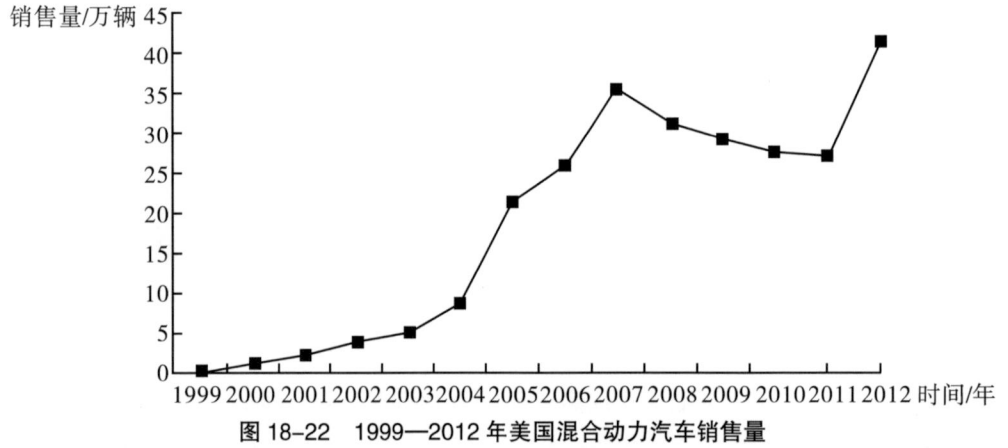

图 18-22 1999—2012 年美国混合动力汽车销售量

资料来源：中国汽车技术研究中心、日产（中国）投资有限公司、东风汽车有限公司：《中国新能源汽车产业发展报告（2013）》，社会科学文献出版社，2013，第 272 页。

2008 年，美国新型车辆销售急剧下降，除具有燃料经济性的小型车辆外，主型款式汽车的销售量一落千丈，但同年 4 月混合动力车的销量比上年 4 月上升将近 50%，这使得混合动力汽车占新型汽车的份额首次突破 3 个百分点（达到 3.2%）。原因在于消费者忍受不了高额的石油价格，坚信节能混合动力汽车是一种发展趋势，在民意调查中，有将近 50% 的美国人认为，未来 10 年新售车辆中将有一半是混合动力车。[5]

自 2010 年起，在高额抵税优惠刺激下，越来越多的消费者认可并购买插电式混合动力汽车和纯电动汽车。美国插电式混合动力汽车和纯电动汽车销量由 2010 年的 363 辆猛增至 2014 年的 118 684 辆（表

[1] 雷特曼：《插电式混合动力电动汽车开发基础》，王震坡、孟祥峰译，机械工业出版社，2011，第 29 页。
[2] 翁史烈主编《话说氢能》，广西教育出版社，2013，第 94 页。
[3] 桑德罗：《插电式汽车的未来》，李乔杨译，中信出版社，2011，第 130 页。
[4] 同上书，第 108 页。
[5] 同上书，第 191 页。

18-128），新能源汽车市场化进程加快。

表 18-128　2010—2014 年美国新能源汽车销售量

单位：辆

汽车类型	2010 年	2011 年	2012 年	2013 年	2014 年
插电式混合动力汽车	326	7 671	38 585	49 043	55 357
纯电动汽车	37	10 144	14 587	47 559	63 327
合计	363	17 815	53 172	96 602	118 684

资料来源：作者整理。主要参考中国汽车技术研究中心、日产（中国）投资有限公司、东风汽车有限公司：《中国新能源汽车产业发展报告（2015）》，社会科学文献出版社，2015。

（2）汽车公司对 HEV 的大力开发

日本丰田公司是全球大型的汽车制造商，是全球最早推出量产混合动力电动汽车的企业。1997 年丰田普锐斯的上市，标志着混合动力电动汽车进入实用化阶段。2003 年，丰田第二代普锐斯混合动力汽车上市，标志着丰田混合动力汽车技术走向成熟（表 18-129）。到 2005 年，丰田普锐斯累积销售超过 45 万辆，占全球混合动力电动汽车的份额将近 90%。到 2007 年 7 月，丰田汽车公司累积销售的混合动力电动汽车达到 100 万辆。从 1997 年到 2007 年 9 月，丰田公司混合动力汽车的全球销售量为 1 188 255 辆。其中，普锐斯车型约占 72%，为 851 228 辆；其次是 Harrier/Rx400h 型、Camry Hybrid 型，销售量分别为 97 125 辆、79 122 辆。[1]2009 年，丰田第三代普锐斯混合动力汽车上市，同年在美国市场累计销售量达到 100 万辆，标志着丰田的混合动力技术实现了产业化。[2]2012 年，丰田在美国市场推出使用锂离子电池的插电式普锐斯 α，上半年售出 5 000 辆。[3]在此之前，普锐斯使用的是镍氢电池。插电式普锐斯的最高速度为 100 km/h，续驶里程 23.4 km（JC08 模式）。2012 年，丰田公司混合动力电动汽车年销售量超过 100 万辆，达到 1 102 113 辆，居世界首位。

表 18-129　丰田混合动力系统 THS Ⅰ 与 THS Ⅱ 参数

参数	THS Ⅰ	THS Ⅱ
发动机类型	1.5 L 汽油机（高膨胀比循环）	1.5 L 汽油机（高膨胀比循环）
发动机最大输出功率［kW/（r/min）］	53（5 000）	57（5 000）
发动机最大输出转矩［Nm（r/min）］	115（4 200）	115（4 200）
电动机类型	同步交流电机	同步交流电机
电动机最大输出功率［kW（r/min）］	33（45）（1 040～5 600）	50（68）（1 200～1 540）
电动机最大输出转矩［Nm/（r/min）］	350（35.7）（0～400）	400（40.8）（0～1 200）
系统最大输出功率［kW/（车速 /km/h）］	65（85）	82（85）
系统最大输出转矩［Nm/（车速 /km/h）］	378（22）	478（22）
电池类型	镍氢	镍氢

资料来源：王震坡、贾永轩：《电动汽车蓝图》，机械工业出版社，2010，第 71 页。

---

[1] 钱伯章：《新能源汽车与新型蓄能电池及热电转换技术》，科学出版社，2010，第 25 页。

[2] 中国汽车技术研究中心、日产（中国）投资有限公司、东风汽车有限公司：《中国新能源汽车产业发展报告（2013）》，社会科学文献出版社，2013，第 351 页。

[3] 李红辉主编《新能源汽车及锂离子动力电池产业研究》，中国经济出版社，2013，第 35 页。

本田公司紧随丰田之后，于 1999 年推出首款混合动力电动汽车 Insight。2001 年又推出"思域""雅阁"两个品牌的混合动力汽车。到 2008 年，本田公司混合动力汽车累积销售量达到约 30 万辆。此后，本田还推出了全新款 Insight 和以 CR-Z 概念车为原型的新款混合动力跑车等。2012 年，本田公司混合动力电动汽车年销售量达到 22.06 万辆（均为非插电式动力汽车），排世界第二位。

通用汽车公司是美国最大的汽车公司，也是现代史上第一辆大规模生产的纯电动汽车——EV1 的制造商。该公司于 1996 年将使用铅酸电池的 EV1 系列电动车推向市场，但市场销售情况不佳。与 EV1 上市时间差不多，加州政府放松了对零排放标准汽车的要求，这对纯电动汽车行业和纯电动汽车生产企业的发展无疑是一种消极的影响。加上 EV1 持续亏损，通用汽车公司最终放弃了 EV1，全部召回已售车辆并报废，整个 EV1 项目从研发到报废花费 10 亿美元。到 2005 年，通用汽车公司亏损 86 亿美元[①]，2009 年 6 月不得不申请破产保护，该案件成为美国历史上规模第四大的企业破产案。美国政府为此向通用汽车公司注资高达 600 亿美元，占其 60% 的股份。[②]在此巨大的挫折过程中，丰田的普锐斯与通用同期发布的"油老虎"——"悍马"车型形成鲜明的对比。"丰田戴着普锐斯的光环，不仅带动了丰田的 SUV 和小货车的销量，还让通用落得被嘲笑的倒霉局面（当时通用发布了'悍马'，跟丰田车轻便省油的形象大相径庭）。"[③]于是，通用汽车公司重新制定公司发展战略，提出了新的"三步走"计划：近期目标是提高传统内燃机技术，采用替代燃料，如压缩天然气、液化石油气、生物燃料乙醇等；中期目标是发展混合动力汽车和插电式混合动力汽车；远期目标是发展燃料电池汽车和纯电动汽车。[④]

2008 年 9 月 17 日，通用汽车公司宣布推出混合动力电动汽车——雪佛兰 Volt 增程型电动汽车。Volt 是一款插电式电动汽车，以电池为动力驱动，一次充电可行驶达 40 mi。以汽油为动力的发动机可发出电力来补充电力，这样电动汽车还可再行驶数百英里。据通用汽车公司估算，Volt 电动汽车以电池驱动的成本约为 2 美分 /mi，而当汽油价格为 3.60 美元 /gal 时，用汽油驱动的成本为 12 美分 /mi。Volt 最高时速约为 100 mi。[⑤]同年，通用汽车公司在北美地区拥有 8 款混合动力汽车，其中通用君越混合动力汽车 ECO-Hybrid 于 2008 年 9 月在中国开始销售。2010 年，通用 Volt 电动汽车在美国上市，售价 4.1 万美元。到 2012 年，通用汽车公司销售插电式混合动力汽车 30 325 辆，居全球第一位，销售非插电式混合动力汽车 32 546 辆，纯电动汽车 44 辆，三者共计 62 915 辆，同类型车销量排全球各大汽车公司的第四位。2014 年，通用汽车公司插电式混合动力汽车占全球的市场份额达 21.7%（表 18-130）。通用汽车公司在过渡车 Volt 的基础上，开发出纯电动汽车 Bolt，2015 年大约造出 100 辆 Bolt 原型车，并在美国各地进行实际测试和电池检验。[⑥]它的性能可与宝马 i3 等车型媲美。

① 杨雪忆：《通用击败特斯拉——电动车领域正在发生着什么？》，《世界科学》2016 年第 4 期。
② 李红辉主编《新能源汽车及锂离子动力电池产业研究》，中国经济出版社，2013，第 27 页。
③ 杨雪忆：《通用击败特斯拉——电动车领域正在发生着什么？》，《世界科学》2016 年第 4 期。
④ 李红辉主编《新能源汽车及锂离子动力电池产业研究》，中国经济出版社，2013，第 27 页。
⑤ 钱伯章：《新能源汽车与新型蓄能电池及热电转换技术》，科学出版社，2010，第 38 页。
⑥ 杨雪忆：《通过击败特斯拉——电动车领域正在发生着什么？》，《世界科学》2016 年第 4 期。

表 18-130　2014 年各大汽车公司插电式混合动力汽车的市场份额

企业名称	比例 /%
通用	21.7
三菱	19.1
福特	19.0
丰田	18.3
宝马	1.9
大众	1.7
其他	18.3

资料来源：作者整理。参考中国汽车技术研究中心、日产（中国）投资有限公司、东风汽车有限公司：《中国新能源汽车产业发展报告（2015）》，社会科学文献出版社，2015。

福特汽车公司于 2004 年在美国市场推出 Escape 混合动力汽车。它是美国本土第一款混合动力汽车，也是世界上第一款混合动力 SUV（运动型多用途车）。[1]2008 年，福特第二代混合动力车型 Fusion 在美国上市，到 2012 年售出 4.6 万辆，成为美国本土最畅销的混合动力车型。[2]

此外，其他汽车公司也相继推出各种混合动力电动汽车。奔驰汽车公司采用柴油 / 电轻度混合的技术方案开发出柴油 / 电混合动力汽车，其最高车速 215 km/h，综合油耗 5.9 L/100 km，尾气排放满足欧Ⅵ标准；还在 2009 年向市场推出采用锂电池 S400 的混合动力豪华轿车。宝马汽车公司先后推出宝马 X5 Active Hybrid、新 7 系 Active Hybrid 等系列混合动力汽车。欧宝推出 Ampera 插电式电动汽车。澳大利亚 Grenda 公司和 Ventura 客车公司于 2009 年推出澳大利亚第一款混合动力电动客车。英国伦敦 2009 年 7 月展示全球首辆新一代节能环保型公交车——沃尔沃混合动力双层巴士。马自达汽车公司于 2009 年 3 月宣布开始商业化生产 Mazda Premacy 氢能 RE 混合动力汽车，是全球首家商业化生产氢能混合动力汽车的汽车制造商。韩国现代汽车公司在 2009 年纽约车展发布混合动力交叉概念车 Nuvis。

（3）HEV 的业绩

在各国的共同努力下，世界混合动力汽车产业规模日渐扩大，以非插电式混合动力汽车为主体的混合动力汽车销售量从 2000 年不足 3 万辆发展到 2006 年的 35 万辆以上。[3]到 2012 年，全球混合动力电动汽车销售量超过 150 万辆，主要汽车企业销售量达到 1 583 302 辆，其中插电式混合动力汽车 54 453 辆，非插电式混合动力汽车 1 468 734 辆（表 18-131），非插电式混合动力汽车约占销售总量的 92.8%。

表 18-131　2012 年主要汽车企业电动汽车销售量

企业	纯电动汽车 / 辆	非插电式混合动力汽车 / 辆	插电式混合动力汽车 / 辆	合计 / 辆	主要电动乘用车车型[1]
宝马	692	1 333	—	2 025	1 系、3 系、5 系、7 系、X6
比亚迪	1 690	—	1 201	2 891	e6、F3DM

[1] 雷特曼：《插电式混合动力电动汽车开发基础》，王震坡、孟祥峰译，机械工业出版社，2011，第 28 页。

[2] 中国汽车技术研究中心、日产（中国）投资有限公司、东风汽车有限公司：《中国新能源汽车产业发展报告（2013）》，社会科学文献出版社，2013，第 350 页。

[3] 朱绍中、余卓平、陈翌等：《汽车简史》，同济大学出版社，2008，第 374 页。

续表

企业	纯电动汽车/辆	非插电式混合动力汽车/辆	插电式混合动力汽车/辆	合计/辆	主要电动乘用车车型[1]
戴姆勒	3 457	959	—	4 416	A级、B级、E级、S级、Smart ForTwo EV
福特	694	31 102	2 374	34 170	C-MAX、Escape、Focus、Fusion、Lincoln MKZ
通用	44	32 546	30 325	62 915	Volt、Ampera、LaCrosse、Malibu、Regal
本田	128	220 608	—	220 736	Civic、CR-Z、Fit、Insight、FCX
现代起亚	531	60 575	—	61 106	Ray、K5、Optima
三菱	3 673	49	—	3 722	i-MiEV、Dignity
标致雪铁龙	5 296	3 638	—	8 934	C-ZERO、DS5、3008、508、iOn
雷诺日产	43 829	35 172	—	79 001	Leaf、CIMA、FUGA、Serena、ZOE、Twizy、Infiniti M
丰田	16	1 081 560	20 553	1 102 129	Prius、Camry、Alphard、eQ、Lexus CT、ES、GS、HS、RX
大众	65	1 192	—	1 257	Golf、Jetta、Touareg、Audi A1、Audi A3、Audi A6、Audi A8、Audi Q5
合计	60 115	1 468 734	54 453	1 583 302	—

资料来源：中国汽车技术研究中心、日产（中国）投资有限公司、东风汽车有限公司：《中国新能源汽车产业发展报告（2013）》，社会科学文献出版社，2013，第354页。

注：[1]除e6、F3DM、Volt、Leaf、Prius等专门的电动汽车品牌，其他大多数电动乘用车车型仅指该品牌有此种电动乘用车车型，而不是该车型全部为电动汽车。如大众的Golf（高尔夫）有电动车型，但该品牌主要还是传统燃油汽车。

在非插电式混合动力电动汽车规模不断扩大的同时，插电式混合动力电动汽车的发展也取得了长足的进步。2010年，全球销售插电式电动汽车不到1 000辆，其中中国417辆，美国326辆。2011年也只有8 900多辆。到了2012年，其销售量约增至5.5万辆；2014年突破10万辆，达到105 013辆（表18-132）。插电式混合动力电动汽车的销售量表现出快速增长的态势。2014年，美国、日本、中国、荷兰4个国家销售插电式混合动力汽车均超过1万辆，分别为55 357辆、15 352辆、14 747辆、11 587辆，分别约占全球的52.7%、14.6%、14.0%、11.0%。

表18-132 2010—2014年主要国家插电式混合动力汽车销售量

单位：辆

国家	2014年	2013年	2012年	2011年[1]	2010年[2]
美国	55 357	49 043	38 585	7 671	326
日本	15 352	14 122	7 241	—	—
中国	14 747	1 147	1 201	613	417
荷兰	11 587	19 670	3 142	14	—
瑞典	3 300	1 105	681	—	—
加拿大	1 648	1 143	1 288	275	—
英国	1 205	819	522	—	—

续表

单位：辆

国家	2014 年	2013 年	2012 年	2011 年[1]	2010 年[2]
德国	517	445	868	241	—
西班牙	291	73	49	8	—
瑞士	204	167	395	41	—
比利时	69	34	210	11	—
意大利	65	26	100	—	—
奥地利	65	1	12	—	—
挪威	37	89	165	—	—
法国	17	85	225	36	—
丹麦	11	7	21	2	—
韩国	—	—	—	—	—
其他	541	139	190	0	—
合计	105 013	88 115	54 895	8 912	743

资料来源：作者整理。参考中国汽车技术研究中心、日产（中国）投资有限公司、东风汽车有限公司：《中国新能源汽车产业发展报告（2013）》，社会科学文献出版社，2013；中国汽车技术研究中心、日产（中国）投资有限公司、东风汽车有限公司：《中国新能源汽车产业发展报告（2015）》，社会科学文献出版社，2015。

注：[1][2]"其他"栏仅为澳大利亚、墨西哥、爱尔兰、葡萄牙、波兰 5 国的合计数；"合计"栏指本表 2010 年、2011 年所统计的这些国家的总数。

6. 低速电动汽车

除了重点发展纯电动汽车、混合动力电动汽车、燃料电池电动汽车，美国、中国等国家也发展低速电动汽车。

在美国，低速电动汽车可以以 25 mi/h 以下的速度在马路上合法行驶。① 多年来，用电池驱动的高尔夫球车促进了社区电动汽车和低速汽车的兴起。美国于 1998 年出台的国家高速公路安全管理局条例第一次允许低速电动汽车在美国上路。② 这些车的最高时速限制在 20～25 mi，并且要求配置头灯、停车灯、后视镜、挡风板、安全带、车牌号等。1998 年，美国地面交通重新授权条例允许单乘纯电动汽车使用共乘车道。2005 年美国地面交通重新授权条例允许单乘插电式混合动力汽车、非插电式混合动力汽车以及"本质上低排放车辆"使用共乘车道。2004 年在美国运行的低速电动汽车共有 5.6 万辆，到 2006 年 7 月增至 6 万～7.6 万辆。

2009 年 7 月，韩国低速电动汽车（LSVs）的制造商 CT&T 公司，宣布在美国生产低速电动汽车 e-Zone 和 c-Zone，建立北美总部、研发中心和几座制造厂，以生产和销售电动汽车和电池产品。③

中国政府虽没有出台支持低速电动汽车发展的相关政策，但是山东、江苏、河北等地有进行发展

---

① 莱特曼、布兰特：《电动汽车设计与制造基础：原书第 3 版：如何打造你自己的电动汽车》，王文伟、周小琳译，机械工业出版社，2016，第 59 页。

② 桑德罗：《插电式汽车的未来》，李乔杨译，中信出版社，2011，第 143 页。

③ 钱伯章：《新能源汽车与新型蓄能电池及热电转换技术》，科学出版社，2010，第 44 页。

低速电动汽车的相关探索（表18-133）。2011年，山东省生产小型低速纯电动汽车有6.4万辆，比上年（2.9万辆）约增长121%。其中，纯电动客车和混合动力客车仅分别为694辆和170辆。[1]2012年6月，已从事低速电动汽车生产3年多时间的山东宝雅公司，第一次获得合法上路的"通行证"——济南市有关部门发给其15张车辆临时牌照。[2]

表18-133　中国低速电动汽车产业分布及进展情况

省份	进展情况
山东	中国低速电动汽车的第一个地方管理条例、第一个试点城市、第一个产业联盟、第一个行业技术参考标准
江苏	我国民营经济最发达的地区之一，其低速电动汽车产业同样发达
河北	中国汽车配件生产的集散地之一和中国最大的汽摩生产基地，其低速电动车产业发展很快
浙江	中国最早生产电动自行车的省份，低速电动汽车发展起步较早，生产企业较多

资料来源：李红辉主编《新能源汽车及锂离子动力电池产业研究》，中国经济出版社，2013，第77页。

据不完全统计，2013年，仅山东、江苏、河南、河北4省生产的低速电动汽车产量就超过40万辆。据山东省经济和信息化委员会统计，2011—2014年，20家主要企业低速电动汽车的年产量分别是6.84万辆、11.38万辆、17.15万辆、21.6万辆，产销规模保持快速增长。[3]

（四）车用动力电池

凡电动汽车均配置有动力电池作为动力源或主动力源。车用动力电池主要有蓄电池和燃料电池两大类。常用蓄电池包括铅酸电池、镉镍电池、镍氢电池、锂离子电池等（表18-134），燃料电池分为碱性、磷酸、熔融碳酸盐、固体氢化物、质子交换膜等燃料电池。

早期的纯电动汽车和混合动力电动汽车大多采用镉镍（Cd/Ni）电池。但是，镉镍电池的最大问题是镉对环境污染严重，镉被人吸收后会置换人体骨骼中的钙，引起骨裂、骨折，即镉污染造成的"骨痛病"。对此，欧盟下达ROHS指令，禁止用镉，欧盟、美国、日本要求工业产品中的镉含量严格控制在20 mg/kg以下。因此镉镍电池在市场中的地位逐渐下降，被动力锂离子电池及其他电池所取代。[4]

表18-134　各种车用动力电池综合性能比较

项目	性能要求	电池种类					
		Pb-acid	Cd/Ni	Fe/Ni	Zn/Ni	MH/Ni	Li-ion
一次充电行驶里程（与燃油发动机车相当的性能）	$200 \sim 400$ km	差	差	差	差	良好	最好
总行驶里程 [$(1 \sim 2) \times 10^4$ km/a × 10 a 的与现行燃油发动机车辆相当的性能]	$(10 \sim 20) \times 10^4$ km	较差	良好	良好	差	最好	最好

---

[1] 李红辉主编《新能源汽车及锂离子动力电池产业研究》，中国经济出版社，2013，第76页。

[2] 同上。

[3] 中国汽车技术研究中心、日产（中国）投资有限公司、东风汽车有限公司：《中国新能源汽车产业发展报告（2015）》，社会科学文献出版社，2015，第241页。

[4] 胡信国等：《动力电池技术与应用》，化学工业出版社，2009，第118页。

续表

项目	性能要求	电池种类					
		Pb-acid	Cd/Ni	Fe/Ni	Zn/Ni	MH/Ni	Li-ion
电池总质量（与现行 1 500 cc[1] 发动机的比较）	200～300 kg/台	差	差	较差	较差	良好	最好
急速充电性		较差	较差	较差	较差	最好	良好
安全性		较差	差	良好	良好	良好	差～较差
材料再生性		良好	良好	良好	良好	良好	差～较差
低价格可能性		最好	良好～较差	较差	较差	良好～较差	良好～较差
综合评价		较差	较差	较差	较差	最好	良好～最好

资料来源：唐有根主编《镍氢电池》，化学工业出版社，2007，第 359 页。

注：[1] 1 cc=1 mL。

随着电动汽车的不断复苏及其在替代传统能源汽车中地位的日渐提升，21 世纪以来各国对发展新能源汽车更加重视，车用动力电池的开发也得到进一步加强，美国、日本、中国、欧盟、韩国等汽车生产大国或地区以及其他一些国家对作为电动汽车核心关键技术的动力电池的研发投入是空前的，先后制定了一系列发展目标和技术路线图。例如，美国能源部能量效率和可再生能源办公室（EERE）编制了汽车技术项目（VTP），对车用动力电池发展路线和技术性能作出规划（图 18-23、表 18-135）。2009 年，美国能源部宣布拨款 24 亿美元发展新一代电动汽车，其中 15 亿美元用于新一代电池研究以及电池回收体系建设。①

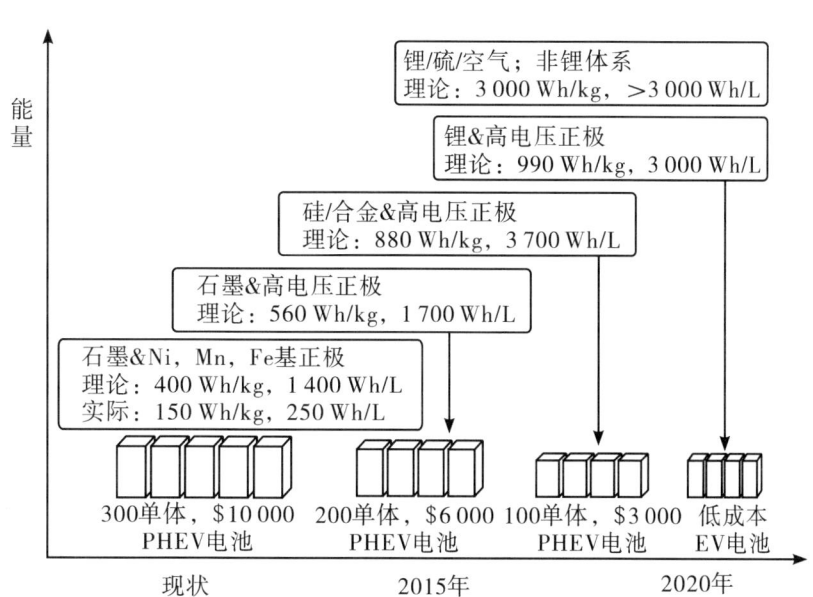

图 18-23　美国 EERE 编制的 VTP 2015 年及未来研究发展路线

资料来源：中国汽车技术研究中心、日产（中国）投资有限公司、东风汽车有限公司：《中国新能源汽车产业发展报告（2013）》，社会科学文献出版社，2013，第 43 页。

① 中国汽车技术研究中心、日产（中国）投资有限公司、东风汽车有限公司：《中国新能源汽车产业发展报告（2013）》，社会科学文献出版社，2013，第 43 页。

表 18-135　美国能源部动力蓄电池技术指标

目标	非插电式混合动力汽车	插电式混合动力汽车（2015 年）		纯电动汽车（2020 年）
		PHEV-10	PHEV-40	
纯电续驶里程 /mi	—	10	40	200 ～ 300
放电脉冲功率：10 s/（kW）	25	38	50	80
能量回收脉冲功率：10 s/（kW）	20	25	30	40
充电功率 /kW	—	1.4	2.8	5 ～ 10
冷启动功率：-30 ℃ /2 s/（kW）	5	7		—
可用能量 /kWh	0.3	3.5	11.6	40
日历寿命 / 年	15	10+		10
循环寿命 / 次	300 000（浅）	3 000 ～ 5 000（深）		1 000（深）
系统最大重量 /kg	40	60	120	300
系统最大体积 /L	32	40	80	133
工作温度范围 /℃	-30 ～ +52	-30 ～ +52		-40 ～ +85
价格 / 美元	500 ～ 800	1 700	3 400	4 000

资料来源：中国汽车技术研究中心、日产（中国）投资有限公司、东风汽车有限公司：《中国新能源汽车产业发展报告（2013）》，社会科学文献出版社，2013，第 46 页。

中国、日本、韩国、美国、德国等国是车用动力电池研发、产业化及标准化的主要推动者。其中，日本拥有世界先进的锂离子电池基础材料、装配制造研发及产业化技术；韩国在锂离子电池基础研发、原材料、生产装备及电池产业化技术等方面发展迅速；中国形成了全球最为完善的锂离子电池产业链体系；美国和德国具备了先进的锂离子动力电池及基础材料的研发条件。[1]

重要车用动力电池开发商有 AESC 公司、LG 化学公司、三洋电机、日本松下、韩国三星 SDI、中国比亚迪等（表 18-136）。在单体电池能量密度方面，松下高达 250 Wh/kg 左右，三星高达 245 Wh/kg，AESC 公司达到 157 Wh/kg，LG 化学公司达到 160 Wh/kg，三洋电机为 110 Wh/kg。除了比亚迪，中国动力电池主要生产企业还有天津力神、宁德时代、沃特玛等（表 18-137）。

表 18-136　部分企业开发车用动力电池简况

企业名称	服务对象	单体电池	其他
AESC 公司	日产 Leaf	容量 33.1 Ah 密度 157 Wh/kg	累计配套超过 16 万辆 Leaf 电动汽车
日本松下	特斯拉汽车	容量 3.4 Ah 密度 250 Wh/kg	18650 型锂离子电池
三洋电机	丰田普锐斯	容量 21.5 Ah 密度 110 Wh/kg	混合式电动车
三星 SDI	宝马等公司纯电动汽车	容量 60 Ah 密度 110 Wh/kg	3.1 Ah 1850 型电池的密度达到 245 Wh/kg

资料来源：作者整理。

---

[1] 中国汽车技术研究中心、日产（中国）投资有限公司、东风汽车有限公司：《中国新能源汽车产业发展报告（2015）》，社会科学文献出版社，2015，第 90-91 页。

表 18-137　2014 年中国主要企业动力电池产能

企业	容量 / 亿 Ah	能量 / 亿 Wh
比亚迪	12.5	40
力神	3	10
威能	3	10
中航锂电	2.5	8
国轩	2.5	8
万向	2	7
光宇	2	7
宁德时代	4.28	13.7
盟固利	1	3.6
捷威	0.6	1
沃特玛	8	25

资料来源：中国汽车技术研究中心、日产（中国）投资有限公司、东风汽车有限公司：《中国新能源汽车产业发展报告（2015）》，社会科学文献出版社，2015，第 94 页。

从当下车用动力电池市场和发展趋势看，锂离子动力电池具有功率、能源密度良好等优势（表 18-138），从而得到快速发展，日渐成为车用动力电池的主体。2011 年，全球锂离子电池销售量 2 663.58 万 kWh，比上年约增长 23.54%（表 18-139）。其中，作为电动汽车使用的锂离子电池为 212.70 万 kWh，约占全球的 7.99%，比上年约增长 217.46%。同年，全球主要生产锂离子电池的企业有松下、三星 SDI、LG 化学、索尼、天津力神等（表 18-140）。

表 18-138　高级锂离子电池的特性

化学成分	电极 正极（负极）	优势	局限	发展状况
锂钴氧化物（LCO） 氧化镍钴锰锂（NCM） 氧化铝镍钴酸锂（NCA）	$LiCoO_2$（石墨电极） $Li(Ni_{1/3} CO_{1/3} Mn_{1/3})O_2$（石墨电极） $Li(Ni_{0.85}, Co_{0.1}, Al_{0.03})O_2$（石墨电极）	良好的功率密度、能量密度和使用寿命	安全和成本问题，比 NCA 和 LFP 低效	广泛用于可充电商品，一些公司处在测试阶段
锂锰尖晶石（LMS）	$LiMnO_2$ 或 $LiMn_2O_4$（$Li_4Ti_5O_{12}$）	潜在卓越的安全性和使用寿命，成本适中	功率中等，能量密度低	一些公司处在中间发展阶段
钛酸锂	$LiMnO_2$（$LiTiO_2$）	潜在良好的安全性和使用寿命	功率中下，能量密度低，成本高	一些公司处在中间发展阶段
磷酸锂铁（LFP）	$LiFePO_4$（石墨电极）	良好的功率，能量中等，安全性中等，潜在的低成本	能量密度方面可能存在重大限制	一些公司处在高级测试阶段

资料来源：桑德罗：《插电式汽车的未来》，李乔杨译，中信出版社，2011，第 108 页。

表 18-139　2010—2011 年全球锂离子电池各细分市场的销量情况

细分市场	2010 年 / 万 kWh	2011 年 / 万 kWh	增幅 /%
手机	890.04	1 094.20	22.94
数码相机	67.16	63.83	-4.96
平板电脑	46.62	178.22	282.28
笔记本电脑	884.00	786.32	-11.05
电动工具	120.32	198.47	64.95
电动自行车	45.89	69.84	52.19
电动汽车	67.00	212.70	217.46
电网储能	10.00	30.00	200.00
其他	25.00	30.00	20.00
合计	2 156.03	2 663.58	23.54

资料来源：李红辉主编《新能源汽车及锂离子动力电池产业研究》，中国经济出版社，2013，第 139 页。

表 18-140　2011 年主要锂离子电池企业产量

排名	企业	产量 / 万 kWh	占比 /%	排名	企业	产量 / 万 kWh	占比 /%
1	松下	584.27	21.94	9	日立	80.55	3.02
2	三星 SDI	561.18	21.07	10	福斯特	67.13	2.52
3	LG 化学	389.33	14.62	11	天贸	59.07	2.22
4	索尼	201.92	7.58	12	AESC	55.25	2.07
5	天津力神	134.25	5.04	13	能元科技	16.11	0.60
6	比克	96.66	3.63	14	A123	14.64	0.55
7	比亚迪	85.92	3.23	15	其他	236.75	8.89
8	ATL	80.55	3.02	总计	—	2 663.58	100.00

资料来源：李红辉主编《新能源汽车及锂离子动力电池产业研究》，中国经济出版社，2013，第 141 页。

随着全球燃油汽车的保有量大幅增长，以及石油资源危机和汽车尾气排放带来日益严重的环境问题。为降低汽车的油耗，减少污染，欧美国家通过多年探讨达成共识——重点开发和使用 36 V/42 V 汽车电池系统。传统汽车使用的 12 V 电池只能做燃油汽车的启动、照明和点火使用（故又称 SLI 电池），而 36 V 电池不仅具有此功能，还可以作为混合电动车的动力电池使用（表 18-141）。日本 GS 公司开发出 36 V 阀控式密封铅酸蓄电池，采用（2×9）单体的电池结构，电池性能达到 36 V/42 V 体系汽车的要求。

表 18-141　国际上已开发 36 V 电池的主要性能

电池	能量 /kW	质量 /kg	体积 /L	容量 / [（C/3）/Ah]	铅含量 /kg
Japan Storage	0.75	27	9	20	16.2
Yuasa	0.75	24	9	20	14.4
Furakawa	0.65	24	9	18	14.4
Hoppecke/JCI	0.85	28	12	24	16.8
Exide（10 kW）	0.80	25	13	22	18.0
Exide（15 kW）	1.30	48	22	35	29.0
East Penn	2.40	81	26	65	48.6
Anderman	1.00	37	—	28	22.5
Anderman	2.00	68	—	55	40.8

资料来源：胡信国等：《动力电池技术与应用》，化学工业出版社，2009，第 84 页。

随着各国政府和各大汽车公司对燃料电池汽车的发展越来越重视，车用燃料电池开发取得了重要进展。本田公司在第一代燃料电池汽车基础上，于 2005 年推出第二代本田 FCX 燃料电池汽车。其装有 86 kW 的质子交换膜燃料电池，是当时唯一通过美国环境保护局和加州空气资源委员会鉴定的零排放燃料电池汽车。2008 年，本田公司又开发出第三代燃料电池汽车。福特公司 2006 年在洛杉矶推出 Explorer 燃料电池越野车，它是在美国能源部资助下开发出的燃料电池越野车，续驶里程可达 350 mi。通用汽车公司 2007 年在上海车展展出的 Volt Hydrogen 概念轿车，为四轮驱动型，采用第五代燃料电池系统，配有辅助锂离子电池，比第四代 Sequel 减重 30%，续驶里程达到 300 mi，仅采用蓄电池可以行驶 40 mi。戴姆勒-克莱斯勒公司在 2008 年底特律车展展出的 eco Voyager 燃料电池轿车，拥有 45 kW 的燃料电池动力系统和 200 kW 功率的蓄电池，续驶里程达到 300 mi，最高时速达到 190 km，代表了燃料电池汽车发展的最新技术水平。[1]

三、醇燃料汽车 / 灵活燃料汽车

醇燃料汽车是指使用醇类燃料的汽车。醇类燃料主要是甲醇和乙醇，也包括丙醇、丁醇、二甲醚等。已经开发利用的醇燃料汽车主要有乙醇汽车、甲醇汽车、二甲醚汽车等。灵活燃料汽车除了可以使用醇燃料，还可以使用柴油、LPG、CNG 等其他燃料。

（一）醇燃料汽车的发展

乙醇汽车是醇燃料汽车中首先发展起来的，其影响也比甲醇汽车、二甲醚汽车大。早在 1908 年，德国人鲁道夫·狄塞尔制造 T 型汽车时，乙醇就作为汽车燃料使用过。[2]1909 年，美国人亨利·福特

[1] 李星国等：《氢与氢能》，机械工业出版社，2012，第 495-498 页。
[2] 崔心存：《醇燃料与灵活燃料汽车》，化学工业出版社，2010，第 8 页。

制成世界上第一辆乙醇汽车。[1]

从 20 世纪 20 年代起，一些国家开始加大力度开发、利用醇燃料汽车。

1923 年，巴西在汽油机上试用 E100 乙醇汽油。

1925 年，巴西进行了长达 400 km 的乙醇汽车性能测试。1931 年，巴西颁布世界首部推广车用燃料乙醇的法规，规定政府公务车用汽油必须添加 10% 的乙醇（E10），社会公众车用汽油必须添加不低于 5% 的乙醇（E5）。[2]

1973 年第一次石油危机爆发后，在 1975—1978 年国际糖价从 972 美元 /t 下降到 225 美元 /t 期间，巴西政府鼓励包括在巴西投资的德国大众、意大利菲亚特、美国福特等汽车厂商开发适合于高比例乙醇的混合燃料汽车，以扩大燃料乙醇的使用量，减轻汽车工业对石油的依赖。1977 年在圣保罗推行 E20 乙醇汽油。1979 年第二次石油危机爆发后，巴西将国家投资研发的乙醇技术无偿转让给汽车厂制造乙醇汽车。1980 年，巴西将乙醇在汽油中的添加比例提高到 26%，在全国推广 E26 乙醇汽油。[3]1985 年，巴西以乙醇为燃料的汽车占新增汽车的比例达到 96%。[4]1989 年，巴西累计生产使用纯乙醇（E100）的汽车 420 万辆，累计生产使用混合燃料的汽车 500 万辆；拥有使用纯乙醇的汽车 370 多万辆，拥有使用混合燃料的汽车约 1 200 万辆。[5]巴西运输部门使用乙醇燃料量占燃料消费总量的比例达到 20%。[6]2005 年，在巴西车用燃料构成中，柴油占 55.7%，E25 乙醇汽油占 35.3%，乙醇占车用燃料的比例达 15.42%，居全球之首。[7]2007 年，巴西市场上出售的所有汽油都混有 10% ~ 20% 的无水乙醇[8]，是世界上唯一不出售纯汽油的国家。2008 年，巴西甘蔗种植面积从 2004 年的 540 万公顷约增至 800 万公顷[9]；巴西车用燃料中，乙醇的销售量首次超过汽油[10]。2009 年，巴西燃料乙醇占车用燃料的比例达到 50%，远远高于其他国家和地区，如美国为 7%，中国为 2%，欧洲为 1%。[11]

美国于 1919 年通过全国禁酒令，但于 1933 年撤销。[12]该禁酒令将任何酒精饮料消费都视为不合法，对乙醇生产、使用做了严格限制，包括作为燃料用途的乙醇产品。1930 年，美国在内布拉斯加州首次推出乙醇汽油，但遭到石油公司的强烈反对。在美国市场之外，美国新泽西标准石油公司却可以在英国推销一种名为"Discol"的酒精掺混燃料。[13]

① 吴基安、吴洋：《新能源汽车知识读本》，人民邮电出版社，2009，第 31 页。

② 曹湘洪、史济春主编《生物燃料与可持续发展》，中国石化出版社，2007，第 175 页。

③ 同上书，第 176 页。

④ 吕银春、周俊南：《巴西》，社会科学文献出版社，2004，第 310 页。

⑤ 曹湘洪、史济春主编《生物燃料与可持续发展》，中国石化出版社，2007，第 387 页。

⑥ 张以祥、曹湘洪、史济春主编《燃料乙醇与车用乙醇汽油》，中国石化出版社，2004，第 26 页。

⑦ 钱伯章：《新能源——后石油时代的必然选择》，化学工业出版社，2007，第 46 页。

⑧ 钱伯章：《生物乙醇与生物丁醇及生物柴油技术与应用》，科学出版社，2010，第 12 页。

⑨ 约翰·塔巴克：《生物燃料——土地和粮食的忧患》，冉隆华译，商务印书馆，2011，第 70 页。

⑩ 钱伯章：《生物乙醇与生物丁醇及生物柴油技术与应用》，科学出版社，2010，第 12 页。

⑪ 同上。

⑫ 美国不列颠百科全书公司：《不列颠百科全书·第 13 卷》国际中文版（修订版），中国大百科全书出版社《不列颠百科全书》国际中文版编辑部编译，中国大百科全书出版社，2007，第 530 页。

⑬ 冯向法：《甲醇·氢和新能源经济》，化学工业出版社，2010，第 147 页。

　　受 1973 年石油危机的大冲击，美国联邦政府在 1978 年出台《能源税收法案》，取消原来征收的乙醇汽油 4 美分 /gal 的消费税，以鼓励使用乙醇汽油。[①] 到 20 世纪 80 年代初，美国共有 40 个州 7 800 个加油站出售车用乙醇汽油，1983 年 E10 乙醇汽油的销售量比 1978 年增加 35 倍，占当时汽油市场的 5% 左右。[②]

　　美国人在使用燃料乙醇过程中发现，在汽油中加入适量乙醇作为汽车燃料，不仅可以起到替代燃料的功能，还因在汽油中加入含氧量为 35% 的乙醇，使汽油燃烧得更为充分，从而收到意想不到的效果：汽车尾气排放量减少了。例如，汽油中添加 10% 的燃料乙醇，可使汽车尾气中的一氧化碳排放量减少 25% ～ 30%。[③] 于是，美国国会于 1990 年通过《空气清洁法修正案》，要求从 1992 年冬季开始，在国家公园、国家自然保护区和水库周边等 39 个一氧化碳排放超标的地区，必须使用含氧量不大于 2.7% 的含氧汽油（相当于添加 7.7% 乙醇）；还要求 9 个臭氧超标的地区使用新标准汽油，规定车用汽油中要添加 MTBE，或用乙醇作为增氧剂。[④]1993 年，美国加利福尼亚州开始实施灵活的车用燃料计划，制定用于轻型汽车的 E85 乙醇汽油以及用于重型卡车和公共汽车的 E95 乙醇汽油、E100 乙醇汽油的燃料规格。此外，美国 ADM 卡车车队和芝加哥市城市公共汽车运输车队还试验使用掺入 15% 乙醇的 E15 乙醇柴油；伊利诺伊州在农用机械中试验使用添加 10% 乙醇的柴油，建有 14 家 E15 乙醇柴油商业加油站。[⑤] 到 1997 年，美国有 13 个州立法，推广使用 E15 乙醇汽油混合燃料。1999 年，美国制定 2002—2010 年国家清洁替代能源计划，要求在 4 年内全面禁止 MTBE 作为增氧剂加入汽油中使用，对燃料乙醇的生产和使用做出进一步的明确规定。随后，美国发布《开发和推进生物基产品和生物能源》的总统令，提出生物基产品和生物质能源到 2010 年增加 3 倍，到 2020 年增加 10 倍，生物燃油取代全国燃油消费量的 10%（2050 年达 50%），取代全国石化原料制成材料的 25%，减少相当于 7 000 万辆汽车的碳排放量（1 亿吨），以及为农民增收 200 亿美元 / 年的战略目标。[⑥]

　　进入 21 世纪，美国加大燃料乙醇汽车的发展力度。2001 年，美国参议院审议并投票决定从 2004 年起在新配方汽油中禁止使用 MTBE。2003 年，加利福尼亚州地区全面禁止 MTBE，成为美国最大的燃料乙醇使用市场。[⑦]2004 年，美国掺到汽油中使用的乙醇达 34 亿 gal，占全年汽油总销量的 2%。2005 年，美国国会通过综合能源法。其中一项重要内容就是可再生燃料标准（RFS），它要求在汽油总组分中加入特定数量的可再生燃料，并逐年递增。2007 年，美国环保局发布新版可再生燃料标准，确定汽油中的乙醇加入量为 4.66%。美国政府要求，可再生燃料生产从 2008 年的 90 亿 gal/a 增加到 2022 年的 360 亿 gal/a；对先进生物燃料的投资在 15 年内增加到 1 050 亿美元。2007 年，美国能源部生物质能研究经费增长了 65%，总经费达到 1.5 亿美元。[⑧]2009 年，美国将汽油供应中使用的乙醇数量目标值提高到 111 亿 gal。美国环保局把 2009 年可再生燃料标准定为 10.21%。同年 2 月，美国使用乙醇汽油

① 曹湘洪、史济春主编《生物燃料与可持续发展》，中国石化出版社，2007，第 178 页。

② 张以祥、曹湘洪、史济春主编《燃料乙醇与车用乙醇汽油》，中国石化出版社，2004，第 14-16 页。

③ 刘铁男主编《燃料乙醇与中国》，经济科学出版社，2004，第 29 页。

④ 同上书，第 29-30 页。

⑤ 张以祥、曹湘洪、史济春主编《燃料乙醇与车用乙醇汽油》，中国石化出版社，2004，第 15 页。

⑥ 中国可再生能源发展战略研究项目组：《中国可再生能源发展战略研究丛书·生物质能卷》，中国电力出版社，2008，第 3 页。

⑦ 曹湘洪、史济春主编《生物燃料与可持续发展》，中国石化出版社，2007，第 390 页。

⑧ 张军、李小春等：《国际能源战略与新能源技术进展》，科学出版社，2008，第 43 页。

的汽车达到700万辆，燃用高于 E10 调和汽油的汽车约占美国营运汽车总量（2.2 亿辆）的3%。2010年，加利福尼亚州强制性地将生物燃料调和比例从 5.7% 提高到 10%。[①]

在欧盟（欧共体）中，法国早在 1978 年就通过一项法律，允许在汽油中加入 3% ~ 15% 的有机氧化物（3% 乙醇或 15%ETBE）。1992 年，法国同意免除乙醇汽油中的生物乙醇国内税。1996 年，法国又立法要求在 2000 年强制使用含氧的调和汽油，先后建成 7 家以农作物为原料的乙醇生产企业、16 间糖厂附属生产车间、1 家化学合成乙醇生产厂，生产乙醇的最主要农业原料是制糖甜菜。[②]欧共体于 1992 年立法规定，凡用可再生能源为燃料的燃料乙醇和生物柴油的试验项目及应用，成员国均可采取免税政策，并通过法律将燃料乙醇的价格调整到与汽油价格相当的水平。[③]1994 年欧盟又通过决议，对生物燃料的中试产品予以免税，并提出到 2010 年欧盟生物燃料的消费比例达到汽油总销售量 12% 的目标。[④]到 2001 年，欧盟燃料乙醇消费量占乙醇总产量的比例由 1997 年的 5.6% 提高到 13% 左右。[⑤]

印度于 1938 年开始试验使用乙醇汽油。1993—1994 年进行 E5、E10 乙醇汽油行车试验。2001 年，把 3 家乙醇蒸馏厂进行改造，生产无水酒精。2003 年，启动燃料乙醇计划，第一阶段在北部 9 个邦和 4 个联邦区出售乙醇含量不低于 5% 的调和汽油。2004 年，从巴西进口燃料乙醇 37 万 t。2008 年，开始使用 E10 乙醇汽油。

日本从 1983 年开始实施燃料乙醇计划。2003 年，日本决定在汽油中添加燃料乙醇，混入比例容许值为 3% 以下。

中国从 2001 年开始推广使用车用乙醇汽油。2002—2003 年，中国在河南、黑龙江等省份进行车用乙醇汽油试点。2004 年试点扩大到河北、山东、江苏、湖北等省份。

（二）灵活燃料汽车的开发

灵活燃料汽车（Flexible-Fuel Vehicle，FFV）又称多种燃料汽车（Multi-Fuel Vehicle，MFV），是指在汽油或柴油内燃机基础上能够灵活应用不同燃料的汽车（图 18-24）。20 世纪 50 年代，荷兰首先开始研发灵活燃料汽车。20 世纪 70 年代石油危机爆发后，乙醇、甲醇等作为汽油的替代燃料受到世界各国的重视。各国着力开发灵活燃料汽车，实施一系列灵活燃料汽车使用试验项目（表 18-142），使醇燃料汽车的开发取得重要突破，进入产业化持续健康发展阶段。国际能源署于 1990—1995 年组织芬兰、美国、加拿大和荷兰等 8 个国家，在芬兰技术研究中心对各国生产的 14 辆使用不同燃料的汽车，按 FTP 工况法在转鼓试验台上进行排放评估，其结果表明，高比例甲醇汽油（如 M85）的排放质量优于汽油，其 NO_x 排放量在各种燃料（新配方汽油、柴油、M85、LPG 和 CNG）中最低（表 18-143）。在 FFV 发展过程中，FFV 呈现出下列发展态势：一是选用的原汽油机大多数是电控多点喷射，压缩比不等，变化范围为 8.5 ~ 12.5；二是燃料组成传感器采用光学式或电容式；三是电控管理系统大都在原汽油机所用的系统上升级，使其能适应 FFV 工作过程优化的要求；四是与燃油及燃烧产物接触的零件

[①] 钱伯章：《生物乙醇与生物丁醇及生物柴油技术与应用》，科学出版社，2010，第 7 页。

[②] 刘铁男主编《燃料乙醇与中国》，经济科学出版社，2004，第 52 页。

[③] 同上书，第 53 页。

[④] 曹湘洪、史济春主编《生物燃料与可持续发展》，中国石化出版社，2007，第 179 页。

[⑤] 同上。

材料，改用与醇燃料能相容的；五是大部分采用三效催化反应器，另外还采取措施使催化剂尽快能达到催化反应需要的温度（"点火"温度）；六是普遍加大活性炭罐的容量；七是普遍采用较冷型火花塞，防止醇燃料的早燃；八是有些 FFV 由于采用大的压缩比，需安装敲缸传感器，当使用汽油发生敲缸时通过电控单元推迟点火提前，以避免敲缸；九是在 FFV 输油管路中安装小型混合器以避免可能产生混合燃料分层的问题，或者在油箱中安装电动搅拌器以解决可能分层的问题；十是有些 FFV 在驾驶室仪表板上装有显示在用混合燃料中醇含量的仪表。[①]

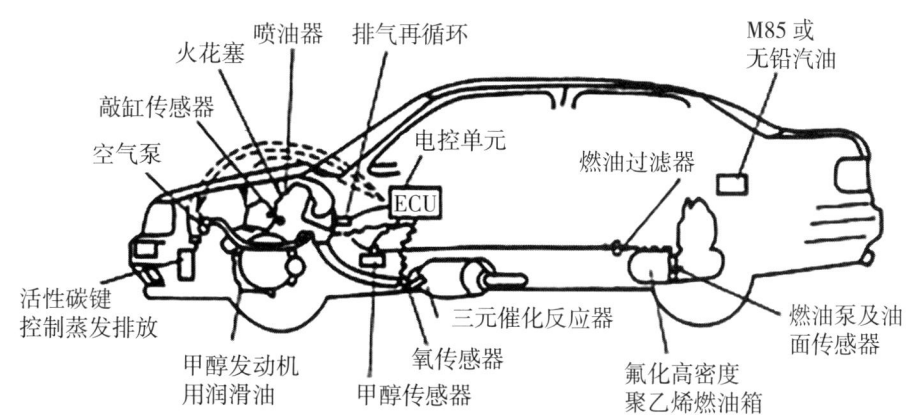

图 18-24　在 Jatta Ⅲ 车型上开发的 FFV 的构成

资料来源：崔心存：《醇燃料与灵活燃料汽车》，化学工业出版社，2010，第 119 页。

表 18-142　部分国家灵活燃料汽车的试验项目

国家	机构或地点	项目	试验时间	车型或燃料	数量／辆	其他
德国	德国大众、保时捷等公司在德国本土试验	样车初步试验 样车初步试验 现场使用试验	1972—1979 年	客车 M15 客车 M100 及 E100 M15	15 12 45	M100 及 E100 各 6 辆
	德国车在美国加利福尼亚州及欧盟多个国家试验	德国交通运输能源计划 在美国加利福尼亚州扩大使用试验	1979—1983 年	M15 投入多种车 M100 型 ED30 及 MD30 E100 及 M100	600 80 30 各 20	部分组成可管理的车队。在柴油中掺入乙醇及甲醇
	德国车在中国、加拿大及巴西等地试验	国际合作项目	1984—1992 年	M15、M100 客车等	40	—
	德国研究技术部、大众等公司	灵活燃料汽车使用试验项目	1989—1992 年	有排量为 1.6 L、1.8 L、2.2 L 及 2.8 L 多种发动机车型参加	80	—
瑞典	瑞典能源局、工业局等组织，富豪及绅宝等公司	M15 车项目 M100 车试验 E95 项目	1974—1984 年 1984—1986 年 1985—1988 年	M15 客车等 富豪、绅宝、公共汽车、货车、拖拉机等	约 1000 22 7	使用含水乙醇

① 崔心存：《醇燃料与灵活燃料汽车》，化学工业出版社，2010，第 121 页。

续表

国家	机构或地点	项目	试验时间	车型或燃料	数量/辆	其他
美国	美国加州能源委员会	醇燃料车扩大使用试验	1978—1998 年	M5、M10、E10、M85、M90、M95、M100、E100 及 FFV 多种车型	15 000	1983—1990 年车队累计行驶 4.32×10^6 km。有德国、日本等国的车参加
	军队后勤部组织	醇燃料车技术展示项目	1982—1986 年	M100 轿车、皮卡及越野车等	1 000	累计行程 1.65×10^6 km
	加州能源委员会及加州教育部等	加州甲醇校车使用试验项目	1989—1993 年	学校用公交车车队 各学校用甲醇公交车	50 300	—
	美国联邦能源部，美国伊利诺伊州	醇燃料车使用试验 FFV 车队试验 试验 E85 及 FFV	1991 年至20世纪90年代中期 1991—1993 年 1992—1993 年	1991 年投入轻型车 到 1993 年共投入轻型车 全美含甲醇及乙醇 FFV 通用公司等乙醇燃料车	65 1 000 5 500 12	到 1993 年行驶 2.1×10^6 km，每辆车行驶 8～10^4 km 不等
加拿大	加拿大能源矿产及资源部组织	在大型发动机（柴油机）上使用甲醇项目	1986—1989 年	美国底特律（二冲程）、康明斯及卡特皮勒 3 家公司的柴油机用在公共汽车、货车及牵引车上	200	组成 20 个车队在不同地区（包括山区）进行使用试验

资料来源：崔心存：《醇燃料与灵活燃料汽车》，化学工业出版社，2010，第 306 页。略有改动。

表 18-143　汽车燃料常规排放物的最低值/最高值

单位：g/km

项目		参数		
		CO	HC	NO$_x$
+20 ℃	汽油（无催化净化）	5.32/12.6	1.06/1.48	1.93/3.35
	汽油	0.86/2.08	0.08/0.10	0.20/0.43
	M85	0.20/1.43	0.03/0.06	0.04/0.19
	LPG	0.71/1.07	0.09/0.14	0.10/0.21
	CNG	0.32/0.48	0.21/0.61	0.06/0.19
	柴油	0.08/0.40	0.05/0.14	0.40/0.94
−7 ℃	汽油（无催化净化）	10.3/18.1	1.43/2.14	2.13/2.70
	汽油	3.27/6.75	0.30/0.50	0.09/0.22
	M85	2.56/4.19	0.39/0.86	0.06/0.07
	LPG	1.17/1.49	0.19/0.23	0.20/0.29
	CNG	0.51/0.58	0.39/0.23	0.13/0.20
	柴油	0.13/0.72	0.07/0.18	0.45/1.05

资料来源：吴基安、吴洋：《新能源汽车知识读本》，人民邮电出版社，2009，第 11 页。

说明：未注明者为有催化净化。

1. 荷兰

"二战"后由于汽油、柴油的短缺，荷兰便将部分车辆改用液化石油气（LPG）。由于建设 LPG 加气站需要较多资金的投入，因此推广 LPG 汽车遇到了困难。对此，承担替代燃料开发利用研究项目的荷兰国家应用科学研究院（TNO），开始研究甲醇燃料在传统汽油内燃机汽车中的应用，并开发出能够判别装载不同燃料（如甲醇、汽油）的同一个汽车油箱处在工作状态时是何种燃料在发挥作用的光学传感器（表 18-144）。这就避免了过去汽油车使用醇燃料时，要装两个油箱、两套输油管乃至两套转换开关的复杂性与麻烦。

表 18-144　灵活燃料汽车开发比较

公司 / 机构	原机型简况	发动机改动	燃料传感器	电控管理系统	排气后处理
福特	VSG413 型汽油机，V_h=1.297 L，ε=8.8，单点喷射	$\varepsilon \approx 10$，多点喷射，冷型火花塞	光学式等	EEC-Ⅳ系统	催化反应器
大众	Golf/Jetta Ⅲ 型，2 L 排量	ε：M 机 12.5，FF 机 10	与西门子联合研制的光学式，后又改为电容式	在 DIGIFANTT 系统上改进，可以存 8 组数据	三效催化反应器
TNO	2.3 L，Volvo B230F，ε=9.8	ε=12.5，控制排温< 950℃	光学法 NTKTFF8510 型，后来用改进的 NTKTFF300H 型	Bosch Motronic ML 2.1 及 FFV 软件	三效催化反应器
德国盆茨	300E-24 型车，6 缸 4 气门汽油机，3.2 L 排量	适应甲醇要求的燃油箱及油泵，流量加大的喷油器，双压力调节器的油轨	光学式及皮辛格研究所的电容式	电控喷射	三效催化反应器及氧传感器
日产	CA20E，4 缸，2 L，多点喷射	ε=8.5	电容式	电控多点喷射	三效催化反应器
本田	4 缸，4 气门，2.2 L	ε=8.8	光学式及电容式	电控喷射	三效催化闭环控制，1 L 及 1.4 L 两个反应器

资料来源：崔心存：《醇燃料与灵活燃料汽车》，化学工业出版社，2010，第 121 页。

20 世纪 70 年代，TNO 与瑞典政府和 Volvo 等公司合作，对汽油优化的低压缩比为 8.5 的化油器加以改进，将 2.3 L Volvo 汽车改制成 FFV，压缩比提高到 12.5，功率、热效率也得到提高。[1]TNO 最早对含水乙醇在 FFV 中的应用进行研究，并最早在国际会议上发表灵活燃料汽车在不用助溶剂条件下使用含水乙醇的研发结果。荷兰含水乙醇混合燃料公司和过程设计中心共同研究含水乙醇（含 5% 以下的水）汽油的混溶性，并为研究结果申请了专利。[2]该研究结果认为，含水乙醇的共沸现象使其含水量为 4% 左右时，其中的水不会进一步排除掉；而要完全从其中排掉水，在技术上是有一定难度的，并且得到的无水乙醇的成本也会增加。

---

[1] 崔心存：《醇燃料与灵活燃料汽车》，化学工业出版社，2010，第 125 页。

[2] 同上书，第 381 页。

1977 年，在德国召开的第二届国际醇燃料会议[①]上，TNO 首次发表关于开发灵活燃料汽车的论文[②]。之后，TNO 又同其他伙伴合作，继续对传感器及 FFV 进行研究，先后在第三届、第四届、第六届国际醇燃料会议上介绍 FFV 研发的进展。

荷兰等国家先后对高尔夫 5 型车（2006 年）、福特 Mondeo 公司用车（2008 年）、二冲程和四冲程汽油机摩托车等车型进行含水乙醇试验，试验结果都较好。这促进了世界各国灵活燃料汽车的发展（表 18-145）。

表 18-145　灵活燃料汽车类型及其开发历程

时间		20 世纪 70 年代初期	20 世纪 80 年代初期	20 世纪 80 年代中期	20 世纪 90 年代初期	20 世纪 90 年代中期	21 世纪初期
类型	奥托循环化油器	M5、M15、E10、 M100	E20······ E95、E100				
	电喷			M85 	 FFV	E85	E100
	狄塞尔循环燃烧室	非增压，四冲程，涡流室，直喷及预热室，先掺烧，后高比例 M100、E100					
	增压及冲程	增压及二冲程					
	助燃方式	火花塞、电热塞、加助燃剂等多种方式　偏重于电热塞及加助燃剂					
具有代表性的计划及示范工程		1. 德国的 M3 ～ M15 工程；2. 瑞典的 M100 及 E95 工程；3. 巴西的发展乙醇国家计划；4. 加拿大的 MILE 工程；5. 美国加州灵活燃料车队试验					

资料来源：崔心存：《醇燃料与灵活燃料汽车》，化学工业出版社，2010，第 122 页。

说明：1. 本表中时间历程仅表示大概的先后顺序。2. 加拿大的 MILE 是将甲醇用在大型柴油机车上的项目。3. 瑞典的 E95 工程是柴油机用含水乙醇工程。

2. 德国

德国大众汽车公司从 1970 年开始进行替代燃料的研究，重点开发甲醇灵活燃料汽车（MFFV），在 MFFV 开发方面处于国际领先地位。保时捷等公司也进行 M90 FFV 等车型的研发。大众汽车公司在开展 M15 FFV 车队试验的基础上，1979—1983 年开展大规模的 FFV 试验，共投入多辆汽车进行 M15、M100 等的示范试验研究（表 18-146）。

[①] 第一届国际醇燃料会议于 1976 年在瑞典召开。

[②] 崔心存：《醇燃料与灵活燃料汽车》，化学工业出版社，2010，第 118 页。

表 18-146　德国大众公司参加的 FFV 行车示范工程

时间 / 年	地点	试验性质及燃料	数量 / 辆
1972—1979	德国	样机 M15	15
		行驶试验车 M15	45
		样机 M100/E100	12
1979—1983	德国（交通运输替代能源计划）		
	美国加利福尼亚州	行驶试验车 M15	600
		行驶试验车 M100	80
		行驶试验车 ED30/MD30	30
		行驶试验车 M100	20
		行驶试验车 E100	20
	其他国家（加拿大 / 巴西 / 挪威 / 瑞典 / 英国 / 苏联 / 新西兰 / 南非）	样机 M15/M100	40
1984—	德国	（M100 实验示范计划）行驶试验	200
		降低排放的新 M100	—
	中国	中国、德国合作进行 M100 车试验	8

资料来源：崔心存：《醇燃料与灵活燃料汽车》，化学工业出版社，2010，第 123 页。

说明：ED30 指在柴油中加 30% 乙醇；MD30 指在柴油中加 30% 甲醇。

20 世纪 80 年代，德国大众 1.8 L 高尔夫 / 捷达型汽油车、保时捷 924 及 944 型汽油车、盆茨 200E-24 型汽油车等先后成功改制为灵活燃料汽车。1990 年，大众汽车公司研制的 80 辆 1.8 L 的甲醇灵活燃料汽车和乙醇灵活燃料汽车（EFFV）参加美国加州能源委员会组织开展的轻型灵活燃料汽车国际示范工程。大众汽车公司向巴西出售 200 万辆以上的乙醇燃料汽车。[1]

20 世纪 90 年代初，大众汽车公司在奥迪 90、奥迪 100 的基础上开发出新一代 1.8 L、2 L 的 FFV 和 2.8 L V 型 FFV，投入北美等市场。保时捷公司开发的 944S 型 M90 灵活燃料汽车的试验排放达到世界上最严格的排放标准——美国的超低排放法规车（ULEV）的要求（表 18-147）。

表 18-147　保时捷 944S 型 M90 汽车按美国 FTP-75 标准的测试情况

排放物		无铅优质汽油	M90	美国法规限值
CO/（g/mi）		1.45	1.21	3.4
HC/（g/mi）		0.30	0.15	0.41
NO$_x$/（g/mi）		0.49	0.32	1.00
燃油经济性	L/100 km	11.40	18.80	—
	按当量汽油 /（g/mi）	—	10.40	—

资料来源：崔心存：《醇燃料与灵活燃料汽车》，化学工业出版社，2010，第 158 页。

---

[1] 崔心存：《醇燃料与灵活燃料汽车》，化学工业出版社，2010，第 123 页。

3. 美国

1970 年，美国圣塔克拉拉大学开发出世界上第一辆专用甲醇做燃料的汽车。[1]

1978 年，福特公司研制出甲醇 / 乙醇专用燃料汽车。之后，于 1983 年生产第一辆甲醇汽车——Escort 型车。[2]1986 年，福特又开发出乙醇 / 甲醇灵活燃料汽车。在此期间，通用汽车公司、戴姆勒-克莱斯勒公司等先后开始研发、生产灵活燃料汽车。

1987 年，美国加利福尼亚州开始推广、使用 M85 甲醇汽油。加州能源委员会和空气质量管理局开始实施为期 6 年的国际性灵活燃料汽车试验示范工程。世界上共 10 家汽车公司提供了 14 种不同车型的灵活燃料汽车参加示范。

20 世纪 80 年代末，美国得克萨斯州的一所大学将 1988 年通用汽车公司生产的科西嘉（Corsica）汽油车改为 M100 车，参加替代燃料竞赛。经过 4 万 km 的行驶，由美国西南研究所（SWRI）按联邦 FTP 程序测试，证实该车排放低于美国严格的超低排放法规车的排放要求（表 18-148）。

表 18-148　科西嘉 M100 车主要排放物的测试结果

单位：g/mi

排放物	M100 车	ULEV	排放物	M100 车	ULEV
THC	0.48	—	羰基化合物	0.005	—
CO	0.96	1.7	未燃甲醇	0.464	—
NO_x	0.15	0.2	NMOG（非甲烷有机气体）	0.479	0.04
CH_4	0.035	—	甲醛	0.003	0.008
NMHC（非甲烷总烃）	0.011	—	乙醛	0.000 2	—

资料来源：崔心存：《醇燃料与灵活燃料汽车》，化学工业出版社，2010，第 160 页。

1990 年，美国国会通过《空气清洁法修正案》，开始实行含氧及新配方汽油计划，要求在汽油中添加含氧量不大于 2.7%（m/m）的含氧化合物（包括 MTBE、TAME、ETBE、乙醇和乙醚等）。此后，美国约有 17 个州使用新配方汽油。新配方汽油约占美国汽油消耗量（3.5 亿 t）的 1/3，约 8% 的新配方汽油使用乙醇。[3]这从立法上促进了灵活燃料汽车的发展。

1992 年，美国出台《1992 年能源政策法案》，要求联邦政府、绝大部分州政府和替代燃料供应商在其购买的轻型车中，应有一定比例的替代燃料车辆。其中，要求联邦政府保证其新购置的车辆中有 75% 为替代燃料车辆。[4]这又从政策上对包括灵活燃料汽车在内的替代燃料汽车的发展予以大力支持。同年，福特公司在原金牛座（Taurus）汽油车的基础上，成功开发出供大批量生产的乙醇灵活燃料汽

[1] 崔心存：《醇燃料与灵活燃料汽车》，化学工业出版社，2010，第 359 页。
[2] 同上书，第 124 页。
[3] 吴基安、吴洋：《新能源汽车知识读本》，人民邮电出版社，2009，第 31-32 页。
[4] 桑德罗：《插电式汽车的未来》，李乔杨译，中信出版社，2011，第 133 页。

车和甲醇灵活燃料汽车，3 L 6 缸型 Taurus FFV 轿车在 3 年内的销售量达到 7 600 余辆。[①]

1993 年，美国加利福尼亚州实施替代燃料计划，出台用于轻型车的 E85 计划及重型车的 E95、E100 的燃料标准。美国伊利诺伊州能源及资源部与汽车研究实验室对 E85 汽车的排放、性能及可靠性开展研究，进行了累计行程达 180 万 km 的行车试验。参加试验的有通用汽车公司 1992 年生产的 50 辆车及雪佛兰的 12 辆灵活燃料车。美国伊利诺伊州汽车研究实验室和美国环保局实验室对 3 辆 E85 汽车测试的结果表明，除醛排放外，该 3 辆 E85 汽车其他排放物都比作为参照的汽油车低，而且低于第一阶段的过渡低排放限值（表 18-149）。伊利诺伊州还在柴油机车上使用 E10、E15。

表 18-149　美国伊利诺伊州 E85 车与作为参照的汽油车排放物的比较

排放物	参考汽油车	E85 车	第一阶段过渡低排放限值	第二阶段过渡低排放限值（建议稿）
非甲烷烃类化合物（g/mi）	0.15	0.04	0.25	0.125
甲烷以外的有机物当量值（g/mi）	—	0.12	—	—
甲醇（g/mi）	—	0.01	—	—
乙醇（g/mi）	—	0.10	—	—
甲醛（g/mi）	< 0.01	0.01	—	—
乙醛（g/mi）	0.000	0.003	—	—
1,3-丁二烯（g/mi）	0.001	0.001	—	—
苯（g/mi）	0.018	0.002	—	—
CO（g/mi）	1.87	1.08	3.4	1.7
NO_x（g/mi）	0.20	0.16	0.4	0.2
燃油经济性 /（mi/gal）	18.2	13.2	—	—
miles/100 000 Btu[1]	15.9	16.2	—	—
蒸发排放（总的 HC 当量）/g	0.59	0.38	—	—

资料来源：崔心存：《醇燃料与灵活燃料汽车》，化学工业出版社，2010，第 158 页。

注：[1] 1 Btu=0.252 kcal。

20 世纪 90 年代，随着人们环境保护和健康意识的增强，燃料乙醇还成为一些对环境有害物质的替代品。乙醇不仅在汽油无铅化进程中部分替代了铅的抗爆功能，还替代了 MTBE。1999 年 3 月，美国加利福尼亚州州长 Davis 发布公告：基于 MTBE 对环境及居民健康的影响，加利福尼亚州将于 2003 年 1 月 1 日起禁止 MTBE 的使用。同年 7 月，美国国家环保局局长 Browner 宣布支持各州在当前法律下减少使用 MTBE。这对美国乃至世界的炼油业、MTBE、乙醇产生了深远影响。[②]禁止使用 MTBE 后，用乙醇替代 MTBE，必然会增加对乙醇的需求。2004 年，美国的乙醇需求量达到 1 142 万 t，是 1999 年美国燃料乙醇生产能力（600 多万 t）的约 1.9 倍，更是 1999 年美国燃料乙醇产量（55 多万 t）的约 21 倍。

① 崔心存：《醇燃料与灵活燃料汽车》，化学工业出版社，2010，第 120 页。
② 吴基安、吴洋：《新能源汽车知识读本》，人民邮电出版社，2009，第 32 页。

在美国政府、汽车公司、大学及研发机构的共同推动下，到 20 世纪末，美国年产乙醇汽车（含乙醇灵活燃料汽车）、甲醇汽车分别达到 2.2 万辆和 2 万辆（1999 年）。[1]

4. 瑞典

瑞典从 20 世纪 70 年代开始研发醇燃料和灵活燃料汽车，成立了甲醇燃料开发公司和乙醇燃料基金会。1976 年，瑞典发起举办第一届国际醇燃料会议，成立国际醇燃料组织委员会，到 2010 年，国际醇燃料会议在世界各地共召开了 18 次（表 18-150）。其中，1998 年和 2008 年先后在中国举办第 12 届、第 17 届国际醇燃料会议。

表 18-150　1976—2010 年历届国际醇燃料会议的时间及地点

届次	1	2	3	4	5	6	7	8	9
时间 / 年	1976	1977	1979	1980	1982	1984	1986	1988	1991
地点	瑞典	德国	美国	巴西	新西兰	加拿大	法国	日本	意大利
届次	10	11	12	13	14	15	16	17	18
时间 / 年	1993	1996	1998	2000	2002	2005	2006	2008	2010
地点	美国	南非	中国	瑞典	泰国	美国	巴西	中国	印度

资料来源：崔心存：《醇燃料与灵活燃料汽车》，化学工业出版社，2010，第 126 页。

20 世纪 80 年代，瑞典加大了对灵活燃料汽车开发的力度。1980 年，投入将近 1 000 辆汽车进行 M15 试验示范。1984—1986 年，瑞典工业部技术发展局投入 990 万瑞典克朗开发 M100 汽车。1985—1988 年，实施使用含水乙醇的 E95 计划，政府投入 750 万瑞典克朗经费。1987—1990 年，瑞典政府投入 11.5 亿瑞典克朗开展包括醇燃料在内的可再生能源开发研究，其中 1 400 万瑞典克朗用于醇燃料车辆，8 000 万瑞典克朗用于技术发展，5 000 万瑞典克朗用于有关动力研究，1 000 万瑞典克朗用于生产燃料乙醇。[2]20 世纪 80 年代后期进行了 M100 汽车行驶试验示范。

5. 巴西

如前所述，巴西很早就开始了对燃料乙醇的开发利用。1975 年，巴西制订实施乙醇燃料发展计划。1979 年开始在柴油车上使用 E100 乙醇汽油。1984 年建成 300 个乙醇厂。1985 年乙醇产量达到 107 亿 L，比 1980 年增长 2.1 倍。巴西本国生产的乙醇汽车大幅增长，由 1979 年的 4 624 辆增至 1988 年 4 月的 17.37 万辆。1987 年，巴西使用 E20 乙醇汽油的汽车达到 900 万辆，使用含水乙醇的汽车有 370 万辆，两者共计 1 200 多万辆。[3]

进入 1990 年，巴西的燃料乙醇生产继续有增无减。1999 年，全球用作燃料、食用和工业用的乙醇产量为 300 亿 L，其中巴西 140 亿 L，约占全球的 46.7%。

6. 中国

"二战"时期，中国曾生产乙醇作为汽车燃料。

---

[1] 崔心存：《醇燃料与灵活燃料汽车》，化学工业出版社，2010，第 10 页。

[2] 同上书，第 126 页。

[3] 同上书，第 125 页。

"六五"期间（1981—1985 年），国家科学技术委员会在山西组织开展 M15 甲醇汽油试验研究，投入 475 辆中吨位载货汽车进行试验。[1]

"八五"期间（1991—1995 年），交通部在部属公路科学研究所以及云南、福建等地组织开展 E20、E40、E60、E100 乙醇汽油的应用研究。

上述研究为中国进入 21 世纪后开展乙醇汽车试点示范工作积累了经验。

7. 加拿大

1984—1989 年，加拿大实施大型柴油机汽车使用甲醇燃料 MILE 试验工程，建成相应的甲醇储存罐和甲醇加油站。MILE 工程是在柴油机汽车上试验甲醇燃料的一项试验项目，美国等国家开发的多种不同类型的 M100 狄塞尔醇燃料发动机参与了试验（表 18-151），取得了重要试验成果。经过长达 6 年时间，累计行驶 100 万 km 的试验，证明 M100 狄塞尔醇燃料发动机除了在使用初期出现过喷油嘴堵塞、电热塞寿命短以及气门和气门垫磨损较大的问题，总体情况良好，后来作为产品投放市场。[2]

表 18-151　部分公司狄塞尔醇燃料发动机简况

公司	型号	结构形式	功率	压缩比	燃油	燃烧技术
康明斯	L10-TA	直列，6 缸，10 L，涡轮增压，中冷	176 kW 及 198 kW（2 100 r/min）	18	M95	加 5%AVOCET 着火改善剂
底特律	6 V-92TA	V6，2 冲程增压，中冷，9.1 L	147 kW、186 kW 及 204 kW（2 100 r/min）	19～23	M100	电控扫气量，电热塞助燃
卡特皮勒	3406DITA	直列，6 缸，14.6 L，增压，中冷	257 kW（2 100 r/min）	16	M100	电热塞助燃
斯堪尼亚	DS11E	直列，6 缸，11 L，增压	184 kW（2 200 r/min）	18	含水 E95	加着火改善剂 PEG
富豪	TD101G	直列，6 缸，9.6 L，增压	203 kW（2 200 r/min）	—	含水 E95	加着火改善剂 PEG

资料来源：崔心存：《醇燃料与灵活燃料汽车》，化学工业出版社，2010，第 129 页。

在发展灵活燃料汽车的过程中，美国（表 18-152）、德国（表 18-153）、巴西（表 18-154）、中国（表 18-155）等国家先后出台了一系列车用醇燃料标准，这对于醇燃料产业和醇燃料汽车的健康发展起到了重要的促进作用。

表 18-152　美国加利福尼亚州关于 M85 燃料甲醇的规范

项目	ASTM P232 从 7/2/93 开始	CARB 从 3/12/92 开始
甲醇、高级醇（最低，体积比）/%	85	84
烃类化合物（体积比）/%	13～15	13～16

---

[1] 钱伯章：《新能源——后石油时代的必然选择》，化学工业出版社，2007，第 217 页。
[2] 崔心存：《醇燃料与灵活燃料汽车》，化学工业出版社，2010，第 128 页。

续表

项目	ASTM P232 从 7/2/93 开始	CARB 从 3/12/92 开始
蒸气压（37.8℃）/（kPa/psi） 夏季（ASTM 分级 A，A/B，B/A，B） 中间季节（B/C，C/B，C，C/D，D/C） 冬季（D，D/E，E/D，E）	（48～62）/（7～9） （62～75）/（9～11） （75～90）/（11～13）	（48～62）/（7～9） （62～75）/（9～11） （75～90）/（11～13）
高级醇（$C_2 \sim C_8$）（最高，体积比）/%	2	2
醋酸等酸质（最高，质量比）/%	0.005	0.005
无机氯化物（最高，质量比）/%	0.000 1	—
氯化物的总氯量（最高，质量比）/%	0.000 2	0.000 2
胶质（未清洗，最高）/（mg/100 mL）	100.0	—
胶质（清洗，最高）/（mg/100 mL）	5	5
微粒（最高）/（mg/L）	—	0.6
铅（最高）/（g/L）	0.002	0.002
磷（最高）/（g/L）	0.000 2	0.000 2
硫（最高，质量比）/%	0.015	0.004
水（最高，质量比）/%	0.5	0.5

资料来源：崔心存：《醇燃料与灵活燃料汽车》，化学工业出版社，2010，第 400-401 页。

表 18-153　德国甲醇-汽油混合燃料 M15 的规格

项目	夏季	冬季	项目	夏季	冬季
甲醇含量（体积比）/%	15	15	含水（体积比）/%	0.15	0.1
密度（15℃）/（g/mL）	（最小）0.730 （最大）0.780	（最小）0.730 （最大）0.780	雷特蒸气压 /mbar	800+40	1 000±40
RON	98	98	蒸馏量（70℃）（体积比）/%	（最大）55 （最小）50	（最大）60 （最小）55
MON	88	88	蒸馏量（100℃）（体积比）/%	（最大）70 （最小）50	（最大）75 （最小）55
含铅量 /（g/L）	0.15	0.15			
蒸发残渣 /（mg/100 mL）	5	5	蒸馏量（180℃）（体积比）/%	（最小）90	（最小）90
硫（质量比）/%	0.1	0.1	沸点 /℃	（最高）215	（最高）215
残渣（体积比）/%	（最大）2	（最大）2	—	—	—

资料来源：崔心存：《醇燃料与灵活燃料汽车》，化学工业出版社，2010，第 400 页。

表 18-154　巴西燃料乙醇的规格

项目	无水乙醇	含水乙醇	试验方法
外观	清澈透明无悬浮物	清澈透明无悬浮物	目测
总酸值（如乙酸）/（mg/L）	30（最大）	30（最大）	MB-2606（NBR-9866）
电导率/（μs/m）	500（最大）	500（最大）	MB-2788（NBR-10547）
氯化物（Cl）/（mg/kg）	—	1（最大）	MB-3055（NBR-10894）
硫化物（SO_4）/（mg/kg）	—	4（最大）	MB-3055（NBR-10894）
密度，20℃（生产厂）/（kg/m³）	791.5（最大）	809.3±1.7	MB-1533（NBR-5992）
密度，20℃（加3%汽油作变性剂，加油站）/（kg/m³）	—	808.0±3.0	MB-1533（NBR-5992）
未挥发的物质，105℃（生产厂）/（mg/L）	30（最大）	30（最大）	MB-2123（NBR-8911）
铜（Cu）/（mg/kg）	0.07（最大）	—	MB-3054（NBR-10893）
铁（Fe）/（mg/kg）	—	5（最大）	MB-3222
钠（Na）/（mg/kg）	—	2（最大）	MB-2787（NBR-10422）
酸碱值（pH）	—	7.0±1.0	MB-3053（NBR-10891）
蒸发残渣（加油站）/（mg/L）	—	50（最大）	MB-2053（NBR-8644）
乙醇含量（生产厂）/%	99.3（最小）	93.2±0.6	MB-1533（NBR-5922）
乙醇含量，用3%汽油作变性剂（加油站）/%	—	92.6～94.7	MB-1533（NBR-5922）
汽油含量（加油站）/（mg/L）	—	30（最大）3.0%	CNP/DIRAB NO.209/81

资料来源：崔心存《醇燃料与灵活燃料汽车》，化学工业出版社，2010，第406页。

表 18-155　中国车用乙醇汽油国家标准（GB 18351—2001）

项目	质量指标			试验方法
	90 号	93 号	95 号	
抗爆性 研究法辛烷值（RON）	≥ 90	≥ 93	≥ 95	GB/T 530
抗爆指数（RON+MON）/2	≥ 85	≥ 88	≥ 90	GB/T 5487

续表

项目	质量指标			试验方法
	90 号	93 号	95 号	
铅含量（g/L）	≤ 0.005			GB/T 8020
馏程 10% 蒸发温度 /℃ 50% 蒸发温度 /℃ 90% 蒸发温度 /℃ 终馏点 /℃ 残留量（体积分数）/%	≤ 70 ≤ 120 ≤ 190 ≤ 205 ≤ 2			GB/T 6536
蒸气压 /kPa 从 9 月 16 日至 3 月 15 日 从 3 月 16 日至 9 月 15 日	≤ 88 ≤ 74			GB/T 8017
实际胶质 /（mg/100 mL）	≤ 5			GB/T 8019
诱导期 /min	≤ 480			GB/T 8018
硫含量（质量分数）/%	≤ 0.10			GB/T 380
硫醇（需满足下列要求之一） 博士试验 硫醇硫含量（质量分数）/%	通过 ≤ 0.001			SH/T 0174 GB/T 1792
铜片腐蚀（50 ℃，3 h）/ 级	≤ 1			GB/T 5096
水溶性酸或碱	无			GB/T 259
机械杂质	无			目测
水分（质量分数）/%	≤ 0.15			SH/T 0246
乙醇含量（体积分数）/%	9.0 ～ 10.5			SH/T 0663
其他含氧化合物（体积分数）/%	未检出			SH/T 0663
苯含量（体积分数）/%	≤ 2.5			SH/T 0693
芳烃含量（体积分数）/%	≤ 40			GB/T 11132
烯烃含量（体积分数）/%	≤ 35			GB/T 11132

资料来源：崔心存：《醇燃料与灵活燃料汽车》，化学工业出版社，2010，第 407 页。

（三）20 世纪末至 21 世纪初的发展状态

20 世纪末，甲醇汽车的发展受到了国际社会以及美国、欧洲、日本等汽车厂商的抵制。1998 年 12 月，世界汽车制造商组织联合发布 "世界燃料规范"，要求 "不允许使用甲醇"。2000 年 4 月新版燃油规范再次明确要求 "不允许使用甲醇"[1]。反对在汽油中加入甲醇的主要原因是甲醇腐蚀性比较大，目前的技术还不能很好地解决这一问题。美国、欧洲及日本汽车制造商也反对在汽油中掺烧甲醇。美国车用无铅汽油标准 ASTM4814 要求，汽油中甲醇含量最大不超过 0.3%（体积）；欧洲 85/536/EEC 法规中规定，车用汽油中甲醇的添加量不应超过 3%（体积），包含腐蚀抑制添加剂；德国对汽油中的甲醇

[1] 熊云等：《清洁燃料基础及应用》，中国石化出版社，2005，第 61-62 页。

含量限制在 3.5%以下；日本要求汽油中甲醇的检出量不超过 0.1%。[①]美国三大汽车公司——通用、福特、戴姆勒-克莱斯勒甚至在其用户手册上公开声明：使用甲醇汽油的车辆发生损害不在汽车的保修范围之内。在此冲击下，1998 年后，美国甲醇燃料汽车和甲醇燃料开始减少，甲醇汽车主要由戴姆勒-克莱斯勒和福特生产，最高峰时达到 2 万辆，加利福尼亚州 M85 加油站最多时达到近 200 家，但之后，加利福尼亚州仅剩下 1 家这样的加油站。[②]

进入 21 世纪，随着石油危机的不断加剧，替代燃料的发展得到世界各国的普遍重视，不仅发达国家大力发展灵活燃料汽车，许多发展中国家也积极开发利用燃料乙醇以及其他非化石能源。醇燃料汽车得到快速发展。

2000 年，泰国实施燃料乙醇研究与开发计划，开始研发推广 E5、E10、E15 乙醇汽油。

2002 年，中国颁布车用乙醇汽油试点方案。2005 年，全国 9 个省推广使用 E10 乙醇汽油。

2004 年，巴西乙醇产量达到 1 152 万 t，乙醇加油站发展到 2.6 万个。

2005 年，美国使用燃料乙醇的汽车达到 280 多万辆[③]，其中大多数是道奇和戴姆勒-克莱斯勒制造的货车。与 2003 年的 230 多万辆[④]相比，2 年内增加了大约 50 万辆。

2006 年，在瑞典斯德哥尔摩市召开欧洲 8 个城市市长会议，启动乙醇车应用示范项目，计划 4 年内建设 14 座乙醇加油站，投入 168 辆 E95 公共汽车及 10 532 辆乙醇灵活燃料汽车。[⑤]

四、燃气汽车

燃气汽车是以燃烧各种气体能源作为动力源的汽车，包括天然气汽车、液化石油气汽车、氢气汽车等。

（一）天然气汽车

天然气汽车以压缩天然气、吸附天然气、液化天然气等为燃料，以压缩天然气为主，所使用的发动机为天然气发动机。早在 1860 年，道依茨发动机厂就制成了世界上第一台气体燃料发动机，1872 年成功开发天然气发动机。[⑥]到了 20 世纪 30 年代，贫油富气的意大利开发出天然气汽车，率先将天然气、液化石油气应用到汽车上。

20 世纪 40 年代，受"二战"的影响，汽油价格上涨，意大利积极发展天然气汽车。此后，美国等国家也开始研发天然气汽车。美国于 1969 年引入天然气汽车改装系统，但受到压缩机技术、加气站网络建设等制约，天然气汽车发展没有取得实质性突破，主要在天然气公司内部使用。[⑦]

进入 20 世纪 80 年代，天然气汽车得到了较快发展。1986 年，国际天然气汽车协会（IANGV）成立。1988 年，美国天然气汽车联合会成立。英国、法国、俄罗斯、澳大利亚等国家也相继成立天然气汽车

① 熊云等：《清洁燃料基础及应用》，中国石化出版社，2005，第 61 页。
② 同上。
③ 朱绍中、余卓平、陈翌等：《汽车简史》，同济大学出版社，2008，第 367 页。
④ 刘光富、胡冬雪：《绿色技术预见理论与方法——以新能源汽车为对象》，化学工业出版社，2009，第 70 页。
⑤ 崔心存：《醇燃料与灵活燃料汽车》，化学工业出版社，2010，第 8 页。
⑥ 吴基安、吴洋：《新能源汽车知识读本》，人民邮电出版社，2009，第 65 页。
⑦ 同上。

协会。

中国于1986年在四川建成第一座天然气加气站，20世纪90年代中期出台《汽车用天然气技术规范》，1999年开始在12个城市进行燃气汽车首批试点示范，并于2000年实施了清洁能源行动计划。[①]

20世纪90年代中期，全球天然气汽车数量达到100万辆以上（表18-156），压缩天然气（CNG）加气站共有2700多座。其中，阿根廷、意大利、俄罗斯3国的天然气汽车数量均超过20万辆，分别为40.1万辆、29.0万辆、20.5万辆。天然气汽车绝大部分都为压缩天然气汽车，仅有400辆为液化天然气汽车。

表18-156 20世纪90年代世界天然气汽车数量

国家	天然气汽车数量／辆		CNG加气站数量／座
	压缩天然气汽车	液化天然气汽车	
阿根廷	401 000	—	531
意大利	290 000	—	284
俄罗斯	205 000	—	187
美国	65 849	—	1 102
新西兰	25 000	—	190
加拿大	17 220	—	120
巴西	14 000	—	39
其他	28 801	—	319
合计	1 046 870	400	2 772

资料来源：表中数据主要引自国际天然气汽车协会1997年年报。参见吴基安、吴洋：《新能源汽车知识读本》，人民邮电出版社，2009，第66页。

到21世纪初，全球天然气汽车发展到330万辆（2003年），CNG加气站6 621个。中国清洁汽车重点推广城市扩大到16个。截至2004年6月，中国共有天然气汽车19.64万辆，其中四川4.7万辆、重庆1.5万辆。[②]

（二）液化石油气汽车

液化石油气汽车基本上是与天然气汽车同步发展的。由于液化石油气的能量密度比天然气大，建设加气站的费用较低，因而液化石油气汽车比较容易推广、应用。21世纪初，全球液化石油气汽车数量达到520万辆，加气站2.8万座。[③]

2003年，中国16个清洁能源汽车重点推广城市共有液化石油气汽车11.43万辆，其中上海市3.8万辆，北京市超过3万辆。

（三）氢气汽车

氢气汽车又称燃氢汽车、氢内燃机汽车，是氢能源汽车的一种类型（另一种为氢燃料电池汽车）。氢气汽车可分为压缩氢汽车、吸附氢汽车、液态氢汽车等。氢气可通过纯氢或混烧等方式应用在汽车上。

---

① 吴基安、吴洋：《新能源汽车知识读本》，人民邮电出版社，2009，第65页。

② 熊云等：《清洁燃料基础及应用》，中国石化出版社，2005，第1-2页。

③ 同上书，第32页。

19 世纪初，人们开始研究氢气汽车。1807 年，艾萨克制造了首辆氢内燃机汽车[①]，但设计得很不成功。1820 年，英国剑桥大学研学会的论文集刊登了有关用氢做燃料发动机的研究论文。[②]同年，英国的威廉·塞西尔在剑桥哲学学会提出采用氢气作为机械动力的构想。此后，英国的里卡多和伯斯托尔两人共同对氢发动机的燃烧及工作过程进行了长达 20 年的全面研究。[③]鲁多夫·埃伦第一次在氢发动机中采用内部混合气形成方式，将氢气通过小喷嘴直接喷入汽缸内进行混合燃料试验。[④]奥托于 1861 年制成第一台煤气发动机，其使用的炉煤气中氢的含量可能大于 50%。虽然如此，但因现代石油的出现和汽油的使用比氢气更安全，故早期氢内燃机的研发很快被汽油内燃机取代。

20 世纪 70 年代前后，人们对氢燃料能源的开发利用重视起来，促使氢气汽车的研发日渐兴起。1965 年，已有科学家设计出能在马路上行驶的氢能汽车。[⑤]1968 年，苏联科学院西伯利亚分院理论和应用力学研究所对汽车发动机进行改用液氢的试验，并取得成功。1972 年，大众汽车公司改制的氢气汽车在通用汽车公司的试车场上参加城市交通工具最小大气污染比赛，在 63 辆参赛车中获得第一名。[⑥]1974 年，日本武藏工业大学制成搭载压缩氢气罐的小型氢发动机卡车"武藏 1 号"，并上路试验。[⑦]1976 年，美国研制出一种以氢气做燃料的汽车。

20 世纪 80—90 年代，研发氢气汽车的国家增多，各国相继开发出一批氢气汽车，进行各种试验。1980 年，中国成功制造出国内第一辆氢能汽车，可乘坐 12 人，贮存氢材料 90 kg。[⑧]1984—1988 年，德国奔驰汽车公司推出 10 辆氢气汽车，在柏林市区作为交通工具使用，一次加气可行驶 100 km，加气时间约 10 分钟。[⑨]1986 年，瑞典科学家奥洛夫·戴克斯罗姆在维也纳举行的"21 世纪最重要的能源学术讨论会"上，利用风力发电，将水电解制成氢气，然后用氢气代替汽油驱动汽车。[⑩]1990 年，日本制成"武藏 8 号"液氢轿车，在夏威夷举办的第八届世界氢能会议上展示。该车由日产车改装，使用一个体积为 100 L、总重为 60 kg 的液氢罐，时速达到 100 km，排放废气中没有二氧化碳。[⑪]

宝马公司从 1978 年开始开发液氢汽车，1996 年在德国举办的第十一届世界氢能会议上展出计算机控制的液氢汽车，2000 年开发出在第 5 代 12 缸往复式发动机上搭载液体氢、可行驶 350 km 的高级轿车 750 hL（汽油并用型），2001 年进行环球旅行，其氢发动机技术已逐步成型（表 18-157），效率约为 40%。[⑫]奔驰公司和巴伐利亚汽车厂共同研制燃氢公共汽车，第一批燃氢公共汽车于 1996 年在德国埃尔兰根市投入使用。奔驰公司还开发出奔驰 F100 液氢汽车。福特公司从 1998 年开始实施氢内燃机

① 李代广：《氢能与氢能汽车》，化学工业出版社，2009，第 88 页。

② 氢能协会：《氢能技术》，宋永臣、宁亚东、金东旭译，科学出版社，2009，第 112 页。

③ 毛宗强：《无碳能源：太阳氢》，化学工业出版社，2009，第 70 页。

④ 同上书，第 71 页。

⑤ 朱绍中、余卓平、陈翌等：《汽车简史》，同济大学出版社，2008，第 370 页。

⑥ 李星国等：《氢与氢能》，机械工业出版社，2012，第 485 页。

⑦ 氢能协会：《氢能技术》，宋永臣、宁亚东、金东旭译，科学出版社，2009，第 112 页。

⑧ 朱绍中、余卓平、陈翌等：《汽车简史》，同济大学出版社，2008，第 370 页。

⑨ 李代广：《氢能与氢能汽车》，化学工业出版社，2009，第 88 页。

⑩ 毛宗强：《无碳能源：太阳氢》，化学工业出版社，2009，第 72 页。

⑪ 李代广：《氢能与氢能汽车》，化学工业出版社，2009，第 88 页。

⑫ 氢能协会：《氢能技术》，宋永臣、宁亚东、金东旭译，科学出版社，2009，第 114 页。

研发计划，目的是以较低的费用制造出能满足 LEV-Ⅱ 排放标准的汽车发动机。[1] 通过试验，福特公司研制的氢内燃机在不采用任何催化转换装置的情况下，HC 和 CO 排放量接近于零，NO_x 排放量也很低，整个发动机有害物排放达到 LEV-Ⅱ 的排放标准（表 18-158）。戴姆勒-克莱斯勒公司和通用汽车公司在 2000 年前后也有多款氢气汽车进行示范推广（表 18-159）。

表 18-157　宝马公司氢发动机汽车规格

项目	规格
车辆形式	宝马 7 系列轿车
发动机形式	V 型 12 缸；氢、汽油兼用氢：吸气管混合式（外部混合）；汽油：直喷式
排气量	5 972 cc，170 kW
内径 / 冲程	89/80 mm
发动机转矩	340 Nm
压缩比	氢：9.5∶1；汽油：11.3∶1
最高速度	230 km/h
搭载燃料	液体氢罐：170 L；汽油罐：70 L

资料来源：氢能协会：《氢能技术》，宋永臣、宁亚东、金东旭译，科学出版社，2009，第 115 页。

表 18-158　福特公司 H_2R 氢内燃机混合动力汽车性能

项目	参数
制造平台	Ford Focus Wagon-ZTW
车重 /kg	1 540
燃料	压缩空气
燃料压力 /MPa	35
燃料质量 / 续驶里程	2.8 kg 氢气 /200 km
排放	微粒零排放或更好
动力系统	2.3 L 内冷式氢内燃机发动机 288 V，3.6 Ah 先进的锂离子电池（25 kW 峰值）/10 kW 电机
加速 /[（0～100 km/h）/s]	11
燃料经济性	72 km/kg 氢气
续驶里程 /km	200
发动机功率 /hp	110（4 500 r/min）
蓄电池辅助功率 /hp	33
总功率 /hp	143

资料来源：毛宗强：《无碳能源：太阳氢》，化学工业出版社，2009，第 77 页。

[1] 毛宗强：《无碳能源：太阳氢》，化学工业出版社，2009，第 75-76 页。

表 18–159　戴姆勒–克莱斯勒公司、通用汽车公司氢气汽车技术状况

汽车公司	车型 / 示范年份	功率 /kW	最大时速 /（km/h）	行驶里程 /km	氢源
戴姆勒–克莱斯勒	NECAR2/1996	50	110	250	压缩氢气
	NECAR4/1999	70	145	450	液氢
	NECAR5/2000	75	150	450	甲醇催化重整
	Natrium/2001	54	80	483	硼氢化钠
通用	Precept FCEV/2000	100	193	800	金属氢化物
	ChevyS-10/2001	25	112	880	汽油催化重整

资料来源：孙艳、苏伟、周理：《氢燃料》，化学工业出版社，2005，第 13 页。

21 世纪以来，美国、日本、欧洲等国家和地区加大发展氢气汽车的力度。日本基于第 Ⅱ 期 WE-NET 计划，从 1999 年起开始研发以氩气作为工作介质的 600 kW 氢 / 氧闭式循环柴油发动机。之后对 WE-NET 计划进行调整，2001—2003 年进行技术问题较少的氢 / 空气开式循环柴油发动机的开发，其中 600 kW 级氢发动机的开发工作以发电效率 40%（HHV）作为技术开发目标，由三菱重工株式会社承担并进行 6 缸发动机的 1 缸 100 kW 单汽缸发动机的开发。[1]美国加利福尼亚州于 2004 年 4 月宣布启动"氢气高速公路"的建设工程，随后美国能源部决定斥资 3.5 亿美元研发氢气动力汽车。[2]加利福尼亚州引入氢发动机混合动力汽车和氢发动机汽车。美国南岸空气质量管理局（SCAQMD）实施把丰田普锐斯的发动机改造成氢发动机的计划，由 Quantum 公司承担改造任务，于 2006 年制成 30 辆，安大略、圣安娜等 5 座城市的市政府和 SCAQMD 本部各配 5 辆试用。汽车搭载 35 MPa 压缩氢容器，并在各城市建有加氢站。在棕榈泉市投入运行 1 辆 SAE 制氢发动机混合动力公共汽车。[3]在欧洲，德国实施 HYFLEET-CUTE 计划，MAN 公司生产的 14 辆氢发动机公共汽车从 2006 年起投入柏林市运行；挪威实施 HyNor 计划，引进 15 辆氢发动机改造的普锐斯轿车。

在各国政府及企业的积极推动下，氢气汽车技术取得新突破，推广应用不断深入，商业化发展初步凸显。宝马公司开发的一辆 H₂R 液氢汽车于 2004 年在法国创造了 9 项速度纪录。它装备 6 L V12 氢燃料内燃机，最大功率 210 kW，0 ～ 100 km/h 加速约 6 s，最高速度达 302.4 km/h。2006 年，开始小批量生产（几百辆）Hydrogen 7 系列氢气汽车。[4]马自达公司自 1990 年开始开发氢转子发动机，2003 年制成 RX-8 氢气 / 汽油双燃料转子发动机汽车[5]，2006 年对外商业租赁 RX-8 氢内燃机汽车[6]，2009 年开始长期租赁 Premacy 氢内燃机混合动力汽车（表 18-160）[7]。福特汽车公司制成氢发动机 E-450 型 12 座公共汽车，最高输出功率 140 kW，可行驶 240 km，实行租赁销售，有 8 辆在美国佛罗里达州使用，2 辆在加利福尼亚州行驶。在美国俄克拉何马州，投资公司把福特的汽油发动机汽车改造成氢 / 汽油两

[1] 氢能协会：《氢能技术》，宋永臣、宁亚东、金东旭译，科学出版社，2009，第 118-119 页。
[2] 董崇山：《困局与突破——人类能源总危机及其出路》，人民出版社，2006，第 321 页。
[3] 氢能协会：《氢能技术》，宋永臣、宁亚东、金东旭译，科学出版社，2009，第 117 页。
[4] 李星国等：《氢与氢能》，机械工业出版社，2012，第 185 页。
[5] 毛宗强：《无碳能源：太阳氢》，化学工业出版社，2009，第 78 页。
[6] 氢能协会：《氢能技术》，宋永臣、宁亚东、金东旭译，科学出版社，2009，第 116 页。
[7] 李星国等：《氢与氢能》，机械工业出版社，2012，第 488 页。

用发动机汽车，其中有 30 辆于 2006 年作为巡逻用车投入使用。氢内燃机汽车在美国得到了推广。[1]2007
年，中国自主研制的氢内燃机在重庆长安汽车公司点火成功，并在 2008 年北京国际汽车展览会上展出。

表 18-160　1990—2009 年马自达公司氢内燃机汽车开发情况

时间/年	主要进展
1990	开始研发氢内燃机
1991	开发出 Mazda HR-X 氢转子发动机
1993	开发出 Mazda HR-X2 氢转子发动机；开发出 Mazda MX-5 氢转子发动机
1995	开发出 Mazda Capella Cargo，第一次上路试验
2003	开发出 Mazda RX-8 Hydrogen RE 氢气/汽油双燃料转子发动机汽车
2004	RX-8 氢内燃机汽车进行公路行车试验
2006	对外商业租赁 RX-8 氢内燃机汽车
2007	开发出氢混合动力汽车
2008	在车展上展出在 RX-8 基础上制成的 Premacy 新型氢能汽车
2009	向日本用户长期租赁 Premacy 氢内燃机混合动力汽车

资料来源：作者整理。主要参考毛宗强：《无碳能源：太阳氢》，化学工业出版社，2009。

五、充电设施和加氢站

电动汽车和氢能源汽车的发展离不开充电设施和加氢设施的支持。各国在发展新能源汽车过程中，
也在积极推进相关配套设施的建设。

（一）充电设施

世界各国电动汽车的充电基础设施是在 21 世纪初逐渐发展起来的。据 2015 年 4 月国际能源署清
洁能源部长会议框架下的电动汽车倡议（EVI）发布的《2015 年全球电动汽车及充电基础设施展望》
统计，截至 2014 年，EVI 成员国共有 66.5 万辆电动汽车上路，共计安装充电桩 10.9 万个（快充 1.5 万
个，慢充 9.4 万个），车、桩数量较 2012 年有大幅增长。其中，2014 年美国、日本、中国电动汽车使
用量分别为 27.5 万辆、10.8 万辆、8.3 万辆，充电桩安装量分别为 2.2 万座、1.2 万座、3.0 万座，分别
居世界前三位。[2]

1. 美国

2009 年，美国能源部宣布陆续投入 1 亿美元对电网进行升级，以满足电动汽车的充电要求。美
国联邦政府为投资充电设施建设的个人和企业提供投资总额 30% 的补贴，个人可获补贴的最高额度为

---

[1] 氢能协会：《氢能技术》，宋永臣、宁亚东、金东旭译，科学出版社，2009，第 117 页。
[2] 中国汽车技术研究中心、日产（中国）投资有限公司、东风汽车有限公司：《中国新能源汽车产业发展报告（2015）》，社会科学文献
出版社，2015，第 336 页。

1 000 美元，企业则为 3 万美元。[①] 同年，Carbon Day Automotive 公司在芝加哥推出一种以太阳能作为发电能源的太阳能插入式充电站。美国西北太平洋国家实验室推出名为 "Smart Charger Controller" 的电动汽车用充电控制装置，主要用于插电式混合动力汽车及电动汽车。可持续能源公司在纽约建成一座太阳能动力电动汽车充电站。[②]

2009—2010 年，美国能源部为在全国开展的电动汽车基础设施试点工程提供 1.15 亿美元的补贴。[③] 到 2012 年年底，该工程共建设充电设施 6 319 座，累计完成充电 88.1 万次。2010 年，美国复兴法案提出在 8 个区域部署电动汽车示范工程。2011 年，美国设立 500 万美元的 "社区贡献奖" 和 850 万美元的 "清洁城市倡议奖"，支持社区发展插电式混合动力汽车和充电基础设施。同年，美国宣布实施电网现代化计划，以满足更多电动汽车上路充电的需要。[④]

2014 年，通用汽车公司联合本田、宝马、福特、戴姆勒-克莱斯勒、奔驰等 8 家汽车公司以及 15 家电力设施公司，共同开发智能电网一体化平台，为不同制式和接口的电动汽车、插电式混合动力汽车提供快速充电服务。特斯拉汽车公司在旧金山与洛杉矶之间的公路线上建成一家特斯拉换电站，正式开始 Model S 换电业务。同年，美国累计建成各类充电桩 25 602 座，比上年增加 6 200 座。日本电动汽车快速充电器协会（CHAdeMO）充电标准快速充电站 920 座、特斯拉超级充电站 165 座、联合充电标准（CCS）充电站 208 座。含私人充电设施在内，截至 2015 年 3 月，美国投入使用的充电桩超过 5 万座，其中美国最大的电动汽车充电服务商 Charge Point 公司建成各类充电桩 2.1 万座。Charge Point 公司宣布建立 "投币洗衣" 式的私人住宅充电设施运营体系。[⑤]

在美国充电基础设施发展中，出现了充电接口标准不统一的问题——同时存在 3 种不同的充电接口标准，包括日本的 CHAdeMO 充电标准（兼容车型包含日产 Leaf、起亚 Soul EV、三菱 i-MiEV 等）、特斯拉的超级充电器标准（仅供特斯拉 Model S 使用）、CCS（兼容宝马、大众、通用等欧美车企品牌车型）。[⑥] 这在一定程度上对电动汽车及其充电配套设施的发展产生了不利影响。

2. 日本

日本在普及低公害车过程中，于 2006 年开始实行清洁能源汽车补贴制度，除对购买电动汽车的消费者提供消费补贴外，还对建设充电设施的企业提供补贴（表 18-161），补贴上限为 150 万日元。

① 中国汽车技术研究中心、日产（中国）投资有限公司、东风汽车有限公司：《中国新能源汽车产业发展报告（2013）》，社会科学文献出版社，2013，第 271 页。

② 钱伯章：《新能源——后石油时代的必然选择》，化学工业出版社，2007，第 45-47 页。

③ 中国汽车技术研究中心、日产（中国）投资有限公司、东风汽车有限公司：《中国新能源汽车产业发展报告（2013）》，社会科学文献出版社，2013，第 293 页。

④ 同上书，第 271 页。

⑤ 中国汽车技术研究中心、日产（中国）投资有限公司、东风汽车有限公司：《中国新能源汽车产业发展报告（2015）》，社会科学文献出版社，2015，第 340-341 页。

⑥ 同上书，第 341 页。

表 18-161　日本生产电动汽车充电器的企业补贴额度上限[1]

充电器种类	输出功率	补贴金额 / 万日元
快速充电器	50 kW 以上	150
	40～50 kW	125
	30～40 kW	100
	10～30 kW	75
普通充电器	带计费、认证、网络通信、V2H 功能，经特别认定的高性能普通充电器	40
	一般性能普通充电器	20

资料来源：中国汽车技术研究中心、日产（中国）投资有限公司、东风汽车有限公司：《中国新能源汽车产业发展报告（2013）》，社会科学文献出版社，2013，第 323 页。

注：[1] 该充电器补贴额度截至 2013 年 3 月底。

2009 年，日本成立日本电动汽车快速充电器协会（CHAdeMO），成员数量在短短的 3 年之内由最初的 5 家发展到在全球范围内超过 270 家。到 2013 年 5 月，CHAdeMO 在全球范围内配置了 2 714 台快速充电器，配备 CHAdeMO 充电规格的电动汽车超过 57 000 辆，占当时电动汽车保有量的 80%。[1] 丰田公司到 2009 年建成充电站 200 座。[2]

2010 年，日本经济产业省公布《下一代汽车战略 2010》，提出充电设施的发展目标：在日本全境建立普通充电设施 200 万座，快速充电设施从 2010 年 3 月底的 150 座发展到 5 000 座。[3]2012 年，日本国会通过补充预算，追加 1 005 亿日元用于促进下一代汽车的充电基础设施建设。

在一系列政策的大力扶持下，日本在国内、国外的充电设施建设快速发展。据 CHAdeMO 统计，截至 2015 年 3 月底，CHAdeMO 在全球的快速充电站累计建设 5 735 座，其中日本 3 087 座、欧洲 1 659 座、美国 934 座、其他地区 55 座。[4] 从 2011 年 3 月到 2015 年 3 月，日本国内的快速充电站数量由 572 座增至 3 087 座，约增长 4.4 倍。

3. 中国

2006 年，比亚迪公司建成深圳首个电动汽车充电站。

2008 年，在举办北京奥运会期间，中国在北京建成国内第一座集中式电动汽车充电站。

2009 年 10 月，上海市建成中国首座商业充电站。年底，中国南方电网首批充电站（桩）在深圳建成、投运，共计 2 座充电站、134 座充电桩。[5]

2010 年，中国国家电网规划在 27 个省（自治区、直辖市）建设公用充电桩 75 座、交流充电桩

---

[1] 中国汽车技术研究中心、日产（中国）投资有限公司、东风汽车有限公司：《中国新能源汽车产业发展报告（2013）》，社会科学文献出版社，2013，第 289 页。

[2] 钱伯章：《新能源汽车与新型蓄能电池及热电转换技术》，科学出版社，2010，第 44 页。

[3] 中国汽车技术研究中心、日产（中国）投资有限公司、东风汽车有限公司：《中国新能源汽车产业发展报告（2013）》，社会科学文献出版社，2013，第 287 页。

[4] 中国汽车技术研究中心、日产（中国）投资有限公司、东风汽车有限公司：《中国新能源汽车产业发展报告（2015）》，社会科学文献出版社，2015，第 338 页。

[5] 钱伯章：《新能源汽车与新型蓄能电池及热电转换技术》，科学出版社，2010，第 48 页。

6 209 台以及部分电池交换站。[①]此前,中国国家电网在公司内部已建充电站点 57 座。

2012 年,中国出台《节能与新能源汽车产业发展规划(2012—2020 年)》,首次从国家层面对充电设施提出指导意见。同年,国家电网累计建设运营充换电站 353 座(主要是换电站)、交流充电桩 1.4 万余座。南方电网至 2013 年年初建成充电站 18 座,其中深圳 7 座。[②]

2014 年,中国出台《关于加快新能源汽车推广应用的指导意见》,并于同年 11 月发布《关于新能源汽车充电设施建设奖励的通知》,对充电设施建设给予奖励(表 18-162)。

表 18-162　中国新能源汽车充电设施奖励标准(2013—2015 年)

地区	2013 年		2014 年		2015 年	
	推广数量(Q)/辆	奖励标准/万元	推广数量(Q)/辆	奖励标准/万元	推广数量(Q)/辆	奖励标准/万元
污染重点地区	$2\,500 \leqslant Q < 5\,000$	2 000	$5\,000 \leqslant Q < 7\,000$	2 700	$10\,000 \leqslant Q < 15\,000$	5 000
	$5\,000 \leqslant Q < 7\,000$	3 000	$7\,000 \leqslant Q < 10\,000$	3 800	$15\,000 \leqslant Q < 20\,000$	7 000
	$7\,000 \leqslant Q < 10\,000$	4 500	$10\,000 \leqslant Q < 15\,000$	5 500	$20\,000 \leqslant Q < 25\,000$	9 000
	$Q \geqslant 10\,000$	7 500	$Q \geqslant 15\,000$	9 000	$Q \geqslant 25\,000$	12 000
其他地区	$1\,500 \leqslant Q < 2\,500$	1 000	$300 \leqslant Q < 5\,000$	1 800	$5\,000 \leqslant Q < 7\,000$	2 400
	$2\,500 \leqslant Q < 5\,000$	2 000	$5\,000 \leqslant Q < 7\,000$	2 700	$7\,000 \leqslant Q < 10\,000$	3 400
	$5\,000 \leqslant Q < 7\,000$	3 000	$7\,000 \leqslant Q < 10\,000$	3 800	$10\,000 \leqslant Q < 15\,000$	5 000
	$Q \geqslant 7\,000$	5 000	$Q \geqslant 10\,000$	6 700	$Q \geqslant 15\,000$	8 000

资料来源:中国汽车技术研究中心、日产(中国)投资有限公司、东风汽车有限公司:《中国新能源汽车产业发展报告(2015)》,社会科学文献出版社,2015,第 131 页。

说明:1.申请城市范围不含设定地方保护的城市;2.推广的车辆必须纳入工业和信息化部发布的《节能与新能源汽车示范推广应用工程推荐车型目录》;3.各年度推广车辆是指已实际销售并当年在交管部门完成注册登记的新能源汽车;4.污染重点地区指京津冀、长三角、珠三角地区的城市或城市群。

2014 年,中国累计建成充换电站 835 座,交直流电充电桩 3 万座[③],充换电站数量与 2012 年的 174 座相比约增长 3.8 倍,充电桩数量居全球第一。

4. 欧盟

2013 年年初,欧盟正式发布一项有关部署替代燃料基础设施建设的指令,提出各成员国在充电设施建设的数量上应当满足"两倍于电动汽车数量"的要求,须于 2020 年 12 月 31 日前在本国境内建成该指令列明的"最少电动汽车充电设施数量"。2014 年 12 月,欧盟决定联合 ABB 等 5 家公司,共同投资 840 万欧元,实施"跨欧交通网络 ELECTRIC 计划",计划到 2015 年在连接德国、荷兰、丹麦、瑞典 4 国的主要高速公路上,建设 155 座电动汽车快速充电站,形成连接中北欧的电动汽车通道。[④]

[①] 钱伯章:《新能源汽车与新型蓄能电池及热电转换技术》,科学出版社,2010,第 48 页。

[②] 中国汽车技术研究中心、日产(中国)投资有限公司、东风汽车有限公司:《中国新能源汽车产业发展报告(2013)》,社会科学文献出版社,2013,第 114 页。

[③] 中国汽车技术研究中心、日产(中国)投资有限公司、东风汽车有限公司:《中国新能源汽车产业发展报告(2015)》,社会科学文献出版社,2015,第 133 页。

[④] 同上书,第 376 页。

5. 法国

21 世纪初期，法国一些城市的充电站等基础设施建设得到了发展。拉罗谢尔市试验推广使用 50 辆小型 4 座电动客车时，建成 9 个普通充电站和 3 个快速充电站，2005 年荣获国际电动汽车协会颁发的国际电动汽车推广应用奖。[①] 法国政府成立推广应用电动汽车的部际协调委员会，在巴黎推广应用电动公交车，建有一条电动公交车专线，长 6.2 km，配备 8 辆电动公交车，每辆车平均每天运行 67 km，每年运送乘客 100 余万人，其中 30% 是游客。巴黎街头到处都能见到带充电站的电动车专用停车场、停车位，而且充电和停车都是免费的。波尔多市有各种各样的电动汽车 200 多辆，组建了电动公交车、电动邮政车和电动环卫车队，建有占地面积 3 000 多平方米的集中充电站和电池更换站，电动汽车电池全部采用租赁方式由电池租赁公司提供，同时还负责废旧电池的回收服务。[②]

2009 年，法国公布"开发绿色汽车的国家计划"，提出尽快确定 EV 充电器的规格，新建房屋有义务安装 EV 充电器插座，在集体住宅内有权利安装 EV 充电器插座，地方政府要支持充电基础设施建设。

2010 年，法国开始实施《格勒内勒环境保护法案 II》。该法案规定，新建住宅、办公区到 2012 年，原有建筑到 2015 年，有义务完成充电设施的建设和安装。[③] 同年，法国中央政府与地方政府签署 EV 充电公共基础设施配套宪章，地方政府承诺对充电基础设施建设进行示范试验。法国高速公路公司与国家签署协议，在高速公路上安装充电设施，在服务区配置充电器。

2012 年 10 月，法国启动伊尔茨曼项目，推动电动汽车的购买和使用，发展相关基础设施。法国政府计划拨款 5 000 万欧元，用于发展电动汽车充电设施；从公共配电网使用费中划出 1.45 亿欧元，用于公共部门充电基础设施建设，具体实施由 EDF 和美国 Better Place 两家企业负责。[④] 在法国政府支持下，法国博洛雪公司计划在 2015—2019 年投资 1.5 亿欧元建设 16 000 座充电站，形成遍及全国的电动汽车充电网络。

到 2014 年 6 月，法国境内可供使用以及在建的充电站超过 8 000 座。

6. 德国

2009 年，德国联邦政府发布《国家电动汽车发展规划》，对电动汽车基础设施建设做出部署。2009 年 3 月，由德国汽车巨头戴姆勒集团和 RWE 能源公司牵头，驻扎在欧盟国家的 20 多家汽车和能源领域的领军企业共同组建联盟，决定共同制定电动汽车统一使用的充电站和充电设备标准。参与联盟的汽车企业主要有：宝马、大众、雷诺日产、标致、富豪、福特、通用、丰田、三菱和菲亚特；参与联盟的能源企业主要有：德国 E.ON、EnBW、Vattenfall，法国电力，比利时电力，意大利 Enel，西班牙 Endesa，葡萄牙电力，荷兰 Essent。[⑤] 到 2015 年年初，德国在境内 A9 高速公路建成 8 座电动汽车快速充电站，在全国主要停车场建成 4 800 座交流充电桩和 100 座快速充电桩。

---

① 王震坡、贾永轩：《电动汽车蓝图》，机械工业出版社，2010，第 58 页。

② 同上书，第 34 页。

③ 中国汽车技术研究中心、日产（中国）投资有限公司、东风汽车有限公司：《中国新能源汽车产业发展报告（2013）》，社会科学文献出版社，2013，第 301 页。

④ 同上书，第 302 页。

⑤ 钱伯章：《新能源汽车与新型蓄能电池及热电转换技术》，科学出版社，2010，第 46 页。

7. 英国

根据电动汽车快速发展的需要，英国政府在 2009 年 11 月宣布投入 3 000 万英镑在重点城市和地区支持电动汽车充电设施的建设，实施政府主导的 Plugged-In Places 示范项目，开展示范试验。随后，伦敦市长 Boris Johnson 在同年 12 月举办的哥本哈根气候变化峰会上发布伦敦市电动汽车基础设施战略。根据该战略，为支持电动汽车的普及，至 2015 年，伦敦市在工作场所建设 22 500 座充电站。在街道和停车场分别建设 500 座和 2 000 座充电站，伦敦市民可以在 1 英里之内方便地找到充电站；在公路网络中的关键地方以及车辆服务区也建立快速充电站；预计建设 25 000 座充电站要投资 6 000 万英镑，其中政府投入 2 000 万英镑；伦敦当局计划至 2015 年购买 1 000 辆电动汽车。[①] 当时，伦敦已有电动汽车 1 700 辆以及充电站 240 座。经过几年的努力，到 2013 年 3 月，入选 Plugged-In Places 示范项目的 8 个区域共建成超过 4 000 座充电设施，其中 65% 的充电设施是针对公众开放的。

截至 2015 年 4 月，英国在全国 3 180 个地点建成 8 096 个充电点，其中 901 个为快速充电点，基本建成覆盖主要城市的充电基础设施网络。[②]

8. 荷兰

荷兰 2014 年的纯电动汽车和插电式混合动力电动汽车的销售量为 1.5 万辆，居欧洲各国之首。

荷兰为推动发展电动汽车，于 2009 年发布电动交通行动计划，提出建立电动方程式团队，对电动汽车进行实验，改善现有基础设施。2009—2011 年，电动方程式团队打算投入 6 500 万欧元，支持电动汽车的发展，推动充电站的建设。经过 3 年的建设，荷兰在全国建成各种类型的充电设施 2 539 座，其中公共场所的普通充电设施 1 250 座、快速充电设施 14 座。[③]

2010 年，荷兰启动配电车和电动垃圾收集车试验等 9 个项目，基础设施与环境部投入 1 000 万欧元的补贴。到 2012 年，该项目有 115 辆纯电动汽车投入运营，建成充电基础设施 196 座。

到 2015 年年初，荷兰电动汽车充电设施发展到 4 000 多座。

（二）加氢站

加氢站是为氢燃料电池汽车和氢气汽车（即氢内燃机汽车）提供氢气的一种能源补给基础设施，可分为液态氢加氢站、压缩氢加氢站、水电解型加氢站、太阳能制氢加注站、燃料重整型加氢站等。各国为适应氢能源汽车发展的需要，自 20 世纪 90 年代中后期起，先后建设了一批加氢站。

1994 年，美国在加利福尼亚州千棕榈镇建成一座水电解制氢加注站。之后，美国、德国先后建成多座水电解制氢加注站（表 18-163）。到 21 世纪初，美国共建设加氢站 60 座，是全球建设加氢站最多的国家。

① 王震坡、贾永轩：《电动汽车蓝图》，机械工业出版社，2010，第 35-36 页。
② 中国汽车技术研究中心、日产（中国）投资有限公司、东风汽车有限公司：《中国新能源汽车产业发展报告（2015）》，社会科学文献出版社，2015，第 344 页。
③ 中国汽车技术研究中心、日产（中国）投资有限公司、东风汽车有限公司：《中国新能源汽车产业发展报告（2013）》，社会科学文献出版社，2013，第 302-303 页。

表 18-163　1994—2002 年美国、德国水电解制氢加注站建设情况

建站地点	燃料类型	开始运行时间／年	采用技术	补充说明
美国加利福尼亚州埃尔塞贡多	压缩氢气	1995	Praxair 燃料系统。燃料通过太阳能和水，在站内制得	—
美国加利福尼亚州千棕榈	压缩氢气	2000	Stuart Energy 加氢站系统	水电解制氢，每小时生产 1 400 标准立英尺氢气
美国加利福尼亚州托兰斯	压缩氢气	2001	Solar powered 氢气生产和加注站技术	利用备用网电电解
美国加利福尼亚州托兰斯	压缩氢气	2003	丰田公司和 Stuart 公司合作研发的技术	水电解制氢，每天产氢 24 kg
美国加利福尼亚州千棕榈	压缩氢气	1994	Teledyne Energy 水电解制氢系统	通过水电解得到 3 600 psi 的氢气
美国加利福尼亚州里士满	压缩氢气	2002	—	—
美国亚利桑那州菲尼克斯	压缩氢气	2001	Proton Energy 的 HOGEN PEMFC 水电解技术	—
德国汉堡	压缩氢气	1999	—	利用绿色环保电力就地水电解制氢
德国慕尼黑	压缩氢气，液态氢，液态氢转换为压缩氢气	2001	—	液态氢气由 Linde 提供
德国柏林	液态及压缩气态氢气	2002	Linde 公司提供液态氢气	—

资料来源：毛宗强：《氢能——21 世纪的绿色能源》，化学工业出版社，2005，第 191-192 页。略有删减。

日本最初于 2002 年在大阪建造天然气改质型加氢站，在高松建成固体高分子型电解质水电解型加氢站，在横滨鹤见建成副产氢输送型加氢站。[1] 2002—2003 年，又在横滨、川崎、东京地区建成 5 座加氢站。从 2002 年起，日本经济产业省开始实施 JHFC 实证试验计划，推进加氢站建设。

中国于 2004 年 10 月由同济大学制成第一辆移动氢气汽车。[2] 2006 年又在北京中关村建成一座加氢站。2011 年 1 月在山西省河津市建成世界上最大的氢-天然气混合燃料加气站。[3]

到 21 世纪初，全球共建设加氢站 163 座（表 18-164）。其中，加氢站数量排前三位的国家分别为：美国（60 座）、德国（20 座）、日本（18 座）。中国建成加氢站 6 座。

[1] 氢能协会：《氢能技术》，宋永臣、宁亚东、金东旭译，科学出版社，2009，第 140 页。
[2] 毛宗强：《无碳能源：太阳氢》，化学工业出版社，2009，第 93-94 页。
[3] 翁史烈主编《话说氢能》，广西教育出版社，2013，第 74 页。

表 18-164　21 世纪初全球加氢站数量

单位：座

国家	数量	国家	数量
美国	60	意大利	6
澳大利亚	1	日本	18
奥地利	1	卢森堡	1
比利时	2	荷兰	1
加拿大	9	葡萄牙	2
中国	6	新加坡	2
丹麦	9	韩国	2
法国	2	西班牙	3
德国	20	瑞典	3
希腊	1	瑞士	1
冰岛	1	英国	1
印度	1	挪威	10

资料来源：施皮格尔：《燃料电池设计与制造》，马欣等译，电子工业出版社，2008，第 20 页。

第 19 章　　现代能源政治和能源安全

进入现代后，世界能源资源开发利用领域越来越广，储量越来越少，对全球经济社会发展的影响越来越大，与各国、各民族的前途命运休戚相关。能源开发利用不再是单纯的经济问题，开始演变为重大的国际政治问题，不仅企业为之争夺，各国之间也为之博弈。在此过程中，能源资源安全、能源供应安全、能源储运安全、能源生产安全、能源环境与生态安全等问题日渐突出，成为世界政治经济生活的重要内容。

第 1 节　能源政治

国际上，所谓能源政治，是指各国政府之间在能源领域展开的各种政治经济合作和能源斗争的集合。世界能源政治涉及能源与战争、国际石油资源开发制度、能源（如石油）工业国有化、国际能源组织和会议、国际能源纠纷、国际油气开发项目合作等内容。

一、能源与战争

进入 20 世纪，石油的重要性日益凸显。出于种种动机和目的，石油与战争"形影相随"，石油开始成为一种重要动力，成为战争争夺的重要对象，甚至还成为战争中攻打的重要目标，显示出其独特的战略性。

（一）两次世界大战

在第一次世界大战中，石油显示了其作为战争动力能源的重要地位。

第一次世界大战爆发后，德国入侵法国，利用以煤为动力的铁路运输优势，用火车将部队运送到德法边境距巴黎仅 40 英里的马恩河。一场总兵力达 150 万人的激烈战斗即将展开，巴黎岌岌可危。在危急关头，法国加利埃尼将军急中生智，征用巴黎 3 000 多辆燃用汽油的出租车，将上万名官兵及时送上前线增援，结果法军转败为胜，拯救了巴黎。这是在第一次世界大战中，石油动力与煤炭动力比拼所取得的第一次胜利。

1916 年 5 月 31 日，日德兰海战爆发。这是第一次世界大战开战以来英德海军的唯一一次大交锋。在这场海战中，共有 265 艘各类军舰参战，其中英国 149 艘，德国 116 艘。虽然德国舰队火炮威力巨大，但因以煤炭为动力，严重制约了军舰的机动性能和活动范围；而英国舰队全部使用石油，从而极大地提高了军舰的速度，扩大了作战半径。[1] 在这场海战中，虽然英军损失了 14 艘船舰，而被击毁的德军船舰只有 11 艘，但英军保持了海上作战优势。英国舰队凭借其数量和机动性上的优势一举击败了德国舰队，并且德军直到战争结束都未能突破英国海军的封锁。在这次海战中，石油动力再次战胜煤炭动力。

1916 年 8 月，为了获取石油供应，德奥（德国和奥匈帝国）军队进攻罗马尼亚，罗马尼亚向德国宣战。1916 年 12 月 5 日，在德军攻入油田之前的几小时，英国政府请诺顿·格里菲斯出马，破坏了罗马尼亚的全部石油设施（包括 70 座炼油厂），烧掉 80 万吨原油和石油产品。1917 年 1 月，罗马尼亚的大部分国土（包括油田）被德奥军队占领，德国人用了 5 个月才恢复石油生产。

1917 年 2 月 1 日，德国宣布，它的潜水艇将不经警告击沉一切在英国、法国、意大利和地中海周围广阔海域航行的交战国与中立国的船只。德军击沉了一批各大石油公司的船只。其中，新泽西标准石油公司仅 5—9 月就损失 6 艘油轮，壳牌集团失去的油轮中包括它的第一艘油轮"骨螺号"（Murex）。由此，引发了美国的参战。同年 3 月 24 日，美国政府邀请新泽西标准石油公司董事长阿尔费雷德·贝德福德组建美国石油战争服务委员会（美国石油学会的前身）。这是新泽西标准石油公司与政府合作的开始。贝德福德把石油界各大石油公司的首脑吸收进委员会，号召大家加强合作。该委员会的任务是制订战时美国、协约国及各大石油公司的石油生产计划，采购、供应各国所需要的石油，及时抽调油轮，加强美、英航线。该委员会还聘请新泽西标准石油公司的总裁蒂格尔专门负责战时石油的运输。[2]

1918 年 5 月 7 日，罗马尼亚战败，被迫签订《布加勒斯特和约》，割让部分领土，德国取得罗马尼亚油田 90 年的租让权。同年 7 月，土耳其包围巴库，8 月初占领部分油田，9 月下旬攻占巴库。同年 11 月，英国军队赶走土耳其人，占领巴库。阿塞拜疆的石油生产因此遭到极大破坏，1918 年产量

① 崔守军：《能源大冲突：能源失序下的大国权力变迁》，石油工业出版社，2013，第 154 页。
② 王才良、周珊：《世界石油大事记》，石油工业出版社，2008，第 51—52 页。

仅为 42 万吨，1919 年也只有 65 万吨。

1918 年 11 月 11 日，德国宣布投降，第一次世界大战结束。在日内瓦停战协定签订后几天，英国不顾原先的协定，出兵占领美索不达米亚的摩苏尔地区。随后，英法达成交易，英国同意法国取得鲁尔地区，法国同意英国对中东的要求。

在第一次世界大战中，美国是世界主要石油供应国，向协约国供应了 13 300 万桶石油。其中，从 1917 年 1 月美国正式参战到战争结束，共计提供 7 000 万桶石油。

石油作为动力能源，显示了其在作战运输中的极大便利性，因此，"一战"中协约国燃用汽油的运输工具数量猛增。1914 年 8 月，英国远征军开赴法国时仅有 827 辆车，包括 747 辆征用车和 15 辆摩托车。到战争结束的前几个月，英国陆军已拥有 56 000 辆卡车、23 000 辆汽车、34 000 辆摩托车和机动脚踏车。[1]1914 年战争开始时，法国军队只有 110 辆卡车、60 辆牵引车和 132 架飞机，到 1918 年则猛增到 70 000 辆卡车和 12 000 架飞机。[2]在最后的西线进攻中，英国、法国、美国每天消耗的石油高达 12 000 桶。由于燃用汽油的汽车运输比燃用煤炭的铁路运输更机动灵活，因而协约国取得了对同盟国的作战优势。"一战"结束后，英国大臣寇松评价道："协约国是在石油的海洋中驶向胜利彼岸的。"[3]

与第一次世界大战不同，在第二次世界大战中，石油不仅是战争的重要能源，还是战争攻击与争夺的重要目标。

在德国发动第二次世界大战之前，其石油供应主要来自罗马尼亚；"二战"中，德军所需石油的 94% 也是来自罗马尼亚。"二战"爆发前夕，德国与苏联订立《苏德互不侵犯条约》。1940 年 6 月 26 日，苏联未通知德国便对罗马尼亚提出立即归还比萨拉比亚和割让北部科维纳的最后通牒，并出兵罗马尼亚。1941 年 6 月 22 日，德国出动约 190 个师、3 700 辆坦克、4 900 架飞机、47 000 门大炮和 190 艘战舰，突然袭击苏联西部 66 个机场以及其他军事基地、交通枢纽和重要城市，以千门大炮猛烈轰炸苏联西部边境。德军利用暂时有利的条件，迅速占领立陶宛、拉脱维亚、白俄罗斯和乌克兰。在战争中，苏联为切断德国的石油供给，出动轰炸机对罗马尼亚的油田进行了 95 次轰炸，将其炸毁。[4]后来，在斯大林格勒战役中，德军第六军被苏军包围，必须冲击 30 英里才能获救，但剩余的燃料只够坦克行进 20 英里，因缺少燃料而丧失灵活行动能力的德军不得不投降。[5]在北非战场，德军著名将领隆美尔凭借高度机动的机械化军团曾一度取得巨大胜利，但在关键的阿拉曼之战中却因缺少燃料而完全丧失优势，最后败给英国元帅蒙哥马利。他感叹道："勇士不能没有枪，枪不能没有充足的弹药，然而在机动战争中如果离开了装足汽油运载它们四下出击的车辆，则枪支弹药都毫无用处。"[6]对此，某位历史学家这样写道："希特勒在经济领域念念不忘的是石油。"德国军械和战时生产部部长艾尔伯特·斯皮尔在 1945 年 5 月被审讯时说，对石油的需要是"决定侵入俄罗斯"的首要动机。[7]

---

[1] 吴晓明主编《通向大国之路的中国能源发展战略》，人民日报出版社，2009，第 59 页。

[2] 任皓：《看不见的战线：能源争夺背后的信息博弈》，石油工业出版社，2011，第 148 页。

[3] 同上书，第 48 页。

[4] 同上书，第 50 页。

[5] 吴晓明主编《通向大国之路的中国能源发展战略》，人民日报出版社，2009，第 60 页。

[6] 同上。

[7] 丹尼尔·耶金：《石油·金钱·权力》上册，钟菲译，新华出版社，1992，第 347 页。

在第二次世界大战中，1941 年 7 月 28—29 日日本入侵印度支那后，美国随即在 8 月 1 日对日本宣布，实行包括石油在内的物资全面禁运（除棉花外）。这对于极其"贫油"的日本来说无疑是一个重大打击，由此导致了 1941 年 12 月 7 日日本偷袭珍珠港。随后，日军兵分三路攻占印度支那的油田：一路迅速攻占菲律宾与马来西亚；二路进军荷属东印度，攻占爪哇岛地区；三路巩固占领地区，伺机对缅甸作战。[①] 1942 年 1 月 13 日至 2 月 20 日，日军第十六师团分别从东西两面包围了爪哇岛。其间，日军一支空降兵部队占领了苏门答腊的油田——巨港油田。同年 1 月 31 日，日军占领缅甸重镇毛淡棉。接着，日军兵分两路北进，西路军于 3 月 8 日占领仰光；东路军沿着伊洛瓦底江北上，于 4 月中旬击溃防守曼德勒重镇以南的 6 万英军，占领仁安羌油田。之后，盟军击败日军，先后占领马里亚纳群岛、菲律宾、硫黄岛和冲绳，导致日军与南方占领区域之间的海上交通被截断，无法获取东南亚的战略物资——石油。1945 年 7 月 26 日《波茨坦公告》发布，之后日军不得不投降。

在这场战争中，石油成为战争的"靶子"与工具，各参战国争夺石油主要出于三个方面的考虑：

其一，侵占石油资源。

1939 年，德国与罗马尼亚签订《石油通商协定》，成立德国罗马尼亚公司，规定德国每月进口罗马尼亚石油 10 万～ 13 万吨。

1940 年 5 月 29 日，罗马尼亚与德国签订《石油 – 武器协定》。12 月 25 日，30 万德军进入罗马尼亚。7 月 31 日，奥地利被德军占领。奥地利全部石油工业被德军控制，石油探采特许权归德国企业。

1942 年 1 月 19 日，日本占领缅甸。同月，日军占领英属缅甸波罗洲壳牌集团的巨港油田和巴厘巴板炼油厂。1 月 30 日，在日军到达前，同盟军炸毁了石油生产、运输的设施。3 月，日军占领整个东印度群岛。日本立即成立南方燃料厂，并派遣 4 000 名石油技术人员和工人（占日本全部石油员工的 70%）到缅甸，恢复石油生产，是年产油 2 590 万桶。[②]

1942 年夏天，德军向高加索地区进军，目标是占领北高加索地区和巴库的油田。为此，德国组织了上万人的技术旅，负责恢复石油生产。8 月 9 日，德军占领北高加索地区的迈科普油田，但始终未能攻占格罗兹尼油田和巴库油田。

其二，摧毁石油设施。

1941 年，日军击沉第一艘美国油轮——索科尼 – 真空石油公司的 Emidio 号油轮。战争中，该公司损失 437 名职工、32 艘船，在法国、意大利的两座炼油厂被占领，Gravenchon 炼油厂被烧毁。[③]

1941 年春天，德国从空中、海上和海底对英伦三岛进行全面封锁。到 4 月 1 日，击毁英国油轮 78 艘，英国海上航线严重受阻。5—7 月，美国通过大西洋向英国供应石油产品 250 万吨。

1942 年 2 月 14 日，委内瑞拉马拉开波湖的出口被德国潜艇封锁，7 艘油轮被德国潜艇击沉。6 月 12 日，同盟国空军轰炸罗马尼亚的油田。

1944 年 6 月 11 日，同盟国空军轰炸罗马尼亚的油库群。

1945 年 3 月，从新加坡开往日本的一支日本油轮队在途中被全部击沉。

---

① 任皓：《看不见的战线：能源争夺背后的信息博弈》，石油工业出版社，2011，第 52 页。
② 王才良、周珊：《世界石油大事记》，石油工业出版社，2008，第 103 页。
③ 同上书，第 97–98 页。

其三，管控石油动力。

在 1941 年 8 月美国对日本禁运石油之前，美国对日本实行绥靖政策，美国是日本最大的石油供应国。1940 年美国向日本供应的汽油是前 3 年平均供应量的 3 倍，其中航空汽油达 55.67 万桶。

1941 年 5 月，根据战争发展态势，美国总统罗斯福下令成立国防石油协调局（后改为战时石油协调局），协调战时的石油生产和分配，任命哈罗德·依克斯为局长，加利福尼亚标准石油公司副总裁拉尔夫·戴维斯为副局长。

1941 年 7 月 25 日，面对日本南下攻占印度支那的情况，美国政府下令冻结日本在美国的资产，8 月 1 日开始对日本禁运石油。12 月 7 日，日本发动"珍珠港事件"，美军太平洋舰队几乎全军覆没。次日，美国对日本宣战。

美国对日本宣战后，进一步加强对石油的管控，以保障战争需求。美国政府在 1941 年 11 月 29 日成立石油工业国防咨询委员会的基础上，于同年 12 月底又成立以美国石油学会主席小博伊德为首的石油工业战争委员会，要求各大石油公司都参加。此外，还成立了国外行动委员会，由在国外开发石油的 12 家公司的代表组成，新泽西标准石油公司的副总裁奥维尔·哈登任主席。

1942 年 12 月，美国战时石油协调局改组为战时石油署，任命哈罗德·依克斯为署长。同年，德士古公司会同其他石油公司组成战争非常时期石油管道运输公司，由德士古公司的总裁挂帅，负责筹备、建设两条大口径和次大口径石油管道。

1943 年 8 月，美国八大石油公司联合组成战争非常时期油轮运输公司，充当战时船运委员会，无赢利运作。

（二）中东战争

自 1948 年起，以色列与周围阿拉伯国家之间爆发了 5 次大规模战争，称为"中东战争"，其中前 4 次与石油相关。

第一次中东战争的起因是 1948 年 5 月 14 日犹太人在巴勒斯坦建立以色列国，遭到阿拉伯国家的反对。于是，第二天凌晨，埃及、伊拉克、叙利亚等阿拉伯联盟国家的军队相继进攻巴勒斯坦，爆发了第一次中东战争。战争以以色列在美国的支持下取得胜利而结束，而美国的介入是基于对海湾地区丰富的石油资源的战略抉择。当时，"美国国务院一直坚信，沙特阿拉伯的石油资源开发应当体现更加广泛的国家利益。这是美国把国家安全与一个相距万里的海湾沙漠王国的命运正式联系在一起的开端"。[1]

苏伊士运河是将海湾石油运往西欧最便捷的海上运输通道。英国首相艾登曾说："没有苏伊士运河运入的石油，英国和西欧的工业便不能保持正常运转。"[2]1956 年 7 月，埃及将苏伊士运河公司收归国有，并禁止以色列船只通过运河和亚喀巴湾出海口蒂朗海峡，这导致了 10 月 29 日起以色列、英国、法国 3 国先后出兵攻打埃及，第二次中东战争爆发。随后，阿拉伯国家第一次使用了"石油武器"，叙利亚、黎巴嫩和约旦首先切断了对外输油管道，随后沙特阿拉伯中断了对英国、法国的石油供应，使石油消

[1] 任皓：《看不见的战线：能源争夺背后的信息博弈》，石油工业出版社，2011，第 161 页。
[2] 余胜海：《能源战争》，北京大学出版社，2012，第 14 页。

费国受到了沉重打击。

1967 年 6 月 5 日早上，在美国的大规模军事援助下，以色列再次向阿拉伯国家叙利亚、伊拉克和约旦同时发起"闪电"战，第三次中东战争爆发。伊拉克、科威特、沙特阿拉伯等阿拉伯国家再次拿起"石油武器"，宣布对美国实行石油禁运。同时，埃及还关闭了苏伊士运河，卡住了中东原油运往美国和欧洲的海上通道。这次战争仅持续 6 天，阿拉伯国家便失败了。蕴藏丰富石油的西奈半岛被以色列占领。

1973 年 10 月 6 日，埃及和叙利亚为收复失地，向以色列发动了进攻，第四次中东战争爆发。在战争中，由于美国在 10 月 19 日决定向以色列提供 22 亿美元的紧急援助，立即遭到阿拉伯国家的联合反对，沙特阿拉伯首先宣布从当天起石油减产 10%，并对美国实行禁运。随之，其他阿拉伯产油国也纷纷实行石油减产和禁运，并大幅提高油价，结果导致了 1973 年第一次世界石油危机的爆发。这次战争不仅沉重打击了欧美等资本主义国家的经济发展，更为重要的是，阿拉伯国家第一次在历次中东战争中获得胜利，从以色列手中夺回了西奈半岛。经过谈判，以军在戈兰高地撤至 1967 年停火线以西，并于 1982 年 4 月撤出西奈半岛。[①]

（三）两伊战争

1980—1988 年，伊朗和伊拉克爆发了长达 8 年的两伊战争。战争中，双方的油田和石油设施成为被攻击的重点对象，损失惨重，两国死伤数万人。战争使伊朗的石油产量从 1978 年的 2.65 亿吨锐减至 6 500 万～9 800 万吨，炼油能力降低了一半，直接经济损失高达 4 400 亿美元，间接经济损失 4 900 亿美元，其中石油工业的直接经济损失 1 050 亿美元，间接经济损失 1 900 亿美元。[②]

（四）海湾战争

两伊战争结束不久，伊拉克又于 1990 年 8 月 2 日出兵入侵科威特。于是，1991 年 1 月 17 日，以美国为首，由 34 个国家组成的多国部队，在联合国安理会的授权下，为恢复科威特的领土完整，对伊拉克进行了一场战争，此即海湾战争。伊拉克入侵科威特，与石油的关系很大。科威特拥有极为丰富的石油资源，石油探明储量达 108 亿吨，可开采 118 年；而伊拉克的石油探明储量为 60 亿吨，仅可开采 42 年。科威特处于油田盆地中心，虽经多年开采，但产量不减；而伊拉克的北部油田处于盆地边沿，石油储量日渐减少。为此，伊拉克对科威特在靠近与伊拉克连接的地区采油横加指责，要求科威特赔偿"损失"。同时，属于科威特的布比延岛和沃尔拜岛的油气资源十分丰富，伊拉克对该两岛提出主权要求，遭到科威特的拒绝。此外，伊拉克要求勾销其在两伊战争中欠科威特的 200 亿美元债务，科威特也不同意。由于上述种种原因，最终导致伊拉克产生要吞并科威特，进而实现控制其石油资源，打开波斯湾石油出口通道，控制整个中东地区石油资源，左右世界石油市场的野心。[③]

这次海湾战争对世界石油格局产生了重大影响。首先，伊拉克受到了联合国对其实施的包括石油禁运在内的经济制裁；其次，美国成为这场战争的最大赢家，借此在海湾地区驻扎了军队，控制了波斯湾

---

① 夏征农、陈至立主编《大辞海·世界历史卷》，上海辞书出版社，2011，第 740 页。

② 余胜海：《能源战争》，北京大学出版社，2012，第 17 页。

③ 同上书，第 18 页。

的石油，并以此为手段左右依赖中东石油的西欧和日本[①]；最后，为2003年美国入侵伊拉克埋下了伏笔。

（五）伊拉克战争

2003年，美国入侵伊拉克，名义上是指控萨达姆拥有大规模杀伤性武器，实际上是"醉翁之意不在酒"，而意在石油——因为它关乎美国的能源安全和战略利益。

在美国轰炸伊拉克之前，2001年1月迪克·切尼就职小布什政府的副总统后，担任美国的国家能源政策开发小组组长。他在起草的一份报告中指出，"美国2000年原油进口总量中，55%来自以下4个国家：加拿大（15%），沙特阿拉伯和委内瑞拉（各14%），墨西哥（12%）……预计2020年（波斯）海湾石油生产国的目标，是为世界提供54%至67%的石油。因此，全球经济对石油输出国组织成员的依赖，尤其是对海湾地区成员供应的石油的依赖，必然要持续下去。所以海湾地区仍然是美国最重要的利益所在"。同时，切尼在报告结尾中强调："中东石油生产国，无论如何都是世界石油安全的中心。虽然海湾地区是美国国际能源政策的焦点，但美国的责任在全球，对全球能源的平衡具有重大影响的地区，无论是现在已有的，还是今后出现的，美国都会关注。"[②] 切尼的报告为小布什政府攻打伊拉克找到了理由。

美国学者蒙哥马利在《全球能源大趋势》中指出，2003年美国攻打伊拉克是一场豪赌，涉及3个与能源相关的目标：（1）在海湾地区建立一个亲美的民主国家，利用它来促进其他地区的政权变更，警告恐怖主义的支持者；（2）重建伊拉克的石油工业以增加供给，压低油价，减少某些不友好国家的石油收入；（3）树立一个重要的典范，促使这一地区向大规模的外国投资敞开大门。因此，入侵伊拉克似乎是一条摆脱困境的出路。[③]

纵使在联合国安理会上法国、中国和俄罗斯均反对美国针对伊拉克的行动，小布什总统还是在2003年3月20日凌晨发动了代号为"伊拉克自由行动"的伊拉克战争。这次战争不但没有查出伊拉克拥有大规模杀伤性武器，还致使数万名美国士兵伤亡，而伊拉克死伤的人则不计其数。至2006年2月，即到战争第三年年末时，约2300名美国人在伊拉克战争中丧生，近17000名美国人受伤。"这些数字损害着小布什，使其公众支持率跌到了2005年的40%以下，到2006年已低于30%。大部分美国人在问卷调查中答道，他们觉得伊拉克战争是个错误。"[④] 美国学者斯蒂格利茨等估计，美国发动伊拉克战争的宏观经济成本投入高达3万亿美元。美国为发动伊拉克战争付出了巨大的代价。

美军占领巴格达后，美国发动伊拉克战争的意图便暴露无遗。入侵不久，退役中将杰伊·加纳被指派监管战后伊拉克，但他仅在这一职位上坚持了一个月。4月21日，其接替者保罗·布雷默建立了驻伊拉克临时权力机构，掌管重建事务，7月组建了伊拉克管理委员会，参与者大部分是那些憎恨萨达姆的地方领导人。虽然这一委员会表面上提供了权力分享，但在关于伊拉克未来的事务上，都是布雷默自己单独做出决定。[⑤]

① 余胜海：《能源战争》，北京大学出版社，2012，第18页。
② 威廉·恩道尔：《石油大棋局：下一个目标中国》，戴健、李峰、顾秀林译，中国民主法制出版社，2011，第198页。
③ S.L.蒙哥马利：《全球能源大趋势》，宋阳、姜文波译，机械工业出版社，2012，第232页。
④ 史蒂文·胡克、约翰·斯帕尼尔：《二战后的美国对外政策》，白云真、李巧英、贾启辰译，金城出版社，2015，第342页。
⑤ 同上书，第338页。

伊拉克临时管理委员会从 2003 年 4 月至 2004 年 6 月接管了伊拉克的管理权。没有征得伊拉克人民的任何同意，临时管理委员会就肢解了这个国家的国有企业体系。它还废除了伊拉克以前曾制定的一些法律条文和带有歧视性的关税条款，这些规定曾有效禁止了外国公司在伊拉克的投资。另外，临时管理委员会还下达命令，给予伊拉克境内的外国投资者完全平等的国民待遇，并允许他们可以把投资利润和股息无限制地转移到伊拉克境外。由于石油工业占据了伊拉克经济的 95%，伊拉克经济重组所要达到的主要效果就是让外国投资的某个公司取代国有的伊拉克石油公司，而这种石油格局几十年来在任何阿拉伯石油出口国中都不曾看到。[1]2008 年 7 月，《洛杉矶时报》的一篇报道称，伊拉克的石油基础设施重建项目有 35 家公司竞标，"其中 7 家来自美国，中国和日本各 4 家"[2]。并且，根据 2007 年伊拉克的新石油天然气法，西方石油巨头（如英国石油公司、英荷壳牌石油公司和埃克森美孚公司）获得 30 年的石油合同。这是伊拉克自 1972 年实行石油工业国有化以来，西方企业首次大规模进入该国。根据法案，美、英两国的石油公司可与伊拉克政府签署产量分成协议[3]。

时任美联储主席的艾伦·格林斯潘承认，伊拉克战争是关于石油的战争。英国《卫报》报道："期待已久的《格林斯潘回忆录》将于明天在美国发行。这位 81 岁的老人曾担任美联储主席近 20 年。他在书中写道：'我为说出那些众所周知的话会引起政治上的麻烦而感到悲哀：伊拉克战争的主要动因是石油。'"[4]

二、国际石油资源开发制度

政府间或政府与外国公司之间关于石油资源开发合作的制度安排是一种政治行为，体现国家意志和主权利益。它在各种国际政治行为体系中属于顶层设计，对产油国石油开发乃至国家命运产生重大而深远的影响。诸如石油产地租让制就令产油国丧失租让地上的矿产资源所有权。有些 20 世纪 30 年代租让的土地，甚至要到 21 世纪 20 年代才能终止租让。如科威特 1934 年租让给科威特石油公司的租让地，于 1951 年延期至 2026 年。20 世纪 50 年代乃至 20 世纪 70 年代，世界石油资源开发合作制度无论是瓜分制、租让制、税费制、利润分成制、原油标价制、参股制，还是产量分成制，在全世界尤其是在亚洲、非洲、拉丁美洲地区，对于产油国都是不平等的，有的甚至是极其不平等的。因为这些制度，亚洲、非洲、拉丁美洲等地区的产油国受到了诸多不平等的待遇，石油资源被掠夺，巨额利润被攫走。由此，斗争与反斗争从来没有停止过。

（一）瓜分制

第一次世界大战首次使人们深刻地认识到石油在世界政治生活中的重大战略地位。于是，当时的世界列强，无论是产油国还是非产油国，都迫不及待地到世界各地圈占石油产地。海湾地区就成了各国争夺的重中之重。世界列强凭借着军事、经济实力，无须征得石油产地主人的同意，便开始对海湾地区的石油蕴藏地进行争夺与霸占，在石油产地主权国缺位的情况下，或秘密或公然地签订各种不公

[1] 杰伊·哈克斯：《拯救石油：一场本不该打的石油战争》，阎志敏译，石油工业出版社，2010，第 103 页。
[2] 迈克尔·鲁珀特：《最后一桶油》，潘飞虎译，华夏出版社，2011，第 63 页。
[3] 赵庆寺：《国际合作与中国能源外交：理念、机制与路径》，法律出版社，2012，第 27 页。
[4] 迈克尔·鲁珀特：《最后一桶油》，潘飞虎译，华夏出版社，2011，第 153 页。

平的协议,对石油产地进行瓜分和再瓜分,从而形成了各种对于产油国来说并不平等的石油产地瓜分制度。

"一战"结束不久,为处置战败国奥斯曼帝国的前领地,英国、法国、意大利、日本以及希腊、比利时等国家于1920年4月19—26日在意大利圣雷莫举行国际会议,签订了《圣雷莫协议》。美国派出观察员参加了部分会议。该协议对奥斯曼帝国进行了"肢解",把奥斯曼帝国名下的叙利亚包括黎巴嫩划给法国委任统治,把伊拉克和巴勒斯坦划给英国委任统治,把伊兹密尔割让给希腊。会上,还签订了一项石油协议,把土耳其石油公司中德国一家银行所占有的四分之一的股份转给法国,原在土耳其石油公司占近半数股份的英国石油公司的股份仍然不变,原先在美索不达米亚开发石油的美国人罗斯蒂·高宾金(也有的书籍认为该美国人的名字为"古尔本基安"。见下文)仍继续占有百分之五的股份。[①]各国石油财团就这样对海湾地区的石油产地进行了第一次瓜分。瓜分之后,土耳其石油公司的股权重新分配:英国石油公司占47.5%,法国占25%,壳牌集团占22.5%,美国人高宾金占5%。

圣雷莫会议之后,"一战"的战胜国于1920年8月10日又在法国巴黎西南部的色佛尔对奥斯曼帝国进行再瓜分。但因瓜分不均,英国、法国矛盾很大,在签订瓜分阿拉伯国家包括摩苏尔石油产地的协议时,一开始法国不肯让步,最后双方达成和解。当时法国总理克里孟梭这样自白:"好吧,我就让出摩苏尔,但是……我要把这事当作诱饵,以便取得基里基亚……所以我对英国人说:'二者之中你们想要哪一个,摩苏尔还是基里基亚?'他们回答说:'摩苏尔。'我说:'好吧,我就把它给你们,我要基里基亚。'"[②]这段自白揭示了帝国主义赤裸裸地掠夺、瓜分海湾石油产区的真实面目。

对奥斯曼帝国瓜分完毕后,英、法两国便在各自的势力范围内通过土耳其石油公司对海湾地区的石油进行开采。当时,美国在海湾地区的石油开采权限很小,仅美国人高宾金在土耳其石油公司中占有5%的股份。对此,美国很不满意,认为英国和法国在蓄意排斥美国。美国驻伦敦大使向英国外交部提出强烈抗议,指责英国企图独占世界石油。这个美国大使说,美国帮助协约国赢得第一次世界大战,应该有权分享当地的石油。[③]为此,新泽西标准石油公司最先发难,指责这一"门户关闭政策"把其他国家排除在中东石油资源之外。[④]由于沃尔特·蒂格尔的坚持和其他美国石油公司的大声疾呼,美国政府开始对英国及法国施加压力,要求它们开放已经关闭的大门。最后,在美国政府的干预下,双方于1922年8月达成初步协议,允许美国的石油公司——新泽西标准石油公司和光裕石油公司拥有土耳其石油公司20%的股权,这使得美国的石油公司在中东地区有了基本的立足点。[⑤]事后,海湾石油公司的代表回忆道:"华盛顿把我们这些石油公司的代表找去,对我们说,去吧,把伊拉克石油弄回来!"[⑥]英国学者安东尼·桑普森认为:"这是第一次世界大战之后,西方列强分割世界的强盗分赃史上十分丑恶的一页。"[⑦]

---

① 程远行:《海湾地区的石油斗争》,求实出版社,1982,第21页。

② 同上。

③ 安东尼·桑普森:《石油大鳄》,林青译述,石油化学工业出版社,1977,第65页。

④ 彼得·特扎基安:《每秒千桶——即将来的能源转点:挑战与对策》,李芳龄译,中国财政经济出版社,2009,第46页。

⑤ 同上书,第47页。

⑥ 安东尼·桑普森:《石油大鳄》,林青译述,石油化学工业出版社,1977,第66页。

⑦ 同上。

1925 年，伊拉克新政府在英国的压力下跟土耳其石油公司签订协议，让这家以英国资本为主的公司享有在摩苏尔地区 2000 年以前开采石油的特权。同时还规定，这家公司必须永远是英国公司，它的董事长必须永远是英国人。在 1925 年伊拉克政府正式授予土耳其石油公司开采权后，土耳其石油公司改名为伊拉克石油公司。《圣雷莫协议》原规定，伊拉克政府可分取油田 20% 的收益，而新的协议把这一条取消了，代以每开采 1 吨石油，就给伊拉克政府 4 个金先令的油税。伊拉克人民对英国这种赤裸裸的掠夺极其愤怒。[①] 伊拉克内阁中两位部长辞职，以抗议这个协议的签订，但因英国的炮舰和远征军政策，抗议无效。直到 1965 年后，伊拉克石油资源才回到伊拉克人手中。

1925 年后，经过 3 年艰难的谈判，1928 年 7 月伊拉克石油公司（即土耳其石油公司）的各国股东终于在比利时奥斯廷会议上达成协议，对公司所有股权进行重新分配：盎格鲁-波斯石油公司拥有 50% 的股份，埃克森和美孚公司占有 23.75% 的股份（两个公司平分），剩下的股份则由荷兰皇家壳牌石油公司、法国的一个联合集团和商人卡洛斯提·古尔本基安共同瓜分。[②] 其中，古尔本基安是原土耳其石油公司的原始创办人之一，即著名的 "5% 先生"。此称号源于其在伊拉克石油公司中拥有 5% 的股权，他不仅是当时最富有的人之一，还对当时的地缘政治有极大的影响力。

当时签订的协议称为《红线协定》。《红线协定》确立了第一次世界大战后各列强对奥斯曼帝国丰富的石油矿藏的瓜分格局。因以埃克森为首的多家美国石油公司在伊拉克石油公司中占有 23.75% 的股份，于是美国同时签署了 "原奥斯曼帝国土地上的采油权属于这家公司专有" 的条款。

1933 年，美国加利福尼亚美孚石油公司在沙特阿拉伯取得为期 66 年的石油开采权，建立加利福尼亚 – 阿拉伯美孚石油公司。1936 年，它把一半股份出售给得克萨斯石油公司。1944 年，改称阿拉伯 – 美国石油公司，简称 "阿美石油公司"。[③] 在此变革下，1946 年 10 月，新泽西和纽约两家标准石油公司以《红线协定》规定的条款 "与贸易自由和公众利益相违背" 为由，单方面宣布《红线协定》无效。[④] 12 月，加利福尼亚美孚石油公司、得克萨斯石油公司、新泽西和纽约两家标准石油公司达成原则协议：后两家公司加入阿美石油公司，提供 1.02 亿美元贷款，将来转为股金；前两家公司将来在后几年可获得生产每桶石油的代理佣金；前两家公司出让一半股权，可得到 4.7 亿美元。为此必须撕毁《红线协定》。[⑤] 法国石油公司和古尔本基安对此表示强烈反对。

1947 年 2 月，法国石油公司向法庭控告美国新泽西和纽约两家标准石油公司进入沙特阿拉伯违反《红线协定》。后经反复协商，1948 年 11 月 3 日双方在庭外解决了纠纷。同时，美国 4 家石油公司与古尔本基安也达成集团协议。由此，《红线协定》正式废除。

虽然《红线协定》废除了，但是当时还存在另一种范围更广、影响更大的石油瓜分制度——国际石油卡特尔，即石油 "七姐妹"。参加者有美国、英国、荷兰三国的七家资本主义世界最大的石油公司，即美国埃克森石油公司、加利福尼亚标准石油公司、莫比尔公司、德士古公司、海湾石油公司、英国石

---

① 安东尼·桑普森：《石油大鳄》，林青译述，石油化学工业出版社，1977，第 66 页。
② 彼得·特扎基安：《每秒千桶——即将到来的能源转点：挑战与对策》，李芳龄译，中国财政经济出版社，2009，第 47 页。
③ 褚葆一主编《经济大辞典·世界经济卷》，上海辞书出版社，1985，第 434 页。
④ 王才良、周珊：《世界石油大事记》，石油工业出版社，2008，第 110–111 页。
⑤ 同上书，第 111 页。

油公司及英荷壳牌石油公司。石油"七姐妹"没有正式的组织机构，只有一系列协定，是一个隐蔽的但卡特尔化程度很高的国际垄断组织。起初，新泽西标准石油公司（埃克森石油公司的前身）、英荷壳牌石油公司和英国石油公司于1928年9月在苏格兰的阿克纳卡里古堡签订规定销售限额的协定（称为"阿克纳卡里协定"），之后其他4家石油公司表示赞同，协定又经过多次修订补充和扩展，如1928年又签订分割欧洲市场的协定等。这些协定规定了各个公司的石油生产和销售限额，划分市场范围，以维护石油国际垄断价格。[①]"七姐妹"为争夺石油产地和市场，经常展开激烈的竞争。美国参议院小企业委员会对石油"七姐妹"进行了调查，于1952年8月发表调查报告，称石油"七姐妹"是"国际石油卡特尔"。该报告得出的基本结论是：七大公司控制美国以外所有主要石油产区，所有的外国炼油厂、专利权和炼油技术；共同划分市场，分享全世界的输油管道和油船；人为地维持高油价。[②]

从实际来看，1972年八大国际石油公司（法国石油公司和石油"七姐妹"）控制了世界原油产量的65.2%。其中，对中东控制的比例高达87.3%，对远东及大洋洲、拉丁美洲控制的比例分别达到73.1%、65.1%。而它们在本土北美和西欧对原油生产控制所占比例均低于世界平均水平，在北美仅为39.5%，在西欧为54.8%（表19-1）。这从统计学上验证了上述美国参议院小企业委员会通过调查所得出的石油"七姐妹""控制美国以外所有主要石油产区，所有的外国炼油厂、专利权和炼油技术"的基本结论。是年，石油"七姐妹"除北美之外的原油产量共计23 560千桶/日，占世界总产量44 036千桶/日的53.5%。

表19-1　1972年八大国际石油公司对世界原油生产的控制

地区	埃克森/（千桶/日）	英国[2]/（千桶/日）	壳牌/（千桶/日）	德士古/（千桶/日）	索卡尔[3]/（千桶/日）	海湾/（千桶/日）	莫比尔[4]/（千桶/日）	法国[5]/（千桶/日）	八大公司合计/（千桶/日）	总产量/（千桶/日）	八大公司对各地区石油生产的控制/%
西欧	59	26	39	31	1	4	22	—	182	332	54.8
远东、大洋洲	190	1	292	429	427	—	36	—	1 375	1 882	73.1
非洲	307	603	760	122	122	452	272	151	2 789	5 526	50.5
中东	2 283	3 995	1 649	2 100	2 078	1 881	1 135	895	16 016	18 337	87.3
拉丁美洲	1 519	6	945	275	63	250	140	—	3 198	4 913	65.1
北美	1 376	18	819	1 063	592	688	589	5	5 150	13 046	39.5
总计	5 734	4 649	4 504	4 020	3 283	3 275	2 194	1 051	28 710	44 036	65.2
各公司对世界[1]石油生产的控制/%	13.0	10.6	10.2	9.1	7.5	7.4	5.0	2.4	65.2	—	—

资料来源：许乃炯、巫宁耕、祝诚等：《帝国主义对第三世界国家的控制和剥削（统计资料）》，人民出版社，1978，第235页。

注：[1] 不包括苏联和东欧；[2] 英国即英国石油公司；[3] 索卡尔即加利福尼亚标准石油公司；[4] 莫比尔即美孚石油公司；[5] 法国即法国石油公司。

① 褚葆一主编《经济大辞典·世界经济卷》，上海辞书出版社，1985，第417页。

② 王才良、周珊：《世界石油大事记》，石油工业出版社，2008，第125页。

1958 年，石油"七姐妹"的净收入总计 16.33 亿美元，到 1973 年增至 75.29 亿美元（表 19–2），增长了近 4 倍，从亚洲、非洲、拉丁美洲等国家攫取了巨额的利润。1958—1973 年间石油"七姐妹"的净收入总计高达 588.36 亿美元。

表 19–2　1958—1973 年石油"七姐妹"的净收入

时间 / 年	埃克森 / 百万美元	德士古 / 百万美元	莫比尔 / 百万美元	索卡尔 / 百万美元	海湾 / 百万美元	壳牌 / 百万美元	英国 / 百万美元	总计 / 百万美元
1958	563	311	157	272	330	—	—	1 633
1959	630	354	164	268	290	—	63	1 769
1960	689	392	183	280	330	—	—	1 874
1961	758	434	211	294	339	524	—	2 560
1962	841	382	242	314	340	573	71	2 763
1963	1 019	516	272	322	371	601	83	3 184
1964	1 050	541	294	345	395	588	82	3 295
1965	1 036	591	320	391	427	628	81	3 474
1966	1 054	672	356	424	505	662	79	3 752
1967	1 195	751	385	422	578	732	64	4 127
1968	1 277	820	431	452	626	865	101	4 572
1969	1 048	770	434	454	611	946	97	4 360
1970	1 310	822	283	455	550	880	91	4 391
1971	1 462	904	541	511	561	847	149	4 975
1972	1 570	889	574	574	197	704	70	4 578
1973	2 440	1 292	343	844	570	1 780	260	7 529
总计	17 942	10 441	5 190	6 622	7 020	10 330	1 291	58 836

资料来源：许乃炯、巫宁耕、祝诚等：《帝国主义对第三世界国家的控制和剥削（统计资料）》，人民出版社，1978，第 239 页。

（二）租让制

现代石油工业出现后，石油产地租让制的实施在很长一段时间内都是外国公司进入产油国尤其是中东和拉丁美洲等地区进行石油开采的一个重要前提要件。例如，1913 年，英国皮尔逊父子公司与哥伦比亚签订合同，取得在哥伦比亚境内 1 万平方千米（任何部分均可）的石油产地租让权。该公司不仅有权开发哥伦比亚未开采的油区，而且还可以建筑铁路、船坞、运河，以及举办电报、电话事业等。[①] 通过这一制度，国际大石油公司利用资金优势等条件，可以在产油国拥有大片土地。比如，加利福尼亚标准石油公司从 1936 年通过巴林进入沙特阿拉伯，到 1939 年短短几年间，与德士古公司一

[①] 李春辉、苏振兴、徐世澄主编《拉丁美洲史稿·下卷》，商务印书馆，1993，第 601 页。

起，仅 2 家美国公司就在沙特阿拉伯取得共计近 114 万平方千米的租借地，相当于美国得克萨斯州、路易斯安那州、俄克拉何马州和新墨西哥州 4 个州面积的总和，等于美国国土面积的 1/6，占沙特阿拉伯国土面积的 70%。此外，这 2 家公司还在沙特阿拉伯获得在 44 万平方千米领土上开发一切矿产的权利。[①] 美国、英国、法国、日本等国家的国际石油公司先后与中东和北非国家签订诸多石油租让协议（表 19-3），获得发展中国家大片领土的租让权。到 20 世纪 60 年代初，以美国为首的西方石油垄断公司在沙特阿拉伯拥有的租让地占该国国土总面积的 74%，在阿曼占 63%，在科威特、卡塔尔、巴林、阿布扎比等国家和地区则占 100%，在伊拉克约为 15 万平方英里。[②] 石油公司霸占如此广大的石油租让地，并没有全部用于石油勘探和开采，真正进行勘探和开采的土地面积只是很少一部分。这不仅侵犯了产油国的主权，而且还妨碍了产油国的经济发展，从而引起了产油国及其广大人民的强烈不满和反抗。随着产油国经济的壮大和政治的觉醒，为发展本国民族经济，自 20 世纪 20 年代起，产油国就开始了收回租让地所有权乃至整个石油工业国有化的激烈又漫长的斗争。

以墨西哥为例。墨西哥于 1917 年颁布《墨西哥合众国宪法》，确定国家对地下矿藏的所有权。1918 年又颁布《土地税法》《外国人重新登记地产法》《提高矿产资源租让费法》。墨西哥出台这些维护石油资源主权的措施遭到美国、英国石油垄断公司的反对。这些公司一方面要求本国政府对墨西哥施加压力，另一方面又拼凑所谓的保卫墨西哥石油财产协会进行"反墨"宣传。墨西哥卡兰萨政府没有屈服，接收了维拉克鲁斯北部的油田，并命令帕努科—波斯顿石油公司停止石油钻探。1920 年，卡兰萨被暗杀，卡兰萨政权被推翻，墨西哥的石油斗争遭到了阻挠。以美国为首的国际石油垄断组织联合起来，迫使墨西哥政府签订《布卡雷利协议》，承认美国公司在 1917 年 5 月 1 日以前取得的石油租让权不在国有化的范围之内。这一协议遭到了墨西哥人民的强烈反对。1925 年 12 月，墨西哥又制定土地法和石油法，规定有关石油的一切所有权都必须改为租让权，租让期为 50 年，即使其是在 1917 年以前获得的，也必须照此办理。这一次又遭到美国石油垄断公司乃至美国政府的疯狂反对。美国政府一方面攻击墨西哥的石油法违背《布卡雷利协议》，另一方面又对墨西哥进行军事威胁。国际石油垄断公司还大量抽走在墨西哥的石油投资，致使墨西哥的石油产量急剧下降，从 1921 年的年产 2 700 万吨下降到 1927 年的 890 万吨。墨西哥政府被迫再次让步，对 1925 年的《石油法》进行修改，承认国际石油公司在 1917 年 5 月 1 日前所取得的油田所有权。此后，又经过 10 多年的不懈斗争，墨西哥政府最终将国际石油公司的租让地收归国有。[③]

到 20 世纪 60 年代，许多产油国都广泛开展了收回租让地运动。伊拉克政府在长达 3 年的同国际石油公司修改旧的租让制谈判破裂后，于 1961 年 12 月 11 日颁布第 80 号石油令，规定在伊拉克经营石油生产的各石油公司的勘探和开采活动只能在 740 平方英里（占原石油租让地面积 0.5%）的区域之内，其余 99.5% 的租让区由伊拉克政府接管。1964 年 2 月，伊拉克成立伊拉克国营石油公司。1967 年，伊拉克又颁布第 97 号石油令和第 123 号石油令，宣布伊拉克国营石油公司是伊拉克领土唯一有权开采

① 王能全:《石油与当代国际经济政治》，时事出版社，1993，第 46 页。
②《第三世界石油斗争》编写组:《第三世界石油斗争》，生活·读书·新知三联书店，1981，第 153 页。
③ 同上书，第 122-124 页。

石油的公司。[①] 在此影响下,中东其他国家陆续收回大量租让地。1962 年,科威特从科威特石油公司手中收回一半的原租让地,面积为 9 262 平方千米,1967 年又收回 1 012 平方千米。1963 年,沙特阿拉伯收回阿美石油公司租让地的 75%。卡塔尔收回卡塔尔石油公司租让地的 1/3。阿拉伯联合酋长国也收回了一部分租让地。[②]

表 19-3　中东和北非主要产油国的石油租让和其他石油勘探开采协议一览表

国家 / 地区	承租公司或承 担勘探和开采 业务公司	租让 / 协议形式和 期限[1]	租让地或 协议区面积	股权构成 /%	
伊朗	伊朗石油合资者 有限公司（伊朗 国际财团）	租让。从 1954 年起, 25 年	约 10 平方英里	英国石油公司	40
				英荷壳牌石油公司	14
				新泽西美孚石油公司	7
				加利福尼亚美孚石油公司	7
				德士古公司	7
				海湾石油公司	7
				莫比尔公司	7
				法国石油公司	6
				伊利康公司机构	5
	达什泰斯坦近海 石油公司	合股经营。从生产商品 时起,25 年	6 036 平方千米	伊朗国家石油公司（伊朗政 府）	50
				英荷壳牌石油公司	50
	法伊石油公司	服务合同。1966 年签 订,25 年	4.5 万平方千米	石油研究与经营公司（法国 政府）	48
				阿基坦国营石油公司	12
				三菱公司	40
	法西石油公司	合股经营。25 年	5 800 平方千米,在波斯 湾的巴舍尔南部	伊朗国家石油公司	50
				法国政府所属公司	50
	伊朗加拿大石油 公司	合营。从 1958 年起,25 年。在此期间,当石油 产量首次达到 62.9 桶时, 延期 15 年	约 386 平方英里	蓝宝石油公司（加拿大公 司）	50
				伊朗国家石油公司	50
	伊朗泛美石油公 司	合营。从 1958 年 6 月 起,25 年。在此期间, 当石油产量第一次达到 62.9 桶时,延期 15 年	约 6 176 平方英里	泛美国际石油公司（印第安 纳美孚石油公司）	50
				伊朗国家石油公司	50
	伊朗海域国际石 油公司	合营。1965 年签订协 议。25 年	波斯湾 4 个近海区, 7 960 平方千米	伊朗国家石油公司	50
				阿及普 - 菲利普斯 - 印度碳 化氢公司	50

[①] 王能全:《石油与当代国际经济政治》,时事出版社,1993,第 61-62 页。
[②] 同上书,第 62 页。

续表

国家 / 地区	承租公司或承担勘探和开采业务公司	租让 / 协议形式和期限[1]	租让地或协议区面积	股权构成 /%	
伊朗	伊朗近海石油公司	合营。25 年	波斯湾巴舍尔南部，2 250 平方千米	伊朗国家石油公司	50
				法国石油公司	5
				海潮财团	45
	拉凡石油公司	合营。25 年	波斯湾 3 个近海区，8 500 平方千米	伊朗国家石油公司	50
				大西洋财团	50
	波斯湾石油公司	合营。25 年	波斯湾 1 个近海区，5 150 平方千米	伊朗国家石油公司	50
				德国财团	50
	伊朗意大利石油公司	合营。1957 年签订协议。25 年。可延长 15 年	3 839 平方英里	伊朗国家石油公司	50
				阿及普明纳拉里亚公司（意大利）	50
	伊朗石油开发公司	合营。从 1971 年起，20 年。可延长两个 5 年	8 000 平方千米	伊朗国家石油公司	50
				日本财团	50
	布什尔石油公司	合营。1971 年签订协议。20 年。可延长两个 5 年	3 715 平方千米	伊朗国家石油公司	50
				阿美拉达 – 希斯石油公司	50
	霍尔木兹石油公司	合营。从 1971 年起，20 年。可延长两个 5 年	3 500 平方千米，邻近霍尔木兹海峡的近海地区	伊朗国家石油公司	50
				莫比尔公司	25
				巴西石油公司	25
	阿雷拜财团	服务合同。1969 年签订。25 年	27 260 平方千米，外加领水	石油研究与经营公司	32
				阿及普公司（意大利）	28
				比利时炼油公司	20
				西班牙石油公司	15
				奥姆夫公司（奥地利）	5
	大陆石油公司	服务合同。1969 年签订	霍尔木兹海峡北部沿海地区	大陆石油公司	100
	菲利普斯石油公司	服务合同。1969 年签订。25 年	32 860 平方千米的沿岸地区	菲利普斯公司	66.7
				城市服务公司	33.3
	总公司（法国）	服务合同。1973 年签订	拉尔地区 8 000 平方千米的沿岸地带	总公司（法国）	100
	乌尔特拉马公司	服务合同。1973 年签订	拉尔地区 20 000 平方千米	乌尔特拉马公司	100
	德米奈克斯公司	服务合同。1973 年签订	14 500 平方千米	德米奈克斯公司（联邦德国）	100
	阿什兰石油合股公司	服务合同。1973 年签订	拉尔地区	阿什兰石油公司	50
				泛加拿大石油公司	50
	阿及普公司	服务合同。1973 年签订	7 150 平方千米	阿及普公司	100

续表

国家/地区	承租公司或承担勘探和开采业务公司	租让/协议形式和期限[1]	租让地或协议区面积	股权构成/%	
伊拉克	伊拉克石油公司	租让。从 1925 年起，75 年，到 2000 年期满	约 32 000 平方千米	英国石油公司 英荷壳牌石油公司 法国石油公司 近东开发公司（美国） 古尔本基安	23.75 23.75 23.75 23.75 5
	巴士拉石油公司	租让。从 1938 年起，75 年，到 2013 年期满	南伊拉克的全部地区等	英国石油公司 英荷壳牌石油公司 法国石油公司 近东开发公司 古尔本基安	23.75 23.75 23.75 23.75 5
	摩苏尔石油公司	租让。从 1932 年起，75 年，到 2007 年期满	底格里斯河的伊拉克西部地区和北纬 33° 以北地区	英国石油公司 英荷壳牌石油公司 法国石油公司 近东开发公司 古尔本基安	23.75 23.75 23.75 23.75 5
	石油研究与经营公司	承包合同。20 年	沿岸和近海的 10 800 平方千米	石油研究与经营公司	100
科威特	科威特石油公司	租让。从 1934 年开始，75 年。1951 年延至 2026 年	科威特全境，包括 6 海里的领水面积	英国石油公司 海湾石油公司	50 50
	科威特壳牌石油公司	租让。从 1961 年起，45 年	1 500 平方英里	英荷壳牌石油公司	100
	科威特西班牙石油公司	合营。为期 35 年。可延期 5 年	9 000 平方千米	科威特国家石油公司 西班牙石油公司	51 49
中立区	美国独立石油公司	租让。从 1948 年起，60 年	沙特阿拉伯-科威特中立区中属于科威特的一半地区	雷诺工业公司	100
	格蒂石油公司	租让。从 1949 年起，60 年	沙特阿拉伯-科威特中立区中属于沙特阿拉伯的一半地区	格蒂石油公司	100
	阿拉伯石油公司	合营	未划分的地区。6 海里范围内的近海全部地区	日本石油贸易公司 科威特政府 沙特阿拉伯政府	80 10 10

续表

国家／地区	承租公司或承担勘探和开采业务公司	租让／协议形式和期限[1]	租让地或协议区面积	股权构成/%	
沙特阿拉伯	阿美石油公司	租让。原有租让地区，从1933年起，66年。后加的租让地区，从1939年起，66年	第一个租让协议规定的租让地面积为952 000平方千米。1939年协议增加207 200平方千米	加利福尼亚美孚石油公司	30
				德士古公司	30
				新泽西美孚石油公司	30
				莫比尔公司	10
	田纳科公司	合营。1965年签订协议	红海沿岸，总面积为26 000平方千米	佩特罗明（沙特政府公司）	10
				田纳科公司	90
阿拉伯联合酋长国	阿布扎比石油公司	租让。从1939年起，75年	沿岸地区和一块领水为3海里的腰状地带	英国石油公司	23.75
				英荷壳牌石油公司	23.75
				法国石油公司	23.75
				近东开发公司	23.75
				古尔本基安	5
	阿布扎比海域公司	租让。从1953年起，65年	在3海里外的大陆架地区	英国石油公司	66.67
				法国石油公司	33.33
	阿布扎比石油公司	租让。从1967年起，45年	4 416平方千米	日本矿产公司	33.33
				丸善石油公司	33.33
				大京石油公司	33.33
	阿布布科什财团	租让。从1972年起经营	阿布扎比海域等	法国石油公司	51
				新英格兰石油公司	24.5
				森宁达莱（Summing-dale）	12.25
				阿美拉达－希斯石油公司	12.25
	中东石油公司	租让。1966年转让	阿布扎比海域，15 566平方千米	三菱公司	100
	阿美拉达财团	—	阿布扎比海域，面积为3 150平方千米	阿美拉达－希斯石油公司	31.5
				泛洋公司	31.5
				鲍瓦莱工业公司	20
				温汤因特普里瑟斯公司	17
	菲利普斯－阿及普－美国独立石油公司	租让。1965年转让	9 000平方千米	菲利普斯公司	41.67
				阿及普公司	41.67
				美国独立石油公司	16.67
	本迪尤克公司	租让。1970年签订	卡塔尔和阿布扎比边界线中央的本迪尤克油田	英国石油公司	33.33
				法国石油公司	33.33
				联合石油开发公司	33.33
	博丘莫矿业公司	—	富查伊拉全部陆地和领水	博明财团（德意志联邦共和国）	100
	石油储藏公司	租让。1974年签订	阿曼湾近海地区，2 300平方千米	油气储藏公司	100

续表

国家 / 地区	承租公司或承 担勘探和开采 业务公司	租让 / 协议形式和 期限[1]	租让地或 协议区面积	股权构成 /%	
阿拉伯联合酋长国	迪拜沿海石油财团	租让。1963 年授予	沿海地区，914 270 英亩	迪拜石油公司（大陆石油公司）	55
				德士古公司	22.5
				太阳石油公司	22.5
	迪拜近海石油财团	租让。从 1952 年起，60年	3 海里外的大陆架地区	迪拜石油公司	30
				德士古公司	10
				太阳石油公司	5
				温得夏尔财团	5
				迪拜海域公司	50
	三菱石油开发公司	租让。1968 年签订。连续 35 年	3 块阿布扎比的陆地	三菱石油开发公司	100
	迪拜海域公司	租让。从 1952 年起，60年	3 海里范围以外的大陆架地区	英国石油公司	66.66
				法国石油公司	33.33
	巴泰斯财团	租让。1969 年签订	整个沙迦海湾近海地区	巴泰斯公司	37.5
				阿什兰石油公司	25
				斯克莱石油公司	25
				克尔 – 麦吉石油公司	12.5
	加利福尼亚联合石油公司	—	哈伊马角海湾沿海和近海地区	加利福尼亚联合石油公司	80
				南方天然气公司	20
	得克萨斯财团	租让。1974 年签订	迪拜沿海和近海地区，150 万英亩	得克萨斯太平洋石油公司	50
				得克萨斯联合石油公司	25
				路易斯安那公司	10
				昆汤纳公司	7.5
				纳托马斯公司	7.5
	水晶财团	租让。1974 年获得租让地	沙迦海岸，2 200 平方千米	水晶石油公司	65
				挪威碳化氢公司	30
				巴黎巴斯合伙公司	5
	山峰 – 奈克洛斯公司	1976 年签订	沙迦海岸，1 000 平方千米	山峰油气公司和奈克洛斯钻探公司	100
	联合炼油公司(阿治曼)	租让。1974 年签订	阿治曼全部沿海和近海地区，600 平方千米	联合炼油公司	75
				阿萨莫拉公司	25
	联合炼油公司(乌姆盖万)	租让。1974 年签订	近海地区，1 920 平方千米	联合炼油公司	30
				阿萨莫拉公司	20
				加拿大苏必利尔石油公司	25
				凯万斯公司	10
				扎帕塔公司	15

续表

国家/地区	承租公司或承担勘探和开采业务公司	租让/协议形式和期限[1]	租让地或协议区面积	股权构成/%	
阿拉伯联合酋长国	维托尔财团（哈伊马角）	租让。1973年转让	哈伊马角近海地区	维托尔勘探公司（荷兰）	25
				星期合股公司	25
				欧洲美国加拿大公司集团	50
卡塔尔	卡塔尔石油公司	租让。从1935年起，75年	卡塔尔半岛和领水	英国石油公司	23.75
				英荷壳牌石油公司	23.75
				法国石油公司	23.75
				近东开发公司	23.75
				古尔本基安	5
	卡塔尔壳牌公司	租让。从1952年起，75年	卡塔尔沿海3海里外的大陆架地区	英荷壳牌石油公司	100
	卡塔尔石油公司	从1969年起，35年	卡塔尔半岛东南近海地区，15 800平方千米	卡塔尔石油公司（日本）	100
	温得夏尔财团	生产分享。1976年签订	9 000平方千米	温得夏尔财团	100
巴林	巴林石油公司	租让。从1929年起，95年	整个巴林岛	加利福尼亚美孚石油公司	50
				德士古公司	50
	巴林大陆石油公司	租让。从1965年起，45年	位于波斯湾巴林东北的海面，2 430平方千米	巴林大陆石油公司	100
	巴林苏必利尔石油公司	租让。1970年签订	1 307平方英里	苏必利尔石油公司	100
阿尔及利亚	撒哈拉石油勘探和开发公司	—	阿尔及利亚撒哈拉地区，680.7万公顷	英荷壳牌石油公司	35
				阿尔及利亚2家公司	51
				其他公司	14
	石油勘探公司	—	—	英荷壳牌石油公司	51.5
				法国石油公司	24.5
				其他公司	24
	阿尔及利亚石油公司	—	52 000平方千米	与撒哈拉石油勘探和开发公司合股经营	—
	法国非洲石油公司	—	—	英荷壳牌石油公司	67
				法国石油公司	20.5
				Pet.du Sud	12.5
	阿尔及利亚法国石油公司	合营。拥有各种特许证	阿尔及利亚南部撒哈拉地区	法国石油公司	85
				其他公司	15
	石油勘探与开采公司	合营。直接控制或同其他公司合营		法国石油公司	29.5
				其他公司	70.5

续表

国家/地区	承租公司或承担勘探和开采业务公司	租让/协议形式和期限[1]	租让地或协议区面积	股权构成/%	
阿尔及利亚	阿尔及利亚国家石油勘探和开采公司	合营。1962 年签订	24 766 平方英里	石油勘探局（法国） 阿尔及利亚政府 其他公司	40.5 40.5 19.0
	阿基坦国家石油公司	联合勘探	在阿尔及利亚撒哈拉地区同其他公司进行联合勘探	法国石油勘探局和阿基坦国家石油公司 法国石油公司 其他公司	53.0 7.2 39.8
	国家碳化氢运输和销售公司	联合勘探	204 552 平方千米	国家碳化氢运输和销售公司（阿尔及利亚政府） 阿尔及利亚法国石油公司	— —
	法国石油公司	—	哈西梅萨奥德北部油田	总代办处（法国石油公司的分公司）	—
	太阳石油公司	联合勘探。1973 年签订	9 475 平方千米	国家碳化氢运输和销售公司（阿尔及利亚） 太阳石油公司	51 49
	法国石油公司	联合勘探。1973 年签订	12 700 平方千米	国家碳化氢运输和销售公司（阿尔及利亚） 法国石油公司	51 49
	西班牙石油公司	联合勘探。1973 年签订。期限 3 年或 4 年	勘探总面积 10 200 平方千米	国家碳化氢运输和销售公司（阿尔及利亚） 西班牙石油公司	51 49
	科贝克斯公司	联合勘探。1973 年签订	8 500 平方千米	波兰国家公司 国家碳化氢运输和销售公司（阿尔及利亚）	49 51
	德米奈克斯公司	联合勘探。1973 年签订	48 200 平方千米	德米奈克斯公司（联邦德国财团） 国家碳化氢运输和销售公司（阿尔及利亚）	49 51
	埃尔夫石油公司	联合勘探。1971 年、1974 年签订	共 12 775 平方千米	埃尔夫石油研究与经营公司（法国财团） 国家碳化氢运输和销售公司（阿尔及利亚政府）	49 51
	印第安纳美孚石油公司	联合勘探。1974 年签订	6 562 平方千米	印第安纳美孚石油公司 国家碳化氢运输和销售公司（阿尔及利亚）	49 51

续表

国家/地区	承租公司或承担勘探和开采业务公司	租让/协议形式和期限[1]	租让地或协议区面积	股权构成 /%	
利比亚	美国海外石油公司	租让。1956年、1959年、1966年签订	9块租让地，共60 000平方千米	德士古海外石油公司 加利福尼亚亚洲石油公司	50 50
	利比亚英国石油勘探公司	租让	7块租让地，共91 552平方千米	利比亚英国石油勘探公司	100
	利比亚石油总公司	租让。1968年签订	4块租让地，共21 800平方千米	利比亚石油总公司（法国）	100
	埃索锡尔特利比亚美国石油公司	租让。1955年签订	8 968平方千米	埃索锡尔特公司（经营者） 利比亚美国石油公司 W. R. 格拉西	50 25.5 24.5
	利比亚埃索美孚石油公司	租让。1955年、1956年签订	52 730平方千米	利比亚埃索美孚石油公司	100
	尼尔逊·邦克·亨特－英国石油公司	租让	邻近萨里尔油田，24 660平方千米	英国勘探公司（经营者） 尼尔逊·邦克·亨特公司	50 50
	莫比尔－盖尔森伯格公司	租让。1956年、1957年签订	47 485平方千米	利比亚莫比尔石油公司 盖尔森伯格·本津·伯格	75 25
	绿洲财团	租让。1955年、1956年签订	12块租让地，共149 666平方千米	阿美拉达－希斯石油公司 大陆石油公司 马拉松石油公司 其他公司	33.5 33.5 16.5 20.5
	利比亚泛美石油公司	租让	6块租让地，共75 996平方千米	利比亚泛美石油公司	100
	西方石油公司	租让。1966年获得	—	西方石油公司（美国）	100
	阿及普－利比亚国家石油公司	合营。1969年签订	接近埃及边界的东赛伦纳伊卡	利比亚政府 阿及普公司	50 50
	利比亚阿莫科公司	租让	6块租让地，共76 000平方千米	阿莫科（印第安纳美孚石油公司）	100
	国家石油公司－西方石油公司	合营。1974年以后签订产品分成协议	49 000平方千米	国家石油公司（利比亚政府） 西方石油公司	51 49
	国家石油公司－阿及普公司	合营。产品分成协议。1974年以后签订	144 000平方千米	国家石油公司 阿及普公司	51 49
	国家石油公司－莫比尔公司	合营。产品分成协议。1974年以后签订	30 000平方千米	国家石油公司 莫比尔公司	51 49
	国家石油公司－埃克森公司	合营。产品分成协议。1974年以后签订	近海和沿海地区	国家石油公司 埃克森公司	51 49

续表

国家 / 地区	承租公司或承 担勘探和开采 业务公司	租让 / 协议形式和 期限[1]	租让地或 协议区面积	股权构成 /%	
利 比 亚	国家石油公司 – 法国石油公司	合营。产品分成协议。 1974 年以后签订	—	国家石油公司 法国石油公司	51 49
	国家石油公司 – 阿基坦 – 埃尔夫 石油公司	合营。产品分成协议。 1968 年签订	4 块近海地区	国家石油公司 阿基坦 – 埃尔夫公司	51 49
	国家石油公司 – 巴西石油公司	合营。产品分成协议。 1974 年以后签订	锡尔特盆地和马齐尤克 盆地，30 000 平方千米	国家石油公司 巴西石油公司	51 49

　　资料来源：《第三世界石油斗争》编写组：《第三世界石油斗争》，生活·读书·新知三联书店，1981，第 553–584 页。在引用时，删去了原表格中"备注"栏的内容，并对表格做了适当调整。

　　注：[1] 表中合营 / 合股经营、服务合同、承包经营的期限，除特别说明外，均从生产商品之日起计算。

（三）税费制

　　实行税费制时，产油国的收益主要由两部分构成：一是矿区开采税（又称矿区使用税，或矿区使用费），二是公司利润所得税。与此同时，产油国须向国际石油公司支付原油销售补贴，即石油公司按一定比例向产油国收取原油销售补贴费，一般为原油标价的 1% ～ 2%。第三世界盛产石油的国家，"在没有成为自己石油的真正主人，和自己没有出售石油之前，不能对油价施加直接影响，因而也不能对这种售价负责"[①]，更无法成为决定自己国土上收租收税多少的主人。苏联学者勃·弗·拉奇科夫指出："从承租户那里为自己石油取得应有的补偿，即取得尽可能多的租借费，是盛产石油的发展中国家生命攸关的切身利益所在。"但是，"租借费能够达到什么水平，这是垄断组织实行有意识的政策的结果，而同市场自发势力根本无关"。[②] 于是，产油国与国际公司就难免产生激烈的利益冲突。

　　在 20 世纪 70 年代以前，产油国从原油开采中得到的只是一点点收益。在 1964 年 4 月日内瓦召开的联合国贸易和发展会议上，伊拉克经济部长阿齐兹·哈菲德关于这个问题发表声明："全部讽刺在于，在工业国家中加工过的石油的最后价格是每桶十一美元，其中我们的份额只有七十四美分，即约占这个最后价格的 6.7%，而 90% 以上的份额却属于世界石油卡特尔所控制的富国。全世界都不知道这种情况，我们认为必须把它公之于世，使人们能够理解我们要求从石油公司取得合理份额是正义的事。"[③] 石油输出国组织向第七次阿拉伯石油会议提交的一份报告中，详细分析了售给西欧市场每桶石油平均价格的组成因素。1967 年普通消费者平均为每桶石油付出 10.6 美元，其中 3.8 美元给石油垄断组织，约 5.6 美元给西欧消费国的税收机构，只有 1.14 美元作为全部石油租借费付给产油的发展

---

① 勃·弗·拉奇科夫：《石油与世界政治》，上海师范大学外语系俄语组、上海《国际问题资料》编辑组合译，上海人民出版社，1977，第 199 页。

② 同上。

③ 同上书，第 205 页。

中国家。[1]

国际石油公司常常采取各种手段压低矿区租借费，并且还会不择手段偷税漏税。它们有的不按规定交付开采税和所得税；有的不仅把开采税压得很低，甚至根本不交开采税；有的拿开采税来抵所得税（作为所得税的预付）。例如，按照规定，国际石油公司应交税费的算法是：172 美分（标价）–20 美分（开采费）–21.5 美分（开采税）=130.5 美分；130.5 美分 ÷2 ≈ 65.3 美分（百分之五十的利润所得税）；65.3 美分 +21.5 美分（开采税）=86.8 美分。然而石油垄断财团公司的算法是：172 美分 –20 美分（开采费）=152 美分；152 美分 ÷2=76 美分。就这样，石油公司只向产油国交 76 美分，而不是 86.8 美分。这样产油国会少许多收入。比如，1961 年伊朗每桶出口石油损失 10.8 美分，年出口石油共损失达 2 亿多美元。[2]

属于英国资本的伦敦 – 太平洋石油公司和美国新泽西标准石油公司共同组成的国际石油公司在秘鲁开采石油的过程中，利用少报租借地的手段，共偷漏税款将近 1 600 万美元。对此，秘鲁政府 1915 年命令该公司每年按其实际占有的石油租让地数目缴纳 60 万美元的矿区税，并补交过去偷漏的税款。但是，该公司不仅拒不执行政府法令，而且还要求美、英政府出面干涉，用停产、关闭企业、不增加投资等一系列经济手段向秘鲁政府施加压力，甚至诉诸"国际仲裁"。秘鲁政府顶住了该公司的种种压力，拒绝偏袒国际石油公司的裁决，并由议会通过一项征收 10% 租借地使用费的法令。然而，国际石油公司对于秘鲁的这一法令仍拒不执行。从此，关于矿区税的问题便成了一个长达数十年的悬案，斗争时起时伏，直到 20 世纪 60 年代末至 70 年代初秘鲁政府把这个公司在秘鲁的全部财产收归国有，这个问题才得到解决。[3]

20 世纪初，委内瑞拉的矿区租借费是很低的。1913 年，荷兰皇家壳牌石油公司同委内瑞拉签订一项面积为 100 万公顷的租让协议，规定每公顷只缴纳土地税 38 美分，其他捐税一律豁免。1920 年，委内瑞拉颁布第一个石油法令，规定土地租让不得超过 100 万公顷，并且用较高的土地税和 8% ～ 15% 的递增租让税代替过去每公顷 38 美分的税率，还规定 3 年内未经开采的土地必须收回。然而，这项法令遭到了外国石油公司的抵制，未能施行。此后，经过 20 多年的反复斗争，外国石油公司终于在 1943 年被迫与委内瑞拉政府签订新的协议。新协议规定，在扣除生产费用之后所剩下的每桶原油的收益中，由公司和委内瑞拉政府按各占一半的比例平分，矿区使用费的最低限额为 16.67%。[4]

1962 年 7 月，石油输出国组织召开会议，要求国际石油公司把石油开采税与所得税区别开来，按当时规定向产油国交付，并要求就提高开采税率等问题进行研究。会议决定，由各石油输出国立即与国际石油公司谈判，要求国际石油公司除按其获利比例向产油国缴纳所得税外，还必须缴纳石油开采税。这一决定引起了国际石油公司的无理抵制。经过两年多针锋相对的斗争，国际石油公司 1964

---

[1] 勃·弗·拉奇科夫：《石油与世界政治》，上海师范大学外语系俄语组、上海《国际问题资源》编辑组合译，上海人民出版社，1977，第 205 页。

[2] 程远行：《海湾地区的石油斗争》，求实出版社，1982，第 42 页。

[3]《第三世界石油斗争》编写组：《第三世界石油斗争》，生活·读书·新知三联书店，1981，第 118 页。

[4] 同上书，第 119–120 页。

年 12 月在形式上接受石油输出国组织要求征收石油开采税的决定。[①] 根据双方最后达成的协议,国际石油公司同意矿区开采税经费化,1964—1965 年按标价减 7.5%、1966—1967 年按标价减 6.5% 来计算矿区使用税和所得税,以后每年少扣 1%,从 1972 年起按标价计算矿区使用税。[②]

1971 年初,波斯湾产油国与国际石油公司在德黑兰举行谈判,要求提高原油标价和石油税,但国际石油公司却无理拒绝了产油国的合理要求,并对产油国采取软硬兼施的卑劣手段,致使谈判陷入僵局。随后,石油输出国组织在德黑兰召开部长级会议,果断做出决定:国际石油公司必须在当年 2 月 22 日前接受石油输出国组织提高标价的要求,否则产油国将采取立法措施保护自身权益,包括对原油和石油制品实行禁运。国际石油公司被迫签订德黑兰协议,把石油税从占公司纯利的 50% 提高到 55%,并把原油标价每桶提高 35 美分。[③] 德黑兰会谈第一次打破了石油垄断公司数十年来一手控制原油标价和石油税率的局面,为产油国争得了决定其自身收益与命运的部分权利,为以后石油斗争创造了有利条件。

产油国在积极争取提高矿区开采税和企业所得税的同时,还积极争取减少原油销售补贴费。1962 年,石油输出国组织第四届会议通过第 34 号决议,明确指出:"本组织成员国和在成员国营业的公司都没有参加石油公司在世界范围的贸易活动,大批营业公司生产的原油是经过它们的母公司或不付佣金的母公司附属机构出售的,任何一个成员国都不负担任何种类的销售费用。……会议建议有关成员国应设法取消有关公司贸易费用的任何负担。"[④] 这迫使七大石油公司从 1963 年起把向产油国收取的每桶原油销售补贴费从 1 ～ 2 美分降为 0.5 美分[⑤],从而大大减少了产油国的支出。

(四)利润分成制

在 20 世纪很长一段时间里,经济落后的亚洲、非洲、拉丁美洲地区国家的石油开采被欧美发达资本主义国家控制。1945 年,美国资本控制了亚洲、非洲、拉丁美洲地区 42% 的石油开采。到 1972 年,美国、英国、荷兰、法国的八大石油垄断公司控制了世界石油开采的 65%,亚洲、非洲、拉丁美洲地区石油开采的 76.3%,中东石油开采的 87%。这些国际石油公司从中攫取了巨额的利益。列宁在分析帝国主义资本输出时指出:"在这些落后的国家里,利润通常都是很高的,因为那里资本少,地价比较贱,工资低,原料也便宜。"[⑥] 这些国家的工资水平很低,只相当于美国的 1/7 ～ 1/5,劳动时间却往往长达 10 小时以上;石油开采成本很低,中东、北非的石油开采成本只相当于美国的 1/30 ～ 1/10;国际石油公司付给产油国的矿山租用费和石油税也极其有限。以 1972 年为例,一桶原油成本只有 0.2 美元,在消费国市场上的售价高达 12.5 美元(表 19-4),是成本的 62.5 倍。在这 12.5 美元中,产油国的收入(矿山租用费和石油税)只占 13%,即 1.6 美元;而石油公司所得和商业费用等却占 33%,达 4.1 美元;其余的如消费国税收、海运费、加工费等,占 53%,达 6.6 美元。[⑦]

① 程远行:《海湾地区的石油斗争》,求实出版社,1982,第 42-43 页。
② 王能全:《石油与当代国际经济政治》,时事出版社,1993,第 61 页。
③ 许乃炯、巫宁耕、祝诚等:《帝国主义对第三世界国家的控制和剥削(统计资料)》,人民出版社,1978,第 217 页。
④ 王能全:《石油与当代国际经济政治》,时事出版社,1993,第 61 页。
⑤ 王才良、周珊:《世界石油大事记》,石油工业出版社,2008,第 162 页。
⑥ 许乃炯、巫宁耕、祝诚等:《帝国主义对第三世界国家的控制和剥削(统计资料)》,人民出版社,1978,第 209 页。
⑦ 同上。

表 19-4 1971—1974 年亚洲、非洲、拉丁美洲地区产油国每桶石油的平均价格构成
（以在欧洲市场出售为例）

项目	1971 年		1972 年		1973 年（第一季度）		1973 年（第四季度）		1974 年（第一季度）	
	美元	比例 /%	美元	比例 /%	美元	比例 /%	美元	比例 /%	美元	比例 /%
原油生产成本	0.20	2	0.20	2	0.25	2	0.25	2	0.25	1
产油国收入	1.50	12	1.60	13	1.70	13	3.70	23	7.85	37
海运费用	0.70	6	0.60	5	0.75	6	1.00	6	0.85	4
加工费用	0.55	5	0.60	5	0.65	5	0.70	4	0.75	4
商业费和公司所得	4.00	33	4.10	33	4.50	33	4.70	29	5.30	25
消费国税收	5.10	42	5.40	43	5.65	42	5.65	35	6.00	29
平均销售价格	12.05	—	12.50	—	13.50	—	16.00	—	21.00	—

资料来源：许乃炯、巫宁耕、祝诚等：《帝国主义对第三世界国家的控制和剥削（统计资料）》，人民出版社，1978，第 236 页。

美国在对外石油投资中，对发展中国家投资所获得的利润率是最高的。1960 年至 1975 年，美国对发展中国家投资的利润率不断攀升，1974 年则高达 134.7%（表 19-5）。

表 19-5 1960—1975 年美国对外石油投资利润

时间 / 年	所有投资国家			发达资本主义国家			发展中国家		
	投资额 / 亿美元	利润额 / 亿美元	利润率 /%	投资额 / 亿美元	利润额 / 亿美元	利润率 /%	投资额 / 亿美元	利润额 / 亿美元	利润率 /%
1960	109.48	12.82	11.7	47.65	1.96	4.1	53.28	12.87	24.2
1965	152.98	18.25	11.9	74.07	1.35	1.8	67.90	16.53	24.3
1970	197.30	24.56	12.4	112.05	4.86	4.3	66.20	15.67	23.7
1973	273.13	61.74	22.6	159.11	17.39	10.9	84.36	40.89	48.5
1974	301.95	134.33	44.4	183.34	18.91	10.3	82.57	111.23	134.7
1975	348.06	56.58	16.3	203.36	16.69	8.2	111.47	39.05	35.0

资料来源：《第三世界石油斗争》编写组：《第三世界石油斗争》，生活·读书·新知三联书店，1981，第 94 页。

跨国石油公司攫取产油国石油的利润飞速增长。20 世纪 10—30 年代，国际石油公司在墨西哥攫取的纯利润高达 360%。在委内瑞拉，国际石油公司在 1919—1936 年石油开采中掠走 86 亿博利瓦的利润，而委内瑞拉政府所得只占国际石油公司毛利的 7%。[1] 从 1914 年到 1950 年，英国人成立的英波石油公司从伊朗获得的利润共达 50 亿美元，其中 1944—1950 年公司利润增长了 10 倍以上，而伊朗政府

---

[1]《第三世界石油斗争》编写组：《第三世界石油斗争》，生活·读书·新知三联书店，1981，第 117 页。

的石油收入仅增长 4 倍。[①] 从 1968 年到 1974 年，石油"七姐妹"的利润惊人地翻了一番以上；七大石油公司的利润总额由 1968 年的 45.72 亿美元增至 1974 年的 114.67 亿美元，增长 1.5 倍。1978 年，石油"七姐妹"在海湾地区的全部利润达到 95.84 亿美元。国际石油公司在产油国租借地打井钻探，通常在两年之内就可以连本带利地把全部投资赚回去。

面对巨额利润白白地"溜走"，产油国与国际石油公司进行了分享利润的长期斗争，首先是争取实行利润对半分成，然后是突破利润对半分成。

1943 年，以贝当古为首的委内瑞拉民主行动党联合其他在野党及工人联合会，正式要求政府同西方国家的石油公司实行石油利润对半分成。[②] 美国政府出于战争全局的考虑，促使国际石油公司接受这一要求，但当时并没有认真执行。为了保证利润对半分成制的贯彻执行，1945 年刚刚上台的民主行动党政府采取坚决措施，下令国际石油公司捐税 8 900 万博利瓦。1946 年又迫使国际石油公司用原油来缴纳油田使用费，并以高于标价 0.11 ～ 0.15 美元的价格把这些原油出售给巴西、意大利和葡萄牙等国家。这表明当时国际石油公司所定的标价远低于国际市场价格。由此，委内瑞拉的石油收入大幅增长，1948 年达到 13 亿博利瓦，相比 1938 年增长了 10 多倍。同时，国际石油公司在委内瑞拉政府和石油工人的压力下，被迫签订改善石油工人生活条件的长期合同。[③]

在此影响与推动下，许多产油国纷纷实行利润对半分成制。

1950 年 12 月，在美国、英国经济萧条时期，沙特阿拉伯要求提高利润分成。经过长期谈判，沙特阿拉伯政府与阿美石油公司达成协议，采用委内瑞拉首创的 50∶50 分成制度。[④]

1951 年 8 月，伊拉克政府同伊拉克石油公司签订协议，实行利润对半分成。

1951 年 11 月，科威特政府对科威特石油公司实行利润对半分成原则。

1956 年，沙特阿拉伯、约旦、叙利亚、黎巴嫩 4 国政府同横贯阿拉伯输油管道公司达成利润对半分成协议。

1959 年，摩洛哥政府与意大利埃尼集团达成协议，成立利润对半分成的合资企业——意大利摩洛哥炼油公司。

1964 年，海湾地区国家除了迫使外国石油公司同意与产油国平分利润，还另交 12.5% 作为租让地使用费。[⑤]

实行利润对半分成制后，产油国从每桶原油中分得利润所占的比例得到了提高，从 1961 年的 6% 提高到 1972 年的 9%[⑥]。即便这样，国际石油公司和原油消费国所得到的利润和收入所占比例仍然是相当大的。

在石油斗争过程中，海湾地区石油输出国从西方国家进口工业品的价格不断上涨，石油输出国的

① 王才良、周珊：《世界石油大事记》，石油工业出版社，2008，第 121 页。

② 同上书，第 105 页。

③《第三世界石油斗争》编写组：《第三世界石油斗争》，生活·读书·新知三联书店，1981，第 126–127 页。

④ 王才良、周珊：《世界石油大事记》，石油工业出版社，2008，第 120 页。

⑤ 同上书，第 166 页。

⑥《第三世界石油斗争》编写组：《第三世界石油斗争》，生活·读书·新知三联书店，1981，第 383 页。

财政支出日趋增高，而本国的石油财富却以低价流入西方工业国。面对这种极其不合理的"剪刀差"，石油输出国又与国际石油公司展开斗争，突破利润对半分成制的原则。

在这一斗争中，利比亚起了领头作用。1969年9月1日，利比亚共和国成立。为争取合理的经济权益和维护本国的石油资源，新政府提出：不能豁免国际石油公司按低价掠去利比亚石油所产生的一切新、旧债务，要求国际石油公司赔偿损失，从1956年算起5年内计7亿～9亿美元；如果不能以现金偿还债务，那么各国际石油公司以后向利比亚所交付的利润就不是50%，而必须是54%～55%，甚至是58%。[①]最后，利比亚政府取得了胜利，迫使全部21家外资石油公司遵约执行。

在利比亚突破利润对半分成制斗争的鼓舞下，伊拉克、科威特和伊朗等海湾地区石油输出国按照利比亚的做法，强烈要求冲破对半交付所得税的规则。1970年12月，石油输出国组织在委内瑞拉首都加拉加斯举行会议，通过以55%作为石油税最低税率的决议。[②]次年1月，石油输出国组织同23家国际石油公司在德黑兰进行谈判，石油公司被迫于2月14日同石油输出国组织中的6个海湾地区成员国签订《德黑兰协议》，将石油税率从50%提高到55%。

（五）原油标价制

1950年，沙特阿拉伯与阿美石油公司签订中东地区的第一个石油利润对半分成的协定后，沙特阿拉伯迫使阿美石油公司同意并建立了原油标价制度，即规定每吨原油的固定参考价格。沙特阿拉伯政府依据这种标价核算、抽取税金，以确保自己的利益。在沙特阿拉伯的带动下，其他中东产油国也纷纷采用原油标价制度。[③]

原油标价又称原油标价税金参考价格，它是产油国向国际石油公司征税的参考价格，而非石油在国际市场上出售的实行价格。由于产油国是按原油标价的一定比例向国际石油公司核算、征收税金的，因而原油标价的高低直接影响产油国的税收收入。在产油数量不变的条件下，原油标价越高，产油国的税收收入就越多。但是，原油标价并不是由产油国决定的，而是被国际石油公司长期控制。由于实行租让制，石油资源的实际所有权掌握在国际石油公司手中，原油标价的决定权自然地也就掌握在国际石油公司的手中。国际石油公司为攫取巨额利润，往往把原油标价压得很低。当市场不景气或发生经济危机时，国际石油公司也会采取压低原油标价的手段来转嫁经济危机。原油标价制度出来后，它的负面性又使产油国的利益受到严重损害。由于租让制、税费制乃至原油标价制等制度存在诸多问题，促使产油国在1960年成立石油输出国组织，以"抱团"的方式与国际石油公司抗衡。

早在石油输出国组织第一次部长会议上，就提出了要提高原油标价的问题。会议决议宣称，石油输出国组织成员国对国际石油公司任意压低原油标价的问题不能熟视无睹。[④]这个决议为石油输出国同国际石油公司进行斗争提出了一个重要课题。但是，在整个20世纪60年代，原油标价斗争并没有取得突破。

1970年1月7日，石油输出国组织中的利比亚、阿尔及利亚、伊拉克3国以及埃及举行会议，就

---

① 程远行:《海湾地区的石油斗争》，求实出版社，1982，第44页。

② 同上书，第45页。

③ 杨光主编《防范石油危机的国际经验》，社会科学文献出版社，2005。

④ 程远行:《海湾地区的石油斗争》，求实出版社，1982，第46页。

对付通货膨胀和协调市场活动达成一致意见，并声明团结一致共同应对国际石油公司。会后，利比亚
与国际石油公司谈判，对原油标价发难，新成立不久的以卡扎菲为首的利比亚革命委员会要求提高原
油标价，并对在利比亚的 21 家国际石油公司发出警告，必要时将强令它们停止生产。利比亚首先要求
埃索公司提价，未果，又转向其他国际石油公司，并以国有化相威胁。[①]

　　1970 年 6 月，利比亚政府下令美国哈默创办的西方石油公司把石油产量由每天 80 万桶减少到每
天 50 万桶，两个星期后又下令绿洲石油公司每天减少原油产量 15 万桶，美国海外石油公司每天减少
产量 10 万桶，8 月下旬还下令美国西方石油公司将产量再减少 6 万桶。由于石油产量不断下降，西方
石油公司在欧洲的炼油厂出现了油荒。就这样，西方石油公司不得不在 9 月 4 日接受利比亚政府的要
求，将原油标价每桶提高 0.30 美元，以后 5 年每桶再增加 0.02 美元，税率由原来的 50% 提高到 58%，
并对利比亚的低硫优质原油给予贴水。[②] 尔后，美国海外石油公司也接受了利比亚政府提高原油标价的
要求。就在利比亚政府同国际石油公司进行谈判的同时，阿尔及利亚于 1970 年 7 月单方面宣布将原油
标价由每桶 2.08 美元提高到每桶 2.25 美元。

　　利比亚政府提高原油标价斗争的胜利，产生了巨大的示范效应：伊拉克政府也把从地中海出口的
每桶原油标价提高 0.20 美元；科威特政府把每桶原油标价提高 0.11 美元，税率提高 5%；伊朗政府把
每桶重原油标价提高 0.09 美元，税率提高到 55%；委内瑞拉政府把石油税率从 52% 提高到 60%，并立
法规定总统有权单方面修改原油标价。这样，从利比亚开始，国际石油公司单方面决定原油标价的权
力被打破了，"利比亚协议不只是原油标价上涨 0.30 美元，……而且改变了产油国政府与石油公司力
量的均势"[③]。这是产油国争取权益斗争的又一次重大胜利。

　　在此基础上，1970 年，石油输出国组织开始参与全面结束国际石油公司原油标价决定权的斗争
中，并日渐显示出其在国际石油市场中的重要影响力。是年 12 月，石油输出国组织在委内瑞拉的加拉
加斯举行第 21 届部长级会议，在听取了利比亚、伊朗、科威特、伊拉克、沙特阿拉伯、阿尔及利亚和
委内瑞拉与国际石油公司有关原油标价的谈判情况汇报后决定：确定在成员国营业的石油公司纯收入
的 55% 为最低税率；确定在所有成员国中统一提高标价或税收参考价以反映国际石油市场普遍改善的
情况。同时提出，在主要工业化国家货币比价的改变会对成员国收入的购买力起到不利影响的情况下，
标价或税收参考价应做相应的调整。[④]

　　1971 年 1 月 12 日至 2 月 4 日，石油输出国组织海湾地区成员国与国际石油公司的谈判在德黑兰
举行。会议经过多次谈判，最终达成《德黑兰协议》。协议规定，海湾地区各国石油税率从 50% 提高
到 55%；根据原油质量，原油标价每桶提高 0.35～0.40 美元；取消以前产油国付给石油公司的每桶 0.03
美元或 0.04 美元的销售贴水；在 1971 年 6 月 1 日、1973 年到 1975 年每年的 1 月 1 日，将原油标价提
高 2.5%，并外加 0.05 美元作为对通货膨胀的补贴；上述条件在 5 年内不变。《德黑兰协议》"埋葬了

---

① 王才良、周珊：《世界石油大事记》，石油工业出版社，2008，第 191 页。

② 王能全：《石油与当代国际经济政治》，时事出版社，1993，第 69 页。

③ 同上。

④ 同上书，第 70 页。

五五平分原则"，"是一个转折点，从此主动权转移到石油输出国组织手中了"。①

1973 年第 4 次中东战争爆发前，美元不断贬值，冲击着产油国的收入。于是，石油输出国组织于同年 9 月举行第 35 届特别会议，决定全面修改在此之前与国际石油公司签订的《德黑兰协议》、《的黎波里协议》和《拉各斯协议》。10 月 16 日，海湾地区 6 国代表在科威特举行部长级会议，决定单方面把海湾地区原油标价提高 70%，阿拉伯轻油价格由每桶 3.011 美元提高到 5.119 美元。与此同时，北非产油国也宣布提高原油标价 100%。11 月 1 日，海湾地区 6 国又决定将原油标价提高 0.06 美元。12 月 22—23 日，石油输出国组织在德黑兰举行会议，决定从 1974 年 1 月 1 日起 34° API 的阿拉伯轻油原油标价每桶由 5.119 美元提高到 11.651 美元。与 1973 年 1 月 1 日相比，1974 年 1 月 1 日的石油输出国组织原油标价大约上涨了 340%。②

这次海湾、北非产油国对原油标价的大提价，不仅是第三世界产油国第一次集体地、单方面地大幅提高原油标价，还标志着资本主义垄断原油标价时代的终结，制定原油标价的主权已完全收回到产油国手中，开启第三世界产油国独立自主地行使规定原油价格主权的新时代。从此，石油输出国组织开始左右国际石油市场。

1975 年 3 月，在超级大国对石油输出国的恫吓和分裂活动日益猖獗、产油国面临分裂的危险背景下，石油输出国组织召开了第一届首脑会议，通过了被誉为"石油输出国组织宪章"的《庄严宣言》。该宣言重申，"他们的国家联合起来捍卫他们人民的合法权益"，"对他们自然资源的拥有、开采和标价有完全的、不可剥夺的权利"；宣布准备采取有效和果断的措施来反击资本主义的经济或军事的侵略。这个宣言体现了石油输出国维护民族权益，争取建立新的国际经济秩序的共同愿望和坚定决心。③同年，在产油国各方的共同努力下，运行了 20 多年的原油标价制终于被废除，取而代之的是产油国政府公布的原油销售价。

由于石油输出国组织拥有了原油价格决定权，到 20 世纪 70 年代末，石油输出国组织根据当时欧美国家出口货物价格的不断上涨、美元不断贬值、石油经营遭到巨大损失的情况，于 1978 年 12 月在阿布扎比召开第 52 次部长理事会，一致达成提价协议，决定在 1979 年内分 4 次进行提价，全年平均提价幅度为 10%。第一次于 1979 年 1 月 1 日提价，提幅为 5%；第二次从 4 月 1 日起，提幅为 3.809%；第三次从 7 月 1 日起，提幅为 2.294%；第四次从 10 月 1 日起，提幅为 2.691%，此时标准原油的价格累计提高到每桶 14.546 美元。据美联社巴黎 1978 年 12 月 21 日电，这次提价将使经济合作与发展组织成员国经常项目的赤字在 1979 年增加 100 亿至 150 亿美元，其中美国将增加 30 亿美元。1979 年 3 月，石油输出国组织第 53 次（特别）会议又决定将上次会议所规定的在年底实现的提价指标提前实行，即从 4 月 1 日起把标准原油每桶价格提高到 14.546 美元，提幅由原来规定的 3.809% 提高到 9%。会议还规定各成员国在这一价格之外，可再加上他们根据自己的情况认为是正当的附加价格。对于这次提价，美国国务院发言人表示"深感遗憾"，说这是"不合时宜和不公正的"。共同体的专家估计，它

① 王能全:《石油与当代国际经济政治》，时事出版社，1993，第 71-72 页。
② 同上书，第 83 页。
③《第三世界石油斗争》编写组:《第三世界石油斗争》，生活·读书·新知三联书店，1981，第 346-347 页。

会使共同体 1979 年的经济增长率下降 0.5%，通货膨胀率提高 0.3%。[①] 这是国际石油市场上政治博弈的一种结果。

（六）参股制／服务合同制

参股制又称合营制。它是产油国在国际石油公司对本国投资开发的油田中参入股份或占有股份，进行合资开发经营，从中获得股份收益的一种石油开采制度。同时，它也是通过入股、参股的方式，逐步从国际石油公司手中收回产油国石油资源主权的一种制度。它与租让制的主要不同之处在于，产油国在国际石油公司成立的石油开采企业中占有一定比例的股权，进而可以增加收入。最早创立参股制的是意大利埃尼集团总裁马太。

1955 年，马太提出了石油开采共同投资新模式：先由石油公司承担勘探风险，如果发现商业性油气流，产油国家可获全部利润的 50%，并且通过承担一半开发费用参加生产。由于产油国获 50% 纯利，并对公司的利润征收 50% 以上的税收和矿区使用费，所以这一方案又称为"75/25 方案"。1955 年、1957 年、1958 年参股制先后被埃及、伊朗、摩洛哥采用。[②]

1957 年 7 月，伊朗议会通过的石油法规定，在协议区以外的可能储油地区，三分之一保留给国家开发，其余部分必须由伊朗占有 30% ～ 50% 股份的合营公司开采，协定期满时一切财产归伊朗政府。同年 8 月，伊朗国家石油公司同意大利埃尼集团签订协议，决定成立一个合营企业——意伊联合公司，将面积为 23 000 平方千米的地区交给该公司经营，伊朗政府从中通过税收和股份收入，可取得该公司 75% 的利润。1958 年 5 月和 6 月，伊朗以同样的条件分别同美国泛美石油公司、加拿大塞普费尔石油有限公司签订类似协议。[③]

1957 年 12 月，沙特阿拉伯同日本签订石油开采协议，允许日本公司在沙特阿拉伯所属的中立区的海岸地区开采石油，沙特阿拉伯参与 10% ～ 20% 的股权，占有 1/3 的董事席位，可获得 56% 的利润和 20% 的矿区使用费。[④]

1971 年，尼日利亚在意大利通用 – 菲利浦石油公司中参股 33%，分别在美国西方石油公司、日本帝人 – 帝国 – 三井集团、德国德莱内克斯公司中取得 51% 股权。同年 4 月，因法国公司支持比夫拉分裂主义活动，尼日利亚政府对法资埃尔夫公司的子公司萨弗拉石油公司参股 35%，如果产量超过 40 万桶 / 日，参股增加到 50%。[⑤]

20 世纪 70 年代，海湾地区产油国开始与国际石油公司进行集体谈判，促进了参股制在各石油公司中的广泛推行，并最终收回大部分乃至全部股权。

1972 年 10 月，沙特阿拉伯、科威特、卡塔尔、巴林、阿联酋 5 个阿拉伯产油国与美国相关公司进行谈判，就参股问题达成总协议：各产油国政府 1973 年 1 月 1 日立即参股 25%，1979 年增加股份 5%，

① 《第三世界石油斗争》编写组：《第三世界石油斗争》，生活·读书·新知三联书店，1981，第 366–367 页。

② 王才良、周珊：《世界石油大事记》，石油工业出版社，2008，第 134 页。

③ 《第三世界石油斗争》编写组：《第三世界石油斗争》，生活·读书·新知三联书店，1981，第 136 页。

④ 同上。

⑤ 王才良、周珊：《世界石油大事记》，石油工业出版社，2008，第 196 页。

1980—1982 年每年增加 5%，1983 年增加 6%，共计达到 51%；各公司回购产油国政府的股份油。[①]

1972 年 12 月，沙特阿拉伯政府参股 Aramco（阿美石油公司），最初为 25%，从 1973 年 1 月 1 日起实行，一年后增至 60%，1980 年全部归属沙特阿拉伯。

1973 年 1 月到 1974 年 1 月，阿联酋的阿布扎比政府采用扩大参股办法，获得阿布扎比石油公司 60% 的股权，BP 占股 23.75%。

1973 年 1 月到 1975 年 9 月，科威特政府通过参股并逐步扩大的办法，收回科威特石油公司全部股权，BP 曾占 50%。

1973 年 1 月到 1977 年 2 月，卡塔尔政府用参股再扩大的办法收回卡塔尔石油公司全部股权，BP 公司曾占 23.75%。

1973 年 6 月到 1979 年 8 月，尼日利亚政府用逐渐扩大参股的办法，收回尼日利亚 Shell/BP 全部租让地。

1973 年 12 月 20 日，沙特阿拉伯和阿布扎比两国同国际石油公司签订参股协定，从 1973 年起，两国参股 25%，至 1981 年增加到 51%，还规定了石油公司购买参股油的份额。此即《利雅得协定》。[②]

1974 年 1 月，科威特政府首先达成立即参股 60% 的协议，其起点与以前协议相比是一个极大的提高。随即，在海湾地区各国引起连锁反应。同年，卡塔尔（2 月）、沙特阿拉伯（6 月）、科威特（中立区海上）（8 月）、阿布扎比（9 月）分别同本国经营的外国石油公司签订协议，参股 60%，而且全部回溯到 1974 年 1 月 1 日起生效。[③]

在此期间，还出现了一种新的油田开发模式——服务合同制，又称承包合同制。它早在 20 世纪 50 年代最先由墨西哥政府采用。后来，法国石油勘探和经营（ERAP）公司同伊朗国家石油公司于 1966 年签订合作协议，建立合营公司，在伊朗勘探开发油田，ERAP 公司不要求租借特权，承担全部风险，而伊朗国家石油公司可获得 90% 的利润。这种合作模式被称为埃拉普协议[④]，它是石油输出国组织各成员国的第一份服务合同。

服务合同制的主要特点是：主权完全属于产油国，外国公司仅仅是石油勘探和开采的承包者；开发费由产油国承担，但先由外国公司贷款支付；产油达到商业规模后，产油国将一部分石油卖给承包公司偿还贷款，并将一定比例的原油交付承包公司作为佣金。[⑤]

（七）产量分成制

20 世纪 60 年代，印度尼西亚首创产量分成制，至今仍是一些国家石油开采的一种重要方式。

1966 年，印度尼西亚做出规定，国家石油公司同外国石油公司在新区合作一律改用产量分成合同，

---

① 王才良、周珊：《世界石油大事记》，石油工业出版社，2008，第 202 页。

② 同上书，第 209 页。

③ 同上书，第 213 页。

④ 同上书，第 174 页。

⑤《第三世界石油斗争》编写组：《第三世界石油斗争》，生活·读书·新知三联书店，1981，第 156 页。

缔约的外国公司不再有经营权，仅为承包商，以前所签订的合同期满后转为产量分成合同。[①]1967 年 2 月 5 日，印度尼西亚与外国承包商 IIAPCO 签订世界第一份石油产量分成合同。根据 1966 年的政府规定，40% 的产品作为外国公司投资成本的补偿；其余产品中，印度尼西亚国家石油公司分得 65%，外国石油公司分得 35%；外国石油公司应当逐步归还合同区，必须保持每年最低限额的投资，有义务提供其分得的一部分石油产品供印度尼西亚国内消费。1967 年，印度尼西亚政府共与 11 家外国公司签订勘探开发合同。[②]

1981 年，赤道几内亚颁布第 7 号法规，规定采取产量分成合同制，所得税率不超过 45%，矿区使用费不低于 10%。

1993 年，越南国会通过石油法，明确由国家石油公司与外国石油公司签订产量分成合同、合资协议或其他合同。

1993 年 12 月，俄罗斯总统叶利钦签发产量分成法令，从 1994 年 1 月 10 日起生效。1996 年，俄罗斯政府与国际集团签订产量分成合同，开发萨哈林大陆架的油气。其中，以埃克森为首的萨哈林 I 项目开发 3 个油田，可采储量为石油 3.4 亿吨、天然气 4 250 亿立方米；以荷兰皇家壳牌集团为首的萨哈林 II 项目开发 2 个油田，可采储量为石油 1.4 亿吨、天然气 4 080 亿立方米。[③]

1996—1997 年，伊拉克政府分别与俄罗斯国际财团、意大利埃尼集团、中国石油天然气集团有限公司等企业签订开发西库尔纳、马吉努、曼苏尔等油田的产量分成合同。后因海湾战争爆发，均未执行。

1997 年，哈萨克斯坦政府与外国公司 BG、道达尔等签订开发卡拉恰甘纳克凝析气田的产量分成合同，官方估计天然气储量 15 000 亿立方米、凝析油 9.5 亿吨、原油 2.1 亿吨。

三、石油工业国有化

石油工业国有化，不仅仅是指一国对国内私营石油企业实行国有化，更重要的是指对在一国从事石油开发经营的外国企业实行国有化。这是进入现代后世界石油工业领域的一项重大国际政治经济活动，对世界石油工业的发展产生了重大深远的影响。

（一）国有化兴起时期（1918—1949 年）

20 世纪 50 年代以前，墨西哥、苏联、阿根廷、英国、玻利维亚、危地马拉等少数国家先后实行石油工业国有化政策。

1. 墨西哥

墨西哥是世界上第一个实行石油工业国有化政策的国家。墨西哥于 1917 年 2 月颁布《墨西哥合众国宪法》，明确规定土地、水域及一切自然资源属于国家，次年 2 月宣布石油是不可转让的国家资源，英、美资本的石油公司提出抗议。[④]1918 年，墨西哥政府接收了维拉克鲁斯北部的油田，派军队进驻坦比哥石油区。1925 年颁布土地法和石油法，规定石油方面的一切所有权都实行租让制，租让期为 50 年，结

[①] 王才良、周珊：《世界石油大事记》，石油工业出版社，2008，第 173 页。

[②] 同上书，第 178 页。

[③] 同上书，第 320–321 页。

[④] 同上书，第 53 页。

果又一次遭到美国石油垄断公司和美国政府的强烈反对。[①] 经过长达 10 多年的石油所有权斗争，墨西哥总统卡德纳斯于 1938 年 3 月公布石油国有化法令，接管了 17 家美国和英国的企业。到 1940 年，墨西哥政府全面控制了石油的生产和销售。1941 年 11 月，美国、墨西哥政府达成一致：墨西哥在 14 年内赔偿美国的石油公司 4 000 万美元；美国购进墨西哥白银，帮助其稳定比索，并提供 3 000 万美元贷款。此后，墨西哥石油生产稳定发展，年产量由 1938 年的 550 万吨增至 1946 年的 700 万吨，1958 年达到 1 400 多万吨。

墨西哥石油国有化运动的胜利不仅促进了墨西哥石油工业和民族工业的发展，还给亚洲、非洲、拉丁美洲地区产油国同国际石油卡特尔的斗争树立了榜样。美国哈维·奥康诺在《石油帝国》一书中写道：当自由世界已被国际石油卡特尔控制的时候，墨西哥石油公司所发出的微弱而持续的光芒，对于拉丁美洲和中东的那些石油丰富却为贫困所苦的国家来说，不啻是一座希望的灯塔。[②]

2. 苏俄

布尔什维克党掌握政权后，列宁在 1917 年 4 月就明确了实行国有化经济政策的立场："……我们的建议应当是可以直接付诸实施的：这些已经成熟的辛迪加应当转归国家所有。如果说苏维埃想掌握政权，那仅仅是为了达到这样的目的。除此之外，苏维埃政权没有其他目的……"[③] 9 月，列宁再次强调："石油工业国有化是可以立即实现的，而且是革命民主国家必须做的事情。在国家经受极大危机，必须千方百计节省国民劳动和增加燃料生产的时候，尤其如此。"[④]

1917 年 11 月，全俄苏维埃第二次代表大会批准了土地法令，宣布土地、矿产、森林等归全体人民所有。1918 年 1 月，俄罗斯联邦人民委员会会议首次审议石油工业国有化问题。3 月，任命一位石油工业总人民委员。5 月，取消石油工业总人民委员的职务，设立一个专门机构——石油总委员会，对所有私营石油工业部门及石油产品的贸易活动实行监督。[⑤] 6 月，颁布关于石油工业国有化的法令，开创了该国石油工业史的新开端。该法令共有 12 条主要内容[⑥]：

（1）石油开采企业、石油加工企业、石油贸易企业、石油钻探和运输企业及其所有动产和不动产，无论建在哪里，装载何物，都属于国家财产。

（2）第一条款中提到的那些小企业不适用于本法令。不适用的理由和方法由石油总委员会制定特殊条例加以解释。

（3）对石油及其产品的贸易实行国家垄断。

（4）由最高国民经济委员会燃料局下属的石油总委员会负责管理国有化企业的全部事务，并确定实施国有化的办法。

（5）建立地方国有化企业管理机构的手续及其权限范围，由石油总委员会制定特殊条例，报请最

①《第三世界石油斗争》编写组：《第三世界石油斗争》，生活·读书·新知三联书店，1981，第 123 页。

② 同上书，第 125 页。

③ 阿列克佩罗夫：《俄罗斯石油：过去、现在与未来》，石泽译审，何小平副译审，人民出版社，2012，第 171 页。

④ 同上。

⑤ 同上书，第 172 页。

⑥ 同上书，第 173–174 页。

高国民经济委员会主席团批准后执行。

（6）在石油总委员会全部接管国有企业之前，这些企业旧管理机构必须充分履行自己的工作职责，采取一切措施保护国有财产和继续办理这些手续。

（7）每个企业的旧管理机构必须撰写 1917 年全年和 1918 年上半年的工作总结，并提交 6 月 20 日的企业会计平衡表，新管理机构按照这个平衡表检查和实际接收企业。

（8）在苏维埃政权管理机构尚未接到会计平衡表并全部接管国有企业之前，石油总委员会有权向石油企业所有管理机构以及石油开采、生产、运输和贸易的所有中心派遣自己的人民委员，而且石油总委员会可以授予其派遣的人民委员各种权利。

（9）地方国有化石油工业的有关管理机构拥有石油工业代表大会苏维埃的全部权利和义务。

（10）石油总委员会接管的企业和机构的所有工作人员全部留在其工作岗位上，不能中断交给他们的工作。

（11）在石油总委员会工作条例规定做出安排和规则发布之前，地方国民经济委员会以及在没有该机构的地方，苏维埃政权其他地方机构有权在自己的地区做出安排和制定规则。

（12）本法令公布即生效。

苏维埃政权颁布上述法令的目的是在苏俄境内现有大规模垄断企业的基础上，将私营石油企业统合为完整的资产，但因付诸实施时过于匆忙和考虑不周，造成了一些不良影响。[1]1918 年 6 月 31 日，"平等党"与外国干涉者占领巴库。至 8 月 31 日，苏俄共有 9 750 个国有化工业企业，但因受到国内战争、企业主的同盟歇业和工厂罢工等因素的影响，停工的企业有 3 690 个，占 37.8%。10 月 7 日，在英军支持下，"平等党"宣布解除石油工业国有化，各企业归还原先的企业主。[2]

1920 年 5 月，苏维埃政权在巴库重建，实行石油工业第二次国有化，全部石油工业归阿塞拜疆石油委员会领导，下设巴拉汉尼、萨朋齐等 6 个地区性公司。

1921 年 3 月，列宁开始推行新经济政策，没收外国资本的企业，在苏俄全境实行石油工业国有化。[3]

3. 阿根廷等国家

阿根廷议会于 1927 年通过石油国有化法，取消石油矿产的私人占有权。1929 年颁布石油资源国有化法。1934 年颁布石油工业国有化法，规定本国石油工业实行国家所有，由国家石油公司（YPF）独立经营。

英国于 1934 年颁布石油法，规定矿产资源归皇家所有。1948 年对燃气业实行国有化，政府成立燃气委员会。1973 年改名为英国燃气公司，为国有企业。

玻利维亚军政府于 1937 年控告美国标准石油公司偷税漏税，没收该公司的资产，实行国有化。

奥地利根据 1946 年的国有化法，对三大银行以及钢铁、电力、石油、煤矿等大量重工企业实行国有化。

罗马尼亚政府于 1947 年接管阿斯特拉和尤尼利亚 2 家外国石油公司，1948 年宣布石油资源为国

---

① 阿列克佩罗夫：《俄罗斯石油：过去、现在与未来》，石泽译审，何小平副译审，人民出版社，2012，第 174 页。
② 王才良、周珊：《世界石油大事记》，石油工业出版社，2008，第 53 页。
③ 同上书，第 58 页。

家资产，接收全部外国资本的石油资产。

危地马拉于 1949 年推行石油工业国有化，规定石油开采权限于本国人掌握 51% 以上股份的公司，所生产的原油必须在本国加工。对此，俄亥俄标准石油公司等美国公司撤出危地马拉。1954 年美国策动政变，推翻危地马拉的阿瓦雷洛·阿本斯政府。卡斯蒂略·阿马斯上台后立即废除石油国有化法令，拿出 98.8 万英亩作为石油租借地，并由美国国务院的顾问起草石油法，规定政府所得不超过外国石油公司利润的一半，老油田实行 27.5% 枯竭减免税。[①] 至此，危地马拉石油工业国有化失败了。

（二）国有化拓展时期（1950—1969 年）

1962 年 12 月，联合国通过《关于自然资源永久主权的决议》，明确提出自然资源属于国家所有。但是，世界石油工业并非想国有就能国有。苏联学者勃·弗·拉奇科夫曾发问：“国有化是可能的吗？”他指出：“将外国租借地收归国有可能是产油国掌握自己石油资源的最有效的手段。但是眼下还没有一个盛产石油的发展中国家在官方政策中规定这项措施。甚至在 1967 年 6 月以色列的侵略行动开始以后，阿拉伯国家和帝国主义强国之间的关系最紧张的时期，西方实业界和政治界已经明显地感到阿拉伯产油国可能将石油工业收归国有的威胁，但还是没有一个产油国政府的代表暗示过有可能采取这种措施。这种情况的出现有许多重要的经济原因和政治原因。”[②]1951 年开始的伊朗石油工业国有化及 1965 年的印度尼西亚石油工业国有化都以失败告终。

伊朗的石油工业国有化始于 1951 年，斗争如火如荼。1951 年 1 月 1 日，摩萨台向议会提议石油工业国有化。3 月，议会通过石油国有化法案，赞成没收英伊石油公司总额 7.5 亿美元的资产，建立国家石油公司。同月，马舒尔港石油工人大罢工，英伊石油公司派军队和坦克恫吓工人，英国政府宣布派军舰到阿巴丹。4 月，罢工席卷各地，英军开枪，伊朗全国大示威游行，摩萨台就任首相，议会通过将英伊石油公司国有化的法案。5 月，伊朗接管英伊石油公司。9 月，英国对伊朗经济封锁，伊朗政府进占阿巴丹油田。10 月，英伊石油公司撤出全部英国员工。1952 年 6 月，运载伊朗原油的意大利油轮“罗兹梅利号”在亚丁湾被英国军舰扣留。7 月，海牙国际法庭驳回英国政府关于伊朗石油国有化的起诉。10 月，英伊断交。1952 年 12 月至 1953 年 1 月，伊朗向波兰、印度、苏联等国推销石油均未成功[③]，导致伊朗产生严重的石油危机，石油产量由 1950 年的 3 226 万吨减至 1951 年的 1 684 万吨，1952 年更是跌到 136 万吨，1953 年、1954 年分别为 149 万吨、300 万吨。直到 1954 年 8 月，经过 4 个月的德黑兰会谈，就伊朗石油问题达成协议后，伊朗历时数年的石油危机才结束。根据德黑兰会议，1954 年 9 月，成立伊朗石油参股公司，同时在荷兰成立主管石油勘探、开采、炼制的伊朗石油开发生产公司，在伦敦成立伊朗石油服务公司。伊朗石油参股公司的组成为：英伊石油公司占 40%；壳牌石油公司占 14%；埃克森、美孚、雪佛龙、德士古、海湾石油公司各占 7%；法国石油公司占 6%；美国 6 家小石油公司共占 5%。根据会议决定，伊朗国家石油公司向参股公司支付生产成本和每桶 2 美分的酬金；12.5% 的原油由伊朗国家石油公司自行出口，相当于矿区使用费，公司按原油标价交 50% 的所

---

① 王才良、周珊：《世界石油大事记》，石油工业出版社，2008，第 131 页。

② 勃·弗·拉奇科夫：《石油与世界政治》，上海师范大学外语系俄语组、上海《国际问题资料》编辑组合译，上海人民出版社，1977，第 206 页。

③ 王才良、周珊：《世界石油大事记》，石油工业出版社，2008，第 122–125 页。

得税（1971 年起改为 55%），承包期 25 年（到 1979 年）；87.5% 的原油由参股公司按井口价的 12.5% 计算，按股份分享。[①] 至此，伊朗石油工业国有化失败了。

印度尼西亚于 1945 年独立，同年决定把壳牌石油公司的北苏门答腊油田收归国有，成立国营 Permina 公司，并将美孚真空石油公司和德士古公司的子公司置于外汇管制之下。1963 年，印度尼西亚通过国有化 44 号法令，规定石油和天然气资源归国家所有，取消外国石油公司租让制特许权，荷兰皇家壳牌、加德士、标准 – 真空三大外国公司被迫同印度尼西亚的国营石油公司签订经营合同，从此结束了石油租让制。[②]1965 年，印度尼西亚先后查封 3 家美国石油公司和 1 家英荷石油公司的资产。至此，印度尼西亚所有外国石油公司均被收归国有，成为 OPEC 中首个实现石油工业国有化的国家。但是，好景不长，1965 年，苏哈托将军发动一场革命，数十万共产党人遭到屠杀，印度尼西亚因之一片混乱，通货膨胀率高达 600%。[③] 之后，苏哈托政府开始同各外国石油公司签订新的"分摊生产"（共同生产）协定，一般是外国石油公司占 35%，印度尼西亚的国营石油公司占 65%。就这样，印度尼西亚的石油工业国有化也失败了。

在这个时期，虽然发展中国家大多数主要产油国没有实现石油工业国有化，但是哥伦比亚、巴西、印度、古巴、叙利亚、阿尔及利亚、秘鲁等一些非主要产油国家的石油工业国有化却取得了重要成效。

哥伦比亚于 1951 年成立国家石油公司，接收租借地期满的 Tropical 公司（Exxon 的子公司）的石油租借地，这是拉美第一次石油资产的和平转移与过渡。[④]

巴西于 1953 年开展一场"是否允许外国资本开发本国油气资源"的大辩论，形成"石油是我们的"运动。同年，实施 2004 号法律，实行石油工业国有化，成立国家石油公司，垄断国内外大部分地区的油气活动。

印度政府于 1956 年采用"社会主义形态"，以国营企业为骨干，对阿萨姆石油公司、印度石油天然气委员会、印度炼油公司实行国有化。

菲德尔·卡斯特罗在 1959 年 1 月 8 日领导古巴革命获得成功后不久，宣布对石油工业等基本工业实行国有化。

缅甸政府于 1963 年 1 月赎买了伯马公司在缅甸的资产，成立人民石油工业公司，实现石油工业国有化。

叙利亚于 1965 年对 9 家外国石油公司的资产实行国有化。

秘鲁在 1968 年实行国有化政策，先后没收 AIPC、秘鲁太平洋公司等外资企业的资产，收回全部石油租借地，并于 1969 年成立国家石油公司。[⑤]

（三）国有化高峰时期（20 世纪 70 年代）

这一时期石油工业国有化的最突出成果就是发展中国家大多数主要产油国，包括阿尔及利亚、利

① 王才良、周珊：《世界石油大事记》，石油工业出版社，2008，第 131 页。

② 同上书，第 162 页。

③ 贝雷比：《世界战略中的石油》，时波、周希敏、贺诗云译，新华出版社，1980，第 84 页。

④ 王才良、周珊：《世界石油大事记》，石油工业出版社，2008，第 123 页。

⑤ 同上书，第 182 页。

比亚、委内瑞拉、伊拉克、伊朗、卡塔尔、尼日利亚等石油输出国组织成员国，均实现了石油工业国有化。世界石油工业国有化运动达到了历史巅峰。

阿尔及利亚早在1968年12月就接管了格蒂石油公司经营资产的51%，同格蒂建立合营开采企业（阿尔及利亚占51%）。1970年，阿尔及利亚把美孚、壳牌和菲利浦等外国公司在阿尔及利亚的子公司收归国有，从而控制了全国30%石油生产、60%勘探、80%炼油和100%国内销售。1971年，公布新石油法，废除石油租让制，把控制70%石油运输、80%原油生产的法国道达尔公司的51%股权收归国有，并将天然气领域全部外国股权和生产国有化，阿尔及利亚在石油生产公司所拥有的股权达到80%。[①]1974年，阿尔及利亚把22家外国石油公司在阿尔及利亚的资产收归国有。阿尔及利亚成为第一个石油工业国有化的阿拉伯国家，同时还是第一个100%掌握天然气生产和输油管道的阿拉伯国家。

利比亚于1970年成立国家石油公司，把全部石油进口公司和销售公司收归国有，建立雷卜加石油销售公司。次年，进一步推进石油国有化，对大多数持合作态度的公司实行50%以上控股（收购股份），对BP、美国海外石油公司等不服控制的公司实行资产没收。1973年，利比亚把各外国石油公司的51%股权收归国有。1974年，又把德士古、雪佛龙、壳牌和在利比亚的3家美国石油公司全部资产收归国有，同美孚及埃克森达成51%参股协议。至此，利比亚基本完成石油国有化。到1975年，利比亚控制了国内石油产量的75%，国家石油公司可获陆上石油产量的85%和大陆架产量的81%。[②]

委内瑞拉早在20世纪50年代就开始了从外资手中收回石油主权的斗争。1958年，政府宣布不再租让新油田。1960年成立国营石油公司。1971年，委内瑞拉总统卡尔德拉签署法案，提出到1976年收回石油资源所有权，各石油租借合同到期后全部资产无偿交给委内瑞拉政府。1974年，委内瑞拉把埃克森公司的2个油田收归国有。1975年8月，佩雷斯总统又签署石油国有化法案。1976年1月1日，委内瑞拉政府将所有外国公司的石油租让地和全部设备收归国有，全面接管外资石油工业和贸易，实现了石油国有化[③]，从而掌握了国家的经济命脉，还极大地增强了国家的财力。同年，委内瑞拉产油11 825万吨，石油收入达89.7亿美元，其占国家财政收入的80%，占外汇收入的90%。在此前，委内瑞拉石油业从开采、提炼、运输到销售，一直被控制在外国资本手里，以美国为主的19家外国石油公司控制了委内瑞拉石油生产的97%、炼油能力的98%，占有石油租让地216万公顷，向委内瑞拉缴纳的石油税费共计约50亿美元，而在50年中却汇走了5倍于此的利润。[④]

伊拉克于1972年6月成功地把大部分石油工业和北方的全部油田收归国有，使阿拉伯石油界深受鼓舞。1973年10月，伊拉克政府对占有巴士拉石油公司23.75%股权的美国近东石油公司实行国有化，对参股巴士拉石油公司23.75%的荷兰皇家壳牌的股权中属于荷兰公司的60%国有化，对巴士拉石油公司中属于古尔本基安的5%股权加以没收，伊拉克政府共计接收巴士拉石油公司43%的股权。[⑤]

伊朗于1973年3月21日对本国的石油资源和石油工业实行了全面国有化，从而结束半个多世纪

---

① 王才良、周珊:《世界石油大事记》，石油工业出版社，2008，第192页。
② 同上。
③ 中国社会科学院拉丁美洲研究所:《拉美研究：追寻历史的轨迹》，世界知识出版社，2006，第21页。
④ 同上书，第20–21页。
⑤ 王才良、周珊:《世界石油大事记》，石油工业出版社，2008，第208页。

以来西方国家石油公司任意掠夺本国石油资源的历史。[①]

卡塔尔于 1976—1977 年先后收购卡塔尔石油公司中外国公司占有的 40% 股份以及壳牌集团在壳牌卡塔尔石油公司中 40% 的股权，成立卡塔尔石油生产局予以接管，完成石油工业国有化。1980 年，卡塔尔石油生产局改组为卡塔尔国家石油公司。

尼日利亚于 1977 年颁布国有化法令。1979 年把国家石油公司（NNOC）改组为 NNPC。同年，NNPC 参股尼日利亚壳牌公司的份额达 80%。

除了上述 OPEC 国家，还有一批非 OPEC 国家也实行了石油工业国有化。1970 年，索马里对银行和石油公司实行国有化。1973 年，黎巴嫩把外资伊拉克石油公司在黎巴嫩的管道、炼油厂、油码头等全部设施收归国有。1975 年，刚果把埃尼 – 阿及普在刚果的石油资产收归国有。巴林于 1976 年购买加德士在巴林的巴林石油公司（Bapco）60% 的股权，成立巴林国家石油公司。1978 年接管巴林石油公司全部外国股权，1982 年 1 月接管 Bapco 全部油气生产业务，从而完成石油工业国有化。1976 年，马达加斯加宣布将埃索、壳牌、道达尔等 5 家外国石油公司收归国有。1977 年，莫桑比克把索纳普炼油厂、索纳普石油公司收归国有。1977 年，新西兰建立新西兰国家石油公司，把全国远景最好的 6 个勘探许可区全部收归国有。安哥拉于 1977 年把葡萄牙石油公司收归国有，1978 年收购海湾石油公司 51% 的股份，1979 年接管比利时公司在安哥拉的销售网。[②]

（四）后石油工业国有化时期（20 世纪 80 年代后）

20 世纪 80 年代初，英国首先揭开了国有经济市场化改革的序幕。从此，石油工业国有化不仅没有增强，反而出现了势不可当的去国有化浪潮，世界石油工业国有化趋势骤然跌到谷底。1980—1990 年，国际上鲜有石油工业国有化事件发生。

进入 21 世纪，石油工业国有化再度出现在世人面前。2004 年 5 月 13 日，阿根廷决定成立 1 家新的国家拥有的能源公司，中央政府、省政府和私人投资者分别拥有其 53%、35% 和 12% 的股份。

2005 年 4 月，委内瑞拉政府命令外资企业变更 1992—1997 年签订的 32 个作业协议，依据 2001 年委内瑞拉的石油天然气法，把矿区使用费提高到 30%，国家石油公司至少拥有 51% 的股份。2006 年，委内瑞拉国家石油公司（Pdvsa）收回由外国公司经营的 32 个油田，政府要求所有外国公司必须与 Pdvsa 签订新的合资合同，Pdvsa 所持有股份必须达到 60% ~ 70%。

2005 年 9 月，俄罗斯天然气公司（Gazprom）签订俄最大收购协议，出资 130.1 亿美元购得西伯利亚石油公司 72.663% 的股份，加上原先已有的 3.016%，共计拥有 75.679%。加上此前俄罗斯石油公司对尤甘斯克的收购，俄罗斯政府掌握的石油产量已达全俄总产量的 1/3 以上。2006 年 12 月，Gazprom 正式宣布，出资 74.6 亿美元收购萨哈林 Ⅱ 项目 50% 股权加 1 股。其中，壳牌 27.5%，41 亿美元；三井 12.5%，18.6 亿美元；三菱 10%，14.9 亿美元。这不仅加强了 Gazprom 在液化天然气市场上的地位，还强化了俄罗斯政府对国内能源的控制。[③]

2006 年 8 月，迪拜政府宣布，成立国有全资的迪拜石油公司（DPE），从 2007 年 4 月起直接控制

---

① 程远行：《海湾地区的石油斗争》，求实出版社，1982，第 50 页。

② 王才良、周珊：《世界石油大事记》，石油工业出版社，2008，第 227 页。

③ 同上书，第 428 页。

本国的海上石油资源，接管全部业务。这意味着先前的美国大陆石油公司的子公司——迪拜石油公司（DPC）使命的结束。

2006 年 10 月，玻利维亚宣布，国家石油公司已经与所有在玻利维亚的外国能源公司签订新合同，外国公司承认玻利维亚政府对油气资源的所有权，并把 50%～82% 的石油天然气以税收形式上交政府。这标志着玻利维亚实现了能源国有化。[①]

2006 年 10 月，为保障日本国内能源供应，日政府计划把国有油气公司在能源开发项目中所占股份比例从 50% 提高到 75%。

四、国际性能源组织和会议

随着世界能源斗争的加剧，一批产油国先后联合起来，成立了许多能源组织，召开各种国际能源会议，以期与国际石油公司和欧美等石油消费大国抗衡，获得应得的利益。由此，也引发欧美等石油消费大国的联合，成立相应的国际能源机构，以应对各种能源问题。除此，还有其他国际能源组织和会议。其中，影响最大的是石油输出国组织、世界能源委员会、国际能源署、国际原子能机构和世界石油大会，等等。它们对世界能源健康持续发展起到了重要促进作用。

（一）国际性能源组织

本文中，国际性能源组织主要是指具有组织章程和机构性质的各种国际能源组织，如国际原子能机构、石油输出国组织等。它们大多数为政府间国际组织（IGO），也有的是非政府组织（NGO）。随着现代能源工业的不断发展与壮大，一批国际性能源组织（表 19-6）先后成立，对增进各国之间的沟通与协调起到了重要作用。

表 19-6　国际性能源组织一览表

组织名称	要点
国际天然气联盟（IGU）	1931 年成立，大会秘书处设在丹麦。宗旨是研究天然气工业发展中的问题，推动天然气工业的技术进步，促进成员之间的合作
国际原子能机构（IAEA）	1957 年根据《国际原子能机构规约》成立，总部设在维也纳。旨在加速并扩大原子能对全世界和平、健康和繁荣的贡献，促进核能和平利用，在世界范围内进行有关核技术的合作和科学发展
石油输出国组织（OPEC）	1960 年 9 月 10 日，伊拉克、伊朗、科威特、沙特阿拉伯和委内瑞拉的代表在巴格达开会，决定联合起来共同对付国际石油垄断资本的控制和剥削，维护产油国的民族经济权益和石油收入，并宣告成立石油输出国组织
拉美政府石油公司互助协会（ARPEL）	1965 年 10 月 2 日，拉美政府石油公司互助协会（又称拉丁美洲国家石油互助协会）成立，成员有秘鲁、墨西哥、巴西等 12 个国家石油公司。宗旨是保证拉美国家石油收入，协调各国石油政策，交流石油工业的经验、技术、资本、信息，建立共同市场。会议 4 年 1 次

---

① 王才良、周珊:《世界石油大事记》，石油工业出版社，2008，第 227 页。

续表

组织名称	要点
阿拉伯石油输出国组织（OAPEC）	1968 年 1 月 9 日，沙特阿拉伯、利比亚和科威特 3 国发起成立阿拉伯石油输出国组织。宗旨是协调成员国的石油政策，维护成员国利益，决定成员国之间在石油工业方面合作的方式、方法。后来发展到 11 个成员国，增加阿尔及利亚、巴林、埃及、伊拉克、叙利亚、突尼斯、阿联酋和卡塔尔
拉丁美洲能源组织（OLADE）	1973 年 11 月 2 日，拉丁美洲能源组织成立，共有 25 个成员。使命是促进各国经济发展，团结一致，捍卫各国能源利益的权利
国际能源署（IEA）	1974 年 11 月 15 日国际能源署成立，总部设在巴黎。主要协作机制:（1）石油分享，当石油短缺 7% 以上，并影响一个或多个成员国时，各成员国可以共享不超过 10% 的石油;（2）建立紧急石油储备和节制需求措施，各成员国必须拥有至少 60 天消费量的石油储备;（3）IEA 的决策机构是理事会，美国拥有 1/3 石油消费投票权
国际能源署洁净煤中心（IEA-CCC）	1975 年成立的能源政府间国际经济组织，共 24 个成员国。它是提供节能煤的供应及使用信息的国际科学技术组织，旨在促进和创新煤作为清洁能源的使用
东盟石油理事会（ASCOPE）	1975 年 9 月 5 日东盟石油理事会成立。它是开发东南亚石油资源的互助合作机构，就人员培训、研究设施的使用及发展石油工业的各个阶段的服务方面提供技术合作
国际能源经济协会（IAEE）	1977 年成立，拥有来自 70 多个国家的 3 400 名会员。以国际会议形式，为在能源经济领域感兴趣的专业人员提供交流意见和想法的场所。每年召开一次国际性会议
世界能源委员会（WEC）	1990 年成立，是综合性国际能源组织。原为 1924 年创立的世界动力会议，1968 年改名为世界能源会议，1990 年更名为世界能源委员会。宗旨是研究、分析和讨论能源以及与能源有关的重大问题，为各国公众和能源决策者提供意见、咨询和建议。1985 年中国成为 WEC 执行理事会成员。WEC 每 3 年召开 1 次大会。WEC 是世界能源界最重要的能源研讨会
能源宪章会议	1991 年成立。前身为欧洲能源宪章会议，是专业的以能源为中心的国际组织。总部设在比利时。成员包括所有欧洲国家、苏联（当时尚未解体）、澳大利亚、日本、美国、加拿大。中国和沙特阿拉伯获得观察员地位。1999 年签署《能源宪章条约》
天然气出口国论坛	2001 年 5 月，阿尔及利亚、文莱、印度尼西亚、伊朗、俄罗斯等 10 多个天然气生产和出口国聚集德黑兰，宣布成立具有部长级规格的天然气出口国论坛。论坛成员到 2008 年增加到 16 国。2008 年 12 月，天然气出口国论坛成员国通过组织章程，签署政府协议，成为一个国际组织。其成员国拥有世界天然气资源的 73%、开采量的 42%
非洲炼油企业联合会	2006 年 3 月 23 日，非洲大陆 39 家炼油企业中的 36 家在南非开普敦成立非洲炼油企业联合会
国际可再生能源机构（IRENA）	2009 年 1 月在德国波恩成立，总部设在阿布扎比，是一个既有工业化国家又有发展中国家参与的可再生能源合作机构
国际新能源合作组织（INECO）	2010 年 2 月、3 月分别在瑞士日内瓦、中国香港特区发起成立。致力于全球新能源的利用、新能源领域的国际合作与交流、新能源的普及

资料来源: 作者整理。主要参考夏征农、陈至立主编《大辞海·能源科学卷》，上海辞书出版社，2013。

（二）国际性能源会议

1933 年 7 月，首届世界石油大会在英国伦敦举行。此后，除了多次举办世界石油大会，世界上各产油地区、产油国和能源企业还先后举办各种层次与形式的能源会议，共同探讨能源发展问题，增进世界能源的交流与合作（表 19-7）。

表 19-7　国际性能源会议一览表

名称	要点
世界石油大会	首届于 1933 年在英国伦敦举行。是世界上重要的全球性能源会议
阿拉伯石油会议	1960 年 10 月，第 2 次阿拉伯石油会议在贝鲁特举行。美国、英国石油公司应邀参加。各产油国控诉了跨国石油公司的掠夺行径
非洲石油会议	1974 年 2 月 2—12 日，在联合国主持下，在的黎波里召开第 1 次非洲石油会议，31 个非洲国家代表出席
西方七国能源首脑会议	1979 年 6 月，美国、英国、法国、日本、联邦德国、意大利、加拿大 7 国能源部长参加西方七国能源首脑会议，确定各国进口石油的最高限额，指责 OPEC 提高油价妨碍世界安定
阿拉伯能源（石油）会议	1979 年 3 月 4—8 日，第 1 次阿拉伯能源（石油）会议在阿布扎比举行，22 个阿拉伯国家参加，由 OAPEC 发起。会议成立民族能源委员会，负责制定阿拉伯能源政策
海湾合作委员会石油部长会议	1982 年 1 月 31 日至 2 月 1 日，第 1 次海湾合作委员会石油部长会议在利雅得举行。会议讨论统一的石油政策、建设一条避开霍尔木兹海峡的输油管线等问题
世界可持续能源大会	2004 年 6 月 1—4 日，世界可持续能源大会（又称可再生能源国际会议）在德国波恩召开，共有 154 个国家和国际组织的 1 000 多名代表出席，主要议题是推动新能源的应用
东盟能源部长会议	2004 年 6 月，东盟第 22 次能源部长会议在菲律宾的马尼拉举行，东盟 12 国加上中国、日本、韩国 3 国代表就加强能源合作、降低市场风险问题进行了磋商
国际天然气峰会	2005 年 11 月 1 日在巴黎举行第 10 届国际天然气峰会，认为天然气价格的不断攀升正在改变着传统的市场格局，天然气价格不再与石油挂钩，也不再像传统的照付不议合同那样保持价格稳定
亚洲石油经济合作部长会议	2005 年 1 月 6 日，亚洲 4 大石油消费国中国、印度、日本、韩国与 8 个中东产油国代表在新德里举行亚洲石油经济合作部长级会议，呼吁建立亚洲石油战略联盟，创立亚洲市场原油基准价
加勒比能源首脑会议	2005 年 9 月 7 日，加勒比能源首脑会议确定地区一体化计划，批准地区能源合作章程和成立能源部长理事会，加勒比各国分别与委内瑞拉签订双边条约
世界天然气大会	2006 年 6 月 5 日，第 23 届世界天然气大会在荷兰首都阿姆斯特丹举行。每 3 年 1 次，由国际天然气联盟举办
非洲联盟成员国石油和能源部长会议	2006 年 12 月 14 日，首届非洲联盟成员国石油和能源部长会议在开罗举行。发表《开罗宣言》，呼吁建立非洲石油基金
非洲能源论坛	2006 年 6 月 28—30 日，非洲能源论坛在法国里尔举行。该论坛是 1999 年由英国能源网有限公司在荷兰阿姆斯特丹启动的

资料来源：作者整理。主要参考王才良、周珊：《世界石油大事记》，石油工业出版社，2008。

（三）世界石油大会

1933 年，英国石油学会发起召开了首届世界石油大会，确定每 4 年举办 1 次，1994 年起改为每 3 年 1 次。至 2005 年，共举办了 18 届世界石油大会（表 19-8）。2005 年，世界石油大会有成员国 62 个。中国于 1979 年成为会员国。[①]1997 年，第 15 届世界石油大会在北京召开，来自 90 多个国家和地区的 4 000 多名代表参加大会。

表 19-8　1933—2005 年历届世界石油大会

届次	时间 / 年	要点
第 1 届	1933	由英国石油学会发起，在伦敦举行。总部设在伦敦。确定每 4 年举行 1 次。首任主席托马斯·杜赫斯特
第 2 届	1937	在法国巴黎举行。法国人 C. Bihoreau 当选为主席
第 3 届	1951	因 "二战" 中断，14 年后在荷兰海牙举行。美国埃索研究工程公司总裁默弗里当选主席
第 4 届	1955	在意大利罗马举行，参加的有 45 个国家 3 250 人。美国默弗里连任主席
第 5 届	1959	在美国纽约举行。有 53 个国家，5 329 人参加。英国斯蒂芬·吉布森当选主席
第 6 届	1963	在联邦德国法兰克福举行。64 个国家，7 542 人参加。法国石油研究院院长纳瓦雷出任主席
第 7 届	1967	在墨西哥的墨西哥城举行。参加的有 65 个国家，4 841 人。美国罗西尼任主席
第 8 届	1971	在苏联莫斯科举行。参加的有 58 个国家，5 669 人。罗西尼连任主席
第 9 届	1975	在日本东京举行。壳牌石油公司的伊尔斯曼任主席
第 10 届	1979	在罗马尼亚布加勒斯特举行。壳牌石油公司的伊尔斯曼连任主席。中国成为会员国
第 11 届	1983	在英国伦敦举行。壳牌石油公司的伊尔斯曼再次连任主席
第 12 届	1987	在美国休斯敦举行。美国壳牌石油公司的总裁 K. L. Mai 当选主席
第 13 届	1991	在阿根廷布宜诺斯艾利斯举行。K. L. Mai 连任主席
第 14 届	1994	在挪威斯塔万格举行。壳牌石油公司的凡德米尔任主席
第 15 届	1997	在中国北京举行，共有 90 多个国家和地区的 4 000 多名代表参会
第 16 届	2000	在加拿大卡尔加里举行。壳牌阿姆斯特丹研究院院长罗伦出任主席
第 17 届	2002	在巴西里约热内卢举行。罗伦连任主席
第 18 届	2005	在南非约翰内斯堡举行。近 90 个国家的近 4 000 人参会

资料来源：作者整理。主要参考王才良、周珊：《世界石油大事记》，石油工业出版社，2008。

五、国际油气项目合作

国家之间的能源项目合作是国际能源政治的基石，也是国际能源政治的中心环节，一切国际能源政治包括国际能源开发利用制度都是围绕国际能源开发利用项目展开的。自从现代石油工业诞生后，

[①] 王才良、周珊：《世界石油大事记》，石油工业出版社，2008，第 243 页。

国际油气项目合作便由少到多，地域范围和合作规模不断扩大，合作广度和深度不断增加，合作矛盾和冲突也不断演化，日渐走向"世界能源命运共同体"。

（一）20世纪上半叶

20世纪20年代，国际油气开发项目较少。1923年新西兰人弗兰克·霍尔姆斯代表伦敦的东方与通用辛迪加在阿拉伯半岛东部的哈萨获得石油租借地。同年，海湾石油公司在马拉开波湖附近获得探采特许权。1925年，在英国政府干预下，伊拉克政府授予土耳其石油公司（同年改名为伊拉克石油公司）在伊拉克（除巴士拉省外）探采石油的独占性权利，自1925年起，有效期75年。

20世纪30年代，国际油气开发趋于活跃，海湾地区成为重点勘探开发的地区。其中，《红线协定》区域是重中之重，伊拉克石油公司则是最主要的公司。

1931年3月，伊拉克政府与伊拉克石油公司签订新的石油协议，特许权区域缩小到底格里斯河以东，自1925年算起，有效期75年。1932年，伊拉克政府授予伊拉克石油公司在底格里斯河以西12万平方千米区域的石油开采权，有效期75年。1938年7月，伊拉克政府批准伊拉克石油公司的子公司巴士拉石油公司获得伊拉克南部约24万平方千米区域的石油租借权，有效期75年。至此，伊拉克石油公司连同其两个子公司共计取得伊拉克全部领土99.9%的石油租借权。[①]

1933年4月，波斯国王同英波石油公司达成新的协议，将特许区的面积缩小3/4，波斯获得每吨4先令的矿区使用费以及公司利润的20%，特许权有效期延长到1993年。

1933年5月，沙特阿拉伯政府授予加利福尼亚标准石油公司为期60年的探采特许权，租借地面积36万平方英里。1936年，伊拉克石油公司在沙特阿拉伯西部获得特许权，但一直没有发现油气。1939年5月，沙特阿拉伯规定加利福尼亚-阿拉伯美孚石油公司拥有石油探采优先权，但由于"二战"爆发，发展计划推迟。

1933年11月，英国通用辛迪加把科威特特许权转让给美国海湾石油公司。12月14日，美国海湾石油公司同英波石油公司合营成立科威特石油公司。次年12月，科威特国王与科威特石油公司达成协议，规定科威特石油公司取得在科威特全境75年的探采特许权，公司立即向科威特政府支付35 700英镑。同时规定，发现石油之前科威特每年获得收入不少于7 150英镑，发现石油后每年至少18 800英镑。[②]

1935年5月，伊拉克石油公司获得卡塔尔75年垄断性石油探采特许权，为此成立子公司——卡塔尔石油公司。

在海湾地区之外，壳牌石油公司和英国达西公司1937年在尼日利亚进行联合勘探，次年11月获得尼日利亚政府授予尼日利亚全境的石油探采特许权。

20世纪40年代，国际油气开发受到第二次世界大战的影响，开发合作减少。1940年，巴林酋长把巴林石油公司的探采特许权延长55年，面积扩大到164.4万英亩，包括巴林全境陆地和海域。1946年4月，伊朗与苏联达成《卡瓦姆-萨奇科夫协定》，苏联以从阿塞拜疆撤军为条件换取伊朗北部的石

---

① 王才良、周珊：《世界石油大事记》，石油工业出版社，2008，第92页。

② 同上书，第83页。

油租借权（1956 年 8 月苏联宣布放弃在伊朗北部的石油特许权）。1947 年，科威特对其管辖的中立区特许权招标，由菲利普斯、汉考克等 8 家企业组成的美国独立石油公司中标。1948 年 12 月，盖蒂赢得中立区沙特阿拉伯部分的探采许可权。1949 年 2 月，沙特阿拉伯政府把阿美石油公司交回的科威特 - 沙特阿拉伯中立区的特许权转授给美国太平洋西部石油公司。

除了海湾地区，壳牌石油公司与新泽西标准石油公司组成对半合营的荷兰石油公司，于 1947 年取得在荷兰全境的探采特许权。

（二）20 世纪下半叶

进入 20 世纪下半叶，国际油气开发活跃，一系列油气勘探与贸易项目合作开展，北海成为国际合作的新热点。

在油气勘探、开发方面，地域空间有所扩大，海湾地区仍然是重点，但重点区域扩大到包括海湾地区及其周边的中东地区，利比亚、泰国等国家首次对外国公司发放油气勘探许可证。同时，参与油气开发的国际公司也增多。至 20 世纪 70 年代，先后实施了一批油气合作项目（表 19-9）。

表 19-9　20 世纪 50—70 年代国际油气开发合作重大项目

时间 / 年	项目内容
1955	利比亚把最初的油气勘探特许权授予美国的利美石油公司。第二年，将 51 项特许权授予以绿洲集团为首的 17 家公司
1956—1957	委内瑞拉独裁者希门尼斯以 6.85 亿美元的价格授予外国石油公司 80 万公顷的石油租借地，其中壳牌石油公司以 8 100 万美元取得 11.5 万公顷
1957	苏联同埃及签订石油协议
1958	阿莫科成立泛美石油公司，同伊朗国家石油公司签订伊朗第二个波斯湾海上合作勘探开发合同。同年，进入利比亚、阿尔及利亚、莫桑比克、阿根廷开展油气勘探
1962	阿尔及利亚独立后与法国签订《埃维昂协议》，同意保留法国在阿尔及利亚石油等方面的一些特权
1964	绿洲集团在利比亚获得石油租借地。该集团一度控制利比亚一半的原油产量，约 5 000 万吨 / 年，每桶油只交 30 美分税金
1966	美国西方石油公司在利比亚中标 2 个区块，在绿洲集团放弃的 102 号租借地上打成第一口油井，日产 14 860 桶，发现奥吉拉油田
1968	伊拉克接受苏联援助，开发北鲁迈拉油田
1968	泰国向外国公司发放首批油气勘探许可证
1973	伊朗政府与国际石油财团宣布新的石油协定，包括伊朗国家石油公司全部接收 1954 年协定租借区的经营权，财团各公司按长期供应合同购买原油；由伊朗国家石油公司出资，财团各公司协助，把石油生产能力从 1973 年的 500 万桶 / 日提高到 1978 年的 800 万桶 / 日等
1976	苏联与日本签订萨哈林大陆架全面联合勘探开采石油的议定书

资料来源：作者整理。主要参考王才良、周珊：《世界石油大事记》，石油工业出版社，2008。

在北海地区石油开发方面，1963 年丹麦颁发第一批勘探许可证，开放北海大陆架。1964 年联邦德国颁发北海海域勘探许可证。1965 年英国进行北海第二轮招标。1974 年 7 月，英国首相访问法国，双方就有石油前景的伊鲁瓦海大陆架划分达成协议。1976—1977 年，英国举行北海第五轮招标，要求英国国家石油公司（BNOC）在矿区占有 51% 股权。1978 年，英国政府单独授予国家石油公司北海海上 11 个区块和英国天燃气公司（BG）1 个区块，规定北海各矿区股权转让时 BNOC 和 BG 有优先购买权。1981 年，挪威国会通过一项总投资 310 亿克朗（约 27 亿英镑）的北海油气开发计划：铺设 843 千米海底管线系统，将 Statfjord 和 Heimdal 油气田的天然气输到陆上；开发黄金区块和 Heimdal 油气田；扩建 Mongstad 炼油厂。[①]

在油气贸易方面，苏联与法国、伊朗、意大利、联邦德国、民主德国等国家签订、实施一批油气供应项目。1957 年苏联与法国签订贸易合同，从 1957 年起，3 年内向法国出口原油 185 万吨。1965 年伊朗同苏联签订 15 年供气合同，决定兴建一条从南部油气田到北部伊苏边境城市阿斯塔拉，长 1 100 千米，纵贯国境的 1 号输气管线，年输气能力 165 亿立方米。1969 年苏联与意大利签订天然气长期贸易协定，从 1973 年起，20 年内向意大利供应天然气 1 000 亿立方米以上。1970 年苏联与联邦德国签订 20 年天然气贸易协定，从 1973 年开始向联邦德国供气 500 亿～ 800 亿立方米，换取联邦德国约 20 亿美元的钢管、泵站及其他设备。1971 年苏联同法国签订天然气贸易协定，在 20 年内向法国供应 500 亿立方米天然气，法国则向苏联提供 13 亿法郎贷款，供苏联向法国采购设备、钢管等。1973 年苏联开始向民主德国供应天然气。1976 年苏联开始向法国供应天然气。1979 年澳大利亚颁发西北大陆架天然气生产和出口许可证，次年投产。

20 世纪 80 年代，国际油气开发合作受到石油危机等多重因素的影响，开发合作进程减缓，中后期项目合作少。1981 年科威特政府同美国圣菲石油公司签订合同，以 25 亿美元买下这家跨国石油公司。1981—1982 年，印度将 60 万平方千米 32 个近海区块提供给外国企业勘探、开发。到 1982 年，印度共获世界银行贷款 9.155 亿美元，用于普查和钻探；吸收法国两笔出口信贷，用于建设孟买浅海油田。1982 年 1 月，苏联与法国签订为期 25 年的天然气供应协议，从 1984 年起每年向法国供应天然气 80 亿立方米。1982 年 2 月，阿尔及利亚与法国达成供气协议，每年供应天然气 91.8 亿立方米给法国。1982 年 9 月，阿尔及利亚和意大利达成通过跨地中海管道向意大利供气的协议，有效期 25 年。同月，挪威与比利时、联邦德国、荷兰、法国 4 国燃气公司签订合同，从 1986 年起每年向 4 国输送天然气 35 亿立方米。1988 年，巴西国际石油公司受聘为安哥拉、叙利亚、阿尔及利亚、伊拉克提供工程和钻探服务，并同德士古在北海及墨西哥湾开展石油勘探合作。

进入 20 世纪 90 年代，国际油气开发又活跃起来，中亚地区、印度成为油气开发的热点地区（表 19-10）。印度于 1991 年首次开放陆上盆地。中国于 1995 年与苏丹签订穆格莱德油田开发协议。哈萨克斯坦于 1995 年与 BP 等公司签订协议，开发卡拉查干纳克油气田。阿塞拜疆于 1996 年与鲁克石油公司等签订协议，开发海上特大型油气田。

---

① 王才良、周珊：《世界石油大事记》，石油工业出版社，2008，第 255 页。

表 19-10　20 世纪 90 年代国际油气开发合作重大项目

时间 / 年	项目内容
1991	印度进行第四轮油气招标，首次开放陆上盆地，一共提供 72 个区块，签订 4 个合同
1992	印度首次举行中小油气田开发招标，开放 8 个中型、33 个小型的油气田
1992	尼日利亚与意大利签订合同，从 1998 年起每年向意大利供应 35 亿立方米天然气，有效期 22 年
1993	伊朗与乌克兰达成协议，建设从伊朗经过阿塞拜疆、乌克兰到欧洲的输气管道，年输气 250 亿立方米
1993	委内瑞拉批准两个开发奥里诺科重油资源的项目：与法国道达尔公司合作生产 10 万桶 / 日 31° API、含硫 0.06% 的原油项目，与大陆石油公司合作生产 10.2 万桶 / 日 20° API 的原油项目
1995	中国与苏丹签订协议，开发苏丹穆格莱德油田 6 区块
1995	伊朗国家石油公司与道达尔、壳牌及马来西亚国家石油公司签订协议，共同开发 Sirri-A、Sirri-E 两个油田
1995	哈萨克斯坦与 BP、Agip、Gazprom 公司签订协议，开发卡拉查干纳克油气田。可采储量为石油 2.1 亿吨、凝析油 9.5 亿吨、天然气 15 225 亿立方米。许可期 40 年
1996	阿塞拜疆批准国家石油公司与以鲁克石油公司为首的国际集团签订的协议，共同开发 Shah Deniz 等 3 个海上油气田，储量分别为石油 14 亿桶、15 亿桶，天然气约 4 953 万立方米
1997	也门议会批准与以道达尔为首的集团联合开采马里卜 - 焦夫纳天然气液化项目，总投资 30 亿美元
1997	委内瑞拉国家石油公司与埃克森石油公司、道达尔石油公司等多家外国公司达成合作开发奥里诺科重油的 6 个协议
1999	泰国和马来西亚几年来在它们有争议的海域进行共同开发，到 1999 年双方共投入资金 3.86 亿美元，发现 15 个油气田，原油储量 2.4 万亿立方米、凝析油 700 万桶

资料来源：作者整理。主要参考王才良、周珊：《世界石油大事记》，石油工业出版社，2008。

（三）21 世纪初

在经济发展和能源需求持续增长等多重因素的推动下，进入 21 世纪的头几年，国际能源合作大幅增多，是能源发展史上从未有过的，呈现出许多新特征。如国际能源项目合作地域广、参与国家多、项目数量多、规模大，天然气项目合作居于非常突出的领先地位，海洋油气开发合作也成为重点之一。这在某种程度上预示着，世界能源又进入了新一轮的替代时期，后石油时代正在来临，正在开启天然气、深海石油及新能源的新时代。

1. 国际天然气合作项目

据不完全统计，从 2001 年到 2006 年的短短几年间，国际天然气合作重大项目达 30 项以上。其中，天然气开采合作项目超过 19 项（表 19-11），天然气供应合作项目 12 项（表 19-12）。天然气开发合作重大项目包括西伯利亚雅库茨克地区的 Talahanskoye 油气田、世界上最大的气田 South Pars、沙特阿拉伯首次向俄罗斯开放的沙特阿拉伯中部 Rub A1 Khali 盆地的天然气项目等。天然气供应的重大合作项目包括印度与伊朗签订的 220 亿美元供气项目、由土耳其等 5 国投资 45 亿欧元的西亚至欧洲输气管道建设项目、估计总投资达 115 亿美元的俄日萨哈林 II 油气田项目等。

表 19-11　21 世纪初国际天然气开发合作重大项目

时间 / 年	项目内容
2001	Yukos 与 Saha 石油天然气公司以 5.01 亿美元开价，中标东西伯利亚雅库茨克地区 Talahanskoye 油气田的开发权。原油储量 1.2 亿吨，天然气 500 亿立方米，计划修建一条管道向中国出口
2001	卡塔尔国家石油公司、阿联酋海豚石油公司与道达尔石油公司签订产量分成合同，未来 25 年内在卡塔尔北方气田指定区域生产天然气 44 亿桶油当量，2005 年开始向阿联酋供气
2002	阿尔及利亚向外国公司招标 Gassi Touil 综合性天然气项目，开发拜尔肯盆地 6 个气田，地质储量超过 2 250 亿立方米
2002	秘鲁与 4 家外国公司组成的集团签订卡米塞阿气田勘探开发总合同，天然气产量可达每日 1 132 万～1 415 万立方米，凝析油每日 5 万桶
2002	以道达尔为首的财团 CMA 投资 4 亿美元，开发阿根廷卡林娜气田及其卫星气田 Arias。卡林娜气田储量 1 415 亿立方米
2003	缅甸石油天然气公司与泰国国家石油公司达成协议，联合开发缅甸莫塔马 M-7 和 M-9 两个区块的天然气，供应泰国
2003	沙特阿拉伯第一次向国际石油公司开放天然气区块 2.1 万平方千米，壳牌石油公司、道达尔石油公司与沙特阿拉伯国家石油公司达成天然气勘探开发协议
2004	沙特阿拉伯第二次向国际石油公司开放天然气区块 1.2 万平方千米
2004	俄罗斯卢克石油公司与沙特阿拉伯国家石油公司签订一个 40 年的合同，获得在沙特阿拉伯中部 Rub A1 Khali 盆地勘探开发天然气的权利，计划投资 30 亿美元。这是沙特阿拉伯历史上首次向俄罗斯打开油气大门
2004	Indian Oil Corp. 与伊朗天然气公司达成初步协议，参与开发世界最大气田 South Pars 的一部分。该气田占伊朗天然气储量的 60%，占世界的 10%，估计总投资 30 亿美元
2005	俄罗斯天然气公司与德国巴斯夫集团达成协议，共同开发西伯利亚西部的南罗斯科叶天然气田，建设一条波罗的海输气管道，估计该气田储量 5 000 亿立方米
2005	俄罗斯 Gazprom 及弗涅舍科诺姆银行与泰国 PTT 签订协议，在泰国、俄罗斯和第三国实施大型石油天然气项目
2005	CNPC、韩国石油公司等与乌兹别克斯坦共同成立投资财团，合作开发乌兹别克斯坦西部乌斯秋尔特高原多个气田，预计合同区块天然气储量 1 万亿立方米
2005	美国福陆公司与阿联酋签订一项 9.9 亿美元合同，开发阿联酋 Habshan 天然气联合体的第一阶段开发项目，使阿联酋天然气日产量从 1.4 亿立方米增加到约 2 亿立方米
2005	印度与伊朗国家石油公司签订一项 400 亿美元协议，参与开发伊朗两个油田、一个气田，25 年内从伊朗进口天然气，伊朗按布伦特油联动价向印度输送 500 万吨液化天然气
2005	BP 阿拉斯加开发公司与美国能源部合作，投资 500 万美元，研究阿拉斯加水化物的开发，可望甲烷采出量 1.2 万亿立方米
2005	委内瑞拉和巴西决定联合投资 35 亿美元，开发委内瑞拉卡拉沃沃 1 号油田；签订 4 项油气合作协议。巴西同意在苏克雷州联合开采天然气
2005	印度尼西亚国家石油公司与外国公司联合开发南苏门答腊 41 个边际油气田，共签订 64 个上游联合开发合同，其中 30 个处于商业生产阶段
2006	阿尔及利亚国家油气公司和挪威 Statoil 天然气处理厂项目开工建设，年产天然气 90 亿立方米

资料来源：作者整理。主要参考王才良、周珊：《世界石油大事记》，石油工业出版社，2008。

表 19-12　21 世纪初国际天然气供应合作重大项目

时间 / 年	项目内容
2001	玻利维亚国家石油公司与太平洋液化天然气公司协议各投资 50 亿美元，建设输气管道，把塔里加气田的天然气输送到智利北部梅吉翁港进行液化，然后用船把液化天然气运到墨西哥的罗萨里县，经汽化后再输到美国
2002	土库曼斯坦、阿富汗、巴基斯坦 3 国总统签署建设跨阿富汗输气管道的协议。管道终点为巴基斯坦的木尔坦市，全长 1 460 千米，年输气量 300 亿立方米，投资 20 亿美元
2004	英国天然气公司与赤道几内亚液化天然气公司签订一项协议，从 2007 年起，17 年内每年进口赤道几内亚 340 万吨液化天然气
2004	马来西亚国家石油公司与英国 Centrica 公司签订协议，从 2007 年起，15 年内每年向英国供应液化天然气 30 亿立方米
2005	希腊与意大利签署协议，在两国间铺设一条年输油能力 80 亿～100 亿立方米的海底输气管线，连接从希腊到土耳其的在建管线
2005	印度与伊朗签订 220 亿美元协议，从 2009 年起，25 年内每年进口伊朗 500 万吨液化天然气
2005	埃及和以色列签署 25 亿美元的天然气合同，从 2006 年起，15 年内通过海底管线每年向以色列出售天然气 17 亿立方米
2005	土耳其、保加利亚、罗马尼亚、匈牙利、奥地利 5 国决定联合建设从西亚至欧洲的输气管道，把里海和伊朗的天然气输往欧洲。管线全长 3 300 千米，年输气量 250 亿立方米，总造价 45 亿欧元
2005	俄罗斯萨哈林能源投资公司与日本东京天然气公司签订合同，24 年内每年从萨哈林大陆架油气田向日本供应 110 万吨液化天然气
2006	俄罗斯天然气公司和乌克兰石油天然气公司签订协议，3 年内以每立方米 0.13 美元的价格向乌克兰供应天然气
2006	阿尔及利亚与法国签订 4 项双边能源合作协议，兴建一条新海底管道，每年向法国出口天然气 100 亿立方米
2006	哥伦比亚、委内瑞拉、巴拿马 3 国合作的从哥伦比亚巴列纳斯气田到委内瑞拉马拉开波市的天然气管道项目开工建设。管线长 225 千米，设计输气能力每日 1.5 亿立方英尺，总投资 3.36 亿美元，由委内瑞拉承担

资料来源：作者整理。主要参考王才良、周珊：《世界石油大事记》，石油工业出版社，2008。

2. 国际海上油气合作项目

国际海上油气开发合作主要是在俄罗斯、里海、南美、海湾等地区开展（表 19-13）。其中，一个突出动向是里海、南美地区成为世界海上油气开发的新热点。另一个突出动向是，世界三大石油巨头之一的美国埃克森美孚石油公司首次进入里海勘探[①]，成为 Ogur 油田的作业者，标志着美国在"抢滩"里海。从 20 世纪末到 21 世纪初，世界深海石油开发也取得重大进展，深海石油开发合作成为海上石油开发的重要方向。重大合作项目包括俄罗斯萨哈林 I（海上）项目，世界上最大的跨境油气项目——俄罗斯和哈萨克斯坦里海大陆架库尔曼加齐油藏项目，总投资 117 亿美元的巴西坎波斯盆地深水 Albacola Leste 油田开发项目等。

---

① 王才良、周珊：《世界石油大事记》，石油工业出版社，2008，第 345 页。

表 19-13　21 世纪初国际海上油气开发合作重大项目

项目所在地	时间 / 年	项目内容
俄罗斯	2000	埃克森美孚石油公司与俄罗斯石油公司合作开发的萨哈林 I（海上）项目第一口评价井出油。估计储量为石油 3.41 亿桶，天然气 4 250 亿立方米
	2001	印度石油天然气公司从俄罗斯石油公司获得萨哈林 II 20% 的股权
	2004	俄罗斯天然气公司与挪威 Hydro 公司共同开发位于北极地区巴伦支海的什托克曼大气田，它是世界大气田之一
	2005	俄哈两国签署里海大陆架库尔曼加齐油藏开发协议，它是世界上最大的跨境油气项目，总投资 200 亿美元
	2006	印度正式参与俄罗斯萨哈林 I 项目的开发，占股 20%，出资 120 亿美元
	2006	俄罗斯石油公司与 BP 公司达成协议，共同钻探萨哈林 IV 项目的西施密特和萨哈林 V 项目的东施密特油气田
里海	2001	埃克森美孚石油公司首次进入里海，与阿塞拜疆国家公司合作开发 Ogur 油田，双方各占 50% 股权。该油田估计石油可采储量为 9 500 万吨，天然气为 500 亿立方米
	2003	道达尔石油公司中标哈萨克斯坦里海 Kurmangazy 油田，与俄罗斯石油公司共同拥有 50% 股权
	2003	哈萨克斯坦国家石油公司与俄罗斯鲁克石油公司达成协议，共同开发里海的克瓦林斯克气田
	2004	哈萨克斯坦批准阿及普、美孚等 7 家外国公司的集团开发里海卡沙甘油田计划，估计石油储量达 48 亿吨
	2004	鲁克石油公司与哈萨克斯坦国家石油公司按对等原则成立 "里海油气中心"，共同开发里海中部区块，注册资本 1 000 万卢布。预计石油可采储量为 5.21 亿吨，天然气为 917 亿立方米
	2004	BP 公司牵头的阿塞拜疆里海 ACG 项目第三阶段投资计划获批，总投资 47 亿美元
南美	2001	巴西国家石油公司与雷普索尔公司合作开发坎波斯盆地深水的 Albacola Leste 油田，总投资 117 亿美元
	2004	挪威 Statoil 获巴西 8 个海洋勘探许可证
	2004	壳牌石油公司将安哥拉深水 18 区块的 50% 股权出售给印度石油天然气公司的子公司 OWGC Videsh，协议价格约 6 亿美元
	2006	巴西、日本、美国企业共同投资 24 亿美元，开发巴西的法拉德岛油田，该油田日产石油可达 10 万桶
	2006	意大利 ENI 公司投资 9.02 亿美元，与安哥拉合作开发一个海上油田，石油储量 15 亿桶
海湾 / 中东	2000	挪威国家石油公司与伊朗国家石油公司签订《安曼海域石油勘探合作协议》
	2005	卡塔尔同美国、日本、法国的 3 家公司签署 LNG 项目合同，其中包括与美国合作开发海上气田
	2005	利比亚授予美国等 8 个国家 13 家石油企业首批 15 个海上和陆上油田勘探开发权。这是 2004 年 4 月美国宣布放宽对利比亚十多年经济制裁后利比亚石油勘探开发领域首次对外国开放
其他地区	2002	韩国和日本两国石油公司签署协议，宣布重新启动中断了 16 年的韩日大陆架联合勘探活动
	2002	澳大利亚与东帝汶达成协议，联合开发 Greater Sunrise 油气田（80% 位于澳大利亚海域），东帝汶获 90% 石油收益
	2005	英国贸工部和挪威石油与能源部共同签署《跨境石油合作框架协定》，同意开发北海地区 Enoch 和 Blane 油田

资料来源：作者整理。主要参考王才良、周珊：《世界石油大事记》，石油工业出版社，2008。

3. 国际陆上石油合作项目

除了在天然气、海上石油领域开展合作，各国还在陆上石油开发领域进行合作，这些陆上石油项目高度集中在 OPEC 国家（表 19-14）。这既体现了 OPEC 在世界石油中的地位和潜力，也从侧面反映出后石油时代石油峰值论或许并非危言耸听。各国开展的重大陆上石油合作项目有：伊朗阿扎德甘油田——继 1982 年发现俄罗斯普里奥博耶油田后，世界上发现的尚未开发的最大油田；印度尼西亚炽布油田——印度尼西亚数十年来发现的最大油田；印度拉贾斯坦 Mangala 油田——印度 20 多年来发现的最大油田；等等。

表 19-14　21 世纪初国际陆上油田开发合作重大项目

项目所在地	时间 / 年	项目内容
OPEC 国家	2001	日本石油公司、日本石油勘探公司、印度尼西亚国家石油公司、Tomen 贸易公司组成财团，与壳牌联合开发伊朗阿扎德甘油田。该油田探明储量为 260 亿桶（约 35.62 亿吨），是继 1982 年发现俄罗斯普里奥博耶油田后，世界上发现的尚未开发的最大油田
	2004	美国军方再次让哈里伯顿的子公司得到伊拉克重建合同。新合同价值 12 亿美元，重建伊南部的石油工业
	2005	印度尼西亚国家石油公司与埃克森美孚石油公司签订 30 年合作协议，共同开发印度尼西亚数十年来发现的最大油田——炽布油田，估计储量达 6 亿桶
	2005	科威特批准北方油田项目，同意外国公司参与 Rawdhatain、Sabriyah 等 4 个油田区块开发，总投资 90 亿美元
	2005	利比亚第二次发放石油开采许可证，新日本石油开发公司、石油资源开发公司等 5 家日本企业中标
	2005	康菲、马拉松和阿梅拉达－赫斯 3 家美国石油公司投资 18.3 亿美元，同利比亚国家公司合作开采石油，日产 35 万桶
	2005	厄瓜多尔政府宣布，对亚马孙河地区伊什平戈－坦博科察－蒂普蒂尼（ITT）油田群进行招标。已探明储量 10 亿桶
	2005	印度石油天然气公司与 Pdvsa 签订协议，获得委内瑞拉圣克里斯托瓦尔油田 49% 的股份
	2005	印度石油天然气公司和米塔尔钢铁公司的合资企业以向尼日利亚炼油厂投资 60 亿美元为条件，开发尼日利亚一油田，日产约 65 万桶
	2005	韩国与尼日利亚签署政府备忘录，由韩国投资约 100 亿美元帮助尼日利亚将 1 500 千米窄轨铁路改造成标准铁路，尼日利亚向韩国转让若干个油田的部分股份
	2006	埃克森美孚石油公司、Ampolex 与印度尼西亚国家石油公司达成联合作业协议，开发色普油田，储量约 2.5 亿桶
	2006	埃克森美孚石油公司与阿布扎比签署开发上扎库姆油田的合同
其他国家	2005	英国 Cairn 纽约公司同印度石油天然气公司共同投资 7.5 亿美元，开发印度拉贾斯坦 Mangala 油田。它是印度 22 年来发现的最大油田
	2006	雪佛龙获得加拿大艾伯塔地区 5 个油砂采区的租让权。总面积 72 万公顷，油砂储量相当于 75 亿桶石油
	2006	约旦政府与壳牌石油公司签订勘探开发约旦油页岩项目的谈判备忘录，壳牌石油公司有权在 35 000 平方千米面积上进行作业，有效期 10 年

资料来源：作者整理。主要参考王才良、周珊《世界石油大事记》，石油工业出版社，2008。

国际油气项目合作并不是在国家间随心所欲进行的。项目合作的双方或多方之间充满着利益冲突，甚至还受到项目之外第三方的左右与影响，各国之间的能源博弈无时不在、无处不在，甚至引发军事冲突。例如，20世纪80年代因美国对利比亚制裁，西方石油公司被迫退出利比亚。在2004年美国放松对利比亚的制裁后，2005年利比亚批准美国的西方石油公司恢复在利比亚的经营，打破了19年的禁令，西方石油公司成为首家在利比亚恢复营业的美国公司。[①] 沙特阿拉伯在2001年就南加瓦尔项目、红海项目和谢巴项目天然气综合开发与国际石油巨头谈判，埃克森美孚、壳牌等3家大公司提交开发方案，双方对产出的天然气价格和利润分成产生分歧，次年沙特阿拉伯提出最终建议，被3大公司拒绝，项目流产。2006年5月，厄瓜多尔宣布废除美国西方石油公司作业合同，没收其10亿美元资产，原因是西方石油公司在2000年用不正当手段将油田40%的权益转给加拿大能源公司。同年10月，阿尔及利亚规定政府对所有的石油天然气协议项目进行控股，阿尔及利亚国家石油公司在与外国公司签订的所有合同中阿尔及利亚国家石油公司占51%股权；从2007年开始，当油价高于30美元/桶时，根据产量，对国家石油公司所签订的合同项目加征5%～50%的石油暴利税。[②]

在人类对能源需求不断增加，而自然界中不可再生的化石能源却日益短缺的年代，人与自然充满了矛盾，能源资源富国与能源资源贫国之间也充满了博弈。能源已不再是一种自然资源，还成为一种战略性的政治资源；能源合作项目也不再是企业间的一种经济项目，还成了国家间博弈的一种政治工具。能源影响着人类的命运，能源开发合作项目也左右着国家与民族的命运。

第2节　能源安全

能源安全涉及资源开发、供应、生产、运输、消费等诸多环节，形成一条环环相扣的能源安全链。安全链上的任何一个环节出了问题，都会对能源开发和利用产生不良影响，历史上就有许多我们应当吸取的教训。

一、能源资源安全

能源资源安全是能源供给安全的基石。对于不可再生的自然资源，无论是煤炭、石油，还是天然气，它们都是有限的。但是，埋在地下的石油、煤炭、天然气到底有多少，这并非人们说了算的。当煤炭、石油、天然气成为人类不可或缺的战略资源，基于政治、经济、技术、市场、学术等多元因素，关于它们到底还有多少，还能使用多久的问题自然会众说纷纭。但因它们不是不竭的，因而无论是一个国家和民族，还是全人类，都应当居安思危，合理地、节约地、可持续地开发利用各种能源资源。

① 王才良、周珊:《世界石油大事记》，石油工业出版社，2008，第390页。
② 同上书，第429页。

（一）历史上的能源预测

早在 19 世纪中叶，英国的杰文斯就对当时英国的煤炭供需进行了预测。此后，美国、英国等国家持续不断地对能源储量、供给进行估算和预测分析（表 19-15）。大多数结论都是能源资源储量有限，能源供给不足，担忧能源枯竭，甚至因此引起能源恐慌。表 19-15 中已被验证预测是准确的只有一个，那就是金·哈伯特对美国石油峰值到来时间的预测，他预测美国石油峰值出现在 1965—1970 年。后来美国石油峰值在 1970 年出现了，这一年美国的原油产量达到迄今为止的峰值 47 528.9 万吨。因此，对于这些预测，我们要冷静地思考、判断与总结。

表 19-15　历史上的能源储量、供给预测情况

时间 / 年	能源储量、供给预测情况
1865	英国威廉·斯坦利·杰文斯在《煤炭问题》一书中预测，因供给短缺，煤价会大幅提高，"无法再持续当前的进步速度"
1874	美国宾夕法尼亚州的首席地质学家预测地球上的石油将在 4 年内用完
1914	美国矿务局预测本国的石油储量只能持续 10 年
1920	美国地质调查局 Eugene Stebinger 估算全球石油资源最终可采储量为 43×10^9 桶
1939	美国内政部长说，美国的石油能持续 13 年
1956	美国地质勘探局科学家金·哈伯特提出石油峰值理论，预言美国石油产量将在 1965—1970 年达到峰值
1970	美国地质勘探局估计世界石油储量为 1.5 万亿桶
1972	《增长的极限》一书认为，西方社会扩张太快，如果这种盲目、浪费的扩张和高速增长持续下去，将会在 21 世纪中叶之前导致资源枯竭和工业崩溃
1972	联合国估计世界石油产量将在 2000 年达到峰值
1979	壳牌石油公司估计世界石油峰值出现在 2004 年
1994	美国地质勘探局估计世界石油储量为 2.4 万亿桶
1998	国际能源署估计世界石油峰值出现在 2014 年
2000	国际能源署将世界石油峰值出现时间修改为 2020 年以后
2000	美国地质勘探局估计世界石油储量为 3 万亿桶
2003	壳牌石油公司将世界石油峰值时间修正为 2025 年后
2007	英国石油公司发布的《世界能源统计评估》称，尽管全球石油已探明储量在 2006 年小幅下降，但以目前的消费速度，全球已探明储量仍然足够使用 40 年
2008	国际能源署发布《世界能源展望报告》，其基本论调是：目前主要油田的产量年均下降 7%，这个比例在未来二三十年会上升到 9%
2010	美国联合部队司令部在其年度报告《联合作战环境 2010》中分析了未来能源短缺的形势：2012 年石油产能过剩局面将结束，石油将供不应求；2015 年石油产量将出现下降，油价将重新站回 100 美元以上；2030 年石油需求将达每天 1.18 亿桶，而供给可能仅为每天 1 亿桶，每天缺口 1 800 万桶

资料来源：作者整理。

（二）剩余储量和资源耗竭年限

出于对资源枯竭的恐慌和其他因素，人们对地球上还有多少化石能源可以利用及还能开采多少年这些问题不断进行推测。显而易见，不同的时间、不同的人、不同的机构、不同的动机和目的，其测算的结果不同，也有不少已被历史证实是误判的。这些估计、预测掺杂了太多的政治因素、经济因素、技术因素、市场因素、学术因素和未知因素。

根据有关数据，20 世纪 60—70 年代，世界主要产油国的石油储采比大多数是大幅减少的（表 19-16）。例如，阿尔及利亚的石油储采比由 1960 年的 77 年降至 1977 年的 17 年，沙特阿拉伯由 1960 年的 109 年降至 1977 年的 46 年，苏联由 1960 年的 29 年降至 1977 年的 19 年。

对于这一时期的石油储量，从世界范围看，也有人认为每年发现的要超过消费的，即石油储采比应当逐年增加而不是逐年减少。"事实上，严肃的专家们都一致认为，在目前和可以预见的将来没有'世界能源危机'。今后几年在某些国家中，石油供应无疑会大大放慢。可是实际上，世界矿物能源（石油、天然气、可液化煤）的储存至少到 2050 年都是足够的。""就是扣除了消费之后，已经探明的普通石油资源仍在不断地增加。在 1968 年，世界上查明的储藏量上升到 629 亿吨。1969 年达到 732 亿吨。在 1970 年，总数为 841 亿吨。1971 年是 870 亿吨，而到 1972 年就达到 909 亿吨。每年发现的石油都超过消费量，再没有比这更为明显的证明了。储藏-生产的关系在不断地改善。"[①]

表 19-16　第三世界主要产油国及苏联、美国石油储采比各年对照表

单位：年

国家	1960 年	1965 年	1970 年	1975 年	1977 年
阿尔及利亚	77	35	23	24	17
阿布扎比	—	96	46	52	45
印度尼西亚	64	54	32	30	16
伊朗	89	58	58	33	29
伊拉克	73	52	56	42	43
科威特	106	80	69	88	104
利比亚	—	22	24	50	33
墨西哥	24	22	21	35	39
尼日利亚	23	30	24	32	24
沙特阿拉伯	109	81	99	58	46
委内瑞拉	25	14	10	20	23
苏联	29	18	31	23	19
美国	12	11	11	10	10

资料来源：《第三世界石油斗争》编写组：《第三世界石油斗争》，生活·读书·新知三联书店，1981，第10页。

[①] 贝雷比：《世界战略中的石油》，时波、周希敏、贺诗云译，新华出版社，1980，第164页。

1974 年，丹尼斯列举了 19 种可能耗竭的资源（表 19-17）。其中，铝、铜、金、汞等资源的耗竭年限不足 50 年；石油和天然气分别为最少 23 年和 19 年，最多 43 年和 58 年。事实上，从 1974 年至今已过去了 40 多年，无论是石油还是天然气都没有出现枯竭的现象。相反，据 2013 年的测算，世界上的石油还可开采 53 年。

表 19-17　世界部分资源的年用量增长率和耗竭年限

资源	年用量增长率 /%	耗竭年限 / 年	
		最少	最多
铝	6.4	33	49
铬	2.6	115	137
煤	4.1	118	132
钴	1.5	90	132
铜	4.6	27	46
金	4.1	6	17
铁	1.8	154	—
铅	2.0	28	119
锰	2.9	106	123
汞	2.6	19	44
钼	4.5	69	92
天然气	4.7	19	58
石油	3.5	23	43
锌	2.9	76	115

资料来源：王锡桐主编《自然资源开发利用中的经济问题》，科学技术文献出版社，1992，第 60 页。

1979 年和 1994 年的世界石油大会均对世界石油储量进行了估计（表 19-18）。1979 年第 10 届世界石油大会提出，世界石油最终可采储量为 3 000 亿吨，剩余可采储量为 1 000 亿吨。到 1994 年第 14 届石油大会时，估计储量又有增加，其中最终可采储量增至 3 113 亿吨，而剩余可采储量增至 1 511 亿吨。

表 19-18　第 10 届、第 14 届世界石油大会对世界石油储量的估计

单位：亿吨

世界总计	第 10 届世界石油大会（1979 年，罗马尼亚布加勒斯特）	第 14 届世界石油大会（1994 年，挪威斯塔万格）
累积采油量	500	957
剩余可采储量	1 000	1 511
可望找到储量	1 500	645
最终总可采储量	3 000	3 113

资料来源：李德生、罗群：《石油：人类文明社会的血液》，清华大学出版社，2002，第 130 页。

1981 年，西蒙在《最后的资源》一书中对地壳内的资源进行了估计（表 19-19）。他认为，事实并

非像乐观派宣称的那样值得充分乐观，所谓"无限的自然资源""永不枯竭的能源"的观点是具有相当的假设成分的。同时，他也指出，就可以预计的技术变化速度而言，开采利用地壳一千米处的资源尚需时间。[①]

表 19-19　世界主要资源的储量与存量耗竭年限

单位：年

资源	已知储量的静态耗竭年限	可发现资源的静态耗竭年限	存量（地壳中）的耗竭年限
铜	45	340	242×10^6
铁	117	2 657	$1\,815 \times 10^6$
磷	481	1 601	870×10^6
钼	65	630	422×10^6
铅	10	162	85×10^6
锌	21	618	409×10^6
硫	30	6 897	—
铀	50	8 455	$1\,855 \times 10^6$
铝	23	68 066	$38\,500 \times 10^6$
金	9	102	57×10^6

资料来源：王锡桐主编《自然资源开发利用中的经济问题》，科学技术文献出版社，1992，第61页。

在1980年第11届世界能源大会上，大多数专家认为，地球上还有2 600亿吨石油资源。根据美国地质调查局的估算，1996年全球常规石油资源量（含天然气液）为3.345万亿桶，剩余可采资源量为2.628万亿桶。换言之，在全球常规石油资源中，21%已被开采利用，还有79%的剩余可采资源量（约3 574亿吨）。[②]与1980年相比，剩余可采资源量不仅没有减少，还增加了974亿吨。

据俄罗斯专家的估计，全球石油原始潜在资源量为3 100亿吨，截至1997年初，产出程度约为35%，尚有剩余原始潜在资源量约2 020亿吨，还可开采44年（表19-20）。从原始潜在资源量来看，中东和北美洲最多，占世界总量的57.5%；沙特阿拉伯、原苏联地区、美国、伊拉克和伊朗排在世界前5位，中国排在第8位。从资源的产出程度来看，全球平均为35%，美国最高，达到68%，中国比较低，仅为25%。[③]Masters认为，世界石油原始资源量的勘探程度在大多数地区一般为70%～90%，有些国家只有60%；世界天然气的勘探程度为59%，资源勘察程度和储产量关系表明，全球油气资源仍然是乐观的，油气勘探仍将是活跃的，世界仍赋存有丰富的油气资源等待我们去发现。[④]

① 王锡桐主编《自然资源开发利用中的经济问题》，科学技术文献出版社，1992，第60页。
② 张建新：《能源与当代国际关系》，上海人民出版社，2014，第7页。
③ 赖向军、戴林：《石油与天然气——机遇与挑战》，化学工业出版社，2005，第36页。
④ 同上书，第36—37页。

表 19-20　1996—1997 年世界主要国家和地区石油原始潜在资源量、储量和产量情况

地区 / 国家	原始潜在资源量 / 亿吨	1996 年产量 / 亿吨	截至 1997 年 1 月 1 日累计产油量 / 亿吨	资源产出程度 /%	截至 1997 年 1 月 1 日探明储量 / 亿吨	资源勘探程度 /%	储采比 / 年
（一）北美洲	550	5.544	294.88	54	104.17	73	18.7
加拿大	70	0.903	25.44	36	6.70	50	7.4
墨西哥	130	1.361	32.18	25	66.85	76	49.1
美国	350	3.280	237.26	68	30.62	77	9.3
（二）南美洲	255	29.480	98.34	39	108.40	81	43.2
委内瑞拉	150	1.478	66.28	44	88.88	＞ 100	60.1
（三）西欧	109	3.150	42.23	39	25.15	62	8.0
挪威	40.5	1.543	13.26	33	15.39	71	10.0
英国	49.7	1.316	20.16	40	6.19	53	4.7
（四）原苏联地区	471.5	3.522	177.67	38	78.10	54	22.2
（五）非洲	233.85	3.344	90.14	38	92.55	78	27.6
阿尔及利亚	27.8	0.400	16.61	60	12.60	＞ 100	30.9
利比亚	75.0	0.701	27.42	37	40.42	90	58.0
尼日利亚	55.0	1.007	24.55	45	21.26	83	21.0
（六）中东	1 231.9	9.520	290.32	24	926.60	99	97.3
伊朗	176.6	1.838	62.88	36	127.41	＞ 100	69.0
伊拉克	202.5	0.300	31.36	15	153.44	91	511.0
沙特阿拉伯	512.65	3.920	105.58	20	354.83	89	90.7
（七）亚太地区	233.7	3.540	77.05	33	57.95	58	16.4
中国	114.95	1.564	29.15	25	32.88	53	21.0
印度尼西亚	47.7	0.758	24.07	50	6.82	65	9.0
全球	3 100	316.88	1 079.80	35	1 395.824	80	44.0

资料来源：赖向军、戴林：《石油与天然气——机遇与挑战》，化学工业出版社，2005，第 36-37 页。

根据 BP 公司的统计数据，2013 年全球石油探明储量为 2 382 亿吨（表 19-21）。其中，储量在 10 亿吨以上的国家有 21 个，排在前 5 位的分别是：委内瑞拉（466 亿吨）、沙特阿拉伯（365 亿吨）、加拿大（281 亿吨）、伊朗（216 亿吨）、伊拉克（202 亿吨）。2013 年全球石油可开采年限（储采比）为

53.3 年，与 1997 年估计储采比相比不仅没有减少，反而增加了。其中，可开采年限超过 100 年的国家有委内瑞拉、加拿大、伊朗、伊拉克和利比亚等。2013 年末中国石油探明储量为 25 亿吨，可开采年限为 11.9 年；美国可开采年限为 12.1 年。

表 19-21 2013 年世界部分国家[1]石油探明储量和储采比

国家 / 地区	年末探明储量 / 亿吨	占世界总储量的比例[2] /%	储采比 / 年
委内瑞拉	466	17.7	> 100
沙特阿拉伯	365	15.8	63.2
加拿大	281	10.3	> 100
伊朗	216	9.3	> 100
伊拉克	202	8.9	> 100
科威特	140	6.0	89.0
阿联酋	130	5.8	73.5
俄罗斯	127	5.5	23.6
利比亚	63	2.9	> 100
美国	54	2.6	12.1
尼日利亚	50	2.2	43.8
哈萨克斯坦	39	1.8	46.0
卡塔尔	26	1.5	34.4
中国	25	1.1	11.9
巴西	23	0.9	20.2
安哥拉	17	0.8	19.3
墨西哥	15	0.7	10.6
阿尔及利亚	15	0.7	21.2
厄瓜多尔	12	0.5	42.6
阿塞拜疆	10	0.4	20.6
挪威	10	0.5	12.9
经济合作与发展组织	373	14.7	33.2
石油输出国组织	1 702	71.9	90.3
原苏联地区	179	7.8	25.9
全球合计	2 382	—	53.3

资料来源：陈小沁：《能源战争：国际能源合作与博弈》，新世界出版社，2015，第 205 页。

注：[1] 本表仅列出石油储量在 10 亿吨以上的国家。各国石油由桶换算为吨的换算系数有差别。[2] 按计量单位"亿桶"计算。

2013 年，全球天然气探明储量为 185.7 万亿立方米（表 19-22），可开采年限为 55.1 年。其中，可开采年限超过 100 年的国家有伊朗、卡塔尔、土库曼斯坦、阿联酋、委内瑞拉、尼日利亚和伊拉克。美国的可开采年限为 13.6 年，中国为 28 年。

表 19-22   2013 年世界部分国家[1]天然气探明储量和储采比

国家 / 地区	年末探明储量 / 万亿 m³	占总储量的比例 /%	储采比 / 年
伊朗	33.8	18.2	> 100
俄罗斯	31.3	16.9	51.7
卡塔尔	24.7	13.3	> 100
土库曼斯坦	17.5	9.4	> 100
美国	9.3	5.0	13.6
沙特阿拉伯	8.2	4.4	79.9
阿联酋	6.1	3.3	> 100
委内瑞拉	5.6	3.0	> 100
尼日利亚	5.1	2.7	> 100
阿尔及利亚	4.5	2.4	57.3
澳大利亚	3.7	2.0	85.8
伊拉克	3.6	1.9	> 100
中国	3.3	1.8	28.0
印度尼西亚	2.9	1.6	41.6
加拿大	2.0	1.1	13.1
挪威	2.0	1.1	18.8
经济合作与发展组织	19.2	10.3	16.0
欧盟	1.6	0.9	10.7
原苏联地区	52.9	28.5	68.2
全球合计	185.7	—	55.1

资料来源：陈小沁：《能源战争：国际能源合作与博弈》，新世界出版社，2015，第 210 页。
注：[1] 本表仅列出天然气储量在 2 万亿立方米以上的国家。

相比之下，煤炭是地球上最丰富的化石燃料，迄今地球上蕴藏的煤炭资源也比石油、天然气资源多。2012 年，全球煤炭探明储量为 8 609.38 亿吨（表 19-23），可开采年限超过 100 年。其中，煤炭探明储量排前 5 位的国家分别是美国、俄罗斯、中国、澳大利亚、印度，中国的可采年限仅为 31 年，其他 4 个国家均达到或超过 100 年。

表 19-23　2012 年末世界部分国家煤炭探明储量和储采比

国家 / 地区	储量 / 亿吨	占总储量比例 /%	储采比 / 年
（一）北美地区	2 450.88	28.5	244
美国	2 372.95	27.6	257
加拿大	65.82	0.8	97
墨西哥	12.11	0.1	88
（二）中南美地区	125.08	1.5	129
巴西	45.59	0.5	*[2]
哥伦比亚	67.46	0.8	79
委内瑞拉	4.79	0.06	292
（三）欧洲和欧亚地区	3 046.04	35.4	238
保加利亚	23.66	0.3	72
捷克	11.00	0.1	20
德国	406.99	4.7	207
希腊	30.20	0.4	50
匈牙利	16.60	0.2	179
哈萨克斯坦	336.00	3.9	289
波兰	57.09	0.7	40
罗马尼亚	2.91	**[1]	9
俄罗斯	1 570.10	18.2	443
西班牙	5.30	0.06	85
土耳其	23.43	0.3	33
乌克兰	338.73	3.9	384
英国	2.28	**	14
（四）中东和非洲地区	328.95	3.8	124
南非	301.56	3.5	116
津巴布韦	5.02	0.06	196
（五）亚洲和太平洋地区	2 658.43	30.9	51
澳大利亚	764.00	8.9	177
中国	1 145.00	13.3	31
印度	606.00	7.0	100
印度尼西亚	55.29	0.6	14
日本	3.50	**	265
新西兰	5.71	0.07	115
朝鲜	6.00	0.07	19
巴基斯坦	20.70	0.2	*
韩国	1.26	**	60
泰国	12.39	0.1	68

续表

国家 / 地区	储量 / 亿吨	占总储量比例 /%	储采比 / 年
越南	1.50	**	4
全球合计	8 609.38	—	109

资料来源：黄晓勇主编《世界能源发展报告（2014）》，社会科学文献出版社，2014，第 217-218 页。

注：［1］** 表示小于 0.05。［2］* 表示超过 500 年。

（三）能源预测和储量是否确切

地球上到底还蕴藏多少化石能源？对于这个永远只能估算的问题，众说纷纭。

在石油输出国组织中，按照其约定，每个国家的石油出口量是与石油储量挂钩的。有关资料表明，1980—1995 年，有 7 个国家的石油探明储量曾出现异常增长的现象（表 19-24）。据有关资料，20 世纪 80—90 年代这些国家都未宣布过有新发现的石油资源，估算的技术也没有突然地改进，而他们修改石油可采储量数据的行为与石油输出国组织 1985 年公布按各国宣布的可采储量确定出口量的法令发生在同一时间。可见，宣布的可采储量越高，石油的出口量越高，就能获得更多的石油收入。[①] 石油地质学家 C. J. Campbell 指出，"如果一个国家一个国家逐一地分析，你就会很明显地看出这些数字的修改大部分是掺假的，比如你想象伊拉克自从 1980 年以来将其石油储量提高了 3 倍，那简直是荒唐，因为在大部分时间里，它不是在打仗，就是受到禁运的限制"。[②]

表 19-24　石油输出国组织石油探明储量增长的异常报告（用下划线标注异常量）

时间 / 年	阿联酋 /×10 亿桶	卡塔尔 /×10 亿桶	伊朗 /×10 亿桶	伊拉克 /×10 亿桶	科威特 /×10 亿桶	中立区 /×10 亿桶	沙特阿拉伯 /×10 亿桶	委内瑞拉 /×10 亿桶
1980	28.0	1.4	58.0	31.0	65.4	6.1	163.3	17.9
1981	29.0	1.4	57.5	30.0	65.9	6.0	165.0	18.0
1982	30.6	1.3	57.0	29.7	64.5	5.9	164.6	20.3
1983	30.5	1.4	55.3	41.0	64.2	5.7	162.4	21.5
1984	30.4	1.4	51.0	43.0	63.9	5.6	166.0	24.9
1985	30.5	1.4	48.5	44.5	<u>90.0</u>	5.4	169.0	25.9
1986	31.0	1.4	47.9	44.1	89.8	5.4	168.8	25.6
1987	31.0	1.4	48.8	47.1	91.9	5.3	166.6	25.0
1988	<u>92.2</u>	<u>4.0</u>	<u>93.0</u>	<u>100.0</u>	91.9	5.2	167.0	<u>56.3</u>
1989	92.2	4.0	92.9	100.0	91.9	5.2	167.0	58.0
1990	92.2	4.0	92.9	100.0	94.5	5.0	<u>257.5</u>	59.0
1995	92.2	4.3	88.2	100.0	94.0	5.0	258.7	64.5

资料来源：洪定一主编《炼油与石化工业技术进展》，中国石化出版社，2009，第 6 页。

[①] 洪定一主编《炼油与石化工业技术进展》，中国石化出版社，2009，第 6 页。

[②] 同上。

2004 年 1 月，壳牌石油公司首次把公司的石油储量调低 20%，并承认一直以来夸大公司石油储量的事实。这一事件导致包括公司董事会前主席菲利普·沃茨在内的多名高级管理人员辞职。2004 年 5 月 24 日，壳牌石油公司第 4 次宣布调低已探明石油储量 1.03 亿桶，共调低已探明石油储量 44.7 亿桶，公司已探明石油储量从约 160 亿桶降至 115 亿桶左右，已探明石油储量"水分"高达 28%。该公司原油储量也从 2003 年 1 月的 66 亿桶调低到 46 亿桶，"挤出"高达 30% 的虚公告"水分"。这不仅是账目上的问题，壳牌石油公司的石油产量每年还以 7% 的速率下降。[1]

有人指出，现有石油储量的耗竭正在加剧，其速度也在加快。2005 年，报道称在最大的 48 个产油国中，已有 33 个陷入衰退。2008 年的数据显示，在全球最大的 50 个产油国中，已有 42 个跨越了峰值，陷入衰退。换句话说，仅在这三年中，就有 9 个以上的主要产油国越过了本国的产量峰值。[2]2005 年，全球第二大油田——科威特的布尔甘油田崩溃，引起石油产量急剧下降。在墨西哥，全球第三大油田——坎塔雷尔油田也遭受相同的命运，陷入迅速衰退的境地。截至 2008 年 6 月（当时石油需求和价格都处在最高点），墨西哥的石油年产量下滑 11%，其中坎塔雷尔油田下降 35%。[3]

在这种状况下，假若全球石油储量不应是增加而是减少，那么，为何有的会掺假呢？"有一个惊人的信息：证实世界石油资源充足的数据是误导性的。这些数字来自石油生产国和石油公司，这是一场合谋。石油生产国夸大了石油储备量，以扩大其影响力；石油公司也采取相同的做法，试图让他们的投资者相信其盈利能力。石油消费国的政府对这一情况有所隐瞒，以免丧失人心。消费者对石油的消费以税收的方式转化为国家财富。"[4]在这条掺假"链条"中，当事者的动机都不一样，但目的却是相似的——从中获利。

或许，在供给短缺的年代，为了生存与竞争，无论是人与人之间，还是人与自然之间，都永远存在着信息不对等的博弈。

二、能源供应安全

能源供应安全包括石油供应安全、电力供应安全、天然气供应安全等。历史上每次发生重大能源供给危机，都对社会经济发展造成重大影响，直接导致经济衰退和影响社会稳定。为应对能源危机，许多国家先后建立石油储备制度。

（一）石油供应安全

1973 年，爆发了第一次世界石油危机，对世界经济发展产生了重大不良影响，导致美国、日本及西欧等资本主义国家发生第二次世界大战后最严重的经济危机，美国工业生产降幅达 20% 以上。此后，还发生了多次世界性石油危机（表 19-25）。在第四次世界石油危机中，2008 年第一个交易日，美国 WTI（西德克萨斯中间基原油）期货价格触及 100 美元 / 桶的大关。同年 7 月 11 日，国际油价飙升到 147.27 美元 / 桶，与 2002 年 1 月 25 日 15.52 美元 / 桶相比，增幅高达 848.9%。到 2008 年圣诞节时，油价又跌破 35 美元 / 桶。这是世界石油史上最惊心动魄的暴涨与暴跌，导致世界经济陷入 20 世纪 30

---

[1] 童媛春：《石油真相》，中国经济出版社，2009，第 80 页。

[2] 迈克尔·鲁珀特：《最后一桶油》，潘飞虎译，华夏出版社，2011，第 22 页。

[3] 同上。

[4] 任皓：《看不见的战线：能源争夺背后的信息博弈》，石油工业出版社，2011，第 206 页。

年代以来最严重的衰退。

　　除此，由于战争、罢工、事故等因素，世界各地还发生了诸多石油供应中断事件（表 19-26），造成石油供应短缺。例如，1951 年伊朗油田国有化和阿巴丹地区罢工，导致石油短缺长达 44.7 个月，日均石油供应量短缺 70 万桶；2002 年委内瑞拉石油工人罢工，致使石油短缺 2.5 个月，日均石油供应量短缺 200 万桶。

表 19-25　四次世界石油危机简况

危机次数	爆发时间 /年	起因	经过	影响
第一次	1973	中东十月战争爆发，阿拉伯产油国使用"石油武器"，实行停产，对美国、日本及西欧等国家实行禁运	1973 年 12 月，OPEC 的阿拉伯成员国收回原油标价权，每桶原油标价由 3.011 美元提高到次年 1 月的 11.651 美元，油价上涨近 4 倍。从 1974 年 1 月起，冻结油价 21 个月	导致美国、日本及西欧国家等资本主义国家发生"二战"后最严重的经济危机。美国工业生产下降 20% 以上，美元贬值，通货膨胀。而对于阿拉伯产油国，仅提价一项就使石油收入从 1973 年的 300 亿美元猛增至 1974 年的 1 100 亿美元
第二次	1979	伊朗石油工人大罢工；两伊战争爆发	1978 年伊朗石油工人大罢工，世界原油市场日供应量减少 200 万～ 500 万桶，国际石油现货市场价格从 1978 年 9 月的 12.78 美元 / 桶猛增至 1979 年 6 月的 38 美元 / 桶。1980 年 9 月 22 日，两伊战争爆发，年底 OPEC 优质原油现货价格又涨到 41 美元 / 桶	国际原油市场价格持续上涨 2 年多，西方国家发生第二次石油危机，导致又一次世界性经济危机
第三次	1990	海湾战争爆发	1990 年 8 月，伊拉克入侵科威特，世界原油供应量大约减少 10%，原油市场现货价格在一个星期内从入侵前一天的 21 美元 / 桶涨到 28 美元 / 桶，上涨 1/3。1991 年 1 月，以美国为首的多国部队对伊拉克发动海湾战争，使科威特原油大幅减产，国际油价猛增到 42 美元 / 桶	这次石油危机又使美国、英国等西方国家经济陷入衰退。1991 年全球 GDP 增长率跌破 2%
第四次	2008	伊拉克战争爆发；全球能源需求旺盛	2003 年美国入侵伊拉克后油价不断攀升。2008 年第一个交易日美国 WTI 原油期货价格触及 100 美元 / 桶的大关。2008 年 7 月 11 日国际油价飙升到 147.27 美元 / 桶，与 2002 年 1 月 25 日 15.52 美元 / 桶相比，增幅高达 848.9%。到 2008 年圣诞节时，油价又跌破 35 美元 / 桶。这是世界石油史上最惊心动魄的暴涨与暴跌	2008 年 7 月，美国通货膨胀率达到 5.6%，创下 1991 年 1 月以来的历史新高。2008 年最后一个季度，美国国内生产总值下跌 6.2%。2008 年末，迪拜的房地产价格下跌超过 30%。后来在美国次贷危机的影响下爆发了世界性金融危机和经济危机，世界经济陷入 20 世纪 30 年代以来最严重的衰退

资料来源：作者整理。

表 19-26　1951—2003 年主要的全球性石油供应中断事件

序号	事件	主要原因	开始时间 / 年	短缺时间 / 月	供应短缺量 / （百万桶 / 日）
1	伊朗油田国有化和阿巴丹地区罢工	国际禁运、经济纠纷	1951	44.7	0.7
2	苏伊士运河战争	中东地区战争	1956	5.0	2.0
3	叙利亚石油过境费争端	国际禁运、经济纠纷	1966	4.0	0.7
4	六五战争	中东战争	1967	3.1	2.0
5	尼日利亚内战	国内纷争	1967	16.3	0.5
6	利比亚油价争议和 Tapline 油管被破坏	禁运、经济纠纷	1970	9.2	1.3
7	阿尔及利亚石油国有化	国内纷争	1971	5.1	0.6
8	黎巴嫩动乱和石油过境设施被破坏	国内纷争	1973	3.1	0.5
9	阿拉伯－以色列十月战争	中东战争、禁运、经济纠纷	1973	6.1	1.6
10	黎巴嫩内战	国内纷争	1976	2.0	0.3
11	沙特阿拉伯油田遭到破坏	事故	1977	1.0	0.7
12	伊朗革命	国内纷争	1978	6.0	3.7
13	伊朗－伊拉克战争爆发	中东战争	1980	4.1	3.0
14	英国 Piper Alpha 海上油田爆炸	事故	1988	17.3	0.3
15	英国 Fulmer 流动储油船事故	事故	1988	4.0	0.2
16	美国 Exxon Valdez 事故	事故	1989	0.5	1.0
17	英国 Cormorant 海上井架事故	事故	1989	3.0	0.5
18	伊拉克－科威特战争	中东战争、禁运、经济纠纷	1990	12.0	4.6
19	美国单方面针对伊朗实施禁运	禁运、经济纠纷	1995	1.0	0.2
20	挪威石油工人罢工	国内纷争	1996	1.0	1.0
21	尼日利亚内乱	国内纷争	1997	1.0	0.2
22	尼日利亚内乱	国内纷争	1998	3.0	0.3
23	OPEC（伊拉克除外）减产	禁运、经济纠纷	1999	12.0	3.3
24	委内瑞拉石油工人罢工	国内纷争	2002	2.5	2.0
25	伊拉克战争	中东战争	2003	1.4	1.9

资料来源：查道炯：《中国石油安全的国际政治经济学分析》，当代世界出版社，2005，第 244-245 页。

（二）电力供应安全

世界上不少国家都发生过大停电事故（表 19-27）。电力供应大范围中断，会严重影响城乡居民的生产、生活，也关系到国家安全。

表 19-27　世界各国电力供应安全事件

时间 / 年	事件
1965	美国东北部地区输电系统发生故障，大范围停电，纽约曼哈顿一片漆黑，受停电影响的人口达 4 000 万
1977	美国纽约大停电
1978	法国大停电
1996	美国、马来西亚、新西兰相继发生大停电事故
1998	美国加利福尼亚州旧金山地区大停电，约 1 200 兆瓦的负荷中断供电，约 45.6 万用户和近 100 万居民的电力供应受到影响
1999	美国东部的纽约、长岛、新泽西、德尔瓦半岛，中南部各州和芝加哥发生 6 次停电事故
2000—2001	美国加利福尼亚州发生史无前例的电力危机
2001	印度北部大停电，原因是电源和电网结构不合理
2001	因天气干旱引起预期的电力短缺，新西兰电力价格比上年同期上涨 100%
2003	美国大停电，受影响人口达 5 000 万
2003	英国伦敦短时间内出现 2 次电力故障，20% 的发电容量停机约 1.5 小时，41 万电力消费者受到影响，其中 25 万人被困在地铁或火车内
2003	丹麦、瑞典南部发生 3 小时的停电事件，有 2 台共 3 000 兆瓦的核电站停机，400 万人口受影响
2003	意大利发生大停电事件，持续停电 5 ～ 12 小时，约 570 万人口受影响
2005	莫斯科东南部恰吉诺变电站变压器爆炸，导致莫斯科及周边 4 个地区发生大规模停电，影响人口约 200 万，给莫斯科造成至少 10 亿美元损失
2007	因反采煤组织的反对，美国有 59 个燃煤发电厂被强制关闭
2009	中国南方冰雪导致大停电
2011	巴基斯坦有一半的发电设备处在停机状态，原因是公用事业公司无钱购买燃料。这是巴基斯坦历史上最严重的一次电力危机
2012	印度 9 个邦大停电，受影响人口超过 6.7 亿。这是印度进入 21 世纪以来最严重的一次停电事件

资料来源：作者整理。主要参考王才良、周珊：《世界石油大事记》，石油工业出版社，2008。

1965 年 11 月 9 日下午 5 时，美国东北地区发生大范围停电。文章《纽约大停电》中记录了大停电时的情景：大停电首先造成地面交通停顿和混乱，交通指挥灯熄灭了，交叉路口车辆拥堵，于是有人自动站出来指挥交通；纽约市地铁完全停运，50 多万人被困在地铁车站和地铁车厢里。

1996 年，美国、马来西亚、新西兰相继发生大停电事故。其中，美国西部系统大停电事故波及美国本土十几个州和加拿大的两个省，导致电网解列成 4 个孤立系统，损失负荷 3 039 万千瓦，影响 749 万用户。[①]

2000 年 5 月 22 日，美国加利福尼亚州在没有明显原因的情况下电价突然飙升。电价有史以来第一次触及价格上限的"安全阀"，即 0.75 美元 / 千瓦时，超过了正常价格的 20 倍。同年，有 55 家电网

① 陈勇主编《中国能源与可持续发展》，科学出版社，2007，第 324 页。

运营商被迫宣布电力供应进入紧急状态，发生第二次世界大战以来的第一次拉闸限电。2000 年 12 月
14 日，美国能源部发布紧急法案，要求所有的发电商和电力营销商向加利福尼亚州电力市场出售其现
有的剩余电力。从 2000 年 6 月到 2001 年 6 月，加利福尼亚州居民除了经历反复的拉闸限电和停电，
他们的用电花费比之前的 12 个月增加了约 330 亿美元，加利福尼亚州以外的地区用电费用也至少增加
90 亿美元。[①] 受危机影响，所有电力零售商都面临严重亏损，其中最大的电力供应商太平洋燃气与电
力公司向法院申请破产。人们普遍认为，造成这次电力危机的主要原因是 1996 年起实行的电力市场模
式存在严重缺陷：限制合约交易，零售商、供电者必须从现货市场购买所有电力。[②]

2003 年 8 月 14 日，美国中西部和东北部的大部分地区及加拿大的安大略地区发生大停电事故，
估计影响到 5 千万人口以及约 61 800 兆瓦的电力负荷。美国部分地区停电两天，安大略的部分地区轮
流停电一周以上。美国估计损失 40 亿～ 100 亿美元。[③]

在反采煤组织的反对下，美国有些新建的燃煤发电厂被迫关闭，仅在 2007 年就有 59 个燃煤发电
厂被强制关闭。[④]

2012 年 7 月 31 日，印度北方邦阿格拉城一座 400 千伏高压变电站出现故障，导致印度整个北部
电网崩溃，包括首都新德里在内，共有北方邦、中央邦等 9 个邦 3 567 万千瓦的负荷全部失灵，占印
度全国负荷的 18% 左右，超过 6.7 亿人口受到停电影响，受影响人数接近整个欧洲的人口数，是人类
有史以来影响人口最多的一次电力事故。[⑤]

（三）天然气危机

2001 年，美国天然气产量为 5 555 亿立方米，此后便一直下降，到 2005 年只有 5 111 亿立方米，
降幅达 8%。由于天然气生产下降，美国国内天然气价格一路上涨。2002 年每千立方英尺天然气价格
为 2.95 美元，2003 年、2004 年、2005 年分别涨至 4.88 美元、5.46 美元、7.33 美元。于是，美国扩大
天然气的进口，大力开发国内页岩气，使天然气危机得以缓解。2008 年，美国天然气价格再次急剧上涨，
达到每千立方英尺 8.07 美元，创历史最高值，这是用能单位因石油价格过高而纷纷转向使用天然气的
结果。[⑥]

21 世纪初，俄罗斯与乌克兰两国之间的天然气争斗更呈现出国际性的天然气供应安全问题。

（四）能源储备

为了应对能源供应危机，许多国家先后建立、完善石油储备制度。

1912 年，美国批准规划、建设"海军用油保护区"[⑦]，以保障美国海军的石油需求。1944 年，美国
曾提出建立国家石油储备的设想。1973 年第一次石油危机后，美国国会通过《能源政策和节约法案》，
开始正式建设战略石油储备体系。1977 年美国开始建设战略石油储备基地，至 1995 年先后建设、建

① 福克斯—本内尔：《智能电力：应对气候变化，智能电网和电力工业的未来》，国网能源研究院译，中国电力出版社，2012，第 11–12 页。
② 杨昆、孙耀唯、梁志宏：《电力市场及其目标模式》，中国电力出版社，2008，第 19 页。
③ 韩水、苑舜、张近珠：《国外典型电网事故分析》，中国电力出版社，2005，第 87 页。
④ 盖尔·勒夫特、安妮·科林：《21 世纪能源安全挑战》，裴文斌、王忠智等译，石油工业出版社，2013，第 4 页。
⑤ 韩晓平：《美丽中国的能源之战》，石油工业出版社，2014，第 177–178 页。
⑥ 张永胜：《世界能源形势分析》，经济科学出版社，2010，第 78 页。
⑦ 史丹等：《中国能源安全的新问题与新挑战》，社会科学文献出版社，2013，第 201 页。

成布莱恩芒德、西哈克伯里、大希尔、贝尤查克托、威克斯岛 5 个战略石油储备基地（表 19-28）。
1980 年美国实际石油储备量为 10 630 万桶，1998 年增至 57 140 万桶（表 19-29）。

表 19-28　1995 年美国战略石油储备基地状况

基地名称	所在地区	占地面积 / 英亩	储存能力 / 亿桶	计划原油构成 / 亿桶	储油洞穴数 / 个
布莱恩芒德	得克萨斯州费里波特市	500	2.26	1.49（含硫油），0.66（低硫油），0.11（墨西哥玛雅油）	20
西哈克伯里	路易斯安那州莱克查尔斯西南部	565	2.19	1.06（含硫油），1.13（低硫油）	22
大希尔	得克萨斯州杰斐逊城	271	1.60	0.91（含硫油），0.49（低硫油）	14
贝尤查克托	路易斯安那州巴吞鲁日	356	0.75	0.51（含硫油），0.24（低硫油）	6
威克斯岛	路易斯安那州新奥尔良西南部	7（地下面积 383）	0.70	—	1994 年因进水关闭
合计	—	—	7.50	—	—

资料来源：石宝珩：《石油史研究辑录》，地质出版社，2003，第 504 页。

表 19-29　1977—1998 年美国战略石油储备能力与实际储备量

时间 / 年	储备能力 / 百万桶	实际储备量 / 百万桶	时间 / 年	储备能力 / 百万桶	实际储备量 / 百万桶
1977	112	20 左右（估计）	1988	600	559.0
1978	147	60 左右（估计）	1989	600	577.5
1979	244	90 左右（估计）	1990	715	583.3
1980	248	106.3	1991	750	568.5
1981	257	230.2	1992	750	574.7
1982	334	294.6	1993	750	587.1
1983	383	379.6	1994	750	591.7
1984	453	450.9	1995	680	591.6
1985	509	533.3	1996	680	565.8
1986	551	511.0	1997	680	563.4
1987	579	540.1	1998	680	571.4

资料来源：石宝珩：《石油史研究辑录》，地质出版社，2003，第 505 页。

　　法国是世界上最早建立石油储备制度的国家。1923 年，法国政府要求石油运营商必须保持足够的石油储备。1925 年，法国议会通过法案，成立国家液体燃料署，管理石油储备，最初目的是满足军队燃料需求，后来演变为避免能源短缺对经济发展的冲击。[1]

---

① 徐淑玲、尹芳华主编《走进石化》，化学工业出版社，2008，第 11 页。

20 世纪 60 年代，日本民间企业开始进行石油储备。从 20 世纪 70 年代开始，日本进行国家石油储备。1975 年，日本公布石油储备法。20 世纪 80 年代，日本先后建成小川原、百鸟等一批国家石油储备基地（表 19-30）。到 1997 年，日本国家和民间的石油储备量由 1965 年的 962 万千升增至 1997 年的 9 643 万千升（表 19-31）。

表 19-30　日本国家石油储备基地

基地名称		容量／万千升	占地面积／公顷	储存方式	开工日期	竣工日期
小川原（青森县）		约 570	约 262	陆上	1980.11	1985.9
苫小牧东部（北海道）		约 640	约 274	陆上	1981.10	1990.11
百鸟（福冈县）		约 560	陆上约 14 海上约 60	海上	1984.10	1984.10
富井（福井县）		约 340	约 152	陆上	1983.3	1983.3
上五岛（长崎县）		约 440	陆上约 26 海上约 40	海上	1984.10	1984.10
秋田（秋田县）		约 450	约 110	半地下	1983.5	1983.5
志布志（鹿儿岛县）		约 500	约 196	陆上	1985.1	1985.1
地下储备	久慈（岩手县） 菊间（爱媛县） 串木野（鹿儿岛县）	约 175 约 150 约 175	陆上约 69 海上约 21	地下	1987.2 1988.4 1987.3	1987.2 1988.4 1987.3
合计		约 4 000	—	—	—	—

资料来源：尹晓亮：《战后日本能源政策》，社会科学文献出版社，2011，第 169 页。

表 19-31　1965—1997 年日本石油储备情况

时间／年	民间储备			国家储备		合计		1 天的石油需求量／万千升
	原油／万千升	石油产品及半成品／万千升	储备量（产品量）／万千升	天数／日	原油储备量／万千升	总量（产品量）／万千升	天数／日	
1965	489	498	962	—	—	962	—	—
1969	984	723	1 658	—	—	1 658	—	—
1970	1 131	1 513	2 587	50	—	2 587	50	52
1971	1 340	1 692	2 965	53	—	2 965	53	56
1972	1 672	1 714	3 302	54	—	3 302	54	61
1973	1 973	2 105	3 979	57	—	3 979	57	70
1974	2 545	2 162	4 579	67	—	4 579	67	68

续表

时间 / 年	民间储备			国家储备		合计		1 天的石油需求量 / 万千升
	原油 / 万千升	石油产品及半成品 / 万千升	储备量（产品量）/ 万千升	天数 / 日	原油储备量 / 万千升	总量（产品量）/ 万千升	天数 / 日	
1975	2 693	2 035	4 593	68	—	4 593	68	68
1976	3 202	2 070	5 113	80	—	5 113	80	64
1977	3 763	2 379	5 954	90	—	5 954	90	66
1978	3 448	2 275	5 550	81	524	6 074	89	68
1979	3 737	2 545	6 095	88	524	6 619	95	70
1980	3 944	2 548	6 295	90	754	7 049	100	70
1981	4 185	2 321	6 296	101	1 097	7 393	118	63
1982	3 393	2 196	5 149	93	1 251	6 400	113	57
1983	3 059	2 164	5 070	94	1 495	6 565	120	55
1984	3 199	2 247	5 286	97	1 750	7 036	128	55
1985	2 940	2 355	5 148	92	2 052	7 200	127	57
1986	3 089	2 001	4 935	94	2 403	7 338	138	53
1987	2 917	2 148	4 919	92	2 702	7 621	140	54
1988	2 963	2 292	5 108	94	3 005	8 113	147	55
1989	2 957	2 332	5 141	89	3 301	8 442	144	59
1990	2 886	2 399	5 141	88	3 302	8 443	142	59
1991	2 639	2 267	4 773	80	3 603	8 376	137	61
1992	2 281	2 349	4 517	77	3 903	8 420	140	60
1993	2 282	2 209	4 376	76	4 203	8 579	145	59
1994	2 216	2 435	4 540	81	4 501	9 041	157	58
1995	2 399	2 162	4 440	74	4 750	9 190	150	61
1996	2 348	2 475	4 705	79	4 870	9 575	157	61
1997	2 296	2 462	4 643	80	5 000	9 643	162	59

资料来源：尹晓亮：《战后日本能源政策》，社会科学文献出版社，2011，第 174 页。

　　第一次石油危机后，1974 年 2 月国际能源署成立，并于 11 月 18 日通过国际能源署协议，"决定采取共同有效措施，通过发展紧急情况下石油供应的自足、限制需求及在公平的基础上配额现有石油，应对石油供应的紧张状况",以"促进合理、公平、安全的石油供应"。[1] 为此,国际能源署建立了一套包括动用应急石油储备、生产突增、需求抑制、燃料替代等措施在内的能源应急响应机制(图 19-1)。根据规定,每个 IEA 石油进口国都必须建立能满足 90 天净进口量的石油储备。

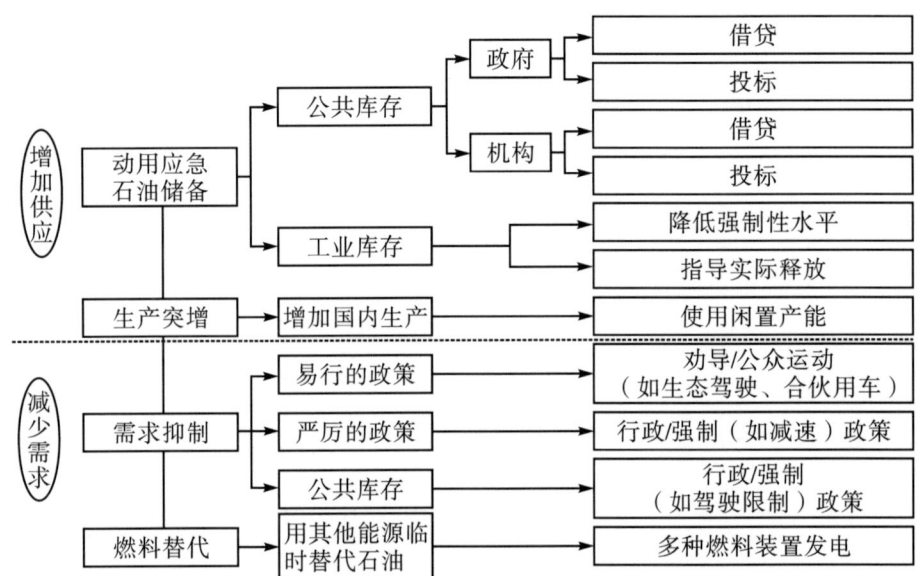

图 19-1 IEA 能源应急响应机制框架图

资料来源:中国 21 世纪议程管理中心、北京师范大学:《全球格局下的中国油气资源安全》,社会科学文献出版社,2012,第 273 页。

从 OECD 看,从 20 世纪 80 年代起,石油储备规模日渐扩大(表 19-32)。1985 年 OECD 国家商业、机构和政府的石油储备总量为 33.174 亿桶,到 2004 年达 40 亿桶,其中政府储备量由 1985 年的 7.55 亿桶增至 2004 年的 10.982 亿桶,增长 45.4%。

表 19-32 1985—2004 年 OECD 国家石油储备情况

时间 / 年	商业储备 / 百万桶	机构储备 / 百万桶	政府储备 / 百万桶	总计 / 百万桶
1985	2 444.6	117.8	755.0	3 317.4
1986	2 572.5	135.2	741.7	3 449.4
1987	2 607.6	159.3	777.1	3 544.0
1988	2 496.8	180.6	813.7	3 491.1
1989	2 500.5	184.7	845.3	3 530.5
1990	2 568.2	201.7	860.4	3 630.3
1990[1]	2 599.7	201.7	903.9	3 705.3
1991	2 599.7	213.3	899.8	3 712.8
1992	2 566.2	231.6	920.0	3 717.8
1993	2 608.4	229.8	952.7	3 790.9

① 杨翠柏主编《国际能源法与国别能源法(下)》,巴蜀书社,2009,第 13 页。

续表

时间 / 年	商业储备 / 百万桶	机构储备 / 百万桶	政府储备 / 百万桶	总计 / 百万桶
1994	2 663.9	233.9	977.1	3 874.9
1995	2 515.9	234.3	1 008.1	3 758.3
1996	2 518.1	257.0	986.3	3 761.4
1997	2 619.3	272.0	983.1	3 874.4
1998	2 702.5	310.4	993.2	4 006.1
1999	2 449.4	307.4	978.3	3 735.1
2000	2 534.5	334.2	935.6	3 804.3
2001	2 629.6	332.1	953.2	3 914.9
2002	2 476.1	332.1	1 012.2	3 820.4
2003	2 516.5	348.8	1 059.1	3 924.4
2004	2 556.4	345.7	1 098.2	4 000.3

资料来源：黄运成、马卫锋、李畅：《中国石油金融战略体系构建及风险管理》，经济科学出版社，2007，第23页。
注：[1] 从1990年起，统计口径略有变化。

进入21世纪后，中国开始建设国家战略石油储备基地，2007年成立国家石油储备中心，到2010年首批4个石油储备基地全部注满石油，可满足16天的石油使用需求。

除了石油储备，美国还建立天然气和煤炭储备体系。美国天然气储备以生产性储备为主，主要分为地下储气库和LNG罐储两种形式。到2007年，美国建设枯竭油气藏储气库、盐穴型储气库和含水层储气库总数达到400座，3种储气库建设的数量分别为326座、43座和31座，工作气量分别为 999×10^8 立方米、110.4×10^8 立方米、48.99×10^8 立方米。作为世界上最早开发LNG的国家，美国到2009年已建成11个天然气接收站，总储量达 11.49×10^8 立方米。[1]

三、能源储运安全

能源储存和运输安全既对能源产业发展产生影响，也对国内、国际能源市场供应产生影响，还对当地居民生活、人身安全和自然环境造成影响。1983年5月，欧洲莱茵河上一艘运送液化石油气的油船发生火灾，致317人死亡。1987年3月，厄瓜多尔发生大地震，穿越安第斯山脉的输油管道被破坏，导致厄瓜多尔的石油出口被中断。2006年7月29日，输送俄罗斯将近1/3出口石油的德鲁日巴输油管道发生泄油事件，消息传出后引发欧洲油价上涨。

（一）石油、天然气储存和管道运输安全

世界各国石油、天然气储存和管道运输事故时有发生（表19-33）。1981年8月20日，科威特国家石油公司大型储油罐坍塌，泄漏石油11 790万升。2006年2月2—3日，乌克兰东部城市卢甘斯克

① 史丹等：《中国能源安全的新问题与新挑战》，社会科学文献出版社，2013，第207页。

市两栋居民楼发生天然气爆炸起火，起因是天然气管道因土层冻结而破损，爆炸导致天然气供应中断，部分地区停止供暖。同年 3 月 2 日，BP 公司输油管道发生重大泄漏事故，26.7 万加仑原油泄漏，近 2 万英亩苔原地带被污染，管道所在油田普鲁德霍湾油田每日减产 10 万桶。[①]

表 19-33　20 世纪 40 年代以来世界各国石油、天然气储存和管道运输安全事件

时间 / 年	事件
1944	美国东俄亥俄州天然气公司的一座液化天然气罐开裂，引起大火。泄漏液化天然气约 100 万加仑，死亡 128 人，伤数百人，烧毁几英亩土地上的全部财产
1964	日本新潟地区发生大地震，导致新潟炼油厂的一座原油储罐失火，烧了半个月，烧毁近 100 座油罐
1981	科威特国家石油公司大型储油罐坍塌，泄漏石油 11 790 万升
1989	苏联西伯利亚苏尔古特油田的天然气凝析油管道泄漏，发生严重爆炸事故，死伤中小学生 600 余人，烧毁森林数百公顷
1990	莫比尔在纽约的油罐区从"二战"时开始渗漏油，专家们估计渗出油总量为 7 728.2 万升，造成重大污染。莫比尔答应承担清污费，估计几千万美元
2005	英国伦敦西北赫默亨普斯特德镇附近，由道达尔和德士古公司共同经营的成品油罐群连续爆炸，有 36 人受伤，直接、间接损失 2.5 亿英镑
2006	乌克兰卢甘斯克市两栋居民楼发生爆炸起火，死亡 5 人，伤 17 人。原因是天然气管道因土层冻结而破损，从而引起天然气泄漏、爆炸
2006	BP 公司输油管道发生重大泄漏事故，泄漏原油 26.7 万加仑，污染近 2 万英亩苔原地带，导致普鲁德霍湾油田每日减产 10 万桶
2006	输送俄罗斯将近 1/3 出口石油的德鲁日巴输油管道出现泄油事件，导致欧洲布伦特原油上涨到每桶 74 美元

资料来源：作者整理。主要参考王才良、周珊：《世界石油大事记》，石油工业出版社，2008。

（二）油轮运输安全

世界油轮运输也曾发生不少重大事故（表 19-34）。

表 19-34　20 世纪 60 年代以来世界油轮运输安全事件

时间 / 年	事件
1969	3 艘 20 余万吨载重的大油轮在洗舱过程中发生爆炸
1970	在瑞典维克舍尔姆海上，"奥斯路号"油轮被撞破，泄油 11.35 万吨
1972	2 艘利比亚油轮在南非海岸外相撞，泄油 10 万吨
1972	"海星号"油轮在中东阿曼湾被撞，泄油 12.83 万立方米
1975	日本超级油轮"昭和号"在马六甲海峡航行时发生事故，23.7 万吨原油泄入大海

① 王才良、周珊：《世界石油大事记》，石油工业出版社，2008，第 451 页。

续表

时间／年	事件
1976	载有 25 万吨原油的"奥林匹克勇敢号"超级油轮行驶到法国海岸外遭风暴袭击，船身断裂为两截，原油漫流入海
1976	"乌尔索拉号"大油轮在西班牙科罗那海上爆炸，10 万吨原油泄入大海
1977	载重 330 954 吨的"文渚号"油轮与它的姐妹船 330 869 吨的"文伯号"在非洲南部海域相撞，创最大吨位船只碰撞世界纪录
1978	3 月 16 日，阿莫科公司的"加迪斯号"油轮在法国布列塔尼海上遇风暴，船体断裂，6 天内溢油 161.9 万桶，污染海岸线 193 千米，估计事故处理费用达 1.15 亿美元
1979	在加勒比海多巴哥岛海域，油轮"艾金船长号"同"大西洋女皇号"相撞，232 460 吨原油泄入海中
1979	在土耳其特勒普斯海峡，"独立号"油轮被一艘货轮撞破，泄油 10.97 万立方米
1979	312 186 吨的"能力-决心号"油轮在霍尔木兹海峡爆炸起火，裂成两截
1981	8.2 万吨级的"阿及普·阿布鲁兹号"油轮和 23.2 万吨级的"黑文号"超级油轮相继在地中海失事沉没，意大利、法国海滨风光旅游区被大面积污染
1982	美孚公司租用的世界最大半潜式钻井平台"海上徘徊者号"在加拿大海域遇暴风雪倾倒沉没，84 人丧生
1983	欧洲莱茵河上一艘运送液化石油气的油船发生火灾，317 人死亡
1989	埃克森公司的"瓦尔迪兹号"大型油轮在阿拉斯加南部海域触礁，污染 7 770 平方千米海域和 1 600 千米海岸线。事故处理花费 10 亿美元以上，埃克森公司被判处罚款 11 亿美元（1991 年）
1990	一艘悬挂美国国旗的科威特油轮"海浪城号"起火爆炸
1990	挪威"梅哈·博尔格号"油轮在墨西哥湾向意大利一艘油轮泵送石油时发生爆炸，泄出原油 500 多吨，船员死亡 36 人，失踪 2 人，伤 17 人
2002	法国油轮"兰堡号"在也门谢哈尔港起火爆炸，大约 9 万桶原油泄入亚丁湾，1 名船员死亡
2002	挂巴拿马国旗的"威望号"油轮在西班牙北部大西洋海面被载货集装箱船撞伤，西班牙政府没有让油轮靠岸，导致油轮沉没
2005	日本一艘油轮与一艘装载化学品的船相撞，油轮起火，死亡 1 人，失踪 5 人

资料来源：作者整理。主要参考王才良、周珊：《世界石油大事记》，石油工业出版社，2008。

四、能源生产安全

能源生产安全涉及石油生产、煤炭生产、电力生产等领域，直接影响能源供应安全。2005 年卡塔琳娜飓风破坏了墨西哥湾的天然气生产，中断了墨西哥湾的天然气供应，造成短时的天然气短缺和价格飞涨。

（一）石油、天然气生产安全

石油生产事故在海上石油开采中发生较多（表 19-35），陆上油田失火和石油炼制爆炸等事故也时有发生。

1970 年，雪佛龙公司在美国墨西哥湾海上的一座平台发生爆炸着火，油井连续烧了 21 天，大量原油溢到海面上，后来用爆破方法才封住井口。1984 年 11 月 19 日，墨西哥城郊外一个工业区发生石油气大爆炸，大火与连续爆炸延续了 36 小时，死亡 500 多人，伤 3 000 多人，120 万人撤出危险区。[1]2005 年 1 月 14 日，BP 公司在美国休斯敦的炼油厂发生爆炸，15 名工人死亡，170 人受伤。该厂是美国污染最严重的工厂，被处以罚款 2 130 万美元。[2]

在海湾战争中，科威特共有 751 口油井被破坏，647 口高产油井着火。从 1991 年 3 月 4 日开始，科威特进行油田灭火，直到 11 月 8 日才结束。灭火工程动用了 27 个灭火队（包括 1 个中国灭火队），每天用于灭火的水达 11 万多吨。地面油池共回收落地原油 1 100 多万吨。第一口油井于同年 5 月 26 日恢复生产。[3]

表 19–35　20 世纪 60 年代以来世界石油、天然气生产安全事故

时间 / 年	事件
1965	在北海首先发现西索尔气田的"海上宝石号"半潜式钻井平台在收工准备搬迁时遇大风暴沉没，死亡 13 人
1970	雪佛龙公司在美国墨西哥湾海上的一座平台发生爆炸着火，油井连续烧了 21 天，大量原油溢到海面上，后来用爆破方法才封住井口
1978	奥地利国家石油公司在维也纳市内的法瑞顿井发生天然气井喷事故
1979	中国"渤海 2 号"自升式钻井平台在迁移中发生翻沉事故，死亡 72 人
1980	尼日利亚由德士古公司作业的海上"Funiwa-5 号"井发生井喷，喷发 14 天，喷出原油 14.6 万桶，死亡 180 人，伤 3 000 多人
1980	已经改为生活平台的"亚历山大·基兰德号"半潜式平台在挪威海域沉没，救出 89 人，死亡 123 人，被称为"世界上最糟糕的石油平台事故"
1983	伊朗阿拉伯湾诺鲁兹油田 2 口生产井被伊拉克炮弹击中，原油喷涌海上达每天约 1 万桶，1 个多月漏油 25 万桶，溢油面积达 3.1 万平方千米
1983	环球海洋公司的"格罗马年爪哇海号"半潜式钻井平台遇台风在中国南海倾覆沉没，死亡 35 人
1984	墨西哥城郊外一个工业区发生石油气大爆炸，死亡 500 多人，伤 3 000 多人，120 万人撤出危险区
1985	田吉兹油田发生大火，烧了 5 个月
1988	英国 Arco 石油公司在北海的奥德塞钻井平台发生爆炸
2001	巴西外海 P–36 号采油平台发生爆炸沉没，当场死亡 2 人，重伤 1 人，失踪 9 人。油井停产，每天损失 300 多万美元，迫使巴西增加石油进口
2002	科威特劳德延油田 15 号集油站因主管道泄漏引起剧烈爆炸，导致 23 号集油站关闭，130 号天然气加压站爆炸失火。科威特石油部长苏拜赫引咎辞职
2004	阿尔及利亚的天然气工厂发生爆炸，27 人死亡，74 人受伤

---

① 王才良、周珊：《世界石油大事记》，石油工业出版社，2008，第 269 页。

② 同上书，第 418 页。

③ 同上书，第 304 页。

续表

时间 / 年	事件
2005	BP 公司在美国休斯敦的炼油厂发生爆炸事故，15 名工人死亡，170 人受伤。该厂是美国污染最严重的工厂，被处以罚款 2 130 万美元
2005	印度石油天然气公司孟买油田的一座海上平台起火，死亡 10 人，失踪 20 人
2005	印度阿萨姆邦一口油井失火，损失石油约 3 万桶，直接经济损失 2 000 多万美元
2005	中国台湾塑料公司在美国得克萨斯州厂区第三套轻油裂解设备发生爆炸，整个厂区年产 150 万吨乙烯等十余套装置全部停产
2006	车臣共和国首府格鲁兹尼附近油田 2 口油井发生爆炸

资料来源：作者整理。主要参考王才良、周珊：《世界石油大事记》，石油工业出版社，2008。

（二）煤炭生产安全

在早期煤矿开采中，由于条件差且事故频发，伤亡人数很多。从 19 世纪后期到 20 世纪初期，美国每年都有数千人死于煤矿事故。其中，在 1907 年西弗吉尼亚州莫蒙加的一次煤矿爆炸中，死亡 362 人。1839—1914 年，美国有超过 61 000 名煤矿工人在工作中丧生。[1] 到 1930 年，美国当年煤矿事故死亡人数仍有 1 619 人。

1968 年 11 月，美国康苏尔煤矿瓦斯爆炸致 78 人死亡。次年，美国出台煤矿安全与健康法，规定当时世界上最严格的安全健康标准，比如井下空气中煤尘含量不得超过 2 毫克 / 米^3。1977 年颁布联邦矿山安全与健康法，次年成立由国会拨款支持的联邦矿山安全健康监察局。之后，美国煤矿事故死亡人数逐年走低。[2] 到 2005 年，美国煤矿事故死亡人数降为 22 人，百万吨煤矿事故死亡率为 0.02%（表 19-36）。2006 年死亡人数有所增加。

表 19-36　1930—2006 年美国煤矿事故伤害和死亡人数统计[1]

时间 / 年	事故伤害人数 / 人	事故发生率 /%	事故死亡人数 / 人	百万吨死亡率 /%
1930	71 217	*[2]	1 619	*
1940	59 164	*	1 388	*
1950	37 907	*	643	*
1960	12 227	*	325	*
1970	11 552	*	260	*
1980	22 723	10.03	133	0.06
1990	15 825	10.18	66	0.04
1991	14 668	10.18	61	0.04
1992	13 068	9.47	55	0.04
1993	11 023	6.53	47	0.04
1994	11 378	9.27	45	0.04

---

① 约翰·塔巴克：《煤炭和石油——廉价能源与环境的博弈》，张军、侯俊琳、张凡译，商务印书馆，2011，第 12 页。
② 董维武：《世界主要产煤国家对煤矿安全健康的监管》，《中国煤炭》2007 年第 6 期。

续表

时间 / 年	事故伤害人数 / 人	事故发生率 /%	事故死亡人数 / 人	百万吨死亡率 /%
1995	9 702	8.22	47	0.04
1996	8 315	7.24	39	0.03
1997	7 969	6.97	30	0.03
1998	7 934	7.15	29	0.03
1999	6 612	6.44	35	0.03
2000	6 429	6.64	38	0.04
2001	6 299	6.03	42	0.04
2002	6 039	6.03	27	0.03
2003	5 168	5.38	30	0.03
2004	5 129	5.00	28	0.03
2005	5 182	4.62	22	0.02
2006	—	—	47	—

资料来源：董维武：《美国〈2006 年矿工法〉出台和实施情况》，《中国煤炭》2007 年第 5 期。

注：[1] 数据包括操作人员、承包商、办公室职员和选煤厂工人。[2] * 指 1980 年以前事故发生率采用的是百万雇员 / 时，1980 年以后事故发生率采用的是 20 万雇员 / 时。

20 世纪 80 年代后较长一段时间里，中国煤矿事故的死亡人数较多。1980 年全国煤矿事故死亡率曾高达 8.17 人 /Mt（表 19-37），到 2005 年仍有 2.71 人 /Mt，中国的煤矿事故死亡率在世界主要产煤国中是最高的（表 19-38）。对此，中国不断加大对煤矿安全的治理力度，20 世纪 90 年代以来相继出台一系列相关法律法规（表 19-39），使煤矿安全生产形势得到好转。2012 年，中国因煤矿事故死亡 1 384 人，事故死亡人数比 2005 年下降 76.7%，死亡率为 0.374 人 /Mt，比 2005 年下降 86.3%。

表 19-37　1980—2005 年中国煤矿事故死亡率

时间 / 年	总计 /（人 /Mt）	国有重点煤矿 /（人 /Mt）	地方国有煤矿 /（人 /Mt）	乡镇煤矿 /（人 /Mt）
1980	8.17	7.11	10.50	9.03
1990	6.76	4.53	10.19	16.88
1995	4.86	1.43	9.06	12.07
2000	4.47	0.97	3.46	10.99
2001	4.31	1.88	4.23	15.44
2002	4.41	1.25	3.83	12.12
2003	3.89	1.08	3.13	9.62
2004	3.03	0.93	2.77	5.87
2005	2.71	0.93	2.04	5.53

资料来源：《中国可持续能源实施"十一五"20% 节能目标的途径与措施研究》课题组：《中国可持续能源实施"十一五"20% 节能目标的途径与措施研究》，科学出版社，2008，第 618 页。

表 19-38　21 世纪初主要产煤国家煤矿事故死亡率

国家	时间 / 年	死亡率 /（人 /Mt）
中国	2005	2.71
美国	2005	0.021
印度	2003	0.20
澳大利亚	2004	0.00
俄罗斯	2003	0.37
南非	2003	0.45

资料来源：《中国可持续能源实施"十一五"20% 节能目标的途径与措施研究》课题组：《中国可持续能源实施"十一五"20% 节能目标的途径与措施研究》，科学出版社，2008，第 618 页。

表 19-39　中国关于煤炭安全生产的主要法律法规

	实施时间	法律法规名称
法律	1986 年 10 月 1 日	《中华人民共和国矿产资源法》
	1993 年 5 月 1 日	《中华人民共和国矿山安全法》
	1996 年 12 月 1 日	《中华人民共和国煤炭法》
	2002 年 11 月 1 日	《中华人民共和国安全生产法》
	2004 年 7 月 1 日	《中华人民共和国行政许可法》
其他	1989 年 3 月 29 日	《特别重大事故调查程序暂行规定》
	1996 年 10 月 30 日	《中华人民共和国矿山安全法实施条例》
	2000 年 12 月 1 日	《煤矿安全监察条例》
	2001 年 4 月 21 日	《国务院关于特大安全事故行政责任追究的规定》
	2003 年 6 月 22 日	《国务院办公厅关于深化安全生产专项整治工作的通知》
	2004 年 1 月 9 日	《国务院关于进一步加强安全生产工作的决定》
	2004 年 1 月 13 日	《安全生产许可证条例》
	2005 年 1 月 1 日	《煤矿安全规程》
	2005 年 9 月 3 日	《国务院关于预防煤矿生产安全事故的特别规定》
	2007 年 6 月 1 日	《生产安全事故报告和调查处理条例》

资料来源：林伯强主编《中国能源发展报告 2008》，中国财政经济出版社，2008，第 178 页。

五、核能安全

核能有许多优点，已为人类广泛利用，如核电已成为继火电、水电之后三大常规电力之一。同时，核能也存在不足，主要是核能安全问题。

核能安全主要是指在各种核能开发利用过程中确保不发生各种核事故，不出现核能开发利用的各种负面效应，如放射性问题，不对人类身体健康和自然环境产生危害，实现和平、安全开发利用核能的目的。核能安全涉及核试验、核发电、核供热、核潜艇、核燃料、核扩散、核恐怖、核事件、核辐射、核污染、核医学等诸多领域。国际原子能机构将核事件分为 8 个级别（表 19-40）。

表 19-40 国际核事件分级

级别	说明	准则	实例
7级	特大事故	堆芯的放射性裂变产物大量逸出至厂区外（其量相当于 10^{16}Bq 碘-131） 可能有急性健康效应。在广大地区（可能涉及一个国家以上）有慢性健康效应 有长期的环境后果	2011年日本福岛第一核电站事故
6级	严重事故	明显向厂区外逸出裂变产物（其量相当于 $10^{15} \sim 10^{16}$Bq 碘-131） 很可能需要全面实施当地应急计划	1957年克什特姆核废料爆炸事故
5级	有厂区外危险的事故	有限地向厂区外逸出裂变产物（其量相当于 $10^{14} \sim 10^{15}$Bq 碘-131） 需要部分地区实施当地应急计划（如就地隐蔽或撤离） 由于机械效应或熔化，堆芯严重损坏	1979年美国三哩岛核电站事故
4级	主要发生在设施内的事故	少量放射性裂变产物向厂区外逸出 除了当地食品要控制外，一般不需要厂区外防护措施 堆芯有某些损坏 工作人员所受剂量（1Sv 量级）可能导致急性健康效应	1999年日本东海村核临界事故
3级	重大事件	极少量放射性（超过规定限值）裂变产物向厂区外逸出 无须厂区外防护措施 厂区内严重污染 工作人员受过量照射 接近事故状况——丧失纵深防御措施	1955年英国塞拉菲尔德核电站事件
2级	事件	不直接或立即影响安全，但有潜在安全影响	卡达哈希核电站事件
1级	异常	没有危险，但偏离正常的功能范围，这可能由于设备故障、人为失误或程序不当所造成	2010年中国大亚湾核电站事件
0级	安全上无重要意义	—	—

资料来源：马栩泉：《核能开发与应用》，化学工业出版社，2005；吴群红、郝艳华、李斌主编《日本"3·11"回望与启示——连锁型危机的应对与管理》，人民卫生出版社，2014。

（一）核试验安全

1945年7月，美国首次在新墨西哥州阿拉摩哥多进行核试验。此后，苏联、英国、法国、中国等国家也先后进行核试验。从1945年到1996年，美国、苏联（俄罗斯）、英国、法国和中国5国进行的核试验达2 045次（表19-41）。其中，美国为1 030次，约占一半。

表 19-41 1945—1996年世界已知核试验统计

时间/年	美国/次		苏联（俄罗斯）/次		英国/次		法国/次		中国/次		合计/次
	大气层	地下	大气层	地下	大气层	地下	大气层	地下	大气层	地下	
1945	1	0	0	0	0	0	0	0	0	0	1
1946	2	0	0	0	0	0	0	0	0	0	2

续表

时间 / 年	美国 / 次		苏联（俄罗斯） / 次		英国 / 次		法国 / 次		中国 / 次		合计 / 次
	大气层	地下	大气层	地下	大气层	地下	大气层	地下	大气层	地下	
1947	0	0	0	0	0	0	0	0	0	0	0
1948	3	0	0	0	0	0	0	0	0	0	3
1949	0	0	1	0	0	0	0	0	0	0	1
1950	0	0	0	0	0	0	0	0	0	0	0
1951	15	1	2	0	0	0	0	0	0	0	18
1952	10	0	0	0	1	0	0	0	0	0	11
1953	11	0	5	0	2	0	0	0	0	0	18
1954	6	0	10	0	0	0	0	0	0	0	16
1955	17	1	6	0	0	0	0	0	0	0	24
1956	18	0	9	0	6	0	0	0	0	0	33
1957	27	5	16	0	7	0	0	0	0	0	55
1958	62	15	34	0	5	0	0	0	0	0	116
1959	0	0	0	0	0	0	0	0	0	0	0
1960	0	0	0	0	0	0	3	0	0	0	3
1961	0	9/1[1]	58	1	0	0	1	1	0	0	71
1962	39	55/2	78	1	0	2[2]	0	1	0	0	178
1963	4	41/2	0	0	0	0	0	3	0	0	50
1964	0	39/6	0	9	0	2	0	3	1	0	60
1965	0	37/1	0	14	0	1	0	4	1	0	58
1966	0	44/4	0	18	0	0	5/1[3]	1	3	0	76
1967	0	39/3	0	17	0	0	3	0	2	0	64
1968	0	52/4	0	17	0	0	5	0	1	0	79
1969	0	45/1	0	19	0	0	0	0	1	1	67
1970	0	38/1	0	16	0	0	8	0	1	0	64
1971	0	23/1	0	23	0	0	5	0	1	0	53
1972	0	27	0	24	0	0	3/1	0	2	0	57
1973	0	23/1	0	17	0	0	5/1	0	1	0	48
1974	0	22	0	21	0	1	7/2	0	1	0	54
1975	0	22	0	19	0	0	0	2	0	1	44
1976	0	20	0	21	0	1	0	4/1	3	1	51
1977	0	20	0	24	0	0	0	7/2	1	0	54
1978	0	19	0	31	0	2	0	10/1	2	1	66
1979	0	15	0	31	0	1	0	10	1	0	58
1980	0	14	0	24	0	3	0	11/1	1	0	54

续表

时间 / 年	美国 / 次		苏联（俄罗斯）/ 次		英国 / 次		法国 / 次		中国 / 次		合计 / 次
	大气层	地下	大气层	地下	大气层	地下	大气层	地下	大气层	地下	
1981	0	16	0	21	0	1	0	12	0	0	50
1982	0	18	0	19	0	1	0	9/1	0	1	49
1983	0	18	0	25	0	1	0	9	0	2	55
1984	0	18	0	27	0	2	0	8	0	2	57
1985	0	17	0	10	0	1	0	8	0	0	36
1986	0	14	0	0	0	1	0	8	0	0	23
1987	0	14	0	23	0	1	0	8	0	1	47
1988	0	15	0	16	0	0	0	8	0	1	40
1989	0	11	0	7	0	1	0	8/1	0	0	28
1990	0	8	0	1	0	1	0	6	0	2	18
1991	0	7	0	0	0	1	0	6	0	0	14
1992	0	6	0	0	0	0	0	0	0	2	8
1993	0	0	0	0	0	0	0	0	0	1	1
1994	0	0	0	0	0	0	0	0	0	2	2
1995	0	0	0	0	0	0	0	5	0	2	7
1996	0	0	0	0	0	0	0	1	0	2	3
合计 / 次	215	815	219	496	21	24	50	160	23	22	2 045 [4]
	1 030		715		45		210		45		—

资料来源：赵伟明等：《中东核扩散与国际核不扩散机制研究》，时事出版社，2012，第 45-48 页。

注：[1][3] 和平核爆炸。[2] 英国所有地下核试验都是在美国进行的。[4] 核爆炸总次数包括印度于 1974 年 5 月 18 日进行的一次地下核试验。1997—2002 年，上述 5 国不再进行核试验。

核试验严重危害人类安全。仅 1951—1963 年，美国在内华达试验场就爆炸了 125 枚核弹。1970 年，美国有 4 562 枚战略核弹头，苏联有 2 700 枚战略核弹头。1978 年，美国拥有 11 000 枚核弹头、2 142 枚导弹，苏联有 4 500 枚核弹头和 2 550 枚导弹。1989 年，美国的战略核弹头增至 14 530 枚，苏联则增至 12 403 枚。[①] 对此，世界各国反对核试验的呼声不断高涨，先后通过各种禁止核试验的条约。1963 年达成《有限禁止核试验条约》，1974 年达成《限制核试验当量条约》，1976 年达成《和平核爆炸条约》，1996 年达成《全面禁止核试验条约》。

但是，在 1996 年通过《全面禁止核试验条约》后，仍有印度、巴基斯坦、朝鲜等少数国家进行核试验活动，出现了伊朗核危机、朝鲜核危机等问题。

---

① 赵伟明等：《中东核扩散与国际核不扩散机制研究》，时事出版社，2012，第 44 页。

（二）核电安全

核能发电总体上是安全的。自从 1954 年世界上第一座核电站建成以来，世界各国核电站发生 4 级以上核事故仅有 3 次，分别为 1979 年美国三哩岛核电站事故、1986 年苏联切尔诺贝利核电站事故和 2011 年日本福岛第一核电站事故。除此，在核电站运行中，也发生其他一些核事件（表 19-42）。

表 19-42　世界部分核反应堆（核电站）发生核事件一览表

序号	时间 / 年	国家	反应堆名称	堆型	用途	基本情况
1	1965	法国	Chinon A1	—	核电站	1 名工人通过无警告标志的入口进入燃料卸料房屋，受到 0.50 Gy 的辐射
2	1966	美国	Fermi1	快增殖堆	实验电站	钠冷系统故障引起堆芯 2 个燃料组件部分熔化，放射性气体泄漏到安全壳中
3	1967	英国	Chapel Cross	气冷堆	核电站	燃料元件熔化，反应堆停堆 2 年
4	1967	意大利	Trino Vercellese	压水堆	核电站	堆内构件引起事故，停堆 3 年
5	1968	法国	EL4	重水堆	核电站	更换损坏的蒸发器，停堆 2 年
6	1968	法国	Sena Chooz	压水堆	核电站	堆内构件引起事故，停堆 2 年
7	1969	瑞士	Lucens	重水堆	核电站	压力管断裂引起部分堆芯熔化，安全壳严重污染
8	1969	法国	Saint Laurent A1	气冷堆	核电站	5 根燃料元件熔化，50 kg 铀弥散在反应堆压力容器内，停堆 1 年
9	1969	苏联	Novoronezh	压水堆	核电站	堆内构件引起事故，停堆 18 个月
10	1971	德国	KNK	快增殖堆	实验电站	500 ～ 1 000 kg 钠泄漏引起钠着火，停堆 4 个月
11	1972	美国	Oconee	压水堆	核电站	堆内构件引起事故，停堆 8 个月
12	1972	美国	Millstone1	沸水堆	核电站	冷凝器管破裂，海水进入蒸汽回路，停堆 6 个月
13	1972	德国	Wurgassen	沸水堆	核电站	安全壳压力系统故障，停堆 7 个月
14	1973	德国	Wurgassen	沸水堆	核电站	主蒸汽管线开裂，停堆 5 个月
15	1973	苏联	BN350	快增殖堆	核电站	蒸汽发生器发生钠－水反应
16	1975	美国	Browns Ferry1	沸水堆	核电站	电缆引起火灾，紧要安全设备受损，损失 10 亿美元，停堆 17 个月
17	1976	德国	Biblis	压水堆	核电站	堆内构件引起事故，停堆 4 个月
18	1976	法国	Phenix	快增殖堆	核电站	2 个中间热交换器发生 2 次钠泄漏，停堆 15 个月
19	1979	法国	Chinon A2	气冷堆	核电站	检查二氧化碳泄漏原因时，2 名工人分别受到 340 mSv 和 110 mSv 的剂量照射

续表

序号	时间 / 年	国家	反应堆名称	堆型	用途	基本情况
20	1979	美国	TMI-2	压水堆	核电站	给水丧失，泄压阀不能回座，安全注水失效，造成堆芯严重损坏
21	1980	法国	Saint Laurent A2	气冷堆	核电站	金属板堵塞8个石墨通道，2根燃料元件熔化，停堆2年半
22	1981	美国	SequoyahI	—	核电站	因操作失误，110 000加仑放射性冷却水喷入反应堆外建筑物中，导致8人被污染
23	1982	法国	Bugey2等4个反应堆	压水堆	核电站	控制棒束导管支撑杆断裂，停堆几个月
24	1982	美国	R.E.Ginna	压水堆	核电站	热气发生器传热管破裂，造成冷却剂丧失，向环境中释放放射性产物增加
25	1982	法国	Rapsodie	快增殖堆	核电站	反应堆周围2个容器发生钠泄漏
26	1982—1983	法国	Phenix	快增殖堆	核电站	3个蒸汽发生器由于钠－水反应而损坏
27	1986	苏联	Chernobyl	石墨水冷堆	核电站	堆芯熔化并发生化学爆炸，逸入环境的放射性总量达 12×10^{18} Bq。3人当场死亡，28人患急性放射病，在数周内死亡
28	1995	日本	Monju	快增殖堆	核电站	热电偶断裂引起钠泄漏，钠－空气反应引发火灾，此后反应堆一直未进行商业发电
29	2004	日本	美滨核电站3号反应堆	压水堆	核电站	3号机组涡轮机冷凝器配水管出现漏洞，喷出高温高压蒸汽，4名工人因烫伤死亡，7人受伤

资料来源：马栩泉：《核能开发与应用》，化学工业出版社，2005，第326-327页。略做调整。

1979年3月28日，美国宾夕法尼亚州三哩岛核电站2号压水堆发生堆芯严重损坏事故，放射性裂变产物泄漏到反应堆的安全壳内，为5级核事故。在这次事故中，有3人受到略高于职业照射的接触限值，核电厂半径80千米内200万居民受到的集体剂量当量约20人·Sv，受辐射影响小。美国核能管理委员会经过多年调查指出，这次核电事故的主要原因是管理不善、操作水平低，几乎全部是人为原因。[1]

1986年4月26日，位于苏联乌克兰基辅市东北130千米处的切尔诺贝利核电站4号反应堆发生堆芯熔化，导致部分厂房倒塌，大量放射性物质外逸。这是一起7级核事故，事故造成28人死于过量

[1] 《中国大百科全书》总编委会：《中国大百科全书·第19卷》，中国大百科全书出版社，2009，第93页。

的辐射照射，2 人死于爆炸，20 万人接受平均剂量约 100 mSv。事故后从核电站半径 30 千米地区撤离 11.6 万名居民。这是核电史上首个 7 级核事故。

2011 年 3 月 11 日，日本东北太平洋海上发生 Mw（矩震级）9.0 的巨大地震，是 1900 年以来世界观测纪录中第 4 个超大型地震，因地震和大海啸导致死亡和下落不明的人数达 20 400 多人，造成极大的破坏性。福岛第一核电站在这次天灾中发生 7 级核事故。4 月 12 日，日本确定事故解释了（$3.7 \sim 6.3$）$\times 10^{17}$ Bq 的碘 –131 等效释放量。附近地区的蔬菜、饮水、牛奶被污染，10 多个县的蔬菜等食品被其他国家禁止输入。北半球许多国家空气被污染，中国报告蔬菜检出碘 –131。[①]

日本福岛核事故对国际社会产生了极大的冲击，加速德国等国家"去核"的进程，世界核电发展受到极大的影响。

（三）核潜艇安全

1954 年，世界首艘核潜艇——"鹦鹉螺号"在美国问世。此后，美国、苏联（俄罗斯）、英国、法国、印度等国家先后建造一批核潜艇。截至 2011 年 1 月，美国、俄罗斯、英国、法国、印度 5 国共有在役核潜艇 122 艘，其中美国 72 艘，俄罗斯 28 艘（表 19–43）。中国也拥有核潜艇。

表 19–43　世界部分核潜艇实力统计（截至 2011 年 1 月）

单位：艘

国家	弹道导弹核潜艇（SSBN）		攻击型核潜艇（SSN）		巡航导弹核潜艇（SSGN）		辅助核潜艇（SSAN）		合计	
	在役	在建	在役	在建	在役	在建	在役	在役	在建
美国	14	—	54	3	4	—	—	72	3
俄罗斯	6	2	16	1	6	—	8	36	3
英国	4		8	4	—			12	4
法国	4		6	2				10	2
印度	—			1				0	1
合计	28	2	84	11	10		8	130	13

资料来源：现代舰船杂志社：《世界核潜艇图鉴》，航空工业出版社，2012，第 154 页。

在核潜艇发展过程中，曾发生不少事故（表 19–44），造成潜艇爆炸或沉没，致使不少艇员死亡。

1966 年 1 月 10 日，"鹦鹉螺号"核潜艇参加在北大西洋举行的军事演习，在距美国北卡罗来纳州沿岸 360 海里的地方准备上浮时恰巧遇到美国的反潜航母"埃塞克斯号"经过，由此撞上"埃塞克斯号"的底部，造成"鹦鹉螺号"的围壳损伤。

1968 年，美国"天蝎号"核潜艇在前往加纳利群岛途中沉没在大西洋中部，艇上 99 人全部遇难。[②]

2000 年 8 月 12 日，俄罗斯"库尔斯克号"核潜艇在巴伦支海参加军事演习，艇上鱼雷爆炸，引

---

① 苏旭主编《核和辐射突发事件处置》，人民卫生出版社，2013，第 216 页。

② 盛文林：《人类历史上的核灾难》，台海出版社，2011，第 245 页。

起大火，导致潜艇迅速沉没，艇上118名官兵全部遇难。

表 19-44　世界部分核潜艇发生核事件一览表

序号	国家	时间/年	舰种	事故地点	基本情况
1	美国	1954	"舡鱼号"核潜艇	大西洋	在进行航行试验时，因二回路焊接管路爆炸引起严重事故
2	美国	1956	"舡鱼号"核潜艇	大西洋	生物屏蔽出现严重缺陷，艇员受到超剂量辐照，更换艇员
3	美国	1959	"海狼号"核潜艇	大西洋	钠冷堆蒸汽过热器发生放射性泄漏，退出现役，更换压水堆
4	美国	1959	"大比目鱼号"核潜艇	大西洋	因爆炸引起火灾，破坏严重，4名艇员被严重烧伤
5	美国	1962	"罗斯福"号核潜艇	太平洋	发生一回路冷却剂泄漏事故
6	美国	1963	"长尾鲨号"核潜艇	大西洋	大修后进行深潜试验时，机舱中海水管路破损，潜艇丧失动力后沉没，129人死亡
7	苏联	1966	核潜艇	科拉湾基地附近	反应堆舱发生放射性泄漏事故，大量艇员受过量辐照并得放射病住院
8	苏联	1966—1967	"列宁号"核动力破冰船	北冰洋	反应堆堆芯熔化，30人死亡，大批船员受伤
9	英国	1967	"征服者号"核潜艇	贝尔金海德造船厂	发生进水事故，潜艇沉没，打捞维修后服役
10	美国	1968	"天蝎号"核潜艇	大西洋亚速尔群岛以南	残渣抛物装置进水，潜艇沉没，艇上99人全部遇难
11	苏联	1968	核潜艇	比利夫三角湾	潜艇爆炸沉没，90人死亡
12	美国	1969	"犁头鲛号"核潜艇	玛尔岛海军造船厂	船厂人员违反安全规程，发生进水事故沉入海底，打捞维修后服役
13	苏联	1970	H级导弹核潜艇	加拿大纽芬兰东北海域	核动力装置发生严重故障，潜艇被拖走，几名艇员死亡
14	苏联	1970	N级核潜艇	西班牙西北海域	因核动力装置故障引起火灾，艇员弃艇，潜艇沉没
15	苏联	1970	N级核潜艇	费罗群岛附近	潜艇内着火，为防止堆舱着火，艇员弃艇将潜艇沉没
16	苏联	1970	A级核潜艇	巴伦支海	钠冷反应堆堆芯熔化，舱体断裂，潜艇报废，大量艇员伤亡
17	美国、苏联	1974	核潜艇	北海	美国"麦迪逊号"核潜艇与苏联核潜艇相撞，双方均有损伤
18	美国	1976	"厌战号"核潜艇	克鲁斯比港	潜艇上发生火灾，3人受伤
19	苏联	1977	核潜艇	印度洋	因反应堆发生故障引起火灾，很多艇员死亡，潜艇被拖回海参崴（俄语称其为符拉迪沃斯托克）

续表

序号	国家	时间 / 年	舰种	事故地点	基本情况
20	苏联	1977	核潜艇	大西洋	反应堆发生放射性泄漏，12 名艇员受到过量辐照
21	苏联	1978	E-Ⅱ级导弹核潜艇	苏格兰西北海域	核动力装置发生故障，被拖回基地
22	苏联	1979	N 级核潜艇	英国南部海域	潜艇沉没
23	苏联	1980	E-Ⅱ级核潜艇	日本冲绳以东海域	潜艇发生火灾，9 人丧生
24	苏联	1981	核潜艇	波罗的海	反应堆装置发生故障，潜艇失去航行能力，艇员因过量辐照死亡或受伤
25	苏联	1983	"K-429" 号核潜艇	堪察加水域	艇员违规打开竖风道，致使海水涌进第四隔舱，潜艇沉没，16 名官兵死亡
26	英国	1987	"征服者号" 核潜艇	朴次茅斯造船厂	潜艇发生火灾，用 1 个多小时才将火扑灭
27	英国	1988	"征服者号" 核潜艇	直布罗陀海峡	潜艇发生火灾
28	苏联	1989	"共青团员号" 核潜艇	挪威海	因电气线路短路引起火灾，随后高压空气设备爆炸，潜艇的Ⅵ、Ⅶ舱被烧掉，潜艇沉没，42 名艇员死亡
29	俄罗斯	2000	"库尔斯克号" 核潜艇	巴伦支海	参加军事演习时潜艇上鱼雷爆炸，引起大火，潜艇迅速沉没，潜艇上 118 名官兵全部死亡
30	俄罗斯	2003	"K-159 号" 核潜艇	巴伦支海	退役后前往造船厂销毁的途中与海底相撞沉没，9 名官兵死亡

资料来源：马栩泉：《核能开发与应用》，化学工业出版社，2005，第 328-329 页。略做调整。

（四）核燃料安全

核燃料生产存在不少安全问题（表 19-45）。

1958 年 12 月 30 日，在美国洛斯阿拉莫斯，从稀的萃余液中回收残留钚时，发生核临界事故，导致 1 人死亡，2 人受到超剂量辐照。

1999 年 9 月 30 日，日本发生首例核临界事故。位于茨城县东海村的 JCO 公司的核燃料加工设施暴露于放射线辐射下，造成 2 名员工死亡、1 名员工重伤的惨剧。事故起因于 JCO 公司违反高速浓缩反应堆 "常阳号" 铀燃料加工的工序要求，而进行手工作业。事后，该事故设施单位包括所长在内的 6 名员工于 2003 年受到缓刑的有罪判决，JCO 公司被判罚金 100 万日元，被注销加工事业许可，铀再生业务也因此被废止。因 JCO 公司对暴露于放射性物质之下的健康受害予以否定，在附近经营工厂的夫妇以该事故造成所患皮肤炎发生恶化，并导致 PTSD（创伤后压力心理障碍症）发生为由，又对 JCO 公司和住友金属矿山公司提起请求赔偿健康受害的诉讼。[1]

---

[1] 日本律师协会主编《日本环境诉讼典型案例与评析》，王灿发监修，皇甫景山译，中国政法大学出版社，2010，第 222-223 页。

表 19-45　世界核燃料工厂核临界事故

序号	时间/年	事故	材料	几何状况	事故原因	事故持续时间	总裂变次数/次	第一个脉冲裂变次数/次	后果
1	1958	美国橡树岭Y-12厂从废碎屑中回收高浓缩铀	2.5 kg, ^{235}U, 硝酸盐	55加仑桶	^{235}U溶液中加入了冲洗水	约28 min	1.3×10^{18}	约1.3×10^{16}	8人受超剂量照射
2	1958	美国洛斯阿拉莫斯从稀的萃余液中回收残留钚和微量镅	3.27 kg, Pu, 两相系统	250加仑圆柱槽	搅拌改变了槽内溶液中Pu的几何分布	单脉冲	1.5×10^{17}	1.5×10^{17}	1人死亡,2人受超剂量照射
3	1959	美国爱达荷州ICPP,高浓缩铀溶液输送	34.5 kg, ^{235}U, 约800 L水	5 000加仑圆柱槽	无意地虹吸到水槽中	约20 min	4×10^{19}	约1.3×10^{17}	19人受照射,其中2人受超剂量照射
4	1961	美国爱达荷州ICPP,高浓缩铀溶液蒸发器	8 kg, ^{235}U, 40 L水	圆柱形分离头	溶液转移到非几何安全容器	单脉冲	6×10^{17}	约6×10^{17}	无人受异常照射
5	1962	美国汉福特瑞克喀普勒克斯厂,用溶剂萃取法回收钚	1.55 kg, Pu	圆柱	真空输送到大槽	约37 h	8.2×10^{17}	约1×10^{16}	3人受超剂量照射
6	1964	美国罗得岛伍德河枢纽厂,从燃料制造过程产生的固体碎屑和溶液中回收浓缩铀	2.64 kg, ^{235}U	圆柱	溶液倒入非几何安全槽中	约2 h后因应急处理不当发生第二次闪爆	1.3×10^{17}	约1×10^{17}	1人死亡,2人受超剂量照射
7	1970	英国温斯凯尔厂,用溶剂萃取法回收钚的流程首端	2.15 kg, Pu	圆柱	来历不明的溶剂从流过水相中萃取Pu	小于10 s	约10^{15}		2人受照射
8	1978	美国爱达荷州ICPP,乏燃料第一萃取循环	8.49～10.55 kg, U(89)[1]; 7.61～9.31 kg, ^{235}U	圆柱形洗涤柱	洗涤剂浓度违反技术规定,变成反萃剂,反萃^{235}U	约0.5 h	3×10^{18}		无人受大剂量照射

续表

序号	时间/年	事故	材料	几何状况	事故原因	事故持续时间	总裂变次数/次	第一个脉冲裂变次数/次	后果
9	1953	苏联乌拉尔马雅克企业，钚产品接收罐屏蔽设备室	650 gPu，31 L	40 L罐	溶液转送到非几何安全的罐中	单脉冲	$2.5×10^{17}$	$2.5×10^{17}$	估计1人死亡，1人受超剂量照射
10	1957	苏联乌拉尔马雅克企业，铀溶液净化屏蔽设备室	3.4 kg草酸铀酰	直径500mm圆柱形罐	沉淀物积累	不明	$2×10^{17}$	不明	1人死亡；5人患放射病
11	1958	苏联乌拉尔马雅克企业，高浓缩铀临界参数实验设施	溶液Pu	试验槽	徒手倾斜试验槽，人体反射	单脉冲	$2.3×10^{17}$	$2.3×10^{17}$	3人死亡；1人患放射病，失明
12	1960	苏联乌拉尔马雅克企业，钚溶液净化屏蔽设备室	830 gPu溶液和170 gPu沉淀	体积40 L	Pu质量分析错误	不明	$1×10^{17}$	不明	几人受到5 rad的照射
13	1961	苏联西伯利亚化学联合体，凝结和蒸发六氟化铀设施	400 g/L U（22.6）	60 L圆柱形储油箱	人为错误导致U沉积	3 h后重新生产引发第二个脉冲	$1×10^{16}$	不明	1人受到了200 rad的照射
14	1962	苏联乌拉尔马雅克企业，钚废料回收设施	1.32 kg Pu溶液和未知量的Pu废渣	体积100 L溶解槽	Pu废渣重量和Pu含量假设不保守	40～50 min发生两个脉冲	$2×10^{17}$	不明	无人受到异常照射
15	1963	苏联西伯利亚化学联合体，高浓缩铀废料回收设施	41 L，71 g/L，U溶液	直径342mm圆柱形槽	人为错误认定U浓度	约10 h	$7.9×10^{17}$	不明	4人受到6～17 rad的照射
16	1963	苏联西伯利亚化学联合体，高浓缩铀萃取设施	100 L，33 g/L，U溶液	直径0.5 m、体积100 L的垂直圆柱体真空阱	由于设备的构形，U溶液在真空阱中积累	2次，共约18 h	$2×10^{16}$	$1×10^{15}$	无人受到异常照射
17	1965	苏联依列克特罗斯托勒燃料制造厂，六氟化铀转化设施	157 kgU（6.5）淤浆，51 kgU	圆柱形水箱	过滤器穿透，U粉末在真空泵水箱中累积	单脉冲	$1×10^{15}$	$1×10^{15}$	1人受到3.5 rad的照射

续表

序号	时间/年	事故	材料	几何状况	事故原因	事故持续时间	总裂变次数/次	第一个脉冲裂变次数/次	后果
18	1965	苏联乌拉尔马雅克企业，高浓缩铀废料回收设施	2.2 kgU，溶液	直径450 mm圆柱形溶解槽	缺乏数据记录，加入过量U，且加热搅拌时间不足	7 h，11个尖峰	7×10^{17}	不明	不明数量人员受到小剂量照射
19	1968	苏联乌拉尔马雅克企业，钚萃取设施	0.5 g/L，40 L，Pu溶液	60 L	错误倒入非几何安全容器	倾斜容器引发第二次脉冲	1.5×10^{16}	1.0×10^{16}	1人死亡，1人患放射病
20	1978	苏联西伯利亚化学联合体，金属钚锭临时储存箱	4块金属Pu锭	允许装1块Pu锭的储存箱	管理混乱，只允许装1块Pu锭的储存箱装了4块	单脉冲	3×10^{15}	3×10^{15}	1人患放射病，7人受到5~60 rad的照射
21	1997	俄罗斯诺沃新宾尔斯克燃料芯块制造厂，储存铀废料溶液的平板槽	155 kg沉淀物，含富集度79%的高浓铀	2个平板槽	违反富集度控制，平板槽几何变形，沉积积累	在约26 h内发生6个脉冲	1.0×10^{15}	不明	无人受到异常照射
22	1999	日本东海村JCO公司燃料加工厂，铀转化设施	16.6 kgU（18.8），370 g/L	体积100 L	倒入过量的铀溶液	19 h 40 min	2.5×10^{18}	25 min脉冲区的裂变数占总裂变数的11%	3人受高剂量照射（其中2人死亡，1人重伤），147人受到异常剂量照射

资料来源：马栩泉：《核能开发与应用》，化学工业出版社，2005，第330-332页。略做调整。

注：[1] 括号中的数字表示U的富集度。

（五）核辐射

在核能开发利用过程中，存在核辐射风险。据有关统计，自1945年起到1999年，世界各地发生的主要核辐射事件有136起，导致670多人受到过量照射、107人死亡（表19-46）。其中，1986年苏联切尔诺贝利核电站事故导致134人受到过量照射、28人死亡；1990年发生在西班牙的加速器放疗中，有27人受到过量照射、11人死亡；1996年哥斯达黎加在^{60}Co放射治疗中导致115人受到过量照射、13人死亡。1960年，苏联有1人利用核（^{137}Cs）照射进行自杀，最终致死。

表 19-46　1945—1999 年世界主要核辐射事故

序号	时间/年	地点	源项	剂量或摄入量	受过量照射人数/人	死亡人数/人
1	1945/1946	美国	超临界	高达 13 Gy，混合照射	10	2
2	1952	美国	超临界	0.1 ～ 1.6 Gy，混合照射	3	0
3	1953	苏联	实验堆	3.0 ～ 4.5 Gy，混合照射	2	0
4	1953	澳大利亚	^{60}Co	不明	1	0
5	1955	美国	^{239}Pu	不明	1	0
6	1958	美国	临界装置	0.7 ～ 3.7 Gy，混合照射	7	0
7	1958	南斯拉夫	实验堆	2.1 ～ 4.4 Gy，混合照射	8	0
8	1958	美国	临界装置	0.35 ～ 45 Gy，混合照射	3	0
9	1959	南非	^{60}Co	不明	1	0
10	1960	美国	电子束	7.5 Gy（局部）	1	0
11	1960	美国	^{60}Co	2.5 ～ 3.0 Gy	1	0
12	1960	美国	X 射线	高达 12 Gy，非均匀	6	0
13	1960	苏联	^{137}Cs，自杀	? ～ 15 Gy	1	1
14	1960	苏联	溴化镭，摄入	74 MBq	1	1
15	1961	苏联	核潜艇事故	1.5 ～ 50 Gy	> 30	8
16	1961	美国	^{238}Pu	不明	2	0
17	1961	美国	^{210}Po	不明	4	0
18	1961	瑞士	^{3}H	3 Gy	3	3
19	1961	美国	反应堆内爆炸	高达 3.5 Gy	7	3
20	1961	英国	X 射线	不明，局部	11	0
21	1961	法国	^{239}Pu	不明	1	0
22	1962	美国	临界装置	不明	2	0
23	1962	美国	临界装置	0.2 ～ 1.1 Gy，混合照射	3	0
24	1962	墨西哥	^{60}Co 辐射装置	9.9 ～ 52 Sv	5	4
25	1962	苏联	^{60}Co	3.8 Gy，非均匀	1	0
26	1963	中国	^{60}Co	0.2 ～ 80 Gy	6	2
27	1963	法国	电子束	不明，局部	2	0
28	1964	联邦德国	^{3}H	10 Gy	4	1
29	1964	美国	临界装置	0.3 ～ 46 Gy，混合照射	4	1
30	1964	美国	^{241}Am	不明	2	0
31	1965	美国	加速器	> 3 Gy	1	0
32	1965	美国	衍射仪	不明，局部	1	0
33	1965	美国	谱仪	不明，局部	1	0
34	1965	比利时	实验堆	5 Gy（全身）	1	0
35	1966	美国	^{32}P	不明	4	0
36	1966	美国	^{235}Pu	不明	1	0

续表

序号	时间/年	地点	源项	剂量或摄入量	受过量照射人数/人	死亡人数/人
37	1966	美国	^{198}Au	不明	1	1
38	1966	中国	"污染区"	2～3 Gy	2	0
39	1966	苏联	实验堆	3～7 Gy（全身）	5	0
40	1967	美国	^{192}Ir	0.2 Gy，50 Gy（局部）	1	0
41	1967	美国	^{241}Am	不明	1	0
42	1967	美国	加速器	1～6 Gy	3	0
43	1967	印度	^{60}Co	80 Gy（局部）	1	0
44	1967	苏联	X射线设备	50 Gy（头，局部）	1	1
45	1968	美国	^{239}Pu	不明	2	0
46	1968	美国	^{198}Au	不明	1	1
47	1968	联邦德国	^{192}Ir	1 Gy	1	0
48	1968	阿根廷	^{137}Cs	0.5 Gy（全身）+局部	1	0
49	1968	美国	^{198}Au	4～5 Gy（脊髓）	1	1
50	1968	印度	^{192}Ir	130 Gy（局部）	1	0
51	1968	苏联	实验堆	1～1.5 Gy	4	0
52	1968	苏联	^{60}Co辐射装置	1.5 Gy（局部，头）	1	0
53	1969	美国	^{85}Sr	不明	1	0
54	1969	苏联	实验堆	5.0 Sv（全身），非均匀	1	0
55	1969	英国	^{192}Ir	0.6 Gy	1	0
56	1970	澳大利亚	X射线	4～45 Gy（局部）	2	0
57	1970	美国	^{32}P	不明	1	0
58	1970	美国	谱仪	不明，局部	1	0
59	1970	美国	^{235}U	不明	1	0
60	1971	美国	^{60}Co	30 Gy（局部）	1	0
61	1971	英国	^{192}Ir	30 Gy（局部）	1	0
62	1971	日本	^{192}Ir	0.2～1.5 Gy	4	0
63	1971	美国	^{60}Co	1.3 Gy	1	0
64	1971	苏联	实验堆	7.8 Sv；8.1 Sv	2	0
65	1971	苏联	实验堆	3.0 Sv（全身）	3	0
66	1972	美国	^{192}Ir	100 Gy（局部）	1	0
67	1972	美国	^{192}Ir	300 Gy（局部）	1	0
68	1972	联邦德国	^{192}Ir	0.3 Gy	1	0
69	1972	中国	^{60}Co	0.4～5 Gy	20	0
70	1972	保加利亚	^{137}Cs装置，自杀	＞200 Gy（局部，胸）	1	0
71	1973	美国	^{192}Ir	0.3 Gy	1	0
72	1973	英国	^{106}Ru	不明	1	0

续表

序号	时间 / 年	地点	源项	剂量或摄入量	受过量照射人数 / 人	死亡人数 / 人
73	1973	捷克斯洛伐克	^{60}Co	1.6 Gy	1	0
74	1974	美国	谱仪	2.4 ～ 48 Gy（局部）	3	0
75	1974	美国	^{60}Co	1.7 ～ 4 Gy	1	0
76	1974	中东	^{192}Ir	0.3 Gy	1	0
77	1975	意大利	^{60}Co	10 Gy	1	0
78	1975	美国	^{192}Ir	10 Gy（局部）	1	0
79	1975	美国	^{60}Co	11 ～ 14 Gy（局部）	6	0
80	1975	伊拉克	^{192}Ir	0.3 Gy	1	0
81	1975	苏联	^{137}Cs 辐射装置	3 ～ 5 Gy（全身）+ > 30 Gy（手）	1	0
82	1975	民主德国	研究堆	20 ～ 30 Gy（局部）	1	0
83	1975	联邦德国	X 射线	30 Gy（手）	1	0
84	1975	联邦德国	X 射线	1 Gy（全身）	1	0
85	1976	美国	^{241}Am	> 37 MBq	1	0
86	1976	美国	^{192}Ir	37.2 Gy（局部）	1	0
87	1976	美国	^{60}Co	15 Gy（局部）	1	0
88	1977	美国	^{60}Co	2 Gy	1	0
89	1977	南非	^{192}Ir	1.2 Gy	1	0
90	1977	美国	^{32}P	不明	1	0
91	1977	苏联	^{60}Co 辐射装置	4 Gy（全身）	1	0
92	1977	苏联	质子加速器	10 ～ 30 Gy（手）	1	0
93	1977	英国	^{192}Ir	0.1 Gy+ 局部	1	0
94	1977	秘鲁	^{192}Ir	0.9 ～ 2 Gy（全身）+160 Gy（手）	3	0
95	1978	阿根廷	^{192}Ir	12 ～ 16 Gy（局部）	1	0
96	1978	阿尔及利亚	^{192}Ir	13 Gy（最高值）	7	0
97	1978	英国	—	—	1	0
98	1978	苏联	电子加速器	20 Gy（局部）	1	0
99	1979	美国	^{192}Ir	1 Gy	5	0
100	1980	苏联	^{60}Co 辐射装置	50 Gy（局部，腿）	1	0
101	1980	民主德国	X 射线	15 ～ 30 Gy（手）	1	0
102	1980	联邦德国	射线照相装置	23 Gy（手）	1	0
103	1980	中国	^{60}Co	5 Gy（手）	1	0
104	1981	法国	^{60}Co 医疗设施	> 25 Gy	3	0
105	1981	美国	^{192}Ir	不明	1	0
106	1982	挪威	^{60}Co	22 Gy	1	1

续表

序号	时间／年	地点	源项	剂量或摄入量	受过量照射人数／人	死亡人数／人
107	1982	印度	^{192}Ir	35 Gy（局部）	1	0
108	1983	阿根廷	临界装置	43 Gy，混合照射	1	1
109	1983	墨西哥	^{60}Co	0.25～5 Gy，迁延照射	10	0
110	1983	伊朗	^{192}Ir	20 Gy（手）	1	0
111	1984	摩洛哥	^{192}Ir	不明	11	8
112	1984	秘鲁	X 射线	5～40 Gy（局部）	6	0
113	1985	中国	电子加速器	不明，局部	2	0
114	1985	中国	^{198}Au，治疗错误	不明	2	1
115	1985	中国	^{137}Cs	8～10 Sv（亚急性）	3	0
116	1985	巴西	射线照相源	410 Sv（局部）	1	0
117	1985	巴西	射线照相源	160 Sv（局部）	2	0
118	1985/1986	美国	加速器	不明	3	2
119	1986	中国	^{60}Co	2～3 Gy	2	0
120	1986	苏联	核电站	1～16 Gy，混合照射	134	28
121	1987	巴西	^{137}Cs	高达 7 Gy，混合照射	50	4
122	1987	中国	^{60}Co	1 Gy	1	0
123	1989	萨尔瓦多	^{60}Co 辐射装置	3～8 Gy	3	1
124	1990	以色列	^{60}Co 辐射装置	>12 Gy	1	1
125	1990	西班牙	加速器，放疗	不明	27	11
126	1991	白俄罗斯	^{60}Co 辐射装置	10 Gy	1	1
127	1991	美国	加速器	>30 Gy（手和腿）	1	0
128	1992	越南	加速器	20～50 Gy（手）	1	0
129	1992	中国	^{60}Co	>0.25～10 Gy（局部）	8	3
130	1992	美国	^{192}Ir，近距离放疗	>1 000 Gy	1	1
131	1994	爱沙尼亚	^{137}Cs，废物库	4 Gy（全身）+1 830 Gy（腿）	3	1
132	1996	哥斯达黎加	^{60}Co，放射治疗	60% 过量	115	13
133	1996	伊朗	^{192}Ir，射线照相	2～3 Gy？（全身）+100 Gy？（胸）	1	0
134	1997	俄罗斯	临界实验装置	5～10 Gy（全身）+200～250 Gy（手）	1	0
135	1998	土耳其	^{60}Co	3 Gy（全身，最高值）	10	0
136	1999	秘鲁	^{192}Ir，射线照相	100 Gy（局部，腿）	1	0
合计			136 起	—	675	107

资料来源：苏旭主编《核和辐射突发事件处置》，人民卫生出版社，2013，第 211-215 页。

（六）核污染

核污染对人类的影响是很大的，历史上曾多次发生人为的核污染事故。

1945 年，在第二次世界大战将要结束时，美国向日本广岛、长崎投放了 2 枚原子弹。在这次事件中，被炸死炸伤的当地民众有数十万人之多，幸存下来的人也无不饱受核污染所导致的癌症、白血病等的折磨。

1986 年 4 月，苏联切尔诺贝利核电站第 4 号反应堆发生化学爆炸，堆芯核辐射大量泄漏，造成大范围的土地和水受到污染，直接经济损失 298 亿美元。据有关资料，"在这次事故中喷出了近 190 吨放射性物质和 8 吨放射性燃料。大火持续了差不多两昼夜……近 700 万人受到辐射，数千人遭受过量辐射，被污染的乌克兰、白俄罗斯和俄罗斯的土地达 1 亿公顷……参加救援的 8.45 万人，在 21 世纪初有一半多的人死亡或残废"。[①]"据国家农工委员会 1986 年 5 月 8 日的资料，放射性污染扩散到 1 090 万亩农业用地，其中包括 750 万亩牧场。苏联整个西部地区的污染程度普遍增高（是环境指数的 10～50 倍）。在过去一昼夜内，又有 2 703 人住院……有 10 198 人住院观察和治疗，其中 345 人有受辐射伤害症状，他们中包括 35 名儿童。自事故发生起，有 2 人牺牲，6 人死亡，35 人病情严重。"[②]切尔诺贝利是以为基辅供水的工人水库——基辅海的水作为冷却水的，核事故发生后，这些带有放射性尘埃的水从核电站又返回基辅海，最后流入河流湖泊中。对此，苏联水利部门和军队在 1 500 平方千米的范围内修筑了 130 多条大大小小的堤坝。为防止反应堆再泄漏，同年 7 月在短时间内修建了一座由 40 万立方米水泥和 7 000 吨钢筋建造的庞大建筑物，把受损的反应堆罩起来。仅在事故的最初阶段就花掉了 140 亿卢布。[③]

1991 年，美国在对伊拉克的海湾战争中首次试验性使用放射性武器。[④]在海湾战争中，科威特人民和联军不仅暴露于油井大火和烟尘中，而且还受到柴油、农药以及可能来自用铀浓缩的尾矿或废物制作的贫铀弹药的尘埃的威胁。战争期间，美国派出超过 70 万的兵力。当他们返回美国时，数万人声称因战争患病，出现包括疲劳、关节痛、头痛、纤维肌痛、记忆力损失、抑郁症、慢性腹泻、慢性疲劳综合征以及多种化学物质敏感等症状。在海湾战争中服役的英国士兵也患有类似的症状。1998 年美国国会授权成立有关海湾战争退伍军人疾病的研究咨询委员会，于 2008 年 11 月发表报告书，得出结论：海湾战争疾病是一种严重的医疗状况，参加战争的军人有 25% 受到影响。该委员会还发现了一些有力的证据，证明这种疾病与使用溴吡斯的明或 PB（一种给部队以防神经毒剂的药）有联系，并与接触在战争中使用的农药有关。[⑤]

时隔几年，以美国为首的北约部队在 1999 年轰炸南斯拉夫联盟共和国时又使用了含有放射性成分的炸弹、导弹，给整个欧洲带来了无可挽回的生态破坏。北约所使用的放射性武器中含有核舰艇和核电站的核废料，它们爆炸后释放出来的放射性物质飘入空中、落到地面、进入河流，会散播到很远的

[①] 左凤荣：《苏联史·第 9 卷》，人民出版社，2013，第 138 页。

[②] 同上书，第 139 页。

[③] 同上书，第 138 页。

[④] 黄宇、王元媛：《能源和能源问题》，化学工业出版社，2014，第 52 页。

[⑤] 罗伯特·埃米特·荷南：《借来的地球》，晨咏译，机械工业出版社，2011，第 140-141 页。

地方，这对人口稠密的欧洲，包括参加轰炸的北约成员国，都产生生态威胁。[1]

在核污染问题上，人类还面临一个非常突出、影响重大的问题，那就是如何处理日益增多、数量庞大的核废料。作为核能大国，美国的高能核废料（包括核废燃料）问题是严重的。[2] 截至 1998 年，美国的 135 972 支核废燃料棍集合高能核废料 38 413 吨，分别储放在 100 余座核电站的冷却水池里，因为大部分核废料已经储存数十年，所以大多数核电站的冷却水池储存能力已经接近饱和。在全球，至少有 26 个国家和地区的 420 座核电站在运行，每年置换出数以万吨计的高能核废燃料，这些核电站或早或晚也要面对类似问题。[3]

苏联在 1957 年就发生了一起核废料罐爆炸的重大事件。1957 年 9 月 29 日，在苏联的大型核工业聚集区乌拉尔地区，克什特姆与车里雅宾斯克两城之间的一个地下核废料存储罐突然发生爆炸。它如同火山爆发一般把放射性尘埃和物质喷到天空，其威力相当于 1945 年美国投放在广岛的原子弹的 100 倍，一片直径为 10 千米的带有放射性元素的烟云腾空而上，1 万多居民当即撤离污染区。当时天气恶劣，狂风把放射性烟云刮到数百千米之外，造成南乌拉尔地区 3 000 平方千米受到核污染，成千上万人患上放射病。事故发生后，通往该地区的所有公路、铁路被封闭长达一年之久。一年后，在该区外 50 千米处设立检查站，所有进入该区的机动车辆都必须接受检查，关闭所有车窗，以最高车速通过，不得停车逗留，不得拍照。1958—1968 年，该区居民被强制不得生育。直到 1978 年，污染区仍有 20% 的地方未能恢复生产活动。32 年后，即 1989 年 2 月，苏联政府才将该事件的技术报告提供给国际原子能机构，将其公之于众。[4]

（七）核恐怖

美国 "9·11" 事件发生后，人们开始了对核恐怖活动的担心与防范。核恐怖活动可能表现为以下四种形式：一是用常规恐怖手段袭击民用核设施，从而形成大规模核环境污染；二是用各种类型的涉核武器袭击民用目标，从而造成大规模伤害；三是非法买卖核材料、核技术、核设备和核设施等，试图对社会和环境造成潜在威胁；四是用非法获得的核武器实行核讹诈以达到某种政治或经济目的。[5]

面对核恐怖严重的后果，各国普遍加强了对核材料、核设施、核技术、核武器等的保护与管理。

六、能源环境与生态安全

无论是煤炭、石油、天然气还是电力，其开发利用都会产生二氧化碳、二氧化硫等污染物和其他环境问题，都会对环境产生污染与影响（表 19-47）。随着能源开发利用的不断发展，人类面临的环境压力越来越大。

---

[1] 黄宇、王元媛：《能源和能源问题》，化学工业出版社，2014，第 52 页。

[2] 阎政：《美国核法律与国家能源政策》，北京大学出版社，2006，第 515 页。

[3] 同上。

[4] 韦元波、吕熹元：《核患无穷：核泄漏危机的应对之策》，金城出版社，2011 年，第 46-47 页。

[5] 阎政：《美国核法律与国家能源政策》，北京大学出版社，2006，第 110 页。

表 19-47　化石燃料的排放水平

单位：磅 /10 亿 Btu 能量输入

污染物	煤	石油	天然气
二氧化碳	208 000	164 000	117 000
一氧化碳	208	33	40
氮氧化物	457	448	92
二氧化硫	2 591	1 122	1
颗粒	2 744	84	7
汞	0.016	0.007	0

资料来源：张永胜：《世界能源形势分析》，经济科学出版社，2010，第 84 页。

（一）煤炭污染

煤炭开采利用会产生大量的二氧化碳、烟尘、有毒元素，污染水源，形成酸雨，对气候产生严重影响。

早在 17 世纪中叶，随着伦敦居民燃煤量的增长及城市的扩大，煤炭的污染问题已经暴露出来。当时，伦敦的空气质量越来越糟糕。于是，英国官员兼作家伊夫林在 1661 年写了一本名叫《防烟》的书。他看到煤烟到处喷薄而出，发现伦敦的空气质量比欧洲其他任何城市都差。他在书中写道：煤烟已经使蜜蜂和花趋于灭亡，许多品种的花都从伦敦绝迹了；至于果树，生长在伦敦的"那些倒霉的水果"，有一种"苦涩的、令人不愉快的"味道，而且都不能完全成熟。对此，他发出哀叹："伦敦这座城市号称理性动物的聚居地、至高无上的君主宝座，其实更像埃特纳火山、火神的庭院、斯特龙博利火山岛，或者地狱的边缘。"[1]伊夫林指出，煤炭的污染正在危害着伦敦居民的健康：伦敦人的痰变得越来越黑，他们还不停地咳嗽、流鼻涕；他音乐界的朋友从乡下来到伦敦之后，纷纷抱怨他们的音域不再那么宽广了。伊夫林把这一切都归罪于煤。伊夫林还描述了游客们来到伦敦后，通常会出现种种身体不适的症状，而当他们一离开伦敦，这些症状就马上消失了。总之，他认为，"伦敦是世界上咳嗽、肺结核和其他肺病最猖獗的地方"，"在欧洲，伦敦拥有最糟糕的空气和最高的死亡率"。[2]他写完这本书仅仅 4 年，伦敦再次遭到黑死病的荼毒。

1700 年，作家蒂莫西·诺斯发表了一篇研究伦敦空气的论文，也表达了同样的观点。他指出，虽然伦敦魅力惑人、荣誉重重，但其空气中所充斥的浓郁的煤烟却意味着，"也许在欧洲所有的城市中，再也没有比伦敦更肮脏、更令人不快的地方了"。[3]

进入现代，在石油替代煤炭之前，煤炭的应用非常广泛，在经济生活中的地位也很突出。虽然人类的文明随着时代的发展不断进步，但是，煤炭的污染问题却没有得到相应的根治，反而更加突出。因此，伦敦也成为一个世界闻名的"烟雾之都"。据统计，伦敦的"雾日"每年可高达七八十天，平均5 天之中就有一个"雾日"。每当大雾降临，弥漫的大雾不仅影响交通，酿成事故，还直接危害人们的

---

[1] 巴巴拉·弗里兹：《煤的历史》，时娜译，中信出版社，2005，第 32-34 页。

[2] 同上书，第 34-35 页。

[3] 同上书，第 32 页。

健康，甚至生命。

1952 年 12 月 4 日，伦敦开始出现烟雾，并由此导致了世界上最为严重的"烟雾"事件。当时，伦敦处于"死风"状态，工厂、住户排出的烟尘和气体在低空中大量聚积，整个城市被浓雾所笼罩，大量的煤烟、灰尘从空中纷纷飘落，伦敦市中心空气中的烟雾量几乎比平时增加了 10 倍。烟雾使数千人患上支气管炎、气喘和其他影响肺部的疾病，导致到 12 月 10 日烟雾散去时估计有 4 000 人因病死去，其中多数是年长者。之后，受其影响，又有 8 000 多人死于非命。[①]

无独有偶。没过几年，美国洛杉矶也发生了因燃烧煤和石油而导致的"光化学烟雾事件"。1955 年，美国洛杉矶有 400 多位老人因呼吸衰竭而死亡，1970 年有 75% 的市民患上红眼病。此事件的元凶是工业和汽车排放的废气。当时的洛杉矶约有 250 万辆汽车，每日消耗大量汽油，燃烧后排出数量巨大的碳氢化合物、二氧化碳、一氧化碳。当大气湿度较低、气温在 24 ~ 32 ℃时，在强太阳光紫外线的照射下，排放物就会通过光化学合成臭氧、醛、酮、醇、酸等许多危害人体的污染物，从而使当地居民患上各种疾病，如头痛头昏、咽喉疼痛、红眼病等。[②]

中国既是煤炭资源大国，又是煤炭生产大国和煤炭利用大国，因燃烧煤炭所导致的问题曾经也十分突出。在 21 世纪初，中国的二氧化硫和二氧化碳排放量均居世界首位，主要原因是中国的能源结构以煤炭为主体，2009 年中国一次能源消费中原煤所占比例高达 70%，燃煤对大气污染的比例也高达 70% 以上。中国烟尘和二氧化碳排放量的 70%、二氧化硫的 90%、氮氧化物的 67% 均来自燃煤。[③]突出的煤炭问题曾导致严重的环境问题。20 世纪 90 年代中期，中国酸雨区面积比 20 世纪 80 年代扩大 100 多万平方千米，年均降水 pH 低于 5.6 的区域面积占全国面积的 30% 左右。2006 年公布的《中国绿色国民经济核算研究报告 2004》显示：2004 年中国大气污染造成的环境损失为 2 198.0 亿元，占当年地方合计 GDP 的 1.31%，其中大气污染造成的城市居民健康损失达 1 527.4 亿元、农业减产损失 537.8 亿元、材料损失 132.8 亿元。[④]

针对突出的煤炭污染问题，中国积极推进清洁煤生产，大力治理环境污染。例如，中国从 20 世纪 90 年代开始，通过国际合作方式，组织实施燃煤电厂烟气脱硫试验项目和示范项目。1994 年黄岛电厂建成相当于 70 兆瓦机组容量的旋转喷雾干燥法烟气脱硫装置。1999 年深圳西部电厂建成 300 兆瓦海水脱硫工程。2003 年 12 月 29 日，中国 300 兆瓦级大型燃煤发电机组烟气脱硫国产化示范项目——黄台 8 号机组烟气脱硫工程正式投产，标志着中国火电脱硫国产化工作达到了一个新的水平。[⑤]如今，中国秉持"绿水青山就是金山银山"的理念大力推进美丽中国建设。

当今，一些经济发达国家正在积极发展环境友好型能源系统。比如，美国能源部提出"Vision 21"计划。"Vision 21"的基本思路是以煤气化为龙头，利用所得的合成气制氢，作为高温固体氧化物燃料电池和燃气轮机组联合循环的燃料，然后转换成电能，其能源利用效率可达 60% 以上。对于合成气制

[①] 江华：《危及人类的 100 场大灾难》，武汉出版社，2011，第 104–105 页。

[②] 翁史烈主编《话说风能》，广西教育出版社，2013，第 38–39 页。

[③] 崔民选主编《中国能源发展报告（2009）》，社会科学文献出版社，2009，第 447 页。

[④] 同上书，第 446–447 页。

[⑤] 越毅、王卓昆等：《电力环境保护技术》，中国电力出版社，2007，第 25 页。

氢过程中分离出来的二氧化碳，可通过各种途径将之埋藏起来。[1]这样，就形成了接近零排放的高效能源系统（图 19-2）。

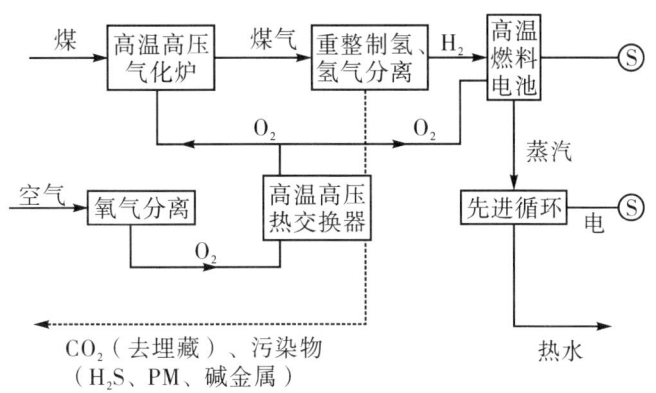

图 19-2　"Vision 21"能源系统

资料来源：王灵梅：《煤炭能源工业生态学》，化学工业出版社，2006，第 135 页。

（二）石油、天然气污染

石油、天然气对环境的影响主要是在开采过程、运输过程、炼制过程和消费过程中发生的。20 世纪 50 年代以来，世界石油、天然气生态安全与防治发生了一系列重大事件（表 19-48）。

表 19-48　20 世纪 50 年代以来世界石油、天然气生态安全与防治事件

时间 / 年	事件
1954	在伦敦举行关于防止海洋石油污染的第一次国际会议，通过第一个防止船舶油污染的国际条约——《国际防止海上油污公约》。它也是第一个海洋环境保护国际公约
1967	挂利比亚国旗的"Torry Canyon 号"油轮在英国锡利群岛公海触礁搁浅，泄出原油 13.6 万立方米，法国和英国 80 千米海岸被污染
1969	签订《国际干预公海油污事故公约》，1975 年生效
1969	美国加利福尼亚州外海 Unocal 的钻井平台渗漏石油 77 000 桶，污染了圣巴巴拉海滩
1972	《增长的极限》一书指出，如果听任污染、能源过度消费、资源（包括油气）枯竭等几种基本趋势继续发展，当代工业文明将难以为继
1978	在伦敦成立国际石油污染补偿基金组织，成员为 28 个国家或地区的政府
1978	国际油船安全和防污染会议对油轮管理提出严格要求
1982	美国职业安全和健康署颁布《钻井和修井作业安全标准草案》
1988	在联邦德国的汉堡举行液化气船安全保护国际会议
1989	美国石油工程师学会成立环境与安全问题委员会和环境与安全问题理事会
1990	美国通过《清洁空气法修正案》，对炼油厂的石油产品所含硫、苯、烯烃等有害物质含量做出严格规定
1990	美国国会通过《石油污染法案》，规定海上运输公司必须具备对海上溢油做出快速反应的能力

[1] 王灵梅：《煤炭能源工业生态学》，化学工业出版社，2006，第 135 页。

续表

时间 / 年	事件
1990	美国总统布什决定，把加利福尼亚州近海和佛罗里达州沿海的环境敏感区的钻井活动推迟到 2000 年以后
1991	委内瑞拉通过《环境法》，列举了违反环保的侵权行为和相应的处罚
1995	厄瓜多尔颁布适用于油气勘探开发活动的环境保护条例
1998	美国开始逐步减少以至禁止使用汽油中的甲基叔丁基醚（MTBE），用燃料乙醇替代
1998	国际癌症研究机构（IARC）得出结论，将 MTBE 归入人类致癌物是没有根据的（2000 年欧盟也认定，MTBE 不属于致癌物、诱变剂或有生殖危险性物质）
2004	美国联邦一位法官命令埃克森美孚公司支付 45 亿美元罚金和 22.5 万美元利息，发放给 1989 年因"瓦尔迪兹号"油轮泄漏 1 100 万加仑石油而受影响的受害者
2004	尼日利亚参议院向壳牌石油公司索赔 15 亿美元。尼日利亚一部族称，他们遭到壳牌石油公司对环境和人权的双重侵害
2004	美国蒙大拿州第八司法辖区的陪审团做出判决，对雪佛龙德士古公司一条建于 1955 年的汽油管道对环境的破坏罚以 1 530 万美元伤害赔偿和 2 500 万美元惩罚赔偿
2005	美国众议院通过一项法案，允许在阿拉斯加北极野生动物保护区开采石油
2005	美国能源部资助的韦伯恩二氧化碳存储监测项目第一期完成，成功地把 500 万吨二氧化碳注入韦伯恩油田，使该油田日产量增加 10 万桶。同时，把 3 000 万吨二氧化碳注入地下，不再排入大气
2006	印度尼西亚东爪哇省钻井发生天然气井喷，每天喷出 5 000 立方米高压泥浆，致使 200 多人患病
2010	在墨西哥湾，英国石油公司"深水地平线"钻井平台发生爆炸，导致美国历史上最严重的油污大灾难

资料来源：作者整理。主要参考王才良、周珊：《世界石油大事记》，石油工业出版社，2008。

石油的开采会对当地的植被、土壤等产生影响。2010 年 4 月 20 日夜间，位于墨西哥湾的英国石油公司"深水地平线"钻井平台发生爆炸，引发大火，约 36 小时后沉入大海，11 名工作人员死亡。因无法补救，沉没的钻井平台每天漏油达 5 000 桶。到 5 月 27 日，海底底部油井漏油量从每天 5 000 桶上升到每天 2.5 万～ 3 万桶，成为美国历史上最严重的油污大灾难，原油漂浮带长达 200 千米，宽 100 千米，并进一步扩散。将近 3 个月后，新的控油装置才成功罩住水下漏油点，堵住原油流入墨西哥湾。[①] 这次墨西哥湾漏油事件造成了史无前例的生态灾难，让人触目惊心：密西西比州海滩上一具具浣熊尸体、海龟尸体，被冲上沙滩死去的鲨鱼，在黄褐色油污中奋力求生的小海龟，停在海滩满是油污的塘鹅，等等。漏油事件所造成的环境影响可能会影响一代人甚至更加长远，所造成的经济损失高达数百亿美元。

石油开采出来后，大量石油通过油轮运输，会对海洋环境造成严重威胁。1989 年 3 月 24 日，埃克森公司的"瓦尔迪兹号"油轮在美国阿拉斯加州威廉王子湾触礁，油轮装载超过 5 300 万加仑原油，漏出原油 1 100 万加仑，约占整个货舱的 1/5。接下来的几个月，漏出的石油分布到距布莱礁 450 英里

---

① 马延德主编《海洋工程装备》，清华大学出版社，2013，第 234–235 页。

远的地方，超过 1 000 英里的海岸线被石油污染，1 个国家森林公园、4 个国家野生动物保护区、3 个国家公园、4 个州公园、4 个州属重要栖息地和 1 个国家活动庇护所受到影响，当地居民生存的至关重要的天然资源受到威胁。漏油事件导致大批鸟类和海上哺乳动物死亡。据估计，海獭死亡约 3 000 只，几乎占威廉王子湾海獭的 1/4；斑海豹死亡至少 300 只；损失最惨重的是威廉王子湾的鸟类，仅人们收集到的鸟类就有 90 个不同物种、超过 3 万具尸体，包括潜鸟、海雀和鸠等，有可能多达 30 万只鸟死于漏油。[①]2004 年，美国联邦一位法官命令埃克森美孚公司支付 45 亿美元罚金和 22.5 万美元利息给当地受害者。

战争也会造成严重的石油、天然气等能源污染，海湾战争就是其中一例。在海湾战争中，伊拉克军队共计炸毁科威特几百口油井，导致许多油井起火，每天喷出 600 万桶石油，与之一起喷出的还有二氧化硫、氮氧化物、烟尘和其他有毒物质。从没有着火的油井流出的石油，则在平坦的科威特地面上形成含有石油高达 6 000 万桶的湖泊，其中一些石油渗入地下水，一些蒸发或起火，更多的污染物飘到空气中。火灾形成厚厚的烟雾云，延伸超过 4 350 平方英里，悬停在科威特、伊拉克、伊朗、卡塔尔、巴基斯坦、印度和苏联等国家和地区的上空。由于空气受到严重污染，到了 1991 年 3 月下旬，克什米尔中部喜马拉雅山地区下了一场黑油雪。5 月，随着油井大火的继续燃烧，科威特空气中的烟尘浓度极高，相当于 300 万辆柴油车所产生的烟尘，在科威特呼吸空气就像每天吸 250 支香烟。战争使该地区物种受到灭顶之灾，1991 年 3 月的一项调查发现有 50% ～ 75% 的水鸟被石油污染，还有 25 000 ～ 30 000 只海鸟因暴露在石油中而死亡，鸟类数量减少非常明显。[②]

为解决船舶油类污染问题，1954 年在伦敦召开关于防止海洋石油污染的第一次国际会议，通过第一个防止船舶油污染的国际条约——《国际防止海上油污公约》。这也是第一个海洋环境保护的国际公约，于 1958 年 7 月 26 日生效。[③]此外，该公约还加强对国际公海油污事故的干预与民事责任追究。1967 年 3 月 10 日，挂利比亚国旗的 "Torry Canyon 号" 油轮在英国锡利群岛公海触礁搁浅，泄出原油 13.6 万立方米，受污染海岸长达 80 千米，造成史无前例的黑潮。该事故向人们发出了严重警示：一是沿海国家对公海上发生的油污事故是否有干预权；二是如何保障无辜的油污受害者得到充分的赔偿。[④]针对这些问题，政府间海事协商组织即国际海事组织于 1967 年 5 月专门设立法律委员会，负责起草《国际干预公海油污事故公约》和《国际油污损害民事责任公约》。1968 年 12 月，联合国大会通过 2467（XXⅢ）号决议，第一次涉及事故污染问题。次年 11 月，政府间海事协商组织提交的两个公约——《国际干预公海油污事故公约》和《国际油污损害民事责任公约》同时获得通过。1978 年，20 多个国家和地区的政府在伦敦共同成立国际石油污染补偿基金组织。

---

① 罗伯特·埃米特·荷南：《借来的地球》，晨咏译，机械工业出版社，2011，第 124–127 页。
② 同上书，第 136–141 页。
③ 林灿铃：《国际环境法》修订版，人民出版社，2011，第 401 页。
④ 同上书，第 402 页。

（三）电力污染

电力生产包括水力发电、火力发电、核能发电等，所涉及的环境问题主要是火电中的废气污染、水电中的流域生态恶化等。

在火电方面，2000 年中国发电装机容量为 31 932×10⁴ 千瓦，其中火电 23 754×10⁴ 千瓦，占74.4%。火电中，95% 以上是燃煤，许多企业的自备电站中也有相当一部分以煤为燃料。2000 年，全国发电总耗煤量为 6×10⁸ 吨，占所耗煤炭总量的 60%；排放的二氧化硫超过 800×10⁴ 吨，占全国二氧化硫排放总量的 40% 以上，在全国各行业中居首位。[①] 电力工业是国家控制酸雨和二氧化硫污染的重点行业。当时中国火电行业以水力循环冷却为主，其耗水量和排水量也十分惊人。而且当时中国的火电技术水平较低，全国已采取烟气脱硫措施的火电机组装机容量仅为 500×10⁴ 千瓦左右；火电机组装机容量普遍偏小，3×10⁵ 千瓦及以上的机组仅占 38%；单位供电煤耗量比先进国家高 60 克左右；百万千瓦电厂冷却水耗指标为 1.0 米³/秒。这直接影响了电力行业整体技术水平的提升。[②]

在水电方面，许多国家都遇到过各种环境问题，包括对鱼类的负面影响、下泄水量减少、库区水温下降及诱发水库地震等。水电工程在河道上修建的闸坝，截断鲑鳟鱼类、鲟鱼类、香鱼和鳗鲡等洄游鱼类的洄游通道。如果河道变成相连的死水池，洄游通道不畅，鱼类重要生存环境消失，那么一些珍贵的水生生物资源则有可能枯竭。对此，300 多年前欧洲就开始修建鱼道。至 20 世纪 60 年代初期，美国、加拿大两国有过鱼设施 200 座以上，西欧各国有 100 座以上，苏联有 18 座以上，日本在 1933年有 67 座。1960 年，中国在黑龙江省兴凯湖附近首次建成新开流鱼道，总长 70 米，宽 11 米，运行初期效果良好。[③]

水电工程大坝建成后，坝中的水温会因水流动性减少而下降。例如，在修建大坝前，科罗拉多河流经的格伦峡谷水温的变化是在 0～27 ℃。如今这条 2 300 千米的长河上已建起 10 座水坝，这些水坝使河水变得寒冷而清澈，流经峡谷大坝入口即水库水面以下 70 米处的水温温差变化一年只有几摄氏度，平均水温不到 8 ℃。水温的降低，对习惯在温暖的水中生存和繁殖的鲑鱼、雪鲦、叶唇鱼来说实在是太冷了。[④] 加上水坝阻断了大量珍稀鱼类和水生生物的生活走廊等原因，导致它们灭绝。据哥伦比亚海洋渔业部估计，1960—1980 年因哥伦比亚盆地的大坝而造成的鲑鱼渔业损失共计 65 亿美元。法国多尔多涅河、塞纳河等 5 条河流中的鲑鱼也因大坝而灭绝了。由于巴基斯坦的穆罕默德大坝、印度的斯坦利大坝和萨达尔大坝的修建，印度鲥——南亚一种有重要商业价值的迁徙鱼也在印度南部的主要河流中消失了。[⑤]

巴西于 1974 年在亚马孙地区托坎廷斯河上建设第二大水电站——图库鲁伊水电站，第一台发电机组于 1984 年发电。其所在的图库鲁伊水库面积为 2 430 平方千米，是当今世界上建在热带雨林地区的最大水库。它淹没了 2 000 多平方千米的热带雨林，大量植物在水中腐烂，水质受到严重破坏，水中

[①] 蓝方勇、金腊华、吴小明：《火力发电工程环境影响评价》，化学工业出版社，2006，第 18 页。

[②] 同上。

[③] 国家环境保护总局环境影响评价管理司：《水利水电开发项目生态环境保护研究与实践》，中国环境科学出版社，2006，第 64 页。

[④] 陈宗舜：《大坝·河流》，化学工业出版社，2009，第 87 页。

[⑤] 同上。

有效氧含量减少，使水生生物的繁衍受到影响。浮出水面的朽木和水中的营养物质有利于水草的繁殖，这不仅妨碍航运、旅游和损坏电站的水力机械，还使水库失去部分有效库容。同时，水草的分解形成恶臭水域，减弱氧与光的扩散，导致渔业减产，还为钉螺、蚊子等传染病媒介提供了繁殖场所。水库蓄水后，陆上生物失去部分栖息地，被迫迁移到他处，但因异地缺少给养或不适应环境而大量死亡；留在水库中的鱼类种群及其品种也因活水变成死水而大受影响。图库鲁伊坝还阻碍鱼类洄游，对下游 500 千米河上的捕鱼业造成影响。[①] 这是世界水电发展进程中一个非常深刻的教训。

由于水电工程和大坝发展过程中出现的种种问题，到 20 世纪 80 年代，国际上兴起了反坝运动。1984 年英国两位生态学家的《大型水坝的社会及环境影响》出版，这是第一部收集反大坝主要观点的书，标志着全球范围内抵制水坝运动的开始。1994 年，44 个国家的约 2 000 个组织共同签署《曼尼贝利宣言》，呼吁世界银行对贷款水坝项目进行综合审核。1997 年，在巴西库里提巴召开第一次世界反水坝大会，将每年的 3 月 14 日设为世界反水坝日。与此同时，一场拆除大坝的运动悄然展开，从 20 世纪末开始最早拆除水坝，共达 1 000 余座；瑞士、加拿大、法国、日本等国家也相继开展拆除水坝的行动。[②] 面对来势凶猛的反坝浪潮，世界银行和世界保护联盟于 1997 年成立世界水坝委员会。该委员会于 2000 年发表《水坝与发展——新的决策框架》，宣称水坝对人类发展贡献重大、效益显著，同时也使人类付出了不可接受的、通常是不必要的代价，特别是社会和环境方面的代价。[③] 因此，人们应当从国际反坝运动中重新评估水电发展中的生态问题与社会影响，并积极地加以防范与应对。

（四）可再生能源问题

面对日渐突出的能源短缺问题，一些有着古老历史的可再生能源又重新登上世界重要舞台。然而，它们还未"长大"就遭到了种种争议。

其一，影响粮食生产。美国学者斯蒂芬·李柏等认为，发展生物质能源需要使用大量土地，还消耗有限的水资源，从而使"能源需求与世界的食品需求产生了正面冲突"。[④] 美国每年需要 1.4 千亿加仑汽油和 400 亿加仑柴油，即使把国家所有的大豆都拿来制造生物柴油，也只能满足 6% 的能源需求。以当前平均产能测算，在美国种植 2 亿英亩柳枝稷所得到的酒精，仅能替代 30% 的汽油消耗，而其所需土地相当于美国全部农田面积的一半。[⑤] 有的学者认为，由于美国和巴西等国大力发展生物质能源，致使世界粮食价格上涨，已对全世界数十亿人的生存造成影响。联合国预言，到 21 世纪中叶，全球的食物和燃料需求将是现在的两倍，并且警告，大力发展生物燃料将导致食物供应减少，价格升高，尤其是非洲等穷困地区。[⑥] 2006 年 9 月，地球政策研究所的负责人莱斯特·布朗在《华盛顿邮报》发表评论，加工填满一辆 25 加仑多功能跑车油箱的乙醇需要"一个人一整年吃的作物量"。他认为，美国现阶段的乙醇热"是长期竞争的起步阶段。从狭义上来说，是全球超级市场和它的服务站之间的竞争"，并且

---

① 翁史烈主编《话说水能》，广西教育出版社，2013，第 116–117 页。

② 王亚华：《反坝，还是建坝？——国际反坝运动反思与我国公共政策调整》，《中国软科学》2005 年第 8 期。

③ 同上。

④ 张建新：《能源与当代国际关系》，上海人民出版社，2014，第 389 页。

⑤ 同上。

⑥ 同上。

它"是一场全世界中想保持行动方便的 8 亿汽车拥有者和想要生存下来的 20 亿穷人之间的战争"[1]。这些争论反映了生物质能源种植与粮食生产之间的冲突。

其二,破坏水土。有学者认为,在全球范围内,甘蔗是出了名的对土壤和水最具破坏性的作物,尤其是土壤颗粒物、硝酸盐和磷污染水径流,导致下游出现诸多问题。例如,种植甘蔗所导致的土壤流失速度要比土壤在巴西自然形成的速度快 5 倍;冲洗掉附着在甘蔗上的土壤尤其要消耗大量的水,每洗一吨甘蔗就需要 1 900～9 500 加仑水;每英亩甘蔗还要消耗 59 磅氮、47 磅磷、0.5 磅杀虫剂、2.7磅除草剂。[2] 所有这些都会对土壤和水造成破坏。

其三,增加温室气体。例如,在亚洲,天然的热带雨林被砍掉,改种棕榈树,然后用棕榈果的种仁来生产生物质燃料。这样做不仅会扩大向大气排放二氧化碳的规模(因为采伐森林导致植物死亡和土壤中的有机物大量分解),加剧土壤流失和水污染,还会破坏诸如猩猩等濒危物种的栖息地。[3] 有环保组织认为,全球的二氧化碳年排放量中有多达 8% 可以被归因为东南亚国家为建立棕榈种植园而毁林开荒及吸干了泥炭地的水。印度尼西亚泥炭地是世界上吸收并蓄积大气中二氧化碳的天然碳汇,开荒种地会导致这些碳被重新释放,进入大气。印度尼西亚棕榈种植园在过去 20 年扩大了约 10 倍,每年都会因此导致数十亿吨沉积久远的二氧化碳排放到大气中。[4] 据世界土地信托基金的统计,为种植能源植物砍伐森林所导致的碳释放量与能源植物替代化石能源而减少的碳排放数量相当。种植、开发生物质能源会导致大量二氧化碳向大气排放,从而增加温室气体。

上述种种争论,其背景、动机和目的是复杂的,反映了"新能源"(可再生能源)与"旧能源"(化石能源)之间的冲突,反映了产油国与非产油国之间的博弈,反映了商业价值取向与非商业价值取向之间的争议,还反映了当前利益与未来利益之间的取舍,核心是生存与发展之间的矛盾。不论是自然还是社会,总是发展进步的,总要经历从平衡到不平衡再到平衡的进化过程。世界能源体系也一样,包括可再生能源在内的新能源最终会替代化石能源,在世界能源体系占据重要地位。

在各种可再生能源中,风能的开发利用也面临一些环境问题(表 19-49)。对此,人们已提出并采取一些相应的对策。据介绍,风电场造成的问题主要是在建设和运行过程中对鸟类行为的影响,以及由于鸟类与风力发电机组相撞导致的鸟类死亡。[5] 在美国加利福尼亚州北部,1992 年风电场造成的鸟类死亡估计数较多(表 19-50)。但在 1996 年,英国风电场对当地鸟类并没有产生明显的不良影响(表19-51)。

---

[1] 布莱斯:《能源独立之路》,陆妍译,清华大学出版社,2010,第 110 页。

[2] 波特金、佩雷茨:《大国能源的未来》,草沐译,电子工业出版社,2012,第 198-199 页。

[3] 同上书,第 199 页。

[4] 张建新:《能源与国际关系》,上海人民出版社,2014,第 390 页。

[5] 李全林主编《新能源与可再生能源》,东南大学出版社,2008,第 206 页。

表 19-49　风力机系统的环境影响评价

项目		影响程度	备注
（一）电波危害	电视	（1）图像与帧同步紊乱 （2）高 UHF 领域影响大	（1）可确定干扰区域 （2）可消除或降低干扰 （风力机远离住宅地） （减小风轮叶片直径） （使用方向性强的天线） （使用有线电视）
	FM 广播、电视声音	影响小	基本干扰模式对振幅作用，而非对变频作用
	AM 广播	影响小	低频不受影响
	VOR 及 DVOR 航空运输系统	影响小	若按航空局提示设置风力机，则通信性能不会降低
	微波通信	对环形系统的影响很微弱	必须要遵守现有的提示项目
（二）噪声	低频噪声（16 Hz 以下）	没有对人类健康造成危害（呼吸困难、呕吐等）	距塔 30 m 为 75 dB
	可听到的声音（16 Hz～20 kHz）	（1）对听觉、神经无影响 （2）相距 200 m 对听觉无影响	（1）降低风轮转数可减小噪声 （2）距塔 50 m 的噪声最大值与回音相当于 50～52 dB（A） （3）小型风力机在距塔 15 m 的位置为 50 dB（A）以下
（三）生态系统	候鸟	可不考虑与鸟的冲突	在高塔（150 m 以上）与候鸟栖息地附近应注意
	昆虫	可不考虑与昆虫的冲突	根据对异色瓢虫、黑蝇、蜜蜂的调查确定
	植物、野生动物	不影响	对风力机风轮下风侧的植物有一定影响，但大范围区域可不予考虑
（四）景观		影响很小（取决于周围条件）	（1）场所性强 （2）按形状与颜色，兼容性强 （3）重点在于个人价值观 （4）可与居民协商解决
（五）微气象		影响很小	可不考虑风力机风轮下风侧的降雨、降雪、蒸发、蒸腾、气温与大气变化
（六）保健、卫生		影响小（包括噪声）	（1）制造时应注意 （2）运输时无影响（噪声另议）
（七）安全性		建设与运行期都有影响	（1）高空作业危险 （2）全面执行安全设计理念 （3）风力机运行现场远离人口密集区 （4）彻底维护检修

资料来源：牛山泉等：《风、太阳与海洋——清洁的自然能源》，王毅、韦利民译，机械工业出版社，2010，第 46-47 页。

表 19-50　加利福尼亚州北部风力发电机组造成的鸟类死亡数量估计（1992 年）

项目	Altamont		Solano			
	猛禽		所有鸟类		猛禽	
	低	高	低	高	低	高
死亡鸟数 /（只 / 年）	164	403	17	44	11	2
风力发电机组数 / 台	6 800	3 800	600	600	600	60
死亡鸟数 / 风力发电机组数 /（只 / 台·年）	0.024	0.106	0.028	0.073	0.018	0.033

资料来源：李全林主编《新能源与可再生能源》，东南大学出版社，2008，第 206 页。对计量单位和"死亡鸟数 / 风力发电机组数"一行的数据做了适当修正。

表 19-51　英国风电场中发生的鸟类撞击事件统计（1996 年）

风电场名称	风力发电机组数 / 台	鸟类撞击数 / 风力发电机组数 /（只 / 台·年）
Burgar Hill, Orkney	3	0.15
Haverigg, Cumbria	5	0
Blyth Harbour, Northumberland	9	1.34
Bryn Titli, Powys	22	0
Cold Northcott, Cornwall	22	0
Mynydd-y-Cemmaes, Powys	24	0.04

资料来源：李全林主编《新能源与可再生能源》，东南大学出版社，2008，第 207 页。

七、能源安全的非传统威胁

早在 1918 年 12 月，在苏俄，反对布尔什维克的势力曾纵火焚烧格罗兹尼油田，大火一直烧到 1919 年春，生产设备全部被破坏。[①] 当今，一些发展中国家政局不稳定时，反政府武装会攻占、袭击石油设施；产油区居民会闹事，冲击石油生产。除此，能源设施遭遇恐怖袭击时有发生，海盗抢劫油轮也频频出现。世界能源安全面临新的威胁。

（一）恐怖袭击

2004 年 5 月 29 日，沙特阿拉伯东部的胡拜尔石油城发生数起恐怖袭击事件。袭击者首先向石油中心大楼开火，随后袭击 3 处石油公司的综合服务机构和员工居住地，5 名袭击者最后闯入外国人集居的家人区，劫持了包括西方人在内的 50 名人质，同沙特阿拉伯警方对峙。30 日凌晨，沙特阿拉伯安全部队从直升机降落，攻入大楼，交战中有 22 人丧生，25 人受伤。[②] 事后，"阿拉伯半岛基地"恐

[①] 王才良、周珊：《世界石油大事记》，石油工业出版社，2008，第 54 页。

[②] 同上书，第 363 页。

怖组织声称对此事负责。

马六甲海峡石油航运占全球石油航运量的 1/2，贸易航运占全球的 1/3，常遭海盗和恐怖分子威胁。2004 年 6 月，新加坡政府表示，支持印度尼西亚提出的计划，与印度尼西亚、马来西亚一起，由 3 国组成联合海军巡逻队，在马六甲海峡执行巡逻任务，防止恐怖组织和海盗团体威胁海峡航运。

2005 年 7 月 16 日，伊拉克一名自杀式袭击者在穆伊卜市一座加油站引爆身上的炸药，导致附近油罐车剧烈爆炸，炸死 98 人，炸伤 75 人。

沙特阿拉伯也发生过自杀式袭击石油设施的事件。2006 年 2 月 24 日，自杀式袭击者炸坏了沙特阿拉伯东海岸布盖格最大炼油厂的一段油管，导致国际油价上涨 4%。

（二）武装威胁

2000 年 10 月起，跨阿拉斯加大管道遭到武装袭击，被迫中止运营近一年。

2001 年 3 月，因受到印度尼西亚"亚齐独立运动组织"的威胁，埃克森美孚印尼公司关闭了亚齐省的 3 个气田，PT Arun LNG 厂也停产，每月至少损失 1 亿美元。

2006 年 11 月，印度反政府的"阿萨姆联合解放阵线"在与印度政府进行的停火谈判破裂后，把迪布鲁格尔地区的一条天然气管道炸毁，引起大火。

在尼日利亚，由于社会不稳定，油田、管道设施不时遭到武装袭击。2004 年 9 月 28 日，尼日利亚反叛分子对尼日尔河三角洲的石油生产发出威胁，导致当日油价创历史新高，每桶超过 50 美元（50.47 美元）。2005 年 9 月 22 日，尼日利亚 100 多名志愿军攻占尼日尔河三角洲的伊马答钻井平台，导致油井被迫关闭。同年 12 月 20 日，哈科特港以西 50 英里处，壳牌石油公司在尼日利亚南部的大输油管道被不明身份的武装人员袭击，发生爆炸起火，至少有 8 人丧生。壳牌石油公司被迫停产 2 个月，日产减少 17 万桶。[①]2006 年 6 月 8 日，尼日利亚武装分子又袭击壳牌石油公司的石油设施，绑架了 5 名韩国承包商，点燃了一艘军用船只。

（三）居民闹事

2004 年 12 月 5 日，尼日利亚河流州库拉村的 200 名村民占领壳牌埃库拉马 1 号、2 号钻井平台，强迫关闭采油设施，扣留 2 号钻井平台 75 名员工。同一天，村民占领雪佛龙德士古公司日产 2 万桶的罗伯特基里钻井平台，扣留 32 名员工。尼日利亚产油区居民一直认为，外国石油公司在他们的土地上进行掠夺性开采，严重破坏生态环境，这是导致他们贫困的主要原因，因而常常采取各种手段索要赔偿。[②]

在厄瓜多尔，也发生过产油区居民冲击油田生产的事件。2006 年 11 月 10 日，在塔拉波阿市，近 300 名闹事者冲入安第斯石油公司油田，占领油田作业区和小机场，扣留了约 40 名当地员工。闹事者要求安第斯石油公司（中国在厄瓜多尔最大的石油项目）更换全部保安，由他们接管油田，公司为油田提供技术和服务。厄瓜多尔总统获悉后，出动军队和警察，将闹事者驱离油田，让中方人员撤至首都基多总部。[③]

[①] 王才良、周珊：《世界石油大事记》，石油工业出版社，2008，第 421 页。

[②] 同上书，第 370 页。

[③] 同上书，第 455 页。

（四）海盗抢劫

2002 年全球海盗袭击船舶事件有 370 起，到 2011 年增至 439 起（表 19-52）。因海盗抢劫造成的经济损失大幅增多。如在 1996 年前，全球因海盗抢劫造成的经济损失为 3 亿～4.5 亿美元，2002 年达到 160 亿美元左右，而到 2009 年则超过了 250 亿美元[1]，是 1996 年前的 50 倍以上。

表 19-52　21 世纪初全球海盗袭击船舶事件数量

时间 / 年	数量 / 起
2002	370
2003	445
2004	329
2005	276
2006	239
2007	263
2008	293
2009	410
2010	445
2011	439

数据来源：赵庆寺：《国际合作与中国能源外交》，法律出版社，2012，第 132 页。

海上通道是能源运输的重要生命线，经常受到海盗的严重威胁。2002 年 2 月，在马来西亚附近海域，一艘名为"战神"的装满 6 000 吨棕榈油的货轮突然遭到一群全副武装的恐怖分子袭击。同年 6 月，摩洛哥政府逮捕数名涉嫌策划劫持通过直布罗陀海峡的英美运油船的恐怖组织成员。同年 10 月，法国"林堡号"油轮在也门附近海域遭到恐怖分子袭击。2003 年，国际海事组织接到 445 起海盗袭击报告，其中 92 名船员遭到杀害或失踪，359 人被绑架。[2]

从 2001 年到 2007 年，袭击油轮和运载液化石油气船只的事件占全球海盗袭击事件的比例为 12%～29.8%（图 19-3），能源物资成为海盗袭击的重要目标。这些袭击事件大多数发生在印度尼西亚和马六甲海峡。[3]

---

[1] 赵庆寺：《国际合作与中国能源外交》，法律出版社，2012，第 132 页。

[2] 杨泽伟：《国际法析论》第 2 版，中国人民大学出版社，2007，第 495 页。

[3] 勒夫特、科林：《21 世纪能源安全挑战》，裴文斌、王忠智译，石油工业出版社，2013，第 40 页。

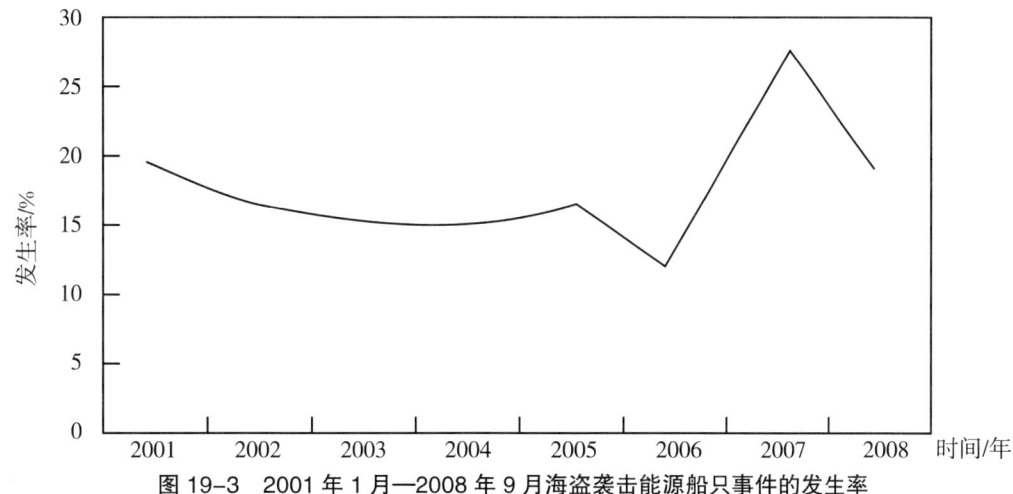

图 19-3   2001 年 1 月—2008 年 9 月海盗袭击能源船只事件的发生率

资料来源: 勒夫特、科林:《21 世纪能源安全挑战》, 裴文斌、王忠智译, 石油工业出版社, 2013, 第 40 页。

　　2007 年, 曾发生两起液化天然气运输船遇袭事件, 一起发生在印度尼西亚, 另一起发生在新加坡海峡; 有三起海上钻探平台遇袭事件, 两起发生在尼日利亚, 另一起发生在印度。2008 年 11 月 15 日, 索马里海盗劫持了装有 200 万桶原油的沙特阿拉伯籍 "天狼星号" 巨型油轮。据报道, 直到两个月后, 这艘船的主人交付 300 万美元赎金, 海盗才释放 "天狼星号" 油轮及全体船员。[①]

---

① 勒夫特、科林:《21 世纪能源安全挑战》, 裴文斌、王忠智译, 石油工业出版社, 2013, 第 41 页。

第 20 章　　现代能源政策

进入现代后，世界能源得到了空前的发展。与此同时，世界能源发展过程中出现的问题、矛盾与冲突也日益增多，能源危机多次出现。为加强对能源发展的引导与规范，各国先后出台一系列与能源相关的法律、法规和政策制度，并共同行动起来，积极应对能源危机、环境危机，促进世界能源可持续健康发展。

第 1 节　能源管理体制

能源管理体制是一个宽泛的概念，涉及能源职能管理部门、能源政策，乃至与具有政策工具职能的国有能源企业（如国家石油公司）之间的关系等。在此主要是总结世界各国中央层面能源行政管理部门（或称能源主管部门）的历史。能源行政管理部门在能源政策体系中居于顶层地位，既是能源政策的制定者、监管者，也是能源政策的执行者、实施者。

一、分散管理时期（第一次石油危机前）

在 1973 年发生第一次石油危机以前，各国能源管理涉及的事务并不复杂，管理职能较为简单，并且分散于政府各个职能部门。比如，美国在 1977 年能源部成立之前，"联邦的能源监管职能分散于几乎所有的内阁部门。更不必说八个或九个独立的对各种能源计划具有管辖权的监管机构。能源管理职能分散于整个政府机构"[①]。在这一时期，世界各国的能源主管部门除了具有行业性、局部性的特点，还具有行政管理部门较少、职能较简单等特点，缺乏全局性和统筹协调性。

20 世纪 30 年代以前，能源工业形成较大产业规模的国家较少，所设立的专门的能源主管部门也较少。美国在 1910 年成立联邦矿物局，1924 年成立联邦石油保护局。苏俄成立后，于 1918 年 5 月 17 日成立石油总委员会，同时在巴库等地成立地方石油委员会。

20 世纪 30 年代起，各国开始加强能源管理机构和体制建设。

1930 年，苏联把石油工业划归苏联最高经济委员会下属的苏联石油总局管辖。

1933 年，意大利设立液体燃料局，控制国内石油工业。

巴西 1934 年成立国家矿业生产总局，代替 1907 年成立的地质服务局。1938 年成立全国石油委员会（CNP），控制本国石油工业，组织自营勘探。1954 年成立国家石油公司，CNP 转化为政府主管机构。[②]

1937 年，日本政府在通产省设立燃料局，颁布人造石油制造事业法，强制实施石油限制。

1938 年，美国国会通过"天然气条例"，州际天然气转卖、销售由联邦动力委员会管理；实行政府控制，包括控制州际管道公司输送、转卖给地方配气公司的天然气价格，以防"垄断性利润"。[③]

1939 年，法国成立石油自治署，开发和管理圣马赛气田。

1945 年，美国总统杜鲁门强调并肯定联邦政府对大陆架及其海底资源的权力，否定州政府的权力。

1949 年，中华人民共和国成立时，中央人民政府设立燃料工业部，在燃料工业部石油管理总局下设西北石油管理局、东北石油管理局。1953 年撤销西北石油管理局，成立石油钻探局和石油地质局。1955 年成立石油工业部。

1951 年，伊朗成立伊朗国家石油公司，代表政府主管石油工业各方面的业务活动。

1956 年，苏联成立天然气工业部。

1959 年，加拿大成立国家能源委员会，负责监管石油、天然气和电力行业。

1962 年，日本新颁布的石油工业法规定：石油供给计划、新建炼油厂必须经过通产省批准，政府对石油进口与产品计划进行指导。

二、集中管理时期（20 世纪 70—90 年代）

1973 年第一次世界石油危机爆发后，各国意识到了能源供求关系的复杂性，开始设立中央层面的综合性能源管理机构，并日渐理顺各种能源管理部门之间的关系。比如，美国于 1977 年成立了能源部，其前身是 1946 年成立的原子能委员会。1977 年的能源部组织法案指出，建立能源部的必要性在于美

---

① 托梅因、卡达希：《美国能源法》，万少廷译，张利宾审校，法律出版社，2008，第 81 页。
② 王才良、周珊：《世界石油大事记》，石油工业出版社，2008，第 93 页。
③ 同上书，第 92 页。

国面临着日益严重的资源短缺和能源进口依赖问题，必须采取强有力的能源计划，以适应当前和未来符合美国经济、环境与社会目标的能源需求。[①] 为此，美国把以前分散的能源管理职能集中起来，以实现能源供给、能源保护、能源节约等方面的全面、高效、统一的协调。"由于应对石油危机的需要，能源部起初主要负责能源的发展和管理，后来随着石油危机的缓解和美国与苏联之间的核军备竞赛，能源部的重心放在核武器的研制和发展方面。'冷战'结束后，能源部逐步转向防止核污染和核不扩散，控制与管理核技术的转让，以及促进能源的有效利用等。"[②]

从 1970 年起，许多国家先后加强了中央政府对能源的控制。

1970 年，澳大利亚颁布石油法，在垂直体制上划分了联邦与各州的权益。比如规定在征收井口价值 10% 的矿区使用费中，40% 交给联邦，60% 留给所在州。

1973 年，日本在经济产业省下设立日本综合性的能源管理机构——资源能源厅，取消了原来的矿山局和矿山保安局，增设石油部。在此之前，日本的能源管理机构分散在经济产业省下属的矿山局、矿山保安局、煤炭局等部门，而石油进口的管理机构仅仅是矿山局下属的石油部。成立资源能源厅后，改变了机构松散、权责交叉的现象，同时管理重心从生产管理转移到能源供应和能源自主开发。[③]

1974 年，英国设立能源部。后来，随着能源市场化推进，1992 年撤销能源部，其职能并入贸工部。2007 年，贸工部更名为商业、企业与监管改革部。2008 年，成立能源与气候变化部，接管过去属于商业、企业与监管改革部的能源政策制定职能，以及过去属于环境、食物与乡村事务部的气候变化政策制定职能（图 20-1）。[④]

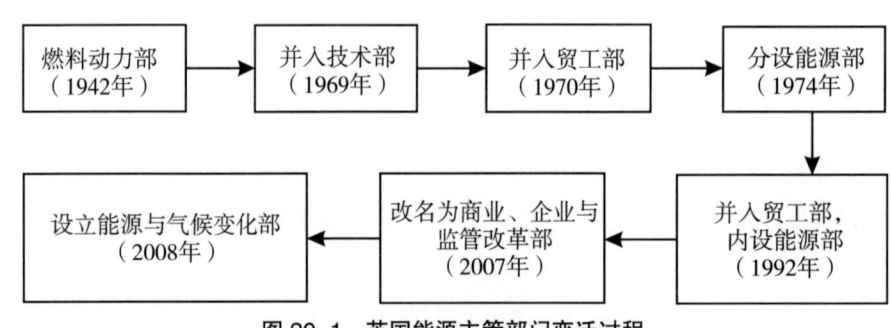

图 20-1　英国能源主管部门变迁过程

资料来源：林卫斌、方敏：《能源管理体制比较与研究》，商务印书馆，2013，第 64 页。

1977 年，美国按照能源部组织法案成立能源部。"成立能源部的目的在于协调并集中全国能源方面的能力，以应对由阿拉伯国家在全球范围的石油禁运和提价造成的 70 年代石油危机。"[⑤] 能源部是一个内阁级的监管机构，下设联邦能源监管委员会。该委员会是一个独立的监管机构，发挥前联

① 林卫斌、方敏：《能源管理体制比较与研究》，商务印书馆，2013，第 34 页。

② 杨会军：《美国》，社会科学文献出版社，2004，第 265 页。

③ 林卫斌、方敏：《能源管理体制比较与研究》，商务印书馆，2013，第 129 页。

④ 同上书，第 64 页。

⑤ 托梅因、卡达希：《美国能源法》，万少廷译，张利宾审校，法律出版社，2008，第 34 页。

邦电力委员会的全部职能。此外，美国能源部还设立下列机构：技术信息服务局，环境、安全和健康局，经济影响和能源多样化办公室，能源研究局，能源情报局，核能局，西南电力局，洛斯阿拉莫斯国家实验室，民用放射性废料管理局，防止扩散和国家安全局，公共事务局，听证和上诉局，等等。

1977 年，菲律宾政府成立能源部，下辖能源开发局、能源利用局和能源委员会，领导人均是内阁成员。

1977 年，巴基斯坦成立石油和自然资源部，其前身为燃料、电力和自然资源部的一部分，负责巴基斯坦的石油、天然气和自然资源开发与生产等事务。

20 世纪 80 年代后期，中国成立综合性的能源管理机构——能源部。1988 年第七届全国人大一次会议通过国务院机构改革方案，撤销煤炭工业部、石油工业部、水利电力部、核工业部，成立管理电力、煤炭、石油、核工业的能源部。[1] 它是国务院统管全国能源工业的职能部门。

巴西早在 1960 年便采取政、监、资合一的能源管理模式，成立了综合性的矿产能源部。它全面负责巴西全国的矿产资源、油气资源、水资源、电力工业及核能工业的开发管理工作，以及国家的矿业政策的制定和执行。到了 20 世纪 90 年代，为适应能源经济和社会发展需要，巴西根据 1996 年第 9427 号法和 1997 年的石油投资法，先后成立巴西国家能源政策委员会、巴西国家油气与生物能管理局、巴西国家电力管理局，使巴西的能源管理体制（图 20-2）得到进一步完善。

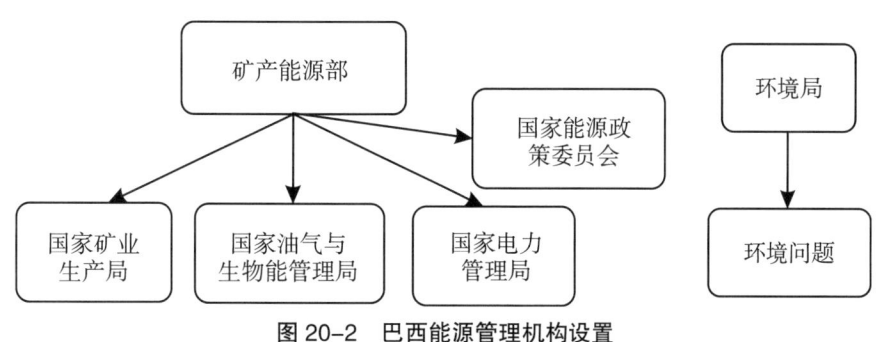

图 20-2　巴西能源管理机构设置

资料来源：林卫斌、方敏：《能源管理体制比较与研究》，商务印书馆，2013，第 180 页。

三、加强监管时期（21 世纪初）

21 世纪后，许多国家能源管理体制建设进一步完善，普遍加强了对能源的监管职能。

美国采取政、监、资分开的能源管理机构设置模式。能源部负责能源政策、规划与公共服务职能，能源监管委员会负责能源经济性监管职能，环保署等机构负责专业的社会性监管职能，内政部下属的矿产管理局负责能源资源管理职能。2011 年，美国专设隶属国务院的能源资源局，主管能源外交（图 20-3）。[2]

---

[1] 林卫斌、方敏：《能源管理体制比较与研究》，商务印书馆，2013，第 198 页。
[2] 同上书，第 33 页。

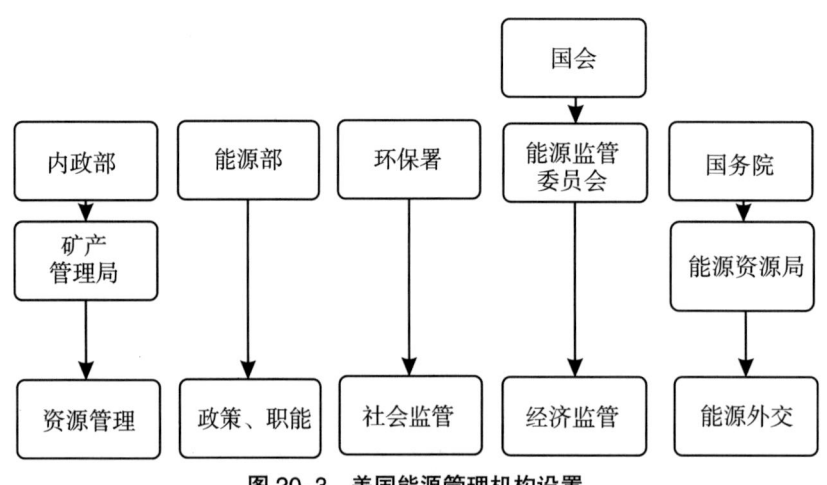

图 20-3 美国能源管理机构设置

资料来源：林卫斌、方敏：《能源管理体制比较与研究》，商务印书馆，2013，第 34 页。

日本采取政、监、资合一的机构设置模式。经济产业省下设的资源能源厅是日本的综合性能源管理机构，负责制定全面的能源政策。除此，环境省和外务省也分管部分能源方面的工作。2011 年福岛核泄漏事故发生后，环境省下新设分支机构原子能安全厅（图 20-4）。[1]

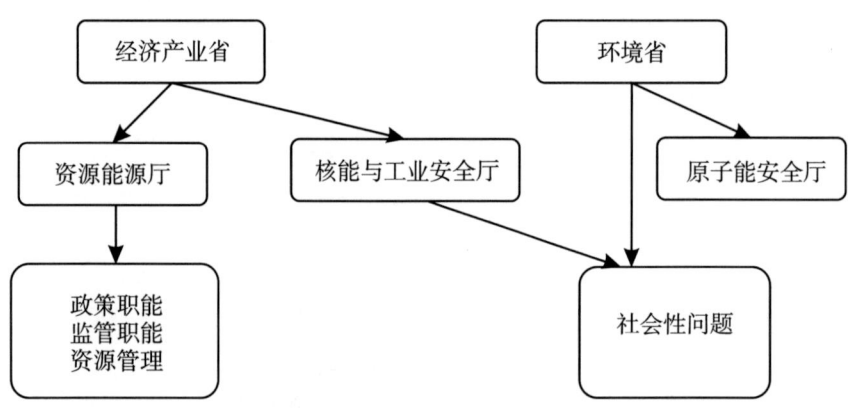

图 20-4 日本能源管理机构设置

资料来源：林卫斌、方敏：《能源管理体制比较与研究》，商务印书馆，2013，第 130 页。

英国实行政、资合一，监管独立的能源管理模式。[2] 能源与气候变化部负责能源政策及资源管理职能，燃气与电力市场委员会下设燃气与电力市场办公室，负责监管职能（图 20-5）。

---

① 林卫斌、方敏：《能源管理体制比较与研究》，商务印书馆，2013，第 129 页。

② 同上书，第 63 页。

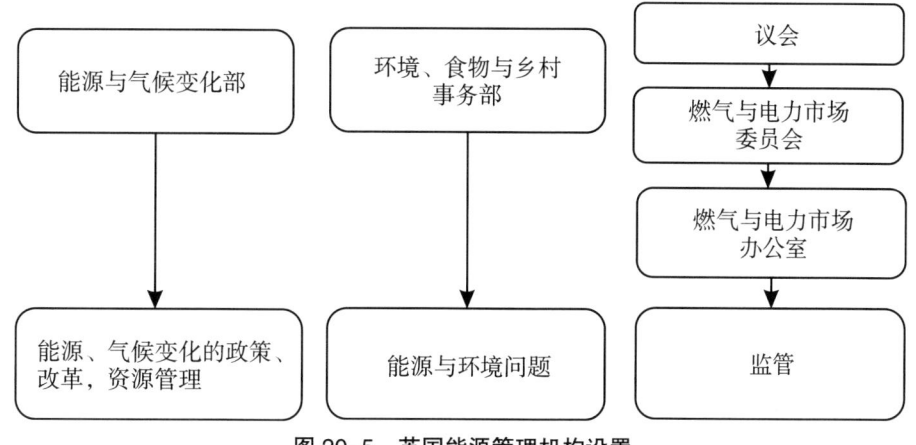

图 20-5　英国能源管理机构设置

资料来源：林卫斌、方敏：《能源管理体制比较与研究》，商务印书馆，2013，第 63 页。

俄罗斯能源管理机构设置采取政、监、资分离的模式。[①]2008 年 5 月成立能源部，负责统一制定和实施能源政策。联邦能源委员会、油气管道委员会和反垄断部都具有监管职能，自然资源和环境部负责资源管理和环境问题管理（图 20-6）。

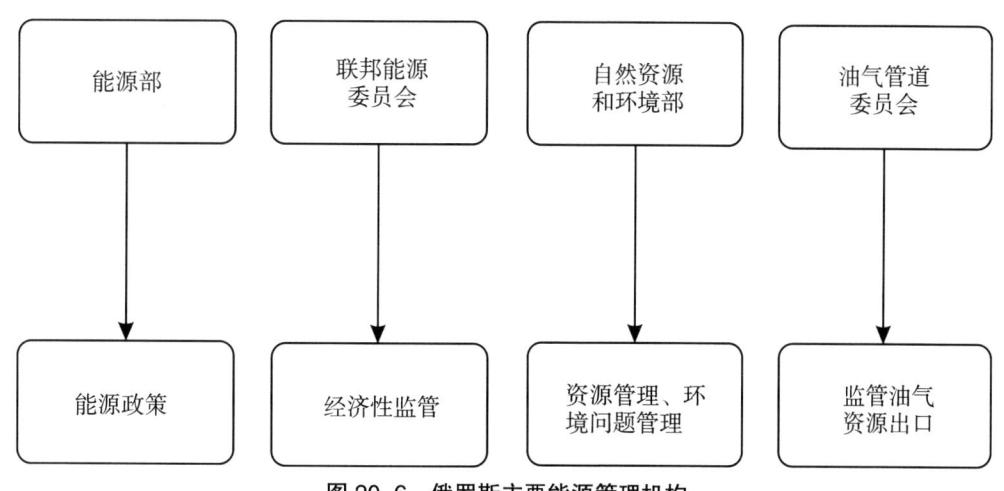

图 20-6　俄罗斯主要能源管理机构

资料来源：林卫斌、方敏：《能源管理体制比较与研究》，商务印书馆，2013，第 151 页。

中国根据 2013 年 3 月十二届全国人大一次会议审议通过的《国务院机构改革和职能转变方案》，重组国家能源局，能源管理走向政、监合一的模式（图 20-7）。[②] 国家能源局的主要职责：拟订并组织实施能源发展战略、规划和政策，研究提出能源体制改革建议，负责能源监督管理等。

[①] 林卫斌、方敏：《能源管理体制比较与研究》，商务印书馆，2013，第 151 页。

[②] 同上书，第 205 页。

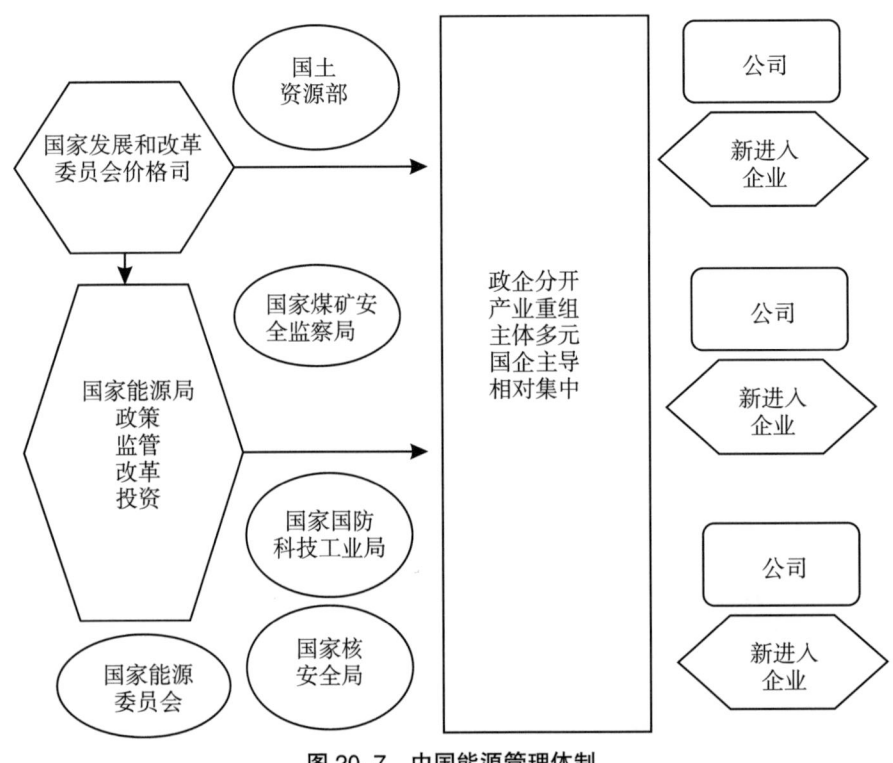

图 20-7 中国能源管理体制

资料来源：林卫斌、方敏：《能源管理体制比较与研究》，商务印书馆，2013，第 205 页。

印度和德国都实行分散型能源管理模式。

在中央一级，印度政府按照能源行业和主要产品来设置管理机构，属于典型的分散管理模式。[1] 主要能源管理部门有煤炭部、石油与天然气部、新能源与可再生能源部、核能部以及电力部等。还设有一系列经济性能源监管机构，包括中央电力监管委员会、邦电力监管委员会、石油与天然气监管委员会、监管者论坛等。与能源活动相关的其他政府部门包括科技部、能源效率局、风能技术中心、水电中心等（图 20-8）。

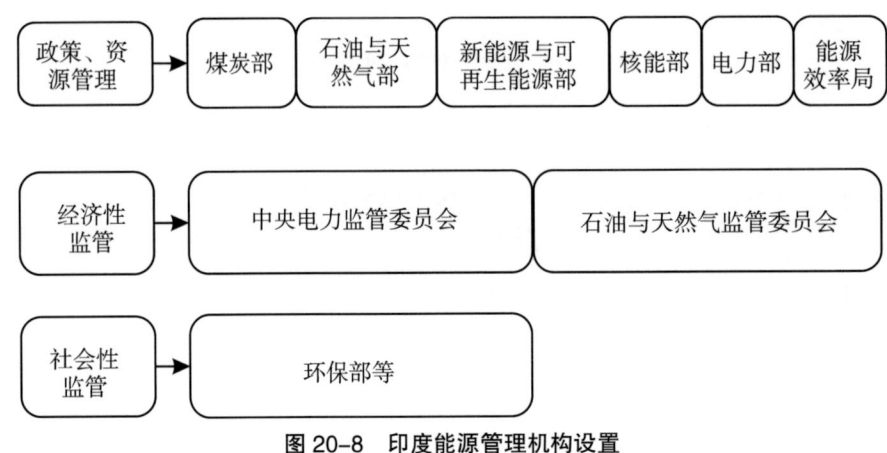

图 20-8 印度能源管理机构设置

资料来源：林卫斌、方敏：《能源管理体制比较与研究》，商务印书馆，2013，第 165 页。

---

[1] 林卫斌、方敏：《能源管理体制比较与研究》，商务印书馆，2013，第 165 页。

　　德国的能源管理机构设置得较为分散，联邦经济与技术部主要负责能源政策的制定，能源政策的具体执行则分散在多个职能部门。联邦网络传输监管局主要负责电力和天然气管网的经济性监管，卡特尔办公室、国家竞争局和垄断委员会等机构也具有监管市场、促进竞争的职能（图 20-9）[1]。

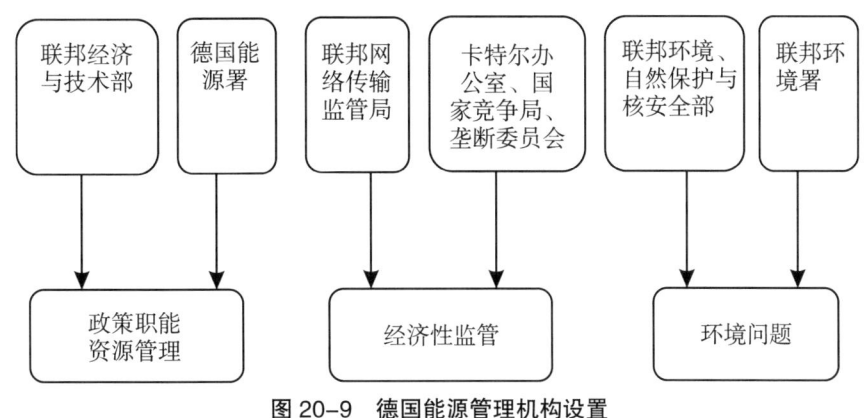

图 20-9　德国能源管理机构设置

资料来源：林卫斌、方敏：《能源管理体制比较与研究》，商务印书馆，2013，第 110 页。

第 2 节　能源所有制和对外开放政策

　　为维护国家利益，适应产业发展需要，各产油国在不同时期实行不同的能源所有制和对外开放政策。

　　在对待石油、天然气等化石能源资源及其矿区的所有权问题上，最初实行租让制和私有化政策。随着民族意识的觉醒和国力的增强，世界各国掀起了一股从外国公司手中收回租借地和油气资源权的国有化浪潮。20 世纪 70 年代后，世界石油危机的连续爆发对能源产业发展产生巨大冲击，能源产业出现成本增加、效率下降、不能满足社会需求等诸多问题，促使人们对几十年来的能源体制及其发展模式重新进行审视，引入市场机制，对国有企业进行私有化改革，从而形成了当今仍在广泛实行的私有化浪潮。在不同所有权制度的基础上，各国实行相应的对外开放政策。

一、能源国有化政策

　　在石油、天然气领域，国有化政策主要涉及三个层面：一是将租借地收归国有；二是将油气资源、矿山油田乃至外国资本、私营资本的石油公司收归国有；三是成立国家所有或国营的石油天然气公司。

　　（一）收回矿山租借地和所有权

　　美国自从建立现代石油工业后，矿山、油田便为本国土地所有者所拥有，不存在向他国租借、租

---

① 林卫斌、方敏：《能源管理体制比较与研究》，商务印书馆，2013，第 109 页。

让矿山、油田或者土地所有权的问题。1889 年，美国联邦政府首次为石油工业立法，出台占有权法，规定土地所有者有权在自己的土地上钻井，开采石油。1920 年 2 月，美国国会通过矿产租让法，禁止外国或外国公司享有美国公有土地的租让权；规定未探明区域实行非竞争性勘察许可和生产区域实行竞争性租让招标；若在许可期内发现油气，即可申请租让权进行开发，并缴纳矿区使用费。[①]1935 年，美国进一步完善矿产土地使用制度，制定出台了矿产土地租借法。

而亚洲、非洲、拉丁美洲地区的许多国家，由于经济落后，面对发达资本主义国家和强权的国际石油公司，在自身不具备开发国内矿山、油田条件的情况下，早期只能实行或接纳并不平等的矿山租让制。进入现代后，面对国际石油公司对本国石油资源的掠夺、对巨额利润的攫取，乃至大片的租借地被荒废，他们积极行动起来，对矿山、油田实行国有化政策，掀起了持续半个多世纪的收回矿山租借地、租让权的斗争（表 20-1）。

1917 年，墨西哥颁布新宪法，明确土地和水域及其他一切自然资源属于国家。

1918 年，苏俄颁布石油工业国有化法令，把巴库地区 165 家石油企业收归国有。

1934 年，阿根廷颁布石油工业国有化法，对本国石油工业实行国家所有，由国家石油公司独家经营。

1934 年，英国颁布石油法，规定矿产资源归皇家所有。

1937 年，玻利维亚取消给予壳牌 – 标准石油公司的特许权，由国家石油公司垄断本国石油工业。墨西哥政府也宣布把标准石油公司等外国公司的石油开采权收回。

1943 年，委内瑞拉颁布新碳化氢法。其中规定，每批租借地不超过 10 000 公顷；外国公司勘探 3 年后所选定开发区不得超过租借地面积的一半，其余交回委内瑞拉政府。

1961 年，伊拉克政府发布 80 号令，收回给予伊拉克石油公司的扣除 1 973 平方千米后的全部租让地，共 38.57 万平方千米。

2005 年 2 月，俄罗斯自然资源部部长宣布，俄罗斯不允许外国公司参与具有战略意义的油气田开发权的竞标，只有俄罗斯企业持股比例达 51% 以上的公司方可参加。10 月，俄罗斯政府公布禁止外资进入的首批战略资产名单，主要是石油、黄金和铜矿。其中大型油气产地有 3 处：东西伯利亚 1 处，季曼 – 伯朝拉 2 处。这些都是储量超过 1.5 亿吨的油田和大于 1 万亿立方米的天然气田。[②]

表 20-1 现代以来世界产油国收回矿山租借地 / 所有权事件

时间 / 年	事件
1917	墨西哥颁布《墨西哥合众国宪法》，明确土地和水域及其他一切自然资源属于国家
1918	苏俄颁布石油工业国有化法令
1920	苏俄重建巴库，石油工业第二次国有化
1921	苏俄实行新经济政策，没收外国资本，石油工业再次国有化
1924	意大利成立国有的意大利石油公司

① 王才良、周珊：《世界石油大事记》，石油工业出版社，2008，第 56-57 页。

② 同上书，第 396 页。

续表

时间 / 年	事件
1927	阿根廷议会通过石油国有化法，取消石油矿产的私人占有权
1934	阿根廷颁布石油工业国有化法，对本国石油工业实行国家所有
1934	英国颁布石油法，规定矿产资源归皇家所有
1937	玻利维亚取消给予壳牌 - 标准石油公司的特许权，由国家石油公司垄断本国石油工业
1937	墨西哥石油公司的石油工人举行大罢工，政府宣布收回标准石油公司等外国公司的石油开采权
1938	巴西颁布油气田所有权限制法，只允许本国人拥有和经营油气田和炼油厂
1943	委内瑞拉颁布新碳化氢法，规定外国公司勘探 3 年后所选定开发区不得超过租借地面积的一半，其余交回委内瑞拉政府
1948	罗马尼亚宣布石油资源为国家资产
1948	委内瑞拉议会批准政府的石油政策，不再向外国公司提供石油租借地，建立国家石油公司
1955	利比亚颁布石油法，规定地下资源为国家所有
1960	印度尼西亚颁布石油和天然气矿业法，废除租让地制度，规定国家统管石油出口，把石油、天然气资源所有权和开采权授予国家石油公司
1961	伊拉克政府发布 80 号令，收回给予伊拉克石油公司的扣除 1973 平方千米后的全部租让地
1971	厄瓜多尔公布新的石油天然气法，规定本国的油气藏及其相关物质都是厄瓜多尔不可分割的资产
1971	泰国颁布石油法，规定租借期不超过 6 年，每个区块不超过 4 000 平方千米，勘探开始后第 4 年应归还 50% 面积（深水区为 35%）
1972	厄瓜多尔政府宣布取消租让权，原有合同改为合营合同
1973	厄瓜多尔废除 2 家外资石油公司 13.7 万公顷租让地
1975	委内瑞拉总统佩雷斯签署石油工业归还法，规定国家控制石油的勘探、开采、炼制、运输、储存及石油与油品的国内外贸易，收回外国石油公司的矿区和租借地
1976	沙特阿拉伯与 4 家美国石油公司达成协议，废除石油租让权，沙特阿拉伯政府按账面净值购回阿美石油公司的全部资产和权利
1979	秘鲁颁布石油法，规定所有油田归国家所有，由国家石油公司管理
2005	俄罗斯政府公布禁止外资进入的首批战略资产名单，主要是石油、黄金和铜矿

资料来源：作者整理。主要参考：王才良、周珊《世界石油大事记》，石油工业出版社，2008。

（二）把外国石油公司收归国有

从 1918 年起，与收回矿山、油田租让权同步，许多国家，尤其是 OPEC 成员国，先后采取参股持股甚至没收财产等方式，将在本国经营的外国石油公司收归国家所有，产油国日渐掌握事关国家命运、具有重大战略地位的石油工业资源（表 20-2）。

表 20-2　现代以来产油国把外国石油公司收归国有事件

时间 / 年	事件
1918	苏俄把巴库地区 165 家石油企业收归国有
1927	阿根廷取消石油矿产的私人占有权
1937	玻利维亚控告美国标准石油公司偷税漏税，没收该公司的资产

续表

时间 / 年	事件
1938	墨西哥总统签署法令，没收在墨西哥经营的 17 家外国石油公司
1948	罗马尼亚接收全部外国资本的石油资产
1962	加蓬制定石油法，规定政府在外资石油企业中持股 25%
1964	伊拉克成立伊拉克国家石油公司，要求伊拉克石油公司把 20% 股权卖给伊拉克国家石油公司
1971	阿布扎比国家石油公司成立，开始在阿布扎比经营的外国公司中参股
1971	尼日利亚国家石油公司成立，至 1972 年先后取得埃尔夫尼日利亚公司、西方石油公司、日本石油公司、德莱内克斯公司（联邦德国）等 33.3% ~ 51% 的股权
1972	伊拉克总统贝克尔颁布第 69 号法令，把伊拉克石油公司收归国有
1973	伊拉克收回巴士拉石油公司中英荷资本的 43% 股权。两年后收回该公司的全部外国股权
1973	尼日利亚国家石油公司在壳牌 /BP、海湾、美孚石油公司中分别取得 35% 股权。次年 3 月分别增至 51% 股权
1974	厄瓜多尔国家石油公司在该国唯一的外国公司雪佛龙海湾公司中获得 25% 股权。两年后海湾公司退出，厄瓜多尔国家石油公司取得 62.5% 股权
1974	阿曼政府在年初购回阿曼石油开发公司 40% 股份，7 月扩大到 60%
1975	科威特接收英国石油公司和海湾石油公司所拥有的科威特石油公司的全部股权
1975	加拿大成立国有石油公司，接管原来由政府控制的石油资产，并收购 Arco 的加拿大子公司
1977	也门接管英国人经营的亚丁炼油厂
1977	科威特接管在科威特－沙特阿拉伯中立区中归科威特经营的美国独立石油公司
1980	沙特阿拉伯政府与阿美石油公司的 4 家母公司达成协议，买下阿美石油公司剩余的 40% 股份，价值 15 亿美元，阿美石油公司变成承包公司
1986	利比亚全面接管了在利比亚的 Marathon、Conoco、Amerada Hess、Occidental 和 Grace 5 家美资石油企业
2006	玻利维亚总统莫拉莱斯宣布：把国内油气工业收归国有，把外国公司的生产设施和产品交国家公司管理，国家公司在合作公司中持决定性股份

资料来源：作者整理。主要参考：王才良、周珊《世界石油大事记》，石油工业出版社，2008。

1927 年，阿根廷议会通过石油国有化法，取消石油矿产的私人占有权。1937 年，玻利维亚军政府控告在该国的美国标准石油公司偷税漏税，没收该公司的资产。1948 年，罗马尼亚宣布石油资源为国家资产，接收全部外国资本的石油资产。1962 年，加蓬制定石油法，规定政府在外资石油企业中持股 25%。

1971 年 11 月，伊拉克政府要求实施 1961 年第 80 号法令和 1966 年第 97 号法令，收回伊拉克石油公司未利用的租让地的 99.5%，并把除给该公司保留地之外的所有土地勘探开采权收归伊拉克国家石油公司。伊拉克石油公司不仅不执行，还以减产施加压力。1972 年 5 月，伊拉克政府发出通牒，要求恢复生产水平，遭该公司拒绝。6 月，伊拉克总统贝克尔颁布第 69 号法令，把伊拉克石油公司收归国有。该法令的主要内容有：对伊拉克石油公司实行国有化，包括勘探与钻井、油气开采、加工、运输、主要管线以及公司的住所和设施，建立国营的伊拉克国家石油公司来接管，伊拉克将给予补偿，石油矿产部部长有权取消一切合同和所有产生石油生产费用的原来义务，冻结收归国有的财产和权利，对破坏本法令的行动给予严惩。[①]1973 年 2 月，伊拉克石油公司承认国有化，与伊拉克政府重新签订新的协定。伊拉克政府对该公司中"态度较好"的法国石油公司承诺，继续按原来参股比例提供原油。1973 年，伊拉克政府又参股巴士拉石油公司，从而控制了 75% 以上的本国原油生产。

1986 年，针对美国政府对利比亚的经济制裁，利比亚采取报复措施，全面接管了美国在利比亚的 5 家石油企业，分别为 Marathon、Occidental、Grace、Conoco、Amerada Hess。

2006 年，玻利维亚总统莫拉莱斯宣布：把国内油气工业收归国有，把外国公司的生产设施和产品交国家公司管理，半年内在国有化谈判中无法与政府达成协议的外国公司将被清除，国家公司在合作公司中持决定性股份。[②]

除了对外国公司实行国有化，有的国家也对本国私有企业实行国有化。例如，1948 年，英国对燃气业实行国有化，政府成立燃气委员会；1973 年改名为英国燃气公司，为国有企业。

在 20 世纪 80 年代以前，世界各国普遍实行能源工业国有化的同时，也有少数国家实行与之相反的石油工业私有化政策。如 1954 年，土耳其制定石油法，鼓励私有企业开发石油。

（三）成立国家石油公司

成立国家石油公司是推进石油工业国有化，加强本国石油资源保护和合理开发利用的一项重大举措。各产油国先后采取各种方式，成立了诸多国家石油公司（表 20-3）。其中，大多数是在 20 世纪 60—70 年代成立的。

1922 年 6 月，阿根廷以原农业部国家石油委员会为基础，成立世界上第一家国家石油公司——阿根廷国家石油公司。它经营内乌肯和巴塔戈尼亚的油田，实行上下游一体化经营。为了保护本国燃料供应和控制石油资源，阿根廷政府规定由国家石油公司独家经营石油工业，不给私有企业探采特许权。[③]

表 20-3　现代以来世界各国国家石油公司成立进程

成立时间		公司名称
年代	年份	
20 世纪 20 年代	1922 年	阿根廷国家石油公司（世界上首家国家石油公司）
	1924 年	法国石油公司（国有控股）
	1924 年	意大利石油总公司（国营）
20 世纪 30 年代	1931 年	乌拉圭国家石油公司
	1933 年	葡萄牙国家石油公司
	1936 年	玻利维亚国家石油公司
	1938 年	墨西哥国家石油公司
20 世纪 40 年代	1940 年	中国石油有限公司
	1948 年	芬兰国家石油公司

① 王才良、周珊:《世界石油大事记》，石油工业出版社，2008，第 201-202 页。
② 同上书，第 425 页。
③ 同上书，第 60 页。

续表

成立时间		公司名称
年代	年份	
20 世纪 50 年代	1950 年	智利国家石油公司
	1951 年	哥伦比亚国家石油公司
	1953 年	巴西国家石油公司
	1954 年	土耳其石油公司（半国营半民营）
	1958 年	叙利亚石油公司
	1959 年	印度石油有限公司（先是民营，1981 年政府 100% 持股）
20 世纪 60 年代	1960 年	委内瑞拉国家石油公司（1976 年并入国营的委内瑞拉石油公司）
	1961 年	科威特国家石油公司
	1961 年	巴基斯坦石油天然气开发公司
	1961 年	斯里兰卡锡兰石油公司（国营）
	1963 年	阿尔及利亚国家碳氢化合物运输与商贸公司
	1963 年	缅甸国家石油公司
	1964 年	伊拉克国家石油公司
	1966 年	法国石油勘探和经营公司（国营）
20 世纪 70 年代	1971 年	尼日利亚国家石油公司
	1971 年	阿布扎比国家石油公司
	1971 年	印度尼西亚国家石油公司
	1972 年	厄瓜多尔国家石油公司
	1972 年	挪威国家石油公司
	1973 年	瑞典石油公司
	1973 年	菲律宾国家石油公司
	1974 年	卡塔尔石油总公司
	1975 年	英国国家石油公司
	1975 年	加拿大石油公司（国营）
	1976 年	巴林国家石油公司
	1977 年	越南石油天然气公司
	1979 年	加蓬国家石油公司
20 世纪 80 年代	1987 年	西班牙国家石油公司
	1988 年	沙特阿拉伯国家石油公司

续表

成立时间		公司名称
年代	年份	
20 世纪 90 年代	1992 年	乌兹别克斯坦国家石油天然气公司
	1993 年	特立尼达和多巴哥国家石油公司
	1995 年	约旦国家石油公司
	1997 年	罗马尼亚国家石油公司
	1997 年	哈萨克斯坦国家石油公司
	1998 年	土库曼斯坦国家石油公司
	1998 年	乌克兰国家石油天然气公司
	1998 年	刚果（布）国家石油公司

资料来源：作者整理。主要参考：王才良、周珊《世界石油大事记》，石油工业出版社，2008。

1924 年，意大利在罗马成立国营的石油总公司，后来还成立了国家燃料油公司（1936 年）以及从事石油进出口和销售的 SNAM，该三家公司共同构成意大利三大国有石油企业。

此后，许多国家通过改组、合并、新建、接管等各种方式成立国家石油公司。1953 年，巴西在原巴西全国石油机构的基础上，成立巴西国家石油公司。1963 年，阿尔及利亚出台政府法令，成立国家碳氢化合物运输与商贸公司。1966 年，法国政府把石油勘探局与一些较小的国营石油企业合并，组成国营性质的法国石油勘探和经营公司。1988 年，沙特阿拉伯全部接管阿美石油公司，改组为沙特阿拉伯国家石油公司。1997 年，罗马尼亚将石油勘探开发公司等 4 家国有石油企业合并成立罗马尼亚国家石油公司。次年，乌克兰政府把乌克兰油气综合体改组为乌克兰国家石油天然气公司。

各国成立的国家石油公司承担着参股持股、管控租借地、生产经营等各种不同的职能和任务。1933 年，葡萄牙成立国家石油公司，作为石油销售企业。1971 年，印度尼西亚政府在合并 PN Pertamin 与 PT Permina 的基础上成立国家石油公司（Pertamina）。根据苏哈托总统的 8 号法令，Pertamina 是印度尼西亚唯一的国家石油公司，全面经营管理印度尼西亚的石油工业，其目的是保证国家与人民的利益和满足国内对油气的需求。[1]1972 年，厄瓜多尔成立国家石油公司，对以往签订的租借地合同进行重新谈判，取得对东部亚马孙河流域及海岸地区的控制权，缩小了外国公司的租借地。同年，挪威成立国家石油公司（Statoil），以滑动的参股率在挪威新划出的每个区块中参股，参股最低 50%，最高达 80%。Statoil 还积极参与每个油气田区块的各项工作。1975 年，英国成立国家石油公司（BNOC），BNOC 向英国北海各油田的作业委员会派出代表，有权购买这些油田生产的 51% 原油，英国政府实现了对这些石油公司和石油价格的控制。

在能源工业是国有还是私有这一重大问题上，有的国家引发了社会冲突。2005 年，玻利维亚国内就石油和天然气工业国有化问题爆发大规模游行示威，导致社会动荡，总统卡洛斯·梅萨为此宣布辞

---

[1] 王才良、周珊：《世界石油大事记》，石油工业出版社，2008，第 198 页。

职。此前 10 年，即 20 世纪 90 年代，也曾出现类似的现象。当时，私有化热潮正是高涨的时候，哥伦比亚矿产能源部 1995 年与石油工会经过 4 个月的会谈后，同意不对哥伦比亚国家石油公司实行私有化或出售其主要业务，工会为此在工资和救济金等方面做出让步。[1] 在经济全球化和开放合作不断深化进程中，能源工业是国有还是私有，这一根本性问题还会继续存在。

二、能源私有化政策

20 世纪 70 年代末，智利、英国先后对国有能源企业实行私有化政策。智利于 1978 年建立智利国家能源委员会（CNE），开始推行电力工业私有化改革。英国则于 1979 年开始推行油气工业私有化。英国对石油工业的私有化直接推动了 20 世纪 80 年代欧洲各国的石油、天然气工业私有化进程，掀起了世界范围的私有化浪潮（表 20-4）。

表 20-4　各国石油、天然气工业私有化进程

年代	年份	事件
20 世纪 70 年代	1979 年	英国保守党上台后，强调"让市场发挥作用"，实行国营企业私有化政策
20 世纪 80 年代	1986 年	法国 ELF-Aquitaine 开始私有化，出售 1 080 万股国有股份，使公众持股由 33% 增加到 44%，股东由 15 万人增至 30 万人
	1987 年	奥地利政府开始对奥地利石油天然气集团（OMV）私有化，出售 15% 股份
	1989 年	西班牙政府开始对西班牙国家石油公司私有化，出售 20% 股份
	1989 年	阿根廷政府制定一系列解除管制、实行国企私有化的法律，要求国家石油公司把石油生产、勘探权出售给其他私人公司
20 世纪 90 年代	1991 年	芬兰政府开始对芬兰耐思特石油公司私有化，政府股份减为 97.97%，其余股份转给两家私人企业
	1991 年	加拿大保守党政府宣布对加拿大国家石油公司实行私有化，首次出售 15% 政府股份
	1991 年	委内瑞拉自石油工业国有化以来，首次允许私人资本和外国公司参与油气勘探开发
	1991 年	阿根廷政府发布 44/91 号法令，对石油、天然气运输部门实行私有化
	1991 年	秘鲁总统藤森颁布法令，废除国家石油公司在炼油、油品销售和石油化工方面的垄断地位，鼓励私人投资
	1991 年	巴基斯坦实行新石油法，鼓励国内外私人投资，取消过去每个区块国家公司参股 25% 的做法
	1992 年	捷克斯洛伐克政府对国家石油公司进行股份制改造，国家财产基金拥有 67%，私有化券占 30%，3% 是迟赔投资基金
	1992 年	葡萄牙石油工业开始私有化
	1993 年	俄罗斯政府对石油工业实行分散化、私有化，把俄罗斯石油公司分为鲁克、尤科斯、苏尔古特 3 家一体化石油公司，第 1 阶段（3 年内）国家拥有 38% 股权

---

[1] 王才良、周珊：《世界石油大事记》，石油工业出版社，2008，第 316 页。

续表

年代	年份	事　件
20 世纪 90 年代	1995 年	波兰政府批准将 2 个大炼油厂的 20% ～ 30% 股份出售给外国投资者
	1995 年	墨西哥政府首次拍卖国有资产，宣布出售国家石油公司下属的石油化学企业股份
	1995 年	哥伦比亚向国内外私营公司开放国家石油公司管理的油气区
	1995 年	玻利维亚议会通过新石油法，对国家石油公司实行私有化，所有探区都由外国公司经营
	1998 年	印度尼西亚政府拟修订有关法律，对国家石油公司和国家天然气公司实行私有化
	1998 年	尼日利亚政府计划出售国家石油公司 40% 的股权，该公司市值为 130 亿～ 180 亿美元
	1998 年	孟加拉国政府开始对吉大港东部炼油厂、孟加拉气田公司等 4 家国有石油公司实行私有化
21 世纪初	2000 年	立陶宛政府批准国家天然气公司私有化，34% 的股份出售给外国投资者，34% 的股份出售给俄罗斯及立陶宛的合作伙伴，政府持股从 92.4% 减为 24%
	2000 年	巴西政府出售其在国家石油公司中的 28.5% 股份，其中一半以上售给外国投资者
	2000 年	乌兹别克斯坦推行石油工业私有化，出售国家在石油天然气领域 49% 的股份，涉及多家子公司
	2001 年	挪威政府出售国家石油公司 18.2% 的股份
	2001 年	泰国国家石油公司完成公司化改造，32% 的股份以每股 35 泰铢公开发行，筹集 7.25 亿美元，政府持股减少到 68%
	2002 年	日本参议院通过法案，撤销日本石油公团，把其石油开发业务委托给民间，石油储备转为国家事业
	2002 年	刚果（布）国家石油公司宣布解体，向私有化迈出关键一步
	2004 年	印度国家石油天然气公司向公众出售总值约 20 亿美元的股票，印度政府出售所持有的国家石油天然气公司 10% 的股份
	2005 年	阿尔及利亚对阿尔莫国营公司实行私有化，进行国际招标
	2005 年	土耳其 OIB 把其在土耳其炼油公司中 14.76% 的股份出售给外国投资者
	2005 年	利比里亚政府计划出售国有石油公司塔姆石油 60% 的股份
	2005 年	科威特国家石油公司以 9.77 亿美元出售其在 Global Santa Fe 公司中的 2 000 万股剩余股份
	2006 年	伊朗对 80% 的国有公司实行私有化，但保留政府对上游石油产业和关键银行的严格控制

资料来源：作者整理。主要参考：王才良、周珊《世界石油大事记》，石油工业出版社，2008。

（一）20 世纪后期

1979 年英国大选，保守党胜出，实行国营企业私有化。1984 年，英国政府决定出售国有的英国天然气公司（BG 公司）。1985 年，英国政府出售其在 Britoil（英属北海油田最大的公司）中 49% 的股份。1987 年 10 月起，英国政府又出售其在 BP 公司 31.6% 的股份，科威特投资公司乘机大量买进。到 11 月末，科威特投资公司持有 BP 公司股份达 10.1%,成为 BP 公司第一大股东,次年 3 月增至 21.3%。从 1984 年到 1988 年,英国政府通过出售 BG 公司和 BP 公司的政府股份,一共获得 180 亿英镑的巨额收入。[①]

在英国私有化改革的影响下,法国、西班牙、奥地利等欧洲国家在 20 世纪 80 年代也对能源工业实行私有化政策。1986 年,法国开始对 ELF-Aquitaine 实行私有化,出售 1 080 万股国有股份。1994 年,法国又对 ELF 集团进一步实行私有化,国有持股降至 13%。1996 年,法国政府卖掉其在道达尔石油公司中的 4% 股份,政府持股减至 0.97%。奥地利于 1987 年出售 OMV 公司 15% 的国有股份。西班牙于 1989 年出售西班牙国家石油公司 20% 的国有股份。

20 世纪 90 年代,能源工业私有化改革从欧洲蔓延到北美洲、南美洲、亚洲、非洲各国,出现能源工业私有化高潮。曾积极推行石油工业国有化的 OPEC 成员国委内瑞拉在 1991 年首次允许私人资本和外国公司参与油气勘探开发。另外两个 OPEC 成员国印度尼西亚和尼日利亚也在 1998 年计划对石油、天然气工业实行私有化。

苏联解体后,俄罗斯开始推行"自由市场改革"。此后,俄罗斯能源工业开始实行私有化。1993 年,俄罗斯石油公司被拆分为鲁克、尤科斯、苏尔古特 3 家企业,第 1 阶段(3 年内)国家拥有 38% 股权,25% 归职工所有,5% 卖给企业领导人,其余上市,外国公司持股不得超过 15%。11 月,俄罗斯批准鞑靼石油公司私有化计划,鞑靼斯坦共和国政府持有 40%,鞑靼地方投资基金会认购 15%,本公司员工持有 41.34%,3.66% 出售给公司的合伙经营者。[②]1993 年,俄罗斯天然气公司把 15% 的股份分给员工,完成私有化第一步改造。1994 年 3 月,该公司又把 28.7% 的股份与当地居民置换私有化证券,5.2% 出售给亚马尔 – 涅涅茨自治区居民,1.1% 由天然气销售公司认购,10% 由俄罗斯天然气公司购入(一年内上市出售),政府在 3 年内保持 40% 的股份。[③]1995 年,总统叶利钦发布 327 号法令,把俄罗斯石油公司改组为股份公司,51% 的股权 3 年内属于联邦政府。同时,将图曼石油公司、东西伯利亚石油天然气公司等多家中、小石油企业私有化。俄罗斯政府还在 1995 年推行贷款换股份计划,许多石油公司的股份被出售,一些银行成为石油公司的大股东。比如,以霍多尔科夫斯基为首的梅纳捷普银行仅以 3 亿美元就"买"下了尤科斯石油公司 45% 的股份,从而总共掌握尤科斯石油公司 78% 的股份;优尼西姆银行拥有西丹科石油公司 51% 的股份。[④]在此私有化过程中,大量国有资产流失。

(二)21 世纪初

进入 21 世纪,立陶宛、巴西、乌兹别克斯坦、挪威、泰国、日本、格鲁吉亚、刚果(布)、印度,以及 OPEC 成员国阿尔及利亚、科威特、伊朗等一批国家先后推进了能源工业的私有化改革。巴西政府 2000 年出售其在国家石油公司中 28.5% 的股份。挪威政府 2001 年出售国家石油公司 18.2% 的股份。伊朗于 2006 年发布行政命令,对 80% 的国有公司实行私有化。

2006 年 2 月,意大利国家电力公司宣布,有意收购法国能源企业苏伊士公司。3 天后,法国总理德维尔潘宣布,法国燃气公司将收购苏伊士公司,并迅速出台收购方案。意大利副总理朱利奥·特雷

---

① 王才良、周珊:《世界石油大事记》,石油工业出版社,2008,第 285 页。

② 同上书,第 309 页。

③ 同上书,第 312 页。

④ 同上书,第 315 页。

蒙蒂认为，法国此举会对欧盟开放内部能源市场的计划构成致命打击。对此，欧盟委员会要求法国对上述并购行为做出解释。2 月 27 日，法国燃气公司与苏伊士公司达成合并意见，合并金额高达 700 亿欧元，国有资本占主导地位。德维尔潘说："法国在能源供应方面的独立性具有重要战略意义。法国燃气公司与苏伊士公司的合并，似乎是一种最为恰当的解决方案。"11 月，法国议会批准法国燃气公司全面私有化法案，允许国有股份所占比例从 70% 下降到 1/3 左右，从而为该公司与苏伊士公司合并扫清了障碍。[①]

但是，进入 21 世纪后，能源领域的私有化进程遭到了国有化的挑战。如在前面国有化进程中所指出的，面对能源危机，一些国家又加强了国家对石油、天然气等战略资源的控制。2004 年 11 月，哈萨克斯坦通过一项法律修正案，使国家从外国公司和私营者手中购买本国矿产资源开采权时享有优先权。该修正案规定，为保障和巩固本国经济的资源基础，拥有本国矿产开采权的法人必须首先向国家出售股份和开采权，只有国家拒绝购买时才能向第三者转让。根据此法，哈萨克斯坦政府可获得购买参与里海石油项目的英国天然气公司所拥有股份的优先权。[②]

委内瑞拉在 20 世纪 90 年代实行对外开放，6 家国际石油公司与委内瑞拉国家石油公司成立合资公司，投资 200 亿美元开发奥里诺科重油，产量逐步增长到 60 万桶 / 日。随着 21 世纪以来全球油价暴涨，在委内瑞拉的国际石油公司赚得盆满钵满。面对国家石油利益滚滚流出，2006 年委内瑞拉总统查韦斯宣布，把委内瑞拉国家石油公司在所有石油公司中的股权提高至 40% ～ 60%，开始实行国有化。大部分外国石油公司接受了国有化协议，但埃克森美孚公司拒绝实行国有化，导致该公司的石油资产被委内瑞拉政府没收。埃克森美孚公司要求委内瑞拉政府给予补偿，并请求美欧法院冻结委内瑞拉国家石油公司的外国资产。查韦斯则威胁要切断对美国的所有石油运输。2007 年，委内瑞拉宣布接管奥里诺科河地带所有石油勘探计划，美国康菲、雪佛龙和法国道达尔石油公司只好撤出。[③]

对于委内瑞拉这次能源冲突事件，美国的丹尼尔·耶金在《能源重塑世界》一书中做了相关描述。2007 年 "五一" 国际劳动节，委内瑞拉开始了一场力量的展示。军队冲入奥里诺科重油带，占领了法亚石油设施。不久，身着红色军服的查韦斯走上何塞工业园区的生产平台，向聚集在那里的石油工人正式宣布，他将接管这个庞大的工业企业。"这是我们对自然资源真正的国有化"，查韦斯宣布道。几架飞机从他的头顶上空掠过。在他身后悬挂着一面醒目的大红旗，上面写着 "全面实现石油主权，通往社会主义之路"。这个标语更加突出了查韦斯国有化的目标。在台下听他演讲的石油工人将平时的蓝色安全帽换成了象征革命的红色安全帽，并穿上红色 T 恤来庆祝石油工业国有化。[④]

三、能源领域对外开放政策

自 20 世纪 20 年代到 70 年代，各国先后开始陆续收回矿山权、所有权，推行石油工业国有化。在

[①] 王才良、周珊：《世界石油大事记》，石油工业出版社，2008，第 432-433 页。

[②] 同上书，第 369 页。

[③] 张建新：《能源与当代国际关系》，上海人民出版社，2014，第 297 页。

[④] 丹尼尔·耶金：《能源重塑世界（上）》，朱玉犇、阎志敏译，石油工业出版社，2012，第 227 页。

这一时期，各国对外开放是有限的，力度不大。从 20 世纪 80 年代起，许多国家开始推行私有化政策，通过吸收外国资本和私人资本发展能源工业，对外开放得到空前的发展。

（一）有限开放时期（20 世纪 20—70 年代）

这一时期，世界石油开放政策与亚洲、非洲、拉丁美洲地区产油国争取国家主权和国家利益的国际能源政治斗争这一主线是紧密联系的，具有显著的欧美国家极力瓜分世界石油产地，而产油国极力保护国家权益的特征。由于产油国的抵触与抗争，这一时期的世界石油开放明显是有限度地进行的（表20-5）。

表 20-5 20 世纪 20—70 年代世界各国石油产业开放政策

时间 / 年	政策要点
1921	美国新上台的总统哈定召集美国石油界人士开会，商议对中东推行门户开放政策，成立由新泽西标准石油公司等 7 家石油公司组成的近东开发公司。商业部部长胡佛鼓动大石油公司首脑去争夺中东市场
1928	墨西哥修改石油法，加大吸引外资的力度
1932	美国联邦政府接受独立石油商协会的建议，实行石油进口税制度，原油、燃料油每桶征收 21 美分，汽油每桶征收 1.05 美元。受影响最大的出口国是委内瑞拉
1934	委内瑞拉议会通过石油法，实行对半分成原则；征收的各种使用费和税收提高到使政府的收入等于外国石油公司在委内瑞拉获得的利润；现存的租让权得到确认和延长，准允进行新的勘探
1934	巴西制定矿产法，限制外国人对巴西矿业的投资
1934	日本颁布石油工业法，控制石油进口，由政府决定各公司的市场份额和价格
1939	美国与委内瑞拉缔结协定，将进口委内瑞拉石油的关税降低 1/2，授予委内瑞拉 90% 的美国石油进口配额
1947	美国通过一项法案，控制美国生产的石油产品出口
1947	美国限制出口苏联部分石油产品
1952	美国与委内瑞拉签订新的贸易协定，废除对委内瑞拉的石油进口配额制度，关税减半
1953	利比亚公布发放勘探许可证的各种条件，吸引外国公司勘探开发油气资源
1956	玻利维亚开放门户，有 20 家外国公司租地 10 万平方千米，开展油气勘探
1957	伊朗发布新石油法，实行利润的一半缴纳矿区使用税，税后利润对半分成的对外合作制
1957	美国总统艾森豪威尔推行石油进口自愿控制计划，要求进口公司"自愿"限制石油进口
1959	巴基斯坦修订《矿山和矿物资源管理条例》，规定外国公司进行油气勘探开采须取得三种许可证，即石油普查许可证、石油勘探许可证、石油开采许可证
1962	刚果（布）颁布 29-62 法，这是外国公司在刚果（布）获得许可证、租让权的依据
1975	巴西改变不让外资参与油气资源开发的政策，允许外国公司参与巴西近海油气勘探
1977	越南发布外商投资条例，以按产量分成办法与外国公司合作开发石油资源；与法国埃尔夫公司签订《湄公河三角洲海上矿区协议》
1979	利比亚制定以筹措勘探开发资金为目的的新勘探法，鼓励外商扩大对油气勘探开发的投资

资料来源：作者整理。主要参考：王才良、周珊《世界石油大事记》，石油工业出版社，2008。

第一次世界大战时，世界列强尝到了石油的"甜头"。于是，英、美两国的石油公司没等"一战"结束，便在 1918 年对远东石油市场进行瓜分。1918 年 7 月，代表美国的新泽西标准石油公司董事托马斯和代表英国的英波石油公司董事长卡德曼签订"东方协议"，旨在瓜分远东石油市场。该协议规定：1919 年向远东出口的石油产品总量必须由美英两国政府共同商定，按 1913 年纽约标准石油公司和英荷壳牌集团实际占有的市场份额（47.35∶52.65）进行分配。[①]

1920 年，英国、法国对战败国土耳其奥斯曼帝国的石油进行瓜分。1920 年 4 月 24 日，英国、法国签订《圣雷莫协定》，把土耳其奥斯曼帝国原来统治的地区分别交给英、法两国"托管"。在石油方面，规定战后英国在法国控制的叙利亚和黎巴嫩建设一条输油管道，而法国取得德国在土耳其石油公司中的权益。土耳其石油公司的股权重新分配如下：英波石油公司占 47.5%，法国占 25%，壳牌集团占 22.5%，古尔本基安占 5%。[②] 这一协定将美国排在"门外"。

1920 年 5 月，美索不达米亚成为英国托管地。7 月，《圣雷莫协定》公开。美国表示强烈抗议，要求给予美国公民与其他国家公民相同的权利。11 月，美国政府致函英国，认为土耳其石油公司对美索不达米亚的权利无效。1921 年，美国新总统哈定上台后，召集美国石油界人士开会，商议对中东推行门户开放政策。随后，商业部部长胡佛召集大石油公司的首脑开会，鼓动他们去争夺中东市场。这成为美国政府对外国石油"走出去"政策之开端。

由于发达国家对发展中国家石油资源的掠夺，亚洲、非洲、拉丁美洲地区产油国的石油对外开放政策大多数都是以收回石油产地所有权、提高税费收入和利润分成为重要前提条件的。例如，委内瑞拉在 1937 年是世界第二大石油生产国，石油出口量占世界的 40%，但石油生产主要被 3 家外国公司控制，其中，美国的新泽西标准石油公司占 50%，英荷资本组建的壳牌集团占 33%，美国的海湾石油公司排第三[③]，三者所占份额达到 90% 左右。由于利益分配不均，委内瑞拉石油工业开放的首要诉求就是要从石油生产中获得合理的收入。对此，1934 年委内瑞拉议会通过石油法，明确规定：实行对半分成原则；把征收的各种使用费和税收提高到委内瑞拉政府收入与外国石油公司获得的利润相等；现存租让权得到确认和延长，并获准进行新的勘探。[④] 这在石油史上具有划时代的意义。由于提高了收益分配，1948 年委内瑞拉的石油收入是 1942 年的 7 倍。

作为中东第一个石油生产国，伊朗石油工业开放的条件到 1957 年时甚至已不是"利润对半分成"，而是得到利润的 3/4。1957 年 7 月，意大利埃尼集团与伊朗国家石油公司签订协议，首创一种新的合作方式：利润的一半缴纳矿区使用税，税后利润对半分成。这样主权国方面实际得到的是利润的 3/4。同月，伊朗颁布新石油法，将上述合作方式作为今后对外合作的原则。

巴西政府直到 1975 年 10 月才准允外资参与油气资源开发。1976 年，巴西国家石油公司公布《石油战略纲要》：外国石油公司可以进行风险勘探，投产后得到偿还；巴西国家石油公司对承包公司发现的油田拥有所有权，外国公司的勘探被限定在指定地区。1975 年 9 月，巴西国家石油公司和 BP 公司签订巴西石油工业开放的第一个合同,勘探圣保罗州外海 2 125 平方千米区块。[1]

在这一时期,除了对外投资,美国还采取了以下措施:先控制石油出口,后控制石油进口,又与委内瑞拉加强贸易合作,对苏联限制出口。美国国会为保护本国资源、满足国内需求,于 1947 年 7 月通过一项法案,控制美国生产的石油产品出口。10 年之后,即 1957 年 7 月,美国总统艾森豪威尔又推行石油进口自愿控制计划,要求进口石油的公司"自愿"限制进口,每年进口量的增长率只可与消费量的增长率相当,1957 年最高进口量是 1954—1956 年 3 年的平均值,5 大公司要减少 10% 进口量。[2]在对待委内瑞拉方面,1939 年美国与委内瑞拉缔结贸易协定,将进口委内瑞拉石油的关税减少 1/2,授予委内瑞拉 90% 的美国石油进口配额。1952 年美国又与委内瑞拉签订新的贸易协议,废除石油进口配额制度,关税减半。对苏联,美国的政策正好相反。1947 年 3 月,美国对苏联限制出口部分石油产品。[3]

(二)扩大开放时期(20 世纪 80—90 年代)

在私有化、市场化推动下,20 世纪 80—90 年代,世界石油工业掀起了前所未有的开放合作热潮,各国先后出台一批推动石油工业扩大对外开放的重要政策举措(表 20-6)。

表 20-6　20 世纪 80—90 年代世界各国石油产业开放政策

时间 / 年	政策要点
1982	中华人民共和国国务院发布《中华人民共和国对外合作开采海洋石油资源条例》
1985	阿根廷制订"休斯敦计划",吸引外国资本参与石油勘探与开发
1985	埃及出台勘探开发天然气优惠政策,鼓励外国公司参与"全国天然气储量"计划,计划新探明天然气储量 33 984 亿立方米
1986	阿尔及利亚颁布新的石油法规,允许外国石油公司与阿尔及利亚国家石油公司组成合资公司,以服务合同或产量分成合同方式合作
1986	挪威公布减税方案:废除新发现油气田的矿区使用费,降低特种税税率,免除国际石油公司应承担挪威国家石油公司的勘探费用,把按额定油价计税的办法改为接近国际油价的加权平均价计税
1986	印度进行第三轮油气勘探招标,放宽政策,提供远景良好的区块,共签订 9 份合同
1987	伊朗颁布新石油法,允许石油部、国家石油公司与外国法人实体签订石油合同,准许外国人进行有限的国际合作
1987	越南制定外来投资法:允许外国人拥有合资项目的多数股份,实行石油产量分成制度,允许外国人独自经营
1988	日本通产省对购买外国油田的公司予以减税 3.5% 的鼓励,或者在购买油田的第一年付给公司 15% 的油田购置费
1989	印度尼西亚修改产品分成合同条款:对勘探边远困难地区的国营石油公司同外国石油公司的产品分成比例由 85∶15 改为 75∶25,常规地区由 85∶15 改为 80∶20,天然气均按 75∶25
1989	马来西亚实行新的所得税条例:公司税从 40% 减到 35%,取消每个合同的所得税,勘探投资由 5% 增至 15%,二次采油补贴由 6% 增至 10%,天然气按 25% 回收费用

① 王才良、周珊:《世界石油大事记》,石油工业出版社,2008,第 225 页。

② 同上书,第 141 页。

③ 同上书,第 113 页。

续表

时间 / 年	政策要点
1989	墨西哥公布新的投资条例，改变过去禁止外国公司投资石油工业的做法，允许外国投资者在油气田钻井、油气管道建设和海洋工程等方面投资
1990	突尼斯颁布鼓励外国公司投资石油勘探的新法规
1991	阿尔及利亚修改石油法：允许外国公司拥有生产权益；天然气与石油同等对待；取消政府对油气运输的垄断权；合同规定勘探期限为 4 年，生产期限 12 年；矿区使用费为 12.25% ～ 20%，所得税为 65% ～ 85%
1991	新西兰颁布矿产法：规定颁发石油勘探许可证的政策和程序；矿区使用费为 12.5%，所得税为 48%
1993	中华人民共和国国务院发布《中华人民共和国对外合作开采陆上石油资源条例》
1994	科威特出台新石油政策：加强油气勘探，扩大炼制能力，开发国际市场，鼓励私营部门参与石油经营活动，考虑向国外开放国有石油部门
1994	委内瑞拉政府决定石油工业对外开放：向外国公司提供石油勘探和开采权；公布勘探与生产利润分成标准合同
1994	俄罗斯总统叶利钦发布废除控制油气出口管理体制的命令，将出口税减少一半
1995	哈萨克斯坦发布外国投资法、新税法，加强石油、天然气领域对外开放
1996	阿塞拜疆通过地下资源法，与外国公司签订合同有了法律依据
1997	印度实行更开放的油气勘探许可证制度：私营公司不必与国营公司合营，可以在印度国内市场销售公司生产的油气；降低新区、深水区矿区使用费；私营公司与国营公司一视同仁；3 年内取消天然气价格补贴，与国际市场接轨
1997	巴西总统签署新石油投资法，结束了巴西国家石油公司对油气产业的垄断。政府设立国家石油局，允许国内外私人资本投资巴西石油工业，3 年内取消石油产品的价格补贴，政府保留在国家石油公司中 50% 的股权
1997	委内瑞拉批准资本投资免税法，主要涉及石油、矿产等行业的出口型项目，投产前（最多 5 年）可以免除进口产品 16.5% 的批发税

资料来源：作者整理。主要参考：王才良、周珊《世界石油大事记》，石油工业出版社，2008。

实行石油工业私有化，准允外国法人和自然人进行合资、合营或独自经营。1986 年，阿尔及利亚颁布新的石油法规，允许外国石油公司与阿尔及利亚国家石油公司组成合资公司，以服务合同或产量分成合同方式合作。1989 年，墨西哥公布新的投资条例，改变过去禁止外国公司投资石油工业的做法，允许外国投资者在油气田钻井、油气管道建设和海洋工程等领域投资。1997 年，巴西总统签署新石油投资法，结束了巴西国家石油公司对油气勘探、开发等领域的垄断，允许国内外私人资本投资巴西石油工业。

放宽市场准入制度，与国际市场接轨。1994 年，科威特出台新石油政策，鼓励私营部门参与石油经营活动，考虑向国外开放国有石油部门，上下游产业面向国际、国内两个市场。1997 年，印度实行更开放的油气勘探许可证制度：私营公司不必与国营公司合营，可以在印度国内市场销售公司生产的油气；降低新区、深水区矿区使用费；私营公司与国营公司一视同仁；3 年内取消天然气价格补贴，与国际市场接轨。[①]

给予税费减免、补贴。1986 年，挪威公布减税方案：废除新发现油气田的矿区使用费，降低特种

① 王才良、周珊：《世界石油大事记》，石油工业出版社，2008，第 323 页。

税税率，免除国际石油公司应承担挪威国家公司的勘探费用，把按额定油价计税的办法改为接近国际油价的加权平均价计税，以吸引外国公司投资合作。①1997 年，委内瑞拉政府批准资本投资免税法，主要涉及石油、矿产等行业的出口型项目。

鼓励到境外参与石油开发。日本作为"贫油国"，与产油国政策反向而行，鼓励国内企业到境外购买油田。1988 年，日本通产省宣布，对购买外国油田的公司给予减税 3.5% 的鼓励，或者在购买油田的第一年付给公司 15% 的油田购置费。在此鼓励下，仅在这一年，日本官方和石油公司在世界上进行勘探开发的投资就达到 15 亿美元。②

中国改革开放后，于 1982 年、1993 年先后颁布了《中华人民共和国对外合作开采海洋石油资源条例》和《中华人民共和国对外合作开采陆上石油资源条例》，1993 年成为石油净进口国。

（三）21 世纪初

进入 21 世纪，一些石油生产大国继续扩大开放合作。尼日利亚政府于 2002 年 9 月开始发放私营炼油厂许可证，作为开放石油产业下游部门的第一步。政府计划出售国家石油公司 4 座炼油厂 40% 的股份，但被尼日利亚石油天然气高级成员委员会反对，政府宣布暂缓执行国家石油公司私有化政策。3 年之后，尼日利亚政府又出台 3 项优惠政策，鼓励建造炼油厂。外国投资者可从尼日利亚国家石油公司获得原油，可享受与国内炼油厂同样价格的原油，可自由撤回资本。伊朗于 2004 年 7 月修改石油法，吸引外国公司在伊朗开发油田，2005—2010 年发展计划允许外国公司开发其已发现油田。伊朗放松对"回购"协议的限制，油田开发者在油田收归伊朗之前可获得产量补偿。两年后，伊朗政府又重新审议能源发展规划，制订出更多有力措施吸引外国投资者，新修订的回购产权的条款给外国投资者较长的投资生产期限。③

在石油、天然气贸易方面，政策取向有所差异。2002 年巴西新石油法规开始生效：开放国内石油产品市场，燃油价格不再由政府制定，取消国家石油公司对油品进口的垄断。俄罗斯决定自 2006 年 1 月 1 日起取消液化天然气出口税，以鼓励天然气发展。同年 11 月，白俄罗斯政府决定提高经由白俄罗斯销售欧盟的原油和石油产品的出口税率，使原油由每吨 102.6 美元提高到 128 美元，油品由 71.9 美元提高到 92.9 美元，以达到把税率提高到俄罗斯出口税率的目的。④

第 3 节　能源产业政策

能源产业政策包括煤炭产业政策、石油天然气产业政策、电力产业政策、核能产业政策、可再生

---

① 王才良、周珊：《世界石油大事记》，石油工业出版社，2008，第 276 页。
② 同上书，第 284 页。
③ 同上书，第 428 页。
④ 同上书，第 430 页。

能源产业政策等。各国根据自身资源禀赋条件、不同时期社会经济发展形势和国内外发展环境，做出不同的政策选择。每个国家的能源资源禀赋不一、需求不同，因而各国的能源产业政策存在较大差异。但这些政策的共同重要特征是，积极应对能源危机，大力发展可再生能源和清洁能源。

一、煤炭产业政策

煤炭产业是一个地域性强的产业，在第一次世界石油危机之前，它是各国自由、自主发展的国内事务，并没有表现出多少世界性的特征。后来，面对能源危机，一些国家实行了"以煤代油"政策，许多国家还实行洁净煤政策来应对气候变化。

（一）美国

为加强对矿山土地开发的管理，美国 1920 年发布了《矿藏土地租赁法》，主要目的是通过优先权租约来鼓励在美国联邦土地上进行煤炭开发。这些租约可以通过竞标或非竞标的形式获取。1976 年美国出台《联邦煤炭租赁修正案》，对 1920 年《矿藏土地租赁法》进行重大修改，要求只能通过竞标方式，以公平的市场价出租联邦土地。该修正案还解除了优先权租约和探矿许可。与此同时，还出台了《联邦土地政策和管理法》。两者出台的目的是建立统一的联邦土地使用政策，使它们适用于所有联邦土地的租赁，在国家利益允许的范围内保护好联邦土地。[1]

1973 年石油危机爆发后，美国联邦考虑到煤炭储量丰富，主张采用煤炭替代石油，以降低对国外石油的依赖度。为达到通过增加煤炭利用来降低对国外石油和天然气依赖程度的目的，国会于 1974 年通过《能源供应和环境协调法》，批准当时的联邦能源署对发电厂和主要的燃烧设备实行以煤代油或天然气的计划，并对缓解由煤炭生产增加所引起的环境问题做出规定。1975 年 12 月，又对《能源供应和环境协调法》进行修订，授权联邦能源署制定、颁布与转换土地用途相关的禁令和建设令。1978 年，出台《发电厂和工业燃油利用法》，进一步修改与煤炭替代相关的立法。但这项煤炭替代立法基本上是不成功的[2]，原因在于工业用户认为煤炭替代油气的支出过于昂贵，于是通过获取豁免来避免执行这一法令。美国能源部的一份报告指出，从 1983 年 1 月 1 日到 1985 年 12 月 31 日，所有的豁免申请均获批准。正因如此，这项没有效果且没有得到很好执行的煤炭替代立法最终被废止。[3]

1976 年《联邦煤炭租赁修正案》鼓励煤炭产业规模化发展。该修正案允许在满足"最大经济开采"要求条件下对租约进行合并，但限制租赁面积。同时，要求使用费不低于 12.5%，以用于环境保护和保证财政收入。[4] 在对租赁申请进行评审时，土地管理署要求提交按照国家环境政策法规定的环境影响评估报告。

在此政策推动下，美国煤炭产业集中度不断提高。1986—1997 年，美国煤炭的产量持续增长，而矿井数却由 1986 年的 4 424 个减少到 1997 年的 1 828 个，减少 59%。同期煤炭价格降低，这有益于扩大煤矿规模，促进不具竞争力的煤矿关闭。[5]1997 年在 1 828 个煤矿中，产能每年大于 90 万吨的有

---

① 托梅因、卡达希：《美国能源法》，万少廷译，张利宾审校，法律出版社，2008，第 192 页。
② 同上书，第 193 页。
③ 同上。
④ 同上书，第 192-193 页。
⑤ 同上书，第 187 页。

208 个，占美国煤矿总数的 11.4%，共计产量 7.5 亿吨，占全国总产量的比例高达 74.9%（表 20-7）。[①]
由于煤矿机械化水平不断提高，加之市场竞争激烈，出现大规模的煤矿并购重组，1997 年后美国煤炭
产业的集中度又进一步提高。2004 年，美国煤矿数量减至 1 300 个，矿工人数从 81 516 人减至 70 000 人，
煤炭产量则保持在 10 亿吨左右（表 20-8）。

表 20-7　1997 年美国煤矿产能规模、数量及产量

产能规模 /（万吨 / 年）	煤矿数量 / 个	煤矿数量所占比例 /%	煤矿产量 / 亿吨	煤矿产量所占比例 /%
＞ 90	208	11.4	7.5	74.9
45 ～ 90	155	8.5	1.0	10.0
18 ～ 45	307	16.8	0.9	9.0
9 ～ 18	239	13.1	0.3	3.2
1 ～ 9	638	34.9	0.3	3.2
＜ 1	281	15.4	0.01	0
合计	1 828	—	10.01	—

资料来源：王继军、赵大为：《电煤市场法律问题研究》，法律出版社，2012，第 161 页。合计栏的数据为作者增加。

表 20-8　1997—2004 年美国煤矿数量、矿工人数及产量

时间 / 年	煤矿数量 / 个	矿工人数 / 人	煤矿产量 / 亿吨
1997	1 828	81 516	9.9
1998	1 726	85 418	10.1
1999	1 591	78 723	10.0
2000	1 453	72 748	9.7
2001	1 478	77 088	10.2
2002	1 427	75 466	9.9
2003	1 316	71 023	9.7
2004	1 300	70 000	10.1

资料来源：王继军、赵大为：《电煤市场法律问题研究》，法律出版社，2012，第 161 页。

　　1990 年美国重新修订 1970 年出台的清洁空气法，它是控制煤炭发电厂污染的联邦基本法律。美
国还实施了"清洁煤技术计划"，美国能源部为之拨款 3.3 亿美元，以招标方式支持私人机构参与。从
整个煤炭行业看，美国总投资超过 500 亿美元，用以开发洁净煤技术，解决国内和全球的环境问题。[②]
　　由于实行积极的煤炭开发利用政策，美国丰富的煤炭资源不断被开发出来，煤炭产量由 1970 年的
5.2 亿短吨（1 短吨 =0.907 吨）增至 2002 年的 11 亿短吨。从 20 世纪 60 年代初期起，煤炭产量一直保
持较快的增长水平（图 20-10）。

[①] 王继军、赵大为：《电煤市场法律问题研究》，法律出版社，2012，第 161 页。
[②] 托梅因、卡达希：《美国能源法》，万少廷译，张利宾审校，法律出版社，2008，第 185 页。

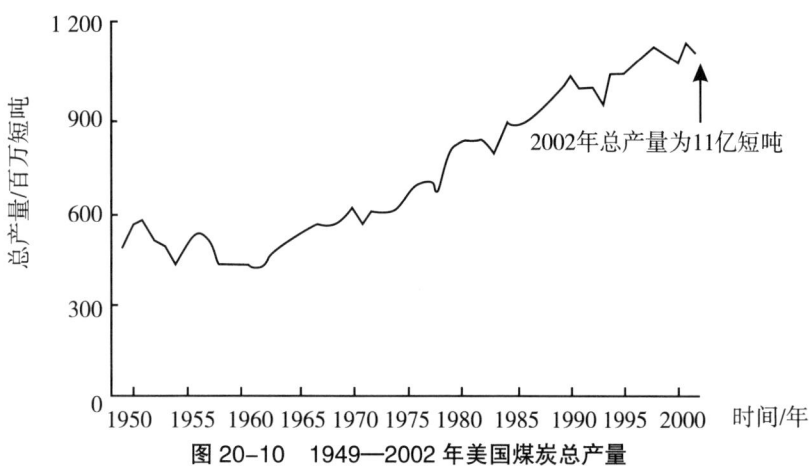

图 20-10　1949—2002 年美国煤炭总产量

资料来源: 托梅因、卡达希:《美国能源法》, 万少廷译, 张利宾审校, 法律出版社, 2008, 第 189 页。

由于石油短缺及其价格上涨, 进入 21 世纪后, 美国启动了"煤制油"(CTL)计划。美国国内关于利用本国丰富的煤炭资源制造合成燃料的讨论越来越多。一些政治家, 尤其是那些产煤州的政治家着力推行这一措施。蒙大拿州州长布赖恩·史怀哲一直是煤制油技术的主要提议人, 认为只要提高能源效率, 增加国内生物燃料的生产并大规模地将蒙大拿州的煤炭转化为发动机燃料, 美国就"能够获得能源独立"。[1]2006 年, 奥巴马和另外 5 名参议员提议立法, 制定了煤制油燃料促进法, 允许联邦政府为那些建造 CTL 工厂的公司进行银行贷款担保并抵免税额。[2] 这为美国的 CTL 设施建设提供了重要支持。

其实, 早在"二战"期间, 美国内政部就开始资助一个小规模的 CTL 计划。1951 年, 内政部提及CTL 计划, 并为那些愿意用煤制燃油的企业提供 4.55 亿美元的贷款担保。1975 年, 杰拉尔德·福特制订了一个目标——到 1985 年每天制造出一百万桶合成燃油和页岩油产品, 请求国会为 CTL 工厂提供资助。几十年来, CTL 的支持者们一直认为, 可以从煤炭中提取大量的发动机燃料油, 而且该项技术很快就会成熟。但是, 结果并非如预期所料。维托·斯塔利亚诺在《令人不满的政策》一书中写到, 煤制油"充当的是能源政策的麻醉剂, 尤其是在 1973 年能源危机之后"。他说, CTL "已经被吹捧成了美国能源问题的解决之道, 不管是共和党执政还是民主党执政都是如此"。[3]2007 年 3 月, 麻省理工学院一组工程师的报告指出, 煤制油的制造成本高。按照他们的估计, 要建成足以替代美国 10% 汽油消耗的 CTL 工厂就得耗资 700 亿美元。[4]

即使美国煤炭资源丰富, 按当今开发水平来算, 还能使用 200 多年, 但美国已开始面对从煤炭净出口国变为煤炭净进口国的问题。如若煤制油, 问题则会变得更加突出。从 2001 年到 2006 年, 美国的煤炭进口量几乎增加了 2 倍, 2006 年达到 3 620 万吨。与煤炭的年消耗量 11 亿吨相比, 这只是一个小数目。由于美国对煤炭的需求较大, 在接下来的 20 年里, 进口量要增加 2 倍以上。美

① 布莱斯:《能源独立之路》, 陆妍译, 清华大学出版社, 2010, 第 147 页。

② 同上。

③ 同上书, 第 148 页。

④ 同上。

国能源信息管理局预计，到 2030 年，密西西比河东部大约 10% 的煤炭要依靠进口；美国能源进口规模将会接近美国历史上煤炭出口顶峰的水平。[1]历史上美国煤炭出口顶峰出现在 1981 年，出口量达 1.02 亿吨。

（二）日本

日本国内能源资源贫乏，但煤炭资源相对较为丰富，煤炭在日本能源体系中曾占重要的地位。1941 年，在日本一次能源供给中，煤炭所占比例达 66.9%，此后虽有所下降，但到 1952 年仍占 51.2%（表 20-9）。太平洋战争爆发前，美国对日本实行石油封锁，当时日本国内又逐渐丧失煤炭增产的条件，导致日本面临严重的能源危机。为更好地服务战争，日本加强了对煤炭的管制，于 1941 年 11 月成立"煤炭统制会"，这标志着日本的煤炭生产、供应、分配、消费等统统被纳入日本战时统制经济当中。[2]为保障战争对能源的需求，除了从海外进口煤炭，日本还实行战争掠夺政策，从海外掠夺了大量的煤炭。1938—1942 年，日本每年通过战争掠夺的煤炭数量达到 300 万～480 万吨，同期海外进口的则为 370 万～540 万吨（表 20-10），战争掠夺煤炭的数量约为正常渠道进口量的 90%，其数量、规模惊人。其中，日本通过战争从中国掠夺了大量的煤炭。据一份日本学者的资料记载，从 1939 年到 1944 年，日本每年从中国掠夺的煤炭分别达到 339 万吨、469 万吨、484 万吨、510 万吨、367 万吨和 222 万吨（表 20-11）。

表 20-9 1941—1952 年日本一次性能源供给量的构成及其变化

时间 / 年	供给量 / 万吨	构成比 /%						
		水力	煤炭	褐煤	石油	天然气	木柴	木炭
1941	8 758.5	20.1	66.9	0.2	2.6	0.1	6.9	3.2
1942	8 107.1	19.9	69.1	0.4	1.6	0.1	5.6	3.4
1943	8 258.3	21.4	65.7	1.7	2.4	0.1	6.0	2.7
1944	7 225.0	25.6	62.9	1.6	0.9	0.1	6.0	2.9
1945	3 810.3	32.7	49.0	2.2	0.9	0.1	11.0	4.1
1946	4 273.0	40.6	42.2	2.8	2.1	0.1	8.6	3.7
1947	5 053.9	35.5	46.0	2.8	3.7	0.1	8.3	3.6
1948	6 028.4	33.6	48.9	2.1	4.5	0.1	7.7	3.0
1949	6 393.4	34.3	50.5	1.6	4.3	0.1	6.4	2.8
1950	6 935.0	32.7	51.1	0.9	6.3	0.1	6.2	2.7
1951	7 988.9	28.4	54.0	0.9	8.7	0.1	5.4	2.5
1952	8 247.9	28.9	51.2	0.9	11.4	0.1	5.1	2.3

资料来源：尹晓亮：《战后日本能源政策》，社会科学文献出版社，2011，第 29 页。

[1] 布莱斯：《能源独立之路》，陆妍译，清华大学出版社，2010，第 146 页。
[2] 尹晓亮：《战后日本能源政策》，社会科学文献出版社，2011，第 29 页。

表 20-10　"二战"前后日本获取海外煤炭的方式及数量

单位：万吨

项目		1938年	1939年	1940年	1941年	1942年	1943年	1944年	1945年	1946年	1947年
输入方式	战争掠夺	304.6	363.9	482.0	442.7	328.2	215.1	112.9	4.3	—	—
	海外进口	378.3	435.3	507.6	515.5	545.5	406.8	219.5	26.9	—	8.7
煤炭输入总量		682.9	799.2	989.6	958.2	873.7	621.9	332.4	31.2	—	8.7

资料来源：尹晓亮：《战后日本能源政策》，社会科学文献出版社，2011，第 31 页。

表 20-11　"二战"期间中国煤炭对日出口计划与实际情况

时间/年	1940年"华北煤炭"5年计划		年度计划		实际情况	
	生产/万吨	对日出口/万吨	生产/万吨	对日出口/万吨	生产/万吨	对日出口/万吨
1939	—	—	1 492	333	1 407	339
1940	—	470	1 957	519	1 887	469
1941	3 039	685	2 520	572	2 452	484
1942	3 588	890	2 799	608	2 592	510
1943	4 186	1 050	3 007	515	2 292	367
1944	4 699	1 275	2 589	432	2 006	222
1945	5 304	1 450	—	—	—	—

资料来源：周启乾：《日本近现代经济简史》，昆仑出版社，2006，第 326 页。

"二战"后，日本煤炭产业发展经历了多次政策调整。为应对战后初期煤炭供应的严重不足，日本根据 1945 年 12 月以美国为首的盟军最高司令部发出的指令，在当月设置了管理煤炭的行政机构——煤炭厅，隶属工商省，这标志着日本对煤炭生产的行政管理从原来的多元化管理转变为一元化管理。[1]这既降低了行政管理的成本，又提高了煤炭增产政策的决策效率。同时，日本政府先后于 1945 年 10 月、1946 年 6 月、1947 年 10 月制定煤炭生产紧急对策、煤炭紧急对策、煤炭非常增产对策纲要，以促进煤炭增产。

到了 20 世纪 50 年代初，日本的煤炭价格仍然居高不下。1950 年 1 月的煤炭价格是战前（以 1934—1936 年为标准）的 341 倍，而同期电力价格仅为 95 倍，石油价格为 157 倍。[2]对此，日本开始实行以价格为中心的煤炭合理化政策，于 1955 年颁布《煤炭合理化临时措施法》，还制订了"煤炭合理化计划"。但是，其结果与预期背道而驰。

[1] 尹晓亮：《战后日本能源政策》，社会科学文献出版社，2011，第 40 页。
[2] 同上书，第 81 页。

1959 年，日本岸信介内阁和煤矿业主为推行"煤炭合理化计划"，决定在全国裁减十几万名矿工，这立即遭到煤矿工会的抵制。在这一斗争中，三井矿山公司的三池煤矿工会斗争最激烈，资方首先决定裁减 2 000 名工人，继而又以"妨碍生产"的罪名，解雇工会活动积极分子。决定一出，立即遭到工会拒绝。煤矿当局索性于 1960 年 1 月封闭三池煤矿，迫使工会屈服。于是，工会决定进行全面无限期罢工。[①]1960 年 7 月在池田内阁成立之际，三池煤矿 2 万名工人组成的纠察队与 1 万名警察处于一触即发的紧张对峙状态。9 月 6 日，三池罢工的工人孤军奋战且面对强大压力，被逼接受中劳委的"斡旋方案"，随之工人纠察队被解散，三池罢工斗争失败。此后各地煤矿相继关闭。

此后，日本对煤炭和其他能源产业又进行了多次政策调整（表 20-12）。到 1962 年，日本石油消费首次超过煤炭，煤炭退居第二位。

表 20-12　1963—1973 年日本能源政策的演变

时间	基本方针	生产目标	大事件
第 1 次 （1963—1965 年）	防止因煤炭产业的崩溃而造成国家社会、经济的重大损失；根据能源流体革命的新动态对煤炭产业结构进行重新调整	确保 5 500 万吨	引发矿工游行示威。实施原油进口自由化
第 2 次 （1965—1967 年）	考虑到能源供应过于依靠国外进口将会对国家外汇收支及能源供应的稳定造成很不利的影响，所以应确保国内重要的煤炭资源的开发与生产	维持 5 500 万吨	—
第 3 次 （1967—1969 年）	通过改善煤炭经营的条件和保证一定程度上的煤炭需求，使煤炭生产量维持在 5 000 万吨左右	确保 5 500 万吨	1967 年设立煤炭特别会计
第 4 次 （1969—1973 年）	构筑稳定的煤炭产量和供应体制；在强调煤炭企业努力维持现有煤炭生产供应的同时，提出了在煤炭工业的自立发展已经没有可能的情况下，应该勇敢地选择进退的方针	没有明确	强化防止公害对策。关闭大量矿山

资料来源：尹晓亮：《战后日本能源政策》，社会科学文献出版社，2011，第 113 页。

1973 年石油危机发生后，日本煤炭的生存状况不断恶化。由于日本确立石油主导的能源供应战略，石油在日本能源消费中的比例不断提高，而煤炭的比例则不断下降，到 21 世纪初降至 16% 左右。与此同时，日本的煤炭资源也日益枯竭，煤炭产量不断减少，从 1961 年的 5 540 万吨降到 1998 年的 369 万吨。位于北海道、有 80 多年历史的太平洋煤矿公司是日本一家较大的煤矿企业，顶峰时年产量达到 2 600 万吨，但到 21 世纪初年产量仅有 180 万吨，员工人数也降到 1 500 人。2001 年年底，太平洋煤矿公司董事会做出最后的决定：关闭矿井，解雇全部员工。2002 年 1 月，太平洋煤矿公司正式关闭。就这样，日本最后一个大型煤矿企业也彻底破产了，标志着日本的一个产业——煤炭工业的终结。

[①] 吴廷璆主编《日本史》，南开大学出版社，1994，第 985 页。

日本国内最后一个大型煤矿企业的退出也是日本煤炭产业政策所推动的。在此之前，日本政府已经决定，2002 年 3 月本财政年度结束后，将取消对煤矿企业的优惠措施，包括取消低息贷款和减退职金补助等，目的是鼓励日本国内的采矿技术向中国、越南、印度尼西亚等海外市场转移，进而寻求稳定的进口市场和货源。

据 BP 公司的有关统计数据，日本在 2011 年仍有煤炭储量 3.5 亿吨。虽然大型煤矿企业不复存在，但仍有少数的小型矿山在开发，21 世纪初其年产量约为 70 万吨油当量（表 20-13）。同期，日本煤炭的年消费量达 1.2 亿吨油当量，2014 年约为 1.27 亿吨油当量，海外进口所占比例高达 99.4%。2015 年，日本进口煤炭 1.94 亿吨，是世界第三大煤炭进口国。

表 20-13　2004—2014 年日本煤炭供需情况

时间 / 年	产量 / 百万吨油当量	消费量 / 百万吨油当量
2004	0.7	120.8
2005	0.6	121.3
2006	0.7	119.1
2007	0.8	125.3
2008	0.7	128.7
2009	0.7	108.8
2010	0.5	123.7
2011	0.7	117.7
2012	0.7	124.4
2013	0.7	128.6
2014	0.7	126.5

资料来源：中国产业信息网。

（三）德国

世界上已探明可开采的煤炭资源高达 4 200 亿吨。其中，德国煤炭的地质蕴藏量估计 2 300 亿吨，应用当今技术可开采的煤炭约 240 亿吨，是世界上煤炭和褐煤储量最多的国家之一。德国煤炭矿藏的地区分布为鲁尔区占 78%，萨尔区占 17%，伊本贝尔区占 5%。1997 年，德国以法律和条约的形式，对至 2005 年前更安全、更有保障的煤炭开采量及其补贴、就业人数等政策框架做出规定。

德国鼓励煤炭产业集中，支持产业并购重组，这形成了寡头垄断型市场。德国无烟煤生产就是由德意志煤炭公司（DSK）一家企业所垄断（图 20-11）。该公司隶属鲁尔有限责任公司（RAG），RAG

的前身是鲁尔煤矿公司。2005 年，德意志煤炭公司同时经营鲁尔河和萨尔河地区 8 个煤矿的开采业务，年销售额为 45 亿欧元。[①]

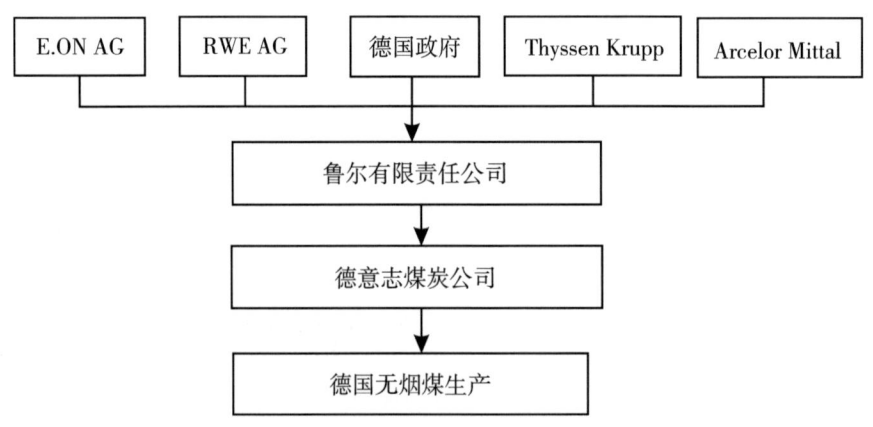

图 20-11　德国无烟煤产业组织结构

资料来源：林卫斌、方敏：《能源管理体制比较与研究》，商务印书馆，2013，第 103 页。

德国鼓励煤电一体化发展，45% 的煤炭用于发电（2013 年），电力生产与褐煤开采垂直一体化。发电所需的褐煤主要来自 4 个地区，即北莱茵 - 威斯特法伦州的莱茵矿区、下萨克森州的赫尔姆斯矿区、萨克森 - 安哈尔特州的中德矿区以及勃兰登堡州和萨克森州的卢萨席亚矿区，由 5 家企业经营（图 20-12）。其中，莱茵矿区的煤矿由 RWE 公司开采，赫尔姆斯矿区的煤矿由布伦瑞克煤炭公司开采，卢萨席亚矿区的煤矿由 Vattenfall 公司[②]开采，中德矿区两处露天煤矿分别由中央德国布朗煤炭公司（MIBR AG）[③]和 Romonta 公司经营。各矿区生产的褐煤主要用于附近的发电站发电以及其他产品的生产，电力生产与褐煤开采在很大程度上实行了垂直一体化，发电站的经营者同时又是邻近褐煤矿区的开采者。[④]据德国联邦统计局网站公布的资料，2013 年德国煤炭发电占总发电量的比例为 45%。从 2009 年到 2013 年，褐煤发电量从 14 600 亿千瓦时上升至 16 100 亿千瓦时，无烟煤发电量从 10 800 亿千瓦时增至 12 200 亿千瓦时。其部分原因是弃核所致。比如，莱茵一直为德国工业中心供电，为应对政府的弃核举措，不得不大量启用燃煤发电厂，2011 年煤炭在莱茵发电量中所占的比例为 45%，2013 年这一比例上升至 52%。

[①] 林卫斌、方敏：《能源管理体制比较与研究》，商务印书馆，2013，第 102 页。

[②] Vattenfall 公司为一家瑞典能源公司，由瑞典政府独资。

[③] 中央德国布朗煤炭公司（MIBR AG）由美国 NRG 能源与华盛顿国际集团联合控股。

[④] 林卫斌、方敏：《能源管理体制比较与研究》，商务印书馆，2013，第 102 页。

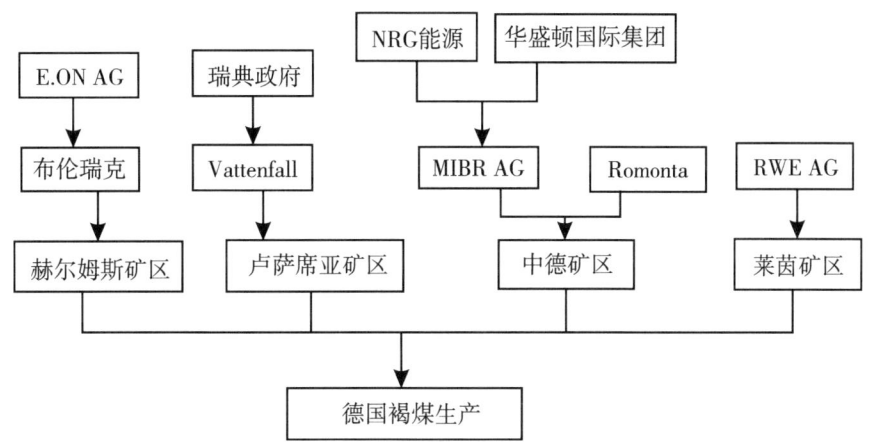

图 20-12　德国褐煤产业组织结构

资料来源：林卫斌、方敏：《能源管理体制比较与研究》，商务印书馆，2013，第 103 页。

德国是欧洲最大的经济体，也是褐煤的主要消费国，2012 年德国最大的能源供应商莱茵集团 36% 的电力供应来自褐煤。褐煤是煤化程度最低的一个煤品种，燃烧值低且会对环境产生严重污染，被认为是煤炭当中最不洁净的种类。根据德国应用生态学研究所的数据，褐煤的二氧化碳排放强度达到 1 153 克 / 千瓦时，相比之下天然气的二氧化碳排放强度仅为 428 克 / 千瓦时。对此，德国着力优化能源消费结构，实施清洁能源计划，推广应用可再生能源，煤炭消费在一次能源消费中的比重不断下降，清洁能源的地位日益上升。1990 年，德国煤炭消费占一次能源消费的比例为 37%，到 2008 年降至 26%。同期，可再生能源的地位不断提高，2015 年可再生能源在一次能源消费中的比例达到 12.6%，与硬煤所占 12.7% 的比例相当。据德国清洁能源智库 Agora Energiewende 监测统计，2016 年 5 月 8 日德国境内太阳能、风能、水力、生物质能发电总量达到 55 吉瓦，占德国用电总量的比例达到 87%。2015 年，德国提出 6 年内逐渐淘汰所有褐煤发电厂。德国煤炭日渐被可再生能源替代。

（四）中国

中华人民共和国成立之前，煤炭产业发展的基本状况是：产业分布空间较窄，煤矿主要分布在东北地区的辽宁、吉林、黑龙江，华北地区的河北、山西，华东地区的山东、安徽[①]；产业规模小，产量最高的年份 1942 年为 6 568.6 万吨；产业落后，"除开滦、抚顺、淮南、焦作、阳泉、淄博和枣庄外，绝大部分煤矿规模小、设备简陋、技术落后，加上战争的破坏，基本上处于停产和半停产状态"[②]。中华人民共和国成立后，大力推进煤炭产业的改革与创新。经过 60 多年的发展，煤炭产业规模得到了极大的扩大，产业发展水平也不断提高。2015 年，中国煤炭产量达到 37.5 亿吨，是 1942 年的 57 倍；占世界煤炭产量的 47%，排第一位。从中国煤炭产业改革创新所走过的历程看，中国在煤炭产业政策选择上，主要有以下几个方面。

首先是产业空间布局政策。中国通过实施产业空间布局政策，引导、促进煤炭产业布局的合理

---

① 郭智渊、苏玉娟：《转型创新：中国煤炭企业发展的理论与策略》，人民出版社，2011，第 98 页。

② 纪成君：《中国煤炭产业经济研究》，经济管理出版社，2008，第 86 页。

化。[1]1949 年 11 月召开全国煤矿会议，确定以全面恢复为主、以东北建设为重点的空间发展格局。从"一五"时期开始，根据煤炭产地尽量接近消费区的需要出发，重点开发华东、华中和华北地区。"三五"时期，根据"大三线"建设的需要，重点开发西南、西北和江南地区的煤矿。"四五"时期，为适应东部地区发展的需要，确立以东部地区为重点，加强北方和华东骨干矿区建设的煤炭开发战略。改革开放后，1979 年煤炭工业部按照"调整、改革、整顿、提高"的方针，重点发展国有骨干煤矿。20 世纪 80 年代，提出重点发展乡镇煤矿。到 1990 年，中国煤炭工业形成了"煤炭调出型、煤炭调入型、煤炭产需区平衡略有调出型三种类型，包括晋陕蒙（西）规划区、东北规划区、华东规划区、京津冀规划区、中南规划区、西南规划区、新甘宁青规划区七个规划区的发展战略"。[2]2007年，中国出台第一部《煤炭产业政策》，其最大的亮点就是要建立 13 个大型煤炭基地。这是一种更具高度的产业空间发展战略。它与 10 多年前的中国煤矿空间格局形成鲜明的对照，那时的煤炭基地多达 134 个。"到 1990 年末，全国已建成大、中、小相结合的煤炭生产基地 134 个，重点产煤县数十个，地方煤矿遍布全国。"[3] 由此，也带来一系列问题，如对煤田的破坏、资源的浪费、环境污染的加剧等。

其次是产业集中政策。在市场经济条件下，适度的产业集中是产业健康有序发展的重要条件。进入 21 世纪的头几年，中国强制关闭了 5 万多家乡镇小煤矿。但是，到 2005 年，中国的煤炭企业仍然有 5 206 家。[4]而美国煤炭企业的总数不过 200 家左右，中国仅规模以上的煤炭企业的数量就是美国的 20 多倍。2004 年，中国煤炭产量排名前 4 的企业共计生产煤炭 23 463 万吨，占全国煤炭总产量的 13.5%；排名前 8 的煤炭企业共计生产煤炭 34 667 万吨，占全国煤炭总产量的 20%。与发达国家相比差距很大。对此，"十一五"时期，中国对煤炭行业进一步加大结构调整力度，主要目标之一是到 2010 年全国煤炭产量达到 24.5 亿吨，其中大中型煤矿产量所占比例达到 75% 左右，基本形成以大型煤炭企业集团为主体、中小型煤矿协调发展的格局。[5]2015 年，中国煤炭集中度得到了较大提高。排在前 4 名的煤炭企业产量为 8.68 亿吨，占全国煤炭总产量的 23.6%；排在前 8 名的企业产量为 13.1 亿吨，占全国煤炭总产量的 35.5%。与 2004 年相比，不仅产量规模大幅增加，而且所占比例也分别提高了 10.1% 和 15.5%。

最后是对外开放政策。改革开放后，中国一直是煤炭净出口国家，从 1990 年起煤炭净出口达到 1 000 万吨以上，其中 2001 年高达 8 763.0 万吨（表 20-14）。但是，到了 2009 年，中国则成为煤炭净进口国，且当年净进口就高达 1 亿吨以上。中国由煤炭出口大国变为进口大国，一方面缘于发展环境的变化，另一方面更缘于煤炭产业对外开放政策的重大变化。1980—2000 年，中国煤炭在国内存在供给过剩的现象，加上政府鼓励出口，因而一直保持顺差。进入 21 世纪后，中国加入了世界贸易组织，国家调整煤炭进出口政策，实施诸如出口退税政策，鼓励煤炭出口。2004 年起又进一步降低煤炭出口退税率。但是，从 2006 年 9 月 15 日起，为了满足国内经济社会发展对能源的需求，中

[1] 这里所引用的观点、材料主要参考了郭智渊、苏玉娟著的《转型创新——中国煤炭企业发展的理论与策略》一书。
[2] 彭世济、冯为民主编《中国煤炭工业四十年——庆贺我国原煤产量超过 10 亿吨》，煤炭工业出版社，1990，第 17 页。
[3] 魏同、张先尘、王玉浚等：《中国煤炭开发战略研究》，王振铎总审校，山西科学技术出版社，1995，第 35 页。
[4] 崔民选主编《2007 中国能源发展报告》，社会科学文献出版社，2007，第 188 页。
[5] 同上书，第 189 页。

国煤炭产业开放政策发生重大变化，由鼓励出口变为鼓励进口，取消了煤炭出口退税政策。同年 11 月 1 日还开始对煤炭出口征收 5% 的关税，同时将煤炭进口关税降至 1%[①]，从而形成了鼓励进口、限制出口的煤炭对外贸易新格局。到 2009 年，中国煤炭进出口贸易首次出现逆差，逆差达 10 334.4 万吨，对外开放格局发生根本性变化。2011 年，中国煤炭进口超过日本，成为全球第一大煤炭进口国，但在 2015 年被印度超越，成为世界第二大煤炭进口国。2015 年，印度、中国、日本分别进口煤炭 21 200 万吨、20 418 万吨、19 400 万吨，居世界前三位。同年，中国的煤炭出口仅为 491 万吨，煤炭净进口将近 2 亿吨。

表 20-14　1980—2009 年中国煤炭进口量

时间 / 年	进口量 / 万吨	出口量 / 万吨	进出口总量 / 万吨	净出口量 / 万吨
1980	199.0	632.0	831.0	433.0
1985	230.7	777.0	1 007.7	546.3
1990	200.3	1 729.0	1 929.3	1 528.7
1995	163.5	2 861.7	3 025.2	2 698.2
2000	217.9	5 506.5	5 724.4	5 288.6
2001	249.0	9 012.0	9 261.0	8 763.0
2002	1 081.0	8 384.0	9 465.0	7 303.0
2003	1 109.8	9 402.9	10 512.7	8 293.1
2004	1 861.4	8 666.4	10 527.8	6 805.0
2005	2 617.1	7 172.4	9 789.5	4 555.3
2006	3 810.5	6 327.3	10 137.8	2 516.8
2007	5 101.6	5 318.7	10 420.3	217.1
2008	4 034.1	4 543.4	8 577.5	509.3
2009	12 584.0	2 239.6	14 823.6	−10 344.4

资料来源：李晓西主编《中国传统能源产业市场化进程研究报告》，北京师范大学出版社，2013，第 54 页。

除了上述政策，中国也与其他国家一起积极推进煤炭清洁高效利用，积极发展可再生能源，促使煤炭在能源消费中所占的比例不断降低。在中华人民共和国成立初期，煤炭在一次能源消费中所占的比例高达 90% 以上，20 世纪 90 年代仍占 80% 左右，到 2015 年降为 64%。但是，这一比例仍然远高于 30% 的世界平均水平。对此，中国继续发力，争取进一步降低煤炭消费水平。

（五）未来的煤炭博弈

持续了多年的全球经济低迷以及新能源的崛起，导致了因需求不足而引致的煤炭危机。据美

① 李晓西主编《中国传统能源产业市场化进程研究报告》，北京师范大学出版社，2013，第 55 页。

国能源信息管理局发布的信息，自 2008 年起，美国煤炭产量持续下降，2015 年大约为 9 亿短吨，这是自 1986 年以来的最低水平。在美国 5 个主要煤田中，阿巴拉契亚中部煤田的煤炭产量降幅最大，2010—2014 年平均降幅达 40%；阿巴拉契亚北部煤田、落基山煤田以及西部粉河盆地的煤炭产量降幅为 10%～20%；只有伊利诺斯盆地的煤炭产量增长 8%。导致美国煤田产量下降的主要原因是：采矿地质环境复杂；运营成本高；天然气价格下跌；国际需求下降，出口减少；电力领域对煤炭需求下降。2014 年，美国燃煤发电量仅占发电总量的 39%，天然气占 27%，可再生能源占 7%。

与此同时，美国煤炭行业遭遇破产潮。先是爱国者煤炭、沃尔特能源、阿尔法自然资源公司相继申请破产，随后美国第二大煤炭公司阿奇煤炭又加入破产的行列。煤炭行业出现"江河日下"的现象。此前，阿奇煤炭和皮博迪煤炭等煤炭巨头在 2010—2011 年看涨煤炭价格，共举债 64 亿美元，但当 2011 年煤炭价格涨至每吨 330 美元后，便从此一蹶不振，下跌 3/4。

从 2011 年到 2015 年，5 年间美国煤炭行业共计损失 94% 的市值，从 686 亿美元跌至 40.2 亿美元。美国最大的煤炭生产商皮博迪的股价在 2014 年下降了 96%。资产管理公司的资产经理人表示，煤炭这个曾经辉煌一时的行业正在逐渐褪去光环，基本失去可投资性。对此，美国政府不得不叫停新的煤炭开采。

2016 年 1 月 15 日，美国内政部宣布，暂停实施新的联邦土地煤炭开采租赁，并启动联邦煤炭审查项目。这是美国总统奥巴马巩固气候变化遗产后的最新举措，意味着美国煤炭业又遇挫折。美国总统奥巴马在任内最后一次国情咨文中强调，加速努力，让美国断绝对"肮脏能源"的依赖，投资新能源，不再投资属于过去的化石燃料。美国内政部部长萨莉·朱厄尔当天还表示，鉴于联邦土地开采租赁项目过去 30 多年来一直没有大的变化，美国决定暂停实施新的租赁，对该项目进行全面评估，以便将煤炭对气候变化的影响考虑在内。此举旨在加强美国对化石能源的管理和利用，推动美国朝着清洁能源经济的方向发展。此政令一经公布，立即受到不同团体的批评与褒扬。共和党人指责奥巴马的"煤炭战争"不惜伤害美国人的低成本能源来源。众议院共和党发言人 Paul Ryan 认为新政策已席卷了整个国家的煤炭业，对就业和人民生活方式造成巨大破坏。美国石油学会（API）公开表示，这项抛弃之前所秉持的、涉及未来能源的政策，对美国的消费者、经济和国家安全都是有害的。而绿色和平组织执行董事 Annie Leonard 则称赞奥巴马取得了从远离煤炭并加速过渡到清洁的可再生能源的长足进步。

在美国遭遇"去煤"危机的同时，日本"不去煤"也饱受质疑。据日媒报道，英国环保组织"E3G"于 2015 年 10 月 21 日在德国波恩召开的联合国气候变化框架公约特别工作会议上发表一份报告，对西方七国集团（G7）的煤炭政策进行了比较，把欲新建煤炭火力发电站的日本排在了末位，原因是日本使用煤炭火力发电会排放大量的二氧化碳。"E3G"的成员克里斯·利托科特指出："日本与争取分阶段停止使用煤炭火力的其他国家形成了对比，陷入了孤立。"

"E3G"以煤炭火力发电站的新建计划、现有设施的关闭情况以及对在国外建设煤炭火力发电站的资金援助为指标，对 G7 国家的政策进行了评分，结果是：美国排名首位，被认为最积极地采取了相关政策，美国已宣布到 2020 年关闭总发电量相当于 8 000 万千瓦时以上的煤炭火力发电站；法国排名第二，其半数国营电力公司将从新建煤炭火力发电站项目撤资；排名第三至第五的分别为英国、加拿大和意大利，这 3 个国家争取在今后 10 年分阶段停止使用煤炭火力发电；德国排名第六，"E3G"认为该国分阶段停用煤炭火力发电的努力遭遇了困难；排名末位的日本被指出计划新建发电量 2 000 万千瓦时以上的煤炭火力发电站。参与制作该报告的环保组织"气候网络"的理事平田仁子表示："为避免在国际上被孤立，同时为了在国内扶持绿色经济，日本应该改变目前的政策。"

二、石油、天然气产业政策

世界各国石油、天然气产业发展政策许多是有共性的，也有一些是有各国特色的。

世界各国普遍对石油、天然气产业进行立法，从法律的高度规范它们的发展，还出台了许多具体政策措施，扶持促进石油、天然气产业的快速发展。与此同时，各国根据本国实际，实施了一些具有各自特色的产业政策，如美国的天然气管制和放开政策，"贫油"的日本在不同时期实行的不同石油政策，都具有典型意义。

（一）各国石油、天然气政策

早在 1889 年，美国联邦政府就首次为石油工业立法，出台占有权法，规定土地所有者有权在自己的土地上开展石油钻探、开采活动。此后，世界各石油、天然气生产国纷纷出台并修改完善石油法及其他法律法规（表 20-15），从石油管理体制、所有制、组织形式、投资、税收、对外开放等方面做出制度安排，规范石油和天然气的勘探、开发、炼制、贸易等活动，促进石油、天然气产业健康发展。除了法律法规，各国还制定、出台了一系列具体政策措施，鼓励、支持油气产业加快发展。

表 20-15　19 世纪以来世界各国石油、天然气工业法律法规一览表

时间 / 年	国家	相关法律法规
1889	美国	占有权法
1920	美国	矿产租让法
1927	阿根廷	石油国有化法
1928	法国	石油业法
1928	委内瑞拉	新的碳氧化合物法
1929	加拿大	天然气保护法
1931	哥伦比亚	石油法
1932	日本	重要产业统制法
1933	美国	石油工业公正竞争法
1933	意大利	石油法
1934	委内瑞拉	石油法
1934	阿根廷	石油工业国有化法

续表

时间 / 年	国家	相关法律法规
1934	英国	石油法
1934	德国	新矿业法
1934	巴西	矿产法
1934	日本	石油工业法
1935	美国	康纳利热油法案
1935	美国	矿产土地租借法
1936	南斯拉夫	石油法
1937	新西兰	石油法
1937	日本	人造石油事业法
1938	瑞典	石油法
1938	葡萄牙	石油法
1938	巴西	油气田所有权限制法
1938	美国	天然气条例
1943	委内瑞拉	新碳化氢法
1948	秘鲁	石油开发法
1948	巴基斯坦	矿山和矿物资源管理条例
1952	日本	石油可燃性气体资源开发法
1954	土耳其	石油法
1955	利比亚	石油法
1957	伊朗	新石油法
1958	阿根廷	新石油法
1958	玻利维亚	新石油法
1958	西班牙	新碳化氢法
1959	苏丹	石油法
1960	印度尼西亚	石油和天然气矿业法
1962	加蓬	石油法
1962	日本	石油工业法
1963	沙特阿拉伯	矿业法
1964	英国	大陆架法
1970	澳大利亚	石油法
1971	厄瓜多尔	新石油天然气法
1971	泰国	石油法、石油所得税法

续表

时间 / 年	国家	相关法律法规
1974	科威特	石油最高委员会法令
1975	英国	石油税法
1975	委内瑞拉	石油工业归还法
1977	越南	外商投资条例
1977	美国	能源部组织法案
1978	美国	天然气政策法
1979	秘鲁	石油法
1979	利比亚	新勘探法
1982	中国	对外合作开采海洋石油资源条例
1985	加拿大	石油资源法
1986	中国	矿产资源法
1986	阿尔及利亚	新石油法规
1986	英国	天然气法令
1987	越南	外来投资法
1987	伊朗	新石油法
1988	苏联	国家企业法
1989	美国	解除对井口天然气控制法令
1991	新西兰	矿产法
1991	巴基斯坦	新投资法
1991	乌兹别克斯坦	外国投资法
1992	挪威	石油法
1992	哈萨克斯坦	矿产资源法
1992	俄罗斯	地下资源法
1992	亚美尼亚	地下矿产法
1992	阿根廷	天然气法
1993	中国	对外合作开采陆上石油资源条例
1993	越南	石油法
1993	秘鲁	新石油法案
1993	俄罗斯	产量分成法
1994	乌克兰	地下资源法
1995	罗马尼亚	新石油法
1995	玻利维亚	新石油法
1995	墨西哥	新外国投资法
1996	中国	新矿产资源法
1996	尼日利亚	石油法

续表

时间 / 年	国家	相关法律法规
1996	阿塞拜疆	地下资源法
1997	巴西	新石油投资法
1997	格鲁吉亚	石油法
1997	委内瑞拉	资本投资免税法
1998	乌兹别克斯坦	石油法
1999	利比亚	石油法
1999	哈萨克斯坦	石油法
2000	沙特阿拉伯	外国投资法
2001	委内瑞拉	石油法
2002	日本	石油公团废止及其关联法
2002	印度尼西亚	新石油法
2002	美国	天然气水合物研究开发法案
2004	伊朗	新石油法
2005	美国	2005 年国家能源政策法案
2006	俄罗斯	新油田开采零税率法案

资料来源：作者整理。主要参考：王才良、周珊：《世界石油大事记》，石油工业出版社，2008。

1927 年，阿根廷议会通过石油国有化法，取消石油矿产的私人占有权，将之收归国有。

1928 年，法国政府出台关于石油关税和石油消费税的法律，接着议会通过石油业法，重点保护和发展本国炼油业。

1929 年，加拿大通过严格的天然气保护法，限制天然气被白白烧掉。

1935 年，美国得克萨斯州参议员康纳利发起并促使国会通过康纳利热油法案，以控制非法生产的超额原油。联邦议会通过法案，对进口原油和燃料油每桶分别征收关税 0.21 美元和 0.15 美元，使石油进口量从 20 世纪 30 年代初占全国消费量的 9% ～ 19% 下降到 5%。[①]

1937 年，日本颁布人造石油事业法，强制实行石油限制。

1938 年，巴西颁布油气田所有权限制法，只允许本国人拥有和经营油气田和炼油厂。

1943 年，委内瑞拉颁布新碳化氢法，大幅提高政府获利比例，推动石油炼制业发展，扩大政府监督权。

1955 年，利比亚颁布石油法，规定地下资源为国家所有。

1960 年，印度尼西亚颁布石油和天然气矿业法，废除租让地制度，规定国家统管石油出口，授予国家石油公司石油、天然气资源的所有权和开采权。

[①] 王才良、周珊：《世界石油大事记》，石油工业出版社，2008，第 85 页。

1975 年，英国议会通过石油税法以及石油与水下管道法，规定对在北海从事油气生产的各公司征收石油所得税，加强政府对油气勘探、开发、管道、炼油厂建设的控制。

1986 年，阿尔及利亚颁布新石油法规，允许外国公司与阿尔及利亚国家石油公司组成合资公司，以服务合同或产量分成合同方式合作。

1997 年，巴西颁布新石油投资法，结束了巴西国家石油公司对油气勘探、开发等领域的垄断，允许国内外私人资本投资巴西石油工业。

2000 年 10 月 10 日，澳大利亚出台国家 LNG 工业行动纲领，包括对 LNG 的优惠政策。规定初期投资在 5 000 万澳元以上的 LNG 项目建设所需的物资，凡国内不生产的，可以免税进口。

2002 年，美国颁布天然气水合物研究开发法案，能源部出台天然气水合物研究开发计划。同年 3 月，第一口天然气水合物生产井 38 号井投产。[1]

2002 年，委内瑞拉公布天然气开发十年规划，包括开发德尔塔纳大陆架天然气项目、苏克雷元帅液化天然气项目、阿纳科气田开发项目和马拉开波湖项目等，总投资 87.3 亿美元。

2004 年，欧盟理事会通过关于保障天然气供应安全措施的 2004/67/EC 指令，目的是保障欧盟地区天然气供应安全。

2005 年，美国总统布什签署 2005 年国家能源政策法案。美国计划未来 10 年内，政府将向能源企业提供 146 亿美元的减税额度，鼓励油、气、煤气、电力等企业采取节能措施；给提高能效和开发可再生能源的企业提供不超过 50 亿美元的补助。[2]

2006 年，俄罗斯国家杜马一致通过对新油田实行零税率的矿产资源开采法案。根据规定，拥有开采许可证的公司有 10 年免税期，拥有勘探许可证的公司有 15 年免税期，油田年产量达到 2 500 万吨时税收优惠失效。[3]

2006 年，中国财政部发布通知，从 3 月 26 日起，对三大国有石油公司开征石油特别收益金。

（二）日本石油政策

第二次世界大战结束后，日本石油政策先后经过"煤主油从"、"以油代煤"和"去油化" 3 个不同发展时期。

第二次世界大战对日本本土的石油工业造成极大破坏。在太平洋战争中，美国对日本进行空袭时将 7% 的炸弹集中投向了石油产业，致使日本 2/3 的炼油能力遭到破坏。[4] 美军轰炸日本在太平洋沿岸的炼油厂和人造石油厂，造成日本 17 座炼油厂中有 15 座遭到轰炸，7 座人造石油厂中也有 3 座遭到轰炸，炼油设施损毁严重。战时日本的炼油能力约为每日 1 700 桶，而战后只有空袭前的 4%；开战时日本的原油库存量为 371.2 万千升，而战争结束时仅有 9.9 万千升，后者不到前者的 3%。战争中受到空袭破坏的炼油厂损害金额是投资额的 31%，受到空袭破坏的人造石油厂损害金额是投资额的 42%（表

① 王才良、周珊:《世界石油大事记》，石油工业出版社，2008，第 354 页。

② 同上书，第 391 页。

③ 同上书，第 427 页。

④ 尹晓亮:《战后日本能源政策》，社会科学文献出版社，2011，第 43 页。

20-16）；炼油设施生产能力跌到战前的51%。[1]

表20-16　太平洋战争中美军轰炸日本炼油厂及人造石油厂造成的损失情况

类型	公司名称	所在地	炼油能力/（桶/日）	投资额（A）/千美元	损害额（B）/千美元	损害率（B/A）/%	永久损害率/%[1]
炼油厂	大协石油	四日市	1 400	1 500	80	5	0
	岩国陆军燃油厂	岩国	6 300	34 000	10 000	29	95
	兴亚石油	大竹	5 000	9 000	6 000	67	80
	丸善石油	和歌山	3 250	8 000	4 000	50	75
	三菱石油	川崎	4 000	1 200	500	42	75
	日本石油	鹤见横滨	6 500	10 000	5 000	50	85
	日本石油	下松	5 000	7 000	3 500	50	85
	日本石油	秋田	4 500	5 000	3 750	75	95
	日本石油	尼崎	4 000	7 000	5 000	71	80
	第二海军燃油厂	四日市	25 000	80 000	17 000	21	50
	昭和石油	川崎	4 700	4 500	2 250	50	80
	第三海军燃油厂	德山	10 000	27 000	5 500	20	90
	东亚燃料工业	和歌山	8 000	18 000	4 000	22	60
	小计		87 650	212 200	66 580	—	—
人造石油厂	帝国燃料兴业	宇部	350	35 000	25 000	71	90
	日本油化工业	川崎	80	2 500	300	12	60
	日本人造石油	尼崎	400	12 500	10 000	80	95
	日本人造石油	大牟田	700	15 000	50	0.3	0
	日本液体燃料	若松	500	10 000	80	0.8	0
	东邦化学工业	名古屋	500	10 000	250	3	0
	宇部兴产	宇部	275	—	—	—	—
	小计		2 805	85 000	35 680	—	—
总计			90 455	297 200	102 260	—	—

资料来源：尹晓亮：《战后日本能源政策》，社会科学文献出版社，2011，第35-36页。

注：[1] 永久损害率是指炼油厂及人造石油厂无法修复的设施、物资、劳动力，以及与其修理不如更换更合理的设施、物资及劳动力。

---

[1] 尹晓亮：《战后日本能源政策》，社会科学文献出版社，2011，第34-35页。

　　美军占领日本初期，以美国为首的盟军最高司令部（GHQ）[1]对日本的石油业采取了最为苛酷的占领政策[2]，使得日本政府几乎不可能采取任何对策令石油增产。在 1939 年之前，日本的原油产量约为 39 万千升 / 年，而 1945—1949 年因受到战争的破坏和盟军最高司令部的控制，原油产量跌到约 20 万千升 / 年（表 20-17）。同期，盟军最高司令部还严控日本进口石油。当日本政府向 GHQ 提出申请进口原油时，GHQ 并不允许。1946 年 1 月的《关于原油进口的备忘录》表明了 GHQ 不允许日本进口原油。[3]到 1946 年 5 月 21 日，盟军最高司令部又发布《关于石油配给及受领备忘录》。该备忘录把商工省临时统制机关——石油配给公司指定为日本唯一的石油配给机构，并将石油配给公司确定为贸易厅石油进口的代理机构。因此，从 1945 年到 1948 年日本都没有进口原油。但从 1946 年起允许进口部分石油制品，如灯油、挥发油，1949 年原油进口量仅为 2.4 万千升。1950 年 1 月以后，在美国的首肯下，日本终于获得原油进口的许可权。[4]随之，原油进口量猛增。日本太平洋沿岸的炼油厂也是在 1950 年 1 月起才重新开工生产的（表 20-18）。

表 20-17　日本"二战"前后原油的生产量及进口量

时间 / 年	原油生产量 / 千千升	原油进口量 / 千千升	合计 / 千千升
1937	393	1 922	2 315
1938	391	2 575	2 966
1945	243	0	243
1946	213	0	213
1947	203	0	203
1948	179	0	179
1949	218	24	242
1950	328	1 541	1 869
1951	372	2 844	3 216
1952	339	4 432	4 771

　　资料来源：尹晓亮：《战后日本能源政策》，社会科学文献出版社，2011，第 45 页。

---

[1] 盟军最高司令部是指第二次世界大战结束后，占领日本本土并对其实施统治的盟军驻日司令部。对日的管理权主要掌握在美国手里。

[2] 尹晓亮：《战后日本能源政策》，社会科学文献出版社，2011，第 43 页。

[3] 同上书，第 44 页。

[4] 同上。

表 20-18　日本太平洋沿岸炼油厂"二战"后重新开工日期记录

公司	炼油厂所在地	重新开工日期（1950 年）
大协石油	四日市	1 月 5 日
昭和石油	川崎	1 月 29 日
东亚燃料工业	清水	1 月 30 日
日本石油	下松	1 月 30 日
日本石油	鹤见横滨	2 月 1 日
丸善石油	和歌山	4 月 1 日
东亚燃料工业	和歌山	4 月 15 日
三菱石油	川崎	8 月 1 日
兴亚石油	大竹	8 月 25 日

资料来源：尹晓亮：《战后日本能源政策》，社会科学文献出版社，2011，第 48 页。

　　由于盟军最高司令部严控日本石油进口和生产，为了应对空前的能源危机，日本只能依赖本国具有相对优势的煤炭资源，实行"煤炭主导"的能源应急对策。日本政府先后实施煤炭生产紧急对策、煤炭紧急对策和"倾斜生产方式"。1947 年还出台了《关于产业资金调整措施纲要》，把煤炭、钢铁、肥料确定为最重点产业，强调"为实现生产的均衡发展，极力限制对非急需产业的融资"。[①]因此，煤炭就成了战后经济重建和恢复发展时期的重中之重。在这一"煤炭主导"时期，GHQ 逐渐放松对日本进口石油管制并给予技术引进与扶持，因此，日本的石油工业得到了一定的发展。

　　实行"煤炭主导"政策 10 多年后，日本仍未能从根本上解决国内能源供给问题，相反，煤炭产业自身还滋生出诸多问题。20 世纪 50 年代，全球迎来廉价石油时代。在此背景下，到 20 世纪 60 年代初，日本的能源战略开始从"煤炭主导"转向"石油主导"，并开始确立以石油为主导的能源体系。1962 年 5 月 11 日，日本颁布石油工业法，其基本理念是通过调整石油精炼业的企业活动，确保石油稳定而廉价的供应，以此发展国民经济和提高国民收入。石油工业法还规定：通产大臣确定石油供应计划；允许购买以及新建石油精炼业特定设备；石油制品生产计划、石油进口业以及石油进口计划要提前申请；设定并公告石油制品的销售价格标准；设置石油审议会。[②]从此，日本石油业就开始向石油工业法所倡导的发展国民经济和提高国民收入的"基石"方向发展。

　　日本成功地实现了能源战略从"煤炭主导"向"石油主导"的大转变。1962 年，日本石油消费首次超过煤炭，在各种能源消费中居于首位。1970 年，石油在日本一次能源中所占的比例首次超过 70%，而煤炭却降为 20.7%（表 20-19）。在 1973 年世界石油危机当年，日本石油消费所占比例达到 77.6%，在主要资本主义国家中居于首位（表 20-20），比排在其后的法国高出 11.3 个百分点。由此来看，日本的"以油代煤"战略是相当成功的。

[①] 尹晓亮：《战后日本能源政策》，社会科学文献出版社，2011，第 41 页。

[②] 同上书，第 91 页。

表 20-19　1959—1971 年日本一次能源供应和国内石油、煤炭消费量[1]

时间 / 年	一次能源总供给 / ×10^{13} 千卡	石油、煤炭消费比例 /%		
		一次能源	石油	煤炭（括号内为国内煤炭）
1959	79.5	100	32.4	42.0（35.5）
1960	93.7	100	37.7	41.5（34.4）
1961	108.0	100	39.9	39.9（31.3）
1962	113.9	100	46.1	36.0（28.7）
1963	130.5	100	51.8	31.0（24.0）
1964	146.1	100	55.7	29.2（21.8）
1965	165.6	100	58.4	27.3（19.1）
1966	182.6	100	60.4	26.2（17.4）
1967	205.5	100	64.6	24.6（14.4）
1968	234.8	100	66.5	23.6（12.4）
1969	270.7	100	68.3	22.8（10.5）
1970	310.5	100	70.8	20.7（8.1）
1971	320.6	100	73.5	17.5（6.3）

资料来源：尹晓亮：《战后日本能源政策》，社会科学文献出版社，2011，第118页。

注：[1] 在一次能源供应总量中，没有包括新能源供应量。

表 20-20　1973 年部分资本主义国家能源消费结构

国家 / 地区	石油（括号内为进口石油）	煤	天然气	原子能	水力及其他	合计	对进口能源的依赖程度
日本	77.6%（77.4%）	15.4%	1.5%	0.6%	4.9%	100%	89.9%
美国	47.3%（16.2%）	17.3%	30.6%	0.8%	4.0%	100%	16.2%
欧共体	61.4%（61.0%）	22.6%	11.6%	1.4%	3.0%	100%	63.0%
联邦德国	55.2%（53.1%）	30.9%	10.2%	1.1%	2.6%	100%	56.6%
法国	66.3%（65.5%）	17.1%	8.6%	1.7%	6.3%	100%	76.0%
整个资本主义世界	54.1%	18.4%	19.1%	1.4%	7.0%	100%	—

资料来源：周启乾：《日本近现代经济简史》，昆仑出版社，2006，第394页。

随着第一次石油危机的爆发，日本建立在石油基础上的能源体系受到了严重冲击。于是，日本又开始新一轮能源政策大转型——实行"去油化"新能源战略，包括大力节约能源，大力发展核电，大力发展以可再生能源为主的新能源。1974年日本首次推出"阳光计划"。1979年颁布合理利用能源法，1991年制定可再生资源利用促进法。2001年日本政府提出降低石油使用比例、提高新能源使用比例的新能源发展目标。[1]2006 年颁布《新国家能源战略》，制订核能立国计划——核国家计划。经过长期不懈的努力，日本最终摆脱了对石油的高度依赖，实现了"去油化"，形成了能源消费多元化的新格局。2005 年，在日本能源消费构成中，石油为 244.2 百万吨油当量、煤炭为 121.3 百万吨油当量、天然气为 73.0 百万吨油当量、核能为 66.3 百万吨油当量、水能等为 19.8 百万吨油当量（表 20-21）。与 1973 年相比，石油所占比例大幅下降。同时，日本电力也不再以油电为主。1975 年，日本 56% 的电力来自石油，到 1995 年降为 25%，2002 年进一步降到 19%。2006 年日本总发电量的构成比例为核电占 30%、燃煤发电占 24%、天然气发电占 25%，除此之外，还有许多新能源发电。日本发电基本上实现了多样化。[2]

表 20-21　2005 年世界部分国家能源消费状况

单位：百万吨油当量

国家	合计	石油	天然气	煤炭	核能	水能等
日本	524.6	244.2	73.0	121.3	66.3	19.8
美国	2 336.6	944.6	570.1	575.4	185.9	60.6
中国	1 577.0	341.1	44.2	1 089.1	11.8	90.8
俄罗斯	679.7	130.0	364.6	111.6	33.9	39.6

资料来源：于立宏：《能源资源替代战略研究》，中国时代经济出版社，2008，第 114 页。

（三）美国天然气政策

美国统一开放的国内天然气市场的形成经历了漫长的一个多世纪，在天然气发展史上具有典型意义。

早在 19 世纪初，美国就出现了第一个天然气公用设施。1817 年，在马里兰州成立煤气灯公司，生产煤气，供照明使用。画家莱姆布兰特·皮勒和他的合伙人早年就用煤气为他的博物馆和画廊提供照明。到 1859 年，美国有 300 家煤气厂为大约 500 万用户服务。[3]

1821 年，在纽约州的弗雷多尼亚开发出美国第一口天然气井。早期，美国只有东部沿海生产天然气，后来路易斯安那州、新墨西哥州、得克萨斯州、俄克拉何马州、怀俄明州等地区也生产天然气。但就整个美国而言，许多州是不生产天然气的，天然气资源在地域分布上并不均衡。石油开发中有的也伴有天然气，但早期并不为人们所利用，常常是在井口将之燃烧。比如，在加拿大，直到 1929 年才出台严格的天然气保护法，限制天然气被白白烧掉。美国印第安纳天然气与石油公司于 1891 年开始铺设天然气管道，建成一条直径只有 8 英寸、长 120 英里的复线输气管道，将 120 英里外的天然气输送到芝加哥。[4]20 世纪初，美国铺设一条直径 20 英寸、长 165 英里的管道，为匹兹堡输送天然气。20 世纪 20 年代，随着焊接钢管技术的发展，美国开始建设庞大的州际输气系统。1930 年，美国建成一条

---

[1] 中国 21 世纪议程管理中心、北京师范大学：《全球格局下的中国油气资源安全》，社会科学文献出版社，2012，第 213 页。

[2] 于立宏：《能源资源替代战略研究》，中国时代经济出版社，2008，第 114 页。

[3] 托梅因、卡达希：《美国能源法》，万少廷译，张利宾审校，法律出版社，2008，第 156 页。

[4] 约翰·塔巴克：《天然气和氢气——未来不总是光明的》，付艳、牛玲、张军译，商务印书馆，2011，第 16 页。

长度超过 1 000 千米的州际输气管道。①

　　在天然气管网发展过程中，刚开始时私人企业通过煤气化制作燃气并向附近用户分销这些燃气，到 19 世纪后半期受到欢迎。随着业务的发展，天然气公司很快注意到分割服务地域可以提高利润，于是同意不进行价格竞争。随后，这种价格联盟逐渐演变成在更大地域内限制竞争的燃气托拉斯。20 世纪初，这些托拉斯最终引起了各地和各州监管者的注意。20 世纪 20—30 年代，由于大萧条造成天然气和石油价格下跌和新的油气田相继被开发，出现天然气和石油供过于求的情况，随之天然气和石油的价格跌入谷底。于是，各能源生产州先后颁布天然气和石油保护法，支持油气工业，使油气生产得到恢复，并开始大量建设输气管道，从而形成了天然气行业。②

　　随着输气管网系统在地域空间上的不断扩张，政府对其进行管理变得复杂起来。起初，在市政府成立监管部门；当输气管网突破市域范围铺设到州内各市后，州政府取代市政府成为行业监管的主体；而当输气管道突破州域时，却无人监管，出现了权力空缺。这种跨州管道缺乏州或美国联邦监管的现象被称为"阿特尔伯勒空白"，它源于 1927 年的罗得岛公用设施委员会诉阿特尔伯勒蒸汽和电力公司案。美国最高法院对此案的判决是，鉴于美国宪法对跨州贸易活动的监管没有明确规定，联邦无权予以干预。针对这种情况，1935 年联邦电力法授权当时的联邦电力署监管电力的跨州输送和批发业务。自此，"阿特尔伯勒空白"得以填补。③

　　在出台天然气法之前，根据美国联邦宪法中有关贸易条款的规定，联邦制要求在州与联邦之间进行分权。在这种制度规定下，州政府不能监管天然气的跨州运输，但州政府有权监管州内的天然气业务；联邦则监管跨州的天然气业务，但联邦政府不干预天然气的生产和运输。在这种体制下，出现了跨州天然气输送垄断市场。堪萨斯案和阿特尔伯勒案加强了几个主要跨州管道公司的垄断地位，它们拥有向全国输送天然气管道的大部分份额。这引起了美国联邦政府对跨州管道公司市场垄断的不满。④于是，联邦贸易署进行调查，并于 1935 年提交"关于跨州管道公司具有买方和卖方垄断地位，并滥用其垄断地位牺牲用户利益"的报告。最终，1938 年美国国会通过了天然气法。这是美国联邦政府首次尝试对天然气行业进行管制。⑤负责执行这项职责的是成立于 1920 年的联邦电力委员会（美国联邦能源管理委员会的前身），国会授权联邦电力委员会为天然气的州际贸易和输送制定适宜、合理的价格，监督新输气管道的建设。

　　1938 年的天然气法对规范州际天然气贸易起到了积极作用，但是它并不涉及天然气生产。在实施过程中，天然气市场又遇到了新的问题。当时，跨州天然气销售价格不包括生产商在气田对管道公司收取的价格（井口价），该价格由天然气管道公司转嫁给最终用户，因而过高的井口价很容易抵消用户受到的其他价格保护。⑥这导致了"菲利普斯石油公司诉威斯康星州案"的发生。当时，根据最高法院

① 李晓西主编《中国传统能源产业市场化进程研究报告》，北京师范大学出版社，2013，第 193 页。

② 约翰·塔巴克：《天然气和氢气——未来不总是光明的》，付艳、牛玲、张军译，商务印书馆，2011，第 163–165 页。

③ 同上书，第 165 页。

④ 同上书，第 164–165 页。

⑤ 同上书，第 17 页。

⑥ 托梅因、卡达希：《美国能源法》，万少廷译，张利宾审校，法律出版社，2008，第 169 页。

对"菲利普斯石油公司诉威斯康星州案"的判决结果，除州际管道运营商外，销售由州际管道输送天然气的生产商也成为监管的对象。对于这一判决，美国学者认为，无论法律有什么长处，这都是一个糟糕的能源判决。因为，加给联邦电力委员会的监管负担超过了其承受能力，有数千宗个案需要联邦电力委员会来确定天然气生产商的合理定位。[1]而据估算，联邦电力委员会在1960年积累的案子可能需要到2043年方能了结。[2]

随后，更为严重的问题出现了。由于联邦电力委员会无力处理数量如此庞大的个案，于是委员会试图变换策略，例如实行区域性定价，但这是机构很难成功执行的。[3]这导致两个天然气市场——跨州市场和州内市场的出现，并且两个市场出现了价格差异。[4]在此情况下，天然气市场陷入混乱，生产商销售天然气所获利润与投资新气井所需成本之间出现差距，产量开始下降；而州际天然气的用户享受着不合理监管造成的低价，又大大刺激他们对天然气的需求。[5]20世纪60年代末到70年代初，问题进一步恶化。由于州内天然气不受联邦电力委员会控制，可由生产商按市场现价定价，生产商开始大量向产地所在州市场销售数量不成比例的天然气。州政府出于对本州天然气生产商利益的关心，允许州内生产商以高于通过州际管道系统的销售价格出售天然气，结果导致依赖州际管道系统供气的市场出现气荒。[6]这种州内和州际间价格不一的双轨制，加剧了天然气供应的短缺。

针对双轨制问题，美国再次对天然气市场进行改革。1978年，国会通过《天然气政策法》（又称《天然气紧急法案》）。其首要目标是用几年时间形成由市场来定价的天然气市场[7]；通过对几乎所有在跨州和州内市场"首次销售"的天然气定价进行规范，达到消除双重市场的目的[8]。《天然气政策法》授权联邦能源管理委员会同时对州内、州际的天然气生产进行监管，由此统一了美国州内和州际间的天然气市场。汤姆·泰坦伯格指出，《天然气政策法》试图通过部分解除井口价格的管制来解决天然气供给严重短缺的问题，取消了州际和州内天然气井口价格的差异，天然气价格统一由联邦政府控制。同时，它还规定了逐步放开井口价格的过渡方案。例如，取消对工业消费者的替代天然气的平均成本定价以及第一次取消州内价格管制，直到取消所有价格管制。[9]这意味着，这次价格改革是不彻底的。

1985年，美国联邦能源管理委员会签发关于开放天然气管道运输的436号令，让天然气管道公司选择经营模式：或者继续购买和销售流经公司所拥有的管道的天然气；或者转变为单纯的输送商业模式，向消费者收取输送费用，不拥有天然气的所有权。无论选择哪种模式，都会打破此前天然气的购买、

① 约翰·塔巴克：《天然气和氢气——未来不总是光明的》，付艳、牛玲、张军译，商务印书馆，2011，第17页。
② 托梅因、卡达希：《美国能源法》，万少廷译，张利宾审校，法律出版社，2008，第169页。
③ 约翰·塔巴克：《天然气和氢气——未来不总是光明的》，付艳、牛玲、张军译，商务印书馆，2011，第17页。
④ 托梅因、卡达希：《美国能源法》，万少廷译，张利宾审校，法律出版社，2008，第170页。
⑤ 约翰·塔巴克：《天然气和氢气——未来不总是光明的》，付艳、牛玲、张军译，商务印书馆，2011，第17-18页。
⑥ 同上书，第18页。
⑦ 同上书，第19页。
⑧ 托梅因、卡达希：《美国能源法》，万少廷译，张利宾审校，法律出版社，2008，第172页。
⑨ 汤姆·泰坦伯格：《自然资源经济学》，高岚、李怡、谢忆等译，人民邮电出版社，2012，第43页。

输送和储存三者合一的格局，从而拆分管道公司的多种业务，使天然气市场中任何可能的方面都引入了竞争机制，并使输气管道任何一端的价格竞争都成为可能。[①] 这一改革在天然气中下游产业改革中具有里程碑意义，其关于"开放天然气管道运输，天然气管道公司必须一视同仁地为所有客户提供运输服务"的方案被认为是现代天然气法规的"大宪章"。

1989 年 7 月，美国总统乔治·布什签署一项议案——解除对井口天然气控制的法令，规定到 1993 年 1 月 1 日天然气井口价格全部开放，实行自由竞争价格。配合这一法令，联邦能源管理委员会于 1992 年发布 636 号令，首先要求管输公司的天然气运输业务与销售业务分开、与储存业务分离，向所有生产者开放，然后在管网能力许可下建立二级市场，并改革管输定价方法。[②] 到 1993 年 1 月，美国所有天然气都不再受价格控制了。至此，从根本上完成了美国的天然气市场改革。

美国对天然气的需求不断增加，部分原因在于它的燃烧产物对空气质量造成的负面影响小于石油和煤。随之，出现天然气价格上涨的压力，民用天然气价格从 1992 年的每千立方英尺 5.89 美元上涨到 2003 年的每千立方英尺 9.51 美元。[③] 与此同时，美国的天然气生产已无法满足需求，从而促进了进口，天然气进口量约占美国内天然气供应量的 16%。其中，加拿大是美国最大的天然气进口国，从加拿大进口的天然气总量占美国天然气进口总量的 98%；阿尔及利亚、墨西哥、澳大利亚和阿拉伯联合酋长国也有少量天然气出口到美国，来自阿尔及利亚的液化天然气占美国天然气消费的 1%。[④] 美国学者认为，同进口石油一样，依赖进口天然气会造成国家安全和全球政治问题。[⑤]

美国在 1978 年颁布《天然气政策法》时，还颁布了《发电厂与工业燃料利用法》。基于当时天然气供应短缺，该法案禁止建设以天然气为燃料的新电厂。这一限令对天然气行业产生的影响比对电力行业产生的影响更大。[⑥] 同时，它还限制了天然气发电事业的发展。这部法律于 1987 年被废除。其后 20 年中，用于发电的天然气每年增加 2.6 万亿～ 6.9 万亿立方英尺，使日益紧张的天然气供应更加捉襟见肘。[⑦]

三、电力产业政策

世界电力产业最显著的政策变化是 20 世纪 70 年代末开始的电力市场化改革。

世界电力市场化改革首先是从 20 世纪 70 年代末智利电力工业的私有化改革开始的。从 20 世纪八九十年代开始，世界范围掀起了电力市场化改革浪潮（表 20-22）。电力市场化改革成为世界煤炭、石油、天然气、电力等能源领域市场化改革最早、力度最大、最深刻的一场革命。到 21 世纪初，各国各地区先后实行 TPA、SBS+TPA、联营体 +TPA 等各种电力市场自由化模式（表 20-23），电力市场成为人们普遍接受的一种电力运营方式。其中，典型的电力市场模式有执行新电力交易协定（NETA）的

①约翰·塔巴克：《天然气和氢气——未来不总是光明的》，付艳、牛玲、张军译，商务印书馆，2011，第 79 页。

②李晓西主编《中国传统能源产业市场化进程研究报告》，北京师范大学出版社，2013，第 196 页。

③汤姆·泰坦伯格：《自然资源经济学》，高岚、李怡、谢忆等译，人民邮电出版社，2012，第 43 页。

④托梅因、卡达希：《美国能源法》，万少廷译，张利宾审校，法律出版社，2008，第 157 页。

⑤同上。

⑥约翰·塔巴克：《天然气和氢气——未来不总是光明的》，付艳、牛玲、张军译，商务印书馆，2011，第 19 页。

⑦同上书，第 19-20 页。

英国电力市场、美国的区域电力市场、北欧的跨国电力市场（Nord Pool）、澳大利亚的国家电力市场等。[①]

表 20-22　世界电力市场化改革的重要事件

时间 / 年	重要事件
1978	美国通过立法，允许独立发电商合法经营，联网发电
1980	智利进行电价改革
1982	智利是世界上首个建立实时电力市场的国家
1990	英国在发达国家中首个建立联营电力市场
1994	挪威和周边国家建立世界上首个跨国电力市场
1996	澳大利亚和新西兰建立基于事后节点电价的联营电力市场
1996	美国加利福尼亚州建立基于区域电价体系的联营电力市场
1997	加拿大艾伯塔省建立类似英国的联营电力市场
1998	美国 PJM［指宾夕法尼亚（Pennsylvania）－新泽西（New Jersey）－马里兰（Maryland）联合电力市场］电力区域建立基于事后节点电价的联营电力市场
1999	美国新英格兰地区建立基于联合优化的电力市场
1999	美国纽约州建立基于联合优化和节点电价的联营电力市场
2000	加拿大安大略省建立基于联合优化和节点电价的联营电力市场
2000	中国浙江省建立类似英国的联营电力市场并使用差价合约技术
2001	英国实现第二次改革，建立双边交易电力市场
2001	美国得克萨斯州建立基于区域电价体系的联营电力市场

资料来源：作者整理。参考甘德强、杨莉、冯冬涵：《电力经济与电力市场》，机械工业出版社，2010。

表 20-23　各国电力市场自由化模式

自由化模式		所采用的国家 / 地区
TPA	基于管制	丹麦
		爱尔兰
		法国
		比利时
		希腊
		卢森堡
		澳大利亚
		日本
	基于交涉	德国
SBS + TPA	SBS 和基于 TPA 的组合	意大利
		葡萄牙

---

① 中国电气工程大典编辑委员会：《中国电气工程大典·第8卷》第2版，中国电力出版社，2010，第305页。

续表

自由化模式		所采用的国家 / 地区
联营体＋ TPA	强制性联营体和基于管制的 TPA 组合	英格兰、威尔士
		澳大利亚
	任意联营体和基于管制的 TPA 组合	芬兰
		瑞典
		荷兰
		西班牙
		阿根廷
		美国加利福尼亚州
	任意联营体和基于交涉的 TPA 组合	新西兰
	发电商之间的协调性联营体和基于交易的 TPA 组合	智利

资料来源：横山隆一：《电力改革及新能源技术》，周意诚、佘锦华、吴国红等译，清华大学出版社，2013，第 301 页。

（一）智利

智利是世界上第一个进行电力工业私有化改革的国家，从 20 世纪 70 年代后期开始广泛进行电力改革。[1]1978 年建立国家能源委员会，1980 年实行电价改革，1981 年将配电企业分为 9 个分公司，1982 年颁布以自由化为取向的电力法。之后，全面推进发电系统、输电系统、配电系统、电力批发市场等各方面的私有化改革（表 20-24），建立起运营效率显著提高的电力交易市场（图 20-13）。到 1999 年 3 月，不同用户的电价分别为：家庭用电 9.62 美分 / 千瓦时，商业用电 8.50 美分 / 千瓦时，工业用电 5.33 美分 / 千瓦时。私有化以后，各企业的经营效率得到较大提高，电价有所下降。[2]

表 20-24　智利电力部门改革历程

时间 / 年	事件	备注
1978	建立国家能源委员会	制定基本的机构框架政策，从而推动 20 世纪 80 年代能源部门的改革
1980	改革电价计算标准	计算方法由基于最低投资回报率转变为基于边际成本
1981	配电从 Endesa 中分离	将配电企业分为 9 个分公司
	分拆主要配电企业 Chilectra	该企业分解为三部分：Chilgener、Chilectra Metropolitana、Chilectra V Regi
1982	颁布电力法	重组法律结构框架
	Endesa 注册股份	股票市场中的买方（AFP）在私有化进程中扮演重要角色
	Endesa 中的部分发电公司分离	3 个发电企业从 Endesa 中分离，但仍作为备用
1982—1983	经济萧条	延迟了私有化进程

[1] 国家电力监管委员会：《南美洲、亚洲、非洲各国电力市场化改革》，中国水利水电出版社，2006，第 79 页。
[2] 同上书，第 95 页。

续表

时间 / 年	事件	备注
1985	Endesa 中的两个发电备用分离	该备用仍为 CORFO 控制下的国有企业
	建立 CDEC-SIC	采用边际成本批发价监管
1985—1987	Chilectra 私有化	股份向雇员出售并参与股票市场交易
1986	零售供应引入竞争	限于电量需求大于 2 MW 的用户
		政府吸纳 Endesa 5 亿美元的外部债务
1987—1990	Endesa 私有化	起初股份出售或作为补偿，而后参与股票市场交易
1988	建立 Enersis	在 Chilenade Electroandina S.A. 的演变过程中建立。之后成为智利和其他拉丁美洲国家的电力市场的主要参与者
1990	完成私有化进程	—
	Enersis 成为 Endesa 的最大股东	Enersis 经营发电、输电、配电业务
1993	Endesa 输电公司分离	建立独立的股份制公司 Transelec
1997	Enelaysen 私有化	伴随该企业的出售，私有化进程结束
1999	Endesa-Spain 是 Enersis 和 Endesa-Chile 的最大股东	Endesa-Spain 占有 Enersis 63.9% 的股份，而 Enersis 占有 Endesa-Chile 60% 的股份。在拉丁美洲，其业务涵盖发电领域、输电领域、配电领域

资料来源：国家电力监管委员会：《南美洲、亚洲、非洲各国电力市场化改革》，中国水利水电出版社，2006，第89-90页。

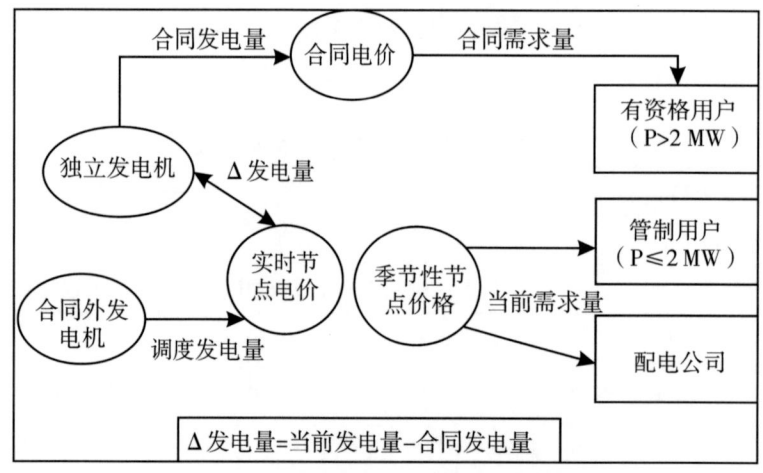

图 20-13　智利的电力交易市场模式示意图

资料来源：国家电力监管委员会：《南美洲、亚洲、非洲各国电力市场化改革》，中国水利水电出版社，2006，第94页。

（二）英国

英国电力产业已有100多年历史，最早出现的电力企业是私有企业，而后出现由地方政府投资的市政电力企业，形成二者并存的格局。1947年英国通过新的电力法，对整个电力产业实施国有化，形成了国有体制下的高度一体化垄断经营的格局：中央电力生产局负责经营发电和输电业务，配电业务由中央电力生产局下属的 12 个地区电力局负责经营，地区电力局向中央电力生产局购电后转售给本地区的消费者。[1] 这种垄断模式存在电力企业活力不足、能源利用效率低、售电价格偏高等问题。

1979 年撒切尔夫人上台执政后，开始推行私有化改革。最初，大约有 11.5% 的国内产品是由国有企业生产的，到 1987 年 6 月她第三次竞选成功时，这一比例下降到 7.5%，降幅超过 1/3。[2]1989 年，英国议会通过关于英格兰、威尔士和苏格兰电力工业重组和私有化的计划，并批准 1989 年的电力法，从而拉开电力工业私有化改革的序幕。

作为当时世界上发达国家中最早进行电力市场化改革的国家，英国早期的电力体制改革备受批评。从 1990 年 3 月开放市场到 2001 年 3 月 NETA 开始运行之前，"英格兰和威尔士电力库（UKPOOL）是不成功的，发电资产集中在几个大的发电商手里，电力买卖几乎都通过英格兰和威尔士的电力库进行"。英国天然气及电力市场办公室在 2001 年的一份报告中指出了该电力库的根本性缺陷："批发电价未随发电商投入成本的下降而降低；缺乏供电方压力与需求方参与；僵化的管理模式阻碍了改革。"[3] 对此，英国电力改革借鉴北欧电力库的经验，于 2001 年 3 月开始实行 NETA，形成基于"新的电力交易协议"的电力市场模式（图 20-14），电力体制改革走过曲折的历程（表 20-25）。在改革过程中，保守党认为原子力发电公司（NE 公司）民营化的负担过重，因而保留了 NE 公司的国营形态。除了 NE 公司，其他电力公司都变成了私营公司（图 20-15）。

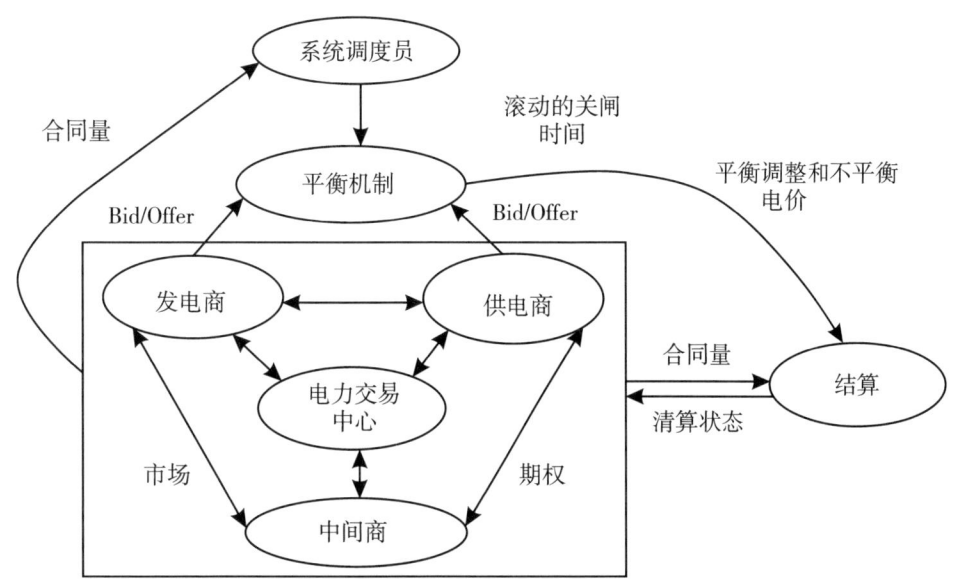

图 20-14　英国电力市场 NETA 中各环节的结构关系示意图

资料来源：国家电力监管委员会：《欧洲、澳洲电力市场》，中国电力出版社，2005，第 52 页。

① 刘建平：《中国电力产业政策与产业发展》，中国电力出版社，2006，第 69-70 页。

② 约翰·维克斯、乔治·亚罗：《私有化的经济学分析》，廉晓红、矫静译，重庆出版社，2006，第 1 页。

③ 周定山：《西方国家电力体制改革实践及经验教训》，中国水利水电出版社，2005，第 157 页。

表 20-25 英国电力体制改革的重要事件

时间 / 年	重要事件
1983	通过电力法案，解除了对独立发电商的法律限制
1989	电力法案得到英国皇室批准
1990	中心电力生产委员会被分成国家电力公司、GEN 电力公司（化石燃料发电公司）、核电公司及国家电网公司（NGC）
1990	英格兰和威尔士电力库开始运行
1990	大于 1 000 kW 的大用户被允许选择供电公司
1990	12 个地区电力公司被私有化（伦敦股票交易所上市）
1991	60% 的国家电力公司和 GEN 电力公司被私有化
1994	大于 100 kW 的中等用户被允许选择供电公司
1995	国家电力公司和 GEN 电力公司剩下部分与 NGC 全部被私有化
1996	核电工业改革，核电被私有化，成为大不列颠能源的组成部分
1997	政府宣布改革电力交易办法
1999	小于 100 kW 的小用户被允许选择供电公司
2000	政府电力改革法案获得通过
2000	电力库发起电力期货市场
2000	ELEXON 为电力库的新平衡和结算条例承担责任
2001	英格兰和威尔士电力库被 NETA 所替代
2001	UKPX 和 APXUK 发起自己的现货市场，国际石油交易所发起电力期货市场
2001	1 100 万用户转换供电商

资料来源：周定山：《西方国家电力体制改革实践及经验教训》，中国水利水电出版社，2005，第 160-161 页。

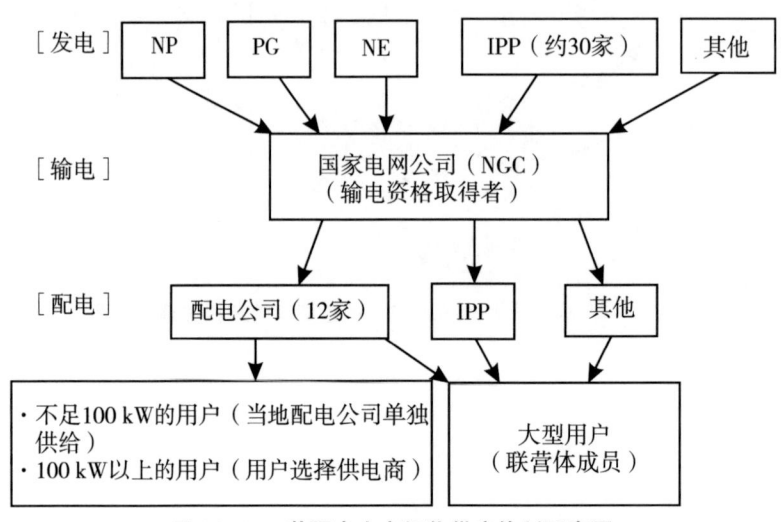

图 20-15　英国电力市场化供应体制示意图

资料来源：横山隆一：《电力改革及新能源技术》，周意诚、佘锦华、吴国红等译，清华大学出版社，2013，第 8 页。

（三）北欧

北欧地区的电力市场改革主要有挪威、瑞典、芬兰、丹麦、冰岛等 5 个国家。1991 年 1 月 1 日，挪威能源法案正式实施。1992 年，挪威国家电力公司被分为全国性的电网公司（Statnett SF）和发电公司（Statkraft SF）两家企业。瑞典也于 1991 年开始进行厂网分开，1992 年成立瑞典国家电网公司，1995 年出台基于节点的输配电价机制，1996 年 1 月 1 日建立竞争性的电力市场。芬兰于 1997 年将两家电网公司——国有的 IVS 和企业自有的 TVS 合并，成立国家电网公司（Fingrid），并建立自己的电力交易所 EL-EX。丹麦于 1998 年 1 月成立 Eltra 电网公司，负责丹麦西部 Jutland 和 Funen 的输电网，第二年成立 Elkraft 公司，负责东部 Zealand 的输电网。

在挪威率先建立国家电力市场的基础上，瑞典于 1996 年 1 月加入，两国共同成立挪威 – 瑞典联合电力交易所。1998 年 6 月，芬兰加入，瑞典国家电网公司和芬兰国家电网公司联合拥有 EL-EX 交易所（1999 年改为 Elbas 市场）。1999 年和 2000 年，丹麦西部和东部输电网又先后加入（表 20-26）。至此，历时 10 年，覆盖北欧 4 国的统一电力市场建立起来，成为世界上第一个多国电力交易市场。[①]

表 20-26　北欧电力改革的重要事件

时间 / 年	重要事件
1991	挪威能源法案生效
1992	挪威国家电力公司被分为 Statnett SF 和 Statkraft SF
1992	瑞典从电力生产销售中分离出电网操作，成立瑞典国家电网公司
1993	Statnett SF 被指定为挪威电网操作者
1993	成立 Statnett Marked AS，承担挪威电力交易责任（现货和期货）
1995	挪威所有的电力用户可以选择其供电商
1995	北欧 4 国能源大臣联合声明建立北欧共同电力市场
1995	Statnett Marked AS 每周期货变成金融期货市场
1996	瑞典新电力立法生效，包括小时电表测量要求
1996	瑞典加入，Statnett Marked AS 变成北欧电力库（Nord P001）
1997	北欧电力库服务增加，包括双边合同和金融期货市场结算
1998	芬兰加入北欧电力交易市场
1999	瑞典废除小时电表测量要求，所有用户可改变供电商
1999	丹麦西部加入北欧电力交易市场，作为单独的 Elspot 价格区
1999	北欧电力库服务增加，包括 Elbas 电力平衡市场、期权市场
2000	丹麦东部加入北欧电力交易市场，作为单独的 Elspot 价格区
2000	北欧电力库服务增加，包括差价合同（CFD）交易

资料来源：周定山《西方国家电力体制改革实践及经验教训》，中国水利水电出版社，2005，第 172 页。

[①] 国家电力监管委员会：《欧洲、澳洲电力市场》，中国电力出版社，2005，第 130–131 页。

北欧电力市场由电力批发市场和电力零售市场组成，形成一个较完整的交易体系（图 20-16），市场竞争性得到充分体现。其中，电力批发市场包括四个主要组成部分：一是柜台交易市场（OTC 市场）；二是双边批发市场；三是北欧电交所，分北欧电力现货市场、北欧电力平衡市场、北欧电力金融市场等；四是由各国 TSO 负责运营的北欧电力实时市场。[1]

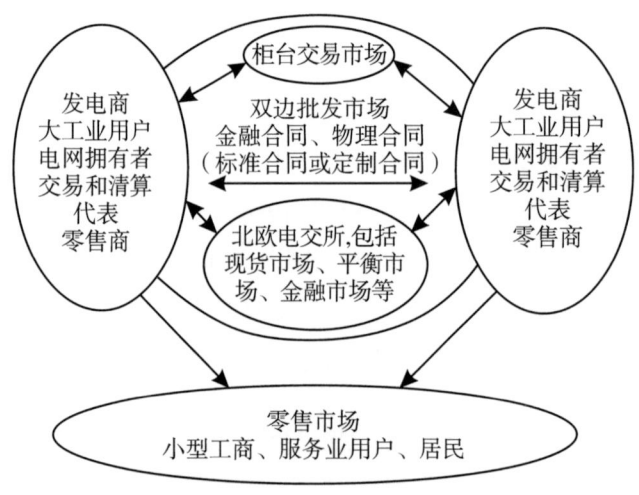

图 20-16　北欧电力市场基本框架示意图

资料来源：国家电力监管委员会市场监管部：《电力市场与监管：电力监管机构能力建设文集》，中国水利水电出版社，2007，第195 页。

（四）美国

传统上，美国电力工业主要由垂直结合的电力公司组成。每一个电力公司包含发电、输电、配电和零售部门，在其服务区域被授予垄断经营权。绝大多数电力由私营电力公司生产、输送和零售。美国有 100 多家私营电力公司，受各州政府公用设施管理委员会管制。[2] 为适应经济发展的需要，美国加利福尼亚州和得克萨斯州等地区先后推进电力体制改革，形成了世界上具有代表性的区域电力市场模式。

加利福尼亚州是美国联邦资源管理委员会（FERC）第一个批准建立电力独立系统运行者市场（CAISO）的州。加利福尼亚州政府公用设施管理委员会在 1994 年提出电力体制改革的"蓝皮书"，在美国第一个考虑电力零售消费者选择，结果引发激烈的争论。1998 年，加利福尼亚州开放电力市场，运行两年批发电价一直在 20～40 美元/兆瓦时波动，没有出现大问题。但到了 2000 年冬至 2001 年夏，CAISO 出现了严重的危机，批发电价几乎失控，实时批发市场电价曾数度高达 750 美元/兆瓦时，是正常均价的 20 倍，全州处于整体缺电状态，不得不实行分片停电。这迫使联邦资源管理委员会在 2001年春介入，实行全面价格管制。此后，加利福尼亚州又开始重新设计电力市场模式（表 20-27）。加利福尼亚州电力体制改革普遍被认为是失败的。[3]

---

① 国家电力监管委员会市场监管部：《电力市场与监管：电力监管机构能力建设文集》，中国水利水电出版社，2007，第 194-195 页。

② 周定山：《西方国家电力体制改革实践及经验教训》，中国水利水电出版社，2005，第 4 页。

③ 同上书，第 91-92 页。

表 20-27　美国加利福尼亚州电力改革的重要事件

时间 / 年	重要事件
1994	加利福尼亚州政府公用设施管理委员会提出电力体制改革的"蓝皮书"
1996	加利福尼亚州立法机构通过一项州议会法案 1890（AB1890）
1997	FERC 授权 CAISO 和 CALPX 运行
1998	开放州电力市场
2000	州电力市场危机开始
2000	FERC 引入 150 美元 / 兆瓦时的软上限，并取消必须经过 CALPX 或 CAISO 交易的要求
2001	CALPX 破产，停止操作
2001	州政府动用 80 亿美元购买短期电力。至 2001 年 6 月，共签订 54 个 10 年的供电合同，总计 430 亿美元
2001	PG&E 宣布破产重组
2001	州政府建立加利福尼亚州电力局
2001	州政府公用设施管理委员会宣布平均提高零售电价 40%
2001	FERC 冻结州批发市场价格
2002	州电力市场重新设计，仍然是区域定价模式
2003	FERC 否决 CAISO 的 MD02
2004	CAISO 修改市场设计，采纳节点定价模式
2005	CAISO 计划取代过去的电力市场设计

资料来源：周定山：《西方国家电力体制改革实践及经验教训》，中国水利水电出版社，2005，第 94 页。

美国得克萨斯州于 20 世纪 40 年代开始进行电力体制改革（表 20-28），于 21 世纪初引入零售电力市场竞争，并取得了成功。2001 年 7—12 月，得克萨斯州电力可靠性委员会（ERCOT）、PUCT 和市场参与者试验一个零售电力市场竞争项目，允许参加者进行实际的批发和零售交易，规定原电力公司的用户只能从竞争零售商手里购买 5%，在 10 万个用户中只有 2% 参与试验并转换到新零售商。2002 年 1 月 1 日，开始实行得克萨斯州零售市场竞争模式。2003 年 9 月，得克萨斯州 PUCT 将区域定价模式改为节点定价模式，引入一日前市场，市场价格监管采用 1 000 美元 / 兆瓦时的投标价格限制和竞争处理办法（CSM）等抑制价格的措施（图 20-17）。从运行结果看，得克萨斯州电力体制改革基本上是成功的，其平均电价低于美国其他各州，自 1995 年以来新增发电装机容量 2 500 万千瓦（约 40%），零售市场竞争领先于其他各州。[1]

---

① 周定山：《西方国家电力体制改革实践及经验教训》，中国水利水电出版社，2005，第 51 页。

表 20-28　美国得克萨斯州电力改革的重要事件

时间 / 年	重要事件
1940	得克萨斯州组成得克萨斯州联网系统（TIS）
1960	TIS 成员采纳操作指导并建立监控程序中心
1970	成立 ERCOT
1995	州立法机构修改得克萨斯州公共服务管理法案，推动电力批发市场改革
1996	ERCOT 被指定为独立电网运行者
1999	州立法机构通过参议院 7 号法案，开放电力零售市场
2001	州公共服务管理部门批准 ERCOT 新市场操作规范
2001	ERCOT 按模拟市场运行，测试操作规范
2001	ERCOT 承担发展和操作新竞争性零售市场的责任
2001	ERCOT 实时电力市场开始运行
2001	ERCOT 指定输电线路阻塞支出超过 2 000 万美元
2002	开始实行得克萨斯州零售市场竞争模式
2002	ERCOT 拍卖地区间主要输电线路阻塞权
2003	ERCOT 局部区域输电阻塞年支出高达 2 亿美元
2003	PUCT 决定把区域定价模式改为节点定价模式，引入一日前市场
2004	完成得克萨斯州节点定价市场规范
2005	PUCT 审查得克萨斯州节点定价市场规范

资料来源：周定山：《西方国家电力体制改革实践及经验教训》，中国水利水电出版社，2005，第 51-52 页。

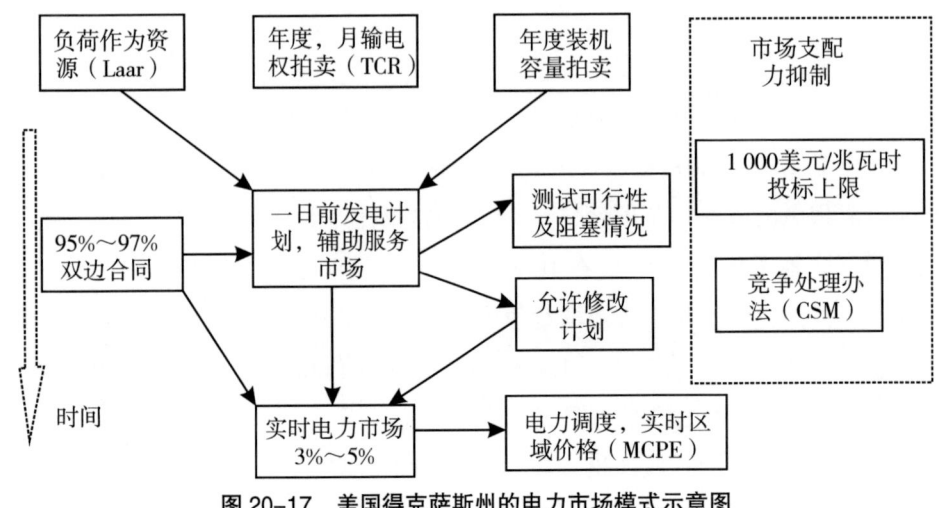

图 20-17　美国得克萨斯州的电力市场模式示意图

资料来源：周定山：《西方国家电力体制改革实践及经验教训》，中国水利水电出版社，2005，第 52 页。

（五）澳大利亚

澳大利亚电力市场化改革从 20 世纪 90 年代初期开始。它首先对电力工业进行结构性的改革，包括对电力行业进行纵向和横向的拆分，在发电、输电、配电、售电各个环节进行资产分离，对电力企业实行治理结构的公司化改造或私有化改制等。例如，1997 年维多利亚州政府通过电力资产私有化获得约 215 亿澳元收益；南澳大利亚州在 2000 年对其电力资产实行租赁，获得约 53 亿澳元收益。这些结构性的改革为建立电力市场创造了基础性条件。[①]

在对电力工业进行结构性改革的基础上，1996 年澳大利亚通过国家电力法案。同年 3 月，新南威尔士电力市场投入运行，采用全国电力市场规则的最新版本；1997 年 5 月，与维多利亚电力市场成功接轨。与此同时，其他各州相继开展电力系统改革。到 1998 年 12 月，全国电力市场（图 20-18）正式营运。

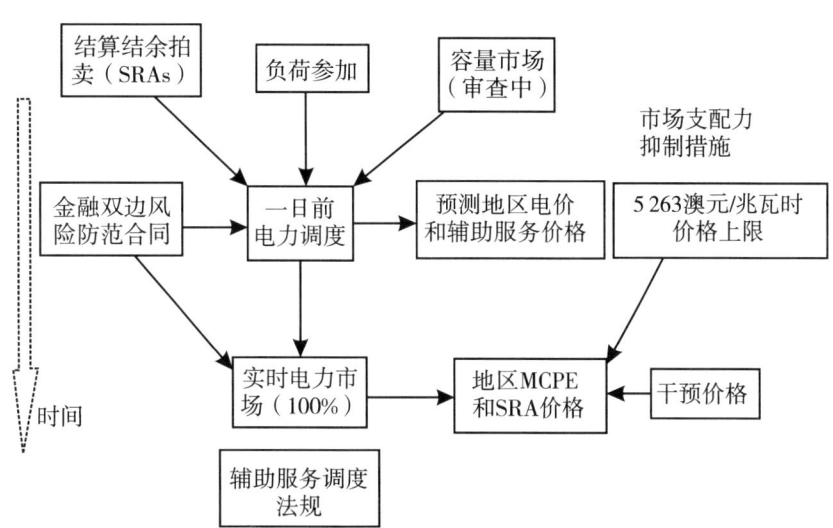

图 20-18　澳大利亚国家电力市场的基本框架示意图

资料来源：周定山：《西方国家电力体制改革实践及经验教训》，中国水利水电出版社，2005，第 185 页。

（六）中国

1985 年以前，中国电力实行政企合一、垂直一体化的经营体制。1985 年，国家经济委员会等部门发布《关于鼓励集资办电和实行多种电价的暂行规定》，打破中央独家办电的局面，出现中央、地方、企业共同投资办电以及多种电价并存的新格局，迈出中国电力工业市场化改革的第一步。1994 年，电力工业部发布《电力建设利用外资暂行规定》。1998 年，国家电力公司开始实施"政企分开，省为实体""厂网分开，竞价上网"的市场化改革。同年 12 月，国务院办公厅转发国家经贸委《关于深化电力工业体制改革有关问题的意见》，"厂网分开，竞价上网"政策开始在 6 个省市试点。

2002 年，国务院发布《电力体制改革方案》，提出设立国家电力监管委员会，建立合理的电价形成新机制，标志着中国电力市场化改革全面启动。此后，实行了一系列深化电力体制改革的措施（表20-29），并取得阶段性的成效。2012 年，中国总装机容量达到 9.62 亿千瓦，发电装机容量和年发电量连续 16 年位居世界第二位；电网规模跃居世界第一位，220 千伏及以上输电线路总长度达到 44.3 万千米，基本实现全国联网；电源结构进一步优化，水电总装机容量为 2.13 亿千瓦，核电在运机组容量为 1 082

万千瓦，风电并网装机容量为 3 107 万千瓦。[①]

表 20-29　2002—2012 年中国电力体制改革的重要事件

时间 / 年	重要事件
2002	国务院公布《电力体制改革方案》，提出建立合理的电价形成新机制，实施发电竞价上网，推动大用户直购试点，电力市场化改革全面启动
2002	国家电力公司的电网资产被拆分，重组为国家电网公司和南方电网公司；国家电力公司的发电资产被拆分，重组为中国华能集团公司等 5 家全国性发电集团公司，发电端基本形成多元竞争主体格局
2003	国家电力监管委员会成立，开始履行电力市场监管者的职责，实现"政监分开"
2003	国务院印发《电价改革方案》，确立电价改革的目标、原则及主要措施
2004	中国首家区域电力市场——东北区域电力市场启动模拟运行
2004	国家发展和改革委员会出台标杆上网电价政策
2004	华东区域电力市场启动模拟运行
2004	出台"煤电价格联动机制"措施
2005	颁布《电力监管条例》
2005	制定《上网电价管理暂行办法》《输配电价管理暂行办法》《销售电价管理暂行办法》
2006	国务院"十一五"电力体制改革方案强调继续推进电价改革
2007	国务院通过《关于"十一五"深化电力体制改革的实施意见》
2007	国务院批准《节能发电调度办法（试行）》，印发《节能发电调度试点工作方案》
2008	成立国家能源局
2008	国务院国有资产监督管理委员会等部门联合印发《关于规范电力系统职工投资发电企业的意见》，主业和多种经营实现分开
2008	国家电力监管委员会制定《发电权交易监管暂行办法》，发布《发电企业与电网企业电费结算暂行办法》
2009	印发《关于开展电解铝企业直购电试点工作的通知》，电解铝企业开展"大客户直购电"试点工作，印发《关于规范电能交易价格管理等有关问题的通知》
2010	中国首个电力多边交易市场——内蒙古电力多边交易市场正式运行
2011	电力行业两大辅业集团——中国电力建设集团有限公司和中国能源建设集团有限公司正式挂牌成立
2011	国家发展和改革委员会印发《关于居民生活用电试行阶梯电价的指导意见》，实施居民阶梯电价

资料来源：崔民选、王军生、陈义和主编《中国能源发展报告（2013）》，社会科学文献出版社，2013，第 136-137 页。略做调整。

[①] 谭荣尧、赵国宏等：《中国能源监管探索与实践》，人民出版社，2016，第 117 页。

四、核能产业政策

核能是一种清洁、经济、高效的能源，自从 20 世纪 40 年代核电开始为人类所开发、利用后，核能对人类社会的发展做出了巨大贡献。2011 年，世界总发电量约为 22 万亿千瓦时，其中煤电占 40.1%，气电占 22.4%，水电占 15.4%，核电占 13.1%，油电占 5.0%，非可再生能源发电占 4.0%。[①] 核电占世界电力的比例接近了水电。在欧盟的一些国家和地区，核电的比例更高。据全球原子能协会和欧盟委员会的数据，截至 2013 年 1 月，欧盟共有 131 座核反应堆，为欧盟提供 28% 的电力，其中法国、比利时、斯洛伐克 3 国核电占本国电力的比例分别高达 77.7%、54% 和 54%。[②]

2011 年日本福岛核电站发生重大泄漏事故后，对世界各国核电政策的发展趋势产生了重大影响，许多国家开始重新考虑核电。但面对日益突出的能源供求矛盾和全球气候变化，全球核电不仅日渐复苏，还出现了进一步发展壮大的态势。2012 年 10 月，白俄罗斯和俄罗斯正式签订白俄罗斯境内首座核电站的建设合同，建设两台功率为 1 200 兆瓦的核电机组，目的是减少白俄罗斯对天然气的依赖，确保国家能源安全。2012 年 11 月，俄罗斯计划于 2030 年前再建 38 台核电机组，使运行的核电机组由 33 台扩增至 71 台。同月，英国核监管办公室为 EDF 能源公司规划中的欣克利 C 角核电站颁发厂址许可，这是 25 年来首个获得厂址许可的英国核电项目。[③] 截至 2015 年 9 月 19 日，全球在运行的反应堆 436 个，全球永久关闭的反应堆 196 个，日本与西班牙各有 1 个处于长期关停状态。[④]

世界核能发展关注核电的安全。2013 年 1 月，欧洲议会工业、研究和能源委员会决议指出，为实现达到抵御自然灾害的标准，预计对欧洲核电站进行安全升级需要耗资 250 亿欧元，核电企业应该承担核电设施必要的安全升级所产生的费用。[⑤]

（一）美国

美国是世界上最早利用核能的国家，于 1939 年建立第一个核能管理机构——铀指导委员会。此后，不断加强核能管理，核能管理体系日渐完善（表 20-30）。

表 20-30　美国涉核事务管理机构

时间	机构名称
1939—1941 年	铀指导委员会
1941—1942 年	白宫科学研究与发展办公室
1942—1946 年	美国陆军工程兵曼哈顿工程军区
1946—1974 年	美国核能源委员会
1969 年至今	美国国家环境保护局
1974 年至今	美国核立法局

[①] 黄晓勇主编《世界能源发展报告（2013）》，社会科学文献出版社，2013，第 385 页。
[②] 同上书，第 398 页。
[③] 同上。
[④] 李慎明、张宇燕主编《全球政治与安全报告（2016）》，社会科学文献出版社，2015，第 91 页。
[⑤] 黄晓勇主编《世界能源发展报告（2013）》，社会科学文献出版社，2013，第 398-399 页。

续表

时间	机构名称
1974—1977 年	美国能源研究和发展局
1974—1977 年	联邦能源局
1977 年至今	美国能源部
	美国运输部

资料来源：阎政：《美国核法律与国家能源政策》，北京大学出版社，2006，第 462-463 页。

1942 年，美国第一个核反应堆投入运行。1945 年，美国向日本的广岛和长崎分别投掷一颗原子弹，这是原子能的首次使用。1946 年，美国通过原子能法，标志着将原子能的利用权力由军方转移到民间。[1]1953 年修订原子能政策，1954 年出台原子能法，鼓励原子能的私有化、商业化开发。1955 年制定《发电用核反应堆示范计划》，试图通过竞争方式由私人企业和政府一起试验 5 种不同的核反应堆技术。1957 年，国会通过普赖斯 - 安德森法案，目的是在限定行业内公司责任的同时，保证出现核事故时公众能获得一定的赔偿。[2]

20 世纪 70 年代，美国公众转变了对待核能的态度，不再恭维核能的安全性，也不再信服核电行业和政府声称的核能环境表现。[3]在此背景下，美国 1974 年出台能源重组法，将原子能署一分为二，其中核能监管署是负责安全和许可的独立机构，能源研究和开发管理委员会负责核能的开发和促进其利用。美国制定铀矿尾矿核辐射控制法（1978 年）、核废料政策法（1982 年）等核安全政策，以确保安全。1992 年的能源政策法就改进许可过程、支持对新的反应堆技术进行研究以及解决核废料的长期储存等影响核电未来的事项做出了规定。

1999 年，美国民用核电工业发电量突破 7 000 亿千瓦时的世界纪录。2003 年，共有 104 个核反应堆机组持有运行许可证，且并网发电，其发电量约占全国总发电量的 20%[4]，是世界上最大的民用核电大国。

2011 年日本福岛核电站事故发生后，美国政府于 2012 年批准美国南方电力公司两台 AP1000 核电项目，并表示大力发展核电的立场不会改变。

（二）法国

法国于 1954 年创建原子能委员会，1956 年开始研制第一个自主设计的核反应堆，1960 年试爆首枚核武器——钚弹。20 世纪 60 年代初成立核管理局。1963 年，出台关于核设施的 63-1228 号法令，这是法国第一项原子能领域的专门立法，规定了基础核装置的法律架构。1964 年建成首个商业核反应堆。到 1970 年，法国有 8 座小型的核电站，发电功率为 1 696 兆瓦。[5]

---

[1] 托梅因、卡达希：《美国能源法》，万少廷译，张利宾审校，法律出版社，2008，第 248 页。

[2] 同上书，第 252 页。

[3] 同上书，第 254 页。

[4] 阎政：《美国核法律与国家能源政策》，北京大学出版社，2006，第 492 页。

[5] 约翰·塔巴克：《核能与安全——智慧与非理性的对抗》，王辉、胡云志译，商务印书馆，2011，第 155 页。

第一次石油危机的爆发使法国的核电开发利用发生重大转折，法国开始逐渐发展民用核电。20 世纪 80 年代修订原子能委员会章程，成立核能委员会，并在 1992 年将其主要任务确定为：为了能源、卫生、国防和工业目的，集中力量发展和监管原子能利用活动。[①] 在此推动下，到 1990 年，法国经营核电站 56 座，总电功率达到 55 998 兆瓦，是 20 年前的 33 倍。针对核电工业发展导致放射性废物日益增多的问题，1991 年成立放射性废物管理局，负责对法国的放射性废物进行长期管理。

进入 21 世纪，法国关于核能的法律和政策得到进一步完善，并采取各种措施积极促进核电工业的发展。2001 年，成立法国环境卫生安全局、辐射防护与核安全研究院。2002 年重组法国核安全与辐射防护总局，负责政府政策法规的制定和相关工作的实施。同年，成立核电信息透明委员会，负责制定核电管理法规，向公众提供透明的核电信息。2005 年通过项目法确立法国能源政策的基本原则，目的是促进法国核电产业的发展。2006 年，制定关于核领域的透明度和核安全的 2006-686 号法令，要求向公众披露所有可靠且易懂的核电信息，保证法国核安全局监管的独立性。同年，还制定关于能源领域的 2006-1537 号法令以及关于放射性废物可持续管理的 2006-739 号法令。2007 年，制定关于基础核装置的核安全监管、放射性物质的运输的 2007-1557 号法令，对 2006-686 号法令进行补充。[②]

法国核电实行集中管理、集中决策、集中经营乃至集中研发的模式。法国核能委员会（过去为原子能委员会）负责全国核电行业的管理与决策。EDF 是法国最大的电力营运商，负责全国核电站的建设和运营。法国推行核反应堆设计和运行的标准化，只使用阿海珐财团下属的法马通公司建造的压水反应堆，目的是提高反应堆建造和运转效率。直到 21 世纪的最初几年，法国才开始采用一种新的设计——欧洲先进压水堆（EPR）。2007 年，法国共经营 59 座核电站，其中的 58 座压水堆由法国电力公司经营，另外一座快中子增殖反应堆由法国电力公司和 CEA 共同经营。[③]

法国电力业务遍布欧洲、南美洲、北美洲、亚洲、中东地区，EDF 运营着超过 120 吉瓦的电站，其中核电所占比例达到 74.5%。2012 年 11 月，中国广东核电集团有限公司、法国电力公司、阿海珐财团签署共同设计建造一个装机容量百万千瓦的中型核电站的三方协议。到 2013 年 1 月，法国共有核反应堆 58 座，占欧盟核反应堆总数 131 座的 44.3%，排在欧盟第一位；核电量占全国发电量的比例达到 77.7%。

（三）德国

1959 年，联邦德国发布原子能法，这是联邦德国发展核能的第一个政策法案。依据原子能法，成立了德意志联邦环境、自然保护与核安全部，负责核安全和辐射防护管理。该部与核能委员会合署办公，部长有权依据原子能法和 2001 年辐射防护条例对核领域采取法律监管和适当措施。

1970 年，联邦德国经营 8 座轻水反应堆，到 1985 年发展到 24 座。1990 年德国统一后，共有 21 座西式反应堆和 11 座俄式反应堆（由苏联设计）。受到切尔诺贝利核电站事故的影响，德国关闭了运行中的 11 座俄式反应堆，并放弃了在建的俄式反应堆。[④]

① 陈刚主编《世界原子能法律解析与编译》，法律出版社，2011。
② 同上。
③ 约翰·塔巴克：《核能与安全——智慧与非理性的对抗》，王辉、胡云志译，商务印书馆，2011，第 155-157 页。
④ 同上书，第 145 页。

此后，由于德国国内民众反核情绪高涨，德国的核能政策发生了重大变化。当时执政的社会民主党联合德国绿党与国内主要的能源生产商就核电发展进行漫长的谈判，在 2000 年达成协议：德国将不再授权建设核电站，正在运行的核电站使用寿命限定为 32 年，将在 2005 年停止运输一切用于后处理的乏燃料（乏燃料后处理在法国进行）。2002 年，该协议正式写入德国新出台的原子能法。[1]2011 年日本福岛的核电站事故加速了德国"弃核"的步伐。

（四）日本

1955 年，日本制定《原子能基本法》，规定日本原子能政策的基本方针。1956 年，日本设立原子能委员会。此后，逐步建立起由内阁总理大臣统领的原子能行政管理体系（图 20-19）。1957 年发布《核资源、核燃料与反应堆管理法》和《放射性同位素等辐射危害防护法》。1961 年发布《核损害赔偿法》。日本确定"所有核能开发在公开及研究人员民主运营下自主进行"的"自主、民主、公开"三原则，并明确了核能的和平发展方针，严格禁止原子能研究开发用于军事目的。[2]

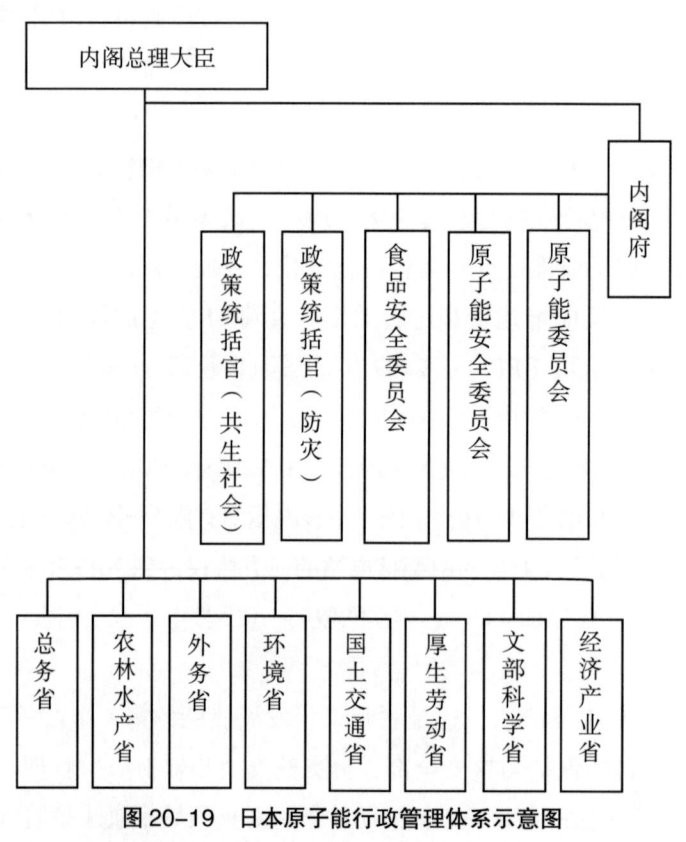

图 20-19　日本原子能行政管理体系示意图

资料来源：陈刚主编《世界原子能法律解析与编译》，法律出版社，2011，第 57 页。

1971 年，日本建成、投入运行第一座核电站——福岛一号机组，此后日渐加快了核电的发展。2005 年发布《原子能政策大纲》，提出今后 10 年日本原子能开发、研究及利用的基本思路和发展方向：一是之后 10 年内，原子能发电量占日本发电总量的 30%～40%；二是发展已有原子能发电设施的

---

[1] 约翰·塔巴克：《核能与安全——智慧与非理性的对抗》，王辉、胡云志译，商务印书馆，2011，第 145 页。

[2] 陈刚主编《世界原子能法律解析与编译》，法律出版社，2011，第 56 页。

替代技术；三是开展面向调速增殖反应堆商业化和热核反应的研究开发；四是提高关于原子能的社会信赖度；五是维持日本的原子能国际竞争力。[1]2006 年，日本能源调查会原子能分会制订"核能立国计划"。2010 年，日本政府制定新能源政策，计划到 2020 年新建 9 座核电机组，将核电比例从 30% 提高到 40%，核电站设备利用率达 80%；到 2030 年再新建 5 座核电机组，将核电比例进一步提高到 50%，核电站设备利用率达 90%。[2]

2011 年，日本共建成投产 54 台核电机组（表 20-31）。同年，"3·11"大地震导致福岛核电站放射性物质泄漏。截至 2012 年 5 月 6 日，日本 54 台核电机组全部停运，出现"无核电"状况，日本核能发展计划受到严重冲击，国内许多民众反对发展核电。但是，面对国内化石能源资源缺乏，核电停运后日本电力出现严重短缺（2012 年夏天电力缺口高达 20%～23%），经济重振以及控制温室气体排放等重大问题，日本政府还是做出了发展核电的抉择。2014 年 9 月，日本政府批准重启川内核电站，并在财政预算方面给予相应安排。[3]在核电出口方面，日本还与沙特阿拉伯、阿拉伯联合酋长国、土耳其、越南等国家达成了合作协议。

表 20-31　日本核电机组分布及其运营情况（截至 2012 年 5 月 6 日）

公司	核电机组	最大供电能力 / 千千瓦	开始运行时间	到 2020 年服役超过 40 年的核电站（●表示超过）	到 2030 年服役超过 40 年的核电站	2011 年地震中是否受损（★表示受损）	现在是否运行（○表示运行，×表示停运）
北海道电力	泊 1 号	579	1989 年 6 月		—		×
	泊 2 号	579	1991 年 4 月	—	●	—	×
	泊 3 号	912	2009 年 12 月		—		×
东北电力	女川 1 号	524	1984 年 6 月		—	★	×
	女川 2 号	825	1995 年 7 月	—	●	★	×
	女川 3 号	825	2002 年 1 月		—	★	×
	东通 1 号	1 100	2005 年 12 月	—	—	★	×
东京电力	福岛第一 1 号	460	1971 年 3 月	●		★	×
	福岛第一 2 号	784	1974 年 7 月	●		★	×
	福岛第一 3 号	784	1976 年 3 月	●		★	×
	福岛第一 4 号	784	1978 年 10 月	●	—	★	×
	福岛第一 5 号	784	1979 年 4 月	●		★	×
	福岛第一 6 号	1 100	1979 年 10 月	●		★	×

[1] 尹晓亮：《战后日本能源政策》，社会科学文献出版社，2011，第 278 页。

[2] 薛进军、赵忠秀主编《中国低碳经济发展报告（2013）》，社会科学文献出版社，2013，第 145 页。

[3] 李慎明、张宇燕主编《全球政治与安全报告（2016）》，社会科学文献出版社，2015，第 92-93 页。

续表

公司	核电机组	最大供电能力/千千瓦	开始运行时间	到2020年服役超过40年的核电站（●表示超过）	到2030年服役超过40年的核电站	2011年地震中是否受损（★表示受损）	现在是否运行（○表示运行，×表示停运）
东京电力	福岛第二1号	1 100	1982年4月	—	●	★	×
	福岛第二2号	1 100	1984年2月		●	★	×
	福岛第二3号	1 100	1985年6月		●	★	×
	福岛第二4号	1 100	1987年8月		●	★	×
	柏崎·刈羽1号	1 100	1985年9月	—	●	—	×
	柏崎·刈羽2号	1 100	1990年9月		●		×
	柏崎·刈羽3号	1 100	1993年8月		—		×
	柏崎·刈羽4号	1 100	1994年8月		●		×
	柏崎·刈羽5号	1 100	1996年4月		●		×
	柏崎·刈羽6号	1 356	1996年11月		—		×
	柏崎·刈羽7号	1 356	1997年7月		—		×
中部电力	滨岗3号	1 100	1987年8月	—	●	—	×
	滨岗4号	1 137	1993年9月		—		×
	滨岗5号	1 267	2005年1月		—		×
北陆电力	志贺1号	540	1993年7月	—	—	—	×
	志贺2号	1 206	2006年3月		—		×
关西电力	美浜1号	340	1970年11月	●	—	—	×
	美浜2号	500	1972年7月	●			×
	美浜3号	826	1976年12月	●			×
	高浜1号	826	1974年11月	●	—	—	×
	高浜2号	826	1975年11月	●	—		×
	高浜3号	870	1985年1月	—	●		×
	高浜4号	870	1985年6月	—	●		×
	大阪1号	1 175	1979年3月	●	—	—	×
	大阪2号	1 175	1979年12月	●			×
	大阪3号	1 180	1991年12月	—			○
	大阪4号	1 180	1993年2月	—			×
中国电力	岛根1号	460	1974年3月	●	—	—	×
	岛根2号	820	1989年2月	—	●		×
四国电力	伊方1号	566	1977年9月	●	—	—	×
	伊方2号	566	1982年3月		●		×
	伊方3号	890	1994年12月	—	—		×

续表

公司	核电机组	最大供电能力/千千瓦	开始运行时间	到 2020 年服役超过 40 年的核电站（● 表示超过）	到 2030 年服役超过 40 年的核电站	2011 年地震中是否受损（★ 表示受损）	现在是否运行（○表示运行，× 表示停运）
九州电力	玄海 1 号	599	1975 年 10 月	●	—	—	×
	玄海 2 号	599	1981 年 3 月	—	●		×
	玄海 3 号	1 180	1994 年 3 月	—	—		×
	玄海 4 号	1 180	1997 年 7 月	—	—		×
	川内 1 号	890	1984 年 7 月	—	●		×
	川内 2 号	890	1985 年 11 月	—	●		×
日本原子能发电	东海第二	1 100	1978 年 11 月	●	—	★	×
	敦贺 1 号	357	1970 年 3 月	●	—	—	×
	敦贺 2 号	1 160	1987 年 2 月	—	●		×
合计	54	48 927	—	—	—	—	—

资料来源：薛进军、赵忠秀主编《中国低碳经济发展报告（2013）》，社会科学文献出版社，2013，第 146-147 页。

（五）中国

中国主张和平利用核能，不断建立、完善核能开发利用法律和政策体系。1986 年颁布《中华人民共和国民用核设施安全监督管理条例》，此后又制定《中华人民共和国放射性污染防治法》《中华人民共和国核材料管制条例》等。2007 年，发布《核电中长期发展规划（2005—2020 年）》，提出新阶段核电发展的目标和方向。

2011 年日本福岛核电站事故发生后，中国重新审视核电发展政策，对发展核电更加谨慎，同时积极支持核电的持续、健康、安全发展。2012 年 10 月，中共中央国务院通过《核电安全规划（2011—2020 年）》和《核电中长期发展规划（2011—2020 年）》。这两个规划规定，"十二五"期间中国只在沿海地区安排少数核电项目，不安排内陆核电项目，为此叫停了湖北咸宁、湖南桃花江、江西彭泽 3 个项目，它们是中国首批内陆核电项目，前期投入合计 120 亿元。但是，中国没有叫停沿海核电项目，相反，还相继开工建设一批核电机组。其中，2012 年 12 月 21 日开工建设石岛湾高温气冷堆核电示范工程，它是全球首座第四代核电站。[①]2013 年 9 月，中国在建核反应堆达到 26 个。2015 年 3 月，红沿河二期项目两台百万千瓦核电机组获核准，它是 2011 年日本福岛核电站事故发生后中国新批准的首个核电项目。2015 年 5 月，中国具有自主知识产权的第三代核电项目——"华龙一号"核电示范项目——福建福清核电站 5 号机组正式开工建设。2015 年 8 月，"华龙一号"首个海外发电机组在巴基斯坦卡拉奇开工建设。[②]国际原子能机构的统计数据表明，截至 2015 年 9 月 19 日，全球在建核反应堆有 65

① 李慎明、张宇燕主编《全球政治与安全报告（2014）》，社会科学文献出版社，2014，第 136 页。
② 同上书，第 93 页。

个,其中中国 24 个(含台湾地区 2 个),俄罗斯 9 个,印度 6 个,美国 5 个,韩国 4 个,阿拉伯联合酋长国 3 个,白俄罗斯、日本、斯洛伐克、乌克兰、巴基斯坦各 2 个,阿根廷、巴西、芬兰、法国各 1 个[①]。中国在建核反应堆数量居世界首位。

五、可再生能源产业政策

可再生能源包括太阳能、风能、水能、生物质能、地热能、海洋能等。许多人称可再生能源为新能源,但可再生能源与新能源的含义是不一样的,后者涵盖能源的范围比前者更宽泛,现实中难以将这两个概念统一。因此,下文既会用到"可再生能源"一词,又会出现"新能源"一词。

(一)基本情况

早在远古时期,人类便开始利用太阳能、风能、水能、生物质能等可再生能源,后因化石能源的出现及其大规模利用,可再生能源退居次要地位。20 世纪 70 年代第一次石油危机爆发后,世界各国又开始重视可再生能源的开发利用,积极采取各种政策措施,推动可再生能源的发展。其中,可再生能源发电、燃料乙醇等已经得到广泛的推广与应用。

可再生能源发电是可再生能源开发利用的重要方式。美国于 1978 年首次把可再生能源发电引入上网电价政策,但该政策并不完善。德国在 1990 年开始发展上网电价体系,2000 年将其以法律的形式确定下来。[②]继德国之后,西班牙、意大利、法国、中国、韩国、巴西、阿根廷等许多国家纷纷实行上网电价政策。到 2006 年,全球共有 49 个国家建立不同类型的可再生能源电价机制来推动可再生能源电力的发展(表 20-32)。其中,出台电价政策的发达国家和经济转型国家 35 个,发展中国家 14 个。

表 20-32 2006 年世界各国有关可再生能源发电的政策

国家	上网电价政策						投资/信贷补贴政策	税收政策
	固定电价	净电流表	招标	市场电价		绿电		
				配额制	强制市场份额			
发达国家和经济转型国家(37 个,其中出台电价政策的国家 35 个) 澳大利亚				×	×		×	
奥地利	×				×		×	×
比利时		×		×	×		×	×
加拿大	(×)	(×)	(×)	(×)			×	×
克罗地亚	×							×
塞浦路斯	×						×	
捷克	×	×			×		×	×
丹麦	×		×		×		×	×
爱沙尼亚	×							×

① 李慎明、张宇燕主编《全球政治与安全报告(2016)》,社会科学文献出版社,2015,第 91 页。
② 周冯琦主编《上海新能源产业生存环境(2011)》,学林出版社,2011,第 240 页。

续表

国家	上网电价政策						投资/信贷补贴政策	税收政策
	固定电价	净电流表	招标	市场电价		绿电		
				配额制	强制市场份额			

发达国家和经济转型国家（37个，其中出台电价政策的国家35个）	国家	固定电价	净电流表	招标	配额制	强制市场份额	绿电	投资/信贷补贴政策	税收政策
	芬兰					×		×	×
	法国	×		×		×		×	×
	德国	×							×
	希腊	×						×	×
	匈牙利	×				×		×	×
	爱尔兰	×		×		×		×	×
	意大利	×	×		×	×		×	×
	以色列	×							
	日本	（×）	×		×	×		×	
	韩国	×						×	×
	拉脱维亚	×		×					×
	立陶宛	×						×	×
	卢森堡	×						×	×
	马耳他	×							×
	荷兰	×				×	×	×	×
	新西兰							×	
	挪威			×		×		×	×
	波兰			×	×			×	×
	葡萄牙	×						×	×
	罗马尼亚								×
	俄罗斯					×		×	
	斯洛伐克	×						×	×
	斯洛文尼亚	×						×	
	西班牙	×						×	×
	瑞典				×	×		×	×
	瑞士	×							
	英国				×	×		×	×
	美国	（×）	（×）	（×）	（×）	（×）		×	×
发展中国家（23个，其中出台电价政策的国家14个）	安哥拉	×				×		×	×
	阿根廷	×						×	×
	巴西	×		×				×	

续表

| 国家 | 上网电价政策 | | | | | | 投资／信贷补贴政策 | 税收政策 |
| | 固定电价 | 净电流表 | 招标 | 市场电价 | | 绿电 | | |
				配额制	强制市场份额			
柬埔寨							×	
智利							×	
中国	×		×				×	×
哥斯达黎加	×							
厄瓜多尔	×						×	
危地马拉								×
洪都拉斯								×
印度	(×)		×	(×)			×	×
印度尼西亚	×							
墨西哥		×						×
摩洛哥								×
尼加拉瓜	×							×
巴拿马								×
菲律宾							×	×
南非							×	
斯里兰卡	×							
泰国	×	×					×	
突尼斯							×	×
土耳其	×						×	
乌干达	×						×	

（左侧纵向合并单元格：发展中国家（23 个，其中出台电价政策的国家 14 个））

资料来源：时璟丽：《可再生能源电力价格形成机制研究》，化学工业出版社，2008，第 15-17 页。

注：1.（×）表示在该国家的部分省或州实施该项政策，× 表示该国家实施该项政策。2. 西班牙实行的是固定电价和溢价电价结合的制度。3. 税收政策包括消费税和（或）增值税减免、生产税返还、化石能源税征收等。

除了上网电价政策，世界各国还实行其他一系列政策来促进新能源发电与利用，主要包括可再生能源配额制、资金补贴或补助、投资抵税、营业税或增值税减免、绿色证书交易、直接生产补贴及减免税、直接公共投资和融资、公共竞争性招标等（表 20-33）。据 21 世纪可再生能源政策网络（REN21）统计，世界上有 80 多个国家和地区组合上述各种措施来促进新能源发电。

表 20-33　世界主要国家对新能源发电的促进措施

国家	上网电价	可再生能源配额制	资金补贴或补助	投资抵税	营业税或增值税减免	绿色证书交易	直接生产补贴及减免税	净计量	直接公共投资和融资	公共竞争性招标
丹麦	×		×	×	×	×		×	×	×
芬兰	×		×		×	×	×			
法国	×		×	×	×				×	×
德国	×		×	×	×			×	×	
冰岛	×		×	×		×				×
意大利	×	×	×	×	×	×		×	×	
西班牙	×		×	×	×	×			×	
瑞典		×		×	×	×	×		×	
英国	×	×	×	×	×	×			×	
澳大利亚	(×)	×	×			×			×	
加拿大	(×)	(×)	×		×			×	×	
日本	×	×	×	×		×		×	×	
挪威			×		×	×			×	
俄罗斯						×				
韩国	×		×	×	×				×	
美国	(×)	(×)	×	×	(×)	(×)	×	(×)	(×)	(×)
巴西			×						×	×
中国	×	×	×	×	×		×		×	×
印度	(×)	(×)	×	×	×		×		×	×
菲律宾	×	×	×	×	×		×	×	×	×
南非	×		×		×				×	×

资料来源：周冯琦主编《上海新能源产业生存环境（2011）》，学林出版社，2011，第 239 页。

注：（×）表示该国家的一些州或省实施这项政策，× 表示该国家实施这项政策。

（二）太阳能政策

20 世纪 70 年代石油危机爆发后，美国、日本等发达国家开始重视太阳能的开发利用与政策扶持。美国于 1974 年出台太阳能研究、开发和示范法。日本于 1974 年制订"阳光计划"。德国于 1990 年制定电力输送法，规定中型到大型电力用户按居民电价的 90% 支付风能、太阳能、水能以及生物质能生产的电力，这对促进世界太阳能光伏发电产业的发展起到了重要的示范引领作用。

进入 21 世纪，世界各国加大对太阳能开发利用的力度，出台了一系列的扶持政策和措施（表 20-34）。法国从 2000 年起对太阳能热水器开发利用给予每年 4 000 万法郎的财政补贴。韩国于 2002 年实施购电补贴法，是亚洲第一个提出购电补贴法的国家。中国于 2013 年出台《国务院关于促进光伏产业健康发展的若干意见》。同年，中国出台新的上网电价政策，将全国分为三类太阳能资源区，分别执行 0.9 元 / 千瓦时、0.95 元 / 千瓦时和 1 元 / 千瓦时的标杆上网电价，明确执行限制为 20 年；对分布式光伏发电实行按照全电量补贴的政策，电价补贴标准为 0.42 元 / 千瓦时。美国加利福尼亚州政府公用设施管理委员会于 2006 年拨款 32 亿美元用于在今后 11 年内鼓励设置太阳能光伏板，以促进一些使用者更经济地利用太阳能。例如，在旧金山，工业用户的太阳能电力费用在午后用电量最高时约为 33 美分 / 千瓦时，而通过设置太阳能光伏板可以使太阳能电力费用从高于 30 美分 / 千瓦时降低到 13 ～ 19 美分 / 千瓦时。[①]

表 20-34　部分国家有关太阳能利用的政策

国家	政策
中国	2007 年发布的《可再生能源中长期发展规划》提出太阳能发展目标：到 2010 年太阳能发电总容量达到 30 万千瓦，到 2020 年达到 180 万千瓦
	2012 年工业和信息化部制定《太阳能光伏产业"十二五"发展规划》
	2013 年发布《国务院关于促进光伏产业健康发展的若干意见》
	2013 年发布《国家发展改革委关于发挥价格杠杆作用促进光伏产业健康发展的通知》，把全国分为三类太阳能资源区
	2013 年财政部、国家税务总局发布《关于光伏发电增值税政策的通知》，决定自 2013 年 10 月 1 日至 2015 年 12 月 31 日，对纳税人销售自产的利用太阳能生产的电力产品实行增值税即征即退 50% 的政策
美国	1974 年出台太阳能研究、开发和示范法
	1978 年出台光伏能源研究、开发和示范法
	1980 年出台太阳能和能源节约法
	1996 年美国加利福尼亚州创立 5.4 亿美元的公共收益基金，支持可再生能源的发展，为具有安装能力的太阳能系统提供 3 美元 / 瓦的资金补贴
	1997 年 6 月美国总统克林顿宣布太阳能"百万屋顶计划"，计划在 2010 年以前在 100 万座建筑物上安装太阳能系统
	2006 年美国总统通过太阳能美国计划，把研发经费增至 1.48 亿美元
日本	1974 年日本通产省制订"阳光计划"
	1992 年开始实施关于电力公司收购太阳光发电和水力发电等分散型电源的多余电力的具体办法
	1994 年日本内阁会议制定新能源利用大纲，计划到 2000 年太阳能发电量达到 40 万千瓦，2010 年达到 460 万千瓦（此后修订为 500 万千瓦）
	2003 年颁布 RPS 法（新能源利用的特别措施），包含设立清洁能源电力发展基金和市民安装小型太阳能发电装置的资金补助
	2008 年实施"革新的太阳能发电技术研究开发计划"，开展纳米量子型太阳能发电技术的研究
	2009 年颁布住宅用太阳能发电设备的补助制度
德国	1990 年制定电力输送法，规定中型到大型电力用户按居民电价的 90% 支付风能、太阳能、水能及生物质能生产的电力
	2000 年引入"税收返还"政策。太阳能产品提供商承诺一价格执行 20 年，将太阳能能源并入公用电力网格后，每千瓦时电力的输出可获得政府约 50 欧分的回报
西班牙	1999 年制定城市太阳能法令
	2004 年开始实施"Real Decreto"（"皇家太阳能计划"）。2006 年对其进行修改，提出购电补偿法

[①] 孙晓光、王新北、左艳飞：《太阳能在建设领域推广与应用》，中国建筑工业出版社，2009，第 69 页。

续表

国家	政策
法国	2000 年出台补助政策（每年 4 000 万法郎的补助）。根据太阳能热水器的容量，对购买售价为 1.2 万～3.5 万法郎太阳能设备的用户，给予售价的 37.5%，即 4 500 ～ 13 125 法郎的补助，而且规定后买者的补助将逐步降低
韩国	2002 年开始实施购电补贴法，规定为光伏系统的安装者提供 15 年固定购电补贴
	2004 年实施"十万屋顶计划"，由政府为光伏系统的安装费用提供补贴，最高补贴可达系统价格的 70%
印度	2008 年宣布为太阳能发电提供补贴，光伏电价为 12 卢比 / 千瓦时，入网太阳能集热发电电价为 10 卢比 / 千瓦时

资料来源：作者整理。

（三）风能政策

丹麦从 1891 年开始研发风电，通过制订发展规划、出台政策法规，促进风电发展，是最早利用风力发电的国家之一。美国从 20 世纪 70 年代起就持续对风电发展提供政府资金支持，最高年度达 6 000 万美元。德国通过强有力的风电政策（图 20-20），使 1991—1999 年风电总装机容量猛增 48 倍，一举成为世界上最大的风电生产国。西班牙也是后来居上者，仅用短短 10 多年时间，到 2004 年风电总装机容量便达到 826 万千瓦，成为仅次于德国的世界上第二大风电生产国。中国先后发布《国家发展改革委 财政部关于印发促进风电产业发展实施意见的通知》《国家能源局关于加强风电场并网运行管理的通知》《风电发展"十二五"规划》等（表 20-35）。

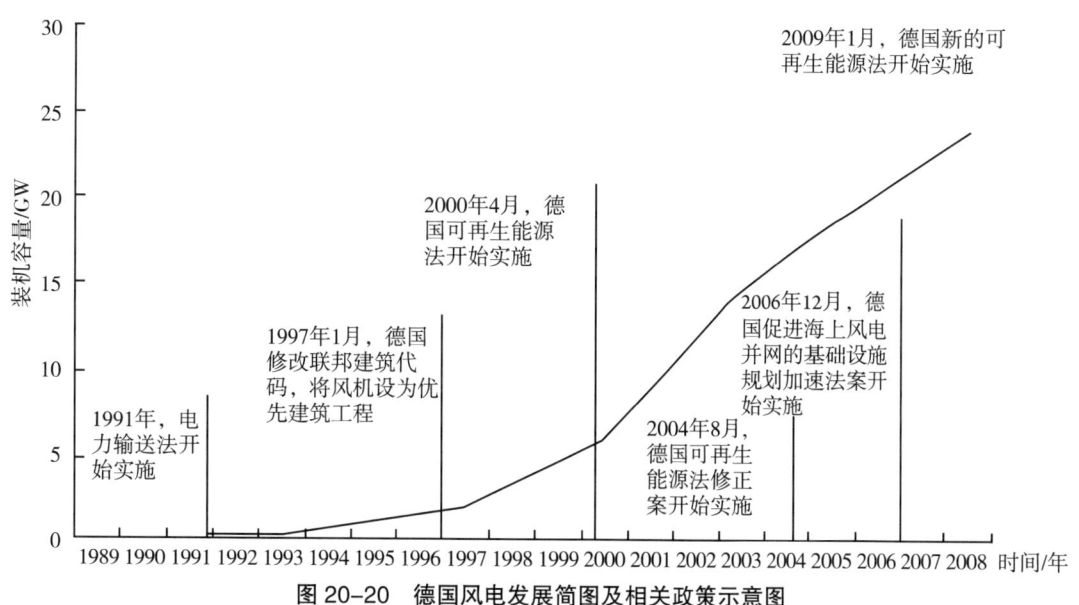

图 20-20 德国风电发展简图及相关政策示意图

资料来源：肖创英主编《欧美风电发展的经验与启示》，中国电力出版社，2010，第 53 页。

表 20-35 部分国家有关风能利用的政策

国家	政策
中国	2005 年制定《中华人民共和国可再生能源法》。这为发展可再生能源，包括建立一套风电价格机制以促进风电发展，提供了一个法律框架
	2006 年 11 月国家发展改革委和财政部联合发布《国家发展改革委 财政部关于印发促进风电产业发展实施意见的通知》，将对风能资源详查、风电研发体系、检测认证体系和风电设备国产化给予政策支持
	国家发展改革委出台《可再生能源中长期发展规划》，提出中国风电发展目标：风电装机容量到 2010 年 400 万千瓦；2015 年 1 000 万千瓦；2020 年 30 000 万千瓦，风电装机容量占全国电力装机容量的 2%
	2011 年 6 月发布《国家能源局关于加强风电场并网运行管理的通知》，加强风电场建设施工管理
	2011 年 7 月国家能源局、国家海洋局发布《海上风电开发建设管理暂行办法实施细则》，加强对海上风电开发建设的归口管理
	2011 年 11 月国家能源局发布《国家能源局关于印发分散式接入风电项目开发建设指导意见的通知》，规范分散式风电开发
	2012 年 7 月国家能源局制定《风电发展"十二五"规划》，提出到 2015 年投入运行的风电装机容量达到 1 亿千瓦，年发电量达到 1 900 亿千瓦时
	2013 年 3 月《国家能源局 中国气象局关于做好风能资源详查和评价资料共享使用的通知》发布，促进风能资源调查和信息共享使用
丹麦	1950 年丹麦政府资助开展电力系统利用风能可行性研究
	1975 年政府开始对风电开发进行规划，制定有利于中、小型风电机组推广应用的优惠政策
	制订丹麦第一个能源计划——"1976 年丹麦能源政策"，重点放在发生能源供给中断时为丹麦提供防护措施。战略举措是强化、提高和协调能源选择（包括可再生能源资源和核能）的研究与开发工作，以及抑制能源消费增长
	1976 年实施能源研究开发方案（ERP），开始开展公共自主的研究与开发。能源研究开发方案支持风能研究项目
	1977 年制定第一部对节能措施提供补贴的法律，包括风电开发利用
	基于 ERP 于 1978 年建立风力发电机测试站——Riso。它后来领导了风力发电机的型号批准和国际标准化工作
	1978 年成立风力发电机所有者协会，将合作社以及许多在风力发电机上有共同利益的人组织起来。该协会在与公用事业公司和政府磋商电力购买、安排私人所有的风力发电机联网问题方面，起了重要作用
	制定新能源技术方案（NETP，1980—1990 年），支持新能源技术的商业化。1981 年成立丹麦风力技术有限公司
	1981 年提出丹麦第二个能源计划——"能源 1981"。提出对利用可再生能源的机械设备直接拨款补贴，到 2000 年风电装机容量约 90 万千瓦，满足 10% 的电力需求（该目标提前 3 年实现）
	制定可更新能源开发方案（REDP），资助与风力相关的研究，开发时间不迟于 1982 年。可更新能源开发方案的目标是促进风电行业和技术的发展
	1982 年，公用事业公司宣布他们在 1987 年之前支持建造 20～25 座大型风力发电机（0.5～1 兆瓦）。部长和公用事业公司于 1985 年达成协议，由公用事业公司再建装机容量为 100 兆瓦的风力发电机
	从 1976—1995 年，政府投入大约 1 亿美元用于与风能相关的研究、开发
	1984 年，风力发电机所有者协会和丹麦电力公用事业公司达成一个关于与电网相连的风力发电价格协议，公用事业公司同意支付平均零售价 85% 的风力发电联网价格

续表

国家	政策
丹麦	1990 年出台丹麦第三个能源战略计划——"能源 2000"计划，引入能源的可持续发展目标，大力开发新能源和可再生能源，推动能源的多样化。在此期间开始启动风能、太阳能、生物质能和其他能源的大规模开发
	1996 年丹麦制订第四个能源行动计划——"能源 21 世纪"，主要议题是政府为减少 CO_2 的排放制定一个国家目标。远景规划扩展到 2030 年，提出届时风电将满足丹麦约 50% 的电力需求，与 1990 年相比减少 50% 的 CO_2 排放量的要求。这个新目标需要的风电装机容量超过 550 万千瓦
	1999 年制定电力供应法，全面规定可再生能源的适用范围、发电来源证明及环保标志、可再生能源接入费用分摊、可再生能源收购价格和设立公共服务责任（PSO）基金
	2004 年制订丹麦第五个能源行动计划，重点是海上风电的发展和陆上风电机组的扩容计划，目标是到 2009 年丹麦风力发电量达到总电力消费的 25%
	2008 年颁布可再生能源促进法，对风电机组的制造、安装、运行、维护与服务及风电机组的认证、测试与批准等做出详细的规定
美国	从 20 世纪 70 年代起，联邦政府为风能项目提供资金，到 1980 年达到顶峰（6 000 万美元／年），1988—1990 年下降到 1 000 万美元／年，1995 年又增至 4 500 万美元／年，此后下降到 4 000 万美元／年
	1980 年，美国联邦政府发布风电投资税收抵免法令，规定凡购买风电机组超过 1 万美元的居民可通过免税方法在 7 年内退还机组售价的 40%，同时规定各电力公司以优惠价格收购风电。该法令于 1986 年到期
	加利福尼亚州政府十分重视可再生能源的开发，采用固定电价政策（即购电法）签订"电力购买协议"，辅以投资税收抵免的优惠政策，确保令投资者满意的风电价格
	1992 年美国出台《能源政策法案》，要求到 2010 年可再生能源提供能量应比 1988 年增加 75%。同年，美国风电生产税减免法案开始实施
	1994 年美国成立国家风能协调委员会，以解决在开发风能方面所遇到的问题，并为电力部门评估风力资源。美国能源部还建立了一个风能技术中心，制订了风电机组发展计划
	1998 年美国开始对风电机组进行认证，国家风能技术中心和美国安全检测实验室为美国以及国际标准提供风电机组认证服务
	1999 年得克萨斯州将可再生能源发电配额制（RPS）列入电力重组方案并予以立法实施，这是美国第一个设计和成功实施的 RPS，使得克萨斯州的可再生能源发电装机容量从 1999 年的 88 万千瓦增加到 2003 年的 129.8 万千瓦，其中风电 124.6 万千瓦，成为美国最大的风电市场
	2009 年奥巴马总统签署美国经济恢复和再投资法，公布一个新的计划，即可再生能源开发商可放弃税收抵免，从而获得由财政部提供的相当于投资额 30% 的投资税收抵免的补助金。该法案还取消小型风电投资减税额 4 000 美元的上限，投资者可以要求合格的小型风电设备全额 30% 的投资税收抵免
德国	德国风电起步较晚（1989 年风电总装机容量仅为 1.8 万千瓦），1989 年实施"25 万千瓦风能计划"，政府提供 3 200 万马克经费支持，对风电的市场化运行进行探索
	1991 年制定第一部促进可再生能源利用的法规——输电法，规定电网经营者有义务优先购买风电经营者生产的全部风电，且价格不低于当地平均电价的 90%，从而有力地促进了风电产业的发展。到 1999 年德国风电总装机容量达到 438 万千瓦，成为世界上第一大风电生产国
	德国政府通过其"开发复兴银行"对风力发电的开发商提供优惠的低息贷款，1990—1995 年共为总投资额约 13.7 亿美元的风电项目提供 6.32 亿美元的贷款

续表

国家	政策
德国	2000 年 4 月 1 日世界上首部可再生能源法在德国开始生效。该法规定能源企业有责任优先推广可再生能源，政府则向开发可再生能源的企业提供相应的补贴
	2002 年制定环境相容性监测法，要求选择在符合环境和生态要求的合适地点安装和使用风力发电设备
	2008 年对可再生能源法进行修订，重点是促进风电行业的设备更新和海上风电场的发展
	德国政府鼓励国内风力发电设备制造商"走出去"，对风力发电设备制造商在发展中国家开发风力发电提供最多达设备出口价格 70% 的出口信贷补贴，进而提高了德国风力发电设备的国际市场竞争能力
西班牙	1991 年政府通过 1991—2000 年国家能源规划，计划到 2000 年实现风电装机容量为 16.8 万千瓦的发展目标（该目标提前 4 年超额完成）
	1994 年出台支持可再生能源发展的第一个法令，要求所有的电力公司在 5 年内按补贴价格购买绿色环保电力
	1997 年颁布 54/1997 号电力行业法，推动建立市场化电力体制。同时成立国家电力监管委员会，负责电力市场监管
	1999 年实施可再生能源促进计划，计划到 2010 年可再生能源占一次能源的比例达 12%
	2001 年制定 6/2001 号环境影响评估法，对风电开发规定最低的环保要求
	2002 年发布电力、燃气行业以及电网运输发展规划
	2004 年 436/2004 号皇家法令生效，为风电确定了长期的经济政策
	西班牙系统运营商 REE 开发出世界上唯一的风电控制协调调度中心——可再生能源控制中心（CECRE），将西班牙所有容量大于 10 兆瓦的风电场全部接入同一个控制中心。至 2008 年 2 月 CECRE 建成 21 个发电控制站，共有 1 315 万千瓦风电与之相连

资料来源：作者整理。

（四）生物质能政策

20 世纪 30 年代，巴西制定了世界上首部推动燃料乙醇发展的法规。1970 年，美国出台推广乙醇汽油的第一个法案——清洁空气法。1977 年巴西启动乙醇计划，是世界上第一个大规模以乙醇代替部分汽油的国家。1978 年法国通过一项法律，允许用 3%～15% 的有机氧化物与汽油进行混合。[1]1992 年欧洲共同体通过法律，对于以可再生资源为原料生产燃料的试验性项目，成员国可采取免税政策，其中包括对燃料乙醇的税收优惠。法国、德国、希腊、拉脱维亚等许多成员国都将生物燃料的法令写入本国法律。一些国家宣布了低于"生物燃料法令"的指定目标，如马耳他 2005 年达到 0.3%、匈牙利为 0.4%～0.6%、塞浦路斯为 1%。[2]奥地利、比利时、丹麦、瑞典等大多数欧盟成员国都按照 2003/93/EC 法令的规定，不同程度上甚至 100% 地免除可再生燃料消费税（表 20-36）。1995 年，中国批准实施《新能源和可再生能源发展纲要（1996—2010）》，又于 2007 年出台《可再生能源中长期规划》，提出新能源发展目标（表 20-37）。2008 年中国首先在广西试点，推广使用非粮原料生产的乙醇汽油。日本、印度、泰国、乌克兰、波兰、南非、尼日利亚、澳大利亚等许多国家也先后实施生物能源政策（表 20-38）。

---

[1] 金斯曼主编《糖》，初兆丰、夏华、颜福祥译，中国海关出版社，2003，第 129 页。

[2] L.奥尔森主编《生物燃料》，曲音波等译，化学工业出版社，2009，第 258 页。

表 20-36　北美和欧洲部分国家的汽油、柴油和可再生燃料消费税

国家	含铅汽油 /（美分 / 升）	无铅汽油 /（美分 / 升）	E10/（美分 / 升）	柴油 /（美分 / 升）	生物柴油 /（美分 / 升）
加拿大[1]	9.5	8.6	7.8	3.7	—
墨西哥[2]	—	66.4%	78.9%	43.5%	—
美国[3]	4.9	4.9	3.5	6.4	—
奥地利	59.8	50.8	50.8	35.3	31.9
比利时	66.8	61.5	61.5	36.2	36.2
捷克	36.8	36.8	36.8	27.7	27.7
丹麦	65.4	54.6	54.6	37.6	37.6
芬兰	79.4	69.9	69.9	40.6	40.6
法国	—	73.1	65.8	48.5	48.5
德国	80.4	73.9	72.9	51.1	51.1
希腊	43.2	37.1	37.1	31.4	37.1
匈牙利	48.4	44.7	44.7	36.2	36.2
冰岛	57.3	46.7	46.7	27.7	27.7
意大利	69.4	69.4	69.4	37.6	37.6
卢森堡	52.9	46.4	46.4	40.6	40.6
荷兰	80.7	72.3	71.7	36.2	36.2
挪威	92.4	95.6	95.6	64.1	95.6
波兰	46.7	41.9	41.9	—	41.9
葡萄牙	68.4	41.7	41.7	30.6	30.6
俄罗斯[4]	30%	30%	25%	30%	25%
西班牙	50.5	46.3	41.7	33.1	33.1
瑞典	74.5	64.9	64.9	42.4	42.4
瑞士	—	56.8	56.8	59.0	56.8
英国	105.3	94.0	94.0	94.0	90.4

资料来源：L. 奥尔森主编《生物燃料》，曲音波等译，化学工业出版社，2009，第 259 页。

注：[1] 显示的是加拿大联邦消费税。[2][4] 墨西哥和俄罗斯按价格比例计税。[3] 显示的是美国联邦消费税。

表 20-37　中国可再生能源中长期发展规划的发展目标

类型	2010 年目标	2020 年目标
生物质发电	550 万千瓦	3 000 万千瓦
生物质成型燃料	100 万吨	5 000 万吨
非粮燃料乙醇	100 万吨	1 000 万吨
生物柴油	20 万吨	200 万吨
风力发电	500 万千瓦	3 000 万千瓦

续表

类型	2010 年目标	2020 年目标
太阳能发电	30 万千瓦	180 万千瓦
太阳能热利用	3 000 万吨标煤	6 000 万吨标煤
地热利用	400 万吨标煤	1 200 万吨标煤

资料来源：周冯琦主编《上海新能源产业生存环境（2011）》，学林出版社，2011，第 234 页。

表 20-38　部分国家有关生物质能利用的政策

国家	政策
中国	1995 年制定《新能源和可再生能源发展纲要（1996—2010）》
	1996—2000 年科技部在可再生能源领域投入约 6 000 万元科技攻关费用
	2000 年国家经贸委发布《2000—2015 年新能源和可再生能源产业发展规划》
	2001—2005 年中国科技攻关计划、863 计划等为可再生能源发展提供经费支持超过 3 亿元
	2005 年出台《中华人民共和国可再生能源法》
	2007 年出台《可再生能源发展"十一五"规划》
	2008 年首先在广西试点，推广使用非粮原料生产的乙醇汽油
	2016 年制定《中华人民共和国国民经济和社会发展第十三个五年规划纲要》，提出加快发展生物质能、地热能，积极发展沿海潮汐能资源
美国	1970 年的清洁空气法是美国推广乙醇汽油的第一个法案，对空气质量做出严格的规定，为燃料乙醇的发展提供法律依据
	1974 年的太阳能研究、开发和示范法授权对生物能源进行研究，并提供资金支持
	1978 年国会第一次通过乙醇汽油减少消费税法案，决定每加仑乙醇汽油减税 4 美分。1993—2000 年减税 5.4 美分 / 加仑
	1979 年美国国会提出联邦"乙醇发展计划"，推广应用含乙醇 10% 的混合汽油
	1980 年能源安全法的第二部分为 1980 年生物能源和酒精燃料法。依据该法，联邦政府向能源部和农业部提供数亿美元资金，用来生产酒精基汽油和乙醇
	1980 年联邦政府规定，燃料乙醇生产企业的收入税小于 10%，每生产 1 加仑非化石类能源可享受一定的免税。如生产 1 加仑燃料乙醇可免税 30 美分，生产 1 加仑燃料甲醇可免税 40 美分
	1984 年赤字削减法案规定，从 1985 年 1 月 1 日起，将乙醇汽油的免税额提高到 6 美分 / 加仑
	1990 年清洁空气法修正案提出"清洁燃料车队"的要求，规定自 1998 年起 22 个空气污染严重的城市，凡拥有 10 辆以上汽车的政府车队必须开始购买清洁燃料车，1998 年新购汽车的 30% 必须以清洁燃料为动力
	1992 年能源政策法案是美国政府实施燃料乙醇计划的主要法案之一。该法案规定，人口在 25 万人以上的城市中，凡是拥有 20 辆汽车以上的车队必须购买能使用替代能源为车用燃料的汽车，1996 年新车用替代燃料做动力的比例暂定为 30%，1999 年新车用替代燃料做动力的比例为 90%
	美国政府加大对生物质能发电计划的投入，1999 年度财政投入为 3.08 亿美元
	2007 年出台能源独立和安全法案，提出扩大生物质能、风能以及其他可再生能源的使用，对可再生能源项目实行减免税收、贷款担保和联邦拨款支持等优惠政策
	美国联邦政府规定，到 2010 年，为每加仑的生物乙醇提供 45 美分的税收抵免，每加仑生物柴油提供 1 美元的税收抵免

续表

国家	政策
巴西	1931 年制定世界上首部推动燃料乙醇发展的法规
	在第一次石油危机中，首次向燃料乙醇领域投入巨资保障燃料安全，节约购买石油的外汇
	1975 年利用大量受到世界银行支持的公共和私人投资，实施一项以发展糖产业为目的的 "Proálcool" 多样化项目，扩大甘蔗种植面积，建设乙醇工厂
	1977 年启动乙醇计划，制定乙醇汽油混掺比例，是世界上第一个大规模以乙醇代替部分汽油的国家
	2005 年推行 "国家生物柴油生产与应用计划"，提出到 2008 年在燃油中添加 2%～3% 的生物柴油，到 2010 年提高到 5%
	2010 年矿产能源部通过新的 "2010—2019 十年能源扩展计划"，提出生物能源从 2010 年的 5.4 GW 增加到 2019 年的 8.5 GW
法国	1978 年通过一项法律，允许用 3%～15% 的有机氧化物与汽油进行混合。其中，纯乙醇为 3%，其他物质如甲基叔丁基醚为 15%
	1992 年法国政府同意免除乙醇汽油的消费税
	1996 年法国议会通过法案，要求在 2000 年强制使用含氧的调和汽油。对生物柴油实施免税政策，税率为 0
	2006 年法国政府决定加速发展生物燃料，出资 10 亿欧元建设 16 个生物燃料厂，到 2008 年年产 310 万吨，使生物燃料占燃料的比例从 1.25% 提高到 2008 年的 5.75%，再到 2015 年的 10%
德国	2009 年通过国家生物质能行动计划。农民种植为生物柴油作原料的油菜籽可获 1 000 马克 / 公顷补贴，并对制造生物柴油予以免税
英国	2002 年发布可再生能源强制性（RO）计划，提出到 2020 年可再生能源要满足能源需求的 20%
丹麦	丹麦能源计划提出，到 2030 年，即使那时石油和天然气资源走向枯竭，丹麦也能够保持能源自足。其能源构成的目标是：风能 50%，太阳能 15%，生物质能和其他可再生能源 35%。其中生物质能主要是秸秆发电
西班牙	2002 年颁布法令，对生物燃料全部免征特别税
乌克兰	1999 年乌克兰议会通过一项法律，允许使用高辛烷值含氧添加剂，以 6% 乙醇的比例调和汽油。6% 调和汽油要比无铅汽油的消费税低 50%
波兰	20 世纪 90 年代早期开始使用乙醇汽油，1993 年开始实施乙醇和乙基叔丁基醚的燃料减税政策
日本	2004 年使用 3% 乙醇调和汽油
印度	2003 年印度实施鼓励提高乙醇产量并将乙醇作为运输燃料的新计划。在第一阶段，印度 9 个州和 4 个联邦地区开始逐渐使用 5% 的乙醇调和汽油
泰国	2001 年财政部根据乙醇汽油中乙醇含量修改消费税，相当于减免税金 0.04 美元 / 加仑。石油基金和能源保护基金也对 E10 和纯乙醇的税率进行修改，和无铅汽油相比，为 E10 提供最少 1 泰铢 / 升的补贴
南非	南非政府 2002 年发表可再生能源白皮书，实施可再生能源发展战略。南非乙醇产量约占整个非洲大陆乙醇总产量的 70%
尼日利亚	2007 年发布可再生能源实施计划，规划到 2025 年，风能、太阳能光伏、太阳能热能利用、小规模水能和生物质能利用量达 2 945 兆瓦，约等于 2006 年尼日利亚的全部能源消费量
澳大利亚	2001 年实施促进乙醇政策，包括取消消费税。但该政策引发了诸多异议，主要来自石油公司及汽车制造商。2002 年政府进行调整，设定 10% 的调和比例极限，并重新制定乙醇和其他生物燃料的消费税。2003 年政府宣布乙醇工厂的额外生产补贴为 0.16 澳元 / 升

资料来源：作者整理。

（五）地热能政策

地热也是一种重要的可再生能源，一些国家的地热能得到了较快的开发利用。中国在《中华人民共和国国民经济和社会发展第十三个五年规划纲要》中提出，加快发展生物质能、地热能，积极开发沿海潮汐能资源。美国 1974 年制定地热能的研究、开发和示范法，1980 年又出台地热能法。1998 年，美国能源部要求在具有使用条件的联邦政府机构建筑中推广应用土壤源热泵系统，总统布什带头在他位于得克萨斯州的宅邸中安装这种地源热泵系统。美国各州相继出台各种政策措施来鼓励、支持地热能的开发利用（表 20-39）。1990—2000 年，美国地源热泵年均增长 15% 以上。50 个州都已经应用地源热泵，2007 年全国地源热泵系统超过 45 000 套，地源热泵系统在单体住宅中占 63%、商业建筑中占 37%。[1]

表 20-39　美国关于地源热泵的激励措施

地区	激励措施
伊利诺伊州	对既有建筑进行节能评估，给出节能整改意见和方案，改进筹款机制
印第安纳州	奖励小规模使用可再生能源的示范项目，对象为商业、非营利的公共机构，以及地方政府部门（包括公立学校）
马萨诸塞州	对州内的个人住宅，免除地源热泵国家营业税（5%），但不适用于商业建筑
马萨诸塞州	对可行性分析、设计、建造提供信息和财政帮助。采用可再生能源的绿色公立学校开展绿色教育。对授权的可行性研究资助 20 000 美元，对设计和建造资助 639 000 美元
蒙大拿州	居民安装地源热泵可申请 1 500 美元的免税额
蒙大拿州	西北能源公司周期性地向可再生能源工程提供资金帮助
纽约州	对节能和可再生能源项目给予为期 10 年或者整个贷款期降低贷款利率的激励
纽约州	对安装有节能设备或者超过国家节能标准的建筑给予财政补贴，单个地源热泵工程最高补贴为 50 000 美元
纽约州	由能源工程师通过能量可行性研究确立节能方案。可给予高达 50 000 美元的补贴。可行性研究可能包括地源热泵系统的比较分析
纽约州	对采用地源热泵系统的个人或者商业用户给予补助。对于住宅，安装地源热泵系统给予补助 600～800 美元 / 吨，改造的补助为 150～250 美元 / 吨
北达科他州	该州任何纳税人都可以因地源热泵系统的安装而申请为期 5 年的用户个人所得税减免 3% 的优惠
北达科他州	对安装地源热泵系统 5 年的用户可免除当地财产税
威斯康星州	业主可申请 1 000～20 000 美元的低息贷款

资料来源：徐伟主编《中国地源热泵发展研究报告（2008）》，中国建筑工业出版社，2008，第 22-23 页。

---

[1] 徐伟主编《中国地源热泵发展研究报告（2008）》，中国建筑工业出版社，2008，第 20 页。

第 4 节　能源生态政策

20 世纪 70 年代石油危机爆发后，世界各国逐渐节约能源，加强环境保护，积极应对气候变化。

一、基本历程

秦朝统一中国后，就制定了《田律》。1891 年，美国颁布森林保护法。1917 年，丹麦开始对石油开采进行征税。[1] 世界各国对能源节约和环境保护真正重视起来是在 20 世纪 60 年代后，尤其是在 20世纪 70 年代石油危机爆发后。

（一）20 世纪 60—80 年代

20 世纪 60 年代是美国环保运动兴起的年代。1962 年，蕾切尔·卡森发表《寂静的春天》，指出杀虫剂的危害，由此唤起了公众对环境的重视。1965 年，世界上最早的一宗环境诉讼案在美国发生，辛尼克哈德森环境保护大会控告联邦电力委员会一案经第二巡回上诉，法庭判决禁止联邦电力委员会在纽约风暴国王山修建发电站。[2] 此案还促进了自然资源防卫委员会等环保组织的创立。

20 世纪 70 年代，环境保护问题逐渐国际化，许多国家纷纷出台各种节能和环境保护政策。第一届联合国人类环境会议于 1972 年召开，掀开了世界各国关注环境、加强环境保护新的一页。美国在1970 年通过全国环境政策法、清洁空气法的基础上，1972 年出台联邦水污染控制法（修正案），把对环境的关切转移到水污染防治上。1977 年 4 月 20 日，美国总统卡特在两院发表讲话，提出美国应对能源危机的计划，包括：把美国能源需求年增长率降到 2% 以下；汽油消耗量减少 10%；石油进口量减至 600 万桶 / 日；建立可供 10 个月之用的 10 亿桶战略石油储备；把煤产量增加 2/3，达 10 亿吨 / 年；为 90% 美国人住宅和新建筑物安装隔热设备；250 万套住宅使用太阳能。[3] 1979 年 7 月 15 日，美国总统卡特就能源问题发表电视讲话，号召人们"停止哭泣开始流汗，停止空谈开始行动，停止骂人开始祈祷"，提出新的能源政策：1981 年 10 月，取消对国产石油价格的限制；通过增产节约，把 1990 年石油进口量减少到 450 万桶 / 日；到 1990 年投资 1 410 亿美元开发替代能源，其中 880 亿美元用于从煤炭和页岩油中提取石油。[4] 同年，美国发布能源法规，对 1979 年 5 月以后采用三次采油法增产的原油获利税率减至 30%，其费用税前扣除。

英国于 1972 年率先开征碳税，随后法国、美国、德国、澳大利亚和瑞典等国也先后开征碳税、硫

---

[1] 中国国际税收研究会：《促进节能减排税收政策研究》，中国税务出版社，2010，第 243 页。

[2] 陈宝森、王荣军、罗振兴主编《当代美国经济》，社会科学文献出版社，2011，第 422 页。

[3] 王才良、周珊：《世界石油大事记》，石油工业出版社，2008，第 228–229 页。

[4] 同上书，第 239 页。

税。各国基本上按硫、碳和氮的排放量征收，也有的国家按含硫量和含碳量的不同直接对含硫、含碳能源产品征收。荷兰、新加坡、美国等国家还开征水污染税。[①] 丹麦于 1978 年引入电能税，之后陆续对轻重油、煤、天然气等各种油气及煤产品征收能源税。

日本节能走在世界前列。1973—1984 年，日本工业能源消费量减少 17%，主要产品的单位能耗大幅下降。其中，钢下降 21%，水泥下降 20%，纸浆和纸下降 25%，玻璃下降 30%。[②] 1979 年，日本颁布节约能源法，规定节能指标，对达标者减免税收优惠，不达标者要公布并罚款。这部法律成为日本能源政策的重要基石。

韩国于 1974 年颁布热管理法，1975—1982 年单位产值能耗降低 48%，节能效果很突出。

中国在第一届联合国人类环境会议后，于 1973 年 8 月制定《关于保护和改善环境的若干规定（试行草案）》，提出环境保护要贯彻执行"全面规划，合理布局，综合利用，化害为利，依靠群众，大家动手，保护环境，造福人民"的方针。[③]

中国台湾地区自 1973 年起发展技术密集型工业，实行电气化和自动化，推广机器人，降低工业部门石油消费。20 世纪 70 年代时，单位工业产品产值能耗平均每年下降 0.96%。[④]

1980 年 6 月，美国、英国、法国、联邦德国、意大利、加拿大、日本七国首脑会议在威尼斯召开。会议主要讨论能源及其价格问题，提出要在 10 年内"打破经济增长同石油消费的现有联系"，开源节流，把石油消费量占能源总量的比例由当时的 53% 降到 1990 年的 40%；认为解决世界重大经济问题的关键是保持能源在可接受水平上的合理供求平衡。[⑤]

1980 年，美国总统卡特签署能源安全法案。它是在 1978 年国家能源法案基础上的具体细化，突出了要发展新能源和节能的要求。它由 7 个重要法案组成：美国合成燃料公司法案、生物质能和酒精燃料法案、可再生能源法案、太阳能和节能法案、太阳能和节能银行法案、地热能法案、海洋热能转换法案。[⑥]

1988 年 9 月，意大利公布"1988 年能源计划"，重点是通过大力节能和增加国内油气产量，使意大利对进口能源的依赖度从 81% 减至 2000 年的 24%。

（二）20 世纪 90 年代后

20 世纪 90 年代后，世界能源节约与环境保护进入新的发展时期。标志性事件有二：一是 1992 年在巴西召开的联合国环境与发展大会，正式提出清洁生产和可持续发展战略；二是 1992 年通过全球《气候变化框架公约》。

在此之前，联合国环境规划署为促进工业可持续发展，在总结工业污染防治正反两方面经验教训的基础上，于 1989 年首次提出清洁生产的概念，并制订推行清洁生产的行动计划。[⑦] 1992 年，联合国环

① 中国国际税收研究会：《促进节能减排税收政策研究》，中国税务出版社，2010，第 206 页。
② 蒋兆祖：《能源发展与工程咨询：1971～2003 年》，中国电力出版社，2004，第 99 页。
③ 曲格平、彭近新主编《环境觉醒：人类环境会议和中国第一次环境保护会议》，中国环境科学出版社，2010，第 264 页。
④ 蒋兆祖：《能源发展与工程咨询：1971～2003 年》，中国电力出版社，2004，第 99 页。
⑤ 王才良、周珊：《世界石油大事记》，石油工业出版社，2008，第 244 页。
⑥ 北京洲通投资技术研究所：《中国新能源战略研究》，上海远东出版社，2012，第 69 页。
⑦ 北京节能环保服务中心：《企业节能读本》，经济日报出版社，2006，第 7 页。

境与发展大会在巴西的里约热内卢召开。大会通过《里约宣言》和《21 世纪议程》，呼吁各国调整生产和消费结构，广泛应用环境无害技术和清洁生产方式，节约资源和能源，减少废物排放，实施可持续发展战略，并将清洁生产写入《21 世纪议程》。此后，清洁生产和可持续发展战略逐步在全球展开。中国于 2003 年 1 月 1 日起实施《中华人民共和国清洁生产促进法》，标志着中国清洁生产进入依法全面开展时期。

1992 年，联合国通过《气候变化框架公约》。此后，减少温室气体排放和提高能源效率的自愿协议迅速为发达国家所采纳。到 2000 年，欧盟国家已签订 300 多个自愿协议，日本有 3 万个企业与地方政府签订防止污染的协议，美国也有 40 个行业和企业与州政府签订自愿协议。[1]2005 年 1 月，世界上最大的多国、多行业的全球温室气体排放贸易计划——欧盟温室气体排放交易计划（EU-ETS）开始运作。它是第一个国际二氧化碳排放贸易系统，覆盖 12 000 多个用能装置，贸易量接近欧洲二氧化碳排放量的一半。[2]2005 年 2 月 16 日，《京都议定书》正式生效，共有 141 个国家和地区签字，这是人类首次以法规形式限制温室气体的排放。

此后，随着 21 世纪初能源供求矛盾以及全球气候变化的进一步加剧，各国加大了对能源节约和环境保护的政策法律支持力度。2006 年，美国通过其历史上第一个温室气体总量控制法案——全球温室效应治理法案。第二年，美国又通过气候安全法案。2007 年和 2008 年，中国分别通过重新修订的《中华人民共和国节约能源法》和《中华人民共和国水污染防治法》，为节能减排提供重要的法律保障。2010 年 11 月，欧盟委员会发布《能源 2020：寻求具有竞争性、可持续性和安全性能源》战略文件，制订 5 个优先领域及其相应的行动计划，争取到 2020 年实现节能 20% 的目标。

中国在"十一五"期间（2006—2010 年）实施十大重点节能工程，即燃煤工业锅炉（窑炉）改造工程、区域热电联产工程、余热余压利用工程、节约和替代石油工程、电机系统节能工程、能量系统优化工程、建筑节能工程、绿色照明工程、政府机构节能工程、节能监测和技术服务体系建设工程。2006—2010 年，中国预算内投资安排 80 多亿元，中央财政节能减排专项资金安排 220 多亿元，总共支持 5 200 多个重点节能工程项目建设。至 2010 年，十大重点节能工程累计形成 3.4 亿吨标准煤的节能能力。[3]通过不断加强节能降耗工作，中国标准煤的能耗强度不断降低，由 1990 年的 2.68 吨标准煤 / 万元降到 2006 年的 1.41 吨标准煤 / 万元（表 20-40）。

表 20-40　1990—2006 年中国能耗强度

时间 / 年	GDP/ 亿元	能源消费量 / 万吨标准煤	能耗强度 /（吨标准煤 / 万元）
1990	36 780	98 703	2.68
1991	40 161	103 783	2.58
1992	45 880	109 170	2.38
1993	52 277	115 993	2.22
1994	59 119	122 737	2.08

[1] 曾祥东主编《能源与设备节能技术问答》，机械工业出版社，2009，第 6 页。

[2] 同上书，第 8 页。

[3] 联合国可持续发展大会中国筹委会：《中华人民共和国可持续发展国家报告》，人民出版社，2012，第 42 页。

续表

时间 / 年	GDP/ 亿元	能源消费量 / 万吨标准煤	能耗强度 /（吨标准煤 / 万元）
1995	65 582	131 176	2.00
1996	72 149	138 948	1.93
1997	78 847	137 798	1.75
1998	85 022	132 214	1.56
1999	91 511	133 831	1.46
2000	99 215	138 552	1.40
2001	107 453	143 199	1.33
2002	117 219	151 797	1.29
2003	128 970	174 990	1.36
2004	141 974	203 227	1.43
2005	156 780	224 682	1.43
2006	174 171	246 270	1.41

资料来源：林伯强主编《中国能源发展报告（2008）》，中国财政经济出版社，2008，第49页。

二、节能 / 能效政策

"节能"是 20 世纪 70 年代石油危机爆发后提出的能源管理概念。当今世界各国普遍使用"能源效率"（简称"能效"）一词来代替"节能"一词。节约能源或提高能源效率涉及能源开采、加工、转换、传输、分配及终端利用等各个环节。就终端利用环节而言，主要包括三个方面：建筑节能、交通运输节能和各种器具节能。各国采取了一系列政策来推动节能工作。

（一）节能管理制度

当今，世界上许多国家开展能源效率标准、节能产品认证、合同能源管理（EPC）等各种节能管理工作。

1. 能源效率标准

自 20 世纪 70 年代末起，一些国家开始制定家用电器能源效率标准，已有 30 多个国家实施能效标准计划。

中国于 1989 年 12 月发布第一批家用电器能效的国家标准——《家用和类似用途电器电耗（效率）限定值及测试方法编制通则》。它包括 1 个通则标准和 8 个家用电器的专项标准，涉及家用电冰箱、房间空气调节器、自动洗衣机、电视机、电风扇、电熨斗、电饭锅、收音机等。[1] 其中，无氟冰箱能效项目是中国第一个能效项目。

2. 节能产品认证

节能产品认证是减少能源消耗、保护环境的一种有效办法，美国、加拿大、欧盟、澳大利亚、中国、日本等许多国家和地区都实行节能产品认证制度。

中国于 1998 年 1 月开始实施《中华人民共和国节约能源法》；1999 年 2 月发布《中国节能产品认证

---

[1] 肖国兴、叶荣泗主编《中国能源法研究报告（2009）》，法律出版社，2010，第 187 页。

管理办法》，正式建立节能产品认证制度；1999 年 4 月，开始家用电冰箱的节能认证。2003 年，国务院通过《中华人民共和国认证认可条例》。

3. 合同能源管理

合同能源管理起源于 20 世纪 50 年代。从 20 世纪 70 年代中期起，合同能源管理先后在北美洲、欧洲及一些发展中国家逐步得到推广和应用，出现了基于"合同能源管理"机制的专业化节能服务公司（ESCO）。

美国是 ESCO 的发源地，从 1985 年起联邦政府拨款 25 亿美元支持 ESCO 项目。

中国在 20 世纪 80 年代末从国外引入 EPC 机制，1992 年成立专业化的节能服务公司。[①]2010 年国务院办公厅发布《关于加快推行合同能源管理促进节能服务产业发展的意见》，促进专业能源服务公司加快发展。

（二）建筑节能政策

建筑对能源消耗和环境保护影响较大。根据美国能源部统计，在美国，建筑物每年的能源消耗量超过全国 30% 的能源消费量及 60% 的电力供应。美国每天有 50 亿加仑的自来水被用来冲刷厕所。建造典型北美商业建筑时，会产生多达每平方英尺 2.5 磅的固体废弃物。在城区空气质量中，49% 的二氧化硫、35% 的二氧化碳、25% 的氮氧化物、10% 的颗粒物是由建筑产生的。[②]因此，建筑节能减排具有重要意义。

1. 中国

20 世纪 90 年代后期，中国建筑能源消耗占全国能源消耗的比例达 1/4 以上，1996—2001 年均超过 24%。2001 年为 26.5%，建筑能耗总量为 358.0Mrce（表 20-41），数量巨大。

表 20-41　1996—2001 年中国建筑能耗情况

时间 / 年	全国能源消费总量 /Mrce	建筑能耗 /Mrce	建筑能耗所占比例 /%
1996	1 389.5	334.7	24.1
1997	1 381.7	341.4	24.7
1998	1 322.1	345.7	26.1
1999	1 301.2	349.0	26.8
2000	1 303.0	350.4	26.9
2001	1 349.1	358.0	26.5

资料来源：李汉章主编《建筑节能技术指南》，中国建筑工业出版社，2006，第 5 页。

为促进建筑节能，中国于 1987 年出台第一个建筑节能标准——《民用建筑节能设计标准（采暖居住建筑部分）》，要求寒冷地区抓紧编制实施细则，在新建住宅中普遍执行。[③]1993 年，中国出台第一个公共建筑节能设计标准——《旅游旅馆建筑热工与空气调节节能设计标准》。此后，中国出台一系列与建筑节能相关的各种标准（表 20-42）。

[①] 马洪超：《经济诱因型节能法律制度研究》，人民出版社，2013，第 168 页。
[②] 美国绿色建筑委员会：《绿色建筑评估体系》第 2 版，彭梦月译，中国建筑工业出版社，2007，第 98 页。
[③] 中国建筑节能协会主编《中国建筑节能现状与发展报告》，中国建筑工业出版社，2012，第 4 页。

表 20-42　中国与建筑节能相关的主要专项标准

标准类别	标准名称	标准编号
建筑保温	《民用建筑热工设计规范》	GB 50176－93
	《外墙外保温工程技术规程》	JGJ 144—2004
	《外墙内保温板》	JG/T 159—2004
	《膨胀聚苯板薄抹灰外墙外保温系统》	JG 149—2003
	《胶粉聚苯颗粒外墙外保温系统》	JG 158—2004
	《混凝土小型空心砌块建筑技术规程》	JGJ/T 14—2004
	《绝热材料稳态热阻及有关特性的测定防护热板法》	GB/T 10294—2008
	《绝热材料稳态热阻及有关特性的测定热流计法》	GB/T 10295—2008
	《绝热　稳态传热性质的测定　标定和防护热箱法》	GB/T 13475—2008
建筑门窗、幕墙	《建筑外窗保温性能分级及检测方法》	GB/T 8484—2002
	《建筑外门窗气密、水密、抗风压性能分级及检测方法》	GB/T 7106—2008
	《建筑外窗气密、水密、抗风压性能现场检测方法》	JG/T 211—2007
	《建筑幕墙》	GB/T 21086—2007
	《建筑幕墙空气渗透性能检测方法》	GB/T 15226—94
	《建筑幕墙物理性能分级》	GB/T 15225—94
	《建筑门窗玻璃幕墙热工计算规程》	JGJ/T 151—2008
暖通空调	《地面辐射供暖技术规程》	JGJ 142—2004
	《蓄冷空调工程技术规程》	JGJ 158—2008
	《供热计量技术规程》	JGJ 173—2009
	《多联机空调系统工程技术规程》	JGJ 174—2010
	《燃气冷热电三联供工程技术规程》	CJJ 145—2010
	《设备及管道保冷技术通则》	GB/T 11790—1996
	《设备及管道保温效果的测试与评价》	GB 8174—87
	《设备及管道保冷效果的测试与评价》	GB/T 16617—1996
	《设备及管道绝热设计导则》	GB/T 8175—2008
可再生能源应用	《民用建筑太阳能热水系统应用技术规范》	GB 50364—2005
	《民用建筑太阳能热水系统评价标准》	GB/T 50604—2010
	《家用太阳热水系统热性能试验方法》	GB/T 18708—2002
	《地源热泵系统工程技术规范》	GB 50366—2005
	《被动式太阳房技术条件和热性能测试方法》	GB/T 15405—94
	《太阳能供热采暖工程技术规范》	GB 50495—2009
	《民用建筑太阳能光伏系统应用技术规范》	JGJ 203—2010
用能设备与产品	《冷水机组能效限定值及能源效率等级》	GB 19577—2004
	《单元式空气调节机能效限定值及能源效率等级》	GB 19576—2004
	《房间空气调节器能效限定值及能效等级》	GB 12021.3—2010

续表

标准类别	标准名称	标准编号
用能设备 与产品	《多联式空调（热泵）机组能效限定值及能源效率等级》	GB 21454—2008
	《转速可控型房间空气调节器能效限定值及能源效率等级》	GB 21455—2008
	《水源热泵机组》	GB/T 19409—2003
	《真空管型太阳能集热器》	GB/T 17581—2007
建筑采光、 照明	《建筑采光设计标准》	GB/T 50033—2001
	《建筑照明设计标准》	GB 50034—2004
	《照明测量方法》	GB/T 5700—2008
	《室内灯具光度测试》	GB 9467—88
	《延时节能照明开关通用技术条件》	JG/T 7—1999
建筑能耗	《民用建筑能耗数据采集标准》	JGJ/T 154—2007

资料来源：中国建筑节能协会主编《中国建筑节能现状与发展报告》，中国建筑工业出版社，2012，第 27-28 页。

1997 年，中国开始强制实行建筑节能，从初期节能 30% 过渡到 170 多个城市必须节能 50%。2000 年，在既有房屋建筑面积中能够达到供暖建筑节能设计标准的仅占全部城乡建筑面积的 0.5%，占城市既有供暖居住建筑面积的 9%。到 2005 年，设计阶段新建建筑节能标准执行率上升到 53%。北京、天津等城市从 2004 年起率先执行居住建筑节能 65% 的标准。[①]

2006 年，中国颁布第一个绿色建筑标准——《绿色建筑评价标准》，标志着中国建筑节能进入绿色建筑阶段。2010 年，中国又发布《民用建筑绿色设计规范》，推动绿色建筑发展。

2. 美国

1975 年，美国国会通过能源政策和节约法，要求联邦能源管理局协助各州政府编制和贯彻州级节能规划。州级节能规划内容应包括非政府建筑的强制性照明节能标准、非政府建筑的强制性最低保温性能要求、强制性政府节能采购管理等。随后，联邦能源管理局颁布关于建筑节能的政策文件，对建筑节能标准做出规定：州级公共建筑设计标准采用美国供暖、制冷与空调工程师学会（ASHRAE）1975 年颁布的标准《新建筑物设计节能》作为最低节能标准；居住建筑则应满足此 ASHRAE 标准或由住房和城市发展部对住宅建筑提出的最低要求。[②]1976 年，颁布节能与产品法，其中包括"新建建筑节能标准"一章，提出应制定国家级别的新建建筑节能标准并在各州推广。

1998 年，美国开始实施"能源之星"建筑标识，主要对象是商用建筑。根据规定，对能源效率在同类建筑中领先 25% 以上、室内环境质量达标的建筑授予"能源之星"建筑标识。其具体要求包括：绿色照明；改善围护结构隔热保温性能；改进采暖、通风、空调系统；购置高效耗能器具等，实施这些

[①] 中国建筑节能协会主编《中国建筑节能现状与发展报告》，中国建筑工业出版社，2012，第 5 页。
[②] 徐伟主编《国际建筑节能标准研究》，中国建筑工业出版社，2012，第 28 页。

措施可节能 30%。[①]

从 2005 年起，美国制定绿色建筑发展规划和政策的城市数量急剧增加，制定绿色建筑政策的城市由 2005 年的 13 个增至 2010 年的近 50 个（图 20-21）。2008 年，美国绿色建筑约占建筑市场份额的 10%。美国绿色建筑总投资从 2008 年的 420 亿美元增加到 2010 年的 550 亿～ 710 亿美元。[②]

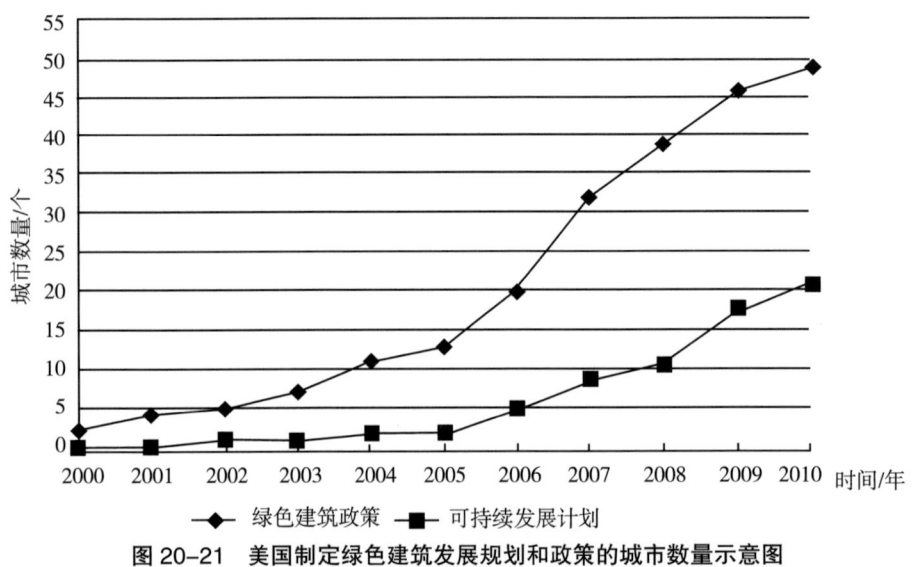

图 20-21　美国制定绿色建筑发展规划和政策的城市数量示意图

资料来源：住房和城乡建设部科技与产业化发展中心、清华大学、中国建筑设计研究院：《世界绿色建筑政策法规及评价体系 2014》，中国建筑工业出版社，2014，第 23 页。

美国制订了"21 世纪建筑节能战略计划"，总体目标是：到 2010 年，每年节能 72 百万吨标准煤，要求 44 万平方米新建建筑能效提高 50%，153 万平方米既有建筑能效提高 20%，节省能源费用 650 亿美元；到 2020 年，每年节能 180 百万吨标准煤，要求 136 万平方米新建建筑能效提高 50%，340 万平方米既有建筑能效提高 20%，节省能源费用 3 200 亿美元。政府措施包括：加强建筑节能技术研究开发，改进和更新建筑及耗能器具能效标准，鼓励采用高效和可再生能源技术，开展建筑节能教育和培训。

3. 英国

1990 年，英国建筑研究院（BRE）发布世界上第一个绿色建筑评价体系 BREEAM，英国建筑节能进入新阶段。2004 年，英国通过住宅法案、可持续和安全建筑法案。它们对英国建筑节能从法律层面做出规定，设定了建筑 CO_2 减排目标（表 20-43）。同时，英国出台《可持续住宅规范》，提出了目标碳减排率（表 20-44）及其评价得分体系（表 20-45）。

[①] 住房和城乡建设部科技与产业化发展中心、清华大学、中国建筑设计研究院：《世界绿色建筑政策法规及评价体系 2014》，中国建筑工业出版社，2014，第 22 页。

[②] 同上。

表 20-43 英国建筑的 CO_2 减排目标（以 2005 年为基数）

时间 / 年	住宅建筑（公共）	住宅建筑（私人）	非住宅建筑（公共）	非住宅建筑（私人）
2006	25%	0	0	0
2010	44%	25%	25%	25%
2013	零碳排放	44%	44%	44%
2016	零碳排放	零碳排放	100%	100%
2018	零碳排放	零碳排放	零碳排放	100%
2019	零碳排放	零碳排放	零碳排放	零碳排放

资料来源：住房和城乡建设部科技与产业化发展中心、清华大学、中国建筑设计研究院：《世界绿色建筑政策法规及评价体系 2014》，中国建筑工业出版社，2014，第 39 页。

表 20-44 英国《可持续住宅规范》目标碳减排率

标准级别	目标碳减排率	备注
1	10%	只考虑内部照明、热水系统和供暖能耗所产生的碳排放
2	18%	—
3	25%	—
4	44%	—
5	100%	—
6	零碳建筑	包括所有的能耗，如炊事、电器使用

资料来源：住房和城乡建设部科技与产业化发展中心、清华大学、中国建筑设计研究院：《世界绿色建筑政策法规及评价体系 2014》，中国建筑工业出版社，2014，第 41 页。

表 20-45 英国《可持续住宅规范》评价得分体系

项目		可得分	强制项	加权系数	加权值
ENE	节能	31	—	36.4%	1.17
1	住宅 CO_2 排放量	10	是	—	—
2	建筑围护结构的热工性能	9	是	—	—
3	能耗显示器	2	否	—	—
4	提供晾衣场所	1	否	—	—
5	使用节能电器	2	否	—	—
6	室外节能照明	2	否	—	—
7	低碳 / 零碳排放技术	2	否	—	—
8	提供自行车存车处	2	否	—	—
9	家庭办公	1	否	—	—
WAT	节水	6	—	9.0%	1.50
1	内部水使用	5	是	—	—
2	外部水使用	1	否	—	—
MAT	材料	24	—	7.2%	—

续表

	项目	可得分	强制项	加权系数	加权值
1	材料的环境影响	15	是	—	—
2	结构材料可靠来源	6	否	—	—
3	装修材料可靠来源	3	否	—	—
SUR	地表水径流	4	—	2.2%	0.55
1	地表水径流管理	2	是	—	—
2	洪涝风险	2	否	—	—
WAS	废弃物	8	—	6.4%	0.80
1	不可再生利用废弃物和可再生利用废弃物的存放	4	是	—	—
2	施工现场废弃物管理	3	否	—	—
3	垃圾分类	1	否	—	—
POL	污染	3	—	2.8%	0.70
1	保温材料全球变暖潜能值	1	否	—	—
2	氮氧化物排放	2	否	—	—
HEA	健康宜居	12	—	14.0%	1.17
1	日照采光	3	否	—	—
2	隔声	4	否	—	—
3	私人空间	1	否	—	—
4	终生住宅	4	是（适用6星级）	—	—
MAN	管理	9	—	10.0%	1.11
1	提供住户使用向导	3	否	—	—
2	施工现场管理	2	否	—	—
3	施工现场建设影响	2	否	—	—
4	安全性	2	否	—	—
ECO	生态	9	—	12.0%	1.33
1	场地的生态价值	1	否	—	—
2	提高场地的生态价值	1	否	—	—
3	保护生态物种	1	否	—	—
4	改变场地的生态价值	4	否	—	—
5	建筑足迹	2	否	—	—

资料来源：住房和城乡建设部科技与产业化发展中心、清华大学、中国建筑设计研究院：《世界绿色建筑政策法规及评价体系2014》，中国建筑工业出版社，2014，第42-43页。

4. 德国

1976 年，联邦德国制定节能法。此后，在建筑节能方面出台了一系列具有法律效力的最低标准：1984 年出台热保温规范，1995 年出台新的热保温规范，1998 年制定暖气设备规范，2002 年制定节能建筑规范，2004 年经补充修订出台节能建筑规范。[①] 根据规定，德国所有新建和改建建筑必须满足节能规范的要求。

三、能源环境保护政策

能源的勘探、开采、生产和利用会产生废水、废气、废渣等，对环境影响很大。从 20 世纪 60 年代起，各国先后实施一系列积极政策，鼓励煤炭、石油、电力等能源生产企业加大节能减排力度，减少污染物排放。

（一）煤炭清洁生产、利用政策

1985 年，为解决美国与加拿大边境地区的酸雨问题，美国学者最早提出洁净煤技术理念。次年，美国率先实行"洁净煤技术示范计划"，到 20 世纪 90 年代中期取得明显效果，与 70 年代相比，煤炭用量增加 60%，但二氧化硫排放量却减少了 1/4。[②]

中国于 1994 年由国家洁净煤领导小组制订中国洁净煤发展规划，成立中国洁净煤工程技术研究中心。"十五"期间（2001—2005 年），中国科学院实施一批洁净煤技术项目，包括大型加压煤气化技术、大型流化床电站锅炉、煤气化联合循环发电技术等。中国从煤炭加工、高效燃烧、煤炭转化、污染控制等方面大力推进煤炭清洁生产和利用（表 20-46）。

表 20-46　中国洁净煤技术领域的相关情况

技术领域	所属过程	技术及所处的开发应用阶段
煤炭加工	煤炭利用前	选煤（推广应用） 型煤（民用型煤推广，工业型煤示范与应用） 配煤（推广应用） 水煤浆（推广应用）
煤炭高效燃烧及先进发电	煤炭燃烧中	循环流化床 CFBC（大型化，推广） 增压流化床联合循环发电 PPBC-CC（开发与示范） 煤气化联合循环发电 IGCC（引进示范） 低 NO_x 燃烧（开发与应用） 常规超临界与超超临界发电技术（引进建设、国内发展） 中小型工业锅炉改造（示范与应用）
煤炭转化	煤炭转化利用中	煤炭气化（大型气化、地下气化等，引进，国内开发） 煤炭液化（开发与工程示范） 多联产（以煤气化和 IGCC 为龙头，电、气、液体燃料、热等多产品联合生产，单项技术研发、整体优化） 燃料电池（开发）

[①] 中华人民共和国建设部科学技术司、《智能与绿色建筑文集 2》编委会：《智能与绿色建筑文集 2：第二届国际智能、绿色建筑与建筑节能大会》，中国建筑工业出版社，2006，第 106 页。

[②] 崔民选主编《2007 中国能源发展报告》，社会科学文献出版社，2007，第 228 页。

续表

技术领域	所属过程	技术及所处的开发应用阶段
污染控制与资源化再利用	煤炭燃烧后	烟气净化（脱除 SO_2、NO_x，开发，引进技术本地化） 烟气净化（控制烟尘和颗粒物，推广应用） 电厂粉煤灰综合利用（推广应用）
	煤炭开采中	煤层气（开发利用示范） 矿区生态环境技术：矿井水、煤矸石利用及资源化

资料来源：雷仲敏、杜铭华等：《中国煤炭期货品种开发研究》，中国金融出版社，2007。

英国政府于1998年发表能源白皮书，强调要保障能源供应多元化的重要性及煤炭在能源供应多元化中的重要作用，提出继续加强洁净煤发电技术的开发。通过努力，英国常规燃煤电厂的发电效率随着气压和温度的逐步升高而得到提高，使用烟道气脱硫设备的亚临界燃煤电厂发电效率提高到41%。[1]

德国在洁净煤技术领域重点实施CCS（二氧化碳捕获和存储）技术。2008年9月，世界上第一个完整的碳捕获和存储技术示范项目开始在德国一家燃煤发电厂运行。该项目建在德国北部Schwarze Pumpe发电厂旁边，每年捕获10万吨二氧化碳，然后将之压缩，埋藏在距发电厂大约200千米的枯竭Altmark天然气田表面以下3 000米的地方。该项目耗资7 000万欧元，能够输出12兆瓦的电力和30兆瓦的热能，可以供1 000多户家庭使用。[2]

（二）石油环境保护政策

石油开采、炼制、加工需要大量用水，并排放大量废水。全世界每年排放工业废水约 $4\,260 \times 10^8$ 立方米，使可供人类使用总量1/3的淡水受到污染，造成每年至少有1 500万人死于由水污染引起的各种疾病。[3] 在中国，石化行业是耗水和污水排放大户，其新鲜水用量占全国工业用水总量的2.87%；废水排放量占全国生产和生活废水排放量的2.34%，占全国工业废水排放量的3.85%。[4] 除了废水，石油工业还产生各种钻井岩屑、污泥、油泥、废酸液、废碱液等废物（表20-47），其中废酸液、废碱液、含重金属的废催化剂等，对人体健康和环境危害较大。因此，许多石油生产国都对石油生产过程中的各种废水、废物加以防治。

表20-47　石油工业主要固体废物来源

废物来源	主要固体废物
石油勘探与开发	钻井岩屑、废弃钻井液、落地原油、含油污泥
石油炼制	废酸液、废碱液、废催化剂、页岩渣、油泥
石油化工	有机废液、废催化剂、含锌废渣、污泥
石油化纤	有机废液，酸、碱废液，聚酸废料

[1] 韦迎旭主编《绿色燃煤发电技术》，中国电力出版社，2011，第15页。
[2] 同上书，第14页。
[3] 董国永主编《石油环保技术进展》，石油工业出版社，2006，第61页。
[4] 同上。

续表

废物来源	主要固体废物
供水系统（软化水、新鲜水、循环水）	水处理絮凝泥渣、沉积物
污水处理场及"三泥"处理	油泥、浮渣、剩余活性污泥、焚烧灰渣
机修、电修、仪修	检修废弃物

资料来源：董国永主编《石油环保技术进展》，石油工业出版社，2006，第98页。

　　美国是世界上最早进行污水治理再利用的国家之一。1961 年，Atlantic Refining Company 在费城建成一套处理污水 40 吨 / 天的 Met-X 装置，利用氢离子与重金属离子在反应器中进行离子交换，然后洗涤分离。1962 年，Sinclair Research Inc 在 Wood River 炼油厂建成一套 10 吨 / 天的 Demet 装置，用来处理被镍和钒污染的无定形硅铝催化剂。1988 年，Chem Cat 公司在路易斯安那州的 Meraux Le 采用新一代 Demet 工艺建成一套 20 吨 / 天的装置，成功地进行催化裂化剂的脱金属和再生操作，效果良好。[1]美国、日本先后制定城市污水回用冷却水的水质标准（表 20-48）及回用电厂冷却水的城市污水水质标准（表 20-49）。

表 20-48　美国和日本城市污水回用冷却水的水质标准

项目	美国推荐	AWWA	伯班克城	科罗拉多城	东京	名古屋
pH 值	5.0 ～ 8.3	—	7.0 ～ 7.2	6.9	6.8	6.7
浊度 / 度	—	—	2	2	1.5	0.5
色度 / 度	—	—	1	5	—	11.5
BOD/（mg/L）	—	—	2	8	12.2	—
COD/（mg/L）	75	100	—	—	9.6	8.4
TP/（mg/L）	—	4	20	1	—	—
NH_3-N/（mg/L）	1	—	6	27	12	—
总硬度 /（mg/L）	650	850	160	240	111	278
总碱度 /（mg/L）	350	500	—	—	83	113
氯离子 /（mg/L）	500	500	82	20	67	652
TDS/（mg/L）	—	1 000	500	650	343	1 571
铁离子 /（mg/L）	0.5	—	—	—	0.2	0.2

资料来源：董国永主编《石油环保技术进展》，石油工业出版社，2006，第66页。

表 20-49　美国回用电厂冷却水的城市污水水质标准

项目	内华达电力公司	克拉克县	丹顿市	西南公共事业公司	伯班克城	科罗拉多城
BOD/（mg/L）	21	30	10	15	2	8
悬浮物 /（mg/L）	24	30	38	10	2	2
TDS/（mg/L）	940	< 1 500	127	1 250	500	650

---

[1]董国永主编《石油环保技术进展》，石油工业出版社，2006，第129页。

续表

项目	内华达电力公司	克拉克县	丹顿市	西南公共事业公司	伯班克城	科罗拉多城
钠 /（mg/L）	—	—	—	—	88	55
氯化物 /（mg/L）	—	315	70	345	82	20
pH 值	7.7	7.5	7.2	7.3	7.2	6.9
大肠菌 /（个 / mL）	10	—	16 000	—	62	225
总硬度 /（mg/L）	—	—	—	250	160	240
磷酸盐 /（mg/L）	19	—	—	21	20	1
有机氮 /（mg/L）	1.0	—	—	—	39	5
色度 / 度	—	—	—	—	< 1	5
MBSA/（mg/L）	—	—	—	—	< 0.5	0.15
氨 /（mg/L）	—	—	—	—	6	27
硝酸盐 /（mg/L）	1.0 ～ 3.4	—	—	—	8	0.5
重金属 /（mg/L）	—	—	痕量	痕量	痕量	痕量

资料来源：董国永主编《石油环保技术进展》，石油工业出版社，2006，第 66 页。

1992 年，美国环境保护署与国际发展署联合发布"水回用指南"，规定各种类型的水质标准，主要是灌溉和补充地下水，给没有水回用标准或标准正处于修订中的各州提供指导。1994 年，加利福尼亚州的《水法典》规定，当再生水可以获得并且满足各类用途的水质要求，提供给用户的价格合理，不给公众健康造成危害，不使下游水质恶化，不对植物、鱼类和野生动物造成危害时，不能用生活饮用水来满足非饮用水（包括墓地灌溉、高尔夫球场灌溉、高速路观景区、工业等）的用途。该法典允许再生水用于住宅区的景观灌溉、工业冷却水应用、非住宅区的厕所冲洗。佛罗里达州环境法规部制订强制性的水回用计划，要求使用城市污水处理设施中的再生水，除非这种回用不经济、技术上不可行或不符合环保要求。[1]

日本于 1962 年开始开发、应用污水回用技术，到 20 世纪 70 年代初具规模（表 20-50），至 1990 年建成 1 369 个"中水"工程。濑户内海地区污水回用量达到该地区淡水利用总量的 2/3，取新水量仅为淡水用量的 1/3，大大缓解了该地区水资源严重短缺的问题。1997 年，日本 163 个公有水处理厂为 192 个使用区提供再生水及回用水，共有 1 475 个单个建筑及街区水再生及回用系统为商业性建筑及公寓提供厕所冲洗用水及景观用水，再生水广泛用于城市美化、增加河流水量以及厕所冲洗等。

纳米比亚早在 1968 年便建成世界上第一个再生饮用水工厂，日产水 6 200 立方米，水质达到世界卫生组织和美国环保部公布的标准。[2]

---

[1] 董国永主编《石油环保技术进展》，石油工业出版社，2006，第 62 页。

[2] 同上书，第 64 页。

表 20-50　1965—1995 年日本水资源开发利用概况

时间 / 年	1965	1975	1985	1995
淡水使用总量 /（×10^6 米^3/ 日）	49.1	131.6	137.3	148.1
淡水提取总量 /（×10^6 米^3/ 日）	31.3	40.5	24.9	22.6
回收利用总量 /（×10^6 米^3/ 日）	17.4	81.4	102.4	114.3
回收利用率 /%	24.2	64.9	74.5	77.2

资料来源：董国永主编《石油环保技术进展》，石油工业出版社，2006，第 63 页。

中国炼油厂污水处理及回用的试验与应用始于 20 世纪 70 年代，东方红炼油厂、长岭炼油厂、天津石化等工厂先后将经过处理的外排水直接回用于循环冷却水系统。20 世纪 90 年代进行 FCC 废催化剂化学再生技术研究，针对催化剂中毒中镍的作用远大于钒的情况，洛阳石化设计院开发出 LDEM 工艺，河北科技大学和河北轻化工学院开发出废催化剂再生流程。"十五"期间，中国石油每万元产值污染物排放量大幅降低，其中石油类和二氧化硫分别比 2000 年减少 83.5% 和 27.6%。[1]

（三）电力环境保护政策

电力分水电、火电、核电等，各国采取了一系列政策，加强各领域的电力生态建设与保护。

水电开发会对水文、地质、土壤、地貌乃至经济社会产生诸多不利影响（图 20-22），一些国家因建设水库引起地质环境变化而触发地震的现象时有发生（表 20-51）。

埃及境内位于尼罗河上的阿斯旺大坝起初为重力坝，始建于 1898 年，1902 年完工，库容为 10 亿立方米。20 世纪 30 年代，希腊人尼诺斯提出建造阿斯旺大坝的方案，1954 年由德国荷海夫公司完成设计，1960 年埃及在苏联的帮助下开始建造阿斯旺大坝，并于 1970 年建成。该坝为黏土芯墙堆石坝，最大坝高 111 米，坝长 3 830 米，最大设计流量每秒 11 000 立方米。电站厂房有单机容量为 17.5 万千瓦的装机 12 台，总装机容量为 210 万千瓦，最大年发电量为 100 亿千瓦时。[2]阿斯旺大坝的建成为埃及和苏丹的工业、农业、城市生产、生活用水提供了重要保障。在阿斯旺大坝兴建时，国际上对水利工程引起的生态与环境问题尚未引起普遍重视。当人们重视水电工程对环境的影响后，阿斯旺大坝成为国际上争论的主要水电工程之一。1988 年，White 对阿斯旺大坝的环境影响进行了全面的回顾。他指出，有人把它称赞为埃及经济的主要依靠，有人诽谤它为生态灾难。事实上，大量的研究和监测表明：阿斯旺大坝取得的成绩是十分明显的，它对生态与环境的不利影响被许多批评者随意夸大了，把它说成"生态灾难"是缺乏事实依据的。当然，也有一些问题超出原来的研究和预料，比如尼罗河富含营养的泥沙对水质的影响问题、大坝的泄洪问题和传统的红砖制造原料减少问题。[3]中国建设三峡水利枢纽时借鉴了阿斯旺大坝的经验。

---

① 董国永主编《石油环保技术进展》，石油工业出版社，2006，第 1 页。

② 黄真理、吴炳方、敖良桂：《三峡工程生态与环境监测系统研究》，科学出版社，2006，第 54-55 页。

③ 同上书，第 56 页。

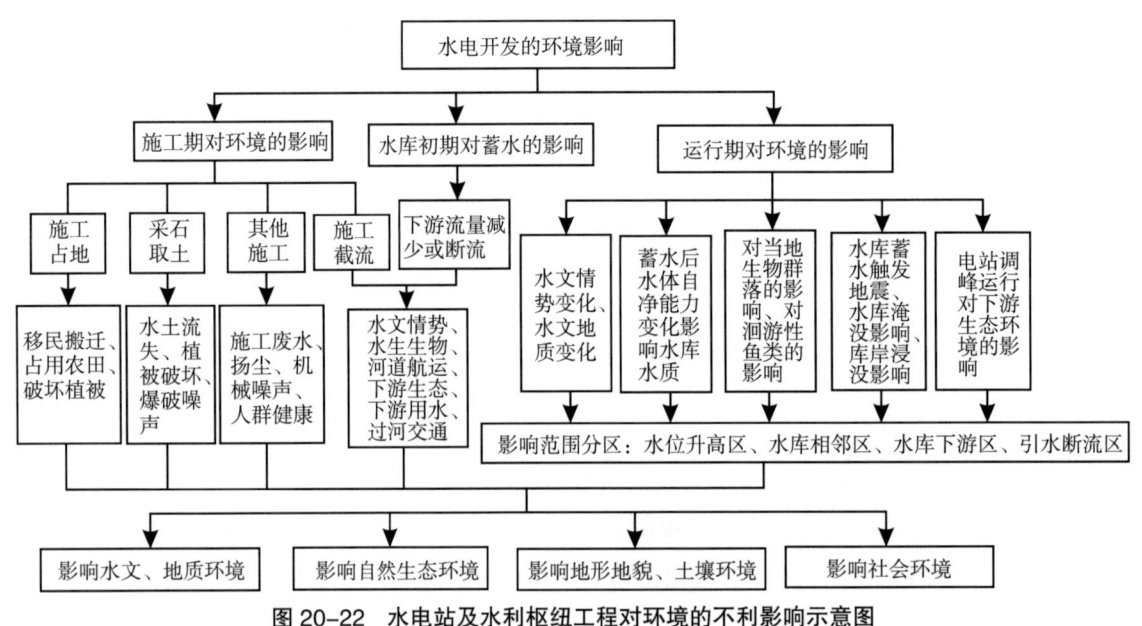

图 20-22　水电站及水利枢纽工程对环境的不利影响示意图

资料来源：中国电气工程大典编辑委员会：《中国电气工程大典·第5卷》，中国电力出版社，2009，第33页。

表 20-51　关于水库触发地震的情况调查

国家	河流	水库	蓄水年[1]	库容/km³	最大水深/m	地震时间/年	震级
印度	柯伊纳	柯伊纳	1961	2.8	100	1967	7.9
希腊	阿赫洛斯	克列马斯塔	1965	4.8	120	1966	6.3
希腊	克利克里奥季科斯	卡斯特拉基奥	1969	1.0	100	1969	6.3
中国	新丰江	新丰江	1961	13.9	105	1961	6.1
美国	费捷尔	奥罗维尔	1968	4.4	204	1975	5.7
澳大利亚	哇拉加姆巴	哇拉加姆巴	1960	2.0	104	1973	5.4
加纳	伏尔塔	阿科索姆鲍	1964—1967	165.0	109	1964	5.3
巴西	里乌格兰德	波尔托	1973	1.5	50	1974	5.1
巴西	里乌格兰德	伏尔塔	1973	2.3	31	1974	5.1
新西兰	乌阿伊塔基	别恩莫尔	1963—1966	2.0	96	1968	5.0
澳大利亚	埃乌库姆别涅	埃乌库姆别涅	1958	4.8	106	1959	5.0
美国	科罗拉多	米德	1935—1936	36.7	191	1940	5.0
法国	德拉克	莫捷伊纳尔	1962	0.3	125	1963	4.9
南斯拉夫	德里纳	巴伊纳巴什塔	1965—1966	0.3	80	1967	4.8

资料来源：中国电气工程大典编辑委员会：《中国电气工程大典·第5卷》，中国电力出版社，2010，第35页。

注：[1] 蓄水年指蓄水到正常水位的年份。

随着生态文明建设的深入发展，一些国家在进行水电开发时引入绿色发展、可持续发展理念。比如，瑞士开发出绿色水电环境管理矩阵（表 20-52），对水电开发建设进行规范化管理。国际水电协会（IHA）于 2004 年发布《水电可持续性指南》，2006 年发布《水电可持续性评价规范》，2010 年对后者进行完善，形成一套水电可持续性评价规则（表 20-53）。

表 20-52　瑞士绿色水电环境管理矩阵

环境范畴	管理范畴				
	最小流量管理	调峰	水库管理	河流泥沙管理	水电站设计
水文特征	依照天然水流的季节变化和多样性	确保水流较慢，以使水生生物迁移到更安全的地方；最大限度地降低温度效应	保证水库仅在大流量时段安排泄水	保持最小流量，在自然情况下能够进行泥沙输移、河床淤积和冲刷过程	包括高速水流突然下泄的控制系统在任何时候都能满足最小流量的技术措施
河流系统连通性	确保河流与地下水和两侧支流的连通性并允许鱼类迁移	避免水生生物在主河道之外搁浅	允许坝上游聚集的天然鱼类随水流通过	确保侧向入流的连通作用	确保上游、下游通畅，最好设立旁通鱼道
泥沙与河流形态	保持河床的天然结构，维持固体颗粒、泥沙等物体的输移	—	避免水库泄水期间在河流尾水区过分淤积或冲刷	保持必要的推移质泥沙到达尾水区，避免河床冲刷，使典型的地形得以发育	为泥沙输送设计优化堰，使尾水区的推移质泥沙水平维持平衡
景观与生境	维持水力特性，保护已有的洪泛平原	保留河流特定的景观特征，允许安全的娱乐活动	保留需要保护的栖息地；对候鸟给予特别关注	允许足够的推移质泥沙进入下游，以保护典型的河流景观	避免在保护区修建任何新建筑，对鱼道进行优化，使之成为亲水生物的替代栖息地
生物群落	保护生物多样性和土著鱼类的自我繁殖；确保温度特性和水体的稀释能力接近天然水平	将对生物多样性的长期破坏降至最低程度；保持土著鱼类的年龄分布；防止生物体发生不可逆漂移；保持栖息地多样性	为利于重要鱼类繁殖，将泄水计划安排在关键季节以外；确保珍稀和濒危物种不会因水库泄水而消失	确保典型的河道栖息地能够形成	确保野生物种不与水电站内装置、机械等发生有害接触

资料来源：李菊根主编《水力发电实用手册》，中国电力出版社，2014，第 255 页。

表 20-53　IHA 水电可持续性评价主题设置

ES- 前期阶段	P- 项目准备	I- 项目实施	O- 项目运行
ES-1 必要性论证	P-1 沟通与协商	I-1 沟通与协商	O-1 沟通与协商
ES-2 方案评估	P-2 管理机制	I-2 管理机制	O-2 管理机制
ES-3 政策与规划	P-3 必要性论证和战略符合性	I-3 环境和社会问题管理	O-3 环境和社会问题管理
ES-4 政治风险	P-4 选址和设计	I-4 项目综合管理	O-4 水文资源
ES-5 机构能力	P-5 环境和社会影响评价及管理	I-5 设施安全	O-5 资产可靠性和效率
ES-6 技术风险	P-6 项目综合管理	I-6 财务生存能力	O-6 设施安全
ES-7 社会风险	P-7 水文资源	I-7 项目效益	O-7 财务生存能力
ES-8 环境风险	P-8 设施安全	I-8 采购	O-8 项目效益
ES-9 经济和财务风险	P-9 财务生存能力	I-9 项目影响社区及生计	O-9 项目影响社区及生计
—	P-10 项目效益	I-10 移民	O-10 移民
—	P-11 经济生存能力	I-11 土著居民（少数民族）	O-11 土著居民（少数民族）
—	P-12 采购	I-12 劳工和工作条件	O-12 劳工和工作条件
—	P-13 项目影响社区及生计	I-13 文化遗产	O-13 文化遗产
—	P-14 移民	I-14 公众健康	O-14 公众健康
—	P-15 土著居民（少数民族）	I-15 生物多样性和入侵物种	O-15 生物多样性和入侵物种
—	P-16 劳工和工作条件	I-16 泥沙冲刷和淤积	O-16 泥沙冲刷和淤积
—	P-17 文化遗产	I-17 水质	O-17 水质
—	P-18 公众健康	I-18 废弃物、噪声和空气质量	O-18 库区管理
—	P-19 生物多样性和入侵物种	I-19 水库蓄水	O-19 下游水文情势
—	P-20 泥沙冲刷和淤积	I-20 下游水文情势	—
—	P-21 水质	—	—
—	P-22 水库规划	—	—
—	P-23 下游水文情势	—	—

资料来源：李菊根主编《水力发电实用手册》，中国电力出版社，2014，第 258-259 页。

中国于 1979 年出台《中华人民共和国环境保护法（试行）》，1998 年国务院发布《建设项目环境保护管理条例》，2003 年又实施《中华人民共和国环境影响评价法》，使包括水电项目在内的建设项目

环境影响评价与管理制度日趋完善。此外，中国不断加强电力节能降耗政策、制度建设（图 20-23），
煤电消耗不断下降（图 20-24）。

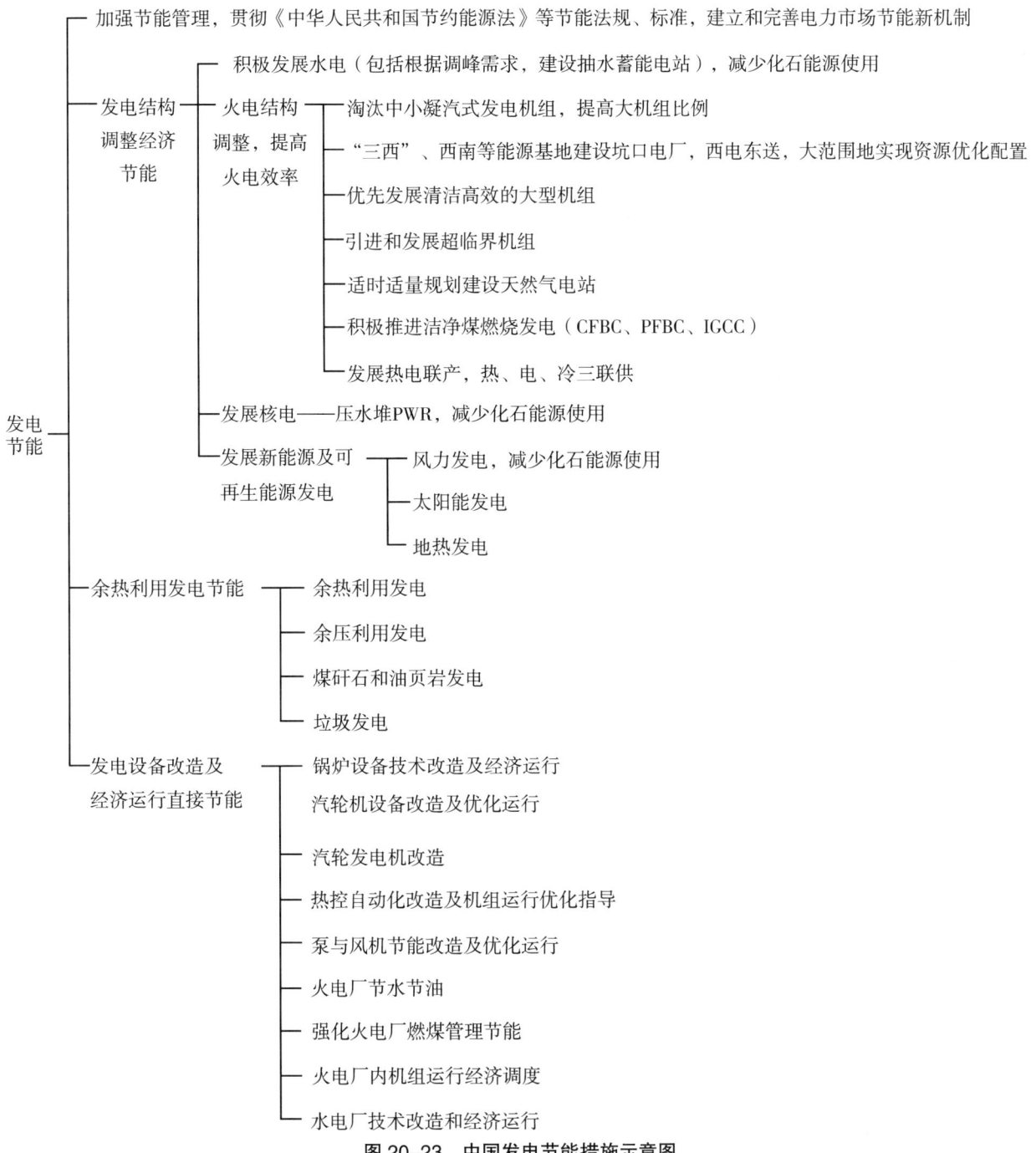

图 20-23　中国发电节能措施示意图

资料来源: 贵州电力试验研究院、华北电力科学研究院有限责任公司:《发电节能手册》,中国电力出版社,2005,第 32 页。

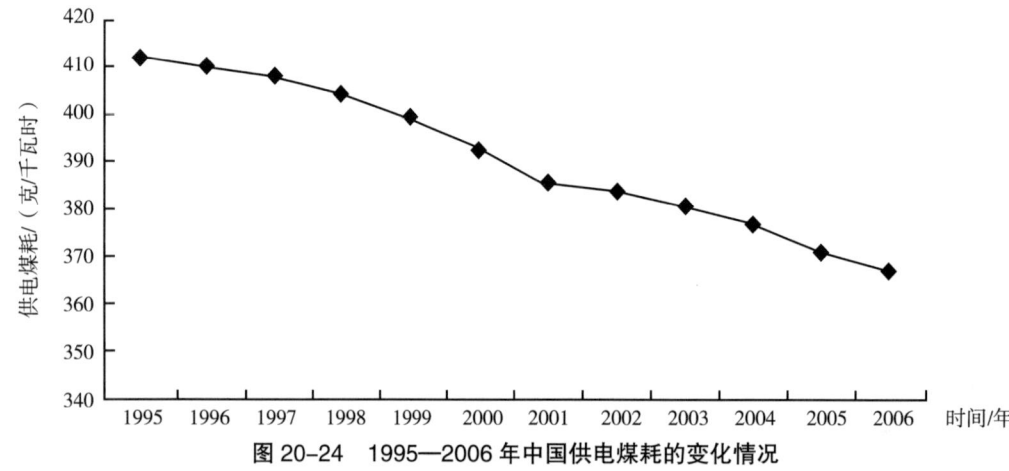

图 20-24　1995—2006 年中国供电煤耗的变化情况

资料来源: 崔民选主编《中国能源发展报告（2008）》, 社会科学文献出版社, 2008, 第 243 页。

四、应对气候变化政策

（一）全球气候变化情况

威尔森和汉森等人应用全球大量气象站观测资料, 得出结论: 全球平均气温 1880—1940 年升高 0.5℃, 1940—1965 年降低 0.2℃, 1965—1993 年又升高 0.5℃。2007 年, 联合国政府间气候变化专门委员会在巴黎发表《全球气候变化报告》。该报告得出的主要结论: 地球的气温在过去 100 年上升了 0.74℃, 主要的变暖阶段是最近 50 年; 同时, 未来 20 年地球的气温还会以每 10 年 0.2℃ 的速度上升。[1]

气温变化导致地球表面冰雪融化等诸多生态灾难。科学家调查发现: 世界各地近 30 条冰川, 在 1980—1999 年平均每年退缩 0.3 米; 自 2000 年起, 退缩速度提升至平均每年 0.37 米; 2006 年平均退缩达 1.5 米。联合国环境规划署 2008 年 3 月 16 日报告指出, 由于全球气候变化, 冰川正在以较快的速度融化, 许多冰川可能在数十年内消失。[2]

（二）全球气候变化原因

是什么导致全球气候变化? 迄今还没有确切的证据。但科学家普遍认为, 全球气候变化是 100 多年来人类大量开采使用煤炭、石油等化石能源, 排放出大量温室气体导致的。全球的温室气体排放涉及的领域及其占比（平均百分比）如下: 发电占 25%, 交通运输占 15%, 工业占 15%, 建筑占 8%, 土地利用（森林砍伐）占 18%, 农业占 14%, 废弃物和其他能源占 5%。[3]

人类活动所产生的温室气体主要包括二氧化碳（CO_2）、甲烷（CH_4）、氧化亚氮（N_2O）、氢氟碳化物（HFCs）、全氟化碳（PFCs）和六氟化硫（SF_6）等（表 20-54）。其中 CO_2 产生的增温效应占所有温

---

[1] 尼尔·阿杰、普拉莫德·阿加尔沃:《全球气候变化报告: 气候变化的影响、适应和脆弱性——为政府间气候变化专门委员会所作的第四次评估报告》, 纪伟国译,《国外社会科学文摘》2007 年第 6 期。

[2] 刘传庚等:《中国能源低碳之路》, 中国经济出版社, 2011, 第 3 页。

[3] S.L. 蒙哥马利:《全球能源大趋势》, 宋阳、姜文波译, 机械工业出版社, 2012, 第 283 页。

室气体总增温效应的 63%，并且在大气中的存留期最长可达到 200 年，因而最受关注。[①]

表 20-54　温室气体的种类和特征

种类	增温效应 /%	在大气中的寿命 / 年
CO_2	63	$52 \sim 200$
CH_4	15	$12 \sim 17$
N_2O	e[1]	120
HFCs	e[2]	13.3
PFCs	11	50 000
SF_6 及其他	7	—

资料来源: 秦大河等总主编《中国气候与环境演变·上卷》，科学出版社，2005，第 36 页。

注: [1][2] 原著中 N_2O 和 HFCs 两者没有单独的增温效应数据，合计数为 4%。

对历史做进一步追溯可以发现，自 19 世纪中叶以来，人类活动所排放的 CO_2 达到 11 663 亿吨以上。截至 2007 年，美国累积排放 CO_2 最多，共计 3 391.74 亿吨，占世界 CO_2 排放总量的 28.75%；随后依次为中国（占 8.98%）、俄罗斯（占 8.03%）、德国（6.88%）和英国（5.83%）（表 20-55）。以人均历史累积排放 CO_2 来看，英国约为 11.27 亿吨 / 人，美国约为 11.26 亿吨 / 人；中国人均水平只有 0.8 亿吨，约为英国、美国人均水平的 7%。从定量分析可以看出，历史上对全球 CO_2 排放量贡献最大的国家是美国；八国集团共计达 59.93%。因此，在对待全球变暖应当承担的历史责任的问题上，许多人主张在发达国家和发展中国家之间应当遵循"共同但有区别的责任"的原则。

表 20-55　部分发达国家和发展中国家对全球变暖的不同责任

国家或组织机构	1850—2007 年累积 CO_2 排放量 / 百万吨	占世界份额 /%	全球排名 / 位	人均历史累积 CO_2 排放量 /（百万吨 / 人）	全球排名 / 位	2030 年预期 CO_2 排放量 / 百万吨	
						2030 年	2007 年
美国	339 174.0	28.75	1	1 125.7	3	6 176	5 986
英国	68 763.4	5.83	6	1 127.2	2	—	—
德国	81 194.5	6.88	5	987.0	6	—	—
法国	32 666.6	2.77	8	527.4	23	—	—
日本	45 629.1	3.87	7	357.1	36	1 085	1 262
澳大利亚	13 108.5	1.11	15	622.1	15	546	495
中国	105 915.4	8.98	3	80.4	89	11 945	6 284
俄罗斯	94 678.7[1]	8.03	4	666.3	10	1 715	1 663
南非	13 133.6	1.11	14	274.5	47	—	—
印度	28 824.4	2.44	9	25.6	123	2 079	1 399

[①] 秦大河等总主编《中国气候与环境演变·上卷》，科学出版社，2005，第 36 页。

续表

国家或组织机构	1850—2007 年累积 CO_2 排放量 / 百万吨	占世界份额 /%	全球排名 / 位	人均历史累积 CO_2 排放量 /（百万吨 / 人）	全球排名 / 位	2030 年预期 CO_2 排放量 / 百万吨	
						2030 年	2007 年
巴西	9 836.6	0.83	22	51.7	101	682	394
八国集团	707 091.6	59.93	—	813.9	—	—	—
小岛屿国家联盟	4 360.3	0.37	—	93.9	—	—	—
附件一国家	870 019.9	73.74	—	685.5	—	14 909	15 052
非附件国家	296 302.1	25.11	—	56.2	—	24 358	14 639

资料来源：杨洁勉等：《体系改组与规范重建：中国参与解决全球性问题对策研究》，上海人民出版社，2012，第 211 页。

注：[1] 此数据为当时的俄国、苏俄、苏联以及后来的俄罗斯的全部数据。

与此同时，也应当看到，随着发展中国家工业化进程的加快，其消耗的能源也越来越多，CO_2 的排放量也越来越大。据有关统计，2014 年，以发展中国家为主的亚太地区排放 CO_2 共计 168.17 亿吨，占世界 CO_2 排放总量的比例达到 47.4%；以发展中国家为主的拉丁美洲、中东和非洲地区共计 49.09 亿吨，占世界 CO_2 排放总量的 13.8%；以发达国家为主的北美洲、欧洲及欧亚大陆共计 137.73 亿吨，占世界 CO_2 排放总量的 38.8%（表 20-56）。2014 年，中国 CO_2 排放量为 101.84 亿吨，超过美国，是排放 CO_2 最多的国家；印度、俄罗斯 CO_2 的排放量也分别达到 20.88 亿吨和 16.57 亿吨，分别排在世界第三位和第四位。

表 20-56　2014 年世界各国及地区 CO_2 排放量

单位：百万吨

国家 / 地区	CO_2 排放量
北美洲	7 115.0
美国	5 994.6
加拿大	620.5
墨西哥	499.9
拉丁美洲	1 486.7
阿根廷	199.4
巴西	581.7
智利	88.0
哥伦比亚	84.3
厄瓜多尔	38.5
秘鲁	50.9
特立尼达和多巴哥	51.5
委内瑞拉	182.1
拉丁美洲其他地区	210.3
欧洲及欧亚大陆	6 657.7

续表　　　　　　　　　　　　　　　　　　　　　　　　　　　　　　　　　　单位：百万吨

国家／地区	CO_2 排放量
奥地利	65.9
阿塞拜疆	33.5
白俄罗斯	76.7
比利时	138.1
保加利亚	42.8
捷克	107.5
丹麦	40.6
芬兰	47.7
法国	347.5
德国	798.6
希腊	74.8
匈牙利	45.0
爱尔兰	36.8
意大利	347.1
哈萨克斯坦	188.6
立陶宛	14.1
荷兰	225.2
挪威	44.2
波兰	316.8
葡萄牙	53.0
罗马尼亚	75.4
俄罗斯	1 657.2
斯洛伐克	32.0
西班牙	285.7
瑞典	54.0
瑞士	39.3
土耳其	348.5
土库曼斯坦	78.1
乌克兰	243.3
英国	470.8
乌兹别克斯坦	120.5

续表   单位：百万吨

国家 / 地区	CO$_2$ 排放量
欧洲及欧亚大陆其他地区	208.4
中东	2 227.8
伊朗	650.4
以色列	74.2
科威特	110.6
卡塔尔	125.8
沙特阿拉伯	665.0
阿拉伯联合酋长国	273.2
中东其他地区	328.6
非洲	1 194.8
阿尔及利亚	135.1
埃及	223.2
南非	452.2
非洲其他地区	384.3
亚太地区	16 817.0
澳大利亚	374.9
孟加拉国	71.5
中国	10 183.9
印度	2 088.0
印度尼西亚	548.7
日本	1 343.1
马来西亚	257.7
新西兰	38.2
巴基斯坦	177.4
菲律宾	97.9
新加坡	226.1
韩国	768.3
泰国	346.9
越南	154.6
亚太其他地区	139.8
全球合计	35 499.0

资料来源：王伟光、郑国光主编《应对气候变化报告（2015）——巴黎的新起点和新希望》，社会科学文献出版社，2015，第309-311页。

（三）全球行动

为应对气候变化，世界气象组织和联合国环境规划署于 1988 年成立了政府间气候变化专门委员会。1992 年，在里约热内卢召开联合国环境与发展大会，世界各国领导签署《联合国气候变化框架公约》，目的是使"大气中温室气体的浓度稳定在一个应当防止危险的人类行为干扰气候系统的水平"[①]。1997 年 12 月，《联合国气候变化框架公约》第三次缔约方大会在日本京都召开，大会通过定量减排 CO_2 的《京都议定书》，《京都议定书》对发达国家 CO_2 排放限制或削减承诺做出规定。《京都议定书》是一种建立在自愿和灵活的基础上的承诺，具有重大意义，它是人类历史上第一个为发达国家单方面规定减少温室气体排放具体义务的文件，是对《联合国气候变化框架公约》的重要补充，是推动可持续发展、保护全球环境所取得的重要进展。[②]

此后，围绕应对全球气候变化，一系列国际活动相继开展并取得了一批重要成果（表 20-57）。其中，《京都议定书》于 2005 年正式生效。英国政府于 2008 年通过世界上首部应对气候变化的法律——《气候变化法案》。

表 20-57 应对气候变化的国际活动及主要成果

时间	重要事件	主要成果
1992 年	联合国环境与发展大会（里约热内卢）	通过可持续发展行动纲领《21 世纪议程》，签署《联合国气候变化框架公约》和《生物多样性公约》，成立联合国可持续发展委员会
1996 年	日内瓦第二次缔约方大会	通过《日内瓦宣言》，赞同政府间气候变化专门委员会第二次评估报告的结论，呼吁发达国家制定具有法律约束力的限排目标和做出实质性的排放量削减
1997 年	京都第三次缔约方大会	通过《京都议定书》，为附件一缔约方规定具有法律约束力和时间表的减排义务，并引入 ET（排放贸易）、JI（联合履约）和 CDM（清洁发展机制）
2001 年	美国宣布拒绝批准《京都议定书》	《京都议定书》生效面临重大威胁
2001 年	第六次缔约方大会续会	达成《波恩政治协议》，挽救了《京都议定书》
2004 年	布宜诺斯艾利斯第十次缔约方大会	达成继续展开减缓全球变暖非正式会谈的决议，但在关键议题的谈判上没有显著进展，也没有得到美国的实际承诺
2005 年	《京都议定书》正式生效	后京都谈判在 2005 年底前开始
2007 年	IPCC 第四次科学评估报告发表	进一步肯定人类活动是近 50 年全球变暖的主要原因，气候变化已经对许多自然和生物系统产生可辨别的影响，证实可持续发展与减排之间并不矛盾
2007 年	巴厘第十三次缔约方大会	通过"巴厘路线图"，重新强调包括美国在内的所有发达国家缔约方都要履行可测量、可报告、可核实的温室气体减排责任，要求缔约方应于 2009 年达成 2012 年《京都议定书》第一阶段到期后的全球减排协议

① 布拉德布鲁克、奥汀格主编《能源法与可持续发展》，曹明德、邵方、王圣礼译，法律出版社，2005，第 33 页。
② 涂逢祥主编《建筑节能·44》，中国建筑工业出版社，2005，第 6 页。

续表

时间	重要事件	主要成果
2008 年	波兹南第十四次缔约方大会	确定长期气候合作框架，制订出详尽的工作计划，赋予"适应基金"独立的法人资格
2009 年	意大利八国峰会	宣布把工业革命以来的气温升幅控制在 2 ℃以下，到 2050 年将全球温室气体排放量至少减少 50%，发达国家排放总量减少 80% 以上的目标
2009 年	联合国气候变化峰会	旨在为年底的哥本哈根气候变迁会议奠基。中国国家主席胡锦涛提出显著降低碳强度和携手应对气候变化等主张
2009 年	哥本哈根第十五次缔约方大会	提出无国际法约束力的"附注"形式的《哥本哈根协议》
2010 年	坎昆第十六次缔约方大会	达成《坎昆协议》，明确世界各国共同努力把全球变暖控制在 1.5～2 ℃之间；发达国家承诺到 2020 年根据 1990 年的基准，减排温室气体 25%～40%；设立"绿色气候基金"
2011 年	德班第十七次缔约方大会	《京都议定书》二期得以延续；启动新的谈判进程——"德班增强行动平台"，授权从 2012 年起就 2020 年后包括所有缔约方的全球减排框架进行谈判

资料来源：杨洁勉等：《体系改组与规范重建：中国参与解决全球性问题对策研究》，上海人民出版社，2012，第 197-199 页。

在制定《京都议定书》后，美国作为当时世界上最大的温室气体排放国，也是历史上排放 CO_2 最多的国家，美国联邦政府虽然批准了更为一般性的《联合国气候变化框架公约》，却没有批准已签署的《京都议定书》，因而也就没有履行该协议规定的法律义务。[1] 美国反对批准《京都议定书》的主要原因是：执行该议定书的规定会对美国经济尤其是在与没有降低排放义务的发展中国家竞争方面产生不利影响；那些"坚持拒不参加"《京都议定书》的国家声称，其担心在不受监督的市场中实行此强制性规定会带来负面的经济影响；在证明人类活动和增加 CO_2 排放是引起全球变暖的主要原因方面，一些政策制定者对有关的科学证据的数量设定了很高的标准。[2]

2009 年哥本哈根大会和 2010 年坎昆大会后，部分发达国家提出了 2020 年及 2050 年各自的 CO_2 中长期减排目标（表 20-58）。其中，美国政府提出的减排指标是：2020 年减排 17%，2025 年减排 30%，2030 年减排 30%，2050 年减排 83%（在 2005 年基础上）。但是，从 1990 年以来的 CO_2 排放趋势看，美国的排放量一直处于增长态势，虽然受经济增长放缓影响，2007 年后略有下降，但要完成提出的自 2005 年起减排 17% 的目标并不容易。在应对气候变化问题上，美国国内各州的态度不一。2010 年 6 月 30 日，亚利桑那州宣布不参加西部气候倡议的 2012 年 1 月 1 日实施的限额与排放贸易。美国芝加哥交易所于 2011 年 1 月 31 日停止碳交易。2011 年 5 月 31 日，美国新泽西州宣布自 2011 年 12

[1] 托梅因、卡达希：《美国能源法》，万少廷译，张利宾审校，法律出版社，2008，第 207 页。
[2] 同上。

月 31 日开始退出区域温室气体倡议。[1]

表 20-58　部分发达国家和地区提出的 2020 年及 2050 年 CO_2 减排目标

国家/地区	2020 年 CO_2 减排目标	折算成 1990 年基年目标	2050 年 CO_2 减排目标	是否包括 LULUCF[1]
欧盟	20%～30%，基于 1990 年	−20%～−30%	80%～95%，基于 1990 年	20%目标不包括，30%目标包括
美国	17%，基于 2005 年	−4%	83%，基于 2005 年	是
澳大利亚	5%～25%，基于 2000 年	+13%～−11%	60%，基于 2000 年	是
加拿大	17%，基于 2005 年	+3%	60%～70%，基于 2006 年	是
日本	25%，基于 1990 年	−25%	60%～80%，基于 2005 年	是
新西兰	10%～20%，基于 1990 年	−10%～−20%	50%	是
德国	40%，基于 1990 年	−40%	80%～95%	是
挪威	30%～40%，基于 1990 年	−30%～−40%	100%	是
瑞士	20%～30%，基于 1990 年	−20%～−30%	80%	是
英国	34%，基于 1990 年	−34%	80%	是
俄罗斯	15%～25%，基于 1990 年	−15%～−25%	50%	是

资料来源：王伟光、郑国光主编《应对气候变化报告（2011）——德班的困境与中国的战略选择》，社会科学文献出版社，2011，第 26-27 页。

注：[1] LULUCF 是指土地利用、土地利用变化与林业导致的排放。

① 王伟光、郑国光主编《应对气候变化报告（2011）——德班的困境与中国的战略选择》，社会科学文献出版社，2011，第 27-28 页。

参考文献

[1] 司马迁. 史记 [M]. 北京：中华书局，2000.

[2] 范晔. 后汉书 [M]. 李贤，等注. 北京：中华书局，2000.

[3] 王斐. 山海经译注 [M]. 上海：上海三联书店，2014.

[4] 郦道元. 水经注校证 [M]. 陈桥驿，校证. 北京：中华书局，2013.

[5]《梦溪笔谈选注》注释组. 梦溪笔谈选注 [M]. 上海：上海古籍出版社，1978.

[6] 宋应星. 天工开物译注 [M]. 潘吉星，译注. 上海：上海古籍出版社，2013.

[7] 郑天挺，吴泽，杨志玖，等. 中国历史大辞典：音序本 [M]. 上海：上海辞书出版社，2007.

[8] 李进尧，吴晓煜，卢本珊. 中国古代金属矿和煤矿开采工程技术史 [M]. 太原：山西教育出版社，2007.

[9] 黄慰文，贾兰坡，安志敏，等. 中国历史的童年 [M]. 北京：中华书局，1982.

[10] 涂光炽. 地学思想史 [M]. 长沙：湖南教育出版社，2007.

[11] 右江民族博物馆. 亚洲人类智慧之光：百色旧石器考古探秘之旅 [M]. 桂林：广西师范大学出版社，2012.

[12] 董崇山. 困局与突破：人类能源总危机及其出路 [M]. 北京：人民出版社，2006.

[13] 王仁湘. 往古的滋味：中国饮食的历史与文化 [M]. 济南：山东画报出版社，2006.

[14] 张美媛. 能源春秋 [M]. 北京：石油工业出版社，2003.

[15] 史仲文，胡晓林. 中国全史：经济卷 [M]. 北京：中国书籍出版社，2011.

[16] 马平. 能源纵横 [M]. 北京：化学工业出版社，2009.

[17] 张卫良. 现代工业的起源：英国原工业与工业化 [M]. 北京：光明日报出版社，2009.

[18] 陆敬严，华觉明. 中国科学技术史：机械卷 [M]. 北京：科学出版社，2000.

[19] 罗运俊，何梓年，王长贵．太阳能利用技术 [M]．北京：化学工业出版社，2005.

[20] 李代广．风与风能 [M]．北京：化学工业出版社，2009.

[21] 周幸，李晓蕾．博物馆的性格 [M]．北京：石油工业出版社，2007.

[22] 原鲲，王希麟．风能概论 [M]．北京：化学工业出版社，2010.

[23]《青少年科普图书馆文库》编委会．世界之最全纪录 [M]．上海：上海科学普及出版社，2011.

[24]《地球之最》编委会．地球之最 [M]．长春：吉林出版集团有限责任公司，2007.

[25] 中国电气工程大典编辑委员会．中国电气工程大典：第 7 卷 可再生能源发电工程 [M]．北京：中国电力出版社，2010.

[26] 尹忠东，朱永强．可再生能源发电技术 [M]．北京：中国水利水电出版社，2010.

[27] 褚同金．海洋能资源开发利用 [M]．北京：化学工业出版社，2005.

[28] 何选明．煤化学 [M]．2 版．北京：冶金工业出版社，2010.

[29] 雷仲敏，杜铭华，等．中国煤炭期货品种开发研究 [M]．北京：中国金融出版社，2007.

[30] 刘振宇．中国之最：军事科技·体育艺术 [M]．北京：京华出版社，2007.

[31] 方行，经君健，魏金玉．中国经济通史：清 [M]．2 版．北京：经济日报出版社，2007.

[32] 肖钢，马丽．黑色的金子：煤炭开发、利用与前景 [M]．北京：化学工业出版社，2009.

[33] 漆侠．中国经济通史：宋 [M]．2 版．北京：经济日报出版社，2007.

[34] 白寿彝，陈振．中国通史：第 7 卷（上）中古时代 五代辽宋 夏金时期 [M]．修订本．上海：上海人民出版社，2004.

[35] 刘振宇．世界之最：军事航天·科学技术 [M]．北京：京华出版社，2007.

[36] 张星烺．中西交通史料汇编：第 3 册 [M]．朱杰勤，校订．北京：中华书局，1978.

[37] 刘祚昌，光仁洪，韩承文．世界通史：近代卷 [M]．北京：人民出版社，2004 年.

[38] 国家自然科学基金委员会工程与材料科学部．矿产资源科学与工程 [M]．北京：科学出版社，2006.

[39] 王才良，周珊．世界石油大事记 [M]．北京：石油工业出版社，2008.

[40] 李德生，罗群．石油：人类文明社会的血液 [M]．北京：清华大学出版社，2002.

[41] 徐建山，等．石油的轨迹：几个重要石油问题的探索 [M]．北京：石油工业

出版社，2012.

[42] 陆刚. 在科学的入口处：30 位能源科学家的贡献 [M]. 武汉：湖北少年儿
童出版社，2008.

[43] 班固. 汉书 [M]. 北京：中华书局，2000 年.

[44] 王进玉. 中国少数民族科学技术史丛书：化学与化工卷 [M]. 南宁：广西科
学技术出版社，2003.

[45] 石宝珩. 石油史研究辑录 [M]. 北京：地质出版社，2003.

[46] 李延寿. 北史 [M]. 北京：中华书局，2000.

[47] 史为乐. 中国历史地名大辞典：上 [M]. 北京：中国社会科学出版社，
2005.

[48] 吴熙敬. 中国近现代技术史：上 [M]. 北京：科学出版社，2000.

[49] 冯孝庭. 天然气：宝贵的财富 [M]. 北京：化学工业出版社，2004.

[50] 庞名立. 天然气百科辞典 [M]. 北京：中国石化出版社，2007.

[51] 徐文渊，蒋长安. 天然气利用手册 [M]. 2 版. 北京：中国石化出版社，
2006.

[52] 白寿彝，高敏，安作璋. 中国通史：第 4 卷（上）中古时代 秦汉时期 [M].
修订本. 上海：上海人民出版社，2004.

[53] 刘昫，等. 旧唐书 [M]. 北京：中华书局，2000.

[54] 杜尚明，胡光灿，李景明，等. 天然气资源勘探 [M]. 北京：石油工业出版
社，2004.

[55] 李方正. 能源世界 [M]. 长春：吉林出版集团有限责任公司，2009.

[56] 张美，鞠长猛. 现代世界的引擎：工业革命 [M]. 长春：长春出版社，2010.

[57] 马克垚. 世界文明史 [M]. 北京：北京大学出版社，2004.

[58] 张国刚. 中国社会历史评论：第 4 卷 [M]. 北京：商务印书馆，2002.

[59] 韩毅，等. 美国经济史：17 ～ 19 世纪 [M]. 北京：社会科学文献出版社，
2011.

[60] 艾周昌. 南非现代化研究 [M]. 上海：华东师范大学出版社，2000.

[61] 刘平养. 经济增长的自然资本约束与解约束 [M]. 上海：复旦大学出版社，
2011.

[62] 王革华，等. 能源与可持续发展 [M]. 北京：化学工业出版社，2005.

[63] 陈宝森，王荣军，罗振兴. 当代美国经济 [M]. 北京：社会科学文献出版社，
2011.

[64] 顾为东. 中国风电产业发展新战略与风电非并网理论 [M]. 北京：化学工业
出版社，2006.

[65] 姚晓华. 世界之最 [M]. 北京：光明日报出版社，2004.

[66] 肖创英. 欧美风电发展的经验与启示 [M]. 北京：中国电力出版社，2010.

[67] 张正华，李陵岚，叶楚平，等. 有机太阳电池与塑料太阳电池 [M]. 北京：化学工业出版社，2006.

[68] 孙晓光，王新北，左艳飞. 太阳能在建设领域推广与应用 [M]. 北京：中国建筑工业出版社，2009.

[69] 刘时彬. 地热资源及其开发利用和保护 [M]. 北京：化学工业出版社，2005.

[70] 孙晓光，林豹，王新北. 地源热泵工程技术与管理 [M]. 北京：中国建筑工业出版社，2009.

[71] 张旭，等. 热泵技术 [M]. 北京：化学工业出版社，2007.

[72] 刘锋. 石油枯竭的后天 [M]. 北京：东方出版社，2009.

[73] 王珏. 世界经济通史·中卷：经济现代化进程 [M]. 北京：高等教育出版社，2005.

[74] 刘会远，李蕾蕾. 德国工业旅游与工业遗产保护 [M]. 北京：商务印书馆，2007.

[75] 马胜利. 比利时 [M]. 北京：社会科学文献出版社，2004.

[76] 陶惠芬. 俄国近代改革史 [M]. 北京：中国社会科学出版社，2007.

[77] 贺永德. 现代煤化工技术手册 [M]. 北京：化学工业出版社，2004.

[78] 陈歆文. 中国近代化学工业史：1860—1949 [M]. 北京：化学工业出版社，2006.

[79] 许世森，张东亮，任永强. 大规模煤气化技术 [M]. 北京：化学工业出版社，2006.

[80] 吴友法，黄正柏. 德国资本主义发展史 [M]. 武汉：武汉大学出版社，2000.

[81] 张鸣林. 中国煤的洁净利用：兼论兖矿煤化工产业发展 [M]. 北京：化学工业出版社，2007.

[82] 高德步. 英国的工业革命与工业化：制度变迁与劳动力转移 [M]. 北京：中国人民大学出版社，2006.

[83] 萧一山. 清代通史：四 [M]. 上海：华东师范大学出版社，2006.

[84] 严中平. 中国近代经济史：1840—1894（下册）[M]. 北京：经济管理出版社，2007.

[85] 李新，李宗一. 中华民国史：第二卷（1912—1916）（上册）[M]. 北京：中华书局，2011.

[86] 朱汉国，杨群. 中华民国史：第3册 [M]. 成都：四川人民出版社，2006.

[87] 夏征农. 辞海：1999年版缩印本 [M]. 上海：上海辞书出版社，2002.

[88] 熊亚平. 铁路与华北乡村社会变迁: 1880—1937 [M]. 北京: 人民出版社, 2011.

[89] 许涤新, 吴承明. 中国资本主义发展史·第2卷: 旧民主主义革命时期的中国资本主义 [M]. 北京: 人民出版社, 2003.

[90] 刘逖. 前近代中国总量经济研究: 1600—1840 兼论安格斯·麦迪森对明清GDP的估算 [M]. 上海: 上海人民出版社, 2010.

[91] 张建新. 能源与当代国际关系 [M]. 上海: 上海人民出版社, 2014.

[92] 中国科学院油气资源领域战略研究组. 中国至2050年油气资源科技发展路线图 [M]. 北京: 科学出版社, 2010.

[93] 白寿彝, 龚书铎. 中国通史: 第11卷(上)近代前编1840—1919[M]. 修订本. 上海: 上海人民出版社, 2004.

[94] 白寿彝, 龚书铎. 中国通史: 第11卷(下)近代前编1840—1919[M]. 修订本. 上海: 上海人民出版社, 2004.

[95] 朱汉国, 杨群. 中华民国史: 第10册 [M]. 成都: 四川人民出版社, 2006.

[96] 闫林. 后半桶石油: 全球经济战略重组 [M]. 北京: 化学工业出版社, 2007.

[97] 冯向法. 甲醇·氨和新能源经济 [M]. 北京: 化学工业出版社, 2010.

[98] 徐淑玲, 尹芳华. 走进石化 [M]. 北京: 化学工业出版社, 2008.

[99] 张志前, 涂俊. 国际油价谁主沉浮 [M]. 北京: 中国经济出版社, 2009.

[100] 谢石敏. 世界经济大战: 列强称霸之路对中国经济的启示 [M]. 北京: 中国发展出版社, 2013.

[101] 李树藩, 王德林. 最新各国概况 [M]. 5版. 长春: 长春出版社, 2005.

[102] 张铁伟. 伊朗 [M]. 北京: 社会科学文献出版社, 2005.

[103] 张隆高, 张晖, 张农. 美国企业史 [M]. 沈阳: 东北财经大学出版社, 2005.

[104] 孙健, 王宇宙. 每天读点金融史Ⅱ: 影响世界的金融巨头 [M]. 北京: 新世界出版社, 2008.

[105] 钱学文, 等. 中东、里海油气与中国能源安全战略 [M]. 北京: 时事出版社, 2007.

[106] 袁新华. 俄罗斯的能源战略与外交 [M]. 上海: 上海人民出版社, 2007.

[107] 上海社会科学院世界经济与政治研究院. 能源问题与国际安全 [M]. 北京: 时事出版社, 2009.

[108] 任皓. 看不见的战线: 能源争夺背后的信息博弈 [M]. 北京: 石油工业出版社, 2011.

[109] 汪朝光. 中华民国史: 第四卷(1920—1924)[M]. 北京: 中华书局, 2011.

[110] 赵匡华. 中国化学史: 近现代卷 [M]. 南宁: 广西教育出版社, 2003.

［111］王滨.大众技术史［M］.上海：上海科学普及出版社，2008.

［112］白寿彝，史念海.中国通史：第6卷（上）中古时代 隋唐时期［M］.修订本.上海：上海人民出版社，2004.

［113］白寿彝，王毓铨.中国通史：第9卷（上）中古时代 明时期［M］.修订本.上海：上海人民出版社，2004.

［114］白寿彝，周远廉，孙文良.中国通史：第10卷（上）中古时代 清时期［M］.修订本.上海：上海人民出版社，2004.

［115］戴念祖.电和磁的历史［M］.长沙：湖南教育出版社，2002.

［116］杨苹.无垠的电世界［M］.北京：机械工业出版社，2008.

［117］卢晓江.自然科学史十二讲［M］.北京：中国轻工业出版社，2007.

［118］杜宝贵，张淑岭.从静电学研究到高压输电［M］.北京：北京出版社，2016.

［119］吴国盛.科学的历程［M］.2版.北京：北京大学出版社，2002.

［120］余志森.美国通史：第4卷 崛起和扩张的年代1898—1929［M］.北京：人民出版社，2005.

［121］国家电力监管委员会.南美洲、亚洲、非洲各国电力市场化改革［M］.北京：中国水利水电出版社，2006.

［122］吕宁.工业革命的科技奇迹［M］.北京：北京工业大学出版社，2014.

［123］陈明华.当代菲律宾经济［M］.昆明：云南大学出版社，1999.

［124］中国电气工程大典编辑委员会.中国电气工程大典：第5卷 水力发电工程［M］.北京：中国电力出版社，2010.

［125］中国电气工程大典编辑委员会.中国电气工程大典：第8卷 电力系统工程［M］.北京：中国电力出版社，2010.

［126］林太.印度通史［M］.上海：上海社会科学院出版社，2012.

［127］汪玉林.垃圾发电技术及工程实例［M］.北京：化学工业出版社，2003.

［128］周渝慧.智能电网：21世纪国际能源新战略［M］.北京：清华大学出版社，2009.

［129］吕银春，周俊南.巴西［M］.北京：社会科学文献出版社，2004.

［130］刘文龙.墨西哥通史［M］.上海：上海社会科学院出版社，2008.

［131］《第三世界石油斗争》编写组.第三世界石油斗争［M］.北京：生活·读书·新知三联书店，1981.

［132］方朝亮，刘克雨.世界石油工业关键技术现状与发展趋势［M］.北京：石油工业出版社，2006.

［133］倪小明，苏现波，张小东.煤层气开发地质学［M］.北京：化学工业出版社，2010.

[134] 王桧林，郭大钧，鲁振祥．中国通史：第12卷（上）近代后编1919—1949 [M]．修订本．上海：上海人民出版社，2004．

[135] 本书编委员．能源词典 [M]．2版．北京：中国石化出版社，2005．

[136] 中国21世纪议程管理中心，北京师范大学．全球格局下的中国油气资源安全 [M]．北京：社会科学文献出版社，2012．

[137] 董江．百科园博览 [M]．北京：新华出版社，2007．

[138] 邵建平，杨祥章．文莱概论 [M]．广州：世界图书出版广东有限公司，2012．

[139] 李涛，陈丙先．菲律宾概论 [M]．广州：世界图书出版广东有限公司，2012．

[140] 陈晖，熊韬．泰国概论 [M]．广州：世界图书出版广东有限公司，2012．

[141] 褚葆一．经济大辞典：世界经济卷 [M]．上海：上海辞书出版社，1985．

[142] 余开祥．西欧各国经济 [M]．上海：复旦大学出版社，1987．

[143] 王鹤．丹麦 [M]．北京：社会科学文献出版社，2006．

[144] 王能全．石油与当代国际经济政治 [M]．北京：时事出版社，1993．

[145] 张小冲，张学军．走进拉丁美洲 [M]．北京：人民出版社，2005．

[146] 李春辉，苏振兴，徐世澄．拉丁美洲史稿：下卷 [M]．北京：商务印书馆，1993．

[147] 张颖，宋晓平．厄瓜多尔 [M]．北京：社会科学文献出版社，2007．

[148] 王晓燕．智利 [M]．北京：社会科学文献出版社，2004．

[149] 潘蓓英．利比亚 [M]．北京：社会科学文献出版社，2007．

[150] 刘海方．安哥拉 [M]．北京：社会科学文献出版社，2006．

[151] 安春英．加蓬 [M]．北京：社会科学文献出版社，2005．

[152] 杨灏城，许林根．埃及 [M]．北京：社会科学文献出版社，2006．

[153] 刘鸿武，姜恒昆．苏丹 [M]．北京：社会科学文献出版社，2008．

[154] 张建球，钱桂华，郭念发．澳大利亚大型沉积盆地与油气成藏 [M]．北京：石油工业出版社，2008．

[155] 张天．澳洲史 [M]．北京：社会科学文献出版社，1996．

[156] 张伟．全球资源分布与配置 [M]．北京：人民出版社，2011．

[157] 魏一鸣，等．中国石油天然气工业上游技术政策研究报告 [M]．北京：科学出版社，2006．

[158] 崔守军．能源大冲突：能源失序下的大国权力变迁 [M]．北京：石油工业出版社，2013．

[159] 李干佐，郑利强，徐桂英．石油开采中的胶体化学 [M]．北京：化学工业出版社，2008．

[160] 高培基，许平．资源环境微生物技术 [M]．北京：化学工业出版社，2004．

[161] 刘振武，方朝亮，王同良．高新技术在石油工业中的应用展望 [M]．北京：

石油工业出版社，2003.

[162] 张廷山，徐山，等.石油微生物采油技术 [M].北京：化学工业出版社，
2009.

[163] 钱伯章.石油和天然气技术与应用 [M].北京：科学出版社，2010.

[164] 邢颖春.国内外炼油装置技术现状与进展 [M].北京：石油工业出版社，
2006.

[165] 王海彦，陈文艺.石油加工工艺学 [M].北京：中国石化出版社，2009.

[166] 中国石油和石化工程研究会.炼油设备工程师手册 [M].2版.北京：中国
石化出版社，2010.

[167] 沈本贤.石油炼制工艺学 [M].北京：中国石化出版社，2009.

[168] 洪定一.炼油与石化工业技术进展 [M].北京：中国石化出版社，2009.

[169] 安钢.乙烯及其部分衍生物工业基础 [M].北京：化学工业出版社，2008.

[170] 中国银行总管理处，北京经济学院《六国经济统计》编写小组.六国经济
统计：1950—1973 [M].北京：中国财政经济出版社，1975.

[171] 王天普.石油化工清洁生产与环境保护技术进展 [M].北京：中国石化出版
社，2006.

[172] 黄晓勇.世界能源发展报告（2013）[M].北京：社会科学文献出版社，
2013.

[173] 沈顺根.资源海洋 [M].2版.北京：海潮出版社，2012.

[174] 田松柏.原油及加工科技进展 [M].北京：中国石化出版社，2006.

[175] 李方正.自然资源 [M].长春：吉林出版集团有限责任公司，2007.

[176] 王金明，王新民.世界资源之最 [M].北京：中国社会出版社，2004.

[177] 马延德.海洋工程装备 [M].北京：清华大学出版社，2013.

[178] 田德文.挪威 [M].北京：社会科学文献出版社，2007.

[179] 赖向军，戴林.石油与天然气：机遇与挑战 [M].北京：化学工业出版社，
2005.

[180] 雷宗友.探秘海洋 [M].武汉：湖北科学技术出版社，2013.

[181] 吴晓明.通向大国之路的中国能源发展战略 [M].北京：人民日报出版社，
2009.

[182] 王震，等.中国与全球油气资源重点区域合作研究 [M].北京：经济科学出
版社，2014.

[183] 中国石油和石化工程研究会.油页岩和页岩油 [M].北京：中国石化出版社，
2009.

[184] 周戟.传输力量的能源 [M].上海：上海科学技术文献出版社，2005.

[185] 李赞忠，乌云.煤液化生产技术 [M].北京：化学工业出版社，2009.

[186] 付长亮，张爱民．现代煤化工生产技术［M］．北京：化学工业出版社，2009．

[187] 唐宏青．现代煤化工新技术［M］．北京：化学工业出版社，2009．

[188] 姚强，等．洁净煤技术［M］．北京：化学工业出版社，2005．

[189] 徐耀武，徐振刚．煤化工手册：中煤煤化工技术与工程［M］．北京：化学工业出版社，2013．

[190] 陈鹏．中国煤炭性质、分类和利用［M］．北京：化学工业出版社，2001．

[191] 陈雪枫．中国无烟煤利用技术［M］．北京：化学工业出版社，2005．

[192] 郭树才．煤化工工艺学［M］．2版．北京：化学工业出版社，2006．

[193] 陈赓良，王开岳，等．天然气综合利用［M］．北京：石油工业出版社，2004．

[194] 李昌珠，蒋丽娟，程树棋．生物柴油：绿色能源［M］．北京：化学工业出版社，2005．

[195] 曹湘洪，史济春．生物燃料与可持续发展［M］．北京：中国石化出版社，2007．

[196] 吴谋成．生物柴油［M］．北京：化学工业出版社，2008．

[197] 程备久．生物质能学［M］．北京：化学工业出版社，2008．

[198] 付玉杰，祖元刚．生物柴油［M］．北京：科学出版社，2006．

[199] 崔心存．乙醇燃料与生物柴油［M］．北京：中国石化出版社，2009．

[200] 黄凤洪．生物柴油制造技术［M］．北京：化学工业出版社，2009．

[201] 李放，卜凡鹏．巴西："美洲豹"的腾飞［M］．北京：民主与建设出版社，2013．

[202] 国家可再生能源中心．国际可再生能源发展报告（2012）［M］．北京：中国经济出版社，2013．

[203] 港华投资有限公司，中国城市燃气协会．天然气置换手册［M］．北京：中国建筑工业出版社，2006．

[204] 冯孝庭．天然气：宝贵的财富［M］．北京：化学工业出版社，2004．

[205]《当代中国石油工业》编委会．当代中国石油工业：1986—2005 上卷［M］．北京：当代中国出版社，2008．

[206] 崔民选，王军生，陈义和．中国能源发展报告（2012）［M］．北京：社会科学文献出版社，2012．

[207] 敬加强，梁光川，蒋宏业．液化天然气技术问答［M］．北京：化学工业出版社，2007．

[208] 赵秀雯，于力，柴建设．天然气管道安全［M］．北京：化学工业出版社，2013．

[209] 许明月，叶梅．国际陆空货物运输［M］．北京：对外经济贸易大学出版社，

2003.

[210] 齐鹏飞,杨凤城.当代中国编年史［M］.北京:人民出版社,2007.

[211] 崔民选,王军生,陈义和.天然气战争:低碳语境下全球能源财富大转移［M］.北京:石油工业出版社,2010.

[212] 樊栓狮,徐文东,解东来.天然气利用新技术［M］.北京:化学工业出版社,2012.

[213] 顾安忠,鲁雪生,林文胜,等.工业气体集输新技术［M］.北京:化学工业出版社,2006.

[214] 钟智翔,等.缅甸概论［M］.广州:世界图书出版广东有限公司,2012.

[215] 中国汽车技术研究中心,日产(中国)投资有限公司,东风汽车有限公司.中国新能源汽车产业发展报告(2013)［M］.北京:社会科学文献出版社,2013.

[216] 魏顺安.天然气化工工艺学［M］.北京:化学工业出版社,2009.

[217] 胡杰,朱博超,王建明.天然气化工技术及利用［M］.北京:化学工业出版社,2006.

[218] 张永胜.世界能源形势分析［M］.北京:经济科学出版社,2010.

[219] 林伯强.2012中国能源发展报告［M］.北京:北京大学出版社,2012.

[220]《世界能源中国展望》课题组.世界能源中国展望:2013—2014［M］.北京:社会科学文献出版社,2013.

[221] 黄平,倪峰.美国问题研究报告(2013):构建中美新型大国关系［M］.北京:社会科学文献出版社,2013.

[222] 樊栓狮.天然气水合物储存与运输技术［M］.北京:化学工业出版社,2005.

[223] 杨木壮,王明君,吕万军.南海西北陆坡天然气水合物成矿条件研究［M］.北京:气象出版社,2008.

[224] 张国宝.中国能源发展报告(2010)［M］.北京:经济科学出版社,2010.

[225] 申明新.中国炼焦煤的资源与利用［M］.北京:化学工业出版社,2007.

[226] 倪维斗,等.大辞海:能源科学卷［M］.上海:上海辞书出版社,2013.

[227] 吴占松,马润田,赵满成,等.煤炭清洁有效利用技术［M］.北京:化学工业出版社,2007.

[228] 高晋生.煤的热解、炼焦和煤焦油加工［M］.北京:化学工业出版社,2010.

[229] 孟淑贤.各国概况:大洋洲［M］.北京:世界知识出版社,1997.

[230] 沈永兴,张秋生,高国荣.澳大利亚［M］.北京:社会科学文献出版社,2003.

[231] 孙士海, 葛维钧. 印度 [M]. 2 版. 北京: 社会科学文献出版社, 2010.

[232] 顾俊礼. 德国 [M]. 北京: 社会科学文献出版社, 2007.

[233] 赵常庆. 哈萨克斯坦 [M]. 北京: 社会科学文献出版社, 2004.

[234] 杨立华. 南非 [M]. 北京: 社会科学文献出版社, 2010.

[235] 徐宝华. 哥伦比亚 [M]. 2 版. 北京: 社会科学文献出版社, 2010.

[236] 王学锋, 陆琪, 马修军. 国际物流地理 [M]. 上海: 上海交通大学出版社, 2005.

[237] 向英温, 杨先林. 煤的综合利用基本知识问答 [M]. 北京: 冶金工业出版社, 2002.

[238] 徐振刚, 步学朋. 煤炭气化知识问答 [M]. 北京: 化学工业出版社, 2008.

[239] 李玉林, 胡瑞生, 白雅琴. 煤化工基础 [M]. 北京: 化学工业出版社, 2006.

[240] 周凤起, 周大地. 中国中长期能源战略 [M]. 北京: 中国计划出版社, 1999.

[241] 高福烨. 燃气制造工艺学 [M]. 北京: 中国建筑工业出版社, 1995.

[242] 张长森, 等. 煤矸石资源化综合利用新技术 [M]. 北京: 化学工业出版社, 2008.

[243] 魏德洲, 朱一民, 李晓安. 生物技术在矿物加工中的应用 [M]. 北京: 冶金工业出版社, 2008.

[244] 王龙贵. 煤炭的微生物转化与利用 [M]. 北京: 化学工业出版社, 2006.

[245] 纪成君. 中国煤炭产业经济研究 [M]. 北京: 经济管理出版社, 2008.

[246]《新中国煤炭工业》编辑委员会. 新中国煤炭工业 [M]. 北京: 海洋出版社, 2007.

[247] 郭智渊, 苏玉娟. 转型创新: 中国煤炭企业发展的理论与策略 [M]. 北京: 人民出版社, 2011.

[248] 当代中国研究所. 中华人民共和国史稿·第 2 卷 1956—1966 [M]. 北京: 人民出版社, 2012.

[249] 朱训. 中国矿情: 第 1 卷 总论 能源矿产 [M]. 北京: 科学出版社, 1999.

[250] 岳福斌, 崔涛. 中国煤炭工业发展报告 (2013): 完善煤炭产业政策 [M]. 北京: 社会科学文献出版社, 2013.

[251] 林伯强. 中国能源发展报告 (2008) [M]. 北京: 中国财政经济出版社, 2008.

[252] 崔民选. 中国能源发展报告 (2010) [M]. 北京: 社会科学文献出版社, 2010.

[253] 岳福斌. 中国煤炭工业发展报告 (2009): 加快推进煤炭企业并购重组 [M].

北京：社会科学文献出版社，2009.

[254] 黄晓勇．世界能源发展报告（2014）[M]．北京：社会科学文献出版社，2014.

[255] 陈文敏，杨金和，詹隆．煤矿废弃物综合利用技术 [M]．北京：化学工业出版社，2011.

[256] 中国工程院．20 世纪我国重大工程技术成就 [M]．广州：暨南大学出版社，2002.

[257] 王文良，俞亚克．当代泰国经济 [M]．昆明：云南大学出版社，1997.

[258] 俞亚克．当代印度尼西亚经济 [M]．昆明：云南大学出版社，2000.

[259] 王士录．当代柬埔寨经济 [M]．昆明：云南大学出版社，1999.

[260] 张敏．西班牙 [M]．北京：社会科学文献出版社，2007.

[261] 国家电力监管委员会市场监管部．电力市场与监管：电力监管机构能力建设文集 [M]．北京：水利水电出版社，2007.

[262] 王振华，陈志瑞，李靖堃．爱尔兰 [M]．北京：社会科学文献出版社，2007.

[263] 刘军．加拿大 [M]．北京：社会科学文献出版社，2005.

[264] 宋晓平．阿根廷 [M]．北京：社会科学文献出版社，2005.

[265] 白凤森．秘鲁 [M]．北京：社会科学文献出版社，2006.

[266] 徐世澄．古巴 [M]．北京：社会科学文献出版社，2003.

[267] 贺双荣．乌拉圭 [M]．北京：社会科学文献出版社，2005.

[268] 李放，卜凡鹏．南非："黄金之国"的崛起 [M]．北京：民主与建设出版社，2013.

[269] 叶兴增．南非 [M]．重庆：重庆出版社，2004.

[270] 李广一．赤道几内亚 几内亚比绍 圣多美和普林西比 佛得角 [M]．北京：社会科学文献出版社，2007.

[271] 安娜．走向未来的现代工业 [M]．北京：北京工业大学出版社，2012.

[272] 中国电气工程大典编辑委员会．中国电气工程大典：第 4 卷 火力发电工程 [M]．北京：中国电力出版社，2009.

[273] 章名耀，等．洁净煤发电技术及工程应用 [M]．北京：化学工业出版社，2010.

[274]《中国水利百科全书》编辑委员会，中国水利水电出版社．中国水利百科全书 [M]．2 版．北京：中国水利水电出版社，2006.

[275] 刘建平．通向更高的文明：水电资源开发多维透视 [M]．北京：人民出版社，2008.

[276] 李菊根．水力发电实用手册 [M]．北京：中国电力出版社，2014.

［277］陈宗舜. 大坝·河流［M］. 北京：化学工业出版社，2009.

［278］朴光姬. 日本的能源［M］. 北京：经济科学出版社，2008.

［279］马树洪. 当代老挝经济［M］. 昆明：云南大学出版社，2000.

［280］郝勇，黄勇，覃海伦. 老挝概论［M］. 广州：世界图书出版广东有限公司，2012.

［281］卢军，郑军军，钟楠. 柬埔寨概论［M］. 广州：世界图书出版广东有限公司，2012.

［282］兰强，徐方宇，李华杰. 越南概论［M］. 广州：世界图书出版广东有限公司，2012.

［283］田禾，周方冶. 泰国［M］. 北京：社会科学文献出版社，2009.

［284］陈明华. 当代缅甸经济［M］. 昆明：云南大学出版社，1997.

［285］任丁秋，杨解朴，等. 瑞士［M］. 北京：社会科学文献出版社，2012.

［286］杨会军. 美国［M］. 北京：社会科学文献出版社，2004.

［287］张象，车效梅. 刚果［M］. 北京：社会科学文献出版社，2005.

［288］吴清和. 几内亚［M］. 北京：社会科学文献出版社，2005.

［289］李智彪. 刚果民主共和国［M］. 北京：社会科学文献出版社，2004.

［290］钟伟云. 埃塞俄比亚 厄立特里亚［M］. 北京：社会科学文献出版社，2006.

［291］王素华. 新西兰社会与文化［M］. 武汉：武汉大学出版社，2007.

［292］王章辉. 新西兰［M］. 北京：社会科学文献出版社，2006.

［293］韩锋，赵江林. 巴布亚新几内亚［M］. 北京：社会科学文献出版社，2012.

［294］夏征农，陈至立. 大辞海：建筑水利卷［M］. 上海：上海辞书出版社，2011.

［295］郭豫斌. 图说20世纪［M］. 石家庄：花山文艺出版社，2006.

［296］北京大陆桥文化传媒. 科学传奇：都市的智能工程［M］. 上海：上海科学技术文献出版社，2006.

［297］张晓东，杜云贵，郑永刚. 核能及新能源发电技术［M］. 北京：中国电力出版社，2008.

［298］苏旭. 核和辐射突发事件处置［M］. 北京：人民卫生出版社，2013.

［299］周志伟. 新型核能技术：概念、应用与前景［M］. 北京：化学工业出版社，2010.

［300］李代广. 走近核能［M］. 北京：化学工业出版社，2009.

［301］马栩泉. 核能开发与应用［M］. 北京：化学工业出版社，2005.

［302］李丽. 时空向度的现代探索［M］. 重庆：重庆出版社，2006.

［303］何能. 核知识读本［M］. 北京：经济日报出版社，2011.

［304］《中国大百科全书》普及版编委会.芝麻开门：地质卷［M］.北京：中国大
　　　　百科全书出版社，2013.

［305］刘洪涛，等.人类生存发展与核科学［M］.北京：北京大学出版社，2001.

［306］于仁芬，缪宝书.核能：无穷的能源［M］.北京：清华大学出版社，2002.

［307］徐原，陈刚.世界原子能法律解析与编译［M］.北京：法律出版社，2011.

［308］阎政.美国核法律与国家能源政策［M］.北京：北京大学出版社，2006.

［309］智趣信息技术有限公司.核能［M］.北京：电子工业出版社，2008.

［310］中国电气工程大典编辑委员会.中国电气工程大典：第6卷 核能发电工程
　　　　［M］.北京：中国电力出版社，2009.

［311］翁史烈.话说核能［M］.南宁：广西教育出版社，2013.

［312］齐家才.福布斯：世界100位最具影响力的女性［M］.天津：天津社会科
　　　　学院出版社，2005.

［313］李慎明，张宇燕.全球政治与安全报告（2014）［M］.北京：社会科学文献
　　　　出版社，2014.

［314］李慎明，张宇燕.全球政治与安全报告（2016）［M］.北京：社会科学文献
　　　　出版社，2015.

［315］张芝联.法国通史［M］.北京：北京大学出版社，2009.

［316］陈勇.中国能源与可持续发展［M］.北京：科学出版社，2007.

［317］苏山.海洋开发技术知识入门［M］.北京：北京工业大学出版社，2013.

［318］张捷.资源角逐：世界资源版图争夺战［M］.太原：山西人民出版社，
　　　　2010.

［319］国家技术前瞻研究组.中国技术前瞻报告（2004）：能源、资源环境和先进
　　　　制造［M］.北京：科学技术文献出版社，2005.

［320］刘振亚.智能电网知识读本［M］.北京：中国电力出版社，2010.

［321］林伯强.2010中国能源发展报告［M］.北京：清华大学出版社，2010.

［322］肖立业.中国战略性新兴产业研究与发展：智能电网［M］.北京：机械工
　　　　业出版社，2013.

［323］沈辉，曾祖勤.太阳能光伏发电技术［M］.北京：化学工业出版社，2005.

［324］钱伯章.生物乙醇与生物丁醇及生物柴油技术与应用［M］.北京：科学出
　　　　版社，2010.

［325］韩铁英.日本［M］.北京：社会科学文献出版社，2011.

［326］宋金莲，赵慧，林珊，等.太阳能发电原理与应用［M］.北京：人民邮电
　　　　出版社，2007.

［327］张兴，曹仁贤，等.太阳能光伏并网发电及其逆变控制［M］.北京：机械
　　　　工业出版社，2010.

[328] 王长贵，王斯成.太阳能光伏发电实用技术［M］.2版.北京：化学工业出版社，2009.

[329] 刘长滨，等.太阳能建筑应用的政策与市场运行模式［M］.北京：中国建筑工业出版社，2007.

[330] 中国可再生能源发展战略研究项目组.中国可再生能源发展战略研究丛书：太阳能卷［M］.北京：中国电力出版社，2008.

[331] 中国可再生能源发展战略研究项目组.中国可再生能源发展战略研究丛书：生物质能卷［M］.北京：中国电力出版社，2008.

[332] 李传统.新能源与可再生能源技术［M］.南京：东南大学出版社，2005.

[333] 张希良.风能开发利用［M］.北京：化学工业出版社，2005.

[334] 王承煦，张源.风力发电［M］.北京：中国电力出版社，2003.

[335] 国家可再生能源中心.中国可再生能源产业发展报告：2013［M］.北京：中国经济出版社，2014.

[336] 中国电力科学研究院生物质能研究室.生物质能及其发电技术［M］.北京：中国电力出版社，2008.

[337] 吴佳梁，李成锋.海上风力发电技术［M］.北京：化学工业出版社，2010.

[338] 刘万琨，等.风能与风力发电技术［M］.北京：化学工业出版社，2007.

[339] 肖波，周英彪，李建芬.生物质能循环经济技术［M］.北京：化学工业出版社，2006.

[340] 陈杰瑢.环境工程技术手册［M］.北京：科学出版社，2008.

[341] 北京市市政市容管理委员会.垃圾的故事［M］.北京：北京出版社，2014.

[342] 周冯琦.上海新能源产业生存环境（2011）［M］.上海：学林出版社，2011.

[343] 张以祥，曹湘洪，史济春.燃料乙醇与车用乙醇汽油［M］.北京：中国石化出版社，2004.

[344] 李春辉，苏振兴，徐世澄.拉丁美洲史稿：上卷［M］.北京：商务印书馆，1993.

[345] 刘铁男.燃料乙醇与中国［M］.北京：经济科学出版社，2004.

[346] 崔凯.中国生物质产业地图［M］.北京：中国轻工业出版社，2007.

[347] 张军，李小春，等.国际能源战略与新能源技术进展［M］.北京：科学出版社，2008.

[348] 张全国.沼气技术及其应用［M］.北京：化学工业出版社，2005.

[349] 姚向君，王革华，田宜水.国外生物质能的政策与实践［M］.北京：化学工业出版社，2006.

[350] 李海滨，袁振宏，马晓茜，等.现代生物质能利用技术［M］.北京：化学工业出版社，2012.

［351］袁振宏，吴创之，马隆龙，等．生物质能利用原理与技术［M］.北京：化学
　　　工业出版社，2005．

［351］汪集暘，马伟斌，龚宇烈，等．地热利用技术［M］.北京：化学工业出版社，
　　　2004．

［353］蔡义汉．地热直接利用［M］.天津：天津大学出版社，2004．

［354］翁史烈．话说地热能与可燃冰［M］.南宁：广西教育出版社，2013．

［355］翁史烈．话说氢能［M］.南宁：广西教育出版社，2013．

［356］朱家玲，等．地热能开发与应用技术［M］.北京：化学工业出版社，2006．

［357］马最良，吕悦．地源热泵系统设计与应用［M］，北京：机械工业出版社，
　　　2007．

［358］李允武．海洋能源开发［M］.北京：海洋出版社，2008．

［359］李代广．氢能与氢能汽车［M］.北京：化学工业出版社，2009．

［360］毛宗强．氢能：21世纪的绿色能源［M］.北京：化学工业出版社，2005．

［361］毛宗强．无碳能源：太阳氢［M］.北京：化学工业出版社，2010．

［362］严陆光，陈俊武．中国能源可持续发展若干重大问题研究［M］.北京：科学
　　　出版社，2007．

［363］李星国，苏伟，周理．氢与氢能［M］.北京：机械工业出版社，2012．

［364］孙艳，苏伟，周理．氢燃料［M］.北京：化学工业出版社，2005．

［365］吴宇平，张汉平，吴锋，等．绿色电源材料［M］.北京：化学工业出版社，
　　　2008．

［366］胡信国，等．动力电池技术与应用［M］.北京：化学工业出版社，2009．

［367］唐有根．镍氢电池［M］.北京：化学工业出版社，2007．

［368］王恒国，段潜，李艳辉，等．锂离子电池与无机纳米电极材料［M］.北京：
　　　化学工业出版社，2016．

［369］黄镇江．燃料电池及其应用［M］.刘凤君，改编.北京：电子工业出版社，
　　　2005．

［370］隋智通，等．燃料电池及其应用［M］.北京：冶金工业出版社，2004．

［371］衣宝廉．燃料电池：高效、环境友好的发电方式［M］.北京：化学工业出版社，
　　　2000．

［372］黄倬，等．质子交换膜燃料电池的研究开发与应用［M］.北京：冶金工业出
　　　版社，2000．

［373］王震坡，贾永轩．电动汽车蓝图［M］.北京：机械工业出版社，2010．

［374］吴基安，吴洋．新能源汽车知识读本［M］.北京：人民邮电出版社，2009．

［375］刘光富，胡冬雪．绿色技术预见理论与方法：以新能源汽车为对象［M］.
　　　北京：化学工业出版社，2009．

[376] 李红辉.新能源汽车及锂离子动力电池产业研究 [M].北京：中国经济出版社，2013.

[377] 中国汽车技术研究中心，日产（中国）投资有限公司，东风汽车有限公司.中国新能源汽车产业发展报告（2015）[M].北京：社会科学文献出版社，2015.

[378] 钱伯章.新能源汽车与新型蓄能电池及热电转换技术[M].北京：科学出版社，2010.

[379] 钱伯章.新能源：后石油时代的必然选择 [M].北京：化学工业出版社，2007.

[380] 国务院发展研究中心产业经济研究部，中国汽车工程学会，大众汽车集团（中国）.中国汽车产业发展报告（2009）[M].北京：社会科学文献出版社，2009.

[381] 郎为民.特斯拉：改变世界的汽车 [M].北京：人民邮电出版社，2015.

[382] 杨雪忆.通用击败特斯拉：电动车领域正在发生着什么？[J].世界科学，2016（4）：47-54.

[383] 朱绍中，余卓平，陈翌，等.汽车简史 [M].上海：同济大学出版社，2008.

[384] 熊云，徐小明，刘信阳.清洁燃料基础及应用 [M].北京：中国石化出版社，2005.

[385] 马伯文.清洁燃料生产技术 [M].北京：中国石化出版社，2001.

[386] 肖寒.探索微观世界的精灵：细菌与人类 [M].上海：上海科学普及出版社，2012.

[387] 王黎，姜彬慧.环境生物燃料电池理论技术与应用 [M].北京：科学出版社，2010.

[388] 余胜海.能源战争 [M].北京：北京大学出版社，2012.

[389] 夏征农，陈至立.大辞海：世界历史卷 [M].上海：上海辞书出版社，2011.

[390] 赵庆寺.国际合作与中国能源外交：理论、机制与路径 [M].北京：法律出版社，2012.

[391] 唐静松，曹荣.大国阴谋：美国独霸全球内幕 [M].广州：广东旅游出版社，2014.

[392] 程远行.海湾地区的石油斗争 [M].北京：求实出版社，1982.

[393] 许乃炯，巫宁耕，祝诚，等.帝国主义对第三世界国家的控制和剥削（统计资料）[M].北京：人民出版社，1978.

[394] 杨光.中东非洲发展报告 No.8：2004—2005 防范石油危机的国际经验[M].北京：社会科学文献出版社，2005.

[395] 中国社会科学院拉丁美洲研究所.拉美研究：追寻历史的轨迹 [M].北京：世界知识出版社，2006.

[396] 唐风.新能源战争 [M].北京：中国商业出版社，2008.

[397] 丁佩华.俄罗斯石油地位的博弈：基于 21 世纪初的分析 [M].上海：上海人民出版社，2009.

[398] 万霞.国际环境法案例评析 [M].北京：中国政法大学出版社，2011.

[399] 查道炯.中国石油安全的国际政治经济学分析 [M].北京：当代世界出版社，2005.

[400] 童媛春.石油真相 [M].北京：中国经济出版社，2009.

[401] 杨昆，孙耀唯，梁志宏.电力市场及其目标模式 [M].北京：中国电力出版社，2008.

[402] 韩水，范舜，张近珠.国外典型电网事故分析 [M].北京：中国电力出版社，2005.

[403] 韩晓平.美丽中国的能源之战 [M].北京：石油工业出版社，2014.

[404] 史丹，等.中国能源安全的新问题与新挑战 [M].北京：社会科学文献出版社，2013.

[405] 杨翠柏.国际能源法与国别能源法：上 [M].成都：巴蜀书社，2009.

[406] 杨翠柏.国际能源法与国别能源法：下 [M].成都：巴蜀书社，2009.

[407] 盛文林.人类历史上的核灾难 [M].北京：台海出版社，2011.

[408] 左凤荣.戈尔巴乔夫改革时期 [M].北京：人民出版社，2013.

[409] 黄宇，王元媛.能源和能源问题 [M].北京：化学工业出版社，2014.

[410] 韦元波，吕熹元.核患无穷？：核泄漏危机的应对之策 [M].北京：金城出版社，2011.

[411] 江华.危及人类的 100 场大灾难 [M].武汉：武汉出版社，2011.

[412] 赵毅，王卓昆，等.电力环境保护技术 [M].北京：中国电力出版社，2007.

[413] 王灵梅.煤炭能源工业生态学 [M].北京：化学工业出版社，2006.

[414] 林灿铃.国际环境法 [M].修订版.北京：人民出版社，2011.

[415] 蓝方勇，金腊华，吴小明.火力发电工程环境影响评价 [M].北京：化学工业出版社，2006.

[416] 国家环境保护总局环境影响评价管理司.水利水电开发项目生态环境保护研究与实践 [M].北京：中国环境科学出版社，2006.

[417] 王亚华.反坝，还是建坝？：国际反坝运动反思与我国公共政策调整 [J].中国软科学，2005(8)：33-39.

[418] 杨泽伟.国际法析论 [M].2 版.北京：中国人民大学出版社，2007.

[419] 林卫斌，方敏．能源管理体制比较与研究［M］．北京：商务印书馆，2013.

[420] 王继军，赵大为．电煤市场法律问题研究［M］．北京：法律出版社，2012.

[421] 王锡桐．自然资源开发利用中的经济问题［M］．北京：科学技术文献出版社，1992.

[422] 赵伟明，等．中东核扩散与国际核不扩散机制研究［M］．北京：时事出版社，2012.

[423] 尹晓亮．战后日本能源政策［M］．北京：社会科学文献出版社，2011.

[424] 吴延璆．日本史［M］．天津：南开大学出版社，1994.

[425] 彭世济，冯为民．中国煤炭工业四十年：庆贺我国原煤产量超过10亿吨［M］．北京：煤炭工业出版社，1990.

[426] 李晓西．中国传统能源产业市场化进程研究报告［M］．北京：北京师范大学出版社，2013.

[427] 于立宏．能源资源替代战略研究［M］．北京：中国时代经济出版社，2008.

[428] 刘建平．中国电力产业政策与产业发展［M］．北京：中国电力出版社，2006.

[429] 国家电力监管委员会．欧洲、澳洲电力市场［M］．北京：中国电力出版社，2005.

[430] 谭荣尧，赵国宏，等．中国能源监管探索与实践［M］．北京：人民出版社，2016.

[431] 薛进军，赵忠秀．中国低碳经济发展报告（2013）［M］．北京：社会科学文献出版社，2013.

[432] 徐伟．中国地源热泵发展研究报告（2008）［M］．北京：中国建筑工业出版社，2008.

[433] 中国国际税收研究会．促进节能减排税收政策研究［M］．北京：中国税务出版社，2010.

[434] 蒋兆祖．能源发展与工程咨询：1971～2003年［M］．北京：中国电力出版社，2004.

[435] 曲格平，彭近新．环境觉醒：人类环境会议和中国第一次环境保护会议［M］．北京：中国环境科学出版社，2010.

[436] 北京洲通投资技术研究所．中国新能源战略研究［M］．上海：上海远东出版社，2012.

[437] 北京节能环保服务中心．企业节能读本［M］．北京：经济日报出版社，2006.

[438] 曾祥东．能源与设备节能技术问答［M］．北京：机械工业出版社，2009.

[439] 联合国可持续发展大会中国筹委会．中华人民共和国可持续发展国家报告

［M］.北京：人民出版社，2012.

［440］肖国兴，叶荣泗.中国能源法研究报告（2009）［M］.北京：法律出版社，2010.

［441］马洪超.经济诱因型节能法律制度研究［M］.北京：人民出版社，2013.

［442］TopEnergy绿色建筑论坛.绿色建筑评估［M］.北京：中国建筑工业出版社，2007.

［443］中国建筑节能协会.中国建筑节能现状与发展报告［M］.北京：中国建筑工业出版社，2012.

［444］住房和城乡建设部科技与产业化发展中心，清华大学，中国建筑设计研究院.世界绿色建筑政策法规及评价体系（2014）［M］.北京：中国建筑工业出版社，2014.

［445］韦迎旭.绿色燃煤发电技术［M］.北京：中国电力出版社，2010.

［446］董国永.石油环保技术进展［M］.北京：石油工业出版社，2006.

［447］黄真理，吴炳方，敖良桂.三峡工程生态与环境监测系统研究［M］.北京：科学出版社，2006.

［448］刘传庚，等.中国能源低碳之路［M］.北京：中国经济出版社，2011.

［449］秦大河，等.中国气候与环境演变：上卷［M］.北京：科学出版社，2005.

［450］秦大河，等.中国气候与环境演变：下卷［M］.北京：科学出版社，2005.

［451］涂逢祥.建筑节能：44［M］.北京：中国建筑工业出版社，2005.

［452］王伟光，郑国光.应对气候变化报告（2011）：德班的困境与中国的战略选择［M］.北京：社会科学文献出版社，2011.

［453］《中国大百科全书》总编委会.中国大百科全书：第1卷［M］.2版.北京：中国大百科全书出版社，2009.

［454］《中国大百科全书》总编委会.中国大百科全书：第2卷［M］.2版.北京：中国大百科全书出版社，2009.

［455］《中国大百科全书》总编委会.中国大百科全书：第3卷［M］.2版.北京：中国大百科全书出版社，2009.

［456］《中国大百科全书》总编委会.中国大百科全书：第4卷［M］.2版.北京：中国大百科全书出版社，2009.

［457］《中国大百科全书》总编委会.中国大百科全书：第5卷［M］.2版.北京：中国大百科全书出版社，2009.

［458］《中国大百科全书》总编委会.中国大百科全书：第6卷［M］.2版.北京：中国大百科全书出版社，2009.

［459］《中国大百科全书》总编委会.中国大百科全书：第7卷［M］.2版.北京：中国大百科全书出版社，2009.

[460]《中国大百科全书》总编委会.中国大百科全书:第8卷[M].2版.北京:中国大百科全书出版社,2009.

[461]《中国大百科全书》总编委会.中国大百科全书:第9卷[M].2版.北京:中国大百科全书出版社,2009.

[462]《中国大百科全书》总编委会.中国大百科全书:第10卷[M].2版.北京:中国大百科全书出版社,2009.

[463]《中国大百科全书》总编委会.中国大百科全书:第11卷[M].2版.北京:中国大百科全书出版社,2009.

[464]《中国大百科全书》总编委会.中国大百科全书:第12卷[M].2版.北京:中国大百科全书出版社,2009.

[465]《中国大百科全书》总编委会.中国大百科全书:第13卷[M].2版.北京:中国大百科全书出版社,2009.

[466]《中国大百科全书》总编委会.中国大百科全书:第14卷[M].2版.北京:中国大百科全书出版社,2009.

[467]《中国大百科全书》总编委会.中国大百科全书:第15卷[M].2版.北京:中国大百科全书出版社,2009.

[468]《中国大百科全书》总编委会.中国大百科全书:第17卷[M].2版.北京:中国大百科全书出版社,2009.

[469]《中国大百科全书》总编委会.中国大百科全书:第18卷[M].2版.北京:中国大百科全书出版社,2009.

[470]《中国大百科全书》总编委会.中国大百科全书:第19卷[M].2版.北京:中国大百科全书出版社,2009.

[471]《中国大百科全书》总编委会.中国大百科全书:第20卷[M].2版.北京:中国大百科全书出版社,2009.

[472]《中国大百科全书》总编委会.中国大百科全书:第21卷[M].2版.北京:中国大百科全书出版社,2009.

[473]《中国大百科全书》总编委会.中国大百科全书:第22卷[M].2版.北京:中国大百科全书出版社,2009.

[474]《中国大百科全书》总编委会.中国大百科全书:第25卷[M].2版.北京:中国大百科全书出版社,2009.

[475]《中国大百科全书》总编委会.中国大百科全书:第26卷[M].2版.北京:中国大百科全书出版社,2009.

[476]《中国大百科全书》总编委会.中国大百科全书:第27卷[M].2版.北京:中国大百科全书出版社,2009.

[477]《中国大百科全书》总编委会.中国大百科全书:第28卷[M].2版.北京:

中国大百科全书出版社，2009.

[478]《中国大百科全书》总编委会.中国大百科全书：第29卷［M］.2版.北京：中国大百科全书出版社，2009.

[479]《中国大百科全书》总编委会.中国大百科全书：第30卷［M］.2版.北京：中国大百科全书出版社，2009.

[480] 中共中央马克思恩格斯列宁斯大林著作编译局.马克思恩格斯全集：第35卷［M］.北京：人民出版社，1971.

[481] 中共中央马克思恩格斯列宁斯大林著作编译局.列宁专题文集：论社会主义［M］.北京：人民出版社，2009.

[482] 法国拉鲁斯出版公司.拉鲁斯百科全书：第3卷［M］.拉鲁斯百科全书编译委员会，译.北京：华夏出版社，2004.

[483] 美国不列颠百科全书公司.不列颠百科全书：第1卷（国际中文版）［M］修订版.中国大百科全书出版社《不列颠百科全书》国际中文版编辑部，编译.北京：中国大百科全书出版社，2007.

[484] 美国不列颠百科全书公司.不列颠百科全书：第2卷（国际中文版）［M］修订版.中国大百科全书出版社《不列颠百科全书》国际中文版编辑部，编译.北京：中国大百科全书出版社，2007.

[485] 美国不列颠百科全书公司.不列颠百科全书：第3卷（国际中文版）［M］修订版.中国大百科全书出版社《不列颠百科全书》国际中文版编辑部，编译.北京：中国大百科全书出版社，2007.

[486] 美国不列颠百科全书公司.不列颠百科全书：第4卷（国际中文版）［M］修订版.中国大百科全书出版社《不列颠百科全书》国际中文版编辑部，编译.北京：中国大百科全书出版社，2007.

[487] 美国不列颠百科全书公司.不列颠百科全书：第5卷（国际中文版）［M］修订版.中国大百科全书出版社《不列颠百科全书》国际中文版编辑部，编译.北京：中国大百科全书出版社，2007.

[488] 美国不列颠百科全书公司.不列颠百科全书：第6卷（国际中文版）［M］修订版.中国大百科全书出版社《不列颠百科全书》国际中文版编辑部，编译.北京：中国大百科全书出版社，2007.

[489] 美国不列颠百科全书公司.不列颠百科全书：第7卷（国际中文版）［M］修订版.中国大百科全书出版社《不列颠百科全书》国际中文版编辑部，编译.北京：中国大百科全书出版社，2007.

[490] 美国不列颠百科全书公司.不列颠百科全书：第8卷（国际中文版）［M］修订版.中国大百科全书出版社《不列颠百科全书》国际中文版编辑部，编译.北京：中国大百科全书出版社，2007.

[491] 美国不列颠百科全书公司.不列颠百科全书:第9卷(国际中文版)[M]修订版.中国大百科全书出版社《不列颠百科全书》国际中文版编辑部,编译.北京:中国大百科全书出版社,2007.

[492] 美国不列颠百科全书公司.不列颠百科全书:第10卷(国际中文版)[M]修订版.中国大百科全书出版社《不列颠百科全书》国际中文版编辑部,编译.北京:中国大百科全书出版社,2007.

[493] 美国不列颠百科全书公司.不列颠百科全书:第11卷(国际中文版)[M]修订版.中国大百科全书出版社《不列颠百科全书》国际中文版编辑部,编译.北京:中国大百科全书出版社,2007.

[494] 美国不列颠百科全书公司.不列颠百科全书:第12卷(国际中文版)[M]修订版.中国大百科全书出版社《不列颠百科全书》国际中文版编辑部,编译.北京:中国大百科全书出版社,2007.

[495] 美国不列颠百科全书公司.不列颠百科全书:第13卷(国际中文版)[M]修订版.中国大百科全书出版社《不列颠百科全书》国际中文版编辑部,编译.北京:中国大百科全书出版社,2007.

[496] 美国不列颠百科全书公司.不列颠百科全书:第14卷(国际中文版)[M]修订版.中国大百科全书出版社《不列颠百科全书》国际中文版编辑部,编译.北京:中国大百科全书出版社,2007.

[497] 美国不列颠百科全书公司.不列颠百科全书:第15卷(国际中文版)[M]修订版.中国大百科全书出版社《不列颠百科全书》国际中文版编辑部,编译.北京:中国大百科全书出版社,2007.

[498] 美国不列颠百科全书公司.不列颠百科全书:第16卷(国际中文版)[M]修订版.中国大百科全书出版社《不列颠百科全书》国际中文版编辑部,编译.北京:中国大百科全书出版社,2007.

[499] 美国不列颠百科全书公司.不列颠百科全书:第17卷(国际中文版)[M]修订版.中国大百科全书出版社《不列颠百科全书》国际中文版编辑部,编译.北京:中国大百科全书出版社,2007.

[500] 美国不列颠百科全书公司.不列颠百科全书:第18卷(国际中文版)[M]修订版.中国大百科全书出版社《不列颠百科全书》国际中文版编辑部,编译.北京:中国大百科全书出版社,2007.

[501] 弗雷泽.火起源的神话[M].夏希原,译.北京:北京大学出版社,2013.

[502] 派因.火之简史[M].梅雪芹,等译.北京:生活·读书·新知三联书店,2006.

[503] 辛格,霍姆亚德,霍尔.技术史:第1卷[M].王前,孙希忠,译.上海:上海科技教育出版社,2004.

［504］辛格，霍姆亚德，霍尔.技术史：第 2 卷［M］.潜伟，译.上海：上海科技教育出版社，2004.

［505］奥菲克.第二天性：人类进化的经济起源［M］.张敦敏，译.北京：中国社会科学出版社，2004.

［506］沙林.从猿到人：人的进化史［M］.管震湖，译.北京：商务印书馆，1996.

［507］彭纳.人类的足迹：一部地球环境的历史［M］.张新，王兆润，译.北京：电子工业出版社，2013.

［508］波斯坦，米勒.剑桥欧洲经济史：第 2 卷 中世纪的贸易和工业［M］.钟和、张四齐、曼波，等译，北京：经济科学出版社，2004.

［509］蒙哥马利.全球能源大趋势［M］.宋阳，姜文波，译，北京：机械工业出版社，2012.

［510］卡梅伦，尼尔.世界经济简史：从旧石器时代到 20 世纪末［M］.4 版.潘宁，等译.上海：上海译文出版社，2009.

［511］塔巴克.太阳能和地热能：昂贵资金和技术的挑战［M］.张丽娇，译.北京：商务印书馆，2011.

［512］辛格，霍姆亚德，霍尔，等.技术史：第 3 卷［M］.高亮华，戴吾三，译.上海：上海科技教育出版社，2004.

［513］鲁普.水气火土：元素发现史话［M］.宋峻岭，译.北京：商务印书馆，2008.

［514］波罗.马可波罗游记［M］.陈开俊，戴树英，刘贞琼，等译.福州：福建科学技术出版社，1981.

［515］弗里兹.煤的历史［M］.时娜，译.北京：中信出版社，2005.

［516］默顿.十七世纪英格兰的科学、技术与社会［M］.范岱年，等译.北京：商务印书馆，2017.

［517］韦伯.经济通史［M］.姚曾廙，译.韦森，校订.上海：上海三联书店，2006.

［518］阿列克佩罗夫.俄罗斯石油：过去、现在与未来[M].石泽，何小平，译审.北京：人民出版社，2012.

［519］辛格，霍姆亚德，霍尔，等.技术史：第 5 卷［M］.远德玉，丁云龙，译.上海：上海科技教育出版社，2004.

［520］古德.康普顿百科全书：技术与经济卷［M］.吴衡康，等编译.北京：商务印书馆，2001.

［521］贝科维奇.世界能源：展望 2020 年[M].上海市政协编译工作委员会，译.上海：上海译文出版社，1983.

［522］芒图.十八世纪产业革命：英国近代大工业初期的概况［M］.杨人楩，陈希

秦，吴绪，译.北京：商务印书馆，1983.

[523] 里德利.理性乐观派：一部人类经济进步史［M］.闾佳，译.北京：机械工业出版社，2011.

[524] 本特利，齐格勒.新全球史：文明的传承与交流：第三版［M］.魏凤莲，张颖，白玉广，译.北京：北京大学出版社，2007.

[525] 休斯，凯恩.美国经济史：第八版［M］.杨宇光，吴元中，杨炯，等译.上海：格致出版社，2013.

[526] 辛格，霍姆亚德，霍尔，等.技术史：第4卷［M］.辛元欧，译.上海：上海科技教育出版社，2004.

[527] 卡斯特罗诺沃.意大利经济史：从统一到今天［M］.沈珩，译.北京：商务印书馆，2000.

[528] 牛山泉.风能技术［M］.刘薇，李岩，译.北京：科学出版社，2009.

[529] 摩根.从风车到氢燃料电池：发现替代能源［M］.周雪，译.上海：上海科学技术文献出版社，2010.

[530] 克里扎.光之力量：人类寻求驾驭太阳的历程［M］.游长松，强小旎，周玲，译.北京：中国青年出版社，2007.

[531] 史蒂文森.彩色欧洲史：1000—1848年［M］.董晓黎，译.北京：中国友谊出版公司，2007.

[532] 里奇，威尔逊.剑桥欧洲经济史：第5卷 近代早期的欧洲经济组织［M］.高德步，蔡挺，张林，译.高德步，校订.北京：经济科学出版社，2002.

[533] 祖姆托.伦勃朗时代的荷兰［M］.张今生，译.济南：山东画报出版社，2005.

[534] 特扎基安.每秒千桶：即将到来的能源转折点：挑战与对策［M］.李芳龄，译.北京：中国财政经济出版社，2009.

[535] 克劳士比.人类能源史：危机与希望［M］.王正林，王权，译.北京：中国青年出版社，2009.

[536] 卢安武.石油博弈，解困之道：通向利润、就业和国家安全［M］.李政，江宁，译.北京：清华大学出版社，2009.

[537] 米切尔.帕尔格雷夫世界历史统计：亚洲、非洲和大洋洲卷 1750—1993年［M］.3版.贺力平，译.北京：经济科学出版社，2002.

[538] 米切尔.帕尔格雷夫世界历史统计：欧洲卷 1750—1993年［M］.4版.贺力平，译.北京：经济科学出版社，2002.

[539] 米切尔.帕尔格雷夫世界历史统计：美洲卷 1750—1993年［M］.4版.贺力平，译.北京：经济科学出版社，2002.

[540] 哈巴库克，波斯坦.剑桥欧洲经济史：第6卷 工业革命及其以后的经济发展：

收入、人口及技术变迁［M］.王春法，张伟，赵海波，译.王春法，校订.北京：经济科学出版社，2002.

［541］塔巴克.煤炭和石油：廉价能源与环境的博弈［M］.张军，侯俊琳，张凡，译.北京：商务印书馆，2011.

［542］沃勒斯坦.现代世界体系：第3卷 资本主义世界经济大扩张的第二时期1730—1840年［M］.郭方，夏继果，顾宁，译.郭方，校.北京：社会科学文献出版社，2013.

［543］加亚尔，德尚，阿尔德伯特.欧洲史［M］.蔡鸿滨，桂裕芳，译.海口：海南出版社，2010.

［544］塔巴克.天然气和氢气：未来不总是光明的［M］.付艳，牛玲，张军，译.北京：商务印书馆，2011.

［545］恩格尔曼，高尔曼.剑桥美国经济史：第2卷 漫长的19世纪［M］.王珏，李淑清，译.北京：中国人民大学出版社，2008.

［546］埃文斯，巴克兰，列菲.美国创新史：从蒸汽机到搜索引擎［M］.倪波，蒲定东，高华斌，等译.北京：中信出版社，2011.

［547］毛杰里.石油！石油！［M］.夏俊，徐文琴，译.上海：格致出版社，2007.

［548］威廉斯.技术史：第6卷［M］.姜振寰，赵毓琴，译.上海：上海科技教育出版社，2004.

［549］美国国家工程院.20世纪最伟大的工程技术成就［M］.常平，白玉良，译.广州：暨南大学出版社，2002.

［550］贝里.伟大的事业：人类未来之路［M］.曹静，译.北京：生活·读书·新知三联书店，2005.

［551］福布斯.缔造帝国经济的50位巨人［M］.边晓华，胡彧，译.孔谧，审校.上海：上海科学技术文献出版社，2010.

［552］兰德斯.世界上最伟大的家族企业［M］.黄佳，李华晶，译.北京：机械工业出版社，2008.

［553］沃尔夫.十六、十七世纪科学、技术和哲学史：下册［M］.周昌忠，译.北京：商务印书馆，1997.

［554］巴拉德.从蒸汽机到核聚变：发现能量［M］.李婧，译.上海：上海科学技术文献出版社，2010.

［555］欣斯利.新编剑桥世界近代史：第11卷 物质进步与世界范围的问题1870—1898年［M］.中国社会科学院世界历史研究所组，译.北京：中国社会科学出版社，2018.

［556］威廉斯.技术史：第7卷［M］.刘则渊，孙希忠，译.上海：上海科技教育

出版社，2004.

[557] 小水力利用推进协议会.小水力发电技术 [M].宋永臣, 宁亚东, 刘瑜, 译.
北京: 科学出版社, 2009.

[558] 凡奇.能源: 21 世纪的展望 [M].王乃粒, 译.上海: 上海交通大学出版社,
2008.

[559] 沃尔顿, 罗考夫.美国经济史: 第十版 [M].王珏, 钟红英, 何富彩, 等译.
北京: 中国人民大学出版社, 2011.

[560] 恩格尔曼, 高尔曼.剑桥美国经济史: 20 世纪 第 3 卷 [M].蔡挺, 张林,
李雅菁, 译.北京: 中国人民大学出版社, 2008.

[561] 万斯.延伸的城市: 西方文明中的城市形态学 [M].凌霓, 潘荣, 译.北京:
中国建筑工业出版社, 2007.

[562] 温布兰特.沙特阿拉伯史 [M].韩志斌, 王泽壮, 尹斌, 译.北京: 东方出
版中心, 2009.

[563] MILLS R M.石油危机大揭秘 [M].初英, 译.北京: 石油工业出版社,
2009.

[564] 桑普森.石油大鳄 [M].林青, 译.北京: 石油化学工业出版社, 1977.

[565] HALBOUTY M T.世界巨型油气田: 1990—1999 [M].夏义平, 黄忠范, 袁秉衡,
等译.北京: 石油工业出版社, 2007.

[566] 维特威尔.世界经济地理 [M].北京: 生活·读书·新知三联书店, 1954.

[567] MAPLES R E.石油炼制工艺与经济: 第二版 [M].吴辉, 译.北京: 中国石
化出版社, 2002.

[568] 韦布, 里基茨.能源经济学 [M].罗根基, 译.成都: 西南财经大学出版社,
1987.

[569] 海泽顿, 托伊费尔.能源投资 [M].传神翻译, 朱晓婷, 译.北京: 中信出
版社, 2010.

[570] 鲁宾.低油价时代的终结 [M].草沐, 译.北京: 电子工业出版社, 2013.

[571] 波特金, 佩雷茨.大国能源的未来 [M].草沐, 译.北京: 电子工业出版社,
2012.

[572] 戈雷利克.富油? 贫油? : 揭秘油价背后的真相 [M].兰晓荣, 刘毅, 吴文
洁, 译.北京: 石油工业出版社, 2010.

[573] 查尔曼.世界大宗商品市场年鉴 (2010 年): 圆明园的复兴 [M].杨笑奇,
等校译.北京: 经济科学出版社, 2011.

[574] 梁赞诺夫斯基, 斯坦伯格.俄罗斯史: 第七版 [M].杨烨, 卿文辉, 译.上
海: 上海人民出版社, 2007.

[575] ROTHWELL G, GÓMEZ T.电力经济学: 管制与放松管制 [M].叶泽, 译.北京:

中国电力出版社，2007.

［576］格沃钦.可持续能源系统工程［M］.王宏伟，译.北京：中国电力出版社，
2010.

［577］鲍姆加特纳，琼斯.美国政治中的议程与不稳定性［M］.曹堂哲，文雅，译.
刘新胜，张国庆，校.北京：北京大学出版社，2011.

［578］克里西，库普曼斯，杜温达克，等.西欧新社会运动：比较分析［M］.张峰，
译.重庆：重庆出版社，2006.

［579］赛迪克，施瓦青格.欧盟扩大：背景、发展、史实［M］.卫延生，译.北京：
中央编译出版社，2012.

［580］米盖尔.法国史［M］.桂裕芳，郭华榕，译.北京：中国社会科学出版社，
2010.

［581］马克沃特，卡斯特纳.太阳电池：材料、制备工艺及检测［M］.梁骏吾，等
译.北京：机械工业出版社，2009.

［582］牛山泉，等.风、太阳与海洋：清洁的自然能源［M］.王毅，韦利民，译.北
京：机械工业出版社，2010.

［583］柯克兰德.光与光学［M］.文清，元旭津，蒲实，译.上海：上海科学技术
文献出版社，2008.

［584］NELSON V.风能：可再生能源与环境［M］.李建林，肖志东，梁亮，等译.北
京：人民邮电出版社，2010.

［585］希尔.能源变革：最终的挑战［M］.王乾坤，译.北京：人民邮电出版社，
2013.

［586］日本能源学会.生物质和生物能源手册［M］.史仲平，华兆哲，译.北京：
化学工业出版社，2006.

［587］寄本胜美.垃圾与资源再生［M］.滕新华，王冬，译.北京：世界知识出版
社，2014.

［588］金斯曼.糖［M］.初兆丰，夏华，颜福祥，译.北京：中国海关出版社，
2003.

［589］塔巴克.生物燃料：土地和粮食的忧患［M］.冉隆华，译.北京：商务印书
馆，2011.

［590］卡拉基恩尼迪.废弃物能源化：发展和变迁经济中机遇与挑战［M］.李晓东，
严密，杨杰，译.北京：机械工业出版社，2014.

［591］氢能协会.氢能技术［M］.宋永臣，宁亚东，金东旭，译.北京：科学出版社，
2009.

［592］桑德罗.打破石油魔咒［M］.传神翻译公司，译.北京：中信出版社，
2010.

[593] 格拉斯曼 . 氢能源和车辆系统 [M] . 王青春，王典，等译 . 北京：机械工业出版社，2014.

[594] 林登，雷迪 . 电池手册 [M] .3 版 . 汪继强，等译 . 北京：化学工业出版社，2007.

[595] 布鲁奈特，等 . 储能技术 [M] . 唐西胜，等译 . 北京：机械工业出版社，2013.

[596] 施皮格尔 . 燃料电池设计与制造 [M] . 马欣，王胜开，陈国顺，等译 . 北京：电子工业出版社，2008.

[597] 爱赛尼，等 . 现代电动汽车、混合动力电动汽车和燃料电池车：基本原理、理论和设计：第二版 [M] . 倪光正，倪培宏，熊素铭，译 . 北京：机械工业出版社，2010.

[598] 雷特曼 . 插电式混合动力电动汽车开发基础 [M] . 王震坡，孟祥峰，译 . 北京：机械工业出版社，2011.

[599] 莱特曼，布兰特 . 电动汽车设计与制造基础：如何打造你自己的电动汽车：第三版 [M] . 王文伟，周小琳，译 . 北京：机械工业出版社，2016.

[600] 桑德罗 . 插电式汽车的未来 [M] . 李乔杨，译 . 北京：中信出版社，2011.

[601] 拉希德 . 电力电子技术手册 [M] . 陈建业，杨德刚，于歆杰，译 . 北京：机械工业出版社，2004.

[602] 耶金 . 石油金钱权利：上 [M] . 钟菲，译 . 北京：新华出版社，1992.

[603] 耶金 . 石油金钱权利：下 [M] . 钟菲，译 . 北京：新华出版社，1992.

[604] 恩道尔 . 石油大棋局：下一个目标中国 [M] . 戴健，李峰，顾秀林，译 . 北京：中国民主法制出版社，2011.

[605] 胡克，斯帕尼尔 . 二战后的美国对外政策 [M] . 白云真，李巧英，贾启辰，译 . 北京：金城出版社，2015.

[606] 斯蒂格利茨，比尔米斯 . 三万亿美元的战争：伊拉克战争的真实成本 [M] . 卢昌崇，孟韬，李浩，译 . 北京：中国人民大学出版社，2009.

[607] 哈克斯 . 拯救石油：一场本不该打的石油战争 [M] . 阎志敏，译 . 北京：石油工业出版社，2010.

[608] 鲁珀特 . 最后一桶油 [M] . 潘飞虎，译 . 北京：华夏出版社，2011.

[609] 拉奇科夫 . 石油与世界政治 [M] . 上海师范大学外语系俄语组，上海《国际问题资料》编辑组，译 . 上海：上海人民出版社，1977.

[610] 奥康诺 . 石油帝国 [M] . 郭外合，译 . 北京：世界知识出版社，1958.

[611] 贝雷比 . 世界战略中的石油 [M] . 时波，周希敏，贺诗云，译 . 北京：新华出版社，1980.

[612] 日兹宁 . 俄罗斯能源外交 [M] . 王海运，石泽，译审 . 北京：人民出版社，

2006.

[613] 福克斯－本内尔.智能电力：应对气候变化，智能电网和电力工业的未来 [M].国网能源研究院，译.北京：中国电力出版社，2011.

[614] 勒夫特，科林.21世纪能源安全挑战 [M].裴文斌，王忠智，译.北京：石油工业出版社，2013.

[615] 日本律师协会.日本环境诉讼典型案例与评析 [M].王灿发，监修.皇甫景山，译.北京：中国政法大学出版社，2010.

[616] 荷南.借来的地球 [M].晨咏，译.北京：机械工业出版社，2011.

[617] 克鲁普，霍恩.决战新能源：一场影响国家兴衰的产业革命 [M].陈茂云，等译.北京：东方出版社，2010.

[618] 布莱斯.能源独立之路 [M].陆妍，译.北京：清华大学出版社，2010.

[619] 耶金.能源重塑世界：上 [M].朱玉犇，阎志敏，译.北京：石油工业出版社，2012.

[620] 托梅因，卡达希.美国能源法 [M].万少廷，译.张利宾，审校.北京：法律出版社，2008.

[621] 泰坦伯格.自然资源经济学 [M].高岚，李怡，谢忆，等译.北京：人民邮电出版社，2012.

[622] 维克斯，亚罗.私有化的经济学分析 [M].廉晓红，矫静，等译.重庆：重庆出版社，2006.

[623] 塔巴克.核能与安全：智慧与非理性的对抗 [M].王辉，胡云志，译.北京：商务印书馆，2011.

[624] 布拉德布鲁克，奥汀格.能源法与可持续发展 [M].曹明德，邵方，王圣礼，译.北京：法律出版社，2005.

[625] 博言.发明简史 [M].北京：中央编译出版社，2006.

[626] 博亨.非洲通史：第7卷 1880-1935 年殖民统治下的非洲 [M].北京：中国对外翻译出版有限公司，2013.

[627] 世界银行.2012年世界发展指标 [M].王辉，等译.北京：中国财政经济出版社，2013.

大事记

[大事记侧重世界及各国能源之最（第一，或源起），涉及能源开发和利用的各个领域，同时兼顾一些重要时间节点（如20世纪末）的历史事件。]

约20多亿年前

世界上最早的煤炭开始形成。

约6亿年前—2.25亿年前

古生代以来地球中的石油开始慢慢形成。

约4亿年前

泥盆纪早期，地球上第一缕火光闪现。

3亿年前

中国烟煤、无烟煤开始形成。

300万或400万年前

地球上出现最早的人类。

约170万年前

中国云南元谋人已知道使用火。

160万年前

世界上最晚的煤种泥炭开始形成。

约140万年前

南非斯瓦特克朗洞穴内有火烧遗迹的人类化石。

79 万年前

以色列境内人类开始用火制造工具和加工食物。

约 70 万年前

法国埃斯卡尔洞穴遗址发现人类的用火遗迹。

约 70 万—20 万年前

中国北京人已经学会使用火。

约 7 万年前

人类发明了使用燃料的灯。

5 万年前

地球中最"年轻"的石油开始生成。

1 万多年前

中国先民开始用火烧制陶器。

约公元前 5000 年—前 4000 年

中国先民用煤精制成工艺品煤雕。

公元前 5000—前 3300 年

中国河姆渡氏族时期开始人工凿井。
中国先民在浙江余姚河姆渡利用水的浮力航行独木舟。

约公元前 4200 年

人类开始进行天然铜退火加工。

约公元前 4000 年

中国河姆渡人开始用陶甑蒸食。

约公元前 3000 年

人类开始用动物油或蜡制成蜡烛用作照明。
美索不达米亚地区的巴比伦人开始采集天然油苗中的沥青。

约公元前 3000 年

苏美尔人开始采集、利用幼发拉底河流域地表中的油苗。

公元前 2400 年

埃及出现利用风力航行的芦苇帆船。

约公元前 2100 年

波斯出现第一台用来磨米（粮食）的水车。

约公元前 2050 年

中国夏禹发明船帆。

公元前 2000 年

伊朗发现从地表渗出的天然气。

约公元前 2000 年

古巴比伦出现风车。

约公元前 1500 年

意大利出现温泉浴疗。

公元前 1046—前 771 年

中国《周易》记载中国最早发现的石油。

中国西周先民用铜制凹面镜进行"阳燧取火"。

中国先民利用陕西华清池温泉沐浴治病。

中国西周金文出现"电"字。

公元前 1000 年以前

中国商代甲骨文出现"雷"字。

约公元前 1000 年

希腊帕尔纳索斯山的岩缝中冒出天然气火焰。

约旦河流域上游先民开采沥青矿。

公元前 1000 年

中国东北一个煤矿的煤炭被用于炼铜、铸造钱币。

约公元前 10 世纪

朝圣者朝拜阿普歇伦半岛寺庙中发现由石油生成的"长明火"。

公元前 10 世纪末

亚述帝国的库尔泰普伐木冶炼产生较大污染。

约公元前 9—前 8 世纪

古希腊诗人荷马在《伊利亚特》史诗中记载特洛伊人用石油制成火球当作武器使用。

公元前 7 世纪

意大利提取、加工地热产品。

公元前 7—前 6 世纪

新巴比伦王国把沥青熔化后用来建造空中花园。

约公元前 648 年

伊朗地区开始利用煤炭。

约公元前 600 年

古希腊人泰利斯最早进行摩擦起电的实验。

约公元前 500 年

波斯使用帆船。

公元前 500—前 200 年

古雅典拉乌里翁银矿伐木冶炼导致严重的生态危机。

公元前 6 世纪

古波斯帝国开始在其首都苏撒城附近人工挖凿油井。

公元前 5 世纪

古希腊的希罗多德在《历史》中记载赞特岛上有石油源。

古希腊用水晶透镜汇聚太阳光熔化蜡烛。

公元前 475—前 221 年

《山海经》记载中国最早的火山。

《山海经》首次记载中国 6 处煤炭产地。

公元前 4—前 3 世纪

印度《利论》记载"燃烧着的油"。

约公元前 300 年

《石史》记载希腊煤炭的产地和性质。

公元前 206—公元 220 年

中国汉代开辟举世闻名的海上丝绸之路。

中国汉代出现风谷机。

中国汉代用煤炭制作煤饼、型煤。

公元前 61 年

中国四川临邛（今邛崃）凿出世界上最早的天然气井。

公元前 1 世纪

古罗马开始用煤取暖。

中国陕北延长发现油苗。

西汉时的刘向最早猜测到雷和电是统一的自然现象。

中国发现陕西鸿门"火井"。

古希腊出现欧洲最早的水能利用方式——水磨。

意大利罗马维斯塔教堂用地层漏出的天然气点燃"长明火"。

公元前 1 世纪—1 世纪

中国汉朝先民"役水而舂"。

1 世纪

英国开始利用煤炭。

中国形成一套人工顿钻凿井工艺技术。

希腊人希罗发明第一台蒸汽动力装置。

2 世纪

中国钻井技术传到安息（今伊朗高原东北部）等地。

3 世纪

中国先民将石油作为润滑油使用。

618—907 年

中国出现焦炭的雏形——炼炭。

中国用煤炼丹、烧石灰、治病。

7 世纪

日本人工开凿深 600 ～ 900 英尺的油井。

中国四川自贡凿出世界上最早的人工开凿自流井天然气（浅层气）。

在基齐库斯战役中，拜占庭帝国用石油制成"希腊火"攻打阿拉伯舰队。

中国唐初将石油作为药物使用。

印度、波斯、巴库等使用天然气。

8 世纪

苏门答腊岛的当地居民用石油火攻敌人。

9 世纪

中国山东沿海先民开始发展潮汐磨。

约 10 世纪

中国北京地区开始开采、利用煤炭。

中国陕北延长出现人工钻井采油。

10 世纪

阿拉伯人将"火油"传入中国。

波斯湾沿岸的人用潮汐能驱动水车磨面粉。

约 11 世纪

中国利用氢的还原性烧制建造万里长城的灰砖。

中国发明炼焦技术开发利用焦炭。

美国用煤烧制黏土罐。

11 世纪

开罗战役大约使用了 32 万瓶沥青进行火攻。

中国发明卓筒井技术和井下套管隔水法。

中国北宋发明世界上最早的炼油技术——"猛火油作"。

中国北宋沈括的《梦溪笔谈》在世界上最早使用"石油"一词。

缅甸仁安羌地区人工挖采石油。

11—12 世纪

苏格兰、法国沿海出现潮汐磨坊。

12 世纪

在中国北宋的《本草衍义》中最早记录石油加工后入药使用。

英国出现欧洲最早的风车。

德国开始开采、利用煤矿。

13 世纪

荷兰建成国内第一台风车。

《马可·波罗游记》称中国煤炭为"黑色石块"。

比利时的煤炭业得到一定发展。

英国开始进行煤炭贸易。

14 世纪

英国爱德华一世出台法令,禁止用煤做燃料。

15 世纪

意大利摩德纳人用油苗制成"圣凯瑟琳油"。

大西洋出现装有横帆的单桅柯格船。

中国明代用帆船借助风力航行,开创郑和七下西洋壮举。

意大利人哥伦布船队用帆船借助风力航行至美洲,发现"新大陆"。

法国人阿尔萨斯开采石油。

美国北部的塞尼卡人采集油苗治病。

莫斯科大公国（即今天的俄罗斯）开始采集油苗。

达·芬奇设计用于开采石油的钻机、钻具、井架。

1522 年

麦哲伦船队用帆船借助风力完成人类首次环球航行。

1556 年

德国人阿格里科拉在《论冶金》中记述石油炼制、加工过程。

16 世纪

古巴的普林西比港居民采集油苗堵住木船的缝隙。

1600 年

法国人在加拿大东海岸建成美洲第一个潮汐磨。

英国吉尔伯特最早提出"电""电力"等概念，发明第一个静电验电器。

1615 年

法国人科斯设计并建成一座利用蒸汽压力的观赏喷泉。

法国人考克斯发明世界上第一台太阳能抽水泵。

1636 年

德国文学作品《奥列阿里亚》记述巴库石油开采情景。

1646 年

罗马尼亚的普洛耶什蒂地区人工挖坑采油。

1650 年

德国人盖利克发明空气泵。

约 1659 年

英国化学家玻意耳证实当年称为氢气的气体可以燃烧。

1663 年

德国人盖利克最早发明转动摩擦起电机。

1668 年

英国人工挖出第一口油井。

1679 年

英国物理学家帕潘发明蒸汽高压锅。

1684 年

俄国在伊尔库茨克城堡附近发现石油。

1694 年

英国在什罗普郡建成一座采用煮沸法的沥青蒸馏炼油厂。

1698 年

英国人萨弗里发明第一台经济实用的蒸汽泵。

1709 年

英国获取煤制焦炭工艺。

1712 年

英国人纽科门发明第一台可供实用的纽科门大气式蒸汽机。

1716 年

巴库地区石油专卖收入 5 万卢布。

摩尔多瓦在莫伊内什蒂附近发现油苗。

1736 年

法国人工开发佩谢尔布龙油田。

1741 年

俄国人约翰·阿曼对石油样品进行分析。

1745—1746 年

德国人克莱斯特（1745 年）和荷兰人穆申布鲁克（1746 年）先后独立发明储存静电的莱顿瓶。

1751 年

里维拉用抹香鲸炼制鲸蜡，使鲸油开始成为一种重要照明燃料。

1752 年

美国人富兰克林进行放飞风筝的雷电实验。

1757 年

俄国人罗蒙诺索夫认为琥珀、泥炭、沥青和石油等地下的材料应该被认为是植物演化而来的。

1760 年

英国建成世界上第一家用焦炭做燃料的大型炼铁厂。

1761 年

英国人通过蒸馏从沥青中提取轻质石油。

1763 年

俄国人罗蒙诺索夫认为石油生成后会移动到岩石的裂缝和孔隙中。

1766 年

卡文迪许发现氢元素。

1769 年

法国人居纽制成世界上第一辆以蒸汽机为动力的汽车火炮牵引车。
英国人瓦特改进蒸汽机。

1771 年

英国人阿克莱特创办世界上第一家水力棉纺纱厂。

1775 年

法国人佩里耶制成世界上第一艘蒸汽动力船。
法国人拉瓦锡发明太阳能熔炉。

1778 年

加拿大艾伯塔省发现沥青砂。

1780 年

法国人布拉克制成世界上第一个原始氢气球。

1781 年

土库曼人开始在切列青湖开采沥青,将沥青制成照明燃料。

1783 年

法国人夏尔发明氢气球。

法国人拉瓦锡命名氢元素。

1784 年

瑞士人阿尔甘发明阿尔甘(油)灯。

1785 年

英国将蒸汽机用于纺织业。

1786 年

意大利人伽伐尼发现伽伐尼电流。

1789 年

德国人克拉普罗特发现世界上第一种天然放射性元素——铀。

1792 年

英国人默多克发明煤气灯。

1797 年

缅甸的仁安羌油由共有人工挖成的油井(坑)520 个。

1799 年

法国的吉拉德父子发明波浪能装置。

1800 年

意大利人伏打发明世界上第一块电池——伏打电池。

英国的尼科尔森等人提出燃料电池的设计理念。

1803 年

特里维西克发明世界上第一辆铁路蒸汽机动车。

德国人里特制成世界上第一块蓄电池。

1807 年

英国化学家戴维制成第一盏弧光灯。

艾萨克制成世界上第一辆氢内燃机汽车。

1808 年

美国在西弗吉尼亚州的查尔斯顿人工挖出美国第一口油井。

1810 年

英国人戴维在实验室中首先发现气体水合现象。

1812 年

英国人默多克创办世界上第一家煤气公司。

英国伦敦开始使用煤气照明。

1818 年

贝采利乌斯用符号 H 来表示氢。

英国首先用电分解水产生氢气。

1819 年

法国发明从石油中获取润滑油的工艺。

世界煤炭产量 159 万吨。

世界煤炭出口 24.2 万吨。

1820 年

比利时发明使用焦炭的鼓风炉。

英国的泰勒等人发明石油裂解气工艺。

剑桥大学的威廉·塞西尔首先提出将氢气作为动力燃料使用。

1821 年

美国钻出世界上第一口页岩气井（美国第一口工业性的天然气井）。

美国开始将天然气用作城市生活燃料。

英国人法拉第发明世界上第一台电动机。

美国发现世界上第一个天然气工业气田。

1825 年

美国人威廉·哈特成立弗里多尼亚天然气照明公司。

1826 年

英国发明火柴。

1827 年

意大利用拉德瑞罗地热田中喷出的热蒸汽蒸干含硼的热泉水。

约 1830 年

俄国人希林发明世界上第一台电磁式单针电报机。

1831 年

美国人"比利大叔"威廉·毛里斯发明用于绳式顿钻的钻井震击器。

英国人法拉第发明世界上第一台直流发电机、世界上第一台磁感应发电机。

1832 年

法国皮克西兄弟制成世界上第一台交流发电机。

1833 年

英国人莱伊尔著成《地质学原理》，这标志着科学地质学的诞生。

1834 年

威尔利特·道斯特和罗载特用无机物合成出碳氢化合物。

英国人戴文波特发明世界上第一辆蓄电池电动车（不可充电）。

英国人克拉克制成第一台实用的直流发电机。

1835 年

中国钻出世界上第一口超千米的天然气井——燊海井。

1836 年

英国人丹尼尔制成世界上第一块锌铜电池。

1837 年

俄国人盖斯通过实验证明煤可以转化为石油。

1838 年

法国建成世界上第一座页岩油提炼厂。

1839 年

俄国发明煤炭气化技术。

法国人贝克勒尔发现光伏效应。

法国人贝克勒尔发明世界上第一块太阳能电池。

世界煤炭产量 5 287.9 万吨。

英国人格罗夫发明世界上首块燃料电池。

1841 年

法国人用旋转钻机钻出一口深 585 米的井。

1842 年

顿钻开始用蒸汽机驱动。

1846 年

美国人洛根首次提出背斜或构造储油的观点。

1848 年

波兰发现国内第一个天然气工业气田。

1849 年

加拿大人亚伯拉罕·格斯纳从沥青焦油中提炼出煤油。

1850 年

英国人 J. 扬用煤炭干馏和精炼方法制成煤油。

中国四川自流井气田发现嘉陵江组气藏。

1852 年

法国人吉法尔利用氢气制成世界上第一艘飞艇。

英国人汤姆孙首先提出热泵的设想。

1853 年

英国人格斯纳用石油制备出煤油。

1854 年

美国人乔治·比塞尔等人成立世界上第一家石油公司。

波兰手工钻成第一口产油井。

1855 年

瑞典人伦德斯特洛发明安全火柴。

英国建造世界上第一艘油轮——"幸运号"油轮。

1857 年

迈克尔·迪亚茨发明煤油灯。

法国人贝特洛以氢为原料，用一氯甲烷水解制得甲醇。

英国人惠斯通发明电磁式发电机。

1858 年

世界原油产量不到 1 万吨。

加拿大在恩尼斯基林发现国内第一个油田。

俄国发现国内第一个天然气工业气田。

加拿大发现国内第一个天然气工业气田。

德国投产世界最早的采用活塞式冲压机的型煤厂。

1859 年

世界煤炭产量为 12 940 万吨。

美国人德雷克使用机械顿钻钻出世界上第一口工业油井。

世界石油出口量为 600 吨。

法国人普朗特制成世界上第一个实用的铅酸蓄电池。

1860 年

法国人莱肖发明金刚石钻芯旋转钻机。

实用煤气机问世。

美国成立世界第一个石油工作者协会。

罗马尼亚发现国内第一个天然气工业气田。

世界原油产量 7 万吨。

1861 年

德国物理学家赖斯发明世界上第一台电话机。

1862 年

美国建成世界上第一条使用铸铁管的原油输送管道。

1863 年

孚兹合成聚乙二醇（合成润滑油的一种）。

中国有进口"洋油"——煤油的纪录。

秘鲁发现国内第一个天然气工业气田。

1864 年

古巴发现 Bacuranao 油田。

美国人古宁发明气举采油技术。

1865 年

美国制成深井泵抽油。

法国人勒克兰谢发明世界上第一块现代干电池原型（锌－二氧化锰湿电池）。

1866 年

德国人西门子制成实用的自励式直流发电机。

容克发明石油裂化工艺。

法国人奥古斯丁·摩夏制成世界上第一台由太阳能驱动的蒸汽机。

1868 年

德国人西蒙斯首先提出煤炭地下气化的概念。

秘鲁发现 La Brea 油田。

1869 年

俄国人门捷列夫将氢元素排在元素周期表的第一位。

法国人格拉姆制成格拉姆空心环状型直流发电机。

电力应用于冶金工业。

1870 年

标准石油公司成立。

特立尼达和多巴哥开采世界上最大的沥青湖。

法国人凡尔纳的《海底两万里》预言构成水的氢和氧会成为燃料。

1872 年

美国建成第一条铸铁天然气管道。

1873 年

英国人戴维森制成第一辆有实用价值的电动汽车。

法国人格拉姆发明第一台有实用价值的电动机。

阿塞拜疆发现国内第一个天然工业气田。

1874 年

日本发现 Higashiyama 油田。

法国人格拉姆发明旋转式变压器。

1875 年

法国建成世界上首座火电厂。

1876 年

美国人贝尔发明第一台实用电话机。

1878 年

中国台湾苗栗油矿钻出中国第一口机械化油井。

第一个微酸性的锌 – 空气电池诞生。

英国人威廉·亚当斯在印度孟买建造一座太阳能动力塔。

俄国人亚布洛契诃夫发明多相交流发电机。

法国在巴黎建成世界上第一座水电站。

1879 年

美国人爱迪生发明电灯。

德国西门子公司在柏林工业博览会上展出世界上第一条电气铁路。

1880 年

诺贝尔在俄国成立世界上最早的石油研究机构——圣彼得堡实验室。

美国皮特霍油田首次注水采油。

德莱塞发明油井封隔器。

乌兹别克斯坦在费尔干盆地用机械钻井采油。

埃及发现 Germsa 油田。

1881 年

法国人特鲁夫发明世界上第一辆可充电的铅酸蓄电池电动车。

德国在柏林建成世界上第一条电气铁路。

英国建成欧洲第一座公共发电站。

1882 年

爱迪生建成世界上第一个商业发电厂、世界上首个热电联产发电厂。

高登制成大型二相交流发电机。

瑞典人拉瓦尔发明第一台冲击式汽轮发电机。

法国人德普勒在德国建成世界上第一条远距离直流输电线路。

中国国内首个商用火电厂正式发电。

中国人丁宝桢撰写的《四川盐法志》第一次系统地叙述顿钻钻井的工艺和工具。

德国建成世界上第一台常压移动床煤气发生炉。

爱迪生在威斯康星州建成美国第一座水电站。

瑞士建成国内第一座水电站。

德国建成国内第一座水电站。

1883 年

德国人戴姆勒发明汽油内燃机。

瑞典人约翰·埃里克森制成太阳能摩托车。

1884 年

德国建成世界上第一座蓄热式焦炉。

1885 年

印度尼西亚在北苏门答腊特拉赛德加钻出石油。

意大利建成欧洲第一座商业性水电站——沃特利水电站。

挪威建成国内第一座水电站。

诺贝尔兄弟石油公司在世界上首次聘用地质家萧格林。

1886 年

美国人本顿获得第一个石油裂化工艺生产汽油的专利。

德国人本茨获得世界上第一辆汽油机汽车的专利。

德国人戴姆勒制成第一辆汽油机驱动的四轮汽车。

1887 年

M.T. 查普曼发明用于钻井井眼和井壁的各种材料。

德国的 Dun 等人发明最早的碱性蓄电池——锌镍电池。

英国人布莱斯发明世界上首台风力发电机。

1888 年

美国制成第一台大型风力发电机。

俄国圣彼得堡举办世界上首个国际石油专业展。

Carl Gassner 设计出世界上第一个"干"电池。

英国建成世界上第一座蒸汽涡轮发电站。

1889 年

俄国人多里沃 – 多勃罗沃尔斯基制成三相交流发电机。

美国威斯汀豪斯公司发明电风扇。

日本建成国内第一座水电站。

印度发现 Digboi 油田。

Mond 和 Langer 提出"燃料电池"这一名称。

缅甸发现国内第一个天然气工业气田。

印度发现国内第一个天然气工业气田。

美国出台占有权法，首次为石油工业立法。

1890 年

美国生产国内第一辆蓄电池汽车。

英国伦敦建成世界上第一条电气化地下铁路。

英国在伦敦德特福德建成国内第一座交流发电水电站。

1891 年

世界上首个三相交流输电系统在德国和奥地利之间建成。

丹麦安装并使用国内首台风力发电机。

美国人克莱伦斯·坎普发明太阳能热水器。

美国人特斯拉发明特斯拉变压器。

美国建成世界上第一条高压输电线路。

委内瑞拉开采瓜诺科沥青湖。

1892 年

德国人温克勒发明流化床气化工艺。

美国在博伊西市建成世界上第一套地热能集中供热系统。

1893 年

美国 Warren 炼油厂建成世界上第一条成品油输送管道。

麦凯克伦开发出轮式旋转钻机并获得专利。

印度尼西亚发现国内第一个天然气工业气田。

1894 年

美国在圣巴巴拉浅海钻出世界上第一口海上油井。

法国举办电动汽车赛车运动。

美国人莱希获油井酸化技术专利。

爱迪生制成世界上第一台电影放映机。

1895 年

法国巴黎上演世界上第一部电影《工厂大门》。

法国人富尔内隆发明水轮发电机。

德国建成世界上第一座垃圾发电厂。

出现斜向钻井方法。

德国人伦琴发现 X 射线。

美国 Corsicana 油田首先使用旋转钻机。

德国建成世界上第一座固体废弃物焚烧发电厂。

美国建成第一座 100 MW 级的大型水电站——尼亚加拉水电站。

1896 年

人类首次用 X 射线治疗乳腺癌。

法国人贝克勒耳发现放射性。

William W. Jacques 发明第一块实用的燃料电池——碳电池。

1897 年

德国人狄塞尔发明柴油机。

1898 年

德国人狄塞尔发明的柴油内燃机首次用于固定式发电机组。

法国居里夫妇发现天然放射性元素——钋和镭。

1899 年

全球发电量为 13.4 亿千瓦时。

世界原油产量 1 796 万吨。

世界石油出口 190 万吨。

瑞典人荣格发明镉镍碱性蓄电池。

法国和比利时各制成一辆世界上最早的混合动力电动车。

世界煤炭产量为 66 767 万吨。

1900 年

赫克勒绘制第一条现代地震剖面。

彼得森获得第一个电法勘探专利权。

插入泵开始应用于石油开采。

世界天然气产量 36 亿立方米。

澳大利亚发现第一个天然气工业气田。

美国加利福尼亚联合石油公司组建第一个地质研究部。

委内瑞拉开采一些沥青湖区。

煤炭在世界能源消费中的比例超过 50%，木柴则降到 40% 以下。

1901 年

墨西哥发现 Panuco 油田。

墨西哥发现国内第一个天然气工业气田。

爱迪生发明铁镍电池。

1902 年

林德发明低温冷凝氢气纯化技术。

萨巴蒂埃等人通过一氧化碳或二氧化碳与氢反应合成出甲烷。

特立尼达和多巴哥发现国内第一个天然气工业气田。

1903 年

贝克发明偏心顿钻钻头。

美国琅玻克油田首次采用油井套管注水泥的方法来固井。

美国莱特兄弟用汽油做飞机燃料，实现人类历史上第一次飞行。

1904 年

德国威彻特发明地震仪。

加拿大发明放射性勘探法。

中国台湾建成龟山水电站。

意大利科恩迪在世界上首次实现地热发电。

1905 年

美国纽约建成城市垃圾焚烧发电厂。

爱因斯坦提出质能方程式 $E=mc^2$。

爱因斯坦提出光子假设，解释光电效应。

1907 年

发现中国大陆第一口油井——陕北延长油矿。

阿根廷在科诺拉多·里瓦达维亚地区钻出石油。

美国开设第一家汽车加油站。

英荷壳牌石油公司成立。

贝克发明油井套管鞋。

日本发现国内第一个天然气工业气田。

阿根廷发现国内第一个天然气工业气田。

1908 年

伊朗发现中东地区第一个油田 Masjid-e-Sulaiman 油田。

美国石油地质勘探局成立。

休斯发明双牙轮钻头。

1909 年

意大利发现瓦莱扎油田。

德国人哈伯开发出以氢和氮为原料的合成氨工艺。

英国石油公司（原名英波石油公司）成立。

美国人福特制成世界上第一辆乙醇汽车。

1910 年

Taitelbaum 制成熔融碳酸盐燃料电池的原型。

法国建成世界上最早的波浪发电站。

瑞典建成世界上第一座地下水电站。

美国人费希尔发明电动洗衣机。

美国的邓伍迪等人发明第一台收音机。

马克·皮特发明生物燃料电池。

1911 年

美国汽油需求量首次超过煤油,标志着"汽油时代"的到来。

哈萨克斯坦在阿迪劳州卡拉吉尔打出第一口自喷井。

马来西亚发现国内第一个天然气工业气田。

德国发现国内第一个天然气工业气田。

美国首次采用双水泥塞固井。

1912 年

德国建成世界上第一座利用氢能的合成氨工厂。

英国上南姆塞在达勒姆煤田首次进行煤炭地下气化试验。

美国批准规划、建设"海军用油保护区"。

德国建成世界上最早的潮汐发电站。

中国在云南建成中国第一座水电站——石龙坝水电站。

美国密苏里大学开办第一个石油地质课程。

瑞士苏黎世建成世界上第一个地源热泵系统。

1913 年

意大利拉德瑞罗地热田建成世界上首座商业性地热电站。

美国石油工程师学会成立。

英国皮尔逊父子公司与哥伦比亚签订石油产地租让合同。

美国人伯顿获石油热裂化技术专利权。

美国俄克拉何马州一口油井首次使用双层完井技术。

德国人柏吉乌斯通过煤直接加氢液化得到类似石油的油品。

赫马森发明十字形四牙轮岩石钻头。

1914 年

法国人斯伦贝谢进行第一次人工电场测量。

捷克斯洛伐克发现国内第一个天然气工业气田。

1915 年

多恩父子创造线型注水采油法。

德国人 H.V. 伯克首次把重力勘探方法应用于石油工业。

巴基斯坦发现国内第一个天然气工业气田。

1916 年

美国人哈格《实用石油地质学》的出版标志着石油地质学的诞生。

美国发现世界上第一个大型天然气田——门罗气田。

古巴发现国内第一个天然气工业气田。

美国国会批准"桶"为石油贸易的基本计量单位。

1917 年

墨西哥宪法明确包括石油、煤炭等在内的一切自然资源属于国家。

阿尔巴尼亚发现国内第一个天然气工业气田。

厄瓜多尔开始开采石油。

美国建成世界第一个天然气液化厂。

美国人埃力斯开发出世界上最早的石油化工产品——异丙醇。

世界原油产量为 6 782 万吨。

世界石油出口 344.1 万吨。

发现委内瑞拉玻利瓦尔湖岸大油田。

瑞士设计出第一套干熄焦装置。

出现内加厚低碳无缝钢管钻杆。

美国诺瓦塔城油井注气开采。

阿鲁特诺夫开发出潜油电泵。

美国人 J. C. Swan 发明井下套管射孔器。

美国矿务局第一次提出二次采油的构想。

世界煤炭、石油、天然气、电力产量分别为 12 亿吨、6 781.5 万吨、233 亿立方米（约）、701 亿千瓦时。

1918 年

内燃机开始作为钻机的动力。

美国创造钻井最深纪录 7 386 英尺（约 2 251 米）。

首次从熔体中炼出单晶。

Rio Bravo 石油公司建立世界上第一个古生物研究室。

壳牌石油公司在荷属西印度群岛建成一座大型炼油厂。

1919 年

德国人 Ludger Mintrop 申报折射地震勘探法专利。

卢瑟福实现人类历史上第一次人工核反应。

荷兰在阿姆斯特丹建成国内第一个垃圾焚烧发电厂。

1920 年

催化裂化工艺诞生。

签订《圣雷莫协议》，催生世界石油产地瓜分制度。

美国在匹兹堡成立世界上第一家广播电台（无线电）。

马克斯·米勒等人发明润滑油离心脱蜡技术。

厄瓜多尔发现国内第一个天然气工业气田。

1921 年

达布斯发明连续热裂化炼油工艺。

美国人斯特鲁德把氧化铁粉作为钻井液加重剂使用。

卡切尔进行首次反射地震勘探法试验。

委内瑞拉发现国内第一个天然气工业气田。

1922 年

玻利维亚发现国内第一个天然气工业气田。

哥伦比亚兴建国内第一座炼油厂。

美国制成第一台小型风力发电机。

美国人埃利奥特研制出钻井取心筒。

埃利奥特制成世界上第一台水力活塞抽油泵。

阿根廷成立世界上第一家国家石油公司。

美国人布莱克韦尔德在美国矿冶工程师学会上提出"中国贫油论"。

美国国民储罐公司开发出油气分离器。

1923 年

俄国在巴库比比艾特油田向海延伸部分发现世界上首个海底油田。

巴西首次在汽油机上使用 100% 乙醇。

菲利普斯石油公司获得第一个从天然气中提取天然汽油的专利。

苏联发明涡轮钻井技术。

德国的费歇尔等人发明 F-T 合成工艺。

美国人默斯迈德特在输气管道中发现天然气水合物。

奥地利发现国内第一个天然气工业气田。

1924 年

荷兰发现国内第一个天然气工业气田。

芬兰人萨瓦里欧斯发明垂直轴风力发电机。

美国布雷德福油田进行五点法注水驱油试验。

1925 年

加拿大人克拉克发明沥青砂加工方法。

法国议会通过世界上最早的石油储备法案。

阿鲁特诺夫的电动潜油泵获美国专利。

美国建成从门罗气田至博蒙特的世界上第一条长距离输气管线。

全球水力发电量占全球发电总量的 40%。

1926 年

美国人贝克曼最早提出微生物驱油的设想。

委内瑞拉在马拉开波湖发现拉古尼亚斯油田。

英国科学家贝尔德在世界上首次做电视公开表演。

日本发明蜂窝煤机。

德国法本化学工业公司用加氢液化法将褐煤转化为液化气。

1927 年

美国在圣胡安盆地发现深盆气藏。

加拿大艾伯塔省建成第一个油砂处理厂。

德国法本化学工业公司建成第一套煤直接液化制油（IG）装置。

美国约翰斯顿测试器公司进行第一次中途测试。

伊拉克发现国内第一个油田基尔库克大油田。

H. Atkinson 获用肥皂水溶剂做驱油剂专利。

法国斯伦贝谢公司首次进行电阻率测井现场试验。

印第安纳标准石油公司建成第一套润滑油溶剂脱蜡装置。

1928 年

美国菲利普斯石油公司第一座炼油厂建成。

法国开发出测井用电缆。

制成铜－氧化铜光生伏打电池。

德国人杰仁发明氢气发动机。

1929 年

德国制造的"齐伯林伯爵号"大型商业氢气飞艇完成首次载人环球飞行。

De Groot 用石油中芳烃磺化物做驱油剂获专利。

德国的 G. 劳伯梅耶和苏联的 B. A. 索柯洛夫首次进行地球化学勘查。

Eastman Oilwell 公司制成多点磁力测斜仪。

美国科尔曼公司钻成第一口水平井。

西班牙炼油厂在巴塞罗那投产。

文莱发现国内第一个油田诗里亚油田。

文莱发现国内第一个天然气工业气田。

1930 年

美国在内布拉斯加州推出乙醇汽油。

出现催化重整技术。

H. Pinez 等人发明烷基化技术。

美国 Whiting 炼油厂建成第一套延迟焦化装置。

美国建成实验太阳房。

约翰斯顿测试器公司发明地层测试器。

法国人克劳德在古巴建造世界上第一座海洋温差电站。

德国鲁奇公司建成第一套加压移动床气化试验装置。

冰岛建成世界上首条 3 000 米长的地热水管道。

1931 年

美国爱迪生公司在洛杉矶办公楼最早应用大容量地源热泵。

钻井深度达 3 000 米。

巴西颁布世界上第一部推广车用燃料乙醇的法规。

美国格里布发明用于原油酸化开采的缓蚀剂。

苏联制成世界上第一台 100 千瓦风力发电机。

意大利发现国内第一个天然气工业气田。

斯蒂芬森等人首先发现细菌中含有氢化酶。

巴西发布世界上首个燃料乙醇标准。

Conen 发明微生物燃料电池。

国际天然气联盟（IGU）在英国伦敦成立。

1932 年

美国人尤里发现氢的同位素"氘"。

法国人勒内·穆伊诺发明用于重质油开采的螺杆泵。

威尔逊公司制成柴油机驱动型钻机。

苏联在顿巴斯煤矿建成世界上第一座有井式气化站。

奥杜博特等人制成第一块硫化镉太阳能电池。

英国培根制成第一块碱性燃料电池。

海斯等人发明碱性锌－空气电池。

巴林发现国内第一个天然气工业气田。

1933 年

美国建成第一个商业化型焦工厂。

美国休斯公司制成三牙轮钻头。

第一届世界石油大会在英国伦敦举行。

1934 年

麦克科等人首次提出构造学说。

美国麦克考洛首次提出圈闭概念。

英国的卢瑟福等人实现世界上第一次人工核聚变反应。

法国的约里奥－居里夫妇发现人工放射性同位素。

德国人特雷布斯发现卟啉，证实植物生油论。

斯伦贝谢公司发明声波测井技术。

威尔孙公司推出内燃机驱动自行式钻机。

Martin-Decker 公司推出第一套钻井控制仪表。

苏联首次试验性应用钻井悬浮液。

法国炼油公司第一座炼油厂建成。

奥地利发现国内第一个油田泽斯特道夫油田。

1935 年

法本化学工业公司实现煤直接液化制油工业化。

1936 年

索科尼－真空石油公司建成第一套固定床催化裂化装置。

德国鲁尔化学公司建成第一座 F-T 合成油厂。

苏联人洛加乔夫制成感应式航空磁力勘探仪。

Kellogg 公司开发第一套润滑油溶剂脱沥青装置。

美国得克萨斯州凯育加油田建成第一座天然气回注站。

美国建成世界上首座 1 000 兆瓦以上的大型水电站——胡佛水电站。

1937 年

出现世界上最早的海上移动式钻井平台（首个坐底式钻井平台）。

美国的豪厄尔等人开发出伽马射线测井法。

苏联人莫奇列夫斯基（Mogilevsky）首先应用微生物技术进行天然气勘探。

巴基斯坦发现国内第一个商业性油田——杜里安油田。

匈牙利发现国内第一个天然气工业气田。

Nakamura 首先观察到光合细菌（PSB）产氢现象。

美国 Baur 等人制成首块固体氧化物燃料电池。

意大利的佩里埃等人首次发现人工放射性元素——锝。

1938 年

德国的哈恩等人发现人工核裂变反应。

德国赫尔化工厂建成世界上第一条输送氢气管道。

出现便携式地震仪。

旋转空气钻机问世。

美国在墨西哥湾发现世界上第一个外海油田——克里奥尔油田。

亨伯石油炼制公司建成第一套以浓硫酸为催化剂的烷基化反应装置。

沙特阿拉伯发现国内第一个天然气工业气田。

沙特阿拉伯发现国内第一个商业油田——达曼油田。

科威特发现国内第一个油田——布尔甘油田。

卡塔尔发现国内第一个油田——杜汉油田。

印度试用乙醇汽油。

1939 年

"二战"前夕，德国替代燃料占轻发动机燃料消耗的 50% 以上。

法国发现国内第一个天然气工业气田。

巴西发现国内第一个天然气工业气田。

苏联克留切夫提出扩大井距注水采油方法。

美国钻出分支井。

1940 年

印第安纳标准石油公司建成第一套商业化临氢重整装置。

沙特阿拉伯第一座炼油厂在塔努拉角建成。

卡塔尔发现国内第一个天然气工业气田。

1941 年

新泽西标准石油公司等联合开发出流动床催化裂化工艺。

中国人潘钟祥首次提出陆相生油论。

美国安装并使用世界上第一台兆瓦（1 000 千瓦）级大型风力发电机。

1942 年

加夫罗等人发现栅藻在光合作用下能产出氢气。

美国博格炼油厂建成第一套以氢氟酸为催化剂的烷基化反应装置。

美国东得克萨斯油田开始边外注水采油。

美国建成世界上第一座人工核反应堆。

被日本侵占的中国本溪湖煤矿发生世界罕见的特大瓦斯煤尘爆炸事故，造成
1 549 人死亡。

1943 年

美国中途岛油田首次采用高压注水开发。

美国 Lake Creek 油田首次实施三层完井。

委内瑞拉政府对外国石油公司实行石油利润对半分成制度。

加拿大实施世界上首次水下油井完井。

1944 年

美国克里斯坦森公司推出金刚石钻头。

1945 年

钻井深度超过 5 000 米。

智利发现国内第一个天然气工业气田。

智利发现国内第一个油田——马南蒂亚莱斯油田。

苏联勃里－苏油田开展油层注空气开采工业试验。

美国在新墨西哥州成功爆炸第一颗原子弹。

美国在日本投下两颗原子弹。

1947 年

美国马格诺利亚在墨西哥湾钻出世界上第一口海上商业性油田。

印第安纳标准石油公司在胡果顿气田首次进行水力压裂采油试验。

1948 年

苏必利尔公司在墨西哥湾建成世界上第一座自升式钻井平台。

苏联发现罗马什金大油田。

沙特阿拉伯发现迄今世界上探明储量最大的油田盖瓦尔油田。

美国沃逊尔油田首次实施边内注水开发。

德国 BASF 公司开发出鲍尔环填料塔。

美国德士古公司建成世界上第一套水煤浆气化中试装置。

日本发现水溶性天然气。

克罗地亚发现国内第一个天然气工业气田。

1949 年

世界天然气产量达 1 698.78 亿立方米。

美国苏必利尔公司钻井深度达到 20 521 英尺（约 6 255 米）。

环球油品公司建成第一套工业化铂重整装置。

世界原油产量为 3.95 亿吨。

世界石油出口 1.66 亿吨（包括原油和炼油产品）。

苏联开发出螺旋前进式钻井技术（三维定向钻井技术）。

世界煤炭产量 130 484 万吨。

1950 年

世界煤炭产量占世界能源生产总量的 58.7%。

世界原油一次加工能力达 5.64 亿吨。

荷兰首先研发灵活燃料汽车。

世界石油剩余探明储量 130 亿吨。

沙特阿拉伯创立原油标价制度。

美国索利尼炼油公司开发出 S 型蒸馏塔。

史密斯公司首创锻钢钻头。

全球火电、水电发电量在全球电力生产总量中所占比例分别为 64.2%、35.8%。

苏联建成世界上最早的太阳能热电站。

全球发电量为 9 589 亿千瓦时。

全球水电总装机容量 7.12 万兆瓦，水力发电量占全球发电总量的 35.8%。

美国进行世界上首批辐射育种试验。

1951 年

美国建造的世界第一座用于发电的核反应堆试验成功。

制成磁带地震仪。

休斯公司开发碳化钨镶齿钻头。

沙特阿拉伯发现塞法尼耶大油田。

美国格里奇公司建成浮阀蒸馏塔。

Kordesch 等人研究直接甲醇燃料电池。

英国建成土壤耦合热泵供暖系统。

1952 年

美国进行世界上首次氢弹爆炸试验。

瑞典建成世界上首条 380 千伏超高压交流输电线路。

美国 Delaware-Childer 油田首次进行火烧油层法开采现场试验。

美国约巴林达油田首次进行注蒸汽开采重质原油现场试验。

加拿大瑞吉纳德·帕蒂森获盐穴储存 LPG 专利权。

美国开发出世界上第一批地震勘探资料计算机处理程序。

保加利亚发现国内第一个天然气工业气田。

塞尔维亚发现国内第一个天然气工业气田。

英国伦敦发生世界上最严重的"烟雾"事件。

1953 年

阿布扎比发现国内第一个油田 Murban 油田。

1954 年

苏联 Lisbon 油田、美孚石油公司首次进行微生物驱油现场试验。

加拿大建成第一套润滑油加氢补充精制装置。

第一个海洋环境保护国际公约《国际防止海上油污公约》获得通过。

美国建成世界上第一艘核动力潜艇。

美国的恰宾等人发明世界上第一个实用太阳能光伏电池——单晶硅太阳能电池。

苏联建成世界上第一座核电站（试验堆）。

瑞典建成世界上第一个工业性直流输电工程——哥特兰岛直流工程。

1955 年

出现第一盏光伏航标灯。

意大利埃尼集团总裁马太创立石油投资开发参股制度（又称合营制）。

中国发现第一个陆相大油田克拉玛依油田。

南非建成 Sasol-I 合成油厂。

世界固体、液体、气体燃料及电力产量占全球一次能源生产总量的比例分别为 51.3%、35.4%、11.5%、1.8%。

以色列发现国内第一个天然气工业气田。

安哥拉发现国内第一个油田——本菲卡油田。

1956 年

西班牙镭公司建成世界上第一个利用微生物浸出铀矿石的工业应用装置。

美国人哈伯特提出石油峰值理论。

英国建成世界上第一座气冷堆核电站。

法国建成石墨气冷堆核电站。

世界上第一艘实际应用的浮式钻井船"CUSS-1 号"建成。

J. Reisberg 等人进行非离子表面活性剂 Triton X-100 和 NaOH 复合驱油室内模拟试验。

苏联出台柴油加氢装置设计标准。

中国在兰州兴建国内第一座大型现代化炼油厂。

阿尔及利亚发现巨型气田哈西鲁迈勒气田。

Pratt 和 Whitney 制成氢动力的涡轮喷气发动机。

1957 年

苏联使用氢氧火箭将世界上首颗人造卫星送入太空。

英国建成世界上第一个液化天然气接收站。

芬兰在南塔里兴建国内第一座炼油厂。

沙特阿拉伯迈尼费大油田被发现。

世界上第一套油田水处理系统投入使用。

苏联列尼特油田首次采用点状注水开采。

加拿大帕宾那油田实施注液化石油气开采试验。

Becker 发明电容器。

刚果发现国内第一个天然气工业气田。

国际原子能机构（IAEA）成立。

丹麦人盖瑟发明失速型风力发电机。

1958 年

美国 San Carlos 油田首次进行四层完井。

美国杜威－巴托列斯维尔油田开展大规模注 CO_2 开采试验。

中国第一条输气管道在四川盆地建成。

太阳能电池装载在美国人造卫星上，首次应用到太空领域。

Thomas Grubb 等人开发出质子交换膜燃料电池。

阿联酋发现国内第一个天然气工业气田。

尼日利亚发现国内第一个天然气工业气田。

新西兰怀拉基建成世界上首座直接利用地热湿蒸汽发电的地热电站。

1959 年

墨西哥在 Pathe 地热田建成国内第一座地热电站。

利比亚发现国内第一个天然气工业气田。

新西兰发现国内第一个天然气工业气田。

培根制成一台装有 5 kW 燃料电池的焊接机。

美国"甲烷先锋号"从美国抵英国，开创液化天然气（LNG）船运的先河。

里奇蒙德炼油厂建成第一套加氢裂化装置。

中国发现国内最大的油田大庆油田。

世界上第一座自动采油平台出现。

里奇蒙德炼油厂建成加氢异构化工业试验装置。

荷兰发现北海首个气田——格罗宁根天然气田。

苏联首创垂直地震剖面勘探法。

荷兰人 Zijlstra 发明稀土储氢合金。

Harry Karl Ihrig 展示世界第一辆燃料电池汽车（牵引车）。

发明第一个多晶硅太阳能电池。

1960 年

法国建成世界上第一座实用太阳能热电站。

Broers 等人制成熔融碳酸盐燃料电池。

人们开始应用铝合金钻杆。

石油输出国组织（OPEC）成立。

美国 Gebo 油田建成世界上首个自动采油油田。

美国在盖瑟斯建成世界上首座大于 10 兆瓦的地热电站。

新西兰塔斯曼造纸有限公司将地热用于工业生产。

1961 年

海湾石油公司建成第一套油田自动化系统。

美国 King ranch 油田实现六层完井。

A. K. Csazer 发明油溶性驱油剂。

壳牌公司的世界上第一艘自航钻井船在墨西哥湾投入使用。

德国开发出井下电视测井仪。

一块核电池（放射性同位素电池）被装到美国第一颗人造卫星并进入太空。

Elmore 等人发明磷酸燃料电池。

澳大利亚发现国内第一个商业油田——木尼油田。

1962 年

壳牌石油公司设计、建成世界上第一个半潜式钻井平台。

美国建成世界上第一个流化床工艺垃圾焚烧发电厂。

美国开发出水下机器人进行深水钻井、采油作业。

世界石油产量占世界能源生产总量的比例（41.3%）首次超过煤炭。

W. B. Gogarty 创造"马拉驱油法"。

纽约美孚石油公司开始出售分子筛催化剂。

苏联建成世界上首条直径为 1 420 毫米的输气管道。

美国"水星号"飞船使用质子交换膜燃料电池。

美国人卡森发表《寂静的春天》。

阿曼发现国内第一个油田——耶巴尔油田。

加拿大建成坎杜型重水堆示范核电站。

1963 年

日本在茨城县建成试验堆核电站。

中国大庆油田将计算机应用于油气勘探和开发。

委内瑞拉克里奥尔石油公司开发出大型压裂采油技术。

美国 Bay Marchand 油田首次进行注海水采油。

中国基本实现石油自给。

美国埃索公司提出三维地震勘探法的概念。

美国宇宙飞船使用氢燃料遨游太空。

1964 年

苏联首先制成镍氢电池。

美国布朗石油工具公司生产第一代连续油管系统。

发现阿联酋扎库姆大油田。

日本人益田善雄发明海浪发电航标灯。

美国制成总重 1 800 吨、可钻 3 000 米的大型钻机。

英国燃气公司建成世界上第一套煤制天然气商业装置（CRG 工艺）。

西班牙发现国内第一个天然气工业气田。

1965 年

发现苏联萨莫特洛尔大油田。

日本大阪市西淀工厂进行垃圾焚烧发电。

苏联发现巨型气田扎波利亚罗。

苏联在麦索雅哈气田中首次发现天然气水合物。

第一台燃气轮机电动钻机出现。

美国开发出液压钻机。

苏联巴夫雷油田首次采用选择性注水开采。

中国第一套流化床催化裂化装置投产。

苏联在油田上进行核爆炸增产试验。

英国在北海发现国内第一个天然气工业气田。

阿尔及利亚发现国内第一个天然气工业气田。

美国东北部地区大停电。

世界最早的一宗环境诉讼案（关于水电站修建案）在美国发生。

1966 年

丹麦发现国内第一个天然气工业气田。

美国 Magnet Withers 油田首次进行八层完井。

美国制成螺杆钻具。

印度尼西亚创立石油产量分成制度。

埃克森公司开始研究供氢溶剂煤直接液化技术（EDS）。

芬克首先提出热化学制氢的概念。

苏联发现巨型气田奥伦堡气田。

苏联发现巨型气田乌连戈伊气田。

1967 年

印度尼西亚米纳斯油田实施地震采油。

日本八丁原地热田投产世界上首座二次闪蒸的地热电站。

苏联建成乌克兰堪察加地热电站。

菲律宾建成蒂威地热电站。

中国发现国内首个海上油田渤海湾 1 号油井。

法国建成世界上第一座大型商业化潮汐电站——朗斯潮汐电站。

雪佛龙公司实现双金属催化剂铂铼重整。

日本千叶炼油厂首次实现渣油固定床加氢处理工业化。

埃及发现国内第一个天然气工业气田。

1968 年

挪威发现国内第一个天然气工业气田。

澳大利亚巴罗岛油田采用面积法注水开采。

美国首次进行泡沫液压裂采油试验。

美国应用卫星导航技术进行地震勘探。

苏联建成并投产世界上第一条北极圈内天然气管道。

美国阿贡国家实验室开发出锂硫电池。

苏联氢气汽车试验成功。

1969 年

冰岛投产诺马夫雅地热电站。

美国俄勒冈州进行地热加温土壤的田间试验。

世界地热发电总装机容量 673 兆瓦。

美国通用汽车公司开发出插电式电动车。

苏联发现巨型气田亚姆堡气田。

挪威发现北海首个油田——埃科菲斯克油田。

史密斯公司开发出戴纳钻具。

装有碱性燃料电池的"阿波罗号"飞船实现人类首次载人登月的壮举。

法国巴黎建成垃圾焚烧发电厂。

1970 年

美国制成钻深 3 050 米的柔性杆钻机。

美国制成可钻 15 000 米以上深井的钻机。

澳大利亚海上鱼王油田投产。

英国发现福蒂斯油田。

埃克森公司开发出甲醇制汽油（MTG）工艺。

日本首次利用液化天然气（LNG）发电。

通用汽车公司提出"氢经济"概念。

美国开发出世界上第一辆专用甲醇做燃料的汽车。

美国出台《资源回收法》。

1971 年

卡塔尔发现巨型气田北部气田。

苏联发现巨型气田博瓦涅科沃气田。

美国海湾石油公司建成并投产第一套提升管式反应器催化裂化装置。

环球油品公司建成第一套连续再生的铂重整工业装置。

发现苏联 Fyodorovsko 大油田。

日本三菱公司推出纯电动汽车 Minicab EV。

中国在第二颗人造卫星上安装太阳能电池。

1972 年

德国建成世界上第一座工业规模的 IGCC 示范装置。

法国在尼日尔的一所乡村学校安装硫化镉光伏系统。

美国发明电动水龙头钻机。

首次应用井间地震勘探法。

第一届联合国人类环境会议召开。

美国在新墨西哥州进行干热岩体发电试验。

喀麦隆发现国内第一个天然气工业气田。

1973 年

泰国发现国内第一个天然气工业气田。

加拿大第一次从人工岛上钻井。

阿科公司费城炼油厂建成一套加氢脱硫装置。

世界石油、煤炭产量占世界能源生产总量的比例分别为 52.0%、25.7%。

意大利建成第一套 MTBE 工业生产装置。

美国建成海流电站（试验）。

第一次石油危机爆发。

以色列人洛布在死海建成 150 千瓦海水盐差发电实验电站。

1974 年

日本建成世界上第一艘波浪发电船。

国际能源署（IEA）成立。

巴西发现加鲁巴油田。

印度发现孟买高地油田。

首届世界氢能大会召开。

南非发现国内第一个天然气工业气田。

越南发现国内第一个天然气工业气田。

美国出台太阳能研究、开发和示范法。

日本实施推动太阳能等开发利用的"阳光计划"。

1975 年

越南发现国内第一个油田——白虎油田。

萨尔瓦多投产国内第一座 30 兆瓦的地热电站。

科特迪瓦发现国内第一个天然气工业气田。

日本立法推动垃圾焚烧发电厂发展。

巴西推出世界首个"国家燃料乙醇计划"。

1976 年

世界核电站总装机容量超过 1 亿千瓦。

发现墨西哥坎塔雷尔大油田。

克里斯坦森公司推出聚晶金刚石复合片（PDC）钻头。

英国人威尔斯发明用于波浪发电的对称翼型涡轮发电机。

美国特立科公司发明随钻测量（MWD）技术。

壳牌公司开发出复式生产 - 储油 - 卸油系统。

伊朗兴建产能为 1 000 万吨 / 年伊斯法罕炼油厂。

日本川崎炼油厂建成第一套灵活焦化装置。

阿联酋第一座炼油厂在乌姆纳尔建成。

苏联发现巨型气田阿斯特拉罕气田。

中国的孙国超等人分离出 40 多株产氢菌。

世界上第一条洲际输气管道——阿尔及利亚至意大利输气管道开工建设。

阿曼发现国内第一个天然气工业气田。

非晶硅太阳能电池制成。

1977 年

中国在甘肃建成被动式太阳房。

菲律宾发现国内第一个天然气工业气田。

载重 33 万吨以上的"文渚号"和"文伯号"油轮在非洲南部相撞。

美国 GTL 公司开发出小型天然气制合成油装置。

美国举办第一届国际电动汽车会议。

中国在西藏羊八井建成国内首个地热电站。

美国成立波尔盖特地热温室公司。

巴西在圣保罗推广 E20 乙醇汽油。

1978 年

法国立法允许在汽油中加入 3% 乙醇。

美国《能源税收法案》鼓励使用乙醇汽油。

美国内华达州成立地热食品加工厂。

加拿大在冷湖油田钻成第一口重油热采井。

中国钻成井深 7 000 米以上的国内第一口超深油井。

沙特阿拉伯建成世界上最大的油田注海水开发系统。

美国建成 100 千瓦太阳能光伏电站。

美国首次把可再生能源发电引入上网电价政策。

智利首先推行电力工业私有化。

1979 年

世界太阳能电池安装总量达到 1 兆瓦。

美国三哩岛核电站发生核事故。

Arco 公司钻成横向井。

英国首先推行油气工业私有化。

第二次石油危机发生。

美国开发出电化学气化制氢技术。

第一届重油及沥青砂国际会议在加拿大召开。

苏丹发现国内第一个油田阿布加比拉赫油田。

美国联邦政府制订乙醇汽油计划。

1980 年

苏联建成用于发电的坝高 300 米的 20 世纪世界最高的土石坝。

苏联建成世界上坝高最高的水电站——努列克水电站（坝高 300 米）。

世界上最深采油井（生产井）超过 20 000 英尺（6 096 米以上）。

美国在肯塔基州建成煤加氢液化制油 (HTI) 中试厂。

世界上首个地震勘探资料解释工作站（人机联作系统）问世。

美国在华盛顿州建成世界第一座大型风电场。

日本建成总重量 49 800 吨可装运液化气 80 000 立方米的世界上最大液化气船。

首个实现工业化的锂蓄电池——锂－硫化钼电池在美国投产。

爱尔兰发现国内第一个天然气工业气田。

美国进行大豆油替代柴油燃料研究。

南非进行天然油脂与柴油混合使用研究。

欧洲在西西里岛联合建成世界上第一座并网发电的太阳能热电站。

加拿大开工建设世界上单机容量最大的潮汐发电站。

巴西制成世界上第一架燃料乙醇飞机。

1981 年

以太阳能电池为动力的"Solar Challenger"飞机成功飞行。

日本建成世界上第一座 100 千瓦级的海洋温差电站。

中国在江苏建成 160 千瓦稻壳气化发电厂。

德国建成 200 吨／日煤液化精制联合工艺（IGOR）工业试验装置。

加拿大推广应用 100% CO_2 加石英砂的干法压裂采油技术。

1982 年

美国建成 30MJ/10MW 超导储能装置。

美国 Reno 油田建成泵柱长度达 4 420 米的世界上最深的有杆抽油井。

中国提出将 F–T 合成与沸石分子筛结合的固定床两段合成（MFT）工艺。

新西兰兴建以天然气为原料转化为合成油的天然气制油（GIL）工厂。

世界上出现第一辆太阳能电动汽车。

1983 年

苏联钻出万米（12 006 米）超深地质探井。

美国开发的电磁波加热驱油法实现商业化。

斯佩里森公司开发出第一台随钻测井（LWD）技术。

美国 Craham Quick 将可再生的脂肪酸甲酯定义为生物柴油（狭义）。

美国发现稀有的氢－氮气田。

挪威建成世界上最大的污水源热泵供热系统。

日本实施燃料乙醇计划。

美国加利福尼亚州建成地热污水处理厂。

1984 年

大陆石油公司在北海建成世界上第一座张力腿式平台。

苏联乌连戈伊气田至德国的世界上最长输气管道投产。

中国制成国内第一辆太阳能汽车。

也门发现国内第一个天然气工业气田。

也门发现国内第一个油田埃利夫油田。

赤道几内亚发现国内第一个油田阿尔巴油田。

日本制造的液氢汽车试车成功。

美国建成世界上第一座工业性 IGCC 试验电站——冷水电站。

美国和德国等国家的学者对广义上的生物柴油做出定义。

1985 年

苏联建成世界上首条 1 150 千瓦特高压交流输电线路。

奥地利建成用菜籽油生产生物柴油（甲酯）的中试装置。

巴西以乙醇为燃料的汽车占新增汽车比例达到 96%。

中国在深圳建成国内第一座现代化垃圾焚烧发电厂。

1986 年

新西兰建成天然气基甲醇制汽油（MTG）工厂。

第一套催化裂化轻汽油醚化装置投产。

美国率先实行洁净煤技术计划。

巴布亚新几内亚发现国内第一个天然气工业气田。

挪威建成世界上首座聚波水库式波浪电站。

瑞典开发商业规模 PFBC-CC 发电站。

发明锂离子电池。

Arco Solar 公司开发出世界上首例商用薄膜电池"动力组件"。

苏联切尔诺贝利核电站发生最严重的核事故。

新加坡建成每年焚烧垃圾 2 700 吨的发电厂。

中国天津建成地热禽畜水产养殖场。

1987 年

世界煤炭探明储量为 16 310 亿吨。

加拿大人巴拉德发明固体高分子型燃料电池。

美国加利福尼亚州推广 M85 甲醇汽车。

欧洲建成第一座全部以沼气为燃料的汽轮机发电厂。

芬兰建设北欧最大的埃麦斯索奥垃圾发电处理中心。

1988 年

世界上首架装有一个液氢为燃料的载人喷气式客机在莫斯科试飞。

苏联科拉半岛的地质探井井深突破 40 000 英尺（约 12 192 米）。

丹麦建成世界上第一座秸秆燃烧发电厂。

出现随钻地震测量法。

美国在盖瑟斯建成世界上最大的地热发电站，总装机容量达 2 023 兆瓦。

伊朗发现巨型气田南帕尔气田。

美国在奇诺市用铅酸蓄电池建成世界上最大的 40 兆瓦时的储能电池系统。

1989 年

埃克森公司"瓦尔迪兹号"油轮在阿拉斯加南部海域触礁，造成严重污染。

巴拉德动力系统公司制成世界上第一辆高性能燃料电池动力巴士。

日本理工化学研究所首次实现太阳能光解水制氢。

出现优质油管。

全球风力发电总装机容量达 171 万千瓦。

中国在珠海建成国内第一座波浪电站。

1990 年

日本建成世界上最大的 1 000 千瓦级的实用型海洋温差电站。

瑞典建成世界上首个海上风力发电试验项目（试验）。

克里斯坦森公司发明连续油管钻井技术。

世界能源委员会（WEC）成立。

挪威北海 Hod 油田建成第一座无人操作生产平台。

奥地利实现以菜籽油为原料，实现生物柴油的工业化生产。

第三次石油危机发生。

中国哈尔滨工业大学开展生物发酵制氢研究。

Numar 公司开发出核磁共振测井技术。

日本建成世界上最大的锌溴电池组。

日本索尼公司向市场推出第一块锂离子电池。

美国加利福尼亚州发布《ZEV 法案》。

德国电力输送法鼓励支持可再生能源发电。

美国《空气清洁法修正案》规定汽油中添加乙醇或 MTBE，汽车使用含氧汽油。

德国建成世界上首座全为太阳能集热供电的"零能源住宅"。

1991 年

丹麦在波罗的海建成世界上第一个海上风电场。

中国自主开发、建成国内第一座核电站。

瑞典建成世界上第一座生物质气化燃气轮机 / 发电机 – 汽轮机 / 发电机联合发电厂。

世界上首个商业化 200 kW–PC25 磷酸燃料电池装置建成发电。

日本东京电力公司开发出采用 Cd–Ni 电池组的电动车。

能源宪章会议成立。

1992 年

《联合国气候变化框架公约》通过。

欧盟对成员国发展生物乙醇燃料和生物柴油生产实行免税政策。

英国建成动物粪便发电厂。

奥地利首先推广拖拉机使用生物柴油燃料。

德国凯姆瑞亚·斯凯特公司开发出连续化的生物柴油生产装置。

美国 P&G 公司用大豆油生产出生物柴油。

1993 年

加拿大巴拉德动力系统公司推出全球首辆质子交换膜燃料电池公共汽车。

马来西亚建成天然气制合成油（SMDS）工厂。

雪佛龙等公司共同推出第一套石油软件集成平台系列标准。

BP 的 Espana 炼油厂建成第一套灵活裂化装置。

1994 年

比利时制成强碱型燃料电池和蓄电池混合动力公共汽车。

戴姆勒 – 克莱斯勒公司开发出第一代氢燃料电池汽车。

美国制成世界上第一辆使用甲醇燃料的 PAFC 动力公交车。

美国 EPA 出台法规，鼓励使用生物柴油。

美国应用生物质混燃技术发电。

位于哥斯达黎加西北部的中美洲最大地热田开始发电。

1995 年

巴西出现欠平衡钻井技术。

美国开始研发智能钻井系统。

史密斯公司开发出可预测走向型 PDC 钻头。

中国上海焦化厂建成世界上第一套煤气化 U-gas 工业装置。

英国在克莱德河口建成世界上第一座商用波浪电站。

以色列首次将锌 - 空气电池用于电动车上。

1996 年

丹麦建成世界上最大的 Marstal 太阳能供热采暖系统。

美国建成技术先进的 Solar Ⅱ 太阳能热电站。

欧洲成立生物柴油委员会。

德国奔驰公司开发的第一批燃氢公共汽车投入使用。

美国通用汽车公司开发出纯电动轿车 EV1。

中国制成国内第一辆镍氢电池汽车。

世界煤炭探明储量 10 316 亿吨。

吉尔吉斯斯坦建成国内第一座炼油厂。

世界固体、液体、气体燃料及电力产量占全球一次能源生产总量的比例分别为 27.9%、38.0%、24.3%、9.8%。

美国哈斯尔公司建成 1 兆瓦稻壳发电示范工程。

1997 年

奥地利建成生物质气化混合燃烧发电示范工程。

日本建成 4 500 千瓦燃料电池发电厂。

美国研究激光钻井技术。

中国在南海西江 24-3 号平台上创造水平位移 8 063 米的世界纪录。

挪威北海 Saga 公司首次进行智能完井试验。

巴西创造在 1 709 米水深开采石油的世界纪录。

日本丰田公司在世界上首次批量生产电动汽车。

世界太阳能电池年产量首次超过 100 兆瓦，为 126 兆瓦。

人类第一个减少温室气体排放义务的法律文件《京都议定书》获得通过。

1998 年

巴西建成总装机容量达 1 400 万千瓦的 20 世纪世界上最大的水电站。

第一个有商业价值的 $Cu（In，Ga）Se_2$ 组件制成。

加拿大开展套管钻井技术试验。

世界上最长海底输气管道挪威—法国 Norfa 输气管道建成。

世界天然气探明储量为 145.6 万亿立方米。

瑞士建成世界上水头最大的水电站——大狄克逊水电站。

中国在杭州建成国内第一座沼气发电厂。

1999 年

世界天然气产量为 24 477 亿立方米。

美国出现微钻井技术。

日本建成以煎炸油为原料的工业化生物柴油试验装置。

世界海上石油产量（14.5 亿吨）占世界石油总产量的 41.88%。

世界煤炭产量为 35 亿吨。

世界原油产量为 34.62 亿吨。

世界石油出口 25.75 亿吨。

世界石油剩余探明储量为 1 476 亿吨。

全球风力发电总装机容量为 1 393 万千瓦。

全球生产商生产蓄电池产值约 189 亿美元。

中国第一辆燃料电池汽车在清华大学试验成功。

全球发电量为 148 388 亿千瓦时。

世界火电、水电、核电、可再生能源发电量在世界电力生产总量中所占比例分别为 63.4%、17.9%、17.1%、1.6%。

世界地热直接利用总装机容量为 15 144 兆瓦。

世界乙醇产量为 300 亿升。

2000 年

法国 MDI 公司推出压缩空气动力汽车（APV）。

世界原油一次加工能力达 40.77 亿吨。

钻深达万米以上（钻深 11 278 米、工作水深 3 048 米）的 "Belford Dolphin 号" 浮式钻井船建成。

英国引进丹麦技术建成世界上最大的秸秆发电厂。

世界地热发电总装机容量为 8 170 MW。

中国发现苏里格大气田。

首届国际氢能论坛在德国召开。

世界上首部《可再生能源法》在德国生效。

俄罗斯 "库尔斯克号" 核潜艇沉没。

中国建成世界上总装机容量最大的抽水蓄能电站——广州抽水蓄能电站。

泰国开始实施燃料乙醇计划。

2001 年

中国宣布将推广车用乙醇汽油。

全球燃料乙醇产量达 1 456 万吨。

天然气出口国论坛成立。

德国批准世界上第一个离海岸 12 海里的海上风电场项目。

贝克石油工具公司开发出智能井系统。

壳牌公司在墨西哥湾建成井深超过 7 000 米的采油井。

世界上最大深水项目安哥拉吉拉索尔油田投产。

中国第一个煤直接液化示范项目建设获国务院批准，于 2010 年建成投产。

印度和日本在印度共建 10 000 千瓦级的海洋温差电站。

中国在海南建成国内第一家生物柴油工厂。

2002 年

中国开工建设西气东输工程。

美国出台生物柴油标准。

全球生物柴油产量超过 100 万吨（为 122 万吨）。

中国建成世界上首座漂浮式潮流能实验电站。

俄罗斯建成世界上最深的海底输气工程——俄罗斯—土耳其"蓝色气流"输气管道。

全球原电池市场销售额预计为 210 亿美元。

日本推出世界上最早的商品化燃料电池汽车。

2003 年

"国际氢能经济合作伙伴"会议在美国华盛顿召开。

美国开始进行碳纤维钻杆现场工业实验。

美国泛洋公司在墨西哥湾创造钻井水深 3 051 米的世界纪录。

德国制成首艘燃料电池潜艇。

欧盟禁止将镉镍电池用作动力电池。

中国在北京建成国内首座碟式太阳能热发电试验电站。

发现伊朗 Ferdows/Mound/Zgaheh 大油田。

英国建成世界上第一座 300 千瓦级海流电站。

欧洲议会发布"生物燃料指令"。

欧盟颁布生物柴油燃料标准。

印度种植生物柴油原料作物——麻疯树。

2004 年

巴西实施生物柴油的临时法令。

德国立法允许石油公司在化石柴油中掺入 5% 的生物柴油。

全球燃料乙醇产量超过 2 000 万吨，为 2 246 万吨。

英国建成世界上第一座商业示范波面筏式波浪电站。

全球 124 个地点发现天然气水合物，其中有 84 处在海洋。

全球有 812 个海上油气田投产。

发现伊朗 Azadegan 大油田。

美国联邦一位法官命令埃克森美孚公司支付 45 亿美元罚金和 22.5 万美元利息给 1989 年因"瓦尔迪兹号"油轮泄漏而受影响的受害者。

德国有 1 900 座厌氧发酵处理废弃物发电厂。

全球液化天然气贸易达 7 982 亿立方米。

中国创造年新增水电装机容量超过 10 000 兆瓦的纪录。

全球太阳能电池年产量首次超过 1 000 兆瓦，为 1 195 兆瓦。

全球生物质发电量约为 2 000 亿千瓦时，是风能、太阳能、地热能等其他可再生能源发电量的总和。

2005 年

英国建成世界上第一座大型草燃料发电厂。

南非建成非洲第一家生物柴油工厂。

全球生物质发电总装机容量约为 5 000 万千瓦。

中国太阳能热水器安装量占世界太阳能热水器安装总量的 77%。

Transocean Sedco Forex 公司在墨西哥湾创造海上钻井井深 10 421 米的世界纪录。

巴西坎波斯马利姆 – 苏尔油田安装世界上第一套自动智能完井系统。

中国研发世界上首座集发电、充电、海水淡化于一体的波浪电站。

俄罗斯开发出超声波驱油技术。

2006 年

全球天然气汽车拥有量达 490 万辆。

中国建成世界上第一艘采用钻机全变频驱动技术的自升悬臂式钻井船。

中国在山东建成首个国家级生物质发电示范项目。

全球有 1 000 多座垃圾焚烧发电厂。

卡塔尔建成世界上最大天然气合成油厂。

埃克森美孚公司实施快速钻井方法。

英国、美国各建成一座氢能发电站。

中国第一次提出节能与新能源汽车的概念。

中国开发出 CGDS-1 近钻头地质导向钻井系统。

中国建成世界上最先进的三维地震数据采集装备——"先锋号"地震勘探船。

加拿大立法规定在汽油中加入生物燃料。

2007 年

发现巴西 Sugar Loaf 大油田。

中国与土库曼斯坦签约共建世界上运输距离最长（约 11 000 千米）、规模最大的中亚—中国天然气管道。

全球油气管道干线总长约 260 万千米，其中天然气管道为 156 万千米。

中国在渤海湾建成国内第一个海上风能电站。

全球太阳能供热约为生物质供热的 35%。

英国建成国内第一座生物乙醇装置。

巴西成为世界上唯一不出售纯汽油的国家。

2008 年

中国在世界上第一次在中低纬度冻土区发现天然气水合物。

国际油价高达 147 美元／桶。

世界原油产量为 39.29 亿吨。

世界原油一次加工能力达 42.80 亿吨。

中国自主研发的燃料电池汽车在北京奥运会中投入使用。

英国在威尔士建造世界上最大的 350 兆瓦生物质发电厂。

美国爱达荷州国家实验室实现太阳能高温电解水制氢。

全球氢产量为 3 288 太瓦时。

2009 年

中国建成总装机容量达 2 240 万千瓦的迄今世界上最大的水电站——三峡水利枢纽。

法国建成世界上最深的地下垃圾焚烧发电厂。

巴西投产世界上首个平均水深达 6 000 米的超深水海上油田。

中国建成煤产甲醇制汽油（MTG）工厂。

国际可再生能源机构成立。

世界石油剩余探明储量 1 812 亿吨。

中国建成国内首个具有自主知识产权的煤基合成油示范项目。

中国南方冰雪导致大停电。

中国建成世界上首条特高压直流输电工程向家坝—上海 ±800 千伏特高压直流输电示范工程。

全球发电量 200 793 亿千瓦时。

全球火电、水电、核电、可再生能源发电量在全球电力生产总量中所占的比例分别为 67.5%、16.1%、13.4%、3.0%。

中国成为煤炭净进口国。

世界太阳能电池年产量首次突破 10 000 兆瓦，为 10 700 兆瓦。

全球水力发电量为 32 328 亿千瓦时。

2010 年

世界天然气产量为 31 933.3 亿立方米。

世界燃料乙醇产量超过 6 000 万吨，为 6 830 万吨。

2011 年

世界地热发电总装机容量达 11 200 兆瓦。

世界地热直接利用总装机容量达 58 000 兆瓦。

世界煤炭进出口总量为 22.38 亿吨。

中国建成世界上第一套并网运行的高温超导储能系统。

全球海上风电总装机容量近 400 万千瓦。

荷兰在鹿特丹建设欧洲最大的 80 万吨 / 年生物柴油装置。

荷兰航空公司在世界上首次使用生物柴油进行商业飞行。

全球生物柴油产量 1 797 万吨。

韩国建成总装机容量为 25.4 万千瓦的世界上最大的潮汐发电站。

全球风力发电总装机容量达 23 804 万千瓦。

全球地热、太阳能、风力、生物质发电总装机容量分别为 11 200 兆瓦、1 760 万兆瓦、238 040 兆瓦、72 000 兆瓦。

全球水电总装机容量首次超过 100 万兆瓦，达到 107.57 万兆瓦。

日本福岛第一核电站发生最严重的 7 级核事故。

2012 年

印度 9 个邦大停电，超过 6.7 亿人口受到影响。

世界石油出口量为 27.29 亿吨。

特斯拉公司出售第一辆电动轿车 Model S。

全球混合动力电动汽车销量达到 150 万辆以上。

世界一次能源消费构成：石油占 33.1%，煤炭占 29.9%，天然气点 23.9%，水电占 6.7%，核电占 4.5%，可再生能源占 1.9%。

2013 年

世界石油剩余探明储量 2 382 亿吨，储采比 53 年。

世界天然气探明储量 185.7 万亿立方米。

2014 年

全球纯电动汽车销量达 16 万辆。

全球插电式混合动力电动汽车销量 10.5 万辆。

全球在役核反应堆 425 个，总装机容量为 3.75 亿千瓦。

2015 年

中国在福建福清、广西防城港分别建设具有自主知识产权的第三代核电项目——"华龙一号"核电示范项目。

表格索引

续表

表　序	表　题	页　码
表 6-1	1754—1774 年查尔斯顿出口的木材及木制品发展情况	93
表 6-2	1860 年和 1910 年美国工业增加值最大的十个行业发展情况	93
表 6-3	18—19 世纪中国岭南地区林地情况	95
表 6-4	18—19 世纪中国岭南地区木材／燃料供应情况	95
表 7-1	新式水轮机的类型	101
表 7-2	美国的河流情况	103
表 7-3	近代太阳能开发进程	104
表 7-4	近代风车翼板的发明情况	109
表 8-1	蒸汽机的开发利用进程	115
表 8-2	瓦特改进蒸汽机的发明过程	118
表 8-3	后瓦特时代的新型蒸汽机	119
表 8-4	蒸汽机效率的改进	119
表 8-5	1670—1760 年荷兰捕鲸业统计情况	123
表 9-1	19 世纪各大洲煤炭产量增长情况	130
表 9-2	1899 年各大洲煤炭产量及占比情况	130
表 9-3	1899 年世界煤炭产量前十位国家的情况	131
表 9-4	19 世纪亚洲部分国家和地区煤炭产量情况	131
表 9-5	19 世纪部分欧洲国家煤炭产量情况	132
表 9-6	英国主要煤矿的估计年产量情况	133
表 9-7	1700—1830 年英国煤炭产量的估算情况	134
表 9-8	1815—1899 年英国煤炭产量情况	134
表 9-9	19 世纪美洲国家煤炭产量情况	137
表 9-10	1800—1899 年美国煤炭产量情况	139
表 9-11	19 世纪南非煤炭产量情况	140
表 9-12	19 世纪澳大利亚和新西兰煤炭产量情况	141
表 9-13	1917 年各大洲煤炭产量及占世界煤炭总产量的比例情况	142
表 9-14	1917 年世界前十位煤炭生产国的煤炭产量及占世界煤炭总产量的比例情况	143
表 9-15	20 世纪初亚洲部分国家和地区煤炭产量情况	143
表 9-16	20 世纪初欧洲部分国家煤炭产量情况	144

续表

表　序	表　题	页　码
表 9-17	1900—1913 年俄国各地煤炭产量情况	145
表 9-18	20 世纪初美洲部分国家煤炭产量情况	145
表 9-19	20 世纪初非洲部分国家煤炭产量情况	146
表 9-20	20 世纪初澳大利亚和新西兰煤炭产量情况	147
表 9-21	世界炼焦技术的发展情况	148
表 9-22	近代世界各国或地区的城市开始使用煤气的时间	150
表 9-23	1819—1917 年世界各国煤炭出口量情况	153
表 9-24	1849—1917 年世界各国煤炭进口量情况	153
表 9-25	1762 年北京西山地区煤窑数量情况	156
表 9-26	1739—1793 年中国部分省份煤窑数量情况	156
表 9-27	1878—1892 年基隆煤矿煤炭产量情况	157
表 9-28	1882—1896 年开平煤矿煤炭产量情况	158
表 9-29	1873—1884 年洋务派创办民用企业状况	158
表 9-30	1914—1920 年中国河南矿业一览况	160
表 9-31	1895—1927 年民族资本煤矿简况	161
表 9-32	1912—1927 年机械开采煤矿产量及民族资本煤矿产量	163
表 9-33	1896—1917 年中国煤炭产量情况	164
表 9-34	1900—1913 年大英自来火房 / 上海煤气股份有限公司发展情况	166
表 9-35	1882—1896 年开平煤矿出口量情况	167
表 10-1	近代世界石油开发利用进程	169
表 10-2	近代世界石油地质勘探理论和技术的发展概况	172
表 10-3	近代部分国家发现的第一个油田 / 油井情况	179
表 10-4	近代全球发现的大型油田数据	180
表 10-5	美国近代发现的油气田	181
表 10-6	1860—1917 年世界各国原油产量情况	195
表 10-7	1860—1917 年俄国和美国的原油产量情况	197
表 10-8	1899—1946 年美国石油产品结构情况	209
表 10-9	近代各国建立第一家炼油厂的简况	210
表 10-10	近代各国境内首家（或首批之一）石油公司情况	211
表 10-11	近代美国（境内）石油公司的情况	211
表 10-12	标准石油（托拉斯）公司发展历程	213
表 10-13	1862—1917 年世界原油价格	220

续表

表　序	表　题	页　码
表 10-14	1870—1917 年主要贸易国的石油出口量情况	222
表 10-15	1859—1917 年主要贸易国的石油进口量情况	223
表 10-16	1911—1917 年中国油类进口情况	225
表 10-17	原油蒸馏的分馏物及其用途	227
表 11-1	近代世界各国（或地区）首次发现工业气田的时间	237
表 11-2	1900—1917 年主要天然气生产国的天然气产量	239
表 12-1	世界电力开发利用进程（至近代）	244
表 12-2	近代各式发电机的发明情况	256
表 12-3	近代电池的演化	258
表 12-4	近代欧洲部分国家发电量情况	263
表 12-5	近代美国、中国、日本、乌拉圭发电量情况	264
表 12-6	近代电力在电子信息领域的应用历程	278
表 12-7	近代电力在日常生活中的应用历程	279
表 13-1	现代世界石油开发利用进程	284
表 13-2	现代世界石油地质勘探技术与理论的演变	287
表 13-3	世界十大油田（至 2007 年）	288
表 13-4	世界石油资源概况（至 2007 年年末）	289
表 13-5	现代石油地质理论	289
表 13-6	1926—1931 年中国燃料油产量	295
表 13-7	中国人对"贫油论"的质疑	296
表 13-8	1921—1948 年中国地质学家开展中国石油地质调查情况	297
表 13-9	1935—1945 年中国地质学家对中国石油储量的估计	298
表 13-10	中国学者石油地质研究成果（1917—1949 年）	298
表 13-11	中国陆相生油理论的重要思想（20 世纪 10—80 年代）	301
表 13-12	石油勘探方法	305
表 13-13	现代地震勘探方法的演进	306
表 13-14	现代地震勘探的震源和地震仪	308
表 13-15	地震勘探数据采集、处理、解释技术的演化	308
表 13-16	地震数据处理中心技术及装备发展历程	309
表 13-17	电法勘探方法	310

续表

续表

表　序	表　题	页　码
表 13-51	喀麦隆等国家油田发现情况（1955—2005 年）	349
表 13-52	澳大利亚、新西兰油田发现情况（1953—1997 年）	350
表 13-53	1948—2009 年世界石油剩余探明储量	351
表 13-54	1950 年世界石油剩余探明储量的地区分布	352
表 13-55	1960 年、1973 年世界石油剩余探明储量的地区分布	352
表 13-56	1989—2009 年世界石油剩余探明储量的地区分布	353
表 13-57	1950 年世界石油剩余探明储量大国（1 亿吨以上）	354
表 13-58	1960 年世界石油剩余探明储量大国（10 亿吨以上）	354
表 13-59	1973 年世界石油剩余探明储量大国（10 亿吨以上）	355
表 13-60	1989 年世界石油剩余探明储量大国（10 亿吨以上）	355
表 13-61	1999 年世界石油剩余探明储量大国（10 亿吨以上）	356
表 13-62	2009 年世界石油剩余探明储量大国（10 亿吨以上）	356
表 13-63	全球巨型油田总可采储量变化表（按油田大小排序）	358
表 13-64	世界石油生产（开采）技术开发利用进程	364
表 13-65	世界石油钻井技术开发利用进程	366
表 13-66	世界石油钻井井深纪录（20 世纪）	368
表 13-67	1999 年世界在产油井数	368
表 13-68	油田钻头的演化（至 2001 年）	371
表 13-69	石油开采的三个阶段	377
表 13-70	1980—2004 年美国提高采收率项目数变化情况	380
表 13-71	1982—2004 年美国提高采收率产量变化情况	381
表 13-72	1994—2004 年加拿大实施的提高采收率项目	383
表 13-73	美国能源部资助表面活性剂－聚合物驱油试验项目情况（20 世纪 70 年代）	384
表 13-74	原苏联地区提高石油采收率（EOR）情况（至 1992 年 1 月）	386
表 13-75	1919—2008 年全球五大洲原油产量	389
表 13-76	1960—1977 年"三个世界"原油产量	390
表 13-77	2008 年世界原油产量分布	393
表 13-78	2008 年原油产量超亿吨国家的产量及比例	393
表 13-79	1919—2008 年亚洲国家／地区原油产量	394
表 13-80	1926—2008 年中国原油产量	395
表 13-81	1939—1945 年玉门油田生产情况	396

续表

续表

表　序	表　题	页　码
表 13-112	原油蒸馏环节	429
表 13-113	常用板式蒸馏塔（塔板）的发展与技术特点	430
表 13-114	常用填料塔的发展及技术特点	431
表 13-115	主要高能塔板产品及其特性	432
表 13-116	催化裂化工艺的演化（至 1993 年）	434
表 13-117	截至 2006 年 1 月 1 日世界主要国家催化裂化（FCC）加工能力情况	435
表 13-118	1991—2001 年中国催化裂化加工能力	435
表 13-119	1995 年、2000 年主要国家和地区催化重整装置概况（按催化剂再生方式划分）	436
表 13-120	截至 2006 年 1 月 1 日世界催化重整处理能力前十位的国家	437
表 13-121	世界加氢裂化工艺的演变（至 2005 年）	438
表 13-122	1991 年、2005 年世界主要国家加氢裂化能力	438
表 13-123	加氢反应器类型	439
表 13-124	2002 年世界汽（柴）油加氢精制装置工艺过程	439
表 13-125	2006 年其他国家和中国主要炼油装置构成	441
表 13-126	主要汽油调合组分的性质对比	442
表 13-127	2002 年世界异构化加工能力	443
表 13-128	2003 年世界润滑油基础油生产厂的生产能力和产量	444
表 13-129	世界润滑油脱蜡工艺的演化	445
表 13-130	各国公司提出的溶剂脱沥青工艺	446
表 13-131	1937—1990 年美国及加拿大溶剂精制装置构成	448
表 13-132	世界上生产Ⅱ、Ⅲ类润滑油基础油的工业装置	449
表 13-133	各种渣油加工工艺对比	450
表 13-134	1999—2003 年世界渣油加工能力和比例	451
表 13-135	2001 年中国重油转化工艺情况	451
表 13-136	截至 2008 年 1 月 1 日世界重油焦化能力排名前十的国家	451
表 13-137	世界储油罐技术的发展	453
表 13-138	1913—1971 年俄国/苏联各种运输方式中石油运量的比例	454
表 13-139	20 世纪上半叶部分国家输油管道的建设	454
表 13-140	20 世纪上半叶世界输油管道技术的开发与应用	455

续表

续表

续表

表 序	表 题	页 码
表 14-8	1950 年以来世界各国首个天然气工业气田发现时间	530
表 14-9	全球常规天然气资源量	535
表 14-10	世界常规天然气探明储量的测算值	536
表 14-11	1977 年世界十大天然气储量国	536
表 14-12	截至 1979 年 1 月 1 日世界各国天然气储量	537
表 14-13	1987 年世界天然气探明可采储量	538
表 14-14	1987 年世界十大天然气探明可采储量国	540
表 14-15	1998 年世界各地区天然探明储量	541
表 14-16	1999 年世界十大天然气探明储量国	541
表 14-17	2010 年世界天然气探明储量地区分布	542
表 14-18	2010 年世界十大天然气探明储量国	542
表 14-19	1988 年世界海上天然气探明可采储量分布	543
表 14-20	中国历次天然气资源评价结果对比	544
表 14-21	中国历次天然气远景资源评价结果	545
表 14-22	中国第三轮天然气资源评价情况	545
表 14-23	1949 年之前中国投入开发的天然气田	546
表 14-24	1987—2005 年天然气探明地质储量和产量	549
表 14-25	截至 2005 年中国探明天然气储量分布	550
表 14-26	中国天然气探明地质储量大于 300 亿立方米的气田	551
表 14-27	中国天然气探明地质储量为 50 亿～300 亿立方米的气田	552
表 14-28	截至 2005 年中国探明溶解气储量	554
表 14-29	1919—1949 年世界各国（地区）天然气产量	556
表 14-30	1919—1949 年世界天然气生产的地区分布	557
表 14-31	1959—2009 年世界天然气总产量及增长率	558
表 14-32	1955—1979 年世界各种能源产量及其占世界一次能源总量的比例	558
表 14-33	1985 年世界各种能源产量及其占世界一次能源生产总量的比例	559
表 14-34	1996 年世界初级能源（一次能源）产量分布	559
表 14-35	1959 年各大洲天然气产量及占世界总量比例	559
表 14-36	1969 年各大洲天然气产量及占世界总量的比例	560

续表

续表

表　序	表　题	页　码
表 14-62	世界 LNG 运输船容量的演变	595
表 14-63	1999 年世界天然气地下储气库概况	597
表 14-64	2004 年全球天然气消费构成	600
表 14-65	2007 年中国天然气消费构成	600
表 14-66	日本运行中的 LNG 电厂	601
表 14-67	1994 年日本天然气热电联产系统在工业中的应用	603
表 14-68	1980—2000 年世界电力生产中天然气消费量及所占比例	604
表 14-69	2002 年世界电力生产中排名前十位国家天然气消费量及所占比例	604
表 14-70	20 世纪 60 年代以来天然气发电效率提高状况比较	604
表 14-71	1997 年美国及西欧天然气化工利用结构	606
表 14-72	1984—2002 年世界氨的供求情况（以 N 计）	607
表 14-73	21 世纪初中国以天然气为原料的大型合成氨装置	607
表 14-74	20 世纪 90 年代中国以天然气为原料的甲醇装置	608
表 14-75	烃类乙炔生产工艺的演化	609
表 14-76	美国及西欧的天然气乙炔装置	609
表 14-77	世界氦资源分布情况	610
表 14-78	美国含氦气田分布及开发情况	610
表 14-79	中国主要天然气化工研究机构及生产企业	611
表 14-80	中国天然气化工研发成果	612
表 14-81	2006 年世界压缩天然气（CNG）汽车和加气站数量	614
表 14-82	2005 年中国"清洁汽车行动"天然气汽车数量	616
表 14-83	2005 年中国城市居民燃气用量构成	617
表 14-84	全球常规和非常规天然气资源量（俄罗斯学者估算）	619
表 14-85	世界部分国家煤层气资源量	619
表 14-86	全球煤层气、页岩气和致密砂岩气资源量及其分布	620
表 14-87	2012 年全球页岩气资源分布情况	620
表 14-88	2001 年各国页岩气技术可采资源量	621
表 14-89	2009 年全球非常规天然气资源的区域分布	622
表 14-90	世界海域增生楔发现天然气水合物一览表	625

续表

续表

表　序	表　题	页　码
表 15-27	2011 年亚洲各国煤炭产量及占世界总量的比例	660
表 15-28	1919—1989 年欧洲十大煤炭生产国	661
表 15-29	2011 年欧洲各国煤炭产量及占世界总量的比例	661
表 15-30	1919—1989 年美洲十大煤炭生产国	662
表 15-31	1919—1989 年美国煤炭产量及占美洲煤炭生产总量的比例	663
表 15-32	2011 年美洲各国煤炭产量及占世界总量的比例	663
表 15-33	1919—1989 年非洲十大煤炭生产国	663
表 15-34	1919—1989 年大洋洲主要国家煤炭产量	664
表 15-35	1919 年世界十大煤炭生产国	665
表 15-36	1929 年世界十大煤炭生产国	666
表 15-37	1939 年世界十大煤炭生产国	666
表 15-38	1949 年世界十大煤炭生产国	667
表 15-39	1959 年世界十大煤炭生产国	667
表 15-40	1969 年世界十大煤炭生产国	668
表 15-41	1979 年世界十大煤炭生产国	668
表 15-42	1989 年世界十大煤炭生产国	669
表 15-43	1999 年世界十大煤炭生产国	670
表 15-44	2011 年世界十大煤炭生产国	670
表 15-45	1919—1993 年世界主要煤炭生产国产量	671
表 15-46	1919—2011 年世界主要煤炭生产国产量及地位的变化	673
表 15-47	1999 年世界十大煤炭公司	678
表 15-48	2007 年全球市值最大的煤炭与消费能源公司	678
表 15-49	1919—1989 年世界煤炭进出口贸易量	679
表 15-50	1919 年各大洲煤炭贸易情况	681
表 15-51	1929 年各大洲煤炭贸易情况	681
表 15-52	1939 年各大洲煤炭贸易情况	681
表 15-53	1949 年各大洲煤炭贸易情况	682
表 15-54	1959 年各大洲煤炭贸易情况	682
表 15-55	1969 年各大洲煤炭贸易情况	682
表 15-56	1979 年各大洲煤炭贸易情况	683
表 15-57	1989 年各大洲煤炭贸易情况	683
表 15-58	2011 年各大洲煤炭贸易情况	684

续表

表　序	表　题	页　码
表 15-59	1919 年世界十大煤炭出口国	684
表 15-60	1929 年世界十大煤炭出口国	685
表 15-61	1939 年世界十大煤炭出口国	685
表 15-62	1949 年世界十大煤炭出口国	686
表 15-63	1959 年世界十大煤炭出口国	687
表 15-64	1969 年世界十大煤炭出口国	687
表 15-65	1979 年世界十大煤炭出口国	688
表 15-66	1989 年世界十大煤炭出口国	688
表 15-67	2011 年世界各国（地区）煤炭出口量情况	689
表 15-68	1919 年世界十大煤炭进口国	690
表 15-69	1929 年世界十大煤炭进口国	691
表 15-70	1939 年世界十大煤炭进口国	691
表 15-71	1949 年世界十大煤炭进口国	692
表 15-72	1959 年世界十大煤炭进口国	693
表 15-73	1969 年世界十大煤炭进口国	693
表 15-74	1979 年世界十大煤炭进口国	694
表 15-75	1989 年世界十大煤炭进口国	694
表 15-76	2011 年世界各国（地区）煤炭进口量情况	695
表 15-77	1988—2000 年世界煤炭价格	696
表 15-78	2000—2007 年世界部分国家动力煤价格	697
表 15-79	德国代表性焦化厂的焦炉及焦炭产量情况	702
表 15-80	德国凯泽斯图尔焦化厂大容积复热式焦炉的技术规格情况	702
表 15-81	每天 4 000 吨的 SCOPE 21 与常规焦炉的比较情况	703
表 15-82	几类典型煤气的组成和热值情况	704
表 15-83	煤炭气化工艺一览表	705
表 15-84	各国安装鲁奇气化炉情况	707
表 15-85	温克勒流化床煤气化的应用情况	709
表 15-86	K-T 气化技术在世界各国的应用情况	711
表 15-87	GSP 气化技术的应用情况	714
表 15-88	欧美国家煤炭地下气化情况	716
表 15-89	美国大平原煤气化联合公司建造过程	719
表 15-90	各国冷压型焦工艺情况	721

续表

表　序	表　题	页　码
表 15-91	各国热压型焦工艺情况	721
表 15-92	2006 年中国甲醇原料结构情况	724
表 15-93	甲醇气相法所用固体酸的种类情况	726
表 15-94	二甲醚"一步法"催化剂开发情况	727
表 15-95	二甲醚"一步法"浆态床工艺开发情况	728
表 15-96	2011 年世界乙二醇供求情况	729
表 15-97	2011 年世界十大乙二醇生产商情况	729
表 15-98	世界碳素工业发展进程	730
表 15-99	世界活性炭开发利用进程	731
表 15-100	煤矸石利用主要国家对煤矸石的利用方式	735
表 15-101	主要国家煤泥研究与利用情况	735
表 15-102	世界矿物微生物处理技术的演化	737
表 15-103	煤脱硫微生物的种类和特征情况	740
表 15-104	1997 年年底中国已查证煤炭储量及其分布情况	742
表 15-105	1997 年年底中国分品种已查证煤炭储量情况	744
表 15-106	1917—1949 年中国煤炭产量情况	745
表 15-107	20 世纪 20 年代中国民族资本煤矿情况	747
表 15-108	1912—1927 年中国民族资本煤矿产量情况	747
表 15-109	1914 年和 1930 年各国在华投资情况	748
表 15-110	1913—1942 年中国煤矿生产外资比例	749
表 15-111	1921—1926 年日本对中国倾销煤炭情况	749
表 15-112	1949—1978 年中国煤炭产量情况	750
表 15-113	1978—2012 年中国煤炭产量情况	753
表 15-114	中国大型煤炭基地概况	755
表 15-115	2005 年和 2012 年中国大型煤炭基地的煤炭产量情况	756
表 15-116	2000—2009 年中国十大煤炭生产企业	757
表 15-117	1970—2012 年中国煤炭进出口情况	758
表 15-118	2003 年中国煤炭境外输出结构及市场分布情况	760
表 15-119	2003 年中国炼焦煤资源的地区分布情况（不含港、澳、台地区）	762
表 15-120	中国炼焦煤资源的主要矿区及产地情况	763
表 15-121	2004 年中国主要炼焦煤矿区可采储量情况	764
表 15-122	2004 年中国主要炼焦煤的生产矿区情况	765

续表

表　序	表　题	页　码
表 15-123	2004 年中国炼焦精煤主要的生产矿区情况	765
表 15-124	1995—2004 年中国炼焦煤的煤种产量情况	766
表 15-125	1995—2004 年中国分地区焦炭产量情况	767
表 15-126	鲁奇炉在中国的应用情况	769
表 15-127	恩德流化床气化炉在中国的应用情况	770
表 15-128	Texaco 气化技术在中国的应用情况	771
表 15-129	Shell 气化技术在中国的应用情况	772
表 15-130	中国多喷嘴对置式水煤浆气化技术的应用情况	773
表 15-131	中国多元料浆气化技术的应用情况	774
表 15-132	中国煤炭地下气化开发应用情况	775
表 15-133	中国煤制天然气项目情况	776
表 15-134	Texaco 水煤浆气化技术在中国合成氨生产中的应用情况	778
表 15-135	Shell 煤气化技术用于中国合成氨的生产情况	779
表 15-136	2011 年中国主要合成氨生产企业的产能和产量情况	779
表 15-137	Texaco 水煤浆气化技术在中国合成甲醇生产中的应用情况	781
表 15-138	Shell 煤气化技术在中国合成甲醇生产中的应用情况	781
表 15-139	2005 年中国主要煤制甲醇企业生产能力情况	781
表 15-140	1990—2008 年中国甲醇产量情况	782
表 15-141	2001—2012 年中国二甲醚生产情况	783
表 15-142	截至 2011 年中国煤制乙二醇项目	783
表 15-143	1958—2003 年中国活性炭产量情况	784
表 15-144	2000 年中国电石产量排名前十位企业	784
表 15-145	中国煤矸石综合利用政策	786
表 15-146	中国煤矸石资源化利用情况	786
表 16-1	世界电力开发利用进程	788
表 16-2	1919—2009 年世界发电量及其增长情况	791
表 16-3	1950—1979 年世界和部分国家的发电量情况	792
表 16-4	1990 年世界主要国家电力生产构成情况	795
表 16-5	1919—1989 年各大洲发电量及比例情况	799
表 16-6	1999 年世界各地区发电量情况	800

续表

续表

表　序	表　题	页　码
表 16-38	IGCC 与其他发电技术的经济性和环境特性比较情况	835
表 16-39	各国商业验证和商业运行 PFBC 机组参数性能	836
表 16-40	美国 1 300 MW 超临界机组运行情况	837
表 16-41	1993 年起日本开发的主要超（超）临界机组	838
表 16-42	欧洲的超（超）临界机组	838
表 16-43	21 世纪初中国分布式能源发展情况	840
表 16-44	2004 年世界各国分布式能源装机容量及发电情况	840
表 16-45	2005 年中国部分地区热电厂供热生产情况（不含港、澳、台）	841
表 16-46	各国石化企业建设多联产项目情况	842
表 16-47	世界水能开发利用进程	843
表 16-48	1980 年地球水资源分布情况	845
表 16-49	地球水资源储量情况	845
表 16-50	世界河流的水资源情况	846
表 16-51	1974 年统计的世界河流经济可开发水能资源情况	846
表 16-52	1980 年统计的世界河流水能资源情况	847
表 16-53	全球各大洲水能资源情况	848
表 16-54	20 世纪 70 年代世界主要水能资源国家水能资源经济可开发情况	849
表 16-55	2005 年世界主要水能资源国家及地区水能资源量情况	850
表 16-56	水电站的分类情况	851
表 16-57	1927 年、1950 年世界部分国家水电发展情况	852
表 16-58	1925—1950 年世界部分国家水电发展情况	853
表 16-59	20 世纪 70 年代初世界各国家 / 地区水力开发情况	854
表 16-60	1975 年各国水能利用情况	854
表 16-61	1950—1980 年世界部分国家水电发展情况	855
表 16-62	1980—2001 年世界部分国家水电发展情况	857
表 16-63	1998 年水电装机容量大于 10 GW 的国家水电开发情况	858
表 16-64	2005 年世界部分国家运行水电站概况	858
表 16-65	2009—2011 年全球各大洲水能开发利用情况	861

续表

续表

续表

表　序	表　题	页　码
表 16-128	EPR 的主要技术性能参数	961
表 16-129	ESBWR 和之前沸水堆的技术比较	962
表 16-130	不同堆型的铀资源利用率	963
表 16-131	第四代核能系统和第三代核能系统的目标及要求比较	963
表 16-132	第四代核能系统 6 种备选反应堆类型比较	964
表 16-133	各国主要快堆特征参数	965
表 16-134	世界已建高温气冷堆主要参数	967
表 16-135	世界主要核电国家未来核电站堆型的选择	968
表 16-136	托卡马克核聚变实验的进展	970
表 16-137	世界大型托卡马克核聚变装置	971
表 16-138	世界其他核聚变实验装置	972
表 16-139	21 世纪初各国核能开发利用行动	972
表 16-140	2005—2006 年世界各国 / 地区核能发电一览表	975
表 16-141	2000—2010 年世界核能发电量	977
表 16-142	1963—1980 年世界部分国家铀产量	979
表 16-143	1980 年各国运行中的铀矿水冶厂工艺概况	981
表 16-144	1990 年世界部分国家铀产量	982
表 16-145	2000—2007 年世界铀产量	982
表 16-146	2007 年世界各国 / 地区核反应堆对铀的需求量	984
表 16-147	2007 年世界各国 / 地区铀产品生产、消费之差（余额）	984
表 16-148	世界浓缩铀工厂	985
表 16-149	世界各国核燃料后处理厂概况	986
表 16-150	1995—2005 年世界乏燃料量	987
表 16-151	20 世纪 70 年代各国钍资源储量	987
表 16-152	世界铀资源的测算量	988
表 16-153	2001 年世界各类铀资源总量	988
表 16-154	氢的三种同位素	989
表 16-155	各国首次核武器试验时间	991
表 16-156	部分国家核潜艇简况	992
表 16-157	典型的电离辐射	992
表 16-158	电离辐射（含放射性同位素）技术及其应用领域	993

续表

表　序	表　题	页　码
表 16-159	离子束辐射效应的应用领域	995
表 16-160	放射性同位素示踪在工农业生产中的应用领域	996
表 16-161	以加速器为辐射源的集装箱检测系统的性能指标	998
表 16-162	日本的核能海水淡化情况	999
表 16-163	量子束技术的研究与应用领域	1000
表 16-164	1993 年世界主要国家人工诱变作物品种数目	1000
表 16-165	食品或农产品辐照的一般应用	1001
表 16-166	部分辐照食品贮存寿命	1002
表 16-167	世界部分国家／地区批准上市的辐照食品	1003
表 16-168	粒子加速器开发利用进程	1005
表 16-169	粒子加速器生产的重要医用放射性核素	1006
表 16-170	部分重要的放射性同位素的主要性质及用途	1006
表 16-171	1968—1990 年全球 γ 刀治疗的病例数	1009
表 16-172	各国大型直流输电工程	1012
表 16-173	中国大型直流输电工程	1012
表 16-174	765 kV/345 kV 输电线路所需设备投资费用比较	1016
表 16-175	2004 年美国 NERC 十大区域 230 kV 以上输电线路分类情况	1018
表 16-176	智能电网与传统电网的区别	1021
表 16-177	美国首批 16 个智能电网行业标准	1022
表 16-178	超导电力技术的主要研究方向及其作用	1024
表 16-179	各国超导电力技术发展状况（典型事例）	1025
表 17-1	世界可再生能源资源数量	1028
表 17-2	世界可再生能源开发利用进程	1028
表 17-3	太阳能应用方法	1031
表 17-4	世界太阳能开发利用进程	1032
表 17-5	世界部分城市的日照数量	1033
表 17-6	太阳能电池分类	1034
表 17-7	20 世纪下半叶世界太阳能电池研发进展	1036
表 17-8	20 世纪世界太阳能电池应用情况	1037
表 17-9	世界太阳能光伏产业开发利用进程	1038
表 17-10	1990—2000 年世界各种太阳能电池产量	1039
表 17-11	2000—2009 年世界各国／地区太阳能电池产量	1041

续表

表　序	表　题	页　码
表 17-12	2000—2009 年世界太阳能电池产量和年增长率	1041
表 17-13	2009 年国际能源署发布的太阳能光伏发电技术路线	1041
表 17-14	太阳能热发电方式比较	1042
表 17-15	20 世纪 80 年代世界塔式太阳能热电站参数	1044
表 17-16	美国加利福尼亚州 9 座槽式太阳能热电站参数	1045
表 17-17	2000—2006 年中国太阳能集热器年销售量与保有量	1047
表 17-18	世界风能开发利用进程	1048
表 17-19	气象风力等级	1049
表 17-20	各种能源的能流密度	1050
表 17-21	世界风能资源估评	1050
表 17-22	风能利用装置的类型、用途和大小	1051
表 17-23	风电机（组）分类	1052
表 17-24	1977—1989 年部分欧美国家开发的 500 kW 及以上的风电机组	1054
表 17-25	1985—2000 年世界风电机的单机装机容量和风轮直径	1055
表 17-26	1983—1999 年世界风力发电情况	1056
表 17-27	2000 年世界十大风电大国累计风装机容量	1056
表 17-28	2000 年世界十大风电机组制造商	1057
表 17-29	2000—2011 年世界累计风电装机容量	1057
表 17-30	2011 年世界陆上风电机容量及市场份额	1058
表 17-31	截至 2010 年欧洲各国海上风电场项目一览表	1059
表 17-32	2011 年世界十大风电大国累计风电装机容量	1061
表 17-33	2005—2010 年中国有关风电的法律、法规及政策	1062
表 17-34	2000—2011 年中国累计风电装机容量	1062
表 17-35	2011 年全球十大风电整机设备供应商	1063
表 17-36	2009 年世界风电累计装机容量超过 100 MW 的国家 / 地区	1064
表 17-37	德国促进风电发展的相关政策	1065
表 17-38	20 世纪初期德国累计风电装机容量	1066
表 17-39	截至 2009 年德国各州风电产业发展情况	1066
表 17-40	世界生物质能开发利用进程	1068

续表

续表

表　序	表　题	页　码
表 17-74	2005 年内华达州地热田发电情况	1116
表 17-75	2005 年菲律宾地热田发电情况	1117
表 17-76	2005 年印度尼西亚地热田发电情况	1117
表 17-77	2005 年墨西哥地热田发电情况	1118
表 17-78	2005 年意大利地热田发电情况	1118
表 17-79	2005 年新西兰地热田发电情况	1119
表 17-80	2005 年日本地热田发电情况	1119
表 17-81	2010 年中国地热电站装机容量及运行情况	1120
表 17-82	地热直接利用领域	1121
表 17-83	2002 年全球地热开发利用情况	1121
表 17-84	1934—1940 年美国部分地下水源热泵供暖系统	1122
表 17-85	20 世纪 80—90 年代世界土壤耦合热泵的开发应用	1123
表 17-86	截至 2000 年欧洲各国热泵的应用	1124
表 17-87	2000 年世界主要国家地源热泵利用情况	1124
表 17-88	2000 年欧洲国家地热直接利用情况	1127
表 17-89	1999 年各大洲地热直接利用情况	1128
表 17-90	1997 年世界十大地热直接利用国家	1128
表 17-91	2005 年主要国家地源热泵技术应用情况	1129
表 17-92	2009 年世界十大地热直接利用国家地热年供热量与主要开发利用方式	1130
表 17-93	海洋能分类及其资源数量	1131
表 17-94	世界海洋能开发利用进程	1131
表 17-95	世界各地大潮差地点分布及潮差值	1132
表 17-96	1958 年中国兴办小型潮汐电站情况	1134
表 17-97	20 世纪 70 年代中国潮汐电站兴建情况	1134
表 17-98	波浪能电站分类	1135
表 17-99	世界海流能 / 潮汐能电站实例	1139
表 17-100	全球适宜进行海洋温差发电的国家 / 地区	1140
表 17-101	世界海洋温差能发电进程	1141
表 18-1	氢能源和木材、煤炭、石油等能源的比较	1144
表 18-2	世界氢能开发利用进程	1145
表 18-3	氢气制取方法	1153
表 18-4	细菌产氢效率一览表	1155

续表

表　序	表　题	页　码
表 18-5	石油炼制和化工过程中含氢气体体积组成及气体压力	1157
表 18-6	氢气纯化技术	1157
表 18-7	储氢方式	1158
表 18-8	高压氢气与液态氢运输的比较	1162
表 18-9	氢气作为能源资源的特性	1162
表 18-10	氢能的应用	1163
表 18-11	几种能源载体的比较	1167
表 18-12	美国 DOE 氢能计划	1169
表 18-13	日本氢能开发计划（草案）	1171
表 18-14	欧盟"第6框架计划"中有关氢能技术的开发项目	1173
表 18-15	欧盟"第6框架计划"中有关氢能利用技术和燃料电池的开发项目	1174
表 18-16	世界储能开发利用进程	1178
表 18-17	储能类型	1181
表 18-18	各种储能技术的优缺点及应用	1182
表 18-19	原电池体系的主要特性和应用	1183
表 18-20	圆柱形碱性锌－二氧化锰电池的主要优点和缺点（与锌－二氧化锰电池比较）	1185
表 18-21	锂原电池的分类	1186
表 18-22	美国军用 Li/SO 电池（Per MIL-B-49430）	1187
表 18-23	固体电解质电池的特性	1188
表 18-24	2002 年全球原电池和锌－二氧化锰干电池市场状况	1189
表 18-25	各种蓄电池体系的性能等级分类比较	1190
表 18-26	蓄电池的主要特点和应用	1190
表 18-27	1999 年全球蓄电池生产商价值汇总	1191
表 18-28	铅酸蓄电池技术发展的关键事件	1192
表 18-29	铅酸蓄电池的类型和特征	1193
表 18-30	美国铅酸蓄电池市场的发展	1195
表 18-31	20 世纪 90 年代全球用于汽车的 SLI 电池数量	1195
表 18-32	铅酸蓄电池整体上的主要优点和缺点	1196
表 18-33	锌镍电池体系的特性	1197
表 18-34	铁电极蓄电池体系	1198

续表

表 序	表 题	页 码
表 18-35	铁电极电池特性	1198
表 18-36	先进铁镍电池的特性	1198
表 18-37	典型密封圆柱形镉镍电池指标	1200
表 18-38	典型密封小矩形电池指标	1201
表 18-39	镍氢电池体系的主要优点和缺点	1202
表 18-40	1999—2003 年日本镍氢电池产量和产值	1204
表 18-41	2000 年世界高能电池的应用比例	1204
表 18-42	可充电锌银电池主要组分研发情况	1205
表 18-43	可充电碱性锌－二氧化锰电池的优缺点	1206
表 18-44	典型可充电碱性锌－二氧化锰电池的性能	1207
表 18-45	锂蓄电池负极材料	1207
表 18-46	金属锂蓄电池体系的性能	1209
表 18-47	AA 型 Li/MoS_2 电池的性能	1210
表 18-48	金属锂负极、干式聚合物电解质（PEO 类）电池重大技术发展项目	1211
表 18-49	双电极 $Li-Al/FeS_x$ 电池主要技术进展	1211
表 18-50	锂离子电池正极材料的性能	1212
表 18-51	各国锂和锂离子聚合物电池发展情况	1214
表 18-52	锂离子电池的一般性能	1215
表 18-53	蓄电池在电力设施储能中的应用	1216
表 18-54	Imajuku 变电站的设计指标	1217
表 18-55	钠硫电池技术的先进性和局限性	1217
表 18-56	$\beta-Al_2O_3$ 钠电池研发情况	1218
表 18-57	备用储能装置用钠硫单体电池主要指标	1218
表 18-58	NGK 公司开发的组合储能电源装置	1218
表 18-59	燃料电池的分类	1220
表 18-60	各种燃料电池的基本特性	1220
表 18-61	燃料电池的开发利用进程	1222
表 18-62	"阿波罗号"飞船 PC3A 燃料电池主要技术指标	1226
表 18-63	几种航天燃料电池的主要技术性能对比	1227
表 18-64	西门子公司潜艇用 AFC 系统参数	1229
表 18-65	20 世纪 90 年代 AFC 研究团队或公司研发状况	1229
表 18-66	ZEVCO 公司 5kW AFC 出租车性能参数	1230
表 18-67	磷酸燃料电池材料与进展	1231

续表

续表

表　序	表　题	页　码
表 18-96	美国先进电池联合会的 EV 电池中期目标及镍氢电池的实际性能	1273
表 18-97	1994—2001 年世界质子交换膜燃料电池原型乘客车发展状况	1275
表 18-98	丰田公司普锐斯轿车规格	1277
表 18-99	1997—2000 年美国加利福尼亚州销售的纯电动汽车的基本参数和数量	1278
表 18-100	2014 年部分汽车企业纯电动车、插电式混合动力电动汽车车型	1280
表 18-101	2010—2014 年主要国家新能源汽车销售量	1280
表 18-102	2014 年各企业纯电动汽车和插电式混合动力电动汽车合计产量	1281
表 18-103	21 世纪初世界新能源汽车扶持政策	1282
表 18-104	美国混合动力乘用车及轻型货车的基本优惠方案	1284
表 18-105	美国混合动力重型汽车基本优惠方案	1284
表 18-106	美国混合动力重型汽车按车型年份减税方案	1284
表 18-107	美国《2007 年能源独立与安全法案》支持新能源汽车发展的主要内容	1285
表 18-108	美国《2008 年紧急经济稳定法案》设立的新能源汽车税收优惠政策	1286
表 18-109	2008 年日本汽车绿色税制针对低公害车的税收优惠	1287
表 18-110	2009 年日本低公害车财政补贴制度	1287
表 18-111	2001—2010 年日本低公害汽车销售情况	1288
表 18-112	日本氢燃料设备补贴对象及标准（2014 年）	1288
表 18-113	日本环保车辆税收优惠标准（2015 年）	1289
表 18-114	法国电动汽车绿色奖励标准	1290
表 18-115	韩国知识经济部确定的混合动力电动汽车能效标准	1292
表 18-116	2006—2011 年 A123 系统公司经营情况	1293
表 18-117	21 世纪初主要厂商纯电动汽车推出概况	1294
表 18-118	特斯拉电动汽车的发展	1295
表 18-119	2014 年世界主要企业新能源汽车销售量	1296
表 18-120	2010—2014 年主要国家纯电动汽车销售量	1299
表 18-121	21 世纪初燃料电池汽车的开发情况	1299

续表

续表

续表

续表

续表

表　序	表　题	页　码
表 20-20	1973 年部分资本主义国家能源消费结构	1495
表 20-21	2005 年世界部分国家能源消费状况	1496
表 20-22	世界电力市场化改革的重要事件	1500
表 20-23	各国电力市场自由化模式	1500
表 20-24	智利电力部门改革历程	1501
表 20-25	英国电力体制改革的重要事件	1504
表 20-26	北欧电力改革的重要事件	1505
表 20-27	美国加利福尼亚州电力改革的重要事件	1507
表 20-28	美国得克萨斯州电力改革的重要事件	1508
表 20-29	2002—2012 年中国电力体制改革的重要事件	1510
表 20-30	美国涉核事务管理机构	1511
表 20-31	日本核电机组分布及其运营情况（截至 2012 年 5 月 6 日）	1515
表 20-32	2006 年世界各国有关可再生能源发电的政策	1518
表 20-33	世界主要国家对新能源发电的促进措施	1521
表 20-34	部分国家有关太阳能利用的政策	1522
表 20-35	部分国家有关风能利用的政策	1524
表 20-36	北美和欧洲部分国家的汽油、柴油和可再生燃料消费税	1527
表 20-37	中国可再生能源中长期发展规划的发展目标	1527
表 20-38	部分国家有关生物质能利用的政策	1528
表 20-39	美国关于地源热泵的激励措施	1530
表 20-40	1990—2006 年中国能耗强度	1533
表 20-41	1996—2001 年中国建筑能耗情况	1535
表 20-42	中国与建筑节能相关的主要专项标准	1536
表 20-43	英国建筑的 CO_2 减排目标（以 2005 年为基数）	1539
表 20-44	英国《可持续住宅规范》目标碳减排率	1539
表 20-45	英国《可持续住宅规范》评价得分体系	1539
表 20-46	中国洁净煤技术领域的相关情况	1541
表 20-47	石油工业主要固体废物来源	1542
表 20-48	美国和日本城市污水回用冷却水的水质标准	1543
表 20-49	美国回用电厂冷却水的城市污水水质标准	1543
表 20-50	1965—1995 年日本水资源开发利用概况	1545

续表

国家出版基金项目
NATIONAL PUBLICATION FOUNDATION

世界能源史

SHIJIE NENGYUAN SHI

中

● 龙裕伟 —— 著

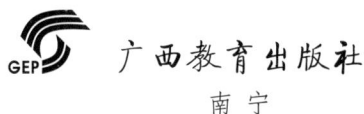

广西教育出版社

南宁

图书在版编目（ＣＩＰ）数据

世界能源史/龙裕伟著. — 南宁:广西教育出版
社,2021.6
ISBN 978-7-5435-8979-7

Ⅰ.①世… Ⅱ.①龙… Ⅲ.①能源－历史－研究－世
界 Ⅳ.① TK01-091

中国版本图书馆 CIP 数据核字 (2021) 第 131786 号

总 策 划：石立民　　廖民锂　　潘姿汝
策划编辑：潘姿汝　　陈亚菲
责任编辑：陈亚菲　　潘 安　　周彩珍　　钟秋莲
　　　　　黄 璐　　马龙珠　　陶春艳
助理编辑：农 郁
装帧设计：鲍 翰　　鲍卓尔　　武 莉
责任校对：杨红斌　　何 云　　卢佳慧
责任技编：蒋 媛

世界能源史

◆国家社会科学基金西部项目（批准号：09XSS001）研究成果◆

出 版 人：石立民
出版发行：广西教育出版社
地 址：广西南宁市鲤湾路 8 号　邮政编码：530022
电 话：0771-5865797
本社网址：http://www.gxeph.com
电子信箱：gxeph @ vip.163.com
印 刷：广西民族印刷包装集团有限公司
开 本：889mm×1194mm　1/16
印 张：107
字 数：2680 千字
版 次：2021 年 6 月第 1 版
印 次：2021 年 6 月第 1 次印刷
书 号：ISBN 978-7-5435-8979-7
定 价：398.00 元（上中下册）

目　录

第 14 章　现代天然气

天然气泛指地壳中天然存在的各种气体，包括油田气、气层气、煤层气、凝析气、生物气、页岩气、天然气水合物、泥火山气、水溶性天然气等。天然气是当今世界的一种重要清洁能源，也是一种重要的石油化工原料，在世界能源中具有重要地位。自从进入现代，尤其是 20 世纪下半叶以来，世界天然气的勘探、开发、利用取得了一系列重要进展（表 14-1），发现天然气水合物、深盆气、水溶性天然气；发现北部气田、南帕尔气田、乌连戈伊气田等巨型气田；建成美国门罗气田至博蒙特的世界上第一条长距离输气管线、世界首条直径为 1 420 毫米的苏联克拉斯诺达尔 - 谢尔普霍夫输气管道（1962 年）、世界首条洲际输气管道——阿尔及利亚至意大利输气管道、世界上输送距离最长（约 11 000 千米）的规模最大的中亚—中国天然气管道；建造世界第一个天然气液化厂、第一个地下储气库、第一个液化天然气接收站、第一艘液化天然气船、第一批液化天然气发电机组。世界天然气探明储量不断扩大。天然气在世界能源体系中的地位得到较大提高，2012 年天然气占世界一次能源消费的比例约为 1/4。

表 14-1 世界天然气开发利用进程

时间	事件
公元前 2000 年前	伊朗有天然气泄漏的证据
约公元前 1000 年	希腊帕尔纳索斯山的岩缝中冒出天然气火焰
公元前 1 世纪	意大利罗马维斯塔教堂用地层漏出的天然气点燃 "长明火"
公元前 1 世纪	中国汉代发现陕西鸿门 "火井"、四川临邛 "火井"
656 年	中国唐代在四川自贡凿出世界上最早的人工开凿自流井天然气（浅层气）
7 世纪	印度、波斯、巴库等使用天然气
17 世纪	英国在一座煤矿附近发现一个可以点燃的气泉
1810 年	英国人戴维在实验室中首先发现气体水合现象
1821 年	美国钻出世界上第一口页岩气井（美国第一口天然气井）
1821 年	美国开始把天然气用作城市生活燃料
1825 年	美国的威廉·哈特成立弗里多尼亚天然气照明公司
1835 年	中国钻出世界上第一口超千米深的天然气井——桑海井
1850 年	中国四川自流井气田发现嘉陵江组气藏
1872 年	美国建成第一条铸铁天然气管道
1900 年	世界天然气产量达 36 亿立方米
1915 年	加拿大建成世界上第一个地下储气库
1916 年	美国发现世界上第一个大型天然气田——门罗气田
1917 年	美国建成世界上第一家天然气液化厂
1917 年	世界天然气产量达 233 亿立方米
1920 年	德国霍尔茨瓦特发明燃气轮机
1923 年	德国 Fischer 和 Tropsch 发明 F-T 合成工艺
1923 年	美国默斯迈德特在输气管道中发现天然气水合物
1925 年	美国建成从门罗气田至博蒙特的世界上第一条长距离输气管线
1926 年	德国法本化学工业公司用加氢液化法将褐煤转化为液化气
1927 年	美国在圣胡安盆地发现深盆气
1948 年	日本发现水溶性天然气
1949 年	世界天然气产量达 1 698.78 亿立方米
1952 年	加拿大瑞吉纳德·帕蒂森获盐穴储存 LPG 专利权
1955 年	世界固体、液体、气体燃料及电力产量占全球一次能源生产总量的比例分别为 51.3%、35.4%、11.5%、1.8%
1956 年	阿尔及利亚发现巨型气田哈西鲁迈勒
1957 年	英国建成世界上第一个液化天然气接收站
1958 年	美国制成世界上第一艘液化天然气船
1958 年	中国第一条输气管道在四川盆地建成
1959 年	荷兰发现巨型格罗宁根气田
1959 年	美国 "甲烷先锋号" 从美国抵达英国，开创液化天然气（LNG）船运的先河
1962 年	苏联建成世界上首条直径为 1 420 毫米的克拉斯诺达尔 - 谢尔普霍夫输气管道
1965 年	英国首先在北海发现天然气
1965 年	苏联发现巨型扎波利亚罗气田
1965 年	苏联在麦索雅哈气田中首次发现天然气水合物
1966 年	苏联发现巨型乌连戈伊气田
1966 年	苏联发现巨型奥伦堡气田
1968 年	从苏联梅索亚哈到诺里尔斯克的世界上第一条北极圈内天然气管道投产
1969 年	苏联发现巨型亚姆堡气田

续表

时间	事件
1970 年	日本首次利用 LNG 发电
1971 年	卡塔尔发现巨型北部气田
1971 年	苏联发现巨型博瓦涅科沃气田
1976 年	苏联发现巨型阿斯特拉罕气田
1976 年	世界上第一条洲际输气管道——阿尔及利亚至意大利输气管道开工建设
1977 年	美国 GTL 公司开发出小型天然气制合成油装置
1980 年	日本建成总重量 49 800 吨、可装运液化气 80 000 立方米、名为"玄海"的世界上最大的液化气船
1984 年	苏联乌连戈伊气田至德国的世界上最长输气管道投产
1988 年	伊朗发现巨型南帕尔气田
1996 年	世界固体、液体、气体燃料及电力产量占全球一次能源生产总量的比例分别为 27.9%、38.0%、24.3%、9.8%
1998 年	世界天然气探明储量 1 456 000 亿立方米
1998 年	世界上最长的海底输气管道挪威 – 法国 Norfa 输气管道建成
1999 年	世界天然气产量达 24 477 亿立方米
2000 年	中国发现苏里格大气田
2002 年	中国开工建设西气东输工程
2002 年	俄罗斯建成世界上最深的海底输气工程俄罗斯 – 土耳其"蓝色气流"输气管道
2004 年	世界液化天然气贸易 7 982 亿立方米
2006 年	全球天然气汽车拥有量为 490 万辆
2007 年	中国与土库曼斯坦签约，共建世界上运输距离最长（约 11 000 千米）、规模最大的中亚—中国天然气管道
2007 年	全球油气管道干线总长约 260 万千米（其中天然气管道为 156 万千米）
2008 年	中国是世界上第一次在中低纬度冻土区发现天然气水合物的国家
2012 年	天然气占世界一次能源消费的比例约为 1/4
2013 年	世界天然气探明储量达 18 570 000 亿立方米，储采比 55 年

资料来源：作者整理。

第 1 节　天然气勘探和储量

天然气勘探，主要是利用各种勘探手段，查明地下蕴藏天然气的地质状况、天然气聚集的有利区域以及天然气资源量等情况。

一、天然气勘探历程

（一）早期勘探（1950 年以前）

1950 年以前，世界天然气勘探处于探索阶段，发现大型气田的只有少数国家，主要是美国。

1917—1949 年，美国先后发现豪戈顿（1918 年）、松树湾（1922 年）、桑甘盆地（1927 年）、贾尔马特（1927 年）、亚古亚杜尔斯（1928 年）、雷德昂克（1929 年）、卡提（1934 年）、古大洋（1934 年）、科诺格（1936 年）、巴提曼（1937 年）、吉布松（1937 年）、厄勒恩（1940 年）、巴扬萨尔（1940 年）、巴斯丹湾（1941 年）、贝尔岛（1941 年）、荷马（1945 年）、弗美良（1949 年）、厄根岛（1949 年）、勒科西湖（1949 年）等大型气田。在此期间，墨西哥于 1948 年发现里诺萨（北区）气田。

（二）突飞猛进时期（20 世纪 50 年代至 60 年代）

从 20 世纪 50 年代到 60 年代，美国、苏联等国家和西欧、北海地区先后发现一批大型气田，世界天然气勘探从陆上拓展到海上。

1947—1970 年，美国共发现各种规模的气田 24 395 个，平均每年发现气田 1 000 个以上，其中大型和较大型气田 189 个。天然气可采储量从 1945 年的 41 800 亿立方米增长到 1970 年的 82 300 亿立方米，产量由 1 145 亿立方米增至 6 204 亿立方米。到 1966 年，美国本土 48 个州全部用上了天然气。[①]

从 20 世纪 50 年代起，苏联先后对西西伯利亚盆地、顿涅茨盆地等进行大规模的区域性地质－地球物理综合调查，发现了谢别林卡、奥伦堡、乌连戈伊、加兹里、沙特莱克等一批大气田。到 1971 年年初，苏联仅在西西伯利亚盆地就发现气田和凝析气田 59 个、油气田 5 个。苏联的天然气可采储量从 1951 年的 1 730 亿立方米增加到 1970 年的 294 900 亿立方米，增加约 170 倍，一跃超过美国。[②]

1959 年，荷兰发现格罗宁根气田（陆上气田），原始可采储量达 1.65 万亿立方米。[③]此后，英国加快对北海大陆架的钻探，1965 年在英国北海海域首先发现天然气，1966 年开始取得重大进展，发现英迪费蒂格波、里曼班克、黑威特气田。到 1975 年，英国北海海域气田产量达 394.1 亿立方米（表 14-2）。1976 年年末在英国北海海域探明的天然气总储量达 8 090 亿立方米。[④]后来，在挪威、丹麦、联邦德国的近海区也相继发现油气，这使北海成为世界重要的天然气生产区。

表 14-2　1975 年英国北海海域气田生产情况

气田名称	发现时间	最初生产时间	1975 年产量 / 百万 m³
里曼班克	1966 年 4 月	1968 年 8 月	15 920
黑威特	1966 年 10 月	1969 年 7 月	8 190
英迪费蒂格波	1966 年 6 月	1971 年 10 月	6 560
维京	1968 年 5 月	1972 年 7 月	6 180
西索尔	1965 年 10 月	1967 年 3 月	2 040
拉胡	1968 年 5 月	1965 年 10 月	520
弗里格（英国）	1972 年 5 月	1977 年 9 月	—

资料来源：韦布、里基茨：《能源经济学》，罗根基译，西南财经大学出版社，1987，第 198 页。

[①] 徐文渊、蒋长安主编《天然气利用手册》第 2 版，中国石化出版社，2006，第 2 页。

[②] 同上书，第 2-3 页。

[③] 马延德主编《海洋工程装备》，清华大学出版社，2013，第 132 页。

[④] 韦布、里基茨：《能源经济学》，罗根基译，西南财经大学出版社，1987，第 198 页。

20 世纪 50 年代至 60 年代，其他国家也先后发现一批大气田。阿尔及利亚发现哈西麦尔（1956 年）、罗尔德努斯（1962 年）等大气田。伊朗发现帕贾纳赫（1969 年）、汉吉兰（1969 年）等大气田。巴基斯坦发现苏伊（1952 年）等大气田。澳大利亚发现吉德杰阿尔帕（1964 年）、蒙巴（1964 年）等大气田。墨西哥发现热塞科洛莫（南区，1951 年）等大气田。加拿大发现克罗斯菲尔德（1952 年）、潘比纳（1953 年）等气田。

当今世界可采储量超过 2 万亿立方米的巨型气田有 10 个，其中有 6 个是在 20 世纪 50 年代至 60 年代发现的，包括苏联的乌连戈伊气田、亚姆堡气田、扎波利亚罗气田、奥伦堡气田，阿尔及利亚的哈西鲁迈勒气田，荷兰的格罗宁根气田（表 14-3）。

表 14-3　世界巨型气田情况

序号	所在国家	气田名称	可采储量 / 万亿 m³	发现时间 / 年
1	卡塔尔	北部气田	25.47	1971
2	伊朗	南帕尔气田	12.34	1988
3	苏联	乌连戈伊气田	8.49	1966
4	苏联	亚姆堡气田	4.60	1969
5	苏联	博瓦涅科沃气田	4.40	1971
6	苏联	扎波利亚罗气田	3.30	1965
7	苏联	阿斯特拉罕气田	2.59	1976
8	阿尔及利亚	哈西鲁迈勒气田	2.44	1956
9	荷兰	格罗宁根气田	2.30	1959
10	苏联	奥伦堡气田	2.00	1966

资料来源：庞名立：《天然气百科辞典》，中国石化出版社，2007，第 86 页。

（三）全球发展时期

20 世纪 70 年代，先后发生过两次石油危机，沉重打击了石油进口大国，世界各国开始寻找替代能源，从而促进了世界各国天然气勘探业的发展。

除了传统的天然气生产大国，世界其他许多国家和地区都加大了天然气勘探的力度，发现了一批天然气田。20 世纪 70 年代以来，喀麦隆（1972 年）、泰国（1973 年）、越南（1974 年）、南非（1974 年）、科特迪瓦（1975 年）、阿曼（1976 年）、菲律宾（1977 年）、爱尔兰（1980 年）、也门（1984 年）、巴布亚新几内亚（1986 年）等国家先后发现天然气田。中国于 1987 年提出"油气并重"的勘探方针，使中国天然气勘探进入了一个新的发展阶段。

20 世纪 90 年代，中国、阿根廷、澳大利亚、阿塞拜疆、玻利维亚、哥伦比亚、埃及、印度尼西亚、伊朗、伊拉克、利比亚、马来西亚、缅甸、挪威、阿曼、巴基斯坦、秘鲁、菲律宾、俄罗斯、沙特阿拉伯、泰国、委内瑞拉等 20 多个国家共计发现巨型气田 40 个，天然气和凝析油储量共计 1 193.86 亿桶油当量（表 14-4）。

表 14-4 1990—1999 年全球发现的巨型气田

气田名称	国家	沉积区 (St.John)	沉积区 (美国地质调查署)	发现时间/年	天然气/tcf[1]	凝析油/Mbbl[2]	油当量/Mboe[3]	国家新增量/Mboe	十年内发现巨型气田数/个
San Pedrito	阿根廷	查科（207）	6047 查科盆地	1996	1.41	275	510	510	1
Chrysaor 1	澳大利亚	卡那封海域（514）	3916 卡那封盆地	1994	4.20	40	740	4 496	4
Loxton Shoals-1 (Sunrise-Troubador)		波拿巴湾（497）	3910 波拿巴湾盆地	1995	2.00		333		
Gorgon 1		卡那封海域（514）	3916 卡那封盆地	1999	16.35	197	2 923		
Orthrus		卡那封海域（514）	3916 卡那封盆地	1999	3.00		500		
Bayu-Undan	澳大利亚、印度尼西亚	波拿巴湾（497）	3910 波拿巴湾盆地	1995	3.40	400	967	967	1
Shah Deniz	阿塞拜疆	南里海（720）	1112 南里海盆地	1999	24.70	700	4 817	4 817	1
Itau San Alberto	玻利维亚	阿蒂普莱诺（180）	6065 阿蒂普莱诺盆地	1999	14.00	160	2 493	3 709	2
Margarita		阿蒂普莱诺（180）	6065 阿蒂普莱诺盆地	1999	6.45	141	1 216		
Dongfang	中国	中国南海（664）	3159 莺歌海盆地	1992	3.54		590	1 155	2
Chunxiao		中国东海（539）	3109 东海盆地	1995	3.00	65	565		
Volcanera Complex	哥伦比亚	亚诺斯（233）	6096 亚诺斯盆地	1993	10.00		1 667	1 667	1
Scarab-Saffron	埃及	尼罗河三角洲（343）	2035 尼罗河三角洲	1998	4.00		667	1 250	2
Simian		尼罗河三角洲（343）	2035 尼罗河三角洲	1999	3.50		583		

续表

气田名称	国家	沉积区（St.John）	沉积区（美国地质调查署）	发现时间/年	天然气/tcf[1]	凝析油/Mbbl[2]	油当量/Mboe[3]	国家新增量/Mboe	十年内发现巨型气田数/个
Peciko	印度尼西亚	马哈坎（590）	3817 库泰盆地	1991	6.00	180	1 180	5 280	5
Sumpal		南苏门答腊（672）	3828 南苏门答腊盆地	1994	4.60		767		
Wiriagar-Deep		塞卡克山，苏拉沃特（647）	3805 宾图尼－苏拉沃特区	1995	6.00		1 000		
Tangguh-Ubadari 1		塞卡克山，苏拉沃特（647）	3805 宾图尼－苏拉沃特区	1997	3.00		500		
Tangguh-Vorwata		宾图尼（493）	3805 宾图尼－苏拉沃特区	1997	11.00		1 833		
Pars South	伊朗	阿拉伯中部（450）	2022 卡塔尔穹隆	1991	350.00	17 800	76 133	83 717	5
Mokhtar 1		扎格罗斯（464）	2030 扎格罗斯褶皱带	1992	3.95		658		
G3		阿拉伯中部（450）	2022 卡塔尔穹隆	1993	15.00	750	3 250		
Shanul		扎格罗斯（464）	2030 扎格罗斯褶皱带	1995	5.90	75	1 058		
Tabnak		扎格罗斯（464）	2030 扎格罗斯褶皱带	1999	15.71		2 618		
Akkas	伊拉克	阿拉伯西部（450）	2089 阿奈地堑	1992	3.00		500	500	1
A1 Wafa	利比亚	古达米斯（312）	2054 三叠纪－古达米斯盆地	1991	3.00		500	500	1
K05 1	马来西亚	阿南巴斯－卢库尼亚（469）	3702 大塞拉沃克盆地	1992	5.00		833	833	1

续表

气田名称	国家	沉积区（St.John）	沉积区（美国地质调查署）	发现时间/年	天然气/tcf[1]	凝析油/Mbbl[2]	油当量/Mboe[3]	国家新增量/Mboe	十年内发现巨型气田数/个
Yetagun	缅甸		8006 丹那沙林	1992	3.17		528	528	1
Lavrans	挪威	沃林（447）		1995	2.58		429	2 975	3
Kristin		沃林（447）		1997	1.33		222		
Ormen Lange		莫里（417）		1997	13.94		2 324		
Saih Rawl	阿曼	阿曼湾（460）	2014 盖拜盐盆	1990	12.20		2 033	2 033	1
Qadirpur	巴基斯坦	印度河（564）	8042 印度河	1990	3.98		663	663	1
Pagoreni	秘鲁	乌卡亚利（283）	6040 乌卡亚利盆地	1998	3.00		500	500	1
Malampaya	菲律宾	北巴拉望（631）	3605 巴拉望陆架	1992	3.00		500	500	1
Khanchey	俄罗斯	普尔河向斜（774）	1174 西西伯利亚盆地	1990	3.86	112	756	1 286	2
Ledovoye		南巴伦支（715）	1050 南巴伦支盆地	1991	3.14	7	530		
Wadayhi（Wudayhi）	沙特	阿拉伯（450）	2021 大贾瓦尔隆起	1998	3.00		500	500	1
Benchamas	泰国	泰（685）	3507 泰盆地	1995	3.00		500	500	1
Pirital	委内瑞拉	马图林－东委内瑞拉（244）	6098 东委内瑞拉	1992	3.00		500	500	1
总计							119 386	119 386	40

资料来源：霍尔布蒂主编《世界巨型油气田（1990—1999）》，夏义平、黄忠范、袁秉衡、李明杰、徐礼贵等译，石油工业出版社，2007，第4—6页。

注：[1]tcf：万亿立方英尺。[2]Mbbl：百万桶。[3]Mboe：百万桶油当量。

二、天然气田的发现

根据瑞士石油咨询公司的天然气田规模分级标准，天然气田可分为 10 个级别（表 14-5）。其中，大型及以上气田的起始标准为原始可采储量达 283 亿立方米以上。具体而言，大型气田原始可采储量为 283 亿～ 1 416 亿立方米，特大型气田为 1 416 亿～ 14 200 亿立方米，巨型气田为 14 200 亿～ 142 000 亿立方米，超巨型气田为 142 000 亿立方米以上。

表 14-5　天然气田规模分级标准

级别	规模	原始可采储量 / 米³
5A	超巨型	＞ 142 000 亿
4A	巨型	14 200 亿～ 142 000 亿
3A	特大型	1 416 亿～ 14 200 亿
2A	大型	283 亿～ 1 416 亿
A	较大型	142 亿～ 283 亿
B	中型	71 亿～ 142 亿
C	小型	28 亿～ 71 亿
D	很小型	2.8 亿～ 28 亿
E	微型	0.28 亿～ 2.8 亿
F	无意义型	0 ～ 0.28 亿

资料来源: 庞名立:《天然气百科辞典》, 中国石化出版社, 2007, 第 86 页。

20 世纪 50 年代以前，世界各国发现的大型及以上天然气田较少。1950 年以来，世界各地先后发现一批大型及以上气田，如苏联的塞贝林卡、法国的拉克、巴基斯坦的苏伊等（表 14-6），天然气在世界能源中的地位越来越重要。

表 14-6　截至 20 世纪 70 年代已发现的世界大气田

气田名称	所在国家 / 地区	发现时间 / 年	估计储量 / (×10 亿 m³)	1976 年 1 月 1 日估计剩余储量 / (×10 亿 m³)
麦迪辛	加拿大艾伯塔省	1890	44.4	18.1
蒙洛	美国	1916	266.7	72.6
豪戈顿	美国	1918	2 038.8	1 127.0
松树湾	美国怀俄明州	1922	79.2	57.2
桑甘盆地	美国新墨西哥州	1927	424.7	204.1
贾尔马特	美国新墨西哥州	1927	99.1	54.9
亚古亚杜尔斯	美国俄克拉何马州	1928	113.2	49.9
雷德昂克	美国俄克拉何马州	1929	70.7	52.0
卡提	美国俄克拉何马州	1934	198.2	30.5

续表

气田名称	所在国家/地区	发现时间/年	估计储量/ （×10亿 m³）	1976年1月1日 估计剩余储量/ （×10亿 m³）
古大洋	美国俄克拉何马州	1934	141.5	70.6
科诺格	美国俄克拉何马州	1936	215.2	155.1
巴提曼	美国路易斯安那州	1937	56.6	29.6
吉布松	美国路易斯安那州	1937	56.6	30.9
厄勒恩	美国路易斯安那州	1940	70.7	—
巴扬萨尔	美国路易斯安那州	1940	101.9	62.7
巴斯丹湾	美国路易斯安那州	1941	101.9	47.9
贝尔岛	美国路易斯安那州	1941	56.6	35.1
荷马	美国路易斯安那州	1945	56.6	35.4
里诺萨（北区）	墨西哥	1948	104.7	51.5
厄根岛 32	美国路易斯安那州	1949	56.6	35.8
弗美良 76	美国路易斯安那州	1949	56.6	38.6
勒科西湖	美国路易斯安那州	1949	56.6	38.1
弗美良 39	美国路易斯安那州	1949	84.9	55.5
塞贝林卡	苏联	1950	529.7	129.9
拉克	法国	1951	249.1	155.9
热塞科洛莫（南区）	墨西哥	1951	138.7	74.6
苏伊	巴基斯坦	1952	254.8	208.7
普凯特	美国得克萨斯州	1952	184.0	109.6
莫肯拉弗内	美国俄克拉何马州	1952	135.4	49.4
克罗斯菲尔德	加拿大艾伯塔省	1952	135.9	80.4
潘比纳	加拿大艾伯塔省	1953	135.9	114.5
海里沃德	美国路易斯安那州	1953	84.9	54.0
亚纳斯塔沙夫斯科 - 特罗依次科耶	苏联	1953	67.9	60.0
东帕鲁德湖	美国路易斯安那州	1954	56.6	40.6
哈西鲁迈勒	阿尔及利亚	1956	1 529.1	—
加兹里	苏联	1956	455.8	183.9
科托尔 - 提普	苏联	1956	58.6	57.0
弗美良 14	美国路易斯安那州	1956	84.9	44.7
巴拿马	美国阿拉斯加州	1956	36.8	28.6
庞特山	美国路易斯安那州	1958	56.6	32.9
蒂格尔苏尔	美国路易斯安那州	1958	84.9	55.9
勃朗 - 巴塞特	美国得克萨斯州	1958	72.7	40.3
南开博布	加拿大艾伯塔省	1958	70.7	70.7

续表

气田名称	所在国家 / 地区	发现时间 / 年	估计储量 / （ ×10 亿 m³ ）	1976 年 1 月 1 日 估计剩余储量 / （ ×10 亿 m³ ）
凯纳依	美国阿拉斯加州	1959	69.6	51.4
普特曼	美国俄克拉何马州	1959	42.4	34.6
格罗宁根	荷兰	1959	1 648.0	1 620.8
萨里明斯科耶	苏联	1959	149.9	147.8
S.M. 岛 23	美国路易斯安那州	1960	56.6	36.6
S.M. 岛 48	美国路易斯安那州	1961	56.6	36.8
沃尔汉 – 巴伊尔	美国得克萨斯州	1961	60.5	53.1
乌契基尔	苏联	1961	41.4	31.1
巴丁丘陵	加拿大艾伯塔省	1961	36.8	28.9
罗尔德努斯	阿尔及利亚	1962	849.5	—
塔佐夫斯科耶	苏联	1962	90.1	89.9
科亚诺萨	美国得克萨斯州	1962	99.1	63.6
斯普苏尔 208	美国路易斯安那州	1962	56.6	34.6
麦里纳	澳大利亚	1963	42.4	42.4
斯里德内 – 威尔尤依	苏联	1963	449.8	449.1
库尔塔克	苏联	1963	67.9	67.9
乌尔塔布拉克	苏联	1963	59.7	59.7
戈麦兹	美国得克萨斯州	1963	283.1	212.7
华哈	美国得克萨斯州	1964	64.8	49.1
吉德杰阿尔帕	澳大利亚	1964	152.9	148.9
蒙巴	澳大利亚	1964	152.9	149.0
伍克提尔斯科耶	苏联	1964	467.2	387.9
诺维伊港	苏联	1964	144.4	144.4
米尔德兹诺	苏联	1964	99.1	99.1
萨曼 – 提普	苏联	1964	101.3	101.3
扎波利亚罗	苏联	1965	1 619.3	1 619.3
古宾斯科耶	苏联	1965	402.5	402.5
叶菲里莫夫斯科耶	苏联	1965	129.9	83.2
古古特里	苏联	1965	85.8	67.3
杰姆	美国得克萨斯州	1965	52.6	46.4
哈蒙	美国得克萨斯州	1965	42.4	40.1
马林	澳大利亚	1966	99.1	97.1
堪苏摩尔斯科耶	苏联	1966	94.9	94.9
亚查克	苏联	1966	158.1	81.9
乌连戈伊	苏联	1966	4 997.9	4 997.9
英迪费蒂格波	英国，北海	1966	118.9	118.9

续表

气田名称	所在国家 / 地区	发现时间 / 年	估计储量 / （×10亿 m³）	1976 年 1 月 1 日估计剩余储量 / （×10亿 m³）
奥伦堡	苏联	1966	1 659.3	1 626.9
里曼班克	英国，北海	1966	339.8	339.8
黑威特	英国，北海	1966	254.8	254.8
洛克里德杰	美国得克萨斯州	1966	103.0	92.6
克霍斯	苏联	1966	69.6	44.7
麦萨雅克	苏联	1967	44.2	32.7
卢吉内次	苏联	1967	67.9	67.9
卡桑斯卡耶	苏联	1967	101.9	101.9
马斯塔克斯科耶	苏联	1967	133.7	131.4
麦德维兹希	苏联	1967	1 699.0	1 636.8
普鲁霍德湾	美国	1967	734.6	734.6
巴拉库塔	澳大利亚	1967	50.9	40.0
金菲斯	澳大利亚	1967	84.9	84.9
苏普尔	澳大利亚	1967	84.9	84.9
贝亚弗河	加拿大西北地区	1967	40.7	40.7
阿布基尔	埃及	1967	28.3	28.3
庞特德山	加拿大西北地区	1968	64.3	64.3
萨提里克	苏联	1968	1 500.7	1 477.0
鲁斯科依	苏联	1968	305.8	305.8
温加普斯科耶	苏联	1968	199.9	199.9
克列斯提什琴斯科耶	苏联	1968	192.5	147.8
亚克蒂赛斯科耶	苏联	1968	179.9	179.9
贾帕德诺 – 克里斯蒂什琴斯科耶	苏联	1968	101.9	101.9
维京	英国，北海	1969	141.5	141.5
帕贾纳赫	伊朗	1969	1 415.8	1 415.8
汉吉兰	伊朗	1969	509.7	509.7
包尔迪克斯	苏联	1969	104.4	104.4
亚姆堡	苏联	1969	1 999.1	1 999.1
尤比里诺耶	苏联	1969	799.6	799.6
尤兹诺 – 鲁斯科耶	苏联	1969	499.7	499.7
埃科菲克斯	挪威	1969	93.4	93.4
日蒂巴依	苏联	1969	31.9	30.3
纳普	苏联	1970	249.8	215.9
西埃科菲斯克	挪威	1970	70.7	70.7
博瓦涅科沃	苏联	1971	495.5	495.5
兰金北部	澳大利亚	1971	113.2	113.2

续表

气田名称	所在国家 / 地区	发现时间 / 年	估计储量 / （×10亿 m³）	1976 年 1 月 1 日 估计剩余储量 / （×10亿 m³）
塔加鲁	加拿大，北极地区	1971	84.9	84.9
弗里格	挪威	1972	283.1	283.1
马洛沙	意大利	1974	49.9	49.9
哈蒂巴	利比亚	—	339.8	268.6
班加拉底什蒂塔	阿尔及利亚	—	212.3	211.6
棕榈谷地	澳大利亚	—	169.9	169.9
塔德兹比克盆地	阿富汗	—	141.5	131.3
马里	巴基斯坦	—	113.2	113.2
红海布尔甘	英国，北海	—	101.9	101.9
西巴尔干	阿尔及利亚	—	101.9	
帕森湖	加拿大，北极地区	—	82.1	82.1
杜林	巴基斯坦	—	28.3	28.3
克哈拉萨维	苏联	—	991.0	991.0

资料来源：李汝燊：《自然地理统计资料》新编第 2 版，商务印书馆，1984，第 408-412 页。作者按气田发现时间的先后顺序进行了排序。

（一）20 世纪上半叶天然气田的发现

20 世纪上半叶，阿尔巴尼亚、厄瓜多尔、委内瑞拉、奥地利、荷兰、文莱、巴林、沙特阿拉伯、克罗地亚等先后发现本国首个天然气工业气田（表 14-7）。

表 14-7　1917—1948 年世界各国首个天然气工业气田发现时间

国家	发现时间 / 年
阿尔巴尼亚	1917
厄瓜多尔	1920
委内瑞拉	1921
玻利维亚	1922
奥地利	1923
荷兰	1924
文莱	1929
意大利	1931
巴林	1932
匈牙利	1937
沙特阿拉伯	1938
法国	1939
巴西	1939
卡塔尔	1940
智利	1945
克罗地亚	1948

资料来源：作者整理。参考庞名立：《天然气百科辞典》，中国石化出版社，2007。

（二）20世纪下半叶以来发现的天然气田 [①]

20世纪50年代以来，保加利亚、塞尔维亚、以色列、英国等先后首次发现本国天然气工业气田（表14-8），苏联、法国、印度尼西亚、中国、澳大利亚等先后发现一批大型以上气田。

表14-8　1950年以来世界各国首个天然气工业气田发现时间

国家	发现时间 / 年
保加利亚	1952
塞尔维亚	1952
以色列	1955
刚果	1957
阿联酋	1958
尼日利亚	1958
利比亚	1959
新西兰	1959
西班牙	1964
英国	1965
阿尔及利亚	1965
丹麦	1966
埃及	1967
挪威	1968
喀麦隆	1972
泰国	1973
越南	1974
南非	1974
科特迪瓦	1975
阿曼	1976
菲律宾	1977
爱尔兰	1980
也门	1984
巴布亚新几内亚	1986

资料来源：作者整理。参考庞名立：《天然气百科辞典》，中国石化出版社，2007。

1. 中国

威远气田，1958年发现，位于四川省威远县、资中县和荣县之间，是中国储集层最老（震旦系灯影组）和气源岩最老（寒武系九老洞组）的气田，也是地质时代最古老的气藏之一，属震旦系气藏。该气田主产层为震旦系，含气面积为224平方千米，探明天然气地质储量为408.61亿立方米，但开采时间已经很长，天然气资源接近枯竭。

卧龙河气田，1959年发现，位于重庆市长寿县（今长寿区）、垫江县境内，天然气可采储量为400亿立方米。

涩北一号气田，1964年发现，位于青海省格尔木市境内，含气面积为38.9平方千米，天然气地质

①庞名立：《天然气百科辞典》，中国石化出版社，2007，第86-89页。

储量为 492.22 亿立方米。

涩北二号气田，1975 年发现，位于青海省格尔木市境内，与涩北一号气田毗邻，含气面积为 39.8 平方千米，天然气地质储量为 422.30 亿立方米。

赵兰庄气田，1976 年发现，位于渤海湾盆地，天然气中的硫化氢含量高达 92%，是世界上高含硫气藏之一。

磨溪气田，1977 年开始勘探，位于四川省遂宁市南部，含气面积为 188.3 平方千米，天然气地质储量为 375.72 亿立方米，属于低丰度的大气田。

崖城 13-1 气田，1983 年发现，位于南海西部莺歌海盆地，是当时中国最大的海上天然气田。主要含气层为下第三系陵水组砂岩，天然气探明地质储量为 908 亿立方米。该气田于 1996 年 1 月投产，向香港和海南输送天然气。

黄桥气田，1983 年发现，位于江苏省泰兴市。该气田分为海相层系和陆相层系，海相层系的气藏埋深 1 800 ～ 2 300 米，天然气可采储量为 1 000 亿立方米，伴有少量烃类气和凝析油。

台南气田，1976 年开始地震勘探，1987 年获高产气流，位于青海省格尔木市，背斜构造，含气面积为 33.8 平方千米，天然气地质储量为 425.30 亿立方米。

五百梯气田，1989 年发现，位于四川盆地东部开江县和开县境内，石灰系气藏，含气面积为 151.5 平方千米，探明地质储量为 587.11 亿立方米。

靖边气田，1989 年发现，位于鄂尔多斯盆地中部，1997 年开始投产，2001 年天然气地质储量为 2 776 亿立方米。

苏里格气田，2000 年发现，位于内蒙古鄂尔多斯盆地长庆气田西侧，含气面积为 1 733 平方千米，2001 年天然气地质储量为 2 204.75 亿立方米。

沙坪场气田，1992 年发现，位于重庆市境内，含气面积为 70.6 平方千米，天然气地质储量为 397.71 亿立方米。

牙哈凝析气田，1993 年发现，位于新疆塔里木盆地北部，含气面积为 57.8 平方千米，天然气地质储量为 376.45 亿立方米，天然气凝析液达 2 975 万吨。

春晓凝析气田，20 世纪 90 年代中期发现，位于浙江宁波市东海海域，含气面积为 19.3 平方千米，天然气地质储量为 330.43 亿立方米，天然气凝析液为 246.2 万吨。该气田于 2004 年进入实质性开发阶段。

和田河气田，1997 年喷出高产气流，是在塔里木盆地发现的第一个碳酸岩大气田，1998 年 12 月原始地质储量为 616.94 亿立方米。

平湖油气田，1998 年 11 月 18 日投产，位于上海市东海海域，是中国东海第一个投入开发的油气田。

普光气田，位于四川盆地东部宣汉县，属海相碳酸盐岩气田。2005 年探明地质储量为 2 510 亿立方米，天然气可采储量为 1 883 亿立方米。

迪那气田，2006 年投产，位于新疆库车县境内，年产天然气 51 亿立方米、天然气凝析液 30 万吨、液化石油气等 50 多万吨，是西气东输工程的主力气源之一。

罗家寨气田，2006 年投产，位于四川宣汉县和重庆开县一带，探明储量为 580 多亿立方米。

东方 1-1 气田，位于南海莺歌海盆地，2006 年完成二期工程，年产天然气 24 亿立方米。

克拉-2气田,位于新疆塔克拉玛干沙漠拜城县境内,天然气探明地质储量为2840亿立方米,可采储量为2130亿立方米,是西气东输工程的主力气源之一。2007年进入稳产期,年稳定供气107亿立方米。

2. 苏联(1950—1988年)

谢别林卡气田,1950年发现,位于乌克兰第聂伯-顿涅茨产油区,盐丘背斜圈闭,产层为二叠纪砂岩,深度为1500米,天然气可采储量达5204亿立方米。

扎波利亚罗气田,1965年发现,位于苏联秋明地区,背斜圈闭,产层为白垩纪粉砂质砂岩,深度为1200米,天然气可采总储量约为3.3万亿立方米,其中上赛诺层约有2.6万亿立方米,凡兰吟层约有7350亿立方米。该气田按天然气储量排全球第六位。

乌连戈伊气田,1966年发现,位于苏联亚马尔-涅涅茨自治区,是世界上最大的气田之一,可采储量达8.49万亿立方米。1978年开始生产,1981年2月25日当日天然气产量达1000亿立方米。

奥伦堡气田,1966年发现,位于伏尔加-乌拉尔油气区,是一个裂缝-孔隙型碳酸盐大气田,储量为2万亿立方米。主要气层为二叠纪碳酸盐岩,深度为1330~1830米,最深2300米。1974年开始工业化开采。

梅德韦日气田,1967年发现,位于西西伯利亚盆地,背斜圈闭,产层为白垩纪砂岩,深度为1200米,天然气可采储量为15458亿立方米。

约什诺-罗斯克耶油气田,1968年发现,位于亚马尔-涅涅茨自治区,背斜圈闭,产层为白垩纪砂岩,深度为1000米,天然气探明储量超过7000亿立方米。

沙特莱克气田,1968年发现,位于土库曼斯坦南部,背斜圈闭,产层为白垩纪砂岩,深度为3500米,储量为9600亿立方米。1974年开始商业化生产。

亚姆堡气田,1969年发现,位于秋明地区,宽背斜圈闭,产层为白垩纪砂岩,产层厚度为1000米,可采储量为45880亿立方米,居世界第三。

博瓦涅科沃气田,1971年发现,位于苏联亚马尔半岛,背斜圈闭,产层为白垩纪砂岩,产层厚度为1200米,可采储量为43750亿立方米。

阿斯特拉罕气田,1976年发现,位于伏尔加河流入里海处,气层为中石炭统藻灰岩沉积层,可采储量为25920亿立方米。1986年投产,年产量为120亿立方米。

卢斯克油气田,1984年发现,位于萨哈林岛东北部鄂霍次克海,海水深度为50米,是以天然气储量为主的天然气和凝析油田。探明储量为2800亿立方米,可采资源储量为3800亿立方米。

比利顿·阿斯托赫斯克油气田,1986年发现,位于萨哈林岛东北部鄂霍次克海,海水深度为25米。它主要是油田,也包含伴生和非伴生天然气,天然气可采储量约为2000亿立方米。

科维克金气田,1987年发现,位于伊尔库茨克市北部,可采储量为1.2万亿立方米。

希托克曼凝析气田,1988年发现,位于巴伦支海水域,水深350米,气田面积为1400平方米,可供开采50年,有25年稳产。

3. 欧洲

拉克气田,1951年发现,位于法国西南部阿基坦盆地,背斜圈闭,产层为白垩纪碳酸盐岩,深度为4000米,天然气可采储量为2290亿立方米。

格罗宁根气田，1959 年发现，位于荷兰东北部格罗宁根省，平缓隆起圈闭，产层为二叠纪砂岩，深度为 2 900 米，天然气可采储量为 23 000 亿立方米，为世界第九大气田。

北海地区的油气田，1965 年英国石油公司在亨伯河口外发现西索尔气田，此后，挪威、荷兰、丹麦、联邦德国等国近海地区相继发现油气田。

弗里格气田，1971 年发现，位于挪威海域，产层为古新世砂岩，厚度为 1 800 米，天然气可采储量为 2 007 亿立方米，1978 年开始开采。

特罗尔气田，1979 年发现，位于挪威海域，背斜圈闭，产层为侏罗纪砂岩，厚度为 1 400 米，可采储量为 13 000 亿立方米，是挪威最大的天然气田，也是世界上最大的海上气田之一。

4. 中东

北部气田，1971 年发现，主要部分位于卡塔尔半岛东北部海洋，水深 15 ～ 70 米，面积为 6 000 平方千米，天然气可采储量达 25.47 万亿立方米，占世界天然气可采储量的 20%。它是世界上最大的非伴生气田，使卡塔尔成为仅次于俄罗斯和伊朗的世界第三大天然气资源国。1991 年开始开发。

乌姆达尔克气田，1973 年发现，位于阿布扎比境内，背斜圈闭，产层为白垩纪碳酸盐岩，深度为 2 700 米，天然气可采储量为 1 783 亿立方米。

布克哈气田，1979 年发现，位于阿曼沿海，在阿拉伯半岛海上有布克哈气田和西布克哈气田两个气层。

塔布纳克气田，20 世纪 80 年代初发现，曾被命名为塔拉卡迈赫气田，位于伊朗西南部，可采储量为 4 300 亿立方米。

南帕尔气田，1988 年发现，位于伊朗西南部，是卡塔尔北部气田向北部的延伸。气田覆盖面积为 1 300 平方千米，位于水深 65 米的海底 3 000 米处，天然气可采储量估计有 12.34 万亿立方米。

5. 印度尼西亚

纳土纳气田，1970 年发现，位于印度尼西亚南海海域，在纳土纳岛东北 225 千米处，天然气可采储量预计为 13 000 亿立方米。

阿鲁气田，1971 年发现，位于苏门答腊北部，礁体圈闭，产层为中新统石灰岩，产层深度为 3 000 米，天然气可采储量为 3 876 亿立方米。

巴达克气田，1972 年发现，位于加里曼丹岛马哈坎盆地，背斜圈闭，产层为中新统砂岩，产层深度为 1 300 米，天然气可采储量为 1 982 亿立方米。

东固气田，1994 年发现，位于西巴布亚省伯劳湾，天然气可采储量估计为 5 180 亿立方米。2007 年投产，年产 760 万吨。

6. 澳大利亚

泛森赖斯气田，20 世纪 70 年代中期发现，位于澳大利亚西北部波拿巴盆地，靠近拜尤 – 温丹油气田。天然气可采储量为 2 547 亿立方米。

拜尤 – 温丹油气田，1995 年发现，位于帝汶海，估计烃液体 3.5 亿～ 4.0 亿桶，天然气可采储量为 962 亿立方米。

戈尔根气田，位于澳大利亚西北海面卡那封盆地，大戈尔根包括浅海戈尔根区域气田和深水 Jansz

气田两组气田，估计天然气可采储量为 11 320 亿立方米。

7. 其他国家

苏伊气田，1952 年发现，位于巴基斯坦的印度河盆地，背斜圈闭，产层为古新世碳酸盐岩，深度为 1 400 米，天然气可采储量为 2 548 亿立方米。

哈西鲁迈勒气田，1956 年在法属撒哈拉（现属阿尔及利亚）发现，背斜圈闭，产层为三叠纪砂岩，深度为 2 100 米，可采储量达 24 000 亿立方米。

沙哈·丹尼兹气田，1999 年发现，位于里海的阿塞拜疆境内，水深为 600 米，估计天然气可采储量有 4 000 亿立方米。

库土布油气田，巴布亚新几内亚主要油气产区，位于巴布亚新几内亚南高地省库土布地区。

三、天然气储量

关于天然气资源的数量，有不同的衡量指标，如天然气资源量、天然气储量、天然气地质储量、天然气可采储量等。在中国，资源储量分为地质储量和可采储量。地质储量又分为预测地质储量、控制地质储量和探明地质储量三级（图14-1），一般省略"地质"二字。可采储量又分为预测技术可采储量、控制技术可采储量和探明技术可采储量三级。可采储量等于累计产量与剩余可采储量之和。[1]

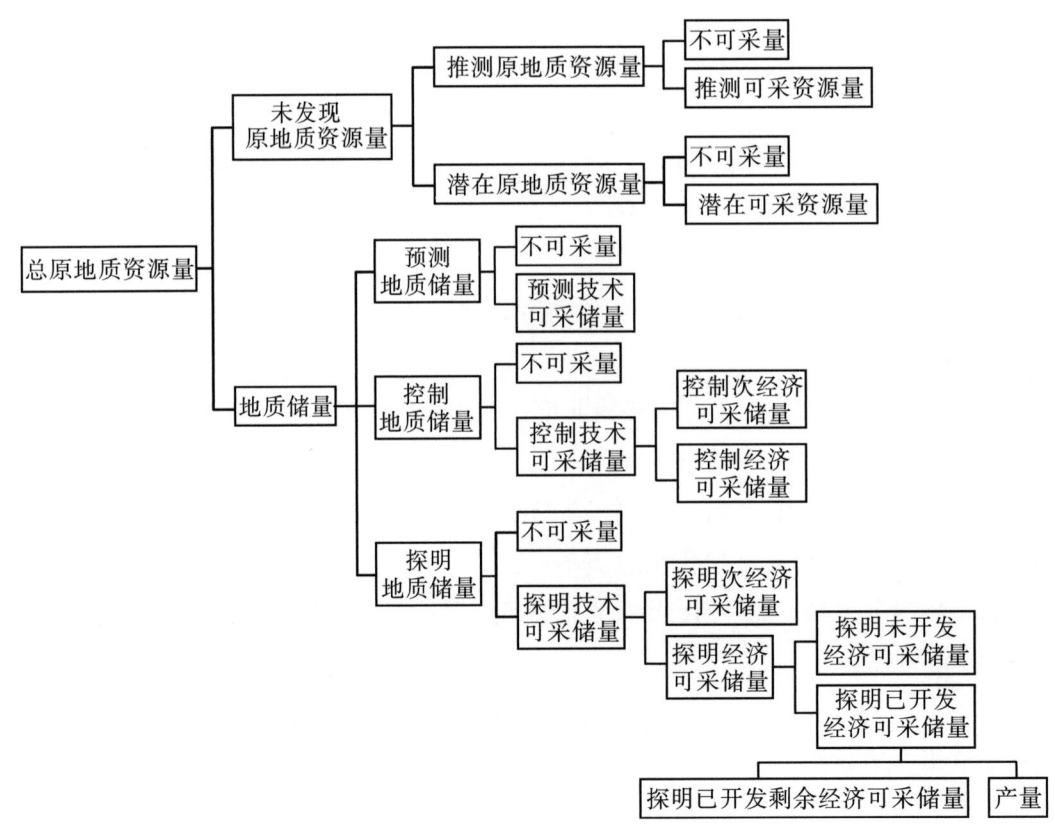

图 14-1　中国石油天然气储量分级图

资料来源：徐文渊、蒋长安主编《天然气利用手册》第 2 版，中国石化出版社，2006，第 25 页。

---

[1] 杜尚明、胡光灿、李景明等：《天然气资源勘探》，石油工业出版社，2004，第 287 页。

20世纪下半叶以来，世界天然气探明储量不断扩大。1974年，世界天然气探明储量为50.81万亿立方米。1979年1月1日，世界天然气探明储量为70.85万亿立方米。1987年，世界天然气探明储量为109.33万亿立方米。1998年，世界天然气探明储量为145.6万亿立方米。2010年，世界天然气探明储量达187.2万亿立方米。天然气探明储量的不断增长，有力地保证了天然气工业的可持续发展，对保障世界能源安全发挥了重要作用。

（一）天然气资源量

世界天然气资源十分丰富。根据俄罗斯学者的预测，世界常规天然气总资源量达400万亿～600万亿立方米，而非常规天然气资源量则更多，世界天然气资源完全可以满足人类长远发展的需要。根据国际天然气和气态烃信息中心于2001年1月1日的估算，全球常规天然气剩余资源量为453万亿～527万亿立方米（表14-9）。

资源量是一种估算值，不具有商业价值，被人们重视的是有商业价值的可采储量。[1]

表 14-9　全球常规天然气资源量

单位：米³

地区	累计产量	可采储量	总资源量	
			剩余资源量[1]	初始资源量
北美洲	29.0 万亿	6.6 万亿	27 万亿～ 34 万亿	55 万亿～ 62 万亿
拉丁美洲	3.6 万亿	8.2 万亿	22 万亿～ 27 万亿	25 万亿～ 62 万亿
欧洲	8.1 万亿	8.2 万亿	13 万亿～ 16 万亿	20 万亿～ 23 万亿
原苏联地区	18.5 万亿	55.8 万亿	222 万亿～ 250 万亿	240 万亿～ 270 万亿
非洲	2.4 万亿	11.7 万亿	23 万亿～ 28 万亿	25 万亿～ 30 万亿
中东	4.6 万亿	58.5 万亿	115 万亿～ 136 万亿	120 万亿～ 140 万亿
亚洲	4.2 万亿	15.0 万亿	31 万亿～ 46 万亿	35 万亿～ 40 万亿

资料来源：庞名立：《天然气百科辞典》，中国石化出版社，2007，第45页。

注：[1]剩余资源量包含可采储量。

（二）20 世纪 70 年代天然气储量

20世纪70年代，国际能源会议等机构对世界常规天然气探明储量进行测算后认为，1974—1977年世界天然气探明储量在1 930艾焦耳[2]至2 743艾焦耳之间（表14-10），探明储量的总平均数量为2 500艾焦耳；测算的未发现可采资源约为8 150艾焦耳；测算的常规天然气资源总额约为10 500艾焦耳；到1975年为止累计全世界天然气产量约为930艾焦耳；地壳内原来含有的可采常规天然气资源总额约为11 500艾焦耳。[3]

---

[1] 庞名立：《天然气百科辞典》，中国石化出版社，2007，第45页。

[2] 1 艾焦耳 =10^18 焦耳。

[3] 伊斯雷尔·贝科维奇：《世界能源——展望2020年》，上海市政协编译工作委员会译，上海译文出版社，1983，第54-55页。

表 14-10　世界常规天然气探明储量的测算值

资料来源	时间	储量 / 艾焦耳
国际能源会议资源调查	1974 年年底	1 930
美国矿务局	1974 年年底	2 451
《世界石油》	1975 年年底	2 362
	1976 年年底	2 441
天然气技术学会	1975 年年底	2 480
	1976 年年底	2 468
《油气杂志》	1976 年年底	2 532
	1977 年年底	2 743

资料来源：伊斯雷尔·贝科维奇：《世界能源——展望 2020 年》，上海市政协编译工作委员会译，上海译文出版社，1983，第 54 页。

按国家集团划分，世界探明储量和余留未发现天然气资源中，经济合作与发展组织成员国的资源占资源总额的 25%，集中计划经济国家和发展中国家的资源分别占 32% 和 42%（图 14-2）。

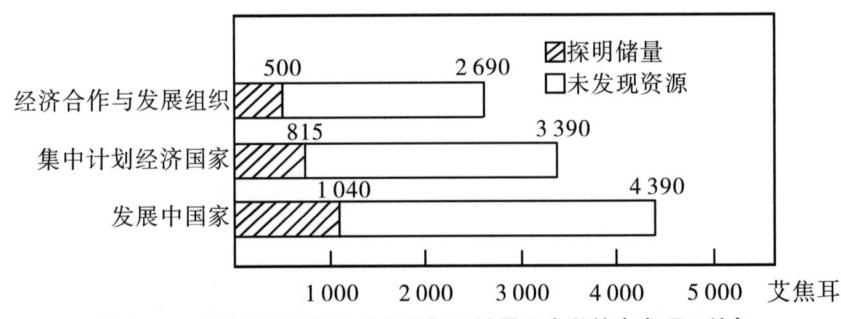

图 14-2　按世界集团划分的世界探明储量和余留的未发现天然气

资料来源：伊斯雷尔·贝科维奇：《世界能源——展望 2020 年》，上海市政协编译工作委员会译，上海译文出版社，1983，第 55 页。

1978 年联合国统计显示，1977 年天然气储量居世界前十位的国家每国储量均超过 1 万亿立方米，共计 51.601 万亿立方米。其中，苏联和伊朗达到 10 万亿立方米以上，分别为 21.942 万亿立方米和 10.574 万亿立方米（表 14-11）。

表 14-11　1977 年世界十大天然气储量国

排名	国家	储量 / 亿 m³
1	苏联	219 420
2	伊朗	105 740
3	美国	59 150
4	阿尔及利亚	34 680
5	沙特阿拉伯	18 600
6	荷兰	17 090
7	加拿大	16 840
8	卡塔尔	16 630
9	利比里亚	14 620
10	科威特	13 240
合计		516 010

资料来源：中国社会科学院世界经济研究所：《世界经济统计手册》，中国社会科学出版社，1981，第 34 页。

根据美国 *International Petroleum Encyclopedia* 的统计，1979 年 1 月 1 日，世界天然气总储量为 708 510 亿立方米，分布在 65 个国家（表 14-12）。其中，亚洲为 237 450 亿立方米，占 33.51%；欧洲

298 250 亿立方米，占 42.10%；非洲为 52 750 亿立方米，占 7.45%；大洋洲为 10 480 亿立方米，占 1.48%；北美洲为 83 820 亿立方米，占 11.83%；拉丁美洲为 22 930 亿立方米，占 3.24%；其他国家为 2 830 亿立方米，占 0.40%。

表 14-12　截至 1979 年 1 月 1 日世界各国天然气储量

单位：×10 亿 m³

国家 / 地区	储量	国家 / 地区	储量
（一）亚洲	23 745	荷兰	1 771
沙特阿拉伯	2 659	法国	184
科威特	886	（三）非洲	5 275
伊朗	14 159	利比亚	685
伊拉克	787	尼日利亚	1 189
阿布扎比	566	阿尔及利亚	2 973
印度尼西亚	680	埃及	85
中立区	142	突尼斯	170
卡塔尔	1 133	加蓬	68
印度	99	安哥拉	34
马来西亚	481	刚果	64
阿曼	57	扎伊尔	1
叙利亚	42	（四）大洋洲	1 048
文莱	227	澳大利亚	878
迪拜	45	新西兰	170
土耳其	14	（五）北美洲	8 382
巴林	198	美国	5 805
巴基斯坦	453	加拿大	1 671
日本	14	墨西哥	906
缅甸	4	（六）拉丁美洲	2 293
（二）欧洲	29 825	委内瑞拉	1 161
苏联	25 768	阿根廷	340
英国	765	巴西	42
挪威	680	厄瓜多尔	113
意大利	226	哥伦比亚	136
联邦德国	178	秘鲁	33
丹麦	71	特立尼达和多巴哥	227
南斯拉夫	38	智利	71
奥地利	12	玻利维亚	170
希腊	113	（七）其他国家[1]	283
西班牙	6	全球合计	70 851

资料来源：李汝燊：《自然地理统计资料》新编第 3 版，商务印书馆，1984，第 404-406 页。

注：[1] 包括罗马尼亚、民主德国、捷克斯洛伐克、阿尔巴尼亚、保加利亚、波兰、匈牙利、古巴、蒙古、越南和朝鲜。

（三）20 世纪 80 年代天然气储量

1987 年，世界天然气探明可采储量为 109.326 万亿立方米（表 14-13），比 1979 年增长约 54.30%。其中，亚洲探明可采储量约为 37.536 万亿立方米，占 34.34%；欧洲探明可采储量约为 47.736 万亿立方米，占 43.67%；美洲探明可采储量约为 15.366 万亿立方米，占 14.06%；非洲探明可采储量约为 7.249 万亿立方米，占 6.63%；大洋洲探明可采储量约为 1.439 万亿立方米，占 1.32%。与 20 世纪 70 年代相比，在五大洲中，欧洲、亚洲天然气储量分别继续保持第一位、第二位，1987 年两者天然气储量共占世界天然气总量的 78.01%。

表 14-13　1987 年世界天然气探明可采储量

单位：×10 亿 m³

国家 / 地区	探明可采储量	国家 / 地区	探明可采储量
全球合计	109 326	利比亚	728
（一）非洲	7 249	马达加斯加	—
阿尔及利亚	3 000	马拉维	—
安哥拉	50	马里	—
贝宁	—[1]	毛里塔尼亚	—
博茨瓦纳	—	毛里求斯	—
布基纳法索	—	摩洛哥	2
布隆迪	—	莫桑比克	65
喀麦隆	110	尼日尔	—
佛得角	—	尼日利亚	2 380
中非	—	卢旺达	40
乍得	—	塞内加尔	—
科摩罗	—	塞拉利昂	—
刚果	70	索马里	6
科特迪瓦	100	南非	28
吉布提	—	苏丹	85
埃及	290	斯威士兰	—
赤道几内亚	24	坦桑尼亚	116
埃塞俄比亚	24	多哥	—
加蓬	17	突尼斯	85
冈比亚	—	乌干达	—
加纳	—	扎伊尔	1
几内亚	—	赞比亚	—
几内亚比绍	—	（二）北美洲、中美洲	10 708
肯尼亚	—	巴巴多斯	
津巴布韦	—	加拿大	2 730
莱索托	—	哥斯达黎加	
利比里亚	—	古巴	—

续表

单位：×10 亿 m³

国家 / 地区	探明可采储量	国家 / 地区	探明可采储量
多米尼加	—	约旦	0
萨尔瓦多	—	柬埔寨	—
危地马拉	—	朝鲜	—
海地	—	韩国	—
洪都拉斯	—	科威特	1 050
牙买加	—	老挝	—
墨西哥	2 119	黎巴嫩	—
尼加拉瓜	—	马来西亚	1 462
巴拿马	—	蒙古	—
特立尼达和多巴哥	294	缅甸	268
美国	5 565	尼泊尔	—
（三）南美洲	4 658	阿曼	270
阿根廷	670	巴基斯坦	635
玻利维亚	143	菲律宾	—
巴西	105	卡塔尔	4 440
智利	120	沙特阿拉伯	3 963
哥伦比亚	110	新加坡	—
厄瓜多尔	12	斯里兰卡	—
圭亚那	—	叙利亚	144
巴拉圭	—	泰国	105
秘鲁	18	土耳其	25
苏里南	—	阿联酋	5 765
乌拉圭	—	越南	—
委内瑞拉	3 480	也门	—
（四）亚洲	37 536	民主也门	—
阿富汗	64	（五）欧洲	47 736
巴林	195	阿尔巴尼亚	7
孟加拉国	360	奥地利	12
不丹	—	比利时	—
中国	895	保加利亚	5
塞浦路斯	—	捷克斯洛伐克	13
印度	500	丹麦	125
印度尼西亚	2 068	芬兰	—
伊朗	13 864	法国	34
伊拉克	745	民主德国	190
以色列	0	联邦德国	179
日本	29	希腊	4

续表

单位：×10 亿 m³

国家 / 地区	探明可采储量	国家 / 地区	探明可采储量
匈牙利	125	瑞典	—
冰岛	—	瑞士	—
爱尔兰	26	英国	630
意大利	300	南斯拉夫	84
卢森堡	—	苏联	41 080
马耳他	—	（六）大洋洲	1 439
荷兰	1 770	澳大利亚	1 281
挪威	2 773	斐济	—
波兰	130	新西兰	130
葡萄牙	—	巴布亚新几内亚	28
罗马尼亚	235	所罗门群岛	—
西班牙	14		

资料来源：世界资源研究所：《世界资源（1990—1991）》，中国科学院国家计划委员会自然资源综合考察委员会译，北京大学出版社，1992，第 569-575 页。

注：[1]"—"表示无资料。

1987 年，世界天然气探明可采储量前十位的国家分别为：苏联 41.08 万亿立方米，占世界总量的 37.58%；伊朗 13.864 万亿立方米，占 12.68%；阿联酋 5.765 万亿立方米，占 5.27%；美国 5.565 万亿立方米，占 5.09%；卡塔尔 4.44 万亿立方米，占 4.06%；沙特阿拉伯 3.963 万亿立方米，占 3.62%；委内瑞拉 3.48 万亿立方米，占 3.18%；阿尔及利亚 3.0 万亿立方米，占 2.74%；挪威 2.773 万亿立方米，占 2.54%；加拿大 2.73 万亿立方米，占 2.50%（表 14-14）。十国占世界总量的 79.27%。

表 14-14　1987 年世界十大天然气探明可采储量国

排名	国家	储量 /（×10 亿 m³）	占世界总量的比例 /%
1	苏联	41 080	37.58
2	伊朗	13 864	12.68
3	阿联酋	5 765	5.27
4	美国	5 565	5.09
5	卡塔尔	4 440	4.06
6	沙特阿拉伯	3 963	3.62
7	委内瑞拉	3 480	3.18
8	阿尔及利亚	3 000	2.74
9	挪威	2 773	2.54
10	加拿大	2 730	2.50
合计		86 660	79.27

资料来源：作者整理。参考世界资源研究所：《世界资源（1990—1991）》，中国科学院国家计划委员会自然资源综合考察委员会译，北京大学出版社，1992，第 569-575 页。

（四）20 世纪 90 年代天然气储量

20 世纪 90 年代，世界天然气探明储量规模进一步扩大。1998 年世界天然气探明储量为 145.6 万亿立方米，与 1987 年世界天然气探明可采储量 109.326 万亿立方米相比，增加 36.274 万亿立方米，增长 33.18%。其中，东欧和原苏联地区天然气探明储量为 56.66 万亿立方米，占世界总量的 38.91%；中东地区 49.51 万亿立方米，占世界总量的 34.0%。这两个地区占世界总量的 72.91%，是世界天然气的两大富集区。其他地区中，美洲天然气储量为 14.54 万亿立方米，占世界总量的 9.99%；非洲储量 10.22 万亿立方米，占世界总量的 7.02%；亚太地区储量 10.18 万亿立方米，占 6.99%；西欧储量 4.49 万亿立方米，仅占世界总量的 3.08%（表 14–15）。

表 14–15　1998 年世界各地区天然探明储量

地区	探明储量 / 亿 m³	占世界总量的比例 /%
东欧和原苏联地区	566 600	38.91
中东	495 100	34.00
美洲	145 400	9.99
西欧	44 900	3.08
非洲	102 200	7.02
亚太	101 800	6.99
总计	1 456 000	100

资料来源：作者整理。参考港华投资有限公司、中国城市燃气协会主编《天然气置换手册》，中国建筑工业出版社，2006。

20 世纪末（1999 年）世界上有 3 个国家的天然气探明储量超过 10 万亿立方米，分别为俄罗斯 48.08 万亿立方米、伊朗 24.2 万亿立方米、卡塔尔 10.9 万亿立方米，占世界天然气探明储量的比例分别为 30.80%、15.50%、6.98%（表 14–16），三者合计超过 50%，达到 53.28%。世界排前十位国家的天然气探明储量占世界总量的 73.83%。中国排在第 19 位，天然气探明储量为 1.25 万亿立方米。

表 14–16　1999 年世界十大天然气探明储量国

排名	国家	储量 / 亿 m³	占世界总量的比例 /%
1	俄罗斯	480 800	30.80
2	伊朗	242 000	15.50
3	卡塔尔	109 000	6.98
4	阿联酋	59 960	3.84
5	沙特阿拉伯	57 770	3.70
6	美国	46 450	2.98
7	委内瑞拉	41 480	2.66
8	阿尔及利亚	40 770	2.61
9	挪威	37 850	2.42
10	印度尼西亚	36 500	2.34
合计		1 152 580	73.83
世界总计		1 561 120	100

资料来源：作者整理。参考朱永峰：《矿产资源经济概论》，北京大学出版社，2007。

（五）21 世纪初天然气储量

进入 21 世纪，世界天然气储量继续保持增长势头。根据 2011 年发布的《BP 世界能源统计年鉴》数据，2010 年，世界天然气探明储量达 187.23 万亿立方米。其中，中东地区天然气探明储量 75.8 万亿立方米，占世界总量的 40.5%；欧洲及欧亚大陆为 63.1 万亿立方米，占世界天然气探明储量的 33.7%（表 14–17）。

2010 年，世界天然气探明储量排前十位的国家共计 144.74 万亿立方米，占世界总量的 77.3%（表 14–18）。其中，前 3 位国家（俄罗斯、伊朗、卡塔尔）的储量合计超过世界的一半，达 53.2%。2010 年，中国天然气探明储量为 2.81 万亿立方米，排世界第 14 位。

表 14–17　2010 年世界天然气探明储量地区分布

地区	探明储量 / 万亿 m³	占世界总量的比例 /%
北美	9.94	5.3
中南非	7.44	4.0
欧洲及欧亚大陆	63.1	33.7
中东	75.8	40.5
非洲	14.75	7.9
亚太	16.2	8.7
全球合计	187.23	100

资料来源：赵秀雯、于力、柴建设：《天然气管道安全》，化学工业出版社，2013，第 23 页。

表 14–18　2010 年世界十大天然气探明储量国

排名	国家	探明储量 / 万亿 m³	占世界总量的比例 /%
1	俄罗斯	44.76	23.9
2	伊朗	29.61	15.8
3	卡塔尔	25.32	13.5
4	土库曼斯坦	8.03	4.3
5	沙特阿拉伯	8.02	4.3
6	美国	7.72	4.1
7	阿联酋	6.03	3.2
8	委内瑞拉	5.46	2.9
9	尼日利亚	5.29	2.8
10	阿尔及利亚	4.50	2.4
合计		144.74	77.2

资料来源：赵秀雯、于力、柴建设：《天然气管道安全》，化学工业出版社，2013，第 24 页。

（六）海上天然气储量

世界海洋天然气资源丰富，已探明的海上天然气可采储量占世界总可采储量的 26.1%。[①] 随着海洋油气勘探科技的发展，20 世纪 60 年代以来，世界海上天然气开发得到迅速发展。到 20 世纪 80 年代，有 30 多个国家建成海上油气田 430 多个。[②]1988 年，海上天然气探明可采储量约为 29.65 万亿立方米（表 14-19）。其中，探明可采储量超过 1 万亿立方米的国家有 10 个，依次为：苏联 45 312.00 亿立方米，占 15.28%；卡塔尔 43 986.62 亿立方米，占 14.84%；尼日利亚 34 125.60 亿立方米，占 11.51%；挪威 28 707.98 亿立方米，占 9.68%；美国 18 507.12 亿立方米，占 6.24%；沙特阿拉伯 14 160.00 亿立方米，占 4.78%；马来西亚 13 990.08 亿立方米，占 4.72%；墨西哥 13 027.2 亿立方米，占 4.39%；英国 11 497.92 亿立方米，占 3.88%；澳大利亚 10 478.40 亿立方米，占 3.53%。

表 14-19　1988 年世界海上天然气探明可采储量分布

单位：亿 m³

国家 / 地区	可采储量	国家 / 地区	可采储量
（一）北美洲		（四）地中海	
加拿大	3 001.92	意大利	962.88
美国	18 507.12	利比亚	424.80
（二）拉丁美洲		西班牙	226.56
阿根廷	50.98	南斯拉夫	147.26
巴西	1 161.12	（五）中东	
智利	651.36	埃及	1 246.08
哥伦比亚	402.14	伊朗	7 929.60
厄瓜多尔	297.36	阿曼	453.12
墨西哥	13 027.20	卡塔尔	43 986.62
秘鲁	28.32	沙特阿拉伯	14 160.00
特立尼达和多巴哥	2 562.96	阿联酋	4 984.32
委内瑞拉	8 544.14	（六）非洲	
（三）欧洲		安哥拉（卡宾达省）	444.62
丹麦	962.88	喀麦隆	351.17
爱尔兰	396.48	刚果	623.04
荷兰	3 001.92	科特迪瓦	96.29
挪威	28 707.98	尼日利亚	34 125.60
联邦德国	50.98	南非	300.19
英国	11 497.92	坦桑尼亚	566.40

---

① 庞名立：《天然气百科辞典》，中国石化出版社，2007，第 248 页。

② 同上书，第 249 页。

续表

单位：亿 m³

国家 / 地区	可采储量	国家 / 地区	可采储量
（七）亚洲、大洋洲地区		文莱	2 180.64
澳大利亚	10 478.40	缅甸	1 104.48
印度	4 106.40	中国台湾	283.20
印度尼西亚	7 929.60	泰国	2 265.60
日本	50.98	（八）欧亚地区	
马来西亚	13 990.08	苏联	45 312.00
新几内亚	3 500.35	全球总计	296 499.07
新西兰	1 416.00		

资料来源：薛鸿超：《海岸及近海工程》，中国环境科学出版社，2003，第 327 页。

四、中国天然气的勘探

1949 年以前，中国油气工业落后，发现的天然气田少，探明地质储量小。1949 年之后，中国加大了天然气勘探力度，天然气勘探与开发取得重大突破，天然气探明地质储量大幅增长。

（一）中国天然气资源

中国天然气资源比较丰富。在 1986 年中国第一轮天然气资源评价中，中国天然气远景资源量为 33.6 万亿立方米。1994 年中国进行第二轮天然气资源评价，天然气远景资源量为 38.05 万亿立方米，可采资源量为 13 万亿立方米。与第一轮评价结果相比，远景资源量增加约 4 万亿立方米。2003—2005 年，中国国土资源部等联合开展第三轮全国天然气资源评价，除南海南部 14 个盆地外，在中国陆地和近海海域 115 个含油气盆地中，天然气远景资源量为 55.89 万亿立方米，地质资源量为 35.03 万亿立方米（表 14-20）。

表 14-20　中国历次天然气资源评价结果对比[1]

单位：万亿 m³

资源量	第一轮（1986 年）	第二轮（1994 年）	中国工程院（2004 年）	第三轮（2003—2005 年）
远景资源量[2]	33.6	38.05	47	55.89
地质资源量[3]	—	—	22	35.03
可采资源量[4]	—	13	14	22.03

资料来源：钱伯章：《石油和天然气技术与应用》，科学出版社，2010，第 164 页。

注：[1] 作者对此表数据做了适当调整。[2] 远景资源量是指油气的可能聚集总量，即有可能找到的最大量。[3] 地质资源量是指在目前的技术条件下最终可以探明的油气总量，包括已探明和尚未探明的。[4] 可采资源量是指在未来可预见的技术条件下可以采出的油气总量，包括已经采出的、已探明未采出的和未探明的。

在第三轮天然气资源评价中，远景资源量比第二轮评价结果增加约 18 万亿立方米，比中国工程院 2004 年的数据增加约 9 万亿立方米（表 14-21）。

表 14-21　中国历次天然气远景资源评价结果

单位：万亿 m³

盆地	第一轮（1986 年）	第二轮（1994 年）	中国工程院（2004 年）	第三轮（2003—2005 年）
渤海湾	1.56	2.12	2.12	2.16
四川	8.12	7.36	7.36	7.19
鄂尔多斯	3.66	4.18	10.70	10.70
柴达木	—	—	2.37	2.63
松辽	0.97	0.88	0.88	1.80
塔里木	8.30	8.39	7.96	11.34
准噶尔	4.13	1.23	2.09	1.18
东海	1.28	2.48	2.48	5.10
琼东南	—	1.63	1.89	1.89
莺歌海	—	2.24	2.24	2.28
其他	5.58	7.54	6.91	9.62
合计	33.60	38.05	47.00	55.89

资料来源：钱伯章：《石油和天然气技术与应用》，科学出版社，2010，第 164 页。作者对数据做了适当调整。

根据第三轮全国天然气资源评价结果，中国天然气资源主要分布在塔里木、鄂尔多斯等 9 个含油气盆地，它们的储量占全国天然气资源总量的 80% 以上，其中塔里木盆地和四川盆地的地质资源量大于 5 万亿立方米（表 14-22）。

表 14-22　中国第三轮天然气资源评价情况

单位：万亿 m³

盆地	远景资源量[2]	地质资源量	可采资源量
塔里木	11.34	8.86	5.86
鄂尔多斯	10.70	4.67	2.90
四川	7.19	5.37	3.42
东海	5.10	3.64	2.48
柴达木	2.63	1.60	0.86
莺歌海	2.28	1.31	0.81
渤海湾	2.16	1.09	0.62
琼东南	1.89	1.11	0.72
松辽	1.80	1.40	0.76
其他	10.80	5.98	3.6
全国[1]	55.89	35.03	22.03

数据来源：张国宝主编《中国能源发展报告 2010》，经济科学出版社，2010，第 124 页。

注：[1] 全国天然气资源量未包括南海南部海域。[2] 表中远景资源量为传统意义上的资源量概念。

（二）早期勘探（1917—1949 年）

1949 年之前，中国经济落后，天然气工业极为薄弱，仅发现石油沟、圣灯山等小气田（表 14-23），探明地质储量小，共 3.85 亿立方米[1]。

表 14-23　1949 年之前中国投入开发的天然气田

气田	开发时间 / 年
台湾锦水	1913
台湾竹东	1937
台湾六重溪	1937
重庆石油沟	1939
四川圣灯山	1943

资源来源：作者整理。主要参考：港华投资有限公司、中国城市燃气协会主编《天然气置换手册》，中国建筑工业出版社，2006，第 6 页。

1. 威远勘查

20 世纪 30 年代前后，中国开始对四川盆地天然气资源进行地质调查与勘探。1931 年起，谭锡畴、朱庭祜、黄汲清等先后对威远震旦系气藏进行多种地质调查。从 1938 年 10 月到 1940 年，黄汲清率领测勘队赵威远等人，完成 1∶10 000 地形及地质详图。

1940 年 3 月中国地质学会第十六次年会召开后，与会的 49 人一行前往威远县，考察威 1 井的井位。事后，由原四川油矿探勘处组织施工，于次年 2 月进入阳新统目的层 240 米，井深 1 202.66 米完钻，仅在嘉二段见气显示，上二叠统每天产水 80 余吨，至此勘探中断。[2]

2. 石油沟气田

石油沟气田位于重庆市巴南区，梳状背斜，闭合面积为 52.5 平方千米。1937 年开始钻探，1939 年在巴 1 井发现嘉五小气藏，以下叠统为目的层得气。[3]

3. 圣灯山气田

圣灯山气田位于四川省隆昌市。1938 年发现地面构造，为下侏罗统，圈闭面积 50 平方千米。1942 年首钻隆 2 井，发现下三叠统嘉三气藏后中止勘探。[4]

（三）以四川盆地勘探为重点时期（1949—1987 年）

1949 年以后，中国逐渐加大对天然气的勘探力度，四川盆地天然气勘探与开发取得重大突破，成为中国最大的天然气生产基地。

1. 四川盆地

1956 年，在距威 1 井东南 10 多米处，开钻威远基准井。当钻井深 2 438.65 米、进入寒武系 20.65

---

[1] 港华投资有限公司、中国城市燃气协会主编《天然气置换手册》，中国建筑工业出版社，2006，第 6 页。

[2] 杜尚明、胡光灿、李景明等：《天然气资源勘探》，石油工业出版社，2004，第 175 页。

[3] 同上书，第 202 页。

[4] 同上书，第 201 页。

米时，因设备不足而停钻。1964 年，威远基准井加深钻探，在井深 2 844.5 ~ 2 859.39 米不同回压下，发现了天然气，产气（7.89 ~ 14.5）$\times 10^4$ 米^3/ 日。1965 年，石油工业部决定在四川盆地开展"开气找油"大会战。1966 年，建成直径为 630 毫米的威（远）成（都）输气线，翌年试采，开创了中国高速度勘探、开发大中型气田的先河。至 1967 年，探明威远震旦系天然气储量 4×10^{10} 立方米。20 世纪 70 年代中期，最高日产气量达到 3.7×10^6 立方米。[①] 它是中国 20 世纪 80 年代以前的大气田。

在四川盆地，20 世纪 70 年代初发现中坝三叠系中型气田，探明地质储量 100 亿立方米以上；1977 年发现相国寺石岩系气藏，其中卧龙河气田天然气探明地质储量达到 284 亿立方米。1960—1985 年，在四川盆地累计探明天然气地质储量 1 931 亿立方米，占同期中国天然气储量的 50% 以上。[②]

1976 年，中国天然气产量突破 100 亿立方米，其中四川盆地年产气 43 亿立方米，是中国最大的天然气生产基地。

2. 鄂尔多斯盆地（陕甘宁盆地）

鄂尔多斯盆地横跨甘肃、宁夏、内蒙古、山西、陕西五个省、自治区，地理面积约为 3.7×10^5 平方千米。早在公元前 61 年就发现了陕西鸿门天然气井。20 世纪初开始早期地质调查。1953 年在内蒙古伊克昭盟（鄂尔多斯市的旧称）隆起发现白垩系油气苗。1954 年在宁夏西部鸳鸯湖（灵武县，今灵武市）构造发现延长组油砂。1960 年在宁夏盐池县李庄子构造获具有工业价值的油流。1969 年，发现刘家庄气田。1984 年 9 月在横山堡任 11 井获日产 2.586×10^5 立方米的高产气井。1989 年榆 3 井中测获天然气无阻流量 1.36×10^5 立方米的高产气流。[③]

3. 柴达木盆地

柴达木盆地位于青藏高原北部青海省境内，地理面积为 25×10^4 平方千米，沉积岩面积为 1.21×10^5 平方千米。1954 年开始对柴达木盆地进行地质调查。1964 年发现涩北一号气田。1975 年发现涩北二号气田。1987 年发现台南气田。1991 年建设格尔木天然气化工厂。1992 年在柴达木盆地东缘盐沼、荒漠区发现丰富的天然气气藏。[④]

4. 莺歌海 – 琼东南盆地

莺歌海 – 琼东南盆地位于中国南海西北部，其中莺歌海盆地面积为 1.2×10^4 平方千米，琼东南盆地面积为 3.4×10^4 平方千米。1957 年开始在海南岛沿海调查油苗 39 处。1983 年发现崖城 13–1 气田。此后，又发现崖城 13–4、东方 1–1、乐东 15–1 等气田。[⑤]

5. 塔里木盆地

塔里木盆地位于新疆维吾尔自治区南部，面积约为 5.6×10^5 平方千米。20 世纪 20 年代开始进行油气勘察。1951 年开始进行系统的区域地质调查。此后发现柯克亚凝析气田，探明地质储量为 232 亿

① 杜尚明、胡光灿、李景明等：《天然气资源勘探》，石油工业出版社，2004，第 176 页。

② 《当代中国石油工业》编委会：《当代中国石油工业（1986—2005）》上卷，当代中国出版社，2008，第 92 页。

③ 徐文渊、蒋长安主编《天然气利用手册》第 2 版，中国石化出版社，2006，第 28–29 页。

④ 同上书，第 32 页。

⑤ 同上书，第 30 页。

立方米。[1]

6. 渤海湾盆地

在渤海湾盆地，先后发现文贸、板桥、苏桥和兴隆台等气藏，探明地质储量为100亿立方米。

从1960年到1985年，中国累计探明天然气（即气层气）地质储量为3 780亿立方米，累计探明油田溶解气地质储量为5 217亿立方米。1985年，中国天然气产量为128亿立方米，其中气层气产量占50%。[2]

（四）"油气并重"、全面发展时期（1987年至今）

20世纪80年代以前，中国天然气勘探受到烃源理论的束缚。中国在"一元成气论"的指导下，只注重在腐泥型源岩发育区探气，不重视煤系地层发育有利地区的勘探。1949—1978年中国探明天然气储量为2.284×10^{11}立方米，几乎没有煤成气的份额，即便是在探明煤成气储量最多的1978年，煤成气只占当年天然气探明储量的9%。[3]从1978年起，中国打破过去的禁锢，开始研究煤成气，以"二元论"指导中国天然气勘探，进入煤成气勘探同步发展的时期。

1987年，国家明确了对天然气的扶持政策，确定了"油气并重"的勘探方针。这是中国天然气勘探的里程碑。当年10月，石油工业部在河北省涿县（今涿州市）召开全国石油勘探工作会议，强调年初确定的实行天然气商品量包干政策就是为了促进天然气的加快发展。会议提出："加快天然气工业发展，必须立足于寻找高产、高丰度的大中型气田，使天然气储量有个大的增长；进一步搞好天然气勘探部署，加快重点地区勘探步伐，努力开辟几个新的产区。"[4]会上，石油工业部部长王涛指出："经过多年勘探工作，现在已在全国形成6个重点找气地区（四川盆地、陕甘宁盆地、松辽盆地、中原地区、辽东湾海域、莺歌海海域）；8个找气预备地区（准噶尔盆地、塔里木盆地、柴达木盆地、周口盆地、湘鄂盆地、苏皖地区、楚雄盆地、东海盆地）；4个油气兼探地区（辽河坳陷、黄骅坳陷、冀中坳陷、济阳坳陷）。……现正处在一个新的发现期前夕。""可以设想，近期在陆上找到一两个储量规模在500×10^8立方米以上的中型气田，中国天然气工业发展就会出现一个新的局面。"[5]原石油工业部要求把天然气勘探放在与石油勘探同等重要的位置，明确提出了"油气并重"和"天然气实行专探"等加快发展天然气的方针和措施。[6]

自此，中国天然气勘探进入快速全面发展时期（图14-3）。从1987年到2005年，中国累计探明天然气地质储量5.23万亿立方米，平均年增储量2 753亿立方米。2005年中国新增天然气探明地质储量6 307亿立方米（表14-24），约是1987年的8.39倍。

---

[1]《当代中国石油工业》编委会：《当代中国石油工业（1986—2005）·上卷》，当代中国出版社，2008，第93页。

[2] 同上书，第92-93页。

[3] 杜尚明、胡光灿、李景明等：《天然气资源勘探》，石油工业出版社，2004，第116页。

[4] 同上书，第8页。

[5] 同上书，第8-9页。

[6]《当代中国石油工业》编委会：《当代中国石油工业（1986—2005）·上卷》，当代中国出版社，2008，第18页。

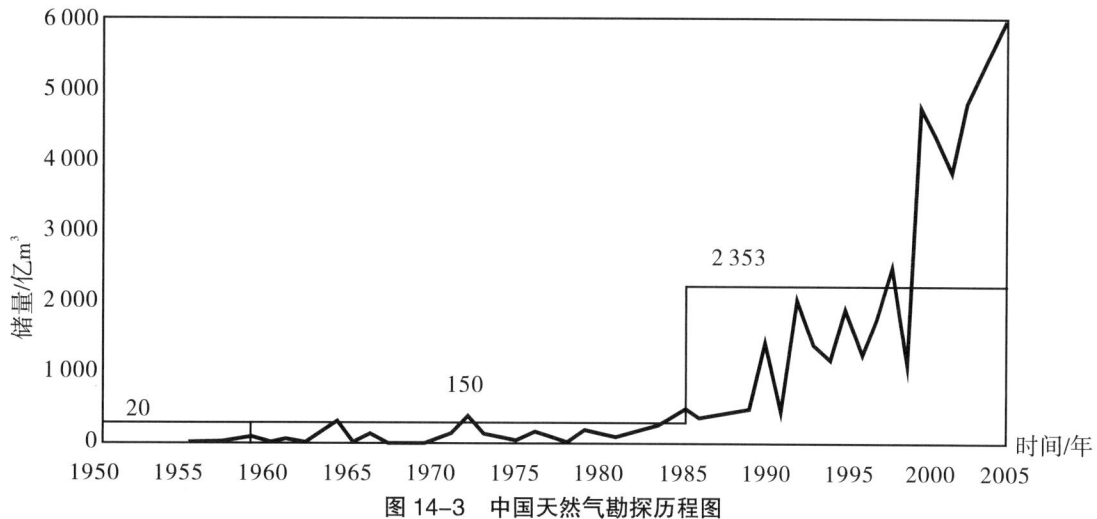

图 14-3　中国天然气勘探历程图

资料来源：《当代中国石油工业》编委会：《当代中国石油工业（1986—2005）·上卷》，当代中国出版社，2008，第 93 页。

表 14-24　1987—2005 年中国天然气[1] 探明地质储量和产量

时间 / 年	产量 / 亿 m^3	年增储量[2] / 亿 m^3
1987	135	752
1988	139	584
1989	145	649
1990	152	1 640
1991	154	903
1992	157	2 508
1993	163	1 496
1994	167	1 622
1995	174	2 168
1996	201	1 797
1997	223	2 165
1998	223	2 856
1999	252	1 763
2000	279	5 227
2001	303	4 609
2002	329	4 025
2003	354	5 437
2004	400	5 805
2005	490	6 307

资料来源：《当代中国石油工业》编委会：《当代中国石油工业（1986—2005）·下卷》，当代中国出版社，2008，第 617 页。

注：[1] 天然气包含气层气和溶解气。[2] 年增储量 = 新油气田和老油气田新块新层新增储量 + 老油气田复算核增核减储量，1987 年复算核增 7 806 万吨。

截至 2005 年年底，中国累计探明常规气（气层气）地质储量为 49 576.48 亿立方米，可采储量为 31 173.58 亿立方米。其中，探明地质储量超过 1 万亿立方米的盆地有 2 个：鄂尔多斯盆地 16 051.37 亿立方米，四川盆地 12 468.15 亿立方米。塔里木、渤海湾（未含渤海海域）、柴达木、松辽、莺歌海、琼东南和东海 7 个盆地的探明地质储量均超过 1 000 亿立方米。上述 9 个盆地的探明地质储量共计 47 093.10 亿立方米，约占中国累计探明天然气地质储量的 95.0%（表 14-25）。

表 14-25 截至 2005 年中国探明天然气储量分布

盆地	探明地质储量 / 亿 m³	比例 /%	探明可采储量 / 亿 m³
鄂尔多斯	16 051.37	32.38	9 673.75
四川	12 468.15	25.15	8 253.00
塔里木	7 307.28	14.74	5 055.34
柴达木	2 900.35	5.85	1 579.05
渤海湾（未含渤海海域）	2 759.24	5.57	1 505.91
松辽	1 928.99	3.89	973.28
莺歌海	1 606.64	3.24	1 072.94
琼东南	1 037.91	2.09	796.03
东海	1 033.17	2.08	628.21
准噶尔	764.07	1.54	557.08
珠江口	602.80	1.22	375.56
渤海海域	428.35	0.86	265.48
吐哈	470.63	0.95	306.89
福山	31.08	0.06	15.55
焉耆	29.88	0.06	22.41
苏北	29.78	0.06	19.62
汤原	26.21	0.05	18.35
北部湾	24.68	0.05	6.98
百色	14.97	0.03	8.97
三塘湖	13.64	0.03	7.51
伊通	13.29	0.03	11.30
越州	12.81	0.03	8.96
南襄	11.07	0.02	4.43
保山	9.66	0.02	6.76
三水	0.46	0	0.22
合计	49 576.48	100	31 173.58

资料来源：贺永德主编《天然气应用技术手册》，化学工业出版社，2009，第 73-74 页。作者按各盆地探明地质储量的大小进行了排序。

截至 2005 年年底，中国提交探明天然气（气层气）储量的气田共有 415 个。其中，探明地质储量大于 300 亿立方米的气田有 35 个（表 14-26），地质储量共计 3.6 万亿立方米，占 72.6%；探明地质储量为 50 亿～ 300 亿立方米的气田有 77 个（表 14-27），地质储量共计 9 517 亿立方米，占 19.2%；探明
地质储量小于 50 亿立方米的气田有 303 个，地质储量共计 4 057 亿立方米，占 8.2%。[1] 中国探明天然气
地质储量超过 1 000 亿立方米的气田有 8 个，依次为苏里格气田 5 336.52 亿立方米、靖边气田 3 377.40
亿立方米、大牛地气田 2 943.85 亿立方米、克拉 2 气田 2 840.29 亿立方米、普光气田 2 510.70 亿立方米、
榆林气田 1 945.60 亿立方米、子洲气田 1 151.97 亿立方米、徐深气田 1 018.68 亿立方米。苏里格气田于
2000 年被发现，不仅是当时中国规模最大的天然气田，也是中国第一个世界级储量的大气田。

表 14-26　中国天然气探明地质储量大于 300 亿立方米的气田

序号	气田名称	面积 /km²	探明地质储量 / 亿 m³	采收率 /%	可采储量 / 亿 m³
1	苏里格	4 067.20	5 336.52	62	3 330.68
2	靖边	—	3 377.40	64	2 175.40
3	大牛地	1 112.14	2 943.85	46	1 350.77
4	克拉 2	48.10	2 840.29	75	2 130.22
5	普光	45.58	2 510.70	75	1 883.04
6	榆林	—	1 945.60	70	1 353.70
7	子洲	1 189.01	1 151.97	59	679.71
8	徐深	110.97	1 018.68	48	490.10
9	东方 1-1	287.70	996.80	70	697.76
10	涩北一号	46.70	990.61	54	535.99
11	崖城 13-1	54.50	978.51	77	754.45
12	台南	35.90	951.62	56	536.72
13	乌审旗	—	907.60	63	568.10
14	涩北二号	44.60	826.33	52	432.96
15	迪那 2	52.50	807.61	70	565.32
16	磨溪	251.54	702.31	47	329.18
17	新场	99.30	652.04	61	396.68
18	和田河	143.40	616.94	72	445.73
19	罗家寨	76.90	581.08	75	435.81
20	乐东 22-1	165.80	431.04	58	250.02
21	五百梯	138.60	409.00	67	274.77
22	威远	—	408.61	36	147.82
23	沙坪场	70.60	397.71	69	274.42
24	卧龙河	92.10	380.52	80	305.35
25	牙哈	57.80	376.45	67	252.14
26	铁山坡	24.90	373.97	75	280.48
27	塔中	73.71	366.25	60	219.76

[1] 贺永德主编《天然气应用技术手册》，化学工业出版社，2009，第 74 页。

续表

序号	气田名称	面积/km²	探明地质储量/亿 m³	采收率/%	可采储量/亿 m³
28	渡口河	33.80	359.00	75	269.25
29	千米桥	35.10	358.78	65	231.87
30	米脂	478.30	358.48	57	205.09
31	八角场	69.60	351.36	39	136.97
32	柯克亚	27.50	339.24	59	198.91
33	春晓	19.30	330.43	63	206.87
34	洛带	153.30	323.83	49	158.37
35	番禺 30-1	26.40	300.90	66	199.81

资料来源：贺永德主编《天然气应用技术手册》，化学工业出版社，2009，第 74-75 页。作者按各气田地质储量大小进行了排序。

表 14-27 中国天然气探明地质储量为 50 亿～ 300 亿立方米的气田

序号	气田名称	面积/km²	探明地质储量/亿 m³	采收率/%	可采储量/亿 m³
1	喇嘛甸	32.30	99.59	50	49.80
2	升平	17.60	57.60	78	44.99
3	昌德	87.40	182.26	49	88.54
4	兴隆台	25.20	170.80	70	119.15
5	欢喜岭	16.70	84.74	68	57.74
6	双台子	11.20	66.56	96	63.62
7	黄金带	5.80	50.44	59	29.53
8	柳泉	17.50	73.54	57	41.59
9	苏桥	28.20	125.62	45	57.09
10	板桥	61.78	200.15	45	90.82
11	莫索湾	40.00	145.90	85	125.01
12	克拉玛依	23.10	153.78	78	119.26
13	呼图壁	15.20	126.12	85	107.20
14	莫北	23.96	91.73	66	60.22
15	桑塔木	44.40	81.07	56	45.11
16	吉拉克	52.50	127.05	64	81.80
17	英买 7	40.40	295.74	61	181.17
18	塔中 6	58.00	85.28	60	51.17
19	玉东 2	10.20	73.32	60	43.99
20	羊塔克	17.30	249.07	60	149.44
21	吐孜洛克	28.80	221.27	70	154.89
22	轮古	110.30	210.20	65	136.63

续表

序号	气田名称	面积 /km²	探明地质储量 / 亿 m³	采收率 /%	可采储量 / 亿 m³
23	温吉桑	22.60	128.84	68	87.62
24	红台	36.98	127.56	63	80.76
25	丘东	13.00	85.00	68	57.79
26	南八仙	9.10	124.39	56	69.22
27	白马庙	210.90	268.72	50	134.36
28	西河口	26.70	137.90	69	95.41
29	麻柳场	56.80	97.40	74	72.53
30	滚子坪	19.10	138.97	73	101.45
31	阳高寺	—	54.49	88	47.69
32	付家庙	—	62.08	92	56.91
33	自流井	—	69.75	92	64.30
34	黄家场	—	72.58	80	58.16
35	相国寺	12.50	73.01	80	58.45
36	福成寨	40.60	101.74	69	69.77
37	张家场	35.90	84.88	62	52.69
38	沙罐坪	27.40	84.87	48	40.53
39	大池干井	106.50	259.54	70	180.55
40	中坝	—	186.30	84	155.86
41	双家坝	18.80	65.22	73	47.64
42	高峰场	44.80	139.96	55	76.88
43	平落坝	71.90	165.35	68	111.73
44	铁山	50.70	148.47	58	86.25
45	云和寨	33.80	74.14	44	32.47
46	龙门	73.20	211.62	71	149.49
47	温泉井	14.00	63.23	70	44.26
48	冯家湾	20.50	87.71	67	58.77
49	蒲西	13.30	68.91	71	48.93
50	檀木场	32.70	91.12	68	61.96
51	充西	81.44	136.35	45	61.36
52	邛西	25.13	152.68	65	99.70
53	平方王	21.30	57.52	73	42.02
54	文中	13.20	152.32	72	110.42
55	濮城	15.80	82.86	57	47.47
56	卫城	18.04	75.14	46	34.25
57	桥口	26.70	78.47	35	27.45

续表

序号	气田名称	面积 /km²	探明地质储量 /亿 m³	采收率 /%	可采储量 /亿 m³
58	白庙	32.40	153.19	30	46.20
59	建南	104.00	98.67	51	50.32
60	雅克拉	38.60	245.63	60	147.38
61	塔河	86.03	242.99	68	165.55
62	马井	47.80	95.35	44	41.61
63	新都	149.67	186.00	43	79.29
64	合兴场	20.60	59.69	42	25.11
65	天外天	32.60	209.78	60	125.87
66	断桥	12.30	116.10	50	58.06
67	残雪	9.80	75.01	65	48.76
68	宝云亭	20.60	112.06	65	72.84
69	东岭	6.55	50.14	48	23.96
70	锦州 25-1S	21.20	124.68	60	74.81
71	CFD18-2	5.50	50.73	51	25.62
72	锦州 20-2	14.40	135.40	70	95.20
73	惠州 21-1	21.80	67.35	62	41.97
74	番禺 34-1	16.70	105.04	60	63.02
75	崖城 13-4	11.50	59.40	70	41.58
76	乐东 15-1	36.50	178.80	70	125.16
77	平湖	12.10	170.51	60	102.31

资料来源: 贺永德主编《天然气应用技术手册》，化学工业出版社，2009，第 76—77 页。

到 2005 年年底，中国在大庆、胜利、辽河、中原、长庆、新疆等油田累计探明油田伴生产物——溶解气的地质储量为 12 949.89 亿立方米，可采储量为 4 053.18 亿立方米。其中，探明溶解气地质储量超过 1 000 亿立方米的油田有 4 个，依次为大庆油田 2 373.44 亿立方米、胜利油田 1 766.95 亿立方米、新疆油田 1 386.22 亿立方米、辽河油田 1 240.35 亿立方米（表 14-28）。

表 14-28　截至 2005 年中国探明溶解气储量

油田 / 单位	溶解气地质储量 /亿 m³	比例 /%	溶解气可采储量 /亿 m³
大庆油田	2 373.44	18.3	1 019.38
吉林油田	367.14	2.8	84.07
辽河油田	1 240.35	9.6	494.87
华北油田	274.92	2.1	97.22
大港油田	642.97	5.0	272.98
新疆油田	1 386.22	10.7	389.97
塔里木油田	440.82	3.4	154.19
吐哈油田	486.98	3.8	143.91

续表

油田 / 单位	溶解气地质储量 / 亿 m³	比例 /%	溶解气可采储量 / 亿 m³
长庆油田	874.63	6.8	166.54
胜利油田	1 766.95	13.6	458.04
中原油田	692.33	5.3	241.96
西北分公司	574.33	4.4	87.95
天津分公司	752.13	5.8	173.10
其他单位	1 076.68	8.3	269.00
合计	12 949.89	100	4 053.18

资料来源：贺永德主编《天然气应用技术手册》，化学工业出版社，2009，第79页。

2007年，四川盆地达州市发现特大天然气田，天然气资源量达3.8万亿立方米，探明可采储量6 000亿立方米以上，其中宜汉普光气田已探明可开采储量3 560亿立方米，是中国规模最大的特大型海相整装气田。同年，中国新探明四川广安、塔里木大北、吉林长岭、长庆神木、北京淞南5处300亿立方米以上大气田，天然气新增探明地质储量达6 178亿立方米，中国天然气年度探明地质储量首次突破6 000亿立方米。[1]

2011年，中国天然气新增探明地质储量7 659.54亿立方米，新增探明技术可采储量3 956.65亿立方米，新增探明地质储量1 000亿立方米以上的大气田有长庆苏里格和南方元坝。[2]

第2节　天然气生产

进入现代时期前后，世界上开发利用天然气的国家少，具有一定规模的更少，全球仅有几个国家：亚洲的日本，1917年天然气产量为2 500万立方米；欧洲的意大利700万立方米（1917年），罗马尼亚9 300万立方米（1916年），俄罗斯2 900万立方米（1913年）；美洲的加拿大77 600万立方米（1917年），美国225.12亿立方米（1917年）。20世纪50年代以后，世界天然气生产才取得重大突破，天然气成为世界重要能源之一。

一、天然气生产规模和地位

20世纪50年代以前，世界天然气生产规模小。20世纪50年代后，世界天然气生产规模不断扩大，天然气在世界能源中占有重要地位。

---

[1] 钱伯章：《石油和天然气技术与应用》，科学出版社，2010，第165-166页。
[2] 崔民选、王军生、陈义和主编《中国能源发展报告（2012）》，社会科学文献出版社，2012，第99-100页。

（一）现代早期天然气生产

20世纪50年代以前，世界天然气生产处于起步发展阶段，生产天然气的国家和地区不多，分布极不平衡，到1949年，天然气产量仅占世界一次能源总量的10%左右。

20世纪10年代末，世界上天然气年产量超过100万立方米的国家只有5个，分别为美国、加拿大、罗马尼亚、日本和意大利。[①] 其中，美国为211.24亿立方米，占当时世界天然气产量的96.6%。

20世纪20年代，生产天然气的国家增多，到1929年年产量超100万立方米的国家增加到11个。其中，年产量超过1亿立方米的国家有7个，分别为美国（552.74亿立方米）、罗马尼亚（8.07亿立方米）、加拿大（8.04亿立方米）、波兰（4.67亿立方米）、印度尼西亚（4.17亿立方米）、苏联（3.31亿立方米）、阿根廷（2.60亿立方米）。

20世纪30年代，世界天然气产量进一步增加，1939年年产天然气年产量超过1亿立方米的国家和地区增加到13个。其中，亚洲的国家和地区有3个，分别为印度尼西亚（9.79亿立方米）、中国台湾地区（1.14亿立方米）和文莱（1.14亿立方米）。

20世纪40年代末，世界天然气产量突破1 000亿立方米，达到1 698.78亿立方米。世界天然气生产集中在美洲地区，1949年美洲天然气产量为1 597.32亿立方米，占世界总量的94.03%。其中，美国天然气年产量为1 534.77亿立方米，占全球总量的90.35%。非洲和大洋洲均没有达到统计起点[②]的天然气产量。1919—1949年世界各国（地区）天然气产量见表14-29，世界天然气生产的地区分布见表14-30。

表 14-29　1919—1949 年世界各国（地区）天然气产量

单位：百万 m³

排名	1919 年		1929 年		1939 年		1949 年	
	国家/地区	产量	国家/地区	产量	国家/地区	产量	国家/地区	产量
1	美国	21 124	美国	55 274	美国	71 868	美国	153 477
2	加拿大	565	罗马尼亚	807	英国	2 200	苏联	5 240
3	罗马尼亚	144	加拿大	804	苏联	1 702	罗马尼亚	2 346[1]
4	日本	29	波兰	467	墨西哥	1 165	加拿大	1 712
5	意大利	9	印度尼西亚	417	加拿大	996	墨西哥	1 293
6			苏联	331	印度尼西亚	979	委内瑞拉	1 089
7			阿根廷	260	委内瑞拉	810[1]	阿根廷	664
8			日本	29	阿根廷	519	印度尼西亚	591
9			意大利	7	哥伦比亚	496	文莱	580
10			捷克斯洛伐克	2	罗马尼亚	332	哥伦比亚	494
11			南斯拉夫	2	特立尼达和多巴哥	325	特立尼达和多巴哥	489
12					中国台湾	114	秘鲁	405[3]
13					文莱	114	匈牙利	370

[①] 除了另有标注，书中各表1919—1989年世界各国（地区）天然气产量的原始数据参见B. R. 米切尔编、贺力平译的《帕尔格雷夫世界历史统计·亚洲、非洲和大洋洲卷：1750—1993年》第3版，经济科学出版社2002年出版。

[②] 米切尔所编的《帕尔格雷夫世界历史统计·欧洲卷：1750—1993年》第4版一书以年度天然气产量达100万立方米为起点，收录各个国家或地区的天然气产量资料，非洲和大洋洲的天然气产量均没有达到年产100万立方米的规模。

续表

单位：百万 m³

排名	1919 年		1929 年		1939 年		1949 年	
	国家 / 地区	产量	国家 / 地区	产量	国家 / 地区	产量	国家 / 地区	产量
14					厄瓜多尔	58	意大利	249
15					日本	55	法国	228
16					匈牙利	30	奥地利	241[4]
17					荷兰	20	波兰	136
18					意大利	13	厄瓜多尔	109
19					捷克斯洛伐克	1	日本	58
20							其他国家（地区）[2]	107
	合计	21 871	合计	58 400	合计	81 797	合计	169 878

资料来源：作者整理。参考 B. R. 米切尔：《帕尔格雷夫世界历史统计·亚洲、非洲和大洋洲卷：1750—1993 年》第 3 版，贺力平译，经济科学出版社，2002。

注：[1][4] 1948 年数据。[2] 在其他国家（地区）中，联邦德国 5 400 万方米，中国 700 万立方米，中国台湾 1 900 万立方米，南斯拉夫 800 万立方米，荷兰 700 万立方米，捷克斯洛伐克 1 200 万立方米。[3] 1950 年数据。

表 14-30　1919—1949 年世界天然气生产的地区分布

单位：百万 m³

地区	1919 年		1929 年		1939 年		1949 年	
	产量	比例	产量	比例	产量	比例	产量	比例
美洲	21 689	99.17%	56 338	96.47%	76 237	93.20%	159 732	94.03%
欧洲	153	0.70%	1 616	2.77%	4 298	5.25%	8 891	5.23%
亚洲	29	0.13%	446	0.76%	1 262	1.54%	1 255	0.74%
非洲[1]	—	—	—	—	—	—	—	—
大洋洲[2]	—	—	—	—	—	—	—	—
全球合计	21 871	—	58 400	—	81 797	—	169 878	—

资料来源：作者整理。参考 B. R. 米切尔：《帕尔格雷夫世界历史统计·亚洲、非洲和大洋洲卷：1750—1993 年》第 3 版，贺力平译，经济科学出版社，2002。

注：[1][2] 非洲、大洋洲均没有达到统计起点的天然气产量。

（二）20 世纪 50 年代后世界天然气的生产总量和增速

进入 20 世纪 50 年代，世界各地发现了一批大型气田，天然气生产规模空前扩大。1959 年，世界天然气产量达 4 268.98 亿立方米。

20 世纪 60 年代，北海油气田进入大规模开发阶段，欧洲天然气产量迅猛增加。1959 年欧洲天然气产量为 565.09 亿立方米，到 1969 年猛增到 2 685.86 亿立方米，10 年间增长了约 3.75 倍。与此同时，欧洲天然气产量占世界天然气总产量的比例也由 1959 年的 13.24% 提高到 1969 年的 28.52%。在此期间，非洲和大洋洲相继开发了一批天然气田，这两大洲的天然气生产实现了历史性的突破，其产量填补了历史统计上的空白。在各种因素共同作用下，20 世纪 60 年代世界天然气产量继续延续 20 世纪 50 年代高速增长的势头，1969 年达到 9 416.62 亿立方米，比 1959 年增长约 1.21 倍。

20 世纪 70 年代，世界天然气生产规模进一步扩大，到 1979 年天然气总产量突破 1.5 万亿立方米，达到 15 145.94 亿立方米。与 1969 年相比，10 年间增长 60.84%。

进入 20 世纪 80 年代，世界天然气生产仍保持较快发展趋势。1989 年，世界天然气总产量超过 2 万亿立方米，达到 20 569.70 亿立方米，与 1979 年相比增长 35.81%。

此后，受战争和经济发展等因素的影响，世界天然气生产增速放慢，1999 年与 1989 年相比增长率为 19.00%，2009 年与 1999 年相比增长率为 17.11%（表 14-31）。2008 年，世界天然气总产量首次突破 3 万亿立方米，达到 30 519.33 亿立方米。2010 年世界天然气产量为 31 933.3 亿立方米。

表 14-31　1959—2009 年世界天然气总产量及增长率

时间 / 年	产量 / 亿 m^3	与 10 年前相比增长 /%
1959	4 268.98	151.30
1969	9 416.62	120.58
1979	15 145.94	60.84
1989	20 569.70	35.81
1999	24 477.40	19.00
2009	28 665.49[1]	17.11

资料来源：作者整理。

注：[1] 2009 年与 2008 年相比，世界天然气总产量有所下滑。

（三）天然气在世界能源中的地位

20 世纪 50 年代以来，世界天然气产量占一次能源总量的比例逐步提高，地位越来越重要。

1955 年，世界气体燃料占世界一次能源总量的比例为 11.5%。到 1960 年，这一比例上升到 13.6%。此后 10 多年时间，到 1979 年达到 19.3%（表 14-32）。

表 14-32　1955—1979 年世界各种能源产量及占世界一次能源总量的比例[1]

时间 / 年	总计		固体燃料		液体燃料		气体燃料[2]		电力	
	数量 / 百万吨标准燃料	占总量的比例 /%	数量 / 百万吨标准燃料	占总量的比例 /%	数量 / 百万吨标准燃料	占总量的比例 /%	数量 / 百万吨标准燃料	占总量的比例 /%	数量 / 百万吨标准燃料	占总量的比例 /%
1955	3 296	100	1 691	51.3	1 167	35.4	380	11.5	58	1.8
1960	4 316	100	2 036	47.2	1 588	36.8	597	13.8	95	2.2
1970	7 150	100	2 260	31.6	3 423	47.9	1 312	18.3	155	2.2
1975	8 215	100	2 427	29.5	3 981	48.5	1 583	19.3	224	2.7
1979	9 556	100	2 733	28.6	4 693	49.1	1 843	19.3	287	3.0

资料来源：中国社会科学院世界经济与政治研究所综合统计研究室：《世界经济统计简编·1982》，生活·读书·新知三联书店，1983，第 91 页。

注：[1] 作者对数据做了适当的调整。[2] 气体燃料包括天然气和人造气。

20 世纪 80 年代，世界气体燃料产量占一次能源总量的比例超过 20%，1985 年约为 21.8%（表 14-33）。

20 世纪 90 年代中期，世界气体燃料产量占世界初级能源（一次能源）总量的比例约为 25%（表 14-34），1996 年为 24.3%。

进入 21 世纪，天然气在世界能源中仍然保持较重要的地位。2012 年，在世界一次能源消费中，天然气占 23.9%。

表 14-33　1985 年世界各种能源产量及其占世界一次能源生产总量[1]的比例

能源类型	总量 / 百万吨	占总量的比例 /%
生产总量	9 555.0	—
固体燃料	3 061.8	32.0
液体燃料	3 985.0	41.7
气体燃料	2 081.3	21.8
电力	426.9	4.5

资料来源：陈秀英主编《世界经济信息统计汇编》，中国物价出版社，1993，第 11 页。

注：[1] 按标准煤计算。

表 14-34　1996 年世界初级能源（一次能源）产量分布

地区	固态燃料	液态燃料	气体燃料	电力燃料
北美洲[1]	7.7%	7.4%	7.9%	3.2%
南美洲	0.3%	3.4%	0.9%	0.5%
欧洲	5.1%	7.2%	9.3%	4.0%
亚洲	11.9%	15.7%	4.8%	2.0%
非洲	1.3%	4.0%	1.0%	0.1%
大洋洲	1.6%	0.3%	0.4%	0.1%
合计	27.9%	38.0%	24.3%	9.9%

资料来源：龙多·卡梅伦、拉里·尼尔：《世界经济简史：从旧石器时代到 20 世纪末》第 4 版，潘宁等译，上海译文出版社，2009，第 341 页。

注：[1] 包括墨西哥、中美洲及加勒比地区。

二、天然气生产格局的演变

20 世纪 50 年代，美洲地区仍是世界天然气生产的重点地区。1959 年，美洲天然气产量为 3 653.56 亿立方米，占世界总量的 85.58%。其中，北美洲天然气产量为 3 579.39 亿立方米，占世界总量的 83.85%。同年，欧洲天然气产量为 565.09 亿立方米，占 13.24%；亚洲天然气产量为 50.33 亿立方米，占 1.18%。非洲和大洋洲天然气仍然没有达到统计起点①的天然气产量（表 14-35）。

表 14-35　1959 年各大洲天然气产量及占世界总量的比例

地区	产量 / 亿 m³	占世界总量的比例 /%
全球合计	4 268.98	—
亚洲	50.33	1.18
欧洲	565.09	13.24
美洲	3 653.56	85.58
非洲	—	—
大洋洲	—	—

资料来源：作者整理。主要参考 B. R. 米切尔：《帕尔格雷夫世界历史统计·亚洲、非洲和大洋洲卷：1750—1993 年》第 3 版，贺力平译，经济科学出版社，2002。

---

① 米切尔所编的《帕尔格雷夫世界历史统计·欧洲卷：1750—1993 年》第 4 版一书以年度天然气产量达 100 万立方米为起点，收录各个国家或地区的天然气产量资料，非洲和大洋洲的天然气产量均没有达到年产 100 万立方米的规模。

20世纪60年代，欧洲北海油气田的开发以及苏联天然气产量的增加，使欧洲天然气生产规模不断扩大。到1969年，欧洲天然气产量达2 685.86亿立方米，占世界总量的比例上升到28.52%。同年，美洲地区天然气产量为6 469.32亿立方米，占世界总量的比例下降至68.70%。同期，非洲和大洋洲天然气开发取得突破，1969年产量分别为19.75亿立方米、2.63亿立方米（表14-36）。

表14-36　1969年各大洲天然气产量[1]及占世界总量的比例

地区	产量 / 亿 m³	占世界总量的比例 /%
全球合计	9 416.62	—
亚洲	239.06	2.54
欧洲	2 685.86	28.52
美洲	6 469.32	68.70
非洲	19.75	0.21
大洋洲	2.63	0.03

资料来源：作者整理。主要参考B. R. 米切尔：《帕尔格雷夫世界历史统计·亚洲、非洲和大洋洲卷：1750—1993年》第3版，贺力平译，经济科学出版社，2002。

注：[1]各大洲天然气产量的原始数据参见米切尔编的《帕尔格雷夫世界历史统计》。该书除了欧洲，在其他四大洲的统计数据中，美洲从1967年起统计，亚洲、非洲、大洋洲从1960年起统计，均以"10^{13}焦耳"作为计量单位。据查证，此单位有误，应为"10^{15}焦耳"（其英文为pclajoules，即千万亿焦耳）。本表按$1×10^8$焦耳（NG）=2.632 8立方米（NG）进行换算，以亿立方米为单位计量天然气产量，表14-37、表14-38也一样。

20世纪70年代，欧洲天然气生产取得重大突破，1979年产量达7 422.63亿立方米，占世界总量的比例上升到49.01%，超过美洲，成为世界天然气工业发展的主力。同年，美洲天然气产量为6 482.48亿立方米，占世界总量的42.80%。同期，亚洲地区的天然气生产得到较快发展，1979年产量为891.99亿立方米，比1969年增长约2.73倍，占世界总量的比例由1969年的2.54%上升到5.89%（表14-37）。

表14-37　1979年各大洲天然气产量及占世界总量的比例

地区	产量 / 亿 m³	占世界总量的比例 /%
全球合计	15 145.94	—
亚洲	891.99	5.89
欧洲	7 422.63	49.01
美洲	6 482.48	42.80
非洲	256.17	1.69
大洋洲	92.67	0.61

资料来源：作者整理。主要参考B. R. 米切尔：《帕尔格雷夫世界历史统计·亚洲、非洲和大洋洲卷：1750—1993年》第3版，贺力平译，经济科学出版社，2002。

20世纪80年代，欧洲天然气产量稳居各大洲之首，1989年天然气产量超过1万亿立方米，达到10 741.98亿立方米，占世界总量的比例超过一半，达52.22%。同期，亚洲天然气工业发展加快，天然气产量达到2 082.81亿立方米，占世界总量比例超过10%；美洲天然气产量占世界总量的比例则降为33.31%（表14-38）。

表 14-38　1989 年各大洲天然气产量及占世界总量的比例

地区	产量 / 亿 m³	占世界总量的比例 /%
全球合计	20 569.70	—
亚洲	2 082.81	10.13
欧洲	10 741.98[1]	52.22
美洲	6 851.86	33.31
非洲	682.95	3.32
大洋洲	210.10	1.02

资料来源：作者整理。参考 B. R. 米切尔：《帕尔格雷夫世界历史统计·亚洲、非洲和大洋洲卷：1750—1993 年》第 3 版，贺力平译，经济科学出版社，2002。

注：[1] 在 1989 年欧洲天然气产量中，法国的产量按 1987 年的数量统计，民主德国、联邦德国、意大利、英国和南斯拉夫 5 个国家的产量按 1988 年的数量统计。

2010 年，世界天然气产量为 31 933.3 亿立方米。其中，北美地区为 8 261.1 亿立方米，占世界总量的 25.9%；原苏联地区为 7 579.1 亿立方米，占 23.7%；亚太地区为 4 931.7 亿立方米，占 15.4%；中东地区为 4 607.0 亿立方米，占 14.4%；欧洲（不包括原苏联地区）为 2 851.9 亿立方米，占 8.9%；非洲为 2 090.2 亿立方米，占 6.5%；拉美地区为 1 612.3 亿立方米，占 5.0%（表 14-39）。在世界格局中，欧洲（不包括原苏联地区）天然气产量占世界总量的份额呈下降趋势，其重要原因是西欧的天然气生产主要集中在北海地区的挪威、荷兰、英国等国家，北海地区的天然气资源经过半个世纪的大规模开发后，资源储量增长乏力，生产呈下降态势。

表 14-39　2010 年世界各地区天然气产量及占世界总量的比例

地区	产量 / 亿 m³	占世界总量的比例 /%
全球合计	31 933.3	—
北美	8 261.1	25.9
原苏联地区	7 579.1	23.7
亚太	4 931.7	15.4
中东	4 607.0	14.4
欧洲（不包括原苏联地区）	2 851.9	8.9
非洲	2 090.2	6.5
拉美	1 612.3	5.0

资料来源：赵秀雯、于力、柴建设：《天然气管道安全》，化学工业出版社，2013，第 26 页。

三、天然气生产大国的变化

20 世纪 50 年代，世界天然气生产高度集中在少数几个国家。1959 年，天然气产量占世界总产量的比例达到 1% 及以上的国家只有 6 个，分别为美国、苏联、加拿大、罗马尼亚、意大利和墨西哥。其中，美国天然气产量占世界总产量的比例高达 79.90%。世界排名前十位国家的天然气产量共计 4 175.88 亿立方米，占世界总量的 97.82%（表 14-40）。

表 14-40   1959 年世界十大天然气生产国产量及占世界总量的比例

排名	国家	产量 / 亿 m³	占世界总量的比例 /%
1	美国	3 411.05	79.90
2	苏联	353.91	8.29
3	加拿大	113.90	2.67
4	罗马尼亚	93.05	2.18
5	意大利	61.18	1.43
6	墨西哥	47.30	1.11
7	委内瑞拉	41.92	0.98
8	印度尼西亚	22.30	0.52
9	法国	16.45	0.39
10	捷克斯洛伐克	14.82	0.35
合计		4 175.88	97.82

资料来源: 作者整理。参考 B. R. 米切尔:《帕尔格雷夫世界历史统计·亚洲、非洲和大洋洲卷: 1750—1993 年》第 3 版, 贺力平译, 经济科学出版社, 2002。

20 世纪 60 年代, 随着苏联伏尔加 - 乌拉尔油气田以及西西伯利亚油气区的大规模开发, 苏联天然气工业高速发展。1969 年, 苏联天然气产量为 1 811.21 亿立方米, 占世界总量的比例由 1959 年的 8.29% 提高到 19.23%。同年, 美国天然气产量为 5 679.21 亿立方米, 占世界总量的比例降至 60.31%。1969 年, 世界排名前十位国家的天然气产量共计 8 904.61 亿立方米, 占世界总量的 94.56%（表 14-41）。

表 14-41   1969 年世界十大天然气生产国产量及占世界总量的比例

排名	国家	产量 / 亿 m³	占世界总量的比例 /%
1	美国	5 679.21	60.31
2	苏联	1 811.21	19.23
3	加拿大	490.49	5.21
4	罗马尼亚	227.40	2.41
5	荷兰	218.48	2.32
6	意大利	119.60	1.27
7	墨西哥	114.79	1.22
8	委内瑞拉	89.25	0.95
9	联邦德国	89.12	0.95
10	法国	65.06	0.69
合计		8 904.61	94.56

资料来源: 作者整理。参考 B. R. 米切尔:《帕尔格雷夫世界历史统计·亚洲、非洲和大洋洲卷: 1750—1993 年》第 3 版, 贺力平译, 经济科学出版社, 2002。

20 世纪 70 年代，北海油气田进入大规模开发阶段，荷兰、法国、英国、挪威、联邦德国 5 个西欧国家在 1979 年天然气产量均名列世界前十，加上苏联、罗马尼亚，世界十强中有 7 个国家为欧洲国家，它们占世界天然气总量的比例达 46.29%（表 14-42）。同年，美国天然气产量为 5 111.58 亿立方米，比 1969 年下降约 10.0%，占世界总量的比例也从 1969 年的 60.31% 大幅降至 33.75%。同期，中国天然气产量占世界总量的比例由 1969 年的 0.21% 上升到 0.98%，排名也由第 20 位上升到第 14 位。

表 14-42　1979 年世界十大天然气生产国产量及占世界总量的比例

排名	国家	产量 / 亿 m³	占世界总量的比例 /%
1	美国	5 111.58	33.75
2	苏联	4 065.97	26.85
3	荷兰	936.36	6.18
4	法国	840.80	5.55
5	加拿大	800.63	5.29
6	英国	392.32	2.59
7	罗马尼亚	353.69	2.34
8	墨西哥	219.05	1.45
9	挪威	215.81	1.42
10	联邦德国	206.52	1.36
合计		13 142.73	86.78

资料来源: 作者整理。参考 B. R. 米切尔:《帕尔格雷夫世界历史统计·亚洲、非洲和大洋洲卷: 1750—1993 年》第 3 版，贺力平译，经济科学出版社，2002。

20 世纪 80 年代，苏联天然气工业进一步扩大，1989 年产量达到 7 960.0 亿立方米，占世界天然气总量的比例达到 38.70%，居世界首位。同年，美国天然气产量为 4 957.56 亿立方米，比 1979 年约下降 3.0%，占世界天然气总量的比例为 24.1%。1989 年，世界排名前十位国家的天然气产量共计 17 081.72 亿立方米，占世界天然气总量的 83.04%（表 14-43）。

表 14-43　1989 年世界十大天然气生产国产量及占世界总量的比例

排名	国家	产量 / 亿 m³	占世界总量的比例 /%
1	苏联	7 960.00	38.70
2	美国	4 957.56	24.10
3	加拿大	1 048.64	5.10
4	荷兰	717.15	3.49
5	阿尔及利亚	497.34	2.42
6	英国	457.55 [1]	2.22
7	法国	423.88 [2]	2.06
8	印度尼西亚	384.92	1.87

续表

排名	国家	产量 / 亿 m³	占世界总量的比例 /%
9	罗马尼亚	327.23	1.59
10	挪威	307.45	1.49
	合计	17 081.72	83.04

资料来源: 作者整理。参考 B. R. 米切尔:《帕尔格雷夫世界历史统计·亚洲、非洲和大洋洲卷: 1750—1993 年》第 3 版,贺力平译,经济科学出版社,2002。

注:[1] 1988 年数据。[2] 1987 年数据。

进入 20 世纪 90 年代,世界许多国家的天然气工业得到了极大发展,世界排名前十位国家的天然气产量占世界总量的比例逐年下降,美国、俄罗斯等天然气生产大国的天然气产量占世界总量的比例也趋于下降,尤其是随着亚洲天然气工业的快速发展,世界天然气生产前十强曾被欧美国家所垄断的格局被打破。1999 年,世界天然气产量超 1 000 亿立方米的国家有 4 个,分别是俄罗斯、美国、加拿大和英国。其中,俄罗斯和美国均超 5 000 亿立方米,分别达到 5 907.8 亿立方米、5 360.5 亿立方米,占世界总量的比例分别为 24.14%、21.90%。亚洲有 3 个国家进入世界前十,分别为印度尼西亚、伊朗、乌兹别克斯坦(表 14-44)。世界排名前十位国家的天然气产量占世界总量的比例,由 1959 年的 97.82% 下降到 1999 年的 73.70%。1999 年,中国天然气产量为 280 亿立方米,排世界第 17 位。

表 14-44　1999 年世界十大天然气生产国产量及占世界总量的比例

排名	国家	产量 / 亿 m³	占世界总量的比例 /%
1	俄罗斯	5 907.8	24.14
2	美国	5 360.5	21.90
3	加拿大	1 762.1	7.20
4	英国	1 051.2	4.29
5	阿尔及利亚	857.5	3.50
6	荷兰	750.0	3.06
7	印度尼西亚	709.3	2.90
8	伊朗	578.4	2.36
9	乌兹别克斯坦	555.8	2.27
10	挪威	509.9	2.08
	合计	18 042.5	73.70

资料来源: 作者整理。参考朱永峰:《矿产资源经济概论》,北京大学出版社,2007。

2010 年,美国天然气产量为 6 110.0 亿立方米,超过俄罗斯,居世界之首。同年,美国、俄罗斯、加拿大等国天然气产量占世界总量的比例,与 1999 年相比又有不同程度的下降。这反映了世界天然气生产已告别少数国家占绝对主导地位的时代,国别多元化发展得到进一步增强。2010 年,亚洲有 5 个国家进入世界前十,分别为伊朗、卡塔尔、中国、沙特阿拉伯、印度尼西亚。中国天然气产量为 967.6 亿立方米,排第七位。世界排名前十位国家的天然气生产总量占世界总量的比例降至 64.65%(表 14-45)。

表 14-45　2010 年世界十大天然气生产国产量及占世界总量的比例

排名	国家	产量 / 亿 m³	占世界总量的比例 /%
1	美国	6 110.0	19.13
2	俄罗斯	5 889.5	18.44
3	加拿大	1 598.3	5.01
4	伊朗	1 385.0	4.34
5	卡塔尔	1 167.0	3.65
6	挪威	1 063.5	3.33
7	中国	967.6	3.03
8	沙特阿拉伯	839.4	2.63
9	印度尼西亚	820.1	2.57
10	阿尔及利亚	804.1	2.52
合计		20 644.5	64.65

资料来源：赵秀雯、于力、柴建设：《天然气管道安全》，化学工业出版社，2013，第 26 页。

四、液化天然气的生产和贸易

液化天然气（LNG）是在一定温度和压力下，将天然气进行液化，所制取的以甲烷为主的液态天然气。液化天然气的体积仅是天然气的 1/634，因而它便于储存和运输，尤其适于远距离海运。随着天然气液化技术的发展，液化天然气工业在 20 世纪 60 年代之后日渐发展起来。

（一）液化天然气的研究开发

液化天然气的研究开发始于 20 世纪初。从 1904 年起，世界各国对汽油的需求量日渐增大，对丙烷、丁烷等的需求量也逐渐增加，这导致了从天然气中提取液态烃加工业的产生。[1]

在开发液化天然气初期，采用的是单级压缩法，1909 年采用两级压缩法，后来又采用吸收法和各种化学处理法。1917 年，美国在西弗吉尼亚州建成世界上第一座天然气液化工厂。[2]

20 世纪 30 年代，英国利用液化天然气调峰。20 世纪 40 年代，英国开始把液化天然气应用到交通领域。1942 年，伦敦一些汽车被改装成液化天然气燃料汽车，出现了用液化天然气做燃料的三吨载重汽车。

20 世纪 50 年代，法国、挪威、英国、美国等欧美国家开始研发液化天然气的储存和运输技术。法国燃气公司于 1954 年开始研究用管道或船舶将液化天然气从阿尔及利亚进口到法国的可行性，建造并试验了第一个液化天然气运输气缸。挪威 Oivind Lorentzen 公司于 1954—1955 年设计 17 000 吨液化天然气储罐。1957 年英国建成世界上第一个液化天然气接收站。

[1] 特雷弗·I. 威廉斯主编《技术史·第Ⅵ卷》，姜振寰、赵毓琴主译，上海科技教育出版社，2004，第 253 页。
[2] 庞名立：《天然气百科辞典》，中国石化出版社，2007，第 266 页。

（二）液化天然气生产格局

到 21 世纪初，世界上生产液化天然气的国家共有 10 多个，包括印度尼西亚、马来西亚、文莱、卡塔尔、阿拉伯联合酋长国、阿曼、中国、澳大利亚、阿尔及利亚、尼日利亚、美国、特立尼达和多巴哥等（表 14-46）。其中，印度尼西亚、阿尔及利亚、马来西亚和卡塔尔的液化天然气生产能力居前四位。从 2001 年至 2004 年，世界液化天然气生产线由 73 条增加到 80 多条。[①]

表 14-46　世界基荷型液化天然气工厂

所属国家		工厂装置	工厂所有者	生产线/条	生产能力/（×10⁶吨/年）	液化技术所属公司	投产时间/年
（一）非洲	阿尔及利亚	Arzew GL-1Z	Sonatrach	6	8.2	APCI	1978
		Arzew GL-2Z	Sonatrach	6	8.2	APCI	1981
		Arzew GL-4Z（浮式）	Sonatrach	3	1.3	Technip	1964
		Arzew GL-4Z	Sonatrach	6	7.8	APCI	1996
		Skikde GLI-K Ⅰ	Sonatrach	3	2.9	Technip	1972
		Skikde GLI-K Ⅱ	Sonatrach	3	3.3	Prico	1981
	利比亚	Mersa el Brega	Sirte oil company	3	2.3	APCI	1970
	尼日利亚	Bonny Island Ⅰ、Ⅱ	Nigerian LNG Ltd.	2	5.9	APCI	1999
		Bonny Island Ⅲ	Nigerian LNG Ltd.	1	2.95	APCI	2002
（二）亚洲及太平洋地区	澳大利亚	NWS LNG Ⅰ、Ⅱ	PTY Ltd.	2	5	APCI	1989
		NWS LNG Ⅲ	PTY Ltd.	1	2.5	APCI	1992
		NWS LNG Ⅳ	PTY Ltd.	1	4.2	APCI	2004
	文莱	Lumut Ⅰ	Brun LNG	5	7.2	APCI	1972
	印度尼西亚	Bontang A/B	PT Badak NGL	2	5.2	APCI	1977
		Bontang C/D	PT Badak NGL	2	5.2	APCI	1983
		Bontang E	PT Badak NGL	1	2.6	APCI	1980
		Bontang F	PT Badak NGL	1	2.6	APCI	1993
		Bontang G	PT Badak NGL	1	2.7	APCI	1997
		Bontang H	PT Badak NGL	1	3.0	APCI	2000
		Arun Phase Ⅰ	PT Arun NGL	3	4.5	APCI	1978
		Arun Phase Ⅱ	PT Arun NGL	2	3.0	APCI	1983
		Arun Phase Ⅲ	PT Arun NGL	1	1.5	APCI	1986

[①] 徐文渊、蒋长安主编《天然气利用手册》第 2 版，中国石化出版社，2006，第 329 页。

续表

所属国家	工厂装置	工厂所有者	生产线 / 条	生产能力 / （×10⁶ 吨 / 年）	液化技术所属公司	投产时间 / 年
（二）亚洲及太平洋地区 马来西亚	Bintulu MLNG Ⅰ	Petronas，Shell，Mitsubishi	3	7.5	APCI	1983
	Bintulu MLNG Ⅱ（Dua）	Petronas，Shell，Mitsubishi，Sarawak	3	8.4	APCI	1995
	Bintulu MLNG Ⅲ（Tiga）	Petronas，Shell，Mitsubishi，Sarawak	2	6.8	APCI	2003
（三）中东地区 阿拉伯联合酋长国	Das Island Ⅰ	ADGAS	2	2.3	APCI	1977
	Das Island Ⅱ	ADGAS	1	3.0	APCI	1994
	Das Island Ⅲ	ADGAS	1	2.0	APCI	1994
阿曼	Qualhat Ⅰ LNG	Oman LNG	2	6.6	APCI	2000
卡塔尔	Qat argas Ⅰ T1-T3	Qatargas	3	8.3	APCI	1997
	Ras Gas Ⅰ	Ras Gas	2	6.6	APCI	1999
	Ras Gas Ⅱ T1	Ras Gas	1	4.7	APCI	2004
（四）美洲 美国（阿拉斯加）	Kenai	Conoco Phillips	1	1.3	Phillips	1969
特立尼达和多巴哥	Atlantic LNG T1	Atlantic LNG	1	3.3	Phillips	1999
	Atlantic LNG T2、T3	Atlantic LNG	2	6.6	Phillips	2003

资料来源：徐文渊、蒋长安主编《天然气利用手册》第 2 版，中国石化出版社，2006，第 327 页。

　　21 世纪前后，中国液化天然气生产处于起步阶段，建成多套液化天然气生产装置。中原油田液化天然气工厂是中国首家工业生产并商业化的液化天然气生产厂，于 2001 年建成、投产，设计处理天然气 3×10^5 米³/日，产量为 1.5×10^5 米³/日。上海天然气管网公司液化天然气站于 1999 年建成、投产，采用法国混合制冷剂循环（MRC）工艺，设计液化能力为 174 米³/日，液化天然气气化能力为 120 米³/时。新疆广汇液化天然气生产装置于 2003 年建成一期工程，设计液化能力为 1.5×10^6 米³/日。成都化工总厂提氦副产液化天然气装置，日处理 1×10^5 立方米天然气提氦，副产液化天然气 3 吨/日。陕北气田液化天然气厂于 1999 年建成，日处理天然气 2.8×10^4 立方米，液化天然气产量为 16 吨/日。吉林油田液化天然气生产撬装装置，采用气体轴承膨胀机氮气循环制冷回收液化天然气工艺，设计天然气处理能力为 650 米³/时，液化天然气产量为 500 升/时。四川绵阳燃气公司液化天然气生产装置采用膨胀制冷循环，液化天然气设计生产能力为 0.3 米³/时。[1]

---

[1] 敬加强、梁光川、蒋宏业：《液化天然气技术问答》，化学工业出版社，2007，第 23-24 页。

（三）液化天然气贸易

1964 年，阿尔及利亚建成阿尔泽天然气液化厂，与英国、法国进行液化天然气的商业贸易。根据法国、英国与阿尔及利亚签订的贸易协议，从 1964 年起，阿尔及利亚每年向法国供应液化天然气 4.2 亿立方米，向英国供应 10 亿立方米。

20 世纪 70 年代以后，液化天然气国际贸易规模不断扩大。1972 年，文莱通过液化天然气船首次将液化天然气出口给日本电力株式会社等。1973 年，阿尔及利亚与德国鲁尔天然气公司、荷兰天然气联合公司签订液化天然气输送合同。1977 年，印度尼西亚首次将东加里曼丹液化天然气出口给日本大阪瓦斯株式会社。1980 年，尼日利亚与欧洲签订液化天然气贸易协议。1981 年，马来西亚将液化天然气出口到日本。1990 年，印度尼西亚与中国台湾签订 20 年液化天然气供应合同。[①]

在此推动下，液化天然气在世界天然气贸易中所占的比例不断扩大。1970 年，液化天然气占世界天然气贸易总量的 5.9%。到 2002 年，世界液化天然气贸易量为 1 369 亿立方米，占世界天然气贸易总量的 26%，占世界天然气消费总量的 5.7%。其中，印度尼西亚液化天然气出口最多，占世界天然气出口总量的 26%；日本则是液化天然气进口最多的国家，进口天然气约 720 亿立方米，占世界天然气贸易总量的 52.6%。[②]2004 年，世界液化天然气主要出口国家有印度尼西亚、马来西亚、阿尔及利亚、卡塔尔等（表 14-47）。

表 14-47　2004 年世界十大液化天然气出口国出口量及占世界出口总量的比例

排名	国家	出口量 / 亿 m³	占世界天然气出口总量的比例 /%
1	印度尼西亚	334.9	18.8
2	马来西亚	276.8	15.5
3	阿尔及利亚	257.5	14.5
4	卡塔尔	240.6	13.5
5	特立尼达和多巴哥	139.9	7.9
6	尼日利亚	125.9	7.1
7	澳大利亚	212.7	6.8
8	文莱	95.0	5.3
9	阿曼	90.3	5.1
10	阿拉伯联合酋长国	73.8	4.1

资料来源：敬加强、梁光川、蒋宏业：《液化天然气技术问答》，化学工业出版社，2006，第 15 页。

五、中国天然气的生产

中国天然气工业起步晚，1949 年天然气产量仅为 0.07 亿立方米。此后，中国天然气工业逐步发展

---

① 庞名立：《天然气百科辞典》，中国石化出版社，2007，第 267 页。

② 敬加强、梁光川、蒋宏业：《液化天然气技术问答》，化学工业出版社，2007，第 11-13 页。

起来。1976 年天然气产量超过 100 亿立方米；2001 年超过 300 亿立方米；2011 年首次突破 1 000 亿立
方米，达到 1 025.30 亿立方米，成为年产量超千亿立方米的天然气生产大国（表 14-48）。

表 14-48　1949—2011 年中国天然气产量[1]

时间 / 年	产量 / 亿 m³	时间 / 年	产量 / 亿 m³	时间 / 年	产量 / 亿 m³	时间 / 年	产量 / 亿 m³
1949	0.07	1965	11.32	1981	130.59	1997	—
1950	0.07	1966	13.69	1982	122.69	1998	—
1951	0.03	1967	15.01	1983	125.32	1999	280.00
1952	0.08	1968	14.48	1984	129.53	2000	261.86
1953	0.11	1969	20.01	1985	132.96	2001	302.69
1954	0.15	1970	29.49	1986	141.38	2002	326.30
1955	0.17	1971	38.44	1987	144.01	2003	341.28
1956	0.26	1972	49.76	1988	146.38	2004	409.80
1957	0.70	1973	61.34	1989	154.28	2005	499.50
1958	1.10	1974	77.40	1990	156.91	2006	593.78
1959	2.90	1975	90.83	1991	164.81	2007	694.05
1960	10.53	1976	103.73	1992	161.92	2008	774.73
1961	15.01	1977	124.27	1993	174.03	2009	841.25
1962	12.37	1978	140.59	1994	—	2010	967.60
1963	10.53	1979	148.75	1995	—	2011	1 025.30
1964	10.79	1980	146.12	1996	—		

資料来源：作者整理。主要参考 B. R. 米切尔：《帕尔格雷夫世界历史统计・亚洲、非洲和大洋洲卷：1750—1993 年》第 3 版，
贺力平译，经济科学出版社，2002。

注：[1] 不包括台湾地区的产量。数据采自公开资料。

21 世纪初（2000 年），中国天然气年产量超 10 亿立方米的油气田和油气公司共有 7 个，依次为
四川油气田 79.90 亿立方米、大庆油气田 23.00 亿立方米、长庆油气田 20.60 亿立方米、新星石油公司
16.53 亿立方米、新疆油气田 16.20 亿立方米、中原油气田 13.38 亿立方米、辽河油气田 11.50 亿立方
米。2005 年，四川油气田产量达 120.49 亿立方米，成为中国首个年产天然气超 100 亿立方米的油气田。
2009 年，中国天然气产量超 100 亿立方米的油气田发展到 3 个，分别为长庆油气田 189.50 亿立方米、
塔里木油气田 180.90 亿立方米、四川油气田 150.30 亿立方米。以油气公司来统计，2009 年中石油天
然气产量为 683.20 亿立方米，居各油气公司之首（表 14-49）。

表 14-49　2000—2009 年中国各油气田及油气公司天然气生产量

单位：亿 m³

油气田 / 油气公司	2000 年	2001 年	2002 年	2003 年	2004 年	2005 年	2006 年	2007 年	2008 年	2009 年
大庆	23.00	22.03	20.22	20.34	20.34	24.43	24.53	25.50	27.10	30.0
辽河	11.50	11.77	11.31	10.57	10.04	9.21	8.90	8.72	8.71	8.10
华北	4.40	4.63	5.33	5.75	5.85	5.73	5.50	5.53	5.53	5.50
大港	4.00	3.89	3.94	3.57	3.38	3.32	3.25	5.42	5.54	5.40
吉林	2.00	1.91	2.17	2.32	2.47	2.73	2.76	3.81	2.32	1.90
新疆	16.20	17.60	20.19	22.10	25.50	28.95	28.81	29.05	34.24	36.00
长庆	20.60	33.67	39.14	51.85	74.46	75.31	80.24	110.10	143.79	189.50
玉门	0.20	0.37	0.62	0.21	0.20	0.79	0.78	0.62	0.50	0.30
青海	3.90	5.87	11.51	15.41	17.94	21.21	24.50	34.02	43.65	43.10
四川	79.90	83.59	87.61	91.88	97.77	120.49	139.17	144.71	148.33	150.30
冀东	0.60	0.43	0.41	0.44	0.55	0.77	0.96	1.50	3.06	4.60
塔里木	7.50	9.57	10.88	10.89	13.56	56.77	110.14	154.14	175.83	180.90
吐哈	9.20	10.48	11.43	12.34	13.26	15.32	16.54	17.30	15.10	15.00
胜利 *	6.88	8.50	7.50	8.10	9.00	8.80	8.01	7.84	7.70	7.00
中原 *	13.38	15.03	16.21	17.01	17.51	16.61	16.40	14.80	10.61	9.26
河南 *	0.53	0.90	1.11	1.00	1.02	1.01	0.83	0.70	0.61	0.57
江汉 *	0.91	0.75	1.16	1.00	1.08	1.21	1.21	1.22	1.35	1.60
江苏 *	0.24	0.23	0.23	0.33	0.50	0.64	0.61	0.55	0.58	0.57
滇黔桂 *	0.79	0.77	0.73	0.90	1.01	0.80	0.61	—	—	—
新星石油公司	16.53	19.94	22.51	—	—	—	—	—	—	—
中石化西北分公司	—	—	—	4.52	4.90	5.20	8.71	9.53	12.72	13.45
中石化西南分公司	—	—	—	17.01	19.10	21.03	22.07	26.88	27.05	29.02
中石化华东分公司	—	—	—	0.05			0.03			
中石化华北分公司	—	—	—	0.07	0.98	3.98	10.49	14.53	19.16	19.59
中石化东北分公司	—	—	—	1.70	1.81	1.75	1.70	1.35	1.40	2.22
中石油合计	183.10	205.81	224.75	248.82	286.60	366.67	448.14	542.45	617.46	683.20
中石化合计	39.16	46.12	49.45	51.69	56.91	61.03	70.63	77.43	81.18	83.28
中海油合计	39.60	38.57	37.16	32.52	48.88	50.89	69.37	66.63	69.72	74.77
上海石油天然气有限公司	—	3.30	4.33	4.97	5.73	6.04	5.64	7.54	6.37	4.51
其他	0.14	8.89	10.61	3.28	11.68	14.87	—	—	—	—
全国合计	262.00	302.69	326.30	341.28	409.80	499.50	593.78	694.05	774.73	845.76

资料来源：钱伯章：《石油和天然气技术与应用》，科学出版社，2010，第 166-167 页。

注：(1) 带 * 号的油气田的油气产量在 1998 年以前计入中国石油天然气集团公司，1998 年后（含 1998 年）计入中国石油化工集团公司（中石化）。(2) 新星石油公司于 2000 年整体并入中国石油化工集团公司，其油气产量计入中国石油化工集团公司。(3) 2003 年新星石油公司重组，分为 5 个中石化分公司（西北、西南、华东、华北和东北），未上市部分改名为中石化集团华北石油局。(4) 中国石油天然气集团的天然气产量合计包含中国石油天然气集团南方勘探公司的天然气产量。

从地区分布来看，2012 年中国天然气生产主要集中在中国西部地区，西部地区天然气产量占全国天然气总产量的 81.57%，东部地区（包括东北三省）占 17.81%，中部地区占 6.62%。其中，陕西天然气产量为 311.27 亿立方米，占全国总产量的 29.17%，居全国第一位；新疆 251.55 亿立方米，占全国总产量的 23.57%，居第二位；四川 242.11 亿立方米，占全国总产量的 22.69%，居第三位。三者合计 804.93 亿立方米，占全国总产量的 75.43%（表 14-50）。

表 14-50　2012 年中国天然气产量地区分布

排名	省（直辖市、自治区）	企业数 / 个	产量 / 亿 m³
1	陕西	4	311.27
2	新疆	6	251.55
3	四川	9	242.11
4	广东	6	83.52
5	青海	1	63.50
6	黑龙江	1	33.68
7	吉林	4	22.23
8	天津	2	18.73
9	河北	3	13.36
10	辽宁	1	7.21
11	山东	3	6.05
12	河南	2	5.01
13	上海	1	2.89
14	海南	1	1.80
15	湖北	1	1.65
16	宁夏	1	1.45
17	江苏	1	0.57
18	重庆	2	0.39
19	甘肃	1	0.17
	全国	50	1 067.14

资料来源：崔民选、王军生、陈义和主编《中国能源发展报告（2013）》，社会科学文献出版社，2013，第 95-96 页。

六、天然气公司 [①]

1917 年以来，世界各国在天然气勘探、开发、生产、储运、应用等领域，先后成立了一批具有专业性的天然气公司，对世界天然气产业的发展、壮大起到了重要的支撑作用。

（一）亚洲

亚洲的天然气公司主要分布在油气资源丰富的波斯湾地区和南海周边国家。

---

① 这部分的各天然气公司的有关资料，主要参见庞名立编的《天然气百科辞典》，中国石化出版社 2007 年出版。

1. 中东

（1）阿拉伯联合酋长国

1974 年，成立埃米拉特天然气有限责任公司，设在迪拜。它为阿联酋国家石油集团公司的子公司，属于国家企业。它通过大型销售网络，把液化天然气销售到阿联酋市场。20 世纪 70 年代中后期，成立阿布扎比天然气液化公司。1977 年，阿布扎比天然气液化厂建成，并于当年 4 月把第一船液化天然气出口到日本。1977 年还成立了迪拜天然气有限公司，主要业务是加工天然气资源，供应给迪拜居民，1980 年开始生产、出口液化天然气。

（2）卡塔尔

1984 年，成立卡塔尔液化天然气有限公司。它是卡塔尔第一家，也是最主要的液化天然气生产公司。它利用世界上最大的北部气田生产、销售液化天然气和天然气凝析液，先后建成 Qatargas Ⅰ、Qatargas Ⅱ 等液化天然气生产装置。1993 年，卡塔尔成立莱凡角液化天然气有限公司，利用北部气田的天然气，生产液化天然气及其他烃类产品，建成 Ras Gas Ⅰ、Ras Gas Ⅱ、Ras Gas Ⅲ 等液化天然气生产装置。

（3）阿曼

1994 年，成立阿曼液化天然气公司，设在盖勒哈特，从事液化天然气生产和出口。先后建成 Qalhat Ⅰ、Qalhat Ⅱ 生产装置，其中 Qalhat Ⅰ 包括 2 条 330 万吨/年的液化天然气生产线，Qalhat Ⅱ 年产液化天然气 470 万吨。

（4）巴林

1979 年，成立巴林国家天然气公司。该公司操作液化石油气工厂，从伴生气中回收丙烷、丁烷和石脑油。

（5）土耳其

1954 年，成立土耳其国家石油天然气公司，拥有土耳其工程和承包公司、哈萨克 – 土耳其合资公司等。

2. 东南亚

（1）印度尼西亚

1974 年，成立巴达克天然气液化公司。它是印度尼西亚液化天然气的主要生产公司，设在东加里曼丹蓬檀。1977 年，该公司蓬檀液化天然气厂建成、投产，先后建成 8 条液化天然气生产线，年产液化天然气 2 100 万吨。

（2）马来西亚

20 世纪 80 年代初，成立马来西亚液化天然气公司，先后建成 4 座液化天然气生产装置，年生产能力 2 610 万吨。

（3）文莱

1972 年，成立文莱婆罗乃液化天然气生产厂。该生产厂从文莱壳牌石油公司购买天然气，生产液化天然气。同年，第一船液化天然气出口到日本。

（4）越南

1975 年，成立越南石油天然气公司，从事越南的石油天然气勘探开发和生产。

3. 中国

1973 年，成立中国石油天然气管道局，设在河北省廊坊市。它隶属 CNPC，从事石油天然气长输管道勘探、设计、施工等。

1996 年，成立中联煤层气有限责任公司，设在北京市。它是中国煤层气产业的骨干企业，从事煤层气资源的勘探、开发、生产、输送等。

1998 年，在中国石油天然气总公司的基础上组建中国石油天然气集团有限公司，设在北京市。它是中国最大的原油、天然气的生产、供应商和最大的炼油化工产品生产、供应商之一。次年，在中国石油天然气集团有限公司重组过程中成立中国石油天然气股份有限公司，设在北京市。

21 世纪初，成立中海石油管道输气有限公司，总部设在海南省海口市。

此外，21 世纪以来，中国各省份先后成立了一批天然气公司，包括江苏省天然气有限公司、上海液化天然气有限责任公司、山东省天然气管网投资有限公司等（表 14-51）。

表 14-51　中国部分省份的天然气公司

公司名称	成立时间 / 年
江苏省天然气有限公司	2001
河北省天然气有限责任公司	2001
浙江省天然气开发有限公司	2001
安徽省天然气开发股份有限公司	2003
山西天然气有限公司	2003
上海液化天然气有限责任公司	2005
陕西省天然气股份有限公司	2005
吉林省天然气有限公司	2007
江西省天然气有限公司	2007
海南海控燃料化学股份有限公司	2007
广东省天然气管网有限公司	2008
山东省天然气管网投资有限公司	2009
湖北省天然气发展有限公司	2009

资料来源：作者整理。

4. 其他亚洲国家

（1）日本

1930 年，成立西部瓦斯株式会社，从事进口液化天然气经气化后的天然气销售业务等。1951 年，成立东京电力株式会社，先后建成多个液化天然气接收站，是世界上采用天然气发电最多的企业。2001 年，成立日本液化天然气公司，主要从事液化天然气贸易、运输业务。

（2）韩国

1979 年，成立韩国燃气安全公司，隶属韩国商业、工业和能源部，负责制定并实施高压燃气安全管理法规、液化石油气安全管理法规等。1983 年，成立韩国天然气公司，是韩国独家经营天然气的国营公司，先后建成平泽、仁川液化天然气接收站。1985 年，成立 SK 煤气公司，从事进口液化石油气在韩国市场的销售。

（3）印度

1956 年，成立从事油气勘探与开发的印度石油天然气委员会，于 1993 年改名为印度石油天然气公司。1984 年，成立印度天然气管理局，是印度第一家天然气公司，也是印度最大的天然气输送和销售公司，还是印度最大的液化石油气生产公司，经营世界上最长的液化石油气管线，该管线长达 1 250 千米。

（4）巴基斯坦

1961 年，成立巴基斯坦石油天然气开发公司。1988—1993 年，国家赋予公司财政权和行政管理权，1997 年改为公用事业有限公司。该公司拥有 1982 年建立的 Pirkoh 天然气有限公司，主要开发 Pirkoh 气田。

（5）孟加拉国

1985 年，孟加拉国矿物石油和天然气公司与矿物开采公司合并，成立孟加拉国石油天然气和矿物公司，属国家企业，从事国内石油天然气的勘探、开发和生产。

（二）欧洲

现代以来，欧洲各国先后成立了一批天然气公司。

1. 苏联 / 俄罗斯

1947 年，成立莫斯科输气公司。1993 年，该公司成为俄罗斯天然气工业股份公司的子公司，是俄罗斯统一供气系统最重要的环节之一；1995 年有输气管线长 23 500 千米，年输气能力为 3 530 亿立方米。

1948 年，成立列宁输气公司，现隶属俄罗斯天然气工业股份公司，为俄罗斯西北地区用户输送和供应天然气，有输气管线 8 000 千米，年输气能力为 750 亿立方米。

1977 年，苏联天然气工业部提议成立乌连戈伊天然气生产有限责任公司。该公司从事亚马尔地区的天然气开发、加工、输送等业务。

1979 年，成立克拉斯诺达尔管道建筑公司。后于 20 世纪 90 年代初期并入俄罗斯天然气工业股份公司，承担天然气输送干线、原油管道、石油产品管道建设等任务，先后参与俄罗斯至欧洲输气管线、俄罗斯至中亚输气管线、俄罗斯至土耳其输气管线等的建设。

1981 年，成立阿斯特拉罕天然气公司，现为隶属俄罗斯天然气工业股份公司的全资子公司，年产天然气 100 亿立方米、天然气凝析液 340 万吨。

1990 年，成立俄罗斯管道建设联合体，即俄罗斯石油天然气承包商联盟，由 67 家石油、天然气公司组成，雇员总人数超过 13 万。

1992 年，成立萨哈林石油天然气公司，主要负责萨哈林地区石油和天然气的开发、管道干线建设等。同年，成立 Itera 国际集团公司，它是独联体大型天然气企业，由在俄罗斯、独联体、波罗的海、美国等地从事能源、建筑、化工等业务的约 130 家公司组成，业务范围涉及 24 个国家，雇员约 8 000 人。

1993 年，成立俄罗斯天然气工业股份公司。它是世界上最大的天然气生产和销售公司，也是世界上最大的天然气出口公司，拥有 21 个天然气生产企业及其他 20 多个机构，职工总计 30 万人，其天然气产量占俄罗斯天然气总产量的 90% 左右。同年，成立俄罗斯管道输送公司，负责建设国内石油天然气输送管道。

1999 年，成立俄罗斯北方天然气公司，位于亚马尔半岛南面，主要是开发北乌连戈伊气田。

2. 法国

1946 年，成立法国燃气公司。它是法国国家公司，也是世界上最重要的天然气公司之一，主要的子公司有索菲天然气工程公司、海运天然气公司、梅希天然气公司等。

1963 年，成立燃气技术公司，专门设计、建设液化天然气储罐和接收站。1984 年成为布依格海洋集团公司的成员。1995 年，布依格海洋集团公司、法国燃气公司、道达尔公司共同组建 GTT 公司，开发出用来储运液化天然气的 GTT 型薄膜货舱。在全球液化天然气运输船队中，约有 45% 的船只采用 GTT 型薄膜储罐。

3. 其他欧洲国家

（1）德国

1928 年，成立鲁尔燃气公司。它是德国主要输送天然气的公司，从事天然气的生产、进出口贸易等业务。

（2）爱尔兰

1936 年，成立卡乐天然气公司。它是爱尔兰最主要的能源供应商，主要业务是以散装和钢瓶形式进口、销售和分配液化石油气。1976 年，成立爱尔兰天然气公司，是爱尔兰政府的独资公司，从事天然气供应、输送和分配业务。

（3）意大利

1953 年，埃尼公司成立埃尼输气公司，是一家管理意大利天然气输送的公司。

（4）丹麦

1972 年，成立丹麦石油天然气公司。它是丹麦国家石油公司，也是北欧居于主导地位的能源集团，从事北欧地区的能源勘探、生产、贸易等业务。

（5）罗马尼亚

1991 年，成立罗马尼亚天然气公司。它是罗马尼亚从事天然气勘探、开发、分配、销售一体化经营的国家天然气企业。

（6）英国

1999 年，成立英国天然气集团公司，它是以天然气为主的国际能源主导公司。该公司原为英国天然气公司（BG），1997 年 BG 分解成 BG plc（英国天然气股份公司）和 Centrica，1999 年 BG plc 公司更名为英国天然气集团公司。

（7）荷兰

1943 年，成立荷兰天然气公司，隶属壳牌公司，壳牌公司和埃索公司各有 50% 的股份，从事格罗宁根气田的开发和销售。

（8）波兰

1976 年，由许多上、下游公司合并组建波兰天然气工业和石油采矿联盟。1982 年该联盟改组为国家公司。1996 年成立由国家财政部主导的波兰石油天然气股份公司，主要从事天然气生产和供应。

（9）乌克兰

1994 年，成立乌克兰施工工程企业。该企业原属于苏联国家国防委员会，当时为修建基辅天然气管道而建立，现为乌克兰重要的国家能源施工企业。1998 年，成立乌克兰天然气公司，是乌克兰唯一的天然气生产公司，从事国家天然气勘探、开采、输送等业务。

（三）美洲

1. 美国

1928 年，成立艾尔帕索公司。它是北美地区天然气的主要供应商，由休斯敦律师保罗·凯塞创办，核心业务包括天然气和液化天然气的生产、加工、输送、发电、销售等。

1971 年，成立德温能源公司。它是美国最大的独立石油天然气生产公司，也是北美最大的独立天然气和凝析液加工企业之一，总部设在俄克拉何马城。

1977 年，成立俄克拉何马天然气和电力公司，从事电力、天然气和水的供应。全球有 2 000 多个机构采用该公司的处理系统。

1983 年，成立切萨皮克能源公司。它是美国第四大天然气生产企业，拥有 2 万口陆上井，约有70% 的可采储量位于美国中部。

1993 年，成立燃料深冷系统有限公司，主要开发撬装式天然气汽车燃料加注系统和液化天然气液化系统。

1995 年，成立液化天然气应用技术公司，主要从事液化天然气、压缩天然气等生产、输送业务。

1996 年，成立凤凰天然气公司，是一家天然气配气公司。

2. 加拿大

1976 年，成立普帕克公司，主要业务包括天然气压缩、天然气脱水、液化天然气回收等，为世界各地的用户提供服务。

3. 阿根廷

1992 年，阿根廷燃气公司私有化后成立阿根廷输气公司。它是阿根廷最大的天然气加工企业和最大的输气公司，是世界第三大液化石油气销售商，在拉丁美洲拥有 7 000 千米的管线系统，日输气量为 590 万立方米。

4. 特立尼达和多巴哥

1975 年，特立尼达和多巴哥政府成立特立尼达和多巴哥国家天然气有限公司。该公司在特立尼达和多巴哥天然气工业发展中起主导作用，从事国内天然气销售、输送、发电等业务。

（四）非洲

阿尔及利亚、利比亚、尼日利亚、埃及等非洲国家先后成立天然气公司。

1. 阿尔及利亚

1963 年，成立阿尔及利亚国家石油天然气公司。该公司是世界第四大天然气出口企业、第二大液化石油气出口企业，有 4 个液化天然气厂、9 条天然气输气管道、2 条液化石油气管道、3 条凝析油管道，天然气年输送能力为 820 亿立方米。1964 年，成立阿尔及利亚液态甲烷公司，它是世界第一家商业液化天然气生产厂。

2.尼日利亚

1989 年，成立尼日利亚液化天然气有限公司，利用尼日利亚天然气储备和放空的天然气做原料，生产液化天然气，出口到世界各地。

3.埃及

2001 年，成立埃及天然气公司。该公司直接参与埃及天然气资源的开发，生产和加工液化石油气、天然气凝析液，出口液化天然气。

（五）大型天然气生产企业

20 世纪末，世界天然气商品生产量排名前十位的公司分别为俄罗斯天然气工业股份公司、皇家荷兰壳牌集团、埃克森公司、阿尔及利亚国家石油天然气公司、美孚公司、阿莫科公司、沙特阿拉伯国家石油公司、伊拉克国家石油公司、谢夫隆公司、墨西哥国家石油公司（表 14-52）。其中，俄罗斯天然气工业股份公司的天然气商品量高达 5 595 亿立方米，约是余下 9 家公司总量合计的 1.36 倍。

表 14-52　20 世纪 90 年代中期世界十大天然气商品生产厂商

序号	公司名称	国家	商品量 / 亿 m³
1	俄罗斯天然气工业股份公司	俄罗斯	5 595
2	皇家荷兰壳牌集团	荷兰 / 英国	715
3	埃克森公司	美国	617
4	阿尔及利亚国家石油天然气公司	阿尔及利亚	581
5	美孚公司	美国	482
6	阿莫科公司	美国	438
7	沙特阿拉伯国家石油公司	沙特阿拉伯	403
8	伊拉克国家石油公司	伊拉克	351
9	谢夫隆公司	美国	274
10	墨西哥国家石油公司	墨西哥	266

资料来源：汪寿建等：《天然气综合利用技术》，化学工业出版社，2003，第 3 页。

进入 21 世纪，世界上生产天然气的大企业主要为欧美国家和波斯湾国家的油气公司。在天然气产量居世界前十位的公司中，亚洲新增乌兹别克斯坦的 Uzbekneftegaz 和土库曼斯坦的 Turkmengaz 这两家公司，共发展到 4 家公司（表 14-53）。

表 14-53　2004 年世界油气公司天然气产量排名

名次	公司名称	国家	类别	天然气产量 /（千桶油当量 / 日）
1	Gazprom	俄罗斯	国家公司	9 440
2	Exxon Mobil	美国	跨国公司	1 960
3	Sonatrach	阿尔及利亚	国家公司	1 741
4	Shell	英国	跨国公司	1 686
5	BP	英国	跨国公司	1 580

续表

名次	公司名称	国家	类别	天然气产量/（千桶油当量/日）
6	Saudi Aramco	沙特阿拉伯	国家公司	1 532
7	National Iranian Oil Co.	伊朗	国家公司	997
8	Total	法国	跨国公司	926
9	Uzbekneftegaz	乌兹别克斯坦	国家公司	888
10	Turkmengaz	土库曼斯坦	国家公司	884
11	Chevton Texaco	美国	跨国公司	773
12	ADNOC	阿拉伯联合酋长国	国家公司	688
13	Conoco Phillips	美国	跨国公司	686
14	Eni	意大利	跨国公司	633
15	EnCana Corp.	加拿大	跨国公司	585
16	Repsol YPF	西班牙	跨国公司	545
17	Devon Energy	美国	跨国公司	532
18	Qatar Petroleum	卡塔尔	国家公司	519
19	Pemex	墨西哥	国家公司	505
20	Petronas	马来西亚	国家公司	479

资料来源：徐文渊、蒋长安主编《天然气利用手册》第 2 版，中国石化出版社，2006，第 19-20 页。

第 3 节　天然气储运

天然气储存难，运输也难，需要借助高压和低温来增大其聚集密度，以便于储运。储运天然气的主要方式有天然气管道输送、液化天然气储运、地下储气库储存、液化石油气（LPG）船运输等。20世纪 50 年代以前，世界天然气运输主要采用管道输送方式。20 世纪 50 年代以后，液化天然气技术发展起来，液化天然气运输成为重要运输方式。

一、天然气管道输送

天然气管道输送的基本流程：来自气井的天然气先在集气站进行加热、降压、分离，计量后进入天然气处理厂脱除硫化氢、二氧化碳和水，然后进入压气站除尘、增压、冷却，再输入输气管道；在沿线输送过程中，压力逐渐下降，经中间压气站增压，输送到终点储气库和调压计量站，最后输送至城市配气管网（图 14-4）。2007 年，世界天然气干线管道总长度为 156.0 万千米[1]，占全球油气管道干

---

[1] 贺永德主编《天然气应用技术手册》，化学工业出版社，2009，第 9 页。

线总长度的 60%。在世界天然气贸易中，管道贸易量居首位，所占比例高达 70% 以上。2004 年，世界天然气总贸易量为 7.982 1×10^{11} 立方米，其中管道贸易量为 6.207 1×10^{11} 立方米，占全球天然气贸易总量的 77.76%。[1]

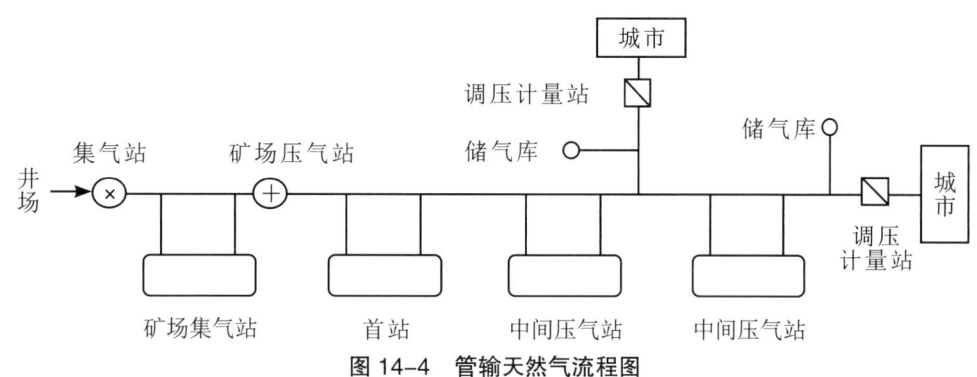

图 14-4　管输天然气流程图

资料来源：庞名立：《天然气百科辞典》，中国石化出版社，2007，第 200 页。

（一）中国

20 世纪 50 年代末，中国开始建设天然气管道，于 1958 年在四川盆地建成第一条输气管道。它从永川黄瓜山气田输气到永川化工厂，管长 20 千米，管径 159 毫米。1963 年，建成从四川巴县石油沟气田到重庆的巴渝输气管道，管长 55 千米，管径 426 毫米，是中国第一条大口径输气管道。此后，在四川盆地相继建成威成线、泸威线、卧渝线等，并于 1989 年建成从渠县至成都的半环状输气干线，实现川东生产的天然气环绕四川盆地输往川西，首次在中国形成区域性环形供气管网。[2] 到 1998 年，四川建成 26 条输气管道，管径 426 毫米及以上的共 1 872 千米，年输气量在 70 亿立方米以上[3]。

1986 年，中国建成第一条采用燃气轮机驱动离心式压缩机的天然气管道——中沧线，从中原油田输气到沧州化肥厂，管长 362 千米，管径 426 毫米，年输送能力达 6 万立方米。

1996 年，在塔克拉玛干沙漠建成塔中—轮南输气管道，管长 310 千米，管径 426 毫米。这是中国第一条沙漠输气管道。[4]

1997 年，陕京线（又称靖边—北京管线）建成、投产，干线管道长 860 千米，管径 660 毫米，设计输气压力为 6.4 兆帕，设计输气能力为每年 30 亿立方米。这是中国陆地第一条大口径高压输气管道。[5]

进入 21 世纪，中国天然气管道建设进入一个新的发展时期，相继建成西气东输、川气东输等输气管道，并开始建设跨国天然气管道。

西气东输管道（一线）于 2001 年 12 月经中国国务院批准立项，2002 年开工建设，2004 年 10 月建成并投入商业运行。它西起新疆塔里木盆地轮南气田，沿线经过新疆、甘肃、宁夏、陕西、山西、河南、安徽、江苏、浙江、上海 10 个省（自治区、直辖市），主干线管道全长 4 200 千米，管径 1 016 毫米，

[1] 徐文渊、蒋长安主编《天然气利用手册》第 2 版，中国石化出版社，2006，第 326 页。
[2] 赵秀雯、于力、柴建设：《天然气管道安全》，化学工业出版社，2013，第 49 页。
[3] 庞名立：《天然气百科辞典》，中国石化出版社，2007，第 242 页。
[4] 同上书，第 241 页。
[5] 赵秀雯、于力、柴建设：《天然气管道安全》，化学工业出版社，2013，第 49 页。

设计输气能力为每年 120 亿立方米，输气压力为 10 兆帕，是中国当时建设距离最长、管径最大、输气压力最高、输气量最大、技术含量最高、用户最多的输气管道工程。[1] 该工程总投资 1 500 多亿元，其中管道建设投资 463 亿元，上游气田开发投资 284 亿元，下游用户管网及配套设施建设投资 700 多亿元。

2007 年，中国开始筹建第一条跨境天然气管道。是年 7 月，中国石油天然气集团公司与土库曼斯坦签署天然气合作协议，共建中亚—中国天然气管道（图 14-5）。这是中国第一个将境外天然气引入境内的输气管道工程，可稳定供气 30 年以上。中亚—中国天然气管道的气源主要来自土库曼斯坦阿姆河巨型气田，其探明可采储量达 1.3 万亿立方米。该管道通过乌兹别克斯坦和哈萨克斯坦到达中国新疆霍尔果斯，与国内的西气东输二线管道相接。中亚—中国天然气管道全长 11 100 千米以上。管道在中亚地区的长度约为 2 006 千米，其中在土库曼斯坦、乌兹别克斯坦和哈萨克斯坦 3 国境内的长度分别为 188 千米、525 千米和 1 293 千米；在中国境内管道长度超过 9 100 千米。该管道是世界上规模最大、运输距离最长的天然气管道之一。[2]

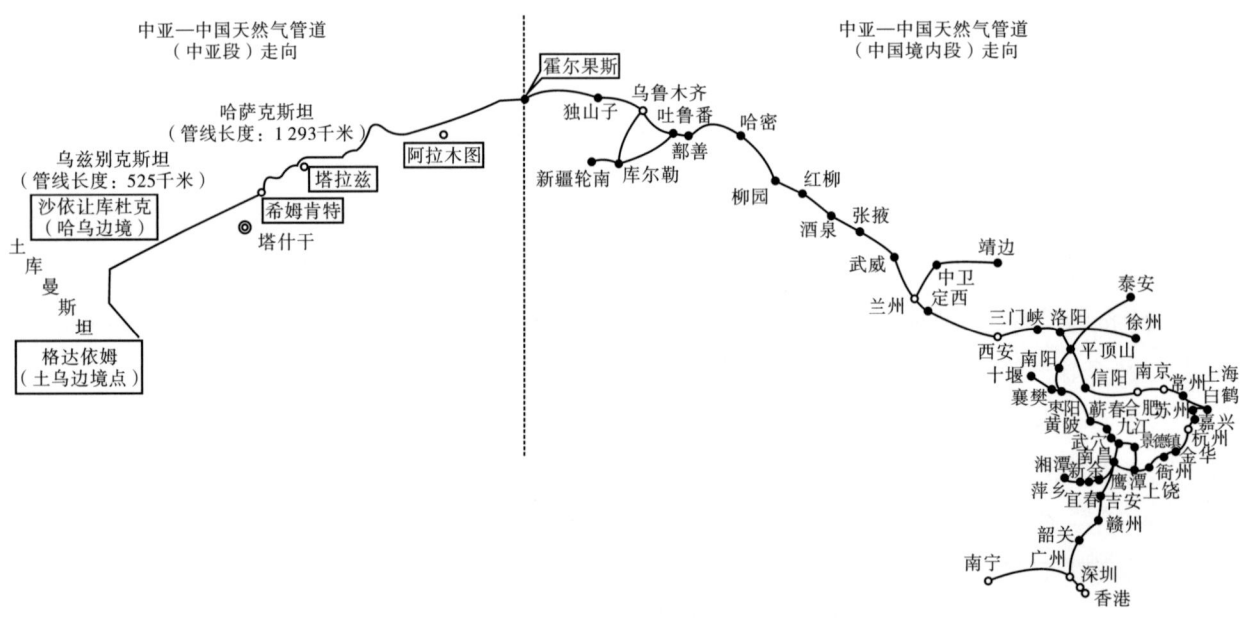

图 14-5　中亚—中国天然气管道走向示意图

资料来源：崔民选、王军生、陈义和：《天然气战争：低碳语境下全球能源财富大转移》，石油工业出版社，2010，第 64 页。

2008 年，中国批准建设第一条煤层气输气管道。该管道从山西省沁水县到河南省博爱县，全长 98.2 千米，设计输气能力为 10 亿立方米 / 年。该管道的建设对推动中国煤层气开发、改善煤矿安全生产条件和大气环境具有积极示范意义。[3]

到 21 世纪初，中国共建成长输气管道 50 多条（表 14-54）。到 2007 年，中国天然气管道总长度为 3.1 万千米，占世界天然气管道总长度的 2.63%。[4]2010 年，中国天然气管道总长度约为 4.4 万千米。

---

[1] 齐鹏飞、杨凤城主编《当代中国编年史》，人民出版社，2007，第 835 页。

[2] 崔民选、王军生、陈义和：《天然气战争：低碳语境下全球能源财富大转移》，石油工业出版社，2010，第 62-63 页。

[3] 贺永德主编《天然气应用技术手册》，化学工业出版社，2009，第 11 页。

[4] 同上书，第 9 页。

表 14-54　截至 2005 年中国长输天然气管道一览表

名称		管道起止点	长度 / 千米	管径 × 壁厚 / (毫米 × 毫米)[1]	输送能力 / (×10⁴米³/年)	投产时间 /年
四川内 输气 管道	东石巴渝线	东溪—重庆	84	426×7	—	1963
	威成线	越溪—成都	134	630×8	21.60	1968
	付威线	付家庙—曹家坝	137	630×7	17.28	1969
	威五线	东兴—金栗	78	377×7	8.64	1972
	卧渝线	中亚口—九宫庙	139	426×7	9.13	1973
	威青线	越溪—青白江	163	720×8	34.20	1976
	付安线	付家庙—安福坝	53	426×7	17.28	1976
	佛纳线	佛荫—纳 3 井	39	508×7	10.80	1976
	付纳线	付家庙—纳 1 井	53	720×8	10.80	1978
	成德线	德阳—成都	59	377×6 529×6	6.48	1978
	中青线	中坝—德阳	104	720×8	—	1978
	佛渝线	佛荫—两路口	169	720×8	28.80	1979
	卧两线	脱硫总厂—两路口	100	325×7	12.78	1981
	万卧线	汝溪—卧忘站	103	325×10	2.05	1988
	磨溪线	石鹤桥—射洪	60	426	5.61	1990
	北干线	渠县—青白江	297	720×8	—	1987
	万卧线	忠县—垫江	102	426/325	12.41	1989
四川外 输气 管道	中沧线	中原—沧州	362	426	6.0	1986
	兴鞍线	兴陈—鞍山	88	529/426	10.0	1972
	天津线	大港—天津	45	529	5.0	1974
	兴新线	兴隆台—新民	123	159/426	0.3	1975
	红压卧线	红岗压气站—卧里屯	27	426/377	4.1	1976
	东辛线	东营—辛店	143	426/529	6.0	1976
	滨化线	滨州—东营	81.9	529	5.0	1977
	哈压卧线	哈二压—卧里屯	47	529	6.6	1979
	茨鞍线	辽河牛一联—鞍山	37	426	0.281	1984
	华北—北京	永清—北京	70	219	0.8	1985
		复线	64	529	1.6	1993
	茨沈线	牛一联—沈阳	54	426	1.825	1985
	茨本线	牛一联—本溪	81	377	1.095	1986
	中开线	文留—开封	149	377	1.15	1985
	柳安线	柳屯—安阳	112	377	1.46	1989
	柯泽线	柯克亚—泽普	77	273	2.3	1988
	阿拉齐线	阿拉齐—齐齐哈尔	60	219	0.99	1990

续表

名称		管道起止点	长度 / 千米	管径 × 壁厚 / （毫米 × 毫米）[1]	输送能力 / （×10⁴ 米³ / 年）	投产时间 / 年
四川外输气管道	双长线	大庆双阳—长春	37	426	0.281	1990
	开郑线	开封—郑州	75	—	—	1987
	辽锦线	辽河—锦州	27	273	—	1987
	升龙线	大庆升平—龙凤	67	219	1.0	1987
	盘兴线	盘锦—兴隆台	32	820	7.2	1990
	横马线	内蒙古—宁夏	58	273	2.81	1991
	陕京一线	靖边—北京	860	660 × （7.1 ~ 7.8）	11 ~ 20	1997
	靖西线	靖边—西安	485	426 × 6	4	—
	陕银线	靖边—银川	313	426 × （6 ~ 8）	4 ~ 6	—
	鄯乌线	鄯善—乌鲁木齐	308	457 × 6	4	1997
	达哈线	达连河—哈尔滨	247	630 × 7/720 × 7	—	1993
	盘黑线	盘锦—黑山	80	108	—	1988
	塔轮线	塔中 4—轮南沙漠管道	310	426	—	1996
	海东线	海南 8 所—东方县 （今为东方市）	120	377	—	1996
	涩宁兰线	涩北—西宁—兰州	953	660	20	2001
	沧淄线	沧州—淄博	210	—	30	2001
	忠武线	忠武—武汉	760	711	30	2004
	忠武线 支线	枝江—襄樊	240	406	5	—
		潜江—长沙	340	610	13	—
		武汉—黄石	90	406	3	—
	西气东输	塔里木—上海	4 000	1 016	120	2004
	陕京二线	榆林—北京	900	1 016	120	2005
	陕呼线	长庆—呼和浩特	480	457	13	—
	东海线	东方—洋浦—海口	256	—	8	2004
海上输气管道	崖港线	崖 13-1—香港	787	711	30	1994
	平南线	东海平湖—南汇	375	355	—	1998
	东东线	东方 1-1—东方	113	—	16 ~ 24 （二期）	2000

资料来源：徐文渊、蒋长安主编《天然气利用手册》第 2 版，中国石化出版社，2006，第 250-251 页。

注：[1] 有些输气管道缺壁厚数据。

（二）苏联 / 俄罗斯

1940 年之前，苏联输气干线总长只有 325 千米。1940—1941 年，苏联建成国内第一条输气管道——达沙瓦—利沃夫管道，全长约 69 千米，管径为 325 毫米。1944—1946 年，苏联建成第一条长输气管道——萨拉托夫—莫斯科管道，全长 843 千米，管径为 325 毫米。1952 年，建成第二条长输气管道——

达沙瓦—基铺—布良斯克—莫斯科管道，总长 1 300 千米，管径为 529 毫米。1941—1955 年，苏联天然气输送管道长度约增长 13 倍，管长约 4 500 千米，最大管径达到 820 毫米。[①] 进入 20 世纪 60 年代，随着天然气工业的快速发展，苏联加快了国内天然气管网建设，先后建成苏联欧洲部分干线输气管道系统、中亚—中心干线输气管道系统和北方干线输气管道系统。

此后，苏联根据天然气出口发展的需要，加大对周边国家尤其是欧洲国家的天然气管网建设的力度，先后建成多条通往欧洲各国的国际天然气输送管道。1967 年，建成苏联至捷克斯洛伐克的输气管道，管长 633 千米，管径为 1 020 毫米。[②]1972 年，建成输往欧洲的 Transgas 天然气管道，全长 3 736 千米，管径有 48 英寸、36 英寸、32 英寸 3 种，年输气能力为 790 亿立方米。1974 年，建成输往德国、瑞士和意大利的 TENP-Transitgas 管线，全长 830 千米，年输气能力为 70 亿立方米。同年，输往奥地利和意大利的 Tag Ⅰ 和 Tag Ⅱ 管线投入运行，全长 1 411 千米，年输气能力为 170 亿立方米。1980 年，建成输往德国和法国的 MEGAL 管线，全长 1 070 千米，年输气能力为 220 亿立方米。1984 年，建成输往突尼斯、意大利和捷克斯洛伐克的 TransMed 管线，全长 1 955 千米，年输气能力为 160 亿立方米。[③] 至 1987 年，苏联输气管道总长度为 18.69 万米。

20 世纪 80 年代后期，苏联开始研究、立项建设俄—欧输气管道（又称亚马尔—欧洲输气管道或乌连戈伊—中央区天然气管道）。它是世界上输气量最大的天然气管道，总投资 360 亿美元。该管道起于亚马尔半岛的乌连戈伊气田，途经俄罗斯、白俄罗斯、波兰，最后到达德国奥得河边的法兰克福，分 6 条线路与西欧输气管网和荷兰南方天然气公司的输气管网相连接。管线全长 4 847 千米，管径 1 420 毫米，设计压力 7.4 ～ 8.3 兆帕，设有 1 座天然气处理厂和 34 座压气站，每条管道的输气能力为（2.8 ～ 3.2）$\times 10^{10}$ 米^3/年。[④]1999 年，俄—欧输气管道干线贯通白俄罗斯，同时建成通往波兰的支线，形成每年 300 亿立方米的输气能力。

2002 年 12 月，俄罗斯建成从俄罗斯穿越黑海到达土耳其的俄罗斯—土耳其"蓝色气流"输气管道。它是世界上最深的海底输气工程，浅水区为 380 米，深水区达 2 150 米，比其他水下输气管道深 1/3。管道全长 1 213 千米，其中黑海海底管道长 396 千米，管道设计输气能力为 1.6×10^{10} 米^3/年。[⑤]

根据《2020 年前俄罗斯能源战略》，俄罗斯对其东部地区天然气管网建设做了规划（图 14-6）。根据规划，俄罗斯从其东部地区建设输往中国、韩国的亚洲最长输气管道。2003 年 11 月，俄罗斯鲁西亚石油公司与中国石油天然气集团公司、韩国天然气公司签订了可行性研究计划。该项目总投资 170 亿美元，长达 4 887 千米，历时 30 年。管道把天然气从西伯利亚东部贝加尔湖附近的科维克金天然气田经由中国和黄海输往韩国，其中每年为中国提供 200 亿立方米的天然气，为韩国提供 150 亿立方米的天然气。[⑥]

① 赵秀雯、于力、柴建设：《天然气管道安全》，化学工业出版社，2013，第 47-48 页。

② 同上书，第 48 页。

③ 庞名立：《天然气百科辞典》，中国石化出版社，2007，第 235 页。

④ 徐文渊、蒋长安主编《天然气利用手册》第 2 版，中国石化出版社，2006，第 243 页。

⑤ 同上。

⑥ 崔民选、王军生、陈义和：《天然气战争：低碳语境下全球能源财富大转移》，石油工业出版社，2010，第 110 页。

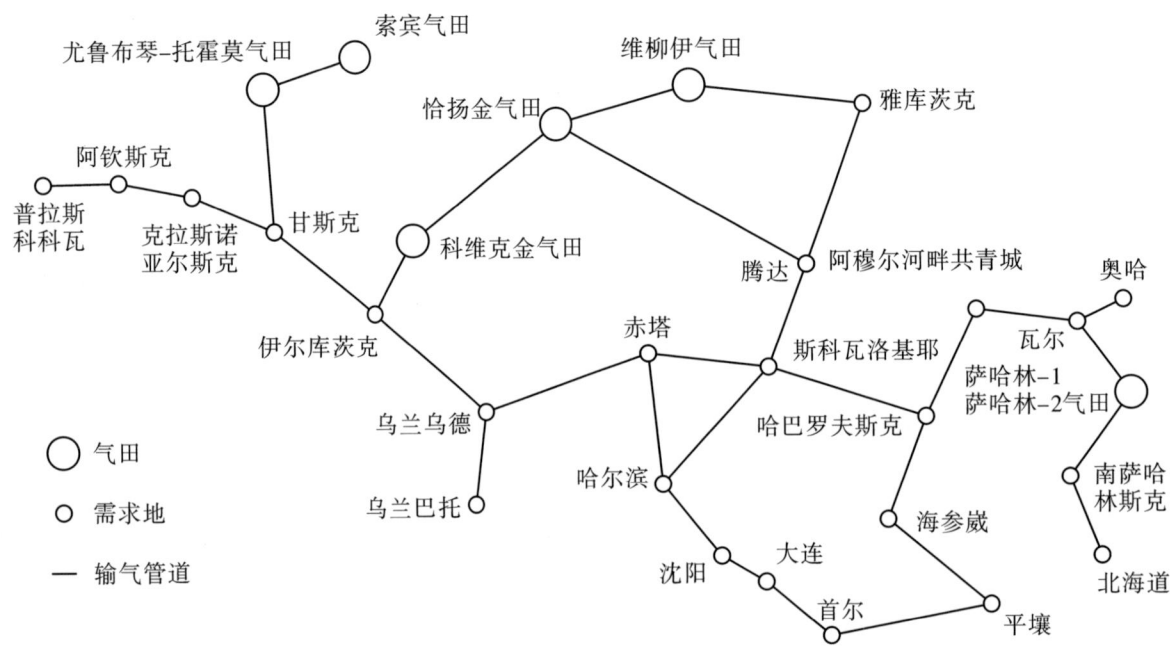

图 14-6　2020 年前俄罗斯东部地区天然气管网规划图

资料来源：崔民选、王军生、陈义和：《天然气战争：低碳语境下全球能源财富大转移》，石油工业出版社，2010，第 110 页。

到 21 世纪初，俄罗斯建成主要长输天然气管道 25 条（表 14-55）。

表 14-55　俄罗斯管径大于 720 毫米的长输管道

序号	管道起止点		管径 / 毫米	长度 / 千米
1	谢别林卡—贝尔哥罗德—莫斯科		720/820	1 162
2	斯塔夫罗波尔—莫斯科（一线）		720	1 254
3	斯塔夫罗波尔—莫斯科（二线）		720/820	1 254
4	克拉斯诺达尔—罗斯托夫—谢尔普霍夫		1 020/820	1 458
5	谢尔普霍夫—彼得堡		720	803
6	莫斯科地区供气环道		820	1 404
7	萨拉托夫—高尔基—伊凡诺沃—契列波维茨		820/720	1 188
8	布哈拉—奥尔斯克—乌拉尔 （一线至车里雅宾斯克） （二线至斯维尔德洛夫斯克）		1 020	4 540
9	伊格里姆—赛洛夫—新塔尔		1 020	1 090
10	中亚—中央输气管道	一线：乌兹别克斯坦—希瓦—亚历山大盖—莫斯科	1 020	2 750
		二线：土库曼斯坦—亚历山大盖—莫斯科	1 220	2 690
		三线：土库曼斯坦—亚历山大盖—莫斯科	1 220	2 694
		四线：哈萨克斯坦—亚历山大盖—莫斯科	1 220/1 420	3 682
11	俄罗斯—捷克		1 020	633
12	别洛乌索沃—彼得堡		1 020	757
13	梅索雅哈—诺列尔斯克		720	671

续表

序号	管道起止点	管径 / 毫米	长度 / 千米
14	那德姆—乌赫塔—彼得堡	1 220	5 400
15	那德姆—乌拉尔—中央	1 020 1 220 1 420	3 600
16	联盟输气管道：奥伦堡—乌日哥罗德	1 420	2 750
17	乌连戈伊—彭加—乌赫塔—乌日哥罗德（北极之光）	1 220	4 000
18	乌连戈伊—维加波尔—诺沃斯科夫	1 420	6 000
19	乌连戈伊—乌赫塔—格里佐维茨	1 420	2 750
20	乌连戈伊—彼得洛夫斯克	1 420	2 731
21	乌连戈伊—诺沃斯科夫	1 420	3 341
22	乌连戈伊—波马雷—乌热戈洛特	1 420	4 451
23	乌连戈伊—中央一线	1 420	3 429
24	乌连戈伊—中央二线	1 420	3 384
25	亚普尔格—叶列茨（一线）	1 420	3 151

资料来源：贺永德主编《天然气应用技术手册》，化学工业出版社，2009，第 142 页。

（三）欧洲

1965 年，北海发现首个天然气田——西索尔气田。此后，欧洲输气管道逐步发展起来。从 20 世纪 70 年代起，先后建成 Transgas、阿尔及利亚—意大利、匈牙利—奥地利、Europipe Ⅱ 等输气管道（表 14-56）。1976 年，世界第一条洲际输气管道——阿尔及利亚至意大利输气管道（又称北非—欧洲输气管道）开始动工建设。它起于阿尔及利亚哈西鲁迈勒气田，通过突尼斯及其东部的突尼斯海峡，经过意大利西西里岛，穿越墨西拿海峡后进入意大利，全长 2 506 千米。1983 年年初建成、投产，最大输气量为 125 亿立方米 / 年。[1]

表 14-56　欧洲主要天然气管道

管道	运营时间 / 年	长度 / 千米	管径 / 毫米	管输能力 / （×10⁸ 米³/ 年）	备注
Transgas	1972	3 736	1 220，914，812.8	790	俄罗斯到欧洲
TAG Ⅰ and Ⅱ	1974	1 411	914，1 067	170	俄罗斯到奥地利、意大利
MEGAL	1980	1 070	914，1 220	220	俄罗斯到德国、法国
STEGAL	1992	316	812.8，914	80	俄罗斯到德国
TENP-Transitgas	1974	830	965，914，864	70	荷兰到德国、瑞士、法国
Norpipe/Statpipe	1997/1986	440/880	914，762，711	180	挪威到德国的 Emden
TransMed	1984	1 955	1 220，1 016，508	160	俄罗斯到突尼斯、意大利、斯洛文尼亚

---

[1] 庞名立：《天然气百科辞典》，中国石化出版社，2007，第 239 页。

续表

管道	运营时间/年	长度/千米	管径/毫米	管输能力/($\times 10^8$ 米^3/年)	备注
Zeepipe	1993	850	1 016	120	Sleipner 到 Zeebrugge
MIDAL	1993	600	813，914，1 016	80	输送 Markham 天然气
TransMed（延长线）	1994	2 100	1 220，660	250	俄罗斯到突尼斯、意大利、斯洛文尼亚
Europipe I	1995	620	1 016	130（初始）	Draupner-E 平台到 Emden
阿尔及利亚—意大利	1995	2 500	660，1 220	260	阿尔及利亚经突尼斯输往意大利
NETRA（加延长线）	1996/1999	341	1 220	160 ~ 180	经 Wardenburg/Oldenburg，从 Etzel/Wilhelmshaven 到 Salzwedel
Zeepipe Phase II A	1996	303	1 016	120 ~ 130	Sleipner 到 Kollsnes
阿尔及利亚马格里布—欧洲	1996	1 861	1 220，559，711	97	阿尔及利亚经摩洛哥到西班牙、葡萄牙
匈牙利—奥地利（HAG）	1996	120	711	45	Baumgartem 到 Győr
苏格兰—北爱尔兰管道系统	1996	135	610	20	苏格兰道格拉斯到北爱尔兰
保加利亚—希腊	1996	870	914，762，610	70	俄罗斯经保加利亚到希腊
Zeepipe Phase II B	1997	249	1 016	180	Draupner-E 平台到 Kollsnes
NoraFra	1998	238	1 016	140	Draupner-E 平台到 Dunkirk
英国与欧洲大陆互联管道	1998	850	1 067	200	巴克顿（英国）到泽布吕赫（比利时）
比利时连接管道	1998	280			由比利时连接英国、德国、法国和荷兰的管网
WEDAL	1998	300	1 016，1 220	110	经德国鲁尔区到 Aachen
Artere des Hauts de France（法国）	1998	185	1 118	150	Dunkirk 到巴黎北部的 Cuvilly
JAGAL 连接俄罗斯亚马尔天然气管道	1999	330		280	Mallnow 到德国的 Ruckersdorf
Europipe II	1999	660	1 016	180	Kollsnes 到 Emden

资料来源：徐文渊、蒋长安主编《天然气利用手册》第 2 版，中国石化出版社，2006，第 245 页。

  1998 年，欧洲建成两条新的天然气管道：一条是连接英伦岛屿与欧洲大陆的水下输气管道，长度为 240 千米，年输气能力为 7 067.14 亿立方英尺；另一条是将挪威北海海域 Troll 气田天然气输往法国 NoFra 的输气管道，长 835 千米，年输气能力为 5 300.35 亿立方英尺。从此，法国成为直接进入北海气田的通道，成为北海天然气进入南欧国家的过境国家。[①]

  进入 21 世纪，欧洲先后规划建设多条天然气管道，包括蓝溪、北溪、南溪等输气管道。

[①] 许明月、叶梅：《国际陆空货物运输》，对外经济贸易大学出版社，2003，第 161 页。

（四）美国

20 世纪 20 年代至 30 年代初，美国建设了十几套大型天然气输送系统，输送距离超过 320 千米。此后，美国天然气工业进入快速发展时期，天然气管道建设得到大规模推进。到 1950 年，美国建成天然气长输管道约 17.5 万千米。20 世纪 50 年代至 70 年代，美国天然气管道建设得到极大发展，天然气长输管道总长度超过 40 万千米。

20 世纪 80 年代以来，美国天然气管道建设继续发展，尤其是美国国内州际之间的天然气管道建设得到加强，先后建成 Pony Express、Traiblazer、Transwestern、Alliance 等管道，进一步增强美国天然气的运输能力。到 1997 年，美国的天然气输气和配气管网长达 195 万千米（不包括集气管线），占北美地区输配气管网的 87.7%。1998 年，世界天然气输气和配气管网长度约为 519.7 万千米，其中北美地区占 42.8%。[1]

截至 2007 年，美国天然气长输管道超过 49 万千米，配送管网达 160 多万千米，形成了比较完善的天然气管道输送体系（表 14-57），天然气输送管道长度居世界首位。

表 14-57　美国天然气管道

序号	管道起止点	管径 / 毫米	长度 / 千米	经营公司
1	路易斯安那州门罗气田—巴吞鲁日	559	274	—
2	路易斯安那州巴吞鲁日—新奥尔良	559	145	—
3	得克萨斯州—科罗拉多州	—	547	
4	得克萨斯州潘汉德尔—伊利诺伊州芝加哥	508 ～ 660	1 609	美利坚天然气管道公司
5	得克萨斯州凯特尔曼希尔—加利福尼亚州洛杉矶	660	402	南方燃料公司
6	得克萨斯州南部地区—弗吉尼亚州西部地区	610	2 036	田纳西气体输送公司
7	得克萨斯州南部地区—纽约	762	2 961	横贯大陆气体管道公司
8	加拿大皮斯河—温哥华—俄勒冈州梅德福	273 ～ 914	2 393	西海岸输气公司
9	加拿大艾伯塔省—加利福尼亚州旧金山	914	1 466	太平洋气体输送公司
10	华盛顿州—怀俄明州奥弗思拉斯特贝尔特	559	1 046	西北管道公司
11	得克萨斯州—新英格兰	610 ～ 762	2 092	田纳西气体管道公司
12	得克萨斯州—华盛顿州	610 ～ 864	1 770	埃尔帕索天然气公司
13	堪萨斯州—得克萨斯州—密歇根州	508 ～ 762	1 609	潘汉德尔东部管道公司
14	堪萨斯州—纽约	610 ～ 914	1 931	横贯大陆气体管道公司

---

[1] 许明月、叶梅：《国际陆空货物运输》，对外经济贸易大学出版社，2003，第 160 页。

续表

序号	管道起止点	管径/毫米	长度/千米	经营公司
15	得克萨斯州、新墨西哥州—加利福尼亚州	610～762	1 609	横贯西部管道公司
16	得克萨斯州拉雷多—得克萨斯州卡蒂	762	459	联合得克萨斯输气公司
17	得克萨斯州西南地区—加利福尼亚州南部地区	610	1 609	埃尔帕索天然气公司
18	得克萨斯州埃尔帕索—图森—加利福尼亚州南部地区	762	966	埃尔帕索天然气公司
19	得克萨斯州潘汉德尔—威斯康星州米奇	610	1 609	密歇根－威斯康星管道公司
20	得克萨斯州南部地区—佛罗里达州迈阿密	508～762	1 609	—
21	美国北疆输气管道莫尔根—文丘拉	1 067	1 323	佛罗里达气体管道公司
22	美国克恩河—莫哈维输气管道系统	914/762/1 067	1 700	佛罗里达气体管道公司

资料来源：贺永德主编《天然气应用技术手册》，化学工业出版社，2009，第139页。

（五）加拿大

20世纪50年代，加拿大建设从西到东横贯加拿大的大型高压输气管道——横贯加拿大输气管道，于1956年动工，1958年完成，主体工程从艾伯塔省和萨斯喀彻温省的边界到魁北克省的蒙特利尔，全长3 600千米。此后，经过不断扩建，横贯加拿大输气管道长度扩展到8 500千米，管径为500～1 000毫米，建有46座压气站、2座移动式压气机组、145座调压计量站，年输气量为300亿立方米。[①] 同期，建成西海岸天然气管道，从艾伯塔省和不列颠哥伦比亚省产气区通向太平洋沿岸城市温哥华和美国的西北地区。

1978年，加拿大、美国建设加拿大—美国管道。它从美国阿拉斯加州普拉霍德湾经过费尔班克斯进入加拿大育空地区南部和不列颠哥伦比亚省，再到艾伯塔省，全长超过7 800千米，管径为1 020～1 420毫米。该管道在艾伯塔省分为两条支线，东线进入美国蒙大拿州通往艾奥瓦州，西线通往美国西部的俄勒冈州和加利福尼亚州。

1994年，由天然气生产者组成的联盟管道集团建议建设一条加拿大天然气出口管道——联盟输气管道，总投资29亿美元。该管道起于加拿大西部不列颠哥伦比亚省，经中部地区到达加拿大东部和美国芝加哥。管道干线长2 988千米，其中管道干线在加拿大境内长1 559千米，在美国境内长1 429千米，如果加上支线698千米，那么该管道系统总长3 686千米，设计输气能力为1.5×10^{10} 米³/年。[②] 2000年，这一管道项目建成、投产。

迄今为止，加拿大管径在610毫米及以上的天然气管道有18条，总长度达到12 000千米以上（表14-58）。

[①] 庞名立：《天然气百科辞典》，中国石化出版社，2007，第237-238页。

[②] 徐文渊、蒋长安主编《天然气利用手册》第2版，中国石化出版社，2006，第247页。

表 14-58　加拿大管径在 610 毫米及以上的天然气管道

序号	管道起止点	管径 / 毫米	长度 / 千米	经营公司
1	皮斯河—温哥华和美国西北部	762	965	西海岸输气公司
2	艾伯塔省、萨斯喀彻温省、曼尼托巴省—蒙特利尔、魁北克省	762	3 780	横贯加拿大管道公司
		864		
		914		
		1 067		
3	魁北克省—哈利法克斯、圣约翰 不列颠哥伦比亚省—温哥华岛 极北地区和马更些地区—美国及加拿大部分省份	—	725	横贯魁北克省和滨海省管道公司
		610	80	
		762	500	
		914	—	
		1 067		
4	普拉霍德湾—阿拉斯加 / 加拿大国境线	1 219	1 200	西北阿拉斯加管道公司
5	南育空地区	1 219	820	福特希尔管道公司
		1 422		
6	北不列颠哥伦比亚省	1 422	710	福特希尔管道公司
		914		
7	艾伯塔省	914	1 200	福特希尔管道公司
		1 067		
		1 422		
8	东南不列颠哥伦比亚省	914	170	—
9	登普斯特支线	762	1 200	—
	阿特利 / 布法罗气田—胡萨尔	864	140	艾伯塔气体干线公司
	萨尼亚—奥克维尔	762	230	联合气体公司
	不列颠哥伦比亚省	914	80	艾伯塔天然气公司
	萨斯喀彻温省和曼尼托巴省	1 219	300	OJ 管道公司
	莫里斯贝格地区	914	30	班尼斯特公司
	温哥华地区配气管道	914	13	BC Hydro
	大草原管道	1 067	—	努发公司

资料来源：贺永德主编《天然气应用技术手册》，化学工业出版社，2009，第 140-141 页。

二、液化天然气的储运

液化天然气（LNG）是指在常压（或略高于常压）和深度冷冻至 -162 ℃左右的条件下，天然气因冷却而形成的液态烃。LNG 的体积约为气态时的 1/634[①]，适合于轮船远洋运输和贸易。LNG 运输是天然气运输的一种重要方式。2004 年，世界 LNG 贸易为 1.775×10^{11} 立方米，占全球天然气贸易总量的

[①] 夏征农、陈至立主编《大辞海·能源科学卷》，上海辞书出版社，2013，第 135 页。

22.24%。[①]

（一）LNG 的储存

LNG 储存是 LNG 生产的重要环节，有 LNG 接收站、储罐储存和洞穴储存 3 种。

1. LNG 接收站

LNG 接收站，又称 LNG 接收终端，主要由专用码头、LNG 输送管道、LNG 储槽、再送气设备等组成。它的主要功能是接收从基本负荷型 LNG 工厂运来的液化天然气，加以储存和再气化，然后分配给外输管网和用户。

世界 LNG 接收站从 20 世纪 50 年代后期开始建设。1969 年，日本建成根岸 LNG 接收站，共有 16 个储罐，总容量为 125 万立方米。1970 年，西班牙建成巴塞罗那接收站，共有 4 个储罐，容量为 24 万立方米。20 世纪 70 年代，美国、日本、法国、意大利等国家先后建成多个 LNG 接收站。

到 20 世纪 80 年代以后，世界 LNG 接收站的数量进一步增多。20 世纪 80 年代，世界各国共建 LNG 接收站 12 个，储罐数量为 66 个，储存容量为 670.1 万立方米。20 世纪 90 年代，世界各国新建 LNG 接收站 14 个，储罐数量为 50 个，储存容量为 480.82 万立方米。进入 21 世纪，中国、美国、印度等国先后建设了一批 LNG 接收站（表 14-59）。

表 14-59　世界 LNG 接收站建设进程

序号	LNG 接收站	所属国家 / 地区	所有者	储罐数量 / 个	储存容量 / 万 m³	投产时间 / 年
1	根岸	日本	Tokyo Gas，Tokyo Electric	16	125	1969
2	巴塞罗那	西班牙	Engas	4	24	1970
3	拉斯佩齐亚	意大利	Snam	2	10	1971
4	埃弗里特	美国	Distrigas/Tractebel	2	16	1971
5	泉北 I	日本	Osaka Gas	4	18	1972
6	泉北 II	日本	Osaka Gas	18	151	1972
7	福斯苏蒙尔	法国	Gaz de France	2	15	1972
8	袖浦	日本	Tokyo Gas，Tokyo Electric	35	266	1973
9	户畑	日本	Kita Kyushu LNG-Kyushu Electric，Nippor steel	8	48	1977
10	知多	日本	Chubu Electric，Toho Gas	4	30	1977
11	姬路 I	日本	Osaka Gas	7	52	1977
12	蒙图瓦尔	法国	Gaz de France	2	36	1980
13	莱克查尔斯	美国	CMS Energy	3	28.5	1982
14	新知多	日本	Chita LNG-Chubu Electric，Toho Gas	7	64	1983
15	东扇岛	日本	Tokyo Electric	9	54	1984
16	东新潟	日本	Tohoku Electric	8	72	1984

[①] 徐文渊、蒋长安主编《天然气利用手册》第 2 版，中国石化出版社，2006，第 326 页。

续表

序号	LNG 接收站	所属国家/地区	所有者	储罐数量/个	储存容量/万 m³	投产时间/年
17	姬路 II	日本	Osaka Gas，Kansai Electric	7	144	1984
18	富津	日本	Tokyo Electric	8	86	1985
19	平泽	韩国	Kogas	4	40	1986
20	四日市 LNG 中心	日本	Toho Gas	4	32	1987
21	泽布吕赫	比利时	Fluxys LNG	3	21.6	1987
22	韦尔瓦	西班牙	Engas	3	16	1988
23	卡塔赫纳	西班牙	Engas	2	16	1989
24	柳井	日本	Chuboku Electric	6	48	1990
25	大分	日本	Ohita LNG-Kyushu Electric，Kyushu Oil，Ohita Gas	5	46	1990
26	永安	中国台湾	CPC	6	43	1990
27	四日市	日本	Chubu Electric	2	16	1991
28	福冈	日本	Saibu Gas	2	7	1993
29	马尔马拉埃雷利西	土耳其	Botas	3	25.5	1994
30	袖师	日本	Shimizu LNG-Shizuoka Gas	2	17.72	1996
31	鹿儿岛	日本	Kagoshima Gas	1	3.6	1996
32	廿日市	日本	Hiroshima Gas	1	17	1996
33	仁川	韩国	Kogas	12	128	1996
34	新凑	日本	Sendai Gas	1	8	1997
35	川越	日本	Chubu Electric	4	48	1997
36	扇岛	日本	Tokyo Gas	3	60	1998
37	雷维松萨	希腊	DEPA	2	13	1999
38	EcoElectricta	波多黎各	Edison Mission Energy，Gas Natural	2	16	2000
39	知多—水岛	日本	Toho Gas	1	20	2001
40	Cove Point	美国	Dominion	5	37	2001
41	Elbe Island	美国	Southem	3	19	2002
42	统营	韩国	Kogas	7	98	2002
43	桃园	中国台湾	CPC	3	42	2003
44	锡尼什	葡萄牙	Transgas	2	24	2003
45	毕尔巴鄂	西班牙	Repsol，BPAmoco，Iberdrola，EVE	2	30	2003
46	Izmiz	土耳其	Egegaz	—	28	2003
47	AES Los Mina	多米尼加	AES Corporation	1	16	2003
48	Gulf Gateway Energy Bridge	美国	—	—	—	2005[1]

续表

序号	LNG 接收站	所属国家/地区	所有者	储罐数量/个	储存容量/万 m³	投产时间/年
49	广东	中国	—	—	—	2006
50	福建	中国	—	—	—	2007
51	古吉拉特邦达哈杰	印度	Petronet LNG 有限公司	—	500	—
52	古吉拉特邦达哈杰扩建	印度	Petronet LNG 有限公司	—	750	—
53	喀拉拉邦科钦	印度	Petronet LNG 有限公司	—	500	—
54	哈自拉	印度	Petronet LNG 有限公司	—	250	—
55	达波荷尔	印度	Petronet LNG 有限公司	—	250	—
56	芒格洛尔	印度	Petronet LNG 有限公司	—	500	—
57	埃诺耳	印度	Petronet LNG 有限公司	—	250	—

资料来源：作者整理。主要参考徐文渊、蒋长安主编《天然气利用手册》第 2 版，中国石化出版社，2006。

注：[1] 为接收站动工时间。

（1）日本

1969 年，日本建成位于东京湾的根岸 LNG 接收站，首次从美国阿拉斯加进口液化天然气。之后，日本分别从阿布扎比（1972 年）、印度尼西亚（1977 年）、文莱（1977 年）、马来西亚（1982 年）、澳大利亚（1989 年）、卡塔尔（1997 年）等国家购买液化天然气，建成 20 多个 LNG 接收站，年吞吐量约 5 000 万吨。日本于 1973 年建成的袖浦 LNG 接收站，储罐数量为 35 个，储存容量为 266 万立方米，是当时世界上最大的 LNG 接收站。1998 年，日本东京瓦斯株式会社建成扇岛 LNG 接收站，它是日本第一个海上 LNG 接收平台，也是世界上第一个采用全地下式储罐的接收站，拥有世界上最大的气化器。[1]

（2）美国

美国有 5 个 LNG 接收站。1971 年开工建设埃弗里特 LNG 接收站，储存容量为 16 万立方米，从阿尔及利亚进口 LNG。1982 年建成莱克查尔斯 LNG 接收站，储存容量为 28.5 万立方米。2005 年，美国开始建设路易斯安那州的 Gulf Gateway Energy Bridge LNG 接收站。

（3）法国

法国有 2 个 LNG 接收站。1972 年建成福斯苏蒙尔 LNG 接收站，储存容量为 15 万立方米，从阿尔及利亚进口 LNG。1980 年投产蒙图瓦尔 LNG 接收站，储存容量为 36 万立方米，从阿尔及利亚进口 LNG。

（4）西班牙

西班牙有 4 个 LNG 接收站。1970 年建成巴塞罗那 LNG 接收站，储存容量为 24 万立方米，从阿尔及利亚进口 LNG。1988 年建成韦尔瓦 LNG 接收站，储存容量为 16 万立方米，从阿尔及利亚进口 LNG。1989 年建成卡塔赫纳 LNG 接收站，储存容量为 16 万立方米。

---

[1] 庞立名：《天然气百科辞典》，中国石化出版社，2007，第 297 页。

（5）印度

印度的 LNG 接收站，主要由印度石油公司 GAIL、ONGC、IOC 和 BPCL 共同出资组建的合资公司 Petronet LNG 有限公司建设。Petronet LNG 有限公司在古吉拉特邦达哈杰兴建第一个 LNG 接收站，设计处理能力为 500 万吨 / 年。印度第二个 LNG 接收站建在喀拉拉邦科钦，最初设计处理能力为 250 万吨 / 年，后来扩大为 500 万吨 / 年，气源来自卡塔尔。印度共有 7 个 LNG 接收站，接收能力达 2 700 万吨 / 年。

（6）中国

1990 年，中国台湾高雄建成永安液化天然气厂，建有 3 个 10 万立方米的地下储槽、气化设备。此后，继续扩建 LNG 接收站，到 2002 年 12 月，接收站总处理能力增至 744 万吨 / 年。[①]

进入 21 世纪，中国先后建成广东、福建等 LNG 接收站。广东 LNG 接收站又称深圳大鹏湾 LNG 接收站，是中国大陆第一个 LNG 接收站，供气范围覆盖珠江三角洲和香港地区，一期工程设置两个 13.5 万立方米的储罐。福建 LNG 接收站是中国第一个完全由国内企业建设、管理、实施的 LNG 项目，由中国海洋石油总公司和福建省合作开发建设。工程分两期建设，一期工程接收能力为 250 万吨 / 年，总投资约 240 亿元，2007 年投产运行。[②]

（7）其他国家

意大利于 1971 年建成拉斯佩齐亚 LNG 接收站，为现货交易港，由埃尼输气公司管理，储存容量为 10 万立方米。[③]

比利时于 1987 年建成泽布吕赫 LNG 接收站，进口阿尔及利亚的液化天然气，储存容量为 21.6 万立方米。

土耳其于 1994 年开工建设马尔马拉埃雷利西 LNG 接收站，进口阿尔及利亚、尼日利亚和澳大利亚的液化天然气，储存容量为 25.5 万立方米。

希腊于 1999 年建成投产雷维松萨 LNG 接收站，有 2 个储罐，储存容量为 13 万立方米。

韩国于 1986 年在平泽建成第一个 LNG 接收站，共有 10 个储罐，储存容量为 40 万立方米。1996 年在仁川建成第二个 LNG 接收站。

2. LNG 储罐

各种类型 LNG 生产厂家和接收站的液化天然气一般都要存放在 LNG 储罐中。LNG 储罐的型式经历了从单壁式储罐到双壁式储罐的发展过程。

1970 年以前，LNG 储罐容量一般在 6 万立方米以下。到 20 世纪 90 年代，LNG 储罐容量以 10 万立方米的储罐为主，12 万立方米以上的储罐占 44%（表 14-60、表 14-61）。[④]

日本川崎重工业株式会社曾经为东京燃气公司建造当时世界上最大的 LNG 地下储罐。该储罐的直径为 64 米，高 60 米，液面高度为 44 米，外壁为 3 米厚的钢筋混凝土，内衬为 200 毫米厚的聚氨酯泡沫隔热材料，内壁紧贴耐 -162 ℃的不锈钢薄膜，罐底用 7.4 米厚的钢筋混凝土浇注，储罐储存 LNG

① 庞立名：《天然气百科辞典》，中国石化出版社，2007，第 298 页。
② 港华投资有限公司、中国城市燃气协会主编《天然气置换手册》，中国建筑工业出版社，2006，第 13 页。
③ 庞名立：《天然气百科辞典》，中国石化出版社，2007，第 296 页。
④ 敬加强、梁光川、蒋宏业：《液化天然气技术问答》，化学工业出版社，2007，第 107 页。

容量达 14 万立方米，可满足 20 万户家庭 1 年的用气需要。[①]

中国首个 LNG 储罐位于上海浦东 LNG 应急事故备用站。它是中国首个冷冻 LNG 的储罐，设计容量为 2 万立方米。

2001 年，全球共有 LNG 液化基地和接收基地 62 处、LNG 储罐 309 个，其中日本 168 个，其他地区 141 个。

表 14-60　20 世纪末世界部分大型 LNG 生产厂家的 LNG 储罐规格

LNG 工厂	液化能力 /（万 m³/d）	储罐容量 / 万 m³	储罐类型及材质
Arzew CL1-Z（阿尔及利亚）	3 117	33（3×11）	地面，9%Ni
Arzew CL2-Z（阿尔及利亚）	2 834	28.5（3×9.5）	地面，9%Ni
Skikd CL1-K（阿尔及利亚）	1 219	11（2×5.5）	地面，9%Ni
Marsa Brega（利比亚）	1 134	10（2×5）	地面，9%Ni
Lumut（文莱）	2 409	18（3×6）	地面，9%Ni
Das Island（阿布扎比，阿联酋）	992	30.4（2×15.2）	地面，9%Ni
		24（3×8）	地面，钢筋混凝土
Kanai（阿拉斯加州，美国）	524	10.8（3×3.6）	地面，铝材
Blang Lancang（印度尼西亚）	3 401	50.8（4×12.7）	地面，铝材
Badak（印度尼西亚）	1 502	38（4×9.5）	地面，9%Ni
Bintulu（马来西亚）	2 409	26（4×6.5）	钢筋混凝土

资料来源：敬加强、梁光川、蒋宏业：《液化天然气技术问答》，化学工业出版社，2007，第 107-108 页。

表 14-61　20 世纪末世界部分 LNG 接收站的 LNG 储罐规格

LNG 接收站	LNG 供应国	LNG 储罐		
		总容量 / 万 m³	型式	材质
Negishi（日本）	文莱	125	地面、地下	9% Ni，SUS
Sodegaura（日本）	文莱、阿联酋	266	地面、地下	Al，SUS
Senboku Ⅱ（日本）	印度尼西亚	140.5	地面	9% Ni
Pyeong（韩国）	印度尼西亚、文莱	100	—	—
Incheom（韩国）	印度尼西亚、文莱	60	—	—
Canvey Island（英国）	阿尔及利亚	79.5	地面、地下	Al
Montoir（法国）	阿尔及利亚	36	地面	混凝土，9% Ni
Fos-Sur-Mer（法国）	阿尔及利亚	15	地面	9% Ni，Al
Zeebrugge（比利时）	阿尔及利亚	21.6	半地下	9% Ni
Barcelona（西班牙）	阿尔及利亚	24	地面、地下	9% Ni
La Spezia（意大利）	利比亚	10	地面	9% Ni
Lake Charles（美国）	阿尔及利亚	28.6	地面	Al

资料来源：敬加强、梁光川、蒋宏业：《液化天然气技术问答》，化学工业出版社，2006，第 108 页。

[①] 樊栓狮、徐文东、解东来：《天然气利用新技术》，化学工业出版社，2012，第 229-230 页。

3. LNG 洞穴储存

法国、瑞典、比利时进行过岩穴储存 LNG 的试验，德国、美国进行过盐穴储存 LNG 的试验。贝壳国际甲烷股份有限公司于 1960 年首次对 LNG 进行冻土层地下洞穴储库试验，先后在阿尔及利亚阿尔泽、美国马萨诸塞州、英国坎维岛等地建设 4 座冻土层地下洞穴储库，至今仍在使用的只有直径 37 米、深 36 米的阿尔及利亚阿尔泽储库。其主要问题是地下洞穴的洞壁易开裂，使 LNG 泄漏，蒸发损耗率高。世界上还未建造过工业规模的岩穴 / 盐穴型 LNG 储库。

（二）LNG 的运输

液化天然气运输分海上运输和陆上运输两种，以海上运输为主。

1. 海上运输

海上 LNG 运输主要使用专用的液化天然气船进行运输。

20 世纪 50 年代，美国首先开始研发 LNG 运输船，并于 1958 年用普通旧油船改造建成容量为 5 100 立方米的世界第一艘液化天然气运输船——"甲烷先锋号"。次年，英国气体局（英国天然气公司的前身）用"甲烷先锋号"从美国路易斯安那州查尔斯湖装载 2 000 吨液化天然气，横跨大西洋，运到英国泰晤士河口的坎维岛，开创世界海运史上 LNG 船运的先河。1961 年，英国政府批准英国气体局建造"甲烷前锋号"，开展 LNG 国际贸易。[1]

20 世纪 60 年代初期，液化天然气船容量为 2.5 万～ 2.7 万立方米。1964 年以后，研发出 –164 ℃深冷 LNG 运输船，先后开辟从阿尔及利亚到英国、法国，从利比亚到意大利、西班牙，从阿尔及利亚到美国，从印度尼西亚、文莱、阿联酋到日本等 LNG 船运航线。

20 世纪 70 年代以来，LNG 运输船向大型化发展（表 14-62），各国建造的 LNG 运输船越来越大。1978 年法国建成容量达 13.0 万立方米的巨型 LNG 运输船。2003 年，在全球 56 条 LNG 运输新船订单中，除两艘船的容量分别为 7.4 万立方米和 15.3 万立方米以外，其余 54 艘船的容量均在 13.5 万～ 14.5 万立方米。中国沪东造船有限公司为广东 LNG 项目建成了两艘薄膜型 LNG 运输船，每艘船的容量为 14.5 万立方米。[2] 由于受到港口水深的限制，LNG 运输船船舱容量的经济规模一般在 14.5 万立方米左右。

表 14-62　世界 LNG 运输船容量的演变

时间 / 年	船舱容量
1959	2 000 吨
1964	2.5 万～ 2.7 万立方米
1970	4 万～ 5 万立方米
1972—1973	7.5 万～ 8.7 万立方米
1975—1978	12.5 万～ 13.0 万立方米
1978	13.126 4 万立方米
1983	13.275 0 万立方米
1987	13.640 0 万立方米
2005	14.500 0 万立方米

资料来源：庞名立：《天然气百科辞典》，中国石化出版社，2007，第 284 页。

---

[1] 庞名立：《天然气百科辞典》，中国石化出版社，2007，第 283 页。

[2] 贺永德主编《天然气应用技术手册》，化学工业出版社，2009，第 203 页。

当今，LNG 运输船的基本船型有三种，即日本 IHI SPB 型（棱形货舱）、挪威 MOSS 型（球形货舱）和法国 GTT 型（薄膜货舱）。早期 LNG 运输船的储罐置于舱面，后来法国 GTT 公司开发出薄膜隔舱式结构，挪威 Moss Rosenberg 公司设计出球形储罐 LNG 运输船。到 1998 年，GTT 隔舱式 LNG 运输船共有 44 艘，MOSS 球罐 LNG 运输船为 58 艘。[1] 在 2003 年全球 56 条 LNG 运输船舶订单中，GTT 型薄膜船为 36 艘。2004 年 LNG 运输船的新订单全部为 GTT 型薄膜船。GTT 型薄膜船舶成为 LNG 运输船的主要发展方向，主要原因是：GTT 型薄膜船舶建造技术日益成熟，货物维持系统的可靠性得到进一步提高；以韩国为主建造的薄膜型船舶比球形船舶更具竞争力；薄膜型船舶更易增大船舶的主尺度，操纵更具灵活性。[2]

到 2003 年，全球 LNG 运输船总数约 155 艘，总容量约为 1 740 万立方米。其中，容量超过 12 万立方米的 LNG 运输船有 125 艘，约占全球 LNG 运输船总数的 80.6%。

2. 陆上运输

20 世纪 70 年代初，日本使用特殊公路罐车，把 LNG 从接收站转运到 LNG 卫星基地。美国也用 40 辆特殊罐车运输 LNG，供卫星型调峰装置使用。[3]

最早的 LNG 罐车为底船式，载重 6 吨。1988 年，开始采用拖车型罐车，载重 8.6 吨。1999 年，日本用高压气体冷蒸发器工艺，制成可用于铁路、公路运输的 LNG 运输罐。

除了公路运输，也通过铁路运输 LNG。2004 年，中国建成国内首条 LNG 铁路运输专线——新疆广汇—鄯善 LNG 铁路专线。

此外，陆上还可用 LNG 低温管线运输 LNG。文莱建有 4 千米长的 LNG 输送管线。这种 LNG 低温管线主要应用在调峰装置和 LNG 船装卸设施，迄今还没有采用低温管线长距离输送 LNG。

3. 中国 LNG 运输

21 世纪初，中国开始研发 LNG 运输技术。2002 年，中国发布《液化天然气罐式集装箱标准》（JB/T4780—2002）。2003 年，中国研制出容量为 40 立方米的 LNG 罐式集装箱。2005 年，中国沪东造船有限公司采用法国 GTT 薄膜货舱 NO.96 型专利技术，为广东 LNG 项目建成中国自主建造的第一艘 LNG 运输船，货舱容量为 147 210 立方米。[4]

2006 年，一艘巨型 LNG 运输船"西北海鹰"装载约 6 万吨 LNG，安全靠泊深圳 LNG 大鹏接收站码头。这是靠泊中国港口的第一艘 LNG 运输船，深圳港成为中国第一个具有 LNG 处理能力的港口。[5]

三、地下储气库

地下储气库是储存天然气的一种重要设施，是调节天然气负荷的有效手段。世界主要产气国十分重视地下储气库的建设。加拿大韦林特利用枯竭气藏，于 1915 年建成世界上第一座地下储气库。此后，美国、德国、意大利、俄罗斯、乌克兰等国家先后建成一批地下储气库。到 1999 年年末，全球共有地

[1] 樊栓狮、徐文东、解东来：《天然气利用新技术》，化学工业出版社，2012，第 228 页。
[2] 贺永德主编《天然气应用技术手册》，化学工业出版社，2009，第 203 页。
[3] 樊栓狮、徐文东、解东来：《天然气利用新技术》，化学工业出版社，2012，第 228 页。
[4] 敬加强、梁光川、蒋宏业：《液化天然气技术问答》，化学工业出版社，2007，第 160 页。
[5] 同上书，第 159-160 页。

下储气库 602 座，总储气能力为 5 733 亿立方米，总工作气量为 3 003.5 亿立方米（表 14-63），储气能力相当于全世界耗气量的 11%。

表 14-63　1999 年世界天然气地下储气库概况

国家/地区	地下储气库/座						储气能力/亿 m³	工作气量/亿 m³	最大采出量/（×10 亿 m³）
	枯竭气田	水层	盐丘	采矿溶洞	废矿井	总数			
（一）北美洲	374	39	36	—	1	450	2 310	1 087.7	2 792.6
加拿大	32	—	7	—	—	39	310	168	700
美国	342	39	29	—	1	411	2 000	919.7	2 092.6
（二）西欧	33	23	21	—	2	79	1 251	582.1	1 183.1
奥地利	5	—	—	—	—	5	64	30	23.6
比利时	—	1	—	—	1	2	11	6.5	10
丹麦	—	1	1	—	—	2	12	8.2	25
法国	—	12	3	—	—	15	243	108	189.3
德国	13	9	16	—	1	39	303	183.7	406.1
意大利	9	—	—	—	—	9	282	151	264
荷兰	3	—	—	—	—	3	200	50	196
西班牙	2	—	—	—	—	2	34	12.7	10.7
英国	1	—	1	—	—	2	102	32	58.4
（三）中欧	19	1	1	1	—	22	219	111.3	136.5
保加利亚	1	—	—	—	—	1	10	5	4
克罗地亚	1	—	—	—	—	1	10	5	4
捷克	3	1	—	1	—	5	36	18	30
匈牙利	5	—	—	—	—	5	80	36	44.5
波兰	4	—	1	—	—	5	20	11	21
罗马尼亚	4	—	—	—	—	4	25	12.5	9
斯洛伐克	1	—	—	—	—	1	38	23.8	24
（四）独联体	34	12	1	—	—	47	1 931	1 210	769
俄罗斯	16	6	—	—	—	22	1 156	730	450
乌克兰	11	2	—	—	—	13	640	360	240
其他国家	7	4	1	—	—	12	135	120	79
（五）澳大利亚	4	—	—	—	—	4	22	12.4	14.2
世界总计	464	75	59	1	3	602	5 733	3 003.5	4 895.4

资料来源：徐文渊、蒋长安主编《天然气利用手册》第 2 版，中国石化出版社，2006，第 296 页。

（一）北美洲

1. 美国

1916 年，美国开始在枯竭气层储气，建造地下储气库。1952 年，美国开始将天然气储存于地下含水层，供季节性调峰用。此后，美国开始利用地下盐穴储气。到 20 世纪 70 年代末，美国丙烷和丁烷地下储气库总容量约为 4 000 万立方米，其中大部分为盐穴储气库。美国在花岗岩层中开凿出高 10.7 米、宽 7.6 米、长 2 100 米的坑道，建成国内最大的岩洞储气库。[①]

20 世纪 90 年代以来，美国平均每年用于建造地下储气库的费用约 230 亿美元，约占年储运设施建设总费用的 2.5%。到 1999 年，美国共有 411 座地下储气库，占全球总量的 68.3%，总储气能力为 2 000 亿立方米，其中工作气量占 46%，相当于天然气年消耗量的 18%。储气库分布在 27 个州，其中大部分集中在大西洋沿岸中部和美国中北部的大城市附近。

2. 加拿大

加拿大是世界上地下储气库较发达的国家之一，1999 年共有储气库 39 座，其中有 32 座建在枯竭气田。总储气能力为 310 亿立方米，工作气量为 168 亿立方米。

（二）欧洲

1. 德国

德国是西欧天然气消费较多的国家，拥有地下储气库 39 座，其中有 13 座建在枯竭气田，16 座建在盐丘。总储气能力为 303 亿立方米，工作气量约 183.7 亿立方米。[②]

2. 俄罗斯

1999 年，俄罗斯共有地下储气库 22 座，其中 16 座为枯竭气田储气库，6 座为含水层储气库。总储气能力为 1 156 亿立方米，排世界第二位。

3. 法国

法国从战略储备上开发建设地下储气库，共有 15 座，其中 12 座为含水层储气库。总储气能力 243 亿立方米，工作气量为 108 亿立方米，约为法国年用气量的 1/3。[③]

（三）中国

20 世纪 70 年代中期，大庆油田建造萨尔图 1 号和 2 号储气库，其中 1 号储气库是利用近于枯竭的浅气藏来建设的，最大储气能力为 3 900 万立方米。[④]

2000 年，利用大港油田凝析油气藏区建成陕京天然气输气管道大张坨地下储气库，总库容为 46 亿立方米，可利用总气量为 20 亿立方米，最大供气量每日近 2 000 万立方米。2006 年冬季高峰期，该储气库向北京供气量达到每日 1 600 万立方米，有效保证了北京冬季高峰用气，同时提高了陕京天然气管道的利用率。[⑤]

2006 年，在江苏金坛盐矿采空区建成中国第一座盐穴地下储气库（西区）。金坛地下储气库分东区和西区两部分，建库盐层区域面积为 11.2 平方千米，库深 1 000 米左右。西区已建成投产，库容为 1.21 亿立方米；东区规划建设库容为 7.22 亿立方米。[⑥]

---

① 庞名立：《天然气百科辞典》，中国石化出版社，2007，第 209–210 页。

② 徐文渊、蒋长安主编《天然气利用手册》第 2 版，中国石化出版社，2006，第 297 页。

③ 同上。

④ 同上书，第 305 页。

⑤ 贺永德主编《天然气应用技术手册》，化学工业出版社，2009，第 13 页。

⑥ 同上。

四、天然气其他储运方式

储运天然气的方式还有长管拖车、LPG 船（液化石油气船）运输液化石油气等。

（一）长管拖车

长管拖车是指在半挂式拖车或集装框架内安装数个大型无缝高压气瓶的气体运输设备。它主要用来储运压缩氧、氢及天然气等气体。1960 年，美国 CPI 公司研发出世界上第一辆长管拖车，拖车上面装有 4 个直径为 610 毫米、长 8.5 米的大容积无缝气瓶，工作压强在 15 兆帕以上。[1] 德国曼内斯曼公司生产的无缝高压气瓶最大容积达 3.5 立方米，工作压强最高可达 130 兆帕；厚壁无缝气瓶最大容积可达 6 立方米。

1987 年，中国引进长管拖车。随后，长管拖车在气体储运领域得到广泛应用。

（二）LPG 船

在出现 LNG 运输船之前，20 世纪 40 年代首先出现常温加压液化的石油气运输船。当时，对石油气加以约 0.7 兆帕的压强进行液化，然后装进压力储罐，在常温下装船运输。1959 年又出现在 -42 ℃的低温下对液化石油气进行船运的方法。[2]

根据液化方法不同，LPG 运输船型分为压力式、半冷冻半压力式和冷冻式 3 种。压力式液化石油气船是将几个压力储罐装在船上，液化石油气在高压下维持其液态，容量在 6 000 立方米以下的小船普遍采用这种船型构造。1960 年年初有了半冷冻半压力式船，后来又研发出冷冻式船，冷冻式船的容量大都在 1 万立方米以上。

世界上大型全冷式 LPG 船有 World Bridgestone 74 000 立方米全冷式 LPG 船、La Forge 70 793 立方米 LPG 船、Yuyo Maru 1 047 500 立方米 LPG/ 石油产品混合船等。1996 年，日本川崎重工坂出船厂建成 "Franders Tenacity 号" 全冷式 LPG/ 液氨运输船，容量为 84 000 立方米。

第 4 节　天然气利用

世界上天然气利用越来越广泛，包括天然气发电、天然气替代传统汽车燃料、天然气制作化工产品、天然气用于农业生产和居民生活等。2004 年，在全球天然气消费中，发电、化工、工业和民用所占比例分别为 23%、20%、30% 和 23%（表 14-64）。在中国，2007 年化工消费天然气的比例达 32.59%，居全国第一位；其后是民用，占 19.18%（表 14-65）。进入现代以后，世界天然气利用取得一系列进展与突破。

[1] 顾安忠、鲁雪生、林文胜等：《工业气体集输新技术》，化学工业出版社，2006，第 197 页。
[2] 庞名立：《天然气百科辞典》，中国石化出版社，2007，第 280 页。

表 14-64 2004 年全球天然气消费构成

消费领域	占天然气消费总量的比例 /%
发电	23
化工	20
工业	30
民用燃料	23
其他用途	4
合计	100

资料来源：贺永德主编《天然气应用技术手册》，化学工业出版社，2009，第370页。

表 14-65 2007 年中国天然气消费构成

消费领域	天然气消费量 / 亿 m³	占天然气消费总量的比例 /%
化工	226.58	32.59
油气开采	91.08	13.10
冶金	20.02	2.87
发电	70.78	10.18
其他工业	103.30	14.85
民用	133.39	19.18
商业	17.11	2.46
交通	16.89	2.43
其他	16.09	2.31

资料来源：贺永德主编《天然气应用技术手册》，化学工业出版社，2009，第372页。

一、天然气发电

天然气发电，是指用天然气作为燃料生产电力。天然气燃烧产生的热量高，排放的污染物与其他燃料相比相对较少，被认为是一种清洁的发电燃料。但是，由于天然气发电项目的经济风险要比燃煤发电厂项目高，天然气发电厂多用于调峰。从全球看，天然气发电经历了起步发展、限制发展和快速发展的过程。

（一）起步发展

天然气借助燃气轮机实现发电功能。虽然早在 1791 年英国人巴伯便首次提出了燃气轮机的工作原理，但世界上第一台实用的燃气轮机在 1920 年才被德国的霍尔茨瓦特发明出来，而发电用的燃气轮机则在 1939 年由瑞士人制造出来。因此，在发电行业中，各国天然气发电起步较晚。

20 世纪 60 年代中期，美国成功开发燃气或燃油的燃气轮机联合循环发电装置。

1970 年，日本东京电力公司和东京煤气公司从美国阿拉斯加州进口 LNG 后，首次用于南横滨电厂的 1 号、2 号两台 30 兆瓦机组发电，开创了世界上利用 LNG 发电的先例。[①]

1973 年，为应对石油危机，欧洲第一套天然气联合循环发电装置在德国建成投产。[②] 至 1995 年，欧洲已有数百套工业装置投入运行。

进入 20 世纪 80 年代，亚洲国家积极发展天然气联合循环发电装置。1984 年，泰国、马来西亚和日本分别建设容量为 7.5×10^5 千瓦、9×10^5 千瓦和 1.09×10^6 千瓦的天然气联合循环发电装置。此后，巴基斯坦和日本又分别建设容量为 6×10^5 千瓦和 1×10^6 千瓦的天然气联合循环发电装置。

（二）限制发展

在欧美国家天然气发电的发展过程中，天然气发电经历了从限制到开放的过程。[③] 由于受到第一次石油危机的冲击，1975 年欧共体执行委员会发布指令，限制将天然气用于发电，后于 1991 年取消该项指令。

在美国，由于受到天然气供不应求、价格上涨等因素的影响，1978 年颁布了《电站和工业燃料使用法案》，禁止在新建发电装置上使用天然气。20 世纪 80 年代末，天然气供应情况好转，天然气联合循环发电效率得到提高，美国废除了上述法规，天然气联合循环发电得到迅速发展，1995 年美国的总发电能力达到 7×10^6 千瓦。[④]

20 世纪 90 年代，英国新增的电厂都使用天然气做燃料，严重影响本国煤炭行业的发展。对此，英国政府于 1998 年 10 月发表"对发电能源的考察结论"白皮书，指出英国电力市场的运行规则使市场扭曲，电力批发价格持续偏高鼓励了新增燃气电厂而抑制了现有燃煤电厂，因此决定暂停天然气发电项目，以使燃煤发电维持在一定的水平，从而保护煤炭工业。这项规定于 2000 年 11 月被取消。[⑤]

（三）快速发展

从全球看，进入 20 世纪 80 年代后，随着天然气勘探、开发规模的不断扩大以及天然气发电技术的日益成熟，世界天然气发电产业得到快速发展。

日本作为天然气资源短缺的国家，通过扩大 LNG 进口来大力发展 LNG 发电。1971—1995 年，日本建成投产并在运行的 LNG 电厂有 23 座，其中，1980—1990 年建成投产的有 13 座，包括新潟港电厂、川崎电厂、四日市电厂、新大仓电厂等（表 14-66）。

表 14-66　日本运行中的 LNG 电厂

序号	电厂名称	投产时间 / 年	装机容量 / 兆瓦	机组配置 /（兆瓦 × 台数）	运营商
1	东新潟	1977	2 900	600×1；350×2；1 090×1	东北电力

[①] 贺永德主编《天然气应用技术手册》，化学工业出版社，2009，第 207 页。

[②] 陈赓良、王开岳等：《天然气综合利用》，石油工业出版社，2004，第 93 页。

[③] 樊栓狮、徐文东、解东来：《天然气利用新技术》，化学工业出版社，2012，第 119–120 页。

[④] 陈赓良、王开岳等：《天然气综合利用》，石油工业出版社，2004，第 93 页。

[⑤] 樊栓狮、徐文东、解东来：《天然气利用新技术》，化学工业出版社，2012，第 120 页。

续表

序号	电厂名称	投产时间 / 年	装机容量 / 兆瓦	机组配置 / （兆瓦 × 台数）	运营商
2	新潟港	1980	700	350×2	—
3	新潟	1980	500	250×2	—
4	南横滨	1970	1 150	350×2；450×1	东京电力
5	袖浦	1974	2 727	600×1；1 000×3；127×1	—
6	铈崎	1977	3 600	600×6	—
7	五井	1980	1 886	265×4；350×2；126×1	—
8	川崎	1980	1 065	175×6；15×1	—
9	横滨	1980	1 225	175×5；350×1	—
10	东扇岛	1987	2 021	1 000×2；8.8×1；8.8×2	—
11	富津	1985	2 000	1 000×2	—
12	知多	1974	3 812	375×2；500×1；700×3；154×3	中部电力
13	知多第二	1983	1 554	700×2；154×1	—
14	四日市	1988	1 227	220×3；560×1；7×1	—
15	川越	1989	1 400	700×2	—
16	堺港	1971	2 000	250×8	关西电力
17	姬路第二	1973	2 550	250×1；325×2；450×1；600×2	—
18	南港	1990	1 800	600×3	—
19	姬路第一	1995	1 092	156×1；670×1	—
20	柳井	1990	1 400	700×2	四国电力
21	新小仓	1978	2 112	156×2；600×3	九州电力
22	新大仓	1990	1 560	690×1；870×1	—
23	自备电厂	—	3 171	10	其他
合计			43 452	—	—

资料来源：贺永德主编《天然气应用技术手册》，化学工业出版社，2009，第 208 页。

缅甸在 20 世纪 90 年代初期大力引进外资，新建和扩建了一批天然气发电厂，包括阿廊发电厂、郎加电厂、光雅贡勒发电厂、仰光天然气电厂等，这使缅甸天然气发电能力迅速提升。由缅甸电力公司控制的天然气发电装机容量由 1987—1988 年的 30.2 万千瓦增加到 1995—1996 年的 53 万千瓦，增长 75.5%；天然气发电量也由 13.65 亿千瓦时增加到 21.27 亿千瓦时，增长 55.8%；天然气发电量在缅甸电力公司的总发电量中所占比例由 46% 上升到 56%。[1]

---

[1] 钟智翔等：《缅甸概论》，世界图书出版广东有限公司，2012，第 165 页。

随着天然气发电技术的日益完善，具有高效、节能、灵活、方便等优点的天然气热电联产系统（CGS）于 20 世纪 90 年代在欧美和日本等国家的工业以及民用等领域得到广泛应用。1994 年，日本的化学、食品、机械、机电、石油、造纸等工业部门较多地应用了天然气热电联产装置（表 14-67），装置总数量为 793 套，总发电能力为 254.07 万千瓦。1996 年，全球热电联产系统消费天然气 2 700 亿立方米，其中美国消费量为 645 亿立方米，占 23.9%；俄罗斯消费量为 530 亿立方米，占 19.6%；西欧消费量为 307 亿立方米，占 11.4%。到 1997 年，日本建成天然气热电联产系统 2 539 套，其中民用 1 488 套，工业用 1 051 套，总发电能力为 429.6 亿千瓦。[①]

表 14-67　1994 年日本天然气热电联产系统在工业中的应用

序号	用途	装置数 / 套	发电能力 / 万千瓦	平均每套发电能力 /（千瓦 / 套）
1	石油天然气工业	43	44.26	10 293
2	钢铁和有色金属工业	67	33.54	5 006
3	化学工业	147	73.21	4 710
4	玻璃、水泥工业	29	13.66	4 708
5	造纸工业	52	21.38	4 112
6	矿业	10	3.26	3 260
7	纺织、纤维工业	62	15.58	2 513
8	精密机械工业	85	15.76	1 854
9	层合木板业	17	2.67	1 571
10	机电工业	57	8.37	1 468
11	印刷业	17	2.36	1 388
12	食品工业	145	15.06	1 039
13	供、排水业	20	1.41	705
14	检修业	10	0.67	670
15	其他	32	2.88	900
合计		793	254.07	3 204

资料来源：陈赓良、王开岳等：《天然气综合利用》，石油工业出版社，2004，第 91-92 页。

20 世纪八九十年代，世界各国或地区电力生产中天然气消费普遍增长。1980—1997 年，（原）苏联地区是天然气发电发展最快的地区，发电用的天然气量增长 44%，达到 1 862 亿立方米，占世界发电用气增长总量的 40%；亚洲是年均增长率最高的地区，达到 11%。[②]1980 年，世界电力生产中天然气消费量为 3 100 亿立方米，占世界天然气消费总量的 20%。2000 年，世界电力生产中天然气消费量达到 8 250 亿立方米，比 1980 年增长 166.1%，占世界天然气消费总量的比例提高到 35%（表 14-68）。

[①] 陈赓良、王开岳等：《天然气综合利用》，石油工业出版社，2004，第 88-89 页。
[②] 同上书，第 84 页。

表 14-68　1980—2000 年世界电力生产中天然气消费量及所占比例

时间 / 年	天然气消费量 / 亿 m³	占天然气消费总量的比例 /%
1980	3 100	20
1985	3 870	22
1990	5 390	26
1995	7 170	33
2000	8 250	35

资料来源：贺永德主编《天然气应用技术手册》，化学工业出版社，2009，第 262 页。

21 世纪初，世界电力生产中天然气消费排名前十位的国家分别为俄罗斯、美国、日本、英国、乌克兰、伊朗、意大利、德国、荷兰、乌兹别克斯坦，它们大多数是天然气资源丰富的国家（表 14-69）。天然气净发电量最多的国家是美国，达 8 820 亿千瓦时（2008 年）；其次是俄罗斯和日本，分别为 4 720 亿千瓦时、2 730 亿千瓦时。[1]

表 14-69　2002 年世界电力生产中排名前十位国家天然气消费量及所占比例

国家	天然气消费量 / 亿 m³	占本国天然气消费总量的比例 /%
俄罗斯	2 438	59.2
美国	1 797	27.6
日本	569	68.3
英国	313	31.3
乌克兰	307	41.9
伊朗	296	38.0
意大利	226	32.0
德国	182	20.0
荷兰	160	32.0
乌兹别克斯坦	148	27.8

资料来源：徐文渊、蒋长安主编《天然气利用手册》第 2 版，中国石化出版社，2006，第 424 页。

随着天然气发电技术的不断进步，天然气发电效率日益提高，尤其是天然气燃气轮机联合循环发电效率大幅度提高，由 20 世纪 60 年代的 27.5% 提高到 21 世纪初的 55%～60%（表 14-70）。

表 14-70　20 世纪 60 年代以来天然气发电效率提高状况比较

时间	天然气燃气轮机联合循环	天然气燃气轮机单循环	燃煤锅炉 - 蒸汽轮机
20 世纪 60 年代	27.5%	20%	38%
20 世纪 70 年代	41.5%	27.5%	40%
20 世纪 80 年代	45%	31.5%	41.5%
20 世纪 90 年代	50%	35%	41.5%
21 世纪初	55%～60%	38%	42%～44%

资料来源：庞名立：《天然气百科辞典》，中国石化出版社，2007，第 313 页。

---

[1] 樊栓狮、徐文东、解东来：《天然气利用新技术》，化学工业出版社，2012，第 108 页。

（四）中国天然气发电

中国天然气发电起步较晚，1970 年以后才有 100 多台中小型燃气轮机投入运行，在电力生产一次能源结构中所占比例不到 1%。[1]1995 年，中国天然气发电量为 100 万千瓦时[2]，占各种发电总量的 0.44%。

进入 21 世纪，随着西气东输干线的建成，陕西、河南、江苏等沿线地区开始建设天然气发电厂。北京市燃气集团控制中心以天然气为燃料，于 2002 年建成北京市第一个利用天然气冷热电三联产的示范工程——北京燃气控制指挥中心燃气冷热电能源站，它也是国内第一个采用燃气内燃机与余热直燃机直接对接技术的项目。[3]福建在引进 LNG 项目中，使用天然气联合循环系统，建设漳州、莆田、晋江、厦门等天然气发电厂。在中国天然气发电利用试点中，天然气利用效率比煤电转换效率高出许多。2008 年，中国煤电转换效率约为 35%，天然气联合循环发电效率为 50% ～ 55%，天然气冷热电联供（DES/CCHP）的能源利用效率达到 70% 以上。[4]

此外，中国还开发了风气互补发电技术。倪维斗院士等人提出一种新的能源互补系统——风力发电 - 燃气轮机互补系统（简称"风气互补发电系统"），由风电场和燃气轮机电站组成。2010 年，中国长庆采气三厂完成苏 14-4 集气站风电优先风气互补发电系统改造项目，估计每年可节省电费 20 万元。[5]

二、天然气化工

天然气化工是天然气的一种重要应用。以天然气为原料进行化工生产，可以生产出一系列一次化工产品，包括合成氨、甲醇、乙炔、氢气、合成油、氯甲烷、炭黑、二硫化碳等。在此基础上，又可生产出大量的二次化工产品、三次化工产品（图 14-7）。以天然气为原料生产出来的化工产品产量已达到 2 亿吨 / 年，其中最重要的是合成氨和甲醇，全世界

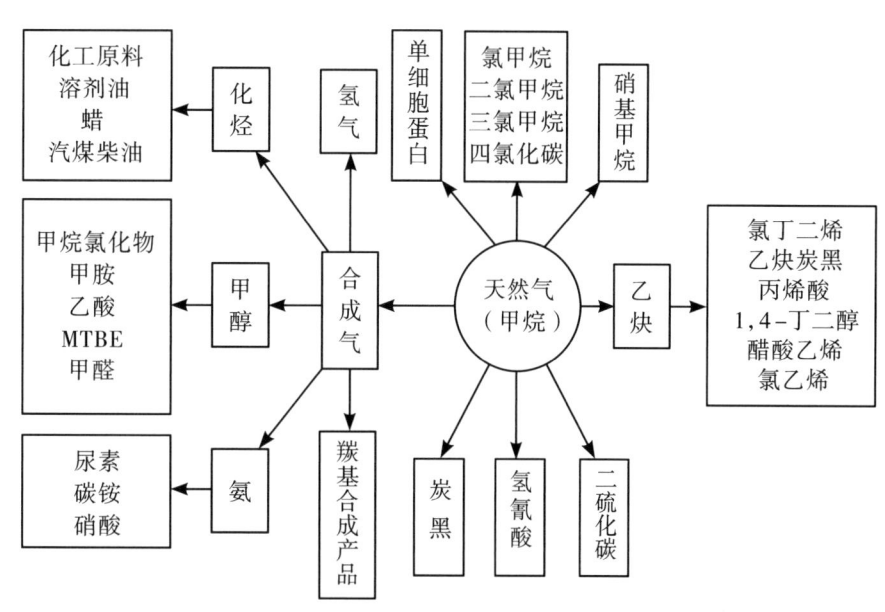

图 14-7　以天然气为原料生产的化工产品

资料来源：魏顺安主编《天然气化工工艺学》，化学工业出版社，2009，第 15 页。

---

[1] 贺永德主编《天然气应用技术手册》，化学工业出版社，2009 年，第 262 页。

[2] 陈赓良、王开岳等：《天然气综合利用》，石油工业出版社，2004，第 86 页。

[3] 樊栓狮、徐文东、解东来：《天然气利用新技术》，化学工业出版社，2012，第 194 页。

[4] 同上书，第 123 页。

[5] 同上书，第 339 页。

超过 84% 的氨和 90% 的甲醇都是以天然气为原料生产出来的。[①]20 世纪末，世界上以天然气为原料生产的化工产品中，合成氨和甲醇消费天然气所占的比例最大，其次是乙炔、羰基化合物等。1997 年，在美国，生产氨、甲醇、乙炔的天然气消费量占天然气化工消费总量的比例分别为 67.0%、22.4%、3.1%；在西欧，三者所占比例分别为 66.7%、12.2%、11.9%（表 14-71）。天然气化工在化学工业中具有重要地位。

表 14-71　1997 年美国及西欧天然气化工利用结构

产品	美国		西欧	
	消费量 /（亿 m³/a）	比例 /%	消费量 /（亿 m³/a）	比例 /%
氨	122.63	67.0	97.3	66.7
甲醇	41.04	22.4	17.8	12.2
乙炔	5.58	3.1	17.4	11.9
羰基化合物	6.29	3.4	8.5	5.8
氢氰酸	7.05	3.9	3.6	2.5
二硫化碳	0.33	0.2	1.1	0.8
甲烷氯化物	—	—	0.2	0.1
合计	182.92	100.0	145.9	100.0

资料来源：徐文渊、蒋长安主编《天然气利用手册》第 2 版，中国石化出版社，2006，第 502 页。

（一）天然气制合成氨

最早的制氨方法是氰化法。德国的弗兰克等人于 1898 年发现空气中的氮能被碳化钙固定而生成氰氨化钙，然后与过热蒸气反应即可获得氨。这种制氨方法被称为氰化法。[②]1905 年，德国氮肥公司建成世界上第一座生产氰氨化钙的工厂。

1909 年，德国化学家哈伯用锇催化剂将氮气与氢气在 17.5 兆帕～ 20 兆帕和 500 ～ 600℃下直接合成，可制得 6% 的氨。1912 年，巴登苯胺纯碱公司采用哈伯发明的合成氨方法，在德国奥堡建成世界上第一座产能 30 吨 / 日的合成氨装置。这种合成氨方法被称为哈伯－博施法，是工业上实现高温、高压催化反应的第一个里程碑，由此进入了合成氨时代。[③]

20 世纪二三十年代，成功研发了甲烷蒸汽转化制氨技术。20 世纪 50 年代后，随着天然气的大量开发与利用，以天然气为原料的制氨方法得到广泛应用。到 1965 年，焦、煤在世界合成氨原料中的比例下降到 5.8%，合成氨工业进入由固体燃料转向以天然气、液态烃类燃料为主的时代。

20 世纪 80 年代初，世界氨的年产能达到 1 亿吨，1984 年约为 1.06 亿吨。此后，世界氨的产能规模逐渐扩大，1990 年约达到 1.15 亿吨，2002 年约增至 1.41 亿吨（表 14-72），比 1984 年约增长 33.0%。

---

① 魏顺安主编《天然气化工工艺学》，化学工业出版社，2009，第 15 页。

② 庞名立：《天然气百科辞典》，中国石化出版社，2007，第 380 页。

③ 同上。

表 14-72　1984—2002 年世界氨的供求情况（以 N 计）

时间 / 年	年产能 / (×10³ 吨)	产能开工率 /%	产量 / 消费量	贸易量 / (×10³ 吨)
1984	105 885	84	89 149	7 663
1990	114 555	84	96 405	10 067
1995	116 995	85	99 722	10 793
1998	128 223	84	108 292	7 149
2002	140 750	84	118 104	12 900

资料来源：陈赓良、王开岳等：《天然气综合利用》，石油工业出版社，2004，第232-233 页。

中国合成氨工业从 20 世纪 50 年代逐步发展起来。1966 年建成国内第一个大型天然气化工厂——泸州天然气化工厂，年产合成氨 10 万吨、尿素 16 万吨。从 20 世纪 70 年代起，又先后在云南、贵州、山东等地建成一批以天然气为原料，年产 30 万吨合成氨、48 万吨尿素的大型工厂。21 世纪初，中国已建成投产的以天然气为原料的大型合成氨生产企业共 15 家，合成氨装置能力共计 450 万吨 / 年（表 14-73）。到 2003 年，中国共有合成氨企业 920 家，其中大型企业 31 家，中型企业 55 家，小型企业 834 家，总生产能力已接近 5 000 万吨 / 年 [①]，是世界上最大的合成氨生产国和消费国。

表 14-73　21 世纪初中国以天然气为原料的大型合成氨装置

序号	厂名	装置能力 / (万吨 / 年)	装置类型
1	四川化工总厂	30	Kellogg-TEC 型（KT 型）
2	辽河化肥厂	30	Kellogg 型（K 型）
3	泸州天然气化学工业公司	30	K 型
4	沧州化肥厂	30	K 型
5	云南天然气化工厂	30	K 型
6	赤水天然气化肥厂	30	K 型
7	中原化肥厂	30	ICI-AMV 型
8	四川天华股份有限公司	30	Braun 型
9	建峰化肥厂	30	Braun 型
10	锦西天然气化工总厂	30	Braun 型
11	海南化学工业有限公司	30	ICI-AMV 型
12	大庆石化总厂化肥厂	30	K 型
13	齐鲁石化公司第二化肥厂	30	KT 型
14	乌鲁木齐石化总厂化肥厂（第二套）	30	Braun 型
15	宁夏第二化肥厂	30	Kellogg 节能工艺
合计		450	

资料来源：陈赓良、王开岳等：《天然气综合利用》，石油工业出版社，2004，第234 页。

[①] 胡杰、朱博超、王建明：《天然气化工技术及利用》，化学工业出版社，2006，第44 页。

（二）天然气制甲醇

甲醇的发现已有 300 多年历史，最早是由英国的玻意耳发现的。玻意耳于 1661 年在木材干馏的液体产品中发现了甲醇，这是工业上获得甲醇的最古老的方法。1857 年，法国的贝特洛用一氯甲烷水解制得甲醇。1923 年，巴登苯胺纯碱公司建成以合成气为原料、年产 300 吨甲醇的高压法装置[1]，开创合成甲醇工业生产的先河。1966 年，英国 ICI 公司开发出低压法合成甲醇工艺，促进了世界甲醇工业的发展。[2]

甲醇是由一氧化碳、二氧化碳与氢反应生成的，可采用煤、天然气、渣油等制造一氧化碳和氢，然后生产合成甲醇。20 世纪 50 年代后，世界各国以天然气为原料的甲醇生产得到了极大的发展。迄今，世界 90% 以上的甲醇生产都是以天然气为原料，但在不同国家天然气制甲醇所占的比例有较大差别，美国用天然气制甲醇的比例高达 100%，英国和独联体为 90%，法国、日本分别为 80%、52%，中国只有 29.5%。

中国甲醇生产始于 20 世纪 50 年代，生产规模不大。1992 年、1994 年中国甲醇的产能和产量都跃上了 100 万吨 / 年的台阶，甲醇的生产得到迅速发展。中国从 20 世纪 90 年代开始建造以天然气为原料制甲醇的装置，主要企业有大庆油田甲醇厂、榆林天然气化工厂、四川维尼纶厂、青海油田格尔木炼油厂等（表 14-74）。2005 年，在中国甲醇生产的原料结构中，煤占 65.6%，天然气占 29.5%，其他占 4.9%。[3]2006 年，中海油海南分公司建成 60 万吨 / 年天然气甲醇装置并投产，该装置成为中国最大的甲醇装置。到 2008 年，中国甲醇生产能力达到 2 338 万吨 / 年，年产量为 1 285 万吨。

表 14-74　20 世纪 90 年代中国以天然气为原料的甲醇装置

单位：万吨 / 年

厂名	原装置生产能力	改建后生产能力
大庆油田甲醇厂装置 1	6	10
大庆油田甲醇厂装置 2	10	10
榆林天然气化工厂装置 1	3	43
榆林天然气化工厂装置 2	6	43
四川维尼纶厂装置 1	9.5	10
四川维尼纶厂装置 2	10	20
青海油田格尔木炼油厂	10	12
长庆油田甲醇厂	10	10
吐哈油田甲醇厂	8	15
川西北气矿甲醇厂	10	15
云南云天化股份有限公司	3	3

资料来源：徐文渊、蒋长安主编《天然气利用手册》第 2 版，中国石化出版社，2006，第 565 页。

[1] 庞名立：《天然气百科辞典》，中国石化出版社，2007，第 386 页。
[2] 贺永德主编《天然气应用技术手册》，化学工业出版社，2009，第 388 页。
[3] 同上书，第 389 页。

（三）天然气制乙炔

乙炔曾是最重要的化工原料，在 19 世纪和 20 世纪上半叶被称为"有机化学之母"。

1836 年，英国化学家戴维首次发现乙炔，用碳化钾与水作用制得"双碳氢化物"（即乙炔）。

1860 年，法国科学家贝得洛（Berthelot）用元素碳和氢合成"双碳氢化物"，并命名为乙炔。

1892 年，美国威尔森将煤焦油与石灰放到碳质电极的电弧炉中反应，生成电石，再与水反应制得乙炔。从此，进入乙炔工业化生产时代。[1]

1940 年，德国赫斯公司建成世界首座 6 万吨 / 年电弧法乙炔制造装置。1945 年，德国巴斯夫公司研发出部分氧化法制乙炔的工艺（表 14-75）。此后，世界各国对烃类乙炔生产工艺进行不断创新，世界乙炔产量由 1950 年的 100 万吨大幅度增加到 1970 年的 400 万吨。[2]

表 14-75　烃类乙炔生产工艺的演化

时间 / 年	开发者	生产烃类乙炔方法
1836	英国化学家戴维	用碳化钾和水作用制得（首次发现）
1860	法国科学家贝得洛	用元素碳和氢合成
1892	美国威尔森	用煤焦油和石灰制得
1945	德国巴斯夫公司	部分氧化法制乙炔
1953	意大利 Montecatini 公司	加压部分氧化制乙炔
1958	比利时与美国公司合作	SBA-Kellogg 法烃类制乙炔
1960	德国 Höechster 公司	高温热解烃类制乙炔
1963	美国 Du Pont 公司	改良电弧法制乙炔
1966	美国 Wuff 公司	热裂解烃类制乙炔
1970	日本吴羽公司	过热水蒸气裂解重烃制乙炔

资料来源：作者整理。参考贺永德主编《天然气应用技术手册》，化学工业出版社，2009。

从 20 世纪 70 年代起，受石油化工发展的影响，乙炔作为有机产品的基础原料逐渐被廉价的乙烯、丙烯所取代，包括以天然气为原料在内的全球乙炔生产出现萎缩现象。1997 年，美国乙炔产量为 19.1 万吨，以天然气为原料的占 62%；西欧乙炔产量为 24.22 万吨，以天然气为原料的占 73%。美国和西欧用天然气生产乙炔的企业主要有美国的 Borden-BASF、Rohm-Hass，德国的 BASF、Hüls，意大利的 ENI Alexol、Montedison，法国的 Rhone-Poulenc，乙炔年生产能力为 49.4 万吨（表 14-76）。

中国乙炔生产大多以电石为原料，以天然气为原料制乙炔仅有四川维尼纶厂的 3 万吨 / 年装置在运行。[3]

表 14-76　美国及西欧的天然气乙炔装置

国家	企业	乙炔生产工艺	生产能力 /（万吨 / 年）	产品
美国	Borden-BASF	BASF 部分氧化	9.1	氯乙烯及 1,4- 丁二醇
美国	Rohm-Hass	BASF 部分氧化	2.7	1,4- 丁二醇

① 庞名立：《天然气百科辞典》，中国石化出版社，2007，第 398 页。

② 贺永德主编《天然气应用技术手册》，化学工业出版社，2009，第 409 页。

③ 陈赓良、王开岳等：《天然气综合利用》，石油工业出版社，2004，第 276 页。

续表

国家	企业	乙炔生产工艺	生产能力/(万吨/年)	产品
德国	BASF	BASF 部分氧化	8.5	丙烯酸类及炔类化学品
德国	Hüls	电弧炉	13.0	氯乙烯及炔类化学品
意大利	ENI Alexol	UCC 部分氧化	7.0	氯乙烯
意大利	Montedison	Montecatini 部分氧化	4.1	醋酸乙烯及四氟乙烷
法国	Rhone-Poulenc	BASF 部分氧化	5.0	醋酸乙烯

资料来源：陈赓良、王开岳等：《天然气综合利用》，石油工业出版社，2004，第 276 页。

（四）天然气提取氦

氦（He）是一种重要的稀有气体，可应用到飞艇、核动力反应堆、稀有金属熔炼等领域，是一种重要的战略物资。1868 年，法国天文学家让桑和英国天文学家洛基尔在观察日全食光谱时发现了氦。1895 年，英国化学家拉姆齐等在处理钇铀矿时第一次在地球上找到了氦。美国曾于 1961 年规定由政府统一收购和销售氦，直到 1996 年美国总统才签发氦私有化法令。[①]

氦主要是从天然气中获得，含氦天然气是工业上提取氦的最主要原料。具有经济价值的氦资源主要分布在美国、阿尔及利亚、苏联、加拿大等国家和地区（表 14-77）。据美国公布，1994 年美国的氦资源量为 133 亿立方米，主要分布在 Hugoton、Panhandle、Keys、Tip Top 等气田（表 14-78）。阿尔及利亚 Hassi R′mel 气田的氦资源量为 25 亿立方米。俄罗斯奥伦堡气田的氦资源量为 36 亿立方米，含氦量为 0.55%。

表 14-77　世界氦资源分布情况

国家/地区	占全球氦资源的比例/%
美国	52.0
阿尔及利亚	24.8
苏联	18.5
加拿大	2.5
荷兰	1.0
澳大利亚	0.9
英国	0.2
中亚和东亚	0.1

资料来源：陈赓良、王开岳等：《天然气综合利用》，石油工业出版社，2004，第 383 页。

表 14-78　美国含氦气田分布及开发情况

气田	地区	氦含量/%	开发情况
Hugoton	堪萨斯州、俄克拉何马州	0.44～0.7	已采出 90% 天然气
Panhandle	得克萨斯州	0.44～0.7	已采出 90% 天然气
Keys	俄克拉何马州	2.0	—
Cliffside	得克萨斯州	—	20 世纪 60 年代已枯竭，现用作粗氦地下储库
Tip Top	怀俄明州	0.6～0.8	新开发的含氦主要气源

资料来源：贺永德主编《天然气应用技术手册》，化学工业出版社，2009，第 468 页。

----

① 陈赓良、王开岳等：《天然气综合利用》，石油工业出版社，2004，第 381 页。

1985 年之前，美国生产的氦气有 90% 来自 Hugoton 气田和 Panhandle 气田。1986 年，美国 Exxon 公司在怀俄明州 Tip Top 气田建成投产提氦装置，粗氦提取能力为 2 240 万 m³/a，是当今美国氦生产的主要来源地。21 世纪初，美国氦生产能力约为 1.5 亿 m³/a，其中粗氦约为 1 亿 m³/a，纯氦和液氦为 4 000 万～6 000 万 m³/a。[①]20 世纪 80 年代，苏联在奥伦堡气田建成 3 套回收氦的装置，每套生产能力为 300 万 m³/a，共计 900 万 m³/a。

氦除了可以从天然气中提取，还可以从合成氨驰放气中提取。1972 年，德国建成第一个合成氨驰放气提氦装置。1979 年，采用变压吸附净化、低温吸附和氢液化相结合的提氦工艺，中国完成了合成氨驰放气提氦中间试验。[②]

中国天然气中含氦的只有四川威远气田，该气田天然气中氦含量约为 0.2%。20 世纪 70 年代在该气田建成中国唯一的天然气提氦工业装置，年生产能力为 5 万立方米。中国所消费的氦主要是从美国和俄罗斯进口。

（五）天然气制氢

氢是重要的工业原料，广泛用于石油化工、电子工业、冶金工业、建材工业、航空燃料等领域。

天然气制氢以 Technip、Uhde、Linde 三种蒸汽转化工艺为代表的蒸汽转化法为主。加拿大采用 Technip 工艺建成最大的单系列制氢装置，其规模达 23.6 万 m³/h。[③]除此，自热转化法也是一种重要的天然气制氢方法。世界上拥有天然气制氢技术的公司主要有德国的鲁奇、法国的德西尼布、丹麦的托普索、英国的福斯特惠勒等。

中国建成的大型、特大型天然气制氢装置多为从国外引进的技术。同时，中国也自主研发间歇式天然气蒸汽转化制氢工艺、加压蒸汽转化工艺和换热式两段蒸汽转化工艺等，建有一批中型规模、小型规模的天然气制氢装置。

（六）中国天然气化工研发进展

中国有多家从事天然气化工研究的机构，主要是中国科学院下属的专门研究机构和一些高等院校，一些企业也设有专门的研究部门（表 14-79）。

表 14-79　中国主要天然气化工研究机构及生产企业

序号	机构名称	所在地区	机构性质	研究方向 / 产品	备注
1	成都有机化学研究所	四川	研究机构	天然气转化，如天然气氧化偶联制乙烯、甲醇	中科院
2	西南化工研究设计院	四川	研究机构	天然气的二次加工和三次加工。主要方向是甲醇一步制甲醛，天然气经甲醇制醋酸技术	原化工部
3	四川省天然气化工研究院	四川	研究与生产	以天然气氨氧化合成氢氰酸技术为龙头，开发、生产氰化物系列产品及精细化工产品	四川省级企业

① 贺永德主编《天然气应用技术手册》，化学工业出版社，2009，第 468 页。

② 同上书，第 470 页。

③ 胡杰、朱博超、王建明：《天然气化工技术及利用》，化学工业出版社，2006，第 109 页。

续表

序号	机构名称	所在地区	机构性质	研究方向/产品	备注
4	西南油气田分公司天然气研究院	四川	研究与生产	天然气综合利用新技术研究，天然气直接转化制甲醇研究，脱硫催化剂系统	中石油
5	重庆川维研究所	重庆	研究与生产	天然气制乙炔、聚乙烯醇、甲醇、醋酸乙烯等	中石化
6	扬子江乙酰化工有限公司	重庆	合资生产企业	醋酸、醋酸酯等	重庆市合资企业
7	大连化学物理研究所	辽宁	研究机构	天然气制廉价合成气，直接转化制芳烃、烯烃、二甲醚等，合成气制烯烃、液化燃料和化学品	中科院
8	榆林天然气化工有限责任公司	陕西	生产企业	甲醇、醋酸、醋酸乙烯等	陕西省级企业
9	乌鲁木齐石化公司	新疆	生产企业	乙炔、甲醇及醋酸等下游产品	中石油
10	云天化集团有限责任公司	云南	生产	聚甲醛、合成氨、甲醇、甲醛等	云南省级企业
11	大庆石化公司研究院	黑龙江	研究机构	配合大连化学物理研究所进行中试	中石油
12	兰州化学物理研究所	甘肃	科研单位	天然气制合成气、天然气偶联制乙烯，合成气制乙烯已取得专利（90104319.2），合成气一步法制二甲醚小试技术（部级鉴定）	中科院
13	中国石油大学	北京	高等院校	天然气制合成气、F-T合成技术研究	
14	清华大学	北京	高等院校	天然气制清洁燃料研究，与英国石油公司合作	
15	山西煤炭化学研究所	山西	科研单位	天然气制液化燃料	中科院

资料来源：胡杰、朱博超、王建明：《天然气化工技术及利用》，化学工业出版社，2006，第4页。

20世纪90年代中期至21世纪头几年，中国的科研机构紧跟国际前沿趋势，在甲烷氧化偶联制乙烯、天然气制合成气、天然气制二甲醚等领域开展大量研究，取得了一些重要成果（表14-80）。中国首个天然气化工研究基地于2001年在大庆石化挂牌。[1]2003年，中国天然气化工中，生产氨用天然气所占比例高达84.7%，生产甲醇、炭黑、乙炔消费天然气所占比例分别为7.4%、5.6%、2.0%。

表14-80 中国天然气化工研发成果

研究领域	研究机构	研究内容	状态
天然气制合成气	中科院大连化学物理研究所	天然气空气催化部分氧化制含氮合成气	中试阶段
	中科院成都有机化学研究所	天然气纯氧自热转化（ATR）	中试阶段

[1] 胡杰、朱博超、王建明：《天然气化工技术及利用》，化学工业出版社，2006，第5页。

续表

研究领域	研究机构	研究内容	状态
天然气制液体燃料	中科院山西煤炭化学研究所	含氮合成气的 GTL 单管，合成气为原料的 F-T 合成工艺，超细粒子铁锰催化剂	已建成产能 2 000 吨 / 年工业示范装置
	中科院大连化学物理研究所	GTL 新工艺研究	实验室研究
	中国石油大学	费托（F-T）合成技术 – 两段造气	研究当中
	清华大学	GTL 清洁燃料研究	研究当中（与英国石油公司合作）
天然气制二甲醚	中科院大连化学物理研究所	二甲醚技术	中试阶段；通过国家鉴定
	中科院山西煤炭化学研究所	开发浆态床工艺	准备中试
	中科院兰州化学物理研究所	合成气一步法制二甲醚小试技术	部级鉴定
天然气制低碳烯烃	中科院兰州化学物理研究所	甲烷氧化偶联制烯烃	中试阶段
	中科院大连化学物理研究所	合成气经由二甲醚制取低碳烯烃	完成中试
其他	中科院大连化学物理研究所、厦门大学、中科院山西煤炭化学研究所	天然气、煤层气优化利用的催化基础研究	国家"973"重大项目

资料来源：胡杰、朱博超、王建明：《天然气化工技术及利用》，化学工业出版社，2006，第 5 页。

三、天然气汽车

天然气汽车（NGV），以天然气作为汽车动力能源，替代汽油、柴油等传统汽车燃料，是一种低排放汽车，有的国家曾将之列为新能源汽车。天然气汽车可分为压缩天然气汽车（CNGV）、液化天然气汽车（LNGV）、吸附天然气汽车（ANGV）、液化石油气汽车（LPGV）等，实际应用的主要是压缩天然气汽车。

（一）世界天然气汽车的发展

20 世纪 30 年代，意大利开发出天然气汽车。

20 世纪 40 年代，世界上已有用液化石油气代替汽油燃料的 LPG 汽车。

1942 年，英国伦敦出现用液化天然气做燃料的三吨载重汽车。

20 世纪 50 年代，中国开始研发天然气汽车。

1992 年，美国拥有代用燃料汽车超过 250 万辆，其中用丙烷做动力能源的有 22.05 万辆，压缩天然气汽车约 2.4 万辆。

1995 年，世界各国拥有天然气汽车超过 120 万辆。

截至 2006 年 3 月，全球共有 70 多个国家和地区使用压缩天然气汽车，压缩天然气汽车总量约 490.35 万辆，压缩天然气汽车加气站有 8 977 座（表 14–81）。其中，拥有超过百万辆压缩天然气汽车的国家有阿根廷和巴西，分别拥有 145.92 万辆、103.53 万辆；拥有超过 10 万辆压缩天然气汽车的国家有 4 个，依次为巴基斯坦（87.0 万辆）、意大利（38.2 万辆）、印度（24.8 万辆）、美国（13.0 万辆）。中国拥有 9.72 万辆（不含台湾数量），排世界第七位。

表 14-81　2006 年世界压缩天然气（CNG）汽车和加气站数量

国家/地区	CNG 汽车/辆	CNG 汽车加气站/座	国家/地区	CNG 汽车/辆	CNG 汽车加气站/座
阿根廷	1 459 236	1 400	西班牙	797	28
巴西	1 035 348	1 176	波兰	771	28
巴基斯坦	870 000	828	英国	543	31
意大利	382 000	509	奥地利	500	68
印度	248 000	198	新西兰	471	12
美国	130 000	1 340	土耳其	400	5
中国[1]	97 200	355	捷克	390	16
伊朗	91 314	120	荷兰	348	8
乌克兰	67 000	147	拉脱维亚	310	4
埃及	63 135	95	比利时	300	5
哥伦比亚	60 000	90	斯洛文尼亚	250	7
孟加拉国	44 534	106	葡萄牙	242	5
委内瑞拉	44 146	149	匈牙利	202	13
俄罗斯	41 780	213	挪威	147	4
玻利维亚	38 855	63	阿尔及利亚	125	3
亚美尼亚	38 100	60	克罗地亚	100	1
德国	33 000	647	塞尔维亚和黑山	92	2
日本	25 000	289	芬兰	84	3
加拿大	20 505	222	波黑	81	1
马来西亚	14 900	39	尼日利亚	60	2
塔吉克斯坦	10 600	53	冰岛	45	1
爱尔兰	9 780	10	古巴	45	1
泰国	9 000	44	希腊	40	
韩国	8 619	170	阿联酋	35	
法国	7 400	105	马其顿	32	1
瑞典	6 709	86	卢森堡	32	3
印度尼西亚	6 600	17	列支敦士登	26	1
白俄罗斯	5 500	24	南非	22	1
智利	5 500	12	乌拉圭	20	
摩尔多瓦	4 500	8	菲律宾	12	1
缅甸	4 343	14	新加坡	7	1
保加利亚	4 177	8	丹麦	5	1
特立尼达和多巴哥	4 000	13	中国台湾	4	1
墨西哥	3 037	6	朝鲜	4	1
瑞士	1 346	56	波斯尼亚	1	
澳大利亚	895	12	总计	4 903 477	8 977
英联邦	875	34			

资料来源：徐文渊、蒋长安主编《天然气利用手册》第 2 版，中国石化出版社，2006，第 473 页。

注：[1] 不含台湾地区数量。

（二）美国天然气汽车的开发

天然气汽车是应对石油危机和加强环境保护的产物，是许多国家先后开发的多种替代燃料汽车的一种。替代燃料汽车包括太阳能汽车、纯电动汽车、氢气汽车、醇类汽车、天然气汽车、燃料电池汽车、混合动力汽车等。

从技术经济上进行比较，将天然气作为汽车代用燃料有许多优点。天然气是最理想的代用汽车燃料，尤其是压缩天然气，它和汽油、柴油相比较，不仅污染小，而且售价便宜。目前在油价不断上涨的情况下，使用压缩天然气能获得较高的经济效益。另外，对于依赖石油进口的国家，如中国、日本，还可减少石油进口。以天然气为原料的代用燃料除用于汽车外，还可用于交通运输业以外的其他行业。[①]美国贝尔维尤能源国际公司公布的研究表明，比较天然气与电动汽车的燃料循环、输送及运用，发现天然气汽车排放低于美国和加利福尼亚州环保规定，天然气汽车 NO_x 排放量是全美国和加利福尼亚州地区最低的。[②]

但是，受天然气储存技术和传统汽车生产体系等因素制约，虽然天然气汽车问世已有数十年，却未得到普及应用。对此，世界各国采取各种措施，对天然气汽车产业发展加以扶持。如意大利不征收天然气燃料税。美国作为汽车大国，采取了一系列有力措施，大力推动天然气汽车产业的发展。

1990 年，美国加利福尼亚州空气资源委员会（CARB）颁布零排放法规，规定 1998 年在加利福尼亚州出售的汽车中，其中零排放车辆必须是 2%，到 2003 年零排放车辆应达到 10%。[③]

1992 年，美国空气保洁机构确立新的能源政策法律条款，要求在全美 125 个城市地区购买使用代用燃料的汽车，作为抑制石油进口的一种措施。条款规定，至 2010 年非石油衍生燃料将取代至少 30% 含石油燃料的轻型汽车。条款中的燃料更新目录包括燃气、甲烷、乙醇、丙烷、电、氢、煤衍生液和生物材料等，至少有一半数量的材料来自本国资源。[④]

1993 年，美国总统克林顿颁布第 12844 号执行令，要求联邦政府机构车队 1994 年购买 7 500 辆使用代用燃料的汽车，1995 年总共购买 10 000 辆，1996 年、1997 年、1998 年分别增加到 25%、33%、50%，1999 年或以后增至 75%。执行令还规定联邦政府机构购买数要超过能源政策法律条款规定的数量，1994 年购买数达到 11 250 辆，1995 年达到 15 000 辆。

1993 年，美国设立国产天然气与石油管理机构，目的是提出预防措施，清除天然气汽车市场发展的障碍，对 30 多个州提供折扣、减免税收或者其他鼓励措施，以促进代用燃料的运用。[⑤]

在上述一系列鼓励政策的推动下，美国天然气汽车技术和天然气汽车生产取得重大进展。美国康明斯公司研发出的 B5.9G 电子控制发动机，是第一个达到 1999 年美国国家环保局清洁燃料车队低排放车辆标准认证的天然气发动机。华盛顿大学将 GMC3/4tontruck 改为天然气汽车。美国西南研究院研发

① 贺永德主编《天然气应用技术手册》，化学工业出版社，2009，第 334–335 页。
② 樊栓狮、徐文东、解东来：《天然气利用新技术》，化学工业出版社，2012，第 157 页。
③ 中国汽车技术研究中心、日产（中国）投资有限公司、东风汽车有限公司：《中国新能源汽车产业发展报告（2013）》，社会科学文献出版社，2013，第 349 页。
④ 樊栓狮、徐文东、解东来：《天然气利用新技术》，化学工业出版社，2012，第 155 页。
⑤ 同上。

出满足 CARB 极低排放标准的 John Deere 8.1 L 大功率天然气发动机。美国 Caterpillar、Cummins、BMW 等各大汽车公司先后研发、生产 LNG 发动机，有 30 多家汽车生产厂商制造 LNG 车辆。[1]

在此推动下，美国天然气汽车取得较快发展。1992 年天然气汽车数量为 2.4 万辆，1999 年发展到 9.6 万辆，到 2006 年 3 月达到 13 万辆，排世界第六位。

（三）中国天然气汽车的开发

20 世纪 50 年代，四川省在泸州市建设中国国内第一座 CNG 加气站，从苏联引进一套 CNG 加气装置，通过改装 20 多辆天然气汽车做试验。改革开放后，四川省又引进新西兰的 CNG 加气装置和 50 辆天然气汽车改装部件（1988 年），在南充市兴建中国第二座 CNG 加气站，推动天然气汽车的发展。1990 年，开封深冷仪器厂与北京焦化厂协作，在北京建成一套 LNG 试验装置，进行了 4 000 小时的试验，研制出一台 LNG- 汽油双燃料车。

1998 年，中国成立全国燃气汽车工作协调领导小组，研究制定 LPG 汽车发展战略和政策。次年，中国召开"空气净化工程——清洁汽车行动"工作会议，确定北京、上海、重庆、广州等 12 个城市为全国清洁汽车试点示范城市。2003 年，中国又召开全国清洁汽车工作会议，决定"十五"（2001—2005 年）期间"清洁汽车行动"由试点示范城市改为重点推广应用城市（地区），由原来的 12 个增加到 16 个。

到 2005 年 5 月，中国重点推广应用城市（地区）拥有天然气汽车 21.05 万辆，其中 CNG 汽车 10.96 万辆，LPG 汽车 10.09 万辆（表 14-82）。

表 14-82　2005 年中国"清洁汽车行动"天然气汽车数量

地区	CNG 汽车		LPG 汽车		合计	
	CNG 加气站 / 座	CNG 汽车 / 辆	LPG 加气站 / 座	LPG 汽车 / 辆	加气站 / 座	汽车 / 辆
北京市	31	2 800	66	38 370	97	41 170
上海市	4	1 000	107	39 000	111	40 000
四川省	185	52 461	5	300	190	52 761
天津市	7	1 460	12	650	19	2 110
重庆市	50	21 000	—	—	50	21 000
海南省	13	3 010	3	311	16	3 321
乌鲁木齐市	33	9 021	34	3 774	67	12 795
广州市	—	—	10	3 000	10	3 000
西安市	50	11 572	—	—	50	11 572
哈尔滨市	—	—	20	3 500	20	3 500
银川市	5	1 500			5	1 500
长春市	2	389	34	12 000	36	12 389
廊坊市	5	1 799	—	—	5	1 799

---

[1] 樊栓狮、徐文东、解东来：《天然气利用新技术》，化学工业出版社，2012，第 141-142 页。

续表

地区	CNG 汽车		LPG 汽车		合计	
	CNG 加气站 / 座	CNG 汽车 / 辆	LPG 加气站 / 座	LPG 汽车 / 辆	加气站 / 座	汽车 / 辆
濮阳市	9	3 602	—	—	9/3 602	—
合 计	394	109 614	291	90 105	685/210 519	—

资料来源：徐文渊、蒋长安主编《天然气利用手册》第 2 版，中国石化出版社，2006，第 474 页。

（四）液化石油气汽车（LPGV）

液化石油气（LPG）是在加压和降温条件下，由天然气、油田伴生气、炼油厂气等冷凝形成的一种液体。习惯上，将 LPG 与 CNG、LNG 一起统称为天然气燃料。[①]21 世纪初，世界上 LPG 汽车发展最快的国家为意大利、韩国、土耳其及墨西哥，他们的 LPG 汽车拥有量均超过 60 万辆，其中意大利、韩国 LPG 汽车保有量达到 120 万辆左右。世界上 13 个居前列国家的 LPG 汽车保有量的总数约为 600 万辆。中国居第十一位。

四、天然气民用、农用及制冷

天然气可以作为燃料，供城乡居民使用。有的国家在农业生产中使用天然气。日本、美国、中国等开发出天然气制冷机。

（一）天然气民用

美国从 1821 年开始把天然气作为城市居民的生活燃料，成为城市烹调、取暖、热水的重要能源。2002 年，美国约有 6 500 万户家庭使用天然气，平均每年每户用气量为 2 540 立方米。[②]

在中国，1990 年全国大中城市天然气用量占城市燃气（包括煤气、液化石油气和天然气）用量的比例为 24.03%，其中城市居民天然气用量占城市居民燃气的比例为 20.2%。此后，城市居民天然气用量逐年上升，2005 年城市居民天然气用量为 52.08 亿立方米（不包括液化石油气），占城市居民燃气总量的比例提高到 27.55%（表 14–83）。若加上液化石油气，则天然气所占比例达到 75.72%。

表 14-83　2005 年中国城市居民燃气用量构成

燃气类型	用量 / 亿 m^3	比例 /%
天然气	52.08	27.55
液化石油气[1]	91.07	48.17
煤气[2]	45.90	24.28
合计	189.05	100

资料来源：作者整理。参考贺永德主编《天然气应用技术手册》，化学工业出版社，2009。

注：[1] 液化石油气热值为 10 714 千卡 / 千克折算天然气。[2] 煤气热值为 3 500 千卡 / 米³ 折算天然气。

[①] 徐文渊、蒋长安主编《天然气利用手册》第 2 版，中国石化出版社，2006，第 468 页。
[②] 贺永德主编《天然气应用技术手册》，化学工业出版社，2009，第 275 页。

（二）天然气农用

世界上有的国家将天然气应用到农业生产中。在经济合作与发展组织中，已有丹麦、芬兰、法国、德国、意大利、荷兰、加拿大、英国和瑞士等国家在天然气消费结构中列出农业生产用气量。其中，荷兰和加拿大是世界上天然气农用最广泛的国家。俄罗斯地处寒冷地区，天然气在农业生产中的应用发展迅速，20世纪60年代初农业年用气量为2亿立方米，到2000年增至100亿立方米以上。[①]

中国农业用天然气量很少，年消费量不足1亿立方米。

（三）天然气制冷

早在20世纪50年代前，美国就已开发出用天然气作为制冷能源的燃气空调机（又称燃气热泵），并进入空调市场。1960年，燃气空调机占市场份额的比例达到40%。但是，20世纪70年代后，电力制冷后来居上，天然气制冷逐步被挤出市场。

20世纪90年代以来，随着天然气制冷技术的进步以及各国对天然气制冷的扶持，日本、美国等国家的天然气空调又得到较快的发展。日本燃气制冷的总负荷量由1989年的3×10^6 Rt（冷吨）增至1997年的6.5×10^6 Rt。

中国于1992年生产出第一台制冷量为1 260兆焦/时的燃气式双效溴化锂冷热水机组。此后，生产燃气制冷机的厂家发展到10多家，年产量达1 300多台，其中直燃型燃气制冷机约占50%，生产规模与数量居世界第二位。[②]

第5节　非常规天然气

非常规天然气是指地壳中存在的不具备开采条件、不能经济开采的各种气体，包括煤层气、页岩气、水溶性天然气、深盆气、天然气水合物、深源气、致密砂岩气等。非常规天然气储量非常丰富，迄今已有少数开发进入商业化阶段。

一、非常规天然气资源

根据俄罗斯学者的估算，世界常规天然气资源总量为400万亿～600万亿立方米，非常规天然气资源总量为$(1.115 \sim 1.125) \times 10^7$万亿立方米以上（表14-84），非常规资源量约为常规资源量的2万倍。国际能源署（IEA）估计世界非常规天然气资源量为922万亿立方米。[③]

---

① 徐文渊、蒋长安主编《天然气利用手册》第2版，中国石化出版社，2006，第426页。

② 陈赓良、王开岳等：《天然气综合利用》，石油工业出版社，2004，第124页。

③ 崔民选、王军生、陈义和主编《中国能源发展报告（2013）》，社会科学文献出版社，2013，第253页。

表 14-84　全球常规和非常规天然气资源量（俄罗斯学者估算）

资源种类		资源量 / 万亿 m³	
沉积岩游离气资源量	常规天然气	400 ～ 600	1 790 ～ 4 680
	致密沉积层气	600 ～ 3 000	
	煤层气	100 ～ 350	
	低渗页岩气	690 ～ 730	
基岩游离气资源量		1.1×10^7	
水溶性天然气和天然气水合物	水溶性天然气	3.4×10^4	$(1.54 \sim 2.54) \times 10^5$
	天然气水合物	$(1.2 \sim 2.2) \times 10^5$	

资料来源：庞名立：《天然气百科辞典》，中国石化出版社，2007，第 44 页。

（一）煤层气资源

煤层气又称煤层甲烷气，是一种储存在煤层微孔隙中的基本上未移出生气母岩的天然气。从煤矿中泄出的煤层气称为瓦斯。

世界煤层气资源量为 84 万亿～ 262 万亿立方米[1]，俄罗斯学者估计为 100 万亿～ 350 万亿立方米[2]，有学者估计为 144.1 万亿立方米[3]，美国地质勘探局的统计总量为 210 万亿立方米[4]，国际能源署估计的煤层气为 256 万亿立方米[5]。其中，俄罗斯最多，达 17 万亿～ 113 万亿立方米；其次是加拿大，为 6 万亿～ 76 万亿立方米；中国居世界第三位，为 30 万亿～ 35 万亿立方米（表 14-85）。

表 14-85　世界部分国家煤层气资源量

排序	国家	煤层气资源 / 万亿 m³
1	俄罗斯	17 ～ 113
2	加拿大	6 ～ 76
3	中国	30 ～ 35
4	澳大利亚	8 ～ 14
5	美国	11
6	德国	3
7	波兰	3
8	英国	2
9	乌克兰	2
10	哈萨克斯坦	1

资料来源：庞名立：《天然气百科辞典》，中国石化出版社，2007，第 18 页。

---

[1] 庞名立：《天然气百科辞典》，中国石化出版社，2007，第 18 页。
[2] 同上书，第 44 页。
[3] 钱伯章：《石油和天然气技术与应用》，科学出版社，2010，第 279 页。
[4] 张永胜：《世界能源形势分析》，经济科学出版社，2010，第 74 页。
[5] 崔民选、王军生、陈义和主编《中国能源发展报告（2013）》，社会科学文献出版社，2013，第 253 页。

据 Rogner 等统计,在地区分布中,北美洲煤层气最多,为 85.4 万亿立方米,其次是中亚和中国,为 34.4 万亿立方米(表 14-86)。

表 14-86 全球煤层气、页岩气和致密砂岩气资源量及其分布

单位:万亿 m³

地区	煤层气	页岩气	致密砂岩气	合计
北美洲	85.4	108.7	38.8	232.9
拉丁美洲	1.1	59.9	36.6	97.6
中东和北非	0	72.2	23.3	95.5
中亚和中国	34.4	99.8	10.0	144.2
太平洋地区(OECD)	13.3	65.5	20.0	98.8
其他国家和地区	9.9	50.1	55.4	115.4
全球合计	144.1	456.2	184.1	784.4

资料来源:钱伯章:《石油和天然气技术与应用》,科学出版社,2010,第 279 页。

(二)页岩气资源

页岩气是在低渗性的地质构成中以吸附或游离态存在的天然气。据俄罗斯学者估计,世界页岩气资源量为 690 万亿~730 万亿立方米,国际能源署(IEA)估计的数据为 456 万亿立方米[1]。美国能源信息署(EIA)的统计数据为 6 622 万亿立方英尺,其中,北美洲、亚洲、非洲、欧洲分别为 1 931 万亿立方英尺、1 785 万亿立方英尺、1 042 万亿立方英尺和 639 万亿立方英尺(表 14-87)。

表 14-87 2012 年全球页岩气资源分布情况

地区	资源量 / 万亿 ft³
北美洲	1 931
亚洲	1 785
非洲	1 042
欧洲	639
其他	1 225
全球合计	6 622

资料来源:崔民选、王军生、陈义和主编《中国能源发展报告(2013)》,社会科学文献出版社,2013,第 107 页。

根据 2001 年美国能源信息署(EIA)对世界 32 个国家、48 个页岩气盆地中包含的 70 个页岩气层进行调查的结果,世界上拥有页岩气技术可采资源量超过 10 万亿立方米的国家有 7 个,依次为中国 35.81 万亿立方米、美国 24.20 万亿立方米、阿根廷 21.79 万亿立方米、墨西哥 19.18 万亿立方米、南非 13.71 万亿立方米、澳大利亚 11.20 万亿立方米、加拿大 10.78 万亿立方米(表 14-88),7 国共计 136.67 万亿立方米,约占世界总量的 73.7%。

---

[1] 崔民选、王军生、陈义和主编《中国能源发展报告(2013)》,社会科学文献出版社,2013,第 253 页。

表 14-88　2001 年各国页岩气技术可采资源量

单位：万亿 m³

国家	技术可采资源量	国家	技术可采资源量	国家	技术可采资源量
中国	35.81	法国	5.01	丹麦	0.61
美国	24.20	挪威	2.21	荷兰	0.52
阿根廷	21.79	印度	1.79	哥伦比亚	0.51
墨西哥	19.18	智利	1.78	突尼斯	0.49
南非	13.71	巴拉圭	1.61	土耳其	0.41
澳大利亚	11.20	巴基斯坦	1.37	委内瑞拉	0.33
加拿大	10.78	玻利维亚	1.32	摩洛哥	0.32
利比亚	8.21	乌克兰	1.22	西撒哈拉	0.22
阿尔及利亚	6.59	瑞典	1.13	德国	0.21
巴西	6.47	乌拉圭	0.62	立陶宛	0.12
波兰	5.09	英国	0.62	总计	185.45

资料来源：崔民选、王军生、陈义和主编《中国能源发展报告（2013）》，社会科学文献出版社，2013，第 108 页。

（三）天然气水合物资源

天然气水合物（natural gas hydrate，简称 NGH），又称可燃冰。据分析，陆地上 27% 和洋底 90% 的地区都具备形成天然气水合物带的有利条件，陆上资源量为 5 300 亿吨煤当量，洋底资源量为 161 万亿吨煤当量，合计为世界煤炭总资源量的 10 倍、石油的 136 倍、天然气的 487 倍。[①]世界上已发现 60 多处天然气水合物矿床，在大西洋、加勒比海、太平洋等海底均有发现，其中以加利福尼亚州海域最大，面积达数千平方千米，矿层厚约 300 米。

根据国际能源署（IEA）的估计，全球天然气水合物陆地资源储量约为 2 830 万亿立方米，海洋资源储量约为 85 000 万亿立方米。[②]俄罗斯学者估计世界天然气水合物资源量为（1.2 ～ 2.2）× 10^5 万亿立方米。有人指出，全球 116 个地区已发现天然气水合物，其中陆地 38 处（永久冻土带）、海洋 78 处。世界上已发现的海底天然气水合物主要分布区是大西洋海域的墨西哥湾、加勒比海、南美洲东部陆缘、非洲西部陆缘，西太平洋海域的白令海、鄂霍茨克海、千岛海沟、冲绳海槽、日本海、新西兰北部海域等，东太平洋海域的中美洲海槽、秘鲁海槽，印度洋的阿曼海湾，南极的罗斯海和威德尔海，北极的巴伦支海，黑海和里海等。[③]

（四）致密砂岩气资源

根据 2009 年 IEA 统计，全球致密砂岩气、煤层气、页岩气资源量共计 920 万亿立方米（表 14-89），其中致密砂岩气资源量为 210 万亿立方米，占非常规天然气资源量（不包括天然气水合物）的 22.8%。致密砂岩气主要分布在亚太地区（52 万亿立方米）、北美洲（39 万亿立方米）、拉丁美洲（37 万亿立方米）等地区。俄罗斯学者估计全球致密砂岩气资源量为 600 万亿～ 3 000 万亿立方米。

---

① 李方正主编《自然资源》，吉林出版集团有限责任公司，2007，第 49 页。

② 林伯强主编《2012 中国能源发展报告》，北京大学出版社，2012，第 220 页。

③ 马延德主编《海洋工程装备》，清华大学出版社，2013，第 78 页。

表 14-89　2009 年全球非常规天然气资源的区域分布

单位：万亿 m³

地区	致密砂岩气	煤层气	页岩气	合计
中东和北非	23	0	72	95
撒哈拉以南的非洲	22	1	8	31
苏联地区	25	112	18	155
亚太地区	52	48	174	274
北美洲	39	85	109	233
拉丁美洲	37	1	60	98
欧洲	12	7	15	34
全球总计	210	254	456	920

资料来源：林伯强主编《2012 中国能源发展报告》，北京大学出版社，2012，第 220 页。作者引用时对表中数据做了适当调整。

（五）水溶性天然气资源

全球水溶性天然气资源量估计有 34 000 万亿立方米。日本开采水溶性天然气气藏最多，历史也最长。

二、非常规天然气的开发

受到技术、经济等因素制约，开发、利用非常规天然气的国家不多，规模较小，已经得到一定开发的主要是煤层气和页岩气。

（一）煤层气开发

美国煤层气资源丰富，2006 年煤层气资源量为 73 万亿立方英尺，是世界上最早实现商业化开发煤层气的国家。美国从 20 世纪 70 年代末开始进行地面开采煤层气试验，用常规油气井开采技术（地面钻井）开采煤层气获得突破性进展。1983—1995 年，煤层气年产量从 1.7 亿立方米猛增至 250 亿立方米，形成产业化规模。2004 年，美国煤层气产量约达到 500 亿立方米，占天然气产量的比例为 8%～10%。[①]

加拿大政府支持煤层气的开发，2002—2003 年新增加约 1 000 口煤层气生产井，单井日产量为 3 000～7 000 立方米，年产量达到 5.1 亿立方米。2004 年煤层气产量为 15.5 亿立方米。

澳大利亚、波兰、俄罗斯等国家积极研发、应用煤层气开采新技术。澳大利亚悉尼煤田一些矿井广泛应用水平钻孔、斜交钻孔和地面采空区垂直钻孔抽放煤层气技术。波兰在采煤前、采煤中和开采后均采用地面钻井和井下钻孔相结合的方法，最大限度地回收煤层气，抽放率可达 80%～90%。俄罗斯则主要采用采前预抽和采空区封闭抽放两种方式抽放煤层气，本层的抽放率为 20%～40%，邻

[①] 钱伯章：《石油和天然气技术与应用》，科学出版社，2010，第 284 页。

近层的抽放率达到 40% ～ 70%。[①]

（二）页岩气开发

世界上商业化开发页岩气的仅有美国、加拿大和澳大利亚等少数几个国家。

1. 美国

美国是世界上最早发现页岩气的国家，早在 1821 年钻出的第一口工业性天然气井就是页岩气井。但是，天然气价格较低，页岩气开采技术不成熟，经济价值不高，这些因素使得页岩气在发现后的 150 多年时间里都没有得到开发利用。

第一次石油危机爆发后，美国加大了国内天然气勘探开发的力度。美国能源部等机构联合实施东部页岩气工程。美国设立非常规油气资源研究基金，鼓励支持产、学、研机构开展非常规天然气的研究。自 20 世纪 80 年代起，美国政府对非常规天然气勘探的投入达 60 多亿美元，用于培训与研究的费用约 20 亿美元。[②]

1980 年，美国通过《原油意外获利法案》，对 1979—1993 年期间钻探非常规油气以及 2003 年之前生产和销售页岩气实行大幅度税收减免，这对促进页岩气发展具有里程碑意义。此后，相继出台的《税收分配的综合协调法案》（1990 年）、《能源税收法案》（1992 年）、《纳税人减负法案》（1997 年）和《能源法案》（2005 年）等，对非常规能源开发利用继续予以扶持。有专家指出，美国早期包括页岩气在内的非常规天然气资源开发所获利润，有 30% 左右是来自政策优惠。[③]在优惠政策的大力扶持下，美国相继研发出一批开发页岩气的先进技术，诸如对页岩气实质性开采起到决定性作用的页岩气吸附作用机理，对页岩气商业开采起到决定性作用的水平钻井技术和压裂增产技术，从而推动了美国页岩气的工业化、商业化发展。到 20 世纪 90 年代，美国页岩气年产量从 1979 年的 13.5 亿立方米增至 1999 年的 108 亿立方米，增长 7 倍[④]，初具产业规模。

进入 21 世纪，美国页岩气生产进入快速发展期。2004 年美国页岩气生产井为 2 900 口，2009 年达到 98 590 口，2011 年新钻生产井 10 173 口，同比增加 43.8%。2007 年美国页岩气产量为 366.2 亿立方米，2010 年突破 1 000 亿立方米，达到 1 379.2 亿立方米。[⑤]2011 年，美国页岩气产量超过 2 000 亿立方米，达到 2 197.8 亿立方米。[⑥]同年，美国页岩气产量占天然气总产量的比例从 2000 年的 2% 上升到 34%[⑦]，2012 年则占 37%[⑧]。

美国页岩气产量的快速增长，使美国天然气总产量大幅增加，而且在 2009 年以 6 240 亿立方米超越俄罗斯的 5 820 亿立方米，重新成为世界第一大天然气生产国。同时，美国页岩气的大规模开发还改变了美国乃至世界天然气的贸易格局，这对世界天然气市场产生了重大影响。美国页岩气产量的

① 国家自然科学基金委员会工程与材料科学部：《矿产资源科学与工程》，科学出版社，2006，第 92 页。

② 黄晓勇主编《世界能源发展报告（2013）》，社会科学文献出版社，2013，第 470 页。

③ 夏颖哲、王泽方、常明：《美国页岩气开发的启示》，《中国财政》2013 年第 23 期。

④ 黄晓勇主编《世界能源发展报告（2013）》，社会科学文献出版社，2013，第 470 页。

⑤ 同上书，第 461 页。

⑥ 《世界能源中国展望》课题组：《世界能源中国展望（2013—2014）》，社会科学文献出版社，2013，第 146 页。

⑦ 夏颖哲、王泽方、常明：《美国页岩气开发的启示》，《中国财政》2013 年第 23 期。

⑧ 黄平、倪峰主编《美国问题研究报告（2013）——构建中美新型大国关系》，社会科学文献出版社，2013，第 339 页。

大幅度增加，增强了美国天然气的自给能力，降低了对外依存度。2011 年与 2007 年相比，美国天然气总产量增加 1 058 亿立方米，进口量减少 326 亿立方米，出口量增加 196 亿立方米，对外依存度从 16.4% 大幅下降到 7.8%。由于美国天然气自给率的提高，出口市场以美国为主的加拿大天然气生产受到很大影响，产量从 2006 年的 1 884 亿立方米减少至 2011 年的 1 605 亿立方米，美国的天然气出口量也从 2007 年的 1 071 亿立方米减少至 2011 年的 879 亿立方米。[①] 对此，加拿大不得不致力开拓美国之外的新市场。

2. 其他国家

苏联从 20 世纪 70 年代开始进行一系列的页岩气开采活动。但苏联解体后，俄罗斯页岩气的开采随之终止。2012 年，俄罗斯能源部提出一项加入全球页岩气革命的发展计划。此后，俄罗斯石油公司和俄罗斯天然气工业股份公司相继开展页岩气实验基地建设。

其他国家和地区的页岩气开发处于探索阶段。欧洲页岩气钻井数量为 120 口，加拿大为 700 口，拉丁美洲为 450 口。

（三）天然气水合物开发

世界天然气水合物开发从早期探索阶段进入商业化开发阶段。

1. 早期研究

1810 年，英国化学家戴维在实验室中首次发现气体水合现象，提出"气体水合物"这一概念。[②] 此后 100 多年，许多科学家相继对天然气水合物进行各种理论探讨。1823 年，法拉第对天然气水合物的组分进行研究。1832 年，法拉第在实验室合成氯气水合物 $Cl_2 \cdot 10H_2O$。之后，人们陆续在实验室合成 Br_2、SO_2、CO_2、H_2S 等气体水合物，提出德布雷规则。1884 年，Roozeboom 提出天然气水合物形成的相理论。之后，Villard 在实验室合成 CH_4、C_2H_2 等水合物。1919 年，Scheffer 和 Meijer 应用 Clausius-Clapeyron 方程建立三相平衡曲线，来推测水合物的组成。1934 年，Hammerschmidt 探讨水合物堵塞天然气输气管线的问题。1942 年，Carson 和 Katz 研究气体水合物和富烃流体存在下的四相平衡。

1965 年，苏联西西伯利亚麦索雅哈气田中首次发现天然气水合物。从此，拉开了勘探地壳中储存的天然气水合物的序幕。1968 年，美国组织有关国家实施深海钻探计划（DSDP）。1971 年，史托认为似海底反射的震波反射现象是一种天然气水合物存在的迹象。之后，美国在阿拉斯加普拉霍德湾油田采获世界上第一个天然气水合物样品，美洲海槽深海 20 个钻孔中有 9 个被发现含有天然气水合物。1974 年，加拿大在其北部三角洲地带浅部地层发现天然气水合物。

到 20 世纪 80 年代，在世界各地海域中直接发现的天然气水合物矿点共有 20 多处。

2. 广泛勘查

20 世纪 90 年代以来，世界天然气水合物的勘查、研究工作得到广泛而深入开展。1990 年，中国科学院兰州冰川冻土研究所与莫斯科大学列别琴科博士成功开展天然气水合物的人工合成实验。[③] 1995

① 崔民选、王军生、陈义和主编《中国能源发展报告（2013）》，社会科学文献出版社，2013，第 106 页。

② 樊栓狮：《天然气水合物储存与运输技术》，化学工业出版社，2005，第 1 页。

③ 顾安忠、鲁雪生、林文胜等：《工业气体集输新技术》，化学工业出版社，2006，第 158 页。

年，大洋钻探计划（ODP）第 64 航次在大西洋西部布莱克海台钻了一系列深海孔，首次证明天然气水合物广泛分布，肯定其具有商业开发价值。[①]1998 年，中国以成员国身份加入大洋钻探计划。2001 年 8 月，ODP 第 204 航次在美国俄勒冈岸外水合物脊钻获天然气水合物。截至 2001 年，世界上共有 84 处海域直接或间接发现天然气水合物。其中，利用地震探测 BSR（海底反射波）推测的有 48 处，由 BSR 推测并取样的有 10 处，由 BSR 与测井探测的有 8 处，通过取样发现的有 9 处，利用速度异常、化探异常、特征地貌等其他方法推测的有 9 处。[②]

到 2002 年，世界上直接或间接发现的天然气水合物矿点共有 116 处，其中海洋（包括少数深水湖泊）107 处，单个矿田面积可达数千至数万平方千米，储量可达数万亿至数百万亿立方米。[③]世界各地利用地震探测技术，先后在诸多海域增生楔中发现了天然气水合物（表 14-90）。

表 14-90　世界海域增生楔发现天然气水合物一览表

地区	增生楔位置	构造背景	发现方式	发现组织（国家 / 地区）	发现时间
东太平洋地区	南设得兰海沟东南侧	南极板块内的菲尼克斯微板块向东南俯冲至设得兰板块之下	识别 BSR	澳大利亚	1989—1990 年
	智利西海岸三联点附近	纳斯卡板块、南极洲板块俯冲于南美洲板块之下	识别 BSR 并经钻探证实	ODP 组织	ODP 第 141 航次
	秘鲁海沟	太平洋板块俯冲于南美板块之下	获取水合物样品，后重新处理地震资料，识别 BSR	ODP 组织	1986 年（ODP 第 112 航次）
	中美洲海槽区	—	钻遇水合物，后识别 BSR	DSDP 组织，美国得克萨斯大学海洋科学研究所	1979 年
	北加利福尼亚州边缘岸外	门多西诺断裂带北部板块聚敛	识别 BSR 并于海底地球化学岩样中见水合物	美国地质勘探局	1977 年，1979 年，1980 年
	俄勒冈滨外	卡斯凯迪亚俯冲带南延部分	识别 BSR，后经 ODP 钻探证实	美迪基肯地球物理勘探公司、ODP 组织	1989 年，1992 年（ODP 第 146 航次）
	温哥华岛外	卡斯凯迪亚俯冲带南延部分	识别 BSR，后经 ODP 钻探证实	美迪基肯地球物理勘探公司、ODP 组织	1985—1989 年，1992 年（ODP 第 146 航次）

[①] 钱伯章：《石油和天然气技术与应用》，科学出版社，2010，第 300 页。

[②] 杨木壮、王明君、吕万军：《南海西北陆坡天然气水合物成矿条件研究》，气象出版社，2008，第 1 页。

[③] 同上书，第 3 页。

续表

地区	增生楔位置	构造背景	发现方式	发现组织（国家/地区）	发现时间
西太平洋地区	日本北海道岛滨外	菲律宾板块向西北方向俯冲	钻遇水合物后处理地震资料，识别 BSR	ODP 组织	1989 年（ODP 第127 航次）
	南海海槽变形前缘	菲律宾板块向西北方向俯冲	钻遇水合物后处理地震资料，识别 BSR	ODP 组织	1990 年（ODP 第131 航次）
	中国台湾碰撞带西南近海	南中国海洋壳向东俯冲于吕宋岛弧之下	识别 BSR	中国台湾	1990 年，1995 年
	苏拉威西海北部及西里伯海周边	西里伯海洋壳在苏拉威西西北部海沟处俯冲至苏拉威西岛之下	识别 BSR	德国与印度尼西亚在西里伯海执行的地质科学调查计划 SO98 航次	1998 年
印度洋地区	印度洋西北阿曼湾内莫克兰	阿拉伯板块、印度洋板块向北俯冲至欧亚板块之下，形成自霍尔木兹至卡拉奇的东西向俯冲带	识别 BSR	英国剑桥大学贝尔实验室	1981 年

资料来源：杨木壮、王明君、吕万军：《南海西北陆坡天然气水合物成矿条件研究》，气象出版社，2008，第 9-10 页。

3. 推动商业化

进入 21 世纪，关于世界天然气水合物的开发，除了继续开展各种地质勘探，美国、日本、加拿大等国家积极推动天然气水合物商业化发展。

加拿大联合美国、日本等国家的科技人员，于 2002 年对加拿大麦肯齐冻土区的一口天然气水合物矿井进行试验性开发，通过注入 80 ℃的钻探泥浆，成功从 1 200 米深的水合物层中分离出甲烷气体。同时，减压法实验也获得了成功。[①]2004 年，日本也在近海开始试验性开采天然气水合物。

2007 年又有重要进展与发现。2 月，美国地质勘探局、美国能源部和英国石油公司合作，投资 500 万美元完成阿拉斯加北坡 Milne Point 地区的天然气水合物资源钻探试验研究。3 月，日本宣布，在日本 Nankai Trough 东部约 50 千米的地带，发现储量达 1.12 万亿立方米左右的甲烷水合物。5 月，中国在中国南海北部神狐海域成功钻获天然气水合物实物样品。6 月，韩国能源部宣布，在韩国东海岸水域外发现约 6 亿吨天然气水合物，潜在的储藏量可满足韩国 30 年的天然气需求。

在商业化开发方面，2002 年，日本三菱重工业株式会社建成日产 70 吨～100 吨的中型水合物生产厂，年生产能力为 100 万吨。2008 年，日本与美国能源安全局签订天然气水合物开发生产协议。[②]2009 年，三井工程与建筑公司等 9 家日本公司组建的财团投资约 300 亿日元在日本建设天然

---

① 钱伯章：《石油和天然气技术与应用》，科学出版社，2010，第 315 页。

② 同上书，第 303 页。

气水合物中型装置。同年，日本经济产业省召开天然气水合物开发实施检讨会，讨论推进开发天然气水合物的实施计划。

总的来说，虽然天然气水合物成为许多国家和国际组织关注的热点，但全世界对它的研究大都处于科学勘探层面，尚未进入大规模商业开发阶段。世界上对天然气化合物的形成机理、成藏理论尚未形成成熟理论，海底开采技术极为复杂，这些都是制约天然气水合物商业开发的主要"瓶颈"。[①]

（四）深盆气开发

1927 年，在美国圣胡安盆地首次发现深盆气藏，后于 20 世纪 50 年代初投入开发。

1976 年，在加拿大艾伯塔盆地发现艾尔姆华士巨型深盆气藏。

1979 年，马斯特提出深盆气藏的概念。

（五）水溶性天然气开发

1948 年，日本确认水溶性天然气是一种新的天然气资源。此后，美国、俄罗斯等国家陆续开展水溶性天然气勘探、开发与研究。

据苏联全苏天然气研究所 1986 年的统计，全世界含油气盆地、含煤盆地及其他水盆地的地层水中溶解的甲烷总资源量为（$n \times 10^{16} \sim m \times 10^{18}$）$m^3$，比常规天然气多得多。美国墨西哥湾沿岸高压水溶气储量达 8.5×10^8 立方米。日本在约 1/4 的国土上发现水溶气，年开采量约为 10×10^8 立方米。[②]

中国在柴达木、济南、松辽等盆地或坳陷发现水溶性气藏或气层，水溶气资源量为（$1.18 \sim 6.53$）$\times 10^{13} m^3$。[③]

三、中国非常规天然气的开发

中国非常规天然气资源量达 280.6 万亿立方米（表 14-91），勘探、开发潜力巨大。

表 14-91　中国非常规天然气资源量与产能

名称	资源量 / 万亿 m^3	产能 / 亿 m^3	分布
煤层气	36.8	25.0	鄂尔多斯、沁水盆地等
页岩气	100.0	0.3	重庆、四川、云贵高原等
致密砂岩气	12.0	150.0	鄂尔多斯、四川等
天然气水合物	131.8	0	南中国海、青藏高原

资料来源：李孟刚主编《中国能源产业安全报告（2011—2012）》，社会科学文献出版社，2012，第 114 页。

（一）煤层气

中国煤层气资源丰富。根据第三轮油气资源评价结果，中国埋深 2 000 米以内的煤层气资源量约为 36.81 万亿立方米，可采资源量为 11 万亿立方米。[④]中国煤层气主要分布在华北、西北和南方地区，

① 钱伯章：《石油和天然气技术与应用》，科学出版社，2010，第 303 页。
② 杜尚明、胡光灿、李景明等：《天然气资源勘探》，石油工业出版社，2004，第 120 页。
③ 同上。
④ 张国宝主编《中国能源发展报告（2010）》，经济科学出版社，2010，第 125 页。

华北地区资源量为 20.71 万亿立方米，占全国的 56.3%；西北地区为 10.36 万亿立方米，占 28.1%；东北地区为 0.47 万亿立方米，占 1.3%；南方地区为 5.27 万亿立方米，占 14.3%（表 14-92）。

表 14-92 中国煤层气资源分布

聚煤大区	华北	西北	东北	南方	全国
资源量 / 万亿 m³	20.71	10.36	0.47	5.27	36.81
比例 /%	56.3	28.1	1.3	14.3	100.0

资料来源：孙茂远、范志强：《中国煤层气开发利用现状及产业化战略选择》，《天然气工业》2007 年第 3 期。

按照含气盆地煤层气资源量赋存情况，大于 5 000 亿立方米的含气盆地共 14 个，其中大于 10 000 亿立方米的含气盆地主要有鄂尔多斯盆地（98 634 亿立方米）、沁水盆地（39 500 亿立方米）、准噶尔盆地（38 268 亿立方米）、滇东黔西盆地（34 723 亿立方米）、二连盆地（25 816 亿立方米）、吐哈盆地（21 198 亿立方米）等。[①]

1978 年中国开始研究煤层气，20 世纪 90 年代加大勘探试验力度。1990—2003 年，中国有 30 个含煤区进行煤层气勘探钻井，钻成勘探和生产试验井 200 多口，在柳林、晋城等含煤区获得工业气流。1999 年全国煤层气累计探明地质储量 268.64 亿立方米，累计采出 2.93 亿立方米。[②]

2007 年，全国煤层气累计探明地质储量为 1 130.30 亿立方米，累计探明技术可采储量为 523.19 亿立方米，累计探明经济可采储量为 37.52 亿立方米（表 14-93）。其中，中国石油累计探明地质储量为 459.47 亿立方米，占全国的 40.65%；中联煤层气有限责任公司（简称"中联公司"）累计探明地质储量为 402.19 亿立方米，占 35.58%；地方公司累计探明地质储量为 268.64 亿立方米，占 23.77%。

表 14-93 2007 年中国各公司累计探明煤层气储量

单位：亿 m³

项目	中国石油	中联公司	地方公司	合计
地质储量	459.47	402.19	268.64	1 130.30
技术可采储量	229.74	218.39	75.06	523.19
经济可采储量	37.52	0	0	37.52
剩余技术可采储量	229.74	218.39	72.13	520.26

资料来源：贺永德主编《天然气应用技术手册》，化学工业出版社，第 6 页。

2007 年 6 月，中美两国在中国合作开发 15 个大型煤层气项目，并签署合作合同，其中 11 个在山西，其余 4 个分别位于安徽、江西、陕西和云南。项目的中方合作者为中联煤层气有限责任公司，美方合作者包括雪佛龙、格瑞克、远东、奥瑞安、亚美大陆等能源公司。[③] 在此之前，即 1998 年 1 月至 2006

---

① 孙茂远、范志强：《中国煤层气开发利用现状及产业化战略选择》，《天然气工业》2007 年第 3 期。

② 港华投资有限公司、中国城市燃气协会主编《天然气置换手册》，中国建筑工业出版社，2006，第 6 页。

③ 谭蓉蓉：《我国在南海北部成功钻获天然气水合物实物样品》，《天然气工业》2007 年第 6 期。

年 7 月，中联煤层气有限责任公司与 16 家外国公司共签署 27 个煤层气产品分成合同，合同区总面积超过 3.5 万平方千米，总资源量超过 3.5 万亿立方米。

据不完全统计，截至 2007 年，全国地面煤层气抽采井超过 2 000 口，其中中联煤层气有限责任公司钻井数占 60%，80% 的煤层气井分布在山西、陕西、内蒙古等省（区）。全国煤层气地面开发产能为 11 亿立方米，年产量约为 4 亿立方米。[1]

2011 年，中国新增煤层气探明地质储量为 1 421.74 亿立方米，新增探明技术可采储量为 710.06 亿立方米；累计探明地质储量为 4 155.69 亿立方米，累计探明技术可采储量为 2 041.06 亿立方米。[2]

（二）页岩气

中国页岩气分海相、陆（湖）相和海陆交互相三种类型。其中，海相页岩气主要分布在扬子地区，陆（湖）相主要分布在松辽、鄂尔多斯、准噶尔等盆地，海陆交互相以华北、西北地区为主（表 14-94）。

表 14-94　中国页岩气地层沉积相及分布

页岩气沉积相	分布地区
海相	南方，以扬子地区为主
陆（湖）相	大中型含油气盆地，以松辽、鄂尔多斯、准噶尔、渤海湾等盆地为主
海陆交互相	北方，以华北、西北地区为主

资料来源：黄晓勇主编《世界能源发展报告（2013）》，社会科学文献出版社，2013，第 483 页。

中国页岩气资源十分丰富。据美国能源信息署（EIA）2011 年测算，中国页岩气总资源量可达 100 万亿立方米，可开采资源量达 36 万亿立方米（表 14-95），具有较大开发潜力。

表 14-95　各机构对中国页岩气资源量的测算

时间 / 年	机构	测算潜力
2008	中国地质大学（张金川等）	15 万亿～ 30 万亿立方米
2009	中国地质大学（张金川等）	26 万亿立方米
2009	国土资源部	25 万亿～ 35 万亿立方米
2010	中国石油勘探开发研究院廊坊分院	21.5 万亿～ 45 万亿立方米
2011	美国能源信息署（EIA）	资源量：100 万亿立方米 可开采资源量：36 万亿立方米

资料来源：黄晓勇主编《世界能源发展报告（2013）》，社会科学文献出版社，2013，第 482 页。

21 世纪初，中国开始勘探、开发页岩气，处于起步阶段。国土资源部油气资源战略研究中心于 2004 年开始跟踪调研中国页岩气资源状况和世界页岩气资源发展动态。2006 年，中国石油勘探开发研究院组织专家调查研究四川盆地页岩气资源。2007 年，中国石油天然气集团公司与美国新田石油公司

[1] 贺永德主编《天然气应用技术手册》，化学工业出版社，2009，第 7 页。
[2] 崔民选、王军生、陈义和主编《中国能源发展报告（2012）》，社会科学文献出版社，2012，第 99 页。

签署中国页岩气开发对外合作的第一个协议——《威远地区页岩气联合研究》协议。2008 年在四川省宜宾市开钻中国首口页岩气取芯浅井。2009 年，国土资源部在重庆市綦江县（今綦江区）启动中国首个页岩气资源勘查项目。同年 11 月，美国总统奥巴马在访问中国期间与中方共同签署《中美关于在页岩气领域开展合作的谅解备忘录》。中美两国政府还签署了《美国国务院和中国国家能源局关于中美页岩气资源工作行动计划》。[①] 与此同时，中国石油公司与壳牌公司也于同月在北京签订《四川盆地富顺—永川区块页岩气项目联合评价协议》，并在四川成都启动富顺—永川区块页岩气项目。

此后，国家积极推动页岩气开发。2010 年，国家能源局委托中国石油勘探开发研究院廊坊分院成立中国首个页岩气研究机构——国家能源页岩气研发（实验）中心。2011 年，国土资源部举办首次页岩气探矿权出让公开招标，共出让 4 个页岩气探矿权区块。同年，国土资源部将页岩气列为独立矿种，对它加强管理，提出"调查先行、规划调控、竞争出让、合同管理、加快突破"的工作思路。[②]2012 年，中国实施《页岩气发展规划（2011—2015 年）》。

截至 2011 年，中国在四川、云南、贵州等地有 6 口探井获得工业气流，在陕西延安的 3 口探井中发现陆相页岩气。[③]

（三）天然气水合物

中国天然气水合物主要分布在南海，南海天然气水合物资源量估计为 600 亿～ 700 亿吨油当量。中国东海冲绳海槽也有此矿藏。

中国从 20 世纪 80 年代开始研究天然气水合物。金庆焕于 1985 年首次在国内介绍固态甲烷是未来重要能源的有关资料。[④] 中国科学院兰州冰川冻土研究所于 1990 年开展天然气水合物人工合成实验。到 1999 年，地质工作取得初步成效，中国地质调查局在西沙海槽区天然气水合物资源前期调查中，在 130 千米的地震剖面上识别出天然气水合物的地震标志，证明中国海域有天然气水合物存在。

2007 年 5 月，中国广州海洋地质调查局在中国南海北部首次采集到天然气水合物实物样品。至此，中国成为继美国、日本、印度之后第四个采集到天然气水合物实物样品的国家，也是在南海海域首个获取天然气水合物实物样品的国家。[⑤]

2008 年 11 月，国土资源部在青海省祁连山南缘永久冻土带成功钻获天然气水合物实物样品。中国成为世界上第一个在中低纬度冻土区发现天然气水合物的国家，也是继加拿大、美国之后第三个在陆域通过钻探获得天然气水合物样品的国家。[⑥]

[①] 黄晓勇主编《世界能源发展报告（2013）》，社会科学文献出版社，2013，第 484 页。

[②] 同上书，第 481 页。

[③] 同上。

[④] 杨木壮、王明君、吕万军：《南海西北陆坡天然气水合物成矿条件研究》，气象出版社，2008，第 3 页。

[⑤] 谭蓉蓉：《我国在南海北部成功钻获天然气水合物实物样品》，《天然气工业》2007 年第 6 期。

[⑥] 钱伯章：《石油和天然气技术与应用》，科学出版社，2010，第 309-310 页。

第 15 章　　现代煤炭

进入现代时期，世界煤炭资源得到极大的开发利用，煤炭综合利用技术不断创新，先后开发出煤气化、煤液化、焦化、低温干馏等先进技术（表 15-1），煤炭开发利用规模不断扩大，世界煤炭生产和贸易的重点地区由欧美地区向亚洲转移。20 世纪中叶以来，由于受到世界石油和天然气工业崛起的冲击，煤炭生产和消费在世界能源体系中的地位下降，1962 年世界煤炭产量在世界能源生产总量中的比例由 1950 年的 58.7% 降至 40.9%，首次被石油超越。2012 年，煤炭在世界一次能源消费中所占比例为 29.9%，仅次于石油，排第二位。

表 15-1　世界煤炭开发利用进程

时间	事件
20 多亿年前	开始形成世界上最早的煤炭
3 亿年前	中国烟煤、无烟煤开始形成
160 万年前	世界上最晚的煤种泥炭开始形成
公元前 5000—前 4000 年	中国先民用煤精制成工艺品煤雕，中国成为世界上最早开发利用煤炭的国家
公元前 1000 年	中国东北的煤炭被用于炼铜和铸造钱币
公元前 648 年	伊朗地区开始利用煤炭
公元前 475—前 221 年	中国的《山海经》首次记载中国 6 处煤炭产地
约公元前 300 年	希腊《石史》记载希腊煤炭产地和性质
公元前 206—220 年	中国汉代用煤制作煤饼、型煤
公元前 1 世纪	古罗马开始用煤取暖

续表

时间	事件
约 1 世纪	英国开始利用煤炭
618—907 年	中国唐代出现焦炭的雏形——炼炭
618—907 年	中国唐代用煤炼丹、烧石灰、治病
907—1125 年	中国北京地区迟至辽代开始开采、利用煤炭
960—1279 年	中国宋代发明炼焦技术，开始开发、利用焦炭
约 11 世纪	美国用煤烧制黏土罐
12 世纪	德国开始开采、利用煤矿
12 世纪晚期	英国人发现煤炭可做燃料使用
1206—1368 年	中国元代发明烧煤用的铁炉子
1298 年	意大利的马可·波罗在《马可·波罗游记》中称中国煤炭为"黑色石块"
13 世纪	比利时的煤炭业得到一定发展
13 世纪	英国开始进行煤炭贸易
14 世纪初	英国爱德华一世出台法令，禁止用煤做燃料
约 1600 年	英国开始生产、使用煤球
约 17 世纪后期	中国清代前期共有 800 余个州、县、厅开采、利用煤矿
1709 年	英国获取煤制焦炭工艺
1760 年	英国建成世界上第一家用焦炭做燃料的大型炼铁厂
1792 年	英国默多克发明煤气灯
1812 年	英国默多克创办世界上第一家煤气公司
1812 年	英国伦敦开始使用煤气照明
1819 年	世界煤炭产量为 159 万吨
1819 年	世界煤炭出口量为 24.2 万吨
1820 年	比利时发明使用焦炭的鼓风炉
1839 年	俄国建成世界上第一座空气鼓风气化炉，煤炭气化技术问世
1839 年	世界煤炭产量为 5 287.9 万吨
1849 年	加拿大亚伯拉罕·格斯纳从沥青焦油中提炼出煤油
1858 年	德国投产世界上最早采用活塞式冲压机的型煤厂
1859 年	世界煤炭产量为 12 940 万吨
1860 年	实用煤气机问世
1868 年	德国西蒙斯首先提出煤炭地下气化的概念
1882 年	美国爱迪生建成世界上第一座燃煤发电厂
1882 年	德国建成世界上第一台常压移动床煤气发生炉
1884 年	德国建成世界上第一座蓄热式焦炉
1892 年	德国温克勒发明流化床气化工艺
1899 年	世界煤炭产量为 66 767 万吨
1900 年	煤炭在世界能源消费中的比例超过 50%，木柴的地位被煤炭替代
1917 年	瑞士设计出第一套干熄焦装置
1917 年	世界煤炭产量为 12 亿吨
1917 年	世界煤炭出口量为 6 433.3 万吨

续表

时间	事件
1926 年	日本发明蜂窝煤机
1930 年	德国鲁奇公司建成第一套加压移动床气化试验装置
1932 年	苏联在顿巴斯煤矿建成世界上第一座有井式气化站
1933 年	美国建成第一家商业化型焦工厂
1942 年	被日本侵占的中国本溪湖煤矿发生世界罕见的特大瓦斯煤尘爆炸事故，造成 1 549 人死亡
1948 年	美国德士古公司建成世界上第一套水煤浆气化中试装置
1949 年	世界煤炭产量为 13 亿吨
1950 年	世界煤炭产量占世界能源生产总量的 58.7%
1964 年	英国燃气公司建成世界第一套煤制天然气商业装置（CRG 工艺）
1973 年	世界石油、煤炭产量占世界能源生产总量的比例分别为 52.0%、25.7%
1986 年	美国率先实行洁净煤技术计划
1987 年	世界煤炭探明储量为 16 310 亿吨
1995 年	中国上海焦化厂建成世界上第一套煤气化 U-gas 工业装置
1996 年	世界煤炭探明储量为 10 316 亿吨
1999 年	世界煤炭产量为 35 亿吨
2009 年	中国建成国内首个具有自主知识产权的煤基合成油示范项目
2009 年	中国成为煤炭净进口国
2011 年	世界煤炭进出口总量为 22.38 亿吨
2017 年	世界煤炭产量为 77 亿吨

资料来源：作者整理。

第 1 节　煤炭分布和储量

煤炭是当今世界上储量最丰富的一种可采化石能源。据 BP 统计，2000 年世界化石能源剩余可采储量为 11 213.97 亿吨（折算为标准煤，下同）。其中，煤炭 7 184.73 亿吨，占世界总量的 64.1%，还可开采 227 年；石油 2 030.04 亿吨，占世界总量的 18.1%，还可开采 40 年；天然气为 1 999.2 亿吨，占世界总量的 17.8%，还可开采 61 年。

一、煤炭分类

根据煤炭的煤化程度差异，煤炭可分为泥煤、褐煤、烟煤、无烟煤等。其中，烟煤又可分为长焰煤、不黏煤、弱黏煤、1/2 黏煤、气煤、气肥煤、1/3 焦煤、肥煤、焦煤、瘦煤、贫瘦煤和贫煤。

（一）国际煤炭分类

国际煤炭分类始于20世纪四五十年代。当时为方便国际间的贸易往来，联合国欧洲经济委员会煤炭委员会于1949年在日内瓦成立煤炭分类委员会，开始研究、制定国际煤炭分类方法。[1]

1953年，联合国欧洲经济委员会煤炭委员会提出国际硬煤分类方法。1956年，在日内瓦召开国际煤炭分类会议，对国际硬煤分类方法进行研究、讨论与修订，并正式提出硬煤国际分类标准（表15-2）。在该硬煤国际分类表中，硬煤为烟煤和无烟煤的统称。

表15-2　硬煤国际分类表（1956年版）

类型代号说明：
- 第一个数字表示根据挥发分（挥发分≤33%）或发热量（挥发分>33%）确定煤的组别
- 第二个数字表示根据煤的黏结性确定煤的组别
- 第三个数字表示根据煤的结焦性确定煤的亚组别

组别号数	坩埚膨胀序数	罗加指数	0	1	2	3	4	5	6	7	8	9	亚组别号数	膨胀性试验/%	葛金试验
3	>4	>45					435	535	635				5	>140	>G8
3						334	434	534	634				4	>50~140	G5~G8
3						333	433	533	633	733			3	>0~50	G1~G4
3						332a 332b	432	532	632	732	832		2	≤0	E~G
2	2½~4	20~45				323	423	523	623	723	823		3	>0~50	G1~G4
2						322	422	522	622	722	822		2	≤0	E~G
2						321	421	521	621	721	821		1	仅收缩	B~D
1	1~2	5~20			212	312	412	512	612	712	812		2	≤0	E~G
1					211	311	411	511	611	711	811		1	仅收缩	B~D
0	0~1/2	0~5	000	100（I：A B）	200	300	400	500	600	700	800	900	0	不软化	A

确定类别的指数：

类别号数	0	1	2	3	4	5	6	7	8	9
挥发分 V_{daf}/%	0~3	>3~10	>10~14	>14~20	>20~28	>28~33	>33	>33	>33	>33
（挥发分细分）		>3~6.5 / >6.5~10		>14~16 / >16~20						
发热量 $Q_{gr,daf}$/(kcal/kg)	—	—	—	—	—	—	>7750	>7200~7750	>6100~7200	>5700~6100

各类别煤挥发分范围：
6：33%~41%
7：33%~44%
8：35%~50%
9：42%~50%

类别：以挥发分（$V_{daf} \leq 33\%$）或发热量指数（$Q_{gr,daf} > 33\%$）确定

资料来源：本书编委员：《能源词典》第2版，中国石化出版社，2005，第118页。

---

[1] 吴占松、马润田、赵满成等：《煤炭清洁有效利用技术》，化学工业出版社，2007，第10页。

1957 年，联合国欧洲经济委员会煤炭委员会又制定褐煤分类办法，作为硬煤国际分类的补充。在此基础上，1974 年，国际标准化组织制定褐煤分类的国际标准（表 15-3）。

表 15-3　褐煤国际分类表

组别 $T_{ar,daf}$/%	组号	代号					
> 25	4	14	24	34	44	54	64
> 20 ~ 25	3	13	23	33	43	53	63
> 15 ~ 20	2	12	22	32	42	52	62
> 10 ~ 15	1	11	21	31	41	51	61
≤ 10	0	10	20	30	40	50	60
类号		1	2	3	4	5	6
类别指标	$M_{t,af}$/%（原煤）	≤ 20	> 20 ~ 30	> 30 ~ 40	> 40 ~ 50	> 50 ~ 60	> 60 ~ 70

资料来源：贺永德主编《现代煤化工技术手册》，化学工业出版社，2004，第 78 页。

为使煤炭分类更为合理，在上述煤炭分类标准的基础上，20 世纪 80 年代又先后召开多次国际煤炭分类会议。在 1985 年召开的国际煤炭分类会议上，首先明确了煤炭的分类范围，指出煤炭只包括褐煤、烟煤和无烟煤，不包括泥煤（泥炭）、油页岩、石墨、石煤等其他可燃矿物。其次，为避免褐煤（柴煤）、次烟煤、烟煤和硬煤等名词术语在实际使用中被混淆，国际煤炭分类委员会决定推荐使用煤化度（rank）的概念，并且将煤划分为低煤化度煤、中煤化度煤和较高煤阶煤。最后，一致确定低煤化度煤和中煤化度煤的划分界限，即当恒湿无灰基煤的高位发热量 $Q_{gr,maf}$ < 24 MJ/kg，镜质体平均随机反射率测定值低于 0.60% 时，定为低煤化度煤。[1]

1987 年和 1989 年又召开国际煤炭分类会议。1987 年通过硬煤国际分类编码系统（表 15-4），并于 1988 年 4 月经联合国欧洲经济委员会煤炭委员会第三次会议批准。该编码系统适用于国际煤炭贸易，也适用于国际煤炭科技交流。硬煤国际分类编码系统采用 8 个参数说明煤炭的不同性质，这 8 个参数分别为镜质组平均随机反射率 R_r（%）、镜质组反射率直方图、显微组分参数、坩埚膨胀序数、挥发分产率 V_{daf}（%）、灰分产率 A_d（%）、全硫含量 $S_{t,d}$（%）、干燥无灰基高位发热量 $Q_{gr,daf}$（MJ/kg）。[2]

[1] 申明新主编《中国炼焦煤的资源与利用》，化学工业出版社，2007，第 22 页。
[2] 同上。

表 15-4 硬煤国际分类编码系统

镜质组平均随机反射机反射 R̄r/%	镜质组反射率直方图	显微组分参数(无矿物质基)/% 4=惰质组, 5=壳质组		坩埚膨胀序数 (CS/V)	挥发分产率 Vdaf/%	灰分产率 Ad/%	全硫含量 St,d/%	干燥无灰基高位发热量 Qgr,daf/(MJ/kg)
位数 1；2	**位数 3**	**位数 4**	**位数 5**	**位数 6**	**位数 7；8**	**位数 9；10**	**位数 11；12**	**位数 13；14**
02 0.20~0.29	0 ≤ 0.1 无凹口	0 0~<10	0 —	0 0~0.5	48 > 48	00 0~<1	00 0.0~<0.1	21 < 22
03 0.30~0.39	1 > 0.1~< 0.2 无凹口	1 10~<20	1 0~<5	1 1~1.5	46 46~<48	01 1~<2	01 0.1~<0.2	22 22~<23
04 0.40~0.49	2 □	2 20~<30	2 5~<10	2 2~2.5	44 44~<46	02 2~<3	02 0.2~<0.3	23 23~<24
·	3 > 0.2 无凹口	3 30~<40	3 10~<15	3 3~3.5	·	·	·	24 24~<25
·	4 1个凹口	4 40~<50	4 15~<20	4 4~4.5	·	·	·	25 25~<26
·	5 2个凹口	5 50~<60	5 20~<25	5 5~5.5	·	·	·	26 26~<27
(R̄r 每间隔 0.1% 为一个编码(两位数))	2个以上凹口	6 60~<70	6 25~<30	6 6~6.5	(Vdaf 每间隔 2% 为一个编码(2位数))	(Ad 每间隔 1% 为一个编码(2位数))	(St,d 每间隔 0.1% 为一个编码(2位数))	27 27~<28
·		7 70~<80	7 30~<35	7 7~7.5	10 10~<12	·	·	28 28~<29
·		8 80~<90	8 35~<40	8 8~8.5	09 9~<10	·	·	29 29~<30
·		9 ≥ 90	9 ≥ 40	9 9	(Vdaf 每间隔 1% 为一个编码(2位数))	·	·	30 30~<31
48 4.80~4.89					03 3~<4	18 18~<19	28 2.8~<2.9	31 31~<32
49 4.90~4.99					02 2~<3	19 19~<20	29 2.9~<3.0	32 32~<33
50 ≥ 5.00					01 1~<2	20 20~<21	30 3.0~<3.1	33 33~<34
								34 34~<35
								35 35~<36
								36 36~<37
								37 37~<38
								38 38~<39
								39 > 39

（最左侧行标：位数 / 编码号数）

灰分大于 21% 后，编码依次类推，如编码为 24 即表示灰分为 24%~25%

全硫大于 3.1% 后，编码依次类推，如编码为 46 即表示全硫分为 4.6%~4.7%

资料来源：申明新主编《中国炼焦煤的资源与利用》，化学工业出版社，2007，第 21 页。

1993 年，国际标准化组织煤炭委员会成立专门工作组，重新研究制定综合考虑煤气化、液化以及环境影响等内容的更为科学的煤炭国际分类标准，有澳大利亚、中国、加拿大、德国和日本等 14 个国家参加。[1] 2005 年，国际标准化组织正式颁布 *Classification of coals*（ISO 11760）。[2] 新的国际煤炭分类标准主要是根据煤的镜质组反射率、镜质组含量和灰分等指标对煤炭加以分类。

（二）中国煤炭分类

中国煤炭分类体系由技术分类、商业编码和煤层煤分类 3 个国家标准组成（表 15-5）。根据实际需要，在应用中不断对它们进行修改、补充、完善。

表 15-5　中国煤炭分类体系

项目	技术分类 / 商业编码	科学 / 成因分类
国家标准	★技术分类: GB/T 5751—2009 中国煤炭分类 ★商业编码: GB/T 16772—1997 中国煤炭编码系统	★GB/T 17607—1998 中国煤层煤分类
应用范围	1. 加工煤（筛分煤、洗选煤、各粒级煤） 2. 非单一煤层煤或配煤 3. 商品煤 4. 指导煤炭利用	1. 煤视为有机沉积岩（显微组分和矿物质） 2. 煤层煤 3. 国际、国内煤炭资源储量统一计算基础
目的	1. 技术分类: 以利用为目的（燃烧、转化） 2. 商业编码: 国内贸易与进出口贸易 3. 煤利用过程较详细的性质与行为特征 4. 对商品煤给出质量评价或类别	1. 科学 / 成因为目的 2. 计算资源量与储量的统一基础 3. 统一不同国家资源量、储量的统计与可靠计算 4. 对煤层煤质量评价
方法	1. 人为制定分类编码系统 2. 数码或商业类别（牌号） 3. 有限的参数，有时是不分类界 4. 基于煤的化学性质或部分煤岩特征	1. 自然系统 2. 定性描述类别 3. 有类别界限 4. 分类参数主要基于煤岩特征

资料来源: 陈鹏:《中国煤炭性质、分类和利用》，化学工业出版社，2001，第 184 页。

中国煤炭分类研究始于 1927 年。当时，翁文灏根据煤的挥发分、固定碳和水分对煤炭进行分类。1936 年，翁文灏和金开英用煤的加水燃率作为分类指标，将煤炭分为八类。1954 年，中国在大连召开第一次全国煤炭分类会议，分别制定出中国华北和东北两个地区性的煤炭分类方案。在此基础上，1956 年制定全国统一的以炼焦用煤为主的煤炭分类方案（表 15-6），并于 1958 年颁布试行。[3]

---

① 吴占松、马润田、赵满成等:《煤炭清洁有效利用技术》，化学工业出版社，2007，第 11 页。

② 夏征农、陈至立主编《大辞海·能源科学卷》，上海辞书出版社，2013，第 48 页。

③ 陈鹏:《中国煤炭性质、分类和利用》，化学工业出版社，2001，第 184 页。

表 15-6　中国煤炭分类方案（以炼焦用煤为主，1958 年试行）

大类别名称	小类别名称	分类指标	
		V_{daf}/%	Y/mm
无烟煤		0 ～ 10	—
贫煤		> 10 ～ 20	0（粉状）
瘦煤	1 号瘦煤	> 14 ～ 20	0（成块）～ 8
	2 号瘦煤	> 14 ～ 20	> 8 ～ 12
焦煤	瘦焦煤	> 14 ～ 18	> 12 ～ 25
	主焦煤	> 18 ～ 26	> 12 ～ 25
	焦瘦煤	> 20 ～ 26	> 8 ～ 12
	1 号肥焦煤	> 26 ～ 30	> 9 ～ 14
	2 号肥焦煤	> 26 ～ 30	> 14 ～ 25
肥煤	1 号肥煤	> 26 ～ 37	> 25 ～ 30
	2 号肥煤	> 26 ～ 37	> 30
	1 号焦肥煤	≤ 26	> 25 ～ 30
	2 号焦肥煤	≤ 26	> 30
	气肥煤	> 37	> 25
气煤	1 号肥气煤	> 30 ～ 37	> 9 ～ 14
	2 号肥气煤	> 30 ～ 37	> 14 ～ 25
	1 号气煤	> 37	> 5 ～ 9
	2 号气煤	> 37	> 9 ～ 14
	3 号气煤	> 37	> 14 ～ 25
弱黏煤	1 号弱黏煤	> 20 ～ 26	0（成块）～ 8
	2 号弱黏煤	> 26 ～ 27	0（成块）～ 9
不黏煤		> 20 ～ 37	0（粉状）
长焰煤		> 37	0 ～ 5
褐煤		> 40	—

资料来源：陈鹏：《中国煤炭性质、分类和利用》，化学工业出版社，2001，第 185 页。

　　从 1974 年开始，根据经济发展的需要，中国政府组织开展中国煤炭分类国家标准的研究与制定工作，于 1986 年制定出台现行中国煤炭分类国家标准（GB 5751—1986），从 1986 年 10 月 1 日开始试行，并从 1989 年 10 月 1 日起正式实行。

　　中国煤炭分类国家标准首先根据煤化程度将所有煤炭分为无烟煤、烟煤和褐煤三大类（表 15-7），然后再把这三大类细分为若干小类（表 15-8、表 15-9、表 15-10）。在此基础上，根据表 15-7、表 15-8、表 15-9 和表 15-10，汇总成中国煤炭分类表（表 15-11）。

表 15-7　中国煤炭分类

类别	符号	数码	分类指标	
			V_{daf}/%	P_M/%
无烟煤	WY	01，02，03	≤ 10.0	—

续表

类别	符号	数码	分类指标	
			V_{daf}/%	P_M/%
烟煤	YM	11，12，13，14，15，16，21，22，23，24，25，26，31，32，33，34，35，36，41，42，43，44，45，46	> 10.0	—
褐煤	HM	51，52	> 37.0[1]	≤ 50[2]

资料来源：吴占松、马润田、赵满成等：《煤炭清洁有效利用技术》，化学工业出版社，2007，第8页。

注：[1] 凡 V_{daf} > 37.0%、G（黏结指数测值）≤ 5者，再用透光率 P_M 来区分烟煤和褐煤（在地质勘探中，V_{daf} > 37.0%，在不压饼的条件下测定的焦渣特征为 1～2 号的煤，再用 P_M 来区分烟煤和褐煤）。[2] 凡 V_{daf} > 37.0%、P_M > 50% 者，为烟煤；P_M > 30% ～ 50% 的煤，如恒湿无灰基高位发热量 $Q_{gr, maf}$ > 24 MJ/kg（5 700 cal/g），则划分为长焰煤，否则为褐煤。

表 15-8　中国无烟煤的分类

类别	符号	数码	分类指标	
			V_{daf}/%	H_{daf}/%[1]
无烟煤一号	WY 1	01	≤ 3.5	≤ 2.0
无烟煤二号	WY 2	02	> 3.5 ～ 6.5	> 2.0 ～ 3.0
无烟煤三号	WY 3	03	> 6.5 ～ 10.0	> 3.0

资料来源：吴占松、马润田、赵满成等：《煤炭清洁有效利用技术》，化学工业出版社，2007，第8页。

注：[1] 在已确定无烟煤小类的生产矿、厂的日常工作中可以只按 V_{daf} 分类；在地质勘探工作中，为新区确定亚类或生产矿、厂和其他单位需要重新核定亚类时，应同时测定 V_{daf} 和 H_{daf}，按上表分亚类。如两种结果有矛盾，以按 H_{daf} 划分亚类的结果为准。

表 15-9　中国烟煤的分类

类别	符号	数码	分类指标			
			V_{daf}[1]/%	G	Y/mm	b[2]/%
贫煤	PM	11	> 10.0 ～ 20.0	≤ 5		
贫瘦煤	PS	12	> 10.0 ～ 20.0	> 5 ～ 20		
瘦煤	SM	13	> 10.0 ～ 20.0	> 20 ～ 50		
		14	> 10.0 ～ 20.0	> 50 ～ 65		
焦煤	JM	15	> 10.0 ～ 20.0	> 65[2]	≤ 25.0	(≤ 150)
		24	> 20.0 ～ 28.0	> 50 ～ 65		(≤ 150)
		25	> 20.0 ～ 28.0	> 65[3]	≤ 25.0	(≤ 150)
肥煤	FM	16	> 10.0 ～ 20.0	(> 85)[4]	> 25.0	(> 150)
		26	> 20.0 ～ 28.0	(> 85)[5]	> 25.0	(> 150)
		36	> 28.0 ～ 37.0	(> 85)[6]	> 25.0	(> 220)
1/3 焦煤	1/3JM	35	> 28.0 ～ 37.0	> 65[7]	≤ 25.0	(≤ 220)
气肥煤	QF	46	> 37.0	(> 85)[8]	> 25.0	(> 220)

续表

类别	符号	数码	分类指标			
			V_{daf}[1]/%	G	Y/mm	b[10]/%
气煤	QM	34	> 28.0 ～ 37.0	> 50 ～ 65	≤ 25.0	(≤ 220)
		43	> 37.0	> 35 ～ 50		
		44	> 37.0	> 50 ～ 65		
		45	> 37.0	> 65[9]		
1/2 中黏煤	1/2ZN	23	> 20.0 ～ 28.0	> 30 ～ 50		
		33	> 28.0 ～ 37.0	> 30 ～ 50		
弱黏煤	RN	22	> 20.0 ～ 28.0	> 5 ～ 30		
		32	> 28.0 ～ 37.0	> 5 ～ 30		
不黏煤	BN	21	> 20.0 ～ 28.0	≤ 5		
		31	> 28.0 ～ 37.0	≤ 5		
长焰煤	CY	41	> 37.0	≤ 5		
		42	> 37.0	> 5 ～ 35		

资料来源：吴占松、马润田、赵满成等：《煤炭清洁有效利用技术》，化学工业出版社，2007，第8-9页。

注：[1][2][3][4][5][6][7][8][9] 当烟煤的黏结指数测值 G 小于或等于85时，用干燥无灰基浮煤挥发分 V_{daf} 和黏结指数测值 G 来划分煤类。当黏结指数测值 G 大于85时，则用干燥无灰基浮煤挥发分 V_{daf} 和胶质层最大厚度 Y，或用干燥无灰基浮煤挥发分 V_{daf} 和奥-阿膨胀度 b 来划分煤类。[10] 当 G > 85 时，用 Y 和 b 并列作为分类指标。当 V_{daf} ≤ 28.0% 时，b 暂定为150%；V_{daf} > 28.0% 时，b 暂定为220%。当 b 值和 Y 值矛盾时，以 Y 值为准来划分煤类。

说明：分类用的煤样，如原煤灰分小于或等于10%者，不需减灰。灰分大于10%的煤样，需按GB474—83的煤样制备方法，用氯化锌重液减灰后再分类。

表 15-10 中国褐煤的分类

类别	符号	数码	分类指标	
			P_M/%	$Q_{gr, maf}$[1]/ (MJ/kg)
褐煤一号	HM 1	51	0 ～ 30	—
褐煤二号	HM 2	52	> 30 ～ 50	≤ 24

资料来源：吴占松、马润田、赵满成等：《煤炭清洁有效利用技术》，化学工业出版社，2007，第9页。

注：[1] V_{daf} > 37.0%、P_M > 30% ～ 50% 的煤，如恒湿无灰基高位发热量 $Q_{gr, maf}$ > 24 MJ/kg (5 700 cal/g)，则划为长焰煤。

表 15-11 中国煤炭分类总表

类别	符号	数码	分类指标						
			V_{daf}/%	G ($G_{R.I.}$)	Y/mm	b/%	H_{daf}[9]/%	P_M[10]/%	$Q_{gr, maf}$/ (MJ/kg)
无烟煤	WY	01	≤ 3.5				≤ 2.0		
		02	> 3.5 ～ 6.5				> 2.0 ～ 3.0		
		03	> 6.5 ～ 10.0				> 3.0		
贫煤	PM	11	> 10.0 ～ 20.0	0 ～ 5					
贫瘦煤	PS	12	> 10.0 ～ 20.0	> 5 ～ 20					
瘦煤	SM	13	> 10.0 ～ 20.0	> 20 ～ 50					
		14	> 10.0 ～ 20.0	> 50 ～ 65					

续表

类别	符号	数码	分类指标						
			V_{daf}/%	G（$G_{R.I.}$）	Y/mm	b/%	$H_{daf}^{[9]}$/%	$P_M^{[10]}$/%	$Q_{gr, maf}$/（MJ/kg）
焦煤	JM	15	> 10.0 ~ 20.0	> 65[1]	≤ 25.0	(≤ 150)			
		24	> 20.0 ~ 28.0	> 50 ~ 65					
		25	> 20.0 ~ 28.0	> 65[2]	≤ 25.0	(≤ 150)			
1/3 焦煤	1/3JM	35	> 28.0 ~ 37.0	> 65[3]	≤ 25.0	(≤ 220)			
肥煤	FM	16	> 10.0 ~ 20.0	(> 85)[4]	> 25.0	(> 150)			
		26	> 20.0 ~ 28.0	(> 85)[5]	> 25.0	(> 150)			
		36	> 28.0 ~ 37.0	(> 85)[6]	> 25.0	(> 220)			
气肥煤	QF	46	> 37.0	(> 85)[7]	> 25.0	(> 220)			
气煤	QM	34	> 28.0 ~ 37.0	> 50 ~ 65	≤ 25.0	(≤ 220)			
		43	> 37.0	> 35 ~ 50					
		44	> 37.0	> 50 ~ 65					
		45	> 37.0	> 65[8]					
1/2 中黏煤	1/2ZN	23	> 20.0 ~ 28.0	> 30 ~ 50					
		33	> 28.0 ~ 37.0	> 30 ~ 50					
弱黏煤	RN	22	> 20.0 ~ 28.0	> 5 ~ 30					
		32	> 28.0 ~ 37.0	> 5 ~ 30					
不黏煤	BN	21	> 20.0 ~ 28.0	1 ~ 5					
		31	> 28.0 ~ 37.0	1 ~ 5					
长焰煤	CY	41	> 37.0	1 ~ 5				> 50	
		42	> 37.0	> 5 ~ 35					
褐煤	HM	51	> 37.0					≤ 30	
		52	> 37.0					> 30 ~ 50	

资料来源：申明新主编《中国炼焦煤的资源与利用》，化学工业出版社，2007，第 6 页。

注：[1][2][3][4][5][6][7][8] 当 $G_{R.I.}$ > 85 时，再用 Y 值（或 b 值）来区分肥煤、气煤与其他煤类，当 Y > 25.0 mm 时，如 V_{daf} ≤ 37.0%，则划分为肥煤，如 V_{daf} > 37.0%，则划分为气煤；如 Y ≤ 25.0 mm，则根据其 V_{daf} 的大小而划分为相应的其他煤类。当用 b 值来划分肥煤、气肥煤与其他煤类的界限时，如 V_{daf} > 10.0%，暂定 b > 150% 的为肥煤；如 V_{daf} > 28.0%，则暂定 b > 220% 的为肥煤或气肥煤（V_{daf} > 37.0% 时）。当按 b 值划分的类别与 Y 值划分的类别有矛盾时，以后者为准。[9] 如用 V_{daf} 和 H_{daf} 划分出的小类有矛盾时，则以 H_{daf} 划分的小类为准。在已经确定无烟煤小类的生产矿、厂的日常检测中，可以只按 V_{daf} 来分类；在煤田地质勘探工作中，对新区确定小类或生产矿、厂需要重新核定小类时，应同时测定 V_{daf} 和 H_{daf} 值，按规定确定出小类。[10] 对 V_{daf} > 37.0%，$G_{R.I.}$ ≤ 5 的煤，再以 P_M 来确定其为长焰煤或褐煤。如 P_M > 30% ~ 50%，再测 $Q_{gr, maf}$，如其值大于 24 MJ/kg，则应划分为长焰煤（地质勘探煤样，对 V_{daf} > 37.0%，焦渣特征为 1 ~ 2 号的煤，在不压饼的条件下测定，再用 P_M 来划分烟煤和褐煤）。表中，G——黏结指数，Y——胶质层最大厚度，b——奥 - 阿膨胀度，P_M——低阶煤的透光率，$Q_{gr, maf}$——恒湿无灰基煤的高位发热量，V_{daf}——干燥无灰基浮煤挥发分（或 A_d 不超过 10% 的原煤干燥无灰基挥发分）。

说明：分类用煤样，除 A_d ≤ 10.0% 的采用原煤外，凡 A_d > 10.0% 的各种煤样，应采用 $ZnCl_2$ 重液选后的浮煤（对易泥化的低煤化度褐煤，可采用灰分尽可能低的原煤样）。

在制定中国煤炭分类国家标准的基础上，中国还于 1997 年制定中国煤炭编码系统国家标准（GB/T 16772—1997）（表 15-12），1998 年制定中国煤层煤分类国家标准（GB/T 17607—1998）（图 15-1），从而形成完整的中国煤炭分类体系。

表 15-12 中国煤炭编码总表

镜质组平均随机反射率 R̄r		高位发热量 Qgr,daf（中、高煤阶煤）		高位发热量 Qgr,maf（低煤阶煤）		挥发分 Vdaf		黏结指数 G（中、高煤阶煤）		全水分 Mt（低煤阶煤）		焦油产率 Tar,daf（低煤阶煤）		灰分 Ad		硫分 St,d	
编码	%	编码	MJ/kg	编码	MJ/kg	编码	%	编码	G值	编码	%	编码	%	编码	%	编码	%
02	0.20~0.29	24	24~<25	11	11~<12	01	1~<2	00	0~9	1	<20	1	<10	00	0~<1	00	1~<0.1
03	0.30~0.39	25	25~<26	12	12~<13	02	2~<3	01	1~19	2	20~<30	2	10~<15	01	1~<2	01	0.1~<0.2
04	0.40~0.49	—	—	13	13~<14	—	—	02	20~29	3	30~<40	3	15~<20	02	2~<3	02	0.2~<0.3
—	—	35	35—<36	—	—	09	9~<10	—	—	4	40~<50	4	20~<25	—	—	—	—
19	1.90~1.99	—	—	22	22~<23	10	10~<11	09	90~99	5	50~<60	5	≥25	29	29~<30	31	3.1~<3.2
—	—	39	≥39	23	23~<24	49	49~<50	10	≥100	6	60~<70			30	30~<31	32	3.2~<3.3
50	≥5.0																

资料来源：陈鹏：《中国煤炭性质、分类和利用》，化学工业出版社，2001，第212页。

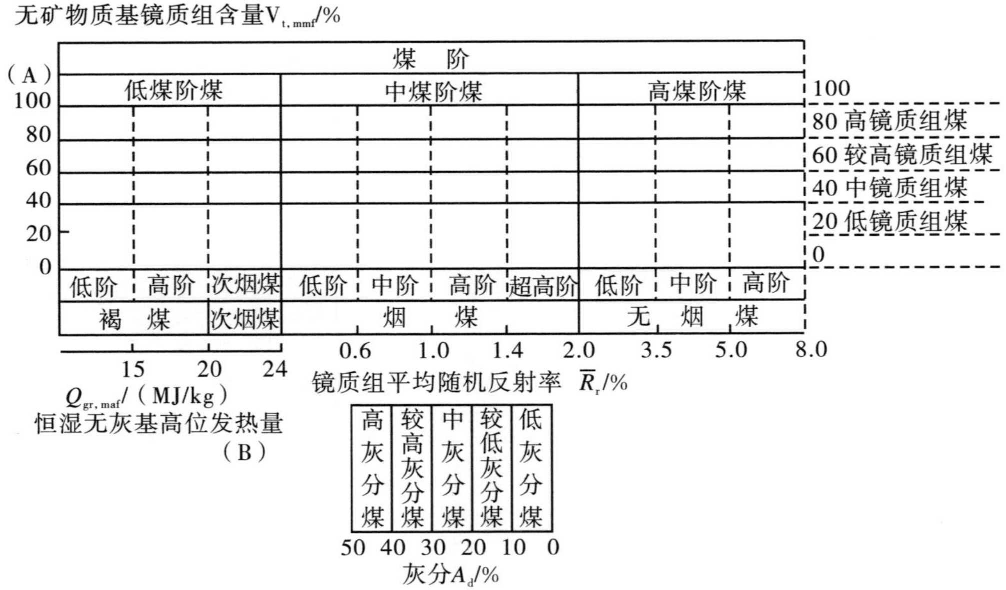

图 15-1 中国煤层煤分类

（A）无矿物质基镜质组组量 V_t,mmf/%：100、80、60、40、20、0
低煤阶煤、中煤阶煤、高煤阶煤
100、80 高镜质组煤、60 较高镜质组煤、40 中镜质组煤、20 低镜质组煤、0

镜质组平均随机反射率 R̄r/%：0.6、1.0、1.4、2.0、3.5、5.0、8.0
煤阶：低阶烟煤、中阶烟煤、高阶烟煤、超高阶无烟煤、低阶无烟煤、中阶、高阶
煤：低煤阶煤、中煤阶煤、高煤阶煤

（B）Q_gr,maf/（MJ/kg）：15、20、24
恒湿无灰基高位发热量：低阶褐煤、高阶褐煤、次烟煤
灰分 A_d/%：50、40、30、20、10、0
高灰分煤、较高灰分煤、中灰分煤、低灰分煤、低灰分煤

资料来源：陈鹏：《中国煤炭性质、分类和利用》，化学工业出版社，2001，第224页。

说明：(A) 按煤阶和煤的显微组分组成分类。(B) 按煤的灰分分类。

二、煤炭资源分布

世界煤炭资源分布很不均衡，90% 以上集中在北半球中高纬度地带，其中有 90% 左右储藏在美国、中国、俄罗斯、印度、澳大利亚、南非、德国等 10 个国家。在五大洲中，欧洲煤炭资源最丰富，其次为美洲，再次为亚洲，大洋洲、非洲的煤炭资源较少。世界上有煤炭的国家和地区约为 80 个，不到世界总数的 1/2，而 2012 年探明储量达 1 亿吨以上的国家只有 32 个（表 15-13）。

据 BP 统计，2012 年世界煤炭探明储量为 8 609.38 亿吨，排在世界前十位的国家依次为美国（2 372.95 亿吨）、俄罗斯（1 570.10 亿吨）、中国（1 145.00 亿吨）、澳大利亚（764.00 亿吨）、印度（606.00 亿吨）、德国（406.99 亿吨）、乌克兰（338.73 亿吨）、哈萨克斯坦（336.00 亿吨）、南非（301.56 亿吨）、哥伦比亚（67.46 亿吨），共计 7 908.79 亿吨，约占世界总量的 91.86%。

表 15-13　2012 年世界煤炭探明储量分布

国家 / 地区	储量 / 亿吨	占世界总量的比例 /%	储产比 / 年
（一）北美地区	2 450.88	28.5	244
美国	2 372.95	27.6	257
加拿大	65.82	0.8	98
墨西哥	12.11	0.1	88
（二）中南美地区	125.08	1.5	129
巴西	45.59	0.5	*
哥伦比亚	67.46	0.8	76
委内瑞拉	4.79	0.1	292
（三）欧洲和欧亚地区	3 046.04	35.4	238
保加利亚	23.66	0.3	72
捷克	11.00	0.1	20
德国	406.99	4.7	207
希腊	30.20	0.4	50
匈牙利	16.60	0.2	179
哈萨克斯坦	336.00	3.9	289
波兰	57.09	0.7	40
罗马尼亚	2.91	**	9
俄罗斯	1 570.10	18.2	443
西班牙	5.30	0.1	85
土耳其	23.43	0.3	33
乌克兰	338.73	3.9	384
英国	2.28	**	14
（四）中东和非洲地区	328.95	3.8	124
南非	301.56	3.5	116
津巴布韦	5.02	0.1	196
（五）亚洲和太平洋地区	2 658.43	30.9	51
澳大利亚	764.00	8.9	177
中国	1 145.00	13.3	31

续表

国家 / 地区	储量 / 亿吨	占世界总量的比例 /%	储产比 / 年
印度	606.00	7.0	100
印度尼西亚	55.29	0.6	14
日本	3.50	**	265
新西兰	5.71	0.1	115
朝鲜	6.00	0.1	19
巴基斯坦	20.70	0.2	*
韩国	1.26	**	60
泰国	12.39	0.1	68
越南	1.50	**	4
全球合计	8 609.38	—	109

资料来源：黄晓勇主编《世界能源发展报告（2014）》，社会科学文献出版社，2014，第217-218页。

注：* 超过 500 年；** 小于 0.05。

（一）美国

美国是世界上煤炭资源最丰富的国家，1 800 米深度以内浅层地质煤炭资源总量为 3.6 万亿吨。20 世纪末，美国煤炭探明储量为 4 300 亿吨，其中烟煤占 51.00%，次烟煤占 38.00%，褐煤占 9.47%，无烟煤占 1.60%，适于露天开采的占 32.70%[1]。美国有 38 个州赋存煤炭，主要集中在科罗拉多州、俄亥俄州、西弗吉尼亚州、蒙大拿州、伊利诺伊州、宾夕法尼亚州、怀俄明州和肯塔基州 8 个州。这 8 个州的煤炭储量占美国煤炭总储量的 84%。其中，蒙大拿州煤炭探明储量居美国首位，占全国的 25.4%；其次是怀俄明州，约占 14.8%[2]。2012 年美国煤炭探明储量为 2 372.95 亿吨，占世界总量的 27.6%，居世界首位，可开采年限为 257 年。

（二）俄罗斯

俄罗斯煤炭预测储量超过 5 万亿吨，可供开采的储量约 2 018 亿吨。煤炭资源分布不平衡，有 3/4 以上分布在俄罗斯的亚洲区域，而其欧洲区域所占比例不到 1/4。大型煤田主要分布在俄罗斯的东部、西伯利亚、欧洲区域及远东地区（表 15-14）。2012 年俄罗斯煤炭探明储量为 1 570.10 亿吨，占世界总量的 18.2%，排世界第二位，可开采年限为 443 年。

表 15-14　俄罗斯煤质概况

地区 / 煤田 / 煤产地	地质时代	$M_{t,ar}$	原煤						
			A_d/%	$S_{t,d}$/%	$P_{o,daf}$/%	$C_{o,daf}$/%	$H_{o,daf}$/%	$Q_{gr,daf}$ / （MJ/kg）	$Q_{net,ar}$ / （MJ/kg）
俄罗斯的欧洲部分和乌拉尔	顿涅兹（俄罗斯部分） C_2	—	—	—	—	—	—	—	—

———————

[1] 高晋生主编《煤的热解、炼焦和煤焦油加工》，化学工业出版社，2010，第87页。

[2] 同上。

续表

地区/煤田/煤产地		地质时代	$M_{t,ar}$	原煤						
				A_d/%	$S_{t,d}$/%	$P_{o,daf}$/%	$C_{o,daf}$/%	$H_{o,daf}$/%	$Q_{gr,daf}$/(MJ/kg)	$Q_{net,ar}$/(MJ/kg)
平丘克	鲁德尼茨亚亚组	P_1	4	11～25	0.5～1.8	0.02	82～90	4.1～5.2	34～36	22～24
	因塔组	P_2	6	15～35	1～3	0.02	80～89	4.1～5.4	33～36	17～25
	基泽罗夫	C_1	5	15～25	3～8	—	77～85	5.6	34	22
	叶泽尔什－卡明斯克	C_1	6	21～38	1.4～3.3	—	80～88	5～5.6	31～36	18～27
西西伯利亚	库兹涅兹	$C_3～P_1$	4～11	5～15	0.4～1.1	0.05	85～90	4.5～5.8	33～37	29～32
		P_2	5～7	4～18	0.3～1.8	0.08	83～88	5～5.8	32～36	26～31
东西伯利亚	泰梅尔	P_1	—	9～34	0.3～2	0.03	82～90	4～5.8	34	
		P_2	—	16～38	0.4～4	0.04	80～88	4.9～5.5	34	—
	通古斯	$C_3～P_1$	4	4～25	0.5～3	0.03	80～88	4～5	30～35	18～20
		P_2	4	15～19	0.5～3	0.03	79～87	4.2～5	34	22
	坎斯克－阿欣斯克	J_{1-2}	5	13～16	0.1～1.6	0.02	80	6	33	28
	伊尔库茨克	J_1	8	8～18	2～7	—	77～80	5.4～5.8	32	26
	乌鲁赫姆	J_2	10	10～15	0.6	0.001	84～87	5.5～6	36	27
	伊尼陶	J_2	—	9	0.7	0.1	82	5.4	33	26
米努辛斯克	阿斯基兹	C_{2-3}	9	12～25	0.1～0.6	0.05	82	6	34	26
	别洛净尔	$C_3～P_1$	—	10～20	—	—	78	5.1	31	23
	阿普萨特	J_{2-3}	6	13	0.5	—	88	5.2	33	28
远东	勒拿	K_1	8	6～20	0.4	—	80～90	4.6～6.5	35	24
	赞良斯克	K_1	8	10～20	0.4	—	83～86	4.9～5.6	35	23
	南雅库特	J_{2-3}	7	10～30	0.4	0.003	87	5.6	35	27
		J_3	8	17～25	0.3	0.05	91	4.9	36	27
	柯金	$J_3～K_1$	8	10～30	0.3	0.003	87	5.6	35	27
	迭朴区[1]	K_1	—	18～40	0.5	—	84	5.2	32	—
	托尔布兹区[2]	K_1	3	20～40	0.4	0.1	85	5.2	36	25
	布列亚[3]	K_1	6	23～30	0.8	0.001～0.1	82	5.5	33	20
	特尔马[4]	K_1	—	18～36	0.4	—	80～83	5.6	34	—
	帕尔季赞	K	5	12～40	0.5	0.003～0.7	81～87	4.6～5.5	33	20

续表

地区/煤田/煤产地		地质时代	$M_{t,ar}$	原煤						
				A_d/%	$S_{t,d}$/%	$P_{o,daf}$/%	$C_{o,daf}$/%	$H_{o,daf}$/%	$Q_{gr,daf}$/（MJ/kg）	$Q_{net,ar}$/（MJ/kg）
东北部	奥莫隆区[5]	K	—	6～26	0.4	—	82	5.6	33	—
	安纳德尔区[6]	K	—	13～21	1	—	80	5.2	34	—
	萨哈林煤产地	K	—	14～25	0.6	—	86	5.1	36	—
			—	19～36	0.5	—	78	6	34	—
			—	3～25	0.1～2.2	—	81～88	4.7～6.1	33～36	26～30

资料来源：贺永德主编《现代煤化工技术手册》，化学工业出版社，2004，第93页。

注：[1][2][3][4][5][6] 这几个煤产地的煤相对地与炼焦的批次有关。

（三）澳大利亚

澳大利亚煤炭资源丰富，硬煤（主要是黑煤，下同）储量为 5 300 亿吨，褐煤储量为 1 260 亿吨[①]。煤矿主要集中在东部山区。新南威尔士州的悉尼盆地是最大的硬煤产地，其北部有纽卡斯尔煤田和亨特河谷煤田，西部有利斯戈煤田，南部伍伦贡附近也有煤田，煤炭储量占全国的 70% 以上。昆士兰州硬煤产量居全国第二，主要位于鲍恩、布里斯班、埃莫拉尔德等地。维多利亚州盛产褐煤，主要分布在拉特罗布谷地，它是世界上最大的褐煤矿之一[②]。2012 年，澳大利亚煤炭探明储量为 764.00 亿吨，占世界总量的 8.9%，排世界第四位，可开采年限为 177 年。

（四）印度

印度煤炭资源呈带状分布，从马哈拉施特拉邦东部，经中央邦和比哈尔邦，直到西孟加拉邦有一条巨大的矿脉，以横跨中央邦和比哈尔邦的乔塔那格浦尔高原藏量最大，它们是印度最主要的炼焦煤产地[③]。印度硬煤资源量为 2 046.5 亿吨，可开采 300 多年，居世界第四位，但基于经济技术考虑，其可采储量仅为 237 亿吨，且含灰量达 40%；褐煤储量为 58.76 亿吨，仅能开采 30 年[④]。2012 年，印度煤炭探明储量为 606.00 亿吨，占世界总量的 7.0%，排世界第五位，可开采年限为 100 年。

（五）德国

德国硬煤主要分布在鲁尔区和萨尔州，地质储量为 2 300 亿吨，其中鲁尔区硬煤占全国储量的 90%。德国褐煤可采储量为 800 亿吨，主要分布在勃兰登堡州南部和下莱茵区[⑤]。北莱茵 – 威斯特法伦州的石煤区和萨尔煤田是最重要的石煤储藏地区，储量约为 240 亿吨[⑥]。2012 年，德国煤炭探明储量为 406.99 亿吨，占世界总量的 4.7%，排世界第六位，可开采年限为 207 年。

① 孟淑贤主编《各国概况·大洋洲》，世界知识出版社，1997，第8页。

② 沈永兴、张秋生、高国荣：《澳大利亚》，社会科学文献出版社，2003，第30-31页。

③ 孙士海、葛维钧主编《印度》第2版，社会科学文献出版社，2010，第21页。

④ 同上书，第239页。

⑤《中国大百科全书》总编委会：《中国大百科全书·第4卷》第2版，中国大百科全书出版社，2009，第480页。

⑥ 顾俊礼：《德国》，社会科学文献出版社，2007，第192页。

（六）哈萨克斯坦

哈萨克斯坦共发现煤田 400 多个，总储量为 1 400 亿～ 1 600 亿吨。[1]大多数煤田分布在卡拉干达和埃基巴斯图兹，前者储量达 500 亿吨，后者适于露天开采。炼焦煤集中在卡拉干达煤田。2012 年，哈萨克斯坦煤炭探明储量为 336.00 亿吨，占世界总量的 3.9%，排世界第八位，可开采年限为 289 年。

（七）南非

南非是非洲煤炭资源最丰富的国家，煤炭主要分布在夸祖鲁 - 纳塔尔省、姆普马兰加省和林波波省。[2]威特班克煤田是南非的主要煤田，煤炭产量居非洲首位。[3]2012 年，南非煤炭探明储量为 301.56 亿吨，占世界总量的 3.5%，排世界第九位，可开采年限为 116 年。

（八）哥伦比亚

哥伦比亚煤炭储量有 400 亿～ 670 亿吨[4]，主要分布在昆迪纳马卡、瓜希拉、安蒂奥基亚、博亚卡、北桑坦德、考卡山谷等省。2012 年，哥伦比亚煤炭探明储量为 67.46 亿吨，居美洲地区第二位，煤炭探明储量占世界总量的 0.8%，排世界第十位，可开采年限为 76 年。

三、煤炭储量

煤炭储量指已经探明或推测地壳中赋存的煤炭资源数量，可分为探明储量、预测储量等。同时，还可进一步进行储量分级，分为 A 级、B 级、C 级等。各主要矿产国及联合国对煤炭储量有不同的分类标准（表 15–15）。由于受到勘探条件、开采条件、资源总量、已开采资源量等因素的影响，不同时期的煤炭探明储量是不相同的，总体上呈减少趋势。

表 15–15　各主要矿产国和联合国煤炭储量分类对比表

中国（1986 年）	探明储量				预测储量（预测资源量）		
	工业储量			远景储量			
	A 级	B 级	C 级	D 级	E 级	F 级	G 级
苏联（1982 年）	储量				预测资源量		
	探明储量			初步评价储量			
	A 级	B 级	C_1 级	C_2 级	P_1 级	P_2 级	P_3 级
美国（1983 年）	储量				资源		
	证实的		推测的		假设的		推理的
	实测的	确定的					
联合国（1979 年）	R–1 级		R–2 级		R–3 级		

资料来源：本书编委员：《能源词典》第 2 版，中国石化出版社，2005，第 175 页。

① 赵常庆：《哈萨克斯坦》，社会科学文献出版社，2004，第 11 页。

② 杨立华主编《南非》，社会科学文献出版社，2010，第 9 页。

③ 贺永德主编《现代煤化工技术手册》，化学工业出版社，2004，第 95 页。

④ 徐宝华：《哥伦比亚》第 2 版，社会科学文献出版社，2010，第 14 页。

（一）20 世纪 60 年代至 70 年代初

20 世纪 60 年代至 70 年代初，世界部分国家的煤炭总储量为 97 262.48 亿吨，其中，硬煤 70 999.98 亿吨，褐煤 26 262.50 亿吨。实测储量为 11 058.28 亿吨，其中，硬煤 7 688.17 亿吨，褐煤 3 370.11 亿吨。

在硬煤总储量中，排世界前五位的国家依次为苏联（39 933.57 亿吨）、美国（22 857.63 亿吨）、联邦德国（2 303.04 亿吨）、英国（1 628.14 亿吨）、澳大利亚（1 118.65 亿吨）（表 15–16），共计 67 841.03 亿吨，占世界硬煤总量的 69.75%。

在褐煤总储量中，排世界前五位的国家分别为苏联（17 203.24 亿吨）、美国（6 387.46 亿吨）、澳大利亚（867.02 亿吨）、联邦德国（558.51 亿吨）、民主德国（300.00 亿吨）（表 15–16），共计 25 316.23 亿吨，占世界褐煤总量的 96.40%。

表 15–16　20 世纪 60 年代至 70 年代初部分国家（地区）的煤炭储量[1]

国家 / 地区	时间 / 年	实测储量 / 百万吨		推定及可能储量 / 百万吨	总储量 / 百万吨
		总计	经济可采储量		
硬煤					
苏联	1971	165 802	82 900	3 827 555	3 993 357
美国	1972	317 451	158 725	1 968 312	2 285 763
日本	1973	7 443	933	—	7 443
联邦德国	1971	44 001	30 000	186 303	230 304
法国	1973	1 380	443	—	—
英国	1973	98 877	3 871	63 937	162 814
加拿大	1970—1973	8 463	5 080	88 578	97 041
印度	1972	21 365	10 683	59 588	80 953
阿根廷	1972	155	100	400	555
澳大利亚	1972	25 540	14 165	86 325	111 865
孟加拉国	1966	760	152	711	1 471
比利时	1973	253	127	—	253
巴西	1972	3 256	1 790	—	—
智利	1969—1972	97	58	3 848	3 945
哥伦比亚	1971	150	109	3 950	4 100
捷克斯洛伐克	1966	5 540	2 493	6 033	11 573
匈牙利	1966	450	225	264	714
伊朗	1972	385	193	—	385
墨西哥	1973	5 316	629	6 684	12 000
荷兰	1955—1973	3 705	1 843	—	3 705
新西兰	1969	297	172	381	678
秘鲁	1966	211	105	2 123	2 334
波兰	1967	32 425	17 800	13 316	45 741

续表

国家 / 地区	时间 / 年	实测储量 / 百万吨		推定及可能储量 / 百万吨	总储量 / 百万吨
		总计	经济可采储量		
南非	1969	24 224	10 584	20 115	44 339
西班牙	1970	1 272	907	1 099	2 371
褐煤					
苏联	1971	107 402	53 700	1 612 922	1 720 324
美国	1972	46 112	23 056	592 634	638 746
日本	1973	1 185	93	—	1 185
联邦德国	1972	55 521	9 571	330	55 851
意大利	1972	110	33	—	110
加拿大	1970	571	457	11 165	11 736
印度	1972	1 795	897	231	2 026
澳大利亚	1973	48 801	10 160	37 901	86 702
奥地利	1972	147	64	26	173
保加利亚	1972	4 358	4 358	840	5 198
智利	1966	355	248	5 010	5 365
捷克斯洛伐克	1966	8 234	3 870	1 623	9 857
民主德国	1966	30 000	25 200	—	30 000
匈牙利	1966	2 900	1 450	2 779	5 679
莫桑比克	1969	100	80	300	400
新西兰	1969	56	17	340	396
巴基斯坦	1977	22	15	258	280
秘鲁	1966	—	—	4 630	4 630
波兰	1967	6 449	4 840	8 413	14 862
罗马尼亚	1966	1 367	1 100	2 533	3 900
西班牙	1970	930	736	262	1 192
土耳其	1972	2 702	1 891	3 289	5 991
南斯拉夫	1971	17 894	16 800	3 753	21 647

资料来源：中国社会科学院世界经济与政治研究所综合统计研究室：《世界经济统计简编·1982》，生活·读书·新知三联书店，1983，第99-101页。

注：[1] 实测储量指以经济上可以开采为标准，对煤矿的质量和等级进行抽样调查后的估计储量。经济可采储量指在实测储量中根据当前的经济和技术条件实际上可以开采的部分。推定及可能储量指对实测储量以外煤层的估计储量。总储量指实测储量和推定及可能储量之和。

（二）20 世纪 70 年代后期

20 世纪 70 年代后期，世界煤炭资源量为 136 092.989 亿吨，探明储量为 19 638.866 亿吨（表 15-17）。其中，亚洲煤炭资源总量为 16 489.188 亿吨，探明储量为 6 657.445 亿吨，分别占世界煤炭资源总量的 12.1% 和 33.9%；欧洲煤炭资源总量为 68 308.331 亿吨，探明储量为 7 211.311 亿吨，分别占世界总量的 50.2% 和 36.7%；非洲煤炭资源总量为 2 178.97 亿吨，探明储量为 726.41 亿吨，分别占世界总量的 1.6% 和 3.7%；大洋洲煤炭资源总量 7 840.79 亿吨，探明储量 831.11 亿吨，分别占世界总量的 5.8% 和 4.2%；美洲煤炭资源总量为 41 275.71 亿吨，探明储量为 4 212.59 亿吨，分别占世界总量的 30.4% 和 21.5%。

在世界煤炭资源总量中，前十位的国家依次为苏联（59 260.00 亿吨）、美国（35 996.57 亿吨）、中国（14 650.00 亿吨）、澳大利亚（7 799.00 亿吨）、加拿大（4 744.12 亿吨）、联邦德国（2 853.00 亿吨）、波兰（1 840.00 亿吨）、南斯拉夫（1 814.77 亿吨）、英国（1 495.00 亿吨）、印度（1 140.34 亿吨）。

世界煤炭探明储量前十位的国家分别为中国（6 000.00 亿吨）、美国（3 976.57 亿吨）、苏联（2 760.00 亿吨）、南斯拉夫（1 776.80 亿吨）、联邦德国（990.00 亿吨）、澳大利亚（829.00 亿吨）、波兰（760.00 亿吨）、南非（587.49 亿吨）、英国（450.00 亿吨）、印度（226.34 亿吨）。

表 15-17　20 世纪 70 年代后期世界各国煤炭资源

国家 / 地区	时间 / 年	资源总量 / 百万吨	探明储量 / 百万吨	各国（地区）资源总量占世界煤炭资源总量的比例 /%
世界总计	—	13 609 298.9	1 963 886.6	—
（一）亚洲	—	1 648 918.8	665 744.5	12.1
中国	1979	1 465 000	600 000	10.8
印度	1978	114 034	22 634	0.8
印度尼西亚	1979	20 117.6	674	0.15
日本	1979	8 707	8 707	＜ 0.1
朝鲜	1978	7 200	2 300	＜ 0.1
韩国	1978	1 231	182	＜ 0.1
土耳其	1978	5 412.7	4 209	＜ 0.1
孟加拉国	1978	—	1 053	—
巴基斯坦	1972	646	646	＜ 0.1
泰国	1978	—	246	—
其他	—	26 570.5	25 093.5	0.2
（二）欧洲	—	6 830 833.1	721 131.1	50.2
联邦德国	1979	285 300	99 000	2.1
波兰	1978	184 000	76 000	1.4
南斯拉夫	1971	181 477	177 680	1.3
英国	1977	149 500	45 000	1.1
民主德国	1978	30 000	—	0.2
捷克斯洛伐克	—	20 090	12 950	0.15
匈牙利	1966	9 400	4 850	＜ 0.1
保加利亚	1979	6 354	4 454	＜ 0.1
希腊	1976	4 750	3 600	＜ 0.1
西班牙	1979	4 595	1 082	＜ 0.1
比利时	1978	3 287	670	＜ 0.1

续表

国家 / 地区	时间 / 年	资源总量 / 百万吨	探明储量 / 百万吨	各国（地区）资源总量占世界煤炭资源总量的比例 /%
法国	1977	1 708	1 473	＜ 0.1
奥地利	1978	201.5	132.5	＜ 0.1
爱尔兰	1979	95	55	＜ 0.1
意大利	1979	55	33	＜ 0.1
苏联	1979	5 926 000	276 000	43.5
其他	—	24 020.6	18 151.6	0.2
（三）非洲	—	217 897	72 641	1.6
博茨瓦纳	1977	107 000	7 000	0.8
南非	1975	92 511	58 749	0.7
津巴布韦	1977	8 310	2 500	＜ 0.1
斯威士兰	1961	5 020	2 020	＜ 0.1
莫桑比克	1976	425	240	＜ 0.1
摩洛哥	1979	140	100	＜ 0.1
赞比亚	1979	130	32	＜ 0.1
扎伊尔	1978	—	600	—
其他	—	4 361	1 400	＜ 0.1
（四）大洋洲	—	784 079	83 111	5.8
澳大利亚	1979	779 900	82 900	5.7
新西兰	1979	4 179	211	＜ 0.1
（五）北美洲和中美洲	—	4 077 349	415 728	30.0
美国	1974	3 599 657	397 657	26.4
加拿大	1978	474 412	16 091	3.5
墨西哥	1979	3 280	1 980	＜ 0.1
（六）南美洲	—	50 222	5 531	0.4
巴西	1978	15 807	1 590	0.1
哥伦比亚	1979	10 063	2 073	＜ 0.1
委内瑞拉	1979	9 178	178	＜ 0.1
智利	1979	4 426	1 381	＜ 0.1
其他	—	10 748	309	＜ 0.1

资料来源：李汝燊：《自然地理统计资料》新编第 2 版，商务印书馆，1984，第 402–404 页。

（三）20 世纪八九十年代

20 世纪 80 年代后期（1987 年），世界硬煤探明储量为 16 310.00 亿吨。其中，中国探明储量为 6 506.00 亿吨，占世界总量的 39.89%，居世界第一；美国 2 259.43 亿吨，占 13.85%，排第二；英国 1 900.00 亿吨，占 11.65%，排第三；苏联 1 300.00 亿吨，占 7.97%，排第四；印度 1 291.54 亿吨，占 7.92%，排第五（表 15–18）。排世界前十位国家硬煤探明储量共计 15 832.39 亿吨，占世界总量的 97.07%。

表 15-18　1987 年硬煤探明储量排世界前十位国家

排名	国家 / 地区	探明储量 / 百万吨	占世界总量的比例 /%
1	中国	650 600	39.89
2	美国	225 943	13.85
3	英国	190 000	11.65
4	苏联	130 000	7.97
5	印度	129 154	7.92
6	南非	121 218	7.43
7	波兰	63 800	3.91
8	联邦德国	44 000	2.70
9	哥伦比亚	16 524	1.01
10	蒙古	12 000	0.74
合计		1 583 239	97.07
世界总计		1 631 000	—

资料来源: 陈秀英主编《世界经济信息统计汇编》, 中国物价出版社, 1993, 第 103 页。

20 世纪 90 年代中期（1996 年），世界煤炭可采储量为 10 316.10 亿吨。其中，无烟煤和烟煤 5 193.58 亿吨，次烟煤和褐煤 5 122.52 亿吨，分别占世界煤炭总量的 50.34% 和 49.66%。世界煤炭可采储量较多的国家主要为美国、俄罗斯、中国、澳大利亚、印度等（表 15-19）。

表 15-19　1996 年煤炭可采储量排世界前八位国家

单位：百万吨

排名	国家	无烟煤和烟煤	次烟煤和褐煤	合计	占世界总量的比例
1	美国	106 495	134 063	240 558	23.3%
2	俄罗斯	49 000	97 470	146 470	14.2%
3	中国	62 200	52 300	114 500	11.1%
4	澳大利亚	45 340	45 600	90 940	8.8%
5	印度	68 047	1 900	69 947	6.8%
6	德国	24 000	43 300	67 300	6.5%
7	南非	55 333	—	55 333	5.4%
8	波兰	29 100	13 000	42 100	4.1%
世界总计		519 358	512 252	1 031 610	—

资料来源: 高晋生主编《煤的热解、炼焦和煤焦油加工》, 化学工业出版社, 2010, 第 85-86 页。

（四）21 世纪初

2009 年，全球已探明煤炭储量为 8 260.01 亿吨。其中，欧洲和欧亚大陆煤炭已探明储量为 2 722.46 亿吨，占全球总量的 33.0%；亚太地区 2 592.53 亿吨，占全球总量的 31.4%；北美洲 2 460.97 亿吨，占全球总量的 29.8%；拉丁美洲 150.06 亿吨，占全球总量的 1.8%；中东和非洲 333.99 亿吨，占全球总量的 4.0%（表 15-20）。与 2004 年 BP 公司统计的世界煤炭可采储量 9 090.64 亿吨相比，2009 年世界已探明煤炭储量减少 830.63 亿吨。

表 15-20　2009 年世界煤炭已探明储量分布

国家 / 地区	无烟煤和沥青煤 / 百万吨	亚烟煤和褐煤 / 百万吨	总量 / 百万吨	占世界总量的比例 /%
世界总计	411 321	414 680	826 001	—
（一）欧洲和欧亚大陆	102 042	170 204	272 246	33.0
俄罗斯	49 088	107 922	157 010	19.0
乌克兰	15 351	18 522	33 873	4.1
哈萨克斯坦	28 170	3 130	31 300	3.8
波兰	6 012	1 490	7 502	0.9
德国	152	6 556	6 708	0.8
捷克	1 673	2 828	4 501	0.5
希腊	—	3 900	3 900	0.5
匈牙利	199	3 103	3 302	0.4
（二）亚太地区	155 809	103 444	259 253	31.4
中国	62 200	52 300	114 500	13.9
澳大利亚	36 800	39 400	76 200	9.2
印度	54 000	4 600	58 600	7.1
印度尼西亚	1 721	2 607	4 328	0.5
（三）北美洲	113 281	132 816	246 097	29.8
美国	108 950	129 358	238 308	28.9
加拿大	3 471	3 107	6 578	0.8
（四）拉丁美洲	6 964	8 042	15 006	1.8
巴西	—	7 059	7 059	0.9
哥伦比亚	6 434	380	6 814	0.8
（五）中东和非洲	33 225	174	33 399	4.0
南非	30 408	—	30 408	3.7

资料来源：张伟：《全球资源分布与配置》，人民出版社，2011，第 12~13 页。

　　从上述 20 世纪 60 年代以来有关世界煤炭储量的测算与报道来看，对世界煤炭资源总量的估算有两次：第一次为 20 世纪 60 年代至 70 年代初的数据，总储量为 97 262.48 亿吨；第二次为 20 世纪 70 年代后期的数据，煤炭资源总量为 136 092.989 亿吨。比较两者，第二次估算数值比第一次多出约 38 830.51 亿吨。从相关报道看，世界煤炭探明储量的总体走势是日渐减少的。20 世纪 60 年代至 90 年代，世界煤炭探明储量均超过 1 万亿吨，其中 20 世纪 60 年代至 70 年代初为 11 058.28 亿吨，20 世纪 70 年代后期达到 19 638.866 亿吨，为最高值，20 世纪 90 年代中期降为 10 316.10 亿吨。进入 21 世纪，世界煤炭探明储量减到千亿吨级，2009 年为 8 260.01 亿吨（表 15-21）。

　　世界煤炭探明储量日渐减少的趋势表明，随着世界煤炭资源年复一年的大规模开发，煤炭作为不可再生资源，其数量在不断减少。

表 15-21　1960—2009 年世界煤炭探明储量的变化

时间	探明（可采）储量 / 亿吨
20 世纪 60 年代至 70 年代初	11 058.28
20 世纪 70 年代后期	19 638.866
1987 年	16 310.00
1996 年	10 316.10
2001 年	9 844.50
2009 年	8 260.01

资料来源：作者整理。

四、大型煤田

经过长期的地质勘探，全世界发现大小煤田（即储煤盆地）2 300 多个，其中地质储量在 1 000 亿吨左右的特大煤田有 6 个，储量逾 10 亿吨的煤田有近 200 个，其他大多属于中小型煤田。20 世纪 70 年代，世界已开采的大型煤田主要集中在欧洲。世界主要大型煤田有美国的阿巴拉契亚，苏联的顿巴斯、库兹巴斯、卡拉干达、伯绍拉，联邦德国的鲁尔、萨尔，英国的约克 – 诺丁汉，法国的洛林，波兰的上西里西亚（表 15-22）。

中国大型煤田有神府 – 东胜煤田、鄂尔多斯煤田、大同煤田等。位于陕西省西北部和内蒙古自治区南部的神府 – 东胜煤田预测储量为 6 690 亿吨，探明储量为 2 300 亿吨，是中国已探明的最大煤田，也是世界大型煤田。鄂尔多斯煤田也是世界大型煤田之一，预测储量为 1 800 亿吨，探明储量为 346.4 亿吨。

表 15-22　1975 年世界十大煤田

国家 / 矿区		原煤产量 / 万 t	煤田面积 / 万 km²	煤储量 / 亿吨		煤层平均厚度 /m	矿井平均开采深度 / m	煤矿数 / 个		采煤综合机械化程度 /%	煤矿职工人数 / 万人	矿井工人效率 / （原煤 t/ 工）
				储量	探明储量			矿数	露天矿			
美国[1]	阿巴拉契亚	39 600	18	3 240	1 325	1.6	65	4 393	2 756	65.0	12.0	12.4
苏联	顿巴斯	22 146	6	2 406	385	0.95	464	282	—	47.0	63.8[2]	2.42
	库兹巴斯	13 402	12.6	9 053	493	2.2	248	—	—	80.0	—	3.94
	卡拉干达	4 632	0.30	512	75	1.8	323	27	1	74.5	8.4	4.74
	伯绍拉	2 416	12	3 445	69	1.9	423	23	—	83.0	—	4.40
联邦德国	鲁尔	13 500	0.46	—	652	1.7	835	35	—	80.8	16.0	6.80[4]
	萨尔	1 770	0.10	—	30	1.7	687	6	—	100.0	2.2	7.96[5]
英国	约克 – 诺丁汉	8 100	0.75	—	112	1.4	460	104	—	92.0	11.3	3.55
法国	洛林	1 650	0.20	—	30	2.3	704	5	—	—	1.9[3]	4.46
波兰	上西里西亚	20 400	0.45	840	135	1.9	450	65	—	50.0	—	4.05

资料来源：《国外经济统计资料》编辑小组：《国外经济统计资料（1949—1978 年）》，中国统计出版社，1981，第 152 页。

注：[1] 1973 年数据。[2] [3] 工人数。[4] [5] 井下工人数。

第 2 节　煤炭生产

现代时期，世界煤炭生产规模不断扩大。与此同时，世界煤炭生产中心也由 20 世纪 90 年代以前以欧美地区向亚太地区转移，20 世纪 90 年代后，亚太地区成为世界重要的煤炭生产中心。

一、煤炭产量及其地位

进入现代后，世界煤炭产量在世界能源生产总量中所占比例日渐下降，到 1962 年煤炭所占比例首次低于石油。

（一）煤炭产量的变化

1919 年，世界煤炭产量为 104 222.5 万吨。

20 世纪 20 年代，世界煤炭生产发展较快，1929 年煤炭产量为 131 654.2 万吨，比 1919 年增长 26.32%（表 15-23）。

20 世纪三四十年代，受到第二次世界大战等因素的影响，世界煤炭工业停滞不前。1939 年世界煤炭产量为 129 370.1 万吨，比 1929 年下降 1.73%。1949 年世界煤炭产量为 130 484.0 万吨，虽比 1939 年增长 0.86%，但仍然没有恢复到 1929 年的水平。

20 世纪 50 年代，世界煤炭产量大幅增长，1959 年达到 191 854.4 万吨，比 1949 年增长 47.03%。

经过 20 世纪 60 年代的缓慢发展和 20 世纪七八十年代的较快发展，世界煤炭产量先后突破 20 亿吨和 30 亿吨，1989 年达到 350 115.3 万吨，与 1979 年相比增长 26.81%。

进入 20 世纪 90 年代，世界煤炭业再次出现停滞不前的现象。1999 年世界煤炭产量为 363 430.0 万吨，仅比 1989 年上升 3.80%。从历年产量看，1998 年是世界煤炭产量下降的最后一年。20 世纪 90 年代，世界煤炭业发展受到多种因素影响：苏联及东欧一些国家的解体，造成这些国家的煤炭产量大幅下降；中国关停一批小煤矿；法国、德国、波兰、西班牙等国家削减煤炭生产补贴，导致煤炭生产企业积极性不高；世界煤价偏低，导致煤炭生产和出口受到影响；亚洲金融危机冲击相关国家的煤炭业发展。

进入 21 世纪，世界煤炭业在世界经济较快发展等积极因素的带动下得到快速发展。2009 年世界煤炭产量达到 683 550.0 万吨，相比 1999 年增长 88.08%。2011 年，世界煤炭产量增至 767 600.0 万吨。

表 15-23　1919—2009 年世界煤炭产量[1]及其增长情况

时间 / 年	产量 / 万吨	与 10 年前相比的增减幅度 /%
1919	104 222.5	—
1929	131 654.2	26.32
1939	129 370.1	-1.73

续表

时间 / 年	产量 / 万吨	与 10 年前相比的增减幅度 /%
1949	130 484.0	0.86
1959	191 854.4	47.03
1969	205 187.6	6.95
1979	276 090.3	34.56
1989	350 115.3	26.81
1999	363 430.0	3.80
2009	683 550.0[2]	88.08

资料来源: 作者整理。主要参考 B. R. 米切尔:《帕尔格雷夫世界历史统计·亚洲、非洲和大洋洲卷: 1750—1993 年》第 3 版，贺力平译，经济科学出版社，2002。

注:[1]煤炭产量均指硬煤产量，它与欧美国家所说的 "黑煤" (hard coal) 同义，个别国家例外。硬煤或黑煤包括无烟煤和烟煤，不包括褐煤，下同。[2]参见黄晓勇主编《世界能源发展报告（2013）》，社会科学文献出版社，2013，第 19 页。

总的来看，自 1917 年以来，世界煤炭业的发展是较慢的。从 1919 年到 2009 年的 90 年间，世界煤炭产量增长了 5.56 倍，年均增产 6 437 万吨。

（二）煤炭生产地位的变化

20 世纪 50 年代以前，煤炭产量占世界能源生产总量的绝大部分，到 20 世纪 50 年代仍高达58.7%。此后，随着石油和天然气的迅速发展，煤炭在世界能源中的地位逐年下降。到 1962 年，煤炭产量占世界能源生产总量的比例降至 40.9%，而石油所占比例则由 1950 年的 30.3% 上升至 41.3%，首次超过煤炭，居于首要地位。到 1973 年，煤炭所占比例进一步降至 25.7%，而石油则上升到 52.0%。1979 年，煤炭占世界能源生产总量的比例回升到 27.1%。

二、煤炭生产格局

欧美地区的经济发展比其他地区快，对煤炭需求大。1919 年欧美地区煤炭产量占世界煤炭总产量的比例高达 90%，到 1969 年仍占 3/4。20 世纪 70 年代后，随着亚洲经济的日渐发展，亚洲丰富的煤炭资源得到开发利用，煤炭产量占世界煤炭总产量的比例不断提高。2011 年中国的煤炭产量达到34.88 亿吨，占世界煤炭总产量的 45.44%。

（一）全球煤炭生产格局

20 世纪上半叶，世界煤炭生产主要集中在欧洲和美洲，亚洲、非洲、大洋洲煤炭生产所占份额较小。20 世纪初至 20 世纪 40 年代，欧洲煤炭生产所占份额高达 40% 以上，在 1939 年甚至高达 55.32%。同期，美洲（主要是北美洲）所占比例由 1919 年的 49.68% 下降到 1949 年的 34.86%，其地位逐渐被欧洲取代。20 世纪 10 年代—40 年代，各年代末亚洲所占比例均不超过 10%，最高为 1939 年的 9.63%。20 世纪 10 年代—30 年代，各年代末非洲和大洋洲所占比例均为 1% 左右（表 15-24）。

1950 年后，亚洲煤炭生产规模日益扩大，占世界煤炭生产总量的比例不断提高。1959 年，亚洲煤炭产量约为 4.85 亿吨，占世界煤炭生产总量的比例提高到 25.28%。到 1989 年，亚洲所占比例进一步上升到 39.00%。欧洲所占比例开始逐年下降，从 1959 年的 50.30% 下降到 1989 年的 25.61%。美洲所占比例在 20 世纪上半叶日渐下降的基础上继续下降，到 1989 年所占比例降至与欧洲相当，为 25.55%。非洲和大洋洲的煤炭生产逐渐扩大，所占比例缓慢提高，到 1989 年非洲所占比例为 5.17%，大洋洲为 4.65%。

表 15-24　1919—1989 年各大洲煤炭产量[1]及占全球比例

地区	1919 年		1929 年		1939 年		1949 年		1959 年		1969 年		1979 年		1989 年	
	产量/万吨	比例	产量/万吨	比例	产量/万吨	比例	产量/万吨	比例	产量/万吨	比例	产量/万吨	比例	产量/万吨	比例	产量/万吨	比例
全球	104 222.5	—	131 654.2	—	129 370.1	—	130 484.0	—	191 854.4	—	205 187.6	—	276 090.3	—	350 115.3	—
亚洲	8 293.9	7.96%	9 117.3	6.93%	12 457.9	9.63%	11 160.0	8.55%	48 501.0	25.28%	43 060.1	20.99%	82 394.0	29.84%	136 556.6	39.00%
欧洲	41 910.0	40.21%	62 810.0	47.71%	71 570.0	55.32%	69 450.0	53.22%	96 510.0	50.30%	98 680.0	48.09%	104 380.0	37.81%	89 680.0	25.61%
美洲	51 775.1	49.68%	57 083.0	43.36%	42 011.3	32.47%	45 486.6	34.86%	40 477.9	21.10%	53 168.7	25.91%	70 794.9	25.64%	89 470.9	25.55%
非洲	992.4	0.95%	1 451.9	1.10%	1 849.6	1.43%	2 874.6	2.20%	4 217.7	2.20%	5 708.6	2.78%	11 097.9	4.02%	18 115.7	5.17%
大洋洲	1 251.1	1.20%	1 192.0	0.91%	1 481.3	1.15%	1 512.8	1.16%	2 147.8	1.12%	4 570.2	2.23%	7 423.5	2.69%	16 292.1	4.65%

资料来源：作者整理。参考 B. R. 米切尔：《帕尔格雷夫世界历史统计·亚洲、非洲和大洋洲卷：1750—1993 年》第 3 版，贺力平译，经济科学出版社，2002。

注：[1] 表中煤炭产量为硬煤产量。

进入 21 世纪，亚洲煤炭生产的潜力和优势进一步凸显，成为世界最大、最重要的煤炭生产区域。中国、印度、印度尼西亚等主要国家煤炭生产规模进一步扩大，仅此三国 2011 年占世界的份额就高达 57.9%。其中，中国煤炭产量为 34.88 亿吨，占世界煤炭总产量的 45.44%，居世界首位。同年，欧洲地区煤炭产量为 7.01 亿吨（不包括欧亚地区），占世界煤炭总产量的 9.13%；欧亚地区产量为 5.35 亿吨，占 6.97%；美洲地区产量为 11.66 亿吨，占 15.20%；非洲地区产量为 2.58 亿吨，占 3.36%；大洋洲地区产量为 4.14 亿吨，占 5.39%（表 15-25）。

表 15-25　2011 年世界不同国家和地区煤炭生产情况

国家 / 地区	产量 / 亿吨	占世界煤炭总产量的比例 /%
（一）北美洲地区	10.72	13.97
加拿大	0.67	0.87
美国	9.93	12.94
（二）中南美洲地区	0.94	1.22
巴西	0.05	0.07
哥伦比亚	0.86	1.12
（三）欧洲地区	7.01	9.13
保加利亚	0.38	0.50
捷克	0.54	0.70
法国	0	0
德国	1.89	2.46
希腊	0.59	0.77
波兰	1.38	1.80

续表

国家 / 地区	产量 / 亿吨	占世界煤炭总产量的比例 /%
罗马尼亚	0.35	0.46
塞尔维亚	0.47	0.61
西班牙	0.07	0.09
土耳其[1]	0.78	1.02
英国	0.18	0.23
（四）欧亚地区	5.35	6.97
爱沙尼亚	0.19	0.25
哈萨克斯坦	1.17	1.52
俄罗斯	3.34	4.35
乌克兰	0.62	0.81
（五）中东地区	0.01	0.01
以色列	0	0
（六）非洲地区	2.58	3.36
南非	2.53	3.30
（七）亚洲和太平洋地区	50.14	65.32
澳大利亚	4.14	5.39
中国	34.88	45.44
印度	5.80	7.56
印度尼西亚	3.76	4.90
日本	0	0
朝鲜	0.32	0.42
韩国	0.02	0.03
马来西亚	0.03	0.04
蒙古	0.31	0.40
菲律宾	0.09	0.12
泰国	0.21	0.27
越南	0.45	0.59
全球合计	76.76	—

资料来源：黄晓勇主编《世界能源发展报告（2014）》，社会科学文献出版社，2014，第 328 页。

注：[1] 土耳其在地理上为亚洲国家，它是北约成员国，西方国家在政治上将其视为欧洲国家，故将其归类到欧洲地区统计。

（二）亚洲煤炭生产格局

20 世纪上半叶，亚洲生产煤炭的主要国家是日本、中国和印度，它们的年产量均超 1 000 万吨（表 15-26），其中日本煤炭产量排在第一位。1949 年，日本、中国、印度的煤炭产量分别为 3 797.3 万吨、3 243.0 万吨、3 220.4 万吨。

20 世纪 50 年代以后，中国、印度、朝鲜等国家的煤炭工业得到较快发展，煤炭年产量先后超过日本，成为亚洲生产煤炭的重要国家。1989 年，中国煤炭产量超过 10 亿吨，达到 10.54 亿吨，居亚洲首位，排世界第一位。

表 15-26　1919—1989 年亚洲煤炭产量排名前十的国家和地区 [1]

单位：万吨

排名	1919 年		1929 年		1939 年		1949 年		1959 年		1969 年		1979 年		1989 年	
	国家 / 地区	产量	国家 / 地区	产量	国家 / 地区	产量	国家 / 地区	产量	国家 / 地区	产量	国家 / 地区	产量	国家 / 地区	产量	国家 / 地区	产量
1	日本	3 127.1	日本	3 425.8	日本	5 110.9	日本	3 797.3	中国 [2]	36 900.0	中国 [2]	26 600.0	中国 [2]	63 500.0	中国 [2]	105 400.0
2	印度	2 799.1	中国 [2]	2 544.0	中国 [2]	3 648.8	中国 [2]	3 243.0	印度	4 780.0	印度	7 541.1	印度	10 336.4	印度	19 865.9
3	中国 [2]	2 015.0	印度	2 379.5	印度	2 821.5	印度	3 220.4	日本	4 725.8	日本	4 469.0	朝鲜	3 500.0	朝鲜	6 500.0
4	中国台湾	109.6	越南	194.2	朝鲜	423.9	土耳其	270.6	朝鲜	553.5	朝鲜	2 010.0	韩国	1 820.8	韩国	2 078.5
5	印度尼西亚	94.9	印度尼西亚	183.2	中国台湾	261.9	朝鲜	210.1	韩国	413.6	韩国	1 027.3	日本	1 764.4	日本	1 018.7
6	越南	66.5	中国台湾	153.0	土耳其	188.1	中国台湾	161.4	土耳其	394.1	土耳其	468.6	越南	550.0	印度尼西亚	455.3
7	土耳其	56.1	土耳其	142.1	印度尼西亚	178.1	韩国	106.6	中国台湾	356.3	中国台湾	464.5	土耳其	405.1	越南	382.5
8	朝鲜	22.3	朝鲜	93.8	菲律宾	4.7	印度尼西亚	66.2	越南	222.2	越南	299.4	中国台湾	272.0	土耳其	303.8
9	菲律宾	3.3	菲律宾	1.7	—	—	越南	37.9	巴基斯坦	73.5	巴基斯坦	133.2	巴基斯坦	138.7	巴基斯坦	264.3
10	—	—	—	—	—	—	巴基斯坦	33.7	印度尼西亚	63.8	印度尼西亚	19.1	蒙古	38.0	菲律宾	123.4

资料来源：作者整理。参考 B. R. 米切尔：《帕尔格雷夫世界历史统计·亚洲、非洲和大洋洲卷：1750—1993 年》第 3 版，贺力平译，经济科学出版社，2002。

注：[1] 表中除了中国和巴基斯坦，煤炭产量均指硬煤（包括无烟煤和烟煤）。中国、巴基斯坦煤炭产量不仅包括硬煤，还包括褐煤。[2] 未包括台湾地区数据。

进入 21 世纪，除了中国、印度等国家煤炭生产规模进一步扩大，印度尼西亚、哈萨克斯坦、越南、蒙古等国家也成为重要的煤炭生产国。2011 年，亚洲煤炭产量为 47.82 亿吨，占世界煤炭总量的 62.31%。其中，中国煤炭产量为 34.88 亿吨，排亚洲及世界第一位；印度煤炭产量 5.8 亿吨，排亚洲第二位；印度尼西亚、哈萨克斯坦煤炭产量分别为 3.76 亿吨、1.17 亿吨，分别排亚洲第三位、第四位，以上国家均是世界重要的煤炭生产新兴大国。土耳其、越南、朝鲜、蒙古、泰国的煤炭产量也分别达到 1 000 万吨以上，分别为 7 800 万吨、4 500 万吨、3 200 万吨、3 100 万吨、2 100 万吨（表 15-27）。

表 15-27　2011 年亚洲各国煤炭产量及占世界总量的比例

排名	国家	产量 / 万吨	占世界总量的比例 /%
1	中国	348 800	45.44
2	印度	58 000	7.56
3	印度尼西亚	37 600	4.90
4	哈萨克斯坦	11 700	1.52
5	土耳其	7 800	1.02
6	越南	4 500	0.59
7	朝鲜	3 200	0.42
8	蒙古	3 100	0.40
9	泰国	2 100	0.27
10	菲律宾	900	0.12
11	马来西亚	300	0.04
12	韩国	200	0.03
13	日本	0	0
	合计	478 200	62.31

资料来源：作者整理。参考黄晓勇主编《世界能源发展报告（2013）》，社会科学文献出版社，2013。

（三）欧洲煤炭生产格局

20 世纪上半叶，欧洲煤炭生产主要集中在西欧国家，英国煤炭产量一直居欧洲首位。20 世纪 00 年代和 20 世纪 20 年代欧洲煤炭产量排名前三的国家均依次为英国、德国、法国，三国 1919 年煤炭产量占欧洲煤炭产量的比例达 88.86%，1929 年为 76.42%。20 世纪 30 年代和 20 世纪 40 年代，苏联煤炭产量规模扩大，进入欧洲前三强（表 15-28）。

进入 20 世纪 50 年代后，东欧国家的煤炭业不断发展壮大，而西欧国家的煤炭业因受到石油、天然气产业发展等因素的影响而逐渐衰弱，生产规模逐年萎缩。1959 年，苏联煤炭产量为 3.65 亿吨，比 1949 年增长 115.98%，居欧洲首位，而英国煤炭产量与 1949 年相比下降 4.6%，退居第二位。20 世纪 70 年代末，苏联、波兰、捷克斯洛伐克、罗马尼亚、匈牙利等东欧国家的煤炭产量达到顶峰。1979 年，苏联煤炭产量为 55 400 万吨，占欧洲总量的 53.08%，排欧洲第一位；波兰煤炭产量为 20 100 万吨，占欧洲总量的 19.26%，排欧洲第二位；捷克斯洛伐克煤炭产量为 2 800 万吨，排欧洲第五位。同年，英国、联邦德国、法国的煤炭产量分别为 12 100 万吨、8 630 万吨、2 110 万吨，与 1949 年相比分别下降 44.75%、16.21%、60.19%，在欧洲的排名分别跌到第三位、第四位、第六位。1989 年，欧洲煤炭产量排名前五位的国家依次为苏联（47 700 万吨）、波兰（17 800 万吨）、英国（9 800 万吨）、联邦德国（7 740 万吨）、捷克斯洛伐克（2 510 万吨）。

表 15-28　1919—1989 年欧洲十大煤炭生产国

单位：万吨

排名	1919 年		1929 年		1939 年		1949 年		1959 年		1969 年		1979 年		1989 年	
	国家	产量	国家	产量	国家	产量	国家	产量	国家	产量	国家	产量	国家	产量	国家	产量
1	英国	23 300	英国	26 200	英国	23 500	英国	21 900	苏联	36 500	苏联	46 700	苏联	55 400	苏联	47 700
2	德国	11 700	德国	16 300	德国	18 800	苏联	16 900	英国	20 900	英国	15 600	波兰	20 100	波兰	17 800
3	法国	2 240	法国	5 500	苏联	12 500	联邦德国	10 300	联邦德国	14 200	波兰	13 500	英国	12 100	英国	9 800
4	比利时	1 850	波兰	4 620	法国	5 020	波兰	7 410	波兰	9 910	联邦德国	11 200	联邦德国	8 630	联邦德国	7 740
5	捷克[1]	1 030	苏联	3 660	波兰	4 640	法国	5 300	法国	5 980	法国	4 350	捷克	2 800	捷克	2 510
6	苏联	770	比利时	2 690	比利时	2 980	比利时	2 790	捷克	2 510	捷克	2 710	法国	2 110	西班牙	1 450
7	西班牙	570	捷克	1 650	捷克	1 880	捷克	1 700	比利时	2 280	比利时	1 320	西班牙	1 190	法国	1 230
8	荷兰	350	荷兰	1 160	荷兰	1 290	荷兰	1 170	西班牙	1 350	西班牙	1 160	罗马尼亚	810	罗马尼亚	830
9	瑞典	40	西班牙	710	西班牙	660	西班牙	1 060	荷兰	1 200	罗马尼亚	590	比利时	610	匈牙利	210
10	罗马尼亚	20	匈牙利	80	意大利	110	民主德国	300	罗马尼亚	410	荷兰	560	匈牙利	300	比利时	190

资料来源：作者整理。参考 B. R. 米切尔：《帕尔格雷夫世界历史统计·亚洲、非洲和大洋洲卷：1750—1993 年》第 3 版，贺力平译，经济科学出版社，2002。

注：[1] 捷克指 1992 年解体前的捷克斯洛伐克共和国和捷克斯洛伐克社会主义共和国。

2011 年，欧洲煤炭产量为 10.38 亿吨，占世界总量的 13.56%（表 15-29）。其中，煤炭产量超亿吨的国家有 3 个，依次为俄罗斯（3.34 亿吨）、德国（1.89 亿吨）、波兰（1.38 亿吨）。英国的煤炭产量降至 1 800 万吨。

表 15-29　2011 年欧洲各国煤炭产量及占世界总量的比例

排名	国家	产量 / 万吨	占世界总量的比例 /%
1	俄罗斯	33 400	4.35
2	德国	18 900	2.46
3	波兰	13 800	1.80
4	乌克兰	6 200	0.81
5	希腊	5 900	0.77
6	捷克	5 400	0.70
7	塞尔维亚	4 700	0.61
8	保加利亚	3 800	0.50

续表

排名	国家	产量 / 万吨	占世界总量的比例 /%
9	罗马尼亚	3 500	0.46
10	爱沙尼亚	1 900	0.25
11	英国	1 800	0.23
12	西班牙	700	0.09
13	法国	0	0
14	其他国家	4 100	0.53
合计		104 100	13.56

资料来源: 作者整理。参考黄晓勇主编《世界能源发展报告（2013）》，社会科学文献出版社，2013。

（四）美洲煤炭生产格局

美洲煤炭资源集中在北美洲，煤炭生产也绝大多数集中在北美洲（表 15-30）。其中，最主要的煤炭生产国是美国，其历年（1919—1989 年）煤炭产量占美洲总量的比例高达 90% 以上（表 15-31）。

除了美国，加拿大、哥伦比亚、墨西哥等国家的煤炭生产也有一定规模。1989 年，加拿大、哥伦比亚、墨西哥三国的煤炭产量分别为 3 879.4 万吨、1 890.2 万吨、1 150.0 万吨。

表 15-30　1919—1989 年美洲十大煤炭生产国

单位：万吨

排名	1919 年 国家	产量	1929 年 国家	产量	1939 年 国家	产量	1949 年 国家	产量	1959 年 国家	产量	1969 年 国家	产量	1979 年 国家	产量	1989 年 国家	产量
1	美国	50 253.7	美国	55 231.0	美国	40 251.4	美国	43 316.1	美国	39 013.4	美国	51 343.6	美国	67 060.0	美国	81 420.0
2	加拿大	1 262.7	加拿大	1 534.5	加拿大	1 336.4	加拿大	1 564.9	加拿大	787.4	加拿大	784.9	加拿大	1 861.0	加拿大	3 879.4
3	智利	148.5	智利	150.8	智利	185.0	智利	214.1	哥伦比亚	248.0	哥伦比亚	330.0	墨西哥	735.7	哥伦比亚	1 890.2
4	墨西哥	72.8	墨西哥	105.4	巴西	104.7	巴西	212.9	智利	165.5	墨西哥	245.8	巴西	502.8	墨西哥	1 150.0
5	秘鲁	34.4	巴西	37.3	墨西哥	87.7	墨西哥	107.5	巴西	128.4	巴西	243.7	哥伦比亚	461.8	巴西	667.1
6	委内瑞拉	3.0	秘鲁	22.1	哥伦比亚	34.9	哥伦比亚	52.1	墨西哥	96.1	智利	149.1	智利	92.6	委内瑞拉	212.9
7	—	—	委内瑞拉	1.9	秘鲁	10.8	秘鲁	17.0	阿根廷	18.4	阿根廷	52.2	阿根廷	72.7	智利	194.9
8	—	—	—	—	委内瑞拉	0.3	阿根廷	1.8	秘鲁	17.3	秘鲁	16.2	委内瑞拉	5.5	阿根廷	37.5
9	—	—	—	—	阿根廷	0.1	委内瑞拉	0.2	委内瑞拉	3.4	委内瑞拉	3.2	秘鲁	2.8	秘鲁	18.9
10	—[1]		—	—	—	—	—	—	—	—	—	—	—	—	—	—

资料来源: 作者整理。参考 B. R. 米切尔:《帕尔格雷夫世界历史统计·亚洲、非洲和大洋洲卷: 1750—1993 年》第 3 版，贺力平译，经济科学出版社，2002。

注: [1] 美洲主要煤炭生产国家仅有 9 个，第 10 个空缺。

表 15-31　1919—1989 年美国煤炭产量及占美洲煤炭生产总量的比例

时间 / 年	美洲产量 / 万吨	美国产量 / 万吨	美国煤炭产量占美洲煤炭生产总量的比例 /%
1919	51 775.1	50 253.7	97.06
1929	57 083.0	55 231.0	96.76
1939	42 011.3	40 251.4	95.81
1949	45 486.6	43 316.1	95.23
1959	40 477.9	39 013.4	96.38
1969	53 168.7	51 343.6	96.57
1979	70 794.9	67 060.0	94.72
1989	89 470.9	81 420.0	91.00

资料来源: 作者整理。参考 B. R. 米切尔:《帕尔格雷夫世界历史统计·亚洲、非洲和大洋洲卷: 1750—1993 年》第 3 版, 贺力平译, 经济科学出版社, 2002。

2011 年, 美洲煤炭产量为 11.66 亿吨。其中, 美国 99 300 万吨, 占世界总量的 12.94%, 哥伦比亚 8 600 万吨、加拿大 6 700 万吨、巴西 500 万吨（表 15-32）。

表 15-32　2011 年美洲各国煤炭产量及占世界总量的比例

国家	产量 / 万吨	占世界总量的比例 /%
美国	99 300	12.94
哥伦比亚	8 600	1.12
加拿大	6 700	0.87
巴西	500	0.07
其他国家	1 500	0.20
合计	116 600	15.20

资料来源: 作者整理。参考黄晓勇主编《世界能源发展报告（2013）》, 社会科学文献出版社, 2013。

（五）非洲煤炭生产格局

南非是非洲最主要的煤炭生产国, 历年煤炭产量占非洲总量的比例达 90.0% 以上。1989 年, 南非煤炭产量为 17 391.3 万吨, 占同年非洲总量的 96.0%。2011 年, 南非煤炭产量为 2.53 亿吨, 占世界总量的 3.3%, 排世界第七位。

津巴布韦是非洲的第二大煤炭生产国, 20 世纪 20 年代以来煤炭年产量均达 100 万吨以上, 1989 年达到 511.1 万吨, 占同年非洲总量的 2.82%。

博茨瓦纳、摩洛哥、赞比亚、尼日尔、斯威士兰、扎伊尔、尼日利亚、莫桑比克等国家也生产煤炭, 但规模都较小（表 15-33）。

表 15-33　1919—1989 年非洲十大煤炭生产国

单位: 万吨

排名	1919 年		1929 年		1939 年		1949 年		1959 年		1969 年		1979 年		1989 年	
	国家	产量	国家	产量	国家	产量	国家	产量	国家	产量	国家	产量	国家	产量	国家	产量
1	南非	931.3	南非	1 301.8	南非	1 689.0	南非	2 549.6	南非	3 645.3	南非	5 275.2	南非	10 548.0	南非	17 391.3

续表   单位：万吨

排名	1919年 国家	1919年 产量	1929年 国家	1929年 产量	1939年 国家	1939年 产量	1949年 国家	1949年 产量	1959年 国家	1959年 产量	1969年 国家	1969年 产量	1979年 国家	1979年 产量	1989年 国家	1989年 产量
2	津巴布韦	46.2	津巴布韦	103.7	津巴布韦	111.8	津巴布韦	191.9	津巴布韦	375.8	津巴布韦	308.3	津巴布韦	318.8	津巴布韦	511.1
3	尼日利亚	14.9	尼日利亚	35.0	尼日利亚	30.9	尼日利亚	56.0	尼日利亚	75.4	赞比亚	39.7	摩洛哥	71.0	博茨瓦纳	63.3
4	—	—	刚果	11.4	摩洛哥	11.5	摩洛哥	34.1	摩洛哥	46.5	摩洛哥	36.1	赞比亚	59.9	摩洛哥	50.4
5	—	—	—	—	刚果	2.7	阿尔及利亚	26.5	刚果	26.7	莫桑比克	27.7	博茨瓦纳	35.5	赞比亚	39.7
6	—	—	—	—	莫桑比克	1.9	刚果	15.2	莫桑比克	25.7	斯威士兰	11.5	莫桑比克	20.0	尼日尔	17.1
7	—	—	—	—	阿尔及利亚	1.8	莫桑比克	1.3	阿尔及利亚	12.2	刚果民主共和国	6.5	尼日利亚	17.2	斯威士兰	16.5
8	—	—	—	—	—	—	—	—	斯威士兰	0.1	阿尔及利亚	1.9	斯威士兰	16.8	扎伊尔	12.5
9	—	—	—	—	—	—	—	—	—	—	尼日利亚	1.7	扎伊尔	10.0	尼日利亚	8.1
10	—	—	—	—	—	—	—	—	—	—	—	—	阿尔及利亚	0.7	莫桑比克	4.2

资料来源：作者整理。参考 B. R. 米切尔：《帕尔格雷夫世界历史统计·亚洲、非洲和大洋洲卷：1750—1993 年》第 3 版，贺力平译，经济科学出版社，2002。

（六）大洋洲煤炭生产格局

大洋洲生产煤炭的国家主要是澳大利亚和新西兰。澳大利亚历年来煤炭生产规模较大，1989 年煤炭产量达 16 045.9 万吨；新西兰的煤炭生产规模较小，1989 年为 246.2 万吨（表 15-34）。2011 年，澳大利亚煤炭产量为 4.14 亿吨，占世界总量的 5.39%。

表 15-34　1919—1989 年大洋洲主要国家煤炭产量

时间 / 年	澳大利亚 / 万吨	新西兰 / 万吨
1919	1 063.4	187.7
1929	1 053.1	138.9
1939	1 375.2	106.1
1949	1 417.8	95.0
1959	2 062.4	85.4
1969	4 521.4	48.8
1979	7 249.6	173.9
1989	16 045.9	246.2

资料来源：作者整理。参考 B. R. 米切尔：《帕尔格雷夫世界历史统计·亚洲、非洲和大洋洲卷：1750—1993 年》第 3 版，贺力平译，经济科学出版社，2002。

三、煤炭生产大国的演化

从 1917 年至今 100 多年的时间里，世界煤炭生产大国格局不断变化。早期世界煤炭生产大国以欧美发达国家为主，20 世纪下半叶后，中国、印度、南非、波兰、朝鲜等发展中国家也成为世界重要的煤炭生产大国。

（一）20 世纪上半叶

20 世纪上半叶，世界煤炭生产主要集中在当时经济发达的欧美国家。其中，美国、英国、德国三国连续几十年占据世界煤炭生产大国前三位。

1919 年，世界煤炭产量超亿吨的国家有 3 个，依次为美国（50 253.7 万吨）、英国（23 300.0 万吨）、德国（11 700.0 万吨），占世界总量的比例分别为 48.22%、22.36%、11.23%，三国占世界煤炭产量的份额高达 81.81%（表 15-35）。煤炭产量排世界前十位国家的占世界总量的 95.58%。中国煤炭产量为 2 015.0 万吨，占世界总量的 1.93%，排第七位。

表 15-35　1919 年世界十大煤炭生产国

排名	国家	产量 / 万吨	占世界总量的比例 /%
1	美国	50 253.7	48.22
2	英国	23 300.0	22.36
3	德国	11 700.0	11.23
4	日本	3 127.1	3.00
5	印度	2 799.1	2.69
6	法国	2 240.0	2.15
7	中国	2 015.0	1.93
8	比利时	1 850.0	1.78
9	加拿大	1 262.7	1.21
10	澳大利亚	1 063.4	1.02
	小计	99 611.0	95.58
	全球合计	104 222.5	—

资料来源：作者整理。参考 B. R. 米切尔：《帕尔格雷夫世界历史统计·亚洲、非洲和大洋洲卷：1750—1993 年》第 3 版，贺力平译，经济科学出版社，2002。

20 世纪 20 年代末，美国、英国、德国煤炭产量与 1919 年相比，有较大幅度的增长，排世界前三位，但它们占世界煤炭产量的比例开始下降，三国所占比例分别为美国占 41.95%、英国占 19.90%、德国占 12.38%（表 15-36），共占世界比例的 74.23%。世界排名前十位国家的煤炭产量为 122 550.3 万吨，占世界总量的 93.08%。中国煤炭产量 2 544.0 万吨，占世界煤炭生产总量的 1.93%，排第九位。

表 15-36　1929 年世界十大煤炭生产国

排名	国家	产量 / 万吨	占世界总量的比例 /%
1	美国	55 231.0	41.95
2	英国	26 200.0	19.90
3	德国	16 300.0	12.38
4	法国	5 500.0	4.18
5	波兰	4 620.0	3.51
6	苏联	3 660.0	2.78
7	日本	3 425.8	2.60
8	比利时	2 690.0	2.04
9	中国	2 544.0	1.93
10	印度	2 379.5	1.81
小计		122 550.3	93.08
全球合计		131 654.2	—

资料来源：作者整理。参考 B. R. 米切尔：《帕尔格雷夫世界历史统计·亚洲、非洲和大洋洲卷：1750—1993 年》第 3 版，贺力平译，经济科学出版社，2002。

20 世纪 30 年代末和 20 世纪 40 年代末，煤炭产量超亿吨的国家发展到 4 个，除了美国、英国、德国（联邦德国），还增加了苏联，苏联的排名由 1939 年排世界第四位上升到 1949 年的第三位。1939 年，排名前四的国家煤炭产量占世界总产量的 73.46%，排名前十位国家的煤炭产量占世界总产量的 91.95%，中国煤炭产量为 3 468.8 万吨，占世界总产量的 2.68%，排第八位（表 15-37）。1949 年，美国、英国、苏联、联邦德国四国煤炭产量占世界总产量的 70.82%，排名前十位国家的煤炭产量占世界总产量的 90.56%。中国煤炭产量为 3 243.0 万吨，占世界总产量的 2.49%，排第八位（表 15-38）。

表 15-37　1939 年世界十大煤炭生产国

排名	国家	产量 / 万吨	占世界总量的比例 /%
1	美国	40 251.4	31.11
2	英国	23 500.0	18.16
3	德国	18 800.0	14.53
4	苏联	12 500.0	9.66
5	日本	5 110.9	3.95
6	法国	5 020.0	3.88
7	波兰	4 500.0	3.48
8	中国	3 468.8	2.68
9	比利时	2 980.0	2.30
10	印度	2 821.5	2.18
小计		118 952.6	91.95
全球合计		129 370.1	—

资料来源：作者整理。参考 B. R. 米切尔：《帕尔格雷夫世界历史统计·亚洲、非洲和大洋洲卷：1750—1993 年》第 3 版，贺力平译，经济科学出版社，2002。

表 15-38　1949 年世界十大煤炭生产国

排名	国家	产量 / 万吨	占世界总量的比例 /%
1	美国	43 316.1	33.20
2	英国	21 900.0	16.78
3	苏联	16 900.0	12.95
4	联邦德国	10 300.0	7.89
5	波兰	7 400.0	5.67
6	法国	5 300.0	4.06
7	日本	3 797.3	2.91
8	中国	3 243.0	2.49
9	印度	3 220.4	2.47
10	比利时	2 790.0	2.14
小计		118 166.8	90.56
全球合计		130 484.0	—

资料来源: 作者整理。参考 B. R. 米切尔:《帕尔格雷夫世界历史统计·亚洲、非洲和大洋洲卷: 1750—1993 年》第 3 版, 贺力平译, 经济科学出版社, 2002。

（二）20 世纪下半叶

20 世纪下半叶以来, 随着世界各国尤其是发展中国家经济的发展, 各国煤炭产业规模不断扩大, 年产量超亿吨的国家日渐增多, 发展中国家在世界煤炭业中的地位日益提升, 成为世界重要的煤炭生产大国。

20 世纪 50 年代末, 世界煤炭年产量超亿吨的国家发展到 5 个。其中, 中国首次突破 3 亿吨, 达到 3.69 亿吨, 排世界第二位, 占世界总量的 19.23%。美国、中国、苏联、英国、联邦德国 5 个煤炭年产量超亿吨国家的煤炭总产量占世界总量的 76.87%。煤炭产量排世界前十位国家的总产量占世界总产量的 92.03%（表 15-39）。

表 15-39　1959 年世界十大煤炭生产国

排名	国家	产量 / 万吨	占世界总量的比例 /%
1	美国	39 013.4	20.33
2	中国	36 900.0	19.23
3	苏联	36 500.0	19.02
4	英国	20 900.0	10.89
5	联邦德国	14 200.0	7.40
6	波兰	9 910.0	5.17
7	法国	5 980.0	3.12
8	印度	4 780.0	2.49
9	日本	4 725.8	2.46

续表

排名	国家	产量/万吨	占世界总量的比例/%
10	南非	3 645.3	1.90
小计		176 554.5	92.03
全球合计		191 854.4	—

资料来源: 作者整理。参考 B. R. 米切尔:《帕尔格雷夫世界历史统计・亚洲、非洲和大洋洲卷: 1750—1993 年》第 3 版,贺力平译,经济科学出版社,2002。

20 世纪 60 年代末和 20 世纪 70 年代末,世界煤炭年产量超亿吨的国家分别增加到 6 个和 7 个。1969 年新增加的国家为波兰;1979 年新增加的国家分别为南非和印度,而联邦德国退出了亿吨煤炭大国的行列。1969 年,煤炭年产量超亿吨的国家依次为美国（51 343.6 万吨）、苏联（46 700.0 万吨）、中国（26 600.0 万吨）、英国（15 600.0 万吨）、波兰（13 500.0 万吨）、联邦德国（11 200.0 万吨）（表 15-40）,六国煤炭产量占世界总量的 80.38%。1979 年,煤炭年产量超亿吨的 7 个国家分别为美国（67 060.0 万吨）、中国（63 500.0 万吨）、苏联（55 400.0 万吨）、波兰（20 100.0 万吨）、英国（12 100.0 万吨）、南非（10 548.0 万吨）、印度（10 336.4 万吨）（表 15-41）,七国煤炭年产量占世界总量的 86.58%,世界煤炭生产集中度进一步提高。

表 15-40 1969 年世界十大煤炭生产国

排名	国家	产量/万吨	占世界总量的比例/%
1	美国	51 343.6	25.02
2	苏联	46 700.0	22.76
3	中国	26 600.0	12.96
4	英国	15 600.0	7.60
5	波兰	13 500.0	6.58
6	联邦德国	11 200.0	5.46
7	印度	7 541.1	3.68
8	南非	5 275.2	2.57
9	澳大利亚	4 521.4	2.20
10	日本	4 469.0	2.18
小计		186 750.3	91.01
全球合计		205 187.6	—

资料来源: 作者整理。参考 B. R. 米切尔:《帕尔格雷夫世界历史统计・亚洲、非洲和大洋洲卷: 1750—1993 年》第 3 版,贺力平译,经济科学出版社,2002。

表 15-41 1979 年世界十大煤炭生产国

排名	国家	产量/万吨	占世界总量的比例/%
1	美国	67 060.0	24.29
2	中国	63 500.0	23.00
3	苏联	55 400.0	20.07

续表

排名	国家	产量 / 万吨	占世界总量的比例 /%
4	波兰	20 100.0	7.28
5	英国	12 100.0	4.38
6	南非	10 548.0	3.82
7	印度	10 336.4	3.74
8	联邦德国	8 630.0	3.13
9	澳大利亚	7 249.6	2.63
10	朝鲜	3 500.0	1.27
小计		258 424.0	93.60
全球合计		276 090.3	—

资料来源: 作者整理。参考 B. R. 米切尔:《帕尔格雷夫世界历史统计·亚洲、非洲和大洋洲卷: 1750—1993 年》第 3 版, 贺力平译, 经济科学出版社, 2002。

　　20 世纪 80 年代末, 世界煤炭年产量超亿吨的国家仍为 7 个, 但格局发生了重大的变化。1989 年, 中国煤炭年产量首次突破 10 亿吨, 达到 10.54 亿吨, 成为世界上首个煤炭年产量超 10 亿吨的国家; 美国在世界煤炭业中长达几百年的"霸主"地位被替代。同时, 煤炭年产量超亿吨持续 100 多年, 且居世界第二位长达 1 个世纪的英国也于同年退出了亿吨煤炭大国[①]的行列。1989 年, 澳大利亚煤炭产量 16 045.9 万吨, 是 20 世纪 80 年代新增的超亿吨国家, 排世界第七位。七个年产量超亿吨的国家分别为中国 (105 400.0 万吨)、美国 (81 420.0 万吨)、苏联 (47 700.0 万吨)、印度 (19 865.9 万吨)、波兰 (17 800.0 万吨)、南非 (17 391.3 万吨)、澳大利亚 (16 045.9 万吨) (表 15-42), 七国煤炭产量占世界总量的 87.28%。

表 15-42　1989 年世界十大煤炭生产国

排名	国家	产量 / 万吨	占世界总量的比例 /%
1	中国	105 400.0	30.10
2	美国	81 420.0	23.26
3	苏联	47 700.0	13.62
4	印度	19 865.9	5.67
5	波兰	17 800.0	5.08
6	南非	17 391.3	4.97
7	澳大利亚	16 045.9	4.58
8	英国	9 800.0	2.80
9	联邦德国	7 740.0	2.21
10	朝鲜	6 500.0	1.86
小计		329 663.1	94.16
全球合计		350 115.3	—

资料来源: 作者整理。参考 B. R. 米切尔:《帕尔格雷夫世界历史统计·亚洲、非洲和大洋洲卷: 1750—1993 年》第 3 版, 贺力平译, 经济科学出版社, 2002。

---

① 1984 年、1985 年英国煤炭产量从曾经的亿吨分别下滑至 5 100 万吨、9 400 万吨。

20 世纪末, 世界煤炭年产量超亿吨的国家仍为 7 个, 依次是中国 (123 830 万吨)、美国 (91 920 万吨)、印度 (30 070 万吨)、澳大利亚 (22 370 万吨)、南非 (22 350 万吨)、俄罗斯 (15 240 万吨)、波兰 (11 020 万吨) (表 15–43), 七国煤炭产量占世界总量的 87.17%。

表 15–43　1999 年世界十大煤炭生产国

排名	国家	产量 / 万吨	占世界总量的比例 /%
1	中国	123 830	34.07
2	美国	91 920	25.29
3	印度	30 070	8.27
4	澳大利亚	22 370	6.16
5	南非	22 350	6.16
6	俄罗斯	15 240	4.19
7	波兰	11 020	3.03
8	德国	4 380	1.21
9	英国	3 710	1.02
10	加拿大	3 650	1.00
	小计	328 540	90.40
	全球合计	363 430	—

资料来源: 作者整理。煤炭产量数据采自崔民选主编《2006 中国能源发展报告》, 社会科学文献出版社, 2006, 第 159 页。

（三）21 世纪初

21 世纪初 (2011 年) 与 20 世纪初 (1919 年) 相比, 在近百年时间里, 世界煤炭生产大国格局发生了一系列重大变化。曾为煤炭生产头号大国的美国退居第二位, 曾为煤炭生产第二大国的英国退出亿吨煤炭大国行列, 曾为煤炭生产前五位的德国和日本退出前五位之列。同时, 煤炭年产量超亿吨的国家由最初的 3 个发展到 10 个, 由当初全为发达国家发展到发展中国家逐渐增多, 并最终占大多数, 发展中国家的地位越来越重要。

2011 年, 世界煤炭年产量超亿吨的国家发展到 10 个, 其中印度尼西亚、哈萨克斯坦为新增的亿吨煤炭大国。10 个煤炭年产量超亿吨的国家分别为中国 (34.88 亿吨)、美国 (9.93 亿吨)、印度 (5.80 亿吨)、澳大利亚 (4.14 亿吨)、印度尼西亚 (3.76 亿吨)、俄罗斯 (3.34 亿吨)、南非 (2.53 亿吨)、德国 (1.89 亿吨)、波兰 (1.38 亿吨)、哈萨克斯坦 (1.17 亿吨) (表 15–44), 共计 68.82 亿吨, 占世界总量的 89.66%。

表 15–44　2011 年世界十大煤炭生产国

排名	国家	产量 / 亿吨	占世界总量的比例 /%
1	中国	34.88	45.44
2	美国	9.93	12.94
3	印度	5.80	7.56
4	澳大利亚	4.14	5.39
5	印度尼西亚	3.76	4.90

续表

排名	国家	产量 / 亿吨	占世界总量的比例 /%
6	俄罗斯	3.34	4.35
7	南非	2.53	3.30
8	德国	1.89	2.46
9	波兰	1.38	1.80
10	哈萨克斯坦	1.17	1.52
小计		68.82	89.66
全球合计		76.76	—

资料来源：作者整理。参考黄晓勇主编《世界能源发展报告（2013）》，社会科学文献出版社，2013。

四、主要国家煤炭开采的盛衰

1919 年以来，世界上许多煤炭生产国的产业规模都在不断扩大，但也有一些国家由盛而衰（表 15-45）。在各个年代中，硬煤（包括无烟煤和烟煤，不包括褐煤，个别国家例外）产量位于前五位的国家共出现过 12 个。其中，从 1919 年起始终保持在前五位的国家仅有美国 1 个；煤炭年产量居于第一位的国家仅有 2 个，即美国和中国；到 2011 年退出前五位的国家有 6 个，分别为英国、德国、日本、法国、俄罗斯和南非，其中英国、日本和法国 3 个国家退出了世界前十位（表 15-46）。从中，可管窥各国煤炭产业之盛与衰及其在世界地位中的重大变化。

表 15-45　1919—1993 年世界主要煤炭生产国产量

时间/年	美国/万吨	英国/万吨	德国/联邦德国/万吨	法国/万吨	苏俄/苏联/俄罗斯/万吨	波兰/万吨	日本/万吨	印度/万吨	中国/万吨	南非/万吨	澳大利亚/万吨	印度尼西亚/万吨
1919	50 253.7	23 300	11 700	2 240	770	—	3 127.1	2 799.1	2 015.0	931.3	1 063.4	94.9
1920	59 616.8	23 300	10 800	2 530	670	3 170	2 924.5	1 825.0	2 132.0	1 092.3	1 301.0	109.6
1921	45 939.4	16 600	11 400	2 900	750	2 990	2 622.1	1 961.1	2 051.0	1 081.6	1 300.3	121.2
1922	43 268.3	25 400	11 900	3 190	930	3 460	2 770.2	1 931.5	2 114.0	927.2	1 240.4	104.1
1923	59 684.1	28 000	6 220	3 860	1 050	3 610	2 894.9	1 997.0	2 455.0	1 125.2	1 271.8	115.7
1924	51 856.0	27 100	11 900	4 500	1 460	3 230	3 011.1	2 152.1	2 578.0	1 182.0	1 397.8	147.0
1925	52 786.3	24 700	13 300	4 810	1 490	2 910	3 145.9	2 123.9	2 426.0	1 232.2	1 384.5	140.1
1926	59 675.0	12 800	14 500	5 250	2 340	3 570	3 142.7	2 133.5	2 304.0	1 295.0	1 348.7	146.6
1927	54 236.9	25 500	15 400	5 290	2 950	3 810	3 353.1	2 243.5	2 417.0	1 258.0	1 373.9	162.0
1928	52 262.3	24 100	15 100	5 240	3 250	4 060	3 386.0	2 290.5	2 509.0	1 260.7	1 202.9	170.4
1929	55 231.0	26 200	16 300	5 500	3 660	4 620	3 425.8	2 379.5	2 544.0	1 301.8	1 053.1	183.2
1930	48 707.8	24 800	14 300	5 510	4 330	3 750	3 137.6	2 418.5	2 604.0	1 222.3	968.4	187.1
1931	40 073.5	22 300	11 900	5 100	5 070	3 830	2 798.7	2 206.5	2 724.0	1 088.1	853.6	140.4
1932	32 619.2	21 200	10 500	4 730	5 750	2 880	2 805.3	2 047.7	2 638.0	992.1	872.4	105.0

续表

时间/年	美国/万吨	英国/万吨	德国/联邦德国/万吨	法国/万吨	苏俄/苏联/俄罗斯/万吨	波兰/万吨	日本/万吨	印度/万吨	中国/万吨	南非/万吨	澳大利亚/万吨	印度尼西亚/万吨
1933	34 760.8	21 000	11 000	4 800	6 750	2 740	3 252.4	2 010.7	2 838.0	1 071.4	923.7	103.5
1934	37 787.5	22 400	12 500	4 870	8 280	2 920	3 592.5	2 241.1	3 272.0	1 219.5	995.7	103.3
1935	38 263.4	22 600	14 300	4 710	9 530	2 850	3 776.2	2 338.6	3 609.0	1 357.4	1 106.2	111.1
1936	44 502.7	23 200	15 800	4 620	10 900	2 970	4 180.3	2 297.4	3 990.0	1 484.2	1 155.2	114.7
1937	44 830.2	24 400	18 500	4 540	11 000	3 620	4 525.8	2 543.8	3 723.0	1 549.1	1 226.7	137.3
1938	35 529.5	23 100	18 600	4 760	11 500	3 810	4 868.4	2 879.8	2 874.9	1 628.4	1 186.7	145.7
1939	40 251.4	23 500	18 800	5 020	12 500	4 640	5 110.9	2 821.5	3 468.8	1 689.0	1 375.2	178.1
1940	46 204.5	22 800	18 400	4 100	14 000	4 700	5 631.2	2 986.0	4 433.4	1 749.3	1 191.3	200.9
1941	51 504.6	21 000	18 700	4 390	—	5 800	5 647.2	2 993.7	5 524.3	1 867.9	1 444.0	199.0
1942	58 068.0	20 800	18 800	4 380	—	6 500	5 354.0	2 990.5	5 837.4	2 040.8	1 570.9	—
1943	58 792.1	20 200	19 000	4 240	—	7 000	5 550.0	2 592.1	5 045.9	2 056.1	1 436.4	—
1944	61 774.2	19 600	16 600	2 660	—	5 400	5 294.5	2 654.6	5 102.7	2 298.7	1 391.7	—
1945	57 141.9	18 600	3 550	3 500	9 940	2 020	2 988.0	2 963.5	2 628.5	2 355.4	1 299.7	30.7
1946	53 683.7	19 300	5 390	4 930	11 400	4 730	2 038.2	3 018.7	1 634.2	2 360.2	1 410.4	15.7
1947	62 136.8	20 000	7 110	4 730	13 200	5 910	2 723.4	3 069.5	1 753.8	2 381.8	1 506.9	22.3
1948	59 291.2	21 100	8 700	4 510	15 000	7 030	3 372.6	3 060.7	1 242.0	2 401.7	1 502.0	54.0
1949	43 316.1	21 900	10 300	5 300	16 900	7 410	3 797.3	3 220.4	3 243.0	2 549.6	1 417.8	66.2
1950	50 531.8	22 000	11 100	5 250	18 500	7 800	3 845.9	3 282.5	4 110.0	2 647.3	1 680.9	80.4
1951	51 985.7	22 600	11 900	5 500	20 200	8 200	4 331.2	3 498.4	5 309.0	2 663.2	1 789.1	86.8
1952	45 759.0	22 800	12 300	5 740	21 500	8 440	4 335.9	3 688.7	6 649.0	2 806.5	1 971.5	96.9
1953	44 033.7	22 700	12 400	5 450	22 400	8 870	4 653.1	3 655.7	6 968.0	2 845.9	1 870.6	89.7
1954	37 915.5	22 700	12 800	5 630	24 400	9 160	4 271.8	3 747.1	8 366.0	2 931.5	2 008.0	90.0
1955	44 240.9	22 500	13 100	5 740	27 700	9 450	4 242.3	3 883.9	9 830.0	3 214.7	1 958.4	81.4
1956	47 799.2	22 600	13 400	5 740	30 400	9 510	4 655.5	3 991.0	11 136.0	3 360.2	1 958.3	82.8
1957	46 759.6	22 700	13 300	5 910	32 900	9 410	5 173.2	4 420.4	13 073.0	3 476.9	2 023.9	71.7
1958	38 935.4	21 900	13 300	6 000	35 300	9 500	4 967.4	4 605.6	27 020.0	3 708.5	2 077.0	60.3
1959	39 013.4	20 900	14 200	5 980	36 500	9 910	4 725.8	4 780.0	36 900.0	3 645.3	2 062.4	63.8
1960	39 152.6	19 700	14 200	5 820	37 500	10 400	5 106.7	5 259.3	39 700.0	3 817.3	2 190.3	65.8
1961	37 866.0	19 400	14 300	5 530	37 700	10 700	5 448.4	5 606.5	27 800.0	3 956.5	2 317.5	54.9
1962	39 552.2	20 100	14 100	5 520	38 600	11 000	5 439.9	6 137.0	22 000.0	4 128.1	2 350.1	47.2
1963	43 045.1	19 900	14 200	5 020	39 500	11 300	5 205.2	6 595.6	21 700.0	4 245.5	2 384.8	59.1
1964	45 471.0	19 800	14 200	5 530	40 900	11 700	5 092.9	6 244.0	21 500.0	4 491.7	2 624.9	44.8
1965	47 526.3	19 200	13 500	5 400	42 800	11 900	4 953.4	6 716.2	23 200.0	4 846.0	3 006.4	27.1
1966	49 254.8	17 900	12 600	5 290	43 900	12 200	5 134.7	6 797.4	25 200.0	4 794.2	3 165.1	32.0
1967	50 837.9	17 800	11 200	5 060	45 100	12 400	4 748.2	6 822.3	20 600.0	4 930.0	3 280.5	20.7

续表

时间/年	美国/万吨	英国/万吨	德国/联邦德国/万吨	法国/万吨	苏俄/苏联/俄罗斯/万吨	波兰/万吨	日本/万吨	印度/万吨	中国/万吨	南非/万吨	澳大利亚/万吨	印度尼西亚/万吨
1968	50 066.5	17 000	11 200	4 510	45 600	12 900	4 656.8	7 081.3	22 000.0	5 165.5	3 783.9	17.6
1969	51 343.6	15 600	11 200	4 350	46 700	13 500	4 469.0	7 541.1	26 600.0	5 275.2	4 521.4	19.1
1970	55 038.8	14 700	11 100	4 010	47 600	14 000	3 969.4	7 369.4	35 400.0	5 461.2	4 393.9	17.2
1971	50 304.9	14 900	11 100	3 580	48 800	14 500	3 343.2	7 182.4	39 200.0	5 866.6	5 457.0	19.8
1972	53 659.4	12 200	10 200	3 270	49 900	15 100	2 809.8	7 565.8	41 000.0	5 844.0	5 548.3	17.9
1973	53 016.2	13 200	9 730	2 840	51 100	15 700	2 241.4	7 787.0	41 700.0	6 235.3	5 797.2	14.9
1974	53 716.3	11 000	9 490	2 570	52 400	16 200	2 033.3	8 410.2	41 300.0	6 501.8	6 069.6	15.6
1975	57 590.0	12 900	9 240	2 560	53 800	17 200	1 899.9	9 591.1	48 200.0	6 944.0	6 239.6	20.6
1976	59 800.0	12 400	8 930	2 510	54 800	17 900	1 839.6	10 087.6	48 300.0	7 604.4	6 965.5	19.3
1977	60 690.0	12 200	8 480	2 440	55 500	18 600	1 824.6	10 029.7	55 000.0	8 708.4	6 992.8	23.1
1978	57 570.0	12 200	8 390	2 240	55 700	19 300	1 899.2	10 154.9	61 800.0	9 052.2	7 206.9	26.4
1979	67 060.0	12 100	8 630	2 110	55 400	20 100	1 764.4	10 336.4	63 500.0	10 548.0	7 249.6	27.9
1980	71 040.0	13 000	8 710	2 070	55 300	19 300	1 802.7	10 915.2	62 000.0	11 604.0	8 585.5	30.4
1981	70 080.0	12 700	8 850	2 150	54 400	16 300	1 768.7	12 310.4	62 200.0	13 277.8	8 953.6	35.0
1982	71 240.0	12 500	8 900	2 000	55 500	18 900	1 760.6	12 850.4	66 600.0	13 690.8	9 775.4	48.1
1983	65 660.0	11 900	8 220	1 960	55 800	19 100	1 706.2	13 478.2	71 500.0	14 312.3	10 420.5	64.8
1984	75 550.0	5 120	7 940	1 900	55 600	19 200	1 664.4	14 487.0	78 900.0	16 290.9	11 750.4	146.8
1985	73 590.0	9 400	8 240	1 700	56 900	19 200	1 638.2	14 971.0	87 200.0	17 313.1	13 338.3	194.2
1986	75 090.0	10 800	8 080	1 650	58 800	19 200	1 601.2	16 336.0	89 400.0	17 505.9	14 771.8	257.2
1987	76 290.0	10 400	8 240	1 630	59 500	19 300	1 304.9	17 698.6	92 800.0	17 654.7	13 480.7	188.7
1988	78 450.0	10 200	7 930	1 290	59 900	19 300	1 122.3	18 902.1	98 000.0	17 804.2	14 780.4	274.1
1989	81 420.0	9 800	7 740	1 230	47 700	17 800	1 018.7	19 865.9	105 400.0	17 391.3	16 045.9	455.3
1990	85 700.0	9 400	7 640	1 050	47 400	14 800	826.2	20 182.9	108 000.0	17 478.4	16 650.5	732.7
1991	82 740.0	9 500	7 270	1 010	41 400	14 000	805.3	22 685.7	108 800.0	17 525.1	17 657.0	1 371.5
1992	82 600.0	8 400	7 210	950	19 300	13 200	759.8	23 820.0	111 600.0	17 400.0	17 797.0	2 114.6
1993	77 640.0	6 800	6 420	860	19 000	13 000	721.7	26 404.1	115 000.0	18 203.1	17 787.4	2 758.4

资料来源：作者整理。参考 B. R. 米切尔：《帕尔格雷夫世界历史统计·亚洲、非洲和大洋洲卷：1750—1993 年》第 3 版，贺力平译，经济科学出版社，2002。

说明：1. 表中煤炭指硬煤（包括无烟煤和烟煤）。但中国煤炭既包括硬煤，又包括褐煤。2. 波兰 1939 年的数据仅为前半年的，在正文分析中将全年产量估计为 4 500 万吨；1940—1944 年产量为粗略估计数；1945 年数据仅为 4—12 月的产量。

表 15-46　1919—2011 年世界主要煤炭生产国[1]煤炭产量及地位的变化

国家	项目	1919 年	1929 年	1939 年	1949 年	1959 年	1969 年	1979 年	1989 年	1999 年	2011 年
美国	产量/万吨	50 253.7	55 231.0	40 251.4	43 316.1	39 013.4	51 343.6	67 060.0	81 420.0	91 920.0	99 300.0
美国	排名	1	1	1	1	1	1	1	2	2	2
美国	占世界比例/%	48.22	41.95	31.11	33.20	20.33	25.02	24.29	23.26	25.29	12.94

续表

国家	项目	1919 年	1929 年	1939 年	1949 年	1959 年	1969 年	1979 年	1989 年	1999 年	2011 年
英国	产量 / 万吨	23 300.0	26 200.0	23 500.0	21 900.0	20 900.0	15 600.0	12 100.0	—	—	1 800.0
	排名	2	2	2	2	4	4	5	—	—	25
	占世界比例 /%	22.36	19.90	18.16	16.78	10.89	7.60	4.38	—	—	0.23
德国 / 联邦德国	产量 / 万吨	11 700.0	16 300.0	18 800.0	10 300.0	14 200.0	—	—	—	—	18 900.0
	排名	3	3	3	4	5	—	—	—	—	8
	占世界比例 /%	11.23	12.38	14.53	7.89	7.40	—	—	—	—	2.46
日本	产量 / 万吨	3 127.1	—	5 110.9	—	—	—	—	—	—	0
	排名	4	—	5	—	—	—	—	—	—	—
	占世界比例 /%	3.00	—	3.95	—	—	—	—	—	—	0
印度	产量 / 万吨	2 799.1	—	—	—	—	—	—	19 865.9	30 070.0	58 000.0
	排名	5	—	—	—	—	—	—	4	3	3
	占世界比例 /%	2.69	—	—	—	—	—	—	5.67	8.27	7.56
法国	产量 / 万吨	—	5 500.0	—	—	—	—	—	—	—	0
	排名	—	4	—	—	—	—	—	—	—	—
	占世界比例 /%	—	4.18	—	—	—	—	—	—	—	0
波兰	产量 / 万吨	—	4 620.0	—	7 400.0	—	13 500.0	20 100.0	17 800.0	—	13 800.0
	排名	—	5	—	5	—	5	4	5	—	9
	占世界比例 /%	—	3.51	—	5.67	—	6.58	7.28	5.08	—	1.80
苏俄 / 苏联 / 俄罗斯	产量 / 万吨	—	—	12 500.0	16 900.0	36 500.0	46 700.0	55 400.0	47 700.0	15 240.0	33 400.0
	排名	—	—	4	3	3	2	3	3	6	6
	占世界比例 /%	—	—	9.66	12.95	19.02	22.76	20.07	13.62	—	4.35
中国	产量 / 万吨	—	—	—	—	36 900.0	26 600.0	63 500.0	105 400.0	123 830.0	348 800.0
	排名	—	—	—	—	2	3	2	1	1	1
	占世界比例 /%	—	—	—	—	19.23	12.96	23.00	30.10	34.07	45.44
澳大利亚	产量 / 万吨	—	—	—	—	—	—	—	—	22 370.0	41 400.0
	排名	—	—	—	—	—	—	—	—	4	4
	占世界比例 /%	—	—	—	—	—	—	—	—	6.16	5.39
南非	产量 / 万吨	—	—	—	—	—	—	—	—	22 350.0	25 300.0
	排名	—	—	—	—	—	—	—	—	5	7
	占世界比例 /%	—	—	—	—	—	—	—	—	6.16	3.30
印度尼西亚	产量 / 万吨	—	—	—	—	—	—	—	—	—	37 600.0
	排名	—	—	—	—	—	—	—	—	—	5
	占世界比例 /%	—	—	—	—	—	—	—	—	—	4.90

资料来源：作者整理。参考 B. R. 米切尔：《帕尔格雷夫世界历史统计・亚洲、非洲和大洋洲卷：1750—1993 年》第 3 版，贺力平译，经济科学出版社，2002。

注：[1]"主要煤炭生产国"的标准是每个年代排名世界前五位的国家。

（一）美国

美国煤炭资源丰富，煤炭储量居世界首位，历来都是世界煤炭生产大国。

1919 年，美国煤炭产量超过 5 亿吨，为 50 253.7 万吨，居世界首位，占世界煤炭生产总量的 48.22%。此后的数十年，美国煤炭生产规模都没有大的突破，甚至在 20 世纪 30 年代末（1939 年）、20 世纪 40 年代末（1949 年）、20 世纪 50 年代末（1959 年）分别降至 40 251.4 万吨、43 316.1 万吨、39 013.4 万吨。

从 20 世纪 60 年代起，美国煤炭业逐渐恢复并日益发展壮大。1977 年，美国煤炭产量首次突破 6 亿吨，达到 60 690.0 万吨。于 1980 年突破 7 亿吨，1989 年又突破 8 亿吨，达到 81 420.0 万吨。但此时，美国煤炭产量已被中国赶超，居世界第二位。

20 世纪末（1999 年）和 21 世纪初（2011 年），美国煤炭产量都在 9 亿吨以上，分别为 91 920.0 万吨、99 300.0 万吨，均排世界第二位，占世界总量的比例分别下降至 25.29%、12.94%。

在将近 1 个世纪的时间里，美国煤炭业的发展总体上是缓慢的，生产规模仅扩大了 97.60%。美国在世界煤炭业中的地位逐渐下降，由 1919 年占世界总量的将近一半（48.22%）降至 2011 年的一成多（12.94%）。笔者认为，导致这种发展状态的原因一是美国的石油供给替代了煤炭；二是美国的核电发电部分替代了煤炭发电；三是美国的能源政策引导了煤炭资源的适度开发利用，而非盲目扩张。

（二）英国、法国和日本

20 世纪初，英国、法国、日本都曾为世界煤炭生产的前五强。但是，从 20 世纪 40 年代起，它们又陆续退出世界前五强、世界前十强，乃至世界前二十强的行列。最终，法国、日本的煤矿相继关闭，煤炭工业退出了历史舞台。它们的发展轨迹虽然与美国相差甚远，但也同样耐人寻味。

1919 年，英国煤炭产量为 2.33 亿吨，居世界第二。1929 年，英国生产煤炭 2.62 亿吨，达到了历史巅峰。此后，英国煤炭产量开始逐渐下降，到 1959 年基本上维持在 2 亿吨。20 世纪 60 年代至 80 年代，英国煤炭产量下跌至 1 亿多吨，在 1989 年最终跌破亿吨规模，仅为 9 800 万吨。到 2011 年，又大幅减至 1 800 万吨，占世界总量的比例由 1919 年的 22.36% 降至 0.23%，排世界第二十五位。是什么原因所致？笔者认为，是因英国大规模开采导致煤炭资源枯竭。据有关资料显示，1973 年英国硬煤的实测经济可采储量为 38.71 亿吨，1974—1988 年每年开采规模都在 1 亿吨以上，此后每年开采也在数千万吨以上，这导致 2011 年英国煤炭探明储量仅剩 2.28 亿吨。

日本煤炭产量在 1919 年为 3 127.1 万吨，占世界总量的 3.0%，排世界第四位。此后，日本的煤炭生产规模不断扩大，到 1941 年产量达到顶峰，为 5 647.2 万吨。在此后约 30 年的时间里，一直到 1969 年，日本煤炭年产量大多数维持在 4 000 万～5 500 万吨。进入 20 世纪 70 年代后，日本煤炭产量开始逐年下降，从 1975 年起降至 1 000 多万吨，从 1990 年起每年产量降到仅百万吨规模。进入 21 世纪，日本于 2001 年关闭长崎县池岛煤矿，2002 年关闭北海道钏路市太平洋煤矿，2003 年关闭三井公司的最后一座煤矿。[①]2007 年至 2011 年，日本国内煤炭年产量均在 100 万吨左右，从 2007 年到 2010 年分别为 140 万吨、120 万吨、130 万吨、90 万吨。这标志着日本煤炭业退出了世界历史舞台。是什么原因所致？

---

① 黄晓勇主编《世界能源发展报告（2014）》，社会科学文献出版社，2014，第 147 页。

笔者认为原因之一是日本煤炭资源本来就较贫乏，长期以来却较大规模地开采，必定会导致煤炭业的不可持续的发展。根据有关资料，1979 年日本煤炭资源总量为 87.07 亿吨，占世界总量的比例不到 0.1%，经过几十年开采，到 2011 年日本煤炭探明储量仅为 3.5 亿吨。

法国在 20 世纪 20 年代成为世界第四大煤炭生产国。1929 年煤炭产量为 5 500 万吨，占世界总量的 4.18%；1958 年产量达到顶峰，为 6 000 万吨。此后，逐年减产，到 1992 年跌破千万吨，仅为 950 万吨。进入 21 世纪后，煤炭生产进一步萎缩。这又是什么原因所致？笔者认为，煤炭资源并不丰富的法国，其煤炭业的繁荣只能是昙花一现。据有关资料，1973 年法国硬煤的实测储量仅为 13.8 亿吨。

法国和日本除了煤炭资源比较短缺，还有三个共同的特点：都是"贫油"国家，都是世界上的煤炭消费大国，都是历史上的煤炭进口大国。法国 1919 年、1929 年、1939 年、1949 年进口煤炭均居世界首位，而日本在 1969 年、1979 年、1989 年煤炭进口也居世界首位。

（三）德国、苏联 / 俄罗斯和波兰

德国是欧洲和世界重要的煤炭生产大国。20 世纪初至 30 年代煤炭产量居欧洲第二、世界第三，20 世纪 40 年代和 20 世纪 50 年代分别排世界第四位、第五位。此后，德国煤炭产量逐年下降，由 1959 年的 14 200 万吨下降至 1973 年的不足 1 亿吨（仅为 9 730 万吨），到 20 世纪末降为 4 380 万吨，2002 年又降到 2 920 万吨。德国煤炭业在世界的地位也随之下降，从 20 世纪 60 年代开始退出世界前五强。2011 年德国煤炭产量回升到 1.89 亿吨，占世界总量的 2.43%，排世界第八位。

苏联 / 俄罗斯也是欧洲和世界重要的煤炭生产大国。1939 年苏联煤炭产量排世界第四位，20 世纪 40 年代至 80 年代排世界第二位或第三位。1988 年，苏联煤炭产量由 1919 年的 770 万吨扩大到历史上的最高点 59 900 万吨。20 世纪 90 年代，受苏联解体的冲击，俄罗斯煤炭产量大幅下滑，1999 年仅为 15 240 万吨，排世界第六位。进入 21 世纪，俄罗斯煤炭产量回升，到 2011 年达到 33 400 万吨，排世界第六位。

波兰同样是欧洲和世界重要的煤炭生产大国。20 世纪 90 年代以前煤炭产量曾经长期排世界第四位或第五位。20 世纪 90 年代，波兰煤炭产量下降，1999 年为 11 020 万吨，排世界第七位。2011 年，波兰煤炭产量为 13 800 万吨，占世界总量的 1.8%，排世界第九位。

在近百年的时间里，德国、俄罗斯 / 苏联、波兰三国煤炭开采有以下特点：（1）德国、俄罗斯的煤炭资源十分丰富，即使从 1919 年算起，经过近百年的大量开采，至今仍保有丰富的煤炭储量。2011 年德国的煤炭储量为 406.99 亿吨，按 2011 年的开采规模计算，仍然可以持续开采 200 多年。2011 年俄罗斯的煤炭储量为 1 570 亿吨，按 2011 年的开采规模计算，可开采 470 多年。波兰的煤炭资源较丰富，2011 年探明储量为 57 亿吨，储采比为 41 年。（2）德国和波兰的煤炭资源开发走的是适度开发之路。从 1919 年至 2011 年，德国煤炭生产在石油资源严重短缺的情况下，年产量最高也只有 19 000 万吨（1943 年），20 世纪 40 年代为德国发动"二战"、以煤制油的主要历史时期。而波兰 20 世纪 20 年代至 50 年代的煤炭产量为 3 000 万～9 000 万吨，20 世纪 60 年代以来年产量为 1 亿多吨，最高产量为 1979 年的 2.01 亿吨。

（四）澳大利亚、南非、印度和印度尼西亚

澳大利亚的煤炭资源十分丰富，2011 年煤炭储量为 764 亿吨，储采比为 184 年。澳大利亚煤炭生产进入世界前五强是在 20 世纪末。1999 年，澳大利亚煤炭产量为 22 370 万吨，占世界总量的 6.16%，排世界第四位。2011 年，澳大利亚煤炭产量达到 41 400 万吨，占世界总量的 5.39%，也排世界第四位。在此之前的数十年里，即 1919—1982 年，澳大利亚的煤炭生产始终保持在 800 万～9 000 万吨，开采规模并不大，直到 1983 年，煤炭产量才突破 1 亿吨，1997 年突破 2 亿吨。

南非是非洲煤炭资源最丰富的国家，2012 年煤炭储量为 301.56 亿吨，占世界总量的 3.5%，排世界第九位，储采比 116 年。南非同澳大利亚一样，20 世纪 90 年代煤炭产量才进入世界前五位。长期以来，南非的煤炭开采规模不大，1979 年才达到 1 亿吨以上。2011 年煤炭产量为 2.53 亿吨，占世界总量的 3.3%，排世界第七位。

印度早在 1919 年便成为世界第五大煤炭生产国，但此后印度煤炭业发展缓慢，到 1976 年才突破 1 亿吨。1976 年后，印度煤炭业得到较快发展，1999 年煤炭产量突破 3 亿吨，排世界第三位。2011 年达到 5.8 亿吨，仍排世界第三位。2012 年，印度煤炭储量为 606 亿吨，储采比为 100 年。

印度尼西亚是后起之秀，在 21 世纪之前煤炭产量从未进入世界前五强。2011 年煤炭产量为 37 600 万吨，比 1999 年的 6 795 万吨增长 4.53 倍。同年，印度尼西亚煤炭产量占世界总量的 4.9%，排世界第五位。2011 年煤炭储量为 55 亿吨，储采比为 17 年。

相对而言，澳大利亚、南非、印度、印度尼西亚的煤炭业发展都是"后发"的，且澳大利亚、南非、印度的煤炭资源都十分丰富，储采比都高达 100 年及以上。其中原因，除了资源丰富和后续发展快速，还有一个很重要的原因，他们每年开采煤炭的规模都相对较小，2011 年印度、澳大利亚、南非的煤炭产量分别为 5.80 亿吨、4.14 亿吨、2.53 亿吨。

与美国、俄罗斯、德国、澳大利亚等国对比，英国、法国、日本煤炭生产由盛而衰，其根本原因显而易见：过度开采煤炭资源，导致煤炭资源过早枯竭，进而无法支持煤炭业的持续发展。《BP 世界能源统计报告（2012）》显示，2012 年英国煤炭储量仅有 2.28 亿吨，日本为 3.5 亿吨。以英国 1923 年煤炭开采规模 2.80 亿吨来计算，英国 2.28 亿吨煤炭储量不需用 1 年的时间便开采完了。以日本 1940 年煤炭开采规模 5 631.2 万吨来计算，日本 3.5 亿吨的煤炭储量也只能开采 6 年多而已。根据有关资料，法国 1973 年硬煤的实测储量为 13.8 亿吨，1977 年煤炭探明储量为 14.73 亿吨，2004 年煤炭探明可采储量锐减为 1 500 万吨，2012 年的 BP 世界能源统计报告中没有法国煤炭储量的记录，同时显示法国煤炭产量为零。由此可见，英国、法国、日本煤炭业的发展是不可持续的。

五、大型煤炭企业

世界大型煤炭公司都源自世界煤炭大国，它们对世界煤炭的勘探、开发起到重要主导作用。

20 世纪末，世界十大煤炭公司中，有 4 个位于美国、2 个位于澳大利亚、2 个位于加拿大、1 个位于英国、1 个位于南非。他们分别是美国的皮博迪煤炭公司、阿奇煤炭公司、固本能源集团、切维朗集团，澳大利亚的 BHP 公司、壳牌澳大利亚公司，加拿大的拉斯克煤炭公司、福丁煤炭公司，英国的 RJB 采矿有限公司，南非的英格威煤炭公司（表 15-47）。

进入 21 世纪，随着中国、印度尼西亚、泰国等亚洲国家煤炭业的发展壮大，世界大型煤炭公司格局发生显著变化。2007 年，全球市值超过 30 亿美元的煤炭公司共有 12 家。其中，中国 4 家，美国 3 家，加拿大2家，印度尼西亚、澳大利亚、泰国各1家（表15-48）。中国神华能源以市值203亿美元排世界第一位，美国的皮博迪以市值164亿美元排世界第二位，加拿大的Cameco以市值138亿美元排世界第三位。

表15-47 1999年世界十大煤炭公司

序号	公司名称	人员/人	技术装备水平	产量/百万吨
1	皮博迪煤炭公司（美国）	7 800	世界第一大煤炭公司。全部机械化采煤。拥有北安太路普/罗切利露天矿，1999年人均产煤10.21万吨	176.00（1999年）
2	阿奇煤炭公司（美国）	5 600	美国第二大煤炭公司。全部机械化采煤。露天矿使用拉铲、电铲、轮行式装载机和挖掘机。井工矿使用长壁综合机械化采煤机和连续采煤机	115.10（1999年）
3	固本能源集团（美国）	6 970	拥有美国最多的高效井工矿。有14个高效长壁工作面（全美国共59个）	74.40（1999年）
4	切维朗集团（美国）	33 000	在美国4个州拥有3座露天矿和2座井工矿。采煤机械化程度为100%	23.60（1998年）
5	BHP公司（澳大利亚）	50 000	经营7座露天矿和1座井工矿。采煤机械化程度为100%	52.43（1998年）
6	壳牌澳大利亚公司（澳大利亚）	1 600	有4座井工矿和3座露天矿。采煤机械化程度为100%	17.30（1999年）
7	RJB采矿有限公司（英国）	9 500	欧洲最大的煤炭公司，拥有16座井工矿和15座露天矿。采煤机械化程度为100%	35.00（1995年）
8	英格威煤炭公司（南非）	17 442	井工开采为房柱式，使用连续采煤机。露天开采采用单斗铲/汽车开采工艺。采煤机械化程度为100%	47.76（1998年）
9	拉斯克煤炭公司（加拿大）	2 800	加拿大最大的煤炭公司。所属各矿均为露天采煤，采煤机械化程度为100%	40.00（1999年）
10	福丁煤炭公司（加拿大）	—	所属各矿均为露天开采。开采优质炼焦煤使用单斗铲/汽车开采工艺，开采次烟煤使用大面积剥离式开采工艺	21.20（1999年）

资料来源：雷仲敏、杜铭华等：《中国煤炭期货品种开发研究》，中国金融出版社，2007，第198页。

表15-48 2007年全球市值最大的煤炭与消费能源公司

排名	公司	市值/亿美元	所在国家	占子行业的比例/%
1	神华能源	203	中国	17.1
2	皮博迪	164	美国	14.1
3	Cameco	138	加拿大	11.9
4	Consol Energy	130	美国	11.2
5	中煤能源	129	中国	11.1
6	Bumi Resource	124	印度尼西亚	10.7
7	Arch Coal	64	美国	5.5

续表

排名	公司	市值 / 亿美元	所在国家	占子行业的比例 /%
8	Uranium One	42	加拿大	3.6
9	兖州煤业	39	中国	3.3
10	Paladin Energy	37	澳大利亚	3.1
11	Banpu	32	泰国	2.8
12	内蒙古伊泰煤炭	32	中国	2.8

资料来源：张伟：《全球资源分布与配置》，人民出版社，2011，第 34 页。

第 3 节　煤炭贸易

20 世纪 50 年代以前，国际煤炭贸易主要是在欧美国家之间开展，亚洲国家之间有少量煤炭贸易往来。20 世纪 50 年代，大洋洲开始有少量煤炭贸易。20 世纪 60 年代，非洲开始有煤炭贸易。20 世纪 80 年代以前，欧美煤炭贸易量占世界煤炭贸易总量的 3/4 以上。进入 21 世纪，亚洲成为世界煤炭贸易最重要的地区。与此同时，世界煤炭贸易规模不断扩大。

一、煤炭贸易的发展

1919 年，世界煤炭进出口总量为 13 575.0 万吨，到 2011 年达到 22.38 亿吨，近百年间增长 16.5 倍。

（一）第一次石油危机前

进入 20 世纪后，两次世界大战对世界煤炭贸易造成重大创伤。世界煤炭贸易直到 20 世纪 60 年代才逐步得到恢复（表 15-49）。

1914 年，第一次世界大战爆发，战争持续到 1918 年结束，导致各国煤炭贸易锐减。1919 年，世界煤炭贸易总量为 13 575.0 万吨，与 1909 年的 22 664.5 万吨（其中，出口 10 791.0 万吨，进口 11 873.5 万吨）相比，减幅达 40.10%。

表 15-49　1919—1989 年世界煤炭进出口贸易量[1]

时间 /年	进出口总量		进口		出口	
	数量 / 万吨	比上年代末增长 /%	数量 / 万吨	比上年代末增长 /%	数量 / 万吨	比上年代末增长 /%
1919	13 575.0	−40.10	5 865.1	−50.60	7 709.9	−28.55
1929	28 324.2	108.65	14 438.1	146.17	13 886.1	80.11
1939	18 909.2	−33.24	7 626.9	−47.18	11 282.3	−18.75

续表

时间 /年	进出口总量		进口		出口	
	数量 / 万吨	比上年代末增长 /%	数量 / 万吨	比上年代末增长 /%	数量 / 万吨	比上年代末增长 /%
1949	19 597.8	3.64	9 760.7	27.98	9 837.1	−12.81
1959	21 682.7	10.64	11 397.1	16.77	10 285.6	4.56
1969	32 459.2	49.70	16 349.1	43.45	16 110.1	56.63
1979	42 719.7	31.61	22 716.7	38.95	20 003.0	24.16
1989	61 527.7	44.03	29 718.9	30.82	31 808.8	59.02

资料来源：作者整理。参考 B. R. 米切尔：《帕尔格雷夫世界历史统计·亚洲、非洲和大洋洲卷：1750—1993 年》第 3 版，贺力平译，经济科学出版社，2002。

注：[1] 1919—1989 年世界煤炭进出口贸易统计起点是各国（地区）硬煤出口量或进口量达到 1 000 吨/年。

"一战"后，世界各国经济和国际贸易得到恢复，1929 年世界煤炭贸易总量达到 28 324.2 万吨，与 1919 年相比增长了一倍多。

20 世纪 30 年代，"二战"爆发，持续到 1945 年才结束，它导致 20 世纪 30—40 年代世界煤炭贸易又受到重大冲击。加上 20 世纪 50 年代后世界石油、天然气快速发展，世界煤炭贸易直到 1959 年仍无法恢复到 20 世纪 20 年代的水平。到 1969 年，世界煤炭贸易总量为 32 459.2 万吨，比 1929 年增加 4 135 万吨，增长约 14.60%。

（二）第一次石油危机后

20 世纪 70 年代后，多次爆发的石油危机给世界煤炭发展带来重大机遇，世界煤炭贸易快速发展起来。1979 年、1989 年的世界煤炭贸易总量均比上年代末增长 30% 以上。

进入 21 世纪，世界煤炭贸易规模进一步扩大。2011 年，世界煤炭进出口总量达到 22.38 亿吨。

二、煤炭贸易的空间格局

截至 1989 年，亚洲的主要煤炭进口国为日本和韩国，无主要煤炭出口国；美洲的主要煤炭出口国为美国和加拿大；欧洲的主要煤炭进口国和出口国都相对较多。20 世纪 80 年代前，世界煤炭贸易主要是在欧美地区开展。20 世纪 80 年代后，亚洲等地区的煤炭贸易规模不断扩大。

（一）20 世纪 80 年代前

1919 年，世界煤炭贸易总量为 13 575.0 万吨。其中，欧洲 9 162.1 万吨、美洲 4 341.8 万吨、亚洲 71.1 万吨，分别约占世界总量的 67.5%、32.0%、0.5%（表 15–50）。

1929 年，世界煤炭贸易总量为 28 324.2 万吨。其中，欧洲 23 771.3 万吨、美洲 4 227.4 万吨、亚洲 325.5 万吨，分别约占世界总量的 83.9%、14.9%、1.1%（表 15–51）。

1939 年，世界煤炭贸易总量为 18 909.2 万吨。其中，欧洲 15 264.1 万吨、美洲 3 144.6 万吨、亚洲 500.5 万吨，分别约占世界总量的 80.7%、16.6%、2.6%（表 15–52）。

1949 年，世界煤炭贸易总量为 19 597.8 万吨。其中，欧洲 14 248.8 万吨、美洲 5 259.4 万吨、亚洲 89.6 万吨，分别约占世界总量的 72.7%、26.8%、0.5%（表 15–53）。

　　20 世纪 50 年代，澳大利亚参与煤炭贸易，世界参与煤炭贸易的国家和地区增多。1959 年，世界煤炭贸易总量为 21 682.7 万吨。其中，欧洲 15 998.6 万吨、美洲 5 105.7 万吨、亚洲 497.0 万吨、大洋洲 81.4 万吨，分别约占世界总量的 73.8%、23.5%、2.3%、0.4%（表 15–54）。同年，欧洲煤炭的进口量大于出口量，约占世界进口总量的 82.3%，而出口量占比为 64.4%；美洲煤炭的出口量大于进口量，出口量占世界出口总量的 34.9%，进口量占比为 13.3%。

表 15–50　1919 年各大洲煤炭贸易情况

项目		全球	欧洲	美洲	亚洲	非洲	大洋洲
进出口	数量 / 万吨	13 575.0	9 162.1	4 341.8	71.1	0	0
	占世界总量的比例 /%	—	67.5	32.0	0.5	0	0
进口	数量 / 万吨	5 865.1	3 916.2	1 877.8	71.1	0	0
	占世界总量的比例 /%	—	66.8	32.0	1.2	0	0
出口	数量 / 万吨	7 709.9	5 245.9	2 464.0	0	0	0
	占世界总量的比例 /%	—	68.0	32.0	0	0	0

资料来源：作者整理。参考 B. R. 米切尔：《帕尔格雷夫世界历史统计·亚洲、非洲和大洋洲卷：1750—1993 年》第 3 版，贺力平译，经济科学出版社，2002。

表 15–51　1929 年各大洲煤炭贸易情况

项目		全球	欧洲	美洲	亚洲	非洲	大洋洲
进出口	数量 / 万吨	28 324.2	23 771.3	4 227.4	325.5	0	0
	占世界总量的比例 /%	—	83.9	14.9	1.1	0	0
进口	数量 / 万吨	14 438.1	11 851.8	2 260.8	325.5	0	0
	占世界总量的比例 /%	—	82.1	15.7	2.3	0	0
出口	数量 / 万吨	13 886.1	11 919.5	1 966.6	0	0	0
	占世界总量的比例 /%	—	85.8	14.2	0	0	0

资料来源：作者整理。参考 B. R. 米切尔：《帕尔格雷夫世界历史统计·亚洲、非洲和大洋洲卷：1750—1993 年》第 3 版，贺力平译，经济科学出版社，2002。

表 15–52　1939 年各大洲煤炭贸易情况

项目		全球	欧洲	美洲	亚洲	非洲	大洋洲
进出口	数量 / 万吨	18 909.2	15 264.1	3 144.6	500.5	0	0
	占世界总量的比例 /%	—	80.7	16.6	2.6	0	0
进口	数量 / 万吨	7 626.9	5 302.3	1 824.1	500.5	0	0
	占世界总量的比例 /%	—	69.5	23.9	6.6	0	0
出口	数量 / 万吨	11 282.3	9 961.8	1 320.5	0	0	0
	占世界总量的比例 /%	—	88.3	11.7	0	0	0

资料来源：作者整理。参考 B. R. 米切尔：《帕尔格雷夫世界历史统计·亚洲、非洲和大洋洲卷：1750—1993 年》第 3 版，贺力平译，经济科学出版社，2002。

表 15-53　1949 年各大洲煤炭贸易情况

项目		全球	欧洲	美洲	亚洲	非洲	大洋洲
进出口	数量 / 万吨	19 597.8	14 248.8	5 259.4	89.6	0	0
	占世界总量的比例 /%	—	72.7	26.8	0.5	0	0
进口	数量 / 万吨	9 760.7	7 425.1	2 246.0	89.6	0	0
	占世界总量的比例 /%	—	76.1	23.0	0.9	0	0
出口	数量 / 万吨	9 837.1	6 823.7	3 013.4	0	0	0
	占世界总量的比例 /%	—	69.4	30.6	0	0	0

资料来源：作者整理。参考 B. R. 米切尔：《帕尔格雷夫世界历史统计·亚洲、非洲和大洋洲卷：1750—1993 年》第 3 版，贺力平译，经济科学出版社，2002。

表 15-54　1959 年各大洲煤炭贸易情况

项目		全球	欧洲	美洲	亚洲	非洲	大洋洲
进出口	数量 / 万吨	21 682.7	15 998.6	5 105.7	497.0	0	81.4
	占世界总量的比例 /%	—	73.8	23.5	2.3	0	0.4
进口	数量 / 万吨	11 397.1	9 379.1	1 521.0	497.0	0	0
	占世界总量的比例 /%	—	82.3	13.3	4.4	0	0
出口	数量 / 万吨	10 285.6	6 619.5	3 584.7	0	0	81.4
	占世界总量的比例 /%	—	64.4	34.9	0	0	0.8

资料来源：作者整理。参考 B. R. 米切尔：《帕尔格雷夫世界历史统计·亚洲、非洲和大洋洲卷：1750—1993 年》第 3 版，贺力平译，经济科学出版社，2002。

进入 20 世纪 60 年代后，日本煤炭进口规模扩大，韩国也从 20 世纪 70 年代中后期开始大量进口煤炭，亚洲煤炭贸易在世界煤炭贸易中的地位逐渐上升。同时，澳大利亚的煤炭出口规模不断扩大，大洋洲在世界煤炭贸易中所占的份额也逐渐增加。1969 年，亚洲煤炭贸易量为 4 133.7 万吨，约占世界煤炭贸易总量的 12.7%；大洋洲煤炭贸易量为 1 602.7 万吨，约占世界总量的 4.9%。同年，欧洲、美洲煤炭贸易量分别为 19 574.4 万吨、7 148.4 万吨，约占世界总量的 60.3%、22.0%，欧洲降幅较大（表 15-55）。

表 15-55　1969 年各大洲煤炭贸易情况

项目		全球	欧洲	美洲	亚洲	非洲	大洋洲
进出口	数量 / 万吨	32 459.2	19 574.4	7 148.4	4 133.7	0	1 602.7
	占世界总量的比例 /%	—	60.3	22.0	12.7	0	4.9
进口	数量 / 万吨	16 349.1	10 402.5	1 812.9	4 133.7	0	0
	占世界总量的比例 /%	—	63.6	11.1	25.3	0	0
出口	数量 / 万吨	16 110.1	9 171.9	5 335.5	0	0	1 602.7
	占世界总量的比例 /%	—	56.9	33.1	0	0	9.9

资料来源：作者整理。参考 B. R. 米切尔：《帕尔格雷夫世界历史统计·亚洲、非洲和大洋洲卷：1750—1993 年》第 3 版，贺力平译，经济科学出版社，2002。

20 世纪 70 年代，亚洲、大洋洲的煤炭贸易规模持续扩大，欧洲的煤炭贸易地位进一步下降。1979 年，亚洲、大洋洲煤炭贸易量占世界贸易总量的比例分别提高到约 15.2%、9.6%，而欧洲则降为约 52.1%（表 15-56）。

表 15-56　1979 年各大洲煤炭贸易情况

项目		全球	欧洲	美洲	亚洲	非洲	大洋洲
进出口	数量 / 万吨	42 719.7	22 263.5	9 866.2	6 489.1	0	4 100.9
	占世界总量的比例 /%	—	52.1	23.1	15.2	0	9.6
进口	数量 / 万吨	22 716.7	13 798.3	2 429.3	6 489.1	0	0
	占世界总量的比例 /%	—	60.7	10.7	28.6	0	0
出口	数量 / 万吨	20 003.0	8 465.2	7 436.9	0	0	4 100.9
	占世界总量的比例 /%	—	42.3	37.2	0	0	20.5

资料来源：作者整理。参考 B. R. 米切尔：《帕尔格雷夫世界历史统计·亚洲、非洲和大洋洲卷：1750—1993 年》第 3 版，贺力平译，经济科学出版社，2002。

（二）20 世纪 80 年代后

自 20 世纪 80 年代起，亚洲各国不断推进改革开放和经济发展，对煤炭等能源的需求越来越大，对外贸易也不断扩大。发展中的亚洲日渐替代经济发达的欧洲，成为世界上煤炭进出口最活跃、最重要的地区。

1989 年，亚洲煤炭贸易量所占世界总量比例上升到约 20.6%，而欧洲所占比例降到 40% 以下，约为 38.5%（表 15-57）。

表 15-57　1989 年各大洲煤炭贸易情况

项目		全球	欧洲	美洲	亚洲	非洲	大洋洲
进出口	数量 / 万吨	61 527.7	23 684.7	15 259.3	12 653.5	0	9 930.2
	占世界总量的比例 /%	—	38.5	24.8	20.6	0	16.1
进口	数量 / 万吨	29 718.9	14 233.5	2 831.9	12 653.5	0	0
	占世界总量的比例 /%	—	47.9	9.5	42.6	0	0
出口	数量 / 万吨	31 808.8	9 451.2	12 427.4	0	0	9 930.2
	占世界总量的比例 /%	—	29.7	39.1	0	0	31.2

资料来源：作者整理。参考 B. R. 米切尔：《帕尔格雷夫世界历史统计·亚洲、非洲和大洋洲卷：1750—1993 年》第 3 版，贺力平译，经济科学出版社，2002。

2011 年，亚洲煤炭贸易总量达到 112 931 万吨，占世界总量的 1/2 以上，约为 50.5%。其中，煤炭进口 70 473 万吨，占世界煤炭进口总量的比例超过 60%，约为 65.8%；煤炭出口 42 458 万吨，约占世界煤炭出口总量的 36.4%。同年，欧洲煤炭贸易总量为 46 145 万吨，约占世界总量的 20.6%。其中，煤炭进口 29 197 万吨，约占 27.3%；煤炭出口 16 948 万吨，约占 14.5%。美洲煤炭进出口总量为 27 989 万吨，约占世界总量的 12.5%。其中，煤炭进口 6 461 万吨，出口 21 528 万吨，出口大于进口，分别约占 6.0%、18.5%。非洲煤炭贸易规模小，进出口总量为 8 291 万吨，仅约占世界进出口总量的 3.7%。大洋洲煤炭贸易主要是出口贸易，出口量为 28 451 万吨，约占世界煤炭出口的 24.4%，出口规模排在亚洲之后，居世界五大洲中的第二位（表 15-58）。

表 15-58　2011 年各大洲煤炭贸易情况

项目		全球	欧洲	美洲	亚洲	非洲	大洋洲
进出口	数量 / 万吨	223 812	46 145	27 989	112 931	8 291	28 456
	占世界总量的比例 /%	—	20.6	12.5	50.5	3.7	12.7
进口	数量 / 万吨	107 138	29 197	6 461	70 473	1 002	5
	占世界总量的比例 /%	—	27.3	6.0	65.8	0.9	0
出口	数量 / 万吨	116 674	16 948	21 528	42 458	7 289	28 451
	占世界总量的比例 /%	—	14.5	18.5	36.4	6.2	24.4

资料来源：作者整理。参考黄晓勇主编《世界能源发展报告（2013）》，社会科学文献出版社，2013。

三、煤炭贸易大国的变化

世界煤炭出口大国主要是欧洲和北美洲的煤炭资源大国，包括英国、美国、德国、苏联等。其中，随着国内煤炭资源的减少，英国煤炭出口的规模减小，在煤炭贸易中的地位不断下降。世界煤炭资源比较短缺的国家包括法国、加拿大、日本、韩国等。进入 21 世纪，世界煤炭进口大国以亚洲国家居多，包括中国、日本、印度、韩国等。

（一）煤炭出口大国

20 世纪 50 年代以前，全球出口煤炭的国家只有十几个，包括英国、美国、德国、波兰、捷克斯洛伐克等。20 世纪下半叶，煤炭出口规模越来越大。20 世纪末至 21 世纪初，出口煤炭的国家越来越多。

1. 20 世纪上半叶

1919 年、1929 年、1939 年英国煤炭出口量居世界首位，分别为 3 581.6 万吨、6 123.4 万吨、3 750.9 万吨（表 15-59、表 15-60、表 15-61）。此后，英国煤炭业萎缩，出口规模在世界的地位逐渐下降。1949 年，美国煤炭出口 2 974.2 万吨，排在世界第一位（表 15-62）。

德国、波兰也是煤炭出口大国。1929 年德国煤炭出口 2 676.9 万吨，排在世界第二位。此后受“二战”的影响，德国煤炭业受到冲击，1949 年煤炭出口 1 318.9 万吨，排在世界第四位。1949 年波兰煤炭出口 2 813.1 万吨，排在世界第二位。

表 15-59　1919 年世界十大煤炭出口国

排名	国家	出口量 / 万吨	占世界出口量的比例 /%
1	英国	3 581.6	46.45
2	美国	2 276.2	29.52
3	德国	730.5 [1]	9.47
4	捷克斯洛伐克	428.9 [2]	5.56
5	丹麦	232.3 [3][4]	3.01
6	比利时	205.6 [5]	2.67
7	加拿大	187.8	2.44

续表

排名	国家	出口量 / 万吨	占世界出口量的比例 /%
8	法国	52.3[6]	0.68
9	波兰	14.7[7]	0.19
10	苏联	—	—
十国小计		7 709.9	100.00
全球合计		7 709.9	100.00

资料来源：作者整理。参考 B. R. 米切尔：《帕尔格雷夫世界历史统计·亚洲、非洲和大洋洲卷：1750—1993 年》第 3 版，贺力平译，经济科学出版社，2002。

注：[1][2][5] 1920 年的数据（1919 年的数据不详）。[3][7] 净再出口。[4][6] 包括焦炭和褐煤。

表 15-60　1929 年世界十大煤炭出口国

排名	国家	出口量 / 万吨	占世界出口量的比例 /%
1	英国	6 123.4	44.10
2	德国	2 676.9[1]	19.28
3	美国	1 890.1	13.61
4	波兰	1 407.1[2]	10.13
5	捷克斯洛伐克	596.1[3]	4.29
6	比利时	527.1[4]	3.80
7	法国	408.0[5]	2.94
8	苏联	140.0	1.01
9	加拿大	76.5	0.55
10	匈牙利	40.9[6]	0.29
十国小计		13 886.1	100.00
全球合计		13 886.1	100.00

资料来源：作者整理。参考 B. R. 米切尔：《帕尔格雷夫世界历史统计·亚洲、非洲和大洋洲卷：1750—1993 年》第 3 版，贺力平译，经济科学出版社，2002。

注：[1][3][4] 包括焦炭。[2][5][6] 包括焦炭和褐煤。

表 15-61　1939 年世界十大煤炭出口国

排名	国家	出口量 / 万吨	占世界出口量的比例 /%
1	英国	3 750.9	33.25
2	德国	3 076.9[1]	27.27
3	美国	1 286.4	11.40
4	波兰	1 194.7[2]	10.59
5	比利时	657.6[3]	5.83
6	丹麦	601.5[4][5]	5.33
7	捷克斯洛伐克	513.0[6]	4.55

续表

排名	国家	出口量 / 万吨	占世界出口量的比例 /%
8	法国	118.5[7]	1.05
9	加拿大	34.1	0.30
10	匈牙利	28.7[8]	0.25
十国小计		11 262.3	99.82
全球合计		11 282.3	100.00

资料来源: 作者整理。参考 B. R. 米切尔:《帕尔格雷夫世界历史统计·亚洲、非洲和大洋洲卷: 1750—1993 年》第 3 版, 贺力平译, 经济科学出版社, 2002。

注: [1][2][3][8] 1938 年的数据 (1939 年的数据不详)。[4][7] 包括焦炭和褐煤。[5] 净再出口。[6] 1937 年的数据。

表 15-62　1949 年世界十大煤炭出口国

排名	国家	出口量 / 万吨	占世界出口量的比例 /%
1	美国	2 974.2	30.23
2	波兰	2 813.1[1]	28.60
3	英国	1 413.9	14.37
4	德国	1 318.9	13.41
5	丹麦	491.9[2][3]	5.00
6	捷克斯洛伐克	358.3[4]	3.64
7	比利时	179.6[5]	1.83
8	苏联	120.0	1.22
9	法国	116.0[6]	1.18
10	加拿大	39.2	0.40
十国小计		9 825.1	99.88
全球合计		9 837.1	100.00

资料来源: 作者整理。参考 B. R. 米切尔:《帕尔格雷夫世界历史统计·亚洲、非洲和大洋洲卷: 1750—1993 年》第 3 版, 贺力平译, 经济科学出版社, 2002。

注: [1][2][6] 包括焦炭和褐煤。[3] 净再出口。[4][5] 包括焦炭。

2. 20 世纪下半叶

20 世纪下半叶, 世界煤炭出口规模逐步扩大, 美国、波兰、苏联、澳大利亚等国家成为世界主要的煤炭出口地。

1959 年、1969 年、1979 年美国煤炭出口量均居世界首位, 分别为 3 541.7 万吨、5 158.4 万吨、5 992.9 万吨 (表 15-63、表 15-64、表 15-65)。1981 年, 美国出口煤炭 10 212.4 万吨, 是世界上首个煤炭出口超 1 亿吨的国家。1989 年, 美国出口煤炭 9 145.7 万吨, 约占世界煤炭出口总量的 28.75%, 排世界第二位 (表 15-66)。

1959 年、1969 年、1979 年波兰煤炭出口量分别为 2 384.3 万吨、3 075.5 万吨、4 648.6 万吨, 均排世界第二位。1989 年, 煤炭出口量下降, 为 2 894.3 万吨, 排世界第五位。

从 1960 年起, 苏联煤炭出口量开始超过 1 000 万吨, 1969 年为 2 323.9 万吨, 排世界第三位;

1989 年为 4 255.1 万吨，排世界第三位。

从 1968 年起，澳大利亚煤炭出口量达 1 000 万吨以上，在世界煤炭出口中的地位稳步上升。1969 年出口 1 602.7 万吨，排在世界第五位。1979 年出口 4 100.9 万吨，排在世界第三位。1987 年煤炭出口量首次超 1 亿吨，达到 10 093.7 万吨。1989 年出口 9 930.2 万吨，居世界首位。

表 15-63　1959 年世界十大煤炭出口国

排名	国家	出口量 / 万吨	占世界出口量的比例 /%
1	美国	3 541.7	34.43
2	波兰	2 384.3[1]	23.18
3	联邦德国	1 656.5[2]	16.11
4	苏联	920.0	8.94
5	丹麦	413.9[3][4]	4.02
6	捷克斯洛伐克	411.5[5]	4.00
7	英国	353.5	3.44
8	比利时	304.9[6]	2.96
9	法国	169.1	1.64
10	澳大利亚	81.4[7]	0.79
	十国小计	10 236.8	99.53
	全球合计	10 285.6	100.00

资料来源：作者整理。参考 B. R. 米切尔：《帕尔格雷夫世界历史统计・亚洲、非洲和大洋洲卷：1750—1993 年》第 3 版，贺力平译，经济科学出版社，2002。

注：[1][3] 包括焦炭和褐煤。[2][5][6] 包括焦炭。[4] 净再出口。[7] 包括焦炭和煤砖。

表 15-64　1969 年世界十大煤炭出口国

排名	国家	出口量 / 万吨	占世界出口量的比例 /%
1	美国	5 158.4	32.02
2	波兰	3 075.5[1]	19.09
3	苏联	2 323.9	14.43
4	联邦德国	1 869.3	11.60
5	澳大利亚	1 602.7	9.95
6	捷克斯洛伐克	648.8[2]	4.03
7	英国	448.6	2.78
8	丹麦	425.1[3][4]	2.64
9	法国	204.7	1.27
10	加拿大	177.1	1.10
	十国小计	15 934.1	98.91
	全球合计	16 110.1	100.00

资料来源：作者整理。参考 B. R. 米切尔：《帕尔格雷夫世界历史统计・亚洲、非洲和大洋洲卷：1750—1993 年》第 3 版，贺力平译，经济科学出版社，2002。

注：[1][3] 包括焦炭和褐煤。[2] 包括焦炭。[4] 净再出口。

表 15-65　1979 年世界十大煤炭出口国

排名	国家	出口量 / 万吨	占世界出口量的比例 /%
1	美国	5 992.9	29.96
2	波兰	4 648.6	23.24
3	澳大利亚	4 100.9[1]	20.50
4	联邦德国	1 633.4	8.17
5	加拿大	1 444.0	7.22
6	丹麦	757.5[2]	3.79
7	捷克斯洛伐克	690.5	3.45
8	苏联	253.0[3]	1.26
9	英国	233.9	1.17
10	法国	214.3	1.07
十国小计		19 969.0	99.83
全球合计		20 003.0	100.00

资料来源：作者整理。参考 B. R. 米切尔：《帕尔格雷夫世界历史统计·亚洲、非洲和大洋洲卷：1750—1993 年》第 3 版，贺力平译，经济科学出版社，2002。

注：[1] 包括焦炭和褐煤。[2] 净再出口。[3] 1980 年数据（缺 1978 年、1979 年的数据）。

表 15-66　1989 年世界十大煤炭出口国[1]

排名	国家	出口量 / 万吨	占世界出口量的比例 /%
1	澳大利亚	9 930.2	31.22
2	美国	9 145.7	28.75
3	苏联	4 255.1	13.38
4	加拿大	3 281.7	10.32
5	波兰	2 894.3	9.10
6	丹麦	1 074.0[2]	3.38
7	联邦德国	602.2	1.89
8	捷克斯洛伐克	221.5	0.70
9	英国	203.9	0.64
10	法国	120.0	0.38
十国小计		31 728.6	99.75
全球合计		31 808.8	100.00

资料来源：作者整理。参考 B. R. 米切尔：《帕尔格雷夫世界历史统计·亚洲、非洲和大洋洲卷：1750—1993 年》第 3 版，贺力平译，经济科学出版社，2002。

注：[1] 缺中国数据，1985 年中国煤炭出口量排世界第八位。[2] 净再出口。

3. 21 世纪初

进入 21 世纪，世界煤炭出口格局发生了显著变化，世界煤炭出口国增多，出口量超过 1 000 万吨的国家增多，出口量超过 1 亿吨的国家也增多，欧美以外地区的煤炭出口大国也在增多。印度尼西亚、蒙古、越南、哈萨克斯坦等亚洲国家，美洲的哥伦比亚以及非洲的南非等国家成为世界上新的煤炭出口大国。

2011 年，世界煤炭出口的国家或地区发展到 28 个。其中，印度尼西亚煤炭出口量超过 3 亿吨，达 30 948 万吨，排在世界首位；澳大利亚出口 28 451 万吨，排在世界第二位；俄罗斯出口 12 569 万吨，排在世界第三位；美国、哥伦比亚、南非、哈萨克斯坦、加拿大、越南、蒙古、中国、波兰等国家的煤炭出口量均达到 1 000 万吨以上（表 15-67）。其中，排名世界前十位的国家煤炭出口量合计 108 508 万吨，约占世界总量的 93.00%。

表 15-67　2011 年世界各国（地区）煤炭出口量情况

排名	国家 / 地区	出口量 / 万吨	占世界出口总量的比例 /%
1	印度尼西亚	30 948	26.53
2	澳大利亚	28 451	24.39
3	俄罗斯	12 569	10.77
4	美国	9 818	8.41
5	哥伦比亚	8 078	6.92
6	南非	7 170	6.15
7	哈萨克斯坦	3 410	2.92
8	加拿大	3 408	2.92
9	越南	2 442	2.09
10	蒙古	2 214	1.90
11	中国[1]	1 648	1.41
12	波兰	1 345	1.15
13	乌克兰	932	0.80
14	捷克	783	0.67
15	菲律宾	582	0.50
16	印度	457	0.39
17	朝鲜	354	0.30
18	西班牙	156	0.13
19	日本	98	0.08
20	英国	96	0.08
21	德国	39	0.03
22	马来西亚	31	0.03
23	法国	15	0.01
24	保加利亚	12	0.01
25	塞尔维亚	11	0.01
26	中国台湾	10	0.01
27	巴西	8	0.01
28	爱沙尼亚	2	0
	小计	115 087	98.64
	全球合计	116 674	100.00

资料来源：作者整理。参考黄晓勇主编《世界能源发展报告（2013）》，社会科学文献出版社，2013。

注：[1] 未包括中国香港特别行政区、澳门特别行政区、台湾地区的数据。

（二）煤炭进口大国

世界煤炭进口国比出口国多，20 世纪主要集中在欧洲，进口规模较大的国家相对稳定，大多数是煤炭资源比较短缺且对煤炭需求较大的国家。20 世纪，亚洲的煤炭进口国主要是日本和韩国。

20 世纪初期，世界煤炭进口国主要有 16 个，进口量超过 1 000 万吨的国家有法国和加拿大。煤炭进口量居世界前十位的国家依次为：法国（2 210.0 万吨）、加拿大（1 568.8 万吨）、意大利（622.7 万吨）、荷兰（350.6 万吨）、瑞典（221.0 万吨）、挪威（179.1 万吨）、瑞士（173.6 万吨）、阿根廷（117.0 万吨）、美国（99.3 万吨）、巴西（92.7 万吨）（表 15-68）。这 10 个国家占世界煤炭进口总量的比例约为 96.07%。

20 世纪 20 年代，世界主要煤炭进口国发展到 27 个，进口量超过 1 000 万吨的国家增加到 5 个，分别为法国（3 657.5 万吨）、加拿大（1 651.4 万吨）、比利时（1 529.5 万吨）、意大利（1 460.3 万吨）、德国（1 069.1 万吨）。进口量居世界第六至第十位的国家依次为：奥地利（665.8 万吨）、瑞典（625.9 万吨）、丹麦（555.2 万吨）、瑞士（346.2 万吨）、日本（325.5 万吨）。这 10 个国家的进口量占世界煤炭进口总量的比例约为 82.33%。（表 15-69）

20 世纪 30 年代，受 "二战" 影响，世界煤炭进口规模大幅度减小，由 1929 年的 14 438.1 万吨降到 7 626.9 万吨；煤炭进口国家数量也减少，主要进口国家仅有 15 个。各国煤炭进口规模也缩小，进口量最大的法国仅为 1807.8 万吨，其次是加拿大和意大利，分别为 1 350.7 万吨、1 127.6 万吨（表 15-70）。其他国家进口规模都在 1 000 万吨以下。

20 世纪 40 年代，世界煤炭进口仍受 "二战" 的冲击，1949 年世界煤炭进口总量降至 1 亿吨以下（共 9 760.7 万吨），进口国家为 21 个。其中，进口量超过 1 000 万吨的国家只有法国和加拿大，分别为 2 257.5 万吨、2 013.5 万吨。同年，煤炭进口量在 500 万～1 000 万吨的国家有 4 个，分别为苏联（940.0 万吨）、意大利（895.2 万吨）、奥地利（621.2 万吨）、瑞典（594.9 万吨）（表 15-71）。

表 15-68　1919 年世界十大煤炭进口国

排名	国家	进口量 / 万吨	占世界进口量的比例 /%
1	法国	2 210.0[1]	37.68
2	加拿大	1 568.8	26.75
3	意大利	622.7[2]	10.62
4	荷兰	350.6[3][4]	5.98
5	瑞典	221.0[5]	3.77
6	挪威	179.1[6]	3.05
7	瑞士	173.6	2.96
8	阿根廷	117.0[7]	1.99
9	美国	99.3	1.69
10	巴西	92.7	1.58
	十国小计	5 634.8	96.07
	全球合计	5 865.1	100.00

资料来源：作者整理。参考 B. R. 米切尔：《帕尔格雷夫世界历史统计·亚洲、非洲和大洋洲卷：1750—1993 年》第 3 版，贺力平译，经济科学出版社，2002。

注：[1][2][3][6] 包括焦炭和褐煤。[4][7] 净进口。[5] 包括焦炭。

表 15-69　1929 年世界十大煤炭进口国

排名	国家	进口量 / 万吨	占世界进口量的比例 /%
1	法国	3 657.5[1]	25.33
2	加拿大	1 651.4	11.44
3	比利时	1 529.5[2]	10.59
4	意大利	1 460.3[3]	10.11
5	德国	1 069.1	7.40
6	奥地利	665.8	4.61
7	瑞典	625.9[4]	4.34
8	丹麦	555.2[5]	3.85
9	瑞士	346.2	2.40
10	日本	325.5	2.25
十国小计		11 886.4	82.33
全球合计		14 438.1	100.00

资料来源：作者整理。参考 B. R. 米切尔：《帕尔格雷夫世界历史统计·亚洲、非洲和大洋洲卷：1750—1993 年》第 3 版，贺力平译，经济科学出版社，2002。

注：[1][3][5] 包括焦炭和褐煤。[2][4] 包括焦炭。

表 15-70　1939 年世界十大煤炭进口国

排名	国家	进口量 / 万吨	占世界进口量的比例 /%
1	法国	1 807.8[1]	23.70
2	加拿大	1 350.7	17.71
3	意大利	1 127.6[2]	14.78
4	瑞典	868.2[3]	11.38
5	日本	500.5[4]	6.56
6	瑞士	396.7	5.20
7	挪威	356.1	4.67
8	阿根廷	292.5	3.84
9	爱尔兰	292.2	3.83
10	荷兰	193.6[5]	2.54
十国小计		7 185.9	94.21
全球合计		7 626.9	100.00

资料来源：作者整理。参考 B. R. 米切尔：《帕尔格雷夫世界历史统计·亚洲、非洲和大洋洲卷：1750—1993 年》第 3 版，贺力平译，经济科学出版社，2002。

注：[1][2] 包括焦炭和褐煤。[3] 净再进口。[4] 包括焦炭。[5] 净进口。

表 15-71　1949 年世界十大煤炭进口国

排名	国家	进口量 / 万吨	占世界进口量的比例 /%
1	法国	2 257.5[1]	23.13
2	加拿大	2 013.5	20.63
3	苏联	940.0	9.63
4	意大利	895.2[2]	9.17
5	奥地利	621.2	6.36
6	瑞典	594.9[3]	6.09
7	比利时	368.7[4]	3.78
8	荷兰	334.0[5]	3.42
9	捷克斯洛伐克	333.5[6]	3.42
10	联邦德国	309.9	3.17
	十国小计	8 668.4	88.80
	全球合计	9 760.7	100.00

资料来源：作者整理。参考 B. R. 米切尔：《帕尔格雷夫世界历史统计·亚洲、非洲和大洋洲卷：1750—1993 年》第 3 版，贺力平译，经济科学出版社，2002。

注：[1][2] 包括焦炭和褐煤。[3][4][6] 包括焦炭。[5] 净进口。

20 世纪 50 年代，世界煤炭贸易活跃起来，进口国家增加到 27 个，进口量小幅增长，由 1949 年的 9 760.7 万吨增加到 1959 年的 11 397.1 万吨。进口量超过 1 000 万吨的国家有 3 个，分别为民主德国（1 653.5 万吨）、法国（1 631.4 万吨）、加拿大（1 291.2 万吨）。煤炭进口量在 500 万～1 000 万吨的国家有 3 个，分别为联邦德国（957.6 万吨）、比利时（915.4 万吨）、意大利（828.8 万吨）（表 15-72）。

20 世纪 60 年代，世界煤炭进口总量继续增加，进口量超过 1 000 万吨的国家也增多。其中，日本从 1961 年起煤炭进口量超过 1 000 万吨，是亚洲首个煤炭进口量超 1 000 万吨的国家。1969 年，日本进口煤炭 4 133.7 万吨，居世界首位。同年，除了日本，世界煤炭进口量超过 1 000 万吨的国家有 4 个，分别为法国（1 637.6 万吨）、加拿大（1 567.8 万吨）、比利时（1 240.3 万吨）、意大利（1 193.7 万吨）（表 15-73）。

20 世纪 70—80 年代，世界煤炭进口量突破 2 亿吨，1979 年、1989 年分别达 22 716.7 万吨、29 718.9 万吨。日本煤炭进口量继续增加，1979 年达 5 855.4 万吨，居世界首位（表 15-74）。1988 年，日本煤炭进口量首次突破 1 亿吨（10 124.5 万吨），成为世界首个煤炭进口量超 1 亿吨的国家。1989 年，日本煤炭进口量为 10 150.9 万吨，约占世界煤炭进口总量的 34.16%，居世界第一位。同年，韩国煤炭进口量为 2 502.6 万吨，是亚洲第二大煤炭进口国，也是世界第二大煤炭进口国。1989 年，除了日本和韩国，煤炭进口量超 1 000 亿吨的国家有 6 个，分别为意大利（2 109.8 万吨）、法国（1 594.3 万吨）、加拿大（1 452.2 万吨）、荷兰（1 313.7 万吨）、比利时（1 265.8 万吨）、西班牙（1 056.9 万吨）（表 15-75）。

表 15-72　1959 年世界十大煤炭进口国

排名	国家	进口量 / 万吨	占世界进口量的比例 /%
1	民主德国	1 653.5[1]	14.51
2	法国	1 631.4	14.31
3	加拿大	1 291.2	11.33
4	联邦德国	957.6	8.40
5	比利时	915.4[2]	8.03
6	意大利	828.8[3]	7.27
7	日本	497.0	4.36
8	奥地利	462.7	4.06
9	苏联	440.0	3.86
10	瑞典	329.9[4]	2.89
十国小计		9 007.5	79.03
全球合计		11 397.1	100.00

资料来源：作者整理。参考 B. R. 米切尔：《帕尔格雷夫世界历史统计·亚洲、非洲和大洋洲卷：1750—1993 年》第 3 版，贺力平译，经济科学出版社，2002。

注：[1][3][4] 包括焦炭和褐煤。[2] 包括焦炭。

表 15-73　1969 年世界十大煤炭进口国

排名	国家	进口量 / 万吨	占世界进口量的比例 /%
1	日本	4 133.7	25.28
2	法国	1 637.6	10.02
3	加拿大	1 567.8	9.59
4	比利时	1 240.3[1]	7.59
5	意大利	1 193.7[2]	7.30
6	民主德国	952.7[3]	5.83
7	联邦德国	795.9	4.87
8	苏联	720.0	4.40
9	奥地利	475.2	2.91
10	捷克斯洛伐克	462.4[4]	2.83
十国小计		13 179.3	80.61
全球合计		16 349.1	100.00

资料来源：作者整理。参考 B. R. 米切尔：《帕尔格雷夫世界历史统计·亚洲、非洲和大洋洲卷：1750—1993 年》第 3 版，贺力平译，经济科学出版社，2002。

注：[1][4] 包括焦炭。[2][3] 包括焦炭和褐煤。

表 15-74 1979 年世界十大煤炭进口国

排名	国家	进口量 / 万吨	占世界进口量的比例 /%
1	日本	5 855.4	25.78
2	法国	2 996.0	13.19
3	加拿大	1 754.1	7.72
4	意大利	1 398.9	6.16
5	民主德国	1 161.8	5.11
6	比利时	962.2	4.24
7	苏联	951.2	4.19
8	联邦德国	937.9	4.13
9	荷兰	669.4	2.95
10	保加利亚	636.0	2.80
十国小计		17 322.9	76.26
全球合计		22 716.7	100.00

资料来源：作者整理。参考 B. R. 米切尔：《帕尔格雷夫世界历史统计·亚洲、非洲和大洋洲卷：1750—1993 年》第 3 版，贺力平译，经济科学出版社，2002。

表 15-75 1989 年世界十大煤炭进口国

排名	国家	进口量 / 万吨	占世界进口量的比例 /%
1	日本	10 150.9	34.16
2	韩国	2 502.6	8.42
3	意大利	2 109.8	7.10
4	法国	1 594.3	5.36
5	加拿大	1 452.2	4.89
6	荷兰	1 313.7	4.42
7	比利时	1 265.8	4.26
8	西班牙	1 056.9	3.56
9	苏联	995.7	3.35
10	巴西	971.0	3.27
十国小计		23 412.9	78.79
全球合计		29 718.9	100.00

资料来源：作者整理。参考 B. R. 米切尔：《帕尔格雷夫世界历史统计·亚洲、非洲和大洋洲卷：1750—1993 年》第 3 版，贺力平译，经济科学出版社，2002。

　　进入 21 世纪，世界煤炭进口格局发生重大变化。随着世界各地对煤炭需求的增加，煤炭进口国家和地区增多，进口规模空前扩大。2011 年，全球进口煤炭的国家和地区有 33 个，进口总量超过 10 亿吨，为 107 138 万吨，比 1989 年增长约 2.6 倍。进口量超过 1 000 万吨的国家和地区达到 20 个。其中，亚洲成为煤炭进口国家和地区最多的大洲，共有 11 个国家和地区超 1 000 万吨。同年，全球煤炭进口量超过 1 亿吨的 3 个国家都集中在亚洲，分别为日本（17 606 万吨）、中国（17 463 万吨）、韩国（12 534 万吨）（表 15-76）。同时，在煤炭进口主要国家和地区中，除了煤炭资源短缺的国家，中国、俄罗斯、美国等煤炭资源丰富的国家也成为重要的煤炭进口大国，这表明世界各国能源经济的联系进一步增强。

表 15-76　2011 年世界各国（地区）煤炭进口量情况

排名	国家 / 地区	进口量 / 万吨	占世界进口总量的比例 /%
1	日本	17 606	16.43
2	中国[1]	17 463	16.30
3	韩国	12 534	11.70
4	印度	7 877	7.35
5	中国台湾	6 669	6.22
6	德国	4 469	4.17
7	英国	3 255	3.04
8	俄罗斯	2 473	2.31
9	土耳其	2 398	2.24
10	马来西亚	2 149	2.01
11	巴西	1 980	1.85
12	泰国	1 662	1.55
13	西班牙	1 633	1.52
14	法国	1 572	1.47
15	波兰	1 484	1.39
16	乌克兰	1 411	1.32
17	美国	1 316	1.23
18	中国香港	1 253	1.17
19	以色列	1 231	1.15
20	菲律宾	1 133	1.06
21	加拿大	976	0.91
22	保加利亚	330	0.31
23	捷克	293	0.27
24	罗马尼亚	261	0.24
25	越南	161	0.15
26	塞尔维亚	134	0.13
27	南非	131	0.12
28	哈萨克斯坦	96	0.09
29	希腊	54	0.05
30	朝鲜	40	0.04

续表

排名	国家/地区	进口量/万吨	占世界进口总量的比例/%
31	爱沙尼亚	7	0.01
32	澳大利亚	5	0
33	印度尼西亚	5	0
小计		94 061	87.82
全球合计		107 138	100.00

资料来源：作者整理。参考黄晓勇主编《世界能源发展报告（2013）》，社会科学文献出版社，2013。

注：[1] 未包括中国香港特别行政区、澳门特别行政区、台湾地区的数据。

四、世界煤炭价格

20世纪90年代初，世界煤炭价格达到一个小高峰。1990年，西北欧煤炭基准价格为43.48美元/吨，美国电厂煤炭进价为33.33美元/吨，日本进口炼焦煤到岸价格为60.54美元/吨，日本进口锅炉用煤到岸价格为50.81美元/吨，普遍高于20世纪80年代末同类煤炭价格（表15-77）。

此后，受世界经济发展和市场需求的影响，世界煤炭价格逐年下降，到20世纪末降至最低点。2000年，西北欧煤炭基准价格为35.99美元/吨，美国电厂煤炭进价为27.13美元/吨，日本进口炼焦煤到岸价格为39.69美元/吨，日本进口锅炉用煤到岸价格为34.58美元/吨，与1990年相比，分别下降17.23%、18.60%、34.44%、31.94%。

表 15-77 1988—2000 年世界煤炭价格

时间/年	西北欧煤炭基准价格/（美元/吨）	美国电厂煤炭进价/（美元/吨）	日本进口炼焦煤到岸价格[1]/（美元/吨）	日本进口锅炉用煤到岸价格[2]/（美元/吨）
1988	39.94	33.77	55.06	42.47
1989	42.08	33.29	58.68	48.86
1990	43.48	33.33	60.54	50.81
1991	42.80	33.06	60.45	50.30
1992	38.53	32.23	57.82	48.45
1993	33.68	31.57	55.26	45.71
1994	37.18	30.75	51.77	43.66
1995	44.50	29.85	54.47	47.58
1996	41.25	29.19	56.68	49.54
1997	38.92	28.79	55.51	45.53
1998	32.00	28.31	50.76	40.51
1999	28.79	27.46	42.83	35.74
2000	35.99	27.13	39.69	34.58

资料来源：中国现代国际关系研究院世界经济研究所：《国际战略资源调查》，时事出版社，2005，第21页。

注：[1][2] 到岸价格 = 成本费 + 保险费 + 运费（平均价格）。

进入 21 世纪，世界煤炭市场回暖，市场价格逐年回升。2000—2007 年，许多国家的煤炭价格涨幅都超过了 1 倍。2007 年，奥地利的动力煤价格为 178.5 美元 / 吨，芬兰的动力煤价格为 143.9 美元 / 吨，瑞士的动力煤价格为 129.6 美元 / 吨，土耳其的动力煤价格为 69.8 美元 / 吨，美国的动力煤价格为 59.8 美元 / 吨（表 15-78），与 2000 年相比，分别上涨 218.75%、84.72%、151.65%、116.10%、70.86%。到 2008 年，世界煤炭价格达到一个新的高度，随后，受美国次贷危机的影响，世界煤炭价格出现波动（图 15-2）。2011 年，西北欧煤炭基准价格为 121.5 美元 / 吨，美国阿巴拉契亚煤炭现货价格为 87.4 美元 / 吨，日本焦煤进口到岸价格为 229.1 美元 / 吨，日本动力煤进口到岸价格为 136.2 美元 / 吨，分别比 2010 年上涨 31.3%、21.99%、44.2% 和 29.45%。

表 15-78　2000—2007 年世界部分国家动力煤价格

单位：美元 / 吨

国家	2000 年	2001 年	2002 年	2003 年	2004 年	2005 年	2006 年	2007 年
奥地利	56.0	53.9	55.5	74.1	86.3	168.6	175.9	178.5
芬兰	77.9	84.8	84.1	98.8	122.5	127.6	130.4	143.9
瑞士	51.5	58.9	52.8	64.5	94.3	94.3	95.4	129.6
土耳其	32.3	31.8	42.2	44.5	40.8	47.8	48.6	69.8
美国	35.0	36.1	37.0	37.7	43.3	52.1	57.0	59.8

资料来源：张永胜：《世界能源形势分析》，经济科学出版社，2010，第 94 页。

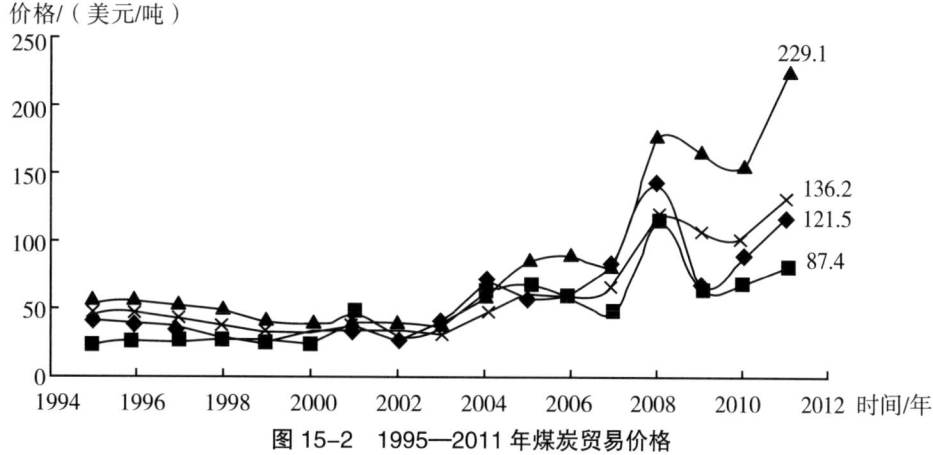

图 15-2　1995—2011 年煤炭贸易价格

资料来源：黄晓勇主编《世界能源发展报告（2014）》，社会科学文献出版社，2014，第 29 页。

第 4 节 煤炭利用

煤炭利用包括将煤炭本身作为一次能源、用于制造二次能源、作为代工原料等几个方面（图 15-3）。其中，煤转化利用是以煤炭为原料，运用干馏、气化、液化等各种煤转化技术（图 15-4），使煤炭转化为气体、液体、固体燃料和各种化学品。这一过程又被称为煤化工。根据煤炭利用过程中形成的产品形态，可从煤制焦炭，煤制煤气，煤制天然气，煤制型煤与煤制型焦，煤制合成氨、甲醇和其他化学品，煤炭发电等方面叙述现代世界各国煤炭资源利用的历史过程。关于煤炭的发电利用，将在第 16 章 "现代电力" 中详细阐述。

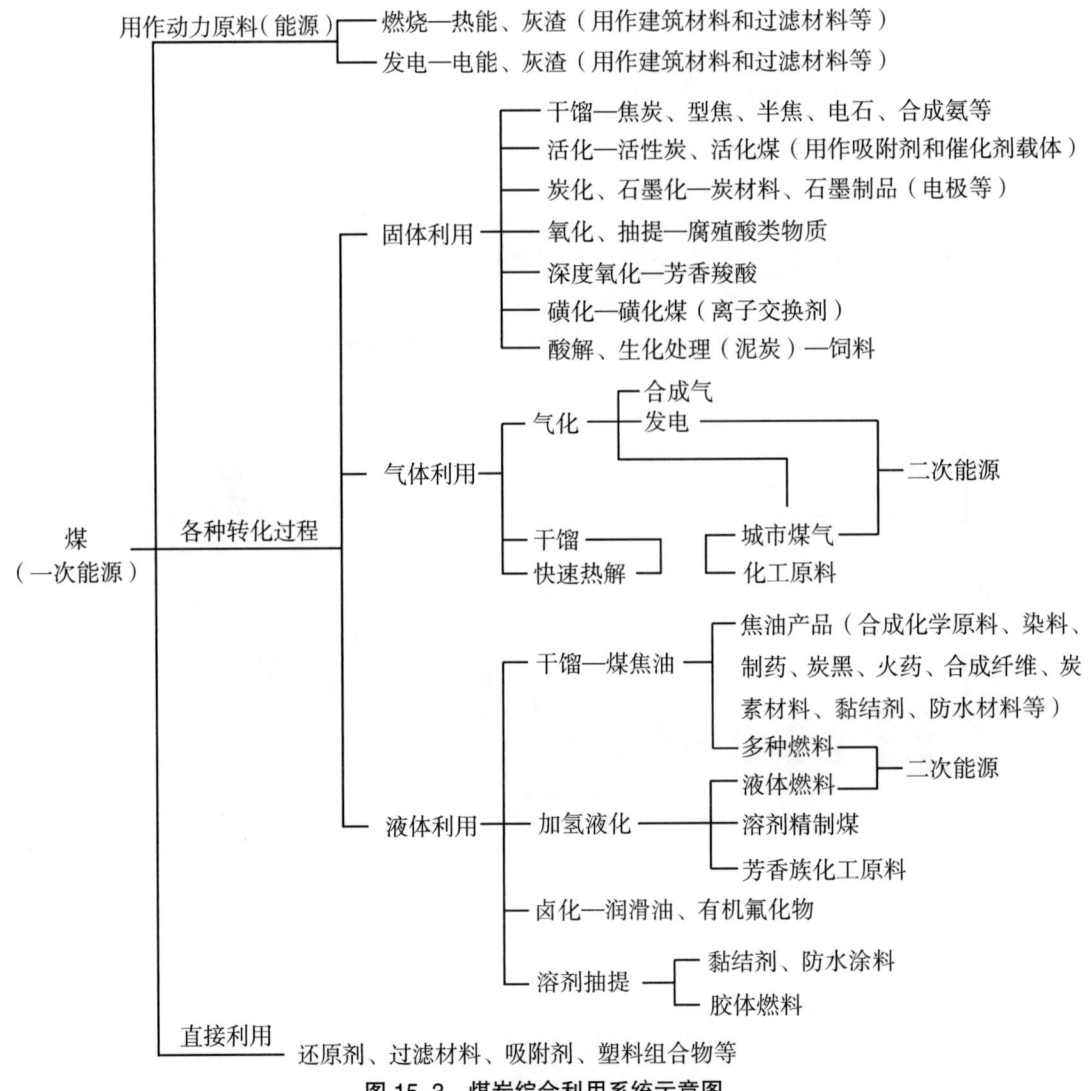

图 15-3　煤炭综合利用系统示意图

资料来源：何选明主编《煤化学》第 2 版，冶金工业出版社，2010，第 9 页。

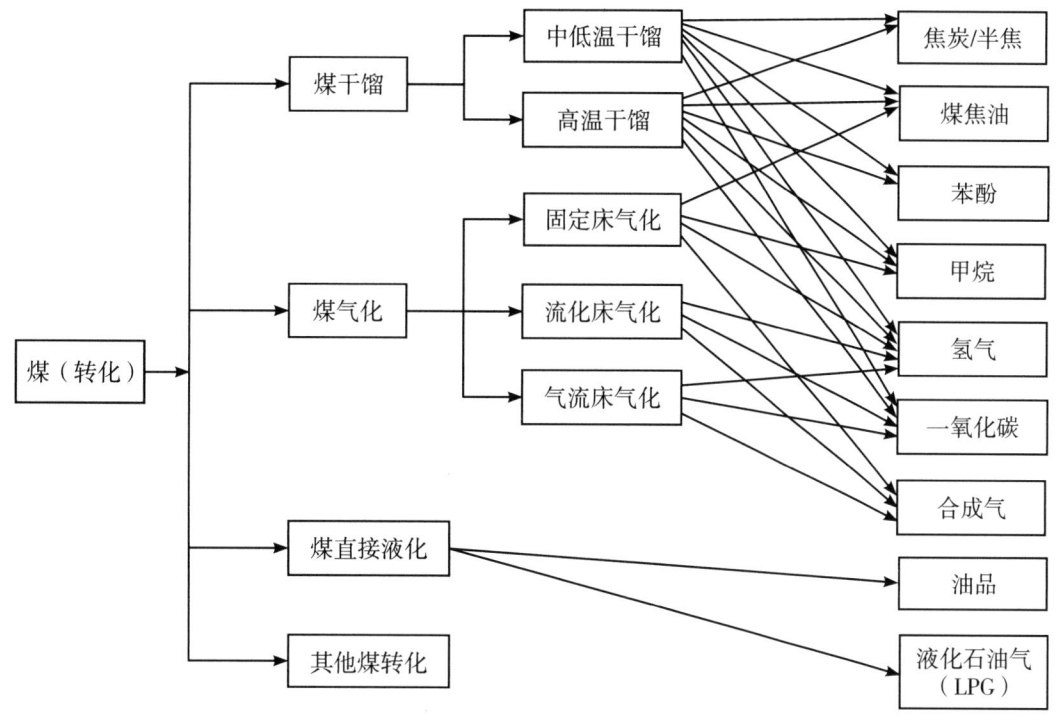

图 15-4　煤转化主要技术路线示意图

资料来源：徐耀武、徐振刚主编《煤化工手册——中煤煤化工技术与工程》，化学工业出版社，2013，第 3 页。

一、煤制焦炭

　　煤经焦化生成焦炭，同时获得煤气和煤焦油等各种副产品（图 15-5）。其中，焦炭占 75%～78%（占干煤的质量比例，下同），净煤气占 15%～19%，煤焦油占 2.5%～4.5%，化合水占 2%～4%，粗苯占 0.8%～1.4%，氨占 0.25%～0.35%，其他占 0.9%～1.1%[①]。煤炭炼焦是最早的煤炭化工应用工艺，也是煤化工的重要组成部分。煤焦化制取焦炭，是煤炭在利用的过程中十分重要的环节。

---

① 向英温、杨先林：《煤的综合利用基本知识问答》，冶金工业出版社，2002，第 319 页。

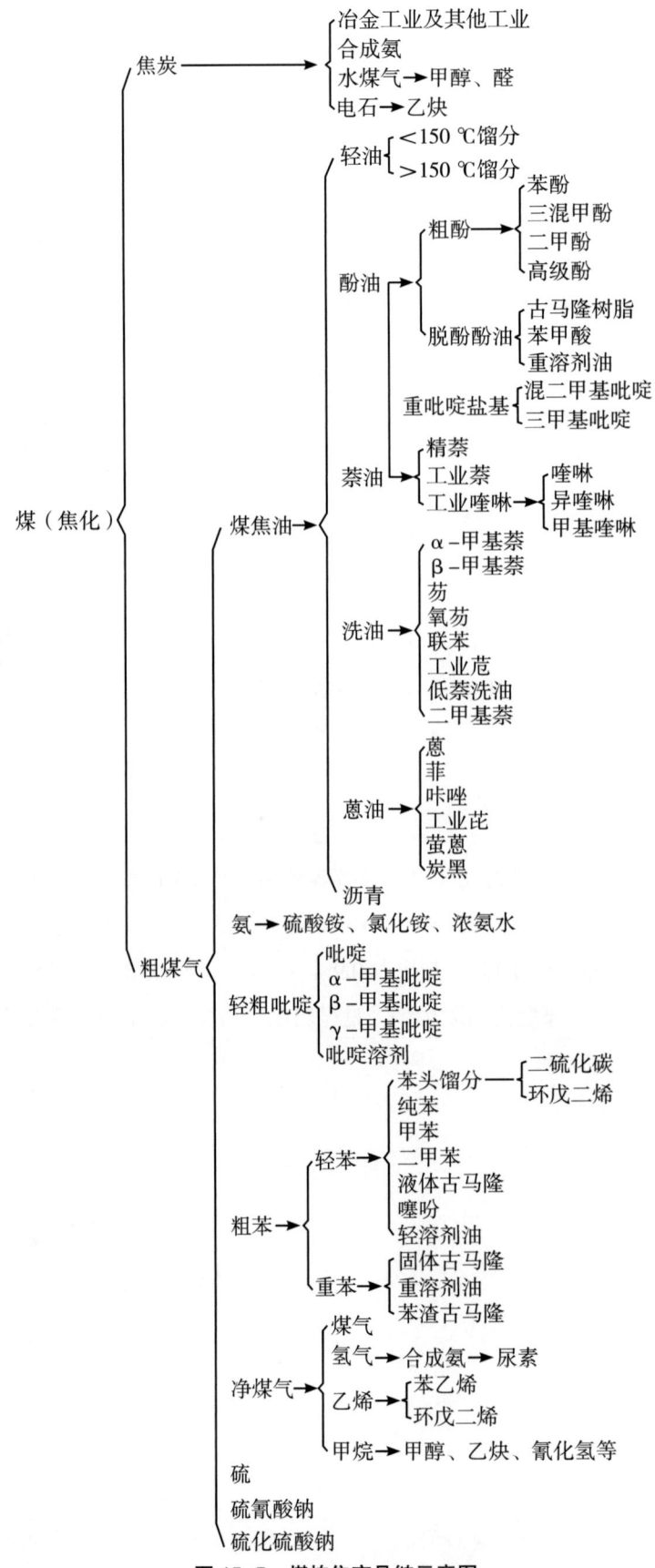

图 15-5　煤炼焦产品链示意图

资料来源：向英温、杨先林：《煤的综合利用基本知识问答》，冶金工业出版社，2002，第316-317页。

（一）炼焦煤资源

炼焦对煤的品种有一定的要求，并非各种类型的煤都适合炼焦。中国用于炼焦的煤炭品种主要是烟煤中的贫瘦煤、瘦煤、肥煤、气肥煤、气煤、焦煤、1/3 焦煤和 1/2 中黏煤。随着炼焦工业对炼焦煤的需求越来越多、消耗越来越大，全球优质炼焦煤越来越稀缺。

美国的炼焦煤资源较丰富，其炼焦煤约占煤炭探明储量的 35%，主要集中在阿巴拉契亚煤田。但优质炼焦煤少，用于炼焦的低挥发分烟煤储量仅占探明储量的 1.1%。

俄罗斯的炼焦煤品种多、储量大，主要的炼焦煤煤田有库兹涅兹煤田、南雅库特煤田等。

印度的炼焦煤资源量约 30.2 亿吨，其中，主焦煤约 5.3 亿吨，中等焦煤 2 330 万吨。[1]

（二）焦炭生产

焦炭是利用炼焦炉对炼焦煤进行高温干馏而制成的。炼焦炉是煤制焦炭的核心设备。

1884 年，世界上第一座蓄热式焦炉建成。此后，炼焦炉在总体上没有太大变化，但在筑炉材料、炉体构造等方面有显著改进。[2]从 20 世纪 20 年代起，焦炉所用耐火砖由黏土砖改为硅砖，结焦时间从 24 ～ 28 小时缩短到 14 ～ 16 小时，使第一代炉龄从 10 年延长到 20 ～ 25 年。之后，开发出炭化室高 4 米以上、有效容积 20 立方米以上、结焦时间为 15 ～ 20 小时的焦炉，从此进入现代化焦炉阶段。20 世纪 50 年代，焦炉向大型化发展，开发出炭化室高 6 米、有效容积 30 立方米的大容积焦炉。[3]20 世纪 80 年代后，德国开发出炭化室高度达 7.0 米、7.6 米、7.8 米、8.3 米，炭化室容积达到 61 立方米、79 立方米、70 立方米、93 立方米的焦炉，焦炭年产量最大可达 264 万吨（表 15-79）。

20 世纪 70 年代，针对传统室式间歇炼焦工艺所存在的建设成本高、环境污染严重、焦炭质量受煤性质制约等缺陷，苏联乌克兰煤炭化学研究所进行工艺创新，研究、开发立式炉连续炼焦新工艺，先后进行三个阶段的试验：在试验室试验阶段，装置处理能力为每天 50 ～ 70 千克的煤；在半工业试验阶段，炭化室宽分别为 175 毫米和 350 毫米两种；在 1991—1996 年进行的工业性试验阶段，垂直炭化室（包括熄焦段）为 2 个，推焦行程为 300 毫米，推焦周期为 20 ～ 30 分钟，一次装煤量为 400 ～ 420 千克，炼焦时间为 7 ～ 8 小时，装置处理能力为每天 30 吨煤。试验表明，分阶段控制加热速度有利于改善煤的黏结性能，可以有效拓宽炼焦用煤范围，比传统工艺节约 70% 的肥煤和焦煤。[4]

[1] 高晋生主编《煤的热解、炼焦和煤焦油加工》，化学工业出版社，2010，第 89 页。
[2] 同上书，第 125 页。
[3] 贺永德主编《现代煤化工技术手册》，化学工业出版社，2004，第 696 页。
[4] 高晋生主编《煤的热解、炼焦和煤焦油加工》，化学工业出版社，2010，第 219 页。

表 15-79　德国代表性焦化厂的焦炉及焦炭产量情况

厂名	时间 / 年	焦炉			产量			
		高 / 米	宽 / 毫米	容积 / 米³	万吨 / 年	吨 /（年·米³）	吨 /（年·孔）	吨 /（年·人）
Thyssen	1971	6.0	400	35	136	369	13 080	5 490
HKM	1984	7.8	560	70	108	224	15 430	10 600
Salzgitter	1985	6.2	470	43	142	309	13 150	10 600
Prosper	1985	7.0	600	61	200	219	13 700	12 800
Kaiserstuhl	1992	7.6	620	79	200	211	16 670	13 100
TKS Schwelgem	2003	8.3	600	93	264	203	18 860	17 900

资料来源：高晋生主编《煤的热解、炼焦和煤焦油加工》，化学工业出版社，2010，第 129 页。

进入 20 世纪 80 年代后，焦炉向自动化、节能环保、高效化方向发展。德国鲁尔煤业公司的凯泽斯图尔焦化厂历时 5 年，于 1992 年建成并投产，是当时世界上技术最先进、环保措施最完善的新型焦化厂。该厂采用两座各为 60 孔的大容积复热式焦炉（表 15-80）。这两座焦炉配备一套先进的干熄焦装置，正常生产时几乎没有烟尘散发。[1]

表 15-80　德国凯泽斯图尔焦化厂大容积复热式焦炉的技术规格情况

项目	数值	项目	数值	项目	数值
焦炉数 / 座	2	有效高度 / 毫米	7 180	炉顶厚度 / 毫米	1 750
炭化室数 / 孔	120	有效容积 / 米³	78.84	炭化室中心距 / 毫米	1 650
炭化室长度 / 毫米	18 000	炭化室宽度 / 毫米	610	炉墙厚度 / 毫米	95
炭化室高度 / 毫米	7 630	炭化室锥度 / 毫米	50	焦炭产量 /（×10⁴ 吨 / 年）	204.4
炉顶空间高度 / 毫米	450	火道温度 / ℃	1 330		—

资料来源：贺永德主编《现代煤化工技术手册》，化学工业出版社，2004，第 703 页。

20 世纪 80 年代，以德国为主的欧洲焦化界提出单炉室式巨型反应器的设计思想以及煤预热与干熄焦直接联合的方案。20 世纪 90 年代，德国等 8 个国家的 13 家公司组成"欧洲炼焦技术开发中心"，在德国的普罗斯佩尔焦化厂开展"单室炼焦系统"（简称"SCS"）的示范性试验。该试验装置高 10 米、宽 850 毫米、长 10 米。在三年多的时间里共试验 650 炉，生产近 30 000 吨焦炭，取得了令人满意的效果。SCS 可以提高焦炭反应后强度，比传统焦炉节能 8%，可减少 1/2 的污染物散发量，降低 10% 的生产成本，但耗资稍有增加。[2]

20 世纪 90 年代，美国推出新一代带有余热回收发电功能的无回收焦炉。其炼焦方式仍然采用蜂窝炉，但炉体结构、机械化程度、单孔生产能力、热效率都优于早期的回收焦炉。1998 年，美国内陆钢铁公司印第安纳厂建成年产焦炭 133 万吨、发电 8.7 万千瓦的新一代无回收焦炉。

[1] 贺永德主编《现代煤化工技术手册》，化学工业出版社，2004，第 703 页。

[2] 同上书，第 704 页。

1994 年，日本钢铁联盟的成员公司开展名为"21 世纪高产无污染大型焦炉"（简称"SCOPE21"）的试验工作。1998 年进行小型试验，2001 年进行每天 50 吨焦炭的中型试验，取得了较好的效果。与常规焦炉相比，它具有改善焦炭质量、减少环境污染、提高焦炉生产率、降低能源消耗等优势（表 15–81 ）。但是，该工艺存在技术经济和焦炭质量指标等方面的问题。

表 15–81　每天 4 000 吨的 SCOPE21 与常规焦炉的比较情况

项目		常规焦炉	SCOPE21	
			方案 1	方案 2
装炉煤	水分 /%	9	—	—
	温度 /℃	25	400	—
	堆密度 /（吨 / 米³）	0.7	0.85	—
	型煤比例 /%	0	30	—
炭化条件	火道温度 /℃	1 350	1 350	—
	焦饼中心温度 /℃	1 000	750	—
焦炉规格	炭化室高 / 米	6.0	6.0	7.5
	炭化室长 / 米	15.7	15.7	15.7
	炭化室宽 / 米	0.45	0.45	0.45
	炭化室容积 / 米³	37.6	37.6	47.6
	炉墙厚度 / 毫米	100	70	70
	炉墙导热率 /［千焦 /（米·时·℃）］	7.1	9.6	9.6
结果	结焦时间 / 时	17.1	5.0	5.0
	炉孔数 / 孔	140	36	29

资料来源：贺永德主编《现代煤化工技术手册》，化学工业出版社，2004，第 706 页。

2003 年，德国 Thyssen 公司在莱茵河畔建成一个现代化焦化厂。它建有两套干熄焦装置，每套处理红焦能力为 107 吨 / 时，采用先进的现代化生产过程控制及环保措施，年产冶金焦 260 万吨。

（三）炼焦副产品

通过煤炼焦可以生产出煤焦油、煤气、苯和氨等各种副产品，并可以对其进行回收，然后进一步加工利用。

煤焦油加工主要采取集中加工、扩大品种、深度加工等措施。21 世纪初，全球年产高温焦油近 2 000 万吨，产量较高的国家有美国、日本、中国、德国等。德国年产焦油 150 万吨左右，由吕特格公司煤焦油加工厂集中加工，其焦油分离精制水平高，工业化精制产品达 230 ～ 250 种。德国焦油产品主要用于化学工业，约占 50%，其次用于电极生产和钢铁工业，分别占 28%、12%，其他占 10%。[①]

二、煤制煤气

所谓"煤气"，指含有可燃组分的气体，诸如高炉煤气、焦炉煤气、水煤气等。煤制煤气有两种基

---

① 郭树才主编《煤化工工艺学》第 2 版，化学工业出版社，2006，第 134 页。

本方法，一种是将煤通过干馏制取煤气，另一种是将煤通过气化制取煤气。前者所制煤气被称为干馏煤气或焦炉煤气，是煤炼焦的一种副产品；后者所制煤气被称为气化煤气，在煤化工中具有重要地位。本书仅叙述气化煤气制造的发展史。

煤与气化剂经过热加工转化为以 CO、H_2 等为主要成分的气体，即煤气。这一热化学过程被称为煤的气化，煤的气化是煤炭转化利用最重要的领域。煤炭气化生成的气化煤气，有的作为燃料煤气，有的作为合成化工原料生产甲醇、合成氨等化工产品（图 15-6）。根据煤气热值的高低和煤气的用途等，可将煤气分为发生炉煤气、水煤气、合成气、城市煤气和替代天然气等（表 15-82）。

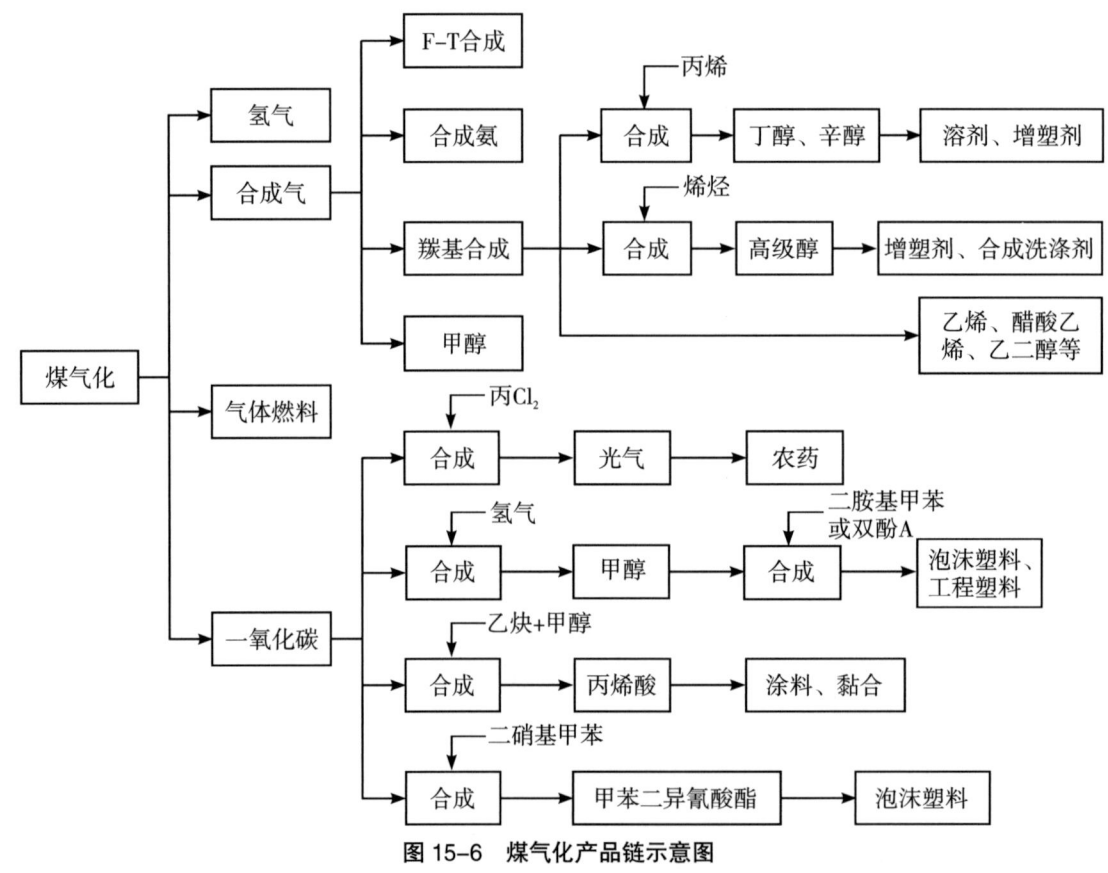

图 15-6 煤气化产品链示意图

资料来源: 徐耀武、徐振刚主编《煤化工手册——中煤煤化工技术与工程》，化学工业出版社，2013，第6页。

表 15-82 几类典型煤气的组成和热值情况

名称	典型成分组成 /%						低位发热量 /（兆焦 / 米³）
	H_2	CO	CO_2	N_2	CH_2	C_nH_m	
发生炉煤气	13～16	20～30	5～10	45～55	—		5.4～6.3
水煤气	50	5	—	5	40	—	10.5～12.2
合成气	31～39	19～56	11～30	0.6～1.5	0～10	0.4	10.5～12.3
城市煤气	37～39	17～23	27～30	0.7～1.4	9～10	0.4～0.8	14.6
替代天然气	2.49	0.08	0.38	2.81	94.23		41.86

资料来源: 姚强等：《洁净煤技术》，化学工业出版社，2005，第185页。

自 1839 年俄国第一台空气鼓风气化炉问世[1]至今，煤气化技术已有近 200 年历史，人们先后开发出移动床气化、流化床气化、气流床气化、熔融床气化、煤炭地下气化等 100 多种典型气化工艺，其中已有十几种实现了工业化（表 15-83）。

表 15-83　煤炭气化工艺一览表

类别	基本类型
移动床气化	常压移动床气化（如煤气发生炉气化法、水煤气气化法）
	加压移动床气化［如鲁奇气化炉、熔渣鲁奇气化炉（BGL）］
流化床气化	温克勒气化（包括常压温克勒气化、高温温克勒气化）
	灰熔聚流化床气化（如中国 ICC 煤气化、美国 U-gas 煤气化）
	循环流化床气化（如德国鲁奇 CFB 气化法、朝鲜恩德 CFB 气化法）
气流床气化	K-T 气化
	Texaco 气化
	Shell 气化
	Prenflo 气化
	GSP 气化
	E-gas 气化
	两段式气化
熔融床气化	熔渣床气化
	熔铁床气化
	熔盐床气化
其他气化	煤炭地下气化
	催化气化
	回转窑气化
	加氢气化
	原子能气化

资料来源：作者整理。

（一）移动床气化

移动床气化是最早出现的煤炭气化工艺。移动床气化因原料煤在气化炉中从上往下缓慢移动而得名，但相对于气流速度而言，原料煤在气化炉内又好像是固定不动的，因而又称固定床气化。移动床气化分常压和加压两种。

1. 常压移动床气化

常压移动床气化包括煤气发生炉气化法、水煤气气化法和两段炉气化法等。

19 世纪 50 年代，德国建造了第一台阶梯式炉箅的西门子煤气发生炉。[2]此后，煤气发生炉气化技

---

[1] 张鸣林主编《中国煤的洁净利用——兼论兖矿煤化工产业发展》，化学工业出版社，2007，第 166 页。

[2] 同上书，第 169 页。

术得到不断改进，出现了具有代表性的苏联式煤气发生炉和威尔曼－格鲁夏（简称"W-G"）煤气发生炉。在中国，以在苏联式煤气发生炉的基础上发展起来的 M 形煤气发生炉应用较为广泛。

煤气发生炉生产的是低热值燃料气。为提高煤气质量，20 世纪 30 年代开发出常压移动床间歇式气化技术（UGI），用于产水煤气。UGI 型煤气炉投资少，操作简单，但原料单一、气化效率低、能耗高，现已属于落后技术，世界上许多国家已经不再采用。

早期常压移动床气化是单段式的。后来，在单段式常压移动床气化炉的基础上，加装一个干馏装置，使移动床气化炉体分为两段，上段为干馏段，下段为气化段，从而形成了两段式常压移动床气化技术。1960 年，英国开始经营威尔曼（Wellman）式的两段炉。此外，两段炉还有 FW-stoic 式、GI 式、W-G 式、IGI 式等其他形式。FW-stoic 炉型在南非实现工业化，最高处理能力达到每天 108 吨煤。

2. 加压移动床气化

当今，发达国家已经很少使用常压移动床气化技术，更多的是采用以鲁奇气化炉和熔渣鲁奇气化炉（BGL）为代表的加压移动床气化技术。它是在高于大气压力的条件下，以移动床的形式对煤炭进行气化。通常情况下，鲁奇气化炉压强在 2.5～4.0 兆帕，熔渣鲁奇气化炉压强在 2.5～3.0 兆帕。相对于常压移动床气化而言，加压移动床气化不仅可以提高煤气的热值，还可以大大提高煤气炉的生产能力。

加压移动床气化技术的研发始于 20 世纪 20 年代。1925 年，德国开始试验褐煤的加压富氧气化[1]。此后，德国鲁奇公司在加压移动床气化技术研发改进过程中，一直发挥重要的作用。1927—1928 年，德国鲁奇公司利用褐煤在常压下用氧气做气化剂生产煤气，然后开展加压气化的小型试验。1930 年，鲁奇公司在德国希尔士斐尔德建成第一套加压移动床气化试验装置，并于 1932 年完成半工业试验装置。1936 年，该公司设计出第一代工业化的鲁奇气化炉。[2]此后，鲁奇气化炉在世界各国得到广泛应用，其中最典型的是 1954 年应用于南非的萨索尔堡煤制油装置。1954 年后，鲁奇公司与联邦德国鲁尔煤气公司合作，设计出第二代鲁奇气化炉。它在第一代气化炉的基础上加了除尘装置，可以燃烧褐煤和弱黏性煤。1969 年，鲁奇公司根据南非萨索尔工厂第二代气化炉的运行情况，开发出第三代鲁奇气化炉 Mark-Ⅳ。其内径从第二代鲁奇气化炉的 2.6～3.7 米增大至 3.8 米，单炉产气量提高到 35 000～55 000 米³/时，实际可达 65 000 米³/时，自动化程度较高。[3]1974 年，鲁奇公司与南非萨索尔工厂合作开发第四代鲁奇气化炉 Mark-Ⅴ。其内径最大为 5 米，产气量可达 100 000 米³/时，耗煤量为 1 100～1 160 吨/天，但尚未推广。

英国燃气公司于 1954 年利用鲁奇气化炉进行液态排渣式加压气化试验。在此基础上，1975 年与鲁奇公司合作，在英国西田煤气厂将其中的一台气化炉改为液态排渣型（直径为 1.84 米），被称为熔渣鲁奇（Slagging Lurgi，简称"BGL"）气化炉。1981 年，英国西田一台直径为 2.3 米的 BGL 气化炉投入运行。1990 年，开展 BGL 发电示范。1992 年，BGL 气化炉开始用于生物质与煤共气化，生物质等废弃物的比例从 50% 提高到 85%，到 2001 年共有近 200 万吨的固体废弃物与煤被成功共气化。在此

---

① 姚强等：《洁净煤技术》，化学工业出版社，2005，第 194 页。

② 贺永德主编《现代煤化工技术手册》，化学工业出版社，2004，第 401 页。

③ 徐振刚、步学朋主编《煤炭气化知识问答》，化学工业出版社，2008，第 77 页。

过程中，德国于 2000 年建成一台内径为 3.6 米的 BGL 工业化气化炉，专门对 20% 的煤与 80% 的固体废物混合物进行共气化。与固态排渣法相比，BGL 气化炉的气化强度高，生产能力大，水蒸气消耗量低，煤种适应性增强，同时对环境的污染也减少，是一种有发展前景的气化炉。

为提高气化压强，促进甲烷化反应，使产物煤气中的甲烷含量增加、净煤气热值提高，鲁尔煤气公司等企业于 1976 年制订联合开发高压气化炉（鲁尔 -100）的计划。这种气化炉内径为 1.5 米，设计最大操作压强为 10 兆帕，最大处理能力为每小时 7 吨煤。1979 年，鲁尔 -100 投入试产，到 1983 年共约运行 6 000 小时，气化原料煤约 2 300 吨。试运转期间，当运行压强由 2.5 兆帕提高到 9.0 兆帕以上时，粗煤气中的甲烷含量由 9% 增加到 16% 以上。与一般的移动床气化炉相比，气化强度可提高一倍多。[1]

第三代鲁奇气化炉是当今世界上使用最广泛的加压移动床气化炉，德国 Bohlen、南非 Sasolburg、联邦德国 Dorsten 等地方都有使用（表 15-84），这些地方主要将鲁奇加压移动床气化工艺用于生产化工合成气和城市煤气。世界各地共有 150 多台鲁奇气化炉，主要是 Mark- Ⅳ 型炉。南非萨索尔（Sasol）公司从 1955—1983 年共安装 97 台鲁奇气化炉，年气化 3 000 多万吨煤，生产油品 450 多万吨，其他化工产品数百万吨。美国大平原工厂建成 14 台 Mark- Ⅳ 型鲁奇气化炉，年气化煤炭达 426 万吨。[2]

表 15-84　各国安装鲁奇气化炉情况

使用地点	建设时间 / 年	使用煤种	气化炉内径 / 毫米	生产能力 / （×10⁶ 米³/ 天）	气化炉数量 / 台
德国中部 Hirschfeld	1936	褐煤	1 143	0.03	2
德国中部 Bohlen	1940	褐煤	2 590.8	0.25	5
德国中部 Bohlen	1943	褐煤	2 590.8	0.283 2	5
南非 Sasolburg	1954	含 30% 灰的次烟煤	3 681.98	4.248	9
联邦德国 Dorsten	1955	含氮高的黏结性次烟煤	2 667	1.557 6	6
澳大利亚 Morwell	1956	褐煤	2 667	0.62	6
巴基斯坦 Daud Khel	1957	高硫高挥发分烟煤	2 667	1.416	2
南非 Sasolburg	1958	含 30% 灰的次烟煤	3 681.98	0.54	1
英国 Westfield	1960	弱黏结性次烟煤	2 667	0.79	3
印度 Jealgora	1961	各种煤	—	0.025	1
英国 Westfield	1962	弱黏结性次烟煤	2 667	0.25	1
英国 Colesshill	1963	含氯高的黏结性次烟煤	2 667	1.30	5
韩国 Naju	1963	高灰石墨无烟煤	3 176	0.42	3
南非 Sasolburg	1966	含 30% 灰的次烟煤	3 681.2	2.124	3
联邦德国 Lunen	1970	次烟煤	3 453.4	1 477(×10⁶ 焦 / 时)	5

[1] 郭树才主编《煤化工工艺学》第 2 版，化学工业出版社，2006，第 182 页。

[2] 李玉林、胡瑞生、白雅琴:《煤化工基础》，化学工业出版社，2006，第 137–138 页。

续表

使用地点	建设时间 / 年	使用煤种	气化炉内径 / 毫米	生产能力 / （×10⁶ 米³/天）	气化炉数量 / 台
南非 Sasolburg	1973	含 30% 灰的次烟煤	3 758.2	5.38	3
南非 Secunda	1977	次烟煤	3 758.2	—	4
南非 Sasolburg	1980	次烟煤	4 700（Mark-V）	2.28	1
南非 Secunda	1980	次烟煤	3 758.2	39.6	36
南非 Secunda	1982	次烟煤	3 758.2	39.6	40
美国 North Dakota	1983	褐煤	3 758.2	3.8（SNG）	14

资料来源：徐振刚、步学朋主编《煤炭气化知识问答》，化学工业出版社，2008，第 280-281 页。

（二）流化床气化

流化床气化是指采用流态化技术，将煤炭转化为煤气。在气化过程中，煤炭颗粒处于流体状态，并且在悬浮流动中犹如沸腾的液体。因此，流化床气化又称沸腾床气化。经过百年发展，形成了诸多工艺技术。在德国，有常压温克勒（Winkler）气化、高温温克勒（HTW）气化等；在美国，有 U-gas 气化、CO₂-Acceptor 气化、CO-gas 气化、KRW 气化、HY-gas 气化等；在加拿大，有喷射床气化；在日本，有旋流板式 JSW；在中国，有灰熔聚气化、分区流化床气化、加压流化床气化等。[1] 其中，典型的流化床气化工艺包括常压温克勒气化、高温温克勒气化、灰熔聚流化床气化、循环流化床气化、间歇式常压流化床气化、载热体常压循环流化床气化等。

1. 常压温克勒气化

世界上最早出现的流化床气化工艺是常压温克勒气化。它是德国人弗莱特·温克勒于 1892 年发明出来的[2]，当时用来生产活性炭。后来，温克勒把流化床技术首次应用于煤气生产，并于 1922 年获得专利[3]。

1926 年，第一个温克勒气化工业装置在德国莱纳投入使用，命名为温克勒气化炉。此后，常压温克勒气化技术在德国、日本、塞尔维亚 - 克罗比亚 - 斯洛文尼亚王国（南斯拉夫）、西班牙、印度、土耳其等国家得到广泛应用（表 15-85），先后建成 70 多台常压温克勒气化炉。[4] 苏联在常压温克勒工艺的基础上开发出盖依阿帕型常压温克勒气化炉，用于生产合成氨[5]。

常压温克勒气化技术存在不少缺陷，诸如气化温度低、操作压力偏低、气化炉设备庞大、热损失大、带出物损失较多、粗煤气质量较差，导致其推广应用受到制约[6]。20 世纪 70 年代以后，世界各地很少新建常压温克勒气化炉，至今仍在使用的也不多。

[1] 许世森、张东亮、任永强：《大规模煤气化技术》，化学工业出版社，2006，第 115 页。
[2] 姚强等：《洁净煤技术》，化学工业出版社，2005，第 198 页。
[3] 徐振刚、步学朋主编《煤炭气化知识问答》，化学工业出版社，2008，第 86 页。
[4] 许世森、张东亮、任永强：《大规模煤气化技术》，化学工业出版社，2006，第 114 页。
[5] 李玉林、胡瑞生、白雅琴：《煤化工基础》，化学工业出版社，2006，第 140 页。
[6] 郭树才主编《煤化工工艺学》第 2 版，化学工业出版社，2006，第 193-194 页。

表 15-85　温克勒流化床煤气化的应用情况

装置所在地	单炉产气量		合成气用途	建造时间 / 年	气化炉数量 / 台
	正常能力 / (×10³ 米³/ 时)	最大能力 / (×10³ 米³/ 时)			
德国	14	—	合成氮	1938	2
东洋高压工业公司，日本	15	20	合成氮	1939	2
杰迪杰亚氮素厂，戈拉日德，南斯拉夫	5	—	合成氮	1953	1
莱茵褐煤联合公司，维西林，德国	12	17	合成甲醇	1956	1
卡尔夫 – 索特洛，普韦托利西诺，西班牙	9.5	—	合成氮	1957	1
奈维利褐煤公司，马德拉斯（金奈），印度	41.6	—	合成氮	1959	3
阿查脱 – 桑尼利 T.A.S，屈塔尼亚，土耳其	12	18	合成氮	1959	2
莱茵褐煤联合公司，维西林，德国	12	17	合成甲醇	1960	1

资料来源：徐振刚、步学朋主编《煤炭气化知识问答》，化学工业出版社，2008，第 282 页。

2. 高温温克勒气化

针对常压温克勒气化技术的缺陷，20 世纪 70 年代人们在常压温克勒气化基础上开发出高温温克勒工艺（HTW）。

1978 年，联邦德国莱茵褐煤公司在科隆建成一套高温温克勒气化中试装置，气化炉内径 0.6 米，煤炭处理能力为每天 31.2 吨。至 1984 年 10 月，该装置累计试验运行 34 500 小时，累计气化煤炭 18 000 吨，为建立工业示范装置提供了基础资料。1986 年，莱茵褐煤公司在贝伦拉特建立 HTW 工业示范装置，单台气化炉加煤量为每小时 30 吨煤，操作压强为 1.0 兆帕，粗煤气产量为 54 000 米³（标）/ 时，作为生产甲醇的原料气使用。到 1997 年年底，示范装置累计运行 6.7 万小时，累计气化干褐煤 160 万吨。[1]

1988 年，芬兰以泥炭为原料，建成、投产高温温克勒气化炉，生产合成氨用合成气的商业化装置投入运行，处理干泥炭 650 吨。[2]

1989 年，一台用于联合循环发电（IGCC）的 HTW 气化炉投入运行。其处理干褐煤量为 160 吨 / 天，气化压强为 2.5 兆帕。

3. 灰熔聚流化床气化

20 世纪 50 年代，针对一般流化床气化炉排出的灰渣含碳量比较高的问题，提出灰熔聚排灰解决方案，开始研发灰熔聚流化床气化技术。在此期间，法国曾做过小型试验，证明灰熔聚技术是可行的。此后，美国 U-gas 气化炉，中国 ICC 煤气化炉、KRW 气化炉等工艺逐渐采用灰熔聚流化床气化技术。[3]

---

[1] 贺永德主编《现代煤化工技术手册》，化学工业出版社，2004，第 461–462 页。
[2] 徐振刚、步学朋主编《煤炭气化知识问答》，化学工业出版社，2008，第 88–89 页。
[3] 贺永德主编《现代煤化工技术手册》，化学工业出版社，2004，第 464 页。

1974年，美国煤气工艺研究所开发单段加压流化床灰熔聚煤气工艺（"U-gas 煤气化"），建成一个常压中试装置，进行130次试验。[1]后来，采用氧气气化，在芬兰建立10～15兆瓦的U-gas气化装置，主要用于考察高温除尘和热煤气脱硫等性能。[2]

1974年，美国西屋电气公司建成煤处理能力每天15吨的灰熔聚流化床气化试验装置（PDU）。当时PDU为空气-蒸汽鼓风两段炉，1978年改为一段氧气-蒸汽鼓风加压气化炉，煤处理能力增至每天30吨。1980年又建成内径3米、高9.14米的冷模试验装置，进行冷态试验。[3]1984年，西屋电气公司将PDU中试厂转让给凯洛格公司，PDU随之易名为KRW气化法。同年，凯洛格公司在南非的Sasol-Ⅱ联合企业建设一套KRW煤气化装置，煤处理能力为每天1 200吨，于1987年实现工业化运行。[4]

20世纪90年代，美国政府将KRW列入洁净煤IGCC发电示范计划，Tracy电站采用KRW煤气化工艺建设IGCC示范项目，生产低热值合成气。[5]Pinön Pine也在IGCC项目中采用KRW技术，于1998年建成，但运转一段时间后停运。美国内华达州的Reno应用KRW煤气化工艺，建成一个100兆瓦的IGCC电站项目，但未能成功运行。

4.循环流化床气化

循环流化床（CFB）气化工艺的主要特点有：在流化床内，煤炭颗粒被旋转的气流分离后沉降到炉底入口，然后再循环进入主燃烧室[6]；由于循环比例高达几十倍，颗粒在流化床内停留的时间增加，从而使碳转化率得到提高。[7]具有代表性的循环流化床气化工艺包括德国鲁奇CFB气化法和朝鲜恩德CFB气化法。

德国鲁奇公司开发的CFB气化炉可以气化各种煤，还可气化碎木、树皮、城市可燃垃圾等。1986年，鲁奇公司开发出第一台工业化CFB常压气化装置，在奥地利Pols投入运行。到1991年，鲁奇公司在世界各地建成、投产CFB气化炉36台，有12台在建。[8]21世纪初，世界各国有60多家工厂使用鲁奇CFB气化炉。[9]

朝鲜恩德"七·七"联合企业于20世纪50年代引进温克勒流化床气化技术。此后，该企业进行多次革新，成功开发出实用新型煤气化技术——恩德粉煤CFB气化工艺。

此外，在20世纪80年代，美国HRI公司进行了每天处理7吨煤的CFB热态试验，瑞典Studsvik能源公司开发出一套常压CFB气化炉和CFB热气净化系统。

（三）气流床气化

气流床气化，是指煤粉在气体介质夹带下进入气化床并处于悬浮状态的气化过程，通过气流床气

---

[1] 徐振刚、步学朋主编《煤炭气化知识问答》，化学工业出版社，2008，第912页。

[2] 李玉林、胡瑞生、白雅琴：《煤化工基础》，化学工业出版社，2006，第141页。

[3] 同上。

[4] 徐振刚、步学朋主编《煤炭气化知识问答》，化学工业出版社，2008，第93页。

[5] 姚强等：《洁净煤技术》，化学工业出版社，2005，第202页。

[6] 付长亮、张爱民主编《现代煤化工生产技术》，化学工业出版社，2009，第39页。

[7] 张鸣林主编《中国煤的洁净利用——兼论兖矿煤化工产业发展》，化学工业出版社，2007，第177页。

[8] 贺永德主编《现代煤化工技术手册》，化学工业出版社，2004，第476页。

[9] 付长亮、张爱民主编《现代煤化工生产技术》，化学工业出版社，2009，第39页。

化，可以生成煤气。它是 20 世纪 50 年代初发展起来的新一代煤炭气化技术，在 IGCC 电站项目等领域得到广泛应用。经过几十年的发展，气流床气化形成了多种较为成熟、已经工业化的工艺技术，包括 K–T 气化、Texaco 气化、Shell 气化、Prenflo 气化、GSP 气化、E–gas 气化、两段式气化等。

1. K–T 气化

K–T 气化，是最早实现工业化的常压气流床气化方法，属于第一代气流床气化技术。它最初是由德国柯柏斯（Koppers）公司的托切克（Totzek）工程师于 1936 年提出的[①]，故称 Koppers–Totzek 气化，简称 "K–T 气化"。

1948 年，德国 Koppers 公司、美国 Koppers 公司和美国矿务局共同在美国密苏里州进行 K–T 气化中试，生产合成气。[②]1949 年，法国建成第一台工业化 K–T 炉。[③]1950 年，芬兰奥卢建成第一座 K–T 商业化工厂。[④]此后，K–T 技术在法国、芬兰、日本、西班牙、比利时等国家得到广泛的商业应用，先后有 18 个国家共 20 家工厂使用 K–T 气化技术（表 15–86）[⑤]，生产出来的煤气主要用来生产合成氨、甲醇，制氢或做燃料气。

20 世纪 80 年代，一些国家利用 K–T 常压气化炉技术生产合成氨，其产量占煤基合成氨的 90%。但随着第二代粉煤气化技术的工业化，常压气化被加压气化替代，20 世纪 80 年代后停止建设常压 K–T 炉。[⑥]

表 15–86　K–T 气化技术在世界各国的应用情况

地点	时间 / 年	燃料	气化炉数量 / 台	产量（CO+H$_2$）/（米^3/天）	合成气用途
法国碳素公司 Mazingarbe（巴黎）	1949	烟煤、焦炉气等	1	7 500 ～ 150 000	合成氨和甲醇
芬兰奥卢 Typpioy 厂	1950	烟煤、油、泥煤	3	140 000	合成氨
日本 Nihon suiso kaisha 公司（东京）	1954	烟煤	3	210 000	合成氨
西班牙 Puentes 氮素厂（coruna）	1954	褐煤	3	242 000	合成氨
芬兰奥卢 Typpioy 厂	1955	烟煤、油、泥煤	2	140 000	合成氨
比利时联合化学公司 Zandvoorde 厂（布鲁塞尔）	1955	船用油、装置可用于煤气化	2	176 000	合成氨
葡萄牙 Estarreija 制氨厂（里斯本）	1956	重质汽油、可用于褐煤和无烟煤气化	1	169 000	合成氨
希腊托勒密氮肥厂（雅典）	1959	褐煤、船用 C 油	4	629 000	合成氨

① 贺永德主编《现代煤化工技术手册》，化学工业出版社，2004，第 483 页。

② 同上书，第 493 页。

③ 徐振刚、步学朋主编《煤炭气化知识问答》，化学工业出版社，2008，第 110 页。

④ 李玉林、胡瑞生、白雅琴:《煤化工基础》，化学工业出版社，2006，第 142 页。

⑤ 同上。

⑥ 张鸣林主编《中国煤的洁净利用——兼论兖矿煤化工产业发展》，化学工业出版社，2007，第 180 页。

续表

地点	时间 / 年	燃料	气化炉数量 / 台	产量（CO+H_2）/（米³/天）	合成气用途
埃及 Talkha 氮肥厂（开罗）	1963	炼油厂废气、液化石油气、轻石脑油	3	778 000	合成氨
泰国 Lampang 化肥公司肥料厂	1963	褐煤	1	217 000	合成氨
土耳其 Kutahya 厂（安卡拉）	1966	褐煤	4	775 000	合成氨
民主德国蔡特厂	1966	减压渣油、燃料油	2	360 000	加氢用氢气
赞比亚工业发展公司 Kafue 厂（卢萨卡）	1967	烟煤	1	214 320	合成氨
希腊托勒密氮肥厂	1969	褐煤	1	165 000	合成氨
印度肥料公司 Ramagundam 厂（新德里）	1969	烟煤	3	2 000 000	合成氨
印度肥料公司 Talcher 厂（新德里）	1970	烟煤	3	2 000 000	合成氨
希腊托勒密氮肥厂	1970	褐煤	1	242 000	合成氨
印度肥料公司 Korba 厂	1972	烟煤	3	2 000 000	合成氨和甲醇
南非 Modderfontcin 厂[1]	1972	烟煤	6	2 150 000	合成氨和甲醇
赞比亚 Kafue 厂	1974	烟煤	1	220 800	合成氨和甲醇
赞比亚 Kafue 厂	1975	烟煤	2	441 600	合成氨和甲醇
巴西 Jeronimo 厂	1979	烟煤	2	1 500 000	燃料煤气
波兰 Libiaz 联合企业	1980	烟煤	3	3 070 000	燃料煤气
美国 Newman Kentucky 示范厂	1980	烟煤、加氢残余物	4	2 076 000	加氢用氢气
美国田纳西流域管理局亚拉巴马州 Murphy Hill 厂	1981	美国西部烟煤	18	14 726 000	甲醇、燃料气

资料来源: 贺永德主编《现代煤化工技术手册》, 化学工业出版社, 2004, 第 494 页。

注: [1] 2000 年中国本溪化肥厂购买。

2. Texaco 气化

Texaco 气化技术是美国德士古（Texaco）公司首先开发的一种水煤浆气化工艺, 属于第二代气流床气化技术。2004 年 5 月, 通用电气（GE）公司收购了 Texaco 气化技术[1], 因而 Texaco 气化技术又被称为 "GE 气化技术" 或 "GE-Texaco 气化技术"。

Texaco 公司于 1948 年创建了水煤浆气化工艺, 在加利福尼亚州洛杉矶近郊的 Montebello 建成第一

---

① 徐振刚、步学朋主编《煤炭气化知识问答》, 化学工业出版社, 2008, 第 113 页。

套水煤浆气化中试装置，处理煤炭能力为每天 15 吨。这在世界煤气化发展史上是一个重大开端。^①1950
年，Texaco 气化技术首先在天然气非催化部分氧化上取得成功。1956 年，又在渣油气化中应用。^②后
来因技术问题，1958 年停止试验。

20 世纪 70 年代，受第一次石油危机的影响，煤气化又重新受到世界各国的重视。Texaco 公司重
启 Montebello 水煤浆气化中试试验，于 1975 年建成一台压强为 2.5 兆帕的低压气化炉，1978 年和 1981
年分别建成一台压力为 8.5 兆帕的高压气化炉。^③Texaco 公司还与联邦德国鲁尔公司合作，于 1978 年
在联邦德国建成一套 Texaco 水煤浆气化工业试验装置，为 Texaco 气化技术由中试阶段向工业化发展迈
出关键性一步。^④

此后，Texaco 气化技术先后在中国、美国等国家推广应用。到 20 世纪 90 年代末，共有 9 套
Texaco 气化装置投入运行，其中 5 套在中国，4 套在美国。^⑤

3. Shell 气化

Shell 气化，又称 SCGP 气化。它是由荷兰 Shell 公司开发的一种加压气流床粉煤气化技术。

20 世纪 50 年代初，Shell 公司与 Texaco 公司几乎同时开发出渣油气化技术。从 1972 年起，Shell
公司开始研发煤气化工艺，1976 年在荷兰阿姆斯特丹建成一套每天处理 6 吨煤的小试装置。1978 年，
Shell 公司与 Krupp–Koppers 公司合作，在民主德国的汉堡建成一套规模为每天处理 150 吨煤的中试装
置。但由于 Shell 公司与 Krupp–Koppers 公司各自的目标不一致，双方于 1983 年在汉堡的试验结束后
便分道扬镳了。^⑥同年，Shell 公司在美国休斯敦开始建设一套 Shell 气化工业示范装置，于 1986 年建
成并投入运行，气化规模为每天处理 250 ~ 400 吨煤，累计运行 15 000 小时。^⑦

1989 年，荷兰电力生产部门 SEP 公司采用 Shell 气化工艺，在荷兰布根伦建设一座发电量为 253
兆瓦的 IGCC 示范厂，于 1994 年实现用煤气联合发电，1998 年转入商业运行。Shell 加压粉煤气炉是
目前世界上先进的气化炉之一。^⑧

4. Prenflo 气化

Prenflo 气化技术是在 K–T 常压气流床气化技术的基础上发展起来的一种加压气流床气化法，由
Krupp–Uhde 公司（Krupp–Koppers 公司与 Uhde 公司合并后的公司）独立开发出来的。Krupp–Koppers
公司在与 Shell 公司联合开发规模为每天处理 150 吨煤的 Shell–Koppers 中试装置的基础上，于 1986 年
在德国菲尔斯腾费尔德布鲁克独立建成第一套规模为每天处理 48 吨煤、气化压强为 3.0 兆帕的加压气
流床气化中试装置，将其命名为 Prenflo 气化法。

1992 年，西班牙在马德里成立一家合资公司——Elcogas S. A. 公司，引进 Prenflo 气化技术，用于

① 贺永德主编《现代煤化工技术手册》，化学工业出版社，2004，第 532 页。
② 徐耀武、徐振刚主编《煤化工手册——中煤煤化工技术与工程》，化学工业出版社，2013，第 96 页。
③ 贺永德主编《现代煤化工技术手册》，化学工业出版社，2004，第 532 页。
④ 同上。
⑤ 徐耀武、徐振刚主编《煤化工手册——中煤煤化工技术与工程》，化学工业出版社，2013，第 96–97 页。
⑥ 同上书，第 102 页。
⑦ 贺永德主编《现代煤化工技术手册》，化学工业出版社，2004，第 507 页。
⑧ 李玉林、胡瑞生、白雅琴：《煤化工基础》，化学工业出版社，2006，第 143 页。

建设由欧盟参与组织和实施的 Puertollano IGCC 示范电站，于 1997 年建成并投入运行，次年，燃气透平开始用煤发电。[1] 该电站的 Prenflo 气化炉气化压强为 2.0 兆帕，单台气化炉的气化能力为每天处理 2 600 吨煤，发电量为 300 兆瓦，净供电效率达 45%，是目前世界上运行的单台能力最大的加压气流床气化炉。[2]

5. GSP 气化

GSP 气化技术是一种下喷式加压气流床液态排渣气化技术，由民主德国黑水泵公司于 1976 年研究开发。[3]1979 年，利用 GSP 技术，该公司在弗莱堡分别建设 100 瓦和 5 000 瓦的两套气化中试装置。1984 年，在劳柏格电厂建成一套 GSP 商业装置（表 15-87），煤处理能力为每天 720 吨。1994—1998 年，建成 6 ~ 10 兆瓦、300 ~ 600 千克 / 时煤的 GSP 试验装置。[4]

进入 21 世纪，巴斯夫（BASF）于 2001 年在英国的塑料厂建成 30 兆瓦的 GSP 工业装置，用于气化塑料生产过程中所产生的废料。[5] 捷克于 2005 年建成 GSP 工业装置，其气化原料为煤焦油，用于 IGCC 电厂。

2006 年，由于产权变更，德国西门子发电集团获得 GSP 气化技术所有权。[6]

表 15-87　GSP 气化技术的应用情况

项目	民主德国黑水泵	捷克索克拉丝卡	美国德科特
气化炉台数 / 台	1	1	2
单台气化炉投煤量 / (t/d)	720	720	2 000
气化压强 /Mpa	2.8	2.8	4
合成气量 / (×10⁴m³/h)	5.0	—	28
产品	12 万 t 甲醇 +75 MW IGCC	电力 440 MW	合成天然气 5.7 亿 m³/a

资料来源：徐耀武、徐振刚主编《煤化工手册——中煤煤化工技术与工程》，化学工业出版社，2013，第 102 页。

6. E-gas 气化

E-gas 气化，也称 Dow 气化或 Destec 气化，是在德士古水煤浆气化工艺基础上发展起来的两段式水煤浆气化技术。它最初由德士泰（Destec）公司开发，后被陶氏（Dow）化学公司收购。[7]Destec 公司于 1978 年在美国路易斯安那州建成规模为每天处理 15 吨煤的 E-gas 中试装置，1983 年又建成单台气化炉投煤量为每天 550 吨的示范装置。

Dow 公司购买 E-gas 气化技术后，在其下属的路易斯安那煤气化公司内建成第一套 E-gas 工业化

---

[1] 许世森、张东亮、任永强：《大规模煤气化技术》，化学工业出版社，2006，第 332 页。

[2] 李玉林、胡瑞生、白雅琴：《煤化工基础》，化学工业出版社，2006，第 143 页。

[3] 许世森、张东亮、任永强：《大规模煤气化技术》，化学工业出版社，2006，第 267 页。

[4] 同上书，第 130 页。

[5] 付长亮、张爱民主编《现代煤化工生产技术》，化学工业出版社，2009，第 128 页。

[6] 徐耀武、徐振刚主编《煤化工手册——中煤煤化工技术与工程》，化学工业出版社，2013，第 99 页。

[7] 同上书，第 97 页。

装置，并于 1987 年 4 月投入运行。其设计处理能力为每天 1 430 吨干煤，日产 3 000 万兆焦热量的合成气，用于 IGCC（160 兆瓦）。[1]1996 年，Dow 公司又在美国的沃巴什河建成一套 E-gas 工业化装置，这套工业化装置的处理能力为每天 2 544 吨煤，气化压强为 2.8 兆帕，发电量为 262 兆瓦。[2]

7. 两段式气化

两段式气化技术包括 Bi-gas 气化技术、Foster-Wheeler 气化技术、C-E 气化技术等。

Bi-gas 气化技术是美国宾夕法尼亚州烟煤研究所从 1963 年开始研发的一种两段式加压粉煤气化工艺，最初建立煤炭气化规模为 45 千克 / 时的内热式两段式气化小试装置。此后，在 Krupp-Koppers 公司协助下，于 1975 年建成一套处理量为每天 120 吨煤、气化压强为 9.8 兆帕的中试装置。[3]

Foster-Wheeler 气化技术是美国新泽西州的 Foster-Wheeler 能源公司于 1972 年开发的。它采用密闭仓干法加料，生产低热值煤气，气化压强为 2.4 ～ 3.4 兆帕。

C-E 气化技术是由美国燃烧工程公司开发，于 1978 年建成、投入运行的中试装置。

此外，美国芝加哥煤气工艺研究所还开发出 Peatgas（泥煤）气化技术。

（四）熔融床气化

熔融床气化是指煤炭在高温熔融液体热载体床层中进行气化，可分为熔渣床气化、熔铁床气化、熔盐床气化等。

1. 熔渣床气化

联邦德国的莱茵褐煤公司开发出 Rummel 熔渣床气化技术。该公司于 1951 年进行模型试验，1955 年进行生产规模试验，建成工业化 Rummel 单筒式气化装置。1956 年，日本住友化学公司对 Rummel 气化炉进行改进，建成处理能力为每天 50 吨煤的住友式熔渣床气化生产装置。1976 年，联邦德国 Saarberg 公司和 D. C. Otto 公司在 Rummel 气化炉的基础上，开始研究 Saarberg/Otto 气化技术，于 1979 年在 Volklingen 建成一套处理能力为每天 264 吨煤的 Saarberg/Otto 气化试验装置，最大操作压力为 2.5 兆帕，煤气产量为 22 000 米^3（标）/ 时。[4]

2. 熔铁床气化

1967 年，美国宾夕法尼亚州的一家应用技术公司开发出 PAT-gas 熔铁床气化技术，建成工业示范装置[5]。1985 年，日本与德国联合开发，在瑞典建成处理能力为每天 240 吨煤的熔铁床气化中试装置[6]。

3. 熔盐床气化

1976 年，美国洛克维尔公司开发出 Rock-gas 熔盐床气化技术，并先后建成直径分别为 152.4 毫米、863.6 毫米的台式试验装置。1978 年，该公司建成一套处理能力为每天 24 吨煤、设计压强为 2.0 兆帕的中试装置。[7]

① 许世森、张东亮、任永强：《大规模煤气化技术》，化学工业出版社，2006，第 177 页。
② 徐振刚、步学朋主编《煤炭气化知识问答》，化学工业出版社，2008，第 119 页。
③ 贺永德主编《现代煤化工技术手册》，化学工业出版社，2004，第 613 页。
④ 同上书，第 602-605 页。
⑤ 同上书，第 607 页。
⑥ 姚强等：《洁净煤技术》，化学工业出版社，2005，第 211 页。
⑦ 贺永德主编《现代煤化工技术手册》，化学工业出版社，2004，第 606 页。

（五）其他气化

1. 煤炭地下气化

煤炭地下气化是指对埋藏在地下的煤炭，不经矿井开采，而是通过将气化剂通入煤层与煤进行气化反应，将地下的煤炭直接转化为煤气等可燃气体并输送到地面的过程。

早在19世纪下半叶至20世纪初，就有科学家对煤炭地下气化进行了研究。德国科学家威廉·西蒙斯于1868年首先提出煤炭地下气化的概念。俄国化学家门捷列夫于1888年开始研究煤炭地下气化工艺。英国化学家威廉·上南姆塞于1912年首次进行了煤炭地下气化试验。[1] 但是，煤炭地下气化取得突破性进展和广泛试验大多是在20世纪50年代之后，美国、英国、苏联、法国、意大利、比利时等国家先后进行煤炭地下气化试验（表15-88）。

表 15-88 欧美国家煤炭地下气化情况

国家	地点	时间 /年	气化通道		煤气成分 /%						热值 /[兆焦 /米³（标）]	产量 /[米³（标）/时]
			长度 /米	截面 /米²	O_2	CO_2	CO	H_2	CH_4	N_2		
美国	高尔加斯	1948	90	0.7	12.7	6.0	0.5	0.9	0.4	79.5	1.9	1 870
	高尔加斯	1952	45	0.5	0.6	11.7	7.1	7.6	2.1	70.9	2.7	2 110
	汉纳	1978	62	1.1	0	44.0	1.9	25.1	10.1	16.1	8.4	1 040
	汉纳	1979	47	0.6	0	15.0	8.0	12.4	2.9	49.0	4.3	1 500
英国	纽门斯平尼	1950	27	0.4	0	15.5	4.9	7.9	1.0	70.7	2.1	300
意大利	布里达尔诺	1979	50	1.3	0.2	19.7	4.5	15.6	2.2	57.8	3.4	1 640
比利时	布阿略达姆1	1979	87	1.4	0.07	36.1	18.5	36.1	5.4	0.0	8.5	2 500
	布阿略达姆2	1979	101	2.1	0.08	13.4	36.2	31.8	3.0	2.0	9.7	1 950
	布阿略达姆3	1979	93	1.6	0.08	19.3	53.3	17.6	0.7	0.0	9.2	2 000
法国	哲拉达	1955	60	0.5	0.0	19.5	4.0	15.0	4.5	57.0	4.1	2 300
苏联	顿巴斯	1952	85	1.4	0.2	12.1	15.9	14.8	1.8	54.8	4.2	3 080
	莫斯科	1956	66	1.5	0.3	19.5	7.1	14.1	1.5	55.9	3.5	2 900
	南阿宾斯库	1964	91	1.8	0	5.6	28.7	18.4	2.1	44.9	6.5	3 050

资料来源：吴占松、马润田、赵满成等：《煤炭清洁有效利用技术》，化学工业出版社，2007，第241页。

1932年，苏联在顿巴斯煤矿建成世界上第一座有井式气化站。1933—1935年，在莫斯科郊区和顿巴斯煤矿利用粉碎过的煤进行9次试验。1942—1946年，在莫斯科近郊煤田开展小规模工业化生产，建成27个气化炉和10个试验站，累计生产煤气达12 051万立方米。1957年后进行大规模煤炭地下气化开发，先后将莫斯科城郊、里希查、南阿宾斯库3个气化站的煤气产量提高60%，还新建了3个气化站。1993年，开始进行气化法试验，即一端送气，一端出气，借助气流提前粉碎煤层。[2] 俄罗斯的煤炭地下气化取得了工业化应用的成功。

[1] 徐振刚、步学朋主编《煤炭气化知识问答》，化学工业出版社，2008，第142页。
[2] 贺永德主编《现代煤化工技术手册》，化学工业出版社，2004，第574-575页。

美国煤炭地下气化试验始于 1946 年，在亚拉巴马州开展有井式煤炭地下气化试验，但未能获得成功。1969 年，在肯塔基州进行煤炭地下气化试验，获得燃气的平均热值为 10.06 兆焦 / 米 ^{3}。1972—1977 年，在怀俄明州进行 3 次现场试验。第一次试验，在 5 个月的时间里平均每天生产煤气量为 45 307 百万立方米，热值为 4.69 兆焦 / 米 ^{3}。第二次试验，在 38 天的时间里平均每天生产煤气量为 76 455 百万立方米，热值为 5.66 兆焦 / 米 ^{3}。第三次试验，平均每天生产煤气量为 325 643 百万立方米，热值为 5.14 兆焦 / 米 ^{3}。现场试验是成功的。[1]1987 年，美国在落基山 -1 号进行注入点控制后退（CRIP）气化新工艺试验，还进行扩展贯通井孔（ELW）模式试验，证实了煤炭地下气化技术的可行性。[2]

英国于 1949 年在 Derbyshire 建立煤炭地下气化试验站，又于 1950 年在 Wacester-shire 建立试验站。英国曾用井式盲孔炉组制成复合炉气化煤气，直接用于一个 500 千瓦电厂的发电。1999 年，英国 67 号能源报告提出了地下煤气化战略。[3]

比利时、法国、波兰 3 国也于 1949 年在比利时索哥德矿共同开展煤炭地下气化试验。联邦德国和比利时从 1979 年起在图林共同进行现场试验。1991—1998 年，英国、西班牙等 6 个欧共体成员国在西班牙的 Alcorisa 进行煤炭地下气化现场联合试验，证明了在 500 ～ 700 米的中等深度欧洲煤层进行地下气化是可行的。[4]

日本于 1961 年在自然条件下进行气化试验。第一次试验气化 200 小时基本成功。第二次试验气化 126 小时、135 吨煤，得到 67 万立方米的煤气，热值为 2.6 ～ 4.0 兆焦 / 米 ^{3}。

澳大利亚最早进行煤炭地下气化研究的公司是 Linc Energy。此外，还有 Carbon Energy、Cougar Energy。从 1999 年开始，它们先后进行煤炭地下气化试验。

南非 Eskomo 煤炭地下气化工程于 2007 年点火成功，并实现煤气发电。至 2008 年 1 月，累计气化 3 400 吨煤。

乌兹别克斯坦的安格列气化站是目前世界上唯一一个进行规模化生产的煤炭地下气化站。它采用空气气化生产低热值空气煤气，用于掺烧发电，已连续运行 40 多年。[5]

煤炭地下气化被誉为第二代采煤方法和煤炭加工及综合利用的最佳途径。1979 年召开的联合国世界煤炭远景会议明确指出，发展煤炭地下气化是世界煤炭开采的研究方向之一，是从根本上解决传统开采方法存在的一系列技术和环境问题的重要途径。[6]

2. 催化气化

催化气化是在煤炭气化过程中加入催化剂，强化制气过程的工艺。1971 年，美国埃克森公司开始以碳酸钾、碳酸钠等弱酸的碱金属盐为催化剂，进行煤催化气化研究。[7]1999 年，日本开始实施煤催化气化制氢技术。美国 GPE 公司用煤催化气化技术制甲烷，成功地进行了处理能力为每天 1 吨煤的中

① 周凤起、周大地主编《中国中长期能源战略》，中国计划出版社，1999，第 262–263 页。
② 徐振刚、步学朋主编《煤炭气化知识问答》，化学工业出版社，2008，第 142 页。
③ 贺永德主编《现代煤化工技术手册》，化学工业出版社，2004，第 575 页。
④ 同上书，第 575–576 页。
⑤ 徐耀武、徐振刚主编《煤化工手册——中煤煤化工技术与工程》，化学工业出版社，2013，第 113–114 页。
⑥ 肖钢、马丽：《黑色的金子——煤炭开发、利用与前景》，化学工业出版社，2009，第 78 页。
⑦ 向英温、杨先林：《煤的综合利用基本知识问答》，冶金工业出版社，2002，第 286 页。

试试验。

3. 回转窑气化

回转窑气化是指煤炭通过在气化炉内循环回转而转化为煤气。美国阿莱斯－卡玛公司在20世纪70年代已建成日处理60吨煤的回转窑气化炉中试装置，之后又在伍德河电站建成了日处理600吨煤、日产176万立方米低热值煤气的工业化装置。该回转窑内径为3.96米，长约61米，炉体安装倾斜度10毫米/米，以每分钟5转的速度旋转。[①]

4. 加氢气化

20世纪70年代，美国燃气技术研究所（GTI）采用流化床反应器开发出Hygas技术，进行日处理煤炭75吨的中试规模试验。同时，美国洛克维尔公司采用气流床反应器，建成煤处理量为每小时0.25吨的加氢气化中试厂，生产代用天然气。1980年，洛克维尔公司和城市服务公司联合开发CS/RI加氢煤气化工艺。美国Arizona Public Service公司在美国能源部（DOE）支持下进行煤加氢气化天然气－电力联产工艺的研发。[②]

从1986年起，日本大阪煤气公司与英国煤气公司联合开发BG-OG煤加氢气化工艺，先后在日本建成10千克/时煤的反应装置，在英国建成200千克/时煤的中试装置。1996年，它们又开始研发ARCH（先进快速煤加氢气化）工艺。

5. 原子能气化

原子能气化又称热核气化，主要是利用原子能反应堆的余热对煤炭进行气化。联邦德国从1969年起进行煤的热核加氢气化研究。1975年，在Wesseling的莱茵褐煤厂建成处理能力为200千克/时煤的热核加氢气化试验装置。1976年，在Esson建成处理能力为200千克/时煤的热核蒸汽气化试验装置，并设计出工业化热核蒸汽气化炉。[③]

三、煤制天然气

煤制天然气是以煤炭为原料，通过气化生成合成气（主要成分为一氧化碳和氢气），然后采用甲烷化技术制取天然气。这种天然气又称代用天然气（SNG）。

甲烷（CH_4）是一种无色无味的可燃性气体，是最简单的有机化合物。甲烷化是煤制天然气的关键环节，是在一定温度和催化剂存在下使一氧化碳、二氧化碳加氢生成甲烷的过程。其中，催化剂是甲烷化的关键。

20世纪60年代，BG公司开发戴维甲烷化（CRG）技术。BG公司以烃类馏分或液化石油气代替煤作为原料，运用CRG技术，于1964年建成第一个CRG商业装置，生产城市煤气。20世纪80年代，BG公司开发出高一氧化碳甲烷化（HICOM）技术，用来生产代用天然气，并先后在世界上建成48套生产SNG装置。20世纪90年代末，戴维（Davy）公司获得将CRG技术对外许可的专有权，联

---

① 高福烨主编《燃气制造工艺学》，中国建筑工业出版社，1995，第299页。

② 徐耀武、徐振刚主编《煤化工手册——中煤煤化工技术与工程》，化学工业出版社，2013，第114页。

③ 贺永德主编《现代煤化工技术手册》，化学工业出版社，2004，第618页。

合 Johnson Matthey 公司开发出升级版 CRG 催化剂——CEG-LH 催化剂。[①]

1980 年，美国大平原煤气化（GPGA）联合公司引进 14 台鲁奇 Mark- Ⅳ 气化炉（12 开 2 备），使用 CRG 催化剂，建造煤制天然气装置，于 1984 年建成投产，是世界第一个大型工业化煤制代用天然气工厂（表 15-89）。

丹麦托普索公司于 20 世纪 70 年代后期开发托普索甲烷化技术（TREMPTM），其 MCR-2X 催化剂经托普索中试装置和德国中试装置试验测试，证明是一种适应 TREMPTM 工艺、具有较长寿命的催化剂。

表 15-89　美国大平原煤气化联合公司建造过程

时间	重要事件
20 世纪 60 年代末期	美国阿尔法自然资源（ANR）公司开始 GPGA 厂的规划工作
1973 年	ANR 公司成立合成燃组，开展 78 万 m³/d 代用天然气厂的可行性研究
1974 年	成立 ANR 煤气化公司，进行气化试验
1975 年	完成可行性研究，估算工厂投资 7.8 亿美元，煤矿投资 1.25 亿美元
1978 年	在 DOE 推动下组成 GPGA 联合公司
1980 年	GPGA 联合公司引进鲁奇 Mark-IV 气化技术，破土动工兴建 GPGA 厂
1981 年	美国总统里根授权 DOE 给予 GDGA 厂贷款保证 20.2 亿美元
1984 年	4 月开始试运行，生产粗煤气；7 月生产出首批 SNG，并送入美国天然气管网
1985 年	能源价格下跌，工厂亏损，生产困难

资料来源：作者整理。主要参考唐宏青：《现代煤化工新技术》，化学工业出版社，2009。

四、煤制型煤与煤制型焦

型煤是利用成型工艺和设备，对粉碎的煤料进行加工所生产出来的具有一定形状、大小、性能的一种块状固体燃料。型焦，又称型焦煤，也是型煤产品，但与一般型煤不同的是，它在利用成型工艺设备将粉煤或炭质粉料加工为型煤后，还要经过炭化等工艺流程处理。同时，制备型焦的配合煤的主体为炼焦煤，非黏结性煤或弱黏结性煤只能作为辅助煤料。[②] 型焦既可做民用燃料，也可做工业燃料或气化原料，用以替代焦炭。无论是生产型煤还是型焦，都可以充分利用在开发煤炭中所产生并大量积压的粉煤，从而提高煤炭资源的利用率。同时，型煤和型焦的生产过程是连续的，所用的设备是密封的且比一般焦炉所用的更简单，能有效地减少大气污染。并且，民用型煤与烧散煤相比，燃烧效率可提高一倍，可节省煤料 20%～30%，烟尘和 SO_2 排放量减少 40%～60%，CO 排放量减少 80%；工业炉窑燃烧型煤比燃原煤可节省煤料 15%～27%，烟尘排放量减少 70%～90%，强致癌物苯并［a］芘（BaP）排放量减少 50% 以上；机车使用型煤、烟尘排放量减少 8.5%，SO_2 排放量减少 25.8%，机车出力提高

[①] 徐耀武、徐振刚主编《煤化工手册——中煤煤化工技术与工程》，化学工业出版社，2013，第 217 页。

[②] 郭树才主编《煤化工工艺学》第 2 版，化学工业出版社，2006，第 74 页。

18%。[1] 因此，当今世界上许多国家都重视型煤和型焦的开发利用。

（一）煤制型煤

型煤可分为民用型煤和工业型煤两大类（图15-7），常见的有煤球、蜂窝球、煤砖等。进入现代以来，型煤的生产工艺和技术得到不断发展。

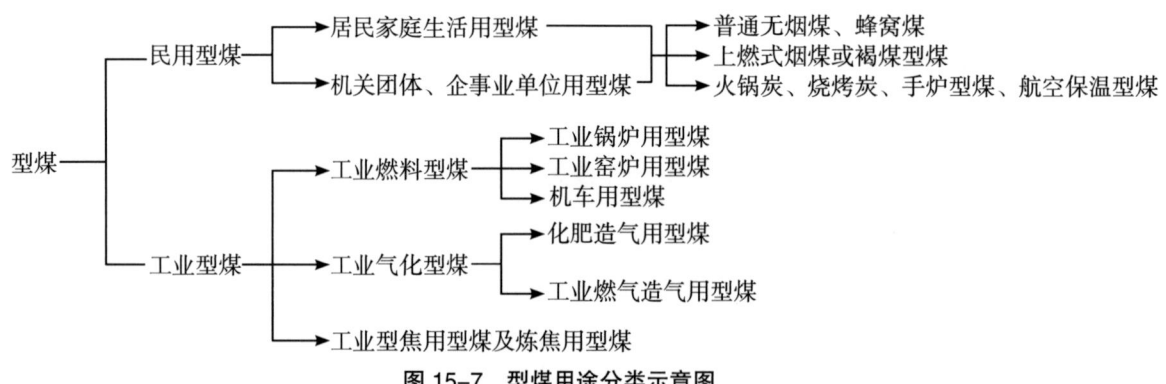

图 15-7 型煤用途分类示意图

资料来源：贺永德主编《现代煤化工技术手册》，化学工业出版社，2004，第172页。

1926年，世界上第一台蜂窝煤机问世，蜂窝煤开始进入机械化生产。此后，日本于1955年研制出上燃式蜂窝煤，并于1976年开发出快速点火的上燃式蜂窝煤。

1933年，日本借鉴德国的生产技术，开始用工业型煤供蒸汽机使用。到1971年，日本有79%的蒸汽机使用型煤做燃料。

"二战"结束后，德国曾经下滑的型煤产业出现短暂复苏，大型的型煤机被投入使用。但此后不久，石油和天然气在加热用途方面取代煤炭，导致型煤生产急剧萎缩，许多提供煤炭辊压成型机的公司破产。

1950年，一种热压型煤的方法被成功研发，用于生产以低挥发分煤为主要原料的家用无烟燃料。1967年，这种热压型煤工艺在亚鲁大多尔夫实现大规模工业化生产，生产能力达每小时10～12吨。[2]

20世纪70年代以来，许多国家都加大对成型技术的开发力度，并取得了许多新成果。1979年，民主德国开发出单机生产能力每小时高达150吨的对辊成型机，褐煤砖产量达4 880万吨。1985年，韩国供取暖和炊事型煤的销售量达到2 300万吨。1989年，联合国亚洲及太平洋经济社会委员会（简称"亚太经社会"）在菲律宾召开区域煤气利用专家会议，主题为"型煤的开发与环境效益"。此后，日本、蒙古、韩国、朝鲜、印度等国家纷纷大力开发或引进成型技术。[3] 由此，世界型煤的研发和生产进入一个新的发展时期。

（二）煤制型焦

按煤料成型挤压条件差异，型焦可分为冷压型和热压型两大类。前者又可分为无黏结成型和加黏结剂成型两种，后者则可分为气体热载体和固体热载体两种。冷压型焦的典型工艺有 FMC 工艺、DKS

---

[1] 贺永德主编《现代煤化工技术手册》，化学工业出版社，2004，第170页。

[2] 张鸣林主编《中国煤的洁净利用——兼论兖矿煤化工产业发展》，化学工业出版社，2007，第96页。

[3] 贺永德主编《现代煤化工技术手册》，化学工业出版社，2004，第171页。

工艺、连续式型焦工艺、HBNPC 工艺、ICHPW 工艺等（表 15-90），热压型焦的典型工艺有萨保什尼柯夫工艺、BFL 工艺、安西特工艺、中国气载热压型焦工艺、中国固载热压型焦工艺等（表 15-91）。

表 15-90　各国冷压型焦工艺情况

工艺名称	所属国家	煤的种类	煤预处理	黏结剂	型煤后处理	生产能力	产品应用
FMC 工艺	美国	NC[1] 或 C[2]	氧化、炭化	自产焦油	先氧化，后炭化	80 000（吨 / 年）	大型高炉试验
DKS 工艺	日本	NC+C	—	沥青	高温炭化	130（吨 / 天）	大型高炉试验
连续式型焦工艺	日本	NC+C	—	沥青	高温炭化	200（吨 / 天）	超大型高炉试验
HBNPC 工艺	法国	NC+C	—	沥青、石油沥青	高温炭化	150 ～ 170（吨 / 天）	大型、小型高炉试验
ICHPW 工艺	波兰	NC	炭化	自产焦油	氧化	800（吨 / 天）	冲天炉生产
ICEM 工艺	罗马尼亚	（WC[3] 或 NC）+MC[4]	1/3（WC 或 NC）炭化	沥青	高温炭化	—	高炉及冲天炉试验
AUSCOKE 工艺	澳大利亚	MC 或 WC	—	沥青	两段炭化	100（吨 / 天）	高炉试验
INIEX 工艺	比利时	NC+C	—	沥青	两段炭化	40 000（吨 / 年）	小高炉试验
中国冷压型焦工艺	中国	NC	—	沥青	炭化	20 000（吨 / 年）	小高炉生产
FCL 工艺	英国	WC	—	碱性亚硫酸盐废液	炭化	72（吨 / 天）	—

资料来源：陈雪枫：《中国无烟煤利用技术》，化学工业出版社，2005，第 205 页。
注：[1] 非炼焦煤。[2] 炼焦煤。[3] 弱黏结性煤。[4] 中等黏结性煤。

表 15-91　各国热压型焦工艺情况

工艺名称	所属国家	煤	煤预处理	工艺类别	型煤后处理	生产能力/（吨 / 天）	产品应用
萨保什尼柯夫工艺	苏联	WC[1] 或（NC[2]+C[3]）	加热至 420 ℃	气载	中温炭化	200 ～ 240	高炉试验
BFL 工艺	联邦德国	（NC 或 C）+C	NC 或 C 加热至 700 ℃	固载	中温炭化	300	高炉试验
安西特工艺	联邦德国	NC+C	NC 加热至 600 ℃，C 预热	固载	热焖	240	高炉试验、民用

续表

工艺名称	所属国家	煤	煤预处理	工艺类别	型煤后处理	生产能力 /（吨 / 天）	产品应用
中国气载热压型焦工艺	中国	WC 或（NC+C）	加热至 420 ℃	气载	热焖或炭化	30 ～ 40	小高炉、发生炉、冲天炉试验
中国固载热压型焦工艺	中国	NC+C	NC 加热至 650 ～ 700 ℃，预热	固载	中温炭化	100	小高炉

资料来源：陈雪枫：《中国无烟煤利用技术》，化学工业出版社，2005，第 208 页。

注：[1] 弱黏结性煤。[2] 非炼焦煤。[3] 炼焦煤。

早在 20 世纪初，世界上就已开始工业化生产民用型焦。1933 年，美国匹兹堡煤炭公司 Disco 工厂建成第一个商业化型焦生产厂。[1]20 世纪 40 年代，开发出高炉用连续操作的型焦工艺。此后，世界各国相继开展型焦工艺的研究与开发，型焦生产技术日渐发展起来。20 世纪 50 年代，苏联在乌克兰炼焦试验厂建成 5 吨 / 时（最终扩大到 10 吨 / 时）的不加黏结剂的热压型焦工业规模试验装置。1960 年，美国食品机械公司建造一座以高挥发分煤生产型焦的 85 000 吨 / 年 FMC 型焦工业试验厂。1971 年，日本与联邦德国合作，在大阪建成 45 000 吨 / 年的 DKS 半工业试验装置。1976 年，联邦德国矿山研究院（BF）和鲁奇公司合作，在英国建设 31.1 吨 / 时 BFL 干馏热压型焦装置。20 世纪 70 年代，联邦德国开发出 ANCIT 型焦工艺，之后，在英国南威尔士仍保留一座 90 000 吨 / 年的 ANCIT 型焦厂。1984 年，日本新日铁等四大钢铁公司投资 100 亿日元，在新日铁八幡铁厂建成处理能力为每天 200 吨的 FCP 型焦中试装置。[2]

到 21 世纪初，全球共开发出 20 多种型焦工艺，有的处于小试阶段，有的处于中试阶段，有的进入示范生产阶段。

五、煤制合成氨、甲醇和其他化工产品

煤炭是化工生产的重要原料，可用来生产合成氨、甲醇、二甲醚等化工产品。

（一）煤制合成氨

合成氨是生产氮肥、磷肥的中间产品，是重要的基础化学工业。世界各国每年生产合成氨达 1 亿吨以上，其中，约有 80% 的氨用来生产化学肥料，20% 作为其他化工产品的原料，用来生产燃料、炸药、泡沫塑料、腈纶纤维、脲醛树脂、锦纶纤维等产品（图 15-8）。2011 年，世界各国合成氨产能为 1.99 亿吨，产量为 1.63 亿吨。同年，合成氨总消费量 1.63 亿吨，其中，用于化肥生产的消费量占 80.4%；非肥料产业消费 3 195 万吨，占 19.6%。[3]

---

[1] 张鸣林主编《中国煤的洁净利用——兼论兖矿煤化工产业发展》，化学工业出版社，2007，第 97 页。

[2] 贺永德主编《现代煤化工技术手册》，化学工业出版社，2004，第 689 页。

[3] 徐耀武、徐振刚主编《煤化工手册——中煤煤化工技术与工程》，化学工业出版社，2013，第 19 页。

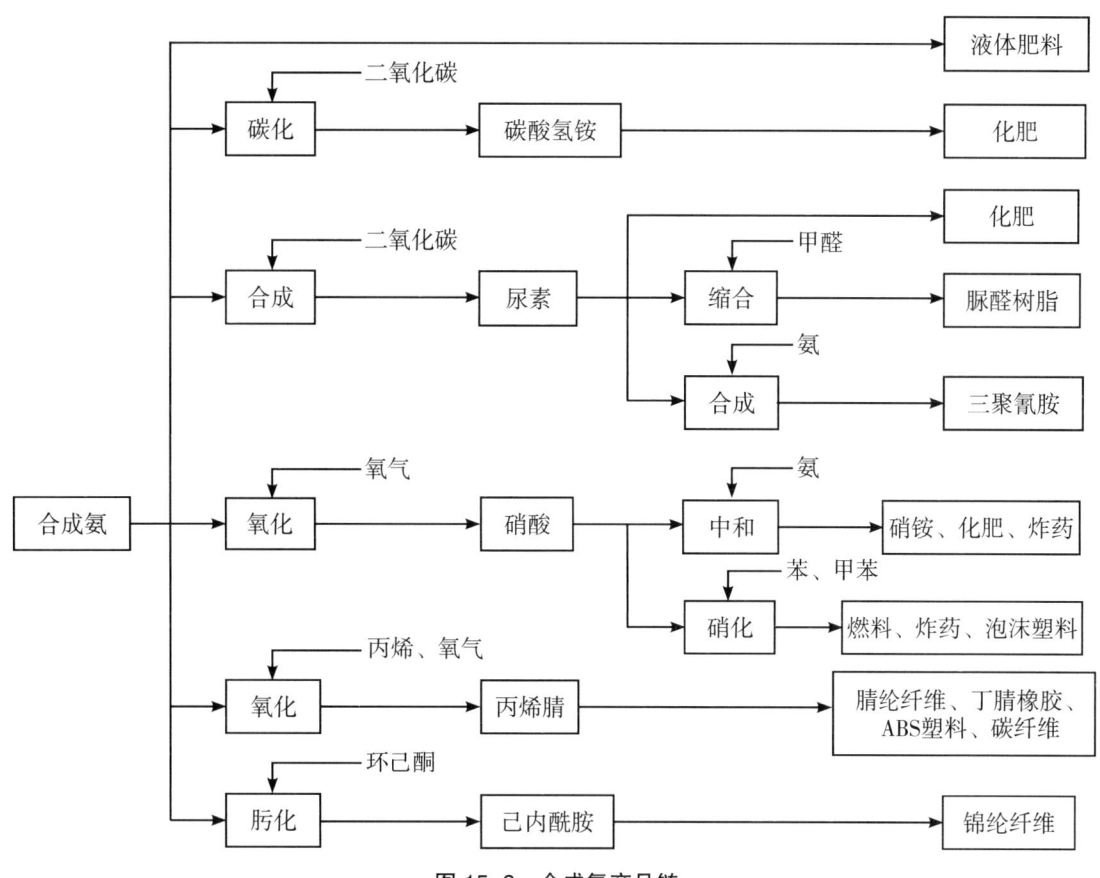

图 15-8　合成氨产品链

资料来源：徐耀武、徐振刚主编《煤化工手册——中煤煤化工技术与工程》，化学工业出版社，2013，第 5 页。

最初，生产合成氨是以焦炭为原料。后来，随着煤气化技术的开发，煤炭成为合成氨生产的主要原料。20 世纪 50 年代，随着北美天然气资源的开发，以天然气为原料制氨开始盛行。1962 年，英国、日本成功开发出以石脑油为原料的合成氨生产方法。[1]1966 年，意大利 Snamprogetti 公司开发出 Snamprogetti 氨气提法尿素工艺，建成世界上第一个以气提气且处理能力为每天 70 吨的尿素装置。[2]

20 世纪 80 年代，日本宇部氨厂为应对因石油危机造成油价上涨的冲击，引进 Texaco 煤气化技术（GE 技术），将过去一直以石脑油为原料生产合成氨的 1 250 吨 / 天装置改建为以煤为原料的 1 000 吨 / 天的 Texaco 气化制氨装置，并于 1984 年建成、投产，成为当时世界上最大的以水煤浆为原料生产合成氨的工业装置。[3]1996 年后直接使用石油焦为气化原料。

（二）煤制甲醇

甲醇，俗称木醇，最早是从木材干馏中制取的。它是重要的化工原料，主要用于生产甲醛，还可合成乙二醇、乙醇、乙醛，作为燃料使用等。此外，除了以煤为原料生产甲醇，还可以用石油、天然气、焦炭等制取甲醇。中国主要以煤为原料制取甲醇，所占比例达 2/3 以上（表 15-92）。

---

[1] 徐振刚、步学朋主编《煤炭气化知识问答》，化学工业出版社，2008，第 240 页。

[2] 徐耀武、徐振刚主编《煤化工手册——中煤煤化工技术与工程》，化学工业出版社，2013，第 140 页。

[3] 贺永德主编《现代煤化工技术手册》，化学工业出版社，2004，第 535 页。

表 15-92　2006 年中国甲醇原料结构情况

原料类型	企业数 / 个	产能 / (万吨 / 年)	产量 / (万吨 / 年)
天然气	28	428.5	253.86
煤炭	189	918.3	617.57
焦炉气	2	18.0	14.69
合计	219	1 364.8	886.12

资料来源：张鸣林主编《中国煤的洁净利用——兼论兖矿煤化工产业发展》，化学工业出版社，2007，第 223 页。

1. 甲醇的制造

20 世纪之前，制取甲醇采用的是木材干馏、一氯甲烷水解等方法。1661 年，英国化学家玻意耳首先在木材干馏的液体产品中发现了甲醇。1834 年，杜马司和彼利哥制取纯净的甲醇。1857 年，法国化学家贝特洛用一氯甲烷水解制成甲醇。[1]

20 世纪以来，工业上生产甲醇主要采用合成甲醇技术。1923 年，德国巴斯夫公司用一氧化碳和氢气，在 300 ~ 400 ℃和 30 ~ 50 兆帕的压强下，以锌 - 铬为催化剂，开展合成甲醇试验，建成处理能力为每天 300 吨的生产装置，使这种以锌 - 铬为催化剂的高压合成甲醇技术首先实现工业化生产。[2] 此后几十年，直到 20 世纪 60 年代中期，世界各国都是采用以锌 - 铬为催化剂的高压合成甲醇技术来生产甲醇。

20 世纪 60 年代中期，英国卜内门化学工业（ICI）公司（后改为 DAVY 公司）首先开发出低压合成甲醇技术。ICI 公司于 1966 年制成高活性的铜系列催化剂 CuO-ZnO-Al$_2$O$_3$，在 230 ~ 270 ℃、5 兆帕的条件下制成甲醇，这种方法被称为 ICI 低压法。[3] 1971 年，德国鲁奇公司建成管束型副产蒸汽合成塔（又称列管等温合成塔），在 230 ~ 255 ℃、5.2 ~ 7 兆帕的条件下合成甲醇，这种方法被称为 Lurgi 低压法。[4] 之后，丹麦托普索公司开发出天然气低压法制甲醇工艺。随后，世界各国新建和改扩建的甲醇装置几乎全部采用低压合成工艺，其中，约 80% 的合成甲醇采用 ICI 低压法和 Lurgi 低压法。[5]

在低压合成甲醇工艺的基础上，又开发出中压合成甲醇技术。ICI 公司建成一套合成压强为 10 兆帕的中压合成甲醇装置，鲁奇公司开发出 8 兆帕的中压合成甲醇工艺，日本三菱瓦斯公司开发出合成压强为 15 兆帕左右的中压合成甲醇工艺。

针对气相合成的 ICI 工艺、Lurgi 工艺等存在的缺陷，世界各国积极研发非气相合成甲醇技术，包括液相合成甲醇法和甲烷氧化合成甲醇法。1975 年，Sherwin 和 Blum 首先提出甲醇的液相合成方法。[6] 1985 年，Ari Products and Chemicals 公司开发出以液相载体和流动反应器为基础的 LPMEOHTM 工艺。[7] 1990 年，Pass 等人开发出滴流床合成甲醇方法。20 世纪 90 年代，美国田纳西州建成处理能力为每天 260 吨的三相床甲醇液相合成工业示范装置。在甲烷氧化合成甲醇方面，鲁奇公司等开发出一种反应器和低压催化

① 付长亮、张爱民主编《现代煤化工生产技术》，化学工业出版社，2009，第 186-187 页。

② 同上书，第 185 页。

③ 姚强等：《洁净煤技术》，化学工业出版社，2005，第 253 页。

④ 唐宏青：《现代煤化工新技术》，化学工业出版社，2009，第 298 页。

⑤ 付长亮、张爱民主编《现代煤化工生产技术》，化学工业出版社，2009，第 187 页。

⑥ 徐耀武、徐振刚主编《煤化工手册——中煤煤化工技术与工程》，化学工业出版社，2013，第 156 页。

⑦ 贺永德主编《现代煤化工技术手册》，化学工业出版社，2004，第 1146 页。

体系，中国天津大学的钟顺和、高峰利用激光，研究激光促进磷酸盐表面的甲烷直接氧化合成甲醇的反应规律。

此外，Linde AG 公司开发了一种节能型甲醇生产方法——Variobar 法，于 1984 年在美国普拉克明工厂建成一套每天处理能力为 520 吨甲醇的工业装置。[①]中国科学院山西煤碳化学研究所和清华大学等单位，在超临界相合成甲醇–异丁醇的小实验中，考察温度、空速和介质压力对超临界合成反应的影响，取得一定的成果。

2. 甲醇的应用

在有机化工合成工业中，甲醇是仅次于乙烯和芳烃的重要基础原料，被广泛应用于化工、医药、纺织、轻工、运输等行业，其深加工产品有 120 多种（图 15-9），而中国的甲醇一次加工产品有近 30

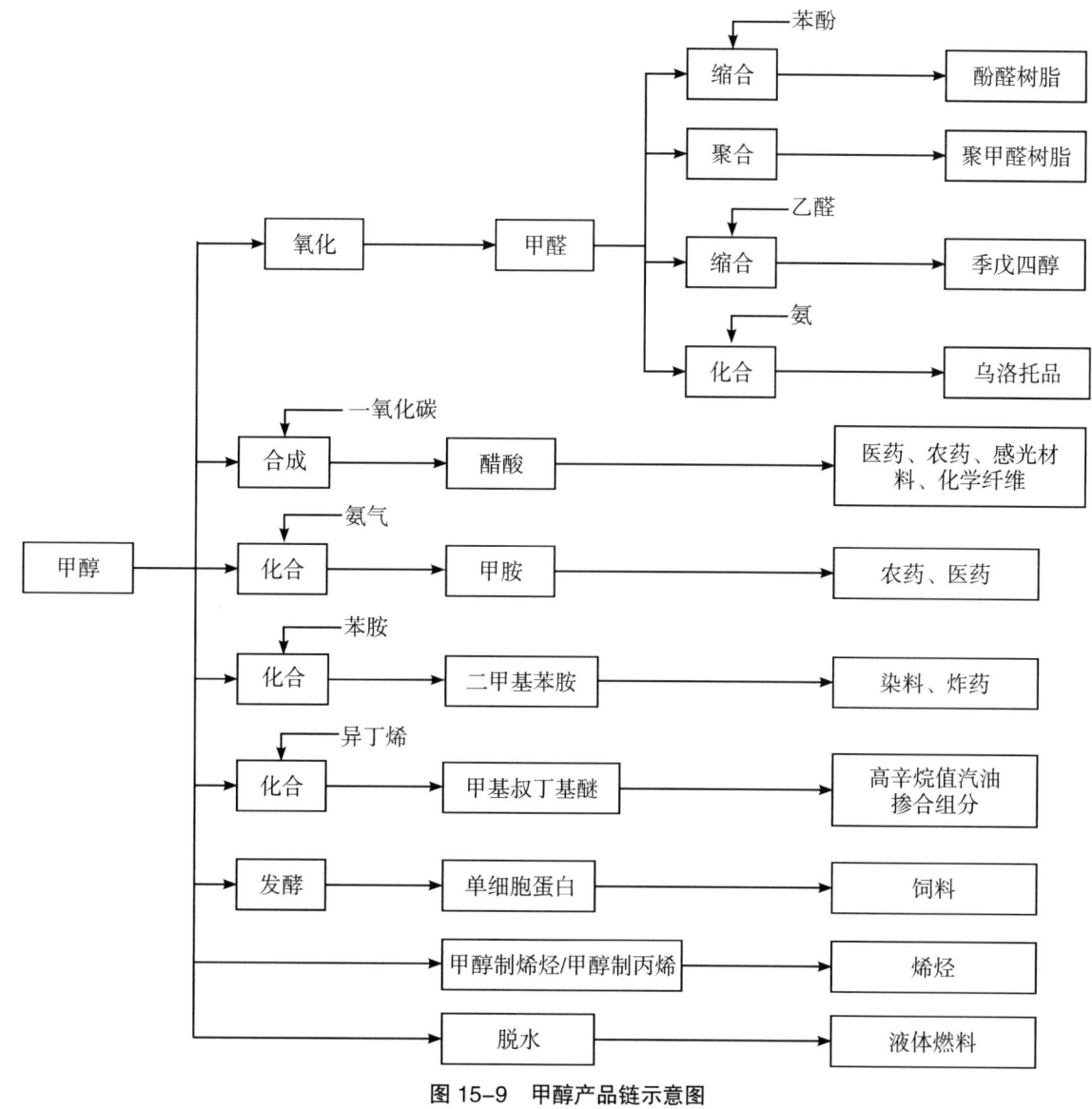

图 15-9　甲醇产品链示意图

资料来源：徐耀武、徐振刚主编《煤化工手册——中煤煤化工技术与工程》，化学工业出版社，2013，第 7 页。

[①] 唐宏青：《现代煤化工新技术》，化学工业出版社，2009，第 301 页。

种。[①]从全球来看，甲醇主要用来生产甲醛、甲基叔丁基醚／甲基叔戊基醚、醋酸、溶剂、汽油／燃料等，2002 年它们所占比例分别为 35%、27%、9%、4% 和 2%。

甲醇还可以作为液体燃料使用，用于发电，或者直接用作汽车燃料等。因其辛烷值高，性能优良，被视为新一代燃料。西欧一些国家早在 20 世纪 70 年代，就将加入 4% 甲醇的掺合汽油出售。当汽油中掺入 3%～5% 的甲醇时，汽车发动机无需做任何改动，也能运转正常，也未发现难混合、难启动的问题。当汽油中掺入 15%～25% 的甲醇时，则需加入助溶剂，发动机应做相应调整。[②]20 世纪 90 年代，美国、日本先后开发适应各种车型使用的燃料甲醇。1995 年，美国有 12 700 辆 M85 燃料甲醇车投入使用。

（三）煤制二甲醚

二甲醚（DME）简称甲醚，是甲醇的重要下游产品之一，主要采取甲醇脱水制二甲醚工艺和合成气直接合成二甲醚工艺生产二甲醚。

1. 二甲醚的制造

甲醇脱水制二甲醚工艺又称"二步法"，主要是利用催化剂促使甲醇实现脱水反应。其所用催化剂均为酸性催化剂，但根据其形态不同可分为液体酸和固体酸两种，前者用于甲醇液相脱水制二甲醚，后者则用于甲醇气相脱水制二甲醚。甲醇液相脱水制二甲醚，是将液体浓硫酸与甲醇混合，在低于 100℃时发生脱水反应而制得二甲醚。该方法需要使用腐蚀性大的硫酸，其残液和废水会造成较严重的环境污染，因此基本上已经被淘汰。甲醇气相脱水制二甲醚，是通过固体酸做催化剂的固定床反应器工艺制取。此工艺较为成熟，操作比较简单，能获得高纯度的二甲醚（最高可达 99.99%），是工业化生产应用最广泛的一种方法。[③]这种方法所使用的固体酸种类繁多，可分为天然矿物、负载酸、阳离子树脂、氧化物及其混合物、盐类等（表 15-93）。

表 15-93　甲醇气相法所用固体酸的种类情况

类别	主要物质
天然矿物	高岭土、膨润土、山软木土、蒙脱土、沸石等
负载酸	硫酸、磷酸、丙二酸等负载于氧化硅、石英砂、氧化铝或藻土上苯乙烯
阳离子树脂	苯乙烯－二乙烯苯共聚物、Nafion-H
氧化物及其混合物	锌、镉、铅、钛、铬、锡、铝、砷、铈、镧、钍、锑、矾、钼、钨等的氧化物及其混合物
盐类	钙、镁、锶、钡、铜、锌、钾、铝、铁、钴、镍等的硫酸盐；锌、铈、铋、铁等的磷酸盐；磷、铜、铝、钛等的盐酸盐

资料来源：付长亮、张爱民主编《现代煤化工生产技术》，化学工业出版社，2009，第 218 页。

美国美孚公司和意大利 ESSO 公司曾于 1965 年利用结晶硅酸盐催化剂进行甲醇气相脱水制备二甲

① 张鸣林主编《中国煤的洁净利用——兼论兖矿煤化工产业发展》，化学工业出版社，2007，第 229–230 页。

② 陈雪枫：《中国无烟煤利用技术》，化学工业出版社，2005，第 170 页。

③ 付长亮、张爱民主编《现代煤化工生产技术》，化学工业出版社，2009，第 214 页。

醚试验。日本三井东洋化学公司于 1991 年开发一种新的甲醇脱水制二甲醚催化剂——氧化铝。中国的西南化工研究设计院开发出来的甲醇气相脱水制二甲醚工艺建成了十万吨级装置，是中国万吨级二甲醚生产的主要工艺装置。[1]

甲醇气相脱水制二甲醚工艺存在生产成本比较高、受甲醇市场影响比较大等缺陷，促使世界各国另辟蹊径，着力开发从合成气出发一步合成二甲醚（简称"一步法"）的新工艺。为此，首先要研发出适合于"一步法"的催化剂。该催化剂由合成甲醇的金属催化剂以及甲醇脱水生成二甲醚的固体酸催化剂复合组成，即双功能催化剂。[2] 托普索公司、浙江大学、清华大学等先后开发出多种"一步法"催化剂（表 15-94）。浙江大学利用自主研究的双功能催化剂，在湖北建成中国第一套 1 500 吨 / 年的"一步法"二甲醚工业化示范装置。

表 15-94　二甲醚"一步法"催化剂开发情况

项目	托普索公司	浙江大学	清华大学	中国科学院大连化学物理研究所	中国科学院山西煤炭化学研究所	中国科学院兰州化学物理研究所
催化剂	Cu 基，γ-Al_2O_3 或沸石分子筛	Cu/Mn γ-Al_2O_3	Cu/Zn/B γ-Al_2O_3	Cu/Zn/Ce HZSM-5	Cu/Zn/Zr/Sr HSZM-5	铜基 - 酸性催化剂
反应温度 /℃	210 ～ 290	240	250	235	285	280
反应压强 /MPa	7.0 ～ 8.0	6.0	3.0	3.5 ～ 4.5	4.0	4.0
空速 /h^{-1}	～ 1 200	～ 1 500	1 000	1 000	1 000	4 500
H_2：CO/ 摩尔比	2	1.5	2	2	2	2
CO 转化率 /%	60 ～ 70	60 ～ 83	—	> 75	74 ～ 885	60
DME 选择性 /%	—	95	—	～ 100	97.5 ～ 98	80 ～ 85
时空收率 /［kg/（$m^3 \cdot h$）］	—	280	272.3	—	—	—

资料来源：唐宏青：《现代煤化工新技术》，化学工业出版社，2009，第 354 页。

二甲醚"一步法"的另一关键技术是反应器的床层形式，可分为固定床和浆态床两种。浆态床反应器的温度分布均匀，热平衡较易控制，操作简单且稳定性好，因而大部分合成气"一步法"合成二甲醚的反应器研究都采用浆态床反应器。[3] 日本钢管公司、美国空气产品及化学品公司、华东理工大学和中国科学院山西煤炭化学研究所等先后研究、开发二甲醚"一步法"浆态床工艺（表 15-95）。

---

[1] 唐宏青：《现代煤化工新技术》，化学工业出版社，2009，第 364 页。

[2] 付长亮、张爱民主编《现代煤化工生产技术》，化学工业出版社，2009，第 214 页。

[3] 唐宏青：《现代煤化工新技术》，化学工业出版社，2009，第 354 页。

表 15-95 二甲醚"一步法"浆态床工艺开发情况

项目	日本钢管公司	美国空气产品及化学品公司	华东理工大学	中国科学院山西煤炭化学研究所
合成气来源	天然气 / 煤	煤	天然气 / 煤	天然气
$H_2 : CO$（摩尔比）	1.0	0.7	0.672（H_2）: 0.28（CO）: 0.048（CO_2）	2.0
反应温度 /℃	250～280	250～280	230～270	250～300
反应压力 /MPa	3～7	5～10	3～5	5
单程转化率 /%	55～60	33	75～84	50～65
产品组成	MDE : 99.5%	DME+MeOH DME : 30%～80%	二甲醚选择性 88%～94%	二甲醚选择性 80%～85%
进展情况	1989 年 1 kg/d 试验装置，1995 年 50 kg/d 扩大试验装置，1999 年 5 t/d 中试装置	1986 年试验装置，1991 年 4 t/d 中试装置，1999 年 10 t/d 工业示范装置	2002 年试验装置	中间试验装置

资料来源：唐宏青：《现代煤化工新技术》，化学工业出版社，2009，第 356 页。

21 世纪初，全世界二甲醚的产量和需求量并不大。2000 年，全世界二甲醚的需求量约为 13.0 万吨，其中 80% 左右用于气溶胶工业。[1]2006 年，中国二甲醚的生产能力为 48.0 万吨，世界上其他国家的产能为 20.8 万吨，共计 68.8 万吨。[2]生产二甲醚的主要厂家有德国 DEA 公司、美国 DOPNT 公司、荷兰 AKZO 公司等。

2. 二甲醚的应用

二甲醚是一种重要的化工原料，可以用来合成各种化工产品（包括硫酸二甲酯、乙酸甲酯、二甲基硫醚等），也可用于制药、染料等。

二甲醚具有较高的十六烷值，可作为汽车燃料替代柴油，可做民用清洁燃料，还可用于发电。西安交通大学采用二甲醚代替柴油，进行柴油发动机的试验研究，与中国第一汽车集团有限公司合作开发出中国第一辆改用二甲醚的柴油发动机汽车。[3]印度企业和 BP Amoco 公司于 1999 年完成用二甲醚做燃料发电的技术可行性研究，确定了二甲醚发电的商业可行性。[4]

（四）煤制乙二醇

乙二醇主要是用石油、煤、天然气、油井伴生气等原料来生产的，合成工艺主要有石油路线和煤基路线两种。

煤制乙二醇，是将煤气化生成合成气，然后采用适当工艺合成制得乙二醇。其合成法可分为直接合成法、甲醇甲醛合成法、草酸酯合成法三种。其中，直接合成法、甲醇甲醛合成法都处于研发阶段，而草酸酯合成法则处于工业化阶段。

---

[1] 陈雪枫：《中国无烟煤利用技术》，化学工业出版社，2005，第 172 页。

[2] 徐耀武、徐振刚主编《煤化工手册——中煤煤化工技术与工程》，化学工业出版社，2013，第 38 页。

[3] 姚强等：《洁净煤技术》，化学工业出版社，2005，第 255-256 页。

[4] 付长亮、张爱民主编《现代煤化工生产技术》，化学工业出版社，2009，第 213 页。

1966 年，美国联合石油公司提出草酸酯加氢制乙二醇工艺。1978 年，日本宇部兴产株式会社对其进行改进，建成一套年产 6 000 吨草酸二丁酯的工业装置，初步实现工业化。1986 年，美国 Arco 公司开发出 Cu–Cr 催化剂，申请草酸酯加氢制乙二醇专利。同年，日本宇部兴产株式会社与美国 UCC 公司联合开发 Cu/SiO$_2$ 催化剂，乙二醇产出率达到 97.2%。[①]

2011 年，全球以石油、天然气、煤等化工燃料为原料的乙二醇产能由 2005 年的不足 1 800 万吨增至近 2 700 万吨。其生产主要集中在中东、中国、北美、西欧等地。2011 年，中东地区的产量为 502 万吨，中国的产量为 320 万吨，北美的产量为 307 万吨，西欧、中东欧、中南美洲的产量分别为 113 万吨、63 万吨和 20 万吨（表 15-96）。中国是全球乙二醇最大的消费市场，2011 年的消费量达 1 047 万吨，占全球消费总量（2 130 万吨）的比例将近 1/2。全球乙二醇年产能超过 100 万吨的企业有 7 家，其中，沙特阿拉伯 SABIC 公司、中国石油化工集团公司和陶氏化学公司年产能均超过 200 万吨，分别为 279 万吨、246 万吨、210 万吨（表 15-97）。

表 15-96　2011 年世界乙二醇供求情况

单位：万吨

国家 / 地区	产量	消费量
北美	307	233
中南美洲	20	33
西欧	113	133
中东欧	63	51
中东	502	81
中国	320	1 047

资料来源：徐耀武、徐振刚主编《煤化工手册——中煤煤化工技术与工程》，化学工业出版社，2013，第 40 页。

表 15-97　2011 年世界十大乙二醇生产商情况

排名	生产商	产能 /（万吨 / 年）
1	沙特阿拉伯 SABIC 公司	279
2	中国石油化工集团公司	246
3	陶氏化学公司	210
4	台塑集团（中国台湾）	193
5	荷兰壳牌公司	182
6	沙特阿拉伯 SPDC 公司	105
7	韩国湖南石油化学有限公司	104
8	印度信任工业公司	75

① 徐耀武、徐振刚主编《煤化工手册》，化学工业出版社，2013，第 227 页。

续表

排名	生产商	产能 /（万吨 / 年）
9	科威特石油化学工业公司	73
10	德国 BASF 公司	57

资料来源：徐耀武、徐振刚主编《煤化工手册——中煤煤化工技术与工程》，化学工业出版社，2013，第 40 页。

（五）煤制碳素

碳素制品又称碳素材料，包括电极炭、活性炭、碳素纤维等众多产品。

早在几千年前人们就已开始生产碳素制品了。中国研发了炭黑的制造方法，且是世界上最早生产炭黑的国家。但世界碳素工业化发展是在 19 世纪中叶之后。1846 年，英国科学家用焦炭和砂糖制成电炉电极和弧光炭棒。此后，法国、美国、意大利等国家先后开发出一系列碳素材料（表 15-98）。

表 15-98　世界碳素工业开发利用进程

时间	国家	科学家	碳素制品
1846 年	英国	斯台特等	用焦炭和砂糖制成电炉电极和弧光炭棒
1876 年	法国	卡尔等	制造碳质炼钢电极
1883 年	法国	法比	制造电机用电刷
1895 年	美国	爱切生	以焦炭等为原料制成人造石墨电极
1907 年	美国	贝克兰	制成不透性石墨材料用于化学工业
1942 年	意大利	弗米	制造高纯石墨用于核反应堆
20 世纪 50—60 年代	—	—	气相热解制热解炭和热解石墨
20 世纪 60—70 年代	—	—	开发出碳纤维
20 世纪 80 年代	—	—	生物炭制品、石墨层间化合物、碳分子筛、富勒烯
20 世纪 90 年代至今	—	—	碳纳米管、纳米碳材料、碳微球

资料来源：郭树才主编《煤化工工艺学》第 2 版，化学工业出版社，2006，第 304 页。

1. 炭黑

炭黑是用石油、煤焦油、天然气、煤气、乙炔等原料来制造的。中国的炭黑工业有 3/4 使用煤焦油做原料。

几千年前，中国研发了炭黑的制造方法。19 世纪中期，欧美国家以工业方式生产炭黑。1920 年，人们偶然发现炭黑对橡胶制品特别是对汽车轮胎有很好的补强作用，这使炭黑工业得到快速发展。到 20 世纪末，世界炭黑生产能力超过 800 万吨 / 年。21 世纪初，世界炭黑产量超过 700 万吨 / 年。目前，中国是世界上最大的炭黑生产国。2017 年，中国炭黑产量占全球总产量的 43.4%。

中国炭黑工业在 20 世纪 90 年代后得到快速发展，1992 年的生产能力为 61 万吨 / 年，到 21 世纪初已超过 100 万吨 / 年，是世界主要炭黑出口国之一。

2. 活性炭

活性炭以木质炭或煤质炭等原料进行生产，最早是在木炭应用的基础上发展起来的（表 15–99）。进入 20 世纪 20 年代后，生产活性炭的原料除了木炭，还有果壳、泥炭、煤等；其应用范围也在不断扩大，从最早的脱色炭应用于制糖工业，发展到化学制药以及植物油、矿物油生产等领域。

表 15–99　世界活性炭开发利用进程

时间	主要事件
公元前 1550 年	埃及把木炭用于医药
公元前 206—公元 220 年	中国的汉墓棺椁（如长沙马王堆汉墓）利用木炭做吸附剂和防腐剂使用
16 世纪	李时珍的《本草纲目》介绍用果壳炭治疗腹泻和肠胃疾病
1856—1872 年	J.Hunter 制成吸附气体用的椰壳炭
1862 年	F.Lipscombe 制成净化饮用水的活性炭
1868 年	F.Winser 和 J.Swindells 用造纸厂的废物做原料加磷酸盐进行活化，制成脱色炭
1900—1901 年	Ostrejko R.Von 发明两种活化方法，使活性炭得以向工业化方向发展
1915 年	"一战"期间，俄国开发出活性炭防毒面具
20 世纪 20 年代	开始利用煤炭、泥炭等原料生产活性炭
20 世纪 20 年代以来	活性炭应用到化学制药、植物油生产等领域
2003 年	世界活性炭产量达 80 多万吨

资料来源：作者整理。参考贺永德主编《现代煤化工技术手册》，化学工业出版社，2004。

西欧最早发展活性炭工业的企业主要有德国 Bayer 公司、意大利 Anticromos 公司、荷兰 Norit 公司、法国 Acticarbon（Ceca）公司、英国 Sutcliffe Speakman 公司等。生产活性炭的主要方法是水蒸气活化法，磷酸化学法只占 15% 左右。在第一次世界大战中，为应对德军向俄军释放毒气，俄国开发出活性炭防毒面具。第二次世界大战后，美国积极发展活性炭工业，成为世界上生产和使用活性炭最多的国家之一，2003 年的活性炭生产能力为 18 万吨，排世界第二位。同年，中国活性炭的生产能力超过 20 万吨，排世界第一位。

2003 年，世界活性炭总产量超过 80 万吨。其中，煤质活性炭占 2/3 以上。同年，中国活性炭产量为 22 万吨，居世界首位。[1]

3. 碳素纤维

按生产原料的不同，碳素纤维可分为聚丙烯腈基碳素纤维、沥青基碳素纤维等。日本吴羽化工公司最早生产沥青基碳素纤维，于 1970 年建成投产，1986 年生产能力为 800 吨 / 年。美国联合碳化物公司以石油沥青和煤焦油沥青为原料，建成 240 吨 / 年的碳素纤维生产装置。21 世纪初，世界沥青基碳素纤维的生产能力估计在 3 000 吨 / 年以上。已经实现商品化的碳素纤维品种主要是聚丙烯腈基碳素纤

---

[1] 陈雪枫：《中国无烟煤利用技术》，化学工业出版社，2005，第 81 页。

维。2002 年，世界聚丙烯腈基碳素纤维主要生产厂家的生产能力为 38 480 吨 / 年，生产集中在日本和美国。21 世纪初，世界各种碳素纤维的生产能力超过 40 000 吨 / 年。[1]

（六）煤制其他化工产品

1. 电石

电石的化学名称是碳化钙（CaC_2）。它是焦炭（约 70%）、无烟煤（约 30%）和石灰三种原材料在电石炉中经高温反应后生产出来的。

世界上最早的电石炉是单相间歇式开放炉，容量很小，为 100 ～ 300 千伏安。后来，经改进制成单相组式电石炉。在单相组式电石炉的基础上，又开发出单相连续式电石炉，电石炉的生产能力得到较大提高，电石生产逐步走向工业化。[2]

进入 20 世纪，电石炉工艺不断改进。1905—1906 年，三相开放式电石炉问世。20 世纪 30 年代，成功研制出自焙式电极，三相圆形开放式电石炉的容量扩大到 25 000 千伏安。20 世纪 30 年代末，又开发出三相长方形大容量半密闭式电石炉，容量扩大到（3.5 ～ 4.0）× 10^4 千伏安。20 世纪 40 年代中期，挪威和德国先后发明埃肯型和德马格型密闭电石炉。20 世纪 50 年代初，出现（3.5 ～ 4.0）× 10^4 千伏安的大容量密闭电石炉。20 世纪 80 年代，日本制成出料机，使电石炉出料实现机械化。此后，日本开发出空心电极技术，美国制成采用空心电极和电子计算机技术的全自动化密闭电石炉。美国、德国、日本等国家普遍使用密闭电石炉生产电石。到 21 世纪初，密闭电石炉规模扩大到（7.5 ～ 10.0）× 10^4 千伏安。[3]

由于受到以石油、天然气为原料的乙炔工业的冲击，世界电石工业逐渐萎缩，但在以煤为主要能源的国家仍得到一定的发展。

2. 醋酸

醋酸最初是通过粮食发酵和木材干馏获得的。后来经过不断创新，先后开发出乙醛氧化工艺、饱和烃液相氧化工艺、甲醇羰基合成工艺。

乙醛氧化法是工业上生产醋酸最早的方法。德国于 1911 年建成首套乙醛氧化装置。此后，开发出乙醇 - 乙醛氧化法，于 1930 年投入工业化生产。

1952 年，美国塞拉尼斯公司建成第一套用丁烷液相氧化法合成醋酸的生产装置。1962 年，英国蒸馏公司首先以轻油为原料用氧化法生产醋酸。此后，法国、苏联陆续建成用轻油液相氧化法合成醋酸的生产装置。[4]

1960 年，德国 BASF 公司开发出第一套生产能力 1.1 万吨 / 年、用甲醇高压羰基化法合成醋酸的装置。1970 年，美国 Monsanton 公司在得克萨斯州建成第一套生产能力 13.5 万吨 / 年用甲醇低压羰基化法合成醋酸的装置。此后，世界各大醋酸生产国纷纷改为采用甲醇低压羰基化法合成醋酸工艺。

截至 2009 年，世界上采用甲醇低压羰基化法合成醋酸的生产能力占醋酸总生产能力的 60%，乙醛

---

[1] 郭树才主编《煤化工工艺学》第 2 版，化学工业出版社，2006，第 323 页。

[2] 陈雪枫：《中国无烟煤利用技术》，化学工业出版社，2005，第 213–214 页。

[3] 同上书，第 213–216 页。

[4] 付长亮、张爱民主编《现代煤化工生产技术》，化学工业出版社，2009，第 231 页。

氧化法（以乙烯法为主）所占比例为 25%，其他方法占 15%。[①]

3. 甲醛

1888 年，德国实现甲醛生产工业化。此后，先后出现甲醇催化空气氧化法、低碳烃非催化氧化法、甲醇催化脱氢法、甲烷催化氧化法、甲缩醛氧化法、二甲醚催化氧化法等生产甲醛的方法。德国 BASF 公司自 1923 年以后，用甲醇催化空气氧化法生产工业甲醛逐步占据主导地位。[②]瑞典 Perstorp 公司在 1959 年建成第一套甲醛生产装置。截至 2009 年，全球约有 80 多套甲醛生产装置采用 Perstorp 工艺，甲醛生产能力为 400 多万吨 / 年（以 37% 的甲醛计算）。丹麦 Topsøe 公司于 1973 年在日本建成第一套甲醛生产装置，之后世界上有 20 多套甲醛生产装置采用 Topsøe 工艺。[③]

4. 乙酐

1983 年，美国伊斯特曼公司在金斯堡建成由煤制乙酐的工业生产厂，开创了合成气制取煤化工产品的又一技术路线。它是煤化工利用的一个成功范例。

六、煤矸石和煤泥的利用

煤矸石和煤泥是煤炭分选和开采过程中产生的固体废弃物，可以对其进行资源开发与综合利用。这对促进煤炭工业的可持续发展、加强生态文明建设具有深远意义。

（一）煤矸石

煤矸石是夹在煤层中的岩石，随煤炭一并采出，是煤炭工业中的一种固体废弃物，自古以来都没有得到有效的综合利用，成为世界各国的一个环境难题。

美国有 292 座煤矸石山，煤矸石量达 2.7 亿吨。英国有 800 座煤矸石山，煤矸石量为 16 亿吨。法国有 500 多座煤矸石山，堆存量为 10 亿吨。苏联的顿巴斯矿区每年废弃煤矸石 6 000 万吨左右，积存量约为 8 亿吨。[④]大量煤矸石的堆积，不仅占用大量土地，而且会在存放过程中发生自燃，排放大量的二氧化硫、二氧化碳和粉尘，造成严重的环境污染，因此，必须加强对煤矸石的治理。煤矸石的利用途径包括利用煤矸石生产有用矿物、发电，或将煤矸石用作建筑材料等（图 15-10）。

① 唐宏青：《现代煤化工新技术》，化学工业出版社，2009，第 372 页。

② 同上书，第 395 页。

③ 同上书，第 397 页。

④ 张长森等：《煤矸石资源化综合利用新技术》，化学工业出版社，2008，第 15-16 页。

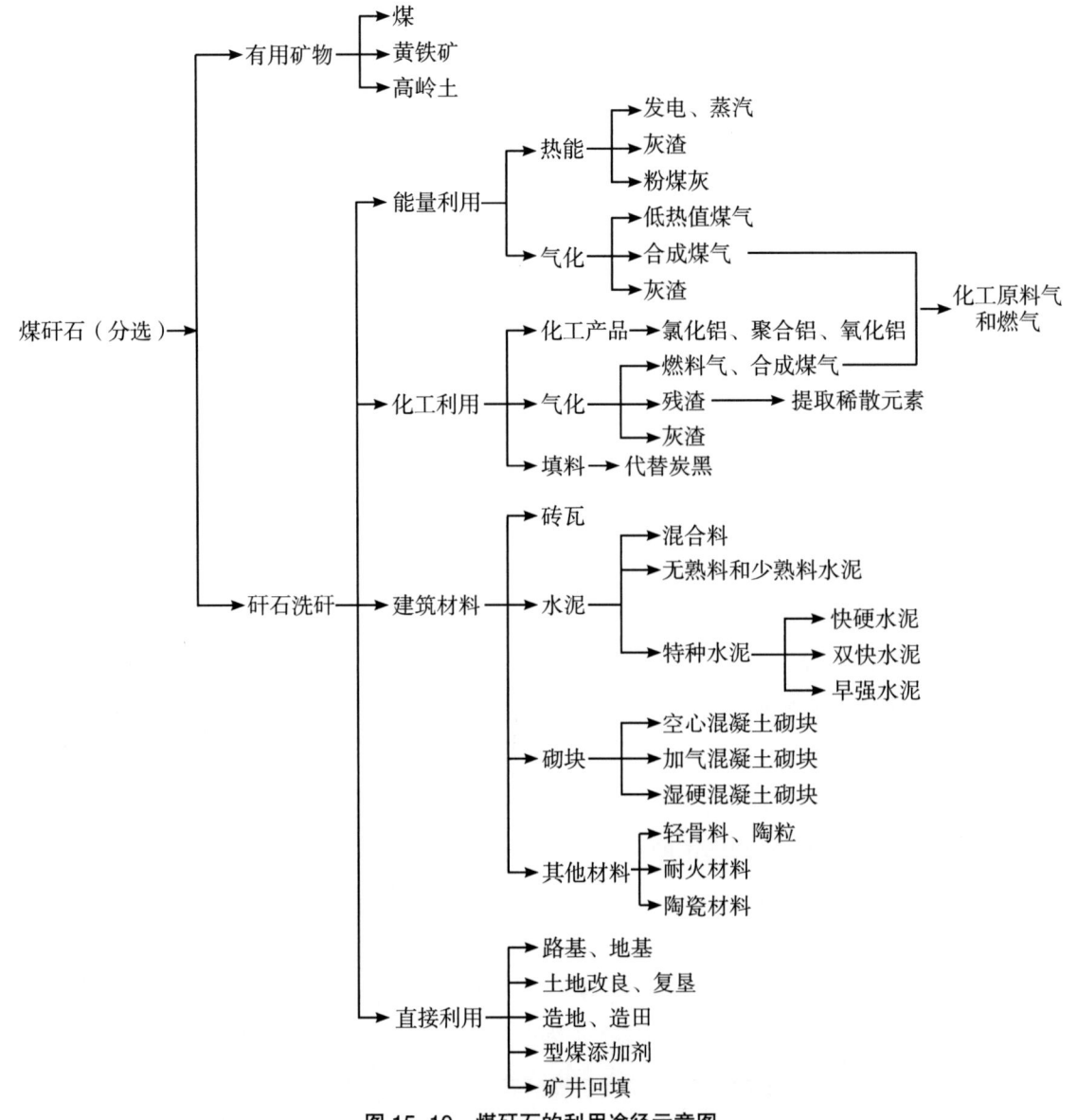

图 15-10 煤矸石的利用途径示意图

资料来源：陈文敏、杨金和、詹隆主编《煤矿废弃物综合利用技术》，化学工业出版社，2011，第3页。

  欧美国家最早开展煤矸石的综合利用，真正重视起来是在20世纪60—70年代。美国于1970年出台《资源回收法》，1976年《资源回收法》进一步修订并更名为《资源保护及回收法》。美国矿业局从20世纪70年代开始编制关于煤矸石的综合利用规划。英国煤炭局加强煤矸石山对环境影响的管理，有计划地进行土地恢复和更新，在占地面积约为0.9亿平方米的煤矸石山中，已有0.2亿平方米进行复田。法国根据煤矸石的矿物成分、化学成分、工程特征等将煤矸石应用到不同领域。波兰研究开发以煤矸石为主要原料生产砖制品和空心砌块的工艺。匈牙利马特劳力、伏特赫斯煤矿公司开发出矿山生物复田技术并获得专利，这项技术可在没有表土层的情况下，仅用一个生长期便能使煤矸石的覆盖层变成肥沃的土壤。[1] 美国、英国、法国、苏联等国家通过利用煤矸石发电、制砖、生产水泥等各种方式，不断提高煤矸石的综合利用水平（表15-100）。

---

[1] 张长森等：《煤矸石资源化综合利用新技术》，化学工业出版社，2008，第15-16页。

表 15-100　煤矸石利用主要国家对煤矸石的利用方式

序号	煤矸石的主要利用方式	美国	英国	法国	苏联
1	回收煤炭	√			
2	从直接燃烧的煤矸石山中回收热能	√			
3	发电	√		√	
4	生产有机矿物肥料	√			√
5	生产水泥、建材	√	√	√	√
6	筑路材料	√	√	√	
7	制煤气	√			√
8	生产化学品				√

资料来源：作者整理。参考张长森等：《煤矸石资源化综合利用新技术》，化学工业出版社，2008。

（二）煤泥

煤泥是湿法选煤过程中产生的含水泥状物质，其粒度在 1 毫米以下，可做燃料使用。其主要利用方式为发电，一般采用鼓泡流化床或循环流化床进行燃烧发电，也有在其他锅炉中混烧的。中国许多选煤厂的自备电厂都是用流化床或煤泥水煤浆来发电的。[1]

英国、澳大利亚、美国、苏联、日本、德国等国家先后开展煤泥利用研究，将煤泥作为流化床锅炉的燃料进行各种试验。结果表明煤泥的燃烧效率为 77% ～ 94%，最高可达 94.3%（表 15-101）。

表 15-101　主要国家煤泥研究与利用情况

试验国家或单位	试验方法	燃料性质					燃烧效率 /%
		名称	M_{ar} / %	A_d / %	$Q_{gr, v, d}$ /（兆焦 / 千克）	处理量	
英国煤炭研究院	直径为 1.5 米的流化床	煤泥	50.0	65.0	10.45	680 千克·米²/时	77.0～89.0
澳大利亚格兰利茨选煤厂	2.1 米×1.5 米流化床	煤泥	64.0	—	15.30	800 千克·米²/时	82.0～94.0
		洗矸	8.0	—	7.23	200 千克·米²/时	
美国巴比库克	0.3 米×0.3 米流化床	煤泥	69.4	15.1	4.66	74.6 千克·米²/时	94.3
		原煤	41.0	8.7	19.70	—	—
美国加利福尼亚 Ivanpah、Biogen 发电厂	循环流化床锅炉，10.3 帕、538 ℃	煤泥	20.0	30.0～40.0	13.90	—	—
苏联可燃物研究所	横截面积为 0.019 5 平方米的流化床，用瓦斯助燃	煤泥瓦斯	—	62.0（瓦斯浓度 2%）	—	252 米³/时	89.0～91.5

[1] 姚强等：《洁净煤技术》，化学工业出版社，2005，第 39 页。

续表

试验国家 或单位	试验方法	燃料性质					燃烧 效率 /%
		名称	M_{ar} / %	A_d / %	$Q_{gr,\,v,\,d}$ / （兆焦 / 千克）	处理量	
日本住友煤炭矿业	10 吨 / 时流化床锅炉，0.7 帕，164 ℃	煤泥	27.0	54.0	12.50	5 000 千克 / 时	—
日本王子造纸公司	42.5 吨 / 时流化床锅炉，6.3 兆帕，480 ℃	煤泥 50%，优质煤 45%，木屑 5%	23.0～30.0	54.0	12.50 23.80	—	—
德国	0.7 米 ×0.7 米流化床	煤泥	26.4～33.5	26.4～28.9	14.90～10.70	—	—

资料来源：吴占松、马润田、赵满成等：《煤炭清洁有效利用技术》，化学工业出版社，2007，第 57 页。

七、煤炭的生物转化

煤炭可直接作为燃料使用，又可采用物理方法、化学方法从中提取化工产品。此外，采用（微）生物技术来转化利用煤炭，正成为世界各国煤炭开发利用研究的前沿与热点。煤炭的生物转化属于煤炭生物加工利用的范畴。它主要是利用真菌、细菌和放线菌等微生物的转化作用来实现煤的溶解、液化和气化，使之转化成易溶于水的物质或者烃类气体，从中提取有特殊价值的化学品，或者制取清洁燃料、工业添加剂、农作物和植物生长促进剂。[1]

（一）矿物微生物处理

中国是世界上最早采用微生物技术进行冶金工业生产的国家。据中国的文献记载，早在公元前 2世纪，中国先民就将铁放入硫酸铜溶液中，通过堆浸发生化学反应，把铜置换出来。到 10 世纪左右，发明了"胆水浸铜"法，从含硫酸铜矿坑水中直接提取铜。1094 年，北宋张潜撰写了一部关于"胆水浸铜"的专著——《浸铜要略》。他在书中记载：用"胆水浸铜"，"以铁投之，铜色立变"。[2] 之所以能够堆浸产铜或"胆水浸铜"，是因为硫酸铜溶液或含硫酸铜矿坑水在细菌的作用下会把铜浸出来，然后以铁投之，就能生成海绵铜。

1670 年，西班牙的里奥廷托矿开始利用酸性矿坑水，把含铜黄铁矿中的铜浸出。这是欧洲历史上记载的最早的一项细菌采矿活动。

1922 年，Rudolf 等人使用一种自养土壤细菌进行研究，发现能将铁、锌从硫化物矿石中浸出。他们认为，生物浸出可能是从低品位硫化矿物中提取金属的一种经济的方法。[3] 但是，他们随后中止了研究。1947 年，柯尔默（Colmer）首次发现酸性矿坑水中含有一种可以将 Fe^{2+} 氧化成 Fe^{3+} 的细菌，并认为这种细菌对铜的浸出具有重要作用。从此，各国科学家陆续开展了一系列矿物微生物处理技术研究

---

[1] 王龙贵：《煤炭的微生物转化与利用》，化学工业出版社，2006，第 2 页。

[2] 魏德洲、朱一民、李晓安：《生物技术在矿物加工中的应用》，冶金工业出版社，2008，第 1–2 页。

[3] 同上书，第 2 页。

（表 15-102），并将其应用到工业生产中。

表 15-102　世界矿物微生物处理技术的演化

时间	主要事件
公元前 2 世纪	中国文献记载，古人把铁投入硫酸铜溶液中置换铜
约 10 世纪	中国先民从含硫酸铜矿坑水中提取铜，此即"胆水浸铜"法
960—1127 年	中国有 11 个矿场用"胆水浸铜"法，年产铜量达百万斤
1094 年	北宋张潜在《浸铜要略》一书中记载"胆水浸铜"
1670 年	西班牙的里奥廷托矿利用酸性矿坑水浸出含铜黄铁矿中的铜
1922 年	Rudolf 等人首次指出铁、锌可以从硫化物矿石中浸出
1947 年	Colmer 首次发现酸性矿坑水中含有一种可以将 Fe^{2+} 氧化成 Fe^{3+} 的细菌
1951 年	Temple 和 Hinkle 从煤矿的酸性矿坑水中首次分离出一种能氧化金属硫化物的细菌
1951 年	Colmer 和 Temple 将能氧化金属硫化物的细菌命名为氧化亚铁硫杆菌
1954 年	Bulyner 等人在从废铜矿石堆流出的酸性水中分离出氧化亚铁硫杆菌
1956 年	西班牙的镭公司建成世界上首个利用微生物浸出铀矿石的工业应用装置
1958 年	美国的 Kennecott 铜矿公司获矿物微生物技术史上第一项技术专利
1959 年	Zarubina 等人首次指出利用微生物浸出技术脱除烟煤、次烟煤、褐煤中硫的可能性
20 世纪 60 年代	美国有 10 多座矿山利用微生物堆浸工艺从贫、废铜矿中回收铜
20 世纪 60 年代	中国科学院微生物研究所利用氧化亚铁硫杆菌对高砷金矿石开展氧化预处理研究
1964 年	苏联第二大铜矿建成微生物技术堆浸工艺处理场
1964 年	加拿大在斯坦洛克矿采空区的坑道中浸出残存铀
1964 年	中国的东北工学院（现东北大学）在安徽铜官山铜矿残存矿柱中进行微生物浸出金属铜的试验
1979 年	美国的 Detz 等人在室温下考察煤炭微生物氧化脱硫过程的动力学现象
20 世纪 80 年代初	德国的 Fakoussa 和美国的 M. S. Cohen 等人分别报道某些真菌能在煤块上生长，并将煤转化为黑色水溶液
1983 年	Celal 等人用喜热 TH1 菌种开展土耳其褐煤微生物试验
1983 年	Glenn 等人首先在黄孢原毛平革菌中发现木质素过氧化物酶
1987 年	Cohen 等人发现真菌 Polyporus versicolor 的培养液的滤液具有液化煤的活性
1987 年	Strandberg 指出放线菌在培养过程中产生的一种胞外物质能够将煤液化成为一种黑色液体
1989 年	Wondrack 等人发现由真菌 Phanerochaete chrysosporium 分泌的纤维素酶能将煤中高分子量聚合物液化、降解为低分子量物质
1989 年	Quigley 发现真菌在合成培养基上产生碱性代谢物
20 世纪 90 年代	中国的东北大学首次从锰矿坑水中分离出两种能够氧化锰的微生物
20 世纪 90 年代中后期	中国江西铜业公司德兴铜矿建成年产 2 000 吨电解铜的堆浸厂
20 世纪 90 年代中后期	中国福建紫金山建成 1 000 吨级的生物提铜堆浸厂
1991—1992 年	意大利建成一个 50 千克 / 时煤炭微生物脱硫试验装置
1996 年	中国吉林冶金研究院在南岔金矿完成金矿细菌预氧化工业试验
1996 年	Fan Shoulong 等人获"微生物预氧化金矿的堆浸技术及细菌培养装置"专利
1998 年	Quigley 等人发现褐煤中存在的 Ca^{2+}、Fe^{3+}、Al^{3+} 等多价金属离子在褐煤的分子结构中起桥梁作用

续表

时间	主要事件
2000 年	中国烟台黄金冶炼厂建成中国第一个处理含砷金精矿的生物预氧化 – 氰化浸金厂
2000 年	Kohr、William J 等人研发出用高温菌种处理黄铜矿精矿的生物堆浸技术
2000 年	Winby、Richard 等人开发出从黄铜矿或其他硫化物矿物中回收铜的生物处理技术
2000 年	Lizamz、Hector M 等人申请了"锌的选择性生物浸出"的技术专利
2001 年	Dew 和 David William 等人报道了"通过循环生物浸出从浮选精矿中回收镍和铜"的技术专利
2002 年	澳大利亚 Titan 公司完成 Bioheap 技术工业试验
21 世纪初	世界上已建成 20 多个不同规模的高砷金矿石的微生物氧化 – 氰化提金试验厂和生产厂，其中加纳的一个浮选精矿生产厂的处理规模达 1 000 吨 / 天

资料来源：作者整理。主要参考魏德洲、朱一民、李晓安：《生物技术在矿物加工中的应用》，冶金工业出版社，2008；王龙贵：《煤炭的微生物转化与利用》，化学工业出版社，2006。

（二）煤炭的微生物转化技术与应用研究 [1]

在煤炭开发、利用领域，各国开展了诸多微生物转化技术及其应用的研究。

1. 煤炭生物转化煤种

多年来，各种煤化程度的煤炭被用于微生物转化试验，试验表明，低阶煤的转化效果最好。低阶煤主要包括褐煤、风化煤、泥炭、年轻烟煤等。Scott 指出，对于作用强的真菌种类，煤溶解程度似乎与煤种关系较大，而与微生物种类的关系次之。一般而言，煤溶解程度减小的次序为：风化煤、暴露于空气中的煤、未暴露于空气中刚开采出来的煤。

试验结果表明，低阶煤经过预处理才容易为真菌所降解。Catcheside 用 8 摩尔 / 升硝酸处理莫厄耳（Morwell）及洛阳（Loyyang）褐煤 18 小时，然后用云芝进行溶解，煤的失重率可达 80%～90%。试验的 7 种菌种中，有 6 种菌种可溶解莫厄耳氧化褐煤，可溶解煤达 35%～100%。但烟煤的溶解效果不如褐煤显著，如 Davisoin 用硝酸氧化怀俄达克年轻烟煤，然后用青霉菌进行溶解，煤只失重 3%～10%。

Bean 将依利诺衣斯的煤炭在 150 ℃下的空气中氧化 7 天，再发挥青霉菌的作用，只得到 3% 水溶性产物；但经生物作用后，用 0.5 摩尔 / 升 NaOH 溶解可得 80%～90% 的溶解产物；若是煤未经预处理，用 2.4 摩尔 / 升 NaOH 浸取，只得到 6% 的浸出物。

中国大连理工大学的韩威、杨海波等人用硝酸氧化平庄褐煤、扎赉诺尔褐煤，放在固体表面培养的裂褶菌、云芝等真菌菌丝体上进行生物作用，溶解煤达 30%～60%。而有些褐煤虽经氧化处理，但其溶解程度仍很小。

2. 可溶解、降解煤的微生物种类

有许多微生物能够溶（降）解煤炭。其中，已经分离鉴定出来用于溶（降）解煤试验的微生物有：Bacillus pumilus、Bacillus subtilis、Bacillus cereus 等细菌类，Streptomyces flavovirens、Streptomyces setonii 75Vi2 等放线菌类，Polyporous versicolor、Trametes versicolor 等真菌类的担子菌属，Aspergillus

---

[1] 王龙贵：《煤炭的微生物转化与利用》，化学工业出版社，2006，第 71–146 页。

terreus、Aspergillus ochraceous 等丝状真菌。在这些种属中，云芝、青霉、假单胞菌的液化能力较强。

不同煤种和不同微生物之间的相互作用存在匹配关系，对于不同煤种，要筛选不同的微生物。

煤与木质素结构类似，可选用能降解木质素的微生物如黄孢原毛平革菌来进行微生物溶煤。

Gupta 等人从土壤中分离出一株 Pseudomonal cepacia，能够使煤结构中的羧基碳、醚氧、芳香环和共轭的碳碳双键均有所减少。

中国的武丽敏在进行褐煤微生物综合肥料的研究中，从矿区的煤泥中分离、纯化出若干株对褐煤有显著作用的微生物菌种。

3. 煤微生物溶（降）解方式

各国研究者主要开展固体溶煤和液体溶煤研究。一般来说，固体溶煤比液体溶煤的效果要好。液体溶煤主要是为大规模的工业化应用而进行的研究，其可分为菌体液体培养溶煤和菌体培养液（不含菌体）溶煤两种。

4. 煤微生物转化机理

煤的微生物转化程度视煤种、菌种及环境条件而异。对此，研究者们提出多种机理，包括碱作用机理、酶作用机理、生物螯合剂作用机理等。

Quigley 在研究中发现，真菌在合成培养基上产生碱性代谢物，能够使低阶煤的酸性基团离子化，从而提高煤的亲水性。

Wondrack 等人发现，由真菌 Phanerochaete chrysosporium 分泌的纤维素酶能将煤中高分子量聚合物液化、降解为低分子量物质。其他人在研究中发现，许多水解酶、氧化酶及还原酶都能液化部分褐煤，尤其是能氧化酚的酶具有较强的液化煤的能力。

M. S. Cohen 等人利用云芝进行溶解煤试验，发现煤的溶解程度与草酸盐有关。而草酸盐是一种螯合剂，它仅仅能溶解一部分褐煤，大部分的煤并不能被它溶解。

5. 煤微生物溶（降）解产物分析

分析煤微生物溶（降）解产物是溶煤产物机理的研究基础，也是溶煤产物的应用基础。溶煤产物的许多性质，诸如产物结构、产物组成、溶解程度、吸光度、分子量、发热量、酸沉淀性质、蛋白质含量等，已被研究者关注，但结论各有不同。如在对溶煤产物的分子量研究中，所得结论因煤种、菌种、研究者的不同而产生较大的差异。Soctt 等人的测定表明，82.5% 的溶解产物相对分子质量在 $3 \times 10^4 \sim 30 \times 10^4$，而中国佟威测定的溶煤产物的平均相对分子质量在 3.53×10^4 左右。

在上述各国研究的基础上，中国的王龙贵有选择地培育数种能降解木质素的真菌及能降解多环芳烃的球红假单胞菌，开展煤转化试验，进行了一些新的探索。如"首次采用了几种真菌的联合作用即它们的混合菌种来降解煤炭，试验表明，其降解效果无论是固体培养溶煤还是液体培养溶煤都要比单个菌种作用好得多"，"首次采用驯化育种、诱变育种等方法对菌种进行改良，并用于试验研究，结果表明，改良后的菌种比自然菌种降解煤效率相对要高得多"，"首次发现了煤降解转化率与培养基 pH 变化有一定的关系"。[①]

① 王龙贵:《煤炭的微生物转化与利用》，化学工业出版社，2006，第 144–145 页。

（三）煤炭的微生物脱硫法

20 世纪 50 年代，有学者进行了微生物脱除无机硫的应用研究。最初采用无机化能自养菌——氧化亚铁硫杆菌，进行脱除煤炭中黄铁矿的研究。此后几十年，先后开展对细菌与煤炭中黄铁矿相互作用机理的研究，能够用于脱硫的菌种及其对黄铁矿氧化能力的研究，细菌生长动力学及细菌与黄铁矿相互作用的动力学研究等。[1]

20 世纪 70 年代末，研究者开始对微生物脱除煤中有机硫进行研究。此后，人们筛选出多种有效的细菌，并对这些菌株进行分离、纯化和突变体筛选，用于脱除煤中的有机硫。20 世纪 80 年代，一些国家开始把微生物脱硫研究工作转向应用性研究和实验。1991 年，意大利的 Eni Chem-Anic 煤矿开展微生物浸出法脱硫的连续性试验研究，建成一个干煤处理能力为 50 千克 / 时的微生物脱硫中试厂。[2]但是，人们对有机硫的脱硫机理尚不十分清楚，得到微生物也比较困难，因而仍以基础研究为主。而在无机硫脱除方面，已偏重于应用研究。

在研究中，各国研究者发现了一批可用来脱除煤炭中硫的微生物，包括硫杆菌属、假单胞菌属、硫化叶菌属等（表 15-103）。

表 15-103　煤脱硫微生物的种类和特征情况

微生物种类	细胞形状	细胞壁性质	能源	营养类型	生长温度 /℃	酸度（pH）
硫杆菌属	杆	G⁻	Fe^{2+}、S^0、无机硫化物	严格和兼性自养	20 ～ 40	1.2 ～ 5.0
硫螺菌属	弯曲	G⁻	Fe^{2+}、FeS_2	严格自养	20 ～ 40	1.0 ～ 5.0
假单胞菌属	杆	G⁻	有机硫化物	异养	28	7.0 ～ 8.5
大肠杆菌	杆	G⁻	有机硫化物	异养	30 ～ 40	7.0
红球菌属	球	—	有机硫化物	异养	30	7.0
芽孢杆菌属	杆	G⁺	有机硫化物	异养	28	7.0 ～ 8.5
硫化叶菌属	不规则球	G⁻	Fe^{2+}、S^0、无机和有机硫化物	异养	40 ～ 90	1.0 ～ 5.8
排硫球菌属和甲烷杆菌属	球或杆	G⁻	Fe^{2+}、S^0、无机和有机硫化物	兼性自养	50 ～ 80	0.6 ～ 1.6
Pyrococcus 菌属	球	—	$S^0 \rightarrow H_2S$、H_2	厌氧异养	100	0.6 ～ 1.6

资料来源：魏德洲、朱一民、李晓安：《生物技术在矿物加工中的应用》，冶金工业出版社，2008，第 170 页。

煤生物脱硫工艺流程大致可分为煤的破碎、煤浆与细菌营养液混合、脱硫反应、过滤分离、脱水干燥、废水处理等（图 15-11）。按煤含硫分 0.5%、年处理煤量 10 万吨计，生物脱硫处理成本为 17 ～ 26 美元 / 吨。[3]德国采用微生物助浮脱硫工艺，对煤浆进行脱硫处理。

[1] 姚强等：《洁净煤技术》，化学工业出版社，2005，第 36 页。

[2] 同上。

[3] 同上书，第 38 页。

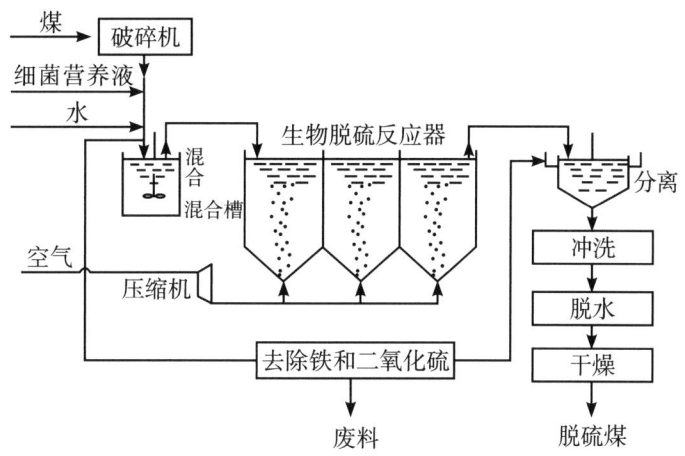

图 15-11　典型生物脱硫工艺流程示意图

资料来源: 姚强等:《洁净煤技术》, 化学工业出版社, 2005, 第 38 页。

目前, 中国主要是对微生物脱除煤炭中黄铁矿硫进行实验室小型试验。中国科学院微生物研究所的研究人员利用氧化铁硫杆菌, 在 pH 值为 1.55 ～ 1.70、细菌浓度为每毫升 10^8 ～ 10^9 个细胞的条件下, 经过 10 ～ 15 天的浸出, 煤炭中黄铁矿硫的去除率可达 86.11% ～ 95.16%。赵郁超等人对氧化亚铁硫杆菌进行培养、驯化, 进行煤炭的微生物浸出脱硫试验研究, 在接种量为每毫升 3×10^6 个细胞、煤粉粒度为 0.074 毫米、煤浆固体质量分数为 10% 的条件下, 经过 10 天的处理, 脱硫率达到 50.5%; 经过 20 天的处理, 脱硫率可达 88% 以上。[1]

第 5 节　中国煤炭

中国的煤炭资源丰富, 中华人民共和国成立后尤其是改革开放后煤炭得到了重点开发利用。目前, 中国已成为世界最大的煤炭生产国, 也是世界煤炭进口大国之一。21 世纪初, 中国焦煤生产、消费、出口均居世界第一位。煤炭资源可持续开发与利用, 对促进经济社会发展起到重要作用。

一、中国煤炭资源

根据中国的有关规定, 中国煤炭储量分为探明储量和预测储量 (预测资源量) 两大类, 其中探明储量又分为工业储量和远景储量。此外, 在实际工作或有关文献中, 还有其他一些称谓, 如保有储量、查证储量、基础储量等。

---

[1] 魏德洲、朱一民、李晓安:《生物技术在矿物加工中的应用》, 冶金工业出版社, 2008, 第 172 页。

（一）中国煤炭资源储量

1921 年，中国地质工作者对中国煤炭资源进行调查，由丁文江、翁文灏署名，在第一次《中国矿业纪要》中首次公布，深度在 1 000 米以内的煤炭储量为 234 亿吨。1926 年，谢家荣在第二次《中国矿业纪要》中公布中国煤炭储量为 2 176 亿吨。到 1935 年，除青海、新疆、西藏未做普查外，其他 25 个省份已查明煤炭储量为 2 436.69 亿吨。1949 年，中国地质工作者查明的中国煤炭储量为 4 500 亿吨。[①]

中华人民共和国成立后，先后三次进行全国煤田预测。预测内容包括煤田的位置和范围、地质构造特征、含煤岩系特征、煤层和含煤性、煤炭储量和煤质等。第一次全国煤田预测在 20 世纪 50 年代末至 20 世纪 60 年代初完成，第二次在 20 世纪 70 年代中期完成，第三次于 1997 年完成。根据第三次全国煤田预测与评估，中国埋深小于 2 000 米的煤炭资源总量为 55 663.06 亿吨。其中，预测资源量为 45 521.04 亿吨，发现煤炭储量为 10 142.02 亿吨。煤炭可采储量为 1 145 亿吨。[②]

2008 年，全国保有查明煤炭资源储量为 12 500 亿吨，其中，基础储量为 3 300 亿吨，资源量为 9 200 亿吨。在基础储量中，剩余探明可采储量为 1 700 亿吨。2008 年，全国保有查明煤炭资源储量比 2005 年增加 2 100 亿吨，其中，内蒙古和新疆增加 1 900 亿吨，约占全国增量的 90%。[③]

（二）中国煤炭资源的地区分布

第三次全国煤田预测数据显示，已查证的 7 241.16 亿吨煤炭储量分布在全国 29 个省份（表 15-104）。其中，已查证煤炭资源储量超过 1 000 亿吨的省（自治区）有 3 个，分别为：山西（2 163.15 亿吨）、内蒙古（1 506.03 亿吨）、陕西（1 037.21 亿吨）。天津、浙江、福建、湖北、广东、海南、西藏等地的煤炭资源较少，1997 年已查证储量均在 10 亿吨以下。

表 15-104　1997 年年底中国已查证煤炭储量及其分布情况[1]

单位：亿吨

地区	总量	储量				普查储量
		生产、在建井已占用	尚未利用		合计	
			精查	详查		
全国合计	7 241.16	1 868.32	841.13	1 829.61	4 539.06	2 702.10
京津冀	199.26	112.06	18.65	21.65	152.36	46.90
北京	21.47	8.52	1.19	1.13	10.84	10.63
天津	9.85	—	2.97	0.97	3.94	5.91
河北	167.94	103.54	14.49	19.55	137.58	30.36
东北	567.58	204.17	125.30	49.91	379.38	188.20
辽宁	61.99	47.96	7.91	0.19	56.06	5.93
吉林	18.00	12.78	2.27	1.37	16.42	1.58
黑龙江	187.85	85.50	20.99	14.82	121.31	66.54

[①] 白寿彝总主编《中国通史·第 12 卷》修订本，上海人民出版社，2004，第 410 页。

[②] 雷仲敏、杜铭华等：《中国煤炭期货品种开发研究》，中国金融出版社，2007，第 68 页。

[③] 张国宝主编《中国能源发展报告（2010）》，经济科学出版社，2010，第 84 页。

续表

单位：亿吨

地区	总量	储量				普查储量
		生产、在建井已占用	尚未利用		合计	
			精查	详查		
蒙东[2]	299.74	57.93	94.13	33.53	185.59	114.15
晋陕蒙（西）	4 406.66	699.98	378.36	1 377.40	2 455.74	1 950.92
山西	2 163.15	503.03	199.73	696.43	1 399.19	763.96
陕西	1 037.21	93.43	82.76	256.13	432.32	604.90
蒙西	1 206.29	103.52	95.87	424.84	624.23	582.06
华东	529.55	258.29	87.98	50.18	396.45	133.10
江苏	35.03	29.13	1.22	1.52	31.87	3.16
浙江	0.06	—	—	0.01	0.01	0.05
安徽	216.41	93.37	61.53	18.01	172.91	43.50
福建	9.38	6.94	0	0.05	6.99	2.39
江西	11.75	9.42	0.17	1.80	11.39	0.36
山东	256.92	119.43	25.06	28.79	173.28	83.64
中南	283.81	123.95	34.90	46.71	205.56	78.25
河南	225.88	94.30	24.76	35.97	155.03	70.85
湖南	27.46	16.51	2.11	4.06	22.68	4.78
湖北	3.58	2.12	—	—	2.12	1.46
广东	5.19	2.25	2.24	0.16	4.65	0.54
广西	20.81	8.77	4.90	6.52	20.19	0.62
海南	0.89	—	0.89	—	0.89	—
西南	594.49	109.00	145.05	194.68	448.73	145.76
四川	100.98	25.99	19.03	35.33	80.35	20.63
贵州	255.64	40.34	79.05	79.13	198.52	57.12
云南	236.94	41.74	46.97	80.22	168.93	68.01
西藏	0.93	0.93	—	—	0.93	—
新甘宁青	659.81	360.87	50.89	89.08	500.84	158.97
新疆	440.64	287.01	14.32	26.85	328.18	112.46
甘肃	65.46	28.18	13.32	13.68	55.18	10.28
宁夏	117.52	38.23	18.00	46.27	102.50	15.02
青海	36.19	7.45	5.25	2.28	14.98	21.21

　　资料来源：雷仲敏、杜铭华等：《中国煤炭期货品种开发研究》，中国金融出版社，2007，第 69-70 页。引用时，笔者根据各地实际数量，对某些数值做了适当调整。

　　注：[1] 表中数据不包括香港特别行政区、澳门特别行政区、台湾地区的数据。[2] 中国根据全国煤炭资源分布及其供给空间的特点，将全国划分为七大煤炭资源分布区域，并将内蒙古分为蒙东（内蒙古东部）和蒙西（内蒙古西部）。其中蒙东归为"东北地区"，蒙西则归为"晋陕蒙（西）地区"。

（三）中国煤炭资源的品种构成

第三次全国煤田预测资料显示，在已查证的 7 241.16 亿吨煤炭储量中，无烟煤储量为 861.23 亿吨，约占煤炭总储量的 11.89%；烟煤储量为 5 369.39 亿吨，约占 74.15%；褐煤储量为 1 010.63 亿吨，约占 13.96%；硬煤（包括无烟煤和烟煤）储量共计 6 230.56 亿吨，约占 86.04%。在烟煤储量中，低变质烟煤数量最多，为 2 464.62 亿吨；其次为气煤，为 1 207.73 亿吨；焦煤排第三位，为 605.41 亿吨；贫煤、肥煤、瘦煤分别为 497.53 亿吨、305.74 亿吨、288.36 亿吨（表 15-105）。

中国无烟煤主要分布在山西、贵州、河南、四川、云南、河北等省。1997 年，已查证山西的无烟煤储量为 413.07 亿吨，约占全国无烟煤总量的 47.95%，居全国第一位；其次为贵州，已查证贵州的无烟煤储量为 103.96 亿吨，约占全国无烟煤总量的 12.07%；其后依次为河南 70.44 亿吨、四川 70.25 亿吨、云南 46.05 亿吨、河北 41.94 亿吨。上述 6 省无烟煤储量共计 745.71 亿吨，约占全国无烟煤总储量的比例达 86.59%。

表 15-105　1997 年年底中国分品种已查证煤炭储量情况[1]

单位：亿吨

地区	褐煤	低变质烟煤	气煤	肥煤	焦煤	瘦煤	贫煤	无烟煤
全国合计	1 010.63	2 464.62	1 207.73	305.74	605.41	288.36	497.53	861.23
京津冀	9.28	17.40	40.97	48.20	17.18	0.58	3.69	61.96
北京	—	—	—	—	1.45	—	—	20.02
天津	—	—	9.85	—	—	—	—	—
河北	9.28	17.40	31.12	48.20	15.73	0.58	3.69	41.94
东北	374.98	68.72	67.25	3.70	37.11	6.21	4.94	4.67
辽宁	11.45	26.20	15.57	1.56	1.43	1.80	1.63	2.35
吉林	2.81	9.66	0.30	0.19	2.47	2.03	0.17	0.37
黑龙江	72.79	24.31	50.53	1.95	32.31	2.14	2.33	1.49
蒙东[2]	287.93	8.55	0.85	—	0.90	0.24	0.81	0.46
晋陕蒙（西）	441.71	1 876.91	738.14	131.95	253.96	213.09	332.33	418.56
山西	—	207.60	701.54	113.56	234.62	196.20	296.56	413.07
陕西	—	960.32	23.62	0.04	1.15	15.25	34.67	2.17
蒙西	441.71	709.00	12.98	18.35	18.19	1.64	1.10	3.32
华东	8.43	2.56	270.87	86.66	88.03	13.34	7.76	51.90
江苏	—	—	31.90	0.77	0.85	0.07	0.54	0.90
浙江	—	—	—	0.01	0.01	0.01	0.01	0.02
安徽	—	0.23	108.85	11.52	72.62	10.65	1.90	10.64
福建	0.01	—	—	—	—	0.02	0.05	9.30
江西	—	—	0.41	1.37	2.70	1.79	1.27	4.21
山东	8.42	2.33	129.71	72.99	11.85	0.80	3.99	26.83
中南	17.65	1.89	3.58	10.89	51.63	17.70	83.08	97.40
河南	8.58	0.09	1.49	8.80	48.77	14.86	72.86	70.44

续表

单位：亿吨

地区	褐煤	低变质烟煤	气煤	肥煤	焦煤	瘦煤	贫煤	无烟煤
湖南	—	0.22	1.92	1.79	2.48	0.74	1.78	18.53
湖北	—	0.02	0.16	0.22	0.17	0.62	0.73	1.66
广东	0.83	—	—	—	0.15	0.50	0.37	3.34
广西	7.35	1.56	0.01	0.08	0.06	0.98	7.34	3.43
海南	0.89	—	—	—	—	—	—	—
西南	155.03	0.85	10.08	16.72	96.98	31.05	63.13	220.75
四川	4.01	0.23	1.46	2.49	11.48	6.58	4.48	70.25
贵州	0.02	—	5.56	13.23	50.88	24.33	57.76	103.96
云南	150.97	0.58	3.05	0.89	34.42	0.09	0.89	46.05
西藏	0.03	0.04	0.01	0.11	0.20	0.05	—	0.49
新甘宁青	3.55	496.29	76.84	7.62	60.52	6.39	2.60	5.99
新疆	1.38	367.33	60.48	4.95	6.08	0.23	0.19	—
甘肃	2.17	54.66	2.09	2.41	2.20	0.59	0.62	0.72
宁夏	—	67.61	12.96	—	27.73	3.81	0.27	5.14
青海	—	6.69	1.31	0.26	24.51	1.76	1.52	0.13

资料来源：雷仲敏、杜铭华等：《中国煤炭期货品种开发研究》，中国金融出版社，2007，第 72-74 页。

注：[1] 表中数据不包括香港特别行政区、澳门特别行政区、台湾地区的数据。[2] 中国根据全国煤炭资源分布及其供给空间的特点，将全国划分为七大煤炭资源分布区域，并将内蒙古分为蒙东（内蒙古东部）和蒙西（内蒙古西部）。其中蒙东归为"东北地区"，蒙西归为"晋陕蒙（西）地区"。

二、中国煤炭生产

中华人民共和国成立之前，中国煤炭生产落后，生产规模小。中华人民共和国成立后，尤其是改革开放后，中国煤炭生产规模不断扩大，到 1989 年中国煤炭产量突破 10 亿吨，居世界第一位。

（一）中国 1917—1949 年煤炭产量情况

1917—1949 年的中国处于半殖民地半封建社会时期，煤炭工业的发展也被烙上了深刻的半殖民地半封建社会的印迹。当时，列强垄断和掠夺中国的煤矿，加上战争等因素的影响，到 1948 年，中国煤炭业跌到了谷底，煤炭产量还不及 1917 年的水平，仅为 1 242 万吨（表 15-106）。

表 15-106　1917—1949 年中国煤炭产量情况

时间 / 年	产量[1] / 万吨
1917	1 698
1918	1 843
1919	2 015
1920	2 132
1921	2 051

续表

时间 / 年	产量[1] / 万吨
1922	2 114
1923	2 455
1924	2 578
1925	2 426
1926	2 304
1927	2 417
1928	2 509
1929	2 544
1930	2 604
1931	2 724
1932	2 638
1933	2 838
1934	3 272
1935	3 609
1936	3 990
1937	3 723
1938	2 875
1939	3 469
1940	4 433
1941	5 524
1942	5 837
1943	5 046
1944	5 103
1945	2 629
1946	1 634
1947	1 754
1948	1 242
1949	3 243

资料来源: 作者整理。参考 B. R. 米切尔:《帕尔格雷夫世界历史统计·亚洲、非洲和大洋洲卷: 1750—1993 年》第 3 版, 贺力平译, 经济科学出版社, 2002。

注:[1] 包括褐煤(棕煤)产量。

1. 民族资本煤矿的发展

进入 20 世纪, 以民间商人为主体的中国民族资本家积极参加收回路矿权运动, 创办了一批新式煤矿, 包括悦升、保晋分公司、斋堂、同宝、宣城水东、贵池协记、晋北等煤矿(表 15-107)。中国民族资本煤矿生产规模逐年扩大, 煤炭产量有较大幅度的增加。1912 年, 中国民族资本煤矿产量为 41.7 万吨, 1917 年增加到 215.6 万吨, 1925 年达到 445.8 万吨(表 15-108)。

表 15-107　20 世纪 20 年代中国民族资本煤矿情况

矿名	所在地	开办时间	资本	产量	销售地区
悦升煤矿	山东博山	1918 年	初集资 20 万元,后增至 50 万元	年产量约 40 万吨	胶济铁路沿线
保晋分公司煤矿	山西大同、阳泉等地	1918 年	—	年产量 2 万～7 万吨	大同、天镇、阳高、张家口等地
斋堂煤矿	河北宛平	1918 年	100 万元	年产烟煤 8 500 吨,无烟煤 38 000 吨	北平
同宝煤矿	山西大同	1920 年	150 万元	年产量约 8 万吨	大同本地及平绥路沿线
宣城水东煤矿	安徽宣城	1923 年	80 余万元	日产量 100 余吨	宣城、芜湖等地
贵池协记煤矿	安徽贵池	1923 年	—	日产量 70 余吨	贵池本地,南京、镇江、芜湖、安庆等地
晋北煤矿	山西大同	1924 年	初创资本 30 万元,1932 年增至 150 万元	年产量约 10 万吨	平绥路各地

资料来源:汪敬虞主编《中国近代经济史:1895—1927》下册,经济管理出版社,2007,第 1261 页。

表 15-108　1912—1927 年中国民族资本煤矿产量情况

时间/年	全国机械开采煤产量/万吨	民族资本煤矿产量/万吨	民族资本煤矿产量占全国的比例/%
1912	516.6	41.7	8.1
1913	767.8	54.1	7.0
1914	797.4	82.6	10.4
1915	849.3	87.6	10.3
1916	948.3	187.6	19.8
1917	1 047.9	215.6	20.6
1918	1 110.9	252.2	22.7
1919	1 280.4	312.2	24.4
1920	1 413.1	328.0	23.2
1921	1 335.0	322.0	24.1
1922	1 406.0	306.1	21.7
1923	1 697.3	358.4	21.1
1924	1 852.5	445.1	24.0
1925	1 753.8	445.8	25.4
1926	1 561.8	338.3	21.7
1927	1 769.4	418.4	23.6

资料来源:汪敬虞主编《中国近代经济史:1895—1927》下册,经济管理出版社,2007,第 1263 页。

2.列强对中国煤炭资源的控制与掠夺

"一战"后，英国、日本、美国、法国等帝国主义国家加大对中国的侵略，扩大对华直接投资和贸易，外国对华投资总额由 1914 年的 225 340 万美元增加到 1930 年的 377 330 万美元。其中，日资最多，1930 年为 146 580 万美元，与 1914 年相比，增长 388.27%，约占全部外资总额的 38.85%；其次为英国投资，1930 年为 125 340 万美元，比 1914 年增长约 70.48%，约占全部外资总额的 33.22%；其后依次为法国、美国、德国等国家（表 15-109）。英国、日本、美国等帝国主义国家以开发、掠夺中国煤矿、铁矿等矿产资源为重点，以独资经营或同中国合资经营的方式控制中国矿产。1913 年，中国煤矿总产量为 1 288.0 万吨，其中，外资开采煤矿所占比达 55.4%。同年，中国机械开采的煤炭产量为 760 多万吨，其中，外国资本控制下的煤产量达 710 多万吨，约占全国总产量的 93.42%。[1] 到 1942 年，外资煤矿产量占中国煤矿总产量的比例高达 90.4%（表 15-110）。

表 15-109　1914 年和 1930 年各国在华投资情况

序号	国家	1914 年各国在华投资额 / 万美元	1930 年各国在华投资额 / 万美元	增长比 /%
1	英国	73 520	125 340	70.48
2	俄国 / 苏联	44 020	—	—
3	德国	38 570	17 460	−54.73
4	日本	30 020	146 580	388.27
6	美国	10 710	30 370	183.57
5	法国	28 500	31 200	9.47
7	比利时	—	8 940	—
8	意大利	—	7 910	—
9	其他	—	9 530	—

资料来源：作者整理。参考杨天石主编《中华民国史·第 6 卷》，中华书局，2011。

1931 年"九一八"事变后，日本帝国主义为掠夺中国东北的经济资源，对中国东北交通、通信、钢铁、煤炭等 14 种行业实行行业控制。[2]1937 年发动全面侵华战争后，日本又陆续侵占华北、华中等地的煤矿。随后，日本对华投资的煤矿产量占中国煤矿总产量的比例也不断上升。1913 年，日资煤矿产量所占比例为 24.7%，1926 年上升到 34.9%，1936 年增至 37.1%。1942 年日资煤矿产量所占比例上升到 88.3%（表 15-110），中国煤矿的外资市场为日资所垄断。

从 1931 年 9 月 18 日日本发动"九一八"事变到 1945 年 8 月 15 日日本宣布投降，日本帝国主义在中国东北（1931 年 9 月至 1945 年 8 月），华北、华中（1937 年 7 月至 1945 年 8 月）占领区对煤矿进行掠夺性开采，共掠夺中国原煤 41 950 万吨。[3]

---

[1] 朱汉国、杨群主编《中华民国史·第 3 册》，四川人民出版社，2006，第 55 页。

[2] 同上书，第 56 页。

[3] 同上书，第 57 页。

表 15-110　1913—1942 年中国煤矿生产外资比例

单位：%

外资	1913 年外资比例	1926 年外资比例	1936 年外资比例	1942 年外资比例
日资	24.7	34.9	37.1	88.3
英资	19.3	16.7	16.4	0.6
德资	7.3	1.5	2.2	1.5
俄资	1.3	—	—	—
比资	2.8	—	—	—
外资合计 其中：独占 合办	55.4 22.2 33.2	53.1 27.8 25.3	55.7 35.3 20.4	90.4 89.8 0.6

资料来源：朱汉国、杨群主编《中华民国史·第 3 册》，四川人民出版社，2006，第 56 页。

日本在掠夺中国煤矿的同时，还加大对中国煤炭市场的倾销。日本对中国出口煤炭占对外出口煤炭总量的比例不断提高，中国成为日本倾销煤炭的主要市场。1921 年，日本对外出口煤炭总额为 3 780 万日元，其中，对中国出口煤炭总额为 1 910 万日元，所占比例为 50.5%。此后几年，这一比例继续上升，到 1925 年高达 83.4%（表 15-111）。

表 15-111　1921—1926 年日本对中国倾销煤炭情况

时间 / 年	出口各国煤炭总额 / 万日元	出口中国煤炭总额 / 万日元	对中国出口煤炭的比例 /%
1921	3 780	1 910	50.5
1922	2 350	1 390	59.1
1923	2 150	1 550	72.1
1924	2 240	1 800	80.4
1925	3 320	2 770	83.4
1926	3 100	2 350	75.8

资料来源：作者整理。参见杨天石主编《中华民国史·第 6 卷》，中华书局，2011。

3. 战后煤矿的恢复

日本帝国主义对华战争不仅掠夺了中国大量的煤矿资源，还使中国煤炭工业遭到严重破坏。战后多年，中国许多煤矿都处于停产、半停产状态，煤炭大幅度减产，到 1948 年全国产量只有 1 242 万吨，不及 1936 年的 1/3。

日本投降后，解放区人民政府先后接管峰峰、潞安、房山、六河沟、鹤岗、鸡西、抚顺、阜新、西安、烟台等地的煤矿。到 1949 年中华人民共和国成立时，中央人民政府接管全国大多数煤矿。从此，中国煤矿业进入一个新的发展时期。

截至 1949 年 10 月，中国东北煤矿恢复矿井 174 个，占东北全部矿井数的 82%；华北煤矿恢复矿井 212 个，占华北全部矿井数的 50%；华东煤矿恢复矿井 44 个，占华东全部矿井数的 80.2%。[①]1949 年，中国原煤产量为 3 243 万吨，低于 1936 年 3 990 万吨的水平。

（二）中华人民共和国成立到改革开放前（1949—1978 年）煤炭产量情况

中华人民共和国成立之前，中国煤炭工业十分落后。以前遗留下来的煤矿，"除开滦、抚顺、淮南、焦作、阳泉、淄博和枣庄外，绝大部分煤矿规模小、设备简陋、技术落后，加上战争的破坏，基本上处于停产和半停产状态"[②]。中华人民共和国成立后，采取了一系列措施恢复和发展煤炭工业。到 1978 年，中国煤炭产量由 1949 年的 3 243 万吨增至 61 786 万吨（表 15-112），30 年间约增长了 18 倍。

表 15-112　1949—1978 年中国煤炭产量情况

时间 / 年	产量[1] / 万吨
1949	3 243
1950	4 110
1951	5 309
1952	6 649
1953	6 968
1954	8 366
1955	9 830
1956	11 136
1957	13 073
1958	27 020
1959	36 900
1960	39 700
1961	27 800
1962	22 000
1963	21 700
1964	21 500
1965	23 200
1966	25 200
1967	20 600
1968	22 000
1969	26 600
1970	35 400
1971	39 200

① 白寿彝总主编《中国通史·第 12 卷》修订本，上海人民出版社，2004，第 412 页。
② 纪成君：《中国煤炭产业经济研究》，经济管理出版社，2008，第 86 页。

续表

时间 / 年	产量[1] / 万吨
1972	41 000
1973	41 700
1974	41 300
1975	48 200
1976	48 300
1977	55 000
1978	61 786

资料来源：作者整理。参考 B. R. 米切尔：《帕尔格雷夫世界历史统计·亚洲、非洲和大洋洲卷：1750—1993 年》第 3 版，贺力平译，经济科学出版社，2002。

注：[1] 包括褐煤（棕煤）产量。

1. 三年经济恢复时期（1949—1952 年）

三年经济恢复时期，在国家"有计划、有步骤地恢复和发展重工业"方针的指导下，先后建立燃料管理机构，颁布各种煤炭发展政策和管理制度。

1949 年 10 月，设立中华人民共和国燃料工业部（以下简称"燃料工业部"），管理全国煤炭工业、电力工业和石油工业。11 月，燃料工业部召开第一次全国煤炭会议，确立"以全面恢复为主，建设以东北为重点"的全国国营煤矿发展总方针，提出 1950 年全国生产 3 668 万吨煤的计划。此后，国家先后制定、出台《关于全国煤矿全面推行新采煤方法的决定》《关于统一发电厂煤耗计算及煤质试验的决定》《中华人民共和国矿业暂行条例》《公私营煤矿暂行管理办法》《土采煤窑暂行处理办法》等一系列政策文件。

1952 年 10 月，燃料工业部召开第一次全国煤炭基本建设会议，总结三年来的基本建设工作，提出基本建设的方针和任务：大规模进行地质勘探工作，东北新建第一，以关内改建为主，动员全国煤矿职工，集中力量建立和充实地质勘探、设计、施工工作的组织机构，大力培养干部和技工。[1]

经过三年的建设，到 1952 年，全国共有 83% 的煤矿恢复了生产，并对 32 处矿井进行了技术改造，全国煤矿的生产能力达到 7 131 万吨，煤炭产量达到 6 649 万吨。[2] 同年，华北和东北的原煤产量占全国总产量的 69.2%[3]，"以全面恢复为主，建设以东北为重点"的总方针取得明显成效。

2. 起步发展时期（1953—1957 年）

在中国第一个五年发展计划期间，重点扩建大同、开滦、阳泉等 15 个老矿区，还为就近消费区新建潞安、平顶山、中梁山等 10 个新矿区。1954 年，燃料工业部召开第一次煤矿机械化会议。1955 年，撤销燃料工业部，设立煤炭工业部、电力工业部和石油工业部，强化对煤炭、电力、石油工业的领导。同年，新中国第一座设计生产能力 90 万吨的大型立井——黑龙江鹤岗东山立井建成并投入使用。此

---

[1]《新中国煤炭工业》编辑委员会：《新中国煤炭工业》，海洋出版社，2007，第 70 页。

[2] 同上书，第 1 页。

[3] 郭智渊、苏玉娟：《转型创新——中国煤炭企业发展的理论与策略》，人民出版社，2011，第 98 页。

后，相继建成（或建设）中国第一座自行设计、建设的年设计生产能力 90 万吨的大型矿井——淮南谢家集二号井、中国第一个水力采煤区——唐山开滦煤矿林西矿、中国第一对水力采煤竖井——河南鹤壁四矿。到 1956 年，中国原煤年产量达到 11 136 万吨。1957 年，中国原煤产量为 13 073 万吨，比 1952 年翻了将近一番（约增长 96.62%）。[1]

3. 大起大落时期（1958—1977 年）

1958 年，在北戴河召开的中共中央政治局扩大会议，号召全党全国人民为生产 1 070 万吨钢而奋斗。同年，国务院发布《关于妥善安排民用燃料问题的指示》，要求增加煤炭生产，大力发展小煤窑。11 月，煤炭工业部提出：煤炭要保证国民经济需要，必须过数量关、质量关和布局关，多出炼焦煤。1959 年 11 月，煤炭工业部在第二次全国小型煤矿工作会议上决定：对小型煤矿继续贯彻执行"全面改革，重点提高"的方针。1960 年 3 月，煤炭工业部提出：进行五大技术革命，攻克十八项尖端技术。[2]

在此背景及"大跃进"运动的推动下，1958 年 1—8 月，中国建成小高炉、土高炉 24 万多座，参加生产的人数达几百万；9 月，又建成小高炉、土高炉 60 多万座，参加生产的人数达 5 000 多万；10 月后还进一步增加。对此，为保证煤炭供给，煤炭工业部提出了"兵对兵、将对将，用分散的小煤窑对分散的小高炉""哪里有千吨铁，哪里就有万吨煤"的口号。从 9 月开始，2 000 多万人（主要是农民）上山找煤，至年底全国共新建土煤窑 10 多万座。[3]1958 年，中国煤炭产量达到 27 020 万吨，比上一年翻了一番。1959 年中国煤炭产量增至 36 900 万吨，比上一年增长 36.57%。

"大跃进"运动不顾实际条件和国情，盲目追求经济发展高指标，给煤炭工业的健康发展埋下了许多隐患。全国煤矿采掘失调、设备失修、机器带病运转等问题十分突出，煤炭产品质量下降，发展速度缓慢。全国重点煤矿的原煤灰分由通常的百分之十几上升到 20%～30%。[4]

1960 年，原煤产量为 39 721 万吨，与上一年相比仅增加了 7.71%。从 1961 年开始，中国对煤炭工业进行调整，先后对三年来工作中的不足和错误进行检查，组织工作组分赴 16 个重点煤矿帮助企业开展整顿工作，颁发《煤矿防爆电气设备技术管理暂行规程》等各项规定、规程和指示，全面贯彻"调整、巩固、充实、提高"的方针政策，使煤炭工业逐步得到恢复。1965 年，煤炭产量为 23 200 万吨，比上一年增产 1 700 万吨。

1966 年，"文化大革命"爆发，煤炭工业同其他国民经济产业一样遭受重创。1966 年，煤炭产量为 25 200 万吨，次年降至 20 600 万吨。1968 年，许多煤矿继续处于停产、半停产状态。中共中央十分重视煤炭工业的发展，召开了 15 个省的煤矿会议和全国煤矿会议，并采取各种措施，提升煤炭产量。1978 年，煤炭产量为 61 786 万吨，与 1966 年相比翻了一番多。

（三）中国改革开放以来（1978—2012 年）煤炭产量情况

1978 年 12 月，中共十一届三中全会召开后，煤炭工业进入改革开放的新阶段，煤炭生产持续健

---

[1] B. R. 米切尔：《帕尔格雷夫世界历史统计·亚洲、非洲和大洋洲卷：1750—1993 年》第 3 版，贺力平译，经济科学出版社，2002，第 367 页。

[2]《新中国煤炭工业》编辑委员会：《新中国煤炭工业》，海洋出版社，2007，第 72 页。

[3] 当代中国研究所：《中华人民共和国史稿：第二卷（1956—1966）》，人民出版社，2012，第 77 页。

[4] 同上书，第 80 页。

康快速发展。到 2012 年，中国的煤炭产量为 366 000 万吨（表 15-113），比 1978 年约增长 5 倍。

表 15-113　1978—2012 年中国煤炭产量情况

时间 / 年	产量[1] / 万吨
1978	61 786
1979	63 554
1980	62 015
1981	62 163
1982	66 632
1983	71 453
1984	78 923
1985	87 228
1986	89 404
1987	92 809
1988	97 988
1989	105 415
1990	107 988
1991	108 741
1992	111 638
1993	115 067
1994	123 990
1995	136 073
1996	139 670
1997	137 300
1998	125 000
1999	128 000
2000	129 900
2001	138 100
2002	145 500
2003	172 787
2004	199 232
2005	220 473
2006	237 300
2007	252 600
2008	280 200
2009	297 300

续表

时间 / 年	产量[1] / 万吨
2010	323 500
2011	352 000
2012	366 000

资料来源：作者整理。参考《新中国煤炭工业》编辑委员会：《新中国煤炭工业》，海洋出版社，2007；崔民选等主编《中国能源发展报告（2013）》，社会科学文献出版社，2013。

注：[1] 包括褐煤（棕煤）产量。

1. 煤炭产量持续快速增长

改革开放后，党和国家的工作重心转移到社会主义现代化建设上来。为适应新发展形势的需要，中国煤炭工业在调整、恢复生产的基础上，积极探索改革开放的新路子。1980 年 1 月，煤炭工业部确定 20 世纪 80 年代要办的四件大事：采用新工艺、新技术、新装备发展煤炭工业；改变煤炭工业结构；积极利用外资，引进先进技术，扩大煤炭出口；逐步搞好安全生产和工人生活，改变煤炭工业形象。[①]

1982 年 11 月，煤炭工业部提出了到 20 世纪末煤炭产量达到 12 亿吨、实现翻一番的目标，并重点部署和发展煤炭工业的新路子。[②] 其主要内容包括"四项基本要求"、"实现五个转变"和"12 条具体方针"。[③]

"四项基本要求"：煤炭产量增长速度比较稳定，不是大起大落，要长期稳定增产；发展比较健康，即布局要合理，比例要协调，手段要先进，队伍素质要提高；生产建设比较安全，不能再像过去那样付出巨大的伤亡代价；经济效益比较好，即建设速度要快，投资效果要好，煤炭质量要提高，品种要增加，煤炭加工综合利用要发展，管理要加强，使企业的经济效益、社会节能效益大大提高。[④]

"实现五个转变"：从以手工作业为主转变为以机械化作业为主；从单一生产原煤转变为多品种生产；从单一经营转变为多种经营；从不能控制重大恶性事故和职业病的发生转变为基本上能控制；由小吨位的运煤工具转变为大吨位的运煤工具，并协助铁路、交通部门发展大吨位的运煤列车和水上顶推船运煤。[⑤]

"12 条具体方针"：推行和完善各种经济责任制；改革经济体制，发展地区、部门、企业之间的联营；大胆利用外资，放手开发内资；有计划、有重点地对矿井进行技术改造；加快煤炭开发，缩短建设周期；大力发展地方煤矿；发展煤炭洗选加工，改变煤炭产品结构；坚决执行"安全第一"的方针；采取切实措施，巩固煤矿井下职工队伍；加强智力开发，提高职工的科学文化水平；大力发展科学研究；统筹安排，同步建设，协同铁路、交通部门解决煤炭运输问题。[⑥]

[①]《新中国煤炭工业》编辑委员会：《新中国煤炭工业》，海洋出版社，2007，第 78 页。

[②] 同上书，第 79 页。

[③] 朱训主编《中国矿情 第一卷：总论·能源矿产》，科学出版社，1999，第 212–213 页。

[④] 同上书，第 213 页。

[⑤] 同上。

[⑥] 同上。

从此，中国煤炭工业逐步走上健康发展的轨道，煤炭产量实现稳定快速增长。1983 年，中国煤炭产量突破 7 亿吨，1985 年突破 8 亿吨，1987 年突破 9 亿吨，到 1989 年突破 10 亿吨，达到 105 400 万吨，成为世界上首个煤炭年产量超 10 亿吨的国家，也是当时世界上最大的煤炭生产国。1999 年，中国煤炭产量为 123 830 万吨，实现了 1982 年提出的到 20 世纪末煤炭产量达到 12 亿吨、实现翻一番的目标。

进入 21 世纪，中国煤炭生产规模进一步扩大。2005 年，煤炭产量首次突破 20 亿吨，达到 220 473 万吨。2010 年，中国煤炭产量突破 30 亿吨，达到 323 500 万吨。

2. 煤炭开发基地化

早在 20 世纪 70 年代末，中国就提出了要建设煤炭基地。1978 年 8 月，在江西萍乡召开南方九省地方煤矿会议，煤炭工业部提出"全党动员，各级办矿，多搞中小，以小为主，由小到大，由土到洋，成群配套，形成矿区，选择重点，建设基地"的方针。[①]

经过多年的实践与探索，到 2003 年年初，国务院第 149 次总理办公会议提出："利用国债资金重点支持大型煤炭基地建设，促进煤电联营，形成若干个亿吨级煤炭骨干企业。"[②]2004 年 11 月，国家发展和改革委员会能源局宣布，建设大型煤炭基地，培养大型煤炭企业集团，并将其纳入《能源中长期发展规划纲要（2004—2020 年）》，作为煤炭工业规划和建设的核心。根据规划，中国建成神东基地、蒙东（东北）基地、晋北基地、陕北基地等 13 个大型煤炭基地（表 15-114），涉及 14 个省、自治区，总面积达 10.34 万平方千米，共有 40 多个主要矿区（煤田），保有储量达 6 908 亿吨，占全国煤炭储量的 70%。[③]2012 年，又将新疆列入大型煤炭基地。

表 15-114　中国大型煤炭基地概况

基地名称	主要矿区	探明储量 / 亿吨	基本规划
神东基地	神东、万利、准格尔、包头、乌海、府谷	2 236.0	向华东、华北、东北供给煤炭，并作为"西煤东输"北通道电煤基地
蒙东基地	扎赉诺尔、宝日希勒、伊敏、大雁、霍林河、平庄、白音华、胜利、阜新、铁法（调兵山）、沈阳、抚顺、鸡西、七台河、双鸭山、鹤岗	306.7	向东北三省和内蒙古东部供给煤炭
晋北基地	大同、平朔、朔南、轩岗、河保偏、岚县	2 725.0	向华东、华北、东北供给煤炭，并作为"西煤东输"北通道电煤基地
晋中基地	西山、东山、汾西、霍州、离柳、乡宁、霍东、石隰	—	向华东、华北、东北供给煤炭，并作为"西煤东输"北通道电煤基地
晋东基地	晋城、潞安、阳泉、武夏	—	向华东、华北、东北供给煤炭，并作为"西煤东输"北通道电煤基地
冀中基地	峰峰、邯郸、邢台、井陉、开滦、蔚县、宣化下花园、张家口北部、平原	150.0	向京津冀、中南、华东供给煤炭
鲁西基地	兖州、济宁、新汶、枣滕、龙口、淄博、肥城、巨野、黄河北	160.0	向京津冀、中南、华东供给煤炭

① 《新中国煤炭工业》编辑委员会：《新中国煤炭工业》，海洋出版社，2007，第 77 页。

② 岳福斌、崔涛主编《中国煤炭工业发展报告（2013）：完善煤炭产业政策》，社会科学文献出版社，2013，第 107 页。

③ 林伯强主编《中国能源发展报告（2008）》，中国财政经济出版社，2008，第 171 页。

续表

基地名称	主要矿区	探明储量 / 亿吨	基本规划
河南基地	鹤壁、焦作、义马、郑州、平顶山、永夏	200.0	向京津冀、中南、华东供给煤炭
两淮基地	淮南、淮北	300.0	向京津冀、中南、华东供给煤炭
宁东基地	石嘴山、石炭井、灵武、鸳鸯湖、横城、韦州、马家滩、积家井、萌城	273.0	向西北、华东、中南供给煤炭
黄陇基地	彬长（含永陇）、黄陵、旬耀、铜川、蒲白、澄合、韩城、华亭	150.0	向西北、华东、中南供给煤炭
陕北基地	榆神、榆横	301.0	向华东、华北、东北供给煤炭，并作为"西煤东输"北通道电煤基地
云贵基地	盘县（盘州市）、普兴、水城、六枝、织纳、黔北、老厂、小龙潭、昭通、镇雄、恩洪、筠连、古叙	95.4	向西南、中南供给煤炭，并作为"西电东送"南通道电煤基地

资料来源：林伯强主编《中国能源发展报告（2008）》，中国财政经济出版社，2008，第171-172页。

经过多年建设，到2012年，中国14个大型煤炭基地煤炭产量达33.1亿吨（表15-115），占全国总量的比例达90.44%，与2005年的18.6亿吨相比增长78.0%。其中，有12个基地产量超过1亿吨。2012年，神东基地产量达7.5亿吨，排首位；蒙东基地为4.5亿吨，居第二位；居第三位的是晋北基地，产量为3.4亿吨。大型煤炭基地建设对优化中国煤炭布局、保障国家能源安全有着重要作用。

表 15-115　2005 年和 2012 年中国大型煤炭基地的煤炭产量情况

序号	基地名称	2005 年产量 / 亿吨	2012 年产量 / 亿吨	开发主体企业
1	神东基地	2.76	7.5	神华、伊泰等
2	陕北基地	0.18	1.3	神华、陕西煤化等
3	黄陇基地	0.67	1.5	陕西煤化、华能等
4	晋北基地	2.60	3.4	中煤能源、同煤等
5	晋中基地	1.24	1.9	山西焦煤等
6	晋东基地	1.70	2.8	晋煤、阳煤等
7	鲁西基地	1.40	1.4	山东能源、兖矿
8	两淮基地	0.85	1.4	淮南矿业、淮北矿业等
9	冀中基地	0.86	0.9	冀中能源、开滦等
10	河南基地	1.88	1.5	河南煤化、平煤、郑煤等
11	云贵基地	1.60	2.8	多家大型企业
12	蒙东基地	2.30	4.5	中电投、华能、神华、国电、大唐、龙煤、铁煤、沈煤、阜新煤等
13	宁东基地	0.26	0.8	神华等
14	新疆基地	0.30	1.4	多家大型企业
	合计	18.60	33.1	—

资料来源：岳福斌、崔涛主编《中国煤炭工业发展报告（2013）：完善煤炭产业政策》，社会科学文献出版社，2013，第108页。

3. 煤炭生产集中度不断提高

1989 年 11 月，能源部和地质矿产部建议今后应禁止个体办煤矿，将"国家、集体、个体一齐上，大中小煤矿一起搞"的办煤矿方针修改为"中央统配、地方国营、乡镇集体煤矿一齐上，大、中、小煤矿一起搞"[1]。之后，全国煤炭企业数量激增。1989 年，中国地方各类煤矿企业数量为 20 310 个，到 1995 年超过 31 000 个。与此相对应，国有重点煤矿企业的煤炭产量占全国总产量的比例逐年下降，1979 年的占比为 56.3%，1985 年的占比为 46.6%，1996 年的占比降至 39.0%。[2]

20 世纪 90 年代，中国经济向社会主义市场经济转型，煤炭工业开展现代企业制度试点，开始组建煤炭企业集团。1995 年，国务院批复国家计委，同意成立神华集团有限责任公司和以该公司为核心组建神华集团。到 1997 年，中国先后有 32 家重点煤矿企业实现了公司和集团化运作。[3] 此时，中国还有各类小煤矿 8.2 万处，煤炭产量为 6.2 亿吨，占全国煤炭总产量的 43%。并且，煤炭生产能力低，产能严重过剩，供求失衡。对此，中国从 1998 年开始实施"关井压产"的政策，同年发布《国务院关于关闭非法和布局不合理煤矿有关问题的通知》。从 1998 年到 2001 年，中国累计关闭各类小煤矿 5.8 万处，占原有小煤矿数量的 73%。[4]

为加快煤矿整合和集团化发展，中国先后发布《国务院关于促进煤炭工业健康发展的若干意见》《煤炭工业"十一五"发展规划》等政策文件，明确提出要加快培育和发展若干个亿吨级大型煤炭骨干企业和企业集团。在此推动下，中国煤炭工业结构调整取得重大进展，逐步形成一批大企业和大企业集团。2009 年，年产量超过 1 000 万吨的煤炭企业有 43 家，该 43 家企业的煤炭产量共计 17.28 亿吨，占全国煤炭总产量的 58.12%，比 2005 年提高 22%。[5] 同年，中国煤炭产量居前十位的企业共计生产原煤 9.619 3 亿吨，占全国煤炭总产量的比例由 2000 年的 17.20% 提高到 32.36%（表 15-116）。其中，2009 年煤炭产量超亿吨的企业（集团）有两个，即神华集团 3.276 0 亿吨、中煤集团 1.250 5 亿吨，分别比 2000 年增长了约 7.7 倍、2.9 倍。

表 15-116　2000—2009 年中国十大煤炭生产企业

单位：百万吨

序号	2000 年		2005 年		2009 年	
	企业（集团）名称	产量	企业（集团）名称	产量	企业（集团）名称	产量
1	神华集团	37.50	神华集团	149.68	神华集团	327.60
2	大同煤矿集团	32.00	中煤集团	71.86	中煤集团	125.05
3	兖矿集团	28.01	山西焦煤集团	60.81	山西焦煤集团	80.79
4	中煤集团	25.85	大同煤矿集团	56.68	同煤集团	74.50
5	开滦集团	19.18	龙煤矿业集团	48.07	陕西煤业化工集团	71.01

[1]《新中国煤炭工业》编辑委员会:《新中国煤炭工业》，海洋出版社，2007，第 85 页。
[2] 崔民选主编《中国能源发展报告（2010）》，社会科学文献出版社，2010，第 66 页。
[3] 岳福斌主编《中国煤炭工业发展报告（2009）：加快推进煤炭企业并购重组》，社会科学文献出版社，2009，第 8 页。
[4]《新中国煤炭工业》编辑委员会:《新中国煤炭工业》，海洋出版社，2007，第 7 页。
[5] 崔民选主编《中国能源发展报告（2011）》，社会科学文献出版社，2011，第 50 页。

续表   单位：百万吨

序号	2000 年		2005 年		2009 年	
	企业（集团）名称	产量	企业（集团）名称	产量	企业（集团）名称	产量
6	平顶山煤业集团	18.34	兖矿集团	36.97	淮南矿业集团	67.16
7	淮北矿业集团	16.93	阳泉煤业集团	32.45	河南煤化工集团	59.98
8	西山煤电集团	16.73	淮南矿业（集团）	32.41	潞安矿业集团	55.09
9	铁法煤业集团	14.65	平顶山煤业集团	32.06	龙煤矿业集团	54.94
10	淮南矿业集团	14.28	山西晋城无烟煤矿业集团	30.06	中平能化集团	45.81
	小计	223.47	—	551.05	—	961.93
	占全国总产量的比例 /%	17.20	—	25.90	—	32.36

资料来源：作者整理。参考林伯强主编《中国能源发展报告（2008）》，中国财政经济出版社，2008；张国宝主编《中国能源发展报告（2010）》，经济科学出版社，2010。

2012 年，中国煤炭产量超过 1 000 万吨的大型煤炭企业有 42 家，总产量为 25.3 亿吨，占全国煤炭总产量的 69.4%。其中，亿吨级企业有 7 家，总产量为 12.1 亿吨，占全国煤炭总产量的 33.3%；5 000 万吨级企业有 12 家，总产量为 7.8 亿吨，占全国煤炭总产量的 21.4%；两者合计约占全国煤炭总产量的 54.7%。大型煤炭企业已成为开发大型煤炭基地的主体。[1]

三、中国煤炭贸易

改革开放以前，中国煤炭进出口贸易规模较小，1970 年出口量、进口量仅分别为 227 万吨、123 万吨，进出口总量为 350 万吨。改革开放后，随着中国煤炭工业的发展，中国煤炭出口规模不断扩大，到 2003 年达到历史顶峰，为 9 302 万吨。此后，中国煤炭贸易方向由出口导向型转为进口导向型，煤炭出口量大幅度减少，进口量则大幅度增加，进口量由 2003 年的 1 076 万吨增至 2009 年的 12 583 万吨，中国煤炭进口量首次突破 1 亿吨，并于 2009 年由煤炭净出口国变为煤炭净进口国，中国煤炭贸易结构发生巨大变化。2003 年，中国煤炭进出口总量超过 1 亿吨，到 2012 年超过 2 亿吨，达到 29 826 万吨（表 15-117）。

表 15-117　1970—2012 年中国煤炭进出口情况

时间 / 年	出口量 / 万吨	进口量 / 万吨	进出口总量 / 万吨
1970	227	123	350
1980	590	195	785
1985	777	231	1 008
1990	1 729	200	1 929
1991	2 000	137	2 137
1992	1 970	123	2 093
1993	1 981	143	2 124

---

[1] 岳福斌、崔涛主编《中国煤炭工业发展报告（2013）：完善煤炭产业政策》，社会科学文献出版社，2013，第 109 页。

续表

时间 / 年	出口量 / 万吨	进口量 / 万吨	进出口总量 / 万吨
1994	2 420	121	2 541
1995	2 862	164	3 026
1996	2 903	320	3 223
1997	3 072	200	3 272
1998	3 229	158	3 387
1999	3 741	167	3 908
2000	5 505	212	5 717
2001	8 590	244	8 834
2002	8 575	1 081	9 656
2003	9 302	1 076	10 378
2004	8 672	1 881	10 553
2005	7 107	2 600	9 707
2006	6 327	3 811	10 138
2007	5 317	5 102	10 419
2008	4 559	4 040	8 599
2009	2 240	12 583	14 823
2010	1 903	16 500	18 403
2011	1 648	17 463	19 111
2012	926	28 900	29 826

资料来源：作者整理。主要参考《新中国煤炭工业》编辑委员会：《新中国煤炭工业》，海洋出版社，2007；黄晓勇主编《世界能源发展报告（2013）》，社会科学文献出版社，2013。

（一）煤炭出口

1920 年前后，中国煤炭出口稳步增长，1924 年出口量为 320 万吨，成为中国大宗出口产品之一。[①]

中华人民共和国成立初期，受到外国经济的封锁，中国主要同朝鲜和越南开展易货贸易，出口规模较小。此外，也有少量煤炭出口到日本和东南亚国家。1970 年中国煤炭出口 227 万吨，到 1980 年增加到 590 万吨。

改革开放后，中国实行鼓励煤炭出口政策。1978 年，首先同日本签订长期煤炭贸易协议。此后，中国内地与中国香港地区以及欧洲一些国家的企业签订民间长期煤炭贸易协议，并逐步扩大到与世界各国的煤炭贸易往来，中国煤炭出口规模进一步扩大。1985 年，中国煤炭出口 777 万吨，1990 年增加到 1 729 万吨，20 世纪末（1999 年）增加到 3 741 万吨。进入 21 世纪的前几年，中国煤炭出口规模继续扩大，2003 年达到了历史上的最高点，出口量为 9 302 万吨。

此后，中国煤炭贸易发生历史性的根本转变。从 2004 年 1 月 1 日起，中国调整煤炭出口政策，降

[①] 汪朝光：《中华民国史·第 4 卷：1920—1924》，中华书局，2011，第 489 页。

低煤炭出口退税率，并于 2004 年 5 月出台政策，停止对焦炭和炼焦煤的出口退税。从此，中国煤炭出口规模大幅度减少，到 2012 年减少到不足 1 000 万吨，仅为 926 万吨，与 2003 年相比，出口量减少约 90.0%。2011 年，中国煤炭出口量占世界煤炭出口总量的比例仅为 1.41%。

中国输出境外的煤炭品种是无烟煤、炼焦煤和动力煤。其中，中国煤炭年出口规模最大的 2003 年动力煤出口量最多，达 7 265.0 万吨，约占中国煤炭境外输出总量的 78.1%；炼焦煤、无烟煤出口量分别为 1 302.0 万吨、735.0 万吨（表 15-118），分别约占 14.0%、7.9%。同年，中国煤炭境外输出的国家和地区主要是日本、韩国和中国台湾地区，分别为 3 121.3 万吨、2 968.0 万吨、1 710.2 万吨，分别约占中国境外输出总量的 33.6%、31.9%、18.4%，三者所占比例达 83.9%。

表 15-118　2003 年中国煤炭境外输出结构及市场分布情况

单位：万吨

序号	国家 / 地区	无烟煤	炼焦煤	动力煤	合计
1	韩国	300.2	190.0	2 477.8	2 968.0
2	日本	224.4	890.0	2 006.9	3 121.3
3	巴西	81.4	156.0	0	237.4
4	法国	42.4	0	0	42.4
5	荷兰	17.0	0	0	17.0
6	西班牙	10.5	7.0	0	17.5
7	德国	9.9	0	39.7	49.6
8	英国	8.4	0	0	8.4
9	加拿大	8.2	0	0	8.2
10	比利时	8.2	0	0	8.2
11	印度	0	35.0	197.8	232.8
12	朝鲜	0	16.0	0	16.0
13	中国台湾	0	4.0	1 706.2	1 710.2
14	越南	0	4.0	0	4.0
15	菲律宾	0	0	290.8	290.8
16	中国香港	0	0	211.6	211.6
17	土耳其	0	0	136.0	136.0
18	芬兰	0	0	52.9	52.9
19	丹麦	0	0	45.7	45.7
20	其他	24.4	0	99.6	124.0
	合计	735.0	1 302.0	7 265.0	9 302.0

资料来源：国家信息中心中国经济信息网：《中国行业发展报告——煤炭业（2004）》，中国经济出版社，2005，第 96-97 页。

（二）煤炭进口

20 世纪后半叶，中国煤炭进口规模较小，一般为每年 100 万～ 200 万吨。1949—1985 年，中国累计进口煤炭 4 671 万吨[①]，平均每年 129.75 万吨。1999 年，中国进口煤炭量仅为 167 万吨，1996 年的进口煤炭量也只有 320 万吨。

　　进入 21 世纪，随着经济社会发展对煤炭需求的不断增长以及对外贸易政策的调整，中国煤炭进口规模不断扩大，与出口规模不断缩减形成极大反差（图 15–12）。2000 年，中国煤炭进口量为 212 万吨。2002 年，中国煤炭进口量突破 1 000 万吨，达 1 081 万吨，2 年间增长约 4.1 倍。2009 年，中国煤炭进口量突破 1 亿吨，达到 12 583 万吨，比 2002 年增长约 10.6 倍。并且，中国煤炭进口量首次超过出口量，净进口量也超过 1 亿吨，从煤炭净出口国变为煤炭净进口国。2012 年，中国煤炭进口量突破 2 亿吨，达到 28 900 万吨。2013 年，中国煤炭进口量超过 3 亿吨，达 3.27 亿吨。[②]2011 年，中国煤炭进口量占世界煤炭总进口量的比例为 16.3%。

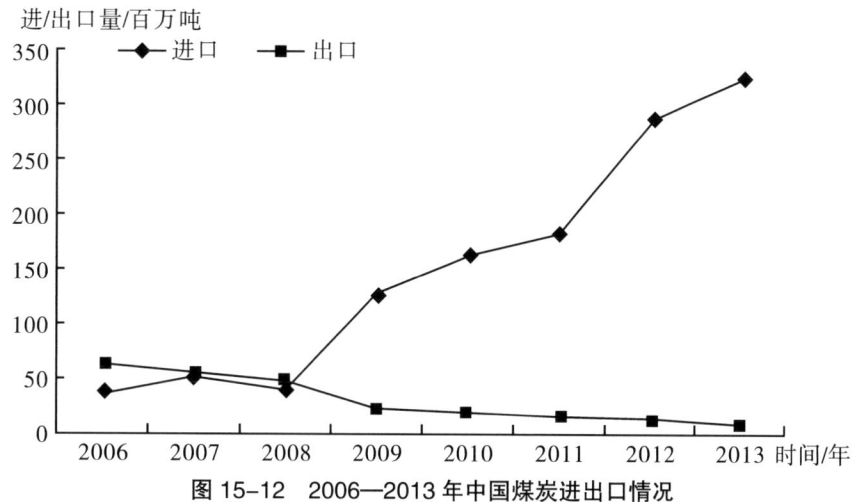

图 15–12　2006—2013 年中国煤炭进出口情况

资料来源：黄晓勇主编《世界能源发展报告（2014）》，社会科学文献出版社，2014，第 60 页。

四、中国煤炭利用

　　中国对煤炭的利用形式多样。21 世纪初，中国是世界上最大的焦炭生产国、消费国、出口国，先后引进、开发煤气化技术，大规模开发、利用煤气，在煤制合成油和代用天然气方面取得重要突破。中国还是世界上以煤为主要原料的合成氨最大生产国和合成甲醇最大生产国。

　　（一）煤制焦炭

　　中国炼焦煤资源比较丰富，是世界上最大的焦炭出口国和消费国。2003 年，中国焦炭消费量为 14 503.8 万吨[③]，出口量为 1 501 万吨[④]。

　　1. 炼焦煤资源

　　2003 年，中国查明炼焦煤资源储量为 2 758.60 亿吨（表 15–119），占全国煤炭资源总量的 27%。

① 《新中国煤炭工业》编辑委员会：《新中国煤炭工业》，海洋出版社，2007，第 51 页。

② 黄晓勇主编《世界能源发展报告（2014）》，社会科学文献出版社，2014，第 60 页。

③ 雷仲敏、杜铭华等：《中国煤炭期货品种开发研究》，中国金融出版社，2007，第 109 页。

④ 申明新主编《中国炼焦煤的资源与利用》，化学工业出版社，2007，第 279 页。

其中，经济可采储量为 646.33 亿吨，约占炼焦煤查明资源储量的 23.43%。炼焦煤分布在全国 29 个省份，其中山西省的资源量最多，达到 937.48 亿吨，约占全国总量的 62.17%；其次为安徽省和山东省，分别为 110.50 亿吨、91.83 亿吨。炼焦煤的主要矿区及产地包括开滦、大同、包头、抚顺等（表 15-120），达 100 多个。

表 15-119　2003 年中国炼焦煤资源的地区分布情况（不含港、澳、台地区）

单位：亿吨

地区	储量	基础储量	资源量	查明资源储量
北京	—	—	0.52	0.52
天津	—	2.97	0.52	3.49
河北	27.10	53.29	36.84	90.12
山西	331.60	607.06	937.48	1 544.54
内蒙古	21.45	37.25	17.24	54.48
辽宁	7.94	14.98	5.53	20.51
吉林	1.98	3.44	1.86	5.31
黑龙江	22.39	61.85	36.33	98.19
江苏	14.75	25.69	12.85	38.54
浙江	0.16	0.46	0.30	0.76
安徽	54.60	125.57	110.50	236.15
福建	—	—	0.01	0.01
江西	2.64	5.07	2.35	7.42
山东	33.41	80.90	91.83	172.74
河南	21.85	39.05	46.63	85.69
湖北	0.40	0.51	0.99	1.48
湖南	1.89	4.27	3.23	7.49
广东	0.03	0.05	0.15	0.21
广西	0.10	0.68	0.53	1.19
重庆	2.84	5.34	3.61	8.96
四川	8.49	11.45	11.11	22.53
贵州	39.03	63.99	35.59	99.56
云南	20.13	29.61	12.61	42.21
西藏	—	0.10	0.15	0.24
陕西	11.53	20.50	31.71	52.24
甘肃	1.24	3.34	5.13	8.45
青海	3.31	11.19	25.25	36.44
宁夏	6.86	15.53	25.36	40.90
新疆	100.61	26.46	51.77	78.23
全国合计	736.33	1 250.60	1 507.98	2 758.60

资料来源：申明新主编《中国炼焦煤的资源与利用》，化学工业出版社，2007，第 24 页。

表 15-120　中国炼焦煤资源的主要矿区及产地情况

地区	矿区及产地	成煤时代
天津	林南仓（归开滦矿区开发）	$C_2^{[1]} \sim P_1^{[2]}$
河北	开滦、兴隆、峰峰、邢台、临城、康保、宣化	$C_2 \sim P_1$
山西	西山、古交、汾西、离石、柳林、乡宁、平朔、岚县、大同、潞安、东山、轩岗、霍州、汾孝、灵石、霍东	$C_2 \sim P_1$
内蒙古	乌达、海勃湾、蚕特拉	$C_2 \sim P_1$
内蒙古	包头、牤牛海、万宝、裕民	$J_{1-2}^{[3]}$
辽宁	抚顺	$E_{1-2}^{[4]}$
辽宁	本溪、南票、红阳、南哨	$C_2 \sim P_1$
辽宁	北票、瓦房店、法库三家子、凤城、马架子	J_{1-2}
吉林	辽源、杉松岗、洮安万宝山、三道沟	J_{1-2}
吉林	通化、松树镇	$J_1^{[5]}$、$C^{[6]} \sim P^{[7]}$
黑龙江	鸡西、双鸭山、鹤岗、七台河、双桦、小石头河、林口	$K_1^{[8]}$
江苏	徐州、大屯	$C_2 \sim P_1$，P_2
浙江	长广	P_2
安徽	淮南、潘谢、淮北、涡阳	$C_2 \sim P_1$
江西	萍乡、花鼓山、于都利村	$T_3^{[9]}$
江西	丰城、乐平、八景	$P_2^{[10]}$
山东	兖州、淄博、枣庄、陶庄、新汶、肥城、莱芜、黄河北、朱刘店、临沂、济宁、巨野、官桥、滕州	$C_2 \sim P_1$
河南	平顶山、韩梁、朝川、安阳、鹤壁、宜洛、陕渑、禹县、新安、济源、临汝、确山	$C_2 \sim P_1$
湖北	松宜、七约山、黄石、秭归、蒲圻	P_1、P_2、$T_3 \sim J_1$
湖南	资兴、杨梅山	T_3
湖南	涟邵、桑石、黔浫、煤炭坝	P_2、P_1
广东	南岭、红卫坑	T_3
广东	连阳	P_2
广西	柳城八卦、东罗	P_2、$C_1^{[11]}$
四川及重庆	渡口、广旺、永荣、华蓥山、嘉阳、达竹、威远	T_3
四川及重庆	南桐、天府、中梁山	P_2
贵州	六枝、盘江、水城、中营、瓮安、贵阳（林东、二铺、石堰河、扎佐）	P_2
云南	田坝、羊场、来宾、恩洪、圭山、后所、庆云、徐家庄	P_2
云南	一平浪、华坪腊石沟	T_3
西藏	昌都、芒康、土门格拉、左贡、类乌齐、妥坝、江达	T_3
陕西	黄陵、七里镇	J_{1-2}
陕西	子长、陕南水磨沟、延安贯屯、富县	T_3
陕西	铜川、蒲白、澄合、韩城、吴堡、府谷、洛南-商县	$C_2 \sim P_1$

续表

地区	矿区及产地	成煤时代
甘肃	天祝炭山岭、榆中县水岔沟、靖远井儿川、磁窑	J_{1-2}
	山丹平坡、东水泉	C_2
宁夏	石嘴山、石炭井、横城、韦州	$C_2 \sim P_1$
青海	热水、江仓、聚乎更、大武、积石山、旺尕秀	J_{1-2}
	多洛	T_3
新疆	乌鲁木齐、南山、阜康、艾维尔沟、巴里坤、乌恰县沙里拜	J_{1-2}
	塔北、乌恰、库车	T_3

资料来源：申明新主编《中国炼焦煤的资源与利用》，化学工业出版社，2007，第27页。

注：[1] C_2 为晚石炭。[2] P_1 为早二叠纪。[3] J_{1-2} 为早、中侏罗纪。[4] E_{1-2} 为第三纪。[5] J_1 为早侏罗纪。[6] C 为石炭纪。[7] P 为二叠纪。[8] K_1 为早白垩纪。[9] T_3 为晚三叠纪。[10] P_2 为晚二叠纪。[11] C_1 为早石炭纪。

2004 年，中国可采储量超过 2 亿吨的炼焦煤生产矿区近 30 个（表 15-121）。其中，以山西省焦煤集团的可采储量最多，达 66.26 亿吨；平顶山矿区的可采储量为 37.70 亿吨，居第二位；淮南矿区、兖州矿区分别为 23.37 亿吨、18.19 亿吨，分别居第三、第四位。

表 15-121　2004 年中国主要炼焦煤矿区可采储量情况[1]

单位：亿吨

序号	矿区名称	可采储量	序号	矿区名称	可采储量
1	焦煤集团矿区	66.26	15	邢台矿区	5.37
2	平顶山矿区	37.70	16	峰峰矿区	4.92
3	淮南矿区	23.37	17	潞安矿区	4.90
4	兖州矿区	18.19	18	海勃湾矿区	4.58
5	平朔矿区	16.13	19	大屯矿区	4.55
6	开滦矿区	15.54	20	新集矿区	4.12
7	淮北矿区	11.95	21	枣庄矿区	4.01
8	鸡西矿区	9.44	22	水城矿区	3.91
9	鹤岗矿区	8.95	23	七台河矿区	3.73
10	盘江矿区	8.29	24	新汶矿区	3.37
11	通化矿区	8.28	25	乌达矿区	2.61
12	韩城矿区	6.63	26	攀枝花矿区	2.25
13	徐州矿区	6.05	27	淄博矿区	2.20
14	双鸭山矿区	5.46	28	铜川矿区	2.00

资料来源：申明新主编《中国炼焦煤的资源与利用》，化学工业出版社，2007，第28页。

注：[1] 表中有少数是高硫炼焦煤，有的是黏结性不强的气煤，故仍作为动力煤使用，如铜川、平朔、新集等矿区的炼焦煤均作为动力煤使用。

2.炼焦煤生产

中国炼焦煤生产主要集中在河北、山西、黑龙江、江苏、安徽、山东等省。2004 年，炼焦煤年产量超过 1 000 万吨的特大型矿区有 15 个（表 15-122），包括河北开滦、山西焦煤集团、黑龙江鸡西、江苏徐州、安徽淮北、山东淄博、河南平顶山等。以生产炼焦精煤为主的矿区有开滦、峰峰、焦煤集团、潞安、抚顺等（表 15-123）。其中，2004 年焦煤集团生产炼焦精煤产量达 2 516.5 万吨，兖州矿区的产量达 1 956.8 万吨。

表 15-122　2004 年中国主要炼焦煤的生产矿区情况

地区	矿区名称	主要煤种	矿井可采储量 / 亿吨	核定能力 / 万吨	原煤产量 / 万吨
河北	开滦矿区	肥煤、焦煤、1/3 焦煤	15.54	11 ～ 2 092	2 612
	峰峰矿区	肥煤、焦煤、瘦煤	4.92	8 ～ 760	8 ～ 760
山西	焦煤集团矿区	肥煤、1/3 焦煤、焦煤、瘦煤	66.26	35 ～ 4 738	5 496
	平朔矿区	气煤	16.13	2 ～ 2 500	3 836
黑龙江	鸡西矿区	1/3 焦煤、焦煤	9.45	14 ～ 1 144	1 050
	鹤岗矿区	1/3 焦煤、气煤	8.96	13 ～ 1 415	1 672
	七台河矿区	1/3 焦煤、焦煤	3.73	9 ～ 882	1 463
江苏	徐州矿区	气煤、1/3 焦煤	6.06	13 ～ 1 310	1 516
安徽	淮北矿区	焦煤、瘦煤、1/3 焦煤、气煤、肥煤	11.95	14 ～ 2 200	2 151
	淮南矿区	气煤、1/3 焦煤	23.38	9 ～ 2 970	2 840
山东	淄博矿区	气煤、1/3 焦煤、瘦煤、贫瘦煤	2.41	10 ～ 1 045	1 257
	新汶矿区	气煤、1/3 焦煤、气肥煤	3.37	11 ～ 1 115	1 164
	枣庄矿区	1/3 焦煤、气肥煤	4.02	10 ～ 1 272	1 777
	兖州矿区	气煤	18.29	8 ～ 4 100	4 110
河南	平顶山矿区	1/3 焦煤、焦煤、肥煤	13.17	27 ～ 2 980	3 070

资料来源：申明新主编《中国炼焦煤的资源与利用》，化学工业出版社，2007，第 102 页。

表 15-123　2004 年中国炼焦精煤主要的生产矿区情况

矿区名称	煤精产量 / 万吨	煤的主要类别	人洗原煤量 / 万吨	精煤回收率 /%	核定洗煤能力 / （万吨 / 年）
开滦矿区	693.6	肥煤、焦煤、1/3 焦煤	1 784	38.85	1 755
峰峰矿区	424.7	焦煤、肥煤	698	60.85	670
焦煤集团矿区	2 516.5	焦煤、肥煤、1/3 焦煤	3 638	69.19	3 580

续表

矿区名称	煤精产量/万吨	煤的主要类别	人洗原煤量/万吨	精煤回收率/%	核定洗煤能力/（万吨/年）
潞安矿区	295.6	瘦煤、贫瘦煤	428	68.97	350
抚顺矿区	325.5	气煤	329	98.96	360
沈阳矿区	276.1	肥煤、焦煤、瘦煤	459	60.11	330
七台河矿区	459.4	焦煤、1/3 焦煤	1 258	36.50	570
淮北矿区	466.7	肥煤、焦煤、1/3 焦煤	801	58.24	960
新汶矿区	628.7	气煤、气肥煤	726	86.56	930
枣庄矿区	656.3	1/3 焦煤	825	80.77	975
兖州矿区	1 956.8	气煤	2 511	77.92	2 876
平顶山矿区	646.5	1/3 焦煤、焦煤	1 031	62.67	900
盘江矿区	270.7	肥煤、1/3 焦煤	629	43.01	680

资料来源：申明新主编《中国炼焦煤的资源与利用》，化学工业出版社，2007，第 103 页。

1995 年，中国炼焦煤产量为 60 749 万吨。2004 年为 88 427 万吨（表 15-124），约占全国煤产量的 44.27%。在 2004 年生产的炼焦煤中，气煤、焦煤、1/3 焦煤的产量均超过 1 亿吨，居前三位，分别为 2.311 6 亿吨、1.819 6 亿吨、1.401 5 亿吨，分别约占炼焦煤总产量的 26.14%、20.58%、15.85%。

表 15-124　1995—2004 年中国炼焦煤的煤种产量情况

单位：万吨

煤的主要类别	1995 年	2000 年	2001 年	2002 年	2003 年	2004 年
焦煤	11 120	8 204	9 678	12 420	16 356	18 196
1/3 焦煤	8 908	9 190	11 725	11 838	13 771	14 015
肥煤	7 873	5 841	5 537	6 488	8 695	9 181
气肥煤	5 889	4 911	5 183	6 801	7 817	8 789
气煤	13 185	11 148	14 247	18 275	20 423	23 116
贫瘦煤	2 090	2 607	3 449	3 750	5 902	5 824
瘦煤	5 159	3 486	3 408	4 893	5 058	6 402
分不出牌号的煤	6 525	2 038	1 863	3 505	6 135	2 904
合计	60 749	47 425	55 090	67 970	84 157	88 427

资料来源：申明新主编《中国炼焦煤的资源与利用》，化学工业出版社，2007，第 29 页。

3. 焦炭生产

中华人民共和国成立以前，中国炼焦工业以中兴式、萍乡式等土法焦炉为主。中华人民共和国成立初期，苏联援建 ⅡBP 型焦炉和 JIK 式焦炉。1958 年后，中国自主设计、建设了一批 58 型焦炉、58-Ⅱ型焦炉和 80 型焦炉等。20 世纪 80 年代，山西大同、太原等地建成十几座带蓄热室的连续直立式焦炉，用于制气和生产特种用焦——铁合金焦。此后，太原理工大学将间接加热和直接加热两种工艺结合起来，开发出连续混热式冶金焦炉工艺。1985 年，上海宝山钢铁总厂首次从日本引进处理能力为每小时 75 吨的干熄焦装置，用于焦化生产。1987 年，中国建成、投产炭化室高 6 米、有效容积为 38.5 立方米的 JN60 型焦炉。[①]

进入 20 世纪 90 年代，中国自主开发一批炼焦装置，炼焦能力和水平不断提高。1999 年，济南钢铁集团总公司在引进乌克兰技术的基础上，建成两套自主研发的处理焦炭能力为每小时 70 吨的干熄焦装置。2000 年，山西寰达实业有限公司在侯马建成一座 DQJ-50 型清洁 19 孔无回收焦炉。2003 年，兖矿集团有限公司购买德国年产 200 万吨焦炭的凯泽斯图尔焦化厂 UHDE 复热式大容积焦炉的全部设备和技术。2005 年，马鞍山钢铁股份有限公司筹建中国第一座炭化室高为 7.63 米的焦炉。2006 年，攀枝花钢铁公司、首钢股份有限公司迁安钢铁公司、唐山钢铁股份有限公司、江苏沙钢集团有限公司等公司的 14 套新建干熄焦装置投产，使中国干熄焦总产能达到每小时约 4 600 吨。2006—2007 年，太原钢铁集团有限公司、马鞍山钢铁股份有限公司建成炭化室高 7.63 米的焦炉相继投产。21 世纪初，中国有机械化焦炉企业 871 家，大中小型机械化焦炉 1 694 座、产能 31 337 万吨。其中，炭化室高度不小于 4 米、装备水平较高的机械化焦炉 300 多座，产能占全部焦炭产能的 45% 左右。[②]2005 年，全国焦炭年生产能力在 100 万吨以上的大型焦化厂有 43 家。其中，鞍山钢铁集团有限公司化工总厂焦炭年生产能力达 434 万吨，排第一位；宝山钢铁股份有限公司焦化厂为 384 万吨，排第二位；武汉钢铁集团公司焦化厂和攀枝花钢铁公司焦化厂分别为 293 万吨、227 万吨。[③]中国有 80% 左右的焦炭是冶金部门生产的，其余 20% 由煤炭、轻工、化工、城市煤气等行业生产。

中国炼焦工业主要分布在全国各地，2004 年全国焦炭产量为 20 872.85 万吨。其中，焦炭年产量超过 1 000 万吨的省份有 3 个，分别为山西省（7 300.00 万吨）、河北省（1 595.85 万吨）、辽宁省（1 015.04 万吨）；山东省、内蒙古自治区、云南省分别达到 997.31 万吨、926.00 万吨、904.24 万吨。（表 15-125）2007 年，中国焦炭产量为 3.2 亿吨[④]，居世界第一位。

表 15-125　1995—2004 年中国分地区焦炭产量情况

单位：万吨

地区	1995 年	1999 年	2000 年	2001 年	2002 年	2003 年	2004 年
全国总计[1]	13 510.03	12 073.76	12 184.03	13 130.77	14 279.81	17 775.72	20 872.85
北京	400.87	395.93	402.07	396.36	357.44	362.39	361.23
天津	174.78	156.72	170.92	219.30	282.38	310.84	337.14
河北	937.54	695.35	792.47	920.55	972.61	1 128.23	1 595.85
山西	5 297.62	4 959.85	4 967.22	4 987.72	5 852.00	6 747.41	7 300.00
内蒙古	394.50	412.58	393.65	445.72	506.74	805.25	926.00

① 贺永德主编《现代煤化工技术手册》，化学工业出版社，2004，第 696 页。
② 高晋生主编《煤的热解、炼焦和煤焦油加工》，化学工业出版社，2010，第 140 页。
③ 申明新主编《中国炼焦煤的资源与利用》，化学工业出版社，2007，第 278 页。
④ 付长亮、张爱民主编《现代煤化工生产技术》，化学工业出版社，2009，第 1 页。

续表　　　　　　　　　　　　　　　　　　　　　　　　　　　　　　　　　单位：万吨

地区	1995 年	1999 年	2000 年	2001 年	2002 年	2003 年	2004 年
辽宁	820.15	746.89	788.90	801.39	871.50	923.01	1 015.04
吉林	135.79	153.85	153.88	149.07	153.79	177.76	217.50
黑龙江	189.55	139.85	128.64	148.56	192.64	298.96	380.76
上海	651.20	718.43	776.39	739.79	692.79	741.65	751.50
江苏	191.25	238.08	237.15	243.31	358.44	410.97	457.03
浙江	57.34	59.92	60.13	59.38	60.55	58.81	57.77
安徽	293.45	304.18	330.16	349.29	351.03	367.31	426.37
福建	38.89	44.61	44.89	45.04	45.77	49.09	67.33
江西	166.53	182.11	186.71	184.76	223.63	239.76	323.73
山东	464.75	339.66	361.99	361.51	369.73	596.56	997.31
河南	488.74	395.96	355.22	424.80	427.51	527.34	769.75
湖北	398.44	401.74	410.52	408.43	415.56	473.93	512.35
湖南	214.66	211.43	207.17	215.88	206.39	272.00	386.55
广东	54.47	54.16	53.96	53.85	54.72	56.06	90.72
广西	63.69	64.30	60.68	67.35	77.99	99.44	152.17
海南	0	0	0	0	0	0	0
重庆	—	135.30	136.41	149.50	136.18	153.17	181.37
四川	707.76	373.33	382.22	517.24	486.13	606.51	764.48
贵州	426.18	111.76	133.69	280.88	153.29	530.91	645.12
云南	370.27	387.76	221.25	444.02	532.33	659.67	904.24
西藏	0	0	0	0	0	0	0
陕西	340.78	151.55	175.38	247.20	245.06	871.02	896.12
宁夏	94.62	120.03	126.22	131.21	117.39	136.18	144.20
甘肃	1.47	2.97	1.50	3.09	2.00	0.03	—
青海	42.96	23.76	29.58	25.48	27.88	45.21	80.63
新疆	91.78	91.70	95.06	110.09	106.34	126.25	130.59

资料来源：雷仲敏、杜铭华等：《中国煤炭期货品种开发研究》，中国金融出版社，2007，第 92~93 页。

注：[1] 未包括香港特别行政区、澳门特别行政区、台湾地区的数据。

4. 炼焦副产品

炼焦过程中会产生各种副产品，可通过回收进行加工、再利用。中国百万吨级以上的炼焦企业，如鞍山钢铁集团有限公司、宝山钢铁股份有限公司、北京炼焦化学厂等都建有煤焦油加工装置，单套最大煤焦油装置加工能力为 10 万吨／年[1]，焦油加工大于 10 万吨／年的有 13 个厂家[2]。2007 年，中国生

---

[1] 申明新主编《中国炼焦煤的资源与利用》，化学工业出版社，2007，第 291 页。

[2] 郭树才主编《煤化工工艺学》第 2 版，化学工业出版社，2006，第 135 页。

产煤焦油 840 万吨，约有 390 万吨没有回收[1]。中国焦油产量约占世界总产量的 1/5[2]。

除了回收利用焦油，焦化企业还生产苯（包括粗苯和轻苯）。从钢铁企业的焦化厂来看，炼焦生产苯产量最多的是焦炭产量最大的那些重点企业。2000 年，鞍山钢铁集团有限公司的苯产量超过 6.2 万吨，约占全国钢铁企业苯产量的 15%，居第一位；其次为武汉钢铁集团，苯产量约为 3.6 万吨。

（二）煤制煤气

中国煤制煤气主要应用移动床气化、流化床气化、气流床气化、熔融床气化、煤炭地下气化等工艺技术。

1. 移动床气化

移动床气化分常压与加压两种。在常压移动床气化方面，20 世纪 50 年代末，中国广泛采用常压移动床间歇式气化工艺（UGI），建设以焦炭或无烟煤为原料的中小型氮肥厂。到 21 世纪初，仍在运行的 UGI 气化炉还有 3 000 多台，最大炉径为 3.6 米。[3]但鉴于该工艺能耗高，后来中国就禁止新建 UGI 气化炉了。20 世纪 80 年代后期，中国引进和自主研发直径为 2 ～ 3 米的两段式常压移动床煤气发生炉。同时，还自主研发和引进两段常压移动床水煤气炉，用于生产城市煤气。秦皇岛、威海、阜新等城市和部分矿区，至 2007 年还在使用两段水煤气炉生产民用煤气。[4]

在加压移动床气化方面，1974 年，云南建成鲁奇气化炉 Mark-Ⅱ，用褐煤加压气化制合成氨。1978 年，山西天脊化肥厂引进 5 台直径为 3.8 米的鲁奇气化炉 Mark-Ⅳ，以本地贫瘦煤为原料，生产合成氨原料气。[5]20 世纪 80 年代起，兰州煤气厂等企业先后引进 10 多台鲁奇气化炉。21 世纪初，山西潞安集团、国电赤峰化工有限公司、大唐国际发电股份有限公司、中国庆华能源集团公司等公司，又引进 80 多台鲁奇气化炉 Mark-Ⅳ。由此，中国累计建设、使用鲁奇气化炉 100 多台（表 15-126）。

表 15-126　鲁奇炉在中国的应用情况

企业名称	建设时间 / 年	数量及炉型	气化原料	用途
云南解化厂	1974	14 台 Mark-Ⅱ	褐煤	合成氨
山西天脊化肥厂	1978	5 台 Mark-Ⅳ	贫瘦煤	合成氨
兰州煤气厂	1985	5 台 Mark-Ⅱ	长焰煤	城市煤气
哈尔滨气化厂	1987	5 台 PKM	长焰煤	城市煤气 / 甲醇
义马煤气厂	1994	5 台 Mark-Ⅳ	长焰煤	城市煤气 / 甲醇
山西潞安集团	2007	6 台 Mark-Ⅳ	贫瘦煤	F-T 合成油
新疆广汇新能源有限公司	2007	14 台 Mark-Ⅳ	不黏煤	二甲醚
国电赤峰化工有限公司	2008	4 台 Mark-Ⅳ	褐煤	合成氨

[1] 付长亮、张爱民主编《现代煤炭化工生产技术》，化学工业出版社，2009，第 1 页。
[2] 郭树才主编《煤化工工艺学》第 2 版，化学工业出版社，2006，第 135 页。
[3] 许世森、张东亮、任永强：《大规模煤气化技术》，化学工业出版社，2006，第 111 页。
[4] 李玉林、胡瑞生、白雅琴：《煤化工基础》，化学工业出版社，2006，第 138-139 页。
[5] 郭树才主编《煤化工工艺学》第 2 版，化学工业出版社，2006，第 178 页。

续表

企业名称	建设时间/年	数量及炉型	气化原料	用途
大唐国际发电股份有限公司	2009	48台Mark-Ⅳ	褐煤	SNG
中国庆华能源集团公司	2009	14台Mark-Ⅳ	不粘煤	SNG

资料来源：徐耀武、徐振刚主编：《煤化手工册——中煤煤化工技术与工程》，化学工业出版社，2013，第86-87页。

2. 流化床气化

中国流化床气化的方式包括常压温克勒气化、灰熔聚流化床气化、循环流化床气化、间歇式常压流化床气化、载热体常压流化床气化等。

20世纪50年代末，中国的吉林化肥厂和兰州化肥厂分别引进苏联的盖依阿帕型常压流化床气化技术，采用富氧气化工艺生产合成氨，后因石油的大量发现而改为炼油。

20世纪60年代，北京煤化工研究分院建设直径为0.2米的流化床气化炉，进行灰熔聚流化床气化工艺研究。"七五"计划期间，该院开发直径为0.1米的加压粉煤流化床小型气化试验装置，最高运行压强为2.0兆帕。20世纪80年代初，中国科学院山西煤炭化学研究所开始研发ICC灰熔聚流化床粉煤气化技术，1990年建成处理能力为每天24吨煤、直径为1000毫米的试验装置，2001年在陕西城化股份有限公司开展处理能力为每天100吨煤灰熔聚流化床粉煤气化制合成气的工业示范装置试验。上海焦化厂于1993年引进美国8台U-gas气化炉，于1995年建成、投产世界上第一套U-gas工业化装置。后来上海市推广使用天然气，该装置于2002年年初停止运行。[1]

1996年，辽宁抚顺市黎明机械厂引进朝鲜恩德粉煤流化床气化技术，与朝鲜平壤技术贸易中心合作，成立抚顺恩德煤气制造有限公司（后改为抚顺恩德机械有限公司）。2001年，江西景德镇焦化煤气总厂建成2台产气量为10 000米³/时的工业示范恩德炉。此后，中国又引进了多套恩德流化床气化炉（表15-127）。中国科学院广州能源研究所设计直径为0.41米、高4米，以木粉为原料的循环流化床气化炉，处理量为180～378千克/时。

表15-127 恩德流化床气化炉在中国的应用情况

使用单位	煤气种类	产量/（米³/时）	数量/台	投产时间/年
江西景德镇焦化煤气总厂	空气煤气	10 000	2	2001
吉林长山化肥集团有限公司	合成气	40 000	2	2003
黑龙江黑化集团有限公司	合成气	40 000	2	2003
安徽淮化集团有限公司	合成气	20 000	1	2004
葫芦岛锌厂	燃料气	2 000	2	2006
江西景德镇焦化煤气总厂	空气煤气	40 000	1	—
黑龙江宁安化肥厂	合成气	40 000	1	2005

---

[1] 贺永德主编《现代煤化工技术手册》，化学工业出版社，2004，第465-467页。

续表

使用单位	煤气种类	产量 /（米³/时）	数量 / 台	投产时间 / 年
通辽梅花生物科技有限公司	合成气	20 000	2	—
河南郸城财鑫实业化工有限责任公司	合成气	10 000	1	2006
内蒙古霍煤通顺碳素有限责任公司	燃料气	10 000	2	2006

资料来源：徐振刚、步学朋主编《煤炭气化知识问答》，化学工业出版社，2008，第 282 页。

江苏理工大学成功开发间歇式常压流化床水煤气炉。河南郑州永秦能源新设备公司使用该专利技术，于 1998 年在郑州建成第一个示范煤气站，两台气化炉日产煤气 5 万立方米，向居民小区提供燃料气。①

上海申江化肥成套设备有限公司于 1993 年与宁夏吴忠化肥厂联合开发出载热体常压循环流化床粉煤气化技术，2000 年进行煤气产量为 3 000 米³（标）/ 时的工业性试验，2002 年实现工业化生产。

3. 气流床气化

中国气流床气化的方式有 K–T 气化、Texaco 气化、Shell 气化、GSP 气化、多喷嘴对置式水煤浆气化、多元料浆气化、航天炉气化等。

一是 K–T 气化。1960 年，上海化工研究院建成一台 K–T 气化炉，开展粉煤气化试验。1971 年，新疆化肥厂建成 5 台体积 11 立方米的 K–T 炉，单炉日产氨 50 吨。1975 年，南宁化肥厂建成一台内径为 1.4 米的 K–T 工业试验装置的气化炉。1984 年，山东黄县化肥厂建成、投产一套年产 5 000 吨合成氨原料气的 K–T 气化装置。K–T 气化炉在中国的应用不多。

二是 Texaco 气化。Texaco 气化技术（又称"GE 气化技术"）在中国得到较多的推广应用。陕西临潼化肥研究所曾建立日处理煤炭量为 24 吨的中试装置，开展水煤浆气化试验。20 世纪 80 年代起，中国先后在镇海、乌鲁木齐、大庆等地建成一批 Texaco 气化装置。到 21 世纪初，中国有多个 Texaco 气化技术许可项目（表 15–128），气化炉总数约为 80 台，其中投入运行的约 40 台。中国对 Texaco 气化技术的开发与应用起到重要推动作用。

表 15–128　Texaco 气化技术在中国的应用情况

序号	应用单位	地点	煤气用途	原料	创建时间 / 年
1	中国石油化工集团公司	浙江镇海	合成氨	减压渣油	1983
2	中国石油天然气集团公司	新疆乌鲁木齐	合成氨	减压渣油	1985
3	中国石油天然气集团公司	黑龙江大庆	丁辛醇	减压渣油	1987
4	中国石油天然气集团公司	宁夏	合成氨	减压渣油、天然气	1988
5	兖矿鲁南化工厂	山东鲁南	合成氨	煤	1993
6	上海焦化有限公司	上海	城市煤气、甲醇	煤	1995
7	北京化工四厂	北京	丁辛醇	重油	1995

① 贺永德主编《现代煤化工技术手册》，化学工业出版社，2004，第 476 页。

续表

序号	应用单位	地点	煤气用途	原料	创建时间/年
8	陕西省渭河化肥厂	陕西渭河	合成氨	煤	1996
9	上海太平洋化工集团公司	上海	醋酸	煤	1996
10	大化集团有限责任公司	辽宁大连	合成氨	减压渣油	1996
11	中国石油宁夏石化公司	宁夏	合成氨	天然气	1999
12	中国石油乌鲁木齐石化公司	新疆	合成氨	天然气	2000
13	淮化集团公司	安徽淮南	合成氨	煤	2000
14	中国石油化工集团公司/南化集团有限公司	江苏南京	合成氨	沥青/减压渣油	2002
15	吉化集团公司	吉林	合成氨	减压渣油	2003
16	黑龙江省农垦总局	黑龙江浩良河	合成氨	煤	2004
17	中国石油化工集团公司	江苏南京	合成氨、氢气	煤/石油焦	2005
18	陕西神木化学工业有限公司	陕西榆林	甲醇	煤	2005
19	中国石油化工集团公司	江苏南京	合成氨	煤	2006
20	陕西渭河煤化工集团有限责任公司	陕西渭河	甲醇	煤	2006
21	上海惠生	江苏南京	甲醇	煤	2007
22	兖矿集团有限公司	山东邹城	甲醇	煤	2007
23	上海焦化有限公司	上海	化工产品	煤	2008
24	中国石化齐鲁石油化工公司	山东临淄	合成气	煤及石油焦	2008
25	兖矿集团有限公司	陕西榆林	甲醇	煤	2008
26	大化集团有限责任公司	辽宁大连	合成氨	煤	2008
27	新奥新能化工有限公司	内蒙古鄂尔多斯	甲醇	煤	2009

资料来源：作者整理。参考徐振刚、步学朋主编《煤炭气化知识问答》，化学工业出版社，2008。

三是 Shell 气化。从 20 世纪 90 年代起，中国湖北双环化工集团有限公司、广西柳州化工股份有限公司等企业先后引进近 20 套 Shell 气化炉（表 15-129），主要用于生产合成氨、甲醇等。

表 15-129　Shell 气化技术在中国的应用情况

应用单位	地点	进料/（吨/天）	用途
岳阳中石化壳牌煤气化有限公司	湖南洞庭	2 000	合成氨
湖北双环化工集团有限公司	湖北应城	900	合成氨
广西柳州化工股份有限公司	广西柳州	1 300	合成氨
中国石油化工股份有限公司湖北化肥分公司	湖北武汉	2 000	合成氨
中国石油化工股份有限公司安庆分公司	安徽安庆	2 000	合成氨
云南天安化工有限公司	云南昆明	2 800	合成氨

续表

应用单位	地点	进料 /（吨 / 天）	用途
云南沾化有限责任公司	云南沾益	2 900	合成氨
大化集团有限责任公司	辽宁大连	1 100	甲醇
永城煤电集团有限责任公司	河南永城	2 000	甲醇
神华集团有限责任公司	内蒙古鄂尔多斯	2×2 000	氢气
中原大化集团有限公司	河南濮阳	2 000	甲醇
河南开祥化工有限公司	河南义马	1 100	甲醇
大唐国际发电股份有限公司	内蒙古	3×3 400	甲醇
天津渤海化工有限公司天津碱厂	天津	2×2 000	合成氨、甲醇
贵州天福化工有限责任公司	贵州福泉	2 000	合成氨、二甲醚

资料来源：徐振刚、步学朋主编《煤炭气化知识问答》，化学工业出版社，2008，第 287-288 页。

四是 GSP 气化。2002 年，瑞士可持续技术控股公司收购 GSP 气化技术，成立全资子公司——德国未来能源有限责任公司。瑞士可持续技术控股公司于 2005 年与中国宁夏煤业集团成立合资企业——北京索斯泰克煤气化技术有限公司，建设 GSP 项目。[1] 山西兰花煤炭实业集团有限公司也引进 GSP 气化技术，建设 30 万吨合成氨、10 万吨甲醇项目。

五是多喷嘴对置式水煤浆气化。华东理工大学和兖矿国泰化工有限公司等企业共同承担国家重点科技攻关项目 "新型（多喷嘴对置式）水煤浆气化炉开发"。2005 年在兖矿鲁南化肥厂内建成两台压强为 4.0 兆帕、处理能力为 1 150 吨 / 天煤的多喷嘴对置式水煤浆气化炉，配套生产 24 万吨甲醇，联产发电 71.8 兆瓦。先后在江苏灵谷化工有限公司、滕州凤凰化肥有限公司等企业推广应用该项技术（表 15-130）。

表 15-130　中国多喷嘴对置式水煤浆气化技术的应用情况

使用单位	煤气种类	单炉投煤量 /（吨 / 天）
江苏灵谷化工有限公司	合成气	1 800
山东德州华鲁恒升化工股份有限公司	合成气	750
兖矿国泰化工有限公司	合成气	1 150
滕州凤凰化肥有限公司	合成气	3 000
兖矿鲁南化肥厂	合成气	1 150
江苏索普（集团）有限公司	合成气	3 000

资料来源：徐耀武、徐振刚主编《煤化工手册——中煤煤化工技术与工程》，化学工业出版社，2013，第 287 页。

六是多元料浆气化。西北化工研究院研发出多元料浆气化技术，该技术先后在浙江丰登化工股份有限公司、山东德州华鲁恒升化工股份有限公司、内蒙古伊泰煤制油有限责任公司、淮南化工集团有限公司等企业应用（表 15-131）。

---

[1] 徐振刚、步学朋主编《煤炭气化知识问答》，化学工业出版社，2008，第 129 页。

表 15-131　中国多元料浆气化技术的应用情况

使用单位	应用项目
浙江丰登化工股份有限公司	3 万吨 / 年合成氨
浙江巨化集团有限公司	6 万吨 / 年甲醇
山东德州华鲁恒升化工股份有限公司	30 万吨 / 年合成氨
山东德州华鲁恒升化工股份有限公司	20 万吨 / 年甲醇（二期）
内蒙古三维资源集团有限公司	20 万吨 / 年甲醇
华亭中煦煤化工有限责任公司	60 万吨 / 年甲醇
内蒙古伊泰煤制油有限责任公司	16 万吨 / 年煤制油
久泰能源内蒙古有限公司	60 万吨 / 年甲醇
陕西咸阳化学工业有限公司	60 万吨 / 年甲醇
中海油华鹿山西煤炭化工有限公司	20 万吨 / 年甲醇
淮南化工集团有限公司	30 万吨 / 年合成氨
内蒙古奈伦集团股份有限公司	30 万吨 / 年合成氨

资料来源：徐振刚、步学朋主编《煤炭气化知识问答》，化学工业出版社，2008，第 287 页。

七是航天炉气化。航天炉气流床气化是中国自主研发的一种干粉煤加压气化技术，主要由火箭研究院承担技术开发任务。这一技术被命名为航天炉 HT-L。2008 年，濮阳市甲醇厂建成 15 万吨 / 年的甲醇 HT-L 示范装置。安徽临泉化工股份有限公司也建成一台航天炉。[①]

4. 熔融床气化

中国于 1965 年开发出单筒熔渣床粉煤气化技术，在北京锅炉厂建成一台直径为 1.14 米的试验装置，1974 年在酒泉钢厂建设一台直径为 2.1 米的放大装置。中国对双筒熔渣床粉煤气化技术也进行了实验室试验和工业性试验。[②]北京达立科科技有限公司与清华大学、山西丰喜肥业（集团）股份有限公司合作开发出非熔渣－熔渣分级气化技术，2006 年，山西丰喜肥业（集团）股份有限公司建成年生产能力为 10 万吨的甲醇生产装置。2005 年，云南解化集团有限公司应用 BGL 熔渣气化技术改造现有鲁奇气化炉，达到预期目标。云天化集团有限责任公司采用 BGL 溶渣气化技术气化褐煤型煤，在内蒙古呼伦贝尔建设 50 万吨合成氨、80 万吨尿素项目。洛阳一拖集团有限公司于 2010 年订购两台 3.6 米 BGL 气化炉，用于生产工业燃气。

5. 煤炭地下气化

1958 年，中国开始在山西大同等地进行煤炭地下气化试验。[③]1985 年，中国矿业大学在徐州马庄矿进行煤炭地下气化现场试验并取得成功。1993—1994 年，中国在徐州新河二号井进行地下气化的半工业性试验。[④]此后，先后在唐山刘庄矿、新汶孙村矿等地进行"长通道、大断面、两阶段"地下气化和"矿井气"两种技术试验和应用（表 15-132）。

[①] 唐宏青：《现代煤化工新技术》，化学工业出版社，2009，第 156 页。

[②] 贺永德主编《现代煤化工技术手册》，化学工业出版社，2004，第 609-611 页。

[③] 徐振刚、步学朋主编《煤炭气化知识问答》，化学工业出版社，2008，第 89-90 页。

[④] 张先尘、钱鸣高等：《中国采煤学》，煤炭工业出版社，2003，第 826 页。

表 15-132　中国煤炭地下气化开发应用情况

地点	气化炉数量 / 台	煤的种类	产气量 /（×10⁴ 米³/ 日）	点火时间 / 年	煤气用途
唐山刘庄矿	2	气肥煤	11	1996	烧锅炉，已停
依兰矿	1	长焰煤	—	1998	试验，已停
鹤壁一矿	1	贫瘦煤	7	1998	烧锅炉，已停
义马矿区	1	长焰煤	—	1998	试验，已停
新汶孙村矿	3	气煤	6	2000	水煤气 / 供民用，已停
新密矿务局	1	长焰煤	—	2000	纯氧试验，已停
新汶协庄矿	2	气煤	2	2001	水煤气 / 供民用，已停
肥城曹庄矿	2	气肥煤	3.5	2001	空气煤气 / 供民用，已停
山西昔阳	2	无烟煤	4	2001	水煤气，已停
攀枝花	1	贫瘦煤	8	2001	已停
鹤壁三矿	1	贫瘦煤	15	2001	空气煤气，已停
阜新矿务局	1	气煤	—	2001	空气 / 富氧，已停
新汶鄂庄矿	4（2）	气煤	10	2002	空气 / 富氧煤气 / 燃料气
新汶张庄矿	1	气肥煤	2	2003	已停
内蒙古新奥	1	褐煤	—	2007	—

资料来源：徐振刚、步学朋主编《煤炭气化知识问答》，化学工业出版社，2008，第 144-145 页。

（三）煤制合成油、天然气

1. 煤制合成油

煤制合成油有直接液化与间接液化两种工艺，还可先用煤生产甲醇再制油。

（1）煤间接液化制油

中国曾引进德国 F-T 合成技术，于 1943 年在辽宁锦州石油六厂建成、投产原油生产能力为 100 万吨 / 年的煤间接液化厂。"二战"后，中国重建锦州煤制油装置，最大产量为 14 万吨 / 年（1959 年）。发现大庆油田后该装置停产。1953 年，中国科学院大连石油研究所建成 4 500 吨 / 年的煤间接液化合成油中试装置，但因催化剂磨损等问题而未能成功。[①]

20 世纪 80 年代，中国科学院山西煤炭化学研究所提出将传统的 F-T 合成与沸石分子筛结合的固定床两段合成工艺（MFT 工艺），并于后期在山西代县化肥厂建成 100 吨 / 年的工业中试装置。1993—1994 年，又在山西晋城第二化肥厂进行 2 000 吨 / 年的工业试验，产出合格的 90 号汽油。1996—1997 年，还对新型高效 Fe/Mn 超细催化剂进行连续运转 3 000 小时的单管工业试验。[②]

进入 21 世纪，中国煤间接液化制油取得突破性进展。2009 年，中国首个煤间接液化示范工程、

[①] 贺永德主编《现代煤化工技术手册》，化学工业出版社，2004，第 997 页。

[②] 同上书，第 998 页。

中国首个具有自主知识产权的煤基合成油示范项目——山西潞安 21 万吨煤基合成油项目建成、投产。[1]该项目除了制油，还配套建设年产 18 万吨合成氨、30 万吨尿素以及利用 F-T 合成低热值尾气的 12.8 兆瓦 IGCC 发电项目，开展煤基多联产。同年，内蒙古伊泰 16 万吨 / 年煤间接液化示范项目也建成投产。2012 年，神华宁煤集团有限公司投资 550 亿元，在宁夏宁东建设 400 万吨 / 年煤间接液化制油项目。[2]兖矿集团自主研发出煤间接液化制油技术，在山东兖矿鲁南化肥厂完成 5 000 吨级中试试验。

（2）煤直接液化制油

中国从 20 世纪 70 年代末开始研究煤直接液化技术。煤炭科学研究总院北京煤化学研究所先后对中国的近百个煤种进行直接液化试验。1997—2000 年，煤炭科学研究总院分别与德国、日本、美国等国家合作，在神华、云南先锋和黑龙江依兰进行中试放大试验。2001 年，中国第一个煤直接液化示范项目建议书——《神华煤直接液化项目建议书》获国务院批准。2004 年，神华鄂尔多斯煤直接液化项目开工建设，设计能力为 500 万吨 / 年成品油。2008 年，该项目第一台 108 万吨 / 年成品油工业示范装置建成试车。[3]2010 年，神华煤直接液化项目生产出 78 万吨成品油投入市场。

（3）煤产甲醇制油

先将煤气化生成合成气，再将合成气进行高压或低压反应合成甲醇，最后将甲醇进行催化便可制得高辛烷值汽油。这是煤液化制油之外的另一种煤制油路径。

2009 年，中国山西晋城无烟煤矿业集团有限责任公司与德国伍德公司合作，引进美国甲醇制汽油（MTG）技术，利用劣质煤，在晋城建成、投产 10 万吨 / 年煤产甲醇制汽油装置。[4]

2.煤制天然气

20 世纪 80 年代，中国开始研发甲烷化催化剂，大连普瑞特化工科技有限公司（是中国科学院大连化学物理研究所控股企业）开发出 M 系列催化剂，西北化工研究院开发出 JRE 型催化剂，西南化工研究设计院开发出 CNJ-5 型催化剂。其中，大连普瑞特化工科技有限公司开发的技术实现了水煤气甲烷化、工业化的应用。[5]在此基础上，中国利用国内外工艺技术积极发展煤制天然气产业。国家发展和改革委员会先后批准大唐国际发电股份有限公司、新疆广汇新能源有限公司、新汶矿业集团有限责任公司、内蒙古汇能煤化工有限公司、神华集团有限责任公司等的多个煤制天然气项目（表 15-133）。

表 15-133　中国煤制天然气项目情况

建设单位	地点	生产规模 /（亿 m³/a）	项目概况
大唐国际发电股份有限公司	内蒙古克什克腾旗	40	2009 年开工建设，总投资 228 亿元。利用锡林浩特褐煤资源。向北京输送天然气

---

[1] 吴金慧主编《科学可持续发展煤化工——2006—2009 年中国煤化工文集》，化学工业出版社，2009，第 73 页。

[2] 徐耀武、徐振刚主编《煤化工手册——中煤煤化工技术与工程》，化学工业出版社，2013，第 212-213 页。

[3] 付长亮、张爱民主编《现代煤化工生产技术》，化学工业出版社，2009，第 250-251 页。

[4] 徐耀武、徐振刚主编《煤化工手册——中煤煤化工技术与工程》，化学工业出版社，2013，第 412 页。

[5] 徐振刚、步学朋主编《煤炭气化知识问答》，化学工业出版社，2008，第 270 页。

续表

建设单位	地点	生产规模/（亿 m³/a）	项目概况
大唐国际发电股份有限公司	辽宁阜新	40	利用内蒙古东部煤炭资源。配套生产石脑油、焦油等。向沈阳、大连等城市输送天然气
新疆广汇新能源有限公司	新疆伊吾	80	投资 67.5 亿元。第一期项目生产天然气 5.5 亿 m³。配套建设年产 120 万 t 甲醇、80 万 t 二甲醚等项目
新汶矿业集团有限责任公司	新疆伊犁	20	总投资约 89 亿元。配套生产焦油、石脑油等
内蒙古汇能煤化工有限公司	内蒙古鄂尔多斯	16	总投资 93.78 亿元。分为两期建设，每期年产 8 亿 m³ 煤制天然气
神华集团有限责任公司	内蒙古鄂尔多斯	20	2008 年开工建设，总投资 140 亿元。配套生产硫黄、粗酚、液氨等
大唐华银电力股份有限公司	内蒙古鄂尔多斯	36	总投资约 174 亿元。采用"一步法"煤制合成天然气技术（"蓝气技术"）
中国海洋石油集团有限公司、大同煤矿集团有限责任公司	山西大同	40	总投资 300 亿元。建设两个 1 000 万 t/a 煤矿和一个 40 亿 m³/a 煤制天然气项目
神东天隆集团有限责任公司 新疆煤化工分公司	新疆吉木萨尔	13	总投资 68.46 亿元，原料煤用量约 464 万 t/a

资料来源：徐耀武、徐振刚主编《煤化工手册——中煤煤化工技术与工程》，化学工业出版社，2013，第 224-225 页。作者做了适当整理。

（四）煤制型煤、型焦

1. 煤制型煤

20 世纪 30 年代，中国在东北地区小范围使用过机车型煤。20 世纪 40 年代，城镇居民生活能源主要是煤球。20 世纪 50 年代，开始机械化规模生产型煤。20 世纪 60 年代，开发多种型煤工艺，为全国 60% 左右的氮肥厂提供气化原料。1964 年，在河北唐山建成一条生产能力为 1.2 万吨/年的锅炉型煤生产线。随后，北京市煤炭总公司百子湾煤球厂建成 8 万吨/年型煤生产线。[1]20 世纪 70 年代，煤炭科学研究总院北京煤化学研究所开发出腐殖酸煤球，供给十余家小化肥厂。

改革开放后，中国型煤产业得到较快发展。20 世纪 80 年代初，鹤岗机务段建成 3 万吨/年的型煤中试厂、80 吨/天苏家屯机车型煤试验厂等。1986 年，山西大同建成 5 万吨/年型煤厂。1987 年，国务院环境保护委员会、国家计划委员会等部门联合发布《关于发展民用型煤的暂行办法》，指出推广和发展型煤既经济又现实，是解决原煤散烧污染问题和提高热效率的有效途径。[2]中国进一步加大对型煤的开发与利用。20 世纪 90 年代，先后研制出一系列高强、防水、免烘干的气化和锅炉型煤，中国的型煤技术达到一个新的水平。

21 世纪初，中国民用型煤的年销售量达到 4 000 万吨以上。

[1] 贺永德主编《现代煤化工技术手册》，化学工业出版社，2004，第 171 页。
[2] 吴占松、马润田、赵满成等：《煤炭清洁有效利用技术》，化学工业出版社，2007，第 87 页。

2. 煤制型焦

1956 年，中国开始研发高炉型焦技术。20 世纪 60 年代，煤炭科学研究总院北京煤化学研究所研制出冶金型焦。20 世纪 70 年代，中国以无烟煤为原料生产冶金型焦，在广东、福建、湖北等省的 10 余个钢铁厂推广应用。到 1978 年，全国 14 个省（自治区）共 40 多个厂矿（不完全统计）进行型焦开发，设备能力为 1 万～ 4 万吨 / 天，常年生产型焦供 30 立方米以下的小高炉冶炼使用。[1]

"七五"计划期间，鞍山热能研究院与内蒙古自治区煤炭科学研究所合作，以太西无烟煤为主要原料，在宁夏石嘴山市焦化厂建成 4 万吨 / 天的特级铸造焦工业示范装置。[2]20 世纪 90 年代中期，北京煤化工研究分院在江西建立 3 万吨 / 天热压型焦试验厂。[3]

（五）煤制合成氨、甲醇和其他化工产品

1. 煤制合成氨

中国合成氨生产主要是以煤为原料。2000 年，中国合成氨产量为 3 363.7 万吨。其中，以无烟煤为原料的合成氨产量为 1 869.9 万吨[4]，约占合成氨总产量的 55.60%；用焦炭制氨的产量为 128.3 万吨，约占 3.81%；用褐煤制氨的产量为 12.1 万吨，约占 0.36%。三者合计约占合成氨总产量的 59.77%。

1984 年，山东兖矿鲁南化肥厂引进 Texaco 气化技术，采用激冷工艺，建设气化炉直径为 2.74 米、气化压强为 2.94 兆帕、处理煤量为 360 吨 / 天的合氨生产装置。此后，兖矿鲁南化肥厂、陕西渭河煤化工集团有限责任公司（以下简称"渭化集团"）、淮化集团有限公司、浩良河化肥厂、中国石油化工股份有限公司（以下简称"中石化"）等企业先后引进 Texaco 水煤浆气化技术，建成一批合成氨生产装置（表 15-134）。

表 15-134 Texaco 水煤浆气化技术在中国合成氨生产中的应用情况

应用单位	地点	原料	用途	产能 /（万吨 / 年）	开工时间 / 年
兖矿鲁南化肥厂	山东	煤	合成氨	13	1984
兖矿鲁南化肥厂	山东	煤	合成氨	8	1993
渭化集团	陕西	煤	合成氨	30	1996
淮化集团有限公司	安徽	煤	合成氨	18	2000
兖矿鲁南化肥厂	山东	煤	合成氨	10	2003
浩良河化肥厂	黑龙江	煤	合成氨	20	2004
中石化金陵分公司	南京	煤、石油焦	合成氨	45	2005
中石化	南京	煤、石油焦	合成氨	30	2005

资料来源：徐振刚、步学朋主编《煤炭气化知识问答》，化学工业出版社，2008，第 247 页。

2001 年，壳牌公司与中石化在湖南岳阳合资创办中国第一个 Shell 煤气化项目，为中石化巴陵化

---

[1] 陈雪枫：《中国无烟煤利用技术》，化学工业出版社，2005，第 204 页。
[2] 贺永德主编《现代煤化工技术手册》，化学工业出版社，2004，第 690 页。
[3] 陈雪枫：《中国无烟煤利用技术》，化学工业出版社，2005，第 207 页。
[4] 同上书，第 130 页。

肥厂生产原料合成气。同年，湖北应城和广西柳州两家化肥厂也引进壳牌煤气化技术。[①]中国先后建成多套 Shell 煤气化装置，生产合成氨产品（表 15-135）。

表 15-135　Shell 煤气化技术用于中国合成氨的生产情况

应用单位	地点	进料规模 /（吨 / 天）	用途	开工时间 / 年
中石化 / 壳牌	湖南洞庭	2 000	合成氨	2006
湖北双环化工集团有限公司	湖北应城	900	合成氨	2006
广西柳州化工股份有限公司	广西柳州	1 100	合成氨	2006
中国石油化工股份有限公司湖北化肥分公司	湖北武汉	2 000	合成氨	2006
中国石油化工股份有限公司安庆分公司	安徽安庆	2 000	合成氨	2006
云南天安化工有限公司	云南昆明	2 700	合成氨	2008
云南沾化有限责任公司	云南沾益	2 700	合成氨	2008
天津渤海化工集团天津碱厂	天津	2 × 2 000	合成氨、甲醇	2009
贵州天福化工有限责任公司	贵州福泉	2 000	合成氨、二甲醚	2009

资料来源：徐振刚、步学朋主编《煤炭气化知识问答》，化学工业出版社，2008，第 249 页。

此外，天脊集团引进德国鲁奇加压移动床煤气化工艺生产合成氨，日产合成氨 1 000 吨。陕西城化股份有限公司引进灰熔聚流化床气化技术生产合成氨原料气。吉林长山化肥集团长达有限公司引进恩德粉煤气化技术，改造以重油为原料的合成氨装置，于 2003 年建成、投产两台 40 000 米^3/ 时的流化床气化炉。[②]

经过多年的发展，中国合成氨工业涌现出了一批年产量超百万吨的大型企业。其中，2011 年，山西晋城无烟煤矿业集团有限责任公司合成氨产量达 601 万吨 / 年，中国石油天然气集团公司合成氨产量为 280 万吨 / 年，宣化钢铁集团有限责任公司合成氨产量为 239 万吨 / 年，居中国合成氨生产企业前三位（表 15-136）。中国是世界上最大的合成氨生产国，2011 年合成氨生产能力达到 6 560 万吨，产量为 5 069 万吨。

表 15-136　2011 年中国主要合成氨生产企业的产能和产量情况

单位：万吨 / 年

企业名称	合成氨的产能	合成氨的产量
山西晋城无烟煤矿业集团有限责任公司	885.5	601
中国石油天然气集团公司	303	280
宣化钢铁集团有限责任公司	413	239
阳煤集团有限责任公司	172	163
中国石油化工集团公司	245	147
中国海洋石油集团有限公司	105	115

[①] 许世森、张东亮、任永强：《大规模煤气化技术》，化学工业出版社，2006，第 342 页。
[②] 徐耀武、徐振刚主编《煤化工手册——中煤煤化工技术与工程》，化学工业出版社，2013，第 243 页。

续表

单位：万吨／年

企业名称	合成氨的产能	合成氨的产量
中国化工集团有限公司	144	117
四川化工控股（集团）有限责任公司	199	99
北方华锦化学工业集团有限公司	90	87
云天化集团有限责任公司	176	78

资料来源：徐振刚、步学朋主编《煤炭气化知识问答》，化学工业出版社，2008，第 19-20 页。

2. 煤制甲醇

中国从 1957 年开始发展甲醇工业，采用高压锌－铬催化剂工艺，以煤或焦炭为原料，在吉林、兰州、太原等地由苏联援建了一批规模为 100 吨／天的合成甲醇生产装置。[1] 此后先后建设上海吴泾化工厂、浙江湖州化肥厂等一批高压法中小型甲醇厂。[2] 上海吴泾化工厂还自行设计、建造以石脑油为原料的高压法甲醇装置。中国还在发展合成氨过程中开发出合成氨联产甲醇工艺。20 世纪 60 年代末，中国甲醇生产能力约为 10 万吨／年。

进入 20 世纪 70 年代，中国引进低压合成甲醇技术，自主开发出铜基催化剂，使甲醇生产技术水平得到提高。四川维尼纶厂从英国帝国化学工业集团（ICI）引进以乙炔尾气为原料的低压甲醇装置。山东齐鲁石化工程公司第二化肥厂从鲁奇公司引进以渣油为原料的低压甲醇装置。西南化工研究设计院、南京化学工业（集团）公司研究院开发出性能良好的低压甲醇催化剂。1995 年，上海太平洋化工有限公司建成、投产由化工部第八设计院和上海化工设计院共同开发的 20 万吨／年的甲醇生产装置，这标志着中国甲醇生产技术向大型化和国产化迈出了重要一步。[3]

21 世纪以来，中国甲醇工业取得重大进展与突破。华东理工大学、西南化工研究设计院等相继开发拥有完全自主知识产权的甲醇合成技术，打破了长期以来 ICI、鲁奇公司等国外少数公司垄断中国甲醇市场的局面[4]。内蒙古天野化工（集团）有限责任公司和陕西渭河煤化工集团有限责任公司先后建成 9 套年产 20 万吨的杭州林达恒温甲醇合成塔装置。华东理工大学开发出绝热管壳外冷复合式甲醇合成工艺，在国内建成多个规模为 10 万～20 万吨／年的工业化装置。湖南安淳高新技术有限公司成功开发 JJD 低压恒温水管式甲醇合成塔。[5]2004 年，云南曲靖市建成、投产由化学工业第二设计院设计的中国第一套焦炉煤气制取甲醇装置（年产 8 万吨），标志着中国专为炼焦综合利用开发的先进工艺取得成功。之后，又分别在河北建滔（2005 年）、山东滕州（2006 年）建成 10 万吨／年的焦炉煤气制取甲醇装置。[6]

21 世纪，中国先后引进一批先进煤制甲醇工艺，如上海焦化有限公司、陕西神木化学工业有限公司、兖矿集团有限公司等引进 Texaco 水煤浆气化技术（表 15-137），大化集团有限责任公司、永城

① 付长亮、张爱民主编《现代煤炭化工生产技术》，化学工业出版社，2009，第 188 页。

② 徐耀武、徐振刚主编《煤化工手册——中煤煤化工技术与工程》，化学工业出版社，2013，第 149 页。

③ 张鸣林主编《中国煤的洁净利用——兼论兖矿煤化工产业发展》，化学工业出版社，2007，第 228 页。

④ 同上。

⑤ 唐宏青：《现代煤化工新技术》，化学工业出版社，2009，第 305-308 页。

⑥ 张鸣林主编《中国煤的洁净利用——兼论兖矿煤化工产业发展》，化学工业出版社，2007，第 229 页。

煤电（集团）有限责任公司、大唐国际发电股份有限公司等企业引进 Shell 煤气化技术（表 15-138），形成一批以煤为原料的年产 10 万吨以上的大型甲醇生产企业（表 15-139），甲醇生产规模迅速扩大。2006 年，中国甲醇产量为 886.12 万吨，成为世界上最大的甲醇生产国。[①]2007 年，中国甲醇产量超过 1 000 万吨（表 15-140）；2008 年达到 1 126.30 万吨，与 1998 年的产量 158.17 万吨相比，10 年间增长了 6 倍多。

表 15-137　Texaco 水煤浆气化技术在中国合成甲醇生产中的应用情况

应用单位	地点	原料	用途	产能 /（万吨 / 年）	开工时间 / 年
上海焦化有限公司	上海	煤	城市煤气、甲醇	20	1995
上海太平洋化工集团公司	上海	煤	醋酸	20	1996
陕西神木化学工业有限公司	陕西榆林	煤	甲醇	20	2006
陕西渭河煤化工集团有限责任公司	陕西渭河	煤	甲醇	20	2006
兖矿集团有限公司	山东邹城	煤	甲醇	50	2007
上海惠生化工工程有限公司	江苏南京	煤	甲醇	20	2007
中石化集团	山东临淄	煤、石油焦	合成气	—	2008
上海焦化有限公司	上海	煤	化工产品	—	2008
神华集团有限责任公司	内蒙古包头	煤	甲醇转烯烃	—	2010

资料来源：徐振刚、步学朋主编《煤炭气化知识问答》，化学工业出版社，2008，第 254 页。

表 15-138　Shell 煤气化技术在中国合成甲醇生产中的应用情况

应用单位	地点	进料 /（吨 / 天）	用途	开工时间 / 年
大化集团有限责任公司	辽宁大连	1 100	甲醇	2006
永城煤电（集团）有限责任公司	河南永城	2 100	甲醇	2007
中原大化集团有限责任公司	河南濮阳	2 100	甲醇	2007
河南开祥化工有限公司	河南义马	1 100	甲醇	2007
大唐国际发电股份有限公司	内蒙古	3 × 3 400	甲醇	2008

资料来源：徐振刚、步学朋主编《煤炭气化知识问答》，化学工业出版社，2008，第 254 页。

表 15-139　2005 年中国主要煤制甲醇企业生产能力情况

序号	企业名称	生产能力 /（万吨 / 年）
1	兖矿鲁南化肥厂	39
2	上海焦化有限公司	35
3	山西丰喜肥业（集团）股份有限公司	32
4	河南中原气化股份有限公司遂平化工总厂	30
5	河南尉氏化工总厂	18
6	哈尔滨气化厂	16
7	四川吐哈油田鄯善甲醇厂	15

① 张鸣林主编《中国煤的洁净利用——兼论兖矿煤化工产业发展》，化学工业出版社，2007，第 223 页。

续表

序号	企业名称	生产能力 / (万吨 / 年)
8	中原化工公司甲醇厂	15
9	河南省煤气集团有限责任公司义马气化厂	14
10	浙江衢化化工有限公司	10
11	山西原平化学工业集团有限责任公司	10
12	山东恒通化工股份有限公司	10
13	齐鲁石化工程公司化肥厂	10
14	安徽临泉化工股份有限公司	8
15	河南淇县华源化工有限公司	8
16	湖南湘氮实业有限公司	8
17	河北石家庄新化股份有限公司	8

资料来源:陈雪枫:《中国无烟煤利用技术》,化学工业出版社,2005,第164页。

表 15-140　1990—2008 年中国甲醇产量情况

时间 / 年	产量 / 万吨
1990	60.00
1994	106.96
1998	158.17
2000	198.69
2001	206.48
2002	210.95
2003	298.87
2004	440.64
2005	535.64
2006	886.12
2007	1 076.20
2008	1 126.30

资料来源:作者整理。主要参考唐宏青:《现代煤化工新技术》,化学工业出版社,2009。

3. 煤制二甲醚

中国的二甲醚工业起步较晚,始于 20 世纪 80 年代初,到 1989 年二甲醚年产量约为 5 000 吨。20 世纪 90 年代,清华大学与美国空气化工产品公司合作,开发出浆态床"一步法"合成二甲醚技术,2004 年,重庆英力燃化有限公司建成 3 000 吨 / 年二甲醚中试装置。兰州设计院与华东理工大学、清华大学合作,在中国石化集团的支持下,于 2000 年开发浆态床"一步法"合成二甲醚项目。[①] 进入 21 世纪,尤其是 2005 年之后,中国二甲醚工业迅猛发展。2001 年中国二甲醚年产能约为 2 万吨,到 2005 年增至 20 万吨,2007 年、2008 年分别增至 100 万吨、560 万吨,产量也由 2001 年的约 1 万吨增至 2008 年

---

① 唐宏青:《现代煤化工新技术》,化学工业出版社,2009,第 356—359 页。

的 185 万吨（表 15-141）。2012 年，二甲醚的产能达到 1 200 万吨 / 年以上。二甲醚主要生产企业有四川泸天化股份有限公司、山东久泰化工科技股份有限公司、新奥集团、天茂实业集团等。

表 15-141　2001—2012 年中国二甲醚生产情况

时间 / 年	产能 / 万吨	产量 / 万吨
2001	2	1
2002	3	2
2003	7	4
2004	10	5
2005	20	10
2006	48	32
2007	100	70
2008	560	185
2009	600	230
2012	> 1 200	—

资料来源：作者整理。主要参考唐宏青：《现代煤化工新技术》，化学工业出版社，2009。

4. 煤制乙二醇

2009 年，中国科学院福建物质结构研究所等单位共同研发、建成中国首套 20 万吨 / 年煤制乙二醇工业示范装置。华东理工大学等单位与淮化集团有限公司合作建成 1 000 吨 / 年煤制乙二醇中试装置。鹤壁宝马科技（集团）有限公司等单位共同开发的合成气制乙二醇中试项目试车成功。此外，还在建一批煤制乙二醇项目（表 15-142）。2011 年，全球乙二醇的产量将近 2 700 万吨，其中，中国为 320 万吨。

表 15-142　截至 2011 年中国煤制乙二醇项目[1]

厂家	规模 /（万吨 / 年）
通辽金煤化工有限公司	40
永城永金化工有限公司	20
濮阳永金化工有限公司	20
洛阳永金化工有限公司	20
安阳永金化工有限公司	20
新乡永金化工有限公司	20
内蒙古开滦化工有限公司	2 × 20
埃新斯（枣庄）新气体有限公司	5
山东华鲁恒升化工股份有限公司	5
宁波禾元化学有限公司	50
鹤壁宝马科技（集团）有限公司	25
内蒙古易高煤化科技有限公司	20
内蒙古博源控股集团有限公司锡林郭勒苏尼特碱业有限公司	20

资料来源：徐耀武、徐振刚主编《煤化工手册——中煤煤化工技术与工程》，化学工业出版社，2013，第 228-229 页。

注：[1] 通辽金煤化工有限公司煤制乙二醇项目一期工程已经建成、投产，表中其他项目截至 2011 年均为在建项目。

5. 煤制活性炭

公元前 206—公元 220 年，中国的汉墓棺椁已利用木炭做吸附剂和防腐剂使用。16 世纪，明朝李时珍的《本草纲目》介绍用果壳炭治疗腹泻和肠胃疾病。中华人民共和国成立前，中国活性炭生产规模小，20 世纪 50 年代前，活性炭年产量为 30 吨左右，主要生产粉状活性炭。1960 年，中国开始生产颗粒状煤质活性炭。改革开放后，中国活性炭的生产得到快速发展。1994 年，中国活性炭产量为 7.3 万吨，其中，煤质活性炭产量为 3 万吨，粉状活性炭产量为 3 万吨，果壳活性炭产量为 1 万吨左右。[①]2002 年，中国活性炭出口量为 13.5 万吨，居世界首位。2003 年，中国活性炭产量为 22 万吨（表 15-143），居世界第一位，其中，煤质活性炭产量超过 15 万吨，出口活性炭 12 万吨。

表 15-143　1958—2003 年中国活性炭产量情况

时间 / 年	产量 / 万吨
1958	0.15
1978	1.40
1983	3.50
1987	4.50
1992	6.00
1994	7.30
1997	13.00
2003	22.00

资料来源：陈雪枫：《中国无烟煤利用技术》，化学工业出版社，2005，第 82 页。

6. 煤制其他产品

一是电石。中国电石生产大多数采用开放式电石炉。2000 年，全国电石生产企业达 430 多家，拥有各种容量电石炉 360 多台，其中，全封闭型电石炉 20 多台，最大的电石炉是吉化公司 1957 年从苏联引进的一座容量为 40 000 千伏安的长方形三相半密闭炉。[②]2000 年，中国电石年生产能力为 428 万吨，产量为 340 万吨，其中，浙江衢化集团公司电石产量超过 10 万吨（表 15-144）。

表 15-144　2000 年中国电石产量排名前十位企业

排名	企业名称	产量 / 万吨
1	浙江衢化集团公司	10.83
2	福建省三明化工总厂	9.94
3	宁夏民族化工集团有限责任公司	8.38
4	广西维尼纶集团有限责任公司	7.88
5	四川省宜宾昌宏化工有限责任公司	6.91
6	宁夏大荣化工冶金有限公司	6.78

[①] 贺永德主编《现代煤化工技术手册》，化学工业出版社，2004，第 1250 页。

[②] 陈雪枫：《中国无烟煤利用技术》，化学工业出版社，2005，第 212 页。

续表

排名	企业名称	产量 / 万吨
7	山西合成橡胶集团有限责任公司	6.47
8	四川金路集团股份有限公司	6.29
9	包头黄河化工察右后旗有限责任公司	6.12
10	湖南省溆浦县湘维有限公司	6.00

资料来源: 陈雪枫:《中国无烟煤利用技术》, 化学工业出版社, 2005, 第 211-212 页。

二是醋酸。1953 年, 上海试剂厂首先采用乙醇 - 乙醛氧化法生产醋酸。改革开放后, 全国又引进了 4 套乙烯法装置。1996 年, 上海吴泾化工公司从 BP 引进 10 万吨 / 年的甲醇低压羰基化法合成醋酸装置, 并建成、投产。1998 年, 江苏索普（集团）有限公司建成、投产中国自主开发的第一套 10 万吨 / 年甲醇低压羰基化法合成醋酸装置。到 21 世纪初, 中国有醋酸生产装置 90 多套, 醋酸生产能力为 200 万吨 / 年。[1]

三是制氢。2004 年, 中国大型煤炭企业神华集团有限公司引进美国 Shell 煤气化技术, 在内蒙古建设煤制油项目。该项目在实现煤制油的同时, 还配套生产氢。[2]

（六）煤矸石利用

中国的煤矸石产量丰富, 2006 年排出煤矸石和煤泥共计 4.3 亿吨。其中, 采掘过程中排出的煤矸石约为 2.6 亿吨, 洗矸为 1.5 亿吨, 煤泥约 0.2 亿吨。中国规模较大的矸石山有 2 600 多座, 占地 1.2 万多公顷, 历年堆存的煤矸石约为 40 亿吨。煤矸石是中国排出最多的工业固体废弃物, 约占工业固体废弃物总量的 1/4。[3]

从 20 世纪 50 年代开始, 有少数煤炭企业开展煤矸石资源化利用, 四川等地的少数煤矿利用煤矸石制作砖瓦等建筑材料。1954 年, 唐山启新水泥厂开始利用开滦矿区的煤矸石生产硅酸盐水泥, 这是中国最早利用煤矸石生产水泥混合料的事件。[4]20 世纪 70 年代, 中国煤矸石用于筑路、矿山回填等领域, 得到较快发展。

改革开放以来, 中国对煤矸石的综合利用十分重视, 先后制定一系列政策（表 15-145）鼓励、支持企业和社会力量积极利用煤矸石, 使煤矸石利用的领域和方式得到不断拓展（表 15-146）。随后, 煤矸石综合利用率不断提高, 由 1990 年的 20% 提高到 2005 年的 45%。20 世纪 70 年代后, 中国先后建成煤矸石电厂 120 余座, 总装机容量 184 万千瓦, 占全国火力发电装机容量的 0.67%, 年发电为 87 亿千瓦时, 年消耗煤矸石约 1 400 万吨, 占煤矸石综合利用量的 30% 左右; 建有煤矸石砖厂 200 多座（不完全统计）, 年生产能力达 30 亿块以上; 利用煤矸石、粉煤灰等原料生产水泥的粉磨站和水泥厂有 98 处, 年生产能力为 2 916 万吨; 利用煤矸石筑路、造地复垦、回填采空区和塌陷区, 年复填面积

---

[1] 唐宏青:《现代煤化工新技术》, 化学工业出版社, 2009, 第 373 页。

[2] 许世林、张东亮、任永强:《大规模煤气化技术》, 化学工业出版社, 2006, 第 344 页。

[3] 陈文敏、杨金和、詹隆主编《煤矿废弃物综合利用技术》, 化学工业出版社, 2011, 第 2 页。

[4] 同上书, 第 37 页。

为 4 600 万平方米。[①]

表 15-145　中国煤矸石综合利用政策

时间 / 年	政策名称	发布部门
1985	《关于开展资源综合利用若干问题的暂行规定》	国家经济贸易委员会
1986	《资源综合利用目录》	国家经济贸易委员会、财政部
1994	《自燃煤矸石轻集料》建材行业标准（JC/T 541—94）	国家建筑材料工业局
1998	《煤矸石综合利用管理办法》	国家经济贸易委员会、煤炭部、财政部等八部委
1999	《煤矸石综合利用技术政策要点》	国家经济贸易委员会、科学技术部
2001	《关于部分资源综合利用及其他产品增值税政策问题的通知》	财政部、国家税务总局
2005	《矿山生态环境保护与污染防治技术政策》	国家环境保护总局、国土资源部、卫生部
2006	《"十一五"资源综合利用指导意见》	国家发展和改革委员会
2007	《热电联产和煤矸石综合利用发电项目建设管理暂行规定》	国家发展和改革委员会、建设部

资料来源：作者整理。参考张长森等：《煤矸石资源化综合利用新技术》，化学工业出版社，2008。

表 15-146　中国煤矸石资源化利用情况

利用途径	主要项目	利用规模
资源回收利用	矸石发电（煤矸石与劣质煤混烧）	矸石电厂72座，总装机容量为83万千瓦，单机容量为0.15万～2.2万千瓦
	生产矸石砖及矸石水泥	砖厂200座，年生产能力为18亿块；水泥厂20座，年生产能力为200万吨
	回收硫精砂	设计年生产能力为50万吨，年产量为30万吨
	生产聚合氯化铝、聚硫氯化铝等净水剂	在南票矿务局等矿务局建厂生产
	生产橡胶填料，做橡胶补强剂	—
	制作白炭黑作为橡塑材料填料	—
土工利用	公路路基和路堤的充填材料、承载路面	可用于修建普通公路和调整公路
	铁路路基和路堤的充填材料	—
	水工坝体充填材料、护层	用于拦河坝、水库大坝
	地基垫层	停车场地基、软弱地基处理

资料来源：陈文敏、杨金和、詹隆主编《煤矿废弃物综合利用技术》，化学工业出版社，2011，第3-4页。

注：作者对此表做了适当整理。

[①] 张长森等：《煤矸石资源化综合利用新技术》，化学工业出版社，2008，第16—17页。

第 16 章　现代电力

古代，中国和古希腊先民对自然界中的雷电现象进行了探索。近代，欧洲国家通过科学实验发现了电流及电力，先后发明了各种各样的电池，并分别于 1875 年、1878 年建成人类首座火力发电厂和水力发电站。到了现代，世界电力开发利用得到空前发展，世界水电站规模不断扩大。1936 年美国建成首座装机容量达 1 000 兆瓦以上的胡佛水电站，1998 年巴西建成总装机容量达 1 400 万千瓦的 20 世纪世界最大水电站，2009 年中国建成总装机容量达 2 240 万千瓦的迄今世界最大的水电站。世界火力发电技术不断创新，1972 年德国建成世界第一座工业规模的 IGCC 示范装置，1986 年瑞典开发商业规模 PFBC-CC 发电站。世界核电开发取得重大突破，1942 年美国建成世界第一座人工核反应堆，1954 年苏联建成世界第一座核电站（试验堆），2015 年中国建设具有自主知识产权的第三代核电项目——"华龙一号"核电示范项目，核电与水电、火电一起共同构成了现代电力的三大常规能源。世界电网建设也取得重大成就，先后建成首条 380 千瓦超高压交流输电线路、首条 1 150 千瓦特高压交流输电线路、首条特高压直流输电线路。到 2009 年，全球发电量超过 20 万亿千瓦时（表 16-1），与 1919 年 976 亿千瓦时相比，90 年间增长 200 多倍。2009 年，世界火电、水电、核电、可再生能源发电量占世界总发电量的比例分别为 67.5%、16.1%、13.4%、3.0%。

表 16-1　世界电力开发利用进程

时间	事件
公元前 1000 年以前	中国商代甲骨文出现"雷"字
公元前 1046—前 770 年	中国西周金文出现"电"字
公元前 600 年左右	古希腊人泰利斯最早进行摩擦起电的实验
公元前 1 世纪	中国西汉时期的刘向最早猜测到雷和电是统一的自然现象
1600 年	英国人吉尔伯特最早提出"电""电力""电吸引""磁极"等概念，并发明第一个验电器
1663 年	德国盖利克建造第一台转动摩擦发电机
1745—1746 年	德国克莱斯特（1745 年）和荷兰穆申布鲁克（1746 年）先后独立发明储存静电的莱顿瓶
1752 年	美国人富兰克林进行放飞风筝的雷电实验
1786 年	意大利人伽伐尼发现伽伐尼电流（即"动电"或"流电"）
1800 年	意大利人伏打发明伏打电池
1803 年	德国人里特制成世界上第一块蓄电池
1807 年	英国化学家戴维发明世界上第一盏弧光灯，开启电力照明的历史
1821 年	英国人法拉第发明世界上第一台电动机
1831 年	英国人法拉第发明世界上第一台发电机（磁感应发电机）
1831 年	英国人法拉第发明世界上第一台直流发电机
1832 年	法国的皮克西兄弟制成世界上第一台交流发电机
1834 年	英国人克拉克制成世界上第一台实用的直流发电机
1836 年	英国人丹尼尔制成世界上第一块锌铜电池
1839 年	法国人贝克勒尔制造出世界上第一块太阳能电池
1857 年	英国人惠斯通发明电磁式发电机
1859 年	法国人普朗特制成世界上第一块实用铅酸蓄电池
1861 年	德国物理学家赖斯发明世界上第一台电话机
1865 年	法国人勒克兰谢发明世界上第一块现代干电池原型
1866 年	德国人西门子制成实用的自励式直流发电机
1869 年	法国人格拉姆制成空心环状型直流发电机
1869 年	电力应用于冶金工业
1873 年	英国人戴维森制成世界上第一辆有实用价值的电动汽车
1873 年	法国人格拉姆发明世界上第一台有实用价值的电动机
1874 年	法国人格拉姆发明旋转式变压器
1875 年	法国建成世界上首座火力发电厂
1876 年	美国人贝尔发明世界上第一台实用电话机
1878 年	法国建成世界上首座水力发电站
1878 年	俄国人亚布洛契诃夫发明交流发电机
1879 年	美国人爱迪生发明白炽灯
1879 年	德国工程师西门子在博览会上展出世界上第一条电气铁路
1881 年	德国在柏林建成世界上第一条电气铁路
1881 年	英国建成欧洲第一座公共发电站
1882 年	美国人爱迪生在纽约建成世界上第一个商业发电站
1882 年	英国人高登制成大型二相交流发电机
1882 年	瑞典人拉瓦尔发明冲击式汽轮发电机

续表

时间	事件
1882 年	德国建成世界上第一条远距离输电线路
1882 年	中国建成国内首个商用火电厂
1887 年	英国人布莱斯发明世界上首台风力发电机
1888 年	英国建成世界上第一座蒸汽涡轮发电站
1889 年	俄国人多里沃 – 多勃罗沃尔斯基制成三相交流发电机
1889 年	美国威斯汀豪斯公司发明电风扇
1890 年	英国在伦敦建成世界上第一条电气化地下铁路
1891 年	俄国人多里沃 – 多勃罗沃尔斯基在德国和奥地利之间建成世界上首个三相交流输电系统
1891 年	美国人特斯拉发明特斯拉变压器
1891 年	美国建成世界上第一条高压输电线路
1894 年	美国人爱迪生制成世界上第一台电影放映机
1895 年	法国巴黎上演第一部电影《工厂大门》，开启电影时代
1895 年	法国人富尔内隆发明水轮发电机
1895 年	德国建成世界上第一座垃圾发电厂
1898 年	德国人狄塞尔发明的柴油内燃机首次用于固定式发电机组
1899 年	全球发电量为 13.4 亿千瓦时
1904 年	意大利人科恩迪在世界上首次实现地热发电
1910 年	法国建成世界上最早的波浪发电站
1910 年	瑞典建成世界上第一座地下水电站
1910 年	美国人费希尔发明电动洗衣机
1910 年	美国人邓伍迪等人发明第一台收音机
1910 年	英国马克·皮特发明生物燃料电池
1912 年	中国第一座水电站——石龙坝水电站建成发电
1912 年	德国建成世界上最早的潮汐发电站
1917 年	全球发电量为 701 亿千瓦时
1920 年	美国在匹兹堡成立世界上第一家广播电台（无线电）
1926 年	英国科学家贝尔德在世界上首次做电视公开表演
1929 年	全球发电量为 2 744 亿千瓦时
1930 年	法国人克劳德在古巴建成世界上第一座海洋温差电站
1931 年	Conen 发明微生物燃料电池
1932 年	英国人培根制成第一块碱性燃料电池
1942 年	美国建成世界上第一座人工核反应堆
1950 年	全球火电、水电发电量在全球电力生产总量中所占比例分别为 64.2%、35.8%
1950 年	苏联建成世界上最早的太阳能热电站
1950 年	全球发电量为 9 589 亿千瓦时
1951 年	美国建造的世界上第一座用于发电的核反应堆试验成功，人类首次实现对核能的和平利用
1952 年	瑞典建成世界上首条 380 千伏超高压交流输电线路
1952 年	美国进行世界上首次氢弹爆炸试验
1954 年	美国科学家恰宾等人发明世界上第一块实用太阳能光伏电池——单晶硅太阳能电池

续表

时间	事件
1954 年	苏联建成世界上第一座核电站（试验堆）
1954 年	瑞典建成世界上第一个工业性直流输电工程——哥特兰岛直流工程
1958 年	太阳能电池装载在美国人造卫星上，首次应用到太空领域
1972 年	德国建成世界上第一座工业规模的 IGCC 示范装置
1973 年	美国建成海流电站（试验）
1973 年	以色列科学家洛布在死海建成 150 千瓦海水盐差发电实验电站
1978 年	美国建成 100 千瓦太阳能光伏电站
1979 年	苏联建成用于发电的坝高 300 米的 20 世纪世界最高土石坝
1980 年	美国建成世界上首个大型风电场
1981 年	日本建成世界上第一座 100 千瓦级海洋温差电站
1981 年	中国在江苏建成 160 千瓦稻壳气化发电厂
1985 年	苏联建成世界上首条 1 150 千伏特高压交流输电线路
1986 年	瑞典开发商业规模 PFBC-CC 发电站
1988 年	丹麦建成世界上第一座秸秆燃烧发电厂
1990 年	瑞典建成世界上首个海上风力发电项目（试验）
1990 年	日本索尼公司向市场推出世界首块锂离子电池
1990 年	全球发电量为 117 333.58 亿千瓦时
1990 年	全球火电、水电、核电、地热发电量在全球电力生产总量中所占比例分别为 64.3%、18.4%、16.9%、0.3%
1991 年	瑞典建成世界上第一座生物质气化燃气轮机／发电机－汽轮机／发电机联合发电厂
1993 年	世界上首辆质子交换膜燃料电池公交车在加拿大投入运营
1998 年	巴西建成总装机容量达 1 400 万千瓦的 20 世纪世界最大水电站
1999 年	全球发电量为 148 388 亿千瓦时
1999 年	全球火电、水电、核电、可再生能源发电在全球电力生产总量中所占比例分别为 63.4%、17.9%、17.1%、1.6%
2000 年	中国建成总装机容量 240 万千瓦的 21 世纪之交世界最大抽水蓄能电站
2009 年	中国建成总装机容量 2 240 万千瓦的迄今世界最大水电站
2009 年	中国建成世界上首条特高压直流输电工程向家坝—上海 ±800 千伏特高压直流输电示范工程
2009 年	全球太阳能电池产量首次突破 10 000 兆瓦，达到 10 700 兆瓦
2009 年	全球发电量为 200 793 亿千瓦时
2009 年	全球火电、水电、核电、可再生能源发电量在全球电力生产总量中所占比例分别为 67.5%、16.1%、13.4%、3.0%
2011 年	全球地热、太阳能、风力、生物质发电总装机容量分别为 11 200 兆瓦、1 760 万兆瓦、238 040 兆瓦、72 000 兆瓦
2011 年	全球水电总装机容量首次超过 100 万兆瓦，达到 107.57 万兆瓦
2014 年	全球在役 425 个核反应堆总装机容量为 3.75 亿千瓦
2015 年	中国在福建福清、广西防城港分别建设具有自主知识产权的第三代核电项目——"华龙一号"核电示范项目

资料来源：作者整理。

第 1 节　发展概况

现代电力主要由火电、水电、核电三大常规能源构成，可再生能源发电容量还很小。进入现代以来，世界电力规模不断扩大，结构不断优化。各大洲、各国或地区的电力发展不平衡，发达国家的电力不断完善，发展中国家和地区的电力发展水平不断提高。世界电网向高压、大容量、长距离、智能化、区域化、国际化方向发展。本章主要探讨火电、水电和核电，关于可再生能源发电的发展进程将在第17 章中探讨。

一、电力规模的扩大

20 世纪 10 年代末，世界发电量为 976 亿千瓦时。到 20 世纪 20 年代末，世界发电量增至 2 744 亿千瓦时，10 年间增长约 181.15%（表 16-2），成为世界电力增长最快的 10 年。

20 世纪 30—40 年代，受"二战"的影响，电力发展增速放慢。1939 年，世界发电量为 4 956 亿千瓦时，比 1929 年增长约 86.61%。1949 年，世界发电量为 8 729 亿千瓦时，比 1939 年增长约 76.13%。

20 世纪 50—60 年代，随着世界经济稳定发展以及石油时代的到来，世界电力进入快速增长期。1959 年，世界发电量达到 20 862 亿千瓦时，比 1949 年增长约 1.39 倍。1969 年，世界发电量增至 45 578 亿千瓦时，又比 1959 年增长约 1.18 倍。

此后，世界发电量增速放慢，每个年代的增速在 30%～75%。至 20 世纪末，世界电力规模达到 148 388 亿千瓦时。

2009 年，世界发电量超过 20 万亿千瓦时，达到 200 793 亿千瓦时。与 1919 年相比，90 年间增长约 204.7 倍，年均增长约 6.1%。

表 16-2　1919—2009 年世界发电量及其增长情况

时间 / 年	发电量 / 亿千瓦时	比上年代末增长 /%
1919	976	—
1929	2 744	181.15
1939	4 956	86.61
1949	8 729	76.13
1959	20 862	139.00
1969	45 578	118.47
1979	79 793	75.07
1989	113 681	42.47

续表

时间 / 年	发电量 / 亿千瓦时	比上年代末增长 /%
1999	148 388	30.53
2009	200 793	35.32

资料来源：作者整理。参考 B. R. 米切尔：《帕尔格雷夫世界历史统计·亚洲、非洲和大洋洲卷：1750—1993 年》第 3 版，贺力平泽，经济科学出版社，2002。

二、电力结构的演变

20 世纪上半叶，世界电力是水电、火电并存状态。20 世纪下半叶之后，人类进入核能时代。受能源危机的影响，到了 21 世纪初，可再生能源发电崭露头角。

（一）水电、火电并存时代

20 世纪上半叶，世界电力由水电和火电构成。1925 年，水力发电占世界能源发电总量的比例约为 40%[1]，火力发电占世界能源发电总量的 60%。此后，水电所占比例开始下降。1950 年，世界能源发电总量为 9 589 亿千瓦时，其中，水力发电为 3 428 亿千瓦时，火力发电为 6 161 亿千瓦时，分别约占 35.75%、64.25%。

1950 年，苏联、美国、联邦德国、英国、澳大利亚、捷克斯洛伐克、民主德国、荷兰、波兰、罗马尼亚等国家均以火电为主，而日本、意大利、加拿大、巴西、挪威、西班牙、瑞典等国家则均以水电为主（表 16-3）。

表 16-3　1950—1979 年世界和部分国家的发电量情况

单位：×10 亿千瓦时

国家	项目	1950 年	1960 年	1970 年	1979 年
世界总计[1]	总发电量	958.9	2 300.2	4 956.0	7 966.3
	火力发电	616.1	1 608.5	3 697.6	5 632.2
	水力发电	342.8	689.0	1 174.9	1 721.2
	原子能发电	—	2.7	78.8	602.9
	地热发电	—	—	4.7	10.0
苏联	总发电量	91.2	292.3	741.0	1 240.0
	火力发电	78.5	241.4	612.9	1 015.0
	水力发电	12.7	50.9	124.4	180.0
	原子能发电	—	—	3.7	45.0
美国[2][3]	总发电量	389.6	744.1	1 639.8	2 323.8
	火力发电	288.6	594.1	1 366.8	1 783.0
	水力发电	101.0	149.5	250.7	281.4
	原子能发电	—	0.5	21.8	255.4
	地热发电	—	0	0.5	4.0

---

[1] 特雷弗·Ⅰ.威廉斯主编《技术史·第 6 卷》，姜振寰、赵毓琴主译，上海科技教育出版社，2004，第 112 页。

续表

国家	项目		1950 年	1960 年	1970 年	1979 年
日本[4][5]	总发电量		44.9	111.5	359.5	581.5
		火力发电	6.6	52.4	274.6	435.5
		水力发电	38.3	59.1	80.1	84.4
		原子能发电	—	—	4.6	60.5
		地热发电	—	—	0.2	1.1
联邦德国	总发电量		46.1	119.0	242.6	373.6
		火力发电	37.4	106.0	218.8	313.1
		水力发电	8.7	13.0	17.8	18.7
		原子能发电	—	—	6.0	41.8
法国[6]	总发电量		33.1	72.0	147.0	241.2
		火力发电	17.0	31.6	83.9	134.3
		水力发电	16.1	40.3	57.4	69.0
		原子能发电	—	0.1	5.7	37.9
英国	总发电量		66.4	137.0	225.0	300.0
		火力发电	64.9	131.8	217.3	258.6
		水力发电	1.5	3.1	5.1	5.5
		原子能发电	—	2.1	2.6	35.9
意大利[7]	总发电量		24.7	56.2	117.4	180.5
		火力发电	1.8	8.0	70.2	127.2
		水力发电	22.9	48.2	41.3	48.1
		原子能发电	—	—	3.2	2.7
		地热发电	—	—	2.7	2.5
加拿大[8]	总发电量		55.1	114.4	204.7	352.3
		火力发电	2.1	8.5	47.0	76.0
		水力发电	53.0	105.9	156.7	243.0
		原子能发电	—	—	1.0	33.3
印度[9]	总发电量		7.1	20.1	61.2	113.1
		火力发电	4.6	12.3	33.5	66.4
		水力发电	2.5	7.8	25.3	42.4
		原子能发电	—	—	2.4	4.3
阿根廷	总发电量		5.2	10.5	21.7	33.1
澳大利亚[10]	总发电量		9.5	23.2	53.9	92.0
		火力发电	8.0	19.2	44.7	76.8
		水力发电	1.5	4.0	9.2	15.2
奥地利	总发电量		6.4	16.0	30.0	40.6
比利时	总发电量		8.9	15.2	30.5	52.3
		原子能发电	—	—	0.1	13.1
巴西[11]	总发电量		8.2	22.9	45.5	122.6
		火力发电	0.7	4.5	5.6	15.7
		水力发电	7.5	18.4	39.9	106.9

续表
单位：×10亿千瓦时

国家	项目	1950 年	1960 年	1970 年	1979 年
保加利亚	总发电量	0.8	4.7	19.5	32.5
	原子能发电	—	—	1.0	6.2
捷克斯洛伐克	总发电量	9.3	24.5	45.2	68.0
	火力发电	8.4	22.0	41.5	61.6
	水力发电	0.9	2.5	3.7	4.2
	原子能发电	—	—	—	2.2
芬兰	总发电量	4.2	8.6	21.2	34.2
民主德国	总发电量	19.5	40.3	67.7	99.0
	火力发电	19.1	39.7	65.9	89.7
	水力发电	0.4	0.6	1.3	1.3
	原子能发电	—	—	0.5	8.0
匈牙利	总发电量	3.0	7.6	14.5	24.5
墨西哥[12]	总发电量	4.4	10.8	28.7	59.4
	地热发电	—	—	0	0.7
荷兰	总发电量	7.4	16.5	40.9	62.9
	火力发电	7.4	16.5	40.5	58.8
	原子能发电	—	—	0.4	4.1
挪威[13]	总发电量	17.8	31.1	57.6	89.0
	火力发电	0.1	0.2	0.3	0.2
	水力发电	17.7	30.9	57.3	88.8
波兰	总发电量	9.4	29.3	64.5	117.5
	火力发电	8.9	28.6	62.6	115.0
罗马尼亚	总发电量	2.1	7.7	35.1	64.9
	火力发电	1.9	7.3	32.3	54.2
西班牙	总发电量	6.9	18.6	56.5	105.4
	火力发电	1.8	3.0	27.6	54.1
	水力发电	5.1	15.6	28.0	42.3
	原子能发电	—	—	0.9	9.0
瑞典	总发电量	18.1	34.8	60.6	94.3
	火力发电	0.8	3.7	19.1	13.5
	水力发电	17.3	31.1	41.5	59.8
	原子能发电	—	—	0	21.0
瑞士[14][15]	总发电量	10.5	19.1	31.8	40.9
	水力发电	10.3	18.8	29.3	32.0
	原子能发电	—	—	2.5	8.9
南斯拉夫[16]	总发电量	2.4	8.9	26.0	55.0
	火力发电	1.2	2.9	11.3	28.4
	水力发电	1.2	6.0	14.7	26.6

资料来源：中国社会科学院世界经济与政治研究所综合统计研究室：《世界经济统计简编（1982）》，生活·读书·新知三联书店，1983，第111—114页。

注：[1][2][4][7][8][12]1960年以前，地热发电量包含在水力发电量中。[3][6][11][13][14]净发电量。[5][9]1960年起，为4月1日后的年度数字。[10]到6月30日的年度数字。[15]到9月30日的年度数字。[16]这里的"南斯拉夫"包括南斯拉夫联邦人民共和国和南斯拉夫社会主义联邦共和国时期。

（二）火电高峰时期

1950 年后，世界石油、天然气得到大规模开发，在电力工业中得到重要应用；火力发电规模不断扩大，在电力总量中所占的比例不断提高，到 20 世纪 70 年代达到了顶峰。

1960 年，世界火力发电量为 16 085 亿千瓦时，比 1950 年增长 1.6 倍，约占世界发电总量的 69.9%。

1970 年，世界火力发电量增至 36 976 亿千瓦时，比 1960 年增长约 1.3 倍，约占世界发电总量的 74.6%。

1979 年，世界火力发电总量达到 56 322 亿千瓦时，约占世界发电总量 79 663 亿千瓦时的 70.7%。此后，火力发电所占比例降至 60% 左右。

（三）核电地位的不断上升

自从 1954 年苏联建成世界上第一座核电站后，世界核电规模不断扩大，所占比例不断提高。

1960 年，世界核能发电量为 27 亿千瓦时，占世界发电总量的 0.1%。

1970 年，世界核能发电量为 788 亿千瓦时，比 1960 年增长约 28.19 倍，约占世界发电总量的 1.6%。

1979 年，世界核能发电量为 6 029 亿千瓦时，比 1970 年增长约 6.65 倍，占世界发电总量的比例上升到 7.6%。

1990 年，世界核能发电量为 19 815.63 亿千瓦时，占世界发电总量的比例达到 16.89%。同年，核能发电量超过 1 000 亿千瓦时的国家有 5 个，依次为：美国（5 768.62 亿千瓦时），法国（3 140.81 亿千瓦时），苏联（2 120.00 亿千瓦时），日本（2 022.72 亿千瓦时），德国（1 628.10 亿千瓦时）（表 16-4）。

表 16-4　1990 年世界主要国家电力生产构成情况

单位：百万千瓦时

国家	项目		发电量
世界总计	总发电量		11 733 358
		火力发电	7 550 331
		水力发电	2 161 509
		原子能发电	1 981 563
		地热发电	39 955
中国	总发电量		618 000
		火力发电	507 500
		水力发电	110 500
苏联	总发电量		1 726 000
		火力发电	1 281 000
		水力发电	233 000
		原子能发电	212 000
美国	总发电量		3 031 058
		火力发电	2 145 603
		水力发电	290 964
		原子能发电	576 862
		地热发电	17 629

续表   单位：百万千瓦时

国家	项目	发电量
日本	总发电量	857 273
	火力发电	557 424
	水力发电	95 836
	原子能发电	202 272
	地热发电	1 741
德国[1]	总发电量	572 002
	火力发电	389 700
	水力发电	19 492
	原子能发电	162 810
法国	总发电量	419 584
	火力发电	48 153
	水力发电	57 350
	原子能发电	314 081
英国	总发电量	318 977
	火力发电	246 168
	水力发电	7 062
	原子能发电	65 747
意大利	总发电量	216 887
	火力发电	178 590
	水力发电	35 075
	原子能发电	0
	地热发电	3 222
加拿大	总发电量	481 791
	火力发电	112 194
	水力发电	296 685
	原子能发电	72 886
	地热发电	26
印度	总发电量	286 029
	火力发电	213 860
	水力发电	66 094
	原子能发电	6 075
澳大利亚	总发电量	154 571
	火力发电	139 786
	水力发电	14 785

续表

单位：百万千瓦时

国家	项目	发电量
巴西	总发电量	222 195
	火力发电	12 728
	水力发电	207 230
	原子能发电	2 237
韩国	总发电量	118 738
	火力发电	59 490
	水力发电	6 361
	原子能发电	52 887
墨西哥	总发电量	122 477
	火力发电	89 672
	水力发电	25 205
	原子能发电	2 900
	地热发电	4 700
挪威	总发电量	121 601
	火力发电	464
	水力发电	121 137
波兰	总发电量	136 337
	火力发电	133 035
	水力发电	3 302
南非	总发电量	164 518
	火力发电	159 824
	水力发电	764
	原子能发电	3 930
西班牙	总发电量	150 622
	火力发电	70 184
	水力发电	26 165
	原子能发电	54 273
瑞典	总发电量	146 535
	火力发电	5 240
	水力发电	73 105
	原子能发电	68 185
	地热发电	5
瑞士	总发电量	55 844
	火力发电	1 176
	水力发电	30 982
	原子能发电	23 686
南斯拉夫	总发电量	85 905
	火力发电	58 189
	水力发电	20 094
	原子能发电	4 622
	地热发电	3 000

续表   单位：百万千瓦时

国家	项目	发电量
新西兰	总发电量	30 158
	火力发电	6 404
	水力发电	21 944
	地热发电	1 810

资料来源：陈秀英主编《世界经济信息统计汇编》，中国物价出版社，1993，第105-108页。

注：[1] 原东德、西德数据之和。

到20世纪末，核电所占比例进一步提高，接近水电的水平。1999年，世界核能发电量为25 381.3亿千瓦时，约占世界发电总量的17.10%；同年，世界水力发电量为26 590.8亿千瓦时，约占世界发电总量的17.92%。

（四）可再生能源发电规模日渐扩大

1970年，世界地热发电量为47亿千瓦时；1979年，增至约100亿千瓦时；1990年，达到约400亿千瓦时，约占世界发电总量的0.34%。1999年，世界地热、太阳能、风能等可再生能源的发电总量为2 336亿千瓦时，约占世界发电总量的1.6%。

（五）21世纪初的电力结构

2009年，世界发电总量为197 339亿千瓦时。其中，火力发电占67.5%，水力发电占16.1%，核能发电占13.4%，可再生能源发电占3.0%[①]。

三、电力生产格局

（一）全球电力生产格局

1980年以前，世界电力生产80%以上集中在欧洲和美洲（主要是北美洲）地区，而亚洲、非洲、大洋洲三大洲所占比例不到20%（表16-5），电力分布极不均衡。其中，20世纪10—20年代，美洲地区的电力总量占世界电力总量的比例超过1/2。此后，其比例逐渐下降，到20世纪80年代末降至35.7%。欧洲地区的电力总量占世界电力总量的比例自20世纪20年代起大致保持在40%左右，其中20世纪30年代末达到47.9%。

亚洲和非洲国家多，人口多，但大多数是发展中国家，经济欠发达，电力工业发展较落后，在世界电力总量中所占的比例较低。亚洲地区的电力总量在1940年以前占世界发电总量的比例不到10%，此后逐渐提高，到1989年为21.0%。非洲地区的电力总量所占比例更低，1929年为0.9%，数十年后（1989年）也只有2.7%。

大洋洲人口较少，其电力总量占世界总量的比例长期保持在1.5%左右。

---

① 世界银行：《2012年世界发展指标》，中国财政经济出版社，2013，第168页。

表16-5　1919—1989年各大洲发电量[1]及比例情况

地区	1919 年		1929 年		1939 年		1949 年		1959 年		1969 年		1979 年		1989 年	
	发电量 /×10亿千瓦时	占世界发电总量比例/%	发电量 /×10亿千瓦时	占世界发电总量比例/%	发电量 /×10亿千瓦时	占世界发电总量比例/%	发电量 /×10亿千瓦时	占世界发电总量比例/%	发电量 /×10亿千瓦时	占世界发电总量比例/%	发电量 /×10亿千瓦时	占世界发电总量比例/%	发电量 /×10亿千瓦时	占世界发电总量比例/%	发电量 /×10亿千瓦时	占世界发电总量比例/%
全球合计	97.6	100.0	274.4	100.0	495.6	100.0	872.9	100.0	2 086.2	100.0	4 557.8	100.0	7 979.3	100.0	11 368.1	100.0
亚洲	4.5	4.6	17.0	6.2	43.7	8.8	104.2	11.9	188.4	9.0	544.4	11.9	1 302.5	16.3	2 385.6	21.0
欧洲	30.5	31.3	113.2	41.3	237.5	47.9	324.6	37.2	870.0	41.7	1 977.2	43.4	3 357.3	42.1	4 438.6	39.0
美洲	62.1	63.6	138.6	50.5	200.3	40.4	418.9	48.0	968.1	46.4	1 890.7	41.5	3 033.4	38.0	4 057.9	35.7
非洲	0	0	2.5	0.9	7.6	1.5	12.5	1.4	31.8	1.5	79.6	1.7	169.4	2.1	304.1	2.7
大洋洲	0.5	0.5	3.1	1.1	6.5	1.3	12.7	1.5	27.9	1.3	65.9	1.4	116.7	1.5	181.9	1.6

资料来源：作者整理。参考 B. R. 米切尔：《帕尔格雷夫世界历史统计 · 亚洲、非洲和大洋洲卷：1750—1993 年》第 3 版，贺力平译，经济科学出版社，2002。

注：原表所标注的发电量的计量单位为"百万千瓦时"，经核对，疑有误，统一改为"×10亿千瓦时"。

1999 年，世界发电总量为 147 590 亿千瓦时。其中，北美地区 46 450 亿千瓦时，约占 31.47%；中南美地区 7 740 亿千瓦时，约占 5.24%；欧洲及欧亚大陆 45 270 亿千瓦时，约占 30.67%；中东地区 4 400 亿千瓦时，约占 2.98%；非洲地区 4 200 亿千瓦时，约占 2.85%；亚太地区 39 530 亿千瓦时，约占 26.78%（表 16-6）。

表 16-6　1999 年世界各地区发电量情况

地区	发电量 / 亿千瓦时	占世界总量的比例 /%
北美地区	46 450	31.47
中南美地区	7 740	5.24
欧洲及欧亚大陆	45 270	30.67
中东地区	4 400	2.98
非洲地区	4 200	2.85
亚太地区	39 530	26.78
全球合计	147 590	100.00

资料来源：作者整理。参考刘建平：《中国电力产业政策与产业发展》，中国电力出版社，2006。

2012 年，世界发电总量约为 20.17 万亿千瓦时。其中，OECD 成员国的总发电量约为 10.3 万亿千瓦时，约占世界发电总量的 51.1%；非 OECD 成员国的发电总量为 9.86 万亿千瓦时，约占 48.9%（表 16-7）。

表 16-7　2012 年世界 OECD 成员国、主要非 OECD 成员国发电量情况

单位：亿千瓦时

OECD 成员国		主要非 OECD 成员国	
国家	发电量	国家	发电量
澳大利亚	2 349.59	中国	51 880.77
奥地利	660.08	俄罗斯	10 663.50
比利时	755.50	印度	10 538.66
加拿大	6 268.49	巴西	5 536.85
智利	656.75	南非	2 579.10
捷克共和国	811.43	沙特阿拉伯	2 517.25
丹麦	290.98	伊朗	2 511.10
爱沙尼亚	108.16	印度尼西亚	2 002.91
芬兰	676.73	乌克兰	1 980.49
法国	5 372.17	泰国	1 664.46
德国	5 839.26	埃及	1 623.03
希腊	530.83	阿根廷	1 390.07
匈牙利	319.91	委内瑞拉	1 276.09
冰岛	171.92	马来西亚	1 249.12
爱尔兰	265.58	越南	1 202.10
意大利	2 855.24	—	—

续表

单位：亿千瓦时

OECD 成员国		主要非 OECD 成员国	
国家	发电量	国家	发电量
日本	10 153.64	—	—
韩国	5 098.51	—	—
卢森堡	37.75	—	—
墨西哥	2 821.68	—	—
荷兰	985.40	—	—
新西兰	427.99	—	—
挪威	1 471.70	—	—
波兰	1 475.90	—	—
葡萄牙	453.16	—	—
斯洛伐克共和国	261.26	—	—
斯洛文尼亚	147.07	—	—
西班牙	2 864.61	—	—
瑞典	1 618.38	—	—
瑞士	678.95	—	—
土耳其	2 292.50	—	—
英国	3 473.41	—	—
美国	40 859.67	—	—
OECD 成员国合计	103 054.2	主要非 OECD 成员国合计	98 615.5

资料来源：作者整理。

（二）亚洲电力生产格局

20 世纪上半叶，亚洲国家电力生产规模较小。1949 年，年发电量达到 10 亿千瓦时以上的国家只有 4 个，依次为：日本（414.94 亿千瓦时），朝鲜（59.24 亿千瓦时），印度（49.09 亿千瓦时），中国（45.26 亿千瓦时）（表 16-8）。

20 世纪下半叶，随着经济的发展，各国电力生产规模不断扩大。到 1989 年，年发电量超过 1 000 亿千瓦时的国家有 4 个。其中，日本为 7 987.56 亿千瓦时，约占亚洲发电总量的 32.1%；中国 6 898.24 亿千瓦时，约占 27.7%；印度 2 686.64 亿千瓦时，约占 10.8%；韩国 1 029.06 亿千瓦时，约占 4.1%。这 4 个国家的年发电量占亚洲年发电总量的比例达 74.7%。

表 16-8　1919—1989 年亚洲主要国家 / 地区发电量情况[1]

单位：百万千瓦时

国家 / 地区	1919 年	1929 年	1939 年	1949 年	1959 年	1969 年	1979 年	1989 年
中国[2]	318	1 418	2 773	4 308	41 500	71 000	281 950	584 810
阿富汗	—	—	—	84	358	908	1 119
巴林	—	—	—	—	200	430	1 474	3 490

续表

单位：百万千瓦时

国家/地区	1919 年	1929 年	1939 年	1949 年	1959 年	1969 年	1979 年	1989 年
孟加拉国	—	—	—	—	—	—	2 402	7 440
文莱	—	—	—	—	60	126	410	1 159
不丹	—	—	—	—	—	—	13	1 544
柬埔寨	—	—	—	—	51	128	160	120
塞浦路斯	—	—	—	—	221	552	977	1 848
中国香港	—	—	—	218	1 099	4 586	11 391	27 361
印度	—	—	2 532	4 909	17 794	56 543	112 820	268 664
印度尼西亚	—	205	332	—	1 081	2 200	12 747	41 810
伊朗	—	—	—	—	907	5 862	21 909	42 310
伊拉克	—	—	10	82	736	2 600	10 217	28 900
以色列	—	4	91	329	1 969	6 079	12 436	20 297
日本	4 193	15 123	34 144	41 494	99 108	316 261	589 644	798 756
约旦	—	—	—	—	—	200	900	3 434
朝鲜	—	—	2 958	5 924	7 811	15 000	33 000	53 500
韩国	—	—	—	655	1 741	8 150	38 271	102 906
科威特	—	—	—	—	204	2 390	9 039	21 494
老挝	—	—	—	—	6	21	1 088	708
黎巴嫩	—	—	—	101	367	1 139	1 800	2 500
中国澳门	—	—	—	—	14	56	234	744
马来西亚	—	199	328	557	947[3]	3 245[4]	9 203	21 473
蒙古国	—	—	—	—	95	450	1 290	3 569
缅甸	—	—	—	—	412	567	1 340	2 494
尼泊尔	—	—	—	—	10	60	197	588
阿曼	—	—	—	—	—	99	776	4 707
巴基斯坦	—	—	—	164	1 302	7 797	14 174	40 284
菲律宾	—	90	158	490	2 235	8 213	16 677	25 573
卡塔	—	—	—	—	—	—	2 002	4 512
沙特阿拉伯	—	—	—	—	27	990	15 470	47 446
新加坡	—	—	—	158	616	1 876	6 448	14 039
斯里兰卡	—	—	32	70	268	752	1 525	2 858
叙利亚	—	—	—	69	346	1 034	3 356	10 349
中国台湾	—	—	—	—	3 454	11 705	40 697	76 909
泰国	—	—	37	60	477	3 728	14 067	39 106
土耳其	—	—	353	737	2 586	8 035	22 522	52 043

续表

单位：百万千瓦时

国家 / 地区	1919 年	1929 年	1939 年	1949 年	1959 年	1969 年	1979 年	1989 年
阿拉伯联合酋长国	—	—	—	—	—	100	4 992	15 612
越南	—	—	—	148	495	1 880	3 600	7 784
也门	—	—	—	—	—	18	149	820[5]
南也门	—	—	—	10	132	180	245	510[6]

资料来源：作者整理。

注：[1] 本表的数据主要是指总产量（即包括发电站自用的发电量）。[2] 未包括中国香港特别行政区、澳门特别行政区、台湾地区的数据。[3] 包括沙巴、沙捞越各 13 百万千瓦时、16 百万千瓦时。[4] 包括沙巴、沙捞越各 81 百万千瓦时、96 百万千瓦时。[5][6] 1988 年数据。

2012 年，亚洲发电量居前九位的国家分别为中国、印度、日本、韩国、沙特阿拉伯、伊朗、土耳其、印度尼西亚、泰国（表 16-9）。

表 16-9　2012 年亚洲部分国家发电量排名

单位：亿千瓦时

排名	国家	发电量
1	中国[1]	49 377.70
2	印度	10 538.66
3	日本	10 153.64
4	韩国	5 098.51
5	沙特阿拉伯	2 517.25
6	伊朗	2 511.10
7	土耳其	2 292.50
8	印度尼西亚	2 002.91
9	泰国	1 664.46

资料来源：作者整理。参考黄晓勇主编《世界能源发展报告（2013）》，社会科学文献出版社，2014。

注：[1] 未包括中国香港特别行政区、澳门特别行政区、台湾地区的数据。

（三）欧洲电力生产格局

1949 年，欧洲电力生产大国主要是苏联、英国、联邦德国、法国、意大利、瑞典、挪威等。1949 年，发电量居前五位的国家依次为苏联、英国、联邦德国、法国、意大利。其中，苏联 782.6 亿千瓦时，约占欧洲发电总量的 24.1%；英国 574.0 亿千瓦时，约占 17.7%；联邦德国 406.5 亿千瓦时，约占 12.5%；法国 299.3 亿千瓦时，约占 9.2%；意大利 207.8 亿千瓦时，约占 6.4%。

1989 年，除了苏联继续保持第一位，联邦德国、法国的发电量超过了英国，分别排第二位、第三位。1989 年，欧洲发电量排名前五位的国家分别为：苏联（17 220.0 亿千瓦时），联邦德国（4 408.9 亿千瓦时），法国（3 871.0 亿千瓦时），英国（2 917.5 亿千瓦时），意大利（2 107.5 亿千瓦时）（表 16-10）。

表 16-10　1919—1989 年欧洲主要国家发电量[1]

单位：×10 亿千瓦时

国家	1919 年	1929 年	1939 年	1949 年	1959 年	1969 年	1979 年	1989 年
苏俄／苏联	—	6.22	43.20	78.26	265.11	689.05	1 238.20	1 722.00
奥地利	—	2.55	3.42	5.51	14.79	26.35	40.64	50.17
比利时	—	4.14	5.43	7.95	13.18	27.63	49.65	63.90
保加利亚	—	0.09	0.27	0.70	3.87	17.23	32.37	44.33
捷克斯洛伐克	1.16	2.50	2.47	8.28	21.88	43.13	68.09	87.53
丹麦	—	0.56	1.07	1.98	4.37	16.57	20.47	22.36
芬兰	—	1.00	3.11	3.57	7.92	19.28	37.34	53.38
法国	2.90	15.60	22.10	29.93	64.51	131.52	231.06	387.10
德国／联邦德国	13.50	30.66	61.38	40.65	106.20	226.05	372.18	440.89
民主德国	—	—	—	—	37.25	65.46	96.84	118.98
希腊	—	0.17	0.50	0.61	2.04	8.43	22.10	34.46
匈牙利	—	0.70	1.23	2.36	7.09	14.07	25.41	29.59
爱尔兰	—	0.06	0.41	0.78	2.09	5.24	10.77	13.85
意大利	4.30	9.63	18.42	20.78	49.35	110.45	181.26	210.75
荷兰	0.61	2.26	4.06	6.34	14.97	37.14	64.46	73.05
挪威	—	7.80	10.47	15.00	28.51	57.02	89.12	119.20
波兰	—	3.05	2.06	8.15	26.38	60.05	117.47	145.47
葡萄牙	—	0.24	0.45	0.87	2.99	6.84	16.71	25.55
罗马尼亚	—	0.57	1.21	1.86	6.82	31.51	64.93	75.85
西班牙	0.67	2.43	3.11	5.63	17.35	52.12	104.70	146.59
瑞典	2.43	4.97	9.05	16.04	32.23	58.08	95.20	143.91
瑞士	—	5.28	7.13	9.76	18.18	29.67	45.55	51.66
英国	4.90	16.98	35.81	57.40	114.80	220.91	278.74	291.75
塞尔维亚—克罗地亚—斯洛文尼亚王国／南斯拉夫[2]	—	0.75	1.10	2.19	8.11	23.37	54.97	86.31
合计	30.47	118.21	237.46	324.60	869.99	1 977.17	3 358.23	4 438.63

资料来源：作者整理。参考 B. R. 米切尔：《帕尔格雷夫世界历史统计·欧洲卷》第 4 版，贺力平译，经济科学出版社，2002。

注：[1] 本表数据主要是指净发电量（即不包括发电站的电力消费）。[2] 这里的"南斯拉夫"包括南斯拉夫王国、南斯拉夫联邦人民共和国、南斯拉夫社会主义联邦共和国三个时期。

2012 年，欧洲发电量排名前十位的国家分别为俄罗斯、德国、法国、英国、西班牙、意大利、瑞典、波兰、挪威、荷兰（表 16-11）。其中，俄罗斯发电量超过 1 万亿千瓦时，居欧洲第一位。

表 16–11 2012 年欧洲十大发电大国发电量情况

单位：亿千瓦时

排名	国家	发电量
1	俄罗斯	10 663.50
2	德国	5 839.26
3	法国	5 372.17
4	英国	3 473.41
5	西班牙	2 864.61
6	意大利	2 855.24
7	瑞典	1 618.38
8	波兰	1 475.90
9	挪威	1 471.70
10	荷兰	985.40

资料来源：作者整理。参考黄晓勇主编《世界能源发展报告（2014）》，社会科学文献出版社，2014。

（四）美洲电力生产格局

美国是美洲地区最大的电力生产国。1920 年，美洲发电总量为 62 505 百万千瓦时，美国发电量占美洲地区发电总量的比例高达 90.5%，1949 年降至 82.37%，到 1989 年仍占 70% 以上。

加拿大是美洲第二大电力生产大国，1919 年的发电量占美洲发电总量的比例约为 8.85%，1949 年上升到 12.15%，1989 年上升到 12.31%。

除了上述两个国家，巴西、墨西哥的电力规模也较大，1989 年的发电量均超过 1 000 亿千瓦时，其中，巴西为 2 217.31 亿千瓦时，墨西哥为 11 181.02 亿千瓦时（表 16–12）。

表 16–12 1919—1989 年美洲主要国家／地区发电量情况[1]

单位：百万千瓦时

国家／地区	1919 年	1929 年	1939 年	1949 年	1959 年	1969 年	1979 年	1989 年
美国	56 559[2]	116 747	161 308	345 066	797 567	1 552 757	2 318 783	2 971 356
巴哈马	—	3	—	15	65	422	829	925
巴巴多斯	—	—	—	—	33	131	315	441
伯利兹	—	—	—	—	5	22	53	95
百慕大群岛	—	—	—	—	80	208	333	441
加拿大	5 497	19 306	30 979	50 890	104 671	191 102	363 176	499 536
哥斯达黎加	—	—	—	—	387	901	2 000	3 350
古巴	—	263	343	690	2 806	4 266	9 403	15 240
多米尼加共和国	—	—	23	72	316	864	3 268	5 300
萨尔瓦多	—	—	—	—	235	617	1 578	2 098
法属瓜德罗普	—	—	—	3	17	88	265	637

续表

单位：百万千瓦时

国家 / 地区	1919 年	1929 年	1939 年	1949 年	1959 年	1969 年	1979 年	1989 年
危地马拉	—	—	28	62	243	720	1 618	2 313
海地	—	—	—	—	53	115	280	470
洪都拉斯	—	—	—	—	86	282	847	2 033
牙买加	—	—	20	67	453	1 275	2 218	2 585
马提尼克岛	—	—	4	11	21	87	253	639
墨西哥	—	—	2 462	4 328	9 693	25 554	62 860	118 102
荷属安的列斯群岛	—	—	—	—	813	1 267	2 060	—
尼加拉瓜	—	—	—	79	166	551	951	1 361
巴拿马	—	—	31	74	217	859	1 893	2 664
巴拿马运河区	—	—	—	270	246	638	552	—
波多黎各	—	—	155	517	1 875	7 110	13 340	14 310
特立尼达和多巴哥	—	—	7	45	449	1 213	1 818	3 436
美属维尔京群岛	—	—	—	—	29	388	790	950
阿根廷	—	1 292	2 461	4 121	9 544	20 014	37 640	46 010
玻利维亚	—	—	71	172	433	739	1 432	2 009
巴西	—	540	1 210	7 610	21 108	41 648	124 673	221 731
智利	—	285	509	2 844	4 605	7 214	11 133	17 810
哥伦比亚	—	—	251	625	3 413	8 157	19 139	34 602
厄瓜多尔	—	—	—	125	349	850	2 954	5 736
法属圭亚那	—	—	—	—	4	42	102	313
圭亚那	—	—	—	—	72	312	407	385 [3]
巴拉圭	—	—	—	40	87	203	644	2 900 [4]
秘鲁	—	—	87	232	2 219	5 288	9 265	13 358
苏里南	—	—	—	—	72	1 242	1 530	1 370
乌拉圭	45	125	245	574	1 176	2 090	2 960	5 749
委内瑞拉	—	—	112	409	4 497	11 494	32 033	57 620
合计	62 101	138 561	200 306	418 941	968 105	1 890 730	3 033 395	4 057 875

资料来源：作者整理。参考 B. R. 米切尔：《帕尔格雷夫世界历史统计·美洲卷：1750—1993 年》第 4 版，贺力平译，经济科学出版社，2002。

注：[1] 本表统计数据主要是指毛发电量（即包括发电厂自身消耗及输电过程中消耗的电量）。[2] 1920 年数据（缺 1919 年的数据）。[3][4] 1988 年数据。

2012 年，美洲主要国家的发电量分别为：美国 40 859.67 亿千瓦时，加拿大 6 268.49 亿千瓦时，巴西 5 536.85 亿千瓦时，墨西哥 2 821.68 亿千瓦时，阿根廷 1 390.07 亿千瓦时，委内瑞拉 1 276.09 亿千瓦时（表 16-13）。

表 16-13　2012 年美洲主要国家发电量情况

排名	国家	发电量 / 亿千瓦时
1	美国	40 859.67
2	加拿大	6 268.49
3	巴西	5 536.85
4	墨西哥	2 821.68
5	阿根廷	1 390.07
6	委内瑞拉	1 276.09

资料来源：作者整理。参考黄晓勇主编《世界能源发展报告（2014）》，社会科学文献出版社，2014。

（五）非洲电力生产格局

1970 年以前，非洲各国的电力规模都很小，除南非的年发电量超过 100 亿千瓦时外，其他国家都不到 100 亿千瓦时。1969 年，南非的发电量为 459.68 亿千瓦时。

1979 年，非洲发电量达到 100 亿千瓦时的国家增至 3 个，分别为：南非（815.12 亿千瓦时），埃及（168.75 亿千瓦时），莫桑比克（113.00 亿千瓦时）。

20 世纪 80 年代，南非成为非洲首个也是唯一一个年发电量达到 1 000 亿千瓦时及以上的国家，1989 年的发电量为 1 636.04 亿千瓦时，占非洲地区发电总量的 1/2 以上，达 53.8%。同年，发电量达百亿千瓦时的国家有 4 个：埃及（333.49 亿千瓦时），利比亚（161.00 亿千瓦时），阿尔及利亚（153.58 亿千瓦时），尼日利亚（117.40 亿千瓦时）（表 16-14）。

2012 年，南非发电量为 2 579.1 亿千瓦时，埃及发电量为 1 623.03 亿千瓦时。

表 16-14　1929—1989 年非洲主要国家 / 地区发电量情况[1]

单位：百万千瓦时

国家 / 地区	1929 年	1939 年	1949 年	1959 年	1969 年	1979 年	1989 年
南非	2 300	6 574	9 919	21 165	45 968	81 512	163 604
阿尔及利亚	112	278	493	1 192	1 800	6 116	15 358
安哥拉	2	10	23	123	542	1 400	1 820
贝宁	—	—	—	7	29	5	5
博茨瓦纳	—	—	—	—	30	471	845
布基纳法索	—	—	—	6	25	99	163
布隆迪	—	—	—	—	1	1	104
喀麦隆	—	—	3	842	1 056	1 347	2 699
中非共和国	—	—	—	8	41	63	93
乍得	—	—	—	6	38	48	82
刚果	—	—	—	21	65	113	403
吉布提	—	—	—	8	33	102	178
埃及	—	—	—	2 125	7 134	16 875	33 349
埃塞俄比亚	5	22	20	89	455	653	1 306

续表

单位：百万千瓦时

国家 / 地区	1929 年	1939 年	1949 年	1959 年	1969 年	1979 年	1989 年
加蓬	—	—	1	16	84	520	901
加纳	—	—	173	339	2 772	4 683	5 278
几内亚	—	—	1	31	232	370	514
科特迪瓦	—	—	2	52	440	1 550	2 363
肯尼亚		16	58	212	529	1 567	2 901
利比里亚	—	2	10	84	632	880	818
利比亚		—	—	—	351	4 074	16 100
马达加斯加	—	15	26	100	214	414	562
马拉维				25	130	371	586
马里	—		3	13	50	98	264
毛里塔尼亚	—	—	—	—	56	79	129
毛里求斯	—	—	18	56	200	434	685
摩洛哥	55	175	434	960	1 832	4 544	9 081
莫桑比克	5	—	39	127	594	11 300	485
尼日尔	—	—	—	6	30	115	163
尼日利亚	—	18	116	403	1 248	5 964	11 740
留尼汪	—	—	1	12	87	314	809
卢旺达	—	—	1	15	79	160	175
塞内加尔			24	106	318	636	697
塞拉利昂	—	1	5	43	169	194	222
索马里	—	—	—	4	26	72	258
苏丹	—	—	19	84	528	995	1 322
斯威士兰	—	—	—	—	111	269	444
坦桑尼亚	—	9	34	155	450	768	885
多哥	—	—	1	3	57	70	38
突尼斯	33	71	126	298	731	2 366	5 097
乌干达	—	—	11	346	774	621	689
扎伊尔	—	272	453	—	2 912	4 133	6 142
赞比亚	—	—	—	1 194	702	8 772	6 742
津巴布韦	—	137	447	1 531	6 001	4 231	8 040
合计	2 512	7 600	12 461	31 807	79 556	169 369	304 139

资料来源：作者整理。参考 B. R. 米切尔：《帕尔格雷夫世界历史统计·亚洲、非洲和大洋洲卷：1750—1993 年》第 3 版，贺力平译，经济科学出版社，2002。

注：[1] 本表数据主要是指总发电量（即包括发电站自用的发电量）。

（六）大洋洲电力生产格局

大洋洲主要的电力生产国是澳大利亚和新西兰（表 16-15）。1949 年，澳大利亚的发电量为 90.53 亿千瓦时，新西兰为 30.41 亿千瓦时。到 1989 年，澳大利亚发电量达 1 477.88 亿千瓦时，占大洋洲发电总量的 81.3%。同年，新西兰发电量为 294.71 亿千瓦时，占 16.2%。

2012 年，澳大利亚发电量为 2 349.59 亿千瓦时。

表 16-15　1919—1989 年大洋洲发电量情况[1]

单位：百万千瓦时

国家 / 地区	1919 年	1929 年	1939 年	1949 年	1959 年	1969 年	1979 年	1989 年
澳大利亚	461	2 286	4 688	9 053	21 199	51 183	91 232	147 788
美属萨摩亚	—	—	—	—	6	37	70	95
斐济	—	—	—	—	44	139	306	443
法属波利尼西亚	—	—	—	—	6	54	235	265
关岛	—	—	—	—	261	698	1 100	800
夏威夷	14	87	185	507	—	—	—	—
瑙鲁	—	—	—	—	7	20	26	29
法属新喀里多尼亚	—	—	—	58	—	713	1 184	1 192
新西兰	—	710	1 634	3 041	6 361	12 926	21 334	29 471
巴布亚新几内亚	—	—	—	—	54	153	1 201	1 775
合计	475	3 083	6 507	12 659	27 938	65 923	116 688	181 858

资料来源：作者整理。参考 B. R. 米切尔：《帕尔格雷夫世界历史统计·亚洲、非洲和大洋洲卷：1750—1993 年》第 3 版，贺力平译，经济科学出版社，2002。

注：[1] 本表的数据主要是指总发电量（即包括发电站自用的发电量）。

四、电力生产大国的变化

从电力装机容量看（表 16-16），1950 年世界十大电力大国（未包括中国）依次为美国（82.9 百万千瓦）、苏联（19.6 百万千瓦）、英国（19.1 百万千瓦）、法国（11.9 百万千瓦）、联邦德国（11.7 百万千瓦）、日本（10.5 百万千瓦）、意大利（8.5 百万千瓦）、民主德国（4.8 百万千瓦）、瑞典（4.1 百万千瓦）、瑞士（3.1 百万千瓦）；1960 年依次为美国（186.5 百万千瓦）、苏联（66.7 百万千瓦）、英国（36.7 百万千瓦）、联邦德国（28.4 百万千瓦）、日本（23.7 百万千瓦）、加拿大（23.0 百万千瓦）、法国（21.9 百万千瓦）、意大利（17.9 百万千瓦）、瑞典（9.0 百万千瓦）、民主德国（7.9 百万千瓦）；1970 年世界十大电力大国（未包括中国）依次为美国（360.3 百万千瓦）、苏联（166.2 百万千瓦）、日本（68.3 百万千瓦）、英国（62.1 百万千瓦）、联邦德国（47.5 百万千瓦）、加拿大（42.8 百万千瓦）、法国（36.2 百万千瓦）、意大利（30.4 百万千瓦）、西班牙（17.9 百万千瓦）、印度（16.3 百万千瓦）。除了日本和印度，上述这些电力大国均为欧洲和北美洲的国家。

表 16-16　1950—1970 年部分国家电力装机容量情况

单位：百万千瓦

国家	1950 年	1960 年	1970 年
苏联	19.6	66.7	166.2
美国	82.9	186.5	360.3

续表   单位：百万千瓦

国家	1950 年	1960 年	1970 年
日本	10.5	23.7	68.3
联邦德国	11.7	28.4	47.5
法国	11.9	21.9	36.2
英国	19.1	36.7	62.1
意大利	8.5	17.9	30.4
加拿大	—	23.0	42.8
印度	2.3	5.6	16.3
阿根廷	1.7	3.5	6.7
澳大利亚	2.5	6.2	15.6
奥地利	1.9	4.1	8.0
比利时	2.9	4.5	6.3
巴西	1.9	4.8	11.2
捷克斯洛伐克	2.8	5.7	10.1
民主德国	4.8	7.9	12.1
墨西哥	1.2	3.1	7.5
荷兰	2.4	5.3	10.1
挪威	3.0	6.6	12.9
波兰	2.0	6.3	13.7
罗马尼亚	0.7	1.8	7.3
西班牙	2.4	6.6	17.9
瑞典	4.1	9.0	15.3
瑞士	3.1	5.8	10.5
南斯拉夫[2]	1.0[1]	2.4	7.0
全球合计	204.9	494	1 002.3

资料来源：中国社会科学院世界经济与政治研究所综合统计研究室：《世界经济统计简编（1982）》，生活·读书·新知三联书店，1983，第110页。

注：[1] 1952 年数据。[2] 这里的"南斯拉夫"包括南斯拉夫联邦人民共和国、南斯拉夫社会主义联邦共和国时期。

　　从发电量占世界总量的比例看，1950—1980 年，美国所占比例最大，1950 年美国的发电量占世界总量的比例达 40.3%，此后逐渐降至 1980 年的 30.7%。苏联居世界第二位，1950 年的发电量占世界总量的 9.4%，此后逐渐提高到 1980 年的 16.4%（表 16–17）。

表 16-17　1950—1980 年主要国家发电量占世界总量的比例

单位：%

国家	1950 年	1960 年	1970 年	1980 年
苏联	9.4	12.7	15.0	16.4
美国[1]	40.3	36.6	33.3	30.7
日本	4.6	5.0	7.3	6.5
联邦德国	4.6	5.2	4.9	4.6
法国	3.6[2]	3.1	3.0	3.0
意大利	2.6	2.4	2.4	2.3
英国	5.9	5.9	5.1	3.6

资料来源：中国社会科学院世界经济与政治研究所综合统计研究室：《世界经济统计简编（1982）》，生活·读书·新知三联书店，1983，第 50 页。

注：[1] 净发电量，1980 年仅为公用电站数字。[2] 包括萨尔地区。

1980 年，美国、苏联的发电量均超过 1 万亿千瓦时。其中，美国为 23 561.40 亿千瓦时，苏联为 12 950.04 亿千瓦时，分别居世界第一位、第二位。其余 8 个国家的年发电量均超过 1 000 亿千瓦时（表 16-18）。中国为 3 006.20 亿千瓦时，排世界第六位。

表 16-18　1980 年世界十大发电国发电量情况

单位：亿千瓦时

排名	国家	发电量
1	美国	23 561.40
2	苏联	12 950.04
3	日本	5 814.36[1]
4	联邦德国	3 687.72
5	加拿大	3 365.52
6	中国	3 006.20
7	英国	2 850.48
8	法国	2 432.88
9	意大利	1 850.16
10	巴西	1 373.88

资料来源：作者整理。主要参考中国社会科学院世界经济与政治研究所统计研究室：《世界经济统计简编（1982）》，生活·读书·新知三联书店，1983。

注：[1] 1979 年的发电量。

1990 年，世界十大发电国分别为美国、苏联、日本、中国、德国、加拿大、法国、英国、印度、巴西（表 16-19），其中有 3 个为亚洲国家。

表 16-19　1990 年世界十大发电国发电量情况

单位：亿千瓦时

排名	国家	发电量
1	美国	28 352
2	苏联	17 260

续表 单位：亿千瓦时

排名	国家	发电量
3	日本	8 573
4	中国	6 212
5	德国	5 668
6	加拿大	4 820
7	法国	3 986
8	英国	2 975
9	印度	2 894
10	巴西	2 228

资料来源：作者整理。参考 B. R. 米切尔：《帕尔格雷夫世界历史统计·亚洲、非洲和大洋洲卷：1750—1993 年》第 3 版，贺力平译，经济科学出版社，2002。

到 20 世纪末，世界电力生产格局发生较大变化（表 16-20），中国发电量占世界发电总量的比例跃居世界第二位，韩国进入世界前十。

表 16-20　1999 年世界十大发电国发电量占世界的比例情况

单位：/%

排名	国家	占世界发电总量的比例
1	美国	26.5
2	中国	8.4
3	日本	7.2
4	俄罗斯	5.7
5	加拿大	3.9
6	德国	3.7
7	印度	3.6
8	法国	3.5
9	英国	2.5
10	韩国	1.8

资料来源：作者整理。参考俞坤一等：《新编世界经济贸易地理》，首都经济贸易大学出版社，2004。

2012 年，中国发电量为 49 377.7 亿千瓦时，排世界第一位，占世界发电总量的比例由 1999 年的 8.4% 上升到 21.9%（表 16-21）。同年，美国发电量约为 40 860.0 亿千瓦时，排世界第二位，占世界发电总量的比例从 1999 年的 26.5% 降至 18.2%。十国发电量共占世界发电总量的约 2/3。

表 16-21　2012 年世界十大发电国发电量情况

排名	国家	发电量/亿千瓦时	占世界发电总量的比例/%
1	中国	49 377.70	21.9
2	美国	40 859.67	18.2
3	俄罗斯	10 663.50	4.7
4	印度	10 538.66	4.7
5	日本	10 153.64	4.5

续表

排名	国家	发电量 / 亿千瓦时	占世界发电总量的比例 /%
6	加拿大	6 268.49	2.8
7	德国	5 839.26	2.6
8	巴西	5 536.85	2.5
9	法国	5 372.17	2.4
10	韩国	5 098.51	2.3

资料来源：作者整理。参考黄晓勇主编《世界能源发展报告（2014）》，社会科学文献出版社，2014。

五、各国电力的发展

世界各国的电力发展不均衡，各国的电力结构也不尽相同，有的以水电为主，有的以火电为主，还有的以核电为主。即使是同一国家，不同时期的电力构成也不完全一样。进入现代以来，各国电力处在不断发展变化中。

（一）亚洲国家

1. 中国

新中国成立前，中国电力工业落后，1949 年发电装机容量只有 184.86 万千瓦，年发电量为 43.08 亿千瓦时，分别排在世界第 21 位和第 25 位，[①] 年发电量仅占世界发电总量的 0.5%。

新中国成立后，中国电力工业不断发展。1970 年，中国的电力生产规模突破 1 000 亿千瓦时，1995 年突破 10 000 亿千瓦时，2013 年又突破 50 000 亿千瓦时，达到 52 581.40 亿千瓦时（表 16-22），居世界第一位。从 1949 年新中国成立到 2013 年的 60 多年间，中国发电量增长约 1 220 倍。2011 年，中国发电装机容量为 10.56 亿千瓦，其中，火电约占 71.97%，水电约占 21.78%，风电约占 4.45%，核电约占 1.14%，太阳能及其他能源发电约占 0.66%（表 16-23）。

随着电力工业的不断发展壮大，中国电力在世界上的地位不断提高。2009 年，中国电网规模超过美国，跃居世界第一位。2010 年，中国风电装机容量突破 4 000 万千瓦，超越美国，排世界第一位。2011 年，中国电力总装机容量与发电量超过美国，排世界第一位。2015 年，中国光伏电站装机容量突破 4 000 万千瓦，超越德国排世界第一位。2017 年，中国水电装机容量为 3.4 亿千瓦，水电装机容量、发电量均居世界第一位。到 2017 年，中国电网主网架为 500（700）千伏，实现全国联网，特高压 1 000 千伏交流、±800 千伏直流输电线路相继投运，中国电网成为世界上最大的交直流混合电网。

表 16-22　1912—2013 年中国发电量情况

时间 / 年	发电量 / 亿千瓦时	时间 / 年	发电量 / 亿千瓦时	时间 / 年	发电量 / 亿千瓦时
1912	0.46	1916	1.67	1920	3.61
1913	0.66	1917	2.04	1921	4.40
1914	0.92	1918	2.53	1922	5.19
1915	1.30	1919	3.18	1923	6.44

[①] 中国工程院：《20 世纪我国重大工程技术成就》，暨南大学出版社，2002，第 77 页。

续表

时间 / 年	发电量 / 亿千瓦时	时间 / 年	发电量 / 亿千瓦时	时间 / 年	发电量 / 亿千瓦时
1924	7.36	1958	275.30	1992	7 544.40
1925	7.85	1959	415.00	1993	8 394.53
1926	10.11	1960	585.00	1994	9 278.00
1927	10.72	1961	—	1995	10 065.54
1928	12.35	1962	458.00	1996	10 813.00
1929	14.18	1963	—	1997	11 045.00
1930	15.46	1964	650.00	1998	11 635.06
1931	17.48	1965	710.00	1999	11 974.71
1932	17.88	1966	780.00	2000	13 556.00
1933	20.74	1967	600.00	2001	14 808.02
1934	23.13	1968	650.00	2002	16 540.00
1935	26.53	1969	710.00	2003	19 105.75
1936	30.75	1970	1 070.00	2004	22 033.10
1937	18.64	1971	1 196.00	2005	25 002.60
1938	23.27	1972	1 337.00	2006	28 657.26
1939	27.73	1973	1 668.00	2007	32 815.53
1940	33.31	1974	1 688.00	2008	34 668.80
1941	38.89	1975	1 958.00	2009	37 146.50
1942	46.51	1976	2 031.00	2010	42 065.40
1943	52.20	1977	2 234.00	2011	47 217.00
1944	53.14	1978	2 565.50	2012	49 377.70
1945	48.76	1979	2 819.50	2013	52 581.40
1946	36.25	1980	3 006.20		
1947	46.71	1981	3 092.70		
1948	44.98	1982	3 276.80		
1949	43.08	1983	3 514.40		
1950	45.50	1984	3 769.90		
1951	—	1985	4 107.00		
1952	72.61	1986	4 495.30		
1953	91.95	1987	4 972.67		
1954	110.01	1988	5 452.10		
1955	122.78	1989	5 848.10		
1956	165.93	1990	6 212.00		
1957	193.40	1991	6 775.50		

资料来源：作者整理。主要参考 B. R. 米切尔：《帕尔格雷夫世界历史统计·亚洲、非洲和大洋洲卷：1750—1993 年》第 3 版，贺力平译，经济科学出版社，2002；林伯强主编《中国能源发展报告（2012）》，北京大学出版社，2012。

表 16-23　2011 年中国发电装机容量构成情况

类别	装机容量 / 亿千瓦	所占比例 /%
火电	7.60	71.97
水电	2.30	21.78
风电	0.47	4.45
核电	0.12	1.14
太阳能及其他能源发电	0.07	0.66
合计	10.56	100.00

资料来源：林伯强主编《2012 中国能源发展报告》，北京大学出版社，2012，第 495 页。

2013 年，中国发电量为 52 581.4 亿千瓦时。其中，火电 42 358.7 亿千瓦时，约占 80.56%；水电 9 116.4 亿千瓦时，约占 17.34%；核电为 1 106.3 亿千瓦时，约占 2.1%（表 16-24）。

表 16-24　2013 年中国发电量构成情况

类别	发电量 / 亿千瓦时	所占比例 /%
火电	42 358.7	80.56
水电	9 116.4	17.34
核电	1 106.3	2.10
总发电量	52 581.4	100.0

资料来源：作者整理。参考黄晓勇主编《世界能源发展报告（2014）》，社会科学文献出版社，2014。

2. 日本

1937 年，日本发电量达 302.5 亿千瓦时，此后电力生产逐年增长。1945 年，日本宣布无条件投降时，发电量跌至 219 亿千瓦时。

"二战"结束后，随着经济的恢复和发展，日本加强电力建设。1951 年，日本成立东京、东北、北海道九州等九家私营电力公司。1952 年，日本政府和九大私营电力公司共同出资成立电源开发公司（J-POWER），国家持股 2/3。1955 年，日本又成立日本原子能发电公司（JAPS）。此后，在九大电力公司的基础上开始形成日本九大电网，并逐步实现区域之间联网。到 20 世纪末，除冲绳岛外，日本实现了全国联网。[1]

从 20 世纪 60 年代开始，日本大力发展燃油发电，至 1973 年油电比例已达到 89.2%。1973 年石油危机引起油价上涨后，日本大量进口液化天然气、液化石油气和煤炭来发电，推动火电结构优化，至 2003 年油电比例下降到 18%，气电比例上升到 28%，煤电比例为 15%。[2] 在此过程中，日本从 20 世纪 70 年代开始发展超临界压力机组，从 20 世纪 80 年代中期开始推广应用蒸汽－燃气联合循环机组。到 20 世纪 80 年代末，日本中部电力公司与三菱重工等在川越电厂建成世界上仅有的两台单机容量为 700 兆瓦，蒸汽参数为 316 千克 / 米 ^{2}、566 ℃ /566 ℃ /566 ℃的超临界机组，热效率达 41.9%。到 2004

[1] 国家电力监管委员会：《南美洲、亚洲、非洲各国电力市场化改革》，中国水利水电出版社，2006，第 111 页。
[2] 同上书，第 114 页。

年，日本建成1 000兆瓦及以上的火电厂58座。其中，日本最大的火电厂是中部电力公司的川越电厂（Kawagoe），总容量为4 802兆瓦（表16-25），它是世界上第二大电厂；日本热效率最高的机组是东京电力公司横滨电厂的8号机组，它采用先进的联合循环系统，热效率达48.89%。

表16-25　2004年日本十大火力发电厂（装机容量）情况

序号	电厂名称	所属公司	装机容量/兆瓦	使用燃料
1	Kawagoe	中部电力公司	4 802	LNG
2	Kashima	东京电力公司	4 400	原油、燃油
3	Hekinan	中部电力公司	4 100	煤炭
4	Chita	中部电力公司	3 966	原油、燃油、煤炭
5	Higashi Niigata	东北电力公司	3 816	LNG、天然气
6	Sodegaura	东京电力公司	3 600	LNG
7	Anegasaki	东京电力公司	3 600	原油、燃油、LNG、LPG
8	Futtsu	东京电力公司	3 520	LNG
9	Yokohama	东京电力公司	3 500	原油、燃油、LNG
10	Hirono	东京电力公司	3 200	原油、燃油、天然气

资料来源：国家电力监管委员会：《南美洲、亚洲、非洲各国电力市场化改革》，中国水利水电出版社，2006，第115页。

2009年，日本电力总装机容量为2.42亿千瓦。其中，核电48.85吉瓦，约占20.19%；水电46.38吉瓦，约占19.17%；煤电37.95吉瓦，约占15.68%；LNG61.57吉瓦，约占25.44%；燃油46.20吉瓦，约占19.1%；可再生能源0.53吉瓦，约占0.22%。[①]2012年，日本发电量为10 154亿千瓦时，排世界第五位。

3. 印度

1950年1月26日，印度宣布成立共和国。独立后，印度电力工业发展很快，1955年的发电量突破100亿千瓦时，1960年突破200亿千瓦时，1978年突破1 000亿千瓦时，达到1 101.3亿千瓦时。

2008—2009年，印度电力装机容量为14 740.28万千瓦，但实际发电量低，仅为7 687.2亿千瓦时。其中，火力发电量为6 312.7亿千瓦时，水力发电量为1 184.5亿千瓦时，核电量为190亿千瓦时。[②]2012年，印度发电量为10 538.7亿千瓦时，排世界第四位。

4. 韩国

1948年8月韩国成立。1953年7月签订朝鲜停战协定。1961年5月，朴正熙发动军事政变上台，在位时间长达18年。20世纪60年代后，随着国民经济的恢复发展，韩国电力快速发展。1961年，韩国的发电量为18.4亿千瓦时，到1979年达到382.7亿千瓦时。

此后，韩国电力继续保持较快发展。到2005年，电力装机容量为6 227万千瓦，发电量约为3 644亿千瓦时。其中，火力发电量约占57.25%，核能发电量约占40.28%，水电约占1.42%，其他约占1.03%（表16-26）。2012年，韩国发电总量为5 099亿千瓦时，排世界第十位。

---

① 黄晓勇主编《世界能源发展报告（2013）》，社会科学文献出版社，2013，第157页。
② 孙士海、葛维钧主编《印度》第2版，社会科学文献出版社，2010，第241页。

表 16-26　2005 年韩国电力装机容量和发电量构成情况

机组种类	水电	燃煤	燃油	LNG	联合循环	核电	其他	合计
装机容量 / 万千瓦	388	1 797	431	154	1 502	1 772	183	6 227
装机容量占比 /%	6.23	28.86	6.92	2.47	24.12	28.46	2.94	100
发电量 / 亿千瓦时	52	1 349	155	7.9	575	1 468	37	3 643.9
发电量占比 /%	1.42	37	4.26	0.22	15.77	40.28	1.03	—

资料来源: 国家电力监管委员会:《南美洲、亚洲、非洲各国电力市场化改革》, 中国水利水电出版社, 2006, 第 292 页。

5. 伊朗

1960 年前, 伊朗年发电量不足 10 亿千瓦时, 1959 年为 9.1 亿千瓦时。此后, 伊朗加快电力发展, 1969 年的年发电量为 58.6 亿千瓦时, 1979 年达到 219.1 亿千瓦时。次年 9 月, 两伊战争爆发, 直到 1988 年 8 月才结束。两伊战争使伊朗的电力工业设施遭到破坏, 1988 年伊朗的发电量为 387.7 亿千瓦时。

两伊战争结束后, 伊朗政府加大对电力的投入, 1989—1994 年共拨款 75 亿美元用于修复被破坏的电站及设施。1995 年全国发电量增至 849.7 亿千瓦时, 1998 年突破 1 000 亿千瓦时, 为 1 034.13 亿千瓦时。

伊朗电力以天然气发电和柴油发电为主, 同时兴建了一些水电站, 包括: 克列吉河的阿米列·卡比尔水电站, 装机容量为 8 460 万千瓦; 扎廷杰鲁德的沙赫阿巴斯水电站, 装机容量为 5 520 万千瓦; 德黑兰郊区的贾杰鲁德水电站, 装机容量为 4 500 万千瓦; 阿拉斯河水电站, 装机容量为 4 500 万千瓦; 扎礼涅鲁德河水电站, 装机容量为 1 000 万千瓦。[1]

2012 年, 伊朗发电量为 2 511.1 亿千瓦时, 在中东地区排第二位。

6. 泰国

20 世纪 60 年代以前, 泰国的电力生产能力极低, 只有几个小型的火电厂, 企业自备的柴油发电机组以进口的柴油为燃料, 生活和工业用能源主要是木柴, 其次是稻糠、木炭和蔗渣。[2]1957 年、1958 年分别成立然禧电力局和首都电力局, 负责发展水电和火电。1960 年, 全国发电总量为 5.9 亿千瓦时。

20 世纪 60 年代后, 泰国开始加强发电站的建设。1961 年建成以燃油为动力的北曼谷电厂。之后在泰国北部主要褐煤产地夜莫安装了一套燃烧褐煤的 1.2 万千瓦火电机组。1968 年在南部甲米建成一座装机容量为 6 万千瓦的褐煤发电站。1970 年, 建成装机容量为 20 万千瓦的南曼谷燃油电厂。1973 年石油价格飞涨后, 先后于 1978 年、1979 年和 1980 年在夜莫增设三套火电机组, 每套装机容量均为 7.5 万千瓦。20 世纪 90 年代开始筹建第一个以普通煤为燃料的发电厂, 设计发电能力为 42.29 亿瓦。1994 年, 泰国一个官方电力部门与私营企业合营成立泰国第一家私有化电厂。到 20 世纪 90 年代初, 泰国电力总署下辖以油为燃料的电站 13 座, 天然气电站 8 座, 水力电站 10 座, 褐煤电站 7 座。1992 年, 全国电力装机容量为 110.57 亿瓦。

2012 年, 泰国发电量为 1 515.7 亿千瓦时。

---

[1] 张铁伟:《伊朗》, 社会科学文献出版社, 2005, 第 188 页。

[2] 王文良、俞亚克:《当代泰国经济》, 云南大学出版社, 1997, 第 162 页。

7. 印度尼西亚

1970 年，印度尼西亚的发电量为 23 亿千瓦时。从 20 世纪 70 年代初起，印度尼西亚国营电力公司依靠世界银行和亚洲开发银行的贷款，对电力工业进行大量投资，先后建设一批油气发电机组，1985 年在西爪哇建成印度尼西亚第一个燃煤发电厂。到 1997 年，国营电力公司发电量为 689.75 亿千瓦时，占全国发电总量的 97.4%。从 20 世纪 90 年起，印度尼西亚政府鼓励私人资本投资建设电站，私营电站的发电量由 1993 年的 12.5 亿千瓦时增加到 1997 年的 18.7 亿千瓦时。[①]

2012 年，印度尼西亚发电量达到 2 002.9 亿千瓦时。

8. 菲律宾

20 世纪初，菲律宾的电力工业是私营部门投资兴办的。1936 年，菲律宾通过第 120 号共和国法令，创立国有的国家电力公司，从事水电开发。1946 年 7 月 4 日，菲律宾宣告独立。同年全国发电量为 1.5 亿千瓦时。到 20 世纪 70 年代初，全国约有 530 家小发电厂，当时最大的发电厂为私营的梅拉尔公司，装机容量为 140.4 万千瓦。1979 年，菲律宾开始在巴丹兴建第一座核电站，设计发电能力为 62 万千瓦。到 1986 年科拉松·阿基诺上台时，巴丹核电站已建成，但由于核电站选址不当，靠近地震带，出于安全考虑，政府决定不使用巴丹核电站。

20 世纪 90 年代初，菲律宾的能源生产以非常规能源以及地热、水力发电为主。1991 年，全国共有 15 个非常规能源中心，按照燃料油等量计算，相当于 1 554 万桶，占国内能源总产量的 38.26%。同年，地热发电所占比例为 24.45%，水电占 21.84%。[②]

2001 年，菲律宾制定《电力改革法》，积极促进民间企业参与电力建设，力图扩大电力生产，降低电价。从 2001—2010 年，菲律宾年发电量从 470 亿千瓦时增加到 677 亿千瓦时。其中，80% 的电力生产集中在吕宋岛。[③]

9. 缅甸

缅甸电力工业落后，20 世纪 80 年代后才得到较快发展。1987—1988 财年电力装机容量为 96 万千瓦，1989 年发电量为 24.9 亿千瓦时。20 世纪 90 年代初期，全国的电力构成为：水力发电占总发电量的 51%，天然气发电占 46%，柴油发电占 2%，其他发电占 1%。[④]

随着经济社会的发展，缅甸电力短缺突出。1995—1996 年人均发电量只有 99.8 千瓦时，是世界上人均发电量最低的国家之一。1995 年年初，全国有近 70% 的地方不通电。对此，缅甸加强与周边国家的合作，与新加坡 LPCO 国际有限公司合资修建装机容量为 10 万千瓦以上的仰光天然气发电厂。2002 年 11 月，缅甸与中国、泰国、柬埔寨、老挝共同签署电力连接与电力贸易协定，积极推动水电开发。2008—2009 财年，其他国家在缅甸投资 157 亿多美元，其中对电力投资居首位。2011 年，缅甸第一电力部所属 17 座电站装机容量为 257 万千瓦，年发电量为 130.5 亿千瓦时；第二电力部所属 15 座天然气

① 俞亚克：《当代印度尼西亚经济》，云南大学出版社，2000，第 258 页。

② 陈明华：《当代菲律宾经济》，云南大学出版社，1999，第 209 页。

③ 李涛、陈丙先：《菲律宾概论》，世界图书出版广东有限公司，2012，第 211 页。

④ 陈明华：《当代缅甸经济》，云南大学出版社，1997，第 162 页。

发电站装机容量为 71.49 万千瓦，年发电量为 57.2 亿千瓦时。[①]

10. 柬埔寨

早在殖民统治时期，法国就在金边市建成柬埔寨最老的柴油发电厂。后来，其设备几经更新与改造，到 1988 年发电能力为 8 600 千瓦时／日。此外，其他国家从 20 世纪 60 年代起先后在柬埔寨援建多家柴油发电厂。1964 年，苏联开始援建金边规模最大的发电厂——卡尔·马克思电厂，并于 1974 年建成、投产。20 世纪 80 年代，苏联又援建暹粒、磅湛、马德望柴油发电厂，装机容量分别为 2 000 千瓦、1 400 千瓦和 1 400 千瓦，发电所耗柴油在苏联解体以前主要是由苏联提供的，每年约 14 万吨。此外，美国、捷克斯洛伐克在 20 世纪 70—80 年代也曾各援建一座发电站。[②]1990 年，柬埔寨发电量为 1.93 亿千瓦时。其中，柴油发电为 1.53 亿千瓦时，约占 79.27%；水力发电为 0.3 亿千瓦时，约占 15.54%；其他方式发电 0.1 亿千瓦时，约占 5.18%。

到 20 世纪末，柬埔寨绝大多数农村尚未通电，90% 以上的农村仍靠薪柴和木炭作为生活用燃料。并且包括首都金边在内的绝大多数城市居民也靠烧柴做饭，只有极少数人能用上电或石油液化气。[③]2009 年，柬埔寨国家电力公司的供电能力仅为 190 兆瓦，电力严重短缺，严重影响柬埔寨的经济发展和人民生活。

（二）欧洲国家

1. 苏俄／苏联／俄罗斯

苏维埃政权建立后，苏俄加强了电力工业建设。1918 年新建 8 座电站，装机容量为 4 757 千瓦。1919 年新增电站 36 座，装机容量为 1 648 千瓦。1920 年，全国电站数量达到 100 座，装机容量为 8 699 千瓦。[④]

1920 年 2 月 7 日，全俄中央执行委员会会议通过了关于国家电气化的决议，决定建立国家电气化委员会，编制建立电站网的计划。列宁在 1920 年 12 月 22 日《全俄中央执行委员会和人民委员会关于对外对内政策的报告》中指出："我们还没有挖掉资本主义的老根，还没有铲除国内敌人的基础。国内敌人是靠小经济来维持的，要铲除它，只有一种办法，那就是把我国经济，包括农业在内，转到新的技术基础上，转到现代大生产的技术基础上。只有电力才能成为这样的基础。""共产主义就是苏维埃政权加全国电气化。""不然我国仍然是一个小农国家。"[⑤]对此，苏联计划在第一批区域建设 20 座火电站、10 座水电站，[⑥]总装机容量为 175 万千瓦，年发电总量达到 88 亿千瓦时。[⑦]为实现电气化的任务，估计需要资金 10 亿～ 12 亿金卢布。[⑧]

苏联制订电气化计划后，立即着手建设第一个电气化项目——沃尔霍夫发电站，并于 1926 年建

① 钟智翔等:《缅甸概论》，世界图书出版广东有限公司，2012，第 247 页。
② 王士录:《当代柬埔寨经济》，云南大学出版社，1999，第 254 页。
③ 同上书，第 250 页。
④ 中共中央马克思恩格斯列宁斯大林著作编译局:《列宁专题文集：论社会主义》，人民出版社，2009，第 239 页。
⑤ 同上书，第 181 页。
⑥ 同上书，第 188 页。
⑦ 同上书，第 439 页。
⑧ 同上书，第 182 页。

成。1925—1927 年，莫斯科附近的埃里温、塔什干和第比利斯等其他许多发电站相继投入使用。[①]到 1935 年，苏联建成区域电站的总装机容量为 410 万千瓦，总发电量为 263 亿千瓦时[②]，分别是电气化计划的 2.3 倍和 3 倍。到 1937 年，苏联的工业产量在世界工业总产量中的比例由 1929 年的 3.7% 攀升到 13.7%，其中发电量排名由世界第十五位跃升至世界第三位。[③]1950 年，苏联的发电总量为 912 亿千瓦时。到 1990 年，苏联发电总量达 17 260 亿千瓦时，居欧洲第一位，排世界第二位。

苏联解体后，俄罗斯的电力工业逐渐萎缩，1998 年的发电量为 8 262 亿千瓦时，仅为苏联解体前的 48%。2012 年，俄罗斯的发电量为 10 640 亿千瓦时。其中，核能发电量为 1 780 亿千瓦时，火力发电量为 7 210 亿千瓦时，水力发电量为 1 650 亿千瓦时[④]，分别约占 2012 年俄罗斯发电总量的 16.73%、67.76%、15.51%。

2. 德国

德国是欧洲和世界电力生产大国。在"二战"之前，1938 年德国的年发电量为 553.3 亿千瓦时，居欧洲第一位。到 1990 年德国统一时，年发电量达到 5 720 亿千瓦时。其中，火力发电 3 897 亿千瓦时，水力发电 195 亿千瓦时，核能发电 1 628 亿千瓦时，分别约占德国发电总量的 68.13%、3.41%、28.46%。

从 20 世纪 90 年代起，德国推动电力工业转型。1990 年，德国颁布《电力上网法》，对可再生能源发电给予补贴扶持。2000 年，颁布《可再生能源法》，提出了可再生能源电力的发展目标。2010 年，联邦经济能源部颁布《面向 2050 年能源规划纲要》，提出到 2050 年可再生能源发电占德国发电总量的比例达到 80%。2011 年日本福岛核电站发生泄漏事故后，德国政府决定在 2022 年前关闭所有的核电站。在此推动下，德国可再生能源发电得到快速发展，能源转型取得明显成效。2015 年，德国发电总量为 6 518 亿千瓦时。其中，可再生能源发电 1 959 亿千瓦时，占德国发电总量的 30%（含水力发电 3%）；火力发电量占 55.9%，核能发电量占 14.1%，与 1990 年相比均有较大幅度的下降。

3. 英国

英国水能资源少，只有苏格兰北部山区有几处水电站，燃煤发电一直占很大比例。1956 年，英国建成世界上第一座大型商业运营核电站。从 20 世纪 60 年代起，英国核电得到较大发展，成为英国电力工业的重要部门。到 1998 年，英国核能发电量达到顶峰（905.9 亿千瓦时），占同年英国发电总量的 26.2%。

除了发展核电，从 20 世纪 90 年代起，英国大力发展联合循环燃气发电。1990 年联合循环燃气发电量为 2.8 亿千瓦时，到 1999 年突破 1 000 亿千瓦时，2000 年为 1 264.3 亿千瓦时（表 16-27），10 年间增长约 451 倍。

2000 年，英国发电总量为 3 607.6 亿千瓦时。其中，传统火电及其他所占比例约为 40.86%，联合循环燃气发电约占 35.05%，核电约占 21.71%，非传统火电的可再生能源发电占 2.39%。2012 年，英国发电量为 3 473 亿千瓦时[⑤]，低于 2000 年的发电水平。

---

① M. M. 波斯坦、H. J. 哈巴库克主编《剑桥欧洲经济史·第 6 卷》，王春法等译，经济科学出版社，2002，第 791 页。

② 褚葆一主编《经济大辞典·世界经济卷》，上海辞书出版社，1985，第 357 页。

③ 尼古拉·梁赞诺夫斯基、马克·斯坦伯格：《俄罗斯史（第七版）》，杨烨、卿文辉主译，上海人民出版社，2007，第 482 页。

④ 黄晓勇主编《世界能源发展报告（2013）》，社会科学文献出版社，2013，第 391 页。

⑤ 黄晓勇主编《世界能源发展报告（2014）》，社会科学文献出版社，2014，第 287 页。

表 16-27　1970—2000 年英国总发电量情况

时间 / 年	总发电量 / 亿千瓦时	传统火电及其他[1] / 亿千瓦时	联合循环燃气发电 / 亿千瓦时	核电 / 亿千瓦时	非传统火电的可再生能源发电[2]
1970	2 316.3	2 031.7	0	228.1	56.5
1971	2 383.2	2 100.2	0	240.1	42.9
1972	2 451.5	2 152.2	0	256.4	42.9
1973	2 626.3	2 338.0	0	243.1	45.2
1974	2 541.5	2 201.4	0	292.3	47.8
1975	2 537.1	2 223.3	0	264.6	49.2
1976	2 577.0	2 214.6	0	311.5	50.9
1977	2 636.1	2 237.5	0	346.6	52.0
1978	2 688.0	2 311.5	0	324.6	51.9
1979	2 801.7	2 413.9	0	333.4	54.4
1980	2 663.1	2 289.3	0	322.9	50.9
1981	2 599.4	2 213.9	0	331.9	53.6
1982	2 550.9	2 107.7	0	387.2	56.0
1983	2 593.6	2 090.9	0	439.1	63.6
1984	2 641.6	2 109.3	0	472.6	59.7
1985	2 779.2	2 173.7	0	537.7	67.8
1986	2 814.7	2 227.3	0	518.4	69.0
1987	2 825.2	2 281.2	0	482.1	61.9
1988	2 886.0	2 260.2	0	556.4	69.4
1989	2 943.2	2 241.8	0	636.0	65.4
1990	3 001.2	2 341.0	2.8	586.6	70.8
1991	3 027.7	2 333.3	6.1	627.6	60.7
1992	3 008.2	2 212.7	33.6	691.4	70.5
1993	3 038.2	1 939.7	232.0	809.8	56.7
1994	3 089.8	1 850.2	375.5	799.6	64.5
1995	3 199.2	1 835.7	494.6	806.0	62.9
1996	3 347.9	1 746.7	689.6	858.2	53.4
1997	3 341.0	1 476.6	908.7	893.4	62.3
1998	3 452.9	1 490.0	981.6	905.9	75.4
1999	3 514.4	1 352.6	1 195.5	876.7	89.6
2000	3 607.6	1 473.9	1 264.3	783.3	86.1

资料来源：国家电力监管委员会：《欧洲、澳洲电力市场》，中国电力出版社，2005，第 8-9 页。

注：[1] 包括燃煤、天然气和石油发电，从 1988 年起还包括可再生能源发电。[2] 包括天然河流、风力和太阳能电池发电。

4. 法国

"二战"结束时，法国发电总量为 184 亿千瓦时。20 世纪 50 年代，法国发展核电，成为全球拥有核电的四个国家之一。1973 年石油危机暴发后，核电工业快速发展起来，核电装机容量由 1973 年的 300 万千瓦增至 1984 年的 3 295 万千瓦，1999 年达到 6 318 万千瓦，核电装机容量占全国电力总装机容量的比例由 1973 年的 6.92% 上升到 1999 年的 55.04%。与此同时，法国电力总装机容量由 1965 年的 2 623 万千瓦增加到 1999 年的 11 452 万千瓦（表 16-28）。

2012 年，法国发电量为 5 372 亿千瓦时，仅次于俄罗斯、德国，排在欧洲第三位。法国是欧洲最大的核电生产国，核能发电量占法国发电总量的比例达到 70% 以上。

表 16-28　1965—1999 年法国电力装机容量及构成情况

时间 / 年		1965	1973	1984	1990	1999
装机容量 / 兆瓦	总计	26 230	43 330	84 850	103 150	114 520
	抽水蓄能	80	382	3 053	4 900	4 900
	常规水电	12 520	15 828	18 547	19 800	20 220
	水电合计	12 600	16 210	21 600	24 700	25 120
	火电	13 630	24 120	30 300	22 700	26 220
	核电	0	3 000	32 950	55 750	63 180
装机容量比例 /%	抽水蓄能	0.30	0.88	3.60	4.75	4.27
	常规水电	47.73	36.53	21.86	19.20	17.62
	水电合计	48.03	37.41	25.46	23.95	21.89
	火电	51.96	55.67	35.71	22.01	22.84
	核电	0	6.92	38.83	54.05	55.04

资料来源：李菊根主编《水力发电实用手册》，中国电力出版社，2014，第 83 页。

5. 意大利

意大利山多，水力资源丰富，大多数河流短小湍急，水力发电较早得到开发利用，先后兴建各种中小型水电站 2 700 多座，1938 年水力发电曾满足其动力需求的 30%。[1]

意大利化石能源短缺，撒丁岛上有少量质次褐煤，早期开发用于火力发电，20 世纪 50 年代后改用廉价的石油发电。20 世纪 60 年代初，意大利通过与法国、联邦德国合作建成 3 座核电站；20 世纪 70 年代又合作建造第 4 座核电站——卡奥索沸水型反应堆核电站。同时，意大利还自主开发、建设锡雷尼核电站。到 1979 年，全国发电量为 1 813 亿千瓦时，比 1969 年增长 64%。

20 世纪 80 年代后，意大利电力平稳发展。1987 年，全国发电量超过 2 000 亿千瓦时，2012 年达到 2 855 亿千瓦时。

6. 西班牙

20 世纪 70 年代，西班牙开始发展核电站，于 1971 年建成一座 60 万千瓦的核电站，1978 年又建造一座 100 万千瓦的核电站，核能发电量约占全国发电量的 10%。[2]20 世纪 90 年代中期，Ibedrola 和 Endsea 公司是西班牙最大的电力生产企业，它们的发电量分别占全国发电总量的 32.6%、30.1%。20 世

---

[1] 余开祥主编《西欧各国经济》，复旦大学出版社，1987，第 113 页。
[2] 张敏：《西班牙》，社会科学文献出版社，2007，第 190 页。

纪末，全国发电量为 1 506 亿千瓦时。

西班牙与法国、葡萄牙、摩洛哥等相邻国家建有国际商业电网（表 16-29）。1998 年，西班牙电力净进口 3 384 吉瓦时。其中，从法国进口 4 519 吉瓦时，分别向葡萄牙、安道尔、摩洛哥出口 277 吉瓦时、152 吉瓦时、706 吉瓦时。[①]

2006 年，西班牙电力装机容量为 7 829 万千瓦，发电量为 2 704 亿千瓦时。

表 16-29　西班牙与邻国连接的商业电网设施情况

国家	法国	葡萄牙	摩洛哥
线路数 / 条	6	7	1
电压 / 千伏	2×400	2×400	400
	2×220	3×220	—
	2×132	1×132	—
	—	1×66	—
最大能力 / 兆伏安	3 270	4 255	700
商业设施（进口）/ 兆瓦	1 100	650	300
商业设施（出口）/ 兆瓦	1 000	750	350

资料来源：罗斯威尔、戈梅兹：《电力经济学：管制与放松管制》，叶泽、夏晓华译，中国电力出版社，2007，第 169 页。

7. 爱尔兰

1927 年，爱尔兰成立国家供电局。1929 年，爱尔兰开工建设位于香农河上的阿尔德内科鲁莎水电站。1951 年，全国发电量为 10 亿千瓦时。20 世纪 60 年代末，全国发电量为 52 亿千瓦时。20 世纪 70 年代，爱尔兰电力以燃油发电为主；到了 70 年代末期，全国水力发电约占全国发电总量的 6%。

从 20 世纪 80 年代起，爱尔兰就推动电力结构优化，大力发展煤电、气电。1987 年，国家供电局在香农河口莫尼博因特建成一座 300 兆瓦的燃煤发电站。此外，爱尔兰利用丰富的泥煤资源，在蓝尼斯伯罗、贝拉克里科等地建成 5 座以泥煤为燃料的发电站。同时，还利用自产的天然气，在科克郡建成两座燃气电站。到 1995 年，燃油发电占全国发电量的比例降为 16% 左右。1999 年，国家供电局天然气发电量占全国发电量的 41.8%，煤电占 20.2%，油电占 19.2%，水电占 11.5%，泥煤发电占 7.3%。[②]2012 年，爱尔兰发电总量为 266 亿千瓦时。

（三）美洲国家

1. 美国

20 世纪，美国年发电量一直位居世界首位。1917 年全国发电量达 434.29 亿千瓦时，1927 年超过 1 000 亿千瓦时，1963 年超过 10 000 亿千瓦时，1975 年超过 20 000 亿千瓦时，1991 年超过 30 000 亿千瓦时（表 16-30）。1993 年的全国发电量为 32 018.43 亿千瓦时。

[①] 罗斯威尔、戈梅兹：《电力经济学：管制与放松管制》，叶泽、夏晓华译，中国电力出版社，2007，第 169 页。

[②] 王振华、陈志瑞、李靖堃：《爱尔兰》，社会科学文献出版社，2007，第 121-122 页。

表 16-30　1902—1993 年美国发电量情况

时间 / 年	发电量 / 亿千瓦时	时间 / 年	发电量 / 亿千瓦时
1902	59.69	1955	6 290.10
1907	141.21	1956	6 848.04
1912	247.52	1957	7 163.56
1917	434.29	1958	7 247.52
1920	565.59	1959	7 975.67
1921	531.25	1960	8 441.88
1922	612.04	1961	8 814.96
1923	713.99	1962	9 465.26
1924	758.92	1963	10 114.18
1925	846.66	1964	10 837.41
1926	942.22	1965	11 575.83
1927	1 013.90	1966	12 494.44
1928	1 080.69	1967	13 173.01
1929	1 167.47	1968	14 360.28
1930	1 146.37	1969	15 527.57
1931	1 093.73	1970	16 397.71
1932	993.59	1971	17 175.21
1933	1 026.55	1972	18 533.90
1934	1 104.04	1973	19 648.30
1935	1 189.35	1974	19 672.89
1936	1 360.06	1975	20 030.02
1937	1 464.76	1976	21 234.06
1938	1 419.55	1977	22 110.31
1939	1 613.08	1978	22 858.80
1940	1 799.07	1979	23 187.83
1941	2 083.06	1980	23 543.84
1942	2 331.46	1981	23 592.58
1943	2 675.40	1982	23 022.87
1944	2 795.25	1983	23 676.34
1945	2 712.25	1984	24 792.97
1946	2 693.61	1985	25 672.76
1947	3 073.10	1986	25 975.18
1948	3 368.08	1987	27 160.04
1949	3 450.66	1988	28 537.40
1950	3 886.74	1989	29 713.56
1951	4 333.58	1990	28 352.41
1952	4 630.55	1991	30 734.48
1953	5 141.69	1992	31 148.56
1954	5 446.45	1993	32 018.43

资料来源：作者整理。参考 B. R. 米切尔：《帕尔格雷夫世界历史统计·美洲卷：1750—1993 年》第 4 版，贺力平译，经济科学出版社，2002。

1950 年，美国电力装机容量为 82 850 兆瓦，其中水电占 22.54%，火电占 77.45%（表 16–31）。从 20 世纪 60 年代起，随着廉价石油时代和核能时代的到来，水电所占比例逐渐降低，火电、核电比例不断提高。1960 年，美国核电装机容量为 300 兆瓦，占全国电力装机容量的 0.16%。1990 年，核电装机容量扩大到 99 644 兆瓦，占全国电力装机容量的比例提高到 13.71%。2011 年，美国水电装机容量占全国装机容量的 8%，煤电占 28%，天然气占 41%，核电占 9%，其他占 14%。同年，水力发电量占全国发电量的 8%，煤炭发电占 42%，天然气发电占 25%，核电占 19%，其他占 6%。2012 年，美国发电量为 40 860 亿千瓦时，占世界发电总量的 18.2%，居世界第二位。

表 16–31　1950—1999 年美国电力装机容量及构成情况

时间 / 年		1950	1960	1970	1980	1990	1999
装机容量 / 兆瓦	总计	82 850	186 540	360 243	629 104	726 606	801 040
	抽水蓄能	—	—	3 690	13 270	17 540	19 722
	常规水电	—	—	52 062	63 381	72 508	79 348
	水电合计	18 680	33 190	55 752	76 651	90 048	99 070
	火电	64 170	153 050	297 998	495 965	536 914	605 400
	核电	—	300	6 493	56 488	99 644	96 570
装机容量比例 /%	抽水蓄能	—	—	1.02	2.11	2.41	2.46
	常规水电	—	—	14.45	10.06	9.98	9.91
	水电合计	22.54	17.79	15.47	12.17	12.39	12.37
	火电	77.45	82.05	82.70	78.84	73.89	75.58
	核电	—	0.16	1.80	8.98	13.71	12.06

资料来源：作者整理。主要参考李菊根主编《水力发电实用手册》，中国电力出版社，2014。

2. 加拿大

加拿大以水力发电为主，其次是以煤和石油为燃料的火力发电。1987 年的全国总装机容量中，57.5% 是水电。1990 年，加拿大的发电量为 4 676 亿千瓦时，其中水电占 62.5%。加拿大建有多个核电站，主要是布鲁斯核电站（装机容量为 6 400 兆瓦）、皮克林核电站（装机容量为 4 300 兆瓦）、达林顿核电站（装机容量为 3 600 兆瓦）。

从 20 世纪 50 年代起，加拿大就与美国建造跨国电网，互通两国电力。加拿大电力输出大于输入。1997 年，加拿大电力出口收入为 13.56 亿加元，电力输入价值为 1.65 亿加元，电力进出口贸易顺差为 11.91 亿加元。[1]

2012 年，加拿大的发电总量为 5 801 亿千瓦时。其中，水力发电量为 3 513 亿千瓦时，火力发电量为 1 290 亿千瓦时，核能发电量为 881 亿千瓦时，其他方式发电量为 117 亿千瓦时。

3. 阿根廷

阿根廷于 1943 年成立国家动力局，1947 年创办国家水利电力公司。1950 年，阿根廷成立全国原子能委员会，1958 年建成第一座试验性核反应堆，是拉丁美洲最早研究和利用原子能的国家。为利用核能，改变国家的能源结构，阿根廷于 1974 年建成拉丁美洲第一座核电站——阿图查 1 号核电站，

---

[1] 刘军：《加拿大》，社会科学文献出版社，2005，第 161 页。

1984 年建成拉丁美洲第二座核电站——恩巴尔斯核电站。

在核电发展中，阿根廷有过严重的决策失误。1981 年，阿根廷在距首都 115 千米的巴拉那河河畔开工建设阿图查 2 号核电站，计划投资 19 亿美元并于 1987 年投产，但因资金不足在 1984 年中断了工程建设。当时，国家已投入 33 亿美元。2000 年，阿根廷总统德拉鲁阿专门成立一个部际委员会，就继续完成或放弃该核电站建设进行研究。阿根廷国家核能源委员会的报告指出，该项工程是阿根廷经济史上最大的决策失误之一，并建议完成这项工程，理由是完成这项工程比拆毁它的成本更低。但是，国家核能源委员会的建议受到环保组织的反对。[①] 到 2001 年，才建设完成阿图查 2 号核电站 80% 的工程量。

为应对电力短缺的问题，自 1992 年起，阿根廷进行电力市场改革，除核电和国际水电外，政府对所有其他联邦电力公司实施纵向和横向拆分，然后对拆分的商业部门实行私有化。通过电力市场私有化，促进了私有企业对电力工业的投资，电力批发市场中的私有热能和水力发电公司发展到 40 家以上。1999 年，全国发电量为 7 450 万千瓦时，与 1990 年相比增长了 57.1%。同年，在阿根廷电力消费总量中，水电供给占 34.3%，火电供给占 56.7%，核电供给占 8.5%，进口电力占 0.5%。[②] 通过改革，阿根廷电力批发市场成为世界上最开放、最有竞争性的市场之一。

4. 智利

智利人口较少（2010 年全国人口为 1 700 万），电力规模较小，1940 年的全国发电量为 5.7 亿千瓦时。智利政府于 1942 年制订全国电气化计划，1944 年成立智利电力公司，推动电气化计划的实施。1948 年，智利建成阿巴尼科水力发电站。1995 年，全国发电量为 354.8 亿千瓦时，其中水力发电 236.3 亿千瓦时，占全国发电量的 2/3。[③]

针对全国电力对水电的依赖以及干旱缺水的问题，智利政府决定增加火力发电。1997 年，开始建设对接阿根廷的天然气管道，修建天然气联合循环发电站，提高天然气发电份额。2005 年，智利电力装机容量为 9 887 兆瓦，其中水电的装机容量占 40.7%，天然气发电占 23.5%，煤电占 21.0%，石油发电占 12.7%，其他占 2.1%。

5. 秘鲁

秘鲁河流总长约 8 万千米，水力发电能力约为 3.71 亿千瓦，但大部分水能未能转化为电能。秘鲁最大电力企业曼塔罗河水电联合企业在曼塔罗河瀑布上建成圣地亚哥·安图内斯·德马约洛水电站和雷斯蒂图西翁水电站，总装机容量为 100.8 万千瓦。

1972 年，国家成立秘鲁电力公司。20 世纪 90 年代，通过私有化改革加快电力工业的发展，先后出售国营秘鲁电力公司所属的利马发电厂、原来利马电力公司的发电设备以及北部发电厂、皮乌拉电力公司的大部分股份。2002 年，广大民众举行街头抗议，反对出售阿雷基帕发电厂和南部发电厂，电力部门私有化进程受阻。[④]

① 宋晓平：《阿根廷》，社会科学文献出版社，2005，第 162 页。
② 罗斯威尔、戈梅兹：《电力经济学：管制与放松管制》，叶泽、夏晓华译，中国电力出版社，2007，第 193 页。
③ 王晓燕：《智利》，社会科学文献出版社，2004，第 166 页。
④ 白凤森：《秘鲁》，社会科学文献出版社，2006，第 181-182 页。

2002 年，秘鲁电力装机容量为 592 万千瓦，全年发电量为 219.38 亿千瓦时。其中，水力发电量占 80%，火力发电量占 20%。

秘鲁电气化程度低，电力供给不平衡，全国 1 800 多个县城中，还有 800 多个没有通电。[①]

6.古巴

古巴电力以火力发电为主，燃料主要是石油。1959 年以前，古巴经济是一种依附于美国的单一殖民地经济，经济发展落后，1958 年全国发电量只有 25.89 亿千瓦时。1959 年 1 月，古巴革命临时政府成立后，古巴进入社会主义革命和建设时期，古巴经济和电力工业得到了较快发展。1981 年，古巴发电量突破 100 亿千瓦时。1989 年增至 152.4 亿千瓦时。[②]

进入 20 世纪 90 年代后，作为主要发电燃料的石油进口量减少，古巴发电量有所下降。1990 年为 150.2 亿千瓦时；1993 年降为 110 亿千瓦时；1994 年后开始逐步回升；1999 年增加到 144.88 亿千瓦时，接近 1989 年的水平。[③]2009 年，古巴发电量为 177 亿千瓦时，其中燃油发电占 82.8%。

7.乌拉圭

乌拉圭是美洲电气化水平最高的国家之一，电气化水平高达 96%。乌拉圭建有一个 500 千伏的电网系统，将中部的水电输送到占全国电力需求 60% 的南部地区。除了满足国内需要，乌拉圭还有电力出口。乌拉圭早在 1974 年就和阿根廷实现了电网联网，向阿根廷出口电力。1997 年，乌拉圭又与巴西签署协定，将两国电网并网。2009 年，乌拉圭发电量为 89 亿千瓦时。

（四）非洲国家

非洲电力工业不发达，主要集中在南非、埃及、利比亚、圣多美和普林西比等少数几个国家。总体上，非洲各国的人均年用电量不到 500 千瓦时。2001 年，坦桑尼亚、苏丹、尼日利亚、埃塞俄比亚和贝宁 5 个国家的人均年用电量分别只有 61、68、86、25、65 千瓦时（表 16-32）。世界能源理事会发布的《世界能源问题监测报告》将能源价格、能源贫困和中东、北非地区局势动荡列为影响非洲能源发展的三个最为关键的不确定性因素。与其他地区相比，非洲的能源贫困更为突出。非洲大陆当前是全球城镇化最快的地区，其速度是亚洲和拉丁美洲的两倍，因此，必须寻找创新的能源解决方案，方可为每年新增的城镇贫困人口提供电力供应。报告指出，发展可再生能源、提高能源效率、加强地区间电力互通可以改变非洲的能源状况，比如，在太阳能、大型水电等方面，非洲有资源优势，但需要克服资金、环境、政策等方面的束缚，将潜力变成电力。[④]非洲大约有 2.9 亿千瓦的水力发电潜能，已经开发利用的不到 7%[⑤]，大力开发水电是非洲电力和能源发展的重要出路。

① 白凤森:《秘鲁》，社会科学文献出版社，2006，第 183 页。

② B.R.米切尔:《帕尔格雷夫世界历史统计·欧洲卷：1750—1993 年》第 4 版，贺力平译，经济科学出版社，2002，第 413 页。

③ 徐世澄:《古巴》，社会科学文献出版社，2003，第 141 页。

④ 李放、卜凡鹏主编《南非:"黄金之国"的崛起》，民主与建设出版社，2013，第 68 页。

⑤ 国家电力监管委员会:《南美洲、亚洲、非洲各国电力市场化改革》，中国水利水电出版社，2006，第 369 页。

表 16-32　1990—2001 年部分非洲国家的人均年用电量情况

单位：千瓦时

国家	1990 年	1998 年	2000 年	2001 年
津巴布韦	892	845	—	813
赞比亚	787	—	575	591
坦桑尼亚	51	62	59	61
南非	4 431	—	4 533	4 546
苏丹	52	49	67	68
尼日利亚	81	89	72	86
莫桑比克	39	48	61	272
肯尼亚	117	—	107	118
埃塞俄比亚	21	24	24	25
刚果	184	—	126	134
贝宁	37	54	64	65
安哥拉	66	92	94	101

资料来源：国家电力监管委员会：《南美洲、亚洲、非洲各国电力市场化改革》，中国水利水电出版社，2006，第 369 页。

1. 南非

南非于 1961 年独立。20 世纪 70 年代初经历了世界石油危机后，南非作为缺少石油和天然气的国家更加依赖电力，便以超常规模发展电力。20 世纪 70 年代后期，在开普敦附近建造库博格核电站，它是南非唯一，也是非洲唯一的核动力发电站，年发电能力为 184.4 万千瓦。1983 年，南非规划新建电站装机容量为 2 226 万千瓦，超过当时全部已运行电站容量的总和，结果导致后来 20 多年的容量冗余。[1]

南非是非洲最大的电力生产国，电力供应充足，其发电量曾占整个非洲发电总量的 54%[2]。但是，电力供应和使用并不均衡。20 世纪 90 年代初，南非的电力主要供应白人区，黑人区仅占 35% 左右。农村地区的家庭能源消耗中，木柴占 50%，煤炭占 18%，照明用煤油占 7%，电力使用少。[3]针对这种不平等现象，1994 年南非首位黑人总统纳尔逊·曼德拉上任后，便着力解决黑人居住区的电力供应问题。1994—2006 年，南非国家电力公司新增供电用户 335 万个。从 2003 年起，已经通电地区的贫困家庭可以享受每个月 50 度免费用电。同时，南非与非洲南部地区电网互联，向博茨瓦纳、莫桑比克、津巴布韦等国供应电力。[4]

2009 年，南非发电量为 2 468 亿千瓦时，其中煤电占 94.1%。

① 国家电力监管委员会：《南美洲、亚洲、非洲各国电力市场化改革》，中国水利水电出版社，2006，第 379 页。
② 李树藩、王德林主编《最新各国概况》第 5 版，长春出版社，2005，第 465 页。
③ 杨立华主编《南非》，社会科学文献出版社，2010，第 282 页。
④ 同上书，第 284 页。

2. 埃及

从 20 世纪 80 年代开始，埃及加大对电力工业的投入。1981—1982 财年和 2002—2003 财年，埃及电力投资总额为 619.62 亿英镑，主要由政府承担；先后新建 19 座电站，改建 9 座电站；发电量从 1980 年的 189.39 亿千瓦时增加到 2003 年的 888.55 亿千瓦时。[①]1999 年，埃及启动与阿拉伯国家之间的地区电网建设，到 2002 年先后实现与利比亚、叙利亚、土耳其、约旦和伊拉克之间的电网互联。埃及根据 1997 年的法令，成立了埃及电力公共事业和消费者保护管理局（EERA），主要任务是平衡电力生产商、电力供应商和最终用户之间的利益关系，保障电力的长期稳定供应。

2009 年，埃及发电量达到 1 390 亿千瓦时，是非洲第二大电力生产国。

3. 利比亚

20 世纪 60 年代，利比亚政府对电力部门的资金投入少，1963—1969 年投入资金仅为 5 680 万第纳尔，电力工业发展缓慢，1969 年的发电量仅为 3.5 亿千瓦时。

1969 年，阿拉伯利比亚共和国成立后，利比亚政府加大对电力工业的资金投入。1970—1988 年，政府直接投资 29.62 亿第纳尔，[②]有力促进了电力工业的发展。1988 年，全国发电量增至 160 亿千瓦时，近 20 年间增长约 45 倍。同年，220 伏输电线路由 1970 年的 1 941 千米发展到 4 000 千米。

1988 年 12 月，利比亚发生洛克比空难事件，死亡 270 多人。在美、英、法等国的推动下，联合国安理会于 1992 年 4 月和 1993 年 11 月通过第 748 号和第 883 号决议，对利比亚实施制裁，利比亚经济受到严重损害，电力工业停滞不前。进入 21 世纪，利比亚国内动荡，经济社会发展雪上加霜，2011 年的电力消费只有 240 亿千瓦时。

4. 圣多美和普林西比

圣多美和普林西比于 1975 年独立，人口不到 20 万人。全国有两座水电站和一座热电站，装机容量分别为 1 600 万千瓦、1 900 万千瓦和 2 600 万千瓦。1994 年开始改造全国的电能供应和供水系统，但由于资金、技术不足，到 1999 年还没有完成。2000 年，全国发电量不能满足国内的需要，经常停电。2001 年，全国总发电量为 1 700 万千瓦时。[③]

六、电力公司

2009 年，中国国家电网有限公司主营业务收入 1 641.36 亿美元，居各国电力企业之首，在世界 500 强中排第 15 位。德国意昂集团、法国燃气苏伊士集团分别以 1 272.78 亿美元、994.19 亿美元排在世界电力企业的第二位、第三位。同年，中国南方电网有限责任公司、中国华能集团有限公司也进入世界 20 强电力企业，分别排第九位、第十九位（表 16-33）。

① 杨灏城、许林根：《埃及》，社会科学文献出版社，2006，第 247-248 页。
② 潘葆英：《利比亚》，社会科学文献出版社，2007，第 138 页。
③ 李广一主编《赤道几内亚　几内亚比绍　圣多美和普林西比　佛得角》，社会科学文献出版社，2007，第 275-276 页。

表 16-33　2009 年世界 20 强电力企业基本情况

排序	世界 500 强排名	企业名称	国家	主营业务收入 / 百万美元	净利润 / 百万美元	资产总额 / 百万美元	员工人数 / 人
1	15	中国国家电网有限公司	中国	164 136	665	240 869	1 537 000
2	26	德国意昂集团	德国	127 278	1 853	218 293	93 538
3	53	法国燃气苏伊士集团	法国	99 419	7 109	232 419	234 653
4	57	法国电力公司	法国	94 084	4 977	278 400	155 931
5	62	意大利电力公司	意大利	90 005	7 747	185 158	75 981
6	89	德国莱茵集团	德国	71 851	3 744	129 868	65 908
7	124	东京电力公司	日本	58 605	-841	137 281	52 500
8	178	苏格兰和南方能源公司	英国	42 855	189	25 469	18 795
9	185	中国南方电网有限责任公司	中国	41 083	560	56 238	259 567
10	193	英国森特里克集团	英国	39 140	-266	26 378	32 817
11	208	西班牙伊维尔德罗拉公司	西班牙	36 879	4 187	119 314	28 096
12	305	韩国电力公司	韩国	28 713	-2 689	70 024	38 599
13	324	关西电力株式会社	日本	27 768	-88	70 569	30 490
14	333	英国国家电网公司	英国	26 606	1 591	63 736	27 886
15	356	中部电力株式会社	日本	24 985	-189	55 382	28 611
16	357	瑞典大瀑布电力公司	瑞典	24 957	2 593	56 377	32 801
17	370	联邦电力委员会	墨西哥	24 196	-1 751	56 669	83 938
18	377	巴登 - 符腾堡州能源公司	德国	23 866	1 276	45 766	20 357
19	425	中国华能集团有限公司	中国	21 781	-513	67 945	102 569
20	457	葡萄牙能源网公司	葡萄牙	20 337	1 598	49 636	12 245

资料来源：国网能源研究院：《世界 500 强电力企业比较分析报告（2010）》，中国电力出版社，2010，第 22-23 页。

<h1 align="center">第 2 节　火力发电</h1>

　　火力发电是利用煤、石油、天然气和其他有机可燃物作为锅炉燃料，通过火电厂锅炉燃烧，将燃料中蕴藏的化学能转换成电能。其基本过程是：首先，利用锅炉将燃料中的化学能转换成热能；其次，利用汽轮机将热能转换成机械能；最后，利用发电机将机械能转换为电能。可按不同的标准对火力发电厂进行分类（表 16-34）。

表 16-34　火力发电厂的类型

分类依据	主要类型
按设备类型分	蒸汽动力发电厂
	内燃机发电厂
	燃气轮机发电厂
	燃料电池发电厂
按燃料构成分	固体燃料发电厂
	液体燃料发电厂
	气体燃料发电厂
按运行方式分	基本负荷发电厂
	中间负荷发电厂
	调峰负荷发电厂
	两班制发电厂
按冷却方式分	湿冷发电厂
	空冷（干冷）发电厂
按终端产品分	纯发电发电厂
	热电联产发电厂
	多联产发电厂
按功能性质分	公用事业发电厂
	自备发电厂

资料来源：作者整理。主要参考本书编委员：《能源词典》第 2 版，中国石化出版社，2005。

一、火力发电概况

（一）火电发展历程

20 世纪 30 年代以前，火力发电机组的装机容量较小，火电占全部电力的比例较低。当时，水力发电的运行费用比火力发电低，所以在电力生产中所占的比例要比火电高出许多。

20 世纪 30 年代后，火力发电技术取得重大突破，火力发电进入大发展时期。火力发电机组的装机容量由 200 MW 提高到 20 世纪 50 年代中期的 300 ～ 600 MW，到 1973 年，装机容量达到 1 300 MW。[1] 随着火力发电技术水平的提高，火力发电成本不断降低，使得火力发电比水力发电更为经济，也更为流行。1950 年，全世界发电量为 9 589 亿 kWh，其中火力发电为 6 161 亿 kWh，约占 64.25%。

20 世纪 60—70 年代，随着世界石油、天然气的大规模开发利用，美国、苏联、日本等发达国家先后开发应用燃烧石油和天然气的发电机组。与传统以煤炭为燃料的发电厂相比，燃油、燃气发电厂的造价低，运行费用低，对环境的污染小，因而一度得到较大发展。但受到 1973 年石油危机的影响，作为发电燃料的油气价格上涨，致使燃油、燃气电厂的发展受到影响。2007 年，在世界电力装机容量中，火力发电占 68%，其中燃煤发电为 32%，燃油发电为 10%，天燃气发电为 26%（图 16-1）。

---

[1] 安娜主编《走向未来的现代工业》，北京工业大学出版社，2012，第 26 页。

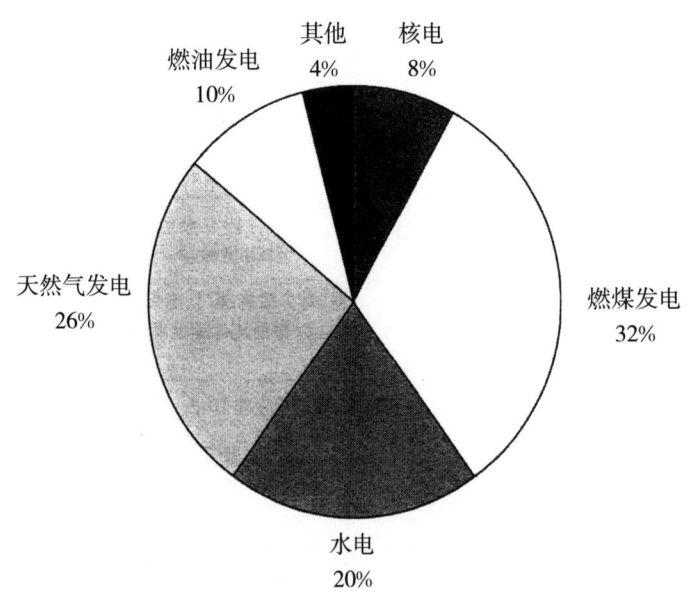

图 16-1　2007 年世界电力装机容量构成示意图

资料来源：崔民选主编《中国能源发展报告（2011）》，社会科学文献出版社，2011，第 236 页。

（二）火力发电规模

1950 年，世界火力发电量为 6 161 亿 kWh，占世界发电总量的比例为 64.3%。此后，火力发电进入快速发展时期，到 20 世纪 70 年代，火力发电量占世界发电总量的比例达到 70% 以上。

20 世纪 80 年代后，在世界经济发展的推动下，火力发电规模继续扩大，到 20 世纪末达到将近 10 万亿 kWh。在这一时期，水电和核电发展加快，火力发电在全球电力中的比例有所下降。2011 年，世界火力发电量为 150 457 亿 kWh，占世界发电总量的 68.0%（表 16-35）。

表 16-35　1950—2011 年世界火力发电量及其占世界发电总量的比例情况

时间 / 年	火力发电量 / 亿 kWh	占世界发电总量的比例 /%
1950	6 161	64.3
1960	16 085	69.9
1970	36 976	74.6
1979	56 322	70.7
1990	75 508	64.4
1999	94 079	63.4
2009	133 728	66.6
2011	150 457	68.0

资料来源：作者整理。

二、燃煤联合循环发电

常规的燃煤发电机组采用单循环系统。随着煤化工和燃气轮机技术的发展，联合循环技术开始进入燃烧发电领域，世界各国先后开发各种燃煤联合循环发电系统，包括整体煤气化联合循环（IGCC）发电、增压流化床联合循环（PFBC-CC）发电（图 16-2）等。

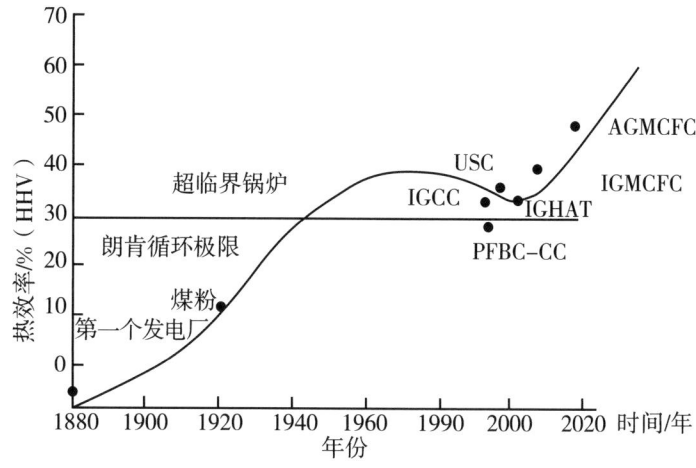

图 16-2　洁净煤技术发展情况示意图

资料来源：卓建坤、陈超、姚强：《洁净煤技术》，化学工业出版社，2005，第 258 页。

注：IGHAT 指整体煤气化湿空气联合循环，IGMCFC 指整体煤气化 - 燃料电池，AGMCFC 指先进煤气化联合循环，USC 指超超临界发电，HHV 指高位热值。

（一）整体煤气化联合循环发电

整体煤气化联合循环发电，就是将煤炭、石油焦等燃料气化，制成洁净的合成气，然后送到联合循环发电系统去发电。IGCC 将煤气化技术和联合循环发电技术有机地结合起来，具有机组效率高、耗水量低、基本零排放（粉尘、SO_2、NO_x、废水）等优点（表 16-36）。但其造价高，约为超临界机组的 2 倍，尚未实现商业化规模应用。

表 16-36　几种洁净煤发电技术比较情况

内容	CFBC[1]	IGCC	PFBC-I	PFBC-II
技术特点	流化床直接燃煤单蒸汽循环	整体煤气化联合循环	流化床直接燃烧燃气-蒸汽联合循环	煤部分气化增压循环流化床燃烧燃气-蒸汽联合循环
发电效率	与常规锅炉相当	45%左右	比相同参数的单蒸汽循环提高3%～4%	45%～47%
污染控制	炉内脱硫，低温燃烧降低NO_x	需复杂净化处理系统，排放指标最低	炉内脱硫，低温燃烧降低NO_x	脱硫脱硝工艺比IGCC简单，过滤式除尘效率高
成熟性	商用技术基本成熟	商业应用阶段尚需完善	商业应用阶段尚需完善	中试阶段技术难度较大
燃料适应性	广	有一定要求	广	广
同国内制造技术衔接件	好	有一定差距	较好	有一定差距
投资成本	目前较低	投资最高	目前较高，成熟后较低	预计成熟后较低

资料来源：卓建坤、陈超、姚强：《洁净煤技术》，化学工业出版社，2005，第 283 页。

注：[1] 为循环液化床。

世界上第一座工业规模的 IGCC 示范装置于 1972 年在德国斯蒂克电站投入运行，其总发电容量为 170 MW，其中燃气轮机发电 74 MW，蒸汽轮机发电 96 MW。该装置采用 5 台固定床加压 Lurgi 气化炉进行煤气化，每台的耗煤量为每小时 10 ~ 15 t。电站实际达到的供电效率为 34%。由于气化炉运行不正常，难以处理合成气中所含数量较多的煤焦油和酚，致使该示范工程被迫停运。[①]

1984 年，美国在加利福尼亚州建成世界上第一座完整进行工业性 IGCC 试验的电站——冷水（Cool Water）电站。它使用的是余热锅炉型燃气 - 蒸汽联合循环技术，净功率为 93 MW，供电效率为 31.2%（HHV）。采用 Texaco 气流床气化炉，以水煤浆为燃料，99% 氧为气化剂，成功运行了 4 年。该电站从工艺上证明了 IGCC 是一种有前途的洁净煤发电技术，但其联合循环发电效率偏低。[②]

20 世纪 90 年代，IGCC 进入商业验证阶段，先后建成荷兰 Buggenum 电站、美国 Wabash River 电站、美国 Tampa 电站、西班牙 Puertollano 电站等 4 座净功率达到 250 MW 以上的大容量 IGCC 电站（表 16-37）。它们分别采用 Shell、Destec、Texaco、Prenflo 加压气流床气化工艺，气化炉容量都达到 2 000 t/d 煤以上。这标志着 IGCC 技术商业化示范取得成功。

表 16-37　20 世纪世界 IGCC 电站概览

国家	美国	美国	美国	美国	美国	荷兰	西班牙
电厂名称	Cool Water	LTGI	Wabash River	Tampa	PinonPine	Buggenum	Puertollano
投运时间 / 年	1984	1987	1995	1996	1997	1994	1997
净功率 /MW	96	161	265	250	100	253	300
气化炉型	Texaco	Destec	Destec	Texaco	KRW	Shell	Prenflo
气化炉容量 /（t/d）	1 000	2 200	2 500	2 000	800	2 000	2 640
气化炉台数	1 开，1 备	1 台	1 开，1 备	1 台	1 台	1 台	1 台
燃机功率 /MW	65	110	198	192	61	156	190
燃机初温 /℃	1 085	1 090	1 260	1 260	1 288	1 105	1 250
煤气净化方式	湿式	湿式	湿式[1]	湿式[2]	干式	湿式	湿式[3]
汽机功率 /MW	55	51	104	121	46	128	145
蒸汽参数	—	—	—	—	—	—	—
压强 /MPa	8.6	—	10.3/3.1	10.3/2.2	6.363	12.9/2.9	12.7/3.7
温度 /℃	510	—	510/510	538/538	510	511/511	—
总投资 / 亿美元	2.63	—	3.58	5.06	2.32	4.62	6.91

资料来源：吴占松、马润田、赵满成等：《煤炭清洁有效利用技术》，化学工业出版社，2007，第 341 页。

注：[1] 干法脱灰，湿法脱硫。[2][3] 煤气净化方法基本上为湿法，其中有 10% 为干法。

[①] 徐振刚、步学朋主编《煤炭气化知识问答》，化学工业出版社，2008，第 218 页。

[②] 章名耀等：《洁净煤发电技术及工程应用》，化学工业出版社，2010，第 98 页。

IGCC 电站商业验证结果表明，IGCC 电站净发电效率与超临界参数的常规燃煤电站处在同一个水平，但 IGCC 电站单位装机容量投资要比后者高出许多（表 16-38），IGCC 电站缺乏市场竞争力。

表 16-38　IGCC 与其他发电技术的经济性和环境特性比较情况

经济性和环境特性	常规 PC	PC+FGD	超临界 +FGD	PFBC	IGCC
电站规模	300 ～ 1 300	300 ～ 1 300	300 ～ 1 300	80 ～ 350	200 ～ 600
供电效率 /%	36 ～ 38	34.5 ～ 36.5	42 ～ 45	36 ～ 39	40 ～ 45
耗水量比 /%	100	100	100	70 ～ 80	50 ～ 70
SO_x 排放量比 /%	100	6 ～ 12	6 ～ 12	5 ～ 10	1 ～ 5
NO_x 排放量比 /%	100	18 ～ 90	18 ～ 90	17 ～ 48	17 ～ 32
粉尘排放量比 /%	100	2 ～ 5	2 ～ 5	2 ～ 4	1 ～ 5
固体废料量比 /%	100	120 ～ 200	120 ～ 200	95 ～ 600	50 ～ 95
CO_2 排放量比 /%	100	107	93	98	95
单位造价 /（元 /kW）	4 500	5 100	5 500 ～ 5 700	6 500 ～ 7 000	7 000 ～ 7 500
发电成本 /（元 /kW）	0.30	0.33	0.33	0.43	0.42

资料来源：王灵梅：《煤炭能源工业生态学》，化学工业出版社，2006，第 116 页。

（二）增压流化床联合循环发电

1969 年，瑞蒙德·阿依首先提出 PFBC 技术概念，并在英国建立热功率为 2 MW 的 PFBC 试验装置。1980—1984 年，英国、美国、德国在英国南约克郡共同建造大型 PFBC 装置（最大输入热功率为 60 MW），并进行工业试验，获得了成功。1986 年，瑞典 ABB 公司成立 ABB Carbon 子公司，研发商业规模 PFBC-CC 电站，先后在瑞典、美国、西班牙、日本和德国建成 5 座发电功率约 75 MW 的 PFBC-CC 电站。1999 年，又在日本建成一座发电功率为 360 MW 的 PFBC-CC 电站，标志着大型 PFBC-CC 电站商业验证成功。在此基础上，日本三菱重工和日立公司分别自主开发出发电量分别为 85 MW 和 250 MW 的 PFBC-CC 电站。此后，除美国和日本各有一座 PFBC-CC 电站停运外，其他 6 座都进行商业运行。[1]（表 16-39）

---

[1] 章名耀等：《洁净煤发电技术及工程应用》，化学工业出版社，2010，第 79 页。

表 16-39 各国商业验证和商业运行 PFBC 机组参数性能

项目		茹东厚真电站 (TOMATOH)	大崎电站 (OSAKI)	菏田电站 (Karita)	Värtan	Tidd	Escatron	Wakamstsu	Cottbus
总发电量 / 供热 /MW		85	250	360	135/224	70.0	79.0	71.0	62/90
汽机 / 燃机发电 /MW		73.9	215	290	108	57.1	62.5	56.2	60
投运时间 / 年		1998	2000	2001	1994	1990/1995	1990	1993/1999	1998/1999
PFB 锅炉	炉膛温度 /℃	870（运行 907）	865	870	860	860	860	860	840
	炉膛压力 /MPa	1.08	1.0	1.68	1.2	1.2	1.2	1.2	1.2
	最大床高 /m	4.65	4.0（双炉膛）	4.2	3.5	3.5	3.5	3.5	—
	给料方式	干法送料	湿法	湿法	湿法	湿法	干法	湿法	干法
煤种	煤种	加拿大大烟煤	澳大利亚烟煤	中国大同烟煤	烟煤	烟煤	褐煤	烟煤	褐煤
	热值 /（MJ/kg）	—	—	—	22.4~29.0	23.3~28.5	8.5~19.9	24.2~29.9	19.0
	硫含量 /%	—	—	—	1.0	3.4~4.0	6.8	0.3~1.2	0.8
	灰含量 /%	—	—	—	8~12	12~20	23~47	2~18	5~6
	湿含量 /%	—	—	—	6~15	5~15	14~20	8~26	16~25
除尘系统	烟气除尘方式	旋风 / 陶瓷过滤	二级旋风除尘器	二级旋风除尘器	二级旋风	二级旋风	二级旋风	旋风 / 陶瓷过滤	二级旋风
	烟气含尘 /（mg/m³，标况下）	<28	1000（效率 95%）	<400	<400	<400	<400	<5	<400
燃气透平	入口温度 /℃	831	840	850	830	830	830	822	830
	入口压强 /MPa	0.95	0.85	1.30	0.95	0.95	0.95	0.95	0.95
	燃气透平叶片	基本无磨损	磨损严重	轻微磨损	轻微磨损	—	—	—	腐蚀引起磨损
汽机	主蒸汽压强 /MPa	16.57	16.6	25.0	13.7	9.0	9.4	10.3	14.2
	主蒸汽 / 再热温度 (℃)	566/538	566/593	570/595	530	496	513	595/593	537/537
污染控制	SOₓ 排放 /（mg/m³，标况下）	<119	<76	<18（运行）<76（设计）	70/52	510/255	214/219	119/76	115
	NOₓ 排放 /（mg/m³，标况下）	<98	<19	<38（运行）<60（设计）	119/114	510/200	119/200	257/171	115
系统性能	发电效率 /%	40.1	42（最佳）	42.8（运行）42.5（设计）	89（供热）	36.4	35.0	37.5	—
	供电效率 /%	—	39	41.8（运行）41.2（设计）	—	—	—	—	—

资料来源：中国电气工程大典编辑委员会：《中国电气工程大典·第 4 卷》，中国电力出版社，2009，第 1513 页。

中国从 1981 年起开始研究 PFBC 技术，于 1984 年在东南大学建成热输入功率为 1 MW 的 PFBC 试验装置。1997 年，徐州贾汪发电厂建成发电功率为 15 MW 的 PFBC-CC 中试电站。

三、超（超）临界发电

超临界压力机组是指主蒸汽压强约为 24 MPa，温度在 538 ～ 570 ℃ 的蒸汽动力发电机组。若主蒸汽压强进一步提高至 26 MPa 以上，温度进一步提高至 580 ～ 610 ℃，则为超超临界压力机组。一些国家还开发主蒸汽压强达 32 MPa、温度达 700 ℃ 的新一代超超临界机组。超（超）临界机组具有发电效率高、经济性好、污染小等优点，是迄今世界上唯一的先进、成熟、商业化规模应用的洁净煤发电技术。

早在 20 世纪 50 年代，美国、德国便开始研发超（超）临界发电技术。1956 年，德国投入运行一台容量为 88 MW，蒸汽参数为 34 MPa、温度为 610 ℃ /710 ℃ /570 ℃ 的超超临界机组。1957 年，美国 Philo 电站建成、投产容量为 125 MW，蒸汽参数为 31 MPa、温度为 621 ℃ /566 ℃ /566 ℃ 的超超临界机组。1959 年，在 Eddystone 电站，容量为 325 MW，蒸汽参数为 34.5 MPa、温度为 649 ℃ /565 ℃ /565 ℃ 的 1 号机组投产。[1]

从 20 世纪 60 年代后期起，针对超（超）临界机组运行中事故增多、可靠性和经济性降低等问题，美国从发电机可靠性出发，重点发展压力为 24.1 MPa、温度为 538 ℃ /566 ℃ 的常规超临界机组。到 1986 年，美国共投入运行超临界机组 166 台。但由于当时的超临界机组都是按承担基本负荷、定压运行方式设计，不能适应电力市场出现的不确定性需求对机组实行调峰或两班制运行等要求，美国超临界发电出现萎缩现象。到 1992 年，美国在役的 800 MW 及以上超（超）临界机组只有 107 台，并且全为超临界机组。其中，美国拥有 9 台世界上单机容量最大的 1 300 MW 超临界机组（表 16-40）。

表 16-40　美国 1 300 MW 超临界机组运行情况

电厂名称	机组容量 /MW	锅炉参数			年运行时间 /h	单位造价 /（美元 /kW）	投运时间 / 年
		蒸汽量 /(t/h)	蒸汽压力 /MPa	蒸汽温度 /℃			
肯勃兰特 1 号	1 300	4 220.0	23.52	540/540	5 187	151	1972
肯勃兰特 2 号	1 300	4 220.0	23.52	540/540	5 187	151	1973
阿莫斯 3 号	1 300	4 398.8	26.46	543/538	4 976	201	1973
加文 1 号	1 300	4 227.0	26.46	543/538	5 175	250	1974
加文 2 号	1 300	4 227.0	26.46	543/538	5 175	227	1975
蒙蒂尼尔 1 号	1 300	—	—	—	5 420	469	1980
罗克波特 1 号	1 300	—	—	—	6 154	—	1984
罗克波特 2 号	1 300	—	—	—	6 222	—	1989
齐默 1 号	1 300	4 435.0	26.50	543/538	—	—	1992

资料来源：中国电气工程大典编辑委员会：《中国电气工程大典・第 4 卷》，中国电力出版社，2009，第 986 页。

进入 20 世纪 90 年代后，随着常规技术的成熟和新型强钢技术的开发，日本在 60 年代引进美

---

[1] 章名耀等：《洁净煤发电技术及工程应用》，化学工业出版社，2010，第 7 页。

国、德国技术的基础上，超（超）临界发电从 24.1 MPa、538 ℃ /566 ℃ 的超临界机组稳定发展到 24～25 MPa、600 ℃ /610 ℃ 的超（超）临界机组（表 16-41）。欧洲也在提高超（超）临界机组的蒸汽温度和压强（表 16-42）。超（超）临界机组得到新的发展。

表 16-41　1993 年起日本开发的主要超（超）临界机组

电厂名称	容量 /MW	蒸汽参数 / (MPa/℃ /℃)	投运时间 / 年
碧南 3#	700	26.4/538/593	1993
能代 2#	600	24.6/566/593	1994
七尾大田 1#	500	24.6/566/593	1995
苓北 1#	700	24.1/566/566	1995
园町 1#	1 000	25.0/566/593	1997
松浦 2#	1 000	24.6/593/593	1997
三隅 1#	1 000	25.0/600/600	1998
园町 2#	1 000	25.0/600/600	1998
七尾大田 2#	700	24.6/593/593	1998
碧南 4#	1 000	24.6/566/593	2001
碧南 5#	1 000	24.6/566/593	2002
敦贺 2#	700	24.6/593/593	2000
桔湾	700	24.6/566/566	2000
苓北 2#	700	24.6/593/593	2003
桔湾 1#	1 050	25.0/600/610	2000
桔湾 2#	1 050	25.0/600/610	2001
矶子（新 1# ）	600	25.5/600/610	2002
广野 5#	600	24.6/600/600	2004
常陆阿珂 1#	1 000	24.5/600/600	2004
舞鹤 1#	900	24.1/593/593	2004
舞鹤 2#	900	24.1/593/593	2004

资料来源：章名耀等:《洁净煤发电技术及工程应用》，化学工业出版社，2010，第 9 页。

表 16-42　欧洲的超（超）临界机组

电厂名称	燃料	容量 /MW	蒸汽参数 / (MPa/℃ /℃ /℃)	投运时间 / 年
Skaerbaek3#	天然气	411	29.0/582/580/580	1997
Nordjyllands3#	煤	411	29.0/582/580/580	1998
Avedore	油 / 煤	530	30.0/580/600	2000
Schopau A/B	褐煤	450	28.5/545/560	1995
Schwarzepumpe A/B	褐煤	800	26.8/545/560	1997
Boxberg Q/R	褐煤	818	26.8/545/583	1999—2000
Lippendorf R/S	褐煤	900	26.8/554/583	1999—2000
Bexbach2#	煤	750	25.0/575/595	1999
Niederausem K	褐煤	1 000	26.5/576/599	2002

资料来源：章名耀等:《洁净煤发电技术及工程应用》，化学工业出版社，2010，第 10 页。

中国从 20 世纪 80 年代开始研究超临界技术，到 2005 年共引进超临界机组 20 台，总装机容量为 11 400 MW。2006 年，中国相继投产浙江玉环电厂 1 号机组和山东华电邹县电厂 7 号机组两台国产 1 000 MW 的超超临界机组。[1]

到 21 世纪的前几年，全世界已投入运行的超临界及以上参数的火电机组约有 600 多台，其中美国 170 多台，欧洲、日本各约 60 台，俄罗斯及原东欧国家 280 余台。在这些机组中，属于超超临界的有 60 余台。[2]

四、分布式发电

分布式发电是一种建设在用户端的发电方式。它一般是数千瓦至 500 MW 的小型发电系统，既可独立运行，也可并网发电。它可以是以化石能源为燃料，也可以用可再生能源作为燃料，或者利用太阳能发电。

20 世纪 70 年代，美国开始发展分布式发电。1978 年，美国发布公共事业管理政策法，正式推广分布式发电，此后为其他国家所采纳。2003 年，美国颁布《关于分布式发电与电力系统互联的标准》，并通过有关的法令，以便于分布式发电系统并网运行以及向电网售电。2004 年，美国分布式发电容量为 80 GW，主要为热电联产项目，大多用于炼油、造纸、食品等行业。美国大学校园建有 200 多座分布式发电站，全国有分布式发电站 6 000 多座，分布式发电设备的市场规模超过 10 亿美元。[3]

日本也是世界上较早使用分布式发电系统的国家，重视分布式发电与大电网的相互关系，制定了《分布式电源系统并网技术导则》，还开发出各种先进的分布式发电产品，如各种用于发电的燃料电池等。据 2000 年的统计，日本关西电力公司供电区域分布式发电的总装机容量为 290 万 kW，其中用蒸汽轮机推动的发电设备占 62%，用燃气轮机、柴油机、燃气内燃机推动的发电设备分别占 20%、9% 和 7%，用太阳能、风能和燃料电池推动的发电设备只占 1%。[4]

欧盟各国注重采用以可再生能源为主体的分布式发电技术的开发与应用。例如，德国、荷兰等国在屋顶安置分布式太阳能光伏发电系统；英国大量发展楼宇式热电联产，用于医院、酒店、学校等，共有 1 000 多套小型装置。

21 世纪初，中国先后在北京、上海、广东等地建成一批分布式能源工程（表 16-43），全国分布式发电装机容量为 301.204 万 kW。

① 中国电气工程大典编辑委员会：《中国电气工程大典·第 4 卷》，中国电力出版社，2009，第 989 页。
② 同上书，第 985 页。
③ 中国电气工程大典编辑委员会：《中国电气工程大典·第 8 卷》，中国电力出版社，2010，第 1196–1197 页。
④ 同上书，第 1197 页。

表 16-43　21 世纪初中国分布式能源发展情况

地区	已投产项目装机容量
上海市	4 项工程总计 6 225 kW
北京市	3 项工程总计 5 467 kW
广东省	两项工程共计 1 847 kW，另有柴油内燃机改造 216 万 kW
其他地区	胜利油田胜利动力机械集团有限公司生产的燃气内燃机销往全国 29 个省市的煤气、瓦斯、焦化尾气、沼气、炭黑气、油田页岩气、酒精气等发电市场，已投产的共计 838 500 kW
全国合计	301.204 万 kW

资料来源：中国电气工程大典编辑委员会：《中国电气工程大典·第 4 卷》，中国电力出版社，2009，第 1924 页。

据国际分布式能源联盟统计，2004 年世界分布式能源装机容量排名前 3 位的国家分别为美国、日本、德国。其中，美国分布式能源装机容量为 80.0 GW，发电量 160.3 万亿 kWh，分别占美国电力总量的 7.8%、4.1%；日本分布式能源装机容量为 36.0 GW，发电量 174.0 万亿 kWh，分别占日本电力总量的 13.4%、15.9%；德国分布式能源装机容量为 22.8 GW，发电量 100.8 万亿 kWh，分别占德国电力总量的 19.8%、18.0%（表 16-44）。

表 16-44　2004 年世界各国分布式能源装机容量及发电情况

国家	全国电力总装机容量 /GW[1]	分布式能源装机容量 /GW	占全国电力总装机容量比例 /%	全国电力总发电量 /TWh	分布式能源发电量 /TWh	占全国电力总发电量比例 /%
美国	1 031.7	80.0	7.8	3 945.6	160.3	4.1
英国	78.5	4.9	6.2	376.8	24.4	6.5
日本	268.0	36.0	13.4	1 094.0	174.0	15.9
印度	112.0	5.2	4.6	535.0	16.5	3.1
德国	115.0	22.8	19.8	560.0	100.8	18.0
法国	105.9	7.0	6.6	542.3	26.6	4.9
加拿大	117.0	14.0	12.0	580.0	65.0	11.2
巴西	88.7	3.5	3.9	350.0	11.5	3.3
阿根廷	23.8	0.5	2.1	94.8	1.8	1.9

资料来源：中国电气工程大典编辑委员会：《中国电气工程大典·第 4 卷》，中国电力出版社，2009，第 1293 页。

五、热（冷）电联产

热（冷）电联产是指火电厂、自备电厂的大型企业在发电的同时，用汽轮机抽汽供热、制冷，实现电、热（冷）联产联供，还可以生产城市煤气、石油焦等多种产品。热（冷）电多联产可以提高能源的利用率。热（冷）电联产，是一种重要的节能技术，最早由美国、日本研发成功与采用，现已为世界各国普遍采用。

从 20 世纪 50 年代开始，中国学习苏联经验，大力发展热电联产，兴建热电厂。1952—1957 年，热电厂供热机组占全部火电设备容量的比例由 2% 增至 17%，热电联产规模仅次于苏联，排世界第二位。[①]到 2005 年，中国部分地区热电联产供热设备装机容量为 6 980.68 万 kW，供热量为 192 549.85 万 GJ（表 16-45）。

表 16-45　2005 年中国部分地区热电厂供热生产情况（不含港、澳、台）

地区	供热设备容量 / 万 kW	供热量 / 万 GJ	供热厂用电率 / （kWh/GJ）	供热煤耗率 / （kg/GJ）
总计	6 980.68	192 549.85	175.94	40.24
北京市	328.70	6 085.59	8.35	39.24
天津市	179.15	5 715.80	7.38	39.62
河北省	500.13	13 810.39	7.46	40.14
山西省	323.80	5 311.28	8.18	41.03
内蒙古自治区	352.30	5 291.00	10.20	41.08
辽宁省	517.53	20 919.58	9.02	41.95
吉林省	411.05	10 130.79	8.94	40.88
黑龙江省	445.43	9 984.25	8.66	42.47
上海市	366.39	5 208.67	6.55	38.86
江苏省	1 035.26	29 759.16	5.72	37.91
浙江省	454.32	23 323.31	4.95	39.00
安徽省	66.60	2 079.59	6.33	40.00
福建省	31.80	2 121.17	6.63	44.23
山东省	1 098.73	26 680.69	6.94	41.59
河南省	241.10	4 042.79	7.84	46.19
湖北省	21.40	434.45	8.56	49.89
湖南省	43.70	4 793.68	4.76	34.81
广东省	170.15	4 518.63	5.86	37.57
重庆市	9.40	1 044.82	8.99	60.71
四川省	60.79	2 717.00	5.58	40.71
陕西省	72.20	1 383.25	7.93	43.20
甘肃省	122.30	3 698.61	—	—
宁夏回族自治区	9.00	202.85	13.31	37.00
新疆维吾尔自治区	119.45	3 292.50	7.80	39.20

资料来源：中国电气工程大典编辑委员会：《中国电气工程大典·第 4 卷》，中国电力出版社，2009，第 1265 页。

[①] 中国电气工程大典编辑委员会：《中国电气工程大典·第 4 卷》，中国电力出版社，2009，第 1265 页。

　　从 20 世纪 90 年代中期开始，世界上大型石化企业在发展整体煤气化燃气 – 蒸汽联合循环（IGCC）发电过程中，开始建成一批以合成气源为核心的多联产项目，诸如德国的 Schwarze Pumpe、美国的 Texaco、新加坡的 EXXON 等项目（表 16-46）。这些项目不仅生产电力，还生产热能、城市煤气、石油焦等多种产品，使能源得到更充分的利用。美国的 Eastman Chemical Co 工程的运行可用率达到 98%，意大利的 API Energia 工程、ISAB Energy 工程的运行可用率分别为 94%、93%。

表 16-46　各国石化企业建设多联产项目情况

序号	项目名称	调试时间 / 年	发电功率 /MW	用途 / 燃料	气化炉型式	燃气轮机类型
1	Schwarze Pumpe（德国）	1995	60	发电和生产甲醇 / 褐煤与废料	Noell-O$_2$（即 GSP-O$_2$）	GE6B
2	Texaco、EL Dorado（美国）	1996	40	热电联产 / 石油焦	Texaco-O$_2$	GE6B
3	ILVA（意大利）	1996	550	发电 / 高炉煤气 + 焦炉煤气	炼钢厂的高炉	3 台 GE9E
4	Eastman Chemical Co（美国）	1997	350（净）	发电和生产甲醇 / 渣油	Texaco-O$_2$	GE9EC+GE6FA
5	SHELL Penis（荷兰）	1997	120	热电联产和 H$_2$/ 渣油	Shell/Lurgi-O$_2$	2×GE6B
6	Salux/ Emon（意大利）	1999	550	热电联产和 H$_2$/ 渣油	Texaco-O$_2$	3×GE109E
7	API Energia（意大利）	1999	280	发电 + 蒸汽 / 渣油	Texaco-O$_2$	ABBGT13E2
8	STAR Ddelaware（美国）	1999	240	发电 + 蒸汽 / 石油焦	Texaco-O$_2$	2×GE6FA
9	ISAB Energy（意大利）	2000	512	热电联产 +H$_2$/ 沥青	Texaco-O$_2$	2×KWUV94.2K
10	Total-Gonfreville（法国）	2000	365	热电联产 +H$_2$/ 渣油	Texaco-O$_2$	—
11	Exxon Baytown（美国）	2005	40/240	热电联产 +H$_2$/ 石油焦	Texaco-O$_2$	2×GE6FA
12	FIFE（苏格兰）	2000	400	发电 / 渣油、废料	—	GE109FA
13	EXXON（新加坡）	2000	180	热电联产 +H$_2$/ 渣油	Texaco-O$_2$	2×GE6FA
14	GSK（日本）	2001	550	发电 / 渣油	Texaco-O$_2$	GE209EA
15	AGIP Petnli（意大利）	2002	250	发电 +H$_2$/ 渣油	Texaco-O$_2$	—
16	NPRC（日本）	2002	342（净）	发电 / 减压渣油	Texaco-O$_2$	M701F
17	Citgolake Charles（美国）	2005	680	热电联产 +H$_2$/ 石油焦	Texaco-O$_2$	3×GE7FA
18	Piemsa（西班牙）	2005	784	发电 +H$_2$/ 减压减黏沥青	Texaco	2×GE9FA
19	Sannazzaro（意大利）	2005	1 000	发电 +H$_2$/ 焦炉煤气 + 合成气	Shell	2×V94.3A 1×V94.2

资料来源：中国电气工程大典编辑委员会：《中国电气工程大典·第 8 卷》，中国电力出版社，2010，第 1488-1489 页。

第 3 节　水力发电

水力发电是在古代先民利用水的浮力使木船航行、用水车磨米、用潮汐磨面等的基础上发展起来的。1878 年，人类第一次利用水力进行发电。此后，水力发电成为开发利用水能资源的一种重要方式。进入现代，世界水电开发规模越来越大，水电总装机容量由 1925 年的 2.64 万 MW 增至 2011 年的 100 万 MW 以上。但是，进入 20 世纪 50 年代后，除了传统的煤炭发电之外，石油发电、天然气发电、核能发电相继崛起，可再生能源发电也占有一席之地，致使"靠天吃饭"的水力发电在世界电力生产中的地位不断下降。1925 年，世界水力发电量占全球发电总量的比例高达 40.0%，1950 年降为 35.8%，1979 年降到 21.6%，到 2009 年则进一步下降至 16.1%（表 16-47）。迄今，发达国家的水能开发利用程度已经较高，发展中国家的水能开发潜力仍然较大。

表 16-47　世界水能开发利用进程

时间	事件
约公元前 5000—前 3300 年	中国先民在浙江余姚河姆渡利用水的浮力使独木舟航行
公元前 2400 年	埃及出现芦苇帆船
约公元前 1900 年	波斯出现第一台用来磨粮食的水车
公元前 1 世纪	古希腊出现欧洲最早的水能利用方式——水磨（又称挪威水磨）
公元前 1 世纪—1 世纪	中国汉朝先民制成杵舂，"役水而舂"
9 世纪	中国唐朝的山东沿海先民开始发展潮汐磨
10 世纪	波斯湾沿岸地区出现潮汐磨
11—12 世纪	苏格兰、法国出现潮汐磨
16 世纪	俄国沿海地区出现潮汐磨
17 世纪	英国人乔丹发明水泵——离心泵
1771 年	英国人阿克莱特创办世界上第一家水力棉纺纱厂
18 世纪	欧洲出现大型水车，用来锯木、灌溉
1878 年	法国在巴黎建成世界上第一座水电站
1882 年	美国人爱迪生在威斯康星州建成美国第一座水电站
1882 年	瑞士建成国内第一座水电站
1882 年	德国建成国内第一座水电站
1885 年	意大利建成欧洲第一座商业性水电站——沃特利水电站
1885 年	挪威建成国内第一座水电站
1889 年	日本建成国内第一座水电站
1890 年	英国在伦敦德特福德建成国内第一座交流发电水电站

续表

时间	事件
1895 年	美国建成第一座 100 MW 级水电站——尼亚加拉水电站
1904 年	中国台湾建成龟山水电站
1910 年	瑞典建成世界上第一座地下水电站
1910 年	法国建成世界上最早的波浪发电站
1912 年	中国在云南建成石龙坝水电站
1912 年	德国建成世界上最早的潮汐发电站
1925 年	全球水电总装机容量 2.64 万 MW，水力发电量占全球发电总量的 40.0%
1936 年	美国建成世界上首座 1 000 MW 以上大型水电站——胡佛水电站
1950 年	全球水电总装机容量 7.12 万 MW，水力发电量占全球发电总量的 35.8%
1960 年	全球水电总装机容量 14.96 万 MW
1970 年	全球水电总装机容量 26.07 万 MW
1979 年	全球水力发电量占全球发电总量的 21.6%
1980 年	苏联建成世界上坝高最高水电站——努列克水电站（坝高 300 m）
1980 年	全球水电总装机容量 46.73 万 MW
1990 年	全球水电总装机容量 65.31 万 MW
1998 年	瑞士建成世界上水头最大的水电站——大狄克逊水电站
2000 年	中国建成世界上总装机容量最大的抽水蓄能电站——广州抽水蓄能电站
2004 年	中国创造年新增水电装机容量超过 10 000 MW 的纪录
2009 年	中国建成世界上装机容量最大的水电站——三峡水电站
2009 年	全球水力发电量 32 328 亿 kWh，占全球发电总量的 16.1%
2011 年	全球水电总装机容量首次超过 100 万 MW

资料来源：作者整理。

一、水资源和水能资源

地球水资源总量为 13.86 亿～ 14.6 亿 km^3，可开发利用的河流径流量为 46 848 km^3/a，水能资源理论蕴藏量为 4.43×10^{13} kWh/a，水能资源技术可开发量为 1.94×10^{13} kWh/a，水能资源经济可开发量为 9.8×10^{12} kWh/a，全球水能资源分布不均衡。

（一）地球水资源

水资源包括大气中的水汽和水滴，海洋、湖泊、河流等物体中的液态水，冰川、冻土等物体中的固态水等。据 1980 年的统计资料，地球水资源量为 14.6 亿 km^3（表 16–48）。其中，在海洋中的水量为 13.7 亿 km^3，约占地球水资源总量的 93.8%；在地球 5 km 深度地壳中的水资源量为 0.6 亿 km^3，约占 4.1%。

表 16-48　1980 年地球水资源分布情况

项目	水量 / 千 km³	每年损失水量 / 千 km³	更新期
全球总计	1 463 830.2	520（蒸发量）	2 800 年
海洋	1 370 000	449（蒸发量），37（降水量与蒸发量间的差异）	3 100 年
地球 5 km 深度地壳	60 000	13（地下水径流量）	4 600 年
活动水交换带	4 000	13（地下水径流量）	300 年
湖泊	750	—	—
冰川和永久雪原	29 000	1.8（径流量）	16 000 年
土壤和底土水分	65	65（蒸发和地下水径流量）	280 天
大气蒸发	14	520（降水量）	9 天
河流	1.2	36.3（径流量）	12 天

资料来源：李汝燊：《自然地理统计资料》新编第 2 版，商务印书馆，1984，第 415 页。

　　另据《中国水利百科全书》记载，地球水资源总量约为 13.86 亿 km³（表 16-49）。与 1980 年统计相比，总量少 0.74 亿 km³。按水体类型划分，海洋水为 13.38 亿 km³，占地球水资源总量的 96.54%；地表水为 2 425.41 万 km³，约占 1.75%；地下水 2 370 万 km³，约占 1.71%；土壤水、大气水、生物水分别为 16 500 km³、12 900 km³、1 100 km³。在地球水资源总量中，地球咸水约为 13.51 亿 km³，约占 97.47%；地球淡水 3 502.92 万 km³，仅占 2.53%。

表 16-49　地球水资源储量情况

水体种类	地球总水量		咸水量		淡水量	
	地球总水量 /km³	占地球水资源总量的比例 /%	咸水量 /km³	占地球咸水资源总量的比例 /%	淡水量 /km³	占地球淡水资源总量的比例 /%
海洋水	1 338 000 000	96.54	1 338 000 000	99.04	0	0
地表水合计	24 254 100	1.75	85 400	0.006	24 168 700	69.0
冰川与冰盖	24 064 100	1.736	0	0	24 064 100	68.7
湖泊水	176 400	0.013	85 400	0.006	91 000	0.26
沼泽水	11 470	0.000 8	0	0	11 470	0.033
河流水	2 130	0.000 2	0	0	2 130	0.006
地下水合计	23 700 000	1.71	12 870 000	0.953	10 830 000	30.92
重力水	23 400 000	1.688	12 870 000	0.953	10 530 000	30.06
地下冰	300 000	0.022	0	0	300 000	0.86
土壤水	16 500	0.001	0	0	16 500	0.05
大气水	12 900	0.000 9	0	0	12 900	0.04
生物水	1 100	0.000 1	0	0	1 100	0.003
全球总储量	1 385 984 600	100	1 350 955 400	100	35 029 200	100

资料来源：《中国水利百科全书》编辑委员会、中国水利水电出版社：《中国水利百科全书》第 2 版，中国水利水电出版社，2006，第 960 页。引用时对河流水和生物水的水量做了适当调整。

（二）河流的水资源

全球河流每年的径流量为 46 848 km³（表 16-50），主要分布在亚洲、南美洲、北美洲和非洲等。亚洲的年径流量为 14 410 km³，约占全球年径流量的 30.76%；南美洲的年径流量为 11 760 km³，约占 25.10%；北美洲的年径流量为 8 200 km³，约占 17.50%；非洲的年径流量为 4 570 km³，约占 9.75%；欧洲的年径流量为 3 210 km³，约占 6.85%；大洋洲（包括澳大利亚）的年径流量为 2 388 km³，约占 5.09%；南极洲的年径流量为 2 310 km³，约占 4.93%。

表 16-50　世界河流的水资源情况

地区	径流深 / mm	年径流量 / km³	占世界年径流量的比例 /%	每平方千米径流量 / （L/s）	按 1971 年人口的平均径流量 /m³
亚洲	332	14 410	30.76	10.50	6 700
欧洲	306	3 210	6.85	9.70	4 900
非洲	151	4 570	9.75	4.80	15 800
大洋洲（澳大利亚除外）	1 610	2 040	4.35	51.10	287 000
澳大利亚	45.3	348	0.74	1.44	27 400
北美洲	339	8 200	17.50	10.70	25 100
南美洲	661	11 760	25.10	21.00	63 600
南极洲	165	2 310	4.93	5.20	—
全球总计	314	46 848	99.98	10.00	12 900

资料来源：李汝燊：《自然地理统计资料》新编第 2 版，商务印书馆，1984，第 419 页。

（三）水能资源及分布

水能资源是以位能、压能、动能等形式存在于水体中的各种能源资源，包括河流水能、海洋潮汐能等，是水资源中很小的一个部分。

河流水能资源是指蕴藏在河流里的水能资源。它是水能资源的主要组成部分，可从理论水能资源、技术可开发水能资源、经济可开发水能资源三个层次进行估算。一般而言，技术可开发水能资源要比理论水能资源小，而经济可开发水能资源又比技术可开发水能资源小。受到世界地理、气候、技术、经济等因素的影响，世界水能资源的分布存在较大差异，并且不同机构、不同年代测算的水能资源也存在差异。

1974 年，世界能源会议对全世界经济可开发河流水能资源进行调查，测算全世界经济可开发水电装机容量为 22.611 亿 kW，经济可开发年发电量为 98 020 亿 kWh（表 16-51）。其中，发达国家的可开发装机容量为 8.707 亿 kW，发展中国家的可开发装机容量为 13.904 亿 kW。在全球河流径流经济可开发年发电量中，亚洲约占 26.91%，非洲约占 20.61%，拉丁美洲约占 18.89%，北美洲约占 12.99%，欧洲约占 7.37%，大洋洲约占 2.06%，苏联约占 11.17%。

表 16-51　1974 年统计的世界河流经济可开发水能资源情况

国家 / 地区	经济可开发装机容量 / 亿 kW	经济可开发量 / （亿 kWh/a）	陆地面积 / 万 km²	每平方千米可开发水电容量 /kW
世界总计	22.611	98 020	13 493	16.8
发展中国家合计	13.904	63 530	7 455	18.6

续表

国家 / 地区	经济可开发装机容量 / 亿 kW	经济可开发量 / (亿 kWh/a)	陆地面积 / 万 km²	每平方千米可开发水电容量 /kW
发达国家合计	8.707	34 480	6 038	14.4
亚洲	6.844	26 380	2 763	24.7
非洲	4.371	20 200	2 942	14.9
拉丁美洲	3.285	18 520	2 055	16.0
北美洲	2.902	12 730	2 167	13.4
欧洲	2.154	7 220	487	44.3
大洋洲	0.365	2 020	853	4.3
苏联	2.690	10 950	2 227	12.1

资料来源：本书编委员：《能源词典》第 2 版，中国石化出版社，2005，第 329 页。

注：亚洲和欧洲统计数字中均不包括苏联。

1980 年，世界能源会议对世界河流水能资源理论蕴藏量和水能资源技术可开发量进行统计，全球河流水能资源理论蕴藏量为每年 48.224 万亿 kWh，水能资源技术可开发量为每年 19.40 万亿 kWh（表 16-52）。水能资源技术可开发量约为水能资源理论蕴藏量的 40.23%；水能资源经济可开发量约为水能资源技术可开发量的 50.50%，相当于水能资源理论蕴藏量的 22.00%。

表 16-52　1980 年统计的世界河流水能资源情况

国家 / 地区	水能资源理论蕴藏量 / (万亿 kWh/a)	占世界水能资源理论蕴藏量的比例 /%	水能资源技术可开发量 / (万亿 kWh/a)	占世界水能资源技术可开发量比例 /%
世界总计	48.224	—	19.40	—
亚洲	16.486	37.23	5.35	27.58
非洲	10.118	22.85	3.14	16.19
拉丁美洲	5.67	12.80	3.78	19.48
北美洲	6.15	13.89	3.12	16.08
欧洲	4.36	9.85	1.43	7.37
大洋洲	1.50	3.39	0.39	2.00
苏联	—	—	2.19	11.29

资料来源：本书编委员：《能源词典》第 2 版，中国石化出版社，2005，第 330 页。

注：在水能资源理论蕴藏量统计中，亚洲和欧洲统计数已包括苏联，其中，亚洲部分为 3.25 万亿 kWh，欧洲部分为 0.69 万亿 kWh。水能资源技术可开发量中，亚洲和欧洲的统计数字中均未包括苏联。

根据 21 世纪初的有关统计数据，全球水能资源理论蕴藏量约为 4 338.8 万 GWh/a（表 16-53），其中亚洲约占 45%，欧洲约占 7%，北美洲约占 18%，南美洲约占 18%，非洲约占 10%，大洋洲约占 2%（图 16-3）。全球水能资源技术可开发量约为 1 562.8 万 GWh/a（表 16-53），其中亚洲约占 51%，欧洲约占 8%，北美洲约占 12%，南美洲约占 18%，非洲约占 10%，大洋洲约占 1%（图 16-4）。全球水能资源经济可开发量约为 919.5 万 GWh/a（表 16-53），其中亚洲约占 51%，欧洲约占 9%，北美洲约占 12%，南美洲约占

18%，非洲约占 9%，大洋洲约占 1%（图 16-5）。

由此可知，亚洲的水能资源最丰富，其次是南美洲、北美洲，欧洲、非洲、大洋洲较少。

表 16-53　全球各大洲水能资源情况

单位：GWh/a

地区	理论蕴藏量	技术可开发量	经济可开发量
非洲	4 390 861	1 510 876	842 077
亚洲	19 717 141	8 007 560	4 688 747
大洋洲	657 984	185 012	88 700
欧洲	3 129 089	1 198 591	842 805
北美洲	7 600 105	1 919 826	1 055 889
南美洲	7 892 515	2 806 526	1 676 794
全球总计	43 387 695	15 628 391	9 195 012

资料来源：李菊根主编《水力发电实用手册》，中国电力出版社，2014，第 57 页。

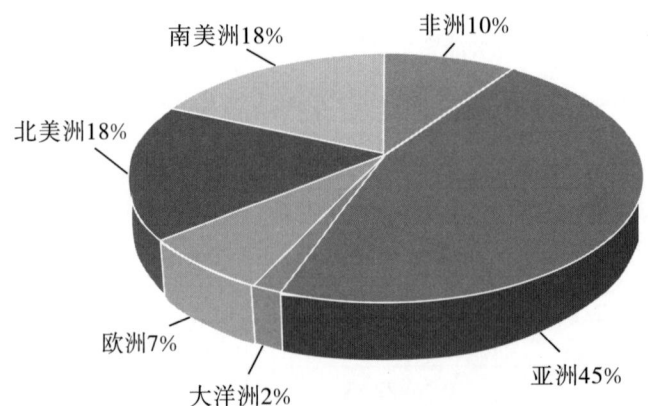

图 16-3　世界各大洲水能资源理论蕴藏量分布示意图

资料来源：李菊根主编《水力发电实用手册》，中国电力出版社，2014，第 57 页。

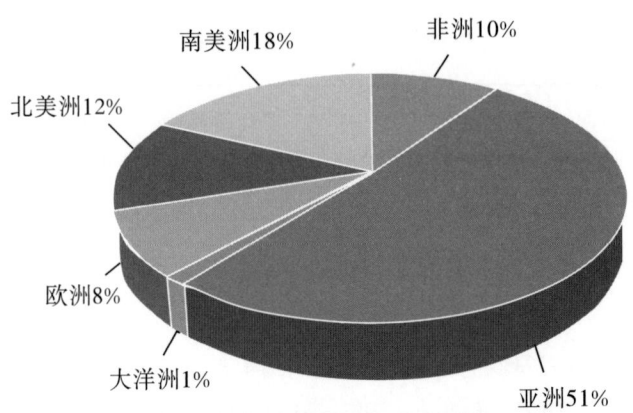

图 16-4　世界各大洲水能资源技术可开发量分布示意图

资料来源：李菊根主编《水力发电实用手册》，中国电力出版社，2014，第 57 页。

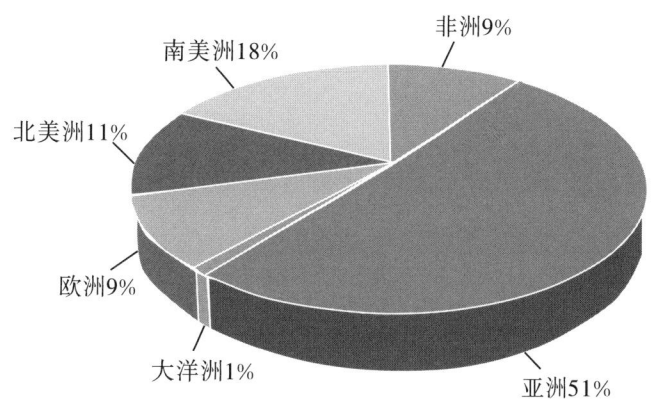

图 16-5　世界各大洲水能资源经济可开发量分布示意图

资料来源：李菊根主编《水力发电实用手册》，中国电力出版社，2014，第 57 页。

（四）各国可开发水能资源

根据 20 世纪 70 年代的有关统计，除中国外，世界主要水能资源国家中，经济可开发水能资源总装机容量排名前 5 位的国家分别为苏联（26 900 万 kW）、美国（18 670 万 kW）、巴西（15 000 万 kW）、扎伊尔（13 200 万 kW）、加拿大（9 450 万 kW）；经济可开发水能资源年发电量排名前五位的国家分别为苏联（10 950 亿 kWh/a）、巴西（8 171 亿 kWh/a）、美国（7 015 亿 kWh/a）、扎伊尔（6 600 亿 kWh/a）、加拿大（5 352 亿 kWh/a）（表 16-54）。

表 16-54　20 世纪 70 年代世界主要水能资源国家水能资源经济可开发量情况[1]

国家	经济可开发水能资源总装机容量 /万 kW	经济可开发水能资源发电量 /（亿 kWh/a）	平均每平方千米国土面积的水能资源 /（万 kWh/a）
美国	18 670	7 015	7.5
苏联	26 900	10 950	4.9
日本	4 960	1 300	35.0
联邦德国	—	218	8.8
法国	2 100	630	11.5
印度	7 000	2 800	9.5
巴西	15 000	8 171	9.6
扎伊尔	13 200	6 600	28.1
加拿大	9 450	5 352	5.4
马达加斯加	6 400	3 200	54.5
哥伦比亚	5 000	3 000	26.4
缅甸	7 500	2 250	33.2
阿根廷	4 810	1 910	6.9
印度尼西亚	3 000	1 500	7.9
挪威	2 960	1 210	37.3
瑞典	2 010	1 003	22.3
墨西哥	2 030	994	5.0

续表

国家	经济可开发水能资源总装机容量 / 万 kW	经济可开发水能资源发电量 / (亿 kWh/a)	平均每平方千米国土面积的水能资源 / (万 kWh/a)
西班牙	2 922	675	13.4
南斯拉夫	1 696	636	24.8
意大利	1 920	506	16.8
奥地利	1 560	441	52.5
瑞士	1 100	320	78.0

资料来源：《国外经济统计资料》编辑小组：《国外经济统计资料（1949—1976）》，中国财政经济出版社，1979，第 31 页。

注：[1] 水能资源经济可开发量由已建和未建的水电厂发电量累计而得。

21 世纪初，世界能源会议对世界及各国水能资源进行评估，世界水能资源理论蕴藏量为 41 202 TWh/a 以上，技术可开发量为 16 494 TWh/a 以上。其中，水能资源理论蕴藏量排名前五位的国家分别是中国（6 083 TWh/a）、美国（4 485 TWh/a）、巴西（3 040 TWh/a）、印度（2 638 TWh/a）、俄罗斯（2 295 TWh/a）；技术可开发量排名前 5 位的国家分别是中国（2 474 TWh/a）、美国（1 752 TWh/a）、俄罗斯（1 670 TWh/a）、巴西（1 488 TWh/a）、加拿大（981 TWh/a）（表 16–55）。与 20 世纪 70 年代的评估相比，全球总的水能资源理论蕴藏量以及水能资源量排世界前五位的国家均有所变化。

表 16–55　2005 年世界主要水能资源国家及地区水能资源量情况

单位：TWh

国家 / 地区	总的理论蕴藏量	技术可开发量	经济可开发量
世界总计	> 41 202	> 16 494	—
（一）亚洲	> 16 285	> 5 523	—
其中：中国	6 083	2 474	1 753
印度	2 638	660	600
印度尼西亚	2 147	402	40
日本	718	136	114
尼泊尔	733	151	15
巴基斯坦	480	219	—
塔吉克斯坦	527	> 264	264
土耳其	433	216	130
（二）中东	418	168	—
其中：伊拉克	225	90	67
（三）欧洲	4 945	2 714	—
其中：法国	270	100	70
意大利	340	105	65
挪威	560	200	187
俄罗斯	2 295	1 670	852
（四）北美洲	8 054	> 3 012	—
其中：加拿大	2 216	981	536

续表 单位：TWh

国家 / 地区	总的理论蕴藏量	技术可开发量	经济可开发量
格陵兰	800	120	—
美国	4 485	1 752	501
（五）南美洲	＞ 7 121	＞ 3 036	—
其中：巴西	3 040	1 488	811
哥伦比亚	1 000	200	140
秘鲁	1 577	395	260
（六）非洲	＞ 3 884	＞ 1 852	—
其中：刚果（金）	1 397	774	419
埃塞俄比亚	650	＞ 260	160
（七）大洋洲	495	＞ 189	—
其中：澳大利亚	265	100	30

资料来源：张永胜：《世界能源形势分析》，经济科学出版社，2010，第 136 页。作者对表格排序做了调整。

二、水电开发概况

水力发电主要是利用水的位能、压能、动能等机械能来发电，主要通过水电站的建设和运行来实现。可从水资源类型、装机容量、水头高低、集中水头方式、水库调节能力等多个方面对水电站进行分类（表 16-56）。进入现代后，水电开发技术与水平不断提高，水电开发规模越来越大，水能开发利用程度越来越高，水电开发向大型化、现代化方向加快发展。

表 16-56 水电站的分类情况

分类依据	主要类型
水资源类型	1. 常规水电站（利用河流水能资源） 2. 抽水蓄能电站（利用抽水储存的位能资源） 3. 波浪能电站（利用海洋波浪能资源） 4. 潮汐电站（利用潮汐水能资源） 5. 海流能电站（利用海流动能资源）
装机容量	1. 大型水电站（装机容量 ≥ 250 MW）[1] 2. 中型水电站（装机容量 25 ～ 250 MW）[2] 3. 小型水电站（装机容量 ＜ 25 MW）[3]
水头高低	1. 高水头水电站（水头 ≥ 200 m） 2. 中水头水电站（水头 40 ～ 200 m） 3. 低水头水电站（水头 ＜ 40 m）
集中水头方式	1. 坝式水电站 2. 引水式电站 3. 混合式电站 4. 集水网道式电站
水库调节能力	1. 有调节水电站[4] 2. 少调节水电站[5] 3. 无调节水电站[6] 4. 径流式水电站[7]

续表

分类依据	主要类型
电站厂房类型	1. 地面式水电站 2. 地下式水电站 3. 坝内式水电站 4. 河床式水电站 5. 溢流式水电站 6. 装配式水电站
其他	1. 梯级水电站 2. 调峰水电站

资料来源: 作者整理。主要参考本书编委员:《能源词典》第 2 版, 中国石化出版社, 2005。

注:[1] 额定装机容量 > 3 000 MW 的被称为巨型水电站。[2] 世界上不少国家将额定装机容量为 10 ～ 200 MW 的称为中型水电站。[3] 按中国现行规定, 额定容量在 50 MW 以下的均属小型水电站。[4] 根据径流调节性能不同, 有调节水电站分为日调节水电站、周调节水电站、月调节水电站、季调节水电站、年调节水电站和多年调节水电站。[5] 少调节水电站的水库库容小, 仅能进行日调节、周调节和月调节。[6] 无调节水电站指对天然径流无调节能力的水电站。[7] 径流式水电站包括无调节水电站和日调节水电站。

(一) 水电开发历程

20 世纪 20—40 年代, 世界水电开发为发达国家主导时期; 20 世纪 50—70 年代为发达国家水电顶峰发展主导时期; 20 世纪 80—90 年代为发展中国家高速发展主导时期; 进入 21 世纪后, 世界水电开发进入平稳发展时期。

1. 20 世纪 20—40 年代

第一次世界大战后, 美国、加拿大、法国、日本、挪威等经济发达国家, 随着经济发展对电力需求的扩大, 加大对水电开发的力度, 水力发电高速发展。在 1927 年水电装机容量已达 1 000 MW 及以上的七大水电大国中 (表 16-57), 加拿大水电装机容量从 1927 年的 4 590 MW 增至 1950 年的 9 212 MW, 23 年间增长 101%; 法国从 1 490 MW 增至 4 739 MW, 增长 218%; 日本从 1 305 MW 增至 7 549 MW, 增长 478%; 挪威从 1 420 MW 增至 3 008 MW, 增长 112%; 瑞典从 1 000 MW 增至 2 566 MW, 增长 157%; 瑞士从 1 380 MW 增至 3 057 MW, 增长 122%; 美国从 8 744 MW 增至 19 733 MW, 增长 126%。这 7 个国家水电装机容量均增长 1 倍以上, 其中日本高达 4.78 倍。

表 16-57 1927 年、1950 年世界部分国家水电发展情况[1]

国家	水电装机容量 /MW		1950 年相对 1927 年的增长率 /%
	1927 年	1950 年	
阿尔及利亚	—	111	—
奥地利	243	1 250	414
比利时	—	24	—
巴西	373	1 536	312
加拿大	4 590	9 212	101
智利	85	387	355
芬兰	164	667	307
法国	1 490	4 739	218
德国[2] / 联邦德国	945	3 398	—

续表

国家	水电装机容量 /MW		1950 年相对 1927 年的增长率 /%
	1927 年	1950 年	
希腊	6	34	467
冰岛	—	30	—
日本	1 305	7 549	478
新西兰	45	633	1 307
挪威	1 420	3 008	112
葡萄牙	7	138	1 871
西班牙	746	—	—
瑞典	1 000	2 566	157
瑞士	1 380	3 057	122
英国	186	793	326
美国	8 744	19 733	126

资料来源：特雷弗·I.威廉斯主编《技术史·第6卷》，姜振寰、赵毓琴主译，上海科技教育出版社，2004，第112页。作者在引用上述资料时，对1950年相对1927年的增长率数据按实际计算做了适当的调整。

注：[1] 此处给出的是1 MW以上（含1 MW）的功率。[2] 包括萨尔。

到 1950 年，全球水电装机容量为 71 200 MW，发电量为 3 324 kWh（表 16-58），分别比 1925 年增长 169.7%、315.5%。

表 16-58　1925—1950 年世界部分国家水电发展情况

时间 / 年	指标	全球	美国	苏联	日本	英国	德国 / 联邦德国	法国	意大利	加拿大	巴西	中国
1925	装机容量 /MW	26 400	7 000	50	181.4	—	—	—	—	—	—	—
	发电量 / 亿 kWh	800	—	—	80	0.15	—	40	61.9	99.5	—	—
1932	装机容量 /MW	41 400	10 258	398	3 112	124	—	2 918	4 186	5 000	—	—
	发电量 / 亿 kWh	—	—	8.1	151	3.5	—	65.6	102.6	157.3	—	—
1937	装机容量 /MW	—	11 186	1 044	3 924	296	—	3 777	4 445	—	—	—
	发电量 / 亿 kWh	—	—	41.3	222.2	7.55	—	109.8	148.6	271.8	—	—
1940	装机容量 /MW	—	12 304	1 567	5 126	—	—	3 998	5 198	—	—	—
	发电量 / 亿 kWh	—	—	51.1	242.3	—	—	119.5	179	295.4	—	—
1945	装机容量 /MW	—	15 892	1 252	6 435	342	—	4 545	5 031	—	—	—
	发电量 / 亿 kWh	—	—	48.4	207.5	11.4	—	103	122.8	391.3	—	—

续表

时间 / 年	指标	全球	美国	苏联	日本	英国	德国 / 联邦德国	法国	意大利	加拿大	巴西	中国
1950	装机容量 /MW	71 200	18 675	3 218	6 763	544	2 314	6 100	7 168	9 155	1 540	362
	发电量 / 亿 kWh	3 324	1 010	126.9	377.8	14.8	62.6	161.7	216	530	75	13.2

资料来源：中国电气工程大典编辑委员会：《中国电气工程大典·第5卷》，中国电力出版社，2010，第4页。

2. 20 世纪 50—70 年代

20 世纪 50 年代后，水电项目建设进入大型化发展时期，发达国家的水电开发到 20 世纪 70 年代达到高峰，中国、印度、巴西、埃及、阿根廷等发展中国家开始大规模开发水电，世界水电加速发展。到 20 世纪 70 年代初，欧洲以及中东、远东、澳大利亚、新西兰的水能资源开发程度均已达到 20%，东南亚为 4%，其他地区为 1% 左右（表 16-59）。

表 16-59　20 世纪 70 年代初世界各国家 / 地区水力开发情况

国家 / 地区	水能资源量 / 亿 kW	水能资源开发程度 /%
东南亚	4.6	4
欧洲	1.6	20
非洲	7.8	< 1
北美洲	3.1	< 1
南美洲	5.8	1
中东、远东、澳大利亚、新西兰	1.1	20

资料来源：李汝燊：《自然地理统计资料》新编第 2 版，商务印书馆，1984，第 415 页。

1975 年，水能资源利用程度达到 40% 以上的国家有 10 个，均为发达国家（表 16-60）。其中，瑞士、法国高达 90% 以上，分别为 98.0%、95.0%，其后为意大利、联邦德国，分别为 83.2%、78.5%。

表 16-60　1975 年各国水能利用情况[1]

国家	水电装机容量 / 万 kW	水力发电量 / 亿 kWh	水能资源利用程度[2] /%
美国	6 629	3 032	43.1
苏联	4 052	1 260	11.5
日本	2 485	859	66.0
联邦德国	557	171	78.5
法国	1 757	599	95.0
印度	844	332	11.9
巴西	1 619	720	8.8
扎伊尔	116	34	0.5

续表

国家	水电装机容量 / 万 kW	水力发电量 / 亿 kWh	水能资源利用程度[2]/%
加拿大	3 725	2 024	37.8
马达加斯加	4	2	0.1
哥伦比亚	307	102	3.4
缅甸	10	5	0.2
阿根廷	153	52	2.7
印度尼西亚	45	18	1.2
挪威	1 693	775	64.0
瑞典	1 272	577	57.5
墨西哥	412	151	15.2
西班牙	1 196	288	42.6
南斯拉夫	480	193	30.3
意大利	1 700	421	83.2
奥地利	608	237	53.7
瑞士	1 024	313	98.0

资料来源:《国外经济统计资料》编辑小组:《国外经济统计资料（1949—1976）》，中国财政经济出版社，1979，第 31 页。

注:[1]技术可开发、经济可开发水能资源量由已建和未建的水电厂发电量累计而得。[2]水力发电量与可开发水能资源量之比。

1980 年，全球水电装机容量为 467 258 MW，发电量为 17 550 亿 kWh（表 16-61）。与 1950 年相比，分别增长 556.3%、428.0%，30 年间年均增长率分别为 6.5%、5.7%。与 1925—1950 年的年均增长率 4.0%、5.8% 相比，水电装机容量年均增长率高出 2.5%，而发电量增长率基本持平。

表 16-61　1950—1980 年世界部分国家水电发展情况

时间 / 年	指标	全球	美国	苏联	日本	英国	联邦德国	法国	意大利	加拿大	巴西	中国
1950	装机容量 /MW	71 200	18 675	3 218	6 763	544	2 314	6 100	7 168	9 155	1 540	362
1950	发电量 / 亿 kWh	3 324.0	1 010.0	126.9	377.8	14.8	62.6	161.7	216.0	530.0	75.0	13.2
1955	装机容量 /MW	—	25 752	5 996	8 907	840	2 817	7 874	9 896	10 953	—	695
1955	发电量 / 亿 kWh	—	1 162.0	231.6	485.0	17.0	120.0	255.4	308.0	800.0	—	34.0
1960	装机容量 /MW	149 600	33 180	14 781	12 676	1 171	3 349	10 231	12 612	18 643	3 640	1 941
1960	发电量 / 亿 kWh	—	1 495.0	509.0	584.7	31.3	130.0	403.4	461.1	1 059.0	184.0	74.0

续表

时间/年	指标	全球	美国	苏联	日本	英国	联邦德国	法国	意大利	加拿大	巴西	中国
1965	装机容量/MW	—	44 490	22 244	16 275	1 760	4 072	12 683	14 349	25 771	—	3 020
	发电量/亿kWh	—	1 970.0	814.3	764.2	46.2	153.7	464.3	431.0	1 171.0	—	104.0
1970	装机容量/MW	260 697	55 752	31 368	20 044	2 158	4 779	15 219	14 962	28 299	10 600	6 230
	发电量/亿kWh	11 717.0	2 507.0	1 243.8	1 801.0	56.7	177.6	566.0	413.0	1 567.0	452.0	205.0
1975	装机容量/MW	371 495	—	40 515	24 853	2 451	5 490	17 273	15 027	37 282	16 184	13 430
	发电量/亿kWh	14 564.0	3 033.0	1 260.0	800.0	50.0	171.0	606.0	426.0	2 024.0	723.0	476.0
1980	装机容量/MW	467 258	77 390	52 511	29 776	2 451	6 460	19 285	15 826	47 770	27 522	20 320
	发电量/亿kWh	17 550.0	2 815.0	1 775.0	920.0	52.0	187.0	735.0	477.0	2 530.0	1 175.0	582.0

资料来源：中国电气工程大典编辑委员会：《中国电气工程大典·第5卷》，中国电力出版社，2010，第4页。

3. 20世纪80—90年代

20世纪80年代后，欧美等发达国家或地区及日本的经济可开发水能资源大部分已开发完毕，水电建设低迷。1980年美国水电装机容量、发电量分别为77 390 MW、2 815亿kWh，2001年分别为95 944 MW、2 081亿kWh，装机容量仅增长24.0%，发电量则不增反降。日本水电装机容量从1980年的29 776 MW增至2001年的46 387 MW，增长55.8%，发电量从920亿kWh增至939亿kWh，仅增加19亿kWh（表16-62）。

与此同时，中国、巴西等发展中国家在经济发展的推动下，巨大的水能资源得到开发利用，水电开发高速发展。1980—2001年，中国水电装机容量由20 320 MW增至83 006 MW，增长308.5%；年发电量从582亿kWh增至2 611亿kWh，增长348.6%。2004年和2005年，中国每年新增的水电装机容量均超过10 000 MW，创造了世界水电开发史上前所未有的纪录。1980—1996年，巴西水电装机容量也由27 522 MW增至51 100 MW，增长85.7%，年发电量则由1 175亿kWh增至2 500亿kWh，增长约1.13倍。

表 16-62　1980—2001 年世界部分国家水电发展情况

时间 / 年	指标	全球	美国	苏联 / 俄罗斯	日本	英国	联邦德 国 / 德国	法国	意大 利	加拿 大	巴西	中国
1980	装机容量 /MW	467 258	77 390	52 511	29 776	2 451	6 460	19 285	15 826	47 770	27 522	20 320
	发电量 / 亿 kWh	17 550	2 815	1 775	920	52	187	735	477	2 530	1 175	582
1984	装机容量 /MW	541 976	76 650	59 239	33 800	4 180	6 400	21 570	17 343	54 949	35 524	25 600
	发电量 / 亿 kWh	19 526	3 312	2 030	780	40.1	184	670	483	2 831	1 650	868
1990	装机容量 /MW	653 100	93 416	68 600[1]	39 190	4 090	6 861[2]	24 400	18 237	60 297	40 100	36 046
	发电量 / 亿 kWh	23 531	2 737	—	—	51	183.5	533	426	3 088	2 145	1 237
1996	装机容量 /MW	708 930	95 927	43 640	42 774	—	—	25 200	19 876	64 770	51 100	55 578
	发电量 / 亿 kWh	24 191	3 445	1 652	891	33	—	655	471	3 306.9	2 500	1 869.2
2001	装机容量 /MW	—	95 944	44 700	46 387	4 296	9 044	25 400	20 433	67 407	—	83 006
	发电量 / 亿 kWh	—	2 081	1 760	939	64.1	259.6	773	539	3 282	—	2 611

资料来源: 中国电气工程大典编辑委员会:《中国电气工程大典·第 5 卷》,中国电力出版社,2010,第 4 页。

注:[1] 俄罗斯数据。[2] 此数据仍为联邦德国的数据。

　　20 世纪末,全球装机容量 1 000 MW 以上的大型水电站由 1950 年的 2 座发展到 1999 年的 159 座,其中大型常规水电站 120 座,抽水蓄能电站 39 座。在 159 座大型水电站中,巴西有常规水电站 23 座;中国有常规水电站 17 座,抽水蓄能电站 2 座,共 19 座;美国有常规水电站 11 座,抽水蓄能电站 8 座,共 19 座;加拿大有常规水电站 16 座;俄罗斯有常规水电站 12 座,抽水蓄能电站 1 座,共 13 座;日本有抽水蓄能电站 12 座。[1]1998 年,全球水电装机容量大于 10 GW 的国家共有 16 个(表 16-63)。其中,全球水电装机容量最大的国家是美国,达 94.423 GW;其次为加拿大、中国,水电装机容量分别为 65.726 GW、65.065 GW。水电年发电量最大的国家是加拿大,达 3 500 亿 kWh;其次为美国、巴西、中国,分别为 3 088 亿 kWh、3 012 亿 kWh、2 043 亿 kWh。

---

① 《中国水利百科全书》编辑委员会、中国水利水电出版社:《中国水利百科全书》第 2 版,中国水利水电出版社,2006,第 1064 页。

表 16-63　1998 年水电装机容量大于 10 GW[1] 的国家水电开发情况

国家	水能资源经济可开发量					
	水电装机容量 /GW	水电占全国总装机容量比例 /%	发电量 / 亿 kWh	水电占全国年发电量比例 /%	水能资源量 / 亿 kWh	开发程度 /%
美国	94.423	12.2	3 088	8.8	5 285	58.4
加拿大	65.726	56.6	3 500	62.0	9 810	35.7
中国	65.065	23.5	2 043	17.6	19 233	10.6
巴西	56.481	92.1	3 012	93.5	13 000	23.2
日本	45.343	18.1	1 026	9.6	1 356	75.7
俄罗斯	43.940	20.4	1 575	19.4	16 700	9.4
挪威	27.410	98.9	1 163	99.4	2 000	58.2
法国	25.133	22.3	658	13.5	720	91.4
意大利	22.215	29.6	516	19.4	690	74.8
印度	21.963	23.6	741	25.0	6 600	11.2
西班牙	17.000	32.7	390	20.0	700	55.7
瑞典	16.204	50.6	683	47.7	1 300	52.5
委内瑞拉	13.224	64.1	579	73.0	2 607	22.2
瑞士	11.980	74.3	345	56.3	410	84.1
奥地利	11.500	64.2	376	67.4	537	70.0
土耳其	10.215	43.7	422	38.0	2 150	19.6

资料来源:《中国水利百科全书》编辑委员会、中国水利水电出版社:《中国水利百科全书》第 2 版, 中国水利水电出版社, 2006, 第 1064 页。

4. 21 世纪后

进入 21 世纪, 世界水电开发平稳发展。2005 年, 全球运行中的水电装机容量达到 77.8 万 MW, 发电量 283.67 万 GWh (表 16-64)。其中, 装机容量排名前五位的国家分别是中国 (100 000 MW)、美国 (77 354 MW)、加拿大 (71 978 MW)、巴西 (71 060 MW)、俄罗斯 (45 700 MW), 中国水电装机容量占全球的比例为 12.9%。发电量排名世界前五位的国家分别是加拿大 (358 605 GWh)、巴西 (337 457 GWh)、中国 (337 000 GWh)、美国 (269 587 GWh)、俄罗斯 (165 000 GWh), 中国水力发电量占全球的比例为 11.9%。

表 16-64　2005 年世界部分国家运行水电站概况

国家 / 地区	装机容量 /MW	发电量 /GWh
全球合计	778 038	2 836 739
(一)非洲	21 644	82 735
其中: 埃及	2 850	12 644
加纳	1 198	6 100
摩洛哥	1 498	1 597
莫桑比克	2 136	11 548

续表

国家 / 地区	装机容量 /MW	发电量 /GWh
尼日利亚	1 938	8 200
赞比亚	1 698	8 445
（二）北美洲	164 127	675 555
其中：加拿大	71 978	358 605
哥斯达黎加	1 296	6 565
墨西哥	10 285	27 967
美国	77 354	269 587
（三）南美洲	123 712	596 518
其中：阿根廷	9 921	34 192
巴西	71 060	337 457
智利	4 695	25 489
哥伦比亚	9 000	27 000
厄瓜多尔	1 773	6 883
巴拉圭	7 410	51 156
秘鲁	3 207	17 977
乌拉圭	1 538	6 684
委内瑞拉	14 413	77 229
（四）亚洲	229 882 [1]	735 036 [2]
其中：中国	100 000	337 000
格鲁吉亚	2 700	6 400
印度	31 982	97 403
印度尼西亚	3 221	9 831
日本	27 759	80 715
哈萨克斯坦	2 247	8 610
韩国	4 750	22 800
吉尔吉斯斯坦	2 910	10 644
马来西亚	2 078	4 400
巴基斯坦	6 499	25 671
菲律宾	2 450	7 785
塔吉克斯坦	4 528	15 000
泰国	3 476	5 801
土耳其	12 788	35 065
乌兹别克斯坦	1 420	6 286
越南	4 198	18 000
伊朗	5 012	10 627

续表

国家 / 地区	装机容量 /MW	发电量 /GWh
叙利亚	1 616	3 445
（五）欧洲	225 202	705 470
其中：奥地利	11 811	39 019
波斯尼亚和黑塞哥维那	2 411	6 200
保加利亚	2 874	3 387
克罗地亚	2 056	6 330
芬兰	3 000	13 600
法国	25 526	56 245
德国	4 525	27 700
希腊	3 060	4 920
冰岛	1 160	7 014
意大利	17 326	36 067
挪威	27 698	136 400
葡萄牙	4 818	5 118
罗马尼亚	6 346	20 103
俄罗斯	45 700	165 000
西班牙	18 674	23 215
瑞典	16 100	72 100
瑞士	13 356	30 128
乌克兰	4 736	12 320
英国	1 513	4 961
（六）大洋洲	13 471	40 425
其中：澳大利亚	7 670	15 600
新西兰	5 346	23 238

资料来源：张永胜：《世界能源形势分析》，经济科学出版社，2010，第139-141页。

注：[1]亚洲数据包括中东地区 7 185 MW，其中伊朗 5 012 MW、叙利亚 1 616 MW、其他国家 557 MW。[2]亚洲数据包括中东地区 16 864 GWh，其中伊朗 10 627 GWh、叙利亚 3 445 GWh、其他国家 2 792 GWh。

2009 年，全球水电装机容量为 94.55 万 MW（表 16-65）。其中，亚洲占 47%，欧洲占 19%，北美洲占 15%，南美洲占 15%，非洲占 3%，大洋洲占 1%。2011 年，世界水能资源的技术开发度为 22.7%，经济开发度为 38.6%。其中，欧洲、北美洲水能资源的经济开发度较高，达到 60% 以上；亚洲约为 30%，而非洲只有 13.3%，具有较大的发展潜力。

表 16-65　2009—2011 年全球各大洲水能开发利用情况

地区	2009 年水电装机容量 /MW	2011 年发电量 /GWh	2011 年技术开发度 /%	2011 年经济开发度 /%
非洲	25 908	112 163	7.4	13.3
亚洲	444 194	1 390 900	17.4	29.7
大洋洲	13 327	39 394	21.3	44.4
欧洲	181 266	531 152	44.3	63.0
北美洲	140 339	681 496	35.5	64.5
南美洲	140 495	712 436	25.4	42.5
全球总计	945 529	3 467 541	22.7	38.6

资料来源：李菊根主编《水力发电实用手册》，中国电力出版社，2014，第 57 页。

（二）水电工程建设取得重大成就

20 世纪上半叶，世界仅有两座装机容量在 1 000 MW 以上的大型水电站，即美国大古力水电站（装机容量为 1 974 MW）和胡佛水电站（装机容量为 1 345 MW）。

进入 20 世纪下半叶后，世界水电事业迅速发展，各国先后建设了一批重大水电项目。1976 年，全球建成装机容量 200 万 kW 以上的水电站共 12 座，其中装机容量最大的为苏联的克拉斯诺雅尔斯克水电站，达到 600 万 kW（表 16-66）。到 1995 年，全球装机容量为 200 万 kW 以上的水电站超过 20 座，其中有两座装机容量超过 1 000 万 kW，分别为伊泰普（1 260 万 kW）和古里（1 030 万 kW）（表 16-67）。

表 16-66　1976 年世界装机容量 200 万 kW 以上的水电站情况

水电站名称	国家	装机容量 / 万 kW	库容 / 亿 m³
克拉斯诺雅尔斯克水电站	苏联	600	733
丘吉尔瀑布水电站	加拿大	522	370
布拉茨克水电站	苏联	410	1 693
大古力水电站	美国	396	118
伊耳哈索耳台拉水电站	巴西	320	212
斯大林格勒水电站	苏联	256	335
古比雪夫水电站	苏联	230	580
阿斯旺水电站	埃及	210	1 690
铁门水电站	罗马尼亚和南斯拉夫共建	210	26
古里水电站	委内瑞拉	200	550
泡罗阿丰苏水电站	巴西	200	0.2
卡博拉巴萨水电站	莫桑比克	200	630

资料来源：《国外经济统计资料》编辑小组：《国外经济统计资料（1949—1978 年）》，中国统计出版社，1981，第 158 页。

表 16-67　1995 年世界部分国家水坝的水电装机容量

水坝名称	国家	首次运行时间 / 年	装机容量 /MW
伊泰普	巴西 / 巴拉圭	1983	12 600
古里	委内瑞拉	1986	10 300
萨扬 - 舒申斯克	俄罗斯	1989	6 400
大古力	美国	1942	6 180
克拉斯诺雅尔斯克	俄罗斯	1968	6 000
丘吉尔瀑布	加拿大	1971	5 428
拉格朗德二级	加拿大	1979	5 328
布拉茨克	俄罗斯	1961	4 500
乌斯特伊利姆	俄罗斯	1977	4 320
图库鲁伊	巴西	1984	3 960
索尔泰里亚岛	巴西	1973	3 200
塔贝拉	巴基斯坦	1977	3 046
葛洲坝	中国	1981	2 715
努雷克	塔吉克斯坦	1976	2 700
麦卡	加拿大	1976	2 660
拉格朗德四级	加拿大	1984	2 650
伏尔加格勒第 22 届议会	俄罗斯	1958	2 563
保罗·阿芳索四世	巴西	1979	2 460
卡伯拉·巴萨	莫桑比克	1975	2 425
W. A. C. 贝内特	加拿大	1968	2 416

资料来源：麦卡利：《大坝经济学》修订版，周红云等译，中国发展出版社，2005，第 6 页。

20 世纪下半叶，全球已建成的 200 m 以上水力发电高坝由 1950 年之前的 1 座发展到 20 世纪末的 33 座，新增高坝占全球已建和在建 200 m 以上水力发电高坝总数（39 座，截至 2010 年）的 85%。其中，最高的是 1980 年建成的努列克坝，高达 300 m，其后为 1961 年建成的大狄克逊和 1980 年建成的英古里，坝高分别为 285 m、271.5 m（表 16-68）。

表 16-68　21 世纪初世界已建（在建）200 m 以上高坝

序号	大坝名称	所在国家	坝型	坝高 /m	库容 / 亿 m³	装机容量 /MW	建成时间 / 年
1	努列克	塔吉克斯坦	心墙堆石坝	300	105	2 700	1980
2	大狄克逊	瑞士	重力坝	285	4	864	1961
3	英古里	格鲁吉亚	双曲拱坝	271.5	11.1	1 640	1980
4	瓦依昂	意大利	双曲拱坝	262	1.69	9	1961
5	奇科森	墨西哥	心墙堆石坝	261	16.1	2 400	1980
6	特里	印度	心墙堆石坝	260	35.5	2 000	2005
7	莫瓦桑	瑞士	双曲拱坝	250.5	2.05	384	1958

续表

序号	大坝名称	所在国家	坝型	坝高 /m	库容 / 亿 m³	装机容量 /MW	建成时间 / 年
8	瓜维奥	哥伦比亚	心墙土石坝	247	10.2	1 600	1989
9	萨扬 – 舒申斯克	俄罗斯	重力拱坝	245	313	6 400	1989
10	麦卡	加拿大	心墙土石坝	242	247	2 610	1973
11	契伏	哥伦比亚	心墙堆石坝	237	8.2	100	1975
12	埃尔卡洪	洪都拉斯	双曲拱坝	234	56	300	1985
13	契尔盖	俄罗斯	双曲拱坝	232.5	27.8	1 000	1978
14	奥洛维尔	美国	心墙土石坝	230	43.6	644	1968
15	巴克拉	印度	重力坝	226	96.2	1 050	1963
16	卡伦Ⅳ级	伊朗	重力拱坝	222	21.9	1 000	2006
17	胡佛	美国	重力拱坝	221	348	2 451	1936
18	康特拉	瑞士	双曲拱坝	220	1.05	105	1965
19	姆拉丁其	南斯拉夫	双曲拱坝	220	8.8	360	1976
20	德沃歇克	美国	重力坝	219	43	1 060	1973
21	格伦峡	美国	重力拱坝	216	333	1040	1966
22	托克通古尔	吉尔吉斯斯坦	重力坝	215	195	1 200	1978
23	马尼克五级	加拿大	连拱坝	214	1 419	1 344	1968
24	科汤威尼	南非	心墙堆石坝	213.3	—	—	1977
25	卢佐纳	瑞士	双曲拱坝	208	0.88	418	1963
26	依拉佩	巴西	心墙堆石坝	208	—	399	2006
27	凯班	土耳其	心墙堆石坝	207	306	1 240	1974
28	卡伦Ⅲ级	伊朗	双曲拱坝	205	27.5	2 000	2001
29	巴贡	马来西亚	混凝土面板堆石坝	203.5	438	2 400	2010
30	迪兹	伊朗	双曲拱坝	203	33.5	1 280	1963
31	锡马潘	墨西哥	双曲拱坝	203	14.6	29.2	1995
32	阿尔门德拉	西班牙	双曲拱坝	202	26.5	810	1970
33	坎泼斯诺瓦斯	巴西	混凝土面板堆石坝	202	14.8	879	2006
34	罗斯	美国	双曲拱坝	201.4	17.4	400	1991
35	伯克	土耳其	双曲拱坝	201	4.27	51.45	1996
36	胡顿	格鲁吉亚	双曲拱坝	200.5	3.7	2 100	1991
37	卡伦Ⅰ级	伊朗	双曲拱坝	200	31.4	1 000	1976
38	卡比尔	伊朗	双曲拱坝	200	33	2 000	1977
39	柯恩布莱因	奥地利	双曲拱坝	200	2.1	881	1977

资料来源：李菊根主编《水力发电实用手册》，中国电力出版社，2014，第 79–80 页。

进入 21 世纪，各国先后建成 200 m 以上水电大坝 6 座，分别为：印度的特里，坝高 260 m，装机容量为 2 000 MW；伊朗的卡伦Ⅳ级，坝高 222 m，装机容量为 1 000 MW；巴西的依拉佩，坝高 208 m，装机容量为 399 MW；伊朗的卡伦Ⅲ级，坝高 205 m，装机容量为 2 000 MW；马来西亚的巴贡，坝高 203.5 m，装机容量为 2 400 MW；巴西的坎泼斯诺瓦斯，坝高 202 m，装机容量为 879 MW。

在发展大型水电站的同时，为充分利用可再生能源，世界各国还积极发展中小型水电站。欧洲等一些国家和地区及日本没有大河流，水电开发以中小型为主，占总装机容量的 60% ～ 70%。美国于 1987 年统计，在水电总装机容量 70.8 GW 中，25 ～ 250 MW 的中型水电站有 313 座，装机容量为 24.93 GW，占水电总装机容量的 35.2%；25 MW 以下的小水电站有 1 646 座，装机容量为 6.11 GW，占 8.6%。中国是发展小水电站最多、最快的国家，据 1999 年统计，已建成小水电站总装机容量为 2 348 万 kW，年发电量为 720 亿 kWh。[①]

（三）发展中国家具有较大的水能开发潜力

进入 21 世纪后，发达国家水能开发程度已经达到较高水平，不少国家水力发电量占水能资源技术可开发量的比例已达 50% 以上。截至 1998 年，意大利的水力发电量占水能资源技术可开发量的比例已达 100%；截至 2001 年，法国的比例已达 100%；截至 2002 年，日本的比例为 90.5%；截至 2000 年，挪威的比例为 92.6%；截至 2001 年，西班牙的比例为 73.2%；截至 2003 年，美国的比例为 51.3%。[②]

相比之下，发展中国家拥有全球 70% 左右的水能资源，已开发程度不高，水能开发潜力大。发展中国家集中的亚洲、非洲、拉丁美洲地区的可开发水能资源量分别为 30.5 亿 kWh/a、20 亿 kWh/a、28.25 亿 kWh/a，到 2000 年实际开发分别为 6.7 亿 kWh/a、1.6 亿 kWh/a、6.5 亿 kWh/a[③]，水能开发程度仅分别为 22.0%、8.0%、23.0%。2005 年，世界各国在建水电站的装机容量为 124 043 MW（表 16-69）。其中，亚洲、非洲、南美洲分别为 96 294 MW、5 668 MW、9 084 MW，分别约占总在建水电站装机容量的 77.6%、4.6%、7.3%，亚洲、非洲和南美洲在建水电站装机容量占全球总装机容量的比例达 89.5%。同年，世界各国还计划建设一批水电站，总装机容量达 256 471 MW 以上。

表 16-69　2005 年世界在建和计划建设水电站情况

国家 / 地区	在建		计划	
	装机容量 /MW	预计发电量 /（GWh/a）	装机容量 /MW	预计发电量 /（GWh/a）
全球合计	124 043	—	—	—
（一）非洲	5 668	—	—	—
其中: 埃及	110	780	30	180
加纳	901	—	1 205	—
摩洛哥	44	—	5	—
莫桑比克	—	—	2 898 ～ 3 898	—

[①]《中国水利百科全书》编辑委员会、中国水利水电出版社:《中国水利百科全书》第 2 版，中国水利水电出版社，2006，第 1064 页。

[②] 刘建平:《通向更高的文明——水电资源开发多维透视》，人民出版社，2008，第 32 页。

[③] 同上书，第 34 页。

续表

国家 / 地区	在建		计划	
	装机容量 /MW	预计发电量 / (GWh/a)	装机容量 /MW	预计发电量 / (GWh/a)
尼日利亚	52	—	4 850	—
（二）北美洲	2 906	—	—	—
其中：加拿大	1 460	6 906	11 538	54 579
哥斯达黎加	340	—	—	—
墨西哥	754	1 924	2 050	3 757
美国	8	35	16	70
（三）南美洲	9 084	—	—	—
其中：阿根廷	—	—	2 400	14 000
巴西	4 997	23 100	36 635	169 440
智利	300	—	3 000	—
哥伦比亚	660	—	10 000	—
厄瓜多尔	452	—	412	—
巴拉圭	—	—	1 945	11 197
秘鲁	230	1 100	1 079	—
委内瑞拉	2 250	12 100	2 964	13 400
（四）亚洲	96 294[1]	—	—	—
其中：中国	50 000	—	80 000	—
格鲁吉亚	724	—	400	—
印度	13 245	52 685	8 860	33 050
印度尼西亚	135	—	802	—
日本	745	1 818	19 052	47 551
哈萨克斯坦	—	—	—	—
吉尔吉斯斯坦	360	—	1 900	—
马来西亚	2 400	—	510	—
巴基斯坦	734	—	8 100 ～ 25 671	—
菲律宾	—	—	660	—
塔吉克斯坦	670	—	5 000 ～ 27 000	—
土耳其	3 197	10 518	20 667	73 459
乌兹别克斯坦	249	—	913	—
越南	7 768	—	4 614	—
伊朗	10 491	19 994	12 254	25 128
（五）欧洲	10 072	—	—	—
其中：奥地利	1 200	2 400	88	400

续表

国家/地区	在建		计划	
	装机容量/MW	预计发电量/（GWh/a）	装机容量/MW	预计发电量/（GWh/a）
波斯尼亚和黑塞哥维那	130	—	—	—
保加利亚	80	196	—	—
克罗地亚	40	94	43	220
芬兰	21	20	154	247
法国	—	—	—	—
德国	121	—	20	—
希腊	600	—	—	—
冰岛	690	4 540	100	630
意大利	45	144	190	576
挪威	300	—	859	—
葡萄牙	—	—	1 042	—
罗马尼亚	750	2 532	860	2 535
俄罗斯	5 648	—	8 000	36 400
西班牙	51	35	170	118
瑞典	—	—	—	—
瑞士	221	175	—	—
（六）大洋洲	19	—	—	—
其中：新西兰	16	105	186	974

资料来源：张永胜：《世界能源形势分析》，经济科学出版社，2010，第139-141页。

注：[1]亚洲数据包括中东地区10 567 MW。

三、重大水电工程建设

从20世纪30年代开始，世界各国先后开工建设一批重大水电项目，包括胡佛坝、大古力坝、古比雪夫水电站、大狄克逊坝、努列克坝、伊泰普水电站、三峡水利枢纽等项目。其中，20世纪60—70年代是世界历史上200 m以上水电高坝、装机容量200万kW以上水电工程建设的高峰期。据不完全统计，20世纪50年代，坝高200 m以上或者装机容量200万kW以上的新开工（或建成）常规水电工程有7座，20世纪60年代有11座，20世纪70年代有16座，20世纪80年代、20世纪90年代分别为3座、5座（表16-70）。

表 16-70　20 世纪开工建设的世界部分大型常规水电工程

序号	开工时间 / 年	工程名称	所属国家	坝高 /m	总库容 / 亿 m³	总装机容量 /MW
1	1931	胡佛坝	美国	221.3	348	2 451
2	1933	大古力坝	美国	168	118	6 150
3	1950	古比雪夫水电站	苏联	45	580	2 300
4	1951	莫瓦桑坝	瑞士	250.5	2.05	384
5	1953	大狄克逊坝	瑞士	285	4	1 300
6	1954[1]	巴克拉水利枢纽	印度	226	96.2	1 200
7	1956	克拉斯诺雅尔斯克水电站	苏联	124	733	6 000
8	1957	格伦峡坝	美国	216	333	1 040
9	1957	新安江水电站	中国	105	220	662.5
10	1958	刘家峡水电站	中国	147	57	1 225
11	1960[2]	谢尔蓬松坝	法国	129	12.7	320
12	1961	阿斯旺水利枢纽	埃及	111	1 689	2 100
13	1961	奥罗维尔坝	美国	234	43.6	644
14	1961	努列克坝	苏联	300	105	2 700
15	1962	马尼克五级坝	加拿大	214	1 419	2 424
16	1963	古里水电站	委内瑞拉	162	1 350	10 300
17	1963	萨扬 - 舒申斯克水电站	苏联	245	313	6 400
18	1963[3]	卢佐纳坝	瑞士	208	0.9	418
19	1963[4]	迪兹	伊朗	203	33.5	1 280
20	1965	英古里坝	格鲁吉亚	271.5	11.1	1 640
21	1966	铁门水利枢纽	罗马尼亚、南斯拉夫	40	25.5	2 280
22	1968	塔贝拉水利枢纽	巴基斯坦	143	136.9	3 473
23	1968	卡博拉巴萨水电站	莫桑比克	171	630	4 150
24	1969	姆拉丁其坝	南斯拉夫	220	8.8	360
25	1970	葛洲坝水利枢纽	中国	48	15.8	2 715
26	1970	契伏坝	哥伦比亚	237	8.2	1 000
27	1970[5]	阿尔门德拉	西班牙	202	26.5	810
28	1972	柯恩布莱因坝	奥地利	200	2.1	881
29	1973	拉格朗德二级水电站	加拿大	160	935	7 326
30	1973[6]	麦卡	加拿大	242	247	2 610
31	1973[7]	德沃歇克	美国	219	43	1 060
32	1974[8]	凯班	土耳其	207	306	1 240
33	1974	奇科森坝	墨西哥	261	16.1	2 400
34	1974	西玛水电站	挪威	30 ～ 70	6.5	1 120

续表

序号	开工时间 / 年	工程名称	所属国家	坝高 /m	总库容 / 亿 m³	总装机容量 /MW
35	1974	图库鲁伊水电站	巴西	98	503	8 370
36	1975	伊泰普水电站	巴西、巴拉圭	196	1 265	14 000
37	1975	罗贡坝	苏联	335[15]	130	3 600
38	1976[9]	卡伦 I 级	伊朗	200	31.4	1 000
39	1977[10]	卡比尔	伊朗	200	33	2 000
40	1978[11]	托克通古尔	苏联	215	195	1 200
41	1978[12]	契尔盖	苏联	232.5	27.8	1 000
42	1978	特里坝	印度	260	35.5	2 000
43	1980	埃尔卡洪坝	洪都拉斯	234	56	300
44	1981	瓜维奥坝	哥伦比亚	247	9	1 600
45	1983	雅西雷塔水电站	阿根廷、巴拉圭	42	210	2 760
46	1990	阿瓜米尔帕坝	墨西哥	187	69.5	960
47	1991	二滩水电站	中国	240	58	3 300
48	1991[13]	罗斯	美国	201.4	17.4	400
49	1991[14]	胡顿	苏联	200.5	3.7	2 100
50	1992	伯克坝	土耳其	201	4.3	515
51	1994	小浪底水利枢纽	中国	160	126.5	1 800
52	1994	三峡水利枢纽	中国	181	393	22 400

资料来源：作者整理。主要参考李菊根主编《水力发电实用手册》，中国电力出版社，2014。

注：[1] 为截流时间。[2][3][4][5][6][7][8][9][10][11][12][13][14] 为建成时间。[15] 设计坝高为 335 m，但到 20 世纪末尚未建成，并且最大坝高可能修改为 305 m。

（一）20 世纪 30—40 年代

20 世纪 30 年代，美国开工建设胡佛坝和大古力坝，从此开启了人类历史上第一轮建坝高潮。

1. 胡佛坝

胡佛坝位于美国科罗拉多河的布莱克峡谷，1931 年开工，1936 年建成。曾以地名称博尔德坝，1947 年为纪念美国总统胡佛改名为胡佛坝。

胡佛坝为重力拱坝，最大坝高 221 m，坝顶长 379 m，坝底最大宽度为 201 m。最大库容为 348 亿 m³，总装机容量为 2 451 MW，年均发电量为 40 亿 kWh。大坝使用混凝土 336 万 m³，最大日浇筑混凝土为 7 520 m³，坝体被分成 230 个垂直柱状块浇筑。导流隧洞直径达 15.25 m，总泄流能力为 11 400 m³/s。

胡佛坝的建成具有里程碑式的意义。在混凝土建坝史上，胡佛坝在最大坝高、坝底最大宽度、机组尺寸、钢板焊接尺寸和总量、人工混凝土冷却系统、混凝土施工速度和规模以及枢纽工程其他一些方面，都是史无前例的。胡佛坝使用的柱状浇筑法被称为混凝土的传统施工方法，被世界许多国家采用。[1]1955 年，美国土木工程学会把胡佛坝评为美国现代土木工程七大奇迹之一。

2. 大古力坝

大古力坝位于美国华盛顿州斯波坎市哥伦比亚河上，控制流域面积 19.2 万 km²，多年平均年径流量 962 亿 m³，总库容 118 亿 m³，有效库容 64.5 亿 m³。水库又被称为罗斯福湖，以已故美国总统罗斯福的名字命名。工程于 1933 年开工建设，1942 年第一台发电机组投入运行。

大古力坝为混凝土重力坝，坝高 168 m，坝顶长 1 179 m，使用混凝土 916 万 m³，是哥伦比亚河上最大、最复杂的水坝。在水坝溢流坝两侧非溢流坝后分设左右两座厂房，原各装 9 台 10.8 万 kW 机组，1964—1980 年改造后单机容量扩大为 12.5 万 kW，18 台共为 225 万 kW。另在左厂房内装有 3 台各为 1 万 kW 的厂用电机组。1967 年在右翼坝后增建第三电厂，于 1978 年建成发电。第三电厂内安装 60 万 kW 及 70 万 kW 机组各 3 台，合计 390 万 kW。厂房内装有起吊容量为 2 000 t 的世界最大桥式起重机。另外，还在坝头上游左岸库边设有抽水灌溉及抽水蓄能发电机组厂房，由 6 台总容量 30 万 kW 的水泵及 6 台总容量 31.4 万 kW（发电时容量为 30 万 kW）的抽水蓄能机组组成。3 座厂房多年平均发电量为 216 亿 kWh。[2]大古力水电站是美国最大的水电站。

（二）20 世纪 50 年代

20 世纪 50 年代，各国先后动工兴建古比雪夫水电站、莫瓦桑坝、大狄克逊坝、巴克拉水利枢纽、克拉斯诺雅尔斯克水电站、格伦峡坝、新安江水电站、刘家峡水电站等大型水电工程。

1. 古比雪夫水电站

古比雪夫水电站位于俄罗斯伏尔加河的干流上，又名伏尔加列宁水电站，装机容量为 2 300 MW，年发电量为 105 亿 kWh。1950 年开始施工准备，1955 年第一台机组发电，1957 年 20 台机组全部投产。

电站水库面积 5 900 km²，总库容 580 亿 m³，调节库容 203 亿 m³，是伏尔加河梯级开发中的最大水库。库区淹没区域较大，迁移 34 700 户。主坝为水力冲填坝，坝高 45 m，坝顶长 2 800 m，总泄流量 67 000 m³/s。主坝左岸设上、下两级船闸，每级设平行的两个宽 30 m、长 290 m 的闸室，槛上水深 5 m。在上级和下级船闸之间建有宽敞的中间航渠，长 3.8 km。右岸布置河床式厂房，长 600 m，内装 20 台转桨式水轮发电机组，直径 9.3 m，当额定水头 19 m 时，单机出力 115 MW。由 400 kV 输电线路送电至莫斯科，距离 900 km；由 500 kV 输电线路送电至乌拉尔，距离 1 050 km。[3]

2. 莫瓦桑坝

莫瓦桑坝位于瑞士罗讷河支流德朗斯河上，为混凝土双曲拱坝。1951 年开工，1958 年建成。大坝坝址高程近 2 000 m，初期坝高 237 m，坝顶长 520 m，总库容 1.8 亿 m³。为增加冬季发电量，1989—1991 年坝体被加高 13.5 m，可多蓄水 3 000 万 m³，冬季可增加发电量 1 亿 kWh。加高后坝高 250.5 m。工程的主要任务是水力发电。

莫瓦桑水库上游左右岸均设有跨流域引水长隧洞，左岸隧洞长 6 560 m，右岸隧洞长为 6 860 m。

①《中国水利百科全书》编辑委员会、中国水利水电出版社：《中国水利百科全书》第 2 版，中国水利水电出版社，2006，第 561 页。
②《中国大百科全书》总编委会：《中国大百科全书·第 4 卷》第 2 版，中国大百科全书出版社，2009，第 191 页。
③《中国水利百科全书》编辑委员会、中国水利水电出版社：《中国水利百科全书》第 2 版，中国水利水电出版社，2006，第 406 页。

库水主要引向下游的费奥奈地下发电厂，电站毛水头为 474 m，引用流量为 34.5 m³/s，装有 3 台 43 MW 混流式机组。费奥奈地下发电厂下游设有一个库容为 18 万 m³ 的调节池，通过 14.7 km 的隧洞和 1 770 m 长的钢管把水引到下级里德电厂发电，其毛水头为 1 016 m，装有 5 台 45 MW 的冲击式机组。此外，右坝头还有一座查安里电站，装机容量为 30 MW。[1]

3. 巴克拉水利枢纽

巴克拉水利枢纽位于印度喜马偕尔邦印度河支流萨特莱杰河上游，是印度综合利用印度河东部支流水资源的骨干水利枢纽工程。1954 年实现截流，1960 年实现第一台机组发电，1966 年全部建成。该水利枢纽的坝址控制流域面积为 56 980 km²，年平均径流量为 168 亿 m³，水库总库容 96.2 亿 m³，有效库容 71.9 亿 m³。工程的主要任务是发电和灌溉，兼有防洪作用。

巴克拉水利枢纽为混凝土重力坝，坝基为砂岩和黏土岩互层，坝高 226 m，坝顶高程为 518.11 m，坝顶长 518 m。溢流坝在河库中部，设有顶部表孔和两排坝内深孔，总泄流量为 8 212 m³/s。左岸、右岸设坝后式厂房，分别装有 5 台 108 MW 和 5 台 132 MW 水轮发电机组，总装机容量为 1 200 MW。[2]

4. 大狄克逊坝

大狄克逊坝位于瑞士罗讷河左岸的狄克斯河谷中，是瑞士最大的水电工程，主要用于发电。1953 年开工，1961 年竣工。

大狄克逊坝为混凝土重力坝，坝基为良好的花岗片麻岩。坝址控制流域面积为 357 km²，多年平均径流量为 4.1 亿 m³，水库库容为 4 亿 m³，坝高 285 m，坝顶长 695 m，坝顶高程为 2 365 m。电站为高水头引水式电站，左岸远坝区引水式布置，共有 3 座厂房，总装机容量为 1 300 MW。[3]

5. 克拉斯诺雅尔斯克水电站

克拉斯诺雅尔斯克水电站位于俄罗斯西伯利亚叶尼塞河的干流上，苏联时期建造。坝址以上的流域面积为 28.9 万 km²，年均径流量为 884 亿 m³，水库面积为 2 000 km²，库容为 733 亿 m³。1956 年开始施工准备，1961 年开始浇筑混凝土，1962 年截流，1968 年有 2 台机组开始运行，1971 年 12 台机组全部投入运行。总装机容量为 6 000 MW，年均发电量为 204 亿 kWh，以 220 kV 和 500 kV 输电线路向西伯利亚联合电力系统送电。

主坝为混凝土重力坝，坝顶长 1 065 m，坝基帷幕灌浆深度为 60 m。溢流坝设 7 个溢流孔口，孔宽 25 m、高 12.5 m。最大坝高 124 m，设计水头 93 m，最大水头 100.5 m。厂房坝段上游侧设 24 个发电进水口，下游侧为坝后式厂房。每个进水口后接一条高压引水铜管，管径 7 m。厂房内安装 12 台 500 MW 混流式水轮发电机组，伞式发电机最大容量 588 MW。大坝升船机设于左岸，由下游引船道、上游引船道、承船厢、斜坡道和坝顶转向装置组成，升船能力为 2 000 t。[4]

6. 格伦峡坝

格伦峡坝位于美国亚利桑那州与犹他州交界处以南的科罗拉多河上，为混凝土重力拱坝。最大坝

[1]《中国水利百科全书》编辑委员会、中国水利水电出版社:《中国水利百科全书》第 2 版, 中国水利水电出版社, 2006, 第 860–861 页。

[2] 同上书, 第 15 页。

[3] 夏征农、陈至立主编《大辞海·建筑水利卷》, 上海辞书出版社, 2011, 第 421–422 页。

[4] 中国电气工程大典编辑委员会:《中国电气工程大典·第 5 卷》, 中国电力出版社, 2010, 第 163–164 页。

高 216 m，坝顶长 475 m。水库库容为 333 亿 m³，水电站装机容量为 1 040 MW。工程于 1957 年开工，1966 年建成。工程以发电为主，兼顾防洪和灌溉。

电站厂房位于坝下游 122 m 处，装有 8 台混流式水轮发电机组，单机容量为 130 MW。两岸坝肩附近各设一条泄洪隧洞，最大泄洪能力为 7 815 m³/s。坝体中有 4 个泄水底孔，直径为 2.44 m，最大泄洪能力为 425 m³/s。

大坝和水电站厂房基础处理主要是固结灌浆、防渗帷幕灌浆和排水系统。固结灌浆孔深 7.62 m，孔距 6.1 m。防渗帷幕灌浆在基础廊道和两岸平硐内进行，孔距 3.04 m，最大孔深 76.2 m，灌浆压强为 3.52 MPa。排水系统有两道，第一道排水幕布置在坝基灌浆廊道和排水廊道内，第二道排水幕布置在第一道排水幕下游 40.45 m 处。[1]

7. 新安江水电站

新安江水电站位于中国浙江建德境内钱塘江支流新安江上，是中国第一座自行勘测、设计、施工和制造设备的大型水电站。1957 年动工，1960 年首台机组发电，1977 年 9 台机组全部投产。

坝址在铜官峡上段，多年平均流量为 357 m³/s，控制流域面积为 1.048 万 km²。拦江坝为混凝土宽缝重力坝，坝顶高程 115 m，最大坝高 105 m，坝顶长 465.4 m，水库正常蓄水位 108 m，总库容 220 亿 m³，可进行径流多年调节。

发电厂房为坝后溢流式厂房，装有水轮发电机组 9 台，总装机容量 66.25 万 kW，多年平均年发电量 18.6 亿 kWh。[2]

8. 刘家峡水电站

刘家峡水电站位于中国甘肃永靖境内、兰州上游 100 km 的黄河刘家峡峡谷中，是中国自行设计和建造的第一座百万千瓦级的大型水电站。1958 年动工，1974 年建成。控制流域面积为 18.17 万 km²。水电站以发电为主，兼有防洪、灌溉、防凌、供水和养殖等综合利用效益。

主坝为混凝土重力坝，最大坝高 147 m，水库正常蓄水位 1 735 m，相应库容 57 亿 m³。溢洪道设 3 孔，设在右岸岸边。泄洪隧洞利用右岸导流洞改建而成。排沙洞设在右岸。发电厂房由右岸地下窑洞式厂房和坝后地面式厂房相连组成，总装机容量 122.5 万 kW，多年平均年发电量 57 亿 kWh。[3]

9. 谢尔蓬松坝

谢尔蓬松坝是 20 世纪法国罗讷河支流迪朗斯河上最大的一座水电枢纽。大坝控制流域面积为 3 600 km²，多年平均流量为 85 m³/s，平均年径流量为 27 亿 m³，水库总库容 12.7 亿 m³，有效库容为 9.0 亿 m³。地下水电站装有 4 台单机容量 80 MW 的机组，总装机容量为 320 MW，平均年发电量 7 亿 kWh。工程于 1960 年建成。

大坝为心墙土石坝，最大坝高 129 m，坝顶宽 12 m，坝顶长 600 m，体积为 1 450 万 m³。心墙为冰碛土。工程主要特点是利用导流隧洞改建成泄水和发电共用的引水隧洞。在左岸布置两条泄水底孔，由两条导流隧洞的末段改建而成，两条导流隧洞内径均为 9.3 m，长度分别为 840 m 和 892 m。导流时

---

① 《中国水利百科全书》编辑委员会、中国水利水电出版社：《中国水利百科全书》第 2 版，中国水利水电出版社，2006，第 368 页。
② 夏征农、陈至立主编《大辞海·建筑水利卷》，上海辞书出版社，2011，第 408 页。
③ 同上。

总泄量为 1 800 m³/s。在右岸布置一条泄洪隧洞，最大泄洪能力为 2 000 m³/s。坝址基岩为泥质石灰岩，覆盖层厚 90 m。坝基防渗帷幕最大深度 110 m，共 12 排孔，孔距 2～3 m。灌浆孔总进尺约 16 000 m，灌浆材料为水泥、胶质黏土、矿渣，并掺有 2%～3% 的纯碱以防止沉淀。

大坝泄水建筑物运用时水力条件比较复杂，1960 年 1 号泄水底孔泄水时曾发生严重的空蚀破坏，蚀坑体积约 360 m³，后用混凝土衬砌修复。[①]

（三）20 世纪 60 年代

20 世纪 60 年代，各国先后动工建造阿斯旺水利枢纽、奥罗维尔坝、努列克坝、马尼克五级坝、古里水电站、萨扬 - 舒申斯克水电站、英古里坝、铁门水利枢纽、塔贝拉水利枢纽、卡博拉巴萨水电站、姆拉丁其坝等大型水电工程。

1. 阿斯旺水利枢纽

阿斯旺水利枢纽是埃及尼罗河上的大型水利工程，位于开罗以南约 900 km 处。总库容 1 689 亿 m³，有效库容 1 310 亿 m³，形成世界上最大的人工湖之一——纳赛尔湖，具有灌溉、防洪、发电等综合利用效益。1961 年开工，1970 年建成，历时近 10 年，耗资近 10 亿美元，利用土石方 4 300 万 m³。[②]

大坝采用黏土心墙堆石坝，坝高 111 m，顶宽 40 m，底宽 980 m，坝顶长 3 830 m。坝轴弯向上游半径为 1 400 m。廊道净宽 3.5 m，高 5 m，为钢筋混凝土结构。大坝上游为引水明渠，长 1 150 m；下游为泄水明渠，长 485 m。有 6 条导流、发电和泄洪三者结合的隧洞，长 315 m。

电站为地面式厂房，在右岸布置，装有单机容量为 17.5 万 kW 的混流式水轮发电机组 12 台，总装机容量 210 万 kW，年均发电量 100 亿 kWh，通过两条 500 kV 高压输电线路输往开罗和下埃及，是全国性电力基地。[③]

2. 奥罗维尔坝

奥罗维尔坝位于美国加利福尼亚州费瑟河上，1961 年开工，1967 年建成，主要任务为发电、防洪、旅游和养殖。

坝型为斜心墙土石坝，最大坝高 234 m，坝顶长 2 019 m，水库库容为 43.6 亿 m³。大坝溢洪道布置在右岸，安装有 8 扇弧门，泄洪能力为 4 248 m³/s。设有非常溢洪道，最大泄洪能力 17 700 m³/s。厂房设在左坝肩地下，安装 6 台机组，其中 3 台为常规机组，单机容量为 117 MW，另外 3 台为可逆式机组，单机容量为 97.8 MW，总装机容量为 644 MW。

大坝抗震设计时参考已有地震资料，进行模型振动试验，测算大坝稳定安全系数。大坝采用各种抗震措施：清除覆盖层，大坝直接建在岩石上，消除基础可能发生的液化问题；坝壳和心墙之间采用级配良好的砂砾石过渡区；坝顶增加一定超高；心墙料具有可塑性，防止产生裂缝等。1970 年，对大坝进行过观测，沉陷量为 18 cm，占坝高的 0.08%，水平位移 3 cm，渗漏量为 380 L/s。1975 年 8 月 1 日，坝址附近发生里氏 5.7 级地震，随后对大坝按 6.5 级地震重新做了安全评估。[④]

---

① 《中国水利百科全书》编辑委员会、中国水利水电出版社：《中国水利百科全书》第 2 版，中国水利水电出版社，2006，第 1529 页。

② 郭豫斌主编《图说 20 世纪》，花山文艺出版社，2006，第 314 页。

③ 《中国大百科全书》总编委会：《中国大百科全书·第 1 卷》第 2 版，中国大百科全书出版社，2009，第 145 页。

④ 中国水利百科全书编辑委员会、中国水利水电出版社：《中国水利百科全书》第 2 版，中国水利水电出版社，2006，第 11–12 页。

3. 努列克坝

努列克坝位于今塔吉克斯坦境内的瓦赫什河中游，于 1961 年开工建设，1980 年建成，是世界上已建最高的土石坝，具有发电、灌溉和航运等综合利用效益。

大坝为心墙堆石坝，坝高 300 m，坝顶宽 20 m，坝基宽 1 440 m，坝顶长 730 m，大坝体积 5 600 万 m³。水库总库容 105 亿 m³，有效库容 45 亿 m³。大坝由壤土和砂壤土防渗心墙（体积 780 万 m³）、砂砾石反滤层（340 万 m³）和未经筛分的砾石沉积物填筑的坝壳组成。电站厂房为半露天式结构。在水电建设中，第一次采用水轮机转轮直径 4.75 m、转速 200 r/min、承受水头达 270 m 的混流式水轮机。共安装 9 台 300 MW 的机组，总装机容量为 2 700 MW，年平均发电量为 112 亿 kWh。

大坝部分建成时，在 3 台机组上采用了临时转轮，分别于 1972 年和 1973 年实现提前发电。为使发电机保持正常转速，第一次在较小的水轮机转轮直径上安装附加内环，其余几台机组均采用正常转轮，分别于 1976 年、1978 年和 1979 年投入运行。到 1979 年电站建成并全部投入运行时，已从发电效益中收回全部投资。[1]

4. 马尼克五级坝

马尼克五级坝位于加拿大马尼夸根河上，是世界上最高的连拱坝。它又被称为丹尼尔·约翰逊坝，以曾经对水电建设做出重大贡献的魁北克省前行政长官丹尼尔·约翰逊的名字命名。工程于 1962 年开工，1968 年建成第一期，1989 年全部完成。

大坝控制流域面积为 29 267 km²，水库总库容为 1 419 亿 m³，有效库容为 375 亿 m³，是北美洲最大的人工湖。最大坝高 214 m，坝顶长 1 313.7 m，大坝混凝土体积为 225.5 万 m³。工程主要用于发电，第一期地面水电站厂房有 8 台 168 MW 机组，总装机容量为 1 344 MW；第二期地下厂房有 4 台机组，总装机容量为 1 080 MW。[2]

马尼克五级坝中的 3 号坝是世界上混凝土防渗墙深度最大的土石坝，其主坝为冰碛土心墙土石坝，坝高 108 m，坝顶长 395 m，坝基砂砾石覆盖层深达 130 m，墙体总面积为 20 740 m²。3 号坝建有水电站，装机容量为 124.4 万 kW，冬季主要为魁北克省供电，夏季还可以为新英格兰省和美国供电。[3]

5. 古里水电站

古里水电站是委内瑞拉卡罗尼河梯级开发的第一级水电站，控制流域面积为 8.5 万 km²，年径流量为 1 536 亿 m³，水库总库容为 1 350 亿 m³。大坝是混凝土重力坝，最大坝高 162 m，坝顶长 1 400 m。[4]

工程分两期开发。一期工程（1 号厂房）于 1963 年开工，至 1977 年 10 台机组全部建成，总装机容量为 3 000 MW。二期工程（2 号厂房）于 1976 年开工，1986 年 10 台机组投产，最大水头下单机最大出力 730 MW，总装机容量为 7 300 MW。1 号和 2 号厂房最终装机容量为 10 300 MW。发电机额定

[1] 中国水利百科全书编辑委员会、中国水利水电出版社:《中国水利百科全书》第 2 版，中国水利水电出版社，2006，第 891–892 页。

[2] 同上书，第 187 页。

[3] 夏征农、陈至立主编《大辞海·建筑水利卷》，上海辞书出版社，2011，第 422–423 页。

[4] 翁史烈主编《话说水能》，广西教育出版社，2013，第 114 页。

容量 700 MW，最大容量 805 MW。① 所发电力除供应附近的圭亚那工业区外，还被送往首都加拉加斯，接入国家电力系统。

6. 萨扬 – 舒申斯克水电站

萨扬 – 舒申斯克水电站位于俄罗斯水量最大的叶尼塞河上游，为苏联时期建造，坝址以上的流域面积为 18 万 km^2，年均径流量为 467 亿 m^3，总装机容量为 6 400 MW，平均年发电量为 235 亿 kWh，是 20 世纪苏联和亚洲已建的最大的水电站。其下游建有玛因反调节水电站，装机容量为 450 MW。工程于 1963 年开工建设，1985 年 10 台机组全部投产，1989 年竣工，总工期达 26 年。②

大坝为混凝土重力拱坝，最大坝高 245 m，坝顶高程 547 m，坝体混凝土量达 850 万 m^3，是世界上已建的最大、最高的重力拱坝。厂房内安装 10 台 640 MW 机组，水轮机转轮直径 6.77 m，额定水头 194 m，额定容量 650 MW，最大水头 220 m 最大出力时达到 735 MW。

7. 英古里坝

英古里坝位于格鲁吉亚共和国英古里河上，坝址处控制流域面积为 4 060 km^2，多年平均流量为 155 m^3/s，水库库容达到 11.1 亿 m^3。坝型为双曲拱坝，高 271.5 m，坝顶长 680 m，大坝体积 388 万 m^3，具有发电和防洪等综合利用效益。

工程于 1965 年开始施工，1969 年完成左岸导流隧洞，1978 年第一台机组并网发电，1980 年大坝竣工。③

8. 铁门水利枢纽

铁门水利枢纽位于罗马尼亚和塞尔维亚两国的多瑙河界河段上。1966 年，罗马尼亚与南斯拉夫两国共同开工建设。坝址控制流域面积为 56 万 km^2，年均流量为 5 520 m^3/s，水库总库容为 25.5 亿 m^3。该枢纽具有发电和航运等综合利用效益。

铁门水利枢纽在多瑙河两岸各设一座船闸、一座电站，河床中设重力式溢流坝，两岸建副坝。船闸分两级布置，年过船能力 5 000 万 t。两岸电站各安装 6 台单机容量为 190 MW 的轴流式水轮发电机组，总装机容量为 2 280 MW。1972 年电站竣工，12 台发电机组投入使用。④1976 年，罗马尼亚和南斯拉夫两国决定在铁门水电站下游 80 km 处建设第二座铁门水电站，1984 年，第一台机组开始发电。⑤

铁门水利枢纽的建成，解决了多瑙河航运的困难，缩短了水运时间，降低了运费，每年可发电 110 亿 kWh。至 1976 年，已经全部收回工程投资。

9. 塔贝拉水利枢纽

塔贝拉水利枢纽坝位于巴基斯坦东北部拉瓦尔品第市西北约 64 km 处，是巴基斯坦开发印度河干流上的一座综合利用水利枢纽工程，也是巴基斯坦西水东调工程的主要水源工程。于 1968 年开工，

---

① 《中国水利百科全书》编辑委员会、中国水利水电出版社：《中国水利百科全书》第 2 版，中国水利水电出版社，2006，第 161–162 页。

② 同上书，第 980 页。

③ 同上书，第 1616 页。

④ 同上书，第 1372–1373 页。

⑤ 《中国大百科全书》总编委会：《中国大百科全书·第 22 卷》第 2 版，中国大百科全书出版社，2009，第 245 页。

1976 年蓄水发电。大坝坝址的控制流域面积为 17 万 km²，年径流量为 790 亿 m³。水库总库容为 136.9 亿 m³，有效库容为 115 亿 m³。

大坝为斜心墙土石坝，最大坝高 143 m，坝顶长 2 743 m。坝体填筑量为 1.21 亿 m³，是 20 世纪末世界上已建填筑量最大的挡水土石坝。大坝左岸建有两座大型溢洪道和一条灌溉隧洞，右岸建有一条灌溉隧洞和三条水电站引水隧洞，总装机容量为 3 473 MW。

电站运行过程中，大坝被部分改造。1980—1989 年，为增强辅助溢洪道的稳定性，对其砂滤芯料进行了更换。1982—1993 年，为降低右坝肩过大的渗流，进行了广泛的帷幕灌浆。[1]

10. 卡博拉巴萨水电站

卡博拉巴萨水电站位于莫桑比克境内赞比西河中游，坝址以上的流域面积为 90 万 km²，年径流量为 868 亿 m³。水库面积为 2 580 km²，库容为 630 亿 m³。大坝以发电为主，设计装机容量为 4 150 MW，年发电量为 205 亿 kWh。工程于 1968 年开始施工准备，1975 年开始发电，1979 年竣工。

大坝为混凝土双曲拱坝，最大坝高 171 m，坝顶长 321 m，总泄洪能力为 16 000 m³/s。工程分期建设。初期在右岸建地下厂房，由 5 个进水口分别经压力铜管引水至厂房，安装 5 台单机容量为 415 MW 的水轮发电机组。第二期在左岸建设地下厂房，也安装 5 台单机容量为 415 MW 的发电机组，水轮机转轮直径为 6.56 m，发电机额定容量为 480 MW。[2]

11. 姆拉丁其坝

姆拉丁其坝位于黑山共和国皮瓦河上，为混凝土双曲拱坝，最大坝高 220 m，坝顶长 268 m，水库库容为 8.8 亿 m³，水电站装机容量为 360 MW。工程于 1969 年开工，1976 年建成。

坝址处在狭窄河谷之中，峡谷高达 700 ～ 800 m，坝顶高程处河谷宽为 260 m，岩层为大块石灰岩。引水发电系统位于左岸，为单机单洞布置形式，单洞引水流量 80 m³/s。地下厂房装有 3 台混流式水轮发电机组，单机容量 120 MW。[3]

（四）20 世纪 70 年代

20 世纪 70 年代，各国开工建设葛洲坝水利枢纽、契伏坝、詹姆斯湾水电站、柯恩布莱因坝、拉格朗德二级水电站、奇科森坝、西玛水电站、图库鲁伊水电站、伊泰普水电站、罗贡坝、特里坝等一批大型水电工程。

1. 葛洲坝水利枢纽

葛洲坝水利枢纽位于中国湖北宜昌，是三峡水利枢纽的航运梯级，也是长江干流上兴建的第一座大型水利枢纽。坝址处江面总宽达 2 200 m，被葛洲坝、西坝两个小岛分隔成大江、二江和三江，大江为主航道，二江、三江在枯水期断流。坝址以上的流域面积约 100 万 km²，正常蓄水位高程 66 m，最大坝高 48 m，坝顶全长 2 606.5 m，总库容为 15.8 亿 m³。

工程于 1970 年开工，1981 年大江截流，同年二江电站第一台机组发电，1986 年大江第一台机组并网发电。水电站为河床式。二江电站装机 2 台 170 MW 和 5 台 125 MW 发电机组，大江电站装机 14

① 《中国水利百科全书》编辑委员会、中国水利水电出版社：《中国水利百科全书》，中国水利水电出版社，2006，第 1333 页。
② 中国电气工程大典编辑委员会：《中国电气工程大典·第 5 卷》，中国电力出版社，2010，第 164–165 页。
③ 《中国水利百科全书》编辑委员会、中国水利水电出版社：《中国水利百科全书》，中国水利水电出版社，2006，第 861–862 页。

台 125 MW 发电机组，总装机容量为 2 715 MW，年均发电量为 157 亿 kWh。170 MW 的水轮机是中国自行设计、制造的，是 20 世纪世界上大型低水头转桨式水轮机之一，大型船闸人字闸门是 20 世纪世界上最大的闸门之一。[①]

2. 契伏坝

契伏坝位于哥伦比亚梅塔河的支流巴塔河上。工程于 1970 年开工，1975 年第一台机组发电。工程主要用于发电。

大坝水库总库容为 8.2 亿 m³，有效库容为 7.65 亿 m³。坝型为黏土斜心墙堆石坝，最大坝高 237 m，坝顶长 280 m，坝体总体积为 1 030 万 m³。溢洪道布置在左岸，设 3 孔 14 m × 16 m 弧形闸门，最大泄洪能力 7 250 m³/s。引水式地面厂房内装 8 台水轮机组，单机容量 125 MW，总装机容量为 1 000 MW。[②]

3. 詹姆斯湾水电站

詹姆斯湾水电站位于加拿大魁北克省与安大略省北部之间的詹姆斯湾上。有伊斯特梅恩河、奥尔巴尼河、穆斯河、埃克河等众多河流流入此海湾。[③]1971 年，詹姆斯湾水电工程开工建设一期工程——勒格兰奇工程，1985 年竣工，共建成 5 座水库、9 座大坝、206 条小堤，蓄水面积为 3 万 m²，年发电量为 109 亿 kWh。[④]

4. 柯恩布莱因坝

柯恩布莱因坝位于奥地利南部的马尔塔河上，是双曲拱坝，大坝水库库容 2.1 亿 m³。最大坝高 200 m，坝顶长 626 m，坝顶厚 7.6 m，坝底厚 36 m，坝体厚高比为 1∶0.18，坝体混凝土总量为 160 万 m³。建有 3 级水电站，总装机容量 881 MW，其中抽水蓄能机组容量 392 MW。3 座电站全部实行自动化运行管理。

大坝于 1972 年开工，1977 年建成。1978 年水库蓄水位达到 1 860 ~ 1 892 m 时，大坝出现一系列异常情况和严重的安全问题：大坝上游坝踵出现裂缝，形成拉裂区，缝宽超过 30 mm，已延伸至底部廊道，并由坝面贯穿基础面；坝顶位移由 −25 mm 增至 110 mm；渗漏量突增到 200 L/s；基础面扬压力值已达到水库全水头。通过调查分析，专家们认为：该坝是既高又薄的结构物，承受巨大的水压荷载，因设计不够合理而导致上述问题的产生。对此，专家们采取了一系列补强处理措施：1979 年，采用水泥灌浆加固防渗帷幕及增打排水孔降低扬压力；1980—1981 年，采用弹性树脂灌浆和人工冰冻阻水幕封闭开裂区，效果较好，但属临时性措施；1981—1983 年，坝前设置铺有土工膜的混凝土铺盖，有效地减小了扬压力，但坝体仍有裂缝和漏水；1989 年，在坝体下游侧补建重力拱支撑坝（高 70 m，底厚 65 m，混凝土体积 46 万 m³），由 9 行混凝土托座和 613 个氯丁橡胶垫块组成传力机构，于 1991 年完成浇筑，有效地改善了原坝体的应力与稳定性条件。[⑤]

---

① 《中国水利百科全书》编辑委员会、中国水利水电出版社：《中国水利百科全书》第 2 版，中国水利水电出版社，2006，第 370 页。

② 同上书，第 930 页。

③ 美国不列颠百科全书公司：《不列颠百科全书·第 8 卷》国际中文版（修订版），中国大百科全书出版社《不列颠百科全书》国际中文版编辑部编译，中国大百科全书出版社，2007，第 531 页。

④ 北京大陆桥文化传媒：《科学传奇：都市的智能工程》，上海科学技术文献出版社，2006，第 137 页。

⑤ 《中国水利百科全书》编辑委员会、中国水利水电出版社：《中国水利百科全书》第 2 版，中国水利水电出版社，2006，第 740 页。

5. 拉格朗德二级水电站

拉格朗德二级水电站位于加拿大魁北克省北部詹姆斯湾的边远地区，在拉格朗德河口以上 117 km 处。电站坝址处年径流量为 2 920 m³/s，正常蓄水位为 175.3 m，相应库容为 935 亿 m³。[①] 主坝为斜心墙堆石坝，坝高 160 m，坝顶长 2 854 m，坝体填方 2 300 万 m³。电站最大水头 142 m。溢洪道位于主坝右侧，设 8 个溢流孔，泄洪能力为 15 300 m³/s。

电站一期工程于 1979 年第一台机组发电，1982 年竣工。一期发电厂房位于主坝下游左侧岸边，经过 16 条直径 8 m 的压力斜洞引水入地下厂房。主厂房长 438.4 m、宽 26.5 m、高 47.3 m，是世界上最大的地下厂房。厂房内装有 16 台水轮发电机组，单机容量为 333 MW，总装机容量为 5 328 MW。电站二期扩建工程于 1987 年开工，1991 年开始发电，1992 年完成。二期发电厂房布置在一期地下厂房下游约 1 km 处，安装 6 台单机容量为 333 MW 的水轮发电机组，共 1998 MW。电站总装机容量达 7 326 MW，年均发电量为 380 亿 kWh，是当时加拿大已建的最大水电站，也是当时世界上已建的第三大水电站。[②]

6. 奇科森坝

奇科森坝位于墨西哥格里哈尔瓦河上，是一座直心墙堆石坝。最大坝高 261 m，坝顶长 485 m，水库库容 16.1 亿 m³，水电站总装机容量为 2 400 MW。工程主要用于发电和防洪。大坝于 1974 年开工，1980 年建成。

大坝修建在狭窄的峡谷中，坝址地质为白垩纪灰岩，地震活动强烈，地震烈度为Ⅸ度，震级为 7.5 级。经有限元法分析计算，发现心墙某些部位可能发生水力劈裂。为此，在两岸坝肩心墙与岸坡接触面处，以及高程 310 m 到坝顶的心墙与反滤层界面，填筑一层湿填黏土材料，厚度为 4 m，其填筑含水量比最优含水量高 2% ～ 3%，以减小界面摩擦力，从而消除对心墙的拱作用。左岸边坡突变处，也填筑一层湿填黏土材料，以适应这一部分的不均匀沉降而不产生裂缝。[③]

7. 西玛水电站

西玛水电站位于挪威哈当厄高原，电站装机容量为 1 120 MW，年发电量为 27.3 亿 kWh，是当时挪威已建成的第二大水电站，也是当时世界上 1 000 m 级高水头的最大常规水电站。工程于 1974 年开工，1980 年第一台机组发电，1981 年完成。

西玛水电站是集水网道式水电站，利用东南部赛西玛和北部郎西玛两个水系。利用赛西玛水系两个湖泊，在湖口筑坝抬高湖水位，还从其他一些小河流引水。同样利用朗西玛水系两个湖泊筑坝，并且从其他湖泊和小河流引水。利用两个水系时都通过隧道引水至一座地下厂房发电。厂房内装有两台单机容量为 310 MW 的机组和两台 250 MW 的机组，均为五喷嘴冲击式水轮机，是截至 20 世纪 80 年代世界上最大的高水头冲击式机组。[④]

① 中国电气工程大典编辑委员会：《中国电气工程大典·第 5 卷》，中国电力出版社，2010，第 162–163 页。
② 《中国水利百科全书》编辑委员会、中国水利水电出版社：《中国水利百科全书》第 2 版，中国水利水电出版社，2006，第 762 页。
③ 同上书，第 924 页。
④ 同上书，第 1496 页。

8. 图库鲁伊水电站

图库鲁伊水电站位于巴西托坎廷斯河下游，是巴西第二大水电站，主要是为开发当地丰富的铁矿和铝矾土等资源提供电力保障，是巴西经济重心向北转移的一项重大工程。

水电站坝址以上的流域面积为 75.8 万 km^2，年均流量为 11 000 m^3/s，水库总库容为 503 亿 m^3，调节库容为 353 亿 m^3。电站分两期建设。一期工程于 1974 年开始施工准备，1984 年第一台机组发电，1989 年完成。一期厂房内安装 12 台水轮发电机组，额定水头 60.8 m，单机容量 350 MW，配有 2 台单机容量为 22.5 MW 的厂用电机组，总装机容量 4 245 MW，年均发电量为 228 亿 kWh。二期扩建工程于 1999 年开工，首台机组于 2002 年投入运行，安装 11 台 375 MW 机组，共 4 125 MW。两期总装机容量达 8 370 MW，年均发电量 324 亿 kWh。[①]

9. 伊泰普水电站

伊泰普水电站位于巴西与巴拉圭两国界河巴拉那河中游河段。坝址以上的流域面积为 82 万 km^2，年径流量为 2 860 亿 m^3，水库正常蓄水位为 220 m，相应库容为 290 亿 m^3，调节库容为 190 亿 m^3。连同其上游已建的干支流水库，共计调节库容 1 265 亿 m^3。工程于 1975 年动工，1984 年第一台机组发电，1991 年建成。

电站主坝为混凝土双支墩空心重力坝，坝顶高程 225 m，最大坝高 196 m，是当时世界上已建的最高的支墩坝。电站安装有 18 台 700 MW 机组，总装机容量为 12 600 MW，年均发电量为 750 亿 kWh，是 20 世纪世界上已建成的最大水电站。1998 年扩建两台 700 MW 机组，电站总装机容量达到 14 000 MW。

该电站由巴西和巴拉圭两国共建、共管，所发电力由两国平分，巴拉圭用不完的电出售给巴西，以偿还巴西所垫付的建设资金。按 1973 年 11 月价格水平估算，工程建设静态投资为 23.49 亿美元。由于通货膨胀、财务费用、利息增长，至 1991 年建成时，工程实际总投资高达 234 亿美元[②]，约为静态投资的 10 倍。

10. 罗贡坝

罗贡坝位于塔吉克斯坦的瓦赫什河上，是瓦赫什河最上的一个梯级，其下游为努列克坝。罗贡坝水库总库容为 130 亿 m^3。设计坝高 335 m，坝顶长 660 m，坝顶宽 20 m。地下厂房内设计安装 6 台各 600 MW 的混流式水轮发电机组，年发电量为 130 亿 kWh，向中亚联合电网送电。

罗贡坝于 1975 年开工，按照设计，大坝升高到 125 m 的临时剖面时开始发电。但工程进展缓慢。1993 年 1 月修筑罗贡坝的上游围堰（设计高度为 65 m）到 40 m 高时，由于导流洞长期过流挑沙，致使其中一条导流洞局部衬砌遭到破坏，闸门井磨损并发生约 2 万 m^3 岩石塌落堵塞导流洞，另一条导流洞被迫增大过流量。此后，1993 年 5 月 7—8 日连续暴雨，上游发生一次总量达 110 万 m^3 的泥石流，水位上涨淹没了交通洞和地下厂房，并漫过围堰顶，冲毁 200 万 m^3 的土石方，给工程带来很大损失。到 20 世纪末，该工程还未建成。[③]

---

① 《中国水利百科全书》编辑委员会、中国水利水电出版社：《中国水利百科全书》第 2 版，中国水利水电出版社，2006，第 1384 页。

② 同上书，第 1594 页。

③ 同上书，第 822 页。

11. 特里坝

特里坝位于印度特里城附近巴吉拉蒂河与其支流比伦格纳河交汇处下游约 1.5 km 处。工程主要目的是发电，承担印度北部地区电网的调峰任务，具有灌溉、供水功能。大坝于 1978 年开工，1990 年建成。

特里坝控制流域面积 7 511 km²，水库库容 35.5 亿 m³，有效库容 26.2 亿 m³。大坝为斜心墙堆石坝，最大坝高 260 m。坝区布置两座地下厂房，设有 4 条直径为 8.5 m 的发电引水隧洞，一座厂房安装 4 台 250 MW 常规机组，另一座厂房安装 4 台 250 MW 的抽水蓄能机组，总装机容量 2 000 MW，年发电量 35.68 亿 kWh。[①]

（五）20 世纪 80 年代

20 世纪 80 年代开工建设的大型水电工程有埃尔卡洪坝、瓜维奥坝、雅西雷塔水电站等。

1. 埃尔卡洪坝

埃尔卡洪坝位于北美洲洪都拉斯西北部的胡马亚河上。工程于 1980 年开工，1985 年建成。除发电外，兼有防洪和灌溉等综合利用效益。

坝址以上的流域面积为 8 320 km²，年径流量为 35 亿 m³，水库库容为 56 亿 m³。大坝为混凝土双曲拱坝，最大坝高 234 m，坝顶长 382 m，坝体混凝土量 160 万 m³。建有 4 孔坝顶溢洪道、右岸两条泄洪隧洞及 3 孔泄水底孔，总泄洪量达到 7 900 m³/s。引水发电系统布置在左岸，地下厂房安装 4 台机组，单机容量为 75 MW，总装机容量为 300 MW。[②]

2. 瓜维奥坝

瓜维奥坝位于哥伦比亚瓜维奥河口。大坝于 1981 年开工，1992 年第一台机组发电。

坝址处在峡谷，谷深约 600 m。水库总库容为 9 亿 m³，有效库容 7.53 亿 m³。大坝为斜心墙土石坝，坝顶高程 1 640 m，最大坝高 247 m，坝顶长 390 m。大坝心墙采用砂质土料填筑，坝体总体积为 1 776 万 m³。厂房设在地下，埋深 560 m，设计安装 8 台机组，单机容量为 200 MW，总装机容量为 1 600 MW，年发电量为 57 亿 kWh。

大坝设计主要考虑了下列问题：一是由于坝肩岩层组成不一，两类岩石的变形模量差别很大，不适宜传递巨大推力到两岸，故不采用拱坝而采用土石坝；二是为利用上游坝壳的重力作用，使心墙处于承压状态，防渗体采用斜心墙；三是为保证心墙的整体性，防止不均匀沉降或水力劈裂造成集中渗流，在斜墙下游侧设置双反滤层；四是在心墙下游与地基相接处设置反滤层及地层变化带等，避免可能发生的管涌；五是靠近心墙底面和两岸坝肩填筑一层塑性好的黏土材料；六是设计上游坝壳剖面时考虑心墙的变形和右坝肩心墙上游处松散山麓堆积层所产生的变形，对山麓堆积层不做消除处理；七是大坝抗震稳定核算采用加速度 0.23 m/s²。[③]

3. 雅西雷塔水电站

雅西雷塔水电站位于阿根廷与巴拉圭两国边界河巴拉那河上。电站除发电外，其水库可淹没阿比佩急滩，有利于航运，还可引水灌溉巴拉圭和阿根廷的耕地。工程于 1983 年开工，1993 年开始发电，

①《中国水利百科全书》编辑委员会、中国水利水电出版社:《中国水利百科全书》第 2 版,中国水利水电出版社,2006,第 1354 页。
②同上书,第 3 页。
③同上书,第 414 页。

1996 年竣工。

坝址以上的流域面积为 97 万 km²，年径流量为 3 750 亿 m³。水库正常蓄水位 82 m，相应库容 210 亿 m³。主坝为心墙土石坝，最大坝高 42 m，坝顶总长 69 600 m，为世界上最长的水坝。发电厂房内初期安装 20 台转浆式水轮发电机组，单机容量为 138 MW，总装机容量为 2 760 MW，年均发电量为 203 亿 kWh。留有扩建位置，可扩建至 4 140 MW。阿根廷侧用 3 回 500 kV 超高压输电线路、巴拉圭侧用 2 回 220 kV 高压输电线路分别送电。

电站由阿根廷和巴拉圭组成的雅西雷塔两国委员会建设和管理。建设期的投资资金全部由阿根廷筹措，总投资 65.9 亿美元。电站建成、投产后，巴拉圭把应分得的大部分电量交阿根廷使用，以偿还应分担的一半投资的本息，还清后各按 50% 分电分利。[1]

（六）20 世纪 90 年代

20 世纪 90 年代，各国先后建设阿瓜米尔帕坝、二滩水电站、伯克坝、小浪底水利枢纽、三峡水利枢纽等大型水电工程。

1. 阿瓜米尔帕坝

阿瓜米尔帕坝位于墨西哥西部圣地亚哥河上，距纳亚里特州首府特皮克 52 km。大坝总库容 69.5 亿 m³，总装机容量 960 MW，年均发电量 21.3 亿 kWh。大坝于 1990 年开工，1994 年建成发电。

坝型为混凝土面板堆石坝，最大坝高 187 m，坝顶长 642 m，是 20 世纪末已建同类坝型中最高的水坝。坝址基岩为流纹状熔灰岩，有 6 条断层通过，其中 4 条位于右岸。另有 4 组主要裂隙，河床覆盖层厚 3 ～ 26 m。溢洪道布置在左岸，导流标准采用 47 年实测最大洪水，洪峰流量 6 700 m³/s。截流后遇到两次超标准洪水，最大一次达 10 800 m³/s，水位高出堰顶 5.6 m，但未超过施工中的坝顶高程，仅造成上游坡面的局部损坏。1998 年，经潜水员检查发现，180 m 高程的面板上有一水平裂缝，延伸长度横贯 11 块面板，此后 3 年又延伸 3 块面板，裂缝最大宽度为 15 mm，当库水位达到 220 m 时渗漏量明显增大。出现裂缝的原因是下游堆石区模量比上游砂砾区小得多，产生面板弯曲应力，进而导致板面裂缝。此后变形趋于稳定，裂缝不再延伸，不影响坝的安全，故只在缝面用海普龙膜包裹的粉煤灰做封闭处理。[2]

2. 二滩水电站

二滩水电站位于中国四川省金沙江支流雅砻江下游，是雅砻江由河口上溯的第 2 个梯级电站。水电站以发电为主，兼有其他综合利用效益。主体工程于 1991 年开工，1998 年并网发电，1999 年 12 月建成。

坝址控制流域面积 11.64 万 km²，年径流量 527 亿 m³。水库正常蓄水位 1 200 m，相应库容 58 亿 m³，调节库容为 33.7 亿 m³，属季调节水库。大坝为混凝土双曲拱坝，最大坝高 240 m。电站总装机容量 3 300 MW，年均发电量为 170 亿 kWh，是 20 世纪中国建成的最大的水电站。[3]

3. 伯克坝

伯克坝位于土耳其杰伊汉河上，主要用于发电。工程于 1992 年开工，1996 年建成。

大坝为 60° 对数螺旋形混凝土双曲薄拱坝，最大坝高 201 m，坝顶长 270 m，坝顶厚 4.6 m，坝底

---

① 中国电气工程大典编辑委员会：《中国电气工程大典·第 5 卷》，中国电力出版社，2010，第 165 页。
② 《中国水利百科全书》编辑委员会、中国水利水电出版社：《中国水利百科全书》第 2 版，中国水利水电出版社，2006，第 1–2 页。
③ 同上书，第 284 页。

厚 29.9 m，水库库容 4.3 亿 m³。电站进水口紧靠大坝右岸上游，高 70 m，发电引水洞为圆形，分 3 条直径 4.6 m 的压力管道，分别向 3 台 171.5 MW 的混流式发电机组供水，总装机容量为 514.5 MW。[①]

4. 小浪底水利枢纽

小浪底水利枢纽位于中国河南省洛阳市以北 40 km 处，控制流域面积 69.42 万 km²，占黄河流域面积的 92.3%，是黄河中下游的控制性骨干工程，以防洪、防凌、减淤为主，兼顾供水、灌溉和发电等综合利用效益。主体工程于 1994 年动工，1997 年截流，2000 年首台机组并网发电，2001 年全部竣工。

枢纽正常蓄水位为 275 m，相应水库库容 126.5 亿 m³，有效库容 51 亿 m³。枢纽主要水工建筑物设计洪水标准为 1000 年一遇，洪峰流量为 40 000 m³/s；校核洪水标准为 10000 年一遇，洪峰流量为 52 300 m³/s。枢纽总泄洪能力为 17 000 m³/s。水电站装机容量为 1 800 MW，年均发电量为 51 亿 kWh。

枢纽大坝是中国当时已建成的体积最大、基础覆盖层最深的土质防渗体当地材料坝，采用带内铺盖的黏土斜心墙堆石坝坝型。最高坝高 160 m，坝顶高程 281 m，坝顶长 1 667 m，总填筑量为 5 185 万 m³。在设计、施工中采取了多项创新技术，包括由导流洞改建而成的 3 条孔板泄洪洞洞内消能，3 条排沙洞无黏结预应力混凝土衬砌，GIN 法灌浆，防渗墙施工中采用的横向槽孔充填塑性混凝土保护下的平板式接头等。小浪底大坝填筑中创造了中国 20 世纪土石坝施工的最高年强度 1 636.1 万 m³、最高月强度 158 万 m³、最高日强度 6.7 万 m³ 等 3 项最高纪录。[②]

5. 三峡水利枢纽

三峡水利枢纽位于中国长江干流三峡中的西陵峡，坝址在湖北省宜昌市，是开发和治理长江的关键性骨干工程，具有防洪、发电、航运等巨大综合利用效益，是当今世界上最大的水利枢纽工程。工程于 1994 年正式开工，1997 年实现大江截流，2003 年第一批机组发电，2009 年全部建成。

枢纽控制流域面积为 100 万 km²，占长江流域面积的 56%。坝址处多年平均流量为 14 300 m³/s，坝顶高程 185 m，正常蓄水位 175 m，总库容 393 亿 m³。枢纽主要建筑物设计洪水标准为 1 000 年一遇，洪峰流量为 98 800 m³/s；校核洪水标准为 10000 年一遇加 10%，洪峰流量为 124 300 m³/s。地震设计烈度为Ⅶ度。拦河大坝为混凝土重力坝，最大坝高 181 m，坝轴线全长 2 309.47 m。电站坝段位于泄洪坝段两侧，共安装 32 台混流式水轮发电机组，单机额定容量为 700 MW，总装机容量为 22 400 MW。[③] 电站以 500 kV 交流输电线路和 ±500 kV 直流输电线路向华东、华中、华南地区送电。

三峡水利枢纽创下多项世界之最：

全球工程量最大的水利工程，主体建筑土石方挖填量约 1.34 亿 m³。

全球施工难度最大的水利工程，创造了混凝土浇筑的世界纪录。

全球施工流量最大的水利工程，工程截流流量为 9 010 m³/s，施工导流最大洪峰流量为 79 000 m³/s。

全球泄洪能力最大的水利工程，泄洪闸最大泄洪能力为 11.6 万 m³/s。

全球防洪效益最为显著的水利工程，能有效控制长江上游洪水，增强长江中下游抗洪能力。

全球内河船闸级数最多，总水头最高的水利工程。

---

① 《中国水利百科全书》编辑委员会、中国水利水电出版社：《中国水利百科全书》第 2 版，中国水利水电出版社，2006，第 86-87 页。

② 同上书，第 1513-1514 页。

③ 《中国大百科全书》总编委会：《中国大百科全书·第 19 卷》第 2 版，中国大百科全书出版社，2009，第 111 页。

全球规模最大、难度最大的升船机，其有效尺寸为 120 m×18 m×3.5 m，最大升程有 113 m。

全球水库移民最多、工作最为艰巨的移民建设工程，移民安置的总人口约为 110 万人。

全球总装机容量最大（2 240 万 kW）的水电站。

全球发电量最大的水电站，年发电量超过 1 000 亿 kWh。

四、抽水蓄能电站的发展

抽水蓄能电站是一种利用电力系统低负荷时多余的电能，将低水位水库（即下水库）的水抽到高水位水库（即上水库）储存，待电力系统出现负荷高峰时，再将上水库储存的水放到下水库来发电的水力发电站，这样可以起到填谷削峰的作用。截至 2001 年，全球 31 个国家投运抽水蓄能机组近 400 台，总装机容量近 1.3 亿 kW。其中，日本、美国的装机数量分别为 43 台、38 台，分别居世界第一、第二位。

（一）抽水蓄能电站发展历程

进入现代，美国、日本、法国、瑞士等发达国家先后建设一批抽水蓄能电站。瑞士于 1925 年投运雷姆彭抽水蓄能电站、1926 年投运特雷莫焦抽水蓄能电站、1941 年投运帕吕抽水蓄能电站等，美国于 1929 年建成落基河抽水蓄能电站，日本分别于 1931 年、1934 年投运小口川第三抽水蓄能电站、池尻川抽水蓄能电站，法国于 1939 年投运黑湖抽水蓄能电站。到 20 世纪 40 年代中期，世界上大约有 50 座抽水蓄能电站。这一时期建成的抽水蓄能电站大多数是在扩建常规水电站的基础上建造的，多为混合式抽水蓄能电站，大多数使用三机式机组。在此之前，早期抽水蓄能电站多使用单独的抽水机组和发电机组，被称为四机组合式。后来出现三机组合式，即将发动机和电动机合二为一，成为发电电动机，再与水泵和水轮机同轴相联。

1956 年，美国田纳西河流域的海沃西水电站扩建为抽水蓄能电站时，采用一台 6 万 kW 的水轮机与抽水机合一的大型可逆式机组。此后，这种二机合一的抽水蓄能电站在世界各地得到推广。1960 年，全球抽水蓄能电站装机容量为 342 万 kW，占全球水电总量的比例为 2.1%（表 16–71）；1970 年增至 1 601 万 kW，占全球水电总量的比例为 5.5%。20 世纪 70 年代，受石油价格上涨等因素的影响，世界抽水蓄能电站得到迅猛发展，1980 年装机容量达到 4 652 万 kW，占全球水电总量的比例超过 10%，达到 10.1%。1980 年美国的抽水蓄能电站装机容量为 1 327 万 kW，日本为 1 081 万 kW（表 16–72），占全球抽水蓄能电站总装机容量的比例分别约为 28.5%、2.32%。

20 世纪末，全球抽水蓄能电站装机容量突破 10 000 万 kW，达 10 496 万 kW（表 16–71）。其中，日本、美国已建抽水蓄能电站分别为 45 座和 28 座，装机容量分别达到 2 081.6 万 kW、1 977.2 万 kW（表 16–72），分别位居世界第一、第二位。

表 16–71 1960—1999 年世界抽水蓄能电站建设概况

时间 / 年	1960	1970	1980	1990	1995	1999
抽水蓄能电站装机容量 /MW	3 420	16 010	46 520	80 680	82 800	104 960
占全球水电总量比例 /%	2.1	5.5	10.1	12.8	13.4	—

资料来源：中国电气工程大典编辑委员会：《中国电气工程大典·第 5 卷》，中国电力出版社，2010，第 767 页。

表 16-72　1960—1999 年部分国家抽水蓄能电站总装机容量概况

单位：MW

国家	1960 年	1970 年	1980 年	1991 年	1999 年
美国	90	3 690	13 270	18 090	19 772
日本	60	3 410	10 810	17 010	20 816
意大利	240	1 260	3 620	6 450	7 418
德国	1 030	2 060	3 950	5 620	—
西班牙	10	1 290	2 110	4 920	—
法国	230	450	1 600	4 900	—
英国	50	760	1 060	3 020	—
奥地利	820	890	1 600	2 820	—

资料来源：中国电气工程大典编辑委员会《中国电气工程大典·第5卷》，中国电力出版社，2010，第767页。

21 世纪以来，全球新建抽水蓄能电站不多，但抽水蓄能电站在亚洲发展中国家得到较快发展。如印度建设斯里赛勒姆抽水蓄能电站、卡德冈尔抽水蓄能电站等；泰国分别于 2001 年、2006 年运行拉姆它昆抽水蓄能电站和 Khiritharn 抽水蓄能电站（表 16-73）；中国投运天堂抽水蓄能电站、回龙抽水蓄能电站、白山抽水蓄能电站等（表 16-74）。此外，韩国建设山冲抽水蓄能电站、冲松抽水蓄能电站等（表 16-75）。

表 16-73　泰国抽水蓄能电站情况

电站名称	装机容量 /MW	机组数量 / 台	单机容量 /MW	最大水头 /m	开始投入运行时间 / 年
普密蓬	175	1	175	110	1995
格林纳盖林特	360	2	180	121	1995
拉姆它昆	1 000	4	250	397	2001
Khiritharn	660	3	220	—	2006

资料来源：李菊根主编《水力发电实用手册》，中国电力出版社，2014，第88页。

表 16-74　21 世纪初中国建成的抽水蓄能电站情况

电站名称	所在地	开发方式	装机容量（台数 × 单机）/MW	厂房型式	机组				
					型式	水头 / 扬程 /m	额定转速 /（r/min）	转轮直径 /m	建成时间 / 年
天堂	湖北	混合式	2×35	地下	混流可逆	38 ～ 52/38 ～ 52	157.89	4.6	2001
回龙	河南	纯蓄能	2×60	地下	混流可逆	412.8 ～ 360.8/423.5 ～ 377.6	300	2.205	2005
白山	吉林	纯蓄能	2×150	地面	混流可逆	105.8 ～ 123.9/108.2 ～ 130.4	200	5.226	2006
桐柏	浙江	纯蓄能	4×300	地下	混流可逆	230.19 ～ 283.66/237.45 ～ 288.65	500	4.802	2005（投运一台）

资料来源：中国电气工程大典编辑委员会《中国电气工程大典·第5卷》，中国电力出版社，2010，第769页。

表 16-75　韩国抽水蓄能电站情况

电站名称	装机容量 / MW	机组数量 / 台	单机容量 / MW	最大水头 /m	机组形式	投运时间 / 年
清平	400	2	200	473	单级混流可逆式	1979
三浪津	700	2	350	345	单级混流可逆式	1985
茂朱	600	2	300	580	单级混流可逆式	1995
山冲	700	2	350	423	单级混流可逆式	2001
杨阳	1 000	4	250	817	两级可调混流可逆式	1996[1]
冲松	600	2	300	—	单级混流可逆式	2000[1]

资料来源：李菊根主编《水力发电实用手册》，中国电力出版社，2014，第 87—88 页。

注：[1][2] 开工时间。

（二）各国抽水蓄能电站建设

1. 美国

20 世纪 50 年代，美国建成两座抽水蓄能电站，即佛拉提偌和海瓦斯，装机容量共计 68.5 MW（表 16-76）。

20 世纪 60—70 年代，美国抽水蓄能电站进入快速发展阶段，共投入运行 27 座，其中 20 世纪 60 年代有 11 座，20 世纪 70 年代有 16 座，共占 20 世纪下半叶美国抽水蓄能电站总量 34 座的 79.4%；总装机容量有 13 216.8 MW，占 20 世纪下半叶美国抽水蓄能电站总装机容量 19 098.3 MW 的 69.2%。

20 世纪 80—90 年代，美国抽水蓄能电站发展进入缓慢阶段，共建成 6 座，装机容量为 5 813 MW。

表 16-76　20 世纪美国抽水蓄能电站情况

电站名称	装机容量 /MW	机组数量 / 台	转速 / (r/min)	水轮机工况		水泵工况			投运时间 / 年
				水头 /m	输出功率 /MW	水头 /m	抽水量 / (m³/s)	输入功率 /MW	
落基河	60	2	164	70	30	70	—	—	1929
佛拉提偌	9	1	257/300	88.4	9	73.2	10.2	9.7	1954
海瓦斯	59.5	1	105.9	58	62	62.5	111	72.7	1956
刘易斯顿	251	112	112.5	22.9	20.9	25.9	96.4	28	1961
汤姆索克	440	2	200	241	220	283	75	201	1963
雅兹溪	337.5	3	240	200	113	223	41	101.7	1965
史密斯山	130	2	105.9	55	65	62.5	111.4	75.7	1965
	102	1	90	51.8	102.5	57.3	200	—	
卡宾溪	300	2	360	363	163	375	23.8	122.4	1967
泥流	800	8	180	108	103	130	74	90	1967
圣路易斯	272	8	120	67	29.8	88.4	38.9	25	1968
	424	—	150	95.4	51	100.3	65	44.65	
萨利那	130	3	171.4	68.5	44.7	74.7	65.7	52.6	1968
爱德瓦特	268	3	189.5	152	89.7	181	53	129	1968
热姆里托	82.5	3	112.5	25.9	25.7	30.2	65	32.8	1968
底格雷	32.2	1	128.5	52.1	33.2	45.8	63	32.6	1969

续表

电站名称	装机容量/MW	机组数量/台	转速/(r/min)	水轮机工况		水泵工况			投运时间/年
				水头/m	输出功率/MW	水头/m	抽水量/(m³/s)	输入功率/MW	
塞尼卡	396	2	225	250	198	250	77.5	175.7	1970
莫曼佛拉特	42.3	1	138.5	39.3	41.8	44	102	43.2	1971
荷斯麦沙	86.8	1	150	79	86.8	79	117	75.9	1972
布龙郝姆-吉尔博	1 000	4	257	306	250	358	80.6	272	1973
卡斯泰克	1 275	6	257	274	205	324	90.8	217.1	1973
乔卡西	680	4	120	89.6	174	89.6	175.5	173	1973
路丁顿	1 657.5	6	112.5	97.5	308	93	314.3	234.6	1973
北田山	1 028	4	257	227	257	226	93	206	1973
贝尔斯万普	600	2	225	228.3	298	225	125.7	293.5	1974
大古力	100	2	200	81	47.4	89	48.1	50	1974
	190	4	200	110.3	47.2	103.6	57.6	—	1980
克拉伦斯坎罗	31	1	75	22.9	32	18.3	156	28.7	1974
卡特斯	260	4	150	105	129	106	125.5	138	1975
艾尔伯特山	200	1	180	145/119	103	148/128	73.6	110	1975
平野	495	8	150	45.7	61.9	52.7	135.6	67.2	1976
瓦拉斯	216	4	85.8	27.2	54	29.9	184	61.9	1978
腊孔山	1 390	4	300	287	347	287	121	402	1979
赫尔姆斯	1 053	3	360	495	358	457	68	308.7	1984
	—	—	—	531.6(最大)	—	541(最大)	—	—	
罗塞	371	4	120	47.9	92.76	49	—	88.3	1984
巴斯康蒂	2 280	6	257.1	329	380	335	116	380	1986
巴尔沙赫道	235	1	400	402	235	46.1	—	208.2	1987
巴德溪	1 028	4	300	308.8	257	327	122	338	1992
洛基山	846	3	225	210.3	282	218.5	146.4	—	1995

资料来源：李菊根主编《水力发电实用手册》，中国电力出版社，2014，第84-85页。

2.日本

日本抽水蓄能电站发展经历了补充水电枯水、火电调峰、纯抽水蓄能、电力系统工具4个阶段（表16-77）。其中，1931—1952年为补充水电枯水阶段，建成小口川第三抽水蓄能水电站、池尻川抽水蓄能电站、沼泽沼抽水蓄能电站，总装机容量为59.9 MW。

20世纪60年代，日本抽水蓄能电站发展进入火电调峰阶段，迅速发展起来。在此前后（1959—1970年），先后建成16座抽水蓄能电站，总装机容量达3 344.3 MW，比上一阶段增长约55倍。这一阶段，抽水蓄能电站规模较小，装机容量100 MW以下的有6座，装机容量100～700 MW的有10座，最大的为安昙抽水蓄能电站，装机容量仅为623 MW。

20 世纪 70—80 年代为纯抽水蓄能阶段，共建成抽水蓄能电站 20 座，总装机容量达 15 511 MW（其中有 1 300 MW 为 20 世纪 90 年代投运的抽水蓄能电站装机容量），比上一阶段增长约 3.6 倍。抽水蓄能电站往大型化发展，装机容量 1 000 MW 以上的抽水蓄能电站有 9 座。

20 世纪 90 年代，日本抽水蓄能电站又从纯抽水蓄能阶段发展到电力系统工具阶段，先后建成、投运抽水蓄能电站 7 座，总装机容量达 6 130 MW，在建抽水蓄能电站 5 座，总装机容量为 7 320 MW。

1997 年，日本开工建设世界上单机容量最大的纯抽水蓄能电站——神流川抽水蓄能电站，首台机组于 2005 年投运。该电站位于日本群马县与长野县交界处。该电站设计的单机容量为 450 MW，总装机容量为 2 700 MW。在机组研制过程中，采用 10 叶片（叶片 5 长 5 短）转轮新技术，与传统 6 叶片机组相比，在最大效率上，水轮机工况提高 4%，水泵工况提高 3.6%，从而使单机容量增加到 470 MW，总装机容量达到 2 820 MW。同时，该电站采用 500 kV 超高压输电线路接入东京电力系统，是东京电力的第 9 座抽水蓄能电站。[1]

表 16-77　20 世纪日本抽水蓄能电站情况

发展阶段	电站名称	开发形式	机组数量 / 台	单机容量 /MW	额定水头 /m	装机容量 /MW	投运时间 / 年
补充水电枯水阶段	小口川第三	混合式	—	—	630	14	1931
	池尻川	混合式	—	—	74.2	2.3	1934
	沼泽沼	混合式	—	—	215	43.6	1952
火电调峰阶段	大森川	混合式	1	11.8	118	11.8	1959
	诸塚	混合式	—	—	226	50	1961
	细雉第一	混合式	3	43.47	101.7	137	1962
	三尾	混合式	1	35.5	137	35.5	1963
	黑又川第二	混合式	1	17	72	17	1964
	穴内川	混合式	1	12.5	69.5	12.5	1964
	池原	混合式	4	72/102	121	350	1964
	城山	纯抽水蓄能式	4	62.5	153	250	1965
	矢木泽	混合式	3	80	93.5	240	1965
	荫平	混合式	1	46.5	89.7	46.5	1968
	长野	混合式	2	110	97.5	220	1968
	新成羽川	混合式	4	75	84.7	300	1968
	安昙	混合式	4	156	135	623	1969
	高根第一	混合式	4	85	135	340	1969
	水殿	混合式	4	61/61.5	79.78	245	1969
	喜撰山	纯抽水蓄能式	2	233	219	466	1970

---

[1] 中国电气工程大典编辑委员会：《中国电气工程大典·第 5 卷》，中国电力出版社，2010，第 166 页。

续表

发展阶段	电站名称	开发形式	机组数量/台	单机容量/MW	额定水头/m	装机容量/MW	投运时间/年
纯抽水蓄能阶段	新丰根	混合式	5	225	203	1 125	1972
	沼原	纯抽水蓄能式	3	225	478	675	1973
	奥多多良木	纯抽水蓄能式	4	303	383.4	1 212	1974
	新冠	混合式	2	100	99.6	200	1974
	大平	纯抽水蓄能式	2	250	490	500	1975
	马濑川第一	混合式	2	144	99.6	288	1976
	南原	纯抽水蓄能式	2	310	294	620	1976
	奥吉野	纯抽水蓄能式	6	201	505	1 206	1978
	奥清津	纯抽水蓄能式	4	250	470	1 000	1978
	新高濑川	混合式	4	320	229	1 280	1979
	奥矢作第一	纯抽水蓄能式	3	105	161	315	1981
	奥矢作第二	纯抽水蓄能式	3	260	414.5	780	1981
	第二沼泽	纯抽水蓄能式	2	230	214	460	1981
	本川	纯抽水蓄能式	2	300	528	600	1982
	玉原	纯抽水蓄能式	4	300	518	1 200	1982
	下乡	纯抽水蓄能式	4	250	387	1 000	1983
	高见	混合式	2	100	104.5	200	1983
	天山	纯抽水蓄能式	2	300	511	600	1986
	俣野川	纯抽水蓄能式	4	300	489	1 200	1986（投运 300 MW） 1987（投运 300 MW） 1995（投运 300 MW） 1996（投运 300 MW）
	今市	纯抽水蓄能式	3	350	524	1 050	1988（投运 350 MW） 1991（投运 700 MW）
电力系统工具阶段	盐原	纯抽水蓄能式	3	300	338	900	1994（投运 600 MW） 1995（投运 300 MW）
	大河内	纯抽水蓄能式	4	320	394.7	1 280	1995
	奥美浓	纯抽水蓄能式	4	250	485.75	1 000	1995
	奥清津二期	纯抽水蓄能式	2	300	470	600	1996
	奥多多良木扩建	纯抽水蓄能式	2	360	387.5	720	1998
	冲绳（海水）	纯抽水蓄能式	1	30	136	30	1999
	葛野川	纯抽水蓄能式	4	400	714	1 600	1999、2000（投运 1 号、2 号机组，共 800 MW）

资料来源：李菊根主编《水力发电实用手册》，中国电力出版社，2014，第 85-86 页。

3. 西欧国家

20 世纪 50 年代后，西欧各国先后建成一批抽水蓄能电站，包括法国朗斯抽水蓄能电站、浮格朗抽水蓄能电站、勒特吕耶尔抽水蓄能电站等（表 16-78），意大利德留湖抽水蓄能电站、塔洛罗抽水蓄能电站、索拉里诺抽水蓄能电站等（表 16-79），瑞士佩恰抽水蓄能电站、勃比亚抽水蓄能电站、热姆根抽水蓄能电站、沙特兰德抽水蓄能电站等（表 16-80）。

1999 年，西欧抽水蓄能电站总装机容量为 34.19 GW，占西欧电力总装机容量的 6.43%（表 16-81）。其中，抽水蓄能装机容量居西欧前 3 位的国家分别是意大利（7.03 GW）、德国（5.89 GW）、西班牙（5.10 GW）。卢森堡抽水蓄能装机容量占全部电力装机容量的比例高达 90.16%，居西欧各国之首，其次为奥地利和瑞士，分别约占 20.14%、10.20%。

表 16-78 法国抽水蓄能电站情况

电站名称	投产时间 / 年	电站类型	调节性能	水库库容 / ($\times 10^6$ m³)		装机容量 /MW	机组数量 / 台	单机容量 /MW	机组形式	额定水头 /m
				上水库	下水库					
黑湖	1939	—	日	2.2	2.2	80	4	20	三机式	—
朗斯	1966	—	日	大海	184	240	24	10	叶片和导叶活动的可逆贯流式机组	11
浮格朗	1973	混合式	日	425	1	62	1 (3)	62 (67)	单级可逆式（常规混流式）	93
沙德拉－瓦洛辛	1974	—	季	225	0.22	126	2	63	三机式	—
圣十字	1975	混合式	周	300	18	55	1 (1)	55 (86)	单级可逆式（常规混流式）	77
雷凡（赫望）	1975	纯抽水蓄能式	日	7	7	720	4	180	单级可逆式	240
拉告施	1976	混合式	日 / 周	2.1	0.43	320	4	80	5 级固定导叶可逆式	930.6
勒雪拉	1979	混合式	日	5	4	492	2	246	单级可逆式	256.2
勒特吕耶尔	1982	混合式	周	9	3	38	1 (1) 3	38 (257) (42.5)	2 级可调可逆式（常规混流式）（常规冲击式）	438
蒙特齐克	1982	纯抽水蓄能式	日 / 周	30	30	920	4	230	单级可逆式	419.1
韦佩	1985	—	日 / 周 / 季	55	0.5	11.8	2	5.9	单级固定导叶可逆式	—
大屋	1985	混合式	季	132	15	1 224	8 (4)	153 (153)	4 级固定导叶可逆式（常规冲击式）	949
上比索特	1987	混合式	季	39	1.2	612	4 (1)	153 (150)	5 级固定导叶可逆式（常规冲击式）	1 194

资料来源：李菊根主编《水力发电实用手册》，中国电力出版社，2014，第 82 页。

表 16-79　意大利抽水蓄能电站情况

电站名称	电站类型	建成时间/年	机组形式	机组容量/MW	最大水头/m	上水库	下水库
德留湖	纯抽水蓄能式	1971	三机式	8×130	753	湖泊	湖泊
法达多	—	1972	三机式	2×105	114.5	湖泊	湖泊
圣·菲奥拉诺	混合式	1973	三机式	2×140	1 439	已建水库	新建
勃拉西莫内	纯抽水蓄能式	1975	单级可逆混流式	2×165	377	已建水库	已建水库
塔洛罗	混合式	1978	单级可逆混流式	3×84.4	312.5	已建水库	已建水库
奇奥达斯	纯抽水蓄能式	1982	4级可逆混流式	8×148	1 048	新建	已建水库
埃多洛	混合式	1983	5级可逆混流式	8×127	1 266	已建水库	新建
索拉里诺	纯抽水蓄能式	1989	单级可逆混流式	4×125	310	新建	新建
普列森扎诺	纯抽水蓄能式	1990	单级可逆混流式	4×250	495	新建	新建

资料来源：李菊根主编《水力发电实用手册》，中国电力出版社，2014，第81页。

表 16-80　瑞士抽水蓄能电站情况

电站名称	投产时间/年	水头/m	装机容量/MW	电站名称	投产时间/年	水头/m	装机容量/MW
沙夫豪森	1907	157	1	费莱拉	1971	499	82
雷姆彭	1925	245	15	阿尔腾多夫	1972	485	53
特雷莫焦	1926	920	10	翁格兰	1972	883	240
帕吕	1941	300	3	汉德克3	1974	460	48
奥沃雷姆斯	1942	1 007	5	马普拉哥	1977	483	161
采夫赖拉	1958	105	6	萨根色兰德	1977	449	240
莫泰克	1959	664	38	格雷姆瑟尔2	1979	450	490
勃比亚	1967	730	28	热姆根	1987	445	60
奥瓦斯宾	1970	185	47	佩恰	1995	410	21
罗勃雷	1970	410	150	沙特兰德	1997	390	70

资料来源：李菊根主编《水力发电实用手册》，中国电力出版社，2014，第81-82页。

表 16-81　1999 年西欧各国抽水蓄能电站装机容量及其占总装机容量比例情况

国家	总装机容量/GW	抽水蓄能装机容量/GW	常规水电装机容量/GW	水电合计装机容量/GW	抽水蓄能占总装机容量的比例/%
卢森堡	1.22	1.10	0.04	1.14	90.16
奥地利	17.73	3.57	7.96	11.53	20.14
瑞士	15.98	1.63	10.35	11.98	10.20

续表

国家	总装机容量 / GW	抽水蓄能装机容量 /GW	常规水电装机容量 /GW	水电合计装机容量 /GW	抽水蓄能占总装机容量的比例 /%
西班牙	51.36	5.10	11.80	16.90	9.93
意大利	78.85	7.03	13.41	20.44	8.92
比利时	15.57	1.31	0.09	1.40	8.41
爱尔兰	4.35	0.29	0.24	0.53	6.67
希腊	10.73	0.62	2.34	2.96	5.78
葡萄牙	10.75	0.56	3.97	4.53	5.21
德国	114.70	5.89	2.97	8.86	5.14
法国	114.78	4.30	20.82	25.12	3.75
英国	75.15	2.79	1.48	4.27	3.71
荷兰	20.68	0	0.04	0.04	0
合计	531.85	34.19	81.81	109.70	6.43

资料来源：李菊根主编《水力发电实用手册》，中国电力出版社，2014，第 81 页。

4. 印度

20 世纪 80—90 年代，印度投运纳格尔朱纳萨格尔抽水蓄能电站、格达纳抽水蓄能电站、比拉抽水蓄能电站等 7 座抽水蓄能电站（表 16-82），总装机容量为 1 554 MW。21 世纪初，印度又先后建成瑟尔达萨罗瓦尔抽水蓄能电站、卡德冈尔抽水蓄能电站、布鲁利亚抽水蓄能电站。

表 16-82　印度抽水蓄能电站情况

电站名称	装机容量 /MW	机组数量 / 台	单机容量 /MW	最大水头 /m	投运时间 / 年
纳格尔朱纳萨格尔	700	7	100	105	1980
拜腾	12	1	12	32	1984
戈多姆达奈	400	4	100	230	1987
格达纳	240	4	60	48	1990
本杰莱特山	40	1	40	—	1991
乌贾尼	12	1	12	36	1994
比拉	150	1	150	495	1995
斯里赛勒姆	900	6	150	107	—
瑟尔达萨罗瓦尔	1 200	6	200	117	2005
卡德冈尔	250	2	125	445	2005
布鲁利亚	900	4	225	214.5	2007

资料来源：李菊根主编《水力发电实用手册》，中国电力出版社，2014，第 87 页。

5. 中国

中国从 20 世纪 60 年代开始开发抽水蓄能电站。到 20 世纪末，先后建成岗南抽水蓄能电站、密云抽水蓄能电站、明湖抽水蓄能电站、广蓄一期抽水蓄能电站、天荒坪抽水蓄能电站等十几个抽水蓄能电站（表 16-83）。截至 2001 年，中国建成较大型抽水蓄能电站 10 座，装机容量共计 820.2 万 kW，排世界第三位。[①] 2008 年，中国已建成、投产和部分投产抽水蓄能电站发展到 22 座，总装机容量为 13 380 MW[②]。

表 16-83　20 世纪中国抽水蓄能电站发展概况

电站名称	所在地	电站类型	装机容量/（台数 × 单机）/MW	水头/m	水库有效库容/m³	水道长度/m	蓄能电量/（万kWh/a）	机组类型	机组转速/（r/min）	首台机组投产时间/年
岗南	河北	混合式	2×11	64	常规大水库	—	—	斜流可逆式	蚁速 250、273	1968
密云	北京	混合式	2×12	70	常规大水库	—	—	斜流可逆式	双速 250、273	1973
明湖	台湾	纯抽水蓄能	4×25	309	790（下库限用）	3 147	549.4	混流可逆式	300	1984
潘家口	河北	混合式	3×9	85	常规大水库	—	—	混流可逆式	变速 120.8～125 107.7～130.6	1992
广蓄一期	广东	纯抽水蓄能	4×30	535	850	3 900	1 028.5	混流可逆式	500	1993
明潭	台湾	纯抽水蓄能	6×26.7	380	1 200（下库限用）	4 087	1 025.6	混流可逆式	400	1994
十三陵	北京	纯抽水蓄能	4×20	450	422	2 097.8	427.5	混流可逆式	500	1995
羊卓雍湖	西藏	纯抽水蓄能	4×2.25	840	天然湖泊	8 991.9	—	三机式	750	1996
溪口	浙江	纯抽水蓄能	2×4	276	67	1 100	40	混流可逆式	600	1997
天荒坪	浙江	纯抽水蓄能	6×30	560	885	1 450	1 046	混流可逆式	500	1998

① 《中国大百科全书》总编委会：《中国大百科全书·第 3 卷》第 2 版，中国大百科全书出版社，2009，第 561 页。
② 崔民选主编《中国能源发展报告（2010）》，社会科学文献出版社，2010，第 245 页。

续表

电站名称	所在地	电站类型	装机容量/（台数×单机）/MW	水头/m	水库有效库容/m³	水道长度/m	蓄能电量/（万kWh/a）	机组类型	机组转速/（r/min）	首台机组投产时间/年
广蓄二期	广东	纯抽水蓄能	4×30	535	850	3 900	1028.5	混流可逆式	500	1998
响洪甸	安徽	混合式	2×4	64	440（下库限用）	758	—	混流可逆式	双速150、166.7	1998

资料来源：《中国水利百科全书》编辑委员会、中国水利水电出版社：《中国水利百科全书》第2版，中国水利水电出版社，2006，第152页。

（三）大型抽水蓄能电站

到21世纪初，全球建成、投运一批大型抽水蓄能电站，装机容量排名全球前10位的抽水蓄能电站分别为广州抽水蓄能电站、巴斯康蒂抽水蓄能电站、勒丁顿抽水蓄能电站、奥多多良木抽水蓄能电站、大屋抽水蓄能电站、天荒坪抽水蓄能电站、狄诺维克抽水蓄能电站、葛野川抽水蓄能电站、明潭抽水蓄能电站、腊孔山抽水蓄能电站（表16-84）。其中，中国3座，美国3座，日本2座，法国1座，英国1座。此外，还有其他一些著名的抽水蓄能电站：德国的布赖门抽水蓄能电站，单机容量为66万kW，是可逆式水轮发电机组中单机容量最大的抽水蓄能电站；瑞士的马吉亚抽水蓄能电站，总装机容量为55.7万kW，扬程水头达2 117 m，是世界上多级水泵水轮机组中扬程最高的抽水蓄能电站；日本的葛野川抽水蓄能电站，是世界上应用水头/扬程最高的、安装单级混流可逆式抽水蓄能机组的电站，最高应用水头/扬程为728/778 m。

表 16-84　截至 2000 年世界十大抽水蓄能电站（已建成）

序号	电站名称	所在地	装机容量/万kW	毛水头/m	上库/下库有效库容/万m³	输水道长度/m	建成时间/年
1	广州	中国	240.0	529.4	1 686/1 713	4 200	2000
2	巴斯康蒂	美国	210.0	366.5	2 775/2 775	2 468	1985
3	勒丁顿	美国	197.8	110.5	6 660/ 密湖	396	1975
4	奥多多良木	日本	193.2	387.5	1 713/1 738	3 938	1998
5	大屋	法国	180.0	926.5	13 200/1 400	9 080	1987
6	天荒坪	中国	180.0	560.7	805/805	1 435	2000
7	狄诺维克	英国	180.0	527.0	670/670	3 308	1984
8	葛野川	日本	160.0	737.0	830/830	8 570	2001
9	明潭	中国	160.0	375.5	日月潭 / 1 200	4 290	1995
10	腊孔山	美国	153.0	317.4	4 480/31 200	990	1979

资料来源：李菊根主编《水力发电实用手册》，中国电力出版社，2014，第163-164页。

1. 广州抽水蓄能电站

广州抽水蓄能电站位于中国广东省广州市从化区境内流溪河上，是中国最早建成的大型抽水蓄能电站，也是 21 世纪初世界上总装机容量最大的抽水蓄能电站。一期工程于 1989 年动工，1994 年建成，二期工程于 1994 年动工，2000 年全部机组投产。

电站上水库和下水库均利用天然库盆修建，上水库有效库容为 1 686 万 m^3，下水库有效库容为 1 713 万 m^3，两库水平距离 4.2 km，落差约 500 m。电站两期发电输水系统相距约 150 m，共用上水库和下水库，各自组成一洞四机布置的地下输水系统，一期输水道长 3 900 m，二期输水道长 4 436 m，均设有上游调压井和下游调压井。发电厂房为地下厂房，共安装单机容量 30 万 kW 可逆式水轮发电机组 8 台，设计水头 535 m，总装机容量 240 万 kW。[1]

2. 巴斯康蒂抽水蓄能电站

巴斯康蒂抽水蓄能电站位于美国弗吉尼亚州西部山区，于 1977 年开工，1985 年竣工。

电站上水库建在小巴克溪上，总库容 4 380 万 m^3，调节库容 2 775 万 m^3。下水库位于巴克溪，总库容 3 764 万 m^3，调节库容 2 775 万 m^3。上、下水库之间的引水距离为 2 468 m，可利用水头 327 ～ 390 m，设 3 条压力隧洞，直径 8.7 m。电站厂房为封闭式地面厂房，安装 6 台单机容量为 350 MW 的可逆式抽水蓄能机组，总装机容量 210.0 万 kW。[2]

3. 大屋抽水蓄能电站

大屋抽水蓄能电站位于法国阿尔卑斯山区，装机容量 180.0 万 kW，是法国乃至世界最大的混合式抽水蓄能电站。电站于 1979 年开工，1986 年开始发电，1987 年竣工。

电站上水库建在欧尔河上，最大坝高 160 m，坝顶长 550 m，有效库容 1.32 亿 m^3。下水库最大坝高 42 m，坝顶长 430 m，有效库容 1 400 万 m^3。电站建有压力引水隧洞 1 条，直径为 6.9 ～ 7.7 m，长 7 105 m，并有压力管道 3 条、调压井 1 座。水轮机工作水头为 821 ～ 955 m。厂房设在下水库的边上，分为上、下两个厂房。上厂房为地面式，安装 4 台常规冲击式水轮发电机组，单机容量为 150 MW，总装机容量为 600 MW。下厂房为地下式，内装 8 台 4 级可逆式机组，单机容量为 150 MW，总装机容量为 1 200 MW。

为保护阿尔卑斯山谷的自然环境，该电站在设计时要求由上水库向原河道泄放的最小流量为 0.05 m^3/s，要求下水库以最小流量 2 m^3/s 排入下游。[3]

4. 大河内抽水蓄能电站

大河内抽水蓄能电站位于日本关西地区兵库县境内，总装机容量为 1 280 MW。工程于 1987 年动工，1993 年运行第一台机组，1995 年全部完工。

上水库位于小田原河支流太田川上游，总库容 931 万 m^3，有效库容 866 万 m^3。电站 3 号和 4 号机组采用世界上最大容量（400 MW 级）的变频交流励磁方式变转速抽水发电系统，分别由三菱公司和日立公司制造。发电电动机采用变转速三相交流励磁系统，在 0.2 s 内抽水工况最大入力 80 MW，发电

---

[1] 夏征农、陈至立主编《大辞海·建筑水利卷》，上海辞书出版社，2011，第 412 页。

[2] 中国电气工程大典编辑委员会：《中国电气工程大典·第 5 卷》，中国电力出版社，2010，第 165–166 页。

[3]《中国水利百科全书》编辑委员会、中国水利水电出版社：《中国水利百科全书》第 2 版，中国水利水电出版社，2006，第 183 页。

工况最大可调出力 32 MW，成功实现自动频率控制，提高了运行效率。[1]

5. 冲绳海水抽水蓄能电站

1986 年，日本开始试验研究直接利用海水做水源的抽水蓄能电站。1991 年，在冲绳县开工建设冲绳海水抽水蓄能电站。1998 年，一台单机容量为 30 MW 的混流可逆式海水抽水蓄能机建成并投产（1999年 3 月正式发电）。该抽水蓄能电站是世界上第一座利用海洋作为下水库的抽水蓄能电站，也是当时唯一进行商业运行的海水抽水蓄能电站。[2]

该电站位于冲绳县北部，在距海岸约 600 m、高程 150 m 左右的台地上人工挖掘填筑上水库，总库容 59 万 m^3；利用海洋作为下水库，为纯抽水蓄能电站。压力管道长 305 m，直径为 2.4 m。尾水隧洞长 205 m，直径 2.7 m。发电最大引用流量 26 m^3/s，有效落差 136 m，发电出力 30 MW。

作为实验性电站，该电站试运行期为 5 年。1999 年 3 月至 2000 年 9 月，共发电 2 600 h。在此期间，经历了几次台风的考验，最大风速达 45 m/s，电站的运行几乎不受影响。同时，海水腐蚀与海洋生物附着也不严重，不影响电站正常运行。[3]

6. 狄诺维克抽水蓄能电站

狄诺维克抽水蓄能电站位于英国北威尔士，装机容量为 1 800 MW，是英国最大的抽水蓄能电站，也是欧洲最大的抽水蓄能电站之一。电站于 1974 年开工，1984 年建成、投产。

电站上水库利用原有的马切林摩尔湖修建一座堆石坝，坝高 69 m，坝顶长 600 m，有效库容 670万 m^3。下水库利用一个天然湖泊修筑堆石坝，坝高 35 m，有效库容 670 万 m^3。电站发电时最大水头为 537.5 m，最大流量为 390 m^3/s。安装有 6 台可逆式机组，单机容量为 300 MW。

狄诺维克抽水蓄能电站是纯抽水蓄能电站，在低谷负荷时全功率抽水 6 h，可在高峰负荷时全出力发电 5 h，年发电量为 17 亿 kWh。每周可以节省燃料费用约 100 万英镑。[4]

五、各国水电开发

随着水电技术的发展与进步，世界水力资源不断得到开发与利用，各国水力发电规模不断扩大。2012 年，全球水电装机容量排名前十的国家均超过 1 500 万 kW，依次为中国（24 890 万 kW），美国（9 990 万 kW），巴西（8 420 万 kW），加拿大（7 700 万 kW），俄罗斯（4 760 万 kW），日本（4 600 万 kW），印度（4 320 万 kW），挪威（3 030 万 kW），瑞典（1 600 万 kW），委内瑞拉（1 570 万 kW）（表16-85）。其中，中国的水电年发电量居世界第一位，美国、巴西、加拿大、俄罗斯分别位居第二至第五。

表 16-85　2012 年世界十大水电装机容量国家[1]

排名	国家	水电装机容量 / 万 kW	占世界水电总装机容量的比例 /%	水电发电量 /（亿 kWh/a）
1	中国	24 890	22.52	8 641
2	美国	9 990	9.04	2 793

[1]《中国水利百科全书》编辑委员会、中国水利水电出版社：《中国水利百科全书》第 2 版，中国水利水电出版社，2006，第 177 页。

[2] 中国电气工程大典编辑委员会：《中国电气工程大典·第 5 卷》，中国电力出版社，2010，第 767-768 页。

[3]《中国水利百科全书》编辑委员会、中国水利水电出版社：《中国水利百科全书》第 2 版，中国水利水电出版社，2006，第 146-147 页。

[4] 同上书，第 204 页。

续表

排名	国家	水电装机容量 / 万 kW	占世界水电总装机容量的比例 /%	水电发电量 / (亿 kWh/a)
3	巴西	8 420	7.62	4 176
4	加拿大	7 700	6.97	3 802
5	俄罗斯	4 760	4.31	1 670
6	日本	4 600	4.16	809
7	印度	4 320	3.91	1 157
8	挪威	3 030	2.74	1 429
9	瑞典	1 600	1.45	788
10	委内瑞拉	1 570	1.42	820
合计		70 880	64.14	26 085
世界合计		110 500	—	36 731

资料来源：李菊根主编《水力发电实用手册》，中国电力出版社，2014，第 60 页。

注：[1] 表中除了巴西和委内瑞拉，其他国家的数据中均包括抽水蓄能电站装机容量。

（一）亚洲国家

亚洲水力资源丰富，理论蕴藏量 1 972 万 GWh/a（21 世纪初），技术可开发量为 801 万 GWh/a，经济可开发量为 469 万 GWh/a，分别占全球的比例约为 45%、51%、51%，均排各大洲的首位。2006 年，亚洲地区有大坝 3 570 座。全球在建 60 m 以上的高坝大部分集中在亚洲，共有 276 座。亚洲有 9 个国家的水力发电量占全国电力总量的比例高于 50%。[1]

1. 中国

中国的河流径流资源丰富，全国径流总量为 26 002.64 亿 m³（表 16-86），占全球陆地径流量的 5.5%。其中，长江流域的径流量最大，达 9 793.53 亿 m³，约占全国径流总量的 37.66%；其次为珠江及广东、广西沿海流域，径流量为 4 466.27 亿 m³，约占全国径流总量的 17.18%；黄河流域的径流量为 574.46 亿 m³，约占全国径流总量的 2.21%。同时，中国河流蕴藏的水能资源也十分丰富，理论蕴藏量达 60 830 亿 kWh/a，居世界第一位。

表 16-86　中国各流域径流资源

流域名称	流域面积 / km²	流域面积占全国流域总面积的比例 /%	径流量 / 亿 m³	径流量占全国径流总量的比例 /%
全国总计	9 600 000	—	26 002.64	—
外流合计	6 120 030	63.75	24 871.94	95.65
东北各河流域	1 166 028	12.15	1 731.15	6.66
华北各河流域	319 029	3.32	283.45	1.09
黄河流域	752 443	7.84	574.46	2.21
淮河及山东半岛等地各河流域	326 258	3.40	597.89	2.30

[1] 李菊根主编《水力发电实用手册》，中国电力出版社，2014，第 58 页。

续表

流域名称	流域面积 / km²	流域面积占全国流域总面积的比例 /%	径流量 / 亿 m³	径流量占全国径流总量的比例 /%
长江流域	1 807 199	18.82	9 793.53	37.66
浙闽沿海各河流域	212 694	2.22	2 001.33	7.70
珠江及广东、广西沿海流域	553 437	5.76	4 466.27	17.18
台湾、海南岛各河流域	68 160	0.71	887.36	3.41
西南各河流域	408 374	4.25	2 160.84	8.31
西藏外流流域	455 548	4.75	2 267.81	8.72
北冰洋流域	50 860	0.53	107.85	0.41
内陆流域合计	3 479 970	36.24	1 130.70	4.35
甘肃、新疆内陆流域	2 090 162	21.77	708.62	2.73
内蒙古内陆流域	328 740	3.42	27.06	0.10
青藏内陆流域	1 012 848	10.55	382.97	1.47
松嫩内陆流域	48 220	0.50	12.05	0.05

资料来源:李汝燊:《自然地理统计资料》新编第 2 版,商务印书馆,1984,第 422-423 页。

1949 年前,中国水电开发规模小。1949 年的水电装机容量为 36.3 万 kW(不包括中国台湾地区,下同),发电量为 12 万 kWh,排世界第 21 位。[1]

新中国成立后,中国水电开发逐步加快发展。到 1977 年,中国水电装机容量达到 1 576.5 万 kW,年发电量为 476.5 亿 kWh,分别比 1949 年增长约 42.4 倍、38.7 倍。

改革开放后,水电建设取得重大突破,先后建成国内多项第一(表 16-87),如建成第一座低水头贯流式水电站——湖南马迹塘水电站,第一座特高水头发电站——广西天湖水电站,第一座波力发电站——广东汕尾岸式波力电站,中国最大也是世界上最大的水电站——三峡水利枢纽。

2012 年,中国水电装机容量 24 890.0 万 kW,发电量 8 641.0 亿 kWh(表 16-88),均为世界第一,与 1977 年相比,分别增长约 14.8 倍、17.1 倍。

表 16-87　中国各类水电站情况

类别	水电站名称	建成时间 / 年
第一座水电站	云南石龙坝水电站	1912
第一座闸墩式水电站	宁夏青铜峡水电站	1967
第一座混合式抽水蓄能电站	河北岗南水电站	1968
第一座潮汐发电站	浙江象山水电站	1971
第一座冲击式轮机发电站	云南以礼河四级水电站	1972
第一座百万千瓦级水电站	甘肃刘家峡水电站	1974

[1] 陈宗舜:《大坝·河流》,化学工业出版社,2009,第 27 页。

续表

类别	水电站名称	建成时间 / 年
第一座低水头贯流式水电站	湖南马迹塘水电站	1983
第一座蒸发冷却机组水电站	云南大寨水电站	1983
最大低水头径流式水电站	湖北葛洲坝水利枢纽	1988
第一座特高水头发电站	广西天湖水电站	1992
已建最大抽水蓄能电站	广东广州抽水蓄能电站	2000
第一座双排机组布置水电站	青海李家峡水电站	2001
第一座潮流发电站	浙江岱山水库	2002
第一座波力发电站	广东汕尾岸式波力电站	2008
最大水电站（也是世界上最大的水电站）	湖北三峡水利枢纽	2009
第一座自主设计、制造、施工的水电站	浙江新安江水库	—
第一座拥有完全自主知识产权抽水蓄能机组的水电站	安徽响水涧抽水蓄能电站	—
第一座特高筒阀水电站	云南阿海水电站	—
第一座高水头抽水蓄能电站	山西西龙池抽水蓄能电站	—
最大冲击式水轮机组水电站	四川田湾河流域梯级水电站	—

资料来源：作者整理。主要参考李菊根主编《水力发电实用手册》，中国电力出版社，2014。

表 16-88　1949—2012 年中国水力发电情况

时间 / 年	装机容量 / （万 kW/a）	发电量 / （亿 kWh/a）
1949	36.3	12.0
1950	36.3	13.2
1960	194.1	74.1
1970	623.5	204.6
1977	1 576.5	476.5
1980	2 031.8	582.1
1990	3 604.6	1 263.5
2000	7 935.2	2 431.3
2010	—	7 222.0
2012	24 890.0	8 641.0

资料来源：作者整理。主要参考中国水力发电工程学会主编《中国水电 60 年——庆祝中华人民共和国成立 60 周年》，中国电力出版社，2009。

2. 日本

日本四分之三的国土为山地和丘陵，山多陡峭，河流落差大，干流长度在 100 km 以上、流域面积在 1 500 km² 以上的一级河流有 44 条（表 16-89），水能资源比较丰富，技术可开发量为 1 356 亿 kWh/a，经济可开发量为 1 143 亿 kWh/a。[1]

表 16-89　日本的主要河流情况

河流名称	流域面积 /km²	干流长度 /km
利根川	16 840	322
石狩川	14 330	268
信浓川	11 900	367
北上川	10 150	249
木曽川	9 100	227
十胜川	9 010	156
淀川	8 240	75
阿贺野川	7 710	210
最上川	7 040	229
天盐川	5 590	256
阿武隈川	5 400	239
天龙川	5 090	213
雄物川	4 710	133
米代川	4 100	136
富士川	3 990	128
江之川	3 870	194
吉野川	3 750	194
那珂川	3 270	150
荒川	2 940	173
九头龙川	2 930	116
筑后川	2 863	143
神通川	2 720	120
高梁川	2 670	111
岩木川	2 540	102
钏路川	2 510	154

---

[1]《中国水利百科全书》编辑委员会、中国水利水电出版社：《中国水利百科全书》第 2 版，中国水利水电出版社，2006，第 971 页。

续表

河流名称	流域面积 /km²	干流长度 /km
新宫川	2 360	183
渡川	2 270	196
大淀川	2 230	107
斐伊川	2 070	153
吉井川	2 060	133
马渊川	2 050	142
常吕川	1 930	120
由良川	1 880	146
球磨川	1 880	115
矢作川	1 830	117
五濑川	1 820	106
旭川	1 800	142
加古川	1 730	96
太田川	1 700	103
相模川	1 680	109
纪之川	1 660	136
尻别川	1 640	126
川内川	1 600	137
仁淀川	1 560	124

资料来源: 韩铁英主编《日本》，社会科学文献出版社，2011，第 12—13 页。

由于化石能源贫乏，日本长期实行"水主火从"的电力工业发展方针。早在 20 世纪初期，日本便是水电开发大国，1927 年水电装机容量为 1 305 MW，到 1950 年发展到 7 549 MW。[①] 水力发电量占全国发电总量的比例高达 80%～90%，1925 年的水力发电量占全国发电总量的 88%，1950 年的水力发电量占全国发电总量的 81.7%。

由于日本河流多为中小河流，早期水电开发多以 10～100 MW 的中型水电站为主，10 MW 以下的小型水电站众多。20 世纪 50 年代后，日本开始修建具有水库调节性能的较大水电站。从 20 世纪 60 年代开始，日本大量兴建抽水蓄能电站，抽水蓄能电站装机容量从 1960 年的 60 MW 增至 1970 年的 3 410 MW，到 1980 年突破 10 000 MW（为 10 810 MW）。到 1998 年，日本抽水蓄能电站装机容量发展到 23 953 MW，居世界首位。其中，装机容量 1 000 MW 以上的抽水蓄能电站有 12 座（表 16-90），最大的为奥多多良木抽水蓄能电站，达 1 932 MW。

[①] 特雷弗·I.威廉斯主编《技术史·第 6 卷》，姜振寰、赵毓琴主译，上海科技教育出版社，2004，第 112 页。

表 16-90　日本已建 1 000 MW 以上抽水蓄能电站情况

序号	电站名称	所属电力公司	装机容量 /MW	有效水头 /m	开始发电时间至完成时间 / 年
1	奥多多良木	关西	1 932	388	1974—1998
2	葛野川	东京	1 600	714	1999—
3	奥美浓	中部	1 500	486	1994—1995
4	新高濑川	东京	1 280	229	1979—1981
5	大河内	关西	1 280	395	1992—1995
6	奥吉野	关西	1 206	505	1978—1980
7	玉原	东京	1 200	518	1982—1986
8	俣野川	中国[1]	1 200	489	1986—1996
9	新丰根	电源开发	1 125	203	1972—1973
10	今市	东京	1 050	524	1988—1991
11	奥清津	电源开发	1 000	470	1978—1982
12	下乡	电源开发	1 000	387	1988—1991

资料来源:《中国水利百科全书》编辑委员会、中国水利水电出版社:《中国水利百科全书》第 2 版,中国水利水电出版社,2006,第 972 页。

注:[1] 该电力公司位于日本本州中国地方。

日本从 20 世纪 70 年代起对一些河流进行重新开发,将原有的废弃小水电站改建为规模较大的水电站,使水电装机容量得到极大增加。如手取川坝上原有小型水电站 19 座,共计装机容量为 132 MW,重新开发后新建 3 座较大水电站,总装机容量达 367 MW,为原有容量的近 3 倍;又如新高濑川原有小型水电站的装机容量为 27.4 MW,改建成大型抽水蓄能电站后装机容量达到 1 280 MW,为原有装机容量的近 47 倍。[①] 日本全国水电装机容量从 1950 年的 6 763 MW 增至 1980 年的 29 776 MW,发电量由 378 亿 kWh 增至 920 亿 kWh。[②]20 世纪 80 年代初,日本建成水库 2 000 座,大多以发电为主,具有防洪等多功能的只有 210 座。

20 世纪 80 年代后,日本继续兴建一批水电工程,水电装机容量继续扩大,但水力发电量却没有明显增加。2001 年,日本水电装机容量达到 46 387 MW,比 1980 年增长 55.8%,但发电量为 939 亿 kWh[③],仅比 1980 年增加 19 亿 kWh,增长 2.1%。

日本大多数大坝都建在深山峡谷中,库容并不大。在已建的坝高 100 m 以上的 50 多座高坝中,最高的是黑部第四拱坝,高 186 m,总库容仅为 2 亿 m³;最大的水库是奥只见水库,总库容只有 6.01 亿

[①]《中国水利百科全书》编辑委员会、中国水利水电出版社:《中国水利百科全书》第 2 版,中国水利水电出版社,2006,第 972 页。
[②] 中国电气工程大典编辑委员会:《中国电气工程大典·第 5 卷》,中国电力出版社,2010,第 4 页。由于数据来源不一样,此处 1950 年装机容量与上文提到的 7 549 MW 存在较大差异。
[③] 中国电气工程大典编辑委员会:《中国电气工程大典·第 5 卷》,中国电力出版社,2010,第 4 页。

m³。[1] 日本大型水电站不多，截至 2004 年，日本的总装机容量为 150 MW 及以上的水电站共有 43 座，其中常规水电站中规模最大的 Okutadami 电站，其装机容量也仅为 560 MW，装机容量达到 1 000 MW 及以上的全为抽水蓄能电站。同期，日本已建水电站 1 851 座，在建 26 座，水电总装机容量 4 446.2 万 kW，其中常规水电装机容量为 2 127.8 万 kW，抽水蓄能装机容量为 2 318.4 万 kW[2]，抽水蓄能电站规模超过常规水电站。

1950 年后日本进口廉价石油，大力发展火电，1970 年后又积极发展核电，水电比例逐渐下降。到 2010 年，日本水力发电量占全国总发电量的比例仅为 7.8%。

3. 印度

印度河流众多，恒河、印度河、布拉马普特拉河是印度的三大河，全国水能资源技术可开发量达 66.0 万 GWh。恒河是南亚次大陆的最大河流，全长 2 580 km，流域面积 90.5 万 km²，法拉卡闸以上多年平均径流量为 5 500 亿 m³，流域量约 45.6 GW，其中尼泊尔 32.0 GW，印度 13.6 GW。恒河已开发大中型水电站装机容量 3.43 GW。[3] 印度河发源于中国西藏自治区的冈底斯山脉北坡，流经克什米尔地区，纵穿巴基斯坦，全长 3 180 km，流域面积约 96 万 km²，是南亚大河之一。1960 年，印度和巴基斯坦两国签订《印度河用水条约》，据此，两国分别在印度河干支流上修建一系列高坝大库、引水枢纽等，并结合引水工程建成一些水电站，总装机容量为 6 920 MW。[4]1998 年，印度发电为 4 940 亿 kWh，其中水电占 16.8%，火电占 75.4%，天然气占 4.7%，核电占 2.3%，其他占 0.8%。

21 世纪初，印度水电装机容量约为 3 700 万 kW，小型水电站装机容量达 1 500 万 kW。已建的抽水蓄能电站有 56 座，水电总装机容量占全国电力装机容量的 24%。2007 年，印度水力发电量占全国发电量的比例为 17.1%。[5]

4. 老挝

老挝是东南亚唯一的内陆国，山地、高原占全国面积的 80%。发源于中国境内的湄公河，流经老挝，在老挝境内段落长约 1 900 km，水力资源丰富。20 世纪 80 年代末，湄公河委员会和亚洲开发银行等国际机构组织水电工程专家对老挝和湄公河沿线国家的水能储量和开发条件进行勘察，认为老挝境内的水能理论储量为 4 000 万 kW，可开发的水能资源量为 3 500 万 kW。[6] 老挝在湄公河委员会的协同下勘测和规划了湄公河老挝段主流水电站开发方案（表 16-91），规划开发电站项目包括北本 355/340、琅勃拉邦 305/300、巴莱 275/225、班库 130/120 等，装机容量共计 2 205 万 kW，年发电量为 1 075.4 亿 kWh。

---

[1]《中国水利百科全书》编辑委员会、中国水利水电出版社：《中国水利百科全书》第 2 版，中国水利水电出版社，2006，第 971–972 页。

[2] 朴光姬：《日本的能源》，经济科学出版社，2008，第 107 页。

[3]《中国水利百科全书》编辑委员会、中国水利水电出版社：《中国水利百科全书》第 2 版，中国水利水电出版社，2006，第 548 页。

[4] 同上书，第 1614 页。

[5] 李菊根主编《水力发电实用手册》，中国电力出版社，2014，第 59 页。

[6] 马树洪：《当代老挝经济》，云南大学出版社，2000，第 278 页。

表 16-91　湄公河老挝段主流水电站开发规划情况

电站名称	水库面积 / km²	净库容 / 亿 m³	需移民 / 万人	装机容量 / 万 kW	保证出力 / 万 kW	发电量/（亿 kWh/a）	计划投资 / 亿美元
北本 355/340	300	29.7	2	150	33	73.4	12.9
琅勃拉邦 305/300	120	8.6	2	100	22	53.7	10.3
琅勃拉邦 355/320	180	135.9	5	320	102	162.1	25.6
沙耶武里 275/272.5	60	1.9	1	100	17	44.9	13.2
巴莱 275/225	370	55.8	2	250	59	127.3	21.9
上清坎 250/233	400	45.6	4.2	220	47	106	18.2
巴蒙 205/190	490	51.9	4.7	200	40	95	18.2
巴蒙 210/192	610	73.1	5.65	225	49	107	20
班库 125/123	400	6.2	3	240	33	112.3	16.6
班库 130/120	880	16.6	5	300	47	141.1	27.6
康瀑布 82/80	670	24.3	2	100	25	52.6	14.2

资料来源：马树洪：《当代老挝经济》，云南大学出版社，2000，第 134 页。

湄公河在老挝境内的大小支流共 100 余条，总长 4 350 km 以上，水能资源十分丰富。其中，长 300 km 以上的有 4 条，总长 1 394 km；长 100 ~ 300 km 的有 14 条，总长 2 102 km。老挝政府从 20 世纪 90 年代开始在原湄公河委员会水电开发规划基础上，重新对湄公河在老挝境内的支流水电工程进行了勘察与评估，于 1993 年完成第一阶段规划项目方案，工程项目共计 58 项。其中，北部支流 10 项（表 16-92），中部支流 22 项（表 16-93），南部支流 26 项（表 16-94）。这 58 项湄公河支流水电开发项目的总装机容量为 1 150.6 万 kW，年发电量为 579.8 亿 kWh，计划投资总额超过 170 亿美元，其中有一些工程已付诸实施。

表 16-92　老挝北部湄公河支流水电站开发规划情况

电站名称	水库有效库容 / 亿 m³	装机容量 / 万 kW	发电量 /（亿 kWh/a）	计划投资 / 亿美元
南乌江电站	661	95	47.18	12.94
南欧江一级电站	2.3	11.5	5.45	1.72
南欧江二级电站	48	14.5	7.26	1.70
南欧江三级电站	10	9.5	4.74	1.79
南塔河一级电站	20	23	11.34	2.96
南森河二级电站	20	19.5	9.6	2.95
南本河一级电站	4.3	4.5	2.32	0.72
南果河电站	—	0.15	0.07	0.09
庚维瀑布电站	0.15	0.15	0.07	0.09
南诺河电站	—	0.1	0.05	0.03
合计	—	177.9	88.08	24.99

资料来源：作者整理。参考马树洪：《当代老挝经济》，云南大学出版社，2000。

表 16-93　老挝中部湄公河支流水电站开发规划情况

电站名称	水库有效库容 / 亿 m³	装机容量 / 万 kW	发电量 / (亿 kWh/a)	计划投资 / 亿美元
南通河一级电站	0.2	40	18	3.34
南通河二级电站	26.47	60	45.3	4.97
南通河三级电站	15	20	10	1.71
南通河四级电站	4.4	8	4.1	1.20
南通河五级电站	11	6.5	3.26	1.56
南娥河二级电站	25	32	21.6	5.10
南娥河三级电站	17	40	25.15	6.68
南娥河四级电站	8	29	14.4	3.29
南娥河一级电站扩建	—	4	1.84	—
南莫河电站	—	108	56.3	17.30
南赫河电站	1	80	41.68	3.20
南叶河一级电站	29	44	29	7.73
南叶河二级电站	—	49.5	24.87	4.96
南通 – 赫崩水电站	0.2	21	13.8	2.80
南炸河一级电站	—	11.5	5.76	1.15
南炸河二级电站	—	7	3.39	1.19
南里河电站	0.88	4	1.81	0.61
南里河二级电站	7.4	10	5.04	1.60
南满河一级电站	—	3	1.55	1.06
南满河二级电站	1.29	3	1.6	0.39
南丁河电站	—	8	4	1.21
南桑河电站	—	90	4.36	2.06
合计	—	678.5	336.81	73.11

资料来源: 作者整理。参考马树洪:《当代老挝经济》,云南大学出版社,2000。

表 16-94　老挝南部湄公河支流水电站开发规划情况

电站名称	水库有效库容 / 亿 m³	装机容量 / 万 kW	发电量 / (亿 kWh/a)	计划投资 / 亿美元
色功河三级电站	26.3	29.8	16.03	6.91
色功河四级电站	12.87	34.6	19.25	7.55
色功河五级电站	14.03	25.3	13.53	5.75
色邦亨河一级电站	—	6.5	3.33	1.21
色邦亨河二级电站	56	28.5	14.16	4.18
色邦亨河三级电站	3	5.0	2.55	0.82
色嘎南河一级电站	8.33	25.5	13.54	5.21
色嘎南河二级电站	2.89	5.3	3.20	3.08
南功河一级电站	4.35	10.5	5.18	2.33

续表

电站名称	水库有效库容 / 亿 m³	装机容量 / 万 kW	发电量 / (亿 kWh/a)	计划投资 / 亿美元
南功河二级电站	0.98	3.0	1.84	1.24
南功河三级电站	1.99	2.1	1.12	1.00
色南河（肯）电站	2.55	19.2	11.61	3.14
色南河四级电站	10.63	11.5	5.97	4.50
色南诺河（里）电站	0.02	6.3	3.38	1.16
色南诺河二级电站	10	4.8	2.68	9.35
腊叶明（思）电站	0.01	11.5	5.45	2.70
腊叶明（郁）电站	1.44	2.3	1.15	1.22
会耗河电站	5.23	11.5	5.56	1.92
会琅潘河电站	1.44	10.3	5.47	2.34
色崩河电站	6.11	10.0	4.00	0.93
色干南河三级电站	0.15	7.9	4.41	1.19
色邦发河一级电站	6.3	6.0	3.07	2.80
色洞河电站	17.43	5.4	3.15	1.36
色邦蒙河电站	6	5.0	1.55	—
色苏河电站	4.64	3.5	1.84	1.42
孔瀑布电站	—	2.9	1.89	0.31
合计	—	294.2	154.91	73.62

资料来源：作者整理。参考马树洪：《当代老挝经济》，云南大学出版社，2000。

老挝于1968年在万象市以北90 km处动工兴建南娥河水电站，总装机容量为15万 kW，由日本、美国、加拿大、澳大利亚、荷兰等国以及亚洲开发银行共同投资9 750万美元，于1984年建成、投产。该电站年发电量6亿～8亿 kWh，其中，30%左右供万象市使用，70%输往泰国。到20世纪90年代中期，除了南娥河水电站，老挝还建成几座中小型水电站，电力工业成为老挝最大的经济支柱，电力出口成为老挝最大的创汇项目。1994年的电站总装机容量为23万 kW，发电量为11.97亿 kWh，电力出口8.29亿 kWh，创汇6 000余万美元。[1]2010年，老挝建成东南亚第二大水电站——南屯2水电站，总装机容量为1 070 MW。[2]

到2011年，老挝共有16座水电站投入运行。同时，在建水电项目11个，已签署开发协议的水电项目25个，已签署合作备忘录的项目37个，总装机容量为1 925万 kW。[3]

5. 柬埔寨

柬埔寨河流众多，水能资源丰富，理论蕴藏量超过10 000 MW，具有开发价值的大约5 000 MW。

[1] 马树洪：《当代老挝经济》，云南大学出版社，2000，第157页。
[2] 黄晓勇主编《世界能源发展报告（2013）》，社会科学文献出版社，2013，第421页。
[3] 郝勇、黄勇、覃海伦：《老挝概论》，世界图书出版广东有限公司，2012，第243-244页。

纵贯柬埔寨南北的湄公河和作为湄公河主要支流的特诺河、桑河、色功河、龙川河等河流都可以建大型水电站。在 20 世纪 80 年代末湄公河委员会编制的水电开发规划项目中，柬埔寨在湄公河的主要支流有 2 项超大型工程，支流有 15 项中小型工程，规划装机容量为 952 万 kW，年发电量为 465.4 亿 kWh。[①]

20 世纪 60 年代末，柬埔寨开始开发水电，于 1969 年在金边西南 117 km 外的象山附近兴建柬埔寨历史上的第一座水电站——基里隆水电站，装机容量为 1.12 万 kW，发电量很小。20 世纪 70 年代初期，柬埔寨陷入长达 20 多年的战乱中，基里隆水电站被战火破坏。日本一家公司曾承建柬埔寨的特诺河综合工程，建设一座装机容量 6 万 kW、年发电量 3 亿 kWh 的水电站，但因战争爆发而于 1972 年停建。[②] 此后，柬埔寨在湄公河支流上兴建了几座小型水电站。1980 年，柬埔寨水力发电量为 5 000 万 kWh，到 1990 年降为 3 000 万 kWh。1995 年，为促进小水电站发展，柬埔寨政府把蒙多基里省定为小水电站示范省。

21 世纪以来，柬埔寨先后建成多座水电站。2002 年，12 MW 基里隆一号水电站投入使用。2011 年，193.2 MW 甘再水电站建成、投产。2012 年，建成并投运 18 MW 基里隆三号水电站。2013 年，又建成 120 MW 阿黛河水电站。[③]

2012 年，柬埔寨决定在北部湄公河一条支流上兴建一座耗资 7.82 亿美元的水电站，由中国和越南共同承建，以缓解电力短缺问题。

6. 越南

越南河流众多，长度在 10 km 以上的有 2 860 多条，总长 4.1 万 km，总流量为 8 500 亿 m³。水能资源较丰富，潜在水力发电量为 750 亿～1 000 亿 kWh，水能资源的分布密度为 94 kW/km²，是世界平均密度的 3.6 倍。越南 50% 的水能集中在北部，40% 分布在中部，南部只有 10%。[④]

受到资金、技术等因素制约，越南水电开发缓慢。1979 年，由苏联援建，越南在和平省境内沱江上兴建和平水电站，历时 15 年，于 1994 年建成，总装机容量为 40 万 kW，年发电量为 81.6 亿 kWh，是当时东南亚最大的水电站。2006 年，越南开工建设山罗水电站，安装 6 台机组，总装机容量为 2 400 MW，年发电量为 94.3 亿 kWh，于 2012 年全面建成并投入使用。[⑤]

此外，越南还建成并投入运行托婆水电站、雅里水电站、多尼姆水电站、油汀湖水电站、治安水电站等规模较大的水电站。其中，托婆水电站是越南自主设计、建设的第一座大型水电站，最大蓄水量 20 亿 m³，共 3 个机组，装机容量 100 MW。[⑥] 越南拥有小型水电站 300 多座，总装机容量约为 5 万 kW。2008 年，越南开工建设 17 座水电站，装机容量为 542.2 万 kW，年发电能力为 23 130 GWh。

据 2007 年统计，越南电力装机容量为 1 313.8 万 kW，其中水电装机容量 448.7 万 kW，占全国电力总装机容量的 34.15%，水力年发电量为 21 500 GWh。[⑦]

① 马树洪：《当代老挝经济》，云南大学出版社，2000，第 159 页。
② 王士录：《当代柬埔寨经济》，云南大学出版社，1999，第 256 页。
③ 卢军、郑军军、钟楠：《柬埔寨概论》，世界图书出版广东有限公司，2012，第 269 页。
④ 兰强、徐方宇、李华杰：《越南概论》，世界图书出版广东有限公司，2012，第 16 页。
⑤ 黄晓勇主编《世界能源发展报告（2013）》，社会科学文献出版社，2013，第 421 页。
⑥ 兰强、徐方宇、李华杰：《越南概论》，世界图书出版广东有限公司，2012，第 16 页。
⑦ 李菊根主编《水力发电实用手册》，中国电力出版社，2014，第 59 页。

7. 泰国

泰国有大小河流 60 多条，总长超过 1.5 万 km。1964 年，泰国在昭披耶河的支流宾河上建成首座大型水电站——普密蓬水电站，装机容量为 42 万 kW。1974 年，在昭披耶河的另一条支流难河上建成诗丽吉特水电站，装机容量为 38 万 kW。1980 年，第三座大型水电站在干那武里的夜功河上建成发电，首期装机容量为 36 万 kW。20 世纪 90 年代初，泰国电力总署下辖水电站 10 座。1992 年，水电装机容量为 242.9 万 kW，占全国电力总装机容量的 22%。[①]2007 年，泰国水电装机容量为 376.4 万 kW，占全国电力总装机容量的 13.2%。[②]

8. 缅甸

缅甸水能资源丰富，理论蕴藏量大约 3 800 万 kW。由于受资金、技术的制约，20 世纪 90 年代初期，缅甸只能修建 1.8 万 kW 以下的小型水电站，1995—1996 年，缅甸国家电力公司控制的水电站共有 27 座，年发电量为 15.3 亿 kWh。[③]

为此，缅甸与中国、泰国等周边国家开展大中型水电项目开发合作。缅甸国家电力公司与中国签订合同，在彬马那的郎河上修建一座水电站，电站坝高 131 m，安装 4 台发电机，单机容量为 7 万 kW，年平均发电量为 9.11 亿 kWh。缅甸同泰国签订《联合开发缅甸电力资源协议》《联合开发利用萨尔温江水资源协议》，开展萨尔温江系列水电项目、边境地区小水电项目、梅伊河水电项目等的开发合作。2002 年，缅甸与中国、泰国、老挝、柬埔寨共同签署电力联接与电力贸易协定，以加快推进缅甸水电开发步伐。[④]

9. 印度尼西亚

印度尼西亚三分之一的水能集中在新几内亚岛西部的巴布亚地区，其余分布在西爪哇、加里曼丹、苏拉威西、北苏门答腊等地。1983 年，在苏门答腊岛东北部建成阿沙汉河电站，装机容量为 6 亿 W。1986 年，在西爪哇芝塔龙河建造印度尼西亚最大的水电站——萨库宁电站，装机容量为 7 亿 W。1988 年，在芝塔龙河兴建印度尼西亚第三大水电站芝拉达电站，装机容量为 5 亿 W。此外，印度尼西亚还在苏门答腊岛兴建多个大型水力发电站。[⑤]

（二）欧洲国家

欧洲水能理论蕴藏量为 313 万 GW，技术可开发量为 120 万 GW，经济可开发量为 84 万 GW，分别占全球水能资源总量的 7%、8%、9%。2006 年，欧洲已经注册登记的大坝超过 5 280 座。其中，西班牙的大坝数量最多，达 1 188 座，其次是法国、英国，均超过 500 座。不少欧洲国家的水电供应占本国电力供应的比例达到 50% 以上，其中，挪威、阿尔巴尼亚的水电比例分别高达 99%、97%。[⑥]

1. 俄罗斯

俄罗斯境内有大小河流 200 多万条，总长度为 900 多万 km。河流年平均径流总量为 42 620 亿 m³，水

① 王文良、俞亚克：《当代泰国经济》，云南大学出版社，1997，第 165 页。
② 田禾、周方冶：《泰国》，社会科学文献出版社，2009，第 207 页。
③ 陈明华：《当代缅甸经济》，云南大学出版社，1997，第 166 页。
④ 钟智翔等：《缅甸概论》，世界图书出版广东有限公司，2012，第 247 页。
⑤ 俞亚克：《当代印度尼西亚经济》，云南大学出版社，2000，第 259 页。
⑥ 李菊根主编《水力发电实用手册》，中国电力出版社，2014，第 58 页。

能资源技术可开发量为 16 700 亿 kWh/a，其中亚洲部分是 14 900 亿 kWh/a，欧洲部分为 1 800 亿 kWh/a。[1]

　　地处俄罗斯欧洲部分的伏尔加河是欧洲最大的河流，全长 3 530 km，流域面积 136 万 km²，有奥卡河、卡马河等大小支流 200 多条，河口处年平均流量为 7 710 m³/s，多年平均径流量为 2 380 亿 m³。[2]1918 年，苏俄对伏尔加河的水能资源进行开发，列宁签署命令在伏尔加河的支流斯维尔河兴建水电站。1937 年，苏联科学院召开专门会议，研究"大伏尔加河"规划问题，讨论伏尔加河的灌溉、航运及开发问题[3]，由此拉开对上伏尔加大坝以下伏尔加河梯级开发的序幕。1937—1972 年，苏联在伏尔加河及其支流上，先后建成伊凡尼科夫、乌格利奇、雷宾斯克、高尔基、切博克萨雷、古比雪夫、萨拉托夫和伏尔加格勒等 8 座渠化枢纽；先后建成大、中、小型水库 807 座，总库容 1 900.8 亿 m³，有效库容 906 亿 m³；先后建成 11 座梯级水电站，总装机容量为 11 355 MW，年发电量为 399 亿 kWh。[4]

　　到 20 世纪 80 年代，苏联在伏尔加河和叶尼塞河等河流上建成 13 座 1 000 MW 以上的水电站（表 16-95）。其中，萨扬 - 舒申斯克水电站装机容量最大，达 6 400 MW；其次为克拉斯诺雅尔斯克水电站，装机容量为 6 000 MW。到 1990 年，苏联水电装机容量达到 68 600 MW（表 16-96）。

表 16-95　苏联装机容量 1 000 MW 以上的水电站情况

电站名称	所在地	装机容量 /MW	发电量 / 亿 kWh	开始发电时间 / 年
萨扬 - 舒申斯克	叶尼塞河	6 400	235	1978
克拉斯诺雅尔斯克	叶尼塞河	6 000	204	1967
布拉茨克	安加拉河	4 500	226	1961
乌斯季伊里姆	安加拉河	4 320	217	1974
伏尔加格勒	伏尔加河	2 530	111	1958
古比雪夫	伏尔加河	2 300	105	1955
契波克萨尔	伏尔加河	1 404	35.3	1980
萨拉托夫	伏尔加河	1 360	54.8	1967
结雅	结雅河	1 290	49.1	1976
下卡马	卡马河	1 248	27.2	1979
沃特金	卡马河	1 000	22.8	1961
契尔克	苏拉克河	1 000	22.2	1974
扎戈尔（抽水蓄能电站）	莫斯科附近	1 000	12.0	1986

　　资料来源：《中国水利百科全书》编辑委员会、中国水利水电出版社：《中国水利百科全书》第 2 版，中国水利水电出版社，2006，第 282 页。

表 16-96　1925—2012 年苏联／俄罗斯水电发展情况

时间 / 年	装机容量 /MW	发电量 /（亿 kWh/a）
1925	50	—
1932	398	8.1
1940	1 567	51.1
1950	3 218	126.9
1960	14 781	509.0
1970	31 368	1 243.8
1980	52 511	1 775.0
1990	68 600	—
2001	44 700	1 760.0
2012	47 600	1 670.0

资料来源：作者整理。主要参考李菊根主编《水力发电实用手册》中国电力出版社，2014。

1997 年，俄罗斯水电装机容量为 43 940 MW，水电装机容量占全国电力总装机容量的比例为 20.4%；水力发电量为 1 575 亿 kWh，占全国发电总量的 19.4%。水电装机容量和水力年发电量分别居世界第六位和第五位。[1]2012 年，俄罗斯电力生产能力 10 640 亿 kWh，其中水力发电量 1 670 亿 kWh，约占 15.7%。

2. 挪威

挪威国土面积不大，却拥有 4 000 多条入海河流和 24 万个天然湖泊与池塘，全球落差最大的 10 条瀑布中有 3 条在挪威，河湖数量巨大，水力资源十分丰富。全国水能理论蕴藏量 5 600 亿 kWh/a，技术可开发量为 2 000 亿 kWh/a，人均 46 189 亿 kWh/a，相当于世界人均数（约 2 400kWh/a）的 19 倍，居世界首位。[2]

挪威从 20 世纪初开始广泛利用水能资源。1927 年，水电装机容量达 1 420 MW，居世界第四位。1938 年，挪威建成第一个公共电力系统。到 1950 年，水电装机容量达到 3 008 MW。当时，以挪威海德鲁公司为代表的大企业利用廉价的电力，建立了化肥、冶金、化工等许多能源密集型产业，使挪威成为电力化工、电力冶金生产的重要国家，铝产量和出口量居西欧第一位，镁产量排世界第二位。[3]20 世纪 80 年代，挪威先后建成全国仅有的两座 1 000 MW 以上的大型水电站——西玛水电站（1981 年）和克威尔达尔水电站（1987 年）。1982 年，挪威水力发电量为 931.56 亿 kWh，人均每年可用电量达 2.26 万 kWh，居世界之首。[4]水电工业在国民经济中的地位不断提升，水电消费占挪威能源消费总量的比例由 1970 年的 37% 提高到 1998 年的 49%。

挪威利用其水电优势，与北欧国家签署北欧电力交换协议，与北欧各国以及俄罗斯等国家进行电

---

① 《中国水利百科全书》编辑委员会、中国水利水电出版社：《中国水利百科全书》第 2 版，中国水利水电出版社，2006，第 281 页。

② 同上书，第 892 页。

③ 田德文：《挪威》，社会科学文献出版社，2007，第 139 页。

④ 同上书，第 142 页。

力互联，建立国际电力库。20 世纪 90 年代初期，挪威每年都向瑞典、丹麦、芬兰等国家净出口电力（表 16-97），1992 年电力净出口量高达 8 824 GWh。但 1996 年后，挪威成为电力净进口国，1996 年电力净进口量达到最高值 9 047 GWh。挪威电力进出口波动巨大的主要原因是受其单一的电源——水电的供给影响。挪威全国电力对水电的依赖使得每年总的发电量会发生很大的变化，年平均总发电量约为 118 TWh，干旱年份和雨水量充沛年份的发电量在 98 ～ 148 TWh 之间变化，1999 年储备发电生产能力大约仅为 84 TWh。[①]

表 16-97　1991—1999 年挪威对欧洲部分国家的电力净出口量（－）和净进口量

时间 / 年	瑞典 /GWh	丹麦 /GWh	俄罗斯 /GWh	芬兰 /GWh	总计 /GWh
1991	−1 832	−1 018	9	−79	−2 920
1992	−5 709	−3 047	31	−99	−8 824
1993	−5 810	−1 952	0	−26	−7 788
1994	−1 561	1 194	0	292	−75
1995	−6 143	−1 017	80	11	−7 069
1996	3 939	4 680	176	252	9 047
1997	3 148	639	50	180	4 017
1998	4 375	−909	193	19	3 678
1999	25	−2 137	232	−3	−1 883

资料来源：罗斯威尔、戈梅兹：《电力经济学：管制与放松管制》，叶泽、夏晓华译，中国电力出版社，2007，第 145 页。

1999 年，挪威水电装机容量为 27 470 MW，火电装机容量为 293 MW，风力发电装机容量为 13 MW[②]，水电装机容量占全国电力总装机容量的比例达 98.9%。2006 年，挪威火力发电 11.4 亿 kWh，风力发电 5.88 亿 kWh，两者相加只占全国发电总量的 1.3%，水力发电量占 98% 以上。[③]

3. 瑞士

瑞士是欧洲三大河流多瑙河、莱茵河和罗讷河的发源地，有"欧洲水塔"之称，河流年均径流量为 535 亿 m³，技术可开发量为 410 亿 kWh/a，每平方米国土面积的水能资源量达 99.3 万 kW，是世界上水能资源最集中的国家。

瑞士从 19 世纪末开始大规模开发水力资源。此后数十年，几乎全靠水力发电。1934 年，瑞士在罗讷河支流狄克逊（又译迪克桑斯）河上建成香多林引水式水电站，支墩坝高 87 m，装机容量为 142 MW。1953 年，又在狄克逊河上开工建设坝高 285 m、坝顶长 695 m 的大狄克逊混凝土重力坝，于 1961 年建成飞虹纳和南达两个连续 2 级引水式水电站，装机容量分别为 321 MW 和 384 MW。到 1978 年，瑞士建成大、中、小型水电站 2 300 座，以中型水电站发电为主。其中，200 MW 以上的大型水电站有 12 座，最大装机容量为 380 MW，大型水电站装机容量占全部水电装机容量的 29%；10 ～ 200 MW 的中型水电站有 152 座，装机容量占全部水电装机容量的 66%；10 MW 以下的小型水

---

① 罗斯威尔、戈梅兹：《电力经济学：管制与放松管制》，叶泽、夏晓华译，中国电力出版社，2007，第 143 页。

② 同上。

③《中国水利百科全书》编辑委员会、中国水利水电出版社：《中国水利百科全书》第 2 版，中国水利水电出版社，2006，第 892 页。

电站有 2 136 座，占 5%。[①]

　　1998 年，瑞士又在狄克逊河上建设长 15.9 km 的引水隧洞，建成水头高 1 883 m，装有 3 台各 400 MW 的冲击式机组，总装机容量 1 200 MW 的克留逊水电站。至此，通过引水，瑞士在大狄克逊坝上先后建成 4 座水电站，总装机容量达 2 047 MW。

　　2009 年，瑞士发电总量为 66 500 亿 kWh，其中水电占 55.8%，核电占 39.3%，常规热电占 4.9%。电力在能源最终消费中所占的比例为 23.6%。[②]

　　（三）美洲国家

　　美洲水能资源丰富，理论蕴藏量是 1 549 万 GWh/a，技术可开发量为 473 万 GWh/a，经济可开发量为 273 万 GWh/a，分别占全球水能总量的 36%、30%、30%。2006 年，北美洲和中美洲共有大坝 8 252 座，其中美国约有 6 510 座，墨西哥 668 座，加拿大、海地、巴拿马、哥斯达黎加 4 国的水电供应占全国电力供应总量的比例均超过 50%。同年，南美洲共有大坝 799 座，其中巴西 387 座，巴拉圭水力发电量占全国发电量的比例高达 99.99%，哥伦比亚、巴西、委内瑞拉分别为 78%、76.6%、73.3%。[③]

　　1. 美国

　　美国有大小河流 25 万条以上，总长度达 661 万 km 以上。美国最长的河流是密西西比河，长约 6 262 km，排世界第四位。全国河流年径流量 30 560 亿 m³，2005 年水能理论蕴藏量为 4 485 TW，技术可开发量为 1 752 TW，经济可开发量为 501 TW。

　　1927 年，美国水电装机容量为 8 744 MW，居世界第一位。同年，密西西比河发生了历史上最严重的一次水灾，殃及 7 个州，淹没 6.7 万 km² 的土地，2 000 多人被洪水卷走，60 万人背井离乡。[④]此后，美国成立了密西西比河防洪委员会，并对密西西比河的重要支流田纳西河制定《田纳西河流域管理局法案》，成立田纳西河流域管理局，对密西西比河及其支流进行综合治理。其中，将防洪和航运放在首位，同时兼顾发电、农业灌溉和渔业。1933—1945 年，在田纳西河流域内建成 38 座综合利用工程，水电装机容量为 3 300 MW，开发利用程度达到 87%。[⑤]与此同时，美国于 1928 年批准科罗拉多河博尔德峡谷项目法案，1931 年开工建设世界上首座坝高超过 200 m 的胡佛大坝，1936 年第一台发电机组投入发电。

　　从 20 世纪 30 年代起，美国开始实施哥伦比亚河流域梯级开发与综合治理规划，先后在美国境内哥伦比亚河（其发源于加拿大境内的哥伦比亚湖）的干流和各支流上建成水电站 253 座，总装机容量为 30 920 MW，占美国水电总装机容量的 33%[⑥]，是美国水电开发最集中的河流。1951 年，在哥伦比亚河的干流上建成大古力坝，其规模超越胡佛大坝。到 1950 年，美国水电装机容量达到 19 733 MW，年

---

①《中国水利百科全书》编辑委员会、中国水利水电出版社：《中国水利百科全书》第 2 版，中国水利水电出版社，2006，第 979 页。

② 任丁秋等：《瑞士》，社会科学文献出版社，2012，第 180 页。

③ 李菊根主编《水力发电实用手册》，中国电力出版社，2014，第 59 页。

④ 杨会军：《美国》，社会科学文献出版社，2004，第 8 页。

⑤《中国水利百科全书》编辑委员会、中国水利水电出版社：《中国水利百科全书》第 2 版，中国水利水电出版社，2006，第 837 页。

⑥ 同上。

发电量为 1 010 亿 kWh。

此后，美国水电开发规模不断扩大，装机容量以每十年增加 14 000 MW 以上的规模扩张，一直持续到 20 世纪 80 年代（表 16-98）。到 1990 年，美国水电装机容量达到 93 416 MW，比 1950 年增长约 4 倍。2012 年，美国水电装机容量为 99 900 MW，发电量为 2 793 亿 kWh，分别排世界第二位、第四位，已开发全国 61% 的水能资源。美国先后建成 11 座 1 000 MW 以上的大型常规水电站，均为 20 世纪中期建造（表 16-99）。

表 16-98　1925—2012 年美国水力发电情况

时间 / 年	装机容量 /MW	发电量 / 亿 kWh
1925	7 000	—
1932	10 258	—
1940	12 304	—
1950	18 675	1 010
1960	33 180	1 495
1970	55 752	2 507
1980	77 390	2 815
1990	93 416	2 737
2001	95 944	2 081
2012	99 900	2 793

资料来源：作者整理。主要参考李菊根主编《水力发电实用手册》，中国电力出版社，2014。

表 16-99　美国装机容量 1 000 MW 以上的常规水电站情况

水电站名称	所在河流	装机容量 /MW	发电量 /（亿 kWh/a）	开始发电时间 / 年
大古力	哥伦比亚河	6 809	247.8	1941
契夫约瑟夫	哥伦比亚河	2 457	114.2	1955
约翰代	哥伦比亚河	2 160	87.3	1968
尼亚加拉	尼亚加拉河	1 950	130.0	1961
胡佛	科罗拉多河	1 935	44.7	1936
达勒斯	哥伦比亚河	1 812	82.3	1957
格伦峡	科罗拉多河	1 288	41.5	1964
石河段	哥伦比亚河	1 261	64.2	1961
邦纳维尔	哥伦比亚河	1 093	60.7	1938
邦达瑞	邦多雷叶河	1 034	45.1	1967
圣劳伦斯[1]	圣劳伦斯河	2 028	130.0	1958

资料来源：《中国水利百科全书》编辑委员会、中国水利水电出版社：《中国水利百科全书》第 2 版，中国水利水电出版社，2006，第 837 页。

注：[1] 圣劳伦斯水电站在美国和加拿大界河上，两国各占一半。

2. 巴西

巴西水系多，雨量充沛，河流平均年径流量为 69 500 亿 m³，居世界之最；2005 年水能理论蕴藏量为 3 040 TW，居世界第二位；技术可开发量为 1 488 TW，居世界第三位。水能资源主要分布在亚马孙河、巴拉那河、圣弗朗西斯科河三大水系。

20 世纪初，巴西对水能的开发利用较少，到 1927 年水电装机容量为 373 MW。20 世纪 40 年代中期，巴西政府提出对全长 6 480 km（巴西境内为 3 000 多 km，世界第二长河），流域面积和流量居世界第一位的亚马孙河进行整治。1954 年，在圣弗朗西斯科河上建成巴西第一座装机容量 1 000 MW 以上的保罗－阿方索水电站。1966 年，巴西成立亚马孙地区开发局。1970 年，制订以能源交通起步的亚马孙河开发整体规划，从此巴西水电开发进入快速发展时期。到 20 世纪末，巴西共建成 23 座装机容量 1 000 MW 以上的大型水电站（表 16-100），装机容量合计 53 151 MW。1999 年，巴西电力总装机容量为 61 000 MW，总发电量为 3 300 亿 kWh，其中水力发电占全国电力总量的 91%。[1] 此后两年，巴西遇到百年大旱，水力发电量急剧下降，政府在全国开展节电运动，努力发展热电生产。

2012 年，巴西水力发电量为 4 176 亿 kWh，居世界第二位，水能资源技术开发度为 32%。

表 16-100　巴西装机容量 1 000 MW 以上的水电站情况

水电站	所在河流	装机容量 /MW	发电量 / （亿 kWh/a）	开始发电时间 / 年
伊泰普水电站[1]	巴拉那河	12 600	750.0	1984
图库鲁伊水电站	托坎廷斯河	4 245	228.0	1984
保罗－阿方索水电站	圣弗朗西斯科河	3 986	190.0	1954
伊拉索耳台拉水电站	巴拉那河	3 230	123.0	1973
兴古水电站	圣弗朗西斯科河	3 000	154.0	1994
伊塔帕里卡水电站	圣弗朗西斯科河	2 500	76.7	1987
伊图比阿腊水电站	帕腊奈巴河	2 080	72.0	1980
春港	巴拉那河	1 800	67.6	1997
阿利亚河口	伊瓜苏河	1 674	52.8	1980
伊塔	乌拉圭河	1 620	57.5	1999
圣西毛	帕腊奈巴河	1 608	97.2	1978
马里姆邦多	格兰德河	1 440	52.6	1975
茹比阿	巴拉那河	1 400	70.0	1969
阿瓜凡梅拉	格兰德河	1 380	49.2	1978
萨尔托圣地亚哥	伊瓜苏河	1 330	76.7	1980
塞格雷多	伊瓜苏河	1 260	72.7	1992
萨尔托卡希阿斯	伊瓜苏河	1 240	33.6	1999
富尔纳斯	格兰德河	1 216	43.8	1963

[1] 吕银春、周俊南：《巴西》，社会科学文献出版社，2004，第 311 页。

续表

水电站	所在河流	装机容量 /MW	发电量 /（亿 kWh/a）	开始发电时间 / 年
塞拉达梅萨	托坎廷斯河	1 200	57.0	1998
恩博尔卡萨	帕腊奈巴河	1 192	40.7	1982
萨尔托奥索里奥	伊瓜苏河	1 050	56.2	1976
索布拉迪诺	圣弗朗西斯科河	1 050	38.1	1979
埃斯特雷托	格兰德河	1 050	36.9	1969

资料来源:《中国水利百科全书》编辑委员会、中国水利水电出版社:《中国水利百科全书》第 2 版,中国水利水电出版社,2006,第 17 页。

注:[1] 伊泰普水电站建在巴西与巴拉圭界河上,两国各占一半。

3. 加拿大

加拿大境内河流众多,主要有马尼夸根河、圣劳伦斯河、拉格朗德河、哥伦比亚河、纳尔逊河等,河流湍急,落差大,理论蕴藏量为 2 295 TW,技术可开发量为 981 TW。

加拿大水电开发较早,早期主要集中在人口较多和经济发达的南部地区。20 世纪 70 年代,开始集中开发魁北克省北部詹姆斯湾边远地区的拉格朗德河。1971 年,加拿大成立詹姆斯湾开发公司,1973 年在拉格朗德河上开工兴建 3 座大型水电站,装机容量分别为 5 330 MW、2 640 MW、2 300 MW,1979 年第一台机组发电,1985 年全部建成。1987 年,又在该河上开工建设第二期,共兴建 5 座水电站。同年,加拿大电力装机容量中,水力发电占 57.5%。[1] 到 1990 年,加拿大水电装机容量达到 60 297 MW,居世界第三位。加拿大还先后开发马尼夸根河、纳尔逊河、哥伦比亚河、皮斯河等河流的水力资源（表 16-101）。

到 20 世纪末,加拿大共建成装机容量 1 000 MW 以上的大型水电站 16 座（表 16-102）。2012 年,加拿大水电装机容量达 7 700 万 kW,占全球总装机容量的 7%,年发电量为 3 802 亿 kWh。

表 16-101　加拿大主要河流开发情况

河流	电站级数	装机容量 /MW	年径流量 / 亿 m³	总库容 / 亿 m³	调节库容 / 亿 m³
马尼夸根河	5	3 978	324	1 559	414
乌塔尔德河	3	1 842	125	247	114
丘吉尔瀑布	1	5 225	439	334	283
纳尔逊河	5	3 764	970	（天然大湖）	
哥伦比亚河	2	5 370	258	295	162
拉格朗德河	7	15 236	927	2 115	991
皮斯河	2	3 116	340	703	370

资料来源:《中国水利百科全书》编辑委员会、中国水利水电出版社:《中国水利百科全书》第 2 版,中国水利水电出版社,2006,第 666 页。

① 刘军:《加拿大》,社会科学文献出版社,2005,第 6 页。

表 16-102　加拿大已建装机容量 1 000 MW 以上的水电站情况

水电站名称	所在河流	装机容量 /MW	发电量 /（亿 kWh/a）	开始发电时间 / 年
拉格朗德二级水电站	拉格朗德河	7 326	380	1979
丘吉尔瀑布水电站	丘吉尔河	5 428	345	1971
戈登施勒姆水电站	皮斯河	2 730	128	1968
拉格朗德四级水电站	拉格朗德河	2 650	141	1984
马尼克五级坝	马尼夸根河	2 592	77	1970
拉格朗德三级水电站	拉格朗德河	2 304	123	1982
亚当贝克爵士水电站	尼亚加拉河	1 859	100	1922
雷维尔斯托克水电站	哥伦比亚河	1 843	69	1984
圣劳伦斯水电站[1]	圣劳伦斯河	1 824	130	1958
麦卡水电站	哥伦比亚河	1 792	67	1976
博哈努阿水电站	圣劳伦斯河	1 657	112	1932
拉格朗德一级水电站	拉格朗德河	1 368	74	1994
灰岩水电站	纳尔逊河	1 330	70	1990
壶滩水电站	纳尔逊河	1 224	70	1970
马尼克三级水电站	马尼夸根河	1 183	54	1975
马尼克二级水电站	马尼夸根河	1 015	56	1965

资料来源：《中国水利百科全书》编辑委员会、中国水利水电出版社：《中国水利百科全书》第 2 版，中国水利水电出版社，2006，第 666 页。

注：[1] 圣劳伦斯水电站位于加拿大和美国界河上，两国各占一半。

4. 乌拉圭

乌拉圭主要河流有乌拉圭河、拉普拉塔河、内格罗河、伊河、圣卢西亚河、大克瓜伊河、塞沃亚蒂河等，水量丰富。乌拉圭的能源法禁止使用核电，水电是乌拉圭最重要的电力。

1937 年，乌拉圭在本国最长、最重要的内陆河——内格罗河上修建林科德尔博内特水坝，建成内格罗水库。它绵延 140 km，流域面积为 1 139.6 km²，是南美洲最大的人工湖。[1]1948 年，乌拉圭建成第一座水电站——林科德尔博内特水电站，装机容量为 148 MW。1982 年，乌拉圭与阿根廷在两国界河乌拉圭河上，耗资 10 亿美元，建成乌拉圭最大的水电站——萨尔托水电站，装机容量为 1 890 MW。1983 年，乌拉圭与巴西合作建成帕尔马水电站，装机容量为 333 MW。1991 年，乌拉圭又和巴西在两国界河巴拉那河上建成伊泰普水电站。

1998 年，乌拉圭发电总量为 87.22 亿 kWh。其中，水力发电量为 83.88 亿 kWh，约占全国总电量的 96.2%；热能发电量为 3.28 亿 kWh，约占全国总电量的 3.8%。次年，受干旱影响，水力发电量大幅减少，只有 53.98 亿 kWh。[2]

① 贺双荣：《乌拉圭》，社会科学文献出版社，2005，第 139-140 页。
② 同上。

（四）非洲国家

非洲水能资源的理论蕴藏量为 439 万 GWh/a，技术可开发量为 151 万 GWh/a，经济可开发量为 84 万 GWh/a，分别占全球水能资源总量的 10%、10%、9%。殖民统治时期，非洲国家的水电业大多数以宗主国投资为主。20 世纪 20 年代，比利时公司大量投资比属刚果，控制了当时刚果（金）最重要的水电设施业。[①]20 世纪 40 年代，法国为非洲（国家）制订了第一个水力发电规划。[②]1953 年，法国赤道非洲电力公司在朱埃河的最大瀑布处建成法属赤道非洲的第一个水电站。[③]非洲各国独立后，加大水电开发力度，先后开发、建设一批大中型水电工程项目。到 21 世纪初，在流经布隆迪、卢旺达、苏丹和埃及等 9 个国家的世界第一长河尼罗河上，共建成大型水闸 7 座、大坝 10 座，水电装机容量 2 901 MW。[④]据 2007 年统计，非洲已建成大坝 1 815 座，其中南非 1 166 座，津巴布韦 250 座，摩洛哥 120 座，3 国的大坝数量占非洲大坝总数的 80% 以上。非洲有 22 个国家水电占全国电力的比例超过 50%，其中赞比亚、莫桑比克、纳米比亚等 5 国的水电比例均超过 90%。[⑤]

1. 几内亚

几内亚水力资源在西非地区居首位，估计发电量可达 630 亿 kWh/a，横贯西非的众多河流，如尼日尔河、塞纳加尔河、冈比亚河等，都发源于几内亚中部，几内亚中部有"西非河流之父"的美誉。[⑥]但是，几内亚的水能资源直到 20 世纪 90 年代初都还没有得到较好的开发利用。当时几内亚严重缺电，电力消费量不到邻国科特迪瓦的 1/5，只有塞内加尔的 1/3。[⑦]

从 1993 年起，几内亚政府采取措施改善电力设施。1998 年，在科纳克里以东 170 km 的孔库雷河上建成加拉非里水电站。它是几内亚最大的水力发电站，装机容量 75 MW，年发电量 2 640 亿 kWh。电站总投资近 2 亿美元，由世界银行、法国开发署、几内亚政府等共同投资建设。几内亚还在加拉非里电站下游 60 km 处建设卡雷塔水电站，装机容量 80 MW。[⑧]

2. 刚果（金）

刚果（金）全称为刚果民主共和国，因刚果河（即扎伊尔河）而得名。刚果（金）拥有非洲最稠密的河系网。刚果河是世界大河之一，非洲第二长河，全长 4 640 km，干支流多险滩、瀑布，水力资源丰富，理论蕴藏量达 390 GW，居世界大河的首位，可开发的水能资源装机容量约 156 GW，其中刚果（金）境内 120 GW。[⑨]全国水能蕴藏量约为 10 万 MW，相当于非洲总储量的 50% 和世界总储量的 13%（2003 年）。[⑩]

① A. A. 博亨主编《非洲通史·第 7 卷》，中国对外翻译出版有限公司，2013，第 335 页。

② A. A. 马兹鲁伊主编《非洲通史·第 8 卷》，中国对外翻译出版有限公司，2013，第 246 页。

③ 张象、车效梅：《刚果》，社会科学文献出版社，2005，第 55 页。

④《中国水利百科全书》编辑委员会、中国水利水电出版社：《中国水利百科全书》第 2 版，中国水利水电出版社，2006，第 873 页。

⑤ 李菊根主编《水力发电实用手册》，中国电力出版社，2014，第 59 页。

⑥ 李树藩、王德林主编《最新各国概况》第 5 版，长春出版社，2005，第 368 页。

⑦ 吴清和：《几内亚》，社会科学文献出版社，2005，第 176 页。

⑧ 同上书，第 177 页。

⑨《中国水利百科全书》编辑委员会、中国水利水电出版社：《中国水利百科全书》第 2 版，中国水利水电出版社，2006，第 344 页。

⑩ 李智彪：《刚果民主共和国》，社会科学文献出版社，2004，第 12 页。

20世纪60年代，刚果（金）开发英加大型水电项目，1972年投运35万kW，1982年投运142万kW，年发电量120亿kWh，总投资超过10亿美元[1]，是刚果（金）历史上最大的基础设施项目。英加水电站还规划建设第三期项目，装机容量为350万kW。

20世纪70年代中期，刚果（金）的水电总装机容量为110万kW，每年总发电量为39亿kWh。到20世纪90年代初，全国装机容量在1MW以上的水电站有近30座，总装机容量为2400MW，其中英加水电站占1/2以上。1990年后，由于政局动荡，刚果（金）许多水电站停运，2001年总发电量仅为52.63亿kWh，人均电力消费由1980年的148kWh降至2000年的40kWh，90%以上的农村居民得不到电力供应，金沙萨等大城市也经常停电。[2]

为发挥英加水电站的作用，刚果（金）政府从1973年开始，从英加水电站到科卢韦齐架设一条长1725km的高压输电线，由美国援建，总投资近10亿美元，于1982年建成，是当时世界上最长的高压输电线。但是，由于工程建设出了问题，英加—科卢韦齐高压输电线路虽然最初设计输电能力达1200MW，但建成后的输电能力不到设计的一半，仅为560MW。并且，实际输电量更低，还不到建成后输电能力的一半，只有200MW左右。[3] 同时，英加—科卢韦齐高压输电线路缺少配套设施，使得紧邻这条世界最长输电线路周边的许多小城镇和村庄只能"望电兴叹"。

3. 埃塞俄比亚

埃塞俄比亚地处内陆高原，素有"非洲屋脊"之称，是许多跨国河流的发源地（表16-103），被称为"东非水塔"，水力资源极其丰富。

表16-103 埃塞俄比亚主要河流

河流名称	汇水面积 /km²	流向	年流量 /亿m³	境内流程 /km
阿巴伊	198 508	苏丹	53	800
瓦比—谢贝利	205 407	索马里	3	1 340
梅里卜	23 445	厄立特里亚、苏丹	0.88	440
阿瓦什	113 709	内陆河	4.6	1 200
特克泽	87 073	苏丹	7.63	608
奥莫	77 205	肯尼亚	17.96	760
巴罗	75 718	苏丹	11.89	227

资料来源：钟伟云：《埃塞俄比亚 厄立特里亚》，社会科学文献出版社，2006，第7页。

但是，埃塞俄比亚电力落后，仅少数大中城市和城镇用上电，大部分地区都没有通电。2001年，全国231个城镇中，仅22个城镇通电，能够用上电的人口仅占全国总人口的4%。[4] 埃塞俄比亚电力生产绝大部分是水力发电。1999—2000年，全国总发电量为16.89亿kWh，其中水力发电16.46亿kWh，

① 国家电力监管委员会：《南美洲、亚洲、非洲各国电力市场化改革》，中国水利水电出版社，2006，第369-370页。

② 李智彪：《刚果民主共和国》，社会科学文献出版社，2004，第178-179页。

③ 同上书，第179页。

④ 钟伟云：《埃塞俄比亚 厄立特里亚》，社会科学文献出版社，2006，第160-161页。

占发电总量的 97.5%。主要水电站有芬查水电站、梅尔卡 – 瓦克纳水电站、阿瓦什二号和三号水电站、可卡水电站、蒂斯 – 阿巴伊水电站等。

（五）大洋洲国家

大洋洲河流稀少，河流短，水量不大，水能资源少。大洋洲水能理论蕴藏量为 657 984 GWh/a，技术可开发量 185 012 GWh/a，经济可开发量 88 700 GWh/a（21 世纪初），分别占全球水能总量的 2%、1%、1%。大洋洲共有 621 座大坝，其中澳大利亚 541 座、新西兰 67 座，大坝主要功能是供水，其次为发电和灌溉。新西兰和斐济的水电在全国电力中的比例分别为 60%、50%。[1]

1. 澳大利亚

澳大利亚地表水比较缺乏，流程最长、流域面积最广、支流最多的河流是墨累 – 达令河，全长 2 600 km。它一年的排水量只等于密西西比河 9 天、恒河 7 天、亚马孙河 1 天的排水量。[2]

从 1949 年开始，澳大利亚投入 8 亿美元巨资，修建著名的跨流域调水工程——斯诺伊雪山工程，从澳大利亚山脉东侧的斯诺伊河，引水调入墨累河，沿途修建 16 座大坝和许多小型水库。每年从斯诺伊河向墨累河流域调水 23.6 亿 m^3[3]，库容达 298 亿 m^3，供灌溉和发电用水。墨累河沿途建有 8 座大、中型水电站，装机容量 3 890 MW，年发电量 74 亿 kWh。[4]

2. 新西兰

新西兰河网密度较高，河流短，水流湍急，水力资源丰富，适宜发电。最长的河流是北岛的怀卡托河，全长 425 km；第二大河流是南岛的克鲁萨河，全长 322 km。[5]

水电在新西兰能源中占有重要地位，全国约 60% 的电力都是靠水电提供的。[6] 水电设施主要建在怀卡托河和克鲁萨河上，南岛的怀塔基河也建有一些。水力发电量大约能满足国内能源需求的 17%。[7]2005 年，新西兰水电装机容量 5 346 MW，发电量为 23 238 GWh。

3. 巴布亚新几内亚

巴布亚新几内亚是大洋洲国土面积第二大的国家，有多条主要河流，包括弗莱河、塞皮克河、普拉里河、拉姆河等。其中，塞皮克河是该国最长的河流，也是全球最大的河流系统之一，水力资源丰富。

2008 年，巴布亚新几内亚电力总装机容量为 581.4 MW，其中水电装机容量为 216.6 MW，热能发电装机容量为 364.8 MW。[8] 水力发电占全国电力供应的 30% 以上。

[1] 李菊根主编《水力发电实用手册》，中国电力出版社，2014，第 60 页。

[2] 沈永兴、张秋生、高国荣：《澳大利亚》，社会科学文献出版社，2003，第 10 页。

[3]《中国水利百科全书》编辑委员会、中国水利水电出版社：《中国水利百科全书》第 2 版，中国水利水电出版社，2006，第 12 页。

[4] 同上书，第 861 页。

[5] 李树藩、王德林主编《最新各国概况》第 5 版，长春出版社，2005，第 1014 页。

[6] 王素华主编《新西兰社会与文化》，武汉大学出版社，2007，第 131 页。

[7] 王章辉：《新西兰》，社会科学文献出版社，2006，第 50 页。

[8] 韩锋、赵江林：《巴布亚新几内亚》，社会科学文献出版社，2012，第 108 页。

第4节　核能发电

核能，又称原子能、原子核能，是原子核蕴藏的能量。原子核通过裂变或聚变，其结构发生变化，进而释放出巨大的能量。如 1 kg ^{235}U 裂变时，可释放出 8.32×10^{13} J 的能量，相当于 2 000 t 汽油或者 2 800 t 煤燃烧时释放出来的能量。[①] 通过裂变或聚变，核能转化为热能，然后用热能生产电能，这就是所谓的核能发电。1919 年，人类第一次实现人工核反应。1942 年，人类第一次实现可控的人工核裂变。1951 年，人类第一次实现对核电的和平利用。从此，核能成为造福人类的一种重要能源形态，被开发出巨大的电力，并被广泛应用到经济社会生活各个领域（表 16-104）。核电已是一种常规电力，是当今世界核能开发与和平利用最重要的途径。

表 16-104　世界核能开发利用进程

时间	事件
古代	中国古代、古希腊等哲学家对原子进行理论探讨
近代	欧洲各国科学家对原子进行实验研究
1789 年	德国克拉普罗特发现世界上第一种天然放射性元素——铀
1895 年	德国伦琴发现 X 射线
1896 年	世界首例用 X 射线治疗乳腺癌病例，人类首次将核能应用于医学领域
1896 年	法国贝克勒耳发现放射性
1898 年	法国居里夫妇发现天然放射性元素——钋和镭
1905 年	爱因斯坦提出质能方程式——$E=mc^2$
1919 年	卢瑟福在人类历史上第一次实现人工核反应
1934 年	卢瑟福等人实现世界第一次人工核聚变
1934 年	法国约里奥 - 居里夫妇发现人工放射性同位素
1937 年	意大利佩里埃等人首次发现人工放射性元素——锝
1938 年	德国科学家哈恩等人发现人工核裂变反应
1942 年	美国建成人类第一座人工核反应堆
1945 年	美国在新墨西哥州成功爆炸第一颗原子弹
1945 年	第二次世界大战中美国在日本投下两颗原子弹
1950 年	美国进行世界首批辐射育种试验
1951 年	美国建造的世界第一座用于发电的核反应堆试验成功，人类首次实现对核电的利用

[①] 张晓东、杜云贵、郑永刚：《核能及新能源发电技术》，中国电力出版社，2008，第 16-17 页。

续表

时间	事件
1952 年	美国进行世界首次氢弹爆炸试验
1954 年	苏联建成世界第一座试验堆核电站
1954 年	美国建成世界第一艘核动力潜艇
1956 年	英国建成世界第一座气冷堆核电站
1956 年	法国建成石墨气冷堆核电站
1962 年	加拿大建成坎杜型重水堆示范核电站
1963 年	日本在茨城县建成试验堆核电站
1976 年	世界核电站总装机容量超过 1 亿 kW
1979 年	美国三哩岛核电站发生核事故
1986 年	苏联切尔诺贝利核电站发生重大核事故
1990 年	全球核能发电量 19 816 亿 kWh
1991 年	中国自主开发、建成国内第一座核电站
2005 年	世界核能发电量占全球发电总量的 16%
2011 年	日本福岛第一核电站发生重大核事故
2014 年	全球在役核反应堆 425 个，总装机容量为 3.75 亿 kW
2015 年	中国在福建福清、广西防城港分别建设具有自主知识产权的第三代核电项目——"华龙一号"核电示范项目

资料来源：作者整理。

一、核能的起源

核能是在 100 多亿年前宇宙大爆炸过程中形成的，以存在于某种元素（如铀、镭）中的形式出现在宇宙中。

（一）原子核的由来

原子核主要是由质子和中子组成。把原子外部的电子去掉，剩下的核心部分就是原子核。原子的尺寸是 10^{-8} cm 的量级，而原子核的尺寸更小，是 10^{-13} cm 的量级[①]，体积约为整个原子体积的几千万亿分之一，但原子的质量几乎全部集中在原子核上，所占比例高达 99.95% 以上。[②]

原子核是在宇宙大爆炸之后形成的。根据有关科学研究，大约在 137 亿年之前发生宇宙大爆炸。大爆炸之后约 $10^{-33} \sim 10^{-4}$ s，在"重子起源过程"中产生了原子核的质子和中子，从此标志着宇宙核时代的开始。

宇宙核时代开始后，经过大约 35 万年的演变，产生了第一个氢原子。随着宇宙的不断膨胀和冷却，又经过 1 亿～2 亿年的演变历程，宇宙产生了恒星。之后，再经过数以百万年计的演变，宇宙发生第

[①]《中国大百科全书》总编委会：《中国大百科全书·第 27 卷》第 2 版，中国大百科全书出版社，2009，第 356 页。

[②] 苏旭主编《核和辐射突发事件处置》，人民卫生出版社，2013，第 1 页。

一颗超新星爆炸，从而产生碳、氮、氧以及铀等元素。[1]由此，原子核诞生。

（二）核能的形成

核能是在原子核结构发生变化时从原子核中释放出来的，它是原子核质量发生变化时的一种体现。

原子核的质量应为原子质量减去原子中全部电子的质量，再加上原子中电子的结合能。这样得到的原子核的质量，总是小于组成它的全部中子和质子的质量之和，这二者之差即原子核的结合能。例如，一个中子和一个质子的质量和是 2.015 941 u，而一个氘核的质量是 2.013 553 u，二者相差 0.002 388 u，约合 2.224 MeV，此即为氘核的结合能。它表明当一个中子与一个质子结合成氘核时，要放出 2.224 MeV 的能量，它同时也是氘核分裂为自由中子和质子所需要的最小能量。各种物质在化学反应中释放的能量是电子伏特的量级，而核反应释放的能量与化学反应相比，要大几乎百万倍。[2]

原子核中结合成核的核子（质子或中子）之间有很强的相互吸引的核力。当核的结合状态在某种反应中变得更紧时，就会因为核力的作用而把多余的结合能以核能的形式释放出来；同时，反应后核的总质量也会有一定的减少。H. 贝克勒耳、居里夫妇和卢瑟福等科学家关于天然放射性和核反应的发现与实验，就揭示了隐藏在原子核中的巨大能量。

二、原子的探索

原子核并非独立存在，而是以原子为载体，存在于原子之中。原子则是由一个原子核以及围绕原子核分布的若干电子组成。原子是原子核的载体，是组成分子和凝聚态物质的基本单位，是使化学元素的特性保持不变的最小单位，也是化学变化中的最小微粒。一切物质都是由原子构成的，并且，每个原子的中心都有 1 个原子核。早在公元前 5 世纪，古希腊哲学家留基伯[3]就提出了"原子"这个词。直到 20 世纪初，人类才从科学上确认原子和分子存在的真实性。1955 年，美国宾夕法尼亚州州立大学的一位物理学教授及其博士生第一次通过场离子显微镜直接看到了单个原子——钨原子。人类对原子的认识，经历了大约 2 400 年。

（一）古代

中国战国时期，墨家创始人墨子（约公元前 468—前 376 年）曾提出过物质微粒说，他把构成物质的微粒称为"端"，认为"端"是最小的不能再被分割的质点。但道家学派的代表人物庄子（约公元前 369—前 286 年）却认为物质是无限可分的。[4]

世界上最早提出"原子"这个词的是古希腊哲学家留基伯。他生活在公元前 5 世纪小亚细亚西海岸的米利都。人们认为《伟大的世界体系》和《论心灵》二书系留基伯所著。他认为，物质是均匀的、同质的，但是物质包括无数不可分的小粒子。这些小粒子或原子处于恒动之中，它们通过冲撞和重新

[1] 周志伟：《新型核能技术——概念、应用与前景》，化学工业出版社，2010，第 4 页。

[2]《中国大百科全书》总编委会：《中国大百科全书·第 27 卷》第 2 版，中国大百科全书出版社，2009，第 356 页。

[3]《不列颠百科全书·第 10 卷》（国际中文版，中国大百科全书出版社，2007，第 42 页）将 Leucippus 译为"留基伯"，而《中国大百科全书》（第 14 卷，中国大百科全书出版社，2009，第 356 页）的英文名字为 Leukippos，译名为"留基波"。

[4] 李代广：《走近核能》，化学工业出版社，2009，第 8 页。

组合而形成各种复合物。^①留基伯被认为是原子唯物论的创始人之一。

留基伯的学生德谟克利特也是古希腊哲学家，原子唯物论的创立者之一。他出生于色雷斯的阿布德拉，曾广泛游历东方，一生写了许多著作，据说达 73 种，著名的有《宇宙秩序》《论自然》《论人性》等。德谟克利特对留基伯的学说进行加工和提炼，提出自己的原子唯物论思想。德谟克利特认为，原子与虚空是万物的本原。原子是一种最小的、不可见的、不能再分的物理微粒；虚空则是原子运动的场所，也是实在的存在。原子在虚空中急剧而零乱地运动。由于原子的大小、形态、次序和位置不同，原子彼此的碰撞结合成世界万物。^②无数的原子在无限的空间或虚空中运行，它是永恒存在的。物质的现象是由原子的组合而产生的。^③德谟克利特在解释宇宙的来源时指出，最初原子运行是全方位的，形成一种震动或摆动的过程，由此产生撞击，进而形成回旋运动，同类原子聚集起来，构成大的物体乃至世界。这是一种必然的结果，是原子本身性质的表现。^④

公元前 4 世纪，古希腊哲学家亚里士多德将理论科学分成物理学、数学和第一哲学（即形而上学），首次将哲学和其他科学区别开来。亚里士多德认为，哲学的研究对象是"作为存在的存在"，即研究那些"其自身就属于作为存在的东西"。这就是本原和最初的原因。亚里士多德认为最初的原因共有 4 种，即质料因、形式因、动力因、目的因。亚里士多德批判了柏拉图唯心主义的理念论，指出了德谟克利特唯物主义原子论的缺陷。他认为，德谟克利特和他的先驱发现了质料因，对哲学的发展做出了贡献，然而他们却忽略了事物运行的动力因，没有说明从哪里开始运动以及为何运动的问题，德谟克利特还忽视了形式和本质，没有探究事物运动的内部源泉，更不了解人们的概念更深刻地反映着事物的本质。^⑤

德谟克利特的原子论学说虽然遭到了亚里士多德的批评，但在其后却得到了古希腊唯物主义哲学家伊壁鸠鲁的继承、修正和发展。伊壁鸠鲁依据感觉经验，肯定物体的存在，对德谟克利特的原子论学说加以发展。他论述了"无不能生有，有不能变无"的原则，认为构成万物的本原是不可分的、坚实的、不变的、有形体的物质实体原子；虚空（空间）是原子存在和运动的场所，和原子一样是永恒的存在；数量上无限多的永恒运动着的原子，在无限广阔的虚空中结合和分离，形成无限宇宙和其中的无数世界以及生灭变化的万物。伊壁鸠鲁修正了德谟克利特关于原子体积和形状有无限差别的观点，认为原子体积和形状的差别虽然很多，其数目也数不清，但不是无限的，只是每一种形状的原子数目是无限的。伊壁鸠鲁增加了与原子的运动有关的重量这一特性，指出原子有三种运动：因重量而垂直下落的运动、稍微偏离直线的偏斜运动以及由此而产生的碰撞运动。^⑥伊壁鸠鲁的思想对公元前 1 世纪的罗马有着很大的影响。诗人哲学家卢克莱修专为他写了长诗《物性论》，系统介绍伊壁鸠鲁的哲学思

① 美国不列颠百科全书公司：《不列颠百科全书·第 10 卷》国际中文版（修订版），中国大百科全书出版社《不列颠百科全书》国际中文版编辑部编译，中国大百科全书出版社，2007，第 42 页。
② 《中国大百科全书》总编委会：《中国大百科全书·第 4 卷》第 2 版，中国大百科全书出版社，2009，第 522 页。
③ 美国不列颠百科全书公司：《不列颠百科全书·第 5 卷》国际中文版（修订版），中国大百科全书出版社《不列颠百科全书》国际中文版编辑部编译，中国大百科全书出版社，2007，第 237 页。
④ 《中国大百科全书》总编委会：《中国大百科全书·第 4 卷》第 2 版，中国大百科全书出版社，2009，第 522 页。
⑤ 《中国大百科全书》总编委会：《中国大百科全书·第 25 卷》第 2 版，中国大百科全书出版社，2009，第 501–502 页。
⑥ 《中国大百科全书》总编委会：《中国大百科全书·第 26 卷》第 2 版，中国大百科全书出版社，2009，第 233 页。

想。这部长诗也成为古代原子论哲学的顶峰之作。

从留基伯、德谟克利特提出朴素的原子论开始，古人非常想揭开宇宙的奥秘和物质的构成，但是受当时条件和科技水平的制约，古人难以用科学实验来验证他们的想法，只能靠想象和思索探求。这只是哲学上的一种猜想，只能是一种缺乏科学论证的猜测。[1]

（二）近代

在中世纪，原子论哲学被埋没了。直到17世纪时，法国哲学家兼科学家伽森狄才使伊壁鸠鲁的原子论得以"复活"。

伽森狄出生于法国普罗旺斯省的一个农民家庭。他于1614年在阿维尼翁获得神学博士学位，1617年被授予天主教神职。在埃克斯大学讲授与研究哲学中，伽森狄竭力反对亚里士多德，极力复兴伊壁鸠鲁主义以取代亚里士多德主义。1658年，他的哲学巨著《伊壁鸠鲁哲学汇编》出版，内容包括逻辑学、物理学和伦理学。伽桑狄恢复了伊壁鸠鲁的原子论。他认为，宇宙间只有两个本原：原子与虚空。虚空是永恒不动的，是物质的否定；原子是永恒运动的，虚空是它运动的场所。他指出，原子有大小、轻重以及不同形态的区别，由此而构成各式各样的分子，然后再由分子的结合而构成不同的物体。甚至，伽桑狄还认为，就连灵魂也是由原子构成的，它也有形状，并且能够借助器官来感觉，因而灵魂也是物质的。[2]

18世纪中叶，俄国科学家、哲学家罗蒙诺索夫通过科学实验，对物质的起源和结构做了新的解读。罗蒙诺索夫创建了俄国第一个化学实验室，建成俄国第一个有色玻璃厂，并生产出俄国第一批有色玻璃镶嵌贴面。他通过自然科学研究，先后发表《论热和冷的原因》《试论空气的弹力》《论固体和流体的反射》等论文，对自然现象的同一性、物质构造理论、物质及能量守恒定律等进行探讨，坚决反对当时占统治地位的热素说和燃素说，是俄国唯物主义哲学和自然科学的奠基者。他创立了物质结构的原子-分子学说，认为微粒（分子）是由极小的粒子（原子）组成。如果物质是由同一种粒子组成的，它便是单质；如果物质是由几种不同粒子组成的，它便是化合物。物质的性质并不是偶然形成的，它取决于组成物体微粒的性质。[3]他用微粒概念解释热的现象，提出热是物质本身微粒的运动的理论。他提出了气体分子运动理论，认为空气微粒对器壁的撞击是空气产生压力的原因。他首先将这些理论称为物理化学。但是，由于当时的俄国远离世界科学中心，他的这些重要成果未受到国际社会的重视。[4]

到了19世纪，欧洲科学界迎来了黎明的曙光，原子的神秘面纱逐步被揭开。英国化学家和气象学家道尔顿在英国化学家玻意耳、法国化学家拉瓦锡等前人工作的基础上，提出了近代的原子概念，使原子论有了可靠的基础。[5]1803年，道尔顿提出相对原子量，并制成最早的原子量表，是第一个试图确定原子质量的科学家。道尔顿认为，一切元素都是由微小、具有相同原子量的不可分割的粒子（原子）

① 李代广：《走近核能》，化学工业出版社，2009，第9页。
②《中国大百科全书》总编委会：《中国大百科全书·第11卷》第2版，中国大百科全书出版社，2009，第167页。
③ 李代广：《走近核能》，化学工业出版社，2009，第9页。
④《中国大百科全书》总编委会：《中国大百科全书·第15卷》第2版，中国大百科全书出版社，2009，第61页。
⑤ 马栩泉：《核能开发与应用》，化学工业出版社，2005，第19页。

所组成的。[①] 他的原子论思想包括三个要点：（1）化学元素均由不可再分的微粒组成。这种微粒被称为原子。原子在一切化学变化中均保持其不可再分性。（2）同一元素的所有原子，在质量和性质上都相同；不同元素的原子，在质量和性质上都是不相同的。（3）不同的元素化合时，这些元素的原子按简单整数比结合成化合物。道尔顿的原子论为近代化学和原子物理学奠定了基础，是科学史上一项划时代的成就。[②] 由于创立原子论及在生物学方面的卓越成就，1826 年道尔顿获得英国皇家学会的第一枚金质奖章。由于发展了物质的原子论，道尔顿被认为是现代物理科学诸父之一。[③]

同一时期，法国化学家、物理学家盖 – 吕萨克对气体行为、化学分析技术进行研究。1805 年，他和德国科学家洪堡合作，准确测定氢气和氧气化合成水的比例关系为 1 体积 O_2 和 2 体积 H_2。1808 年，他发表当今以他的名字命名的盖 – 吕萨克气体反应体积比定律，即"气体间以很简单的比例化合"，"它们化合时体积的表观收缩也与这些气体或者至少其中一种气体的体积成简单的比例"。这对化学原子分子学说的发展起到重要的促进作用。1815 年，他鉴定气体氰，指出其组成为 1 个氮原子和 1 个碳原子。[④] 通过上述研究，盖 – 吕萨克提出了原子分子学说。他认为，物质是由分子组成的，分子是保留原物质性质的微粒；分子是由原子组成的，原子则是用化学方法不能再分割的最小粒子，原子已失去了原物质的性质。至此，盖 – 吕萨克发展了以前的原子学说，因为在这之前，原子和宏观物质之间缺少必要的过渡。盖 – 吕萨克对"分子"的提出以及对物质结构中原子 – 分子这种不同层次的发现，使人们对于物质构成问题的认识更加接近物质的本来面目了。[⑤]

瑞典化学家贝采利乌斯是原子论推动者。他认为，为了确立原子论，首先应当以最大的精确度测出尽可能多的元素的原子量。他用了 10 多年时间，对大约 2 000 种化合物进行研究，测定各种元素的原子量。1814 年，他发表 41 种元素的原子量表，到 1826 年原子量表增加到 50 种元素。他还先后发现了铈（1803 年）、硒（1817 年）和钍（1828 年）三种新元素。[⑥]

1826 年，英国植物学家布朗发现了布朗运动。他在研究植物花粉时，发现悬浮在水中的微粒子无规则地运动。此后，爱因斯坦和斯莫卢霍夫斯基的理论以及佩兰和斯维德伯格的实验解释了布朗运动现象，测定了阿伏加德罗常数，为分子的真实存在提供了一个直观的科学证据。

（三）现代

进入现代时期，英国物理学家汤姆孙发现了原子内部的结构——电子。这是人类对原子内部结构的最早认识，是人类对原子认识的一次重大突破。

汤姆孙于 1884 年成为英国皇家学会会员，随后担任剑桥大学卡文迪许实验室主任。当时科学界对电的研究正在兴起。1879 年爱迪生发明白炽灯。1881 年纽约市建成第一个中心发电站和配套系统。

① 美国不列颠百科全书公司：《不列颠百科全书·第 5 卷》国际中文版（修订版），中国大百科全书出版社《不列颠百科全书》国际中文版编辑部编译，中国大百科全书出版社，2007，第 121 页。

②《中国大百科全书》总编委会：《中国大百科全书·第 4 卷》第 2 版，中国大百科全书出版社，2009，第 436 页。

③ 美国不列颠百科全书公司：《不列颠百科全书·第 5 卷》国际中文版（修订版），中国大百科全书出版社《不列颠百科全书》国际中文版编辑部编译，中国大百科全书出版社，2007，第 121 页。

④ 法国拉鲁斯出版公司：《拉鲁斯百科全书·第 3 卷》，拉鲁斯百科全书编译委员会译，华夏出版社，2004，第 78 页。

⑤ 李代广：《走近核能》，化学工业出版社，2009，第 10 页。

⑥《中国大百科全书》总编委会：《中国大百科全书·第 2 卷》第 2 版，中国大百科全书出版社，2009，第 212 页。

1891 年英国物理学家斯托尼首次提出"电子"的概念。19 世纪 90 年代初，德国物理学家勒纳（1862—1947 年）发明一种阴极射线管，通过实验认为阴极射线不可能是粒子流。此后，汤姆孙发现，阴极射线的速度小于光速两个数量级，认为它不可能是以太波，阴极射线可能是质量和线度小于原子的粒子射线。汤姆孙通过实验发现：阴极射线粒子的质量为氢原子的 1/1 837。不论阴极射线管内气体成分为何，电极是什么材料，阴极射线粒子的荷质比都是相同的。这就意味着这种带负电的粒子是组成一切原子的基本成分之一。于是，汤姆孙把这种粒子称为"微粒"，并于 1897 年 4 月 30 日正式宣布。后来，人们把这种微粒命名为电子。[1]1906 年，汤姆孙因气体导电研究而获得诺贝尔物理学奖。

电子的发现是对原子结构认知的一场革命，它打破了千百年来人们以为原子就是组成物质的最小单位之说，标志着人类对物质结构的探索有了科学认识的新起点。这对 20 世纪科学的发展产生了深远影响，促进了科学家们对原子结构的深入研究。

此后，随着 1896 年放射性[2]和 1898 年天然放射性元素镭和钋的发现，到 20 世纪初，科学家们依据放射性中所显示的某些物质自发地发射能量的现象以及放射性的亚原子粒子的性能，普遍承认物质是由原子组成的。[3]1908 年卢瑟福等证明 α 粒子实质上是氦原子以及 1911 年卢瑟福提出核的原子结构模型时，人们发现并认识到原子的质量几乎全部集中在占总体积很小部分的核内。从此，人类一步一步地迈向开发、利用核能的大门。

三、核能的发现

位于原子中心的原子核隐藏着巨大能量，它在一定条件下可以释放出来为人类所用。核能释放有两种重要途径：一种是轻核，如氢、氘、氚等在高温下发生核聚变反应；另一种是重核，如铀、钍等吸收中子发生核裂变反应。自 19 世纪末至 20 世纪初，人们在认识原子的基础上，开始对原子核及其能量的释放进行探索。虽然核能在宇宙核时代到来时便已存在，但人类认识它、发现它却只有短短的 1 个多世纪。

（一）发现天然放射性

放射性是指原子核自发地放出各种射线的现象，是原子核自发释放能量和发射亚原子粒子的一种表现。

大多数物质的原子核是稳定不变的。但是，也有一些是不稳定的，会发生衰变，存在自发地发射各种射线（如 α、β、γ 射线等）的现象。研究原子核的放射性及其衰变规律，是开展原子核结构研究、确立原子核性质、建立核反应机制的重要基础。

早在中世纪，德国人就开始无意识地利用核放射。他们采用来自银矿的附带废物——一种能闪烁的黑矿石，来生产黄色的玻璃和陶瓷产品。这些被德国银矿工人称为"坏运矿石"的黑矿石，就是后

[1]《中国大百科全书》总编委会：《中国大百科全书·第 21 卷》第 2 版，中国大百科全书出版社，2009，第 571 页。
[2] 放射性是指某些类型的物质所显示的自发地发射能量和亚原子粒子的性能，本质上它是个别原子核的一种属性。
[3] 美国不列颠百科全书公司：《不列颠百科全书·第 14 卷》国际中文版（修订版），中国大百科全书出版社《不列颠百科全书》国际中文版编辑部编译，中国大百科全书出版社，2007，第 115 页。

来的铀矿石。①

1895 年 11 月 8 日，德国物理学家伦琴在进行阴极射线的实验时，发现放在阴极射线管附近的氰亚铂酸钡在射线管通电时发光。此后，他做了进一步的深入研究，惊异地发现，这种光能透过他夫人的手指，照出的图像是人的骨骼。经过反复研究，伦琴认为，这种发光的具有穿透性的射线不是阴极射线，而是一种未曾发现的未知射线。伦琴称其为 X 射线。这种射线是波长介于紫外线和 γ 射线之间（约为 0.01 ～ 100 nm）的电磁辐射。这一发现揭开了 20 世纪物理学革命的序幕，在世界各地掀起了 "X 射线热"，伦琴因此成为世界上第一位诺贝尔物理学奖的获得者。

1896 年初，法国科学院宣读了伦琴发现 X 射线的报告，激励了许多科学家也开始研究 X 射线，包括贝克勒耳。他听报告时产生了一个疑问："荧光物质在普通光照射下也会发出 X 射线吗？"对此，他用硫酸铀酰—硫酸钾这种荧光物质做实验，发现在阳光曝晒的铀盐晶体底下用黑纸包好的相机底片上留下了铀盐晶体的灰色暗斑。1896 年 3 月，在一次实验中，贝克勒耳发现与双氧铀硫酸钾盐放在一起的包在黑纸中的感光底板被感光了，他推测这可能是因为铀盐发出了某种未知的辐射。同年 5 月，他又发现纯铀金属板也能产生这种辐射，但用肉眼无法看到。经过反复实验，贝克勒耳最后证实，这种穿透性射线是从晶体中的铀发出的，发出射线是铀元素的一种特性。当时，人们称这种射线为贝克勒耳射线。此后，居里夫妇发现钍、镭等也能发出这种射线，于是把这种现象命名为"放射性"，并把这类物质称为"放射性物质"。

贝克勒耳发现天然放射性，标志着原子核物理学的开端。1903 年，贝克勒耳获得诺贝尔物理学奖。

（二）发现天然放射性元素

放射性物质有两种：一种是在地球诞生时就存在的，如铀、钍、钋、镭等，这些物质被称为天然放射性物质；另一种是人类经过加工制造出来的，主要是超铀元素（原子序数大于 92 的元素），如锘（No）、钔（Md）等，这些物质被称为人工放射性物质。自然界存在 3 个天然放射系——钍系、铀系、锕系，1 个人工放射系——镎系。②

世界上最早发现的天然放射性元素是铀。它是德国化学家 M. H. 克拉普罗特于 1789 年用硝酸处理沥青铀矿时发现的。1841 年，法国化学家 E. M. 佩利若用钾还原四氯化铀制得金属铀。③

贝克勒耳发现放射性现象后，引起了法国科学家玛丽·居里的注意，她和丈夫皮埃尔·居里决定研究沥青铀矿。玛丽·居里发现，沥青铀矿的放射性比贝克勒耳所用的铀盐的放射性要强好几倍，认为在沥青铀矿中一定存在着某种未知的、放射性很强的元素。于是，玛丽·居里和丈夫皮埃尔·居里一起，在比较原始的条件下，开展了从沥青铀矿中提取放射性纯物质的研究。经过大量艰辛的研究，1898 年 7 月他们在成吨的沥青铀矿中发现了一种未知的元素——钋。同年 12 月，他们又发现另一种未知的元素——镭。他们测定了这些元素的放射性及原子量，发现镭的放射性强度比铀高出 200 万倍。④此后，他们从数吨沥青铀矿渣中提炼出 0.1 克的纯氯化镭。1910 年，玛丽·居里在化学家 A. 德比埃尔

① 周志伟：《新型核能技术——概念、应用与前景》，化学工业出版社，2010，第 5 页。
②《中国大百科全书》总编委会：《中国大百科全书·第 6 卷》第 2 版，中国大百科全书出版社，2009，第 346 页。
③《中国大百科全书》总编委会：《中国大百科全书·第 27 卷》第 2 版，中国大百科全书出版社，2009，第 120 页。
④ 李丽：《时空向度的现代探索》，重庆出版社，2006，第 22 页。

内的协助下，又提炼出金属态的纯镭（即金属镭）。居里夫妇于1903年获得诺贝尔物理学奖。同时，居里夫人还由于发现了钋和镭并提炼出纯镭又于1911年获得诺贝尔化学奖，成为世界上第一个两次获得诺贝尔奖的人。

居里夫人的研究与成就对以后几代的核物理学家和化学家产生了重要影响[1]，她发现放射性元素钋和镭以及提炼出纯镭对以后核能的开发与利用起到了重要的推动作用。

在居里夫妇前后，科学家们还先后发现了铀（1789年）、钍（1828年）、氡（1899年）、锕（1899年）、镤（1913年）、钫（1939年）等多种天然放射性元素（表16-105）。

表 16-105　天然放射性元素的发现

原子序数	元素名称	符号	原子量[1]	发现者，发现时间/年
84	钋	Po	（209）	居里夫妇，1898
86	氡	Rn	（222）	R. B. 欧文斯等，1899
87	钫	Fr	（223）	M. 佩雷，1939
88	镭	Ra	（226）	居里夫妇等，1898
89	锕	Ac	（227）	A. 德比埃尔内，1899
90	钍	Th	232.038 1	J. J. 贝采利乌斯，1828
91	镤	Pa	231.035 88	K. 法扬斯等，1913
92	铀	U	238.028 91	M. H. 克拉普罗特，1789

资料来源：《中国大百科全书》总编委会：《中国大百科全书·第6卷》第2版，中国大百科全书出版社，2009，第352页。

注：[1] 括号内为半衰期最长的同位素的质量数。

（三）发现原子核、质子与第一次人工核反应

放射性被发现后，英国物理学家卢瑟福开始对放射性现象进行研究，很快就发现了铀放射性辐射中的两种成分：一种是能使大量原子电离但易被吸收的辐射，被称为 α 辐射；另一种是产生较少原子电离但穿透力颇强的辐射，被称为 β 辐射（后来证实为电子流）。1900年，卢瑟福在蒙特利尔发现钍及其化合物衰变成一种气体，然后再衰变为一种未知的放射性沉积物。1902年，他和青年化学家 F. 索迪共同研究镭、钍、锕等重元素时发现，放射性原子通过放出 α 粒子或 β 粒子而自发地衰变成另一种放射性元素的原子，从而打破原子不可再分的观念，由此诞生出物理学中一个全新的分支——放射学。[2]

1903年，卢瑟福把一堆薄金属板密集砌排起来，进行两种不同的实验：一种是使每块金属板和相邻的金属板带着相反的电荷，让 α 粒子在两板的空隙中通过；另一种是把一堆金属板放在强磁场中重复上述实验。通过实验，卢瑟福证明了 α 射线是带正电荷的微粒子，同时测定了它们的速度以及它们

---

[1] 美国不列颠百科全书公司：《不列颠百科全书·第5卷》国际中文版（修订版），中国大百科全书出版社《不列颠百科全书》国际中文版编辑部编译，中国大百科全书出版社，2007，第68页。

[2] 《中国大百科全书》总编委会：《中国大百科全书·第14卷》第2版，中国大百科全书出版社，2009，第465页。

的电荷与质量的比值。1908 年，卢瑟福和他的学生 T. D. 罗伊兹一起进行实验：让 α 粒子从容器的薄玻璃管壁中逸出，然后进入外面套装着的真空管中，证明这样收集到的气体的光谱是氦光谱，进而证明了 α 粒子实质上是氦原子。由于对元素蜕变研究做出了突出贡献，卢瑟福于 1908 年获得诺贝尔化学奖。[①]

此后，卢瑟福继续对 α 粒子进行研究。1911 年，卢瑟福通过 α 粒子快速穿过云母照片的实验，确立原子有核的结构，提出原子核的原子结构模型——行星模型，由此提出"原子核"这一术语。从此，又诞生物理学的另一个新分支——核物理学。这是卢瑟福最突出的科学贡献。1919 年，他用 α 粒子轰击氮原子[②]，结果氮原子转化为一个氧原子和一个氢原子。这是人类历史上第一次把一种化学元素变为其他化学元素，也是人类历史上第一次人工核反应（即元素的人工嬗变），由此开启核能研究时代。1920 年，卢瑟福把氢原子（氢核）定为基本粒子，并将之命名为质子[③]。1934 年，卢瑟福等用氘核轰击氘，产生氚，在人类历史上实现了第一次人工核聚变反应。

（四）发现质量和能量的关系

原子核潜藏能量，但到底潜藏了多少能量，并没有人知晓。直到 1905 年爱因斯坦列出 $E=mc^2$ 方程式，才解开了原子核能量大小之谜。

爱因斯坦于 1879 年出生于德国符腾堡乌尔姆，后来加入美国国籍，是美籍犹太裔物理学家。1900 年大学毕业后，爱因斯坦先后对热力学、力学理论、辐射理论、分子运动论、光量子论等进行研究。当时，关于分子、原子是否存在的问题，以 W. 奥斯特瓦尔德为代表的"唯能论"和以 L. 玻耳兹曼为代表的"原子论"两派之间存在激烈的辩论。爱因斯坦确信布朗运动所证实的分子热运动，对分子的实在性进行深入研究，提出了测定阿伏伽德罗常数 N 的方法。1905 年 6 月，爱因斯坦发表一篇题为《运动物体的电动力学》的论文，提出狭义相对论，从而开创了物理学的新纪元。爱因斯坦狭义相对论的基本观点是：如果对所有参考系而言，光速都是常数，而且如果所有自然界的运动定律都不变，那么，时间和运动对于观察者而言，它们都是相对的。[④] 同年 9 月，爱因斯坦在德国物理学月刊《物理学年报》上发表题为《物体的惯性和它所含的能量有关吗？》的论文，为狭义相对论做出数学解释，确立物体质量和能量的等效性关系，即某一质量为 m 的物质，其能量 E 等于质量 m 与光速 c 的平方相乘所得的积，表示为 $E=mc^2$。这公式为解读放射性物质如铀、镭等所释放出的巨大能量提供了理论支撑。

例如，^{235}U 的裂变反应。当 1 个中子击碎 1 个铀核，产生能量，可释放出 2 个中子；这 2 个中子又击中另外 2 个铀核，可产生 2 倍的能量，再释放出 4 个中子；这 4 个中子又击中邻近的 4 个铀核，又产生 4 倍的能量，再释放出 8 个中子……以此类推，这样一环扣一环的链式反应（图 16-6）一直持续下去，就会释放出惊人的能量。[⑤] 根据测算，在百万分之一秒内，中子倍增的过程可以发生 81 次，引

[①] 美国不列颠百科全书公司：《不列颠百科全书·第 14 卷》国际中文版（修订版），中国大百科全书出版社《不列颠百科全书》国际中文版编辑部编译，中国大百科全书出版社，2007，第 469 页。

[②] 同上。

[③] 质子是组成原子核的基本粒子之一，是初级宇宙射线的主要部分，也是某些人工核反应的产物。

[④] 美国不列颠百科全书公司：《不列颠百科全书·第 6 卷》国际中文版（修订版），中国大百科全书出版社《不列颠百科全书》国际中文版编辑部编译，中国大百科全书出版社，2007，第 2 页。

[⑤] 李代广：《走近核能》，化学工业出版社，2009，第 25 页。

起 2×10^{24} 个铀核发生分裂。这个数目刚好是在广岛爆炸的原子弹中发生分裂的铀核数目,在那个百万分之一秒中,被释放的能量相当于 1 300 t TNT。[1]

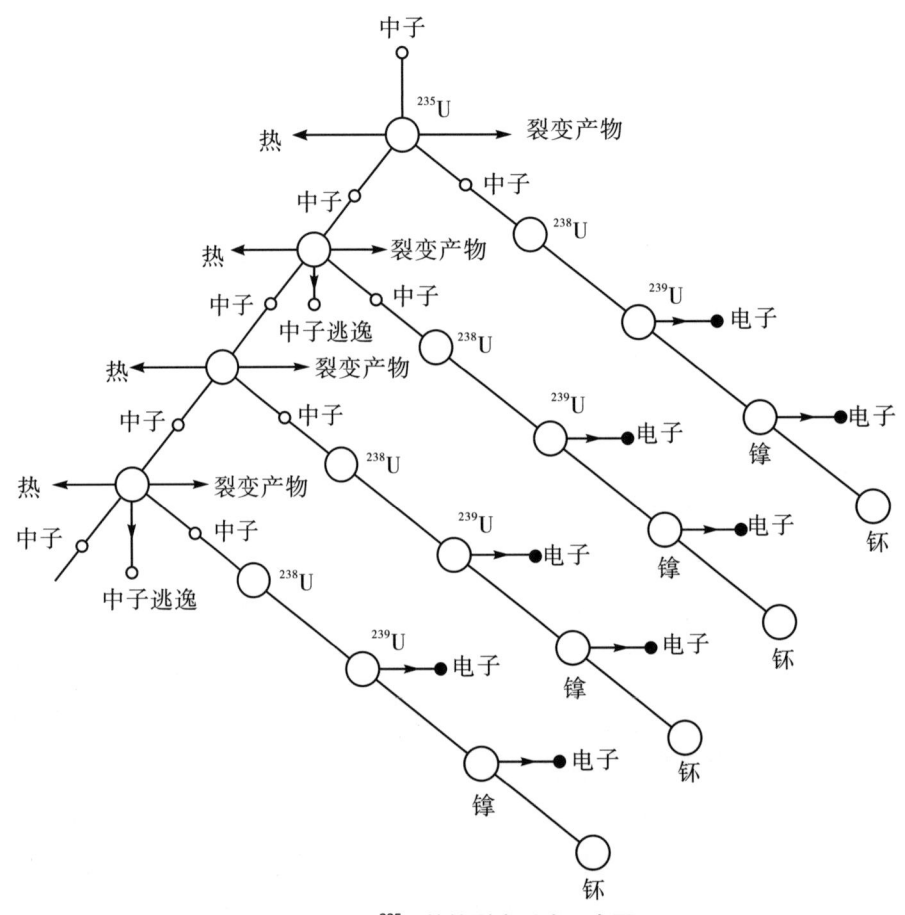

图 16-6　^{235}U 的核裂变反应示意图

资料来源:特雷弗·I.威廉斯主编《技术史》第 6 卷,姜振寰、赵毓琴主译,上海科技教育出版社,2004,第 140 页。

爱因斯坦发表狭义相对论,创立质能方程式时,并没有得到世人的理解和认识。若干年之后,世人才理解这一新理论,并认定其创始人是爱因斯坦。因而,1921 年爱因斯坦获得诺贝尔物理学奖并不是因为提出狭义相对论,而是因为他发现光电效应定律。借助 $E=mc^2$ 方程,人类于 20 世纪 40 年代建成了第一座核反应堆,并引爆了第一颗原子弹,从此开启了核能释放和利用的大门,"爱因斯坦的相对论尤其标志着核技术的发展从此走上了不归之路"。[2]

(五)发现中子

第一次人工核反应之后,人们开始对原子核进行深入研究。1930 年,德国 W.博特和约里奥–居里夫妇用氦核轰击铍,观察到一种穿透性很强的辐射,认为它是一种 γ 辐射。但是,英国物理学家 J.查德威克通过实验认为,铍辐射不是 γ 辐射,很可能是卢瑟福在 1920 年所预言的也是他寻找多年的中子的辐射。1932 年,他解释这种铍辐射是由质量约等于质子但不带电荷的粒子——中子组成的。由此,

[1] 何能:《核知识读本》,经济日报出版社,2011,第 49 页。
[2] 美国国家工程院:《20 世纪最伟大的工程技术成就》,常平、白玉良译,暨南大学出版社,2002,第 269 页。

发现了中子。

在中子发现之前，人们认为一个质量数为 A、原子序数为 Z 的原子核应由 A 个质子和 A ~ Z 个电子组成。中子的发现推翻了原子核是由 A 个原子和 A ~ Z 个电子组成的假说。不久，理论物理学家 D. D. 伊凡年科和海森伯相继独立提出原子核是由质子和中子组成的假说。这就否定了原子核中有电子的存在。只要中子和质子的自旋都是 1/2 时，便可圆满解释由它们组成的原子核的自旋现象。[①] 由此，人们认识到原子核主要是由中子和质子组成。

中子的发现为诱发原子衰变提供了一种新工具，它促进了核裂变研究的发展，标志着原子核研究进入一个新的阶段。由此，1935 年查德威克因发现中子获得诺贝尔物理学奖。

（六）发现人工放射性同位素

1934 年，居里夫妇的女儿 I. 约里奥 - 居里（即伊雷娜 - 居里）和她的丈夫 F. 约里奥 - 居里（即费雷德里克·约里奥）在从事放射性研究中，用钋的 α 射线轰击铝箔，发现当 α 源移去后铝箔仍有放射性，其强度也随时间按指数规律下降。这种放射性是由 α 粒子打在 ^{27}Al 上发出一个中子，形成 ^{30}P，并因 ^{30}P 不稳定又放射出正电子而形成的。由此，他们发现了由 α 粒子引起的核反应所生成的人工放射性同位素。[②] 由于发现人工放射性同位素，约里奥 - 居里夫妇获得 1935 年诺贝尔化学奖。

约里奥 - 居里夫妇发现人工放射性同位素，为朝着解决释放原子核能的问题迈出了重要的一步，因为此后 E. 费米用中子代替 α 粒子进行轰击使铀裂变的方法，只不过是约里奥 - 居里夫妇人工产生放射性同位素的方法的一种延伸而已。[③] 此外，人工放射性同位素的发现，对促进科学研究以及核能的应用起着重要作用。人工放射性同位素发现后，促进了放射疗法的诞生。同时，人工放射性核素，如核燃料 ^{239}Pu 以及常用的 γ 放射源 ^{60}Co 等也在生产实践中得到应用。人工放射性对于了解天体内部核反应过程也具有重要意义。

（七）发现人工放射性元素

放射性元素包括锝、钷、钋以及元素周期表中铋以后的所有元素。其中，有的是天然放射性元素，即最初从天然产物中发现的放射性元素，包括钋、氡、钫、镭、锕、钍、镤和铀；其他都是通过人工核反应合成的放射性元素，包括锝、钷、砹、镎、钚、镅和 114 号元素等。

1934 年，约里奥 - 居里夫妇发现人工放射性同位素，为人工获得放射性元素开辟了道路。1937 年，意大利矿物学家 C. 佩里埃等用回旋加速器加速的氘核轰击钼靶，合成锝，是人类历史上第一次人工制造出新元素。到 20 世纪末，科学家们先后合成 24 种超铀元素（表 16-106）。

---

① 《中国大百科全书》总编委会：《中国大百科全书·第 29 卷》第 2 版，中国大百科全书出版社，2009，第 421 页。

② 《中国大百科全书》总编委会：《中国大百科全书·第 12 卷》第 2 版，中国大百科全书出版社，2009，第 216 页。

③ 美国不列颠百科全书公司：《不列颠百科全书·第 9 卷》国际中文版（修订版），中国大百科全书出版社《不列颠百科全书》国际中文版编辑部编译，中国大百科全书出版社，2007，第 76 页。

表 16-106　人工放射性元素的发现

原子序数	元素名称	符号	质量数[1]	发现者，发现时间 / 年	合成反应
43	锝	Tc	98	佩里埃等，1937	$^{98}Mo(d,n)^{99}Tc$
61	钷	Pm	145	J. A. 马林斯基等，1945	$^{235}U(n,f)^{147}Pm$、^{149}Pm
85	砹	At	210	科森等，1940	$^{209}Bi(\alpha,2n)^{211}At$
93	镎	Np	237	麦克米伦等，1940	$^{238}U(n,\gamma)^{239}U \xrightarrow{\beta^-} {}^{239}Np$
94	钚	Pu	244	西博格等，1940	$^{238}U(d,2n)^{238}Np \xrightarrow{\beta^-} {}^{238}Pu$
95	镅	Am	243	西博格等，1944	$^{239}Pu(n,\gamma)^{240}Pu(n,\gamma)^{241}Pu \xrightarrow{\beta^-} {}^{241}Am$
96	锔	Cm	247	西博格等，1944	$^{239}Pu(\alpha,n)^{242}Cm$
97	锫	Bk	247	S. G. 汤普森等，1949	$^{241}Am(\alpha,2n)^{243}Bk$
98	锎	Cf	251	S. G. 汤普森等，1950	$^{242}Cm(\alpha,n)^{245}Cf$
99	锿	Es	252	A. 吉奥索等，1952	热核爆炸中 ^{238}U 多次俘获中子生成 ^{253}U 后再经多次 β 衰变得到 ^{253}Es
100	镄	Fm	257	A. 吉奥索等，1952	热核爆炸中 ^{238}U 多次俘获中子生成 ^{255}U 后再经多次 β 衰变得到 ^{255}Fm
101	钔	Md	258	A. 吉奥索等，1955	$^{253}Es(\alpha,n)^{256}Md$
102	锘	No	259	A. 吉奥索等，1958 G. N. 弗廖罗夫等，1958	$^{246}Cm(^{12}C,6n)^{252}No$ $^{241}Pu(^{16}O,3n)^{254}No$
103	铹	Lr	262	A. 吉奥索等，1961	$^{249\sim252}Cf + {}^{10,11}B \rightarrow {}^{258}Lr$
104	𬬻	Rf	265	G. N. 弗廖罗夫等，1964 A. 吉奥索等，1968	$^{242}Pu(^{22}Ne,4n)^{260}Rf$ $^{249}Cf[^{12(13)}C,4(3)n]^{257(259)}Rf$
105	𬭊	Db	268	G. N. 弗廖罗夫等，1968 A. 吉奥索等，1970	$^{243}Am[^{22}Ne,4(5)n]^{261(260)}Db$ $^{249}Cf(^{15}N,4n)^{260}Db$
106	𬭳	Sg	271	G. N. 弗廖罗夫等，1974 A. 吉奥索等，1974	$^{207(208)}Pb[^{54}Cr,2(3)n]^{259}Sg$ $^{249}Cf(^{18}O,4n)^{263}Sg$
107	𬭛	Bh	270	G. N. 弗廖罗夫等，1976 G. 明岑贝格等，1981	$^{209}Bi(^{54}Cr,2n)^{261}Bh$ $^{209}Bi(^{54}Cr,n)^{262}Bh$
108	𬭶	Hs	277	明岑贝格等，1984	$^{208}Pb(^{58}Fe,n)^{265}Hs$
109	鿏	Mt	276	明岑贝格等，1982	$^{209}Bi(^{58}Fe,n)^{266}Mt$
110	𫟼	Ds	281	Y. Z. 奥加涅相等，1987	$^{208}Pb(^{65}Ni,n)^{272}Ds$
111	𬬭	Rg	280	明岑贝格等，1994	$^{209}Bi(^{64}Ni,n)^{272}Rg$
112	鿔	Cn	285	S. 霍夫曼等，1996	$^{208}Pb(^{70}Zn,n)^{277}Cn$
114	114 号元素	Uuq	289	奥加涅相等，1999	$^{244}Pu(^{48}Ca,3n)^{289}114$

资料来源：《中国大百科全书》总编委会：《中国大百科全书·第6卷》第2版，中国大百科全书出版社，2009，第351页。

注：[1] 半衰期最长的同位素的质量数。

人工放射性元素在核能开发及其他领域有着广泛的应用。例如，钚 –239 可用作核燃料；金属镥及其合金在低温下是超导体，可用于计算机和火箭受控热核反应装置中。

（八）实现第一次人工核裂变

核反应有三种方式，即核裂变、核聚变和放射性衰变。其中，核裂变是一个原子分裂为两个或更多个质量相近的碎片核的现象，能释放出巨大能量。确切的数量可以用爱因斯坦的质能方程 $E=mc^2$ 计算出来。如 1 克铀 –235（^{235}U）全部裂变，能释放出约 23 000 kWh 的能量。

在意大利出生的美籍物理学家 E. 费米受到约里奥 – 居里夫妇用 α 粒子轰击元素诱发人工放射性的启发，于 1935 年[①] 用慢中子轰击原子序数为 92 的元素铀，得到一种当时无法识别的新的放射性物质。这是一种核裂变反应，并且是人类首次实现核裂变，但费米并未对这一原子的裂变现象进行深入研究，错过了一个轰动世界的新发现的机缘。

1938 年，德国科学家 O. 哈恩、L. 迈特纳和 F. 斯特拉斯曼重复费米用慢中子轰击铀的实验。哈恩和斯特拉斯曼通过仔细的化学分析发现，用中子轰击铀得到的产物之一是比铀轻得多的元素钡的放射性同位素，这意味着铀原子已经裂解为两个较轻的原子。[②]1939 年 1 月 6 日，他们对铀原子分裂成若干碎片做了报道。[③] 为避免纳粹迫害而于 1938 年 7 月逃离德国到瑞典定居的迈特纳，与他的侄子 O. 弗里施合作，对上述实验过程和结果做出合理的解释，指出铀原子裂变后可以分裂出钡和氪以及少量其他蜕变产物，并将这一过程称为核裂变，于 1939 年 1 月 16 日在《自然》杂志上发表这一成果。

爱因斯坦质能方程（$E=mc^2$）为核能转化和释放提供了理论基础，而 O. 哈恩等人发现核裂变则直接推开了释放核能的大门，为转化和释放核能提供了技术指导。由于发现核裂变，哈恩于 1944 年获得诺贝尔化学奖，之后还与迈特纳、斯特拉斯曼共同获得美国原子能委员会费米奖。费米也"因鉴别出由中子轰击产生的新的放射性同位素以及发现用慢中子实现核反应"而于 1938 年荣获诺贝尔物理学奖。

（九）建成第一座人工核反应堆

早在 20 亿年前，地球上便形成了天然的核反应堆——位于非洲加蓬共和国弗朗斯维尔城的奥克洛铀矿区。奥克洛矿区铀矿石量约 500 t，由于大自然的巧妙安排，奥克洛矿区至少有 6 座天然核反应堆持续地运行了十几万年，释放出相当于约 2 000 万 t 煤燃烧放出的热量。1972 年，当这个矿区的铀矿石运到法国时，人们发现其中一些铀矿竟然是被"利用过"的，其中的铀 –235 的含量不足 0.3%，低于 0.711% 的天然含量。科学家大为惊奇，于是进行实地调查。通过数十年的研究发现，当地铀矿石中的铀曾经历了一个自给自足的链式裂变反应，相当于 100 kW 核电站的奥克洛核反应堆在持续 15 万年的一段时期内，每间歇两个半小时就会有 30 分钟的裂变反应。在这一过程中，铀原子的放射性裂变释放出中子，从而引起其他铀原子的裂变，最终导致核裂变并释放出热能之类的能量。[④]

① 美国不列颠百科全书公司:《不列颠百科全书·第 12 卷》国际中文版（修订版），中国大百科全书出版社《不列颠百科全书》国际中文版编辑部编译，中国大百科全书出版社，2007，第 288 页。
② 美国不列颠百科全书公司:《不列颠百科全书·第 7 卷》国际中文版（修订版），中国大百科全书出版社《不列颠百科全书》国际中文版编辑部编译，中国大百科全书出版社，2007，第 408 页。
③ 美国不列颠百科全书公司:《不列颠百科全书·第 6 卷》国际中文版（修订版），中国大百科全书出版社《不列颠百科全书》国际中文版编辑部编译，中国大百科全书出版社，2007，第 286 页。
④ 李代广:《走近核能》，化学工业出版社，2009，第 44 页。

人类第一座人工核反应堆是由物理学家费米和他的助手在 1942 年建成并点火成功的。费米在 1938 年获得诺贝尔物理学奖后去了美国，和丹麦物理学家 N. 玻尔在哥伦比亚大学重复了哈恩、迈特纳、斯特拉斯曼的实验，并做了进一步探讨。N. 玻尔提出了链式核反应机制与实质。1939 年 9 月，N. 玻尔和他的合作者 J. A. 惠勒从理论上解释了核裂变反应过程。

此时，第二次世界大战全面爆发，费米等科学家认识到，若希特勒用链式核反应原理制造原子弹，那么，将会给世界带来巨大灾难。于是，他们在 1939 年 10 月与爱因斯坦联名，向美国总统罗斯福呈交了一封信，劝说美国抢先研制原子弹。1941 年 12 月 6 日，华盛顿政府通过一项决议：切实地开始制造原子武器并追加巨额拨款。1942 年 8 月，美国政府把分散在陆军、海军和各大学实验室里的原子弹研制工作统一起来，将之代号命名为"曼哈顿工程"，费米受命负责可控、自持的链式核反应堆的设计、建造与试验工作。

费米和同事们在芝加哥大学的一个运动场看台下的房子内，用 6 t 金属铀、58 t 氧化铀和 400 t 石墨堆起了一个新的实验反应堆，于 1942 年 12 月 2 日进行第一次自持链式核反应堆的临界试验，核反应过程持续了 28 分钟，标志着人类首次点燃了原子之"火"。

费米领导建成的第一座可控核裂变反应堆，虽然发出的功率只有 0.5 W，还不足以点亮一盏灯，但它却意义非凡。它是人类历史上首次释放具有可控性的原子核的能量，是人类掌握核能的开端，是现代核反应堆的前身，是人类进入原子能时代的一个重要里程碑。它推动了原子弹的诞生进程，促成了核电时代的到来。

为纪念费米，100 号元素被命名为"镄"，美国原子能委员会还设立了费米奖。1954 年，费米荣获首次费米奖，奖金为 25 000 美元。

四、核电的发展

核能发电是指以铀或钍等可裂变核素作燃料，通过反应堆链式核裂变反应，将可裂变核素的核能释放出来，转变为热能发电。核燃料在反应堆中发生裂变反应，释放出巨大的能量。例如，1 个碳原子燃烧所释放的能量为 4.1 eV，而 1 个铀 -235 原子核裂变反应所释放的能量约为 200 MeV，比碳原子高出约 5×10^7 倍。用来发电的核裂变反应堆可分为快中子堆和慢中子堆，后者包括重水堆、沸水堆、压水堆、石墨气冷堆等。1951 年，美国在人类历史上首次实现了对核电的利用。

（一）核电的兴起

从 20 世纪 50 年代起，美国、苏联、英国、法国等首先对核能发电进行试验与探索。1960 年，全世界核电站装机容量为 859 MW。1970 年，全球投入运行的商用核反应堆发展到 66 座（表 16-107），其中英国 25 座，美国 13 座，苏联 11 座，分别位居世界前三位。同年，世界核电站装机容量占全球电力总装机容量的比例为 1.7%，核能占世界一次能源总消耗的 0.45%。到 1975 年，世界核能发电量从 1956 年的 6 000 万 kWh 增至 2 979.2 亿 kWh（表 16-108）。其中，美国核能发电量为 1 713.6 亿 kWh，居世界第一，其后为英国 303.4 亿 kWh，日本 251.3 亿 kWh，联邦德国 214.1 亿 kWh。

表 16-107　1970 年世界投入运行的商用核反应堆数量

国家	数量 / 座	国家	数量 / 座
全球合计	66	印度	2
英国	25	加拿大	1
美国	13	联邦德国	1
苏联	11	民主德国	1
日本	4	瑞士	1
法国	3	西班牙	1
意大利	2	荷兰	1

资料来源：作者整理。参考世界资源研究所主编《世界资源 1990—1991》，中国科学院、国家计划委员会自然资源综合考察委员会译，北京大学出版社，1992。

表 16-108　世界部分国家核能发电量

时间 / 年	全球合计 [1] / 亿 kWh	美国 / 亿 kWh	苏联 / 亿 kWh	日本 / 亿 kWh	联邦德国 / 亿 kWh	英国 / 亿 kWh	法国 / 亿 kWh	印度 / 亿 kWh	加拿大 / 亿 kWh	意大利 / 亿 kWh	民主德国 / 亿 kWh
1956	0.6	—	—	—	—	0.6	—	—	—	—	—
1957	4.2	0.1	—	—	—	4.1	—	—	—	—	—
1958	4.84	1.7	—	—	—	3.1	0.04	—	—	—	—
1959	14.3	1.9	—	—	—	12.0	0.4	—	—	—	—
1960	27.3	5.2	—	—	—	20.8	1.3	—	—	—	—
1961	43.5	16.9	—	0.2	—	24.0	2.4	—	—	—	—
1962	64.7	22.7	—	1.0	—	36.6	4.2	—	—	0.2	—
1963	110.6	32.1	—	0.03	0.6	69.6	4.2	—	0.9	3.2	—
1964	154.0	33.4	—	0.02	1.0	88.4	5.8	—	1.4	24.0	—
1965	246.9	36.6	—	0.4	1.2	163.4	9.0	—	1.2	35.1	—
1966	352.7	55.2	16.5	5.8	2.7	215.3	14.0	—	1.6	38.6	1.0
1967	422.1	76.6	18.0	6.3	12.3	247.1	25.6	—	1.4	31.5	3.3
1968	525.4	125.3	25.0	10.4	17.7	277.1	31.6	—	8.6	25.8	3.9
1969	604.3	139.3	29.0	10.8	49.4	291.3	44.7	13.4	4.9	16.8	4.7
1970	741.0	218.0	35.0	45.8	60.3	260.1	51.5	24.2	9.7	31.8	4.6
1971	1 012.6	379.0	43.0	80.1	58.1	275.5	87.4	11.9	39.9	33.7	4.0
1972	1 328.2	540.3	51.0	94.8	91.4	294.0	137.8	11.3	67.4	36.3	3.9
1973	1 744.2	833.3	75.0	97.1	117.6	280.0	139.7	24.0	142.6	31.4	3.5
1974	2 227.5	1 127.0	90.0	197.0	121.4	336.2	139.3	22.1	138.6	34.1	21.8
1975	2 979.2	1 713.6	112.0	251.3	214.1	303.4	174.5	26.3	118.6	38.0	27.4

资料来源：《国外经济统计资料》编辑小组：《国外经济统计资料（1949—1976）》，中国财政经济出版社，1979，第 207 页。引用时，根据各国数据对全球合计数做了适当调整。

注：[1] 1960—1965 年不包括苏联的原子能发电量。

1. 美国

美国是世界核能发电的先导者，第二次世界大战结束不久，便于 1946 年制定了《原子能法》，确定由政府指导和监管核能军用与民用的研究开发，同时禁止私有化或商业化应用。

1951 年 8 月，美国原子能委员会在爱达荷州建成世界上第一座用于发电的实验型钠冷快中子增殖反应堆。同年 12 月 20 日，该增殖反应堆投入实验运行，进行了世界上首次千瓦级核能发电试验，发电功率为 100 kW，点亮了 4 个电灯泡，标志着人类首次实现了对核电的利用。

1953 年，美国总统艾森豪威尔签署美国"和平发展核能"计划。同年 12 月 8 日，艾森豪威尔在第八届联合国大会全体会议上发表了"原子能为和平服务"的讲话，呼吁建立一个国际性原子能机构，有效防止原子能滥用和核武器扩散，进行原子能的民用开发，让原子能技术造福人类。

1954 年，美国对 1946 年制定的《原子能法》进行修订。修订后的《原子能法》允许私营企业建造、运行核反应堆。这结束了政府对核能技术的垄断，宣告了核能商业化利用时代的来临。同年，美国国会批准建造 5 座工业原型堆，分别为加利福尼亚州圣苏珊娜石墨慢化钠冷试验堆 SRE、芝加哥阿贡国家实验室试验性沸水堆 EBWR、爱达荷州福尔斯试验基地实验增殖堆 EBR2、田纳西州橡树岭均相重水试验堆 HRE2、宾夕法尼亚州希平港压水堆。1957 年，世界上第一座民用工业规模核电站——希平港核电站投入商业运行，发电功率为 60 MW。1960 年，世界上第一座商用沸水堆核电站——伊利诺伊州德累斯顿核电站建成、投入运行，发电功率为 210 MW，开创轻水堆核电站的先河。[①]

1963 年，Jersey Central 电力和照明公司签订 650 MW Oyster Creak 反应堆供货合同，全部订单都按市场化运作，没有政府赞助。从此，美国核电发展走向市场化，并很快推动了美国核电站的迅猛发展。1967 年，美国核电站订货达到 2 560 万 kW。1969 年，美国核电总装机容量超过英国，居世界第一位。1973 年，美国核电总装机容量占世界的 2/3。[②]

2. 苏联

遭受第二次世界大战重创后，苏联在国民经济恢复和重建进程中，高度重视核能的发展。1946 年，苏联建成核反应堆。1949 年，苏联第一颗原子弹爆炸成功，打破了美国的核垄断。同年，苏联开始建造 5 MW 试验性动力（即发电）反应堆。[③]这座反应堆位于距莫斯科 50 多公里的奥勃宁斯克，用 5% 富集度的铀做燃料，石墨做慢化剂，水做冷却剂，发电功率为 5 000 kW。1954 年 6 月 26 日，世界上第一座试验核电站建成并投入使用，为大约 2 000 户居民供电，标志着核电时代的到来。虽然奥勃宁斯克核电站的热功率仅为 3 万 kW，发电功率仅为 5 000 kW，发电效率仅为 16.6%，在经济上与火电厂相差很远，甚至得不偿失，但它却是人类把核能从军用领域转向民用领域并得到和平利用的第一个成功例子。后来，奥勃宁斯克试验反应堆成为大型反应堆——立陶宛伊格纳利纳核电站反应堆（发电功率为 1 500 MW）的原型堆。[④]

1955 年，苏联一座 100 MW 原子能发电站开始运行，据称这是苏联在建的 6 座相同电站中的第一座。

---

① 马栩泉：《核能开发与应用》，化学工业出版社，2005，第 230-231 页。

② 何能：《核知识读本》，经济日报出版社，2011，第 31-32 页。

③ 特雷弗·I. 威廉斯主编《技术史·第 6 卷》，姜振寰、赵毓琴主译，上海科技教育出版社，2004，第 144 页。

④ 马栩泉：《核能开发与应用》，化学工业出版社，2005，第 229-230 页。

同时，苏联开始开发沸水反应堆和压水反应堆。1958 年，苏联成功利用一个压水反应堆推动"列宁号"破冰船。1964 年，苏联建成新沃罗涅日压水堆核电站。

3. 英国

1946 年，英国原子能组织工业小组开始工作，着手开发生产用于原子弹的钚。1950 年，英国开始在坎伯兰郡塞拉菲尔德设计和建造一个气冷石墨减速实验反应堆，名为温德斯凯尔反应堆。1951 年英国提出建造名为 PIPPA 的电力生产反应堆的计划，于 1956 年在毗邻温德斯凯尔反应堆附近建成单堆电功率为 50 MW、总发电功率为 200 MW 的卡尔德霍尔气冷堆核电站，并与英国中央电力局输电网并网发电，标志着早期气冷堆进入商业化应用阶段。[1] 卡尔德霍尔气冷堆核电站是英国第一座核电站，也是世界上第一座气冷堆核电站。英国还规划建设更先进的反应堆——镁诺克斯（Magnox）反应堆。当时英国煤炭资源短缺，又受到第一次苏伊士运河危机对石油供应切断的冲击，使得核电计划规模一扩再扩，计划到 1965 年核电装机容量达到 5 000 MW。在此推动下，英国中央电力局先后建造 7 座镁诺克斯堆型核电站。除此，英国还输出技术，到 20 世纪 70 年代初，在英国、法国、意大利、日本、西班牙等国相继建成 38 座镁诺克斯堆型核电站，总装机容量为 8 945 MW。[2]

1955 年，英国开始在苏格兰北部海岸建设实验性快速反应堆。1965 年，英国开始建造改进型大型气冷堆（AGR）。到 1988 年，共建成 13 座 AGR 堆，总装机容量为 7 541 MW。

4. 法国

1954 年，法国在马尔库尔兴建第一座核动力堆——G1 石墨气冷堆，热功率为 40 MW。除此，法国在 20 世纪 50 年代还建造了另外 2 座石墨气冷堆核电机组，是当时全球 4 个拥有核电站的国家之一（其他 3 个为美国、苏联、英国）。20 世纪 60 年代，法国开始大力发展核电，决定把法国电力公司投资于电站建设的一半资金用于核电站建设，并开始对压水堆核电机组、快中子堆核电机组以及重水堆核电机组进行工业实验探索。20 世纪 60 年代末，考虑到规模及经济性，法国放弃石墨气冷堆核电机组建设，转而引进西屋压水堆技术。到 20 世纪 70 年代初，法国相继建造 6 座轻水堆型核电机组。[3]

5. 加拿大

在第二次世界大战结束前，加拿大就开始设计和建造大型实验性反应堆。1947 年，在乔克里弗建成以天然铀为燃料，使用重水做减速剂，并用普通水做冷却剂的一种排管型反应堆。随后又建造了一个使用重水作为减速剂和冷却剂的更大的研究反应堆。[4] 在此基础上，1962 年建成世界上第一座坎杜型（CANDU）重水堆示范核电站（发电功率为 2.2 万 kW）。1967 年，第一座 CANDU 原型堆在道格拉斯角建成投产，发电功率为 20.8 万 kW。[5]

6. 日本

1957 年，日本开始开发核电。此后，日本核能研究所先后开发出 JRR-1、JRR-2、JRR-3 研究堆。

[1] 特雷弗·I. 威廉斯主编《技术史·第 6 卷》，姜振寰、赵毓琴主译，上海科技教育出版社，2004，第 148 页。
[2] 马栩泉：《核能开发与应用》，化学工业出版社，2005，第 231 页。
[3] 何能：《核知识读本》，经济日报出版社，2011，第 41-42 页。
[4] 特雷弗·I. 威廉斯主编《技术史·第 6 卷》，姜振寰、赵毓琴主译，上海科技教育出版社，2004，第 142-143 页。
[5] 陈刚主编《世界原子能法律解析与编译》，法律出版社，2011，第 18 页。

1963 年，日本在茨城县东海研究所建成由美国通用电气公司设计、日本日立制作所和株式会社制造的实验堆。1966 年，日本引进英国卡尔德霍尔改良型核电设施，在茨城县东海发电站投入运行。此后，日本引进美国的压水堆和沸水堆核电技术，于 1970 年建成美滨 1 号压水堆核电站，1971 年又建成福岛 1 号沸水堆核电站。[①]

（二）核电发展高峰的到来

1973 年世界石油危机敲响了能源警钟。于是，在 20 世纪 50—60 年代核电试验、示范的基础上，70 年代起世界各国掀起了发展核电的热潮，先后建造一批核电站，当今全球运行的核电站大多数是在 20 世纪 70—80 年代建成投产的。1975 年世界核电站装机容量达到 75 841 MW[②]，1976 年突破 1 亿 kW[③]。1977 年，有 17 个国家建成 153 个核发电装置，发电量占世界电能的 6%，或大约相当于 40 年前发现核裂变时世界所用电能的总和。[④]1988 年，世界投入运行的商用核反应堆 429 座，在建的有 105 座，投运反应堆净装机容量为 310 812 GW，在建的 84 871 GW（表 16-109），与 1970 年投运反应堆净装机容量 15 471 GW 相比增长 19 倍。1990 年，世界核能发电量为 19 010.85 亿 kWh（表 16-110），与 1970 年相比约增长 24.7 倍。

表 16-109　1988 年世界核电情况

国家 / 地区	商用反应堆数 / 座					净装机容量 /GW	
	投产的	在建的	关停的	暂停的	取消的	投产的	在建的
全球合计	429	105	37	16	38	310 812	84 871
（一）非洲	2	0	0	0	0	1 842	0
阿尔及利亚	0	0	0	0	0	0	0
埃及	0	0	0	0	0	0	0
利比亚	0	0	0	0	0	0	0
南非	2	0	0	0	0	1 842	0
扎伊尔	0	0	0	0	0	0	0
（二）北美洲和中美洲	126	15	14	8	33	107 458	13 337
加拿大	18	4	3	0	0	12 185	3 524
古巴	0	2	0	0	0	0	816
牙买加	0	0	0	0	0	0	0
墨西哥	0	2	0	0	0	0	1 308
美国	108	7	11	8	33	95 273	7 689
（三）南美洲	3	2	0	0	0	1 561	1 937
阿根廷	2	1	0	0	0	935	692
巴西	1	1	0	0	0	626	1 245

[①] 陈刚主编《世界原子能法律解析与编译》，法律出版社，2011，第 55 页。

[②] 于仁芬、缪宝书：《核能——无穷的能源》，清华大学出版社，2002，第 168 页。

[③] 刘洪涛等：《人类生存发展与核科学》，北京大学出版社，2001，第 60 页。

[④] 伊斯雷尔·贝科维奇：《世界能源：展望 2020 年》，上海市政协编译工作委员会译，上海译文出版社，1983，第 174 页。

续表

国家 / 地区	商用反应堆数 / 座					净装机容量 /GW	
	投产的	在建的	关停的	暂停的	取消的	投产的	在建的
智利	0	0	0	0	0	0	0
哥伦比亚	0	0	0	0	0	0	0
秘鲁	0	0	0	0	0	0	0
委内瑞拉	0	0	0	0	0	0	0
（四）亚洲	59	26	1	1	2	40 726	18 131
孟加拉国	0	0	0	0	0	0	0
中国	6	3	0	0	0	4 924	2 148
印度	6	8	0	0	0	1 154	1 760
伊朗	0	2	0	0	2	0	2 392
伊拉克	0	0	0	0	0	0	0
以色列	0	0	0	0	0	0	0
日本	38	12	1	0	0	28 253	10 931
朝鲜	0	0	0	0	0	0	0
韩国	8	1	0	0	0	6 270	900
马来西亚	0	0	0	0	0	0	0
巴基斯坦	1	0	0	0	0	125	0
菲律宾	0	0	0	1	0	0	0
泰国	0	0	0	0	0	0	0
土耳其	0	0	0	0	0	0	0
越南	0	0	0	0	0	0	0
（五）欧洲	239	62	22	7	3	159 225	51 466
奥地利	0	0	0	0	1	0	0
比利时	7	0	1	0	0	5 480	0
保加利亚	5	2	0	0	0	2 585	1 906
捷克斯洛伐克	8	8	1	0	0	3 264	5 120
丹麦	0	0	0	0	0	0	0
芬兰	4	0	0	0	0	2 310	0
法国	55	9	5	0	0	52 588	12 245
联邦德国	5	6	0	0	0	1 694	3 432
民主德国	23	2	6	0	0	21 491	1 520
希腊	0	0	0	0	0	0	0
匈牙利	4	0	0	0	0	1 645	0
意大利	2	0	2	3	0	1 120	0
荷兰	2	0	0	0	0	508	0
挪威	0	0	0	0	0	0	0

续表

国家/地区	商用反应堆数/座					净装机容量/GW	
	投产的	在建的	关停的	暂停的	取消的	投产的	在建的
波兰	0	2	0	0	0	0	880
葡萄牙	0	0	0	0	0	0	0
罗马尼亚	0	5	0	0	0	0	3 300
西班牙	10	0	0	4	0	7 519	0
瑞典	12	0	1	0	0	9 693	0
瑞士	5	0	0	0	0	2 952	0
英国	40	2	3	0	0	11 921	1 833
南斯拉夫	1	0	0	0	0	632	0
苏联	56	26	3	0	2	33 823	21 230
(六)大洋洲	0	0	0	0	0	0	0
澳大利亚	0	0	0	0	0	0	0

资料来源:世界能源研究所主编《世界资源(1990—1991)》,中国科学院、国家计划委员会自然资源综合考察委员会译,北京大学出版社,1992,第581-583页。

表16-110　1990年世界部分国家核能发电量

国家/地区	核能发电量/亿kWh	国家/地区	核能发电量/亿kWh
总计	19 010.85	比利时	125.00
(一)非洲	39.30	捷克斯洛伐克	240.00
南非	39.30	芬兰	192.15
(二)北美洲	6 526.48	法国	3 140.81
加拿大	728.86	联邦德国	1 510.10
墨西哥	29.00	民主德国	118.00
美国	5 768.62	匈牙利	137.31
(三)南美洲	95.18	荷兰	35.02
阿根廷	72.81	西班牙	542.73
巴西	22.37	瑞典	681.85
(四)亚洲	2 612.37	瑞士	236.86
印度	60.75	英国	657.47
日本	2 022.75	南斯拉夫	0.22
韩国	528.87	苏联	2 120.00
(五)欧洲	9 737.52	(六)大洋洲	0

资料来源:陈秀英主编《世界经济信息统计汇编》,中国物价出版社,1993,第111页。

1. 美国

20世纪70年代是美国核电发展的高峰期,先后建成德累斯顿、鲁滨孙、流浪者等51座核能发电站(表16-111)。1979年,三哩岛核电站堆芯熔化事故发生后,美国核电站建设受到影响,但20世纪80年代核电机组建设数量仍达到46座。1980年,美国核能发电2 511亿kWh,比1970年增长10.5倍。

1990 年，核能发电量增至 5 768.62 亿 kWh，比 1980 年约增长 1.3 倍。到 20 世纪末，美国投入商用的发电机组达到 107 台。

表 16-111　截至 20 世纪末美国商用核电机组情况

序号	名称	发电功率 /MW	堆型	商运时间 / 年
1	奥伊斯特河	610	BWR[1]	1969
2	九英里峰 1	610	BWR	1969
3	德累斯顿 2	794	BWR	1970
4	京纳	500	PWR[2]	1970
5	波因特滩 1	485	PWR	1970
6	鲁滨孙 2	683	PWR	1971
7	蒙蒂塞洛	593	BWR	1971
8	德累斯顿 3	794	BWR	1971
9	帕利塞兹	789	PWR	1971
10	波因特滩 2	485	PWR	1972
11	佛蒙特州扬基	510	BWR	1972
12	流浪者	670	BWR	1972
13	萨里 1	810	PWR	1972
14	土耳其角 3	693	PWR	1972
15	方城 1	789	BWR	1973
16	方城 2	789	BWR	1973
17	萨里 2	815	PWR	1973
18	奥科尼 1	846	PWR	1973
19	土耳其角 4	693	PWR	1973
20	卡尔洪堡	478	PWR	1973
21	普雷里岛 1	530	PWR	1973
22	基瓦尼	510	PWR	1974
23	桃花谷 2	1 100	BWR	1974
24	库珀	764	BWR	1974
25	印第安角 2	975	PWR	1974
26	奥科尼 2	846	PWR	1974
27	布朗斯弗里 1	1 065	BWR	1974
28	三哩岛	786	PWR	1974

续表

序号	名称	发电功率 /MW	堆型	商运时间 / 年
29	阿肯色－核 1-1	836	PWR	1974
30	桃花谷 3	1 100	BWR	1974
31	奥科尼 3	846	PWR	1974
32	普雷里岛 2	530	PWR	1974
33	卡尔弗特悬岩 1	825	PWR	1975
34	杜安阿诺德	538	BWR	1975
35	布朗斯弗里 2	1 118	BWR	1975
36	菲茨帕特里克	780	BWR	1975
37	科克 1	1 020	PWR	1975
38	不伦瑞克 2	754	BWR	1975
39	哈奇 1	863	BWR	1975
40	米尔斯通 2	875	PWR	1975
41	印第安角 3	965	PWR	1976
42	比弗谷 1	810	PWR	1976
43	圣露西 1	839	PWR	1976
44	布朗斯弗里 3	1 118	BWR	1977
45	卡尔弗特悬岩 2	825	PWR	1977
46	不伦瑞克 1	767	BWR	1977
47	克里斯特尔里弗 3	870	PWR	1977
48	塞勒姆 1	1 106	PWR	1977
49	法利 1	828	PWR	1977
50	北安娜 1	925	PWR	1978
51	科克 2	1 090	PWR	1978
52	戴维斯－贝瑟	877	PWR	1978
53	哈奇 2	878	BWR	1979
54	阿肯色－核 1-2	858	PWR	1980
55	北安娜 2	917	PWR	1980
56	塞利亚 1	1 147	PWR	1981
57	法利 2	838	PWR	1981
58	塞勒姆 2	1 106	PWR	1981

续表

序号	名称	发电功率 /MW	堆型	商运时间 / 年
59	麦克圭尔 1	1 100	PWR	1981
60	塞利亚 2	1 142	PWR	1982
61	萨斯奎汉纳 1	1 100	BWR	1983
62	圣奥诺弗雷 2	1 070	PWR	1983
63	圣露西 2	839	PWR	1983
64	拉萨尔县 1	1 078	BWR	1984
65	萨默尔	885	PWR	1984
66	麦克圭尔 2	1 100	PWR	1984
67	圣奥诺弗雷 3	1 080	PWR	1984
68	拉萨尔县 2	1 078	BWR	1984
69	WNP2	1 225	BWR	1984
70	萨斯奎汉纳 2	1 103	BWR	1985
71	卡勒韦	1 235	PWR	1985
72	代阿布洛峡谷 1	1 130	PWR	1985
73	卡托巴 1	1 129	PWR	1985
74	大海湾	1 204	BWR	1985
75	拜伦 1	1 105	PWR	1985
76	沃特福德 3	1 075	PWR	1985
77	沃尔夫河	1 135	PWR	1985
78	帕洛弗迪 1	1 243	PWR	1986
79	利默里克 1	1 200	BWR	1986
80	代阿布洛峡谷 2	1 160	PWR	1986
81	米尔斯通 3	1 152	PWR	1986
82	里弗本德	936	BWR	1986
83	卡托巴 2	1 129	PWR	1986
84	帕洛弗迪 2	1 243	PWR	1986
85	霍普河	1 031	BWR	1986
86	希伦·哈里斯	860	PWR	1987
87	沃格特勒 1	1 148	PWR	1987
88	拜伦 2	1 105	PWR	1987

续表

序号	名称	发电功率/MW	堆型	商运时间/年
89	佩里 1	1 205	BWR	1987
90	克林顿	930	BWR	1987
91	比弗谷 2	833	PWR	1987
92	费米 2	1 139	BWR	1988
93	帕洛费迪 3	1 243	PWR	1988
94	九英里峰 2	1 143	BWR	1988
95	布雷德伍德 1	1 120	PWR	1988
96	南得克萨斯工程 1	1 250	PWR	1988
97	布雷德伍德 2	1 120	PWR	1988
98	沃格特勒 2	1 149	PWR	1989
99	南得克萨斯工程 2	1 250	PWR	1989
100	利默里克 2	1 200	BWR	1990
101	科曼奇峰 1	1 150	PWR	1990
102	锡布鲁克	1 162	PWR	1990
103	科曼奇峰 2	1 150	PWR	1993
104	瓦茨巴 1	1 158	PWR	1996
105	贝尔丰特 1	1 213	PWR	—
106	贝尔丰特 2	1 213	PWR	—
107	瓦茨巴 2	1 177	PWR	—

资料来源：作者整理。参考王秀清主编《世界核电复兴的里程碑》，科学出版社，2008。

注：[1] BWR 为沸水堆。[2] PWR 为压水堆。

2. 法国

1973 年世界石油危机爆发后，法国政府加大了对核电建设的投入，决定把法国电力公司建设电站投资的 2/3 用于核电站建设。1974 年，法国政府又进一步决定，从 1977 年起只建核电站，不再新建火电站，火电站退役后用核电站代替。[1] 在此推动下，法国在 20 世纪 70 年代建成 6 台核电机组，80 年代建成 43 台核电机组，1990—2000 年建成 10 台核电机组。法国引进美国压水堆核电站技术建设的第一台压水堆核电机组费森海姆 1 于 1977 年 12 月投入商业运行。后经国产化，法国成为压水堆核电站设计、建造、运行大国。1980 年，法国核能发电量达 609 亿 kWh，居世界第三位，1990 年增至 3 140.81 亿 kWh。到 2000 年，法国投入商业运行的核电机组达到 59 台（表 16-112）。

[1] 马栩泉：《核能开发与应用》，化学工业出版社，2005，第 233 页。

表 16-112　2000 年法国商用核电机组情况

序号	名称	发电功率 /MW	堆型	商运时间 / 年
1	凤凰	233	LMFBR[1]	1974
2	费森海姆 1	880	PWR	1977
3	费森海姆 2	880	PWR	1978
4	比热伊 2	910	PWR	1979
5	比热伊 3	910	PWR	1979
6	比热伊 4	880	PWR	1979
7	比热伊 5	880	PWR	1980
8	当皮埃尔 1	890	PWR	1980
9	格拉夫林 B1	910	PWR	1980
10	特里卡斯坦 1	915	PWR	1980
11	特里卡斯坦 2	915	PWR	1980
12	格拉夫林 B2	910	PWR	1980
13	当皮埃尔 3	890	PWR	1981
14	特里卡斯坦 3	915	PWR	1981
15	格拉夫林 B3	910	PWR	1981
16	格拉夫林 B4	910	PWR	1981
17	特里卡斯坦 4	915	PWR	1981
18	当皮埃尔 4	890	PWR	1981
19	布莱耶 1	910	PWR	1981
20	当皮埃尔 2	890	PWR	1981
21	布莱耶 2	910	PWR	1983
22	圣洛朗 B1	915	PWR	1983
23	圣洛朗 B2	915	PWR	1983
24	布莱耶 4	910	PWR	1983
25	布莱耶 3	910	PWR	1983
26	克律亚斯 1	915	PWR	1984
27	希农 B1	905	PWR	1984
28	希农 B2	905	PWR	1984
29	克律亚斯 3	925	PWR	1984
30	格拉夫林 C5	910	PWR	1985
31	克律亚斯 4	925	PWR	1985
32	克律亚斯 2	915	PWR	1985
33	格拉夫林 C6	910	PWR	1985
34	帕吕埃尔 1	1 330	PWR	1985
35	帕吕埃尔 2	1 330	PWR	1985
36	帕吕埃尔 3	1 330	PWR	1986

续表

序号	名称	发电功率/MW	堆型	商运时间/年
37	圣阿尔邦 1	1 335	PWR	1986
38	帕吕埃尔 4	1 330	PWR	1986
39	弗拉芒维尔 1	1 330	PWR	1986
40	弗拉芒维尔 2	1 330	PWR	1987
41	圣阿尔邦 2	1 335	PWR	1987
42	希农 B3	905	PWR	1987
43	卡特农 1	1 300	PWR	1987
44	卡特农 2	1 300	PWR	1988
45	希农 B4	905	PWR	1988
46	诺让塞纳河畔 1	1 310	PWR	1988
47	贝尔维尔 1	1 310	PWR	1988
48	贝尔维尔 2	1 310	PWR	1989
49	诺让塞纳河畔 2	1 310	PWR	1989
50	彭里 1	1 330	PWR	1990
51	卡特农 3	1 300	PWR	1991
52	戈尔费什 1	1 310	PWR	1991
53	卡特农 4	1 300	PWR	1992
54	彭里 2	1 330	PWR	1992
55	戈尔费什 2	1 310	PWR	1994
56	西沃 1	1 450	PWR	1997[2]
57	西沃 2	1 450	PWR	1999[3]
58	舒兹 B1	1 455	PWR	2000
59	舒兹 B2	1 455	PWR	2000

资料来源: 作者整理。参考王秀清主编《世界核电复兴的里程碑》,科学出版社,2008。

注:[1] LMFBR 为液态金属快增殖反应堆。[2][3] 临界时间。

3. 日本

日本关西电力和东京电力于1970年前后引进美国压水堆和沸水堆核电站技术。此后,日本积极推进美国核电站技术国产化,形成自主技术体系(表16-113),成为除美国之外唯一有能力同时生产标准压水堆和沸水堆核电机组的国家。同时,针对本国能源资源匮乏以及石油危机的巨大冲击,日本加快推进核电站建设。1990年,日本核能发电量为2 022.75亿 kWh,比1980年增长1.4倍。此后,日本核电得到了较快发展,20世纪90年代又建成核电机组16台,1996—1997年东京电力开发建造的先进沸水反应堆(136.5万 kW)首次在柏崎·刘羽6号、7号机组中投入运行。到21世纪初,日本共建成、投入运行商用核电机组58台(表16-114)。

表 16-113　日本压水堆核电站开发利用进程

发展阶段	时间 / 年	项目内容	总装机容量
日本第一代 PWR 引进国外核电站技术设备国产化	1970	第一台 2 环路 PWR 机组建造，引进美国西屋公司技术	约 8 GW
	1972	国内生产第一台 PWR 机组的压力容器、蒸汽发生器等设备	
	1974	第一台 3 环路 PWR 机组建造	
	1975	国内生产堆芯构件和控制棒驱动机构	
	1979	第一台 4 环路 PWR 机组建造，采用 17×17 组件，两级再热循环汽轮机系统	
	1980	第二台 4 环路 PWR 机组建造	
日本第二代 PWR 积累第一代核电站建造、运行经验，开发研究立足于国内技术	1980	反应堆冷却剂主泵由日本国内生产；蒸汽发生器改进，堆芯构件上空腔的设计和生产	约 13 GW
	1984	冷凝器、整体压力容器封头设计	
	1985	蒸汽发生器、反应堆主泵改进；缩短建造周期（48 个月）	
	1987	Forged 环反应堆压力容器、先进控制台的设计和制造	
	1989	敦贺 1（Tsuruga-1）核电站建造	
日本第三代 PWR 改进运行性能、可靠性、安全性和经济性	1990	第一台 50 Hz PWR 机组运行	约 20 GW
	1991	先进蒸汽发生器（model 52F）、数字控制系统、发电机环路断路器的设计和制造	
	1995	52 英寸低压汽轮机叶片	
	1997	玄海 4（Genkai-4）核电站建造	

资料来源：王秀清主编《世界核电复兴的里程碑》，科学出版社，2008，第 43-44 页。

表 16-114　21 世纪初日本商用核电机组情况

序号	名称	发电功率 /MW	堆型	商运时间 / 年
1	敦贺 1	341	BWR	1970
2	美滨 1	320	PWR	1970
3	福岛 I-1	439	BWR	1971
4	美滨 2	470	PWR	1972
5	岛根 1	439	BWR	1974
6	福岛 I-2	760	BWR	1974
7	高滨 1	780	PWR	1974
8	玄海 1	529	PWR	1975
9	高滨 2	780	PWR	1975
10	滨冈 1	515	BWR	1976

续表

序号	名称	发电功率 /MW	堆型	商运时间 / 年
11	福岛Ⅰ-3	760	BWR	1976
12	美滨3	780	PWR	1976
13	伊方1	538	PWR	1977
14	福岛Ⅰ-4	760	BWR	1978
15	福岛Ⅰ-5	760	BWR	1978
16	东海2	1 056	BWR	1978
17	滨冈2	806	BWR	1978
18	大饭1	1 120	PWR	1979
19	普贤ATR	148	HWLWR	1979
20	福岛Ⅰ-6	1 067	BWR	1979
21	大饭2	1 120	PWR	1979
22	玄海2	529	PWR	1981
23	伊方2	538	PWR	1982
24	福岛Ⅱ-1	1 067	BWR	1982
25	福岛Ⅱ-2	1 068	BWR	1984
26	女川1	498	BWR	1984
27	川内1	846	PWR	1984
28	高滨3	830	PWR	1985
29	高滨4	830	PWR	1985
30	福岛Ⅱ-3	1 067	BWR	1985
31	柏崎·刈羽1	1 067	BWR	1985
32	川内2	846	PWR	1985
33	敦贺2	1 115	PWR	1987
34	福岛Ⅱ-4	1 067	BWR	1987
35	滨冈3	1 056	BWR	1987
36	岛根2	791	BWR	1989
37	泊1	550	PWR	1989
38	柏崎·刈羽2	1 067	BWR	1990
39	柏崎·刈羽5	1 067	BWR	1990
40	泊2	550	PWR	1991
41	大饭3	1 127	PWR	1991
42	大饭4	1 127	PWR	1993
43	志贺1	513	BWR	1993
44	柏崎·刈羽3	1 067	BWR	1993
45	滨冈4	1 092	BWR	1993
46	玄海3	1 127	PWR	1994

续表

序号	名称	发电功率 /MW	堆型	商运时间 / 年
47	柏崎·刈羽 4	1 067	BWR	1994
48	伊方 3	846	PWR	1994
49	文殊 FBR	280	LMFBR	1994[1]
50	女川 2	796	BWR	1995
51	柏崎·刈羽 6	1 315	BWR	1996
52	玄海 4	1 127	PWR	1997
53	柏崎·刈羽 7	1 315	BWR	1997
54	女川 3	796	BWR	2002
55	东通 1	1 067	BWR	2005
56	志贺 2	1 304	BWR	2006
57	泊 3	866	PWR	2008
58	滨冈 5	1 325	BWR	—

资料来源：作者整理。参考王秀清主编《世界核电复兴的里程碑》，科学出版社，2008。

注：[1] 临界时间。

4. 加拿大

加拿大在 20 世纪 60 年代坎杜型（CANDU）原型堆运行成功后，开始较大规模地开发、建造商用坎杜型重水堆，于 1971—1973 年在皮克灵核电站建成 4 台单机净功率为 51.5 万 kW 的核电机组。在此基础上经过改进，1976—1979 年又陆续在布鲁斯核电站建成 4 台净功率为 76.9 万 kW 的核电机组。到 20 世纪 90 年代初，加拿大共建成 22 台核电机组（表 16-115），均为坎杜型重水堆。

加拿大从 20 世纪 70 年代初开始向巴基斯坦和印度出口核电机组，随后又向韩国、阿根廷、罗马尼亚出口 7 台核电机组。中国秦山第三核电站 2 台 72.8 万 kW 机组也采用坎杜堆 6 型。①

表 16-115　加拿大商用核电机组情况

序号	名称	发电功率 /MW	堆型	商运时间 / 年
1	皮克灵 1	515	PHWR[1]	1971
2	皮克灵 2	515	PHWR	1971
3	皮克灵 3	515	PHWR	1972
4	皮克灵 4	515	PHWR	1973
5	布鲁斯 1	769	PHWR	1977
6	布鲁斯 2	769	PHWR	1977
7	布鲁斯 3	769	PHWR	1978
8	布鲁斯 4	769	PHWR	1979
9	莱普罗角	650	PHWR	1983
10	皮克灵 5	516	PHWR	1983

---

① 陈刚主编《世界原子能法律解析与编译》，法律出版社，2011，第 18 页。

续表

序号	名称	发电功率 /MW	堆型	商运时间 / 年
11	根蒂莱 2	635	PHWR	1983
12	皮克灵 6	516	PHWR	1984
13	布鲁斯 6	785	PHWR	1984
14	皮克灵 7	516	PHWR	1985
15	布鲁斯 5	785	PHWR	1985
16	皮克灵 8	516	PHWR	1986
17	布鲁斯 7	785	PHWR	1986
18	布鲁斯 8	785	PHWR	1987
19	达灵顿 2	881	PHWR	1990
20	达灵顿 1	881	PHWR	1992
21	达灵顿 3	881	PHWR	1993
22	达灵顿 4	881	PHWR	1993

资料来源: 作者整理。参考王秀清主编《世界核电复兴的里程碑》，科学出版社，2008。

注：[1] PHWR 为重水堆。

5. 韩国

韩国于 1959 年设立原子能研究所，1962 年制订核电发展计划，同年第一座核反应堆达到临界。1971 年，开始动工兴建第一座核电站——古里核电站，其第一台机组于 1978 年投入商业运营。20 世纪 80 年代，韩国加快发展核电站，共建成、运行 8 台核电机组。1990 年核能发电量 528.87 亿 kWh。此后，韩国还建造了 10 多台核电机组（表 16–116）。

表 16–116　韩国商用核电机组情况

序号	名称	发电功率 /MW	堆型	商运时间 / 年
1	古里 1	556	PWR [1]	1978
2	月城 1	629	PHWR [2]	1983
3	古里 2	605	PWR	1983
4	古里 3	895	PWR	1985
5	古里 4	895	PWR	1985
6	桂马 1	900	PWR	1986
7	桂马 2	900	PWR	1987
8	蔚珍 1	920	PWR	1988
9	蔚珍 2	920	PWR	1989
10	桂马 3	950	PWR	1995
11	桂马 4	950	PWR	1996
12	月城 2	650	PHWR	1997
13	月城 3	650	PHWR	1998
14	蔚珍 3	950	PWR	1998

续表

序号	名称	发电功率 /MW	堆型	商运时间 / 年
15	蔚珍 4	950	PWR	1999
16	月城 4	650	PHWR	1999
17	桂马 5	950	PWR	2002
18	桂马 6	950	PWR	2002
19	蔚珍 5	950	PWR	2004
20	蔚珍 6	950	PWR	2005

资料来源：作者整理。参考王秀清主编《世界核电复兴的里程碑》，科学出版社，2008。

注：[1] PWR 为压水堆。[2] PHWR 为重水堆。

6. 中国

1984 年，中国开工建设具有自主知识产权的第一座核电站——秦山核电站，于 1991 年投入运行一期。[①] 它采用压水堆技术，总装机容量为 290 万 kW。1994 年，中国大陆第二座核电站——大亚湾核电站投入运行。它引进国外技术和资金，在广东深圳市大鹏半岛兴建，是中国第一座大型商用核电站。此后，中国还在大亚湾核电站侧面建成岭澳核电站，两者总装机容量为 612 万 kW。2015 年，中国在福建福清、广西防城港分别建设具有自主知识产权的第三代核电项目——"华龙一号"核电示范项目，是继美国、法国、俄罗斯之后世界上第四个掌握第三代核电技术的国家。[②] 中国还开发出第四代核电技术，建成了实验快堆。中国自主开发的第三代百万 kW 级核电技术"华龙一号"出口到巴基斯坦等国，标志着中国从核电大国迈向核电强国。

（三）反核运动的冲击

核能具有许多优点，同时也存在潜在危险，诸如核辐射、核污染。第二次世界大战时，美国在日本广岛、长崎投下两颗原子弹，彻底摧毁了这两座城市，死亡 30 多万人，导致广岛、长崎长期成为核污染区。人们认识到核能对人类的威胁以及对自然环境的巨大破坏，许多人对核武器、核电站产生很深的恐惧、抵触情绪。

1. 核电站事故

1979 年 3 月 28 日，美国宾夕法尼亚州三哩岛压水堆核电站 2 号堆由于管理不善、操作不当，发生严重的放射性物质泄漏事故。在这起事故中，反应堆中的大部分核燃料元件受到损坏，有的甚至已熔化，放射性的裂变产物泄漏到反应堆的安全壳内。事故发生后，美国核管理委员会对该核电站及其周围环境进行了全面的监测。从监测结果看，有一部分放射性气体和液体漏入反应堆冷却系统和反应堆建筑物，有少数漏入反应堆辅助建筑物和水环境（表 16–117）。总体上，该事故中释放到环境中的放射性是比较少的。[③]

---

① 夏征农、陈至立主编《大辞海·能源科学卷》，上海辞书出版社，2013，第 37 页。

② 中共中央组织部干部教育局：《领航中国》第 2 版，党建读物出版社，2017，第 141 页。

③《中国大百科全书》总编委会：《中国大百科全书·第 19 卷》第 2 版，中国大百科全书出版社，2009，第 93 页。

表 16-117　美国三哩岛核电事故中放射性释放情况

放射性泄漏环境	放射性释放份额	
	气体	液体
漏入反应堆冷却系统	70% 惰性气体	30% 碘 50% 铯 2% 锶 2% 钡
漏入反应堆建筑物	70% 惰性气体 0.6% 碘 < 1% 铯	20% 碘 4% 铯 1% 锶 1% 钡
漏入反应堆辅助建筑物	5% 惰性气体 10^{-4}% 碘	3% 碘 3% 铯
漏入水环境	5% 惰性气体 10^{-5}% 碘	—

资料来源: 作者整理。参考《中国大百科全书》总编委会:《中国大百科全书·第 19 卷》第 2 版, 中国大百科全书出版社, 2009。

1986 年 4 月 26 日, 苏联切尔诺贝利核电站 4 号机组发生 20 世纪核电史上最严重的核事故。当时, 4 号机组由于运行人员多次严重违反操作规程而使堆芯受到破坏, 导致 4 号反应堆的链式反应失去控制, 冷却系统全部损坏, 进而发生几次爆炸。爆炸产生了巨大火球, 熊熊烈火高达 30 m, 放射性烟雾高达千米, 大量放射性物质外泄, 随烟雾飘散到整个北半球。从 4 月 26 日到 5 月 5 日, 事故释放出的放射性高达 1.85×10^{14} Bq, 约占事故发生当时反应堆内放射性核素总量的 3.5%, 而碘 –131 则占了总量的 20%, 达到 3.7×10^{13} Bq。事故造成 30 人死亡, 其中 28 人死于过量的辐射照射, 另 2 人死于爆炸。[1]

10 年（1996 年）后, 在欧洲委员会、世界卫生组织和国际原子能组织的召集下, 来自 71 个国家的 800 位专家举行了一个名为 "十年后的切尔诺贝利" 的旨在研讨核污染严重危害后果的专业学术会议, 对切尔诺贝利事故的严重性及其后果做了评价。基本评价结论如下[2]:

在核事故发生后的 10 天里, 高达 12 万亿放射性国际单位(Bq)的放射性物质被释放到外部环境中, 所释放的放射性物质在整个北半球各地都可以检测到;

切尔诺贝利大火爆炸释放到地球大气层中的放射性物质是广岛原子弹爆炸的 400 倍;

在切尔诺贝利核事故中有 20 万人成为 "放射性人", 他们是 1986 年事故发生时到 1987 年在一线工作的或参与行政工作的地方警察、消防员、军人和志愿者, 后期 "放射性人" 的登记人数上升到 60 万~ 80 万, 其中很多登记人受到低剂量的放射性照射;

最初划定围绕反应堆的半径为 30 km 的 "无人区", 事故后 1 个月内疏散了 116 000 人, 稍后带高放射性的 "无人区" 扩大到 4 300 km² 的区域;

事故后食用钾碘药片和碘药片的人数达到 530 万, 其中 160 万是儿童;

[1]《中国大百科全书》总编委会:《中国大百科全书·第 18 卷》第 2 版, 中国大百科全书出版社, 2009, 第 56 页。
[2] 阎政:《美国核法律与国家能源政策》, 北京大学出版社, 2006, 第 60-63 页。

在受影响地区，到 1995 年底 15 岁以下的儿童患甲状腺癌的有 800 例（其中 3 例死亡），同样原因造成的成人甲状腺癌病例估计为数千人；

低水平放射性沾染将保持数十年，周边 3 个国家的 30 000 km² 面积受到相对而言高水平的铯 –137 沾染（超过每平方米 185 kBq），铯 –137 的半衰期是 30 年。

2011 年，日本发生福岛核电站事故。

由于核能的潜在威胁以及曾发生的核电事故，公众谈核色变。欧美国家的人民掀起了旷日持久的反核运动。

2. 美国反核运动

1988 年，美国沃特对《读者期刊指南（1980—1986）》中关于军用和民用核电正面、负面的文章进行统计分析，结果显示：1968 年以前，正面标题的文章数量多于负面的；从 1968 年开始，负面标题的文章数量日益超过正面标题的，占据支配地位；到 20 世纪 80 年代，负面标题的文章数量以大于 20∶1 的比例超过正面标题的（图 16-7）。其中的原因是，核电的反对者成功地说服大众媒体的撰稿人，让他们相信核电的未来不是高山上的闪光之城，而是死亡、破坏和债务。[1]

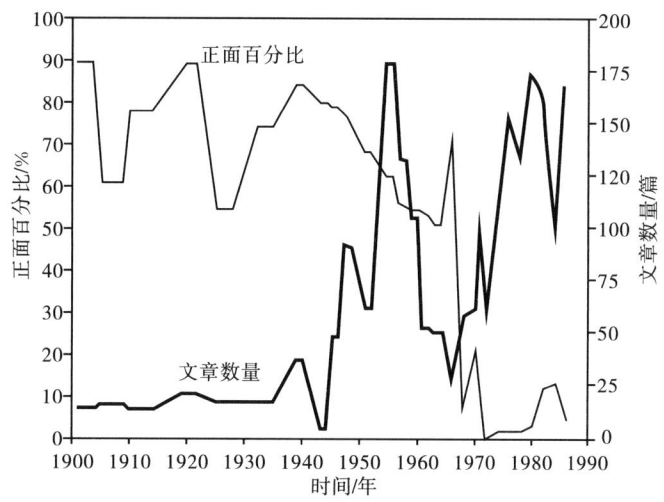

图 16-7　关于民用核电的文章年度总数和编码为正面基调的文章占总数的百分比

资料来源：弗兰克·鲍姆加特纳、布赖恩·琼斯：《美国政治中的议程与不稳定性》，曹堂哲、文雅译，北京大学出版社，2011，第 59 页。

注：图中没有标示负面文章百分比的曲线。图中正面文章百分比加上负面文章百分比之和等于 100%。负面文章百分比 = 100%–正面文章百分比。

20 世纪 40 年代后期，核电议题在美国国会议程中出现后，负面基调的主题数量（件）从 20 世纪 60 年代中后期开始急剧上升，到 1979 年三哩岛核电站事故发生时达到顶峰（图 16-8）。

---

[1] 弗兰克·鲍姆加特纳、布赖恩·琼斯：《美国政治中的议程与不稳定性》，曹堂哲、文雅译，北京大学出版社，2011，第 59–60 页。

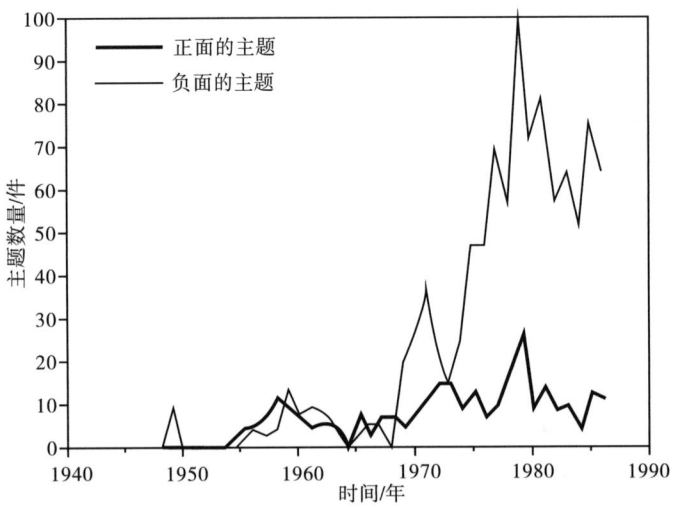

图16-8　美国国会核电听证中负面基调的增长

资料来源：弗兰克·鲍姆加特纳、布赖恩·琼斯：《美国政治中的议程与不稳定性》，曹堂哲、文雅译，北京大学出版社，2011，第69页。

与此同时，美国关注核电问题的议定场所也相继替代（表16-118）：1965年之前，核电问题被AEC/JCAE严格控制；1965—1969年，AEC内部、媒体、国会开始关注；20世纪70年代，议定场所或主体增加了地区法院、科学家联盟、加利福尼亚州、公众等。这反映了不同层级核电政策系统的不断更替，也表明了不同层次公众对核电的关注与反对。总体而言，反对的基调随着美国核电工业的演进而不断强化。

表16-118　美国核电政策次级系统消亡的轨迹：核电议定场所的相继替代

时间	事件
1965年之前	被AEC/JCAE严格控制；正面的形象
1965年	AEC内部对安全问题的质疑
1966年	管制行为加快；媒体报道增加
1968年	负面报道超过正面报道
1969年	国会负面听证会数量超过正面听证会
1971年	地区法院规定EIS向AEC提出申请
1972年	关注科学家联盟，开始卷入许可听证
1972年	加利福尼亚州反核开始
1973年	Nader法庭诉讼
1974年	AEC被重新组建进入NRC和ERDA
1974年之后	只建了15个核电厂
1975年	核电股票价格滑落到最低点后无法反弹，国会听证年均超过40次
1977年	原子能联合委员会解散
1978年	公众对于建立地方核电站的舆论转向负面
1979年	三哩岛核电站事故
1979年	公众对于核电的舆论转向负面

资料来源：弗兰克·鲍姆加特纳、布赖恩·琼斯：《美国政治中的议程与不稳定性》，曹堂哲、文雅译，北京大学出版社，2011，第74-75页。

由于受到反核制约，从 1977 年开始，美国没有安排建设任何新的核电厂，一百多个先前计划好的核电厂项目也被迫放弃或取消。1989 年，《财富》杂志第一期以 "商业史上最大的管理灾难" 为题描绘了核电项目的失败。[1]2013 年，美国永久性关闭 4 座核反应堆，分别为杜克能源公司的水晶河单机组核电站退役，圣奥诺弗雷在南加利福尼亚州爱迪生公司的 2 台机组退役，道明尼公司在威斯康星州的基沃尼单机组核电站关闭。[2]

3. 欧洲反核运动

在欧洲，反核运动持续不断。切尔诺贝利核事故发生前，1983—1985 年德国、法国、瑞士、荷兰等 4 个西欧国家每季度的反核运动抗议事件大多在 5 件以下（图 16-9）。1985 年，德国的反核抗议事件数增加，主要是出现了大规模反对在巴伐利亚建设核再处理工厂的抗议运动。1986 年切尔诺贝利核事故引起德国公众的注意，反核运动抗议事件数在乌克兰事件前不到一个月以一场 8 万人的示威达到高潮。[3]

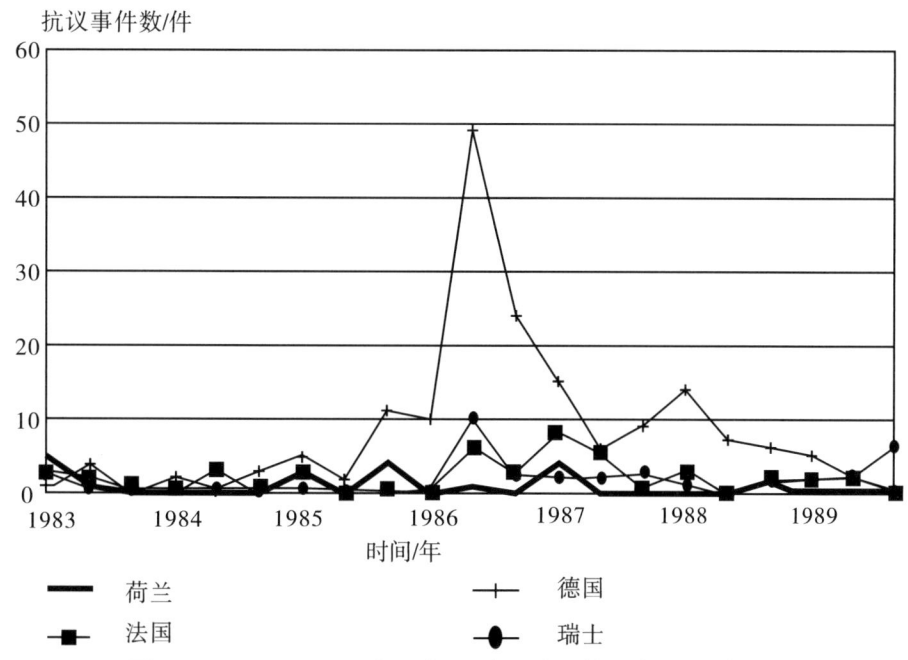

图 16-9　1983—1989 年西欧四国每季度反核运动的抗议事件数

资料来源：汉斯彼得·克里西、鲁德·库普曼斯、简·威廉·杜温达克、马可·G.朱格尼：《西欧新社会运动》，张峰译，重庆出版社，2006，第 172 页。

1978—1987 年，欧洲各国反核呼声有增无减（表 16-119）。1987 年与 1978 年相比，除法国和比利时的反核舆论规模减小之外，瑞士、德国、荷兰、英国、意大利和丹麦均增长，其中英国、意大利和丹麦的增长率分别高达 33%、70% 和 52%。

① 弗兰克·鲍姆加特纳、布赖恩·琼斯：《美国政治中的议程与不稳定性》，曹堂哲、文雅译，北京大学出版社，2011，第 56 页。

② 黄晓勇主编《世界能源发展报告（2014）》，社会科学文献出版社，2014，第 293-294 页。

③ 汉斯彼得·克里西、鲁德·库普曼斯、简·威廉·杜温达克、马可·G.朱格尼：《西欧新社会运动》，张峰译，重庆出版社，2006，第 174 页。

表 16-119　1978—1987 年西欧各国关于核能源的舆论变化[1]

国家	1978 年	1987 年	1978—1987 年的变化
法国	2	-3	-5
瑞士	-2	10	12
德国	11	19	8
荷兰	26	27	1
比利时	12	6	-6
英国	-32	1	33
意大利	-24	46	70
丹麦	-3	49	52

资料来源：汉斯彼得·克里西、鲁德·库普曼斯、简·威廉·杜温达克、马可·G.朱格尼：《西欧新社会运动》，张峰译，重庆出版社，2006，第 180 页。

注：[1] 表中数字指在公众调查中，认为核能源的风险不可接受的百分比减去认为核能源合算的百分比的差额。

反核运动使欧洲的核电发展受到严重影响。以 1974 年核电发展计划与 1988 年核电实现情况进行比较，除法国和比利时超额完成计划之外，瑞士、德国、荷兰、英国、意大利和丹麦均没有完成计划（表16-120）。其中，意大利、丹麦、奥地利和爱尔兰等国家开始禁用核能。

表 16-120　20 世纪 70—80 年代西欧各国整个电力生产中核能源的计划份额和实现份额

国家	1974 年计划 /%	1988 年实现 /%	计划实现的百分比 /%
法国	68	70	103
瑞士	44	37	84
德国	47	34	72
荷兰	43	5	11
比利时	50	66	132
英国	43	19	44
意大利	43	0	0
丹麦	23	0	0

资料来源：汉斯彼得·克里西、鲁德·库普曼斯、简·威廉·杜温达克、马可·G.朱格尼：《西欧新社会运动》，张峰译，重庆出版社，2006，第 182 页。

德国迫于国内强大的环保组织压力和公众对于核安全的忧虑，尤其是受到因将核废料运往法国处理后再运回国内储存所引发的大规模抗议活动的影响，出台了名为《2002 年有序结束利用核能进行行业性生产电能法》的新法案，成为核电大国中首个也是唯一的在法律中确立"逐步淘汰核电政策"的国家。2003 年 11 月，德国永久性关闭 1972 年投入使用的发电功率为 660 MW 的施塔德核电站。根据新法案，德国将在 2020 年前陆续关闭其余 18 座核电站，并且不再批准建设新的核电站。[1] 受此影响，德国核电总发电量 2010 年为 31.8 百万 toe，2011 年降至 24.4 百万 toe，2012 年又下降至 22.5 百万 toe。[2]

2004 年欧盟东扩时，欧盟候选国中有 8 个是核能国家。其中，罗马尼亚以及斯洛文尼亚和克罗地亚（注：斯洛文尼亚和克罗地亚共有南斯拉夫核能遗产——克尔斯科核电站）的核电站技术是从加拿大和美国引进的，其他 5 个国家拥有不同型号的俄制反应堆（表 16-121）。欧盟在各入盟伙伴关系条约中要求关停以下核设施：一是科兹洛杜伊 1～4 号机组；二是伊格纳利纳核电站；三是波湖尼斯 1 号和 2 号机组。欧盟要求关停这三座核电站，对这三个相关国家的经济生活产生重要影响，如伊格纳利纳核电站生产的电量约占立陶宛电力需求的 85%。因此，保加利亚、立陶宛和斯洛伐克在很长时间内都尽力推迟关闭核电站的时间。[3]

表 16-121　部分国家核电站技术简况

国家	地点	型号
保加利亚	科兹洛杜伊	WWER 440-23（1～4 号机组） WWER 1000-320（5、6 号机组）
立陶宛	伊格纳利纳	RBMK（两个切尔诺贝利型号反应堆）
斯洛伐克	波湖尼斯 莫霍夫奇	WWER 440-230（2 个机组） WWER 440-213（2 个机组） WWER 440-213
捷克共和国	杜科瓦尼 泰梅林	WWER 213（4 个反应堆） WWER 1000（2 个反应堆） （加西方技术）
匈牙利	帕克斯	WWER 440-213（4 个反应堆）

资料来源：马丁·赛迪克、米歇尔·施瓦青格：《欧盟扩大——背景、发展、史实》，卫延生译，中央编译出版社，2012，第 233 页。

20 世纪末，全球有 30 多个国家和地区共 436 座（1999 年数据，下同）核电机组在运行，装机容量约为 3.5 亿 kW，核能发电量为 23 946 亿 kWh，约占所需全部电能的 1/4。[4]

（四）核电发展的探索

从核能发现之日起，对核能的应用与反对便伴生在一起。为使核能更好地造福人类，世界各国进行了漫长的探索，推动核电的开发和利用朝着更加经济、安全、环保、高效的方向发展（图 16-10）。

① 陈刚主编《世界原子能法律解析与编译》，法律出版社，2011，第 45 页。
② 黄晓勇主编《世界能源发展报告（2014）》，社会科学文献出版社，2014，第 6 页。
③ 马丁·赛迪克、米歇尔·施瓦青格：《欧盟扩大——背景、发展、史实》，卫延生译，中央编译出版社，2012，第 233-234 页。
④ 刘洪涛等：《人类生存发展与核科学》，北京大学出版社，2001，第 60 页。

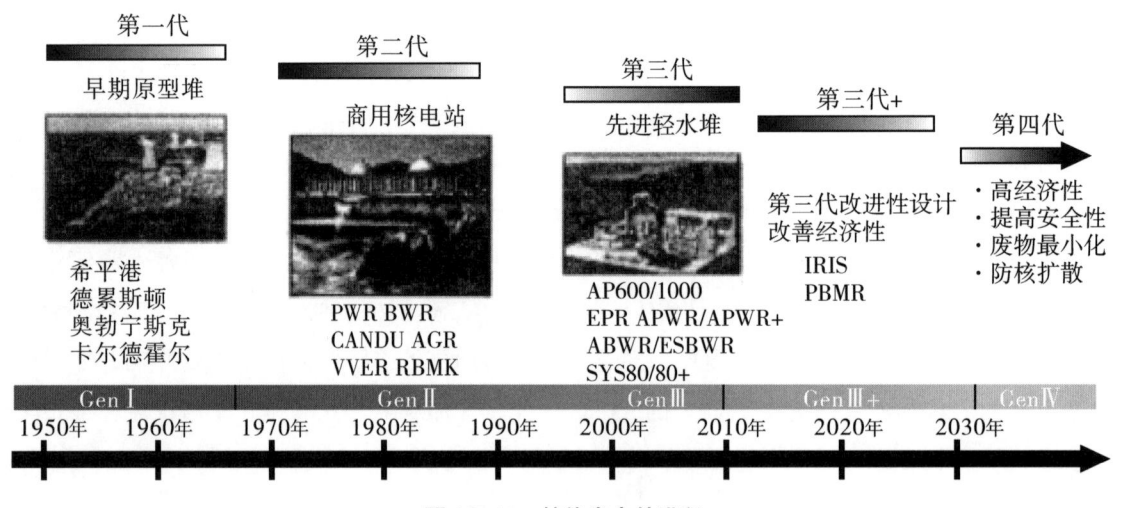

图 16-10 核能发电的进程

资料来源：中国电气工程大典编辑委员会：《中国电气工程大典·第6卷》，中国电力出版社，2009，第21页。

1. 核电技术的开发

核能包括核裂变能和核聚变能两种。人类现有核能发电都是通过核裂变反应而实现的，核聚变能的开发还处于研究阶段。从1951年美国建成的世界第一个核反应堆开始发电至今，核裂变能发电经历了原型核电站、商用核电站、先进核电站三个阶段，同时研发了新一代核电站。与各阶段相对应的核能发电技术被称为第一代、第二代、第三代、第四代核能系统。

（1）第一代核能系统

第一代核能系统主要是20世纪50—60年代开发的实验堆、原型堆核电站技术（表16-122）。主要功能是通过实验堆、原型堆的试验、示范，检验核电技术在工程实施中的可行性，为商业核电站的发展积累原始技术参数。1951年12月20日，美国爱达荷州阿贡国家实验室增殖堆1号首次千瓦级发电，这是人类首次利用核电。1954年6月，苏联建成世界第一座试验堆核电站。

表 16-122 各种热中子动力堆型的实验堆[1]

堆型	堆名	国家	热功率/MW	发电功率/MW	建成时间/年	关闭时间/年
沸水堆	EBWR	美国	100	5	1956	1967
	VBWR	美国	50	5	1957	1963
	Kahl	德国	60	15	1961	1985
重水堆	NPD	加拿大	96	25	1962	1987
	MZFR	德国	200	58	1966	1984
	Agesta	瑞典	80	12+供热	1964	1974
重水气冷堆	EL-4	法国	242	75	1967	1985
	Lucens	瑞士	35	9	1968	1969
重水沸水堆	SGHWR	英国	330	9 100	1967	1990
重水有机堆	WR-1	加拿大	60	0	1965	1985
液体均匀堆	HRE-1	美国	—	0	1953	1954
	HRE-2	美国	5	0	1958	1961

续表

堆型	堆名	国家	热功率 /MW	发电功率 /MW	建成时间 / 年	关闭时间 / 年
熔盐堆	MSRE	美国	7.4	0	1967	1969
轻水增殖堆	Shippingport-2	美国	240	72	1977	1982
有机慢化堆	Piqua	美国	45.5	12	1963	1966
石墨钠冷堆	SRE	美国	30	8	1957	1964
高温气冷堆	Peach Bottom	美国	115	40	1967	1974
	Dragon	英国	20	0	1966	1976
	AVR	德国	46	15	1967	1988

资料来源：马栩泉：《核能开发与应用》，化学工业出版社，2005，第 206 页。

注：[1] 本表仅列举具有代表性的实验堆，包括少数带有原型性质者。

（2）第二代核能系统

第二代核能系统在第一代核能系统的基础上，着眼于商业应用，推进反应堆技术朝标准化、系统化、规模化发展。1956 年 5 月，英国建成世界第一座商用天然铀石墨气冷堆核电站。1957 年 12 月，美国建成世界第一座商用压水堆核电站。1960 年，美国建成世界第一座商用沸水堆核电站。1962 年，英国建成世界第一座先进气冷反应堆。到 2005 年，全球商业运行核电站 441 座（表 16-123）。其中，压水堆 268 座，占 60.8%；沸水堆 94 座，占 21.3%；气冷堆 23 座，占 5.2%；压力管式重水堆 40 座，占 9.1%；轻水石墨堆 12 座，占 2.7%；快中子堆 4 座，占 0.9%。

表 16-123　2005 年全球商用核电站反应堆类型

反应堆类型	主要国家	数量 / 座	电功率 /MW	燃料	冷却剂	慢化剂
压水堆（PWR）	美国、法国、日本、俄罗斯	268	249	浓缩 UO_2	水	水
沸水堆（BWR）	美国、日本、瑞典	94	85	浓缩 UO_2	水	水
气冷堆（Magnox 和 AGR）	英国	23	12	天然铀（金属）浓缩 UO_2	CO_2	石墨
压力管式重水堆（CANDUPHWR）	加拿大	40	22	天然 UO_2	重水	重水
轻水石墨堆	俄罗斯	12	12	浓缩 UO_2	水	石墨
快中子堆（FBR）	日本、法国、俄罗斯	4	1	PuO_2 和 UO_2	液态钠	无
总计		441	381	—	—	—

资料来源：中国电气工程大典编辑委员会：《中国电气工程大典·第 6 卷》，中国电力出版社，2009，第 10 页。

压水堆最初是美国西屋公司为军用航船设计的，1957 年，美国建成第一座商用压水堆核电站——希平港核电站。到 20 世纪 70 年代初，美国先后建造一批压水堆核电站，单堆电功率达 1 200 MW。德国西门子 KWU 公司、法国法马通公司、日本三菱公司等先后引进美国技术，开发压水堆商用核电站。

沸水堆最初是由美国通用电气公司设计的，1960 年美国伊利诺伊州建成第一座商用沸水堆核电站。通用电气公司前后设计了从 BWR-1 到 BWR-6 六种型号的沸水堆核电站（表 16-124），输出电功率为 210 ～ 1 100 MW。BWR-1 以德累斯顿－Ⅰ 为代表，BWR-2 首次采用直接循环，BWR-3 首次采用堆内喷射泵及再循环流量功率调节，BWR-4 发电功率首次突破 1 000 MW，BWR-5 开始采用高压堆芯喷淋系统，BWR-6 安全壳采用 Mark-Ⅲ。[①] 日本东芝公司、德国西门子 KWU 公司等先后引进通用电气公司的技术，开发商用沸水堆核电站。

表 16-124　典型沸水堆核电站参数

参数	BWR-1 （德累斯顿－Ⅰ）	BWR-2 （奥斯特克莱格）	BWR-3 （德累斯顿－Ⅱ）	BWR-4 （布朗费里）	BWR-5	BWR-6
发电功率 /MW	210	670	809	1 098	1 100	1 100
热功率 /MW	680	1 930	2 530	3 300	3 293	3 292
燃料装量 /t	57.6	124.0	138.0	167.0	163.8	132.0
燃料组件数	464	560	724	764	840	764
燃料棒直径 /mm	—	14.5	14.0	14.0	—	10.3
排列	5×5	6×6	7×7	7×7	7×7	8×8
平均热功率密度 /（kW/L）	31.2	33.6	41.1	50.7	—	52.0
燃耗深度 /（MWd/tU）	12 000	15 000	19 000	19 000	—	39 000
安全壳形式	钢	—	预应力	预应力	预应力	Mark-Ⅲ
冷却剂压力 /MPa	6.96	6.96	6.86	6.76	7.03	7.16
入口温度 /℃	263.0	273.0	—	—	215.5	215.5
出口温度 /℃	268.0	286.0	302.0	饱和	—	286.0
环路数	4	5	2	—	2	2
循环形式	双循环	直接循环	直接循环	直接循环	直接循环	内置式直接循环
控制棒数	—	137	177	185	185	185

资料来源：中国电气工程大典编辑委员会：《中国电气工程大典·第 6 卷》，中国电力出版社，2009，第 13 页。

压力管式（CANDU 型）重水堆最早是由加拿大原子能公司开发的。1971 年，加拿大建成首座商用压力管式重水堆——皮克灵 1 号机组。此后，进行了一系列技术完善与创新，诸如取消慢化重水排放罐，增加液体毒物停堆系统，扩大设备容量等，先后推出以 Gentily-2 为代表的 CANDU-600，以 Bruce B 为代表的 CANDU-900，在 CANDU-600 上改进的 CANDU-6 等重水堆。

石墨气冷堆最早于 1956 年在英国建成。1963 年，在英国温德斯凯尔建成发电功率为 28 MW 的原型堆。此后，英国、法国等国家在不具备铀同位素分离能力的条件下，大量建造这种类型的核电站。但是，与轻水堆相比，气冷堆的建造费用和发电成本高，到 20 世纪 70 年代末已停止兴建。

---

① 中国电气工程大典编辑委员会：《中国电气工程大典·第 6 卷》，中国电力出版社，2009，第 12-13 页。

石墨水冷堆核电站主要在苏联建造，1954 年 6 月，苏联建成第一座石墨水冷堆核电站——奥勃宁斯克核电站，发电功率为 5 000 kW。此后，相继建成 20 多座电功率为 100 MW、250 MW、700 MW、925 MW、1 380 MW 的核电站。切尔诺贝利核事故后，这类核电站被关闭、停建。

世界上绝大部分商用核电站都是第二代核能系统。世界上大部分第二代核电站是单机容量为 600 ~ 1 400 MW 的标准型商用核电站，最大的单机功率为 150 万 kW，总的运行业绩达到上万个堆年。其间，出现了三次较大或重大的事故，即三哩岛核电站事故、切尔诺贝利核电站事故和福岛第一核电站事故。

（3）第三代核能系统

与第二代核能系统相比，第三代核能系统的主要特性是更加注重核能发电的安全性，把核电安全列为核电发展的重中之重，是首要参考因素，旨在着力提高第二代核能系统的安全性。第三代核能系统的基本要求包括机组额定电功率、核电站设计寿命、严重事故下大量放射性物质释放到环境的频率等（表 16-125）。

表 16-125　第三代核能系统的基本要求

项目	性能要求
机组额定电功率	> 1 000 MW
核电站设计寿命	60 年
机组的可利用率	≥ 87%
控制系统	采用全数字化仪控系统及先进控制室
发电机组	采用半转速汽轮发电机组
堆芯热工安全余量	> 15%
堆芯损伤概率（CDF）	$< 10^{-5}$ 堆年
严重事故下大量放射性物质释放到环境的频率（LERF）	$< 10^{-6}$ 堆年
职业辐照集体剂量	< 1 人·Sv·年
换料周期	18 ~ 24 月
建造周期	48 ~ 52 月
基础价	< 1 000 美元 /kW
发电成本	< 3 美分 /kWh

资料来源：作者整理。参考中国电气工程大典编辑委员会：《中国电气工程大典·第 6 卷》，中国电力出版社，2009。

早在 20 世纪 70 年代中期，美国开展了对于核电严重事故的研究。1975 年，WASH-1400 报告首次将概率安全分析技术应用到核电厂；首次指出核电站存在的风险并非主要来自设计基准事故，而是导致堆芯熔化的严重事故；首次建立了安全壳失效模式和放射性物质释放模式。[1]

三哩岛核电站和切尔诺贝利核电站发生严重事故后，为消除人们对核电安全的忧虑，推动核电复兴，美国主要的电力公司邀集社会各界于 1990 年编写、出版了相关轻水堆核电站的《电力公司要求》文件，并于 1994 年出版美国核监管委员会直接介入的详细介绍各类先进轻水堆审评的安全评价报告。与此同时，欧盟也于 1996 年出台了《欧洲电力公司要求》文件。一些发达国家的核电设备供应商根据上述各种要求，先后开发符合《电力公司要求》文件、具备严重事故预防和缓解措施的先进轻水堆核

---

[1] 中国电气工程大典编辑委员会：《中国电气工程大典·第 6 卷》，中国电力出版社，2009，第 22 页。

电厂。在此推动下，从 20 世纪 70 年代末开始，各国先后致力于开发先进压水堆（表 16-126）、先进沸水堆、先进重水堆等第三代核电技术。

表 16-126　几种先进压水堆主要参数对比

参数	AP1000	EPR	APR1400	APWR/APWR+
热功率 /MW	3 400	4 600	4 000	4 450/5 000
电功率 /MW	1 117	1 660	1 450	1 530/1 750
环路数	2（冷段 4）	4	2（冷段 4）	4
燃料组件	157	241	241	257
活性区高度 /m	4.27	4.20	3.81	3.66/4.27
线功率密度 /（kW/m）	18.70	16.37	18.40	16.40/15.80
进出口温度 /℃	280.7 ～ 321.1	295.6 ～ 327.8	291.0 ～ 324.0	280.2 ～ 325.0/ 284.3 ～ 326.7
环路流量 /（m³/h）	2×17 884	28 326	2×18 900	25 800
冷却剂压力 /MPa	15.5	15.5	15.5	15.4
蒸汽压力 / 温度 /（MPa/℃）	5.27/272.9	7.7/292.8	7.03	6.1/7.0
换料周期 / 月	18 ～ 24	18 ～ 24	18	18 ～ 24

资料来源: 中国电气工程大典编辑委员会:《中国电气工程大典·第 6 卷》，中国电力出版社，2009，第 23 页。

美国核管理委员会于 1999 年为 AP600 反应堆的设计颁发设计证书。但是，第一座 AP600 的基础价约为 1 500 美元 /kW，比美国市场中竞争所需的 1 000 美元 /kW 贵得多。于是又开发 AP1000（表 16-127），AP1000 是在 AP600 的基础上开发的。2004 年，AP1000 机组通过美国核管理委员会的最终设计认证和最终安全评估报告。与 AP600 相比，AP1000 总的新增成本在 10% 左右，而总的功率增加超过 70%，从而使每千瓦的基础价大大减少。[1]

表 16-127　AP600 和 AP1000 主要参数比较

参数	AP600	AP1000
电功率 /MW	610	1 117
热功率 /MW	1 933	3 400
出口温度 /℃	315.6	321.1
堆芯元件组件数 / 元件活性段长度 /（盒 /m）	145/3.658	157/4.267
堆芯线功率密度 /（W/cm）	134.5	187.3
反应堆压力容器内径 /m	3 989	3 989
反应堆冷却剂流量 /（m³/h）	46 328	68 132
稳压器容积 /m³	45.3	59.5
堆芯补给水箱容积 /m³	256.6	141.6
安全壳直径 / 高度 /m	39.624/57.912	39.624/65.532

资料来源: 张晓东、杜云贵、郑永刚:《核能及新能源发电技术》，中国电力出版社，2008，第 63 页。

---

[1] 张晓东、杜云贵、郑永刚:《核能及新能源发电技术》，中国电力出版社，2008，第 63 页。

欧洲先进压水堆是在法国开发的 CP 系列压水堆的基础上开发出来的。1978 年，法国第一台压水堆核电机组投入商业运行。1987 年，法国法马通公司和德国西门子公司等核电企业及核电用户开始酝酿开发新一代核电站——欧洲先进压水堆（EPR），并于 1989 年签订合作协议，耗资 2 亿美元，计划到 1998 年完成 EPR 设计（表 16-128）。2003 年，芬兰电力公司签订第一台 EPR 核电机组的建设合同，在芬兰奥尔基洛托建造第一座 EPR 核电站。2007 年，法国在 Flament Ville 开工建设国内第一座 EPR 核电机组。[①]

表 16-128 EPR 的主要技术性能参数

参数	数值
反应堆热功率 /MW	4 600
NSSS 功率 /MW	4 616
电功率 /MW	1 660
环路数	4
燃料组件类型 / 数目	$17 \times 17/241$
堆芯活性区高度 /cm	420
平均线功率密度 /（W/cm）	163.4
换料周期 / 月	$12 \sim 24$
平均卸料燃耗 /（MWD/tU）	$> 48\,000$
RCS 运行压力 /MPa.abs	15.5
RCS 设计压力 /MPa.abs	17.6
热工设计流量 / 每环路 /（m^3/h）	27 180
RPV 入口 / 出口冷却剂温度 /℃	295.7/330.1
堆芯热工裕量 /%	$\geqslant 15$
给水流量 /（kg/s）	2 630
给水温度 /℃	23
给水压力 /MPa.abs	9
主蒸汽出口压力 /MPa.abs	7.72
主蒸汽流量 /（kg/s）	2 402
热效率 /%	36
设计寿命 / 年	60
可利用率 /%	78.7
年非计划停堆数	< 1
中、低放废物量 /（m^3/a）	46
堆芯损伤概率 /（CDF）（1/ 堆年）	1.24×10^{-6}
大量放射性释放频率 /（LRF）（1/ 堆年）	9.6×10^{-8}
安全壳形式	双层安全壳
安全壳设计温度 /℃	170

[①] 中国电气工程大典编辑委员会：《中国电气工程大典·第 6 卷》，中国电力出版社，2009，第 810 页。

续表

参数	数值
安全壳设计压力 /MPa.abs	0.53
安全自由容积 /m³	80 000
安全壳内径 /m	46.8

资料来源：中国电气工程大典编辑委员会：《中国电气工程大典·第6卷》，中国电力出版社，2009，第810页。

APR1400 是在韩国标准两回路压水堆核电站（KSNP）的基础上开发的，发电功率为 1 450 MW。韩国标准核电站的原型设计是系统 80，APR1400 相当于系统 80+。2001 年，韩国 KEPCO 启动 APR1400 的 Shin-kori-3 和 Shin-kori-4 项目。

IRIS 是国际合作开发的一体化的小型先进压水堆，安全性显著，基础价优势明显，具有防核扩散性能，是过渡到第四代反应堆的可行桥梁。2006 年，IRIS 进行美国核管理委员会设计、审评所必需的试验，2008 年完成设计。[①]

美国通用电气公司从 1992 年开始设计自然循环的沸水堆，采用非能动的安全系统，发电功率 670 MW，称为简化型沸水堆（SBWR）。之后，转为设计大功率、经济规模大的、采用成熟技术和 ABWR 设备的经济简化型沸水堆（ESBWR）（表 16-129）。ESBWR 热功率为 4 500 MW，发电功率为 1 550 MW，设计寿命为 60 年。2005 年，ESBWR 通过美国核管理委员会的初步设计认证，2007 年进行安全评估。

表 16-129　ESBWR 和之前沸水堆的技术比较

类别	BWR/4	BWR/6	ABWR	ESBWR
热功率 / 电功率 /MW	3 293/1 098	3 900/1 360	3 926/1 350	4 500/1 550
压力容器高 / 直径 /m	21.9/6.4	21.8/6.4	21.1/7.1	27.7/7.1
堆芯燃料组件数	764	800	872	1 132
有效燃料高度 /m	3.7	3.7	3.7	3
堆芯功率密度 / （kW/L）	50	54.2	51	54
循环泵	2（外部）	2（外部）	10（内部）	0
CRD[1]数量 / 类型	185/LP[2]	193/LP	205/FM[4]	269/FM
安全系统泵数	9	9	18	0
安全系统柴油机	2	3	3	0
备用停堆系统	2 SLC[3]泵	2 SLC 泵	2 SLC 泵	2 SLC 蓄能器
控制系统	单通道模拟信号	单通道模拟信号	多通道数字信号	多通道数字信号
堆芯熔化事故频率 / （Freq./ 堆年）	10^{-5}	10^{-6}	2×10^{-7}	3×10^{-8}
安全建筑容积 / （m³/MW）	120	170	180	130

资料来源：张晓东、杜云贵、郑永刚：《核能及新能源发电技术》，中国电力出版社，2008，第58页。

注：[1] CRD（control rod drive）指控制棒驱动机构。[2] LP（locking piston control rod drive）指锁止活塞控制棒驱动机构。[3] SLC（stand-by liquid control system）指备用液控制系统（硼酸注入系统）。[4] FM（fine motion control rod drive）指精调控制棒驱动机构。

———————————

① 中国电气工程大典编辑委员会：《中国电气工程大典·第6卷》，中国电力出版社，2009，第23页。

加拿大原子能公司在可靠的 CANDU–6 的基础上，开发出先进坎杜型重水堆（ACR）。ACR–700 的电功率为 750 MW，比 CANDU–6 更小、更简单、更高效，成本低 40%。ACR–1000 的电功率为 1 200 MW，燃料通道更多，基础价更低。

（4）第四代核能系统

从根本上说，第一代至第三代核能系统在反应堆技术上没有本质性的区别，它们都是热中子反应堆技术。在这种热中子反应堆（简称"热堆"）中，作为核燃料的是铀 –235 的低浓缩铀，对铀资源的利用率很低，仅为 1% ～ 2%。由于热中子只能让铀 –235 发生裂变，而铀 –235 在天然铀中含量很少，只占 0.7% 左右，因而在这种反应中，剩余的占 98% 左右的铀 –238 得不到利用，浪费非常大。为把这些铀 –238 充分利用起来，人们开始开发快中子增殖堆，即"快堆"。这种快堆利用的核燃料是钚 –239，反应堆不需要装慢化剂，依靠钚 –239 发生裂变反应，便可以进行核裂变反应。利用这种快堆裂变反应方式，可以把铀资源的利用率提高几十倍（表 16–130）。[1] 全世界铀资源约为 10^7 t，只够 1 000 座热堆使用 50 年。现有 400 多座热堆，显然铀资源难以维持热堆的持续发展。如果开发出快堆，使用从热堆乏燃料回收的大约 1 000 t 的钚和还没有燃耗 15 000 t 的 U^{235}，可以供 4 000 座快堆使用 2500 年。并且，快堆还能利用藏量非常多的贫铀矿。[2] 因此，各国积极开发第四代核能系统，着力提高铀资源利用率。

表 16–130　不同堆型的铀资源利用率

堆型	燃料循环	铀资源利用率 /%
压水堆 / 热堆	一次通过	～ 0.45
压水堆 / 热堆	后处理；Pu，U 再循环	～ 1
压水堆 / 快堆	后处理；Pu，U 在快堆中再循环	60 ～ 70

资料来源：陈勇主编《中国能源与可持续发展》，科学出版社，2007，第 162 页。

虽然在 20 世纪曾建过一些第四代核能系统的实验装置、试验堆或示范堆，例如，钠快中子堆，但尚未达到工程批量建设的水平。第四代核能系统是未来核能系统的革命性的发展变革，在反应堆设计、核燃料循环、预防核扩散等方面均有重大不同与突破，与第三代核能系统相比有着本质性的区别（表 16–131）。

表 16–131　第四代核能系统和第三代核能系统的目标及要求比较

项目	第四代核电站	第三代核电站（URD）
电站可利用率 /%	＞ 95	＞ 87
基础价 /（美元 /kW）	≤ 1 000	1 300（百万千瓦级） 1 475（60 万千瓦级）
建造周期 / 月	＜ 36	54（百万千瓦级） 42（60 万千瓦级）

[1] 李代广：《走进核能》，化学工业出版社，2009，第 88 页。

[2] 陈勇主编《中国能源与可持续发展》，科学出版社，2007，第 161 页。

续表

项目	第四代核电站	第三代核电站（URD）
堆芯损伤概率 /（1/ 堆年）	$< 1.0 \times 10^{-5}$ 须证明不会发生堆芯严重损坏	$< 1.0 \times 10^{-5}$
严重事故放射性物质的释放频率 /（1/ 堆年）	不会有超标的厂外释放，不需厂外响应	$< 1.0 \times 10^{-6}$ 对于非能动电厂只需提供简单的场外应急计划
运行和维修费 /（美分 /kWh）	< 1.0	1.3（百万千瓦级） 1.6（60 万千瓦级）

资料来源: 张晓东、杜云贵、郑永刚:《核能及新能源发电技术》，中国电力出版社，2008，第 55 页。

第四代核能系统最先由美国能源部提出，始见于 1996 年美国核学会夏季年会。2000 年 1 月，在美国能源部的倡议下，美国、英国、南非等 10 国联合组织召开"第四代国际核能论坛"（GIF），讨论了第四代核能系统研究、开发与国际合作问题。2001 年 7 月，他们签署合作宪章，约定共同开发第四代核能系统（Gen-Ⅳ）。[1]2002 年 9 月，在日本东京达成共同开发第四代核能系统的协议，并将第四代核能系统定义为：具有先进的核反应堆和燃料循环技术的第四代核能系统。[2]这项计划的总目标是，到 2030 年左右，向市场推出安全性和经济性都更加优越、废物量极少、无须厂外应急，并具有防核扩散能力的核能利用系统。[3]具体技术目标包括四个方面：一是可持续发展，要求充分利用核资源，减少核废物，特别是锕系元素的处置；二是经济性，提高核电站的发电效率和可利用率，降低建设成本和风险，开展核能的多种用途，特别是利用核能制氢；三是安全性和可靠性，提高核电站的固有安全性，增加公众对核能的信心；四是防止核扩散，加强对恐怖主义的实体防卫。[4]

2002 年 10 月，核能研究顾问委员会（NERAC）和第四代国际核能论坛共同选定第四代核能系统 6 种备选反应堆（表 16-132）：一是气冷快中子反应堆系统（GFR）；二是铅冷快中子反应堆系统（LFR）；三是熔盐反应堆系统（MSR）；四是钠冷快中子反应堆系统（SFR）；五是超临界水冷反应堆系统（SCWR）；六是超高温反应堆系统（VHTR）。[5]

表 16-132 第四代核能系统 6 种备选反应堆类型比较

项目	GFR	LFR	MSR	SFR	SCWR	VHTR
堆功率[1] /MW	600（t）	400（t）	1 000（t）	1 000 ～ 5 000（t）	1 700（e）	600（t）
装置净效率 /%	48	—	44 ～ 50	—	44	> 50
冷却剂进 / 出口温度 /℃	490/850	—	565/850	—	280/510	640/1 000

[1] 张永胜:《世界能源形势分析》，经济科学出版社，2010，第 111 页。

[2] 张晓东、杜云贵、郑永刚:《核能及新能源发电技术》，中国电力出版社，2008，第 69 页。

[3] 张永胜:《世界能源形势分析》，经济科学出版社，2010，第 111-112 页。

[4] 中国电气工程大典编辑委员会:《中国电气工程大典·第 6 卷》，中国电力出版社，2009，第 24 页。

[5] 同上。

续表

项目	GFR	LFR	MSR	SFR	SCWR	VHTR
一回路压力 /MPa	9	—	—	0.1	25	取决工艺
慢化剂	无	无	石墨	无	无	石墨
平均热功率密度 /（MW/m³）	100	—	22	350	100	6 ~ 10
燃料组成	UPuC	—	钠、锆与氟化铀的循环液体混合物	氧化物或合金	UO_2	ZrC 包覆颗粒
转换比	1.0	1.0	—	0.5 ~ 1.3	—	—

资料来源：张晓东、杜云贵、郑永刚：《核能及新能源发电技术》，中国电力出版社，2008，第 75 页。

注：[1] 堆功率中，t 表示热功率，e 表示电功率。

在第四代核能系统 6 种备选堆型中，有 4 种是快中子反应堆系统，即气冷快中子反应堆系统、铅冷快中子反应堆系统、钠冷快中子反应堆系统和超临界水冷反应堆系统。美国于 1946 年建成世界上第一座实验快堆克来门汀（Clementine），1951 年建成发电实验快堆 ERR-1。英国、德国等于 20 世纪 60—70 年代开发出实验快堆和原型快堆。苏联于 1972 年建成 BN-350 快中子原型堆，1980 年建成 BN-600 快中子原型堆。法国于 1973 年建成"凤凰"原型快堆，1985 年与意大利、德国合作建成"超凤凰"商用验证快堆（表 16-133）。但是，从 20 世纪 90 年代开始，这些国家纷纷宣告停止发展快堆，主要原因是快堆造价高，发电成本高，商业上无法竞争；快堆要用钚，又能生产钚，受到反核人士的反对。[1]

表 16-133　各国主要快堆特征参数

类别	快堆名称	国家	热功率/电功率/MW	燃料	冷却剂	堆芯出口温度/℃	元件最大线功率/（W/cm）	堆芯最大体积比功率/（kW/L）	最大中子注量率/［n/（cm²·s）］	运行时间/年
实验快堆	Rapsodie	法国	40/0	PuO_2-UO_2	Na	510	430	3 060	3.2×10^{15}	1967—1983
	KNK-Ⅱ	德国	58/20	PuO_2-UO_2	Na	525	450	1 280	1.9×10^{15}	1977—1992
	FBTR	印度	40/13	PuC-UC	Na	516	350	2 344	3.4×10^{15}	1985—
	PEC	意大利	120/0	PuO_2-UO_2	Na	550	365	1 384	4.0×10^{15}	未建成
	JOYO	日本	100/0	PuO_2-UO_2	Na	500	400	2 195	5.1×10^{15}	1977—
	DFR	英国	60/15	U-7%Mo	NaK	350	370	1 250	2.5×10^{15}	1959—1977
	BOR-60	俄罗斯	55/12	PuO_2-UO_2	Na	545	440	1 940	3.5×10^{15}	1969—

续表

类别	快堆名称	国家	热功率/电功率/MW	燃料	冷却剂	堆芯出口温度/℃	元件最大线功率/(W/cm)	堆芯最大体积比功率/(kW/L)	最大中子注量率/[n/(cm²·s)]	运行时间/年
实验快堆	EBR-Ⅱ	美国	62.5/20	U-Zr	Na	473	348	2 704	2.7×10^{15}	1963—1994
	FERMI[1]	美国	200/61	U-10%Mo	Na	427	280	2 774	4.5×10^{15}	1963—1972
	FFTF[2]	美国	400/0	PuO_2-UO_2	Na	565	413	1 857	7.0×10^{15}	1980—
	BR-10	俄罗斯	8/0	UN，PuO_2，UC	Na	470	440	2 182	0.86×10^{15}	1958—2006
	CEFR	中国	65/20	UO_2，PuO_2-UO_2	Na	516	430	1 867	3.2×10^{15}	建造
原型快堆	Phenix	法国	563/250	PuO_2-UO_2	Na	560	450	1 950	6.8×10^{15}	1974—
	SNR-300[3]	德国	762/327	PuO_2-UO_2	Na	546	360	1 613	6.7×10^{15}	建后拆除
	PFBR	印度	1 210/500	PuO_2-UO_2	Na	530	450	1 763	8.1×10^{15}	建造
	MONJU[4]	日本	714/280	PuO_2-UO_2	Na	529	360	—	6.0×10^{15}	1994—
	PFR	英国	650/250	PuO_2-UO_2	Na	550	480	1 720	7.6×10^{15}	1974—1995
	CRBRP	美国	975/380	PuO_2-UO_2	Na	535	403	1 983	5.5×10^{15}	建造
	BN-350	哈萨克斯坦	750/130	UO_2	Na	430	400	1 995	5.4×10^{15}	1972—1998
	BN-600	俄罗斯	1 470/600	UO_2	Na	550	470	1 587	6.5×10^{15}	1980—
	ALMR	美国	840/303	U-Pu-Zr	Na	499	340	1 070	4.5×10^{15}	设计
商用规模快堆	Superphénix-1	法国、德国、意大利	2 990/1 242	PuO_2-UO_2	Na	542	480	1 250	6.1×10^{15}	1985—1998
	Superphénix-2	法国	3 600/1 440	PuO_2-UO_2	Na	544	480	1 200	5.0×10^{15}	设计
	SNR-2	德国	3 420/1 497	PuO_2-UO_2	Na	540	450	800	5.4×10^{15}	设计
	DFBR	日本	1 600/660	PuO_2-UO_2	Na	550	410	—	—	设计
	CDFR	英国	3 800/1 500	PuO_2-UO_2	Na	540	430	2 400	10×10^{15}	设计
	BN-1 600	俄罗斯	4 200/1 600	PuO_2-UO_2	Na	550	487	1 130	5.5×10^{15}	设计
	BN-800	俄罗斯	2 100/800	PuO_2-UO_2	Na	544	480	1 796	8.8×10^{15}	建造
	EFR	欧洲	3 600/1 580	PuO_2-UO_2	Na	545	520	1 100	5.3×10^{15}	设计
	ALMR	美国	840/303	U-Pu-Zr	Na	499	310	950	3.3×10^{15}	设计

资料来源：中国电气工程大典编辑委员会：《中国电气工程大典·第6卷》，中国电力出版社，2009，第979页。

注：[1] 原先按原型快堆设计。[2] 处于冷备用状态。[3] 基本建成后，因地方政府反核，拆除。[4] 1995年非放钠泄漏，引起公众信任危机，造成长时间停堆。

超高温反应堆系统是第四代核能系统的6个备选堆型之一。1960年，英国开始建造热功率为20 MW的高温气冷实验堆——龙堆。1967年，美国建成发电功率为40 MW的桃花谷高温气冷实验堆。同年，德国也建成发电功率为15 MW的球床式高温气冷堆实验电站（AVR）。1974年，AVR堆一回路氦气温度由 750 ℃ 提升到 950 ℃，是世界上运行温度最高的核反应堆。1976 年，美国建成热功率为 840 MW、发电功率为 330 MW 的圣·符伦堡高温气冷堆示范电站。1985 年，德国建成热功率为 750 MW、发电功率为 300 MW 的球床式钍高温堆示范电站（THTR-300）。2003 年，中国设计和建造的热功率为 10 MW 的高温气冷堆（HTR-10）实现满功率运行，并网发电，是世界上第一座具有模块式高温气冷堆特点的实验堆（表 16-134）。高温气冷堆核电站初步进入商业化阶段。

表 16-134　世界已建高温气冷堆主要参数

参数	龙堆（实验堆）	桃花谷（实验电站）	AVR（实验电站）	圣·符伦堡（示范电站）	THTR-300（示范电站）	HTTR（实验堆）	HTR-10（实验电站）
国家	英国	美国	德国	美国	德国	日本	中国
堆型	柱状	柱状	球床	柱状	球床	柱状	球床
开始建造时间 / 年	1960	1967	1967	1976	1985	1991	2003
临界时间 / 年	1964	1966	1966	1976	1985	1998	2000
并网时间 / 年	—	1967	1967	1976	1985	—	2003
热功率 /MW	20	115	46	840	750	30	10
电功率 /MW	—	40	15	330	300	—	2.6
热功率密度 /（MW/m³）	14.0	8.3	2.6	6.3	6.0	—	2.0
运行时燃料最高温度 /℃	1 350	1 331	1 134	1 260	1 250	1 495	917
事故下燃料最高温度 /℃	< 2 000	< 2 000	< 1 400	< 2 200	< 2 200	< 1 600	< 1 218
平均燃耗 /（MWd/tu）	30 000	60 000	70 000	100 000	114 000	22 000	80 000
一回路氦气压力 /MPa	2.0	2.36	1.09	4.9	4.0	4.0	3.0
氦气出口温度 /℃	750	728	950	785	750	850/950	700
氦气入口温度 /℃	350	344	275	401	260	395	250
氦气流量 /（kg/s）	9.62	55.0	13.0	430	300	—	4.32
二回路主蒸汽压力 /MPa	—	10.2	7.2	17.5	19.0	—	3.45
主蒸汽温度 /℃	—	538	500	540	535	—	435
主蒸汽流量 /（t/h）	—	140	56	1 000	950	—	12.5

资料来源：中国电气工程大典编辑委员会：《中国电气工程大典·第 6 卷》，中国电力出版社，2009，第 1058-1059 页。

熔盐堆（MSR）起步于 20 世纪 50 年代，当时美国开始实施飞机核推进器计划，利用的是熔盐堆技术。飞机反应堆试验装置（ARE）热功率为 2.5 MW，熔盐出口温度为 860 ℃，采用 $NaF-ZrF_4-UF_4$ 熔盐燃料，于 1954 年 11 月建成并达到临界。20 世纪 60 年代，美国开始建造熔盐增殖堆试验装置（MSRE），热功率为 8 MW，熔盐出口温度为 650 ℃，燃料熔盐为 $LiF-BeF_2-ThF_4-UF_4$，于 1965 年 1 月达到临界。20 世纪 70 年代，美国发进行电功率为 1 000 MW 大型熔盐堆的工程概念设计，采用非能动排放燃料熔盐，燃料熔盐为 $LiF-BeF_2-ThF_4-UF_4$，一次燃料熔盐最高温度为 705 ℃。这一计划，解决了熔盐堆运行中燃料熔盐的稳定性及其与石墨相容性等问题。[1]

对于未来（至 2030 年）的核电站建设，主要核电国家的基本堆型包括 APWR（WH）、ABWR、EPR、AP1000、IRIS、PBMR 等（表 16-135）。总而言之，建立在先进核电技术基础之上的世界核电发展仍有漫长的路要走。

表 16-135　世界主要核电国家未来核电站堆型的选择

背景和展望			主要核电国家				
			法国	日本	韩国	美国	中国
背景	核电在国家能源中的地位	核电关系到国家能源安全	是	是	是	—	—
		核电关系到能源环保和技术先进	—	—	—	是	是
	核电占国家发电量的比例 /%		78	35	39	20	1.4
	已有核电站主导堆型 / 台	PWR（WH）	58	23	—	48	7
		BWR	—	30	—	35	
		System80	—	—	8	3	
未来核电站堆型	先进轻水堆	改进型 APWR（WH）	—	已选	—	—	
		ABWR	—	已选	—	可能	
		System80+	—	—	已选	—	
		EPR	已选	—	—	—	
	非能动型	AP1000	—	—	—	可能	建议
		IRIS	—	—	—	可能	建议
	气冷堆	PBMR	—	—	—	可能	建议

资料来源：王秀清：《世界核电复兴的里程碑》，科学出版社，2008，第 296 页。

2. 核聚变能的研究

核聚变能是两个轻原子核聚变成一个较重的原子核时释放的能量，它是核能利用的又一重要途径。核聚变反应堆通过受控核聚变反应，可以生产电能，可以生产裂变材料，还可以利用其高温制氢。核聚变能的开发最有现实意义的是氘—氚反应和氘—氘反应。[2]

开发利用核聚变能具有重大现实意义和深远价值。1991 年 11 月 9 日，欧洲 14 个国家联合建造欧洲联合环型核聚变装置（JET），首次成功地进行氘—氚受控核聚变试验。这次试验将含有 14% 的氚和 86% 的氘混合燃料加热到 3 亿℃，聚变能量约束时间为 2 s，反应持续时间 1 min，产生 1×10^{18} 聚变

---

[1] 中国电气工程大典编辑委员会：《中国电气工程大典·第 6 卷》，中国电力出版社，2009，第 1143—1144 页。
[2] 同上书，第 25 页。

反应中子，发出了 1.8 MW 电力的聚变能量。核聚变反应所产生的能量效应比核裂变反应高出 600 倍，比煤燃烧释放的能量高出 1 000 万倍。这次氘—氚受控核聚变的成功试验，是人类开发新能源的一个里程碑。[1]据有关研究，36 L 的水中含有约 1 g 的氘，其中所含的能量相当于 9 500 L 汽油。核聚变的主要原料——氘，可以从普通的水中提取，且含量非常丰富。

早在 20 世纪 20 年代，英国物理学家卢瑟福就提出，能量足够大的轻原子核（包括氕、氘、氦等）碰撞后可能发生聚变反应。1929 年，英国的阿特金森和奥地利的奥特斯曼联合撰文，指出氢原子聚变为氦的可能性，并认为太阳的光与热均源自这种聚变反应。[2]1939 年，物理学家 H. A. 贝特指出，太阳和其他与之相当的恒星的能量输出，主要来源于核的聚变反应。[3]事实上，太阳发生的正是核聚变。太阳是一个巨大、炽热的气体球，主要由氢原子和氦原子组成，表面温度为 6 000 ℃，中心温度高达 1 500 万℃。太阳内部氢原子飞速碰撞，致使 4 个氢原子核聚变为 1 个氦原子，进而释放出巨大的光和热（图 16–11）。

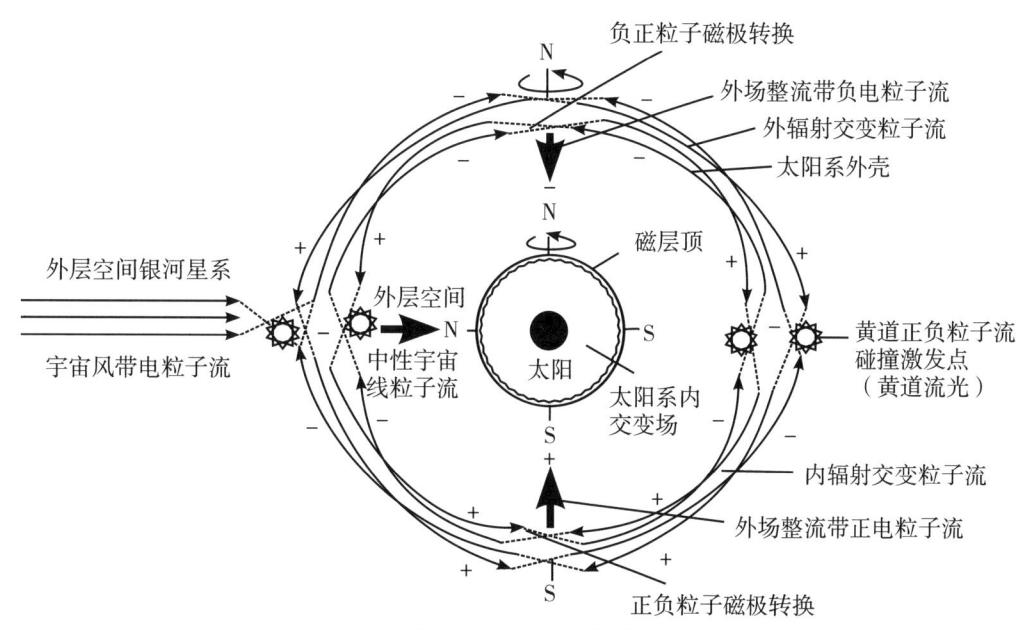

图 16–11　太阳核聚变

资料来源: 翁史烈主编《话说核能》，广西教育出版社，2013，第 133 页。

1934 年，卢瑟福进行了人类历史上第一次人工核聚变反应实验。1952 年 11 月 1 日，美国进行了第一次氢弹爆炸试验。由此，人们看到了核聚变释放出来的巨大能量。但是，这次氢弹爆炸是在一瞬间实现的，是一种非受控的人工核聚变，无法为人类和平利用。

1950 年前后，苏联、美国、英国等国家开始研究如何在人类控制下释放核聚变能（即受控核聚变）的重大课题。要实现受控核聚变，基本条件包括：温度达到 10 keV（10^8 K）以上；氘和氚等物质处于

---

[1] 李代广：《走进核能》，化学工业出版社，2009，第 91 页。

[2] 马栩泉：《核能开发与应用》，化学工业出版社，2005，第 401 页。

[3] 美国不列颠百科全书公司：《不列颠百科全书·第 12 卷》国际中文版（修订版），中国大百科全书出版社《不列颠百科全书》国际中文版编辑部编译，中国大百科全书出版社，2007，第 288 页。

等离子稳定状态；等离子体的相应密度高和约束时间长等。对此，世界各国先后开展多种受控核聚变模式研究，主要有以托卡马克为代表的等离子体磁约束核聚变方式，以负 μ 介子连续催化聚变为代表的常温核聚变方式，以激光聚变为代表的惯性约束核聚变方式。其中，开展最多的是托卡马克等离子体磁约束核聚变反应研究。

托卡马克核聚变原理是由苏联科学家萨哈罗夫和塔姆于 1950 年提出的，其俄文原意为"载电流的环形捕集室"，中文简称"环流器"，主要是由约束等离子的磁场系统、燃料循环系统、等离子体加热系统、屏蔽和氚增殖包层、等离子体诊断系统、真空系统、制冷系统、冷却系统等构成。[1] 世界各国对托卡马克核聚变开展了深入研究（表 16-136）。1954 年，苏联库尔恰托夫原子能研究所建成世界上第一个托卡马克装置。20 世纪 60 年代末，托卡马克核聚变在等离子体磁约束方面的研究取得进展。

表 16-136　托卡马克核聚变实验的进展

时间 / 年	能量约束时间 / （^lE/s）	离子温度 / （T_l/K）	约束的质量 / [^nT_E/ （cm^{-3}/s）]	持续时间 /s
1955	10^{-5}	10^5	10^9	10^{-4}
1960	10^{-4}	10^6	10^{10}	3×10^{-2}
1965	2×10^{-3}	10^6	10^{11}	3×10^{-2}
1970	10^{-2}	5×10^6	5×10^{11}	10^{-1}
1976	5×10^{-2} （T-10, PLT）	2×10^7 （TRF, Ormak）	2×10^{13} （Alcator）	1 （T-10, PLT）
实现能量无损耗需要	1	10^8	10^{14}	1

资料来源：伊斯雷尔·贝科维奇《世界能源：展望 2020 年》，上海市政协编译工作委员会译，上海译文出版社，1983，第 179 页。

从 20 世纪 70 年代起，各国相继建造规模更大的托卡马克装置（表 16-137）。欧洲 14 个国家在英国联合建造欧洲联合环型聚变装置（JET），于 1991 年成功实现氘—氚核聚变。到 1997 年，JET 聚变输出功率达到 16.1 MW。[2] 美国、日本、欧盟的大型托卡马克装置在短脉冲（数秒）运行中，等离子体温度高达 4.4 亿℃，脉冲聚变输出功率超过 16 MW。中国、俄罗斯、日本和法国 4 个国家成功地将超导技术用于产生强磁场的线圈上，建成超导托卡马克装置。[3] 其中，法国的超导托卡马克装置的体积最大，是世界上第一个真正实现高参数、准稳态运行的托卡马克装置。2006 年，俄罗斯、美国、欧洲、中国等 7 个国家在比利时共同草签《国际热核聚变实验堆联合实施协定》，选址法国卡达拉奇，共同建造投资高达 46 亿美元的世界上第一座热核聚变实验堆（ITER），作为核聚变研究与开发的物理与工程实验平台。

---

[1] 周志伟：《新型核能技术——概念、应用与前景》，化学工业出版社，2010，第 147 页。

[2] 翁史烈主编《话说核能》，广西教育出版社，2013，第 138 页。

[3] 马栩泉：《核能开发与应用》，化学工业出版社，2005，第 402 页。

表 16-137　世界大型托卡马克核聚变装置

装置名称	所属国家/地区	小半径/m	截面拉长比	大半径/m	等离子体电流/MA	注入功率/MW	环向磁场/T	启动时间/年
JET	欧洲	1.20	1.8	2.96	7.0	40	3.5	1983
JT-60U	日本	0.90	1.7	3.0	6.0	40	4.8	1990
TFTR	美国	0.85	1.0	2.5	2.5	40	5.2	1982
TS	法国	0.70	1.0	2.4	2.0	25	4.5	1988
T-15	俄罗斯	0.70	1.0	2.4	2.0	10	4.0	1989
DⅢ-D	美国	0.67	2.0	1.67	3.0	30	2.2	1986
FT-U	意大利	0.21	1.0	0.92	1.6	10	8.0	1988
HL-1M	中国	0.30	1.0	1.02	0.35	1.5	3.0	1992
HT-7	中国	0.25	1.0	1.2	0.3	1.0	2.0[1]	1996

资料来源：中国电气工程大典编辑委员会：《中国电气工程大典·第6卷》，中国电力出版社，2009，第26页。

注：[1] 采用超导磁。

在激光核聚变研究方面，1960 年世界首台激光器——红宝石激光器诞生。随后激光技术被引入核聚变研究领域，受控核聚变研究出现另一支新生力量——惯性激光核聚变约束研究。1963 年，苏联科学院提出用激光引发核聚变的建议。1964 年，中国物理学家王淦昌也向中国有关部门提出激光核聚变研究的建议。1968 年，苏联学者用激光照射氘靶和氚靶产生了聚变，证明激光聚变是可行的。1972 年，美国学者首次公布激光核聚变理论。1973 年，中国科学院上海精密光学机械研究所获得核聚变中子。1980 年，美国在"希瓦"装置上实现靶材压缩 100 倍和能量增益因子超过 1%。1986 年，美国建成为激光聚变点火的"诺瓦"装置。[①]

除了磁约束核聚变、惯性约束核聚变，各国对常温核聚变也进行了探索性研究。1992 年，日本把英国卢瑟福 – 阿普斯顿实验室的核聚变装置改建成世界上最大的脉冲负 μ 介子源。[②]

21 世纪初，全球有 40 多个国家进行受控核聚变研究，共建成上千个实验装置（表 16-138），从事研究的科技人员约有 12 000 人，每年经费投入超过 20 亿美元。[③] 国际上提出建造核聚变示范电站（DEMO）的设想，大约到 2050 年能够实现核聚变商业化。

① 张晓东、杜云贵、郑永刚：《核能及新能源发电技术》，中国电力出版社，2008，第79-80 页。

② 马栩泉：《核能开发与应用》，化学工业出版社，2005，第401 页。

③ 同上书，第402 页。

表 16-138　世界其他核聚变实验装置

装置名称	所属国家	小半径 /m	大半径 /m	位形特征	主磁场强度 /T	加热功率 / MW	启动时间 / 年
W7-AS	德国	0.18	2.0	优化仿星器	3.0	5.5	1988
Heliotron-E	日本	0.2	2.2	螺旋器	2.0	8.0	1981
ATF	美国	0.27	2.1	扭曲器	2.0	5.0	1988
CHS	日本	0.22	1.7	紧凑仿星器	1.5	5.0	1989
U-2M	乌克兰	0.22	1.7	仿星器	2.4	5.0	1990
LHD	日本	0.65	3.9	超导螺旋器	3.0	50～80	1998
W7-X	德国	0.52	5.5	超导人格化仿星器	3.0	30	2002

资料来源：中国电气工程大典编辑委员会：《中国电气工程大典·第6卷》，中国电力出版社，2009，第26页。

3. 推动新反应堆的建造

在加强核裂变能、核聚变能开发研究的同时，从 21 世纪初开始，世界各国积极应对反核运动和核电事故，推动新反应堆的建造（表 16-139），以应对世界能源危机，使潜力巨大的核能更好地为人类服务。除部分国家禁核或开始禁用核能外，其他国家扩大了核电生产，有的国家核能发电量占总发电量的比例达到 50% 以上，2002 年的数据显示，立陶宛、法国的核电比例分别高达 77.6% 和 77.1%（图 16-12）。

表 16-139　21 世纪初各国核能开发利用行动

美国	2010 年，美国总统奥巴马宣布美国政府提供 80 亿美元贷款担保，用于建造两个核电机组
日本	政府部门、电力公司、核电设备制造商等成立"国际核能合作委员会"，促进制造商扩大海外市场
法国	政府决定在 2015—2020 年用新一代核电站代替目前的核电站
意大利	2009 年，意大利与法国签署协议，宣布两国企业在核能领域展开合作；意大利通过复兴核能工业措施的法律
瑞典	2009 年，瑞典政府废除反核政策，发布题为《长期、可持续发展的能源和气候政策》的政策性文件，提出到 2050 年实现没有温室气体排放的能源供应
比利时	2009 年，比利时政府决定将现有核反应堆的原定淘汰时间推迟 10 年至 2025 年
印度	2009 年，印度宣布世界上最大胆的核能发展计划，称到 2050 年印度核电装机容量将达到目前的 120 倍，达到 4.56 亿 kW
俄罗斯	2009 年，俄罗斯总理普京表示，计划在 2020 年或 2022 年之前再建造 28 台核电机组。同时，开始建造首座浮动式核电站
英国	2009 年，英国工业联合会呼吁政府出台核能和其他能源技术的国家政策声明，加快核电建设步伐，2030 年前建造 1 600 万 kW 的新核电机组

资料来源：崔民选主编《中国能源发展报告（2011）》，社会科学文献出版社，2011，第235页。

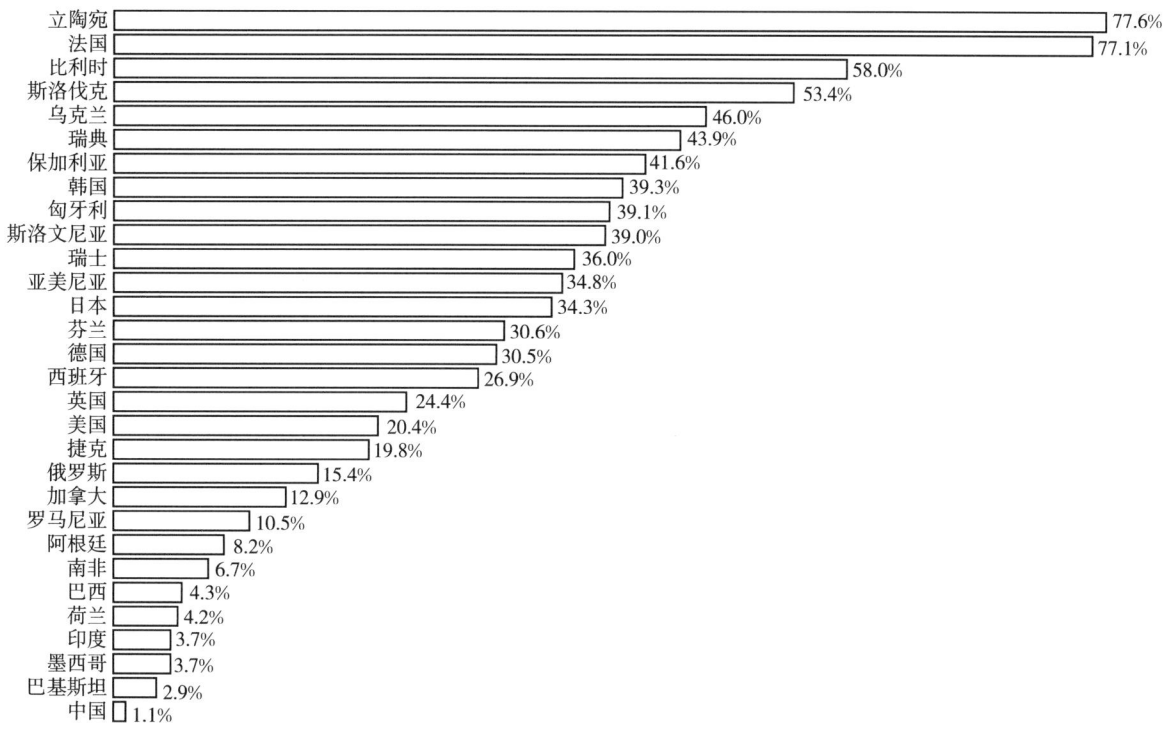

图 16-12　世界各国核电量占总发电量的份额（2002 年 11 月）

资料来源：马栩泉：《核能开发与应用》，化学工业出版社，2005，第 228 页。

美国大部分核电站都是在 20 世纪 70—80 年代建造的。到 20 世纪末，有 5 个核电站因老化而关闭。2001 年，为全面解决能源问题，美国政府出台《国家能源政策报告》，把发展核电生产作为增加电力供应的重要举措。2012 年，美国核管理委员会批准南方公司新建 2 个核反应堆，打破了 30 年来核电发展的禁区。同年，向美国核管理委员会申请建造新反应堆的共有 28 个。美国能源信息署预测，到 2040 年美国核电供应大约增加 19 100 MW。[①]

世界上最大的核能工程和技术设备制造公司之一的法国阿雷瓦公司于 2003 年获得在芬兰建设一个新反应堆的合同，这是自切尔诺贝利事件后法国境外确立的一个核电新项目。[②]2006 年，继国际空间站之后世界最大的国际科技合作项目和世界第一个热核聚变实验堆——国际热核聚变实验堆（ITER）正式确定落户法国。次年，法国出台 2007-534 号法令，批准建设法国第 59 台核电机组——弗拉芒维尔欧洲先进压水堆（EPR）核电站。

英国首相布朗 2009 年在国会上宣布："不管英国人多么不喜欢核能，为了应对全球变暖，必须大规模增加核能利用。"[③]同年，英国政府宣布，在英格兰和威尔士的 10 个厂址被确定为"适合新一代核电站建设基地"，在这些地方建设 10 座采用新一代核电技术的核电站，以取代 2020 年左右退役的核电站。这 10 座核电站每座装机容量为 160 万 kW，总投资 450 亿英镑。[④]美国媒体称英国的这次核电建

---

① 黄晓勇主编《世界能源发展报告（2013）》，社会科学文献出版社，2013，第 198-199 页。

② 齐家才：《福布斯：世界 100 位最具影响力的女性》，天津社会科学院出版社，2005，第 220 页。

③ 陈言等：《核电站，功过是非 60 年》，《报刊文摘》2011 年 3 月 18 日。

④ 陈刚主编《世界原子能法律解释与编译》，法律出版社，2011，第 25 页。

设计划是"世界上最具野心的核电站扩张计划"。

发展中国家尤其是亚洲新兴经济体,自1990年以来核电消费快速增长。1990年,亚洲新兴经济体的核电消费为880亿kWh,到2002年增长到1 940亿kWh,与1990年相比增长120.5%,是同期全球核电消费增长率34.4%的3.5倍。2006年,全球在建核电站29座,其中有15座在亚洲。在这15座中,印度占7座。[①]

中国作为核电大国,于2005年对核电发展思路做出调整,由"十五"期间的适度发展改为"十一五"期间的积极发展。由此,中国核电建设进入"快车道",2010年核电总装机容量达到1 080万kW,在建机组28台、3 097万kW,在建规模居世界第一。[②]同时,中国还在内陆推动第一座核电站——咸宁核电站的建设。

2011年,日本福岛第一核电站发生重大核事故。对此,世界各国对核电政策做出修改和调整,不少国家暂停已有核电设施的运行,延迟新建项目的计划。欧洲议会绿党议员强烈要求欧盟各国逐步淘汰核能,得到一些国家的响应。同年,德国决定永久关闭被暂时关闭的7座1980年以前投入运营的核电站,同年核能发电减少23.2%。2011年11月,欧盟宣布支持保加利亚、立陶宛和斯洛伐克关停采用苏联时期技术的核电站,并提供5亿欧元的援助。[③]世界核电发展受到冲击。2012年一项研究表明,在全球30个核电使用国家中,因受日本福岛核电站事故的影响,有4个国家决定放弃发展核电,有2个国家选择减少核电比例,其余24个国家决定维持或提高核电比例。日本于2012年5月将50个反应堆全部停运,进入"零核时代"。

此后,全球核电开发放缓,在谨慎中复苏。美国核管理委员会在福岛核事故后对美国核电站进行了评估,结论是:美国的核安全机制是有效的,不会发生类似事件,可以批准建设核电站,并提出了12条安全改进建议。中国国务院于2012年10月通过《核电安全规划(2011—2020)》和《核电中长期发展规划(2011—2020)》,为停工1年多的核电项目提供复工条件。同年11月,开工建设广东阳江-4、福建福清-4核电机组;12月,又开工建设石岛湾高温气冷堆核电示范工程。

2013年,全球共有10台新核电机组开工建设,其中包括白俄罗斯的首台机组和阿拉伯联合酋长国的第二台机组等。同年,全球有4座新反应堆并网发电,分别为中国的红沿河1号、2号机组和阳江1号机组,印度的库丹库拉姆1号机组。日本有16台核电机组申请重新启动。2014年初,全球在役核反应堆425个,总装机容量为375.3 GW。[④]

(五)21世纪初的核电格局

在用核与反核的碰撞和互动中,世界核电在曲折中发展。1960年全球核电装机容量为10多GW,1970年为60多GW,1980年增至200 GW,到1989年达到322 GW。此后,世界核电从此前30年的快速上升阶段转入缓慢发展时期(图16-13)。2011年全球核反应堆数量为437座,总装机容量为371 GW,与1989年相比,22年间仅分别增加13座、49 GW,分别增长3.1%、15.2%,年均增长率仅

---

① 崔民选主编《中国能源发展报告(2010)》,社会科学文献出版社,2010,第226页。

② 崔民选、王军生、陈义和主编《中国能源发展报告(2013)》,社会科学文献出版社,2013,第212-213页。

③ 黄晓勇主编《世界能源发展报告(2013)》,社会科学文献出版社,2013,第54页。

④ 同上书,第293页。

为 0.14%、0.65%。2011 年，世界核能发电量排前十的国家分别为美国、法国、俄罗斯、日本、韩国、德国、加拿大、乌克兰、中国和英国。

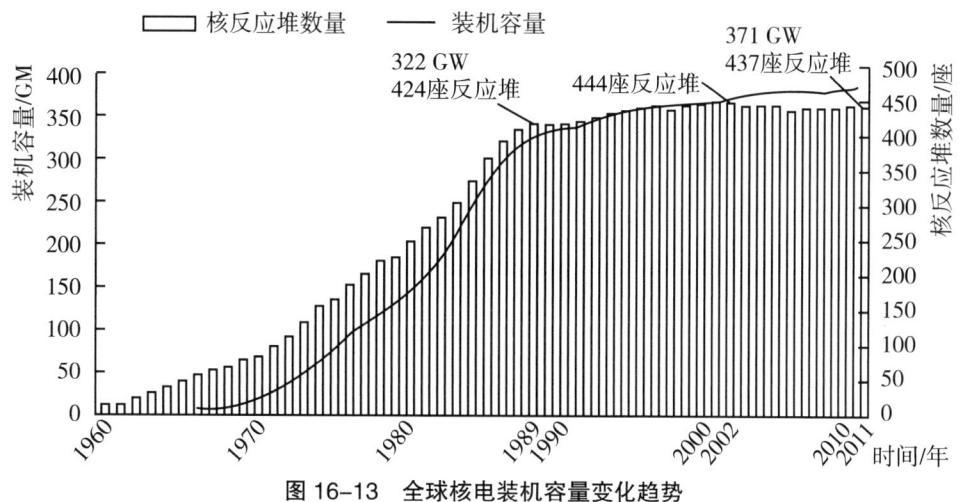

图 16-13　全球核电装机容量变化趋势

资料来源：黄晓勇主编《世界能源发展报告（2013）》，社会科学文献出版社，2013，第 154 页。

美国是世界最大的核电大国。2010 年，美国核能发电量为 8 494.4 亿 kWh，占全球的 30.7%。2011 年，美国共有 65 座商业核电站，核反应堆 104 座，年发电量为 7 900 亿 kWh，占美国能源消费的 9%，占美国电力供应的 19% 以上。[1]

法国是仅次于美国的世界第二核电大国，是世界上核能发量占本国发电总量比例最高的国家（2005年），是全球唯一的核电出口大国（表 16-140）。2006 年，法国在役核电机组 59 台，总装机容量为 63 473 MW。2010 年，法国核能发电量为 4 283.2 亿 kWh，占世界的 15.5%，居世界第二位。法国核电不仅能满足国内电力需求，而且还向欧洲邻国出口。因此，法国于 2004 年关停北部的摩泽尔煤矿，从此法国境内煤矿全部关闭，法国彻底告别采煤业。

表 16-140　2005—2006 年世界各国（地区）核能发电一览表[1]

国家 / 地区	2006 年运行核电站		2005 年核能发电量	
	数量 / 座	装机容量 /MW	发电量 /kWh	占国内总发电量的比例 /%
美国	103	98 034	788.6	20
法国	59	63 473	426.8	78
日本	55	47 700	273.8	29
俄罗斯	31	21 743	133.0	16
德国	17	20 303	158.4	32
韩国	20	16 840	124	38
乌克兰	15	13 168	81.1	51
加拿大	18	12 595	85.3	15

[1] 黄晓勇主编《世界能源发展报告（2013）》，社会科学文献出版社，2013，第 196–197 页。

续表

国家 / 地区	2006 年运行核电站		2005 年核能发电量	
	数量 / 座	装机容量 /MW	发电量 /kWh	占国内总发电量的比例 /%
英国	23	11 852	73.7	19
瑞典	10	8 938	75.0	52
西班牙	9	7 584	60.9	23
中国[2]	9	6 587	47.8	2
比利时	7	5 728	44.9	55
中国台湾	9	4 884	37.9	21
捷克	6	3 472	26.3	31
瑞士	5	3 220	25.4	40
印度	15	2 993	15.0	3
保加利亚	4	2 722	15.6	42
芬兰	4	2 676	21.8	27
斯洛伐克	6	2 472	15.6	55
巴西	2	1 901	11.5	3
南非	2	1 842	14.3	7
匈牙利	4	1 755	11.2	34
墨西哥	2	1 310	10.6	5
立陶宛	1	1 185	13.9	72
阿根廷	2	935	7.3	8.2
斯洛文尼亚	1	676	5.2	38
罗马尼亚	1	655	5.1	10
荷兰	1	452	3.6	4
巴基斯坦	2	425	1.9	2
亚美尼亚	1	376	2.2	39
朝鲜	0	0	0	0
伊朗	0	0	0	0
土耳其	0	0	0	0
印度尼西亚	0	0	0	0
越南	0	0	0	0
以色列	0	0	0	0
埃及	0	0	0	0
全球总计	444	368 496	2 617.7	16

资料来源: 中国电气工程大典编辑委员会:《中国电气工程大典·第 6 卷》, 中国电力出版社, 2009, 第 3 页。

注: [1] 反应堆数据取自 WNA 2006 年 3 月 31 日; 电力生产和百分比取自 IAEA 2005 年 7 月 7 日。[2] 不包括台湾地区的数据。

日本是核电大国, 也是世界核燃料对外依赖度最大、核电站问题最多的国家。2006 年, 日本在役核电机组 55 台，总装机容量为 47 700 MW。2010 年，日本核能发电量为 2 923.6 亿 kWh，占世界总发电量的 10.6%。2011 年 3 月 11 日，日本仙台外海发生里氏 9.0 级大地震，造成福岛第一核电站发生重大核泄漏事故，日本核电受到重大影响，绝大部分核电站停运，核电生产大幅度减少，2012 年核能发电量占日本 10 家电力公司的发电、购电总量的比例仅为 1.7%。[①]

俄罗斯也是核电大国，2006 年在役核电机组 31 台，总装机容量为 21 743 MW，均排世界第四位。2010 年，俄罗斯核能发电量为 1 305.2 亿 kWh，占世界总发电量的 6.2%，排世界第四位。

韩国是继美国、法国、加拿大、俄罗斯和日本之后，世界上第六个完整出口核电工程项目的国家。2006 年，韩国在役核电机组 20 台，总装机容量为 16 840 MW。2010 年，韩国核能发电量为 1 478.2 亿 kWh，排世界第五位。

中国（不包括中国台湾地区，下同）2006 年在役核电机组 9 台，总装机容量 6 587 MW。2010 年，中国核能发电量为 738.8 亿千瓦时，占世界总发电量的 2.7%，排第九位。

英国曾为 20 世纪 50—60 年代的核电强国，但由于受到反核运动等因素的影响，其在国际上的地位不断下降。2005 年，英国首相布莱尔在一次演讲中表示，政府考虑继续修建新型核电站，但没想到演讲马上因反核人士“捣乱”而被迫中断。[②]

到 2010 年，世界核能总发电量为 27 672.25 亿 kWh。其中，经合组织成员国占 83.2%，非经合组织成员国占 16.8%；欧洲和欧亚地区占 43.6%，北美地区占 34.2%，亚太地区占 21.0%，中南美地区占 0.8%，非洲地区占 0.5%（表 16-141）。

表 16-141　2000—2010 年世界核能发电量

单位：×10 亿 kWh

序号	国家 / 地区	2000 年	2005 年	2010 年
1	美国	793.572	823.143	849.440
2	法国	415.238	452.632	428.319
3	日本	319.739	293.038	292.355
4	俄罗斯	130.523	147.606	170.334
5	韩国	108.982	146.857	147.816
6	德国	169.939	163.000	140.500
7	加拿大	72.294	91.400	89.705
8	乌克兰	77.353	88.800	89.151
9	中国[1]	18.741	53.008	73.880
10	英国	85.078	81.618	62.140
11	西班牙	62.216	57.539	61.613
12	瑞典	57.452	72.377	58.554
13	比利时和卢森堡	48.157	47.595	48.166

[①] 崔民选、王军生、陈义和主编《中国能源发展报告（2013）》，社会科学文献出版社，2013，第 147 页。

[②] 陈言等：《核电站，功过是非 60 年》，《报刊文摘》2011 年 3 月 18 日。

续表

单位：×10亿 kWh

序号	国家/地区	2000年	2005年	2010年
14	中国台湾	38.503	39.972	41.629
15	捷克	13.594	24.728	27.999
16	瑞士	26.326	23.176	26.532
17	印度	15.768	17.823	23.082
18	芬兰	22.716	24.121	22.978
19	匈牙利	14.182	13.834	15.753
20	保加利亚	18.181	18.455	15.249
21	斯洛伐克	16.495	17.727	14.574
22	巴西	6.046	9.855	14.514
23	南非	13.696	12.883	13.480
24	罗马尼亚	5.458	5.555	11.624
25	阿根廷	6.178	6.868	7.044
26	墨西哥	8.225	10.805	5.879
27	荷兰	3.929	3.997	3.969
28	巴基斯坦	0.946	2.627	2.798
29	立陶宛	8.419	10.338	0.000
30	欧洲及欧亚其他地区	6.766	8.602	8.147
31	欧洲和欧亚地区总计	1 181.724	1 261.699	1 205.602
32	北美地区总计	874.090	925.348	945.025
33	亚太地区总计	500.679	553.405	581.560
34	中南美地区总计	12.224	16.723	21.558
35	非洲地区总计	13.696	12.883	13.480
36	世界总计	2 582.413	2 770.058	2 767.225

资料来源：崔民选、王军生、陈义和主编《中国能源发展报告（2013）》，社会科学文献出版社，2013，第148-149页。

注：[1] 不包括台湾地区的数据。

五、核燃料供应和潜力

核燃料是核能的载体，是能够释放核能量的材料，是核能开发利用的最重要的原料来源和物质基础。核燃料分为裂变核燃料和聚变核燃料两种，即为裂变提供能量的核素被称为裂变核燃料，为聚变提供能量的核素被称为聚变核燃料。核燃料供给是核电发展的重要环节，对核电可持续发展和核能利用具有重要影响。

（一）核燃料的供求及其演变

迄今，核裂变已经被人类广泛应用，而核聚变仍处于研究阶段。目前，主要供应和使用的是裂变核燃料，具有工业价值的裂变核燃料主要有 ^{235}U、^{233}U 和 ^{239}Pu 等 3 种。^{235}U 是天然存在的核素，所以被称为原始核燃料。^{235}U 在天然铀中的丰度为 0.720%，在地壳中总含量约为 7 000 亿吨。它能从天然铀中获得，工业上实用的核动力堆都是采用 ^{235}U 作核燃料。^{233}U 须用 ^{232}Th 作原料，经过核反应才能生成。^{239}Pu 则用 ^{238}U 作原料，经过核反应而制得。①

20 世纪之前，人类已经开始小规模开采常规的含铀矿石，主要是提取铀用于玻璃着色。此后，先后开发捷克斯洛伐克的沥青铀矿床和美国科罗拉多高原的钒酸钾铀矿，铀被用于早期的镭的生产中。1915 年，刚果发现平均品位达 3% 的铀矿床。②1923 年，比属刚果（今刚果民主共和国）发现巨大且丰富的欣科洛布韦铀矿床。1933 年，加拿大开发埃尔多拉多沥青铀矿。③

20 世纪 40 年代后，随着核工业的发展，全球对铀的需求增加，世界各国对铀资源的开发利用逐步扩大。美国开始扩大国内铀的开采规模，从较早时期生产镭和钒的废弃尾矿中回收铀，并恢复对刚果和加拿大铀矿的开采。20 世纪 50 年代，加拿大开发萨斯喀彻温和安大略新的铀矿床。1952 年，南非开始回收金矿生产中的副产品——铀。1956 年，法国在加蓬发现铀矿。20 世纪 60 年代，法国在尼日尔和中非发现铀矿。④ 在对本土和前殖民地进行勘探之后，法国每年可以生产 77 万 t 未加工的铀和 1 200 t 精炼的铀。⑤1959—1962 年，世界天然铀生产进入高峰期，美国投入生产的铀矿水冶厂约有 26 个，年处理矿石 800 万 t，年产八氧化三铀 1.7 万 t；加拿大有 19 个铀处理工厂，处理矿石 1 400 万 t，年产八氧化三铀 1.6 万 t；南非有 17 个铀回收工厂。⑥1963 年，世界铀产量为 28 145 t（表 16-142）。其中，美国、加拿大、南非 3 个国家的铀产量分别达到 12 898 t、7 577 t、4 111 t，居世界前三位。法国、澳大利亚的铀产量分别为 1 803 t、1 089 t。

表 16-142　1963—1980 年世界部分国家铀产量[1]

时间 / 年	世界总计 /t	美国 /t	法国 /t	加拿大 /t	南非 /t	澳大利亚 /t	其他国家 /t
1963	28 145	12 898	1 803	7 577	4 111	1 089	667
1964	20 009	9 114	1 024	5 605	3 419	285	562
1965	15 768	8 033	1 093	3 418	2 263	285	676
1966	14 987	7 375	1 186	3 025	2 528	254	619
1967	15 649	8 199	1 043	2 876	2 585	254	692
1968	17 448	9 670	1 018	2 847	2 987	254	672
1969	17 557	8 900	1 153	3 420	3 080	254	750
1970	18 201	9 900	1 136	3 234	3 167	254	510

① 《中国大百科全书》总编委会：《中国大百科全书·第 9 卷》第 2 版，中国大百科全书出版社，2009，第 402 页。
② 翁史烈主编《话说核能》，广西教育出版社，2013，第 109 页。
③ 伊斯雷尔·贝科维奇：《世界能源：展望 2020 年》，上海市政协编译工作委员会译，上海译文出版社，1983，第 89 页。
④ 同上书，第 89—91 页。
⑤ 皮埃尔·米盖尔：《法国史》，桂裕芳、郭华榕等译，中国社会科学出版社，2010，第 410 页。
⑥ 马栩泉：《核能开发与应用》，化学工业出版社，2005，第 117 页。

续表

时间 / 年	世界总计 /t	美国 /t	法国 /t	加拿大 /t	南非 /t	澳大利亚 /t	其他国家 /t
1971	18 581	9 929	1 108	3 160	3 220	—	1 164
1972	19 623	9 900	1 380	4 000	3 080	—	1 263
1973	19 754	10 200	1 515	3 710	2 735	—	1 594
1974	18 461	8 800	1 610	3 420	2 711	—	1 920
1975	19 793	9 500	1 770	3 600	2 600	—	2 323
1976	20 141	9 800	2 063	4 850	2 760	360	308
1977	24 397	11 500	2 100	5 790	3 360	360	1 287
1978	29 100	14 200	2 180	6 800	3 960	520	1 440
1979	30 578	14 400	2 300	6 850	4 800	690	1 538
1980	35 743	16 800	2 634	7 150	6 146	1 561	1 452

资料来源：作者整理。主要参考《国外经济统计资料》编辑小组：《国外经济统计资料（1949—1976）》，中国财政经济出版社，1979。

注：[1] 未包括中国。

从 20 世纪 60 年代起，为扩大核燃料供应的来源渠道，英国、日本、印度等一些国家开始研究、开发非常规铀资源——海水中的铀以及钍资源。海水中铀的总量相当可观，达 45 亿 t，是陆地铀资源量的 4 500 倍。英国作为铀资源缺乏的国家，最早对从海水中提铀进行研究。英国特丁顿化学研究实验室从 1952 年开始着手用离子交换树脂从海水中提铀，但效果不明显。1964 年，英国哈威尔研究所采用吸附法进行海水提铀研究。20 世纪 70 年代，英国原子能管理局成立了海水提铀研究会。[①] 日本严重缺乏铀资源，铀储藏量仅有 8 000 t，20 世纪 60 年代建立了世界上第一个从海水中提铀的工厂，1971 年开发出一种能有效地从海水中提铀的新吸附技术，1986 年在香川县建成年产 10 kg 铀的海水提取厂。20 世纪 60 年代，中国开发出两种从海水中提铀的吸附剂，一种是钛型吸附剂，每克可从海水中稳定地吸附铀 650 μg；另一种是离子交换树脂，可稳定地吸附铀 1 000 μg 以上。[②]

20 世纪 60 年代中期，由于核动力需求不足，世界铀工业生产大幅度下降，到 1966 年，铀产量从 1963 年的 2.81 万 t（未包括中国，下同）约降至 1.5 万 t。此后缓慢回升，直到 1978 年，世界铀产量才略超过 1963 年的水平，达到 2.91 万 t。

1930—1976 年近半个世纪中，世界累计铀产量约 47 万 t（未包括苏联、东欧和中国，下同），其中，北美约占 68%，撒哈拉以南三个非洲国家共占 24%，西欧占 6%，其他国家占 2%。

1980 年，世界共有铀矿水冶厂 79 个（未包括中国），其中，美国 24 个，南非 17 个，法国 8 个，加拿大 8 个，其他国家为 1 ~ 3 个（表 16-143）。与 1960 年前后相比，加拿大铀矿水冶厂的数量减少了 11 个。

---

① 沈顺根：《资源海洋》第 2 版，海潮出版社，2012，第 28 页。

② 同上书，第 29 页。

表 16-143　1980 年各国运行中的铀矿水冶厂工艺概况[1]

单位：个

国家/地区	工厂数	矿石准备			浸出				液固分离			提取					产品				
		常规破磨	自磨	砾磨	堆浸渗滤	搅拌浸出 酸法	搅拌浸出 碱法	拌酸熟化	过滤洗涤	逆流倾析	泥沙分离洗涤	离子交换	溶剂萃取	淋萃	沉淀	其他	八氧化三铀	重铀酸铵	重铀酸钠	重铀酸镁	其他
美国	24	14	9	—	7	19	4	—	3	13	6	6	13	4	4	—	14	8	—	1	—
加拿大	8	2	3	3	1	6	1	—	4	1	1	2	1	1	1	1	3	2	1	2	—
南非	17	—	2	15	—	17	—	—	6	3	—	2	10	5	—	—	—	17	—	—	—
法国	8	7	—	—	3	7	1	—	5	—	2	3	3	3	—	—	—	2	—	4	2
澳大利亚	2	2	—	—	—	2	—	—	—	1	—	—	2	—	—	—	2	—	—	—	—
尼日尔	2	—	2	—	—	—	—	2	1	—	—	—	—	—	—	—	—	—	—	1	1
加蓬	1	1	—	—	—	1	—	—	—	—	1	—	—	—	—	—	1	—	—	—	—
纳米比亚	1	1	—	—	—	1	—	—	—	—	1	—	—	1	—	—	1	—	—	—	—
阿根廷	3	1	—	—	2	1	—	—	1	—	—	1	2	—	—	—	1	—	—	—	—
墨西哥	2	1	—	—	1	—	1	—	—	1	—	—	1	—	1	—	1	—	1	—	—
西班牙	2	1	—	—	2	1	—	—	—	1	—	—	2	1	—	—	2	—	—	—	—
葡萄牙	2	1	—	—	1	2	—	—	—	1	—	—	2	1	—	—	—	—	1	1	—
瑞典	1	1	—	—	—	1	—	—	—	—	—	—	1	—	—	—	—	—	1	—	—
南斯拉夫	1	—	—	—	—	1	—	—	—	—	—	—	—	—	1	—	—	—	—	—	1
联邦德国	1	1	—	—	—	—	—	—	—	—	—	—	—	—	—	—	—	—	1	—	—
印度	3	3	—	—	—	2	1	—	—	1	—	3	—	—	—	—	—	—	2	1	—
日本	1	1	—	—	—	—	—	—	—	—	1	—	—	—	1	—	—	—	—	—	1
合计	79	37	16	18	20	59	8	2	21	21	14	17	40	17	9	3	23	31	7	10	4

资料来源：马栩泉：《核能开发与应用》，化学工业出版社，2005，第 118 页。

注：[1] 共统计了各国（未包括中国）79 个铀矿水冶厂（不包括地下浸出的厂）。对于磷矿、铜矿等副产铀的厂和情况不明的厂或工序均未统计在内。采用混合流程的厂则分别归类列入，因此，有的分项统计数之和超过工厂总数。

20 世纪 80 年代，由于受到核电事故、反核运动等的影响，核电发展逐渐停滞，各国对铀的需求减少，铀的产能、产量过剩。于是，美国、加拿大、南非等国家开始压减铀矿的开采与生产。到 1990 年，世界铀产量由 1980 年的 35 743 t 降为 31 893 t（表 16-144），下降 10.8%。

表 16-144　1990 年世界部分国家铀产量

国家 / 地区	铀产量 /t	国家 / 地区	铀产量 /t
世界总计	31 893	印度	200
（一）非洲	9 218	巴基斯坦	30
加蓬	700	（五）欧洲	6 752
尼日尔	2 831	比利时	38
南非	5 687	法国	2 841
（二）北美洲	12 149	联邦德国	2 972
加拿大	8 729	匈牙利	524
美国	3 420	葡萄牙	111
（三）南美洲	14	西班牙	213
阿根廷	9	南斯拉夫	53
巴西	5	（六）大洋洲	3 530
（四）亚洲	230	澳大利亚	3 530

资料来源：陈秀英主编《世界经济信息统计汇编》，中国物价出版社，1993，第112页。

由于铀市场需求不旺，铀产品价格自20世纪70年代末期起一路走低，持续低迷20多年，直到21世纪初才开始回升。2008年，世界铀产品价格出现暴涨现象。同年3月7日，氧化铀现货价格由2001年1月的每千克14.1美元飙升到163.1美元（相当于192.4美元/kgU），涨幅高达10倍以上。[1]

在此推动下，21世纪初世界铀产量逐渐增加。2000年世界铀产量为3.6万t，2007年增至4.1万t（表16-145）。2007年，铀产量居世界前十位的国家分别为：加拿大9 476 t，澳大利亚8 611 t，哈萨克斯坦6 637 t，俄罗斯3 413 t，尼日尔3 153 t，纳米比亚2 879 t，乌兹别克斯坦2 320 t，美国1 654 t，乌克兰846 t，中国712 t。著名晶质铀矿产地有澳大利亚的贾比卢卡、纳米比亚的罗辛矿床、加拿大的班克罗夫特地区等。[2]

表 16-145　2000—2007 年世界铀产量

单位：t

国家	2000 年	2001 年	2002 年	2003 年	2004 年	2005 年	2006 年	2007 年
全球合计	36 123	36 363	36 023	35 620	40 251	41 702	39 655	41 279
加拿大	10 683	12 520	11 604	10 457	11 597	11 628	9 862	9 476
澳大利亚	7 579	7 756	6 854	7 572	8 982	9 516	7 593	8 611
哈萨克斯坦	1 870	2 050	2 800	3 300	3 719	4 357	5 279	6 637
俄罗斯	2 760	2 500	2 900	3 150	3 200	3 431	3 400	3 413

[1] 张永胜：《世界能源形势分析》，经济科学出版社，2010，第128页。

[2] 《中国大百科全书》普及版编委会：《芝麻开门·地质卷》，中国大百科全书出版社，2013，第75页。

续表

单位：t

国家	2000 年	2001 年	2002 年	2003 年	2004 年	2005 年	2006 年	2007 年
尼日尔	2 911	2 920	3 075	3 143	3 282	3 093	3 434	3 153
纳米比亚	2 715	2 239	2 333	2 036	3 038	3 147	3 077	2 879
乌兹别克斯坦	2 028	1 962	1 860	1 589	2 016	2 300	2 270	2 320
美国	1 522	1 011	883	779	878	1 039	1 692	1 654
乌克兰	1 000	750	800	800	800	800	800	846
中国	700	655	730	750	750	750	750	712
南非	838	873	824	758	755	674	534	539
捷克	507	456	465	452	412	408	359	306
巴西	80	58	270	310	300	110	190	299
印度	207	230	230	230	230	230	230	270
罗马尼亚	86	85	90	90	90	90	90	77
巴基斯坦	23	46	38	45	45	45	45	45
德国	28	27	212	150	150	77	50	38
法国	296	195	18	9	7	7	0	4
西班牙	255	30	37	0	0	0	0	0
葡萄牙	14	0	0	0	0	0	0	0
匈牙利	21	0	0	0	0	0	0	0

资料来源：张永胜：《世界能源形势分析》，经济科学出版社，2010，第 127 页。

2007 年，全球核反应堆对铀的需求量约为 6.9 万 t（表 16-146）。其中，对铀需求量最大的国家是美国，达 2.28 万 t，占全球的 1/3。其后为法国和日本，法国需求 9 000 t，占 13.0%，日本需求 8 790 t，占 12.7%。同年，全球铀矿产量约为 4.1 万 t，需求缺口达 2.78 万 t（表 16-147）。其中，美国铀矿需求缺口最大，达 2.1 万 t；其次为法国，缺口达 8 996 t；第三是日本，缺口达 8 790 t。美国、法国、日本等国家的铀需求缺口大，除了日本原本就是缺乏铀资源的国家之外，很重要的原因就是虽然美国、法国等曾为铀资源（相对）丰富的国家，但随着国内大规模铀矿的开发，先后过了开采高峰期，导致铀产量大幅下降，甚至供给告罄。例如，法国铀矿探明储量曾居西欧首位，1988 年铀产量达到峰值 3 394 t，可满足当时国内一半的需求量；到 2007 年，铀产量已微不足道，仅有 4 t。日本则是铀资源缺乏的国家，1995 年探明的天然铀矿资源仅为 7 000 t 左右，到 21 世纪初铀矿资源全部枯竭。为保证核电站的原料供应，日本政府不惜投入巨资，大力开拓海外核原料来源渠道。2007 年，日本由经产大臣带队，组成庞大的商业代表团访问世界第三大铀资源储量大国哈萨克斯坦，获得哈萨克斯坦数量可观的铀矿开采权。[1] 各国铀矿需求不足部分可由各种二次资源供应，诸如乏燃料循环利用、政府和民间库存核燃料、核武器高浓缩铀转化等。

---

[1] 黄晓勇主编《世界能源发展报告（2013）》，社会科学文献出版社，2013，第 153 页。

表 16-146　2007 年世界各国（地区）核反应堆对铀的需求量

国家 / 地区	需求量 /t	国家 / 地区	需求量 /t
美国	22 825	斯洛伐克	475
法国	9 000	芬兰	470
日本	8 790	巴西	450
俄罗斯	4 100	印度	445
德国	3 490	匈牙利	380
韩国	3 200	南非	290
乌克兰	2 480	瑞士	275
加拿大	1 900	斯洛文尼亚	250
英国	1 900	墨西哥	200
瑞典	1 600	罗马尼亚	200
中国[1]	1 500	阿根廷	120
西班牙	1 310	亚美尼亚	90
比利时	1 065	立陶宛	90
中国台湾	830	荷兰	70
捷克	740	全球合计	69 040
保加利亚	505		

资料来源：张永胜：《世界能源形势分析》，经济科学出版社，2010，第 126 页。

注：[1] 不包括台湾地区的数据。

表 16-147　2007 年世界各国（地区）铀产品生产、消费之差（余额）

国家 / 地区	余额 /t	国家 / 地区	余额 /t
澳大利亚	8 611	捷克	−434
加拿大	7 576	芬兰	−470
哈萨克斯坦	6 637	斯洛伐克	−475
尼日尔	3 153	保加利亚	−505
纳米比亚	2 879	俄罗斯	−687
乌兹别克斯坦	2 320	中国[1]	−788
南非	249	中国台湾	−830
巴基斯坦	−20	比利时	−1 065
荷兰	−70	西班牙	−1 310
亚美尼亚	−90	瑞典	−1 600
立陶宛	−90	乌克兰	−1 634
阿根廷	−120	英国	−1 900

续表

国家 / 地区	余额 /t	国家 / 地区	余额 /t
罗马尼亚	−123	韩国	−3 200
巴西	−151	德国	−3 452
印度	−175	日本	−8 790
墨西哥	−200	法国	−8 996
斯洛文尼亚	−250	美国	−21 171
瑞士	−275	全球合计	−27 826
匈牙利	−380		

资料来源：张永胜：《世界能源形势分析》，经济科学出版社，2010，第 128 页。

注：[1] 不包括台湾地区的数据。

裂变核燃料生产及其供求变化，促进了铀同位素分离技术（即浓缩铀生产）[①]、核燃料后处理技术的发展以及乏核燃料的开发利用。大规模铀同位素分离研究和生产始于 20 世纪 40 年代初期。在此之前，阿斯顿和林德曼在 1919 年提出用离心法分离同位素，1939 年美国海军资助弗吉尼亚大学用离心法进行浓缩铀生产，1940 年美国国家标准局对热扩工艺进行研究。[②] 美国在实施"曼哈顿工程"过程中，先后研究过电磁分离法、气体扩散法、气体离心法、热扩散法等 4 种浓缩铀生产方法。第二次世界大战期间，德国开始用离心机分离铀同位素。1945—1946 年，美国建成气体扩散厂。20 世纪 60 年代后，气体离心法逐步成为工业规模生产浓缩铀的换代技术。20 世纪 80 年代，法国发明 CHEMEX 法、日本发明等离子体法等分离方法。至今，美国、法国、中国、德国等 10 多个国家先后掌握或研究铀同位素分离技术，建成一批浓缩铀工厂。其中，应用较多的是扩散法、离心法（表 16-148）。

表 16-148　世界浓缩铀工厂

国家	厂址	拥有单位	浓缩方法	设计生产能力 / （kSWU/a）
阿根廷	Pilcanlyeu	国家原子能委员会	扩散	120
巴西	Resende	巴西核子公司	喷嘴	30
法国	Tricastin	欧洲气体扩散公司	扩散	10 800
德国	Gronau	西欧三国铀浓缩公司	离心	800
日本	Ningyotoge	动燃事业团	离心	250
荷兰	A1melo SP$_3$，SP$_4$	Urenco	离心	1 550
南非	Valindaba	南非铀浓缩公司	回旋分离	300
俄罗斯	Ekaterinburg	UEC	离心	9 000
俄罗斯	Tomsk−7	SCC	离心	3 000
俄罗斯	Krasnoyarsk−45	EP	离心	5 000
俄罗斯	Angarsk	ECC	离心	2 000

[①] ^{235}U 含量大于天然含量的铀被称为浓缩铀。天然铀中 ^{235}U 的含量低，必须利用铀同位素分离技术来生产浓缩铀，才能作为裂变核燃料使用。

[②] 特雷弗·I. 威廉斯主编《技术史·第 6 卷》，姜振寰、赵毓琴主译，上海科技教育出版社，2004，第 136 页。

续表

国家	厂址	拥有单位	浓缩方法	设计生产能力 / (kSWU/a)
英国	Capenhurst	Urenco	离心	1 100
美国	Paducah	USEC	扩散	11 300
美国	Portsmouth	USEC	扩散	7 900
美国	Oak Ridge	Exxon	扩散	7 700

资料来源：马栩泉：《核能开发与应用》，化学工业出版社，2005，第 121 页。

核燃料后处理是在用反应堆乏燃料生产核武器用核材料钚的过程中发展起来的。1945 年初，美国建成世界上第一座核燃料后处理厂——汉福特厂。1951 年，汉福特厂建成第一座溶剂萃取法后处理厂。1954 年，美国投产第一座采用 Purex 流程的后处理厂——萨凡纳河钚生产厂。1958 年，法国在马尔库尔建成后处理 UP-1 厂。此外，英国、德国、印度、俄罗斯等国家也先后建成一批后处理厂（表 16-149）。世界每年产生的乏燃料数量不断增多，2005 年达到 28 万 t（表 16-150），但后处理能力却有限。

表 16-149　世界各国核燃料后处理厂概况

国家	后处理厂	处理物料	生产能力 / (t/a)	工艺流程	建成时间 / 年
美国	Hanford	生产堆乏燃料	430	Redox, Purex	1944
美国	Savannah River	生产堆乏燃料	3 600	Purex	1954
美国	Idaho Falls	舰艇堆、研究堆乏燃料	430	Purex	1953
美国	西谷	动力堆乏燃料	260	Purex	1966
美国	巴威尔	动力堆乏燃料	1 800	Purex	1979
英国	Windscale（B204）	生产堆乏燃料	—	Butex, Purex	1952
英国	Windscale（B205）	动力堆乏燃料	1 500	Purex	1964
英国	THORP	动力堆乏燃料	1 200	Purex	1994
法国	Marcoul（UP-1）	气冷堆乏燃料	600	Purex	1958
法国	La Hague（UP-2）	轻水堆乏燃料	800	Purex	1966
法国	La Hague（UP-3）	轻水堆乏燃料	800	Purex	1989
比利时	莫尔	轻水堆乏燃料	360	Purex	1966
德国	Karlsruhe	动力堆乏燃料	30	Purex	1971
日本	Tokai	轻水堆乏燃料	90	Purex	1977
印度	Tarapur	研究堆乏燃料	100	Purex	1982
印度	Trombay	重水堆乏燃料	50	—	1965
印度	KARP	轻水堆乏燃料	100	Purex	1996
俄罗斯	Khystym	轻水堆乏燃料	400	Purex	—

资料来源：马栩泉：《核能开发与应用》，化学工业出版社，2005，第 123 页。

表 16-150 1995—2005 年世界乏燃料[1]量

单位：t

项目	1995 年	2000 年	2005 年
产生的乏燃料	175 000	225 000	280 000
后处理的乏燃料	60 000	75 000	90 000
储存的乏燃料	115 000	150 000	190 000

资料来源：马栩泉：《核能开发与应用》，化学工业出版社，2005，第 123 页。

注：[1]从核反应堆中卸出来的经过一定时间"燃烧"的核燃料被称为"乏燃料"。100 万 kW 核电站大约每年产生 30 t 乏燃料。

（二）裂变核燃料资源潜力

20 世纪 60 年代，美国、印度等国家开始对钍资源的核能利用进行研究，对钍资源进行勘探与开发，并将其应用到各种实验堆和动力堆中。到 20 世纪 70 年代，世界钍资源探明储量 67 万 t（未包括中国），其中，加拿大、印度、美国分别为 21 万 t、18 万 t 和 13 万 t，居世界前三位（表 16-151）。1976 年，全球钍的年产量约为 730 t，全部是独居石的副产品。[①] 当时，由于钍资源的核能特性及存在的问题，钍还没有被真正用于核电生产。

表 16-151 20 世纪 70 年代各国钍资源储量[1]

国家	地质储量 / 万 t	探明储量[2] / 万 t
美国	28	13
苏联	11	4
印度	41	18
加拿大	61	21
巴西	14	5
澳大利亚	13	4
尼日利亚	3	1
南非	2	1
总计	173	67

资料来源：《国外经济统计资料》编辑小组：《国外经济统计资料（1949—1976）》，中国财政经济出版社，1979，第 30 页。

注：[1]指钍含量。[2]以每磅 U_3O_8 开采成本低于 30 美元测算探明量。

根据国际原子能机构和经济合作与发展组织的估算，1977 年世界可开采铀资源有相当保证的数量为 2 191 700 t（未包括苏联、东欧和中国，下同），测算追加的数量为 2 176 200 t（表 16-152）。同年，有相当保证的铀资源主要分布在北美（38%）、撒哈拉以南非洲（25%）、西欧（18%）以及澳大利亚、新西兰和日本（14%），其他地区占 5%。

① 伊斯雷尔·贝科维奇：《世界能源：展望 2020 年》，上海市政协编译工作委员会译，上海译文出版社，1983，第 95 页。

表 16-152　世界铀资源的测算量[1]

地区	有相当保证的资源量 /t	测算追加的资源量[2] /t
北美	825 000	1 709 000
西欧	389 300	95 400
澳大利亚、新西兰和日本	303 700	49 000
拉丁美洲	64 800	66 200
中东和北非	32 100	69 600
撒哈拉以南非洲	544 000	162 900
东亚	3 000	400
南亚	29 800	23 700
合计	2 191 700	2 176 200

资料来源：伊斯雷尔·贝科维奇：《世界能源：展望 2020 年》，上海市政协编译工作委员会译，上海译文出版社，1983，第 91 页。

注：[1] 测算量按照每千克铀最高 130 美元（每千克 U_3O_8 110 美元）的开采成本计算。[2] "测算追加的" 一类资源，只涉及可望在比较有名的和拥有已知矿床的那些地区出现的资源。

21 世纪初，全球已查明铀矿资源逐步增加，但资源总量少。2001 年，世界已查明的开采成本低于或等于 130 美元 /kg 的铀资源量（包括估算附加的 EAR-I 在内），总计 447.22 万 t（表 16-153）。2007 年，世界已查明的开采成本低于 130 美元 /kg 的铀资源量为 547 万 t，比 2001 年增加约 100 万 t。世界铀资源储量大国是：澳大利亚铀资源储量 64.6 万 t（2005 年，下同），占 41%；加拿大 26.5 万 t，占 17%；哈萨克斯坦 23.2 万 t，占 15%；南非 11.8 万 t，占 8%。这 4 个国家铀资源储量占世界铀资源总储量的 80% 以上。中国铀矿探明储量大约居世界第十位，具备市场开采价值的储量不足 10 万 t。[1]

表 16-153　2001 年世界各类铀资源总量

单位：万 tU

资源分类		开采成本				合计	
		≤ 40 美元 /kgU	≤ 80 美元 /kgU	≤ 130 美元 /kgU	成本未定		
已知常规储量	可靠资源（RAR）	> 169.115	251.618	323.782	—	323.78	447.22
	估算附加资源－Ⅰ（EAR-Ⅰ）	> 61.106	94.969	123.436	—	123.44	
待查明资源	估算附加资源－Ⅱ（EAR-Ⅱ）	—	—	233.800	—	233.80	1 293.50
	推测资源（SR）	—	—	466.900	592.8	1 059.70	
合计		> 230.221	346.587	1 147.918	592.8	1 740.72	

资料来源：中国电气工程大典编辑委员会：《中国电气工程大典·第 6 卷》，中国电力出版社，2009，第 978 页。

根据经济合作与发展组织核能署和国际原子能机构联合发布的《铀 2007：资源、生产和需求》的

---

[1] 张捷：《资源角逐：世界资源版图争夺战》，山西人民出版社，2010，第 111 页。

预测分析，世界核电装机容量会由 2007 年的 372 GW 增至 2030 年的 509 ～ 663 GW，铀需求量相应地从 66 500 t/a 增至 94 000 ～ 122 000 t/a；世界查明的能够以低于 130 美元 /kg 开采的常规铀资源量约为 550 万 t，尚未发现的资源量为 1 050 万 t。按 2006 年核能发电率及相应技术水平，世界查明的铀矿资源可以使用 100 年。如果考虑到铀价格上涨会促进对铀矿的投资，预计世界查明铀资源量会进一步增加。该报告指出：当前查明的铀资源量足够满足需求；使用更先进的反应堆技术以及对铀的回收和再利用，能够使核能使用延长一百年乃至几千年。[①]

（三）聚变核燃料资源潜力

聚变核燃料又称热核燃料，有氘（D）、氚（T）、^{6}Li 三种核素，其中，^{6}Li 是转换成氚的原料。氘和氚主要通过聚变反应释放能量。氘存在于自然界的天然水中，含氘水为 2.02%。氚是氢的放射性同位素（表 16-154）。^{6}Li 是天然存在的核素，它在天然锂中的同位素丰度为 7.5%。锂在地壳中的平均含量为 5×10^{-3}%（重量），比铀、钍含量丰富。[②]

表 16-154　氢的三种同位素

同位素	氢	氘	氚
符号	^{1}H	^{2}H，D	^{3}H，T
原子序数	1	1	1
质子数	1	1	1
中子数	0	1	2
质量数	1	2	3
丰度	99.985%	0.015%	微量
质量（单位）	1.007 825	2.014 103	3.016 049
半衰期	稳定	稳定	12.26 年

资料来源：刘洪涛等：《人类生存发展与核科学》，北京大学出版社，2001，第 10 页。

核聚变的主要燃料之一氘可从水的分解中得到。地球上的水大约含有 46 万亿 t 氘。氚是放射性元素，在自然界中极为稀少，但可以通过中子与锂原子核作用而制造出来。锂的可采储量和资源的测算数约为 1×10^7 t，溶解在海洋中的锂约为 1 840 亿 t，假若锂全部回收，其能量大致相当于 66×10^9 EJ（$1 EJ = 10^{18}$ J）。[③] 地球上已探明的锂储量为 3.495×10^6 t 金属锂（中国占 44.71%），储量基础为 1.167×10^7 t 金属锂（中国占 29.42%）。如果全球的能源需要全部用高品位的锂通过核聚变供给，那么可以供应一个多世纪；假若将陆地上所有的低品位锂（每吨含 20 ～ 50 g）全部制成氚转变成聚变能，则可供给全世界几百万年的能源消耗。[④] 假若所有氘和氚资源得到全部利用，则其能量相当于 11×10^{12} EJ。[⑤]

[①] 张永胜：《世界能源形势分析》，经济科学出版社，2010，第 129 页。

[②]《中国大百科全书》总编委会：《中国大百科全书·第 9 卷》第 2 版，中国大百科全书出版社，2009，第 402 页。

[③] 伊斯雷尔·贝科维奇：《世界能源：展望 2020 年》，上海市政协编译工作委员会译，上海译文出版社，1983，第 138-139 页。

[④] 马栩泉：《核能开发与应用》，化学工业出版社，2005，第 393 页。

[⑤] 伊斯雷尔·贝科维奇：《世界能源：展望 2020 年》，上海市政协编译工作委员会译，上海译文出版社，1983，第 139 页。

六、核电（核能）利用

核能及其发出来的电力（电能）被应用到军事领域和各种民用领域（图 16-14）。

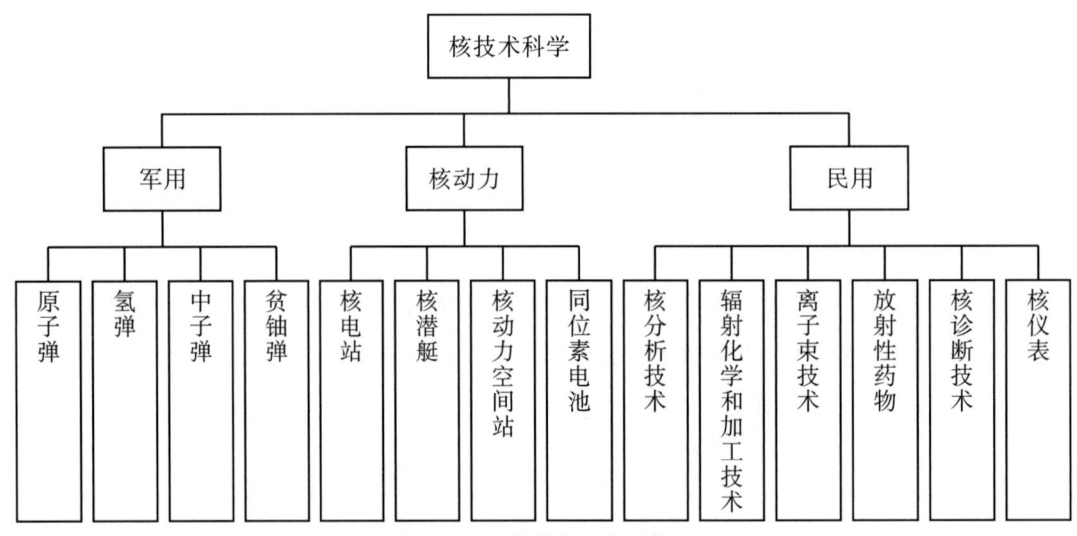

图 16-14　核技术的主要范畴

资料来源：《中国大百科全书》总编委会：《中国大百科全书·第 9 卷》第 2 版，中国大百科全书出版社，2009，第 397 页。

（一）军事应用

1942 年世界第一个核反应堆建成后，核能便开始在军事领域得到重要应用。

为应对第二次世界大战，美国于 1942 年实施"曼哈顿工程"，研制原子弹，动用人力约 60 万人，总投资 20 多亿美元。[1]1945 年 7 月 16 日，美国在新墨西哥州阿拉默多尔空军基地的沙漠地区成功爆炸第一颗原子弹。按下电钮后，在半径为 20 英里（约 32 km）的区域内，出现极为强烈的闪光，巨大的蘑菇云从地面上升至 1 万英尺的高空，爆炸区内的钢铁架子被彻底气化为灰烬，整个爆炸所产生的能量相当于 1.5 万～2 万 t TNT 当量炸药爆炸的威力。[2]从此，核能开始对人类进程产生重大影响。

第二次世界大战中，德国宣布无条件投降后，为迫使日本迅速投降，美国于 1945 年 8 月 6 日在日本广岛市中心投下了一颗代号为"小男孩"的原子弹。原子弹重约 4 t，长 3 m，直径为 0.7 m，内装 60 kg 高浓缩铀，相当于 1.5 万 t TNT 炸药。[3]原子弹在距地面 580 m 的空中爆炸，广岛市居民死伤 20 余万人，建筑物毁坏殆尽。[4]三天后，美国又在日本长崎市投下一颗代号为"胖子"的原子弹，造成长崎市居民死伤 14 万多人，市区被毁 1/3。[5]

1952 年 11 月 1 日，美国在马绍尔群岛的比基尼环礁上进行代号为"麦克"的第一次氢弹试验。1953 年 8 月，苏联也成功试爆第一颗氢弹。美、苏开展军事竞赛，美国加紧研制大威力、可用于实战的氢弹。1954 年 3 月 1 日，一颗外号为"小虾"的氢弹又在比基尼环礁上爆炸。这次不仅炸毁该小岛，

---

[1]《中国大百科全书》总编委会：《中国大百科全书·第 9 卷》第 2 版，中国大百科全书出版社，2009，第 409 页。

[2] 翁史烈主编《话说核能》，广西教育出版社，2013，第 23 页。

[3] 同上书，第 23-24 页。

[4]《中国大百科全书》总编委会：《中国大百科全书·第 8 卷》第 2 版，中国大百科全书出版社，2009，第 249 页。

[5]《中国大百科全书》总编委会：《中国大百科全书·第 3 卷》第 2 版，中国大百科全书出版社，2009，第 269 页。

连附近的两座小岛也一同被炸毁。这颗氢弹爆炸还使 20 多 km 外的一个小岛上的绝大多数建筑物被破坏，40 多 km 外的混凝土掩体倒塌，甚至 400 多 km 外的夸加林岛上的建筑物也在摇晃。爆炸威力超过原先预计的 2.5 倍，是投放广岛的原子弹威力的 1 000 多倍。[1]

20 世纪 50—60 年代，英国、法国、中国等国家开始先后发展本国的核武器（表 16-155）。1960 年法国成功爆炸了第一颗原子弹。同年 6 月，法国政府又提出耗资达 300 多亿法郎的"军事装备计划法案"，其中，60 多亿法郎用来建立"核威慑力量"。很快，法国就拥有多种核武器，成为世界上的第四支核力量。[2]

表 16-155 各国首次核武器试验时间

国家	原子弹	氢弹	中子弹
美国	1945 年 7 月 16 日	1952 年 11 月 1 日	1962 年
苏联	1949 年 8 月 29 日	1953 年 8 月	—
英国	1952 年 1 月 3 日	1957 年	
法国	1960 年 2 月 13 日	1968 年	—
中国	1964 年 10 月 16 日	1967 年 6 月 17 日	20 世纪 80 年代

资料来源：作者整理。主要参考《中国大百科全书》总编委会：《中国大百科全书·第 9 卷》第 2 版，中国大百科全书出版社，2009。

中国从 20 世纪 50 年代开始有限地发展核武器。1964 年 10 月成功进行第一次原子弹试验。1966 年 10 月进行了一次导弹核武器试验。1966 年 12 月进行氢弹原理试验。1967 年 6 月进行第一次氢弹空中爆炸试验。1969 年 9 月进行第一次平洞方式地下核试验。1978 年 10 月进行了第一次竖井方式地下核试验。中国政府在爆炸第一颗原子弹时就发表声明：中国发展核武器，是被迫而为的，是为了防御，为了打破核大国的核垄断、核讹诈，防止核战争，消灭核武器。此后中国政府多次郑重宣布：无条件地不首先使用核武器，无条件地不对无核国家和无核地区使用或威胁使用核武器。[3]

到 20 世纪 80 年代末，美国、苏联总计有核弹达 6 万多枚，占全世界核弹总数的 95% 以上，总威力约为 150 亿 t TNT 当量炸药。此后，随着形势的发展，美、苏两国达成了几项削减核武器的协议。[4]

截至 1998 年，全球有核国家总共进行了 2 000 多次核试验。其中，美国 1 032 次，苏联 715 次，法国 210 次，英国 45 次，中国 45 次。1986 年，中国政府宣布不再进行大气层核试验，1996 年宣布暂停核试验。[5]

除了开发核武器，各国还开发以核反应堆为热源的核能动力装置，大力发展核潜艇。1954 年，美国建成世界上第一艘核动力潜艇"鹦鹉螺号"。1960 年，又建成"乔治·华盛顿号"核动力战略导弹潜艇。随后，苏联、英国、法国、意大利等国家相继建成一批核潜艇（表 16-156）。中国于 1974 年建成"长

[1] 翁史烈主编《话说核能》，广西教育出版社，2013，第 26 页。
[2] 张芝联主编《法国通史》，北京大学出版社，2009，第 601 页。
[3]《中国大百科全书》总编委会：《中国大百科全书·第 9 卷》第 2 版，中国大百科全书出版社，2009，第 410 页。
[4] 同上书，第 410 页。
[5]《中国大百科全书》总编委会：《中国大百科全书·第 29 卷》第 2 版，中国大百科全书出版社，2009，第 21 页。

征 1 号"核动力攻击潜艇。至 2002 年，全球 40 多个国家拥有核动力潜艇 160 余艘。[①]

表 16-156　部分国家核潜艇简况

国家	艇种	排水量（水下）/t	核反应堆（型式）	动力装置	轴功率 /MW	航速 /kn[1]
美国	鱼雷攻击	3 500 ～ 6 900	压水堆	两台蒸汽透平	11.40 ～ 22.06	25/30
美国	弹道导弹	6 700 ～ 18 700	压水堆	两台蒸汽透平	11.40 ～ 22.06	25/30
美国	鱼雷攻击	4 000 ～ 4 200	压水堆	蒸汽透平	16.55	25/30
苏联	飞航导弹	5 000	压水堆	蒸汽透平	16.55	20/25
苏联	弹道导弹	9 000 ～ 14 500	压水堆	蒸汽透平	17.65 ～ 29.42	25
英国	鱼雷攻击	4 000	压水堆	蒸汽透平	11.40	—
法国	导弹型	9 000	压水堆	蒸汽透平	11.40	25
意大利	鱼雷攻击	2 800	压水堆	蒸汽透平	11.40	—

资料来源：马栩泉：《核能开发与应用》，化学工业出版社，2005，第 218 页。

注：[1] kn 为节，即海里 / 时；1 节等于每小时 1 海里（n mile/h）。

（二）工业应用

原子核内的能量向外发射会产生辐射能，如熟知的光和声。光是电磁辐射的一种形式，而声则是声辐射的一种形式。这些辐射能是通过放射性元素的 α 射线、β 射线、γ 射线等形式发出辐射而形成的。一般将低能量的辐射称为非电离辐射，将高能量的辐射称为电离辐射。核技术应用的是后者，即电离辐射（表 16-157）。电离辐射技术在国民经济和社会发展中具有广泛的应用（表 16-158）。在工业领域，核能的应用主要表现在：利用核技术对工业产品生产进行电离辐射，使其品质、性能得以改良；利用核技术对工业生产过程进行检测与分析；利用核能淡化海水；利用电离辐射技术对"三废"进行处理等。

表 16-157　典型的电离辐射

类型	符号	电荷 /e[1]	静止质量 /amu[2]	平均寿命 /s
X 射线，γ 射线	X，γ	—	—	稳定
β 射线，电子射线	β，e$^-$	−1	0.000 549	稳定
β$^+$ 射线，正电子射线	β$^+$，e$^+$	+1	0.000 549	稳定
质子射线	P	+1	1.007 593	稳定
中子射线	n	0	1.008 982	1×10^3
氘核射线	D	+1	2.014 186	稳定
α 射线	α	+2	4.002 875	稳定
重离子射线	—	不同离子各异		稳定

[①]《中国大百科全书》总编委会：《中国大百科全书·第 18 卷》第 2 版，中国大百科全书出版社，2009，第 3 页。

续表

类型	符号	电荷 /e[1]	静止质量 /amu[2]	平均寿命 /s
核裂变碎片	—	约 +22	极大	稳定
μ 子	μ	±1	0.113 6	2.2×10^{-6}
π 介子	π	0，±1	0.149 3 0.143 8	2.6×10^{-8}
K 介子	K	0，±1	0.530 0.520	1.2×10^{-8}
中微子	ν	0	约 0	稳定

资料来源：马栩泉：《核能开发与应用》，化学工业出版社，2005，第 266 页。

注：[1]"e"为电子的符号，表示带有一个负的基本电荷。[2] amu 为原子质量单位（atomic mass unit）。

表 16-158　电离辐射（含放射性同位素）技术及其应用领域

核技术分类		应用领域
1. 涉及带电粒子束的各种技术	（1）卢瑟福反散射（KBS）等	机械磨损、半导体研究、生物科学、考古学
	（2）微探针分析	医学、农业、考古学、冶金
	（3）部件活化用于磨损研究	工业、农业
	（4）痕量元素的带电粒子活化分析	考古、工艺美术
	（5）采用加速器根据碳 -14、氯 -36、铍 -10 量测定年代技术	工艺美术
	（6）采用电子、质子、α 粒子和介子等带电粒子治疗癌症	医学
2. 涉及中子束的各种技术	（1）中子照相	工业
	（2）水（氢）的中子散射分析	工业
	（3）中子活化分析	考古学、工艺美术、冶金、医学
	（4）中子癌症治疗	医学
	（5）环境重金属（如锌、汞、铅）的监测	环境、考古学
3. 涉及 X 射线或 γ 射线的各种技术	（1）X 射线荧光	矿业、地质、工业、环境
	（2）硬 X 射线放射照相	工业
	（3）食品辐照	食品工业、农业
	（4）医疗用品消毒	医学、兽医学
	（5）工业料位 / 厚度监测	工业
	（6）癌症治疗	医学

续表

核技术分类		应用领域
4. 涉及放射性同位素的各种技术	（1）焊缝放射照相	工业
	（2）示踪	工业、医学、环境、农业
	（3）感烟火灾预警装置	工业、家用
5. 涉及仪器仪表的各种技术	（1）正电子发射断层显像（PET）	工业、医学
	（2）硅与锗固体探测器	环境（建筑物内的氡气）、工业、医学
	（3）锗酸铋（BGO）与氟化锂（LiF）	工业、医学
	（4）辐射监测仪与电子学	环境、工业、医学
	（5）紧凑型电子直线加速器	工业、医学
	（6）紧凑型回旋加速器	医学

资料来源：马栩泉：《核能开发与应用》，化学工业出版社，2005，第 266-267 页。

1. 辐射化工

辐射化工是利用电离辐射技术对各种化工材料进行加工，进而改变材料性能，制备各种功能材料。

20 世纪 40 年代，世界上出现了利用辐射固化技术生产的不饱和树脂产品。20 世纪 60 年代后期，出现第一代商品光固化涂料。20 世纪 70 年代，EB 固化技术的工业应用得到推广。1988 年，日本有 3 万套 UV 固化设备运行，有 EB 固化生产线约 60 套。估计 1991 年北美辐射固化油墨、涂层和黏合剂总产值约为 2.5 亿美元，全球有关产品销售额超过 15 亿美元。[1]

20 世纪 50 年代初，英国学者 Charlesby 首先发现聚乙烯等结晶型高分子材料经辐射交联后产生记忆效应现象，由此开发出一种新型形状记忆材料。1959 年，Charlesby 等在美国申请第一个聚乙烯热收缩管的专利，从而开创生产这一新型功能材料的新纪元。20 世纪 60 年代，中国科学院长春应用化学研究所联合吉林辐射化学研究所利用辐射化学共同研制出中国第一代热收缩管，并成功地应用于中国第一颗人造卫星上。[2]

美国、日本、韩国、德国、中国等国家利用辐射技术生产辐射交联电线电缆等产品。到 21 世纪初，辐射交联电线电缆在发达国家已占交联电线电缆市场的 40%～50%，中国工业加速器约有 66% 用于辐射交联电线电缆生产。[3]

2. 离子束加工

离子束加工是在材料表面注入离子束，利用其辐射效应，改变固体材料表面层性质（表 16-159）。20 世纪 70 年代，离子束加工成为微电子线路加工的一种手段。20 世纪 80 年代，离子束加工被应用于超大规模集成电路制备。1995 年，全球微电子工业中 1/3 的器件设备是用等离子体技术处理的。21 世纪初，

---

① 刘洪涛等：《人类生存发展与核科学》，北京大学出版社，2001，第 148-149 页。

② 同上书，第 140-142 页。

③ 马栩泉：《核能开发与应用》，化学工业出版社，2005，第 280 页。

全球有 3 000 多台离子注入机被应用到集成电路生产中，其中，中国有 160 台离子注入设备，离子注入半导体年销售额达 200 亿元。[1]

表 16-159　离子束辐射效应的应用领域

离子束辐射特征	辐射效应	应用领域
高密度、局部照射的可能性	局部离子化激发，产生损伤	材料精密加工——表面加工，微细领域加工，多孔膜制造
		新功能材料制造——利用表面反应、内部反应等
	强烈生物效应	DNA 损伤（及其修复）机理研究，生物育种，创制新的基因资源
控制能量、能量密度等的可能性	损伤位置控制	控制照射，形成损伤深度分析
		微束照射——微细部分结构分析
		大面积照射
	控制能量输出速度、损伤速度	损伤加速试验
		脉冲照射——反应速度测定、吸收能量传播分析等
	辐射损伤模拟可能性	宇宙射线影响评价——结合温度的复合效应
		核聚变装置辐射影响评价——复合束流，照射试验
物质束流	异种原子注入	新功能材料制造——向表面与内部赋予新功能，其他表面改性，微细部分改性
核反应	加速器制备放射性同位素（贫中子核素）	研制新核素，加速器制造放射性同位素
		研究制备新标记化合物
	制备能量范围宽广的中子（其他二次粒子）	中子屏蔽数据测定——散射与吸收截面数据测定，工程学数据测定

资料来源：马栩泉：《核能开发与应用》，化学工业出版社，2005，第 307 页。

3. 工业放射性同位素示踪

放射性同位素示踪是将微量（少至一千亿分之一克）的放射性同位素示踪剂加入标记物质中，追踪、测量它们的浓度变化和分布情况。放射性同位素示踪的灵敏度很高，可检测出 $10^{-14} \sim 10^{-18}$ g（一般化学分析只能达到 10^{-6} g）。

放射性同位素示踪技术已有数千种用途，在工业中得到了广泛应用。例如，石油工业中测定输油管道的泄漏部位，机械工业中测定汽缸腐损程度，纺织工业中测定洗涤效率，工业中检测污水（表16-160）。

[1] 马栩泉：《核能开发与应用》，化学工业出版社，2005，第 280-281 页。

表 16-160　放射性同位素示踪在工农业生产中的应用领域

应用领域	应用性质[1]	研究内容
采矿	I	矿车的鉴定；未爆炸的装药位置
	L	矿井中水的渗漏；地下气化作用
	V	悬浮速度；矿井中空气运动
	MT	浮选机理
	W	管道的缺陷；润滑剂和机器部分磨损之间的关联
	H	干物料的均匀化
食品工业、农业、林业和渔业	I	土壤水分蒸散速度；肥效、土壤组成和灌溉对庄稼产量的影响；酒的鉴别；河流和海洋中捕鱼业的废弃物；河流和海洋中污水的分布
	L	灌溉渠道和管道的缺陷
	V	灌溉系统的流速；水流运动；土壤中水储量；啤酒和果酒储存罐的容量；作物储藏时的空气干燥；储藏室和工厂的通风
	MT	糖厂沉降槽中的流动模型
	M	洗涤效率的研究；从包装中出来的污染物和添加物的转移；从甜菜中提取糖；食物肉质部分的水含量；空气过滤试验
	H	食物拌和机的效率；粮食中维生素、脂肪、附加物和示踪元素的分布
建筑、非金属矿产品	I	浇灌水泥和沥青的分布；特种混凝土的鉴定
	L	水坝、新近铺设引水干渠泄漏
	MT	水泥在转窑中的滞留、分布和流动模型；玻璃熔炉中的流动模型
	V	医院、图书馆、商店中空气的流动
	W	砖、耐火材料的寿命；水泥厂球磨机的磨损和玻璃熔炉中耐火衬层的磨损；玻璃腐蚀
	H	混凝土、沥青和添加物的混合；混凝土中添加物和水泥的分布
机械、运输设备	I	内燃机的燃烧效率
	L	汽车和飞机里燃料和气体的泄漏
	V	冷却系统中的流速；燃料流速；铁路机车、汽车和飞机中的空气运动
	M	燃料、润滑剂和空气过滤器的研究
	W	切削刀具、齿轮、涡轮机叶片、轴承座、活塞、活塞环和塑料部件的磨损；金属件的腐蚀；机器运行时峰值温度的测量
	H	液体和固体燃料的混合

续表

应用领域	应用性质[1]	研究内容
冶金、铸造、金属产品	I	高炉中炉料的运动；铝铸造时的流动模型
	V	高炉中气体流速；熔融金属的流动模型
	MT	溶解设备中的物料流动
	M	固一液界面现象；铁在熔渣和金属之间的交换
	W	衬层的磨损；储槽腐蚀
	H	合金组分的分布，例如，钢中钨和钴的分布，混合槽中均匀性研究
轻工业（纺织、木材、纸张印刷）	I	用杀菌剂浸渍木材
	V	造纸工业中水、纸浆、化学物质和废液的流速；废水稀释研究
	MT	纺织工业工作容器中的流动模型；连续蒸煮器中碎屑和液体的运动；漂白塔中的动力学；造纸机中的流动模型
	M	纺织工业中的洗涤效率，印刷油墨的转移
	W	纤维制品的磨损；木材切割工具的磨损；填充物和纤维材料（例如石棉）的磨耗
	H	染料和颜色的分布研究；人造丝和尼龙上润滑剂的分布；羊毛纤维在梳毛期间的分布；层压制件中黏结剂的分布；印刷油墨的浸透和分布
化学物质和化学产品（橡胶、石油）	I	管道中清管器的定位
	L	热交换器、双壁工作容器、地下管道和压力容器的泄漏
	V	河流和海洋中废水的稀释
	MT	反应器中停留时间和混合的研究
	M	气体和液体通过塑料和硫化材料的渗透性
	W	储槽腐蚀
	H	炭黑、氧化锌、燃料的混合和最终产物的分布
水的节约	I	港湾和河流中泥、沙运动
	L	储水池，总水管道
	V	水和污水流速
	M	污水澄清器的效率
	W	涡轮叶片
劳动安全	M	细菌过滤器和气体防护罩的效率
	H	烟囱气体和粉尘的分布

资料来源：马栩泉：《核能开发与应用》，化学工业出版社，2005，第 291-292 页。

注：[1] I：物质的鉴定和跟踪它们的运行。L：泄漏和破损的探测。V：流速的测定。MT：生产过程中的物料运输。M：物质总量的测定。W：磨损研究。H：混合物均匀性研究。

4. 工业无损检测

利用电离辐射 β 射线、γ 射线等，可以很容易对物体或物质在无破坏条件下进行无损检查与测量，测知其物理性能等。于是，以放射性同位素源为基础的各种工业同位素仪表应运而生，诸如厚度计、密度计、X 荧光分析仪、γ 探伤机。

1958 年，中国上海自动化仪表研究所和兰州自动化研究所开始研制工业用同位素仪表。到 20 世纪 90 年代，中国共有同位素仪器设备生产厂家 112 个，生产同位素仪表超过 1 万台，其中，核子秤年产近 2 000 台，基本上取代了进口。

中国清华大学于 1996 年研制出加速器源大型集装箱检测系统（表 16-161），中国成为世界上继英国、法国、德国之后第四个掌握这种先进技术的国家。

表 16-161 以加速器为辐射源的集装箱检测系统的性能指标

项目	指标	系统		
		车载移动式 MT1 213	组合移动式 MB1 215	固定式 PG9 056
加速器	类型	X 波段驻波	S 波段驻波	S 波段行波
	能量 /MeV	2.5	6	9
	X 射线剂量 / [Gy/（min·m）]	0.035	0.11	30
	脉冲频率 /pps	20	30	240
	靶点尺寸 /mm	≤ ϕ1.5	≤ ϕ2.0	≤ ϕ1.5
	泄漏率	≤ 2.0×10^{-5}	≤ 2.0×10^{-5}	≤ 1.0×10^{-3}
系统成像	100 mm 钢板后丝分辨力（铁丝）/mm	ϕ3.0	ϕ2.0	ϕ1.5
	100 mm 钢板后的反差灵敏度（铁片厚度）/mm	2	1	0.5
	穿透本领（钢板厚度）/mm	200	300	380
	单次剂量 /μGy	3.1	3.6	36
	总检测速度（每小时集装箱数）	20	25	30

资料来源：马栩泉：《核能开发与应用》，化学工业出版社，2005，第 288 页。

5. 核能海水淡化

全球有海水淡化厂约 13 000 座，日淡化水总量约 2 500 万 t。核能进行海水淡化的仅有 130 堆年的运行经验，主要是采用电水联产的方式提供饮用水和核电站补水。[1]

早在 20 世纪 60 年代，国际原子能机构（IAEA）就曾调查利用核反应堆进行海水淡化的可行性。1968 年召开的核能海水淡化国际会议引起了国际上对核能水电联供的关注，但核能海水淡化只在哈萨

[1] 陈勇主编《中国能源与可持续发展》，科学出版社，2007，第 144 页。

克斯坦、日本、中国等少数国家得到实际应用。哈萨克斯坦的阿克套核能海水淡化厂的海水淡化能力为每天 80 000 m³。日本部分核电站同时建有海水淡化系统，淡化技术分 MSF（多级闪蒸）、MED（多效蒸发）、RO（反渗透），各厂淡化海水的能力为每天 1 000 ～ 2 600 m³（表 16-162）。[①]中国于 2001 年将山东核能海水淡化项目列为"高技术产业化示范工程"。

表 16-162　日本的核能海水淡化情况

核电站名称	反应堆			海水淡化		
	类型	单堆电功率 /MW	并网时间 / 年	方法	产能 / (m³/d)	启动时间 / 年
大阪Ⅰ、大阪Ⅱ	PWR	1 175	1979、1979	MSF/MED	1 300 2 600	1974 1976
大阪Ⅲ、大阪Ⅳ	PWR	1 180	1991、1993	RO	2 600	1990
高滨	PWR	870	1985	MED	2 000	1983
伊方Ⅰ、伊方Ⅱ	PWR	566	1975、1975	MSF	2 000	1975
伊方Ⅲ	PWR	566	1992	RO	2 000	1992
玄海Ⅲ、玄海Ⅳ	PWR	1 180	1992、1997	RO MED	1 000 1 000	1988 1992
柏崎·刘羽	BWR	1 100	1985	MSF	1 000	1985

资料来源：张晓东、杜云贵、郑永刚：《核能及新能源发电技术》，中国电力出版社，2008，第 85 页。

6."三废"辐射治理

随着核技术的发展以及对环境保护的加强，各国先后采用各种核技术对环境污染进行治理。

1970 年前后，日本、美国、德国、法国等国家开始用加速器电子束对烟道废气净化进行研究，建立 10 多套实验、示范工程，有的已进入实用阶段。1997 年，中国成立四川电子束脱硫工厂，使用两台 800 keV、束流 400 mA、总功率 640 kW 的加速器，处理 100 MW（2%S）煤电厂的烟道气，处理量为 30×10^4 m³/h，吸收剂量为 3 kGy，可去除 SO_2 80% 和 NO_x 20%，可生产副产品化肥 2 470 kg/h。[②]

发达国家开展电离辐射治理废水研究已有几十年。美国建成辐射处理废水工厂 40 多座，处理废水的各项指标优于常规处理法。

一些国家还开展量子束技术的研究及其开发应用，应用领域诸如半导体高集成度的刻蚀、激光电离法分离同位素等（表 16-163）。

① 张晓东、杜云贵、郑永刚：《核能及新能源发电技术》，中国电力出版社，2008，第 85 页。
② 刘洪涛等：《人类生存发展与核科学》，北京大学出版社，2001，第 167 页。

表 16-163　量子束技术的研究与应用领域

	量子束	辐射源	分析与诊断	材料	加工
光子	激光	自由电子激光器	激光应用测量	平板刻蚀	共振电离同位素分离
	同步辐射光	紧凑同步辐射光装置	微结构分析	光刻蚀	大规模集成电路生产
	X 射线	X 射线激光器	医学诊断	X 射线刻蚀	接枝加工
	γ 射线	γ 射线激光器	无损检测	—	密度计，料位计
带电粒子	离子束	重离子加速器	元素分析	刻蚀	放射性同位素生产
	电子束	高质量电子加速器	显微镜，元素分析	电子刻蚀	表面涂层固化
	等离子体束	等离子体装置	—	刻蚀制板	等离子加工
基本粒子	中子	高强度散裂源	冷中子散射	掺杂	—
	正电子	慢正电子源	缺陷与表面分析	—	—
	μ 子	慢 μ 子源	μ 子自旋表面分析	—	μ 子催化反应

资料来源：马栩泉：《核能开发与应用》，化学工业出版社，2005，第 305-306 页。

（三）农业应用

核能在农业领域的应用主要表现在将核技术应用到农业生产和研究的各个领域，包括辐射育种、辐照食品或农产品、辐射防治虫害、辐照刺激作物生长以及在农业中应用放射性同位素示踪技术等。

1. 辐射育种

1950 年，美国进行世界首批辐射育种试验。1957 年，世界首次辐射育种——小麦辐射育种获得成功。20 世纪 50 年代，世界农作物的新品种中，辐射育种约占 9%，到 20 世纪 90 年代达到了 50% 以上。根据国际原子能机构统计，1993 年，世界上人工诱变的作物品种有 1 552 种，其中采用电离辐射诱变获得的新作物品种超过 1 000 种，占 91%，全球播种辐射育种的作物品种面积达几千万公顷，经济、社会效益巨大。[1]中国、印度、荷兰、德国等国家先后开展辐射育种（表 16-64）。

表 16-164　1993 年世界主要国家人工诱变作物品种数目

国家	种子繁殖作物 / 种	无性（营养）繁殖作物 / 种
中国	281	—
印度	116	103
俄罗斯	82	31
日本	71	29

[1] 马栩泉：《核能开发与应用》，化学工业出版社，2005，第 284 页。

续表

国家	种子繁殖作物 / 种	无性（营养）繁殖作物 / 种
德国	58	80
美国	44	33
荷兰	—	173

资料来源：马栩泉：《核能开发与应用》，化学工业出版社，2005，第 284 页。

中国从 20 世纪 50 年代开始进行辐射育种研究，到 1989 年共培育出 29 种植物的 325 个突变品种，推广面积约 1.3 亿亩。到 21 世纪初，中国辐射育种 625 种，约占世界的 1/4；辐射育种的种植面积在 900 万公顷以上，每年可增产粮食 40 亿 kg、棉花 2 亿 kg、油料 0.75 亿 kg。[①]

2. 辐照食品 / 农产品

辐照食品是利用电离辐射对农产品及各种食品进行杀菌、保鲜等处理（表 16-165），以达到杀虫灭菌、长期保鲜等作用。

表 16-165　食品或农产品辐照的一般应用

分类	目的	剂量 /kGy	产品
低剂量（0～1 kGy）	抑制发芽	0.05～0.15	土豆、洋葱、姜等
	杀灭昆虫和寄生虫	0.15～0.50	谷物、新鲜水果、干鱼和干肉
	延缓生理过程	0.5～1.0	新鲜水果和蔬菜
中等剂量（1～10 kGy）	延长货架期	1.5～3.0	鲜鱼、草莓等
	去除腐败微生物与病原微生物	2.0～5.0	海鲜、冷冻海产，原料形态与冷冻状态下的家禽与肉等
	改善食品的工艺性质	2.0～7.0	葡萄（增加葡萄汁产额）、脱水蔬菜（减少烹调时间）等
高剂量（10～50 kGy）	商业灭菌消毒（结合温热）	30～50	肉、家禽、海产品、预加工食品、医院食品
	消除某些食品添加剂和调味品的污染	10～50	香料、酶制品、天然植物胶等

资料来源：马栩泉：《核能开发与应用》，化学工业出版社，2005，第 283 页。

20 世纪初，出现了各种农产品、食品辐照处理的专利。20 世纪 40 年代，美国麻省理工学院开始研究用 X 射线对汉堡进行消毒，日本东京渔业大学开展辐照保存鲜鱼研究。1958 年，美国通过立法确认食品、药物和化妆品的辐照加工方法。1963 年，美国食品药物管理局批准小麦和面粉为首批可辐照

---

① 马栩泉：《核能开发与应用》，化学工业出版社，2005，第 285 页。

食品。20 世纪 60 年代，加拿大批准用 0.1 kGy 辐射剂量抑制土豆发芽。20 世纪 80 年代，南非每年都有 5 ～ 8 t 辐射草莓上市。辐射可明显地延长一些农产品的贮藏寿命（表 16-166）。

表 16-166　部分辐照食品贮存寿命

产品	剂量 /kGy	贮藏条件	延长时间 / 日
蓝蟹	2.5	冷藏	28
鸡肉（去内脏）	2.5	1.6 ℃以下	≥ 15
鳕鱼	1.5	冷藏	18
鳎鱼	1.0	冷藏	20
碎牛肉	2.0	2.0 ℃以下	≈ 14
大比目鱼	4.0	冷藏	12 ～ 23
印度洋鲑	1.0	冰冻冷藏	14
皇蟹	2.5	冷藏	14 ～ 37
龙虾	2.5	冷藏	10 ～ 18
小河虾	1.5 ～ 2.0	冷藏	18
切片面包	5.0	室温	80
蔬菜汁	1.0 ～ 2.0	～ 10 ℃	3
草莓	2.0	冷藏	7 ～ 10
西红柿	1.2 ～ 2.0	室温	≥ 6
白鲑鱼片	1.2	～ 3 ℃	13
黄鲈	3.0	冰冻冷藏	35

资料来源：刘洪涛等：《人类生存发展与核科学》，北京大学出版社，2001，第164页。

中国从 20 世纪 50 年代后期开始研究食品辐照。20 世纪 80 年代，陆续在上海、深圳、郑州、南京等地建立一批大型辐照食品中心。到 1994 年，中国共批准 18 种辐照食品。1996 年，颁布辐照食品卫生管理办法。1997 年，公布辐照食品卫生标准。2002 年，中国辐照食品总量为 10 万吨，居世界第一位。[1]

联合国粮农组织和国际原子能机构等在 20 世纪 70 年代成立了一个关于辐照食品健康问题的专家委员会，这个专家委员会于 1980 年指出，"在平均吸收剂量上限为 10 kGy 情况下辐照食品无毒，也不会引起营养学和微生物学上的任何问题"。这一结论在 1983 年被联合国食品法规委员会批准，不少国家也立法承认这一结论。[2] 同时，各国规定，辐照食品要打上相应的国际符号（图 16-15）和标语（如"辐射灭菌"等），给消费者选择权。

[1] 马栩泉：《核能开发与应用》，化学工业出版社，2005，第282-283页。
[2] 刘洪涛等：《人类生存发展与核科学》，北京大学出版社，2001，第160页。

图 16-15　辐照食品的国际符号

资料来源：刘洪涛等：《人类生存发展与核科学》，北京大学出版社，2001，第 161 页。

到 1995 年，共有 42 个国家批准 224 种辐照食品[1]。各国或地区批准上市的辐照食品包括土豆、冻虾、鸡肉、脱水蔬菜、调味品、干果、面粉、麦类等（表 16-167）。

表 16-167　各国（地区）批准上市的辐照食品

国家 / 地区	产品
阿根廷	可可粉、土豆、香料、菠菜
澳大利亚	冻虾
孟加拉国	鸡肉、冻藏鱼及鱼产品、面粉、豆类、糙米及米粉产品、小麦、粗面粉、调味品
比利时	冷藏食品（包括海鲜）、脱水蔬菜、蒜、洋葱、土豆、冬葱、草莓、调味品
巴西	脱水蔬菜、调味品
保加利亚	干果、干浓缩食物、鲜果及蔬菜、蒜、谷物、洋葱、土豆
加拿大	干蔬菜、调味品、面粉、洋葱、土豆、小麦
智利	鸡肉、脱水蔬菜、洋葱、土豆、调味品
中国	苹果、香肠、果酒、蒜、洋葱、土豆、调味品
古巴	可可豆、洋葱、土豆
捷克	蘑菇、洋葱、土豆
丹麦	土豆、香料、调味品
芬兰	调味品
法国	酪蛋白和酪蛋白酸盐、干蔬菜、调味品、脱水水果、蒜、洋葱、草莓
匈牙利	罐装酸樱桃、香草茶及茶汁、洋葱、土豆、调味品
印度	洋葱、土豆、调味品
印度尼西亚	谷物、调味品、块状茎根作物
意大利	蒜、洋葱、土豆
日本	洋葱、土豆
荷兰	医院食品、脱水蔬菜、鱼片、鲜虾、蘑菇、洋葱、土豆、家禽、大米、调料、草莓
波兰	香草、蘑菇、洋葱、土豆
俄罗斯	麦类、鱼、水果、蒜、肉、洋葱、土豆、调料、家禽、谷物
西班牙	洋葱、土豆

---

[1] 马栩泉：《核能开发与应用》，化学工业出版社，2005，第 282 页。

续表

国家 / 地区	产品
中国台北	豆类、面粉、蒜、杞果、番木瓜、土豆、大米、冬葱、烟草、小麦
泰国	发酵的猪肉香肠、洋葱、土豆
英国	干香料、医院病人食物
美国	面粉、水果、土豆、家禽肉、调料、小麦、粗面粉
南斯拉夫联盟共和国	麦类、干果、蛋粉、蒜、谷物、茶、豆类、肉、洋葱、土豆

资料来源：刘洪涛等：《人类生存发展与核科学》，北京大学出版社，2001，第160页。

3. 辐射灭虫

从20世纪50年代初开始，美国、中国、墨西哥、马来西亚、埃及、坦桑尼亚等国家先后开展了辐射防治害虫研究。1957年，美国首次开展昆虫辐射不育技术研究，并取得成功。20世纪70年代，美国通过辐射防治，两次在全国范围灭绝了螺旋蝇。1996—2000年，中国建立棉铃虫人工饲养工厂，日产虫卵1 000～2 000粒，释放辐射不育虫近100万只以上，使大面积棉铃虫的危害由常年的20%下降到0.1%～1%。1997年，据国际原子能机构统计，使用辐射灭虫技术，每年能给农民带来超过35亿美元的综合效益。[①]

4. 辐照刺激作物生长

从20世纪60年代开始，中国开展低剂量辐照刺激农作物生长的研究：用3 Gyγ辐照马铃薯，出苗率提高28.3%；四川农业科学院用28.5～85.5 Gyγ射线辐照油菜种子，含油率提高2.4%～7.5%；内蒙古农科院用小于60 Gyγ射线辐照小麦种子，发芽率提高10%～30%；北京师范大学利用Re-Be中子源辐照家蚕5～50 μGy，可以使家蚕孵化全龄期缩短20～28 h，孵化率提高2.1%，产量提高5%～50%，并且孵出来的蚕体健康、结茧早、产量高。[②]

（四）医疗卫生应用

1895年，德国物理学家伦琴发现X射线后，X射线成为医学上诊断和治疗疾病的重要手段。在伦琴发现X射线80天后，便有了世界上首例用X射线治疗乳腺癌的病例报告，开创了放射治疗的新纪元。其后不久，人们开始认识到包括X射线在内的核辐射也会引起机体组织损伤和疾病，如癌症。由此，放射医学、核医学诞生，核能从此走进社会大众的生活。

X射线能穿透人体组织，能感光照相胶片，还能激发荧光。于是，在发现X射线后，人们运用X射线技术进行人体透视与成像，对动态目标做追踪摄影并取得成功。但是，由于摄影技术不过关，而大量X射线易对人体造成伤害，致使X射线应用受到制约。

20世纪30年代初，德国B.拉耶夫斯基和A.施劳布发现肺癌是由氡及其子体的α射线引起的。1935年，德国H. B. 季莫费耶夫-列索夫斯基和K.G.齐默尔指出，细胞内有一个称作"靶"的敏感区，只要带电粒子击中这个靶，细胞即被损伤或致死，进而创立了靶理论。他们用数学和统计学的方法，

---

① 马栩泉：《核能开发与应用》，化学工业出版社，2005，第285页。

② 刘洪涛等：《人类生存发展与核科学》，北京大学出版社，2001，第159页。

第一次建立了辐射剂量与细胞存活关系的数学描述。[1]靶理论的创立为评价辐射的各种生物学效应提供了定量的基础[2]，尤其是对于遗传学等领域的研究具有重要价值。

1932 年，英国物理学家 J. D. 考克饶夫和 E. T. S. 瓦耳顿首次用人工加速的粒子观察到原子核的裂变。[3]此后，随着加速器技术的不断发展与进步（表 16-168），加速器在医学领域得到广泛应用。20 世纪 30 年代，美国发明了用于医学的回旋加速器，加速器开始用于医学。20 世纪 40 年代，出现医用电子感应加速器、电子同步加速器和质子同步加速器。1952 年，英国首次把电子直线加速器应用于医疗。20 世纪 60 年代，医用电子直线加速器得到推广应用，它能产生 X 射线和电子射线，在临床治疗肿瘤中广泛应用。医用加速器所产生的电子、X 射线、γ 射线等，具有定向性好、穿透性强、能量高、可控制、利用率高等优点。例如，用钴炮照射深部癌区的照射剂量为皮肤表面的 75%，若用 7 MeV 的加速器产生的 γ 射线照射则可提高到 85%，若用 35 MeV 的加速器产生的 γ 射线照射则高达 250%。[4]

表 16-168　粒子加速器开发利用进程

时间	事件
1919 年	英国物理学家卢瑟福提出用人工方法加速带电粒子的设想
1922 年	美国科学家斯雷平进行感应加速器的理论研究
1924 年	奈辛和维德罗分别发明原始的直线加速器
1931 年	美国科学家 R. J. 范德格拉夫发明静电加速器
1932 年	英国物理学家 J. D. 考克饶夫和 E. T. S. 瓦耳顿发明倍压加速器，首次实现用人工加速的粒子引起核裂变
1932 年	劳伦斯等发明回旋加速器，制造出人工放射性同位素
1940 年	美国物理学家 D. W. 克斯特发明电子感应加速器
1944—1945 年	苏联科学家 V. I. 韦克斯勒和美国科学家 E. M. 麦克米伦分别独立发现自动稳相原理
1946 年	美国伯克利建成第一台稳相加速器（又称同步回旋加速器）
20 世纪 40 年代末	L. W. 柯瓦莱兹发明直线谐振加速器
20 世纪 50 年代初	出现质子同步加速器
1952 年	美国科学家 M. S. 利文斯顿、E. D. 库朗等提出强聚焦加速器原理
1956 年	美国物理学家 D. W. 克斯特发明对撞机
1989 年	西欧建成世界最大的正负电子对撞机，首次实现正负电子对撞

资料来源：作者整理。主要参考马栩泉：《核能开发与应用》，化学工业出版社，2005。

1934 年，法国约里奥－居里夫妇用 α 粒子轰击铝，通过核反应方式，发现了人工放射性，最早获得了人工放射性核素（也称"人工放射性同位素"）。1942 年，人类第一座可控原子核反应堆点火成功，

---

[1]《中国大百科全书》总编委会：《中国大百科全书·第 6 卷》第 2 版，中国大百科全书出版社，2009，第 344 页。

[2] 美国不列颠百科全书公司：《不列颠百科全书·第 16 卷》国际中文版（修订版），中国大百科全书出版社《不列颠百科全书》国际中文版编辑部编译，中国大百科全书出版社，2007，第 481 页。

[3] 美国不列颠百科全书公司：《不列颠百科全书·第 13 卷》国际中文版（修订版），中国大百科全书出版社《不列颠百科全书》国际中文版编辑部编译，中国大百科全书出版社，2007，第 67 页。

[4] 刘洪涛等：《人类生存发展与核科学》，北京大学出版社，2001，第 183-184 页。

这使人类可以自主地制备、获得更多的人工放射性核素。而同期粒子加速器的发明与应用，则使人类能够更方便、更廉价地生产和使用人工放射性核素（表 16-169）。人类先后发现 2 700 多种核素，其中，稳定核素 274 种[1]，其余的均为放射性核素。在 2 000 多种放射性核素，除了 60 余种是自然界存在的天然放射性核素，其余 2 400 多种都是通过反应堆和加速器生产出来的人工放射性核素。1946 年，核反应堆生产出来的人工放射性核素首次用于民用医学治疗。[2] 从此，人类开始把核反应堆、粒子加速器生产出来的大量廉价的人工放射性核素，广泛应用到医学领域以及其他领域（表 16-170）。

表 16-169 粒子加速器生产的重要医用放射性核素

放射性核素	半衰期	主要衰变方式	生成反应
^{11}C	20.38 min	β^+	$^{10}B(d, n)^{11}C$, $^{11}B(d, 2n)^{11}C$ $^{14}N(p, \alpha)^{11}C$
^{13}N	9.96 min	β^+	$^{12}C(d, n)^{13}N$, $^{10}B(\alpha, n)^{13}N$
^{15}O	122 s	β^+	$^{14}N(d, n)^{15}O$
^{18}F	109.8 min	β^+	$^{18}O(P, n)^{18}F$, $^{16}O(^3He, p)^{18}F$
^{22}Na	2.602 a	β^+, EC	$^{24}Mg(d, \alpha)^{22}Na$
^{52}Fe	8.27 h	β^+, EC	$^{50}Cr(\alpha, 2n)^{52}Fe$, $^{52}Cr(\alpha, 4n)^{52}Fe$
^{57}Co	271.77 d	EC	$^{56}Fe(d, n)^{57}Co$
^{67}Ga	78.3 h	EC	$^{66}Zn(d, n)^{67}Ga$, $^{67}Zn(p, n)^{67}Ga$ $^{68}Zn(p, 2n)^{67}Ga$
$^{68}Ge \sim {}^{68}Ga$	^{68}Ge 288 d ^{68}Ga 68.1 min	EC β^+, EC	$^{69}Ga(p, 2n)^{68}Ge$, $^{66}Zn(\alpha, 2n)^{68}Ge$ $^{68}Ge \xrightarrow{EC} {}^{68}Ga$
^{111}In	2.83 d	EC	$^{109}Ag(\alpha, 2n)^{111}In$, $^{111}Cd(p, n)^{111}In$
^{123}I	13.0 h	EC	$^{124}Te(p, 2n)^{123}I$, $^{121}Sb(\alpha, 2n)^{123}I$ $^{127}I(p, 5n)^{123}Xe \xrightarrow{EC} {}^{123}I$ $^{124}Xe(p, pn)^{123}Xe \xrightarrow{EC} {}^{123}I$
^{201}Tl	74 h	EC	$Hg(d, xn)^{201}pb \xrightarrow{\beta^+} {}^{201}Tl$ $^{203}Tl(P, 3n)^{201}Pb \xrightarrow{\beta^+} {}^{201}Tl$

资料来源：刘洪涛等：《人类生存发展与核科学》，北京大学出版社，2001，第 219 页。

表 16-170 部分重要的放射性同位素的主要性质及用途

放射性同位素	半衰期	特征辐射的能量 /MeV（分布百分数 /%）	主要用途
氢 -3（^3H）	12.26 a	β 0.019（100）	示踪有机化合物，用于物理化学研究、药物研究和有机化学工业；热核反应的主要材料

[1]《中国大百科全书》总编委会：《中国大百科全书·第 32 卷》第 2 版，中国大百科全书出版社，2009，第 353 页。
[2] 美国国家工程院：《20 世纪最伟大的工程技术成就》，常平、白玉良译，暨南大学出版社，2002，第 271 页。

续表

放射性同位素	半衰期	特征辐射的能量 /MeV （分布百分数 /%）	主要用途
碳 −14(^{14}C)	5 730 a	β 0.156(100)	示踪有机化合物，用于药物研究、有机化学工业、考古学
钠 −22(^{22}Na)	2.62 a	β 0.54(89) γ 1.275(99.9) K 俘获	工业示踪剂
钠 −24(^{24}Na)	15.05 h	β 1.389(100) $\gamma_1$1.369(100)，$\gamma_2$2.754(100)	常用的工业示踪剂，用来研究化工过程
磷 −32(^{32}P)	14.28 d	β 1.71(100)	良好的示踪剂，用来研究生物过程
硫 −35(^{35}S)	87.9 d	β 0.167(100)	用于药品工业和农业
钾 −42(^{42}K)	12.36 h	$\beta_1$1.99(18)，$\beta_2$3.52(82) $\gamma_1$0.31(0.2)，$\gamma_2$1.52	用于示踪研究
钙 −45(^{45}Ca)	165 d	β 0.252(100)	用于人体诊断及硅酸盐工业
铬 −51(^{51}Cr)	27.8 d	γ 0.320 K 俘获	用于冶金和腐蚀研究
铁 −55(^{55}Fe)	2.60 a	K 俘获 0.006	用作特殊密封源的填料
铁 −59(^{59}Fe)	45.6 d	$\beta_1$0.27(46)，$\beta_2$0.46(53.7)，$\beta_3$1.57(0.3) $\gamma_1$0.19(2.5)，$\gamma_2$1.10(56)，$\gamma_3$1.29(44)	作为标记铁，用于冶金研究
钴 −58(^{58}Co)	71.3 d	β^+0.47(15) $\gamma_1$0.81(100)，$\gamma_2$0.87(1.4) K 俘获	作为标记钴，用于示踪研究
钴 −60(^{60}Co)	5.26 a	$\beta_1$0.312(99) $\gamma_1$1.173(99)，$\gamma_2$1.332(100)	核应用技术中最重要的辐射源
铜 −64(^{64}Cu)	12.8 h	β 0.57(38)，β^+0.66(19) γ 1.33(0.05) K 俘获	用于电镀工业
铜 −67(^{67}Cu)	61 h	$\beta_1$0.40(45)，$\beta_2$0.48(35)，$\beta_3$0.57(20) $\gamma_1$0.09(23)，$\gamma_2$0.18(23)	用于电镀工业
溴 −82(^{82}Br)	35.3 h	β 0.44(100) $\gamma_1$0.55(67)，$\gamma_2$0.62(42)，$\gamma_3$0.70(24)， $\gamma_4$0.78(80)，$\gamma_5$0.83(24)，$\gamma_6$1.04(30)， $\gamma_7$1.32(31)，$\gamma_8$1.48(19)	用于辐射吸收相当大的研究
氪 −85(^{85}Kr)	10.76 a	$\beta_1$0.15(0.7)，$\beta_2$0.67(99.3) γ 0.514(0.4)	应用最广泛的惰性气态示踪剂
铷 −86(^{86}Rb)	18.7 d	$\beta_1$0.71(9)，$\beta_2$1.78(91) γ 1.08(9)	广泛使用的示踪剂
锶 −85(^{85}Sr)	64 d	γ 0.514(99) K 俘获	示踪剂

续表

放射性同位素	半衰期	特征辐射的能量 /MeV（分布百分数 /%）	主要用途
锶 -90（^{90}Sr）	28.1 a	β 0.546（100）	示踪剂，密封源
钇 -90（^{90}Y）	64 h	β_1 2.27（100），β_2 0.36（43），β_3 0.40（45）	密封源
锝 -90m（^{99m}Tc）	6.05 h	γ_1 0.140（89），γ_2 0.142（0.03） K 俘获 0.018	广泛用于人体诊断
锑 -124（^{124}Sb）	60.9 d	γ_4 0.723（10），γ_5 0.969（2.5），γ_9 1.370（3.6），γ_{11} 1.69（50），γ_{12} 2.088（6.5）	用于示踪质量较大的物质
碘 -125（^{125}I）	60.2 d	γ 0.035（7） K 俘获 0.028	示踪研究，轻便型 X 射线源
碘 -131（^{131}I）	8.05 d	β_1 0.25（2.8），β_2 0.34（9.3），β_3 0.61（87.2），β_4 0.81（0.7） γ_2 0.284（5），γ_3 0.364（78.4），γ_4 0.637（9），γ_5 0.722（3）	使用最广泛的放射性同位素之一，用于生理学（甲状腺功能诊断）、水文学、地质学研究
氙 -133～氙 -133m（^{133}Xe～^{133m}Xe）	2.3 d	γ 0.233（14）	用于管道泄漏试验及气体流动研究
铯 -137（^{137}Cs）	30 a	β_1 0.514（92.4），β_2 1.18（7.6）	密封源，高活度辐照装置源
钷 -147（^{147}pm）	2.62 a	β 0.224（100）	制作永久发光粉
铱 -192（^{192}Ir）	74.2 d	β_2 0.24（15），β_3 0.54（38），β_4 0.67（4） γ_4 0.30（59），γ_5 0.32（81），γ_9 0.47（49），γ_{12} 0.61（15） K 俘获	作为辐射源，用于材料无损检测
金 -198（^{198}Au）	2.7 d	β_1 0.29（1），β_2 0.96（99） γ_1 0.41（95），γ_2 0.63（1），γ_3 1.09（0.2）	癌症诊断，示踪研究
铊 -204（^{204}Tl）	3.8 a	β 0.766（98） K 俘获	石油工业示踪剂
钋 -210（^{210}Po）	138.4 d	α 5.30（100），γ 0.80（10^{-3}）	α 辐射源，中子源
镭 -226（^{226}Ra）	1 602 a	α_1 4.50（5.7），α_2 4.78（94.3） γ_2 0.242（10.5），γ_4 0.295（18.9），γ_5 0.352（37.7），γ_{13} 0.609（47.1），γ_{26} 1.120（16.6），γ_{29} 1.238（6），γ_{39} 1.764（16.3），γ_{46} 2.204（5.2）	辐射源，治疗癌症
镅 -241（^{241}Am）	458 a	α_2 5.38（1.7），α_3 5.44（12.6），α_4 5.48（85），α_5 5.50（0.23），α_6 5.53（0.35） γ_2 0.067（0.53），γ_3 0.070（0.53），γ_9 0.304	α 辐射源
锎 -252（^{252}Cf）	2.65 a	α_1 6.03（15），α_2 6.12（82） γ_1 0.043，γ_2 0.100，γ_3 0.16 n（自发裂变）	实验室规模中子源

资料来源：马栩泉：《核能开发与应用》，化学工业出版社，2005，第 260-261 页。

1957 年，H.阿格制成世界上第一台用于临床医学放射性诊断显像的核仪器——γ 相机。这是核医学史上的一个重要里程碑。γ 相机已是当今最重要的核医学显像仪器之一。[①]

20 世纪 60 年代，放射外科取得重大突破。瑞典神经科学家 Leksell 于 1949 年首先提出放射外科学理论。10 多年后，瑞典 Uppsala 大学于 1968 年研制出世界上第一台以 ^{60}Co 为放射源的 γ 刀。1972 年，Leksell、Steiner 首次用 γ 刀对大脑动静脉畸形进行立体定向手术。1974 年，瑞典斯德哥尔摩市医院安装第二代 γ 刀。同年，Larsson 用 γ 刀治疗 21 例恶痛病人，取得很好的效果。此后，γ 刀先后被用于治疗神经外科的各种疾病和恶性肿瘤。20 世纪 80 年代，出现第三代及第四代 γ 刀。此后，γ 刀开始推广到世界各地，美国匹兹堡大学医院于 1987 年安装北美第一台 γ 刀。中国北京、上海、山东、广州等地也先后引进多台 γ 刀。到 1990 年，γ 刀治疗病人 4 000 多例（表 16-171），其中，肿瘤 1 700 多例，脑血管病 2 400 多例。

表 16-171　1968—1990 年全球 γ 刀治疗的病例数[1]

分类	病例数	本类所占总病例数比例 /%	疾病名称	病例数	各种疾病所占总病例数比例 /%
脑血管病	2 409	56.1	脑血管畸形	2 344	54.6
			动脉瘤	4	0.1
			其他	61	1.4
良性颅内肿瘤	1 352	31.5	听神经瘤	588	13.7
			脑膜瘤	282	6.6
			垂体瘤	368	8.5
			松果体瘤	51	1.2
			颅咽管瘤	63	1.5
恶性颅内肿瘤	280	6.5	转移瘤	135	3.1
			胶质瘤	145	3.4
其他肿瘤	94	2.2	脊索瘤	12	0.3
			软骨肉瘤	8	0.2
			颈静脉球瘤	11	0.2
			眶内黑色素瘤	12	0.3
			其他	51	1.2
功能性疾患	161	3.7	恶痛	84	1.9
			三叉神经病	28	0.6
			帕金森病	8	0.2
			精神病	25	0.6
			癫痫及其他	16	0.4
总计	4 296	100			

资料来源：刘洪涛等：《人类生存发展与核科学》，北京大学出版社，2001，第 186-187 页。

注：[1] 瑞典 Elekta 公司统计，截至 1990 年 7 月。

[①]《中国大百科全书》总编委会：《中国大百科全书·第 30 卷》第 2 版，中国大百科全书出版社，2009，第 285 页。

20 世纪 70 年代是核医学成像技术（即 CT）[1]大发展的年代。英国电气工程师豪斯菲尔德和南非出生的美籍物理学家科马克于 1967 年发明第一台 CT 原型机。[2]1972 年，他们设计的电子计算机 X 射线扫描横断轴向体层摄影（CAT）诊断技术——第一台头颅 X 射线成像扫描仪——在首次临床医学实验中获得成功。[3]这是医学诊断史上的一次重大革命，他们因此共同获得 1979 年诺贝尔生理学或医学奖。1974 年，成功研发出第一台正电子发射计算机断层成像装置（PET）。[4]从此，全世界在临床应用中迅速普及 CT 技术。1977 年，科学家又发明出更现代化的核医学成像技术——核磁共振断层扫描装置（MRI，或 NMR-CT）。[5]20 世纪 80 年代后期，设计出电子束 CT。除此之外，还先后开发螺旋采集方式 CT、平板探测器 CT、放射性核素断层扫描装置（ECT）、单光子发射计算机断层成像装置（SPECT）等。CT 的产生与发展，超越了传统的 X 射线诊断技术，使传统的 X 射线常规摄影（即平片检查）和造影检查的适用范围和诊断效用明显缩小。[6]同时，CT 还开创了分子时代，"PET 使人类在人体外'看到'了活体的生理和病理的生化过程，开创了认识生命大厦的基本砖石——分子时代"[7]。20 世纪 80 年代末至 90 年代初，核医学达到分子水平一级，进入分子核医学时代。

1980 年初，Larsson 等人提出的一种新的放射外科治疗系统——Linac（又称 X 刀或 X- 刀）在许多医院中得到推广应用。到了 20 世纪 90 年代，Linac 被直接称为 X 刀。在美国，有 γ 刀治疗中心 8 所，而 X 刀治疗中心则有 80 多所。X 刀是放射治疗技术进步的典型代表，世界各国共有 200 多家医院使用。中国北京市神经外科研究所教授陈炳恒于 20 世纪 80 年代将 X 刀设计原理引入中国，1991 年研制出中国第一套 X 刀系统，1992 年用 X 刀完成中国第一例立体定向放射神经外科手术。1999 年，广州第一军医大学珠江医院使用立体定向 X 刀成功地为一名超高的人（身高 242 cm，体重 120 kg，中国山西人）切除脑垂体腺瘤。[8]

20 世纪 80 年代后期，科学家成功开发出 $^{99m}Tc^m$ 标记的脑血流显像剂——^{99m}Tc-HMAPO 和 ^{99m}Tc-ECD 以及心肌灌注显像剂。这两种放射性药物被广泛用于对心、脑血管疾病的诊断和癫痫病灶的术前定位。同时，它们还能替代正电子发射计算机断层成像技术（PET），进行脑功能、脑代谢等方面的研究。$^{99m}Tc^m$ 还是肝癌诊断不可缺少的方式。$^{99m}Tc^m$ 由裂变核反应堆产生，$^{99m}Tc^m$ 及其化合物已成为最重要的放射性药物，占世界各国放射性显像剂用量的比例达 85% 左右，全球 $^{99m}Tc^m$ 的产量约为 1.5×10^{15} Bq 以上。[9]此外，还先后开发出用加速器制备的铁中子核素 ^{67}Ga、^{111}In、^{201}Tl 等放射性药物。

在核技术广泛用于医学领域的同时，核能在卫生领域也得到重要应用。从 20 世纪 50 年代起，开

---

① 核医学成像技术又称 CT 成像技术，初期称为电子计算机 X 射线扫描横断轴向体层摄影、计算机辅助轴向体层摄影、计算机化体层摄影等，后来统一称为计算机 X 射线体层成像，即 CT。

② 《中国大百科全书》总编委会：《中国大百科全书·第 30 卷》第 2 版，中国大百科全书出版社，2009，第 249 页。

③ 美国不列颠百科全书公司：《不列颠百科全书·第 8 卷》国际中文版（修订版），中国大百科全书出版社《不列颠百科全书》国际中文版编辑部编译，中国大百科全书出版社，2007，第 193 页。

④ 《中国大百科全书》总编委会：《中国大百科全书·第 9 卷》第 2 版，中国大百科全书出版社，2009，第 413 页。

⑤ 同上。

⑥ 《中国大百科全书》总编委会：《中国大百科全书·第 30 卷》第 2 版，中国大百科全书出版社，2009，第 275 页。

⑦ 刘洪涛等：《人类生存发展与核科学》，北京大学出版社，2001，第 201 页。

⑧ 同上书，第 188-189 页。

⑨ 《中国大百科全书》总编委会：《中国大百科全书·第 9 卷》第 2 版，中国大百科全书出版社，2009，第 912 页。

始用钴-60 源或铯-137 源放出的 γ 射线, 对注射器、针头、一次性医疗用品、输液器、解剖刀等进行灭菌消毒。20 世纪 50 年代中后期, 发现大功率辐射源, 辐射灭菌进入实用阶段。1956 年, 美国 ETHICON 公司用电子加速器对一次性皮下注射器等进行灭菌试验。1960 年, 法国、澳大利亚等工业规模消毒灭菌用 γ 射线装置进入商业化生产阶段, 开始投放市场。[①]1990 年, 全球商业运行的 γ 辐射消毒装置至少有 120 座, 医疗用品 γ 辐射处理量达 $3.1 \times 10^6 \, m^3$, 价值约 250 亿美元, 市场占有率约为 30%。21 世纪初, 估计全球共有 45 个国家和地区安装 210 座设计能力为 18.5 PBq 以上的商业化钴源装置, 其中约有 80% 用于医疗卫生用品消毒灭菌。[②]联合国计划开发署和国际原子能机构先后援助埃及、中国、印度、加纳等建立辐射灭菌工厂或辐射灭菌中试厂。

第 5 节 电网建设

电网, 又称电力网, 由输电网和配电网组成。电网是电力系统的一部分, 通过输电、变电、配电等环节, 将发电厂生产出来的电能输送到各用户。输电方式有两种: 一是以直流电流传输电能, 即直流输电; 二是以交流电流传输电能, 即交流输电。世界上最早的电能传输是从直流输电开始的。根据电压等级不同, 电网分为低压电网 (10 kV 及以下)、中压电网 (35 kV、60 kV)、高压电网 (110 kV、220 kV) 和超高压电网 (500 kV 及以上)。[③]在交流输电线路中, 采用 $330 \sim 1\,000$ kV 电压等级作为线电压的称超高压, 1 000 kV 及以上的称特高压。[④]在直流输电线路中, 采用 ±800 kV 及以上电压等级的直流输电工程及相关技术称特高压直流输电。[⑤]1 000 kV 及以上的交流电网或 ±800 kV 的直流电网称特高压电网。[⑥]

一、高压直流输电

1882 年, 德国通过慕尼黑周边的一个发电厂建成一条长 57 km 以上的直流输电线路, 向慕尼黑国际博览会会场送电, 直流电压为 $1.5 \sim 2$ kV, 功率为 3 马力 (约 2.21 kW)。[⑦]这是世界上首次实现远距离电能传输。1927 年, 德国经过改造, 建成从慕吉水电站到里昂的长 260 km、容量 20 MW、电压 125 kV 的直流输电线路。1962 年, 苏联建成 ±400 kV 工业试验线路, 随后又建成 ±750 kV 长距离直

① 马栩泉:《核能开发与应用》, 化学工业出版社, 2005, 第 281 页。

② 同上。

③ 本书编委:《能源词典》第 2 版, 中国石化出版社, 2005, 第 361 页。

④ 夏征农、陈至立主编《大辞海·能源科学卷》, 上海辞书出版社, 2013, 第 203 页。

⑤ 同上。

⑥ 同上书, 第 210 页。

⑦ 马栩泉:《核能开发与应用》, 化学工业出版社, 2005, 第 356 页。

流线路。1970 年，美国第一条 ±400 kV 直流线路建成，1985 年升压到 ±500 kV。1986 年，巴西建成 ±600 kV 直流线路。各国着力开发高电压、大功率的换流技术，先后建成一批大型直流输电工程（表 16-172）。中国建成多条 ±500 kV 直流线路，包括葛洲坝—南桥、天生桥—广州、三峡—常州、三峡—上海等（表 16-173）。

表 16-172 各国大型直流输电工程

序号	工程名称（国家）	功率 /MW	电压 /kV	距离 /km		投运时间 / 年
				架空线	电缆	
1	英—法海峡 2（英国—法国）	2×1 000	2× ±270	—	72	1985
2	太平洋联络线（美国）	3 100	±500	1 362	—	1970—1995
3	纳尔逊河双极 1（加拿大）	2 000	±500	930	—	1972—1992
4	纳尔逊河双极 2（加拿大）	2 000	±500	940	—	1978
5	卡布拉—巴萨（南非）	1 920	±533	1 420	—	1970—1997
6	北海道—本州（日本）	600	±250	124	44	1979—1993
7	英加—沙巴（南非）	560	±500	1 700	—	1982
8	维堡哥（俄罗斯—芬兰）	1 065	±85	0	0	1984
9	英特尔蒙顿（美国）	1 600	±500	787	—	1986
10	伊泰普 1（巴西）	3 150	±600	785	—	1986
11	伊泰普 2（巴西）	3 150	±600	805	—	1990
12	芬挪—斯堪（瑞典—芬兰）	500	400	33	200	1989
13	里汉德—德里（印度）	1 500	±500	910	—	1990
14	魁北克—新英格兰（加拿大—美国）	2 250	±500	1 480	—	1990
15	波罗的海电缆（瑞典—德国）	600	450	12	250	1994
16	康特克（丹麦—德国）	600	400	—	170	1995
17	强德拉普尔—波德海（印度）	1 500	±500	743	—	1998
18	纪伊工程（日本）	1 400	±250	51	51	2000

资料来源：中国电气工程大典编辑委员会：《中国电气工程大典·第 8 卷》，中国电力出版社，2010，第 112-113 页。

表 16-173 中国大型直流输电工程

序号	工程名称	功率 /MW	电压 /kV	距离 /km		投运时间 / 年
				架空线	电缆	
1	葛洲坝—南桥	1 200	±500	1 045	—	1989
2	天生桥—广州	1 800	±500	960	—	2000
3	三峡—常州	3 000	±500	860	—	2002
4	三峡—广东	3 000	±500	940	—	2004
5	贵州—广东 1	3 000	±500	880	—	2004
6	三峡—上海	3 000	±500	1 050	—	2006

资料来源：中国电气工程大典编辑委员会：《中国电气工程大典·第 8 卷》，中国电力出版社，2010，第 113 页。

（一）汞弧阀换流输电

1901 年，发明汞弧整流管。1928 年，成功研制出具有栅极控制能力的汞弧阀，使直流输电成为可能。1954 年，瑞典建成世界上第一个工业性直流输电工程——果哥特兰岛直流工程。从此，直流输电技术得到了长足的发展和广泛应用。

自从果特兰岛直流工程投入商业运行后，世界上共建成、投入运行 12 个采用汞弧阀换流的直流工程。其中，最后一个是 1977 年建成的加拿大纳尔逊河 I 期工程；输送容量最大和输电距离最长的是美国太平洋联络线（1 440 MW，1 362 km）；直流电压最高的是加拿大纳尔逊河 I 期工程（±450 kV）；容量最大的汞弧阀是用于太平洋联络线的多阳极汞弧阀（133 kV，1 800 A）以及用于苏联伏尔加格勒 - 顿巴斯直流工程的单阳极汞弧阀（130 kV，900 A）。[1]

（二）晶闸管换流阀输电

高压大功率晶闸管问世后，晶闸管换流阀在直流输电中得到应用。1970 年，瑞典首先在果特兰岛直流工程上建成采用晶闸管换流阀的试验工程，其直流电压为 50 kV，功率为 10 MW。1972 年，加拿大建成世界上第一个采用晶闸管换流阀的伊尔河背靠背直流工程。晶闸管换流阀与汞弧阀相比优点突出，因而此后新建直流工程均采用晶闸管换流阀。[2]20 世纪 80 年代，中国建设葛洲坝—南桥大型直流输电工程，从瑞士 BBC 公司引进 8 组由晶闸管组成的 12 脉动换流器等设备。

（三）新型半导体换流输电

20 世纪 80 年代，新型半导体换流技术——光直接触发晶闸管（LTT）问世。它首先被应用到日本的直流输电工程中，单只 LTT 直径为 150 mm，最大容量可达 8 000 V、3 500 A。20 世纪 90 年代，开发出门极可关断晶闸管（GTO），应用于直流输电换流阀。1997 年，瑞典中部的直流输电工业性试验工程首次采用由绝缘栅双极晶体管（IGBT）组成的电压源换流器。[3]2004 年，中国南方电网贵州—广东 1 直流输电工程采用由西门子公司供货的 LTT 换流阀。

（四）背靠背直流输电

背靠背直流输电是指没有直流输电线路的直流输电工程，其整流站和逆变站通常同在一个换流站内，主要应用于电力系统的非同步联网。

从 1977 年起，北美洲东部电网和西部电网之间开始建设背靠背直流输电系统，到 1989 年建成麦尔斯城、希尼、艾伯塔、斯蒂加尔、埃地康蒂、黑水河等 6 项背靠背工程，实现东部电网、西部电网的互联。美国东北部电网和加拿大魁北克电网通过建设恰图卡和海盖特两个背靠背工程以及魁北克—新英格兰多端直流输电，实现非同步联网。2000 年，美国西南部电网又与墨西哥电网建成伊格尔帕斯背靠背工程，实现联网。[4]

20 世纪 80 年代，欧洲开始建设背靠背直流工程，打造区域性联合大电网。1983 年，奥地利与捷克斯洛伐克电网之间建立德恩罗尔背靠背工程。1993 年，德国和捷克电网之间、奥地利和匈牙利电网

[1] 中国电气工程大典编辑委员会：《中国电气工程大典·第 8 卷》，中国电力出版社，2010，第 109 页。
[2] 同上。
[3] 同上。
[4] 同上书，第 184 页。

之间又分别建成艾申里西和维也纳东南两个背靠背工程。从此，西欧电网与东欧电网之间实现了互联，交换功率为 1 750 MW。[1]

1989 年，印度建成温地亚恰尔背靠背工程，实现北部电网和西部电网的互联。1996 年，建成强德拉普尔背靠背工程，实现西部电网与南部电网的互联网。1998 年，又建成加普尔–盖祖瓦克背靠背工程，实现东部电网与南部电网的互联。[2]

据不完全统计，到 2005 年，世界共有 34 项背靠背直流输电工程投入运行。

（五）多端直流输电

大多数直流输电工程都是由一个整流站和一个逆变站组成的两端直流输电系统，由三个及以上换流站构成的直流输电系统被称为多端直流输电系统。至 21 世纪初，多端直流输电系统只有意大利—科西嘉—撒丁岛（三端）、魁北克—新英格兰（五端）、日本新信浓（三端）等少数几个。[3]

1967 年，意大利建成从撒丁岛至意大利本土的单极直流线路。1987 年，意大利在科西嘉建成换流站以及从科西嘉分别到意大利本土、撒丁岛的直流输电线路，形成意大利—科西嘉—撒丁岛直流输电系统。它是世界上第一个正式运行的多端直流输电系统，额定功率为 200 MW，额定电压为 200 kV，整条线路总长为 413 km。

为了将加拿大魁北克北部梯级水电站的廉价电力送往魁北克南部的负荷中心和美国东北部的新英格兰电网，美国和加拿大分两期共建魁北克—新英格兰直流输电工程，共有 5 个换流站和 3 个接地极。该工程于 1990 年建成、投运，输送功率为 2 250 MW，电压为 ±500 kV，送电距离为 1 507 km，是世界上规模最大的多端直流输电工程。

1998 年，日本新信浓背靠背直流输电系统开始安装 A、B、C 三端的设备，于 2000 年建成投入运行。三端的容量均为 53 MW，额定直流电压为 10.6 kV，额定直流电流为 3.6 kA，采用可关断晶闸管组成自换相换流器。

（六）特高压直流输电

特高压直流输电是指 ±800 kV 及以上电压等级的直流输电。世界上特高压直流输电研究始于 20 世纪 70 年代，主要是为了解决远离负荷中心的大型发电厂远距离、大容量送电问题。1978 年，苏联开始规划建设埃基巴斯图兹–唐波夫 ±750 kV 直流输电工程，直到 20 世纪 90 年代初仍没有建成。20 世纪 90 年代，国际上对特高压直流输电工程建设进行研究，得出如下结论：特高压直流输电在技术上是可行的；建设 ±1 000 kV 的工程，要经过很大努力的研究，且实施过程困难；建设 ±1 200 kV 的工程，若技术上没有重大突破则是不可能的。[4]

从 2004 年开始，中国对特高压直流输电技术进行攻关，取得重大突破。2009 年 12 月 26 日，向家坝—上海 ±800 kV 特高压直流输电示范工程成功实现单极全线全压带电。[5]

---

[1] 中国电气工程大典编辑委员会：《中国电气工程大典·第 8 卷》，中国电力出版社，2010，第 185 页。

[2] 同上书，第 184 页。

[3] 同上书，第 186 页。

[4] 同上书，第 193 页。

[5] 刘振亚主编《智能电网知识读本》，中国电力出版社，2010，第 46 页。

二、远距离大容量高压交流输电

1885 年，世界上首次出现交流输电，当时为单相交流输电。1891 年，德国建成从拉芬镇到法兰克福的全长 175 km 的输电工程，首次实现三相交流输电。三相交流输电是世界各国主要的输电方式。

（一）英国早期电网联网

1925 年，英国政府成立以韦尔勋爵为主席的电力供应委员会，检查全国供电问题。委员会通过调查，建议尽快建立中央电力部，其职责是建立高压输电线的电网系统，即全国高压输电网。

1927 年，中央电力部提出建设高压输电网的八年计划。根据规划，各地区的电网不是点到点的输电网，而是实现地区间联网；一次输电线路的标准电压是 132 kV，二次输电线路的电压是 66 kV 和 33 kV。当时，欧洲（除意大利外）的供电标准是 50 Hz[1] 的三相交流电。1945 年，英国确定以 240 V 的交流电作为标准供电电压。

到 1935 年，除英格兰东北部地区外，英国各地的输电线路全部联网；一次输电线路全长 4 600 km，二次输电线路为 1 900 km。[2]

（二）瑞典首建 380 kV 输电线路

20 世纪以来，世界电网的电压等级、容量、输电距离不断提高。1952 年，瑞典交流输电电压首先达到 380 kV。此后，各国纷纷提高输电电压，向 500 kV 及以上超高压电网发展。

（三）加拿大 735 kV 输电线路

从 20 世纪 60 年代起，加拿大对魁北克北部拉格朗德河的水力资源进行开发，先后建成 LG2、LG3、LG4 等水电站。为满足电力外送的需要，加拿大开始规划建设 735 kV 的输电线路。1965 年，建成一条 735 kV 的架空线路，把拉格朗德水电站发出的电力送往魁北克市和蒙特利尔市，是世界上首条 735 kV 输电线路。[3] 此后，又陆续建成 4 条 735 kV 线路。从 1991 年起，在整个 735 kV 系统中陆续安装 32 套串补电容器。

（四）美国 765 kV 单回路输电线路

1968 年，美国最大的私营电力公司——美国电力公司为了适应矿口电站 5 台 80 万 kW 机组和核电站 2 台 110 万 kW 机组大容量电能传输的需要，开始建设长 1 600 km 的 765 kV 单回路输电线路。当时，研究了 A、B 两套方案：A 方案是扩展现有电压等级为 345 kV 的电网；B 方案是引入 765 kV 的高一级电压等级，覆盖在 345 kV 之上（表 16–174）。研究结果表明，345 kV 的方案很难满足远景发展需要，也很不经济。B 方案中，采用 765 kV 电压，不但可以提高经济效益和供电可靠性，而且可以减少不必要的平行回线数，降低征用线路走廊的宽度。1 条 765 kV 线路的输送能力相当于 5 条 345 kV 线路，其相应所需要的走廊宽度仅为 60 m，而 5 条 345 kV 线路却需要 225 m。[4] 最后，B 方案入选。

---

[1] 50 Hz 是电力系统中的额定频率。当额定频率为 60 Hz 时，被称为工业频率。

[2] 特雷弗·Ⅰ.威廉斯主编《技术史·第 6 卷》，姜振寰、赵毓琴主译，上海科技教育出版社，2004，第 173 页。

[3] 中国电气工程大典编辑委员会：《中国电气工程大典·第 8 卷》，中国电力出版社，2010，第 62 页。

[4] 同上书，第 61 页。

表 16-174 765 kV/345 kV 输电线路所需设备投资费用比较[1]

设备类型	765 kV/345 kV 单位设备费用比	765 kV/345 kV 容量比	765 kV/345 kV 每 kW 费用比
输电线路	2.0	5.0	0.40
开关设备	2.7	5.0	0.54
并联电抗器	1.2	1.0	1.20
发电机升压变压器	1.3	1.0	1.30
自耦降压变压器	1.5	1.0	1.50

资料来源：中国电气工程大典编辑委员会：《中国电气工程大典·第 8 卷》，中国电力出版社，2010，第 61 页。

注：[1] 以 345 kV 的各种基数为 1。

（五）苏联 1 150 kV 交流输电线路

20 世纪 80 年代，苏联推进大型能源基地建设。为此，配套建设连接西伯利亚、哈萨克斯坦和乌拉尔联合电网的 1 150 kV 输电工程，把苏联东部地区的廉价电能送往乌拉尔和欧洲部分负荷中心。1985 年，建成长 901 km、电压为 1 150 kV 的哈萨克斯坦境内的埃基巴斯图兹—科克切塔夫—库斯坦奈输电线路。这种特高压级的输电线路作为当时苏联统一电力系统中的网架，与 ±750 kV 的直流输电线路一起，提高了电力输送的可靠性和经济性。[1]

（六）中国首条 1 000 kV 交流输电线路

2008 年，中国建成、投运晋东南—南阳—荆门 1 000 kV 特高压输电线路交流试验示范工程，这是中国第一条特高压输电线路，总投资 58 亿元。[2]

三、灵活输电

灵活输电，又称柔性输电，可分为灵活直流输电和灵活交流输电两种。根据接入灵活输电技术的方式之差异，又可分为串联型灵活输电、并联型灵活输电等。灵活输电可以灵活地调节电力系统的电压，增强电网电压的稳定性，降低电能传输成本与费用。灵活输电技术已经在美国、日本、中国、瑞典、巴西等一些国家的超高压输电工程中得到应用，如美国卡因塔 230 kV 可控串补工程、瑞典斯多德可控串补工程、美国 AEP 公司依乃兹统一潮流控制器工程等。

（一）FACTS 概念的提出

FACTS，即灵活交流输电技术。早在 FACTS 概念形成之前，已出现多种属于 FACTS 控制器的装置。1981 年，美国 N. G. Hingorani 博士研发出 NGH 次同步谐振阻尼器。1986 年，已成为美国电力科学院副总裁的 N. G. Hingorani 首次公开提出 FACTS 概念。20 世纪 90 年代中后期，为对 FACTS 加以规范，IEEE/PES 成立专门的 DC&FACTS 分委会，设立 FACTS 工作组。1997 年，FACTS 工作组发布 "FACTS

① 中国电气工程大典编辑委员会：《中国电气工程大典·第 8 卷》，中国电力出版社，2010，第 62 页。
② 林伯强主编《2010 中国能源发展报告》，清华大学出版社，2010，第 324 页。

的推荐术语和定义"文本，标志着 FACTS 概念走向成熟。[1]

（二）串联型灵活输电技术的发展

电力系统的串联补偿可以改善电网运行，提高线路的传输容量。美国纽约电网 33 kV 系统早在 1928 年前后就曾采用串联电容补偿，实现潮流均衡。1950 年，瑞典某 230 kV 电网首次应用串联补偿装置来提高输电系统的传输能力。1992 年，美国亚利桑那州投运世界上第一台具有可控串补（TCSC）功能的串联补偿装置。1993 年，美国俄勒冈州投运世界上第一台多模块式 TCSC 装置。1998 年，美国电力局 138 kV 电网安装世界上第一台基于变流器的串联补偿装置（SSSC）。[2]

2003 年，中国南方电网的天生桥—广州 500 kV 输电工程建成中国第一个包括 TCSC 的可控串补工程。2005 年，甘肃 220 kV 电网建成、投运中国第一套国产化 TCSC 装置。

（三）并联型灵活输电技术的开发

20 世纪 70 年代以前，同步调相机是电力系统中唯一可用的完全可控的无功补偿设备。20 世纪 70 年代初，开发出采用晶闸管控制电抗器（TCR）的静止无功补偿器（SVC）。它是首个 FACTS 控制器，也是应用广泛的一种灵活输电技术。[3]此后，相继开发出晶闸管投切电抗器（TSR）、晶闸管投切电容器（TSC）、晶闸管控制电抗器（TCR）等，用来实现电力系统自动和连续的电压控制，提高电网的电能质量。到 2004 年，全世界已经投运的 SVC 工程有上千个，总容量达到 100 Gvar。SVC 应用领域包括高压直流输电（HVDC）换流站的无功补偿、输配电系统等。[4]中国从 20 世纪 80 年代起引进数十套进口 SVC 设备，同时还生产国产化成套 SVC 装置，投入电网运行。

美国于 1986 年开发出世界上第一台基于可关断晶闸管（GTO）的静止无功发生器（STATCOM）。此后，STATCOM 在电压等级达到 4 500 V/4 000 A 的 GTO 和具有更快控制速度、更小开关损耗的集成门极换相晶闸管（IGCT）中得到较为广泛的应用。绝缘栅双极型晶体管（IGBT）应用 STATCOM 后，它所能承受的电压、电流得到极大提高。此外，还开发出一种基于全控型器件的电压源变流器（VSC）技术的静止无功发生器，它成为 SVC 的一种替代技术，是继 SVC 之后应用广泛的另一种并联型灵活输电技术。[5]

除了串联型、并联型灵活输电技术，还有串联–串联组合型、串联–并联组合型。2001 年，美国纽约电力局建成一套总容量为 ±200 Mvar 的串联–并联组合型可转换静止补偿器（CSC）。

四、电网互联

电力系统互联已有 100 多年的历史，先后形成北美联合电力系统、欧洲互联电力系统等跨国互联电力系统，以及中国联网电力系统、日本联网电力系统等国内互联电力系统。

---

[1] 中国电气工程大典编辑委员会：《中国电气工程大典·第 8 卷》，中国电力出版社，2010，第 205 页。

[2] 同上书，第 224–225 页。

[3] 同上书，第 205 页。

[4] 同上书，第 209 页。

[5] 同上。

（一）北美联合电力系统

20 世纪 20 年代，美国形成了除得克萨斯州电网外全国互联运行的联合电网。当时，各电力系统之间的互联是松散型的，没有建立组织机制及制度保障。

1965 年 11 月，美国纽约发生大停电事件。为保证大容量电网运行的可靠性，美国政府和各电力公司意识到应当建立机制，对各电力公司的电力运行进行协调。1968 年，美国成立全美电力可靠性协会（NERC），宗旨是保证北美互联电力系统的可靠安全性，以满足电力供应。NERC 下有 10 个地区性委员会，分别是得克萨斯州电力可靠性委员会（ERCOT）、佛罗里达州可靠性协调委员会（FRCC）、大西洋中区委员会（MAAC）、东部中区可靠性协调组织（ECAR）、东北区电力协调委员会（NPCC）、东南区电力可靠性委员会（SERC）、中部美国互联电力系统（MAIN）、中部大陆地区联合电力系统（MAPP）、西南联合电力系统（SPP）、西部系统协调委员会（WSCC）。[①]NERC 未包括阿拉斯加系统协调委员会（ASCC）。2004 年，这 10 个地区性委员会所负责区域的 230 kV 以上输电线路的总长度约为 25.86 万 km（表 16-175）。

表 16-175 2004 年美国 NERC 十大区域 230 kV 以上输电线路分类情况

单位：km

区域	AC230 kV	AC345 kV	AC500 kV	AC765 kV	AC 合计	DC250～300 kV	DC400 kV	DC450 kV	DC500 kV	DC 合计	AC&DC 总计
ECAR	2 056	19 527	1 371	3 578	26 532	0	0	0	0	0	26 532
ERCOT	0	13 002	0	0	13 002	0	0	0	0	0	13 002
FRCC	8 930	0	2 169	0	11 099	0	0	0	0	0	11 099
MAAC	8 393	265	2 697	0	11 355	0	0	0	0	0	11 355
MAIN	364	9 469	0	145	9 978	0	0	0	0	0	9 978
MAPP	11 665	9 239	1 028	0	21 932	373	1 371	0	0	1 744	23 676
NPCC	2 528	7 175	8	249	9 960	348	0	0	0	348	10 308
SERC	31 680	1 218	13 675	0	46 573	0	0	0	0	0	46 573
SPP	4 618	7 562	183	0	12 363	0	0	0	0	0	12 363
WSCC	55 047	16 425	20 077	0	91 549	0	0	0	2 145	2 145	93 694
合计	125 281	83 882	41 208	3 972	254 343	721	1 371	0	2 145	4 237	258 580

资料来源：中国电气工程大典编辑委员会：《中国电气工程大典·第 8 卷》，中国电力出版社，2010，第 297 页。

在此基础上，美国逐渐形成东部、西部和得克萨斯州三大联合电网。1977 年，美国在斯特加尔建成背靠背直流输电工程，实现东部和西部电力系统的非同步联网。1985 年，又建成三座背靠背直流换流站，实现东部与得克萨斯州电力系统的互联。从而，建成美国东部、西部和得克萨斯州三个大区域电力系统的非同步互联电网。[②]此外，美国东部电网和西部电网还分别与加拿大电网互联；得克萨斯州电网和加利福尼亚州电网分别与墨西哥电网连接。

① 中国电气工程大典编辑委员会：《中国电气工程大典·第 8 卷》，中国电力出版社，2010，第 295-296 页。

② 同上书，第 259 页。

（二）欧洲跨国电力系统

从 20 世纪 40 年代起，欧洲先后出现西欧电网、中欧电网、北欧电网以及以苏联电网为核心的包括东欧电网的欧洲统一电力系统等，它们随着历史的发展而不断演化。

1. 以苏联电网为核心的欧洲统一电力系统的形成

20 世纪 40 年代，苏联德聂泊及顿巴斯地区通过 220 kV 线路联网组成南方联合电力系统，斯维尔德洛夫斯克、车里雅宾斯克及彼尔姆三个电力系统组成乌拉尔联合电力系统，莫斯科电力系统与雅罗斯拉夫尔、伊凡诺沃、高尔基三个电力系统组成中部联合电力系统。

20 世纪 50—60 年代，苏联国内电力联网进一步加强。1956 年古比雪夫水电站投入运行后，先后与莫斯科、乌拉尔电力系统联网。20 世纪 60 年代，北高加索电力与南方联网，西北电力与中部联网，中部电力又与南方联网。到 20 世纪 60 年代末，在中部联合电力系统基础上建立的苏联统一电力系统先后连接从北高加索至乌拉尔苏联欧洲部分中的所有电力系统，以及白俄罗斯、乌克兰、摩尔多瓦、爱沙尼亚、拉脱维亚和立陶宛的电力系统。

20 世纪 70 年代，苏联电力系统进一步扩展，不仅超出了欧洲，还与经互会电网互联。1970—1972 年，阿塞拜疆、哈萨克斯坦、亚美尼亚、格鲁吉亚的电力系统先后与苏联电力系统联网。1973 年，西伯利亚的鄂木斯克电力系统联入苏联统一电力系统。1979 年，经互会国家的"和平"电力系统中的匈牙利、罗马尼亚、保加利亚、波兰先后采用 750 kV 线路与苏联统一电力系统联网。苏联电网还通过与芬兰的背靠背直流换流站向芬兰出口电力。[①] 这一时期的苏联统一电力系统被称为欧洲统一电力系统。

2. 西欧电网的出现与扩展

1951 年，联邦德国、法国、意大利、卢森堡、奥地利、比利时、瑞士等 8 个国家共同成立西欧大陆电力生产输送协调联合会（UCPTE）。同年，联邦德国、法国、瑞士 3 个国家首次实现 220 kV 电压等级跨国互联。到 1963 年，UCPTE 8 个成员国全部实现电网互联。UCPTE 成立后，希腊、西班牙、葡萄牙、南斯拉夫等国家先后加入该联合会。法国与英国通过海底直流电缆相连。

1991 年苏联解体后，西欧电网开始向中东欧扩展。1992 年，波兰、匈牙利、捷克斯洛伐克等国家电力公司成立中部地区电力联合会。随后，西欧 UCPTE 系统与中部系统以及罗马尼亚、保加利亚电网进行交流联网。1999 年，UCPTE 更名为 UCTE，即欧洲电网输送协调联合会。

西欧电网建立后，各国之间电能交换量不断扩大。1975 年跨国电能交换量为 500 亿 kWh，到 1998 年增至 1 858 亿 kWh。[②]

3. 俄罗斯统一电力系统的建构

苏联解体后，原欧洲统一电力系统随之分解，相关国家相应独立管理运行各自的电力系统，俄罗斯则于 1992 年成立俄罗斯统一电力系统（IPS）。此后，哈萨克斯坦、白俄罗斯、波罗的海、外高加索等电力系统先后与俄罗斯统一电网并列同步运行。在同步运行过程中，独联体内部出现发电机燃料供应危机，各国之间形成大量债务关系，致使俄罗斯统一电网被迫中止与乌克兰、哈萨克斯坦、格鲁吉亚之间

---

① 中国电气工程大典编辑委员会：《中国电气工程大典·第 8 卷》，中国电力出版社，2010，第 259 页。
② 同上书，第 299 页。

的联网关系，进而导致阿塞拜疆、亚美尼亚、摩尔多瓦的电力系统与公共电网解列。[1]

2000年，哈萨克斯坦恢复与俄罗斯统一电力系统的电网互联，促进IPS和中亚统一电力系统的联网。除此之外，IPS还与芬兰、挪威以及中国、蒙古国的电网联网运行（图16-16）。

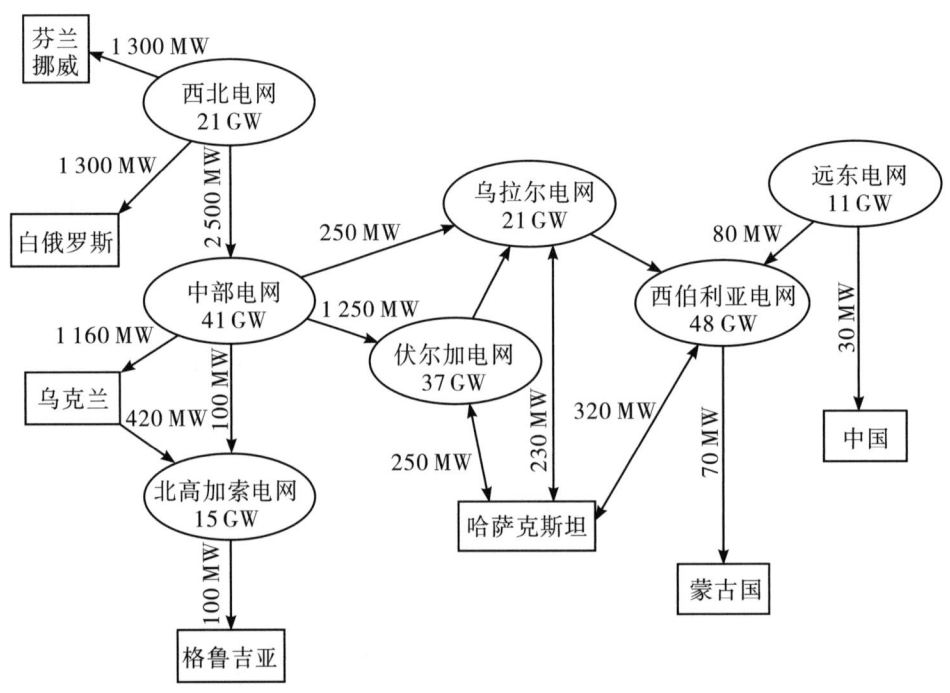

图16-16 2003年俄罗斯大区电网间电力交换示意图

资料来源：中国电气工程大典编辑委员会：《中国电气工程大典·第8卷》，中国电力出版社，2010，第301页。

由于经济、技术等原因，俄罗斯各联合电网间的联系比较薄弱，联络线路的互换容量较小，全网的经济运行受到影响。例如，西伯利亚电网中的水电往往因在丰水期无法输往乌拉尔联合电网而被迫弃水。

（三）中国电力互联系统

2000年，中国实现东北与华北区域电网交流联网。2003年，实现华北与华中区域电网交流互联。2004年，实现华中与南方电网联网以及华北与华中电网联网。2005年，建成灵宝直流背靠背工程，实现西北与华中电网联网。至此，中国除新疆、西藏、海南和台湾外，建成跨28个省、直辖市、自治区的超大规模电力互联系统，总装机容量超过4亿kW。[2]

（四）日本电力联网系统

从1960年开始，日本推动国内9大电网联网，到1980年形成全国电力互联系统，大体经历以下三个发展阶段：

第一个发展阶段是1960—1964年。日本东部和北部电网频率为50 Hz的地区（除北海道外），以及西部频率为60 Hz的地区分别完成区域性联网，形成东部电网、西部电网、北海道电网三个区域电网。

[1] 中国电气工程大典编辑委员会：《中国电气工程大典·第8卷》，中国电力出版社，2010，第260页。
[2] 同上书，第294页。

其中，东部电网包括东京电力公司和东北电力公司两个电力公司的电网，联络线路电压为 275 kV；西部电网包括中部电力公司、北陆电力公司、关西电力公司、中国电力公司、九州电力公司和四国电力公司六个电力公司的电网，以 187～275 kV 线路互联；北海道电网最高电压为 187 kV。

第二个发展阶段是 1965—1979 年。1965 年，日本建成佐久间汞弧整流变频站（300 MW）。1977 年，建成新信浓可控硅变频站（600 MW），使东部、西部两大电网实现互联。1979 年，建成北海道至本州的跨海直流线路，实现全国联网。

第三个发展阶段自 1980 年起。中部电力公司、关西电力公司、中国电力公司和九州电力公司四个电网的联络线路升压至 500 kV，加上东京电力公司、关西电力公司和中部电力公司三个以大城市为中心的 500 kV 环网，到 20 世纪末形成了以 500 kV 为主干线的全国电网（除冲绳外）。

五、智能电网

智能电网是进入 21 世纪后，在现代信息技术迅猛发展的推动下出现的一场电力革命，与传统电网有着显著的区别（表 16-176），在智能计算、电网监控 / 管理、需求方管理、可再生能源集成等方面有着广泛的应用（图 16-17），对世界电力工业的发展具有深远的影响。[①]

表 16-176　智能电网与传统电网的区别

特征	传统电网	智能电网
鼓励电力用户	电价不透明，缺少实时定价，选择较少	充分的电价信息，实时定价，有多种方案和电价可选
提供发电 / 储能	集中发电占优，少量的 DG、DR，储能或可再生能源	大量 "即插即用" 的分布式电源补助集中发电
满足电能质量需要	关注电网停运，不关注电能质量	电能质量提高，有多种质量 / 价格的电能选择方案
资产优化	缺乏对电网资产的管理	电网智能化同资产管理深度集成
电网自愈	电网扰动时保护电网设备	防止断电，减少影响
抵御攻击	恐怖袭击和自然灾害承受力差	具有快速恢复功能

资料来源：周东：《绿色能源知识读本》，人民邮电出版社，2010，第 226 页。

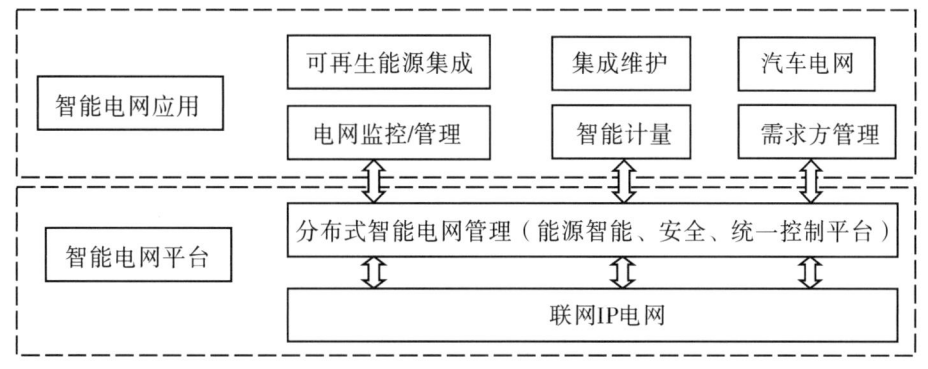

图 16-17　智能电网的主要应用领域

资料来源：周东：《绿色能源知识读本》，人民邮电出版社，2010，第 226 页。

[①] 周东：《绿色能源知识读本》，人民邮电出版社，2010，第 226 页。

（一）美国

针对 20 世纪 90 年代美国经常发生停电事故，美国能源部开始考虑对电网进行改造升级。2000 年，美国麻省理工学院等机构共同启动"无线微尘项目"，通过在有限区域里散布成千上万无线传感器件、实时采集数据、对电网安全做出及时预警和报警响应。这是世界智能电网研究的发端。[①] 次年，美国电力研究院提出"IntelliGrid"（中国把 IntelliGrid 翻译为智能电网）概念以及"智能电网研究框架"，开始对智能电网进行研究。

2003 年，美国能源部发布"Grid 2030"计划，目标是到 2030 年美国建成完全自动化的输配电系统，确保从发电站到用户之间电力流及信息流的双向畅通，通过分布智能、宽带通信、监视和控制以及自动响应，实现人、楼宇、工业过程与电力网络之间的无缝对接，并进行实时市场交易。[②]

2003 年 8 月，纵贯美国和加拿大地区发生大停电事件，5 000 万人用电受到影响，每天损失高达 300 亿美元，这使人们认识到区域之间甚至跨国之间的电网互联在时空错峰互补等方面的效益是相当可观的，但这种大规模互联电力系统却存在着可能发生大面积停电的风险。于是，美国提出"自愈电网"概念——从传统电网的"保护跳闸"理念进化到"主动防止断电，减少影响"的新理念。对此，美国投入近 3 000 万美元，由国防部牵头开发电力基础设施战略防护系统。[③]

此后，美国智能电网建设加快推进。2004 年，美国成立智能电网联盟，成员包括思科、谷歌、通用电气等。2006 年，美国 IBM 公司开展国际合作，共同开发智能电网解决方案。2007 年，美国出台能源独立和安全法案，提出美国智能电网建设的目标。2008 年，科罗拉多州的波尔得成为美国第一个智能电网城市。2009 年，美国设立"智能电网投资拨款项目"，总投资额 33.7 亿美元。同年，美国商务部部长骆家辉和能源部部长朱棣文联合宣布美国智能电网建设的第一批行业标准（表 16-177）。2012 年，查特努加市大规模安装智能电表、智能开关等智能设备，成为世界上第一个大规模建设智能电网的城市。[④]

表 16-177　美国首批 16 个智能电网行业标准

标准	应用
AMI-SEC	先进的测量基础设施（AMI）和智能电网端到端安全性
ANSICl2.19/MCl219	收益测量信息模型
BACnet ANSI ASHRAE 135-2008/ISO 16484-5	建筑自动化
DNP3	变电和馈电设备自动化
IEC 60870-6/TASE.2	内部控制中心通信
IEC 61850	变电自动化与保护
IEC 61968/61970	应用层面能源管理系统界面
IEC 62351 Parts 1-8	电力系统控制操作的信息安全

---

① 周渝慧主编《智能电网：21 世纪国际能源新战略》，清华大学出版社，2009，第 1 页。
② 肖立业主编《中国战略性新兴产业研究与发展·智能电网》，机械工业出版社，2013，第 15 页。
③ 周渝慧主编《智能电网：21 世纪国际能源新战略》，清华大学出版社，2009，第 2 页。
④ 肖立业主编《中国战略性新兴产业研究与发展·智能电网》，机械工业出版社，2013，第 26 页。

续表

标准	应用
IEEE C37.118	相量测量（PMU）通信
IEEE 1547	电力公司与分布式发电之间的物理与电气互联
IEEE 1686-2007	智能电子设备的安全
NERC CIP 002-009	大型电力系统的网络安全标准
NIST Special Publication（SP）800-53，NIST SP 800-82	联邦信息系统的网络安全标准与指南，包括大型电力系统
Open ADR	价格反应灵敏和直接负载控制
Open HAN	家庭区域网设备通信、测量和控制
ZigBee/Home Plug Smart Energy Profile	家庭区域网设备通信和信息模型

资料来源：林伯强主编《2010 中国能源发展报告》，清华大学出版社，2010，第 327-328 页。

（二）欧盟 / 欧洲

欧盟 / 欧洲地区层面先后采取一系列措施，推动智能电网开发。2005 年，欧盟建立智能电网技术平台。2006 年，欧盟智能电网技术论坛推出"欧洲智能电网技术框架"，重点开发输配电过程中的自动化技术。2007 年，欧洲提出"超级电网"的构想，计划将松散的欧洲电力市场建设成为统一的电力市场，使电网更加可靠、电价更为低廉。2009 年，欧洲电力工业联盟给出智能电网的概念：所谓智能电网，就是通过采用创新性的产品和服务，使用智能检测、控制、通信和自愈技术，有效整合发电方、用户或者同时具有发电和用电特性成员的行动，以期保证电力供应持续、经济和安全。[1]2011 年，欧盟委员会发布《智能电网：从创新到部署》报告，对智能电网建设做出全面规划与部署。

在国家层面，2008 年意大利启动由欧盟 11 个国家共同开展的 ADRESS 项目，建设互动式配电智能电网，一年内安装了 3 180 万块智能电表，覆盖率达 95%。[2]次年，西班牙开展智能城市试点，荷兰阿姆斯特丹制订"智能城市"计划，德国制定电网扩张法案，从不同层面推动智能电网的发展。2010 年，英国政府发布《智能电网：机遇》报告，提出了发展智能电网的详细计划。

（三）中国

中国于 1999 年开展"我国电力大系统灾变防治和经济运行的重大科学问题研究"，提出"数字电力系统"的概念。2007 年，中国华东电网公司启动智能电网可行性研究项目。2009 年，中国国家电网公司提出"坚强智能电网"的概念，计划于 2020 年基本建成坚强智能电网。同年，中国科学院电工研究所建成中国首个分布式电网试验系统，这一系统具备了智能电网的多项功能。2012 年，科学技术部发布《智能电网重大科技产业化工程"十二五"专项规划》，提出智能电网科技发展目标及技术路线。

六、超导输电技术

超导输电是指利用部分导体在某一特定温度下电阻为零的特性（即超导性）进行电能传输。超导输电先后经历直流低温超导输电、交流低温超导输电、交流高温超导输电等几个阶段。在临界温度高

---

[1] 刘振亚主编《智能电网知识读本》，中国电力出版社，2010，第 23 页。
[2] 肖立业主编《中国战略性新兴产业研究与发展·智能电网》，机械工业出版社，2013，第 27 页。

于 77 K 的高温超导线材及低温冷却技术迅速发展的推动下，高温超导输电成为超导输电发展的主流。[1]
超导电力应用技术包括超导限流器、超导储能系统、超导电缆、超导变压器、超导电机等，它们可以
明显改善电能质量，提高电力系统运行的稳定性，使超大规模电网发展成为可能，对电力工业、电网
建设产生重要影响（表 16-178）。

表 16-178　超导电力技术的主要研究方向及其作用

超导电力技术	特点	对电力工业的作用
超导限流器	（1）正常时，阻抗为零；故障时，呈现一个大阻抗 （2）集检测、触发和限流于一体 （3）反应和恢复速度快 （4）对电网无副作用	（1）提高电网的稳定性 （2）改善供电可靠性 （3）保护电气设备 （4）降低建设成本和改造费用 （5）增加电网的输送容量
超导储能系统	（1）反应速度快 （2）转换效率高 （3）可在短时间内向电网提供大功率	（1）快速进行功率补偿 （2）提高大电网的动态稳定性 （3）改善电能品质 （4）改善供电可靠性
超导电缆	（1）功率输送密度高 （2）损耗小，体积小，质量轻 （3）单位长度电抗值小	（1）实现低压大电流高密度输电 （2）减少城市用地
超导变压器	（1）极限单机容量高 （2）损耗小，体积小，质量轻 （3）液氮冷却	（1）减少占地 （2）符合环保和节能的发展要求
超导电机	（1）极限单机容量高 （2）损耗小，体积小，质量轻 （3）同步电抗小 （4）瞬态过载能力强	（1）减少损耗和占地 （2）同步电抗小，有利于电网稳定性 （3）用于无功功率补偿，提高电力质量和电网运行稳定性

资料来源：中国电气工程大典编辑委员会：《中国电气工程大典·第8卷》，中国电力出版社，2010，第1124页。

从 20 世纪 60 年代开始，美国、欧洲、日本、苏联等先后开展超导电力装置的研制（表 16-179），
有的已进入示范试验运行阶段，美国开发的 8 MW 超导同步调相机已投入运行。

进入 21 世纪，中国先后研制出 6 m/2 kA 直流高温超导电缆，75 m、10.5 kV/1.5 kA 交流高温超导
电缆系统，10.5 kV/400 V/630 kVA 高温超导变压器等，并投入试验运行。

---

[1] 夏征农、陈至立主编《大辞海·能源科学卷》，上海辞书出版社，2013，第206页。

表 16-179　各国超导电力技术发展状况（典型事例）

超导电力技术	研究开发单位	主要技术参数	状况
超导限流器	瑞士 ABB 公司	三相磁屏蔽型，1.2 MVA	试验运行
	瑞士 ABB 公司	三相电阻型，10 MVA	完成研制
	美国 LM 公司	三相桥路型，2.4 kV/100 A	试验完毕
	美国 GA 公司	三相桥路型，15 kV/1.2 kA	试验运行
	美国 LANI 公司	三相可控桥，15 kV/26 MW	试验运行
	日本东京电力公司	三相电抗器型，66 kV/750 kA	研制阶段
	日本 Super-ACE 公司	单相电阻型，6.6 kV/1 kA	试验测试
	美国 IGC 公司	三相矩阵型，138 kV/1 kA	研制阶段
	欧洲 NEXAN 公司	三相电阻型，10 kV/10 MW	试验运行
	德国西门子公司	三相电阻型，7.2 kV/100 A	试验阶段
	韩国 DAPAS 计划	三相 23 kV/1 kA 示范样机	研制阶段
	美国休斯敦大学/得克萨斯州电力公司	三相电阻型	研制阶段
超导储能系统	德国	4 MJ/6 MW 低温超导储能	试验运行
	意大利	4 MJ/1.2 MW 低温超导储能	试验运行
	法国 EC 公司	1 MJ 高温超导储能系统	研制阶段
	美国超导公司/IGC 公司	1-10 MJ 低温超导储能系统	销售多套
	韩国 KERI 公司	2 MJ 低温超导储能	完成样机
	日本九州电力公司	3.6 MJ/1 MW 低温超导	试验运行
	日本九州大学	1 MJ 高温超导储能磁体	完成研制
超导电机	日本 Super G-M 计划	79 MW	试验阶段
	日本 Super G-M 计划	200 MW	研制阶段
	美国超导公司	8 MW 超导同步调相机	投入运行
	美国 GE 公司	100 MW 同步发电机	研制阶段
	德国西门子公司	4 042 kW（5 500 马力）	研制阶段
	美国 Reliance 公司	3 675 kW（5 000 马力）	试验运行
	美国超导公司	25 725 kW（35 000 马力）	预研阶段
	韩国 DAPAS 计划	7 350 kW（10 000 马力）	预研阶段

续表

超导电力技术	研究开发单位	主要技术参数	状况
超导电缆	丹麦 NKT 公司	三相 30 m, 36 kV/2 kA	试验运行
	美国 Southwire 公司	三相 30 m, 12.5 kV/1.25 kA	试验运行
	Pirelli 美国公司	三相 130 m, 24 kV/2.4 kA	试验阶段
	日本东京电力公司	三相 100 m, 66 kV/1 kA	完成试验
	美国 AMSC/Pirelli 公司	三相 660 m, 138 kV/2.4 kA	安装阶段
	美国 Super Power/ 日本 SEI 公司	三相 350 m, 34.5 kV/800 A	试验运行
	美国 Ultera 公司	三相 200 m, 13.5 kV/3 kA	试验运行
	日本古河电工公司	单相 500 m, 77 kV	完成试验
	韩国 DAPAS 计划	三相 100 m（日本住友研制）	试验阶段
超导变压器	瑞士 ABB 公司	18.7 kV/420 V, 630 kW（77K）	完成试验
	日本九州大学	6.6 kV/3.3 kV, 1 MW（77K）	试验运行
	德国西门子公司	5.6 kV/1.1 kV, 1 MW（77K）	研制阶段
	美国 Waukesha 公司	10 MW, 138/13.8 kV（20～30K）	试验阶段
	韩国 DAPAS 计划	100 MW, 154 kV	试验阶段

资料来源：中国电气工程大典编辑委员会：《中国电气工程大典·第 8 卷》，中国电力出版社，2010，第 1125 页。

第17章　　现代可再生能源

可再生能源主要包括太阳能、风能、生物质能、地热能、海洋能等。其中，从资源数量看，太阳能是最重要的可再生能源，陆地每年接收太阳辐射量约为 180 万亿吨标准煤燃烧所发出的热量（表 17–1）。现代以前，由于能源科技不够发达，人类开发利用各种可再生能源的方式方法和技术水平比较有限，开发利用规模也有限。进入现代后，随着科技的不断发展进步，世界可再生能源在电力开发利用方面取得重大突破与进展，先后建成各种技术含量高的大型风力发电场、大型太阳能发电站、大型生物质能发电站、大型海洋能发电站，除此，还发明了燃料乙醇、生物柴油等新的能源形态，世界可再生能源进入商业化、大规模开发利用阶段（表 17–2），开发利用水平越来越高。1973 年全球可再生能源消费占能源消费总量的比例为 2.5%，到 2011 年提高到 6.3%。[①] 随着化石能源资源的日渐枯竭，可再生能源的地位和作用日渐彰显。

[①] 在此统计中，可再生能源包括生物质能源、废弃物回收能源及其他可再生能源。参见黄晓勇主编《世界能源发展报告（2014）》，社会科学文献出版社，2014，第 15 页。

表 17-1 世界可再生能源资源数量

类型	资源量
太阳能（陆地每年接收太阳辐射量）	1 800 000 亿吨标准煤（约）
生物质能（技术可开发量）	38 亿吨标准煤
水能（技术可开发量）	150 000 亿千瓦时 / 年 [1]
风能（技术可开发量）	96 亿千瓦（装机容量）
地热能（技术可开发量）	170 亿吨标准煤
海洋能（技术可开发量）	64 亿千瓦（装机容量）

资料来源：中国电气工程大典编辑委员会：《中国电气工程大典·第 7 卷》，中国电力出版社，2010，第 7 页。

注：[1] 一说 193 900 亿千瓦时 / 年。

表 17-2 世界可再生能源开发利用进程

时间	事件
古代	木柴直接燃烧利用
公元前 5000—前 3300 年	中国浙江河姆渡出现独木舟
公元前 2400 年	埃及出现利用风力航行的芦苇帆船
约公元前 1900 年	波斯出现磨粮食的水车
约公元前 2050 年	中国夏禹发明船帆
约公元前 2000 年	古巴比伦出现风车
约公元前 1500 年	意大利出现温泉浴疗
约公元前 1046—前 771 年	中国西周先民用铜制凹面镜进行"阳燧取火"
约公元前 1046—前 771 年	中国先民利用陕西华清池温泉沐浴治病
约公元前 500 年	波斯使用帆船
公元前 5 世纪	古希腊人用水晶透镜汇聚太阳光熔化蜡烛
公元前 206 年—公元 220 年	中国汉代出现风谷机
公元前 206 年—公元 220 年	中国汉代利用风帆开辟举世闻名的海上丝绸之路
公元 9 世纪	中国唐代山东沿海先民开始发展潮汐磨
1405 年	中国明代用帆船借助风力航行，开启郑和七下西洋壮举
1492 年	意大利探险家哥伦布率领船队用帆船借助风力航行至美洲，发现"新大陆"
1522 年	葡萄牙探险家麦哲伦率领船队用帆船借助风力完成人类首次环球航行
1615 年	法国工程师考克斯发明世界第一台太阳能抽水泵
1799 年	法国吉拉德父子发明波浪能装置
1839 年	法国科学家贝克勒尔发现光伏效应
1839 年	法国科学家贝克勒尔发明世界第一个太阳能电池
1887 年	英国布莱斯发明世界首台风力发电机
1891 年	美国发明家克莱伦斯·坎普发明太阳能热水器
1892 年	美国在博伊西市建成世界第一个地热能集中供热系统
1895 年	德国汉堡建成世界第一台固体废弃物焚烧发电设备
1904 年	意大利在拉德瑞罗进行了世界上首次地热流体发电试验

续表

时间	事件
1910 年	英国皮特发明生物燃料电池（BFC）
1910 年	法国建成世界最早的波浪发电站
1912 年	德国建成世界最早的潮汐发电站
1912 年	瑞士苏黎世建成世界第一个地源热泵系统
1916 年	以色列化学家哈伊姆·魏茨曼发现生物丁醇
1931 年	巴西提出推广乙醇燃料的第一部法律
1931 年	苏联制成世界第一台 100 kW 风力发电机
1937 年	比利时沙瓦纳获世界上第一项有记录的生物柴油发明专利
1950 年	苏联建成世界最早的太阳能热电站
1954 年	瑞士的伯尔尼建成世界首座现代水墙式垃圾焚烧发电炉
1954 年	美国科学家恰宾和皮尔松首次制成单晶硅太阳能电池
1958 年	太阳能电池装载在美国人造卫星上，首次应用到太空领域
1962 年	美国建成世界首座流化床工艺垃圾焚烧发电厂
1967 年	法国建成世界第一座大型商业化潮汐电站——朗斯潮汐电站
1969 年	美国俄勒冈州进行地热加温土壤的田间试验
1969 年	世界地热发电总装机容量达 673 MW
1971 年	中国在第二颗人造卫星上安装太阳能电池
1975 年	巴西推出世界首个"国家燃料乙醇计划"
1977 年	中国第一个地热电站——羊八井地热电站投入运行
1977 年	美国成立波尔盖特地热温室公司
1978 年	美国内华达州成立地热食品加工厂
1978 年	美国建成 100 kW 太阳能光伏电站
1979 年	世界太阳能电池安装总量达到 1 MW
1980 年	美国在华盛顿州建成世界第一个大型风电场
1980 年	巴西制成世界第一架燃料乙醇飞机
1980 年	美国进行大豆油替代柴油燃料研究
1980 年	南非进行天然油脂与柴油混合使用研究
1981 年	中国在江苏建成 160 kW 稻壳气化发电厂
1982 年	中国第一次将新能源（可再生能源）技术开发纳入国家能源发展战略
1986 年	中国天津建成地热禽畜水产养殖场
1988 年	丹麦建成世界第一座秸秆生物燃烧发电厂
1988 年	美国盖瑟斯建成世界最大的地热发电站，总装机容量达 2 023 MW
1989 年	全球风力发电总装机容量达 171 万 kW
1990 年	瑞典建成世界首个海上风力发电试验项目
1990 年	世界地热总装机容量达 5 832 MW
1991 年	瑞典建成世界第一座生物质气化燃气轮机／发电机－汽轮机／发电机联合发电厂
1991 年	奥地利发布世界第一个以菜籽油甲酯为基准的生物柴油标准
1992 年	德国凯姆瑞亚·斯凯特公司开发出连续化的生物柴油生产装置

续表

时间	事件
1992 年	英国建成动物粪便发电厂
1997 年	世界太阳能电池年产量首次超过 100 MW（约为 126 MW）
1999 年	全球风力发电总装机容量达 1 393 万 kW
1999 年	全球生物质发电总量达 1 601 亿 kWh，地热发电总量达 499 亿 kWh，太阳能和风能发电总量达 236 亿 kWh，三者共占世界发电总量的 1.6%
1999 年	世界乙醇产量达 300 亿 L
2001 年	中国宣布将推广车用乙醇汽油
2001 年	全球生物柴油产量达 84 万 t
2001 年	全球燃料乙醇产量达 1 456 万 t
2003 年	印度开始种植生物柴油原料作物——麻疯树
2003 年	欧盟出台"生物燃料指令"
2004 年	世界太阳能电池年产量首次超过 1 000 MW
2005 年	中国太阳能热水器新安装量占世界总量的 77%
2005 年	南非建成非洲第一座生物柴油工厂
2007 年	中国在渤海湾建成国内第一个海上风能发电站
2007 年	全球太阳能供热约为生物质能供热的 35%
2008 年	中国在海门建成以木薯为原料的年均产量为 20 万吨的生物丁醇工厂
2008 年	英国在威尔士建造世界最大的生物质发电厂（容量为 350 MW）
2008 年	全球有 63 个国家（或地区）生产生物柴油
2008 年	全球生物柴油产量超过 1 000 万 t（为 1 314 万 t）
2008 年	全球燃料乙醇产量超过 5 000 万 t（为 5 214 万 t）
2009 年	法国建成世界最深的地下垃圾焚烧发电厂
2009 年	世界太阳能电池年产量首次突破 10 000 MW（为 10 700 MW）
2009 年	全球可再生能源发电量达 6 023.79 亿 kWh，占世界发电总量的 3%
2011 年	中国建成、投产世界装机容量最大的生物质发电厂
2011 年	荷兰航空公司在世界上首次使用生物柴油进行商业飞行
2011 年	全球生物柴油产量达 1 797 万 t
2011 年	世界燃料乙醇产量达 6 794 万 t
2011 年	全球生物质成型燃料产量达 2 200 万 t
2011 年	世界地热直接利用总装机容量达 58 000 MW
2011 年	世界地热发电总装机容量达 11 200 MW
2011 年	全球太阳能热发电总装机容量约 176 万 MW
2011 年	全球风力发电总装机容量达 238 040 MW
2011 年	世界生物质发电总装机容量达 72 000 MW
2011 年	世界可再生能源消费量占全球能源消费总量的比例由 1973 年的 2.5% 提高到 6.3%
2015 年	中国开工建设全球最大容量风电制氢工程

资料来源：作者整理。

第 1 节　太阳能

太阳是一个巨大的核聚变反应堆，能释放出巨大的能量，每年送到地球的能量约为当今人类能源消费总量的 3 万倍。人类可通过各种直接、间接方式利用太阳能（表 17-3）。在古代，人类晾晒衣物，进行阳燧取火等。进入近代，人类先后发明太阳能炉、太阳能电池、太阳能蒸汽机、太阳能摩托车、太阳能动力塔和太阳能热水器等，但未派上太大用场。到了现代，尤其是 20 世纪 50 年代先后发明太阳能热电站和第一个实用太阳能光伏电池——单晶硅太阳能电池之后，太阳能的开发利用规模越来越大，应用领域从日常生活扩大到太空领域（表 17-4），日渐成为一种重要的可再生能源。当今太阳能开发利用方式主要是太阳能光伏发电和太阳能热能利用。

表 17-3　太阳能应用方法

应用方式	基本方法	具体做法	备注
直接应用	一次反射法	用平面反光镜，将太阳光一次反射到室内人工照明场所	对提高侧窗采光的均匀度具有较明显的效果
	导光管法	导光管将收集的光线传送到需要照明的地方	美国、加拿大用导光管解决一些办公室、宾馆的采光问题
	棱镜多次反射法	一组反光棱镜将太阳光传送到所需位置	澳大利亚把光送到 10 m 进深的房间
	光导纤维法	采用高透光率的光导纤维，将采集的光送往病房等处	日本、英国通过一组定日镜和光导纤维把阳光引入室内候机楼
	卫星反射法	高空镜将太阳光反射到需要的地区	需要解决经费、环境影响及卫星轨道等问题
间接应用	光、热、电、光转换法	将集光器收集的光转化为热能，从而产生蒸汽发电	用蒸汽驱动汽轮机发电供应负荷使用
	光电效应法	光板将阳光直接变成电能供电气设备使用	太阳能电池用于航标灯、路灯、交通指示灯
	阳光高空发电法	将太阳能光伏电板安装在卫星上，使之变为电能，而后用微波方式送到地球接收天线上	地面接收站把微波转换为电能，供照明等使用

资料来源：李宏毅、金磊：《建筑工程太阳能发电技术及应用》，机械工业出版社，2008，第 39 页。

表 17-4　世界太阳能开发利用进程

时间	事件
约公元前 1046 年—前 771 年	中国西周先民用铜制凹面镜进行"阳燧取火"
公元前 5 世纪	古希腊人用水晶透镜汇聚太阳光熔化蜡烛
1615 年	法国工程师考克斯发明世界第一台太阳能抽水泵
1775 年	法国化学家拉瓦锡发明太阳能熔炉
1800 年	意大利物理学家伏打发明世界第一块电池——伏打电池
1839 年	法国科学家贝克勒尔发现光伏效应
1839 年	法国科学家贝克勒尔发明世界第一个太阳能电池
1866 年	法国发明家奥古斯丁·摩夏制成世界上第一台由太阳能驱动的蒸汽机
1878 年	英国人威廉·亚当斯在印度孟买建成太阳能动力塔
1883 年	瑞典人约翰·埃里克森制成太阳能摩托车
1891 年	美国发明家克莱伦斯·坎普发明太阳能热水器
1905 年	爱因斯坦提出光子假设，解释光电效应
1918 年	首次从熔体中炼出单晶
1928 年	制成铜-氧化铜生伏打电池
20 世纪 30 年代	美国建成实验太阳房
1932 年	奥杜博特等人制成第一块"硫化镉"太阳能电池
1950 年	苏联建成世界最早的太阳能热电站
1954 年	美国科学家恰宾和皮尔松首次制成单晶硅太阳能电池
1955 年	出现第一盏光伏航标灯
1958 年	太阳能电池装载在美国人造卫星上，首次应用到太空领域
1959 年	发明第一块多晶硅太阳能电池
1960 年	法国建成世界第一个实用太阳能热电站
1971 年	中国在第二颗人造卫星上安装太阳能电池
1972 年	法国在尼日尔的乡村学校安装硫化镉光伏系统
1974 年	日本实施推动太阳能等开发利用的"阳光计划"
1976 年	Carlson 等研制成功非晶硅太阳能电池
1977 年	中国在甘肃建成被动式太阳房
1978 年	美国建成 100 kW 太阳能光伏电站
1979 年	世界太阳能电池安装总量达到 1 MW
1980 年	欧共体在意大利西西里岛联合建成世界第一个并网发电的太阳能热电站
1981 年	以太阳能电池为动力的"Solar Challenger"飞机成功飞行
1986 年	Arco Solar 公司开发出世界首例商用薄膜电池"动力组件"
20 世纪 90 年代	德国建成世界首座全为太阳能集热供电的"零能源住宅"
1996 年	丹麦建成世界最大的 Marstal 太阳能供热采暖系统
1996 年	美国建成技术先进的 Solar Ⅱ 太阳能热电站
1997 年	世界太阳能电池年产量首次超过 100 MW
1998 年	制成第一个有商业价值的 Cu（In，Ga）Se$_2$ 组件
2003 年	北京建成中国首个碟式太阳能热发电试验电站

续表

时间	事件
2004 年	世界太阳能电池年产量首次超过 1 000 MW
2005 年	中国新安装的太阳能热水器数量占世界总量的 77%
2007 年	全球太阳能供热约为生物质能供热的 35%
2009 年	世界太阳能电池年产量首次突破 10 000 MW
2011 年	全球太阳能热发电总装机容量约 1 760 万 MW

资料来源：作者整理。

一、太阳能资源

太阳释放出来的能量是聚变能，它以光辐射形式送到地球。太阳每年释放出的能量约为当今人类一年使用的能源总量的 60 万亿倍。其中，绝大部分能量都辐射到太阳系的宇宙空间中，只有约二十二亿分之一辐射到地球，约为当今地球上使用的总能量的 3 万倍。[1]

在太阳向地球辐射的二十二亿分之一的能量中，约有 30% 被大气层反射回宇宙空间，23% 被大气层吸收，能够投射到地球、有太阳辐射功率部分的约占 47%，约为 8.1×10^{16} W。同时，因地球上海洋面积约占 79%，辐射到达地球表面陆地上的太阳辐射功率约为 1.7×10^{16} W。其中，有一部分辐射到山区、森林、江河、湖泊和沙漠，真正辐射到达人类居住区域的太阳辐射功率约为 $7 \times 10^{15} \sim 10 \times 10^{15}$ W。[2] 这部分太阳能仍然是相当巨大的。

太阳能在地球上的分布受纬度、地理、气候等因素影响，一般以水平表面单位面积上一年内接收到的总日照辐射量和全年日照总时数来表示各地太阳能资源的丰裕程度。全球每年总日照辐射量为 $2.5 \times 10^{9} \sim 8.5 \times 10^{9}$ J/m^2，其中以非洲撒哈拉沙漠为最高，超过 8.5×10^{9} J/m^2，而中国四川盆地为最低，不足 3.5×10^{9} J/m^2。[3]

世界上太阳能资源最丰富的地区为非洲、美国西南部、澳大利亚、中东、中国西藏等。根据美国国家航空航天局建立的世界各地日照数据库的资料，马德里、悉尼、雅典、旧金山、曼谷、罗马、香港等城市的日照总时数量超过 1 500 kWh/（m^2·a），北京为 1 430 kWh/（m^2·a）（表 17–5）。

表 17–5　世界部分城市的日照数量

序号	地点	日照数量 /［kWh/（m^2·a）］	序号	地点	日照数量 /［kWh/（m^2·a）］
1	马德里	1 785	4	旧金山	1 580
2	悉尼	1 675	5	曼谷	1 560
3	雅典	1 665	6	罗马	1 535

[1] 李方正：《能源世界》，吉林出版集团有限责任公司，2009，第 56 页。
[2] 尹忠东、朱永强主编《可再生能源发电技术》，中国水利水电出版社，2010，第 53 页。
[3] 中国电气工程大典编辑委员会：《中国电气工程大典·第 7 卷》，中国电力出版社，2010，第 3 页。

续表

序号	地点	日照数量 / $[kWh/(m^2 \cdot a)]$	序号	地点	日照数量 / $[kWh/(m^2 \cdot a)]$
7	香港	1 525	12	慕尼黑	1 085
8	东京	1 460	13	阿姆斯特丹	975
9	北京	1 430	14	伦敦	950
10	纽约	1 300	15	汉堡	920
11	巴黎	1 220			

资料来源：中国电气工程大典编辑委员会：《中国电气工程大典·第7卷》，中国电力出版社，2010，第54页。

中国是太阳能资源相当丰富的国家，每年陆地接收的太阳辐射总量约为 1.9×10^{16} kWh，相当于 2.4 万亿吨标准煤[1]，平均每平方米年日辐射量为 $3.3 \times 10^9 \sim 8.4 \times 10^9$ J。[2] 按年平均日辐射量计算，西藏地区最高，每天每平方米达 7 kWh，每年接收的太阳能总资源量大约 17 000 亿吨标准煤燃烧放出的热量。

二、太阳能光伏发电

太阳能光伏发电是利用太阳能电池（又称太阳电池）吸收太阳光辐射能，产生光生伏打效应，进而转换为电能的一种太阳能利用方式。可从不同视角对太阳能电池进行分类（表17-6），种类繁多。人类还将太阳能光伏电源应用到照明、交通、太空等各个领域（图17-1）。

1839年法国物理学家贝克勒尔在电能液中发现了光伏效应，1876年亚当斯等发现了固态光伏效应，1883年查尔斯·弗瑞斯试制出一个效率只有1%的硒光电池。对太阳能电池进行正式研发，则始于20世纪20年代。

表 17-6　太阳能电池分类

分类标准	类型	列举
按结构分	同质结太阳能电池	硅太阳能电池、砷化镓太阳能电池
	异质结太阳能电池	氧化锡 - 硅太阳能电池、硫化亚铜 - 硫化镉太阳能电池
	肖特基太阳能电池（金属 - 半导体太阳能电池）	金属 - 氧化物 - 半导体太阳能电池、金属 - 绝缘体 - 半导体太阳能电池
按材料分	硅太阳能电池	单晶硅太阳能电池、多晶硅太阳能电池
	无机化合物太阳能电池	硫化镉太阳能电池、砷化镓太阳能电池
	有机半导体太阳能电池	有机 p-n 结太阳能电池、肖特基型有机太阳能电池
	塑料太阳能电池	聚乙炔太阳能电池、共轭聚合物 /C_{60} 复合体系太阳能电池
	染料敏化纳米晶太阳能电池	纳米 TiO_2 染料敏化太阳能电池

---

[1] 尹忠东、朱永强主编《可再生能源发电技术》，中国水利水电出版社，2010，第54页。

[2] 中国电气工程大典编辑委员会：《中国电气工程大典·第7卷》，中国电力出版社，2010，第3页。

续表

分类标准	类型	列举
按光电转换机制分	传统太阳能电池	硅太阳能电池、硫化镉太阳能电池、砷化镓太阳能电池
	激子太阳能电池	有机太阳能电池、塑料太阳能电池
按研发时间分	第一代太阳能电池	单晶硅太阳能电池、多晶硅太阳能电池
	第二代太阳能电池	薄膜类太阳能电池、化合物类太阳能电池
	第三代太阳能电池	染料敏化电池

资料来源: 作者整理。

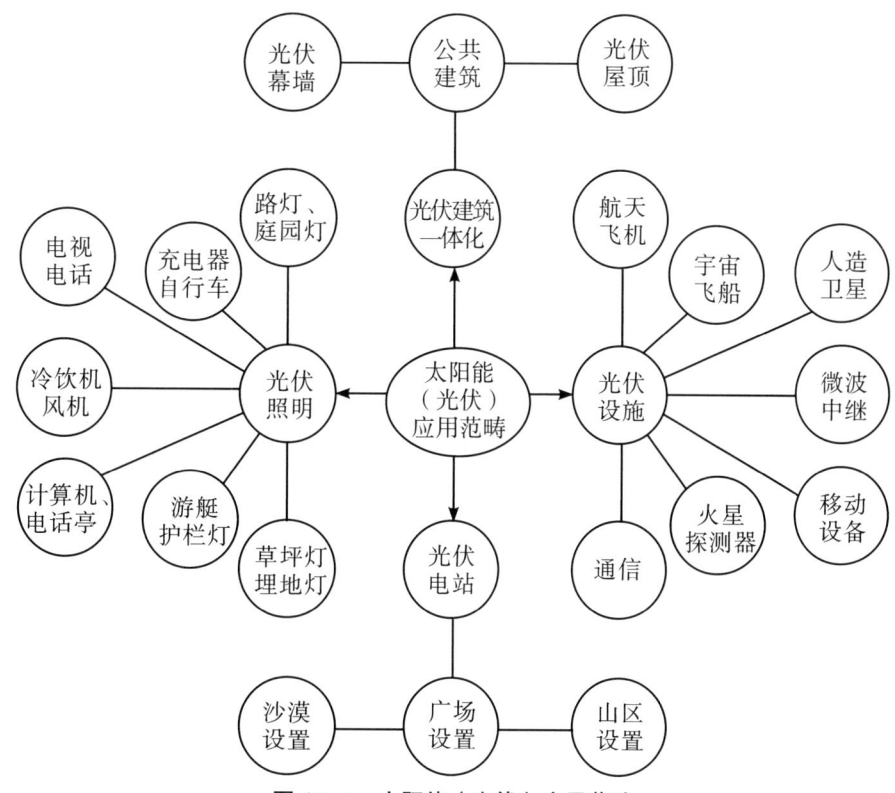

图 17-1　太阳能（光伏）应用范畴

资料来源: 李宏毅、金磊:《建筑工程太阳能发电技术及应用》, 机械工业出版社, 2008, 第 39 页。

（一）1920—1949 年

在这一阶段, 太阳能电池研究主要处于基础阶段, 因受到第二次世界大战等因素的影响, 总体上进展缓慢。

1928 年, 制成铜-氧化铜（Cu-CuO）光生伏打电池。[1]

1929 年, 建立固体能带理论, 第一次论证了利用太阳能电池可以把太阳能直接转换成电能。[2]

1930 年, B. Lang 研究氧化亚铜/铜（Cu_2O/Cu）太阳能电池, 发表有关新型光伏电池的论文。W.

---

[1] 张正华、李陵岚、叶楚平、杨平华:《有机太阳电池与塑料太阳电池》, 化学工业出版社, 2006, 第 30 页。
[2] 同上。

Schottky 也发表有关新型氧化亚铜（Cu_2O）光电池的论文。[1]

1931 年，布鲁诺把铜化合物和硒银电极浸入电解液中，在阳光下启动了一台电动机。[2]

1932 年，奥杜博特和斯托拉发现硫化镉（CdS）的光伏现象，制成第一块硫化镉太阳能电池。

1933 年，L. O. Grondahl 发表有关铜-氧化亚铜（$Cu-Cu_2O$）整流器和光电池的论文。

1939 年，制成硅结型光伏电池。

1941 年，奥尔在硅材料上发现了光伏效应。

1945 年，利用各种方式沉积成硅薄膜半导体。

（二）20 世纪下半叶

1954 年，美国贝尔实验室的科学家恰宾和皮尔松首次研制成功光电转换效率为 6% 的单晶硅太阳能电池，诞生了世界上第一个实用太阳能电池，标志着光伏电池产业化的开端。此后，世界各国太阳能电池开发、太阳能电池应用、太阳能光伏产业发展等相继取得一系列重大突破（表 17-7）。

表 17-7 20 世纪下半叶世界太阳能电池研发进展

时间/年	内容
1951	美国科学家制备出 p-n 结，实现制备单晶锗电池
1953	美国 Dan Trivich 博士完成各类材料光电转换效率的第一个理论计算
1954	贝尔实验室制成世界首个实用太阳能电池——单晶硅太阳能电池
1955	建立太阳能电池理论
1956	P. Pappaport 等人发现锗和硅 p-n 结电子-电流效应
1957	Hoffman 开发的单晶硅电池效率达到 8%
1958	美国信号部队制成 n/p 型单晶硅光伏电池
1959	第一块多晶硅太阳能电池问世
1959	中国第一个有实用价值的太阳能电池问世
1960	Hoffman 开发的单晶硅电池效率达到 14%
1963	Sharp 公司开发出光伏电池组件
1965	Peter Glaser 等人提出卫星太阳能电站构思
1969	Chittik 等人首先用硅烷辉光放电沉积非晶硅薄膜
1974	Tyco 实验室生长出第一块 EFG 晶体硅带
1976	首次报道转换效率为 2% 的非晶硅太阳能电池
1983	波音公司开发的多晶薄膜太阳能电池的效率超过 10%
1984	面积为 1 ft^2（929 cm^2）的商品化非晶硅太阳能电池组件问世
1985	Green 研制的单晶硅太阳能电池效率达到 20%
1986	Arco Solar 开发出世界首例商用薄膜电池"动力组件"
1991	瑞士 Grätzel 教授研制的纳米 TiO_2 染料敏化太阳能电池效率达到 7%
1998	第一个有商业价值的 Cu（In，Ga）Se_2 组件问世
1999	澳大利亚赵建华在一块 4 cm^2 的 PERL 硅电池上创造了效率为 24.7% 的最高纪录

资料来源：作者整理。

---

[1] 沈辉、曾祖勤主编《太阳能光伏发电技术》，化学工业出版社，2005，第 22 页。

[2] 尹忠东、朱永强主编《可再生能源发电技术》，中国水利水电出版社，2010，第 84 页。

1. 太阳能电池的开发

从 20 世纪 50 年代起，太阳能电池研发进程加快。1954 年，开发出首块单晶硅太阳能电池；韦克尔制成第一块硫化镉（CdS）薄膜太阳电池。1955 年，建立太阳能电池的理论。1958 年，美国信号部队的 T. Mandelkorn 制成 n/p 型单晶硅光伏电池。[①]1959 年，发明第一块多晶硅太阳能电池，效率为 5%。[②]1963 年，Sharp 公司生产光伏电池组件。[③]1974 年，日本推出"阳光计划"，开发太阳能生产系统、工业太阳能系统、大型太阳能光伏发电系统等项目。1976 年，成功研制出非晶硅太阳能电池。[④]1984 年，开发出商品化非晶硅太阳能电池组件，面积为 $1\ ft^2$（$929\ cm^2$）。1986 年，Arco Solar 公司开发出世界首例商用薄膜电池"动力组件"。1998 年，制成第一个有商业价值的 Cu（In，Ga）Se_2 组件。[⑤]单晶硅太阳能电池的光电转换效率不断提高，由 1954 年的 6% 发展到 1960 年的 14%，1985 年发展到 20%，1999 年发展到 24.7%。

2. 太阳能电池的应用

20 世纪五六十年代，太阳能电池开发成本高、价格昂贵，主要用于人造卫星、无线中继站等。1955 年，出现第一盏光伏航标灯（表 17-8）。1958 年，利用单晶硅太阳能电池的美国第二颗人造卫星"先锋 1 号"成功发射，这是太阳能电池首次在太空领域的应用。1972 年，法国在尼日尔一所乡村学校安装硫化镉光伏系统，为教学电视供电。[⑥]1973 年，美国在特拉华大学建成世界第一座太阳能光伏住宅。[⑦]1980 年，日本三洋电气公司开发出利用非晶硅电池的袖珍计算器。[⑧]1981 年，一架以太阳能电池为动力的"Solar Challenger"飞机飞行成功。1996 年，中国制定"光明工程"计划，提出到 2010 年利用风力发电和光伏发电技术，解决 2 300 万边远山区人口的用电问题。

表 17-8　20 世纪世界太阳能电池应用情况

时间 / 年	事件
1955	第一盏光伏航标灯问世
1958	太阳能电池首次应用到太空领域
1962	安装太阳能电池的第一颗商业通信卫星 Telstar 发射进入太空
1963	日本一座灯塔安装 242 W 光伏电池阵列
1964	安装 470 W 太阳能电池阵列的宇宙飞船"光轮"成功发射
1969	美国开始在地面上推广使用太阳能电池
1971	中国将太阳能电池用于第二颗人造卫星上
1972	法国在尼日尔一所乡村学校安装硫化镉光伏系统

---

① 沈辉、曾祖勤主编《太阳能光伏发电技术》，化学工业出版社，2005，第 22 页。

② 尹忠东、朱永强主编《可再生能源发电技术》，中国水利水电出版社，2010，第 84 页。

③ 沈辉、曾祖勤主编《太阳能光伏发电技术》，化学工业出版社，2005，第 22 页。

④ 马克沃特、卡斯特纳：《太阳电池：材料、制备工艺及检测》，梁骏吾等译，机械工业出版社，2009，第 175 页。

⑤ 同上书，第 246 页。

⑥ 沈辉、曾祖勤主编《太阳能光伏发电技术》，化学工业出版社，2005，第 22 页。

⑦ 同上书，第 23 页。

⑧ 同上。

续表

时间 / 年	事件
1973	美国在特拉华大学建成世界第一座太阳能光伏住宅
1978	美国建成 100 kW 地面太阳能光伏电站
1980	日本利用非晶硅电池制成袖珍计算器
1981	以太阳能电池为动力的"Solar Challenger"飞机成功飞行
1983	以 1 kW 太阳能电池为动力的"Solar Trek"汽车穿越澳大利亚
1984	美国建设 7 000 kW 太阳能发电站
1984	中国制成"太阳号"太阳能汽车
1990	德国提出"1000 屋顶光伏计划"
1992	日本建成个人住宅用户可逆式太阳能发电系统
1996	中国制订"光明工程"计划
1997	美国宣布"百万屋顶光伏计划"

资料来源：作者整理。

3. 太阳能光伏发电产业的发展

随着太阳能电池研发、应用的深入推进，太阳能光伏产业日渐得到发展、壮大（表 17-9）。

表 17-9　世界太阳能光伏产业开发利用进程

时间	事件
1954 年	首个实用太阳能电池问世，标志着光伏产业的诞生
1955 年	美国西部电工出售硅光伏技术商业专利
1955 年	Hoffman 公司推出商业太阳能电池产品
1960 年	硅太阳能电池首次实现并网发电
20 世纪 70 年代初	单晶硅实现商业化
1973 年	美国政府出台太阳能光伏发电计划
1979 年	世界太阳能电池安装总量达到 1 MW
20 世纪 70 年代末	多晶硅实现商业化
1982 年	世界太阳能电池产量达 9.3 MW
1983 年	中国建成国内第一座光伏电站
1983 年	世界太阳能电池产量达 21.3 MW
1984 年	非晶硅实现商业化
1986 年	首例商用薄膜电池"动力组件"问世
20 世纪 80 年代中期	带硅实现商品化
1990 年	世界太阳能电池产量达 46.5 MW
1995 年	世界太阳能电池产量达 79.6 MW（世界光伏电池安装总量达到 500 MW）
1997 年	世界太阳能电池产量首次突破 100 MW

续表

时间	事件
1998 年	世界太阳能电池产量达 153.2 MW（多晶硅太阳能电池产量首次超过单晶硅太阳能电池）
2000 年	世界太阳能电池产量 287.1 MW
2004 年	世界太阳能电池产量首次突破 1 000 MW
2009 年	世界太阳能电池产量首次突破 10 000 MW
2013 年	世界太阳能光伏发电装机容量为 35 000 MW

资料来源：作者整理。

1973 年，为应对石油危机，美国政府制订太阳能光伏发电计划，大幅度增加太阳能光伏发电研发投入，推动太阳能产品产业化。[①]1983 年，中国建成国内第一座光伏电站。20 世纪 80 年代，各国非晶硅、带硅、CdTe 等太阳能电池技术先后实现商业化。20 世纪 90 年代，全球各种太阳能产品产量不断提高（表 17-10）。单晶硅产量由 1990 年的 16.4 MW 增至 2000 年的 89.7 MW，10 年间增长 4.5 倍；多晶硅由 15.3 MW 增至 140.6 MW，增长 8.2 倍，2000 年产量占各类太阳能电池总产量的比例达 48.9%，居第一位；非晶硅由 14.1 MW 增至 27.0 MW，增长 91.5%。

表 17-10　1990—2000 年世界各种太阳能电池产量

单位：MW

类型	1990 年	1991 年	1992 年	1993 年	1994 年	1995 年	1996 年	1997 年	1998 年	1999 年	2000 年
单晶硅	16.4	19.7	21.5	28.65	36.10	46.70	47.35	61.9	59.8	73.0	89.7
多晶硅	15.3	20.9	20.2	17.60	20.50	20.05	24.00	43.0	67.0	88.4	140.6
非晶硅	14.1	13.7	14.8	12.60	10.83	9.15	11.70	15	19.0	23.9	27.0
CdTe	0.6	0.8	1.0	1.0	1.0	1.3	1.6	1.2	1.2	1.2	1.2
CuInSe$_2$	0	0	0	0	0	0	0	0	0	0	0
其他	0.08	0.24	0.4	0.24	1.01	2.40	3.95	4.7	6.2	14.8	29.2
合计	46.48	55.34	57.9	60.09	69.44	79.60	88.60	125.8	153.2	201.3	287.7

资料来源：张正华、李陵岚、叶楚平、杨平华：《有机太阳电池与塑料太阳电池》，化学工业出版社，2006，第 48 页。

在此推动下，世界太阳能光伏产业规模不断扩大。1979 年，世界太阳能电池安装总量达到 1 MW。1990 年，世界太阳能电池产量为 46.48 MW。1995 年，世界光伏电池安装总量达到 500 MW。1999 年，世界太阳能电池产量超过 200 MW，为 201.3 MW。

20 世纪末，太阳能光伏发电产业主要集中在日本、美国和欧洲地区。2000 年，日本太阳能电池产量为 128.6 MW，占全球的 44.7%，居世界第一；美国为 75.0 MW，占 26.1%；欧洲地区为 60.7 MW，占 21.1%；其他国家和地区为 23.4 MW，占 8.1%。

（三）21 世纪以来

进入 21 世纪，为应对能源危机和保护生态环境，世界各国加大可再生能源的开发力度，太阳能光

---

① 孙晓光、王新北、左艳飞：《太阳能在建设领域推广与应用》，中国建筑工业出版社，2009，第 25 页。

伏发电得到快速发展。

美国在 2003 年先后向距离太阳约 2.28 亿 km 的火星发射两艘太阳能太空船,太空船于 2004 年成功到达火星。[1]2005 年,出台能源政策法案,对光伏系统投资免税 30%。2006 年,加利福尼亚州政府拨款 32 亿美元,用于鼓励发展太阳能光伏发电板;加利福尼亚州建成美国最大太阳能发电项目——加利福尼亚州北部邮政中心 910 kW 太阳能发电系统[2];加利福尼亚州拥有超过 2.3 万个光伏发电系统设施,其中有 1 500 个安装在新的住宅中。[3]2007 年,美国国防部宣布了一项三年计划——制造光转换效率超过 50% 的太阳能电池。[4]美国太阳能光伏发电产业规模不断扩大,光伏电池和模块产量由 2000 年的 20 500 kW 增至 2005 年的 137 000 kW,增长 5.7 倍。

在欧洲,德国光伏发电发展最快。德国于 2003 年完成"10 万屋顶发电计划";2004 年光伏发电量为 601 TWh,光伏安装总量首次超过日本,居世界第一位[5];2005 年实施"固定价格购买制度"(电力公司以高价购买太阳能发电等可再生能源),太阳能发电量首次超过日本,排世界第一位。[6]到 2012 年,德国共安装 130 万套光伏发电设备,约为 800 万用户提供用电,光伏发电量占全国发电量的 5%。[7]法国于 2006 年在留尼旺省建成国内最大的太阳能光电中心,年发电量达 1.35 MWh。西班牙于 2006 年开工建设总装机容量为 6 万 kW 的太阳能光伏发电系统。[8]

2004 年,中国太阳能电池产量约为 51 MW,累计装机容量约为 55 MW。此后几年,太阳能电池产业得到迅猛发展。2007 年,太阳能电池产量达到 1 088 MW,成为世界第一大太阳能电池生产国。[9]2009 年,全球太阳能电池产量为 10 700 MW(表 17-11),中国为 4 000 MW[10],占全球的 37.4%,居世界第一位。2016 年,包括光伏发电在内的中国新能源利用总量首次超过美国,居全球第一,约占全球新能源利用总量的 1/5,中国成为全球可再生能源利用最大的国家,为全球能源转型和新能源开发利用做出了表率。2017 年,中国多晶硅产量超 24.2 万 t,占全球总产量的 55.5%,硅片、太阳能电池片、组件产量分别为 8 760 万 kW、6 800 万 kW、7 600 万 kW,中国多晶硅、硅片、光伏电池生产规模均位居世界第一。同年,中国光伏装机容量达到 1.3 亿 kW,连续 3 年位居全球首位。[11]

21 世纪初,世界太阳能电池产业实现跨越式大发展。2000 年,世界太阳能电池产量约为 290 MW,2004 年超过 1 000 MW,2009 年超过 10 000 MW。从 2001 年起,太阳能电池产量与上年相比均增长 30% 以上(表 17-12),其中 2008 年高达 81.5%。2013 年,世界太阳能光伏系统装机容量达到

① 凯尔·柯克兰德:《光与光学》,文清、元旭津、蒲实译,上海科学技术文献出版社,2008,第 106 页。
② 钱伯章:《新能源——后石油时代的必然选择》,化学工业出版社,2007,第 109-110 页。
③ 孙晓光、王新北、左艳飞:《太阳能在建设领域推广与应用》,中国建筑工业出版社,2009,第 61 页。
④ 约翰·塔巴克:《太阳能和地热能——昂贵资金和技术的挑战》,张丽娇译,商务印书馆,2011,第 15 页。
⑤ 宋金莲、赵慧、林珊等:《太阳能发电原理与应用》,人民邮电出版社,2007,第 25-26 页。
⑥ 韩铁英主编《日本》,社会科学文献出版社,2011,第 266 页。
⑦ 黄晓勇主编《世界能源发展报告(2013)》,社会科学文献出版社,2013,第 387 页。
⑧ 钱伯章:《新能源——后石油时代的必然选择》,化学工业出版社,2007,第 113 页。
⑨ 尹忠东、朱永强主编《可再生能源发电技术》,中国水利水电出版社,2010,第 85 页。
⑩ 张兴、曹仁贤等:《太阳能光伏并网发电及其逆变控制》,机械工业出版社,2010,第 4 页。
⑪ 中国水电水利规划设计总院:《改革开放四十年(中国)新能源建设成就与展望》,《中国改革报》2018 年 10 月 16 日。

35 GW。[①]但是，世界太阳能发电占可再生能源发电的比例仍然较小，2007 年仅为 3.2%。国际能源署构于 2009 年发布太阳能光伏发电技术路线（表 17-13），预计到 2050 年世界太阳能光伏发电的总装机容量为 3 000 GW，高于风能发电（2 016 GM）。

表 17-11　2000—2009 年世界各国 / 地区太阳能电池产量

单位：MW

国家 / 地区	2000 年	2005 年	2006 年	2007 年	2008 年	2009 年
中国[1]	—	200	400	1 088.0	2 600	4 000
欧洲	60.7	470	657	1 062.8	2 000	2 800
日本	128.6	833	928	920.0	1 300	1 800
中国台湾	—	—	—	450.0	900	1 000
美国	75.0	154	202	266.1	432	600
其他	23.4	102	314	663.1	668	500
全球合计	287.7	1 759	2 501	4 450	7 900	10 700

资料来源：张兴、曹仁贤等：《太阳能光伏并网发电及其逆变控制》，机械工业出版社，2010，第 4 页。

注：[1] 不包括台湾地区的数据。

表 17-12　2000—2009 年世界太阳能电池产量和年增长率

时间 / 年	2000	2001	2002	2003	2004	2005	2006	2007	2008	2009
产量 /GW	0.29	0.39	0.56	0.74	1.20	1.76	2.50	4.45	7.90	10.70
年增长率 /%	42.9	35.7	44.0	32.6	61.3	46.7	42.0	78.0	77.5	35.4

资料来源：张兴、曹仁贤等：《太阳能光伏并网发电及其逆变控制》，机械工业出版社，2010，第 4 页。

表 17-13　2009 年国际能源署发布的太阳能光伏发电技术路线

项目	2010—2020 年	2020—2030 年	2030—2040 年	2040—2050 年
目标	200 GW	900 GW	2 000 GW	3 000 GW
政策支持体系	1. 提高在电网中市场竞争力，支持政策的退出 2. 支持大型光伏发电并网的政策	1. 净计量与优先并网的市场准入机制 2. 支持大型光伏发电并网的政策	以优先并网为标志的完全市场竞争力的支持政策	以优先并网为标志的完全市场竞争力的支持政策
市场便利与转换	1. 光伏产品与互联规则的代码及标准建设 2. 终端利用与乡村电力生产的商业模式 3. 光伏价值链的生产力的培训 4. 使更多的潜在投资者获得光伏知识	1. 能源标准中加入光伏建设规则与责任 2. 针对所有规模的光伏系统的并网与能源存储的应用机制 3. 光伏价值链的生产力的培训 4. 使更多的潜在投资者获得光伏知识	针对所有规模的光伏系统的并网与能源存储的应用机制	

[①] 黄晓勇主编《世界能源发展报告（2014）》，社会科学文献出版社，2014，第 294 页。

续表

项目	2010—2020 年	2020—2030 年	2030—2040 年	2040—2050 年
技术研发	1.降低成本与加大成本转移的研发投入 2.技术改进,工业工艺、制造规模扩大 3.提高光伏模块的性能,平衡稳定模块 4.智能电网与管理工具	1.继续加大中长期光伏电池技术的研发投入 2.增强与光伏系统相关产品的适用性 3.对新出现的光伏技术的基础研究 4.提高存储技术 5.智能电网与管理工具	1.继续加大对光伏技术相关的新理念与技术的研发 2.寻求新的低成本与高效的方法 3.高存储技术	1.继续加大对光伏技术相关的新理念与技术的研发 2.寻求新的低成本与高效的方法

资料来源:周冯琦主编《上海新能源产业生存环境2011》,学林出版社,2011,第208页。

三、太阳能热利用

太阳能热利用,就是通过光—热转换,将太阳能直接转换为热能加以利用。它是当今太阳能利用中,理论和技术最为成熟的,应用最为广泛的,成本相对低廉的。根据太阳能集热器所能达到的温度和用途的不同,可以把太阳能热利用分为低温利用（< 200 ℃）、中温利用（200 ～ 800 ℃）和高温利用（> 800 ℃）三种。低温利用包括太阳能热水器、太阳能空调制冷系统、太阳能温室、太阳房、太阳能干燥器等;中温利用包括太阳能热发电聚光集热装置、太阳灶等;高温利用主要是高温太阳炉等。[1]

(一)太阳能热发电

太阳能热发电,又称太阳能光热发电。它采用太阳能聚光集热装置采集太阳能,通过光—热—电转换,将太阳辐射所产生的热能转换成电能。当今太阳能热发电的主要方式有塔式发电、槽式发电、碟式发电三种,另外还有太阳池发电、太阳烟囱发电等（表17-14）,后两者处于探索阶段。世界上最早的太阳能热电站[2]建造于1950年。1950年,苏联设计、建造了世界上第一座塔式太阳能热发电小型实验装置。从此,各国开启了对太阳能热发电技术的广泛探索。

表 17-14　太阳能热发电方式比较

型式	聚光集热方式	工作温度/℃	合适商用电站容量/MW	年平均电站效率/%	基础价/（美元/kW）	发电成本/（美分/kW）	技术特点	应用范围
塔式发电	聚光高温	560	30 ～ 2 000	13 ～ 14	2 500 ～ 5 000	4 ～ 8	(1)跟踪复杂,难度大 (2)能量收集代价高 (3)处于中间试验阶段	大容量并网发电
槽式发电	聚光中温	400	30 ～ 80	15 ～ 17	2 000 ～ 5 000	5 ～ 10	(1)跟踪较简单 (2)能量收集代价较低 (3)处于商用发电阶段	中等容量并网发电

---

[1] 罗运俊、何梓年、王长贵:《太阳能利用技术》,化学工业出版社,2005,第14页。

[2] 一般地,太阳能热电站在技术层面被称为太阳能热发电系统,或者太阳能热发电装置,与其所在场地及管理机构一起,构成太阳能热发电站。在此,把太阳能热发电系统（装置）通称为太阳能热电站。

续表

型式	聚光集热方式	工作温度/℃	合适商用电站容量/MW	年平均电站效率/%	基础价/（美元/kW）	发电成本/（美分/kW）	技术特点	应用范围
碟式发电	聚光高温	650	7.5～25	16～18	3 000～6 000	6～8	（1）跟踪复杂 （2）能量收集代价高 （3）处于试验示范阶段	小容量分散发电，边远地区独立系统供电或大规模"碟场"发电
太阳池发电	非聚光低温	80	300～1 000	—	—	—	（1）不需要跟踪 （2）能量收集代价低 （3）环海大规模开发 （4）开发利用受地域限制 （5）处于示范应用阶段	大容量并网发电
热气流发电	非聚光低温	50	5～20	—	—	10～20	（1）不需要跟踪 （2）能量收集代价低 （3）技术较简单 （4）处于原理性试验阶段	中小容量并网发电

资料来源：中国电气工程大典编辑委员会：《中国电气工程大典·第 7 卷》，中国电力出版社，2010，第 182 页。

1. 塔式热电站

20 世纪 60 年代，法国工程师在奥德约建成一座塔式太阳能热电站。[1] 它是世界上第一座实用的太阳能热电站，发电功率为 64 kW。[2] 直到今天，奥德约太阳能热电站还在使用。[3]1976 年，法国在比利牛斯山区建成世界第一座功率达到 100 kW 的塔式太阳能热电站。1980 年，欧共体（法国、德国、意大利）在意大利西西里岛联合建成一座发电功率为 1 000 kW 的塔式太阳能热电站，太阳锅炉热功率为 4 800 kW，是世界上第一个并网运行的太阳能热电站。[4]1982 年，美国在加利福尼亚州建成 10 MW 的太阳能一号热电站（SOLAR I），集热系统安装有 1 818 个定日镜，每面反射镜面积为 45 m^2，定日镜场占地 528 810 m^2，接收塔高 74 m，接收器即锅炉出口蒸汽温度为 516 ℃、压力为 10.4 MPa。[5] 此后，西班牙、苏联在 20 世纪 80 年代也各建 1 座塔式热电站（表 17-15）。

[1] 萨莉·摩根：《从风车到氢燃料电池：发现替代能源》，迟文成、周雪译，上海科学技术文献出版社，2010，第 20 页。
[2] 尹忠东、朱永强主编《可再生能源发电技术》，中国水利水电出版社，2010，第 65 页。
[3] 萨莉·摩根：《从风车到氢燃料电池：发现替代能源》，迟文成、周雪译，上海科学技术文献出版社，2010，第 20 页。
[4] 尹忠东、朱永强主编《可再生能源发电技术》，中国水利水电出版社，2010，第 65 页。
[5] 张晓东、杜云贵、郑永刚：《核能及新能源发电技术》，中国电力出版社，2008，第 116 页。

表 17-15 20世纪80年代世界塔式太阳能热电站参数

参数	欧共体（法国、意大利、德国）	国际能源署	日本	美国	法国	西班牙	苏联
电站名称	EURELICS	SSPS-CRS	仁尾	SOLAR I	THEMIS	CESA-1	СЭС-5
额定电功率 / MW	1	0.5	1	10	2.5	1	5
站址	意大利西西里岛	西班牙南部阿尔梅里亚	香川县仁尾町	加利福尼亚州巴斯托	法国比利牛斯山区	西班牙南部阿尔梅里亚	克里米亚黑海海滨
年日照时数 /h	3 000	3 000	2 200	3 500	2 400	3 000	2 320
设计最大辐照度 /（kW/m²）	春分正午时 1.0	春分正午时 0.92	夏至午后时 0.75	冬至午后时 0.9	春分正午时 1.04	春分正午时 0.92	夏至午后时 0.9
定日镜面积 /（m²×台数/台）	52×70 23×112	29.3×93	16×807	45×1 818	53.7×200	36～40×300	25×1 600
反射镜总面积 / m²	6 216	3 655	12 912	81 810	10 740	11 400	40 000
聚光集热方式	集中型空腔受光	集中型空腔受光	集中型空腔受光	集中型外部受光	集中型空腔受光	集中型空腔受光	集中型外部受光
集热介质	水－蒸汽	钠	水－蒸汽	水－蒸汽	混合盐	水－蒸汽	水－蒸汽
蓄热介质	混合盐	钠	压力水	石＋油	混合盐	混合盐	压力水
蓄热容量 /h	0.5	2	3	7 MW×4	3.3	3	
涡轮蒸汽条件 /（℃/Pa）	510/65×10⁵	500/102×10⁵	187.1/12×10⁵	510/101×10⁵	430/40×10⁵	520/98×10⁵	250/40×10⁵
投运时间 / 年	1981	1981	1981	1982	1983	1983	1985
建设费用 /×10⁶ 美元	25	17.1	21.9	140	23.6	18	—
每千瓦投资 /×10⁴ 美元	2.50	3.42	2.19	1.40	0.94	1.80	—

资料来源：罗运俊、何梓年、王长贵：《太阳能利用技术》，化学工业出版社，2005，第266页。

在 SOLAR I 基础上，1996 年，美国建成技术更为先进的太阳能二号热电站（SOLAR II），并网发电。SOLAR II 并不像 SOLAR I 用蒸汽直接驱动汽轮机，而是采用蓄热装置储存热量，在太阳辐射不足和夜晚时，也可以用所储存的热量来发电，以满足电网的负荷需求。同时，SOLAR II 的集热系统和发电系统可以不同步运行，这样可以最大限度地收集太阳能。[1]SOLAR II 共耗资 4 850 万美元，是推进塔式热电站商业化的先导工程，目的是为建设更适合商业规模的 30～200 MW（电功率）的塔式太阳能热电站提供经验和数据。[2]

20 世纪 90 年代后期，以色列魏茨曼科学研究院采用多级反射装置，对塔式太阳能热电站进行改进，

---

[1] 张晓东、杜云贵、郑永刚：《核能及新能源发电技术》，中国电力出版社，2008，第118页。

[2] 罗运俊、何梓年、王长贵：《太阳能利用技术》，化学工业出版社，2005，第267页。

系统总发电效率可以达到 25% ~ 28%。[①]

2. 槽式热电站

1981 年，国际能源署在西班牙阿尔梅里亚建设 1 座额定功率为 500 kW 的槽式太阳能热电站。同年，日本在香川县建成 2 座装机容量各为 1 000 kW 的槽式太阳能热电站，后因当地日照条件较差，系统利用率低，于 1984 年停止运行。[②]

1984—1991 年，美国卢茨公司在加利福尼亚州相继建成 9 座槽式太阳能热电站（表 17-16），总装机容量为 354 MW，年发电总量为 10.8 亿 kWh。[③]9 个发电装置都与南加州爱迪生电力公司联网，实现商业化运营。1984 年第一座槽式太阳能热电站的发电成本为 24 美分 /kWh，到 1989 年新建电站的发电成本可能低于 8 美分 /kWh[④]，这使太阳能热发电在发电成本上可以与煤电等进行竞争。

表 17-16　美国加利福尼亚州 9 座槽式太阳能热电站参数

项目		SEGS Ⅰ	SEGS Ⅱ	SEGS Ⅲ	SEGS Ⅳ	SEGS Ⅴ	SEGS Ⅵ	SEGS Ⅶ	SEGS Ⅷ	SEGS Ⅸ
站址（均在加利福尼亚州）		Daggett	Daggett	Kramer Junction	Kramer Junction	Kramer Junction	Kramer Junction	Kramer Junction	Harper Lake	Harper Lake
投运时间 / 年		1985	1986	1987	1987	1988	1989	1989	1990	1991
额定电功率 /MW		13.8	30	30	30	30	30	30	80	80
集热面积 / ($\times 10^4$ m²)		8.296	18.899	23.030	23.030	25.055[3]	18.800	19.428	46.434	48.396
介质入口温度 /℃		240	231	248	248	248	293	293	293	293
介质出口温度 /℃		307	316	349	349	349	391	391	391	391
蒸汽参数 / (℃ /Pa)	太阳能	—	—	327/43	327/43	327/43	371/100	371/100	371/100	371/100
	天然气	417/37 $\times 10^5$	510/105 $\times 10^5$	510/105 $\times 10^5$	510/100 $\times 10^5$	510/100 $\times 10^5$	510/100 $\times 10^5$	510/100 $\times 10^5$	371/100 $\times 10^5$	371/100 $\times 10^5$
透平循环效率 /%	太阳能	31.5[2]	29.4	30.6	30.6	30.6	37.5	37.5	37.6	37.6
	天然气	—	37.3	37.4	37.4	37.4	39.5	39.5	37.6	37.6
汽轮机循环方式		无再热	无再热	无再热	无再热	无再热	再热	再热	再热	再热
镜场光学效率 /%		71	71	73	73	73	76	76	80	80
从太阳能到电能的年平均转换效率 /%[1]		—	—	11.5	11.5	11.5	13.6	13.6	13.6	—
年发电量 /($\times 10^6$ kWh)		30.1	80.5	92.78	92.78	91.82	90.85	92.65	252.75	256.13

资料来源：罗运俊、何梓年、王长贵：《太阳能利用技术》，化学工业出版社，2005，第 265 页。

注：[1] 按太阳总辐射能量计算。[2] 包括天然气过热。[3] 1988 年建成时为 233 120 m²。

[①] 张晓东、杜云贵、郑永刚：《核能及新能源发电技术》，中国电力出版社，2008，第 118 页。

[②] 罗运俊、何梓年、王长贵：《太阳能利用技术》，化学工业出版社，2005，第 264 页。

[③] 刘振亚主编《智能电网知识读本》，中国电力出版社，2010，第 67 页。

[④] 世界资源研究所主编《世界资源 1990—1991》，中国科学院、国家计划委员会自然资源综合考察委员会译，北京大学出版社，1992，第 246-247 页。

3. 碟式热电站

1984 年，美国 Advanco 公司建成一座 25 kW 碟式斯特林热电站，最高太阳能—电能转换效率为 29.4%。之后，美国 MDAC 公司又开发出 8 套碟式斯特林热电站（后来转让给 SEC 公司），净效率大于 30%。1984—1988 年，德国 SBP 公司在沙特阿拉伯建成 2 座碟式热电站，当入射光辐照度为 1 000 W/m²·h 时，净输出功率为 53 kW，效率为 23.1%。[1]

20 世纪 90 年代，碟式太阳能热发电技术研发取得重要进展。1991 年，美国 Cummins Power Generation（CPG）公司开始开发 7 kW 碟式斯特林商用发电系统。次年，建成 3 座采用自由活塞式斯特林发动机 - 直线发电机组，设计功率为 7.5 kW 的碟式太阳能热发电示范电站。同年，德国 SBP 公司和 DLR 公司建成 3 座 7.5 kW 的第一代先进碟式斯特林热电站。1997 年，SBP 公司在西班牙建成 3 座 9 kW 的第二代先进碟式斯特林热电站。[2]1998 年，美国的 SAIC 等公司建成 5 座 25 kW 的碟式斯特林热电站，用于性能评价及寿命试验。

进入 21 世纪，中国太阳能热电站建设取得重大突破。2003 年，中国科学院电工研究所在北京通州首次实现国内碟式太阳能热发电。2005 年，在江苏省南京市建成国内第一个塔式太阳能热电站示范工程。2009 年，在长城附近开工建设亚洲规模最大的太阳能热电站，额定功率为 1.5 MW，由中国自主设计、建造，可满足 3 万户家庭的生活用电。[3]2016 年，国家能源局批复全国第一批 20 个光热发电示范项目，总装机规模为 134.9 万 kW；甘肃敦煌 1 万 kW 熔盐塔式太阳能热发电站并网发电。

2011 年，世界太阳能热发电装机容量约为 1 760 万 MW[4] 其中，西班牙、美国的装机容量分别为 115 万 kW 和 50.7 万 kW，分别居世界第一、第二位。

（二）太阳能热利用的其他方式

除了热发电，还可以利用太阳能集热器来采暖、除湿、干燥、制冷、海水淡化等。

20 世纪 30 年代，美国开始研究、开发太阳房，先后建成一批实验太阳房。20 世纪 40 年代，美国麻省理工学院利用太阳能集热器建成 I 号到 IV 号实验太阳房，它们是世界最早的主动式太阳房。[5]到 20 世纪 80 年代，全球建成太阳房 1 万座以上。

1952 年，法国在比利牛斯山东部建成一座功率为 50 kW 的太阳炉。

1955 年，在第一次国际太阳能热科学会议上，以色列泰伯等人提出选择性涂层的基础理论。他们开发出实用型黑镍等选择性涂层，推动了太阳能高效集热器的发展。

1960 年，法勃在美国佛罗里达州用平板式集热器建成世界首套氨-水吸收式太阳能空调系统，制冷能力为 5 冷吨。[6]

1967 年，法国特郎布提出比较典型的被动式太阳房设计思路——使用特郎布墙建造太阳房。

① 罗运俊、何梓年、王长贵：《太阳能利用技术》，化学工业出版社，2005，第 267 页。
② 中国电气工程大典编辑委员会：《中国电气工程大典·第 7 卷》，中国电力出版社，2010，第 181–182 页。
③ 尹忠东、朱永强主编《可再生能源发电技术》，中国水利水电出版社，2010，第 65–67 页。
④ 黄晓勇主编《世界能源发展报告（2013）》，社会科学文献出版社，2013，第 32 页。
⑤ 刘长滨等：《太阳能建筑应用的政策与市场运行模式》，中国建筑工业出版社，2007，第 34 页。
⑥ 罗运俊、何梓年、王长贵：《太阳能利用技术》，化学工业出版社，2005，第 10 页。

　　1977 年，中国在甘肃省民勤县建成国内第一栋被动式采暖太阳房。到 1997 年，在全国建成 740 万 m² 的太阳房。[①]

　　20 世纪 90 年代，德国在弗莱堡市建成世界首座能源完全自给自足的"零能源住宅"。它安装了太阳能瓦、太阳能墙、各式集热器，可以充分集纳太阳能。即使切断了它的电源、煤气、暖气、热水等一切公共能源供应，室内照样可以使用各种现代电器，保持现代生活质量。

　　1996 年，丹麦建成 Marstal 太阳能供热采暖工程，是世界最大的太阳能供热采暖系统，设在一大片空地上的集热器面积达 1.83 万 m²，与社区热力网连接，年热负荷 28 GWh。同时，使用 2 100 m³ 水箱蓄热，4 000 m³ 水容量砂砾层蓄热，10 000 m³ 地下水池蓄热。[②]

　　进入 21 世纪，中国太阳能热利用产业得到快速发展，太阳能集热系统年销量由 2000 年的 640 万 m² 提高到 2006 年的 1 800 万 m²（表 17-17），全玻璃真空管型约占总产量的 87%，运行保有量由 2 600 万 m² 发展到 9 000 万 m²，2006 年销售额约 250 亿元，主要产品是紧凑式全玻璃真空管太阳能热水器。2005 年中国太阳能热水器新安装量达 10 500 MW（热功率），占世界总量的 77%，居世界第一位。

　　2007 年，全球太阳能供热约为生物质能供热的 35%。

表 17-17　2000—2006 年中国太阳能集热器年销售量与保有量

时间 / 年	2000	2001	2002	2003	2004	2005	2006
年销量 /（万 m²/a）	640	820	1 000	1 200	1 350	1 500	1 800
年销售量增长率 /%	28	28	22	20	11	11	20
平板系统 /%	25	16.4	13.5	11.3	11.1	12	12
真空管系统 /%	65	77.5	85	87.5	87.8	87	87
闷晒 /%	10	6.1	1.5	1.2	1.1	1	1
保有量 / 万 m²	2 600	3 200	4 000	5 000	6 200	7 500	9 000
年保有量增长率 /%	30	23	25	25	24	21	20

　　资料来源：中国可再生能源发展战略研究项目组：《中国可再生能源发展战略研究丛书·太阳能卷》，中国电力出版社，2008，第 20 页。

第 2 节　风能

　　古代时期，人类主要利用风车把风能用于提水、磨面、风谷、助航、锯木等。1890 年前后，人类发明了风力发电机，风力发电日渐成为风能开发利用的主要方式。大约 100 年后，人类先后建成大型

① 刘长滨等：《太阳能建筑应用的政策与市场运行模式》，中国建筑工业出版社，2007，第 33 页。
② 中国可再生能源发展战略研究项目组：《中国可再生能源发展战略研究丛书·太阳能卷》，中国电力出版社，2008，第 15 页。

陆上风电场和大型海上风电场，从此风能被大规模开发使用。20 世纪末，全球风力发电总装机容量为 1 393 万 kW，到 2011 年，全球风力发电总装机容量达到 23 804 万 kW（表 17–18），增长 16 倍。风力发电已成为当今新能源中技术最成熟、发展最快的产业。

表 17–18　世界风能开发利用进程

时间	事件
公元前 2400 年	埃及出现利用风力航行的芦苇帆船
约公元前 2050 年	中国夏禹发明船帆
约公元前 2000 年	古巴比伦出现风车
约公元前 500 年	波斯使用帆船
公元前 206 年—公元 220 年	中国汉代出现风谷机
公元前 206 年—公元 220 年	中国汉代利用风帆开辟举世闻名的海上丝绸之路
1180 年	英国出现风车
1229 年	荷兰建成国内第一台风车
1400 年	大西洋出现装有横帆的单桅柯格船
1405 年	中国明代用帆船借助风力航行，郑和七下西洋
1492 年	意大利探险家哥伦布率领船队用帆船借助风力航行至美洲，发现"新大陆"
1522 年	葡萄牙探险家麦哲伦率领船队用帆船借风力，完成人类首次环球航行
1887 年	英国布莱斯发明世界首台风力发电机
1888 年	美国制成第一台大型风力发电机
1891 年	丹麦安装使用国内首台风力发电机
1922 年	美国制成第一台小型风力发电机
1924 年	芬兰萨瓦里欧斯发明垂直轴风力发电机
1931 年	苏联制成世界第一台 100 kW 风力发电机
1941 年	美国安装使用世界第一台兆瓦（1 000 kW）级大型风力发电机
1957 年	丹麦人盖瑟发明失速型风力发电机
1980 年	美国在华盛顿州建成世界第一座大型风电场
1986 年	中国建成国内第一座并网风电场
1989 年	全球风力发电总装机容量达 171 万 kW
1990 年	瑞典建成世界首个海上风力发电试验项目
1991 年	丹麦在波罗的海建成世界第一座海上风电场
1999 年	全球风力发电总装机容量达 1 393 万 kW
2001 年	德国批准世界上第一座离海岸 12 海里的海上风电场项目
2007 年	中国在渤海湾建成国内第一座海上风能发电站
2011 年	全球海上风电总装机容量近 400 万 kW
2011 年	全球风力发电总装机容量达 23 804 万 kW
2015 年	中国开工建设全球最大容量风电制氢项目

资料来源：作者整理。

一、风能资源与用途

风能是大气层中空气运动所形成的能量，来源于空气的流动，受到风速、风能密度等因素的制约。世界气象组织将风力分为 13 个等级（表 17-19），风力级别越高，表示风速越高，单位面积的风能资源量越大。在各种可再生能源的能流密度中，风能的能流密度很小，是最低的（表 17-20），所以风能利用效率受到影响。

表 17-19　气象风力等级

级别	风速 /(m/s)	陆地	海洋	浪高 /m
0	＜ 0.3	静烟直上	—	—
1	0.3 ～ 1.6	烟能表示风向，但风标不能转动	出现鱼鳞似的微波，但不构成浪	0.1
2	1.6 ～ 3.4	人的脸部感到有风，树叶微响，风标能转动	小波浪清晰，出现浪花，但并不翻滚	0.2
3	3.4 ～ 5.5	树叶和细树枝摇动不息，旌旗展开	小波浪增大，浪花开始翻滚，水泡透明像玻璃，并且到处出现白浪	0.6
4	5.5 ～ 8.0	沙尘风扬，纸片飘起，小树枝摇动	小波浪增长，白浪增多	1
5	8.0 ～ 10.8	有树叶的灌木摇动，池塘内的水面起小波浪	波浪中等，浪延伸更清楚，白浪更多（有时出现飞沫）	2
6	10.8 ～ 13.9	大树枝摇动，电线发出响声，举伞困难	开始产生大的波浪，到处呈现白沫，浪花的范围更大（飞沫更多）	3
7	13.9 ～ 17.2	整棵树木摇动，人迎风行走不便	浪大，浪翻滚，白沫像带子一样随风飘动	4
8	17.2 ～ 20.8	小的树枝折断，迎风行走很困难	波浪加大变长，浪花顶端出现水雾，泡沫像带子一样清楚地随风飘动	5.5
9	20.8 ～ 24.5	建筑物有轻微损坏（如烟囱倒塌、瓦片飞出）	出现大的波浪，泡沫呈粗的带子随风飘动，浪前倾、翻滚、倒卷，飞沫挡住视线	7
10	24.5 ～ 28.5	陆上少见，可使树木连根拔起或将建筑物严重损坏	浪变长，形成更大的波浪，大块的泡沫像白色带子随风飘动，整个海面呈白色，波浪翻滚	9
11	28.5 ～ 32.7	陆上很少见，有则必引起严重破坏	浪大高如山（中小船舶有时被波浪挡住而看不见），海面全被随风流动的泡沫覆盖，浪花顶端刮起水雾，视线受到阻挡	11.5
12	32.7 以上	—	空气里充满水泡，飞沫变成一片白色，影响视线	14

资料来源：李传统主编《新能源与可再生能源技术》，东南大学出版社，2005，第 35-36 页。

表 17-20　各种能源的能流密度

项目	风能（风速 3 m/s）	水能（流速 3 m/s）	波浪能（浪高 2 m）	潮汐能（潮差 10 m）	太阳能	
					晴天平均	昼夜平均
能流密度 /（kW/m²）	0.02	20	30	100	1.0	0.16

资料来源：李传统主编《新能源与可再生能源技术》，东南大学出版社，2005，第 37 页。

　　根据 1981 年世界气象组织主持绘制的世界范围风能资源图进行估计，地球陆地表面 1.07×10^8 km² 中，大约有 3×10^7 km² 的面积的年平均风速高于 5 m/s（距地面 10 m 处）（表 17-21），约占陆地表面面积的 27%。根据测算，全球的风能约为 2.74×10^9 MW，其中可利用的风能为 2×10^7 MW，比地球上可开发利用的水能总量还要大 10 倍。[①]

　　中国幅员辽阔，海陆风能资源比较丰富，风能储量居世界第一位。中国陆地风能理论资源储量为 32.26 亿 kW（按离地 10 m 高度测算），估计其中 1/10 可供开发，则实际可开发量为 3.23 亿 kW，再考虑实际扫风面积中圆形与正方形的差别系数为 0.785，则经济可开发量为 2.53 亿 kW；中国近海风能经济可开发量约为 7.5 亿 kW（按离海面 10 m 测算），比陆地上约大 2 倍。[②]

表 17-21　世界风能资源估评

地区	陆地面积 /（$\times 10^3$ km²）	风力为 3～7 级所占的比例和面积	
		比例 /%	面积 /（$\times 10^3$ km²）
北美	19 339	41	7 876
拉丁美洲和加勒比海	18 482	18	3 310
西欧	4 742	42	1 968
东欧和独联体	23 047	29	6 783
中东和北非	8 142	32	2 566
中亚和南亚	4 299	6	243
撒哈拉以南非洲	7 255	30	2 209
太平洋地区	21 354	20	4 188

资料来源：李传统主编《新能源与可再生能源技术》，东南大学出版社，2005，第 39 页。

　　说明：根据地面风力情况将全球分为 8 个区域，面积单位为 10^3 km²，比例以百分数表示。3 级风力代表离地面 10 m 处的年平均风速为 5～5.4 m/s，4 级代表风速为 5.6～6.0 m/s，5～7 级代表风速为 6.0～8.8 m/s。

　　风能在提水、发电、助航、制热等方面具有广泛的应用价值（表 17-22）。

① 李传统主编《新能源与可再生能源技术》，东南大学出版社，2005，第 30 页。

② 中国电气工程大典编辑委员会：《中国电气工程大典·第 7 卷》，中国电力出版社，2010，第 5 页。

表 17-22　风能利用装置的类型、用途和大小

用途	电力			热变换			机械力（热除外）			其他		
	大	中	小	大	中	小	大	中	小	大	中	小
山区住房及野营地电源			○									
灯塔、航标电源			○									
车站电源			○									
通信中继站电源			○									
高尔夫球场照明电源			○									
蓄电池充电		○	○									
捕虫灯			○									
海洋、森林、隧道工程电源		○	○									
农场、牧场灌溉电源								○	○			
养鱼场、河、水池的增氧								○	○			
提取井水									○			
谷物和水产品的干燥					○	○						
谷物粉碎								○	○			
温室取暖					○							
畜舍取暖					○							
垃圾、净水场的沉淀物干燥					○							
家庭照明电源												
家庭空调电源						○						
教育或旅游电源											○	○
偏僻地区电源												
海水淡化电源												
水的电解（氢）												
道路的融雪					○							
港湾内冷冻仓库电源					○							
电力系统电源	○											
提水系统电源	○											

资料来源：李传统主编《新能源与可再生能源技术》，东南大学出版社，2005，第 43-44 页。

二、石油危机之前的风电开发

根据发电功率之差异，风力发电机（组）［以下简称"风电机（组）"］可分为大型、中型、小型三个类别（表 17-23）。1917—1973 年（石油危机爆发前），随着经济社会的发展和科技的进步，小型风电机得到进一步发展。同时，苏联、美国、丹麦、英国、德国等国家开始研发大中型的风电机，风力发电技术得到较大进步。

表 17-23　风电机（组）分类

类别	标准
大型	发电功率在 1 000 kW 以上
中型	发电功率为 100 ～ 1 000 kW
小型	发电功率为 1 ～ 100 kW

资料来源：作者整理。

20 世纪 20 年代，风电理论研究和小型风电机的开发取得突破。英国人 F. W. Orchid Chester 1915 年和德国人 A. Betts 1920 年的研究表明，理论上风电机组的最大效率，即从风中获取风能利用系数的最大值为 59.3%。[1]1922 年，美国用风机水泵和福特 T 型汽车后轴，制成第一台小型风电机，在加利福尼亚州投入使用。[2]1924 年，芬兰人 S. 萨瓦里欧斯发明垂直轴风电机组，获专利权。[3]第一次世界大战后，丹麦仿照飞机桨叶，制成由 2 个或 3 个叶片组成的小型高速风电机（装机容量 5 kW 以下），直至 1945 年还保存有 2 万台这类风电机。[4]到 20 世纪 30 年代，美国有 10 多家公司生产和出售小型风电机，许多电网未通达的地区都安装这种独立运行的小型风电机组。这些风电机大多采用木制叶片、固定轮毂和侧偏尾舵调速，单机容量为 0.5 ～ 3 kW。[5]虽然 1930 年美国出台《农村以及近郊电力化的法案》，致使小型风电机的开发和使用受到影响，但是，在 1925—1957 年，美国仍然制造了大约 1 万台直流 DC32 V2.5 kW 和直流 DC32 V3 kW 的风电机，其中农村使用最多的是 Jacobs 3 kW 的风电机。[6]

从 20 世纪 30 年代起，风电机向大中型发展。1931 年，苏联采用螺旋桨式叶片，在黑海沿岸 Balaclava 建成世界上第一台中型风电机，额定功率为 100 kW，年发电量为 28 万 kWh，并与 35 km 外的 2 000 kW 火力发电站相连接[7]，风能利用系数为 0.32。[8]同年，法国人戴瑞斯发明垂直型戴瑞斯风电机，但直到 20 世纪 60 年代加拿大的工程师发现了这项专利后，才开始制造、利用戴瑞斯风电机。[9]第二次世界大战对燃料能源供给造成冲击，各国积极开发大中型风电机。1941 年，美国在佛蒙特州的老爷山上安装了世界上第一台 MW 级大型风电机。它是一台水平轴风力交流发电机，单机容量为 1.25 MW，用不锈钢做风轮，重 16 t，直径达 53 m。[10]1950 年，法国制成 130 kW 风电机。1957 年，丹麦人盖瑟制成失速型风电机，直径为 24 m，额定功率为 200 kW。[11]1958 年，德国制造出 800 kW 的风电机。这些风电机使用的都是高速水平轴螺旋桨型叶片。

---

[1] 牛山泉：《风能技术》，刘薇、李岩译，科学出版社，2009，第 5 页。

[2] 张希良主编《风能开发利用》，化学工业出版社，2005，第 102 页。

[3] 牛山泉：《风能技术》，刘薇、李岩译，科学出版社，2009，第 6 页。

[4] 原鲲、王希麟：《风能概论》，化学工业出版社，2010，第 10 页。

[5] 王承煦、张源主编《风力发电》，中国电力出版社，2003，第 4-5 页。

[6] 牛山泉：《风能技术》，刘薇、李岩译，科学出版社，2009，第 5 页。

[7] 同上书，第 4 页。

[8] 尹忠东、朱永强主编《可再生能源发电技术》，中国水利水电出版社，2010，第 21 页。

[9] 萨莉·摩根：《从风车到氢燃料电池》，迟文成、周雪译，上海科学技术文献出版社，2010，第 11 页。

[10] 翁史烈主编《话说风能》，广西教育出版社，2013，第 111 页。

[11] 牛山泉：《风能技术》，刘薇、李岩译，科学出版社，2009，第 4 页。

20 世纪 60 年代，人们引入航天科技的理念，开始研发轻质的风电机制造材料。德国教授乌尔里希·胡特首次使用轻质材料（如玻璃纤维和塑料）制造叶片。用轻质材料制造出来的叶片重量轻，微风也可以推动风轮发电。

到 1973 年石油危机爆发之前，世界上大中型风电机仍处于研发阶段，且受到廉价化石能源的影响，没有得到推广应用。在此期间，各国研发的 100 kW 以上且与商业电网相连的大中型风力发电装置共有 10 多个。其中，除了联邦德国 Hutter 风电机组（100 kW）和丹麦 Gedser 风电机组，其他都以失败告终。[1] 在美国建造的世界首台 MW 级风电机组完成试验运行后，于 1945 年 3 月开始正式商业化运行，但仅商业化运行 1 个月，就因 1 个叶片脱落而停运。

三、石油危机之后的风电开发

1973 年石油危机爆发后，风能发电得到各国的重视，风电产业日渐发展起来。

美国首先积极开发小于 100 kW 的小型风电机，或者进口风电机，或者将被遗弃的风电机进行翻新加以利用，或者制造小型风电机。许多房屋开发商都使用简单容易安装的 Savonius 型风电机。[2] 1974 年，美国开始实行联邦风能计划，内容包括：评估国家风能资源；改进风电机性能，降低造价；为电力、工业用户开发 MW 级风电机；为农业和其他用户开发小于 0.1 MW 的风电机；研究风能开发中的社会和环境问题。[3] 1975 年，在俄亥俄州安装第一台 100 kW、由波音公司为美国国家航空和航天局设计的 MOD–0 型风电机组。1977 年，经过改进的 200 kW MOD–0A 型风电机组投入运行。[4] 到 1980 年，美国有超过 55 家公司制造 1～100 kW 的小型风能转换系统（SWECS），产量为 1 700 个，它们的总装机容量只有 3 MW 左右。[5] 同年，在华盛顿州安装 3 台 MOD–2 型风电机组（风轮直径为 91.5 m，额定功率为 2.5 MW），建成世界上第一个大型风电场（一直运行到 1986 年）。[6]

20 世纪 80 年代初，美国加利福尼亚州开始实施风能发电计划。按照加利福尼亚州能源委员会制定的标准合同，该州的风力市场可以进行税收抵免。在此激励下，加利福尼亚州风电产业出现"井喷"式发展，棕榈泉市一夜间冒出上千台小型风电机组[7]，加利福尼亚州风电机组装机容量由 1980 年的 3 MW 猛增至 1985 年的 900 MW。[8] 到 1987 年，加利福尼亚州安装的风电机组约达 16 400 台，总装机容量为 1 400 MW，年发电量为 17 亿 kWh。[9]

除了美国，英国、德国、丹麦等也投入巨资开发风电。1975 年，丹麦政府开始对风电开发进行规划，拨款研制大型风电机组。1976 年，丹麦提出第一个能源战略，确定在里索国家实验室成立风电机组试

① 牛山泉：《风能技术》，刘薇、李岩译，科学出版社，2009，第 5 页。
② Vaughn Nelson：《风能——可再生能源与环境》，李建林、肖志东等译，人民邮电出版社，2010，第 187 页。
③ 李传统主编《新能源与可再生能源技术》，东南大学出版社，2005，第 30 页。
④ 肖创英主编《欧美风电发展的经验与启示》，中国电力出版社，2010，第 10 页。
⑤ Vaughn Nelson：《风能——可再生能源与环境》，李建林、肖志东等译，人民邮电出版社，2010，第 189 页。
⑥ 肖创英主编《欧美风电发展的经验与启示》，中国电力出版社，2010，第 10 页。
⑦ 同上书，第 11 页。
⑧ Vaughn Nelson：《风能——可再生能源与环境》，李建林、肖志东等译，人民邮电出版社，2010，第 190 页。
⑨ 肖创英主编《欧美风电发展的经验与启示》，中国电力出版社，2010，第 11 页。

验站。1978 年，丹麦在 Tvind 学校安装 2 MW 风电机组，为 Tvind 学校供电长达 10 多年。1987 年，加拿大制成 4 MW 的 EOlé 风电机组。1988 年，英国研制出 3 MW 的 WEG LS1 风电机组。到 20 世纪 80 年代末，德国、新西兰、西班牙等国家也先后开发、安装、使用 1 MW 及以上的大型风电机组以及其他中小型风电机组（表 17-24）。

表 17-24　1977—1989 年部分欧美国家开发的 500 kW 及以上的风电机组

名称	风轮直径 /m	额定功率 /kW	时间 / 年	国家
MOD-1	61	2 000	1979	美国
MOD-2	91	2 500	1982	美国
MOD-5B	88	3 200	1986	美国
WWG-0600	43	600	1985	美国
Mehrkam	4	2 000	1980	美国
WTS-4	78	4 000	1980	美国
Schachle-Bendix	25	3 000	1980	美国
VAWT	34 × 42	500	1989	美国
HMZ	33	500	1989	比利时
DAF-Indal	24 × 37	500	1977	加拿大
EOlé	64 × 94	4 000	1987	加拿大
Nibe A	40	630	1979	丹麦
Nibe B	40	630	1980	丹麦
Tiareborg	60	2 000	1988	丹麦
Tvind	54	2 000	1978	丹麦
Windane	40	750	1987	丹麦
M_A_N.	60	1 200	1989	德国
Monopteros	48	650	1989	德国
Stork-FDO	45	1 000	1985	新西兰
Windmaster	33	500	1989	新西兰
Newinco	34	500	1989	新西兰
Anisel.M_A_N.	60	1 200	1989	西班牙
Nauxlden	75	2 000	1982	瑞典
WTS-3	78	3 000	1982	瑞典
WTS-75	75	2 000	1983	瑞典
Howden	45	750	1989	英国
Howden	55	1 000	1989	英国
WEG LS1	60	3 000	1988	英国

资料来源：Vaughn Nelson：《风能——可再生能源与环境》，李建林、肖志东等译，人民邮电出版社，2010，第 189 页。

　　由于美国加利福尼亚州的风电市场于 1985 年结束了税收抵免，美国联邦政府也减少了对风电研发的投入（1988 年美国联邦能源研究和发展中心对风能产业的支持资金由 1980 年的 6 700 万美元降为

800 万美元），同期欧洲却加大了对风电产业的支持，日本的公司特别是三菱公司也加入了风电市场[①]，因此，在 20 世纪 80 年代后期，美国风电产业的市场份额严重缩水。即使 20 世纪 80 年代前几年签订的合同仍然有效，仍旧能在加利福尼亚州安装风电机，但 1986—1990 年已不像前 5 年以较快的速度增长。到 1990 年，美国的风电制造商所剩不到 10 家，而且主要制造商只有 1 家——U. S. Windpower。[②]由此，风电市场从美国转到了欧洲。1985 年时全球 67% 的风电机为美国所制造，此后 90% 转为欧洲制造，美国制造跌至 10%。[③]

20 世纪 90 年代，可再生能源发展迎来新的机遇，大型风电机商业化取得重要进展，各国风电装机规模不断扩大，风电产业进入加快发展时期。

在风电政策上，美国先后出台一系列扶持政策。例如，1990—1995 年，美国实行新的生产税收抵免奖励，规定 10 年的风电税收为 0.015 美元 /kWh，因此除了加利福尼亚州，其他州也建立了诸多新的风电场；由国家风能技术中心管理的 DOE 项目改为帮助美国风电开发，以应对外国通过先进风电机项目而带来的竞争；实行 EPRI/DOE 风电机性能核查程序，为实用性和商业采购提供便利。[④]在丹麦，从 1992 年开始，法律强制要求电力公司以售电价格的 85% 购买风电；1994 年，通过一个三年更换计划，为更换老旧风电机组提供 20% ~ 40% 的补贴；1997 年，对风电机组发电按照股份所得的前 3000 克朗的收入免税，使得风电机组的小股权所有者也可以得到税收优惠。[⑤]1991 年，德国颁布《风电接入法》，强制要求德国电网经营者优先购买风电，并给予风电场经营者合理的价格补偿。在此推动下，到 1997 年，德国风电装机容量达到 208.1 万 kW，超过美国，居世界首位。

世界风电技术日渐成熟，风电单机容量不断增大。1985 年，世界风电单机容量为 50 kW，风轮直径为 15 m。1989 年，风电单机装机容量为 300 kW，风轮直径为 30 m。1998 年，单机装机容量达 1 500 kW，风轮直径达 70 m（表 17-25）。2000 年，全球安装的 MW 级风电机组占风电市场的份额达到 40%。

表 17-25　1985—1998 年世界风电机的单机装机容量和风轮直径

时间 / 年	单机容量 /kW	风轮直径 /m
1985	50	15
1989	300	30
1992	500	37
1994	600	46
1998	1 500	70

资料来源：原鲲、王希麟：《风能概论》，化学工业出版社，2010，第 12 页。

[①] Vaughn Nelson：《风能——可再生能源与环境》，李建林、肖志东等译，人民邮电出版社，2010，第 191 页。

[②] 同上书，第 190 页。

[③] 翁史烈主编《话说风能》，广西教育出版社，2013，第 113 页。

[④] Vaughn Nelson：《风能——可再生能源与环境》，李建林、肖志东等译，人民邮电出版社，2010，第 191 页。

[⑤] 肖创英主编《欧美风电发展的经验与启示》，中国电力出版社，2010，第 43-44 页。

在风电装机规模上，世界累积装机容量不断扩大。1983 年，世界累积风电装机容量为 14 万 kW，1989 年为 171 万 kW，1998 年超过 1 000 万 kW，1999 年为 1 393 万 kW（表 17-26），比 1989 年增长 7.1 倍。

表 17-26　1983—1999 年世界风电发电情况

时间 / 年	累积风电装机容量 / 万 kW	平均年增长率 /%	风电发电量 / 亿 kWh	总发电量 / 万亿 kWh	风电占总发电量比例 /%	成本 / （美分 /kWh）
1983	14	—	—	—	—	15.3
1985	94	—	—	—	—	10.9
1989	171	9	—	—	—	6.6
1991	216	13	—	—	—	6.1
1995	484	31	—	—	—	5.4
1996	607	26	122	13.6	0.09	5.3
1997	764	26	154	13.9	0.11	5.1
1998	1 015	33	213	14.3	0.15	5.0
1999	1 393	37	232	14.7	0.16	4.9

资料来源：张希良主编《风能开发利用》，化学工业出版社，2005，第 6 页。

2000 年，世界十大风电装机国家依次为：德国 610.7 万 kW，占世界的 33.1%；西班牙 283.6 万 kW，占 15.4%；美国 261.0 万 kW，占 14.1%；丹麦 234.1 万 kW，占 12.7%；印度 122.0 万 kW，占 6.6%；荷兰 47.3 万 kW，占 2.6%；英国 42.5 万 kW，占 2.3%；意大利 42.4 万 kW，占 2.3%；中国 34.4 万 kW，占 1.9%；希腊 27.4 万 kW，占 1.5%（表 17-27）。同年，世界十大风电机组制造商中，有 8 家为欧洲公司，另外 2 家分别为美国公司、印度公司（表 17-28）；十大制造商占世界市场份额的比例达 91.8%。

表 17-27　2000 年世界十大风电大国风电装机容量

排名	国家	装机容量 / 万 kW	占世界的比例 /%
1	德国	610.7	33.1
2	西班牙	283.6	15.4
3	美国	261.0	14.1
4	丹麦	234.1	12.7
5	印度	122.0	6.6
6	荷兰	47.3	2.6
7	英国	42.5	2.3
8	意大利	42.4	2.3
9	中国	34.4	1.9
10	希腊	27.4	1.5
合计		1 705.4	92.5

资料来源：王承煦、张源主编《风力发电》，中国电力出版社，2003，第 9 页。

表 17-28　2000 年世界十大风电机组制造商

排名	风电机组制造商	国家	销售量 / 万 kW	销售所占份额 /%	累积销售量 / 万 kW
1	VESTAS	丹麦	80.5	17.7	333.5
2	GAMESA	西班牙	62.3	13.7	147.6
3	ENERCON	德国	61.7	13.6	217.0
4	NEG MICON	丹麦	60.1	13.2	363.6
5	BONUS	丹麦	51.6	11.3	171.3
6	NORDEX	德国、丹麦	37.5	8.2	101.3
7	ENRON	美国	27.0	5.9	142.3
8	ECOTECNIA	西班牙	17.4	3.8	30.9
9	SUZLON	印度	10.3	2.3	10.3
10	DEWIN	德国	9.4	2.1	17.9
合计			417.8	91.8	1 535.7

资料来源：王承煦、张源主编《风力发电》，中国电力出版社，2003，第 7 页。

四、21 世纪以来的风电开发

进入 21 世纪，世界风力发电又有重大突破与发展。2000 年世界累计风电装机容量约为 1.8 万 MW，2008 年突破 10 万 MW，2011 年突破 20 万 MW，达到 23.8 万 MW（表 17-29），相比 2000 年增长了 12.2 倍，年均增长高达 26.4%。

表 17-29　2000—2011 年世界累计风电装机容量

时间 / 年	累计装机容量 /MW	时间 / 年	累计装机容量 /MW
2000	18 038	2006	74 153
2001	24 320	2007	93 849
2002	31 164	2008	120 798
2003	39 290	2009	159 213
2004	47 639	2010	199 520
2005	59 033	2011	238 035

资料来源：作者整理。主要参考北京洲通投资技术研究所：《中国新能源战略研究》，上海远东出版社，2012。

（一）风电技术的突破

根据政府间气候变化专门委员会的统计，20 世纪 80 年代风电机的风轮直径平均为 17 m，平均输出功率为 75 kW；20 世纪 90 年代风轮直径为 30 ~ 50 m，输出功率为 300 ~ 750 kW。100 kW 以上商业化机组在 1980 年出现，MW 级商业化风电机组在 20 世纪 90 年代初出现。

进入 21 世纪，风轮直径和风电机容量持续增大。2000—2005 年风轮直径达 70 m，输出功率达 1 500 kW；2005—2010 年风轮直径增至 80 m，输出功率增至 1 800 kW。2010 年，新型的 5 MW 风电机的风轮直径达 125 m，塔筒高度约为 125 m。^①根据丹麦 BTM 咨询公司的统计，1.5～2.5 MW 的风电机成为陆上风电机的主力机型，市场份额达 85.7%（表 17-30）。

表 17-30　2011 年世界陆上风电机容量及市场份额

单机容量 /kW	台数 / 台	总装机容量 /MW	单位装机容量 /（kW/ 台）	市场份额 /%[1]
0～749	413	213	516	0.5
750～999	2 428	2 005	826	5.0
1 000～1 499	574	659	1 148	1.6
1 500～2 500	19 698	34 579	1 755	85.7
＞2 501	936	2 902	3 100	7.2
总计	24 049	40 358	7 345	100.0

资料来源：国家可再生能源中心：《中国可再生能源产业发展报告 2013》，中国经济出版社，2014，第 27 页。
注：[1] 按总装机容量计算。

21 世纪初，随着风电产业的快速发展，5 MW 及以上的大功率风电机组成为风电发展的重要方向。REpower、Multibrid 等公司开始生产 5～6 MW 的风电机，Vestas 公司开发的 7 MW 海上风电机组开始在欧洲上市，Enercon 公司开发的 7.5 MW 陆上风电机组开始批量生产。欧洲风电巨头以及中国的湘电风能、东方汽轮机等公司开始集中力量研发 10 MW 及以上的风电机组，其中 GE Wind、Owt15、Azimut 在研发 15 MW 风电机，Upwind 在研发 20 MW 风电机。从风电机类别（图 17-2）来看，水平轴风电机组是主导机组。同时，直驱变速恒频型风电机组迅速发展，全功率变流技术正在兴起。^②

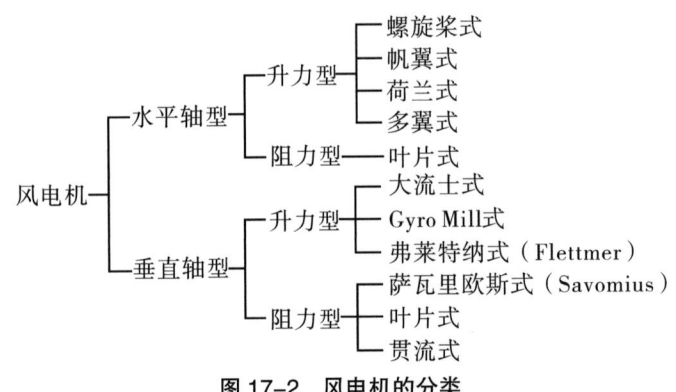

图 17-2　风电机的分类

资料来源：牛山泉等：《风、太阳与海洋：清洁的自然能源》，王毅、韦利民译，机械工业出版社，2010，第 35 页。

（二）海上风电的开发

海上风力资源丰富，早在 20 世纪 70 年代初，一些欧洲国家就提出了利用海上风能发电的想法。1990 年，瑞典在 Nogersund 安装第一台海上风电机组，建成世界上第一个实验性海上风电项目，装机容量 220 kW。1991 年，丹麦在波罗的海安装 11 台 Bonus 35/450 风电机组，建成世界上第一座海上风电场。[①]1997 年，丹麦政府通过招标方式，建设 2 座约 160 MW 的海上风电示范工程。[②]

进入 21 世纪后，海上风电商业化，参与海上风电开发的国家增多，装机容量不断扩大。

2000 年，英国在英格兰海岸建成国内第一座海上风电场。

2001 年，德国批准在距离博尔库姆岛 45 km、水深 30 m 的海中建设国内第一个海上风力发电场项目，它是世界上第一座离海岸 12 海里以外的风力发电场。

2001 年，丹麦在哥本哈根海域安装 20 台单机容量为 2 MW 的 Bonus 76/2000 风电机组，总装机容量为 4 万 kW，年发电量 1.4 亿 kWh，建成世界上第一个商业规模的海上风电场，标志着海上风电开发进入商业化时代。2002 年，丹麦在北海的德兰半岛安装 80 台 Vestas V80/2000 风电机组，建成 Horns Rev 海上风电场，总装机容量 16 万 kW，年发电量 6 亿 kWh。2003 年，丹麦又在洛兰岛安装 72 台 Bonus 82/2300 风电机组，建成 Nysted 海上风电场，总装机容量为 16.56 万 kW。

2003 年，日本在 Akita 近海安装 5 台单机容量为 2 MW 的风电机组，总装机容量为 10 MW。

2006 年，美国计划在马萨诸塞州科德角兴建美国首座海上风电场，规划安装 130 台风电机，装机容量 400 MW，电力生产可以满足 40 万户家庭的用电需求。[③]

2007 年，中国海洋石油总公司投资并自主设计、建造安装的第一座海上风力发电站投产。在离海岸 70 km 的渤海绥中 36-1 油田一个导管架上安装一台 1.5 MW 永磁直驱风电机，铺设一条 5 km 长的海底电缆与油田中心平台并网发电，建成一座海上风电站。[④]2010 年，中国建成东海大桥海上风电场，总装机容量为 102 MW，年发电量 2.67 亿 kWh。[⑤]

2008 年，荷兰通过法案，禁止在离海岸 12 海里范围内建设海上风电场。同时，政府取消对海上风电的补贴。到 2011 年，荷兰海上风电装机容量为 24.7 万 kW，居世界第四位。[⑥]

2010 年，丹麦、英国、荷兰、瑞士、德国等（表 17-31）是当时世界上海上风电项目较多的国家。

表 17-31　截至 2010 年欧洲各国海上风电场项目[1]一览表

国家	风电场名称	风电机组	风力机厂商	装机容量 /MW	完工时间 / 年
丹麦	Vindeby	11×450 kW	Bonus	4.95	1991
	Tuno Knob	10×500 kW	Vestas	5	1995
	Middelgrunden Horns	20×2.0 MW	Bonus	40	2000
	Rev	180×2.0 MW	Vestas	160	2002
	Nysted	72×2.3 MW	Siemens	166	2003
	Samso	10×2.3 MW	Siemens	23	2003
	Frederishavn	3×3.6 MW	—	10.6	2003

① 肖创英主编《欧美风电发展的经验与启示》，中国电力出版社，2010，第 29 页。
② 吴佳梁、李成锋：《海上风力发电技术》，化学工业出版社，2010，第 11 页。
③ 刘万琨等：《风能与风力发电技术》，化学工业出版社，2007，第 186 页。
④ 吴佳梁、李成锋：《海上风力发电技术》，化学工业出版社，2010，第 16 页。
⑤ 肖创英主编《欧美风电发展的经验与启示》，中国电力出版社，2010，第 31 页。
⑥ 国家可再生能源中心：《国际可再生能源发展报告 2012》，中国经济出版社，2013，第 194 页。

续表

国家	风电场名称	风电机组	风力机厂商	装机容量 /MW	完工时间 / 年
英国	Blyth	2×2.0 MW	Vestas	4	2000
	North Hoyle	30×2.0 MW	Vestas	60	2003
	Arklow Bank	7×3.6 MW	GE Wind	25.2	2003
	Scroby Sands	30×2.0 MW	Vestas	60	2004
	Kentish Flat	30×3.0 MW	Vestas	90	2005
	Barrow	30×3.0 MW	Vestas	90	2006
	Burbo Bank	24×3.6 MW	Siemens	86.4	2007
	Inner Dowsing	30×3.0 MW	Siemens	90	2008
	Lynn	30×3.0 MW	Siemens	90	2008
	Rhyl Flats	25×3.6 MW	Siemens	90	2009
荷兰	Lely	4×500 kW	NEG Micon	2	1994
	Dronton	28×600 kW	NEG Micon	16.8	1996
瑞士	Bockstigen	5×500 kW	NEG Micon	2.5	1998
	Utgrunden	7×1.5 MW	GE Wind	10.5	2000
	Yttre Stengrund	5×2.0 MW	NEG Micon	10	2001
	Lillgrund	48×2.3 MW	Siemens	110.4	2007
德国	Emdenems	1×4.5 MW	Enercon	4.5	2004
	Breitling	1×2.5 MW	Nodex	2.5	2006
	Hooksiel	1×5.0 MW	Enercon	5.0	2008

资料来源：吴佳梁、李成锋：《海上风力发电技术》，化学工业出版社，2010，第9-10页。

注：[1] 已经建成、投入运行的项目。

根据全球风能理事会统计，截至2011年，全球海上风电累计装机容量近400万kW，占全球风电总装机容量的1.6%。其中，欧洲海上风电累计装机容量为381万kW，占95%以上。同年，在全球海上风电累计装机容量中，英国占全球的一半以上，为209.4万kW；排在第二位的是丹麦，装机容量为85.7万kW；中国累计装机容量为25.8万kW，排第三位。

五、风电大国的发展

20世纪，风能发电开发主要集中在西欧和美国等少数国家。进入21世纪，世界各国大力发展风电，风电产业规模不断扩大，风电市场竞争日趋激烈。到2011年，全球已有75个国家拥有商业化风电项目，其中有22个国家的累计装机容量超过100万kW[①]，世界最大风电国多次易主。2011年，累计风电装机容量排在前五位的国家依次为：中国、美国、德国、西班牙和印度（表17-32）。

---

① 国家可再生能源中心：《中国可再生能源产业发展报告2013》，中国经济出版社，2014，第13页。

表 17-32　2011 年世界十大风电大国风电装机容量

排名	国家	累计装机容量 /MW	占世界的比例 /%
1	中国	62 364	26.2
2	美国	46 919	19.7
3	德国	29 071	12.2
4	西班牙	21 674	9.1
5	印度	16 084	6.8
6	意大利	6 878	2.9
7	法国	6 807	2.9
8	英国	6 556	2.8
9	加拿大	5 265	2.2
10	葡萄牙	4 379	1.8
合计		205 997	86.6

资料来源：作者整理。参考国家可再生能源中心：《中国可再生能源产业发展报告 2013》，中国经济出版社，2014。

（一）中国

中国于 1976 年开始生产风电机，当年生产小型风电机 17 台。1986 年，在山东荣成建立第一座商业示范性风电场——马兰风电场。1993 年，在全国风电工作会议上做出风电产业化部署。2000 年，中国累计风电装机容量达 342 MW，占世界总装机容量的 1.89%。

进入 21 世纪，中国加大了风电发展的力度。2003 年，召开全国第一次风电建设工作会议，会上对全国风能资源评价、大型风电场预可行性研究等工作进行了部署和安排，拉开了风电产业化发展序幕。同年，实施一项重大风电政策，国家发展和改革委员会批复江苏省如东县和广东省惠来县首批 2 个 100 MW 风电场的特许权公开招标[1]，到 2007 年共安排 15 个项目，总装机容量达 3 300 MW。[2] 从 2005 年起，中国密集地出台、实施一系列有关风电产业发展的政策，包括《可再生能源产业发展指导目录》《中华人民共和国可再生能源法》《促进风电产业发展实施意见》等（表 17-33），促进了中国风电产业的发展。2005 年，中国累计风电装机容量突破 1 000 MW，2008 年突破 10 000 MW，到 2011 年达到 62 364 MW（表 17-34）。中国风电装机容量占世界的比例由 2000 年的 1.89%，提高到 2011 年的 26.20%。中国累计风电装机容量在世界上的地位快速上升：2004 年排名世界第十位，2005 年排第八位，2006 年排第六位，2007 年排第五位，2008 年跃升世界第二位，2010 年超过美国居世界首位。

2010 年，中国建成首个百万 kW 级风电基地——张家口坝上风电基地，同时中国风电装机容量突破 4 000 万 kW，超越美国居世界第一。2011 年，中国首座低风速风电场——安徽来安 49.5 MW 风电场，首个风电清洁供暖示范项目（位于吉林省白城市），首个以风光发电控制、储能系统及智能输电集成技术为重点的国家级示范工程——张北风光储示范工程，先后建成投运。2012 年，中国首座分散式风电

[1] 中国电气工程大典编辑委员会：《中国电气工程大典·第7卷》，中国电力出版社，2010，第15页。
[2] 中国可再生能源发展战略研究项目组：《中国可再生能源发展战略研究丛书·风能卷》，中国电力出版社，2008，第13页。

场"陕西省榆林狼尔沟0.9千瓦风电场项目"建成投运。2015年，全球最大容量风电制氢工程、国内首个风电制氢项目"张家口沽源风电制氢综合利用示范工程"开工建设。到2017年，全国新能源装机容量约3.09亿kW，其中风电装机容量达到1.64亿kW，连续8年领跑全球。[①]

表 17-33　2005—2010 年中国有关风电的法律、法规及政策

序号	名称	施行时间 / 年
1	《中华人民共和国可再生能源法》	2006
2	《可再生能源发电有关管理规定》	2006
3	《国家发展改革委关于风电建设管理有关要求的通知》	2005
4	《风电场工程建设用地和环境保护管理暂行办法》	2005
5	《可再生能源发电价格和费用分摊管理试行办法》	2006
6	《可再生能源电价附加收入调配暂行办法》	2007
7	《电网企业全额收购可再生能源电量监管办法》	2007
8	《可再生能源产业发展指导目录》	2005
9	《促进风电产业发展实施意见》	2006[1]
10	《可再生能源发展专项资金管理暂行办法》	2006
11	《风力发电设备产业化专项资金管理暂行办法》	2008
12	《财政部关于调整大功率风力发电机组及其关键零部件、原材料进口税收政策的通知》	2008[2]
13	《中华人民共和国可再生能源法修正案》	2010

资料来源：肖创英主编《欧美风电发展的经验与启示》，中国电力出版社，2010，第300页。

注：[1][2] 发布时间。

表 17-34　2000—2011 年中国累计风电装机容量

时间 / 年	累计装机容量 /MW	占世界的比例 /%
2000	341.53	1.89
2001	398.74	1.64
2002	465.05	1.49
2003	563.35	1.43
2004	760.10	1.60
2005	1 267.01	2.15
2006	2 554.61	3.45
2007	5 865.86	6.25
2008	12 019.59	9.95
2009	25 822.80	16.22
2010	44 750.79	22.43
2011	62 364.00	26.20

资料来源：作者整理。主要参考北京洲通投资技术研究所：《中国新能源战略研究》，上海远东出版社，2012。

[①] 中国水电水利规划设计总院：《改革开放四十年（中国）新能源建设成就与展望》，《中国改革报》2018年10月16日。

2011 年，全球风电整机供应量为 40 358 MW，其中前十位整机设备制造商占 78.5%。中国有 4 家整机设备制造商进入全球十大风电整机供应商之列（表 17-35），分别为金风科技、华锐风电、国电联合动力、明阳公司，金风科技以新增装机容量 3 789 MW 排名第二位。

表 17-35　2011 年全球十大风电整机设备供应商

供应商	国家	2011 年新增装机容量 /MW	2011 年占比 /%	2011 年累计装机容量 /MW	累计所占份额 /%
Vestas	丹麦	5 213	12.9	50 760	20.9
金风科技	中国	3 789	9.4	12 844	5.3
GE Wind	美国	3 542	8.8	30 412	12.5
Gamesa	西班牙	3 309	8.2	25 120	10.3
Enereon	德国	3 188	7.9	25 832	10.6
Suzlon Group	印度	3 104	7.7	20 405	8.4
华锐风电	中国	2 945	7.3	12 989	5.3
国电联合动力	中国	2 859	7.1	5 294	2.2
Simens	丹麦	2 540	6.3	16 078	6.6
明阳	中国	1 178	2.9	2 976	1.2
合计		31 667	78.5	202 710	83.3

资料来源：国家可再生能源中心：《国际可再生能源发展报告 2012》，中国经济出版社，2013，第 23 页。

2011 年，中国风力发电量约 732 亿 kWh，占全国总发电量的 1.55%。中国风电装机容量突破 100 万 kW 的省份有 13 个，其中内蒙古风电累计装机容量为 1 759 万 kW，排名第一。[①]

（二）美国

进入 21 世纪，美国实行生产税抵免，得克萨斯州出台可再生能源发电配额制（又称"可再生能源组合标准"），推动了美国风电产业的发展。2001 年，美国新建两个大型风电场：一是得克萨斯州 King Mountain 风电场，装机容量为 27.8 万 kW；另一个是俄勒冈州与华盛顿州交界处的 Stateline 风电场，装机容量 30.7 万 kW。同年，美国对风电产业投入 17 亿美元，新装机容量 170 万 kW，后者比往年增长 1 倍多。[②] 其中，得克萨斯州新增风电装机容量 91.5 万 kW，占美国的 53.8%，比 2000 年美国全国新增风电装机容量还多。[③] 随后，各州借鉴得克萨斯州的经验，加利福尼亚州、纽约州分别于 2002 年、2003 年实行可再生能源发电配额制，到 2008 年美国实行可再生能源发电配额制的州达到 34 个。

在此推动下，美国风电产业快速发展。2006 年，美国风电装机容量为 11 603 MW，得克萨斯州风电装机容量首次超过加利福尼亚州，达到 2 768 MW。[④]2009 年，美国新增装机容量接近 1 000 万 kW(总

① 国家可再生能源中心：《国际可再生能源发展报告 2012》，中国经济出版社，2013，第 18 页。

② 刘万琨等：《风能与风力发电技术》，化学工业出版社，2007，第 179 页。

③ 肖创英主编《欧美风电发展的经验与启示》，中国电力出版社，2010，第 63 页。

④ 张晓东、杜云贵、郑永刚：《核能及新能源发电技术》，中国电力出版社，2008，第 142 页。

装机容量为 9 922 MW），累计总装机容量达到 35 159 MW，在被德国赶超多年之后重新回到世界首位
（表 17-36）。2011 年，美国风力发电占美国总发电量的 3.2%，其中 2 个州超过 20%。[①]

表 17-36 2009 年世界风电累计装机容量超过 100 MW 的国家（地区）

排名	国家/地区	新增装机容量/MW	累计装机容量/MW
1	美国	9 922	35 159
2	中国[1]	13 800	26 010
3	德国	1 880	25 777
4	西班牙	2 460	19 149
5	印度	1 338	10 925
6	意大利	1 114	4 850
7	法国	1 117	4 521
8	英国	897	4 092
9	葡萄牙	673	3 535
10	丹麦	334	3 497
11	加拿大	950	3 319
12	荷兰	5	2 240
13	日本	176	2 056
14	澳大利亚	383	1 877
15	瑞典	512	1 579
16	爱尔兰	233	1 260
17	希腊	119	1 109
18	奥地利	0	995
19	土耳其	463	797
20	波兰	194	666
21	巴西	262	600
22	比利时	171	555
23	新西兰	172	497
24	中国台湾	78	436
25	挪威	2	431
26	埃及	40	430
27	墨西哥	317	402

[①] 国家可再生能源中心：《国际可再生能源发展报告 2012》，中国经济出版社，2013，第 211 页。

续表

排名	国家 / 地区	新增装机容量 /MW	累计装机容量 /MW
28	韩国	86	364
29	摩洛哥	129	253
30	保加利亚	57	214
31	匈牙利	74	201
32	捷克	41	191
33	芬兰	4	147
34	爱沙尼亚	64	142
35	哥斯达黎加	50	123

资料来源：肖创英主编《欧美风电发展的经验与启示》，中国电力出版社，2010，第 301-303 页。

注：[1] 不包括台湾地区的数据。

（三）德国

德国的风电起步较晚。到 1989 年，全国累计风电装机容量仅为 1.8 万 kW。同年，德国颁布"25 万 kW 风能计划"。1991 年，德国实施输电法，着力促进可再生能源发展。到 1997 年，德国累计风电装机容量达到 208 万 kW，一举超越美国，成为世界第一大风电生产大国。

21 世纪以来，德国进一步优化风电发展环境，加大政策扶持力度，先后制定、实施《可再生能源法》《环境相容性监测法》《基础设施规划加速法案》等（表 17-37），使德国风电产业继续保持世界领先地位。2000 年德国《可再生能源法》开始生效后，2001—2004 年德国每年新增风电装机容量均达到 200 万 kW 以上。到 2006 年，德国累计风电装机容量超过 2 000 万 kW，仍居世界第一位。

表 17-37　德国促进风电发展的相关政策

政策名称	风电相关内容	实施时间 / 年
25 万千瓦风能计划	风电企业每生产 1 kW 风电可获 0.06 马克（输入公共电网的风电）或 0.08 马克（自用风电）的补贴等	1989
输电法	德国开始风能商业利用后制定的第一部促进可再生能源利用的法规，规定电网经营者优先购买风电经营者生产的全部风电，且价格不低于当地年均电价的 90%	1991
联邦建筑代码修改	将风电机列为优先建筑工程	1997
《可再生能源法》	政府向开发可再生能源的企业提供相应补贴	2000
《环境相容性监测法》	在符合环境和生态要求的合适地点安装和使用风电设备	2002
《可再生能源法修正案》	发展风电可获长达 5～20 年的较高标准"初始电价"	2004
《基础设施规划加速法案》	支持海上风电并网	2006
新的可再生能源法修正案	鼓励风电行业的设备更新和海上风电发展	2009

资料来源：作者整理。主要参考肖创英主编《欧美风电发展的经验与启示》，中国电力出版社，2010。

2007 年之后，德国风电规模先后被美国、中国赶超。到 2011 年，德国累计风电装机容量为 2 906 万 kW（表 17-38），排世界第三位。同年，德国风力发电量为 480 亿 kWh，占全国总发电量的 7.8%。[1]

表 17-38 20 世纪初期德国累计风电装机容量

时间 / 年	累计装机容量 /MW	时间 / 年	累计装机容量 /MW
2000	6 107	2005	18 428
2001	8 734	2006	20 622
2002	11 968	2007	22 277
2003	14 609	2008	23 897
2004	16 629	2010	26 970

资料来源：作者整理。主要参考国家可再生能源中心：《国际可再生能源发展报告 2013》，中国经济出版社，2014。

德国风电产业空间分布极其不均衡。2009 年，德国累计风电装机容量为 2 571.7 万 kW，共安装风电机 21 152 台（平均每台风电装机容量约为 1.2 MW）。[2] 其中，下萨克森州的风电机数量和装机容量均为最多，分别为 5 268 台、6 407.19 MW，而柏林最少，分别为 1 台、2 MW（表 17-39）。从德国各联邦州已安装的风电机数量与地理面积的关系来看，石勒苏益格 - 荷尔斯泰因州每 5.6 km² 就有 1 台风电机，萨克森 - 安哈尔特州每 9.1 km² 有 1 台风电机，而巴伐利亚州每 183.7 km² 才有 1 台风电机。导致这种差异的主要原因不是由于风力资源条件的不同，而是不同地区在授权安装风电设备时执行不同的政策标准。风电机密度最低的几个联邦州均是主要受到政策的限制。对此，德国学者认为，如果在过去这些年，所有德国的联邦州都实施了与萨克森-安哈尔特州相同的政策，那么德国在 2009 年就可以拥有 37 000 台风电机，而非实际拥有的 21 152 台；总装机容量就可以达到 4 440 万 kW（平均每台风电装机容量为 1.2 MW），而非实际的 2 571.7 万 kW；德国风电占净用电量的比例将达到 16%，而非实际的 9%。如果在未来十年内德国风电发展相对落后的联邦州的政策障碍能够消除（假设平均每台风电装机容量为 2.5 MW），通过将现有风电装机容量提高到 2.5 MW，那么，就能使风电占德国电力供应的比例提高至 50% 左右。[3]

表 17-39 截至 2009 年德国各州风电产业发展情况

地区	风电机数量 / 台	装机容量 /MW	联邦州面积 /km²	平均每台风电机所属面积 /km²
萨克森 - 安哈尔特州	2 238	3 354.36	20 445	9.1
梅克伦堡 - 前波美拉尼亚州	1 336	1 497.90	23 180	17.3
石勒苏益格 - 荷尔斯泰因州	2 784	2 858.51	15 763	5.6
勃兰登堡州	2 853	4 170.36	29 470	10.3
下萨克森州	5 268	6 407.19	47 618	9.0
图林根州	559	717.38	16 172	29.0
萨克森州	800	900.92	18 413	23.0

[1] 国家可再生能源中心：《国际可再生能源发展报告 2012》，中国经济出版社，2013，第 19 页。

[2] Hermann Scheer：《能源变革：最终的挑战》，王乾坤译，人民邮电出版社，2013。

[3] 同上。

续表

地区	风电机数量 / 台	装机容量 /MW	联邦州面积 /km²	平均每台风电机所属面积 /km²
莱茵兰 - 普法尔茨州	1 021	1 300.98	19 853	19.4
北莱茵 - 威斯特法伦州	2 770	2 831.66	34 088	12.3
不来梅市	60	94.60	400	6.7
黑森州	592	534.06	21 115	35.6
萨尔兰州	67	82.60	2 569	38.3
巴伐利亚州	384	467.03	70 549	183.7
巴登 - 符腾堡州	360	451.78	35 753	99.3
汉堡	59	45.68	755	12.8
柏林	1	2.00	892	892.0
合计	21 152	25 717.01	357 035	16.9

资料来源：Hermann Scheer：《能源变革：最终的挑战》，王乾坤译，人民邮电出版社，2013。

（四）西班牙

西班牙从 1978 年开始发展风电。1991 年，实施 1991—2000 年国家能源规划，推动风电产业发展。1997 年，风电产业初具规模，总装机容量为 512 MW。此后，西班牙风电产业迅速发展起来。2005 年，西班牙风电总装机容量超过 1 000 万 kW（1 003 万 kW），居世界第二位。2011 年，总风电装机容量约为 2 167 万 kW，排世界第四位；风力发电量 420 亿 kWh，占全国电力消费总量的 15.7%。[1]

在西班牙风电发展中，风电巨头 Gamesa 公司起着重要作用。Gamesa 公司是西班牙最大的风电设备制造商，在 2008 年西班牙国产风电装备占本国风电市场 70% 的份额中，仅 Gamesa 公司一家公司的市场份额便超过 50%。同年，Gamesa 公司总资产为 47.75 亿欧元，营业额为 36.46 亿欧元，利润为 3.22 亿欧元。[2]2011 年，Gamesa 公司在全球风电整机供应中排名第四，累计供应风电装机容量为 25 120 MW，占全球的 10.3%。

（五）印度

印度风能资源丰富，印度风能技术中心对 50 m 高度的风能评估为 4 910 万 kW，而世界可持续能源机构认为印度的潜在风能资源达 6 500 万～10 000 万 kW。[3]

印度从 20 世纪 80 年代开始鼓励私营企业发展风电。1991 年，颁布私有能源政策。1993 年，累计风电装机容量 40 MW。[4]1995 年，制定清除风电发展障碍的国家指导方针，强制要求所有地方电力部门及所属单位都必须确保已规划风电项目接入电网，并对风电开发采取税收激励和贷款优惠政策。[5] 到 1998 年 3 月，印度累计风电装机容量增至 968 MW。[6]

---

[1] 国家可再生能源中心：《国际可再生能源发展报告 2012》，中国经济出版社，2013，第 20 页。
[2] 肖创英主编《欧美风电发展的经验与启示》，中国电力出版社，2010，第 69-70 页。
[3] 国家可再生能源中心：《国际可再生能源发展报告 2013》，中国经济出版社，2014，第 117 页。
[4] 张希良主编《风能开发利用》，化学工业出版社，2005，第 113 页。
[5] 张晓东、杜云贵、郑永刚：《核能及新能源发电技术》，中国电力出版社，2008，第 143 页。
[6] 张希良主编《风能开发利用》，化学工业出版社，2005，第 113 页。

进入 21 世纪，印度继续鼓励风电发展。2002 年，推出免税计划，规定风电场前十年的发电收入可享受 100% 的免税。[1]2003 年，实施电力法案。2006 年，将 20 世纪 80 年代初期成立的国家非常规能源部改名为新能源与可再生能源部。到 2007 年，印度累计风电装机容量增至 7 845 MW，排名世界第四。2008 年，印度南部风能集中的泰米尔纳德邦风电总装机容量约为 411.8 万 kW[2]，占全国总量的 43.0%，是印度风电装机容量最大的邦。2011 年，印度累计风电装机容量 1 608 万 kW，排世界第五位。同年，风力发电量达 264 亿 kWh，占全国发电总量的 2.6%。印度逐步成为亚洲主要风电机制造中心之一，2011 年共有 18 家风电机制造商，年产能约为 750 万 kW，其中最大的是苏司兰集团，其占据印度风电市场份额超过 50%。[3]

第 3 节 生物质能

生物质能是一种可再生能源，在自然界中非常丰富，储量巨大。除了燃烧利用以及焚烧发电，人类还先后将各种生物质转化为燃料乙醇、生物柴油、生物丁醇等加以利用（表 17-40）。同时，生物质发电是当今生物质能开发利用的一种重要方式，而且方式正在不断地创新，规模也在不断地扩大。

表 17-40 世界生物质能开发利用进程

时间	事件
古代	生物质直接燃烧利用
1895 年	德国汉堡建成世界第一台固体废弃物焚烧发电设备
1905 年	美国纽约建成城市垃圾焚烧发电厂
1916 年	以色列化学家哈伊姆·魏茨曼发明生物丁醇
1920 年	中国在汕头建成国内第一座沼气池
1923 年	巴西首次在汽油机上使用 100% 乙醇
1930 年	美国在内布拉斯加州推出乙醇汽油
1931 年	Conen 发明微生物燃料电池
1931 年	巴西提出推广乙醇燃料的第一部法律
1937 年	比利时沙瓦纳获得世界上第一项有记录的生物柴油发明专利
1954 年	瑞士在伯尔尼建成世界首座现代水墙式垃圾焚烧发电炉

---

[1] 顾为东：《中国风电产业发展新战略与风电非并网理论》，化学工业出版社，2006，第 37 页。

[2] 肖创英主编《欧美风电发展的经验与启示》，中国电力出版社，2010，第 80 页。

[3] 国家可再生能源中心：《国际可再生能源发展报告 2012》，中国经济出版社，2013，第 117 页。

续表

时间	事件
1962 年	美国建成世界首座流化床工艺垃圾焚烧发电厂
1975 年	巴西推出世界首个"国家燃料乙醇计划"
1975 年	日本立法推动垃圾焚烧发电厂发展
1978 年	法国立法允许在汽油中加入 3% 乙醇
1979 年	美国联邦政府制订"乙醇汽油计划"
1980 年	巴西制成世界第一架燃料乙醇飞机
1980 年	美国进行大豆油替代柴油燃料研究
1980 年	南非进行天然油脂与柴油混合使用研究
1981 年	中国在江苏建成 160 kW 稻壳气化发电厂
1983 年	日本实施"燃料乙醇计划"
1985 年	奥地利建成生物柴油生产中试装置
1985 年	中国在深圳开工建设国内第一座现代化垃圾焚烧发电厂
1987 年	欧洲建成第一座全部以沼气为燃料的汽轮机发电厂
1988 年	丹麦建成世界第一座秸秆生物燃烧发电厂
1990 年	奥地利以菜籽油为原料,实现生物柴油的工业化生产
1991 年	瑞典建成世界第一座生物质气化燃气轮机/发电机-汽轮机/发电机联合发电厂
1991 年	奥地利发布世界第一个以菜籽油甲酯为基准的生物柴油标准
1992 年	英国建成动物粪便发电厂
1992 年	德国凯姆瑞亚·斯凯特公司开发出连续化的生物柴油生产装置
1992 年	欧盟对成员国发展生物乙醇燃料和生物柴油生产实行免税政策
1996 年	欧洲成立生物柴油委员会
1998 年	中国在杭州建成国内第一座沼气发电厂
1999 年	世界乙醇产量达 300 亿 L
2001 年	中国宣布将推广车用乙醇汽油
2001 年	中国在海南建成国内第一座生物柴油工厂
2001 年	全球生物柴油产量达 84 万 t
2001 年	全球燃料乙醇产量达 1 456 万 t
2002 年	美国出台生物柴油标准(ASTM D6751)
2002 年	全球生物柴油产量超过 100 万 t
2003 年	瑞典把沼气作为天然气汽车车用燃料使用
2003 年	印度开始种植生物柴油原料作物——麻疯树
2003 年	欧盟出台"生物燃料指令"

续表

时间	事件
2004 年	德国立法允许石油公司在化石柴油中掺入 5% 生物柴油
2004 年	全球燃料乙醇产量超过 2 000 万 t
2004 年	全球生物质发电量约 2 000 亿 kWh，是风能等其他可再生能源发电量的总和
2005 年	南非建成非洲第一座生物柴油工厂
2005 年	全球生物质发电总装机容量约 5 000 万 kW
2006 年	全球有 1 000 多座垃圾焚烧发电厂
2006 年	中国在山东建成首个国家级生物质发电示范项目
2007 年	巴西市场只售乙醇汽油，是世界上唯一不出售纯汽油的国家
2008 年	中国在海门建成以木薯为原料的年均产量为 20 万 t 的生物丁醇工厂
2008 年	英国在威尔士南部建造世界上最大的生物质发电厂（容量为 350 MW）
2008 年	全球有 63 个国家（或地区）生产生物柴油
2008 年	全球生物柴油产量超过 1 000 万 t
2008 年	全球燃料乙醇产量超过 5 000 万 t
2009 年	法国建成世界最深的地下垃圾焚烧发电厂
2011 年	中国建成、投产世界装机容量最大的生物质发电厂——广东粤电湛江 2 × 50 MW 生物质发电厂
2011 年	荷兰航空公司在世界上首次使用生物柴油进行商业飞行
2011 年	全球生物质成型燃料产量达 2 200 万 t
2011 年	全球生物柴油产量达 1 797 万 t
2011 年	世界燃料乙醇产量达 6 794 万 t
2011 年	世界生物质发电总装机容量达 72 000 MW

资料来源：作者整理。

一、生物质能概述

生物质是指各种生物直接、间接利用绿色植物进行光合作用所形成的一切有机物质，包括树木、农业作物及其废弃物（玉米、大豆、甘蔗、柳枝稷、木本植物和藻类，以及农作物和食品加工残留物）、动物粪便及人类排放的污水等。生物质能是蕴藏在生物质中的能量，是由太阳能通过直接或间接作用转化而成的一种化学能。储存生物质能的资源很多，既有植物类的，也有动物类的，还有微生物类和废弃物类等（图 17-3），甚至城市污水通过发酵技术也可获得以液体或气体为载体的二次能源。可通过直接燃烧、物化转换、生化转换等方式开发利用生物质能（图 17-4），广泛应用于家庭生活、区域供热、电力生产、交通运输等各个领域（图 17-5）。

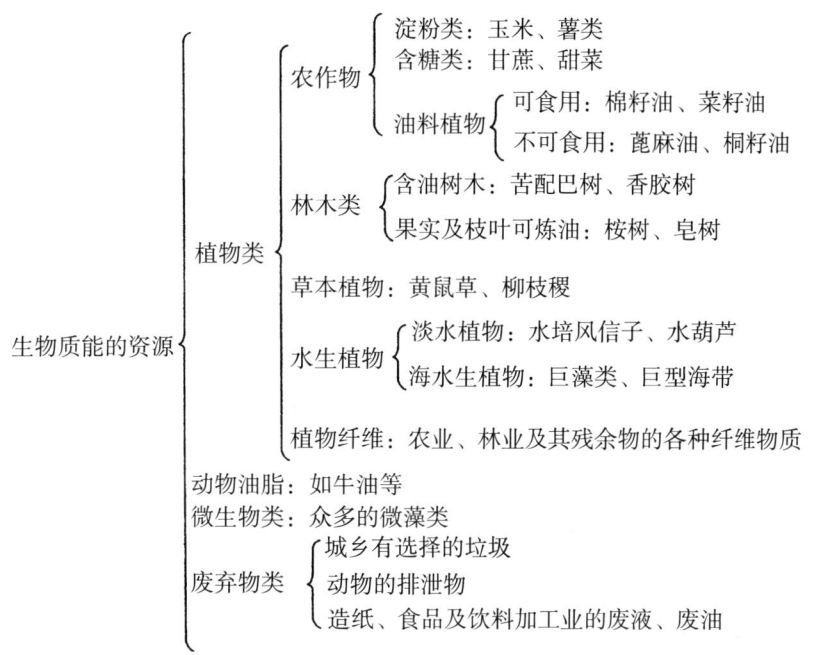

图 17-3　生物质能的资源

资料来源：崔心存：《乙醇燃料与生物柴油》，中国石化出版社，2009，第 3 页。

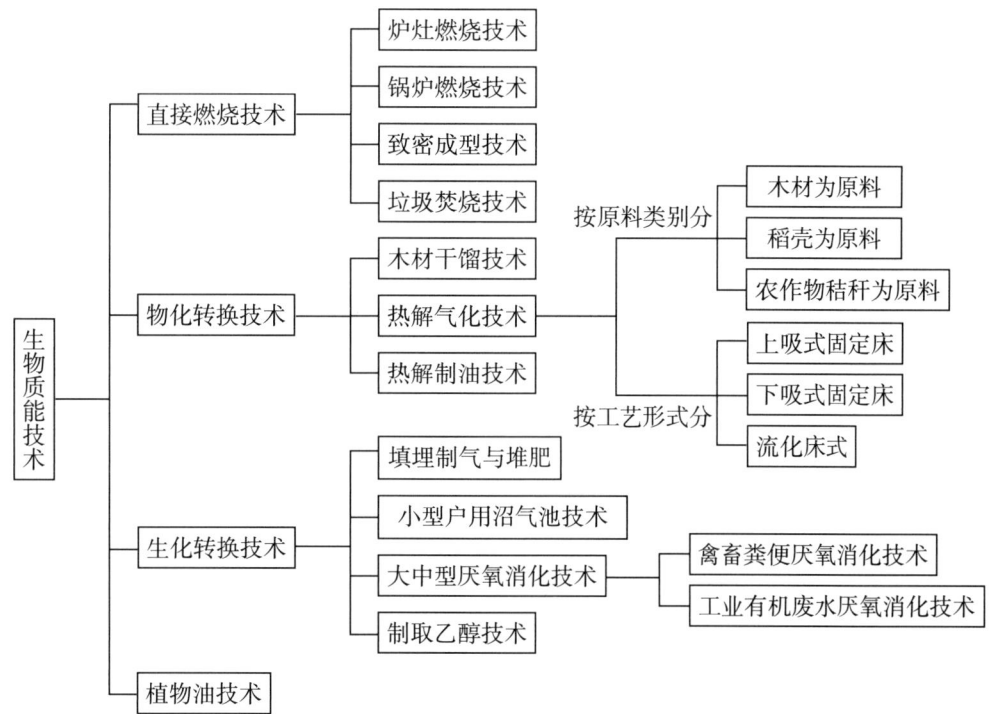

图 17-4　生物质转化技术

资料来源：袁权主编《能源化学进展》，化学工业出版社，2005，第 171 页。

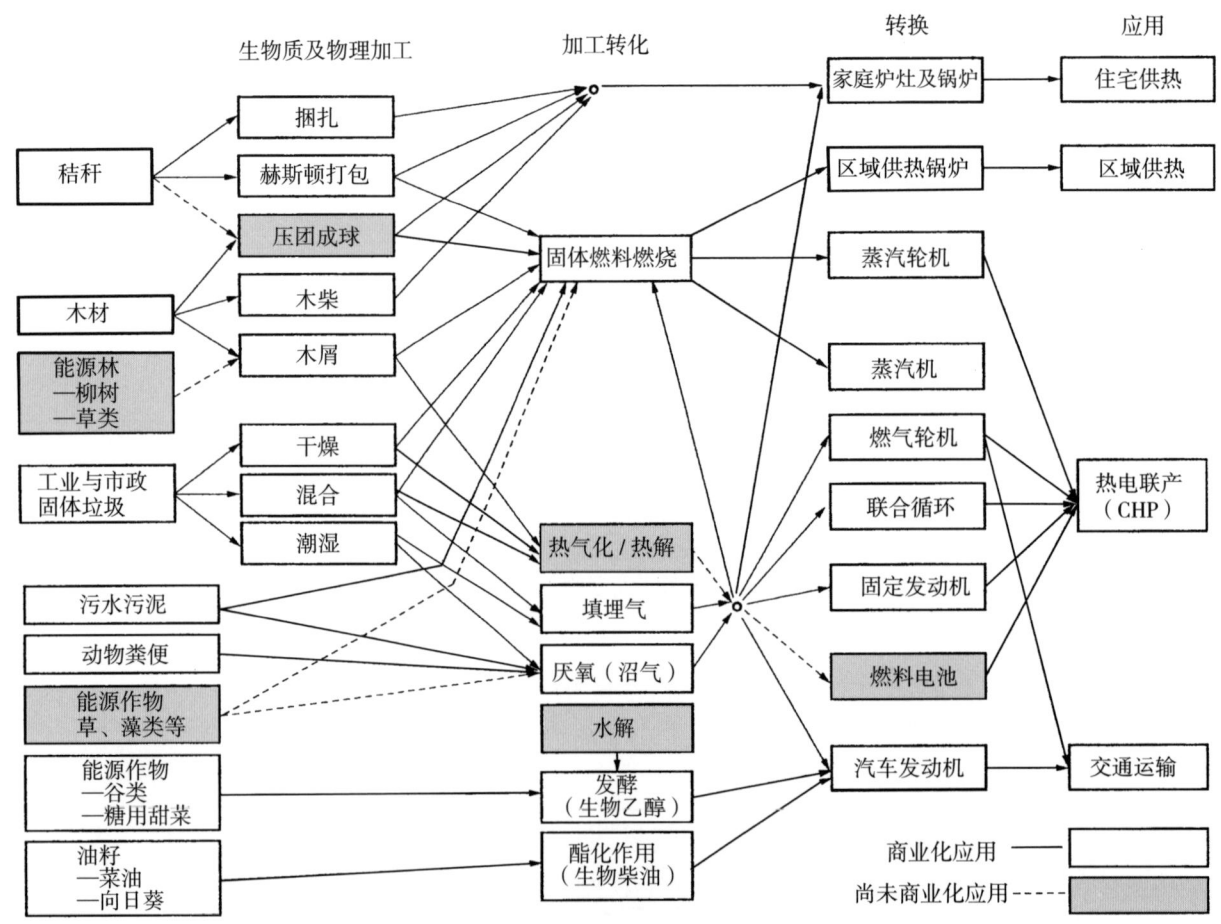

图 17-5　生物质能的技术价值链

资料来源: 周冯琦主编《上海新能源产业生存环境 2011》,学林出版社,2011,第 213 页。

生物质能是世界上分布利用最广泛的一种可再生能源。据估算,当今地球上每年生长的植物总量为 1 400 亿～ 1 800 亿 t(干重),换算为燃料大约相当于全球总能耗的 10 倍。[1]当今实际开发利用生物质能的规模还很小,其占世界能源消耗总量的比例仅为 6%～ 13%。[2]生物质能占世界一次能源需求量的比例约为 15%,占发展中国家一次能源需求量的比例达 35%。[3]全球约 1/4 的人口(主要是发展中国家)的生活能源消费中,有 90% 以上是生物质能。

随着人们对生物质能的认识不断深化,以及生物质能开发利用技术的不断发展,生物质能的开发利用已从最初的农用非商业能源、生物秸秆生产沼气、生物秸秆燃烧发电、新型压缩秸秆燃料发展到第一代(传统)生物燃料,并从第一代(传统)生物燃料向以纤维素为主要原料制取更加清洁的第二代生物燃料转型(表 17-41),人类对生物质能的开发利用已取得重要进展与突破。

---

[1] 陆刚主编《在科学的入口处: 30 位能源科学家的贡献》,湖北少年儿童出版社,2008,第 129 页。

[2] 李方正:《能源世界》,吉林出版集团有限责任公司,2009,第 109 页。

[3] 牛山泉等:《风、太阳与海洋: 清洁的自然能源》,王毅、韦利民译,机械工业出版社,2010,第 82 页。

表 17-41　生物燃料分类

大类	基本类型	名称	生物质原料	生产工艺
第一代（传统）生物燃料	生物乙醇	传统生物乙醇	甜菜、谷物	水解和发酵
	纯植物油	纯植物油	油料作物（如油菜籽等）	冷榨 / 萃取
	生物柴油	能源作物制取的生物柴油 油菜籽甲基酯 脂肪酸甲酯 / 脂肪酸乙酯	油料作物（如油菜籽等）	冷榨 / 萃取与酯交换反应
		利用废弃物制取的生物柴油 脂肪酸甲酯 / 脂肪酸乙酯	废油、地沟油和煎炸油	酯交换反应
	生物气、沼气	浓缩生物气	（湿）生物质	消化
	生物-ETBE	—	生物乙醇	化学合成
第二代生物燃料	生物乙醇	纤维素生物乙醇	木质纤维素原料	先进水解和发酵技术
	合成生物燃料	生物质液化燃料 费托柴油合成生物柴油 生物甲醇混合醇类生物二甲基醚	木质纤维素原料	气化和合成
	生物柴油（第一代和第二代之间的混合物）	NExBTL	植物油和动物脂肪	氢化（精炼）
	沼气	合成天然气	木质纤维素原料	气化和合成
	生物制氢	—	木质纤维素原料	气化和合成或生化过程

资料来源：张军、李小春等：《国际能源战略与新能源技术进展》，科学出版社，2008，第 50~51 页。

二、生物质发电

生物质燃料可分为固体燃料、液体燃料和气体燃料。相应地，生物质发电可分为固体生物质发电、液体生物质发电、气体生物质发电（表 17-42）。其中，固体生物质发电又可分为城市生活垃圾焚烧发电、秸秆直接燃烧发电、生物质固体成型燃料发电等；液体生物质发电又可分为城市污水发电、甲醇发电、细菌发电等；气体生物质发电又可分为沼气发电、秸秆气化发电、海藻气化发电等。世界上生物质发电的历史已有 100 多年，它随着 20 世纪 70 年代石油危机的出现以及人类生态文明建设的推进而不断发展（表 17-43），其原料已从当初的城市垃圾或固体废弃物发展到稻壳、秸秆、木屑、杂草、沼气、粪便等，促进了废弃物的回收利用，已成为太阳能、风能、地热能等各种可再生能源发电中重要的一种类型。

表 17-42　生物质发电方式

类型	举例
固体生物质发电	生活垃圾焚烧发电；秸秆直接燃烧发电；甘蔗渣发电；杂草发电；木屑发电；生物质固体成型燃料发电；畜禽粪发电
液体生物质发电	城市污水发电；甲醇发电；甲醇燃料电池；啤酒发电；尿液发电；细菌（培养液）发电
气体生物质发电	沼气发电；秸秆气化发电；稻壳气化发电；生物质热裂解气化发电；生活垃圾低温负压热馏处理发电；海藻气化发电

资料来源：作者整理。

表 17-43　世界生物质发电开发利用进程

时间 / 年	事件
1895	德国汉堡建成世界第一台固体废弃物焚烧发电设备
1905	美国纽约建成城市垃圾焚烧发电厂
1919	荷兰在阿姆斯特丹建成国内第一座垃圾焚烧发电厂
1931	Conen 发明微生物燃料电池
1954	瑞士在伯尔尼建成世界首座现代水墙式垃圾焚烧发电炉
1962	美国建成世界第一座流化床工艺垃圾焚烧发电厂
1965	日本大阪市西淀工厂进行垃圾焚烧发电
1969	法国在巴黎建成垃圾焚烧发电厂
1975	日本立法推动垃圾焚烧发电厂发展
1981	中国在江苏建成 160 kW 稻壳气化发电厂
1985	中国在深圳开工建设国内第一座现代化垃圾焚烧发电厂
1986	新加坡建成每年焚烧垃圾 2 700 t 的发电厂
1987	欧洲建成第一座全部以沼气为燃料的汽轮机发电厂
1987	芬兰建设北欧最大的埃麦斯索奥垃圾发电处理中心
1988	丹麦建成世界第一座秸秆生物燃烧发电厂
1990	英国有 400 座垃圾焚烧发电厂
1991	瑞典建成世界第一座生物质气化燃气轮机／发电机－汽轮机／发电机联合发电厂
1992	英国建成动物粪便发电厂
1994	美国应用生物质混燃技术发电
1996	美国哈斯尔公司建成 1 MW 稻壳发电示范工程
1997	奥地利建成生物质气化混合燃烧发电示范工程
1997	日本有 173 座城市垃圾发电厂
1998	中国在杭州建成国内第一座沼气发电厂
1999	美国有近 700 座垃圾焚烧发电厂
2000	英国引进丹麦技术建成世界最大的秸秆发电厂
2004	德国有 1 900 座厌氧发酵处理废弃物发电厂
2004	全球生物质发电量约 2 000 亿 kWh，是风能等其他可再生能源发电量的总和

续表

时间 / 年	事件
2005	英国建成世界第一座大型草燃料发电厂
2005	全球生物质发电总装机容量约 5 000 万 kW
2006	中国在山东建成首个国家级生物质发电示范项目
2006	全球有 1 000 多座垃圾焚烧发电厂
2008	英国在威尔士南部建造世界最大的生物质发电厂（装机容量为 350 MW）
2009	法国建成世界最深的地下垃圾焚烧发电厂
2011	美国生物质发电量达 570 亿 kWh，占可再生能源发电量的 11%
2011	世界生物质发电总装机容量达 72 000 MW

资料来源：作者整理。

（一）石油危机之前

1931 年，Conen 通过系列单元组成微生物燃料电池，可以产生大于 35 V 的电压。到 20 世纪 60 年代，在美国"太空计划"的推动下，生物燃料电池的理论研究与开发得到进一步发展。

20 世纪 50 年代，瑞士在首都伯尔尼建成世界第一座现代水墙式垃圾焚烧发电厂[①]，垃圾发电取得新进展。1962 年，美国首先采用流化床装置，对城市下水道污泥进行焚烧发电。1965 年，日本大阪市西淀工厂利用垃圾燃烧设备发电。更早之前，日本造纸业、纸浆业已经开始利用工农业废弃物燃烧进行发电。[②]1969 年，荷兰阿姆斯特丹建成当时比较现代化的垃圾燃烧发电厂，替代 1919 年建成的第一台垃圾焚烧发电炉。

法国巴黎于 1969 年建成垃圾焚烧发电厂，对当地居民每年产生的 2.4×10^6 t 生活垃圾进行处理。其中 1.88×10^6 t 垃圾用于发电，每年售电量 1.5×10^8 kWh，还生产一些热能，年收入达 2.88 亿法郎。[③]

（二）石油危机之后

1973 年，第一次石油危机后，各国对垃圾发电更为重视。

1975 年以前，日本的垃圾燃烧发电主要采用低效率的背压涡轮发电技术。1975 年，日本公布能源使用的合理化法律，促进了新的发电技术发展。各地先后建成一批附带发电功能的垃圾处理厂，流化床焚烧技术快速发展起来。荏原制作所开发出内循环流化床焚烧炉，可以不对垃圾进行前处理就直接焚烧。日本钢管株式会社、日本川崎重工等先后推出各有特色的流化床焚烧炉。到 1989 年，在日本垃圾燃烧发电中，流化床焚烧垃圾发电所占比重达 73.9%。[④]1994 年，日本内阁会议制定新能源推广大纲，规划到 2000 年垃圾发电量达 2×10^6 kWh，2010 年达到 5×10^6 kWh 的目标。[⑤]1995 年，日本共有流化床垃圾焚烧炉 131 台。1997 年，日本城市垃圾发电厂发展到 173 座，年发电量为 7.5×10^5 kWh。日本

① 汪玉林主编《垃圾发电技术及工程实例》，化学工业出版社，2003，第 12 页。
② 日本能源学会：《生物质和生物能源手册》，史仲平、华兆哲译，化学工业出版社，2007，第 218 页。
③ 汪玉林主编《垃圾发电技术及工程实例》，化学工业出版社，2003，第 13 页。
④ 同上书，第 12 页。
⑤ 日本能源学会：《生物质和生物能源手册》，史仲平、华兆哲译，化学工业出版社，2007，第 218 页。

东京都垃圾发电厂通过垃圾发电,1989年向东京电力公司售电1.89亿kWh,市值14亿日元。[①]与此同时,在日本东京,由于从1989年开始实行垃圾减量化、资源化、无害化政策,城市垃圾一年比一年少,结果出现当年建设的25个垃圾焚烧厂中有10个无垃圾可燃烧发电的现象。[②]

美国在20世纪80年代投资70亿美元,兴建90座垃圾焚烧厂,年垃圾处理量达到3.0×10^7 t。1991年,美国有近300座垃圾发电厂投入运行。20世纪90年代,美国又投资兴建402座垃圾焚烧厂,垃圾焚烧发电占总垃圾处理量的比重达到40%。[③]同期,美国共有61个垃圾填埋场使用内燃机发电,加上使用汽轮机发电,总装机容量达340 MW。

20世纪下半叶,新加坡、芬兰、荷兰、德国、英国等国家也先后建设、投产一批垃圾焚烧发电厂。1986年,新加坡建成一座每年处理2 700 t垃圾的发电厂。1987年,芬兰在赫尔辛基郊区建设北欧最大的垃圾发电处理中心——埃麦斯索奥垃圾发电处理中心,占地1.9×10^6 m²。1993年,荷兰关闭20世纪60年代建设的阿姆斯特丹垃圾焚烧厂,建成新的垃圾热电厂,年处理垃圾7.55×10^5 t。英国到1990年建成垃圾焚烧发电厂400座,垃圾焚烧率占18%。德国到1996年有75台垃圾焚烧锅炉。[④]

中国于1985年引进日本三菱重工技术,开始在深圳建设第一座现代化的垃圾焚烧发电厂——清水河垃圾焚烧发电厂,于1988年建成投产,占地面积为2×10^4 m²。[⑤]1999年,上海动工兴建浦东新区生活垃圾焚烧发电厂,设计垃圾处理能力为1 000 t/d,于2001年并网发电。

除了生活垃圾燃烧发电,生物质气化发电、秸秆燃烧发电等也取得重要突破。1981年,中国首台装机容量为160 kW的稻壳气化发电装置在江苏省苏州八圻米厂建成投运,至1998年共投运300多台。[⑥]1988年,丹麦建成世界第一座秸秆生物燃烧发电厂。20世纪90年代初,美国共有大约1 000座燃木发电厂。[⑦]1991年,瑞典建成世界上第一座生物质气化燃气轮机/发电机-汽轮机/发电机联合发电厂,净发电功率为6 MW,净供热功率为9 MW,系统总效率达80%以上。[⑧]1992年,英国在萨福克建成投产第一座利用动物粪便的发电厂,年发电量为13 MWh。1994年,美国Greenidge发电厂开始应用生物质混燃技术发电。1996年,美国哈斯尔公司建成一个1 MW稻壳发电示范工程,年处理稻壳1.2万t,年发电量800万kWh,年产酒精2 500 t。[⑨]1997年,奥地利最大的电力供应商VERBUND建成一个生物质气化混合燃烧发电示范工程。

(三)21世纪以来

随着生物质发电技术日趋成熟以及能源需求的日益增长,进入21世纪后,生物质发电事业不断发展。

①寄本胜美:《垃圾与资源再生》,滕新华、王冬译,世界知识出版社,2014,第84页。
②汪玉林主编《垃圾发电技术及工程实例》,化学工业出版社,2003,第14页。
③同上书,第12页。
④肖波、周英彪、李建芬主编《生物质能循环经济技术》,化学工业出版社,2006,第172页。
⑤陈杰瑢主编《环境工程技术手册》,科学出版社,2008,第1133页。
⑥中国电力科学研究院生物质能研究室:《生物质能及其发电技术》,中国电力出版社,2008,第10页。
⑦刘振亚主编《智能电网知识读本》,中国电力出版社,2010,第73页。
⑧袁振宏、吴创之、马隆龙等:《生物质能利用原理与技术》,化学工业出版社,2005,第5页。
⑨尹忠东、朱永强主编《可再生能源发电技术》,中国水利水电出版社,2010,第216页。

2003 年，法国在巴黎塞纳河畔开始兴建欧洲最大的地下垃圾发电厂——依塞纳垃圾发电厂。它在地面上长 375 m、宽 110 m、高 21 m，地下深 31 m，所有垃圾处理焚烧设备全部安置在地下，是世界上深入地下最深的垃圾发电处理厂。[1]2009 年，该厂建成投运。

2004 年，德国利用厌氧发酵处理废弃物发电技术的厌氧发酵厂达到 1 900 座，累计装机容量 27 万 kW。

2005 年，英国在斯塔福德郡建成世界上第一座以草作为燃料的大型生物质发电厂——草电厂。其造价约 1 200 万美元，用象草作为燃料生产蒸汽用以发电。[2]

2006 年，中国首个国家级生物质发电示范项目——山东省单县生物质发电项目建成投产。同年，中国生物质发电累计装机容量 220 万 kW，其中蔗渣热电联产 170 万 kW，农林废弃物、农业沼气、垃圾直燃和填埋气发电 50 万 kW。[3]

2008 年，英国在威尔士南部以木屑作为发电燃料，建造全球最大的生物质发电厂，装机容量为 350 MW。

2009 年，美国俄亥俄大学通过电解尿液获得氢气，用于燃料电池。但是，此方法本身耗电量太大，不宜推广。英国斯特莱斯克莱德大学通过电解尿液获取氢气，直接从尿液中成功获取"尿素能"。据测算，一个成年人一年的尿液所生产的"尿素能"可供一辆轿车行使 2 700 km。[4]

美国着力发展大型化循环流化床（CFBC）焚烧技术，在 Robbins、Hinois 建成日处理能力共计 1 600 t 城市垃圾的 CFBC 焚烧炉。底特律市拥有世界上最大的垃圾发电厂，处理规模达日均 4 000 t。[5]2011 年，美国生物质发电装机容量为 1 328 万 kW，生物质发电量为 570 亿 kWh，占可再生能源发电量的 11%。其中，城市有机垃圾发电装机容量约 370 万 kW，年发电量约 164 亿 kWh。[6]

2011 年，中国建成投产世界最大的生物质发电厂——广东粤电湛江 2×50 MW 生物质发电厂。

21 世纪初，丹麦共有秸秆发电厂 130 座，同时还有一些以木屑或垃圾为燃料的发电厂，秸秆发电等可再生能源消费量占丹麦全国能源消费量的比例达 24% 以上。丹麦还向世界各地输出秸秆燃烧发电技术，2000 年在英国建成世界上最大的秸秆发电厂——坎贝斯生物质能发电厂，装机容量 3.8 万 kW。[7]丹麦共在 22 个国家和地区建成 300 多座垃圾焚烧厂，其中 40 多座建在丹麦本国，50 多座在日本，28 座在法国，5 座在中国香港，1 座在菲律宾。[8]

在各国的共同努力下，世界生物质发电规模日益扩大。2004 年，世界生物质发电总装机容量 3 900 万 kW，年发电量约 2 000 亿 kWh，可替代 7 000 万 t 标准煤，是风能、太阳能、地热能等其他

[1] 北京市市政市容管理委员会：《垃圾的故事》，北京出版社，2014，第 71 页。
[2] 翁史烈主编《话说生物质能》，广西教育出版社，2013，第 110 页。
[3] 刘振亚主编《智能电网知识读本》，中国电力出版社，2010，第 73 页。
[4] 翁史烈主编《话说生物质能》，广西教育出版社，2013，第 125 页。
[5] 汪玉林主编《垃圾发电技术及工程实例》，化学工业出版社，2003，第 12 页。
[6] 国家可再生能源中心：《国际可再生能源发展报告 2012》，中国经济出版社，2013，第 56 页。
[7] 中国电气工程大典编辑委员会：《中国电气工程大典·第 7 卷》，中国电力出版社，2010，第 381 页。
[8] 汪玉林主编《垃圾发电技术及工程实例》，化学工业出版社，2003，第 13 页。

可再生能源发电量的总和。[①]2006 年，全球共有各种生活垃圾处理厂 2 100 座（不完全统计），其中有 1 000 多座带发电装置，年焚烧生活垃圾总量 1.65 亿 t。[②]2009 年，世界生物质发电总装机容量 5 400 万 kW，主要分布在美国、日本、瑞典、德国、芬兰、英国、奥地利等。同年，中国生物质发电总装机容量为 320 万 kW。[③]2011 年，全球生物质发电总装机容量约为 7 200 万 kW。

至今，城市生活垃圾燃烧发电技术已经实现商业化应用，但在生物质气化发电方面还停留在研究和示范阶段。生物质 IGCC（煤气化联合循环发电技术）是一种先进的生物质气化发电技术，能耗比常规系统低，总体效率高于 40%，但其成本高，经济性较差。以意大利 12 MW 的 IGCC 生物质气化发电示范项目为例，建设成本高达 25 000 元 /kW，发电成本约 1.2 元 /kWh，因此还无法实现商业化发展。[④]

三、生物（燃料）乙醇

生物乙醇是乙醇的一种类型，与之对应的是合成乙醇。生物乙醇可以作为燃料使用，又称燃料乙醇。通俗地，乙醇称为酒精。早在远古时代，人们将含淀粉的物质发酵制成酒。到了 12 世纪，人们在蒸馏葡萄酒时，第一次从酒中分离出酒精。直到 20 世纪 30 年代以前，发酵仍然是制造乙醇的唯一工业生产方式。[⑤]进入 21 世纪，世界各国积极发展燃料乙醇，燃料乙醇产业规模迅速扩大，年产量由 2001 年的 1 456 万 t 增至 2011 年的 6 794 万 t（表 17-44），10 年间增长 3.7 倍。

表 17-44　世界生物（燃料）乙醇开发利用进程

时间 / 年	事件
1923	巴西首次在汽油机上使用 100% 乙醇
1930	美国在内布拉斯加州推出乙醇汽油
1931	巴西提出推广乙醇燃料的第一部法律
1931	巴西发布世界首个燃料乙醇标准
1939	"二战"前夕，德国替代燃料消耗占轻发动机燃料消耗的 50% 以上
1975	巴西推出世界首个"国家燃料乙醇计划"
1977	巴西在圣保罗推广 E20 乙醇汽油
1978	法国立法允许在汽油中加入 3% 乙醇
1978	美国《能源税收法案》鼓励使用乙醇汽油
1979	美国联邦政府制订"乙醇汽油计划"
1980	巴西制成世界第一架"燃料乙醇飞机"
1985	巴西以乙醇为燃料的汽车占新增汽车的比例达到 96%

① 尹忠东、朱永强主编《可再生能源发电技术》，中国水利水电出版社，2010，第 217 页。

② 北京市市政市容管理委员会：《垃圾的故事》，北京出版社，2014，第 34 页。

③ 周冯琦主编《上海新能源产业生存环境 2011》，学林出版社，2011，第 195 页。

④ 中国电气工程大典编辑委员会：《中国电气工程大典·第 7 卷》，中国电力出版社，2010，第 382 页。

⑤《中国大百科全书》总编委会：《中国大百科全书·第 26 卷》第 2 版，中国大百科全书出版社，2009，第 336 页。

续表

时间 / 年	事件
1992	欧盟对成员国发展生物燃料乙醇和生物柴油生产实行免税政策
1999	世界乙醇产量达 300 亿 L
2000	泰国开始实施"燃料乙醇计划"
2001	中国宣布将推广"车用乙醇汽油"
2001	全球燃料乙醇产量达 1 456 万 t
2003	欧盟出台"生物燃料指令"
2004	全球燃料乙醇产量超过 2 000 万 t
2006	加拿大立法规定在汽油中加入生物燃料
2007	英国建成国内第一座生物乙醇装置
2007	巴西市场只售乙醇汽油，是世界上唯一不出售纯汽油的国家
2008	世界燃料乙醇产量超过 5 000 万 t
2010	世界燃料乙醇产量超过 6 000 万 t
2011	世界燃料乙醇产量达 6 794 万 t

资料来源：作者整理。

（一）燃料乙醇的原料来源

生物乙醇主要是以甘蔗、甜菜、木薯、玉米、土豆等农作物为原料制取（表 17-45）。大约 1 270 kg 制糖甘蔗可生产 100 L 乙醇，545 kg 木薯可生产 100 L 乙醇，268 kg 玉米（湿磨）可生产 100 L 乙醇（表 17-46）。每年种植 1 公顷甘蔗，可生产 3 500 ～ 8 000 L 乙醇；每年种植 1 公顷木薯，可生产 1 700 ～ 11 050 L 乙醇；每年种植 1 公顷玉米，可生产 600 ～ 1 949 L 乙醇（表 17-47）。除了可用农作物生产生物乙醇，也可以从原油、天然气和煤炭中获得合成乙醇，但合成乙醇产量所占比例低，20 世纪末仅占乙醇总产量的 7%。

表 17-45　制造乙醇的原料

类型	举例
含糖类植物	甘蔗、甜菜
粮食作物	玉米、小麦、薯类
能源植物	柳枝稷、速生杨树
农林废弃物	秸秆、树枝
工业废液	造纸废液、饮料业废液
城市固体垃圾	纤维类垃圾
矿物原料	原油、天然气、煤炭

资料来源：作者整理。

表 17-46　生产 100 L 乙醇所需原料（其中之一）的质量

单位：kg

原料	质量[1]	原料	质量
甜高粱	1 400	玉米（湿磨）	268
制糖甘蔗	1 270	玉米（干磨）	258
菊芋	1 250	小麦	260
制糖甜菜	1 030	高粱	240
木薯	545	小米	230
木材	385	水稻	225
糖蜜	360		

资料来源：作者整理。参考金斯曼主编《糖》，初兆丰、夏华、颜福祥译，中国海关出版社，2003。

注：[1] 平均值，实际产量根据生产工艺和原料质量而变化。

表 17-47　用于制取乙醇的作物原料及产量

作物名称	作物产量 / [t/（hm²·a）]	乙醇产量	
		/（L/t）	/[L/（hm²·a）]
甘蔗[1]	50～90	70～90	3 500～8 000
甜高粱秆	45～80	60～80	1 750～5 300
甜菜	15～50	90	1 350～5 500
饲料甜菜	100～200	90	4 400～9 350
小麦	1.5～2.1	340	510～714
大麦	1.2～2.5	250	300～625
玉米	1.7～5.4	360	600～1 949
高粱	1.0～3.7	350	350～1 295
木薯	10～65	170	1 700～11 050
甘薯	8～50	167	1 336～8 350
土豆	10～25	110	1 110～2 750

资料来源：中国农业百科全书编辑部：《中国农业百科全书·农业工程卷》，农业出版社，1994，第 360 页。

注：[1] 用甘蔗每生产 1 t 糖，大致可得糖蜜 300 kg，每吨糖蜜可制乙醇 245 L。

（二）燃料乙醇生产

从 20 世纪 20 年代起，乙醇被作为燃料掺入汽油中使用，人类社会对乙醇的需要日渐增加，燃烧乙醇生产逐渐发展起来。

1. 石油危机之前

20 世纪 20 年代，巴西开始研发燃料乙醇。1931 年，巴西颁布世界首个燃料乙醇生产技术标准（RFD NO.20356）。

苏联第一个五年计划已经预见依托农产品生产的乙醇在工业中会有广泛使用（燃料、乙烯及其产物的生产）。[1]20 世纪 30 年代中期，苏联用造纸厂废料等作为原料，开始建设生物质加工厂集中在苏联的北部和西伯利亚地区，以便满足对工业酒精的需求。20 世纪 50 年代，建成 3 家合成乙醇厂，年生产能力均为 18 万 t。

德国等一些欧洲国家，为了减少对进口石油的依赖，大力扶持乙醇生产，甚至强制要求在汽油中掺混乙醇，努力发展替代燃料。1935 年，德国乙醇产量达到 1 500 万桶。

第二次世界大战后，世界石油工业迅速发展，廉价石油大量供应，国际市场上每桶石油仅为 2～3 美元，廉价石油迅速占领车用燃料市场，燃料乙醇的生产和消费受到极大冲击，巴西、美国等国家燃料乙醇的发展停滞不前，世界燃料乙醇产业未能得到实质性发展。

2. 石油危机后

20 世纪 70 年代初的石油危机爆发后，许多国家为了减少对石油的依赖，开始积极寻找替代燃料。与此同时，国际上环境保护的呼声也日益高涨，美国、加拿大、意大利等国家为了降低废气排放量，开始重视对乙醇燃料的研究与应用。在此推动下，全球燃料乙醇产业得到快速发展。

石油危机爆发时，巴西是世界上最依赖石油进口的国家之一。[2]1973 年，巴西 80% 的燃料依赖进口，并因油价暴涨而使巴西进口石油的损失高达 40 亿美元。[3]1976 年，巴西进口能源所用外汇占比高达 32%，1979 年进一步提高到 46%。[4]为减轻对进口能源的依赖和节省外汇的支出，寻找、开发国内替代能源就成为当时巴西最大的政治决策。于是，1975 年巴西出台了世界上第一个"国家燃料乙醇计划"。巴西政府先后采取一系列有力措施支持该计划：

（1）政府对国营垄断企业巴西石油公司生产的所有乙醇产品给予市场保证，规定其售价为每吨 400 美元，并对普通汽油消费实行交叉补贴。

（2）政府把乙醇消费价格与加油站的汽油价格挂钩，按汽油价格的 59% 出售乙醇，并且使汽油价格人为地保持在高水平上。

（3）政府以近 20 亿美元的补贴贷款，开发乙醇原料种植基地和乙醇生产基地，这些贷款大约占每年生产 160 亿 L 左右的乙醇所需总投资的 29%。[5]

（4）政府推动开发以乙醇为燃料的新产品，于 1980 年制成世界上第一架用乙醇作燃料的"乙醇飞机"。[6]

① 冯向法：《甲醇·氨和新能源经济》，化学工业出版社，2010，第 147 页。

② 金斯曼主编《糖》，初兆丰、夏华、颜福祥译，中国海关出版社，2003，第 122 页。

③ 曹湘洪、史济春主编《生物燃料与可持续发展》，中国石化出版社，2007，第 176 页。

④ 金斯曼主编《糖》，初兆丰、夏华、颜福祥译，中国海关出版社，2003，第 122 页。

⑤ 同上书，第 123 页。

⑥ 李春辉、苏振兴、徐世澄主编《拉丁美洲史稿·下卷》，商务印书馆，1993，第 437 页。

在此推动下，到 20 世纪 80 年代，巴西乙醇产业得到极大的发展。1990 年，巴西乙醇产量从 1978 年的 139 万 t 增至 953 万 t[①]，居世界首位。

从 20 世纪 80 年代末到 20 世纪 90 年代末，巴西的燃料乙醇产业经历了曲折的发展历程。由于 20 世纪 80 年代后半期巴西经济出现严重衰退和通货膨胀，1988—1989 年，巴西政府颁布新法规，对甘蔗种植、糖业和乙醇生产进行干预[②]，减少对乙醇生产的补贴，结果乙醇生产大幅下降。1992 年，巴西停止执行该法规及干预政策，鼓励甘蔗种植、糖业和乙醇生产的企业组成联合体，使乙醇产业又发展起来。由于巴西政府硬性地将纯乙醇作为汽油的替代品，采取长期的补贴政策，每年补贴高达 7 亿～8 亿美元，无形中增加了政府和企业的负担，并使乙醇价格居高不下，部分产品积压。对此，巴西在 1996 年宣布实行第二期"国家乙醇计划"，开放乙醇市场，并在 1997 年放开无水乙醇的价格，1999 年取消对含水乙醇价格的管制。[③] 在此作用下，加上受旱灾因素影响，巴西乙醇产量下滑，从 1997—1998 年的 1 200 多万 t 降至 1999—2000 年的约 1 160 万 t。

在石油危机中，石油输出国组织联合抵制向美国出口石油，美国经济受到巨大冲击。对此，美国联邦政府于 1979 年制订"乙醇汽油计划"，提出到 1990 年美国至少要生产相当于当年汽油消费税 10% 的乙醇。一时间，美国乙醇产量猛增，1980 年用发酵法生产的乙醇产量从 1979 年的 8 000 万 gal 增至 32 000 万 gal。[④] 1990 年，美国乙醇产量达到 8.7 亿 gal（约 282 万 t）。[⑤] 到 20 世纪 90 年代后期，美国 21 个州中生产规模较大的乙醇工厂有 62 家，小厂有 200 多家，总的乙醇生产能力为 29 亿 gal/a，在建生产能力为 5 亿 gal/a，主要原料为玉米（约占 90%，高粱等其他原料占 10%）。[⑥] 2000 年，美国燃料乙醇产量超过 62 亿 L，总消费量甚至达到 63 亿 L。[⑦] 同年，美国玉米总产量中，有 8% 用来生产乙醇，乙醇产量达 559 万 t。到 2001 年 1 月，美国利用发酵法生产乙醇的企业共有 58 家，分布在 19 个州，总生产能力为 578 万 t/a。其中，年生产能力约达 100 万 t 的企业 1 家，50 万～60 万 t 的企业 2 家，四分之三的乙醇生产企业集中在明尼苏达州、威斯康星州、伊利诺伊州、内布拉斯加州等美国的玉米主产区。

20 世纪 90 年代，俄罗斯等欧盟国家也积极发展以农作物为原料的燃料乙醇。俄罗斯在 1990 年有 24 家利用木材生产乙醇的工厂，已安装设备的生产能力为 1.5 亿 L/a；2000 年共有 11 家工厂开工，生产乙醇 990 万 L。德国、英国、意大利、西班牙等国家先后建成一批乙醇生产企业，德国 1999 年乙醇产量 31.2 万 t（其中应用发酵技术生产的为 10 万～14 万 t），英国乙醇年产量为 43 万 t，意大利、西班牙的乙醇年产量均在 14 万 t 以上。[⑧] 津巴布韦用甘蔗生产乙醇，替代国内约 12% 的汽油总消耗量。

---

① 刘铁男主编《燃料乙醇与中国》，经济科学出版社，2004，第 46 页。

② 曹湘洪、史济春主编《生物燃料与可持续发展》，中国石化出版社，2007，第 176 页。

③ 金斯曼主编《糖》，初兆丰、夏华、颜福祥译，中国海关出版社，2003，第 124–125 页。

④ 刘铁男主编《燃料乙醇与中国》，经济科学出版社，2004，第 28–29 页。

⑤ 曹湘洪、史济春主编《生物燃料与可持续发展》，中国石化出版社，2007，第 178 页。

⑥ 张以祥、曹湘洪、史济春主编《燃料乙醇与车用乙醇汽油》，中国石化出版社，2004，第 17 页。

⑦ 金斯曼主编《糖》，初兆丰、夏华、颜福祥译，中国海关出版社，2003，第 125–126 页。

⑧ 刘铁男主编《燃料乙醇与中国》，经济科学出版社，2004，第 53 页。

到 20 世纪末，世界乙醇产量达到 300 亿 L（表 17-48），其中巴西 140 亿 L，美国 53 亿 L，欧洲 43 亿 L，中国和俄罗斯均为 25 亿 L，其他国家和地区 14 亿 L。

表 17-48   1999 年世界主要国家 / 地区乙醇产量[1]

国家 / 地区	产量 / 亿 L	原料
巴西	140	甘蔗、甜菜
美国	53	谷类农产品（主要是玉米）
欧洲	43	谷类农产品、甜菜
俄罗斯	25	谷类农产品、甜菜
中国	25	谷类农产品、薯类、甘蔗糖蜜和甜菜糖蜜
其他国家和地区	14	谷类农产品、薯类、甘蔗糖蜜和甜菜糖蜜
全球合计	300	—

资料来源：刘铁男主编《燃料乙醇与中国》，经济科学出版社，2004，第 22 页。

注：[1] 包括燃料、食用和工业乙醇。

3. 21 世纪以来

进入 21 世纪，世界各国继续致力发展燃料乙醇，全球燃料乙醇产量不断增长。2001 年全球燃料乙醇产量为 1 456 万 t，2008 年超过 5 000 万 t，到 2011 年达到 6 794 万 t（图 17-6），10 年间约增长了 3.7 倍。全球燃料乙醇生产主要集中在美洲，尤其是美国和巴西，2011 年两国产量占全球产量的比例高达 85.6%。同年，中国燃料乙醇产量排世界第三位。

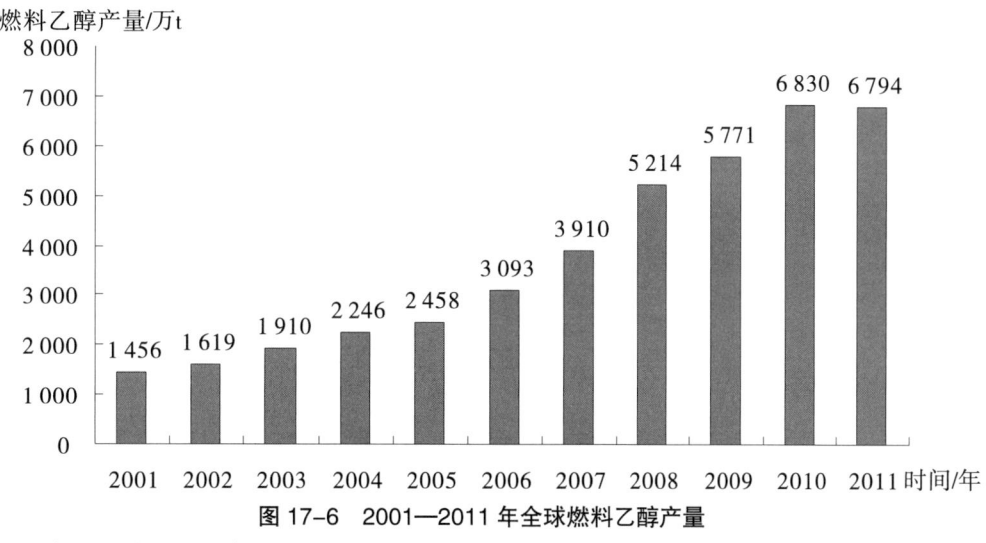

图 17-6   2001—2011 年全球燃料乙醇产量

资料来源：国家可再生能源中心：《中国可再生能源产业发展报告 2013》，中国经济出版社，2014，第 64 页。

（1）中国

2000 年，中国燃料乙醇产量为 230 万 t。2001 年，中国宣布推广使用车用乙醇汽油，批准 4 个产能共为 102 万 t/a 的燃料乙醇试点项目，分别为安徽丰原生化公司 32 万 t 燃料乙醇项目、吉林燃料乙醇公司 30 万 t 燃料乙醇项目、黑龙江华润酒精公司 10 万 t 燃料乙醇项目。它们以陈化粮为主要原料制造燃料乙醇，按 10% 的配比掺入汽油中。2007 年在广西建成全国首家非粮燃料乙醇生产企业。2006 年，中国乙醇产量达到 581 万 t，比 2000 年翻了一番多。[①]

随着车用乙醇汽油试点的推进，中国燃料乙醇生产规模日益扩大，2005 年中国的燃料乙醇产量为 102 万 t，2011 年提高到 194 万 t，居全球第三位。2012 年，中国燃料乙醇产量增至 202 万 t（图 17-7）。

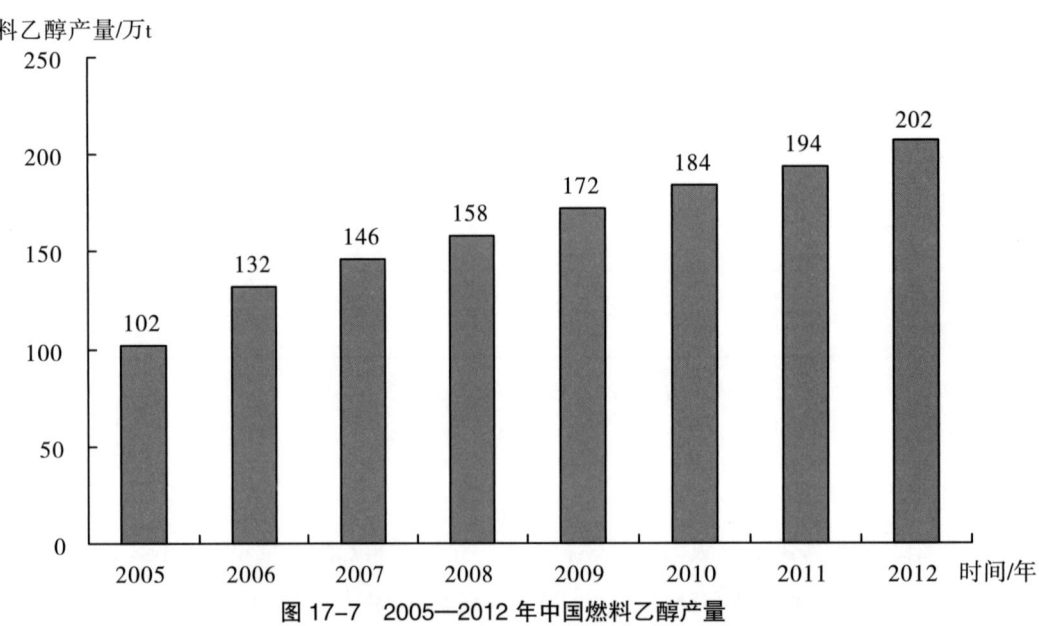

图 17-7　2005—2012 年中国燃料乙醇产量

资料来源：国家可再生能源中心：《中国可再生能源产业发展报告 2013》，中国经济出版社，2014，第 98 页。

（2）美国

美国从 2004 年起在新配方汽油中禁止使用 MTBE，大力推广应用车用燃料乙醇，有力地推动了燃料乙醇生产的加速发展。2001 年美国燃料乙醇产量为 496 万 t，2006 年燃料乙醇产量达到 1 420 万 t，首次超过巴西，成为世界上最大的燃料乙醇生产国。2011 年，美国乙醇产量增至 4 153 万 t[②]，占全球的 61.1%（表 17-49）。从 2010 年起，美国从以前一直是燃料乙醇的净进口国变为出口国，当年出口燃料乙醇 118 万 t，2011 年增至 355 万 t，其中 2011 年向巴西出口乙醇占美国总出口燃料乙醇的比例达 1/3。

表 17-49　2001—2011 年美国燃料乙醇产量

时间 / 年	产量 / 万 t	时间 / 年	产量 / 万 t
2001	496	2006	1 420
2002	645	2007	1 821
2003	840	2008	2 941[1]
2004	1 044	2009	2 997
2005	1 250	2011	4 153

资料来源：作者整理。主要参考国家可再生能源中心：《国际可再生能源发展报告 2013》，中国经济出版社，2014。

注：[1] 估计数。

① 崔凯主编《中国生物质产业地图》，中国轻工业出版社，2007，第 92 页。

② 国家可再生能源中心：《国际可再生能源发展报告 2012》，中国经济出版社，2013，第 65 页。

（3）巴西

随着生产技术的进步，巴西燃料乙醇的生产成本不断下降，由 1980 年的 830 美元 /t 下降到 2002 年的 239 美元 /t。[1]2004 年，国际油价为 40 ～ 50 美元 / 桶，而巴西乙醇价格仅为 32 ～ 33 美元 / 桶[2]，这对发展乙醇汽油具有吸引力。同年，巴西乙醇产量达 1 152 万 t，其中 971 万 t 用于国内消费，181 万 t 出口到印度、日本、美国等国家，是世界上最大的乙醇产品出口国。2006 年，巴西生产燃料乙醇为 1 380 万 t，其中出口到美国 139 万 t[3]，占巴西全部出口量的 1/2 以上（约为 59%）。2008 年，巴西甘蔗种植面积从 2004 年的 540 万 hm^2 增至大约 800 万 hm^2。[4]

2011 年，受国内干旱、糖价上涨等因素影响，巴西燃料乙醇产量大减，仅为 1 659 万 t，比 2010 年下降 30%。[5]由于国内减产，巴西增加了对美国燃料乙醇的进口量。同年，巴西乙醇产量占全球总量的 24.4%，居世界第二位。

（4）欧盟

欧盟议会发布 "生物燃料指令"，要求 2005 年生物燃料占运输燃料的比例为 2%，2010 年提高到 5.75%（体积分数，基于能源含量）。2005 年，欧盟燃料乙醇产量 72 万 t，比 2004 年增长 73%。但是，仍无法满足消费需求，同年消费量达 90 万 t。[6]德国糖业 Suedzucker 公司投资 1.85 亿欧元，在德国蔡茨建成 26 万 m^3/a 的大型燃料乙醇生产装置，该装置是欧洲最大的乙醇生产装置。[7]西班牙燃料乙醇产量为 24 万 t，居欧盟 25 国之首。2006 年，德国的燃料乙醇产量从 2005 年的 1.65 亿 L 提高到 4.31 亿 L，超过西班牙，成为欧盟第一大生物燃料生产国。2007 年，英国建成国内第一座生物乙醇生产装置，乙醇生产能力为 5.5 万 t/a，以当地甜菜为原料。

2011 年，欧盟燃料乙醇产量为 358 万 t，占全球总量的 5.3%。其中，法国燃料乙醇产量约 87 万 t，德国约 63 万 t。

（5）其他国家

泰国于 2000 年开始实行燃料乙醇计划。2003 年，开工建设生产能力为 0.72 万 t/a 的第一套商业化乙醇装置，建成 2 家合计生产能力为 10.8 万 t/a 的燃料乙醇厂。[8]

加拿大于 2007 年宣布在 9 年内投资 15 亿美元发展生物燃料。2011 年，加拿大燃料乙醇产量达 138 万 t。

四、生物柴油

生物柴油是一种可再生能源，用植物油、动物脂肪制作而成，可用作柴油机燃料，是人造石油的

---

[1] 曹湘洪、史济春主编《生物燃料与可持续发展》，中国石化出版社，2007，第 387 页。
[2] 钱伯章：《生物乙醇与生物丁醇及生物柴油技术与应用》，科学出版社，2010，第 11 页。
[3] 曹湘洪、史济春主编《生物燃料与可持续发展》，中国石化出版社，2007，第 387 页。
[4] 约翰·塔巴克：《生物燃料——土地和粮食的忧患》，冉隆华译，商务印书馆，2011，第 70 页。
[5] 国家可再生能源中心：《国际可再生能源发展报告 2012》，中国经济出版社，2013，第 229 页。
[6] 曹湘洪、史济春主编《生物燃料与可持续发展》，中国石化出版社，2007，第 391 页。
[7] 钱伯章：《生物乙醇与生物丁醇及生物柴油技术与应用》，科学出版社，2010，第 8 页。
[8] 曹湘洪、史济春主编《生物燃料与可持续发展》，中国石化出版社，2007，第 394 页。

一种。"生物柴油"一词即来自英文单词"柴油机"。1892 年，德国发明家鲁道夫·狄塞尔发明柴油机。1898 年，柴油机在商业上获得成功。1900 年在巴黎世博会上，狄塞尔用花生油作燃料，发动了他发明的柴油机。[①]20 世纪上半叶，人们开始研发生物柴油，1973 年石油危机后生物柴油逐渐发展起来，1990 年实现生物柴油工业化生产，2002 年全球生物柴油产量超过 100 万 t，2011 年全球生物柴油产量达 1 797 万 t（表 17-50），生产规模不断扩大。

表 17-50　世界生物柴油开发利用进程

时间 / 年	事件
1897	德国发明家狄塞尔发明柴油机
1900	在巴黎世博会上狄塞尔用花生油作燃料发动了柴油机
1937	比利时科学家沙瓦纳获世界上第一项有记录的生物柴油发明专利
1942	沙瓦纳在一份报告中公布了将棕榈油乙酯转化为燃料的制造方法
1980	美国进行大豆油替代柴油燃料研究
1980	南非进行天然油脂与柴油混合使用研究
1982	Georing 等人用乙醇水溶液与大豆油制成微乳状液
1983	美国科学家 Craham Quick 将可再生的脂肪酸甲酯定义为生物柴油（狭义）
1984	美国和德国等国的科学家对广义上的生物柴油做出定义
1985	奥地利建成生物柴油生产中试装置
1990	奥地利以菜籽油为原料实施工业化生物柴油生产
1991	奥地利发布世界第一个以菜籽油甲酯为基准的生物柴油标准
1992	奥地利首先推广拖拉机使用生物柴油燃料
1992	德国凯姆瑞亚·斯凯特公司开发出连续化的生物柴油生产装置
1992	美国 P&G 公司用大豆生产出生物柴油 36 000 gal
1993	Pioch 等人用催化裂解技术对植物油制生物柴油进行研究
1994	美国 EPA（美国国家环境保护局）出台法规，鼓励使用生物柴油
1996	欧洲成立生物柴油委员会
1999	日本建成以煎炸油为原料的工业化生物柴油试验装置
2001	中国河北建成国内第一家生物柴油工厂
2002	美国出台生物柴油标准（ASTM D6751）
2002	全球生物柴油产量超过 100 万 t
2003	欧盟颁布生物柴油燃料标准
2003	印度开始种植生物柴油原料作物——麻疯树
2004	巴西颁布实施生物柴油的临时法令
2004	德国立法允许石油公司在化石柴油中掺入 5% 的生物柴油
2005	南非建成非洲第一家生物柴油工厂

[①] 查罗纳主编《改变世界的 1001 项发明》，张芳芳、曲雯雯译，中央编译出版社，2014，第 645 页。

续表

时间 / 年	事件
2008	全球有 63 个国家（或地区）生产生物柴油
2008	全球生物柴油产量超过 1 000 万 t
2011	荷兰在鹿特丹建设欧洲最大的年产 80 万 t 生物柴油装置
2011	荷兰航空公司在世界上首次使用生物柴油进行商业飞行
2011	全球生物柴油产量达 1 797 万 t

资料来源：作者整理。

（一）20 世纪

1937 年，比利时科学家沙瓦纳以棕榈油为燃料，发明了生物柴油，被授予一项名为"植物油转化为燃料的过程"的发明专利。在这项专利中，沙瓦纳描述了将棕榈油与乙醇混合制成生物柴油的方法。第二年夏季，沙瓦纳做了一场实验，一辆汽车用该发明生产出来的燃料，从布鲁塞尔开到了卢万。1942 年，沙瓦纳发表了该项专利技术。如今，"科学家们仍认可这是第一份制造生物柴油的记录"。[1]1973 年第一次石油危机后，欧美、非洲等国家和地区开始重视生物柴油的研发和应用。

美国是世界大豆王国，每年生产大量大豆油，除用于食用，还有剩余。若能用大豆油替代柴油，除可应对化石能源危机，还可使剩余的大豆油物尽其用。于是，从 1980 年开始，美国进行大豆油替代柴油的研究。当时，因将普通的大豆油掺入柴油中两者并不相容，并且普通的大豆油中所含的甘油不能完全燃烧，容易结焦，致使普通的柴油机无法用普通的大豆油作为燃料。

也在 1980 年，石油短缺的南非开展了将天然油脂与柴油混合使用的研究。由于当时禁止进口石油，Caterpillar Brazil 工程师将 10%、20% 的葵花籽油与柴油混合使用，结果获得了成功。此后，Ziejewshki 等人将葵花籽油与柴油以 1∶3 的体积比混合，测得该混合物在 40 ℃下的运动黏度为 4.88×10^{-6} m²/s。由于美国材料与试验协会（ASTM）规定的最高运动黏度应低于 4.0×10^{-6} m²/s，因而该混合燃料不适合在直喷柴油发动机中长时间使用。研究人员还对红花油与柴油的混合物进行试验，其运动黏度令人满意，但在长期的使用过程中该混合物仍会导致润滑油变浑。[2]

由于用动植物油替代柴油作为燃料存在动植物油黏度高、容易积炭、致使润滑油变浑等问题，Georing 等人在 1982 年用乙醇水溶液与大豆油制成微乳状液。这种微乳状液除十六烷值较低外，其他性质均与 2# 柴油相似。1984 年，Ziejewshki 等将 53.3% 的冬化葵花籽油、13.3% 的甲醇以及 33.4% 的 1-丁醇制成乳状液，进行 200 小时的实验室耐久性测试，没有出现严重的恶化现象，但仍存在积炭和润滑油黏度增加等问题。[3]

1982 年前后，德国和奥地利的科学家在柴油引擎中用菜籽油甲酯进行实验。[4]

---

[1] 查罗纳主编《改变世界的 1 001 项发明》，张芳芳、曲雯雯译，中央编译出版社，2014，第 645 页。

[2] 李昌珠、蒋丽娟、程树棋：《生物柴油——绿色能源》，化学工业出版社，2005，第 5—6 页。

[3] 同上书，第 6 页。

[4] 曹湘洪、史济春主编《生物燃料与可持续发展》，中国石化出版社，2007，第 397 页。

1983 年，美国科学家 Craham Quick 首先将亚麻籽油甲酯用于柴油机，燃烧了 1 000 小时。同时他将可再生的脂肪酸甲酯定义为生物柴油 "Biodiesel"，此即狭义上所说的生物柴油。

1983 年，Amans 等人将脱胶的大豆油与 2# 柴油分别以 1∶1 和 1∶2 的比例混合，在直接喷射涡轮式柴油发动机上进行 600 小时的试验。当两种油品以 1∶1 混合时，会出现润滑油变浑以及凝胶化现象；以 1∶2 混合时不会出现这种现象，可以作为农用柴油机的替代燃料。[①]

1984 年，美国和德国等国的科学家开展脂肪酸甲酯或乙酯代替柴油的研究。在此基础上，形成了广义上的生物柴油定义：生物柴油是指以油料作物、野生油料植物和工程微藻等水生植物油脂，以及动物油脂、餐饮废油等为原料油，通过酯交换工艺制成的可供内燃机使用的甲酯或乙酯燃料。[②]

1985 年，奥地利建成以新工艺（常温、常压）生产菜籽油甲酯的中试装置。

巴西在 20 世纪 80 年代推出了"生物柴油计划"，并进行试验性生产。但因成本过高，没有扩大生产规模。

20 世纪 80 年代中后期，美国、法国等国家相继成立专门的生物柴油研究机构，投入大量人力、物力、财力，以推动生物柴油的开发。

进入 20 世纪 90 年代，随着柴油机技术的长足进步，生物柴油开发应用取得重要进展。

奥地利 1990 年以菜籽油为原料，实现生物柴油的工业化生产。1991 年，奥地利标准局发布世界上第一个生物柴油标准。[③]1992 年，奥地利在拖拉机燃料中推广使用生物柴油，生物柴油的生产能力为 2.3 万 t/a，成为生物柴油成功走向市场的里程碑。[④]

德国凯姆瑞亚·斯凯特公司于 1991 年开发出利用油菜籽生产生物柴油的生产工艺和设备[⑤]，1992 年在德国北部 Leer 市建成连续化的生物柴油生产装置，为生物柴油的工业化奠定了基础。[⑥]

美国能源信息署和环保署均在 1992 年提出用生物柴油作为汽车燃料。同年，美国 P&G 公司利用大豆油生产生物柴油 36 000 gal/a。此后，先后有 InterChem 公司、Twin Rivers Tech 公司等参加生产。

1993 年，Pioch 等人用催化裂解技术研发生物柴油。他们以椰油和棕榈油为原料，以 SiO_2/Al_2O_3 为催化剂，在 450 ℃下裂解，得到气液固三相，其中液相的成分为生物汽油和生物柴油。分析表明，该生物柴油与普通柴油的性质非常相近。[⑦]

1994 年，美国国家环境保护局公布法规，限制新购置非道路（如农场）的重型柴油引擎（如推土机）的废气排放，以促进生物柴油等替代燃料的使用。[⑧]

1995 年，日本开始研究生物柴油，并于 1999 年建成 259 L/d 的以煎炸油为原料生产生物柴油的工业化试验装置。

---

① 李昌珠、蒋丽娟、程树棋：《生物柴油——绿色能源》，化学工业出版社，2005，第 6 页。

② 同上书，第 3 页。

③ 同上书，第 14 页。

④ 曹湘洪、史济春主编《生物燃料与可持续发展》，中国石化出版社，2007，第 397 页。

⑤ 吴谋成主编《生物柴油》，化学工业出版社，2008，第 6 页。

⑥ 程备久主编《生物质能学》，化学工业出版社，2008，第 177 页。

⑦ 李昌珠、蒋丽娟、程树棋：《生物柴油——绿色能源》，化学工业出版社，2005，第 7 页。

⑧ 吴谋成主编《生物柴油》，化学工业出版社，2008，第 8 页。

1996 年，德国、法国建成工业化生物柴油生产装置，在大众、奥迪等轿车中推广使用生物柴油。欧洲成立生物柴油委员会。

1996 年，世界生物柴油的估计生产量为 119.7 万 t（表 17-51）。其中，意大利 45.2 万 t，法国 28 万 t，比利时 24 万 t，德国 14.5 万 t，美国 5 万 t，澳大利亚 3 万 t。

表 17-51　1996 年世界生物柴油的估计生产量

国家	产量 / 万 t
澳大利亚	3.0
比利时	24.0
法国	28.0
德国	14.5
意大利	45.2
美国	5.0
全球合计	119.7

资料来源：日本能源学会：《生物质和生物能源手册》，史仲平、华兆哲译，化学工业出版社，2006，第 46 页。

到 20 世纪末，欧洲生物柴油产量达到 334.76 万 t（1999 年）。2000 年，欧洲市场上柴油车销量达到 440 万辆，比 1995 年翻了一番；德国的生物柴油产量达 45 万 t。[1] 同年，美国的生物柴油产量由 1999 年的 50 万 gal 猛增到 500 万 agl。[2] 在 1998 年世界生物柴油原料中，菜籽油占 84%，葵花籽油占 13%，其他原料占 3%。

（二）进入 21 世纪后

2001 年，法国、德国、意大利等欧盟国家的生物柴油产量突破 100 万 t。此后，全球研发、生产生物柴油的国家日渐增多，生产规模不断扩大，美国、德国、意大利、阿根廷、马来西亚等国家积极推广应用生物柴油（表 17-52）。

表 17-52　21 世纪初各国生物柴油的开发与应用

国家	原料	生物柴油比例[1]	应用状况
美国	大豆	B10 ～ B20	推广使用中
德国	油菜籽、豆油、动物脂肪	B5 ～ B20，B100	广泛使用中
巴西	蓖麻油	—	行车试验中
奥地利	油菜籽、废油脂	B100	广泛使用中
澳大利亚	动物脂肪	B100	研究推广中
法国	各种植物油	B5 ～ B30	研究推广中
意大利	各种植物油	B20 ～ B100	广泛使用中

① 李昌珠、蒋丽娟、程树棋：《生物柴油——绿色能源》，化学工业出版社，2005，第 14 页。

② 付玉杰、祖元刚：《生物柴油》，科学出版社，2006，第 10 页。

续表

国家	原料	生物柴油比例[1]	应用状况
瑞典	各种植物油	B2～B100	广泛使用中
比利时	各种植物油	B5～B20	广泛使用中
阿根廷	大豆	B20	推广使用中
保加利亚	葵花籽、大豆	B100	推广使用中
马来西亚	棕榈油	—	研究推广中
韩国	米糠、回收食物油和豆油	B5～B20	推广使用中
加拿大	桐油、动物脂肪	B2～B100	推广使用中

资料来源：侯元凯、刘庆雨主编《生物柴油树种栽培与利用》，中国农业出版社，2007，第14页。

注：[1]生物柴油比例是指燃料中所含生物柴油的体积百分比，比如B10表示燃料中所含生物柴油的体积为10%。

中国海南正和生物能源有限公司以林木果实种子油、废烹调油等为原料，2001年在河北建成国内第一个生产生物柴油的装置，年产生物柴油1万t，产品主要性能达到美国生物柴油的标准。[1]

美国2002年生物柴油销售量为5万t。2003年，美国生产生物柴油的工厂有22家，产量为6.18万t（表17-53）。美国材料与试验学会（ASTM）于2002年通过生物柴油标准（表17-54），并制定更加严格的用于石油生产的柴油标准，以促进生物柴油的发展。

表17-53　2003年美国生物柴油加工厂概况

公司名称	所在州	生产能力 / (t/a)	产量 /t	原料 / 备注
Ag Environmental Products	艾奥瓦	22 700	16 200	豆油
Ag Services，Inc	南达科他	—	9.5	
American Bio Fueks，LLC	加利福尼亚	16 600	—	
Biodiesel Industries	内华达	10 000	88	餐饮废油
Biodiesel of Las Vegas	内华达	—	—	
Bio-Energy Systens，LLC	加利福尼亚	—	—	
Columbus Foods	伊利诺伊	—	—	菜籽油
Corsicana Technologies	得克萨斯		285	Toll processor
Griffin Industries	肯塔基	5 000	3 830	动物脂肪
Huish Detergents	得克萨斯			向化工市场供应一元酯
Imperial Western Products	加利福尼亚	40 000	3 750	餐饮废油
Pacific Biodiesel	夏威夷（Oahu）	1 800		餐饮废油
Pacific Biodiesel	夏威夷（Maui）	500		餐饮废油
Peter Cremer NA	俄亥俄	—	18 450	向化工市场供应一元酯
Proctor and Gamble	加利福尼亚	—		向化工市场供应一元酯
Purada Processing，LLC	佛罗里达	33 000	143	菜籽油和黄脂膏
Renewable Alternatives	威斯康星			
Soy Solutions	艾奥瓦	1 600	134	

[1] 崔心存：《乙醇燃料与生物柴油》，中国石化出版社，2009，第10页。

续表

公司名称	所在州	生产能力 /（t/a）	产量 /t	原料 / 备注
Stepan Company	伊利诺伊	—	432	向化工市场供应一元酯
Texoga Technologies	得克萨斯	—	—	
Virginia Biodiesel Refinery	弗吉尼亚	—	—	
West Central Soy（Interwest）	艾奥瓦	33 000	18 500	豆油
总计		—	61 821.5	

资料来源：侯元凯、刘庆雨主编《生物柴油树种栽培与利用》，中国农业出版社，2007，第 15–16 页。

表 17–54　美国生物柴油标准（ASTM D6751）

性质	检测方法	标准 / 极值	单位
闪点	D93	130.0，极小值	℃
水及沉渣	D2709	0.050，极大值	%（体积）
动力学黏度，℃	D445	1.9 ～ 6.0	mm^2/s
硫酸盐灰分	D874	0.020，极大值	%（质量）
硫	D5453	0.001 5，极大值；或 0.05，极大值[1]	%（质量）
铜条侵蚀	D130	No.3，极大值	
十六烷值	D613	47 min	
浊点	D2500	—	℃
碳残余（100%，样品）	D4530	0.050，极大值	%（质量）
酸值	D664	0.80，极大值	mg KOH/g
游离丙三醇	D6584	0.020，极大值	%（质量）
总丙三醇	D6584	0.240，极大值	%（质量）
磷含量	D4951	0.001，极大值	%（质量）
蒸馏温度，大气的等价温度，90% 回收	D1160	360，极大值	℃

资料来源：侯元凯、刘庆雨主编《生物柴油树种栽培与利用》，中国农业出版社，2007，第 8 页。

注：[1] 等级为 S15 的生物柴油的硫含量（mg/kg）极大值为 0.001 5%，等级为 S500 的生物柴油则为 0.05%。

　　欧盟 2003 年颁布 EN 14 214 生物柴油标准（表 17–55）。德国 2004 年允许石油公司在石化柴油中掺入 5% 的生物柴油，从而使生物柴油销售量大幅度增长 1/3，达到 100 万 t，生物柴油占市场总份额的比例为 1.7%。[1] 同年，德国生物柴油生产能力超过 100 万 t，达到 109.7 万 t，是世界上最大的生物柴油生产国，也是世界上使用生物柴油最多的国家。[2]

① 黄凤洪主编《生物柴油制造技术》，化学工业出版社，2009，第 7 页。
② 曹湘洪、史济春主编《生物燃料与可持续发展》，中国石化出版社，2007，第 397 页。

表 17-55 欧洲生物柴油标准（EN14214）

性质	检测方法	标准 / 极值		单位
		极小值	极大值	
酯含量	EN 14103	96.5		%（m/m）
密度；15 ℃	EN ISO 3675 EN ISO 12185	860	900	kg/m³
黏度；40 ℃	EN ISO 3104 EN 3105	3.5	5.0	mm²/s
闪点	EN ISO 3679	120		℃
硫含量	EN ISO 20846 EN ISO 20884		10.0	mg/kg
碳残余（10%，残余）	EN ISO 10370		0.30	%（m/m）
十六烷值	EN ISO 5165	51		
硫酸盐灰分	ISO 3987	—	0.02	%（m/m）
水含量	EN ISO 12937	—	500	mg/kg
总污染物	EN 12662	—	24	mg/kg
铜条侵蚀（3 h，50 ℃）	EN ISO 2160	—	1	—
氧化稳定性；110 ℃	EN 14112	6.0	—	h
酸值	EN 14104	—	0.50	mg KOH/g
Lodine 值	EN 14111	—	120	Giodine/100 g
亚麻酸含量	EN 14103	—	12	%（m/m）
≥ 4 双键的 FAME 含量		—	1	%（m/m）
甲醇含量	EN 14110	—	0.20	%（m/m）
甘油一酸酯含量	EN 14105	—	0.80	%（m/m）
甘油二酸酯含量	EN 14105	—	0.20	%（m/m）
甘油三酸酯含量	EN 14105	—	0.20	%（m/m）
游离丙三醇	EN 14105 EN 14106	—	0.02	%（m/m）
总丙三醇	EN 14105	—	0.25	%（m/m）
碱金属（Na+K）	EN 14108 EN 14109	—	5.0	mg/kg
碱金属（Ca+Mg）	PrEN 14538	5.0	—	mg/kg
磷含量	EN 14107	10.0	—	mg/kg

资料来源：侯元凯、刘庆雨主编《生物柴油树种栽培与利用》，中国农业出版社，2007，第8-9页。

印度从 2003 年开始种植一种名为麻疯树的植物，这对印度发展生物柴油具有重要意义。麻疯树的果实可用于生产生物柴油，种植麻疯树可使印度数百万失业者有事可干，给当地穷困的农民带来经济收入，还可减少印度对进口石油的依赖。印度总理在 2003 年 8 月 15 日印度独立日纪念会上称，"如果我们能启动从植物中生产生物柴油的麻疯果计划，那么就可能为 3 600 万人提供就业，3 300 公顷贫瘠干旱的土地就可以开垦成油田"。[1] 两年后印度种的麻疯树结出了果实，第一批用麻疯果生产的生物柴油于 2005 年出现在印度的加油站中。

巴西政府 2004 年公布实施生物柴油的临时法令，宣布从 2007 年开始必须在矿物柴油中掺入 2% 的生物柴油，到 2012 年增至 5%。[2] 巴西总统说，"在未来的几年里，石油将不再是战争或一个石油消费国侵略一个石油生产国的原因"，"我们正在向世界证明从可再生能源中开发燃料是可能的"。[3]2005 年，巴西总统卢拉宣布启用巴西第一座用葵花籽、大豆、蓖麻籽等作原料，产能为 1 250 万 L/a 生物柴油的工厂。

2005 年，南非德班建成非洲第一座从植物油中提炼生物柴油的工厂。它由英国生物柴油公司 Dloil 建设，耗资 300 万美元。公司规划种植 5 000 公顷麻疯树，每年收获的种子可提炼 8 000 t 生物柴油。[4]

2006 年，菲律宾建成、投产以椰子作原料的生物柴油厂，可年产柴油 6 000 万 L。同年，澳大利亚再循环能源公司在新加坡裕廊岛上投资兴建以棕榈油为主要原料的世界最大生物柴油厂，可年产 180 万 t 生物柴油。

据有关统计，2008 年全球 5 大洲 63 个国家和地区生产生物柴油，生产能力达到 4 404.3 万 t/a，产量达到 1 696.4 万 t（表 17-56）。前 5 位生物柴油生产大国分别为：美国 306 万 t，德国 285 万 t，西班牙 150 万 t，法国 145 万 t，巴西 80 万 t。同年，中国生物柴油产量为 55 万 t，排第 7 位。

表 17-56　2008 年全球生物柴油供需情况统计

	国家/地区	产能/(t/a)	产量/万 t	进口量/万 t	出口量/万 t	消费量/万 t
北美	加拿大	25.0	9.0	5.0	—	14.0
	墨西哥	1.3	0.7	—	0.3	0.4
	美国	1 061.6	306.0	54.0	65.0	295.0
	小计	1 087.9	315.7	59.0	65.3	309.4
中南美	阿根廷	41.7	35.0	—	25.0	10.0
	巴西	220.9	80.0	—	—	80.0
	哥伦比亚	47.3	3.5	0.5	—	4.0
	厄瓜多尔	15.0	7.5	—	6.5	1.0
	洪都拉斯	1.9	1.0	—	—	1.0
	尼加拉瓜	0.2	0.2	0.4	—	0.5
	巴拉圭	0.1	0.1	1.0	—	1.0
	秘鲁	22.4	2.5	2.5	—	5.0
	乌拉圭	0.3	0.2	0.8	—	1.0
	小计	349.8	130.0	5.2	31.5	103.5

[1] 傅玉杰、祖元刚：《生物柴油》，科学出版社，2006，第 11 页。

[2] 李放、卜凡鹏主编《巴西："美洲豹"的腾飞》，民主与建设出版社，2013，第 63 页。

[3] 傅玉杰、祖元刚：《生物柴油》，科学出版社，2006，第 11 页。

[4] 同上书，第 14 页。

续表

国家 / 地区		产能 / (t/a)	产量 / 万 t	进口量 / 万 t	出口量 / 万 t	消费量 / 万 t
西欧	奥地利	50.9	20.0	16.0	—	36.0
	比利时	68.0	26.5	—	8.0	18.5
	丹麦	11.0	5.5	—	2.0	3.5
	法国	189.0	145.0	40.0	—	185.0
	德国	511.1	285.0	85.0	—	370.0
	希腊	43.9	15.0	—	1.5	13.5
	爱尔兰	17.8	9.0	—	3.5	5.5
	意大利	140.5	62.0	2.5	35.5	29.0
	卢森堡	1.0	0.5	3.0	—	3.5
	马耳他	0.3	0.3	0.3	—	0.6
	荷兰	90.8	35.0	10.0	19.5	25.5
	挪威	14.7	7.5	—	2.5	5.0
	葡萄牙	35.9	17.0	—	0.0	17.0
	西班牙	335.0	150.0	5.0	10.0	145.0
	瑞典	20.0	10.5	8.5	—	19.0
	瑞士	1.5	1.4	2.2	—	3.5
	英国	108.2	44.0	18.5	1.5	61.0
	小计	1 639.6	834.2	191.0	84.0	941.1
中东欧	波斯尼亚	0.5	0.4	—	—	0.4
	保加利亚	42.9	12.0	—	8.6	3.4
	克罗地亚	4.1	2.7	—	1.6	1.1
	捷克	33.8	15.0	—	6.7	8.3
	爱沙尼亚	5.8	3.5	—	1.0	2.5
	匈牙利	23.5	11.5	—	0.5	11.0
	拉脱维亚	18.1	5.0	—	3.0	2.0
	立陶宛	18.7	4.5	—	1.8	2.7
	马其顿	10.0	2.5	—	1.5	1.0
	波兰	56.0	24.0	1.0	5.0	20.0
	罗马尼亚	21.1	11.0	—	1.0	10.0
	塞尔维亚	11.0	5.0	—	4.0	5.0
	斯洛伐克	11.3	7.0	—	1.8	3.0
	斯洛文尼亚	4.5	2.8	—	—	1.0
	乌克兰	13.6	6.5	—	—	6.5
	小计	274.9	113.4	1.0	36.5	77.9

续表

国家 / 地区		产能 /（t/a）	产量 / 万 t	进口量 / 万 t	出口量 / 万 t	消费量 / 万 t
亚洲	中国[1]	198.5	55.0	40.0	5.0	90.0
	印度	70.9	40.0	10.0	—	50.0
	印度尼西亚	326.0	48.4	—	12.2	36.2
	日本	4.0	2.0	0.0	—	2.0
	马来西亚	141.9	51.6	—	28.5	23.2
	菲律宾	28.1	9.7	—	6.1	3.7
	新加坡	69.7	24.0	—	22.0	2.0
	韩国	34.0	9.0	—	—	9.0
	中国台湾	7.0	0.9	—	—	0.9
	泰国	57.4	21.5	—	10.1	11.4
	越南	0.0	0.5	—	—	0.5
	小计	937.5	262.6	50.0	83.9	228.9
非洲	埃及	2.0	0.5	—	0.5	0.0
	加纳	0.1	0.0	—	—	0.0
	南非	3.3	2.9	—	—	2.9
	坦桑尼亚	0.6	0.4	—	—	0.4
	小计	6.0	3.8	—	0.5	3.3
中东	塞浦路斯	0.9	0.5	0.2	0.5	0.7
	土耳其	48.7	15.0	—	0.5	14.5
	小计	49.6	15.5	0.2	1.0	15.2
大洋洲	澳大利亚	58.8	21.0	—	5.0	16.0
	新西兰	0.2	0.2	0.8	—	1.0
	小计	59.0	21.2	0.8	5.0	17.0
全球合计		4 404.3	1 696.4	307.2	307.7	1 696.3

资料来源：钱伯章：《生物乙醇与生物丁醇及生物柴油技术与应用》，科学出版社，2010，第 86-87 页。

注：[1] 不包括台湾地区的数据。

到 2011 年，全球生物柴油产量达到 1 797 万 t（图 17-8），与 2001 年相比增长了约 20 倍。欧洲仍是世界上生产生物柴油最多的地区，2011 年占全球市场的份额为 43%，与上年相比下降 10 个百分点。2011 年全球生物柴油产量前 5 位国家分别是：美国 267 万 t，德国 265 万 t，阿根廷 232 万 t，巴西 222 万 t，法国 134 万 t。[1] 同年，中国生物柴油产量约为 40 万 t。

[1] 国家可再生能源中心：《国际可再生能源发展报告 2012》，中国经济出版社，2013，第 71 页。

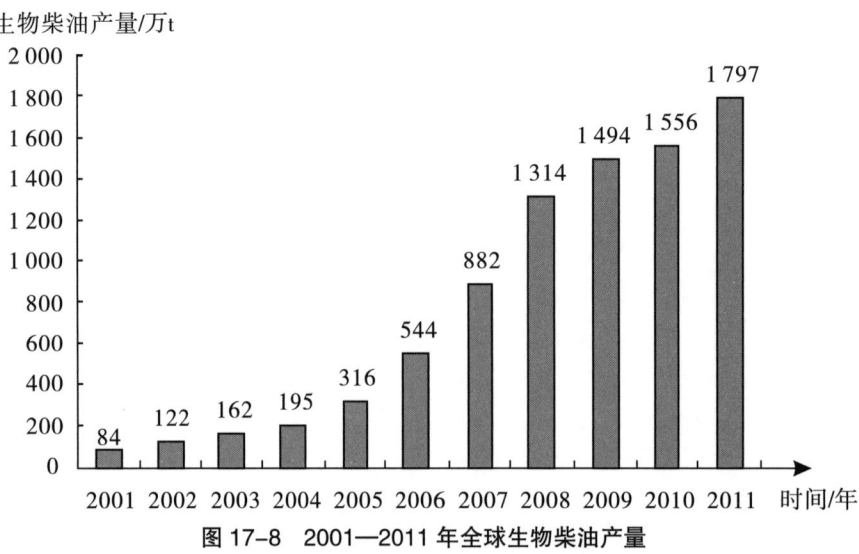

图 17-8　2001—2011 年全球生物柴油产量

资料来源：国家可再生能源中心：《国际可再生能源发展报告 2013》，中国经济出版社，2014，第 69 页。

如今，生物柴油的原料逐步从传统食用油料作物转向非食用的废弃油脂、专用能源油料作物或植物。芬兰耐斯特石油公司于 2011 年启动的位于荷兰鹿特丹的欧洲最大可再生柴油装置，设计产能为 80 万 t/a，可以使用几乎所有的植物油或废弃脂肪。生物柴油除作为车用交通燃料外，还成功应用到航空、航海领域。2011 年荷兰航空成为全球首家使用生物燃料进行商业飞行的航空公司，所使用的是由"地沟油"生产的生物航空煤油。从麻疯树果实中提取的生物柴油也已被用于新西兰航空和大陆航空的航班上。[1]生物柴油在能量、生态、安全性等方面，日渐显出其独到的优势（表 17-57），逐步成为重要的清洁可再生能源。

表 17-57　生物柴油和柴油的品质指标比较

指标名称		生物柴油	柴油
冷滤点（CFPP）	夏季产品 /℃	−10	0
	冬季产品 /℃	−20	−20
20 ℃的密度 /（g/ml）		0.88	0.83
40 ℃的密度 /（g/ml）		4～6	2～4
闪点 /℃（＞ 100）		＞ 100	60
可燃性（十六烷值）		最小 56	最小 49
热值 /（MJ/L）		32	35
燃烧功效（柴油＝ 100%）/%		104	100
硫含量 /（W，%）		＜ 0.001	＜ 0.2
氧含量 /（V，%）		10	0
燃烧 1 kg 燃料的最小空气耗量（按化学计算法）/kg		12.5	14.5
水危害等级		1	2
三星期后的生物分解率 /%		98	70

资料来源：侯元凯、刘庆雨主编《生物柴油树种栽培与利用》，中国农业出版社，2007，第 17 页。

---

[1] 国家可再生能源中心：《国际可再生能源发展报告 2012》，中国经济出版社，2013，第 73 页。

五、其他生物质能源

除了生物乙醇、生物柴油，各国还开发利用沼气、生物质成型燃料、生物丁醇等生物质能源。

（一）沼气

沼气，又称生物气，早期称为瓦斯，是在厌氧微生物作用下从植物残体等有机物中产生的一种可燃性气体，因多从沼泽底泥中产生而得名。[①]沼气也存在于煤矿坑中。

1776 年，意大利物理学家伏打通过实验测出沼气的主要成分是甲烷。[②]沼气中的甲烷含量一般在 50%～70%。到 20 世纪初，人们开始采用厌氧消化法进行沼气试验。20 世纪 20—30 年代，中国对沼气的研究与推广取得重要进展，罗国瑞经过 10 多年研究，于 20 世纪 20 年代在广东汕头建成中国最早的一座沼气池——长方形水压式沼气池。1929 年，他成立中国第一个沼气推广机构——汕头市国瑞瓦斯气灯公司。两年后，公司迁至上海，先后更名为"中华国瑞瓦斯总行""中华国瑞瓦斯全国总行"，并在全国各地设立分行。[③]1930 年左右，武汉工程师田立方开发出带搅拌装置的圆柱形水压式和分离式两种沼气池。

20 世纪 30 年代起，美国及其他国家的科学家在沼气厌氧发酵技术开发方面取得突破。1936 年，Barker 发现了能在合成培养基上发酵出乙醇、丙醇和丁醇的有机体，获得几个产甲烷细菌的纯培养物。1947 年，荷兰 Schnellen 分离出甲烷八叠球菌属和甲烷杆菌属的两个纯种。1950 年，美国微生物学家 R. E. Hungate 提出了厌氧培养技术，发明 Hungate 装置，促进了厌氧微生物学研究的发展。1967 年，Bryant 将奥氏甲烷芽孢杆菌分离纯化，揭示了种间分子氢转移的原理。[④]

20 世纪 50—70 年代，中国掀起推广应用沼气的热潮。田立方在武昌建设沼气池的经验经新闻媒体报道后在全国引起很大的轰动。对此，中国农业部门于 1958 年举办全国沼气技术培训班。同年 4 月，毛泽东考察武汉沼气应用展览时指示"这要好好地推广"，从而掀起了推广应用高潮，全国各地先后兴建沼气池数十万座。20 世纪 70 年代末，由于农村生活燃料严重缺乏，在河南、四川、江苏等地的推动下，短短几年间全国各地又兴建户用沼气池多达 700 万座。[⑤]但是，由于操之过急，建池质量跟不上，管理不善，沼气池使用寿命较短，大多数只用三五年便报废了。这两次沼气推广应用均以失败告终。

从 20 世纪 70 年代起，随着沼气技术的日渐成熟和对能源需求的扩大，亚洲、非洲、拉丁美洲等地区的发展中国家推广应用沼气日渐增多。尼泊尔利用丰富的牛粪资源制取沼气，从 1976 年开始推广沼气。[⑥]牙买加从 1978 年开始开发沼气，1988—1992 年建成 89 座沼气厂，1993 年又建成 120 座新的沼气厂。埃塞俄比亚于 1979 年首次引进沼气技术，在安博农业学院建成首批沼气池，到 20 世纪 90 年代全国建成大约 1 000 座沼气发电厂，2007 年开始实施一项国家沼气项目，共建有 600～700 座沼气池。哥伦比亚在德国咨询公司的协助下从 20 世纪 80 年代中期开始建设首个沼气厂，到 1992 年共建成

①《中国大百科全书》总编委会:《中国大百科全书·第 28 卷》第 2 版，中国大百科全书出版社，2009，第 116 页。
② 同上。
③ 张全国主编《沼气技术及其应用》，化学工业出版社，2005，第 1 页。
④ 程备久主编《生物质能学》，化学工业出版社，2008，第 129-130 页。
⑤ 张全国主编《沼气技术及其应用》，化学工业出版社，2005，第 2 页。
⑥ 陆刚主编《在科学的入口处：30 位能源科学家的贡献》，湖北少年儿童出版社，2007，第 62 页。

25 座沼气厂。玻利维亚的圣西蒙市立大学从 1986 年起与德国技术公司合作,到 1992 年玻利维亚共有 60 多座沼气厂,21 世纪初有超过 1 000 座沼气池在使用。古巴 20 世纪 40 年代引进浮顶沼气池和固定圆顶沼气池,20 世纪 80 年代建成大约 400 座沼气厂,到 2007 年大约有 700 座沼气厂在运行。2007 年,坦桑尼亚共有 2 821 座沼气厂,其中有 2 444 座为圆顶沼气池,运行中的有 1 900 座。[①]

沼气除了在家庭作照明、炊事使用,还可用来发电以及作为动力燃料应用。1987 年,欧洲建成第一座全部使用沼气作为燃料来发电的汽轮机发电厂。[②]1998 年,中国杭州天子岭填埋场建成国内首座沼气发电厂,总装机容量约 5 MW,年发电量约 5 400 MWh。[③]2002 年,德国开发出小型沼气燃气发电技术,沼气电站由 1999 年的 850 座猛增到 2000 年的 2 000 多座,拥有 800 个平均装机容量达到 60 kW 的发电装置,是世界上沼气工程密度最高的国家之一。[④]2003 年,瑞典 PURAC 公司将沼气净化后加以压缩,送到城市加油站供天然气汽车使用。瑞典全国使用车用沼气燃料的汽车有 5 000 多辆,实现了车用沼气的产业化发展。瑞典还有一列从斯德哥尔摩至海滨的火车也使用沼气作为燃料。[⑤]2007 年,中国上海建成亚洲最大的垃圾填埋中心,总投资 2 亿~ 2.5 亿美元,垃圾填埋中心所产生的沼气被用来发电。[⑥]

21 世纪初,中国和印度是世界上户用沼气最多的国家,2011 年中国拥有家庭沼气用户约 4 000 万户,印度约为 440 万户。[⑦]中国共有超过 1 亿农村人口用沼气进行炊事和照明。[⑧]欧洲是全球沼气商业化应用水平最高的地区,2011 年沼气总产量相当于 1 551 万吨标准煤,发电量为 359 亿 kWh,其中德国沼气产业处在欧洲领先地位,2011 年拥有厌氧发酵沼气厂 1 310 座,装机容量为 290 万 kW,发电量约为 194 亿 kWh,占德国电力总消费量的 3%。美国的沼气以垃圾填埋气为主,主要用于热电联产,2011 年垃圾填埋气发电量为 143 亿 kWh,186 座畜禽粪便养殖场沼气工程发电量超过 0.5 亿 kWh,576 座垃圾填埋气厂向 75 万户居民供热(相当于 212 万吨标准煤)。[⑨]

(二)生物质成型燃料

成型燃料是将分散的形体轻的生物质经压缩成型工艺和炭化工艺,加工成致密固化成型燃料。它最早是由英国的一家机械工程研究所用泥煤作原料研制出来的。[⑩]

20 世纪 30 年代,美国开始研发螺旋式成型燃料,德国、瑞典推广使用活塞成型燃料设备,市场上以锯末作原料的成型燃料最具有竞争力。

20 世纪 50 年代,日本开发出螺旋式成型机,销往美国、泰国等国以及中国台湾地区。此后,还

① 卡拉基恩尼迪主编《废气物能源化:发展和变迁经济中机遇与挑战》,李晓东、严密、杨杰译,机械工业出版社,2014,第 98-100 页。
② 陆刚主编《在科学的入口处:30 位能源科学家的贡献》,湖北少年儿童出版社,2008,第 64 页。
③ 中国电力科学研究院生物质能研究室:《生物质能及其发电技术》,中国电力出版社,2008,第 8 页。
④ 曹湘洪、史济春主编《生物燃料与可持续发展》,中国石化出版社,2007,第 312 页。
⑤ 中国可再生能源发展战略研究项目组:《中国可再生能源发展战略研究丛书·生物质能卷》,中国电力出版社,2008,第 8 页。
⑥ 陆刚主编《在科学的入口处:30 位能源科学家的贡献》,湖北少年儿童出版社,2008,第 79 页。
⑦ 国家可再生能源中心:《国际可再生能源发展报告 2012》,中国经济出版社,2013,第 58 页。
⑧ 李海滨、袁振宏、马晓茜等:《现代生物质能利用技术》,化学工业出版社,2012,第 61 页。
⑨ 国家可再生能源中心:《国际可再生能源发展报告 2012》,中国经济出版社,2013,第 58 页。
⑩ 袁振宏、吴创之、马隆龙等:《生物质能利用原理与技术》,化学工业出版社,2005,第 149 页。

开发出以水压、油压、机械为动力的生物质压缩成型设备。到 1984 年，日本有 172 家企业生产生物质压缩成型燃料，年产量为 26 万 t。

中国从 20 世纪 90 年代初开始从日本、美国、比利时等引进近 20 条生物质压缩成型燃料生产线，以锯末为原料生产致密成型燃料。到 20 世纪末，共有生物质压缩成型燃料厂 35 家。[①]

进入 21 世纪，欧美以及亚洲新兴市场的生物质成型燃料得到较快发展。2011 年，全球生物质成型燃料产量为 2 200 万 t，比上年增长 22%。其中，欧洲约有生物质成型燃料厂 670 家，产能超过 1 000 万 t/a，成型燃料消费量超过 1 200 万 t。瑞典、德国的成型燃料产量在 150 万 t/a 以上，瑞典成型燃料年消费量约达 200 万 t/a，德国为 100 万 t/a。美国约有 150 家成型燃料厂，产能达到 548 万 t/a，20% 的产品出口欧洲，成型燃料厂最大产能规模为 75 万 t/a。加拿大有成型燃料厂 38 家，产能为 293 万 t/a，2011 年向欧洲出口成型燃料 120 万 t。中国约有生物质成型燃料厂 250 家，产能超过 320 万 t/a，是世界上生物质成型燃料的主要生产国之一。日本由于国内生物质资源有限，生物质成型燃料的生产规模较小，成型燃料厂的生产能力均在 2 000 t/a 以下。[②]

（三）生物丁醇

丁醇是正丁醇、仲丁醇、异丁醇和叔丁醇 4 种有机化合物的总称。[③] 丁醇的化学性质与乙醇类似，含淀粉或糖的物质，例如玉米、木薯，经过发酵等工艺，可制得正丁醇和异丁醇。[④] 丁醇大多数作化工原料或材料使用，当今也作为燃料加以开发。

1916 年，以色列化学家哈伊姆·魏茨曼（C. Weizmann）发现 *Clostridium acetobutylicum* 菌株，通过土豆发酵，生产丁醇和丙酮。[⑤] 第二次世界大战时，日本飞机曾用丁醇作燃料。

20 世纪 50 年代，中国利用粮食、淀粉质农副产品，发酵制得丁醇、丙酮及乙醇。即以葡萄糖、磷、氮为底物，经淀粉糖通过细菌厌氧发酵得到丁醇、丙酮、乙醇的混合物，体积比例一般为 6∶3∶1。因这三种产物中丁醇含量最高，故被称为"丁醇燃料"。[⑥] 此后，由于石油化工的迅猛发展，发酵法制取丁醇日渐被淘汰。

2006 年，BP 公司与美国杜邦公司联合推出丁醇燃料。BP 公司还与英国联合食品有限公司在英国建造第一家生物丁醇燃料厂，用糖蜜生产丁醇。[⑦] 2009 年，英国糖业公司与 Vivergo 燃料公司等在英国建成、投产 4.2 亿 L/a 的规模级生物丁醇装置。

2008 年，美国加利福尼亚州大学研究人员对大肠杆菌进行加工，开发出一种生物生产长链醇燃料的新路线。次年，美国俄勒冈州一家公司采用热化学法工艺，用生物质和乳牛场粪便制成纤维素生物丁醇。俄亥俄州立大学对细菌发酵罐生产丁醇工艺进行创新，实现生物丁醇产量翻番。Gevo 公司在密

① 袁振宏、吴创之、马隆龙等：《生物质能利用原理与技术》，化学工业出版社，2005，第 6 页。
② 国家可再生能源中心：《国际可再生能源发展报告 2012》，中国经济出版社，2013，第 60-62 页。
③ 美国不列颠百科全书公司：《不列颠百科全书·第 3 卷》国际中文版（修订版），中国大百科全书出版社《不列颠百科全书》国际中文版编辑部编译，中国大百科全书出版社，2007，第 294 页。
④《中国大百科全书》总编委会：《中国大百科全书·第 5 卷》第 2 版，中国大百科全书出版社，2009，第 340 页。
⑤ 钱伯章：《生物乙醇与生物丁醇及生物柴油技术与应用》，科学出版社，2010，第 74 页。
⑥ 曹湘洪、史济春主编《生物燃料与可持续发展》，中国石化出版社，2007，第 412 页。
⑦ 同上。

苏里州建成 100 万 gal/a 生物丁醇装置。[1]

中国江苏联海生物科技有限公司以木薯为原料，于 2008 年在海门建成 20 万 t/a 生物丁醇装置。此外，中国还有多家企业用发酵法生产生物丁醇，分别为松原吉安生化有限公司（5 万 t/a）、江苏金茂源生物化工有限公司（3 万 t/a）、广西金源生物化工实业有限公司（3 万 t/a）、吉林凯赛生物技术有限公司（3 万 t/a）、通辽中科天元淀粉化工有限公司（1 万 t/a）、黑龙江昊华化工有限公司（5 000 t/a）、吉林中海化工有限公司（5 000 t/a）、唐山市冀东溶剂有限公司（5 000 t/a）。[2]

第 4 节　地热能

地热能是指地球内部蕴藏的热能。一般而言，地球内部的温度分布状态代表地球内部的热状态。F. 普雷斯根据安德森等人进行高压铁熔融试验曲线和地球物理测深的有关资料，推断出地球内部有代表性的温度为：上地幔顶部局部熔融开始的 100 km 以深的温度为 1 000～1 200 ℃；进入上地幔橄榄石、尖晶石相变区的 400 km 以深的温度为 1 500 ℃；地幔 – 地核边界 2 900 km 以深的温度为 3 700 ℃；内、外地核边界处 5 100 km 以深的温度为 4 300 ℃；地心 6 370 km 以深的温度为 4 500 ℃。根据随深度变小的地热增温率计算，至地壳底部的温度约为 910 ℃，至 100 km 深处的地幔顶部温度大约为 1 300 ℃。[3]据估计，从地球内部每年传到地球表面的热量，相当于 370 亿吨煤当量燃烧时产生的热量。[4]自从 20 世纪初人类第一次将地热能转化为电能并加以开发利用以来，不仅使地热发电的规模越来越大，而且还开发出地源热泵先进技术，大量地热被源源不断地从地下抽出来，直接应用到地热种养、食品加工、造纸工业、日常生活供热取暖、污水处理等各个领域（表 17–58）。根据 21 世纪可再生能源政策网络的统计，2011 年世界地热总利用量达到 738 PJ（按热量折合 205 TWh），其中三分之二是地热直接利用，三分之一是地热发电。[5]同年，全球地热发电总装机容量为 1 120 万 kW，比 2000 年增长 37.1%。

表 17–58　世界地热能开发利用进程

时间	事件
约公元前 1500 年	意大利出现温泉浴疗
约公元前 1046—前 771 年	中国人利用陕西华清池温泉沐浴治病
1827 年	在意大利拉德瑞罗地热田，人们用地热田中喷出的热蒸汽蒸干含硼的热泉水

[1] 钱伯章:《生物乙醇与生物丁醇及生物柴油技术与应用》，科学出版社，2010，第 74–75 页。

[2] 同上书，第 77 页。

[3] 刘时彬:《地热资源及其开发利用和保护》，化学工业出版社，2005，第 82 页。

[4] 本书编委员:《能源词典》第 2 版，中国石化出版社，2005，第 430 页。

[5] 国家可再生能源中心:《国际可再生能源发展报告 2012》，中国经济出版社，2013，第 78 页。

续表

时间	事件
1852 年	英国开尔文勋爵（又名汤姆孙）首先提出热泵的设想
1892 年	美国在博伊西市建成世界第一个地热能集中供热系统
1904 年	意大利在拉德瑞罗进行世界首次地热流体发电试验
1912 年	瑞士苏黎世建成世界第一个地源热泵系统
1913 年	意大利在拉德瑞罗地热田建成世界首座商业性地热电站
1931 年	美国爱迪生公司在洛杉矶办公楼最早应用大容量地源热泵
1946 年	美国在波特兰市中心建成第一个地源热泵系统
1951 年	英国建成土壤耦合热泵供暖系统
1958 年	新西兰怀拉基建成世界首座直接利用地热湿蒸汽发电的地热电站
1959 年	墨西哥在 Pathe 地热田建成国内第一座地热电站
1960 年	美国盖瑟斯建成世界首座大于 10 MW 的地热电站
1960 年	新西兰塔斯曼造纸有限公司将地热用于工业生产
1967 年	日本八丁原地热田投产世界首座二次闪蒸的地热电站
1967 年	苏联建成乌克兰堪察加地热电站
1967 年	菲律宾建成蒂威地热电站
1969 年	冰岛投产诺马夫雅地热电站
1969 年	美国俄勒冈州进行地热加温土壤的田间试验
1969 年	世界地热发电总装机容量达 673 MW
1972 年	美国在新墨西哥州进行干热岩体发电试验
1975 年	萨尔瓦多投产国内第一座 30 MW 的地热电站
1977 年	中国在西藏羊八井建成国内首个地热电站
1977 年	美国成立波尔盖特地热温室公司
1978 年	美国在内华达州成立地热食品加工厂
1983 年	挪威建成世界上最大的污水源热泵供热系统
1983 年	美国加利福尼亚州建成地热污水处理厂
1986 年	中国在天津建成地热水产养殖场
1988 年	美国在盖瑟斯建成世界上最大的地热发电站，总装机容量达 2 023 MW
1990 年	世界地热总装机容量达 5 832 MW
1994 年	位于哥斯达黎加西北部的中美洲最大地热田开始发电
1999 年	世界地热直接利用总装机容量达 15 144 MW
2000 年	世界地热发电总装机容量达 8 170 MW
2011 年	世界地热发电总装机容量达 11 200 MW
2011 年	世界地热直接利用总装机容量达 58 000 MW

资料来源：作者整理。

一、地热资源

地热资源主要指人类在技术、经济上可开发利用的地热能资源。人类当今可开发利用的主要是离地表 5 km 以内的地热能。

（一）地热资源的分类

1975 年，White 和 Williams 将地热资源分为对流型水热资源、其他水热资源、热岩资源三大类（表 17-59）。其中，对流型水热资源是当今世界开发利用的主要地热资源。

表 17-59　地热资源分类

资源类型	特征 /℃
1. 对流型水热资源 （1）以蒸汽为主型 （2）以热水为主型	240 $30 \sim 350^+$
2. 其他水热资源 （1）沉积盆地 / 区域含水层（热流体在沉积岩中） （2）地压（热流体处于比静压更大的压力之下） （3）放射产生的（放射性蜕变产热）	$30 \sim 150$ $90 \sim 200$ $30 \sim 150$
3. 热岩资源 （1）部分不流动的熔融状热岩（岩浆） （2）固化的热岩（干热岩）	> 600 $90 \sim 650$

资料来源：蔡义汉：《地热直接利用》，天津大学出版社，2004，第 47 页。

根据地热温度的高低，又可将地热资源分为高温、中温、低温三种类型（表 17-60）。

表 17-60　地热资源的等级与分类

温度等级		温度界限 /℃	主要用途
高温		$t \geqslant 150$	发电、烘干
中温		$90 \leqslant t < 150$	工业利用、烘干、发电、制冷
低温	热水	$60 \leqslant t < 90$	采暖、工艺流程
	温热水	$40 \leqslant t < 60$	医疗、洗浴、温室
	温水	$25 \leqslant t < 40$	农业灌溉、养殖、土壤加温

资料来源：李全林主编《新能源与可再生能源》，东南大学出版社，2008，第 342 页。

（二）地热资源的估算

地热资源的估算分为三级：一是资源基数，指地表以下 5 km 之内积存的总热量，即理论上可采量；二是资源，指上述资源基数中在 40 ～ 50 年内可望有经济价值者；三是可采资源，指上述资源基数中在 10 ～ 20 年内可具有经济价值者。

1993 年，Palmerini 估算，全球地热资源基数为 1.4×10^8 EJ/a[①]，可采资源量为 500 EJ/a（表 17–61），可采资源规模超过全球一次性能源的年消耗量（约 400 EJ/a）。中国地热资源潜力占全球的 7.9%，为 11×10^6 EJ/a。

表 17-61 全球地热能资源潜力

资源类型	地热总能量 /（EJ/a）
资源基数	1.4×10^8
资源	5×10^3
可采资源	500

资料来源：汪集暘、马伟斌、龚宇烈等：《地热利用技术》，化学工业出版社，2005，第 3 页。

根据 20 世纪 90 年代中期中国地热工作者的估计，中国地热资源的查明储量相当于 31.6 亿吨标准煤，推测储量相当于 116.6 亿吨标准煤，远景储量相当于 1 353.5 亿吨标准煤。[②]

（三）地热资源的分布

地热资源的生成与地球岩石圈板块、地壳热状态、热历史等因素有关。地球上大于 150 ℃的高温地热资源主要出现在地壳表层各大板块的边缘，如地壳板块的碰撞带、板块开裂部位和大陆裂谷带；小于 150 ℃的中、低温地热资源则分布于板块内部的活动断裂带、断陷谷和凹陷盆地地区。世界上环球性地热带有 4 条，即环太平洋地热带、地中海 – 喜马拉雅地热带、大西洋中脊地热带、红海 – 亚丁湾 – 东非裂谷地热带（表 17–62）。

表 17-62 环球性地热资源分布带

地热带名称	位置	大型地热田举例
环太平洋地热带	位于太平洋板块与美洲、欧亚、印度板块的碰撞边界	中国的台湾马槽地热田；美国的盖瑟斯地热田；新西兰的怀拉基地热田；日本的松川地热田；菲律宾的蒂威地热田
地中海–喜马拉雅地热带	位于欧亚板块与非洲板块和印度板块的碰撞边界	意大利的拉德瑞罗地热田；中国的西藏羊八井地热田
大西洋中脊地热带	位于大西洋海洋板块开裂部位，露出海面的主要是冰岛	冰岛的雷克雅未克地热田；亚速尔群岛地热田
红海–亚丁湾–东非裂谷地热带	位于阿拉伯板块与非洲板块的边界，北起红海和亚丁湾地堑，向南经埃塞俄比亚地堑与非洲裂谷系连接	肯尼亚的阿尔卡利亚高温地热田

资料来源：作者整理。参考尹忠东、朱永强主编《可再生能源发电技术》，中国水利水电出版社，2010。

[①] 1 E=1×10^{18}。
[②] 中国电气工程大典编辑委员会：《中国电气工程大典·第 7 卷》，中国电力出版社，2010，第 7 页。

相关机构曾对全球地热资源潜力分布做过估算（表17-63）。其中，北美、拉丁美洲的地热资源潜力最大，均占世界总量的18.6%；其次是东欧及苏联地区，占16.4%；撒哈拉以南非洲占12.1%，排在世界第三位。

表 17-63　全球地热资源潜力分布

国家 / 地区	地热总能量 / (×10^6 EJ/a)	占世界地热总量的比例[1]/%
北美	26	18.6
拉丁美洲	26	18.6
西欧	7	5.0
东欧及苏联地区	23	16.4
中东、北非	6	4.3
撒哈拉以南非洲	17	12.1
太平洋地区（中国除外）	11	7.9
中国	11	7.9
中亚及南亚	13	9.3
全球合计	140	100.0

资料来源：汪集暘、马伟斌、龚宇烈等：《地热利用技术》，化学工业出版社，2005，第3-4页。

注：[1] 根据四舍五入原则保留一位小数，可能各数相加的百分比不等于100。

根据估算，2000年全球地热发电潜在资源总量为97 061 MW（电功率，下同）（表17-64）。其中，美国18 880 MW，占全球地热发电潜在资源总量的19.5%，排第一位；印度尼西亚15 650 MW，占全球地热发电潜在资源总量的16.1%，排第二位；菲律宾8 620 MW，占全球地热发电潜在资源总量的8.9%，排第三位；法国7 000 MW，占全球地热发电潜在资源总量的7.2%，排第四位；墨西哥6 510 MW，占全球地热发电潜在资源总量的6.7%，排第五位。同年，中国地热发电潜在资源量3 450 MW，占全球地热发电潜在资源总量的3.6%，排第九位。

表 17-64　2000 年世界主要国家地热发电潜在资源量

排名	国家	地热发电潜在资源量（电功率）/MW
1	美国	18 880
2	印度尼西亚	15 650
3	菲律宾	8 620
4	法国	7 000
5	墨西哥	6 510
6	俄罗斯	3 741
7	日本	3 640
8	新西兰	3 500
9	中国	3 450

续表

排名	国家	地热发电潜在资源量（电功率）/MW
10	尼加拉瓜	3 340
11	危地马拉	3 320
12	肯尼亚	3 000
13	埃塞俄比亚	2 930
14	哥斯达黎加	2 900
15	澳大利亚	2 500
16	萨尔瓦多	2 210
17	意大利	2 000
18	冰岛	1 730
19	土耳其	1 380
20	葡萄牙	440
21	泰国	320
合计		97 061

资料来源：作者整理。参考本书编委员：《能源词典》第 2 版，中国石化出版社，2005。

（四）著名地热田

意大利于 1913 年在拉德瑞罗地热田建成世界首座商业性地热电站。1988 年，美国在盖瑟斯（Geysers）地热田建成当今世界最大的地热电站。菲律宾的蒂威地热田是世界最大的地热田之一。新西兰的怀拉基地热田是世界上第一个以水为主导投入发电的地热田。墨西哥的塞罗普列托地热田是 21 世纪初世界上最大的商业化液体主导型地热田。哥斯达黎加的 Miravalles 地热田是中美洲最大的地热田。肯尼亚的奥尔卡里亚地热田是非洲大陆第一个建成地热电站的地热田。中国的羊八井地热田是中国最大的地热田，也是世界上海拔最高的地热田之一（表 17–65）。

表 17–65　世界著名地热田

名称	地热资源	开发利用
拉德瑞罗地热田	位于意大利罗马西北面约 180 km 处，面积约 400 km²，储热层蒸汽的最高温度为 310 ℃，产出的过热蒸汽温度可达 260 ℃	1827 年，利用地热蒸汽提炼热水池中的硼酸。1904 年，在世界上首次实现地热发电。是世界上为数不多的干蒸汽地热田之一
盖瑟斯地热田	面积约 185 km²，储热层蒸汽温度最高达 280 ℃，是一个以蒸汽为主型的世界最大的地热田	1922 年钻成第一口汽井。1960 年第一台 12.5 MW 的汽轮发电机组发电。2005 年地热发电装机容量为 142 MW
蒂威地热田	位于菲律宾莱特岛，面积大约 15 km²，蒸汽温度为 246 ℃	1979 年建成发电。2005 年地热发电装机容量为 723 MW，是菲律宾最大的地热田

续表

名称	地热资源	开发利用
怀拉基地热田	位于新西兰陶波安山岩火山带，是新西兰最大的地热田，深部主通道地热流体温度 260～300 ℃，天然放热量 300～600 MW	1949 年建成首座地热发电机组，是世界上第一个以水为主导投入发电的地热田，2005 年地热发电装机容量达 220 MW
塞罗普列托地热田	位于墨西哥和美国边境，是一个巨大的高温（大于 300 ℃）地热田	1973 年开始开发，2000 年地热发电装机容量达 720 MW
Miravalles 地热田	位于哥斯达黎加西北部，是中美洲最大的地热田	1994 年地热田开始发电，2000 年地热发电装机容量为 140 MW
奥尔卡里亚地热田	位于肯尼亚首都内罗毕西北约 120 km 处。储热层的埋深在 700～800 m，流体温度达 245 ℃	最初地热发电装机容量为 15 MW，是非洲大陆第一个建成地热电站的地热田
羊八井地热田	位于中国西藏自治区拉萨市西北部，面积为 14.6 km²，一年释放的热量相当于完全燃烧 300 万吨标准煤释放的热量	1977 年建成第一台 1 MW 试验机组发电，是中国第一座地热发电站

资料来源：作者整理。

1. 拉德瑞罗地热田

拉德瑞罗地热田由拉德瑞罗等 8 个地热区组成，因纪念意大利的地热利用先驱法朗西斯科·拉德瑞罗而得名。地热田热储系由侏罗系到始新统不透水的碳酸盐类地层、泥板岩及蛇绿岩的冲断层岩席所覆盖，蒸汽从上三叠系至侏罗系的透水溶洞灰岩、白云岩及石膏层中产出。1904 年在世界上首次实现地热发电。

2. 盖瑟斯地热田

盖瑟斯地热田位于美国加利福尼亚州海岸山脉地质构造区，热储系由白垩系加上侏罗系裂隙发育并轻度变质的沉积岩和火成岩组成，已成井的深孔超过 2 500 m，热储温度大约为 250 ℃，热源可能在 5～8 km 以深的火成岩体，覆盖面积大约 185 km²，地热发电潜在资源量估计在 1 200～4 800 MW，甚至更大。[1]1922 年钻成第一口汽井，地热发电装机容量曾高达 2 023 MW（1988 年）。

3. 蒂威地热田

菲律宾地热田和地热区有 30 多处，已投产发电的地热田有蒂威、麦克班、唐哥兰、帕林皮伦等，蒂威是其中发电规模最大的一个。在 1982 年建成的 60 口钻井中，井与井之间的距离约 200 m，平均井深 2 100～2 400 m，蒸汽温度达 246 ℃，储集层已证实每小时可生产蒸汽 100 万磅，约相当于 66 万 kW 的电力。[2]

---

[1] 刘时彬：《地热资源及其开发利用和保护》，化学工业出版社，2005，第 187 页。

[2] 汪集旸、孙占学：《神奇的地热》，清华大学出版社，2001，第 105 页。注：汪集旸在另一部合著《地热利用技术》一书中的署名为"汪集暘"。

4. 怀拉基地热田

怀拉基地热田是世界上第一个利用热水发电的大型热水田，开发面积 16 km²，储集层由浮石质角砾与豆粒一般大小的结晶质和玻璃质凝灰岩组成，热水温度最高达到 265 ℃。怀拉基地热田每千磅高压蒸汽可发电 65 kW，每千磅中压蒸汽可发电 51 kW，每千磅高温热水可发电 8.5 kW，发电效率（由热能转变成电力的比例）为 7.5%～10%，比美国盖瑟斯地热田的 15% 低，这是热水发电和干蒸汽发电的显著差异。[①]

5. 塞罗普列托地热田

墨西哥的塞罗普列托地热田距离美国边境大约 30 km，曾是世界上最大的商业化液体主导型地热田（2004 年）。该地热田发电潜力为 780～800 MW。2000 年地热发电总装机容量达 720 MW，有 1.15 亿 t 的地热流体被抽取出来。2005 年生产区面积为 18 km²。[②]

6. Miravalles 地热田

哥斯达黎加的 Miravalles 地热田离首都圣何塞约 150 km，是中美洲最大的地热田。地热田位于 Miravalles 火山西南部，储集层为安山岩，是一个典型的以水为主的地热田。

7. 奥尔卡里亚地热田

奥尔卡里亚地热田是肯尼亚和非洲大陆第一个建成地热电站的地热田。建电站之前，地热田区内已钻成 6 口井，其中大多数井的储层渗透率较低，最好的两口井的产量每小时为 30～40 t（汽水混合物），钻至 1 650 m 测取温度高达 300 ℃。[③]

8. 羊八井地热田

羊八井地热田是中国最大的高温热湿蒸汽地热田，位于西藏自治区念青唐古拉山西南断陷盆地，距拉萨市约 90 km，海拔 4 200 m。地热田面积 40 km²，北区以基岩裂隙热储为主，热储温度 172～202 ℃；南区以第四系沙砾层等构成孔隙热储，热储最高温度 161 ℃。[④]1977 年第一台试验机组投运。1991 年地热发电总装机容量达 25.18 MW。该地热田 1 850 m 深处的最高温度达 329.8 ℃，生产井的地热流体温度为 145～150 ℃，井口最高温度 172 ℃，是中国汽水参数最高的地热井，也是中国最大的地热电站。[⑤]

二、地热发电

地热资源开发利用的方式有地热直接利用、地热发电等。当地热温度达到 150 ℃以上，可以用来发电。地热电站可分为干蒸汽型、单级闪蒸型、两级闪蒸型、背压型等（表 17-66）。

① 汪集旸、孙占学：《神奇的地热》，清华大学出版社，2000，第 104 页。
② 中国电气工程大典编辑委员会：《中国电气工程大典·第 7 卷》，中国电力出版社，2010，第 594 页。
③ 刘时彬：《地热资源及其开发利用和保护》，化学工业出版社，2005，第 193 页。
④ 中国电气工程大典编辑委员会：《中国电气工程大典·第 7 卷》，中国电力出版社，2010，第 593 页。
⑤《中国大百科全书》总编委会：《中国大百科全书·第 26 卷》第 2 版，中国大百科全书出版社，2009，第 36 页。

表 17-66　地热电站分类与构成

电站类型	2005 年地热发电装机容量[2]/MW	比例 /%
干蒸汽	2 545	29
单级闪蒸	3 296	37
两级闪蒸	2 268	25
背压	119	1
双工质、联合循环、混合[1]	685	8
总计	8 913	100

资料来源：中国电气工程大典编辑委员会：《中国电气工程大典·第7卷》，中国电力出版社，2010，第582页。

注：[1] 联合循环是指闪蒸与双工质联合循环；混合是指化石燃料与地热能联合使用。[2] 2005年装机容量数据为全球数据。

（一）20 世纪 20—50 年代

20 世纪 50 年代以前，世界上利用地热发电的只有意大利、美国、新西兰、墨西哥等少数几个国家，地热发电规模小。

意大利 1916 年地热发电量为 1.2 万 kW，1939 年共有 16 台机组运行，1940 年地热发电总功率为 12.68 万 kW。[①] 第二次世界大战期间，因联军轰炸受损而一度关闭。"二战"结束后，意大利恢复扩建地热电站，1959 年地热发电量达到 20.79 亿 kWh/a，居世界之首。

美国于 1920 年在加利福尼亚州旧金山以北约 20 km 的索诺马地区发现温泉群、沸水塘等热显示。1922 年钻成第一口汽井，开始利用地热蒸汽供暖、发电[②]，建成美国第一个地热电站——盖瑟斯地热电站。到 1958 年，盖瑟斯地热电站有多个地热生产井和多台汽轮发电机组投运。

新西兰于 1949 年在怀拉基地热田建成第一座地热试验电站，装机容量为 160 kW。[③] 该试验电站运行一年后，生产井的产汽量出现衰减，于 1964 年停产。在建设地热试验电站经验的基础上，1958 年，新西兰在怀拉基地热田建成世界首座直接利用地热湿蒸汽发电、达到商业规模的地热电站，装机容量为 1.92 万 kW[④]，怀拉基成为世界上第一个成功开发的大型热水田。在地热田开发中，有两位地球化学家发明了二氧化硅和钠钾热水温标；一位矿物学家首次发现沸石类新矿物，并将其取名为斜钙沸石（$Ca Al_2-Si_4O_{12} \cdot 2H_{20}$）。[⑤]

1959 年，墨西哥在 Pathe 地热田建成国内第一座地热电站，地热发电装机容量为 3.5 MW。电站采用背压式汽轮机和分离蒸汽发电，是一种利用湿蒸汽发电的最简单的能量转换系统。[⑥]

20 世纪 60 年代以前，日本建成几座小型地热发电试验电站。

① 汪集暘、孙占学：《神奇的地热》，清华大学出版社，2001，第 98 页。

② 汪集暘、马伟斌、龚宇烈等：《地热利用技术》，化学工业出版社，2005，第 27 页。

③ 刘时彬：《地热资源及其开发利用和保护》，化学工业出版社，2005，第 187 页。

④ 汪集暘、孙占学：《神奇的地热》，清华大学出版社，2001，第 104 页。

⑤ 同上书，第 103 页。

⑥ 中国电气工程大典编辑委员会：《中国电气工程大典·第 7 卷》，中国电力出版社，2010，第 581 页。

（二）20 世纪 60—90 年代

1960 年，美国耗资 400 万美元在盖瑟斯建成一座装机容量为 12.5 MW 的地热电站。[①]它是世界上第一座装机容量大于 10 MW 的地热电站。以此为标志，世界地热发电开始进入加快发展时期，参与地热发电开发的国家增多，地热开发规模不断扩大（表 17–67）。

表 17–67　1960—1980 年早期地热发电国家的地热发电量

时间 / 年	美国 / 亿 kWh	日本 / 亿 kWh	意大利 / 亿 kWh	新西兰 / 亿 kWh
1960	0.33	—	21.04	3.84
1961	0.94	—	22.92	4.91
1962	1.00	—	23.46	7.61
1963	1.68	—	24.27	10.04
1964	2.04	—	25.27	11.94
1965	1.89	—	25.76	12.55
1966	1.88	—	26.33	12.68
1967	3.16	1.32	26.10	10.58
1968	4.36	1.92	26.94	12.06
1969	6.15	2.22	27.65	12.43
1970	5.25	2.43	27.25	11.85
1971	5.48	2.36	26.64	11.74
1972	14.53	2.48	25.82	11.75
1973	19.66	2.69	24.80	11.62
1974	24.53	3.12	25.02	11.49
1975	32.46	3.78	24.83	12.72
1976	36.16	3.68	25.23	12.33
1977	35.82	5.79	25.01	12.76
1978	29.78	7.75	24.94	11.85
1979	43.87	7.82	25.40	11.84
1980	50.73	8.85	26.00	12.11

资料来源：作者整理。主要参考《国外经济统计资料》编辑小组：《国外经济统计资料（1949—1976）》，中国财政经济出版社，1979。

进入 20 世纪 60 年代后，美国、日本、新西兰等早期地热发电国家的地热开发规模进一步扩大。美国盖瑟斯地热电站第一台发电机组投运后，先后扩建 10 多台发电机组，到 1979 年总装机容量达到 90.8 万 kW。20 世纪 70 年代，美国能源部立项研制螺旋转子全流膨胀机用于地热水热资源发电，第一批样机（1 000 kW）分别安装在美国、墨西哥等高温地热田，但因其效率较低没得到推广使用。美国的莫顿和史密斯于 1970 年提出利用地下干热岩体发电的设想，1972 年在新墨西哥州进行

[①] 刘时彬：《地热资源及其开发利用和保护》，化学工业出版社，2005，第 187 页。

干热岩体发电试验，功率达 2 300 kW。到 1980 年，美国地热发电总装机容量由 1972 年的 302 MW 增至 926 MW。美国的地热发电量于 1975 年达到 32.46 亿 kWh，首次超过意大利，排世界第一位；1980 年又增至 50.73 亿 kWh，与 1970 年相比，10 年间高速增长约 8.7 倍。日本 1966 年在本州岛岩手县建成装机容量为 20 MW 的松川地热电站，1967 年起又建成大岳、大沼、八丁原、葛根田、鬼首等地热电站。[①] 其中，八丁原地热电站是世界上第一座二次闪蒸的地热电站。意大利地热发电量由 1960 年的 21.04 亿 kWh 增至 1969 年的 27.65 亿 kWh，排世界第一位。新西兰的地热发电量由 1960 年的 3.84 亿 kWh 增至 1969 年的 12.43 亿 kWh，排世界第二位。1970 年后，意大利、新西兰的地热发电处于停滞不前的状态。1969 年，意大利的地热发电量达 27.65 亿 kWh（1969 年），此后 10 年发电量均低于此水平，1979 年为 25.40 亿 kWh，比 1969 年下降约 8.1%。1979 年，新西兰在布罗德兰兹地热田建造了第一座 120～150 MW 的地热电站，但 20 世纪 70 年代新西兰的地热发电量由 1969 年的 12.43 亿 kWh 降到 1979 年的 11.84 亿 kWh。

从 20 世纪 60 年代起，苏联、冰岛、菲律宾、中国、萨尔瓦多等国家先后加入地热发电的行列。苏联在 1967 年建成乌克兰堪察加地热电站，地热发电装机容量 5 000 kW。冰岛 1969 年在诺马夫雅地热田建成一个装机容量为 3 000 kW 的地热电站，1976 年在斯瓦勤格建成装机容量为 0.8 万 kW 的地热电站，1977 年又在克拉夫拉建成装机容量为 6 万 kW 的地热电站。菲律宾于 1967 年在吕宋岛蒂威地热田建成装机容量为 2.5 kW 的地热电站，1980 年在蒂威、内巴罗斯各建成 1 个装机容量为 22 万 kW 的地热电站，全国地热发电装机容量达 44 万 kW 以上，1980 年地热发电量达到 44.6 万 kWh，排世界第二位。中国于 1970 年在广东丰顺建成第一个地热试验电站[②]，此后在 20 世纪 70 年代还先后建成温汤、怀来、招远、灰汤、熊岳等地热试验电站，以及西藏羊八井地热电站装机容量为 1 000 kW 的 1 号机组和台湾地区清水地热田装机容量为 1.5 MW 的地热电站。1975 年，萨尔瓦多在阿瓦查潘投产第一个装机容量为 30 MW 的地热电站，次年该电站另一台装机容量为 30 MW 的发电机组投入使用。

进入 20 世纪 80 年代，各国日益重视发展新能源，世界地热发电进入快速增长时期。美国盖瑟斯地热电站装机容量于 1982 年突破 1 000 MW，1988 年达到顶峰 2 023 MW[③]，成为当时世界上最大的地热电站。美国洛杉矶北部的 Coso 地区于 1987 年首次建成地热电站。到 1990 年，美国地热装机容量达到 2 774.60 MW。菲律宾的蒂威地热电站装机容量在 1982 年扩至 33 万 kW，共有生产井约 60 口。[④] 1983 年蒂威地热站装机容量为 112.5 MW 的发电机组投入运行。到 1990 年，菲律宾地热发电总装机容量为 891.00 MW。印度尼西亚第一个投入商业性运营的是 Kamojang 地热田，于 1983 年开始发电，1987 年达到 140 MW。[⑤] 墨西哥中部的 Los Azufres 地热电站从 1982 年开始发电，总装机容量为 93 MW。到 1990 年墨西哥地热发电装机容量达 700.00 MW，地热发电量为 5 100 GWh/a，占全国发电总量的 4.5%。[⑥] 到 1990 年，全球地热发电的国家达到 18 个，总装机容量 5 831.72 MW，比 1980 年的 1 960 MW 增长

① 中国电气工程大典编辑委员会：《中国电气工程大典·第 7 卷》，中国电力出版社，2010，第 27 页。

② 同上书，第 584 页。

③ 蔡义汉：《地热直接利用》，天津大学出版社，2004，第 14 页。

④ 汪集旸、孙占学：《神奇的地热》，清华大学出版社，2001，第 105 页。

⑤ 中国电气工程大典编辑委员会：《中国电气工程大典·第 7 卷》，中国电力出版社，2010，第 594 页。

⑥ 汪集旸、马伟斌、龚宇烈等：《地热利用技术》，化学工业出版社，2005，第 28 页。

约 2 倍。其中，地热发电装机容量排前五位的国家分别为：美国 2 774.60 MW、菲律宾 891.00 MW、墨西哥 700.00 MW、意大利 545.00 MW、新西兰 283.20 MW（表 17-68）。

表 17-68　1990 年世界部分国家（地区）地热发电装机容量

国家 / 地区	地热发电装机容量 /MW
美国	2 774.60
菲律宾	891.00
墨西哥	700.00
意大利	545.00
新西兰	283.20
日本	214.60
印度尼西亚	144.75
萨尔瓦多	95.00
肯尼亚	45.00
冰岛	44.60
尼加拉瓜	35.00
土耳其	20.60
中国	19.20
苏联	11.00
法属瓜德罗普岛	4.20
葡萄牙属亚速尔群岛	3.00
阿根廷	0.67
泰国	0.30
合计	5 831.72

资料来源：张晓东、杜云贵、郑永刚：《核能及新能源发电技术》，中国动力出版社，2008，第 202-203 页。

20 世纪 90 年代初，联合国全球环境与发展大会通过《21 世纪议程》，掀起世界各国开发利用清洁能源的新热潮，世界地热发电得到进一步发展。1992—1996 年，菲律宾新投产 9 个地热发电站[1]，到 1996 年地热发电装机容量比 20 世纪 90 年代初扩大 62%，达到 144.6 万 kW，相当于其全国发电装机容量的 12.27%[2]。冰岛 1996 年在克拉夫拉地热电站安装第二台发电机组，到 1998 年该电站发电能力达到原计划的 6 万 kW。中美洲最大的地热田——哥斯达黎加的 Miravalles 地热田从 1994 年开始发电，到 2000 年总装机容量达到 140 MW。[3] 到 20 世纪末，欧洲利用地热发电的国家有 5 个，2000 年地热发

---

[1] 分别为马克邦比纳利地热电站（1.57 万 kW）、马克邦 D 地热发电站（4 万 kW）、马克邦 E 地热发电站（4 万 kW）、邦克曼 1 号地热发电站（11 万 kW）、邦克曼 2 号地热发电站（2 万 kW）、莱特 A 号地热发电站（4.2 万 kW）、通戈那莱特地热发电站、内格罗斯 2 号地热发电站、阿波火山地热发电站（4.7 万 kW）。

[2] 陈明华：《当代菲律宾经济》，云南大学出版社，1999，第 219 页。

[3] 中国电气工程大典编辑委员会：《中国电气工程大典·第 7 卷》，中国电力出版社，2010，第 593 页。

电总装机容量达 845.2 MW，占全球的 10.6%。其中，意大利的规模最大，装机容量为 742 MW，占欧洲的 87.8%。20 世纪 90 年代，美国地热发电装机容量出现先升后降的发展趋势。1990 年美国运行中的地热发电装机容量为 2 774.6 MW，1995 年增至 2 816.7 MW，到 2000 年减至 2 228.0 MW[①]，与 1990 年相比约下降 19.7%。美国能源部在 1997 年终止 Valles Caldera 干热岩实验项目。[②]据世界能源协会在 1996 年东京第 16 届世界能源大会上发布的有关数据，1994 年世界地热发电总装机容量为 645.6 万 kW，年发电量为 37 976 GWh，分别占世界新能源发电总量的 61% 和 86%（表 17-69），居各种新能源之首。

表 17-69　1994 年全球四种新能源发电情况

类型	装机容量 / 万 kW	装机容量占比 /%[1]	年发电量 /（GWh/a）	年发电量占比 /%
地热能	645.6	61	37 976	86
风能	351.7	33	4 878	11
太阳能	36.6	3	897	2
潮汐能	26.1	2	601	1
合计	1 060.0	100	44 352	100

资料来源：汪集暘、孙占学：《神奇的地热》，清华大学出版社，2001，第 149 页。

注：[1] 按四舍五入原则只保留整数，可能导致百分比相加不等于 100。

到 2000 年，全球地热发电的国家有 21 个，总装机容量 7 274.06 MW（表 17-70），比 1990 年约增长 24.7%。其中，地热发电装机容量占全国电力总装机容量的比重超过 10% 的国家有 3 个，分别为尼加拉瓜（16.99%）、萨尔瓦多（15.39%）、冰岛（13.04%）。

表 17-70　2000 年世界部分国家地热发电情况

国家	地热发电装机容量 /MW	产量 /（GWh/a）	占国家装机容量的比例 /%	占国家能源的比例 /%
澳大利亚	0.17	0.90	—	—
中国	29.17	100.00	—	—
哥斯达黎加	142.50	592.00	7.77	10.21
萨尔瓦多	161.00	800.00	15.39	20.00
埃塞俄比亚	8.52	30.05	1.93	1.85
法国	4.20	24.60	—	2.00
危地马拉	33.40	215.90	3.68	3.69
冰岛	170.00	1 138.00	13.04	14.73
印度尼西亚	589.50	4 575.00	3.04	5.12
意大利	785.00	4 403.00	1.03	1.68

① 张晓东、杜云贵、郑永刚：《核能及新能源发电技术》，中国电力出版社，2008，第 203 页。

② 李林全主编《新能源与可再生能源》，东南大学出版社，2008，第 362 页。

续表

国家	地热发电装机容量 /MW	产量 /（GWh/a）	占国家装机容量的比例 /%	占国家能源的比例 /%
日本	546.90	3 532.00	0.23	0.36
肯尼亚	45.00	366.47	5.29	8.41
墨西哥	55.00	5 681.00	2.11	3.16
新西兰	437.00	2 268.00	5.11	6.08
尼加拉瓜	70.00	583.00	16.99	17.22
菲律宾	1 909.00	9 181.00	—	21.05
葡萄牙	16.00	94.00	0.21	—
俄罗斯	23.00	85.00	0.01	0.01
泰国	0.30	18.00	—	—
土耳其	20.40	119.73	—	—
美国	2 228.00	15 470.00	0.25	0.40
合计	7 274.06	49 277.65	—	—

资料来源：刘时彬：《地热资源及其开发利用和保护》，化学工业出版社，2005，第 199 页。

20 世纪末，世界地热发电主要集中在美洲和亚洲（表 17-71）。1999 年，美洲地热发电总装机容量 3 390 MW，约占世界地热发电总量的 42.5%；亚洲地热发电总装机容量为 3 095 MW，约占世界地热发电总量的 38.8%；欧洲地热发电总装机容量为 998 MW，约占世界地热发电总量的 12.5%；大洋洲地热发电总装机容量为 437 MW，约占世界地热发电总量的 5.5%；非洲地热发电总装机容量为 54 MW，约占世界地热发电总量的 0.7%。

表 17-71　1999 年各大洲地热发电情况

地区	地热发电总装机容量 /MW	世界地热发电总量 数量 /（GWh/a）	比例 /%
非洲	54	397	0.8
美洲	3 390	23 342	47.4
亚洲	3 095	17 510	35.5
欧洲	998	5 745	11.7
大洋洲	437	2 269	4.6
合计	7 974	49 263	100.0

资料来源：刘时彬：《地热资源及其开发利用和保护》，化学工业出版社，2005，第 195 页。

（三）21 世纪初

进入 21 世纪，世界地热发电持续平缓增长。美国地热发电装机容量逐步恢复。菲律宾、印度尼西亚、墨西哥、新西兰、冰岛等主要地热发电国家的装机容量进一步扩大。奥地利、德国、巴布亚新几内亚等成为新兴地热发电国家，德国建成 3 个大型地热电站。俄罗斯在阿瓦恰湾南部建成 15 万 kW 穆特诺夫地热电站，于 2001 年投运。尼加拉瓜 2002 年出台地热法，是中美洲国家中地热发电潜力最大的国家。

1. 地热发电规模持续扩大

2005 年，世界地热发电主要国家发电量如表 17-72；共有发电机组 490 台，年发电量 56 786 GWh；地热发电装机容量占全球电力的 0.14%。2008 年，世界地热发电装机容量突破 1 000 万 kW（图 17-9），到 2012 年达到 1 170 万 kW，总发电量 720 亿 kWh。

表 17-72　2005 年世界地热发电主要国家发电量

国家	地热发电装机容量 /MW	发电量 /（GWh/a）	机组数目 / 台
澳大利亚	0.2	0.5	1
奥地利	1.2	3.2	2
中国	28	96	13
哥斯达黎加	163	1 145	5
萨尔瓦多	151	967	5
埃塞俄比亚	7.3	0	2
法国	15	102	2
德国	0.2	1.5	1
危地马拉	33	212	8
冰岛	202	1 483	19
印度尼西亚	797	6 085	15
意大利	791	5 340	32
日本	535	3 467	19
肯尼亚	129	1 088	9
墨西哥	953	6 282	36
新西兰	435	2 774	33
尼加拉瓜	77	271	3
巴布亚新几内亚	6	17	1
菲律宾	1 930	9 253	57
葡萄牙	16	90	5
俄罗斯	79	85	11
泰国	0.3	1.8	1
土耳其	20	105	1
美国	2 800	17 917	209

资料来源：尹忠东、朱永强主编《可再生能源发电技术》，中国水利水电出版社，2010，第 197-198 页。

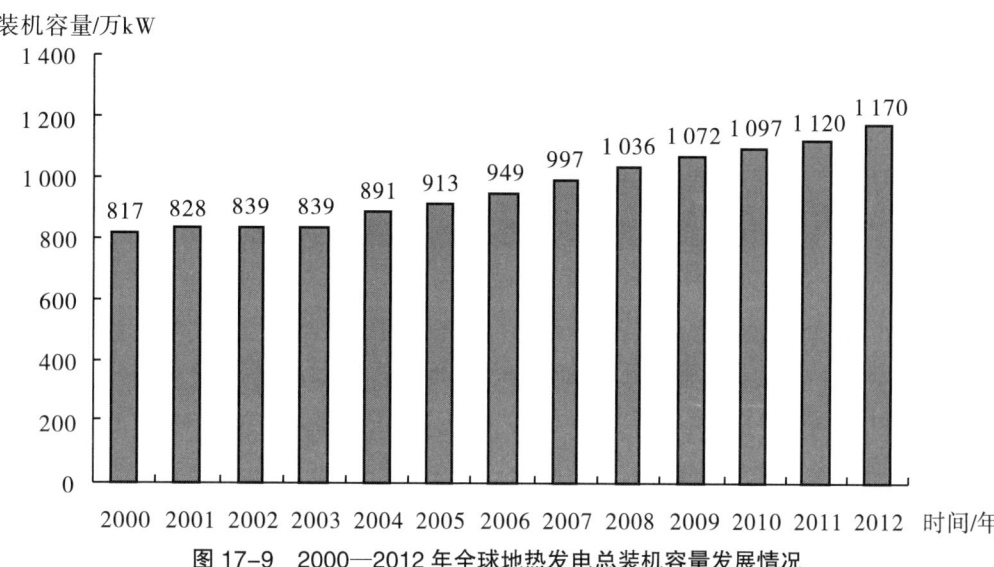

图 17-9　2000—2012 年全球地热发电总装机容量发展情况

资料来源：黄晓勇主编《世界能源发展报告（2014）》，社会科学文献出版社，2014，第 327 页。

2. 地热发电技术开发得到加强

地热能是一种技术上相对成熟的可再生能源，但仍有许多关键技术需要突破。

干热岩地热发电（EGS）研究得到加强。美国洛斯阿拉莫斯国家实验室 1970 年提出从干热岩体内提取地热能的设想，于 1991 年在芬顿高地建成一个干热岩地热试验电站。[1] 1995 年，日本在关西地区开展干热岩地热发电研究。2008 年，德国建成一座 EGS 实验电站。2012 年，中国启动"干热岩热能开发与综合利用关键技术研究"项目。

开发中低温地热发电技术，发展中小型地热发电装置，是地热发电事业发展的重要方向。美国内华达州的闪蒸地热电站首次实现低温循环技术的商业化利用，使电力生产能力提高 10%。2011 年，美国路易斯安那州一个油田开始实施地热中低温发电项目，利用油田中废弃的卤水进行地热发电。这项技术有着广阔的应用前景。例如，美国、中国、海湾地区等有数量众多的这样的油井。[2]

岩浆地热资源是一种储存在高温（700～1 200 ℃）熔融状态和半熔融状态岩浆中的热能资源，开发潜力巨大。美国能源部桑迪亚国家实验室开展了一系列岩浆地热发电实验，对如何直接从熔岩中取出热量的方法，包括确定地壳岩浆体位置技术、岩浆体钻井技术、岩浆热电转换装备等进行了探索。日本政府把火山发电项目列入地热发展计划[3]，这是一项最具挑战性的地热发电课题之一。

（四）地热发电大国

2012 年，全球共有 24 个国家利用地热进行发电。其中，美国地热发电装机容量最大，达到 340 万 kW；菲律宾地热发电装机容量为 185 万 kW，排第二位；排第三位的是印度尼西亚，地热发电装机容量为 130 万 kW。其后依次为：墨西哥 96 万 kW；意大利 80 万 kW；新西兰 80 万 kW；冰岛 70 万 kW；

① 中国电气工程大典编辑委员会：《中国电气工程大典·第 7 卷》，中国电力出版社，2010，第 641-642 页。

② 国家可再生能源中心：《国际可再生能源发展报告 2012》，中国经济出版社，2013，第 83 页。

③ 中国电气工程大典编辑委员会：《中国电气工程大典·第 7 卷》，中国电力出版社，2010，第 642 页。

日本 50 万 kW。[1] 这 8 个国家的地热发电装机容量约占世界地热发电总装机容量的 88.1%。

1. 美国

美国是世界上地热发电规模最大的国家，开发利用地热发电的州有 14 个。[2] 2012 年，美国地热发电总装机容量为 3 400 MW，约占世界总装机容量的 29.1%。

美国地热电站主要分布在加利福尼亚州、内华达州、犹他州和夏威夷州。其中，加利福尼亚州的装机容量最大，2005 年达 2 244 MW，年发电量 15 479 GWh（表 17-73）。内华达州也是美国地热发电的主要地区之一，2005 年地热发电机组为 51 台，装机容量为 243 MW，年发电量达 1 943 GWh（表 17-74）。

表 17-73　2005 年加利福尼亚州地热田发电情况

地热田名称	机组数 / 台	装机容量 /MW	发电量 /（GWh/a）
The Geysers	21	1 421	7 784
Imperial Valley East Mesa	52	79	782
Imperial Valley Heber	13	90	641
Imperial Valley Salton	13	336	3 146
Coso	9	274	2 785
Casa Diablo	4	40	315
Other	5	4	26
合计	117	2 244	15 479

资料来源：中国电气工程大典编辑委员会：《中国电气工程大典·第 7 卷》，中国电力出版社，2010，第 582 页。

表 17-74　2005 年内华达州地热田发电情况

地热田名称	机组数 / 台	装机容量 /MW	发电量 /（GWh/a）
Beowave	1	16	131
Brady	4	26	181
Desert Peak	2	12	107
Dixie Vally	1	62	489
Empire	4	5	38
Soda Lake	9	26	206
Steamboat	13	58	488
Steamboat Hill	1	15	120
Stillwater	14	21	166
Wabuska	2	2	17
合计	51	243	1 943

资料来源：中国电气工程大典编辑委员会：《中国电气工程大典·第 7 卷》，中国电力出版社，2010，第 583 页。

---

[1] 黄晓勇主编《世界能源发展报告（2014）》，社会科学文献出版社，2014，第 327 页。

[2] 翁史烈主编《话说地热能与可燃冰》，广西教育出版社，2013，第 55-56 页。

2. 菲律宾

菲律宾是地热发电大国，2005 年装机容量为 1 930 MW，年发电量达 9 253 GWh（表 17-75）。其中，Tongonang 地热田规模最大，2005 年发电量达 4 746 GWh，占全国地热田发电量的一半以上。

表 17-75　2005 年菲律宾地热田发电情况

地热田名称	机组数 / 台	装机容量 /MW	发电量 /（GWh/a）
Tiwi	6	330	442
MakBan	16	426	1 538
BacMan	5	151	457
Tongonang	21	723	4 746
Palipinon	7	192	1 257
Mt.Apo	2	108	813
合计	57	1 930	9 253

资料来源：中国电气工程大典编辑委员会：《中国电气工程大典·第 7 卷》，中国电力出版社，2010，第 583 页。

3. 印度尼西亚

2005 年，印度尼西亚的地热发电装机容量为 797 MW，居世界第四位。此后开发力度进一步加大，2009 年投资 3.26 亿美元开发地热发电项目。[1]2012 年，地热发电装机容量为 1 300 MW，跃升世界第三位。主要地热田有 Darajat、Kamojang、Gunung Salak 等（表 17-76）。

表 17-76　2005 年印度尼西亚地热田发电情况

地热田名称	机组数 / 台	装机容量 /MW
Darajat	2	135
Dieng	1	60
Kamojang	3	140
Gunung Salak	6	330
Wayang Windu	1	110
Sibayak	1	2
Lahendong	1	20
合计	15	797

资料来源：中国电气工程大典编辑委员会：《中国电气工程大典·第 7 卷》，中国电力出版社，2010，第 583 页。

4. 墨西哥

2000 年后，墨西哥有 8 台新的单级闪蒸机组在运行，其中 4 台在 Cerro Prieto，另 4 台在

---

[1] 崔民选主编《中国能源发展报告（2010）》，社会科学文献出版社，2010，第 227 页。

Los Azufres ；开发一个新的地热田 Las Tres Virgenes，投入运行第一台 10 MW 的发电机组。[①]2005 年，墨西哥运行发电的地热田有 4 个，分别为 Cerro Prieto、Los Azufres、Los Humeros、Las Tres Virgenes，共有 36 台机组，总装机容量 953 MW，年发电量 6 282 GWh（表 17-77）。2012 年，墨西哥地热发电装机容量为 960 MW，排世界第四位。

表 17-77　2005 年墨西哥地热田发电情况

地热田名称	机组数 / 台	装机容量 /MW	发电量 /（GWh/a）
Cerro Prieto	13	720	5 112
Los Azufres	14	188	852
Los Humeros	7	35	285
Las Tres Virgenes	2	10	33
合计	36	953	6 282

资料来源：中国电气工程大典编辑委员会：《中国电气工程大典·第 7 卷》，中国电力出版社，2010，第 583 页。

5. 意大利

意大利是世界上最早利用地热资源发电的国家，主要地热田有：Larderello、Travale Radicondoli 和 Mount Amiata。Larderello 和 Travale Radicondoli 是两个相邻的深度相同的地热田，面积大约 400 km²。2005 年意大利地热发电装机容量达 791 MW（表 17-78）。2012 年地热发电装机容量为 800 MW，排世界第五位。

表 17-78　2005 年意大利地热田发电情况

地热田名称	机组数 / 台	装机容量 /MW	发电量 /（GWh/a）
Larderello	21	543	3 606
Travale Radicondoli	6	160	1 109
Mount Amiata	5	88	625
合计	32	791	5 340

资料来源：中国电气工程大典编辑委员会：《中国电气工程大典·第 7 卷》，中国电力出版社，2010，第 584 页。

6. 新西兰

从 2000 年到 2004 年，新西兰建造了 3 个地热电站。其中，在 Mokai 地热田建造装机容量为 30 MW 的发电机组；在 Wairakei Poihipi 地热田建造装机容量为 15 MW 的双工质循环机组；在 Rotokawa 地热田建造装机容量为 6 MW 的发电机组。[②]2005 年，全国地热发电机组共计 33 台，装机容量达 565 MW（表 17-79）。2006 年，新西兰决定投资 2.75 亿美元建设装机容量为 90 MW 的地热电站。[③]2012 年，地热发电总装机容量增至 800 MW，排世界第六位。

[①] 中国电气工程大典编辑委员会：《中国电气工程大典·第 7 卷》，中国电力出版社，2010，第 583 页。

[②] 同上书，第 584 页。

[③] 钱伯章：《新能源——后石油时代的必然选择》，化学工业出版社，2007，第 170 页。

表 17-79   2005 年新西兰地热田发电情况

地热田名称	机组数 / 台	装机容量 /MW	发电量 /（GWh/a）
Wairakei Poihipi	11	220	1 505
Ohaaki	4	104	300
Kawerau	4	145	130
Rotokawa	5	31	290
Ngawha	2	10	79
Mokai	7	55	470
合计	33	565	2 774

资料来源：中国电气工程大典编辑委员会：《中国电气工程大典·第 7 卷》，中国电力出版社，2010，第 584 页。

7. 冰岛

冰岛有地热田 800 余处，是世界上地热田最多的国家之一，也是世界上地热应用最广泛的国家。20 世纪末，地热能利用占全国能源利用总量的比例达到 55%。2012 年，冰岛地热发电装机容量为 700 MW，排世界第七位，地热发电占全国发电量的比重将近 30%。[1]

8. 日本

日本地热资源丰富。1967 年建成八丁原地热电站，它是日本最大的地热电站。2004 年在八丁原地热电站建成一台装机容量为 2 MW 的双工质机组，是日本第一个双工质循环地热电站。[2]2005 年，运行的地热电站共有 19 个，总装机容量达 534 MW（表 17-80）。

表 17-80   2005 年日本地热田发电情况

地热田名称（县名）	机组数 / 台	装机容量 /MW	发电量 /（GWh/a）
Hokkaido	1	50	185
Akita	3	88	619
Iwate	3	103	644
Miyagi	1	12	81
Fukushima	1	65	400
Tokyo	1	3	15
Oita	7	153	1 108
Kagoshima	2	60	416
合计	19	534	3 468

资料来源：中国电气工程大典编辑委员会：《中国电气工程大典·第 7 卷》，中国电力出版社，2010，第 584 页。

[1] 黄晓勇主编《世界能源发展报告（2014）》，社会科学文献出版社，2014，第 327-328 页。
[2] 中国电气工程大典编辑委员会：《中国电气工程大典·第 7 卷》，中国电力出版社，2010，第 584 页。

9. 中国

中国的地热发电规模较小，2011 年地热发电总装机容量为 27.3 MW。[1] 其中，具有一定生产规模的是西藏羊八井地热电站（表 17-81），2010 年运行装机容量为 24.18 MW。

表 17-81　2010 年中国地热电站装机容量及运行情况

电站名称	机组编号	单机容量 /MW	投运时间 / 年	运行情况
西藏羊八井	1 号机	1	1977	停运
	2 号机	3	1981	运行
	3 号机	3	1982	运行
	4 号机	3	1985	运行
	5 号机	3.18	1986	运行
	6 号机	3	1988	运行
	7 号机	3	1989	运行
	8 号机	3	1991	运行
	9 号机	3	1991	运行
西藏朗久	1 号机	1	1987	间断运行
	2 号机	1	—	停运
广东丰顺	3 号机	0.3	1984	运行
湖南灰汤	1 号机	0.3	1975	运行

资料来源：尹忠东、朱永强主编《可再生能源发电技术》，中国水利水电出版社，2010，第 198 页。

三、地热直接利用

地热直接利用又称为地热热利用，是相对于将地热资源转化为电能利用即地热发电而言的。根据地热流体温度的差异，可将地热直接应用到生产、生活的各个领域（表 17-82）。据 2005 年世界地热大会统计，全球低温地热资源直接利用比例大致为：热泵占 33%，洗浴、游泳占 29%，供暖占 20%，温室种植占 7.5%，工业利用占 4%，水产养殖占 4%，农产品烘干占 1%，融雪和制冷占 1%，其他占 0.5%。[2] 地热直接利用是迄今地热利用的主要方式之一，截至 2002 年，全球地热利用总装机容量为 23 200 MW（表 17-83），其中地热直接利用装机容量为 15 200 MW，约占 65.5%。

[1] 国家可再生能源中心：《中国可再生能源产业发展报告 2013》，中国经济出版社，2014，第 108 页。
[2] 朱家玲等：《地热能开发与应用技术》，化学工业出版社，2006，第 6 页。

表 17-82　地热直接利用领域

地热温度 /℃	基本应用
20～30	养鱼；提高地表温度
30～40	游泳；洗浴；防冻；发酵；生物降解
40～50	提高土壤温度
50～60	温泉疗养；种植蘑菇；污水处理
60～70	温室加热；动物饲养采暖
70～80	制冷；提取甜菜糖
80～90	建筑群采暖；牛奶消毒
90～100	快速除冰；鱼类干燥
100～110	蔬菜干燥；牧草干燥；羊毛洗涤与干燥
110～120	轻型水泥预制板干燥
120～130	盐类提取；蒸馏法制取淡水
130～140	食糖精炼的脱水
140～150	罐头制作；高速烘干农作物产品
150～160	氧化铝生产
160～170	木材烘干；鱼类食品干燥
170～180	硅藻土干燥；重水生产
180～190	纸浆蒸煮；高浓度溶液脱水

资料来源：作者整理。主要参考朱家玲等：《地热能开发与应用技术》，化学工业出版社，2006。

表 17-83　2002 年全球地热开发利用情况

地热利用方式	总装机容量 /MW	年供热量 /（GWh/a）
地热发电	8 000	50 000
地热直接利用	15 200	53 000
合计	23 200	103 000

资料来源：汪集暘、马伟斌、龚宇烈等：《地热利用技术》，化学工业出版社，2005，第 5 页。

（一）20 世纪

1912 年，瑞士人发明了地源热泵。随着地源热泵技术不断发展成熟，热泵采暖供热日渐成为全球地热直接利用的重要方式。同时，地热在医疗保健、旅游、工农业生产等领域的应用也不断扩大。

1. 地源热泵供热采暖：技术开发与应用

蕴藏在浅层岩土体、地下水或地表水中的低温地热资源（20～70 ℃），可采用地源热泵技术开发，然后用于供热采暖。

1927 年，英国的霍尔丹在苏格兰安装一台家用热泵，进行热泵试验，测出热泵的性能系数（COP）为逆向卡诺机理论效率的 1/3～1/2。[1]

① 孙晓光、林豹、王新北主编《地源热泵工程技术与管理》，中国建筑工业出版社，2009，第 2 页。

20 世纪 30 年代，地源热泵得到较快发展。1931 年，美国爱迪生公司在洛杉矶办公楼安装地源热泵用于供热，供热量达 1 050 kW，制热系数达 2.5，这是世界上最早应用大容量热泵的例子。[1]1937 年，日本在大型办公楼内安装 2 台 194 kW 压缩机带有蓄热箱的井水源热泵系统，性能系数为 4.4。[2]1938—1939 年，欧洲第一台较大的热泵装置在苏黎世投入使用，其工质为 R12，出力为 175 kW，制热系数为 2.0，输出水温为 60 ℃。[3]到 1940 年，美国共安装了 15 台大型商用热泵（表 17-84），其中大部分以井水为热源。此后，热泵发展受到"二战"的影响。

表 17-84　1934—1940 年美国部分地下水源热泵供暖系统

施工时间 / 年	地点	低位热源	供热量 /kW	备注
1934	纽约州塞勒姆	13.5 ℃地下水	75	供热 COP=3.5
1936	路易斯安那州阿尔吉斯	25 ℃地下水	116	供热 COP=3.5
1936	纽约州皮特曼恩	14 ℃地下水	47	—
1939	康涅狄格州纽黑文	13 ℃地下水	1 010	供热 COP=3.2
1940	肯塔基州皮克斯威尔	地下水	—	供热 COP=3.2
1940	西弗吉尼亚州洛甘	16 ℃地下水	—	—
1940	俄亥俄州克肖克顿	地下水	31	供热 COP=3.6
1940	加利福尼亚州里弗达尔	20 ℃地下水	290	—
1940	加利福尼亚州洛杉矶	20 ℃地下水	—	供热 COP=5.0

资料来源：马最良、吕悦主编《地源热泵系统设计与应用》，机械工业出版社，2007，第 12 页。

第二次世界大战后，美国、英国开始对土壤耦合热泵进行研发与应用。1946 年，美国开始对土壤源热泵进行研究，包括研究地下盘管的形式、盘管参数、管材及直接膨胀式系统对土壤源热泵性能的影响等。1947 年，英国电气研究协会对地下埋管热泵进行研究。1948 年，Ingersoll 等提出地下埋管换热器的线热源理论。1951 年，英国诺里奇在一栋 165 m² 的房屋建成土壤耦合热泵供暖系统。1952 年，英国格里菲斯发表关于土壤性质和土壤导热特性的文章。1953 年，美国电力研究协会指出，这个时期的试验还没有提出可供使用的设计方法。[4]这一时期，由于能源价格低，土壤源热泵系统的初始投资高、建设不经济，到 20 世纪 50 年代中期，土壤耦合热泵的研发就基本停止了。

同一时期，美国安装了一批直接式地源热泵系统。1946 年，在俄勒冈州的波特兰市中心区建成第一个地源热泵系统。之后，美国西部以及其他地区开始大量安装地源热泵系统。到 1950 年，美国拥有热泵约 600 台，其中 53% 为水源热泵。但是，由于地下水源热泵采用直接式系统，建成 5—15 年后因腐蚀和生锈而失效，地下水源热泵系统的应用进入低潮期。[5]

---

[1] 张旭等：《热泵技术》，化学工业出版社，2007，第 2 页。

[2] 马最良、吕悦主编《地源热泵系统设计与应用》，机械工业出版社，2007，第 12 页。

[3] 孙晓光、林豹、王新北主编《地源热泵工程技术与管理》，中国建筑工业出版社，2009，第 2 页。

[4] 马最良、吕悦主编《地源热泵系统设计与应用》，机械工业出版社，2007，第 13 页。

[5] 同上书，第 12 页。

1957 年，美国决定在大批住房项目中用热泵采暖代替原先设想的燃气供热方案，热泵开发迎来新的机遇。美国的科研机构和高等院校先后开展闭式环路热泵系统研究。印第安纳波利斯市最早建成闭式环路地源热泵系统。到 20 世纪 60 年代初，美国安装地源热泵机组近 8 万台。[①]但是，由于热泵可靠性低以及运行、维护费用过高等问题，到 20 世纪 60 年代中后期，热泵产业发展再次徘徊不前，有的热泵在使用过程中被淘汰。

20 世纪 70 年代石油危机后，世界各地掀起地源热泵开发与应用的高潮。1974 年，欧洲推出 30 个地源热泵工程开发研究项目。1976 年，国际能源署成立国际热泵委员会。1977 年，美国的热泵年产量从 1971 年的 8.2 万套增至 50 万套。1978 年，在美国能源部的支持下，布鲁克海文国家实验室制订土壤源热泵研究计划，橡树岭国家实验室、俄克拉何马州立大学等开展地源热泵研发。1983 年，挪威耗资 1 400 万美元，以市政污水干管作为热源，在奥斯陆建设全球最大的污水源热泵供热系统，年热能生产能力为 18 MW，能够满足 9 000 套公寓供热的需要，每年可节约 6 000 t 化石燃料。[②]

从 20 世纪 80 年代起，土壤耦合热泵开发取得重要突破，并被成功应用到商业和民用建筑领域（表 17–85）。欧洲引入板式换热器，使得闭式环路地源热泵系统逐步得到推广。到 1983 年，地源热泵被认为是一种省钱、节能的采暖方式。[③]随后，地源热泵技术日渐成熟，地源热泵产业得到迅速发展。1985 年，美国共有地源热泵 14 000 台。1997 年，新安装的地源热泵数量达到 45 000 台。1988 年，美国热泵式空调机产量为 321 万台，到 1999 年超过 1 000 万台。[④]到 2000 年，德国、奥地利、瑞典、瑞士、法国等欧洲国家先后推广应用热泵（表 17–86），用于供热和热水供应的热泵总数达 46.7 万台，其中土壤耦合热泵 26.33 万台，约占 56.4%。瑞典在首都斯德哥尔摩建成总能力为 180 MW 的、世界上最大的海水热泵站，供热量占城市中心网输送总量的 60%。[⑤]到 2001 年，美国累计安装地源热泵约 40 万台。美国还建成世界上最大的地下水源热泵项目之一——Galt House Hotel，它可为 8.9 万 m^2 办公楼和 7 万 m^2 旅馆提供热能。

表 17–85　20 世纪 80—90 年代世界土壤耦合热泵的开发应用

时间 / 年	世界土壤耦合热泵开发应用情况
1983	BNL 修改线热源理论，将埋管周围的岩土划分为严格区和自由区
1983	Claesson 和 Dunand 首次对垂直 U 形埋管提出等效管的概念
1985	V.C.Mei 和 Emerson 提出一个适用于水平管的数值模型
1985	瑞典生产 20 000 套热泵，其中土壤耦合热泵占 30%
1986	V.C.Mei 建立三维瞬态远边界传热模型
1986	T.K.Lei 建立 U 形管径向一维导热微分方程
1990	S.M.Hailey 等发现土壤含湿量对地下埋管换热器周围土壤热传导率有垂直影响

① 张旭等：《热泵技术》，化学工业出版社，2007，第 3 页。

② 孙晓光、林豹、王新北主编《地源热泵工程技术与管理》，中国建筑工业出版社，2009，第 4 页。

③ 马最良、吕悦主编《地源热泵系统设计与应用》，机械工业出版社，2007，第 12 页。

④ 张旭等：《热泵技术》，化学工业出版社，2007，第 3 页。

⑤ 孙晓光、林豹、王新北主编《地源热泵工程技术与管理》，中国建筑工业出版社，2009，第 4 页。

续表

时间 / 年	世界土壤耦合热泵开发应用情况
1990	Couvillion 采用有限元法模拟水平埋管矩形截面回填土的实验系统，结果与实验数据吻合较好
1992	D.C.Drown 等对土壤条件以及土壤的热导率对土壤蓄热热泵系统的影响进行监视
1992	Y.Deng 等对多层土质的土壤中采用垂直地埋管换热器进行测试，发现粗砂层和细砂层的热导率分别比黏土层高出 62% 和 27%
1993	国际地源热泵协会（IGSHPA）成立
1994	加拿大累计有 7 000～8 000 台土壤耦合热泵系统投入使用
1995	美国土壤耦合热泵的应用比例从 1994 年的 18% 提高到 30%
1996	土壤源热泵应用于大型商业建筑
1997	Rottmayer 等开发出二维 U 形地下埋管换热器数值模型
1998	W.H.Leng 等对土壤耦合热泵系统的性能系数（COP）值进行计算机模拟，发现土壤类型和湿度对土壤耦合热泵性能影响很大
1999	Shonder 和 Beck 开发出 U 形地下埋管换热器一维传热模型

资料来源：作者整理。参考马最良、吕悦主编《地源热泵系统设计与应用》，机械工业出版社，2007。

表 17-86　截至 2000 年欧洲各国热泵的应用

项目		德国	奥地利	比利时	芬兰	英国	挪威	荷兰	瑞典	瑞士	法国
热泵数量 / 万台（万套）		10.00	14.90	0.65	1.50	0.30	3.00	2.95	3.70	6.70	3.00
各类热泵的份额 /%	土壤耦合热泵	72	80	30	52	—	17	—	72	40	15
	水源热泵	11	16	0	48	—	2	—	12	5	0
	空气源热泵	17	4	70	0	—	81	—	16	55	85

资料来源：马最良、吕悦主编《地源热泵系统设计与应用》，机械工业出版社，2007，第 13 页。

　　根据统计数据，到 2000 年，世界 27 个主要国家（未包括中国）的地源热泵总装机容量达 6 875.4 MW，年供热量达 6 469.2 GWh（表 17-87）。其中，装机容量排前五位的国家分别为：美国 4 800 MW、瑞士 500 MW、瑞典 377 MW、加拿大 360 MW、德国 344 MW。在家用供热装置中，地源热泵系统所占比重最高的国家是瑞士，1999 年瑞士地源热泵系统所占比重为 96%。瑞士也是世界上地源热泵应用人均占有比例最高的国家，1998 年其闭式循环系统所占比例达 70% 以上，总数达 20 万台以上。[①]

表 17-87　2000 年世界主要国家地源热泵利用情况[1]

国家	总装机容量 /MW	年利用能量 /（TJ/a）	年供热量 /（GWh/a）	热泵实际数量 / 台
澳大利亚	24.0	57.6	16.0	2 000
奥地利	228.0	1 094.0	303.9	19 000

———————
① 马最良、吕悦主编《地源热泵系统设计与应用》，机械工业出版社，2007，第 15 页。

续表

国家	总装机容量 /MW	年利用能量 / （TJ/a）	年供热量 / （GWh/a）	热泵实际数量 / 台
保加利亚	13.3	162.0	45.0	16
加拿大	360.0	891.0	247.5	30 000
捷克	8.0	38.2	10.6	390
丹麦	3.0	20.8	5.8	250
芬兰	80.5	484.0	134.5	1 000
法国	48.0	255.0	70.8	120
德国	344.0	1 149.0	319.2	18 000
希腊	0.4	3.1	0.9	3
匈牙利	3.8	20.2	5.6	317
冰岛	4.0	20.0	5.6	3
意大利	1.2	6.4	1.8	100
日本	3.9	64.0	17.8	323
立陶宛	21.0	598.8	166.3	13
荷兰	10.8	57.4	15.9	900
挪威	6.0	31.9	8.9	500
俄罗斯	1.2	11.5	3.2	100
波兰	26.2	108.3	30.1	4 000
塞尔维亚	6.0	40.0	11.1	500
斯洛伐克	1.4	12.1	3.4	8
斯洛文尼亚	2.6	46.8	13.0	63
瑞典	377.0	4 128.0	1 146.8	55 000
瑞士	500.0	1 980.0	550.0	21 000
土耳其	0.5	4.0	1.1	23
英国	0.6	2.7	0.8	49
美国	4 800.0	12 000.0	3 333.6	350 000
合计	6 875.4	23 286.8	6 469.2	503 678

资料来源：汪集暘、马伟斌、龚宇烈等：《地热利用技术》，化学工业出版社，2005，第 74 页。

注：[1] 未包括中国。

2. 地热直接利用的其他方式

地热直接利用的方式除了通过地源热泵供热采暖，还有直接供热、工业利用、温室种养、洗浴疗养、污水处理等。地源热泵供热需要通过地源热泵设备将地热转化为热风，然后送到需要供热采暖的空间；而直接供暖等其他方式则是直接对地热中的热水或流体加以利用。

（1）直接供热

1928 年，冰岛在首都雷克雅未克郊区普沃塔劳格钻出一口地热井。1930 年，铺设 3 km 长的地热水管道，将每秒流量 14 L、水温 87 ℃的地热水引入城市，供给居民小区采暖。此后，又在首都以东 18 km 的雷恰勒伊格地热田建成新的地热供热系统，为 2 300 间房屋和所有公共建筑、约 3 万居民供热，是当时世界上最先进的城市地热供热系统。[①]

1943 年，冰岛成立雷克雅未克市区热水服务中心，推进市区内地下热水层以及雷克地热田的开发利用。到 1955 年，雷克地热田共建成 70 口地热浅井，1970 年热水供应量约为 1 200 t/h。其后，又钻出 39 口深井。[②] 与之配套，冰岛建成了长达 63 km 的、世界最长的地热水输送管道。21 世纪初，冰岛供暖已占全国总面积的 90%，首都雷克雅未克则达到 99.9%。

（2）工业利用

20 世纪 50 年代，新西兰塔斯曼造纸有限公司（以下简称"塔斯曼公司"）在高温地热资源丰富的 Kawerau 地区开展地热资源勘探，开发高温地热井。1960 年，安装 1 台 10 MW 的涡轮发电机组。1968 年，又安装 1 台单效蒸发器，利用地热废气为黑碱液的蒸发提供能量。到 1995 年，塔斯曼公司建成高温地热井 6 口，地热流体总开采量 224 t/h。塔斯曼公司将它们用于木材、纸浆、纸张生产与加工等各个环节，是世界上最大的地热应用工业企业。[③]

美国内华达州 Gilroy 食品公司于 1978 年成立一家地热食品加工厂，用当地地热流体为工厂供热，进行洋葱脱水加工，生产各种等级的干洋葱，最终产品的含湿量为 3.5% ～ 5%。

（3）温室种养

1969 年，美国在俄勒冈州的科瓦利斯附近做地热加温土壤的田间试验，检测加温后的效果。结果表明，大豆饲料增产 66%，西红柿增产 50%，谷物饲料增产 45%，菜豆增产 39%，谷物的质量也有所提高。1977 年，美国成立波尔盖特地热温室公司，该公司到 21 世纪初先后建成 9 座温室，占地面积约 13 万 m²，是美国最大的温室联合体。每年培植玫瑰切花约 2 500 万株，应用地热与使用丙烷相比，每年可节约成本 73.6 万美元。[④]

中国天津里自沽农场于 1986 年建成一个养种鸡、育雏、孵化、水产养殖以及加热生活用水的地热利用系统。同年，福州市能源利用研究所在福建连江县建成中国第一座较大规模的地热干燥专用装置——地热烘道式香菇干燥装置。[⑤] 到 2000 年，中国建设地热温室总面积 600 多亩，分布在 13 个省市，

① 刘时彬：《地热资源及其开发利用和保护》，化学工业出版社，2005，第 201–202 页。

② 汪集暘、孙占学：《神奇的地热》，清华大学出版社，2001，第 107 页。

③ 蔡义汉：《地热直接利用》，天津大学出版社，2004，第 576 页。

④ 刘时彬：《地热资源及其开发利用和保护》，化学工业出版社，2005，第 207 页。

⑤ 汪集暘、马伟斌、龚宇烈等：《地热利用技术》，化学工业出版社，2005，第 122–123 页。

其中河北省 300 多亩，北京市 79 亩。

（4）沐浴疗养

利用地热温泉开展医疗保健及旅游开发，古已有之，到现代得到极大发展。1958 年，中国对陕西华清池进行扩建，使华清池成为国内有名的沐浴旅游胜地。日本属于国家管辖的温泉保健机构有近600 处，全国的温泉旅馆上万家，1968 年接待国内外旅游者 1 亿多人次，其中大约有 20% 的人是专门为沐浴、保健和疗养而至，每年赴温泉区的旅游者多达 1.5 亿人次左右。[①]

（5）污水处理

1983 年，美国加利福尼亚州 San Bernardino 安装 1 台一级污水厌氧分离器，原来燃用甲烷，后改用 58 ℃的地热水。地热水最大流量为 25 L/s，换热器入口水温 58 ℃、出口水温 53 ℃，为 7 600 m³ 污水箱加热，1 年可节省费用约 3 万美元。[②]

2000 年，欧洲累计地热直接利用装机容量 6 853.2 MW。其中，装机容量居第一位的是冰岛，为1 469.0 MW，约占欧洲总量的 21.4%；其后依次为土耳其 820.0 MW、瑞士 547.0 MW、德国 397.0 MW、瑞典 377.0 MW、匈牙利 328.3 MW（表 17-88）。

表 17-88　2000 年欧洲国家地热直接利用情况

国家	总装机容量 /MW	年利用能量 /（TJ/a）	年供热量 /（GWh/a）
奥地利	210.0	255.3	1 609.0
比利时	3.9	107.0	30.0
丹麦	7.4	75.0	21.0
芬兰	80.5	484.0	134.0
法国	326.0	4 895.0	1 360.0
德国	397.0	1 568.0	436.0
希腊	57.1	385.0	107.0
爱尔兰	0.7	1.0	0.1
意大利	314.0	3 774.0	1 048.0
荷兰	10.8	57.0	16.0
葡萄牙	5.5	35.0	10.0
瑞典	377.0	4 128.0	1 174.0
英国	2.9	21.0	6.0
冰岛	1 469.0	20 170.0	5 603.0
俄罗斯	307.0	6 132.0	1 703.0
瑞士	547.0	2 386.0	663.0
土耳其[1]	820.0	15 756.0	4 377.0
保加利亚	107.2	1 637.0	455.0
捷克	12.5	128.0	36.0

① 刘时彬：《地热资源及其开发利用和保护》，化学工业出版社，2005，第 206 页。

② 同上书，第 205 页。

续表

国家	总装机容量 /MW	年利用能量 /（TJ/a）	年供热量 /（GWh/a）
匈牙利	328.3	2 825.0	785.0
波兰	68.5	275.0	76.0
罗马尼亚	152.4	2 871.0	797.0
斯洛伐克	132.3	2 118.0	588.0
斯洛文尼亚	42.0	705.0	196.0
克罗地亚	113.9	555.0	154.0
格鲁吉亚	250.0	6 307.0	1 752.0
马其顿	81.2	510.0	142.0
乌克兰	12.0	60.0	5.2
南斯拉夫	80.0	2 735.0	660.0
其他欧洲国家	537.1	10 167.0	2 713.2
合计	6 853.2	91 122.3	26 656.5

资料来源：刘时彬：《地热资源及其开发利用和保护》，化学工业出版社，2005，第194-195页。

注：[1] 土耳其为亚洲国家，它是"北约"成员国，之前曾为统治欧洲的奥斯曼帝国，西方通常将土耳其视为欧洲国家。

到 20 世纪末，世界地热直接利用主要集中在欧洲、亚洲和美洲。1999 年三大洲的地热直接利用装机容量分别为 5 714 MW、4 608 MW、4 355 MW（表 17-89），共计约占全球总量的 96.9%。

表 17-89　1999 年各大洲地热直接利用情况

地区	总装机容量 /MW	年供热量 /（GWh/a）
非洲	125	504
美洲	4 355	7 270
亚洲[1]	4 608	24 235
欧洲	5 714	18 905
大洋洲	342	2 065
合计	15 144	52 979

资料来源：刘时彬：《地热资源及其开发利用和保护》，化学工业出版社，2005，第195页。

注：[1] 亚洲直接利用数值包括日本的沐浴。

全球十大地热直接利用国家（以 1997 年装机容量排序）分别为中国、美国、冰岛、日本、匈牙利等（表 17-90）。1997 年，中国地热直接利用总装机容量为 1 914 MW，居世界第一位；日本地热直接利用年供热量为 7 500 GWh，排世界之首。

表 17-90　1997 年世界十大地热直接利用国家

排名	国家	总装机容量 /MW	年供热量 /（GWh/a）
1	中国	1 914	4 717
2	美国	1 905	3 971

续表

排名	国家	总装机容量 /MW	年供热量 / (GWh/a)
3	冰岛	1 443	5 878
4	日本	1 159	7 500
5	匈牙利	750	3 286
6	土耳其	635	2 500
7	意大利	314	1 026
8	法国	309	1 359
9	新西兰	264	1 837
10	俄罗斯	210	673

资料来源：汪集暘、马伟斌、龚宇烈等：《地热利用技术》，化学工业出版社，2005，第 4-5 页。

（二）21 世纪

21 世纪以来，世界地热直接利用进入快速发展时期。2005 年，世界上有 71 个国家开展地热直接利用，地热能利用总量达到 72 622 GWh/a，比 2000 年约增长 40%[1]，年均增长 7%。2005—2010 年，全球地热直接利用规模进一步扩大，年均增长率达到 10%；2011 年总装机容量达到 58 GW，至少有 78 个国家开发利用地热。[2]

在地热直接利用中，地源热泵供热高速增长，成为地源直接利用最重要的方式。2005 年，有 33 个国家发展、应用地源热泵技术。其中，美国地源热泵发展到 60 万台，总装机容量为 6 300 MW，居全球第一位；瑞典总装机容量为 2 000 MW，排第二位；德国、瑞士、加拿大、澳大利亚总装机容量分别为 560 MW、440 MW、435 MW、275 MW（表 17-91）。德国到 2007 年建成 4.5 万多个热泵系统。瑞士苏黎世联邦理工学院于 2009 年在世界上首先开展地源热泵的地下火焰钻井技术试验。[3]2005—2010 年，世界地源热泵利用年均增长率达到 20%，2011 年总装机容量达到 42 GW[4]，占全球地热直接利用的比重超过 72%。

表 17-91　2005 年主要国家地源热泵技术应用情况

序号	国家	总装机容量 /MW	年供热量 / (GWh/a)	热泵数量 / 万台
1	美国	6 300	6 300	60
2	瑞典	2 000	8 000	20
3	德国	560	840	4
4	瑞士	440	660	2.5
5	加拿大	435	300	3.6
6	澳大利亚	275	370	2.3

资料来源：孙晓光、林豹、王新北主编《地源热泵工程技术与管理》，中国建筑工业出版社，2009，第 4 页。

---

[1] 朱家玲等：《地热能开发与应用技术》，化学工业出版社，2006，第 6 页。

[2] 国家可再生能源中心：《国际可再生能源发展报告 2012》，中国经济出版社，2013，第 79 页。

[3] 翁史烈主编《话说地热能与可燃冰》，广西教育出版社，2013，第 70-71 页。

[4] 国家可再生能源中心：《国际可再生能源发展报告 2012》，中国经济出版社，2013，第 79 页。

据 2010 年世界地热大会的统计数据，2009 年，中国地热直接利用供热量为 20 932 GWh/a，居全球首位；美国地热直接利用供热量为 15 710 GWh/a，排第二位；瑞典为 12 585 GWh/a，排第三位（表17-92）。

表 17-92 2009 年世界十大地热直接利用国家地热年供热量与主要开发利用方式

排名	国家	年供热量 /（GWh/a）	主要开发利用方式
1	中国	20 932	直接供热、地源热泵、洗浴
2	美国	15 710	地源热泵
3	瑞典	12 585	地源热泵
4	土耳其	10 247	直接供热
5	日本	7 139	洗浴
6	挪威	7 001	地源热泵
7	冰岛	6 768	直接供热
8	法国	3 592	直接供热
9	德国	3 546	洗浴、直接供热
10	荷兰	2 972	地源热泵

资料来源：国家可再生能源中心：《国际可再生能源发展报告 2012》，中国经济出版社，2013，第 78-79 页。

第 5 节 海洋能

海洋是一个蓝色的巨大宝库，全球海洋面积约 3.6 亿 km^2，约占地球表面积的 71%。[1] 海洋中有丰富多样的资源，如海洋石油、海洋生物、海洋能等。一般地，海洋能是指蕴藏在海水中的各种能量，包括潮汐能、波浪能、海流能、潮流能、温差能、盐差能等（表 17-93）。根据联合国教科文组织 1981年出版的《海洋能开发》一书的估计，全球海洋理论上可再生能源的功率为 76.6 TW，蕴藏在海岸线附近；技术上可利用的能源的功率为 6.4 TW，是当时世界电站总装机容量的两倍。在全球海洋能总量中，温差能和盐差能最多，各为 40 TW 和 30 TW；波浪能、潮汐能、海流能分别为 3 TW、3 TW 和0.6 TW。[2] 根据世界能源理事会等的估计，全球海洋能的年发电量可达 200 万 TWh 以上。在当今实际开发利用中，潮汐能的开发是最为现实的，也是开发利用最多的一种海洋能资源。然而，在如今世界

[1]《中国大百科全书》总编委会：《中国大百科全书·第 9 卷》第 2 版，中国大百科全书出版社，2009，第 105 页。
[2] 中国电气工程大典编辑委员会：《中国电气工程大典·第 7 卷》，中国电力出版社，2010，第 496 页。

海洋能发电中，只有少数国家实现潮汐电站和波浪电站的商业化发展（表 17-94），而且它们的装机容量规模都很小。欲将潜力巨大的海洋能开发出来，人类仍然面临巨大的挑战。

表 17-93　海洋能分类及其资源数量

类别	基本类型	能量（功率）/ TW
动能（机械能）	潮汐能	3
	波浪能	3
	海流能	0.6
	潮流能	—
热能	温差能	40
化学能	盐差能	30
合计		76.6

资料来源：作者整理。主要参考褚同金：《海洋能资源开发利用》，化学工业出版社，2005。

表 17-94　世界海洋能开发利用进程

时间	事件
9 世纪	中国唐代山东沿海先民开始发展潮汐磨
10 世纪	波斯湾沿岸居民用潮汐能驱动水车磨面粉
11—12 世纪	苏格兰、法国沿海出现潮汐磨坊
16 世纪	俄国沿海居民使用潮汐磨
1600 年	法国人在加拿大东海岸建成美洲第一个潮汐磨
1799 年	法国吉拉德父子发明波浪能装置
1910 年	法国建成世界上最早的波浪电站
1912 年	德国建成世界上最早的潮汐电站
1930 年	法国人克劳德在古巴建造世界上第一座海洋温差电站
1964 年	日本人益田善雄发明海浪发电航标灯
1967 年	法国建成世界上第一座大型商业化潮汐电站——朗斯潮汐电站
1973 年	以色列科学家洛布在死海建成一座 150 kW 的海水盐差发电实验电站
1973 年	美国进行大型海流发电半潜涵洞透平装置模型试验
1974 年	日本建成世界上第一艘波浪发电船
1976 年	英国人威尔斯发明用于波浪发电的对称翼型涡轮发电机
1980 年	加拿大开工建设世界上单机容量最大的潮汐电站
1981 年	日本建成世界上第一座 100 kW 级海洋温差电站
1986 年	挪威建成世界上首座聚波水库式波浪电站
1989 年	中国在珠海建成国内第一座波浪电站
1990 年	日本建成世界上最大的 1 000 kW 级实用型海洋温差电站
1995 年	英国在克莱德河口建成世界上第一座商用波浪电站
2001 年	印度和日本在印度共建 10 000 kW 级海洋温差电站

续表

时间	事件
2002 年	中国建成世界上首座漂浮式潮流能实验电站
2003 年	英国建成世界上第一座 300 kW 级海流电站
2004 年	英国建成世界上第一座商业示范波面筏式波浪电站
2005 年	中国研发世界上首座集发电、充电、海水淡化于一体的波浪电站
2011 年	韩国建成总装机容量 25.4 万 kW 的世界上最大的潮汐电站

资料来源：作者整理。

一、潮汐能发电

海洋潮汐是海水周期性涨落的一种自然现象，其一涨一落，形成潮差与势能。据此，人类筑坝拦潮，利用潮汐发电。世界各地的潮差有大有小（表 17-95），发电能力各不一样。一般平均潮差在 3 m 以上的就有实际应用价值。据联合国教科文组织 1981 年出版物的估计数字，全球潮汐能的理论蕴藏量约为 30 亿 kW。据中国商业情报网编制的有关资料，世界潮汐能蕴藏量约为 27 亿 kW，若全部转换成电能，年均发电量约为 1.2 万亿 kWh。[①] 中国的潮汐能理论蕴藏量为 1 亿 kW，80% 集中在浙江和福建两省沿海地区。

表 17-95 世界各地大潮差地点分布及潮差值

地点	潮差 /m	地点	潮差 /m
美晋	8.30	福兹克劳斯河（印度洋）	14.00
克尼克·阿姆	9.40	马拉卡	9.60
克罗弗	8.50	昂家瓦湾（科克索克河）	12.55
依尔弗兰荷勃	9.65	米纳斯湾（新斯科舍）	15.20
波罗奇	10.70	芬地－安娜波利斯湾（新斯科舍）	9.85
瓦奇特	11.70	圣·约翰（新不伦瑞克省）	8.85
布哈姆	12.35	首尔	13.20
布列斯托（港口）	16.30	索耳威河口（阿比·希德）	8.60
成型列斯托尔（国王路）	14.00	布伦	9.45
布列斯托尔（阿房河）	11.35	巴莱	11.75
比奇来比尔（塞文河）	14.00	纳斯珀伍特	10.85
乞泼斯托	12.95	波特·太尔堡	9.60
新港	13.30	斯旺西	9.50
卡尔的夫（攀纳斯）	12.65	瓦姆希特	8.85
南西尔斯堆（太平洋）	11.70	贝尔依赖特（兰纳来）	8.65

① 尹忠东、朱永强主编《可再生能源发电技术》，中国水利水电出版社，2010，第 146 页。

续表

地点	潮差 /m	地点	潮差 /m
土佛河（弗列边）	8.45	地泼	9.95
坦比	9.00	滨海塞纳	9.45
弟河（希尔贝岛）	9.35	弗卡姆泼	8.65
利物浦	9.70	勒阿弗尔	8.35
利勃路蔡姆河	9.40	克尔贝夫	9.00
布列斯敦	9.30	高瑞	8.55
伍列河（弗利特伍德）	9.80	迪耶莱特	10.55
摩尔卡姆勃	9.55	雷斯艾瑞候	12.15
巴罗港	9.60	卡特	12.25
塔恩波特	8.60	里斯里凯特	13.00
瓦特哈佛	8.85	格拉维尔	14.65
雷罗斯	9.30	肖宰岛	14.10
拉姆齐（人岛）	8.35	康卡尔	14.80
佩多·圣·克鲁斯	12.50	圣马诺	13.25
佩多瑞克	12.70	莱曼基耶岛	12.55
卡普·维基恩斯	10.55	圣卡斯特	13.35
圣·安东尼奥	9.70	爱尔克	12.35
圣·霍斯湾	8.70	圣盖堡特里厄	12.50
圣瓦列来	10.75	贝姆布尔	11.70
荷台尔	10.75	布列哈特岛（克罗斯港）	11.55
凯斯	11.05	阿尔滨海	10.95
勒特雷波尔	11.00	来柴特列斯	11.45

资料来源：中国电气工程大典编辑委员会：《中国电气工程大典·第 7 卷》，中国电力出版社，2010，第 496-497 页。

（一）20 世纪

1912 年，德国建成世界上第一座潮汐电站。此后，法国、美国等相继兴建较大规模的潮汐电站，但都没有成功。

20 世纪 50 年代，中国出现兴办小型潮汐电站的高潮。据不完全统计，1958 年中国建成小型潮汐电站 41 座，总装机容量 583 kW（表 17-96）。其中，已建成发电的广东大良潮汐电站，装机容量为 144 kW，是当时中国最大的潮汐电站；而规模最小的只有 5 kW。同年，中国在建的小型潮汐电站 88 座，总装机容量达 7 055 kW。由于设备简陋，管理不善，绝大部分电站都在运行一段时间后废弃了。同一时期建成的浙江温岭沙山潮汐电站是唯一一座至今仍在运行的小型潮汐电站。[①]

---

① 褚同金：《海洋能资源开发利用》，化学工业出版社，2005，第 137 页。

表 17-96　1958 年中国兴办小型潮汐电站情况

省（市）	已建成小型潮汐电站		在建小型潮汐电站	
	电站数 / 座	总装机容量 /kW	电站数 / 座	总装机容量 /kW
辽宁	5	55	20	300
山东	1	10	15	425
江苏	7	66	3	40
上海	2	31	0	0
浙江	0	0	1	60
福建	2	20	2	5 200
广东	24	401	47	1 030
总计	41	583	88	7 055

资料来源：褚同金：《海洋能资源开发利用》，化学工业出版社，2005，第 137 页。

　　20 世纪 60 年代，法国在英吉利海峡圣马洛湾的朗斯河口建设朗斯潮汐电站，共安装 24 台可逆贯流式水轮发电机组，总装机容量为 24 万 kW，年发电量达 5.44 亿 kWh。1961 年开工，1966 年投产第一台发电机组，1967 年全部投入运行。[①] 它是当时世界上第一座大型商业化潮汐电站，也是世界上单库双向发电的最大潮汐电站。从此，世界潮汐电站进入商业化发展时期。同一年代，苏联在白海沿岸基斯洛湾兴建基斯洛潮汐试验电站，其库容面积为 1.14 km²，单库双向发电，装有 2 台双向式灯泡机组，总装机容量为 800 kW，于 1968 年建成投产。

　　20 世纪 70 年代，中国又出现兴建潮汐电站的热潮，先后建设了浙江江厦、山东白沙口、江苏浏河、广东镇口、广西果子山等一批潮汐电站（表 17-97），各电站装机规模多为百余千瓦到数百千瓦不等。其中，浙江江厦潮汐试验电站是由国家投资兴建的，1972 年开工，1980 年首台机组发电，1985 年全面建成。2007 年又增加 1 台 700 kW 的机组，总装机容量达到 3 900 kW，是中国最大的潮汐电站，也是中国第一座自主研发、安装的双向潮汐电站。

表 17-97　20 世纪 70 年代中国潮汐电站兴建情况

项目	江厦	高塘	岳浦	兵营	北沙	海山	白沙口	金港	浏河	镇口	沙抓	果子山
地点	浙江温岭	浙江象山	浙江象山	浙江象山	浙江洞头	浙江玉环	山东乳山	山东乳山	江苏太仓	广东东莞	广东阳江	广西钦州
装机容量 /kW	3 200	200	300	150	125	150	960	120	150	156	55	40
水库面积 /km²	160	20	27	10	16	上库 27 下库 2.6	320	—	384	—	—	—
运行方式	单库双向	单库单向	单库单向	单库单向	单库单向	双库连程	单库单向	单库单向	单库双向	单库双向	单库双向	单库单向
建设时间 / 年	1972—1985	1970—1972	1971—1972	1976	1972	1975	1970—1978	1970	1973—1976	1972	—	1977

①《中国水利百科全书》编辑委员会、中国水利水电出版社：《中国水利百科全书》第 2 版，中国水利水电出版社，2006，第 768 页。

续表

项目	江厦	高塘	岳浦	兵营	北沙	海山	白沙口	金港	浏河	镇口	沙抓	果子山
现况	运行	废弃	待修复	废弃	未建成	运行	运行	废弃	运行	停发	停发	作加工动力
备注	联网	—	—	—	—	联网	联网	—	联网	—	—	—

资料来源：褚同金：《海洋能资源开发利用》，化学工业出版社，2005，第 139 页。

1980 年，加拿大在芬地湾开工建设安娜波利斯潮汐试验电站，于 1984 年建成并投入运行。芬地湾的最大潮差达 18.5 m。电站采用贯流式水轮发电机组，单台机组额定功率为 17.8 MW，最大出力为 20 MW，是世界上单机容量最大的潮汐发电机组，也是技术最先进的全贯流式水轮发电机组，年发电量约为 45 GWh。[1]

（二）21 世纪初

进入 21 世纪，世界潮汐能开发利用又取得新的进展。2004 年，挪威在克瓦松德建成一座海底潮汐发电站，这是世界上第一座海底发电站。[2]2011 年，韩国投资 4.6 亿美元建成始华湖潮汐电站，总装机容量为 25.4 万 kW，是韩国最大的潮汐电站，也是当今世界规模最大的潮汐电站。

到 2011 年，法国、韩国、中国、俄罗斯、英国、加拿大、印度等 13 个国家已建、在建和计划建设的潮汐电站共 139 座，总装机容量达 55 万 kW。[3]

二、波浪能发电

海洋波浪能是在海洋波浪的作用下产生的动能与势能，属于机械能。其开发利用的主要方式是波浪能发电，波浪能发电是当今海洋能开发中最为广泛的。波浪能转换发电装置，即波浪能发电站，可按建造位置、是否固定、波浪能转换方式、装置形式等标准分为多种类型（表 17-98）。其中，振荡水柱式波浪电站应用最为广泛。

表 17-98　波浪能电站分类

分类标准	类型
（一）按建造位置分	1. 岸式波浪电站 2. 近岸波浪电站 3. 离岸波浪电站 4. 环礁式波浪电站
（二）按是否固定分	1. 陆基型（固定型）波浪电站 2. 漂浮式（波面筏式）波浪电站

[1] 李全林主编《新能源与可再生能源》，东南大学出版社，2008，第 389 页。

[2] 田德文：《挪威》，社会科学文献出版社，2007，第 11 页。

[3] 国家可再生能源中心：《国际可再生能源发展报告 2012》，中国经济出版社，2013，第 86-87 页。

续表

分类标准	类型
（三）按波浪能转换方式分	1. 振荡水柱式波浪电站 2. 振荡浮子式波浪电站 3. 多共振振荡水柱式波浪电站 4. 摆式波浪电站
（四）按装置形式分	1. 海蚌式波浪电站 2. 点头鸭式波浪电站 3. 软袋式波浪电站 4. 整流器式波浪电站 5. 发电船式波浪电站

资料来源: 作者整理。主要参考本书编委员:《能源词典》第2版，中国石化出版社，2005。

（一）20世纪

早在1910年，法国就建造了世界上第一座波浪电站，但波浪发电技术的研发应用直到20世纪60—70年代才取得重要突破。1964年，日本的益田善雄经过数十年的潜心研制，发明出海浪发电装置——海浪发电航标灯，次年第一次被安装在航标上使用。[1]它是一种气动式波浪发电装置，虽然发电能力只有60 W，仅够一盏灯使用，但是它开创了波浪发电装置商业化的新纪元。截至2009年，这类发电装置的市场销售量超过了1 000台[2]，为世界各国普遍采用。1974年，日本海洋科学技术中心建成世界上第一艘波浪发电船——"海明号"波浪发电船，其最大输出功率150 kW。[3]1976年，英国人威尔斯发明对称翼型涡轮发电机，这种涡轮发电机在当今波浪电站中得到广泛采用。20世纪70年代末，英国爱丁堡大学索尔特教授研发出点头鸭式波浪发电装置。

20世纪80年代，开展波浪电站研发的国家增多，各种不同类型的波浪电站不断涌现，波浪电站总装机容量不断扩大。1983年，日本海洋科学技术中心等在鹤冈市三濑建成一座装机容量为40 kW的岸式振荡水柱试验电站。同年，日本室兰工业大学在北海道建成一座装机容量为5 kW的摇摆式波浪电站。1987年，日本绿星社开发出后弯管波浪发电装置（振荡水柱式波浪发电装置之一），并进行海上试验。1988年，日本建成装机容量为2 000 kW的波浪电站，还在酒井港建造20万kW的波浪发电装置。[4]除了日本，瑞典在1983—1984年开展了30 kW软管泵原型装置的现场试验，在西班牙的大西洋岸外建成一座装机容量为1 000 kW的波浪示范电站。[5]挪威于1985年在卑尔根市的海岛上建成一座装机容量为500 kW的多共振振荡水柱式波浪电站；1986年，挪威波能公司建成装机容量为350 kW的世界首座聚波水库式（又称收缩波道式）波浪电站。1989年，中国科学院广州能源研究所在珠海大万山岛建成中国第一座波浪电站，装机容量为3 kW，是一种岸式振荡水柱型波浪发电装置。

---

[1] 尹忠东、朱永强主编《可再生能源发电技术》，中国水利水电出版社，2010，第182页。

[2] 李方正:《能源世界》，吉林出版集团有限责任公司，2009，第87页。

[3] 翁史烈主编《话说新能源》，广西教育出版社，2013，第12页。

[4] 李全林主编《新能源与可再生能源》，东南大学出版社，2008，第399页。

[5] 褚同金:《海洋能资源开发利用》，化学工业出版社，2005，第97页。

进入 20 世纪 90 年代，世界波浪电站向商用电站发展，波浪能利用从单一发电走向综合利用。1995 年，英国在克莱德河口建成、投运世界上第一座商用波浪电站，装机容量达 2 000 kW。[1] 英国 Wavegen 公司和英国贝尔法斯特女王大学合作，于 2000 年在艾莱岛上建成装机容量为 500 kW 的 LIMPET 振荡水柱式波浪电站，向国家电网供电。[2]1998 年，日本在东京湾三重县外海开始进行为期两年的大型"巨鲸"波浪发电装置试验。发电装置由日本海洋科学技术中心研制，长 50 m，宽 30 m，安装 1 台 10 kW、2 台 30 kW、2 台 50 kW 的发电机组，集波浪发电、海上养殖、观光旅游、海上试验等于一体，试验期间最大总发电效率为 12%。"巨鲸"的研制成功标志着波浪能利用从单一的波浪发电转向综合利用。[3]2000 年，中国在汕尾市建成 1 座装机容量为 100 kW 岸式振荡水柱波浪电站，并网发电。

（二）21 世纪初

21 世纪以来，各国继续致力推动波浪电站的发展。

2003 年，由丹麦的 Löwemark F.R.I. 公司牵头，欧洲多国共同在丹麦北部海湾建成 Wave Dragon 波浪电站示范装置，并向电网输电。

2004 年，英国 OPD 公司建成 3 个单机容量为 250 kW、总装机容量为 750 kW 的"海蛇"波浪电站。它的总长为 150 m，放置在海面水深 50 ~ 60 m 处，是世界上第一座商业示范波面筏式波浪电站。[4]OPD 公司还承建了葡萄牙北部海岸"海蛇"波浪发电项目。

2004 年，荷兰 Teamwork Technology BV 公司开展名为"Archimedes Wave Swing"的吸收式波浪发电装置海上淹没试验，该装置装机容量为 2 MW。

2005 年，中国研发出世界上首座集发电、充电和海水淡化功能于一体的波浪能电站，可为沿海小镇约 200 户居民提供日常用电。[5]

2005 年，澳大利亚 Energetech 公司在肯布拉港安装 Energetech OWC 波浪发电装置，该装置通过 11 kV 的电缆与当地的电网相连。

2008 年，英国 Trident Energy 公司在澳大利亚西部弗里曼特尔的一座实验性波浪电站安装一个海底漂浮系统（CETO），作为波浪电站的一个组成部分。CETO 可在海浪的作用下向下移动，带动涡轮机发电。一个面积为 5 km² 的 CETO 阵列可产生 50 MW 电能。第一个 CETO 商业发电站于次年开始建设。[6]

2008 年，美国联邦能源监管委员会批准 43 个海洋能项目，其中，海流发电项目 34 个，海浪发电项目 9 个。美国 OPT 公司开发出一种名为"Power Buoy"的点吸收式波浪发电装置。

据不完全统计，到 21 世纪初，全球共有 30 个左右的国家或地区研制波浪发电装置，建设大小波浪电站 2 000 座以上，开发的波浪发电装置种类超过 200 种，单机容量从 1985 年的 100 kW 提高到 2008

[1] 李全林主编《新能源与可再生能源》，东南大学出版社，2008，第 398 页。
[2] 李允武主编《海洋能源开发》，海洋出版社，2008，第 151 页。
[3] 尹忠东、朱永强主编《可再生能源发电技术》，中国水利水电出版社，2010，第 184 页。
[4] 李允武主编《海洋能源开发》，海洋出版社，2008，第 153 页。
[5] 李全林主编《新能源与可再生能源》，东南大学出版社，2008，第 400 页。
[6] 尹忠东、朱永强主编《可再生能源发电技术》，中国水利水电出版社，2010，第 181 页。

年的 750 kW。日本有 1 500 多台波浪发电装置在使用，中国投入运行的大约有 500 台。[①]

总体上，世界海洋波浪能的开发利用还处于商业化发展的早期阶段，规模小，利用水平低，蕴藏巨大的发展潜力。

三、海流能 / 潮流能发电

海流又称"洋流"，是指海洋中的海水受到风力、压强梯度力等因素的作用，沿着一定方向的大规模流动。它能产生巨大的海流能。潮流是指海水在天体引潮力作用下所形成的水平方向的周期性往复流动或回转流动。潮流能以狭窄的海峡或某些海湾口居多。无论是海流能还是潮流能，都可以用于发电，并且两者的发电装置也类似。因此，有时将海流发电和潮流发电统称为海流发电。[②]在海流中，湾流和黑潮是能产生巨大海流能的两种主要海流。有专家估计，仅从海流中提取 4% 的能量，就可获得大约 10 亿～ 20 亿 kW 的电力[③]；海洋上黑潮的流量比世界上所有陆地河流的流量总和大 20 倍，它所蕴藏的能量每年大约可发出 1 700 亿 kWh 的电力[④]。

（一）20 世纪

人类比较系统深入地研究海流发电始于 20 世纪 70 年代。1973 年，美国进行大型海流发电半潜涵洞透平装置——"科里奥里斯系统"模型试验。该装置为管道式水轮发电机，机组长 110 m，管道口直径为 170 m，安装在海面下 30 m 处，当海流流速为 2.3 m/s 时可获得 8.3 万 kW 的功率。[⑤]1974 年，美国召开海流发电专题研讨会，系统地探讨海流发电问题。1975 年，日本开始研究利用黑潮发电问题。1978—1979 年，中国在舟山地区开展潮流发电试验，用螺旋桨式水轮机驱动装在船上的液压发电机组，发出 5.7 kW 电力。[⑥]

此后，各国进一步加强海流发电试验研究。1980 年，加拿大提出用垂直叶片的水轮机来获取潮流能。1983 年，日本在爱媛县安装 1 台小型海流发电装置进行试验。1986 年，美国 UEK 公司进行水流发电装置的海上试验。[⑦]加拿大制成适于海流发电的 180 kW 水轮机组，在圣劳伦斯河上进行立轴式水轮机试验。20 世纪末，中国开展 70 kW 双向海流发电研究，完成了模型试验。[⑧]

（二）21 世纪初

21 世纪初，海流发电进入商业化示范阶段，英国、挪威、意大利、韩国、中国、爱尔兰等国家先后建成多座海流发电示范电站（表 17-99）。其中，英国的 Sea Flow 海流电站是世界上第一座 300 kW 级的海流电站；挪威的 Hammerfest Storm 海流电站是世界上第一座海底海流电站；意大利的 Kobold 海流电站是世界上第一座海流能与太阳能互补并网发电的漂浮式海流电站。

① 李允武主编《海洋能源开发》，海洋出版社，2008，第 138 页。
② 本书编委员：《能源词典》第 2 版，中国石化出版社，2005，第 452 页。
③ 褚同金：《海洋能资源开发利用》，化学工业出版社，2005，第 114 页。
④ 翁史烈主编《话说新能源》，广西教育出版社，2013，第 30 页。
⑤ 同上。
⑥ 褚同金：《海洋能资源开发利用》，化学工业出版社，2005，第 115 页。
⑦ 翁史烈主编《话说新能源》，广西教育出版社，2013，第 33 页。
⑧ 同上书，第 115 页。

表 17-99　世界海流能 / 潮汐能电站实例

国家	电站名称	基本情况
英国	Sea Flow 海流电站	由英国 MCT 公司研制，是一座建设在 Devon 郡沿海的装机容量为 300 kW 的海流电站，2003 年首次发电，没有并网
	Sea Gen 海流电站	由英国 MCT 公司研制。2008 年在北爱尔兰建成，总装机容量为 1.2 MW，为单桩双转子海流电站
	Stingray 海流电站	由英国 Engineering Business 公司研制。2002 年建成装机容量为 150 kW 的振荡式海流发电站，进行海流发电试验
	Polo 海流电站	根据爱丁堡大学索尔特教授提出的漂浮式海流电站而研制。2006 年在苏格兰开始建造一座直径为 10 m 的 Polo 试验原型电站
挪威	Hammerfest Storm 海流电站	挪威 Hammerfest Storm AS 等 4 家公司共同研制出的一台装机容量为 300 kW 的海底潮流发电装置，2003 年安装在 Kval Sound 海区，进行发电试验
意大利	Kobold 海流电站	Ponte di Archimed SPA 公司联合那不勒斯大学共同研制。2002 年在西西里海峡试运行。后来又安装 6 kW 太阳能发电系统，通过海底电缆与岸上电网并网发电
韩国	GHT 海流电站	2000 年引进美国 Gorlov 三叶立轴螺旋形固定叶片水轮机技术，在韩国南部海域建造装机容量为 500 MW 的商业海流电站
中国	"万向"海流电站	由哈尔滨工程大学研制。2002 年 1 月在浙江岱山县建成"万向Ⅰ"70 kW 海流电站。2005 年在岱山县建成"万向Ⅱ"40 kW 海流电站。前者为漂浮结构型式，后者为海底结构型式
爱尔兰	Openhydro 海流电站	由爱尔兰水动力公司研制。2006 年在欧洲海洋能测试中心成功试验

资料来源：作者整理。

四、海洋温差能发电

海洋温差能发电主要是利用海洋表层温海水（20～30℃）和海洋深层冷海水（3～8℃）之间的温度差所带来的热能来发电，即将海洋热能转换成电能。海洋温差发电方式可分为汽轮机方式和热电方式两大类（图 17-10），其中汽轮机方式又可分为封闭式循环方式、开放式循环方式等。世界上除了欧洲，其他几大洲的许多国家都适合进行海洋温差发电（表 17-100）。

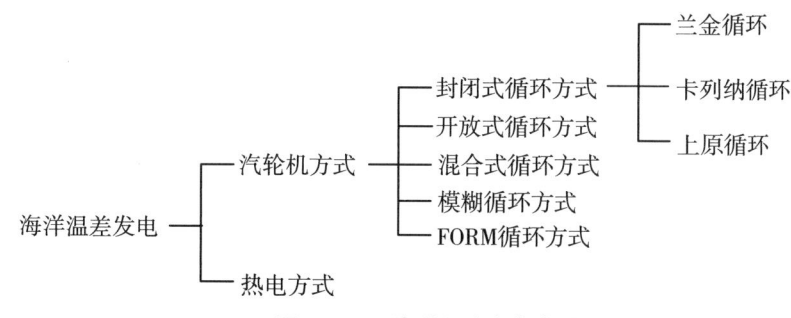

图 17-10　海洋温差发电类型

资料来源：牛山泉等：《风、太阳与海洋：清洁的自然能源》，王毅、韦利民译，机械工业出版社，2010，第 63 页。

表 17-100　全球适宜进行海洋温差发电的国家 / 地区

（一）亚洲	印度、日本、印度尼西亚、菲律宾、斯里兰卡、马来西亚、泰国、马尔代夫、中国
（二）非洲	安哥拉、马达加斯加、加纳、南非、佛得角、莫桑比克、几内亚比绍、毛里求斯、科特迪瓦、毛里塔尼亚、斯威士兰、摩洛哥、索马里
（三）北美洲	美国、尼加拉瓜、萨尔瓦多、海地、古巴、巴拿马、危地马拉、巴哈马、哥斯达黎加、巴巴多斯、牙买加、洪都拉斯、多米尼加、墨西哥、特立尼达和多巴哥、格林纳达
（四）南美洲	阿根廷、苏里南、乌拉圭、智利、厄瓜多尔、巴西、圭亚那、委内瑞拉、秘鲁、玻利维亚、哥伦比亚
（五）大洋洲	澳大利亚、新西兰、汤加、巴布亚新几内亚、瑙鲁、斐济、萨摩亚、帕劳[1]

资料来源：牛山泉等：《风、太阳与海洋：清洁的自然能源》，王毅、韦利民译，机械工业出版社，2010，第 62 页。

注：[1] 原译文为"柏拉奥"。

（一）20 世纪上半叶

1926 年，法国科学家阿松瓦尔的学生克劳德根据阿松瓦尔提出的利用海水温差发电的设想，进行海水温差发电试验，克劳德首次通过实验室实验证明了利用海洋温差来发电是可行的。

在成功进行实验室实验的基础上，1930 年，克劳德在古巴的马但萨斯海湾建造了世界上第一座海洋温差电站，输出功率为 22 kW。电站采取开式循环发电，获得 10 kW 的功率。[1] 但其所发出的电力小于维持其正常运转所需。后来被风暴摧毁长达 1.5 海里的深海冷水管，试验被迫结束。1935 年，克劳德在巴西近海的一艘万吨货轮上又建造一座开式海洋温差发电站，但还是因被风暴摧毁而失败。[2]

1948 年，法国政府在非洲西海岸科特迪瓦的阿比让附近建成一座开式循环海洋温差电站，安装两台装机容量为 3 500 kW 的发电机组，总装机容量为 7 000 kW。这里海水的表层水温高达 28 ℃，而在数百米深处的水温只有 8 ℃，适合温差发电。电站建成后投入运行，获得了电能，后因海洋温差电站的发电成本比当地水力发电高而停运。[3]

20 世纪上半叶，除了法国，英国安德森父子也开展了海洋温差发电研究，于 1933 年研制了 1 200 kW 的海洋温差发电设备。

（二）20 世纪下半叶

20 世纪下半叶，参与海洋温差发电的国家增多，包括中国、美国、日本、印度等。其中，美国和日本走在了世界前列，成功进行了 50 kW、120 kW 乃至 1 000 kW 的海洋温差发电试验（表 17-101）。

---

① 中国电气工程大典编辑委员会：《中国电气工程大典·第 7 卷》，中国电力出版社，2010，第 574 页。

② 李允武主编《海洋能源开发》，海洋出版社，2008，第 181 页。

③ 尹忠东、朱永强主编《可再生能源发电技术》，中国水利水电出版社，2010，第 135 页。

表 17-101　世界海洋温差能发电进程

时间/年	事件
1881	法国科学家阿松瓦尔提出海洋温差发电设想
1926	法国人克劳德首次成功进行海洋温差发电的实验室原理试验
1930	法国人克劳德在古巴建成世界上首座海洋温差电站
1933	英国安德森父子研制出 1 200 kW 海洋温差发电设备
1948	法国政府在科特迪瓦建成 7 000 kW 海洋温差电站
1964	英国安德森父子提出"闭式循环发电系统"方案
1970	日本开展海洋温差发电调查
1973	日本佐贺大学开始海洋温差发电实验
1974	美国召开第一届海洋温差发电会议
1977	日本佐贺大学实现 1 kW 海洋温差发电
1979	美国在夏威夷建成第一座 50 kW 闭式循环海洋温差电站
1981	日本在南太平洋瑙鲁岛建成世界上第一座 100 kW 级海洋温差电站
1982	荷兰在印度尼西亚的巴厘岛建造 250 kW 闭式海洋温差电站
1985	日本在九州建成 750 kW 海洋温差电站
1989	日本在富山湾进行世界上最早的深层海水温差发电试验
1990	国际海洋温差发电协会成立
1990	日本在鹿儿岛建成世界最大的实用型海洋温差电站，装机容量为 1 000 kW
1993	美国在夏威夷完成 210 kW 开式循环海水发电试验
1994	美国在夏威夷建成陆基开式 255 kW 海洋温差电站

资料来源：作者整理。

1964 年，英国安德森父子借鉴克劳德等人海洋温差发电研发与试验过程中的经验教训，提出"闭式循环发电系统"方案，开发半潜方式海洋温差发电装置。这种装置体积小，可以避免海上风暴的破坏。安德森父子发明的这种专利技术为海洋温差发电开辟了新途径。[1]

1979 年，根据安德森父子提出的闭式循环海洋温差发电原理，美国洛克希德公司在夏威夷建成一座 50 kW 闭式循环海洋温差发电试验装置。这是人类首次从海洋温差能中获得具有实用意义的电力，具有划时代的意义。[2]

1981 年，日本在南太平洋瑙鲁岛建成世界上第一座 100 kW 级的岸基闭式循环海洋温差电站。它的额定功率为 120 kW，净输出功率为 15 kW。[3]

[1] 中国电气工程大典编辑委员会：《中国电气工程大典·第 7 卷》，中国电力出版社，2010，第 574 页。
[2] 李允武主编《海洋能源开发》，海洋出版社，2008，第 181 页。
[3] 牛山泉等：《风、太阳与海洋：清洁的自然能源》，王毅、韦利民译，机械工业出版社，2010，第 66 页。

1984 年，英国科学家制成一种低成本的铝制换热器，每 1 kW 容量的换热器成本仅为 1 500 美元。他们还开发出一种低成本的柔性海水管，并获得专利权。

1990 年，日本在鹿儿岛建成、投运一座 1 000 kW 闭式海洋发电试验电站，该电站是当时世界上最大的实用型海洋温差电站。[①]

1993 年，美国夏威夷一座额定功率为 210 kW 的开式循环海洋温差电站发出净功率 50 kW 的电力。它同时具有海水淡化、制冷、海水养殖等功能。

（三）21 世纪初

各国继续推进海洋温差发电研究。2001 年，印度与日本合作，在印度东南部沿海建造 10 000 kW 闭式海洋温差发电试验装置。[②]日本佐贺大学海洋能源研究中心于 2003 年在伊万里市建成 30 kW 复合式海洋温差电站，完成高效率的"上原循环"型海洋温差发电系统的实证性试验。日本海洋温差能的开发利用走在世界前列。

五、海洋盐差能发电

海洋盐差能主要在河海交汇处，是因海水含盐浓度大于流入大海的河流淡水含盐浓度而形成的一种化学电位差能。此外，海洋中两种含盐度不同的海水之间也存在盐差能。

1939 年，人类开始研究开发海洋盐差能。当时，美国科学家提出利用海洋盐差能发电的设想，即采用化学渗透膜隔开含盐浓度不同的水的方法，建造盐差能发电站。1954 年，美国根据电位差原理，建造并试验了一套渗透压型海洋盐差电站装置。[③]

1973 年，以色列科学家洛布在死海与约旦河交汇处开展海洋盐差发电实验。死海的盐度比一般海水高出 6 ～ 7 倍，渗透压可以达到 500 个大气压，相当于 5 000 m 高的大坝水头。洛布利用渗透压原理，在死海建成一座 150 kW 的压力延滞渗透能转换装置[④]，进行盐差发电实验，并取得满意的效果，证明了盐差发电的可行性[⑤]。

1979 年，中国开始盐差发电研究。1985 年，西安冶金建筑学院（现为西安建筑科技大学）在西安采用半渗透膜，建成一套干涸盐湖盐差发电实验室装置，水轮发电机组电功率为 0.9 ～ 1.2 W。[⑥]

美国、日本、巴西、瑞典等国家也进行盐差能发电研究。

世界上海洋盐差能的开发利用尚处于理论研究和实验室研究阶段，盐差能发电技术还不成熟。其商业化开发利用的关键是在现有的基础上将渗透膜的渗透流量提高一个数量级，现研究结果距商业开发和实际利用还有一段距离。

---

① 中国电气工程大典编辑委员会：《中国电气工程大典·第 7 卷》，中国电力出版社，2010，第 574 页。

② 同上。

③ 褚同金：《海洋能资源开发利用》，化学工业出版社，2005，第 121 页。

④ 尹忠东、朱永强主编《可再生能源发电技术》，中国水利水电出版社，2010，第 131 页。

⑤ 李全林主编《新能源与可再生能源》，东南大学出版社，2008，第 418 页。

⑥ 同上。